中国古代服饰辞典

孙晨阳　张珂　编著

中 华 书 局

图书在版编目(CIP)数据

中国古代服饰辞典/孙晨阳,张珂编著. —北京:中华书局,
2015.1(2024.3 重印)
ISBN 978-7-101-10338-0

Ⅰ.中… Ⅱ.①孙…②张… Ⅲ.服饰-中国-古代-词典
Ⅳ.TS941.742.2-61

中国版本图书馆 CIP 数据核字(2014)第 175915 号

书　　名　中国古代服饰辞典
　　　　　ZHONGGUO GUDAI FUSHI CIDIAN
编 著 者　孙晨阳　张　珂
责任编辑　李晓燕
封面设计　周　玉
责任印制　管　斌
出版发行　中华书局
　　　　　(北京市丰台区太平桥西里 38 号　100073)
　　　　　http://www.zhbc.com.cn
　　　　　E-mail:zhbc@zhbc.com.cn
印　　刷　三河市宏达印刷有限公司
版　　次　2015 年 1 月第 1 版
　　　　　2024 年 3 月第 9 次印刷
规　　格　开本/880×1230 毫米　1/32
　　　　　印张 33　插页 2　字数 1300 千字
印　　数　21001-23000 册
国际书号　ISBN 978-7-101-10338-0
定　　价　98.00 元

序　言

　　以服饰为题的辞书,在中国大陆出现较迟。上世纪八十年代,大陆终于摆脱了意识形态的束缚。人们普遍地对着装给予更多的注意,也有了更多的选择。服装业蓬勃发展,服装教育也进入了高等院校。此时服饰词典也有了问世的条件。当时像《辞海》这样的综合性辞典,在修订时也成立了搜集服饰类相关词汇和撰写释义的专门小组。他们的工作,相当于编纂服饰辞典,只不过在出版时把所收所撰者打散,排入了一个更大的词汇集合。同时《中国大百科全书》的编纂者也分别成立了“纺织”和“服装”的编委会,并先后独立出版了《中国大百科全书·纺织分类》和以服装条目为重要组成部分的《轻工分类》。百科全书中的条目常常比辞典中词条占有更大的篇幅,让编撰者有更大的阐述空间,以此为基础,出现了大批各种各样的服饰词典。《中国古代服饰辞典》也在此环境下应运而生。

　　这些词典有偏于历史的,有着眼于当下的,有学术性强的,有通俗实用的。虽然五花八门,却可以大略地分成两大类:一类注重于词本身,一类却注重于词的所指。在此前所举的《辞海》和《中国大百科全书》为例,则前者近于《辞海》,后者近于《中国大百科全书》。

　　同样是重于词本身的辞书,择词的范围和途径却大不相同,释词的方法亦不一样。《中国古代服饰辞典》的作者所择都为古代典籍中固有的相关词汇,不取近人、今人杜撰之词或行业间口口相传之词。词的释义,也都得之于古代典籍,也就是说作者要熟悉诸如《说文解字》《释名》《广雅》《玉篇》《一切经音义》和《广韵》等典籍中相关的释文,以及历代各家对史籍文献中的染织名词汇的注疏。作者走的路子,近于乾嘉学派之任大椿撰《释缯》《弁服释例》和《深衣释例》的方法。任氏所做的工作主要涉及诸如《周礼》和历代《舆服志》这样的服饰典章制度中的词汇,与日常生活关系不大。近代出土的大量古代文字材料以敦煌文书为代表,则是古人尚未接触到的,但近现代的中外学者,对此也作大量的工作,是作者可以采撷引用的。

在已出版的服饰辞典中，以上述方式编纂的为罕，或以为这类辞典实用性不强。事实上，当下的服饰产业已扩展至文化产业，更有很多服饰理论的学子乃至学者，都会需要这样一部工具书。服饰专业以外的读者，也会发现这本专门辞典的用途。

孙晨阳君年富力壮，好学勤勉，他不满足于日常的行政工作，难于忘怀他在复旦大学求学期间所获得和各界的知识和治学方法。曾利用业余时间为我主编的《中国古代北方少数民族服饰研究》撰稿，以他为主完成了其中《匈奴、鲜卑卷》《党项、女真卷》，协助完成了《回鹘卷》。在此期间，我对他有较深的了解，如今他持此《中国古代服饰辞典》稿来求序，捧读之下，更加深了他留给我的良好印象。故欣然援笔书此。

包铭新

2014 年 12 月 12 日

目　录

凡　例

条　目

1.本词典共收入中国古代服饰相关词条5135条。

2.所收词条主要根据现存古典文献遴选服饰相关词条。文献以中华书局、上海古籍等整理出版的古籍为主要参考文献。所选词条以古籍文献记载为准,现代人追认的名称不予收录。时间上起先秦,下迄清末民初。

3.所收词条主要包括服饰名称、服饰构件名称、冠巾、配饰、款式名称等,对一些重要的纹样、工艺、文化、制度等服饰相关的词条,酌情收录。同时吸收近年来最新研究成果,注意吸收少数民族服饰、戏曲服饰、宗教服饰等词条,以期较为全面地反应中国古代服饰文化风貌。

4.所收词条依据服饰出现或流行的年代,分为先秦、秦汉、魏晋南北朝、隋唐五代、宋辽金元、明、清等七大部分。

字　形

5.本词典采用简体横排。字形参照《通用规范汉字表》立目。个别条目使用异体字后易混淆的,仍沿用繁(异)体字形,如"袜、韈、韤"等。

注　音

6.采用汉语拼音注音,以普通话读音为准,个别字涉及古音的,参考《汉语大字典》《汉语大词典》注音。

7.词条汉语拼音采用连写原则,如:【白巾】báijīn、【斑衣】bānyī。

8. 多音字条目分别立目，条目后标注"见 X 页某字某音"。如：

【裷】gǔn……见 169 页"裷 yuān"。

【裷】yuān……见 53 页"裷 gǔn"。

释义、引文及插图

9. 本词典释义仅收入服饰方面的义项，个别条目收入与服饰相关的引申义。释义包括词条出现时期所代表的意义及后世形制及使用群体的变化。

10. 词条释义有多项含义的，分别以❶、❷、❸分隔。

11. 词条以文献典籍中常见词形作为主条收入，因字形不同、不同文献中用字不同、不同地域名称不同、不同时代名称不同产生的其他词形列于主条注音后释义前，标注为"也作""也称""省称"等。主条与副条同时收入"词目笔画索引"。

12. 古典文献的标注格式大致分为先秦典籍、二十四史、诗词曲文、小说等几类，各类标注方式在全书中统一。

13. 正文酌情选用线描图、历史画像或文物图片，以帮助说明词条内容。古代文献美术作品、出土文物中出现的图样标注出处。

排序及查检

14. 全书按年代先后分为七大部分，每部分下词条按汉语拼音音序排列，首字读音相同，以阴平、阳平、上声、去声声调为序；声调也相同时，按首字笔画数排列，笔画相同的，按国家语言文字工作委员会标准化工作委员会制定的《现代汉语通用字笔顺规范》规定的起笔笔形的横、竖、撇、点、折顺序排列。

15. 为方便读者查找，书后列"词目笔画索引"，包括主条及"也作""也称""省称""俗称"词形，以方便读者查用。

先秦时期的服饰

上古穴居而野处，衣毛而冒皮，未有制度。后世圣人易之以丝麻，观翚翟之文，荣华之色，乃染帛以效之，始作五采，成以为服。见鸟兽有冠角頬胡之制，遂作冠冕缨蕤，以为首饰。凡十二章。故《易》曰："庖牺氏之王天下也，仰观象于天，俯观法于地，观鸟兽之文，与地之宜，近取诸身，远取诸物，于是始作八卦，以通神明之德，以类万物之情。"黄帝尧舜垂衣裳而天下治，盖取诸乾巛。乾巛有文，故上衣玄，下裳黄。日月星辰，山龙华虫，作繢宗彝，藻火粉米，黼黻绨绣，以五采章施于五色作服。天子备章，公自山以下，侯伯自华虫以下，子男自藻火以下，卿大夫自粉米以下。至周而变之，以三辰为旐旗。王祭上帝，则大裘而冕；公侯卿大夫之服用九章以下。

古者有冠无帻，其戴也，加首有頍，所以安物。故诗曰："有頍者弁"，此之谓也。三代之世，法制滋彰，下至战国，文武并用。

古者君臣佩玉，尊卑有度；上有韨，贵贱有殊。佩，所以章德，服之衷也。韨，所以执事，礼之共也。故礼有其度，威仪之制，三代同之。五霸迭兴，战兵不息，佩非战器，韨非兵旗，于是解去韨佩，留其系璲，以为章表。故诗曰："鞙鞙佩璲"，此之谓也。

—— 《后汉书·舆服志》

中华服饰起源甚早，距今45 000年前已经出现了骨针。在距今25 000年前的北京山顶洞人的遗址及其他文化遗址里，曾发掘出大量的装饰物，其中有头饰、颈饰和腕饰等，材料有天然美石、兽齿鱼骨和海里的贝壳等。在长期的劳动实践中，中华先民逐渐摆脱了"衣毛而冒皮"的原始服饰，开始纺织毛、麻、丝等，并用以缝制衣服。在仰韶文化遗址中出现了石制、陶制的纺轮。纺织技术的发展，为服饰的发展提供了强大的技术支持，人们可以通过自己的才智创造新的服饰形式。

夏商时期，中国的衣冠服饰制度随着中华文化核心理念的形成，初见端倪，逐渐形成了制度框架。到了周代渐趋完善，并被纳入"礼治"范围。当时的服饰依据穿着者的身份、地位各有分别。天子后妃、公卿百官的衣冠服制、等级制度日益严格。

商周时期，服饰形式主要采用上衣下裳制，衣用正色，即青、赤、黄、白、黑等五种原色；裳用间色，即以正色相调配而成的混合色。服装以小袖为多，衣长通常在膝盖部位。衣服的领、袖及边缘都有不同形状的花纹图案，腰间则用条带系束。河南安阳殷墟妇好墓出土有戴卷筒式冠巾、穿华丽服装的商代玉人；交领窄袖衣、衣上布满云

1

形花纹,腰束宽带、腰带压着衣领下部,衣长过膝,腹部悬有一块长方形"蔽膝"。

历代传承的冕服出现于夏商时期,完善于周代。夏商时期的冕服形式缺乏直接的文献和实物材料。《周礼》中详细记载了周代的冕服制度,其中天子的冕服包括大裘冕、衮冕、鷩冕、毳冕、希冕、玄冕等六种,另外有皮弁服、韦弁服、冠弁服、爵弁服等四种弁服。与之相应往后的礼服也分为六种规格,同时配以不同样式的华丽头饰。在衣服上装饰有日、月、星辰、山、龙、火、华虫(雉)、黼、黻、藻、粉米(白米)、宗彝等十二章纹样。天子日常的服饰有玄端,诸侯于宗庙祭祀时穿着。

春秋战国时期,深衣是一种使用范围较为广泛的衣服,天子、诸侯、文武大臣、士大夫都能穿着,是比朝服次一等的服饰,庶民将其作为礼服来用。日常多用的便装则是上衣下裳连在一起的袍和较为短的襦。

春秋晚期服饰开始有了较明显的变化,胡服的传入打破了旧的服饰样式。胡服,即西北地区少数民族的服装,有别于中原地区宽衣博带式的汉族服装,一般为短衣、长裤和革靴,衣身瘦窄,便于活动。首先采用这种服装的赵武灵王,是中国服饰史上最早一位改革者。短衣齐膝是胡服的一大特征,这种设计,善于骑射,便于活动,先是在军队里广为盛行。后来传入民间,成为一种普遍的装束。

这一时期的妇女服裙襦深衣,即上衣下裳相连,并"续衽钩边"。"衽"就是衣襟。"续衽"就是将衣襟接长。"钩边"就是形容衣襟的样式。它改变了过去服装多在下摆开衩的裁制方法,将左边衣襟的前后片缝合,并将后片衣襟加长,加长后的衣襟呈三角形,穿时绕至背后,再用腰带系扎。

夏商时期出土文物中就已出现鞋的样式,到了周代,周王朝专设"屦人"来管理天子和王后的鞋子,这一时期的鞋子主要有复底的舄,单底的屦。其中以舄为贵,天子的舄又分为赤舄、白舄、黑舄等三种,以白舄为贵。王后的舄以玄舄为贵,其次为青舄、赤舄。另外还有白丝绸做的素履和夏天用葛布做的葛履。靴则是来自西域,胡人骑马射箭时穿着,后来逐渐为中原地区的人群接纳。

B

bai—bao

【白珩】báihéng 一种佩饰,玉佩上的白色横玉。《国语·楚语下》:"赵简子鸣玉以相,问于王孙圉曰:'楚之白珩犹在乎?'"三国吴韦昭注:"珩,佩上之横者。"唐柳宗元《非国语下·左史倚相》:"圉之言楚国之宝,使知君子之贵于白珩可矣。"《乐府诗集·元稹·出门行》:"白珩无颜色,垂棘有瑕累。在楚列地封,入赵连城贵。"

【白舄】báixì 周礼规定帝王在军事、视朝时所穿的白色复底鞋,与韦弁服或皮弁服搭配。王后、诸侯也可服用。《周礼·天官·屦人》:"掌王及后之服屦,为赤舄,黑舄。"汉郑玄注:"舄有三等,赤舄为上……下有白舄、黑舄。"《周礼志》:"韦弁、皮弁服皆素裳白舄,以浅赤韦为弁,又以为衣,素裳白舄也。"宋王应麟《小学绀珠》卷九:"三舄:赤舄为上,冕服之舄;白舄,韦弁、皮弁;黑舄,冠弁。"

【白衣】báiyī ❶帝王、后妃及诸臣百官西郊秋祭时所用的白色祭祀之服。《礼记·月令》:"天子居总章左个,乘戎路,驾白骆,载白旂,衣白衣,服白玉。"《皇览》:"秋则衣白衣,佩白玉。"❷平民服饰,与官员服饰相对而言。秦汉后用来指代无功名或无官职的士人。《史记·儒林列传序》:"而公孙弘以《春秋》白衣为天子三公,封以平津侯。"《汉书·成帝纪》"上始为微贱行"唐颜师古注引张晏曰:"于后门出,从期门郎及私奴客十余人,白衣组帻,单骑出入市里,不复警跸,若微贱之所为。故曰微行。"《后汉书·孔融传》:"(曹操)遂令丞相军谋祭酒路粹枉状奏融曰:'少府孔融……又前与白衣祢衡跌荡放言。'"《晋书·陶侃传》:"侃坐免官。王敦表以侃白衣领职。"《旧五代史·明宗本纪》:"庶人商旅,只著白衣。"元辛文房《唐才子传·孟浩然》:"观浩然馨折谦退,才名日高,竟沦明代,终身白衣,良可悲夫!"清顾炎武《菰中随笔》:"杨士奇以白衣荐举,而直纶扉。"❸佛教中本指在家居士的衣着,后指代佛教在家修行者或世俗人。汉支娄迦谶《佛说伅真陀罗所问如来三昧经》:"菩萨常端正示现于人作丑恶,二十九者现身作可怜沙门教人,转复作白衣行教人。"西晋竺法护《生经》:"心欲变悔,还作白衣。"一说因为佛教徒着缁衣,故称俗家为"白衣"。北齐颜之推《颜氏家训·归心》:"一披法服,已堕僧数,岁中所计,斋讲诵持,比诸白衣,犹不啻山海也。"清卢文弨注:"僧衣缁,故谓世人为白衣。"一说因印度佛教盛行时代,佛教在家居士或其他人都穿白衣,佛教僧侣着黄赤。故"白衣"就成了俗家人的代称。《大般涅槃经疏》:"西域俗尚穿白,故曰白衣。"

【白玉】báiyù 白色美玉佩饰,表现佩戴者的德行。亦指白璧。《礼记·玉藻》："天子佩白玉，公侯佩山玄玉，大夫佩水苍玉。"《礼记·月令》："（孟秋之月）衣白衣，服白玉。"《后汉书·舆服志下》："至孝明皇帝，乃为大佩，冲牙、双瑀璜，皆以白玉。"《文献通考·王礼六》："天子佩白玉，而玄组绶。"

【苞屦】bāojù 凶服的一种。齐衰时穿的一种用蘦草编制的鞋。较绳履低一等，夫为妻、母为长子，男子为伯叔父母、已嫁女子为父母等服丧时所穿，期限视与死者关系亲疏远近而定，有一年、三年之别。《礼记·曲礼下》："苞屦、扱衽，厌冠，不入公门。"汉郑玄注："此皆凶服也。苞，蘦也。齐衰蘦菲也。"唐孔颖达疏："苞屦，谓蘦菲之草为齐衰丧履。"

【褒衣】bāoyī 宽大的衣服。周代天子赏赐诸侯、命妇的宽大长衣，用作礼服，汉代以后多指儒士和一般文官的宽大服饰。《礼记·杂记上》："内子以鞠衣、褒衣、素沙。"汉郑玄注："褒衣者，始为命妇见，加赐之衣也。"《礼记·杂礼上》："复，诸侯以褒衣、冕服、爵弁服。"汉郑玄注："褒衣，亦始命为诸侯，及朝觐见加赐之衣也。"清黄宗羲《高旦中墓志铭》："五君子之祸，连其内子。旦中走各家告之，劝以自裁。华夫人曰：'诺，请得褒衣，以见先夫于地下。'"《汉书·朱博传》："又敕功曹：'官属多褒衣大袑，不中节度，自今掾史衣皆令去地三寸。'"宋梅尧臣《送杨辩青州司理》诗："儒者服褒衣，气志轻王公。"清昭梿《啸亭杂录·马侯》："军中无以为娱，马乃选兵丁中之韶美者，傅粉女妆，褒衣长袖，教以歌舞，日夜会饮于穹幕中。"

【豹襜】bàochàn 衣襟边缘用豹皮装饰的羔裘，周代用于中大夫的礼服。《管子·揆度》："令诸侯之子将委质者，皆以双武之皮；卿大夫豹饰；列大夫豹襜。"唐尹知章注："襜谓之襜。"《通典·食货志十二》："卿大夫豹饰，列大夫豹襜。"注曰："列大夫，中大夫也。襜谓之襜。"

【豹袪】bàoqū 在羔裘袖口上起装饰作用的毛皮，通常用于在位卿大夫的礼服。《诗经唐风·羔裘》："羔裘豹袪，自我人居居。"汉郑玄笺："羔裘豹袪，在位卿大夫之服也。"唐孔颖达疏："在位之臣服羔裘豹袪，晋人因其服举以为喻，言以羔皮为裘，豹皮为袪，裘袪异皮，本末不同。"汉桓宽《盐铁论·散不足》："古者鹿裘皮冒，蹄足不去。及其后，大夫士狐貉缝腋，羔麑豹袪。"明何景明《咏裘》诗："豹袪未称美，狐白安足云？"

【豹饰】bàoshì 在羔裘的衣袖边缘装饰的豹皮，表示刚猛与力量，周代通常用于指卿大夫的服饰。《诗经·郑风·羔裘》："羔裘豹饰，孔武有力。"毛传："豹饰，缘以豹皮也。"唐孔颖达疏："《唐风》云'羔裘豹袪'，'羔裘豹袖'。然则'缘以豹皮'，谓之为袪袖也。《礼》：君用纯物，臣下之。故袖饰异皮。"《礼记·玉藻》："羔裘豹饰，缁衣以裼之。"《楚辞·招魂》："文异豹饰，侍陂陁些。"《管子·揆度》："诸侯之子将委质者，皆以双武之皮，卿大夫豹饰，列大夫豹襜。"宋秦观《贺钱学士启》："熊掌兼鱼飧之美，自古为难；羔裘加豹饰之华，于今盖寡。"

【豹舄】bàoxì 用豹皮制成的复底鞋子，被视为一种奢华的鞋子。《左传·昭公十二年》："雨雪，王皮冠，秦复陶，翠被,豹舄。"晋杜预注:"豹舄,以豹皮为履。"唐钱起《豹舄赋》:"丽哉豹舄,文彩彬彬。豹则雕虎齐价,舄与君子同身。"宋王应麟《困学纪闻·左氏》:"楚之兴也,筚路蓝缕;其衰也,翠被豹舄。国家之兴衰,视其俭侈而已。"元吴莱《秋日杂诗和黄明远》之三:"从来学仙人,不在豪侠窟;豹舄既飘飘,蜿蜒何翕忽!"

【豹袖】bàoxiù 即"豹祛"。《礼记·玉藻》:"君子狐青裘豹袖,玄绡衣以裼之。"唐高适《邯郸少年行》诗:"霞鞍金口骢,豹袖紫貂裘。"明刘基《次韵和岳季坚见寄》诗:"豹袖羊裘等黄土,金章紫绶漫浮云。"

bei—ben

【贝带】bèidài 以贝壳、珠玉等珍宝装饰的腰带,据称春秋战国时期从西部少数民族传入,多用于达官贵人。《穆天子传》卷四:"乃赐之黄金之罂二九,银乌一只,贝带五十,朱七百裹。"《淮南子·主术训》:"赵武灵王贝带鵔鸃而朝,赵国化之,使之匹夫布衣,虽冠獬冠,带贝带鵔鸃而朝,则不免为人笑也。"《史记·佞幸传》:"故孝惠时郎侍中皆冠鵔鸃,贝带,傅脂粉,化闳、籍之属也。"南朝宋裴骃集解引《汉书音义》:"以贝饰带。"唐陆龟蒙《江湖散人歌》诗:"金镳贝带未尝识,白刃杀我穷生为。"清吴兆骞《奉赠封山使侍中对公》诗:"翩翩贝带御香衣,几载承恩在紫微。"一说为"具带"之讹。王国维考证:"此带本出胡制。胡地乏水,得贝綦难,且以黄金饰,不容更以贝饰。当以作'具'为是。具带者,黄金具带之略。"又称"贝"与"具","二字形相近,故传写多讹。"

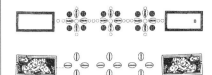

贝带

上:广州西汉南越王墓出土镶玻璃贝带复原线图
下:长沙西汉曹㛮墓出土玉贝带复原线图

bi

【幅】bī 也作"偪"。先秦时期男子用以裹腿的窄幅布帛,犹今之绑腿。汉代以后亦称"行縢"。《左传·桓公二年》:"带、裳、幅、舄……昭其度也。"晋杜预注:"幅若今行縢者。"唐孔颖达疏:"幅与行縢,今古之异名。"汉刘熙《释名·释衣服》:"幅所以自逼束,今谓之行縢,言以裹脚,可以跳腾轻便也。"唐李贺《黄家洞》诗:"彩布缠蹄幅半斜,溪头篠队映葛花。"清王琦汇解:"言蛮人以彩色之布斜缠其胫。"《礼记·内则》:"偪屦著綦。"汉郑玄注:"偪,行縢也。偪本又作幅。"

【辟积】bìjī 也作"襞积""襞积"。衣服上的褶裥。辟,通"襞"。《仪礼·丧服》"幅三袧"汉郑玄注:"袧者,谓辟两侧,空中央也。祭服朝服,辟积无数。"汉刘熙《释名·释衣服》:"素积,素裳也。辟积其要中,使踧,因以名之也。"《史记·司马相如列传》:"襞积褰绉,纡徐委曲,郁桡溪谷。"南朝宋裴骃集解引《汉书音义》:"襞积,简蠲也。褰,缩也。绉,裁也。其绉中文理,萧郁迟曲,有似于溪谷也。"司马贞索隐引颜师古云:"襞积,今之裙襵,古谓之素积。"唐刘禹锡《捣衣曲》:"长裾委襞积,轻佩垂璁珑。"宋朱熹《四书章句·论语·子罕第九》:"非帷裳,必杀之。"注曰:"朝祭之服,裳用正幅如帷,要有襞积,而旁无杀缝。其余若深衣,要半下,齐倍要,则无襞积而有杀缝矣。"《明史·舆服志二》:"纁裳四章,织藻、粉米、黼、黻各二,前三幅,后四幅,前后不相属,共腰,有辟积,本色绅裼。"元党世杰《感皇恩·赋迭罗花》词:"汉额妆秋,楚腰舞怯,襞积裙余旧宫褶。"

辟积示意图

【蔽膝】bìxī ❶也作"韍膝""帗膝""被"。贵族男女礼服前部的一种装饰。用熟皮制成上窄下宽的长条,使用时佩系在胸腹前的革带上,下垂至前膝。源于上古,商周时已形成完备的佩戴制度。历代沿用,多用于祭祀礼服,材质或皮或布,至清废止。《诗经·小雅·采菽》:"赤芾在股,邪幅在下。"汉郑玄笺:"芾,太古蔽膝之象也。冕服谓之芾,其他服谓之韠。以韦为之。其制上广一尺,下广二尺,长三尺,其颈五寸,肩革带博二寸。"唐孔颖达疏:"古者田渔而食,因衣其皮,先知蔽前,后知蔽后。后王易之以布帛,而犹存其蔽前者,重古道,不忘本,是亦说芾之元由也。"汉史游《急就篇》:"襌衣蔽膝布母縛。"唐颜师古注:"蔽膝者,于衣裳上著之,以蔽前也。"《宋书·礼志五》:"天子礼郊庙,则黑介帻,平冕……赤皮蔽膝。蔽膝,古之韨也。"元熊梦祥《析津志·祠庙仪祭》:"礼仪使四员,貂蝉冠,青罗服,红罗裳,红罗蔽膝。"《隋书·礼仪志六》:"皇后玺、绶、佩同乘舆……助祭朝会以袆衣,祠郊禖以榆狄,小宴以阙狄,亲蚕以鞠衣,礼见皇帝以展衣,宴居以褖衣。六服俱有蔽膝、织成绲带。"《通典·礼志六十八》:"皇后服,首饰花十二树,素纱中单,蔽膝,大带……受册、助祭、朝会诸大事则服之。"《大金集礼》卷二九"皇后车服":"蔽膝,深青罗织成翟文三等,领缘、纰色罗织成云龙。"《明史·舆服志二》:"蔽膝随裳色,绣龙、火、山文。"又:"红罗蔽膝,上广一尺,下广二尺,长三尺,织火、龙、山三章。"❷也作"絜襦""祎""襜""巨巾""大巾""帉""被""袻"。由长方形布帛或皮革制成,围于衣服前面的大巾,遮盖大腿至膝部。其功能可分为三种,一可以作为围裙,二可作为一种装饰,三可用为盖头。先秦即有其形制,汉以后沿用不衰。汉卫宏《汉旧仪》卷上:"太官主饮酒,皆令、丞治。太官汤官奴婢各三千人,置酒,皆缇褠、蔽膝、绿帻。"汉刘熙《释名·释衣服》:"韠,蔽也。所以蔽膝前也。妇人蔽膝亦如之。齐人谓之巨巾。田家妇女出至田野,以覆其头,故因以为名也。"汉扬雄《方言》卷四:"絜襦谓之蔽膝。"又:"蔽膝,江淮之间谓之袆,或谓之被,魏宋南楚之间谓之大巾,自关东西谓之蔽膝。"清钱绎笺疏:"以袆为悦巾,盖谓佩之于前可以蔽膝;蒙之于首可以覆头。"《汉书·王莽传》:"母病,公卿列侯遣夫人问疾,莽妻迎之,衣不曳地,布蔽膝。见之者以为僮使,问知其夫人,皆惊。"又《东方朔传》:"上临山林,主自执宰帗膝,道入登阶就坐。"唐颜师古注:"为贱者之服。"唐段成式《酉阳杂俎·前集》卷一:"近代婚礼,当迎妇……女将上车,以蔽膝覆面。"前蜀毛文锡《甘州遍》词之一:"花蔽膝,玉衔头。寻芳逐胜欢宴,丝竹不曾休。"温庭筠《过华清宫》:"斗鸡花蔽膝,骑马玉搔头。"清褚人获《坚瓠余集·华山畿君》:"女闻之,感嘅不胜,因脱蔽膝,令母持归。"

系在革带上的蔽膝
(明代刻本《明会典》插图)

妇女所用的蔽膝
(河南洛阳汉墓壁画)

【弊袴(裤)】bìkù 破旧的裤子。《韩非子·内储说上》:"韩昭侯使人藏弊裤,侍者曰:'君亦不仁矣,弊裤不以赐左右而藏之。'昭侯曰:'非子之所知也,吾闻明主之爱,一嚬一笑,嚬有为嚬,而笑有为笑。今夫裤,岂特嚬笑哉!裤之与嚬笑相去远矣,吾必待有功者,故藏之未有予也。'"三国魏曹植《赏罚令》:"谷弩养虎,大无益也,乃知韩昭使藏弊裤,良有以也。"

【韠】bì 也作"鞸"。周代一种用于朝服的皮制蔽膝。冕服所用者称"芾",其他服装所用者称"韠"。天子诸侯用红色,大夫用素色。《诗经·桧风·素冠》:"庶见素韠兮,我心蕴结兮,聊与子如一兮。"《仪礼·士冠礼》:"主人玄冠朝服,缁带素韠,即位于门东西面。"《礼记·玉藻》:"韠,君朱,大夫素;士爵韦……下广二尺,上广一尺,长三尺,其颈五寸,肩革带,博二寸。"汉郑玄注:"此玄端服之韠也。韠之言蔽也。凡韠,以韦为之,必象

裳色。则天子、诸侯玄端朱裳,大夫素裳,唯士玄裳、黄裳、杂裳也。"唐孔颖达疏:"他服称韠,祭服称韨,是异其名,韨、韠皆言为蔽,取蔽鄣之义也。"汉刘熙《释名·释衣服》:"韠,蔽也,所以蔽膝前也,妇人蔽膝亦如之。"《隋书·礼仪志六》:"韠,皇帝三章,龙、火、山;诸侯二章,去龙;卿大夫一章,以山。皆织彩以成之。"《朱子语类》卷九一:"韠以皮为之,如今水担相似。盖古人未有衣服时,且取鸟兽之皮来遮前面、后面,后世圣人制服不去此者,示不忘古也。今则又以帛为之耳。韠中间有颈,两头有肩,肩以革带穿之,革带今之銙子。"《诗经·桧风·素冠》:"庶见素韠兮。"宋朱熹《集传》:"韠,蔽膝也,以韦为之。冕服谓之韨,其余曰韠。"《明史·舆服志二》:"韦弁之韠,正系于革带耳。"

【鷩】bì 稗衣,周代帝王饰有锦鸡纹样的礼服。《周礼·春官·司服》:"王之吉服……亨先公飨射,则鷩冕。"汉郑玄注:"郑司农云:鷩,稗衣也。"明方以智《通

雅》卷三六:"衣,有龙文曰衮,鸟文曰鷩。"

【鷩冕】bìmiǎn 周代天子与贵族祭祀时穿的鷩衣和所戴之冕。与中单、玄衣、纁裳配套,上衣绘华虫、火、宗彝三章花纹,下裳绣藻、粉米、黼、黻四章花纹,共七章。鷩,雉也。华虫即画以雉,因章纹以华虫为首,故名。北周效仿周礼,以此作为天子礼服。唐代亦用为天子礼服,行远(出师)主礼时则服之,后用作二品之服。南宋时期诸臣祭服仍有此制。《周礼·春官·司服》:"王之吉服……享先公飨射,则鷩冕。"汉郑玄注:"鷩,画以雉,谓华虫也。其衣三章,裳四章,凡七也。"《隋书·礼仪志六》:"后周设司服之官,掌皇帝十二服……群祀、视朝、临太学、入道法门、宴诸侯与群臣及燕射、养庶老、适诸侯家,则服鷩冕,七章十二等。"《新唐书·车服志》:"鷩冕者,有事远主之服也。"又:"鷩冕者,二品之服也。"《朱子语类》卷九一:"古者有祭服,有朝服。祭服所谓鷩冕之类,朝服所谓皮弁、玄端之类。天子诸侯各有等差。"《宋史·舆服志四》:"今天子六服,自鷩冕而下,既不亲祠,废而不用。"

鷩冕(宋聂崇义《三礼图》所拟)

【鷩衣】bìyī 周代天子享先公及飨射时所穿的画有赤雉等七章的衣服,也作为诸侯、宗伯的命服。北周时期仿制此衣于皇后受献茧时穿着,唐代时用于二品官员,宋代以后逐渐废止。《周礼·夏官·弁师》:"掌王之五冕……皆五采玉十有二,玉笄,朱纮。"汉郑玄注:"鷩衣之冕缫九斿,用玉二百一十六。"《隋书·礼仪志六》:"(后周)皇后衣十二等……祭群小祀,受献茧,则服鷩衣……以翚雉为领褾,各有二。"《通典·礼志二十二》:"诸侯夫人,自鷩衣而下八,其翟衣翟皆八等,俱以鷩翟为褾领。"宋金君卿《金氏文集·大飨不入牲赋》:"绣斧而扆,鷩衣而旒。"清凤韶《凤氏经说·终南》:"侯伯七章者,曰鷩衣。衣画华虫、火、宗彝,裳绣藻、粉米、黼、黻。鷩,雉也,即华虫。七章之衣始华虫,故曰鷩衣。"

bian—bin

【弁】biàn 也作"卞"。周代男子的礼冠,有皮弁、韦弁、爵弁等多种形制。不同的材质与不同的礼服相配合使用于不同的场合。后泛指帽子。《诗经·小雅·甫田》:"突而弁兮。"《尚书·金縢》:"王与大夫尽弁。"汉孔安国传:"弁,皮弁。"《周礼·弁师》汉郑玄注:"弁者,古冠之大称。委貌、缁布曰冠。"《广韵》:"弁,周冠名。"《左传·僖二十八年》:"子玉自为琼弁玉缨。"晋杜预注:"弁,本又作卞。"唐殷敬顺《列子释文》"弁,本又作卞。皮彦反。"

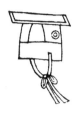

弁（宋聂崇义《三礼图》所拟）

【弁绖】biàndié 周礼规定天子及百官吊丧时所戴的加麻素冠，形似爵弁，表面为白绢或者白麻制成，上加环绖。《周礼·春官·司服》：“凡吊事，弁绖服。”汉郑玄注：“弁绖者，如爵弁而素，加环绖。”唐孔颖达疏：“今言‘环绖’……谓以麻为体，又以一股麻为体，纠而横缠之，如环然，故谓之‘环绖’；加于素弁之上，故言‘加环绖’也。”又《夏官·弁师》：“王之弁绖，弁而加环绖。诸侯及孤卿大夫之冕，韦弁、皮弁、弁绖，各以其等为之，而掌其禁令。”唐贾公彦疏：“爵弁之形以木为体，广八寸，长尺六寸；以三十升布染为爵头色，赤多黑少。今为弁绖之弁，其体亦然，但不同爵色之布而用素为之，故云‘如爵弁而素’。”《礼记·杂记上》：“大夫之哭大夫，弁绖；大夫与殡，亦弁绖；大夫有私丧之葛，则于其兄弟之轻丧，则弁绖。”汉郑玄注：“弁绖者，大夫锡衰相吊之服也。”《晋书·礼志中》：“王为三公六卿锡衰，为大夫士疑衰，首服弁绖。”

【弁绖服】biàndiéfú 周代帝王及百官吊丧时穿的衣服、戴的冠帽。有锡衰、缌衰、疑衰等制。冠用素色之布做成爵弁形，上加环绖，衣服为衰服。《周礼·春官·司服》：“凡吊事，弁绖服。”唐贾公彦疏：“诸侯及卿大夫亦以锡衰为吊服。当事乃弁绖，否则皮弁，辟天子也。’”

【弁服】biànfú 周代天子、男性贵族所戴的冠和与冠相配的衣服，不同场合搭配不同。其隆重性仅次于冕服，衣裳的形式与冕服相似，最大不同是不加章。有韦弁服、皮弁服、冠弁服、爵弁服等多种类型，主要的区别在于所戴的冠和衣裳的颜色。后世沿用，各有损益。《周礼·春官·司服》：“凡兵事，韦弁服；视朝，则皮弁服；凡甸，冠弁服；凡凶事，服弁服。”《新唐书·车服志》记载：天子弁服“朔日受朝之服也。以鹿皮为之，有攀以持发，十有二璂，玉簪导，绛纱衣，素裳，白玉双佩，革带之后有鞶囊，以盛小双绶，白袜，乌皮履。皇太子“朔望视事之服也。鹿皮为之，犀簪导，组缨九璂，绛纱衣，素裳，革带，鞶囊，小绶，双佩。自具服以下，皆白袜，乌皮履”。群臣“文官九品公事之服也。以鹿皮为之，通用乌纱，牙簪导”。

【弁冕】biànmiǎn 男性贵族所戴的礼冠，弁和冕的合称，吉礼用冕，通常用弁。《礼记·杂记下》：“曾子问曰：‘卿、大夫将为尸于公，受宿矣，而有齐衰内丧，则如之何？’孔子曰：‘出舍乎公宫以待事，礼也。’孔子曰：‘尸弁冕而出，卿、大夫、士皆下之。尸必式，必有前驱。’”《谷梁传·庄公元年》：“仇雠之人，非所以接婚姻也；衰麻，非所以接弁冕也。”又《僖公八年》：“弁冕虽旧，必加于首。”

【表】biǎo 上衣，皮裘外面加穿的罩衣。《论语·乡党》：“必表而出之。”南朝梁皇侃疏：“谓加上衣也。”《庄子·让王》：“中绀而表素，轩车不容巷，往见原宪。”五代南唐徐锴《说文解字系传》：“古以皮为裘，毛皆在外，故衣，毛为表，会意。”

【表裘】biǎoqiú 省称“表”。指加在皮裘外的罩衣。《礼记·玉藻》：“振絺绤不入公门，表裘不入公门。"汉郑玄注："表裘，外衣也。"

【殡服】bìnfú 亡者殡殓时亲属所穿的丧服。《礼记·丧大记》："君吊，则复殡服。"元陈澔集说："殡后主人已成服而君始来吊，主人则还著殡时未成服之服，盖苴绖、免布、深衣也，不散带。"

bo—bu

【袯】bó ❶"袯襫"的省称。❷五彩帛制成的舞具。《史记·孔子世家》："于是旍、旄、羽、袯、矛、戟、剑、拨鼓噪而至。"❸一种三尺短衣。唐玄应《一切经音义》卷一五引东汉服虔《通俗文》："三尺衣谓之袯。"宋陆游《老学庵笔记》卷六："兵职驾库，典了袯裤。"

【袯襫】bóshì 农夫、渔夫穿的蓑衣之类的防雨衣。《国语·齐语》："首戴茅蒲，身衣袯襫，沾体涂足，暴其发肤，尽其四支之敏，以从事于田野。"三国吴韦昭注："茅蒲，簦笠也。袯襫，蓑襞衣也。"唐刘禹锡《高陵令刘君遗爱碑》："烝徒欢呼，奋袯襫而舞。"陆龟蒙《蓑衣》诗："山前度微雨，不废小涧渔。上有青袯襫，下有新腒疏。"宋罗愿《尔雅翼》卷八："袯襫以莎草为之，今人作笠，亦多编笋皮及箬叶为之；其台为衣，编之若甲，毵毵而垂，故雨顺注而下。"清郝懿行《证俗文》卷二："案袯襫，农家以御雨，即今蓑衣。"一说为粗糙结实的衣服。《管子·小匡》："首戴苎蒲，身服袯襫，沾体涂足，暴其发肤，尽其四支之力，以疾从事于田野。"唐尹知章注："袯襫，谓粗坚之衣，可以任苦著者也。"

【博带】bódài 男性礼服上的宽大衣带。《管子·五辅》："是故博带梨，大袂列，文绣染，刻镂削。"汉桓宽《盐铁论·利议》："文学褒衣博带，窃周公之服。"《淮南子·氾论》："乌鹊之巢可俯而探也，禽兽可羁而从也。岂必褒衣博带，句襟委章甫哉？"《汉书·隽不疑传》："(不疑)冠进贤冠，带櫑具剑，佩环玦，褒衣博带，盛服至门上谒。"《新唐书·刘子玄传》："博带褒衣，革履高冠。"

【襮】bó 绣有黑白花纹的衣领，代指衣领。《诗经·唐风·扬之水》："素衣朱襮，从子于沃。"汉毛亨传："襮，领也。诸侯绣黼丹中衣。"《说文解字·衣部》："襮，黼领也。"清段玉裁注："黼领也。白与黑相次文谓之黼。黼领，刺黼文于领也。"《尔雅·释器》："黼领谓之襮。"一说为罩衣。明方以智《通雅》卷三六："衣外饰曰襮，即谓表也……襮与表、檦、褒声转，重之为袍……《朱褒传》：'褒衣大袑'，谓在外之宽袍也。"

【补衣】bǔyī 打过补丁的破旧衣服。《吕氏春秋·顺说》："田赞衣补衣而见荆王。"汉高诱注："补衣，弊衣也。"

【布衰】bùcuī 粗布制成的丧服。《礼记·杂记上》："大夫卜宅与葬日，有司麻衣、布衰、布带，因丧屦，缁布冠不蕤。"唐孔颖达疏："布衰，谓粗衰也。皇氏云：'以三升半布为衰，长六寸，广四寸，缀于衣前，当胸上。'"

【布冠】bùguān 白色麻布制成的丧冠。《战国策·秦策五》："梁君伐楚胜齐，制韩赵之兵，驱十二诸侯以朝天子于孟津。后子死，身布冠而拘于秦。"《吕氏春秋·审应》："今无其他，而欲为尧、舜、许由，故惠王布冠而拘于鄄。"《宋书·礼志五》："太古布冠，齐则缁之。"《晋书·礼志九》："其凶礼也，则深衣布冠，降席彻膳。"《金史·张晖传》:"母服齐衰三年,桐杖布冠,礼也。"

【布巾】bùjīn ❶丧礼中用以覆盖死者及祭器之巾。《仪礼·士丧礼》:"布巾环幅不凿。"清胡培翚正义:"布巾为饭而设,以覆尸面,用布为之。"《仪礼·士丧礼》:"两笾无縢,布巾,其实栗,不择。"汉郑玄注:"布巾,笾巾也。笾豆具而有巾。"❷服丧期间死者亲属所戴的素色麻布头巾。《通典·礼志四十一》:"奏事者上言,前会故镇军朱铄丧,自卿以下皆去冠,以布巾帕额……汉去玄冠,代以布巾。"《宋书·礼志四》:"魏时会丧及使者吊祭,用博士杜希议,皆去玄冠,加以布巾。"又《礼志二十八》:"三年之内,禁中常服布巾、布衫、布背子。"

【布衣】bùyī 用麻、苎、葛、棉等普通材料织的布制成的衣服。一般为平民或追求素朴、隐逸生活之人所穿。后用来代指平民。《荀子·大略》:"古之贤人,贱为布衣,贫为匹夫。"《大戴礼记·曾子制言中》:"布衣不完,疏食不饱,蓬户穴牖,日孜孜上仁。"《汉书·王吉传》:"去位家居,亦布衣疏食。"汉桓宽《盐铁论·散不足》:"古者,庶人耆老而后衣丝,其余则麻枲而已,故命曰布衣。"《后汉书·礼仪志下》:"佐史以下,布衣冠帻。"又《梁鸿传》:"鸿曰:'吾欲裘褐之人,可与俱隐深山者尔。今乃衣绮缟,傅粉墨,岂鸿所愿哉?'妻曰:'以观夫子之志耳。妾自有隐居之服。'乃更为椎髻,著布衣,操作而前。"《南齐书·卞彬传》:"彬颇饮酒,摈弃形骸。作《蚤虱赋序》曰:'余居贫,布衣十年不制。一袍之缊,有生所托,资其寒暑,无与易之。'"清王先谦《东华续录·道光》卷四〇:"乙卯,谕前降旨令八旗兵丁射箭俱穿用布衣、布靴并引见八旗两翼官兵仍穿绸缎……自降旨以后,各旗营引见六品以下旗员均能恪遵谕旨。"

【布缨】bùyīng 丧冠上布制的带子。《仪礼·丧服》:"疏衰裳,齐牡麻绖,冠布缨。"唐贾公彦疏:"案:斩衰冠绳缨……此布缨亦如上绳缨,以一条为武,垂下为缨也。"

布缨(宋聂崇义《三礼图》所拟)

【布总】bùzǒng 服丧时用来束发的麻布。《仪礼·丧服》:"女子子在室,为父布总、箭笄、髽、衰三年。"汉郑玄注:"总,束发。谓之总者,既束其本,又总其末。"《吕氏春秋·审应》:"今蔺、离石入秦,而王缟素布总。"汉高诱注:"缟素、布总,丧国之服。"

【步摇】bùyáo ❶也称"珠松""簎"。一种女性首饰,在簪钗上附缀用金银珠玉做成花枝等形状的饰物,走路时随身体的移动而摇曳,故称"步摇"。始于战国时期,后代沿用,唐五代时非常流行。战国楚宋玉《风赋》:"主人之女,垂珠步摇。"汉刘熙《释名·释首饰》:"步摇上有垂珠,步则摇动也。"《后汉书·舆服志下》:"步摇以黄金为山题,贯白珠为桂枝相缪,一爵九华,熊、虎、赤罴、天鹿、辟邪、南山丰大特六兽,《诗》所谓'副笄六珈'者。"清王先谦集解引陈祥道曰:"汉之步摇,以金为凤,下有邸,前有笄,缀五采玉以垂下,行则动摇。"《东汉文纪》卷四:"姁寻脱莹步摇,伸髻度发,如黯髽可鉴。"《隋书·礼仪志六》词:"首饰则假髻、步摇,俗谓之珠松是也。簪珥步摇,以黄金为山题,贯白珠,为桂枝相缪。"唐白居易《长恨歌》诗:"云鬓花颜金步摇,芙蓉帐暖度春宵。"宋谢逸《蝶恋花》词:"拢鬓步摇青玉碾,缺样花枝,叶叶蜂儿颤。"清洪昇《长生殿·舞盘》:"朕有鸳鸯万金锦十疋,丽水紫磨金步摇一事,聊作缠头。"❷中国古代冠名。明谢肇淛《五杂俎》卷一二:"步摇,江充及慕容跋冠也。"

安徽合肥西郊五代墓出土步摇

C

cai—cao

【采服】cǎifú 按等级区分的不同色彩纹饰的衣服。泛指色彩华美的衣服。《国语·楚语下》:"使名姓之后,能知四时之生、牺牲之物、玉帛之类,采服之宜……而率旧典者为之宗。"唐权德舆《送崔端公入京觐省》诗:"带月轻帆疾,迎霜采服新。"

【采衣】cǎiyī 彩色的衣服,多为未成年人的穿着。《仪礼·士冠礼》:"将冠者,采衣,紒。"汉郑玄注:"采衣,未冠者所服。"

【草服】cǎofú ❶草编的衣服。通常指边远地区少数民族或岛居之人的服饰。《尚书·禹贡》"岛夷卉服"唐孔颖达疏:"凡百草一名卉,知卉服是草服。"《后汉书·南蛮西南夷传》"百蛮蠢居,仞彼方徼。镂体卉衣,凭深阻峭"唐李贤注:"卉衣,草服也。"《魏书·逸士传》:"(郑修)少隐于岐南几谷中……耕食水饮,皮冠草服。"唐刘湾《虹县严孝子墓》诗:"草服蔽枯骨,垢容戴飞蓬。"参见 63 页"卉服❷"。❷草黄色的冠服。《礼记·郊特牲》:"野夫黄冠。黄,草服也。"汉郑玄注:"象其时物之色,季秋而草木黄落。"唐孔颖达疏:"黄冠是季秋之后草色之服,故息田夫而服之也。"

【草笠】cǎolì 用草编成的斗笠,平民百姓夏天常用以遮日挡雨。《礼记·郊特牲》"草笠而至,尊野服也"唐孔颖达疏:"草笠,以草为笠也。"清郝懿行《证俗文》卷二:"今人草笠以席。若蒲,若麦秸,皆可为之。野夫常戴,彼都人士服者鲜焉。"

【草履】cǎolǚ 以蒲草或芒草等编织而成的鞋履。有粗细之分:粗者一般用于平民百姓,亦称"不借";制作精细者常用于贵族,质如绫縠,其上多织有花样。《孟子·尽心上》"舜视弃天下,犹弃敝蹝也"汉赵岐注:"蹝,草履也。敝喻不惜。"唐王睿《炙毂子录》引《实录》:"单底曰履,重底曰舄。朝祭之服,自始皇二年,遂以蒲为之……西晋永嘉元年,始用黄草为之,宫内妃御皆著之。始有伏鸠头履子……至陈隋间,吴越大行,而模样差多,及唐大历中,进五朵草履子。至建中元年,进百合草履子。至今其样转多差异。"《新唐书·五行志一》:"文宗时,吴、越间织高头草履,纤如绫縠,前代所无。"《宣和奉使高丽图经》卷二九:"草履之形,前低后昂,形状诡异,国中无男女少长,悉履之。"明余继登《典故纪闻》卷二:"洪武三年六月,太祖以天久不雨,素服草履,徒步出诣山川坛设稿席露坐。"

【草衣】cǎoyī ❶用草编制而成的衣服,为贫民或少数民族穿着,可以防雨。《诗经·小雅·无羊》"何蓑何笠"汉郑玄笺:"蓑,所以备雨……草衣也。"南朝齐萧子良《陈时政密启》之二:"民特尤贫,连年失稔,草衣藿食,稍有流亡。"《太平广记》卷四八〇："西北海戌亥之地。有鹤民国，人长三寸，日行千里……值暑则裸形，遇寒则编细草为衣。"《辽史·营卫志上》："上古之世，草衣木食，巢居穴处，熙熙于于，不求不争。"清昭梿《啸亭杂录·梁提督》："公因率众卒，草衣卉服，自丛岚叠嶂间以刀掘路，士卒各怀一铁钉，踵迹相接，攀钉而上。"❷引申指粗劣的衣服。南朝宋刘义庆《世说新语·政事》"贾充初定律令"梁刘孝标注引王隐《晋书》："(郑)冲清心寡欲，喜论经史，草衣绳袍，不以为忧。"唐韦庄《赠渔翁》诗："草衣荷笠鬓如霜，自说家编楚水阳。"明郑若庸《玉玦记·投贤》："官人既无处去，只在老汉家中权住，温习经史。草衣粝饭，不须挂心。"

【草缨】cǎoyīng　在罪犯冠上加草带，以示羞辱。相传是虞舜时的一种象征性刑罚，用以代替割鼻的酷刑。《太平御览》卷六四五："以幪巾当墨，以草缨当劓，以

菲履当刖，以艾韠当宫，布衣无领当大辟，此有虞之诛也。"南朝梁任昉《为王金紫谢齐武帝示皇太子律序启》："臣闻化澄上业，草缨垂典；教清中世，艾服惩刑。"

chai—chao

【钗】chāi　妇女用来束结固定发髻的首饰。古代写作叉，由两股合成。起源甚早，山西侯马曾出土骨钗，湖南常德曾出土有战国时楚国之木钗。唐代金银钗以镂花见长，明清时制作更精。历代形制不同，演变较多，为首饰之一大品种。战国宋玉《风赋》："主人之女……为臣炊雕胡之饭，烹露葵之羹，来劝臣食，以其翡翠之钗，挂臣冠缨，臣不忍仰视。"汉刘熙《释名·释首饰》："叉，权也，因形名之。"清王先谦《释名疏证补》："钗，叉也，象叉之形，因名之也。"

钗形制的演变

【襜】chān　❶围裙。《诗经·小雅·采绿》："终朝采蓝，不盈一襜。"《尔雅·释器》"衣蔽前谓之襜"晋郭璞注："今蔽膝也。"清雷𨬷《古经服纬》卷中："是蔽膝一物，在男子谓之袚韠，在妇人谓之襜巾……以后代之名释之，即汉之帏裳，今之围裙矣。"❷衣袖。汉扬雄《方言》卷四"襜谓之被"晋郭璞注云："衣掖下也。"

【长袂】chángmèi　长袖。《楚辞·大招》"粉白黛黑，施芳泽只。长袂拂面，善留客只"汉王逸注："袂，袖也。言美女工舞，揄其长袖。"汉司马相如《长门赋》："揄长袂以自翳兮，数昔日之𠎣殃。"《史记·货殖传》："今夫赵女郑姬，设形容，揳鸣琴，揄长袂，蹑利屣，目挑心招，出不远千里，不择老少者，奔富厚

也。"南朝梁沈约《三月三日率尔成篇》诗："长袂屡以拂，雕胡方自炊。"

【长袖】chángxiù 服装袖式之一。通常袖长及手腕，或者超过手腕。《韩非子·五蠹》："长袖善舞，多钱善贾。"汉傅毅《舞赋》："罗衣从风，长袖交横。"张衡《西京赋》："振朱屣于盘樽，奋长袖之飒纚。"晋左思《蜀都赋》："纤长袖而屡舞，翩跹跹以裔裔。"南朝梁顾野王《舞影赋》："图长袖于粉壁，写纤腰于华堂。"唐韩愈《送李愿归盘谷序》："飘轻裾，翳长袖，粉白黛绿者，列屋而闲居，妒宠而负恃，争妍而取怜。"五代蜀冯鉴《续事始》引《实录》："隋大业中，内官多服半襟，即今之长袖也。唐高祖减其半，谓之半臂。"

长袖（四川汉墓出土画像砖）

【长衣】chángyī ❶周代贵族居丧时所穿的素边布衣。《仪礼·聘礼》："遭丧将命于大夫，主人长衣练冠以受"汉郑玄注："长衣，素纯布衣也。去衰易冠，不以纯凶接纯吉也。吉时在里为中衣，中衣长衣继皆掩尺，表之曰深衣，纯袂寸半耳。"唐贾公彦疏："此长衣则与深衣同布，但袖长素纯为异，故云长衣。素纯，布衣也。此长衣之缘以素为之，故云素纯。"《礼记·杂记上》"如筮，则史练冠长衣以筮"汉郑玄注："长衣，深衣之纯以素也。长衣练冠，纯凶服也。"❷下长过膝的长袍、长衫之类的衣服。汉史游《急就篇》"袍襦表里曲领裙"唐颜师古注："长衣曰袍，下至足跗；短衣曰襦，自膝以上。"《三国志·吴志·诸葛恪传》："峻起如厕，解长衣，著短服，出曰：'有诏收诸葛恪。'"《三宝太监西洋记通俗演义》第八十八回："只见一个人生得是牛的头，马的脸，身上穿件青布长衣，腰里系条红罗带，脚下是双黑皮靴。"

【长缨】chángyīng 系帽用的长丝带。《韩非子·外储说左上》："邹君好服长缨，左右皆服长缨。"

【常】cháng 即"裳"。《说文解字·巾部》："常，下裙也，从巾，尚声……或从衣。"《玉篇·巾部》："常……下裙也，今作裳。"

【常服】chángfú ❶先秦时指军戎服装。《诗经·小雅·六月》"四牡骙骙，载是常服"汉毛亨传："常服，戎服也。"《左传·闵公二年》："帅师者受命于庙，受脤于社，有常服矣。"晋杜预注："韦弁服，军之常也。"❷唐代时亦称"燕服"，指官吏的普通礼服，等级仅次于朝服和公服。唐李济翁《资暇集》卷中："主人去茔百步下马，公服，无者常服。则是吉礼分明矣。"《旧唐书·舆服志》："燕服，盖古之亵服也，今亦谓之常服。江南则以巾褐裙襦，北朝则杂以戎夷之制。爰至北齐，有长帽短靴，合裤袄子，朱紫玄黄，各任所好。虽谒见君上，出入省寺，若非元正大会，一切通用。"❸泛指官吏、士庶日常所穿着的衣帽服饰。《南史·齐纪下》："戎服急装缚裤，上著绛衫，以为常服，不变寒暑。"五代后唐马缟《中华古今注》"幞头"条："但以三尺皂罗后裹发，盖庶人之常服。沿至后周……以唐……百官及士庶为常服。"宋苏轼《赠写御容妙善师》诗:"幅巾常服俨不动,孤臣入门涕自滂。"

【裳】cháng 用于遮蔽下体的服装。男女尊卑,均可穿着。亦借指下体之服,如裤、裙之类。其制出现于远古时期。其形制分为两种,一为帷裳,系以整幅布帛裹于腰际,如今之筒裙。二为普通之裳,两侧开缝,前身三幅,后身四幅。进入汉代以后,渐为裙子所代替。惟礼服中仍保留此遗制。《易·系辞下》:"黄帝尧舜,垂衣裳而天下治。"《诗经·魏风·葛屦》:"掺掺女手,可以缝裳。"汉毛亨传:"掺掺,犹纤纤也。"汉郑玄笺:"裳,男子之下服,贱又未可使缝。"《礼记·曲礼上》:"诸母不漱裳。"汉郑玄注:"庶母(指诸母)贱,可使漱衣,不可使漱裳。裳贱,尊之者亦所以远别。"《晋书·孙登传》:"孙登字公和……于汲郡北山为土窟居之,夏则编草为裳。"汉刘熙《释名·释衣服》:"凡服上曰衣……下曰裳。裳,障也,所以自障蔽也。"《后汉书·舆服志下》:"公卿诸侯大夫行礼者,冠委貌,衣玄端素裳。执事者冠皮弁,衣缁麻衣,皂领袖,下素裳。"晋干宝《搜神记》卷二:"见一女人,年可三十余,上著青锦束头,紫白袷裳。"又卷六:"孙休后,衣服之制,上长下短,又积领五六,而裳居一二。"唐玄奘《大唐西域记·序》:"死则焚骸,丧期无数,劈面截耳,断发裂裳。"清陈元龙《格致镜原》卷一八:"裳下饰,以罗为表,绢为里。其色,天子诸侯朱,大夫素,士玄黄……凡七幅,殊其前后,前三幅,后四幅。绣四章:藻、粉米、黼、黻于其上。"

【朝服】cháofú ❶周代君臣祭祀时穿着的礼服,汉以后与君臣朝会的衣服合为一体。根据祭祀的不同,服饰形制各有不同。《仪礼·士冠礼》:"主人玄冠、朝服、缁带、素韠,即位于门东,西面。"《论语·乡党》:"吉月,必朝服而朝。"宋邢昺疏:"所以朝服者,大夫朝服以祭,故用祭服以依神也。"汉司马相如《上林赋》:"袭朝服,乘法驾。"❷帝、后、官员、受有封诰的命妇朝会、典礼等礼仪场合所穿的礼服。汉卫宏《汉旧仪补遗》:"孝文皇帝时,博士七十余人,朝服玄端,章甫冠。"《后汉书·舆服志下》:"今下至贱更小吏,皆通制袍,单衣,皂缘领袖中衣,为朝服云。"唐钱起《酬陶六辞秩归旧居见束》诗:"吾当挂朝服,同尔缉荷衣。"《宋史·舆服志四》:"朝服:一曰进贤冠,二曰貂蝉冠,三曰獬豸冠,皆朱衣朱裳。"宋王栐《燕翼诒谋录》卷一:"国初仍唐旧制,有官者服皂袍,无官者白袍,庶人布袍,而紫帷施于朝服,非朝服而用紫者,有禁。"《晋书·舆服志》:"自二千石夫人以上至皇后,皆以蚕衣为朝服。"《大清会典图》卷四四:"皇后朝服,御朝珠三盘,东珠一,珊瑚二。"《红楼梦》第五十三回:"次日由贾母有封诰者,皆按品级着朝服,先坐八人大轿,带领众人进宫朝贺行礼。"

诸侯朝服(宋聂崇义《三礼图》所拟)

【朝冠】cháoguān ❶帝王、官员参加朝会时所戴的礼冠，泛指官帽。《孟子·公孙丑上》："立于恶人之朝，与恶人言，如以朝衣朝冠坐于涂炭。"五代南唐李中《送致仕沈彬郎中游茅山》诗："挂却朝冠披鹤氅，羽人相伴恣遨游。"宋陆游《夏日杂题》诗："貂插朝冠金络马，多年不入梦魂中。"明刘若愚《酌中志·内臣佩服纪略》："朝服、朝冠与外廷同，冠七梁或五梁旧制。"《醒世姻缘传》第十八回："晁源走到后边，取了一顶朝冠出来。"清吴振棫《养吉斋丛录》卷二二："顺治二年，定百官冠制……此言朝冠也，余未议及。雍正五年，议凉帽、暖帽，皆照朝冠顶用。"❷专指清代帝后百官及命妇所戴的礼冠。有冬、夏二式。

【朝衣】cháoyī 帝王、官员参加朝会时穿的礼服，后泛指官服。《孟子·公孙丑上》："立于恶人之朝，与恶人言，如以朝衣朝冠坐于涂炭。"《后汉书·刘宽传》："使侍婢奉肉羹，翻污朝衣。"唐崔峒《初除拾遗酬丘二十二见寄》诗："江海久垂纶，朝衣忽挂身。"《新唐书·李纲传》："故魏武使祢衡击鼓，衡先解朝衣，曰：'不敢以先王法服为伶人衣。'"清昭梿《啸亭续录·朝服龙团》："定制，惟皇上御服朝衣，于腰阑下前后绣龙团各四，诸王以下皆用素缎数则，以为辨别。"

cheng—chi

【成服】chéngfú ❶周礼规定的丧服。形制、质料视穿者与死者关系亲疏而定，有严格的制度。《礼记·奔丧》："唯父母之丧，见星而行，见星而舍。若未得行，则成服而后行。"又："家远则成服而往。"《仪礼·士丧礼》："宾出，主人拜送，三日，成服。"❷盛服。晋应亨《赠四王冠诗》："令月惟吉日，成服加元首。"

【绨绤】chīxì 葛之细者曰绨，粗者曰绤。引申为葛衣。《诗经·国风·葛覃》："为绨为绤，服之无斁。"汉郑玄笺："绨绤所以当暑，今以待寒，喻其失所也。"《龙龛手鉴·糸部》："绤，绨绤，葛衣也。"

【侈袂】chǐmèi 也作"移袂"。宽大的衣袖。《礼记·杂记下》："凡弁绖，其衰侈袂。"汉郑玄注："侈犹大也……袂之小者二尺二寸，大者半而益之，则侈袂三尺三寸。"《仪礼·少牢馈食》："主妇被锡衣移袂，荐自东房。"汉郑玄注："大夫妻尊，亦衣绡衣而侈其袂耳，侈者，盖半士妻之袂以益之，衣三尺三寸，袪尺八寸。"南朝梁萧统《〈陶渊明集〉序》："齐讴赵舞之娱，八珍九鼎之食，结驷连镳之游，侈袂执圭之贵，乐则乐矣，忧则随之。"《新唐书·儒学传·序》："纡侈袂，曳方履，阗闉秋秋，虽三代之盛，所未闻也。"

侈袂示意图

【赤芾】chìfú 也作"赤市"。一种红色的蔽膝。周代诸侯及大夫以上官员从君祭祀时佩戴。颜色较天子之芾为浅。《诗经·小雅·斯干》："朱芾斯皇，室家君王。"又《曹风·候人》："彼其之子，三百赤芾。"汉毛亨传："芾，韠也……大夫以上赤芾。"汉郑玄注："芾音弗，祭服谓之芾。"

【赤绂】chìfú ❶即"赤芾"。《易·困》："九五，劓刖，困于赤绂。"高亨注："赤绂，赤色之蔽膝，大夫所服，此赤绂象征服赤绂之大夫。"《后汉书·东平宪王苍传》："愚顽之质，加以固病，诚羞负乘，辱污辅将之位，将被诗人'三百赤绂'之刺。"唐李贤注："赤绂，大夫之服也。"❷古代官服上系印纽的红色丝带。《三国志·魏志·武帝纪》："天子使魏公位在诸王侯上，改授金玺、赤绂、远游冠。"唐白居易《戊申岁暮咏怀诗》之二："紫泥丹笔皆经手，赤绂金章尽到身。"

【赤绋】chìfú 即"赤芾"。汉班固《白虎通·绋冕》："绋者何谓也？绋者蔽也，行以蔽前者尔，有事因以别尊卑、彰有德也。天子朱绋，诸侯赤绋。"

【赤韨】chìfú ❶即"赤芾"。《礼记·玉藻》："一命缊韨幽衡；再命赤韨幽衡；三命赤韨葱衡；再命 赤韨葱衡。"汉郑玄注："此玄冕爵弁服之韠，尊祭服，异其名耳。韨之言亦蔽也……《周礼》：公、侯、伯之卿三命，其大夫再命，其士一命。"唐孔颖达疏："按《诗》毛传'天子纯赤，诸侯黄朱。'黄朱色浅，则亦名赤韨也。"❷古代官服上系印纽的红色丝带。《汉书·王莽传上》："赐公太夫人号曰功显君，食邑二千户，黄金印赤韨。"唐颜师古注："此韨，印之组也。"

【赤舄】chìxì ❶红颜色的复底鞋，里面一层底为革，外面一层底为木。在帝王参与的祭祀及朝聘仪式中君王、王后与冕服配合使用。按周礼规定：帝王的赤舄专用于冕服，最为尊贵；帝后的赤舄专用于阙翟，位列第三。汉、唐、宋、明历代沿袭，各有损益，入清后其制废除。《诗经·豳风·狼跋》："公孙硕肤，赤舄几几。"汉毛亨传："公孙，成王也……赤舄，人君之盛屦也。"《周礼·天官·屦人》："屦人掌王及后之服屦，为赤舄、黑舄，赤繶、黄繶、青绚，素屦、葛屦。"汉郑玄注："（王）舄有三等：赤舄为上，冕服之舄……王后吉服六，唯祭服有舄，玄舄为上，褘衣之舄也。下有青舄、赤舄。"唐贾公彦疏："后翟三等，连衣裳而色各异，故三翟三等之舄配之……玄舄配袆衣，则青舄配揄翟、赤舄配阙翟。"《后汉书·舆服志下》："显宗遂就大业，初服旒冕，衣裳文章，赤舄絇屦，以祠天地，养三老五更于三雍，于时致平矣。"《晋书·舆服志》："其侍祠则平冕九旒，衮衣九章……赤舄绛袜。"《隋书·礼仪志七》："赤舄，舄加金饰。祀圆丘、方泽、感帝、明堂、五郊、雩、蜡、封禅、朝日、夕月、宗庙、社稷、籍田、庙遣上将、征还饮至、元服、纳后、正月受朝及临轩拜王公，则服之。"《通典·礼志三十一》："太尉三公助祭，宜服鷩冕七章，冕缫九旒，赤舄。"《明史·舆服志三》："皇帝通天冠服，洪武元年定，郊庙、省牲，皇太子诸王冠婚、醮戒，则服通天冠、绛纱袍……白袜、赤舄。"❷上士或下大夫以上的各级贵族在君主的祭祀仪式及朝聘天子的仪式或诸侯在自祭家庙时穿用的鞋子。《诗经·大雅·韩奕》："玄衮赤舄。"《周礼·天官·屦人》："卿大夫及王之命士得服冕服者，亦得服赤舄。"

赤舄（明王圻《三才图会》插图）

【**赤衣**】chìyī ❶天子、显贵、官吏所穿的红色衣服。《吕氏春秋·孟夏》:"(天子)衣赤衣,服赤玉。"《淮南子·时则训》:"天子衣赤衣,乘赤骝,服赤玉,建赤旗。"《南史·循吏传·沈巑之》:"上曰:'要人为谁?'巑之以手板四面指曰:'此赤衣诸贤皆是。'"《聊斋志异·偷桃》:"堂上四官皆赤衣,东西相向坐。"❷秦汉时期罪犯所穿的红色衣服。亦借指犯人。汉刘向《新序·善谋》:"赤衣塞路,群盗满山。"❸隶卒所穿的红色衣服。《太平广记》卷一〇:"传呼赤衣兵数十人,赍刀剑,将一车,直从坏壁中入来。"

chong－chun

【**充耳**】chōng'ěr 系于冕的玉衡后往下垂的装饰,由丝绳和下面的丸状饰物构成,下垂及耳,可以塞耳避听。《诗经·卫风·淇奥》:"有匪君子,充耳琇莹。"汉毛亨传:"充耳谓之瑱;琇莹,美石也。天子玉瑱,诸侯以石。"《诗经·齐风·著》:"俟我于着乎而,充耳以素乎而,尚之以琼华乎而。俟我于庭乎而,充耳以青乎而,尚之以琼莹乎而。俟我于堂乎而,充耳以黄乎而,尚之以琼英乎而。"清王夫之《诗经稗疏·小雅》:"充耳者,瑱也,冕之饰也。"

【**冲牙**】chōngyá 大佩末端上的串饰,位于玉璜两侧,左右各一。形似兽齿状,一般用白玉制成。《诗经·郑风·女曰鸡鸣》:"知子之来之,杂佩以赠之。"汉毛亨传:"杂佩者,珩、璜、琚、瑀、冲牙之类也。"《礼记·玉藻》:"佩玉有冲牙。"唐孔颖达疏:"凡佩玉必上系于衡,下垂三道,穿以蠙珠,下端前后以县于璜,中央下端县以冲牙,动则冲牙前后触璜而为声。所触之玉,其形似牙,故曰冲牙。"明周祈《名义考》卷一一:"佩有珩者,佩之上横者也。下垂三道,贯以蠙珠……瑀如大珠,在中央之中,别以珠贯,下系于璜而交贯于瑀,复止系于珩之两端。冲牙如牙,两端皆锐,横系于瑀下,与璜齐,行则冲璜出声也。"

【**重茧**】chóngjiǎn 也作"重襺"。"茧"通"襺"。厚实的绵衣。《左传·襄公二十一年》:"重茧衣裘,鲜食而寝。"晋杜预注"茧,绵衣。"明周祈《名义考》卷一一:"《左传》夏重襺。按纩为襺,新绵也。重襺谓重绵。"

【**初服**】chūfú ❶官吏入仕之前所穿的服装,与"朝服"相对。《楚辞·离骚》:"进不入以离尤兮,退将复修吾初服。"明蒋骥注:"初服,未仕时之服也。"三国魏曹植《七启》:"愿返初服,从子而归。"南朝陈徐陵《为王仪同致仕表》:"便释朝衣,谨遵初服。"唐刘长卿《送薛承矩秩满北游》诗:"知君喜初服,只爱此身闲。"❷女子出嫁之前所穿的衣服。三国魏曹植《出妇赋》:"痛一旦而见弃,心忉忉以悲惊。衣入门之初服,背床室而出征。"❸与"僧衣"相对,佛教指称世俗人的衣装。唐玄奘《大唐西域记·印度总述》:"罢黜犯律,僧中科罚,轻则众命诃责,次又众不与语,重乃众不共住。不共住者,斥摈不齿,出一住处,措身无所,羁旅艰辛,或返初服。"唐陈子昂《馆陶郭公姬薛氏墓志铭》:"年十五,大将军薨,遂剪发出家……遂返初服而归我郭公。"

【**楮冠**】chǔguān 贫士、隐士所戴的用楮树皮制成的冠。《韩诗外传》卷一:"子贡乘肥马,衣轻裘,中绀而表素,轩车不容巷,而往见之。原宪楮冠、黎杖而应门,正冠则缨绝,振襟则肘见,纳履则踵决。"宋陆游《杂题》诗:"三生元是出家人,一念差来堕荐绅。二寸楮冠双草屦,天公还我水云身。"

【楚服】chǔfú ❶特指先秦时期楚国的服装。《战国策·秦策五》:"异人至,不韦使楚服而见。王后悦其状。"宋鲍彪注:"以王后楚人,故服楚制以说之。"❷囚犯所穿的衣服,亦指粗陋的服装。明沈德符《万历野获编》卷九:"方丘月林同张诚往楚籍没时,曾具方巾青袍,入谒于后堂,丘与揖而送之;王则囚首楚服,口称'小的',言词佞而鄙,丘与张怒,笞二十而遣之。"

【楚冠】chǔguān 先秦时期楚人所用的冠帽样式,又特指执法者所戴的冠帽,如獬豸冠等。汉蔡邕《独断》卷下:"法冠,楚冠也,一曰柱后惠文冠。"唐柳宗元《为安南杨侍御祭张都护文》:"既受筐篚,载加命服,赐有楚冠,用惭豸角。"集注引孙汝听曰:"胡广曰:《左传》有'南冠而絷者',则楚冠也。或谓之獬豸冠,一曰柱后惠文冠,执法者服之。《续汉志》云:獬豸,神羊,能别曲直,楚王尝获之,故以为冠。"

【春服】chūnfú 春季所穿衣服的统称。《论语·先进》:"莫春者,春服既成。"晋陶渊明《时运》诗:"袭我春服,薄言东郊。"宋梅尧臣《湖州寒食陪太守南园宴》诗:"游人春服靓妆出,笑踏俚歌相与嘲。"明张羽《三月三日期黄许二山人游览不至因寄》诗:"济济少长集,鲜鲜春服明。"

【纯】chún ❶衣服上的镶边。周礼规定:父母、祖父母俱在,纯用五彩,并施以纹;父母在而祖父母无,纯以青;孤子,则以白。《礼记·深衣》:"具父母、大父母,衣纯以缋;具父母,衣纯以青;如孤子,衣纯

以素。"又《曲礼上》:"为人子者,父母存,冠衣不纯素。孤子当室,冠衣不纯采。"《荀子·正论》:"治古无肉刑,而有象刑……杀,赭衣而不纯。"《尔雅·释器》:"缘谓之纯。"晋郭璞注:"衣缘饰也。"❷鞋口上的镶边。周礼规定镶边要与冠服相配为宜。《仪礼·士冠礼》:"玄端黑屦,青绚缲纯。纯博寸;素积白屦,以魁柎之,缁绚缲纯。纯博寸;爵弁𫄸屦,黑绚缲纯。纯博寸。"汉郑玄注:"纯,缘也。"唐贾公彦疏:"谓绕口缘边也。"元末明初陶宗仪《南村辍耕录》卷三〇:"纯,《屦人》注:缘也。言缲必有绚纯,言绚必有缲纯,三者相将,则屦、舄皆有绚、缲、纯矣。凡绚、缲、纯皆一色。"明屠隆《起居器服笺·文履》:"用白布作履,如世俗之鞋……于牙底相接处用一细丝绦周围缀于缝中,是为缲。又以履口纳毕处周围缘以皂绢,广一寸,是为纯……如黑履则用皂布为之。"明杨慎《升庵经说》卷一二:"纯,缘也……音衮。今云衮边。"

纯(宋人《松荫论道图》)

【纯衣】chúnyī 周礼规定士所穿的丝质祭服。《仪礼·士冠礼》:"爵弁,服𫄸裳、纯衣、缁带、韎韐。"又《士昏礼》:"女次纯

衣纁裳,立于房中南面。"汉郑玄注:"纯衣,丝衣也。余衣皆用布,唯冕与爵弁服用丝耳。"唐皮日休《正沉约评诗论》:"尧不当乘白马,冠黄收,衣纯衣也。"

【鹑衣】chúnyī 也作"鹑服""鹑裾"。经过多次补缀的破旧衣服,因与鹑鸟一样没有纹饰,故称,泛指贫苦、穷困者的衣服。语本《荀子·大略》:"子夏贫,衣若县鹑。"唐杜甫《风疾舟中伏枕书怀》诗:"乌儿重重缚,鹑衣寸寸针。"齐己《荆门疾中喜谢尊师自南岳来相里秀才自京至》诗:"鹤鬓人从衡岳至,鹑衣客自洛阳来。"骆宾王《寒夜独坐游子多怀简知己》诗:"鹑服长悲碎,蜗庐未卜安。"宋梅尧臣《田家》诗之四:"卒岁岂堪念,鹑衣著更穿。"清周亮工《王王屋传》:"其逮也,士民数千人攀辕痛哭,白日惨黯,遮愬缇骑,自卯至申,不得前,甚有蒙瞍、孤贫、鸠杖、鹑衣,亦视力投金钱槛车赆之。"

鹑衣(明万历年间刻本《东窗记》插图)

cong—cui

【葱珩】cōnghéng 也作"葱衡"。大佩上青色的横玉。《诗经·曹风·候人》:"彼其之子,三百赤芾。"汉毛亨传:"一命缊

芾黝珩,再命赤芾黝珩,三命赤芾葱珩。"又《小雅·采芑》:"服其命服,朱芾斯皇,有玱葱珩。"汉毛亨传:"葱,苍也。"唐孔颖达疏:"云葱珩,则三命以上皆葱珩也,故云三命葱珩。"

【粗缞斩】cūcuīzhǎn 丧服中最重的一种。《左传·襄公十七年》:"齐晏桓子卒,晏婴粗缞斩,苴绖、带、杖。"晋杜预注:"斩不缉之也,缞在胸前,粗三升布。"杨伯峻注:"粗缞斩,即粗布之斩衰。缞同衰。古代丧服,子为父斩衰三年。"参见174页"斩衰"。

【粗功】cūgōng 古代丧服五服之一,服期九个月。《仪礼·丧服》:"冠者,沽功也。"汉郑玄注:"沽,犹粗也,冠尊加其粗,粗功,大功也。"参见26页"大功"。

【粗纠】cūxún 用麻制成的粗糙的鞋子。《荀子·正名》:"粗布之衣,粗纠之履,而可以养体。"唐杨倞注:"粗麻履也。"

【衰】cuī 也作"缞"。❶丧服的上衣。有锡衰、缌衰、疑衰等不同等级。《荀子·礼论》:"无衰麻之服。"《左传·僖公三十三年》:"子墨衰绖,梁弘御戎,莱驹为右。"《礼记·丧服小记》:"斩衰括发以麻,齐衰恶笄以终丧。"《周礼·天官·内司服》:"共丧衰亦如之。"《仪礼·丧服》:"斩衰裳,苴绖杖,绞带,冠绳缨,菅屦者。"汉郑玄注:"凡服上曰衰,下曰裳。"《汉书·王莽传》:"时武王崩,缞粗未除。"晋潘岳《西征赋》:"寒哭孟以审败,襄墨缞而援戈。"南朝宋刘义庆《世说新语·任诞》:"谢镇西往尚书墓还,葬后三日反哭……诸人门外迎之,把臂便下,裁得脱帻,著帽酣宴。半坐,乃觉未脱衰。"❷子为父、妻为夫、臣为君等服三年之丧时,丧服上缀于胸前的长方形麻

布条。长为六寸，宽四寸。《左传·襄公十七年》："齐晏桓子卒，晏婴粗缞斩。苴经带，杖。"晋杜预注："斩不缉之也，缞在胸前。"唐孔颖达疏："谓斩，布用之不緶其端也；衰，用布为之，广四寸，长六寸，当心，故云在胸前也。"《说文解字·糸部》："缞：服衣。长六寸，博四寸，直心。"见134页"衰 suō"。

【衰绖】cuīdié 丧服胸前当心处缀有长六寸、广四寸的麻布，名衰，因名此衣为衰；围在头上的散麻绳为首绖，缠在腰间的为腰绖。衰、绖两者是丧服的主要部分。后泛用衰绖代指丧服。《左传·僖公十五年》："穆姬闻晋侯将至，以太子罃、弘与女简璧登台而履薪焉。使以免服衰绖逆。"又《僖公六年》："许男面缚，衔璧，大夫衰绖，士舆榇。"《礼记·杂记下》："三年之丧，如或遗之酒肉，则受之，必三辞，主人衰绖而受之。"晋干宝《搜神记》卷一七："父母诸弟，衰绖到来迎丧。"《朱子语类》卷八九："今人平时既不用古服，却独于丧礼服之……故向来斟酌，只以今服加衰绖。"《资治通鉴·汉明帝永平十年》："陵阳侯丁綝卒，子鸿当袭封，上书称病，让国于弟盛，不报。既葬，乃挂衰绖于冢庐而逃去。"明高明《琵琶记》第四十出："可怜衰绖拜坟茔，不作锦衣归故里。"《续资治通鉴·元世祖至元十六年》："交趾国王遣使者十二人衰绖致祭，使者号泣震野。"清章炳麟《封建考》："亲丧七日不食，祖父母丧，五日不食。兄弟、伯叔、姑姊妹，三日不食。设座为像，朝夕拜奠，不制衰绖。"

【衰葛】cuīgé 丧服，衰衣葛绖。《周礼·夏官·旅贲氏》："丧纪，则衰葛，执戈盾。"汉郑玄注："葛，葛绖。"唐贾公彦疏：

"臣为王，贵贱皆斩衰。斩衰，麻绖，至葬，乃服葛。"清孙诒让正义："注云'葛，葛绖'者，谓以葛为首绖、要绖也。"

【衰冠】cuīguān 丧服，衰衣丧冠。《周礼·春官·小宗伯》："县衰冠之式于路门之外。"汉郑玄注："制色宜齐同。"清孙诒让正义："《注》云'制色宜齐同'者，《司服》云：'凡丧为天王斩衰'，衰冠之制，具《丧服经》。"《仪礼·丧服》"丧服第十一"唐贾公彦疏："妇人为夫之族类为义，自余皆正，衰冠如上释也。"

【衰麻】cuīmá 丧服，衰衣麻绖。《荀子·礼论》："刑余罪人之丧……无衰麻之服，无亲疏月数之等。"《礼记·乐记》："衰麻哭泣，所以节丧纪也。"又《曲礼上》："七十唯衰麻在身。"《淮南子·说山训》："祭之日而言狗生，取妇夕而言衰麻。"宋欧阳修《太常博士周君墓表》："其衰麻之数，哭泣之节，居处之别，饮食之变，皆莫知夫有礼也。"《红楼梦》第一百一十一回："到了辰初发引，贾政居长，衰麻哭泣，极尽孝子之礼。"

【缞绖】cuīdié 即"衰绖"。《墨子·节丧下》："缞绖垂涕，处倚庐，寝苫枕凷。"晋葛洪《抱朴子·论仙》："夫有道者视爵位如汤镬，见印绶如缞绖。"唐李冗《独异志》卷下："陆云有笑癖……尝自服缞绖上船，见水中影，笑而堕水。"《新唐书·忠义传上·吴保安》："于时，保安以彭山丞客死，其妻亦没，丧不克归。仲翔为服缞绖，囊其骨，徒跣负之，归葬魏州。"《聊斋志异·金生色》："妇思自衒以售，缞绖之中，不忘涂泽。"

【毳】cuì "毳冕"的省称。《周礼·春官·司服》："王之吉服……祀四望山川，则毳冕。"汉郑玄注："毳，画虎蜼谓宗彝也。

其衣三章,裳二章,凡五也。"《玉海》卷八一:"上公亦衮;侯伯鷩;子男毳;孤卿缔。"

【毳冕】cuìmiǎn 周代天子祭祀四望山川时所穿的礼服和所戴的冕,"六冕"之一。衣服上的纹饰以有毳毛的虎蜼(即宗彝)为首章。衣用玄色,画虎蜼、藻、粉米三章;裳用纁色,绣以黼、黻二章。秦汉以后沿袭,王公大臣亦可穿着,唐代为三品官服,宋代六部侍郎以上官吏服之,以后其制不存。《诗经·王风·大车》:"大车槛槛,毳衣如菼。"汉郑玄笺:"古者天子大夫服毳冕以巡行邦国,而决男女之讼。则是子男入为大夫者,毳衣之属,衣繢而裳绣,皆以五色焉。"《尚书·益稷》:"予欲观古人之象,日、月、星辰、山、龙、华虫,作会,宗彝。"唐孔颖达疏:"毳冕五

章,虎蜼为首,虎蜼毛浅,毳是乱毛,故以毳为名。"《周礼·夏官·弁师》:"掌王之五冕……皆五采玉十有二,玉笄朱纮。"汉郑玄注:"鷩衣之冕缫九斿,用玉二百一十六;毳衣之冕七斿,用玉百六十八。"《隋书·礼仪志六》:"诸公之服九……六曰毳冕,五章,衣三章,裳二章,衣重藻粉米,裳重黼黻。"又:"三公之服九……三曰毳冕,五章,衣三章,裳二章,衣重藻与粉米,裳重黼黻。"《旧唐书·文苑传上·杨炯》:"又制毳冕以祭四望也。四望者,岳渎之神也。"《新唐书·车服志》:"毳冕者,祭海岳之服也。七斿,五章:宗彝、藻、粉米在衣;黼、黻在裳。"又:"毳冕者,三品之服也。"《宋史·舆服志四》:"毳冕:六玉,三采,衣三章……六部侍郎以上服之。"

子男毳冕(宋聂崇义《三礼图》所拟)　　上公毳冕(宋聂崇义《三礼图》所拟)　　三公毳冕(宋聂崇义《三礼图》所拟)

【毳衣】cuìyī ❶天子祭祀四望山川、子男爵及大夫朝聘天子、助祭或巡行决讼时穿的一种礼服。上衣玄色,有虎蜼、藻、粉米三章;下裳纁色,有黼、黻两章。《诗经·王风·大车》:"大车槛槛,毳衣如菼。"汉毛亨传:"毳衣,大夫之服。菼,鵻也,芦之初生者也。天子大夫四命,其出

封五命,如子男之服……服毳冕以决讼。"❷毛皮所制之衣。北齐刘昼《刘子·适才》:"紫貂白狐,制以为裘,郁若庆云,皎如荆玉,此毳衣之美也。"唐李敬方《太和公主还宫》诗:"金殿更戎幄,青袪换毳衣。"宋俞琰《席上腐谈》卷上:"今之蒙衫,即古之毳衣。蒙谓毛之细软

貌,如《诗》所谓'狐裘蒙茸'之蒙,俗作毯,音模。其实即是毛衫。"《宣和遗事》后集:"有小儿三人,自梁栋中循柱而下,弓矢在手,跳跃笑语,皆毳衣跣足。"明宋应星《天工开物》卷二"裘":"虎豹至文,将军用以彰身;犬豕至贱,役夫用以适足。西戎尚獭皮,以为毳衣领饰。"❸僧服的一种。《法苑珠林》卷一〇一:"衣中有四者:一,粪扫衣;二,毳衣;三,衲衣;四,三衣。"

【翠翘】cuìqiáo 也称"翡翠翘""翠云翘"。妇女的一种华丽首饰,其上装饰有翠鸟尾羽或翡翠制成的羽毛状饰品。《楚辞·招魂》:"砥室翠翘。"汉王逸注:"翠,鸟名也。翘,羽也。"唐韦应物《长安道》诗:"丽人绮阁情飘飖,头上鸳钗双翠翘。"温庭筠《菩萨蛮》词:"翠翘金缕双鸂鶒,水文细起春池碧。"李商隐《碧瓦》诗:"吴市蠙蜎甲,巴賨翡翠翘。他时未知意,重叠赠娇娆。"五代魏承班《菩萨蛮》词:"声颤觑人娇,云鬟嫡翠翘。"宋晁冲之《上林春慢》词:"翠翘双斛,醉归来,又重向、晓窗梳裹。"陈允平《小重山》词:"慵整翠云翘。眉尖愁两点,情谁描。"周邦彦《忆秦娥·佳人》词:"人如玉,翠翘金凤,内家妆束。"元杨奂《录汴梁宫人语十九首》诗:"翠翘珠掘背,小殿夜藏钩,蓦地羊车至,低头笑不休。"明陈与郊《文姬入塞》:"我则道绣罗襦迭破了褶,翠云翘断送些。"《金瓶梅词话》第九十回:"取了一盒子,各样大翠鬓花,翠翘满冠。"清高士奇《灯市竹枝词》:"鸦髻盘云插翠翘,葱绫浅斗月华娇。"厉荃《事物异名录》卷一六:"唐诗:'头上鸳钗双翠翘'。按翠鸟尾上长毛曰翘,美人首饰加之,因名翠翘。"李渔《蜃中楼·训女》:"终朝阿母梳云髻,甚日檀郎整翠翘。"

【翠羽】cuìyǔ 用翠鸟羽毛或翡翠等制成的羽毛状饰品,可用作冠帽、簪钗等的装饰。《逸周书·王会》:"正南:瓯、邓、桂国、损子、产里、百濮、九菌,请令以珠玑、瑇瑁、象齿、文犀、翠羽、菌鹤、短狗为献。"《文选·曹植〈七启〉》:"戴金摇之熠耀,扬翠羽之双翘。"唐刘良注:"金摇,钗也;熠烁,光色也;又饰以翡翠之羽于上也。"《晋书·舆服志》:"诸王加官者自服其官之冠服,惟太子及王者后常冠焉。太子则以翠羽为緌,缀以白珠,其余但青丝而已。"《南齐书·舆服志》:"远游冠,太子诸王所冠。太子朱缨,翠羽緌珠节。诸王玄缨,公侯皆同。"明陶宗仪《说郛》卷五六录元徐明善《天南行记》:"至元二十六年三月日安南国世子臣陈日烜上笺,进方物状云:金悬珥结真珠一双……阇婆国白布一疋,翠羽五十只。"

D

da

【大帛】dàbó 周代凶礼中使用的白布冠。《礼记·玉藻》："大帛不緌。"汉郑玄注："帛，当为白，声之误也。大帛，谓白布冠也。"

【大采】dàcǎi 周代帝王祭祀太阳时所穿的一种五彩礼服。《国语·鲁语下》："天子大采朝日，与三公、九卿祖识地德。"三国吴韦昭注："《礼记·玉藻》：'天子玄冕以朝日。'冕服之下则大采，非衮织也。'《周礼》：'王搢大圭，执镇圭，藻五采五就以朝日。'则大采谓此也。"又注："少采，黼衣也。昭谓：朝日以五采，则夕月其三采也。"

【大带】dàdài ❶商周时期天子、贵族、士大夫等的礼服用带。多用丝帛制成，根据不同的身份等级，所用的颜色、质料、长宽各有不同。系结于腰前，多余部分垂下。沿用至明，入清后废除。《诗经·曹风·鸤鸠》："淑人君子，其带伊丝。"汉郑玄笺："'其带伊丝'，谓大带也。大带用素丝，有杂饰焉。"《礼记·玉藻》："天子素带，朱里，终辟；（诸侯）而素带，终辟；大夫素带，辟垂；士练带率下辟；居士锦带；弟子缟带。"又："大夫大带四寸。"汉郑玄注："大夫以上以素，皆广四寸；士以练，广二寸。"《隋书·礼仪志七》："皇后袆衣，深青织成为之……大带，随衣色，朱里，纰其外，上以朱锦，下以绿锦。"《唐六典》卷四："凡王公第一品服衮冕……革带、钩𫃪、大带、鞢剑、佩绶、朱袜、青舄。"《明史·舆服志二》："衮，玄衣黄裳，十二章……白罗大带，红里。"❷宋代士人日常束在外衣腰部的布条。宋罗大经《鹤林玉露》卷八："朱文公晚年，以野服见客……本未敢遽以老夫自居，而比缘久病，艰于动作，遂不免遵用旧京故俗，辄以野服从事。然上衣下裳，大带方履，比之凉衫，自为稍简，其所便者，但取束带足以为礼。"

大带（宋聂崇义《三礼图》所拟）

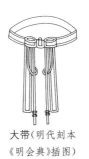

大带（明代刻本《明会典》插图）

【大功】dàgōng 也作"大红"。丧服"五服"之一,次于斩衰、齐衰,比小功粗糙,所以称为"大功"。为堂兄弟、未婚的堂姊妹、已婚的姑姊妹、侄女及众孙、众子妇、侄妇等服丧;已婚的女性为丈夫之祖父母、伯父母、叔父母、兄弟、侄、未婚姑、姊妹、侄女等服丧,都服大功。服期最长九个月,有长殇、中殇之别。从商周时期起,历代沿用,形制上各有变异。《仪礼·丧服》:"大功布衰裳,牡麻绖,无受者:子、女子子之长殇、中殇,叔父之长殇、中殇,姑姊妹之长殇、中殇,昆弟之长殇、中殇,夫之昆弟之子女子子之长殇、中殇,适孙之长殇、中殇,大夫之庶子为适昆弟子之长殇、中殇,公子之长殇、中殇,大夫为适子之长殇、中殇。其长殇皆九月,缨绖;其中殇,七月,不缨绖。"汉郑玄注:"大功布者,其锻治之功粗治之。"《礼记·学记》:"师无当于五服,五服弗得不亲。"唐孔颖达疏:"五服:斩衰也,齐衰也,大功也,小功也,缌麻也。"《新唐书·礼乐志十》:"大功,长殇九月,中殇七月。"《宋史·礼志二十八》:"太常礼院言:检会敕文,期周尊长服,不得取应。又礼为叔父齐衰期,外继者降服大功九月。其黄价为叔僧,合比外继,降服大功。"《明史·礼志十四》:"其制服五……曰大功,以粗熟布为之。"《大清通典》:"大功九月,祖为众孙及孙女在室者,祖母为嫡孙、众孙及孙女在室者,生祖母为庶孙,父母为众子妇及女之已嫁者(慈母养母为其子妇同),伯、叔父母为从子妇及兄弟之女已嫁为人后者,为其兄弟姑姊妹在室者;夫为人后,其妇为夫本生父母,为夫之同堂兄弟及同堂姊妹在室者,为姑及姊妹之已嫁者,为兄弟之子,为人后者,女出嫁为本宗伯叔父母,及兄弟与兄弟之子,及姑姊妹及兄弟之女在室,妇为夫之祖父母,为夫之伯叔父母。"

大功(明王圻《三才图会》插图)

大功牡麻绖缨(宋聂崇义《三礼图》所拟)

大功牡麻绖(宋聂崇义《三礼图》所拟)

大功布衰(宋聂崇义《三礼图》所拟)

大功布裳(宋聂崇义《三礼图》所拟)

【大冠】dàguān ❶武冠,古代武官戴的一种帽子。《战国策·齐策六》:"(田单)遂攻狄,三月而不克之也。齐婴儿谣曰:'大冠若箕,修剑拄颐。攻狄不能下,垒枯丘。'"《汉书·盖宽饶传》:"宽饶初拜为司马……冠大冠,带长剑,躬案行士卒庐室,视其饮食居处,有疾病者身自抚循临问。"《后汉书·光武帝纪上》:"及见光武绛衣大冠,皆惊曰:'谨厚者亦复为之',乃稍自安。"唐李贤注引《舆服志》曰:"大冠者,谓武冠,武官冠之。"《艺文类聚》卷六七:"终军上书,请受大冠长缨,以羁南越王而致之阙下,乃使越王,越王请举国内属。"❷高冠。北齐颜之推《颜氏家训·涉务》:"梁世士大夫,皆尚褒衣博带,大冠高履,出则车舆,入则扶侍。"明刘基《卖柑者言》:"峨大冠,拖长绅者,昂昂乎庙堂之器也,果能建伊、皋之业耶?"

【大佩】dàpèi 商周时贵族男女祭服或朝服玉佩中最隆重的一种,由玉珩、玉璜、玉琚、玉瑀及冲牙等多种玉器串组而成,使用时系挂于腰下。后历代因袭,各有损益,至清废止。《后汉书·舆服志下》:"古者君臣佩玉,尊卑有度……至孝明皇帝,乃为大佩,冲牙双瑀璜,皆以白玉。乘舆落以白珠,公卿诸侯以采丝,其(玉)视冕旒,为祭服云。"又:"天子、三公、九卿、特进侯、侍祠侯,祀天地明堂,皆冠旒冕,衣裳玄上𧘌下……大佩,赤舄绚履,以承大祭。"《隋书·礼仪志六》:"助祭郊庙,皆平冕九旒……衣,玄上𧘌绣下,画山龙以下九章,备五采,大佩,赤舄,绚履。"

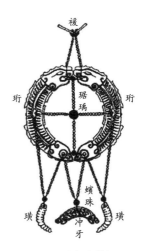

大佩图(由郭沫若拟)

【大裘】dàqiú ❶用黑羊羔皮制成的裘,周代天子用以祭天地。《周礼·天官·司裘》:"司裘掌为大裘,以共王祀天之服。"汉郑玄注引郑司农云:"大裘,黑羔裘,服以祀天,示质。"唐贾公彦疏:"言为大裘者,谓造作黑羔裘,裘言'大'者,以其祭天地之服,故以'大'言之,非谓裘体侈大。"《周礼·春官·司服》:"祀昊天上帝,则服大裘而冕,祀五帝亦如之。"《孔子家语·郊问》:"天子大裘以黼之,被衮象天,乘素车,贵其质也。"❷普通人所穿长大的裘衣。唐白居易《新制绫袄成感而有咏》诗:"争得大裘长万丈,与君都盖洛阳城。"《太平广记》卷三六七:"颇自渭北入城,止于媪店,见有一媪,年只可六十已来,衣黄绸大裘,乌帻,跨门而坐焉。"《宋史·舆服志三》:"今谓大裘当暑,以同色缯为之。"又:"政和议礼局上:大裘,青表缥里,黑羔皮为领、襈、襟,朱裳,被以衮服。冬至祀昊天上帝服之,立冬祀黑帝,立冬后祭神州地祇亦如之。"清唐孙华《哭座主玉峰尚书徐公》诗之三:"大裘百丈遮寒士,修绠千寻援溺人。"

27

【大裘冕】dàqiúmiǎn 省称"裘冕""大裘"。周代天子祭祀上天及五帝的礼服，为冕服中最贵重者。穿大裘而戴冕冠，冕无旒，大裘用黑羊羔皮做成。至秦，除六冕，唯留玄冕。汉明帝永平中，方始创制。隋、唐、宋沿袭，各有损益，宋以后不存。《周礼·春官·司服》："王之吉服：祀昊天上帝，则服大裘而冕，祀五帝亦如之。"《隋书·礼仪志七》："大裘而冕之制，案《周礼》，大裘之冕，无旒。《三礼衣服图》：'大裘而冕，王祀昊天上帝及五帝之服。'至秦，除六冕，唯留玄冕。汉明帝永平中，方始创制。董巴《志》云：'汉六冕同制，皆阔七寸，长尺二寸，前圆后方。'于是遂依此为大裘冕制，青表，朱里，不施旒纩，不通于下。其大裘之服，案《周官》注'羔裘也'。其制，准《礼图》，以羔正黑者为之，取同色缯以为领袖。其裳用缥，而无章饰，绛袜，赤舄。祀圆丘、感帝、封禅、五郊、明堂、雩、蜡，皆服之。"《旧唐书·舆服志》："大裘冕，无旒，广八寸，长一尺六寸，金饰，玉簪导，以组为缨，色如其绶。裘以黑羔皮为之，玄领、褾、襟缘。朱裳，白纱中单，皂领，青褾、襈、裾。革带，玉钩鰈，大带，蔽膝随裳……朱袜，赤舄。祀天神地祇则服之。"《新唐书·车服志》："大裘冕者，祀天地之服也。"

大裘冕（宋聂崇义《三礼图》所拟）

dai—dan

【帒】dài 盛放随身杂物的衣袋。《说文解字·巾部》："帒，囊也。"《玉篇·巾部》："帒，盛物囊。"

【带】dài ❶腰带。丝、布或皮革等制成，束于衣外，使衣服贴合腰部，同时具有装饰作用，表现使用者的身份地位。束于裙裳上端者，用于系结固定。《诗经·曹风·鸤鸠》："淑人君子，其带伊丝。"汉郑玄笺："大带用素丝，有条饰焉。"《礼记·玉藻》："大夫素带，辟垂；士练带，率下辟；居士锦带；弟子缟带。"唐李肇《唐国史补》卷下："丝布为衣，麻布为囊，毡帽为盖，革皮为带。"宋孔平仲《珩璜新论》卷四："上元中，三品服紫，金带；四品深绯，金带；五品浅绯，金带；六品深绿，银带；七品浅绿，银带；八品深青，瑜带；九品浅青，瑜带；庶人服黄，铁带。"《宋史·舆服志五》："带，古惟用革，自曹魏而下，始有金、银、铜之饰。宋制尤详，有玉，有金，有银，有犀，其下铜、铁、角、石、墨玉之类，各有等差。"❷用来系结鞋袜的带子。宋王得臣《麈史》卷上："国家朝祭，百官冠服多用周制，每大朝会侍祠则服之，袜有带，履用皂革。"《宋史·舆服志三》："（皇太子之服）青罗袜带，红罗勒帛。"

【带钩】dàigōu 省称"钩"。系结腰带的物品，基本上由钩首、钩体、钩钮三部分组成，材料从普通的骨、石、铜、铁等到贵重的金、银、玉、犀等都有，钩体正面常装饰有纹样或铭文。出现于周代，春秋以后在中原地带流行，魏晋时期其制渐衰。战国时期西域游牧民族带钩传入中原，形制与中原带钩不同，后逐渐流行。

《史记·齐太公世家》："(管夷吾)射中小白带钩,小白佯死,管仲使人驰报鲁。"《祥异记》："长安民有鸠飞入怀中,化为金带钩,子孙遂富,数世不绝。"唐司空曙《送王使君赴太原拜节度副使》诗:"络脑青丝骑,盘囊锦带钩。"《战国策·赵策二》:"赐周绍胡服衣冠、贝带、黄金师比,以傅王子也。"宋姚宏注:"延笃云:'胡革带钩也。'则此带钩,亦名'师比'。"《汉书·匈奴传》:"黄金饬具带一,黄金犀毗一。"唐颜师古注:"张晏曰:'鲜卑郭洛带,瑞兽名也,东胡好服之。'师古曰:'犀毗,胡带之钩也。亦曰鲜卑,亦谓师比,总一物也。'"王国维《胡服考》:"《赵策》:'赵武灵王赐周绍胡服衣冠'……其用黄金师比为带钩,当自赵武灵王始矣。"《墨子·辞过》:"当今之王……暴夺民衣食之财,以为锦绣文采靡曼衣之,铸金以为钩,珠玉以为珥。"《淮南子·说林训》:"满堂之坐,视钩各异。"《孟子·告子》:"金重于羽者,岂谓一钩金与一舆羽之谓哉?"汉赵岐注:"一带钩之金,岂重一车羽邪?"

带钩(河南辉县战国墓出土)

【单衫】dānshān 单衣。战国宋玉《讽赋》:"主人之女,翳承日之衣,披翠云之裘,更披白縠之单衫,垂珠步摇。"晋干宝《搜神记》卷一〇:"吴选曹令史刘卓,病笃,梦见一人,以白越单衫与之。"《乐府诗集·杂曲歌辞十二·西洲曲》:"单衫杏子红,双鬓鸦雏色。"又《横吹曲辞五·琅琊王歌辞》:"阳春二三月,单衫绣裲裆。"

【单衣】dānyī ❶单层无里子的衣服,多在夏日穿着。《管子·山国轨》:"春缣衣,夏单衣。"汉乐府《孤儿行》:"冬无复襦,夏无单衣。"晋王嘉《拾遗记》卷六:"哀帝尚淫奢,多进诌佞;幸爱之臣,竞以妆饰妖丽,巧言取容。董贤以雾绡单衣,飘若蝉翼。"宋苏轼《回文冬闺怨》词:"欺雪任单衣,衣单任雪欺。"清王士禛《池北偶谈·谈异四·浦回子》:"饮以瓢水,清甘如醴,由此不饥不寒,雪天可著单衣。"❷官吏罩在最外面的服装,参加典礼时穿着。《后汉书·舆服志下》:"五官、左右虎贲、羽林、五中郎将、羽林左右监皆冠鹖冠,纱縠单衣。虎贲将虎文绔,白虎文剑佩刀。虎贲武骑皆鹖冠,虎文单衣。"《魏书·儒林传》:"其人葛巾单衣,入与兰坐。"《资治通鉴·晋简文帝咸安元年》:"迎会稽王于会稽邸,王于朝堂变服,著平巾帻、单衣。"元胡三省注:"单衣,江左诸人所以见尊者之服,所谓巾褠也。"《隋书·礼仪志七》:"自余公事,皆从公服。冠,帻,簪导,绛纱单衣,革带,钩䚢,假带,方心,袜,履,纷,鞶囊。从五品已上服。绛褠衣公服流外五品已下、九品已上服之。"《宋书·礼志五》:"诸受朝服,单衣七丈二尺。"❸隋代百官在国丧时穿的用细麻布制成的凶服。《隋书·礼仪志三》:"嗣子著细布衣,绢领带,单衣用十五升葛。凡有事及岁时节朔望,并于灵所朝夕哭。三年不听乐。"又《礼仪志六》:"单衣、白帢,以代古之疑衰,皮弁为吊服,为群臣举哀临丧则服之。"

【襌】dān ❶无里子的单衣。《礼记·玉藻》:"襌为䌹,帛为褶。"汉郑玄注:"有衣裳而无里。"《说文解字·衣部》:"襌,衣不重。"清段玉裁注:"此与'重衣复'为对。"汉刘熙《释名·释衣服》:"有里曰复,无里曰襌。"《汉书·江充传》:"初,充召见犬台宫,衣纱縠襌衣。"唐颜师古注:"襌衣制若今之朝服中襌也。"❷凉衣。汉扬雄《方言》卷四:"䘉襘谓之襌。"晋郭璞注:"今又呼为凉衣也。"

【襌衫】dānshān 襌,单衣;衫同"衫"。单层无里子的衣衫。《仪礼·既夕礼》:"设明衣,妇人则设中带。"汉郑玄注:"中带,若今之襌衫。"明方以智《通雅》卷三六:"襌衫,中单也。《仪礼》:'中带'注'若今之襌衫'。盖衬通裁之中衫也。今吴人谓之衫,北人谓之褂。襌衫,正今兜袖,单衣无摆者也。"

【襌衣】dānyī ❶无里子的单衣。汉史游《急就篇》:"襌衣蔽膝布母繜。"唐颜师古注:"襌衣以深衣而褒大,亦以其无里,故呼为襌衣也。"《汉书·盖宽饶传》:"宽饶初拜为司马,未出殿门,断其襌衣,令短离地。"清王先谦《补注》引沈钦韩曰:"《方言》:襌衣,江、淮、南楚之闲谓之褋。古谓之深衣。"❷明代一种来自西域的绒衣。明屠隆《起居器服笺》:"襌衣,琐哈剌绒为之,外红里黑,其形似胡羊毛片,缕缕下垂,用布织为体,其用耐久,来自西域,价亦甚高,惟都中有之。"

【襌缁】dānzī 用麻葛做成的黑色衣服,质地轻薄透气,多在夏日穿着。《吕氏春秋·淫辞》:"宋有澄子者,亡缁衣,求之涂,见妇人衣缁衣,援而弗舍,欲取其衣,曰:'今者我亡缁衣。'妇人曰:'公虽亡缁衣,此实吾所自为也。'澄子曰:'子不如速与我衣,昔吾所亡者,纺缁也。今子之衣,襌缁也。以襌缁当纺缁,子岂不得哉?'"陈奇猷注:"考《方言》四云:'䘉襘谓之襌',郭注云:'今又呼为凉衣',襌既是凉衣,则襌为麻葛所制,故襌缁与纺缁价值悬殊,此澄子所以襌缁当纺缁为得也。"

【纮】dǎn 冕上用于悬挂瑱的丝绳。《左传·桓公二年》:"衡纮纮綖。"晋杜预注:"纮,冠之垂者。"唐孔颖达疏:"纮者,县瑱之绳,垂于冠之两旁……若今之绦绳。"《国语·鲁语》:"王后亲织玄纮。"三国吴韦昭注:"纮,所以县瑱当耳者。"《说文解字·糸部》:"纮,冕冠县塞耳者。"

deng—die

【簦】dēng 指有柄的大斗笠。《国语·吴语》:"(夫差)遵汶伐博,簦笠相望于艾陵。"《史记·平原君虞卿列传》:"虞卿者,游说之士也。蹑蹻担簦,说赵孝成王。"南朝宋裴骃集解引徐广曰:"簦,长柄笠,音登。笠有柄者谓之簦。"《古逸诗·越谣歌》:"君担簦,我跨马,他日相逢为君下。"《广雅·释器》:"簦,谓之笠。"清王念孙疏证:"《说文》:'笠,簦无柄也。簦,笠盖也。'《急就篇》注云:'大而有把,手执以行谓之簦;小而无把,首戴以行谓之笠。'《吴语》:簦笠相望于艾陵。韦昭注云:'簦笠,备雨器也。'……《淮南子·说林训》云:'或谓笠,或谓簦,名异实同也。'"

【簦笠】dēnglì 有把和无把斗笠的合称。泛指斗笠。《后汉书·文苑传上·杜笃》"一人奋戟,三军沮败"唐李贤注引《淮南子》:"狭路津关,大山石塞,龙蛇蟠,簦笠居,羊肠道,鱼笱门,一人守险,千夫弗敢过也。"唐韩愈《画记》："瓶盂簦笠筐笪,锜釜饮食服用之器。"

【祇裯】dīdāo 省称"裯"。一种贴身穿的短汗衫。《楚辞·九辩》："被荷裯之晏晏兮,然潢洋而不可带。汉王逸注:裯,祇裯也。"汉扬雄《方言》卷四:"汗襦……自关而西或谓之祇裯。"《说文解字·衣部》:"祇裯,短衣。"《后汉书·羊续传》:"其资藏唯有布衾、敝祇裯、盐、麦数斛而已。"清黄景仁《黄山寻益然和尚塔不得偕邵二云作》诗:"从子故乡来,短衣缚祇裯。"

【鞮】dī 平民男子所穿的单底短勒皮履,由薄的皮革制成,鞋帮长至脚踝处。《说文解字·革部》:"鞮,革履也。"汉扬雄《方言》卷四:"(屦)复履其庳者谓之靯下,单者谓之鞮。"晋郭璞注:"今韦鞮也。"汉史游《急就篇》:"靸鞮卬角褐袜巾"唐颜师古注:"鞮,薄革小履也。"

【鞮屦】dījù ❶革履。《礼记·曲礼下》:"鞮屦,素簚。"清孙希旦集解:"鞮屦,革履也。"❷没有装饰、履头无绚的草鞋。《礼记·曲礼下》:"大夫士去国:逾竟,为坛位,乡国而哭,素衣、素裳、素冠,彻缘,鞮屦……三月而复服。"汉郑玄注:"言以丧礼自处也。臣无君犹无天也……鞮屦,无绚之菲也。"唐孔颖达疏:"鞮屦者谓无绚饰屦也。屦以绚为饰,凶故无绚也……今素裳则屦白色也。"宋赵彦卫《云麓漫钞》卷三:"屦之有绚,所以示戒,童子不绚,未能戒也。丧屦无绚,去饰也。人臣去国,鞮屦,以丧礼处之也。今人为皮鞋,不用带线,乃古夏屦。"❸先秦少数民族舞者穿的皮鞋。《周礼·春官·序官》"鞮鞻氏"汉郑玄注:"鞮读为屦。鞮屦,四夷舞者所屝。今时倡蹋

鼓沓行者,自有屝。"清孙诒让正义:"盖凡舞履皆用革,而四夷舞屝尤殊异……故以名官也。"

【鞮瞀】dīmào 护头盔帽。《墨子·备水》:"剑甲鞮瞀。"清孙诒让间诂:"鞮瞀,即兜鍪也。兜鍪,胄也,故与甲连文。"

【鞮鍪】dīmóu 即"鞮瞀"。《文选·扬雄〈长杨赋〉》:"鞮鍪生虮虱,介胄被沾汗。"唐李善注:"鞮鍪即兜鍪也。"《新唐书·南蛮传上·南诏上》:"择乡兵为四军罗苴子,戴朱鞮鍪,负犀革铜盾而跣,走险如飞。"

【鞮鞪】dīmóu 即"鞮瞀"。《汉书·韩延寿传》:"令骑士兵车四面营陈,被甲鞮鞪居马上,抱弩负箭。"唐颜师古注:"鞮鞪,即兜鍪也。"

【帝服】dìfú ❶五方之帝的服饰。《楚辞·九歌·云中君》:"龙驾兮帝服,聊翱游兮周章。"汉王逸注:"帝,谓五方之帝也。言天尊云神,使之乘龙,兼衣青黄五采之色,与五帝同服也。"❷天子君王的服饰。汉贾谊《新书·孽产子》:"今贵人大贾屋壁得为帝服;贾妇优倡下贱产子得为后饰。"《乐府诗集·郊庙歌辞九·梁小庙乐歌》:"皇情乃慕,帝服来尊。"

【吊服】diàofú 与亡者非亲属关系的宾客所穿吊丧之服。《孔子家语·终记》:"子贡曰:'昔夫子之丧颜回也,若丧其子而无服,丧子路亦然。今请丧夫子如丧父而无服。'于是弟子皆吊服而加麻。"《隋书·礼仪志六》:"皇帝凶服斩衰。其吊服,锡衰以哭三公,缌衰以哭诸侯,疑衰以哭大夫,皆素弁,环经。"又:"皇后之凶服,斩衰、齐衰,降旁期已下吊服。为

妃、嫔、三公之夫人、孤卿内子之丧，锡衰。为诸侯夫人之丧，缌衰。为嫒、御婉及大夫孺人、士之妇人之丧，疑衰……其三妃已下及嫒，三公夫人以下及孺人，其吊服锡衰。御婉及士之妇人，吊服疑衰。"《通典·礼六二》："汉戴德云：'制缌麻具而葬，葬而除，谓子为父、妻妾为夫、臣为君、孙为祖后也。无遣奠之礼，其余亲皆吊服。"唐韩愈《改葬服议》："无吊服而加麻则何如？曰：今之吊服，犹古之吊服也。"

【褻】dié 也作"襲"。厚实保暖的多层衣服。《说文解字·衣部》："褻，重衣也。"清段玉裁注："重衣也。凡古云衣一襲者，皆一褻之假借。褻读如重叠之叠。"《汉书·叙传》："夫饿馑流隶，饥寒道路，思有短褐之褻，儋石之畜。"清王念孙杂志："此言短褐之褻，谓饥寒之人，思得短褐以为重衣。"

【绖】dié 用葛或麻做的带子，服丧期间系在腰间或头上，在腰为腰绖，在头为首绖。《仪礼·丧服》："丧服，斩衰裳，苴绖杖，绞带，冠绳缨，菅屦者。"汉郑玄注："麻在首、在要皆曰绖。绖之言实也，明孝子有忠实之心，故为制此服焉。"《礼记·檀弓上》："孔子之丧，二三子皆绖以出。群居则绖，出则否。"宋戴侗《六书故·工事六》："绖，丧服也，在首为首绖，以象领。在要为要绖，以象大带。"

【绖带】diédài 省称"绖"。服丧时系扎在腰或头部的葛麻材料制成的带子亦指服丧时专用的腰带。《仪礼·士虞礼》："祝免，澡葛绖带，布席于室中。"《礼记·间传》："父母之丧，居倚庐，寝苫枕凷，不说，绖带。"《史记·孝文本纪》："绖带无过三寸。"《资治通鉴·齐武帝永明八

年》："陛下以至孝之性，哀毁过礼，伏闻所御三食不满半溢，昼夜不释绖带。"《朱子语类》卷八五："尧卿问绖带之制。曰：'首绖大一搤，只是拇指与第二指一围。腰绖较小，绞带又小于腰绖。腰绖象大带，两头长垂下。"《明史·礼志十三》："先是武宗皇后夏氏崩，礼部上仪注，有素冠、素服、绖带举哀及群臣奉慰礼。"

【褋】dié 也作"褋"。单层无里子的衣服。《九歌·湘夫人》："捐余袂兮江中，遗余褋兮澧浦。"汉王逸注："褋，襜褕也。"屈原托与湘夫人共邻而处，舜复迎之而去，穷困无所依，故欲捐弃衣物，裸身而行，将适九夷也。"汉扬雄《方言》卷四："禅衣，江淮南楚之间谓之褋。"《说文解字·衣部》："褋，南楚谓禅衣曰褋。"清段玉裁注："各本作'枼'而篆体乃作'褋'。"唐皮日休《讽悼·舍慕》："以袞衣为褋兮，以黎丘为墟。"

【褶】dié 夹衣。以丝帛制成，有表有里而无絮。《礼记·玉藻》："禅为絅，帛为褶。"汉郑玄注："有表里而无着。褶音牒，夹也。"元陈澔集说："纩，新绵也。缊，旧絮也。衣之有著者，用新绵则谓之茧；用旧絮则谓之袍；有表而无里者谓之絅；有表里而无著者谓之褶。"见 145、787 页"xí、zhě"。

dong—dui

【冬服】dōngfú 冬季所穿用来御寒的衣服的统称。《韩非子·显学》："墨者之葬也，冬日冬服，夏日夏服，桐棺三寸，服丧三月，世主以为俭而礼之。"唐韦应物《军中冬燕》诗："是时冬服成，戎士气益振。"

【冬裘】dōngqiú 冬季所穿用来御寒的毛皮外衣。《国语·周语中》："故先王之教

曰：'雨毕而除道，水涸而成梁，草木节解而备藏，陨霜而冬裘具，清风至而修城郭宫室。'"唐韩愈《复志赋》："居悒悒之无解兮，独长思而永叹。岂朝食之不饱兮，宁冬裘之不完。"《荡寇志》第八回："即以中国大经大法而论，五帝三王不相沿袭，譬之冬裘夏葛，势不两存。"

【裻】dú 也作"褚""襠""督"。衣背中央的直缝。《说文解字·衣部》："裻，新衣声。一曰背缝。"《礼记·深衣》"负绳及踝以应直"汉郑玄注："谓裻与后幅相当之缝也。"唐孔颖达疏："衣之背缝及裳之背缝上下相当，如绳之正，故云负绳。"一说衫襦之横腰者。《史记·佞幸传》："顾见其衣裻带后穿。"唐司马贞索隐："裻，音笃。裻者，衫襦之横腰者。"

【端衰】duāncuī 也作"端缞"。子为父、妻为夫、臣为君服丧时所穿丧服的上衣。用麻布制成，胸前缀有六寸长、四寸宽的麻布（古称衰）。《礼记·杂记上》："端衰，丧车，皆无等。"汉郑玄注："衣衰言端者，玄端，吉时常服，丧之衣衰当如之。"唐孔颖达疏："端衰，谓丧服上衣，以其缀六寸之衰于心前，故衣亦曰衰。端，正也。吉时玄端服身与袂同以二尺二寸为正，而丧衣亦如之。而今用缞缀心前，故曰端缞也。"

【端冕】duānmiǎn 帝王、贵族的玄衣和冕冠，用作礼服。《礼记·乐记》："吾端冕而听古乐，则唯恐卧；听郑卫之音，则不知倦。敢问古乐之如彼何也？新乐之如此何也？"汉郑玄注："端，玄衣也。"唐孔颖达疏："云'端，玄衣也'者，谓玄冕也。凡冕服，皆正幅，袂二尺二寸，袪尺二寸，故称端也。"《国语·楚语下》："圣王正端冕，以其不违心，帅其群臣精物以

临监享祀，无有苛慝于神者，谓之一纯。"三国吴韦昭注："端，玄端之服。冕，大冠也。"《淮南子·齐俗训》："所谓礼义者，五帝三王之法籍、风俗一世之迹也。譬若刍狗土龙之始成，文以青黄，绢以绮绣，缠以朱丝，尸祝袀袨。大夫端冕，以送迎之。及其已用之后，则坏上草蒯而已。"唐杨巨源《元日呈李逢吉舍人》诗："称觞山色和元气，端冕炉香叠瑞烟。"

【端委】duānwěi ❶指朝臣所穿的端正而宽大的礼服。《左传·昭公元年》："吾与子弁冕端委，以治民、临诸侯，禹之力也。"晋杜预注："端委，礼衣。"唐孔颖达疏引服虔曰："礼衣端正无杀，故曰端；文德之衣尚褒长，故曰委。"又《昭公十年》："晏平仲端委，立于虎门之外。"晋杜预注："端委，朝服。"南朝宋刘义庆《世说新语·品藻》："明帝问谢鲲：'君自谓何如庾亮？'答曰：'端委庙堂，使百僚准则，则臣不如亮；一丘一壑，自谓过之。'"❷玄端之服与委貌之冠的合称。《国语·周语上》："晋侯端委以入。"三国吴韦昭注："衣玄端，冠委貌，诸侯祭服也。"《后汉书·蔡邕传》："济济多士，端委缙綖。"

【端衣】duānyī 也作"襠衣"。周代贵族在丧祭场合所穿的黑色礼服。《荀子·哀公》："夫端衣玄、裳絻而乘路者，志不在于食荤。"唐杨倞注："端衣玄裳，即朝玄端也。郑云：'端者，取其正也。'"《孔子家语·五仪》："夫端衣、玄裳、冕而乘轩者，则志不在于食焄。"北魏三国魏王肃注："端衣玄裳，齐服也。"

【短褐】duǎnhè 也作"裋褐"。贫贱者或僮竖所穿的粗布短衣。《墨子·非乐上》："昔者齐康公，兴乐万，万人不可衣短褐，不可食糟糠。"清孙诒让间诂："短

褐,即裋褐之借字。"又《公输》:"墨子见王曰:'今有人于此……舍其锦绣,邻有短褐,而欲窃之。'"《荀子·大略》:"衣则竖褐不完。"唐杨倞注:"竖褐,僮竖之褐,亦短褐也。"《淮南子·齐俗训》:"(贫人)冬则毛裘解札,短褐不掩形。"汉桓宽《盐铁论·散不足》:"百姓或短褐不完,而犬马衣文绣。"《史记·秦始皇本纪》:"夫寒者利裋褐,而饥者甘糟糠。"南朝宋裴骃集解:"徐广曰:'一作短,小襦也,音竖。'"唐司马贞索隐:"谓褐布竖裁,为劳役之衣,短而且狭,故谓之短褐。"晋陶渊明《五柳先生传》:"短褐穿结,箪瓢屡空,晏如也。"《魏书·胡叟传》:"高闾曾造其家,值叟短褐曳柴,从田归舍。"明杨士奇《汉江夜泛》诗:"短褐不掩胫,岁暮多苦寒。"清方文《将去彭城留别魏少尹》诗:"短褐尚不完,敢作狐貉想?"

【追】duī "毋追""牟追""牟追冠"的省称。《周礼·天官·追师》"追师掌王后之首服"汉郑玄注引汉郑司农曰:"追,冠名。"

E

e—er

【恶笄】èjī 也作"斋笄"。已婚妇女服齐衰时所配插的发笄。多用理木、榛木等材料制成。《礼记·丧服小记》："齐衰恶笄以终丧。"汉郑玄注："齐音咨，又作斋笄。"唐孔颖达疏："此一经明齐衰妇人笄带终丧无变之制。恶笄者，榛木为笄也。妇人质笄以卷发，带以持身，于其自卷一持者有除无变故，要经及笄不须更易，至服竟一除，故云恶笄以终丧……丧服，妇为舅姑恶笄，有首以髽。"《仪礼·士丧礼》："女子适人者，为其父母；妇为舅姑，恶笄有首。"唐贾公彦疏："妇人以饰事人，是以虽居丧内，不可顿去修容，故使恶笄而有首。"清翟灏《通俗编》卷一二："古丧制：妇人笄用蓧竹，曰箭笄；或用理木，曰栉笄，亦曰恶笄。"

【珥】ěr 也称"瑱"。妇女的一种耳饰，一般用琉璃、玉石等制成空心圆筒状。使用时悬于两侧耳垂，或系附于发簪。《韩非子·外储说上》："乃献玉珥以知之。"《楚辞·九歌·东皇太一》："抚长剑兮玉珥。"《列子·周穆王》："施芳泽，正蛾眉，设笄珥。"《史记·李斯列传》："宛珠之簪，傅玑之珥。"《说文解字·玉部》："珥，瑱也……瑱以玉，充耳也。"《后汉书·舆服志下》："珥，耳珰垂珠也。"南朝陈张正见《采桑》诗："迎风金珥落，向日玉钗明。"唐张籍《白纻歌》："复恐兰膏污纤指，常遣傍人收堕珥。"宋周密《武林旧事》卷二："至夜阑则有持小灯照路拾遗者，谓之'扫街'。遗钿堕珥，往往得之。亦东都遗风也。"《警世通言·杜十娘怒沉百宝箱》："只见翠羽明珰，瑶簪宝珥，充牣于中，约值百金。"

F

fa—fei

【法服】fǎfú ❶礼制规定的不同等级、不同场合应该穿着的衣冠服饰。《孝经·卿大夫》："非先王之法服不敢服。"《汉书·贾山传》："故古之君人者于其臣也,可谓尽礼矣;服法服,端容貌,正颜色,然后见之。"宋孔平仲《珩璜新论》卷四："魏明帝常著帽被缥绫半袖,扬阜问帝曰,此于礼何法服也,帝默然不答,自是不法服不见阜。"《东京梦华录·车驾宿大庆殿》："宰执百官,皆服法服,其头冠各有品从。"清王士禛《香祖笔记》卷一："历诋韩、欧、苏、曾六家之文,深文周内,不遗余力。谓韩伤易而近僿……惟柳如冕裳佩玉,犹先王之法服。"❷佛教僧尼或道教徒所穿的宗教礼服。《法华经·序品》："剃除须发,而被法服。"北齐颜之推《颜氏家训·归心》："一披法服,已堕僧数。"清陆以湉《冷庐杂识·姚明府》："明府披上清之法服,驾逍遥之云车。"

【袡】fán 夏日所穿的素白内衣。贴身吸汗,宽松凉爽,为先秦贵族所服。《诗经·鄘风·君子偕老》："蒙彼绉絺,是绁袢也。"汉毛亨传："絺之靡者为绁,是当暑袢延之服也。"唐孔颖达疏："言是当暑袢延之服者,谓绉絺是绁袢之服……绁袢者去热之名,故言袢延之服,袢延是热之气也。"《说文解字·衣部》："袢,衣无

色也……《诗》曰:'是绁袢也。'"

【繁露】fánlù 也作"繁路"。天子、王公、贵族、大臣冕版上所悬的玉串。《逸周书·王会》："天子南面立,绲无繁露朝服。"又："堂下之右,唐公、虞公南面立焉。堂下之左,尹公、夏公立焉,皆南面,绲有繁露,朝服,五十物,皆缁笏。"又："相者,太史鱼、大行人,皆朝服,有繁露。堂下之东面,郭叔掌为天子菜币焉,绲有繁露。"汉桓宽《盐铁论·散不足》："今富者皮衣朱貉,繁路环佩。"晋崔豹《古今注·问答释义》："牛亨问曰:'冕旒以繁露,何也?'答曰:'缀珠垂下,重如繁露也。'"南朝梁元帝《玄览赋》："节会咸池之琯,冕无繁露之旒。"

【方领】fānglǐng 也称"方盘领"。服装领式之一。用在中衣外面,制为长条,下连衣襟,着时两襟相交叠压,领自颈下交垂,成方形。先秦时深衣之领多用此式,入汉以后,多用于儒服。《礼记·深衣》："古者深衣,盖有制度……曲袷如矩以应方,负绳及踝以应直。"汉郑玄注："古者方领,如今小儿衣领。"《朱子家礼·深衣制度》："方领,两襟相掩,衽在腋下,则两领之会自方。"《汉书·韩延寿传》："延寿衣黄纨方领。"唐颜师古注引晋灼曰:"以黄色素作直领也。"《后汉书·儒林传·序》："建武五年,乃修起太学,稽式古典,笾豆干戚之容,备之于列,服方领习矩步者,委它乎其中。"又

《马援传》："勃衣方领，能矩步。"唐李贤注引《汉书音义》曰："颈下施衿领正方，学者之服也。"唐王勃《益州夫子庙碑》："将使圆冠方领，再行邹鲁之风。"《宋史·舆服志五》："淳熙中，朱熹又定……圆袂方领，曲裾黑缘。大带、缁冠、幅巾、黑履。士大夫家冠昏、祭祀、宴居、交际服之。"明顾起元《说略》卷二一："深衣方领，正经曰：曲袷如矩，乃匠氏取方曲尺，强以斜领为方而疑其多……若裁作方盘领，即应如矩之意。"清夏炘《学礼管释·释深衣对襟》："深衣之领为四角，每角二寸，四角共八寸……四角成矩形，故曰方领。"

【纺缁】fǎngzī 用纺帛制成的黑色衣服。又一说，"纺缁"犹"复缁"。参见 30 页"禅缁"。

【翡翠钗】fěicuìchāi 用翡翠装饰的妇女发钗。战国宋玉《讽赋》："主人之女……为臣炊雕胡之饭，烹露葵之羹，来劝臣食，以翡翠之钗挂臣冠缨，臣不忍仰视。"唐宇文玟《妆台记》："炀帝令宫人梳迎唐八鬟髻，插翡翠钗子，作日妆。"宋黄庭坚《清人怨戏效徐庾慢华三首》诗："翡翠钗梁碧，石榴裙褶红。"元张宪《柯丹邱枯木竹石图》诗："粲粲翡翠钗，历历珊瑚树，露凉萝月月高，湘魂不知处。"

【屝】fèi 草鞋。《左传·僖公四年》："若出于陈郑之间，共其资粮屝屦，其可也。"晋杜预注："屝，草屦。"《说文解字·尸部》："屝，履属也。"清段玉裁注："履者，屦也。足所依也。云属者，屦之粗者曰屝也。《方言》曰：'屝，粗履也。'"汉刘熙《释名·释衣服》："齐人谓草屦曰屝。"

【屝屦】fèijù 省称"屝"。草鞋，后泛指旅行时所用物品。《左传·僖公四年》："若出于陈郑之间，共其资粮屝屦，其可也。"汉扬雄《方言》卷四："屝屦，粗屦也。徐兖之郊谓之屝。"唐独孤及《谏表》："以其粮储屝屦之资，充疲人贡赋。"清俞樾《春在堂随笔》卷四："自军兴以来，资粮屝屦，不能不取给于捐输。"

【屝履】fèilǚ 即"屝屦"。《初学记》卷二六："黄帝臣于则作屝履。"

屝履（明王圻《三才图会》插图）

【菲】fèi 也作"屝"。草鞋。《礼记·曾子问》："曾子问曰：'女未庙见而死，则如之何？'孔子曰：'不迁于祖，不祔于皇姑，婿不杖，不菲，不次……示未成妇也。'"唐孔颖达疏："菲，草屦也。"唐王睿《炙毂子录》："夏殷皆以草为之属，左氏谓之菲履也。"

【萉履】fèilǚ 即"屝屦"。《吕氏春秋·士节》："齐有北郭骚者，结罘网，捆蒲苇，织萉履，以养其母犹不足。"

fen—feng

【纷帨】fēnshuì 也作"帨纷"。省称"纷"。佩巾，用如今之手巾、汗巾，男女均用，既可用以拭物，又可作佩饰。唐宋官员一度将其结作鱼形，代为鱼符。《礼记·内则》："左右佩用：左佩纷帨。"汉郑玄注："纷帨，拭物之佩巾也，今齐人有言纷者。"唐陆德明《经典释文》："纷，芳云反，或作帉，同。帨，始锐反，佩巾也。"

《旧唐书·五行志》:"上元中为服令,九品以上佩刀砺等袋,纷帨为鱼形,结帛作之,为鱼像鲤,强之意也。则天时此制遂绝,景云后又佩之。"宋沈括《梦溪笔谈》卷一:"带衣所垂鞢韄,盖欲佩带弓剑、纷帨、算囊、刀砺之类。"明顾起元《说略》卷二一:"佩巾。《礼》:'左佩纷帨'是也……即今之手巾、汗巾也。"

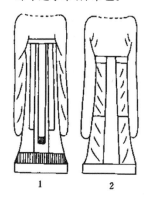

纷帨

(1:唐崇陵石人背部;2:唐端陵石人背部)

【逢掖】féngyè ❶ 也作"逢腋"、"缝腋"。也称"大掖衣"。一种腋部形制宽博之服。因孔子曾之,遂为后世儒者常服。也引申为士人的代称。《礼记·儒行》:"鲁哀公问于孔子曰:'夫子之服,其儒服与?'孔子对曰:'丘少居鲁,衣逢掖之衣。长居宋,冠章甫之冠。'"汉郑玄注:"逢,犹大也。大掖之衣,大袂襌衣也。此君子有道艺者所衣也。"唐孔颖达疏:"掖谓肘腋之所,宽大,故云'大袂襌衣'也。"清孙希旦集解:"逢掖之衣,即深衣也。深衣之袂,其当掖者二尺二寸,至袪而渐杀,故曰逢掖之衣。"《后汉书·王符传》:"时人为之语曰:'徒见二千石,不如一缝掖。'言书生道义之为贵也。"汉桓宽

《盐铁论·散不足》:"大夫士,狐貉缝腋,羔麛豹袪。"《金史·舆服志》:"其衣色多白,三品以皂,窄袖、盘领、缝腋,下为襞积,而不缺裤。"❷ 明代士庶之服。明张岱《夜航船·衣裳》:"逢腋,肘腋宽大之衣,为庶人之服。"

【逢衣】féngyī 儒者所穿的一种袖子宽大的衣服。《列子·黄帝》:"孔子顾谓弟子曰:'用志不分,乃凝于神,其痀偻丈人之谓乎?'丈人曰:'汝逢衣徒也,亦何知问是乎?'"杨伯峻《集释》引孙诒让曰:"逢衣即礼经侈袂之衣。《周礼·司服》郑注云:士之衣袂皆二尺二寸而属幅,其袪尺二寸,大夫以上侈之。侈之者,盖半而益一焉。半而益一,则其袂三尺三寸,袪尺八寸。"《荀子·儒效》:"逢衣浅带,解果其冠,略法先王而足乱世术。"

【绛衣】féngyī 即"逢衣"。《墨子·公孟》:"绛衣博袍。"清孙诒让间诂:"绛,旧本作绛。王引之云:'绛当为绛,字之误也。'"

【缝掖】féngyè 即"逢掖❶"。南朝宋刘义庆《世说新语·文学》:"郑玄在马融门下,三年不得相见。"梁刘孝标注引《(郑玄)别传》:"后遇党锢,隐居著述,凡百余万言,大将军何进辟,玄乃缝掖相见。"唐钱起《送李判官赴桂州幕》诗:"欲知儒道贵,缝掖见诸侯。"独孤及《季冬自嵩山赴洛道中作》诗:"腐儒著缝掖,何处议邹鲁。"《太平广记》卷三一三:"见庵之东南林内,有五人,皆星冠霞帔,或缝掖之衣,衣各一色,神采俊拔。"《旧唐书·文苑传中·李邕》:"陛下若以臣之贱不足以赎邕,雁门缝掖有效矣。"《明史·金毓峒传》:"因言复社一案,其人尽缝掖,不可以一夫私怨开祸端。"清汪懋麟《同展成入直史馆蒙示和谢惠连

秋怀诗走笔和之》诗："安能学缝掖，巧黠各相半。"

【逢衣浅带】féngyīqiǎndài 也作"缝衣浅带"。儒者所穿的一种宽袖、腰束大带的服饰。《荀子·儒效》："逢衣浅带，解果其冠。"唐独孤及《冬夜裴员外薛侍御置酒宴集序》："贤豪毕会，升降有序，逢衣浅带，十有五人。"

fu

【跗注】fūzhù 先秦时一种鞋裤相连的军裤，用赤色的软牛皮制成，上束于腰，下裹于足，便于行动。《左传·成公十六年》："楚子使工尹襄问之以弓，曰：'方事之殷也，有韎韦之跗注，君子也。'"晋杜预注："韎，赤色，跗注，戎服。若裤而属于跗，与裤连。"《国语·晋语六》："鄢之战，郤至以韎韦之跗注，三逐楚平王卒。"三国吴韦昭注："跗注，兵服。自要以下，注于跗。"清张尔岐《蒿庵闲话》卷二："华不注，'不'音'跗'。跗注，戎服，山形似之，故以为名也。"郝懿行《证俗文》卷二："跗注，着足而属于裤，如今靿子鞋之制，取其装束劲急而防失坠也。"一说即战裙。赵翼《陔余丛考》卷三三："战裙之始，按《国语》……注：'跗注者，兵服，自腰以下注于跗。'则今之战裙，盖本此也。"

【芾】fú 本作"市"。帝王、诸侯及卿大夫冕服所配用的蔽膝。商周时期已有其制，用熟皮制成长条，上宽下窄，外表涂漆，并绘以图纹。所绘图纹各有不同：天子绘龙、火、山三章；诸侯绘火、山二章；卿大夫绘山一章。天子之芾色用纯朱，诸侯黄朱，卿大夫素。使用时系佩在革带之上，下垂于膝前。秦汉以后沿袭其制，在材质、纹饰上有所损益，入清以

后其制废除。《诗经·曹风·候人》："彼其之子，三百赤芾。"宋朱熹集传："芾，冕服之韠也。"高亨注："芾，通'韍'，古代官服上的蔽膝。"又《小雅·斯干》："朱芾斯皇，室家君王。"郑玄笺："芾者，天子纯朱，诸侯黄朱。"又《小雅·采菽》："赤芾在股，邪幅在下。"郑玄笺："芾，太古蔽膝之象也。冕服谓之芾，其他服谓之韠。以韦为之。其制上广一尺，下广二尺，长三尺，其颈五寸，肩革带博二寸。"《礼记·明堂位》："有虞氏服韨。夏后氏山，殷火，周龙章。"汉郑玄注云："韨，冕服之韠，舜始作之，以尊祭服。禹汤至周增以画文，后王弥饰也。山取其仁可仰也；火取其明；龙取其变化也。天子备焉。诸侯火而下；卿大夫山。"《宋史·舆服志四》："古者蔽前而已，芾存此象，以韦为之。今蔽膝自一品以下，并以绯罗为表缘，绯绢为里，无复上下广狭及会、纰、纯、纰之制，又有山、火、龙章……芾在下体，与裳同用，而山、龙、火者，衣之章也。周既缋于上衣，不应又缋于芾。请改芾制，去山、龙、火章，以破诸儒之惑。"

芾的示意图

【帗】fú 即"韨"。《穆天子传》卷一："天子大服，冕祎、帗带。"晋郭璞注："帗，韠也。"

天子赤帔。"汉扬雄《方言》卷二:"帔、缘、襆也。"清钱绎笺疏:"帔,通作被,亦作袯。"

【服】fú ❶衣裳的统称,包括礼服、常服·戎服等用于不同等级、不同场合的衣裳。《诗经·卫风·有狐》:"心之忧矣,之子无服。"汉毛亨传:"言无室家,若人无衣服。"又《曹风·候人》:"彼其之子,不称其服。"汉郑玄笺:"不称者,言德薄而服尊。"又《小雅·六月》:"维此六月,既成我服。"宋朱熹《诗集传》:"服,戎服也。于是此月之中,即成我服。"又《小雅·都人士·序》:"周人刺衣服无常也。"汉郑玄笺:"服,谓冠弁衣裳也。"《周礼·春官·司服》:"掌王之吉凶衣服,辨其名物与用事。"汉郑玄注:"用事,祭祀、视朝、甸、凶吊之事,衣服各有所用。"清孙诒让正义:"此皆王执大礼、临大事之服。自六冕至冠弁服为吉服,吉礼、吉事服之;服弁服至素服为凶服,凶礼、凶事服之。凡服,尊卑之次,系于冠;冕服为上,弁服次之,冠服为下。"《国语·鲁语下》:"夫服,心之文也。"三国吴韦昭注:"言心之所好,身必服之。"汉刘熙《释名·释衣服》:"凡服,上曰衣……下曰裳。"❷按丧礼规定士者亲属根据血亲的远近所穿的丧服,分斩衰、齐衰、大功、小功及缌麻五种,合称五服。引申为居丧的代称。《正字通·月部》:"服,丧服。三年期,杖期,大功、小功、缌,以尊卑亲疏为等差。"《礼记·檀弓下》:"齐谷王姬之丧,鲁庄公为之大功。或曰,由鲁嫁,故为之服姊妹之服。"或曰:"外祖母也,故为之服。"又《丧服小记》:"近臣,君服斯服矣,其余从而服,不从而税。君虽未知丧,臣服已。"《史记·魏其武安侯列传》:"会仲孺

有服。"《红楼梦》第九十六回:"若说服里娶亲,当真使不得。"参见120页"丧服"。

【服饰】fúshì ❶佩玉之饰。《周礼·春官·典瑞》:"辨其名物与其用事,设其服饰。"汉郑玄注:"服饰,服玉之饰,谓缫藉。"❷衣服和装饰。用以御寒、遮羞、装饰等。不同时代、不同民族,都有各不相同的服饰。《汉书·张放传》:"放取皇后弟平恩侯许嘉女,上为放供张,赐第,充以乘舆服饰,号为天子取妇,皇后嫁女。"宋郭彖《睽车志》卷二:"倅问妇人服饰状貌,乃其亡妻丛涂寺中也。"清徐士銮《宋艳·丛杂》:"唐代宗朝,令宫人侍左右者,穿红锦勒靴。是转效贱妓服饰也。"

【绂】fú ❶帝王、诸侯、卿大夫祭祀时所佩的蔽膝。《易·困》:"朱绂方来。"唐孔颖达正义:"绂祭服也。"唐苏鹗《苏氏演义》:"魏晋以还,易以绯纱,韨字遂有从糸者。"❷官员系挂官印的丝带。《汉书·匈奴传下》:"解故印绂奉上,将率受。著新绂,不解视印,饮食至夜乃罢。"唐颜师古注:"绂者,印之组也。"《后汉书·杜乔传》:"今梁氏一门,宦者微孽,并带无功之绂。"唐李贤注引《苍颉篇》曰:"绂,绶也。"汉张衡《西京赋》:"降尊就卑,怀玺藏绂。"《太平御览》卷六九一:"贵人金印蓝绂,女人爵位之极。"

【绂冕】fúmiǎn 也作"绂絻""绋絻""绋冕"。大夫以上官员祭祀时所用的一种冠和蔽膝,亦作为华美服装之代称。《淮南子·俶真训》:"繁登降之礼,饰绂冕之服。"南朝齐谢朓《高松赋》:"夷绂冕之隆贵,怀汾阳之寂寥。"唐骆宾王《早秋出塞寄东台详正学士》诗:"彤缨陪绂冕,载笔偶玙璠。"蒋挺《祭汾阴乐章》诗:"维岁之

吉,维辰之良,圣君绂冕,肃事坛场。"清魏源《拟进呈〈元史新编〉序》:"古圣人以绂冕当天之喜,斧钺当天之怒。"《淮南子·泰族训》:"待媒而结言,聘纳而取妇,绂纮而亲迎。"《逸周书·命训》:"以绋絻当天之福,以斧钺当天之祸。"三国魏曹植《文帝诔》:"绂冕崇丽,衡纮维新,尊肃礼容,瞩之若神。"

【芾】fú 周代祭服上的皮质蔽膝。《礼记·玉藻》:"一命缊芾幽衡。"唐孔颖达疏:"他服称韠,祭服称芾。"《礼记·明堂位》:"有虞氏服韨,夏后氏山,殷火,周龙章。"汉郑玄注:"芾,冕服之韠也。舜始作之,以尊祭服。禹汤至周增以画文,后王弥饰也。山,取其仁可仰也。火,取其明也。龙,取其变化也。天子备焉。诸侯火而下,卿大夫山,士韎韦而已。"汉刘熙《释名·释衣服》:"芾,韠也。韠,蔽膝也。所以蔽膝前也。"

芾(《三礼词典》)　　芾(宋聂崇义《三礼图》)

【黻】fú ❶以皮革制成的蔽膝。《左传·桓公二年》:"衮冕黻珽,带裳幅舄,衡纮纮綖,昭其度也。"晋杜预注:"黻,韦韠,以蔽膝也。"❷系挂官印的绶带。《后汉书·班固传》:"黻冕所兴。"三国魏吴质《答东阿王书》:"思投印释黻,朝夕侍坐。"南朝梁江淹《谢光禄郊游》诗:"云装信解黻,烟驾可辞金。"唐李善注:"黻,绶也。黻与绂通……金,金印也。"唐陈子昂《唐水衡监丞李府君墓志铭》:"黄黻不贵,拱璧为轻。"

【黻冕】fúmiǎn 贵族祭祀时所穿华丽祭服。《论语·泰伯》:"恶衣服,而致美乎黻冕。"汉郑玄注:"黻,祭服之衣,冕其冠也。"宋朱熹《集注》:"黻,蔽膝也,以韦为之;冕,冠也;皆祭服也。"《左传·宣公十六年》:"以黻冕命士会将中军,且为太傅。"《宋书·礼志五》:"夏后崇约,犹美黻冕。"《太平御览·皇王部十四·王莽》:"群臣奏安汉公居摄践阼,服天子黻冕,南面朝群臣,车服出入如天子,郊祀天地,赞者曰'假皇帝',民臣谓之'摄皇帝',自称曰'予'。"宋叶适《梁父吟》:"黻冕兮茅蒲,衮衣兮袯襫。"

【黻衣】fúyī 绣有黑青相间黻纹的礼服。《诗经·秦风·终南》:"君子至上,黻衣绣裳。"汉毛亨传:"黑与青谓之黻,五色备谓之绣。"唐孔颖达疏:"言黻衣者,衣大名,与绣裳异其耳。"汉张衡《思玄赋》:"袭温恭之黻衣兮,被礼义之绣裳。"清冯韶《凤氏经说·终南》:"然五衣皆章服也,章以衣为重,故亦得以绣之裳名其衣曰黻衣。"

【黼】fú ❶"黼领"的省称。《群经平议》卷一:"黼,谓黼领也。"《大金集礼》卷二九:"袆衣,深青罗织成翚翟之形……青纱中单,素青纱制造,领织成黼形十二。"❷礼服上黑与青两色相间的一种花纹,形如两"己"相背。《尚书·益稷》:"作会宗彝、藻、火、粉、米、黼、黻、絺、绣,以五采彰施于五色。"唐颖达疏:"黻,谓刺绣为己字,两己字相背也。"《说文解字·黹部》:"黻,黑与青相次文。"汉刘向《说苑·修文》:"士服黻,大夫黼。"

【黼裳】fǔcháng 绣有黑白斧形的下裳,用于祭祀。《尚书·顾命》:"王麻冕黼裳,由宾阶隮。"汉郑玄注:"黼裳者,冕服有文者。"宋蔡沈《集传》:"吕氏曰,麻冕黼裳,王祭服也。"《大戴礼记·五帝德》:"黄帝黼黻衣,大带黼裳。"

【黼领】fǔlǐng 省称"黼"。周代缀于诸侯所穿中单之上绣有半黑半白斧形纹的衣领。汉代以后多用于后妃、卿大夫之妻。《诗经·唐风·扬之水》:"素衣朱襮,从子于沃。"汉毛亨传:"襮,领也。诸侯绣黼丹朱中衣。"《尔雅·释器》:"黼领谓之襮。"晋郭璞注:"绣刺黼文以褗领。"《仪礼·士昏礼》:"女从者毕袗玄,纚笄被颎黼,在其后。"汉郑玄注:"卿大夫之妻刺黼以为领,如今偃领矣。士妻始嫁,施襌黼于领上,假盛饰。"《隋书·礼仪志七》:"皇后袆衣,深青织成为之……青纱内单,黼领,罗縠褾、襈。"《唐六典》卷一二:"凡皇后之衣服,一曰袆衣,二曰鞠衣,三曰礼衣……素沙中单,黼领。"《新唐书·车服志》:"白纱中单,黼领,青褾、襈、裾。"

【黼裘】fǔqiú 用黑羊皮和狐白制成的黑白相间的黼纹皮裘,周代国君秋季田猎时所穿的礼服。《礼记·玉藻》:"唯君有黼裘以誓省,大裘非古也。"汉郑玄注:"黼裘,以羔与狐白杂为黼文也。省,当为狝。狝,秋田也。国君有黼裘誓狝田之礼。"唐孔颖达疏:"黼裘,以黑羊皮杂狐白为黼文以作裘也。"清孙希旦集解:"誓众尚严断,故服黼裘。"

黼裘(宋陈祥道《礼书》)

【黼扆】fǔxǔ 绘有黑白斧形花纹的商代礼冠。《诗经·大雅·文王》:"厥作祼将,常服黼扆。"汉毛亨传:"黼,白与黑也。扆,殷冠也。"

【黼衣】fǔyī 绣有黑白斧形花纹的祭祀礼服。《荀子·哀公》:"黼衣、黻裳者,不茹荤,非口不能味也,服使然也。"唐杨倞注:"黼衣、黻裳,祭服也。白与黑为黼。"汉蔡邕《独断》卷下:"郊天地,祀明堂则冠之,衣黼衣,佩玉佩,履絇履。"《汉书·韦贤传》:"肃肃我祖,国自豕韦,黼衣朱绂,四牡龙旗。"唐颜师古注:"黼衣,画为斧形,而白与黑为彩也。"汉王粲《神女赋》:"袭罗绮之黼衣,曳缛绣之华裳。"《文选·韦孟·讽谏诗》:"黼衣朱黻,四牡龙旗。"唐李善注:"应劭曰:黼衣,衣上画为斧形,而白与黑为采。"《太平御览》卷六九○:"昔帝尧王天下黼衣、絓履,不弊尽不更为也。"

【复陶】fùtáo 也作"翠被"。用毛羽制成的御风雪的外衣。《左传·昭公十二年》:"雨雪,王皮冠,秦复陶,翠被,豹舄。"晋杜预注:"秦所遗羽衣也。"唐孔颖达疏:"冒雪服之,知是毛羽之衣,可以御雨雪也。"一说即后世斗被。清平步青《霞外捃屑》卷二:"复陶、翠被,止是一名。陶为陶复、陶穴之陶,复陶即被复陶之被,以翠为之,风雨时所被,如复陶在上,今所谓斗被也……刘宝楠《愈愚录》卷三引《汉书·西域传》:'袭翠被冯玉几而处其中。'《西京赋》:'张甲乙而袭翠被'。则翠被乃加于衣者……丁寿昌曰:翠被疑即鹤氅之类,故楚子雨雪而衣以出也。"

【复陶裘】fùtáoqiú 即"复陶"。《东周列国志》第七十回:"向有秦国所献复陶裘、翠羽被,可取来服之。"

【复衣】fùyī ❶周代君、大夫、士过世,小殓时穿的招魂之衣。《礼记·丧大记》:"复有林麓,则虞人设阶,无林麓则狄人设阶……复衣不以衣尸,不以敛。"汉郑玄注:"复,招魂复魄也。"又:"小敛,君、大夫、士皆用复衣复衾。"❷以数层布帛制成的御寒衣服。有里子,夹层里可装入绵絮。南朝宋刘义庆《世说新语·夙惠》:"晋孝武年十二时,冬天昼日不著复衣,但著单练衫五六重,夜则累茵褥。"《宋书·沈道虔传》:"冬月无复衣,戴颙闻而迎之,为作衣服,并与钱一万。"《南史·徐嗣伯传》:"时直合将军房伯玉服五石散十许剂,无益,更患冷,夏日常复衣,嗣伯为诊之。"

【副袆】fùhuī 首饰和上服,周代王后宗庙祭祀或献茧丝时用作礼服。《礼记·祭义》:"岁既单矣,世妇卒蚕,奉茧以示于君,遂献茧于夫人。夫人曰:'此所以为君服与。'遂副袆而受之,因少牢以礼之。"又《明堂位》:"君卷冕立于阼,夫人副袆立于房中。"汉郑玄注:"副,首饰也……袆,王后之上服,唯鲁及王者之后夫人服之。"《后汉书·和熹邓皇后纪》:"庚戌,谒宗庙,率命妇群妾相礼仪,与皇帝交献亲荐,成礼而还。"唐李贤注:"《周礼》:宗庙祭之日,旦,王服衮冕而入,立于阼;后服副袆,从王而入。"明徐光启《农政全书》卷三四:"夫人副袆而躬桑,乃献茧丝,遂称织纴之功。"

【副笄六珈】fùjīliùjiā 贵族女性参与祭祀典礼时所用的首饰。王后及诸侯夫人取假发合己发编成的假髻,称作副。上簪六笄,笄上另加玉饰,这些装饰称"珈",一般用玉雕镂成熊、虎、赤罴、天鹿、辟邪、南山丰大特等六种兽形。珈数多寡,以别地位尊卑。"六珈"为侯伯夫人之饰。《诗经·鄘风·君子偕老》:"君子偕老,副笄六珈。"汉毛亨传:"副者后夫人首饰,编发为之。笄,衡笄也。珈,笄饰之最盛者,所以别尊卑。"汉郑玄笺:"珈之言加也,副既笄而加饰,如今步摇上饰。"《周礼·天官·追师》:"掌王后之首服,为副、编、次,追衡笄。"汉郑玄注:"王后之衡笄,皆以玉为之,唯祭服有衡,垂于副之两旁当耳,其下以纨县瑱。"清王念孙《广雅疏证》卷七:"副之异于编、次者,副有衡笄六珈以为饰,而编、次无之。其实副与编、次皆取他人之发合己发以为结,则皆是假结也。"

G

gao

【高冠】gāoguān ❶春秋战国时期流行于齐、楚的一种冠帽,顶比较高,多为志向高远之士所用。《楚辞·离骚》:"高余冠之岌岌兮,长余佩之陆离。"汉王逸注:"戴崔嵬之冠,其高切云也。"《汉书·王莽传中》:"莽为人侈口蹷颔,露眼赤精,大声而嘶。长七尺五寸,好厚履高冠。"晋张华《壮士篇》:"长剑横九野,高冠拂玄穹。"三国魏曹丕《大墙上蒿行》:"宋之章甫,齐之高冠,亦自谓美,盖何足观。"《艺文类聚》卷六四:"一更中,有一人长丈余,高冠赤帻。"《梁书·朱异传》:"彼高冠及厚履,并鼎食而乘肥。"《旧唐书·马怀素传》:"褒衣博带,革履高冠,本非马上所施,自是车中之服。"❷道士或道教仙人所戴的高顶之冠。宋张君房《云笈七签》卷一一七:"周真人,名太玄……太玄于其上植花木,时见有人,高冠褒衣,或三或二。"《初刻拍案惊奇》卷一六:"只见一人高冠敞袖,似是道家装扮。"❸唐宋女子的一种首服。史载唐末年,妇女竞戴高冠,进入宋代,妇女高冠风行朝野,朝廷曾诏令禁止,但并未见效。宋王谠《唐语林》卷七:"宣宗妙于音律,每赐宴前,必制新曲,俾宫婢习之……率高冠方履,褒衣博带,趋赴俯仰,皆合规矩。"《宋史·舆服志》:"端拱二年,禁杂色人服紫及妇

人高冠高髻。"

高冠(吉林集安高句丽墓出土壁画)

【高冠博带】gāoguānbódài 戴着高大的帽子,系着宽阔的衣带,原指儒生的装束,后比喻穿着礼服。《墨子·公孟》:"昔者齐桓公,高冠博带,金剑木盾,以治其国。"

【羔裘】gāoqiú 用紫羔皮制成的皮衣,周代用作诸侯、卿、大夫的朝服,穿着时与缁衣相配。羔羊吸乳多取跪势,有谦逊之态,故被用于卿大夫礼服。明清时重貂狐而轻羔裘,通常士庶用于御寒。《诗经·郑风·羔裘》:"羔裘如濡,洵直且侯。"汉郑玄笺:"缁衣羔裘,诸侯之朝服也。古朝廷之臣皆忠直且君也。"《论语·乡党》:"缁衣,羔裘;素衣,麑裘;黄衣,狐裘。"清刘宝楠正义:"郑注云:'缁衣羔裘,诸侯视朝之服,亦卿、大夫、士祭于君之服。'……经传凡言羔裘,皆谓黑裘,若今称紫羔矣。"《韩非子·外储说左下》:"(孙叔敖)冬羔裘,夏葛衣,面有饥

色,则良大夫也。"汉班固《白虎通·衣裳》:"独以羔裘何?取轻暖……羔者取跪乳逊顺也。故天子狐白,诸侯狐黄,大夫苍,士羔裘,亦因别尊卑也。"《新唐书·东女传》:"王服青毛绫裙,被青袍,袖委于地,冬羔裘,饰以文锦。"清刘廷玑《在园杂志》卷一:"《郑风》云:羔裘豹饰,大夫燕居之服,近日不独不以豹饰,而大夫多不羔裘矣。间或服之,惟领与袖或饰貂,或饰狐,或饰银鼠之类。"一说为狐貉皮制成的皮衣。福格《听雨丛谈》卷六:"古人羔裘用贵而价贱,狐裘用贱而价贵,总觉此解穿凿,愚以为误于《说文》释羔为羊子也……羔裘用以朝祭,必是狐貉之雏,决非羊皮也。"

羔裘(宋陈祥道《礼书》)

【缟带】gǎodài ❶学子幼童所用的以白色生绢制成的腰带,取质朴之意。《礼记·玉藻》:"弟子缟带,并纽约用组。"唐孔颖达疏:"弟子缟带者,用生缟为带,尚质也。"❷用作亲友之间的馈赠之物,表示友谊深厚。《左传·襄公二十九年》:"(吴公子札)聘于郑,见子产,如旧相识,与之缟带,子产献纻衣焉。"宋周密《癸辛杂识·前集》:"苎葛虽布属,亦皆吉服;缟带、纻衣,昔人犹以为赠。"

【缟冠】gǎoguān 用白色生绢制成的冠帽,一般用于丧礼或凶礼。《逸周书·器服解》:"缟冠素纰。"《礼记·玉藻》:"缟冠素纰,既祥之冠也。"唐孔颖达疏:"缟是生绢而近吉,当祥祭之时,身著朝服,首著缟冠,以其渐吉故也。"《韩诗外传》卷九:"孔子曰:'勇士哉赐尔何如?'对曰:'得素衣缟冠,使于两国之间,不持尺寸之兵,升斗之粮,使两国相亲如弟兄。'"《魏书·礼志三》:"有司阳祥服如前,侍中跽奏,请易祭服,进缟冠素纰,白布深衣,麻绳履。"《隋书·礼仪志六》:"凡大疫、大荒、大灾则素服缟冠。"

【缟素】gǎosù 用未经染色的绢制成的素色丧服、凶服。《楚辞·九章·惜往日》:"思久故之亲身兮,因缟素而哭之。"《管子·轻重甲》:"故君请缟素而就士室。"《史记·高祖本纪》:"今项羽放杀义帝于江南,大逆无道。寡人亲为发丧,诸侯皆缟素。"《后汉书·顺帝纪》:"茂陵园寝灾,帝缟素避正殿。"晋干宝《搜神记》卷七:"昔魏武军中,无故作白帢,此缟素凶丧之征也。"《新唐书·李密传》:"诏归其尸,乃发丧,具威仪,三军缟素,以君礼葬黎阳山西南五里,坟高七仞。"清吴伟业《圆圆曲》:"痛哭六军皆缟素,冲冠一怒为红颜。"王先谦《东华续录·乾隆》:"癸丑,总理事务王大臣等钦遵皇太后懿旨仰体……谨拟百日内上服缟素,百日外,请发易素服诣。几筵前仍服缟素。诣皇太后宫及御门莅官听政,咸素服,冠缀缨纬。"

【缟衣】gǎoyī ❶用白色生绢制成的轻薄衣服,泛指寒素的服饰。《诗经·郑风·出其东门》:"缟衣綦巾,聊乐我员。"汉毛亨传:"缟衣,白色,男服也。"唐孔颖达疏:"缟衣是薄缯,不染色,故曰白也。"宋朱熹集注："缟衣綦巾，女服之贫陋者。"又："缟衣茹藘，聊可与娱。"❷生绢制成的细白上衣，可用作祭服，亦可用于常服。《礼记·王制》："殷人冔而祭，缟衣而养老。"汉郑玄注："殷尚白而缟衣裳。"唐孔颖达疏："缟，白色生绢，亦名为素，此缟衣谓白，白布深衣也。"《列子·黄帝》："子华之门徒皆世族也，缟衣乘轩，缓步阔视。"南朝宋鲍照《代阳春登荆山行》诗："奕奕朱轩驰，纷纷缟衣流。"❸居丧或遭灾难等凶事时所穿的白色衣服。唐薛用弱《集异记·叶法善》："发引日，敕官缟衣祖送于国门之外。"《明史·史可法传》："渡江抵浦口，闻北都既陷，缟衣发丧。"

【缟纻】gǎozhù ❶也作"纻缟"。用白色生绢和细麻布所制的衣服。《战国策·齐策四》："后宫十妃，皆衣缟纻，食粱肉。"汉司马相如《子虚赋》："于是郑女曼姬，披阿緆，揄纻缟，杂纤罗，垂雾縠。"❷纻衣与缟带。用于亲友之间的馈赠，表示友谊深厚。源出《左传·襄公二十九年》。北周宇文逌《〈庾信集〉序》："余与子山，凤期欵密，情均缟纻，契比金兰。"唐韩愈《祭郴州李使君文》："授缟纻以托心，示兹诚之不谬。"清顾炎武《过李子德》诗之四："关河愁欲遍，缟纻竟谁亲？"李光《友人刘竞生续学保定诗以送之》："缟纻惯交屠狗客，捬捣忍逐牧猪奴。"

ge

【袼】gē 俗称"挂肩"。衣身与衣袖之间拼缝处。也代指衣袖。《礼记·深衣》："袼之高下，可以运肘。"汉郑玄注："肘不能不出入，袼，衣袂当掖之缝也。"亦通称衣袖。《广雅·释器》："袼，袖也。"清王念孙疏证：

"袼，衣袂当掖之缝也。盖袂为袖之大名。袼为袖当掖之缝，其通则皆为袖也。"

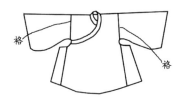

袼示意图

【革带】gédài ❶天子、诸侯、卿大夫穿着冕服时束在大带下面的皮带，前佩蔽膝，后系印绶，左右悬挂各式杂佩。古称"鞶革"或"鞶带"。商周时期已有使用，汉魏沿袭，唐代以后逐渐废除。《易·讼》："上九，或锡之鞶带，终朝三褫之。"《礼记·玉藻》："肩革带博二寸。"汉郑玄注："凡佩，系于革带。"唐贾公彦疏："以韠系于革带，恐佩系于大带，故云然。以大带用组约，其物细小，不堪县韠佩故也。"《晋书·舆服志》："革带，古之鞶带也。谓之鞶革，文武众官牧守丞令下及驺寺皆之。"《隋书·礼仪志七》："革带，案《礼》'博二寸'。《礼图》曰：'珰缀于革带。'阮谌以为有章印则于革带佩之。《东观记》：'杨赐拜太常，诏赐自所著革带。'故知形制尊卑不别。今博三寸半，加金缕鰈，螳蜋钩，以相拘带。自大裘至于小朝服，皆用之。"《唐六典》卷四："凡王公第一品服衮冕……白纱中单，黼领、青褾、襈、裾，革带钩鰈。"宋陆游《成都岁暮始微寒小酌遣兴》诗："革带频移纱帽宽，茶铛欲熟篆香残。"《朱子语类》卷九一："鞶中间有颈，两头有肩，肩以革带穿之。"《明史·舆服志二》："嘉靖八年谕阁臣张璁：'衮冕有革带，何以不用？'璁对曰：'按陈祥道《礼书》，古革带、大带,皆谓之鞶。革带以系佩韨,然后加以大带,而笏搢于二带之间。夫革带前系韨,后系绶,左右系佩,自古冕弁恒用之。今惟不用革带,以至前后佩服皆无所系,遂附属裳要之间,失古制矣。'帝曰:'……卿可并革带系蔽膝、佩、绶之式,详考绘图以进。'"❷束腰用的皮带,用皮革制成。古已有之,春秋战国时期,受少数民族服饰风格的影响,革带开始使用带钩,不仅用作连接两端皮带,而且带上还要佩挂刀、剑、镜、印及其他装饰品,被称作"钩络带"。带钩使用方便,所以使用广泛,制作也日益精巧,常常镶嵌有许多金银珠宝。从魏晋开始,钩络带开始衰落,从北方少数民族传入一种新的鞊鞢带,逐渐取代钩络带,为历代沿用。鞊鞢带的带体叫"带鞓",用皮革制作,外面裹上黑色或红色的绫绢。鞓上装有方形或圆形的带扣版和带环,叫"带銙",用来悬挂刀、算囊等七种物品,俗称"鞊鞢七事"。唐代开元以前,是文武官员必佩之物。开元以后便逐渐废止。唐代的革带,按照质料和銙数的不同分别等级。帝王用玉带十三銙;一、二品官也用十三銙,但为金銙;六品以上为犀角銙,三品十三銙,四品十一銙,五品十銙;六、七品九銙;九品以上用银銙,八、九品八銙;平民用铜铁銙,七銙。革带的尾部叫做铊尾,同样以金银为饰,自唐开始向下斜插。宋代的革带分成前后两条,腰后的一条缀着带銙,质料和数量也有等级差别,但不再悬挂物件或装饰皮条。明代革带又与宋代相反,腰前装饰玉銙,后无装饰,用佩绶遮掩起来。《三国志·吴志·诸葛恪传》:"童谣曰:'诸葛恪,芦苇单衣篾钩落,于何相求成子阁。'……钩

落者,校饰革带,世谓之钩络带。"五代后唐马缟《中华古今注》卷上:"文武品阶腰带,盖古革带也。自三代以来,降至秦汉,皆庶人服之。而贵贱通以铜为銙,以韦为鞓;六品已上,用银为銙,九品已上及庶人,以铁为銙。沿至贞观二年,高祖三品已上,以金为銙,服绿;庶人以铁为銙,服白;向下捶垂头,而取顺合,呼挞尾。"宋王栐《燕翼诒谋录》卷一:"国初,士庶所服革带未有定制,大抵贵者以金,贱者以银,富者尚侈,贫者尚俭。太平兴国七年正月壬寅诏三品以上銙以玉,四品以金,五品、六品银銙金涂,七品以上并未尝参官并内职武官以银;上所特赐不拘此令。八品、九品以黑银,今世所谓药点乌银是也。流外官、工商士人、庶人以铁、角二色。"清周亮工《书影》卷二:"京师穷市上,有古铁条,垂三尺许,阔二寸有奇。形若革带之半,中虚而外锈涩。"

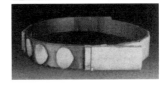

定陵出土万历皇帝玉革带
《定陵出土文物图典》

【葛绖】gédié 男女服丧时用以束腰的葛草或葛布制成的带子。《仪礼·丧服》："子为其母练冠麻,麻衣縓缘;为其妻縓冠,葛绖带,麻衣縓缘。皆既葬除之。"《礼记·少仪》："葛绖而麻带。"唐贾公彦疏："此谓妇人既虞,卒哭,其绖以葛易麻,故云葛绖带。妇人尚质,所贵在要(腰)带。"

【葛屦】géjù 以葛草编成的草鞋,质地稀疏,春夏时节穿着凉爽,无论贵贱均有服用。《诗经·齐风·南山》："葛屦五两,冠緌双止。"又《魏风·葛屦》："纠纠葛屦,可以履霜。"汉毛亨传："夏葛屦,冬皮屦。葛屦非所以履霜。"汉郑玄笺："葛屦贱,皮屦贵。魏俗至冬犹谓葛屦可以履霜,利其贱也。"《周礼·天官·屦人》："屦人掌王及后之服屦,为赤舃……葛屦。"《仪礼·士冠礼》："屦,夏用葛……冬皮屦亦可也。"唐贾公彦疏："此言夏用葛,下云冬皮,则春宜从夏,秋宜从冬,故举冬夏寒暑极时而言。"宋陆游《东偏小室去日最远每为逃暑之地戏作五字》诗："渴爱殰浆美,慵便葛屦轻。"明李昌祺《剪灯余话·洞天花烛记》："忽有二使,布袍葛屦,联袂而来。"

【葛衣】géyī 也称"绤绤""葛布衣"。用葛布制成的凉爽之衣,多用于夏季。《韩非子·外储说左下》："孙叔敖相楚……冬羔裘,夏葛衣。面有饥色,则良大夫也。"又《五蠹》："冬日麑裘,夏日葛衣。"《史记·太史公自序》："夏日葛衣,冬日鹿裘。"唐韩翃《田仓曹东亭夏夜饮得春字》诗："葛衣香有露,罗幕静无尘。"白居易《夏日作》诗："葛衣疏且单,纱帽轻复宽。一衣与一帽,可以过炎天。"宋陆游《夜出偏门还三山》诗："水风吹葛衣,草

露湿芒履。"张邦基《墨庄漫录》卷一："生平好道,元符初,尝于信州弋阳县见一道人,青巾葛衣,神气特异。"苏轼《放鹤亭记》："黄冠草履,葛衣而鼓琴。"明张岱《夜航船·衣服》："葛布衣折好,用蜡梅叶煎汤,置瓦盆中浸拍之,垢即自落,以梅叶揉水浸之,不脆。"

gong－gou

【功】gōng 丧服,大功服、小功服的统称,用白色的熟麻布制成。《礼记·杂记》："既丧,大功吊,哭而退,不听事焉。期之丧未葬,吊于乡人,哭而退,不听事焉。功衰吊,待事,不执事。小功、缌,执事不与于礼。"汉刘熙《释名·释丧制》："九月曰大功,其布如粗之大功,不善治练之也;小功,精细之功小有饰也。"

【功衰】gōngcuī 居丧之服。斩衰、齐衰之丧在练祭之后所穿,其级别与"大功"同。《礼记·杂记上》："有父母之丧,尚功衰。"汉郑玄注："斩衰、齐衰之丧练,皆受以大功之衰,此谓之功衰。"唐孔颖达疏："尚功衰者,衰谓三年练后之衰,升数与大功同,故云功衰。"

【功服】gōngfú 即"功"。《红楼梦》第九十六回："况且贵妃的事虽不禁婚嫁,宝玉应照出嫁的姐姐,有九个月的功服,此时也难娶亲。"

【功裘】gōngqiú 周代天子赐给卿大夫穿的一种皮袄,以狐、麂之皮制成,其做工略粗于国君所穿的良裘。《周礼·天官·司裘》："季秋,献功裘,以待颁赐。"汉郑玄注："功裘,人功微粗,谓狐青麛裘属。郑司农云:'功裘,卿大夫所服。'"唐贾公彦疏："此季秋则是九月授衣之节。季秋献功裘以待颁赐者,功裘之内有群

臣所服之裘,故言以待颁赐……言'功
裘,人功微粗'者,此对良裘与大裘人功
微密,此裘人功粗,故名'功裘'。"

【拘领】gōulǐng 也作"句领""勾领"。中
衣上的曲领。《荀子·哀公》:"古之王
者,有务而拘领者矣。其政好生而恶杀
焉。"唐杨倞注:"拘,与句同,曲领也。言
虽冠衣拙朴,而行仁政也。"明方以智《通
雅》卷三六:"古人既有勾领为圆领,则应
方之领,当是直领。"

拘领(陕西西安出土石刻《凌烟阁功臣图》)

【钩带】gōudài 即"带钩"。《荀子·礼
论》:"说亵衣,袭三称,绅绅而无钩带
矣。"唐杨倞注:"搢绅,谓扱于带。钩之
所用弛张也,今不复解脱,故不设钩也。"

【袧】gōu 丧服的下裳两侧作褶裥,中央
无褶裥为袧。《仪礼·丧服》:"凡衰,外
削幅,裳,内削幅,幅三袧。"汉郑玄注:
"袧者,谓辟(襞)两侧也,空中央也。祭服、
朝服,辟积无数。凡裳,前三幅,后四
幅也。"

guan

【冠】guān 先秦时期一般作为贵族成年
男子所戴的首服,是弁冕的总名。最早
用来束发,等级不同冠式不同。形制上

基本由冠箍、展筩、术、山、缨或笄等五部
分组成。要戴冠首先得把发束起来。在
头顶盘成髻,用纚把发髻包住,然后加
冠。纚是一块二尺二寸宽、六尺长的黑
帛。加冠后还要用笄或簪横穿过冠和发
髻加以固定。冠与帽的形制不同,其主
要区别是冠内有胎,是硬的固定物,主要
目的在于装饰和罩髻,帽无胎,为软
形,主要目的在于保暖和罩头。后世冠
的形制用途日益复杂多样,有进贤冠、远
游冠等多种名称,女性也有戴冠者。《说
文解字·冖部》:"冠,絭也。所以絭
发,弁冕之总名也。从冖从元,元亦声。
冠有法制,从寸。"清段玉裁注:"冠以约
束发发。故曰絭发。引伸为凡覆盖之
称。"汉史游《急就篇》云:"冠帻簪簧结发
纽"唐颜师古注:"冠者,冕之总名备首饰
也。"汉班固《白虎通》:"冠者,卷也。卷
持其发也。"汉刘熙《释名·释首饰》:
"冠,贯也,所以贯韬发也。"《后汉书·舆
服志》:"上古穴居而野处,衣毛而冒
皮……后世圣人……见鸟兽有冠角䫇胡
之制,遂作冠冕缨緌,以为首饰。"

【冠弁】guānbiàn ❶周礼规定天子田猎
时的冠式,在玄冠之上加形似皮弁的皮
帽。《周礼·春官·司服》:"凡甸,冠弁
服。"汉郑玄注:"甸,田猎也。冠弁,委
貌。其服缁布衣,亦积素以为裳。诸侯
以为视朝之服。"清孙诒让正义:"孔广森
云:'《左传》责卫侯不释冠弁。楚灵王雨
雪皮冠,右尹子革夕,王见之,去冠,皮冠
可释去,则必别有一物,加于冠上矣。'
按皮冠盖犹方相氏之蒙熊皮。孔谓别有
一物,加于冠上,其说近是……田事玄
冠,上加皮冠,有所敬,则释之,犹兵事韦
弁,上加胄,有所敬则免之矣。"《文选》注

引董巴《舆服志》曰:"侍中冠弁大冠,加金珰,附蝉为文。"❷华夏男子礼帽的总称。《荀子·君道》:"修冠弁衣裳,黼黻文章,彫琢刻镂,皆有等差,是所以粉饰之也。"《列子·汤问》:"南国之人祝发而裸;北国之人鞨巾而裘;中国之人冠弁而裳。"明宋应星《天工开物·倭缎》:"其帛最易朽污,冠弁之上,顷刻集灰,衣领之间,旬日损坏。"

【冠弁服】 guānbiànfú 周代天子田猎习兵事时所戴的帽子和配套的服饰。由委貌冠、缁布衣、积素裳组成。参见"冠弁❶"。

【冠带】 guāndài 冠帽与腰带的统称,泛指装束打扮。《吕氏春秋·仲秋纪》:"乃命司服具饬衣裳,文绣有常,制有小大,度有短长,衣服有量,必循其故,冠带有常。"《礼记·内则》:"冠带垢,和灰请漱。"又《文王世子》:"文王有疾,武王不说冠带而养。"宋司马光《晚食菊羹》诗:"归来褫冠带,杖履行东园。"《朱子语类》卷九一:"问:'今冠带起于何时?'曰:'看角抵图所画观戏者尽是冠带。立底、屋上坐底皆戴帽系带,树上坐底也如此。那时犹只是软帽,搭在头上;带只是一条小皮穿几个孔,用那跨子缚住。至贱之人皆用之。'"明沈鲸《双珠记·弃官寻父》:"今日解了冠带,扮做常人。轻囊健步,有何不可?"《老残游记》第三回:"只画了一个人,仿佛列子御风的形状,衣服冠带均被风吹起。"《秦并六国平话》卷中:"楚阵韩员打扮虎皮磕磕……此人如何这般冠带? 名呼做杀虎壮士。"

【冠笄】 guānjī ❶冠和笄的合称。男子二十要加冠、女子十五要束发加笄,表示成人。因此冠笄又分别指男女成年时举行的冠礼、笄礼。《礼记·乐记》:"婚姻冠笄,所以别男女也。"汉郑玄注:"男二十而冠,女许嫁而笄,成人之礼。"《淮南子·齐俗训》:"三苗髽首,羌人括领,中国冠笄,越人劗鬋。"清陈康祺《燕下乡脞录》卷八:"戴名世大逆,法至寸磔,族皆弃市,未及冠笄者,发边。"❷固定冠的簪子。《宋史·礼志十八》:"冠笄、冠朵、九翚四凤冠,各置于盘,蒙以帕。"

【冠履】 guānlǚ 也作"冠屦"。帽与鞋的合称。《墨子·贵义》:"万事莫贵于义。今谓人曰:'予子冠履,而断子之手足,子为之乎?'必不为。何故? 则冠履不若手足之贵也。"汉王逸《九思·悼乱》:"茅丝兮同综,冠屦兮共絇。"《淮南子·人间训》:"今人待冠而饰首,待履而行地。冠履之于人也,寒不能暖,风不能障,暴不能蔽也。"《梁书·到溉传》:"自外车服,不事鲜华,冠履十年一易。"唐赵璘《因话录》卷四:"及行斋,左右代整冠履,扶而升坛,天即开霁。"

【冠冕】 guānmiǎn ❶帝王、官员所戴的礼帽,后世亦用来指代做官。《左传·昭公九年》:"我在伯父,犹衣服之有冠冕。"《后汉书·明帝纪》:"宗祀光武皇帝于明堂,帝及公卿列侯始服冠冕、衣裳、玉佩、绚履以行事。"又《郭太传》:"(贾淑)虽世有冠冕,而性险害,邑里患之。"《三国志·魏志·王昶传》:"今汝先人世有冠冕,惟仁义为名。"北齐颜之推《颜氏家训·勉学》:"虽千载冠冕,不晓书记者,莫不耕田养马。"明梁辰鱼《浣纱记·送钱》:"去其冠冕,作彼庸奴。"❷特指华夏服饰。《隋书·东夷传论》:"今辽东诸国,或衣服参冠冕之容,或饮食有俎豆之器,好尚经术,爱乐文史。"

【冠絻】guānmiǎn 即"冠冕"。"絻"与"冕"通。《荀子·非十二子》:"其冠絻,其缨禁缓,其容简连。"《史记·封禅书》:"长安东北有神气,成五采,若人冠絻焉。或曰东北神明之舍,西方神明之墓也。天瑞下,宜立祠上帝,以合符应。"

【冠緌】guānruí 礼冠上的带子下垂部分,左右各一。《诗经·齐风·南山》:"葛屦五两,冠緌双止。"汉毛亨传:"葛屦,服之贱者。冠緌,服之尊者。"唐孔颖达疏:"亦谓其贵贱尊卑互相见也。《礼记·内则》注:'緌者,缨之饰也。'"清王先谦《集疏》:"古者冠系皆以二组,系于冠,卷结颔下,谓之缨。缨用二组,则緌亦双垂也。"宋朱熹《集传》:"緌,冠上饰也。屦必两,緌必双,物各有耦,不可乱也。"汉徐幹《中论·修本》:"上悬乎冠緌,下系乎带佩。"

【冠缨】guānyīng 固定冠帽的带子,从两侧下垂,系结于颔下。《韩非子·奸劫弑臣》:"楚王子围将聘于郑,未出境,闻王病而反,因入问病,以其冠缨绞王而杀之,遂自立也。"《史记·滑稽列传》:"淳于髡仰天大笑,冠缨索绝。"汉刘向《说苑·复恩》:"楚庄王赐群臣酒,日暮酒酣,灯烛灭。乃有人引美人之衣者,美人援绝其冠缨。"宋苏轼《罢徐州往南京寄子由》诗:"有知当笑我,抚掌冠缨绝。"明张居正《答列卿毛介川》:"今之士大夫,冠缨相摩,踵足相接,一时号为交游者,盖不少矣。"

gui－gun

【襘】guì 交领衣之衣领的会合、叠压处。《左传·昭公十一年》:"衣有襘,带有结。会朝之言,必闻于表著之位,所以昭事序也;视不过结襘之中,所以道容貌也。"晋杜预注:"襘,领会。"清沈钦韩补注:"交领为膺,左右衿所会,故谓之襘。"《说文解字·衣部》:"襘,带所结也。从衣會声。《春秋传》曰:'衣有襘。'古外切。"唐刘禹锡《代赐谢春衣》:"执领襘而抃舞失次,被纤柔而顾眄增辉。"

【卷衣】gǔnyī 即"衮衣"。《礼记·杂记上》:"公袭,卷衣一,玄端一,朝服一。"唐陆德明《释文》:"卷,音衮。"清陈奂传疏:"衮同卷,古同声,卷者曲也,像龙曲形曰卷龙,画龙作服曰卷龙。"《周礼·春官·司服》"王之吉服……享先王则衮冕"汉郑玄注引郑司农语:"衮,卷龙衣也。"唐罗隐《秦望山僧院》诗:"霸主卷衣才二世,老僧传锡已千秋。"

【衮】gǔn ❶天子、诸侯、上公祭祀或朝会时所穿礼服上绣的龙纹。天子画升龙,上公画降龙。《诗经·豳风·九罭》:"我觏之子,衮衣绣裳。"汉郑玄笺:"王迎周公,当以上公之服往见之。"《说文解字·衣部》:"衮,天子享先王。卷龙绣于下幅。一龙蟠阿上乡。"❷即"衮衣"。《周礼·春官·司服》"王之吉服……享先王则衮冕。"郑玄注引郑司农语:"衮,卷龙衣也。"《宋书·礼志一》:"御乘耕根三盖车,驾苍驷,青旗,著通天冠,青帻,朝服青衮,带佩苍玉。"《宋史·舆服志三》:"今欲冬至裸祀昊天上帝,服裘被衮,其余祀天及祀地祇,并请服衮去裘,各以其宜服之。"《金史·舆服志中》:"衮,用青罗夹制,五彩间金绘画,正面日一、月一、升龙四……背面星一、升龙四。"《明史·舆服志二》:"十六年定衮冕之制……衮,玄衣黄裳,十二章,日、月、星辰、山、龙、华虫六种织于衣,宗彝、藻、火、粉米、黼、黻绣于裳。"

【衮冕】gǔnmiǎn ❶帝王的六冕服之一。祭祀先王时所穿。由冕冠、玄衣、纁裳、蔽膝、革带、大带、佩绶、舄等组成。王公朝聘天子及助祭时也穿衮冕。帝王冕十二旒,衣卷龙衣,九章。公之衮冕降王一等:即冕冠用九旒,每旒用珠玉九颗;衣裳绣九章。所绣龙纹亦有不同:天子之服有升、降之龙,公之服只用降龙。后世沿袭而有损益,入清以后其制被废。《周礼·春官·司服》:"王之吉服,祀昊天、上帝,则大裘而冕;祀五帝亦如之;享先王则衮冕。"汉郑玄注:"六服同冕者,首饰尊也。郑司农云:衮,卷龙衣也……玄谓《书》曰:'予欲观古人之象,日月星辰,山龙、华虫,作缋宗彝,藻、火、粉米、黼黻希绣。'此古天子冕服十二章,舜欲观焉。"又:"公之服,自衮冕而下如王之服。"汉郑玄注:"自公之衮冕至卿大夫之玄冕,皆朝聘天子及助祭之服。"《仪礼·觐礼》:"天子衮冕负斧依。"汉郑玄注:"衮衣者,神之上也。缋之绣之为九章。其龙,天子有升龙,有降龙。衣此衣而冠冕,南乡而立,以俟诸侯见。"《国语·周语中》:"弃衮冕而南冠以出,不亦简彝乎。"三国吴韦昭注:"衮,衮龙之衣也;冕,大冠也。公之盛服也。"《新唐书·礼乐志七》:"皇太子兴,宾揖皇太子适东序,服衮冕之服以出,立于席东,西面。"又《车服志》:"玄宗以大裘朴略,不可通寒暑,废而不服,自是元正朝会用衮冕、通天冠。"《太平御览》卷六九〇:"秦除衮冕之制,唯为玄衣绛裳一具而已。汉兴,亦如之。中兴后,明帝永平中使诸儒案古文依图书,始复造衮冕之服,至于今用之。"宋何薳《春渚纪闻·梦宰相过岭

四人》:"蔡丞相持正为府界提举日,有人梦至一官府,堂宇高邃,上有具衮冕而坐者四人。"《明史·舆服志二》:"祭天地、宗庙,服衮冕。"清戴名世《曲阜县圣庙塑像议》:"而唐开元中遂出王者衮冕之服以衣矣。"焦廷琥《冕服考》卷二:"衮冕为享先王之服,又为会同宾客之斋服,又为受觐之服,又为大昏亲迎之服。"徐珂《清稗类钞·服饰》:"世祖入关,郊祀,礼臣请用衮冕,上谕人主当敬天勤民,不在衮冕。"❷穿衮服时所戴的冕。《新唐书·车服志》:"首饰大小华十二树,以象衮冕之旒。"《宋史·舆服志四》:"衮冕十有二旒,其服十有二章,以享先王。"

衮冕(宋聂崇义《三礼图》)

【衮衣】gǔnyī 省称"衮"。天子、诸侯、上公祭祀、朝会时所穿绣有卷龙等纹样的礼服。上衣色黑,绣山、龙、华虫、火、宗彝等纹样,纁裳绣藻、粉米、黼、黻等纹,合为九章。起自商周,历代沿袭,入清后废除。《逸周书·世俘》:"壬子,王服衮衣,矢琰格庙。"《诗经·豳风·九罭》:"我觏之子,衮衣绣裳。"汉毛亨传:"衮衣,卷龙也。"汉郑玄笺:"六冕之第二者也。画为九章,天子画升龙于衣上,公

但画降龙。"《孔丛子·陈士义》:"衮衣章甫,实获我所;章甫衮衣,惠我无私。"《南齐书·舆服志》:"衮衣,汉世出陈留襄邑所织。宋末用绣及织成。建武中,明帝以织成重,乃采画为之,加饰金银薄,也谓之天衣。"《旧唐书·后妃传下·代宗睿真皇后》:"太皇太后谥册,造神主,择日祔于代宗庙。其袆衣备法驾奉迎于元陵祠,复置于代宗皇帝衮衣之右。"《明史·舆服志二》:"洪武十六年定衮冕之制。衮,玄衣黄裳,十二章,日、月、星辰、山、龙、华虫六种织于衣,宗彝、藻、火、粉米、黼、黻绣于裳。"明郑若庸《玉玦记·对策》:"日华浮动衮衣新,愿竭草茆忠悃。"

【裷】gǔn 帝王和诸侯穿的绣有龙纹的礼服。《荀子·富国》:"故天子袾裷衣冕,诸侯玄裷衣冕。"唐杨倞注:"袾,古朱字。裷与衮同。画龙于衣谓之衮。朱衮,以朱为质也。"见 169 页"yuān"。

【繉絻】gǔnmiǎn 即"衮冕"。《管子·君臣上》:"衣服繉絻,尽有法度。"唐尹知章注:"繉絻,古衮冕字。"

H

han—he

【扦】hàn 也作"捍""釬"。射箭时所用的袖套,多以革制成,着时服于左臂,以便放弦。《韩非子·说林下》:"羿执鞅(玦)持扦。"清王念孙《读书杂志·余编上》:"扦谓韝也。或谓之'拾',或谓之'遂',著于左臂,所以扦弦也。"《礼记·内则》:"右佩玦、捍、管、遰、大觿、木燧。"汉郑玄注:"捍谓拾也,言可以扦弦也。"《管子·戒》:"管仲,隰朋朝,公望二子,弛弓脱釬而迎之。"唐尹知章注:"釬所以扦弦。"《诗经·小雅·车攻》:"决拾既佽,弓矢既调。"《汉书·酷吏传·尹赏》:"杂举长安中轻薄少年恶子,无市籍商贩作务,而鲜衣凶服被铠扦持刀兵者,悉籍记之。"唐颜师古注:"铠,甲也。扦,臂衣也。"

【合甲】héjiǎ 用两重犀或兕之皮相合而制成的坚固铠甲。《周礼·考工记·函人》:"函人为甲,犀甲七属,兕甲六属,合甲五属,犀甲寿百年,兕甲寿二百年,合甲寿三百年。"汉郑玄注引郑司农云:"合甲,削革里肉,但取其表,合以为甲。"北周庾信《奉报寄洛州》诗:"长旓析鸟羽,合甲抱犀鳞。"清江永《〈周礼〉疑义举要》卷七:"犀甲兕甲皆单而不合,合甲则一甲有两甲之力,费工多而价重。"

【荷襁】héqiǎng 包裹小儿的衣被。《墨子·明鬼下》:"鲍幼弱在荷襁之中。"清孙诒让间诂:"荷与何同。《汉书》注李奇云:'襁,络也,以缯布为之,络负小儿。师古曰:即今之小儿绷也,居丈反。'诒让案:襁,吴钞本作襁,襁正字,襁借字。《说文·衣部》云:'襁,负儿衣也。'"

【荷衣】héyī ❶传说中用荷叶制成的衣裳。后人以"荷衣"代称隐士或处士的衣服,也用以表示神仙的服装。《楚辞·九歌·少司命》:"荷衣兮蕙带,儵而来兮忽而逝。"《文选·孔稚珪〈北山移文〉》:"焚芰制而裂荷衣,抗尘容而走俗状。"唐吕延济注:"芰制、荷衣,隐者之服。"唐崔国辅《石头滩作》诗:"且泛朝夕潮,荷衣蕙为带。"张志和《渔父》词:"江上雪,浦边风,笑著荷衣不叹穷。"元张可久《一半儿·苍崖禅师退隐》曲:"柳梢香露点荷衣,树杪斜阳明翠微。"明汤显祖《牡丹亭》第二十一出:"骤金鞭及早把荷衣挂,望归来锦上花。"高启《归吴至枫桥》诗:"寄语里间休复羡,锦衣今已作荷衣。"清龚自珍《己亥杂诗》:"白头相见山东路,谁惜荷衣两少年?"❷唐宋时进士赐绿袍,因此也用以指中进士后所穿的绿袍。元柯丹邱南戏《荆钗记》第二出《会讲》:"一跃龙门从所欲,麻衣换却荷衣绿。"又第十四出《迎请》:"金銮殿拟著荷衣,广寒宫必攀仙桂。"明高明《琵琶记·杏园春宴》:"荷衣新染御香归,引领群仙下翠微。"王錂《寻亲记·报捷》:"一别后杳无音信,知他有著荷衣分。"

【褐】hè ❶粗布或粗布衣服,多指用葛、麻或兽毛的粗加工品制成的衣服。泛指粗劣的衣服,贫者之衣。《诗经·豳风·七月》:"无衣无褐,何以卒岁。"汉郑玄笺:"褐,毛布也。"《孟子·滕文公上》:"许子衣褐。"汉赵岐注:"以毳织之,若今马衣者也。或曰褐,枲衣也。一曰粗布衣也。"宋陆游《怀昔》诗:"曩事空梦想,拥褐自笑屦。"文莹《湘山野录》卷中:"思公兼将相之位,帅洛,止以宾友遇三子,创道服、筇杖各三,每府园文会,丞相则寿巾、紫褐,三人者羽氅携筇而从之。"明宋应星《天工开物》:"褐有粗而无精。"❷麻编的足衣。《说文解字·衣部》:"褐,编枲袜。一曰粗衣。"清段玉裁注:"取未绩之麻编为足衣。如今草鞋之类。

hei—heng

【黑貂】hēidiāo ❶也作"黑貂裘"。指紫貂皮做的极为贵重的裘衣。《战国策·秦策一》:"(苏秦)说秦王书十上而说不行,黑貂之裘敝,黄金百斤尽。"《汉书·元后传》:"莽更汉家黑貂,著黄貂。"唐颜师古注引孟康:"侍中所著貂,莽更汉制也。"南朝陈徐陵《东阳双林寺傅大士碑》:"黑貂朱绂,王侯满筵。"宋陆游《冬暖》诗:"万骑吹笳行雪野,玉花乱点黑貂裘。"明张以宁《有感》诗:"马首桓州又懿州,朔风秋冷黑貂裘。"清黄景仁《骤寒作》诗:"去冬途中敝黑貂,今秋江上典鹔鹴。"龚自珍《己亥杂诗》:"不信古书愎用之,水厄淋漓黑貂丧。"❷也称"黑大铠"。传统戏曲中高级武官所戴的盔头。无翅子。黑色,镶以金边纹饰,上加缀珠了和绒球。

【黑舄】hēixì 与冠弁服配用的黑色双层

底礼鞋。商周时开始使用,秦汉以来历代沿袭。天子君王、诸侯、百官及仪卫均有使用。入清后废除。《周礼·天官·屦人》:"掌王及后之服屦,为赤舄,黑舄,赤繶,黄繶,青句,素屦,葛屦。"汉郑玄注:"(王)舄有三等:赤舄为上……下有白舄、黑舄。"唐贾公彦疏:"白舄配韦弁、皮弁,黑舄配冠弁服。"唐段成式《酉阳杂俎·礼异》:"梁诸臣从西门入,著具服、博山远游冠,缨末以翠羽、真珠为饰,双双佩带剑,黑舄。"《隋书·礼仪志四》:"司徒以羽仪武贲安车,迎三老五更于国学。并进贤冠、玄服、黑舄、素带。"《明史·舆服志二》:"皇帝皮弁服……白袜,黑舄。"

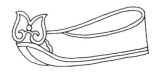

黑舄(明王圻《三才图会》插图)

【黑衣】hēiyī ❶黑色衣服。《礼记·月令》:"天子居玄堂左个,乘玄路,驾铁骊,载玄旗,衣黑衣,服玄玉。"《新唐书·忠义传中·张巡》:"城中矢尽,巡缚藁为人千余,被黑衣,夜缒城下,潮兵争射之,久,乃藁人,还,得箭数十万。"❷战国时期赵国王宫宿卫常穿的黑色衣服,引申指军士、侍卫。《战国策·赵策四》:"左师公曰:'老臣贱息舒祺最少,不肖,而臣衰,窃爱怜之,愿令得补黑衣之数,以卫王宫。'"《资治通鉴·周赧王五十年》"黑衣"元胡三省注:"卫士之服也。"清和邦额《夜谭随录·倩霞》:"且君以弱冠补黑衣,一年之间,得至护卫,诚以王为冰山之靠也。"❸僧侣所穿的黑色袈裟。亦借指僧人。唐杨炯《从甥梁锜墓志铭》:"及其从微至著,资父事君,籍丹书之勋业,参黑衣之行伍。"宋释志磐《佛祖统纪》卷三六:"敕长干寺玄畅同法献为僧主,分任江南北事,时号黑衣二杰。"《资治通鉴·宋文帝元嘉三年》:"帝以惠琳道人善谈论,因与议朝廷大事,遂参权要……颛慨然曰:'遂有黑衣宰相,可谓冠屦失所矣。'"

【珩】héng 大佩最上部的横玉。通常作成拱形,两端或中间各钻一孔,下缀蠙珠、琚瑀、冲牙等物,上连挂钩,使用时悬挂在腰带之上,左右各一。《诗经·小雅·采芑》:"朱芾斯皇,有玱葱珩。"《国语·晋语二》:"黄金四十镒,白玉之珩六双,不敢当公子,请纳之左右。"三国吴韦昭注:"珩,佩上饰也。珩形似磬而小。"汉张衡《思玄赋》:"杂伎艺以为珩。"唐段成式《酉阳杂俎·礼异》:"凡节:守国用玉……边戎用珩,战斗用璩。"

临淄商王墓地出土玉珩

【珩璜】hénghuáng 大佩上的玉饰,泛指杂佩。《诗经·郑风·女曰鸡鸣》:"杂佩以赠之。"汉毛亨传:"杂佩者,珩璜琚瑀冲牙之类。"唐陆德明《经典释文》:"珩音衡,佩上玉也;璜音黄,半璧曰璜。"北周庾信《周安昌公夫人郑氏墓志铭》:"珩璜节步,藻火文衣。"宋苏辙《西掖告词·曾祖母李氏燕国》:"珩璜之节,动必以时。"

清惠士奇《除夕写怀》诗之一:"匋匋偕先后,杂佩鸣珩璜。"

【衡】héng 也作"玉衡"。冕的部件,用玉制成,位于冕冠顶部的板(又称"延")之下,起到维持固定延的作用。《左传·桓公二年》:"衡紞紘綖。"晋杜预注:"衡,维持冠者。"《周礼·天官·追师》:"掌王后之首服,追衡笄。"汉郑玄注:"郑司农云:'衡,维持冠者。'"又:"衡、笄,皆以玉为之。"

【衡笄】héngjī 省称"衡"。一种比较长的笄。一般用象牙、玉石或兽骨做成,其一端多做成锥形。男子用以结冠,亦可以悬瑱。女子作绾髻、悬瑱及固副之用。《诗经·鄘风·君子偕老》:"君子偕老,副笄六珈。"汉毛亨传:"笄,衡笄也。"《周礼·天官·追师》:"掌王后之首服,为副、编、次,追衡笄。"汉郑玄注:"王后之衡笄皆以玉为之。"唐皮日休《九夏歌》诗:"球球衡笄,翚衣褕翟。"

【衡笄六珈】héngjīliùjiā 即"副笄六珈"。清王念孙《广雅疏证·释器》:"副之异于编、次者,副有衡笄六珈以为饰,而编、次则无之。其实副与编次皆取他人之发己发以为结,则皆是假结也。"

hong—hu

【紘】hóng 冕两侧的冠带,由颌下挽上而系在笄的两端。《礼记·杂记》:"管仲镂簋而朱纮。"汉郑玄注:"朱纮,天子冕之纮也。"唐贾公彦疏:"纮,冕之饰,用组为之。"《周礼·夏官·弁师》:"玉笄,朱纮。"汉郑玄注:"朱纮,以朱组为纮也。"唐贾公彦疏:"以玉笄贯之,又以组为纮,仰属结之也。"《广雅·释诂三》:"纮,束也,凡笄贯于卷,纮属于笄。"

纮(宋聂崇义《三礼图》)

【狐白】húbái 即"狐白裘"。《礼记·玉藻》:"士不衣狐白。"汉郑玄注:"狐之白者少,以少为贵也。"汉桓宽《盐铁论·散不足》:"今富者鼲鼯、狐白、凫翥,中者鷞衣、金缕、燕鷎、代黄。"《汉书·匡衡传》:"夫富贵在身而列士不誉,是有狐白之裘而反衣之也。"三国魏曹植《赠丁仪》诗:"在贵多忘贱,为恩谁能博。狐白足御冬,焉念无衣客。"宋陆游《暖阁》诗:"裘软胜狐白,炉温等鸽青。"明何景明《咏裘》诗:"豹袪未称美,狐白安足云。"

【狐白裘】húbáiqiú 省称"狐白"。用狐腋的白毛皮做成的衣服。因皮料稀少难得,故极为贵重,但穿着时柔软保暖。后代指名贵的裘皮。《礼记·玉藻》:"君衣狐白裘,锦衣以裼之。"《晏子春秋》卷一:"景公之时,雨雪三日而不霁,公被狐白之裘,坐堂侧陛。晏子入见,立有间,公曰:'怪哉,雨雪三日而天不寒。'"《史记·孟尝君列传》:"此时孟尝君有一狐白裘,直千金,天下无双。"唐杜甫《锦树行》诗:"五陵豪贵反颠倒,乡里小儿狐白

裘。"张九龄《和姚令公从幸温汤喜雪》诗:"万乘飞黄马,千金狐白裘。"《资治通鉴·周赧王十七年》:"姬曰:'愿得君狐白裘。'"元胡三省注:"狐白裘,缉狐掖之皮为之,所谓千金之裘,非一狐之掖者也。"

狐白裘(宋陈祥道《礼书》)

【狐裘】húqiú 用狐皮制成的皮外衣。先秦时为诸侯之服,后世服用范围渐广。《诗经·秦风·终南》:"君子至止,锦衣狐裘。"汉毛亨传:"狐裘,朝廷之服。"又《桧风·羔裘》:"羔裘逍遥,狐裘以朝。"又《小雅·都人士》:"彼都人士,狐裘黄黄。"《礼记·玉藻》:"君子狐青裘豹袖,玄绡衣以裼。麛裘青豻袖,绞衣以裼之。羔裘豹饰,缁衣以裼之。狐裘,黄衣以裼之。锦衣狐裘,诸侯之服也。"《左传·襄公四年》:"臧之狐裘,败我于狐骀。"《史记·田敬仲完世家》:"狐裘虽敝,不可补以黄狗之皮。"唐岑参《白雪歌送武判官归京》诗:"散入珠帘湿罗幕,狐裘不暖锦衾薄。"清孙枝蔚《雪中对稚儿匡有咏》诗:"竭来沽酒须赊易,典去狐裘欲赎难。"叶梦珠《阅世编》卷八:"康熙九、十年间,复申明服饰之禁,命服悉照前式:貉裘、猞猁狲,非

亲王大臣不得服；天马、狐裘、装花缎，非职官不得服。"

黄衣狐裘（宋陈祥道《礼书》）

【狐裘羔袖】húqiúgāoxiù 贵重的狐皮大衣却配上廉价的羊皮袖子。比喻整体还好，细节不足。语本《左传·襄公十四年》："右宰谷从而逃归，卫人将杀之，辞曰：'余不说初矣，余狐裘而羔袖。'乃赦之。"注："言一身尽善，唯少有恶。"宋苏轼《贺赵大资少保致仕启》："究观自古之忠贤，少有完传。锦衣而夜行者，多矣；狐裘而羔袖者，有之。"李曾伯《题范蠡五湖图》诗："桂棹与兰桨，羔袖而狐裘。"清梅曾亮《澄斋来讶久不出因作此并呈石生明叔》诗："千金狐裘饰羔袖，汉冠晋制兼唐装。"贺裳《载酒园诗话·林逋》："惜带晚唐风气，未免调卑句弱，时有狐裘羔袖之恨。"

【胡】hú 深衣衣袖宽大，在其臂肘处呈圆弧形，如牛之颈部的垂肉。《礼记·深衣》："袂圜以应规。"汉郑玄注："谓胡下也。圜音圆，胡下，下垂曰胡。"汉刘熙《释名·释衣服》："褠，禅衣之无胡者也，言袖夹直形如沟也。"《说文解字·肉部》："胡，牛领垂也。"清段玉裁注："盖胡是颈咽皮肉下垂之义。因引伸为衣物下垂者之称。古人衣袖广大，其臂肘。以下袖之下垂者，亦谓之胡。"

【胡服】húfú 原指西方和北方各族的衣冠服饰，后亦泛称汉族以外民族的衣冠服饰。历史上少数民族与中原服饰交流

胡服（河北
磁县北朝墓出土陶俑）

胡服（陕西
西安唐墓出土石刻）

频繁，尤其是魏晋南北朝至隋唐时期对中原服饰产生了深远的影响，与汉民族服装款式相融合，成为中华民族服饰的重要组成部分。《史记·赵世家》："今中山在我腹心，北有燕，东有胡，西有林胡、楼烦、秦、韩之边，而无强兵之救，是亡社稷，奈何？夫有高世之名，必有遗俗之累。吾欲胡服。"《后汉书·五行志一》："灵帝好胡服、胡帐、胡床、胡坐、胡饭、胡空侯、胡笛、胡舞，京都贵戚皆竞为之。"《新唐书·五行志》："天宝初，贵族及士民好为胡服胡帽，妇人则簪步摇钗，衿袖窄小。"《资治通鉴·梁敬帝太平元年》："或身自歌舞，尽日通宵，或散发胡服，杂衣锦彩。"宋孟珙《蒙鞑备录·妇女》："所谓诸姬，皆灿白美色，四人乃金虏贵嫔之类……最有宠者，皆胡服胡帽而已。"宋沈括《梦溪笔谈》卷一："中国衣冠，自北齐以来，乃全用胡服。"黎靖德《朱子语类》卷九一："今世之服，大抵皆胡服，如上领衫、靴鞋之类。先王服扫地尽矣。中国衣冠之乱，自晋五胡，后来遂相承袭，唐接隋，隋接周，周接元魏，大抵皆胡服。"

【胡衣】húyī 即"胡服"。唐李白《奔亡道中》诗:"愁容变海色,短服改胡衣。"《新唐书·回鹘传下》:"于是可汗升楼坐,东向,下设氍毹以居公主,请袭胡衣。"

【虎裘】hǔqiú 用虎皮制成的衣服。周代用于天子卫士,表示勇猛威武。西周"大师虘"铜簋铭文中记载有周王在师量宫中对大师虘赏赐虎裘的典礼。《礼记·玉藻》:"君衣狐白裘,锦衣以裼之。君之右虎裘,厥左狼裘。"汉郑玄注:"卫尊者宜武猛。"

hua—huan

【华冠】huáguān ❶华,同"桦"。用桦木皮制成的冠。《庄子·让王》:"原宪华冠縰履,杖藜而应门。"晋郭象注:"华冠,以华木皮为冠。"汉牟融《理惑论》:"正其衣冠,尊其瞻视,原宪虽贫,不离华冠。"清吴伟业《偶成》诗之三:"诸生唇腐齿落,终岁华冠敝裘。"❷也作"建华冠"。即"鹬冠"。《晋书·舆服志》:"建华冠,以铁为柱卷,贯大铜珠九枚,古用杂木珠,原宪所冠华冠是也。又《春秋左氏传》郑子臧好聚鹬冠,谓建华是也。"

【画衣】huàyī ❶用轻薄纱罗做成的彩绣衣服。通常用于礼服或歌舞艺人之服。《周礼·天官·内司服》"袆衣"汉郑玄注引郑司农曰:"袆衣,画衣也。"唐曹唐《汉武帝思李夫人》诗:"迎风细荇传香粉,隔水残霞见画衣。"《通典·乐志六》:"《圣寿乐》,高宗武后所作也。舞者百四十人,金铜冠,五色画衣,舞之行列必成字,十六变而毕。"《新唐书·礼乐志十二》:"又作《光圣乐》,舞者鸟冠,画衣。"宋吴处厚《青箱杂记》卷七:"后衍又与母同祷青城山,宫人毕从,皆衣云霞画

衣,衍自制《甘州词》,令宫人歌之,闻者凄怆。"《宋史·礼志十八》:"销金绣画衣十袭,真珠翠毛玉钗朵各三副。"❷传说上古时在罪犯的衣服画有五刑之象,以示警戒。《慎子·逸文》:"有虞之诛,以幪巾当墨,以草缨当劓,以菲履当刖,以艾韠当宫,布衣无领当大辟……画衣冠,异章服谓之戮。"《艺文类聚》卷五四:"画衣象服,以致刑厝。"唐杨炯《少室山少姨庙碑》:"画衣不犯,载酒无冤。"王维《门下起赦书表》:"狭其祝网,陋彼画衣,宁失不经。况乎轻击,大赦戮余之罪。"宋罗泌《路史·后纪十一·有虞氏》:"是故画衣异服,而奸不犯其醇。"

【画衣冠】huàyīguān 即"画衣❷"。汉桓宽《盐铁论·诏圣》:"唐、虞画衣冠非阿,汤、武刻肌肤非故,时世不同,轻重之务异也。"《后汉书·酷吏传论》:"古者敦庞,善恶易分。至于画衣冠,异服色,而莫之犯。"明宋濂《画原》:"至于辨章服之有制,画衣冠以示警饬……又乌可以废之哉?"

【鲑冠】huàguān 也作"鳀冠"。战国时的一种楚冠名称。《战国策·赵策二》:"黑齿雕题,鳀冠秫缝,大吴之国也。"宋姚宏注:"曾作'鳀冠秫缝',一作'鲑冠黎缫'。"

【环绖】huándié 丧服配用的用麻绕成的环状带子。《周礼·夏官·弁师》:"王之弁绖,弁而加环绖。"汉郑玄注:"环绖者,大如缌之麻绖,缠而不纠。"汉刘熙《释名·释丧制》:"环绖,末无余散麻,圆如环也。"《礼记·檀弓下》:"叔仲皮死,其妻,鲁人也,衣衰而缪绖。叔仲衍以告,请繐衰而环绖。"清孙希旦集解:"缪,结也。缪绖,以绳一条,自额向后而

交结于项也。环绖,为之如环,以加于首也。"

【环佩】huánpèi 也作"佩环"。❶帝王贵族着礼服时所系的佩玉,为一种圆形中间有孔的玉器。《礼记・经解》:"(天子)行步则有环佩之声,升车则有鸾和之音。"汉郑玄注:"环佩,佩环;佩玉也,所以为行节也。《玉藻》曰:进则揖之,退则扬之,然后玉锵鸣也。"明高明《琵琶记》第六出:"凤凰池上归环佩,衮袖御香犹在。"❷女性佩在裙子两侧的玉环。《史记・孔子世家》:"夫人自帷中再拜,环佩玉声璆然。"唐韩愈《华山女》诗:"抽钗脱钏解环佩,堆金叠玉光青荧。"元稹《会真诗三十韵》:"罗绡垂薄雾,环佩响轻风。"柳宗元《小石潭记》:"隔篁竹闻水声,如鸣佩环。"宋陆游《无题》诗:"出茧修眉淡薄妆,丁东环佩立西厢。"元王实甫《西厢记》第二本第四折:"莫不是步摇得宝髻玲珑? 莫不是裙拖得环佩叮咚?"《儒林外史》第十四回:"这三位女客……裙上环佩,叮叮当当的响。"《花月痕》第五十二回:"万点秋光上画屏,隔花环佩响东丁。"

【浣衣】huànyī 指经过多次洗涤的旧衣服。《礼记・礼器》:"晏平仲祀其先人,豚肩不掩豆;浣衣濯冠以朝。"汉郑玄注:"浣衣濯冠,俭不务新。"《后汉书・肃宗纪》:"孝明皇帝圣德淳茂,劬劳日昃,身御浣衣,食无兼珍。"又《马廖传》:"时皇太后躬履节俭,事从简约……故元帝罢服官,成帝御浣衣。"《南史・萧统传》:"时俗稍奢,太子欲以己率物,服御朴素,身衣浣衣,膳不兼肉。"《新唐书・柳公权传》:"人主当进贤退不肖,纳谏诤,明赏罚。服浣濯之衣,此小节耳,非

有益治道者。"宋孔平仲《续世说・容止》:"武帝虽衣浣衣,而左右衣必须洁。"

huang

【皇】huáng 传说上古时期画有羽饰的冕冠。《礼记・王制》:"有虞氏皇而祭,深衣而养老。"汉郑玄注:"皇,冕属也,画羽饰焉。"

【黄裳】huángcháng ❶女性所穿的黄色之裳。周代人认为黄为正色,当用于衣;裳用黄色,于礼不合,有贵贱倒置之嫌。亦用来代指嫡妻。《诗经・邶风・绿衣》:"绿兮衣兮,绿衣黄裳。"汉郑玄笺:"妇人之服,不殊衣裳,上下同色。今衣黑而裳黄,喻乱嫡妾之礼。"唐孔颖达疏:"妇人之服……当以黑为裳,今反以黄为裳,非其制。"明陈汝元《金莲记・媒合》:"徘徊自想,怕他绿衣衣妒杀黄裳。"❷黄色之裳。周代中士穿着玄端时配用的下裳,有别于上士的玄裳及下士的杂裳。《仪礼・特牲馈食礼》:"唯尸祝佐食玄端,玄裳、黄裳、杂裳可也。皆爵韠。"汉郑玄注:"《周礼》:士之齐服有玄端、素端。然则玄裳上士也,黄裳中士、杂裳下士。"又《士冠礼》:"玄端,玄裳、黄裳、杂裳可也,缁带,爵韠。"汉郑玄注:"上士玄裳,中士黄裳,下士杂裳。杂裳者,前玄后黄。"❸帝王所穿的礼服下裳。《易・坤》:"六五:黄裳,元吉。"宋程颐《易传》:"黄,中色。裳,下服。守中而居下,则元吉,谓守其分也。"又:"爻象唯言守中居下则元吉,不尽发其义也。黄裳既元吉,则居尊为天下之大凶可知。"唐杨炯《益州温江县令任君神道碑》:"怀表履之幽贞,保黄裳之元吉。"《朱子语类》卷六九:"黄裳元吉,不过是说在上之人能尽柔顺

之道。黄，中色。裳是下体之服。能似这个，则无不吉。这是那居中处下之道。"《续资治通鉴·宋仁宗天圣八年》："今皇帝春秋已盛，睿哲明圣，握乾纲而归坤纽，非黄裳之吉象也。"明田艺蘅《留青日札》卷二三："故衣有五色，惟黄裳则帝王服之。"清王夫之《周易稗疏》："衣著于外，裳藏于内，故曰'在中'。黄裳者，玄端服之裳，自人君至命士皆之。若下士则杂裳，不成章美。故以黄为美饰。五位中而纯阴不杂，以居之，斯以为在中之美也。"

【黄冠】huángguān ❶蜡祭时所戴，用箬草编织的帽子，后世草帽之类。后借指农夫野老之帽。《礼记·郊特牲》："黄衣黄冠而祭，息田夫也。野夫黄冠；黄冠，草服也。"汉郑玄注："言祭以息民，服像其时物之色，季秋而草木黄落。"唐孔颖达疏："黄冠是季秋之后草色之服。"南朝宋鲍照《园葵赋》："主人拂黄冠，拭藜杖，布蔬种，平坼壤。"唐杜甫《遣兴》诗："上疏乞骸骨，黄冠归故乡。"❷道士之冠。亦借指道士。唐唐求《题青城山范贤观》诗："数里缘山不厌难，为寻真诀问黄冠。"宋陆游《书喜》诗："挂冠更作黄冠计，多事常嫌贺季真。"洪迈《夷坚志》卷三五："一道人扬扬而来，直入傲揖，跌宕已醉，延坐与语，酒气触人，卒然问曰：'师黄冠羽服，摆脱尘凡，颇有以助道否?'"《太清玉册》："古之衣冠，皆黄帝之衣冠。历代虽有变异，独道士尚存，故称道士曰'黄冠'。"《桐江诗话》："其族尤奉道，男女为黄冠道，十之八九。"清纪昀《阅微草堂笔记·滦阳消夏录四》："黄冠缁徒，恣为妖妄，不力攻之，不贻患于世道乎?"闵小艮《清规玄妙·外集》："黄冠

鹤氅，为太上之门人；羽扇芒鞋，作东华之弟子。"

【黄衣】huángyī ❶黄色的衣服，周代帝王、后妃及诸侯百官蜡祭等典礼时穿着。《礼记·郊特牲》："黄衣黄冠而祭。"又《玉藻》："(君子)狐裘，黄衣以裼之。锦衣狐裘，诸侯之服也。犬羊之裘不裼。"汉郑玄注："黄衣，大蜡时腊先祖之服也。"《论语·乡党》："缁衣，羔裘；素衣，麑裘；黄衣，狐裘。"《隋书·礼仪志六》："(后周)皇后衣十二等……夏斋及祭还，则朱衣。采桑斋及采桑还，则黄衣。"❷僧道的衣服。晋王嘉《拾遗记·后汉》："刘向于成帝之末，校书天禄阁，专精覃思。夜有老人，着黄衣，植青藜杖，扣阁而进……向请问姓名。云：'我是太乙之精，天帝闻金卯之子有博学者，下而观焉。'"唐韩愈《华山女》诗："黄衣道士亦讲说，座下寥落如明星。"宋颜博文《王希深合和新香烟气清洒不类寻常可以为道人开笔端消息》诗："皂帽真闲客，黄衣小病仙。"周去非《岭外代答》卷二："(真腊国)其国僧道咒法灵甚，僧之黄衣者有室家，红衣者寺居，戒律精严。"赞宁《僧史略》："后周忌闻黑衣之谶，悉屏去黑色，著黄色衣起于周也。"❸唐代宦官的衣服。唐白居易《卖炭翁》诗："翩翩两骑来是谁，黄衣使者白衫儿。"《资治通鉴·唐玄宗开元元年》："初，太宗定制，内侍省不置三品官，黄衣廪食，守门传命而已。"❹帝王礼服的代称。《宋史·太祖纪一》："诸校露刃列于庭，曰：'诸军无主，愿策太尉为天子。'未及对，有以黄衣加太祖身。"

【璜】huáng 一种形如半个玉璧的佩玉，为大佩上的串饰之一。位于大佩底部，和冲牙并列，悬挂在腰间以为装饰。

61

商周至秦汉多用玉制成，魏晋以后玉制的减少，金银制品出现。《诗经·郑风·女曰鸡鸣》"知子之来之，杂佩以赠之"汉毛亨传："杂佩者，珩、璜、琚、瑀、冲牙之类。"唐孔颖达疏："珩，佩上玉也，璜，半璧也，琚，佩玉名也。瑀玖石次玉也。"《周礼·春官·大宗伯》："以玄璜礼北方。"汉郑玄注："璧圜象天……半璧曰璜，象冬闭藏。"汉贾谊《新书·容经》："（佩玉）上有双珩，下有双璜。"挚虞《思游赋》："戴朗月之高冠兮，缀太白之明璜。"三国魏阮籍《咏怀诗》："被服纤罗衣。左右佩双璜。"《初学记》卷二六："凡玉佩，上有双衡，衡长五寸，博一寸，下有双璜，璜径三寸……半璧为璜，璜中横以冲牙。"唐韩愈《城南联句》："鹅肪截佩璜，文升相照灼。"明周祈《名义考》卷一一："佩有珩者，佩之上横者也，下垂三

道，贯以蠙珠；璜如半璧，系于两旁之下端，琚如圭而正方，在珩璜之中……冲牙如牙，两端皆锐，横系于瑀下，与璜齐行，则冲璜出声也。"《红楼梦》第二十九回："只见也有金璜，也有玉玦……皆是珠穿宝嵌，玉琢金镂。"

玉佩上的璜
（河南信阳楚墓出土木俑）

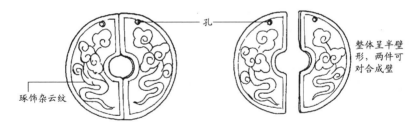

孔

琢饰杂云纹

整体呈半璧形，两件可对合成璧

玉璜示意图

hui—hun

【祎】huī ❶即"祎衣"。❷一种佩巾。可用作蔽膝，亦可作包头巾。女子出嫁之日，其母为其结系，以示身有所系。《尔雅·释器》："妇人之祎谓之缡。"晋郭璞注："祎，邪交落带系于体，因名为祎。"汉扬雄《方言》卷四："蔽膝，江淮之间谓之祎。"清钱绎《方言笺疏》卷四："以祎为帨巾，盖谓佩之于前可以蔽膝；蒙之于首可

以覆头。"汉刘熙《释名·释衣服》："韠，蔽也。所以蔽膝前也……齐人谓之巨巾，田家妇女出自田野，以覆其头，故因以为名也。"三国魏曹植《灵芝篇》："退咏《南风》诗，洒泪满祎抱。"唐皮日休《九讽》诗："荷为裯兮芰为摆，茎为裩兮薜为祎。"

【祎衣】huīyī 省称"祎"。周代王后、命妇的祭服，"三翟"之一。位居于诸服之首，相当于君王的冕服。从王祭祀先祖

则服之。衣式上下连属,取女德专一之意。其色用黑,衣上有翟形纹饰。后世沿用,有所损益,入清后废除。《周礼·天官·内司服》:"内司服掌王后之六服:袆衣、揄狄、阙狄、鞠衣、展衣、缘衣。"汉郑玄注:"从王祭先王,则服袆衣。狄当为翟,翟,雉名,伊雒而南,素质,五色皆备成章曰翬……王后之服,刻缯为之形而彩画之,缀于衣以为文章,袆衣,画翬者。"又:"六服皆袍制,以白缚为里,使之张显。"《礼记·明堂位》:"夫人副袆立于房中。"《通典》卷六二:"隋制,皇后袆衣、鞠衣、青衣、朱衣四等。袆衣深青质织成,领袖文以翚翟,五采重行十二等。素纱内单。黼领,罗縠褾、襈,色皆以朱。"《大金集礼》卷二九:"袆衣,深青罗织成翬翟之形,素质,十二等,领、褾、袖、襈并红罗织成龙云。"《明史·舆服志二》:"皇后冠服。洪武三年定……袆衣,深青绘翟,赤质,五色十二等。"

袆衣(宋聂崇义《三礼图》)

【**翬褕**】huīyú 后妃礼服,袆衣与褕翟的合称。语出《周礼·天官·内司服》:"内司服掌王后之六服:袆衣、揄狄、阙狄、鞠衣、展衣、缘衣。"汉郑玄注:"袆衣画翬者,揄翟画摇者,阙翟刻而不画,此三者皆祭服。从王祭先王则服袆衣,祭先公则服揄翟,祭群小祀则服阙翟。"南朝宋颜延之《宋文皇帝元皇后哀策文》:"悲黼筵之移御,痛翬褕之重晦。"唐杜甫《唐故德仪赠淑妃皇甫氏神道碑》:"珩佩是加,翬褕克备,先德后色,累功居位。"

【**卉服**】huìfú 也作"卉衣"。❶南海少数民族用绤葛做的衣服。泛常指边远地区少数民族或岛居者的服饰。《尚书·禹贡》:"岛夷卉服。"汉孔安国传:"南海岛夷,草服葛越。"唐孔颖达疏:"舍人曰:'凡百草一名卉',知卉服是草服,葛越也。葛越,南方布名,用葛为之。"《汉书·地理志上》:"岛夷卉服。"晋王嘉《拾遗记》卷四:"卢扶国来朝,渡玉河万里方至,云其国中山川,无恶禽兽,水不扬波,木不折水,人皆寿三百岁,结草为衣,是谓卉服。"唐吴筠《高士咏·孙公和》诗:"孙登好淳古,卉服从穴居。"明唐顺之《谢赐银市表》:"皮服卉服,悉是隶臣;荆金扬金,咸修禹贡。"清汪汲《事物原会·皮衣》:"古初之人,卉服蔽体。"《后汉书·南蛮西南夷传赞》:"百蛮蠢居,仞彼方徼。镂体卉衣,凭深阻峭。"唐李贤注:"卉衣草服也。"❷泛指粗劣的服饰。明宋濂《白牛生传》:"锦衣与卉服虽异,暖则一。"方孝孺《卧云楼记》:"卉衣蔬食,处乎林泉,而忻然若都卿相之位。"

【**惠文冠**】huìwénguān 也称"武冠""武弁大冠""大冠""繁冠""建冠""笼冠""赵惠文冠"。战国末年赵武灵王效仿胡服,戴此冠,其冠以漆纱为之,形如簸箕,上附貂珰为饰,秦王灭赵,即以此冠颁赐近臣。一说惠者蟪也,冠文轻细如蝉翼,故名惠文。《晋书·舆服志》:"武冠,一名武弁,一名大冠,一名繁冠,一名

63

建冠,一名笼冠,即古之惠文冠。或曰赵惠文王所造,因以为名。亦云,惠者蟪也,其冠文轻细如蝉翼,故名惠文。"汉代沿用秦制,分为文武两种样式:无貂珰者,武官用之,名为"武弁",又名大冠;有貂珰者,侍中、常侍用之,名"惠文冠"。《后汉书·舆服志下》:"武冠,一曰武弁大冠,诸武官冠之。侍中、中常侍加黄金珰,附蝉为文,貂尾为饰,谓之'赵惠文冠'。胡广说曰:'赵武灵王效胡服,以金珰饰首,前插貂尾,为贵职。秦灭赵,以其君冠赐近臣。'"清王先谦集解:"赵惠文王,武灵王子也。其初制必甚粗简,金玉之饰,当即惠文后来所增,故冠因之而名。"《汉书·昌邑王刘贺传》:"王年二十六七,为人青黑色,小目……衣短衣大绔,冠惠文冠。"清方文《赠黄穆生》诗:"圣朝用人破资格,安知不冠惠文冠。"王国维《胡服考》:"其插貂蝉者,谓之赵惠文冠。惠文者赵武灵王子。何之谥武灵王服胡服,惠文王亦服之,后世失其传,因以'惠文'名之矣。"

【繢綏】huìruí 绘有花纹的帽带。《礼记·玉藻》:"缁布冠、繢綏,诸侯之冠也。"汉郑玄注:"诸侯缁布冠有綏,尊者饰也。繢或作绘,綏或作蕤。"

【蕙带】huìdài 用蕙草作的衣带。也借指神仙的服饰。《楚辞·九歌·少司命》:"荷衣兮蕙带,儵而来兮忽而逝。"汉王逸注:"言司命被服香净。"南朝梁萧统《锺山解讲》诗:"方知蕙带人,嚣虚成易屛。"唐李贺《南园》诗:"方领蕙带折角巾,杜若已老兰苕春。"李珣《定风波》词其一:"已得希夷微妙旨,潜喜,荷衣蕙带绝纤尘。"

【蕙纕】huìxiāng 香草做的佩带。表示佩戴者芳洁忠正。《楚辞·离骚》:"既替余以蕙纕兮,又申之以揽茝。"汉王逸注:"纕,佩带也。"元张宇《初漠赋》:"策茝葹而联蕙纕兮,谒忌君于辉晃。"张翥《寄题顾仲瑛玉山》诗:"漏屋愁荷盖,尘衣惜蕙纕。"

J

jī

【机服】jīfú 机巧奇异的服装。“机”通“异”。《墨子·非儒下》：“机服勉容，不可使导众。”于省吾《双剑誃诸子新证·墨子新证二》：“卢文弨引《晏子》作‘异于服，勉于容’，是机应读作异。机从几声，古‘几’字每与从‘异’之字音近相假……是‘机服’即‘异服’。自墨家视儒者之服以为殊异之服也。”

【屐】jī 装有木齿的鞋子，鞋底一般以木为之，鞋面可以用木、麻、布、皮等制成。初时雨天穿着，用以防滑防潮，后晴天亦可穿着。隋唐之后，社会中穿屐之风渐衰，仅见于少数妇女。相传晋文公臣介子推被烧死在锦山上，晋文公十分悲痛，将其死时所抱之树制成木屐，每日向木屐深深鞠躬。汉刘熙《释名·释衣服》：“屐，搘也，为两足搘，以践泥也……帛屐，以帛作之，如屩者。不曰帛屩者，屩不可践泥也。此亦可以步泥而浣之，故谓之屐也。”宋高承《事物纪原》：“《异苑》曰：介子推抱木烧死，晋文公伐以制屐。萧子显《齐书》曰：襄阳有发楚王冢，获王屐。《论语隐义》曰：孔子至蔡，有取孔子屐者。”《汉书·爰盎传》：“盎以泰常使吴，吴王欲使将，不肯。欲杀之，使一都尉以五百人围守盎军中……盎解节旄怀之，屐步行七十里。”《太平御览》卷六九八：“孔子至蔡解于客舍，入夜有取孔子一只屐去，盗者置屐于受盗家。孔子屐长一尺四寸，与凡人屐异。”《孔丛子》卷下：“子高衣长裙，振褒袖，方屐麄翣，见平原君。”《后汉书·五行志一》：“延熹中，京都长者皆著木屐；妇女始嫁，至作漆画，五彩为系。”北齐颜之推《颜氏家训·勉学》：“梁朝全盛之时，贵游子弟……无不熏衣剃面……(著)跟高齿屐。’官吏朝参亦可著此。”《南史·虞玩之传》：“高帝镇东府，朝廷致敬，玩之为少府，犹蹑屐造席。高帝取屐亲视之，讹黑斜锐，蒵断以芒接之。问曰：‘卿此屐已几载？’玩之曰：‘初释褐拜征北行佐买之，著已三十年，贫士竟不办易。’高帝咨嗟，因赐以新屐。”《晋书·阮孚传》：“初，祖约性好财，孚性好屐。同是累而未判其得失，有诣约，见正料财物，客至，屏当不尽；余两小簏，以著背后，倾身障之，意未能平。或有诣阮，正见自蜡屐(往屐上涂蜡)，因叹曰：‘未知一生当著几量屐？’神色甚闲畅，于是胜负始分。”《敦煌曲·内家娇》：“屐子齿高，慵移步两足恐行难。”唐李白《越女词》：“长干吴儿女，眉目艳新月，屐上足如霜，不著鸦头袜。”五代毛熙震《南歌子》词：“鬓动行云影，裙遮点屐声。”宋陆游《上元后连数日小雨作寒戏作》诗：“穷阎今雨无车马，卧听深泥溅屐声。”又《春阴》诗：“裘茸细雨初惊湿，屐齿新泥忽已深。”

【笄】jī 也称"发笄""头笄"。❶用以固定发髻冠冕的首饰。原始社会的仰韶文化和龙山文化遗址中已有发现,最初以骨、木、陶等材料制成,商周时称笄,战国以后多称为簪。男女皆可使用,男子多用以固定弁冕之笄,以纮悬瑱,垂两旁,以玉为之,称玉笄,亦称衡笄。《仪礼·士冠礼》记载有"皮弁笄,爵弁笄"。汉郑玄注曰:"笄,今之簪。"一般以质料区分等级,如天子、王后、诸侯用玉,士大夫用象牙等。妇女盛饰用副,则亦用衡笄以安副,亦称副笄。后来笄也成为成年女性的专用首饰,女性的成年礼要加笄,行笄礼。后世笄的材料多为贵重金属,样式也多种多样。除用玉外还有金、银等,同时镶嵌绿松石、珍珠、翡翠等,使用錾花、镂花、盘花等工艺,笄一端还做成花卉、鸟头、兽头等形状。汉刘熙《释名·释首饰》:"笄,系也。所以系冠使不坠也。"《周礼·天官·追师》:"掌王后之首服,为副、编、次、追衡笄。"汉郑玄注:"王后之衡笄,皆以玉为之。"《仪礼·特牲馈食礼》:"主妇纚笄宵衣。"唐贾公彦疏:"笄,安发之笄。冠冕之笄男子有,妇人无;若安发之笄,男子妇人俱有。"又《士冠礼》:"宾揖之,即筵坐,栉设笄。"唐刘存《事始》:"自燧人氏而妇人束发为髻……女娲氏以羊毛为绳子向后系之,以荆梭及竹为笄,用贯其髻发……尧以铜为笄,横贯其髻后。"❷妇女假髻。清屈大均《广东新语·器语》:"南海、番禺妇人,平居不笄,有事则笄。女子出阁前一日始笄。"李调元《南越笔记》卷一:"永安妇人粗棉大苎,衣多青黑,发左右盘,无鬟鬓,皆戴塌笄,笄广五六寸,与头相等……笄亦为纸为之,外冒黑纱,四旁插大钗簪,自朝至夕,无或有妇不笄者。其未笄者,有髻之,笄则无之。"

骨笄(河南郑州商代遗址出土)

【笄纚】jīxǐ 束发用的簪子和布帛,先秦时妇女用于服丧。《仪礼·士丧礼》"妇人髽于室"汉郑玄注:"今言髽者,亦去笄纚而紒也。"《礼记·问丧》:"亲始死,鸡斯徒跣,扱上衽。"汉郑玄注:"鸡斯,当为笄纚,声之误也。亲始死,去冠,二日乃去笄纚括发也。今时始丧者,邪巾貊头,笄纚之存象也。"

【吉服】jífú ❶周礼规定祭祀时所穿的礼服。《周礼·春官·司服》:"王之吉服,祀昊天上帝,则服大裘而冕,祀五帝亦如之。"又《地官·小司徒》:"正岁,稽其乡器比共吉凶二服。"汉郑玄注:"吉服者,祭服也。"《仪礼·士丧礼》:"族长莅卜,及宗人吉服,立于门西东面南上。"汉郑玄注:"吉服,玄端也。"❷官员居丧期间上朝所穿的服饰。《后汉书·安帝纪》:"皇太后御崇德殿,百官皆吉服。"唐韩愈《祭穆员外文》:"我归自西,君反吉服。"❸泛指吉服,多用于婚庆、晋升等喜庆场合。《朱子语类》卷八九:"今人吉服,皆已变古……平时既不用吉服,却独于丧礼服之,恐亦非宜。"《醒世姻缘传》

第四十四回:"到了吉时,请素姐出去,穿着大红妆花吉服,官绿妆花绣裙,环佩七事,恍如仙女临凡。"《大明会典》卷四三:"冬至前三日、后三日圣节前三日、后三日,俱吉服。"明沈德符《万历野获编》卷五:"锦衣官侍朝,俱乌帽、吉服。"《金瓶梅词话》第三十九回:"西门庆从新换了大红五彩狮补吉服,腰系蒙金犀角带。"❹清代职官、皇子、后、妃、命妇所穿的公服,多在慰劳将士、赐大臣饮宴、祝寿、典礼喜庆场合穿着。清潘经峰《吾学录》:"今制以朝服、蟒袍为礼服;止着补服为公服,亦谓吉服。"

【**吉筓**】jíjī 也作"象筓"。妇女行吉礼时所插的筓。周代大夫、士之妻以象牙为之,后妃、命妇则用玉制。《仪礼·丧服》:"吉筓者,象筓也。"又:"箭筓长尺,吉筓尺二寸。"唐贾公彦疏:"吉时,大夫士与妻用象,天子、诸侯之后、夫人用玉为筓。"清翟灏《通俗编》:"古丧制,妇人筓,用竹,曰箭筓。或用理木,曰栟筓,亦曰恶筓,其吉筓乃象骨为之。"

【**极服**】jífú 非常漂亮的衣服。战国楚宋玉《神女赋》:"其盛饰也,则罗纨绮缋盛文章,极服妙彩照万方。"

【**襋**】jí ❶衣领。《诗经·魏风·葛屦》:"要之襋之,好人服之。"汉毛亨传:"要,褄也。襋,领也。好人,好女手之人。"《说文解字·衣部》:"襋,衣领也。"宋王安石《和平甫舟中望九华山》诗:"露坐引衣襋,风行欹帽檐。"❷衣襟。《玉篇·衣部》:"襋……衣衿也。"

【**季子裘**】jìzǐqiú 指破旧的敝衣,借指寒士之服。语本战国时苏秦入秦求仕,资用耗尽而归之事。季子,其嫂对苏秦的称呼,后世诗文中专指苏秦。《战国策·秦策一》:"(苏秦)说秦王书十上而说不行。黑貂之裘弊,黄金百斤尽,资用乏绝,去秦而归。嬴縢履蹻,负书担囊,形容枯槁,面目犁黑,状有归色。归至家妻不下纴,嫂不为炊,父母不与言。"唐杜甫《摇落》诗:"鹅费羲之墨,貂余季子裘。"殷尧藩《九日》诗:"壮怀空掷班超笔,久客谁怜季子裘。"宋陆游《北望感怀》诗:"乾坤恨入新丰酒,霜露寒侵季子裘。"夏倪《次韵汉阳蔡守题阳关图》诗:"君不见季子敝尽黑貂裘,一生车辙环九州。"金赵枫《元日》诗:"雪照潘郎鬓,尘侵季子裘。"明唐顺之《十五夜旅怀》诗:"镜有潘郎鬓,囊无季子裘。"

【**祭服**】jìfú 祭祀时所穿的礼服,周代视祭礼不同采用不同形制,后世各朝代形制也各不相同。明洪武二十六年定一品至九品的祭服:青罗衣,白纱中单,俱用黑色缘;赤罗裳皂缘,蔽膝,方心曲领;冠带、佩绶同朝服,文武官分献陪祀时服之。若在家用祭服时,三品以上去方心曲领,四品以下去佩绶。《礼记·曲礼》:"无田禄者,不设祭器;有田禄者,先为祭服"。汉郑玄注:"祭器可假,祭服宜自有。"《谷梁传·桓公十四年》:"天子亲耕,以共粢盛;王后亲蚕,以共祭服。"《周礼·天官·内司服》:"掌王后之六服:袆衣、揄狄、阙狄、鞠衣、展衣、缘衣。"汉郑玄注:"袆衣画翚者,揄翟画摇者,阙翟刻而不画。此三者为祭服,从王祭先王则服袆衣,祭先公则服揄翟,祭群小祀则服阙翟。"《文献通考·王礼考八》:"古者祭服皆玄衣纁裳,以象天地之色。裳之饰,有藻、粉米、黼、黻。"《清史稿·舆服志》:

"祭服:圜丘、祈谷、雩祀,先一日,帝御斋宫,龙袍衮冕。届期天青礼服。方泽礼服明黄色,余祀亦如之。惟朝日大红,夕月玉色。王公以下陪祀执事官咸朝服。嘉庆九年,定祀前阅祝版执事官服色制,南郊祈谷、常雩、岁暮祫祭、元旦、万寿、告祭太庙,蟒袍补褂,罢朝服。社稷、时享太庙,服补服。十一年,谕郊坛大祀若遇国忌,仍御礼服,礼成还宫更素服。十九年,谕郊祀遇国忌,前一日阅祝版,帝服龙袍龙褂,执事官蟒袍补服。大祀、中祀,帝龙褂,执事官补服。著为令。二十三年,定制大祀斋期遇国忌,悉改常服。中祀则限于承祭官及陪祀、执事官,余素服如故。"

jia—jian

【珈】jiā 妇女发笄上所加的饰物,多用于王后及诸侯夫人。假髻上所插发笄数量不一,通常以"六珈"为贵。其制始于商周,西汉时期沿袭。《诗经·鄘风·君子偕老》:"副笄六珈。"汉毛亨传:"副者,后、夫人之首饰,编发为之。笄,衡笄也。珈,笄饰之最盛者,所以别尊卑。"汉郑玄笺:"珈之言加也。副既笄而加饰,如今步摇之饰,古之制所有未闻。"清姚际恒《诗经通论》:"加于笄上,故名珈,犹今钗头。以满玉为之,两角向下,广五分,高三分。"

【嘉服】jiāfú 吉庆场合所穿的衣服。《左传·昭公十年》:"孤斩焉在衰绖之中,其以嘉服见,则丧礼未毕;其以丧服见,是重受吊也,大夫将若之何?"《汉书·礼乐志》:"穆穆优游,嘉服上黄。"

【豭豚】jiātún 豭豚形的佩饰,佩以表示勇敢。《史记·仲尼弟子列传》:"子路性鄙,好勇力,志伉直,冠雄鸡,佩豭豚,陵暴孔子。"

【袷】jiá 也作"袷衣"。有衬里的两层衣服。明方以智《通雅》卷三六:"夹衣曰袷。"《史记·匈奴传》:"使者言单于自将伐国有功……服绣袷绮衣、绣袷长襦、锦袷袍各一。"唐颜师古注:"衣裳施里曰袷。"晋潘岳《秋兴赋》:"藉莞蒻,御袷衣。"唐李商隐《春雨》诗:"帐卧新春白袷衣,白门寥落意多违。"皮日休《夏首病愈因招鲁望》诗:"晓日清和尚袷衣,夏阴初合掩双扉。"宋郑伯熊《枕上》诗:"清寒入绤绤,御袷有余郁。"《清朝通志》卷五八:"皇帝龙袍,色用明黄,棉、袷、纱、裘惟其时,领袖俱石青。"见 71 页"袷jié"。

【甲裳】jiǎcháng 铠甲下身的部分。腰以上为甲衣,腰以下为甲裳。《左传·宣公十二年》:"赵旃弃车而走林,屈荡搏之,得其甲裳。"晋杜预注:"下曰裳。"杨伯峻注:"古人制甲衣与甲裳,必使其轻重相同,故曰'重若一'。"《吕氏春秋·去尤》:"邾之故法,为甲裳以帛。公息忌谓邾君曰,不若以组。"《宋史·岳云传》:"颍昌大战,无虑十数,出入行阵,礼被百余创,甲裳为赤。"《大清会典图》卷九二:"甲裳长二尺六寸,幅二,每幅上广一尺二寸,下广一尺五寸。甲衣用铁鍱一百三十六,每鍱长二寸五分,广二寸。甲裳用铁鍱一百十六。"

【甲衣】jiǎyī ❶盛铠甲的袋子。《礼记·檀弓下》"赴车不载橐韔"汉郑玄注:"橐,甲衣;韔,弓衣。"《礼记·少仪》"无以前之,则祖橐奉胄"唐陆德明《经典释文》:"橐音羔,甲衣也。"《礼记·乐记》:"将帅之士,使为诸侯,名之曰建橐。"汉郑玄注:"兵甲之衣曰橐。"❷铠甲上身的部分。《新五代史·四夷附录》："德光被甲衣豹帽，立马于高冈。"

【假髻】jiǎjì 也作"假紒""假结"。髻、紒、结，古字通。妇女用假发制作成的发髻，用作装饰。秦之前称作"编"，汉以后称"假髻"。《周礼·天官·追师》："掌王后之首服，为副、编次、追、衡、笄。"汉郑玄注："编，编列发为之，其遗象若之假紒矣。"汉无名氏《汉杂事秘辛》："后服绀上玄下，假髻步摇；八雀九华，十二镈，加以翡翠朱乌袜。"《东观汉纪·东平宪王苍传》："惟王孝友之德，今以光烈皇后假髻、帛巾各一，衣一箧遗王。"《三国志·吴书·妃嫔传第五·孙和何姬》注引《江表传》："即夺纯妻入宫，大有宠，拜为左夫人，昼夜与夫人房宴，不听朝政，使尚方以金作华燧、步摇、假髻以千数。"《太平御览》卷七一五"假髻"条引南朝宋何法盛《晋中兴书·征祥说》："太元中，公主妇女缓鬓假髻以为盛饰。用发丰多，不可行戴，乃先于笼上装之，名曰假髻，或名假头。至于贫人，不能自办，自号无头，就人借发。后孙思、桓玄之乱，死者万计，被戮之家多亡头首，至大敛时，皆以绳缚孤草为头，假髻之患也。"《北齐书·幼主记》："妇人皆剪剔以著假髻，而危邪之状如飞鸟，至于南面则髻心正西，始自宫内为之。"《隋书·礼仪志六》："皇后谒庙……首饰则假髻、步摇，俗谓之珠松是也。"《旧唐书·音乐志二》："《庆善乐》，舞四人，紫绫袍，大袖，丝布裤，假髻。"《文献通考》卷一一四："魏制，贵人、夫人以下助蚕，皆大手髻。"明张弼《假髻曲》："西家美人发及肩，买妆假髻亦峨然。"《后汉书·舆服志下》："皇后谒庙服……假结，步摇，簪珥。"

【菅菲】jiānfēi 也作"菅非"。即"菅屦"。《仪礼·丧服》："传曰：'菅屦者，菅菲也。'"唐贾公彦疏："周公时谓之屦，子夏时谓之菲。"清胡培翚正义："后世或谓丧履为菲，故作传者据当时之名释之，菲与扉同。"《孔子家语·五仪解》："斩衰、菅菲、杖而歠粥者，则志不在于酒肉。"

【菅屦】jiānjù 也作"萠屦"。菅茅草绳编制的鞋，服丧期间所穿最重的一种。《荀子·礼论》："卑絻……菲繐、菅屦，是吉凶忧愉之情发于衣服者也。"《左传·襄公十七年》："齐晏桓子卒，晏婴粗缞斩，苴绖带，杖，菅屦。"《仪礼·丧服》："丧服，斩衰裳，苴绖，杖，绞带，冠绳缨，菅屦者……传曰……菅屦者，菅菲也。"《旧五代史·尹玉羽传》："冬不释菅屦，期不变倚庐。"清朱大韶《实事求是斋经义·春秋不讥世卿说》："众臣为其君布带绳屦，则室老贵臣为其君绞带菅屦矣。"《大清律例》卷二："斩衰三年，服生麻布，旁及下际不缉，麻冠，菅屦，竹杖。"《大戴礼记·哀公问五义》："斩衰萠屦杖而歠粥者，志不在于饮食。"

菅屦（宋聂崇义《三礼图》）

【菅履】jiānlǚ 即"菅屦"。《清史稿·礼志十二》："曰斩衰服，生麻布，旁及下际不缉。麻冠、绖，菅履，竹杖。妇人麻履,不杖。"

【缣衣】jiānyī 缣是一种双丝织成,织作细密,色微黄的绢,用之作成的衣服,不致太厚亦可略挡风寒,常在春秋天穿着。《管子·山国轨》:"春缣衣,夏单衣。"宋陆游《初秋》诗之一:"入秋才几日,卷篛换缣衣。"又《湖上》诗:"三伏无多暑渐微,登临清晓试缣衣。"

【茧】jiǎn 也作"襺"。一种中间纳有绵絮的双层绵衣。据称旧时绵衣分二种:一种纳以新绵,称茧;一种纳以旧絮,称袍。《说文解字·衣部》:"襺,袍衣也。从衣,茧声。以絮曰襺,以缊曰袍。"《左传·襄公二十一年》:"重茧衣裘。"晋杜预注:"茧,绵衣。"《礼记·玉藻》:"纩为茧,缊为袍。"汉郑玄注:"纩谓之新绵也。缊谓今纩及旧絮也。"元陈澔集说:"纩,新绵也。缊,旧絮也。衣之有著者,用新绵则谓之茧;用旧絮则谓之袍。"清孙希旦集解:"衣以纩着之谓之茧。"

【剑服】jiànfú 剑士的服装。《庄子·说剑》:"庄子曰:'请治剑服。'治剑服三日,乃见太子。"

【荐绅】jiànshēn 即"搢绅"。《韩非子·五蠹》:"坚甲厉兵以备难,而美荐绅之饰。"《史记·五帝纪》:"然《尚书》独载尧以来;而百家言黄帝,其文不雅驯,荐绅先生难言之。"南朝宋裴骃集解引徐广曰:"荐绅即搢绅也,古字假借。"

【箭笄】jiànjī 周礼规定未嫁女子为父服丧时所插的发簪。通常和斩衰之服配用,服期三年。《仪礼·丧服》:"布总、箭笄、髽衰三年。"汉郑玄注:"箭笄,篠竹也。"唐贾公彦疏:"箭笄,篠竹也者。案《尚书·禹贡》云:'篠簜既敷。'孔云:篠,竹箭。是箭篠为一也。"《礼记·丧服

小记》:"箭笄终丧三年。"唐孔颖达疏:"妇人以箭笄终丧,谓好在室为父也。"清翟灏《通俗编》卷一二:"古丧制,妇人笄用篠竹,曰箭笄。"

箭笄
(湖北襄阳擂鼓台一号西汉墓出土)

jiang—jie

【降服】jiàngfú ❶指因发生灾难或天象变异时穿着素服,以示哀悼。《左传·文公四年》:"楚人灭江,秦伯为之降服,出次,不举,过数。"又《成公五年》:"山有朽壤而崩,可若何?国主山川。故山崩川竭,君为之不举,降服,乘缦,彻乐,出次,祝币,史辞以礼焉。"杨伯峻注"即不著平常华丽衣服。"《国语·晋语五》:"故川涸山崩,君为之降服出之。"❷解去礼服以示谢罪。《左传·僖公二十三年》:"公子惧,降服而囚。"

【绛衣】jiàngyī 也作"绛服"。春秋时楚国流行穿着的深红色衣服。后世多用于武士、军人。《墨子·公孟篇》:"昔者楚庄王,鲜冠组缨,绛衣博袍,以治其国。"《东观汉记》卷一:"帝深念良久,天变已成,遂市兵弩、绛衣、赤帻。"《汉书·五行志下之上》:"成帝绥和二年八月庚申,郑通里男子王褒衣绛衣小冠,带剑入北司马门殿东门。"《三国志·吴志·吕蒙传》:"权统事,料诸小将兵少而用薄者,欲并合之。蒙阴赊贳,为兵作绛衣行縢,及简日,陈列赫然,兵人练习,权见大悦,增其兵。"北齐颜之推《观我生赋》:

"摄绛衣以奏言，忝黄散于官谤。"《隋书·李德林传》；"孝征曰：'德林久滞绛衣，我常恨彦深待贤未足。'"《宣和遗事》："忽有二神现于殿庭，一神绛衣金甲；一神乃介胄之士。"王利器曰："绛衣谓戎服……摄绛衣，盖指释褐以军功加镇西墨曹参军而言。"

【姣服】jiāofú 华美的服饰。《楚辞·九歌·东皇太一》："灵偃蹇兮姣服，芳菲菲兮满堂。"汉王逸注："姣，好也。服，饰也。"汉傅毅《舞赋》："姣服极丽，姁媮致态。"张衡《南都赋》："男女姣服，骆驿缤纷。"唐陈子昂《感遇》诗："挈瓶者谁子，姣服当青春。"明刘基《郁离子·石羊先生》："周人有好姣服者，有不足于其心，则忸怩而不置，必易而后慊。"

【绞带】jiǎodài 周礼规定穿着斩衰服时所系的苴麻带。《仪礼·丧服》："丧服，斩衰裳，苴绖杖、绞带。"汉郑玄注："绞带者，绳带也。"唐贾公彦疏："绳带也者，以绞麻为绳作带，故云绞带。"清胡培翚正义："绞，是纠而合之，绞带亦蒙苴文，则用苴麻明矣。"《礼记·奔丧》："袭绖于序东，绞带反位，拜宾成踊。"清孙希旦集解："绞带，绞苴麻为之。吉时有大带，有革带，凶时有要绖，象大带，又有绞带，以象革带也。"

绞带（宋聂崇义《三礼图》）

【结褵】jiélí 也作"结缡"。即"结帨"。《诗经·豳风·东山》："亲结其褵，九十其仪。"汉郑玄笺："褵，妇人之袆也。母或女施衿结褵。"唐孔颖达疏："此女子既嫁之所著，示系属于人。"《后汉书·马援传》："初，兄子严、敦并喜讥议，而通轻侠客。援前在交阯，还书诫之曰：'……好论议人长短，妄是非正法，此吾所大恶也，宁死不愿闻子孙有此行也。汝曹知吾恶之甚矣，所以复言者，施衿结褵，申父母之戒，欲使汝曹不忘之耳。'"清姚燮《双鸩篇》诗："与郎生小闾门里，与郎结缡在燕市。"

【结帨】jiéshuì 先秦婚姻礼俗的一种，女子出嫁之日由其母亲为之系结巾帕，以示身有所系。《仪礼·士昏礼》："母施衿结帨。"汉郑玄注："帨，佩巾。"清厉荃《事物异名录》："《诗》：'无感我帨兮。'《内则》注：'妇人拭物之巾，尝以自结之用也。'古者女子嫁则母结帨而戒之。"

【袺】jié 交领，交叠于胸前的衣领，先秦时期男子深衣、妇女袆衣均用交领。《礼记·曲礼下》："天子视不上于袺，不下于带。"汉郑玄注："袺，交领也。天子至尊，臣视之目不过此。"唐孔颖达疏："袺谓朝服祭服之曲领也。"又《玉藻》："夕深衣……袺二寸。"汉郑玄注："曲领也。"又《深衣》："曲袺如矩，以应方。"见 68 页"袺 jiá"。

jin

【金舄】jīnxì 周代诸侯行礼时所穿的黄竹色复底鞋。一说是一种加有金饰于絇上的复底礼鞋。《诗经·小雅·车攻》："赤芾金舄，会同有绎。"汉毛亨传："诸侯赤芾金舄。舄，达屦也。"汉郑玄笺："金舄，黄朱色也。"唐孔颖达疏："此云金舄者，即《礼》之赤舄也。故笺云：'金舄，黄朱色。'加金为饰,故谓之金舄。"宋朱熹集传:"赤芾,诸侯之服。金舄,赤舄而加金饰,亦诸侯之服也。"《文献通考·王礼六》:"郑玄谓金舄,黄朱色也。考之于礼,周尚赤,而灌尊黄彝,纁裳赤芾,马黄朱而诸侯之芾,亦黄朱,则舄用黄朱宜矣。唐制以金饰屦,与郑氏之所传异也。"

【金镯】jīnzhuó 古军乐器。行军时用以节止步伐。《周礼·地官·鼓人》:"以金镯节鼓。"汉郑玄注:"镯,钲也。形如小钟,军行鸣之,以为鼓节。"

【衿】jīn ❶衣服的前幅,下可至裳底端。《庄子·让王》:"曾子居卫……捉衿而肘见。"《战国策·齐策三》:"臣辄以颈血溅足下衿。"❷衣服的交领。《诗经·郑风·子衿》:"青青子衿,悠悠我心。"汉毛亨传:"青衿,青领也,学子之所服。"北齐颜之推《颜氏家训·书证》:"古者斜领下连于衿,故谓领为衿。"汉扬雄《方言》:"衿谓之交。"晋郭璞注:"衿,衣交领也。"《汉书·李广苏建传》:"泣下沾衿。"《聊斋志异·促织》:"落衿袖间。"❸系衣服的带子。《礼记·内则》:"衿缨綦履。"汉郑玄注:"衿,犹结也。"《尔雅·释器》:"衿谓之裷。"宋邢昺疏:"衿衣小带也,一名裷。"《汉书·扬雄传》:"衿芰茄之绿衣兮,被夫容之朱裳。"唐颜师古注:"衿带也。"

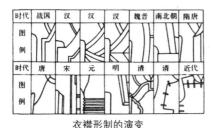

衣襟形制的演变
（《中国衣冠服饰大辞典》）

【衿鞶】jīnpán 已婚男女系于衣带上用于佩饰的小囊,后用以表示女性婚后敬奉公婆。《仪礼·士昏礼》:"庶母及门内施鞶,申之以父母之命,命之曰:敬恭听宗尔父母之言,夙夜无愆,视之衿鞶。"汉郑玄注:"鞶,鞶囊也。男鞶革,女鞶丝,所以盛帨巾之属,为谨敬……示之以衿鞶,皆托戒使识之也。不示之以衣笄者,尊者之戒,不嫌忘之。"元范梈《节妇王氏》诗:"十九嫁夫家,事姑施衿鞶。"明陆采《怀香记·奉诏班师》:"申戒在衿鞶,光辉满袆翟。"

【衿缨】jīnyīng 男女幼时,在身上系结缨佩香囊,便于近侍父母;女子出嫁时系彩带于衣襟表示已有所属,礼见尊长则托而拜之,均称为衿缨。《礼记·内则》:"男女未冠笄者……总角、衿缨,皆佩容臭。"又:"衿缨綦履,以适父母舅姑之所。"

【襟】jīn 即"衿"。汉刘熙《释名·释衣服》:"襟,禁也,交于前。"清王先谦疏证:"襟、衿通用。"《庄子·应帝王》:"列子入,泣涕沾襟以告壶子。"唐杜甫《蜀相》诗:"出师未捷身先死,长使英雄泪满襟。"

【锦带】jǐndài ❶锦制的带子,用以束腰,一般束于衣外。《礼记·玉藻》:"居士锦带,弟子缟带。"唐孔颖达疏:"锦带者,以锦为带,敞也。"南朝梁吴均《采莲曲》:"锦带杂花钿,罗衣垂绿川。"南朝宋鲍照《结客少年场行》:"骢马金络头,锦带佩吴钩。"唐李白《结客少年场行》:"珠袍曳锦带,匕首插吴鸿。"王翰《观蛮童为伎之作》诗:"长裙锦带还留客,广额青蛾亦效颦。"五代前蜀薛昭蕴《浣溪沙》词:"钿匣菱花锦带垂,静临兰槛卸头时。"宋师严《蔺五见访》诗:"酒酣散发箕踞坐,锦带烂熳悬吴钩。"明何景明《七述》:"缀以锦带,悬以吴钩。"《醒世恒言·吴衙内邻舟赴约》:"即忙取过一幅令笺,题诗一首,腰间解下一条锦带,也卷成一块,掷将过来。"❷流行于壮族民间的一种壮锦。一般织作宽一厘米、长一米的细长条,用做帽缨、斗笠缨及围兜带子等,既是实用品,也是装饰品。壮族姑娘织此赠送给意中人或新娘送给新郎。旧时常见,因手工复杂,今已少见。

【锦绅】jǐnshēn 边缘镶有锦饰的束腰大带。《礼记·玉藻》:"童子之节也,缁布衣,锦缘,锦绅并纽,锦束发,皆朱锦也。"清孙希旦集解:"锦绅,以锦辟其带绅也。"

【锦衣】jǐnyī ❶精美华丽的彩色衣服。多为显贵者穿着。《诗经·秦风·终南》:"君子至止,锦衣狐裘。"汉毛亨传:"锦衣,采色衣也。"唐孔颖达疏:"锦者,杂采为文,故云采色也。"《吕氏春秋·慎大览·贵因》:"墨子见荆王,锦衣吹笙,因也。"汉高诱注:"墨子好俭非乐,锦与笙非其所服也,而为之,因荆土之所欲也。"唐李白《越中览古》诗:"越王句践破吴归,义士还家尽锦衣。"宋孟元老《东京梦华录·驾行仪卫》:"象七头,各以文锦被其身……锦衣人跨其颈。"元无名氏《小桃红·西厢百咏〈夫人送生〉》:"春风送你远朝天……琼林赐御宴,争看锦衣鲜。"❷道士所穿的五彩之服。《太平御览》卷六七五"道部"引《龟山元录》:"有明光锦九朱龙文法衣,三素飞文锦衣,五色班衣。"《黄庭内景玉经诀》卷上:"黄庭内人服锦衣。"梁丘子注:

"锦衣具五色也。"

【揢绅】jìnshēn 官员朝会时的一种装束,束大带而插搢板。后用以代指官吏、士大夫。《周礼·春官·典瑞》:"掌玉端玉器之藏,辨其名物,与其用事,设其服饰。王晋大圭,执镇圭,缫藉五采五就,以朝日。"汉郑玄注引郑司农:"晋读为揢绅之揢。谓插于绅带之间,若带剑也。"《东观汉记·明帝纪》:"是时学者尤盛,冠带揢绅,游辟雍而观化者,以亿万计。"《资治通鉴·汉武帝元封元年》:"乙卯,令侍中儒者皮弁揢绅,射牛行事,封泰山下东方。"《宋书·礼志五》:"古者贵贱皆执笏,其有事则揢之于腰带。所谓揢绅之士者,揢笏而垂绅带也。"明卓明卿《卓氏藻林》卷二《臣职类》:"《诸史》:揢绅:揢,插也;绅,大带也。谓插笏于绅也。亦谓百官。"明璩崑玉《新刊古今类书纂要》卷五《仕宦部·九卿》:"揢绅:揢,插也;绅,大带也。谓插笏于绅也。或曰士者之服,亦谓百官。"清昭梿《啸亭续录·内务府大员》:"内府人员惟充本府差使,不许外仟部院,惟科目出身者,始许与揢绅为伍。"

【缙绅】jìnshēn 即"揢绅"。《荀子·礼论》:"说褻衣,袭三称,缙绅而无钩带矣。"《汉书·郊祀志上》:"其语不经见,缙绅者弗道。"唐颜师古注:"李奇曰:'缙,插也,插笏于绅。'……字本作揢,插笏于大带与革带之间。或作荐绅者,亦谓荐笏于绅带之间,其义同。"清王应奎《柳南随笔》卷四:"官批讼牒,必以朱笔点讼者姓名。其人或系缙绅,则用圈焉。"

jing—jiu

【景】jǐng 贵族妇女出行罩于衣外御尘的罩衣或大幅披巾,后世女子出嫁亦多披之。《仪礼·士昏礼》:"妇乘以几,姆加景,乃驱。"汉郑玄注:"景之制盖如明衣,加之以为行道御尘,令衣鲜明也。景亦明也。"明方以智《通雅》卷三六:"《仪礼·士昏礼》'加景'。注:'景之制如明衣。加之以行道御尘。'智谓非御尘,以为蔽也。北齐纳后礼,有所谓'加幎'、'去幎',即此字。"

【景衣】jǐngyī 即"景"。明王志坚《表异录》卷一〇:"景衣,女嫁时在途衣也。"

【幎】jǐng 即"景"。《仪礼·士婚礼》"姆加景"。汉郑玄注:"今文景作幎。"《隋书·礼仪志四》:"后齐皇帝纳后之礼……皇后服大严绣衣,带缓佩,加幎。"

【褧裳】jǐngcháng 女子出嫁时所穿的细麻制成的罩裙。《诗经·郑风·丰》:"衣锦褧衣,裳锦褧裳。"宋王谠《唐语林·补遗一》:"《风》咏褧裳,史称彤管,纤微之善,载籍犹称。"明何景明《咏衣》诗:"虽云异黄里,愿言同褧裳。"

【褧衣】jǐngyī 省称"褧"。用枲麻布制成的单层罩衣,女子出嫁时在途中所穿,用以遮风蔽尘。《诗经·卫风·硕人》:"硕人其颀,衣锦褧衣。"汉毛亨传:"夫人德盛而尊,嫁则锦衣加褧襜。"汉郑玄笺:"褧,禅也。国君夫人翟衣而嫁。今衣锦者,在途之所服也。"明周祈《名义考》卷一一"褧衣":"《仪礼》:'妇乘以几,姆加景,乃驱。'绡、颖、景、褧通,皆嫁时在途御尘之衣也。"南朝梁江淹《丽色赋》:"春蚕度网,绮地应纺;秋梭鸣机,织为褧衣。"唐张说《送人成婚》诗:"温席开

【颖襦】jiǒngfū 也作"颖""颖衣"。领上绣有黼纹的单衣,多用作外穿的礼服。《仪礼·士昏礼》:"女从者毕袗玄,纚笄被颖襦,在其后。"汉郑玄注:"颖,禅也。《诗》云:'素衣朱襮。'《尔雅》云:'黼领谓之襮。'《周礼》曰:'白与黑谓之黼。'天子诸侯后夫人狄衣,卿大夫之妻刺黼以为领,如今偃领矣。士妻始嫁施禅黼于领上,假盛饰耳,言被明非常服。"

【九服】jiǔfú 周代帝王和王后的九种吉服,包括六种冕服和三种弁服。《周礼·天官·屦人》"掌王及后之服屦"汉郑玄注:"王吉服有九。"宋王应麟《小学绀珠·制度·九服》:"九服:冕服六,弁服三。"

【九文】jiǔwén 即"九章"。《左传·昭公二十五年》:"为九文、六采、五章以奉五色。"

【九章】jiǔzhāng ❶帝王冕服上的九种图案。《周礼·春官·司服》"享先王则衮冕"汉郑玄注:"冕服九章,登龙于山,登火于宗彝,尊其神明也。九章:初一曰龙,次二曰山,次三曰华虫,次四曰火,次五曰宗彝,皆画以为'缋';次六曰藻,次七曰粉米,次八曰黼,次九曰黻,皆希以为绣。则衮之衣五章,裳四章,凡九也。"唐贾公彦疏:"山,取其人所仰;龙,取其能变化;华虫,取其文理。"又:"宗彝者……虎蜼也。虎取其严猛,蜼取其有智;藻,水草,亦取其有文,象衣上华虫;火亦取其明;粉米以取其絜,亦取其养人;黼谓白黑为形,斧文近刃白,近上黑,取断割焉;黻,黑与青为形,则两色相背,取臣民背恶向善,亦取君臣有合离之义,去就之理也。"《南齐书·陆澄传》:

"泰始六年,诏皇太子朝贺,服衮冕九章。"《明史·舆服志二》:"洪武二十六年定,衮冕九章,冕九旒,旒九玉。"清金鹗《求古录礼说·冕服考》:"案《周官》文经:'王祀昊上帝则服大裘而冕,享先王则衮冕。'又云:'公之服自衮冕而下如王之服。'夫衮冕九章,公之服也,公自衮冕而下如王服,则王之服必有加于九章之衮冕而为十二章可知,大裘之冕其必十二章也。"❷泛指多种图案。《剪灯新话·鉴湖夜泛记》:"有一仙娥,自内而出,被冰绡之衣,曳霜纨之帔,戴翠凤步摇之冠,蹑琼纹九章之履。"

【就】jiù 冕版前的旒是缫穿珠而成,在贯穿玉珠的时候,每穿一个玉珠就把缫打成结,使珠子之间距离相等。此结被称为"就"。《周礼·夏官·弁师》:"五采缫十有二就,皆五采玉十有二……诸侯之缫斿九就,瑉玉三采,其余如王之事。缫斿皆就。"汉郑玄注:"绳之每一匝而贯五采玉,十二斿则十二玉也。每就间盖一寸。"唐贾公彦疏:"以此五色玉贯于藻绳之上,每玉间相去一寸,十二玉则十二寸。就,成也。以一玉为一成,结之,使不相并也。"又《礼记·玉藻》唐孔颖达疏:"以天子之旒十有二就,每一就贯以玉。就间相去一寸,则旒长尺二寸。"

ju—juan

【居冠】jūguān 朝臣退朝后,在家时所戴的便帽。《礼记·玉藻》:"玄冠缟武,不齿之服也。居冠属武,自天子下达,有事然后緌。"汉郑玄注:"谓燕居冠也。著冠于武,少威仪。"

【苴衰】jūcuī 用苴麻材料制成的一种丧服。《礼记·丧服四制》:"丧不过三年,苴衰不补,坟墓不培。祥之日鼓素琴,告民有终也。"唐孔颖达疏:"苴衰不补者,言苴衰之衰,虽破不补。"

【苴绖】jūdié 丧服中与斩衰配用的麻带,后世亦代指居丧。《仪礼·士丧礼》:"苴绖大鬲。"汉郑玄注:"苴绖,斩衰之绖也。苴麻者,其貌苴以为绖,服重者尚粗恶。"《资治通鉴·晋武帝泰始二年》:"戊辰,群臣奏请易服复膳。诏曰:'每感念幽冥,而不得终苴绖之礼,以为沉痛。'"《新唐书·杨玚传》:"帝封太山,集乐工山下,居丧者亦在行。玚谓起苴绖使和钟律,非人情所堪,帝许,乃免。"

【苴服】jūfú 粗劣的衣服。《墨子·兼爱下》:"昔者晋文公好苴服。"清孙诒让间诂:"苴、粗字通,犹中篇云'恶衣'。"

【琚】jū 佩玉。大佩上的串饰之一,形状似圭正方形,系在珩和璜之间。《诗经·卫风·木瓜》:"投我以木瓜,报之以琼琚。"汉毛亨传:"琚,佩玉名。佩有琚瑀,所以纳间。"又《郑风·女曰鸡鸣》:"知子之好之,杂佩以报之。"唐孔颖达疏:"佩有琚瑀,所以纳间。"汉贾谊《新书·容经》:"古者圣王……鸣玉以行。鸣玉者,佩玉也,上有双珩,下有双璜,冲牙、蠙珠,以约其间,琚、瑀以杂之。"傅毅《七激》:"弭随珠,佩琚玉。"《康熙字典·玉部·琚》:"《疏》谓纳众玉与珩上下之间。朱氏曰:佩之上横者也。下垂三道,贯以蠙珠。璜如半璧,系于两旁之下端。琚如圭而正方,在珩璜之中。瑀如大珠,在中央之中,别以珠贯,下系于横,而交贯于瑀,复上系于珩之两端。冲牙如牙,两端皆锐,横于瑀下,与璜齐,行则冲璜出声也。又钱氏曰:佩玉之双璜,上系于珩。又有组以左右交牵之,使得因衡之抑扬,以自相冲击,而于二组相交之处,以物居其间,交纳而拘捍之,故谓之琚。或以大珠,或杂用瑀石。诗言琚用琼,则佩之美者也。"明王圻《三才图会·衣服一》:"杂佩者,左右佩玉也。上横曰珩,系三组,贯以蠙珠;中组之半贯瑀,末悬冲牙;两旁组各悬琚瑀。"

【鞠衣】jūyī 周礼规定王后的六服之一,色黄如桑叶始生,春时服之。九嫔及命妇亦可穿着。《周礼·天官·内司服》:"掌王后之六服:袆衣、揄狄、阙狄、鞠衣、展衣、缘衣。"汉郑玄注:"郑司农云:'鞠衣,黄衣也。'鞠衣,黄桑服也。色如鞠尘,象桑叶始生。"《礼记·月令》:"(季春之月)是月也,天子乃荐鞠衣于先帝。"郑玄注:"为将蚕,求福祥之助也。鞠衣,黄桑之服。"《北堂书钞》卷一二八:"鞠衣,王后亲桑之服。孤之妻服以从助祭,其鞠衣之色,象桑始生。"又:"内命妇之服鞠衣,九嫔也。"《隋书·礼仪志七》:"鞠衣,黄罗为质,织成领袖,小花十二树。蔽膝,革带及舄,随衣色。"《通典》卷六二:"隋制,皇后袆衣、鞠衣、青衣、朱衣四等……鞠衣,黄罗为质,织成领袖,蔽膝,革带及舄随衣色。"《明史·舆服志二》:"鞠衣,红色,前后织金云龙文,或绣或铺翠圈金,饰以珠。"

鞠衣(宋聂崇义《三礼图》)

【菊衣】júyī 即"鞠衣"。《吕氏春秋·季春纪》:"是月也,天子乃荐鞠于先帝。"汉高诱注:"《内司服》章:王后之六服有菊衣。衣黄如菊花,故谓之菊衣。"汉刘熙《释名·释衣服》:"鞠衣,黄如菊花色也。"

【桷】jú 钉鞋。鞋下施有铁钉,适用于登山。《汉书·沟洫志》:"《夏书》:禹堙洪水十三年,过家不入门。陆行载车,水行乘舟,泥行乘毳,山行则桷。"唐颜师古注引如淳:"桷谓以铁为锥头,长半寸,施之履下,以上山,不蹉跌也。"一说为轿等抬物的器具。唐颜师古注《汉书·沟洫志》引昭曰:"桷,木器,如今舆床,人举以行也。"

【屦】jù ❶汉代以前对鞋子的总称,汉代以后则称为履。《诗经·魏风·葛屦》:"纠纠葛屦,可以履霜。"《礼记·曲礼上》:"户外有二屦,言闻则入,言不闻则不入……侍坐于长者,屦不上于堂。解屦,不敢当阶,就屦跪而举之。"唐孔颖达《毛诗正义》卷一〇:"屦人兼掌屦、舄,是屦为通名也。"汉刘熙《释名·释衣服》:"屦,礼也。饰足所以为礼也。亦曰屦。屦,拘也,所以拘足也。"《说文解字·履部》:"屦,履也。"清段玉裁注:"晋蔡谟曰:'今时所谓履者,自汉以前皆名屦。'"❷单底之履。《周礼·天官·屦人》:"掌王及后之服屦,为赤舄、黑舄、素屦、葛屦。"汉郑玄注:"复下曰舄,禅下曰屦。舄屦有絇、有繶、有纯者,饰也。凡屦、舄各象其裳之色。"❸麻鞋。元王祯《农书·农器图谱七》:"屦,麻履也。《传》云:屦满户外,盖古人上堂,则遗屦于外,此常屦也。今农人春夏则扉,秋冬则屦,从省便也。"

屦（明王圻《三才图会》插图）

【屦舄】jùxì 单底和复底鞋的合称,后泛指鞋子。《周礼·天官·屦人》"掌王及后之服屦"汉郑玄注:"凡屦舄,各象其裳之色。"宋庞元英《文昌杂录》卷三:"不佩剑,不脱屦舄。"

【卷领】juǎnlǐng 也作"绻领"。❶卷曲外翻的衣领,古人认为是较原始的服式。《文子·上礼》:"老子曰:'古者被发而无卷领,以王天下。'"晋左思《魏都赋》:"追亘卷领与结绳,睠留重华而比踪。"南朝齐谢朓《永明乐》诗之二:"鸿名轶卷领,称首迈垂衣。"南朝陈徐陵《陈公九锡诏》:"羲、农、炎、昊以来,卷领垂衣之世,圣人济物,未有如斯者也。"❷满族袍、褂向例无领,穿时需另加领子,称之为"卷领"或"硬领",俗称"假领"。其式宛如今男式中山装之领。质料适时更换,春秋两季用浅湖色缎,夏用纱,冬季用水獭或貂皮,亦有用绒制者,惟忌期用黑布为之,下缀以领衣,一般将其穿在外褂之内,硬领翻卷于褂外。如穿行装,则着于袍内。居常亦可不加卷领。附加领子之习俗,至同治、光绪年间逐渐改变,民服中已出现有领子的袍、褂,官服仍遵旧俗,民国以后,此制废弃。

【綣】juàn ❶束袖的草绳。《说文解字·糸部》:"綣,缱臂绳也。"清段玉裁注:"缱,各本作攘,今正。缱者,援臂也。臂袖易流,以绳约之,是绳谓之綣。"《玉篇·糸部》:"綣,收衣袖绳也。"❷束腰的草绳。《广韵·愿韵》:"綣,束腰绳也。"

jue—jun

【鞡】juē 草鞋。《管子·轻重甲》:"百钟之家,不得事鞡。"《篇海类编·革部》:"鞡,草履。"

【屩】juē ❶也作"芒屩"。以细绳编成的鞋子。轻便耐磨,适合行旅。始于先秦,多见于汉代,沿用至唐宋。汉刘熙《释名·释衣服》:"屩,草履也……出行著之,蹻蹻轻便,因以为名也。"《尔雅·释草》:"蒯,萧菖。"宋邢昺疏:"蒯,一名萧菖,状似蒲而细,可为屩。"《史记·范雎蔡泽列传》:"夫虞卿蹑屩檐簦,一见赵王,赐白璧一双,黄金百镒。"又《孟尝君列传》:"冯驩闻孟尝君好客,蹑屩而见之。"《太平御览》卷六九八:"元康之末至太安之间,江浦之城,有败屩自聚于道,多或至四五十两。"《宋书·刘敬宣传》:"(敬宣)尝夜与僚佐宴集,空中有放一只芒屩于坐中,坠敬宣食盘上。长三尺五寸,已经人著,耳鼻间并欲坏。"又《张畅传》:"(李)孝伯又曰:'君南土膏粱,何为著屩? 君而如此,将士云何?'畅曰:'膏粱之言,诚以为愧。但以不武,受命统军,戎阵之间,不容缓服。'"《新唐书·车服志》:"羊车小史,五辫髻,紫碧腰襻,青耳屩。"宋陆游《自责》词:"买屩为登山寺去,彻灯缘爱月窗新。"❷泛指鞋履。汉史游《急就篇》:"屐屩粗粗嬴窭贫。"唐颜师古注:"屩,即今之鞋也。"《广韵·佳韵》:"鞋,屩也。"

【决】jué 射箭时戴于右拇指助拉弓弦之器,用骨或象牙制成。俗称扳指。《诗经·小雅·车攻》:"决拾既饮,弓矢既调。"汉毛亨传:"决,钩弦也。"唐陆德明《经典释文》:"决,本义决,或作抉。"

【玦】jué ❶形如环,四分缺一,中有圆孔而不正者之玉亦谓之玦,常用作佩饰、耳饰。有决断、决绝之意。《左传·闵公二年》:"(卫懿)公与石祁子玦,与宁庄子矢,使守。"晋杜预注:"玦,王玦,示以当决断,矢示以御难。"《荀子·大略》:"绝人以玦,反绝以环。"唐杨倞注:"古者臣有罪待命于境,三年不敢去,与之环则还,与之玦则绝。"《楚辞·九歌·湘君》:"捐余玦兮江中,遗余佩兮醴浦。"《史记·项羽本纪》:"范增数目项王,举所佩玉玦以示之者三。"汉史游《急就篇》:"玉玦环佩靡从容。"唐颜师古注:"半环谓之玦。"《孔丛子·杂训》:"子产死,丈夫舍佩玦,妇女舍珠瑱。"❷即"决"。《礼记·内则》:"右佩玦、捍、管、遰、大觿、木燧。"《逸周书·器物》:"象玦朱极韦素独。"清朱右曾校释:"玦,决也,一名鰈,以象骨为之,著右手大指,所以钩弦开体。"

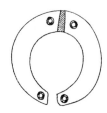

玦(四川西昌古墓出土)

【雀弁】juébiàn "雀"通"爵",即"爵弁"。《尚书·顾命》:"二人雀弁,执惠,立于毕门之内。"唐孔颖达疏引汉郑玄曰:"赤黑曰雀,言如雀头色也。雀弁,制如冕,黑色,但无藻耳。"

【爵弁】juébiàn 礼弁中仅次冕冠的一种,形制如冕,无旒,前后平。以细布或丝帛制成,颜色如雀头,赤黑色,赤多黑少。西周时期乐人、士人和低级官吏助祭和婚礼时亦可服用。历代沿用,至清废除。《仪礼·士冠礼》:"爵弁服:纁裳、纯衣、缁带、韎韐。"汉郑玄注:"此与君祭之服。《杂记》曰:爵弁者,冕之次,其色赤而微黑,如爵头然。或谓之緅。其布三十升。"唐贾公彦疏:"凡冕,以木为体,长尺六寸,广八寸。绩麻三十升布,上以玄,下以纁……其爵弁制大同,唯无旒,又为爵色为异。又名冕者,俯也,低前一寸二分,故得冕称。其爵弁则前后平,故不得冕名。"《仪礼·士昏礼》:"主人爵弁,纁裳缁袘。从者毕玄端。"《后汉书·舆服志下》:"爵弁,一名冕。广八寸,长尺二寸,如爵形,前小后大,缯其上似爵头色,有收持笄。所谓夏收殷冔者也。祀天地、五郊、明堂,《云翘舞》乐人服之。"《新唐书·车服志》:"爵弁者,六品以下九品以上从祀之服也。以缯为之,无旒,黑缨,角簪导,青衣纁裳,白纱中单,青领、襟、襈、裾,革带钩鰈,大带及韨内外皆缁,爵韡,白袜,赤履。五品以上私祭皆服之。"又:"从省服者……五品以上子孙,九品以上子,爵弁。"《朱子语类》卷八五:"所谓'三加弥尊',只是三次加:初是缁布冠,以粗布为之;次皮弁,次爵弁,诸家皆作画爵,看来亦只是皮弁模样,皆以白皮为之。缁布冠古来有之,初是缁布冠,齐则缁之。次皮弁者,只是朝服;爵弁,士之祭服。周礼,爵弁居五冕之下。"《明史·礼志八》:"明洪武元年定制,始加缁布冠,再加进贤冠,三加爵弁。"

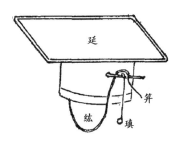

爵弁结构示意图(《三礼名物通释》)

【爵弁服】juébiànfú 与爵弁相配用的礼服,包括爵弁,黑色丝衣,红色丝裳,黑大带,红色蔽膝。士人参与国君的祭祀礼、冠礼三加及婚嫁、大夫祭于家庙时穿戴。参见爵弁。

爵弁及爵弁服(宋聂崇义《三礼图》)

【蹻】jué 即"屩"。《战国策·秦策一》:"说秦王书十上而说不行……资用之

绝,去秦而归。嬴縢履蹻,负书担橐,形容枯槁,面目黎黑,状有归色。"《史记·虞卿传》:"蹑蹻担簦,说赵孝成王。"南朝宋裴骃集解:"徐广曰:'蹻,草履也。'"《资治通鉴·魏文帝黄初四年》:"犹弃敝蹻而获珠玉。"

【均服】jūnfú 即"裪服"。《左传·僖公五年》:"均服振振,取虢之旗。"晋杜预注:"戎事上下同服。"唐陆德明《经典释文》:"均,如字,同也。字书作裪。"

【裪】jūn ❶纯黑色的衣服。晋左思《吴都赋》:"六军裪服。"唐刘逵注曰:"裪,皂服也。"清段玉裁《说文解字注》:"裪,玄服也。各本无此篆。而裧下云玄服也。盖误合二为一。"❷左右颜色不同的衣服。《集韵·谆韵》:"裪,偏裻谓之裪。"

【裪服】jūnfú ❶将帅与士卒穿的相同的戎装,泛指戎装、军服。《吕氏春秋·悔过》:"今裪服回建。"汉高诱注:"裪同也。兵服上下无别,故曰裪服。"唐刘禹锡《原力》:"斯诚力矣,上之不过夸胡人而戏角抵,次之不过倅期门而振裪服。"❷省称"裪"。黑色戎服。《汉书·五行志中之上》:"《左氏传》晋献公时童谣曰:'丙子之晨,龙尾伏辰,裪服振振,取虢之旗。'"唐颜师古注:"裪服,黑衣。"又《王莽传》:"时莽绀裪服,带玺韍,持虞帝匕首。"

K

kai—ku

【铠甲】kǎijiǎ ❶军士披挂在身上的护身服装。原始社会就有以藤木、兽皮为原料粗制而成的甲。夏商时代有皮制防身甲。周代还出现了青铜胸甲，战国后期，铁制铠甲开始出现。到了汉代，铠甲结构日益完善，铁制铠甲数量增加，坚度增强，类型增多，防护身体的部位增大。魏晋南北朝时期出现了明光铠、两当铠等一些新型的铠甲。隋唐时期，铠甲种类更加丰富，形制完备，注重装饰，华丽美观。《唐六典》记载："甲之制十有三，一曰明光甲、二曰光要甲、三曰细鳞甲、四曰山文甲、五曰乌槌甲、六曰白布甲、七曰皂绢甲、八曰布背甲、九曰布兵甲、十曰皮甲，十有一曰木甲、十有二曰镶子甲、十有三曰马甲。"到了宋代，铠甲制造更加精坚，形成完整的官定制度。到明清时期铁制或皮制铠甲仍被用来装备军队，清代铠甲之制有明甲、暗甲、绵甲、铁甲。19世纪末，枪炮代替了冷兵器，铠甲业逐渐退出战场。《韩非子·五蠹》："共工之战，铁铦短者及乎敌，铠甲不坚者伤乎体。"《淮南子·说林训》："或射之，则被铠甲。"《周礼·夏官·司甲》："司甲，下大夫二人。"唐贾公彦疏："古用皮谓之甲，今用金谓之铠。"唐柳宗元《祃牙文》："镞刃锋锷，毕集于凶躬，铠甲干盾，咸完于义驱。"《古今小说·木绵庵郑

虎臣报冤》："器仗铠甲，任意取办。"❷泛指武器装备。《后汉书·袁谭传》："我铠甲不精，故前为曹操所败。"

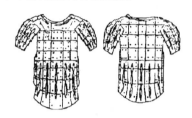

秦代陶俑所披铠甲

各式铠甲

【铠襦】kǎirú 铠甲和短衣。《管子·禁藏》："被蘘以当铠襦，菹笠以当盾橹。"唐房玄龄注："若武备之有铠襦，着甲周身若褐炙故曰襦。"

【袴】kù 下体之服，包括有裆之裤及无裆之套裤。后世袴的形制繁多，除有裆、无裆之外。有北方少数民族所穿的袴管狭窄便于骑马的小口袴，有袴管宽大的大口袴，有用带系缚袴管的缚袴。亦有单袴、夹袴、复袴等。汉刘熙《释名·释衣服》："袴，跨也，两股各跨别也。"《礼记·内则》："（童子十年），出就外傅，居宿于外，学书计，衣不

帛襦袴。"《韩非子·外储说左上》:"郑县人
卜子,使其妻为袴,其妻问曰:'今袴何如?'
夫曰:'象吾故袴。'"

【裤】kù 下体之服。"袴""裈"的后起字。
明清后"裤"字开始被广泛应用。宋张瑞
义《贵耳集》卷下:"一卖故衣者持裤一
腰,只有一只裤口。"《花月痕》第八回:
"一个十四五岁的,身穿一件白纺绸大
衫……下截是青绉镶花边裤。"民国赵振
纪《中国衣冠中之满服成份》:"中国古称
套裤为袴,称裤子为裈。今之称裤殆从
满语。"傅杰《回忆醇亲王府生活》:"轿夫
的装束是:头戴敞沿的官帽,脚穿青布洒
鞋,身穿窄袖、窄裤腿的青布短袄、裤,腰
扎蓝带。"

kuai—kuo

【会】kuài ❶弁冠的中缝。《诗经·卫
风·淇奥》:"有匪君子,充耳琇莹,会弁
如星。"汉郑玄笺:"会,谓弁之缝中。"《周
礼·夏官·弁师》:"王之皮弁,会五采玉
璂,象邸玉笄。"汉郑玄注:"故书会作
鲙,郑司农云:读如马会之会,谓以五采
束发也。玄谓会读如大会之会,会,缝中
也……皮弁之缝中,每贯结五采玉十二
以为饰,谓之綦。"❷蔽膝的领缝。《礼
记·杂记下》:"韠长三尺,下广二尺,上
广一尺,会去上五寸,纰以爵韦六寸,不
至下五寸,纯以素,纰以五采。"唐孔颖达
疏:"会,谓领上缝也。"元陈澔集说:
"会,领缝也。纰,緆也,谓五采之緆置于
诸缝之中。"

【缺项】kuīxiàng 缁布冠冠带上的环扣,缺
项如阔带,先绕于额上,于后项作结。缺
项四角有绳,所以系冠。又有缨,结于
颌。缺项之作用,一为聚发,二为固冠。

《仪礼·士冠礼》:"缁布冠缺项青组。"汉
郑玄注:"缺读如有頍者弁之頍,缁布冠
无笄者,著頍围发际,结项中,隅为四
缀,以固冠也。"

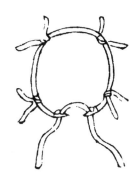

缺项(宋聂崇义《三礼图》)

【頍】kuǐ 商周至战国时期男子用以束发
固冠的发饰。《诗经·小雅·頍弁》:"有
頍者弁,实维在首。"《仪礼·士冠礼》頍:
"缁布冠缺项青组,缨属于缺。"汉郑玄
注:"缺,读如'有頍者弁'之頍。缁布冠
无笄者,著頍围发际,结项中,隅为四
缀,以固冠也。"《后汉书·舆服志下》:
"古者有冠无帻,其戴也,加首有頍,所以
安物。故《诗》曰'有頍者弁',此之谓也。
三代之世,法制滋彰,下至战国,文武
并用。"

【頍弁】kuǐbiàn 指男子所用的冠冕。源
于《诗经·小雅·頍弁》:"有頍者弁,实
维在首。"明郑若庸《玉玦记·截发》:"堂
堂頍弁英雄汉,好施巾帼比红颜。"

【裈】kūn 也作"𧝒"。有裆的短裤,原长
度及膝,后有长至脚者。一般贴身穿
着,外覆裳、裙。劳作之人亦有单独穿着
者。汉史游《急就篇》:"襜褕袷复褶袴
裈。"唐颜师古注:"合裆谓之裈,最亲身
者也。"刘熙《释名·释衣服》:"裈,贯也。

贯两脚上系腰中也。"清段玉裁《说文解字注·巾部·幝》:"幝,幒也……今之满裆裤,古之袴也。自其浑合近身言曰幝。"晋陆机《晋纪》:"刘伶尝著袒服而乘鹿车,纵酒放荡。或脱衣裸形在屋中。客有诣伶……伶笑曰:'吾以天地为宅舍,以屋宇为幝衣,诸君自不当入我幝中,又何恶乎?'"《晋书·阮籍传》:"独不见群虱之处裈中,逃乎深缝,匿乎坏絮,自以为吉宅也。"《隋书·赵绰传》:"刑部侍郎辛亶,尝衣绯裈,俗云利于官,上以为厌蛊,将斩之。"宋高承《事物纪原·裈》:"《宝录》曰:西戎以皮为之,夏后氏以来用绢,长至于膝;汉晋名犊鼻,北齐则与袴长短相似,而省犊鼻之名。"《太平广记》卷八三:"濮阳郡有续生者,莫知其来,身长七八尺,肥黑剪发,留二三寸,不著裈袴,破衫齐膝而已。"

【髺笄】kuòjī 男子服丧时所插的桑木笄,因服丧时不得用冠,故形制较普通发笄为短。《仪礼·士丧礼》:"髺笄用桑,长四寸,缰中。"汉郑玄注:"桑之为言丧也。用为笄,取其名也。长四寸,不冠故也。缰笄之中央,以安发也。"唐孔颖达疏:"以髺为髻,义取以发会聚之意,云丧之为言,丧也者,为丧所用,故用桑,以声名也。"五代后唐马缟《中华古今注》卷中:"居丧以桑木为笄。表变孝也,皆长尺有二寸。"宋聂崇义《三礼图》卷一七:"髺笄用桑,长四寸,缰中髻结也;取会聚之义,谓先以组束发乃笄也。注云:桑为言丧也。为丧所用,故以桑为笄,取声名之也。笄长四寸者不冠故也。若冠则笄长也。古之死者但髺笄而不冠。妇人但髺而无笄。案下篇记云:其母之丧,髺无笄。注云无笄犹丈夫之不冠也。王肃撰《家语》云:孔子丧有冠者妄也。缰中谓两头阔中央狭,狭则于发安,故注云以安发也。"

髺笄(宋聂崇义《三礼图》)

L

lan—li

【蓝缕】lánlǚ 也作"蓝蒌""繿缕"。破旧的衣服。后世用来形容衣服破旧。《左传·宣公十二年》:"筚路蓝缕,以启山林。"晋杜预注:"筚路,柴车。蓝缕,敝衣。"《史记·楚世家》:"荜露蓝蒌,以处草莽。"南朝宋裴骃集解引服虔曰:"蓝蒌,言衣敝坏,其蒌蓝蓝然也。"《梁书·唐绚传》:"在省,每寒月见省官繿缕,辄遗以襦衣。"唐杜甫《山寺》诗:"山僧衣蓝缕,告诉栋梁摧。"《水浒传》第六十二回:"尚有一里多路,只见一人头巾破碎,衣裳蓝缕,看着卢俊义纳头便拜。"清康有为《请禁妇女裹足札》:"吾中国蓬荜比户,蓝缕相望,加复鸦片重缠,乞丐接道,外人拍影传笑,讥为野蛮久矣。"

【狼裘】lángqiú 以狼皮所制的裘服。周代用于天子卫士,以示勇猛。《礼记·玉藻》:"君衣狐白裘,锦衣以裼之。君之右虎裘,厥左狼裘。"

【狸裘】líqiú 用狐狸皮制成的裘服,以示尊贵。《诗经·豳风·七月》:"一之日于貉,取彼狐狸,为公子裘。"汉郑玄笺:"于貉,往搏貉以自为裘也;狐狸以供尊者。"唐孔颖达疏:"定九年《左传》称齐大夫东郭书'衣狸制',服虔云:'狸制,狸裘也。'《礼》言狐裘多矣,知狐狸以供尊者也。"

【狸制】lízhì ❶用狐狸皮制成的裘服。《左传·定公九年》:"齐侯赏犁弥,犁弥辞曰:'有先登者,臣从之,皙帻而衣狸制。'"晋杜预注:"制,裘也。"唐孔颖达疏:"《说文》云:'制,裁也。'衣狸制,谓著狸皮也。裁皮着之,明是裘矣。"❷色采如狸皮的斗篷。清俞正燮《癸巳类稿·制解》:"盖未成衣,如今斗篷……狸制,是狸色斑然斗篷耳。"

【缡】lí 女子出嫁时所用的佩饰,通常由长辈为之系结,以示身系于人。《诗经·豳风·东山》:"亲结其缡,九十其仪。"具体何物历代注家解说不一。一说为香缨。《尔雅·释器》:"妇人之袆,谓之缡。缡,緌也。"晋郭璞注:"即今之香缨也。"一说为大佩巾。汉毛亨诗传:"缡,妇人之袆也。母戒女施衿结帨。九十其仪,言多仪也。"汉郑玄诗笺:"女嫁,父母既戒之,庶母又申之。九十其仪,喻丁宁之多。"清郝懿行《尔雅义疏》:"袆,蔽膝,齐人谓之巨巾,田家妇女至田野,用以覆首,故名巾。女子嫁时用绛巾覆首,故曰结缡,即今之所谓上头也。"一说为袿衣之带。汉班婕妤《东宫赋》"申佩缡以自思"唐颜师古注:"离,袿衣之带也。"一说为香袋。宋朱翌《猗觉寮杂记》卷上:"人之帏,谓之缡,今之香囊。在男曰帏,在女曰缡。"

【礼服】lǐfú 在举行重要典礼时或礼节性场合穿着的,合乎礼制规定的衣服。通常包括衣帽鞋袜各部分。狭义的礼服指祭祀时所穿的服装。周代帝王的礼服主要为冕服。各代帝王礼服虽有变化；但大体遵从先秦时上衣下裳的古制，即上体着衣，下体围裳，配以一定的冠、蔽膝、绶带、佩玉、赤舄等，衣裳之上绣画十二章纹。百姓礼服各代亦不相同。先秦时深衣即为庶人之礼服。清代末年至本世纪三十至四十年代，青色长袍、黑色马褂，加圆顶礼帽和皮鞋，即为当时平民礼服。《战国策·赵策二》："被发文身，错臂左衽，瓯越之民也。黑齿雕题，鳀冠秫缝，大吴之国也。礼服不同，其便一也。"《汉书·礼乐志》："议立明堂，制礼服，以兴太平。"《后汉书·舆服志》："夫礼服之兴也，所以报功章德，尊仁尚贤。故礼尊尊贵贵，不得相逾，所以为礼也。"《晋书·乐志下》》："礼服定于典文，义无尽吉。"《明史·舆服志二》："内命妇冠服，洪武五年定，三品以上花钗、翟衣，四品、五品山松特髻，大衫为礼服。贵人视三品，以皇妃燕居冠及大衫、霞帔为礼服，以珠翠庆云冠、鞠衣、褙子、缘襈袄裙为常服。"

【**厉服**】lìfú 威武的军服，其上饰有猛厉之物，先秦戎猎之时天子所服。《吕氏春秋·季秋》："天子乃厉服厉饰，执弓操矢以射。"汉高诱注："是月，天子尚武，乃服厉其所佩之饰，以射禽也。"陈奇猷校释："谓佩猛厉之饰物，备取禽也。"

【**厉饰**】lìshì 戎服，其上装饰猛厉之物。《礼记·月令》："（季秋之月）天子乃厉饰，执弓挟矢以猎。"汉郑玄注："厉饰谓戎服，尚威武也。"

【**笠**】lì 以竹箬、棕皮、草葛或毡类等材料编成的帽子，一般为圆形方顶或尖顶，多用作蔽日、遮雨。《诗经·小雅·无羊》："尔牧来思，何蓑何笠。"汉毛亨传："蓑，所以备雨。笠，所以御暑。"郑玄笺："言此者，美牧人寒暑饮食有备。"唐孔颖达疏："蓑唯备雨之物，笠则元以御暑，兼可御雨，故《良耜传》曰：笠所以御暑备雨也。"《仪礼·既夕礼》："稾车载蓑笠。"汉郑玄注："蓑笠，备雨服。"元王祯《农书·农器图谱七》："今之为笠，编竹作壳，裹以箬箬，或大或小，皆顶隆而口圆，可芘雨蔽日。"清萧奭《永宪录》卷二："在家遇雨只准戴笠。"

笠（宋聂崇义《三礼图》）

lian—liang

【**敛服**】liǎnfú 敛，通"殓"。殡殓时给死者穿的衣服。《仪礼·既夕礼》："柩至于圹，敛服载之。"南朝宋谢灵运《宋武帝诔》："鬒首冠弁，穿胸敛服。"《清史稿·睿忠亲王多尔衮传》："朕念王果萌异志，兵权在握，何事不可为？乃不于彼时因利乘便，直至身后始以敛服僭用龙衮，证为觊觎，有是理乎？"

【**敛衣**】liǎnyī ❶即"敛服"。敛衣之数因时代、死者地位及经济情况而有所差殊。《仪礼·士丧礼》记士之敛衣有袭三称、小敛衣十九称、大敛衣三十称，另有绞、紟、衾、冒等。《礼记·丧大记》称天子大敛用衣百称。敛衣中除袭衣穿在死者身上，其余均裹于尸身，用绞捆束。后世民间敛衣之数逐渐减少,但讲究用单数,有十一、十三、十五等数,均穿在尸身上。先秦不用帽,后世之,大多以生人所戴新帽为之,亦有戴风兜的,秀才以上用红色,一般读书人用蓝色,不识字者用黑色。敛尸之鞋,有在鞋头缀一颗珍珠者,民间以为冥世黑暗,珍珠可为死者照路;若死者是妇女,则在鞋底绣莲花,寓踏莲上西天拜佛之意。《礼记·丧服大记》:"敛衣踊。"唐杨炯《中书令薛振行状》:"别降中使赐敛衣一袭,杂物百段。"清陈其元《庸闲斋笔记·复封摄政睿亲王册文》:"值冲岁未亲几务,众因矫命以除封;讵深文竟指敛衣,久令衔冤于没世。"❷用化缘来的零碎布制成的衣服。唐冯贽《云仙杂记·敛衣》:"伊处士从众人求尺寸之帛,聚而服之,名曰敛衣。"

【练】liàn 父母死后十一个月在家庙里举行祭祀时穿的熟绢制成的衣服。父母去世,子女例应着粗麻丧服,至十一个月祭于家庙,则可穿着练冠、练衣。《周礼·春官·大祝》:"付练祥。"《礼记·杂记下》:"期之丧,十一月而练,十三月而祥,十五月而禫。三年之丧,虽功衰,不吊,自诸侯达诸士,如有服而将往哭之,则服其服而往。"汉郑玄注:"功衰,既练之服也。"

【练带】liàndài 白色熟绢制的带子。《礼记·玉藻》:"士练带,率下辟。"唐孔颖达疏:"士用孰帛练为带。"清孙希旦集解:"愚谓练,白色熟绢也。"唐李贺《春坊正字剑子歌》:"隙月斜明刮露寒,练带平铺吹不起。"清王琦汇解:"诗人用'练带'字,皆谓带之白者。"

【练红】liàngōng 父母去世周年练祭之后所穿的练衣,用黄里红饰。《后汉书·东海恭王强传》:"臻及弟蒸乡侯俭并有笃行,母卒,皆吐血毁眦。至服练红,兄弟追念初丧父,幼小,哀礼有阙,因复重行丧制。"

【练冠】liànguān 用经过煮练加工的布制成的凶礼冠,用于祭祀之前和父母去世周年的练祭。《左传·昭公三十一年》:"季孙练冠麻衣跣行。"唐孔颖达疏:"练冠盖如丧服斩衰,既练之后布冠也。"《礼记·檀弓上》:"主人深衣练冠,待于庙。"唐孔颖达疏:"练冠者,谓祭前之冠。"《礼记·间传》:"期而小祥,练冠縓缘。要绖不除。"唐孔颖达疏:"首服素冠,以缟纸之。"《仪礼·聘礼》:"遭丧,将命于大夫,主人长衣练冠以受。"汉郑玄注:"遭丧,谓主国君薨,夫人、世子死也。此三者皆大夫摄主人。长衣,素纯布衣,去衰易冠,不以纯凶接纯吉也。"《淮南子·氾论训》:"鲁昭公有慈母而爱之,死为之练冠,故有慈母之服。"《后汉书·礼仪志下》:"皇帝近臣丧服如礼。醳大红,服小红,十一升都布练冠。"清孙希旦集解:"愚谓小祥谓之练者,始练大功布为冠。丧冠不练,故《丧服传》:'冠六升,锻而勿灰。为父小祥,冠八升,为母,冠九升,皆加灰练之。以其祭言之曰小祥,以其冠言之曰练。'"

【练衣】liànyī ❶用经过煮练加工的布所制之衣。父母去世周年练祭后可着练布衣冠。《礼记·檀弓上》:"练,练衣黄里,縓缘。"汉郑玄注:"小祥,练冠、练中衣,以黄为内,縓为饰。"唐孔颖达疏:"练,小祥也。小祥而著练冠、练中衣,故曰练也。练衣者,练为中衣,黄里者,黄为中衣里也。"❷以白练制成的衣服。唐魏朴《和皮日休悼鹤》诗:"雪骨夜封苍藓冷,练衣寒在碧塘轻。"宋陆游《秋日睡起》诗:"白露已过天益凉,练衣初覆簟炉香。"周密《齐东野语》卷一〇:"一日,王竹冠练衣,芒鞋筇杖,独携一童,纵行三竺、灵隐山中。"徐珂《清稗类钞·巡幸》:"其一少寡,宫中呼为元大奶奶,葛帔练衣,不施朱粉,居于孝钦后寝宫西偏。"

【良裘】liángqiú 制作精良的皮裘。周代为天子所服。《周礼·天官·司裘》:"中秋,献良裘,王乃行羽物。"汉郑玄注:"良,善也。中秋鸟兽稚毨,因其良时而用之。郑司农云:良裘,王所服也……玄谓良裘,《玉藻》所谓黼裘与?"唐贾公彦疏:"仲秋所献善裘者,为八月誓狝田所用,故献之。王乃行羽物者,行赐也,以羽鸟之物赐群臣以应秋气也……良裘与大裘,皆君所服,针功细密,故得良裘之名。"清孙诒让正义:"王所服凡冕服弁服之裘,皆是以尊者所亲御,当择毛物纯缛,人功密致者献之,故称良裘。"

ling—liu

【灵衣】língyī ❶神灵穿的衣裳。《楚辞·九歌·大司命》:"灵衣兮被被,玉佩兮陆离。"汉王逸注:"言己得依随司命,被服神衣。"南朝梁江淹《丹砂可学赋》:"奏神鼓于玉袂,舞灵衣于金裾。"唐杜甫《南池》诗:"南有汉王祠,终朝走巫祝。歌舞散灵衣,荒哉旧风俗。"清陈许廷《崔真姑庙》诗:"灵衣金粉蚀,烟帐蕙兰销。"❷死者生前常穿的衣裳。晋潘岳《寡妇赋》:"仰神宇之寥寥兮,瞻灵衣之披披。"唐刘良注:"灵衣,夫平生衣。"南朝梁何逊《哭吴兴柳恽》:"樽酒谁为满,灵衣空自披。"《晋书·惠帝纪》:"太庙吏贾苞盗太庙灵衣及剑,伏诛。"宋梅尧臣《薛简肃夫人挽词》之四:"空堂迁旧榻,素月照灵衣。"

【衿】líng ❶衣领。汉扬雄《方言》卷四:"祖饰谓之直衿,谓妇人初嫁上服。"晋郭璞注:"妇人初嫁所着上衣,直衿也。"清戴震疏证:"衿、领,古通用。"❷裙。汉扬雄《方言》卷四:"绕衿谓之裙。"晋郭璞注:"俗人呼接下,江东通言下裳。"

【领】lǐng ❶衣领,衣服上围绕脖子的部分。有多种形制,如矩领、曲领、方领、圆领等。《荀子·劝学》:"若挈裘领,诎五指而顿之,顺者不可胜数也。"汉刘熙《释名·释衣服》:"领,颈也,以壅颈也。亦言总领衣体为端首也。"《南齐书·顾欢传》:"臣闻举网提纲,振衣持领,纲领既理,毛目自张。"《南史·王思远传》:"都水使者李珪之常曰:'见王思远终日匡坐,不妄言笑,簪帽衣领,无不整洁。'"❷"护领""领衣"的省称。清吴振棫《养吉斋丛录》卷二二:"前明衣有护领。本朝改服色,无护领。昔在山左,见人家藏其先人遗像,朝衣冬朝冠无领,不知何时别制皮棉各领,以护颈御寒也。"徐珂《清稗类钞·服饰》:"衣之护颈者曰领。"

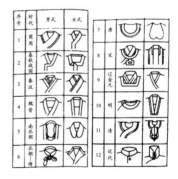

领形制的演变
(《中国衣冠服饰大辞典》)

【旒】liú 在冕版前后两端悬垂的用丝绳穿的玉串。旒不仅具有装饰和美化作用,同时具有提醒戴冠者勿视非礼邪僻之事。珠串的多少可以区分身份的尊卑。以十二为贵,专用于皇帝。以下分别有九、七、五、三旒等,依照等级不同而递减。旒出现在周代,西周覆亡后,周王室的势力衰微,冕冠也随之衰落,直到东汉明帝才重新获得恢复。东汉所恢复的冕冠,遵从了周代的制度,也采用六冕制,不过除天子用十二旒、十二玉外,余下臣属的旒数与玉数则与周代多少不同。此后历代皆沿用旒以作为贵贱等级的标志,除天子用十二旒、十二玉外,臣属则各朝不同,旒的长短也多少无定,质料也有多种区别。汉代天子用白玉珠,丝绳也改为纯色。曹魏以珊瑚为旒,东晋则改用翡翠,南朝时用白玉珠,北朝也沿用之,至宋代改用珍珠为之,明代又恢复了五彩玉珠为旒的传统。《礼记·玉藻》:"天子玉藻,十有二旒。"汉郑玄注:"杂采曰藻,天子以五采藻为旒。旒十有二。"《周礼·夏官·弁师》:"五采缫十有二就,皆五采玉,十有二。"汉郑玄注:"缫,杂文之名也。合五采丝为之绳,垂于延之前后,各十二,所谓邃延也。就,成也。绳之每一匝而贯五采玉十二,斿则十二玉也。"《礼记·礼器》:"天子之冕,朱绿藻,十有二旒,诸侯九,上大夫七,下大夫五,士三。"

旒(宋聂崇义《三礼图》)

【旒冕】liúmiǎn 大夫以上帝王、贵族、官员的礼冠。顶有延,前有旒。《后汉书·舆服志下》:"天子、三公、九卿、特进侯、侍祠侯,祀天地明堂,皆冠旒冕,衣裳玄上纁下。"《金史·舆服志上》:"又《五礼新仪》正一品服九旒冕、犀簪,青衣画降龙。今汴京旧礼直官言,自宣和二年已后,一品祭服七旒冕、大袖无龙。"《宋史·舆服志四》:"诸臣祭服。唐制,有衮冕九旒,鷩冕八旒,毳冕七旒,绤冕六旒,玄冕五旒。宋初,省八旒、六旒冕。"

【六服】liùfú 周代王后和帝王的六种礼服。《周礼·天官·内司服》:"掌王后之六服。袆衣、揄狄、阙狄、鞠衣、展衣、缘衣。"汉郑玄注:"六服皆袍制。"《晋书·舆服志》:"六服之冕,五时之路,王者之常制,各有等差。"《宋书·礼志五》:"周监二代,典制详密,故弁师掌六冕,司服掌六服,设拟等差,各有其序。"

【六珈】liùjiā 先秦时期侯伯夫人的首饰。妇女发笄上的金玉饰物称"珈"。《诗经·鄘风·君子偕老》:"君子偕老,副笄六珈。"汉毛亨传:"副者,后夫人之首饰编发为之。笄,衡笄也。珈,笄饰之最盛者,所以别尊卑。"汉郑玄笺:"珈之言加也。副既笄而加饰,如今步摇上饰。"《后汉书·舆服志下》:"步摇以黄金为山题,贯白珠为桂枝相缪,一爵九华,熊、虎、赤罴、天鹿、辟邪,南山丰大特六兽,《诗》所谓'副笄六珈'者。"清况周颐《蕙风词话续编》卷二:"曩见四印斋藏圆圆像凡三帧:一明珰翠羽,一六珈象服,一缟衣裙练。"

【六属铠】liùzhǔkǎi 由六片兕牛皮组合而成的铠甲。《周礼·考工记·函人》:"函人为甲,犀甲七属,兕甲六属,合甲五属。"汉郑玄注:"属,读如灌注之注,谓上旅、下旅札续之数也。革坚者札长。"隋杨广《白马篇》:"文犀六属铠,宝剑七星光。"

long—luo

【龙工衣】lónggōngyī 龙有知水脉、习水性之功,舜帝疏浚水井时曾穿着。《竹书纪年·帝舜有虞氏》:"舜父母憎舜……又使浚井,自上填之以石,舜服龙工衣,自傍而出。"

【龙衮】lónggǔn 帝王、诸侯及上公绣龙纹的礼服。《礼记·礼器》:"礼有以文为贵者:天子龙衮,诸侯黼,大夫黻。"《礼记·王制》:"制三公一命卷"汉郑玄注:"卷,俗读此,其通则曰衮。三公八命矣,复加一命则服龙衮,与王者之后同。"清孙希旦集解:"卷与衮同,衮冕,九章之服也。三公八命,服鷩冕,加一命则为上公而服衮冕。"《后汉书·舆服志下》:"祀天地明堂,皆冠旒冕,衣裳玄上,纁下。"唐李贤注引《东观书》:"光武受命中兴、建明堂、立辟雍,陛下以圣明奉遵,以礼服龙衮,祭五帝。"《通典·礼志九》:"上水一刻,皇帝着平冕,龙衮服,升金根车,到庙北门理礼。"唐杜甫《冬日洛城北谒玄元皇帝庙》诗:"五圣联龙衮,千官列雁行。"王维《送韦大夫东京留守》诗:"天工寄人英,龙衮瞻君临。"宋吴栻《严陵怀古》诗:"龙衮新天子,羊裘古野人。"

【龙卷】lónggǔn 即"龙衮"。《礼记·玉藻》:"天子玉藻,十有二旒,前后邃延,龙卷以祭。"汉郑玄注:"龙卷,画龙于衣。"

【龙章】lóngzhāng ❶礼服上的龙纹,常用于帝王和高官。《礼记·郊特牲》:"旗十有二旒,龙章而设日月,以象天也。"

《礼记·明堂位》:"有虞氏服韨,夏后氏山,殷火,周龙章。"汉郑玄注:"龙取其变化也,天子备焉。"汉仲长统《损益篇》:"身无半通青纶之命,而窃三辰龙章之服。"《后汉书·邓禹传》:"褫龙章于终朝,就侯服以卒岁。"唐李贤注:"龙章,衮龙之服也。"南朝宋鲍照《从庚中郎游园山石室》诗:"怪石似龙章,瑕璧丽锦质。"《南史·宋纪上·武帝》:"尝游京口竹林寺,独卧讲堂前,上有五色龙章,众僧见之。"唐骆宾王《晚憩田家》诗:"龙章徒表越,闽俗本殊华。"明杨慎《送卞苏溪归叙州序》:"言邓仲华之贤,亦曰褫龙章而无愧。"❷衮龙之服和章甫之冠。《文选·赵至〈与嵇茂齐书〉》:"表龙章于裸壤,奏韶舞于聋俗。"唐李善注:"龙,衮龙之服。章,章甫之冠也。"唐李白《自溧水道哭王炎》诗之一:"天上坠玉棺,泉中掩龙章。"

【鹿裘】lùqiú 也称"鹿皮裘""文裘"。鹿皮做成的简陋裘服。常用作丧服或隐士之服。《礼记·檀弓上》:"鹿裘衡、长、袪。"唐孔颖达疏:"鹿裘者,亦小祥后也,为冬时吉凶衣,里皆有裘。吉时则贵贱有异,丧时则同用大鹿皮为之,鹿色近白,与丧相宜也。"《战国策·楚一》:"昔令尹子文,缁帛之衣以朝,鹿裘以处,未明而立于朝,日晦而归食。"《列子·天瑞》:"孔子游于太山,见荣启期行乎郕之野,鹿裘带索,鼓琴而歌。"《晏子春秋·外篇》:"晏子相景公,布衣鹿裘以朝。公曰:'夫子之家若此其贫也,是奚衣之恶也。'"汉刘向《列仙传》卷下:"鹿皮公者,淄川人也……食芝草,饮神泉,著鹿皮裘,上阁后百余年,下卖药于市。"《史记·太史公自序》:"(墨者)夏日葛衣,冬日鹿裘。"《晋书·郭文传》:"恒著鹿裘葛巾,不饮酒食肉,区种菽麦,采竹叶木实,贸盐以自供。"唐廖融《无题》诗:"古寺寻僧饭,寒岩衣鹿裘。"黄滔《寄少常卢同年》诗:"官拜少常休,青绸换鹿裘。"宋陆游《醉卧松下短歌》:"披鹿裘、枕白石,醉卧松阴当月夕。"明唐寅《焦山》诗:"鹿裘高士帝王师,井灶犹存旧隐基。"

【履】lǚ 鞋子。先秦指单底之鞋,后泛指各类鞋子。根据材质可分为丝履、革履、木履、帛履等。根据样式又有凤头履、聚云履、重台履、五色云霞履、玉华飞头履等。汉扬雄《方言》卷四:"扉、屦、粗、履也。徐兖之郊谓之扉,自关而西谓之屦,中有木者谓之复舄……履其通语也。"汉史游《急就篇》"履舄"唐颜师古注:"单底谓之履。"五代后唐马缟《中华古今注》卷中:"鞋子自古即皆有,谓之履。"《庄子·山木》:"衣弊履穿,贫也,非惫也。"《史记·滑稽列传》:"东郭先生久待诏公车,贫困饥寒,衣敝,履不完。行雪中,履有上无下,足尽践地。道中人笑之,东郭先生应之曰:'谁能履行雪中,令人视之,其上履也,其履下处乃似人足者乎?'"《汉书·郑崇传》:"崇少为郡文学史,至丞相大车属。弟立与高武侯傅喜同门学,相友善。喜为大司马,荐崇,哀帝擢为尚书仆射。数求见谏争,上初纳用之。每见曳革履,上笑曰:'我识郑尚书履声。'"

【履屦】lǚjù 粗鞋。《大戴礼记·武王践阼》:"于履屦为铭焉……屦履之铭曰:'慎之劳,劳则富。'"

【绿衣】lǜyī ❶指非正色的下等服色。《诗经·邶风·绿衣》:"绿兮衣兮,绿衣黄里。心之忧矣,曷维其已!"《诗序》:"绿衣,庄姜伤己也。妾上僭,夫人失位而作是诗。"又清方玉润《诗经原始》诗题序曰:"卫庄姜伤嫡妾失位也。"后因以"绿衣"为婢妾等人的代称。汉扬雄《法言·吾子》:"绿衣三百,色如之何矣;纻絮三千,寒如之何矣。"唐李轨注:"绿衣虽有三百领,色杂不可入宗庙。"《新唐书·肃宗七女传》:"阿布思之妻隶掖庭,帝宴,使衣绿衣为倡。"明王錂《春芜记·瞥见》:"向春风枉却韶颜,做绿衣微贱。"《天雨花》第十五回:"你当日不肯充绿衣之数,朕今贵为天子,你若相从,你便是正宫皇后。"❷官吏的礼服。唐制六品、七品服用绿,饰以银。宋代用于七及八品。明制八品、九品着绿袍。《新唐书·车服志》:"六品、七品绿衣;八品、九品青衣。"唐姚合《武功县作》诗:"自下青山路,三年着绿衣。"李贺《洛阳城外别皇甫湜》诗:"凭轩一双泪,奉坠绿衣前。"《大明会典·冠服下·公服》:"八品九品,绿袍。"

【络鞮】luòdī 高靿皮靴。本为西域少数民族的足衣,战国时传入中原,男女均用。《说文解字·革部》:"鞮,革履也。"清段玉裁注:"'胡人履连胫谓之络鞮'……本胡服,赵武灵王所服也。"明胡应麟《少室山房笔丛·丹铅新录八·履考》:"《急就章》……徐氏云:鞮亦履,今胡人履连胫,谓之络鞮。"

M

ma

【麻】má 用苴麻布做成的丧服或麻带。《礼记·杂记下》："麻者不绅,执玉不麻,麻不加于采。"唐孔颖达疏："麻,谓绖,绅,谓大带……言著要绖而不得著大带也。执玉不麻者,谓平常手执玉行礼,不得服衰麻也。"宋周密《癸辛杂识·前集》："盖丧服皆用麻,重而斩齐,轻而功缌,皆麻也。惟以升数多寡、精粗为异耳。自麻之外,缯缟固不待言,苎葛虽布属,亦皆吉服。"明高明《琵琶记》第二十三出："试问斑衣,今在何方? 斑衣罢想,纵然归去,又怕带麻执杖。"谈迁《枣林杂俎·丧麻》："丧服用麻布,取其贱恶……北方麻贵,棉布贱,又丧家虽隆冬,必以麻,非礼也。"

【麻衰】mácuī 用细麻布裁制的丧服。《礼记·檀弓上》："司寇惠子之丧,子游为之麻衰,牡麻绖。"汉郑玄注："麻衰,以吉服之布为衰。"唐孔颖达疏："今子游麻衰乃吉服,十五升,轻于吊衰。"清孙希旦集解："麻衰用吉布十五升为吊服,而又以为胸前之衰也。士吊服疑衰,麻衰视疑衰为轻……子游以惠子废适立庶,故特为轻衰重绖以讥之。"

【麻带】mádài 麻制的腰带。丧礼所用服饰。《礼记·少仪》："葛绖而麻带。"唐孔颖达疏："妇女尚质,所贵在要带,有除无变,终始是麻,故云麻带也。"

【麻屦】májù 麻鞋。《仪礼·丧服》："不杖,麻屦。"《后汉书·逸民传·梁鸿》："女求作布衣、麻屦,织作筐缉绩之具。"宋陆游《穷居》诗："掩书常笑城南杜,麻屦还朝授拾遗。"

【麻冕】mámiǎn 用麻布做的冠冕,上玄下朱,取天地之色。凡王行受册命大礼,参与大礼的诸侯卿士,祭祀宗庙时皆着麻冕。后作为丧事用的礼冠。《尚书·顾命》："王麻冕黼裳,由宾阶隮。卿士邦君,麻冕蚁裳,入即位。太保、太史、太宗皆麻冕彤裳。"唐孔颖达疏："礼:绩麻三十升以为冕,故称麻冕。"汉班固《白虎通·绋冕》："麻冕者何? 周宗庙之冠也。"《南史·儒林传·沈文阿》："是以既葬便有公冠之仪,始殡受麻冕之策。"《通典·礼志三十二》："有丧凶则变之麻冕黼裳。'邦君麻冕蚁裳'云麻冕者,则素冕,麻不加采色。"《明史·恭闵帝本纪》："朕非效古人亮阴不言也。朝则麻冕裳,退则齐衰杖绖,食则饘粥,郊社宗庙如常礼。"

【麻絻】mámiǎn 即"麻冕"。《荀子·礼论》："大路之素未集也,郊之麻絻也,丧服之先散麻也,一也。"唐杨倞注："麻絻,缉麻为冕,所谓大裘而冕,不用衮龙之属也。"《史记·礼书第一》："大路之素帱也,郊之麻絻,丧服之先散麻,一也。"唐张守节正义："絻音免。亦作'冕'。"

【麻衣】máyī ❶用白细的麻布缝制的衣

服,其形制如深衣。诸侯、大夫、士用作上朝之外的日常家居之服。因属汉族传统服饰,与西域的胡服相区别,亦用作为汉族服饰的代称。《诗经·曹风·蜉蝣》:"蜉蝣掘阅,麻衣如雪。"汉郑玄笺:"麻衣,深衣。诸侯之朝,朝服;朝夕则深衣也。"唐孔颖达疏:"言麻衣,则此衣纯用布也。衣裳即布而色白如雪者,谓深衣为然,故知麻衣是深衣也。"唐刘景复《梦为吴泰伯作胜儿歌》:"麻衣右衽皆汉民,不省胡尘暂蓬勃。"❷丧服。以粗麻为之,用麻之数为朝服之半,衣无彩饰。丧服制度,自葬后虞祭始变换丧服,故所用丧服各阶段不同。有始丧即服麻衣者,有小祥或大祥后服麻衣者,然所用布之精粗不同。《仪礼·丧服》:"公子为其母练冠麻、麻衣縓缘;为其妻縓冠葛绖、带,麻衣縓缘,皆既葬除之。"汉郑玄注:"此麻衣者,如小功布深衣,为不制衰裳。縓,浅绛也,一染谓之縓。练冠而麻衣縓缘,三年练之受饰也。"《礼记·杂记上》:"大夫卜宅与葬日,有司麻衣、布衰、布带。"汉郑玄注:"麻衣,白布深衣。"又《间传》:"又期而大祥,素缟麻衣。"汉郑玄注:"麻衣十五升布,亦深衣也,谓之麻者,统用布,无采饰也。"唐王建《送阿史那将军安西迎旧使灵榇》诗:"汉家都护边头没,旧将麻衣万里迎。"元无名氏《昊天塔》第二折:"众儿郎都把那麻衣搭,紧拴将亡父驮丧马。"《醒世恒言·小水湾天狐诒书》:"王臣望见母亲尚在,急将麻衣脱下,打开包裹,换了衣服巾帽。"❸麻布衣。平民、贫者、隐士所穿。北魏杨衒之《洛阳伽蓝记·城东》:"天水人姜质,志性疏诞,麻衣葛巾,有逸民之操。"唐杜甫《前苦寒行》诗:"楚人四时皆麻

衣,楚天万里无晶辉。"宋灵澄《山居》诗:"草履只裁三个耳,麻衣曾补两番肩。"谢翱《青箬亭》诗:"归路逢樵子,麻衣草结裳。"清阎尔梅《燕赵杂吟》:"麻衣桃杖出都门,燕赵风光细讨论。"❹唐宋时举子、士人未取得功名前所穿的麻织物衣服。唐李贺《野歌》诗:"麻衣黑肥冲北风,带酒日晚歌田中。"清王琦汇解:"唐时举子皆着麻衣,盖苎葛之类。"五代王定保《唐摭言》卷四:"刘虚白与太平裴公早同砚席,及公主文,虚白犹是举子。试杂文日,帘前献一绝句曰:'二十年前此夜中,一般灯烛一般风。不知岁月能多少,犹著麻衣待至公。'"宋苏轼《监试呈诸试官》诗:"麻衣如再着,墨水真可饮。"孙光宪《北梦琐言》卷三:"荥阳郑进士时,未尝以文章及魏公门。此日于客次换麻衣。先赞所业,魏公览其卷首,寻已,赏叹至三四,不觉曰:'真销得锦半臂也。'"❺僧道之服。僧人、道士常以白麻布为衣,因有麻衣道、麻衣僧之名。南朝梁释慧皎《高僧传》:"史宗者不知何许人,尝著麻衣,世称麻衣道士……诗曰:'有欲苦不足,无欲亦无忧。未若清虚者,带索披麻裘。'"明董含《三冈识略》卷一:"明季有麻衣僧者……冬夏常披麻衣,故人以此呼之。"

【马褐】mǎhè 即"马衣❶"。《左传·定公八年》:"公侵齐,攻廪丘之郭。主人焚冲,或濡马褐以救之,遂毁之。"晋杜预注:"马褐,马衣。"杨伯峻注:"马褐,汉晋人谓之马衣,即以粗麻布所制之短衣,贱者所服。"唐王起《被褐怀玉赋》:"马褐同色,牛衣齐类。"清汪士祺《辛酉十一月纪事》诗:"不遑濡马褐,况敢执象燧。"

man—mei

【鞔】mán ❶鞋履统称。《吕氏春秋·召类》："南家,工人也,为鞔者也。"汉高诱注:"鞔,履也。"❷鞋帮。《说文解字·革部》:"鞔,履空也。从革,免声。"清段玉裁注:"按空、腔古今字。履腔,如今人言鞋帮也。"

【茅蒲】máopú 也作"萌蒲"。斗笠。《国语·齐语》:"脱衣就功,首戴茅蒲,身衣袯襫,沾体涂足,暴其发肤,尽其四支之敏,以从事于田野。"三国吴韦昭注:"茅蒲,簦笠也……茅,或作萌。萌,竹萌之皮,所以为笠也。"宋叶适《梁父吟》:"戴冕兮茅蒲,衮衣兮袯襫。"

【冒】mào ❶指小殓之前袭衣完毕后用以掩盖尸体的布袋形物。形如直囊,分上下两部分:上曰质,下曰杀。质长与手齐,杀长三尺。用时,先以杀从足向上套,后以质从首向下套。质杀不缝之一旁以带结之。士之冒,质玄,杀纁。君、大夫之冒,其色各异。《仪礼·士丧礼》:"冒:缁质,长与手齐;赪杀,掩足。"汉郑玄注:"冒,韬尸者。制如直囊。上曰质,下曰杀。质,正也。其用之,先以杀韬足而上,后以质韬首而下,齐手。上玄下纁,象天地也。"《礼记·丧大记》:"君锦冒、黼杀,缀旁七。大夫玄冒、黼杀,缀旁五。士缁冒、赪杀,缀旁三。凡冒:质长与手齐,杀三尺。"汉郑玄注:"冒者,既袭,所以韬尸,重形也。杀,冒之下裙,韬,是上行者也。"唐孔颖达疏:"缀旁七者,不缝之边,上下安七带缀以结之。"❷即帽。《尚书大传》:"古之人衣上有冒而句领者。"汉刘熙《释名·释首饰》:"帽,冒也。"《汉书·隽不疑传》:"始元五

年,有一男子乘黄犊车,建黄旐,衣黄襜褕,著黄冒,诣北阙,自谓卫太子。"唐颜师古注:"冒所以覆冒其首。"《新唐书·西域传·吐谷浑》:"俗识文字,其王椎髻黑冒,妻锦袍织裙。"

【帽】mào 戴在头上用以保暖的头衣。秦汉以前,中原人多戴冠,帽多用于小儿以及少数民族地区,汉以后帽逐渐为中原人接受。与礼仪作用较强的冠相比,帽多为日常所用,更为注重其实用性,士庶百姓、天子权贵均可使用。南北朝以后,帽逐渐被用于正式场合,开始制度化,有了品级地位的区分,明代正式开始将纱帽定为文武官员的礼帽。根据材质、形制等不同帽子被称有白纱帽、卷荷帽、突骑帽、折边帽和瓦楞帽、乌纱帽、六合一统帽、暖帽、凉帽、瓜皮小帽、毡帽、风帽等。《说文解字·冃部》:"冃,小儿、蛮夷头衣也。"汉乐府《日出东南隅行》:"少年见罗敷,脱帽著帩头。"《晋书·舆服志》:"帽名犹冠也,义取于蒙覆其首,其本缅也。古者冠无帻,冠下有缅,以缯为之。后世施帻于冠,因或裁缅为帽,自乘舆宴居,下至庶人无爵者皆服之。"宋周煇《清波杂志》卷二:"自昔人士皆著帽,后取便于戎服。"高承《事物纪原》云:"周成王问周公曰:舜之冠何如?曰:古之人上有帽而句领,或云义取覆其首。"明李时珍《本草纲目·服器·头巾》:"古以尺布裹头为巾,后世以纱罗布葛缝合。方者曰巾,圆者曰帽,加以漆曰冠。"《正字通》:"古者冠无帽,冠下有缅,以缯为之。后世因之帽于冠,或裁缅为帽。"

【美服】měifú 华美的衣服。《庄子·至乐》:"口不得厚味,形不得美服。"《列

子·杨朱》：“丰屋美服，厚味姣色。”唐张九龄《感遇》诗之四：“美服患人指，高明逼神恶。”

【袂】mèi 原指衣袖的下垂部分，其位置在肘关节处。一般多作成弧形，以便臂肘的屈伸。后引申为衣袖的统称。先秦时袂、袪、袖各有其不同，三者有时混用。六朝以后，口语中袖逐渐普及，取代了袂、袪。《礼记·深衣》：“袼之高下可以运肘，袂之长短反诎之及肘……袂圜以应规。曲袷如矩以应方。”汉刘熙《释名·释衣服》：“袂，掣也。掣，开也。开张之以受臂屈伸也。”《说文解字·衣部》：“袂，袖也。”《仪礼·有司》：“主人西面左手执几缩之，以右袂推拂几三。”汉郑玄注：“衣袖谓之袂。”《论语·乡党》：“亵裘长，短右袂。”战国屈原《九歌·湘夫人》：“捐余袂兮江中。”《晏子春秋·内篇杂下》：“张袂成阴，挥汗成雨。”晋潘尼《皇太子集应令诗》：“长袂生回飘，曲裾扬轻尘。”宋邵伯温《邵氏见闻录》卷一六：“令炽炭称许，以一手并衣袂置火中，取斗酒酌之，酒尽火赤灰灭，道人振袖而起如初。”元关汉卿《救风尘》第一折：“出门去，提领系，整衣袂，戴插头面整梳篦。”明高启《书博鸡者事》：“攘袂群起。”徐珂《清稗类钞·朝贡》：“年已七十余，奏事养心殿，跪良久，立时误踏衣袂，仆倒。”胡吉宣《玉篇校释》：“袂，褾也。褾，衣袂也。统言则不别，区别之则近肱者谓之袪，袪末为袂，袂亦谓之褾。褾者标也，袂者末也。袂口谓之袖，袖者手所出入也。”

meng—mian

【幪巾】méngjīn 省称“幪”。蒙首的布帛。传说舜时以巾蒙首作为墨刑的象征，以示仁厚。《慎子·逸文》：“有虞之诛，以幪巾当墨；以草缨当劓。”唐虞世南《赋得慎罚》诗：“幪巾示廉耻，嘉石务详平。”明方以智《通雅》卷二七：“犯墨者幪巾，犯劓者赭其衣，犯髌者，以其墨幪其髌处而画之，犯宫者履扉，犯大辟者布衣无领。”

【麋裘】míqiú 即“麛裘”。《礼记·玉藻》：“麋裘青豻袖，绞衣以裼之。”《吕氏春秋·乐成》：“鲁人鹜诵之曰：‘麋裘而韠，投之无戾，韠而麋裘，投之无邮。’”唐温庭筠《敬答李先生》诗：“一瓢无事麋裘暖，手弄溪波坐钓船。”明徐渭《闸记》：“始麋裘，继衮衣。”

麋裘（宋陈祥道《礼书》）

【冕】miǎn 也称“冕冠”。传说由黄帝创制，目前已知至迟商代已有冕，是天子、贵族、士大夫的一种礼冠。天子冕冠基本由冕版、冠卷、旒、纮、充耳等组成：冕版，又称作“延”，长方形，广八寸，长一尺六寸，前圆后方，用木板为质，其外用绩麻三十升布或丝绘作版衣，用色为玄表朱里。冠卷，又称作“武”，武的材料及用色，与延相同。其高度，文献中只云前底一寸余或一寸二分。武的两侧有孔，其作用为贯穿笄之用。“纽”起帮助固定笄的作用，以一条绳子系于玉衡往下垂，然后把笄固定。旒，又称作玉藻。冕版前后两端，分别垂挂串青、赤、黄、白、黑或朱、白、苍、黄、玄色的圆状玉珠。天子的十二旒冕，用前后共 288 颗玉珠。穿玉的丝绳以五彩丝线编织而成，名"缫"。缫上每隔一寸有一颗玉珠，为了防止玉珠互相合合，贯穿玉之前先在缫上打结，即为"就"，缫的总长度为一尺二寸。冠带用以朱色的组制作的"纮"一条。系用时，先属一端于左旁笄上，以另一端绕于颔下，向上，至于右旁笄上绕之。在右旁系时，为了"解时易"作"屈组"，然后多余部分垂下为饰"缨"，颔下不再系结。在延的两旁，垂有两根"纩"，为黄色新绵（黈纩充耳）所制。纩的下端，则分别悬系一枚玉珠（瑱、充耳），其位置处于戴冠者耳际。这样的纩与玉珠，统称谓"黈纩充耳"。与冕相配的衣服称冕服，周代只有天子得以穿全六冕；公之服，衮冕以下的五冕；侯、伯之服，鷩冕以下的四冕；子、男之服，毳冕以下的三冕；孤之服，希冕以下的二冕；卿、大夫之服，只玄冕。周代冕制至汉代已经消亡，东汉明帝时重订制度。之后各代沿袭，各有损益，至清代废除不用。《大盂鼎》："冕衣，绂舄。"《荀子·富国》："故天子袾裷衣冕，诸侯玄裷衣冕。"《说文解字·冃部》："冕，大夫以上冠也。邃延、垂瑬、纨纩……古者黄帝初作冕。"《世本》卷九："黄帝作冕，垂旒目不邪视也，充纩耳不听谗言也。"《尚书·太甲》："伊尹以冕服奉嗣王归于亳。"《淮南子·主术训》："古之王者，冕而前旒。"《后汉书·舆服志下》："冕冠，垂旒，前后邃延，玉藻。孝明皇帝永平二年，初诏有司采《周官》、《礼

记》、《尚书·皋陶篇》，乘舆服从欧阳氏说，公卿以下从大小夏侯氏说。冕皆广七寸，长尺二寸，前圆后方，朱绿里，玄上，前垂四寸，后垂三寸，系白玉珠为十二旒，以其绶采色为组缨。三公诸侯七旒，青玉为珠；卿大夫五旒，黑玉为珠。皆有前无后，各以其绶采色为组缨，旁垂黈纩。郊天地，宗祀，明堂，则冠之。衣裳玉佩备章采，乘舆刺绣，公侯九卿以下皆织成，陈留襄邑献之云。"

冕（宋聂宗义《三礼图》）

【冕弁】miǎnbiàn 冕与弁的合称，泛指男子所戴的礼冠。《礼记·礼运》："冕弁兵革，藏于私家，非礼也，是谓胁君。"唐孔颖达疏："冕是衮冕，弁是皮弁，冕弁是朝廷之尊服。"晋陆云《大将军宴会被命作》："冕弁振缨，服藻垂带。"《新唐书·礼乐志一》："古者，宫室车舆以为居，衣裳冕弁以为服，尊爵俎豆以为器，金石丝竹以为乐，以适郊庙，以临朝廷，以事神而治民。"《续资治通鉴》卷七三："当并服祭服，如所考制度，修制五冕及爵弁服，各正冕弁之名。"

【冕服】miǎnfú 帝王、诸侯、卿大夫等的礼冠与服饰，夏商时期已出现，周代形成了完备的制度，后代以周代制度为基础，有所损益，沿用至明亡。周代冕服由

冕冠、玄衣、纁裳组成，还配有韍、革带、大带、佩绶、舄等。不同的场合礼仪，穿着不同的服饰。秦变古制，郊祀之服，皆以袀玄，即上下衣裳全为玄色。至东汉明帝采《周礼》《礼记》《尚书》及诸儒记说，还备衮冕之服。天子服按欧阳氏之说，备绣文日、月、星辰等十二章，衣玄上纁下。三公、九卿、特进、侯之服从大小夏侯氏说，三公、诸侯用山、龙九章，九卿以下用华虫七章，皆具五彩，大佩，赤舄绚履。三国魏明帝时，始定衮衣黼黻的制度，大抵因袭汉制，惟天子冕服用刺绣，公卿等用织成的纹样，垂旒改用珊瑚珠。晋初基本遵用旧法，但冕綖加于通天冠上，衣皂上而下用绛裳，用赤皮为韍。王公八旒，卿七旒。王公衣的纹饰自山、龙以下九章，卿华虫以下七章。东晋时以旧章不存，所以冕旒有用翡翠、珊瑚及杂珠等饰，至成帝时，改用白璇珠为冕旒之饰。南朝各代，多依魏、晋制度而有所损益。北朝则多胡制，故史家称其"衣冠甚多迁怪"。隋代以后天子惟用衮冕，自鷩冕以下不再用。《尚书·顾命》："相被冕服，凭玉几。"《尚书·太甲中》："伊尹以冕服，奉嗣王归于亳。"《国语·周语上》："太宰以王命命冕服。"三国吴韦昭注："冕，大冠；服，鷩衣。"《周礼·春官·司服》："王之吉服，祀昊天上帝，则服大裘而冕，祀五帝亦如之；享先王则衮冕；享先公、飨、射则鷩冕；祀四望、山、川则毳冕；祭社稷五祀则希冕；祭群小祀则玄冕。"《礼记·杂记上》："诸侯相襚，以后路与冕服。"《后汉书·舆服志下》："故上衣玄，下裳黄。日月星辰，山龙华虫，作繢宗彝，藻火粉米，黼黻絺绣，以五采章施于五色作服。天子备章，公自山以下，侯伯自华虫以下，子男自藻火以下，卿大夫自粉米以下。至周

而变之，以三辰为旂旗。王祭上帝，则大裘而冕；公侯卿大夫之服用九章以下。秦以战国即天子位，灭去礼学，郊祀之服皆以袀玄。"又："天子、三公、九卿、特进侯、侍祠侯，祀天地明堂，皆冠旒冕，衣裳玄上纁下。乘舆备文，日月星辰十二章，三公、诸侯用山龙九章，九卿以下用华虫七章，皆备五采，大佩，赤舄绚履，以承大祭。"《宋史·舆服志四》："冕服悉因祀大小神鬼，以为制度。"《明史·礼志九》："质明，皇帝冕服升座，百官朝服行礼讫，各就位。"

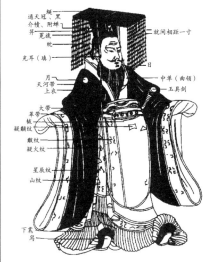

古代冕服部件名称图

ming—mu

【明衣】mínɡyī ❶在沐浴斋戒时所穿的布做的干净长衫。按上古习俗，祭祀行礼前须先行沐浴，浴罢身体未干，则以此布披之。其制无领无袪，下长至膝。《论语·乡党》："齐，必有明衣，布。"三国魏何晏注："孔曰：'以布为沐浴衣。'"南朝梁皇侃疏："谓斋浴时所著之衣也。浴竟身未燥，未堪著好衣，又不可露肉，故用

布为衣，如衫而长身也，著之以待身燥。"《太平御览》引郑注："明衣，亲身衣，所以自洁清也，以布为之。"《隋书·礼仪志一》："祭前一日，昼漏上水五刻，到祀所，沐浴，著明衣，咸不得闻见衰绖哭泣。"《朱子语类》卷二八："'明衣'即是个布衫。'长一身有半'，欲蔽足尔。又曰：'即浴衣也。见玉藻注。'"❷也称"明衣裳"。死者洗净身后所穿的干净内衣。以麻布为之，唐代亦用生绢。《仪礼·士丧礼》："其母之丧，则内御者浴，鬠无笄。设明衣，妇人则设中带……明衣裳，用幕布，袂属幅，长下膝。"唐贾公彦疏："下浴讫，先设明衣，故知亲身也。"《仪礼·士丧礼》："乃袭三称，明衣不在算。"唐贾公彦疏："明衣禅而无里。"《仪礼·士丧礼》："陈袭事于房中……明衣裳用布。"《淮南子·兵略》："设明衣也。"宋高承《事物纪原·吉凶典制·明衣》："三代以来，袭有明衣，唐改用生绢单衣，今但新衣而已。"❸神明之衣。《穆天子传》卷六："昧爽，天子使嬖人赠用文锦明衣九领。"晋郭璞注："谓之明衣，言神明之衣。"❹唐代帝王百官衬在礼服内的汗衫。《资治通鉴·唐代宗大历三年》："上时衣汗衫。"元胡三省注："汗衫，宴居之常服也……《炙毂子》曰：燕朝，衮冕有白纱中单，有明衣，皆汗衫之象。"

明衣（宋聂崇义《三礼图》）

【命】mìng 即"命服"。《国语·周语上》："襄王使太宰文公及内史兴赐文公命。"三国吴韦昭注："命，命服也。"

【命服】mìngfú 原指周代天子赐予元士至上公等九种不同爵位的衣服。后泛指官员及其配偶按等级所穿的大礼服。《诗经·小雅·采芑》："八鸾玱玱，服其命服。"汉郑玄笺："命服者，命为将，受王命之服也。"唐孔颖达疏："今方叔为受王命之服也，言受王命之时，王以此服命之，故方叔服之而受命也。"宋朱熹集传："命服，天子所命之服也。"《礼记·王制》："命服、命车，不鬻于市。"唐权德舆《奉送孔十兄宾客承恩致政归东都旧居》诗："角巾华发忽自遂，命服金龟君更与。"《二十年目睹之怪现状》第四十四回："你就是讨婊子，也不应该叫他穿了我的命服，居然充做夫人。"

【命屦】mìngjù 穿命服时所配用的单底礼鞋。《周礼·天官·屦人》："辨外内命夫命妇之命屦、功屦、散屦。"汉郑玄笺："命夫之命屦，纁屦。命妇之命屦，黄屦以下。功屦，次命屦，于孤卿大夫则白屦、黑屦。九嫔、内子亦然……士及士妻谓再命受服者。"

【墨衰绖】mòcuīdié 也称"墨衰""墨绖"。以黑色粗麻布制成的丧服。于战争或其他重大行动时服之。《左传·僖公三十三年》："遂发命，遽与姜戎。子墨衰绖，梁弘御戎，莱驹为右。"晋杜预注："晋文公未葬，故襄公称子，以凶服从戎，故墨之。"《续资治通鉴·宋高宗建炎三年》："议遣人使金，张浚因荐晧、吕颐浩召与语，大悦。俄诏赐对，时晧方墨衰绖，颐浩脱巾衣服之。"

【幞巾】mòjīn 一种男子束发用的头巾。《列子·汤问》："北国之人，幞巾而裘。"明方以智《通雅》卷三六:"(鞨巾)以皮为之。"

【毋追】móuduī 夏代的礼冠名称。前似覆杯宽而圆、后有冠饰高而扁。《礼记·郊特牲》:"毋追,夏后氏之道也。周弁。殷冔。夏收。"汉郑玄笺:"常所服以行道之冠也。"唐孔颖达疏:"行道,谓养老、燕饮、燕居之服。"汉班固《白虎通义·绋冕》:"夏者统十三月为正,其饰最大,故曰毋追。毋追者,言其追大也。"《后汉书·舆服志下》:"委貌冠、皮弁冠同制,长七寸,高四寸,制如覆杯,前高广,后卑锐,所谓夏之毋追,殷之章甫者也。"《宋书·礼志五》:"太古布冠,齐则缁之。夏曰毋追,殷曰章甫,周曰委貌。"明谢肇淛《五杂俎·物部四》:"毋追收,夏冠也。"明王圻《三才图会·毋追》:"夏之冠曰毋追,以漆布为壳,以缁缝其上,前广二寸,高三寸。"方以智《通雅》卷三六:"古冒、务、无、毋、牟、莫、勉,皆一声之转。委貌之貌,毋追之毋,章甫之甫,皆此声也……毋追,犹整堆,即牟敦,古语堆起之状。"清恽敬《三代因革论八》:"如冠服之度,求其行礼乐可也。夏之毋追,殷之章甫,周之委貌,其不同者也,而民之裋褐何必同?"

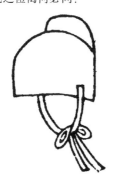

毋追(宋聂崇义《三礼图》)

【牟追】móuduī 古冠名。形如覆杯,前高广,后卑锐。《周礼·天官·追师》:"追师掌王后之首服。"汉郑玄注引郑司农曰:"追,冠名。《士冠礼》记曰:'委貌周道也,章甫殷道也,牟追夏后氏之道也。'"汉刘熙《释名·释首饰》:"牟追,牟,冒也,言其形冒发追追然也。"

【牟追冠】móuduīguān 即"牟追"。《通志·器服一》"牟追冠":"夏后氏牟追冠,长七寸,高四寸,广五寸,后广二寸,制如覆杯,前高广,后卑锐。"

【木屐】mùjī 一种木制的屐,一般底和屐齿为木制,也有全木制成者。相传始于春秋晋文公时。东汉以后流行,男女日常均可穿着,雨雪天也可用来防滑防泥湿。《太平御览》卷六九八:"介子推逃禄隐迹,抱树烧死。文公拊木哀嗟,伐而制屐。每怀割股之功,俯视其屐曰:'悲乎!足下。'"《太平御览》卷六九八:"戴良嫁女,布裳木屐。"《后汉书·五行志一》:"延熹中,京都长者皆著木屐;妇女始嫁,至作漆画,五采为系。"《晋书·宣帝纪》:"关中多蒺藜,帝使军士二千人,著软材平底木屐前行。"五代前蜀贯休《思匡山贾匡》诗:"石膏黏木屐,崖栗落冰池。"宋陆游《买屐》诗:"一雨三日泥,泥干雨还作。出门每有碍,使我惨不乐。百钱买木屐,日日绕村行。"元宋无《咏石得天字》:"磴危欺木屐,矶滑怯苔毡。"明田艺蘅《留青日札》卷二〇:"屐以木为之,即今之木屐。古妇女亦著之……今广东妇女虽晴天白昼亦穿木屐。"清屈大均《广东新语》卷一六:"今粤中婢媵,多著红皮木屐,士大夫亦皆尚屐,沐浴乘凉时,散足著之,名之曰散屐。"徐珂《清稗类钞·服饰》:"木屐,履类,底以木为之。

97

东方朔《琐语》云:'春秋时介之推逃禄自隐,抱树而死。文公抚木哀叹,遂以为屐。'此为木屐之始。然各处皆雨时所用,闽人亦然。粤人则不论晴雨,不论男女,皆蹑之。"《红楼梦》第四十五回:"黛玉道:'跌了灯值钱呢,是跌了人值钱?你又穿不惯木屐子。'"

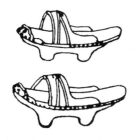

木屐(明王圻《三才图会》插图)

【沐巾】mùjīn 擦洗头发用的布巾。《仪礼·士丧礼》:"沐巾一,浴巾二,皆用绤于笲。"汉郑玄注:"巾,所以拭污垢。浴巾二者,上体下体异也。绤,粗葛。"清胡培翚正义:"沐是沐首,浴是浴身。"《新唐书·礼乐志十》:"沐巾一,浴巾二,用绤若纮,实于笲。"

N

nan—niu

【南冠】nánguān 春秋时中原人指称楚人所戴的冠帽。因楚国在南方，故后泛指南方人所戴的冠帽。《左传·成公九年》："晋侯观于军府，见钟仪，问之曰：'南冠而絷者，谁也？'有司对曰：'郑人所献楚囚也。'"《国语·周语中》："陈灵公与孔宁、仪行父南冠以如夏氏。"三国吴韦昭注："南冠，楚冠也。"《晋书·舆服志》引胡广曰："《春秋左氏传》晋侯观于军府，见钟仪，曰'南冠而絷者谁也'？南冠即楚冠。"唐卢照邻《赠李荣道士》诗："独有南冠客，耿耿泣离群。"宋周密《志雅堂杂钞·人事》："陈石泉自北归，有北人陈参政者饯之《木兰花慢》云：'归人犹未老，喜依旧著南冠。'"

【囊】náng 盛放零碎物品的口袋。始于商周，男女均用，用皮革或质地厚实的布帛制成，或佩于腰际，或缚于手臂，或系于衣襟。用以盛放随身携带之小件零碎物品。《诗经·大雅·公刘》："乃裹餱粮，于橐于囊。"汉毛亨传："小曰橐，大曰囊。"宋朱熹集传："无底曰囊，有底曰囊。"《礼记·内则》："男鞶革，女鞶丝。"汉郑玄注："鞶，小囊，盛帨巾者。男用韦，女用缯，有饰缘之。"《隋书·礼仪志七》："占佩印皆贮悬之，故有囊称。"《京本通俗小说·冯玉梅团圆》："承信揭开衣袂，在锦裹肚系带上，解下一个绣囊，囊中藏着宝镜。"清吴振棫《养吉斋丛录》卷一三："颁赏珍物，叩首祗谢，亲捧而出，赐物以小荷囊为最重，谢时悬之衣襟，昭恩宠也。"

【霓裳】nícháng 神仙的衣裳。相传神仙以云为裳。《楚辞·九歌·东君》："青云衣兮白霓裳，举长矢兮射天狼。"曹植《五游咏》："披我丹霞衣，袭我素霓裳。"南朝梁沈约《和刘中书仙诗》："霓裳拂流电，云车委轻霰。"唐于休烈《送贺秘监归会稽诗》："夫君既鹤驾，幼子复霓裳。"

【麑裘】níqiú 用幼鹿皮制成的白色裘服。诸侯视朝之服，着时外罩素衣。《论语·乡党》："缁衣羔裘，素衣麑裘，黄衣狐裘。"汉郑玄注："素衣麑裘，诸侯视朝之服。"《韩非子·五蠹》："冬日麑裘，夏日葛衣。"

【纽】niǔ 也作"钮"。❶带结。《礼记·玉藻》："居士锦带，弟子缟带，并纽约用组。"唐孔颖达疏："纽谓带之交结之处，以属其纽，约者谓以物穿纽约结其带。"❷衣服上的纽扣。宋岳珂《桯史》卷五："妇人便服，不施衿纽。"元伊世珍《嫏嬛记》："季女赠贤夫以绿华寻仙之履，素丝锁莲之带，白玉不落之簪，黄金双蝶之纽，皆制极精巧，当世希觏之物也。"

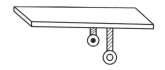

纽（宋陈祥道《礼书》）

P

pan—pao

【鞶】pán ❶男子束衣的大带。以皮革制成。《说文解字·革部》："鞶，大带也……男子带鞶，妇人带丝。"《左传·桓公二年》："鞶、厉、游、缨。"晋杜预注："鞶，绅带也，一名大带。厉，大带之垂者。"❷即"鞶囊"。《礼记·内则》："男鞶革，女鞶丝。"汉郑玄注："鞶，小囊，盛帨巾者。男用韦，女用缯，有饰缘之。"《宋书·礼志五》："鞶，古制也。汉代著鞶囊者，侧在腰间。或谓之傍囊，或谓之绶囊。然则以此囊盛绶也。"

【鞶带】pándài 也作"鞶革"。男子用的皮制腰带。尊卑均可用之，一般以带上的饰件区分等级。《易·讼卦》："上九，或锡之鞶带，终朝三褫之。"汉郑玄注："鞶带，佩鞶之带。"唐孔颖达疏："鞶带，谓大带也。"《说文解字·巾部》："带，绅也。男子鞶带，妇人带丝。"汉班固《白虎通义·衣服》："男人所以有鞶带者，示有金革之事也。"晋陆云《吴故丞相陆公诔》："鞶带翩纷，珍裘阿那。"《宋书·礼志五》："近代车驾亲戎中外戒严之服，无定色，冠黑帽，缀紫褾……腰有络带，以代鞶革。中官紫褾，外官绛褾。"《晋书·舆服志》："革带，古之鞶带也，谓之鞶革，文武众官牧守丞令下及驺寺皆服之。"唐杜甫《狂歌行赠四兄》诗："幅巾鞶带不挂身，头脂足垢何曾洗。"明张昱

《自翎雀歌》："女真处子舞进觞，团衫鞶带分两傍。"清刘廷玑《在园杂志》卷一："腰带，古以革为之，名曰鞶带，又谓之鞶革。自天子以至庶人皆用之……本朝按品级有嵌宝石之玉以及金、银、玳瑁、明羊角、乌角之类。"黄遵宪《罢美国留学生感赋》："忽然筵席撤，何异鞶带褫。"

【鞶鉴】pánjiàn 用铜镜作装饰的革带。亦指悬挂于皮带上的铜镜。《左传·庄公二十一年》："郑伯之享王也，王以后之鞶鉴予之。"晋杜预注："鞶带而以鉴为饰也，今西方羌胡犹然。古之遗服。"唐孔颖达疏："鞶是带也，鉴是镜也。"南朝梁刘勰《文心雕龙·铭箴》："指事配位，鞶鉴可征。"清薛福成《庸庵笔记·幽怪一·汉宫老婢》："佩以琼琚，带以鞶鉴。"

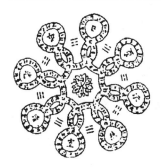

鞶鉴图

【鞶厉】pánlì 省称"厉"。腰带系结之后的下垂部分。后亦泛指束腰的大带。《诗经·小雅·都人士》："彼都人士，垂带而厉"汉郑玄笺："厉如鞶厉也。鞶必

垂厉以为饰。"《左传·桓公二年》："鞶厉游缨,照其数也。"晋杜预注:"鞶,绅带也,一名大带;厉,大带之垂者。"唐孔颖达疏:"大带之垂者名之为绅,而复名为厉者,绅是带之名,厉是垂之貌。"汉扬雄《方言》卷四:"厉谓之带。"汉张衡《东京赋》:"火龙黼黻,藻绣鞶厉。"晋陆机《为吴王郎中时从梁陈作》诗:"轻剑拂鞶厉,长缨丽且鲜。"一说"厉"是带的一种。即厉、带是二物。清郝懿行《证俗文》卷二:"考经传古书,带之与厉明是二物。自《毛传》、《小尔雅》'以带之垂者'为厉,后儒沿之而误,由是知有带不知有厉矣。"一说鞶为小囊,厉即裂帛,用以作装饰。厉、裂,古通,义同。

【鞶裂】pánliè 鞶囊的缘饰。《礼记·内则》:"男鞶革,女鞶丝"汉郑玄注:"鞶,小囊……有饰缘之,则是鞶裂与?"唐孔颖达疏:"言男女鞶囊之外,更有缯帛之物饰而缘之,则是《春秋·桓公二年》所称鞶裂与……按传作鞶厉。郑此注云:鞶裂、厉裂义同也,谓鞶囊裂帛为之饰。"

【旁囊】pángnáng 即"鞶囊"。《隋书·礼仪志十》:"班固《与弟书》:'遗仲升兽头旁囊,金错钩也。'古佩印皆贮悬之,故有囊称。或带于旁,故班氏谓为旁囊,绶印钮也。"

【袍】páo ❶有夹层中间纳绵絮的长外衣。长度通常在膝盖以下。战国以后较为常见,男女均可穿着。最初多被用作内衣,着时在外另加罩衣。到了汉代单长衣和有夹层的长衣均称为袍,可单独穿着,无需另加罩衣。上至王公贵臣,下至平民百姓均有穿着,演化为朝服、礼服,材质各异。其后沿用至今。自唐初起,黄袍便成为皇帝专用服饰。其他官

吏亦以袍上的颜色区别等级。如宋代规定:三品以上袍色用紫,五品以上用朱,七品以上用绿,九品以上用青。明代官吏公服采用袍制,所用颜色亦有规定:一至四品袍色用绯,五至七品用青,八至九品用绿。《说解字文·衣部》:"袍,襺也。"清段玉裁注:"袍襺有别。析言之。浑言不别也。"汉刘熙《释名·释衣服》:"袍,丈夫著,下至跗者也。袍,苞也,苞内衣也。妇人以绛作衣裳,上下连,四起施缘,亦曰袍,义亦然也。"《诗经·秦风·与子同袍》:"与子同袍。"汉毛亨传:"袍,襺也。"唐孔颖达疏:"杂用旧絮名为袍。"《论语·子罕》:"衣敝缊袍,与衣狐貉者立而不耻者,其由也与?"《礼记·玉藻》:"纩为襺,缊为袍。"汉郑玄注:"衣有著之异名也。"元陈澔集说:"纩,新绵也;缊,旧絮也。衣之有著者,用新绵则谓之襺,用旧絮则谓之袍。"汉史游《急就篇》:"袍襦表里曲领裙。"唐颜师古注:"长衣曰袍,下至足跗,短衣曰襦,自膝以上。"《太平御览》卷六九三:"上元夫人降武帝,服赤霜之袍,云彩乱色,非锦非绣,不可得名。"《后汉书·舆服志下》:"袍者,或曰周公抱成王宴居,故施袍。《礼记》:'孔子衣逢掖之衣。'缝掖其袖,合而缝大之,近今袍者也。今下至贱更小史,皆通制袍。单衣,皂缘、领、袖、中衣为朝服云。"又:"公主、贵人、妃以上,嫁娶得服锦绮罗縠缯,采十二色,重缘袍。特进、列侯以上锦缯,采十二色。六百石以上重练,采九色,禁丹紫绀。三百石以上五色采,青绛黄红绿。二百石以上四采,青黄红绿。贾人,缃缥而已。"《旧唐书·舆服志》:"隋代帝王贵臣,多服黄文绫袍,乌纱帽,九环带,乌皮六合靴。百

官常服，同于匹庶，皆著黄袍，出入殿省。天子朝服亦如之，惟带加十三环以为差异，盖取于便事。"《明史·舆服志三》："文武官公服……盘领右衽袍，用纻丝或纱罗绢，袖宽三尺。一品至四品，绯袍；五品至七品，青袍；八品九品，绿袍；未入流杂职官，袍、笏、带与八品以下同。❷外衣。《正字通·衣部》："袍者，表衣之通称。"清段玉裁《说文解字注·衣部》："古者袍必有表。后代为外衣之称。"

pei

【佩】pèi 系结在衣带上的装饰品的统称。帝王、官吏等用以区分身份等级，一般人用以表现自身的德行。《说文解字·人部》："佩，大带佩也。从人从凡从巾。佩必有巾，巾谓之饰。"《诗经·郑风·女曰鸡鸣》："知子之来之，杂佩以赠之。"汉毛亨传："杂佩者，珩、璜、琚、瑀、冲牙之类。"《楚辞·离骚》："扈江离与辟芷兮，纫秋兰以为佩。"又《湘君》："遗余佩兮澧浦。"《礼记·玉藻》："古之君子必佩玉，右徵、角，左宫、羽。"又："天子佩白玉而玄组绶，公侯佩山玄玉而朱组绶，大夫佩水苍玉而纯组绶，世子佩瑜玉而綦组绶。"又："凡带必有佩玉，唯丧否。"《后汉书·舆服志下》："古者君臣佩玉，尊卑有度；上有韨，贵贱有殊。佩，所以章德，服之衷也；韨，所以执事，礼之共也。故礼有其度，威仪之制，三代同之。五霸迭兴，战兵不息，佩非战器，韨非兵旗，于是解去韨佩，留其系璲，以为章表……秦乃以采组连结于璲……汉承秦制……至孝明皇帝，乃为大佩，冲牙双瑀璜，皆以白玉。"刘昭注引《月令章句》曰："佩上有双冲，下有双璜，琚、瑀以杂之，衡牙、蠙珠以纳其间。"

南朝梁江淹《谢法曹惠连》诗："杂佩虽可赠，疏华竟无陈。"《明史·舆服志三》："嘉靖八年更定百官祭服……蔽膝、绶环、大带、革带、佩玉、袜履俱与朝服同。"

【佩巾】pèijīn 佩系于腰间的巾帕。通常随身携带，用其拭汗或擦脸。后来演变成佩饰，妇女出嫁时，母亲为之亲结，以示身有所系。清代妇女穿旗袍时，披在衣襟一侧的腋下，以增姿色。《诗经·召南·野有死麕》："无感我帨兮。"汉毛亨传："帨，佩巾也。"宋朱熹《客来诗》："论诗剧饮无他事，未管残红落佩巾。"

【佩玦】pèijué 也作"玦佩"。有缺口的环形佩玉，环上开口，有断裂之意，隐喻为诀别。又"玦"与"决"同音，有决断之意，佩此以表示自己足智多谋，处事果断。《孔丛子·杂训》："子产死，郑人丈夫舍玦佩，妇女舍珠瑱。巷哭三月，竽瑟不作。"《庄子·田子方》："缓佩玦者，事至而断。"唐成玄英疏："缓者，五色绦绳，穿玉玦以饰佩也。玦，决也。"《太平御览》卷六九二："礼能使决疑者佩玦，故遗其臣亦授之以玦。"

【佩韘】pèishè 俗称"扳指"。男子佩戴在大拇指或身上的牙玦或玉玦。韘，本是射箭时戴在右手拇指上用以钩弦的工具，以象骨、玉石制成，后演变成一种饰物。在先秦时期也是成年的标志。《诗经·卫风·芄兰》："芄兰之叶，童子佩韘。"汉毛亨传："韘，玦也。能射御则佩韘。"唐孔颖达疏："玦，挟矢时所以持弦。饰也，著右手巨指。"《说文解字·韦部》："韘，射决也，所以钩弦，以象骨韦系著右巨指。"《全唐文》卷八五《册凉王侹文》："蔼有成人之量，形乎佩韘之年，志玩楚诗，情通沛易。"清昭梿《啸亭杂录·亲定

陵寝》:"(章皇)因自取佩韘掷之,谕侍臣

曰:'韘落处定为佳穴,即可因以起工。'"

韘形佩(西汉前期。
广东广州象岗南越王赵眜墓出土。)

韘形佩(西汉中期。
河北满城中山靖王刘胜墓出土。)

【佩璲】pèisuì 佩在身上的祥瑞之玉。《诗经·小雅·大东》:"鞙鞙佩璲,不以其长。"汉郑玄笺:"佩璲者,以瑞玉为佩。"《金史·宗弼列传》:"乃遣左宣徽使刘筈使宋,以衮冕圭宝佩璲玉册册康王为宋帝。"一说即绶带。古有佩韨之制,秦废佩韨而行佩绶,系之以璲。绶与璲均有等级之别,其制至汉沿用。《后汉书·舆服志下》:"韨佩既废,秦乃以采组连结于璲,光明章表,转相结受,故谓之绶。"

【佩韦】pèiwéi 性急者用以自警的佩饰,用柔韧的熟皮制成。《韩非子·观行》:"西门豹之性急,故佩韦以自缓;董安于之性缓,故佩弦以自急。"唐卢纶《送丹阳赵少府》诗:"佩韦宗懒慢,偷橘爱芳香。"明何景明《进舟赋》:"孰佩弦以自刚兮,焉佩韦以自柔。"《尤溪县志》卷三《古迹》:"韦斋,在县治东偏典史署内,宋朱松尉尤溪时,自以性子急,取古人佩韦之意,名其斋让自警。"

【佩帏】pèiwéi 随身佩带的香囊。帏本为裳之正幅,香囊佩于帏,故称佩帏。《楚辞·离骚》:"椒专佞以慢慆兮,樧又欲充夫佩帏。"汉王逸注:"帏,盛香之囊,比喻亲近。"

【佩觿】pèixī 佩带的牙锥。觿,象骨制成的解绳结的角锥,亦用为饰物。常表示人已成年,具有才干。《诗经·卫风·芄兰》:"芄兰之支,童子佩觿。"汉毛亨传:"觿所以解结,成人之佩也。"汉刘向《说苑·修文》:"能治烦决乱者佩觿,能射御者佩韘。"唐元稹《王悦昭武校尉行左千牛备身》:"佩觿有趋跄之美,释褐参侍从之荣。"

【佩弦】pèixián 性缓者佩用以自警的配饰。因弓弦常紧绷,故佩之用以激发自己办事急速果断。《韩非子·观行》:"董安于之心缓,故佩弦以自急。"唐姚崇《执秤诫》:"庶以观则,同夫佩弦。"白居易《何士乂可河南县令制》:"然能佩弦以自导,带星以自勤。"皎然《建安寺西院喜王郎中遭恩命初至联句》:"慕法能轻冕,追非欲佩弦。"

【佩纕】pèixiāng 指佩带饰物用的丝带,亦代指佩带饰物。《楚辞·离骚》:"解佩纕以结言兮,吾令蹇修以为理。"汉王逸注:"纕,佩带也。"马王堆汉墓帛书《〈易经〉赞》:"王臣蹇蹇,正则佩纕,兰陵非相,语述括囊。"明刘基《吊泰不华元帅赋》:"松柏摧折荆棘长兮,轩于菉葹充佩纕兮。"史鉴《子昂兰》诗:"国香零落佩纕空,芳草青青合故宫。"

【佩玉】pèiyù 系于衣服的玉质装饰。古人以玉比德,故常将玉器佩于身边。《说

文解字·玉部》:"玉,石之美。有五德:润泽以温,仁之方也;䚡理自外,可以知中,义之方也;其声舒扬,尃以远闻,智之方也;不挠而折,勇之方也;锐廉而不忮,絜之方也。"《诗经·郑风·有女同车》:"将翱将翔,佩玉琼琚……将翱将翔,佩玉将将。"唐孔颖达正义:"然其将翱将翔之时,所佩之玉是琼琚之玉,言其玉声和谐,行步中节也。"《左传·哀公二年》:"大命不敢请,佩玉不敢爱。"《礼记·玉藻》:"君子在车,则闻鸾和之声,行则鸣佩玉。"又:"凡带必有佩玉,唯丧否。佩玉有冲牙。君子无故,玉不去身。"《汉书·五行志上》:"行步有佩玉之度。"南朝梁刘勰《文心雕龙·谐隐》:"叔仪乞粮于鲁人,歌佩玉而呼庚癸。"唐刘长卿《游四窗》诗:"长笑天地宽,仙风吹佩玉。"

pi—pu

【皮弁】píbiàn 也称"皮弁冠"。周礼规定的天子、诸侯、大臣所戴冠帽的一种,主要用于天子视朝、诸侯告朔。长七寸,高四寸,制如覆杯。汉代以前用白鹿皮制成,以"璂"的数量区分等级。隋唐时,自皇太子至六品以上的官员皆服皮弁。清代废止。《诗经·卫风·淇奥》:"会弁如星。"汉郑玄笺:"天子之朝服皮弁,以视朝。"唐孔颖达疏:"以皮弁,天子视朝之服。"《礼记·玉藻》:"诸侯……皮弁听朔于太庙。"《周礼·夏官·弁师》:"王之皮弁,会五采玉璂,象邸,玉笄。"汉郑玄注:"会,缝中也。璂,读如薄借綦之綦。綦,结也。皮弁之缝中,每贯结五采玉十二以为饰,谓之綦。《诗》云'会弁如

星',又曰'其弁伊綦',是也。邸,下柢也,以象骨为之。"又《春官·司服》:"眡朝,则皮弁服。"清孙诒让正义:"皮弁为天子之朝服,《论语·乡党篇》'吉月必朝服而朝',《集解》孔安国云:'吉月,月朔也。朝服,皮弁服。'《曾子问》孔疏引郑《论语注》同。盖以彼吉诸侯视朔,当服皮弁,而皮弁为天子之朝服,故亦通称朝服。"《后汉书·舆服志下》:"委貌冠、皮弁冠同制,长七寸,高四寸,制如覆杯,前高广,后卑锐,所谓夏之毋追,殷之章甫者也。委貌以皂绢为之,皮弁以鹿皮为之。"《通典·礼志十七》:"(皮弁)[晋]依旧制,以鹿浅毛黄白色者为之,其服用等级并准周官。[后周]田猎则服之,以鹿子皮为之。[隋]因之。大业中所造,通用乌漆纱,前后二傍如莲叶,四闲空处又安拳花,顶上当缝安金梁。梁上加璪,天子十二真珠为之。皇太子及一品九璪,二品八璪,下六品各杀其一璪,以玉为之,皆犀簪导。六品以下无璪,皆象簪导。唯天子用含稜。后制鹿皮弁,以赐近臣。[大唐]因之,以鹿皮为之,玉簪导,十二璪,朔日受朝则服之。"《明史·舆服志二》:"皮弁用乌纱冒之,前后各十二缝,每缝缀五采玉十二以为饰,玉簪导,红组缨。"清黄以周《礼书通故·名物一》:"侯伯璂饰七,子男璂饰五,玉亦三采;孤璂饰四,三命之卿璂饰三,再命之大夫璂饰二,玉亦二采;一命之大夫及士之会无结饰。《释名》云:'以爵韦为之,谓爵弁,以鹿皮为之,谓皮弁,以韎韦为之,谓之韦弁。'据《释名》说,三弁之制相同,惟其所为皮色为异耳。"

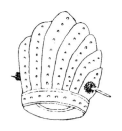

皮弁
（明王圻《三才图会》）

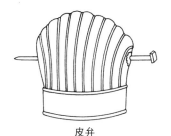

皮弁
（山东邹县明墓出土）

【皮弁服】píbiànfú ❶周代礼制规定的天子视朝、郊天、巡牲、在朝射礼时，诸侯、士大夫告朔、田猎、自相朝聘等所穿的礼服。皮弁，以白鹿皮为之。其服上衣白布衣，下白缯裳，黑色带，白色韦韠。后为各代沿用。隋唐时或用乌色皮弁，其后改用乌纱代之。《周礼·春官·司服》："眡朝，则皮弁服。"《仪礼·士冠礼》："皮弁服：素积，缁带，素韠。"汉郑玄注："皮弁，以白鹿皮为冠，象上古也。积，犹辟也。以素为裳，辟蹙其要中。皮弁之衣，用布十五升，其色象也。"唐贾公彦疏："皮弁服卑于爵弁。"又《既夕礼》："荐乘车鹿浅，幦于笰革，鞎载旜载，于皮弁服，缨辔贝勒，县于衡。"汉郑玄注："皮弁服者，视朔之服。"《明史·舆服志二》："皇帝皮弁服：朔望视朝、降诏、降香、进表、四夷朝贡、外官朝觐、策士传胪皆服之。嘉靖以后，祭太岁山川诸神，亦服之。"清凤应韶《凤氏经说·皮弁服》："皮弁之用，天子视朝，诸侯告朔，聘礼主宾，皆服之。"又："孔子谓诸侯皮弁告朔，卒告朔事，然后服缟以视朝，然则缟衣，皮弁之衣也。"❷汉代也用作乡射礼时执事者之礼服。汉蔡邕《独断》卷下："其乡射行礼，公卿冠委貌，衣玄端，执事者皮弁服。"

皮弁服
（宋聂崇义《三礼图》）

【皮服】pífú 毛皮制成的衣服。《尚书·禹贡》："岛夷皮服。"唐孔颖达疏："谓其海曲有山，夷居其上。此居岛之夷，常衣鸟兽之皮。"汉陈琳《神武赋》："黼绣缋组，罽㲉皮服。"《北史·魏临淮王谭传》："皮服之人，未尝粒食，宜从俗因利，拯其所无。"明唐顺之《谢赐银市表》："皮服卉服，悉是隶臣；荆金扬金，咸修禹贡。"

【皮冠】píguān ❶周代帝王、诸侯、贵族打猎时戴的冠帽。《左传·襄公十四年》："不释皮冠而与之言。"晋杜预注："皮冠，田猎之冠也。"又《昭公二十年》："旃以招大夫，弓以招士，皮冠以招虞人，臣不见皮冠，故不敢进。"唐孔颖达疏："诸侯服皮冠以田，虞人掌田猎，故皮冠以招虞人也。"明王圻《三才图会·衣服一》："皮冠，招田猎之虞人之皮冠，以其所有事也。"顾起元《说略》卷二一："故六经止言冠，下至于虞人亦以皮冠，野老亦以黄冠，是有簪导方为冠也。"❷兽皮制成的冠帽。多用于少数民族和山村野民、隐逸之士。汉桓宽《盐铁论·孝养》："无者，褐衣皮冠，穷居陋巷，有旦无暮，食蔬粝荤茹，腊腊而后见肉。"《魏书·逸士传》："郑修，少隐于岐南几谷中……耕食水饮，皮冠草服。"《隋书·东夷传·高丽》："人皆皮冠，使人加插鸟羽。"

皮冠（明王圻《三才图会》）

【皮屦】píjù 用兽皮制成的鞋屦，多着于秋冬之季，便于防寒保暖。《仪礼·士冠礼》："屦，夏用葛……冬皮屦可也。"唐贾公彦疏："冬时寒，许用皮，故云'可也'。"《诗经·魏风·葛屦》"纠纠葛屦，可以履霜"汉毛亨传："夏葛屦，冬皮屦。葛屦非所以履霜。"汉郑玄笺："葛屦贱，皮屦贵。魏俗至冬犹谓葛屦可以履霜，利其贱也。"

【皮衣】píyī 用毛皮或皮革制成的衣服，多用于防寒保暖。《说文解字·衣部》："裘，皮衣也。"《南史·循吏传·虞愿》："帝性猜忌，体肥憎风，夏月常著小皮衣。"清王先谦《东华续录·乾隆九年》："科场首严怀挟，而不肖丧廉者流竟

有衣裆中藏匿文字者，是以有皮衣去面，毡衣去里之例。"《红楼梦》第八十七回："这黛玉方披了一件皮衣，自己闷闷的走到外间来坐下。"

【裨冕】pímiǎn 也作"卑絻"。周代指天子穿的裨衣和相配用的冕，后泛指诸侯卿大夫朝觐或祭祀时所穿冕服。《仪礼·觐礼》："侯氏裨冕，释币于祢。"汉郑玄注："裨冕者，衣裨衣而冠冕也。裨之为言埤也。天子六服，大裘为上，其余为裨，以事尊卑服之，而诸侯亦服焉。"《礼记·曾子问》："大祝裨冕，执束帛。"汉郑玄注："裨冕者，接神则祭服也，诸侯之卿、大夫所服裨冕，絺冕也，玄冕也。士服爵弁服。大祝裨冕，则大夫。"《荀子·富国》："故天子袾裷衣冕，诸侯玄裷衣冕，大夫裨冕，士皮弁服。"《孔子家语·辩乐》："裨冕搢笏而虎贲之士脱剑。"北魏王肃注："衮冕之属通谓之裨冕。"《荀子·礼论》："卑絻、黼黻……是吉凶忧愉之情发于衣服者也。"唐杨倞注："卑絻，与裨冕同。"

【辟领】pìlǐng 丧服领子的一种，在丧服衣领处剪开而成。《仪礼·丧服》："负广出于适寸。"汉郑玄注："负，在背上者也；适，辟领也。负，出于辟领外旁一寸。"清胡培翚正义引吴廷华曰："衣当领处纵横各剪入四寸，以所剪各反折向外，覆于肩，谓之适，亦曰辟领。"宋叶梦得《石林燕语》卷五："盖丧服之制，前有衰，后有负版，左右有辟领，此礼不见于世久矣。"《明史·礼志十三》："负版辟领衰。见帝及百官则素服，乌纱帽，乌犀带。"

【偏裻】piāndǔ 裻，衣背缝。以衣背缝为界，衣服两半的颜色不同。秦汉后指戎衣。《国语·晋语一》："是故使申生伐

东山,衣之偏裻之衣,佩之以金玦。"三国吴韦昭注:"裻在中,左右异,故曰偏。"晋左思《魏都赋》:"齐被练而铦戈,袭偏裻以馈列。"唐吕向:"偏裻,戒衣名。"

【偏衣】piānyī 左右两色合成之衣。《左传·闵公二年》:"大子帅师,公衣之偏衣,佩之金玦。"晋杜预注:"偏衣,左右异色,其半似公服。"《史记·晋世家》:"太子帅师,公衣之偏衣。"南朝宋裴骃集解:"偏裻之衣。偏,异色,驳不纯,裻在中,左右异,故曰偏衣。"一说为间色不正之衣。清洪颐煊《读书丛录》:"《礼记·玉藻》'衣正色,裳间色',偏衣,谓间色不正之衣。"

【玼珠】pínzhū 蚌珠。用作大佩上的串饰。《大戴礼记·保傅》:"上有双衡,下有双璜、冲牙,玼珠以纳其间。"《说文解字·玉部》:"玼,珠也。宋宏曰:淮水中出玼珠。玼珠,珠之有声者。"

【蠙珠】pínzhū 即"玼珠"。《尚书·禹贡》:"淮夷蠙珠暨鱼。"唐孔颖达疏:"蠙是蚌之别名,此蚌出珠,遂以蠙为珠名。"汉贾谊《新书·容经》:"鸣玉者,佩玉

也,上有双珩,下有双璜,冲牙蠙珠以纳其闲,琚瑀以杂之。"《初学记》卷二六:"凡玉佩,上有双衡,衡长五寸,博一寸;下有双璜,璜径三寸。冲牙蠙珠,以纳其间。"明王圻《三才图会·衣服一》:"杂佩者,左右佩玉也。上横曰珩,系三组,贯以蠙珠。"宋应星《天工开物·冶铸》:"年代久远,末学寡闻,如蠙珠、暨鱼、狐狸、织皮之类,皆其刻画于鼎上者,或漫灭改形,亦未可知,陋者遂以为怪物。"

【襮】pú 深衣的下裳部分,无襞积,其当旁之衽斜裁。《尔雅·释器》:"裳削幅谓之襮。"晋郭璞注:"削杀其幅,深衣之裳。"清郝懿行义疏:"《深衣》云:'制十有二幅,以应十有二月。'郑注:'裳六幅。幅分之以为上下之杀……凡衽者,或杀而下,或杀而上,是以小要取名焉。'江氏永《乡党图考》云:'深衣等裳无辟积,其当旁之衽须斜裁,谓之杀。朝服、祭服、丧服皆用帷裳,有辟积,则前三幅,后四幅,皆以正裁;无辟积故有杀。按裳削幅,唯深衣则然,故郭云'深衣之裳。'"

Q

qi

【奇服】qífú ❶奇怪浮华不合礼制的服饰。《周礼·天官·阍人》:"奇服怪民不入宫。"汉郑玄注:"奇服,衣非常。"《宋书·颜延之传》:"浮华怪饰,灭质之具;奇服丽食,弃素之方。"唐王方庆《魏郑公谏录》:"佞人即欲以邪道自媚,工巧者则进奇服异器,好鹰犬者即欲劝令畋游。"❷珍异、华丽的服饰,比喻志行高洁。《楚辞·九章·涉江》:"余幼好此奇服兮,年既老而不衰。"汉王逸注:"奇,异也。或曰:奇服,好服也。"清王夫之通释:"奇,珍异也。奇服,喻其志行之美,即所谓修能也。"三国魏曹植《洛神赋》:"奇服旷世,骨像应图。"唐李复言《续玄怪录·杨恭政》:"箱中有奇服,非绮非罗,制若道人之衣。"一说"奇"有"长、伟、高"之意,奇服为长而高的服饰。

【奇衣】qíyī 珍异的服饰。《荀子·非相篇》:"今世俗之乱君,乡曲之儇子,莫不美丽姚冶,奇衣妇饰,血气态度拟于女子。"唐杨倞注:"奇衣,珍异之衣。"《后汉书·祭遵传》:"所得赏赐,辄尽与吏士,身无奇衣,家无私财。"

【綦】qí ❶鞋带。属于后跟,以两端向前与绚相连,于脚踝前足面处系结。《礼记·内则》:"屦着綦。"汉郑玄注:"綦,屦系也。"《仪礼·士丧礼》:"夏葛屦,冬白屦,皆繶,缁绚,纯;组綦,系于踵。"郑玄注:"綦,屦系也。所以拘止屦也。"唐贾公彦疏:"綦当属于跟后,以两端向前与绚相连于脚跗踵连之上合结之。"明屠隆《起居器服笺》:"又于履后缀二皂带以系之,如世俗鞋带,是为綦。"❷履上刺绣而成的纹饰。《后汉书·刘盆子传》:"侠卿为制绛单衣、半头赤帻、直綦履。"唐李贤注:"綦,履文也。盖直刺其文以为饰也。"

【綦弁】qíbiàn 一种鹿皮制成的礼冠,青黑色,或说赤黑色,或纹样如棋。《尚书·顾命》:"四人綦弁,执戈上刃。"唐孔颖达疏:"郑玄云:'青黑曰綦。'王肃云:'綦,赤黑色。'孔以为:'綦文鹿子皮弁。'各以意言,无正文也。"清夏炘《学礼管释·释韦弁皮弁》:"皮弁亦以鹿皮之浅毛者为之,故皮弁又谓之綦弁。"

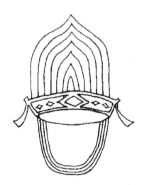

綦弁(明王圻《三才图会》)

【綦缟】qígǎo 平民妇女之服装,亦借指穿"綦缟"之平民妇女。《诗经·郑风·

出其东门》:"缟衣綦巾,聊乐我员。"明吴甡《潭西王恭人墓》诗:"若令綦缟能偿隐,未必功名累此身。"清钮琇《觚剩·福寿难兼》:"夫幼育儒闺,长称命妇,岂不谓荣,而遽遭并遭,不欲生,何如綦缟者流,反得悠悠卒岁乎。"

【綦巾】qíjīn 先秦时未出嫁女子所穿的青白色衣服。《诗经·郑风·出其东门》:"缟衣綦巾,聊乐我员。"汉毛亨传:"綦巾,苍艾色女服也。"唐孔颖达疏:"苍即青也,艾谓青而微白,为艾草之色也。"宋朱熹《集传》:"缟,白色。綦,苍艾色。缟衣綦巾,女服之贫陋者,此人自目其室家也。员,与云同,语词也。己之室家,虽贫且陋,而聊可自乐也。"清钱谦益《嫁女词》之四:"缟衣与綦巾,理我嫁时衣。"黄遵宪《送女弟》诗之二:"盛妆始脂粉,常饰惟綦巾。"一说淡青色围裙。以布帛为之,作长方形,使用时围系于腰,下长至膝。清雷鐏《古经服纬》卷中:"《郑风》之綦巾,《方言》之大巾是也。以后代之名释之,即汉之帾裱,今之围裙矣。"

【綦组】qízǔ 彩色丝带。《管子·重令》:"而女以美衣锦绣綦组相稗也。"《韩非子·诡使》:"仓廪之所以实者,耕农之本务也,而綦组、锦绣、刻画为末作者富。"《西京杂记》卷二:"相如曰:'合綦组以成文,列锦绣而为质,一经一纬,一宫一商,此赋之迹也。'"

qian—qiu

【褰】qiān 套裤。《左传·昭公二十五年》:"公在乾侯,征褰与襦。"晋杜预注:"褰,袴也。"《说文解字·衣部》:"褰,绔也。从衣,寒省声。《春秋传》曰:'征褰与襦。'"唐颜师古注:"褰,袴也。言公出

外求袴襦之服。"

【橇】qiāo 也作"撬"。木板制成的鞋子。鞋头高翘,两侧翻卷如箕。以绳束系于足,着之便于行走泥地。《史记·夏本纪》:"泥行乘橇。"南朝宋裴骃集解引孟康曰:"橇形如箕,擿行泥上。"元王祯《农书》卷一五:"橇,泥行具也……制木板以为履,前头及两边高起如箕,中缀毛绳,前后系足底,板既阔,则举步不陷。"明王三聘《古今事物考》卷六:"《正义》曰:撬形如船而短小,两头微起,人曲一脚,泥上擿进,用拾泥上之物。今海边有也。自禹始之。"

橇(明王圻《三才图会》插图)

【切云】qièyún 先秦时期楚国高冠名,一说取高摩青云的意思。形容冠很高上触云霄。引申指楚冠。《楚辞·九章·涉江》:"带长铗之陆离兮,冠切云之崔巍。"汉王逸注引五臣云:"切云,冠名。"宋朱熹集注:"切云,当时高冠之名。"薛孝绪曰:"楚切云之冠者,士冠也。"汉严忌《哀时命》:"冠崔嵬而切云兮,剑淋漓而纵横。"唐李商隐《昭肃皇帝挽歌辞》之一:"玉律朝惊露,金茎夜切云。"

【青衿】qīngjīn ❶也作"青襟""青衿"。青色衣领。先秦时专用于学子之服,借指学子之服。引申指士子。《诗经·郑风·子衿》:"青青子衿,悠悠我心。"汉毛亨传:"青衿,青领也,学子之所服。"唐孔颖达疏:"衿与襟音义同,衿是领之别名,故云:'青衿,青领也。'"北周庾信《谢

赵王责息丝布启》："青衿宜袭，书生无废学之诗；春服既成，童子得雩沂之舞。"《周书·斛斯徵传》："宣帝时为鲁公，与诸皇子等咸服青衿，行束脩之礼，受业于徵，仍并呼徵为夫子。"《新唐书·礼乐志五》："其日平明，皇子服学生之服（其服青衿）。"《文献通考·学校二》："咸通中，刘允章为礼部侍郎：请诸生及进士第并谒先师，衣青衿，介帻，以还古制。"《儒林外史》第四十四回："蒙前任大宗师考补博士弟子员。这领青衿不为希罕，却喜小侄的文章前三天满城都传遍了。"清纪昀《阅微草堂笔记·如是我闻四》："身列青衿，败检酿命。"自注："科举时称秀才为青衿。"康有为《大同书》甲部第一章："明以来之文臣不为公侯，必待艰难考试乃得青衿。"❷青色官服。唐宋时规定为八、九品所服。《古今图书集成·礼仪典》卷三三九："西吴族世丰于财，不事诗书，其母有弟补博士，弟子员衣青衿来谒，母大诧曰：'而何服此衣服哉？'嗟而贫嗛不足于蓝，故缀以青软，奈何不浼我取足耶？盖不识青衿为时制服也。"

【青衣】qīngyī ❶帝王、后妃及诸臣百官东郊春祭等时节穿的礼服。《礼记·月令》："（孟春之月）天子居青阳……驾苍龙，载青旗，衣青衣，服苍玉。"汉郑玄注："皆所以顺时气也。"《晋书·礼志上》："取列侯妻六人为蚕母。蚕将生，择吉日，皇后著十二笄步摇，依汉魏故事，衣青衣，乘油画云母安车，驾六騩马。"《隋书·礼仪志七》："（皇后）青衣，青罗为之，制与鞠衣同。"《通典》卷六一："后周设司服之官，掌皇帝十二服。祀昊天上帝则苍衣，五方上帝，各随方色。朝日用青衣，祭皇地祇用黄衣。"❷青色或黑色

的衣服。汉以后多为地位低下者所穿。后亦成婢女之别称。《艺文类聚》卷三五："充庭盈阶……停停伫侧。皦皦青衣，我思远逝。"晋干宝《搜神记》卷一六："（辛道度）游学至雍州城四五里，比见一大宅，有青衣女子在门。度诣门下求飧。"《梁书·侯景传》："后景果乘白马，兵皆青衣。"唐刘禹锡《和乐天诮失婢榜者》诗："新知正相乐，从此脱青衣。"明李昌祺《剪灯余话·贾云华还魂记》："俄而二青衣导生至重堂郎东阶。"《古今小说·李公子救蛇获称心》："（李元）正观玩间，忽见一青衣小童，进前作揖。"❸低级官吏的公服，唐宋时规定为八、九品官所服。明代五品至七品官的公服亦为青色。《新唐书·车服志》："六品、七品绿衣；八品、九品青衣。"《宋史·舆服志五》："公服……七品以上服绿，九品以上服青。"明沈德符《万历野获编》卷一四："比来闻朝士得遣斥削者，皆小帽青衣，虽日贬损思咎之意，恐未妥。此盖舆皂之服。"清叶梦珠《阅世编》卷八："其仆隶、乐户，止服青衣，领无白护，贵贱之别，望而知之。"❹明代监生之服。《续文献通考》卷九三："洪熙中，帝问衣蓝者何人？左右以监生对。帝曰：'著青衣较好。'乃易青圆领。"❺传说中的仙女之服。题汉班固《汉武帝内传》："从官文武千余人，皆女子，年同十八九许，形容明逸，多服青衣，光彩耀目，真灵官也。"南朝梁陶弘景《真诰·运象篇一》："女子，年可二十上下，青衣，颜色绝整。"❻戏曲服装。传统戏曲中有"青衣"行当，即因剧中女性常穿青色（黑色）褶子而得名。

【轻服】qīngfú ❶质地细软的衣服。《左

传·昭公三十二年》:"赐子家子双琥,一环,一璧,轻服,受之。"晋杜预注:"轻服,细好之服。"宋梅尧臣《吴紫微见过》诗:"近因秋雨来,纤纤有凉风。九陌可以行,轻服可以衣。"❷轻丧之服。《礼记·曾子问》:"曾子曰:'不以轻服而重相为乎。'"《后汉书·列女传·皇甫规妻》:"妻乃轻服诣卓门,跪自陈请,辞甚酸怆。"北齐颜之推《颜氏家训·风操》:"识轻服而不识主人,则不于会所而吊,他日修名诣其家。"❸指常服;便服。相对于朝服、公服、兵服而言。《汉武故事》:"与霍去病等十余人,皆轻服为微行。"《后汉书·循吏传·刘宠》:"母疾,弃官去。百姓将送塞道,车不能进,乃轻服遁归。"《三国演义》第五十九回:"韩遂即出阵,见操并无甲仗,亦弃衣甲,轻服匹马而出。"

【轻裘】qīngqiú 轻便保暖的皮衣。多为富贵者穿著。《论语·雍也》:"赤之适齐也,乘肥马,衣轻裘。"又《公冶长》:"愿车马,衣轻裘,与朋友共,敝之而无憾。"唐孔颖达疏:"衣裘以轻者为美。"三国魏曹丕《善哉行》:"策我良马,被我轻裘。"何晏《景福殿赋》:"玄辂既驾,轻裘斯御。"明王世贞《忆昔》诗:"轻裘鄂杜张公子,挟瑟邯郸吕氏倡。"徐珂《清稗类钞·服饰》:"乾、嘉间,江、浙犹尚朴素,子弟得乡举,始著绸缎衣服。至道光,则男子皆轻裘,女子皆锦绣矣。"

【琼弁】qióngbiàn 指楚国将玉的以琼玉装饰的鹿皮帽。后泛指诸侯士大夫所戴的帽子。《左传·僖公二十八年》:"楚子玉自为琼弁玉缨,未之服也。"晋杜预注:"弁以鹿子皮为之。琼,玉之别名。次之以饰弁及缨。"《晋书·江统传》:"大夫有琼弁玉缨,庶人有击钟鼎食。"南朝梁江淹《杂体诗·效颜延之〈侍宴〉》:"中坐溢朱组,步櫩簉琼弁。"元陈樵《八咏楼赋》:"琼弁盈床,玉尘生袜。"明夏完淳《长歌》:"琼弁玉蕤佩珊珊,蕙桡桂棹凌回澜。"

【裘】qiú ❶皮衣,以兽皮制成的外衣。甲骨文、金文字形相同,像皮衣毳毛在外,皮革在里之形。商周时"裘"已经成为贵族阶级所穿的服饰,根据地位的高低选用不同皮料和装饰。如天子用狐白裘,诸侯用狐黄裘,卿大夫用狐青裘,士人用羔裘,庶人用犬羊之裘等。又《豳风·七月》:"取彼狐狸,为公子裘。"唐孔颖达疏:"取狐与狸之皮,为公子之裘,丝麻不足以御寒,故为皮裘以助之。"又《秦风·终南》:"君子至止,锦衣狐裘。"《淮南子·俶真训》:"夫夏日之不被裘者,非爱之也。燠有余于身也。"宋高承《事物纪原·衣裘带服》:"裘,《黄帝出军决》曰:'帝伐蚩尤未克,梦西王母遣道人披玄狐之裘,以符授帝。'然则彼时已有裘之名。《说文》曰:'裘,皮衣。'盖上古衣毛冒皮之遗象也。"《大金国志》卷三九:"至于衣服⋯⋯以布之粗细为别。又以化外不毛之地,非皮不可御寒,所以无贫富皆服之。富人春夏多以纻、丝、绵、绸为衫裳,亦间用细布。秋冬以貂鼠、青鼠、狐貂皮或羔皮为裘,或作纻丝绌绸。"明宋应星《天工开物·裘》:"凡取兽皮制服,统名曰裘。贵至貂、狐,贱至羊、鹿,值分百等。"清汪汲《事物原会·裘》:"《物原》:'伏羲作裘。'田俅子曰:'少昊氏都于曲阜,鞬鞨毛人献其羽裘。'"❷借指与皮衣有同样保暖功能的中有棉絮的布袍或棉袄。宋陆游《晚雨》诗:"万里双芒屩,终年一布裘。"清曹庭栋《养生随笔》:"江淮间皆草本,通谓之木棉者,以其为絮同耳。放翁诗:'奇温吉贝裘',东坡诗:'江东贾客木棉裘',盖不独皮衣为裘,絮衣亦可名裘也。"

【裘褐】qiúhè ❶粗陋的衣服。贫者多用,因此成为贫者的代称。《庄子·天下》:"使后世之墨者,多以裘褐为衣,以跂蹻为服。"唐成玄英疏:"裘褐,粗衣也。"汉刘向《说苑·敬慎》:"鲁有恭士,名曰机氾,行年七十,其恭益甚……见衣裘褐之士,则为之礼。"《后汉书·逸民传·梁鸿》:"吾欲裘褐之人,可与俱隐深山者尔,今乃衣绮缟,傅粉墨,岂鸿所愿哉?"《魏书·宕昌传》:"国无法令,又无徭赋,惟战伐之时,乃相屯聚,不然则各事生业,不相往来,皆衣裘褐。"宋黄庭坚《招子高二十二韵兼简常甫世弼》:"负薪泣裘褐,公子御狐貂。"❷泛指御寒衣服。《晋书·郗超传》:"且北土早寒,三军裘褐者少,恐不可以涉冬。"宋苏轼《次韵王郎子立风雨有感》:"百年一俯仰,寒暑相主客,稍增裘褐气,已觉团扇厄。"元王祯《农书》卷二一:"言其适用,则北方多寒,或茧纩不足,而裘褐之费,此最省便。"

【裘冕】qiúmiǎn 即"大裘冕"。《周礼·夏官·节服氏》:"郊祀裘冕,二人执戈。"汉郑玄注:"裘,大裘也。"清孙诒让正义:"又《司服》云:'王祀昊天上帝,则服大裘而冕,祀五帝亦尔'是也。"《文选·谢朓〈和伏武昌登孙权故城〉》:"裘冕类禋郊,卜揆崇离殿。"唐李善注:"《周礼》曰:王祀昊天上帝,则服大裘而冕,祀五帝亦如之。"唐贺知章《太和乐章》:"裘冕而祀,陟降在斯。"《宋史·舆服志三》:"夫

大裘而冕,谓之裘冕,非大裘而冕,谓之衮冕。"

qu—qun

【袪】qū ❶衣袖。《诗经·郑风·遵大路》:"掺执子之袪兮。"汉毛亨传:"袪,袂也。"《广韵·鱼韵》:"袪,袖也。"《左传·僖公五年》:"(晋文公)逾垣而走,(寺人)披斩其袪。"《列子·周穆王》:"王执化人之袪,腾而上者,中天乃止。"晋张湛注:"袪,衣袖也。"宋晁载之《续谈助》卷一:"周公以玉笏与之,岐常宝执,以衣袪拭拂。"❷专指袖口。《诗经·唐风·羔裘》:"羔裘豹袪。"唐孔颖达疏:"袂是衣袖之大名,袪是袖头小名,其通皆为袂。"《礼记·檀弓上》:"鹿裘衡长袪。"汉郑玄注:"袪,谓袖缘袂口也。"《说文解字·衣部》:"袪,衣袂也。"清段玉裁注:"盖袂上下径二尺二寸,至袪则上下径尺二寸,其义当分别也。"

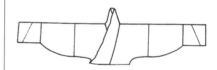

袪(湖南长沙马王堆汉墓出土)

【絇】qú 也作"句"。鞋头上的一种装饰。据称鞋上用此,有提醒穿履者谨慎之意。先秦时多用于成人履舄。周代天子后妃、百官士庶,祭祀礼见均可用之。服丧之人及未冠童子则无此饰。南北朝后其制渐失,宋代曾仿制,入元后废止。《周礼·天官·屦人》:"屦人掌王及后之服屦,为赤舄、黑舄、赤繶、黄繶、青句、素屦、葛屦。辨外内命夫命妇之命屦、功屦、散屦,以宜服之。"《仪礼·士冠礼》:

"玄端黑屦,青絇繶纯,纯博寸。素积白屦,以魁柎之,缁絇繶纯,纯博寸。爵弁纁屦,黑絇繶纯,纯博寸。"汉郑玄注:"絇之言拘也,以为行戒。状如刀衣鼻,在屦头。"《礼记·曲礼下》:"大夫士去国,逾竟,为坛位,乡国而哭,素衣、素裳、素冠、彻缘,鞮屦。"唐孔颖达疏:"鞮屦者,谓无絇饰屦也。屦以絇为饰,凶,故无絇也……解者云:古履以物系之为行戒,故用缁一寸,屈之为絇……其屈之形似汉时刀衣鼻也。其色或青、或黑不同……各随裳色。今素裳则屦白色也。"又《玉藻》:"童子不裘不帛,不屦絇,无缌服,听事不麻。"郑玄注:"絇,屦头饰也。"《晏子春秋·内篇谏下》:"景公为屦,黄金之綦,饰以银,连以珠,良玉之絇。"宋赵彦卫《云麓漫钞》卷三:"屦之有絇,所以示戒,童子不絇,未能戒也。丧屦无絇,去饰也。人臣去国,鞮屦,以丧礼处之也。"《玉篇》:"絇,履头饰也。"《宋史·舆服志五》:"徽宗重和元年,诏礼制局自冠服讨论以闻,其见服靴,先改用履。礼制局奏:'履有絇、繶、纯、綦,古者舄履各随裳之色,有赤舄、白舄、黑舄。今履欲用黑革为之,其絇、繶、纯、綦并随服色用之,以仿古随裳色之意。'诏以明年正旦改用。"又:"乾道七年,复改用靴,以黑革为之,大抵参用履制,惟加勒焉。其饰亦有絇、繶、纯、綦,大夫以上具四饰,朝请、武功郎以下去繶,从义、宣教郎以下至将校、伎术官并去纯。底用麻再重,革一重。里用素衲毡,高八寸。诸文武官通服之,惟以四饰为别。"

【絇屦】qújù 也作"絇履""句履""句屦"。成年男女所穿的一种鞋头缀有絇饰的礼鞋。专用于祭祀。其制始于春秋时期。《荀子·哀公》:"然则夫章甫、絇屦、绅而搢笏者此贤乎?"唐杨倞注:"絇谓屦头有拘饰也。"《大戴礼记·哀公问》:"然则今夫章甫、句屦,绅带搢笏者,此皆贤乎?"《庄子·田子方》:"儒者冠圜冠者,知天时;履句屦者,知地形。"汉蔡邕《独断》卷下:"三公及诸侯之祠者……衣黼衣,佩玉佩,履絇履。"汉卫宏《汉官仪》卷上:"乘舆冠高山冠,飞羽之缨帻耳赤丹纨里,带七尺斩蛇剑,履虎尾絇履。"《后汉书·孝明帝本纪》:"宗祀光武皇帝于明堂,帝及公卿列侯始服冠冕、衣裳、玉佩、絇屦以行事。"又《舆服志下》:"汉承秦故。至世祖践阼,都于土中,始修三雍,正兆七郊。显宗遂就大业,初服旒冕,衣裳文章,赤舄絇屦,以祠天地,养三老五更于三雍,时政治平矣。"《隋书·礼仪志六》:"凡公及位从公、五等诸侯,助祭郊庙,皆平冕九旒……大佩、赤舄、絇屦。"《通典·礼志二十一》:"九卿以下,用华虫七章,皆备五采,大佩、赤舄、絇履,以承大祭。"

【曲袷】qūjié 交领之一种样式。领口成方形。《礼记·深衣》:"曲袷如矩以应方。"汉郑玄注:"袷,交领也。古者方领,如今小儿衣领。"清任大椿《深衣释例》卷二:"曲袷属于内外襟,两襟交则袷交,而形自方。"

【緆冠】quánguān 浅红色的丧冠,夫为妻服丧时所戴。《仪礼·丧服记》:"为其妻,緆冠、葛绖带、麻衣、緆缘,皆既葬除之。"汉郑玄注:"緆,浅绛也,一染谓之緆。"

【**决履**】quēlǚ 破鞋子。形容人操守清高,安贫守道,不苟求合污。决,通"缺"。语本《韩诗外传》卷一:"原宪楮冠黎杖而应门,正冠则缨绝,振襟则肘见,纳履则踵决。"又《庄子·让王》:"曾子居卫……正冠而缨绝,捉衿而肘见,纳屦而踵决,曳纵而歌《商颂》。"晋陶渊明《咏贫士》之三:"原生纳决履,清歌畅商音。"履,一本作"屦"。

【**屈狄**】quèdí 即"阙狄"。《礼记·玉藻》:"君命屈狄,再命袆衣,一命禕衣。"汉郑玄注:"屈,《周礼》作'阙',谓刻缯为翟不画也。此子男之夫人及其卿大夫、士之妻命服也。"

【**阙狄**】quèdí 也作"阙翟"。王后、命妇的祭服。位列于袆衣、揄狄之下。祭群小祀时服之。上自后妃,下至士妻,均可着之。其式采用袍制,面料用赤,夹里用白;因衣上剪贴有野鸡图纹,故名。《周礼·天官·内司服》:"掌王后之六服:袆衣、揄狄、阙狄、鞠衣、展衣、缘衣、素沙。"汉郑玄注:"狄当为翟。翟,雉名……王后之服,刻缯为之形而采画之,缀于衣以为文章。袆衣画翚者,揄翟画摇者,阙翟刻而不画,此三者皆祭服。"又:"祭群小祀则服阙翟……其色则阙狄赤,揄狄青。"唐贾公彦疏:"阙翟者,其色赤。上二翟则刻缯为雉形,又画之。此阙翟亦刻为雉形,不画之为彩色,故名阙狄也。"汉刘熙《释名·释衣服》:"阙翟,剪阙缯为翟雉形以缀衣也。"《隋书·礼仪志六》:"第二品七钿蔽髻,服阙翟。"《旧五代史·周后妃传》:"体柔仪而陈阙翟,芬若椒兰。"

阙翟(宋聂崇义《三礼图》)

【**裙**】qún ❶也称"踢串"。下裳,后专指裙子。通常以五幅、六幅或八幅布帛拼制而成,上连于腰。汉魏及之前男女均用,唐代以后多用于妇女。起初用料多为绢,六朝后,用料多以罗纱为主,绢为辅。其式样、颜色各代不同。唐代以前,以多幅裙为主,重红、紫、黄、绿,以红裙最为流行。至唐代,裙饰增多,出现了间色裙,裙的色彩艳丽,有绣带下垂,而且裙身加长。南宋时,出现了长裙、短裙、练裙、襕裙、画裙、石榴裙、郁金裙、舞裙、施裙等式样。明时,裙子初用素白,绣以花边作压脚,裙幅初用六幅,后用八幅,腰间细褶数十,行动辄如水纹,裙上纹样也更讲究,出现了月华裙、凤尾裙、百褶裙等。明崇祯年间的百裥裙制作极精致。清以红为贵,寡妇只能穿黑裙或湖色、雪青等色裙。清初裙子式样保存明俗,多穿凤尾裙、弹墨裙及月华裙。以后不断改革,或在裙上装满各种飘带,或在裙幅底下缀以无数小铃。《说文解字·巾部》:"裙,下裳也。"汉刘熙《释名·释衣服》:"裙,下裳也。裙,群也,联接群幅也。"《古诗为焦仲卿妻作》:"著我绣夹裙,事事四五通。"《乐府诗集·陌上桑》:"缃绮为下裙。"《北史·邢恋传》："萧深藻是裙屐少年，未洽政务。"唐刘存《事始》："裙，古人已有裙八幅直缝乘骑，至唐初，马周以五幅为之，交解裁之，宽于八幅也。"明蒋一葵《长安客话》引《燕京五月歌》："石榴花发街欲焚，蟠枝屈朵皆崩云；千门万户买不尽，剩将儿女染红裙。"清叶梦珠《阅世编》卷八："裳服，俗谓之裙。旧制：色亦不一，或用浅色，或用素白，或用刺绣，织以羊皮，金缉于下缝，总与衣衫相称而止。崇祯初，专用素白，即绣亦只下边一、二寸，至于体惟六幅，其来已久。古时所谓'裙拖六幅湘江水'是也。明末始用八幅，腰间细褶数十，行动如水纹，不无美秀，而下边用大红一线，上或绣画二、三寸，数年以来，始用浅色画裙。"《红楼梦》第六十二回："憨湘云醉眠芍药裀，呆香菱情解石榴裙。"❷指帽缘周围下垂部分。《南齐书·五行志》："永明中，萧谌开博风帽后裙之制，为破后帽。"《新唐书·车服志》："初，妇人施羃䍦以蔽身，永徽中，始用帷冒，施裙及颈，坐檐以代乘车。"❸围绕于领颈的披肩。汉扬雄《方言》卷四："绕衿谓之裙。"《说文解字·巾部》"帬"清段玉裁注："衿、领今古字。'领'者，刘熙云：'总领衣体为端首也。'然则绕领者，围绕于领，今男子妇人披肩其遗意。"

R

ran—rui

【袡】rán ❶衣裳的边缘。《仪礼·士昏礼》："女次纯衣纁袡。"汉郑玄注："纯衣，丝衣。袡，亦缘也。"唐贾公彦疏："袡之言任也。以纁缘其衣，象阴气上任也。"《广韵·盐韵》："袡，衣缘也。"❷妇女出嫁时的盛装。《礼记·丧大记》："妇人复，不以袡。"汉郑玄注："袡，妇人嫁时上服也，非事鬼神之衣。"唐孔颖达疏："袡是嫁时上服，乃是妇人之盛服，而非是事神之衣，故不用招魂也。"

【衽】rèn ❶在衣下两旁，掩裳际，形如燕尾。《仪礼·丧服》："衽二尺有五寸。"汉郑玄注："衽，所以掩裳际也。二尺五寸，与有司绅齐也。上正一尺，燕尾一尺五寸，凡用布三尺五寸。"❷指连于衣领之胸前左右两幅。有直领，今称对襟。有交领，今称旁襟。旁襟，则左襟两幅，右襟一幅，左襟之半掩于右襟之上，故右襟亦称里襟。襟上系带结于右被下，此所谓右衽。常服均右衽，死者之服用左衽，少数民族亦有左衽者。《礼记·丧大记》："小敛、大敛，祭服不倒，皆左衽，结绞不纽。"《论语·宪问》："微管仲，吾其被发左衽矣。"宋邢昺疏："衽谓衣衿。衣衿向左谓之左衽，夷狄之人被发左衽，言无管仲则君不君、臣不臣，中国皆为夷狄。"❸下裳的叠压部分，一般多指前片。引申为下裳的代称。《礼记·玉藻》："深衣三袪，缝齐倍要，衽当旁。"《春秋公羊传·昭公二十五年》："昭公……再拜稽首，以衽受。"汉何休注："衽，衣裳当前者。"《考工记·鞇人》："终岁御，衣衽不敝。"❹袖子。《广雅·释器》："衽，袖也。"清朱骏声《说文通训定声·临部》："凡衽，皆言两傍；衣际、裳际正当手下垂之处，故转而名袂焉。"汉刘向《列女传》卷一"鲁季敬姜"："所与游处者，皆黄耇倪齿也。文伯引衽攘卷而亲馈之。"《汉书·张良传》："楚必敛衽而朝。"

【戎服】róngfú 军服；通常由紧身衣裤或铠甲等组成，便于作战行军。《左传·襄公二十五年》："郑子产献捷于晋，戎服将事。晋杜预注："戎服，军旅之服。"《汉书·匈奴传下》："是以文帝中年，赫然发愤，遂躬戎服，亲御鞍马。"《魏书·成淹传》："使人唯赍袴褶，比既戎服，不可以吊，幸借缁衣帢，以申国命。"《南史·东昏侯纪》："帝骑马从后，著织成袴褶，金薄帽，执七宝缚矟……戎服急装缚袴，上著绛衫，以为常服，不变寒暑。"宋罗大经《鹤林玉露》卷六："渡江以来，士大夫始衣紫窄衫，上下如一。绍兴九年，诏公卿长吏，毋得以戎服临民，复用冠带。"《宋史·舆服志五》："二十六年，再申严禁，毋得以戎服临民，自是紫衫遂废。"《朱子语类》卷九一："隋炀帝游幸，令群臣皆以戎服从。"清子虚子《湘事记·军事篇五》：“谭延闿戎服出坐大堂，斩万夫雄等四人于案下。”

【**戎衣**】róngyī 军装，战衣。《尚书·武成》："一戎衣，天下大定。"北周庾信《周宗庙歌》之六："终封三尺剑，长卷一戎衣。"唐杜审言《赠苏味道》诗："边声乱羌笛，朔风卷戎衣。"温庭筠《春日》诗："从来千里恨，边色满戎衣。"《玉海》卷八一："隋大业六年，百官从驾皆服袴褶。于军旅间不便，是岁始诏，从驾涉远者，文武官皆戎衣。"明徐渭《龛山凯歌》："县尉卑官禄米微，教辞黄绶著戎衣。"清魏源《圣武记》卷一："慎其小时则军出万全，俟其大时则一戎衣而成帝业。"

【**容刀**】róngdāo 也称"佩刀"。佩在腰间的刀饰，男女均可佩之。其制始于商周。《诗经·大雅·公刘》："何以舟之，维玉及瑶，鞞琫容刀。"宋朱熹集传："容刀，容饰之刀也。"清陈奂传疏："容刀，佩刀也，佩刀以为容饰。故曰容刀。"又《卫风·芄兰》："容兮遂兮，垂带悸兮。"汉郑玄笺云："容，刀也。遂，瑞也。言惠公佩容刀与瑞及垂绅带三尺，则悸悸然行止有节度。"汉刘熙《释名·释衣服》："佩……有珠、有玉、有容刀。"又《释兵器》："佩刀，在佩旁之刀也，或曰容刀。有刀形而无刃，备仪容而已。"《隋书·礼仪志四》："字有脱误者，呼起席后立；书迹滥劣者，饮墨水一升；文理孟浪，无可取者，夺容刀及席。"

【**容臭**】róngxiù 可供佩戴的香料。通常以布帛制成袋囊，使用时系佩在腰际，男女均有佩戴。亦指香囊。《礼记·内则》："男女未冠笄者……衿缨，皆佩容臭。"汉郑玄注："容臭，香物也，以缨佩之。"唐孔颖达疏："臭谓芬芳。臭物谓之

容者，庾氏云：以臭物可以修饰形容，故谓之容臭。"清孙希旦集解："容臭，谓为小囊以容受香物也。"明谈迁《枣林杂俎·圣集》："（宋濂）左佩刀，右佩容臭，烨若神人。"清厉荃《事物异名录》卷一六："容臭……犹后世香囊也。"

【**儒服**】rúfú 周秦时期指儒家弟子的服饰，高冠，宽袍大袖。后世泛指读书人的服装。《礼记·儒行》："鲁哀公问于孔子曰：'夫子之服，其儒服与？'孔子对曰：'丘少居鲁，衣逢掖之衣。长居宋，冠章甫之冠。丘闻之也，君子之学也博，其服也乡。丘不知儒服。'"汉郑玄注："逢，犹大也。大掖之衣，大袂禅衣也。"《史记·仲尼弟子列传》："子路后儒服委质，因门人请为弟子。"明王达《椒宫旧事》："后见秀才巾服与胥吏同，乃更制儒巾、襴衫，令上著之。上曰：'此真儒服也。'遂颁天下。"清卓尔堪《从军行》诗："上堂仍儒服，未忍换戎装。"

【**襦**】rú ❶长不过膝的短上衣。单衣名"禅襦"，可穿于内作衬衣。夹者名"夹襦"，纳绵絮则称"复襦"，到汉代襦逐渐演变为在外面穿用的服装。其面料越来越多样化，有皮革、丝、绢、绫、罗等。《礼记·内则》："（童子）十年，出就外傅，居宿于外，学书计，衣不帛襦袴。"《左传·昭公二十五年》："公在乾侯，征褰与襦。"汉史游《急就篇》："短衣曰襦，自膝以上，一曰短而施腰者襦。"唐颜师古注："襦衣外曰表，内曰里。"《采桑度》诗："春月采桑时，林下与欢俱。养蚕不满百，那得罗绣襦？"《陌上桑》诗："缃绮为上霜，紫绮为上襦。"题汉刘歆《西京杂记》卷一："谨上襚三十五条，以陈踊跃之心，金花紫轮帽、金花紫罗面衣、织成上

褕、织成下裳。"《太平御览》卷六九五："太子纳妃,有紫縠褕、绛纱褕、绣縠褕。"北周王褒《日出东南隅行》："银镂明光带,金地织成褕。"❷儿童的围嘴。汉扬雄《方言》卷四："襜谓之褕。"清戴震疏证："盖以襜为小儿次(涎)衣,掩颈下者。褕有曲领之名,故襜亦名褕。"唐白居易《阿崔》诗:"腻剃新胎发,香绷小绣褕。"

【緌】ruí ❶系冠的带子在下巴下的部分。《诗经·齐风·南山》："葛屦五两,冠緌双止。"《礼记·内则》："冠緌缨。"汉郑玄注："緌,缨之饰也。"唐孔颖达疏："结缨领下,以固冠,结之余者散而下垂,谓之緌。"《礼记·檀弓上》："丧冠去緌。"汉郑玄注："去饰。"《说文解字·糸部》："緌,系冠缨也。"清段玉裁注:"垂其余则为緌。"唐白居易《不致仕》诗:"挂冠顾翠緌,悬车惜朱轮。"《玉海》卷八一:"通天冠……二十四梁,附蝉十二,施珠翠,金博山,介帻,组缨翠緌。"明王圻《三才图会·冠緌》:"緌以纮系笄顺颐而下结之。垂其饰于前曰緌。"《镜花缘》第九十回:"巾帼绅联笏,钗钿弁系緌。"❷衣带。《尔雅·释器》:"妇人之袆,谓之缡。缡,緌。"晋郭璞注:"緌,系也。"

【緌缨】ruíyīng 系冠的带子。《礼记·内则》:"后王命冢宰,降德于众兆民。子事父母,鸡初鸣,咸盥漱,栉,縰,笄,总,拂髦,冠,緌缨,端韠绅,搢笏。"《梁书·昭明太子传》:"旧制,太子著远游冠,金蝉翠緌缨;至是,诏加金博山。"清刘廷玑《在园杂志》卷一:"古冠緌缨,即项下绊带也。"

S

sa—san

【靸】sǎ ❶小儿之履。《说文解字·革部》："靸，小儿履也。"❷拖鞋。以皮革为之，平底无跟，头深而锐。男女用于燕居时。汉史游《急就篇》："靸鞮印角褐袜巾。"唐颜师古注："靸谓韦履，头深而兑，平底者也。今俗呼谓跣子。"汉刘熙《释名·释衣服》："靸，韦履深头者之名也。靸，袭也，以其深袭覆足也。"宋戴侗《六书故》："靸，今人以履无踵直曳之者为靸。"元张可久《落梅风·睡起》曲："拢钗燕，靸绣鸳，搓朱帘绿阴庭院。"陶宗仪《南村辍耕录·靸鞋》："西浙之人，以草为履而无跟，名曰靸鞋。"明谢肇淛《五杂俎》卷一二："今世吾闽兴化、漳、泉三郡，以屐当靸，洗足竟，即跣而著之，不论贵贱男女皆然。"

【三翟】sāndí 后妃、受过封号的命妇的三种绘有山雉纹样的祭服：袆衣、揄狄、阙狄。其上绘有翚翟、鷂翟等为图形。《周礼·天官·内司服》"掌王后之六服：袆衣、揄狄、阙狄、鞠衣、展衣、缘衣"汉郑玄注："狄当为翟，翟，雉名……王后之服，刻缯为之形而采画之，缀于衣，以为文章。袆衣画翚者，揄翟画鷂者，阙翟刻而不画。此三者皆祭服，从王祭先王则服袆衣，祭先公则服揄翟，祭群小祀，则服阙翟。今世有圭衣者，盖三翟之遗俗。"《梁书·武帝纪下》："后宫职司贵妃以下，六宫袆褕三翟之外，皆衣不曳地，傍无锦绮。"

【三冠】sānguān 夏、商、周三代之冠。指夏之毋追，殷之章甫，周之委貌。《仪礼·士冠礼》"委貌，周道也；章甫，殷道也；毋追，夏后氏之道也"汉郑玄注："三冠，皆所服以行道也。其制之异同，未之闻。"

【三英】sānyīng ❶裘服上的素丝缨饰。《诗经·郑风·羔裘》："羔裘晏兮，三英粲兮。"晋郭璞《毛诗拾遗》："古者以素丝英饰裘。"宋朱熹集传："三英，裘饰。未详其制。"清马瑞辰通释："《初学记》卷二六引郭璞《毛诗拾遗》：'英，谓古者以素丝英饰裘，即上素丝五绲也。'《田间诗学》引范氏说，谓五紽、五緎、五总，即此《诗》三英是也。古者衣以章身，即以表德。传云'三英，三德'者，盖谓以象三德耳。"高亨《诗经今注》："英，缨也。古人的皮袄是对襟，中间两边各缝上三条丝绳，穿时结上，等于现在的钮扣。"❷明代达官冠帽上的翎枝。因安插三枝而得名。参见883页"英"。

【三属】sānzhǔ 相互联结能够保护战士上身、髀部、胫部的铠甲。《荀子·议兵》："魏氏之武卒，以度取之，衣三属之甲。"《汉书·刑法志》："魏氏武卒，衣三属之甲。"唐颜师古注："苏林曰：'兜鍪也，盆领也，髀裈也。'如淳曰：'上身一，髀裈一，胫缴一，凡三属也。'如说是也。"《文选·左思〈魏都赋〉》:"三属之甲,缦胡之缨。"唐张铣注:"属,连也。言甲三札相重而连之。"

【散屦】sǎnjù 不加装饰的鞋子。与王、后所用"素屦"相对,臣下所用,在礼服中等级最低。通常于大祥(为父母去世两周年而举行的祭祀仪式)时所著。《周礼·天官·屦人》:"辨外内命夫命妇之命屦、功屦、散屦。凡四时之祭祀,以宜服之。"汉郑玄注:"散屦亦谓去饰。"又:"祭祀而有素屦、散屦者,唯大祥时。"唐贾公彦疏:"散即上之素,皆是无饰,互换而言,故云谓去饰者也。"清孙诒让正义:"凡此经言散者,并取粗沽猥杂亚次于上之义。"

【散带】sàndài 丧服中散垂于腰的麻带,围腰后多余部分散垂者,通常用于大功以上。《礼记·杂记上》:"大功以上散带。"唐孔颖达疏:"大功以上,散此带垂,不忍即成之,至成服,乃绞。"《仪礼·士丧礼》:"牡麻经,右本在上,亦散带垂。"汉郑玄注:"散带之垂者,男子之道文,多变也。"清胡培翚正义:"散带,即要经也。"《通典·礼志四十五》:"周制,士丧,将小敛,斩缞者……散带,垂长三尺。"

【散麻】sànmá 即"散带"。《荀子·礼论》:"大路之素未集也,郊之麻絻也,丧服之先散麻也,一也。"《礼记·玉藻》"五十不散送"汉郑玄注:"送丧不散麻。"

【散衣】sànyī 装殓死者的衣服中,除祭服外的其他衣服。《仪礼·士丧礼》:"缁衾赪里,无纮,祭服次,散衣次。"汉郑玄注:"襚衣以下袍茧之属。"唐贾公彦疏:"袍茧有著之异名,同入散衣之属也。"清胡培翚正义:"褚氏寅亮云:'小敛固有玄

端服,但在散衣中,经所言祭服,仍指助祭之服。'……言散衣,则爵弁服、皮弁服以外之衣,皆统之矣。"又:"大敛、绞、紟、衾二、君襚、祭服、散衣、庶襚,凡三十称。"

sang

【丧服】sāngfú 居丧时按照礼制规定所穿的服饰。周礼分之为斩衰、齐衰、大功、小功、缌麻五种,合称"五服"。通常以服装款式、质料粗细及服用时间、使用时视与死者关系远近亲疏而定。斩衰用最粗的麻布制成,不缉边。妻与妾为夫、子及未嫁女为父、儿媳为公公服之,服期三年。齐衰用粗麻布制成,缉边。子与未嫁女为母和继母服之,服期三年;已嫁女为父,孙为祖父母服之,服期一年。大功用熟麻布制成。为堂兄弟、未嫁堂姐妹、已嫁姑、妹,或已嫁女为母、伯叔父、兄弟服之,服期九个月。小功用较细的熟麻布制成,为关系较服大功更远的死者服之,服期五个月。缌麻用细麻布制成,为关系较服小功更远的死者服之,服期三个月。秦汉以后沿用此制,由于时代、地区、各家情况的差异,丧服形制有很大变化。《周礼·天官·阍人》:"丧服、凶器不入宫。"宋高承《事物纪原·吉凶典制·丧服》:"三王乃制丧服,则衰经之起,自三代始也。"《朱子语类》卷八九:"今人吉服,皆已变古,独丧服必欲从古。"清甘熙《白下琐言》:"丧服,无论贵贱,凡斩衰以下,皆长领大袖,盖暂而非常,仍沿前代制耳。"

【丧冠】sāngguān 服丧时所戴的一种帽子。与吉冠相对而言,殷代的冠是直缝的,周代的吉冠改为横缝,而改丧冠为直

缝。《礼记·檀弓上》:"古者,冠缩缝,今也,衡缝;古丧冠之反吉,非古也。"唐孔颖达疏:"'古'者,自殷以上也;缩,直也。殷以上质,吉凶冠皆直缝。直缝者,辟积摄少,故一一前后直缝之。'今也衡缝'者,今,周也;衡,横也。周世文冠多辟积,不复一一直缝,但多作襵而并横缝之。"又《杂记上》:"丧冠条属,以别吉凶。三年之练冠亦条属,右缝;小功以下左;缌冠缲缨。"又《杂记下》:"以丧冠者,虽三年之丧,可也。既冠于次,入哭踊,三者三,乃出。"汉郑玄注:"言虽者,明齐衰以下,皆可以丧冠。始遭丧,以其冠月,则丧服因冠矣,非其冠月,待变除卒哭而冠。次,庐也。"宋聂崇义《新定三礼图》:"冠广三寸,落顶前后以纸糊为材,上以布为三辟襵,两头皆在武下向外反屈之,缝于武。以前后两毕之末而向外襵之,故云外毕。"

【颡推之履】sǎngtuīzhīlǚ 粗鞋;贱鞋。贫者所穿。《吕氏春秋·达郁》:"列精子高听行乎齐湣王,善衣,东布衣,白缟冠,颡推之履,特会朝雨,袪步堂下,谓其侍者曰:'我何若?'侍者曰:'公姣且丽。'"汉高诱注:"颡推之履,弊履也。"许维遹《吕氏春秋集解》卷二九:"《墨子·兼爱下》云:'晋国之士,大布之衣,练帛之冠,且苴之履。'此云'颡推之履'即彼云'且苴之履'。高训弊履,殆亦指粗恶言。"一说为突头履。高亨《诸子新笺·吕氏春秋·达郁》:"推借为頧,同声系,古通用。《说文》:'頧,出领也。'頧即额之正字。颡頧之履者,履之前额突出而高者也。"

shan—shen

【山冕】shānmiǎn 周代天子及公侯等在祭祀等礼节中所穿的绘有山形花纹的礼服和所戴之冕。一说山冕即通天冠。以冠梁前有山而名。《荀子·大略》:"天子山冕,诸侯玄冠,大夫裨冕,士韦弁,礼也。"唐杨倞注:"山冕,谓画山于衣而服冕,即衮也。盖取其龙则谓之衮冕,取其山则谓之山冕。"南朝梁简文帝《南郊颂》序:"揖太清,秩群望,被大裘,服山冕。"《隋书·礼仪志六》:"后周设司服之官,掌皇帝十二服……祀星辰、祭四望、视朔、大射、飨群臣、巡牺牲、养国老,则服山冕,八章十二等。"又:"诸公之服九:一曰方冕,二曰衮冕……三曰山冕,八章,衣裳各四章,衣重宗彝,为九等。"

【善衣】shànyī ❶周代指自士以上祭祀、朝会时穿的礼服。《礼记·深衣》:"古者深衣,盖有制度……善衣之次也。"汉郑玄注:"善衣,朝祭之服也。自士以上,深衣为之次;庶人吉服深衣而已。"❷泛指质量上乘的衣服。《吕氏春秋·达郁》:"列精子高听行乎齐湣王,善衣东布衣,白缟冠,颡推之履。"《史记·刺客列传》:"高渐离念久隐畏约无穷时,乃退,出其装匣中筑与其善衣,更容貌而前。"

【上服】shàngfú ❶贵重的礼服,上等服饰,也专指祭服。《仪礼·士虞礼》:"尸服卒者之上服。"汉郑玄注:"上服者,如《特牲》'士玄端'也。"唐贾公彦疏:"玄端即是卒者生时所著之祭服,故尸还服之。"《魏书·契丹传》:"熙平中,契丹使人祖真等三十人还,灵太后以其俗嫁娶之际,以青毡为上服,人给青毡两匹,赏其诚款之心。"《元史·塔出传》:"入朝,世祖嘉其功,眷遇弥渥,复赐珍珠上服,拜荣禄大夫、辽阳等处行中书省平章政事。"❷周代礼服中加在中衣之上的衣服。《仪礼·聘礼》"裼降立"唐贾公彦疏:"凡服四时不同,假令冬有裘,衬身禅衫,又有襦袴,襦袴上有裘,裘上有裼衣,裼衣之上又有上服,皮弁祭服之等。若夏则绨绤,绨绤之上,则有中衣,中衣之上复有上服,皮弁祭服之等。若春秋二时,则衣袷褶,袷褶之上,加以中衣,中衣之上,加以上服也。"❸上身所穿的衣服。汉司马相如《美人赋》:"女乃弛其上服,表其亵衣,皓体呈露,弱骨丰肌。"唐戴孚《广异记》:"贼等观不见人,乃竞取物,忽见妇人从金城出,可长六尺,身衣锦绣,上服紫绡裙。"

【上衽】shàngrèn 衣服的前襟。《礼记·问丧》:"亲始死,鸡斯徒跣,扱上衽,交手哭。"汉郑玄注:"上衽,深衣之裳前。"唐孔颖达疏:"上衽谓深衣前衽。"汉刘向《说苑·复思》:"鲍叔死,管仲举上衽而哭之,泣下如雨。"

【少采】shǎocǎi 周代帝王祭月时所穿的三彩礼服。天子礼服五色,谓之大采,其除去玄黄二色,而仅以朱白苍成服者,谓之少采。《国语·鲁语下》:"少采夕月,与大史、司载纠虔天刑。"三国吴韦昭注:"少采,黼衣也。昭谓:朝日以五采,则夕月其三采也。"《礼记·玉藻》"玄端而朝日于东门之外"唐孔颖达疏引晋孔晁云:"大采谓衮冕,少采谓黼衣。"参见25页"大采"。

【设衣】shèyī 出席宴会穿的衣服。《荀子·大略》:"寝不逾庙,设衣不逾祭服,礼也。"唐杨倞注:"设,宴也。"一说,"设"乃"讌"字之讹。清王先谦集解引王念孙曰:"设当为讌字之误也,故杨注云:'讌,宴也。'寝对庙而言,讌衣对祭服而言。《王制》'燕衣不逾祭服,寝不逾

庙'是其证。"

【绅】shēn ❶ 也称"绅带"。腰带末端的下垂部分。仕宦以丝缕编织为带,用以束腰。系束之后多余部分垂于腰下,即称为绅。一般以垂下的长度区别身份等级。《论语·卫灵公》:"子张书诸绅。"宋邢昺疏:"以带束腰,垂其余以为饰,谓之绅。"《礼记·玉藻》:"凡侍于君,绅垂足如履齐。"又:"绅长,制:士三尺,有司二尺有五寸。子游曰:'参分带下,绅居二焉。'"汉郑玄注:"绅,带之垂者也。"汉班固《白虎通义》卷四:"所以必有绅带者,示谨敬自约整。繢缯为结于前,垂三分,身半,绅居二焉。"元华亭二生《法服歌诀》:"袜履中单黄带先,裙袍蔽膝绶绅连。方心曲领蓝腰带,玉佩丁当冠笏全。"清曹庭栋《养生随笔》卷三:"古人轻裘缓带,缓者,宽也……少壮整饬仪容,必紧束垂绅,方为合度。"❷《说文解字·系部》:"绅,大带也。"大带。《礼记·杂记》:"麻者不绅,执玉不麻,麻不加于采。"《论语·乡党》:"疾,君视之,东首,加朝服,拖绅。"《尚书大传》:"皆莫不衣绅端冕以奉祭祀。"

【深衣】shēnyī 也作"申衣"。一种衣裳连属形制的长衣。为诸侯、大夫、士家居常穿的衣服,又是百姓的最高一级礼服。出现于春秋战国之际,盛行于战国、西汉时期。不论尊卑、男女均可着之。其地位仅次于朝服。东汉以后多用于妇女。魏晋以后,为袍、衫等服代替,深衣制度亦随之湮没。深衣大致有如下特点:一、衣、裳相连。二、矩领,即领式为方折式样。三、续衽钩边。衣襟接长一段,作成斜角,着时由前绕至背后,以免露出里衣。清任大椿《深衣释例》卷二:"案在旁

曰衽。在旁之衽前后属连曰续衽。右旁之衽不能属连，前后两开，必露里衣，恐近于亵。故别以一幅布裁为曲裾……以掩盖里衣。而右前衽即交乎其上，于覆体更为完密。"四、长至踝间。清黄宗羲《深衣考》："此言裳之下际随人之身而定，其长短：太短则露见其体肤；太长则被于地上，皆不可也。"制作深衣的质料，最初多以白麻布为之，领袖、襟裾另施彩缘。战国以后，则多用彩帛制作。深衣的形制给后世服饰带来很大影响，如唐代的袍下加襕，元代的质孙服，明代的曳撒，清代的旗袍等，都是古代深衣制的演变。《礼记·深衣》："古者深衣盖有制度，以应规矩，绳权衡。短毋见肤，长毋被土。续衽，钩边，要缝半下。袼之高下，可以运肘；袂之长短，反诎之及肘。带，下毋厌髀，上毋厌胁，当无骨者。制十有二幅以应十有二月，袂圜以应规，曲袷如矩以应方，负绳及踝以应直，下齐如权衡以应平。故规者，行举手以为容；负绳抱方者，以直其政，方其义也。故《易》曰：'坤六二之动，直以方也。'下齐如权衡者，以安志而平心也。五法已施，故圣人服之。故规矩取其无私，绳取其直，权衡取其平，故先王贵之。故可以为文，可以为武，可以摈相，可以治军旅，完且弗费，善衣之次也。具父母大父母，衣纯以缋；具父母，衣纯以青。如孤子，衣纯以素。纯袂、缘、纯边，广各寸半。"汉郑玄注："名曰深衣者，谓连衣裳而纯之以采也。"唐孔颖达疏："凡深衣皆用诸侯、大夫、士夕时所著之服，故《玉藻》云：'朝玄端，夕深衣。'庶人吉服，亦深衣，皆著之在表也……所以此称深衣者，以余服则上衣下裳不相连，此深衣者

裳相连，被体深邃，故谓之深衣。"宋司马光《独步至洛滨》诗："草软波清沙径微，手持笻竹著深衣。"清严复《救亡决论》："戴、阮、秦、王，直闯许郑；深衣几幅，明堂两个。"

深衣图（《朱子家礼》）

sheng－shou

【绳带】shéngdài 用麻绳做的带子，丧服所用。《仪礼·丧服》："绞带者，绳带也。"唐贾公彦疏："'绞带者，绳带也'者，以绞麻为绳作带，故云绞带也。"

【绳菲】shéngfēi 即"绳屦"。《仪礼·丧服》："绳屦者，绳菲也。"汉郑玄注："绳菲，今时不借也。"

【绳屦】shéngjù 服丧期间所穿的草鞋。以麻草之绳编织而成，质地粗糙。多用于斩衰，是丧屦中最重的一种。凡子为父，父为长子，诸侯为天子，妻妾为夫等服丧时穿着。《仪礼·丧服》："公士大夫之众臣，为其君布带绳屦……绳屦者，绳菲也。"

【绳缨】shéngyīng 斩衰冠上用麻绳制成的帽缨。《仪礼·丧服》："丧服，斩衰裳，苴绖杖绞带，冠绳缨菅屦者。"唐贾公彦疏："云冠绳缨者，以六升布为冠，又屈

一条绳为武,垂下为缨……则知此绳缨不用苴麻用枲麻。《礼记·丧服四制》:"父母之丧,衰冠、绳缨、菅屦。"清孙希旦集解:"绳缨,斩衰冠之缨。"汉班固《白虎通义·丧服》:"布衰裳麻绖,箭笄绳缨,苴杖为略。"

绳缨(宋聂崇义《三礼图》)

【盛服】shèngfú ❶完备齐整的礼服。《礼记·中庸》:"使天下之人齐明盛服,以承祭祀。"唐孔颖达疏:"盛饰衣服,以承祭祀。"《左传·宣公二年》:"盛服将朝,尚早,坐而假寐。"《乐府诗集·肆夏乐歌》:"盛服待晨,明发来朝。飨以八珍,乐以《九韶》。仰祗天颜,厥猷孔昭。"《清史稿·礼志六》:"其时节荐新,届日主人夙兴,率子弟盛服入庙。"❷华丽的服饰。《荀子·子道》:"子路盛服见孔子。孔子曰:'由!是裾裾何也?'"《汉书·霍光传》:"太后被珠襦,盛服坐武帐中。"隋薛道衡《和许给事善心戏场转韵》:"假面饰金银,盛服摇珠玉。"清万荣恩《潇湘怨·诧香》:"玉容倚倦,绛唇桃艳,翠粘盛服,新妆绿掩。"

【师比】shībǐ 束腰革带上的带钩。《战国策·赵策二》:"赵武灵王赐成具带金师比。"汉延笃云:"师比,胡革带钩也。"《骈雅·释器》:"师比,带钩也。"

【菁簪】shīzān 菁草做的簪子,比喻故物或故旧。《韩诗外传》卷九:"孔子出游少源之野,有妇人中泽而哭,其音甚哀。孔子使弟子问焉,曰:'夫人何哭之哀?'妇人曰:'乡者刈菁薪亡吾菁簪,吾是以哀也。'弟子曰:'刈菁薪而亡菁簪,有何悲焉?'曰:'非伤亡簪也,吾所以悲者,盖不忘故也。'"《南史·虞玩之传》:"(齐高帝)赐以新屐,玩之不受。帝问其故,答曰:'今日之赐,恩华俱重,但菁簪弊席,复不可遗,所以不敢当。'"五代前蜀韦庄《同旧韵》诗:"美价方稀古,清名已绝今。既闻留缟带,讵肯掷菁簪。"清孙枝蔚《虞玩之却屐图》诗:"新屐岂不好,云非臣所求。菁簪与弊席,曾可弃之不。"

【十二衣】shíèryī 十二个月里所穿的不同的衣服。《礼记·礼运》:"五色、六章,十二衣还相为质也。"唐孔颖达疏:"为十二月之衣,各以色为质。"《孔子家语·礼运》:"五色、六章,十二衣还相为主。"

【时服】shífú ❶不同时令所穿的衣服。据《吕氏春秋·十二纪》记载战国之时,受五行思想的影响,春季祭祀"衣青衣",孟夏、仲夏"衣赤衣",季夏"衣黄衣",秋季"衣白衣",冬季"衣黑衣"。《国语·楚语下》:"制神之处位次主,而为之牲器时服。"三国吴韦昭注:"时服,四时服色所宜。"《礼记·檀弓下》:"往而观其葬焉,其坎深不至于泉,其敛以时服。"汉郑玄注:"以时行之服,不改制节。"汉张衡《东京赋》:"顺时服而设副,咸龙旗而繁缨。"❷时兴、流行一时的服装。晋陆机《招隐》诗:"嘉卉献时服,灵术进朝飡。"唐张籍《酬浙东元尚书见寄绫素》诗:"便令裁制为时服,顿觉光荣上病身。"

【拾】shí 臂衣，射箭时用的皮制护袖。《周礼·夏官·缮人》："掌王之用弓、弩、矢、箙、缯、弋、抉、拾。"汉郑玄注："郑司农云：'拾，谓韝扞也。'玄谓韝扞著左臂，里以韦为之。"《诗经·小雅·车攻》："决拾既佽，弓矢既调。"汉毛亨传："拾，遂也。"《仪礼·乡射礼》："司射适堂西，袒、决、遂，取弓于阶西。"汉郑玄注："遂，射韝也。以韦为之，所以遂弦者也。其非射时则谓之拾。拾，敛也。所以蔽肤敛衣也。"清孙诒让《周礼正义》卷六一："凡拾、遂、韝、扞四者同物。韝为凡袒时蔽肤敛衣之通名……其射箸之，取其捍弦，故谓之捍，亦取其遂弦，故又谓之遂。非射时，则无取捍遂之义，故谓之拾。《大射》《乡射》两篇于'说抉拾'，则云拾；于'袒决遂'，则云遂。一篇之中，立文有异，其明证也。"

【收】shōu 夏代冠名。《仪礼·士冠礼》："周弁，殷冔，夏收。"汉郑玄注："收，言所以收敛发也。"《礼记·王制》："夏后氏收而祭，燕衣而养老。"汉刘熙《释名·释首饰》："收，夏后氏冠名也，言收敛发也。"《史记·五帝本纪》："黄衣纯收，彤车乘白马。"南朝宋裴骃集解引《太古冠冕图》："夏名冕曰收。"唐司马贞索隐："收，冕名。其色黄，故曰黄收，象古质素也。"

【首绖】shǒudié 丧服中以葛或麻制成戴于头上的带子。《仪礼·士虞礼》："丈夫说绖带于庙门外，入彻，主人不与。妇人说首绖，不说带。"又《丧服》"苴绖"注："麻在首在腰皆曰绖……首绖象缁布冠之缺项，要绖象大带。"《朱子语类·礼二》："尧卿问绖带之制。曰：'首绖大一搤，只是拇指与第二指一围。'"

【首服】shǒufú 头上的冠戴、头巾及首饰的统称。《周礼·天官·追师》："掌王后之首服，为副编次，追衡笄，为九嫔及外内命妇之首服，以待祭祀宾客。"唐贾公彦疏："云掌王后之首服者，对《夏官·弁师》掌男子之首服。"汉董仲舒《春秋繁露·三代改制质文》："首服藻黑。"《晋书·礼志中》："王为三公六卿锡衰，为大夫士疑衰，首服弁绖。"《明史·舆服志三》："校尉冠服：洪武三年定制，执仗之士，首服皆缕金额交脚幞头，其服有诸色辟邪、宝相花裙袄，铜葵花束带，皂纹靴。"

【绶】shòu ❶以丝编成的带子。用来系韨等，一般为天子、仕官所佩。《周礼·天官·幕人》："掌帷幕幄帟绶之事。"汉郑玄注："绶，组绶。"《礼记·玉藻》："天子佩白玉而玄组绶。"郑玄注："绶者，所以贯佩玉相承受者也。"《尔雅·释器》："繸，绶也。"宋邢昺疏："系玉之组名绶，以其连系璲玉，因名其绶。"《说文解字·糸部》："绶，韨维也。"《唐六典》卷二二："组绶之作有五：一曰组，二曰绶，三曰绦，四曰绳，五曰缨。"清厉鹗《辽史拾遗》卷二二："元昊以兵法部勒诸羌，始衣白窄衫，毡冠，红里顶冠，后垂红结绶。"❷系结印玺的彩色丝织物。参见 318 页"印绶"。

绶（山东曲阜窑瓦头汉画像石）

shu－shui

【疏衰】shūcuī 丧服中"五服"之一，规格次于斩衰。《仪礼·丧服》："疏衰裳：齐牡麻绖，冠布缨，削杖，布带，疏屦，三年者。"汉郑玄注："疏犹粗也。"《礼记·曾子问》："其殡服，则子麻弁绖，疏衰，菲杖。"唐孔颖达疏："疏衰，是齐衰也。"参见181页"齐衰"。

【疏服】shūfú 素服；白色的丧服。马王堆汉墓帛书《战国纵横家书·苏秦献书赵王章》："齐乃西师以唫（禁）强秦，史（使）秦废令，疏服而听。"今本《战国策·赵策一》作"素服"。《北史·房景伯传》："以父非命，疏服终身。"

【疏屦】shūjù 丧制中齐衰三年及杖期所穿的草鞋。《仪礼·丧服》："疏衰裳，齐牡麻绖，冠布缨，削杖，布带，疏屦……疏屦者，藨蒯之菲也。"唐贾公彦疏："此齐衰三年章，以轻于斩（衰），故次斩。后'疏'犹'粗'也……'疏屦者'，疏，取用草之义……'疏屦者，藨蒯之菲也者'，藨是草名。案《玉藻》云：屦，蒯席。则蒯亦草类。"清胡培翚正义："疏，取用草之义……斩衰章言菅屦，见草体者，以其重；此言疏，以其稍轻，故举草之总称……疏屦者，藨蒯之菲也。"

【竖裼】shùhè 童仆或劳役的贫民所穿的粗陋短衣。因童竖（竖，竖子，即童仆）所穿，故称；一说乃因裼布竖裁以制衣，故称。泛指粗布衣服。《荀子·大略》："古之贤人，贱为布衣，贫为匹夫，食则饘粥不足，衣则竖裼不完。"唐杨倞注："竖裼，僮竖之裼，亦短裼也。"《史记·秦始皇本纪》"夫寒者利裋褐"唐司马贞索隐："裋，一音竖。谓褐布竖裁，为劳役之

衣，短而且狭，故谓之短褐，亦曰竖褐。"

【裋褐】shùhè 省称"裋"。粗陋布衣。多为贫贱者、童仆所服。《列子·力命》："朕衣则裋褐，食则粢粝，居则蓬室，出则徒行。"汉贾谊《过秦论中》："夫寒者利裋褐而饥者甘糟糠，天下嚣嚣，新主之资也。"《史记·孟尝君传》："今君后宫蹈绮縠而士不得裋褐。"《汉书·贡禹传》："家訾不满万钱，妻子糠豆不赡，裋褐不完。"《魏书·卢玄传》："遂令鬻裋褐以益千金之资，制口腹而充一朝之急。"唐韩愈《马厌谷》诗："土被文绣兮，士无裋褐。"明黄姬水《贫士传·吕徽之》："一日携弊楮诣富家易毂，露顶，裋褐，布袜、草履，值大雪，立门下，人弗之顾。"清恽敬《三代因革论八》："如冠服之度，求其行礼乐可也。夏之毋追，殷之章甫，周之委貌，其不同者。而民之裋褐何必同。"

【帨】shuì ❶即"帨巾❶"。❷围裳。用布帛制成，长度比裙要短。少数民族常见。宋苏轼《次韵杨么济奉议梅花》诗："缟裙练帨玉川家，肝胆清新冷不邪。"明黄省曾《西洋朝贡典录·榜葛剌国》："其男子髡，缠首以白布，服圆领长衫，下围色帨，革履。"又《锡兰山国》："其男裸，下围丝帨，谓之压腰，缠首以白布。"

【帨巾】shuìjīn ❶省称"帨"。女子出嫁时所佩巾帕。通常由其母为之系结，表示身有所属。《仪礼·士昏礼》："母施衿结帨。"汉郑玄注："帨，佩巾。"《尔雅·释器》："妇人之祎谓之缡。"宋邢昺疏："祎，帨巾也。"汉刘熙《释名·释衣服》："佩……有珠、有玉、有容刀、有帨巾。"《隋书·礼仪志四》："妃父少进，西面戒之。母于西阶上，施衿结帨，及门内，施鞶申之。"《通典·礼志八十七》："母戒之

西阶上,施衿结帨。"《清史稿·礼志八》:"女盛服出,北面再拜,侍者斟酒醴女,父训以宜家之道,母施衿结帨,申父命,女识之不唯。"❷佩巾。男女都有使用。《新唐书·车服志》:"勋官之服,随其品而加佩刀、砺、纷、帨。"明徐光启《农政全书》卷三五:"以故织成被褥,带帨其上,折枝团凤,棋局字样,粲然若写。"❸手巾。宋孔平仲《孔氏谈苑·宣医丧命敕葬破家》:"敕葬之家,使副洗手帨巾,每人白罗三匹。"清余怀《板桥杂记·珠市名妓附见》:"微波绣之于帨巾,不去手。"王士禛《池北偶谈》卷二三:"《野有死麕》之诗曰:'舒而脱脱兮,无感我帨兮。'妇人服饰独言'帨'者……常以自洁之用也。"

【帨缡】shuìlí 佩巾。原指女子出嫁时佩巾等装饰品,后为嫁妆的代称。《诗经·豳风·东山》:"亲结其缡,九十其仪。"《仪礼·士昏礼》:"母施衿结帨。"唐韩愈《寄崔二十六立之》诗:"长女当及事,谁助出帨缡。"

【税服】shuìfú 也作"繐服"。❶用稀疏细布制成的丧服。《左传·襄公二十七年》:"公丧之如税服终身。"晋杜预注:"税,即繐也。"唐孔颖达疏引郑玄曰:"凡布细而疏者谓之繐。"❷补行丧表之礼而穿丧服。《魏书·礼志四》:"假令妻在远方,姑没遥域,过期而后闻丧,复可不税服乎?"清黄宗羲《陈母沉孺人墓志铭》:"夫税服者,过时而服,其日月亦近耳。"

【税衣】shuìyī 有赤色边缘装饰的黑衣。《礼记·杂记上》:"茧衣裳,与税衣,纁袡为一。"汉郑玄注:"税衣,若玄端而连衣裳者也。"唐孔颖达疏:"税,谓黑衣也。"《礼记·杂记上》:"夫人税衣揄狄,狄税

素沙。"元陈澔集说:"税衣,色黑而缘以纁。"又《丧大记》:"士妻以税衣。"唐孔颖达疏:"税衣,六衣之下也。士妻得服之。"

sī—suo

【丝带】sīdài ❶腰带的一种。女子一律用丝带,而男子主要用革带,但亦可用丝带,其上可镶嵌玉、犀等。《说文解字·巾部》:"带,绅也。男子鞶带,妇人带丝。"南朝梁刘孝仪《谢晋安王赐银装丝带启》:"雕镂新奇,织制精洁。"《金瓶梅词话》第三十九回:"主行法事,头戴玉环九阳雷巾,身披天青二十四宿大袖鹤氅,腰系丝带。"清刘廷玑《在园杂志》卷一:"腰带,古以革为之,名曰鞶带,又谓之鞶革。自天子以至庶人皆用之。后世用丝带,以玉犀嵌束于丝带之上,即玉带、犀带也。本朝按品级有嵌宝石之玉以及金、银、玳瑁、明羊角、乌角之类。另制成钑,以软丝带贯之……觉罗束红丝带,有特赐黄带者;公卿以下多束蓝丝青带,间有石青、油绿、织金者,无甚关系。守制者则束白布带。皆所以分尊卑,别等威也。"❷瑶族织绣工艺品。流行于广西金秀一带。先配好色道,再系腰间用竹刀织制。用色视年龄而异:青年人以红、粉红为主,杂以黄、白、蓝三色;中年以上则以黄、白、蓝为主,杂以红、紫两色。长短宽窄不一,视爱好和用途而定,作头饰的较宽,系腿膝盖下的较细窄,系腰间的则长。

【丝屦】sījù 饰有絇、繶、纯的鞋子。因其上絇、纯以丝为之,故名。《礼记·少仪》:"国家靡敝,则车不雕几,甲不组滕。食器不刻镂,君子不履丝屦。"唐孔颖达

疏:"丝屦谓绚、繶、纯之属。不以丝饰之,故云不履丝屦。"

【丝履】sīlǚ ❶即"丝屦"。❷以丝帛作成的鞋履。通常以皮、麻为底,丝帛为面。尤以妇女所著为多,富贵者在鞋面施以彩绣,或缀以珠宝。汉桓宽《盐铁论·散不足》:"古者庶人鹿菲草芰,缩丝尚韦而已。及其后则綦下不借,鞔鞮革舄。今富者革中名工,轻靡使容,纨里紃下,越端纵缘;中者邓里间作鞴且。蠢竖婢妾,韦沓丝履。"题汉刘歆《西京杂记》卷二:"庆安世年十五,为(汉)成帝侍郎,善鼓琴,能为双凤离鸾之曲。赵后悦之,白上,得出入御内,绝见爱幸,尝着轻丝履,招风扇,紫绨裘,与同局居处。"《古诗为焦仲卿妻作》:"足下蹑丝履,头上玳瑁光。"又:"揽裙脱丝履,举身赴清池。"《初学记》卷二六:"纤纤丝履,灿烂鲜新,表以文綦,缀以朱蠙。"晋干宝《搜神记》卷二:"见一女人,年可三十余,上著青锦束头,紫白袷裳,丹绨丝履,从石子岗上。"南朝梁无名氏《河中之水歌》:"头上金钗十二行,足下丝履五文章。"唐杜甫《大云寺赞公房》诗:"细软青丝履,光明白氎巾。"宋陈元靓《岁时广记》卷二二:"初选者,召令赴银台试制书批答三首,内库给青绮被、紫丝履之类。"《儿女英雄传》第一回:"那天尊头戴攒珠嵌宝冕旒,身穿海晏河清龙衮,足登朱丝履,腰系白玉鞓。"

【丝衣】sīyī ❶周代祭服。《诗经·周颂·丝衣》:"丝衣其紑,载弁俅俅。"汉毛亨传:"丝衣,祭服也。"唐孔颖达疏:"此述绎祭之事……使士之行礼在身,所服以丝为衣,其色紑然而鲜洁。在首载其爵色之麻弁,其貌俅俅而恭顺。"《朱子语

类》卷八五:"古朝服用布,祭则用丝。《诗》'丝衣'绎宾尸也。"❷丝绸衣服。又指华丽的服装,多用于贵者。晋张华《博物志》卷四:"古者男子皆丝衣,有故乃素服。"唐独孤及《酬梁二十宋中所赠兼留别梁少府》诗:"奕赫连丝衣,荣养能锡类。"元杨维桢《春侠杂词》:"昨日布衣行九州岛岛,今日丝衣拜冕旒。马前清道一千步,当街不敢窥高楼。"

【私服】sīfú ❶与国丧用的大服相区别,平民为死去的亲人所穿的丧服。《礼记·曾子问》:"曾子问曰:'大夫、士有私丧,可以除之矣;而有君服焉,其除之也,如之何?'孔子曰:'有君丧,服于身,不敢私服,又何除焉?于是乎有过时而弗除也,君之丧服除。而后殷祭,礼也。'"元陈澔集说:"君重亲轻,以杀断恩也。若君服在身,忽遭亲丧,则不敢为亲制服。"《汉书·王莽传下》:"闰月丙辰,大赦天下,天下大服,民私服在诏书前亦释除。"唐颜师古引张晏曰:"莽妻本以此岁死,天下大服也。私服,自丧其亲。皆除之。"❷指贴身穿的内衣之类。《说文解字·衣部》:"褻,私服。"❸平日便服,官员闲居,百姓日常所穿着的服装。相对于正式的"官服"而言。南朝宋刘义庆《世说新语·方正》:"今逼高命,不敢苟辞,当释冠冕,袭私服。此绍之心也。"《通典·礼志二十二》:"诸命秩之服曰公服,其余常服曰私服。"《金史·舆服志上》:"倡优遇迎接、公筵承应,许暂服绘画之服,其私服与庶人同。"

【缌衰】sīcuī 亦作"缌缞"。帝为诸侯吊丧之服。其服轻于锡衰。麻布有粗细之分,用于缌衰的麻布质地较细,通常在织成前加以精练,织成后细如丝帛,与用作

朝服的细麻相近,唯密度较朝服所用者为疏。制出商周。《仪礼·杂记上》:"朝服十五升去其半而緦,加灰锡也。"郑玄注:"緦精细与朝服同而疏也,又无事其布,不灰也。"《周礼·春官·司服》:"王为三公六卿锡衰,为诸侯缌衰,为大夫士疑衰,其首服皆弁绖。"郑玄注:"君为臣服吊服也……缌,亦十五升去其半,有事其缕,无事其布。"《汉书·王莽传上》:"《周礼》曰'王为诸侯缌缞','弁而加环绖',同姓则麻,异姓则葛。摄皇帝当为功显君缌缞,弁而加麻环绖,如天子吊诸侯服,以应圣制。"《北齐书·神武帝纪下》:"六月壬午,魏帝于东堂举哀,三日,制缌衰。"《隋书·礼仪志六》:"后周设司服之官,掌皇帝十二服……缌衰以哭诸侯。"又:"皇后之凶服……为诸侯夫人之丧,缌衰。"

【缌冠】sīguān 也作"缌麻冠"。用细麻布制成的凶礼冠。周礼规定小功以下者服之。《礼记·杂记下》:"丧冠条属,以别吉凶。三年之练冠亦条属,右缝。小功以下左。缌冠缫缨。"《通典·礼志六十五》:"(周制)小功以下左缝,缌冠缫缨;大功以上散带。"宋聂崇义《三礼图·丧服图》:"缌冠,《杂记》曰:缌冠缫缨……缌麻冠者,冠与衰同用布。"明王圻《三才图会·衣服》:"(缌麻冠)缌,丝也,其缕细如丝也……冠辟积缝向左。"

【缌麻】sīmá 丧服五服中之最轻者,用细麻布制成,服期三月。凡本宗为高祖父母、曾伯叔祖父母、族伯叔父母、族兄弟及未嫁族姊妹,外姓中为表兄弟,为外孙、甥、婿、岳父母、舅父等,均服之。商周时期已有此制。秦汉以后历代沿用,形制稍有变异。《仪礼·丧服》:"缌

麻三月者……族曾祖父母、族祖父母、族父母、族兄弟,庶孙之妇,庶孙之中殇。"汉郑玄注:"缌麻,布衰裳而麻绖带也。"《礼记·玉藻》:"童子不裘不帛,不屦绚,无缌服。"《谷梁传·庄公三年》:"改葬之礼缌,举下缅也。"唐杨士勋疏:"五服者,案丧服有斩衰、齐衰、大功、小功、缌麻是也。"汉贾谊《新书·六术》:"丧服称亲疏以为重轻,亲者重,疏者轻,故复有粗衰,齐衰,大红,细红,缌麻,备六,各服其所当服。"刘熙《释名·释丧制》:"三月曰缌麻。缌,丝也,绩麻细如丝也。"《周书·李穆传》:"兄弟子侄及缌麻以上亲并录氏,皆沾厚赐。"《资治通鉴·唐玄宗开元二十四年》:"敕:'姨舅既服小功,舅母不得全降,宜服缌麻,堂姨舅宜服袒免。'"《明史·礼志十四》:"其制服五……曰缌麻,以稍细熟布为之。"

缌麻(明王圻《三才图会》插图)

【缌麻服】sīmáfú 即"缌麻"。宋刘斧《青琐高议后集·汾阳王郭子仪》:"公后有大功,累加尚父,女适七侯,男尚公主,门下吏俱为卿相,仆使建节者数人,居家三百口,二十年无缌麻服,唐室第一人也。"明王圻《三才图会·衣服》:"缌,丝也。

治其缕细如丝也,又以澡治茎垢之麻为经带,故曰缌麻服。制同小功,但用极细熟布为之。"《清史稿·礼志十二》:"顺治三年,定丧服制,列图于律,颁行中外。道光四年,增辑《大清通礼》,所载冠、服、绖、屦,多沿前代旧制。制服五……曰缌麻服,细白布,绖带同,素屦无饰。"

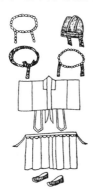

缌麻服配套图

【兕甲】sìjiǎ 兕牛皮所制的铠甲。兕为犀牛之一类,或说为雌犀,故统言之兕甲,亦得称犀甲,析言之有别。《周礼·考工记·函人》:"函人为甲,犀甲七属,兕甲六属。"《国语·晋语八》:"昔吾先君唐叔射兕于徒林,殪以为大甲。"三国吴韦昭注:"兕,似牛而青,善触人。"《淮南子·说林训》:"矢之于十步,贯兕甲;及其极,不能入鲁缟。"

【素】sù 冠冕两侧下垂结于丝绳上的饰物,以象牙制成,下垂当耳,可以塞耳。《诗经·齐风·著》:"充耳以素乎而。"汉毛亨传:"素,象瑱。"唐孔颖达疏:"此言充耳以素,可以充耳而色素者,唯象骨耳,故知素是象瑱。"

【素韠】sùbì 周代大夫所佩的一种蔽膝。以白色熟皮制成,上为圆角,下两角内切。有别于天子、诸侯的"朱韠"。一般多用于朝会。《诗经·桧风·素冠》:"庶见素韠兮,我心蕴结兮。"《礼记·玉藻》:"韠,君朱,大夫素,士爵韦……大夫前方后挫角。"郑玄注:"此玄端服之韠也。韠之言蔽也。凡韠以韦为之,必象裳色,则天子、诸侯玄端朱裳,大夫素裳;唯士玄裳、黄裳、杂裳也。皮弁服皆素韠。"《仪礼·士冠礼》:"主人玄冠朝服,缁带素韠,即位于门东西面。"郑玄注:"素韠,白韦韠,长三尺,上广一尺,下广二尺,其颈五寸,肩革带,博二寸。"

【素弁】sùbiàn 白色的弁帽,天子诸侯于丧事时所戴。《礼记·丧服小记》"斩衰,括发以麻,为母括发以麻,免而以布"唐孔颖达疏:"以其始死哀甚,未暇分别尊卑,故大夫与士其冠皆同也。至小敛投冠括发之后,大夫加素弁。士加素委貌。"《通典·礼典·凶礼》:"故周人去玄冠代以素弁……又礼自天子下达于士,临殡敛之事,去玄冠,以素弁。"

【素裳】sùcháng ❶周代卿大夫所著朝服的白色之裳。《礼记·王制》:"周人冕而祭,玄衣而养老。"唐孔颖达疏:"《仪礼》:'朝服缁布衣,素裳。'缁则玄,故为玄衣素裳。"❷凶服之裳。使用时与白衣、韠屦等配用。内衣亦用白色。《礼记·曲礼下》:"大夫士去国,逾竟,为坛位,乡国而哭。素衣、素裳、素冠。"孔颖达疏:"今既离君,故其衣裳、冠皆素为凶饰也。彻缘者,缘,中衣缘也。素服里亦有中衣,若吉时中衣用采缘,此既凶丧,故彻缘而纯素。"❸田猎之服。《通典·礼志二十一》:"田猎则皮弁,白布衣而素裳。"

【素带】sùdài ❶白绢缝制的大带。束于腰间,一端下垂。周代天子、诸侯、大夫使用。后引申指贵人服饰。《礼记·玉藻》："天子素带朱里，终辟。"汉郑玄注："谓大带也。"又："而素带，终辟。大夫素带，辟垂。"郑玄注："而素带、终辟，谓诸侯也。"晋陆机《百年歌》之三："辞家观国综典文，高冠素带焕翩纷。"南朝宋鲍照《放歌行》："素带曳长飙，华缨结远埃。"《南齐书·舆服志》："素带广四寸，朱里，以朱绿裨饰其侧，要中朱，垂以绿，垂三尺。"《明会典·冠服一·皇帝冕服》："素带朱里青表，绿缘边，腰围饰以玉龙九元。"❷白色的带子，服丧时用。《南齐书·礼志下》："当单衣白帢素带哭于中门外，每临辄入，与宫官同。"❸素铐之带。有别于铐上镂雕图纹的花带。明王世贞《觚不觚录》："世庙晚年不视朝，以故群臣服饰不甚依分，若三品所系，则多金镶雕花银母象牙明角沉檀带……五品则皆用雕花象牙明角银母等带，六、七品用素带亦如之。而未有用本色者，今上颇注意朝仪，申明服式，于是一切不用，惟金银花、素二色而已。"

【素端】sùduān 周代诸侯、大夫、士的一种祭服。《周礼·春官·司服》："其齐服有玄端、素端。"汉郑玄注："士齐有素端者，亦为札荒有所祷请。变素服言素端者，明异制。"唐贾公彦疏："素端者，即上素服，为札荒祈请之服也。"《礼记·杂记上》："素端一，皮弁一，爵弁一，玄冕一。"唐孔颖达疏："素端一者，第二称。卢云：'布上素，下皮弁服。'贺玚云：'以素为衣裳也。'"清孙希旦集解："素端，制若玄端，而用素为之，盖凶札祈祷致斋之服也。"

【素服】sùfú ❶丧服、凶服。男女服丧或遭遇灾难时多着此服。以白色麻布制

成，与此配用的有素冠、素履。《周礼·春官·司服》："大札、大荒、大灾。素服。"汉郑玄注："大札，疫病也；大荒，饥馑也；大灾，水火为害。君臣素服、缟冠。"清孙诒让正义："素本为白缯，引伸之，凡布帛之白者，通谓之素。"《礼记·曲礼下》："大夫士去国，逾竟，为坛位，乡国而哭，素衣、素裳、素冠。"《汉书·夏侯胜传》："至四年夏，关东四十九郡同日地动，或山崩，坏城郭室屋，杀六千余人，上乃素服，避正殿，遣使者吊问吏民，赐死者棺钱。"三国吴丁孚《汉仪》："孝灵帝葬马贵人……女侍史一百人，著素衣挽歌，引木下就车。"晋张华《博物志》卷六："古者男子皆丝衣，有敢乃素服；又有冠无帻，故虽凶事皆著冠也。"《旧唐书·舆服志》："（长孙）无忌等又奏曰：'皇帝为诸臣及五服亲举哀，依礼著素服，今令乃云白帢，礼令乖舛，须归一涂……不可行用，请改从素服，以会礼文。'制从之。"明方孝孺《云敝赞》："后素服五日，以报师傅之恩。"清姚廷遴《姚氏记事编》："康熙二十七年正月十四日，太皇太后崩，县堂张孝帏，文武官聚哭三日，男子摘去红缨，妇女摘去耳环，皆素服。"❷素色祭服。《礼记·郊特牲》："皮弁素服而祭。"素服，以送终也。唐孔颖达疏："素服，衣裳皆素。"《魏书·尉元传》："元诣阙谢老，引见于庭，命升殿劳宴，赐玄冠素服。"❸罪人所穿的白色囚服。《资治通鉴·唐昭宗天复三年》："郜曰：'降将未受梁王宽释之命，安敢乘马衣裘乎！'乃素服乘驴至大梁。"《辽史·仪卫志二》："太祖叛弟刺哥等降，素服受之。"《魏书·李彪传》："愚以为父兄有犯，宜令子弟素服肉袒，诣阙请罪。"❹本色或白色

的衣服。日常穿的便服。《史记·李斯列传》：“赵高诈诏卫士，令士皆素服持兵内乡。”明沈德符《万历野获编》卷一三：“然而一变之后，遂不可改，他如藩臬台与按臣本寮友，今以素服行半属礼，参、游亦方面重寄，今叩头披执，与卒校无异。”《西游记》第五十三回：“那真仙……急起身，下了琴床，脱了素服，换上道衣。”清俞蛟《梦厂杂著·齐东妄言上·胡承业》：“内一姬素服淡妆，尤娟秀。”王韬《淞滨琐话·李延庚》：“两妇年皆四十许，淡妆素服，丰韵幽娴。”

【素缟】sùgǎo 未经染色的绢制成的凶丧之服。《礼记·间传》：“素缟麻衣。”汉郑玄注：“素缟者，《玉藻》所云：‘缟冠素纰’。”《谷梁传·成公五年》：“君亲素缟，帅群臣而哭之。”晋范宁注：“素衣缟冠，凶服也。”汉王充《论衡·感虚》：“水变甚于河壅，尧忧深于景公，不闻以素缟哭泣之声能厌胜之。”《警世通言·庄子休鼓盆成大道》：“田氏穿了一身素缟，真个朝朝忧闷，夜夜悲啼。”

【素冠】sùguān 凶丧时所戴的白色凶礼冠。《礼记·曲礼下》：“大夫、士去国，逾竟，为坛位，乡国而哭，素衣、素裳、素冠。”唐孔颖达疏：“素衣、素裳、素冠者，今既离君，故其衣、裳、冠皆素，为凶饰也。”《周礼·夏官·弁师》：“王之弁绖，弁而加环绖。”汉郑玄注：“弁绖，王吊所服也，其弁如爵弁而素。所谓素冠也。”一说为白色的冠帽。《诗经·桧风·素冠》：“庶见素冠兮，棘人栾栾兮。”清姚际恒《诗经通论》卷七：“素冠等之为常服，又皆有可证者。‘素冠’，《孟子》：‘许子冠乎？’曰：‘冠素。’又皮弁，尊贵所服，亦白色也……古人多素冠、素衣，不

似今人以白为丧服而忌之也。”

【素积】sùjī 周代贵族穿着的一种腰间有细褶裥的白色礼服，与皮弁配用。《仪礼·士冠礼》：“皮弁服：素积，缁带，素韠。”汉郑玄注：“积犹辟也，以素为裳，辟蹙其要中。”《礼记·郊特牲》：“三王共皮弁素积。”清孙希旦集解：“素积，以素缯为裳而襞积之也。素言其色，积言其制。”《荀子·富国》：“士皮弁服。”唐杨倞注：“素积为裳，用十五升布为之。积，犹辟也，辟蹙其要中，故谓之素积也。”汉刘熙《释名·释衣服》：“素积，素裳也。辟积其要中使蹴，因以名之也。”《后汉书·舆服志下》：“执事者冠皮弁，衣缁麻衣，皂领袖，下素裳，所谓皮弁素积者也。”《朱子语类》卷八五：“古朝服用布，祭则用丝……皮弁素积，皮弁以白鹿皮为之，素积，白布为裙。”俞琰《席上腐谈》卷上：“古之素积，即今之细褶布衫也。《荀子》云：‘皮弁素积。’杨倞注云：‘素积为裳，用十五升布为之，蹙其腰中，故谓之素积。一升八十缕，十五升千二百缕，盖细布也。’”

【素甲】sùjiǎ ❶白色铠甲。《国语·吴语》：“皆白裳、白旗、素甲、白羽之矰，望之如荼。”三国吴韦昭注：“素甲，白甲。”晋潘岳《关中诗》：“素甲日曜，玄幕云起。”❷用绢素制的铠甲。铠甲应用金、革制作，用素制，极言其不坚固。《战国策·秦策一》：“武王将素甲三千领，战一日，破纣之国。”宋鲍彪注：“绢素为之，非金革也。”

【素履】sùjù 不施彩饰的白色单底鞋。以皮或葛为之，其饰黑绚、繶、纯。王及后燕居时所用。遇凶事则去饰，通常于大祥时所穿。《周礼·天官·屦人》：“屦

人掌王及后之服屦，为赤舄、黑舄、赤缲、黄缲、青句、素屦、葛屦。"汉郑玄注："素屦者，非纯吉，有凶去饰者……祭祀而有素屦、散屦者，唯大祥时。"唐贾公彦疏："素屦者，大祥时所服，去饰也。'葛屦者，自赤舄以下，夏则用葛为之，若冬则用皮为之。在素屦下者，欲见素屦亦用葛与皮故也。"

【素纰】sùpī 用白色绢制成的冠服缘饰。《礼记·玉藻》："缟冠素纰，既祥之冠也。"汉郑玄注："纰，缘边也。"唐孔颖达疏："纰，缘边者，谓缘冠两边及冠卷之下畔，其冠与卷皆用缟，但以素缘耳。"唐张柬之《驳王元感丧服论》："是以祥则缟带素纰，禫则无所不佩。"

【素纱】sùshā 也作"素沙"。白色绉纱，质地轻盈爽挺，纱眼清晰透明。周代用为礼服的里子。《周礼·天官·内司服》："掌王后之六服：袆衣、揄狄、阙狄、鞠衣、展衣、缘衣、素沙。"汉郑玄注："素沙者，今之白缚也。"唐贾公彦疏："素沙为里无文，故举汉法而言，谓汉以白缚为里，以周时素纱为里耳。云六服皆袍制，使之张显色，案《杂记》云，子羔之袭茧衣裳则是袍矣。男子袍既有衣裳，今妇人衣裳连则非袍，而云袍制者，正取衣复不单，与袍制同，不取衣裳别为义也。云今世有沙縠者名出于此者，言汉时以縠之衣，有沙縠之名，出于《周礼》素沙也。"《礼记·杂记上》："内子以鞠衣、褒衣、素沙。"汉郑玄注："素沙，若今纱縠之帛也。"《新唐书·车服志》："皇后之服三：袆衣者，受册、助祭、朝会大事之服也……素纱中单、黼领、朱罗縠褾、襈。"《明会典·冠服一·皇帝冕服》："中单以素纱为之。"

【素衣】sùyī ❶白色丝绢中衣，周代是士以上贵族衬在朝服、祭服内的一种衬衣。《诗经·唐风·扬之水》："素衣朱襮，从子于沃。"唐孔颖达疏："士以上助祭之服，中衣皆用素也。"清陈奂传疏："素衣，谓中衣也……孔疏云'中衣，谓冕及爵弁之中衣，以素为之。'"《论语·乡党》："（君子）缁衣羔裘，素衣麑裘，黄衣狐裘。"三国魏何晏集解："孔曰：'服皆中外之色相称也。'"❷白色丧服。《诗经·桧风·素冠》："庶见素衣兮，我心伤悲兮。"汉毛亨传："素冠，故素衣也。"《礼记·曲礼下》："大夫、士去国，逾竟，为坛位，乡国而哭，素衣、素裳、素冠。"汉郑玄注："言以丧礼自处也。"唐孔颖达疏："素衣、素裳、素冠者，今既离君，故其衣、裳、冠皆素，为凶饰也。"清孙希旦集解："孔氏曰：'……去父母之邦，有桑梓之恋，故为坛位，乡国而哭，衣裳冠皆素，为凶饰也。'"唐刘禹锡《哭王仆射相公》诗："群吏谒新府，旧宾沾素衣。"❸泛指白色衣服，士庶男女常服、便服。《列子·说符》："杨朱之弟曰布，衣素衣而出。天雨，解素衣，衣缁衣而反。"清王士禛《香祖笔记》卷九："秦俗尚白，民间遇元旦贺寿吉庆事，辄麻布素衣以往，余所经历西安、凤翔、汉中诸府皆然。"龚自珍《霓裳中序第一》："惊鸿起，素衣二八，舞罢老蟾泣。"❹北周皇后、命妇祭祀之服。《隋书·礼仪志六》："（后周）皇后衣十二等……秋斋及祭还，则素衣。"

【宿服】sùfú 朝服。《仪礼·士冠礼》："有司如宿服。"汉郑玄注："宿服，朝服。"唐贾公彦疏："知宿服朝服者，以其宿服如筮日之服，筮日朝服转相如，故知是朝服也。"

【遂】suì ❶即"璲"。《诗经·卫风·芄兰》:"容兮遂兮,垂带悸兮。"汉郑玄笺:"遂,瑞也。言惠公佩容刀与瑞,及垂绅带三尺。"❷射箭时穿的臂衣。《仪礼·大射》:"司射适次,袒决遂。"汉郑玄注:"遂,射鞲也。以朱韦为之,著左臂,所以遂弦也。"

【璲】suì 佩带的瑞玉。《诗经·小雅·大东》:"鞙鞙佩璲,不以其长。"汉郑玄笺:"佩璲者,以瑞玉为佩,佩之鞙鞙然。"《尔雅·释器》:"璲,瑞也。"宋邢昺疏:"璲者,瑞玉名也。"《后汉书·舆服志下》:"于是解去韨佩,留其系璲,以为章表……韨佩既废,秦乃以采组连结于璲,光明章表,转相结受。"

【襚】suì ❶赠给死者衣物。《仪礼·士丧礼》:"君使人襚,彻(撤)帷,主人如初(迎于寝门之外)。襚者左执领,右执腰,入升致命。主人拜如初(哭拜,稽颡成踊),襚者入衣尸出。主人拜送如初(送于外门外)……亲者襚,不将命,以即陈。庶兄弟襚,使人以将命于室,主人拜于位,委衣于尸东床上。朋友襚,亲以进,主人拜委衣如初,退哭不踊。"汉郑玄注:"襚之言遗也。衣被曰襚。"《礼记·少仪》:"臣致襚于君,则曰致废衣于贾人。敌者曰襚。"唐孔颖达疏:"襚者,以衣送死人之称,礼以衣送敌者死曰襚。襚者,遂彼生时之意也。"《公羊传·隐公元年》:"货财曰赙,衣被曰襚。"《谷梁传·隐公元年》:"乘马曰赗,衣衾曰襚。"❷衣巾,绶带,贯穿佩玉用。通常作为馈赠之物。题汉刘歆《西京杂记》卷一:"赵飞燕为皇后,其女弟在昭阳殿遗飞燕书曰:'今日嘉辰,贵姊懋膺洪册,谨上襚三十五条,以陈踊跃之心。'"

【繐衰】suìcuī 丧服。用稀疏的细麻布制成。周代诸侯之臣为天子服丧时所穿。《仪礼·丧服》:"繐衰,四升有半,其冠八升。"汉郑玄注:"此谓诸侯之大夫为天子繐衰也。服在小功之上者。"又:"繐衰裳,牡麻绖,既葬除之者。"汉郑玄注:"治其缕如小功而成布四升半也……细其缕者,以恩轻也。升数少者;以服至尊也。凡布细而疏者谓之繐,今南阳有邓繐。"唐贾公彦疏:"此繐衰是诸侯之臣为天子,在大功下,小功上者,以其天子七月葬,既葬,除。故在大功九月下,小功五月上。又缕虽如小功,升数又少,故在小功上也。"《礼记·檀弓下》:"叔仲衍以告,请繐衰而环绖。"汉郑玄注:"繐衰,小功之缕而四升半之衰。时妇人好轻细而多服此者。"《晋书·五行志上》:"孝怀帝永嘉中,士大夫竞服生笺单衣,识者指之曰:'此则古者繐衰,诸侯所以服天子也,今无故服之,殆有应乎!'"

【繐缞裳】suìcuīcháng 用作丧服的围裳。以细而疏的麻布制成。礼出周代。《通典·礼志四十一》:"周制,丧服繐缞裳,牡麻绖,既葬除之。"

【衰】suō 即"蓑"。金文字形像一件用草编织成的蓑衣之形。《国语·越语》:"譬如蓑笠,时雨既至,必求之。"《说文解字·衣部》:"衰,艸雨衣也。秦谓之萆。"清王筠《释例》:"上象其覆,中象其领,下象编艸之垂也。"清朱骏声《说文通训定声》:"古文上象笠,中象人面,下象衰形,字亦作蓑。"见21页"衰cuī"。

【蓑】suō 蓑衣。《诗经·小雅·无羊》:"尔牧来思,何蓑何笠。"汉毛亨传:"蓑所以备雨;笠所以御暑。"《仪礼·既夕礼》:"棜车载蓑笠。"《管子·禁藏》:"被蓑以当铠鑐。"唐崔道融《田上》诗:"雨足高田白,披蓑半夜耕。人牛力俱尽,东方殊未明。"清李调元《南越笔记·油葵》："油葵生阳江、恩平大山中,树如蒲葵,叶稍柔,亦曰柔葵,取以作蓑,御雨耐久。谚曰:'蒲葵为扇油葵蓑,家种二葵得利多。'"

【蓑笠】suōlì 蓑衣与笠帽,均可用来挡雨雪,因此代指雨衣,多为山野村夫和隐士所服。《仪礼·既夕礼》："道车载朝服,稾车载蓑笠。"汉郑玄注:"蓑笠,备雨服。"《列子·力命》："吾君方将被蓑笠,而立乎畎亩之中。"《后汉书·蔡邕传下》:"故当其有事也,则蓑笠并载。"唐柳宗元《江雪》诗:"孤舟蓑笠翁,独钓寒江雪。"李颀《渔父歌》:"自首何老人,蓑笠蔽其身。"宋王谠《唐语林·栖逸》:"忽有二人,衣蓑笠,循岸而来,牵引篷艇。"清唐甄《潜书·明鉴》:"茅舍无恙,然后宝位可居;蓑笠无失,然后衮冕可服。"《红楼梦》第五十回:"众丫环上来接了蓑笠掸雪。"

蓑笠(明王圻《三才图会》)

135

T

tai—ti

【台笠】táilì 也作"苔笠"。❶一种用莎草编织的草帽，山野村夫用以遮阳或御雨。后泛指平民所戴帽檐宽大的帽子。《诗经·小雅·都人士》："彼都人士，台笠缁撮。"汉郑玄笺："以台皮为笠，缁布为冠。"又《南山有台》"南山有台，北山有莱"汉毛亨传："台，夫须也。"《正义》引陆机《诗义疏》："夫须，莎草，可以为笠。"《尔雅翼》卷八："台者，莎草，可为衣以御雨，今人谓之蓑衣……台笠，谓此蜡礼自伊耆氏始，盖已久矣。"宋刘克庄《又和喜雨》诗之二："暮年台笠代羸骖，信步篮东过舍南。"清刘廷玑《在园杂志》卷一："本朝帽制……有用藤竹麦楷织成，有檐出外周围者，名曰台笠。此贱者所戴帽以遮日色者。"❷指蓑衣和笠帽。宋梅尧臣《和孙端叟寺丞农具·台笠》诗："力田冒风雨，缉箬为台笠。"

【袒免】tǎnmiǎn 也作"袒絻"。袒，袒露左臂；免，以布广一寸，从项中向前，交于额上，又向后绕于髻。丧礼：凡五服以外的远亲，无丧服之制，唯脱上衣，露左臂，脱冠扎发，用宽一寸布从颈下前部交于额上，又向后绕于髻，以示哀思。后代指五服之外的亲属关系。《左传·哀公十四年》："孟懿子卒，成人奔丧，弗内；袒免哭于衢。"《礼记·大传》："五世袒免，杀同姓也。"唐孔颖达疏："谓共承高祖之父者也，服袒免而无正服，减杀同姓

也。"《晏子春秋·外篇上十一》："（景公）乃使男子袒免，女子发者以百数，为开凶门，以迎盆成适。"《旧唐书·孝友传·崔沔》："堂姨、堂舅、舅母服请加至袒免。"《唐律疏议·户婚》："高祖亲兄弟、曾祖堂兄弟、祖再从兄弟、父三从兄弟、身四从兄弟、三从侄、再从侄孙并缌麻绝服之外，即是袒免。"《儿女英雄传》第二十回："怎的叫作'袒免'，就如如今男去冠缨，女去首饰，再系条孝带儿，戴个孝髻儿一般。"

【縢】téng 袋囊，亦特指佩戴的香囊。《管子·山国轨》："椎笼累箕，縢籯屑榱菳。"《楚辞·离骚》："苏粪壤以充帏兮，谓申椒其不芳。"汉王逸注："帏谓之縢。縢，香囊也。"《说文解字·巾部》："縢，囊也。"

【縢】téng ❶绑腿布。《战国策·秦策一》："羸縢履蹻。"❷即"縢"。《后汉书·儒林传序》："其缣帛图书，大则连为帷盖，小乃制为縢囊。"《辽史·礼志五》："负银罂，捧縢，履黄道行。"❸衣物边缘。《仪礼·士丧礼》："两边无縢，布巾。"汉郑玄注："縢，缘也。"

【鳀冠】tíguān 用鲇鱼皮制成的冠。《战国策·赵策二》："黑齿雕题，鳀冠秫缝，大吴之国也。"宋鲍彪注："鳀，大鲇，以其皮为冠。"

【揥】tì 整理头发的用具。可作首饰，亦可用以搔头。《诗经·鄘风·君子偕老》："玉之瑱也，象之揥也。"汉郑玄注：

"掭,所以摘发也。"唐孔颖达疏:"以象骨搔首,因以为饰,名之掭,故云'所以摘发'。"又《魏风·葛屦》:"佩其象掭。"汉刘熙《释名·释首饰》:"掭,摘也,所以摘发也。"明王圻《三才图会·衣服·掭》:"掭所以摘发,以象骨为之,若今之篦儿。"

tian—tuo

【瑱】tiàn 冕上分垂于两耳侧用纮系于笄上的玉饰。天子以玉,诸侯以石,士以象牙为之。其形圆而略长,可以塞入耳中。《诗经·鄘风·君子偕老》:"玼兮玼兮,其之翟也。鬒发如云,不屑髢也。玉之瑱也,象之掭也。"汉毛亨传:"瑱塞耳也。"《左传·昭公二十六年》:"以币锦二两,缚一如瑱。"晋杜预注:"瑱,充耳。缚,卷也。急卷使如充耳,易怀藏。"《国语·楚语上》:"巴浦之犀、犛、兕、象,其可尽乎?其又以规为瑱也。"《礼记·檀弓上》:"练,练衣黄里、𦃣缘,葛要绖。绳屦无絇。角瑱。"汉郑玄注:"瑱,充耳也。古时以玉,人君有瑱。"《说文解字·玉部》:"瑱,似玉充耳也。"汉刘熙《释名·释首饰》:"瑱,镇也。悬当耳傍,不欲使人妄听,自镇重也。或曰充耳,充塞其耳,亦所以止听也。"清金鹗《求古录礼说·笄瑱考》:"瑱之制:县之以纮,上系于笄,纮与瑱通谓之充耳。《诗经·淇奥》篇言'充耳琇莹',《彼都人士》篇言'充耳琇实',此指瑱而言也。"

汉代玉瑱(长沙出土)

【褖衣】tuànyī ❶省称"褖"。镶有边沿的服装。用作士及其妻的礼服。《仪礼·士丧礼》:"爵弁服纯衣,皮弁服褖衣。"汉郑玄注:"黑衣裳赤缘谓之褖。褖之言缘也。所以表袍者也。"《礼记·玉藻》:"再命袆衣,一命襢衣,士褖衣。"郑玄注:"此子、男之夫人及其卿大夫士之妻命服也……诸侯之臣皆分为三等,其妻以次受此服也。"❷一种黑色礼服,王后"六服"之一。侍御及燕居时服用,亦用作命妇之服。衣式采用袍制,面料用黑,衬里用白。《周礼·天官·内司服》:"掌王后之六服……褖衣。"汉郑玄注:"此褖衣者,实作褖衣也。褖衣,御于王之服,亦以燕居。"汉刘熙《释名·释衣服》:"褖衣,褖然黑色也。"《隋书·礼仪志六》:"五品一钿,褖衣;六品褖衣。"

褖衣(宋聂崇义《三礼图》)

【袉】tuó 衣服的大襟。《说文解字·衣部》:"袉,裾也。"《论语·乡党》:"朝服袉绅。"

W

wa－wei

【袜（韤、韈）】wà 以皮革做成的袜子。其制多用高袎，袎口有带，着时以带系结于胫。秦汉以前男女通用。着此可以行走于地，以代鞋履。《韩非子·外储说左下》："文王伐崇，至凤黄虚，韤系解，因自结。"唐段成式《婚杂仪注》："北朝妇人常以冬至日进履韤及靴。"《北堂书钞》卷一三六："贺劲为人美容止……动静有常，与人交久，益敬之，至在官府，左右莫见其洗沐，坐常著韤，希见其足。"《旧五代史·周书·杨凝式传》："尝迫冬，家人未挟纩，会有故人过洛，赠以帛五十两，绢百端，凝式悉留之修行尼舍，俾造韤以施崇德、普明两寺饭僧。"《说文解字·韋部》："韤，足衣也。"《左传·哀公二十五年》："褚师声子韤而登席，公怒。"《史记·张释之列传》："王生者，善为黄老言，处士也。尝召居廷中，三公九卿尽会立，王生老人，曰：'吾韤解'，顾谓张廷尉：'为我结韤！'释之跪而结之。"宋李清照《点绛唇》词："见客入来，袜刬金钗溜，和羞走。"

【危冠】wēiguān 一种高顶之冠，取威武勇敢之意。《庄子·盗跖》："使子路去其危冠，解其长剑，而受教于子。"唐陆德明《经典释文》："危，高也。子路好勇，冠似雄鸡形。"清郭庆藩集释："高危之冠，长大之剑，勇者之服也。"晋左思《吴都赋》："危冠而出，竦剑而趋。"晋陶渊明《咏荆轲》诗："雄发指危冠，猛气冲长缨。"唐张读《宣室志·辛神邕》："忽有一人，紫衣危冠广袂，貌枯瘠，巨准修髯，自门而入。"又《侯生》："又引至一院，有一青衣，危冠方履，状甚峻峭，左右者数百，几案茵席，罗列前后。"高适《听张立本女吟》诗："危冠广袖楚宫妆，独步闲庭逐夜凉。"《旧唐书·马怀素传》："今议者皆云秘阁有《梁武帝南郊图》，多有危冠乘马者，此则近代故事，不得谓无其文。"

【韦弁】wéibiàn 周代天子、诸侯、大夫在兵事时所戴的礼帽。韦即柔皮，弁即冠，形制如爵弁。《荀子·大略》："天子山冕，诸侯玄冠，大夫裨冕，士韦弁，礼也。"《周礼·春官·司服》："凡兵事，韦弁服。"汉郑玄注："韦弁，以韎韦为弁。"唐贾公彦疏："韎是旧染谓赤色也，以赤色韦为弁。"清孙诒让正义引任大椿曰："韦弁为天子诸侯大夫兵事之服。戎服用韦者，以韦革同类，服以临军，取其坚也。《晋志》韦弁制似皮弁，顶上尖，韎草染之，色如浅绛。然则形状似皮弁矣。"又《夏官·司马》："诸侯及孤卿大夫之冕，韦弁、皮弁、弁经，各以其等为之，而掌其禁令。"《明史·舆服志二》："璁对：'《周礼》有韦弁，谓以韎韦为弁，又以为衣裳。'"清夏炘《学礼管释·释韦弁皮弁》："惟其去毛而熟治，故可以茅蒐染之，制以为弁，曰韦弁，此弁名韦之取义也。"

韦弁（宋聂崇义《三礼图》）

【韦弁服】wéibiànfú 周代天子、诸侯、大夫在兵事时所戴的帽子和所穿的衣服。以红色熟兽皮制成。始于商周，汉代还用作伍伯服，北朝后期其制逐渐消失。《诗经·小雅·采芑》："服其命服，朱芾斯皇。"汉郑玄注："命服者，命为将，受王命之服也。天子之服，韦弁服，朱衣裳也。"《周礼·春官·司服》："凡兵事，韦弁服。"《宋书·礼志五》："凡兵事，总谓之戎。《尚书》云：'一戎衣而天下定。'《周礼》：'革路以即戎。'又曰：'兵事韦弁服。'以韎韦为弁，又以为衣裳。《春秋左传》：'戎服将事。'又云：'晋郤至衣韎韦之跗。'注，先儒云：'韎，绛色。'"

【帏】wéi ❶裳的前片。《国语·郑语》："王使妇人不帏而噪之。"三国吴韦昭注："裳正幅曰帏。"❷佩于身边的小香袋。《楚辞·离骚》："苏粪壤以充帏兮，谓申椒其不芳。"《说文解字·巾部》："帏，囊也。"

【帷裳】wéicháng 周代朝祭服装的下裳。用整幅布制成，不加裁剪。有褶叠，无杀缝，系围于腰间，形如帷幕。《论语·乡党》："非帷裳，必杀之。"三国魏何晏集解："朝祭之服，裳用正幅如帷，要有襞积，而旁无杀缝。"宋邢昺疏："朝祭之服，上衣必有杀缝，在下之裳，其制正幅如帷，名曰帷裳，则无杀缝。其余服之裳，则亦有杀缝。"明王圻《三才图会·衣服》："帷裳是礼服，取其方正，故用正幅如帷帐，即今之腰裙也。"

【伟服】wěifú ❶盛装。《战国策·秦策一》："辩言伟服，战攻不息；繁称文辞，天下不治。"❷奇异、不合礼制的服装。《管子·任法》："无伟服，无奇形。"《韩非子·说疑》："有务奉下直曲、怪言、伟服、瑰称以眩民耳目者。"《明史·王越传》："越伟服短袂，进止便利。"

【委端】wěiduān 委貌之冠与玄端之服的合称。委，委貌冠，礼帽；端，玄端之服，黑赤色的礼服。《谷梁传·僖公三年》："阳谷之会，桓公委端搢笏而朝诸侯。"

【委貌】wěimào 周代一种常用的黑布礼冠。形制由夏之毋追、殷之章甫演变而来。《礼记·郊特牲》："委貌，周道也。"郑玄注："常所服以行道之冠也。或谓委貌为玄冠也。"《仪礼·士冠礼》："委貌周道也，章甫殷道也，毋追夏后氏之道也。"郑玄注："或谓委貌为玄冠。"汉刘熙《释名·释首饰》："委貌，冠形又委貌之貌，上小下大也。"《后汉书·舆服志下》："行大射礼于辟雍，公卿诸侯大夫行礼者，冠委貌，衣玄端素裳。"《新唐书·车服志》："委貌冠者，郊庙文舞郎之服也。"

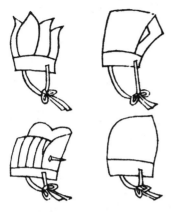

委貌冠（宋聂崇义《三礼图》）

wen—wu

【缊韨】wēnfú 也作"缊芾"。也称"韎韐"。周代士一级职官助君祭祀时所佩的蔽膝。赤黄间色，以茅蒐染红的柔皮制成，有别于诸侯、卿大夫的"赤韨"。周制：大夫以上祭服用韨，士无韨制，则用缊韨。《礼记·玉藻》："一命缊韨幽衡，再命赤韨幽衡，三命赤韨葱衡。"汉郑玄注："此玄冕爵弁服之韠，尊祭服，异其名耳。韨之言亦蔽也。缊，赤黄之间色，所谓韎韐也。"唐孔颖达疏："他服称韠，祭服称韨……以蒨染之，其色浅赤。"《诗经·曹风·候人》："彼其之子，三百赤芾。"汉毛亨传："一命缊芾黝珩，再命赤芾黝珩，三命赤芾葱珩。大夫以上赤芾乘轩。"《仪礼·士冠礼》："爵弁，服缁裳，纯衣缁带、韎韐。"汉郑玄注云："此与君祭之服……韎韐，缊韨也。士缊韨而幽衡，合韦为之。士染以茅蒐，因以名焉。"

【文衣】wényī 女性华美的服装。《史记·孔子世家》："于是选齐国中女子好

者八十人，皆衣文衣而舞《康乐》。"《晋书·惠帝纪》："颍府有九锡之仪，陈留王送貂蝉文衣鹖尾。"宋曾巩《兜率院记》："宫庐累百十，大抵穹墉奥屋，文衣精食，舆马之华，封君不如也。"

【免】wèn 丧服中的一种首服。其甲骨文像人戴丧帽俯身而吊形，古代丧礼，先脱掉冠然后用白布包裹发髻。《礼记·檀弓》："公仪仲子之丧，檀弓免焉。"唐陆德明《经典释文》："以布广一寸，从项中而前，交于额上，又却向后，绕于髻。"

【免绖】wèndié 谓居丧者以时除去缠于首、腰的麻带，仅穿衰服。表示不纯吉，亦不纯凶。《仪礼·士丧礼》："既朝哭，主人皆往兆南，北面，免绖。"汉郑玄注："免绖者，求吉，不敢纯凶。"清胡培翚正义："李氏如圭云：'免绖，去绖也。'秦氏蕙田云：'去绖不用，与袒免之免不同。'敖氏云：'绖，服之最重者，于此免之，以对越神明。'……但有衰无绖者，不纯凶也。"也谓居丧者缠麻带于首、腰以示哀。《礼记·奔丧》："奔母之丧……袭免绖于序东，拜宾送宾，皆如奔父之礼，于又哭不括发。"

【免服】wènfú 丧服。《左传·僖公十五年》："使以免服衰绖逆。"晋杜预注："免、衰绖，遭丧之服。"清袁枚《新齐谐·蒋太史》："著清朝冠服，白布缠头，以两束布从两耳拖下，若《三礼图》所画古人免服之状。"

【免麻】wènmá 即"免绖"。《礼记·奔丧》："奔丧者，自齐衰以下，入门左，中庭北面，哭尽哀，免麻于序东，即位袒，与主人哭，成踊。"汉郑玄注："麻亦绖带也。"

【无颜之冠】wúyánzhīguān 没有帽檐、不遮额头的帽子。《战国策·宋策》："骂国老谏臣，为无颜之冠，以示勇。"宋鲍彪

注："冠不覆额。"

【五法】wǔfǎ 深衣的五种法度，即规、矩、绳、权、衡。《礼记·深衣》："制十有二幅，以应十有二月，袂圜以应规，曲袷如矩以应方，负绳及踝以应直，下齐如权衡以应平。故规者，行举手以为容；负绳抱方者，以直其政，方其义也。故《易》曰：'坤六二之动，直以方也。'下齐如权衡者，以安志而平心也。五法已施，故圣人服之。故规矩取其无私，绳取其直，权衡取其平，故先王贵之。故可以为文，可以为武，可以摈相，可以治军旅，完且弗费，善衣之次也。"

【五服】wǔfú ❶周代天子、诸侯、卿、大夫、士等五个不同等级的服饰样式。《尚书·皋陶谟》："天命有德，五服五章哉。"汉孔安国传："五服，天子、诸侯、卿、大夫、士之服也，尊卑彰章，各异所以命有德。"《周礼·春官·小宗伯》："辨吉凶之五服，车旗宫室之禁。"郑玄注："五服，王及公、卿、大夫、士之服。"宋王禹偁《北狄来朝颂》："荷旃披毳，安知五服之仪！"❷以亲属关系的远近为区别的五种丧服，包括斩衰、齐衰、大功、小功、缌麻，每一等都对应有一定的居丧时间。后代指自高祖父至身为五代的宗亲。《礼记·学记》："师无当于五服，五服弗得不亲。"

汉孔安国传："五服，斩衰至缌麻之亲。"《官场现形记》第五十九回："同高祖还在五服之内，是亲的，不算远。"

【五冕】wǔmiǎn 周代帝王祭祀、朝会时戴的五种礼冠，指衮冕、鷩冕、毳冕、缔冕。自周代沿用至明亡，代有沿革。《周礼·夏官·弁师》："弁师掌王之五冕，皆玄冕、朱里、延纽，五采缫十有二就，皆五采玉十有二，玉笄、朱纮。"汉郑玄注："冕服有六，而言五冕者，大裘之冕盖无旒，不联数也。"清孙诒让正义："按《司服》冕服六，此云五冕者，凡冕服以衣章为别异。大裘而冕，亦被衮衣，衣冕相同，故不数也。郑谓大裘之冕盖无旒，于经无文。故为不敢质定之辞，本非笃论。"又《春官·司服》："祀五帝亦如之。享先王则衮冕；享先公、飨、射则鷩冕；祀四望、山、川则毳冕；祭社、稷、五祀则希冕；祭群小祀则玄冕。"

【武】wǔ 也称"冠卷"。冕冠底部的圆形托座，是冠身的核心。《礼记·玉藻》："缟冠玄武。"汉郑玄注："武，冠卷也。"唐孔颖达疏："冠、卷异色，故云'古者冠、卷殊'。如郑此言，则汉时冠、卷共材。"清孙诒让正义："张惠言云：'冕武玄色无文，皆以玄缯为之。'"

X

xi

【希冕】xīmiǎn 希，通"黹"。也作"绣冕"。❶穿希衣时所戴之冕。比毳冕少二旒，为五旒，用玉一百二十粒。《周礼·夏官·弁师》汉郑玄注："希衣之冕，五胯（旒），用玉百二十。"❷希衣和冕，周代君王六冕服之一，帝王祭社稷、五祀时所穿的希衣和与之相配的礼冠。亦为公、侯伯、子男、孤朝聘天子及助祭之服。北周效仿周礼，以此作为贵族礼服，三公以下，大夫以上，礼见祭祀均可着之。王公大臣亦可穿着。唐代用为天子祭服，又用作四品之服。宋代用作诸臣祭服。宋代以后其制不存。衣服以刺绣的粉米为首章，所施文章为三：上衣施粉米一章，下裳施黼、黻二章。《周礼·春官·司服》："王之吉服：祀昊天上帝，则服大裘而冕，祀五帝亦如之；享先王则衮冕；享先公、飨、射则鷩冕；祀四望、山、川，则毳冕；祭社、稷、五祀则希冕；祭群小祀则玄冕。"汉郑玄注："希，读为黹，或作黹……冕服九章，登龙于山，登火于宗彝，尊其神明也。"又："公之服，自衮冕而下如王之服；侯伯之服，自鷩冕而下如公之服。子男之服，自毳冕而下如侯伯之服。孤之服，自希冕而下如子男之服。卿大夫之服，自玄冕而下如孤之服。"汉郑玄注："自公之衮冕至卿大夫之玄冕，皆其朝聘天子及助祭之服。"《隋书·礼仪志六》："上大夫之服，自祀冕而下六，又无藻冕。绣冕三章，衣一章，裳二章，衣重粉米，裳重黼，为六等。"《新唐书·车服志》："绨冕者，祭社稷、飨先农之服也。六旒，三章：绨、粉米在衣；黼、黻在裳。"又："绨冕者，四品之服也。"《旧唐书·文苑传上》："制绨冕以祭社稷也。社稷者，土谷之神也。粉米由之而成，象其功也。"《宋史·舆服志四》："绨冕：四玉，二采，朱、绿。衣一章，绘粉米；裳二章，绣黼、黻……光禄卿、监察御史、读册官、举册官、分献官以上服之。"

希冕（宋聂崇义《三礼图》）

【犀甲】xījiǎ 犀牛皮制的铠甲，用七片皮革连缀而成。犀皮不常有，或用牛皮，亦称犀甲。《楚辞·九歌·国殇》："操吴戈兮被犀甲，车错毂兮短兵接。"《周礼·考工记·函人》："函人为甲，犀甲七属，兕甲六属，合甲五属。犀甲寿百年，兕甲寿二百年，合甲寿三百年。"唐杜牧《郡斋独酌》诗："犀甲吴兵斗弓弩，蛇矛燕戟驰锋铓。"郑泽《王寅春日谒屈子祠》诗："犀甲吴戈悲战国，女萝山鬼怨灵修。"

【皙帻】xīzé 白色头巾。《左传·定公九年》："齐侯赏犁弥，犁弥辞，曰：'有先登者，臣从之，皙帻而衣狸制。'"晋杜预注："皙，白也。齿上下相值。"

【锡衰】xīcuī 也作"锡缞"。细麻布所制的吊丧服，衣、裳皆用细麻布为之，首服素弁，在"五服"之外。帝王为公卿、大臣吊丧时所服。汉刘熙《释名·释丧制》："锡缞，锡，治也。治其麻使滑易也。"《周礼·春官·司服》："王为三公六卿锡衰。"汉郑玄注："君为臣服吊服也。"郑司农云：'锡，麻之滑易者。'"《仪礼·丧服》："大夫吊于命妇，锡衰。命妇吊于大夫，亦锡衰。"传曰："锡者何也？麻之有锡者也。锡者十五升抽其半，无事其缕，有事其布曰锡。"汉郑玄注："谓之锡者，治其布，使之滑易也。"唐孔颖达正义："加灰锡也者，取缌以为布，又加灰治之，则曰锡，言锡然滑易也。"《汉书·贾山传》："古之贤君于其臣也……已棺涂而后为之服锡衰麻绖，而三临其丧。"《魏书·安定王传》："十八年，休寝疾，高祖幸其第，流涕问疾。薨，帽帛三千匹，自薨至殡车驾三临。高祖至其门，改服锡衰、素弁、加绖。"《隋书·礼仪志六》："后周设司服之官，掌皇帝十二服……其吊服，锡衰以哭三公，缌衰以哭诸侯。"又："皇后之凶服，斩衰、齐衰，降旁期已下吊服。为妃、嫔、三公之夫人、孤卿内子之丧，锡衰。"《新唐书·礼乐志十》："皇帝服：一品锡衰。"《宋史·礼志二十七》："《天圣丧葬

令》：皇帝临臣之丧，一品服锡衰。"

【裼】xī 也作"裼衣"。加在裘上面的无袖罩衣。周代国君或贵族在行礼或待客时要罩在裘服上，以增加服饰文采。自天子至贵族士人都可穿着，是与裘葛上衣、皮弁服配套的衣着。其质地有别，可以用锦、绡、缯等材料制成。裼上又加正服，即朝服或皮弁服等，因此又称中衣。《礼记·玉藻》："君衣狐白裘，锦衣以裼之。"汉郑玄注："君衣狐白毛之裘，则以素锦为衣覆之，使可裼也。祖而有衣曰裼，必覆之者，裘亵也。《诗》云：'衣锦䌹衣，裳锦䌹裳。'然则锦衣复有上衣明矣。天子狐白之上衣皮弁服与？凡裼衣，象裘色也。"唐孔颖达疏："裘之裼者，谓裘上加裼衣，裼衣上虽加他服，犹开露裼衣，见裼衣之美，以为敬也。"《仪礼·聘礼》："公侧授宰玉，裼降立。"唐贾公彦疏："凡服四时不同。假令冬有裘，衬身裈衫，又有襦袴，襦袴之上有裘，裘上有裼衣，裼衣之上又有上服。若夏则绤绤，绤绤之上，则有中衣，中衣之上复有上服，皮弁祭服之等。若春秋二时，则衣袷褶，袷褶之上，加以中衣，中衣之上，加以上服。言见裼衣者，谓祖衿前上服，见裼衣也。"《朱子语类》卷八七："裼衣，似今背子。"《古今图书集成·礼仪典》卷三三五："凡服先以明衣亲身，次加中衣。冬则次加裘，裘上加裼衣，裼衣上加朝服。"明周祈《名义考》卷一一："裼衣乃半袖禅衣，加于裘之上以见美。袭衣乃有袖全衣，加于裼之上以充美。《曲礼》注：'古人近体衣有袍禅，其外有裘葛，裘葛皆有裼衣。'裼衣上有袭衣，袭衣上有常著之服，则皮弁服与深衣之属也。"清黄生《义府·裼》："注：'祖而有衣曰裼。'则似今之

背心,以加于外,故仍见裘之美……裼是露臂,则是裘外加半臂。"

【緆】xí 礼服下裳底部的缘边。两侧之缘则称"紕"。其宽度、色彩均有规定,制出商周。《仪礼·既夕礼》:"有前后裳,不辟,长及觳,緆紕緆。"汉郑玄注:"饰裳在幅,曰紕;在下,曰緆。"《宋史·舆服志三》:"今少府监衮服,其裳乃以八幅为之,不殊前后;有违古义。伏请改正祭服之裳,以七幅为之……裳侧有纯,谓之紕;裳下有纯,谓之緆。紕、緆之广各寸半,表里合为三寸。"

【觿】xī 一种锥形解结用具,多用骨、象牙、玉、石等坚硬材料制成,可随身携带,后演变成一种佩饰。先秦时期成人男女,均可使用。《说文解字·角部》:"觿,佩角,锐耑(端),可以解结。"《诗经·卫风·芄兰》:"芄兰之支,童子佩觿。虽则佩觿,能不我知。"汉毛亨传:"觿所以解结,成人之佩也。人君治成人之事,虽童子犹佩觿,早成其德。"《礼记·内则》:"妇事舅姑,如事父母……左佩纷帨、刀、砺、小觿、金燧;右佩箴、管、线、纩,施縏秩、大觿、木燧。"汉郑玄注:"小觿,解小结也。觿貌如锥,以象骨为之。"

觿身弯如新月,断面呈长方形。
上段琢作虎形,虎尾卷曲。中间。

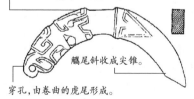

觿尾斜收成尖锥。

穿孔,由卷曲的虎尾形成。

西周晚期玉觿(河南三门
峡上村岭虢国墓地 2006 号墓出土)
(《文物收藏图解辞典》)

觿的上段圆雕成龙形,龙张口,
身卷如云朵。

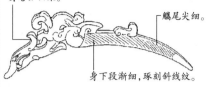

觿尾尖细。

身下段渐细,琢刻斜线纹。

战国晚期玉觿
(安徽长丰县杨公乡墓出土)
(《文物收藏图解辞典》)

【裺】xí ❶也称"裺衣"。死者入殓时穿的衣服。周礼规定丧礼时为死者装敛分三次:沐浴后加明衣裳及裺衣,次日加小敛衣,又次日加大敛衣,唯明衣裳及裺衣穿于尸身,小敛、大敛之衣仅包裹捆束。裺衣之数,以死者爵位高低为多寡,穿着时,先铺于床,然后移尸于上,左衽,以带绞结。有别于生者右衽之服。《仪礼·士丧礼》:"商祝掩瑱,设幎目;乃屦綦结于跗,连絇;乃裺三称,明衣不在算。"汉郑玄注:"迁尸于裺上而衣之。凡衣尸者,左衽不纽。"清胡培翚正义:"三称,爵弁服、皮弁服、褖衣也。裺之则先褖衣而后爵弁服,先其里也。衣裳具谓之称。"《礼记·杂记上》:"子羔之裺也,茧衣裳与税衣,纁袡为一,素端一,皮弁一,爵弁一,玄冕一……公裺:卷衣一,玄端一,朝服一,素积一,纁裳一,爵弁二,玄冕一,褒衣一,朱绿带,申加大带于上。"汉郑玄注:"士裺三称,子羔裺五称,今公裺九称,则尊卑裺数不同矣。诸侯七称,天子十二称与?"《说文解字·衣部》:"裺,左衽袍也。"清段玉裁注:"小敛大敛之前衣死者谓之裺……今文作褶。"汉刘熙《释名·释丧制》:"衣尸曰裺。裺,匼也。以衣周匼覆衣之也。"❷衣外加衣。

行礼时穿在裼衣外面的上衣。引申为穿衣。《礼记·内则》:"在父母舅姑之所……寒不敢袭,痒不敢搔。"宋苏轼《和归去来兮辞》:"岂袭裘而念葛,盖得粗而丧微。"

【褶】xí ❶裤褶的上衣,左衽之袍,后亦有改为右衽者。汉史游《急就篇》:"襜褕袷复褶袴褌。"唐颜师古注:"褶谓重衣之最在上者也。其形若袍,短身而广袖。一曰左衽之袍。"《三国志·魏志·崔琰传》:"唯世子燔翳捐褶,以塞众望,不令老臣获罪于天。"《隋书·礼仪志七》:"凡乌,唯冕服及具服著之,履则诸服皆用。唯褶服以靴。靴,胡履也。"王国维《胡服考》:"案胡服之名,《赵策》及《赵世家》皆无文,自来亦无质,言之者,惟张守节正义。以唐之时当之。唐之时服有常服、袴褶二种(谓日常所服者),今定以为上褶下袴,即以后世所谓袴褶服当之者,由胡服之冠带履知之也。"❷长衣。袍衫之属。宋庞元英《文昌集录》卷四:"唐制,三品以上紫褶,五品之上绯褶,通用细绫;七品以上绿褶,九品已上碧褶,通用小绫。"❸明代男子所著长衣。根据不同形制,有大褶、顺褶、襻褶诸名。统称为"褶",或称"褶子"。明刘若愚《酌中志》卷一九:"顺褶,如贴里之制。而褶之上不穿细纹,俗谓'马牙褶',如外廷之襻褶也。间有缀本等补。世人所穿襻子,如女裙之制者,神庙亦间尚之,曰衬褶袍。"明范濂《云间据目抄》:"男人衣服,予弱冠时皆用细练褶,老者上长下短,少者上短下长,自后渐易两平,其式即皂隶所穿冬暖夏凉之服。"见32、787页 dié、zhě。

褶示意图
《中国古代北方少数民族服饰研究·匈奴鲜卑卷》》

【褶衣】xíyī ❶即"褶"。《资治通鉴·陈宣帝太建十四年》"以其褶袖缚之"元胡三省注:"褶,音习,布褶衣也,今之宽袖。"周锡保《中国古代服饰史》第六章:"自北族的裤褶服盛行后,南人也采而服之,但毕竟在朝会或礼仪中,这样装束是不符合仪表的严肃感。因此南人就将上身的褶衣,加大了袖管,下身的裤管也加大了。"❷即小袜。清代"膝裤"的别称。清刘廷玑《在园杂志》卷三:"自缠足之后,女子所穿有弓鞋、绣鞋、凤头鞋……遂不用有底之袜,易以无底直桶,名曰褶衣,亦曰凌波小袜,以罩其上。盖妇人多以布缠足,而上口未免参差不齐,故须以褶衣覆之。"

【褶子】xízi 俗称"道袍"。清道光以后称戏剧服饰中"直掇"和"道袍"等便服为褶。分男、女二式。男褶更具通用性,一般文武官吏及下层平民均用,仅以花、素标示身份地位之不同;女式褶仅限于下层女子所通用。男褶款式:大襟,斜大领(右衽),长及足,左右胯下开衩,宽身阔袖(带水袖),服装的内、外造型极为简洁质朴。男褶是造型简洁的多功能服装,既可单用,又可当作衬服,还可与箭衣构成两件套装,供武生、武丑、武花脸行当的人物敞穿或斜披。女褡源于清代一度沿袭使用的明式"小立领"服饰,仅限于下层平民女子,花色也因之而简单。

【屣】xǐ ❶拖鞋。《汉书·地理志》唐颜师古注:"屣谓小履之无跟者也。"❷泛称鞋履。多指粗劣之鞋。《吕氏春秋·观表》:"视舍天下若舍屣。"汉高诱注:"屣,弊屣。"《太平御览》卷六九八:"舜视弃天下犹弃敝屣也。"《汉书·郊祀志》:"于是天子曰:'嗟乎!诚得如黄帝,吾视去妻子如脱屣耳。'"

【縰】xǐ ❶用来束发的布帛。《礼记·内则》:"子事父母,鸡初鸣,咸盥、漱、栉、縰、笄、总……"汉郑玄注:"縰,韬发者也。"汉扬雄《解嘲》:"戴縰垂缨而谈者皆拟于阿衡。"《类篇》:"纚或作縰。"❷即"屣❶"。

【縰履】xǐlǚ 无跟的鞋子。《庄子·让王》:"原宪华冠縰履,杖藜而应门。"清郭庆藩集释引李颐曰:"縰履,谓履无跟也。"

【跣】xǐ 一种粗劣的草鞋。《淮南子·主术训》:"举天下而传之舜,犹却行而脱跣也。"《孟子·尽心上》:"舜视弃天下,犹弃敝跣也。"汉赵岐注:"跣,草履也。敝喻不惜。"

【躧】xǐ 妇女的舞鞋。《战国策·燕策一》:"夫实得所利,名得所愿,则燕赵之弃齐也,犹释弊躧。"《吕氏春秋·长见篇》:"视释天下若释躧。"《说文解字·足部》:"躧,舞履也。从足,丽声……或从革。"清段玉裁注:"舞履也。"

【纚】xǐ 黑缯制成的束发布帛。《仪礼·士冠礼》:"缁纚,广终幅,长六尺。"汉郑

玄注:"纚,今帻梁也。终,充也。纚一幅长六尺,足以韬发而结之矣。"又《士昏礼》:"姆纚笄。"汉郑玄注:"纚,缘发;笄,今时簪也。纚亦广充幅,长六尺。"《说文解字·糸部》:"纚,冠织也。从糸,丽声。"

【系】xì 冠帽、鞋履等的系带。《韩非子·外储说左下》:"晋文公与楚人战,至黄凤之陵,履系解,因自结之。"《后汉书·五行志一》:"延熹中,京都长者皆著木屐;妇女始嫁,至作漆画五彩为系。"又《舆服志下》:"武冠,俗谓之大冠,环缨无蕤,以青系为绲,加双鹖尾,竖左右,为鹖冠云。"北朝无名氏《捉搦歌》:"黄桑柘屐蒲子履,中央有系两头系。"

【绤衰】xìcuī 以葛布制成的丧服。按周礼规定,丧服当以麻织物为之,用以葛布裁制,属于不遵礼制。《礼记·檀弓上》:"县子曰:绤衰、繐裳,非古也。"汉郑玄注:"非时尚轻凉,慢礼也。"唐孔颖达疏:"绤,葛也。繐,布疏者,汉时南阳邓县能作之,当记时失礼多尚轻细,故有丧者不服粗衰,但疏葛为衰,繐布为裳,故云非古也。古谓周初制礼时也。"

【舄】xì ❶祭祀、朝会时用的复底鞋。以皮、葛为面,上饰绚、繶。鞋底通用双层,上层用麻或皮,下层用木,行礼时不畏泥湿。天子、诸侯的吉服有九种,舄有赤舄、白舄、黑舄三等,赤舄为上,天子、诸侯穿冕服时,必穿赤舄;王后吉服六种,有玄舄、青舄、赤舄三等,穿袆衣时必着玄舄。《诗经·豳风·狼跋》:"公孙硕肤,赤舄几几。"又《小雅·车攻》:"赤芾金舄,会同有绎。"《周礼·天官·屦人》:"掌王及后之服屦。为赤舄、黑舄。赤繶、黄繶、青句。"汉郑玄注:"复下曰

舄，禅下曰屦……王吉服有九，舄有三等。赤舄为上冕服之舄。《诗》云：'王赐韩侯，玄衮赤舄。'则诸侯与王同。下有白舄、黑舄。王后吉服六，唯祭服有舄。玄舄为上，袆衣之舄也。下有青舄、赤舄。鞠衣以下，皆屦耳。"唐贾公彦疏："（王及诸侯）白舄配韦弁、皮弁，黑舄配冠弁服。"又："（王后）玄舄配袆衣，则青舄配揄翟，赤舄配阙翟。"汉刘熙《释名·释衣服》："履，礼也，饰足所以为礼也。复其下曰舄。舄，腊也，行礼久立，地或泥湿，故复其下，使干腊也。"《隋书·礼仪志七》："履、舄……近代或以重皮，而不加木，失于干腊之义。今取干腊之理，以木重底。冕服者色赤，冕衣者色乌，履同乌色。诸非侍臣，皆脱而升殿。凡舄，唯冕服及具服著之，履则诸服皆用。"《元史·舆服志一》："舄一，重底，红罗面，白绫托里，如意头，销金黄罗缘口，玉鼻，人饰以珍珠。"《明史·舆服志二》："舄用黑絇纯，黑饰舄首。"❷鞋子的统称。《史记·淳于髡传》："日暮酒阑，合尊促坐，男女同席，履舄交错，杯盘狼藉。"《太平广记》卷七三，"有侍童一人，年甚少，总角衣短褐。白衣纬带革舄。"

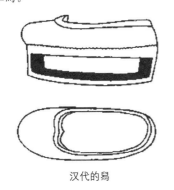

汉代的舄

xia—xiao

【下齐】xiàqí 深衣的下摆。《礼记·深衣》："下齐如权衡以应平。"又："下齐如权衡者，以安志而平心也。"元陈澔集说："下齐，裳末缉处也。"

【夏服】xiàfú 夏天所穿衣服的统称。《韩非子·显学》："墨者之葬也，冬日冬服，夏日夏服，桐棺三寸，服丧三月，世以为俭。"唐白居易《秋霁》诗："冬衣殊未制，夏服行将绽。"

【鲜卑】xiānbēi 腰带上的钩镨。以金、银、铜、铁等金属材料做成圆、椭圆、方、长方等形状环扣，环面雕凿各式图纹；前缀小钩，或装有扣针，以用于革带两端的钩连固结。由西域少数民族地区传入，有别于中原地区使用的带钩。《楚辞·大招》："小腰秀颈，若鲜卑只。"汉王逸注："鲜卑，衮带头也。言好女之状，腰支细少，颈锐秀长，靖然而特异，若以鲜卑之带，约而束之也。"《东观汉记》："邓遵破匈奴，上赐金刚鲜卑缇带一具，金银带各一。"

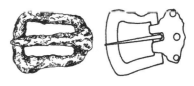

鲜卑（吉林集安高句丽古墓出土）

【鲜冠】xiānguān 楚国的一种华丽帽子。《墨子·公孟》："昔者楚庄王鲜冠组缨，绛衣博袍，以治其国，其国治。"汉王充《论衡·程材》："一日在位，鲜冠利剑。"

【显服】xiǎnfú 官服。借指官爵。《诗经·秦风·终南》序："能取周地，始为诸侯,受显服,大夫美之。"晋陆云《晋故散骑常侍陆府君诔》:"畴咨群后,改授显服,屯骑是抚,雍容皇甸。"宋王安石《朝奉郎守殿中丞前知兴元府成固县杨公墓志铭》:"王以家朝,相随内属,有子有姓,尚多显服。"

【乡服】xiāngfú 指朝服。《仪礼·乡饮酒礼》:"明日宾服乡服以拜赐。"汉郑玄注:"乡服,昨日与乡大夫饮酒之朝服也。不言朝服,未服以朝也。"唐贾公彦疏:"在朝著朝服是其常,此宾是乡人子弟未仕,虽著朝服,仍以乡服言之。"

【象邸】xiàngdǐ 贵族礼冠内顶上用象骨做的衬底。《周礼·夏官·弁师》:"王之皮弁,会五采,玉璂、象邸、玉笄。"汉郑玄注:"邸,下柢也,以象骨为之。"唐贾公彦疏:"邸,下柢也者,谓于弁内顶上以象骨为柢。"

【象服】xiàngfú 也作"褖服"。周代帝王所用的礼服,其上彩绘有天日、月、星辰三种天象。后泛指王后及诸侯夫人绘有翟羽图像的服装。《诗经·鄘风·君子偕老》:"象服是宜。"汉毛亨传:"象服,尊者所以为饰。"汉郑玄笺:"人君之象服,则舜所云予欲观古人之象:日月星辰之属。"唐孔颖达疏:"以人君之服画日月星辰谓之象,故知画翟羽亦为象也。"唐钱起《贞懿皇后挽词》:"有恩加象服,无日祀高禖。"宋王安石《右千牛卫将军仲舄故妻永嘉县君武氏墓志铭》:"象服之粲兮,容车之睆兮。"清冯桂芬《顾蓉庄年丈七十双寿序》:"象服绣葆,跄跻一庭,国恩家庆,矜耀闾里。"一说象服即"袆衣"。清陈奂传疏:"象服未闻,疑此即袆衣也。象,古褖字,《说文》:'褖,饰也。'象服犹褖饰,服之以画绘为饰者。"

【象环】xiànghuán 象牙制成的环形佩饰。《礼记·玉藻》:"孔子佩象环五寸而綦组绶。"唐孔颖达疏:"佩象环者,象牙有文理,言己有文章也;而为环者,示己文教所循环无穷也。"唐李商隐《端午日上所知剑启》诗:"厕玉玦于君侯,拟象环于夫子。"

【象瑱】xiàngtiàn 象牙制成的瑱骨。《诗经·齐风·著》:"充耳以素乎而"汉毛亨传:"素,象瑱。"唐孔颖达疏:"此言充耳以素,可以充耳而色素者,唯象骨耳,故知素是象瑱。"

【宵衣】xiāoyī ❶省称"宵"。即"绡衣"。《仪礼·士昏礼》:"姆纚笄宵衣在其右。"汉郑玄注:"宵,读为《诗》'素衣朱绡'之绡;《鲁诗》以绡为绮属也;姆,亦玄衣;以绡为领,因以为名,且相别耳。"又《特牲馈食礼》:"主妇纚笄宵衣,立于房中,南面。"汉郑玄注:"宵,绮属也。此衣染之以黑,其缯本名宵……凡妇人助祭者同服也。"❷天未亮而穿衣。旧时称颂帝王勤于政事的套语。南朝陈徐陵《徐孝穆集》卷一〇《陈文皇帝哀册文》:"勤民听政,昃食宵衣。"唐王起《庭燎赋》:"引曜于宵衣。"

宵衣(宋聂崇义《三礼图》)

【绡衣】xiāoyī ❶以黑色纱绢制成、不加纹彩的祭服。一般罩在狐青裘上。周代通常为男子所穿,但妇女助祭时亦可服之。《礼记·玉藻》:"君子狐青裘豹袖,玄绡衣以裼之。"汉郑玄注:"绡,绮属也,染之以玄,于狐青裘相宜。"❷质地轻薄的衣服。以各色绢、纱、縠织物制成。《太平广记》卷六一八:"其衬体轻红绡衣,似小香囊,气盈一室。"宋张耒《七夕歌》:"织成云雾紫绡衣,辛苦无欢容不理。"《水浒传》第四十二回:"正中七宝九龙床上,坐着那个娘娘。宋江看时,但见:头绾九龙飞凤髻,身穿金缕绛绡衣。"清陈维崧《寿楼春·为白琅季节母吴孺人赋》:"裁绡衣霓裳,配羿妃清冷,媭女苍凉。"

【小功】xiǎogōng 也作"小红"。丧服五服之第四等。次于大功。其服以熟麻布制成,视大功为细,较缌麻为粗。服期五月。凡本宗为曾祖父母、伯叔祖父母、堂伯叔祖父母,未嫁祖姑、堂姑,已嫁堂姊妹、兄弟之妻,从堂兄弟及未嫁从堂姊妹;外亲为外祖父母、母舅、母姨等,女子为丈夫之姑母姊妹及妯娌服丧,均服之。商周时期已有此制。秦汉以后,历代沿用,形制稍有变异。《仪礼·丧服》:"小功者,兄弟之服也。"又:"小功布衰裳,澡麻带绖,五月者。"唐贾公彦疏:"但言小功者,对大功是用功粗大,则小功是用细小精密者也。"《唐律疏议·名例》:"小功之亲有三:祖之兄弟、父之从父兄弟、身之再从兄弟是也。此数之外,据《礼》,内外诸亲,有服同者,并准此。"《宋史·礼志二十八》:"按《唐会要》,嫂叔无服,太宗令服小功。曾祖父母旧服三月,增为五月。嫡子妇大功,增为期。众子妇小功,增为大功。父在为母服期,高宗增为三年。妇为夫之姨舅无服,玄宗令从夫服,又增姨舅同服缌麻及堂姨舅祖免,至今遵行。"《明史·礼志十四》:"其制服五……曰小功,以稍粗熟布为之。"

小功(明王圻《三才图会》插图)

【小屦】xiǎojù ❶制作较精细的鞋。《孟子·滕文公上》:"巨屦小屦同贾,人岂为之哉!"汉赵岐注:"巨,类屦也;小,细屦也。"清焦循正义:"巨为大,即为粗也;小为精,即为细也。粗疏易成,细巧功密。"❷粗陋的鞋子。汉史游《急就篇》"裳韦不借为牧人"唐颜师古注:"不借者,小屦也。以麻为之,其贱易得。"

xie—xu

【邪幅】xiébī 斜缠于小腿的布带,以利于行走。《诗经·小雅·采菽》:"赤芾在股,邪幅在下,彼交匪纾,天子所予。"汉毛亨传:"幅,偪也。所以自偪束也。"汉郑玄笺:"芾,大古蔽膝之象也。胫本曰股。邪幅,如今行縢也。偪束其胫,自足至膝,故曰在下。彼与人交接,自偪束如此,则非有解怠舒缓之心,天子以是故赐予之。"《左传·桓公二年》:"带裳幅舄。"

唐孔颖达疏："邪（斜）缠束之，故名邪幅。"

裹邪幅的男子
（明崇祯年间刻本《英雄谱》插图）

【缌祥】xièfán 也作"亵祥"。用本色细葛布制的贴身内衣。《诗经·鄘风·君子偕老》："蒙彼绉絺，是缌祥也。"汉毛亨传："絺之靡者为绉，是当暑祥延之服也。"郑玄注："夏则里衣绉絺。"清陈奂疏："《说文》'亵，私服'引《三家诗》作'亵'，'祥，衣无色'引《毛诗》作'缌'。缌即亵之假借字。《说文解字·衣部》："祥，衣无色也。从衣，半声。"清段玉裁注："缌当同亵……祥延叠韵，如《方言》之褴褛。汉时有此语，揩摩之意。外展衣，中用绉絺为衣，可以揩摩汗泽，故曰亵祥。亵祥专谓绉絺也，暑天近汗之衣必无色。"清王先谦集疏："三家'缌'作'亵'。亵，谓亲身之衣也。《玉篇》：'祥衣无色'，衣受汗垢，故无色也。《传》'祥延'，盖当时语，'当暑祥延之服'，犹言'当暑亵近之服。'"

【亵服】xièfú 居家时穿的简便服饰，不用紫色、红色等朝服、礼服常用的严肃庄重的色彩。《论语·乡党》："君子不以绀緅饰，红紫不以为亵服。"三国魏何晏集解："亵服，私居服，非公会之服。"汉刘向《列女传·周宣姜后》："脱朝服，衣亵服，然后进御于君。"《新唐书·车服志》："专车则衣朝服，单马则衣亵服。"清赵翼《陔余丛考》卷三一："古以脱袜为敬，其后不脱袜而但脱履，又其后则不脱履，最后则靴为朝服，而履反为亵服。"昭梿《啸亭续录·服饰沿革》："亵服初尚白色，近日尚玉色，又有油绿色，国初皆衣之。"

【亵裘】xièqiú 居家常穿的御寒长皮衣，为周代五种皮服之一。左袖长而右袖短，着之便于做事。《论语·乡党》："亵裘长，短右袂。"三国魏何晏集解："私家裘长主温；短右袂，便作事。"宋邢昺疏："此裘私家所著之裘也，长之者，主温也。袂是裘之袖，短右袂者，便作事也。"清刘廷玑《在园杂志》卷一："古裘有五：大裘、黼裘、良裘、功裘、亵裘。"

【亵衣】xièyī ❶贴身小衣，内衣。也泛指一般家居穿的便服。《礼记·檀弓下》："季康子之母死，陈亵衣。敬姜曰：'妇人不饰，不敢见舅姑。'将有四方之宾来，亵衣何为陈于斯？命彻之。"《荀子·礼论》："设亵衣，袭三称，缙绅而无钩带矣。"汉司马相如《美人赋》："女乃弛其上服，表其亵衣。"《金瓶梅》第六十九回："西门庆头戴忠靖冠，便衣出来迎接。见王三衣巾进来，故意说道：'文嫂怎不早说，我亵衣在此。'"❷脏衣，指已穿过的衣服。《仪礼·既夕礼》："彻亵衣，加新衣。"汉郑玄注："故衣垢污，为来人秽恶之。"唐贾公彦疏："彻亵衣，谓故玄端已有垢污，故来人秽恶，是以彻去之。加新衣者，谓更加新朝服。"

【幭裘】xīnqiú 也作"陈裘""淫裘"。周代随死者入葬的皮衣，置于棺外椁内。帝王用良裘，卿大夫用功裘。《周礼·天官·司裘》：“大丧，廞裘，饰皮车。”汉郑玄注：“故书廞为淫。郑司农云：‘淫裘，陈裘也。’玄谓廞，兴也，若《诗》之兴，谓象饰而作之，凡于神之偶衣物，必沽而小耳。”唐贾公彦疏：“谓明器中之裘，即上良裘、功裘等。”清孙诒让正义：“陈裘谓明器之裘，将葬则与明器遣车等同陈之。”

【凶服】xiōngfú ❶丧服。分斩衰、齐衰、大功、小功、缌麻五等，视与死者关系亲疏而服之。《周礼·春官·司服》：“其凶服，加以大功、小功。”汉郑玄注：“丧服，天子诸侯齐斩而已，卿大夫加以大功、小功，士亦如之，又加缌焉。”《礼记·祭义》：“郊之祭也，丧者不敢哭，凶服者不敢入国门。”《论语·乡党》：“凶服者式之。”三国魏何晏集解引孔安国曰：“凶服，送死之衣物。”《周书·明帝纪》：“四方州镇使到，各令三日哭，哭讫，悉权辟凶服，还以素服从事，待大例除。”唐柳宗元《唐故衡州刺史东平吕君诔》：“僮无凶服，葬非旧陌。”《隋书·礼仪志六》：“皇后之凶服，斩衰、齐衰，降旁期以下吊服。”《红楼梦》第六十三回：“贾珍父子忙按礼换了凶服，在棺前俯伏。”❷铠甲。武者之服。《汉书·酷吏传·尹赏》：“杂举长安中轻薄少年恶子，无市籍商贩作务，而鲜衣凶服，被铠扞持刀兵者，悉籍记之，得数百人。”唐颜师古：“凶服危险之服，铠甲也。”一说，凶徒所着之服。清王先谦补注引周寿昌曰：“服，无所谓危险也。凶服，盖凶徒作乱之服，如绛绩黄巾，不遵法制之类皆是。”

【绣衣】xiùyī ❶彩绣的丝制华丽衣服。殷商时代作为天子的公服，称“黼黻”后代多为贵者所服。今多指装饰有刺绣的丝质服装。《左传·闵公二年》：“（卫懿公）与夫人绣衣，曰：‘听于二子！’”《战国策·齐策四》：“君之厩马百乘，无不被绣衣而食菽粟者，岂有骐麟騄耳哉？”《南史·崔祖思传》：“东阿妇以绣衣赐死，王景兴以折米见诮。”元萨都剌《鹦鹉曲》：“双成小立各宫样，绣衣乌帽高将军。”《元史·礼乐志五》：“妇女二十人，冠金梳翠花钿，绣衣，执花鞓稍子鼓，舞唱前曲，与前队相和。”❷御史之服。汉置绣衣直指史，由御史充任。后因以“绣衣”作为御史的代称。《史记·酷吏列传》：“乃使光禄大夫范昆、诸辅都尉及故九卿张德等衣绣衣，持节，虎符发兵以兴击，斩首大部或至万余级。”《汉书·隽不疑传》：“武帝末，郡国盗贼群起，暴胜之为直指使者，衣绣衣，持斧，逐捕盗贼，督课郡国。”又《百官公卿表》：“侍御史有绣衣直指，出讨奸猾，治大狱，武帝所制，不常置。”唐李白《江夏赠韦南陵冰》诗：“昨日绣衣倾绿樽，病如桃李竟何言！”杜甫《入奏行赠西山检察使窦侍御》诗：“绣衣春当霄汉立，彩服日向庭闱趋。”清仇兆鳌注：“绣衣，御史之服，汉有绣衣直指史。”

【袖】xiù 也称“褏”“裗”“褾”。衣袖，上衣护臂的部分。袖是总称，不同的造型或品种有不同的名称。常用的衣袖根据长度可分为分长袖、短袖、中袖。还有独片式的衬衫袖，两片式的圆装袖，以及套肩袖、灯笼袖、喇叭袖、装连袖等。宽袖兼有衣袋作用，可贮各种随身杂物。后世“袖珍”一语，即因此而来。《韩非子·五蠹》：“长袖善舞，多钱善贾。”汉刘熙《释名·释衣服》：“袖，由也，手所由出入也。亦言受也，以受手也。”《后汉书·马廖传》：“城中好大袖，四方全匹帛。”《史记·信陵君传》：“朱亥袖四十斤铁椎，椎杀晋鄙。"晋左思《娇女诗》:"从容好赵舞,延袖象飞翮。"南朝梁简文帝《小垂手》:"广袖拂红尘。"南朝梁元帝《歌曲名诗》:"縠衫回广袖,团扇掩轻纱。"《京本通俗小说·志诚张主管》:"只见妇女留下衣服,作别出门,复回身道:'还有一件要紧的倒忘了!'又向衣袖里取出一锭五十两大银,撇了自去。"

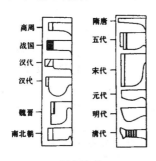

袖的演变
(《中国衣冠服饰大辞典》)

【冔】xǔ 商代的礼冠名。《诗经·大雅·文王》:"厥作裸将,常服黼冔。"汉郑玄笺:"冔,殷冠也。夏后氏曰收,周曰冕。"《仪礼·士冠礼》:"周弁,殷冔,夏收。"汉郑玄注:"弁名出于槃。槃,大也。言所以自光大也。冔名出于幠。幠,覆也。言所以自覆饰也。收,言所以收敛发也。齐所服而祭也,其制之异未闻。"汉蔡邕《独断》卷下:"冕冠,周曰爵弁,殷曰冔,夏曰收。"

【续衽钩边】xùrèn'gōubiān 省称"钩边"。深衣的襟式。前襟接长,作成斜角,着时由前绕至身背,用带系结,以防行步时露出里衣,有失礼仪。《礼记·深衣》:"古者深衣,盖有制度,以应规、矩、绳、权、衡。短无见肤,长无被土;续衽钩边,要缝半下。"汉郑玄注:"续,犹属也

衽,在裳旁者也。属,连之,不殊裳前后也。钩边,若今曲裾也。"清任大椿《深衣释例》卷二:"案在旁曰衽。在旁之衽前后属连曰续衽。右旁之衽不能属连,前后两开,必露里衣恐近于亵,故别以一幅布裁为曲裾……以掩盖里衣,而右前衽即交乎其上,于覆体更为完密。"

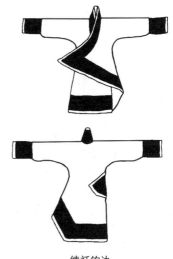

续衽钩边
(湖南长沙马王堆汉墓出土)

xuan—xun

【玄裳】xuáncháng ❶周代上士所著的玄色之裳。有别于中士的黄裳及下士的杂裳。使用时和玄端、爵韠等礼服配用。《仪礼·特牲馈食礼》:"唯尸祝佐食玄端,玄裳、黄裳,杂裳可也。皆爵韠。"又《士冠礼》:"玄端,玄裳、黄裳、杂裳。"汉郑玄注:"玄裳,上士也;黄裳,中士;杂裳,下士。"❷黑色的下衣。《国语·吴语》:"右军亦如之,皆玄裳、玄旗、黑甲、乌羽之矰,望之如墨。"宋苏轼《后赤壁赋》:"适有孤鹤,横江东来。翅如车

轮,玄裳缟衣,戛然长鸣,掠予舟而
西也。"

【玄赪】xuánchēng 玄衣赤裳,指周代卿
大夫祭祀时用的礼服。《礼记·丧大
记》:"夫人以屈狄,大夫以玄赪。"汉郑玄
注:"赪,赤也。玄衣赤裳,所谓'卿大夫
自玄冕而下'之服也。"唐孔颖达疏:"大
夫以玄赪者,玄𫄸也。言大夫招魂用玄
冕玄衣𫄸裳,故云玄赪也。"

【玄纮】xuándǎn ❶礼冠上系充耳的黑
丝带。《国语·鲁语下》:"王后亲织玄
纮。"三国吴韦昭注:"说云:'纮,冠之垂
前后者。'昭谓:'纮,所以悬瑱当耳者
也。"《晋书·礼志下》:"(惠帝)加冕
讫,侍中系玄纮。"《明史·舆服志二》:
"(皇帝冕服)纩以左右垂黈纩充耳,系以
玄纮,承以白玉填朱纮。余如旧制。"❷
因有皇后亲织玄纮之事,后以玄纮指女
红。晋葛洪《抱朴子·疾谬》:"今俗妇
女,休其蚕织之业,废其玄纮之务。"《梁
书·皇后传·丁贵嫔》:"玄纮莫修,祎章
早缺。"

【玄端】xuánduān 黑色礼服。为礼服中
较贵重的一种。由玄冠、缁布衣、玄裳、
爵韠组成。玄,黑色;端,端庄、方正,指
衣服用直裁法为之,规矩而端正。周代
天子服之以燕居,诸侯服之以祭宗庙,乡
大夫、士朝服玄端,夕服深衣。汉代沿古
制,公卿诸侯大夫行礼者,冠委貌,衣玄
端素裳。至隋唐仍无改变,即王公祭
服,从九品官以上助祭,皆服玄衣𫄸裳。
明初复其制,改用为品官燕居之服。《仪
礼·士冠礼》:"玄端、玄裳、黄裳、杂裳可
也。"汉郑玄注:"此莫夕于朝之服。玄
端,即朝服之衣,易其裳耳。上士玄
裳,中士黄裳,下士杂裳。杂裳者,前玄

后黄。"《礼记·玉藻》:"天子玉藻十有二
旒,前后邃延,龙卷以祭。玄端而朝日于
东门之外,听朔于南门之外……诸侯玄
端以祭,裨冕以朝。"又:"卒食,玄端而
居。"汉郑玄注:"天子服玄端燕居也。"
《周礼·春官·司服》:"其齐服有玄端、
素端。"郑玄注:"端者,取其正也。士之
衣袂,皆二尺二寸而属幅,是广袤等也。
其祛尺二寸。大夫以上侈之,侈之者,盖
半而益一焉。半而益一,则其袂三尺三
寸,祛尺八寸。"清孙诒让正义引金鹗云:
"玄端、素端是服名,非冠也,盖自天子下
达至于士通用为齐服,而冠则尊卑所用
互异。"汉刘熙《释名·释衣服》:"玄
端,其袖下正直端方,与要接也。"蔡邕
《独断》卷下:"谒者冠高山冠,其缋射行
礼,公卿冠委貌,衣玄端。"《后汉书·舆
服志下》:"行大射礼于辟雍,公卿诸侯大
夫行礼者,冠委貌,衣玄端素裳。"《明
史·舆服志三》:"七年既定燕居法服之
制,阁臣张璁因言:'品官燕居之服未有
明制,诡异之徒,竞为奇服以乱典章。乞
更法古玄端,别为简易之制,昭布天
下,使贵贱有等。'帝因复制《忠静冠服
图》颁礼部。"

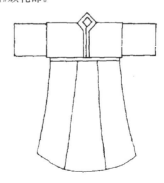

玄端(《礼器图》)

153

士玄端、玄端（宋聂崇义《三礼图》）

【玄服】xuánfú 玄冕服，周代诸侯祭服，亦为天子祭群小祀之服。后泛指黑色衣服。《大戴礼记·诸侯迁庙》："徙之日，君玄服，从者皆玄服。"清王聘珍解诂："玄服，谓玄冕服也。"《玉藻》：'诸侯玄端以祭。'郑注：'祭先君也。端，亦当为冕字之误也。'"《文选·宋玉〈高唐赋〉》："必先斋戒，差时择日，简舆玄服。"《汉书·儒林传·梁丘贺》："（任章）亡在渭城界中，夜玄服入庙，居郎间。"

【玄冠】xuánguān 也作"元冠"。❶黑色礼冠。用皂缯做成，中有襞绩，外有冠檐，并有红缨。天子、诸侯、士大夫祭祀宗庙时所戴。《礼记·玉藻》："玄冠朱组缨，天子之冠也……玄冠丹组缨，诸侯之齐冠也；玄冠綦组缨，士之齐冠也。"汉郑玄注："言斋时所服也。四命以上，斋祭异冠。"唐孔颖达疏："知'始冠之冠'者，以文承上'始冠'之下，故知玄冠朱组缨是天子始冠也。"《仪礼·士冠礼》："主人玄冠朝服，缁带素韠。"汉郑玄注："玄冠，委貌也。"唐贾公彦疏："此云玄冠，下记云委貌。彼云委貌，见其安正容体；此云玄冠，见其色。实一物也。"《论语·乡

党》："羔裘玄冠不以吊。"汉郑玄注："玄冠，委貌，诸侯视朝之服。"三国魏何晏引孔安国曰："吉凶异服，故不相吊也。"杨伯峻注："羔裘玄冠都是黑色的，古代都用作吉服。"《宋书·礼志四》："汉东海恭王薨，明帝出幸津门亭发哀。魏时会丧及使者吊祭，用博士杜希议，皆去玄冠，加以布巾。"《陈书·刘师知传》："堂室之内，亲宾具来，齐斩麻绖，差池哭次，玄冠不吊，莫非素服。"❷道冠。《太平广记》卷六三："唐开元中……侍女赍黄麟羽帔。绛履玄冠。鹤氅之服。丹玉佩挥剑，以授于硕曰，此上仙之所服。"《太平御览》卷六七五："真仙道士并戴玄冠，披翠帔。"宋张君房《云笈七签》卷五一："父讳青婴，冠九玄碧宝玄冠，衣翠羽章衣，手执青精保命秘符。"

玄冠（《三礼名物通释》）

【玄衮】xuángǔn 一种绣有卷龙的黑色礼服，周代帝王及上公所穿。《诗经·小雅·采菽》："又何予之，玄衮及黼。"汉毛亨传："玄衮，卷龙也。"汉郑玄笺："玄衮，玄衣而画以卷龙也。"唐孔颖达疏："身之所服，以玄为衣，而画以衮龙。"清陈奂传疏："衮与卷古同声。卷者，曲也。象龙曲形曰卷龙，画龙作服曰龙卷，加衮之服曰衮衣，玄衣而加衮曰玄衮。"

【玄褂】xuángǔn 即"玄衮"。《荀子·富国》:"天子袾褂衣冕,诸侯玄褂衣冕。"唐杨倞注:"'褂'与'衮'同,画龙于衣谓之衮。"

【玄冕】xuánmiǎn ❶天子祭祀林泽百物时所用之礼服与礼冠,王六冕服之一。六冕之中,玄冕最卑,故亦称裨冕。其中上衣黑色,无纹饰。亦用为公、侯、伯、子、男、孤、卿大夫朝聘天子及助祭之服。其制出现于商周,北周时皇帝用以祭祀北方之神及神州社稷,至唐则作为五品祭服,宋代用作诸臣祭服,宋代以后其制不存。《周礼·春官·司服》:"王之吉服:祀昊天、上帝,则服大裘而冕,祀五帝亦如之。享先王则衮冕;享先公、飨、射则鷩冕;祀四望、山、川则毳冕,祭社、稷、五祀则希冕;祭群小祀则玄冕。"汉郑玄注:"冕服九章,登龙于山,登火于宗彝,尊其神明也……凡冕服皆玄衣纁裳。"又:"公之服,自衮冕而下如王之服;侯伯之服,自鷩冕而下如公之服。子男之服,自毳冕而下如侯伯之服。孤之服,自希冕而下如子男之服。卿大夫之服,自玄冕而下如孤之服。"郑玄注:"自公之衮冕,至卿大夫之玄冕,皆其朝聘天子及助祭之服。"《礼记·郊特牲》:"玄冕斋戒,鬼神阴阳也。"《新唐书·车服志》:"玄冕者,蜡祭百神、朝日、夕月之服也。五旒,裳刺黻一章。"又:"玄冕者,五品之服也。"《玉海》卷八二:"希冕之章三(衣绘粉米,裳绣黼、黻)。玄冕衣无章,裳刺黻。"《宋史·舆服志四》:"玄冕,无旒,无佩绶,衣纯黑,无章……光禄丞、奉礼郎、协律郎……供祠执事官内侍以下服之。"《朱子语类》卷八七:"大夫助祭于诸侯,则服玄冕,自祭于其庙,则服皮弁。又如天子常朝,则服皮弁,朔旦则服玄冕。"清雷镈《古经服纬》卷上:"元(玄)冕,一曰裨冕,见《觐礼》、《玉藻》、《曾子问》。三经之裨冕,即荀子所谓大夫裨冕也。盖元冕,在冕服中最卑,故谓之裨冕。此本侯国大夫之上服,诸侯朝于天子,自恐有罪,不敢伸其上服,而降用再命之车服,故皆裨冕。"❷泛指黑色官帽。三国魏曹植《求自试表》:"若此终年,无益国朝……上惭玄冕,俯愧朱绂。"晋潘岳《为贾谧作赠陆机》诗:"玄冕丹裳,如彼兰蕙。"唐姚合《冬夜书事寄两省阁老》诗:"发稀岂易胜玄冕,眼暗应难写谏书。"

卿大夫、天子玄冕

(宋聂崇义《三礼图》)

【玄武】xuánwǔ 黑色的冠带。《礼记·玉藻》:"缟冠玄武,子姓之冠也。"唐孔颖达疏:"缟冠者薄绢为之;玄武者,以黑缯为冠卷也。"

【玄舄】xuánxì 黑色的双层底礼鞋。以革为底,而以木为重底,不畏泥湿。周代通常用于王后,与袆衣配用。魏晋南北朝时为皇太子的礼鞋。《周礼·天官·屦人》:"屦人掌王及后之服屦,为赤舄、黑舄,赤繶,黄繶,青句,素屦,葛屦。"汉郑玄注:"王后吉服六,唯祭服有舄,玄舄为上,袆衣之舄也。下有青舄、赤舄。"唐贾公彦疏:"后翟三等,连衣裳而色各异,故三翟三等之舄配之……玄舄配袆衣,则青舄配揺翟、赤舄配阙翟可知。"《晋书·舆服志》:"皇太子……释奠,则远游冠,玄朝服,绛缘中单,绛袴袜,玄舄。"《隋书·礼仪志六》:"大朝所服,亦服进贤三梁冠,黑介帻,皂朝服,绛缘中单,玄舄。"

【玄衣】xuányī ❶祭祀时穿的一种赤黑色礼服,无文,裳刺黻。周代天子、贵臣祭群小祀时服之,汉代以后沿袭此制,且用于朝会。《周礼·春官·司服》"祭群小祀则玄冕"汉郑玄注:"玄者,衣无文、裳刺黻而已……凡冕服皆玄衣缥裳。"《宋书·礼志五》:"朕以大冕纯玉缫,玄衣黄裳,乘玉辂,郊祀天,宗祀明堂。又以法冕五彩缫,玄衣绛裳,乘金路,祀太庙,元正大会诸侯。"《旧唐书·舆服志》:"(天子)衮冕,金饰,垂白珠十二旒……玄衣,缥裳,十二章……诸祭祀及庙、遣上将、征还、饮至、践阼、加元服、纳后、若元日受朝,则服之。"《宋史·舆服志四》:"凡冕皆玄衣缥裳,衣则绘而章数皆奇,裳则绣而章数皆偶,阴阳之义也。今衣用深青,非是。欲乞视冕之等,衣色用玄,裳色用缥,以应典礼。"《明史·舆服志二》:"(洪武)十六年定衮冕之制……衮,玄衣黄裳,十二章,日、月、星辰、山、龙、华虫六章织于衣,宗彝、藻、火、粉米、黼、黻六章绣于裳。"❷卿大夫的命服。《礼记·王制》:"周人冕服而祭,玄衣而养老。"唐孔颖达疏:"《仪礼》:'朝服缁布衣素裳。'缁则玄,故为玄衣素裳。"《通典·礼志二十七》:"周制,玄衣而养老。"

又《职官志七》:"元会,廷尉三官与建康三官,皆法冠元衣朝服,以监东、西、中华门。"清康有为《无政府》:"高冠玄衣,只同优孟,不敬之也。"

玄衣
(清代刻本《古今图书集成》插图)

【缥裳】xūncháng 浅绛色的围裳。贵族朝祭时服之。后世沿用,各有损益。《诗经·周颂·丝衣》"丝衣其紑"唐孔颖达疏:"爵弁之服,玄衣缥裳,皆以丝为之。"《礼记·礼器》:"礼有以文为贵者,天子龙衮,诸侯黼,大夫黻,士玄衣缥裳。"《周礼·春官·司服》:"王之吉服……祭群小祀,则玄冕。"汉郑玄注:"凡冕服皆玄衣缥裳。"《仪礼·士昏礼》:"主人爵弁,缥裳缁袘。"又《士冠礼》:"爵弁,服缥裳,纯衣,缁带,韎韐。"汉郑玄注:"缥裳,浅绛裳。凡染绛,一入谓之縓,再入谓之赪,三入谓之缥,朱则四入与。"晋陆翙《邺中记》:"(石虎)整法服,冠通天,佩玉玺,玄衣缥裳。"《隋书·礼仪志七》:"玄衣,缥裳。衣,山、龙、华虫、火、宗彝五章;裳,藻、粉米、黼、黻四章。衣重宗彝,裳重黼黻,为十二等。"《唐会要》卷六一:"大事则豸冠,朱衣,缥裳,白纱中单以弹之,小事常服而已。"《宋史·礼志七》:"南郊合祀天地,服衮冕,垂白珠十有二,黝衣缥裳十二章。"《元史·舆服志一》:"皇太子冠服:衮冕,玄衣,纁裳。"明归有光《王天下有三重》:"故自天子七庙、诸侯五、大夫三、士二,至于龙衮黼黻、玄衣纁裳、冕朱绿藻、十有二旒之度,可得而制也。"

纁裳(清代刻本《古今图书集成》插图)

【纟川】xún 圆形五彩滚条,以彩色丝麻编织而成,通常用以装饰鞋履。《说文解字·系部》:"纟川,圜采也。"清段玉裁注:"圜采,以采线辫之,其体圜也。"《礼记·内则》:"女子十年不出,姆教婉娩听从,执

麻枲,治丝茧,织纴组纟川,学女事,以共衣服。"汉郑玄注:"纟川,绦。"唐孔颖达疏:"组纟川俱为绦也⋯⋯ 皇氏云:'组是绶也,然则薄阔为组,似绳者为纟川。'"又《杂记》:"纰以爵韦六寸,不至下五寸,纯以素,纟川以五采。"汉郑玄注:"纟川,施诸缝中,若今时绦也。"汉史游《急就篇》:"履舄鞜裒緎鍜纟川⋯⋯纟川,缘履之圆绦也。贾谊谏曰:'今人卖僮仆者为之绣衣丝履遍诸缘。'又曰:'美者黼绣,庶人之妾以缘其履。'是则古之履饰通用纟川之属也。一曰纟川者属五彩而为之。"

【纟川屦】xúnjù 一种草鞋,用粗麻绳编成。多用于庶民。《荀子·富国》:"布衣纟川屦之士诚是,则虽在穷阎漏屋,而王公不能与之争名。"唐杨倞注:"纟川,绦也,谓编麻为之粗绳之屦也。"

Y

yan—ye

【延】yán 也作"綖"。盖在冕冠顶部的板,延的形状为前圆后方象征天圆地方。《礼记·玉藻》:"天子玉藻十有二旒,前后邃延。"汉郑玄注:"延,冕上覆也。玄表纁里。"《周礼·弁师》:"掌王之五冕,皆玄冕,朱里,延,纽。"郑玄注:"延,冕之覆,在上,是以名焉。"《左传·桓公二年》:"衡紞纮綖。"《元史·舆服志一》:"天子冕服:衮冕,制以漆纱,上覆曰綖,青表朱里。"《明史·舆服志二》:"永乐三年定,冕冠以皂纱为之,上覆曰綖,桐板为质,衣之以绮,玄表朱里,前圆后方。"

【厌】yàn 即"厌冠"。《周礼·大司马》:"若师不功,则厌而奉主车。"汉郑玄注:"厌,谓厌冠,丧服也。"

【厌冠】yànguān 周礼规定丧礼小功以下所服之冠。用麻布制成,冠顶倾斜。《礼记·檀弓上》:"国亡大县邑,公卿大夫皆厌冠,哭于大庙三日,君不举。"汉郑玄注:"厌冠,今丧冠。"又《曲礼下》:"苞屦、扱衽、厌冠,不入公门。"汉郑玄注:"厌,犹伏也。丧冠厌伏。"唐孔颖达疏:"厌冠者,丧冠也。"

【燕尾】yànwěi ❶深衣之衽。裁制成尖角,连接于衣,穿着时左右各一,形如燕尾,故名。《仪礼·丧服》"衽,二尺有五寸"汉郑玄注:"衽所以掩裳际也,二尺五寸……燕尾二尺五寸。"清钱玄《三礼名物通释》:"连于衣两旁者曰衽,长二尺五寸,形如尾,掩裳际。"❷妇女衣服上的飘带。参见 283 页"髾"。

【燕衣】yànyī ❶夏代天子、贵族参加敬老仪式,宴会群臣时所穿服饰。《礼记·王制》:"夏后氏收而祭,燕衣而养老……周人冕而祭,玄衣而养老。"汉郑玄注:"凡养老之服,皆其时与群臣燕之服也。"唐孔颖达疏:"以《经》云,夏后氏燕衣而养老,周人玄衣而养老,周人燕用玄衣,故知养老燕群臣之服也。"又:"庶羞不逾牲,燕衣不逾祭服,寝不逾庙。"❷即"燕衣服"。

【燕衣服】yànyīfú 巾絮、寝衣、袍襗之类,日常闲居的衣服。《周礼·天官·玉府》:"掌王之燕衣服、衽、席、床、第,凡亵器。"汉郑玄注:"燕衣服者,巾絮、寝衣、袍襗之属。"

【要绖】yāodié 丧服中系于腰上的带子,用葛或麻制成。《仪礼·士丧礼》:"苴绖大鬲,下本在左,要绖小焉。"汉郑玄注:"要绖小焉,五分去一。"清胡培翚正义:"要绖,即带也。云五分去一者,谓要绖小于首绖五分之一。"

腰绖(宋聂崇义《三礼图》)

【**揄狄**】yáodí 也作"揄翟""褕翟"。一种彩绘有长尾雉形纹饰的礼服。周代王后、命妇用作祭服。秦汉以后，多用于嫔妃，皇后则不着此。北齐效法周制，又用作皇后郊祭之服，隋唐时仍用于嫔妃。《周礼·天官·内司服》："掌王后之六服，袆衣、揄狄、阙狄。"汉郑玄注："狄当为翟，翟，雉名……王后之服，刻缯为之形，而采画之，缀于衣以为文章。袆衣画翚者，揄翟画摇者，阙翟刻而不画，此三省皆祭服，从王祭先王则服袆衣，祭先公则服揄翟，祭群小祀则服阙翟。"又："其色则阙狄赤，揄狄青。"《礼记·玉藻》："王后袆衣，夫人揄狄。"郑玄注："夫人，三夫人，亦侯伯之夫人也。"唐陆德明《释文》："揄音摇，羊消反。《尔雅》云：'……江淮而南，青质五色皆备成章曰鹞。'鹞音摇，谓刻画此雉形以为后、夫人服也。"又《杂记上》："夫人税衣揄狄，狄税素沙。"汉刘熙《释名·释衣服》："画摇雉之文于衣也；江淮而南，青质五色皆备成章曰摇。"《通典》卷六二："北齐皇后助祭、朝会以袆衣，祠郊禖以揄翟。"宋王禹偁《补李揆谏改葬杨妃疏》："杨贵妃始以姿色召，居掖庭颇肆，奸回不循法度。以歌舞取媚，则采蘩之职不修；以珠翠饰身，则榆翟之衣不御。"

【**野服**】yěfú 山野村夫、平民百姓所穿的服饰。贵族在庆祝丰收、举行农业祭祀时用作礼服。隐居的士人穿着此类服饰，以示隐逸之志。《礼记·郊特牲》："大罗氏，天子之掌鸟兽者也，诸侯贡属焉。草笠而至，尊野服也。"唐孔颖达疏："尊野服也者，草笠是野人之服。今岁终功成，是由野人而得，故重其事而尊其服。"《晋书·隐逸传·张忠》："坚（苻坚）赐以冠衣。辞曰：'年朽发落，不堪衣冠，请以野服入觐。'从之。"唐李颀《谒张果先生》诗："餐霞断火粒，野服兼荷制。"宋罗大经《鹤林玉露》卷八："朱文公晚年，以野服见客，榜客位云，荥阳吕公，尝言京洛致仕官，与人相接，皆以闲居野服为礼，而叹外郡之不能然。"元费唐臣《贬黄州》第二折："往常时紫罗襕白象简，那等尊贵，今日葛巾野服，似觉快乐也啊！"清屠文漪《南歌子》："先生野服出寻诗，正是菊花天气好秋时。"

yi

【**衣**】yī ❶ 上衣。甲骨文中衣字之形，像人上衣之形。罗振玉《增订殷墟书契考释》："象襟衽左右掩覆之形。"《诗经·邶风·绿衣》："绿衣黄裳。"汉毛亨传："上曰衣，下曰裳。"汉班固《白虎通·衣裳》："衣者，隐也。裳者，障也。所以隐形自障闭也。"《说文解字·衣部》："衣，依也。上曰衣，下曰裳。象覆二人之形。"清段玉裁注："叠韵为训。依者，倚也。衣者，人所倚以蔽体者也。"汉刘熙《释名·释衣服》："凡服，上曰衣。衣，依也。人所依以芘寒暑也。"❷ 后指衣服的统称。《说文解字》清王筠《句读》："析言之，则分衣、裳；浑言之则曰衣。"《诗经·秦风·无衣》："岂曰无衣，与子同袍。"《诗经·邶风·七月》："无衣无褐。"《礼记》："易衣而出，并日而食。"《论语·乡党》："必有明衣。"清刘宝楠正义："衣者，上衣下服之通称。"又《里仁》："士志于道，而耻恶衣恶食者，未足与议也。"❸ 戏曲服饰。戏服的第五大类。戏曲服装中，除蟒、帔、靠、褶等四个系列品种之外，其余所有的服装，统归为"衣"类。又细分为四个子目:凡属于深衣制的官衣、开氅、箭衣、龙套衣、太监衣等,为长衣类;凡属于上衣下裳制的抱衣、侉衣、茶衣、马褂、罪衣等,为短衣类;除此,将专用于特定人物的八卦衣、法衣、制度衣、鱼鳞甲等,列为专用衣;其余依从属地位的坎肩、斗篷、裙、彩裤、水衣等,列入配衣类。

【衣裳】yīcháng 上衣下裳的合称,古时上衣曰衣,下裙曰裳。上衣下裳为我国服饰最早基本形式。后世把各种衣着都统称为衣裳。《易·系辞下》:"黄帝、尧、舜垂衣裳而天下治,盖取诸乾坤。"《诗经·邶风·绿衣》:"绿衣黄裳。"汉毛亨传:"上曰衣,下曰裳。"又《齐风·东方未明》:"东方未明,颠倒衣裳。"题汉刘歆《西京杂记》:"国人邹长倩,以其家贫,少自资致。乃解衣裳以衣之,释所著冠履以与之。"《陈书·沈众传》:"其自奉养甚薄,每于朝会之中,衣裳破裂,或躬提冠屦。"《通典》卷六一:"上古穴处衣毛,未有制度。后代以麻易之,先知为上以制其衣;后知为下复制其裳,衣裳始备。"唐白居易《卖炭翁》诗:"卖炭得钱何所营?身上衣裳口中食。"明田艺蘅《留青日札·妇衣》:"妇人之服不殊,谓衣裳上下同色也。今惟越人服青为然。"

【衣带】yīdài ❶衣与带。亦代指衣着,装束。《管子·弟子职》:"夙兴夜寐,衣带必饰。"❷省称"带"。也称"带子"。衣服上的带子。以布帛、丝绦或皮革制成。用以束腰的又称"腰带",用以连系衣襟的又称"襟带",系于领项的又称"领带"。《汉乐府·古歌》:"离家日趋远,衣带日趋缓。"《古诗十九首·行行重行行》:"相去日已远,衣带日已缓。"《南史·何敬容传》:"武帝虽衣浣衣,而左右衣必须洁。

尝有侍臣衣带卷折,帝怒曰:'卿衣带如绳,欲何所缚?'"《新五代史·袁象先传》:"正辞不胜其忿,以衣带自经。"宋柳永《凤栖梧》词:"衣带渐宽终不悔,为伊消得人憔悴。"元龙辅《女红余志》卷上:"桓豁女,字女幼,制绿锦衣带,作竹叶样,远视之无二。故无瑕诗云:'带叶新裁竹,簪花巧制兰。'"《初刻拍案惊奇》卷二九:"蚕英去后,幼谦将金钱系在著肉的汗衫带子上。"《西湖二集》第十回:"肌玉暗消衣带缓,泪珠斜透花钿侧。"

【衣服】yīfú 衣裳、冠戴、服饰等的总称。《诗经·小雅·大东》:"西人之子,粲粲衣服。"汉郑玄笺:"京师人衣服鲜洁而逸豫。"又《曹风·蜉蝣》:"蜉蝣之羽,采采衣服。"《左传·庄公八年》:"衣服礼秩如适。"《史记·赵世家》:"法度制令各顺其宜,衣服器械各便其用。"唐王维《桃源行》:"樵客初传汉姓名,居人未改秦服。"宋陆游《老学庵笔记》卷二:"靖康初,京师织帛及妇人首饰衣服,皆备四时。"《京本通俗小说·错斩崔宁》:"收拾随身衣服,打叠个包儿,交与老王背了。"

【衣冠】yīguān ❶衣服和礼帽。士以上的男子戴的冠,故用以指士以上男子的服饰,亦代指士大夫。《论语·尧曰》:"君子正其衣冠,尊其瞻视,俨然人望而畏之,斯不亦威而不猛乎?"《管子·形势》:"言辞信,动作庄,衣冠正,则臣下肃。"《后汉书·羊陟传》:"家世衣冠族。"唐王维《和贾至舍人早期大明宫》诗:"九天阊阖开宫殿,万国衣冠拜冕旒。"武元衡《送冯谏议赴河北宣慰》诗:"汉代衣冠盛,尧年雨露多。"❷衣着和穿戴的统称。唐牛僧孺《玄怪录·元无有》:"未几至堂中,有四人,衣冠皆异,相与谈谐,吟咏甚畅。"明钱澄之《客祁门寓十王寺杂咏》："颇羡村翁古,衣冠似汉年。"❸泛指中原传统礼服。《隋书·礼仪志》："自晋左迁,中原礼仪多缺……至太和中,方考故实,正定前谬,更造衣冠,尚不能周洽。"《宋史·胡铨传》："秦桧,大国之相也,反驱衣冠之俗,而为左衽之乡。"

【衣领】yīlǐng 即"领"。连在衣服上或分开的带形物,它有各种形状和大小,用以装饰衣服的领口。参见86页"领"。

【衣裘】yīqiú ❶夏衣与冬裘的合称。泛指衣服。《周礼·天官·宫伯》："以时颁其衣裘。"汉郑玄注："衣裘,若今赋冬夏衣。"唐贾公彦疏："夏时班衣,冬时班裘。"《吕氏春秋·重己》："其为舆马衣裘也,足以逸身暖骸而已矣!"❷专指御寒的皮裘。《三国志·魏志·和洽传》："长吏过营,形容不饰,衣裘敝坏者,谓之廉洁。"《旧五代史·刘崇传》："潜令告伪刺史李廷海,廷海馈盘餐,解衣裘而与之。"清姚鼐《〈南园诗存〉序》："君家贫,衣裘薄。"

【衣装】yīzhuāng ❶随身携带的衣服及行囊。《列子·说符》："(牛缺)遇盗干耦沙之中,尽取其衣装车,牛步而去。"杨伯峻集释:"俞樾曰:此当作'尽取其衣装车马,牛缺步而去'。"《汉书·赵充国传》:"以一马自佗负三十日食……又有衣装兵器,难以追逐。"清顾炎武《河上作》诗:"车骑如星流,衣装兼橐驼。"❷衣服、装束。《后汉书·董卓传》:"长安中士女卖其珠玉衣装市酒肉相庆者,填满街肆。"唐白居易《喜老自嘲》诗:"名籍同逋客,衣装类古贤。"宋吴曾《能改斋漫录》卷一三:"京城内近日有衣装杂以四夷形制之人,以戴毡笠子,著战袍,系番束带

之类,开封府宜严行禁止"。《醒世恒言》卷二〇:"真个'人是衣装,佛是金装',廷秀穿了一身华丽衣服,比前愈加丰采,全不像贫家之子。"

【仪服】yífú 礼仪服饰。《尸子》卷下:"仲尼志意不立,子路侍,仪服不修。"《后汉书·皇后纪附皇女传序》:"汉制,皇女皆封县公主,仪服同列侯。"《太平广记》卷三八三:"吏朱衣紫带,玄冠介帻,或所被著,悉珠玉相连结,非世中仪服。"《魏书·刘骏传》:"义宣闭船大泣,因而进逸。走至江陵,荆州司马竺超民具仪服迎之。"《初刻拍案惊奇》卷九:"媒婆归报,同金大喜,便叫拜住盛饰仪服,到宣徽家来。"

【疑衰】yícuī 周代帝王参加大夫或士的丧仪时穿的丧服。在"五服"之外,其服较缌衰轻,是吊丧服饰中最轻的,故较吉服之朝服少一升,以十四升细麻布为之。制作前将麻布加工,并加入石灰等碱性物质,使之变得洁白精细。首服则用弁经。北周时仿此作皇后凶服。《周礼·春官·司服》:"凡丧:为天王,斩衰;为王后,齐衰;王为三公六卿,锡衰;为诸侯,缌衰;为大夫、士,疑衰。"汉郑玄注:"谓无事其缕,衰在内;无事其布,衰在外。疑之言拟也,拟于吉。"唐孔颖达疏:"以其吉服十五升,今疑衰十四升,少一升而已,故云拟于吉者也。"唐贾公彦疏:"天子臣多,故三公与六卿同锡衰,诸侯五等同缌衰,大夫与士同疑衰。"《隋书·礼仪志六》:"后周设司服之官,掌皇帝十二服……疑衰以哭大夫。"又:"皇后凶服……为媛、御婉及大夫孺人、士之妇人之丧,疑衰。"

【疑缞】yícuī 即"疑衰"。汉刘熙《释名·

释丧制》："疑缞,疑,儗也,儗于吉也。"《通典·礼志四十三》："戴德曰:君吊于卿大夫,锡缞以居,不听乐。吊于士,皆服弁绖疑缞。君吊臣疑缞,素弁加绖,明日主人缞绖拜谢于朝。君若使人吊,其服疑缞,素裳素冠。"

【蚁裳】yǐcháng 周代卿士黑色礼服之下裳,因色黑如蚁,故名。与祭服玄衣纁裳有别,为周代卿士之服。《尚书·顾命》:"卿士邦君,麻冕蚁裳,入即位。"汉孔安国传:"蚁,裳名,色玄。"唐孔颖达疏:"《礼》无'蚁裳',今云蚁者,裳之名也。蚁者,蚍蜉虫也,此虫色黑,知蚁裳色玄,以色玄如蚁,故以蚁名之。"《通典·礼志三十二》:"按周礼,天子公卿诸侯,吉服皆玄冕朱里,玄衣纁裳。有丧凶则变之,麻冕黼裳,邦君麻冕蚁裳。"

【异服】yìfú ❶不合礼制的服饰;奇异的服装。《礼记·王制》:"作淫声、异服、奇技、奇器以疑众,杀。"汉郑玄注:"异服,若聚鹬冠、琼弁也。"元陈澔集说:"异服,非先王之服也。"《晋书·武帝纪》:"太医司马程据献雉头裘,帝以奇技异服典礼所禁,焚之于殿前。"《文献通考·征榷一》:"讥察也,察异服异言之人,而不征商贾之税也。"❷指汉族以外民族的服饰。唐柳宗元《柳州峒氓》诗:"郡城南下接通津,异服殊音不可亲。"金李天翼《还家》诗:"殊音异服不相亲,独倚荒城泪沾巾。"

【祒】yì "祒衣""祒服"的省称。《说文解字·衣部》:"祒,日日所常衣。"《玉篇·衣部》:"祒,近身衣,日日所著衣。"《六书故·工事七》:"祒,亲身衣也。"

【祒服】yìfú 也作"祒衣"。省称"祒"。贴身内衣。《左传·宣公九年》:"陈灵公与孔宁、仪行父通于夏姬,皆衷其祒服以戏于朝。"晋杜预注:"祒服,近身衣。"《后汉书·文苑传·祢衡》:"衡进至操前而止,吏诃之曰:'鼓史何不改装,而轻敢进乎?'衡曰:'诺。'于是先解衵衣,次释余服,裸身而立,徐取岑牟、单绞而著之,毕,复参挝而去,颜色不怍。"《晋书·良吏传·王宏》:"帝常遣左右微行,观察风俗,宏缘此复遣吏科检妇人祒服,至衰发于路。"《南齐书·郁林王本纪》:"居尝裸祒,著红縠裈,杂采祒服。"《梁书·王僧辩传》:"时军人卤掠京邑,剥剔士庶,民为其执缚者,祒衣不免。"宋周密《癸辛杂识别集下·徐霖》:"夏月,京府命工搭盖仓棚,适一匠者祒服破绽,见其二子,霖竟牒天府云:'某人受役而不主一,合从重挞。'"清纪昀《阅微草堂笔记·姑妄听之二》:"妻感之,鬻及祒衣,无怨言。"苏曼殊《岭海幽光录》:"兵出市棺衾,妃阴置小刀数十祒衣中,整刃外向,丧服哭泣视含殓,与兵出葬北山。"

【袘】yì ❶裳下端的缘边。《仪礼·士昏礼》:"主人爵弁,纁裳缁袘。"汉郑玄注:"袘谓缘。袘之言施,以缁缘裳,象阳气下施。"《韵会》:"以豉切,音易。裳下缘也。"❷衣袖。《司马相如·子虚赋》:"扬袘戍削。"

【繶】yì 鞋底与鞋帮连接处的细圆滚条。以丝带为之,嵌在鞋底与鞋帮间。周代多用于天子、后妃、诸侯百官视朝祭祀的礼鞋。秦汉以后沿用不衰。至宋略改制,入元以后废止。《周礼·天官·屦人》:"屦人掌王及后妃之服屦,为赤舄、黑舄,赤繶、黄繶。"汉郑玄注:"屦有絇、有繶、有纯者,饰也。郑司农云:赤繶、黄繶,以赤黄之丝为下缘。"唐贾公彦疏:

"繶是牙底相接之缝,缀绦于其中。"《仪礼·士冠礼》:"玄端黑屦,青绚繶纯,纯博寸,素积白屦,以魁柎之,缁绚繶纯,纯博寸;爵弁纁屦,黑绚繶纯,纯博寸。"《淮南子·说林训》:"绦可以为繶,不必以纲。"南朝梁沈约《皇雅》:"青绚黄金繶,衮衣文绣裳。"宋吴曾《能改斋漫录》卷一三:"政和八年十二月,编类御笔所礼制局奏:'今讨论到履制度下项绚、繶、纯、綦。古者,舄履各随裳之色,有赤舄、白舄、黑舄,今履用黑革为之。其绚、繶、纯、綦,并随服色用之,以仿古随裳色之意。'奉圣旨依议定,仍令礼制局造三十副,下开封府,给散铺户为样则卖。礼制局奏:'先议定履,各随服色。缘武臣服色止是一等,理宜有别。'奉圣旨:'文武官大夫以上,四饰全。朝请武功郎以上,减去一繶,并称履。从义宣教郎以下,至将校技术官,减去二繶纯,并称履。'"《宋史·舆服志五》:"政和更定礼制,改靴用履。中兴仍之。乾道七年,复改用靴,以黑革为之,大抵参用履制,惟加勒焉。其饰亦有绚、繶、纯、綦……诸文武官通服之,惟以四饰为别。"

yin—you

【淫服】yínfú 不合礼制的服饰。《司马法·定爵》:"立法一曰受,二曰法,三曰立,四曰疾,五曰御其服,六曰等其色,七曰百官宜无淫服。"

【缨】yīng ❶女子许嫁后所系于腰际的彩色丝带,以示身有所属。《礼记·曲礼上》:"女子许嫁,缨。"《仪礼·士昏礼》:"主人入,亲说妇之缨。"汉郑玄注:"妇人十五许嫁,笄而礼之,因著缨,明有系也。盖以五采为之。其制未闻。"《礼记·内则》:"妇事舅姑……衿缨,綦屦。"汉郑玄注:"衿,犹结也。妇人有缨,示系属也。"明杨慎《升庵经说》卷九:"许嫁时系缨。婚礼,主人亲脱妇缨。郑注:'妇人十五许嫁,笄而礼之,因著缨'是也,盖以五采为之。"❷童子系香囊的带子。《礼记·内则》:"男女未冠笄者……衿缨,皆佩容臭。"汉郑玄注:"容臭,香物也,以缨佩之。"唐孔颖达疏:"以缨佩之者,谓缨上有香物也。"❸用以系冠的丝带。《孟子·离娄上》:"清斯濯缨,浊斯濯足矣。"《楚辞·渔父》:"沧浪之水清兮,可以濯我缨。"《仪礼·士冠礼》:"缁布冠,缺项,青组缨,属于缺。"汉郑玄注:"有笄者屈组为纮,垂为饰。无笄者缨而结其绦。"《说文解字·糸部》:"缨,冠系也。"汉刘熙《释名·释首饰》:"缨,颈也,自上而系于颈也。"宋高承《事物纪原·缨》:"《沿革》曰:'唐虞已上,布冠无缕。'谓缨其始于尧舜乎?"

【膺】yīng 遮护胸腹的贴身小衣,常服于内。其制上掩于胸,下达至腹,两端缀有钩肩,钩肩之间施一横裆。汉代称抱腹,后世亦谓之帕腹、兜肚。形制历代有别。汉刘熙《释名·释衣服》:"膺,心衣。抱腹而施钩肩,钩肩之间施一裆以奄心也。"《楚辞·九章·悲回风》:"糺思心以为纕兮,编愁苦以为膺。"

【忧服】yōufú 谓因父母死而居忧服丧。亦指丧服。《礼记·檀弓下》:"虽吾子俨然在忧服之中,丧亦不可久也,时亦不可失也,孺子其图之。"《晋书·顾和传》:"古人或有释其忧服以祗王命,盖以才足干时,故不得不体国徇义。"唐元稹《姚文寿右监门卫将军知内侍省事制》:"忧服既除,庸功可奖,崇阶厚秩,兼以命之。"

宋陈元靓《事林广记续集·绮谈市语·举动门》:"服丧:忧服;服制。"

【缦】yōu ❶簪子中央稍阔,用以固定头发的部分。男女皆用,平时所用者较短,服丧时所用者较长。《仪礼·士丧礼》:"鬠笄用桑,长四寸,缦中。"汉郑玄注:"缦,笄之中央,以安发。"唐孔颖达疏:"两头阔,中央狭,则于发安,故云以安发也。"《集韵·平尤》:"缦,屈笄以安发。"❷笄巾。《广韵·尤韵》:"缦,笄巾。"

【游服】yóufú 与戎服相对,不加防护的衣服,犹便服。《左传·昭公八年》:"桓子将出矣,闻之而还,游服而逆之,请命。"晋杜预注:"去戎备,著常游戏之服。"

yu

【褕】yú ❶以翟羽饰衣。《说文解字·衣部》:"褕,翟羽饰衣,从衣,俞声。"❷襜褕。即罩在外面的直襟单衣。《说文解字·衣部》:"褕……一曰直裾谓之襜褕。"《新唐书·史思明传》:"方冽寒,人皆连纸褫书为裳褕。"

【褕狄】yúdí 即"揄狄"。唐柳宗元《礼部贺册太上皇后表》:"伏惟皇帝陛下对若天休,奉扬睿旨,长秋既登其正位,褕狄亦被于恩光。"清钱谦益《梁母吴太夫人寿序》:"于褕狄鞠裳,鱼轩重锦,见三代之服物焉。"

【褕翟】yúdí 即"揄狄"。《诗经·鄘风·君子偕老》"玼兮玼兮,其之翟也"汉毛亨传:"褕翟、阙翟,羽饰衣也。"汉郑玄笺:"侯伯夫人之服,自褕翟而下,如王后焉。"《太平御览》卷六九○:"褕翟,王后从王祭先公之服也。侯伯之夫人服以从

君祭宗庙。"《唐六典》卷四:"皇后之服则有袆衣、鞠衣、钿钗礼衣之制……皇太子妃之服则有褕翟、鞠衣、钿钗礼衣。"《新唐书·车服志》:"褕翟者,受册、助祭、朝会大事之服也。"《北堂书钞》卷一二八:"褕翟,王后从王祭先公服也,刻青翟形,采画雉,缀于衣是也。"《宋史·舆服志三》:"皇太子妃首饰花九株,小花同,并两博鬓。褕翟,青织为摇翟之形,青质,五色九等。"

褕翟(宋聂崇义《三礼图》)

【瑀】yǔ 白玉之珠。大佩上的串饰之一。《诗经·郑风·有女同车》"将翱将翔,佩玉琼瑀"汉毛亨传:"佩有琚瑀,所以纳间。"《大戴礼记·保傅》:"上车以和鸾为节,下车以佩玉为度,上有双衡,下有双璜、冲牙、玭珠以纳其间,琚瑀以杂之。"汉贾谊《新书·容经》:"古者圣王……鸣玉以行。佩玉也,上有双珩,下有双璜、冲牙、蠙珠,以约其间,琚、瑀以杂之。"《后汉书·舆服志下》:"至孝明皇帝,乃为大佩,冲牙双瑀璜,皆以白玉。"明王圻《三才图会·衣服一》:"杂佩者,左右佩玉也。上横曰珩,系三组,贯以蠙珠:中组之半贯瑀,末悬冲牙;两旁组各悬琚璜。又两组交贯于瑀上,系珩下。"

【玉珥】yǔěr ❶美玉制成的耳饰。《韩非子·外储说右上》:"靖郭君之相齐也,王后死,未知所置,乃献玉珥以知之。"又:"于是为十玉珥而美其一,而献之。"❷玉制剑鼻,即剑柄与剑身相连处两旁空出的部位。《楚辞·九歌·东皇太一》:"抚长剑兮玉珥,璆锵鸣兮琳琅。"汉王逸注:"玉珥,谓剑镡也。"宋洪兴祖补注:"镡,剑鼻。一曰剑口,一曰剑环。"明薛蕙《宝剑篇》:"玉珥雕零苔藓昏,雪花蠹蚀尘沙黑。"

【玉服】yùfú 衣服上装饰的玉佩。《墨子·经说上》:"实,其志气之见也,使人如己,不若金声玉服。"清孙诒让间诂:"玉服,即佩服之玉。"

【玉华】yùhuá 精美的玉佩。《穆天子传》卷一:"天子嘉之,赐以左佩玉华。"晋郭璞注:"玉华之佩,佩之精也。"

【玉环】yùhuán ❶玉制成的环状饰物,新石器时代已出现,常用作佩环。先秦时期帝王、百官、后妃命妇朝会礼见时所佩。通常和珩、璜等物配用。以彩线穿组,佩于腰际,行步时几种玉器互相撞击,铿锵有声。汉代以后玉佩形制逐渐简化,常和绶带系结一体,佩于腰际;以绶带颜色辨别尊卑。《礼记·经解》:"其在朝廷则道仁圣礼义之序;燕处则听《雅》、《颂》之音;行步则有环佩之声。"汉郑玄注:"环佩,佩环、佩玉也。所以为行节。《玉藻》曰:进则揖之,退则扬之,然后玉锵鸣也。环取其无穷止,玉则比德焉。"《韩非子·说林下》:"吾好佩,此人遗我玉环。"《宋史·舆服志三》:"衮冕之制……六采绶一,小绶三,结玉环三。"又:"后妃之服……白玉双佩,黑组,双大绶,小绶三,间施玉环三,青袜、

舄,舄加金饰。"❷耳饰。唐张籍《蛮中》诗:"玉环穿耳谁家女?自抱琵琶迎海神。"❸即玉指环。指饰。唐段成式《西阳杂俎·冥迹》:"什遂以玳瑁簪留之,女以指上玉环赠什。"《石点头》第九回:"韦皋向书囊中寻出玉环一枚,套在玉箫左手中指上。"❹臂饰。《南唐书·后妃诸王列传》:"未几,后卧疾……亲取元宗所赐琵琶及平时约臂玉环,为后主别。"❺妇女压裙之物。即禁步。礼仪规定,妇女笑不得露齿,行不得露足。为避免举步时裙幅散开,有碍观瞻。特用玉环压住裙角。一般佩挂两个,左右各一。唐元稹《会真记》:"玉环一枚,是儿婴年所弄,寄充君子下体所佩。玉取其坚洁不渝,环取其终始不绝。"宋葛起耕《记梦》:"珠蕊一枝春共瘦,玉环双佩月同清。"明谈迁《枣林杂俎·圣集·宋濂攻苦》:"戴朱缨宝饰之帽,腰白玉之环。"

玉环(安徽寿县春秋蔡侯墓出土)

【玉璜】yùhuáng 半圆形的璧,用作佩饰。周汉期间玉璜多为龙凤形,使用时两端向下,是"君子玉组佩"的重要构件。《山海经·海外西经》:"(夏后启)左手操翳,右手操环,佩玉璜。"晋郭璞注:"半璧曰璜。"《尚书大传》卷一:"周文王至磻溪,见吕尚钓。文王拜。尚云:'望钓得玉璜,剜曰:姬受命,吕佐检。德合于今

昌来提。'"《宋书·符瑞志上》:"有玉匣 ｜ 开盖于前,有玉玦二,玉璜一。"

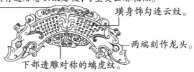

璜背透雕卷云纹扉棱,与壁类出廓相似。

璜身饰勾连云纹。

两端刻作龙头。

下部透雕对称的螭虎纹。

玉璜(战国晚期。山东临淄商王村 1 号墓出土。)

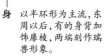

身 以半环形为主流,东周以后,有的身背加饰扉棱,两端刻作瑞兽形象。

纹饰,早期光素或刻简约兽面纹,西周以后刻纹渐趋复杂。此璜刻交缠的怪龙纹。

玉璜(西周晚期。山西侯马北赵晋侯墓63号墓出土。)

【玉玦】yùjué 佩玉的一种。形如环而有缺口。"玦""决"同音,故"玉玦"表示决断或决绝之意。玉玦在新石器时代晚期已较多使用,商周时期多与其他玉器组合使用,或成挂饰,或成项饰。到后来数量逐渐减少,玉玦的体型也渐趋变小变薄,玦面上琢制的纹饰更加细密,多作随身饰物。汉代以后玉玦已较少出现,玉玦的特征与春秋战国的无大差别。《史记·项羽本纪》:"范增数目项王,举所佩玉玦以示之者三。"《左传·闵公二年》:"公与石祁子玦。"晋杜预注:"玦,玉玦……玦,示以当决断。"唐段成式《酉阳杂俎·忠志》:"九曰玉玦,形如玉环,四分缺一。"《聊斋志异·小翠》:"展巾,则结玉玦一枚,心知其不返,遂携婢俱归。"

龙头硕大,卷吻吐舌。

扉棱,如龙头长鬣。

龙身前卷如环,饰长体卷云纹。

玉玦(西周晚期山西侯马北赵晋侯墓地92号墓出土)

【玉连环】yùliánhuán 套连在一起的玉环。通常作为佩饰，系结在襟前、腰间。常用作男女信物及馈赠礼品。《战国策·齐策六》：“秦始皇尝使使者，遗君王后玉连环，曰：‘齐多知，而解此环不？’”唐李商隐《赠歌妓》诗之一：“水精如意玉连环，下蔡城危莫破颜。”元陆仁《山下有湖湖有湾》词：“记得解侬金络索，系郎腰下玉连环。”乔吉《一枝花·私情》曲：“从今将凤凰巢鸳鸯殿遮笼教暗，将金缝锁玉连环对勘的严。”《儿女英雄传》第二十二回：“（舅太太）说着，把自己胸坎儿上带的一个玉连环，拴着一个怀镜儿，解下来给姑娘带上。”

【玉佩】yùpèi 省称“佩”。玉制的佩饰。多用作装饰，或系之于带，或系之以裙。玉佩，有单件的，如玦、璧等；亦有组佩，如杂佩等。《诗经·秦风·渭阳》：“我送舅氏，悠悠我思；何以赠之，琼瑰玉佩。”《汉书·张敞传》：“君母出门则乘辎軿，下堂则从傅母，进退鸣玉佩，内饰则结绸缪。”《后汉书·明帝纪》：“二年春正月辛未，宗祀光武皇帝于明堂，帝及公卿列侯始服冠冕、衣裳、玉佩、绚屦以行事。”唐宋之问《太平公主山池赋》诗：“鸣玉佩兮登降，列金觞兮献酬。”宋梅尧臣《天上》诗：“紫微垣里月光飞，玉佩腰间正陆离。”清孔尚任《桃花扇·栖真》：“何处瑶天笙弄，听云鹤缥缈，玉佩丁冬。”

【玉佩琼琚】yùpèiqióngjū 泛指精美的玉制佩饰。语出《诗经·郑风·有女同车》：“有女同车，颜如舜华。将翱将翔，佩玉琼琚。”宋辛弃疾《沁园春·期思旧呼奇狮》词：“有美人兮，玉佩琼琚，吾梦见之。”

【玉璂】yùqí 周代皮弁上的玉饰。《周礼·夏官·弁师》：“王之皮弁，会五采玉璂，象邸，玉笄。”汉郑玄注：“璂，读如薄借綦之綦。綦，结也。皮弁之缝中，每贯结五采玉十二以为饰。”

【玉瑱】yùtiàn 冠冕上垂在两侧以塞耳的玉器。《诗经·鄘风·君子偕老》：“玉之瑱也，象之揥也。”汉毛亨传：“瑱，塞耳也。”《周礼·夏官·弁师》：“诸侯之缫斿九就，瑉玉三采，其余如王之事，缫斿皆就玉瑱玉笄。”汉郑玄注：“玉瑱，塞耳也。”

【玉衣】yùyī ❶用玉制成的衣服，泛指美衣。《列子·周穆王》：“日日献玉衣，旦旦荐玉食，化人犹不舍然，不得已而临之。”《三国志·魏志·文昭甄皇后传》“后三岁失父”裴松之注引《魏书》：“后以汉光和五年十二月丁酉生。每寝寐，家中仿佛见如有人持玉衣覆其上者，常共怪之。”晋王嘉《拾遗记》卷九：“泰始元年，魏帝为陈留王之岁，有波斯国人来朝，以五色玉为衣，如今之铠。”《旧唐书·后妃传上·玄宗贞顺皇后武氏》：“遂使玉衣之庆，不及于生前；象服之荣，徒增于身后。”明夏完淳《大哀赋》：“圣人励玉衣而靡替，垂翠裘而独闷。”❷专指帝王、后妃、王侯之玉制葬服。源于西周时的玉面罩。玉面罩由印堂、眉毛、眼、耳、鼻、嘴、腮、下颏、髭须等13片组成，各琢成其形。有的还上刻纹饰，均有小孔，覆于死者脸面上。汉代演化为玉衣，通常由两千多块四角穿有小孔的玉片组成，用金丝、银丝、铜丝或丝带镂缀而成，由头罩、手套、裤套、前后身等组成。根据编缀线缕质地的不同，可分为金缕玉衣、银缕玉衣、铜缕玉衣、丝缕玉衣等。贵族按照各自地位的不同,分别享用不同的玉衣。由于过于奢侈,到三国时期,魏文帝曹丕下令禁止使用玉衣。《汉书·霍光传》:"光薨……赐金钱、缯絮、绣被百领,衣五十箧,璧珠玑玉衣。"唐颜师古注:"《汉仪注》以玉为襦,如铠状连缀之,以黄金为缕,要已下玉为札,长尺,广二寸半为甲,下至足,亦缀以黄金缕。"❸陵寝便殿中所藏的御衣。唐杜甫《行次昭陵》诗:"玉衣晨自举,铁马汗常趋。"清仇兆鳌注:"《王莽传》:杜陵便殿乘舆虎文衣废藏在室匣者出,自树立外堂上,良久乃委地。"

【玉缨】yùyīng 用玉装饰的冠带。《左传·僖公二十八年》:"初,楚子玉自为琼弁玉缨,未之服也。"晋杜预注:"琼,玉之别名,次之以饰弁及缨。"唐孔颖达疏:"《诗》毛传云:'琼,玉之美者。'则琼亦玉也。选美者饰弁,以恶者饰缨耳。"汉张衡《西京赋》:"璸弁玉缨,遗光儵爚。"唐杨衡《白纻歌》之一:"玉缨翠佩杂轻罗,香汗微渍朱颜酡。"

【玉簪】yùzān 玉制的发簪。男女均可使用,男子用于固定冠,女子用于系髻。《韩非子·内储说上》:"周主亡玉簪,令吏求之,三日不能得也。"题汉刘向《西京杂记》卷二:"武帝过李夫人就取玉簪搔头,自此后宫人搔头皆用玉,玉价倍贵焉。"唐张泌《浣溪沙》词:"偏戴花冠白玉簪。"白居易《井底引银瓶歌》:"石上磨玉簪,玉簪欲成中央折。"宋辛弃疾《水龙吟·登建康赏心亭》词:"遥岑远目,献愁供恨,玉簪螺髻。"元伊世珍《嫏嬛记》:"女子吴淑姬未嫁夫亡。时晨兴靧面,玉簪坠地而折。已而夫亡,其父以其少年,欲嫁之,女誓曰:'玉簪重合则嫁。'居久之,见士子杨子治诗,讽而悦之,使侍

儿用计觅得一卷,心动欲与之合,启奁视之,簪已合矣。遂以寄子治结为夫妇焉。"明陈耀文《天中记》:"王元之(禹偁)内翰五岁已能诗。因太守赏白莲,倅言于太守,召而吟一绝云:'昨夜三更里,嫦娥堕玉簪。冯夷不敢受,捧出碧波心。'"明李爱山《南珍珠马·闻情》套曲:"响当当菱花镜碎玉簪折。"清富察敦崇《燕京岁时记·换季》:"每至三月,换戴凉帽……大约在二十日前后者居多,换戴凉帽时,妇女皆换玉簪。换戴暖帽时,妇女皆换金簪。"

【玉藻】yùzǎo 帝王冕冠前后悬垂的贯以玉珠的五彩丝绳。《礼记·玉藻》:"天子玉藻,十有二旒,前后邃延,龙卷以祭。"唐孔颖达疏:"天子玉藻者,藻,谓杂采之丝绳,以贯于玉,以玉饰藻,故云玉藻也。"《后汉书·舆服志下·冕冠》:"冕冠,垂旒,前后邃延,玉藻。"

【浴巾】yùjīn 沐浴时用来擦身的布巾。《仪礼·士丧礼》:"沐巾一,浴巾二,皆用绤于笲。"汉郑玄注:"巾所以拭汗垢,浴巾二者,上体下体异也。"

【浴衣】yùyī 沐浴时穿的衣服,用以吸干身上水气。亦专指死者浴后之服。以细布为之,用直裁法制成,其制宽大如袍。《仪礼·士丧礼》:"浴衣于箧。"汉郑玄注:"浴衣,已浴所衣之衣,以布为之,其制如今通裁。"《礼记·丧大记》:"浴用绤巾,挋用浴衣。"清胡培翚正义:"浴用绤巾者,浴时用之以除垢。挋用浴衣者,浴竟用之以晞身。"唐孟浩然《腊月八日于剡县石城寺礼拜》诗:"讲席邀谈柄,泉堂施浴衣。"

【鹬冠】yùguān 以翠鸟羽装饰的冠。鹬,翠鸟。后亦指鹬形或绘或饰有鹬羽

的冠帽。用为掌天文者之冠。《左传·僖公二十四年》："郑子华之弟子臧出奔宋，好聚鹬冠。"晋杜预注："鹬，鸟名。聚鹬羽以为冠，非法之服。"唐颜师古《匡谬正俗·鹬》："鹬，水鸟。天将雨即鸣……古人以其知天时，乃为冠象此鸟之形，使掌天文者冠之。故逸《礼记》曰：'知天文者冠鹬'，此其证也。鹬字音律，亦有术音，故《礼》之衣服图及蔡邕《独断》谓为术氏冠，亦因鹬音转为术字耳，非道术之谓也。"《尔雅翼·释鸟·鹬》："汉术氏冠，亦谓之鹬冠，象鹬鸟形，画鹬羽为饰，绀色，司天文者冠之，盖术氏即鹬音之转耳。"清章炳麟《原儒》："鹬冠者，亦曰术氏冠，又曰圜冠。"

yuan－yun

【帣】yuān　包头用的头巾。《韩非子·外储说》："卫人有佐弋者，鸟至，因以其帣麾之，鸟惊而不射也。"见 53 页"gǔn"。

【元服】yuánfú　指冠、帽等。头部所用的饰物。《仪礼·士冠礼》："令月吉日，始加元服。"汉郑玄注："令、吉，皆善也。元，首也。"《汉书·昭帝纪》："（元凤）四年春正月丁亥，帝加元服。"唐颜师古注："元，首也。冠者，首之所著，故曰元服。"《梁书·昭明太子传》："太子自加元服，高祖便使省万机，内外百司奏事者填塞于前。"《通典·礼·君臣冠冕巾帻等制度》："（梁）以黑介帻为朝服，元正朝贺毕，还储更出所服，未加元服，则空顶介帻。"

【缘衣】yuányī　缘衣与褖袍的造型特点类似，有直襟、大襟两种，衣长到脚面或膝部。在衣领、衣袖及衣襟上镶有装饰边缘，因此称之为"缘衣"。《周礼·天官·内司服》："掌王后之六服……缘衣。"汉郑玄注：《丧大记》曰：'士妻以褖衣。'言褖者甚众，字或作税。此缘者，实作褖衣也。褖衣，御于王之服，亦以燕居。男子之褖衣黑，则是亦黑也。"

【圜冠】yuánguān　也作"圆冠"。儒者戴的圆形帽子，冠体作圆形，上饰以细布，做成鹬形。鹬为水鸟，见天将雨即鸣，古人以为能知天时，故用以为饰。《庄子·田子方》："儒者冠圜冠者，知天时；履句屦者，知地形。"唐王勃《益州夫子庙碑》："将使圆冠方领，再行邹鲁之风。"宋张元幹《喜迁莺慢》词："山川秀，圜冠众多，无如闽越豪杰。"清章炳麟《国故论衡·原儒》："鹬冠者，亦曰术氏冠，又曰圜冠。"

【缘】yuàn　❶衣物上装饰性的镶边、滚边。《战国策·齐策四》："下宫糅罗纨，曳绮縠，而士不得以为缘。"《尔雅·释器》："缘谓之纯。"晋郭璞注"衣缘饰也。"《魏书·乐浪王忠传》："忠愚而无智，性好衣服，遂着红罗襦，绣抹领；碧绸袴，锦为缘。"《后汉书·明德马皇后纪》："常衣大练，裙不加缘。"❷给衣物等镶边装饰。《说文解字·糸部》："缘，衣纯也。"清段玉裁注："缘者，沿其边而饰之也。"《礼记·玉藻》："缘广寸半。"汉郑玄注："饰边也。"唐孔颖达疏："谓深衣边以缘饰之广寸半也。"《汉书·贾谊传》："天子之后以缘其领，庶人孽妾缘其履。"

【缊黂】yùnfén　即"缊袍"。《列子·杨朱》："昔者宋国有田夫，常衣缊黂，仅以过冬。"晋张湛注："缊黂，谓分弊麻絮衣也。"宋晁补之《同华公叔饮城东》诗："何必悲无衣，缊黂聊御冬。"

【缊缕】yùnlǚ　指粗陋之衣。春秋宁戚

《饭牛歌》:"粗布衣兮缊缕,时不遇兮尧舜主。"清孙枝蔚《代宁戚作别牛歌题〈饭牛图〉》诗:"寄语后来人,缊缕何足嗔。"

【缊袍】yùnpáo 用旧絮和乱麻填絮的双层布袍,亦泛指粗劣的衣服。多为贫民所服,身居高位而洁身自好的官吏,或隐居山林安贫乐道的儒生,也往往服之。《论语·子罕》:"衣敝缊袍,与衣狐貉者立,而不耻者,其由也与?"宋朱熹《集注》:"缊,枲著也;袍,衣有著者也。盖衣之贱者。"《庄子·让王》:"曾子居卫,缊袍无表,颜色肿哙,手足胼胝。"《礼记·玉藻》:"纩为茧,缊为袍。"汉郑玄注:"纩谓今之新绵也。缊谓今纩及旧絮也。"汉桓宽《盐铁论·贫富》:"原宪之缊袍,贤

于季孙之狐貉。"三国魏阮籍《咏怀》诗之四五:"屣履咏《南风》,缊袍笑华轩。"《后汉书·羊续传》:"续乃坐使人于单席,举缊袍以示之,曰:'臣之所资,唯斯而已。'"又《桓鸾传》:"'鸾'少立操行,缊袍糟食,不求盈余。以世浊,州郡多非其人,耻不肯仕。"唐杜甫《大雨》诗:"执热乃沸鼎,纤绤成缊袍。"清唐孙华《雪·次东坡聚星堂韵禁体物语》:"凌兢野老缊袍单,狂喜儿童屐齿折。"

【韫】yùn 靴。《周礼·冬官考工记》:"攻皮之工,函鲍韫韦裘。"清陈鳣《恒言广正》卷五:"韫、靴皆鞨之俗。《玉篇》:鞨,靴也。靴,鞍也,亦履也。重文作韫。"

Z

za—ze

【杂裳】záchúng 周代下士的礼服下裳,前面用玄色,后面用黄色,与玄端、爵韠等配用。《仪礼·特牲馈食礼》:"唯尸、祝、佐食,玄端、玄裳、黄裳、杂裳可也。"汉郑玄注:"《周礼》:'士之齐服有玄端、素端。'然则玄裳上士也,黄裳中士也,杂裳下士也。"又《士冠礼》:"玄端、玄裳、黄裳、杂裳可也。"郑玄注:"玄端即朝服之衣,易其裳耳。上士玄裳,中士黄裳,下士杂裳。杂裳者,前玄后黄。《易》曰:夫玄黄者,天地之杂色,天玄而地黄。"

【杂服】záfú 礼制所规定的尊卑贵贱应穿的各色服制。《礼记·学记》:"不学杂服,不能安礼。"汉郑玄注:"杂服,冕服、皮弁之属。杂或为雅。"《晋书·舆服志》:"其杂服,有青、赤、黄、白、缃、黑色。"

【杂佩】zápèi 各种美玉连缀在一起的佩玉。始于先秦,汉初失传,汉明帝时经考订后重又颁行天下,后世流行者为东汉新法,已非古制,宋代重又考订,清以后废止不用。《诗经·郑风·女曰鸡鸣》:"知子之来之,杂佩以赠之。"汉毛亨传:"杂佩者,珩、璜、琚、瑀、冲牙之类。"宋朱熹《集传》:"杂佩者,左右佩玉也,上横曰珩,下系三组贯以蠙珠,中组之半,贯一大珠曰瑀,末悬一玉,两端皆锐曰冲牙,两旁组半各悬一玉,长博而方曰琚,其末各悬一玉,如半璧而内向曰璜,又以两组贯珠,上系珩两端,下交贯于瑀,而下系于两璜,行则冲牙触璜而有声也。"汉刘向《九叹》:"结琼枝以杂佩兮,立长庚以继日。"晋陆机《赠冯文罴》:"愧无杂佩赠,良讯代兼金。"唐严维《奉试水精环》诗:"未肯齐珉价,宁同杂佩声。"清厉鹗《东城杂记·玉玲珑阁》:"玉玲珑,宋宣和花纲石也……叩之声如杂佩。"一说指佩玉的中缀,即琚瑀。王夫之《〈诗经〉稗疏·郑风》:"下垂者为垂佩,中缀者为杂佩。杂之为言间于其中也。则杂佩者专指琚瑀而言。"

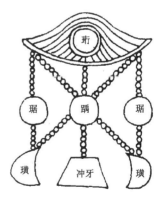

杂佩(明王圻《三才图会》)

【先】zān 即"簪"。甲骨文像一妇女头上对插二簪形。《说文解字·先部》:"先,首笄也。从人、匕,象簪形。凡先之属皆从先。簪,俗先。从竹,从朁。"

171

《集韵·侵韵》："先，或作簪。"

【簪】zān 也称"簪子"。一种用来绾住发髻或固定冠的单股针形首饰。原称"笄"，秦汉以后多称作"簪"。起源于新石器时代，其始多为圆锥状，商代簪头上始刻以各种纹饰，已较精致。周汉之簪，簪头有镶嵌绿松石者。初以石、骨磨制而成，后亦用竹、玉、象牙、金银等。唐宋时，簪的质料除金、玉、银外，还用玳瑁、翡翠、犀角，玛瑙等。明清时期，簪的工艺制作更加精湛，有以金银为簪架，用鸟类的绿色羽毛装饰起来的"翠羽簪"，以珊瑚雕制成囍字，为贵族女子结婚用的"双喜簪""金凤簪""金狮簪"等，做工非常精美、华丽。簪是封建社会贵族妇女炫耀财富，昭明身份的一种标志。对簪的使用，也有严格的规定。如明代规定命妇冠服：一品、二品、三品、四品戴金簪二；五品戴镀金银簪二；六品、七品戴银簪二；八品、九品戴银间镀金簪二。而士庶妇女的簪，则多用木、竹、铜、银等制成，金、玉、象牙、珠翠等是禁用的。簪可用作男女发饰，插在发上以便固髻。清代因实行剃发留辫之制，男子使用者渐少，因演变为妇女的专用首饰。亦可作系冠的用具，使用时横贯冠帽，与发髻拴系。汉刘熙《释名·释首饰》："簪，兓也，以兓连冠于发也。"《韩非子·内储说上》："周主亡玉簪，令吏求之，三日不能得也。"《史记·淳于髡传》："前有堕珥，后有遗簪。"汉史游《急就篇》："冠帻簪簧结发纽。"晋干宝《搜神记》卷四："南州人有遣史献犀簪于孙权者，舟过宫亭庙而乞灵焉。神忽下教曰：'须汝犀簪。'吏惶遽，不敢应。俄而犀簪已前列矣。神复下教曰：'俟汝至石头城，返汝簪。'吏不得已，遂行。自分失簪且得死罪。比达石头，忽有大鲤鱼，长三尺，跃入舟。剖之得簪。"南朝梁简文帝《楚妃叹》诗："金簪鬓下垂，玉箸衣前滴。"唐戎昱《采莲曲》："同侣怜波静，看妆堕玉簪。"宋吴潜《睡起行北园》诗："睡起卸冠簪，园行独自吟。"元无名氏《失题四首》："将簪冠戴了，麻袍宽超。"《喻世明言·新桥市韩五卖春情》："那小妇人又走过来挨在身边坐定，作娇作痴，说道：'官人，你将头上金簪子来借我看一看。'吴山除下帽子，正欲拔时，被小妇人一手按住吴山头髻，一手拔了金簪。"《金瓶梅词话》第五十九回："郑爱月儿出来，不戴鬏髻，头上挽着一窝丝，杭州攒梳的黑鬖鬖，光油油的，乌云霞著四鬓，云鬖堆纵，犹若轻烟密雾，都用飞金巧贴，带着翠梅花钿儿，周围金累丝簪儿，齐插后鬓。"明汤显祖《牡丹亭·寻梦》第十二出："腻脸朝云罢盥，倒犀簪斜插双鬟。"

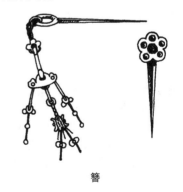

簪

【簪珥】zān'ěr ❶发簪和耳饰。《管子·轻重甲》："簪珥而辟千金者，璆琳琅玕也。"宋苏轼《以屏山赠欧阳叔弼》诗："屏山辍赠子，莫遣污簪珥。"《聊斋志异·甄后》:"有美人入,簪珥光采;从者皆宫妆。"❷汉魏六朝妇女的一种首饰。以珠宝制成珥珰,系缚于发簪之首,使用时将发簪插入双鬓,珥珰则下垂于耳际,以提醒用者谨慎自重,不听妄言。通常施于贵妇,以擿(簪股)的质料区别等级。按礼制,凡在侍奉君王长辈或接受尊长教诲训斥时,必须事先取下簪珥,以示洗耳恭听,否则被视为失敬。《后汉书·皇后纪上》:"诸姬贵人竞自修整,簪珥光采,袿裳鲜明。"《东汉会要》卷一〇:"太皇太后、皇太后入庙服……翦氂蔮,簪珥。珥,耳珰垂珠。簪以瑇瑁为擿长一尺,端为华胜,上为凤凰爵,以翡翠为毛羽,下有白珠,垂黄金镊。左右一横簪之,以安蔮结。诸簪珥皆同制,其擿有等级焉。"南朝梁张华《日出东南隅行》:"金碧既簪珥,绮縠复衣裳。"汉刘向《古列女传》卷二:"周宣姜后者,齐侯之女也。贤而有德,事非礼不言,行非礼不动。宣王常早卧晏起,后夫人不出房,姜后脱簪珥待罪。"《史记·外戚世家》:"(武帝)谴责钩弋夫人。夫人脱簪珥叩头。"

【缫】zǎo 垂于冕版前后的五彩丝绳,用以串玉珠。《周礼·夏官·弁师》:"五采缫,十有二就。"汉郑玄注:"缫,杂文之名也。合五采丝为绳,垂于延之前后。"又《春官·典瑞》:"王晋大圭执镇圭,缫藉五采五就。"郑玄注:"缫有五采文,所以荐玉。"

【藻】zǎo 也作"缫""璪"。帝王冕上系玉的彩色丝绳。《礼记·玉藻》:"天子玉藻。"又《礼器》:"天子之冕,朱绿藻(一作'缫')十有二旒。"《礼记·礼器》:"天子之冕,朱绿藻十有二旒。"唐陆德明

《经典释文》:"缫本又作璪,亦作藻。"《礼记·郊特牲》:"戴冕,璪十有二旒。"清孙希旦集解:"璪者,用五采丝为绳,垂之以为冕之旒也。"

【泽】zé 先秦时指称贴身穿着的一种内衣。《诗经·秦风·无衣》:"岂曰无衣,与子同泽。"汉郑玄笺:"泽,亵衣,近污垢。"宋朱熹集传:"泽,里衣也,以其亲肤,近于垢泽,故谓之泽。"

【襗】zé 即"泽"。《周礼·天官·玉府》"掌王之燕衣服"汉郑玄注:"燕衣服者,巾絮寝衣袍襗之属。"

zhai—zhe

【齐服】zhāifú 斋戒时穿的衣服。《周礼·春官·司服》:"其齐服有玄端素端。"唐贾公彦疏:"素端者,即上素服,为札荒祈请之服也。"

【齐冠】zhāiguān 本为战国时齐王所服,秦灭齐得冠,以赐谒者。后遂制为中外官、谒者、仆射之冠。参见221页"高山冠"。

【斋】zhāi 下衣的锁边。又特指丧服下部折转的边。《孟子·滕文公上》:"曾子曰:'生事之以礼,死葬之以礼,祭之以礼,可谓孝矣……三年之丧,斋疏之服,飦粥之食,自天子达于庶人,三代共之。'"

【毡裘】zhānqiú 北方、西域游牧民族以皮毛制成的衣服。《战国策·赵策二》:"大王诚能听臣,燕必致毡裘狗马之地。"汉蔡琰《胡笳十八拍》:"毡裘为裳兮骨肉震惊。"《后汉书·郑众传》:"臣诚不忍持大汉节对毡裘独拜。"北魏曹虎《答孝文帝书》云:"改易毡裘,妄自尊大。"唐张说《入朝诗》:"毡裘吴地尽,鬓

荐楚言多。"《旧五代史·唐书·庄宗纪三》:"追击至易水,获毡裘、毳幕、羊马不可胜纪。"《通典·边防十六》:"或曳裾庠序,高步学门,服胡毡裘。"《文献通考·四裔六》:"使者衣虎皮毡裘,以虎尾插首为饰。"明方孝孺《蜀道易》诗:"西有雕题金齿之夷,北有毡裘椎髻之貉。"

【旃冕】zhānmiǎn 一种通帛制的冕冠。《太平御览》卷六八六:"黄帝作旃冕。"注:"宋均曰:通帛为旃。"宋高承《事物纪原·冕》:"《世本》曰:黄帝作旃冕,宋衷云:冠之垂旒者。"

【斩衰】zhǎncuī 也称"缞斩"。省称"斩"。五种丧服中最重的一等丧服,以最粗的生麻布做成,左右和下边衣缘袖口皆不缝边,简陋粗恶,犹如刀割斧斩,服制三年。亲子及未嫁女为父母,媳为公婆,承重孙为祖父母,妻妾为夫,均服斩衰。先秦诸侯为天子、臣为君亦服斩衰。斩衰时,男子戴丧冠,女子用丧髻。另以麻带结于胸前及腰间,脚着菅屦。《左传·襄公十七年》:"齐晏桓子卒,晏婴粗缞斩。"《礼记·丧服小记》:"庶子不为长子斩,不继祖与祢故也。"《周礼·春官·司服》:"凡丧,为天王斩衰,为王后齐衰。"《仪礼·丧服》:"为父何以斩衰也,父至尊也。诸侯为天子。传曰,天子至尊也。传曰,君至尊也。

父为长子。传曰,何以三年也。正体于上,又乃将所传重也。"《礼记·间传》:"斩衰何以服苴?苴,恶貌也,所以首其内而见诸外也。斩衰貌若苴,齐衰貌若枲,大功貌若止,小功、缌麻容貌可也。此哀之发于容体者也。斩衰之哭若往而不反,齐衰之哭若往而反……斩衰三日不食,齐衰二日不食。"《汉书·霍光传》:"昌邑王典丧,服斩缞,亡悲哀之心。"唐韩愈《改葬服议》:"若主人当服斩衰,其余亲各服其服。"《新唐书·礼乐志十》:"斩衰三年,正服:子为父,女子子在室与已嫁而反室为父。加服:嫡孙为后者为祖,父为长子。义服:为人后者为所后父,妻为夫,妾为君,国官为君。"《太平广记》卷一七二:"镇州士人刘方遇家财数十万。方遇妻田氏早卒……乃遣令尊服斩衰居丧。"明谈迁《枣林杂俎》:"仁圣皇太后之丧,太宗伯范谦衣白入朝……斩衰,朝夕哭临。"《明史·礼志十四》:"其制服五:曰斩衰,以至粗麻布为之,不缝下边。曰齐衰,以稍粗麻布为之,缝下边。曰大功,以粗熟布为之。曰小功,以稍粗熟布为之。曰缌麻,以稍细熟布为之。"《清史稿·礼志十二》:"斩衰服,生麻布,旁及下际不缉。麻冠、绖、菅屦,竹杖,妇人。麻屦,不杖。"

斩衰冠、斩衰衽、斩衰裳、斩衰衣(宋聂崇义《三礼图》)

【展衣】zhǎnyī 也作"襢衣"。王后六服之一,色白。又为世妇及卿大夫妻之命服。衣式采用袍制,表里皆用白色,无文彩。制出商周,隋唐时期仍有此制。展,通"襢"。《周礼·天官·内司服》:"掌王后之六服:袆衣、揄狄、阙狄、鞠衣、展衣、缘衣、素沙。"汉郑玄注:"郑司农云:'展衣,白衣也。'……以礼见王及宾客之服。"《礼记·玉藻》:"君命屈狄,再命袆衣,一命襢衣。"唐孔颖达疏:"襢,展也。子男大夫一命,其妻服展衣也。"《隋书·礼仪志七》:"保林、八子,展衣之服,铜印环钮,文如其职。"一说展衣色赤。《诗经·鄘风·君子偕老》:"其之展也。"清马瑞辰通释:"展衣,以《说文》作'襢'为正……《说文》:'襢,丹縠衣也。'马融说同义。"

【章】zhāng ❶衣装。《左传·闵公二年》:"衣,身之章也;佩,衷之旗也。"元郑光祖《倩女离魂》第三折:"你直叩丹墀,夺得朝章,换却白衣。"❷服装上用以区别尊卑的文采。贵族服饰上的图案有十二章:日、月、星辰、山、龙、华虫称上六章;裳绣宗彝、藻、火、粉米、黼、黻称下六章。《尚书·皋陶谟》:"天命有德,五服五章哉!"汉孔安国传:"尊卑彩章各异。"❸军装上的徽号,用以分别队伍的行列。《尉缭子·经卒令》:"前一行苍章,次二行赤章,次三行黄章,次四行白章,次五行黑章。"

展衣(宋聂崇义《三礼图》)

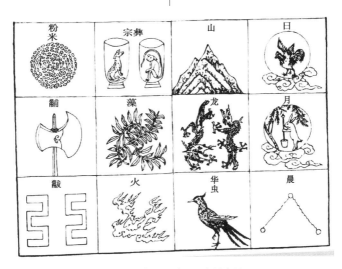

明代十二章(明王圻《三才图会》)

【章服】zhāngfú ❶绣绘有日月、星辰等图案标志的礼服。据《夏书》古以日、月、星辰、山龙、华虫等为天子冕服十二章，此为章服之始。天子十二章，群臣按品级以九、七、五、三章递降。《韩非子·亡征》："父兄大臣禄秩过功，章服侵等，宫室供养太侈。"《后汉书·舆服志》："迎气五郊，各如其色，从章服也。"三国魏嵇康《与山巨源绝交书》："而当裹以章服，揖拜上官，三不堪也。"明宋濂《〈岁迁集〉序》："人多裹章服而吾犹被布韦，其命也夫！"清康有为《大同书》戊部第八章："若古今君主之国，贵贱皆章服以别异之。"❷绘有图文等识别符号的衣服。如公服、制服、囚服等。《史记·孝文本纪》："盖闻有虞氏之时，画衣冠异章服以为僇，而民不犯。"唐张守节正义引《晋书·刑法志》："三皇设言而民不违，五帝画衣冠而民知禁。犯黥者皂其巾，犯劓者丹其服。"

【章甫】zhāngfǔ 也作"章父"。商代的礼冠，黑布制成，前方后圆，较高深。后泛指冠帽。汉刘熙《释名·释衣服》："章甫，殷冠名也；甫，丈夫也。服之所以表章丈夫也。"《论语·先进》："宗庙之事，如会同，端章甫，愿为小相焉。"《庄子·逍遥游》："宋人资章甫而适诸越，越人断发文身，无所用之。"唐成玄英疏："章甫，冠名也。故孔子生于鲁，衣缝掖；长于宋，冠章甫。而宋实微子之裔，越乃太伯之苗，二国贸迁往来，乃以章甫为货。且章甫本充首饰，必须云鬟承冠，越人断发文身，资货便成无用。"《礼记·儒行》："丘少居鲁，衣逢掖之衣；长居宋，冠章甫之冠。"清孙希旦集解："章甫，殷玄冠之名，宋人冠之，所谓修其礼物也。孔子既长，居宋而冠。冠礼，始冠缁布冠，既冠而冠章甫，因其俗也。"《仪礼·士冠礼》："委貌，周道也；章甫，殷道也；毋追，夏后氏之道也。"汉郑玄注："章，明也。殷质，言以表明丈夫也……三冠皆所服以行道也，其制之异同未闻。"唐孔颖达疏："云其制之异同未之闻者，委貌、玄冠于《礼图》有制，但章甫、毋追相与异同未闻也。"《汉书·贾谊传》："章父荐屦，渐不可久兮。"唐颜师古注："章父，殷冠名也……父读曰甫。"汉卫宏《汉官旧仪·补遗》："孝文皇帝时，博士七十余人，朝元端、章甫冠。"三国魏嵇康《与山巨源绝交书》："唯达者为能通之，此足下度内耳，不可自见好章甫，强越人以文冕也。"《隋书·列传第四十七》："王戴金花冠，形如章甫，衣朝霞布，珠玑璎珞，足蹑革履，时复锦袍。"宋梅尧臣《杨畋赴官荆州》诗："吴钩皆尚壮，章甫几为儒。"

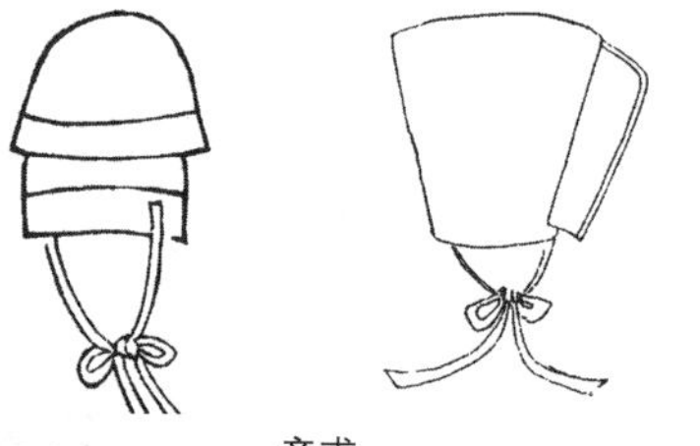

章甫

（宋聂崇义《三礼图》）（明王圻《三才图会》）

【赭衣】zhěyī 也称"赤衣""赭服"。囚衣，用赤土染成赭色。亦代指囚犯、罪人。《荀子·正论》："杀，赭衣而不纯。"唐杨倞注："以赤土染衣，故曰赭衣……杀之，所以异于常人之服也。"《尚书大传》卷一："唐虞之象刑，上刑赭衣不纯。"汉司马迁《报任少卿书》："魏其，大将也,衣赭衣,关三木。"《史记·田叔列传》:"唯孟舒、田叔等十余人赭衣自髡钳,称王家奴,随赵王敖至长安。"贾山《至言》:"赭衣半道,群盗满山。"《资治通鉴·汉高帝十二年至惠帝元年》:"太后令永巷囚戚夫人,髡钳,衣赭衣。"《汉书·刑法志》:"奸邪并生,赭衣塞路,囹圄成市,天下愁怨。"《梁书·武帝纪中》:"若悉加正法,则赭衣塞路。"宋文天祥《七月二日大雨歌》:"赭衣无容足,南房并北房。"明谢肇淛《五杂俎·人部四》:"绿其巾以示辱,盖古赭衣之意。"清宋琬《诏狱行》:"白骨交撑裹赭衣,残骸谁敢收黄土?"清钮琇《感事》诗:"赭服南冠两鬓华,却携妻子系天涯。"清丁澎《风霾行》诗:"秦时赭衣常塞路,日蚀星移失恒度。"

zhen—zhou

【袗】zhěn 也作"裖"。单衣。周代常为表服,引申指盛服。《论语·乡党》:"当暑,袗绤绤,必表而出。"三国魏何晏集解:"暑则单服;绤绤,葛也。"宋邢昺疏:"袗,单也。绤绤,葛也。精曰绤,粗曰绤。"《说文解字·衣部》:"袗,襌衣。一曰盛服。袗或从辰。"清段玉裁注:"上衣者,衣之在外者也……若在家,则裘葛之上亦无别加衣;若出行接宾客,皆加上衣。"

【袗玄】zhěnxuán 纯黑色祭服。《仪礼·士冠礼》:"兄弟毕袗玄,立于洗东,西面北上。"汉郑玄注:"袗,同也;玄者,玄衣玄裳也。"《仪礼·士昏礼》:"女从者毕袗玄,纚笄被颍黼,在其后。"

【袗衣】zhěnyī 绘绣有文采的华贵衣服。泛指珍贵的衣服。《孟子·尽心下》:"舜之饭糗茹草也,若将终身焉,及其为天子也,被袗衣,鼓琴。"汉赵岐注:"袗,画也……及为天子,被画衣,黼黻绤绣也。"南朝陈沈炯《劝进梁元帝第三表》:"纵陛下拂袗衣而游广成,登崌山而去东土,群臣安得仰诉,兆庶何所归仁。"清钱大昕《十驾斋养新录》卷三:"《朱氏章句》训'袗'为画。钱塘梁侍讲同书尝告予云:古书袗,训'单'又训'同',皆无盛服之意。《三国志·魏文帝纪》注有云:'舜承尧禅,被珍裘,妻二女,若固有之。'此必用孟子之文,袗衣当是珍裘也。"一说为麻葛单衣。杨伯峻《孟子译注》:"赵岐注云:'袗,画也。'按赵氏此训于经传缺乏例证,恐不可信。孔广森《经学卮言》云:'袗非画也。又如《论语》'袗绤绤',之'袗'。《史记·本纪》'尧赐舜绤衣与琴'是也。又按《曲礼注》云:'袗,单也。'故译文以'麻葛单衣'译之。"

【栉笄】zhìjī 未嫁女子为母服丧时所插的发笄。用白理木等材料制成,有齿数枚,如梳篦,笄首镂刻为饰,或以铜片包裹。《仪礼·士丧礼》:"笄有首者,恶笄之有首。恶笄者,栉笄也。"汉郑玄注:"栉笄者,以栉之木为笄,或曰榛笄。有首者,若今时刻镂摘头矣。"唐贾公彦疏:"此栉亦非木名,案《玉藻》云:沐栉用樿栉,发晞用象栉。郑云:樿,白理木为栉。栉即梳也,以白理木为梳栉也。"清翟灏《通俗编》卷一二:"古丧制:妇人笄用篠竹,曰箭笄;或用理木,曰栉笄,亦曰恶笄。"

【制】zhì ❶防雨的外衣。《左传·哀公二十七年》:"成子衣制杖戈。"晋杜预注:"制,雨衣也。"❷丧服制度的简称。清毛先舒《丧礼杂说》:"应嗣寅执谦云,庶子之生母死,而父与嫡母俱在者,子于帖札,亦得署制字。盖制者,谓在五制丧服之中,而斩衰三年改服制之重者,故署制不嫌父与嫡母在也。"《红楼梦》第一百一十四回:"因在制中,不便行礼。"

【制服】zhìfú ❶根据礼制规定的不同社会地位,制作穿用不同的服饰样式。后称有定制的服装为制服。《管子·立政》:"度爵而制服,量禄而用财。"汉贾谊《新书·服疑》:"制服之道,取至适至和以予民,至美至神进之帝,奇服文章以等上下而差贵贱。"❷指丧服。《后汉书·刘恺传》:"元初中,邓太后诏长吏以下不为亲行服者,不得典城选举。时有上言牧守宜同此制,诏下公卿、议者以为不便。恺独议曰:'诏书所以为制服之科者,盖崇化厉俗,以弘孝道也。'"又《袁闳传》:"及母殁,不为制服设位,时莫能名,或以为狂生。"《南史·张畅传》:"佩之被诛,畅驰出奔赴,制服尽哀,为论者所美。"《三国志·吴志·顾邵传》:"秉遭大丧,亲为制服结绖。"宋庄季裕《鸡肋编》卷下:"既溺,里人大呼求救,得其尸已死,即号恸,为之制服如兄弟,厚为棺敛,送终之礼甚备。"清顾炎武《日知录·兄弟之妻无服》:"独弟之妻不为制服者,以其分亲而年相亚。"

【中带】zhōngdài ❶女子死后沐浴完毕所穿的布制单衣,裤子一类之内衣。相当于男子的明衣。《仪礼·既夕礼》:"其母之丧,则内御者浴,鬠无笄。设明衣,妇人则设中带。"汉郑玄注:"中带,若今之裈袗。"唐孔颖达疏:"虽名中带,亦号明衣,取其圭洁也。"❷妇女的内衣带。《文选·古诗〈东城高且长〉》:"驰情整中带,沉吟聊踯躅。"唐李善注:"中带,中衣带。"清俞樾《群经平议·仪礼二》:"中带犹言内带。盖男子惟外有绅带而内无带。妇人则亲身之明衣亦有带也。以其在内,故谓之中带。"

【中衣】zhōngyī ❶衬在祭服、朝服之内的里衣,介于大衣和小衣之间,衣裳相连,与深衣形制相同的。以素或布为之,并配以彩色边饰。士以上阶层人士家居时也作便服,庶人则以之为常礼服。《礼记·郊特牲》:"绣黼丹朱中衣。"唐孔颖达疏:"中衣,谓以素为冕服之里衣。"汉刘熙《释名·释衣服》:"中衣,言在小衣之外,大衣之中也。"《后汉书·舆服志上》:"大夫台门旅树反坫,绣黼丹朱中衣。"南朝梁刘昭注引郑玄曰:"绣黼丹朱以为中衣领缘也。"《礼记·玉藻》:"长中,继揜尺,袂二寸,祛尺二寸,缘广寸半。"元陈澔集说:"长中者,长衣、中衣也。与深衣制同而名异者:着于内,则曰中衣,盖着在朝服或祭服之内也;着于外则曰长衣。"《隋书·礼仪志六》:"公卿以下祭服,里有中衣,即今中单也。"❷即后世之直裰。宋赵彦卫《云麓漫钞》卷四:"或云:古之中衣,即今僧寺行者直掇,亦古逢掖之衣。"❸贴身穿的内衣。汉繁钦《定情》:"何以结秋悲,白绢双中衣。"《红楼梦》第三十四回:"(袭人)便轻轻的伸手进去,将中衣脱下。"清俞樾《茶香室三钞·浣中衣不敢悬空处》:"每浣中衣,不敢悬之空处。"

中衣(明王圻《三才图会》插图)

【中褚】zhōngzhǔ 棉衣。褚衣之一种。所纳絮棉较上褚为少,较下褚为多。参见337页"褚衣"。

【衷】zhōng 贴身的内衣。《说文解字·衣部》:"衷,里亵衣。"清段玉裁注:"亵衣,有在外者,衷则在内者也。"王筠句读:"亵字祇是私居之服耳,衷则私服之在中者,故曰'里'以别之。"《左传·宣公九年》:"皆衷其衵服以戏于朝。"又《襄公二十七年》:"辛巳,将盟于宋西门之外,楚人衷甲。"

【胄】zhòu 也作"轴"。即兜鍪。军士用来保护头部的器具,由各种材料制成,有皮革、藤篾、青铜、钢铁等,一般由包括保护头部的盔和保护颈项的顿项两大部分组成。《说文解字·肉部》:"胄,兜鍪也。"清段玉裁注:"古谓之胄,汉谓之兜鍪,今谓之盔。"《诗经·鲁颂·閟宫》:"贝胄朱绶。"《尚书·说命中》:"惟口起羞,惟甲胄起戎。"《国语·齐语》:"教大成,定三革。"三国吴韦昭注:"三革:甲、胄、盾也。"《荀子·议兵》:"冠轴带剑。"清王先谦集解:"轴与胄同。《汉书》:'作胄带剑。'颜师古曰:'着兜鍪而又带剑也。'"《新唐书·兵志》:"人具弓一,矢三

十……皆自备,并其介胄,戎具藏于库。"宋高承《事物纪原》卷九:"兜鍪,胄也,《黄帝内传》所述,盖玄女请帝制之,以备身也。"《字汇·门部》:"《书》正义云:古之甲胄皆用犀兕,未有用铁者,而兜铠之字皆从金,盖后世始用铁也。"

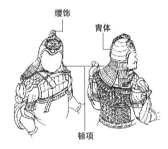

胄各部位示意图
(五代前蜀王建墓石雕天王像)
(《文物收藏图解辞典》)

zhu

【朱芾】zhūfú 周代天子、诸侯所用的红色蔽膝。《诗经·小雅·斯干》:"其泣喤喤,朱芾斯皇,室家君王。"汉郑玄笺:"芾者,天子纯朱,诸侯黄朱。室家,一家之内,宣王所生之子,或其为诸侯,或其为天子,皆将佩朱芾煌煌然。"唐孔颖达疏:"至其长大,皆佩朱芾于此煌煌然,由王家室之内或为诸侯之君,或为天子之王,故皆佩朱芾也。"明陆采《怀香记·奉诏班师》:"彤庭纳礼诚丕赫,宜家庆朱芾。"

【朱绂】zhūfú ❶ 也作"朱绋""朱芾""朱黻"。帝王礼服上的红色蔽膝。后多借指官服。《易·困》:"困于酒食,朱绂方来。利用享祀,征凶无咎。"宋程颐传:"朱绂,王者之服,蔽膝也。"汉班固《白虎通·绋冕》:"绋者何谓也?绋者蔽也,行

以蔽前……天子朱绂，诸侯赤绂。"《汉书·韦贤传》："黼衣朱绂，四牡龙旗。"南朝陈徐陵《东阳双林寺傅大士碑》："黑貂朱绂，王侯满筵。"《文选·王融〈三月二日曲水诗序〉》："朱芾斯皇。"又《韦孟〈讽谏〉诗》："黼衣朱黻。"唐李善注引应劭曰："朱黻，上广一尺，下广二尺，长三尺，以皮为之，古者上公服之。"唐杜牧《书怀寄中朝往还》诗："朱绂久惭官借与，白头还叹老将来。"宋王安石《致仕虞部曲江谭君挽辞》："它日白衣霄汉志，暮年朱绂水云身。"❷系佩玉或印章的红色丝带。《文选·曹植〈责躬〉诗》："冠我玄冕，要我朱绂。"唐李善注："《礼记》曰：'诸侯佩山玄玉而朱组绶。'《苍颉篇》曰：'绂，绶也。'"唐李白《赠刘都使》诗："一鸣即朱绂，五十佩银章。"康骈《剧谈录·狄惟谦请雨》："特颁朱绂，俾耀铜章。"

【朱衣】zhūyī ❶帝王、后妃及诸臣百官祭祀时穿的红色衣服。通常用于南郊夏祭。按五行学说，南方属火，火色为朱，因用朱衣，以顺时气。《礼记·月令》："(孟夏之月)天子居明堂左个……衣朱衣，服赤玉。"《隋书·礼仪志六》："(后周)皇后衣十二等……春斋及祭还，则青衣。夏斋及祭还，则朱衣。"《资治通鉴·宋文帝元嘉三十年》："甲子，宫门未开，劭以朱衣加戎服上，乘画轮车，与萧斌共载，卫从如常入朝之仪。"❷也作"朱服"。官吏公服。汉代以后较为通行。唐代多用作御史之服，普通官吏四至五品公服用绯。后泛指红色的衣服。《后汉书·蔡邕传》："臣自在宰府，及备朱衣，迎气五郊，而车驾稀出，四时至敬。"《南齐书·吕安国传》："安国欣有文授，谓其子曰：'汝后勿作袴褶驱

使，单衣犹恨不称，当为朱衣官也。'"《唐会要》卷六一："(御史台)旧制，凡事非大夫中丞劾，而合弹奏者，则具其事为状，大夫中丞押大事则豸冠、朱衣、纁裳、白纱中单以弹之，小事常服而已。"唐杜牧《新转南曹未叙朝散初秋暑退出守吴兴书此篇以自见志》诗："喜抛新锦帐，荣借旧朱衣。"《宋史·舆服志》："开之礼：导驾官并朱衣，冠履依本品。朱衣，今朝服也。"宋梅尧臣《送李殿丞通判处州》诗："鸿雁正来翔，竞看朱服俨。"

【朱组】zhūzǔ 红色丝织的带子。用以系冠、佩玉、佩印之用，亦借指高官。《礼记·玉藻》："玄冠朱组缨，天子之冠也。"三国魏曹植《求通亲亲表》："解朱组，佩青绂。"南朝梁江淹《杂体诗·效颜延之〈赠别〉》："中坐溢朱组，步櫩箟琼弁。"宋姜夔《喜迁莺慢·功父新第落成》词："玉珂朱组，又占了道人林下真趣。"明夏完淳《博浪沙歌》："秦亡朱组系子婴，三户复死韩王成。"

【朱组绶】zhūzǔshòu 公侯用以系玉之大红色丝织带子。《礼记·玉藻》："天子佩白玉而玄组绶，公侯佩山玄玉而朱组绶。"

【珠履】zhūlǚ 也作"珍珠履"。缀有珠饰的鞋履。多用于贵族男女。因春申君门客故事，亦代指诸侯或达官贵人的门客、宾客。《史记·春申君传》："赵使欲夸楚，为瑇瑁簪，刀剑室以珠玉饰之，请命春申君客。春申君客三千余人，其上客皆蹑珠履以见赵使，赵使大惭。"晋左思《吴都赋》："出蹑珠履，动以千百。"南朝梁沈约《冬节后至丞相第诣世子车中》诗："高车尘未灭，珠履故余声。"唐储光羲《同王维偶然作》诗："宾客无多少，出

人皆珠履。"温庭筠《感旧陈情五十韵献淮南李仆射》诗:"黛蛾陈二八,珠履列三千。"许景先《阳春怨》诗:"雕笼熏绣被,珠履踏金堤。"李华《咏史》诗:"泥沾珠缀履,雨湿翠毛簪。"宋柳永《玉楼春》词:"凤楼十二神仙宅,珠履三升鹓鹭客。"元武汉臣《玉壶春》第一折:"摆列着玉簪珠履,准备着宝马银鞭。"《水浒传》第六十二回:"但见那一个人生得十分标致,且是打扮得整齐……头带骏敷冠,足蹑珍珠履。"《三宝太监西洋记通俗演义》第八十八回:"看见几位依前的通天冠、云锦衣、珍珠履。"

【珠瑱】zhūtiàn 缀珠或珠制的耳饰。《孔丛子·杂训》:"子产死,郑人丈夫舍玦佩,妇人舍珠瑱,巷哭三月,竽瑟不作。"汉贾谊《新书·春秋》:"邹穆公死,邹之百姓者若失慈父……妇女抉珠瑱,丈夫释玦轩,琴瑟无音,期年而后始复。"

【苎蒲】zhùpú 用苎麻和蒲草编成的斗笠,用以遮日避雨。《管子·小匡》:"首戴苎蒲,身服袯襫。"唐尹知章注:"编苎与蒲以为笠。"唐房玄龄注:"苎,蒋也;编苎与蒲以为笠。"

【纻缟】zhùgǎo 纻衣与缟带。《左传·襄公二十九年》:"(吴季札)聘于郑,见子产,如旧相识。与之缟带,子产献纻衣焉。"南朝宋谢惠连《相逢行》:"相逢既若旧,忧来伤人,片言代纻缟。"《魏书·宗钦传》:"道映儒林,义为群表。我思与之,均于纻缟。"清曹寅《题〈栋亭夜话图〉》诗:"交情独剩张公子,晚识施君通纻缟。"

【纻衣】zhùyī 也作"苎衣"。以纻麻制成的衣服。《左传·襄公二十九年》:"故晏子因陈桓子以纳政与邑,是以免于栾高之难,聘于郑,见子产,如旧相识,与之缟

带,子产献纻衣焉。"晋杜预注:"吴地贵缟,郑地贵纻,故各献已所贵。"唐孔颖达疏:"缟是中国所有,纻是南边之物,非土所有,各是其贵,知其示损已耳。"《战国策·楚策四》:"伯乐遭之,下车攀而哭之,解纻衣以幂之。"《后汉书·朱穆传》:"纻衣倾盖,弹冠结绶之夫,遂隆其好。"晋左思《吴都赋》:"纻衣絺服,杂沓傱萃。"唐韦应物《题从侄成绪西林精舍书斋》诗:"纻衣岂寒御,蔬食非饥疗。虽甘巷北单,岂塞青紫耀。"宋周密《癸辛杂识·前集》:"自麻之外,缯缟固不待言,苎葛虽布属,亦皆吉服,缟带、纻衣,昔人犹以为赠,则亦何忌之有?"

zi—zuo

【齐衰】zīcuī 比斩衰低一等的丧服。其服以粗生布制成,衣裳分制,边缘部分缝缉整齐,有别于斩衰的毛边。根据与死者关系亲疏,分为"齐衰三年""杖期"和"不杖期"等而定具体服制及穿着时间。具体分四等:一、父在为母,为继母;母为长子,服期三年。二、父在为母;夫为妻,服期一年。又称"杖期"。服丧时手中执杖(俗谓哭丧棒)。三、男子为伯叔父母、为兄弟;已嫁女子为父母;孙、孙女为祖父母,服期一年,不执杖,亦称"不杖期"。四、为曾祖父母,服期三月。齐衰时,男子戴丧冠,女子用丧髻。另有经带、绳屦。《论语·子罕》:"子见齐衰者、冕衣裳者与瞽者,见之,虽少,必作;过之,必趋。"《礼记·檀弓下》:"子张死,曾子有母之丧,齐衰而往哭之,或曰:'齐衰不以吊。'曾子曰:'我吊也与哉?'"《仪礼·丧服》:"问者曰:何冠也。曰:齐衰、大功,冠其受也。缌麻、小功,冠其衰

也。"《隋书·礼仪志六》："皇后之凶服，斩衰、齐衰，降旁期以下吊服。"《资治通鉴·唐玄宗开元七年》："礼，父在为母服周年，则天皇后改服齐衰三年。"《明史·礼志十四》："子为父母，庶子为其母，皆斩衰三年；嫡子、众子为庶母，皆齐衰杖期。仍命以五服丧制，并著为书，使内外遵守。其制服五：曰斩衰，以至粗麻布为之，不缝下边。曰齐衰，以稍粗麻布

为之，缝下边。"清袁枚《新齐谐·鬼买儿》："鬼来骂曰：'此系齐衰，孙丧祖之服。我嫡母也，非斩衰不可。'"毛先舒《丧礼杂说》："曾孙为曾祖父母，齐衰五月；玄孙为高祖父母，齐衰三月，则皆当称齐衰。今曾孙多误称功服，玄孙多误称缌服，彼盖以齐衰期年之下当功、功下当缌，不知又有齐衰五月、三月之制耳。盖律虽止五服，而中又分八等也。"

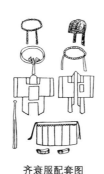

齐衰服配套图
（明王圻《三才图会》插图）

齐衰（明王圻
《三才图会》插图）

【齐缞】zīcuī 即"齐衰"。《汉书·王莽传中》："封王氏齐缞之属为侯，大功为伯，小功为子，缌麻为男，其女皆为任。"《陈书·刘师知传》："皆白布袴褶……而著齐缞。"北齐颜之推《颜氏家训·风操》："齐缞之哭，若往而反。"《通典·礼志四十一》："大唐元陵之制，孙为祖齐缞周年。"

【纩衣】zīyī 丝衣。《礼记·檀弓上》："天子之哭诸侯也。爵弁绖，纩衣。"汉郑玄注："纩，本又作'缁'。"唐孔颖达疏："纩衣，丝衣也。"唐陆德明释文："纩，本又作缁。"

【缁】zī ❶黑色之最深者。黑色深浅之度：最深为缁，其次为玄，又其次曰纁，曰

绀。缁亦谓爵。散文则缁与玄同。借指黑色布帛。先秦时多用来制作礼服。亦代指黑色的衣服。《周礼·考工记·锺氏》："三入为纁，五入为緅，七入为缁。"汉郑玄注："染纁者三入而成。又再染以黑则为緅。緅今《礼》俗文作'爵'，言如爵头色也。又复再染以黑，乃成缁矣……凡玄色者在緅缁之间，其六入与？"唐贾公彦："《淮南子》云：'以涅染绀，则黑于涅。'涅即黑色也。纁若入赤汁则为朱，若不入赤而入黑汁，则为绀矣。若更以此绀入黑则为緅，此五入为緅是也。"《韩非子·说林下》："杨朱之弟杨布衣素衣而出，天雨，解素衣，衣缁衣而反。"晋陆机《为顾彦先赠妇往返》诗二

首之一:"京洛多风尘,素衣化为缁。"❷"缁衣"的省称。出家的佛教徒穿的黑衣。代指出家的佛教徒;僧侣。唐韦应物《秋景诣琅琊精舍》诗:"悟言缁衣子,萧洒中林行。"《南唐书·冯延鲁传》:"被缁削发,潜为行脚之僧。"北魏杨衒之《洛阳伽蓝记》卷一"胡统寺":"其资养缁流,从无比也。"

【缁辟】zībì 用黑帛饰边的练带。《礼记·玉藻》:"士缁辟,二寸,再缭四寸。"清孙希旦集解:"缁辟,谓士之练带,以缁帛辟其侧。故《士冠礼》《士丧礼》谓之缁带,以其辟名带也。"

【缁布冠】zībùguān ❶省称"缁布"。黑布所制之冠,不用笄,有缺项,缺项四隅有带,缀于冠武。另有缨,属于缺项。男子行冠礼时最开始所用,男子冠礼,冠分三等:初用缁布冠,次加皮弁,三加爵弁。三加之后理发为髻,并去缁布,以示成人。《仪礼·士冠礼》:"缁布冠,缺项,青组缨属于缺,缁纚,广终幅,长六尺。"汉郑玄注:"缺,读如'有頍者弁'之頍。缁布冠无笄者,着頍围发际,结项中,隅为四缀,以固冠也。项中有纚,亦由固頍为之耳。今未冠笄者着卷帻,頍象之所生也。"《礼记·玉藻》:"始冠缁布冠,自诸侯下达,冠而敝之可也。玄冠朱组缨,天子之冠也。缁布冠繢緌,诸侯之冠也。"《后汉书·礼仪志上》:"初缁布进贤,次爵弁,次武弁,次通天。"《晋书·舆服志》:"缁布冠,蔡邕云即委貌冠也。太古冠布,齐则缁之。缁布冠,始冠之冠也。"《新唐书·礼乐志七》:"衮冕,远游三梁冠、黑介帻,缁布冠青组缨属于冠,冠、冕各一箱。"《朱子语类》卷八五:"士冠礼有所谓'始加'、'再加'、'三加',如何?"曰:"所谓'三加弥尊',只是三次加:初是缁布冠,以粗布为之;次皮弁,次爵弁,诸家皆作画爵,看来亦只是皮弁模样,皆以白皮为之。"❷即"麻冕"。《论语·子罕》:"麻冕,礼也;今也纯,俭。吾从众。"宋朱熹集注:"麻冕,缁布冠也。纯,丝也。俭,谓省约。缁布冠,以三十升布为之,升八十缕,则其经二千四百缕矣。细密难成,不如用丝之省约。"

缁布冠周制横缝者 　　　　缁布冠
(宋聂崇义《三礼图》) 　(宋聂崇义《三礼图》)

【缁带】zīdài 专用于士人的黑色丝织物制成的腰带。使用时和玄冠、朝服配用。《仪礼·士冠礼》:"主人玄冠朝服,缁带素韠,即位于门东西面。"汉郑玄注:"缁带,黑缯带。士带博二寸,再缭四寸,屈垂三尺。"清俞樾《群经平议·仪礼二》:"男子惟外有缁带而内无带。"

【缁纚】zīxǐ 束发用的黑缯巾。《仪礼·士冠礼》:"缁纚,广终幅,长六尺。"汉郑玄注:"纚,今之帻梁也。终,充也。纚一幅长六尺,足以韬发而结之矣。"

【缁衣】zīyī ❶诸侯君臣视朝的黑色衣服。亦泛指黑色布衣。《诗经·郑风·缁衣》:"缁衣之宜兮,敝予又改为兮。"汉毛亨传:"缁,黑也,卿士听朝之正服也。"唐孔颖达疏:"此缁衣即《士冠礼》所云'主人玄冠、朝服、缁带、素韠'是也。诸侯与其臣服之以日视朝,故礼通谓此服为朝服。"宋朱熹注:"卿士朝于王,服皮弁不服缁衣,退食私朝服缁衣,以听其所朝之政也。"《论语·乡党》:"缁衣羔裘,素衣麑裘,黄衣狐裘。"汉郑玄注:"缁衣羔裘,诸侯视朝之服。卿大夫士视朝亦羔裘,唯豹袪与君异耳。"《列子·说符》:"天雨,解素衣,衣缁衣而反。"明周祈《名义考》卷一一:"端与玄端,即缁布衣,古者卿士听朝之服,以其正幅不衰杀,故曰端。"❷省称"缁"。僧尼的服装。宋彭乘《续墨客挥犀·香山寺猴》:"多群猴,至相呼沿挂檐楹之上……又常污僧缁衣。"宋赞宁《大宋僧史略·服章法式》:"问:'缁衣者色何状貌?'答:'紫而浅黑,非正色也。'"《红楼梦》第一百一十八回:"勘破三春景不长,缁衣顿改昔年妆。"

【**缁撮**】zīzuì 即"缁布冠"。《诗经·小雅·都人士》:"彼都人士,台笠缁撮。"汉毛亨传:"缁撮,缁布冠也。"宋朱熹集传:"缁撮,缁布冠也。"清陈奂传疏:"缁为缁布冠,撮即所以固缁布冠之物。"

【**齑**】zī ❶下衣的锁边。《荀子·大略》:"父母之丧,三年不事;齑,衰大功,三月不事。"《说文解字·衣部》:"齑,緶也。从衣齐声。"清段玉裁注:"'緶也,裳下缉。'各本无'裳不缉'三字,今依韵会补。"❷长衣的下幅。《汉书·朱云传》:"有荐云者,召入,摄齑登堂,抗首而请,音动左右。"

【**子衣**】zǐyī 天子对诸侯臣下赐服,以明封爵等。后称天子所赐衣服为子衣。《诗经·唐风·无衣》:"岂曰无衣七兮,不如子之衣安且吉兮。"唐孔颖达疏:"天子命诸侯必赐之服,故请其衣。就天子之使请天子之衣,故云子之衣也。"宋苏轼《谢赐对衣金带马表》:"子衣安吉,不待请而得矣;我马虺隤,盖知劳而赐者。"

【**紫衣**】zǐyī ❶紫色衣服。紫为间色,贱;

朱为正色,贵。春秋时期,因齐桓公的喜好,举国上下皆着紫衣,俗称"齐紫"。南北朝以后,紫衣为贵官公服,唐宋时规定为一至三品官所用。故有朱紫、金紫之称。《左传·哀公十七年》:"良夫乘衷甸两牡,紫衣狐裘。至,袒裘,不释剑而食。大子使牵以退,数之以三罪而杀之。"晋杜预注:"紫衣,君服。三罪,紫衣、袒裘、带剑。"唐孔颖达疏:"管子称齐桓公好服紫衣,齐人尚之,五素而易一紫。孔子云'恶紫之夺朱',盖当时人主好服紫衣,君既服紫,则不得僭。"《韩非子·外储说左上》:"齐桓公好服紫,一国尽服紫……'今王欲民无衣紫者,王请自解紫衣而朝。'"南朝梁任昉《天监三年策秀才文》之二:"昔紫衣贱服,犹化齐风。"唐韩愈《李公墓志铭》:"天子使贵人持紫衣金鱼以赐,居三年,州称治。"《宋史·舆服志五》:"凡朝服谓之具服,公服从省,今谓之常服。宋因唐制,三品以上服紫,五品以上服朱,七品以上服绿,九品以上服青。"宋陈元靓《岁时广记》卷二二:"五月五日,宴武臣于殿,群臣赐袭衣,时以紫服、金鱼赐元纮及萧嵩。"司马光《过邵康节居》诗:"紫衣金带尽脱去,便是林间一野夫。"元萨都剌《秋词》:"清夜宫车出建章,紫衣小队两三行。"❷也称"紫服""紫袈裟"。紫色袈裟。僧衣中之最为尊贵者,唐武则天赐僧人法朗等九人紫袈裟、银鱼袋,为僧人赐紫之始。唐郑谷《寄献狄右丞》诗:"逐胜偷闲向杜陵,爱僧不爱紫衣僧。"宋苏轼《答宝月大师书》之一:"累示及瑜隆紫衣师号,近为干得王诜驸马奏瑜为海慧大师文字,更旬日方出。"

【**总**】zǒng 也作"總"。妇女的一种束发带子。通常系束在发髻根部,余者下垂平常以丝帛为之，有丧则用麻布。所用布帛粗细及长度有严格规定。汉刘熙《释名·释首饰》："总，束发也，总而束之也。"《礼记·内则》："子事父母，鸡初鸣，咸盥漱，栉、縰、笄、总。"唐孔颖达疏："总者，裂练缯为之，束发之本，垂余于髻后，故以为饰也。"又《檀弓上》："盖榛以为笄，长尺而总八寸。"《仪礼·丧服》："女子子在室为父，布总，箭笄，髽，衰三年。"汉郑玄注："束发谓之总者，既束其本，又总其末……自项而前交于额上，却绕紒如著幓头焉。"清胡培翚正义："是吉时以缯为总，丧时以布为总。"《新唐书·元载传》："以麻总发。"

【菹笠】zūlì 用茅草编织的斗笠。《管子·禁藏》："被蓑以当铠鑐，菹笠以当盾橹。"唐尹知章注："取菹泽草以为笠。"

【组带】zǔdài 丝织的系带、腰带等。《左传·哀公十一年》："公使大史固归国子之元，置之新箧，褽之以玄纁，加组带焉。"元李裕《次宋编修显夫南陌诗》："合欢连组带，解佩杂芳茎。"

【组甲】zǔjiǎ 甲衣。用丝绳带联缀皮革或金属的甲片。后世借指士兵、军队。《管子·五行》："天子出令，命左右司马衍组甲厉兵，合什为伍，以修于四境之内。"唐尹知章注："组甲，谓以组贯甲也。"宋欧阳修《送郓州李留后》诗："组甲光寒围夜帐，彩旗风暖看春耕。"《陈书·陈宝应传》："（昭达）率缇骑五千，组甲二万，直渡邵武，仍顿晋安。"明恽日初《燕京杂感》诗："月明组甲三千里，风动琱弓十六州。"一说组甲为漆甲成组文。《左传·襄公三年》："组甲三百，被练三千，以侵吴。"晋杜预注："组甲，漆甲成组文。被练、练袍。皆精兵也。"

【组绶】zǔshòu 丝编的带子，用颜色区分等级。周代天子、公侯、大夫等用以佩玉，汉以后也用以系印。《礼记·玉藻》："天子佩白玉而玄组绶，公侯佩山玄玉而朱组绶，大夫佩水苍玉而纯组绶，世子佩瑜玉而綦组绶，士佩瓀玟而缊组绶。"汉郑玄注："绶者，所以贯佩玉相承受者也。"《魏书·高祖纪下》："八月乙亥，给尚书五等品爵已上朱衣、玉佩、大小组绶。"唐白居易《罢府归旧居》诗："腰间抛组绶，缨上拂尘埃。"《唐六典》卷二二："组绶之作有五：一曰组，二曰绶，三曰绦，四曰绳，五曰缨。"《文献通考·王礼六》："陈氏《礼书》曰：'古之君子，必佩玉。'其制上有折衡，下有双璜，中有琚瑀，下有冲牙，贯之以组绶，纳之以蠙珠。"

【组缨】zǔyīng 系冠的丝织带子，根据不同颜色来区别身份。《墨子·公孟》："昔者楚庄王，鲜冠组缨，绛衣博袍，以治其国，其国治。"《楚辞·招魂》："放敶组缨，班其相纷些。"汉王逸注："组，缨。"宋洪兴祖补注："缨，冠系也。"清蒋骥注："放敶组缨，言除去冠带也。"《礼记·玉藻》："玄冠朱组缨，天子之冠也……玄冠丹组缨，诸侯之齐冠也；玄冠綦组缨，士之齐冠也。"

组缨（宋聂崇义《三礼图》）

【左衽】zuǒrèn 服装襟式之一，衣襟由右向左掩。主要用于死者的殓服和少数民族服装。❶周礼规定死者殓服的衣襟向左，不用纽扣，以区别于生者的右衽之衣。《礼记·丧大记》："小敛大敛，祭服不倒：皆左衽，结绞不纽。"唐孔颖达疏："衽，衣襟也。生乡右，左手解抽带便也。死则襟乡左，示不复解也。"《仪礼·士丧礼》："主人袭反位，商祝掩瑱设幎目，乃屦綦结于跗，连絇，乃袭三称，明衣不在算。"汉郑玄注："迁尸于袭上而衣之。凡衣死者，左衽不纽。"❷少数民族服装多是左衽，借指少数民族服饰，后引申为少数民族或非中原民族的代称。在少数民族统治的辽金元时期，左衽也用于汉族的士兵、官吏。但清朝除礼服、朝服外，通用右衽。《尚书·毕命》："四夷左衽，罔不咸赖。"《论语·宪问》："微管仲，吾其被发左衽矣。"宋邢昺疏："衽谓衣衿。衣衿向左谓之左衽，夷狄之人被发左衽，言无管仲则君不君，臣不臣，中国皆为夷狄。"《后汉书·西羌传》："羌胡被发左衽，而与汉人杂处。"《周书·突厥传》："其俗被发左衽……犹古之匈奴也。"《三国志·蜀志·廖立传》："闻诸葛亮卒，垂泣叹曰：'吾终为左衽矣！'"宋叶隆礼《契丹国志》卷二三："其诸大首领太子伟王、永康、南北王、于越、麻荅、五押等，大者千余骑，次者数百人，皆私甲也……又有渤海首领大舍利高模翰兵，步骑万余人，并髡发左衽，窃为契丹之饰。"《辽史·仪卫志二》："蕃汉诸司使以上并戎装，衣皆左衽。"《金史·舆服志下》："女真妇人，上衣谓之团衫，用黑紫或皂及绀，直领左衽，掖缝两傍，后为双襞积，前拂地，后曳地尺余。"明田汝成《炎徼纪闻》卷四："苗人古三苗之裔也……其人魋，结趽躩……班衣左衽。"

左衽（陕西咸阳元墓出土陶俑）

秦汉时期的服饰

秦以战国即天子位,灭去礼学,郊祀之服皆以袀玄。汉承秦故。至世祖践
祚,都于土中,始修三雍,正兆七郊。显宗遂就大业,初服疏冕,衣裳文章,赤舄絇
屦,以祠天地,养三老五更于三雍,于时致治平矣。

天子、三公、九卿、特进侯、侍祠侯,祀天地明堂,皆冠疏冕,衣裳玄上纁下。
乘舆备文,日月星辰十二章,三公、诸侯用山龙九章,九卿以下用华虫七章,皆备
五采,大佩,赤舄絇屦,以承大祭。百官执事者,冠长冠,皆祗服。五岳、四渎、山
川、宗庙、社稷诸沾秩祠,皆袀玄长冠,五郊各如方色云。百官不执事,各服常冠
袀玄以从。

秦雄诸侯,乃加其武将首饰为绛袙,以表贵贱,其后稍稍作颜题。汉兴,续其
颜,却摞之,施巾连题,却覆之,今丧帻是其制也。名之曰帻。帻者,赜也,头首严
赜也。至孝文乃高颜题,续之为耳,崇其巾为屋,合后施收,上下群臣贵贱皆服
之。文者长耳,武者短耳,称其冠也。尚书帻收,方三寸,名曰纳言,示以忠正,显
近职也。迎气五郊,各如其色,从章服也。皂衣群吏春服青帻,立夏乃止,助微顺
气,尊其方也。武吏常亦帻,成其威也。未冠童子帻无屋者,示未成人也。入学
小童帻也句卷屋者,示尚幼少,未远冒也。丧帻却摞,反本礼也。升数如冠,与冠
偕也。期丧起耳有收,素帻亦如之,礼轻重有制,变除从渐,文也。

韨佩既废,秦乃以采组连结于璲,光明章表,转相结受,故谓之绶。汉承秦
制,用而弗改,故加之以双印佩刀之饰。至孝明皇帝,乃为大佩,冲牙双瑀璜,皆
以白玉。乘舆落以白珠,公卿诸侯以采丝,其(玉)视冕疏,为祭服云。

凡冠衣诸服,疏冕、长冠、委貌、皮弁、爵弁、建华、方山、巧士,衣裳文绣,赤
舄,服絇屦,大佩,皆为祭服,其余悉为常用朝服。唯长冠,诸王国谒者以为常朝
服云。宗庙以下,祠祀皆冠长冠,皂缯袍单衣,绛缘领袖中衣,绛绔袜,五郊各从
其色焉。

—— 《后汉书·舆服志》

187

　　周礼,弁师掌六冕,司服掌六服。自后王之制爰及庶人,各有等差。及秦变古制,郊祭之服皆以袀玄,旧法扫地尽矣。汉承秦弊,西京二百余年犹未能有所制立。及中兴后,明帝乃始采《周官》《礼记》《尚书》及诸儒记说,还备衮冕之服。天子车乘冠服从欧阳氏说,公卿以下从大小夏侯氏说,始制天子、三公、九卿、特进之服,侍祠天地明堂,皆冠旒冕,兼五冕之制,一服而已。天子备十二章,三公诸侯用山龙九章,九卿以下用华虫七章,皆具五采。

—— 《晋书·舆服志》

　　春秋战国时期礼制崩坏,周礼规定的衣冠制度多被各诸侯霸王僭用。公元前221年,秦并六国,秦始皇变更古法,兼收六国的车旗服御,如将齐国国君的高山冠作为秦王的王冠、将赵国的惠文冠赏赐近臣。从出土的文物来看,秦朝的服饰仍然是连体式、宽袖、大袍。

　　汉初承秦旧制,服饰制度有待完善。随着王朝实力的增强,汉代开始采用儒家学者的思想,建立了以皇权为中心、儒家思想为基础的服饰制度。永平二年正月,汉明帝和公卿诸侯首次穿着冕冠衣裳举行祭礼,这是以儒家学说为思想基础的冠服制度在中国得以全面贯彻执行的开端。

　　汉代的冠帽有冕冠、长冠、委貌冠、爵弁、通天冠、远游冠、高山冠、进贤冠、法冠、武冠、建华冠、方山冠、术士冠、却非冠、却敌冠、樊哙冠等,冠帽也是区分等级地位的基本标志之一。秦及西汉的冠与古制不同,古时男子直接把冠罩在发髻之上,而此时需要在冠下加颊与冠缨相连,结于颌下,东汉则在冠下再加巾用以包头。

　　服装方面,礼服多宽袍大袖的深衣制袍服,妇女礼服也采用这种深衣制。在袍服外佩戴组绶,以绶的颜色区分身份地位的高低。出土的汉代贵族墓中的文物印证了这一特点,如长沙马王堆汉墓出土的服装实物和图像。一般服装是上身和下身分开,男子穿襦和裤,妇女穿着襦和裙,颜色以青、绿色为多。

　　汉代首饰和佩饰丰富,除了常见的笄、簪、钗等固定发髻的饰品之外,还有以金银珠宝装饰的步摇。近年有一些匈奴、鲜卑等少数民族服饰实物在吉林、内蒙古、河北、广东等地出土,体现了少数民族服饰文化对中国服饰文化发展的贡献。

　　秦汉时期,单底的鞋子称为履,复底的鞋子称为舄,汉代的鞋履有严格的制度:凡祭服穿舄、朝服穿履、出门穿屐。妇女出嫁,应穿木屐,还需在屐上画彩画,系五彩的带子。从出土实物来看鞋子的形式有方头、圆头、双尖头等几种,面料有革、麻、丝等。靴有半筒和高筒之分,是穿袴褶(xí)时候所用。

A

ai－ang

【艾绶】àishòu 用以系佩玉、官印等的青绿色丝带。汉代用于官秩二千石以上者，南北朝时用于典仪，隋代则用于宫娥。《后汉书·酷吏传·董宣》："以宣尝为二千石，赐艾绶，葬以大夫礼。"又《冯鲂传》："帝尝幸其府，留饮十许日，赐驳犀具剑、佩刀、紫艾绶、玉玦各一。"南朝梁刘孝胜《冬日家园别阳羡始兴诗》："如今腰艾绶，东南各殊举，且欣棠棣集，弥惜光阴遽，黜吏本须裁，豪民亦难御，原勖千金水，思闻五湖誉。"《隋书·礼仪志六》："典仪但帅、典仪正帅，朱衣，武冠。其本资有殿但、正帅，得带艾绶，兽头鞶。"又《礼仪志七》："宝林，服展衣，首饰花五钿，并二博鬓。银印环钮，文如其职。艾绶，八十首，长一丈六尺。"

【岸帻】ànzé 也作"岸巾"，省称"岸"。男子的一种首服装束。谓推起头巾，露出前额。形容衣着简率不拘，或指态度洒脱。《艺文类聚》卷五三："闲僻疾动，不得复与足下岸帻广坐，举杯相于，以为邑邑。"《晋书·谢奕传》："岸帻笑咏，无异常日。"唐白居易《喜与杨六侍御同宿》诗："岸帻静言明月夜，匡床闲卧落花朝。"刘肃《大唐新语》卷二："中宗愈怒，不及整衣履，岸巾出侧门。"宋陈与义《岸帻》："岸帻立清晓，山头生薄阴。"清纳兰永寿《事物纪原补》卷三："宋太祖岸帻跣足而坐，翰林窦仪至苑门，却立不进，太祖遽索冠节。"

【靸角】ángjiǎo ❶省称"靸"。鞋履外面套的有齿的屐，用以泥行防滑。行步时须将脚角抬起，故名。《说文解字·革部》："靸，靸角，鞮属。"清朱骏声《说文通训定声》："按苏俗谓之木屐。"汉扬雄《方言》卷四："粗者谓之屦，东北朝鲜洌水之间谓之靸角……徐土邳圻之间，大粗谓之靸角。"晋郭璞注："今漆履有齿者。"❷一种草鞋。《骈雅·释服食》："不借、薄借、靸角，草履也。"

B

bai—bao

【白单衣】báidānyī ❶单,通"襌"。汉代君王丧礼中百官穿着的丧服。《后汉书·礼仪志下》:"登遐,皇后诏三公典丧事。百官皆衣白单衣,白帻不冠。"❷白色的单衣,多为庶民或隐士所穿。《居延新简》:"终古隧卒王晏言:隧长房五月廿日贷晏钱百,七月十日籍白单衣一领,积十五日归。"南朝宋刘义庆《幽明录》:"阮德如,尝于厕见一鬼,长丈余,色黑而眼大,着白单衣,平上帻,去之咫尺。德如心安气定,徐笑而谓之曰:'人言鬼可憎,果然!'鬼赧而退。"《隋书·礼仪志七》:"隐居道素之士,被召入谒见者,黑介帻,白单衣,革带,乌皮履。"

【白服】báifú ❶白色布衣,用作丧服、降服,居丧、投降时穿着。《汉书·苏武传》:"后陵复至北海上,语武:'区脱捕得云中生口,言太守以下吏民皆白服,曰上崩。'"北魏杨衒之《洛阳伽蓝记》:"即遣尔朱侯讨伐,尔朱弗律归等领胡骑一千,皆白服来至郭下,索太原王尸丧。"唐戴孚《广异记·毕杭》:"明日,群小人皆白服而哭,载死者以丧车、凶器,一如士人送丧之备。"《资治通鉴·齐纪五》:"慧景惧,白服出迎;衍抚安之。"❷南朝宗室诸王、贵臣的便装。《南史·萧恭传》:"(恭)在都朝谒,白服随列。"《南齐书·豫章文献王传》:"宋元嘉世,诸王入斋

阁,得白服裙帽见人主,唯出太极四厢,乃备朝服……宫内曲宴,许依元嘉。巍固辞不奉敕,唯车驾幸第,乃白服乌纱帽以侍宴焉。"《资治通鉴·晋海西公太和二年》:"李俨犹未纳秦师,王猛白服乘舆,从者数十人,请与俨相见。"❸蒙古服饰习俗。喜庆时的盛装。元朝大汗及臣属在庆贺新年时,皆以白服为吉服而服之,象征全年获福。这是蒙古族尚白的一个重要表现。

【白冠】báiguān 白色帽子,多在丧亡、兵戎时使用。《孔子家语》:"赐愿使齐楚合战于漭漭之野,两垒相望,尘埃相接,挺刃交兵,赐著缟衣白冠,陈说其间。"汉刘向《说苑·敬慎》:"孙叔敖为楚令尹,一国吏民皆来贺。有一老父,衣粗衣,冠白冠,后来吊。"宋张君房《云笈七签》:"辰时按手如法,存坚玉君着素衣、巾白冠,入坐诸骨中。"

【白冠氂缨】báiguānlíyīng 也作"白冠氂缨"。用兽尾作缨的白帽。古代大夫触犯五刑,则戴之,表示自己有罪。《孔子家语·五刑》:"是故大夫之罪,其在五刑之域者,闻而谴发,则白冠氂缨,盘水加剑,造乎阙而自请罪。"汉贾谊《新书·阶级》:"故其在大谴大诃之域者,闻谴诃,则白冠氂缨,盘水加剑,造寝室而请其罪耳,上弗使执缚系引而行也。"

【白巾】báijīn ❶指士庶平民的服饰。《汉书·朱博传》:"皆斥罢诸病吏,白巾

走出府门。"❷南朝国子生的首服。亦借指国子生。南朝梁萧统《玄圃讲诗》:"名利白巾谈,笔札刘王给。"《隋书·礼仪志六》:"巾,国子生服,白纱为之。"❸白色头巾。宋代通常用于广南东、西路少数民族。宋周煇《清波杂志》卷一〇:"广南黎洞,非亲丧亦顶白巾,妇人以白布巾缠头。家有祀事,即以青叶标门禁往来。人皆文身,男女同浴。"周去非《岭外代答》卷七:"南人难得乌纱,率用白纻为巾,道路弥望白巾也……南人死亡,邻里集其家,鼓吹穷昼夜,而制服者反于白巾上缀少红线以表之。"

【白衣冠】báiyīguān ❶丧吊、灾荒等凶事时用的冠服。《史记·刺客列传》:"太子及宾客知其事者,皆白衣冠以送之。"《明史·海瑞传》:"丧出江上,白衣冠送者夹岸,酹而哭者百里不绝。"清孔尚任《桃花扇·草檄》:"这位柳先生竟是荆轲之流,我辈当以白衣冠送之。"❷道教仙人的冠服。宋张君房《云笈七签》:"又存四神:想肺中童子著白衣冠,口吐白气于右,变作白虎。"

【白帻】báizé 白色的裹发巾,东汉时臣为君服丧所用。后士庶通用。《后汉书·礼仪志下》:"百官皆衣白单衣,白帻不冠。"唐杜甫《北邻》诗:"青钱买野竹,白帻岸江皋。"皮日休《临顿为吴中偏胜之地陆鲁望居之不出郛郭旷若郊墅余每相访欵然惜去因成五言十首奉题屋壁》诗:"知君秋晚事,白帻刈胡麻。"

【摆】bǎi ❶秦汉时期的一种披肩。汉扬雄《方言》卷四:"摆,陈魏之间谓之帔。"❷衣裾;裳际。《正字通·衣部》:"摆,今衣被下幅有襞积者皆曰摆。"

【斑衣】bānyī ❶以虎豹之皮制成的衣或衣上织绣或仿制虎豹纹样者,汉代虎贲骑士多用。《史记·司马相如列传》作"被豳文,跨野马"南朝宋裴骃集解引晋郭璞曰:"著斑衣。"唐司马贞索隐引文颖曰:"著斑衣之衣。《舆服志》云'虎贲骑被虎文单衣',单衣即此斑衣也。"《南齐书·魏虏传》:"宏引军向城南寺前顿止,从东南角沟桥上过,伯玉先遣勇士数人著斑衣虎头帽,从伏窦下忽出,宏人马惊退。"❷彩衣。相传老莱子着彩衣为儿戏以娱亲,后因以斑衣为老养父母的故事。亦指穿着彩衣。《南史·张裕传》:"少敦孝行,年三十余,犹斑衣受稷杖。"唐钱起《送韦信爱子归觐》诗:"才子学诗趋露冕,棠花含笑待斑衣。"宋张元幹《满庭芳》词:"满泛椒觞献寿,斑衣侍,云母分屏。"刘克庄《贺新郎》词:"老去聊攀莱子例,例著斑衣戏舞。"明陈汝元《金莲记·射策》:"锦衣舞处更筹晚,更舞斑衣欢笑好,靖忠猷,佐圣朝。"清顾炎武《与李湘北书》:"俾得归供菽水,入侍刀圭。则此一日之斑衣,即终身之结草矣。"

【半头帻】bàntóuzé 也作"童子帻""空顶帻"。汉时童子的头巾,包于额间上露顶发。《后汉书·刘盆子传》:"盆子时年十五……侠卿为制绛单衣,半头赤帻。"唐李贤注:"帻巾,所谓覆髻也。"《续汉书》曰:'童子帻无屋,示未成人也。'半头帻即空顶帻也,其上无屋,故以为名……《东宫故事》曰:'太子有空顶帻一枚。'即半头帻之制也。"《通典·礼·君臣冠冕巾帻等制度·帻》:"(梁)以黑介帻为朝服,元正朝贺毕,还储更出所服,未加元服,则空顶介帻。"

【半帻】bànzé 汉元帝时创制的一种无顶头巾。汉蔡邕《独断》卷下:"元帝额有壮发,不欲使人见,始进帻服之,群臣皆随焉。然尚无巾,如今半帻而已。"

【褒明】bāomíng 长衣;长袍。汉扬雄《方言》卷四:"褒明谓之袍。"晋郭璞注:"《广雅》云:褒明,长襦也。"明方以智《通雅》卷三六:"汉谓长衣为褒明。"

褒明(四川重庆化龙桥汉墓出土)

【褒衣博带】bāoyībódài ❶省作"褒博"。文官和儒生的装束,衣服宽大,衣带广博。亦代指儒雅文士。《淮南子·氾论训》:"古者,有鍪而绻领以王天下者矣……岂必褒衣博带句襟委!"《汉书·隽不疑传》:"不疑冠进贤冠,带櫑具剑,佩环玦,褒衣博带,盛服至门上谒。"唐颜师古注:"褒,大裾也,言着褒大之衣,广博之带也。"宋范仲淹《范文正公文集附录》:"古者二十五家为闾,闾左右各设塾乡先生为之师,褒衣博带,晨坐闾门,教其民之出入田亩者,有教有养,诚为良法。"《新五代史》:"威居军中,延见宾客,褒衣博带,及临阵行营,幅巾短后。"宋梅尧臣《宿州河亭书事》诗:"新衣尚穿束,旧服变褒博。"苏轼《谢对衣金带表》诗:"岂徒褒博以为容,愿尽糜捐而报德。"《明史·张士隆传》:"夫褒衣博带之雅,孰与市井狡侩之群。"❷汉魏以来与少数民族窄袖裤装相对,作为汉民族传统衣冠服饰的重要表征。汉王充《论衡》:"汉氏廓土,牧万里之外,要、荒之地,褒衣博带。"北齐颜之推《颜氏家训·涉务》:"梁世士大夫,皆尚褒衣博带,大冠高履,出则车舆,入则扶持。"清黄遵宪《续怀人诗》:"褒衣博带进贤冠,礼乐东方万国看。"

褒衣博带
(明万历历年间刻本《列仙全传》插图)

【宝钗】bǎochāi 饰以珍宝的贵重发钗。汉秦嘉《赠妇诗》:"宝钗可耀首,明镜可鉴形。"《北堂书钞》卷一三六:"秦嘉《与妇徐淑书》曰:'今制宝钗一双,价值千金,可以耀首。'淑答曰:'未奉光仪则宝钗不设。'"南朝梁汤僧济《咏渫井得金钗诗》:"宝钗于此落,从来非一年。翠羽成泥去,金色尚如鲜。"唐李贺《少年乐》诗:"陆郎倚醉牵罗袂,夺得宝钗金翡翠。"宋刘过《谒金门·次京口赋》词:"明日短篷眠夜雨,宝钗留半股。"《金瓶梅词话》第七回:"西门庆便叫玳安用方盒呈上锦帕二方,宝钗一对,金戒指六个,放在托盘内送过去。"

【抱腹】bàofù 秦汉时期的一种兜肚。在方形布帛上下缀带,穿时上带系结于颈,下带系结于背。汉刘熙《释名·释衣服》:"抱腹,上下有带,抱裹其腹,上无裆者也。"又:"心衣抱腹而施钩肩,钩肩之间施一裆,以奄心也。"黄侃《论学杂著·蕲春语》:"抱腹,亦横陌腹而上无裆,妇人用之,北京语所谓'主腰'也。"

【抱腰】bàoyāo 女性用的一种腰带。有束腰使之纤细的作用,其上可织绣花纹。汉刘熙《释名·释衣服》:"抱腰上下有带抱裹其腹上,无裆者也。"北周庾信《梦入堂内》诗:"小衫裁裹臂,缠弦掐抱腰。"

【豹裘】bàoqiú 用豹的毛皮制成的非常珍贵的防寒裘服,通常为达官贵人和武将所穿。《淮南子·说林训》:"豹裘而杂,不若狐裘而粹。"汉刘向《说苑》:"晋平公使叔向聘于吴……有绣衣而豹裘者,有锦衣而狐裘者。"《乐府诗集·并州歌》卷八五:"士为将军何可羞,六月重茵披豹裘,不识寒暑断他头。"唐李嘉佑《送马将军奏事毕归滑州使幕》诗:"棠梨宫里瞻龙衮,细柳营前著豹裘。"

bei—bo

【被服】bèifú 被褥、衣帽、鞋袜等的统称。《史记·孝武本纪》:"文成言曰:'上即欲与神通,宫室被服不象神,神物不至。'"宋苏轼《上吕仆射论浙西灾伤书》:"虽室宇华好,被服粲然,而家无宿舂之储者,盖十室而九。"

【絜】běng ❶一种圆头鞋履。汉史游《急就篇》:"屐屩絜粗羸窭贫。"唐颜师古注:"絜,圆头掩上之履也。"宋王应麟补注:"《说文》:絜,枲履也。"❷鞋帮。明方以智《通雅》卷三六:"絜,圆头掩上之履也……智以为今之鞋帮。"

【絣】běng 麻鞋。《说文解字·系部》:"絣,枲履也。"清段玉裁注:"枲履也。枲者,麻也。"

【比】bǐ 也作"笓"。清除发垢和头发中寄生虫等的用具,亦可用作首饰。通常用木头或兽角等制成,贵重者用金、银、玳瑁等加工而成。汉刘熙《释名·释首饰》:"梳,言其齿疏也。数言比于梳其齿差数也,比言细相比也。"清王先谦疏证补:"数,密也。"《说文解字·木部》:"栉,梳比之总名也。"《史记·匈奴列传》:"单于自将伐国有功,甚苦兵事,服绣祫绮衣、绣祫长襦、锦祫袍各一,比余一。"唐司马贞索隐引《广雅》:"比,栉也。"又引《苍颉篇》云:"靡者为比,麄者为梳。"

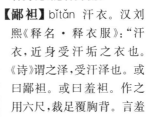

不同形制的比

【鄙袒】bǐtǎn 汗衣。汉刘熙《释名·释衣服》:"汗衣,近身受汗垢之衣也。《诗》谓之泽,受汗泽也。或曰鄙袒。或曰羞袒。作之用六尺,裁足覆胸背。言羞鄙于袒而衣此耳。"黄侃《论学杂著·蕲春语》:"吾乡有衣曰背褡,裁足覆胸背,左右齐肩胛而止。质之《释名》,正'鄙袒'之音转耳。"

【敝衣】bìyī 破旧的衣服。亦指破旧的装束。《史记·范雎蔡泽列传》:"范雎闻之,为微行,敝衣闲步之邸见须贾。"明郎瑛《七修类稿·义理一·丧天真》:"予友刘知县敬宗,一日敝衣草履独行,遇诸涂,予戏曰:'衣者身之章,毋乃亵乎?'"

【**辟兵缯**】bìbīngzēng 省称"辟兵"。也称"集色缯""五彩缯"。一种用五彩丝线编织成的妇女臂饰。端午之日缠绕于臂,相传能避邪防灾。《事类赋》卷四引汉应劭《风俗通》:"五月五日以五彩丝系臂,名长命缕,一名续命缕,一名辟兵缯,一名五色缕,一名朱索,辟兵及鬼,令人不病瘟。"南朝梁宗懔《荆楚岁时记》:"以五彩丝系臂,名曰辟兵,令人不病瘟……一名长命缕,一名续命缕,一名辟兵缯。"宋陈元靓《岁时广记·端五》:"装玄《新语》曰:五月五日,集五彩缯,谓之辟兵缯……又《帖子》云:'茧彩初成长命缕,珠囊仍带辟兵缯。'子由作《皇帝阁端五帖》云:'饮食祈君千万寿,良辰更上辟兵缯。'"《太平御览》:"五月五日,集五色缯辟兵,余问服君。服君曰:青赤白黑,以为四方。黄为中央。襞方缀于胸前,以示妇人蚕功也。织麦□悬于门,以示农工成,转声以襞为辟兵耳。"

【**弊屦**】bìjù 破旧的鞋子。亦用以比喻念旧。汉贾谊《新书·谕诚》:"昔楚昭王与吴人战,楚军败,昭王走,屦决,背而行失之。行三十步,复旋取屦。及至于隋,左右问曰:'王何曾惜一踦屦乎?'昭王曰:'楚国虽贫,岂爱一踦屦哉?思与偕反也。'自是之后,楚国之俗无相弃者。"《北齐书·高德政传》:"魏静帝曰:'人念遗簪弊屦,欲与六宫别,可乎?'乃入与夫人嫔御以下诀别,莫不歔欷掩涕。"

【**弊衣**】bìyī ❶破旧的衣服。汉贾谊《新书·属远》:"强提荷弊衣而至。"北齐颜之推《颜氏家训·治家》:"籍其家产,麻鞋一屋,弊衣数库。"唐李肇《唐国史补》卷下:"令衮(李衮)弊衣以出,合坐嗤笑。"宋陆游《祠禄满不敢复请作口号》

诗:"弊衣不补惟频结,浊酒难谋且细倾。"❷一种长度及膝的裤子,据传为周文王所制。五代后蜀马缟《中华古今注·裙》:"周文王所制裙,长至膝,谓之弊衣。"

【**笓**】bì ❶男子衬在巾帽之下的束发之具。《说文解字·竹部》:"笓,导也。今俗谓之笓。"唐杜甫《水宿遣兴奉呈群公》:"耳聋须画字,发短不胜笓。"宋米芾《画史》:"(唐人)国初皆顶鹿皮冠,弁遗制也。更无头巾、掠子,必带笓,所以裹帽则必用笓子约发。"明周祈《名义考》卷一一:"簪,即笄钗岐,笄导,即掭整发钗笓,亦以整发。"❷也称"眉笓"。妇女修眉的用具。《广韵·但奚》:"笓,眉笓。"宋陶谷《清异录》卷下:"笓,诚琐缕物也,然丈夫整鬓,妇人作眉,舍此无以代之。余名之曰鬓师眉匠。"

【**臂韝**】bìgōu 臂衣,套于臂上,类似现在的套袖,便于从事劳作、射猎、舞蹈等活动。《汉书·东方朔传》:"董君绿帻傅韝。"唐颜师古注:"韝,即今之臂韝也。"唐杜甫《即事》诗:"百宝装腰带,真珠络臂韝。"宋苏轼《读〈开元天宝遗事〉》诗:"琵琶弦急衮《梁州》,羯鼓声高舞臂韝。"王辟之《渑水燕谈录·帝德》:"鲁人李廷臣,顷官琼管,一日过市,有獠子持锦臂韝鬻于市者,织成诗,取而视之,仁庙景祐五年赐新进士诗也。"明杨慎《各调犯七犯玲珑·四季闺情》套曲:"有信书难寄,无言泪暗流,宽腰带,脱臂韝,阑干划损玉搔头,何日再绸缪。"清赵翼《奉和福总戎姬人到署之喜》诗:"将军威令肃如秋,时向霜天试臂韝。"

戴臂韝的武士
（甘肃敦煌莫高窟壁画）

戴臂韝的飞天
（敦煌莫高窟唐代壁画）

【襞方】bìfāng 一种端午节佩戴的饰品。裁五色缯为方片，然后按青、赤、白、黑为四方，黄居中央缀于胸前，以示妇人养蚕之功，亦有避邪防灾的功用。《太平御览》卷三一："五月五日，集五色缯辟兵。余问服君，服君曰：'青赤白黑以为四方，黄为中央，襞方缀于胸前，以示妇人蚕功也……转声以襞为辟兵耳。'"南朝梁宗懔《荆楚岁时记》："五月五日，以五彩丝系臂，名曰辟兵，令人不病瘟。"注："一名长生缕，一名续命缕，一名辟兵缯，一名五色丝，一名朱索，各拟甚多。青赤白黑，以为四方，黄为中央，襞方缀于胸前，以示妇人蚕功也。"宋程大昌《演繁露·端午彩索》："裁色缯为方片，各案四色位而安之于衣，而黄缯居四色缯之中，以此缀诸衣上，以表蚕工之成，故名襞方。襞者，积而会之也；方者，各案其方以其色配之也。今人用彩线系臂益文也。"

【襣】bì 一种合裆的短裤衩，贴身穿着，类似于今天的内裤。汉扬雄《方言》卷四："无裥之袴谓之襣。"晋郭璞注："袴无踦者，即今犊鼻裈。"《玉篇·衣部》："襣……犊鼻裈，三尺布作，形如牛鼻，相如所著也。"

【韠冕】bìmiǎn 蔽膝与冕冠，借指官员朝觐的衣饰。汉刘向《说苑·修文》："是故韠冕厉戒，立于庙堂之上，有司执事，无不敬者。"

【便面】biànmiàn 汉代一种随身携带，类似扇子的物品。便面功能有三：一为实用，用来扇风纳凉、障尘蔽日或扇火；一为礼仪，体现使用者的尊贵地位；一为辟邪，除邪驱鬼。后称团扇、折扇为便面。《汉书·张敞传》："然敞无威仪……自以便面拊马。"唐颜师古注："便面，所以障面，盖扇之类也。不欲见人，以此自障面则得其便，故曰便面。"宋杨万里《诚斋荆溪集序》："自此，每过午，吏散庭空，即携一便面，步后园，登古城。"金党怀英《上皇书后》诗："便面团圞字点鸦，天风吹堕委尘沙。"清孔尚任《桃花扇·寄扇》："便面小，血心肠一万条；手帕儿包，头绳儿绕，抵过锦字书多少。"

【便衣】biànyī 日常所穿着的短小、简便的衣服。与宽衣博带的礼服、朝服相对而言。《汉书·李陵传》："昏后，陵便衣独步出营，止左右：'毋随我，丈夫一取单于耳！'"唐颜师古注："便衣，谓着短衣小袖也。"《宋史·舆服志五》："朝章之外，宜有便衣，仍存紫衫，未害大体。"《二刻拍案惊奇》卷三："那官员每清闲好事的，换了便巾便衣，带了一两个管家长班出来,步走游看,收买好东西旧物事。"

【兵服】bīngfú 军将、兵卒、武士的衣帽、装束。《周礼·春官·司服》"凡兵事,韦弁服"汉郑玄注:"今时伍伯缇衣,古兵服之遗色。"

【袯】bō ❶少数民族的左衽衣。《说文解字·衣部》:"袯,蛮夷衣。"清段玉裁注:"左衽衣。"❷蔽膝。《说文解字·衣部》:"袯……一曰蔽膝。"汉扬雄《方言》卷四:"蔽膝,江淮之间谓之袆,或谓之袯。"见219页"袯 fú"。

bu

【不借】bùjiè 也作"不惜""薄借""搏腊"。平民男女穿着的,用草、麻等制成的粗贱之履。也可以用皮制。惜、借、腊三字古时同音,故可通假。薄、搏、不三字亦一声之转。故有"不借""搏腊"及"薄借"诸名。明方以智《通雅》卷三六:"薄借,不借……借字,古少家麻音。亦读为昔。昔与鹊、腊、错通声。《周礼》'玉璱'注有'薄借璱',即不借也。《仪礼·丧服》:'绳屦。'注:'今时不借也。'"汉扬雄《方言》卷四:"丝作之者谓之履,麻作之者谓之不借。"刘熙《释名·释衣服》:"不借,言贱易有宜,各自蓄之,不假借人也。齐人云搏腊。搏腊,犹把鲊,粗貌也。"一说是丧履,不能从他人处借来,也不得借给他人。《仪礼·丧服》:"绳屦者,绳菲也。"唐贾公彦疏:"汉时谓之不借者,此凶荼屦,不得从借,亦不得借人。"一说其贱而易得,人皆能自有,不须假借。汉史游《急就篇》:"裳韦不借为牧人。"唐颜师古注:"不借者,小屦也。以麻为之,其贱易得,人各自有,不须假借,因为名也。言著韦裳及不借者,卑贱之服,便易于

事,宜以牧牛羊也。"晋崔豹《古今注》卷上:"不借者,草履也。以其轻贱易得,故人人自有,不假借于人,故名不借也。"一说本作"不惜",含不足珍惜之意。北魏贾思勰《齐民要术》卷三"杂说"引崔寔《四民月令》:"十月……可拆麻缉绩布缕,作白履、不惜。"注:"草履之贱者曰不惜。"晋干宝《搜神记》卷一七:"操二三量不借,挂屋后楮上。"宋王安石《独饭》诗:"窗明两不借,榻净一筵篨。"

【布服】bùfú 布制的简陋衣服,借指平民百姓。《汉书·外戚传下·孝成许皇后》:"妾夸布服粝食,加以幼稚愚惑,不明义理。"《北史·魏高阳王雍传》:"奴则布服,并不得以金银为钗带,犯者鞭一百。"南朝梁萧统《锦带书·无射九月》:"聊伸布服之言,用述并粮之志。"

【布褐】bùhè 粗布短衣,多为贫贱者所服。汉桓宽《盐铁论·通有》:"古者采椽不斲,茅屋不剪,衣布褐,饭土硎,铸金为锄,埏埴为器。"《晋书·何琦传》:"琦善养性,老而不衰,布褐蔬食,恒以述作为事。"唐王维《献始兴公》诗:"鄙哉匹夫节,布褐将白头。"宋苏轼《东坡志林·异事下》:"时从人乞,予之钱,不受。冬夏一布褐,三十年不易,然近之不觉有垢秽气。"苏洵《上余青州书》:"穷者,藜藿不饱,布褐不暖。"清唐甄《潜书·尚治》:"縠帛,衣之贵者也;布褐,衣之贱者也。"

【布母缚】bùmǔzūn 省称"母缚"。也作"缚衣"。妇女的贴身小衣。状如围裙,类似后世的内裤。汉史游《急就篇》卷二:"禅衣蔽膝布母缚。"唐颜师古注:"布母缚者,藏貉女子以布为胫空,用絮补核,状如褕褕。藏貉者,东北之夷也。"宋王应麟补注引黄氏曰:"布母缚,小衣

也,犹犊鼻耳。"《说文解字·系部》："縛,薉貉中女子无绔,以帛为胫空,用絮补核,名曰縛衣。"清段玉裁注："帛,依《急就篇》当作布。帛为胫腔,褚以絮而裹之,若今江东妇之卷胖……是名縛衣。亦曰母縛。"明方以智《通雅》卷三六:"布母縛,小衣也。犹犊鼻耳……智见粤猺及南楚苗妇人皆无裤,惟以布一幅,斜鞍其体,自胫以下露之。"

【**布袍**】bùpáo ❶布制的袍服。泛指布衣,多为贫贱者或隐士所穿。代指平民。《后汉书·东夷传·三韩》:"大率皆魁头露紒,布袍草履。"《南史·沈约传》:"恒服布袍芒属,以麻绳为带。"唐唐彦谦《早行遇雪》诗:"荒村绝烟火,髶冻布袍湿。"宋刘过《寿建康太尉》诗:"万里寒风一布袍,持将诗句谒英豪。"元张养浩《普天乐·失题》曲:"布袍穿,纶巾戴,傍人休做,隐士疑猜……我直待要步走上蓬莱,神游八表,眼高四海,其乐无涯。"贯云石《水仙子·田家》:"布袍草履耐风寒,茅舍疏斋三两间。"明李昌祺《剪灯余话·洞天花烛记》:"偶出游,至半道,忽有二使,布袍葛屦,联袂而来。"周履靖《和贯休山居十咏》:"长安多少豪华客,何似山林一布袍。"❷宋明时天子、官员居丧时的朝服。《朱子语类》卷一二七:"孝宗居高宗丧,常朝时裹白幞头,着布袍。"明谈迁《枣林杂俎·智集》:"(丧仪)仁圣皇太后之丧,大宗伯范谦衣白入朝,至阙门,忽传各官衣青布袍,急出易衣以进。"

【**布裙**】bùqún 普通平民女性所穿的棉或麻织物制成的裙子。泛指贫妇服装,亦借指妻子。《太平御览》卷六九六:"戴良家五女,皆布裙、无缘裙四等。"又卷七一

八:"梁鸿妻孟光,荆钗布裙。"《三国志·吴志·蒋统传》:"权尝入其堂内,母疏帐缥被,妻妾布裙。"《北堂书钞》卷一二九:"王良妻布裙,布裙荷展。"《宋书·孝武文穆王皇后传》:"如臣素流,家贫业寡,年近将冠,皆已有室,荆钗布裙,足得成礼。"唐河北士人《代妻答诗》:"蓬鬓荆钗世所稀,布裙犹是嫁时衣。"白居易《赠内》诗:"梁鸿不肯仕,孟光甘布裙。"又《效陶潜体诗》:"西舍有贫者,匹妇配匹夫,布裙行赁舂,裋褐坐佣书。"

【**布衣韦带**】bùyīwéidài 也作"韦带布衣",省作"布韦"。粗布的衣服和没有装饰的牛皮带,多指平民和贫寒士人的服饰。《淮南子·修务训》:"今夫毛嫱、西施,天下之美人,若使之衔腐鼠,蒙蝟皮,衣豹裘,带死蛇,则布衣韦带之人过者,莫不左右睥睨而掩鼻。"《汉书·贾山传》:"布衣韦带之士,修身于内,成名于外,而使后世不绝息。"唐韩愈《与李翱书》:"所贵乎京师者,不以明天子在上,贤公卿在下,布衣韦带之士谈道义者多乎?"宋苏轼《谢对衣金带马表》之一:"伏念臣人微地寒,性迂才短,袭布韦而自荐,偶忝搢绅。"明李东阳《后东山草堂赋》:"子非治河之中丞乎?非行边之贰卿乎?胡不轩盖是拥,而布韦是婴也?"

【**布帻**】bùzé 用麻布制成的白色头巾,多用于凶礼。《后汉书·礼仪志下》:"既葬,释服,无禁嫁娶、祠祀。佐史以下,布衣冠帻,经带无过三寸,临庭中。武吏布帻大冠。"《新唐书·萧铣传》:"率官属缌衰布帻诣军门,谢曰:'当死者铣尔,百姓非罪也,请无杀掠!'"《隋书·礼仪志三》:"其丧纪,上自王公,下逮庶人,著令皆为定制,无相差越……执绋,一品五十

人,三品以上四十人,四品三十人,并布
帻布深衣。"《宋史·礼志二十七》:"诏
葬。礼院例册……其持引、披者,皆布
帻、布深衣。"

【**步摇冠**】bùyáoguān 装饰有步摇的
冠,即在冠之上镶有像树枝、树叶片状的金
叶片或珠玉,走动即响。男女均可使用。
《汉书·江充传》:"充衣纱縠禅衣,曲裾
后垂交输,冠禅缅步摇冠,飞翮之缨。"
《晋书·慕容廆载记》:"时燕代多冠步摇
冠,慕容护跋见而好之,乃敛发袭冠,诸
部因呼之为步摇,其后音讹,遂为慕容
焉。"唐白居易《霓裳羽衣歌》:"虹裳霞帔
步摇冠,钿璎累累佩珊珊。"明叶子奇《草
木子》卷三:"元朝后妃及大臣之正室,皆
带姑姑,衣大袍。其次即带皮帽。姑姑
高圆二尺许,用红色罗。盖唐金步摇冠
之遗制也。"

步摇冠

C

can—chan

【蚕衣】cányī ❶汉晋时期皇后、妃嫔、受过封号的命妇等在参加劝农饲蚕的仪式时所穿的衣服，也用做贵族妇女的朝服。《后汉书·舆服志》："入庙佐祭者皂绢上下，助蚕者缥绢上下，皆深衣制，缘。自二千石夫人以上至皇后，皆以蚕衣为朝服。"《晋书·舆服志》："自二千石夫人以上至皇后，皆以蚕衣为朝服。"❷丝织品所制的衣服。南朝梁沈约《均圣论》："肉食蚕衣，皆须耆齿。"

【厕腧】cèyú 贴身的小衫；内衣。《史记·万石君传》："石建取亲中裙、厕腧，身自浣涤。"《汉书·石奋传》："建老白首，万石君尚无恙。每五日洗沐归谒亲，入子舍，窃问侍者，取亲中裙厕腧，身自浣洒。"明归有光《陶节妇传》："已而姑病痢，六十余日，昼夜不去侧。时尚秋暑，秽不可闻，常取中裙厕腧自浣洒之。"清钱谦益《永丰程翁七十寿序》："考其家教，不过使其子孙驯行孝谨，浣厕腧、数马足已。"《清史稿·孝义三》："父病失明，晨夕调护，厕腧必躬亲之，终亲之身不稍怠。"

【钗泽】chāizé 妇女用的首饰和润发之脂膏。汉冯衍《与妇弟任武达书》："唯一婢，武达所见，头无钗泽，面无脂粉，形骸不蔽，手足抱土。"宋陆游《山房》诗："戒婢无劳事钗泽，课奴相率补陂塘。"刘克庄《沁园春·四和林卿韵》："富有图书，贫无钗泽，不似安昌列后堂。"

【襜襦】chānrú 也称"单襦""禅襦""汗襦"。单层的短衣。一般用作贴身内衣或汗衫。汉扬雄《方言》卷四："汗襦……陈魏宋楚之间谓之襜襦，或谓之禅襦。"晋郭璞注："今或呼衫为禅襦。"刘熙《释名·释衣服》："荆州谓禅衣曰……襜襦。"唐李贤注引《东观记》："解所被襜襦以衣歆。"宋程大昌《演繁露》卷三："今人服公裳，必衷以背子，背子者，状如单襦，夹袄，特其裾加长直垂至足焉耳。"清厉荃《事物异名录》卷一六："衫，小襦也，一名单襦。"

【襜褕】chānyú 一种较长的单衣。汉代襜褕有直裾和曲裾二式，为男女通用的非正朝之服，宽大而长。汉扬雄《方言》卷四："襜褕，江淮南楚谓之䄡襘，自关而西谓之襜褕；其短者谓之䄡褕。"《说文解字·衣部》："直裾谓之襜褕。"刘熙《释名·释衣服》："荆州谓禅衣曰布襦，亦曰襜褕，言其襜襜宏裕也。"《史记·魏其武安侯列传》："元朔三年，武安侯坐衣襜褕入宫，不敬。"《汉书·隽不疑传》："始元五年，有一男子乘黄犊车，建黄旒，衣黄襜褕，著黄冒，诣北阙，自谓卫太子。"又《何并传》："林卿迫窘，乃令奴冠其冠被其襜褕自代。"汉张衡《四愁诗》："美人赠我貂襜褕，何以报之明月珠。"唐李白《秋浦清溪雪夜对酒客有唱鹧鸪者》诗："披君貂襜褕，对君白玉壶。"清姚鼐《仇英〈明妃图〉》："中有襜褕拥独骑，落日黄沙万马迹。”《太平御览》卷六九三：“耿纯率宗族宾客二千人，皆缣襜褕绛巾迎上。”《北堂书钞》卷一二九：“段颎灭羌，诏赐钱十万、七尺绛襜褕一具。”

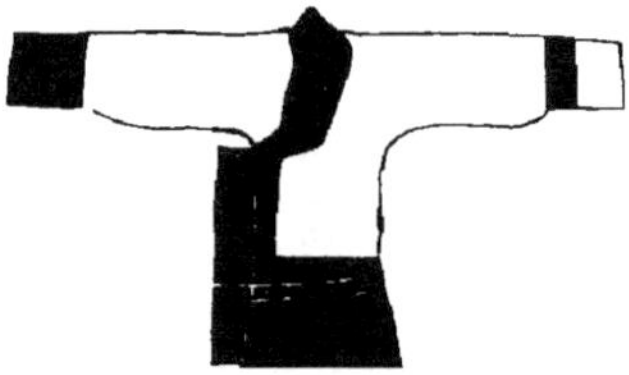

襜褕(湖南长沙马王堆汉墓出土)

【蝉】chán ❶也称“金蝉”“金附蝉”。汉代侍中、中常侍等贵近之臣的冠饰，后天子、诸王、贵臣均有服用。以金银箔做成蝉形，饰于冠额正中。金取坚刚，蝉取居高饮洁。沿用至明代，各有损益。宋代官吏所戴之冠，不仅在额前饰玳瑁蝉，且于两侧各缀三枚白玉小蝉；左边则插以貂尾。《后汉书·舆服志下》：“侍中、中常侍加黄金珰，附蝉为文。”晋崔豹《古今注》卷上：“蝉取其清虚识变也。在位者有文而不自耀，有武而不示人，清虚自牧，识时而动也。”南朝梁江淹《萧让剑履殊礼表》：“金蝉绿绶，未能蔼其采。”《梁书·昭明太子传》：“旧制，太子著远游冠，金蝉翠緌缨；至是，诏加金博山。”《北史·魏任城王云传》：“高祖、世宗皆有女侍中官，未见缀金蝉于象珥，极鼲貂于鬓发。”《隋书·礼仪志七》：“貂蝉，案《汉官》：‘侍内金蝉左貂，金取刚固，蝉取高洁也。’董巴《志》曰：‘内常侍，右貂金珰，银附蝉，内书令亦同此。’今宦者去貂，内史令金蝉右貂，纳言金蝉左貂。”《旧唐书·舆服志》：“远游三梁冠，黑介帻，青緌，皆诸王服之，亲王则加金附蝉。”宋张孝祥《鹧鸪天·赠钱横州子山》：“居玉铉，拥金蝉。”《明史·舆服志三》：“侯七梁，笼巾貂蝉，立笔四折，四柱，香草四段，前后金蝉。”❷金色蝉形的饰物，妇女贴面所用或乐舞之人饰于冠上。唐李贺《屏风曲》：“团回六曲抱膏兰，将鬟镜上掷金蝉。”五代前蜀薛昭蕴《小重山》词：“金蝉坠，鸾镜掩休妆。”《明史·舆服志三》：“洪武五年定斋郎、乐生、文、武舞生冠服……文舞生及乐生，黑介帻，漆布为之，上加描金蝉……武舞生，武弁，以漆布为之，上加描金蝉。”又：“宫中女乐冠服……黑绉纱描金蝉冠……”

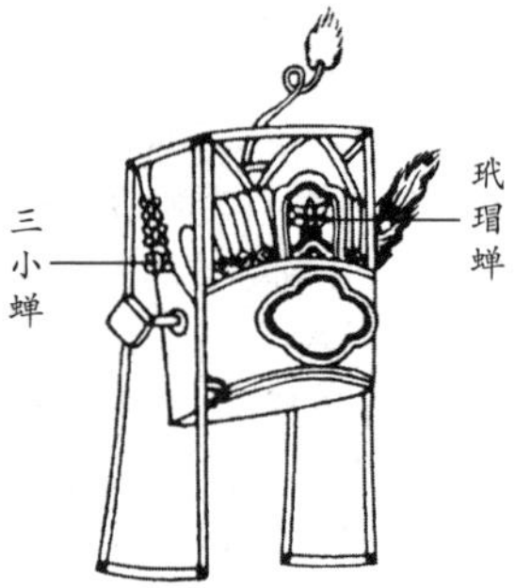

蝉(选自宋人《名臣图》)

chang—chi

【长冠】chángguān 也称“斋冠”“齐冠”“竹皮冠”“竹叶冠”“鹊尾冠”。汉高祖刘邦未起事时所创之冠，被定为宗庙祭祀的祭服，规定爵非公乘以上，不得服用，以示尊敬。隋时废除不用。《后汉书·舆服志下》：“长冠，一曰斋冠，高七寸，广三寸，促漆纚为之，制如板，以竹为里。初，高祖微时，以竹皮为之，谓之刘氏冠，楚冠制也。民谓之鹊尾冠，非也。祀宗庙诸祀则冠之。”又：“祀天地明堂……百官执事者，冠长冠，皆祗服。五岳、四渎、山川、宗庙、社稷诸沾秩祠，皆袀玄长冠,五郊各如方色云。"《隋书·礼仪志七》:"诸建华、鹖鸡、鹬冠、委貌、长冠、樊哙、却敌、巧士、术氏、却非等,前代所有,皆不采用。"

长冠

(宋聂崇义《三礼图》)

【长裾】chángjū 长可拖地的衣裙下摆,常见于女性服装。亦借指长衣。《孔丛子·儒服》:"子高衣长裾,振褒袖,方屐粗翣,见平原君。"汉辛延年《羽林郎》诗:"胡姬年十五,春日独当垆。长裾连理带,广袖合欢襦。"《汉书·邹阳传》:"饰固陋之心,则何王之门不可曳长裾乎?"元张宪《白苎舞词》:"吴宫美人青犊刀,自裁白苎制舞袍……长裾窄腰莲步促,翩翩素袖启朱樱。"

【长袍】chángpáo 一种身长过膝的袍服。长袍早在汉代已出现,后世历代沿用。至清代成为一种普遍使用的礼服,包括帝后龙袍、职官蟒袍及朝袍等,也是民间百姓的常礼服。清代长袍有夹、棉之分。圆领,窄袖,大襟,下长过膝。多用于秋冬及初春之季。辛亥革命后,曾被用作男子礼服。制为齐领,窄袖,前襟右掩,下长至踝,左右下端各开一衩,质用丝、麻、棉、毛;襟上施纽扣六。通常和马褂、礼帽及长裤等配用。四十

年代之后,其制渐衰。《新唐书·车服志》:"有从戎缺胯之服,不在军者服长袍。"清夏仁虎《旧京琐记》卷一:"士夫长袍多用乐亭所织之细布,亦曰对儿布,坚致细密,一袭可衣数岁。"《清代北京竹枝词》:"定章军服精神好,旧式冠裳可弃髦。试看知兵两贝勒,不穿短褂与长袍。"《官场现形记》第四回:"那戴升戴红缨大帽,身穿元青外套;其余的也有马褂的,也有只穿一件长袍的,一齐朝上磕头。"

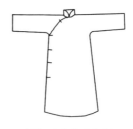

长袍(清代传世实物)

【长裙】chángqún 下长及地的裙子,多为女性穿着。其裙裾可曳地四五尺,始见于东汉,至隋唐时较为流行于年轻妇女间。中唐晚期此风尤盛,至唐文宗时,曾下令禁止。直至宋明时期,仍偶有出现。《后汉书·五行志一》:"献帝建安中……女子好为长裙而上甚短。"唐王翰《观蛮童为伎之作》诗:"长裙锦带还留客,广额青蛾亦效嚬。"《新唐书·车服志》:"文宗即位,以四方车服僭奢,下诏准仪制令……妇人裙不过五幅,曳地不过三寸。"宋刘筠《无题二首》诗其一:"昱爆银鞍狭路逢,长裙连带任流风。"吴泳《汉中行》:"长裙阔袖低盖头,首饰金翘竞奢侈。"《宋史·舆服志三》:"其常服,后妃大袖,生色领,长裙,霞帔,玉坠

子。"明田艺蘅《留青日札》卷二〇:"先见广西妇女衣长裙,后曳地四五尺,行则两婢前携之。"明唐寅《南游图》:"江上春风吹嫩榆,扶琴送子曳长裙。"清赵翼《土歌》:"长裙阔袖结束新,不睹弓鞋三寸小。"

长裙(唐张萱《捣练图》)

【长襦】chángrú ❶一种长度至髀的襦,可视为袄子的早期形式。《史记·匈奴传》:"使者言单于自将伐国有功,甚苦兵事。服绣夹绮衣、绣夹长襦、锦夹袍各一。"❷长袍。《魏书·宇文莫槐传》:"人皆剪发,而留其顶上,以为首饰,长过数寸则截短之。妇女披长襦及足,而无裳焉。"清郝懿行《证俗文》卷二:"《方言》:'褋明谓之袍。'注引《广雅》云:'褋明,长襦也。'《释名》:'袍,丈夫著,下至跗者也。'……义亦然也。"

【常冠】chángguān 按照朝廷规定帝王百官在相应情况下通常戴的冠帽。《后汉书·舆服志》:"百官不执事,各服常冠袀玄以从。"又《礼仪志下》:"醴小红,服纁,醴纤,服留黄,冠常冠。"《玉海》卷八三:"后周武帝时初服常冠,以皂纱全幅向后樸发,仍裁为四脚,俗谓之幞头。"

【琛缡】chēnlí 用玉装饰的华美衣带。《文选·张衡〈思玄赋〉》:"献环琨与琛缡

兮,中厥好以玄黄。"唐刘良注:"琛,玉也;缡,带,以玉饰。"明高濂《玉簪记·投庵》:"但愿你受着五戒三皈,说什么琛缡金翠。"

【裎】chéng 系玉佩的带子。汉扬雄《方言》卷四:"佩紟谓之裎。"晋郭璞注:"所以系玉佩带也。"清戴震疏证:"裎亦作裎。"

【裎衣】chéngyī 对襟单衣。有别于大襟右衽礼袍,汉代诸侯、大夫、士日常所穿。汉扬雄《方言》卷四:"襌衣……无袍者谓之裎衣,古谓之深衣。"清钱绎笺疏:"裎即今之对襟衣,无右外襟者也。"

【绤纩】chīkuàng 葛布与丝棉。借指夏衣与冬衣。《周礼·秋官·大行人》:"又其外方五百里,谓之采服,四岁壹见,其贡服物。"汉郑玄注:"服物,玄纁绤纩也。"唐张说《登九里台是樊姬墓》诗:"诗书将变俗,绤纩忽弥年。"宋谢枋得《谢刘纯父惠木绵布》:"绤纩皆作贡,此物不荐陈。"

【绤衣】chīyī 细葛布衣。《史记·五帝本纪》:"尧乃赐舜绤衣,与琴,为筑仓廪,予牛羊。"唐张守节正义:"绤,勑迟反。细葛衣也。"唐杜甫《陪郑广文游何将军山林》诗:"绤衣挂萝薜,凉月白纷纷。"明郑若庸《玉玦记·赴试》:"残暑方归箧扇,新凉乍怯绤衣。"见334页"zhǐyī"。

【赤绶】chìshòu 汉代诸侯王官服上系印纽的赤色丝带。亦代指贵官。《后汉书·舆服志下》:"诸侯王赤绶,四采,赤黄缥绀,淳赤圭,长二丈一尺,三百首。"南朝梁江淹《横吹赋》:"赤绶紫驳,星含露分。"《艺文类聚》卷五一:"而绿车赤绶,交映相晖,金玺银券,照灼光彩。"明高启《送董湖州》诗:"五马贵专城,花兼赤绶明。"

【赤霜袍】chìshuāngpáo　一种粉红色袍服,传说中神仙所穿。《艺文类聚》卷六七:"上元夫人降武帝,服赤霜袍,云彩乱色,非锦非绣,不可得名。"《太平御览》卷六七四:"上元夫人服赤霜袍,披青毛锦。"唐耿沣《朝下寄韩舍人》诗:"瑞气迴浮青玉案,日华遥上赤霜袍。"皮日休《酬鲁望见迎绿罽次韵》:"酬赠既无青玉案,纤华犹欠赤霜袍。"宋柳永《御街行》词:"赤霜袍烂飘香雾,喜色成春煦。"明屠隆《彩毫记·仙宫列奏》:"天香浮动赤霜袍,一派仙音宝座遥。"

【赤玉舄】chìyùxì　一种红色美玉做成的鞋子,传说中仙人安期生所著。汉刘向《列仙传·安期先生》:"安期先生者,琅琊阜乡人也,卖药于东海边,时人皆言'千岁翁'。秦始皇东游,请见,与语三日三夜,赐金璧,度数千万,出于阜乡亭,皆置去,留书以赤玉舄一双为报,曰:'后数年,求我于蓬莱山。'"唐李白《古风》之二十:"终留赤玉舄,东上蓬莱路。"

【赤帻】chìzé　也作"武帻"。一种红色头巾,军卒、武士等所服,以示威武。其制始于秦,沿用于汉魏六朝时期。汉卫宏《汉官旧仪》卷下:"武吏赤帻大冠,行滕带剑、佩刀、持盾、被甲。"《东观汉记·光武帝建元元年》:"帝深念良久,天变已成,遂市兵弩,绛衣,赤帻。"《后汉书·舆服志下》:"武吏常赤帻,成其威也。"晋崔豹《古今注》卷上:"古兵士服韦弁,今户伯服赤帻、缥衣、素韍,弁之遗法也。"《太平御览》卷六八七:"凡救日蚀者皆着赤帻,以助阳也。"侍臣皆赤帻带剑。"《宋书·礼志五》:"又有赤帻,骑吏、武吏、乘舆鼓吹所服。救日蚀,文武官皆免冠,着赤帻,对朝服,示威武也。"明罗颀《物

原·衣原》:"秦孝公作武帻。"清陈章《放羊行为改堂先生作》:"太守闻之诧至夕,亟修尺书走赤帻。"

chong—cui

【祌裾】chōngjué　也作"裾掖"。汉魏时期的一种短袖上衣。形似绣裾,袖口不加缘饰。汉扬雄《方言》卷四:"襜褕……自关而西谓之祌裾。"晋郭璞注:"俗名裾掖。"又:"自关而西,秦晋之间,无缘之衣谓之祌裾。"清钱绎笺疏:"江、淮、南楚谓襜褕之短者,谓之祌裾。关西谓襜褕之无缘者为祌裾。"明赵南星《明两浙盐运司转运使刘公行状》:"上乌纱冠,大红衣,束带,三采绶乌纹靴,祌裾、中裙,生存之具无不备。"

【重衣】chóngyī　❶衣上加衣。秦汉时比较流行的一种着装式样。这种服装通身紧窄,下长曳地,衣服的下摆多呈喇叭状,行不露足。衣袖有宽、窄两式,袖口大多镶有边饰。衣领通常用交领,领口很低,以便露出里衣。如穿几件衣服,每层领子必露于外,最多达三层以上。《礼记·内则》:"寒不敢袭。"汉郑玄注:"袭,谓重衣。"《左传·庄公二十九年》:"有钟鼓曰伐,无曰侵,轻曰袭。"唐孔颖达疏:"袭者,重衣之名,倍道轻行,掩其不备,忽然而至,若披衣然。"汉史游《急就篇》卷二:"襜褕袷复褶袴裈。"唐颜师古注:"褶,谓重衣之最在上者也。其形若袍,短身而广袖。一曰左衽之袍也。"明方以智《通雅·衣服》:"师古所解重衣在上,正谓今之罩甲,半臂而短,戎衣也。"❷谓重复多余的衣服。《明史·王溥传》:"居官数年,笥无重衣,庖无兼馔。"

【重缘袍】chóngyuánpáo 汉代妇女婚嫁时所著的礼服,因在领、袖、襟及裾处镶双色边缘,故名。《后汉书·舆服志下》:"公主、贵人、妃以上,嫁娶得服锦绮罗縠缯,采十二色,重缘袍。特进、列侯以上锦缯,采十二色。六百石以上重练,采九色,禁丹紫绀。三百石以上五色采,青绛黄红绿。二百石以上四采,青黄红绿。贾人,缃缥而已。"

【绸缪】chóumóu 妇女的衣带上的一种带结。《汉书·张敞传》:"礼,君母出门则乘辎軿,下堂则从傅母,进退则鸣玉佩,内饰则结绸缪。"明杨慎《丹铅续录·绸缪襮祦》:"古者妇人长带,结者名曰绸缪;垂者名曰襮祦;结而可解曰纽;结而不可解曰缔。"

【钏】chuàn 也称"手钏"。一种戴于手腕、手臂的饰物。初起男女均用,后汉族多用于女性。其名称视质料而别,有金钏、玉钏、银钏、琉璃钏、琥珀钏等多种,汉代钏镯种类很多,质料有金、银、铜、玉等。唐代金银钏镯更为普遍。最初多做成圆环状,形如手镯。使用时两只手臂各套数只,行辄有声。宋代则出现螺旋式套镯,以扁圆形之金银条作螺旋圈,可达十数圈之多,称"缠臂金"。明清钏镯风格多样。或朴素无华,只一金圈、银圈或玉圈;或繁琐富丽,集各贵重材料和工艺制作之大成;或以金为骨,其上盘丝、垒丝、镶嵌珠宝;或以玉为骨,包金镶银、雕刻精细。《说文解字·金部》:"钏,臂环也。"《集韵·平仙》:"钏,环也。"《正字通·金部》:"钏,古男女同用,今惟女饰用之。"北周庾信《竹杖赋》:"玉关寄书,章台留钏。"南朝梁刘孝绰《咏姬人未肯出诗》:"帷开见钗影,帘动

闻钏声。"张正见《采桑》:"徙顾移笼影,攀钩动钏声。"《南史·王玄谟传》:"女臂有玉钏,破冢者斩臂取之。"宋高承《事物纪原》卷三:"钏,《通俗文》曰:环臂谓之钏。后汉孙程十九人,立顺帝有功,各赐金钏、指环。则钏之起,汉已有之也。"宋欧阳修《蝶恋花》词:"窄袖轻罗,暗露双金钏。"秦观《江城子》词:"枣花金钏约柔荑,昔曾携,事难期。"

【粗(麤)】cū 粗糙的鞋履,用麻苴杂草等编成。汉扬雄《方言》卷四:"扉、屦、粗,履也……南楚江沔之间,总谓之粗。"汉刘熙《释名·释衣服》:"(不借)齐人云博腊。博腊,犹把作,粗貌也。荆州人曰粗。丝麻韦草,皆同名也。粗,措也,言所以安措足也。"史游《急就篇》:"屐屩絜粗嬴窭贫。"唐颜师古注:"粗者,麻枲杂履之名也,南楚江淮之间通谓之粗。"

【粗(麤)衰】cūcuī 最重的一种丧服。用最粗的麻布制成。汉贾谊《新书·六术》:"故复有粗衰、齐衰、大红、细红、缌麻,备六,各服其所当服。"

【粗(麤)扉】cūfèi 粗糙的草鞋。多为平民所穿。汉扬雄《方言》卷四:"扉、屦、粗、履也,徐兖之郊谓之扉。"《初学记》卷二六:"古者庶人粗扉草履,今富者韦沓丝履。"

【粗(麤)服】cūfú 粗劣的衣服,一般用作凶服。《后汉书·礼仪志下》:"皇帝皇后以下皆去粗服,服大红,还宫反庐,立主如礼。"

【粗(麤)衣】cūyī 古籍也写作"麄衣"。平民或贫士所穿的粗布衣服,亦用来形容生活俭朴。汉刘向《说苑·敬慎》:"孙叔敖为楚令尹,一国吏民皆来贺。有一老父衣粗衣,冠白冠,后来吊。"又《列女传·梁鸿妻》:"乃更麄衣椎髻而前。"北

齐颜之推《颜氏家训·风操》:"子则草属粗衣,蓬头垢面……叩头流血,申诉冤枉。"元宫天挺《七里滩》第一折:"富汉每喝菜汤,穿麓衣朴裳。"范子安《竹叶舟》四:"我吃的是千家饭,化半瓢;我穿的是百衲衣,化一套。似这等粗衣淡饭且淹消,任天公饶不饶。"

【衰粗(麤)】cuīcū 重丧服。三年之丧时所穿粗麻毛边的丧服,通常指斩衰、齐衰。《汉书·师丹传》:"时天下衰粗,委政于丹。"唐颜师古注:"言新有成帝之丧,斩衰粗服,故天子不亲政事也。"《新唐书·外戚传·武士彟》:"杨丧未毕,褫衰粗,奏音乐。"题宋苏轼《艾子杂说》:"艾子出游,见一姬白发而衣衰粗之服,哭甚哀。"《宋史·礼志二十五》:"见朕已过百日,犹服衰粗,因奏事应以渐,今宜服如古人墨衰之义,而巾则用缯或罗。"

【衰服】cuīfú 丧服。《东观汉记·乐成王苌传》:"乐成王居谅闇,衰服在身,弹棋为戏,不肯谒陵。"晋干宝《搜神记》卷一八:"须臾,见一白狗,攫庐衔衰服,因变为人,著而入。"《晋书·礼志中》:"有司又奏:'大行皇太后当以四月二十五安厝。故事,虞复衰服,既虞而除。其内外官僚皆就朝晡临位,御除服讫,各还所次除衰服。"《旧唐书·顺宗纪》:"上力疾衰服,见百僚于九仙门。"宋周密《癸辛杂识前集·陈圣观梦》:"此小儿衰服之验,其不祥莫甚焉。"王巩《随手杂录》:"见伟丈夫衰服而坐,人指之曰,天帝也。"《宋史·真宗本纪二》:"己酉,帝始于崇政殿西庑衰服恸哭见群臣。"《辽史·太宗本纪》:"戊寅,葬太皇太后于德陵,前二日,发丧于菆涂殿,上具衰服以送。"明孝孺《与童伯礼书》:"冒以衰服请见,则人谓何?以吉服请见,则葬尚未毕,释哀凌礼,谅亦非足下所以招之之意。"

【衰衣】cuīyī 丧服。有"斩衰""齐衰"之别。宋留正《高宗皇帝挽词》:"圣学高于古,衰衣始自今。"宋韩元吉《叶少保挽词六首》其四:"安车荣绛节,黄发遽衰衣。"《二刻拍案惊奇》卷一○:"我如今只要拿一定粗麻布,做件衰衣,与他家小厮穿了,叫他竟到莫家去做孝子。"《聊斋志异·宅妖》:"女子衰衣,麻绠束腰际,布裹首;以袖掩口,嘤嘤而哭,声类巨蝇。"见 288 页"suōyī"。

【衰杖】cuīzhàng 居丧用的服饰、麻绖与哭丧棒。《后汉书·济北惠王寿传》:"父没哀恸,焦毁过礼,草庐土席,衰杖在身,头不枇沐,体生疮肿。"《隶续·汉封丘令王元宾碑阴》宋洪适释:"碑云:门徒雨集,盛于洙泗,故衰杖过礼,等于事父。惜乎碑石沦碎,姓名不能尽见。"清章太炎《二羊论》:"武帝优于功臣,而薄于人纪,督促其从子以就衰杖。藉令以父殁无命为辞,则君固有命也。"

【缌粗(麤)】cuīcū 即"衰粗"。《汉书·王莽传上》:"时武王崩,缌粗未除。"《文选·任昉〈齐竟陵文宣王行状〉》:"故知钟鼓非乐云之本,缌粗非隆杀之要。"唐李善注:"哭泣缌粗,隆杀之服,哀之末。"《旧唐书·李训传》:"守澄以训缌粗,难入禁中,帝令训戎服,号王山人,与注入内。"

【翠衣】cuìyī 翠绿色的衣服。汉刘向《说苑·善说》:"襄成君始封之日,衣翠衣,带玉剑,履缟舄,立于游水之上。"《乐府诗集·春歌二十首》诗:"翠衣发华洛,回情一见过。"元王冕《题王虚斋所藏镇南王墨竹》诗:"帝子乘鸾谒紫清,满天风露翠衣轻。"《续资治通鉴·高宗绍兴十年》:"梓宫既入境,则承之以椁,命有司预置衮冕、翠衣以往。"

D

da—dai

【大服】dàfú 帝王、王后死后国人为之持服。《汉书·王莽传下》："闰月丙辰，大赦天下，天下大服民私服在诏书前亦释除。"唐颜师古注引张晏曰："莽妻本以此岁死，天下大服也。私服，自丧其亲。皆除之。"

【大红】dàgōng 丧服名。参见 26 页"大功"。《史记·孝文本纪》："已下服，大红十五日，小红十四日。"南朝宋裴骃集解："当言大功、小功布也。"

【大裾】dàjū 大襟。借指宽大的袍服。《文献通考·选举三》："太祖皇帝既定天下，鲁之学者始稍稍自奋，白袍举子，大裾长绅，杂出戎马介士之间。"《汉书·隽不疑传》："（不疑）褒衣博带，盛服至门上谒。"唐颜师古注："褒，大裾也。言着褒大之衣，广博之带也。"

【大袴（裤）】dàkù 也称"大裙""倒顿""雹袴"。汉晋时期指有裆的长裤。汉扬雄《方言》卷四："大袴谓之倒顿。"晋郭璞注："今雹袴也。"《汉书·朱博传》："又敕功曹：官属多褒衣大裙，不中节度，自今掾史衣，皆令去地三寸。"唐颜师古注："裙音绍，谓大袴也。"《晋书·四夷传》："焉耆国……其俗丈夫剪发，妇人衣襦，著大袴。"

大袴（帐下督高句丽古墓壁画）

【大袍】dàpáo 宽大的袍服，汉代以后多用于仪卫，元朝也用作后妃、命妇礼服。《后汉书·礼仪志上》："皆服都纻大袍单衣，皂缘领袖中衣，冠进贤，扶玉杖。"《新唐书·仪卫志下》："次龙旗六，各一人骑执，佩横刀，戎服大袍，横行正道，每旗前后二人骑，为二重，前引后护，皆佩弓箭、横刀，戎服大袍。"《宋史·仪卫志六》："驾士，服锦帽，绣戎服大袍，银带。"明叶子奇《草木子》卷三："蝉冠朱衣，汉制也。幞头大袍，隋制也。"又："元朝后妃及大臣之正室，皆戴姑姑、衣大袍。其次即戴皮帽。姑姑高圆二尺许，用红色罗。"

【大绶】dàshòu 质地细密的绶带。有别于粗疏的小绶。题汉班固《武帝内传》："光仪淑穆带灵飞大绶，腰佩分景之剑。"《隋书·礼仪志七》："双大绶，六采，玄黄赤白缥绿，纯玄质，长二丈四尺，五百首，广一尺。"《金史·舆服志中》："乘舆服,大绶,六采,黑、黄、赤、白、缥、绿。小绶三色,同大绶,间施三玉环,大绶五百首;小绶半之。"《元史・舆服志一》:"瑜玉双佩,四采织成大绶,间施玉环三。"

大绶(明刻本《明会典》插图)

【大褶】dàxí ❶也称"大褶衣""留幕"。长度至膝部上下的衣服。汉刘熙《释名・释衣服》:"留幕,冀州所名大褶,下至膝者也。留,牢也。幕,络也,言牢络在衣表也。"《骈雅・释服食》:"留幕,大褶衣也。"❷明代流行的一种下摆褶裥的长袍。形制与曳撒相似,唯曳撒之裥褶于前片,大褶之裥则前后皆。所褶之裥为三十六、三十八不等。有官者另在胸背缀以补子。明刘若愚《酌中志》卷一九:"大褶,前后或三十六,三十八不等,间有缀本等补。"

【大衣】dàyī ❶罩在外面的长大衣。汉刘熙《释名・释衣服》:"中衣言在小衣之外,大衣之中也。"❷隋唐后指已婚妇女的礼服,两袖肥大,衣身宽大。《隋书・礼仪志六》:"皇后谒庙,服袿襡大衣,盖嫁服也。"《朱子语类》卷九一:"或问妇人不着背子则何服?曰:大衣。问大衣非命妇亦可服否?曰:可。"高承《事物纪原・衣裘带服・大衣》:"商周之代,内外命妇服诸翟。唐则裙襦大袖为礼服。开

元中,妇见舅姑,戴步摇,插翠钗,今大衣之制,盖起于此。"元末明初陶宗仪《南村辍耕录・贤孝》:"国朝妇人礼服,达靼曰袍,汉人曰团衫,南人曰大衣,无贵贱皆如之。"❸会客穿的长大衣。亦称大衣服。《儒林外史》第五十回:"秦中书听见凤四老爹来了,大衣也没有穿,就走出来。"❹佛教徒以九至二十五条布片缝成的法衣,称"僧伽梨",译名"大衣"。亦泛指袈裟。《释氏要览・法衣》:"盖法衣有三也。一僧伽梨,即大衣也。二郁多罗僧,即七条也。三安陀会,即五条也。此是三衣也。"又:"大衣,有三品九种。《萨婆多论》云:僧伽梨有三品,自九条、十一条、十三条,名下品衣,皆两长一短作;十五条、十七条、十九条,名中品衣,皆三长一短作;二十一条、二十三条、二十五条,名上品衣,皆四长一短作。"《儿女英雄传》第五回:"那和尚尽他哀告,总不理他,怒轰轰的走进房去把外面的大衣甩了。"

【玳瑁钗】dàimàochāi 也作"瑇瑁钗"。以玳瑁制成的簪钗,女子用于簪髻,男子用于系冠。《续后汉书・舆服志》:"贵人助蚕戴瑇瑁钗。"三国魏繁钦《定情诗》:"何以慰别离,耳后瑇瑁钗。"《太平御览》卷七一八:"后有瑇瑁钗三十只。"唐宇文士及《妆台记》:"舜加女人首饰钗,杂以牙、瑇瑁为之。"五代后唐马缟《中华古今注》卷中:"钗子,盖古笄之遗象也,至秦穆公以象牙为之,敬王以玳瑁为之……隋炀帝宫人,插钿头钗子,常以端午日赐百僚玳瑁钗冠。"清宣鼎《夜雨秋灯录・胡宝玉记》:"春风懒解鸳鸯珮,夜月羞簪玳瑁钗。"明罗顾《物原・衣原》:"舜作象牙簪,玳瑁钗。"沈明臣《劝君杯》:"玳瑁

钗头金凤低,浅黄衫子剪银泥。"清俞士彪《卜算子·其三·冬晓》:"记得曾簪玳瑁钗,怎在衾儿里。"

【玳瑁簪】dàimàozān 玳瑁制成的发簪。东汉明帝时太皇太后、皇太后入庙服,戴玳瑁簪。簪以玳瑁为股,长一尺,端有花饰,作凤凰形,以翡翠为羽,下有白珠,坠黄金首饰,制作非常华贵精美。《史记·春申君列传》:"赵使欲夸楚,为瑇瑁簪,刀剑室以珠玉饰之,请命春申君客。春申君客三千余人,其上客皆蹑珠履以见赵使,赵使大惭。"南朝宋鲍照《拟行路难》诗之九:"还君金钗玳瑁簪,不忍之益愁思。"唐罗隐《咏史》诗:"徐陵笔砚珊瑚架,赵胜宾朋玳瑁簪。"温庭筠《洞户二十二韵》:"素手琉璃扇,玄髻玳瑁簪。"宋之问《江南曲》:"懒结茱萸带,愁安玳瑁簪。"

【玳簪】dàizān 即"玳瑁簪"。亦代称幕僚。唐温庭筠《寄河南杜少尹》诗:"十载归来鬓未凋,玳簪珠履见常僚。"宋梅尧臣《和永叔柘枝歌》:"绮菌绣幄粲辉映,玳簪珠履何委蛇。"李元膺《浣溪沙》词:"饮散兰堂月未中。骅骝娇簇绛纱笼。玳簪促坐客从容。"晁元礼《满庭芳》词:"命玳簪促席,云鬓分行。"元朱晞颜《拟古》诗之四:"玳簪映珠履,佩玉鸣锵锵。"《剪灯余话·贾云华还魂记》:"珠履玳簪,不减昔时之丰盛;钟鸣鼎食,宛如向日之繁华。"

dan—die

【丹裳】dāncháng 红色的衣裙。汉蔡邕《青衣赋》:"绮袖丹裳,蹑蹋丝扉。"《汉官六种》:"以岁十二月,使方相氏蒙虎皮,黄金四目,玄衣丹裳,执戈持盾,帅百吏及童子而时傩,以索室中,而殴疫鬼。"

晋潘岳《为贾谧作赠陆机》诗:"曜藻崇正,玄冕丹裳。"宋张君房《云笈七签》卷二五:"凤羽紫帔,虎锦丹裳。"

【单袷(夹)】dānjiá ❶单衣和夹衣的合称。汉班固《白虎通·崩薨》:"士再重,无大棺,二重衣衾三十称,单袷备为一称。"宋贺铸《玉津晚归马上·丁卯清明京师赋》:"醉醒皆自得,单袷正相宜。"❷轻便的夹衣。明朱让栩《春日》诗:"明窗长昼独从容,单袷闲来坐暖风。"清郑泽《晚眺次钝根韵》:"端居惜幽胜,单袷事追寻。"

【单绞】dānjiǎo 暗黄色的单薄衣服。《后汉书·祢衡传》:"诸史过者,皆令脱其故衣,更着岑牟单绞之服。"唐李贤注引郑玄曰:"绞,苍黄之色也。"唐皮日休、陆龟蒙《北禅院避暑联句》:"逍遥脱单绞,放旷抛轻策。"

【珰】dāng ❶汉代宦官、近臣冠上的黄金牌饰。通常加于冠前,以示恩宠。后成为宦官的代称。汉卫宏《汉官仪》卷上:"中常侍,秦官也。汉兴,或用士人。银珰左貂。光武以后,专任宦者,右貂金珰。"清孔尚任《桃花扇·哄丁》:"阉儿珰子,阉儿珰子,那许你拜文宣。"冯桂芬《明征士刘孝惠先生像题词》:"珰竖肆毒,奸相树门户。"❷妇女的耳饰。通常以玻璃、琉璃等透明的材料制成。使用时系于耳垂,行则珰珰作响。原为边陲少数民族风俗,秦汉时传入中原,亦为中原人民所采用,并演变为一种耳饰。《古诗为焦仲卿妻作》:"腰若流纨素,耳着明月珰。"刘熙《释名·释首饰》:"穿耳施珠曰珰。此本出于蛮夷所为也。蛮夷妇女轻浮好走,故以此琅珰锤之也,今中国人效之耳。"唐李贺《李夫人歌》:"红璧阑珊悬佩珰,歌台小妓遥相望。"《新唐书·西域传上》:"为小髻鬟,耳垂珰。"宋周密《木兰花慢·平湖秋月》词:"明珰,净洗新妆。"又《水龙吟》词:"轻妆斗白,明珰照影,红衣羞避。"元龙辅《女红余志》:"珰,妇人首饰也。诗曰:'明珰间翠钗。'"《红楼梦》第七十八回:"烂裙裾之烁烁兮,镂明月以为珰耶?"

【裆】dāng ❶上身衣服的横裆。汉刘熙《释名·释衣服》:"心衣,抱腹而施钩肩,钩肩之间施一裆,以奄心也。"又:"抱腹,上下有带,抱裹其腹上,无裆者也。" ❷坎肩。背心之类的衣服。题汉刘歆《西京杂记》卷一:"记汉赵昭仪赠赵飞燕礼物三十五件,其中有金错绣裆。"《玉篇·衣部》:"裆,裲裆也。"唐慧琳《一切经音义》卷三七:"裆,即背裆也。一当背,一当胸。" ❸裤裆的简称,两裤腿相连的地方。亦指代裤。《北史·节义·于什门》:"(于什门)见跋不拜,跋令人按其项……什门于群众中回身背跋,披裤后裆以辱之。"唐李贺《艾如张》诗:"锦襜褕,绣裆襦。"

【钿】diàn 也作"镇",妇女装饰鬓发的一种花形首饰。多用金银或珠宝制成,名目众多,如:金钿、翠钿、花钿等。自唐代始,簪戴花钿的多寡已成为后妃贵妇显示身份、彰明品位的标志。以后各朝亦多沿用此制。明代后妃在重大礼仪场合要穿礼服、戴凤冠,对宝钿的佩戴更有严格的定制。清代亦实行钿子之制。《说文解字·金部》:"钿,金华(花)也。"《晋书·舆服志》:"贵人、夫人、贵嫔,是为三夫人,皆金章紫绶……服纯缥为上与下,皆深衣制。太平髻,七镇蔽髻,黑玳瑁,又加簪珥。九嫔及公主、夫人五镇,世妇三镇。"宋吴处厚《青箱杂记》卷五:"唐路德延,有《孩儿诗五十韵》盛传于世……喜婢裁裙布,嗔妻买粉钿。"汪元量《贾魏公府》诗:"湖边不见碾香车,断珥遗钿满路途。"《格致镜原》:"金华(花)为饰,田田然,故曰钿。"明方以智《通雅》卷三六:"所谓镇,蔽髻也,自魏有七镇蔽髻,晋皇后十二镇,《隋志》作钿。"《金瓶梅词话》第九十五回:"(薛嫂)问我要两副大翠垂云子钿儿,又要一副九凤钿儿……打开花箱,取出与吴月娘看。只见做的好样子,金翠掩映,背面贴金。那个钿儿,每个凤口内衔着一挂宝珠牌儿,十分奇巧。"《正字通》:"螺钿,妇人首饰,用翡翠丹粉为之。"《明史·舆服志》:"(皇后)其冠饰翠龙九,金凤四,中一龙衔大珠一,上有翠盖,下垂珠结。余皆口衔珠滴,珠翠云四十片,大珠花、小珠花数如旧(十二树)。三博鬓,饰以金龙、翠云,皆垂珠滴。翠口圈一副,上饰珠宝钿花十二,翠钿如其数。"

【貂蝉】diāochán 冠上的貂尾和金蝉装饰,亦指装饰有貂蝉的冠帽。汉、魏、六朝为侍中、常侍等贵近之臣的冠饰。因亦代指侍中等贵近之臣。宋前期官至同中书门下平章事(宰相)戴貂蝉冠,故在两宋,貂蝉用以代称宰相。《初学记》卷一二:"《汉官》云:侍中冠武弁大冠,亦曰惠文冠,加金珰,附蝉为文。貂尾为饰,谓之貂蝉。"《汉书·刘向传》:"青紫貂蝉,充盈幄内。"《后汉书·舆服志下》:"侍中、中常侍加黄金珰,附蝉为文,貂尾为饰,谓之'赵惠文冠'。"晋崔豹《古今注》卷上:"貂蝉,胡服也。貂者,取其有文采而不炳焕,外柔易而内刚劲也。蝉,取其清虚识变也。在位者有文而不

貂

自耀，有武而不示人，清虚自牧，识时而动也。"《南史·江淹传》："初，淹年十三时，孤贫，常采薪以养母，曾于樵所得貂蝉一具，将鬻以供养。其母曰：'此故汝之休征也，汝才行若此，岂长贫贱也，可留待得侍中著之。'"宋辛弃疾《水调歌头》词："头上貂蝉贵客，花外麒麟高冢，人世竟谁雄！"邵伯温《邵氏闻见录》卷一："陶（谷）为人轻险，尝自指其头，谓必戴貂蝉。今髑髅亦无矣。"刘克庄《水龙吟·又辛亥晚生朝》词："祁公一度貂蝉，先生三度貂蝉了。"高承《事物纪原·冠冕首饰部·貂蝉》："一曰，武弁大冕侍中冠之，金珰左貂，昔赵武灵王胡服也，秦始皇灭赵以赐侍中，故为侍中之服。"《宋史·舆服志四》："朝服：一曰进贤冠，二曰貂蝉冠，三曰獬豸冠，皆朱衣朱裳……中书门下则冠加笼巾貂蝉……宰臣、使相则加笼巾貂蝉。"

【貂珰】diāodāng 貂尾和金、银珰，皇帝近臣的常用冠饰，始于汉代，亦用之于女近侍。东汉专任宦官为中常侍，右貂金珰，貂珰渐为宦官代称。南朝宋以来，王公贵臣加侍中、散骑常侍，乃得佩戴。汉扬雄《侍中箴》："光光常伯，俨俨貂珰。"汉应劭《汉官仪》卷上："中常侍，秦官也。汉兴，或用士人，银珰左貂。光武以后，专任宦者，右貂金珰。"《后汉书·朱穆传》："案汉故事，中常侍参选士人，建武以后，乃悉用宦者，自延平以来，浸益贵盛，假貂珰之饰，处常伯之任。天朝政事，一更其手，权倾海内，宠贵无极。"《南史·陆慧晓传》："朝议又欲以为侍中……（王）亮曰：'角其二者，则貂珰缓，拒寇切。当今朝廷甚弱，宜从切者。'乃以为辅国将军、南兖州刺史，加督。"唐

韩偓《感旧》诗："省趋弘阁侍貂珰，指座深恩刻寸肠。"《太平御览》卷六八八："石虎征讨，所得妇人美色万余，选为女侍中，着貂珰，直皇后。"明沈德符《万历野获编·东厂印》卷六："凡内臣关防之最重者为东厂，文曰：'钦差总督东厂官校办事太监关防'凡十四字。大凡中官出差，所原无'钦差'字面，即其署衔，不过曰'内官'、'内臣'而已，此又特称'太监'，以示威重。余谓文皇时虽设此厂以寄耳目，然其时貂珰未炽。"清阮葵生《茶余客话·代称》卷一六："貂珰，贵戚也；刑余也。"

【貂狐】diāohú 以貂、狐之皮制成的裘皮服装。泛指富贵者御寒的衣服。汉王充《论衡·自纪》："俗晓（形）露之言，勉以深鸿之文，犹和神仙之药以治飘欬，制貂狐之裘以取薪菜也。"《汉书·王褒传》："故服絺绤之凉者，不苦盛暑之郁燠；袭貂狐之暖者，不忧至寒之凄怆。"

【貂裘】diāoqiú 貂皮制成的裘皮衣服。有黑色、紫色、青色、白色之别。多为富贵者冬季时穿着以御寒。明、清时朝廷曾下令禁止庶民穿着，清初规定，非三品以上不得穿着。《淮南子·说山训》："貂裘而杂，不若狐裘而粹。"《汉书·赵充国传》："数使使尉黎、危须诸国，设以子女貂裘，欲沮解之。"《后汉书·东平宪王苍传》："（建初）六年冬，苍上疏求朝。明年正月，帝许之。特赐装钱千五百万，其余诸王各千万。帝以苍冒涉寒露，遣谒者赐貂裘，及太官食物珍果，使大鸿胪窦固持节郊迎。"《南史·徐龙驹传》："帝为龙驹置嫔御妓乐。常住含章殿，着黄纶帽，被貂裘，南面向案，代帝画敕。"唐李白《送程刘二侍郎兼独孤判官赴安西幕

210

秦汉时期的服饰

府》诗："绣衣貂裘明积雪，飞书走檄如飘风。"薛逢《侠少年》诗："绿眼胡鹰踏锦鞲，五花骢马白貂裘。"《旧五代史·高祖纪二》："脱白貂裘以衣帝，赠细马二十匹，战马一千二百匹。"《资治通鉴·后汉纪一》："契丹主貂帽、貂裘，衷甲，驻马高阜，命起，改服，抚慰之。"《宋史·慕容延钊传》："是冬大寒，遣中使赐貂裘、百子毡帐。"《辽史·仪卫志二》："贵者被貂裘，以紫黑色为贵，青次之；又有银鼠，尤洁白。贱者貂毛、羊、鼠、沙狐裘。"《文献通考·四裔》："贵者，披貂裘，貂以紫黑色为贵，青色次之。"《元史·乃蛮台传》："大德五年，奉命征海都、朵哇，以功赐貂裘白金，授宣徽院使，阶荣禄大夫。"明宋应星《天工开物·裘》："色有三种：一白者曰银貂，一纯黑，一黯黄。"又："服貂裘者，立风雪中，更暖于宇下；眯入目中，拭之即出，所以贵也。"《明史·舆服志三》："正德元年禁商贩、仆役、倡优、下贱不许服用貂裘。"清戴璐《藤阴杂记》卷三："'京堂詹翰两衙门，齐脱貂裘猞猁狲。昨夜五更寒彻骨，举朝谁不怨葵尊?'渔洋戏作，时康熙乙亥，任葵尊(宏嘉)奏三品以下禁服貂裘、猞猁狲也。"纳兰性德《于中好》词："萧萧一夕霜风紧，却拥貂裘怨早寒。"《清史稿·叶方蔼传》："上甚悦，命撰太极图论以进，赐貂裘、文绮。"

【貂尾】diāowěi 冠帽上装饰的貂的尾巴。汉代始用于宦官侍臣冠上的装饰物。后代沿用，成为三公、亲王等高官、近臣的冠饰。也用以指高官显贵。汉蔡邕《独断》卷下："(武冠)侍中、中常侍加黄金珰，附蝉为文，貂尾饰之。"《后汉书·舆服志下》："胡广曰：'赵武灵王效胡服，以金珰饰首，前插貂尾，为贵职，

秦灭赵，以其君冠赐近臣。'"又《宦者列传》："汉兴，仍袭秦制，置中常侍官。然亦引用士人，以参其选，皆银珰左貂，给事殿省……自明帝以后，迄乎延平，委用渐大，而其员稍增，中常侍至有十人，小黄门二十人，改以金珰右貂，兼领卿署之职。"《晋书·舆服志》："汉幸臣闳孺为侍中，皆服大冠……侍中、常侍则加金珰，附蝉为饰，插以貂毛，黄金为竿，侍中插左，常侍插右。"《新唐书·车服志》："进贤冠者，文武朝参、三老五更之服也……侍中、中书令、左右散骑常侍有黄金珰，附蝉，貂尾。侍左者左珥，侍右者右珥。"宋王禹偁《谪居感事》诗："鱼须从典卖，貂尾任倾欹。"《清史稿·舆服志二》："文二品朝冠，冬用薰貂，十一月至上元用貂尾，顶镂花金座，中饰小红宝石一，上衔镂花珊瑚。"清丘逢甲《秋怀次前韵》："入世功名貂尾贱，过江风物蟹螯肥。"

貂尾
(河南洛阳宁懋墓出土北朝石刻)

【貂羽】diāoyǔ 用貂尾制成的冠饰。《汉书·燕刺王刘旦传》："旦遂招来郡国奸人，赋敛铜铁作甲兵，数阅其车骑材官卒，建旌旗鼓车，旄头先驱，郎中侍从者著貂羽，黄金附蝉，皆号侍中。"唐颜师古

注:"貂羽,以貂尾为冠之羽也……貂羽附蝉,天子侍中之饰,王僭为之。"赵超主编《汉魏南北朝墓志汇编·北齐董显墓志》:"金图蝉翼,冠饰貂羽,朝国大启,臣寮广列,诏德褒贤,爵服非齿。"

【貂裘】diāoqiú 即"貂裘"。《史记·货殖列传》:"枣栗千石者三之,狐貂裘千皮,羔羊裘千石。"

【絜】diē 也作"褺",厚实保暖的多层衣服。《说文解字·衣部》:"絜,重衣也。"清段玉裁注:"重衣也。凡古云衣一袭者,皆一絜之假借。絜读如重叠之叠。"《汉书·叙传》:"夫饿馑流隶,饥寒道路,思有短褐之褺,儋石之畜。"清王念孙杂志:"此言短褐之褺,谓饥寒之人,思得短褐以为重衣。"

dong—duo

【冬衣】dōngyī 冬季御寒的衣服。《后汉书·桓帝纪》:"八月庚子,诏减虎贲、羽林住寺不任事者半奉,勿与冬衣;其公卿以下给冬衣之半。"唐白居易《秋霁》诗:"冬衣殊未制,夏衣行将绽。"宋丁谓《丁晋公谈录》:"无了期,无了期!春衣才了又冬衣!"《红楼梦》第六回:"这是二十两银子,暂且给这孩子做件冬衣罢。"

【兜】dōu ❶即"兜""鍪"。篆文像头上戴有起遮护作用的帽子形。《说文解字·兜部》:"兜,兜鍪,首铠也。"清朱骏声《说文通训定声》:"胄所以蒙冒其首,故谓之兜。亦曰兜鍪者,叠韵连语。"❷指形似兜鍪的帽子,如风帽之类。《红楼梦》第四十九回:"见探春正从秋爽斋出来,围着大红猩猩毡的斗篷,戴着观音兜。"❸缀在衣服上用以盛放物品的口袋;衣兜。《水浒传》第三十八回:"(李逵)就地下搂

了银子,又抢了别人赌的十来两银子,都搂在布衫兜里。"清张寿《津门杂记》卷下辑冯向华《衣兜》诗:"袤衣里作方兜,举身探囊逐件投。包括一身多少事,取携勿旁求。"注:"又如衣襟下每作布兜,装置零物,取其便也。近则津人习染,衣襟无不作兜。凡成衣店、估衣铺所制新衣,亦莫不然。"

【兜鍪】dōumóu 省称"兜""鍪"。也作"兜牟"。护头盔帽,多为神将、武士所戴。秦汉以前称胄,汉以后称兜鍪。《东观汉记·马武传》:"身被兜鍪铠甲,持戟奔击。"《后汉书·袁绍传》:"绍脱兜鍪抵地。"《新五代史·杂传·李金全》:"晏球攻王都于中山,都遣善射者登城射晏球,中兜牟。"《南史·柳元景传》:"安都怒甚,乃脱兜鍪,解所带铠,唯著绛衲两当衫,马永去具装,驰入贼阵。"宋彭大雅《黑鞑事略》:"其军器……有铁团牌,以代兜鍪,取其入阵转旋之便。"范成大《桂海虞衡志·志器》:"兜鍪及甲身内外悉朱地,间黄黑漆作百花虫兽之纹,如世所用犀毗器,极工妙。"洪迈《夷坚丙志·牛疫鬼》:"(牧童)见壮夫数百辈,皆被五花甲,着红兜鍪,突而入。"元高文秀《保成公径赴渑池会》第三折:"他正是撩蜂剔蝎胡为做,又无甚兜鍪铠甲相遮护,使不着胆大心粗。"清赵翼《孙介眉招食鲢鱼头羹》:"鲢鱼之美乃在头,头大于身如兜鍪。"

【犊鼻】dúbí 即"犊鼻裈"。《吴越春秋·勾践入臣外传》:"越王服犊鼻着樵头。"明李时珍《本草纲目·服器·裈裆》:"裈,犊鼻,触衣,小衣。"宋刘辰翁《水调歌头·和彭明叔七夕》词:"吾腹空虚久矣,子有满堂锦绣,犊鼻若为酬。"

【犊鼻裈】dúbíkūn 也作"犊鼻裩"。省称

"犊鼻""犊裈"。合裆的短裤,一说围裙。其名取义凡有三说:一谓裤式短小,两边开口,若牛鼻两孔,故名;一说膝下穴位之名;一说为"裈"字音转。汉晋时男性农夫仆役多穿着。《史记·司马相如传》:"相如身自著犊鼻裈,与保庸杂作,涤器于市中。"《梁书·文学传下·谢几卿》:"后以在省署,夜着犊鼻裈,与门生登阁道饮酒酺呼,为有司纠奏,坐免官。"明田艺蘅《留青日札》卷二二:"汉司马相如著犊鼻裈,晋阮咸晒犊鼻裈,以三尺布为之,形如牛鼻,盖前后各一幅,中裁两尖交裆,即今之牛头子裤,一名梢子,乃为农夫田衣,而士人无复服之者矣。"

【褍】dú 衣背中央的直缝。《说文解字·衣部》:"褍,衣躬缝也。从衣,毒声。"清段玉裁注:"躬从吕,自后言身也。躬与褍双声。下文曰:'裻,背缝。'亦即此字也。"《古今韵会举要》:"同裻。"

【襩】dǔ 即"褍"。汉扬雄《方言》卷四:"绕繱谓之襩褕。"晋郭璞注:"衣督脊也。"清戴震疏证:"案襩亦作裻。"

【短衣】duǎnyī 也称"短服"。❶襦、袄之类长不过膝的上衣。《史记·叔孙通列传》:"叔孙通儒服,汉王憎之。乃变其服,服短衣,楚制。"唐司马贞索隐引孔文祥曰:"短衣便事,非儒者衣服。高祖,楚人,故从其俗裁制。"汉刘向《说苑·善说》:"齐短衣而遂偃之冠。"《三国志·吴志·诸葛恪传》:"峻起如厕,解长衣,着短服,出曰:'有诏收诸葛恪。'"清钱泳

《履园丛话·书周孝子事》:"芳容则麻鞋短服,日行三四十里,遇无旅舍处,辄据石倚树、露宿草间。"❷特指北方、西域少数民族服装。宋沈括《梦溪笔谈》卷一:"中国衣冠,自北齐以来,乃全非古制。窄袖、绯绿短衣,长靿靴,有鞢躞带。"明何孟春《余冬序录摘抄内外篇》卷一:"元世祖起自朔漠,以有天下,悉以胡俗变易中国之制,士庶咸辫发椎髻……妇女衣窄袖短衣,下服裙裳。"

【鞤】duàn 也作"缎""緞"。缀于鞋子后跟用布帛或皮革制成的贴片。通常制成方形,或缝缀于鞋帮,或翻出于鞋外,以增强鞋子的耐磨性。《说文解字·韦部》:"鞤,履后帖也。从韦,段声。"清段玉裁注:"引申为今俗语帮贴之字。凡履跟必帮贴之,令坚厚,不则易敝。"《广韵·麻韵》:"鞤,履跟后帖。緞,同上。"汉史游《急就篇》:"履舄……緞纫。"唐颜师古注:"緞,履跟之帖也。"宋王应麟补注:"緞,《广韵》作鞤,履跟后帖,亦作鞤。"

【褍】duò 无袂之衣。汉扬雄《方言》卷四:"无袂之衣谓之褍。"《说文解字·衣部》:"褍,无袂衣谓之褍。"一说为无袖衣,如后世的背心之类。清赵翼《陔余丛考》卷二二:"《说文》:'无袂衣谓之褍。'赵宧光以为即半臂,其小者谓之背子。此说非也。既曰半臂,则其袖必及臂之半,正如今之马褂;其无袖者,乃谓之背子耳。"

E

【耳】ěr ❶官吏巾帻两侧的下垂部分。其制长短不一,长者用于文官,短者用于武将,最早出现于西汉时期。《后汉书·舆服志下》:"帻者,赜也,头首严赜也。至孝文乃高颜题,续之为耳……文者长耳,武者短耳,称其冠也。"汉蔡邕《独断》卷下:"冠进贤者宜长耳,冠惠文者宜短耳,各随所宜。"❷鞋襻。《西游记》第二十五回:"三耳草鞋登脚下,九阳巾子把头包。"清闵小艮《清规玄妙·外集》:"斯乃九流外教,火居门徒……或跣足,或多耳麻鞋。"

冠上的耳
（山东嘉祥武氏祠汉代石刻）

【耳珰】ěrdāng 妇女耳饰。用琉璃珠玉、金银等透明晶莹的材料制成圆筒状,中间收缩,两端或一端宽大,呈喇叭口型,中心贯有孔,以便系戴。秦汉以后较为流行。《后汉书·舆服志下》:"太皇太后入庙服……簪珥。珥,耳珰垂珠也。"《新唐书·礼乐志第十一》:"舞者二人,黄袍袖,练襦,五色绦带,金铜耳珰;赤靴。"明顾起元《客座赘语·女饰》:"耳饰在妇人,大曰环,小曰耳塞;在女曰坠,古之所谓耳珰也。"

【耳珠】ěrzhū 即"耳珰"。《文选·曹植〈洛神赋〉》唐李善注引汉服虔《通俗文》:"耳珠曰珰。"《乐府诗集·定情诗》引《乐府解题》:"言妇人不能以礼,从人而自相悦媚。乃解衣服玩好致之……指环致殷勤,耳珠致区区。"

【珥貂】ěrdiāo 也称"貂珥"。冠上插貂尾装饰。汉代侍中中常侍多用,后来用为贵近之臣的代称。三国魏曹植《王仲宣诔》:"戴蝉珥貂,朱衣皓带。入侍帷幄,出拥华盖。"《梁书·朱异传》:"历官自员外、常侍至侍中,四官皆珥貂。"唐白居易《孔戣可右散骑常侍制》:"可使珥貂,立吾左右。从容侍从,以备顾问。"韩愈《陪杜侍御游湘西两寺独宿》诗:"珥貂藩维重,政化类分陕。"《新唐书·百官志二》:"显庆二年,分左右,隶门下、中书省,皆金蝉、珥貂,左散骑与侍中为左貂,右散骑与中书令为右貂,谓之'八貂'。"明王洪《奉和胡学士光大侍从游万岁山诗韵》之五:"珥貂黄阁老,挥翰玉堂人。"清黄鷟来《杂兴》诗:"触豸岂无柱下史,珥貂曾列侍中筵。"

F

fa—feng

【法冠】fǎguān 执法者所戴的冠帽。本为楚王冠,秦灭楚,以其君之冠赐御史服之,秦汉时御史、使节和执法官皆戴此冠。秦汉以后,历经三国、两晋、南北朝沿袭之。到唐朝时,法冠以铁为柱,取其不曲挠之意,其上施珠两枚,为獬豸之形,左右御史台监察服之。两宋时所谓的法冠,仅在进贤冠的梁上刻木作獬豸角之状。明代御史等执法官的獬豸冠与宋代同。《史记·淮南衡山列传》:"于是王乃令官奴入宫……汉使节法冠……"汉蔡邕《独断》卷下:"法冠,楚冠也。一曰柱后惠文冠。高五寸,以纚裹,铁柱卷。秦制,执法者服之。今御史、廷尉、监平服之。谓之獬豸。獬豸,兽名,盖一角……秦灭楚,以其君冠赐御史。"《宋书·礼志五》:"法冠,本楚服也。一名柱后,一名獬豸。"《隋书·礼仪志七》:"法冠,一名獬豸冠,铁为柱,其上施珠两枚,为獬豸角形。法官服之。"《通典》卷五七:"法冠……汉晋至陈,历代因袭不易。隋开皇中于进贤冠上加二真珠为獬豸角形,大业中改制一角,执法者服之。"《旧唐书·舆服志》:"法冠,一名獬豸冠,以铁为柱,其上施珠两枚,为獬豸之形。左右御史台流内九品以上服之。"《宋史·舆服志四》:"《后汉志》:'法冠一曰柱后,执法者服之,侍御史、廷尉正监

平也,或谓之獬豸冠。'《南齐志》亦曰:'法冠,廷尉等诸执法者冠之。'今御史台自中丞而下至监察御史,大理卿、少卿、丞、审刑院、刑部主判官,既正定厥官,真行执法之事,则宜冠法冠,改服青荷莲锦绶,其梁数与佩准本品。"清钱谦益《江西按察司副使曾用升授中宪大夫制》:"夫内外台俱冠法冠,掌风宪。"

法冠(宋聂崇义《三礼图》)

【袢】fán 本指葛布,后专指夏天穿的本色细葛内衣。《说文解字·衣部》:"袢,衣无色也。"清段玉裁注:"绌当同褒……中用绉绤为衣,可以揩摩汗泽,故曰褒袢。褒袢专谓绉绤也。暑天近汗之衣必无色。"清朱骏声《说文通训定声》:"袢当为里衣之称,里衣素无色,当暑用绤袢,即绉绤也。"宋岳珂《桯史·琵琶亭术者》:"新暑初袢,小憩亭上。"

【樊哙冠】fánkuàiguān 宫殿门前司马卫士所戴的冠。由汉初名将樊哙而得名。相传楚汉相争时,刘邦赴鸿门宴,项羽欲杀之,汉将樊哙乃裂裳裹盾为冠,闯入宴席,刘邦乘间逃走。汉朝建立后,效仿樊哙所包之盾制以为冠,颁赐于殿门卫

士,名曰"樊哙冠",沿用至南朝。《后汉书·舆服志下》:"樊哙冠,汉将樊哙造次所冠,以入项羽军。广九寸,高七寸,前后出各四寸,制似冕。司马殿门大难卫士服之。或曰,樊哙常持铁盾,闻项羽有意杀汉王,哙裂裳以裹盾,冠之入军门,立汉王旁,视项羽。"《晋书·舆服志》:"樊哙冠……制似平冕,昔楚汉会于鸿门,项籍图危高祖,樊哙持铁盾,闻急乃裂裳苞盾,戴以为冠,排入羽营,因数羽罪,汉王乘间得出,后人壮其意,乃制冠象焉。"《隋书·礼仪志六》:"樊哙冠,广九寸,高七寸,前后出各四寸,制似平冕。凡殿门司马卫士服之。"《通典》卷五七:"樊哙冠,汉将樊哙造次所冠,以入项羽军。其制似平冕,广九寸,高七寸,前后出各四寸,司马殿门卫士服之……晋、宋、齐、陈不易其制,余并无闻。"

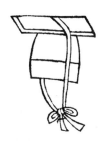

樊哙冠(宋聂崇义《三礼图》)

【反闭】fǎnbì 领襟在背后闭合的短衣。汉刘熙《释名·释衣服》:"反闭,襦之小者也,却向着之,领含于项,反于背后,闭其襟也。"

【反门】fǎnmén 即"反闭"。《汉书·石奋传》"入子舍,窃问侍者,取亲中裙厕腧,身自浣洒"唐颜师古注:"晋灼曰:'今世谓反门小袖衫的侯腧……中裙,若今言中衣也。厕腧者,近身之小衫,若今汗衫也。'"

【方履】fānglǚ 方头的鞋履。西汉前期多用于贵族,西汉以后贵贱均用,多用于男子。晋太康后,习俗变迁,妇女亦着方履。至唐又用作舞鞋,五代以后,成为男子专用。《太平御览》卷六九七:"天子黑方履,诸侯素方履,大夫素圆履。"《宋书·五行志一》:"昔初作履者,妇人圆头,男子方头。圆者,顺从之义,所以别男女也。"宋王谠《唐语林》卷七:"宣宗妙于音律,每赐宴前,必制新曲,俾宫婢习之。至日,出数百人,衣以珠翠缇绣,分行列队,连袂而歌,其声清怨,殆不类人间。其曲,有曰'播皇猷'者,率高冠方履,褒衣博带,趋赴俯仰,皆合规矩。"宋张世南《游宦纪闻》:"朱文公晚年,居考亭……遂不免遵用旧京故俗,辄以野服从事……大带方履。"《二刻拍案惊奇》卷二:"父母一眼看去,险些不认得了,你道他怎生打扮?头戴包巾,脚蹬方履。"《水浒传》第六十一回:"吴用戴一顶乌绉纱抹眉头巾,穿一领皂沿边白绢道服,系一条杂彩吕公绦,著一双方头青布履。"

【方山冠】fāngshānguān 乐、舞者在表演时所带的冠帽。秦汉时期用于祭祀宗庙,两晋时期因袭。至明代文舞时使用,形制有所改变。《汉书·武五子传》:"尝见白犬,高三尺,无头,其颈以下似人,而冠方山冠。"汉蔡邕《独断》卷下:"方山冠以五采縠为之。汉祀宗庙,《大予》、《八乐》、《五行》舞人服之。衣冠各从其行之色,如其方色而舞焉。"《晋书·舆服志》:"方山冠,其制似进贤,郑展曰:'方山冠,以五采縠为之。'汉《大予》、《八

的秦汉时期服饰

俏》、《四时》、《五行》乐人服之,冠衣各如其行方之色而舞焉。"《资治通鉴·汉昭帝元平元年》:"王尝见大白犬,颈以下似人,冠方山冠而无尾,以问龚遂。"元胡三省注:"方山冠以五以采縠为之,前高七寸,后高三寸,长八寸,乐舞人服之。"《明史·舆服志三》:"文舞,曰《车书会同之舞》。舞士,皆黑光描金方山冠,青丝缨,红罗大袖衫,红生绢衬衫,锦领,红罗拥项,红结子,涂金束带,白绢大口裤,白绢袜,茶褐鞋。舞师冠服与舞士同,惟大袖衫用青罗,不用红罗拥项、红结子。"

方山冠(宋聂崇义《三礼图》)

【蜚袏】fēixiān 妇人袿衣下垂为饰的长带。汉司马相如《子虚赋》:"蜚袏垂髾。"明孙柚《琴心记·汉宫春晓》:"身穿石竹罗衣,闷觇蜚袏斗草,头戴山花宝髻,开揄阿锡藏钩。"

【衯】fēn 也作"纷""帉"。佩巾。《说文解字·巾部》:"衯,楚谓大巾曰衯。"清段玉裁注:"《内则》曰:左佩纷帨。郑玄:纷帨,拭物之佩巾。今齐人有言纷者。《释文》曰:纷或作帉。按纷者假借字也。衯、帉同。"宋王安石《次韵酬宋玘》诗:"山陂畴昔从吾亲,诸父先生各佩帉。"

【丰衣】fēngyī 也作"缝衣"。汉代儒者所服宽大之衣。《淮南子·氾论训》:"当此之时,丰衣博带而道儒墨者,以为不肖。"《后汉书·樊准传》:"又多征名儒,以充礼官,如沛国赵孝、琅邪承宫等,或安车结驷,告归乡里;或丰衣博带,从见宗庙。"

【凤冠】fèngguān ❶皇后、嫔妃及皇亲、贵族妇女所戴的礼冠,冠上装饰有金玉制成的凤凰形饰品。汉代只有太皇太后、皇太后、皇后入庙行礼时才戴。宋代正式把凤冠确定为礼服,皇后、皇妃参加大礼盛典时戴。明代后妃继承了宋代的传统,在接受册封、参加祭祀或重大朝会时戴凤冠。明清时平民妇女举行婚礼、殡葬时亦用作盛饰。晋王嘉《拾遗记·晋时事》:"(石季龙)使翔风调玉以付工人,为倒龙之佩,紫金为凤冠之钗。言刻玉为倒龙之势,铸金钗象凤皇之冠。"元杨显之《潇湘雨》第四折:"解下了这金花八宝凤冠儿。"《明史·舆服志二》:"皇后常服……珊瑚凤冠觜一副。"《醒世姻缘传》第八十三回:"与寄姐做洄袖袍,打光银带,穿珠翠凤冠,买节节高霞佩。"❷又叫翠凤冠,传统戏曲中皇后、嫔妃、公主、诰命夫人以及出嫁妇女等所戴装饰有凤凰首饰的冠。银色架子上缀凤凰和翠珠,两旁垂穗子、有后扇。凤冠有大凤冠和半凤冠两种,小凤冠又叫半凤冠,比大凤冠简单。如《盗宗卷》里的吕后、《贵妃醉酒》中的杨玉环、《打金枝》中的公主、皇后,《长乐宫》中的皇后等戴大凤冠;《祭江》里的孙尚香等戴半凤冠;还有一种叫老旦凤冠,两旁没有丝穗,为年事高的太后、后妃和诰命夫人等贵妇所戴。如《祭江》里的吴太后等戴此冠。❸苗族的银头饰。流行于广西融水、环江及黔东南、黔南。由数百朵细小银花组成球形冠,下面盘绕许多鱼、叶、花荷状的各种小饰物。前面有三块长短不一的银牌,上压有龙凤花纹,后面有三根银飘带。制作方法有镂丝、雕刻、镂空等,技艺精湛,华贵富丽,是财富和美的象征。❹畲族妇女传统头饰,流行于福建、浙江、江西、广东等地。其用竹制成,筒状,高约二寸,上用红布或花布裹绕。然后用多色丝线将五色石珠穿成珠链,挂在冠的周围。已婚妇女要梳螺旋式或简式高髻于脑后,发间缠以红绳,并戴此冠。畲族新娘凤冠又称"龙髻",上配有较多饰物,如耳环、银项冠、银链等,称为"九连环"或"九子十三孙",言婚后多子多福。

凤冠(北京明定陵出土)

fu

【凫舄】fúxì 脚尖高翘形如凫首的鞋子。因王乔所穿,故指仙人之履。《后汉书·方术传上·王乔》:"王乔者,河东人也。显宗世,为叶令。乔有神术,每月朔望,常自县诣台朝。帝怪其来数,而不见车骑,密令太史伺望之。言其临至,辄有双凫从东南飞来。于是候凫至,举罗张之,但得一只舄焉。乃诏尚方诊视,则四年中所赐尚书官属履也。"南朝梁沈约

《善馆碑》:"霓裳不反,凫舄忘归。"唐钱起《诏许昌崔明府拜补阙》:"脱身凫舄里,载笔虎闱前。"宋苏轼《送表弟程六知楚州》诗:"里人下道避鸠杖,刺史迎门倒凫舄。"《水浒传》第五十四回:"凫舄稳踏葵花镫,银鞍不离紫丝缰。"

【服刀】fúdāo 腰间佩带的短佩刀。《汉书·西域传上·婼羌》:"山有铁,自作兵,兵有弓、矛、服刀、剑甲。"唐颜师古注引刘德曰:"服刀,拍髀也。"

【服制】fúzhì ❶服饰制度,历代统治者根据不同身份等级颁定的有关服饰的规章制度。汉董仲舒《春秋繁露·服制》:"天子服有文章,夫人不得以燕饺,公以庙;将军大夫不得以燕饺,以庙,将军大夫以朝官吏;以命士止于带缘。散民不敢服杂采,百工商贾不敢服狐貉,刑余戮民不敢服丝玄缥乘马,谓之服制。"《史记·魏其武安侯列传》:"以礼为服制,以兴太平。"《汉书·元后传》:"且若自以金匮符命为新皇帝,变更正朔服制,亦当自更作玺,传之万世。"❷丧服制度。分斩衰、齐衰、大功、小功、缌麻五等,每一种服制都有特定的居丧服饰、居丧时间和行为限制。生者与死者亲属关系的亲疏远近服之。《隶续·汉都乡孝子严举碑》:"为父行丧,服制逾礼。"晋陶渊明《祭程氏文》:"五月甲辰,程氏妹服制再周。"《宋书·张永传》:"永痛悼所失之子,有兼常哀,服制虽除,犹立灵座,饮食衣服,待之如生。"❸代指服丧。明高明《琵琶记·一门旌奖》:"今大人服制已满。况天朝恩典,礼当从吉。"清潘荣陛《帝京岁时纪胜·禁忌》:"服制之家不登贺,不立门簿。"❹服饰装束样式。太平天国吴容宽《贬妖穴为罪隶论》:"鞑子混乱中国,占

中国之土地,害中国之人民,改中国之服制,变中国之形容。"清洪炳文《后南柯·访旧》:"咱们均系内官装束,倘至人间游历,言语服制多不相同。"

【袚】fú 婴儿之衣,犹褓褓。《广雅·衣部》:"襜、袚、襁、褓也。"清王念孙疏证:"《玉篇》:'襁,小儿衣也。'"清朱骏声《说文通训定声·泰部》:"苏俗谓之抱裙。"见196页bō。

【幅巾】fújīn 男子裹头的方巾,用全幅细绢不加裁剪制成。汉初本为庶民、贫贱者之服,东汉末年起,幅巾开始在王公大臣之间流行,名士郑玄、孔融等皆单着幅巾见客,以为风雅。魏晋六朝时期其制大兴,几乎成为男子日常主要的首服。北朝晚期,后周武帝改易其制,将四角加长,遂成幞头。到了宋代由于幞头演变成官定的服饰,寻常人不得戴用,幅巾重又受到青睐。宋代的文儒名士所戴幅巾,根据各人的喜好,式样繁多。明代的巾子式样更为繁多,有生儒所戴的儒巾,士人所戴的四方平定巾、汉巾、四角方巾、缣巾等。《东观汉记·鲍永传》:"更始殁,永与冯钦共罢兵,幅巾而居。"《后汉书·逸民传·韩康》:"及见康柴车幅巾,以为田叟也,使夺其牛。"又《郑玄传》:"玄不受朝服,而以幅巾见。"又《冯衍传》:"永、衍审知更始已殁,乃共罢兵,幅巾降于河内。"《三国志·魏志·武帝纪》"敛以时服"裴松之注引晋傅玄《傅子》:"汉末王公,多委王服,以幅巾为雅。是以袁绍、崔豹之徒,虽为将帅,皆着缣巾。"唐封演《封氏闻见记》卷五:"近古用幅巾,周武帝裁出脚,后幞发,故俗谓之幞头。"宋李上交《近事会元·幞头巾子》:"今宋朝所谓头巾,乃古之幅巾,贱

者之服。"苏轼《赠王子直秀才》诗:"幅巾我欲相随去,海上何人识故侯。"陆游《初秋山中作》诗:"万里西风吹幅巾,即今真个是闲人。"明张萱《疑耀》卷二:"昔司马温公依古式,作深衣、幅巾、缙带。每出,朝服乘马,用皮匣贮深衣随其后,入独乐园则衣之。"《金瓶梅词话》第十九回:"西门庆那日不往别去,在家新卷棚内,深衣幅巾坐的,单等妇人进门。"清周亮工《书影》卷六:"吕申公素喜释氏之学,及为相,务简静,罕与士大夫接;惟能谈禅者,多得从容。于是好进之徒,往往幅巾道袍,日游禅寺,随僧斋粥,谈说禅理,觊以自售。时人谓之'禅钻'。"

幅巾　　　　　山西太原北
(明王圻《三才图会》)　齐墓出土壁画

【黼冕】fǔmiǎn 绘黑白相间斧形的礼服和礼帽。《后汉书·鲍永传》:"时郡学久废,德乃修起横舍,备俎豆黼冕,行礼奏乐。"

【黼绣】fǔxiù 绣有斧形花纹的衣服。《汉书·贾谊传》:"美者黼绣,是古天子之服,今富人大贾嘉会召客者以被墙。"唐颜师古注:"黼者,织为斧形。绣者,刺为众文。"汉桓宽《盐铁论·散不足》:"今富者黼绣帷幄,涂屏错跗。"《宋史·乐志九》:"光烛黼绣,和流笙镛。"

【舄乡舄】fùxiāngxì 传说中的仙人之鞋。后代称隐士、仙人的鞋子。汉刘向《列仙

传》卷一:"安期生,琅琊阜乡人,卖药海边,时人皆呼千岁公。秦始皇请见,与语三夜,赐金帛数万。出于阜乡亭,皆置去,留书并赤玉舄一緉为报。"唐刘禹锡《游桃源一百韵》:"枕中淮南方,床下阜乡舄。"清王士禛《送邵子湘之登州》诗:"遥飞阜乡舄,往抚天吴背。"

【复襦】fùrú 短夹袄,纳有絮绵的短衣。汉无名氏《孤儿行》:"泪下渫渫,清涕累累;冬无复襦,夏无单衣。"汉扬雄《方言》卷四:"复襦,江、湘之间谓之㢌,或谓之筩襂。"清钱绎笺疏:"复襦谓衣之有絮而短者。"《广雅·释器》"复襦"清王念孙疏证:"襌襦,如襦而无絮也。然对有絮者谓之复襦矣。"

【复衫】fùshān 夹衣,用数层布帛制成的衫。汉刘熙《释名·释衣服》:"衫,芟也。芟末无袖端也。有里曰复,无里曰襌。"《梁书·诸夷传·东夷》:"百济者……呼帽曰冠,襦曰复衫,袴曰裈。其言参诸夏,亦秦韩之遗俗云。"

【复舄】fùxì 也作"复履"。双层底中有木底的鞋。汉扬雄《方言》卷四:"(履)中有木者谓之复舄,自关而东谓之复履。"唐

慧立《大慈恩寺三藏法师传》卷二:"加以风雪杂飞,虽复履重裘,不免寒战。"《聊斋志异·凤阳士人》:"女步履艰涩,呼丽人少待,将归着复履。"

【覆结】fùjié 也作"承露""覆䯻""结笼"。男子包裹发髻的头巾。汉扬雄《方言》卷四:"覆结谓之帻巾,或谓之承露,或谓之覆䯻,皆赵魏之间通语也。"晋郭璞注:"今结笼是也。"

【覆面】fùmiàn 死者遮面的布帛。《仪礼·士丧礼》:"幎目用缁,方尺二寸,𧜀里。"汉郑玄注:"幎目,覆面者也。"《新唐书·礼乐志十》:"诸臣之丧……衣以明衣裳,以方巾覆面,仍以大敛之衾覆之。"宋高承《事物纪原》:"今人死以方帛覆面者。《吕氏春秋》曰:夫差诛子胥,数年越报吴,践其国,夫差将死,曰:'死者如其有知也,吾何面目以见子胥于地下。'乃为幎以冒面而死,此其始也。"

【覆晬】fùzuì 也作"覆綷"。一种单衣。汉扬雄《方言》卷四:"覆晬谓之襌衣。"三国魏张揖《广雅·释器》:"覆晬……襌衣也。"清王念孙疏证:"襌之言单也。《说文》:襌衣,不重也。"

G

gan—gao

【**绀帻**】gànzé 汉代官吏斋戒时所戴的红青色(微带红的黑色)头巾。汉卫宏《汉官旧仪》:"凡斋,绀帻;耕,青帻;秋貙刘,服缃帻。"《通典》卷五七:"制,绀帻以斋,青帻以耕,缃帻以猎。绿帻,汉董偃召见服之。"

【**刚卯**】gāngmǎo 也称"双印""毅改""大坚""严卯"。汉代一种悬挂在皮带上,用以辟邪的腰佩。形似印章,作长方体。四周刻有辟邪文字,首句多为"疫日刚卯"或"正月刚卯既央"。中间穿孔,下有彩丝缚子垂下,多成对悬挂。东汉时,对制作质料、系双印之丝绳皆有等级规定:天子、诸侯王、公、列侯以白玉,中二千石以下至四百石皆以黑犀,二百石以至私学弟子皆以象牙。双印以丝绳系于身,天子用丝滕穿白珠,缀以赤罽蕤(毛织物之缨饰);诸侯王以下以绦赤丝蕤,滕、绦各与印质相符。其俗流行于汉,王莽篡汉以后曾一度废止,东汉初再度流行,魏晋以后不复再用。到明清时期,出现使用汉代刚卯和仿刻汉代者。《后汉书·舆服志下》:"佩双印,长寸二分,方六分。乘舆、诸侯王、公、列侯以白玉,中二千石以下至四百石皆以黑犀,二百石以至私学弟子皆以象牙。上合丝,乘舆以滕贯白珠,赤罽蕤,诸侯王以下以绦赤丝蕤,滕绦各如其印质。刻书

文曰:'正月刚卯既决,灵殳四方,赤青白黄,四色是当。帝令祝融,以教夔龙,庶疫刚瘅,莫我敢当。疾日严卯,帝令夔化,慎尔周伏,化兹灵殳。既正既直,既觚既方,庶疫刚瘅,莫我敢当。'凡六十六字。"《汉书·王莽传》:"今百姓咸言皇天革汉而立新,废刘而兴王。夫'刘'之为字'卯、金、刀'也,正月刚卯,金刀之利,皆不得行。"唐颜师古注:"服虔曰:'刚卯,以正月卯日作佩,长三寸,广一寸,四方;或用玉,或用金,或用桃,著革带佩之。今有玉在者,铭其一面曰:正月刚卯。'晋灼曰:'刚卯长一寸,广五分,四方。当中央从穿作孔,以采丝茸其底,如冠缨头蕤。刻其上面,作两行书……其一铭曰:'疾日严卯,帝令夔化,顺尔固伏,化兹灵殳。既正既直,既觚既方,庶疫刚瘅,莫我敢当。'今往往有土中得玉刚卯者,案大小及文,服说是也。"宋马永卿《嬾真子·正月刚卯》:"盖刚者,强也;卯者,刘也。正月佩之,尊国姓也。"元方回《五月初三日雨寒痰嗽》诗:"佩符岂有玉刚卯,挑药久无金错刀。"宋王观国《学林·毅改》:"以两汉所载刚卯制度考之,则毅改者,佩印也。以正月卯日作,故谓之刚卯,又谓之大坚,佩之以辟邪。"元末明初陶宗仪《南村辍耕录·刚卯》:"毅改者,佩印也。以正月卯日作,故谓刚卯,又谓之大坚,以辟邪也。"

【**高山冠**】gāoshānguān 也作"侧注""侧

注冠"。秦汉时代谒者、仆射、使者所戴的帽子。本是春秋战国时期齐王所戴的礼冠,秦灭齐后,秦王以此颁赐给谒者。后世沿用后,形制有所改变,有时皇帝出行亦可戴此。汉蔡邕《独断》卷下:"高山冠,齐冠也,一曰侧注。高九寸,铁为卷梁,不展筩,无山。秦制,行人使官所冠。今谒者服之,礼无文。太傅胡公说曰:高山冠,盖齐王冠也。秦灭齐,以其君冠赐谒者。"汉卫宏《汉官旧仪》卷上:"皇帝起居仪……出殿则传跸,止人清道,建五旗;丞相九卿、执兵奉引。乘舆冠高山冠,飞羽之缨,帻耳赤丹纨里。"《后汉书·舆服志下》:"高山冠,一曰侧注。制如通天,不邪却,直竖,无山述展筩,中外官、谒者、仆射所服。太傅胡广说曰:'高山冠,盖齐王冠也。秦灭齐,以其君冠赐近臣谒者服之。'"《晋书·舆服志》:"高山冠,一名侧注,高九寸,铁为卷梁,制似通天。顶直竖,不斜却,无山述展筩。高山者,《诗》云'高山仰止',取其矜庄宾远者也。中外官、谒者、谒者仆射所服。胡广曰:高山,齐王冠也。傅曰'桓公好高冠大带'。秦灭齐,以其君冠赐谒者近臣。应劭曰:'高山,今法冠也,秦行人使官亦服之。'而《汉官仪》云'乘舆冠高山之冠,飞翮之缨',然则天子亦有时服焉。《傅子》曰:'魏明帝以其制似通天、远游,故改令卑下。'"《宋书·礼志五》:"谒者高山冠,本齐服也。一名侧注冠。秦灭齐,以其君冠赐谒者。魏明帝以其形似通天、远游,乃毁变之。"唐陆龟蒙《润州江口送人谒池阳卫郎中》诗:"山翁曾约旧交欢,须拂侯门侧注冠。"《通典》卷五七:"高山冠,秦灭齐,获其君冠而制之,形如通天冠……汉《旧仪》云:'乘舆

冠高山冠,飞月之缨,丹纨里。'(魏)明帝因改之,卑下于通天、远游。除去卷筩,加介帻,帻上加物以象山,行人使者服之。(晋、宋、齐、梁、陈)历代因之。(隋)依魏制参用之,形如进贤冠,加三峰,谒者大夫以下服之,梁数依其品降杀。"《明史·王骥列传》:"愿得冠侧注从兄后。"

高山冠(宋聂崇义《三礼图》)

【**高祖冠**】gāozǔguān 也作"竹皮冠"。冠名,以竹皮为之,帽后有尾,如鹊尾。汉蔡邕《独断》卷下:"高祖冠以竹皮为之,谓之刘氏冠。楚制礼无文,鄙人不识,谓之鹊尾冠。"

【**羔羊裘**】gāoyángqiú 也作"羊羔裘"。用紫羔制的皮衣。《史记·货殖列传》:"狐鼦裘千皮,羔羊裘千石。"唐王昌龄《箜篌引》:"疮病驱来配边州,仍披漠北羔羊裘,颜色饥枯掩面羞。"徐珂《清稗类钞·服饰》:"冬日御羔羊裘、草狐裘,富者用火狐、青狐、猞猁狲。"

【**缟衣白冠**】gǎoyībáiguān 白色的衣服冠帽。指凶服。汉刘向《说苑·指武》:"赐愿著缟衣白冠,陈说白刃之间,解两国之患。"《孔子家语·致思》:"赐原使齐楚合战,两垒相当,旗鼓相望,埃尘连接,促刃交兵,赐著缟衣白冠,陈说其

间,推论利害,二国释患,唯赐能之,使夫二子从我焉。"

ge—gu

【革鞮】gédī 一种生皮制成的薄皮履。与熟皮制成的"韦鞮"相对而言。单底,鞋帮长至脚踝,多用于庶民百姓。汉桓宽《盐铁论·散不足》:"古者,庶人贱骑绳控,革鞮皮廌而已。"《说文解字·革部》:"鞮,生革鞮也。"《清史稿·属国四》:"东布鲁特在伊犁西南一千四百里……衣锦衣,长领曲袷,红丝绦,红革鞮。"清章太炎《东夷诗》之三:"下堂寻革鞮,革鞮忽已失。"

【革履】gélǚ 一种用生革制成的鞋履。一般为庶人平民所穿。亦泛指各种皮鞋。《汉书·郑崇传》:"每见曳革履,上笑曰:'我识郑尚书履声。'"《隋书·南蛮传》:"林邑之先……王戴金花冠,形如章甫,衣朝霞布,珠玑璎珞,足蹑革履,时复锦袍。"《新唐书·南蛮传下》:"王宿卫百人,衣朝霞、耳金环,金缒被颈,宝饰革履。"《文献通考·四裔八》:"贵者著革履,贱者跣行,自林邑扶南诸国皆然也。"宋陆游《访昭觉老》诗:"久矣耆年罢送迎,喜闻革履下堂声。"清黄遵宪《题樵野文运甓斋话别图》诗:"吉莫制革履,蒙戎缝旒裘。"

【革鞜】gétà 省称"鞜"。一种用生皮革制成的鞋履,一般为庶人平民所穿。《汉书·扬雄传》:"躬服节俭,绨衣不敝,革鞜不穿。"《三国志·魏志·东夷传》:"夫余……在国衣尚白,白布大袂、袍、袴,履革鞜。"元末明初王逢《奉陪神保大王宴朱将军第闻弹白翎雀引》诗:"供奉革鞜衣狐貉,银筝载前酒载酌。"清陶炜《课业

余谈》卷中:"革鞜,皮履也。"

【革舄】géxì 一种用生皮制成的复底鞋。一般为庶人平民所穿。汉桓宽《盐铁论》:"古者,庶人粗菲草芰,缩丝尚韦而已。及其后,则綦下不借,鞔鞡革舄。"汉王符《潜夫论·浮侈》:"昔孝文皇帝躬衣弋绨,革舄韦带。"《汉书·东方朔传》:"贵为天子,富有四海,身衣弋绨,足履革舄。"《后汉书·郎𫖮传》:"故孝文皇帝绨袍革舄,木器无文。"南朝陈徐陵《劝进梁元帝表》:"无为称于革舄,至治表于垂衣。"唐张读《宣室志》:"有侍童一人,年甚少,总角,衣短褐,白衣纬带革舄,居于西斋。"《旧唐书·舆服志》:"则皮弁革舄之容,非珠履鹬冠之玩也。"宋叶绍翁《四朝闻见录·宁皇二屏》:"自以补革舄,浣绸衣为便。"《宋史·苏云卿传》:"夜织屦,坚韧过革舄,人争贸之以馈远。"

【跟衣】gēnyī 袜子。《史记·平准书》:"敢私铸铁器煮盐者,鈦左趾,没入其器物。"唐司马贞索隐引张斐《汉晋律序》:"(鈦)状如跟衣,着左足下,重六斤,以代膑,至魏武改以代刖也。"

【句襟】gōujīn 圆领衣。《淮南子·氾论训》:"古者有鍪而绻领,以王天下者矣……岂必褒衣博带句襟委章甫哉!"

【钩落带】gōuluòdài 也作"钩络带""郭洛带""廓落带"。省称"络带""落带"。一种束腰带。带镑通常以金玉宝石为之,有方、圆、长方、椭圆等形状,表面雕凿或模压出各式图纹,部分装有铰具式扣针,以便将革带两端钩连固结。有时还附有一种金属饰牌,上铸镂空纹样,常见的有动物纹和几何纹。有校具者,亦称"校带"。战国以前多用于西域少数民族,秦汉时传入中原,为汉族采用,多用

于武士。大多和胡服配用。《史记·匈奴传》:"使者言单于自将伐国有功,甚苦兵事,服绣袷绮衣、绣袷长襦……黄金饰具带一、黄金胥纰一。"唐司马贞索隐引张晏:"鲜卑郭落带,瑞兽名也,东胡好服之。"《三国志·魏志·王粲传》:"桢以不敬被刑,刑竟署吏。"南朝宋裴松之注引鱼豢《典略》:"文帝尝赐桢廓落带,其后师死,欲借取以为像。"又《吴志·诸葛恪传》:"童谣曰:'诸葛恪,芦苇单衣篾钩落,于何求相求成子同。'……钩落者,校饰革带,世谓之钩络带。"《北堂书钞》卷一二八:"钩落者,革带也,世谓之钩落带。"《太平御览》卷六九六:"陆逊破曹休于石亭,上脱御金校带以赐逊,又亲以带带之,为钩络带。"《古今图书集成·礼仪典》卷三四三:"大秦国皆著钩络带;扶南人悉著络带。"《宋书·礼志五》:"近代车驾亲戎中外戒严之服,无定色,冠黑帽,缀紫褾……腰有络带,以带鞶革。"

【钩鞶】gōupán 一种缀有带钩的皮制腰带。汉扬雄《太玄·周》:"次四:带其钩鞶,锤以玉镮。测曰:带其钩鞶,自约束也。"宋司马光注:"钩,所以缀带为急也。鞶,革带也。"

【裘】gōu ❶直袖的单衣,袖窄而直。汉魏时期用作礼服,唐代以后多用作公服、乐工之服。汉刘熙《释名·释衣服》:"裘,襌衣之无胡者也。言袖夹直形如沟也。"清王先谦疏证补卷五:"胡是颈咽皮肉下垂之义,因引申为衣物下垂者之称。古人衣袖广大,其臂肘以下袖之下垂者谓之胡。今袖紧直,无垂下者,故云无胡。"《三国志·吴吕范传》:"范出,更释裘,著袴褶。"《宋书·毛修之传》:"我得

归罪之日,便应巾裘到门邪。"《晋书·礼志》:"侍中车胤朝臣宜朱衣裘帻,拜敬太子答拜。"《旧唐书·舆服志》:"诸流外官行署三品以上绛公服,九品以上绛裘衣。"❷也作"臂衣"。臂套。汉蔡邕《独断》卷下:"帻者,古之卑贱执事不冠者之所服也。孝武帝幸馆陶公主家,召见董偃,偃傅青裘、绿帻。"《后汉书·明德马皇后纪》:"仓头衣绿裘,领袖正白。"唐李贤注:"裘,臂衣,今之臂韝,以缚左右手,于事便也。"《隋书·礼仪志六》:"持椎斧武骑武贲、五骑传诏武贲、殿中羽林、太官尚食武贲,称饭宰人,诸宫尚食武贲,假墨绶,给绛裘,武冠。"

【裘衣】gōuyī ❶袖窄而直的单衣。汉魏时期用作礼服,北朝以后用作公服,以用作乐工、出殡送葬者之服,入宋以后其制渐没。《隋书·礼仪志六》:"(北朝之制)流外五品以下,九品以上,皆著裘衣为公服。"又《礼仪志七》:"(隋制)绛裘衣公服,流外五品以下、九品以上服之。"注:"裘衣即单衣之不垂胡也。袖狭形直如裘内。"又《音乐志中》:"大鼓、长鸣、横吹工人,紫帽,绯袴褶。金钲、楜鼓、小鼓、中鸣工人,青帽,青袴褶。铙吹工人,武弁,朱裘衣。"《唐六典》卷一四:"鼓人及阶下工人,皆武弁,朱裘衣,革带,乌皮履。"《通典·礼志四十六》:"执要品官,左右各六人,皆服白布裘衣,白布介帻。"《宋史·礼志二十七》:"挽歌,白练帻、白练裘衣,皆执铎。"❷即臂衣、臂韝。射手的服装。凡因射着左臂,谓之射韝,非射而两臂皆着之,以便于事,谓之臂韝,其字或作韝。此服既可便于射手

引箭张弓,又可护臂。

韝衣(陕西咸阳汉墓出土陶俑)

【韝】gōu 也作"鞲""褠""韝"。也称"臂衣"。革制的臂套。用以约束衣袖以便动作,犹今袖套,常于射箭或劳作时用之。最初以皮革为之,故从"韦"、从"革"。后亦有用布帛为之者,字即从"衣",从"巾"。多用于士庶,以便劳役。秦汉以后历行不衰,唐代又施于舞服,其制略有改变,一般以彩锦为之,上缀珠宝,套在臂上作为装饰。俗谓"珍珠络臂韝"。《汉书·东方朔传》:"董君绿帻傅韝,随主前,伏殿下。"唐颜师古注:"应劭曰:'宰人服也。'韦昭曰:'韝形如射韝,以缚左右手,于事便也。'师古曰:'绿帻,贱人之服也。傅,著也。韝即今之臂韝也。'"汉张衡《西京赋》:"青骹摯于韝下,韩卢噬于綷末。"汉王粲《羽猎赋》:"下韝穷绁,搏肉噬肌。"南朝宋鲍照《代东武吟》:"昔如韝上鹰,今似槛中猿。"唐李善注引《东观汉记》曰:"桓虞谓赵勒曰:善吏如良应矣,下韝即中。"唐元稹《酬翰林白学士代书一百韵》:"逸骥初翻步,韝鹰暂脱羁。"罗隐《上鄂州韦尚书》诗:"兰省换班青衣绶,柏台前引绛为韝。"

【韝蔽】gōubì 臂套。《史记·张耳陈余列传》:"高祖从平城过赵,赵王朝夕袒韝蔽,自上食,礼甚卑。"南朝宋裴骃集解引徐广曰:"韝者,臂捍也。"

【狗裘】gǒuqiú 用狗皮制成的一种粗劣皮裘。汉刘向《说苑·善说》:"衣狗裘者当犬吠,衣羊裘者当羊鸣。"王充《论衡·论死篇》:"故世有衣狗裘为狗盗者,人不觉知,假狗之皮毛,故人不意疑也。"

【谷皮巾】gǔpíjīn 即"谷皮绡头"。一说为麻布制成的头巾。《梁书·张孝秀传》:"孝秀性通率,不好浮华,常冠谷皮巾,蹑蒲履,手执并桐麈尾。"《南史·刘讦传》:"讦尝著谷皮巾,披纳衣,每游山泽,辄留连忘返。"明顾起元《说略》卷二:"谷皮巾,张孝秀戴。"

【谷皮绡头】gǔpíxiāotóu 一种束发之巾。形制较一般冠帽简便。多用于贫者。《东观汉记·周党传》:"建武中征,党著短布单衣,谷皮绡头待见。"《后汉书·周党传》:"复被征,不得已,乃著短布单衣,谷皮绡头,待见尚书。"

【骨笄】gǔjī 骨制的簪子,用于整理头发。在新石器时代的遗址中已有普遍发现,其基本形制呈圆锥或长扁条状,顶端粗宽而末端尖细;随时代的进步,对笄的加工越来越精细,笄首的装饰性越来越强。汉代以后,因金银笄的盛行,骨笄一般只用作服丧。汉桓宽《盐铁论·散不足》:"古者男女之际尚矣,嫁娶之服,未之以记。及虞夏之后,盖布内丝,骨笄象珥,封君夫人加锦尚褧而已。"《隋书·礼仪志六》:"御婉及士之妇人,吊服疑衰。疑衰同笄。九族已下皆骨笄。"清夏炘《学礼管释·释髽》:"始死,妇人将斩衰者,去笄而纚,将齐衰者,骨笄而纚。"

【故衣】gùyī ❶日常所穿的衣服。亦指亡故之人生前日常所穿的衣服。《史记·外戚世家》:"帝乃诏使邢夫人衣故衣,独身来前。"《后汉书·文苑传·祢衡》:"诸史过者,皆令脱其故衣,更著岑牟单绞之服。"唐白居易《病中哭金銮子》诗:"故衣犹架上,残药尚头边。"黎阳客《广异记》:"客甚愧悔之,为设薄酹,焚其故衣以赠之,鬼忻受遂去。"宋苏辙《杨乐道龙图哀辞〈并叙〉》:"既卒,家无遗财,以故衣敛仰于官及其友人以葬,以克养其家。"明唐寅《哭妓徐素》诗:"残粉黄生银扑面,故衣香寄玉关胸。"❷旧衣。汉桓宽《盐铁论》:"故衣弊而革才,法弊而更制。"《玉台新咏·艳歌行》:"故衣谁当补?新衣谁当绽?"《南史·张邵传》:"今送一通故衣,意谓,虽故且胜新也。"《西游记》第三十六回:"我叹他那般褴褛,即忙请人方丈……又将故衣各借一件与他,就留他住了几日。"❸市场出售的旧衣服或原料较次、做工较粗的新衣服。清翟灏《通俗编·识余》有"故衣铺"一节。《广东典当业》第十二章:"衣物则有故衣店,木器则有什架店……碍难以销赃之可能性,专属于当按押。"

gua－guo

【緺绶】guāshòu 紫青色的丝绦。有紫緺绶、青緺绶两种。秦汉时丞相、公侯、将军等高官显贵佩在腰际。《管子·轻重丁》:"昔莱人善染。练此之于莱纯锱,緺绶之于莱亦纯锱也。"汉卫宏《汉官旧仪》卷上:"丞相、列侯、将军金印紫緺绶,中二千石、二千石银印,青緺绶,皆龟纽。"《后汉书·舆服志下》:"诸国贵人、相国皆绿绶。"南朝梁刘昭注引何承天曰:"紫

绶名緺绶,(緺)音瓜,其色青、紫。"又《南匈奴列传》:"诏赐单于冠带、衣裳、黄金玺、鏊緺绶……"唐元稹《奉和浙西大夫李德裕述梦四十韵大夫本题言……次本韵》:"佩宠虽緺绶,安贫尚葛袍。宾亲多谢绝,延荐必英豪。"

【冠服】guānfú 帽子和衣服的统称。历代冠服多有定制,用以表示尊卑,故亦借指官吏。《后汉书·任光传》:"汉兵至宛,军人见光冠服鲜明,令解衣,将杀而夺之。"《南齐书·乐志》:"前后舞歌一章,齐微改革,多仍旧辞……其舞人冠服,亦相承用之。"《北齐书·武成帝纪》:"帝时年八岁,冠服端严,神情闲远,华戎叹异。"《新五代史·四夷附录一》:"甲午,德光胡服视朝于广政殿。乙未,被中国冠服,百官常参,起居如晋仪。"《宋史·舆服志四》:"隋唐冠服,皆以品为定。盖其时官与品轻重相准故也。"明沈德符《万历野获编·宗藩·兄王伯王》:"仁宗即位,还熸冠服及王号。"《明史·礼志十二》:"命皇太子往泗州修缮祖陵,葬三祖帝后冠服。"

【冠剑】guānjiàn 冠帽和佩剑的合称。因官员常戴冠佩剑,故代指官职或官吏。《史记·货殖列传》:"游闲公子,饰冠剑,连车骑,亦为富贵容也。"南朝梁江淹《到主簿日事诣右军建平王》:"常欲永辞冠剑,弋钓畎亩。"唐罗隐《题筹笔驿》诗:"千里山河轻孺子,两朝冠剑恨谯周。"温庭筠《苏武庙》诗:"回日楼台非甲帐,去时冠剑是丁年。"五代谭峭《化书》:"镜镜相照,影影相传,不变冠剑之状,不夺黼黻之色。"宋司马光《楚宫行》:"满朝冠剑东方明,宫门未启君朝醒。"王庭珪《和施倅重阳日谢予送酒》诗:"三杯危坐亦拱

手,俨如冠剑侍君王。”

【冠巾】guānjīn ❶冠和巾的统称,多代之男性首服,亦泛指服饰。汉以前冠是贵族戴的礼帽,巾则是庶人戴的头帕,东汉以后,庶人戴的巾帻却流行开来,文人以戴巾帻显示风流潇洒,后来连将相大臣也多有服之者。冠的样式虽然日益繁杂,明目众多,但一直是一种正式的礼帽。汉刘熙《释名·释首饰》:“二十成人,士冠,庶人巾。”唐韩愈《送僧澄观》诗:“向风长叹不可见,我欲收敛加冠巾。”宋苏轼《病后述古邀往城外寻春》诗:“卧听使君鸣鼓角,试呼稚子整冠巾。”李光《水调歌头》词:“肯羡当年轩冕,时引壶觞独酌,一笑落冠巾。”明高启《丁孝廉惠冠巾》诗:“知试山人服,冠巾远寄重。”❷道教子孙庙中举行的一种仪式。许多子孙庙规定,凡是新出家进道者,必须于庙内行三年之苦行,此期间如无违规等过失,方有被予冠巾之资格。没有“冠巾”则无自己的正式度师。之所以行冠巾仪,盖欲正玄规、除罪愆、通明结三缘之故。冠巾后,则于天曹处挂上了号,就不再属阎王管束。否则三官大帝那里就没有名字,无以堪实保奏。冠巾乃出家者正式成为道人之仪式、制度,实为重要,故又称之为“小受戒”。《冠巾科仪·序》载:“昔长春祖师,成道之后,遍历天下,阐扬道范,演礼开坛……又恐出家无考,紊乱玄规,更增罪孽,故留簪冠科仪。俾初皈玄门之人即能知礼知警,知奥知戒。嗣后有功有过,天曹有案,照年照月稽察对号……不遵玄科,不请冠巾,上界不知……”

【冠玉】guānyù 冠帽上装饰的美玉。多用以形容男子的美貌。《史记·陈丞相世家》:“绛侯、灌婴等咸谗陈平曰:‘平虽美丈夫,如冠玉耳,其中未必有也。’”宋杨炎正《满江红·寿邹给事》词:“豹尾班中,谁一似、神仙冠玉。”锦溪《壶中天·寿陈碧山》词:“冠玉精神,希夷仙种,秘受长生诀。”《三国演义》第三十八回:“玄德见孔明身长八尺,面如冠玉,头戴纶巾,身披鹤氅,飘飘然有神仙之概。”《聊斋志异·颜氏》:“生叔兄尚在,见两弟如冠玉,甚喜。”

【冠子】guānzi ❶成年男子所戴的束发冠。亦用来指称二十岁的成年男子。《韩诗外传》卷七:“冠子不言,发子不答。”宋陶谷《清异录·衣服》:“士人暑天不欲露髻,则顶矮冠。清泰间,都下星货铺卖一种冠子,银为之,五朵平云作三层安置,计止是梁朝物,匠者遂依效造小样求售。”❷唐宋妇女所戴的一种首饰。用金银箔、纱罗等材料制成各种花状,扣在髻上以为装饰。根据材料及形制,有芙蓉冠子、鹿胎冠子、碧琳冠子等名目。相传始于秦汉。唐宋时期较为流行。唐刘存《事始》:“上元夫人戴九云夜光之冠,王母戴太真冠、晨缨之冠,汶宫披承恩者,赐碧芙蓉冠子并绯芙蓉冠子。”五代后唐马缟《中华古今注·冠子》:“冠子者,秦始皇之制也。令三妃九嫔当暑戴芙蓉冠子,以碧罗为之。”五代和凝《临江仙》词之三:“碧罗冠子稳犀簪,凤皇双飐步摇金。”前蜀花蕊夫人《宫词》:“六宫一例罗冠子,新样交镌白玉花。”❸道教徒的一种道冠。唐周渭《赠龙兴观主吴崇岳》诗:“楮为冠子布为裳,吞得丹霞寿最多。”明唐寅《题自画洞宾卷》诗:“黄衣冠子翠云裘,四海三山挟弹游;我亦嚣嚣好游者,何时得醉岳阳楼。”

【广领】guǎnglǐng 高广宽阔的衣领。《太平御览》卷四九六:"楚王好广领,国人皆没项。"《晋书·舆服志》:"其侍祀则平冕九旒,衮衣九章,白纱绛缘中单,绛缯韠,采画织成衮带,金辟邪首,紫绿二色带,采画广领、曲领各一。"

【广袖】guǎngxiù 服装袖式之一。指长而宽大的衣袖。汉辛延年《羽林郎》:"长裾连理带,广袖合欢襦。"《玉台新咏·汉时童谣歌》:"城中好广袖,四方用匹帛。"南朝梁元帝《歌曲名诗》:"縠衫回广袖,团扇掩轻纱。"《通典·礼志十三》:"自是车中朝服,宜长裙,广袖,褾如翼如,鸣佩纡组,锵锵奕奕。"《太平广记》卷二八二:"梦一美人,自西楹来,环步从容,执卷且吟,为古妆而高鬟长眉,衣方领,绣带,被广袖之襦。"《文献通考·国用三》:"命舟人为吴楚歌,大笠,广袖,芒屩以歌之。"清吴伟业《新翻子夜歌》:"欲搔麻姑爪,教欢作广袖。"

【圭衣】guīyī 即"袿衣"。《周礼·天官·内司服》:"掌王后之六服:袆衣、揄狄、阙狄、鞠衣、展衣、缘衣。"汉郑玄注:"今世有圭衣者,盖三翟之遗俗。"《隋书·天文志中》:"秦、代东三星南北列,曰离瑜。离,圭衣也,瑜,玉饰,皆妇人之服星也。"

【袿】guī ❶也称"衣圭"。汉代长襦下摆部分的一种装饰。以全幅布帛斜裁为三角之状,缝缀于衣服前襟,着时衣襟绕至身背,因形如刀圭。后称缀有袿饰的华丽的女服为"袿衣",简称"袿"。战国楚宋玉《神女赋》序:"振绣衣,被袿裳。"汉傅毅《舞赋》:"珠翠的际而熠耀兮,华袿飞髾而杂纤罗。"汉刘熙《释名·释衣服》:"妇人上服曰袿。其下垂者,上广下狭,如刀圭也。"刘桢《鲁都赋》:"袿裾纷

裾,振佩鸣璜。"三国魏曹植《七启》:"然后姣人乃被文縠之华袿,振轻绮之飘飖。"嵇康《赠秀才入军诗》之五:"微风动袿,组帐动寒。"《后汉书·皇后纪》:"簪珥光采,袿裳鲜明。"❷衣袖。《广雅·释器》:"袖襦,袿……袖也。"清王念孙疏证:"夏侯湛《雀钗赋》云:'理袿襟,整服饰。'是袿为袖也。"❸衣后襟。汉扬雄《方言》卷四:"袿谓之裾。"晋郭璞注:"衣后裾也。"晋张华《白纻歌》:"罗袿徐转红袖扬。"

袿(晋顾恺之《女史箴图》)

【袿徽】guīhuī 女性的衣服和佩巾。汉张衡《思玄赋》:"舒妙婧之纤腰兮,扬杂错之袿徽。"

【袿袍】guīpáo 一种缀有袿饰的长袍,盛行于汉魏时女性间。《礼记·杂记》:"内子以鞠衣、襃衣、素纱。下大夫以禒衣。其余如士。"汉郑玄注:"六服皆袍制,不禪,以素纱裹之,如今袿袍禩重缯矣。"唐孔颖达疏:"汉时有袿袍。其袍下之禩以重缯为之。"

【袿衣】guīyī 妇女的长袍。秦汉时女子常服,服式似深衣,底部由衣襟曲转盘绕而形成两个尖角。汉刘熙《释名·释衣服》:"妇人上服曰袿,其下垂者,上广下

狭，如刀圭也。"清王先谦疏证补卷五：
"郑注《周礼·内司服》云：'今世有圭衣
者，盖三翟之遗俗。案三翟，王后六服之
上也，故圭衣为妇人之上服。今本'圭'
字加'衣'旁，俗也。"汉王褒《九怀·尊
嘉》："修余兮袿衣，骑霓兮南上。"《南
史·宋江夏文献王义恭传》："舞伎正冬
著袿衣，不得庄面。"《宋书·礼志五》：
"胡伎不得彩衣，舞伎正冬著袿衣，不得
妆面蔽花。"《聊斋志异·嫦娥》："次
日，早往，则女先在，袿衣鲜明，大非
前状。"

袿衣示意图

【衮带头】gǔndàitóu 胡带的金属带头配
件。《楚辞·大招》："小腰秀颈，若鲜卑
只。"汉王逸注："鲜卑，衮带头也。言好
女之状，腰支细少，颈锐秀长，靖然而特
异，若以鲜卑之带，约而束之也。"宋洪兴
祖补注："《前汉·匈奴传》：'黄金犀毗。'
孟康曰：'要中大带也。'张晏曰：'鲜卑郭
洛带，瑞兽名也。东胡好服之。'师古曰：
'犀毗，胡带之钩，亦曰鲜卑。'"上海博物
馆所藏"庚午"（东晋太和五年，371）镂雕
之行龙纹白玉带头，其上有"御府造白玉
衮带鲜卑头"铭文。

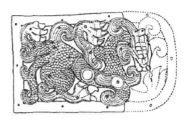

衮带头（东晋出土，现藏上海博物馆）

【衮龙】gǔnlóng ❶天子、诸侯、上公祭祀
或朝会时所穿朝服上的龙纹。汉徐干
《中论·治学》："视衮龙之文，然后知被
褐之陋。"宋陆游《贺寿成皇后笺》诗："衮
龙兼彩服之纤，褕翟焕玉卮之奉。"元辛
文房《唐才子传·六帝》："奎璧腾辉，衮
龙浮彩。"❷天子、诸侯、上公祭祀、朝会
时穿的绣有卷龙纹样的礼服。《后汉
书·班固传下》："盛三雍之上仪，修衮龙
之洁服。"唐李贤注："《周礼》：'王之吉
服，享先王即衮冕。'郑玄注：'衮，卷龙衣
也。'"唐菅邺《题濮庙》诗："不知皇帝三
宫驻，始向人间著衮龙。"明沈德符《万历
野获编》卷一："今揆地诸公多赐蟒衣，而
最贵蒙恩者，多得坐蟒，则正面全身，居
然上所御衮龙，往时惟司礼首珰常得
之，今华亭、江陵诸公而后，不胜记矣。"

【绳带】gǔndài 以色丝织成的束带。多用
于后妃命妇。始于汉代。使用时和礼服配
用。《说文解字·糸部》："绳，织成带也。"
《后汉书·舆服志下》："自公主封君以上皆
带绶，以采组为绳带，各如其绶色。"《东观
汉记·邓遵传》："诏赐遵金刚鲜卑绳带一
具。"北齐颜之推《颜氏家训·书证》："于时
当绀六色罽，作此君以饰绳带。"《隋书·礼
仪志六》："助祭朝会以袆衣，祠郊禖以褕
狄，小宴以阙狄，亲蚕以鞠衣，礼见皇帝以

展衣,宴居以褖衣。六服俱有蔽膝、织成绲带。皇太后、皇后玺,并以白玉为之。”

【郭巾】guōjīn 也称“郭泰巾”。东汉名士郭太字林宗。品学为时所重。唐黄滔《卢员外浔启》:“伏以员外断籯积学,计斗负才……是故门骈郑市,俗垫郭巾,争俟栽培,互希丹饰。”清唐孙华《题晋阳遗像》诗:“先朝剩有魏公笏,老辈仍看郭泰巾。”

【郭洛带】guōluòdài 即“钩落带”。《汉书·匈奴传上》“黄金犀比带”唐颜师古注引三国魏张晏曰:“鲜卑郭洛带,瑞兽名也,东胡好服之。”

【帼】guó ❶妇人的头饰,《说文解字·巾部》:“帼,妇人首饰。”《玉篇》:“帼,裹也,覆发上也。”《晋书·宣帝纪》:“诸葛亮数挑战,帝不出,因遗帝巾帼妇人之饰。”唐李白《赠张相镐》诗:“丑虏安足纪,可贻帼与巾。”❷妇人丧冠。唐段成式《酉阳杂俎》卷一三:“遭丧妇人有面衣,期以下妇人着帼,不著面衣。”《正字通·巾部》:“帼,古或切,音国,妇人丧冠。”

H

han—heng

【寒服】hánfú 秋冬季节穿的御寒衣服。《后汉书·耿恭传》:"先是恭遣军吏范羌至敦煌迎兵士寒服。"《乐府诗集·清商曲辞·子夜四时歌·秋歌》其十六:"白露朝夕生,秋风凄长夜。忆郎须寒服,乘月捣白素。"南朝宋谢瞻《九日从宋公戏马台集送孔令诗》:"风至授寒服,霜降休百工。"唐李肇《唐国史补》卷中:"德宗幸金銮院,问学士郑余庆曰:'近日有衣作否?'余庆对曰:'无之。'乃赐百缣,令作寒服。"

【汗衣】hànyī 也称"羞袒"。一种无袖的贴身小衣。汉代用六幅布帛为之,覆及胸背,穿在身上具有吸汗的作用。汉刘熙《释名·释衣服》:"汗衣,近身受汗垢之衣也。《诗》谓之'泽',受汗泽也。或曰'鄙袒',或曰'羞袒'。作之用六尺裁,足覆胸背,言羞鄙于袒而衣此耳。"

【合欢襦】héhuānrú 绣有对称图案花纹的短衣,穿在外面。汉辛延年《羽林郎》诗:"长裾连理带,广袖合欢襦。"

【鹖冠】héguān ❶也称"鹖""大冠"。以鹖羽为饰的武士之冠,取其勇猛之意。据说始于战国赵武灵王,汉代五官左右虎贲、五官中郎将、羽林左右监、虎贲、武骑戴此冠,魏晋沿袭。延续至唐代,具体形制有所改变。唐代冠正面饰以雄健欲斗之鹖鸡形象,以示武官之勇猛。汉张衡《东京赋》:"髶髦被绣,虎夫戴鹖。"唐李善注:"鹖,鸷鸟也,斗至死乃止,令武士戴之,取猛也。"《后汉书·舆服志下》:"武冠,俗谓之大冠,环缨无蕤,以青系为绲,加双鹖尾,竖左右,为鹖冠云。五官、左右虎贲、羽林、五中郎将、羽林左右监皆冠鹖冠,纱縠单衣……鹖者,勇雉也,其斗对一死乃止,故赵武灵王以表武士,秦施之焉。"南朝梁刘昭注补:"徐广曰:'鹖似黑雉,出于上党。'荀绰《晋百官表注》曰:'冠插两鹖,鸷鸟之暴疏者也。每所攫撮,应爪摧衂,天子武骑故以冠焉。'傅玄赋注曰:'羽骑,骑者戴鹖。'"《禽经》:"鹖冠,武士服之,像其勇也。"汉曹操《鹖鸡赋序》:"鹖鸡猛气,其斗终无负,期于必死,令人以鹖为冠,像此也。"《晋书·舆服志》:"鹖冠,加双鹖尾,竖插两边。鹖,鸟名也,形类鹖而微黑,性果勇,其斗到死乃止,上当贡之,赵武灵王以表显壮士。至秦汉犹施之武人。"唐柳宗元《送邠宁独孤书记赴辟命序》:"(杨朝晟)沉断壮勇,专志武力,出麾下,取主公之节钺而代之位,鹖冠者仰而荣之。"清钱谦益《中秋日得凤督马公书来报剿寇师期喜而有作》诗:"鹖冠将军来打门,尺书远自中都至。"❷隐士所戴插鹖羽的冠。《文选·刘孝标〈辩命论〉》:"至于鹖冠瓮牖,必以悬天有期。"唐李善注:"《七略》鹖冠子者,盖楚人也,常居深山,以鹖为冠,故曰鹖冠。"唐杜甫《小寒食舟中作》诗："佳辰强饮食犹寒,隐几萧条戴鹖冠。"宋方凤《野服考》:"《子略》云:鹖冠子,楚人,居于深山,以鹖为冠,著书十有六篇,号曰《鹖冠子》。"清王端履《重论文斋笔录》卷五:"浑忘憔悴无颜色,翻笑他人戴鹖冠。"一说即"褐冠"。贫者的巾帽。敝乱不堪,宛加鹖尾。南朝宋刘峻《辨命论》:"至于鹖冠翁牖,必以悬天有期。"唐吕向注:"褐冠,贫贱之服也。"

头戴鹖冠的武士

【鹖苏】hésū 鹖尾羽毛,秦汉多用其装饰武士的冠帽。因亦代指用其装饰的鹖冠。《史记·司马相如列传》:"蒙鹖苏,绔白虎,被斑文,跨野马。"南朝宋裴骃集解引徐广曰:"苏,尾也。"唐司马贞索隐引孟康曰:"鹖尾也。苏,析羽也。"又引张揖曰:"鹖似雉,斗死不却。"

【鹖尾】héwěi ❶即"鹖苏"。《后汉书·崔寔传》:"钧时为虎贲中郎将,服武弁,戴鹖尾,狼狈而走。"《晋书·惠帝纪》:"颍府有九锡之仪,陈留王送貂蝉文衣鹖尾。"《宋书·礼志五》:"虎贲中郎将、羽林监,铜印,墨绶。给四时朝服,武冠。其在陛列及备卤簿,鹖尾,绛纱谷单衣。鹖鸟似鸡,出上党。为鸟强猛,斗不

死不止。复著鹖尾。"元张昱《昔游》诗:"冠翘鹖尾朱袍盛,马顿金羁玉面斜。"❷魏晋时清谈之人手持的一种扇形饰物。其制为上圆下方,即头部圆浑,近柄处却平直,据说取于"天圆地方"之势,用鹖尾制成。鹖为鹿一类动物,群鹿据鹖尾之摇摆方向而行动。清谈的主持者手执鹖尾,指挥谈论,故清谈又称"鹖谈"。只有大名士或惯于清谈之人才有资格持之。唐代尚有此习俗,宋以后渐废。

【鹖尾冠】héwěiguān 即"鹖冠❶"。《文献通考·职官志十二》:"羽林监及虎贲中郎将,并铜印,墨绶,武冠,绛朝服;其在陛列,则鹖尾冠,绛纱谷单衣。"

【褐衣】hèyī 用兽毛织的布或粗麻布制成的粗劣短衣。多为贫贱者或隐士所穿,引申为卑贱者的代称。《史记·平原君虞卿列传》:"邯郸之民,炊骨易子而食,可谓急矣,而君之后宫以百数,婢妾被绮縠,余梁肉,而民褐衣不完,糟糠不厌。"又《游侠传》:"季次、原宪终身空室蓬户,褐衣疏食不厌。"《后汉书·王望传》:"因以便宜出所在布粟,给其(禀)粮,为作褐衣。"唐白居易《东墟晚歇》诗:"褐衣半故白发新,人逢知我是何人?"《旧唐书·德宗本纪》:"贞元四年六月乙酉……征夏县处士先除著作郎阳城为谏议大夫,城以褐衣诣阙,上赐之章服而后召。"《新唐书·张镐传》:"天宝末,杨国忠执政,求天下士为己重,闻镐才,荐之,释褐衣,拜左拾遗,历侍御史。"宋钱易《南部新书》卷一〇:"李氏自感其薄,常褐衣鬌髻,读佛书蔬食。"

【黑绶】hēishòu 黑色绶带。多用于级别较低的官员之印,故用以指级别不高的

官吏。《汉书·百官公卿表上》："秩比六百石以上，皆铜印黑绶……绥和元年，长、相皆黑绶。"《后汉书·滕抚传》："阴陵人徐凤、马勉等，复寇郡县，杀略吏人，凤衣绛衣，带黑绶，称'无上将军'。"《梁书·王僧孺传》："久为尺板斗食之吏，以从皂衣黑绶之役。"唐王贞白《送马明府归山》诗："免遭黑绶束，不与白云疏。"元未明初陶宗仪《南村辍耕录·印章制度》："建武元年，诏诸侯王金印綟绶，公侯金印紫绶，中二千石以上银印青绶，千石至四百石以下铜印黑绶及黄绶。"

【珩佩】héngpèi 各种不同的佩玉，泛指杂佩。题汉刘向《西京杂记》卷二："昭阳殿织珠为帘，风至则鸣，如珩佩之声。"南朝梁沈约《俊雅》诗之二："珩佩流响，缨绂有容。"《旧唐书·后妃传上》："法度在己，靡资珩佩；躬俭化人，率先绨绤。"

hou—hun

【侯头】hóutóu 贴身穿的小衫。汉刘熙《释名·释衣服》："齐人谓如衫而小袖曰侯头，侯头犹言解渎臂直通之言也。"《北堂书钞》卷一四五："灵帝好胡服、胡饭、侯头之制。"

【狐尾单衣】húwěidānyī 东汉梁冀所制的一种奢华的长袍式样。其后襟特长曳地，似狐尾，故名。《后汉书·梁冀传》："冀亦改易舆服之制，作平上軿车，埤帻，狭冠，折上巾，拥身扇，狐尾单衣。"

【虎头鞶囊】hǔtóupánnáng 装饰有虎头纹饰的小佩囊。兽头鞶囊之一种，汉代官吏佩于腰际，以盛印绶。至后赵石虎时期，因避石虎之讳，曾一度改用龙头。汉班固《与窦宪笺》："固于张掖县受赐虎

头绣鞶囊一双。"《太平御览》卷六九一："邓遵破诸羌，诏赐遵金刚鲜卑绲带一具，虎头鞶囊一。"《太平广记》卷六〇："汉孝桓帝时，神仙王远字方平，降于蔡经家……戴远游冠，著朱衣，虎头鞶囊，五色之绶。"晋陆翙《邺中记》："石虎改虎头鞶囊为龙头鞶囊。"

虎头鞶囊(山东沂南汉墓画像石)

【虎文袴(裤)】hǔwénkù 也作"虎文绔"。汉代皇帝侍卫武官的裤子，其上装饰有虎形或虎纹的花样。至唐代亦用于舞乐之人。《史记·司马相如传》："蒙鹖苏，绔白虎。"唐司马贞索隐："张揖曰'著白虎文绔'。"《后汉书·舆服志下》："五官、左右虎贲、羽林、五中郎将、羽林左右监皆冠鹖冠，纱縠单衣。虎贲将虎文绔，白虎文剑佩带。"《太平御览》卷六九五："虎贲中郎将衣纱縠单衣，虎纹锦袴。"《通典·职官志十一》："虎贲中郎将，主虎贲宿卫，冠插两鹖尾，纱縠单衣，虎文锦袴，余郎亦然。"《新唐书·礼乐志十一》："舞人更以进贤冠，虎文袴，螣蛇带，乌皮靴，二人执旌居前。"

【虎文衣】hǔwényī 也作"虎文""虎文单衣"。绘织有虎形或虎皮纹样的黄色衣服，以襄邑岁献虎文织锦制成。汉代专

的秦汉时期服饰

用于虎贲武士、皇帝侍卫武官。《汉书·王莽传》："（地皇元年七月）杜陵便殿乘舆虎文衣废藏在室匣中者出，自树立外堂上，良久乃委地。吏卒见者以闻，莽恶之，下书曰：'宝黄厮赤其令郎从官皆衣绛。'"《后汉书·舆服志下》："虎贲武骑皆鹖冠，虎文单衣。襄邑岁献织成虎文云。"又《袁绍传》："幕府辄复分兵命锐，修完补辑，表行东郡太守、兖州刺史，被以虎文。"唐李贤注引《续汉志》："虎贲将冠鹖冠，虎文单衣，襄邑岁献织成虎文衣。"《资治通鉴·唐纪二十五》："初，太宗选官户及蕃口骁勇者，著虎文衣，跨豹文鞯，从游猎，于马前射禽兽，谓之百骑。"

【帬褖】hùbiǎo 妇女围领的披巾。汉扬雄《方言》卷四："帬褖谓之被巾。"晋郭璞注："妇人领巾也。"清戴震疏证："《玉篇》'帬，妇人巾'，'褖，人领巾'，皆本此条注文而有脱误。"

【綔】hù 佩挂印章的丝带。《后汉书·舆服志》："诸侯王以下，以绔赤丝蕤縢綔，各如其印。"《集韵·莫韵》："綔，佩印系。"

【花镍】huāniè 也作"华镍"。妇女首饰。雕刻有花纹的镍子，附缀于簪上。汉王粲《七释》："戴明中之羽雀，杂华镍之葳蕤。"南朝梁简文帝《采桑》："下床著珠佩，捉镜安花镍。"

【花胜】huāshèng ❶也作"华胜"。妇女的一种花形首饰。剪彩帛、色纸、金箔或通草制成各式花朵，有的还饰有金、玉、翡翠之类。拴系于簪钗之首，插入发鬓以为装饰。寓意吉祥，汉魏以来一直都有使用。《文选·曹植〈七启〉》："戴金摇之熠耀，扬翠羽之双翘。"唐李善注引晋司马彪《续汉书》："皇太后入庙先为花胜，上为凤凰，以翡翠为毛羽。"南朝梁简文帝《眼明囊赋》："杂花胜而成疏，依步摇而相逼。"唐元稹《莺莺传》："捧览来问，抚爱过深。儿女之情，悲喜交集。兼惠花胜一合，口脂五寸，致耀首膏唇之饰。"《东周列国志》第一百回："向日我着你送花胜与信陵夫人，这盒内就是兵符了。"明汤显祖《雨花台》："徙倚极烟霄，徘徊整花胜。"汉刘熙《释名·释首饰》："华胜：华，象草木华也；胜，言人形容正等，一人著之则胜，蔽发前为饰也。"《汉书·司马相如传下》："曘然白首戴胜而穴处兮。"《后汉书·舆服志下》："太皇太后、皇太后入庙服……簪以玳瑁为擿，长一尺，端为华胜，上为凤凰簪。"南朝梁宗懔《荆楚岁时记》："正月七日为人日……又造华胜以相遗，登高赋诗。"宋庞元英《文昌杂录》卷三："今世多刻为华胜，像瑞图金胜之形。"清厉荃《事物异名录》卷一六："华胜，汉有五色通草花，至晋剪彩为之，故又名彩胜。"❷男子成婚时所戴鬓花。宋孟元老《东京梦华录·娶妇》卷五："凡娶媳妇……婿具公裳，花胜簇面，于中堂升一榻，上置椅子，谓之高坐。"邓之诚注引司马光《书仪·婚仪》："世俗新婿盛戴花胜，拥蔽其首。殊失丈夫之容礼。必不得已，且随俗戴花一两枝，胜一两枚可也。"朱熹《朱子家礼·昏礼》"初昏婿盛服"清郭嵩焘注："世俗新婚带花胜，以拥蔽其面，殊失丈夫之容体，勿用可也。"

【裒】huà 也作"屦"。❶一种用麻作成的粗鞋。汉扬雄《方言》卷四："丝作之者谓之履，麻作之者谓之不借，粗者谓之屦……西南梁益之间，或谓之屦，或谓之裒。履其通语也。"《玉篇》："扉屦也。"❷青丝头鞋。《说文解字·糸部》:"緳,履也。一曰青丝头履也。读若阡陌之陌。"

【褢】huái 古"怀"字。衣袖。《说文解字·衣部》:"褢,袖也。一曰臧也。从衣,鬼声。"清段玉裁注:"褢之为言回也,袼之高下,可以运肘,袂之长短,反诎之及肘。"

【环玦】huánjué ❶圆形的玉环和环形而有缺口的玉玦,都用为佩玉。后用"环玦"比喻会合、取舍、去就。《汉书·隽不疑传》:"不疑冠进贤冠,带櫑具剑,佩环玦,褒衣博带,盛服至门上谒。"唐颜师古注:"环,玉环也。玦即玉佩之玦也。带环而又着玉佩也。"《后汉书·袁谭传》:"审配上书袁谭曰,愿将军熟详吉凶,以赐环玦。"唐李德裕《夏晚有怀平泉林居》:凄凄视环玦,侧侧步庭庑。宋苏轼《虎跑泉》:"至今游人灌濯罢,卧听空阶环玦响。"何梦桂《声声慢·寿何思院母夫人》词:"庭下阿儿痴绝。争戏舞、绿袍环玦。笑捧金卮,满砌兰芽初苗。"清唐孙华《溪边步月》:"呜咽笙箫别院曲,锵鸣环玦过桥泉。"❷有缺口的玉环。清龚自珍《乙丙之际塾议》十七:"日月星之见吉凶,殆为日抱珥,月晕成环玦,星移徙,彗孛。"

【环琨】huánkūn 环与琨的合称,并为玉佩。《文选·张衡〈思玄赋〉》:"献环琨与琛缡兮,申厥好以玄黄。"唐刘良注:"环琨,皆玉佩。"

【黄貂】huángdiāo 指黄色貂尾。用作贵近之臣的冠饰。《汉书·元后传》:"莽更汉家黑貂,著黄貂。"唐颜师古注引孟康曰:"侍中所著貂也。莽更汉制也。"明李时珍《本草纲目·兽三·貂鼠》:"汉制侍中冠,金珰饰首,前插貂尾,加以附蝉,取

其内劲而外温。毛带黄色者,为黄貂,白色者,为银貂。"《红楼梦》第五回:"黄貂插帽平明人,墨绶悬腰暮夜还。"

【黄巾】huángjīn 黄色头巾,原是东汉末年太平道起义军的标志包头巾,太平道也是中国道教发展的肇始,因此后世道教徒和仙人也戴黄巾。南宋时曾被用作太学生的冠巾。《后汉书·灵帝本记》:"中平元年春二月,巨鹿人张角自称'黄天',其部师有三十六万,皆着黄巾,同日反叛。"又《皇甫嵩传》:"角等知事已露,晨夜驰敕诸方,一时俱起,皆著黄巾为标帜,时人谓之'黄巾'。"晋干宝《搜神记》卷六:"张角起,置三十六万徒众数十万,皆是黄巾。"《宋书·礼志五》:"汉末妖贼以黄为巾……今国子太学生冠之。"《西湖二集》第十五回:"罗江东吃了晚饭缓步出门,忽然见四个黄巾力士走到面前。"

【黄金珰】huángjīndāng 即"金珰❶"。《后汉书·舆服志下》:"武冠,一曰武弁大冠,诸武官冠之。侍中、中常侍加黄金珰,附蝉为文,貂尾为饰,谓之'赵惠文冠'。"唐张籍《少年行》诗:"独对辇前射双虎,君王手赐黄金珰。"《新唐书·车服志》:"进贤冠者……侍中、中书令、左右散骑常侍有黄金珰,附蝉,貂尾。"

【黄金镊】huángjīnniè 一种连缀于女性簪端的黄金垂饰。《东汉会要·舆服志下》:"太皇太后、皇太后入庙服……簪以玳瑁为擿,长一尺,端为华胜,上为凤凰爵,以翡翠为毛羽,下有白珠,垂黄金镊。"唐薛逢《镊白曲》:"金锤锤碎黄金镊,更唱樽前老去歌。"清林颐山《经述二·释王后首服三》:"汉世簪制,左右各一,横簪之,簪端有华胜,上有凤凰爵,下

有黄金镱。"

【黄帽】huángmào 也作"黄冒"。黄颜色的帽子，汉初为撑船人所戴的帽子。汉代邓通因以黄头郎受宠，后世以黄帽或指代受宠幸之臣。《史记·佞幸列传》"以濯船为黄头郎"南朝宋裴骃集解引晋徐广曰："著黄帽也。"《汉书·佞幸传》曰："邓通以棹船为黄头郎。文帝尝梦欲上天，不能，有一黄头郎推上天。觉而之渐台，以梦阴求推者郎，得邓通，梦中所见也。"唐颜师古注："棹船，能持棹行船也。土胜水，其色黄，故刺船之郎皆著黄帽，因号曰黄头郎。黄帽，盖染缃帛为之也。"又《隽不疑传》："始元五年，有一男子乘黄犊车，建黄旗，衣黄襜褕，著黄冒。诣北阙，自谓卫太子。"《北齐书·孝昭帝纪》："自太祖创业以来，诸有佐命功臣子孙绝灭，国统不传者，有司搜访近亲，以名闻，当量为立后；诸郡国老人各授版职，赐黄帽鸠杖。"《隋书·礼仪志四》："都下及州人年七十以上，赐鸠杖黄帽。"宋苏轼《九日邀仲屯田为大水所隔以诗见寄次其韵》："霜风可使吹黄帽，樽酒那能泛浪花。"杨万里《送黄仲秉少卿知泸州》诗："安得欹黄帽，相徙却白头。"葛胜仲《水调歌头》词："青鞋黄帽，此乐谁肯换千钟。"唐杜甫《发刘郎浦》："白头厌伴渔人宿，黄帽青鞋归去来。"清沈复《浮生六记·中山记历》："本岛能中山语者，给黄帽，为酋长。"

【黄冕】huángmiǎn 黄色之冠。天子或中央之神所戴，以合五色之仪。汉刘向《说苑·辨物》："于是乃备黄冕，带黄绅，斋于中宫。"《隋书·礼仪志六》："后周设司服之官，掌皇帝十二服……祭皇地祇、祀中央上帝，则衣黄冕。"宋范仲淹《咏史·陶唐氏》："纯衣黄冕历星辰，白马彤车一百春。"张君房《云笈七签》卷一〇〇："黄帝乃斋于中宫，衣黄服，戴黄冕，驾黄龙之乘，载交龙之旗，与天老五圣游于河洛之间。"

【黄绶】huángshòu 黄色印绶。秦汉时四百石以下、二百石以上的小吏使用。魏晋南北朝沿袭此制，专用于七至九品。汉卫宏《汉官仪》卷下："大县两尉、小县一尉，丞一人、三百石丞县长黄绶，皆大冠。"《汉书·百官公卿表上》："其仆射、御史治书尚符玺者，有印绶。比二百石以上，皆铜印黄绶。"《后汉书·舆服志下》："四百石、三百石、二百石黄绶，淳黄圭，长丈五尺，六十首。"《隋书·礼仪志六》："印绶，二品以上，并金章，紫绶；二品银章，青绶……七品、八品、九品得印者，铜印，黄绶。"唐陈子昂《赠卢陈子》诗："奈何苍生望，卒为黄绶欺。"元末明初陶宗仪《南村辍耕录·印章制度》："建武元年，诏诸侯王金印綟绶，公侯金印紫绶，中二千石以上银印青绶，千石至四百石以下铜印黑绶及黄绶。"

【簧】huáng 即步摇。汉史游《急就篇》："冠帻簪簧结发纽。"唐颜师古注："簪，一名笄。簧，即步摇也。"一说为女子假髻，即"蔮"。明方以智《通雅》卷三六："《急就》'簪簧'注：簧即步摇也。王伯厚以簧或为蔮。"

【魂衣】húnyī 死者所穿之衣。《周礼·春官·司服》："奠衣服。"汉郑玄注："奠衣服，今坐上魂衣也。"唐贾公彦疏："案下《守祧职》云：'遗衣服藏焉。'郑云：'大敛之余也。'至祭祀之时，则出而陈于坐上，则此奠衣服也。"《汉书·王莽传下》："使侍中票骑将军同说侯林赐魂衣玺韨。”

【鼲貂】húndiāo 鼲和貂。均为鼠属，古代用以制衣裘。汉代近侍贵臣等常以其尾为冠饰。汉桓宽《盐铁论·力耕》：“是以骡驴馲驼，衔尾入塞，騨骎騾马，尽为我畜，鼲貂狐貉，采旃文罽，充于内府，而璧玉珊瑚琉璃，咸为国之宝。”汉刘桢《答曹丕借廓落带书》：“南垠之金，登窈窕之首；鼲貂之尾，缀侍臣之帻。”《北史·魏任城王澄传》：“澄上表谏曰：‘高祖、世宗皆有女侍中官，未见缀金蝉于象珥，极鼲貂于鬓发。’”清钱澄之《典裘歌》：“过市鼲貂殊足羞，不衷妖服迹如扫。”

【鼲子裘】húnzǐqiú 以鼲子皮做成的皮裘衣服。鼲子即黄鼠，亦称礼鼠、拱鼠，皮轻毛暖，集以为裘，能御严寒。《后汉书·鲜卑传》：“又有貂、豽、鼲子，皮毛柔蠕，故天下以为名裘。”《三国志·吴志·吴主传》：“刘备奔走，仅以身免。”南朝宋裴松之注引三国吴胡冲《吴历》：“文帝报使，致鼲子裘、明光铠、騑马，又以素书所作《典论》及诗赋与权。”

J

ji—jiao

【蹁屦】jījù 单只的鞋。汉贾谊《新书·谕诚》:"昔楚昭王与吴人战。楚军败,昭王走,屦决眦而行失之,行三十步,复旋取屦。及至于隋,左右问曰:'王何曾惜一蹁屦乎?'昭王曰:'楚国虽贫,岂爱一蹁屦哉!思与偕反也。'自是之后,楚国之俗,无相弃者。"《新唐书·外戚传·杨国忠》:"自再兴师,倾中国骁卒二十万,蹁屦无遗,天下冤之。"

【吉光毛裘】jíguāngmáoqiú 即"吉光裘"。汉东方朔《海内十洲记》:"(汉)武帝天汉三年,帝幸北海,祠恒山。四月,西国王使至,献……吉光毛裘。武帝受以付外库……吉光毛裘,黄色,盖神马之类也。裘入水数日不沉,入火不焦。"

【吉光裘】jíguāngqiú 一种不畏水火的黄色皮裘,用吉光毛所制。吉光亦作吉量、吉良、吉黄、吉皇等,是传说中神马,其毛黄色,用以制裘,入水不湿,入火不燃。为西域特有,汉武帝时有献。后泛指极其珍贵的裘服。题汉刘歆《西京杂记》卷一:"武帝时,西域献吉光裘,入水不濡。上时服此裘以听朝。"

【急装】jízhuāng 扎缚紧凑的紧身服饰。与"缓服"相对,指军装。《汉书·赵充国传》:"将军急装,因天时,诛不义,万下必全,勿复有疑。"《宋书·沈庆之传》:"庆之戎服履靺缚绔入,上见而惊曰:'卿何意乃尔急装?'"又《东昏侯纪》:"帝骑马从后,著织成袴褶……戎服急装缚袴,上著绛衫,以为常服,不变寒暑。"清康孙华《寿朱雪鸿七十》诗:"急装短袖不宜身,风貌居然古逸民。"

【屩衣】jìyī 用毛织物制作,用于保暖的衣服。《周礼·春官·司服》:"祀四望山川,则毳冕。"汉郑玄注引郑司农曰:"毳,屩衣也。"汉桓宽《盐铁论·散不足》:"今富者鼲鼯狐白凫翥,中者屩衣金缕,燕貉代黄。"唐刘禹锡《踏潮歌》诗:"海人狂顾迭相招,屩衣鬈首声哓哓。"柳宗元《岭南节度使飨军堂记》:"将校士吏,咸次于位;卉裳屩衣,胡夷蜑蛮,睢盱就列者,千人以上。"

【夹裙】jiáqún 有衬里的双层裙子。《古诗为焦仲卿妻作》:"著我绣夹裙,事事四五通。"又:"朝成绣夹裙,晚成单罗衫。"南朝梁无名氏《幽州马客吟歌辞》:"郎著紫袴褶,女著彩夹裙。"

【袷袍】jiápáo 夹袍,一种双层无絮的长袍。《史记·匈奴列传》:"服绣袷绮衣、绣袷长襦、锦袷袍各一。"《新唐书·礼乐志十一》:"隋乐……工人布巾,袷袍,锦襟,金铜带,画绔。"

【鞨沙】jiáshā 西域少数民族的皮靴。《说文解字·革部》:"鞨,鞮,鞨沙也。"

【甲襦】jiǎrú 贴身穿的短汗衣。汉扬雄《方言》卷四:"汗襦……自关而西或谓之祇裯,自关而东谓之甲襦……或谓之襌襦。"

【**兼衣**】jiānyī 多重比较厚的衣服。《淮南子·俶真训》:"是故冻者假兼衣于春,而暍者望冷风于秋。"南朝宋谢惠连《雪赋》:"酌湘吴之醇酎,御狐貉之兼衣。"《梁书·周舍传》:"历掌机密,清贞自居。食不重味,身靡兼衣。"唐钱起《送陈供奉恩勅放归觐省》:"采兰兼衣锦,何以买臣还。"又于鹄《赠不食姑》:"无窟寻溪宿,兼衣扫叶眠。"元陈基《偶成二首》"南州五月尚兼衣,白苎窗间未脱机。"《明史·吕坤传》:"臣久为外吏,见陛下赤子冻骨无兼衣,饥肠不再食,垣舍弗蔽,苦藁未完。"

【**菅屩**】jiānjuē 菅草制成的鞋子。《淮南子·齐俗训》:"有诡文繁绣,弱緆罗纨,则必有菅屩跐蹻,短褐不完者。"

【**简衣**】jiǎnyī 简便粗陋的服装。汉袁康《越绝书·外传记宝剑》:"王取纯钩,薛烛闻之,忽如败,有顷,惧如悟,下陛而深惟,简衣而坐望之。"

【**建华冠**】jiànhuáguān 省称"建华"。祠天地、五郊、明堂时乐、舞人祭祀时所戴的冠。汉代用桦木皮制成,前圆,以铁为柱卷,贯大铜珠九枚,形似缕鹿,下轮大,上轮小。饰以鹬羽。晋、陈承袭,隋以后其制废弃。《玉函山房辑佚书》辑汉郑玄《三礼图》:"建华冠,祠天地五郊八俏舞人之所服也。"汉蔡邕《独断》卷下:"大乐郊社,祝舞者冠建华,其状如妇人缕簛。"《后汉书·舆服志下》:"建华冠,以铁为柱卷,贯大铜珠九枚,制以缕鹿。记曰:'知天者冠述,知地者履绚。'《春秋左传》曰:'郑子臧好鹬冠。'前圆,以为此则是也。天地、五郊、明堂,《育命舞》乐人服之。"《晋书·舆服

志》:"建华冠,以铁为柱卷,贯大铜珠九枚,古用杂木珠,原宪所冠华冠是也。又《春秋左氏传》郑子臧好聚鹬冠,谓建华是也。祀天地、五郊、明堂,舞人服之。汉《育命舞》乐人所服。"《隋书·礼仪志六》:"建华冠,以铁为柱卷,贯大铜珠九枚。祀天地、五郊、明堂,舞人服之。"又《礼仪志七》:"诸建华、鷄鶒、鹬冠、委貌、长冠、樊哙、却敌、巧士、术氏、却非等,前代所有,皆不采用。"

建华冠(宋聂崇义《三礼图》)

【**江妃袖**】jiāngfēixiù 传说中神女衣服的衣袖。后引申为女性衣袖的美称。汉刘向《列仙传·江妃二古》:"江妃二女者,不知何所人也,出游于江汉之湄,逢郑交甫,见而悦之,不知其神人也。"元杨景贤《西游记》第二出:"身似游鱼吞了钩,泪滴满江妃袖。"

【**绛韝**】jiànggōu 一种绛红色的臂衣,多用于武官仪卫。《后汉书·舆服志上》:"驿马三十里一置,卒皆赤帻绛韝。"《隋书·百官志上》:"其尚书令、仆、御史中丞,各给威仪十人。其八人武官绛韝,执青仪囊在前。"宋程大昌《演繁露·驺唱不入宫》:"梁制尚书令、仆、御史中丞,各

给威仪十人,其七人武官绛鞲。"

【绛绡头】jiàngxiāotóu 也称"绛帕头"。平民所服,士人常以着绡头表示不做官。《后汉书·向栩传》:"向栩字甫兴……少为书生,性卓诡不伦。恒读《老子》,犹如学道。又似狂生,好被发,著绛绡头。"

【绛衣大冠】jiàngyīdàguān 汉代将官所用的深红色衣服、大帽子。《后汉书·光武帝纪上》:"初,诸家子弟恐惧,皆亡逃自匿,曰'伯升杀我。'及见光武绛衣大冠,皆惊曰'谨厚者亦复为之',乃稍自安。"

【绛帻】jiàngzé 汉代宿卫之士所著,汉唐制,宫中不准养鸡,每至雄鸡报晓,有卫士候于朱雀门外,专传鸡唱。后泛指宫中传更报晓者服装。汉应劭《汉官仪》:"宫中不畜鸡,卫士候于朱雀门外,著绛帻,传鸡鸣。"《晋书·石季龙传上》:"改直荡为龙腾,冠以绛帻。"唐王维《和贾舍人早朝大明宫之作》:"绛帻鸡人送晓筹,尚衣方进翠云裘。"《天雨花》第十五回:"须臾滴尽莲花漏,绛帻鸡人报晓鸣。"

【交领】jiāolǐng 服装领式的一种。长条状的衣领下连到衣襟,穿着时两衣领领口处一内一外交相叠压。汉刘熙《释名·释衣服》:"直领,领邪直而交下……交领,就形名之也。"《尔雅·释器》:"衣眥谓之襟。"晋郭璞注:"襟,交领也。"晋干宝《搜神记》卷七:"至元康末,妇人出两裆,加乎交领之上,此内出外也。"

【交让冠】jiāoràngguān 冠名。《后汉书·马援传》:"述盛陈陛卫,以延援入,交拜礼毕,使出就馆,更为援制都布单衣,交让冠,会百官于宗庙中,立旧交

之位。"清荻岸山人《平山冷燕》:"弁冕疑星,只见进贤冠……交让冠,悚悚惶惶,或退或趋。"

【交衽】jiāorèn 衽指衣之前幅,上可至领,下可至裳幅。交领服饰穿着时,左右两幅一外一内相叠压,因称交衽。《说文解字·衣部》:"衽,交衽也。"清沈复《浮生六记》卷五:"衣制皆宽博交衽,袖广二尺,口皆不缉,特短袂,以便作事。"

【交输】jiāoshū 也称"衣圭"。汉代长衣下摆部分的一种形式。以全幅布帛斜裁为三角之状,形如燕尾。宽阔部分连缀于前襟,穿着时两襟相掩,尖端部分则绕至身后。若穿数重长衣,衣襟方向互相对称,左右两侧形如燕尾。西汉以前男女均用,东汉以后专用于妇女。《汉书·江充传》:"充衣纱縠襌衣,曲裾后垂交输。"唐颜师古注:"如淳曰:'交输,割正幅,使一头狭若燕尾,垂之两旁,见于后,是《礼·深衣》绩(续)衽钩边。贾逵谓之衣圭。'苏林曰:'交输,如今新妇袍上挂全幅缯角割,名曰交输裁也。'"

【角巾】jiǎojīn ❶也称"垫巾"。一种有棱角的方头巾,东汉名士郭林宗外出遇雨,巾被淋湿,其巾一角陷下,时人见之新奇,纷纷模仿,一时形成风气。后多为不愿在朝的隐士所戴。《后汉书·郭太传》:"郭太字林宗……尝于陈梁间行遇雨,巾一角垫,时人乃故折巾一角。"题晋陶渊明《搜神后记》卷一:"忽有一人,长丈余,萧疏单衣,角巾,来诣之,翩翩举其两手,并舞而来。"《晋书·羊祜传》:"既定边事,当角巾东路归故里。"南朝宋刘义庆《世说新语·雅量》:"我与元规虽俱王臣,本怀布衣之好,若其欲来,吾角巾径还乌衣。"《隋书·礼仪志六》:"晋太元

中,国子生见祭酒博士,单衣,角巾,执经一卷,以代手版。宋末,阙其制。齐立学,太尉王俭更造。今形如之。"唐温庭筠《题李处士幽居》诗:"水玉簪头白角巾,瑶琴寂历拂轻尘。"《太平御览》卷六八七:"林宗尝行陈梁间,遇雨,故其巾一角沾而折二,国学士著巾莫不折其角,云作林宗巾。"宋李彭《七夕用东坡韵》:"柳州太巧何须乞,怜汝题诗正角巾。"元揭傒斯《赠淳真子张太古》:"飞驷服五龙,角巾摇三花。"清戴名世《一壶先生传》:"一壶先生者……衣破衣,戴角巾,佯狂自放。"❷明代处士、儒生所戴的软帽。有四、六、八角之别。四角亦称"方巾"。《醒世恒言·张孝基陈留认舅》:"多有富贵子弟,担了个读书的虚名,不去务本营生,戴顶角巾,穿领长衣,自以为上等之人,习成一身轻薄,稼穑艰难,全然不知。"《醒世姻缘传》第九十九回:"我自己角巾私服,跟三四名从人,也不带一些兵器,亲与两家本官说话。"明田艺蘅《留青日札》卷二二:"角巾……郭林宗遇雨折一角,故名。今有六角巾、八角巾。常服本四角。"王圻《三才图会·衣服一》:"方巾,此即古所谓角巾也。制同云巾,特少云文。相传国初服此,取四方平定之意。"

角巾(唐孙位《高逸图》)

【脚衣】jiǎoyī 或用布帛制作,或用皮革制成,一般高一尺余,上端有带,穿时用带束紧上口。其色多白,但祭祀时所着袜则用红色。秦汉时进门便要脱履,在屋中多穿袜行于席上。不仅平日燕居如此,而且上殿朝会亦如此。《玉篇·衣部》:"袜,脚衣。"

【校衧】jiǎoliǎo ❶也作"衧校"。一种小套裤。汉扬雄《方言》卷四:"小袴谓之校衧。"《急就篇》唐颜师古注:"袴谓胫衣也,大者谓之倒顿,小者谓之校衧。"《玉篇》:"校衧,小袴也。"❷渔民捕鱼时穿的小裤。唐皮日休《忆洞庭观步十韵》诗:"校衧渔人服,符籯野店窗。"《字汇·衣部》:"校衧,小袴,服以取鱼者。"

jie—jin

【袶】jié ❶衣裾。衣服的后襟。《尔雅·释器》:"袶谓之裾。"晋郭璞注:"衣后襟也。"宋邢昺疏:"袶,一名裾,即衣后裾也。"宋毛开《念奴娇·记梦》词:"翳凤乘鸾人不见,隐隐霓裳云袶。"宋苏辙《次韵答陈之方秘丞》:"行看文石阶,高谈曳长袶。"❷交叉式的衣领。汉扬雄《方言》卷四:"袶谓之襟。"晋郭璞注:"即衣领也。"清戴震疏证:"袶、祫古通用。"《广雅·释器》:"袶谓之襟。"清王念孙疏证:"祫与袶同。"《集韵·叶韵》:"交领谓之袶。"❸裙子带。杜甫《丽人行》:"背后何所见,珠压腰袶稳称身。"清高珩《清明送客》:"果下金丸年少去,水边珠袶丽人行。"

【巾】jīn ❶佩巾,用于擦汗和擦拭的布帛制品。《说文解字·巾部》:"巾,佩巾也。从冂,丨象糸也。"清段玉裁注:"丨象糸也。有系而后佩于带。"《玉篇》:"巾,本以拭物，后人著之于头。"❷也称"头巾"。男女用于裹头的布帛。原是平民百姓所用的首服，根据头巾颜色，秦代称庶民为"黔首"，汉代称仆隶为"苍头"。秦汉时武士多服之，东汉末头巾在士大夫及上层贵族中逐渐流行，王公大臣也都以扎巾为雅。至唐代，戴巾的风气更为盛行，贵族官吏除重大典礼时仍用冠外，其余时间大都裹巾，巾大有取冠而代之的势头，成为自王公贵族、文武官吏、文人墨客至平民百姓应用最广的首服。一直沿袭至明代，而名称也越来越多，质地和形制的变化也愈益丰富。清代以后，由于剃发令的实施，中国男子扎头巾现象已不多见，唯在妇女间仍然流行。制作方式上，最初是缠裹型，后来发展为缝制型。巾的造型也随历史的发展逐步多样化，有高、低之差别，又有圆顶、平顶之不同。更有前裹、后裹，上翻、下折之变化，构成了丰富的样式，更具有装饰性。名称上，有幅巾、葛巾、縑巾、纶巾、折上巾、额子等多种名称。汉刘熙《释名·释首饰》："巾，谨也。二十成人，士冠，庶人巾。"《汉书·贾山传》："怜其无发，赐之巾。"又《韩康传》："及见康柴车幅巾，以为田叟也。"又《董祀妻传》："操感其言，乃追原祀罪。时且寒，赐以头巾、履、袜。"《三国志·武帝纪》注引《傅子》曰："汉末王公，多委王服，以幅巾为雅，是以袁绍、崔豹之徒，虽为将帅，皆著縑巾。"《后汉书·孔融传》："融幅巾奋袖，谈词如云。"南朝宋刘义庆《世说新语·简傲》："谢中郎是王蓝田女婿，尝著白纶巾。"《宋书·陶潜传》："郡将候潜，值其酒熟，取头上葛巾漉酒，毕，还复著之。"明方以智《通雅·衣服·彩服》：

《唐会要》，折上巾军旅所服，今幞头是也。东晋制，以葛为巾，形如帕而横著之，尊卑共服。大元中，国子生见祭酒博士，冠角巾；至齐立学，王俭议更存焉。唐始用巾子，尚平头小样者。宋端拱中，扑头巾子，并为条制。智按所谓耳者，即近代之帽翅，所谓高蝉也。"❸借指帽。与帽相比，两者虽都是经缝制而成的，其区别却在于巾多为方形平顶，帽多为圆形圆顶。但"巾"和"帽"也常常被混为一谈。如东坡巾、浩然巾、四方平定巾等，实际上均属帽子之类。明李时珍《本草纲目·服器·头巾》："古以尺布裹头为巾，后世以纱、罗、布、葛缝合，方者曰巾，圆者曰帽，加以漆制曰冠。"❹京剧中各类人物在穿便服时所戴的便帽。主要有皇巾、相巾、将巾、员外巾、扎巾、文生巾、武生巾等。多属软胎帽子，也有少量硬胎巾，如关羽戴的便帽就有软胎和硬胎两种。巾是表现剧中人物社会地位的重要手段，不同身份或境遇的人物，所戴巾帽迥然不同，如穷书生戴高方巾，贵公子戴文生巾，花花公子戴棒槌巾等。

【巾袜】jīnwà 头巾和袜子。后世"巾袜"指巾帻和袜子，为男子所服用，因以借指男子。《后汉书·列女传·董祀妻》："操感其言，乃追原祀罪。时且寒，赐以头巾履袜。"唐陆龟蒙《读襄阳耆旧传，因作诗五百言寄皮袭美》："沮洳渍琴书，莓苔染巾袜。"宋丘光庭《兼明书》卷五"徒行"引述上文作"曹公与之巾韈"。清钱谦益《丁氏坟前石表辞》："此虽女子，何愧巾袜！"

【巾絮】jīnxù 也作"巾帤"。头巾。《周礼·天官·玉府》："掌王之燕衣服。"汉郑玄注："燕衣服者，巾絮、寝衣、袍襗之属。"清王引之《经义述闻·周官上》引王念孙曰:"絮与帣通,帣亦巾也……《说苑·正谏篇》:'吴王蒙絮覆面而自刭。'谓以巾絮覆面也。"

【巾帻】jīnzé 巾与帻的统称。泛指头巾。汉刘熙《释名·释首饰》:"导,所以导栎鬓发,使入巾帻之里也。"《三国志·魏志·武帝纪》南朝宋裴松之注引《曹瞒传》:"每与人谈论,戏弄言诵,尽无所隐,及欢悦大笑,以至头没杯案中,肴膳皆沾污巾帻,其轻易如此。"《新唐书·仪卫志下》:"次内给使百二十人,平巾帻、大口绔、绯裲裆,分左右,属于宫人车。"宋周邦彦《六丑·落花》词:"残花英小,强簪巾帻。"明陶宗仪《辍耕录·巾帻》:"巾帻,《释名》:'巾,谨也,当自谨于四教。'《仪礼》:'二十成人,士,冠;庶人,巾。'《说文》:'发有巾曰帻,帻即巾也。'"《元史·礼乐五》:"执麾,服同上,惟加平巾帻。"《三国演义》第四十五回:"(蒋)干戴上巾帻,潜步出帐。"《水浒传》第三十九回:"且说戴宗回到下处,换了腿绷、护膝、八答麻鞋,穿上杏黄衫,整了褡膊,腰里插了宣牌,换了巾帻。"明方以智《通雅·衣服·彩服》:"《通典》载《汉旧仪》:'鸿绀帻、霜帻。'《东观记》曰:'段颎灭羌,诏赐颎赤帻大冠一具。'董仲舒《止雨书》曰:'执事皆赤帻,为公服。'常则则当是巾帻矣。"

【金步摇】jīnbùyáo 金质的步摇。汉刘歆《西京杂记》卷一:"贵姊懋膺洪册,谨上……黄金步摇。"晋傅玄《艳歌行》:"头安金步摇,耳系明月珰。"唐白居易《长恨歌》:"云鬓花颜金步摇,芙蓉帐暖度春宵。"顾况《王郎中妓席五咏》:"玉作搔头金步摇,高张苦柱响连宵。"明晏振之《香

罗带·秋思》曲:"轻将檀板敲,漫欹柳腰,罗裙半掩金步摇。"《二刻拍案惊奇》卷八:"金步摇,玉条脱,尽为孤注争雄。"

【金珰】jīndāng ❶宦官、中常侍等近臣高官的金质冠饰。珰当冠前,以黄金为之,故名。金珰式样有如盾牌,中心饰一蝉纹,边饰连续植物纹,或结合雕镂,在花纹上附以小金珠,并嵌以宝石。后喻指达官显贵。汉卫宏《汉官仪》卷上:"中常侍,秦官也。汉兴,或用士人,银珰左貂。光武以后,专任宦者,右貂金珰。"蔡邕《独断》卷下:"武冠,或曰繁冠,今谓之大冠……侍中中常侍加黄金珰,附蝉为文,貂尾饰之。"《后汉书·宦者传序》:"自明帝以后……中常侍至有十人,小黄门亦二十人,改以金珰右貂,兼领卿署之职。"《文选·傅咸〈赠何劭王济〉》:"金珰垂惠文,煌煌发令姿。"唐李善注引董巴《舆服志》:"侍中冠弁大冠,加金珰,附蝉为文。"隋江总《华貂赋》:"随玉珩之近远,共金珰之去留。"❷道教用以指九天之神。宋张君房《云笈七签》卷九《释洞真玉佩金珰太极金书上经》:"玉佩者,九天魂精,九天之名曰晨灯,一名太上隐玄洞飞宝章。金珰者,九天魄灵,九天之名曰虹映,一名上清华盖阴景之内真。"

【金貂】jīndiāo 金珰及貂尾,汉代王公、高官、近臣的冠饰。在武冠上加黄金珰,附蝉为文,貂尾为饰,谓之赵惠文冠,用于侍中、中常侍之冠。也用来喻指侍从近臣。《汉书·谷永传》:"戴金貂之饰,执常伯之职者,皆使学先王之道。"晋潘岳《秋兴赋》:"登春台之熙熙兮,珥金貂之炯炯。"唐温庭筠《湘东宴曲》:"湘东夜宴金貂人,楚女含情娇翠嚬。"王维《和圣制上巳于望春亭观褉诗》:"画鹢移仙

仗，金貂列上公。"宋吴傲《满庭芳》词："任金貂醉脱，不放杯空。"李光《水调歌头》词："珥金貂，拥珠履，在岩廊。回头万事何有，一枕梦黄粱。"明汤显祖《牡丹亭》第四十九出："你说金貂玉佩，那里来的？有朝货与帝王家，金貂玉佩书无价。"

【金环】jīnhuán 金质的环形装饰品，可作手镯、耳坠、臂饰、指环等装饰于身体的不同部位。《诗经·邶风·静女》"静女其娈，贻我彤管"汉毛亨传："生子月辰，则以金环退之，当御者以银环进之，著于左手，既御，著于右手。"三国魏繁钦《定情诗》："何以致拳拳，绾臂双金环。"曹植《美女篇》："攘袖见素手，皓腕约金环。"梁陶弘景《真诰·运象篇》："（神女）作髻乃在顶中，又垂余发至腰许，指着金环，白珠约臂。视之年可十三四许左右。"后蜀欧阳炯《南乡子》词："耳坠金环穿瑟瑟，霞衣窄。"《大金国志·男女冠服》："金俗好衣白。辫发垂肩，与契丹异。垂金环，留颅后发，系以色丝。"《清平山堂话本·快嘴李翠莲记》："调和脂粉把脸搽，点朱唇，将眉画，一对金环坠耳下，金银珠翠插满头，宝石禁步身边挂。"清洪昇《金环曲·为项家妇作》："朝来笑倚镜台立，代系金镮云鬓边。"

【金缕】jīnlǚ ❶金属丝缕或金色丝线。常见的有金丝、银丝等。官宦大家、特别是妇女喜欢用金线织绣成各种图案装饰于衣被巾扇，所作纹样光彩夺目，以示贵雅。亦可于穿缀冠帽上的饰物及连缀死者所穿的玉衣等。《后汉书·王符传》："今京师贵戚，郡县豪家，生不极养，死乃崇葬。或至金缕玉匣，襦梓梗楠……务崇华侈。"晋陆翙《邺中记》："季龙猎，著

金缕织成合欢帽。"又："石虎时著金缕合欢袴。"宋吴文英《莺啼序》词："倚银屏、春宽梦窄；断红湿、歌纨金缕。"赵子发《虞美人·飞云流水》词："楼高映步拖金缕，香湿黄昏雨。"王安中《征招调中腔·红云蒨雾》词："日观几时六龙来，金缕玉牒告功业。"❷即金缕衣。三国魏曹丕《营寿陵诏》："丧乱以来，汉氏诸陵无不发掘，至乃烧取玉匣金缕。"五代前蜀韦庄《清平乐》词："云解有情花解语，窣地绣罗金缕。"

【金缕玉匣】jīnlǚyùxiá 也作"金缕玉衣""金缕玉柙"。用金缕缝制的玉制殓服，汉代皇帝、贵臣死后使用。西汉时玉衣开始形成，盛行于武帝时，然其使用级别尚未严格。至东汉，已明确规定分级使用制度。曹魏黄初三年（222）魏文帝下令废止。玉衣由头部、上衣、裤筒、手套、鞋组成，玉片多长方形、方形、三角形、梯形及多边形等，上有钻孔，用镂编连。编织方法类当时铁甲。《后汉书·礼仪志》："守宫令兼东园匠将女执事，黄绵、缇缯、金缕玉匣如故事。"唐李贤注："汉旧仪曰：帝崩，口含以珠，缠以缇缯十二重。以玉为襦，如铠状，连缝之，以黄金为缕。腰以下以玉为札，长一尺，（广）二寸半，为柙，下至足，亦缝以黄金缕。"

【金印紫绶】jīnyìnzǐshòu 也称"金章紫绶""紫绶金章"。黄金的印章，紫色的绶带。秦汉时相国、丞相、太尉、大司空、太傅、太师、太保等高官贵爵者所用。后历代相沿，略有变更，也因此用金紫借喻显贵和殊荣。《汉书·百官公卿表上》："相国、丞相皆秦官，金印紫绶。"又《皇后纪论》："六宫称号，惟皇后贵人，金印紫绶。"《后汉书·窦宪传》："会南单于请兵

北伐,乃拜宪车骑将军,金印紫绶,官属依司空。"《晋书·职官志》:"文武官公,皆假金章紫绶,著五时服。"《晋书·舆服志》:"贵人、夫人、贵嫔是为三夫人,皆金章紫绶。"唐岑参《送魏升卿擢第》诗:"将军金印帜紫绶,御史铁冠重绣衣。"元马致远《汉宫秋》第二折:"恁他丹墀里头,枉被金章紫绶。"关汉卿《陈母教子》第一折:"孩儿每休夸强,意休慌,他则是放着你那紫绶金章。"宫大用《七里滩》第一折:"怎肯受王新室紫绶金章?"明高明《琵琶记》第二出:"只恐时光,催人去也难留,惟愿取黄卷青灯,及早换金章紫绶。"陆容《菽园杂记》卷九:"古人有金章紫绶、紫袍,今时文武极品官,俱无金印,亦无绶;又紫为禁色,臣下无敢服者。"

【金紫】jīnzǐ ❶ 即"金印紫绶"。《后汉书·马援传》:"今赖士大夫之力,被蒙大恩,猥先诸君纡佩金紫,且喜且惭。"汉蔡邕《陈太丘碑文》:"何可入践常伯,超补三事。纡佩金紫,光国垂勋。"《后汉书·列女传·曹世叔妻》:"圣恩横加,猥赐金紫。"《魏书·袁翻传》:"愿以安南、尚书换一金紫。"《南史·江淹传》:"卿年三十五,已为中书侍郎,才学如此,何忧不至尚书金紫。" ❷佩金鱼袋;着紫官服。唐代规定为三品以上官员的服色。唐韩偓《怀恩叙恳诗》:"声名煊赫文章士,金紫雍容富贵身。"《新唐书·李泌传》:"帝闻,因赐金紫,拜元张广平王行军司马。"唐元稹《赠太保严公行状》:"仕五十年,一为尚书,三历仆射,六兼大夫,五任司空,再践司徒,三居保傅,阶崇金紫,爵极国公。"明陆粲《庚巳编·见报司》:"到一大官府,有金紫数辈出迎。"清梁章巨

《归田琐记·七十致仕》:"突而弁兮,已厕银黄之列。死期将至,尚留金紫之班。"

【衿带】jīndài 即"襟带"。汉张衡《西京赋》:"岩险周固,衿带易守。"《后汉书·杜笃传》:"关梁之险,多所衿带。"唐李贤注:"衿带,衣服之要,故以喻之。"《太平广记》卷二二五:"周成王五年,有因祗国,去王都九万里,来献女功一人,善工巧,体貌轻洁,披纤罗绣縠之衣,长袖修裾。风至则结其衿带,恐飘摇不能自止也。"三国魏曹植《闲情》:"赍身奉衿带,朝夕不堕倾。"《宋书·乐志二》:"礼仪焕帝庭,要荒服遐外。被发袭缨冕,左衽回衿带。"明陈子龙《拟古》诗之一:"容华日缅邈,衿带有余芳。"

【衿】jīn 即襟。《说文解字·衣部》:"衿,衣袨也。"又:"袨,交衽也。"清段玉裁注:"衿之字一变为衿,再变为襟……若许云袨,交衽也。此则谓掩裳际之衽。当前幅后幅相交之处。故曰交衽。袨本衽之偁。因以为正幅之偁。正幅统于领。因以为领之偁。此其推移之渐。许必原其本义为言。凡金声,今声之字皆有禁制之义。禁制于领与禁制前后之不相属。不妨同用一字。"

【襟带】jīndài 也作"衿纽"。连系衣襟的小带。古时服装多无钮扣,衣襟交合后,则以小带系缚之。亦喻指山川环绕,地势险要。《后汉书·蔡邕传》:"邕性笃孝,母常滞病三年,邕自非寒暑节变,未尝解襟带,不寝寐者七旬。"晋左思《魏都赋》:"班列肆以兼罗,设阛阓以襟带。"宋岳珂《桯史》卷五:"宣和之季,京师士庶,竞以鹅黄为腹围,谓之腰上黄。妇人便服,不施衿纽,束身短制,谓之不

制衿。始自宫掖，未几而通国皆服之。"

襟带（清改琦《红楼梦图咏》）

【锦袴(裤)】jǐnkù 用彩色丝锦制成的裤子。《东观汉记》："又所置官爵皆群小，被服不似，或绣面衣、锦袴、诸于、襜褕为百姓之所贱。"《后汉书·刘玄传》："或有膳夫庖人，多著绣面衣、锦袴、襜褕，诸于，骂詈通中。"《资治通鉴·晋纪十七》："以女骑千人为卤簿，皆著紫纶巾，熟锦袴，金银镂带，五文织成靴，执羽仪，鸣鼓吹，游宴以自随。"《梁书·诸夷传》："波斯国……婚姻法：下聘讫，女婿将数十人迎妇，婿著金线锦袍、师子锦袴，戴天冠，妇亦如之。"

【锦袍】jǐnpáo ❶以彩色丝锦制成的珍贵长袍。色彩斑斓华美，常用来赏赐近臣或外邦使臣等，少数民族也多有使用。《史记·匈奴传》："汉与匈奴约为兄弟，所以遗单于甚厚……绣袷长襦、锦袷袍各一。"《周书·异域传下》："王姓波氏，坐金羊床，戴金花冠，衣锦袍，织成帔，皆饰以珍珠宝物。"唐李白《历阳壮士勤将军名思齐歌·序》："历阳壮士勤将军，神力出于百夫，则天太后召见，奇之，授游击将军，赐锦袍玉带，朝野荣之。"《新唐书·天竺传》："玄宗诏赐怀德军，使者曰：'蕃夷惟袍带为宠。'帝以

锦袍、金革带、鱼袋并七事赐之。"《新五代史·段凝传》："已而梁亡，凝率精兵五万降唐，庄宗赐以锦袍、御马。"宋周去非《岭外代答》卷二："熙宁中王相道抚定黎峒，其酋亦有补官，今其孙尚服锦袍，束银带，盖其先世所受赐而服之云。"明王绂《端午赐观骑射击球侍宴》："锦袍窄袖巧结束，金鞍宝勒红缨新。"《三国演义》第二十七回："操笑曰：'云长天下义士，恨吾福薄，不得相留。锦袍一领，略表寸心。'令一将下马，双手捧袍过来。云长恐有他变，不敢下马，用青龙刀尖挑锦袍披于身上，勒马回头称谢曰：'蒙丞相赐袍，异日更得相会。'❷也称"衲袍"。僧侣所著之袍。因色鲜如锦，故名。唐杜甫《秋日夔府咏怀奉寄郑监李宾客一百韵》："管宁纱帽净，江令锦袍鲜。"清杨伦笺注："江总仕陈为尚书令，集有《山水衲袍赋序》云：皇储监国，余展劳谦，终宴，有令以衲袍降赐。锦袍，言其丽如锦也。"

【锦裘】jǐnqiú 用锦帛制成的裘衣。其称始见于汉魏，后世沿用。汉曹操《与杨彪书》："今赠足下锦裘三领。"唐高适《部落曲》："老将垂金甲，阗戈著锦裘。"《新唐书·李晟传》："晟每与贼战，必锦裘绣帽自表，指顾阵前。"《宋史·王陶传》："愚亟出解所衣锦裘，质钱买酒肉、薪炭。"

【进贤】jìnxián 即"进贤冠"。后世借以喻指担任执掌礼仪的官职。《后汉书·礼仪志上》："正月甲子若丙子为吉日，可加元服，仪从《冠礼》。乘舆初加缁布进贤，次爵弁，次武弁，次通天。冠讫，皆于高祖庙如礼谒。王公以下，初加进贤而

已。"《隋书·礼仪志四》："使者又盥，奉进贤三梁冠，至太子前，东面祝，脱空顶帻，加冠。"唐权德舆《省中春晚忽忆江南旧居戏书所怀因寄两浙亲故杂言》诗："去年簪进贤，赞导法宫前。"

【进贤冠】 jìnxiánguān 省称"进贤"。文官及儒者所戴的一种礼冠。源自缁布冠，两汉时期比较常见。冠上有梁，以梁数多少区别等级，汉代进贤冠，一般为三梁，最多为五梁。汉制：前高七寸，后高三寸，长八寸。以漆布为之，中用玳瑁、犀或角质的簪子横贯。冠有缕金涂银的额花，冠后有"纳言"，以罗为冠缨垂

进贤冠（宋聂崇义《三礼图》）

于领下结之。又以金或金涂银和铜制成冠梁，直贯于顶上。西汉和东汉有很大差别，西汉时为单着，而东汉则在冠下加帻。两晋的进贤冠，皇帝亦有戴者，多是五梁。唐代的进贤冠，冠耳升得更高，且由尖变圆，展筩则演变成卷棚形，之后渐趋消失，将展筩和相当于介帻的冠顶合为一体。到了宋代，进贤冠的展筩和介帻合而为一，冠梁则直接排在冠顶。明代的进贤冠，直接称为梁冠，官品高低以冠上梁数为差，最高官为八梁，并加笼巾貂蝉，最低的一梁，式样和宋代相同，冠梁排列于冠顶，更容易辨认。入清以后废除。《后汉书·舆服志下》："进贤冠，古缁布冠也，文儒者之服也。前高七寸，后高三寸，长八寸。公侯三梁，中二

千石以下至博士两梁，自博士以下至小史私学弟子，皆一梁。"汉蔡邕《独断》卷下："进贤冠，文官服之，前高七寸，后三寸，长八寸。公侯三梁；卿大夫、尚书博士两梁；千石八百石以下一梁。汉制，礼无文。"《汉书·隽不疑传》："不疑冠进贤冠，带櫑具剑，佩环玦，褒衣博带，盛服至门上谒。"《晋书·舆服志》："进贤冠，古缁布遗象也……有五梁、三梁、二梁、一梁。人主元服，始加缁布，则冠五梁进贤。三公及封郡公、县公、郡侯、县侯、乡亭侯，则冠三梁。卿、大夫、八座、尚书、关中内侯、二千石及千石以上，则冠两梁。中书郎、秘书丞郎、著作郎、尚书丞郎、小史，并冠一梁。汉建初中，太官令冠两梁，亲省御膳为重也。博士两梁，崇儒也。宗室刘氏亦得两梁冠，示加服也。"《隋书·礼仪志七》："进贤冠，黑介帻，文官服之。从三品已上三梁，从五品已上两梁，流内九品已上一梁。"唐杜甫《丹青引赠曹将军霸》诗："良相头上进贤冠，猛将腰间大羽箭。"《新唐书·车服志》："进贤冠者，文官朝参、三老五更之服也。"《通典》卷五七："大唐因之，若亲王则加金附蝉为饰。复依古制，缁布冠为始冠，进贤、缁布二制存焉。"宋高承《事物纪原·进贤》："古缁布冠之遗象也，董巴以为文儒之服……梁别贵贱，自汉始也。"《宋史·舆服志四》："进贤冠以漆布为之，上缕纸为额花，金涂银铜饰，后有纳言。以梁数为差，凡七等，以罗为缨结之；第一等七梁，加貂蝉笼巾、貂鼠尾、立笔，第二等无貂蝉笼巾，第三等六梁，第四等五梁，第五等四梁，第六等三梁，第七等二梁，并如旧

制,服同。"

jing—jun

【荆钗布裙】jīngchāibùqún 也作"布裙荆钗""钗荆"。也称"荆钗布袄""荆钗布襦""荆钗裙布""裙布荆钗""裙布钗荆""钗荆裙布"。以荆枝为髻钗,用粗布制衣裙。贫家妇女简陋寒素的服饰。《太平御览》卷七一八:"梁鸿妻孟光,荆钗布裙。"《初学记》卷一〇:"如臣素流,家贫业寡,年近将冠,皆已有室,荆钗布裙,足得成礼。"唐刘禹锡《伤往赋》:"我观于途,裨贩之夫,同荷均挈,荆钗布襦。"唐李商隐《重祭外舅司徒公文》:"纻衣缟带,雅况或比于侨吴;荆钗布裙,高义每符于梁孟。"宋周煇《清波杂志》卷八:"有善谋者,选籍中艳丽,诈为驿卒媚女,布裙荆钗,日拥彗于庭。"元萨都剌《织女图》:"又不闻田家归,日晡春蚕宵织布,催租县吏夜打门,荆钗布裙夫短裤。"汪元亨《朝天子·归田》曲:"妻从俭荆钗布袄,子甘贫陋巷箪瓢。"明高明《琵琶记·散发归林》:"夫人是香闺绣阁之名姝,奴家是裙布钗荆之贫妇。"范受益《寻亲记·剖面》:"荆钗裙布,还有甚妖娆?"柯丹丘《荆钗记·议亲》:"贡元乃丰衣足食之家,老身乃裙布荆钗之妇,惟恐见诮。"昭璨《香囊记·褒封》:"钗荆寄食甘贫贱,冰霜苦节弥坚。"《儿女英雄传》第二十五回:"以至戴良之女练裳竹笥,梁鸿之妻裙布荆钗,也称得个贤女。"清孔尚任《桃花扇·却奁》:"花钱粉钞费商量,裙布钗荆也不妨。"《红楼梦》第五十七回:"因薛姨妈看见邢岫烟生得端雅稳重,且家道贫寒,是个钗荆裙布的女儿,便欲说给薛蟠为妻。"

【胫衣】jìngyī 裤子的早期形式,类似后世套裤,无腰无裆,左右两脚各一裤管,上端缀带,着时系结于腰。《说文解字·系部》:"绔,胫衣也。"清段玉裁注:"今所谓套袴也。左右各一,分衣两胫。"汉史游《急就篇》:"襜褕袷复褶袴裈。"唐颜师古注:"袴谓胫衣也。"宋朱彧《萍洲可谈》卷三:"余大父至贫,挂冠月俸折支,得压酒囊,诸子幼时,用为胫衣。"

胫衣(陕西咸阳汉墓出土陶俑)

【鸠杖】jiūzhàng 杖端饰有鸠形的玉杖。古时多以此授于老者,以示敬养之意。《吕氏春秋·仲秋》:"是月也,养衰老,授几杖,行糜粥饮食。"汉高诱注:"阴气发,老年衰,故共养之,授其几杖,赋行饮食糜粥之惺。今之八月比户赐高年鸠杖、粉粢是也。"《周礼》:大罗氏掌献鸠杖以养老,又伊耆氏掌共老人之杖。"唐李群玉《与三山人夜话》诗:"兔裘堆膝暖,鸠杖倚床偏。"

【九雏钗】jiǔchúchāi 一种珍贵的玉质发钗。汉伶玄《赵飞燕外传》:"(后)持昭仪手,抽紫玉九雏钗为昭仪簪髻。"宋叶廷珪《海录碎事·钗珥》:"九雏钗,赵后手抽紫玉九雏钗,为赵昭仪参髻。"明王彦泓《疑雨集·无题四首》之一:"千蝶帐深萦短梦,九雏钗重闲初笄。"

【苴】jū 衬垫在鞋内的干草,引申为鞋垫的代称。《说文解字·草部》:"苴,履中草。"《尔雅·释草》:"藘,籚。"晋郭璞注:"作履苴草。"宋邢昺疏:"一名籚,即蒯类也。中作履底。《字苑》云:'挽苴履底',故云作履苴草也。"汉贾谊《陈政事疏》:"履,虽鲜不加于枕;冠,虽敝不以苴履。"

【裾】jū ❶衣裙后部的下摆。后亦泛指衣服的下摆,不分前后,皆可名"裾"。汉扬雄《方言》卷四:"袿谓之裾。"晋郭璞注:"衣后裾也。"汉刘熙《释名·释衣服》:"裾,倨也。倨倨然直也。亦言在后常见踞也。"清王先谦疏证补:"毕沅曰:人坐则裾,常在身下,为人蹲踞也。"《汉书·邹阳传》:"饰固陋之心,则何王之门不可曳长裾乎?"唐韩愈《送李愿归盘谷序》:"飘轻裾,翳长袖。"《宋史·李纲传论》:"若赤子之慕其母,怒呵犹嗷嗷焉,挽其裳裾而从之。"❷衣服的前襟。《说文解字·衣部》:"裾,衣褒也。"清朱骏声《说文通训定声》:"裾,衣之前襟也。今苏俗曰大襟。"晋干宝《搜神记》卷二:"当出户时,忽掩其衣裾户间,掣绝而去。"元李冶《敬斋古今黈》卷四:"大辟之罪,殊刑之极,布其衣裾而无领缘。"《清史稿·后妃传》,"顺治十一年春,妃诣太后宫问安,将出,衣裾有光若龙绕,太后问之,知有妊。"❸衣袖。汉扬雄《方言》卷四:"袿谓之裾。"晋郭璞注:"《广雅》云:'衣袖也。'"❹衣服的后襟。《尔雅·释器》:"裓谓之裾。"晋郭璞注:"衣后襟也。"❺帽缘四周下垂部分。明方以智《通雅》卷三六:"帽之屠苏垂者曰裾,亦曰裙。"

朝代	图例	朝代	图例
商		隋唐	
周		宋	
秦		明	
汉		清	
魏晋		近代	
南北朝			

裾的演变

【橘】jú 下施有钉的登山鞋。《史记·河渠书》:"泥行乘橇,山行乘橘。"清陶炜辑《课业余谈》卷上:"橘,登山履也。以铁为之,如锥头,施履不蹉跌也。别作樏、桐,义同。"

【巨巾】jùjīn 汉代齐地人用来指称大巾。用以蔽膝,也用以盖头。汉刘熙《释名·释衣服》:"韠,蔽也,所以蔽膝前也。妇人蔽膝亦如之。齐人谓之巨巾。田家妇女出至田野,以覆其头,故因以为名也。"

【卷帻】juǎnzé 童子戴的头巾,始于汉代。《仪礼·士冠礼》"缁布冠"汉郑玄注:"今未冠笄者著卷帻。"唐孔颖达疏:"此举汉法以况义耳……明汉时卷帻亦以布帛之等围绕发际为之矣。"《后汉书·舆服志下》:"未冠童子帻无屋者,示未成人也。入学小童帻也句卷屋者,示尚幼少,未远冒也。"《通典·礼志四十一》:"广陵王未冠,吴王、章郡王卑幼,不应居庐,古但有冠无帻,汉始制帻,可如今服卷帻。"明杨慎《谭苑醍醐》卷六:"今未笄冠者,著卷帻,颇象之所生也。"

【玦佩】juépèi 环形而有缺口的玉佩。汉刘向《说苑·贵德》:"郑子产死,郑人丈夫舍玦佩,妇人舍珠珥,夫妇巷哭三月,不闻竽琴之声。"

【爵钗】juéchāi 也作"雀钗"。一端有雀形装饰的发钗。晋制,宫人六品以上得服雀钗以覆髻,三品以上服金钗。汉刘熙《释名·释首饰》:"爵钗,钗头施爵也。"清王先谦疏证补:"爵,与雀同。"三国魏曹植《美女篇》诗:"头上金爵钗,腰佩翠琅玕。"《晋书·元帝纪》:"将拜贵人,有司请市雀钗,帝以烦费,不许。"南朝梁何逊《嘲刘咨议》诗:"雀钗横晓鬓,娥眉艳宿妆。"

【襦】jué 一种短袖上衣,东汉以前仅限于妇女,后男子亦有着之。《后汉书五行志一》:"更始诸将军过洛阳者数十辈,皆帻而衣妇人衣绣拥襦。"唐段成式《西阳杂俎·前集》卷九:"众中有一年少请弄阁,乃投盖而上,单练襦履膜皮,猿挂鸟跂,捷若神鬼。"明方以智《通雅》卷三六:"与𧝓同,谓今之半臂也。"

【军装】jūnzhuāng 军戎方面的服饰和装备。《汉书·扬雄传上》:"八神奔而警跸兮,振殷辚而军装。"颜师古注:"军装,为军戎之饰装也。"唐杜甫《扬旗》诗:"初筵阅军装,罗列照广庭。"明史玄《旧京遗事》:"戊寅用兵之际,群珰及兵部堂属巡视京营科道,各建标如大帅,惟杨御史绳武大帽坐马作军装,余人纱帽公服如常日。"明戚继光《练兵纪实》:"蓄养锐气,修治军装,讲明法令,通之以情,结之以心"。《天讨·军政府〈谕保皇会檄〉》:"幸而今日军装,皆用枪炮。"

【袀玄】jūnxuán 即"袀袨"。汉蔡邕《独断》卷下:"祠宗庙则长冠袀玄,袀,绀缯也。"《后汉书·舆服志下》:"秦以战国即天子位,灭去礼学,郊祀之服,皆以袀玄。"又:"百官执事者,冠长冠,皆祇服。五岳、四渎、山川、宗庙、社稷诸沾秩祠,皆袀玄长冠,五郊各如方色云。百官不执事,各服常冠袀玄以从。"《金史·舆服志中》:"自秦灭弃礼法,先王之制,靡敝不存,汉初犹服袀玄以从大祀,历代虽渐复古,终亦不纯而已。"清恽敬《〈十二章图说〉序》:"古者,十二章之制,始于轩辕著于有虞,垂于夏殷,详于有周,盖二千有余年。东汉考古定制,历代损益,皆十二章,亦二千有余年,可谓备矣。中间秦王水德,上下皆服袀玄,西汉仍之,隔二百有余年。"

【袀袨】jūnxuàn 黑色礼服。衣、裳皆黑之祭服,通行于秦汉。秦灭六国后,尽改古制,规定郊祀之服皆以袀袨,上下同色。西汉袭秦制,至东汉明帝始定服制:祀五岳、四渎、山川、宗庙、社稷等,皆袀袨长冠,从祀百官服常冠袀袨。《淮南子·齐俗训》:"尸祝袀袨,大夫端冕。"汉高诱注:"袀,纯服;袨,墨斋衣也。"

【骏鸃冠】jùnyíguān 也作"鵔鸃冠"。饰有骏鸃羽毛的礼冠。其制始于战国,传为赵武灵王所制,秦汉时为内侍宦官所戴。《汉书·佞幸传》:"故孝惠时,郎侍中皆冠骏鸃,贝带,傅脂粉。"宋苏过《从范信中觅竹》诗:"将军懒著骏鸃冠,买得林丘小洞天。十亩琅玕寒照座,一溪罗带恰通船。"唐严武《寄题杜拾遗锦江野亭》诗:"莫倚善题鹦鹉赋,何须不着鵔鸃冠。"

K

kai—kun

【**铠扞**】kǎihàn 射箭者所用的铠甲和护臂。《汉书·酷吏传·尹赏》:"杂举长安中轻薄少年恶子,无市籍商贩作务,而鲜衣凶服被铠扞、持刀兵者,悉籍记之。"

【**空顶帻**】kōngdǐngzé 空顶,其上无屋的头巾。未成年男性所用。《后汉书·刘盆子传》:"盆子时年十五……侠卿为制绛单衣,半头赤帻、直綦履。"唐李贤注:"帻巾,所谓覆髻也。《续汉书》曰:'童子帻无屋,示未成人也。'半头帻即空顶帻也,其上无屋,故以为名。"梁陶弘景《真诰》卷一七:"丁玮宁年可三十四五,许并著好单衣,垂帻履版,惟庆安著空顶帻。"《通典》卷五七:"梁因之,以黑介帻为朝服,元正朝贺毕还宫更出所服,未加元服则空顶帻。"

【**弢环**】kōuhuán 省称"弢"。即指环。题汉刘歆《西京杂记》卷一:"戚姬以百炼金为弢环,照见指骨。上恶之,以赐侍儿鸣玉耀光等各四枚。"又:"赵飞燕为皇后,其女弟在昭阳殿遗飞燕……黄金步摇、合欢圆珰、琥珀枕、龟文枕、珊瑚玦、马脑弢。"南朝梁宗懔《荆楚岁时记》:"岁前,又为藏弢之戏,始于钩弋夫人……俗呼为行弢。盖妇人所作金环,以镈指而缠者。"元李裕《次宋编修显夫南陌诗四十韵》:"体轻嫌蔽膝,指嫩莹弢环。"清吴伟业《三松老人歌》:"大幅十丈封黄罗,弢环一寸如清矑。"

【**鬟带**】kuìdài 也作"聚带"。晋时称"偏叠幧头"。汉魏时流行的系髻的头巾。较普通头巾为窄,通常用于男子。使用时由脑后绕前,系结于额。汉扬雄《方言》卷四:"络头……其偏者谓之鬟带,或谓之聚带。"晋郭璞注:"今之偏叠幧头也。"《广雅·释器》:"帕头、帮、鬟带、聚带、络头,幧头也。"清王念孙疏正:"鬟、聚、髻也。"《说文解字·髟部》:"鬟,屈发也。从髟贵声。丘媿切。"清段玉裁注:"按鬟者,髻短发之偏。方言之鬟带谓帕头带于髻上也。"

鬟带(山东沂南汉墓出土画像石)

【**幝**】kūn 也作"裈"。有裆的裤子。《说文解字·巾部》:"幒也。从巾军声。裈,幝或从衣。"清段玉裁注:"按今之套裤,古之绔也。今之满裆裤,古之裈也。自其浑合近身言曰幝。自其两襱孔穴言曰幒。"

L

lan—ling

【兰襟】lánjīn 衣襟的雅称。亦用来指代同甘共苦的好朋友。汉班倢伃《捣素赋》:“侈长袖于妍袂,缀半月于兰襟。”金元好问《泛舟大明湖》诗:“兰襟郁郁散芳泽,罗韈盈盈见微步。”明周亮工《尺牍新钞·张鹿徵与刘公勇书》:“契阔兰襟,有怀如岳,闻丁酉秋冬之际,车骑久驻白门,而弟以萍踪流浪,失此良觌,抱歉何言。”

【褴】lán 也作“艦”。无缘饰的衣服。汉扬雄《方言》卷四:“楚谓无缘之衣曰褴。”清戴震疏正:“褴又作艦。”

【褴褛】lánlǚ 也作“艦缕”。较正式的服装在领、襟、摆等处均用深色的宽布条缘边,无缘边的衣服叫褴;褛本指衣服开合的地方,后来绽线破败也称褛。泛指破烂的衣服。汉扬雄《方言》卷三:“南楚凡人贫衣被丑弊,谓之须捷,或谓之褛裂,或谓之褴褛。故《左传》曰:‘筚路褴褛以启山林’殆谓此也。”又:“以布而无缘,敝而紩之,谓之褴褛。”唐白居易《渭村退居诗一百韵》:“传衣念褴褛,举案笑糟糠。”《隋书·五行志》:“武平时,后主于苑内作贫儿村,亲衣艦缕之服而行乞其间,以为笑乐。”《醒世恒言·刘小官雌雄兄弟》:“刘公擦摩老眼看时,却是六十来岁的老儿,行缠绞脚,八搭麻鞋,身上衣服,甚是褴褛。”清王士禛《香祖笔记》卷六:“宋初朝士竞尚西昆体。伶人有为李义山者,衣衫褴褛。旁有人问:‘君何为尔?’答曰:‘近日为诸馆职挦撦,故至此。’”

【羸服】léifú 也称“羸衣”。破旧的衣服,多为平民或贫贱者所穿。亦指穿破旧的衣服。《后汉书·朱儁传》:“儁乃羸服闲行,轻赍数百金到京师。”又《羊续传》:“拜续为南阳太守。当入郡界,乃羸服闲行,侍童子一人,观历县邑,采问风谣,然后乃进。”《新唐书·张浚传》:“不得志,乃羸服屏居金凤山。”元辛文房《唐才子传·杜甫》:“肃宗立,自鄜州羸服欲奔行在。”

【盭绶】lìshòu 汉代诸侯王佩戴的印绶。色黄而近绿,用盭草染制。《汉书·百官公卿表上》:“诸侯王,高帝初置,金玺盭绶。”唐颜师古注引晋灼曰:“盭,草名也,出琅邪平昌县,似艾,可染绿,因以为绶名也。”《晋书·职官志》:“其相国、丞相,皆衮冕,绿盭绶,所以殊于常公也。”宋葛立方《韵语阳秋》卷一〇:“杨妃专宠帝室,金印盭绶,宠遍于铦钊;象服鱼轩,荣均于秦虢。”

【连理带】liánlǐdài 一种妇女的衣带。其上绣有花枝相互缠绕的纹样。寓意“情义绵绵”。也有绘莲枝花纹者。美其名为“连理”,取同心固结之义,常用作男女信物。汉辛延年《羽林郎》诗:“胡姬年十五,春日独当垆。长裾连理带,广袖合欢襦。"唐施肩吾《夜起来》诗:"香销连理带,尘覆合欢杯。"

【练裙】liànqún ❶也称"白练裙"。以白色熟绢制成的裙子,其质较绮縠为次。《后汉书·马皇后纪上》:"常衣大练,裙不加缘。朔望诸姬主朝请,望见后袍衣疏粗,反以为绮縠。"《南史·任昉传》:"兄弟流离不能自振,生平旧交莫有收恤。西华冬月著葛帔练裙。"宋苏轼《八月十七日天竺山送桂花分赠元素》诗:"破袗山僧怜耿介,练裙溪女斗清妍。"《旧唐书·舆服志》:"太宗又制翼善冠,朔望视朝,以常服及帛练裙襦通着之。"《辽史·仪卫志二》:"皇帝翼善冠,朔视朝用之。柘黄袍,九环带,白练裙襦,六合靴。"《宋史·礼志二十五》:"挽郎服白练宽衫、练裙、勒帛、绢帻。"❷也称"羊裙""羊欣白练裙"。代指精美的书法。因书法家王献之在羊欣裙上写字而得名。《南史·羊欣传》:"欣少靖默,无竞于人,美言笑,善容止。泛览经籍,尤长隶书。父不疑为乌程令,欣年十二。时王献之为吴兴太守,甚知爱之。欣尝夏月著新绢裙昼寝,献之入县见之,书裙数幅而去。欣书本工,因此弥善。"清庄棫《高阳台·长乐渡》词:"爱沙边鸥梦,雨后莺啼。投老方回,练裙十幅谁题?"

【梁】liáng ❶冠上拱起或成弧形的部分。既用作装饰,又用以辨别身份等级。《后汉书·舆服志下》:"通天冠,高九寸,正竖,顶少邪却,乃直下为铁卷梁,前有山,展筒为述,乘舆所常服。"《隋书·礼仪志七》:"梁别贵贱,自汉始也。"《旧唐书·舆服志》:"三品以上三梁,五品以上两梁。"宋吴自牧《梦粱录》卷五:"所谓梁者,则冠前额梁上排金铜叶是也。"❷鞋头的装饰。通常以皮革为之,制为直条。有一梁、二梁、三梁多种。《文明小史》第九回:"(傅知府)穿了一件家人们的长褂子,一双双梁的鞋子,不坐轿子。"

【两梁冠】liǎngliángguān 也作"两梁""二梁冠"。冠上有两道横脊的礼冠,博士和一些高级文官所戴。汉代为中二千石下至博士以及刘姓宗室所用。魏晋南北朝时期则为卿、大夫、八座、尚书、关中内侯、两千石所用。隋唐改用于四、五品文官。宋辽沿用隋唐。及至明代,则用于六、七品文官。入清以后其制废除。汉卫宏《汉旧仪·补遗》卷上:"尚书陈忠奏太官宜著两梁冠。"又:"御史中丞,两梁冠,秩千石,内掌兰台,督诸州刺史,纠察百寮。"《后汉书·舆服志下》:"中二千石以下至博士两梁……宗室刘氏亦两梁冠,示加服也。"《晋书·舆服志》:"卿、大夫、八座、尚书、关中内侯、二千石及千石以上,则冠两梁。"《宋书·礼志五》"诸王世子……五时朝服,进贤两梁冠,佩山玄玉……郡公侯太子……给五时朝服,进贤两梁冠……尚书令、仆射……纳言帻,进贤两梁冠,佩水苍玉。尚书……纳言帻,进贤两梁冠,佩水苍玉。中书监令、秘书监……进贤两梁冠。佩水苍玉。"《新唐书·车服志》:"三品以上三梁,五品以上两梁。"宋王禹偁《暮春》诗:"壮志休磨三尺剑,白头谁籍两梁冠。"陆游《行在春晚有怀故隐》诗:"归计已栽千个竹,残年合挂两梁冠。"《玉海》卷八二:"中丞则冠獬豸,两梁冠,铜剑佩环。四品、五品侍祠大朝会服之。"《宋史·舆服志四》:"两梁冠,四品、五品侍祠大朝会则之。"《辽史·仪卫志二》:"五品以上进贤冠,二梁,金饰。"《明会典》卷六一:"六品、七品冠二梁。"明王圻《三才图会·衣服二》:"六品、七品二梁冠,衣裳、中单、蔽膝。"

【裲裆】liǎngdāng 也作"两当""两裆"。❶一种无袖的服装。长度仅至腰而不及于下,其造型为无袖,只有前后身两片,一称当胸,一称当背,肩部以带相联,遮蔽胸背。形似今之背心。军士穿的称裲裆甲。一般人穿的称裲裆衫。两汉时仅用作内衣,多施于妇女。魏晋时则不拘男女,均可穿在外面,成为一种便服。制作裲裆的材料,一般有罗、绢及织锦等,考究者则施以彩绣。其制有单、夹之别,夹者或纳以丝棉。南北朝时期,裲裆的使用更为普遍,除以织物做成者外,还有以皮革或铁片做成者。多用于武士。唐代以后,其制不衰,多用于仪卫。其具体样式略有变易。通常以彩帛为之,表面绘绣图纹,常用纹样有狮子、瑞鹰、瑞麟、瑞牛、瑞马、辟邪、白泽、犀牛等。汉刘熙《释名·释衣服》:"裲裆,其一当胸,其一当背,因以名之也。"清毕沅疏证:"《仪礼·乡射礼》:'韦当'。注:'直心背之衣曰当'……据此则裲裆字古作两当。"清王先谦疏证补:"案即唐宋时之半背,今俗谓之背心。当背当心,亦两当之义也。"晋无名氏《上声歌》:"裲裆与郎著,反绣持贮里。汗污莫溅泥,持许相存在。"干宝《搜神记》卷一六:"(妇鬼)形体如生人,著白练衫,丹绣裲裆。"《宋书·五行志一》:"至元康末,妇人出两裆,加乎胫(《晋纪》作交领)之上,此内出外也。"宋郭彖《睽车志》卷三:"有一妇人,青衫素裲裆,日以二钱市粥。"《宋书·孔琳之传》:"昔事故之前,军器正用铠而已,至于袍袄裲裆,必俟战阵,实在库藏,永无损毁。"《新唐书·车服志》:"平巾帻者,武官、卫官公事之服也……陪大仗,有裲裆……裲裆之制,一当胸,一当背,短袖覆膊。"❷即兜肚。《资治通鉴·宋顺帝升明元年》:"攸之有素书十数行,常韬在裲裆角,云是明帝与己约誓。"元胡三省注:"《博雅》曰:'裲裆谓之袙腹。'"

【林宗巾】línzōngjīn 多指文人儒士的巾帽。《后汉书·郭太列传》:"(郭太)性明知人,好奖训士类,身长八尺,容貌魁伟,褒衣博带,周游郡国。尝于陈、梁间行遇雨,巾一角垫,时人乃故折巾一角,以为'林宗巾'。其见慕皆如此。"南朝梁吴均《赠周散骑与嗣》:"唯安莱芜甑,兼慕林宗巾。"宋陆游《幽居记今昔事十首》:"雨垫林宗巾,风落孟嘉帽。"又《七㑲岁暮同诸孙来过偶得长句》:"雨垫林宗一角巾,萧条村路并烟津。"

【林宗折巾】línzōngzhéjīn 即"林宗巾"。宋何薳《春渚纪闻·焦尾》:"蔡伯喈制焦尾琴……后人遂效之,如林宗折巾,飞燕唾花,皆以丑为妍也。"

【领褾】lǐngbiǎo 也作"褾领"。衣服的领缘和袖缘。褾,衣帽的缘边。通常以异色布帛为之,宽窄有度,考究者织绣各色花纹,既增强牢度,又用于装饰。《汉书·贾谊传》:"今民卖僮者,为之绣衣丝履偏诸缘。"唐颜师古注:"偏诸,若今之织成以为要襻及褾领者也。"《唐六典》卷四:"文舞六十四人,供郊庙,服委貌冠,玄丝布大袖,白练领褾;白纱中单,绛领褾。"《新唐书·礼乐志七》:"皇太子空顶黑介帻,双童髻,彩衣、紫袴褶,织成褾领。"《辽史·仪卫志二》:"绛纱袍,白纱中单，褾领，朱襈裾，白裙襦，绛蔽膝，白假带方心曲领。"

【领巾】lǐngjīn 围在脖子四周的装饰性织品。汉扬雄《方言》卷四："帣裱谓之被巾。"晋郭璞注："妇人领巾也。"北周庾信《春赋》："镂薄窄衫袖，穿珠帖领巾。"清倪璠注："《释名》曰：'……领，颈也，以壅颈也。亦言总领，衣体为端首也。'束晳《近游赋》曰：'载穿领之疏巾。'"《北史·隋房陵王勇传》："前簿王世积，得妇女领巾，状似稍幡，当时遍示百官，欲以为戒。今我儿乃自为之。领巾为稍幡，此是服妖。"唐韩愈《赛神》诗："白布长衫紫领巾，差科未动是闲人。"段成式《酉阳杂俎》前集卷一："上夏日尝与亲王棋，令贺怀智独弹琵琶，贵妃立于局前观之……时风吹贵妃领巾于贺怀智巾上，良久，回身方落。"宋张君房《云笈七签·神仙感遇传·崔生》："崔生妻掷一领巾，化为五色绛桥，令崔生踏过，桥随步即减。"周邦彦《如梦令·思情》词："尘满一缾文绣。泪湿领巾红皱。"清郝懿行《证俗文》卷二："领巾……今京师妇人领系白绢巾，长垂数尺余，即其遗像。"

领巾 （五代顾闳中《韩熙载夜宴图》）

【领袖】lǐngxiù 衣服的领和袖。《后汉书·皇后纪上·明德马皇后》："仓头衣绿褠，领袖正白。"《通典·礼志二十一》："宗庙、社稷诸沾秩祠，皆衲玄服，绛缘领袖为中衣，绛袴袜，示其赤心奉神也。"宋苏轼《东川清丝寄鲁冀州戏赠》诗："但放奇纹出领袖，吾髯虽老无人憎。"清褚人获《坚瓠八集·跳月记》："衫襦领袖，悉锦为缘。"

liu—lü

【刘氏冠】liúshìguān 也称"斋冠""竹皮冠""鹊尾冠"。汉高祖刘邦创制的一种竹皮冠，汉代为刘氏宗族和公乘以上者的官员所佩戴。《史记·高祖本纪》："高祖为亭长，乃以竹皮为冠，令求盗之薛治之，时时冠之。及贵常冠，所谓'刘氏冠'乃是也。"南朝宋裴骃集解引应劭语："以竹始生皮作冠，即鹊尾冠是也。"唐张守节正义引颜师古："其后诏曰：'爵非公乘以上不得冠刘氏。'"《后汉书·舆服志下》："长冠，一曰斋冠，高七寸，广三寸，促漆纚为之，制如板，以竹为里。初，高祖微时，以竹皮为之，谓之'刘氏冠'，楚冠制也。"汉蔡邕《独断》卷下："高祖冠以竹皮为之，谓之刘氏冠。楚制，礼无文。鄙人不识，谓之鹊尾冠。"《淮南子·氾论训》："履天子之图籍，造刘氏之貌冠。"《通典·君臣冠冕巾帻等制度·长冠》："汉高帝采楚制，制长冠，形如板，以竹为里，亦名斋冠，以高帝所制，曰'刘氏冠'。"

【留黄冠】liúhuángguān 用淡黄色的绢制成的冠，汉代用为丧冠，近臣及两千石以下服之。《后汉书·礼仪志下》："先大驾日游冠衣于诸宫诸殿，群臣皆吉服从会如仪。皇帝近臣丧服如礼……近臣及二千石以下皆服留黄冠。百官衣皂。"

【留仙裙】liúxiānqún 西汉妇女的裙式。一种有绉褶的裙,类似今之百褶裙,相传为汉成帝皇后赵飞燕所创。汉伶玄《赵飞燕外传》载:成帝于太液池作千人舟,号合宫之舟,后歌舞《归风》《送远》之曲,侍郎冯无方吹笙以倚后歌。中流,歌酣,风大起。后扬袖曰:"仙乎,仙乎,去故而就新,宁忘怀乎?"帝令无方持后裙。风止,裙为之绉。他日,宫姝幸者,或襞裙为绉,号"留仙裙"。清余怀《板桥杂记·丽品》:"(沙才)长而修容,留仙裙,石华广袖,衣被粲然。"龚自珍《江城子·自题〈羽陵春晚〉画册改〈隔溪梅令〉之作》:"留仙裙褶晚来松,落花风,去匆匆。"

【裗】liú 下垂的衣襟。《尔雅·释器》:"衣裗谓之祝。"晋郭璞注:"衣缕也。"清郝懿行义疏:"裗者,流之或体也。祝者,郭云'衣缕'。释文:'缕又作楼。'《方言》云:'楼谓之衽。'衽即衣襟。然则裗祝,犹言流曳,皆谓衣衽下垂,流移摇曳之貌。"

【襱】lóng ❶套裤;裤腿。汉扬雄《方言》卷四:"袴,齐鲁之间谓之襂,或谓之襱。"晋郭璞注:"今俗呼袴踦为襱。"《说文解字·衣部》:"襱,绔踦也……袑,绔上也。"清段玉裁注:"按绔踦对下文绔上言,绔之近足狭处也。"《急就篇》唐颜师古注:"袴之两股曰襱。"❷也作"裬"。裤筒,袜筒。汉扬雄《方言》卷四:"无裬之袴谓之襣。"晋郭璞注:"袴无踦者,即今犊鼻裤也。裬亦襱,字异耳。"清钱铎笺疏:"今吴俗谓袜管为裬,音如统,即裬字。"❸裤裆。《玉篇·衣部》:"襱……袴裆也。"

【鹿菲】lùfēi 粗糙的草鞋。汉桓宽《盐铁论·散不足》:"古者庶人鹿菲草芰,缩丝尚韦而已。及其后,则綦下不借,鞔鞮革舄。"

【鹿皮冠】lùpíguān 也称"鹿皮""鹿冠""鹿皮帽""鹿皮巾"。隐士所戴的鹿皮制成的帽子。后世文人、道士也有服用。《后汉书·杨震传》:"乃授光禄大夫,赐几杖衣袍,因朝会引见,令彪著布单衣、鹿皮冠,杖而入,待以宾客之礼。"《宋书·何尚之》:"尚之在家常著鹿皮帽,及拜开府,天子临轩,百僚陪位,沈庆之于殿廷戏之曰:'今日何不著鹿皮冠?'"又《何点传》:"梁武帝与点有旧。及践阼,手诏论旧,赐以鹿皮巾等,并召之。"唐皮日休《题屋壁》诗:"元想凝鹤扇,清齐拂鹿冠。"宋米芾《画史》:"耆旧言:士子国初皆顶鹿皮冠,弁遗制也,更无头巾掠子,必带篦,所以裹帽,则必用篦子约发。"

【罗袂】luómèi 也称"罗袖"。一种轻薄、宽大的衣袖。通常指妇女服装。汉武帝《落叶哀蝉曲》:"罗袂兮无声,玉墀兮尘生。"三国魏曹植《七启》:"扬罗袂,振华裳。"晋葛洪《抱朴子·崇教》:"淫音噪而惑耳,罗袂挥而乱目。"晋阮籍《咏怀诗》:"微风吹罗袂,明月耀清晖。"唐李白《代秋情》诗:"空掩紫罗袂,长啼无尽时。"元杨景贤《西游记》第十五出:"雨初收,云才散,山风恶,罗袂生寒。"王实甫《西厢记》第一本第三折:"月色横空,花阴满庭;罗袂生寒,芳心自警。"

【罗绮】luóqǐ 罗和绮。多借指丝绸衣裳。汉张衡《西京赋》:"始徐进而羸形,似不任乎罗绮。"唐崔泰之《同光禄弟冬日述怀》诗:"衣冠皆秀彦,罗绮尽名倡。"

的服饰 秦汉时期

【罗襦】luórú 一种罗制短衣。《史记·滑稽列传》:"罗襦襟解,微闻香泽,当此之时,髡心最欢,能饮一石。"唐岑参《玉门关盖将军歌》诗:"野草绣窠紫罗襦,红牙缕马对樗蒲。"张籍《白头吟》:"罗襦玉珥色未暗,今朝已道不相宜。"白居易《贫家女》诗:"红楼富家女,金缕绣罗襦。"温庭筠《菩萨蛮》词:"新贴绣罗襦,双双金鹧鸪。"明无名氏《贩书记·假尼入寺》:"青衿卸却换罗襦,此际情惊有怎知?"清黄遵宪《拜曾祖母墓》诗:"头上盘云髻,耳后明月珰,红裙绛罗襦,事事女儿妆。"

【罗袜】luówà 以纱罗一类织物制成的袜子。因质地柔软轻薄,多用于春夏之季。后多用以指代少女。汉张衡《南都赋》:"修袖缭绕而满庭,罗袜蹑蹀而容与。"三国魏曹植《洛神赋》:"凌波微步,罗袜生尘。"南朝陈江总《姬人怨服散篇》:"莫轻小妇狎春风,罗袜也得步河宫。"唐孟浩然《同张明府碧溪赠答》诗:"仙凫能作伴,罗袜共凌波。"李白《感兴》诗:"香尘动罗袜,绿水不沾衣。"韩偓《密意》诗:"经过洛水几多人,惟有陈王见罗袜。"宋苏轼《洞庭春色赋》:"惊罗袜之尘飞,失舞袖之弓弯。"陆游《成都行》诗:"月浸罗袜清夜徂,满身花影醉索扶。"元刘庭信《戒嫖荡》曲:"身子纤,话儿甜,曲躬躬半弯罗袜尖。"

【罗衣】luóyī 省称"罗"。用轻软丝织品制成的衣服。借指仕女所穿的衣服,亦泛指单薄的衣衫。汉傅毅《舞赋》:"罗衣从风,长袖交横。"边让《章华赋》:"罗衣飘飖,组绮缤纷。"三国魏曹植《美女篇》:"罗衣何飘飘,轻裾随风还。"晋阮籍《咏怀诗》:"西方有佳人,皎若白日光。被服纤罗衣,左右佩双璜。"唐杜甫《黄草》诗:"万里秋风吹锦水,谁家别泪湿罗衣?"李白《宫中行乐词》:"小小生金屋,盈盈在紫微。山花插宝髻,石竹绣罗衣。"五代魏承班《菩萨蛮》词:"罗衣隐约金泥画,玳筵一曲当秋夜。声颤觑人娇,云鬟袅翠翘。"元黄庚《闺情效香奁体》诗:"懒向妆台对镜鸾,罗衣怯薄正春寒。黄金络索珊瑚坠,独立春风看牡丹。"明周在《闺怨》诗:"江南二月试罗衣,春尽燕山雪尚飞。"

【罗缨】luóyīng 一种丝制冠带。汉繁钦《定情诗》:"何以结恩情,美玉缀罗缨。"《宋史·舆服志四》:"进贤冠以漆布为之,上缕纸为额花,金涂银铜饰……以罗为缨结之。"

【络带】luòdài 即"钩落带"。《宋书·礼志五》:"近代车驾亲戎中外戒严之服……腰有络带,以代鞶革。"《晋书·舆服志》:"其戎服则以皮络带代之。"

【络头】luòtóu 束发的头巾。汉扬雄《方言》卷四:"络头,帞头也……自关而西秦晋之郊曰络头,南楚江湘之间曰帞头。"

【缕鹿】lǔlù 妇女首饰。高髻,以上小下大的珠串构成,髻中有杜,用羽毛或其他饰物装饰。使用时连属于簪钗,插于发髻。《后汉书·舆服志下》:"建华冠,以铁为柱卷,贯大铜珠九枚,制似缕鹿。"唐李贤注:"《独断》:'其状若妇人缕鹿。'薛综曰:'一下轮大,上轮小。'"

【褛】lǚ ❶衣襟。汉扬雄《方言》卷四:"褛谓之衽。"晋郭璞注:"衣襟也。或曰裳际也。"《说文解字·衣部》:"褛,衽也。"清段玉裁注:"按郭云衣襟者,谓正幅;云裳际者,谓旁幅。谓衽为正幅者今义,非古义也。"❷破旧之衣。《玉篇·衣部》:"褛……衣坏也。"清朱骏声《说文通训定声·需部》:"褛者在旁开合处,故衣被组(绽)敝为褛裂,亦为褴褛。"

【履凫】lǚfú 指王乔化履为凫而乘之往来的传说,借指鞋子。《后汉书·方术传上·王乔》:"乔有神术,每月朔望,常自县诣台朝。帝怪其来数,而不见车骑,密令太史伺望之。言其临至,辄有双凫从东南飞来。于是候凫至,举罗张之,但得一只舄焉。乃诏尚方诊视,则四年中所赐尚书官属履也。"宋苏轼《题冯通直明月湖诗后》诗:"请君多酿莲花酒,准拟王乔下履凫。"又《将往终南和子由见寄》诗:"终朝危坐学僧跌,闭门不出闲履凫。"

【履綦】lǚqí ❶鞋子下面的饰物,引申为足迹,踪影。《汉书·外戚传下·孝成班婕妤》:"俯视兮丹墀,思君兮履綦。"唐颜师古注:"言视殿上之地,则思履綦之迹也。"南朝齐王融《有所思》:"宿昔梦颜色,阶庭寻履綦。"唐王起宗《三妇艳》诗:"小妇独无事,花庭曳履綦。"宋王安石《古寺》诗:"寥寥萧寺半遗基,游客经年断履綦。"清谭嗣同《仁学》:"缅山川之履綦,邈音书而飞越。"❷指鞋上的带子。明何景明《寡妇赋》:"纷履綦之委弛兮,琴瑟偃而不张。"

【绿帻】lùzé 绿色的裹头巾,多用于奴仆杂役,后因汉代董偃事被用来指贵家子弟、宠臣的冠服。《汉书·东方朔传》:"董(偃)君绿帻傅韝,随主前,伏殿下。"唐颜师古注:"应劭曰:'宰人服也。'……绿帻,贱人之服也。"汉卫宏《汉旧仪》卷上:"太官主饮酒,皆令丞治,太官、汤官、奴婢各三千人置酒,皆缇韝、蔽膝、绿帻。"南朝梁沈约《三月三日率而成诗篇》:"绿帻文照耀,紫燕光陆离。"《隋书·礼仪志七》:"帻……厨人以绿,卒及驭人以赤,举辇人以黄。"唐李白《古风》之八:"绿帻谁家子,卖珠轻薄儿。"宋钱惟演《别墅》诗:"苍头冠绿帻,中妇织流黄。"

M

ma—mian

【麻绖】mádié 服丧期间系在头部或腰部的葛麻布带。《汉书·贾山传》："疾则临视之亡数,死则往吊哭之,临其小敛大敛,已棺涂而后为之楄锡衰麻绖,而三临其丧。"《石点头·卢梦仙江上寻妻》："只见将过一个杌儿,放在床前,踏将上去,解下腰间麻绖,吊在床檐上。"《明史·礼志第十二》："三十一年,太祖崩……群臣麻布员领衫、麻布冠、麻绖、麻鞋。"

【麻蒯】mákuǎi 用次等或下等衣料做的粗劣衣物。《淮南子·说林训》："有荣华者必有憔悴,有罗纨者必有麻蒯。"

【麻枲】máxǐ 大麻,借指麻布之衣。题汉刘歆《西京杂记》卷二："公孙弘内服貂蝉,外衣麻枲。"清袁枚《随园诗话》卷五："先生闻乐,喜金丝乎? 喜瓦缶乎? 入市,买锦绣乎? 买麻枲乎?"

【马衣】mǎyī ❶用粗毛布缝制的短衣,贫贱者所服。《孟子·滕文公上》："许子衣褐。"汉赵岐注："以毳织之,若今马衣。"《淮南子·览冥训》"短褐不完"汉高诱注："短褐,毛布。如今之马衣。"❷袍。清翟灏《通俗编·服饰》："世俗以袍为马衣,制虽不同,而其名古。"

【鞔鞮】mándī 单底的皮履,多用于庶民。汉桓宽《盐铁论·散不足》："古者庶人鹿菲草芰,缩丝尚韦而已。及其后,则綦

下、不借、鞔鞮、革舄。"

【毛裘】máoqiú 兽皮制作的防寒衣服。汉赵晔《吴越春秋·勾践阴谋外传》："越王夏被毛裘,冬御绤绤,是人不死,必为对隙。"宋程大昌《演繁露·毛裘》："徐常侍铉入中原,以织毛衣制本出胡虏,不肯被服,宁忍寒至死。"

【牦缨】máoyīng 以毛做成的帽带。大臣犯罪时用之,以示请罪。《汉书·贾谊传》："(大臣)闻谴何则白冠牦缨,盘水加剑,造请室而请辠耳,上不执缚系引而行也。"唐颜师古注引郑氏曰："以毛作缨。白冠,丧服也。"《晋书·束皙传》："主无骄肆之怒,臣无牦缨之请。"唐陈鸿《长恨歌传》："国忠奉牦缨盘水,死于道周。"

【貌冠】màoguān 即"刘氏冠"。《淮南子·氾论训》："履天子之图籍,进刘氏之貌冠。"汉高诱注："高祖于新丰所作竹皮冠也。一曰委貌冠。"

【冕带】miǎndài 礼冠的系带。汉张衡《东京赋》："乃整法服,正冕带。"唐吕向注："整其冠带也。"

【冕冠】miǎnguān 省称"冕"。冕服的重要组成部分,是首服中最尊贵的礼冠。其基本款式是在一个圆筒式的帽卷上面,覆盖一块冕版(又称为延),为前低后高的形式,有为王者不尊大之意,其形状呈前圆后方的长形。冕版以木为体,上涂玄色象征天,下涂熏色象征地。延的前后垂有旒,不同地位等级,旒的数量、

质地都有区分。《后汉书·舆服志下》："冕冠,垂旒,前后邃延,玉藻。"《明史·舆服志》:"郡王冠服:永乐三年定,冕冠前后各七旒,每旒五采缫七就,贯三采玉珠七。"《说唐》第四十一回:"李渊再拜受命,戴冕冠,披黄袍,升大殿,即皇帝位。"

【面衣】miànyī ❶也称"面帘""面帽"。用以遮蔽脸面的巾,通常为远行者或妇女所服,以御风寒。起源于西北少数民族。西北少数民族惯于骑马,风沙又大,面衣是用来遮挡风沙的。隋唐前男女皆用,五代以后,多用于妇女。题汉刘歆《西京杂记》卷一:"今日嘉辰,贵姊懋膺洪册,谨上襚三十五条,以陈踊跃之心:金华紫轮帽、金花紫罗面衣。"《晋书·惠帝纪》:"行次新安,寒甚,帝堕马伤足,尚书高光进面衣,帝嘉之。"唐段成式《酉阳杂俎》前集卷一三:"遭丧妇人有面衣,期以下妇人著帼,不著面衣。"宋高承《事物纪原·冠冕首饰·帷帽》:"又有面衣,前后全用紫罗为幅,下垂,杂他色为四带垂于背,为女子远行乘马之用。亦曰面帽。"刘辰翁《烛影摇红》词:"惊沙马上面帘轻,谁贵毡庐主?"明郑瑄《昨非庵日纂》:"燕市带面衣,骑黄马,风起飞尘……二鼻孔黑如烟囱。"又《识全》:"鞑靼……加皂罗为面帘,仍以帕子幂口障沙尘。"清郝懿行《证俗文》卷二:"面衣,疑即今俗所谓袱子也。"❷也称"面帛"。指死者的盖面布。唐段成式《酉阳杂俎续集·支诺皋上》:"几郎就木之时,面衣忘开口,其时匆匆就剪,误伤下唇。"戴孚《广异记·仇嘉福》:"家人仓卒悲泣,嘉福直入,去妇面衣候气,顷之,遂活。"

ming－mo

【明珰】míngdāng ❶用珠玉串成的耳饰。《艺文类聚》卷七八:"皮似丹蠃,肤若明珰。"三国魏曹植《洛神赋》:"无微情以效爱兮,献江南之明珰。"南朝梁刘孝绰《淇上戏荡子妇示行事》诗:"美人要杂佩,上客诱明珰。"南朝陈江总《宛转歌》:"宿处留娇堕黄珥,镜前含笑弄明珰。"唐李端《襄阳曲》:"雀钗翠羽动明珰,欲出不出脂粉香。"张籍《楚宫行》:"巴姬起舞向君王,回身垂手结明珰。"宋况周颐《蕙风词话续编》卷二:"曩见四印斋藏圆圆像凡三帧,一明珰翠羽,一六珈象服,一缁衣裙练:名人题咏甚伙。"❷用以泛指珠佩饰。唐李朝威《柳毅传》:"红妆千万,笑语熙熙,后有一人,自然娥眉,明珰满身,绡縠参差。"

【明月珰】míngyuèdāng 省称"明珰"。用晶莹透明材料制成的妇女耳饰。引申为妇女的代称。《古诗为焦仲卿妻作》:"足下蹑丝履,头上玳瑁光。腰若流纨素,耳着明月珰。"晋傅玄《有女篇·艳歌行》:"头安金步摇,耳系明月珰。"无名氏《孟珠》:"龙头衔九花,玉钗明月珰。"宋姜夔《庆宫春》词:"正凝想明珰素袜,如今安在,惟有阑干,伴人一霎。"

【陌额】mòé 男子束额的头巾。《史记·绛侯周勃世家》"太后以冒絮提文帝"南朝宋裴骃集解引汉应劭曰:"陌额絮也。"唐司马贞索隐:"陌音'蛮貊'之'貊'。"《方言》云'幰巾,南楚之间云陌额'也。"

【冒絮】mòxù 也称"头上巾""陌絮""陌额絮"。夹层充有棉絮的御寒头巾,都用于老年人。《史记·绛侯周勃世家》:"文帝朝,太后以冒絮提文帝。"南朝宋裴骃集解引晋灼曰:"《巴蜀异志》谓头上巾为冒絮。"南朝宋裴骃集解:"应劭曰:'陌额絮也。'……晋灼曰:'《巴蜀异物志》谓头上巾为冒絮。'"唐司马贞索隐:"服虔云:'纶,絮也。'……《方言》云:'幪巾,南楚之间云陌额也。'"《汉书·周勃传》同句唐颜师古注:"冒,覆也,老人所以覆其头。"宋程大昌《演繁露》卷一一:"冒絮,冒音陌……详其所用,当是以絮为巾,蒙冒老者额额也……以絮为巾即冒絮矣。北方寒,故老者絮蒙其头,始得温暖。"清黄遵宪《八用前韵》诗:"跪地习闻提冒絮,夺门祸遂起萧墙。"

【帞头】mòtóu 古代男子束发的头巾。汉扬雄《方言》卷四:"络头,帞头也……南楚、江湘之间曰帞头。"

【紾】mò 束衣的带子。《列女传·鲁季敬姜》:"昔者武王罢朝而结丝紾绝,左右顾无可使结之者,府而自申之。"见294页"紾wà"。

【貃头】mòtóu 即"帞头"。《礼记·问丧》"亲始死"汉郑玄注:"今时始丧者邪巾貃头,笄纚之存象也。"

【墨绶】mòshòu 系官印的黑色印绶。秦汉时规定,千石以下、六百石以上小吏,佩铜质官印,系黑色印绶。汉成帝绥和元年,一度令县长、侯国相改用墨绶。汉哀帝建平二年复用黄绶。魏晋南北朝变通此制而实行之,专用于五、六品官吏。后用以为县官的代称或借指低卑的官阶。《汉书·百官公卿表上》:"县令、长,皆秦官,掌治其县。万户以上为令,秩千石至六百石;减万户为长,秩五百石至三百石……秩比六百石以上,皆铜印黑绶。"《后汉书·蔡邕传》:"墨绶长吏,职典理人,皆当以惠利为绩,日月为劳。"又《舆服志下》:"千石、六百石黑绶,三采,青赤绀,淳青圭,长丈六尺,八十首。"又《孝安帝纪》:"九月庚子,诏王国官属墨绶下至郎、谒者,其明经任博士。"《隋书·礼仪志六》:"印绶,二品以上,并金章,紫绶;三品银章,青绶;四品得印者,银印,青绶。五品、六品得印者铜印,墨绶。"《通典》卷六三:"晋制……尚书令、仆射铜印、黑绶,佩水苍玉;中书监令、秘书监,铜印、黑绶,佩水苍玉。"唐岑参《送宇文舍人出宰元城》诗:"县花迎墨绶,关柳拂铜章。"宋王安石《送直讲吴殿丞宰巩县》诗:"青嵩碧洛曾游地,黑绶铜章忽在身。"司马光《送上雒王推官经臣》诗:"墨绶百里宰,红蕖幕府僚。"元关汉卿《望江亭中秋切鲙》第一折:"昨日金门去上书,今朝墨绶已悬鱼;谁家美女颜如玉,彩球偏爱掷贫儒?"清方文《送姜如农明府擢仪部》诗:"昔为真州宰,墨绶垂芬芳。"

N

na—niu

【纳言】nàyán 汉代尚书巾帻后部的接口。别为一层,垂直而下,高三寸。代指"纳言帻",亦借指负责进谏的官员。《后汉书·舆服志下》:"至孝文乃高颜题,续之为耳,崇其巾为屋,合后施收,上下群臣贵贱皆服之……尚书帻收,方三寸,名曰纳言,示以忠正,显近职也。"

【矖衣】nànyī 短衣。《说文解字·衣部》:"襦,短衣也。一曰矖衣。"清厉荃《事物异名录》卷一六:"矖衣……今之绵袄。"矖一作"襦"。《玉篇》:"音义与矖同。"

【内衣】nèiyī ❶衬衣、裤袜、睡衣等贴身穿着的衣服。着在外套之内的衣。相对"外衣"而言。汉·刘熙《释名·释衣服》:"袍,苞也。苞内衣也。"明郎瑛《七修类稿·诗文三·徐伯龄》:"(徐伯龄)夏月非惟祖裼裸裎,而内衣亦不系也。"清王士禛《池北偶谈·谈异五·山溪烈妇》:"晨起理妆,易新衣,内衣皆自缝纫。"❷佛教三衣的一种。日常作业和安寝时穿用。《寄归传》卷二:"安怛婆娑,译为内衣。"《温室经》:"澡浴之法,当用七物,除去七病,得七福报。何谓七物? 一者然火……七者内衣。"

【溺袴(裤)】nìkù 接尿滴的内裤。《汉书·周仁传》:"仁为人阴重不泄。常衣敝补衣溺袴,期为不洁清,以是得幸,景帝入卧内。"唐颜师古注:"故为不絜清之事而弊败其衣服也。溺读曰尿。尿袴者,为小袴以藉其尿。"

【縌】nì 彩色的绶带,用以系结印章、玉佩。所用颜色及长度视等级而不同。亦借指玉佩。同"璲"。《说文解字·糸部》"縌,绶维也。"《汉书·翟方进传》:"遣使者持黄金印、赤韨縌、朱轮车,即军中拜授。"唐颜师古注引服虔曰:"縌即今之绶也。"又谓:"縌者,系也,谓逆受之也。"《后汉书·舆服志下》:"自青绶以上,縌皆长三尺二寸,与绶同采而首半之。縌者,古佩璲也。佩绶相迎受,故曰縌。紫绶以上,縌绶之间得施玉环鐍云。"又:"自黑绶以下,縌绶皆长三尺,与绶同采而首半之。"又:"于是解去韨佩,留其系璲。"梁刘昭注引徐广曰:"今名璲为縌。"明方以智《通雅》卷三七:"縌,绶之丝,古佩璲也。"

【镊】niè ❶镊子。拔除毛发、细刺或其他细小东西的器具,一般用金银铜铁或犀角做成。汉刘熙《释名·释首饰》:"镊,摄也,摄取发也。"晋干宝《搜神记》卷一:"赵子元出门,见一女子,姿容甚美……子元悯之,与金镊子一枚。"《南史·齐郁林王纪》:"高帝方令左右拔白发,问之曰:'儿言我谁耶?'答曰:'太翁。'高帝笑谓左右曰:'岂有为人作曾祖而拔白发者乎?'即掷镜镊。"❷首饰,发夹,簪端的垂饰。常用象骨、金玉制成,长形,似簪横插于髻上,具有约束头发的功能。《后汉书·舆服志下》:"簪以玳瑁为擿,长一尺,端为华胜……下有白珠,垂黄金镊。"《艺文类聚》卷五七:"戴明中之羽雀,杂华镊之葳蕤。"南朝梁江洪《咏歌姬》:"宝镊建珠花。"《太平御览》卷七一八:"文安皇后为皇太子妃无宠,太子为宫人制新丽衣裳及首饰,而后床惟陈故古旧钗镊数枚。"

镊子(广东广州汉墓出土)

【牛衣】niúyī 以麻、草编织的衣被,如蓑衣之类。原为供牛御寒用。后因汉王章事被用来代指贫寒者的衣服。《汉书·王章传》:"初,章为诸生学长安,独与妻居。章疾病,无被,卧牛衣中,与妻决,涕泣。其妻呵怒之……后章仕宦历位,及为京兆,欲上封事,妻又止之曰:'人当知足,独不念牛衣中涕泣时耶?'"《晋书·刘寔传》:"寔少贫苦,卖牛衣以自给。"唐袁朗《和洗椽登城南坂望京邑》诗:"狐白登廊庙,牛衣出草莱。讵知韩长孺,无复重然灰。"宋程大昌《演繁露·牛衣》:"牛衣者,编草使暖,以被牛体,盖蓑衣之类也。"苏轼《示过》诗:"合浦卖珠无复有,常年笑我泣牛衣。"刘克庄《沁园春·再和》词:"便羊裘归去,难留严子,牛衣病卧,肯泣王章。"明陈汝元《金莲记·饭鱼》:"额中犀角真吾子,身后牛衣愧老妻。"清张大复《雪夜》:"归拥牛衣,寒灯无焰。"姚鼐《东王禹卿病中》诗:"妻子牛衣色尚欣,邑人狗监文谁诵。"

O

【褕】ōu ❶质地粗劣的贫者之服。类似草雨衣,用未绩过的粗麻编织而成。《说文解字·衣部》:"褕,编枲衣。"清段玉裁注:"谓取未绩之麻编之为衣。与草雨衣相类,衣之至贱者也。"❷头衣。《说文解字·衣部》:"褕……一曰头褕。"清段玉裁注:"小儿蛮夷头衣也。头褕盖即头衣。仅冒其头耳。"❸小儿涎衣。汉扬雄《方言》卷四:"繄袼谓之褕。"清朱骏声《说文通训定声·需部》:"褕,苏俗谓之围瀺,著小儿颈肩以受次者,其制圆。"

P

pa—pei

【帕】pà ❶也作"帊"。裹头束额的头巾,男人用以包头,女人或盖在头上,或兼以遮面。《后汉书·舆服志下》:"古者有冠无帻,其戴也,加首有纮,所以安物……秦雄诸侯,乃加其武将首饰为绛袙,以表贵贱。"唐韩愈《昌黎集·送郑尚书序》:"大府帅或通过其府,府帅必戎服,左握刀,右属弓矢,帕首袴靴,迎郊。"宋苏轼《客俎经旬无肉》诗:"绛帕蒙头读道书。"周密《癸辛杂识·后集》:"两朝赐物甚多,亦皆龙凤之物,至于御退罗帕,四角皆有金龙。"《水浒传》第三十二回:"头上缩着鹅梨角儿,一条红绢帕裹着。"清王韬《瓮牖余谈·洪逆琐记》:"伪女官皆以黄帕蒙首,上写伪衔。"❷也作"帊"。手巾。唐杜甫《骢马行》:"赤汗微生白雪毛,银鞍却覆香罗帕。"宋郑思肖《心史》卷下:"北行妇人,带回回帽,加皂罗为面帷,仍以帕子羃口障沙尘。"《喻世明言·张舜美灯宵得丽女》:"(张生)忽于殿上拾得一红绢帕子,帕角系一个香囊。细看帕上,有诗一首。"《红楼梦》第十八回:"执事太监捧着香巾、绣帕、漱盂、拂尘等物。"❸即"帕腹"。围裙。客家方言叫"围身帕",或"衫帕"。太平天国《钦定前遗诏圣书·圣差言行传》第十九章:"致将保罗贴身肤之巾帕加病人,随即病医,邪鬼逐出矣。"

【帕腹】pàfù 也作"抹腹""袙复""帊复""袹服""帕蟆"。挂束在胸腹间的贴身小衣,俗名"兜肚"。汉刘熙《释名·释衣服》:"帕腹,横帕其腹也。"《晋书·齐王冏传》:"时又谣曰:'著布袙腹,为齐持服。'"南朝梁王筠《行路难》:"裲裆双心共一袜,帕腹两边作八襇。"《南史·周迪传》:"性质朴,不事威仪,冬则短身布袍,夏则紫纱袜腹。"唐段成式《嘲飞卿》之四:"见说自能裁袙腹,不知谁更着帩头。"黄侃《论学杂著·蕲春语》:"帕腹,横陌腹而上有档亲肤者,俗谓之兜肚。"

【袙】pà 即"帕"。《后汉书·舆服志下》:"古者有冠无帻,其戴也,加首有纮,所以安物……秦雄诸侯,乃加其武将首饰为绛袙,以表贵贱。"《康熙字典·巾部》:"《篇海》同帕、帊……又《篇海》……帕额,首饰。"

【繁冠】pánguān 侍中、中常侍加黄金,附貂蝉鼠尾饰之。如加双鹖尾即为鹖冠。始于战国,行于汉、三国及晋。汉蔡邕《独断》卷下:"武冠,或曰繁冠,今谓之大冠,武官服之。"王国维《观堂集林·胡服考》:"胡服之冠,汉世谓之武弁,又谓之繁冠。古弁字读若盘,繁读亦如之,疑或用周世之弁。若插貂蝉及鹖尾,则确出胡俗也。"

【鞶囊】pánnáng 省称"鞶"。也称"傍囊""绶囊"。❶盛放零碎小件物品的小佩囊,类似后世的荷包。所用材料男女不一,男用皮革,女用缯帛。一般佩在腰际。《太平御览》卷六九一:"太祖为人佻易无威重,身佩小鞶囊,以盛手巾细物。"《晋书·邓攸传》:"梦行水边,见一女子,猛兽自后断其盘(鞶)囊"。宋司马光《涑水记闻》卷八:"(李文定公)在陕西,籍诸州兵数为小册,尝置鞶囊中以自随。"❷以皮革或织锦为之,呈四方形,上饰兽头纹样,四周有缘饰之。官吏佩于腰带上,以盛印绶。行礼时将其放下,礼毕即收起,盛于鞶囊之内。其制出现于汉。魏晋南北朝承袭其制,且定有制度。隋代则在此基础上稍作改制,分为三等。唐代以后,其制渐息。汉班固《与窦宪笺》:"固于张掖县受赐虎头绣鞶囊一双。"《晋书·舆服志》:"汉世著鞶囊者,侧在腰间,或谓之傍囊,或谓之绶囊。然则以紫囊盛绶也。"《隋书·礼仪志六》:"(北朝)鞶囊,二品以上金缕,三品金银缕,四品银缕,五品、六品彩缕,七、八、九品彩缕,兽爪鞶,官无印绶者,并不合佩鞶囊及爪⋯⋯内外命妇、宫人女官从蚕,则各依品次⋯⋯如外命妇,绶带鞶囊,皆准其夫公服之例。"又《礼仪志七》:"鞶囊⋯⋯有佩绶者,通得佩之。无佩则不。今采梁、陈、东齐制,品极尊者,以金织成,二品以上服之。次以银织成,三品以上服之。下以綖织成,五品以上服之。分为三等。"《新唐书·车服志》:"革带之后有金镂鞶囊,金饰剑,水苍玉佩,朱韨、赤舄。"明何景明《三清山人歌》:"山人佩剑冠远游,腰间鞶囊垂虎头。"❸鞶带。《新唐书·车服志》:"鞶囊,亦曰鞶带,博三寸半,加金镂玉钩鰈。"

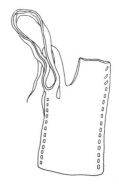

鞶囊(新疆鄯善苏巴什古墓出土)

【**鞶帨**】pánshuì ❶腰带和佩巾。汉扬雄《法言·寡见》:"今之学也,非独为之华藻也,又从而绣其鞶帨,恶在《老》不《老》也。"唐李轨注:"鞶,大带;帨,佩巾也。衣有华藻文绣,书有经传训解也。文绣之衣,分明易察;训解之书,灼然易晓。"清周亮工《朱静一诗序》:"盖皆先生旧日塞上噢咻诸健士,或有为先生持鞶帨者。"❷妇女用的小囊和毛巾。唐韩愈《吊武侍御所画佛文》:"御史武君当年丧其配,敛其遗服栉珥鞶帨于箧。月旦、十五日,则一出而陈之。"清龚自珍《阙里孙孺人墓志铭》:"若夫才艺之美,能刻缪篆施金石,以及鞶帨黹紩之事,丝竹音律之具,靡不通妙焉。"

【**傍囊**】pángnáng 也作"旁囊"。官吏佩在腰部两旁用以盛放印绶的鞶囊。《晋书·舆服志》:"汉世著鞶囊者,侧在腰间,或谓之傍囊,或谓之绶囊。"《隋书·礼仪志七》:"班固《与弟书》:'遗仲升兽头旁囊,金错钩也。'古佩印皆贮悬之,故有囊称。或带于旁,故班氏谓旁囊,绶印钮也。今虽不佩印,犹存古制,有佩绶者,通得佩之。"

【帔】pèi ❶本称"裙"。披肩。汉扬雄《方言》卷四："裙,陈魏之间谓之帔。"汉史游《急就篇》"裙"唐颜师古注："一名帔。"汉刘熙《释名·释衣服》："帔,披也,披之肩背,不及下也。"南朝梁简文帝《倡妇怨情诗》："散诞披红帔,生情新约黄。"北周庾信《奉和赵王美人春日诗》："步摇钗梁动,红轮帔角斜。"❷鹤氅;披风。一种类似僧人袈裟的衣服。北周甄鸾《笑道论》："其服黄帔,乃是古贤之衣。"《南史·任昉传》："(昉)有子东里、西华、南容、北叟,并无术业……西华冬月着葛帔練裙,道逢平原刘孝标,泫然矜之。"唐王维《与苏卢二员外期游方丈寺而苏不至因有是作》诗："手巾花氎净,香帙稻畦成。"❸"霞帔""直帔"的省称。宋高承《事物纪原》卷三："今代帔有二等:霞帔非恩赐不得服,为妇人之命妇,而直帔通用于民间也。"明高明《琵琶记》第四十二出："披袍秉笏更垂绅,冠和帔,一番新。"周祈《名义考》卷一一"帔":"命妇衣外以织文一幅,前后如其衣,长中分而前两开之,在肩背之间,谓之霞帔,即古之帔也。"见268页"帔pī"。

【佩刀】pèidāo 佩挂在腰间的刀,主要用于男子。用于防身或者当作日常生活用具,至今国内一些少数民族还有佩刀的风俗。后演变为有刀形无刃的佩饰,成为身份地位的象征,根据配饰不同区别身份。《汉书·王尊传》："愿欢相君佩刀。"《后汉书·舆服志下》："汉承秦制,用而弗改,故加之以双印佩刀之饰。"又:"佩刀,乘舆黄金通身貂错,半鲛鱼鳞,金漆错,雌黄室,五色罽隐室华。诸侯王黄金错,环挟半鲛,黑室。公卿百官皆纯黑,不半鲛。小黄门雌黄室,中黄门

朱室,童子皆虎爪文,虎贲黄室虎文,其将白虎文,皆以白珠鲛为鐍口之饰。乘舆者,加翡翠山,纤婴其侧。"《晋书·王祥传》:"吕虔有佩刀,工相之,以为必登三公,可服此刀。"北魏郦道元《水经注·河水二》:"昔贰师拔佩刀刺山,飞泉涌出。"唐杜甫《送陵州路使君之任》诗:"佩刀成气象,行盖出风尘。"李筌《神机制敌太白阴精·器械》:"佩刀八分,一万口;陌刀二分,二千五百口。"清沈初《西清笔记·纪文献》:"公子中恶,引佩刀自劘其腹,几殆。"

【佩纷】pèifēn 随身所佩的巾帕。《后汉书·舆服志下》:"冠服至美,佩纷玺玉。"《隋书·礼仪志六》:"(诸王)服朝服则佩绶,服公服则佩纷。"

【佩离】pèilí 女子袿衣的带子。《汉书·外戚传·班婕妤》:"每寤寐而累息兮,申佩离以自思。"唐颜师古注:"离,袿衣之带也。女子适人,父亲结其离而戒之。"

【佩青】pèiqīng 佩挂青色印绶。秦汉时九卿以下、二千石以上官吏,以青色绶带系结银质官印,佩在腰间以昭身份。魏晋南北朝沿袭此制而略有损益,专用于三、四品官吏。因借指贵官显爵。三国吴张梭《为吴令谢询求为诸孙置守冢人表》:"怀金侯服,佩青千里。"清唐孙华《忆颐儿时就婚外家》诗:"子衿虽佩青,顽璞尚未剖。"

【佩绶】pèishòu 一种彩色丝带,用来标志身份、等级,或佩系官印、勋章。汉制度规定,官员在外时,必须将官印装在腰间的鞶囊里,绶带垂外。印绶是汉区分官阶的重要标志。汉制,皇帝佩黄赤绶,长二丈九尺九寸;太皇太后、皇太后、皇后与此同;诸侯王佩赤绶,长二丈一

尺;诸国贵人、相国皆绿绶,长二丈一尺;公、侯、将军紫绶,长一丈七尺;九卿、中二千石、二千石青绶,长一丈七尺;千石、六百石黑绶,长一丈六尺;四百石、三百石皆黄绶,长一丈六尺;二百石黄绶,长一丈五尺;百石青绀绶,长一丈二尺。绶的佩挂方法为:制作时将它打成回环,使其自然垂下。汉代以后,佩绶制度被历代沿用,只是在颜色、质地、纹样、长度、织法等方面,各朝有着不同的规定。汉贾谊《新书》卷四:"上起,胡婴儿或前或后,胡贵人既得奉酒,出则服衣佩绶,贵人而立于前,令数人得此而居耳。"《后汉书·舆服志》:"綖者,古佩璲也。佩绶相迎受,故曰綖。"

pi—ping

【帔】pī 戏曲传统服装。剧中古代帝王、将相、官员、豪绅及其眷属在非正式场合穿用的服装。大领对襟,有水袖,满绣团花寿字或龙、鹤、鹿、花卉等。颜色分红、蓝、黄、黑、绛、紫、粉红、天青等。后妃、贵妇着女帔,绣花卉,长仅及膝,色彩较男帔为鲜艳。男帔长及足,女帔长及膝。帔主要分为团龙帔、团凤帔、团龙凤帔、团花帔、花帔和观音帔等。见267页"帔pèi"。

【被巾】pījīn 妇女用的领巾。汉扬雄《方言》卷四:"帞裱谓之被巾。"晋郭璞注:"妇人领巾也。"

【皮袴(裤)】píkù 也作"皮绔"。以兽皮制成的裤子。通常用于骑士、猎人。《后汉书·马援传》:"身衣羊裘皮绔。"晋陶渊明《搜神后记》卷九:"忽有一人,著皮袴,乘马;从一人,亦著皮袴。"《新唐书·娄师德传》:"衣皮袴,率士屯田,积谷数百万,兵以饶给,无转饷和籴之费。"《水

浒传》第四十九回:"那弟兄两个当官受了甘限文书,回到家中,整顿窝弓药箭,弩子铰叉,穿了豹皮裤,虎皮套体,拿了铁叉,两个径奔登州山上。"《明会典·工部·军器军装二》:"十八年,令山西大同、太原、平阳并泽潞等处,所属岁办皮张,折造胖袄裤鞋,留贮行都司以备官军之用,甘州河桥巡检司日税羊皮及毛成造皮袄,分给墩军延绥宁夏岁造胖袄裤鞋,就彼贮库,其岁办皮张造皮袄备用。"

【皮冒】pímào 皮帽。汉桓宽《盐铁论·散不足》:"古者,鹿裘皮冒,蹄足不去。"

【皮裘】píqiú 毛皮制成的衣服,有贵贱之分,贵者用貂鼠、狐腋、猞猁等,以布帛为表,或为衬里;亦指贱者用马皮、鹿皮、猪皮等制成粗劣原始的服装。汉桓宽《盐铁论·轻重》:"力耕不便于釆,无桑麻之利,仰中国丝絮而后衣之,皮裘蒙毛,曾不足盖形,夏不失复,冬不离窟,父子夫妇内藏于专室土圂之中。"《魏书·于粟磾传附于景传》:"镇民固请粮廪,而景不给。镇民不胜其忿,遂反叛。执缚景及其妻,拘守别室,皆去其衣服,令景著皮裘,妻著故绛袄。其被毁辱如此。月余,乃杀之。"唐高适《营州歌》诗:"营州少年厌原野,皮裘蒙茸猎城下。"元陈以仁《存孝打虎》第二折:"我这里将皮裘紧栓,大踏步往前舍死的赶。"清叶梦珠《阅世编》卷七:"自顺治以来,南方亦以皮裘御冬,袍服花素缎绒价遂贱。"福格《听雨丛谈·皮裘》:"八九品官不许穿貂鼠、猞猁狲、白豹、天马、银鼠……其往口外寒冷地方出差之满洲、蒙古、汉军官员,均准照常穿用貂鼠、猞猁狲,不拘品级也。"

【皮苇】píwěi 用芦苇的皮叶制成的衣服,形容服饰原始简陋。汉班固《白虎

通·号》》："饥即求食,饱即弃余,茹毛饮血,而衣皮苇。"

【裨衣】píyī 周礼规定,天子六服中,衮衣以下五服均为裨衣。《周礼·春官·司服》:"享先公飨射,则鷩冕。"汉郑玄注引汉郑司农曰:"鷩,裨衣也。"唐贾公彦疏:"《礼记·曾子问》云:'诸侯裨冕。'《觐礼》:'侯氏裨冕。'郑注云:'裨之言埤也。天子大裘为上,其余为裨。'若然,则裨衣自衮以下皆是。先郑独以鷩为裨衣,其言不足矣。"清孙诒让正义:"王六服,大裘而冕最上,下为裨,衮衣以下五服,通谓之裨。"《史记·乐书二》:"裨冕搢笏"南朝宋裴骃《集解》引郑玄注:"裨冕,衣裨衣而冠冕也。裨冕,衮之属也。"

【苇】pì 雨衣。《说文解字·艸部》:"苇,雨衣,一曰衰衣。"又《衣部》:"衰,艸雨衣。秦谓之苇。"清段玉裁注:"襞或苇字,亦作薛。"《广雅·释器》:"苇谓之衰。"

【埤帻】pìzé 也作"庳帻"。东汉大将军梁冀所创,一种长颜、短耳、低下的发巾。《后汉书·梁冀传》:"冀亦改易舆服之制,作平上軿车,埤帻,狭冠,折上巾,拥身扇,狐尾单衣。"

【辟邪】pìxié 传说中神兽名。似狮而有翼,能避妖邪。人们常以金、玉、香料雕其形为饰。可供佩戴的。汉史游《急就篇》卷三:"射魅、辟邪除群凶。"唐颜师古注:"射魅、辟邪,皆神兽名也。魅,小儿鬼也。射魅,言能射去魅鬼;辟邪,言能辟御妖邪也。谓以宝玉之类刻二兽之状以佩带之,用除去凶灾而保卫其身也。"唐苏鹗《杜阳杂编》卷下:"玉儿即潘妃小字。逮诸珍异,不可具载。自两汉至皇唐,公主出降之盛,未之有也。公主乘

七宝步辇,四面缀五色香囊,囊中贮辟寒香、辟邪香、瑞麟香、金凤香,此香异国所献也。"明周嘉胄《香乘》卷八:"唐肃宗赐李辅国香玉辟邪二,各高一尺五寸,奇巧殆非人间所有,其玉之香,可闻于数百步,虽镴之于金函石匮,终不能掩其气,或以衣裾误拂,则芬馥经年,纵浣濯数四,亦不消歇……碎之如粉。"

辟邪

【偏禪】piāndān 半袖衫。汉扬雄《方言》卷四:"偏禪谓之禪襦。"晋郭璞注:"即衫也。"清钱绎笺疏:"襦有不施袖者,亦有半施袖者,其半施袖之禪襦,即所谓偏禪。"刘熙《释名·释衣服》:"衫,芟也。芟末无袖端也。"清王先谦疏证补:"衫亦名偏禪。"

【偏诸】piānzhū 也作"扁绪""编绪"。衣服、鞋履边缘上的一种装饰,类似今用来绲边的丝带、花边。用彩丝织成,缝缀在衣履之缘,既增强牢度,又作为装饰。汉贾谊《陈政事疏》:"白縠之表,薄纨之里,緁以偏诸,美者黼绣,是古天子之服,今富人大贾嘉会召客者以被墙。"又:"今民卖僮者,为之绣衣丝履偏诸缘。"唐颜师古注:"服虔曰:'加牙条以作履缘。'师古曰:'偏诸,若今之织成以为要襻及褾领者也。'"《广雅·释器》:"编绪、缱、纠,绦也。"清王念孙疏证:"编绪,即《说

文》之扁绪,亦即《急就篇》注之偏诸,声转字异耳。"明方以智《通雅》卷三六:"织缘曰偏诸。"

【平冕】píngmiǎn ❶即"冕",因冕之延为平整木板,故称。皇帝郊祭及临轩、皇太子侍祭,王公、大臣等助祭时戴的冠冕。汉蔡邕《独断》卷下:"位次九卿下皆平冕文衣……天子、公、卿特进,朝侯祀天地明堂皆冠平冕。"《晋书·舆服志》:"天子郊祀天地明堂宗庙,元会临轩黑介帻、通天冠、平冕。"《隋书·礼仪志六》:"皇太子……其侍祀则平冕九旒。"又:"凡公及位从公、五等诸侯,助祭郊庙,皆平冕九旒。"❷南北朝以后祭祀时舞者所戴的与黑色介帻相配的冠。《乐府诗集·舞曲歌辞一》:"《武始舞》者,平冕,黑介帻,玄衣裳,白领袖,绛领袖中衣。"《新唐书·车服志》:"平冕者,郊庙武舞郎之服也。黑衣绛裳,革带,乌皮履。"《元史·礼乐五》:"乐服……执旌二人,平冕,前后各九旒五就,青生色鸾袍,黄绫带,黄绢袴,白绢袜,赤革履。"❸宋代士大夫于冠、婚、宴君、交际时所戴礼冠。《宋史·舆服志五》:"其品官嫡庶子初加,折上巾、公服;再加,二梁冠、朝服;三加,平冕服……"

【平天冠】píngtiānguān ❶即"平冕"。《后汉书·舆服志下》:"冕皆广七寸,长尺二寸,前圆后方……以其绶采色为组缨。"南朝宋刘昭注引汉蔡邕《独断》卷下曰:"鄙人不识,谓之平天冠。"宋洪迈《容斋三笔·平天冠》:"祭服之冕,自天子至于下士执事者皆服之,特以梁数及旒之多少为别。俗呼为平天冠,盖指言至尊乃得用。"《水浒传》第一百一十九回:"便把衮龙袍穿了,紧上碧玉带,著了无忧履,戴起平天冠,却把白玉圭插放怀里,跳上马,手执鞭,跑出宫前。"❷中国戏剧中帝王一类角色所戴的冠帽。冠由帽胎和冕版两部分组成,帽胎呈圆形,金色点翠,冕板则装在帽胎的顶部,为"日月七星板",前后挂旒,两侧挂黄色绣凤飘带,后带黄色绣龙披风。清洪昇《长生殿》第三十四出:"眼见这顶平天冠,不要说俺李猪儿没福戴他,就是他长子大将军庆绪,也轮不到头上了。"

Q

qī—qiāng

【七宝钗】 qībǎochāi 妇女发钗,以多种珍宝装饰而成。题汉刘歆《西京杂记》卷一:"赵飞燕为皇后,其女弟在昭阳殿遗飞燕书曰:今日嘉辰,贵姊懋膺洪册,谨上襚三十五条,以陈踊跃之心……五色文玉环、同心七宝钗、黄金步摇。"唐牛僧孺《玄怪录·柳归舜》:"又有诵司马相如《大人赋》者曰:'吾初学赋时,为赵昭仪抽七宝钗横鞭,余痛不彻。今日诵得,还是终身一艺。'"元元好问《春宴》:"春盘宜剪三生菜,春燕斜簪七宝钗。"白仁甫《梧桐雨》第一折:"七宝金钗盟厚意,百花钿盒表深情。"

【七宝綦履】 qībǎoqǐlǚ 斜纹丝织品制成的鞋,其上再装饰以多种珍贵珠宝。汉刘歆《西京杂记》卷一:"赵飞燕为皇后,其女弟在昭阳殿遗飞燕书曰:'今日嘉辰,贵姊懋膺洪册,谨上襚三十五条,以陈踊跃之心:金华紫轮帽、金华紫罗面衣……七宝綦履。"

【七叶貂】 qīyèdiāo 汉时中常侍等皇帝近臣贵官冠上插貂尾为饰。金日磾一家自武帝至平帝七朝,世代皆位列侍中,为内庭宠臣。因以"七叶貂"喻世代显贵。晋左思《咏史》之二:"金张籍旧业,七叶珥汉貂。"宋苏轼《再和刘贡父春日赐幡胜》诗:"舆君流落偶还朝,过眼纷纶七叶貂。"明陈汝元《金莲记·慈训》:"孩儿自惭鸠拙,怎绳七叶之貂。"

【妻服】 qīfú 丈夫为亡妻穿戴的丧服。《后汉书·荀爽传》:"时人多不行妻服……爽皆引据大义,正之经典,虽不悉变,亦颇有改。"唐李贤注引《仪礼·丧服》:"夫为妻齐缞杖期。"《旧唐书·礼仪志七》:"杖期解官,不甄妻服,三年齐斩,谬曰心丧。"《新五代史·马缟传》:"唐太宗时,有议为兄之妻服小功五月,今有司给假为大功九月,非是。"

【漆画屐】 qīhuàjī 东汉末开始流行的一种华贵的彩色木屐,其上施以漆画。《续汉书·五行志》:"延熹中,京师长者皆著木屐。妇女初嫁,作漆画屐,五色采作丝。"

【綦会】 qíhuì 皮冠上的玉饰冠纽。《文选·张衡〈东京赋〉》:"珧珧纮綖,玉笄綦会。"唐李善注:"《周礼》曰:'……王之皮弁,会五采玉琪。'郑玄曰:'会,缝中;琪如綦,綦谓结;皮弁于缝中每贯结五采玉十二以为饰,谓之綦会。'"

【綦履】 qílǚ 指用斜纹丝织品制成的鞋。《后汉书·刘盆子传》:"侠卿为制绛单衣、半头赤帻,直綦履。"

【绮罗】 qǐluó 泛指华贵的丝织品或丝绸,常用来借指衣着华美者或华丽的衣服,亦代指穿绮罗衣的美女。汉徐幹《情诗》:"绮罗失常色,金翠暗无精。"北朝齐颜之推《颜氏家训》:"车乘填街衢,绮罗盈府寺。"唐秦韬玉《贫女》诗:"蓬门未识绮罗香,拟托良媒益由伤。"李商隐《咸阳》:"咸阳宫阙郁嵯峨,六国楼台艳绮罗。"《旧唐书·裴湘传》:"湘家世俭约,既久居清要,颇饰妓妾,后庭有绮罗之赏,由是为时论所讥。"五代孙光宪《思越人》诗之一:"绮罗无复当时事,露花点滴香泪。"《双烈记·引狎》:"谩话绮罗,休说珍羞,端不趁侬心苗。"清唐孙华《戏为友人代忆》诗之四:"生小调丝竹,由来足绮罗。"

【绮襦】qǐrú 绮绫做的短上衣,泛指华丽精致的衣服。多用于豪门贵族,因借指富贵子弟。汉乐府《陌上桑》:"秦氏有好女,自名为罗敷……缃绮为下裙,紫绮为上襦。"《汉书·叙传上》:"数年,金华之业绝,出与王、许子弟为群,在于绮襦纨绔之间,非其好也。"唐颜师古注:"纨,素也。绮,今细绫也。并贵戚子弟之服。"《晋书·文苑传·王沉》:"四门穆穆,绮襦是盈,仍叔之子,皆为老成。"北朝庾肩吾《长安有狭斜行》诗:"路逢双绮襦,问君居近远。"唐刘禹锡《荐处士王龟状》:"乐处士之号,不汩绮襦之间。"《通典·职官志三》:"然贵子弟荣其观好,至乃襁抱坐受宠位,贝带、脂粉、绮襦、纨绔、骏骐冠。"宋谢薖《次韵李成德谢人惠墨牛》:"绮襦纨袴竞奢豪,卧疾不安愁祸作。"清孙枝蔚《寿汪生伯先生闵老夫人》:"堂中绮襦集,门前华毂驰。"

【绮襦纨袴(裤)】qǐrúwánkù 也作"绮襦纨绔"。绫绸制成的衣裤。多为显贵者所服,因用以指富贵子弟。多含贬义。《汉书·叙传上》:"(班伯)出与王许子弟为群,在于绮襦纨绔之间。"晋葛洪《抱朴子·疾谬》:"举口不离绮襦纨袴之侧,游步不去势利酒客之门。"

【绮衣】qǐyī 细绫所制的衣服,泛指华丽的衣服。《史记·匈奴列传》:"使者言单于自将伐国有功,甚苦兵事,服绣袷绮衣、绣袷长襦、锦袷袍各一。"唐司马贞索隐:"服者,天子所服也。以绣为表,绮为里。"《汉书·高帝纪下》:"贾人毋得衣锦、绣、绮、縠。"南朝宋刘义庆《世说新语·任诞》:"北阮盛晒衣,皆纱、罗、锦、绮。"南朝陈徐伯阳《日出东南隅行》:"远映陌上春桑叶,斜入秦家缃绮衣。"唐上官仪《八咏应制》之一:"罗荐已擘鸳鸯被,绮衣复有蒲萄带。"张文恭《七夕》诗:"映月回雕扇,凌霞曳绮衣。"《元史·许国祯传》:"俄除礼部尚书、提点大医院事,赐日月龙凤纹绮衣二袭。"明史玄《旧京遗事》:"每遇元夕之日,中秋之辰,男女各抱其绮衣,质之子钱之宝,例岁满没其衣,则明年之元旦、端午,又服新也。"

【襱】qiān 汉代齐鲁地区对胫衣的称呼。汉扬雄《方言》卷四:"袴,齐鲁之间谓之襱。"

【强葆】qiángbǎo 即"襁褓"。《史记·鲁周公世家》:"其后武王既崩,成王少,在强葆之中。"唐司马贞索隐:"强葆即襁褓。"唐张守节正义:"强阔八寸,长八尺,用约小儿于背而负行。葆,小儿被也。"清钱谦益《丁节妇传》:"节妇寡居五十年,提强葆之孤,里中儿无敢窥其户限者。"

【襁保】qiángbǎo 即"襁褓"。《后汉书·桓郁传》:"昔成王幼小,越在襁保,周公在前,史佚在后,太公在左,召公在右。"

【襁褓】qiángbǎo 背负婴儿用的宽带和包裹婴儿的被子。后亦泛指婴儿包。《列子·天瑞》:"人生有不见日月,不免襁褓者,吾既已行年九十矣。"《汉书·霍光传》："受褓褓之托，任汉室之寄。"《新唐书·卓行传》："兄子褓褓丧亲，无资得乳媪，德秀自乳之。"清钱泳《履园丛话》卷一："时尚在褓褓，未几父死，家无担石，寄养邻家。"清康有为《大同书》甲部第一章："婴孩无知，虽使陨于母胎，夭于褓褓，啜气欲绝，岂识患苦！"俞樾《小浮梅闲话》："帝崩，冲帝始在褓褓。"徐珂《清稗类钞·服饰》："褓褓始于三代，而今尚有之。褓，幅八寸，长一丈二尺，以缚小儿于背。褓，小儿被也。粤妇之保抱小儿辄用之。"

【褓緥】qiǎngbǎo　即"褓褓"。《吕氏春秋·直谏》："不谷免衣褓緥而齿于诸侯。"《汉书·卫青传》："臣青子在褓緥中，未有勤劳，上幸裂地封为三侯，非臣待罪行间所以劝士力战之意也。"又《宣帝纪》："曾孙虽在褓緥，犹坐收系郡邸狱。"《文选·嵇康〈幽愤诗〉》："哀茕靡识，越在褓緥。"唐李善注："张华《博物志》曰：'褓，织缕为之，广八寸，长丈二，以约小儿于背上。'韦昭《汉书注》曰：'緥，若今时小儿腹衣。'"

【褓抱】qiǎngbào　即"褓褓"。《汉书·贾谊传》："昔者成王幼在褓抱之中，召公为太保，周公为太傅，太公为太师。"《后汉书·五行志三》："是时帝（殇帝）在褓抱，邓太后专政。"《晋书·穆帝本纪论》："孝宗因褓抱之姿，用母氏之化，中外无事，十有余年。"《北史·陆俟传》："定国在褓抱，文成幸其第，诏养宫内。"明王守仁《传习录》卷中："如褓抱之孩，方使之扶墙傍壁而渐学起立移步者也。"

【褓裼】qiǎngtì　即"褓褓"。唐段成式《西阳杂俎续集·支诺皋中》："时天才辨色，僧就视之，乃一初生儿，其褓裼甚新。"

【褓杖】qiǎngzhàng　褓褓和藜杖。汉扬雄《太玄·勤》："吾其泣呱呱，未得褓杖。"晋范望注："幼者宜褓，老者宜杖，勤苦之家，故未得也。"

qiao—qing

【幓头】qiāotóu　即"幧头"。《仪礼·丧礼》"布总箭笄髽，衰三年"汉郑玄注："髽，露紒也，犹男子之括发。斩衰括发以麻，则髽亦用麻。以麻者自项而前交于额，上却绕紒如著幓头焉。"《东观汉记·周党传》："建武中征，党著短布单衣谷皮幓头待见。"

【幧头】qiāotóu　也称"络头"。男子束发的头巾。汉扬雄《方言》卷四："络头……幧头也。自关而西，秦晋之郊曰络头，南楚江湘之间曰帞头，自河以北，赵魏之间曰幧头。"《礼记·玉藻》："士练带率下辟居。"汉郑玄注："士以下皆禅不合而緌积，如今作幧头为之也。"晋干宝《搜神记》卷一七："有一年少人，可十四五，衣青衿袖，青幧头。"《明史·礼志八》："宾之赞者取栉总箅幧头，置于席南端。宾掼冠者，即席西向坐。赞者为之栉，合紒施总，加幧头。"

幧头（四川天迴山汉墓出土陶俑）

【翘】qiáo 妇女首饰。用金银宝石制成。其式向上高挑，犹如鸟尾之羽，故名。汉蔡邕《独断》卷下："汉云翘，乐祠天地五郊舞者服之。"晋陆机《日出东南隅行》："金雀垂藻翘，琼珮结瑶璠。"

【巧士冠】qiǎoshìguān 汉代皇帝祭天时，侍从的宦官、内侍所戴的一种礼冠，沿用至晋代。汉蔡邕《独断》卷下："车驾出，后有巧士冠，其冠似高山冠而小。"《后汉书·舆服志下》："巧士冠，前高七寸，要后相通，直竖。不常服，唯郊天，黄门从官四人冠之，在卤簿中，次乘舆车前，以备宦者四星云。"《晋书·舆服志》："巧士冠，前高七寸，要后相通，直竖。此冠不常用，汉氏惟郊天，黄门从官四人冠之；在卤簿中，夹乘舆车前，以备宦者四星。或云，扫除从官所服。"《通典》卷五七："巧士冠汉晋汉制，高七寸，要后相通，直竖，似高山冠。不常服，唯郊天，黄门从官者四人冠之，在卤簿中，次乘舆车前，以备宦者四星云。晋因之。自后无闻。"

巧士冠（宋聂崇义《三礼图》）

【峭头】qiàotóu 即"幧头"。《乐府诗集·陌上桑》："少年见罗敷，脱帽著峭头。"《宋书·五行志一》："人不复著峭头。天戒若曰，头者元首，峭者助元首为仪饰者也。今忽废之，若人君独立无辅佐，以至危亡也。"唐皮日休《胥口即事六言二首》诗："换酒峭头把看，载莲艇子撑归。"段成式《嘲飞卿》诗："见说自能裁袙腹，不知谁更著峭头。"

【秦钗】qínchāi 专指汉秦嘉赠其妻徐淑的宝钗，后泛指钗饰。唐韩偓《寄恨》诗："秦钗枉断长条玉，蜀纸虚留小字红。"

【靪】qín 皮革制成的鞋履。《说文解字·革部》："靪，鞬也。"清段玉裁注："鞬也。鞬，革履也。"一说皮制鞋的带子。见王筠《说文句读·革部》。

【青羔裘】qīnggāoqiú 以青色布帛为表、羔皮为里的冬衣。秦汉时用于贵者。题汉刘歆《西京杂记》卷二："家君作弹棋以献，帝大悦，赐青羔裘，紫丝履，服以朝觐。"唐杜甫《寄裴施州》诗："几度寄书白盐北，苦寒赠我青羔裘。"

【青纶】qīngguān 青绶。秩位最低之小官佩系官印的青色丝带。亦代指低级官吏。《后汉书·仲长统传》："身无半通青纶之命，而窃三辰龙虎章之服。"南朝梁刘劭注引《十三州志》曰："有秩啬夫，得假半章印。"又引《续汉舆服志》曰："百石，青绀纶，一采，宛转缪织，长丈二尺。"唐李贤注引《说文》："纶，青丝绶也。"陈师道《甲亭》诗："早知乘下泽，不再结青纶。"苏轼《双凫观》诗："纷纷尘埃中，铜印纡青纶。"

【青领】qīnglǐng ❶青色交领长衫。《诗经·郑风·子衿》"青青子衿"汉毛亨传："青衿，青领也。学子之所服。"北魏杨衒之《洛阳伽蓝记·景明寺》："子才罚惰赏勤，专心劝诱，青领之生，竞怀雅术。"《隋书·礼仪志七》："其制服簪导，元衣、纁裳无章,白绢内单,青领。"《通典·礼志二十一》:"未冠,则双童髻,空顶黑介帻,皆深衣青领,乌皮履。"《旧唐书·舆服志》:"书算学生、州县学生,则乌纱帽,白裙襦,青领。"❷兵士之服。以此作为部队标记。一说颈脖子涂上青色。《史记·项羽本纪》"异军苍头特起"南朝宋裴骃集解引汉应劭曰:"苍头特起,言与众异也。苍头,谓士卒皂巾,若赤眉、青领。"

【青绿】qīnglǜ ❶青色的衣服和绿色的衣服。《汉书·成帝纪》:"青绿民所常服,且勿止。"❷青色的印绶和绿色的印绶。唐韩愈、孟郊《会合联句》:"朝绅郁青绿,马饰曜珪琅。"钱仲联集释引孙汝听曰:"青绿谓青绶绿绶。"

【青袍】qīngpáo ❶青色的袍子。多为贫贱者穿着,因代指贱者之服。汉无名氏《古诗五首》之一:"青袍似春草,长条随风舒。"南朝梁何逊《与苏九德别》诗:"春草似青袍,秋月如团扇。"唐杜甫《渡江》诗:"渚花张素锦,汀草乱青袍。"又《徒步归行》诗:"青袍朝士最困者,白头拾遗徒步归。"岑参《送张卿郎君赴硖石尉》诗:"卿家送爱子,愁见灞头春。草羡青袍色,花随黄绶新。"《宣和遗事》后集:"粘罕令左右将青袍迫二帝易服以常服服之……骑吏从者约五百人,皆衣青袍,与二帝不可辨。"❷学子所穿之服。亦借指学子。唐许浑《酬殷尧藩》诗:"莫怪青袍选,长安隐旧春。"清唐孙华《浙闱撤棘后闻以铨曹公事连染左官》诗之二:"较比翟公添气色,青袍日日到门来。"❸唐贞观三年,规定八品、九品官服青色。显庆元年,规定深青为八品之服,浅青为九品之服。后泛指品位低级的官吏。唐高适

《留别郑三韦九兼洛下诸公》诗:"此时亦得辞渔樵,青袍裹身荷圣朝。"刘长卿《送史九赴任宁陵兼呈单父史八时监察五兄初入台》诗:"趋府弟联兄,看君此去荣……绣服棠花映,青袍草色迎。"元柳贯《太子受册礼成赴西内朝贺退归书事》诗:"青袍最困微班乔,亲向前星挹斗杓。"❹唐时幕府官居六品,六品服深绿,故称。唐杜甫《遣闷奉呈严公二十韵》:"黄卷真如律,青袍也自公。"清仇兆鳌注:"《唐志》尚书员外郎,从六品。上元元年制,五品服浅绯,六品服深绿。朱注:'公时已赐绯,而云青袍者,以在幕府故耳。旧注谓青袍九品服,误矣。'"❺戏曲服饰。由黑布制成。大襟,斜领,领圈边配以白色滚条,有水袖。前后身约长三点八尺。为府衙、县衙中的差役或官宦门府中的小院子等穿。这类穿青袍的角色,也因此而被称为"青袍",成为行当的名称。四"青袍"为一堂。如《一捧雪·露杯》,由杂行扮青袍。

【青绶】qīngshòu 青色印绶。两汉、魏、晋、南北朝,凡秩比二千石以上、中二千石以下官吏,如诸卿、郡守、杂号将军、中郎将、校尉、都尉等,皆银印青绶,故用以代指官员等级。其位卑于紫绶而高于墨绶。《汉书·百官公卿表上》:"御史大夫,秦官,位上卿,银印青绶,掌副丞相。"《后汉书·舆服志下》:"九卿、中二千石、二千石青绶,三采,青白红,淳青圭,长丈七尺,百二十首。"《三国志·吴志·孙皓传》:"遂以耆为侍芝郎,平为平虑郎,皆银印青绶。"晋陆机《谢平原内史表》:"虽安国免徒,起纡青组;张敞亡命,坐致朱轩。"《隋书·礼仪志六》:"印绶,二品以上,并金章,紫绶;三品银章,青绶;四品

得印者,银印,青绶。五品、六品得印者铜印,墨绶。"《文献通考·王礼七》:"自三品以下,皆青绶,青质,青红白为纯,长一丈四尺,广七寸,一百四十首。"唐刘禹锡《南海马大夫远示著述兼酬拙诗》:"身在绛纱传六艺,腰悬青绶亚三台。"《新唐书·车服志》:"自三品以下至四品皆青绶,青质,青、白、红为纯,长一丈四尺,广七寸,一百四十首。"元末明初陶宗仪《南村辍耕录·印章制度》:"建武元年,诏诸侯王金印缐绶,公侯金印紫绶,中二千石以上银印青绶。"张萱《疑耀》卷五:"世人皆知拾青紫……而不知'青紫'二字何所本。汉制:丞相、太尉金印紫绶,御史大夫银印青绶,皆官阶之极崇者,故云拾青紫。"清方文《送杜于皇北上廷试》:"旧交强半拖青绶,政府谁当坏白麻。"《清史稿·乐志五》:"彤墀下,绯衣玉带兼青绶,更父老抠趋在后。"

【青帻】qīngzé 也作"苍帻"。青色头巾。以纱罗为之,汉代郡国、县、道官吏迎春祭服,以祈顺时吉利。《汉书·舆服志下》:"迎气五郊,各如其色,从章服也。皂衣群吏春服青帻,立夏乃止,助微顺气,尊其方也。"《宋书·礼志一》:"孟春之月,择上辛后吉亥日,御乘耕根三盖车,驾苍驷,青旗,著通天冠,青帻,朝服青衮,带佩苍玉。"《隋书·礼仪志六》:"东耕则服青帻。"

【青紫】qīngzǐ 青紫为汉代公卿高官绶带之色,汉时人曾以"青紫"代指贵官,后世亦借指显贵之服和高官显爵。《汉书·夏侯胜传》:"胜每讲授,常谓诸生曰:'士病不明经术;经术苟明,其取青紫如俯拾地芥耳。'"清王先谦疏证补引叶梦得曰:"汉丞相大尉,皆金印紫绶,御史大夫,银印青绶。此三府官之极崇者,胜云青紫谓此。"《汉书·刘向传》:"今王氏一姓乘朱轮华毂者二十三人,青紫貂蝉充盈幄内,鱼鳞左右。"《文选》卷四五汉扬雄《解嘲》:"纡青拖紫。"唐李善注引《东观汉记》:"印绶:汉制,公侯紫绶,九卿青绶。"唐刘良注:"青紫,贵者服饰也。"唐陈子昂《为金吾将军陈令英请免官表》:"不以臣驽怯,更加宠命,授以青紫,遣督幽州。"杜甫《夏夜叹》诗:"青紫虽被体,不如早还乡。"元范子安《竹叶舟》第一折:"自夸经史如流,拾他青紫,唾手不须忧。"清章太炎《驳康有为论革命书》:"所谓立于其朝者,特曰冠貂蝉、袭青紫而已。"

【轻褂】qīngguī 妇女所穿的轻盈飘曳的上等长袍,质地轻柔。《后汉书·边让传》:"披轻褂,曳华文。"三国魏曹植《洛神赋》:"扬轻褂之猗靡兮,翳修袖以延伫。"唐元稹《青云驿》诗:"双双发皓齿,各各扬轻褂。"

【苘衣】qīngyī 用苘麻织物制成之衣。《说文解字·木部》:"苘,枲属。从林,荧省声。《诗》曰:'衣锦苘衣。'"

qiong－que

【穷袴(裤)】qióngkù 也作"穷绔"。汉代创制的一种有前后裆的裤子,后泛指有裆裤。汉昭帝上官皇后时为得专宠,制穷绔多其带,使宫女穿着以戒房事。《汉书·外戚传上·孝昭上官皇后》:"光(霍光)欲皇后擅宠有子,帝时体不安,左右及医皆阿意,言宜禁内,虽宫人使令皆为穷绔,多其带,后宫莫有进者。"宋赵与麟《娱书堂诗话》卷上:"古乐府云:'爱惜加穷袴,防闲托守宫。'《冷斋夜话》云:'穷袴,汉时语,今裆袴也。'"清赵翼《新晴民皆跨街晒衣》:"积雨初晴衣共晒,街悬穷袴裲裆多。"明张萱《疑耀》卷二:"古人袴皆无裆,女人所用皆有裆者,其制起自汉昭帝时……今男女皆服之矣。"

【求盗衣】qiúdàoyī 汉代亭卒所服之衣,以绛色布帛制成。《汉书·淮南厉王传》:"又欲令人衣求盗衣。"清沈钦韩疏证:"求盗亭长所部卒也,田仁代人为求盗亭父。《方言》:'亭父或谓之褚。'郭璞曰:'言衣赤也。'是亭吏皆绛帻绛衣也。王先谦曰:'集解引《汉书音义》曰:卒衣也。'《说文》'卒'下云:'隶人给事者衣为卒。'卒衣有题识者,此即所谓求盗衣也。"

【裘葛】qiúgé 裘,冬衣;葛,夏衣。泛指四时之美服。《公羊传·桓公八年》"士不及兹四者,则冬不裘,夏不葛"汉何休注:"裘葛者,御寒暑之美服。"唐韩愈《答崔立之书》:"故凡仆之汲汲于进者,其小得,盖欲以具裘葛、养孤穷;其大得,盖欲以同吾之所乐于人耳。"明宋濂《送东阳马生序》:"今诸生学于太学,县官日有廪稍之供,父母岁有裘葛之遗,无冻馁之患矣。"清盛锦《别家人》:"点检箧中裘葛具,预知别后寄衣难。"

【裘罽】qiújì 皮衣和毛织物,代指华美的御寒服装。《淮南子·人间训》:"冬日被裘罽,夏日服绨纻,出则乘牢车,驾良马。"

【句履】qúlǚ 履名,鞋前端形如刀鼻。《汉书·王莽传上》:"莽稽首再拜,受绿韨衮冕衣裳,玚琫瑒珌,句履。"颜师古注:"孟康曰:'今齐祀履唇头饰也,出履三寸。'其形歧头。"清王先谦疏证补引宋祁曰:"韦昭曰:'句,履头饰也,形如刀鼻。'

音劬。《礼记》作'絇'亦是。"

【曲裾】qūjū 也作"曲襟"。服装襟式之一。多见于长衣。制作时以全幅布帛斜裁为三角之状,宽阔部分连缀于前襟,穿着时衣襟相掩,尖端部分绕至身后,即为曲裾。若穿数重长衣,衣襟方向互相对称,左右两侧形如燕尾,俗称"衣圭"。西汉以前,不论男女,凡穿长衣,多用曲裾,西汉以后则多用于女服。《礼记·深衣》"续衽钩边"汉郑玄注:"钩读如鸟喙必钩之钩。钩也,若今曲裾也。"《汉书·江充传》:"(江)充衣纱縠襌衣,曲裾后垂交输,冠襌纚步摇冠,飞翮之缨。"汉桓宽《盐铁论·论功》:"丝无文采裙祎曲襟之制。"

【曲领】qūlǐng ❶ 圆领。施于内衣之上,外衣之下,以防内衣之领上拥颈。其状阔大而曲,故名。此领式始流行于汉,后发展成为圆领之外衣,亦称曲领。隋代七品以上朝服中单上的方心曲领,为上衣领内露出的内领。方二寸许,施于颈领间,起压贴作用。唐宋职官公服,因袭古制,三品、五品、七品、九品以上皆曲领大袖。汉刘熙《释名·释衣服》:"曲领在内,所以禁中衣领上横雍颈,其状曲也。"史游《急就篇》:"袍襦表里曲领裙。"唐颜师古注:"著曲领者,所以禁中衣之领,恐其上拥颈也。其阔大而曲,因以名云。"《后汉书·东夷传》:"男女皆衣曲领。"《三国志·魏志·涉传》:"男女衣皆著曲领。"《晋书·舆服志》:"朱衣绛纱襮,皂缘白纱,其中衣白曲领。"隋代规定,七品以上着朝服时皆可用之,着常服时则不用。《隋书·礼仪志七》"曲领":"七品以上有内单者则服之,从省服及八品以下皆无。"《宋史·舆服志五》："凡朝服谓之具服，公服从省，今谓之常服……其制：曲领大袖，下施横襕，束以革带，帻头，乌皮靴。"❷其上施有曲领的短襦的别称。汉扬雄《方言》卷四："襦，西南蜀汉谓之曲领，或谓之襦。"又："裧谓之襦。"清戴震疏证："襦有曲领之名，故裧亦名襦。"

【绻领】quánlǐng 原始服饰或少数民族服饰上将皮衣反褶以为领。犹今之翻领。《淮南子·氾论训》："古者有鍪而绻领，以王天下者矣。"汉高诱注："绻领，皮衣屈而紩之，如今胡家韦袭，反褶以为领也。"

【却敌冠】quèdíguān 汉代卫士的冠帽，形制与进贤冠相似，其制前高四寸，后高三寸，长四寸。汉魏六朝时期较为流行。南朝之后废止。汉蔡邕《独断》卷下："却敌冠，前高四寸，通长四寸，后高三寸，监门卫士服之。礼无文。"《后汉书·舆服志下》："却敌冠，前高四寸，通长四寸，后高三寸，制似进贤，卫士服之。"《通典》卷五七："却敌冠，晋制之。前高四寸，通长四寸，后高三寸，似进贤冠。凡当殿门卫士服之。陈依之，余并废。"《宋书·礼仪志五》："卫士墨布幍，却敌冠。"《隋书·礼仪志六》："却敌冠，高四寸，通长四寸，后高三寸，制似进贤冠。凡宫殿门卫士服之。"

却敌冠(朝鲜乐浪汉墓出土漆盒纹饰)

【却非冠】quèfēiguān 省称"却非"。汉代宫殿门吏、仆射所戴的礼冠。形制似长冠，高五寸，上宽下促，有缨緌。负赤幡，青翅燕尾。后世沿用，清代废除。《后汉书·舆服志下》："却非冠，制似长冠，下促。宫殿门吏仆射冠之。"《晋书·舆服志》："却非冠，高五寸，制似长冠。宫殿门吏仆射冠之。"《宋书·礼志五》："诸门仆射在史、东宫门吏，皂零辟朝服。仆射东宫门吏，却非冠。"《隋书·礼仪志六》："却非冠，高五寸，制似长冠。宫殿门吏仆射冠之。"又："宫门仆射、殿门吏、亭长、太子率更寺、宫门督、太子内坊察非吏、诸门吏等，皆著却非冠。"《通典》卷五七："却非冠汉梁隋大唐汉制，似长冠，皆缩垂五寸，有缨緌，宫殿门吏仆射等冠之。梁北郊图，执事者缩缨緌。隋依之，门者禁防伺非服也。大唐因之，亭长门仆服之。"明谢肇淛《五杂俎·物部四》："却非，仆射冠也。"

却非冠(宋聂崇义《三礼图》)

【却冠】quèguān 鱼皮制作的冠帽。《史记·赵世家》："黑齿雕题，却冠秫绌，大吴之国也。"南朝宋裴骃集解引徐广曰："《战国策》……又一本作'鲑冠黎绁'也。"

R

rang—ru

【攘衣】rángyī 也作"禳衣"。仆役之服。因袖口缀有松紧装置,便于挥攘,故名。晋崔豹《古今注》卷上:"攘衣,厮徒之服也。取其便于取用耳。乘舆进食者服攘衣。前汉董偃绿帻青韝,加攘衣,以见武帝,厨人之物也。"五代后唐马缟《中华古今注》卷上作"禳衣"。

【绕衿】ràolǐng 也作"绕领"。裙。汉扬雄《方言》卷四:"绕衿谓之裙。"郭璞注:"俗人呼接下,江东通言下裳。"《广雅·释器》:"绕领:帔,裙也。"清王念孙疏证:"《说文》:'裙,下裳也。或作裠。'《释名》云:'裠,群也,连接群幅也。'案裙之言围也,围绕要〔腰〕下也,故又谓之绕领。"

【容衣】róngyī ❶帝王生前的衣冠,陈设以供人祭奠。又称魂衣。小指帝后的寿衣。《后汉书·礼仪志下》:"容根车游载容衣……尚衣奉衣,以次奉器衣物,藏于便殿。"《汉书·贾谊传》"朝委裘"唐颜师古注引三国魏孟康曰:"委裘,若容衣,天子未坐朝,事先帝裘衣也。"《周礼·春官·司服》"奠衣服"郑玄注:"奠衣服,今坐上魂衣也。"唐贾公彦疏:"案下《守桃职》云:'遗衣服藏焉',郑云:大敛之余也。至登祀之时,则出而陈于坐上。则此奠衣服者也。"清孙诒让正义引孔广森曰:"《汉大丧仪》:尚衣奉衣登容根车诣

陵,奉衣就幄坐,大祝进醴,献如礼。既葬,容根车游载容衣,藏于便殿。此郑所谓魂衣矣。周之奠衣服亦藏于寝,其事又相类。《贾谊传》'植遗腹,朝委裘',孟康曰:'委裘若容衣,天子未坐朝,事先帝裘衣也。'"唐韩愈《大行皇太后挽歌词》之三:"画翣登秋殿,容衣入夜台。云随仙驭远,风助圣情哀。"明高启《送安南使者杜舜卿还国应制》诗:"号册才临境,容衣忽掩泉。使蒙天语喧,嗣许国封传。"清钱谦益《九月初二日奉神宗显皇帝遗诏于京口成服哭临恭赋挽词》之一:"清霜明秘影,红叶掩容衣。恸哭江城暮,秋笳起落晖。"❷犹内衣。汉桓宽《盐铁论·褒贤》:"奋于大泽,不过旬月,而齐鲁儒墨缙绅之徒,肆其长衣,一长衣,容衣也。一负孔氏之礼器《诗》、《书》,委质为臣。"清王晫《今世说·尤悔》:"袁重其将出游,母为脱轻容衣,浣更纨以衣子。"

【儒冠】rúguān ❶原指儒士所戴的礼冠,后泛指读书人戴的帽子。《史记·郦生陆贾列传》:"沛公不好儒,诸客冠儒冠来者,沛公辄解其冠,溲溺其中。"唐杜甫《奉赠韦左丞丈二十二韵》:"纨袴不饿死,儒冠多误身。"韩愈《送侯参谋赴河中幕》:"犹思脱儒冠,弃死取先登。"宋王禹偁《谢宣赐表》:"儒冠之荣,无以加比。"清侯方域《司成公家传》:"(邓生)诉公谓:'若乃养马,而我职弟子员,冠儒

冠。'"❷即"侧注冠"。明谢肇淛《五杂俎》卷一二:"侧注,儒冠也。"

【儒衣】rúyī 儒者的服式。亦代指儒生。《史记·朱建传》:"状貌类大儒,衣儒衣,侧冠。"《后汉书·儒林传论》:"其服儒衣,称先王,游庠序,聚横塾者,盖布之于邦域矣。"唐杜甫《送杨六判官使西蕃》诗:"儒衣山鸟怪,汉节野童看。"皇甫曾《送裴秀才贡举》诗:"儒衣羞此别,去抵汉公卿。"杜牧《郡斋独酌》诗:"促束自系缚,儒衣宽且长。旗亭雪中过,敢问当垆娘。"

S

san—shao

【三梁冠】sānliángguān 也作"三梁"。冠上有三道横脊的进贤冠。汉代为公侯所服,魏晋南北朝因袭此制。隋唐时规定为三品以上文官所用。宋辽时使用范围较广,上自皇子、诸王,下至两省五品亦可戴之。明代则专用于五品,入清后废除。汉蔡邕《独断》:"进贤冠,文官服之。前高七寸,后三寸,长八寸。公侯三梁,卿大夫、尚书、博士两梁,千石、六百石以下一梁。汉制礼无文。"《隋书·礼仪志七》:"进贤冠,黑介帻,文官服之。从三品以上三梁。"唐李贺《竹》诗:"三梁曾入用,一节奉王孙。"清王琦汇解:"吴正子以汉唐冠制,有三梁、两梁之制,恐指此。《周书》曰:'成王将加元服,周公使人来零陵取文竹为冠。'徐广《舆服志杂注》曰:'天子杂服,介帻五梁进贤冠,太子诸王三梁进贤冠。'吴说是。"《玉海》卷八二:"中书门下加笼巾貂蝉三梁冠,白纱,单银剑,佩环,诸司三品、御史台四品、两省五品侍祠大朝会服之。"《辽史·仪卫志二》:"皇太子远游冠,谒庙还宫,元日、冬至、朔日入朝服之。三梁冠,加金附蝉九,首施珠翠……亲王远游冠,陪祭、朝飨、拜表、大事服之。冠三梁,加金附蝉。"又:"诸王远游冠,三梁,黑介帻,青緌。三品以上进贤冠,三梁,宝饰。"《明会典》卷六一:"五品冠三梁,革带用银鈒花。"明王圻《三才图会·衣服二》:"五品三梁冠,衣裳、中单、蔽膝、大带、袜履。"

三梁冠(明王圻《三才图会》)

【三珠钗】sānzhūchāi 妇女的一种发钗。流行于东汉末及魏晋时期,多用于高髻妇女。钗身常作两梁(亦有少数三梁者)呈长条形横框,两端呈三齿状。以金属为之,亦可用玳瑁、玉石等珍贵材料为之。使用时横插于首,既是造型独特的发饰,同时也可起到支撑发髻的作用。《北堂书钞》卷一三六:"元正上日,百福孔灵。鬒发如云,乃象众星。三珠横钗,摄媛赞灵。"又卷七〇引梁元帝《谢东宫赉花钗启》:"九宫之珰,岂值黄香之赋;三珠之钗,敢高崔瑗之说。"

【丧帻】sāngzé 服丧时戴的头巾。《后汉书·舆服志下》:"汉兴,续其颜,却摞之,施巾连题,却覆之,今丧帻是其制也。"又:"丧帻却摞,反本礼也。升数如冠,与冠偕也。"

【桑叶冠】sāngyèguān 用桑树叶缝制的帽子。汉刘向《新序·节士上》:"原宪冠桑叶冠,杖藜杖而应门,正冠则缨绝,衽襟则肘见。"

【搔头】sāotóu 妇女首饰。名称始见于汉。汉繁钦《定情诗》:"何以结相于?金薄画搔头。"汉刘歆《西京杂记》卷二:"(汉)武帝过李夫人,就取玉簪搔头,自此后宫人搔头皆用玉,玉价倍贵焉。"唐张泌《柳枝》诗:"腻粉琼妆透碧纱,雪休夸,金凤搔头坠鬓斜。"韩愈《短灯檠歌》:"裁衣寄远泪眼暗,搔头频挑移近床。"宇文士及《妆台记》:"时王母下降,从者皆飞仙髻、九环髻,遂贯以凤头钗、孔雀搔头,云头篦,以玳瑁为之。"温庭筠《过华清宫二十二韵》:"斗鸡花蔽膝,骑马玉搔头。"宋蔡伸《愁倚阑·天如水》词:"旧物忍看金约腕,玉搔头。"吴文英《梦行云·簟波绉纤》词:"素莲幽怨风前影,搔头斜坠玉。"元张雨《东风第一枝·玉簪》:"蜻蜓飞上搔头,依前艳香未歇。"

【山】shān ❶汉代通天冠前的山形牌饰。《后汉书·舆服志下》:"通天冠,高九寸,正竖,顶少邪却,乃直下为铁卷梁,前有山,展筩为述,乘舆所常服。"❷明代官帽上的一种装饰。横于两旁的称"翅",竖于后背的称"山"。《明史·舆服志》:"按忠静冠仿古玄冠,冠匡如制,以乌纱冒之,两山俱列于后。"

【山述】shānshù 通天冠上的装饰。《后汉书·舆服志下》:"远游冠,制如通天,有展筩横之于前,无山述,诸王所服也。"《晋书·舆服志》:"(高山冠)制似通天。顶直竖,不斜却,无山述展筩。"

【山题】shāntí 步摇下的底座,以黄金制成,制如山形,上连花枝,着于额前。使用时插入发髻,以簪固定。《后汉书·舆服志下》:"步摇以黄金为山题,贯白珠为桂枝相缪。"清林颐山《经述·释王后首服》:"步摇上有垂珠,步则摇。因其贯白珠为桂枝相缪,故八爵、九华、六兽列于黄金山题之上,步行则摇。"

【衫】shān ❶也称"衫子"。原指无袖的短衣,后世指单衣。以轻薄的衣料制成,单层不用衬里。一般多做成对襟,中用襟带相连。亦可不用襟带,两襟敞开。可穿于衣外,也可穿在衣内。着于衣外的,如半臂、褙子,用于御风、尘,春秋季穿用,称直衫;着于衣内的或夏天穿的短袖衫(贴身),叫"汗衫",有对襟、大襟之分。相传到汉高祖时,因与楚国项羽交战,归帐途中汗浸透了衫,才将"汗衫"改名为"汗衫"。不分贵贱皆可穿用,平民用麻布、葛布,贵族用罗、绫等面料制成。魏晋时士人喜其轻便,所着尤多。多见于江南地区。南北朝时,由于受胡服影响,穿此者逐渐减少。晚唐五代时,则再度流行。宋代因袭五代遗制,亦以着衫为尚。因衣料质地、色彩、形制或朝代不同而称呼有异,如罗衫、红衫、紫衫、凉衫、帽衫、衫子及襕衫等名目。汉刘熙《释名·释衣服》:"衫,芟也。芟末无袖端也。"《后汉书·舆服志下》:"自皇后以下,皆不得服诸古丽圭衫闺缘加上之服。"清王先谦集解:"衫为女服之禅者。"汉扬雄《方言》卷四"偏禅谓之禅襦"晋郭璞注:"即衫也。"《资治通鉴·唐纪四十七》:"然后御衣。"元胡三省注:"衫,单衣也。"唐王建《宫词》:"罗衫叶叶绣重重,金凤银鹅各一丛。"元稹《白衣裳二首》诗之二:"藕丝衫子柳花裙,空著沈香慢火熏。"宋周密《探春慢》词:"尽教宽尽春衫,毕竟为谁消瘦。"刘辰翁《虞美人》词:"天香国色辞脂粉,肯爱红衫嫩。"又《忆秦娥》词:"青衫泪湿楼头角。"《明史·舆服志三》:"(洪武)二十四年定制,命妇朝见君后,在家则舅姑并夫及祭祀则服礼服。公侯伯夫人与一品同;大袖衫,真红色。"❷衣服的统称。《说文新附·衣部》:"衫,衣也。"唐杜光庭《虬髯客传》:"太宗至,不衫不履,裼裘而来。"明方以智《通雅·衣部》:"衫,衣之通称。"

【商估服】shānggùfú 商贾之服。《后汉书·孝灵帝本纪》:"帝著商估服,饮宴为乐。"

【上衣】shàngyī 省称"衣"。❶外衣。《论语·乡党》:"当暑,袗絺绤,必表而出之。"三国魏何晏集解引孔安国曰:"暑则单服。絺绤,葛也。必表而出之,加上衣。"《说文解字·衣部》:"表,上衣也。"清段玉裁注:"上衣者,衣之在外者也。"❷上身穿的衣服。《后汉书·舆服志下》:"黄帝、尧、舜垂衣裳而天下治,盖取诸乾巛。乾巛有文,故上衣玄,下裳黄。"汉刘熙《释名·释衣服》:"凡服上曰衣,衣,依也;人们依以芘寒暑也。下曰裳,裳,'障也,所以自障蔽也。"明包汝楫《南中纪闻》:"罗鬼服饰,其椎髾向脑,扎以青帕,下穿大裤,上衣齐腰,外罩毡衫。"❸佛教指僧人穿在外面的半长的袈裟。梵语郁多罗僧伽的意译。慧琳《一切经音义》:"郁多罗僧伽,梵语僧衣名也。即七条裂裟,是三衣中之常服也,亦名上衣。"

【上褚】shàngzhǔ 厚棉衣。褚衣之一种。《汉书·西南夷西粤朝鲜传》:"上褚五十衣,中绪三十衣,下褚二十衣。"

【髾】shāo 女服上的装饰。一说是飘带。汉司马相如《子虚赋》:"杂纤罗,垂雾縠……扬袘戍削,蜚襳垂髾,扶舆猗靡。"唐张铣注:"髾,带也。言美人等被丽服,扶楚王之舆;倚靡,相随貌。"汉傅毅《舞赋》:"珠翠的砾而熠耀兮,华袿飞髾而杂纤罗。"一说是袿饰。汉枚乘《七发》:"杂裾垂髾,目窕心与。"唐李善注《文选·子虚赋》:"司马彪曰:'襳,袿饰也。髾,燕尾也。'襳与燕尾,皆妇人袿衣之饰也。"

【裥】shào 裤裆。裤子的上半部分。《说文解字·衣部》:"裥,绔上也。"清段玉裁注:"绔上对绔骻言,股所居也。大之则宽缓。"清朱骏声《说文通训定声·小部》:"苏俗谓之裤当是也。"《汉书·朱博传》:"官属多襃衣大裥,不中节度,自今掾史衣皆令去地三寸。"《玉篇·衣部》:"裥,……袴也。裆也,袴上也。"

she－shu

【射服】shèfú 猎服。《史记·卫康叔世家》:"献公戒孙文子、宁惠子食,皆往。日旰不召,而去射鸿于圃。二子从之,公不释射服,与之言;二子怒,如宿。"

【射韝】shègōu 射箭用的皮制臂套。《仪礼·乡射礼》"袒决遂"汉郑玄注:"遂,射韝也,以朱韦为之,所以遂弦者也。"《说文解字·韦部》"韝"清段玉裁注:"射韝者,《诗》之拾,《礼经》之遂,《内则》之捍也……凡因射箸左臂谓之射韝,非射而两臂皆箸之以便于事谓之韝。"唐沈佺期《独坐忆旧游》诗:"童子成春靥,宫人罢射韝。"

【绅带】shēndài 垂绅的腰带。《诗经·卫风·芄兰》"容兮遂兮,垂带悸兮"汉郑玄笺:"言惠公佩容刀与瑞及垂绅带三尺,则悸悸然行止有节度。"《孔子家语·五仪解》:"然则章甫、绚履、绅带、搢笏者,皆贤人也。"《后汉书·第五伦传》:"刻着五藏,书诸绅带。"《晋书·舆服志》:"所谓搢绅之士者,搢笏而垂绅带也。绅垂长三尺。"

【绳履】shénglǚ 绳制的鞋履。《后汉书·刘虞传》:"虞虽为上公,天性节约,敝衣绳履,食无兼肉。"三国魏王粲《汉末英雄记》:"幽州刺史刘虞,食不重肴,蓝缕绳履。"《资治通鉴·齐纪三·世祖武皇帝中》:"戊子晦,帝易祭服,缟冠素纰、白布深衣、麻绳履,侍臣去帻易帕。既祭,出庙,帝立哭。久之,乃还。"

【胜】shèng 妇女首饰。以扁平的金片、玉片等材料雕琢而成,中部为一圆体,上下两端作对向梯形,使用时系缚在簪钗之首,插于两鬓。亦有用布帛制成者。根据材质有不同名称:以金制成者称"金胜";以玉制成者称"玉胜";以布制成者称"织胜";以彩帛等剪制成花朵者称"花胜";像人形者为"人胜"。旧传初为西王母所戴,有祛灾辟邪之用,人多效之。汉魏之世,在士庶妇女间广为流行。《山海经·西山经》:"(西王母)蓬发戴胜。"晋郭璞注:"胜,玉胜也。"汉刘熙《释名·释首饰》:"胜,言人形容正等,一人著之则胜。蔽发前为饰也。"《汉书·司马相如传》:"皬然白首戴胜而穴处兮,亦幸有三足乌为之使。"南朝梁宗懔《荆楚岁时记》:"贾充《李夫人典戒》云:'像瑞图金胜之形,又取像西王母戴胜也。'"

【时衣】shíyī 也称"时服"。❶当季常穿的流行衣服。汉张衡《东京赋》:"顺时服而设副。"《三国志·韩崔高孙王传》:"夏四月甍,遗令敛以时服,葬于土藏。"❷朝廷按照时节赐予诸臣的服饰、衣料。唐·岑参《和刑部成员外秋夜寓直寄省知己》诗:"时衣天子赐,厨膳大官调。"《宋史·舆服志五》:"宋初因五代旧制,每岁诸臣皆赐时服,然止赐将相、学士、禁军大校。"

【饰巾】shìjīn ❶只以幅巾裹头,不加冠冕,是家居的打扮。汉末陈寔遭党锢之祸,遇赦得免,绝望仕途,家居以平正闻名乡里。何进、袁隗先后招之。陈说自己只是家居饰巾待死而已,遂不至。后多用以代指士大夫家居生活。《后汉书·陈寔传》:"大将军何进、司徒袁隗遣人敦寔,欲特表以不次之位。寔乃谢使者曰:'寔久绝人事,饰巾待终而已。'"又《赵咨传》:"太尉杨赐特辟,使饰巾出入,请与讲议。"唐李贤注:"饰巾,以幅巾为首饰,不加冠冕。"汉蔡邕《陈太丘碑》:"大将军何公、司徒袁公前后招辟……先生(陈寔)曰:'绝望已久,饰巾待期而已。'皆遂不至。"❷婉词。指死亡。上古人死时不冠而裹巾。清赵翼《挽唐再可》诗:"方当享大耋,光景日正午。何期遽饰巾,霞飞倏羽化。"

【手巾】shǒujīn ❶拭面或揩手用的巾帕。以素色罗、绫、绢、布为之,裁制成正方或长方形,其上或施以彩绣,用毕盛于佩囊或置于袖中,男女均可用之。汉无名氏《古诗为焦仲卿妻作》:"阿女默无声,巾掩口啼。"《太平御览》卷七一五:"王莽斥出王闳,太后怜之,闳伏泣失声。太后亲自以手巾拭闳泣。"晋陶渊明《搜神后记》卷六:"二情相恋,女以紫手巾赠详,详以布手巾报之。"南朝宋刘义庆《世说新语·文学》:"谢注神倾意,不觉流汗交面。殷徐语左右:取手巾与谢郎拭面。"唐苏鹗《杜阳杂编》卷下:"纹布

的秦汉时期的服饰

巾,即手巾,洁白如雪,光软特异,拭水不濡,用之弥年,不生垢腻。"《资治通鉴·梁敬帝绍泰元年》:"霸先惧其谋泄,以手巾绞棱。"宋高承《事物纪原》:"《礼》云:'浴用二巾,上绤下绤。'虽上下异用,而无异名,此宜三代时有之。王莽篡汉,汉王闵伏地而泣,元后亲以手巾拭其泪。巾虽始于三代,而手巾之名,实始于汉,今称曰'帨'是也。"元关汉卿《望江亭》第三折:"包髻、团衫、绣手巾,都是他受用的。"明顾起元《客座赘语·建业风俗记》:"嘉靖初脚夫市口或十字路口……青布衫袴,青布长手巾。"《清代北京竹枝词·草珠一串》:"手巾香色艳而娇,玉佩还将颜色烧。"清德龄《清宫二年记》:"(慈禧)头上戴着玉制的凤,鞋上和手巾上也镶着这种花样。"❷一种带在腰间的佩巾。《旧唐书·舆服志》:"景云中又制,令依上元故事,一品以下带手巾、算袋。"❸束腰的布帛。宋孟元老《东京梦华录》卷二:"更有街坊妇人,腰系青花布手巾,绾危髻,为酒客换汤斟酒。"《水浒传》第三十八回:"李逵大怒,焦躁起来,便脱下布衫,里面单系着一条棋子布手巾儿。"❹披帛。《三宝太监西洋记通俗演义》第二十二回:"只见番王听知外面总兵官奏事,即忙戴上三山金花玲珑冠,披上洁白银花手巾布。"又第五十一回:"妇女围花布,披手巾,椎髻脑后。"《儿女英雄传》第四十回:"那么说,还得换上长飘带手巾呢?"

【首饰】shǒushì 本通指男女头上的饰物。俗称"头面"。后成为全身装饰品的总称。《汉书·王莽传上》:"百岁之母,孩提之子,同时断斩,悬头竿杪,珠珥在耳,首饰犹存,为计若此,岂不悖哉!"《后

汉书·舆服志下》:"秦雄诸侯,乃加其武将首饰为绛袍,以表贵贱,其后稍稍作颜题。"三国魏曹植《洛神赋》:"戴金翠之首饰,缀明珠以耀躯。"晋嵇含《南方草木状》卷上:"末利花皆胡人自西国移植于南海……彼之女子以彩丝穿花心以为首饰。"唐陈子昂《感遇》诗之二三:"旖旎光首饰,葳蕤烂锦衾。"张读《宣室志》:"俄有一妇人,年二十许,身长丰丽,衣碧襦绛袖,以金玉钗为首饰,自门而来,称卢氏。"《通典·礼志》:"父卒,为母始死,去首饰。"宋王谠《唐语林》卷六:"长庆中,京城妇人首饰,有以金碧珠翠,笄栉步摇,无不具美,谓之'百不知'。"《警世通言·白娘子永镇雷峰塔》:"白娘子……上著青织金衫儿,下穿大红纱裙,戴一头百巧珠翠金银首饰。"《喻世明言·蒋兴哥重会珍珠衫》:"薛婆……便把箱儿打开,内中有十来包珠子,又有几个小匣儿,都盛著新样簇花点翠的首饰,奇巧动人,光灿夺目。陈大郎拣几串极粗极白的珠子,和那些簪珥之类,做一堆儿放着,道:'这些我都要了。'"《红楼梦》第九十二回:"说着,打怀里掏出一匣子金珠首饰来。"

【殊服】shūfú 不同的服饰。代指异国或异族。汉司马相如《上林赋》:"若夫青琴、宓妃之徒……与俗殊服。"《汉书·王吉传》:"是以百里不同风,千里不同俗,户异政,人殊服,作伪萌生。"张衡《司空陈公诔》:"致训京畿,协和万邦;万邦既协,殊服来同。"

【梳】shū 也称"跗蹄"。妇女首饰。以金银、玳瑁或美玉等珍贵材料制成。齿较篦齿为粗,梳把上常雕凿有各种纹饰,除用于梳理头发外,也可插于发髻,以为装

饰。早期梳子多以兽骨为之,作五齿,梳把较高。秦汉时以竹木为主,梳把渐低,呈马蹄形。在髻上插梳的习俗,早在四千年前已出现,唐宋时期最为流行。汉刘熙《释名·释首饰》:"梳言其齿疏也。数者曰比(篦)。"清王先谦注:"数,密也。"唐元稹《恨妆成》诗:"满头行小梳,当面施圆靥。"《新唐书·吴兢传》:"朝有讽谏,犹发之有梳。"刘存《事始》:"《实录》曰:自燧人氏而妇人束发为髻……至赫胥氏造梳,以木为之,二十齿。"宋欧阳修《南歌子》:"凤髻泥金带,龙纹玉掌梳。"高承《事物纪原》卷三:"赫胥氏造梳,以木为之,二十四齿。取疏通之义。"陆游《入蜀记》:"蜀地妇女……未嫁者率戴二尺同心髻,插银钗多至六,后插牙梳,如手大。"元龙辅《女红余志》:"跚蹰,梳之别名。"

梳的形制的演变

【襦】shǔ ❶短衣。《说文解字·衣部》:"襦,短衣也。"❷长襦。较长的上衣。《广雅·释器》:"襦,长襦也。"《晋书·夏统传》:"又使妓女之徒服袿襦,炫金翠。"《南史·邓郁传》:"从少姬三十,并着绛紫罗绣袿襦。"清王念孙疏证:"襦或作襦。"清王士禛《诰封淑人张氏墓志铭》:"夫人独侍姑崔太夫人于京师,奉盘、襦、簟益谨。"❸衣袖。《玉篇·衣部》:"襦……(谓)衣袖。"

【襦】shǔ 衣裳相连的长衣。汉刘熙《释名·释衣服》:"襦,属也,衣裳上下相连属也。"《玉篇·衣部》:"襦……长襦也。连腰衣也。"汉班固《汉武帝内传》:"王母上殿东向坐,着黄锦袷襦,有里而文彩鲜明。"《新唐书·李光进传》:"乃饬名姝,教歌舞、六博,襦襦珠琲,举止光丽,费百巨万。"宋王安石《小姑》诗:"缤纷文襦堂堂楣,绰约烟鬟独桂旗。"徐珂《清稗类钞·服饰》:"女之襦衣,下围之如绕领,其长曳地。"

【术氏冠】shùshìguān ❶男子之冠。据称赵武灵王常戴此冠,汉时已不用。汉蔡邕《独断》卷下:"术士冠,前圆。吴制,逦迤四重,赵武灵王好服之。今者不用,其说未闻。"唐颜师古《匡谬正俗·鹬》:"鹬,水鸟……古人以其知天时,乃为冠,象此鸟之形,使掌天文者冠之。故逸《礼》记曰:'知天文者冠鹬。'此其证也。鹬字音聿,亦有术音,故《礼》之《衣服图》及蔡邕《独断》谓为'术氏冠',亦因鹬音转为术字耳,非道术之谓也。"❷也作"雊冠"。楚庄王所戴之冠。《后汉书·舆服志下》:"术氏冠……今不施用,官有其图注。"南朝梁刘昭注:"《淮南子》曰楚庄王所服雊冠者是。"❸"鹬冠"

的别称。宋聂崇义《三礼图》卷三："术氏冠即鹬冠也。《前汉书·五行志》注云：鹬知天将雨之鸟也，故施天文者冠鹬冠。吴制，差池四重，高下取术，画鹬羽为饰，绀色。又注云：此术氏冠即鹬冠也。"清章太炎《原儒》："鹬冠者，亦曰术氏冠，又曰鹬冠。"一说非鹬冠。清陈元龙《格致镜原》卷一三引《秕言》："《礼图》以鹬冠为术士冠，此又以述与术音相近而误。《汉·志》自有术士冠，赵武灵王好服之，汉不施用，非鹬冠也。"

术士冠（宋聂崇义《三礼图》）

【述】shù 通天冠上的一种装饰。一说以翠鸟羽毛制成。一说是细布做成鹬形竖立于冠前，寓意能知天时。《后汉书·舆服志》："通天冠……前有山，展筩为述。"又："记曰：'知天者冠述，知地者履絇。'《春秋左传》曰：'郑子臧好鹬冠。'前圆，以为此则是也。"清王先谦集解："钱氏据《前书·五行志》颜注：'述即为鹬'"又"孙炎云：'遹古述字'聿与遹同，故鹬冠亦为述也。"

【褕褕】shùyú 童仆所穿的一种粗布短衣。汉扬雄《方言》卷四："襜褕……短者谓之褕褕。"

shui—su

【水犀甲】shuǐxījiǎ 用水犀皮制成的护身甲。汉赵晔《吴越春秋·勾践伐吴外传》："今夫差衣水犀甲者十有三万人。"元徐天佑注："水犀之皮有珠甲，山犀则无。吴以水犀皮饰甲也。"《国语·越语上》："今夫差衣水犀之甲者亿有三千。"三国吴韦昭注："犀形似豕而大，今徼外所送有山犀、水犀，水犀之皮有珠甲，山犀则无。"

【私鈚头】sīpītóu 胡带之带饰。《淮南子·主术训》："赵武灵王贝带鵔鸃而朝，赵国化之。"汉高诱注："以大贝饰带，胡服。鵔鸃读曰私鈚头，二字三音也。曰郭洛带，位姚镝也。"

【素绩】sùjī 腰间有褶裥的素裳，是古代一种礼服。《汉书·外戚传下·孝平王皇后》："（太后）遣长乐少府夏侯藩……及太卜、太史令以下四十九人，赐皮弁素绩。"

【素帻】sùzé 素麻制成的白色头巾。多用于凶、丧事。汉班固《白虎通·三军》："王者征伐所以皮弁素帻何？伐者凶事，素服示有凄怆也。"《后汉书·礼仪志下》："公卿以下子弟凡三百人，皆素帻委貌冠，衣素裳。"又《孝献帝纪》："谥孝献皇帝。八月壬申，以汉天子礼仪葬于禅陵。"唐李贤注引《续汉书》曰："公卿以下子弟凡三百人，皆素帻，委貌冠，衣素裳，挽。"又《舆服志下》："丧帻却摞，反本礼也。升数如冠，与冠偕也。期丧起耳有收，素帻亦如之，礼轻重有制，变除从渐，文也。"《文献通考·王礼十六》："皇后诏，三公典丧事，百官皆衣白帻，不冠。"

【鹔鹴裘】sùshuāngqiú 也作"鹔鹴裘""骕鹴裘"。省称"鹔裘""鹴裘""鹔鹴"。以鹔鹴之羽制成的裘。一说，用鹔鹴、飞鼠之皮制成。多用于贵者。旧传为汉司马相如所穿的裘衣。司马相如与卓文君私奔，一同返回成都。相如家徒四壁，生活贫苦，文君因此闷闷不乐。相如便将自己所穿的鹔鹴裘脱下与商人阳昌换酒，以使文君高兴。后以此形容饮酒的豪兴；也形容情意深厚，不惜钱财。汉刘歆《西京杂记》卷二："司马相如初与卓文君还成都，居贫愁懑，以所著鹔鹴裘就市人阳昌贳酒，与文君为欢。既而文君抱颈而泣曰：'我平生富足，今乃以衣裘贳酒。'"唐李白《怨歌行》："鹔鹴换美酒，舞衣罢雕龙。"赵骃《春酿》诗："春酿正风流，梨花莫问愁。马卿思一醉，不惜鹔鹴裘。"胡宿《雪》诗："日高独拥鹔鹴卧，谁乞长安取酒金。"韩翃《赠张建》诗："传看辘轳剑，醉脱骕骦裘。"宋李觏《秋怀》诗："自笑酒肠空半在，前村无处典鹔鹴。"陆游《与青城道人饮酒作》诗："有酒不换西凉州，无酒不典鹔鹴裘。"明田艺蘅《留青日札》卷二二："鹔鹴裘即翡翠裘之类，乃

神鸟也……鹴或作鷞。《淮南子》言：长颈，绿色，似雁。"王世贞《送卢生还吴》："卢生善诗逸者流，百结鹔鹴售足愁……短裘倘过邯郸道，青草已没平原宅。"徐渭《次张长治韵》："自古阴晴谁料得，莫辞连夜典鹔鹴。"清方文《访孙豹人不遇因题其壁》诗："虽乏沽酒钱，鹔鹴犹未敝。"

【襚服】suìfú 赠送给死者的衣服。《后汉书·杨赐传》："复代张温为司空。其月薨。天子素服，三日不临朝，赠东园梓器襚服。"

【衰衣】suōyī 雨衣。《说文解字·艸部》："草，雨衣，一曰衰衣。"宋人《感兴吟·春日田园杂兴》："儿结衰衣妇浣纱，暖风疏雨趱桑麻。"宋杨朴《上陈文惠》："紫袍不识衰衣客，曾对君王十二旒。"宋杨公远《春夜雪再用韵十首》其四："妆点江乡堪入画，渔翁披得满衰衣。"见 205 页"cuīyī"。

T

ta—tie

【獺皮冠】tǎpíguān 也称"獺皮""獺皮帽"。用獺皮制成的暖帽。《后汉书·南蛮西南夷传序》:"有邑君长,皆赐印绶,冠用獺皮。"《梁书·陈伯之传》:"(陈伯之)年十三四,好著獺皮冠,带刺刀。"明谢肇淛《五杂俎》卷一二:"獺皮,陈伯之冠也。"清姚廷遴《姚氏记事编》:"海獺、骚鼠、海螺皮之类,人人用以制冠矣。"叶梦珠《阅世编》卷八:"迨康熙九、十年间,复申明昭服饰之禁,命服悉照前式……所不禁者,獺皮、黄鼠帽。"

【袒饰】tǎnshì 汉魏妇女出嫁时所穿的一种直领之服。衣裳连体,直通上下,犹后世之长袍。汉扬雄《方言》卷四:"袒饰谓之直衿。"晋郭璞注:"妇人初嫁所著上衣,直衿也。"清戴震疏证:"衿、领,古通用。"《广雅·释器》:"袒饰、褒明、襗、袍、襺,长襦也。"

【绦】tāo 用丝编织的带子或绳子。可系衣服鞋帽。《说文解字·系部》:"绦,扁绪也。"《隋书·礼仪志六》:"皇后谒庙,服褂襧大衣,嫁服也,谓之袆衣,皂上皂下。亲蚕则青上缥下,皆深衣制,隐领袖缘以绦。"《广韵·平豪》:"绦,编丝绳也。"《小尔雅·广器》:"绦,索也。"《淮南子·说林》:"绦可以为繶,不必以纵。"唐杜牧《鹦鹉》诗:"华堂日渐高,雕槛系红绦。"明刘若愚《酌中志》卷一九:"牌缚

其制用象牙或牛骨作管,青绿线结宝盖三层,圆可径二寸,下垂红线,长八寸许,内悬牙牌或乌木牌,上有提系青缘。凡穿圆领随侍,及有公差私假出人本等,带之左即悬此牌缌,如平居在宫,穿裬撒者,贴裹者,俱带牌缚有缘。"《水浒传》第二十六回:"(武松)去房里换了一身素净衣服,便叫士兵打了一条麻绦,系在腰里。"又第三十一回:"有个头陀打从这里过,吃我放翻了……却留得他一个铁戒箍,一身衣服,一领皂布直裰,一条杂色短穗绦。"

【绦丝】tāosī 杂色丝带。《周礼·春官·巾车》:"革路、龙勒,条缨五就"汉郑玄注:"条读为绦,其樊及缨,皆以绦丝饰之。"清孙诒让正义:"《诗·齐风·著》孔疏引王基《毛诗驳》云:'纨,今之绦,色不杂不成为绦。'然则绦盖织色丝为之。"

【裯襦】táojué 也作"襦裯"。衣袖。汉扬雄《方言》卷四:"裯襦谓之袖。"《广雅·释器》:"裯襦……袖也。"

【縢囊】téngnáng "縢"通"幐"。一种用以盛放杂物的布袋,随身佩挂。《后汉书·儒林传》:"及董卓移都之际,吏民扰乱,自辟雍、东观、兰台、石室、宣明、鸿都诸藏典策文章,竞共剖散,其缣帛图书,大则连为帷盖,小乃制为縢囊。"唐李贤注:"縢亦幐也。音徒恒反。《说文》曰:'幐,囊也。'"《宋书·南郡王义宣传》:"乃于内戎服,幐囊盛粮。"

【**绨袍**】típáo 厚缯制成的粗陋之袍。贫者多用于御寒。战国范雎事魏中大夫须贾，为贾毁谤，笞辱几死。逃至秦国，更名张禄，仕秦为相。后须贾出使入秦，范雎故着敝衣往见。贾怜其寒，取一绨袍为赠，旋知雎为秦相，大惊请罪。雎以贾曾赠绨袍，有眷恋故人之意，故释之。后用"绨袍"或"绨袍恋恋"比喻故旧之情。《史记·范雎列传》："须贾曰：'今叔何事？'范雎曰：'臣为人庸赁。'贾意哀之，留与坐、饮食，曰：'范叔一寒如此矣！'乃取一绨袍以赐之。"唐司马贞索隐："绨，厚缯也。"唐张守节正义："今之粗袍。"《后汉书·郎𫖮传》："故孝文皇帝绨袍革舄，木器无文。"唐骆宾王《骆临海集·萤火赋》："嗟乎，绨袍匪旧，白头如新。"高适《咏史》："尚有绨袍赠，应怜范叔寒。不知天下士，犹作布衣看。"又《别王八》诗："傅君遇知己，行日有绨袍。"白居易《醉后狂言赠萧殷二协律》："宾客不见绨袍惠。"宋陆游《蔬食》诗："犹胜烦秦相，绨袍阋一寒。"又《冬晴》诗："岁暮常年雪正豪，今年暄暖减绨袍。"清钮琇《觚剩·虎林军营唱和》："流萤夜度绨袍冷，采蕨朝供麦饭新。"明沈鲸《义侠记·全躯》："今日闻哥哥发配恩州去，特来送件绨袍。"

【**绨衣**】tíyī 厚缯制成之衣，多用于贫者。《史记·孝文本纪》："上常衣绨衣，所幸慎夫人，令衣不得曳地，帷帐不得文绣，以示敦朴，为天下先。"《汉书·扬雄传》："逮至圣文，随风乘流，方垂意于至宁，躬服节俭，绨衣不敝，革鞜不穿，大夏不居，木器无文。"北周庾信《三月三日华林园马射赋序》："克己备于礼容，威风总于戎政；加以卑宫菲食，皂帐绨衣，百姓

为心，四海为念。"《周书·文闵明武宣诸子传》："达雅好节俭，食无兼膳，侍姬不过数人，皆衣绨衣。"一说皂衣。《文选·扬雄〈长杨赋〉》："绨衣不弊，革鞜不穿。"

【**缇衣**】tíyī 橘红色的服装，秦汉时专用于军将武士。缇，橘红色，一说赤色。常代指武士。《周礼·春官·司服》"凡兵事，韦弁服"汉郑玄注："今时伍伯缇衣，古兵服之遗也。"唐贾公彦疏："缥赤之衣，是古兵服赤色遗象。"汉张衡《西京赋》："缇衣韎韐，睢盱拔扈。"唐李善注："缇衣、韎韐，武士之服。"宋司马光《百官表总序》："重以藩方跋扈，朝廷畏之……遂有朝编卒伍，暮拥节旄，夕解缇衣，旦纡公衮者矣。"清周亮工《送王庭一入楚序》："当予戊戌就逮时，缇衣闭予舴艋中，卫以甲士，谣诼之音日夜弗息。"

【**铁冠**】tiěguān ❶御史、廷尉等执法者所戴的法冠。后世亦作御史台御史的别称。《后汉书·方术传上·高获》："歆下狱当断，获冠铁冠，带鈇锧，诣阙请歆。"唐岑参《送魏升卿擢第归东都》诗："将军金印紫绶，御史铁冠重绣衣。"李白《赠潘侍御论钱少阳》诗："绣衣柱史何昂藏，铁冠白笔横秋霜。"刘长卿《奉使鄂渚至乌江道中作》诗："沧州不复恋鱼竿，白发那堪戴铁冠。"明张煌言《挽张鲵渊相国》诗："千秋共惜遗金鉴，十载何惭戴铁冠。"清孙承泽《天府广记》卷一二《吏部·附载》："若乃铁冠夛绣，秉宪一堂，忽焉首鼠成事，开翻局之端，自辛亥始也。"❷隐士或道士所戴的冠。宋苏轼《于潜令刁同年野翁亭》诗："山人醉后铁冠落，溪女笑时银栉低。"《宋史·雷德骧传》："简夫始起隐者，出入乘牛，冠铁冠，自号'山长'……既仕，自奉稍骄

侈,驵御服饰,顿忘其旧,里闾指笑之曰:'牛及铁冠安在?'"元钱鼎《铁笛谣为铁崖仙赋》:"铁崖仙人冠铁冠,锦袍不着衣褐宽。"《水浒传》第五十四回:"归到家中,收拾了道衣、宝剑二口,并铁冠、如意等物了当,拜辞了老母,离山上路。"《明史·方伎·张中传》:"与之言,稍涉伦理,辄乱以他语,类佯狂玩世者。尝好戴铁冠,人称为铁冠子云。"

【铁柱】tiězhù 即"铁冠"。《后汉书·舆服志下》:"法冠,一曰柱后,高五寸,以纚为展筒,铁柱卷,执法者服之。"南朝宋刘昭注引荀绰《晋百官表》:"铁柱,言其厉直不曲桡。"唐储光羲《晚次东亭献郑州宋使君文》诗:"铁柱励风威,锦轴含光辉。"温庭筠《病中书怀呈友人》诗:"豸冠簪铁柱,螭首对金铺。"

ting—tui

【綖】tīng 系缚佩饰的丝带。《后汉书·蔡邕传》:"济济多士,端委缙綖,鸿渐盈阶,振鹭充庭。"唐李贤注:"端委,礼衣也……《说文》曰:'缙,赤白色也;綖,系绶也。'"《说文解字·糸部》:"綖,系绶也。"清段玉裁注:"系当作丝。《广韵》曰'丝绶,带綖。'……此绶盖绶之类而已,非印绶之绶。"

【通裁】tōngcái 汉代的一种粗布单衣。《仪礼·士丧礼》"浴衣于篋"汉郑玄注:"浴衣,已浴所衣之衣,以布为之,其制如今之通裁。"唐孔颖达疏:"云'如今之通裁'者,以其无杀,即布单衣,汉时名为通裁。"清厉荃《事物异名录·服饰部》:"疏布单衣,汉时名为通裁。"

【通天冠】tōngtiānguān 皇帝戴的礼冠,参加祭祀、朝贺、宴会时所戴的。源于秦代,由秦始皇参考楚国的冠式创制而成。汉代其形制正面直竖,顶部稍稍向后倾斜,后面直下为铁卷,梁前有重叠的山形装饰物称作"博山",展筒作述。戴冠时内配着黑色的尖顶介帻,用来包裹头发,以防散乱。此外,为了使冠固定,还要插簪。两汉时期天子以通天冠作为月正朝贺时的冠帽。魏晋及南朝各代天子以通天冠作朝会时的正式礼冠。汉代的通天冠,冠式前倾,至南北朝时期逐渐改为后仰,冠上有二十四条梁,用金、玳瑁做成的十二只蝉为饰,镶嵌上珠翠等珍宝。此时的簪多用玉或犀角制成,称作簪导。以后历代沿用,只是在式样和用途上各朝根据不同的情形加以变动。隋唐时代的通天冠,以丝带系束,结于颔下,垂其余者为饰,称作缕,还要加饰翠玉,合称作翠缕,是宴会群臣、大礼朝贺的礼冠。宋代因其他冠帽被废止,通天冠也就成了最重要的礼冠,甚至连皇帝亲郊籍田也要头戴通天冠。此时冠的高和卷广都增加到一尺,还要用产于辽东海汉中的"北珠"卷结在冠上,因此又被称作"卷云冠"。订、金、明各代天子都采用了通天冠。明代的通天冠,省去了宋代的"北珠",而且皇帝参加太子和诸王的冠礼、婚礼,同样要戴通天冠。入清后其制度废止。汉蔡邕《独断》卷下:"天子冠通天冠,诸侯王冠远游冠,公侯冠进贤冠。"《后汉书·舆服志下》:"通天冠,高九寸,正竖,顶少邪却,乃直下为铁卷梁,前有山,展筒为述,乘舆所常服。"《隋书·礼仪志六》:"通天冠,高九寸,正竖顶,少斜却,乃直下,铁为卷梁,前有展筒,冠前加金博山、述。乘舆所常服。"《新唐书·车服志》:"通天冠者,(天子)

冬至受朝贺、祭还、燕群臣、养老之服也。二十四梁,附蝉十二,首施珠翠、金博山,黑介帻,组缨翠緌,玉犀簪导。"宋吴自牧《梦粱录·驾回太庙宿奉神主出室》:"上御冠服,如图画星官之状,其通天冠俱用北珠卷结,又名卷云冠。"孟元老《东京梦华录·驾宿太庙奉神主出室》:"驾乘玉辂,冠服如图画间星官之服……头冠皆北珠装结顶通天冠,又谓之卷云冠。"《宋史·舆服志三》:"通天冠,二十四梁,加金博山,附蝉十二,高广各一尺。青表朱里,首施珠翠,黑介帻,组缨翠緌,玉犀簪导……大祭祀致斋、正旦冬至五月朔大朝会、大册命、亲耕籍田皆服之。"《明史·舆服志二》:"皇帝通天冠服。洪武元年定,郊庙、省牲,皇太子诸王冠婚、醮戒,则服通天冠、绛纱袍。"

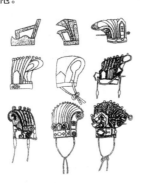

通天冠的演变

【筒褹】tǒngyì 也称"襢"。汉代江湘地区称长度通常在膝盖以上、窄袖的短袄为"筒褹"。以双层或多层布帛制作,中纳棉絮。以其袖身紧窄如筒而得名。汉扬雄《方言》卷四:"复襦,江湘之间谓之襢,或谓之筒褹。"晋郭璞注:"今筒袖之襦也。褹即袂字耳。"清钱绎笺疏则谓:

"衣之有絮而短者。"

【头巾】tóujīn ❶裹头的布帛,汉之前多用于庶民男女。一说为纱罗布葛制成的软帽。魏晋称"帕",唐代以后亦称头巾。多用于男子。《后汉书·列女传·董祀妻》:"时且寒,赐以头巾履袜。"唐于鹄《过张老园林》诗:"身老无修饰,头巾用白纱。"白居易《忆庐山草堂寄二林僧社三十韵》:"手板支为枕,头巾阁在墙。"宋高承《事物纪原·冠冕首饰·头巾》:"古以皂罗裹头号头巾。蔡邕《独断》曰:古帻无巾;王莽头秃,乃始施巾之始也。《笔谈》曰:今庶人所戴头巾,唐亦谓之四脚,二系脑后,二系颔下。取服劳不脱,反系于顶上;今人不复系颔下,两带遂为虚设。后又有两带四带之异,盖自本朝始。"《宣和遗事》:"是时底王孙、公子、才子、伎人、男子汉,都是了顶背带头巾,窄地长背子,宽口裤,侧面丝鞋。"吴自牧《梦粱录》卷一八:"且如士农工商诸行百户女巾装著,皆有等差……街市买卖人,各有服色头巾,各可辨认是何名目人。"元郑庭玉《包龙图智勘后庭花》第二折:"你与我置一顶纱皂头巾,截一幅大红裹肚。"明李时珍《本草纲目·器部一》:"古以尺布裹头为巾,后世以纱罗布葛缝合,方者曰巾,圆者曰帽。"❷指明清时规定给读书人戴的儒巾。《古今小说·陈御史巧勘金钗钿》:"鲁公子回到家里,将衣服鞋袜装扮起来。只有头巾分寸不对,不曾借得。"清李渔《奈何天·虑婚》:"就是一顶秀才头巾,也像天平冠一般,再也承受不起。"

【头𧝑】tóuōu 即"头衣"。《说文解字·衣部》:"𧝑……一曰头𧝑。"清段玉裁注:"头𧝑,盖即头衣,仅冒其头耳。"

【头衣】tóuyī 秦汉时称小孩和少数民族的帽子，后泛指冠帽。《说文解字·冃部》："冃，小儿及蛮夷头衣也。从冂，二其饰也。"清段玉裁注："谓此二种人之头衣也。小儿未冠，夷狄未能言冠，故不冠而冃。"《后汉书·西南夷传·哀牢》："纯与哀牢夷人约，邑豪岁输布贯头衣二领，盐一斛，以为常赋。"

【鍪纩】tǒukuàng 悬于冕冠左右两侧的黄绵制成的小球，垂至两耳旁，寓意不欲妄听是非。汉蔡邕《独断》："天子冕前后垂延……旁垂鍪纩当耳，郊祀天地、宗祀明堂则冠之。"《汉书·东方朔传》："水至清则无鱼，人至察则无徒。冕而前旒，所以蔽明；鍪纩充耳，所以塞聪。"《淮南子·主术训》："故古之王者，冕而前旒，所以蔽明也，鍪纩塞耳，所以掩聪，天子外屏所以自障。"《文选·张衡〈东京赋〉》："夫君人者，鍪纩塞耳，车中不内顾。"三国吴薛综注："鍪纩，言以黄绵大如丸，悬冠两边，当耳，不欲妄闻不急之言也。"唐薛能《升平词》之八："端拱乾坤内，何言鍪纩垂。"白居易《骠国乐》诗："雍羌之子舒难陀，来献南音奉正朔。德宗立仗御紫庭，鍪纩不塞为尔听。"宋苏轼《上初即位论治道（代吕申公）·刑政》："人主前旒蔽明，鍪纩塞耳。耳目所及，尚不敢尽，而况察人于耳目之外乎。"《元史·舆服志一》："天子冕服：衮冕，制以漆纱，上覆曰綖，青表朱里……綖之左右，系鍪纩二，系以玄纨，承以玉瑱，纩色黄，络以珠。"

【秃巾】tūjīn 汉代以帻束发，一般要在帻上再加巾。以幅巾裹首，不加冠帽曰秃巾。《后汉书·孔融传》："融为九列，不尊朝仪，秃巾微行，唐突宫掖。"宋陆游《村舍杂书》诗："军兴尚戎衣，冠带谢褒博。秃巾与小袖，顾影每怀怍。"

【秃裙】tūqún 没有缘边的裙。汉刘向《列女传·明德马后》："身衣大练，御者秃裙不缘。"《艺文类聚》卷一五："明德皇后马氏，伏波将军马援之女也……身衣大帛，御者秃裙不缘，诸王亲家朝请望，见后裙极粗疏，以为绮，就视乃笑。"

【屦】tuī 粗麻鞋。汉扬雄《方言》卷四："丝作之者谓之履，麻作之者谓之不借，粗者……南楚江沔之间总谓之粗。西南梁益之间或谓之屦，或谓之麤。屦其通语也。"

W

wa—wei

【袜】wà 足衣，穿在脚上的服饰。制作材质可以用皮革、布帛、丝绸等，见于史籍的还有锦袜、绫袜、纻袜、绒袜、毡袜及毳袜等名目。袜筒有长短，长可及膝，俗谓“袎袜”。短仅数寸；中有一缝，名曰袜梁；下托一底，又名袜船。早期的袜子多以皮革制成，制用高袎，袎口有带，着时以带系结于胫。男女均可服用，可以行走于地，以代鞋履。宋代以后还出现过一种无底之袜，仅用袜统，着时包裹于小腿，上不过膝，下达于踝，俗谓“膝袜”，或称“半袜”。汉刘熙《释名·释衣服》：“袜，末也。在脚末也。”张衡《南都赋》：“修袖缭绕而满庭，罗袜蹑蹀而容与。”唐冯贽《记事珠》：“杨贵妃死之日，马嵬媪得锦袎袜一只。”元刘庭信《戒嫖荡》曲：“身子纤，话儿甜，曲躬躬半弯罗袜尖。”明胡应麟《少室山房笔丛》卷一二：“自昔人以罗袜咏女子，六代相承，唐诗尤众。至杨妃马嵬所遗，足征唐世妇人，皆著袜无疑也。然今妇人缠足，其上亦有半袜罩之。”见423页“袜 mò”。

【絉】wà 袜子。《后汉书·舆服志下》“五郊，衣帻绔絉各如其色。”见261页“絉 mò ”。

【纨袴(裤)】wánkù 也作“纨绔”。用洁白精美的细绢制成的无裆裤。穿在裳内，又可穿在外面御寒。古人重上衣轻下裳，以细绢为裤，被视为奢侈之举，只有达官贵人、富商巨贾才穿得起，故又用以指富贵人家或其子弟。《汉书·叙传》：“数年，金华之业绝，出与王、许子弟为群，在于绮襦纨绔之间，非其好也。”唐颜师古注：“纨，素也。绮，今细绫也。并贵戚子弟之服。”《通典·职官志三》：“然贵子弟荣其观好，至乃襁抱坐受宠位，贝带，脂粉，绮襦，纨袴，鵔鸃冠。”唐杜甫《奉赠韦左丞丈二十二韵》：“纨袴不饿死，儒冠多误身。”宋谢薖《次韵李成德谢人惠墨牛》诗：“绮襦纨袴竞奢豪，卧疾不安愁祸作。”《宋史·鲁宗道传》：“宗道曰：‘馆阁育天下英才，岂纨绔子弟得以恩泽处邪！’”

【王冠】wángguān ❶帝王、天子所戴的礼冠。《汉书·王莽传上》：“戊辰，莽至高庙，拜受金匮神坛，御王冠。”❷诸侯王所戴的“远游冠”。《资治通鉴·汉献帝建安二十四年》：“秋，七月，刘备自称汉中王……乃拜授玺绶，御王冠。”元胡三省注：“王冠，远游冠也。”❸道士所戴之冠。《金瓶梅词话》第六十六回：“(黄真人)戴王冠，韬以乌纱，穿大红斗牛皮服，靸乌履。”

【韦布】wéibù 韦带布衣。庶民、寒素之士所穿的粗劣服饰，因借指庶民、未仕者寒素的服装。后亦借指寒素之士、平民。汉司马相如《报卓文君书》：“五色有灿，而不掩韦布。”晋葛洪《抱朴子·广譬》:"寸裂之锦黻,未若坚完之韦布。"唐韩愈《荆潭唱和诗》序:"与韦布里闾憔悴专一之士,较其毫厘分寸。"宋陆游《厌事》诗:"韦布何曾贱,茅茨本自宽。"李觏《上李舍人书》:"援毫者悉本三代,游谈者羞闻五霸,始自荐绅,逮于韦布,尽雍雍如也。"岳珂《桯史·万春伶语》:"(胡给事)物色为首者,尽系狱,韦布益不平。"元辛文房《唐才子传·钱起》:"王公不觉其大,韦布不觉其小。"明谢肇淛《五杂俎》卷一二:"古人之带,多用韦布之属,取其下垂。"《明史·文苑传四·徐渭》:"当嘉靖时,王李倡'七子社',谢榛以布衣被摈。渭愤其以轩冕压韦布,誓不入二人党。"清刘大櫆《贲趾堂记》:"人之情有弃膏粱而甘藜藿,轻绂冕而躬韦布,然未有不苦劳而乐逸者。"

【**韦裳**】wéicháng 也称"裳韦"。皮制的下裙,结实耐磨、便于劳作。旧时牧人或卑贱者之服。汉史游《急就篇》卷二:"裳韦不借为牧人。"唐颜师古注:"韦,柔皮也。裳韦,以韦为裳也。不借者,小屦也,以麻为之,其贱易得,人各自有,不须假借,因为名也。言著韦裳及不借者,卑贱之服,便易于事,宜以牧牛羊也。"

【**韦带**】wéidài 一种不加装饰、形制简单的皮带,用熟兽皮制成,多为平民或未仕者所用。后借指庶民服饰。《淮南子·修务训》:"则布衣韦带之人过者,莫不左右睥睨而掩鼻。"《汉书·贾山传》:"布衣韦带之士,修身于内,成名于外。"唐颜师古注:"言贫贱之人也。韦带,以单韦为带,无饰也。"《后汉书·周磐传》:"居贫养母,俭薄不充。尝诵《诗》至《汝坟》之卒章,慨然而叹,乃解韦带,就孝廉之举。"唐司空图《复安南碑》:"韦带诸

生,挺镕贱质。"

【**韦鞮**】wéidī 一种熟皮制成的鞮。单底,帮达于踝。与生革制成的"革鞮"相对而言。汉扬雄《方言》卷四:"单者谓鞮。"晋郭璞注:"今韦鞮也。"

【**韦韝**】wéigōu 一种熟皮制成的臂衣。原是北方游牧民族的装束,亦借指游牧民族。《文选·李陵〈答苏武书〉》:"韦韝毳幕,以御风雨。"唐张铣注:"韦,皮也;韝,衣袖也……戎夷之服也。"隋史祥《答东宫启》:"毳幕韦韝之乡,俄闻九奏。"隋杨广《云中受突厥主朝宴席赋诗》:"鹿塞鸿旗驻,龙庭翠辇回。毡帷望风举,穹庐向日开。呼韩顿颡至,屠耆接踵来。索辫擎膻肉,韦韝献酒杯。何如汉天子,空上单于台。"《隋书·源雄传》:"嘉谋绝外境之虞,挺剑息韦韝之望。"

【**韦袴(裤)**】wéikù 也作"韦绔"。熟皮套裤。《说文解字·黹部》:"黻,羽猎韦绔。"清王筠说文释例:"此或即今之套袴,有衩无腰者也。"《后汉书·祭遵传》:"遵为人廉约小心,克己奉公,赏赐辄尽与士卒,家无私财,身衣韦绔,布被,夫人裳不加缘,帝以是重焉。"宋沈括《梦溪笔谈·讥谑》:"挽车者皆衣韦袴。"

【**韦履**】wéilǚ 以熟皮制成的鞋子。与"革履"相对言。汉崔寔《四民月令》:"八月制韦履,十月作帛履。"汉史游《急就篇》:"靸鞮印角褐袜巾。"唐颜师古注:"靸谓韦履,头深而兑,平底者也。"《旧唐书·东夷传》:"衫筒袖,袴大口,白韦带,黄韦履。"宋王应麟补注:"孰曰韦,生曰革。"明徐光启《农政全书》卷一〇:"擘丝治絮,制新浣故,及韦履贱好,预买以备冬寒。"

【**韦沓**】wéità 即"韦履"。汉桓宽《盐铁

论·散不足》:"婢妾韦沓丝履。"《初学记》卷二六:"古者庶人麤扉、草履,今富者韦沓、丝履。"

【韦衣】wéiyī 熟皮制的上衣,多为山野之民渔猎时所服。贵族田猎亦用之。汉刘向《说苑·善说》:"林既衣韦衣,而朝齐景公。齐景公曰:'此君子之服也?小人之服也?'"《后汉书·东夷传·三韩》:"(州胡国)其人短小,髡头,衣韦衣,有上无下。"北周庾信《武丁迎傅说赞》:"躬劳版筑,有弊韦衣。贤臣入梦,天赐无违。"《晋书·魏舒传》:"(魏舒)性好骑射,著韦衣,入山泽,以渔猎为事。"又《郭文传》:"飏以文山行或须皮衣,赠以韦袴褶一具,文不纳……韦衣乃至烂于户内,竟不服用。"

【苇带】wěidài 用苇草编成的衣带,多为贫民、隐士所用。《后汉书·王符传》:"昔孝文皇帝躬衣弋绨,革舄苇带。"唐汪遵《渔父》诗:"棹月眠流处处通,绿蓑苇带混元风。"罗邺《费拾遗书堂》:"自怜苇带同巢许,不驾蒲轮佐禹汤。"

【委貌冠】wěimàoguān 省称"委貌"。周代为贵族男子常服的礼冠,汉代为公卿诸候大夫行大射礼于辟雍的时候所戴的礼冠。形制为长七寸,高四寸,上小下大,形如覆杯,用皂色缯绢为之,有缨系于颔下。取其安正、谦逊之意。与玄端素裳配用。南北朝以后,渐变为学士、舞者之冠。《后汉书·舆服志下》:"委貌冠、皮弁冠同制,长七寸,高四寸,制如覆杯,前高广,后卑锐,所谓夏之毋追,殷之章甫者也。委貌以皂绢为之,皮弁以鹿皮为之。行大射礼于辟雍,公卿诸候大夫行礼者,冠委貌,衣玄端素裳。"《晋书·舆服志》:"行乡射礼则公卿委貌

冠,以皂绢为之。形如覆杯,与皮弁同制,长七寸,高四寸。"《宋书·乐志一》:"《咸熙舞》者,冠委貌,其余服如前。"《新唐书·车服志》:"初,隋有文舞、武舞……文舞:左钥右翟,与执纛而引者二人,皆委貌冠,黑素,绛领,广袖,白绔,革带,乌皮履。"《资治通鉴·齐纪三》:"高丽王琏卒,寿百余岁。魏主为之制素委貌,布深衣,举哀于东郊。"

wen-wu

【文袿】wénguī 织绣有文采的袿衣。妇女上服。流行于汉魏六朝时期。南朝宋鲍照《绍古辞》:"文袿为谁设?罗帐空卷舒。"钱振伦注:"《释名》:'妇人上服曰袿。'"唐权德舆《杂诗五首》之一:"文袿映束素,香黛宜裹绿。"《渊函类鉴》卷一八六:"既而曲变终雅,奏阕清角,止流商绝,顿华履以自持,整文袿而伫节,始绰约而回步,乃迁延而就列。"

【文履】wénlǚ 有彩饰的鞋子。汉刘向《说苑·反质》:"夫卫国虽贫,岂无文履,一奇以易十稷之绣哉。"三国魏曹植《洛神赋》:"践远游之文履,曳雾绡之轻裾。"唐元稹《会真诗》:"珠莹光文履,花明隐绣栊。"明何景明《寿母赋》:"荐五丝之文履兮,举九酝之芬觞。"

【屋】wū 巾帻顶部凸起的部分。汉蔡邕《独断》:"帻,古者卑贱执事不冠者之所服也。董仲舒止雨书曰'执事者皆赤帻',知不冠者之所服也。元帝跄有壮发,不欲使人见,始进帻服之,髃臣皆随焉。然尚无巾,故言:'王莽秃,帻施屋。'"《后汉书·舆服志》:"帻者,赜也,头首严赜也。至孝文乃高颜题,续之为耳,崇其巾为屋,合后施收,上下髃臣

贵贱皆服之。"《晋书·舆服志》:"汉元帝额有壮发,始引帻服之。王莽顶秃,又加其屋也。"

【五缞】wǔcuī 按与死者关系亲疏和居丧时间长短所分的五种丧服。即斩衰、齐衰、大功、小功、缌麻。所服时间也分为五种:斩衰三年,齐衰三月至三年不等,大功九月,小功五月,缌麻三月。《淮南子·齐俗训》:"夫儒墨不原人情之终始,而务以行相反之制,五缞之服,悲哀抱于情,葬薶称于养。"汉高诱注:"五缞,谓三年、期年、九月、五月、三月服也。"《隋书·礼仪志六》:"诸侯之夫人及三妃与三公之夫人以下凶事,则五衰。"

【五梁冠】wǔliángguān 省称"五梁"。也称"进贤五梁冠""五梁进贤"。冠上有五道横脊的进贤冠。初见于汉,不合礼制,为叛逆者所服。晋代为天子冠,隋唐时废止,宋代用于一品、二品官员。明代用于三品官员,入清后废除。《后汉书·法雄传》:"伯路冠五梁冠,佩印绶,党众浸盛。"《晋书·舆服志》:"进贤冠,古缁布遗象也,斯盖文儒者之服。前高七寸,后高三寸,长八寸,有五梁、三梁、二梁、一梁。人主元服,始加缁布,则冠五梁进贤。"《玉海》卷八二:"五梁冠,犀簪导,珥笔,朱衣朱裳,白罗中单,玉剑佩,锦绶,玉环。一品、二品侍祠大朝会服之。"《宋史·舆服志四》:"一品、二品冠五梁。"又:"朝服:一曰进贤冠,二曰貂蝉冠。三曰獬豸冠,皆朱衣朱裳。宋初之制,进贤五梁冠:涂金银花额,犀、玳瑁簪导,立笔……一品、二品侍祠朝会则服之,中书门下则冠加笼巾貂蝉。"《元史·舆服志一》:"助奠以下诸执事官冠服:貂

蝉冠、獬豸冠、七梁冠、六梁冠、五梁冠、四梁冠、三梁冠、二梁冠二百。"又:"曲阜祭服,连蝉冠四十有三,七梁冠三,五梁冠三十有六,三梁冠四。"明王世贞《觚不觚录》:"见上由东阶上,而大珰四人皆五梁冠祭服以从。窃疑之。"《明会典》卷六一:"三品冠五梁,革带,用金。"明王圻《三才图会·衣服二》:"三品,五梁冠,衣裳,中即、蔽膝、大带、袜履。"

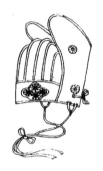

五梁冠(明王圻《三才图会》)

【五色缕】wǔsèlǚ 也称"五色丝""五缤丝"。妇女臂饰。以五彩丝编织为绳,端午时节缠系在臂腕,相传有辟灾祛邪之效。题汉刘歆《西京杂记》卷三:"至七月七日临百子池,作《于阗乐》。乐毕,以五色缕相羁,谓为相连爱。"宋陈元靓《岁时广记·端午》:"《风俗通》:五月五日,以五彩丝系臂者,辟鬼及兵。令人不病瘟。又曰:亦因屈原;一名长命缕,一名续命缕,一名辟兵缯,一名五色缕,一名五色丝,一名朱索。"

【五色绶】wǔsèshòu 即"五色文绶"。《神仙传·麻姑》:"汉孝恒帝时,神仙王远,字方平,降于蔡经家……王方平戴远游冠,著朱衣、虎头鞶囊,五色之绶,带剑。"唐韦渠牟《杂歌谣辞·步虚词十九首》之十九:"何妨五色绶,次第给仙官。"

【五色文绶】wǔsèwénshòu 省称"五色绶"。织有彩色纹样的丝带。题汉刘歆《西京杂记》卷一:"赵飞燕为皇后,其女弟在昭阳殿遗飞燕……织成上襦、织成下裳,五色文绶。"

【五时朝服】wǔshícháofú 贵族、官员在春、夏、秋、冬、季夏等五个时节所穿的五种礼服。《后汉书·礼仪志下》:"五时朝服各一袭在陵寝,其余及宴服皆封以箧笥,藏宫殿后阁室。"《晋书·职官志》:"特进品秩第二,位次诸公,在开府骠骑上,冠进贤两梁,黑介帻,五时朝服,佩水苍玉,无章绶,食奉日四斛。"《艺文类聚》"尚书令"条引《续汉书·百官表》:"尚书令,是谓文章天府,铜印墨绶,五时朝服,纳言帻,进贤两梁冠,佩水苍玉。"《宋书·礼志五》:"晋名曰五时朝服;有四时朝服,又有朝服。"《隋书·礼仪志六》:"皇太子旧有五时朝服,自天监之后则朱服。"

【五时衣】wǔshíyī ❶天子、贵族、大臣在春、夏、秋、冬、季夏等五个时节分别所穿的五种不同颜色的礼服。始于汉代,南北朝以后不再沿袭。《太平御览》卷六九一:"穿中除五时衣,但得施绛绢单衣。"《唐六典》卷一引《汉官仪》:"乃出天子所服五时衣赐尚书令。其三公、列卿、将五营校尉,行复道中遇尚书(令)仆射左右丞皆回车豫避。"《后汉书·光武十王列传》:"乃阅阴太后旧时器服,怆然动容,乃命留五时衣各一袭。"唐李贤注:"五时衣谓春青,夏朱,季夏黄,秋白,冬黑也。"《宋书·百官志上》:"天子所服五时衣以赐尚书令仆,而丞、郎月赐赤管大笔一双,隃麋墨一丸。"❷清代民间女性在出嫁时所穿的衣服。清梁绍壬《两般秋雨盦随笔·五时衣》卷一:"今江南人,嫁娶新妇,必有五时衣。按《齐明帝纪》:武陵王阅太后遗物,命留五时衣各一袭……江南沿六朝之遗,故犹有此名。"

【武弁】wǔbiàn 即"武冠"。《后汉书·崔寔传》:"钧(崔钧)时为虎贲中郎将,服武弁,戴鹖尾。"唐韩翃《赠别太常李博士兼寄两省旧游》诗:"两年戴武弁,趋侍明光殿。"《旧唐书·舆服志》:"武弁,平巾帻,皆武官及门下、中书、殿中、内侍省、天策上将府、诸卫领军武候监门、领左右太子诸坊诸率及镇戍流内九品已上服之。"《新唐书·车服志》:"武弁者,武官朝参、殿庭武舞郎、堂下鼓人、鼓吹桉工之服也。"宋周必大《掖垣类稿》卷一《建康军节度使士雪遗表男忠训郎不廌乞依士太男换文资特换右承奉郎》:"具官某,祖宗时以儒科易武弁者多矣!近世一切反之。"《元史·舆服志一》:"武弁,制以皮,加漆。"《明史·舆服志二》:"国朝视古损益,有皮弁之制。今武弁当如皮弁,但皮弁以黑纱冒之,武弁当以绛纱冒之。"清赵翼《纪梦》诗:"阅罢邸抄正午倦,忽梦迁官戴武弁。"

【武弁大冠】wǔbiàndàguān 即"武冠"。《初学记·职官部》:"侍中冠武弁大冠,亦曰惠文冠,加金珰附蝉为文,貂尾为饰,谓之貂蝉。"《后汉书·舆服志下》:"武冠,一曰武弁大冠,诸武官冠之。"

【武冠】wǔguān 也称"大冠""建冠"。武官所戴的一种冠。据称是战国时期赵惠文王所创制,是帝王及臣属举行讲武、遣将等军事典礼时所戴之冠。秦代开始作为武将的礼冠。汉代于其上或加双鹖尾,称为"鹖冠"。宦官入侍亦可带,但其上附有金珰、貂尾,称为"赵惠文冠"。到魏晋南北朝时期武冠仍然作为武官最重要的正服,至隋唐两代,武冠除作武将的首服外，天子也戴武冠作为举行军事典礼时的礼冠。隋唐两代天子的武冠，也用金珰附蝉为饰，但不插尾。宋代武冠被废止不用，至明重新恢复。但明代的武冠与前代名同而实异。明代武冠是用周代韦弁的形制，但改用绛纱制成，是明代天子及武臣举行典礼时的礼冠。清代则完全废除了武冠。《后汉书·舆服志下》："武冠，俗谓之大冠，环缨无蕤，以青系为绲，加双鹖尾，竖左右，为鹖冠云。五官、左右虎贲、羽林、五中郎将、羽林左右监皆冠鹖冠，纱縠单衣。虎贲将虎文绔，白虎文剑佩刀。虎贲武骑皆鹖冠，虎文单衣。襄邑岁献织成虎文云。鹖者，勇雉也，其斗对一死乃止，故赵武灵王以表武士，秦施之焉。"《晋书·舆服志》："武冠，一名武弁，一名大冠，一名繁冠，一名建冠，一名笼冠，即古之惠文冠……汉幸臣闳孺为侍中，皆服大冠。天子元服亦先加大冠，左右侍臣及诸将军武官通服之。"《宋书·礼志五》："武冠，昔惠文冠，本赵服也，一名大冠。凡侍臣则加貂蝉。应劭《汉官》曰：'说者以金取坚刚，百炼不耗；蝉居高食洁，口在腋下；貂内劲悍而外温润。'此因物生义，非其实也。其实赵武灵王变胡，而秦灭赵，以其君冠赐侍臣，故秦、汉以来，侍臣有貂蝉也。徐广《车服注》称其意曰：'北土寒凉，本以貂皮暖额，附施于冠，因遂变成首饰乎？'侍中左貂，常侍右貂。"《隋书·礼仪志六》："武冠，一名武弁，一

名大冠，一名繁冠，一名建冠，今人名曰笼冠，即古惠文冠也。天子元服，亦先加大冠。今左右侍臣及诸将军武官通服之。侍中常侍，则加金珰附蝉焉，插以貂尾，黄金为饰云。"《通典》卷五七："晋依之，名繁冠，一名建冠，一名笼冠，即惠文冠也。（宋）因之不易。（齐）因之，侍臣加貂蝉，余军校武职、黄门散骑等皆之，唯武骑武贲插鹖尾于武冠上。（梁）因制远游平上帻武冠。（陈）因之不易，后为鹖冠，武者所服。（北齐）依之，曰武弁，季秋讲武、出征告庙则服之。（隋）依名武弁，武职及侍臣通服之。侍臣加金珰附蝉，以貂为饰。侍左者左珥，侍右者右珥。天子则金博山，三公以上玉枝，四品以上金枝，文官七品以上耽白笔，八品以下及武官皆不耽笔。（大唐）因之，乘舆加金附蝉，平巾帻。侍中、中书令则加貂蝉。侍左者左珥，侍右者右珥。诸武官府卫领军九品以上等亦准此。"

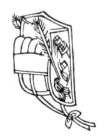

武弁大冕（宋聂崇义《三礼图》）

X

xi—xiang

【希衣】xīyī 希冕之衣,帝王祭社稷、五祀时所穿的绣有各种花纹的礼服。细葛布所制,衣用玄色,上刺粉米二章。《周礼·夏官·弁师》"掌王之五冕"汉郑玄注:"希衣之冕,五旒,用玉百二十。"清孙诒让正义:"希冕前后十旒,以十乘十二,则百二十也。"

【犀毗】xīpí 腰间皮带上的带钩。多用青铜制,原为胡服所用,春秋战国时传入中原。《汉书·匈奴传上》:"黄金饬具带一,黄金犀毗一。"唐颜师古注:"犀毗,胡带之钩也。亦曰鲜卑,亦谓师比,总一物也,语有轻重耳。"

【犀簪】xīzān 一种用犀角制成的发簪。用以簪发,尘埃不着于发。汉伶玄《飞燕外传》:"后歌舞《归风送远》之曲,帝以文犀簪击玉瓯,令后所爱侍郎冯无方吹笙以倚。"唐吴融《和韩致光侍郎无题三首十四韵》之一:"珠佩元消暑,犀簪自辟尘。"清龚自珍《己亥杂诗》之二五〇:"去时栀子压犀簪,次第寒花掐到今。"

【枲著】xǐzhuó 也作"枲褚"。以麻衬于袍内制成的冬衣。《史记·仲尼弟子列传》:"衣敝缊袍。"南朝宋裴骃集解引汉孔安国曰:"缊,枲著也。"明宋应星《天工开物》卷二:"凡衣衾挟纩御寒,百人之中,止一人用茧绵,余皆枲著。古缊袍,今俗名'胖袄'。"周祈《名义考》卷一:"袍即《论语》所谓缊袍。衣之贱者。贫者又不可得絮,于是杂用枲褚。枲,尚也,以褚袍亦曰缊袍……师古:'以绵装衣曰褚。'《论语》注作'著'。"

【系臂】xìbì ❶手镯类饰品。汉刘向《列女传·珠崖二义》:"珠崖多珠,继母连大珠以为系臂。"宋白玉蟾《端午述怀》诗:"桐花人鬓彩系臂,家家御疫折桃枝。"《红楼梦》第三十一回:"这日正是端阳佳节,蒲艾簪门,虎符系臂。"❷唐宋时妇女定婚时以纱系臂。以示双方联为姻缘。始自晋武帝选妃。《晋书·胡贵嫔传》:"胡贵嫔,名芳,父奋,别有传。泰始九年帝多简良家子女以充内职,自择其美者,以绛纱系臂。而芳既入选,下殿号泣。左右止之曰:陛下闻声。'芳曰:'死且不畏,何畏陛下?'帝遣洛阳令司马肇策拜芳为贵嫔。"宋赵令畤《侯鲭录》:"晋武帝选士庶女子有姿色者,以绯彩系其臂……今定亲之家,亦有系臂,续古事也。"明彭大翼《山堂肆考》:"……定亲之家,亦有系臂者,续古事也。杜牧之诗:'绛烛犹对系臂纱。'"

【细布衣】xìbùyī 以细麻、细葛制成的丧服。有别于粗麻之服。《汉书·文帝纪》:"遗诏曰:'以下,服大红十五日,小红十四日,纤七日,释服。'"唐颜师古注引汉服虔曰:"纤,细布衣也。"《隋书·礼仪志三》:"安成王慈太妃丧……周舍牒:'嗣子著细布衣,绢领带,单衣用十五升葛。凡有事及岁时节朔望,并于灵所朝夕哭。'"

【下裳】xiàcháng 指其他下体之服,如裤、裙之类。题汉刘歆《西京杂记》卷一:"赵飞燕为皇后,其女弟在昭阳殿,遗飞燕……织成下裳。"扬雄《方言》卷四:"绕衿谓之裙。"晋郭璞注:"俗人呼接下,江东通言下裳。"唐韩偓《昼寝》诗:"扑粉更添香体滑,解衣唯见下裳红。"宋孔平仲《君住》:"哀哉中截锦绣段,上襦下裳各一半。"明张宁《方洲杂言》:"景泰中,一日晨出暮归,抵家天色尽暝。入室更衣,遂解下裳。"

【下裙】xiàqún ❶穿在下身的裙子。有别于围颈之裙。《说文解字·巾部》:"常,下裙也。"汉乐府《陌上桑》:"缃绮为下裙,紫绮为上襦。"❷帽子上护颈的垂裙。《隋书·礼仪志三》:"若重丧被起者,皂绢下裙帽。"又《礼仪志七》:"帽,古野人之服也……案宋、齐之间,天子宴私,著白高帽,士庶以乌,其制不定。或有卷荷,或有下裙,或有纱高屋,或有乌纱长耳。"

【鲜衣】xiānyī 漂亮华美的衣服。《史记·刘敬叔孙通列传》:"虞将军欲与之鲜衣。"《汉书·酷吏传·尹赏》:"杂举长安中轻薄少年恶子,无市籍商贩作务,而鲜衣凶服被铠扞持刀兵者,悉籍记之。"南朝梁萧统《七契》:"光形饰体,莫过鲜衣。"宋吴自牧《梦粱录·正月》:"正月朔日,谓之元旦……士夫皆交相贺,细民男女亦皆鲜衣,往来拜节。"唐载孚《广异记》:"汝阴男子姓许,少孤。为人白皙,有姿调。好鲜衣良马,游骋无度。"张读《宣室志》:"顷之,有一美人,鲜衣,自门步来,笑而拜坐客。"宋张先《谢池春慢》词:"斗色鲜衣薄,碾玉双蝉小。"《喻世明言》卷一七:"汝今日鲜衣美食,花朝月夕,勾你受用。"清沈复《浮生六记》:"时但见满室鲜衣,芸独通体素淡。"

【禩】xiān ❶妇女上衣上装饰的长带。一般多缀于衣服的下摆,长可及地,行步时随风飘曳。汉司马相如《子虚赋》:"于是郑女曼姬,被阿锡,揄纻缟……扬袘戌削,蜚禩垂髾。"唐颜师古注:"禩,袿衣之长带也。髾谓燕尾之属。皆衣上假饰。"《篇海类编·衣部》:"禩,圭衣饰也。"《字汇·衣部》:"禩,衣长带。"❷小袄,短衫。《玉篇·衣部》:"禩……小襦也,禅襦也。"明吴佐人《十锦塘》传奇四:"随分甚么绢纱棉袄,白绫背褡,青羊绒禩子,潞绸披风,一总拿出来,任凭相公拣中意的穿。"《金瓶梅词话》第七十一回:"身上穿一套前露襟後露臀,怪绿乔红的裙袄。"

【次裹衣】xiánguǒyī 即"涎衣"。《说文解字·衣部》:"褔,编枲衣,从衣,区声。一曰头褔,一曰次裹衣。"

【涎衣】xiányī 小儿围涎。以数层布帛缝纳而成,状如披领,上用绳带或纽扣系于颈间,以受口涎。汉扬雄《方言》卷四"繄袼谓之褔"晋郭璞注:"即小儿涎衣也。"清郝懿行《证俗文》卷二:"案次衣今俗谓之围嘴,亦曰漦水兜,其状如绣领,裁帛六七片合缝,施于颈上,其端缀纽,小儿流涎衣,转湿移干。"

【香囊】xiāngnáng 也称"香袋""香荷包"。装香料的小袋,用色布、色线、彩绸等制之,形如荷包。不分男女均可佩之,一般佩在腰际及胸襟,亦有置于袖中者。佩在身边既可散发香气、驱虫除秽;入寝时则悬挂于帐内。青年情侣交往之中,香囊还兼有信物的作用。《古诗为焦仲卿妻作》：“红罗复斗帐，四角垂香囊。”三国魏繁钦《定情诗》：“何以致叩叩，香囊系肘后。”《晋书·谢玄传》：“玄少好佩紫罗香囊，安患之，而不欲伤其意。”唐张祜《太真香囊子》诗：“蹙金妃子小花囊，销耗胸前结旧香。”张光宪《遐方怨》：“红绶带，锦香囊，为表花前意，殷勤赠玉郎。”《新唐书·后妃上·杨贵妃》：“帝至自蜀，道过其所，使祭之，且诏改葬……密遣中使者具棺椁它葬焉。启瘗，故香囊犹在，中人以献，帝视之，凄感流涕，命工貌妃于别殿，朝夕往，必为鲠欷。”宋乐史《杨太真外传》：“及移葬，（贵妃）肌肤已消释矣。胸前犹有锦香囊在焉。”秦观《满庭芳》词：“香囊暗解，罗带轻分。”《喻世明言·张舜美灯宵得丽女》：“（张生）忽于殿上拾得一红绡帕子，帕角系一个香囊。细看帕上，有诗一首云：‘囊里真香心事封，鲛绡一幅泪流红。殷勤聊作江妃佩，赠与多情置袖中。’”《二刻拍案惊奇》卷一一：“只见满生醉卧书房……又吊着一个交颈鸳鸯的香囊，也是文姬手绣的。”《红楼梦》第八十七回：“小儿上却搁着剪破了的香囊和两三截儿扇袋并那铰拆了的穗子。”

香囊

【香缨】xiāngyīng 也作“香璎”。女子出嫁时系缚在衣襟或腰间的彩色带子。以五彩丝为之，其上系有香囊等物。通常：其长辈为之系结，以示身有所系。新妇过门后礼拜尊长，需持香缨以拜。隋大业五年宰相牛弘请改以拜帛代香缨。《尔雅·释器》：“妇人之袆谓之缡。缡，绶也。”晋郭璞注：“即今之香缨也……系于体。”宋邢昺爵疏：“妇人之香缨名袆，又谓之璃。缡，绶也。绶犹系也。取系属之义……此女子既嫁之，所著示系属于人。”《广韵·平支》：“缡，妇人香缨，古者香缨以五彩丝为之，女子许嫁后系诸身，云有系属。”五代蜀冯鉴《续事始》：“香缨，以五彩为之。妇见后故要参舅姑。即令人持香缨谘白，许见则出，不许即收之，晋永嘉中尚用。北齐、后魏寻废。隋大业五年，宰相牛弘建议：古礼，妇执香缨以为请讯，未为见；当自今后，请以素绢八尺中擗，名曰拜帛，以代香缨。诏从之。”宋姚勉《余评事惠龙团兽炭香璎凫实且许以百丈山楮衾而未至》诗：“建溪龙焙香云腴，香璎巧制来东吴。”王安石《仲元女孙》：“亲结香缨知不久，汝翁那更镊髭须。”

【缃帻】xiāngzé 浅黄色的头巾，汉代立秋日祭兽及出猎时用，隋代用作祈雨之巾。汉卫宏《汉官仪》：“凡斋，缃帻；耕，青帻；秋貙刘服缃帻。”《晋书·舆服志》：“汉仪，立秋日猎，服缃帻。”《隋书·礼仪志六》：“请雨则服缃帻，东耕则服青帻。”《通典》卷五七：“缃帻以猎。”

【象珥】xiàng'ěr 象牙制成的耳饰。汉桓宽《盐铁论·散不足》：“及虞夏之后，盖表布内丝，骨笄象珥，封君夫人，加锦尚絅而已。”《北史·魏任城王澄传》：

"高祖、世宗皆有女侍中官,未见缀金蝉于象珥,极巓貂于鬓发。"

【襐饰】xiàngshì 也作"襐饬"。盛饰。一说为首饰。汉史游《急就篇》:"襐饰刻画无等双。"唐颜师古注:"襐饰,盛服饰也。刻画,裁制奇巧也。"《汉书·外戚传下·孝平王皇后》:"(王莽)令立国将军成新公孙建世子襐饰将医往问疾。"《新唐书·曹确传》:"可及为帝造曲,曰《叹百年》,教舞者数百,皆珠翠襐饰,刻画鱼龙地衣,度用缯五千。"明方以智《通雅·释诂六》:"颜注《急就》:'襐饰刻画无等双。'……端拱本作'襐饬',古饬、饰通。"

xiao—xie

【削】xiāo 也称"书刀"。削刀,一种长刃有柄的小刀,用以在甲骨、竹、木简上镂刻文字或削填修改。文吏为图使用方便,常将其佩带在身边,于是变成一种佩饰。商周时称"削"。汉代以后多称书刀。纸张普遍代替竹简后,渐废。宋时已视为罕见古物。汉刘熙《释名·释用器》:"书刀,给书简札有所刊削之刀也,封刀、铰刀、削刀,皆随时用作名也。"清毕沅疏证:"削刀,即书刀。"《韩非子·外储说左上》:"诸微物必以削削之。"《周礼·考工记·筑氏》:"筑氏为削,长尺,博寸,合六而成规。"汉郑玄注:"今之书刃。"唐贾公彦疏:"郑云'今之书刀'者,汉时蔡伦造纸,蒙恬造笔,古者未有纸笔,则以削刻字,至汉虽有纸笔,仍有书刀,是古之遗法也。"《礼记·少仪》:"刀却刃授颖,削授柎。"唐孔颖达疏:"削,谓曲刀。"汉刘安《淮南子·本经训》:"公输王尔无所错其剞劂削锯。"汉高诱注:"削,两刃句刀也。"宋洪适《隶

释》卷六"国三老袁良碑":"今特赐钱十万,杂缯卅匹,玉具剑佩、书刀、绣文印衣、□极手巾各一。"张世南《游宦纪闻》卷七:"见一刀长可七八寸,微弯,背之中有切齿如锯,末有环。予退而考诸传记,乃知其为削。"

削(明王圻《三才图会》)

【绡头】xiāotóu 束发的头巾,以一幅布从后向前在额上打结,再环绕髻后。流行于汉魏年间,多是平民所服,也因此士人常以带绡头表示不做官。汉刘熙《释名·释首饰》:"绡头,绡,钞也。钞发使上从也。或曰陌头,言其从后横陌而前也。"《后汉书·独行传·向栩》:"(向栩)恒读《老子》,状如学道;又似狂生,好被发,著绛绡头。"《后汉书·逸民传·周党》:"复被征,不得已,乃著短布单衣,谷皮绡头,待见尚书。"

【小红】xiǎogōng 丧服五服之第四等。《汉书·文帝本纪》:"已下,服大红十五日,小红十四日。"唐颜师古注引服虔曰:"皆当言大功、小功布也。"

【小冠】xiǎoguān ❶汉代一种形制窄小又低矮的冠。魏晋时期沿用其名,形制似冠,不用缨,只用簪横贯髻中固定之,多平时所戴。有时在小冠上加巾、帽等。后用来指称闲居时所戴的便帽。《汉书·杜周传》:"茂陵杜邺与钦同姓字,俱以才能称京师,故衣冠谓钦为'盲杜子夏'以相别。钦恶以疾见诋,乃为小冠,高广财二寸,由是京师更谓钦为'小冠杜子夏',而邺为'大冠杜子夏'云。"

《汉书·五行志下之上》："郑通里男子王褒,衣绛衣小冠,带剑入北司马门殿东门。"《宋书·五行志一》："晋末皆冠小冠,而衣裳博大,风流相仿,舆台成俗。"宋姜夔《湘月》词："坐客皆小冠练服,或弹琴、或浩歌、或自酌、或援笔搜句。"邵博《闻见后录》卷二〇："东坡自海外归毗陵,病暑,著小冠,披半臂,坐船中。"赵彦卫《云麓漫钞》卷四："高宗即位之初,隆祐送小冠,谓曰:'此祖宗闲燕之所服也。'盖在国朝,帽而不巾,燕居虽披袄,亦帽,否则小冠。"陆游《初夏》诗:"室无长物惟空榻,头不加巾但小冠。"《宋史·舆服志三》:"隆祐太后命内臣上乘舆服御,有小冠。太后曰:'祖宗闲居之所服也,自神宗始易以巾。愿即位后,退朝上戴此冠,庶几如祖宗时气象。'"明高启《赠治冠梁生乞作高子羔旧样》诗:"野人散发秋半稀,小冠宜著称短衣。"《喻世明言》卷三四:"少顷,屏风后宫女数人,拥一郎君至。头戴小冠,身穿绛衣,腰系玉带,足蹑花靴,面如傅粉,唇似涂脂,立于王侧。"❷汉代用为初任县令之别称。明代指称知县。宋任广《书叙指南·官职名事》上:"县令自谦,曰小县之宰……初改令,曰小冠。汉仪。"明黄一征《事物绀珠》卷八《称谓部》中《郡邑(府县)称谓》类:"邑侯……小冠、大冠,以上称知县。"

小冠

【小袴(裤)】xiǎokù 也称"襔袴"。贴身穿的短裤。通常穿在里面,劳动者亦可单独穿着。汉扬雄《方言》卷四:"小袴谓之校衳,楚通语也。"晋郭璞注:"今襔袴也。"《太平御览》卷六九五:"杨平善裁袴,以宫绢百疋,作小袴百枚。"《汉书·周仁传》:"仁为人阴重不泄。常衣弊补衣溺袴,期为不洁清。"

【小囊】xiǎonáng 盛放零星细物的小佩囊。秦汉时期男女均有使用,一般佩在腰际,以盛手巾杂物。材料男用皮革,女用缯帛。《礼记·内则》:"男鞶革,女鞶丝。"汉郑玄注:"鞶,小囊,盛帨巾者。男用韦,女用缯,有饰缘之。"

【小袖】xiǎoxiù ❶短小紧窄的衣袖。多用于胡服,故借指少数民族服式。《汉书·王莽传下》:"乃身短衣小袖,乘牝马柴车。"《魏书·咸阳王禧传》:"昨望见妇女之服,仍为夹领小袖。"《梁书·诸夷传·高昌》:"面貌类高骊,辫发垂之于背,著长身小袖袍、缦裆袴。"唐苏鹗《苏氏演义》卷下:"圆领小袖,本非古服,即赵武灵王用以习射,是始也。"清黄遵宪《聂将军歌》:"秃襟小袖毹氆装,蕃身汉心庸何伤。"❷女装上的窄小袖子,代指美女。唐毛熙震《后庭花》其三:"越罗小袖新香茜,薄笼金钏。倚阑无语摇轻扇,半遮匀面。"宋方回《次韵谢夏自然见寄四首》诗其二:"小袖朱弦手,何忧乏子期。"刘克庄《戏孙季蕃》诗:"少年逢春一味痴,轻鞭小袖趁芳时。"《聊斋志异·西湖主》:"有二女郎乘骏马来,骋如撒菽。各以红绡抹额,髻插雉尾;著小袖紫衣,腰束绿锦。"

【小衣】xiǎoyī 贴身穿的内衣、内裤。汉刘熙《释名·释衣服》:"中衣言在小衣之

外,大衣之中也。"史游《急就篇》卷二:
"禅衣蔽膝布母繜。"宋王应麟补注:"布
母繜,小衣也,犹犊鼻耳。"《西游记》第八
十六回:"好八戒,即脱了皂锦直裰,束一
束着体小衣,举钯随着行者。"《醒世恒
言·乔太守乱点鸳鸯谱》:"下体小衣却
穿著。"《红楼梦》第二十八回:"(琪官)
说毕,撩衣将系小衣儿一条大红汗巾子
解下来,递与宝玉。"又第三十三回:"王
夫人抱着宝玉,只见他面白气弱,底下
穿着一条绿纱小衣,一片皆是血渍。"徐
珂《清稗类钞·服饰》:"抹胸。胸间小
衣也。"

【邪巾】xiéjīn 始丧时所戴的孝巾。《礼
记·问丧》:"亲始死,鸡斯徒跣。"汉郑玄
注:"鸡斯,当为笄纚,声之误也。亲始
死,去冠,二日乃去笄纚括发。今时始
丧者,邪巾貌头,笄纚之有象也。"

【胁衣】xiéyī 妇女的贴身小衣。今世胸
罩为其遗制。《说文解字·巾部》:
"幑,裙也,一曰帔也,一曰妇人胁衣。"清
段玉裁注:"《释名》所谓心衣,小徐作胁
巾。"清朱骏声《说文通训定声》:"裙
也,一曰帔也,一曰妇人胁衣……胁衣如
今之兜肚。"明田艺蘅《留青日札》卷二
〇:"今之袜胸,一名襕裙。隋炀帝诗:
'锦袖淮南舞,宝袜楚宫腰。'……卢照邻
诗:'倡家宝袜蛟龙被。'袜,女人胁衣
也。"清厉荃《事物异名录·服饰·袜》:
"《丹铅总录》:'袜,女人胁衣也。'"

【鞵(鞋)】xié 本字作"鞵"。原指皮制之
鞋,其上有带。后成为足衣的通称。先
秦称屦,汉魏称履,唐代以后多称鞋。
《说文解字·革部》:"鞵,生革之鞮也。"
徐错系传:"今俗作鞋。"汉刘熙《释名·
释衣服》:"鞋,解也。著时缩其上,如

履,然解其上则舒解也。"唐刘存《事始》
卷一〇:"鞋,古人以草为屦,皮为履。后
唐马周始以麻为之,即鞋也。"唐慧琳《一
切经音义》卷一五:"鞵,今内国唯以麻
作,南土诸夷杂以皮、丝及革诸物作之。"
徐珂《清稗类钞·服饰》:"鞋,本作鞵,履
也。"白居易《上阳白发人》诗:"小头鞋履
窄衣裳,青黛点眉眉细长。"五代后唐马
缟《中华古今注》卷中:"鞋子:自古即皆
有,谓之履。绚繶皆画五色。"宋高承《事
物纪原》卷三:"古者草谓之屦,皮谓之
履。《实录》曰:'鞋,夏商皆以草为之。
周以麻。晋永嘉中以丝,或云马周始以
麻为之,名鞋也。'《古今注》曰:'魏文帝
绝宠段巧笑始制丝履。则非晋永嘉中始
以丝为鞋矣。'"清曹庭栋《养生随笔》卷
三:"鞋即履也……今通谓之鞋。鞋之适
足,全系乎底,底必平坦,少弯即碍趾。
鞋面则任意为之……鞋取宽紧恰当。惟
行远道,紧则便而捷,老年家居宜宽,使
足与鞋相忘,方能稳适。"

【屟】xiè 也作"屧"。❶鞋垫。用木做成
者称"木屟";用草做成者称"草屟";以帛
做成加以彩绣者称"绣屟"。《说文解
字·尸部》:"屟,履中荐也。从尸枼声。"
明田艺蘅《留青日札》卷二〇:"屟,履中
荐也。曰步屟,曰舞屟……是妇女通服
之。"❷木制的鞋底。一般衬于鞋履之
下,以御寒湿。《南齐书·江泌传》:"泌
少贫,昼日斫屟,夜读书。"唐陆龟蒙《和
胥门闲泛》诗:"岂无今日逃名士,试问南
塘着屟人。"清段玉裁《说文解字注·尸
部》:"屟……此藉于履下,非同履中苴
也……即今妇女鞋下所施高底。"❸木
鞋,木屐。《广韵·帖韵》:"屟,屐也。"北
朝魏贾思勰《齐民要术》卷五:"青白二桐

并开，堪车、板、盘、合、屜等用作。"《南史·庐陵威王续传》："及续薨，元帝时为江州，闻问，入合而跃，屜为之破。"宋陆游《步屜》诗："名山有志未能酬，步屜东冈当出游。"明徐光启《农政全书》卷三八："青白二桐，并堪车板盘合屜等用作。"

【獬冠】xièguān 也作"觟冠"。即"獬豸冠"。《淮南子·主术训》："楚文王好服獬冠，楚国效之。"汉高诱注："獬豸之冠，如今御史冠。"《太平御览》卷六八四："楚庄王好觟冠。"宋方凤《怀古题雪十首·孙康书雪》诗："獬冠他日立朝端，寒士声名满邦国。"

獬冠示意图

【獬豸】xièzhì 传说中的异兽名。又称为神羊，能辨曲直，见人争斗，即以角触不直者。楚王尝获之，故以为冠饰，代指獬豸冠。汉、唐、宋时代沿用。明代，以獬豸为风宪官公服。清代御史和按察使补服前后，皆绣獬豸纹。亦借指御史台御史。汉蔡邕《独断》："法冠，楚冠也……秦制执法服之。今御史廷尉监平服之，谓之獬豸。"北周庾信《正旦上司宪府诗》："苍鹰下狱吏，獬豸饰刑官。"唐罗隐《广陵春日忆池阳有寄》诗："别后故人冠獬豸，病来知己赏鸰鹕。"元萨都剌《送张都台还京》："忆昔中台簪獬豸，曾封直谏

动銮舆。"清陈维崧《满江红·故友周文夏侍御殁填此词》："江左周瑜年少日，雄姿历落；记十载，霜飞獬豸，风生台阁。"

獬豸

【獬豸冠】xièzhìguān 也称"豸冠""獬鹰""豸角冠""豸角"。本为楚王之冠，后为秦御史及汉使节、执法者官吏所戴。高五寸，以纚为展筩，铁柱卷。《后汉书·舆服志下》："法冠，一曰柱后。高五寸，以纚为展筩，铁柱卷，执法者服之，侍御史、廷尉正监平也。或谓之獬豸冠。獬豸，神羊，能别曲直，楚王尝获之，故以为冠。"唐戎昱《谪官辰州冬至日有怀》诗："去年长至在长安，策杖曾簪獬豸冠。此岁长安逢至日，下阶遥想雪霜寒。"张谓《送韦侍御赴上都》诗："天朝辟书下，风宪取才难。更谒麒麟殿，重簪獬豸冠。"卢纶《春日喜雨奉和马侍中宴白楼》诗："今朝醉舞共乡老，不觉倾欹獬豸冠。"司空曙《奉和张大夫酬高山人》诗："豸冠亲毂弁，龟印识荷衣。"《旧唐书·舆服志》："法冠，·名獬豸，以铁为柱，其上施珠两枚，为獬豸之形。左右御史台流内九品以上服之。"唐韦应物《送阎宷赴东川辟》诗："祗承简书命，俯仰豸角冠。"许棠《送张员外西川从事》："豸角初离首，金章已在腰。"黄滔《遇罗员外衮》："豸角戴时垂素发，鸡香含处隔青天。"《旧唐书·肃宗纪》："御史台欲弹事，不须进状，仍服豸冠。"《新唐书·温

大雅传》："请复朱衣豸冠示外庑，不听。"宋曾原成《八声甘州·东阳岩》词："谩说缃巾缟带，与豸冠犀剑，优乐如何。"黄庭坚《次韵郭明叔长歌》："文思舜禹开言路，即看承诏着豸冠。"朱熹《跋〈胡五峰诗〉》："先生去上芸香阁，阁老新蛾豸角冠。"元末明初王冕《偶书》诗："野人不入麒麟画，御史都簪獬豸冠。"元末明初陶宗仪《南村辍耕录·讥省台》："民间颇言其（御史大夫纳璘）贪……有人大书于台之门曰：'苞苴贿赂尚公行，天下承平恐未能；二十四官徒獬鹰，越王台上望金陵。'"明无名氏《霞笺记·中丞训子》："官居侍御立朝班，铁面丹心獬豸冠。"清王韬《淞滨琐话·金玉蟾》："惟监司观察之尊，豸冠绣衣之荣，或可稍为吐气。"

南北朝獬豸冠
（敦煌莫高窟第285窟）

xin—xun

【心衣】xīnyī 贴身小衣。其制上掩于胸，下达至腹，两端缀有钩肩，钩肩之间施一横裆。穿时双臂贯入钩肩。汉刘熙《释名·释衣服》："膺，心衣，抱腹而施钩肩，钩肩之间，施一裆以奄心也。"清王先谦疏证补卷五："奄、掩同。案：此制盖即今俗之兜杜。"

心衣（《北齐校书图》）

【行縢】xíngténg 也称"邪幅""行缠""裹腿""绑腿"。缠裹小腿的布帛。长条状，斜缠于胫，上达于膝，下及于跗，以男子所着为多，不论尊卑均可着之。通常用于出行或者士卒。汉魏沿袭，经宋元至清，至今西南少数民族地区还有使用。《诗经·小雅·采菽》："邪幅在下。"郑玄笺："邪幅如今行縢也，偪束其胫，自足至膝，故曰在下。"汉卫宏《汉官旧仪》卷下："吏赤帻大冠，行縢带剑，佩刀，持盾。"刘熙《释名·释衣服》："今谓之行縢，言以裹脚行，可以跳腾轻便也。"《三国志·吴书·吕蒙传》："邓当死，张昭荐蒙代当……蒙阴赊贳，为兵作绛衣行縢，及简日，陈列赫然，兵人练习，权见之大悦，增其兵。"《新唐书·兵制》："太宗贞观十年，更号统军为折冲都尉，别将果毅都尉……人具弓一，矢三十，胡禄、横刀、砺石、大觿、毡帽、毡装、行縢皆一，麦饭九斗，米二斗，皆自备。"《元史·舆服志三》："右无常官，凡朝会，则以近侍重臣摄之。服白帽，白衲袄，行縢，履袜，或服其品之公服，恭事则侍立。"《明史·舆服志三》："刻期冠服……冠方顶巾，衣胸背鹰鹞，花腰，线袄子，诸色阔匾丝绦，大象牙雕花环，行縢八带鞋。"

【行装】xíngzhuāng ❶出门远行时所穿及所带的衣物等。《史记·南越列传》：

307

"王、王太后饬治行装重赍,为入朝具。"《晋书·魏咏之传》:"(咏之)生而兔缺……闻荆州刺史殷仲堪帐下有名医能疗之,贫无行装,谓家人曰:'残丑如此,用活何为!'遂赍数斛米西上,以投仲堪。"唐岑参《送怀州吴别驾》诗:"春流饮去马,暮雨湿行装。"明高明《琵琶记》第四折:"秀才,试期逼矣,早办行装前途去。"清周淑履《冬日送别表妹》诗:"萧萧风雪逼人寒,欲整行装忍泪看。"《儿女英雄传》第九回:"(我)一面换了行装,就到二十八棵红柳树找着我提的那位老英雄。"❷专指军队中士卒的装束。《三国志·朱然传》:"虽世无事,每朝夕严鼓,兵在营者,咸行装就队,以此玩敌,使不知所备,故出辄有功。"后蜀何光远《鉴诚录·戏判作》:"行营将士申请裹粮云:'才请冬赐,又给行装,汉州咫尺,要甚裹粮。'"《三国演义》第七十二回:"行军主簿杨修,见传'鸡肋'二字,便教随行军士,各收拾行装,准备归程。"《二十年目睹之怪现状》第六十二回:"两队兵都走过了,跟着两个蓝顶行装的武官押着阵。"

【修袖】xiūxiù 长袖。通常指舞女服饰。亦指穿长袖衣饰之人。汉张衡《南都赋》:"修袖缭绕而满庭,罗袜蹑蹀而容与。"三国魏曹植《洛神赋》:"扬轻袿之猗靡兮,翳修袖以延伫。"

【袖口】xiùkǒu 衣袖的边缘,出手的地方。《仪礼·丧服》"袪尺二寸"汉郑玄注:"袪,袖口也。"《左传·僖公五年》"披斩其袪"唐孔颖达疏:"袂属于幅,长于手,反屈至肘则从幅,尽于袖口。"宋钱惟《钱氏私志》:"宫人旋取针线缝联袖口。"明刘若愚《酌中志》卷一九:"近御之人所穿之衣……或袄或褂,俱不许露白色袖口。"《红楼梦》第十回:"于是家下媳妇们捧过大迎枕来,一面给秦氏拉着袖口,露出脉来。"《儿女英雄传》第十三回:"只见他把右手褪进袖口去摸了半日,摸出两个香钱来递给安太太。"徐珂《清稗类钞·讥讽》:"其所募巡士,无论冬夏,须戴暖帽,红绿绒项,身服红号褂,绿袖口,白团心,下著黄色土布裤,一人之身,五色俱备。"

【绣裳】xiùcháng 绣有五色花纹的下衣。因多用于礼衣,引申为礼服的代称。《诗经·秦风·终南》:"终南何有?有纪有堂。君子至止,黻衣绣裳。佩玉将将,寿考不忘!"汉毛亨传:"黑与青谓之黻,五色备谓之绣。"又《豳风·九罭》:"我觏之子,衮衣绣裳。"清王先谦集解:"此诗'衮衣绣裳'犹《终南》诗'黼衣绣裳'。"汉张衡《思玄赋》:"袭温恭之黻衣,披礼义之绣裳。"

【绣襦】xiùjué 省称"襦""䘿"。也作"绣鬣""绣䘿"。一种短袖的上衣。其制为大襟,交领;袖口宽敞,并施以缘饰。汉魏时期较常见,东汉以前仅用于妇女,后男子亦有着之者。一般罩在长袖衣外,作用与今背心相同。魏晋以后,则为裲裆、半臂等服所代替。《后汉书·光武帝纪上》:"(更始元年)三辅吏士东迎更始,见诸将过,皆冠帻,而服妇人衣,诸于绣䘿,莫不笑之,或有畏而走者。"唐李贤注:"字书无'䘿'字,《续汉书》作'襦',音其物反。扬雄《方言》曰:'襜褕,其短者,自关之西谓之绣襦。'郭璞注云:'俗名襦掖,'据此,即是诸于上加绣襦,如今之半臂也。"唐韦庄《和郑拾遗秋日感事一百韵》:"僭佟彤襜乱,渲呼绣髻攘。"段成式《酉阳杂俎》:"绣髻,半臂羽衣也。"

【胥纰】xūpī 即"鲜卑"。《史记·匈奴列传》:"黄金饰具带一,黄金胥纰一。"唐司马贞索隐引张晏曰:"鲜卑郭落带,瑞兽名也,东胡好服之。"

【絮衣】xùyī 棉衣。衣为双层,中间絮有绵或棉絮,用以御风寒。古之绵絮,乃茧丝缠延,不可纺织者。大致在宋代,绵絮则多木棉。《汉书·晁错传》:"今降胡义渠蛮夷之属来归谊者,其众数千,饮食长技与匈奴同,可赐之坚甲絮衣,劲弓利矢,益以边郡之良骑。"唐白居易《自咏》诗:"老遣宽裁袜,寒教厚絮衣。"宋方回《入五月病二七日》诗:"病已捐蒲酒,寒犹拥絮衣。"仇远《次胡苇杭韵》:"江南尚有余寒在,莫倚东风褪絮衣。"清严有禧《漱华随笔·尤翁》:"翁指絮衣曰:'此御寒不可少。'"曹庭栋《养生随笔》卷三:"今俗以茧丝为绵,木棉为絮。木棉,树也,出岭南,其絮名吉贝……放翁诗:'奇温吉贝裘。'东坡诗:'江东贾客木棉裘。'盖不独皮衣为裘,絮衣亦可名裘也。"

【玄甲】xuánjiǎ ❶汉代用来指称铁甲。铁色玄黑,故称。《史记·卫将军骠骑列传》:"(霍去病)元狩六年而卒。天子悼之,发属国玄甲军,陈自长安至茂陵。"唐张守节正义:"玄甲,铁甲也。"汉班固《封燕然山铭》:"玄甲耀日,朱旗绛天。"❷指军队。宋陈师道《和黄预久雨》诗:"黑云玄甲驻,铁骑冷官驰。"

【玄制】xuánzhì 黑衣,驱鬼童子所穿。汉代禳祭之黑色服装。年终腊祭之先,举行驱疫仪式,选十岁以上、十二岁以下童男女,着赤帻皂制,执大鼗,参加仪式。《文选·张衡〈东京赋〉》:"侲子万童,丹首玄制。"三国吴薛综注:"侲子,童男童女也。丹,朱也;玄制,皂衣也。《续汉书》曰:'大傩,逐疫,选中黄门子弟十岁以上,十二以下,百二十人为侲子,皆赤帻皂制,以逐恶鬼于禁中。'"唐张说《封泰山乐章》:"植我苍璧,布我玄制。"元吴莱《时傩》诗:"虎头眩金目,玄制炳赤裳。"

【悬袿】xuányǎn 省称"袿"。缝缀在衣服拼缝上的滚边。汉扬雄《方言》卷四:"悬袿谓之缘。"晋郭璞注:"衣缝缘也。"戴震疏证:"《玉篇》:'袿,缘也。'《广韵》:'袿,衣缝缘也。'……《礼记·玉藻篇》:'缘广半寸。'郑(玄)注云:'饰边也。'"

【袨服】xuànfú ❶武士、侠客们盛服,身穿以深衣为主要样式的丝织衣物,颜色亮丽,腰间束带,纹样以云纹和几何纹为主,同时佩戴工艺精湛、雕镂精美的佩玉、带钩、佩剑等配饰。《汉书·邹阳传》:"夫全赵之时,武力鼎士袨服丛台之下者,一旦成市,不能止幽王之湛患。"颜师古注引服虔:"袨服,盛服也。鼎士,举鼎之士也。"一说袨服为武士的黑色礼服。晋陆机《豪士赋序》:"而时有袨服荷戟,立乎庙门之下;援旗誓众,奋于阡陌之上。"唐李善注:"袨服,黑服也。"宋苏轼《次韵王雄州还朝留别》:"丛台余袨服,易水雄悲筑。"清洪颐煊《读书丛录》卷四:"《左氏·僖五年传》:'衮服振振。'服虔注:'袀服,黑服也。'袀袨同色,皆为士兵之服。"❷女性所穿的盛服;艳丽的衣服。晋左思《蜀都赋》:"都人士女,袨服靓装。"《隋书·礼仪志二》:"舞童六十四人,皆袨服,为八列,各执羽翳。"宋洪迈《夷坚乙志·胡氏子》:"俄一女子袨服出,光丽动人。"宋周密《武林旧事》卷六:

"每处各有私名妓数十辈,皆时妆袿服,巧笑争妍。"《儒林外史》第二十四回:"还有那十六楼官妓,新妆袿服,招接四方游客。"清张英《渊鉴类函》卷三七三:"袿服,缛川美人华丽之衣也。又诗曰:'新妆袿服照江东'。"

【靴】xuē 长筒的鞋。原为西北少数民族人民用作常服,便于乘骑跋涉水草,男女均可穿着。战国时赵武灵王胡服骑射,靴正式传入中原,开始为中原军士所著。早期的靴通常以皮革为之,穿着时紧束于小腿。魏晋南北朝时期,由于北方游牧民族进居中原,靴的使用更为广泛。南朝人多喜穿靴,但仍只是作为私服穿用,不作为正式的服饰。穿靴上殿,在南朝是有失恭敬的。北朝人除平时穿用外,朝会之间也偶有以靴作为足衣。唐代胡服盛行,穿靴之风流行。唐初马周改长靿靴为短靿靴,并加以毡,穿其入殿敷奏。文武百僚因短靿靴便于乘骑,穿着简单,纷纷仿效,在长安宫中流行甚久。靴的式样日益繁多,除皮革外,亦可用锦缎布帛为之。有高统、短靿、绵、丝等名目和面料;又有尖头、圆头、高头、平头种种式样。而且在正式的礼仪场合靴已占有了一席之地,大臣可以穿靴入朝奏事。宋代更流行穿靴,官员朝会时必须穿靴。靴的形制也加入了汉族履的制作方法,用黑革制成,高八寸,颜色随官服确定。唐宋贵妇也喜穿靴,宫女、歌舞者更为喜尚。唐代流行红色锦靴,宋代红靴时髦。靴勒以织锦制作。歌舞伎也常穿靴跳胡舞。明清两代靴成为文武官员的专用服饰,一般人禁止穿用,所以靴又被称作"朝靴"。朝靴的靴底前呈方形,后呈圆形,以象征"天

圆地方",因此又称作"朝方靴"。用青缎制成,生牛皮为底。一般靴的质料春秋用缎,冬季用建绒,守丧者用布。平时官员多穿夹头靴。清代属于少数民族入主中原,靴的地位更加牢固,嘉庆以后还有一种绿尖缝靴,是军机大臣的专用靴。公差和下级士兵多穿一种薄底快靴,名"爬山虎",轻便利步。靴底开始非常厚,因太笨拙,改以通草为底,叫"军机跑",取其行走轻便。汉刘熙《释名·释衣服》:"靴,跨也,两足各以一跨骑也。本胡服,赵武灵王服之。"《晋书·毛宝传》:"宝中箭,贯髀彻鞍,使人蹋鞍拔箭,血流满靴。"《周书·武帝纪下》:"平齐之役,见军士有跣行者,帝亲脱靴以赐之。"《梁书·武兴国传》:"(其国之人)著乌皂突骑帽,长身小袖袍,小口袴,皮靴。"《北齐书·任城王湝传》:"天统三年,拜太保、并州刺史,别封正平郡公。时有妇人临汾水浣衣,有乘马人换其新靴驰而去者,妇人持故靴,诣州言之。"《旧唐书·舆服志》:"隋代帝王贵臣,多服黄文绫袍,乌纱帽,九环带,乌皮六合靴。"五代后唐马缟《中华古今注》卷上:"靴者,盖古西胡(一作"制")也。昔赵武灵王好胡服,常服之。其制短靿,黄皮,闲居之服。至马周改制,长靿以杀之,加之以毡绦,得著入殿省敷奏,取便乘骑也。文武百僚咸服之。至贞观三年,安西国进绯韦短靿靴,诏内侍省分给诸司,至大历二年,宫人锦勒靴侍于左右。"《宋史·舆服志五》:"宋初沿旧制,朝履用靴。政和更定礼制,改靴用履。中兴仍之。乾道七年,复改用靴,以黑革为之……诸文武官通服之。"《续文献通考》卷九三:"(洪武)二十五年,以民

间违禁,靴巧裁花样,嵌以金线蓝条,诏礼部严禁庶人不许穿靴,止许穿皮札鞴。惟北地苦寒,许用牛皮直缝靴。"清张德坚《贼情汇纂》:"贼初呼靴为妖服,只准著鞋。近立典金靴衙,制黄红缎,亦有定制:靴皆方头,洪杨韦三逆皆黄缎靴,绣金龙,洪逆每只绣九条,杨逆每只绣七条,韦逆每只绣五条,石秦胡三逆素黄靴,伪侯至指挥素红靴,伪将军以下皆皂靴。"徐珂《清稗类钞·服饰》:"履之有胫衣者曰靴,取便于事,原以施于戎服者也,文武各官以及士庶均著之。靴之材,春夏秋皆以缎为之,冬则以建绒,有三年之丧者则以布。"

靴(明王圻《三才图会》)

【熏囊】xūnnáng 熏亦作"薫"。盛放香料的布袋。男女均可佩在身边,既驱虫除秽,又作装饰。1972年湖南长沙马王堆一号汉墓出土的竹简中,编号为269、270、271、272四支竹简上记有"白销信期绣熏囊一素缘";"绀绮信期绣熏囊一素缘";"素信期绣熏囊一沙素缘";"红绮熏囊一素缘"的墨书。同墓出土香袋四个;形制基本一致,制为两截,双层,里层以素绢为之;外层上半截亦用素绢,下半截除一件用素罗绮外,余均施有彩绣。整个造型呈长条形,最大一件长50厘米,最小一件长32.5厘米。腰部有带,可供系佩。出土时每个囊中都贮有香料,一个装茅香根茎,其余三个分别装花椒、茅香及辛夷等物。

【帕】xún 衣领。《说文解字·巾部》:"帕,领耑也。"

Y

ya—yao

【牙条】yátiáo 也作"牙绦"。也称"狗牙儿绦子"。衣服、鞋子、帷幕等的镶边。犹今滚条。亦特指一种用锦缎编成菱角形的边饰,其状如并列之牙齿。汉贾谊《陈政事疏》"今民卖僮者,为之绣衣丝履,偏诸缘"唐颜师古注:"服虔曰:'加牙条以作履缘。'"《儿女英雄传》第十三回:"自己低头一看,才知穿的那件石青褂子,镶着一身的狗牙儿绦子:原来是慌的拉错了,把官太太的褂子穿出来了。"清李光庭《乡言解颐》:"今京师之衣工,一衣三镶以至五镶,其工费数倍于本身……因诵人一绝云:'授衣时节又寒号,补缀搜寻布缕多。瓮底尚余半升米,且赊三尺牙绦。'"杨树达《增订积微居小学金石论丛·长沙方言考》:"《汉书·贾谊传》:'偏诸缘。'服虔云:'偏诸如牙条。'今长沙犹云牙条。"

【颜题】yántí 省称"题"。秦汉时头巾上表明贵贱之标识。通常折成一条。汉代以前较窄,后逐渐增宽。《后汉书·舆服志下》:"古有冠无帻,其戴也,加首有颏,所以安物……秦雄诸侯,乃加其武将首饰为绛袙,以表贵贱,其后稍作颜题……至孝文乃高颜题,续之为耳,崇其巾为屋,合后施收,上下群臣贵贱皆服之。"

【偃领】yǎnlǐng 先秦时的"黼领"。施黼于领之风至秦汉犹存,但已将黼领改称"偃领"。因其加有半青半黑花纹的黼绣,是衣领中最美者。明方以智《通雅》卷三六:"帖领曰偃领……领以绣缘,二十年前大家皆尚之。《方言》:帬领谓之被巾。注:妇人领巾也。"

【裺】yǎn ❶小儿围涎。汉扬雄《方言》卷四:"裺为之襦。"清戴震疏证:"盖以裺为小儿次衣掩颈下者。襦有曲领之名,故裺亦名襦。"❷衣缘,即衣服的贴边。通常用于领、袖、襟、裾等部位。汉扬雄《方言》卷四:"悬裺谓之缘。"晋郭璞注:"衣缝缘也。"戴震疏证:"《玉篇》:'裺,缘也。'《广韵》:'裺,衣缝缘也。'……《礼·玉藻篇》:'缘广半寸。'郑注云:'饰边也。'"

【褗】yǎn 衣领。贵族着礼服时围在中衣之外、大衣之内镶有刺绣花边之单层护领。汉扬雄《方言》卷四:"袄谓之褗。"晋郭璞注:"即衣领也。"《说文解字·衣部》:"褗,褗领也。"清段玉裁注:"《尔雅》:'黼领谓之褗。'孙炎曰:'绣刺黼文以褗领也。'《士昏礼》注:'卿大夫之妻刺黼以为领,如今偃领矣。'偃即褗字。褗领古有此语,《广韵》曰:'褗,衣领也。'"

【宴服】yànfú 即"燕服"。《后汉书·礼仪志》:"五时朝服各一袭在陵寝,其余及宴服皆封以箧笥,藏宫殿后合室。"《旧唐书·舆服志》:"若宴服、常服,紫衫袍与诸王同。"

【燕服】yànfú 也作"嬿服"。帝王、官员、命妇日常闲居时穿的衣服。形制较简便，具体样式因时而宜，屡有变化。文武百官可穿着此服参加日常礼见、拜会等活动，但不得于祭祀及重大朝会。后泛指便服。《诗经·周南·葛覃》"薄污我私"汉毛亨传："私，燕服也。"唐孔颖达疏："言'私，燕服'，谓六服之外常著之服。则有汗垢，故须浣。公服则无垢污矣。"清陈奂传疏："燕服，谓燕居之服也。"《文选·枚乘·七发》："嬿服而御。"唐李善注："《尚书大传》曰：'古者后夫人至于房中，释朝服，袭嬿服，入御于君。'《旧唐书·舆服志》："燕服，盖古之亵服也，今亦谓之常服。江南则以巾褐裙襦，北朝则杂以戎夷之制。爰至北齐，有长帽短靴，合袴袄子，朱紫玄黄，各任所好。虽谒见君上，出入省寺，若非元正大会，一切通用。"宋李上交《近事会元》卷一："燕服盖古之亵服也，今亦谓之常服。"清昭梿《啸亭杂录·癸酉之变》："张扣肩久之，林清著燕服出。"清福格《听雨丛谈》："军机坎……数十年来，士农工商皆效其制，以为燕服。"

【燕裾】yànjū 汉魏时期的女服装饰。在衣服的下部，通常裁制出数片三角形装饰，穿着时几片叠压相交，绕体一周，行步时随人体颤动，宛似燕尾，故名。其制由曲裾演变而来。一般仅用作装饰，无实用意义。一说燕女的衣襟。借指舞衣。古燕赵女子善歌舞，故称。南朝梁沈约《会圃临春风》诗："开燕裾，吹赵带。赵带飞参差，燕裾合且离。"唐褚遂良《安德山池宴集》诗："亭中奏赵瑟，席上舞燕裾。"

【羊裘】yángqiú 也作"羊皮裘"。用羊皮制成的裘服，冬天穿着以御风寒。与羔裘不同，为裘服中较粗劣的一种，一般用于贫者、隐士和边远少数民族。题汉刘歆《西京杂记》卷四："娄敬始因虞将军请见高祖，衣旐衣，披羊裘。"汉刘向《说苑·善说》："衣狗裘者当犬吠，衣羊裘者当羊鸣。"《后汉书·逸民传·严光》："帝思其贤，乃令以物色访之。后齐国上言：'有一男子披羊裘，钓泽中。'"《新唐书·常山王承乾传》："又好突厥言及所服，选貌类胡者，被以羊裘，辫发。"宋郑思肖《郊行即事》："如今不独桐江上，新著羊裘又一人。"吴杭《严陵怀古》诗："龙衮新天子，羊裘古野人。"明黄姬水《贫士传·披裘公》："公当夏五月披羊裘负薪而遇之。"明宋应星《天工开物》卷二"裘"："羊皮裘，母贱子贵。在腹者名曰胞羔，毛文略具；初生者名曰乳羔，皮上毛似耳环脚；三月者曰跑羔，七月者曰走羔，毛文渐直。胞羔、乳羔，为裘不膻……服羊裘者，腥膻之气，习久而俱化，南方不习者不堪其。然寒凉渐杀，亦无所用之。"《文献通考·四裔十六》："王服青毛绫裙，被青袍，袖委于地。冬羊裘，饰以文锦。"徐珂《清稗类钞·服饰》："僻远者，男披发于肩，冠以长毛羊皮……冬或羊裘，不表，皆盘领，阔袖束带，佩尺五木鞘刀于左腰间。"

【卬角】yǎngjiǎo 古代一种鞋子。汉史游《急就篇》："靸鞮卬角褐韤巾。"颜师古注："卬角，屐上施也，形若今之木履而下有齿焉。欲其下不蹶，当卬其角，举足乃行，因以为名也。"明胡应麟《少室山房笔丛》卷一二："《方言》云：履谓之不借，朝鲜、洌水之上，谓之卬角。南方江淮之间，总谓之麤䞨。徐土邳圻之间，谓之卬角。"

【妖服】yāofú ❶妖冶艳丽的服饰。汉刘歆《西京杂记》:"又……尝以弦管歌舞相欢娱,竞以妖服,以趣良时。"《太平御览》卷六二:"郑交甫过汉皋,遇二女妖服,佩两珠,交甫与之言,曰:'愿请子之佩。'"汉张衡《七辩》:"美人妖服,变曲为清。改赋新词,转歌流声,此音乐之丽也。"晋干宝《搜神记》卷二:"在宫内时,尝以弦管歌舞相欢娱,竞为妖服,以趋良时。"❷不祥之服。《晋书·五行志上》:"尚书何晏好服妇人之服,傅玄曰:'此妖服也。'"

【腰带】yāodài 也作"要带"。束腰的带子,男女均可使用,使用时缠束于腰间,据称秦代始有"腰带"之名称。其材质有布帛制成,以绫、罗、绸、绉等织物为之。有皮革制成,商周时期中原革带多用于礼服,用以玉佩和蔽膝。战国时期胡制革带传入中原,带首缀以钩镱,尾端垂头。在带下附加若干小环或带钩,以便将随身携带物挂于其上。带身饰以金、银、玉、犀角、铁等材料制成的牌饰,以带鎊质料、形状及数量区分等级,主要用于男子。唐、宋、元、明、清历代沿用。明清时演变为一种饰物,其上按等级缀以犀玉、金银角等,两旁有小辅两条,左右各排三圆桃,向后有插尾,后面缀排方七枚,合十三枚,即十三鎊。其带多束而不着腰,在圆领的两肋下各细纽贯垂于腰带上以悬之。清代有朝服带、吉服带、常服带、行带等,除朝服带在版饰及版形上有定制外,其余三种带饰随所宜而定。带本身皆用丝织,上嵌各种宝石,带有带扣和环,环左右两块,用以系带汗巾、刀、荷包等物,带扣都用金、银、铜,考究的用玉、翡翠等。其时妇女腰带大多束之于上衣内,用丝编瓣而下垂流苏,后又改用阔而长的绸带,颜色鲜艳但色调偏浅。部分少数民族亦将腰带作为服装的必备部分。如苗族妇女便装的腰带,用丝棉合织而成,丝绒为红、绿两色,棉纱染作藏青色,长约七尺。盛装的腰带则用丝织品染成红绿两色,不缝成管状。普米族男女均束腰带,妇女多喜用宽大的红、绿、蓝、黄等鲜艳之色。《后汉书·东平宪王苍传》:"苍少好经书,雅有智思,为人美须髯,要(腰)带八围。"南朝宋刘义庆《世说新语·容止》:"庾子嵩长不满七尺,腰带十围。"隋罗爱爱《闺思诗》:"罗带因腰缓,金钗逐鬓斜。"宋曾慥《类说》卷三五:"古有革带反插垂头,秦二世制名腰带。唐高祖诏令向下插垂头,取顺下之义。"唐杜甫《即事》诗:"百宝装腰带,真珠络臂鞲。"宋钱易《南部新书》卷六:"元和初,节度使高崇文,命工人截(龟壳)为腰带胯具。"宋王得臣《麈史》卷上:"古以韦为带,反插垂头,至秦乃名腰带,唐高祖令下插垂头,今谓之撻尾是也。今带止用九胯,四方五圆,乃九环之遗制。"宋孟元老《东京梦华录》卷三:"寺东门大街,皆是幞头、腰带、书籍、冠朵铺席。"清叶梦珠《阅世编》卷八:"腰带用革为质,外裹青绫,上缀犀玉、花青、金银不等。"清百一居士《壶天录》卷下:"歙县人程风林,年二十许,为扬城某市肆伙。一日,购腰带一具,价颇廉,带系湖绉,甚得意也。"

【腰绖】yāodié 省称"绖"。也作"要绖"。丧服中系于腰上的带子,用葛或麻制成。《仪礼·丧服》:"苴绖杖绞带,冠绳缨,菅屦者。"汉郑玄注:"麻在首在腰皆曰绖……要绖象大带。"汉班固《白虎通·

丧服》:"腰绖者,以代绅带也。所以结之何? 思慕肠若结也。"《朱子语类·礼二》:"尧卿问绖带之制。曰:'……腰绖较小,绞带又小于腰绖。腰绖象大带,两头长垂下'"《儒林外史》第六回:"问毕,换了孝巾,系了一条白布的腰绖,走过那边来。"

【腰襦】yāorú 也作"要襦"。一种绣花短袄。其长度下与腰齐。初男女均用,汉魏后多为妇女所穿。唐宋元明清历代沿用,清中叶以后,因袄的流行,其制渐衰。今朝鲜族妇女所著短衣,仍有此种形制。汉刘熙《释名·释衣服》:"要襦,形如襦,其要上翘,下齐要也。"清王先谦疏证补:"《御览》章服十二引《晋令》云:'旄头羽林着韦腰襦'"《古诗为焦仲卿妻作》:"妾有绣腰襦,葳蕤自生光。"《旧唐书·东夷传·倭国》:"妇人衣纯色裙,长腰襦,束发于后。"

yi—ying

【一梁冠】yīliángguān 也称"一梁"。只有一道横脊的礼冠,属于官员服用的梁冠中品级最低的。汉代用于千石以下的小吏。晋六朝用于中书郎、秘书郎、著作郎、令史、门郎、舍人等。隋唐起专用于六至九品文官。明代则改用于八、九品。汉蔡邕《独断》卷下:"进贤冠……千石八百以下一梁。"《后汉书·舆服志下》:"自博士以下至小史私学弟子,皆一梁。"又:"罢庙,侍御史任方奏请非乘从时,皆冠一梁,不宜以为常服。"《晋书·舆服志》:"中书郎、秘书丞郎、著作郎、尚书丞郎、太子洗马舍人、六百石以下至于令史、门郎、小史,并冠一梁。"《宋书·礼志五》:"尚书秘书郎、太子中舍人、洗马、舍

人,朝服,进贤一梁冠。"《隋书·礼志六》:"中书侍郎,朝服,进贤一梁冠,腰剑。"《旧唐书·舆服志》:"国官,进贤一梁冠,黑介帻,簪导。"又:"诸州大中正,进贤一梁冠,绛纱公服,若有本品者,依本品参朝服之。"《明会典》卷六一:"洪武二十六年定,文武官朝服:梁冠、赤罗衣、白纱中单……八品、九品冠一梁,革带用乌角。"《新唐书·车服志》:"文官朝参、三老五更之服……五品以上两梁,九品以上及国官一梁。"《明史·舆服志三》:"八品、九品,一梁。"明王圻《三才图会·衣服二》:"凡贺正旦、冬至、圣节,国家大庆会,则用朝服……八品、九品一梁冠,衣裳、中单、蔽膝、大带、袜履。"

一梁冠(明王圻《三才图会》)

【衣圭】yīguī 一种衣服上的装饰。在裳之右侧,另用一幅布帛对角裁开,缀于右后衽之上,使之钩而向前,谓之"衣圭"。一说是上衣衣襟的一种剪裁方法,将衣襟裁成燕尾形,其向两旁垂下的部分成为"衣圭"。《汉书·江充传》"曲裾后垂交输"唐颜师古注:"如淳曰:'交输,割正幅,使一头狭若燕尾,垂之两旁。'"

【衣襟】yījīn 也作"衣袊""衣衿"。本指衣的交领,后指上衣、袍子前面的部分。汉扬雄《方言》卷四:"褛谓之衽"晋郭璞

注:"衣襟也。"《说文解字·衣部》:"衽,衣裣也。"汉刘熙《释名·释衣服》:"襟,禁也,交于前,所以御风寒也。"汉王粲《七哀诗》之二:"迅风拂裳袂,白露沾衣襟。"《北史·酷吏传·田式》:"其所爱奴,尝诣式自事,有虫上其衣衿,挥袖拂去之,式以为慢己,立棒杀之。"清吴伟业《吴门遇刘雪舫》诗:"已矣勿复言,涕下沾衣襟。"

【衣裾】yījū 衣襟。《汉书·张敞传》:"置酒,小偷悉来贺,且饮醉,偷长以赭污其衣裾。"唐杜甫《草堂》诗:"旧犬喜我归,低徊入衣裾。"《初刻拍案惊奇》卷三二:"(唐卿)说罢,望着河里便跳。女子急牵住他衣裾道:'不要慌!且再商量。'"《梼杌闲评·明珠缘》:"袅袅身轻约画图,轻风习习动衣裾。"

【衣袂】yīmèi ❶衣袖。《周礼·春官·司服》"齐服有玄端素端"汉郑玄注:"士之衣袂,皆二尺二寸。"❷借指衣衫。宋刘过《贺新郎》词:"衣袂京尘曾染处,空有香红尚软。"元王实甫《西厢记》第四本第四折:"你是为人须为彻,将衣袂不藉。"

【衣梳】yīliú 衣缕。《尔雅·释器》:"衣梳谓之祝。"晋郭璞注:"衣缕也。齐人谓之挛,或曰袿衣之饰。"宋邢昺疏:"言饰者,盖以缯为缘饰耳。"一说为下垂的衣衽。清郝懿行《尔雅义疏》卷中:"梳者,流之或体也……梳、祝犹言流曳,皆谓衣衽下垂流移摇曳之貌,故云在旁襜襜然也。"

【衣袍】yīpáo ❶长外衣。泛指衣服。《后汉书·杨彪传》:"赐几杖衣袍,因朝会引见,令彪著布单衣、鹿皮冠,杖而入,待以宾客之礼。"唐孟郊《立德新居》诗:"晓碧流视听,夕清濯衣袍。"张读《宣室志·刘皂》:"其路旁立者即解皂衣袍而自衣之。"❷指覆盖在棺材外面的布罩。汉桓宽《盐铁论·散不足》:"今,富者绣墙题凑;中者梓棺梗椁;贫者画荒衣袍,缯囊缇橐。"

【衣物】yīwù 衣服和日用品,后专指衣服及跟穿着有关的日用品。《东观汉记·东平宪王苍传》:"飨卫士于南宫,皇太后因过按行阅视旧时衣物。惟王孝友之德。今以光烈皇后假髻帛巾各一、衣一箧遗王,可时瞻视,以慰《凯风》寒泉之思。"《南史·谢灵运传》:"(灵运)性豪侈,车服鲜丽,衣物多改旧形制,世共宗之,咸称谢康乐也。"

【衣眦(眥)】yīzì 衣交领处。《尔雅·释器》:"衣眦谓之襟。"晋郭璞注:"交领。"宋邢昺疏:"衣眦名襟,谓交领也。《方言》云衿(襟)为之交是也。"清郝懿行义疏:"眦者,《说文》云:'目匡也。'衣有眦者,《淮南·齐俗篇》云'隅眦之削',盖削杀衣领以为斜形,下属于襟,若目眦然也。"清夏炘《学礼管释·释深衣对襟》:"《尔雅》衣眦谓之襟,《说文》眦目匡也。襟取眦名者,言两襟对开,亦如目匡之对开也,古人命名之精如此。"

【繄袼】yīgē 小儿涎衣。围于颈间以受口水。汉扬雄《方言》卷四:"繄袼谓之䘴。"晋郭璞注:"即小儿次衣也。"

【夷狄服】yídífù 泛指非华夏族的少数民族服饰。《汉书·五行志》:"(秦始皇)二十六年,有大人长五丈,足履六尺,皆夷狄服,凡十二人,见于临洮,故销兵器,铸而象之。"晋干宝《搜神记》卷六:"始皇二十六年,有大人长五丈,足履六尺,皆夷狄服。"

【鸃冠】yíguān 饰鶏鸃羽的冠。秦汉之初以为侍中冠。《说文义证·鸟部》"鸃"引北齐刘昼《新论·从化》："赵武灵王好鶏翿，国人咸冠鸃冠。"

【弋绨】yìtí 黑色粗厚丝织物制成的衣服。汉文帝曾穿着以示节俭。《汉书·文帝纪赞》："身衣弋绨，所幸慎夫人，衣不曳地，帷帐无文绣，以示敦朴，为天下先。"唐颜师古注："如淳曰：'弋，皂也。'贾谊曰：'身衣皂绨。'弋，黑色也。绨，厚缯。"唐刘禹锡《贺赦表》："菲食遵夏禹之规，弋绨法汉文之俭。"

【袘】yì ❶衣服的边缘。《玉篇·衣部》："袘，衣缘也。"《集韵·纸韵》："袘，衣缘也。"《六书故·工事七》："袘，《士昏礼》曰'纁裳缁袘'康成曰：'袘，谓缘。袘之言施，以缁为缘裳。'又作'襹'。"❷衣袖。《广雅·释器》："袘，袖也。"《玉篇·衣部》："袘，衣袖也。"《汉书·司马相如传》："纷纷裶裶，扬袘戌削，蜚襳垂髾。"颜师古注引张揖曰："袘，衣袖也。"

【裼】yì 衣袖。《汉书·司马相如传上》："曳独茧之褕裼。"颜师古注："褕，襜褕也。裼，袖也。"

【裔】yì 衣服的下摆。一说为裙。《说文解字·衣部》："裔，衣裾也。从衣，冏声。"清段玉裁注："裔，衣裾也。"明郎瑛《七修类稿·国事类·衣服制》："凡官员衣服宽窄随身，文官自领至裔，去地一寸。"

【被】yì 衣袖的腋下部分。汉扬雄《方言》卷四："襜谓之被。"晋郭璞注："衣腋下也。"《玉篇·衣部》："被……衣腋下也，袖也。"

【裺】yì ❶衣袖。汉扬雄《方言》卷四："复襦，江湘之间谓之襂，或谓之筒裺。"晋郭璞注："今筒袖之襦也。裺即袂字耳。"❷夹袄。《玉篇·衣部》："裺……复襦也。"

【银珰】yíndāng ❶汉代近侍之臣中常侍的冠饰。用白银制成珰饰于冠前。代指贵官、宦官。《后汉书·宦者传序》："汉兴，仍袭秦制，置中常侍官。然亦引用士人，以参其选，皆银珰左貂，给事殿省。"唐刘禹锡《和令狐相公送赵常盈炼师与中贵人同拜岳及天台投龙毕却赴京》诗："银珰谒者引霓旌，霞帔仙官到赤城。"宋宋庠《庚午春观新进士锡宴琼林苑因书所见》："银珰尊右席，绿帻佐双筵。"❷妇女的银质耳饰。唐贯休《相和歌辞·善哉行》："欲赠之以紫玉尺，白银珰，久不见之兮湘水茫茫。"清纳兰性德《丁香》诗："紫胜心中结，银珰耳上星。"

【银印青绶】yínyìnqīngshòu 省称"银青"。白银制的印章与系印的青色绶带的合称。汉制，汉朝秩比二千石以上的御史大夫、九卿、中郎将、光禄大夫、侍中、执金吾、大长秋、太子少傅、将作大匠、校尉、奉车都尉、驸马都尉、王国相、郡太守等，皆银印青绶。后世沿袭，至明废除。后世亦用来代指高级官吏。《汉书·百官公卿表上》："御史大夫，秦官，位上卿，银印青绶，掌副丞相。"唐颜师古注引臣瓒曰："《茂陵书》：御史大夫秩中二千石。"《晋书·职官志》："光禄大夫假银章青绶者，品秩第三，位在紫金将军下，诸卿上。"又《舆服志》："郡公侯、县公侯太夫人、夫人银印青绶，佩水苍玉，其特加乃金紫。"《通典·职官十六》："光禄三大夫皆银印青绶，其重者，诏加金章紫绶……故谓本光禄大夫为银青光禄大夫。"唐高适《遇冲和先生》诗："三命谒金殿,一言拜银青。"宋陆游《老学庵笔记》卷五:"今官制:光禄大夫转银青,银青转金紫,金紫转特进。"

【银指环】yínzhǐhuán 省称"银环"。白银制成的指环。形制有多种,大多做成圆箍之状,根据装饰物的不同,又可分为名目不同的种类。流行于汉魏六朝时期。南北朝以后,因金指环的普及,渐不流行。汉卫宏《汉官旧仪》卷下:"掖庭令昼漏未尽八刻,庐监以茵次上,婕妤以下……御幸赐银环,令书得环数,计月、日。无子罢废,不得复御。"三国魏繁钦《定情诗》:"何以致殷勤? 约指一双银。"题晋陶渊明《搜神后记》:"我与他牙梳一枚,白骨笼子一具,金钏一双,银指环一只。"

【引弦彄】yǐnxiánkōu 射箭时套在右手拇指上钩引弓弦的工具。《周礼·夏官·缮人》"抉拾"汉郑玄注:"抉,谓引弦彄也……挟矢时所以持弦饰也。著右手巨指。"

【印绶】yìnshòu 省称"绶"。帝王百官、后妃命妇系缚在官印钮上的彩色丝带。亦指官印及绾印之组的合称。官印按质地分,有金印、银印、铜印之别,各种质地的印均配以不同色彩的绶。根据绶的颜色、长度,可以辨别等级。汉制,金印配以紫绶,银印配以青绶,铜印配以墨绶。居官则配之,罢官则解之,使用时佩挂在腰部右侧,或盛于绶囊。后历代沿用,具体制度或有不同。南北朝时期基本沿用汉制,隋唐时期形制稍有变异。如采用双绶,左右各一;绶与绶之间以玉环相连等。《史记·项羽本纪》:"项梁持守头,佩其印绶。"又《张耳陈余列传》:"(陈)乃脱解印绶,推予张耳。"汉卫宏

《汉官旧仪》卷上:"秦以前民皆佩绶,以金玉银铜犀象为方寸玺,各服所好。"又:"拜御史大夫为丞相,左右前后将军赞、五官中郎将授印绶;拜左右前后将军为御史大夫中二千石赞、左右中郎将授印绶;拜中二千石、中郎将赞、御史中丞授印绶……印绶盛以箧,箧绿绨,表白素里。"至秦形成制度。颜色、长短有具体规定。《后汉书·舆服志下》:"秦乃以采组连结于璲,光明章表,转相结受,故谓之绶。汉承秦制,用而弗改,故加之以双印佩刀之饰……乘舆(皇帝)黄赤绶,四采,黄赤缥绀,淳黄圭,长二丈九尺九寸,五百首。诸侯王赤绶,四采,赤黄缥绀,淳赤圭,长二丈一尺,三百首。"《晋书·舆服志》:"汉世著鞶囊者,侧在腰间,或谓之傍囊,或谓之绶囊,然则以紫囊盛绶也。或盛或散,各有其时。"《南齐

印绶(山东嘉祥武氏祠石刻)

书·舆服志》:"乘舆黄赤绶,黄赤缥绿绀五采。太子朱绶,诸王缥朱绶,皆赤黄缥绀四采。妃亦同。相国绿綟绶,三采,绿紫绀。"《隋书·礼仪志七》:"(天子)以双绶,六采,玄黄赤白缥绿,纯玄质,长二丈四尺,五百首,广一尺;小双绶,长二尺六寸,色同大绶,而首半之,间施三玉环。"《通典·礼志二十三》:"隋制……

正、从一品绿綟绶,四采:绿、紫、黄、赤,纯绿质,长丈八尺,二百四十首,广九寸;从三品以上,紫绶,三采:紫、黄、赤,纯紫质,长丈六尺百八十首,广八寸;银青光禄大夫、朝议大夫及正、从四品,青绶,三采:青白红,纯青质,长丈四尺,百四十首,广七寸;正、从五品,墨绶,二采:青绀,纯绀质,长丈二尺,百首,广六寸。自王公以下,皆有小双绶,长二尺六寸,色同大绶。"《旧唐书·裴度传》:"带丞相之印绶,所以尊其名;赐诸侯之斧钺,所以重其命。"宋孔平仲《珩璜新论》卷一:"汉时印绶,非若今之金紫银绯,长便服之也。盖居是官,则佩是印绶,即罢则解之,故三公辈上印绶也。按后汉《张奂传》云:'吾前后仕进,十要银艾。'银即印,艾即绿绶也,谓之十要者,一官一佩之耳……晋时妇人亦有印绶,虞潭母赐金章紫绶是也。"明刘若愚《酌中志》卷一九:"又创造玉管天青线印绶,如外廷印绶。夏则内悬玉牌,冬则内悬金牌或金鱼二尾,中加钥焉。凡掌一印者带一绶。如王体乾三绶,李永贞则二绶矣。不掌印者,凡出禁城有事则亦带一绶于玉带之左焉。"《二十年目睹之怪现状》第五十四回:"(兖州府)连忙委了本府经历厅,到峄县去摘了印绶,权时代理县事。"

【英裘】yīngqiú ❶用白色丝带装饰皮衣的衣缝。《诗经·召南·羔羊》"羔羊之皮,素丝五紽"汉毛亨传:"古者素丝以英裘,不失其制。"唐孔颖达疏:"古者素丝所以得英裘者,织素丝为组纽,以英饰裘之缝中。"❷指精美的皮衣。汉桓宽《盐铁论·取下》:"衣轻暖、被英裘、处温室、载安车者,不知乘边城、飘胡、代,乡清风者之危寒也。"

【婴】yīng 妇女脖子上戴的装饰品,如今之项链。《说文解字·女部》:"婴,绕也。从女䝾,䝾,贝连也。颈饰。"唐苏鹗《苏氏演义》:"《苍史篇》:'女曰婴,男曰儿。'婴字从䝾,䝾者:贝也,宝贝缨络之类,盖女子之饰也。"

【䝾】yīng 一种用贝穿连起来做成的女子颈饰。《说文解字·贝部》:"䝾,颈饰也。从二贝。"清段玉裁注:"颈饰也。从二贝。骈贝为饰也。"《篇海》:"连贝饰颈曰䝾,女子饰也。"

䝾
(北京东胡林新石器时代遗址出土)

【缨绋】yīngfú ❶冠带与印绶。《后汉书·党锢传序》:"至王莽专伪,终于篡国,忠义之流,耻见缨绋。"❷即拂尘。宋孟元老《东京梦华录·十四日车驾幸五岳观》:"执御从物,如金交椅、唾盂、水罐、菓垒、掌扇、缨绋之类。"

【缨緌】yīngruí 也作"缨绥"。冠带与冠饰。亦借指官位或有声望的士大夫。汉蔡邕《郭有道碑文》:"于时缨緌之徒,绅佩之士,望形表而影附,聆嘉声而响和者,犹百川之归巨海,鳞介之宗龟龙也。"晋张华《答何劭》诗之一:"吏道何其迫,窘然坐自拘。缨緌为徽缠,文宪焉可逾。"南北朝谢朓《将游湘水寻句溪诗》："鱼鸟余戈玩,缨绥君自縻。"唐李益《秋晚溪中寄怀大理齐司直》诗："明质鹜高景,飘飖服缨绥。"白居易《草词毕遇芍药初开因咏小谢红药当阶翻诗以为一句未尽其状偶成十六韵》："彤云剩根蒂,绛帻欠缨绥。"元晦《越亭二十韵》："遐想蜕缨绥,徒惭恤襦袴。"明张居正《贺冬至表一》："两阶腾肆乐之欢,四海庆寝兵之候,缨绥毕集,玉帛交陈。"清唐孙华《送门人时期五贡入太学》："邑中恶子任猖狂,往往缨绥被蹂躏。"

【缨緌】yīngruí 冠帽上的垂饰。亦代指官员。《后汉书·舆服志》："后世圣人易之以丝麻……见鸟兽有冠角頔胡之制,遂作冠冕缨緌,以为首饰。凡十二章。"唐胡皓《奉和圣制送张尚书巡边》："衮旒垂翰墨,缨緌迭赋诗。"元陈樵《月庭赋》："寒生贝带,色动缨緌。"

【璎珠】yīngzhū 璎石之珠。用以作衣服或头上的饰物。《后汉书·东夷传·马韩》："不贵金宝锦罽,不知骑乘牛马,唯重璎珠。"《晋书·四夷传·马韩》："俗不重金银锦罽,而贵璎珠,用以缀衣或饰发垂耳。"

you—yun

【右貂】yòudiāo 在冠的右方加饰的貂尾。汉侍中、中常侍和唐右散骑常侍、中书令的冠饰。后因以为右散骑常侍的代称。汉应劭《汉官仪》卷上："侍中,左蝉右貂。"又："中常侍,秦官也。汉兴,或用士人……光武以后,专任宦者,右貂金珰。"《后汉书·宦者传序》："自明帝以后……中常侍至有十人,小黄门亦二十人,改以金珰右貂,兼领卿署之职。"《新唐书·百官志二》："右散骑与中书令为右貂。"唐孙棨《北里志·郑举举》："今左谏王致君、右貂郑礼臣谷、夕拜孙文储、小天赵为山崇皆在席。"

【右衽】yòurèn 中原服装的襟式,衣襟由左向右掩,有别于少数民族的左衽之衣。因以"右衽"称华夏风俗习惯。汉严忌《哀时命》："右衽拂于不周兮,六合不足以肆行。"《汉书·终军传》："大将军秉钺,单于犇幕;骠骑抗旌,昆邪右衽。"唐颜师古注："右衽,从中国化也。"唐刘景复《梦为吴泰伯作胜儿歌》："麻衣右衽皆汉民,不省胡尘暂蓬勃。"宋米芾《画史》："吴王斫鲙图,江南衣文金冠,右衽红衫,大榻上背擦两手。"《明史·舆服志三》："文武官公服,洪武二十六年定,每日早晚朝奏事及侍班、谢恩、见辞则服之……其制,盘领右衽袍,用纻丝或纱罗绢,袖宽三尺。"

右衽
(明万历年间刻本《琵琶记》插图)

【鱼鳞衣】yúlínyī 像鱼鳞一样色彩斑斓的衣服。《楚辞·刘向〈九叹·逢纷〉》："薜荔饰而陆离荐兮,鱼鳞衣而白蜺裳。"汉王逸注："鱼鳞衣,杂五彩为衣,如鳞文也。"

【褕衣】yúyī ❶也称"靡衣"。鲜艳、华美的奢华衣服。《史记·淮阴侯列传》："名闻海内，威震天下，农夫莫不辍耕释耒，褕衣甘食，倾耳以待命者。"唐司马贞索隐："褕，邹氏音逾，美也。恐灭亡不久，故废止作业而事美衣甘食，日偷苟且也。"清管同《禁用洋货议》："今乡有人焉，其家资累数百万，率其家妇子，甘食褕衣，经数十年不尽。" ❷ 古代王后从王祭先公之服，因服上刻画雉形而名。唐裴守真《奉和太子纳妃太平公主出降》诗之一："彩缨纷碧坐，繢羽泛褕衣。"

褕衣（宋聂崇义《三礼图》）

【褕袘】yúyì 也作"褕袍""褕袡"。省称"袘"。襜褕之袖，亦泛指袖。《史记·司马相如列传》："扡独茧之褕袘，眇阎易以戍削。"唐司马贞索隐："褕袘。张揖云：'褕，襜褕也。袘，袖也。'"《汉书·司马相如传上》作"褕袘"。一本作"褕袡"。一说为襜褕的边缘。见清王先谦《汉书补注·司马相如传上》。一说一种曳地长衣。《玉篇·衣部》："袘，弋势切，衣长（貌）。"明沈榜《宛署杂记·敕赐慈寿寺内瑞莲赋碑》："招摇紫蕤，牵彼褕袘。"

【羽钗】yǔchāi 女性所用，装饰有翠羽的钗。汉王粲《神女赋》："税衣裳兮免簪笄，施华的，结羽钗。"南朝梁江淹《丽色赋》："翠蕤羽钗，绿秀金枝。"何逊《咏照镜诗》："羽钗如可间，金钿畏相逼。"明王彦泓《友人招集不赴》："酒畔红酥手，缨边翠羽钗。"

【羽衣】yǔyī ❶ 本指以禽鸟羽毛织成的衣服，后常用来指称道士或神仙所穿的衣服。《史记·孝武本纪》："天子又刻玉印曰'天道将军'，使使衣羽衣，夜立白茅上。"《汉书·郊祀志上》："五利将军亦衣羽衣。"唐颜师古注："羽衣，以鸟羽为衣，取其神仙飞翔之意也。"三国魏曹植《平陵东行》："阊阖开，天衢通，被我羽衣乘飞龙。"唐郑谷《寄同年礼部赵郎中》诗："仙步徐徐整羽衣，小仪澄澹转中仪。"牟融《送羽衣之京》诗："羽衣缥缈拂尘嚣，怅别何梁赠柳条。阆苑云深孤鹤迥，蓬莱天近一身遥。"《旧五代史·杨溥传》："溥自是服羽衣，习辟谷之术，年余以幽死。"宋赵崇缵《游九峰》："九峰元不锁，俗驾自来稀。水石藏仙窟，烟霞护羽衣。"苏轼《后赤壁赋》："梦一道士，羽衣翩仙，过临皋之下。"《西游记》第二十四回："道服自然襟绕雾，羽衣偏是袖飘风。" ❷ 一种装饰有鸟羽的舞服。亦有用锦缎仿制成羽毛者。泛指轻盈的衣衫。南朝宋鲍照《代白纻舞歌词》之一："吴刀楚制为佩祎，纤罗雾縠垂羽衣。"唐郑嵎《津阳门诗》："花萼楼南大合乐，八音九奏鸾来仪……马知舞彻下床榻，人惜曲终更羽衣。"自注："上始以诞圣日为千秋节，每大酺会，必于勤政楼下使华夷纵观……又令宫妓梳九骑仙髻，衣孔雀翠衣，佩七宝璎珞，为霓裳羽衣之类。曲终，珠翠可扫。"宋苏轼《渔樵闲话录》上篇："《霓裳羽衣曲》说者数端，《逸史》云：罗公远引明皇游月宫，掷一竹枝于空中为大桥，色如金，行十数里，至一大城阙，罗曰此乃月宫也。仙女数百，素衣飘然，舞于广庭中，明皇问此何曲？曰：'霓裳羽衣曲'也。"明许潮《写风情》："我安排彩袖，殷懃捧玉髓，轻盈舞羽衣。"

【玉钗】yùchāi 一种用玉制成的妇女发钗。汉司马相如《美人赋》："玉钗挂臣冠，罗袖拂臣衣。"南朝梁何逊《苑中见美人诗》："罗袖风中卷，玉钗林下耀。"南朝宋沈约《日出东南隅行》："罗衣夕解带，玉钗暮垂冠。"隋江总《东飞伯劳歌》："银床金屋挂流苏，宝镜玉钗横珊瑚。"唐李白《白纻辞》诗之三："高堂月落烛已微，玉钗挂缨君莫违。"元稹《襄阳为卢窦纪事》诗其二："依稀似觉双环动，潜被萧郎卸玉钗。"宋高承《事物纪原》卷三："玉钗：郭宪《洞冥记》曰：汉武帝元鼎元年，有神女留玉钗与帝，故宫人作玉钗。"明汤显祖《南柯梦记·偶见》："一尖红绣鞋，双飞碧玉钗。"清汪懋麟《阮郎归》词："玉钗初卸手重呵，金猊香未过。"

【玉蟾蜍】yùchánchú 妇女首饰。以玉雕成蟾蜍之形。题汉刘歆《西京杂记》卷六："晋灵公冢甚瑰壮……其余器物皆朽烂不可别，唯玉蟾蜍一枚，大如拳，腹空容五合水，光润如新，王取以为书滴。"《二刻拍案惊奇》卷九："素梅写着几字，手上除下一个累金戒指儿，答他玉蟾蜍之赠，叫龙香拿去……（凤生）袖里取出递与素梅看了一会，果像生一般的，再把自家的在臂上解下来，一并看，分毫不差。"

【玉冠】yùguān ❶用玉装饰的冠。《史记·秦始皇本纪》附录汉班固曰："子婴度次得嗣，冠玉冠，佩华绂，车黄屋，从百司，谒七庙。"唐韩愈《南内朝贺归呈同官》诗："岂惟一身荣，佩玉冠簪犀。"五代前蜀花蕊夫人《宫词》："焚修每遇三元节，天子亲簪白玉冠。"❷道士的帽子。唐项斯《送宫人入道》诗："初戴玉冠多误拜，欲辞金殿别称名。"宋张君房《云笈七签》卷五三："身著玄黄之绶，头冠七色曜天玉冠，足蹑五色之履。"

【玉壶】yùhú 玉制的壶形佩饰，由皇帝颁发，有敬老、表彰功劳之意。《后汉书·杨赐传》："诏赐御府衣一袭，自所服冠帻绶，玉壶革带，金错钩佩。"唐陈子昂《为建安王谢借马表》："玉壶遂临，叨得骏之赐。"

【玉搔头】yùsāotóu 也作"玉搔"。即玉簪。古代女子的一种首饰。汉刘歆《西京杂记》卷二："武帝过李夫人，就取玉簪搔头。自此后宫人搔头皆用玉，玉价倍贵焉。"唐白居易《长恨歌》："花钿委地无人收，翠翘金雀玉搔头。"刘禹锡《浙西李大夫示述梦四十韵并浙东元相公酬和》："宛转倾罗扇，回旋堕玉搔。"张祜《病宫人》诗："四体强扶藤夹膝，双鬟慵插玉搔头。"武元衡《赠佳人》诗："步摇金翠玉搔头，倾国倾城胜莫愁。"元张可久《闺情》曲："香罗带束春风瘦，金缕袖，玉搔头，生红色染胭脂绉。"陈深《虞美人·题〈玉环玩书图〉》："玉搔斜压乌云堕，敧枕看书卧。"清郑燮《扬州》诗："借问累累荒冢畔，几人耕出玉搔头。"

【玉胜】yùshèng 玉制的胜。以玉片雕制成胜形：以圆形为中心，上下有作梯形的两翼，圆心有孔，使用时系缚在簪钗之首，插于两鬓。旧传为西王母所戴，有祛灾辟邪之效。汉魏时广为流行。《山海经·西山经》"西王母其状如人，豹尾虎齿而善啸，蓬发戴胜"晋郭璞注："胜，玉胜也。"《南齐书·皇后传·高昭刘皇后》:"后母桓氏梦吞玉胜生后。"南朝梁刘孝威《赋得香出衣》诗:"香樱麝带缝金缕,琼花玉胜缀珠徽。"宋陈元靓《岁时广记·立春》:"彩鸡缕燕,珠幡玉胜,并归钗鬓。"

东汉玉胜(朝鲜乐浪汉墓出土)

【玉舄】yùxì 传说中玉制的鞋,喻得道者之遗物。汉刘向《列仙传·安期生》:"安期先生者,琅琊阜乡人也。卖药于东海,时人皆言千岁翁。秦始皇东游,请见,与语三日三夜,赐金璧度数千万……去,留书以赤玉舄一双为报,曰:后数年求我于蓬莱山。"晋嵇含《南方草木状》卷上:"番禺东有涧,涧生菖蒲,皆一寸九节。安期生采服,仙去,但留玉舄焉。"唐宋之问《嵇山诗》:"弊庐对石堂,虚坐留玉舄。"李德裕《遥伤茅山县孙尊师三首》诗其二:"空闻留玉舄,犹在阜乡亭。"陆龟蒙《寄茅山何道士》:"终身持玉舄,丹诀未应传。"清金农《重游王屋访唐开元时御爱松》诗:"芝困纳流霞,蒲涧委玉舄。"

【玉匣】yùxiá 即"玉柙"。题汉刘歆《西京杂记》卷一:"汉帝送死皆珠襦玉匣。"《后汉书·朱穆传》:"有宦者赵忠丧父,归葬安平,僭为玙璠、玉匣、偶人。"唐李贤注:"玉匣长尺,广二寸半,衣死者自腰以下至足,连以金缕,天子之制也。"

《三国志·魏志·文帝纪》:"丧乱以来,汉氏诸陵无不发掘,至乃烧取玉匣金缕,骸骨并尽。"唐白居易《狂歌词》:"焉用黄墟下,珠衾玉匣为。"

【玉匣珠襦】yùxiázhūrú 汉代帝后诸侯王贵族的葬服。题刘歆《西京杂记》卷一:"汉帝送死皆珠襦玉匣,形如铠甲,连以金缕。武帝匣上皆镂为蛟龙鸾凤龟麟之象,世谓为蛟龙玉匣。"明徐渭《三月十九日》诗:"龙髯回睇桥山远,玉匣珠襦不忍传。"清吴伟业《永和宫词》:"玉匣珠襦启便房,薤歌无异葬同昌。"

【玉柙】yùxiá 帝后诸侯王贵族的葬服。《汉书·佞幸传·董贤》:"及至东园秘器,珠襦玉柙,豫以赐贤,无不备具。"唐颜师古注:"东园,署名也。《汉旧仪》云:东园秘器作棺梓,素木长二丈,崇广四尺。珠襦,以珠为襦,如铠状,连缝之,以黄金为缕,要以下,玉为柙,至足,亦缝以黄金为缕。"《后汉书·礼仪志下》:"守宫令兼东园匠将女执事,黄绵、缇缯、金缕玉柙如故事。"南朝梁刘昭注引《汉旧仪》:"帝崩,口含以珠,缠以缇缯十二重,以玉为襦,如铠状,连缝之,以黄金为缕。腰以下以玉为札,长一尺(广)二寸半,为柙,下至足,亦缝以黄金缕。"《后汉书·礼仪志下》:"诸侯王、列侯、始封贵人、公主薨,皆令赠印玺,玉柙银缕。"元末明初陶宗仪《南村辍耕录·发宋陵寝》:"帅徒役顿萧山,发赵氏诸陵寝,至断残支体,攫珠襦玉柙,焚其骨,弃骨草莽间。"明屠隆《昙花记·郊游点化》:"早见狐狸穿墓道,珠襦玉柙,桐棺瓦器,一样草萧萧。"

【玉燕钗】yùyànchāi 也称"玉燕""燕钗"。玉制的燕形发钗。汉郭宪《洞冥记》卷二："神女留玉钗以赠帝,帝以赐赵婕好。至昭帝元凤中,宫人犹见此钗。黄琳欲之。明日示之,既发匣,有白燕飞升天。后宫人学作此钗,因名玉燕钗,言吉祥也。"南朝梁任昉《述异记》卷上:"阖闾夫人墓中……漆灯照烂,如日月焉。尤异者,金蚕玉燕各千余双。"唐李白《白头吟》:"头上玉燕钗,是妾嫁时物。"李贺《湖中曲》:"燕钗玉股照青渠,越王娇郎小字书。"清王琦汇解:"燕钗,钗上作燕形。"清叶葱奇注:"燕钗,指燕子形的钗。"韩偓《春闷偶成》诗:"醉后金蝉重,欢余玉燕攲。"宋毛滂《踏莎行》词:"玉燕钗寒,藕丝袖冷。"元杨维桢《题杨妃春睡图》诗:"蟠龙髻重未胜绾,燕钗半落犀梳偃。"李爱山《集贤宾·春日伤别》套曲:"嘴古都钗头玉燕,面波罗镜里青鸾。"清朱昆田《和远士无题》诗之三:"燕钗新缀小于菟,五色丝缠八角符。"富察敦崇《燕京岁时记·彩丝系虎》:"每至端阳,闺阁中之巧者,用绫罗制成小虎……以彩线穿之,悬于钗头或系于小儿之背。古诗云:'玉燕钗头艾虎轻。'即此意也。"

【玉杖】yùzhàng ❶饰有玉鸠的拐杖,汉时,民年七十,天子授以玉杖,长九尺,端以鸠鸟为饰。鸠者,为不噎之鸟,祝愿老人健康长寿,饮食不噎也。《后汉书·礼仪志中》:"仲秋之月,县道皆案户比民。年始七十者,授之以玉杖,餔之糜粥。八十九十,礼有加赐。玉杖长九尺,端以鸠鸟为饰。"唐李白《夷则格上白鸠拂舞辞》:"天子刻玉杖,镂形赐耆人。"《资治通鉴·汉明帝永平二年》:"三老服都纻大袍,冠进贤,扶玉杖。"❷泛指以玉为饰的美杖。南朝梁元帝《相名》诗:"仙人卖玉杖,乘鹿去山林。"唐张祜《公子行》:

"轻将玉杖敲花片,旋把金鞭约柳丝。"宋陆游《书怀》诗:"翠袭绿玉杖,白日凌青天。"清钱泳《履园丛话·陵墓·忠逊王墓》:"携我绿玉杖,著我游春屐。"

【御服】yùfú 天子所穿的衣服。《汉书·外戚传下·孝成许皇后》:"椒房仪法,御服舆驾,所发诸官署及所造作,遣赐外家群臣妾。"《宋书·恩幸传序》:"侍中身奉奏事,又分掌御服。"唐王建《赏牡丹》诗:"好和薰御服,堪画入宫图。"宋许应龙《贵妃阁端午帖子》:"裁成御服进君王,雾縠云绡叠雪香。"

【御衣】yùyī 即"御服"。《后汉书·丁鸿传》:"永平十年诏征,鸿至即召见,说《文侯之命篇》,赐御衣及绶。"《三国志·魏志·张辽传》:"车驾亲临,执其手,赐以御衣,太官日送御食。"唐王建《赠王枢密》诗:"脱下御衣偏得著,进来龙马每教骑。"又《宫词一百首》其三十六:"每夜停灯熨御衣,银熏笼底火霏霏。"《资治通鉴·后周世宗显德五年》:"始命太仆卿冯延鲁、卫尉少卿钟谟使于唐,赐以御衣、玉带等及犒军帛十万。"

【鸳鸯襦】yuānyāngrú 妇女穿的绣有鸳鸯的短衣。汉刘歆《西京杂记》卷一:"赵飞燕为皇后,其女弟在昭阳殿,遗飞燕书曰:今日嘉辰,贵姊懋膺洪册,谨上襚三十五条,以陈踊跃之心:金华紫轮帽、金华紫罗面衣、织成上襦、织成下裳、五色文绶、鸳鸯襦。"

【圆珰】yuándāng 圆形玉耳环。题汉刘向《西京杂记》:"赵合德遗飞燕合欢圆珰。"南朝梁费昶《华观省中夜闻城外捣衣》诗:"圆珰耳上照,方绣领间斜。"清钱谦益《秦淮花烛词》之三:"桃叶初回闻阖风,圆珰方绣敓春红。"

【圆履】yuánlǚ 也称"圆头履"。圆头的鞋履。西汉以前多用于大夫,东汉以后则用于妇女,以示顺从之意。南朝宋时,圆履大兴,尊卑均喜着之。《太平御览》卷六九七:"天子黑方履,诸侯素方履,大夫素圆履。"《宋书·五行志一》:"昔初作履者,妇人圆头,男子方头。圆者,顺从之义,所以别男女也。晋太康初,妇人皆履方头,此去其圆从,与男无别也。"《宋书·五行志一》:"孝武世,幸臣戴法兴权亚人主,造圆头履,世人莫不效之。其时圆进之俗大行,方格之风尽矣。"

【缘襦】yuánshǔ 镶边的长衣。汉刘熙《释名·释衣服》:"缘襦,襦施缘也。"

【远游冠】yuǎnyóuguān 也称"远游""通梁"。太子、诸侯、郡王等谒庙、朝会时所戴的礼冠。本为楚人之冠,秦灭楚后采其制。式样与通天冠相似,正面竖立,顶部稍向后倾斜,后面直下为铁卷,但前无博山,有展筩横于冠前。戴时也要先用黑色介帻包裹住头发,然后套冠,再插簪以固定冠。从汉至隋,天子也有带远游冠者,唐以后天子不再使用。汉朝太子及诸侯王远游冠,皆为三梁。两晋时远游冠为皇太子、诸王后代、帝之兄弟、帝之子封郡王者所戴。南朝梁时定为皇太子朝服,并于冠上加金博山,垂以翠緌。隋朝时,天子远游冠为五梁,加金博山,九首,施珠翠,黑介帻,翠緌,犀簪导,皇太子及亲王加金附蝉。唐朝时皇太子专戴此冠,分朝服远游三梁冠和公服远游冠,做朝服时,远游冠为三梁,加金附蝉九首,施珠翠,黑介帻,发缨翠緌,犀簪导;公服远游冠,为五日常朝,元日冬至受朝之所戴。宋代远游冠仍是皇

太子的重要首服,冠用十八梁,前加金珰,附蝉九首,青罗做面,里为朱色。以金涂银的钑花为饰,红色冠缨,犀牛簪,用于册封、谒庙、朝会等礼仪性的场合。金、辽两代太子也用远游冠。至明代远游冠被废止不用。《淮南子·齐俗训》:"楚庄王冠通梁,组缨。"汉高诱注:"通梁,远游冠。"汉蔡邕《独断》卷下:"远游冠,诸侯王所服,展筩无山,礼无文。"《后汉书·舆服志下》:"远游冠,制如通天,有展筩横之于前,无山述,诸王所服也。"三国魏曹植《求通亲表》:"若得辞远游,戴武弁,解朱组,佩青绂……乃臣丹情之至愿,不离于梦想者也。"《三国志·魏志·武帝纪》:"三月,天子使魏公位在诸侯王上,改授金玺、赤绂,远游冠。"晋陆翙《邺中记》:"(石虎)整法服,冠通天,佩玉玺……寻改车服,著远游冠,前安金博山。"《晋书·舆服志》:"远游冠,傅玄云秦冠也。似通天而前无山述,有展筩横于冠前。皇太子及王者后、帝之兄弟、帝之子封郡王者服之。诸王加官者自服其官之冠服,惟太子及王者后常冠焉。太子则以翠羽为緌,缀以白珠,其余但青丝而已。"《通典》卷五七:"隋依之,制三梁,加金附蝉九,首施珠翠,黑介帻,翠緌,犀簪导。皇太子元朔入庙释奠则服之。"《新五代史·刘鋹传》:"鋹于内殿设帐幄,陈宝贝,胡子冠远游冠,衣紫霞裾,坐帐中宣祸福,呼鋹为太子皇帝,国事皆决于胡子。"《太平御览》卷六八五:"天子杂服远游冠。太子及诸王远游冠制似通天也。天子五梁,太子三梁。"宋叶廷珪《海录碎事》卷五:"远游冠,秦采楚制,汉因之,天子五梁,太子三梁,诸侯王通服之。"《金史·

礼志四》:"典赞仪引皇太子常服乘马至庙中幕次,更服远游冠、袜明衣,执圭。"

远游冠(宋聂崇义《三礼图》)

【鞔下】yuǎnxià 也作"鞔下""晚下"。❶复底之舄。妇女祭祀所著。汉扬雄《方言》卷四:"自关而东,复履其庳者谓之鞔下。"汉刘熙《释名·释衣服》:"晚下如舄,其下晚晚而危,妇人短者著之,可以拜也。"清毕沅疏正:"(晚下)当作鞔下。"❷草鞋。《骈雅·释服食》:"鞔下⋯⋯草履也。"

【褃】yuàn 玉佩上的带子。《尔雅·释器》:"佩衿谓之褃。"晋郭璞注:"佩玉之带上属。"宋邢昺疏:"佩下之带名褃。"清郝懿行义疏:"褃者,《释文》引《埤苍》云:'佩绞也。'《玉篇》云:'佩袶也。'《方言》云:'佩紟谓之裎。'郭注:'所以系玉佩带

也。'按凡佩皆有系,不独玉佩⋯⋯裎、縌俱褃之异名。"宋陈祥道《礼书》卷一九:"佩衿谓之褃。则衿衣之小带也,褃佩之衿也。郑氏谓:凡佩系于革带,则系于革带者褃也。"卢炳《少年游》诗:"绣罗褃子间金丝,打扮好容仪。"

【云翘冠】yúnqiàoguān 汉代祭祀天地五郊时歌舞者所戴的礼冠。汉蔡邕《独断》:"汉云翘冠乐祠天地五郊,舞者服之,冕冠垂旒。"明顾起元《说略》卷二一:"云翘冠,郊祀歌者服。"

【褞袍】yùnpáo 即"缊袍"。褞,通"缊"。汉刘向《列女传》卷三:"先生死,曾子与门人往吊。其妻出户,曾子吊之上堂,见先生之尸在牖下,枕垫席稾,缊袍不表。"汉陆贾《新语·本行》:"二三子布弊褞袍,不足以避寒。"《后汉书·桓荣传》:"少立操行,褞袍糟食,不求盈余。"

【缊绪】yùnxù 即"褞袍"。《韩诗外传》卷二:"曾子褐衣缊绪,未尝完也。"许维遹集释:"'缊绪'与'缊袍'名异而实同。'绪''着'并与'褚'通。"

【缊著】yùnzhuó 乱絮填充的衣袍。《韩诗外传》卷九:"士褐衣缊著,未尝完也。"

Z

za－zeng

【杂裾】zájū 女服上的一种装饰。由燕裾演变而来。一般将衣服下襬裁制成数片三角，或制如飘带，着时随风飘曳，以增加美感。俗或呼为"髯"。泛指衣服。汉枚乘《七发》："杂裾垂髯，目窕心与。"

【簪笔】zānbǐ 帝王近臣、书吏及士大夫将笔插于冠或发际，以备书写。始于先秦，在汉代形成一种制度，笔仅做装饰用。晋以后，簪白笔制度不再行时，所以笔杆变短。宋代着朝服时，有一种立笔的形制，即在冠上簪以白笔，削竹为笔干，裹以绯罗，用丝作毫，拓以银镂叶而插于冠后。此本为古代珥笔之意。《史记·滑稽列传》："西门豹簪笔磬折。"唐张守节正义："簪笔，谓以毛装簪头，长五寸，插在冠前，谓之为笔，言插笔备礼也。"《汉书·赵充国传》："本持橐簪笔事孝武帝数十年，见谓忠谨，宜全度之。"颜师古注引张晏曰："近臣负橐簪笔，从备顾问，或有所纪也。"《汉书·昌邑王刘贺传》："（刘贺）衣短衣大袴，冠惠文冠，佩玉环，簪笔持牍趋谒。"《晋书·舆服志》："笏者，有事则书之，故常簪笔。今之白笔是其遗象……手版即古笏矣。尚书令、仆射、尚书手版头复有白笔，以紫皮裹之，名曰笏。"隋薛道衡《从驾幸晋阳》诗："方观翠华反，簪笔上云亭。"《钦定大清会典事例》："康熙七年，内秘书院侍读学士熊赐履奏准，请遴选儒臣簪笔左右，圣躬一言一动，书之简册，以垂永久。"

簪笔（宋李公麟《九歌图》）

【簪导】zāndǎo 省称"导"。也作"笄导"。也称"掠鬓"。男子用以束发固冠的首饰。以玉石、犀角、象牙或玳瑁为之，其状类簪，但较簪式扁平。扎巾之后，两鬓若有余发，即以簪导引入巾内，用毕则插于发际。东汉以后较为常见，汉代品官簪导为扁平式，横向贯入，成为职官等级象征之一。按官阶不同，簪导质料可分为犀、玉、牙、角、骨等。南北朝时甚为流行，唐代以后有其名而不常用。入清之后，男子剃发编辫，其制废止。汉刘熙《释名·释首饰》："簪，建也，所以建冠于发也……导，所以导擽鬓发，使入巾帻之里也。"《六书故·人八》："导……笓类也。今之搔头、掉篦之类，汉晋天子所建玉导是也。"《北史·艺术传下·何稠》："魏晋已来，皮弁有缨而无笄导。稠曰：'此田猎服也，今服以入朝，宜变其制。'故弁施象牙簪导，自稠始也。"《隋书·礼仪志七》："自王公已下服章，皆绣为之。祭服冕，皆簪导、青纩充耳。"又："簪导，案《释名》云：'簪，建也，所以建冠于发也。一曰笄。笄，系也，所以拘冠使不坠也。导，所以导擽鬓发，使入巾帻之里也。'"又："天子独得用玉，降此通用玳瑁及犀。今并准是，唯弁用白牙笄导焉。"《新唐书·车服志》："毳冕者，三品之服也。七旒，宝饰角簪导。"宋苏轼《次韵子由·椰子冠》："规摹简古人争看，簪导轻安发不知。"《明史·舆服志二》："十六年定衮冕之制。冕，前圆后方，玄表纁里……红丝组为缨，瑱纩充耳，玉簪导。"

【藻玉】zǎoyù 一种带有斑斓纹彩的美玉。《山海经·西山经》："泰冒之山，其阳多金，其阴多铁，浴水出焉，东流注于河，其中多藻玉，多白蛇。"晋郭璞注："藻玉，玉有符彩者。"又《中山经》："婴用一藻玉瘗。"南朝梁萧子云《玄圃园讲赋》："藻玉摛白，丹瑕流赤。"

【皂巾】zàojīn 黑色头巾。秦汉前用于受墨刑者所戴的黑色头巾，元明时用于乐工。道士亦可服用。《尚书大传》卷一下："唐虞象刑，犯墨者蒙皂巾，犯劓者赭其衣。"《元史·礼乐志一》："执人，皂巾，大团花绯锦袄，金涂铜束带，行縢鞋袜。"《明史·舆服志三》："乐工，俱皂巾，杂色绦。"《水浒传》第六回："望见一个道人，头带皂巾，身穿布衫，腰系杂色绦。"

【皂领】zàolǐng 官服上黑色的衣领。《后汉书·礼仪志中》："立秋之日，夜漏未尽五刻，京都百官皆衣白，施皂领缘中衣，迎气于白郊。"《旧唐书·舆服志》："谒者台大夫以下，高山冠，并绛纱单衣，白纱内单，皂领、褾、襈、裾，白练裙

襦。"《辽史·仪卫志二》："亲王远游冠……绛纱单衣，白纱中单、皂领、襈、裾。"

【皂囊】zàonáng 奏秘章用的黑色封囊。汉制，群臣上章奏，如事涉秘密，则以皂囊封之。《后汉书·蔡邕传》："以邕经学深奥，故密特稽问，宜披露失得，指陈政要，勿有依违，自生疑讳。具对经术，以皂囊封上。"唐李贤注引应劭《汉官仪》："凡章表皆启封，其言密事得皂囊也。"南朝梁刘勰《文心雕龙·奏启》："自汉置八仪，密奏阴阳，皂囊封板，故曰封事。"唐杜牧《长安杂题》诗之四："束带谬趋文石陛，有章曾拜皂囊封。"宋王安石《送叔康侍御》："白笔岂知权可畏，皂囊还请上亲开。"叶绍翁《送冯济川归蜀》："勇唤东吴万里船，皂囊来奏九重天。"明李东阳《送董子仁给事使琉球》："归忆皂囊封事在，殿前风采尚崔巍。"

【皂袍】zàopáo 官吏所穿的黑色长衣。《后汉书·药崧传》："给帷被皂袍，及侍史二人。"宋王栐《燕翼诒谋录》卷一："国初仍唐旧制，有官者服皂袍，无官者白袍。"《元史·舆服志二》："娄宿旗，青质，赤火焰脚。绘神人，乌巾，素衣，皂袍。"

【皂绨】zàotí 用黑色厚缯做成的衣服。《汉书·贾谊传》："且帝之身衣皂绨，而富民墙屋被文绣。"《初刻拍案惊奇》卷三〇："（助教）望庙门半掩，只见庙内一人，着皂绨背子，缓步而出，却像云郎。"

【皂衣】zàoyī ❶黑色衣服。秦汉时官员所着，后降为下级官吏的服装。北朝时用为祭服，隋代规定用于商贾，宋代除商贾外，兼及技术、伶人，明代用作皂隶差役公服。《汉书·萧望之传》："敞备皂衣

二十余年,尝闻罪人赎矣,未闻盗贼起也。"唐颜师古注引如淳曰:"虽有五时服,至朝皆著皂衣。"又《谷永传》:"擢之皂衣之吏,厕之争臣之末。"《隋书·礼仪志六》:"今之尚书,上异公侯,下非卿士,止有朝服,本无冕服。但既预斋祭,不容同在于朝,宜于太常及博士诸斋官例,著皂衣,绛襈,中单,竹叶冠。若不亲奉,则不须入庙。"又《礼仪志七》:"贵贱异等,杂用五色……庶人以白,屠商以皂,士卒以黄。"《旧唐书·封常清传》:"仙芝令常清监巡左右厢诸军,常清衣皂衣以从事。"宋刘敞《和王正仲熙宁郊祀》:"多士参鸣玉,微生厕皂衣。"宋马永卿《嬾真子》卷五:"谷永书云:'擢之皂衣之吏,厕之净臣之末。'则知汉朝之服,皆皂衣也。《周礼》:衮冕九章,鷩冕七章……元冕衣无章,裳刺黻而已。故曰'卿大夫之服,自元冕而下,如孤之服。'则皂衣者,乃周之卿大夫元冕也。汉之皂衣,盖本于此。"宋周密《武林旧事》卷三:"库妓之玲玲者,皆珠翠盛饰,销金红背,乘绣鞯宝勒骏骑,各有皂衣黄号私身数对,呵导于前,罗扇衣笈,浮浪闲客,随逐于后。"《宋史·舆服志五》:"端拱二年,诏县镇场务诸色公人并庶人、商贾、伎术、不系官伶人,只许服皂、白衣、铁、角带,不得服紫。"《明史·舆服志三》:"洪武三年定,皂隶,圆顶巾,皂衣。四年定,皂隶公使人,皂盘领衫,平项巾。"❷军服。《三国志·吴志·吴主传》:"是岁,权向合肥新城,遣将军全琮征六安,皆不克还。"南朝宋裴松之注引《吴书》:"其年,宫遣皂衣二十五人送旦等还。"《新五代史·杨行密传》:"皂衣蒙甲。"

皂衣(明万历年间刻本
《水浒全传》插图)

【皂制】zàozhì 黑衣。《后汉书·礼仪志中》:"先腊一日,大傩,谓之逐疫。其仪:选中黄门子弟十岁以上,十二以下,百二十人为侲子。皆赤帻皂制,执大鼗。"

【帻】zé 也称"缠帢"。男子束发包髻的巾。先秦时期仅是一种发箍,系于前额,其作用是防止头发下散,遮挡视线,为民间平民首服。秦时武将服赤帻,汉代形成以颜色表贵贱之制,如群吏春服戴青帻,武吏戴赤帻等。其初与巾有别,仅为束发之用,帻上尚要加冠,偶或亦有单服者。汉代帻与巾渐合而为一,上层贵族也开始使用;贵族在帻上加有冠。魏晋时,帻的形制变得和帽子相似,使用更方便,无需系裹。文官服尖顶的介帻,武官服平顶的平上帻,渐成定制。隋唐沿袭其制,规制更加细密,且形制亦愈加华美,遂成巾帽之形,帝王也有使用。其后巾、帻、帽混为一谈,难以区分。汉史游《急就篇》:"冠帻簪簧结发纽。"唐颜师古注:"帻者,韬发之巾,所以整嫱发也。常在冠下,或但单著之。"汉蔡邕《独断》:"帻,古者卑贱执事,不冠者之所服也。元帝额有壮发,不欲使人见,始进帻服之,群臣皆随焉。然尚无巾,至王莽内加巾,故言王莽秃帻施屋。"

汉扬雄《方言》卷四:"覆结谓之帻巾。"《后汉书·舆服志下》:"古者有冠无帻,其戴也,加首有颜,所以安物……汉兴,续其颜,却摞之,施巾连题,却覆之,今丧帻是其制也。名之曰帻。帻者,赜也,头首严赜也。至孝文乃高颜题,续之为耳,崇其巾为屋,合后施收,上下群臣贵贱皆服之……迎气五郊,各如其色,从章服也。皂衣群吏春服青帻,立夏乃止,助微顺气,尊其方也。武吏常赤帻,成其威也。未冠童子帻无屋者,示未成人也。"晋张华《博物志·服饰考》:"古者男子皆丝衣,有故乃素服。又有冠无帻,故虽凶事,皆着冠也。"《晋书·舆服志》:"《汉注》曰,冠进贤者宜长耳,今介帻也。冠惠文者宜短耳,今平上帻也。始时各随所宜,遂因冠为别。介帻服文吏,平上帻服武官也。"《隋书·礼仪志七》:"帻……自上已下,至于皂隶,及将帅等,皆通服之。今天子畋猎御戎,文官出游田里,武官自一品已下,至于九品,并流外吏色,皆同乌。"宋高承《事物纪原·冠冕首饰·帻》:"《隋·礼仪志》曰:帻,按董巴云:'起于秦人,施于武将,初为绛帕,以表贵贱。汉文帝时加以高顶。'孝元额有壮发,不欲人见,乃始进帻。又董偃绿帻,《东观记》云赐段颎赤帻,故知自上下通服之,皆乌也。厨人绿,驭人赤,舆辇人黄,驾五辂人逐车色。其承远游、进贤者,施以掌导,谓之介帻;承武弁者,施以笄导,谓之平巾。"明方以智《通雅·衣服·彩服》:"汉魏晋以来,谓漆纱之冠曰帻,通用巾帻。"清汪汲《事物原会·帻》:"《吴越春秋》:'公孙圣劝吴王遣下吏太宰嚭、王孙骆解冠帻,肉袒徒跣,稽首谢于句践。'是则春秋

时已有帻矣。《说文》:'发有巾曰帻。'今之丧服是其制也。"

【帻巾】zéjīn 帻与巾之合称。汉扬雄《方言》卷四:"覆结谓之帻巾。"宋叶廷珪《海录碎事》卷五:"承露,六国时赵魏之间通谓巾为承露,用全幅向后幞发谓之头巾,俗人谓之幞头。"

【帻梁】zéliáng 包发的头巾。《仪礼·士冠礼》"缁纚广终幅"汉郑玄注:"纚一幅长六尺,足以韬发而结之矣。纚,今之帻梁也。"一说为即系冠之绳。清钮琇《觚剩续编·綜》:"綜为系冠之绳,古谓之帻梁。"

【仄注冠】zèzhùguān 冠名,即法冠。《汉书·五行志中之上》:"昭帝时,昌邑王贺遣中大夫之长安,多治仄注冠,以赐大臣,又以冠奴。"唐颜师古注:"应劭曰:'今法冠是也。'谓之仄注冠者,言形侧立而下注也。"

【襟】zèng 一种贴身短衣,短汗衫之类。汉扬雄《方言》卷四:"汗襦,江淮南楚之间谓之襟。"《玉篇·衣部》:"襟……汗襦也。"一说为夹衣。《类篇·衣部》:"襟,复衣。"

zhai—zhi

【斋衣】zhāiyī ❶斋戒、祭祀时所穿的礼服。《淮南子·齐俗训》:"尸祝袀袨。"汉高诱注:"袨,黑斋衣也。"《汉书·丙吉传》:"始显少为诸曹,尝从祠高庙,至夕牲日,乃使出取斋衣。"❷丧服。《后汉书·礼仪志下》:"丧服大行载饰如金根车。皇帝从送如礼。太常上启奠。夜漏十二刻,太尉冠长冠,衣斋衣,乘高车,诣殿止车门外。"

【旃褐】zhānhè 指粗劣的衣服。题汉刘

歃《西京杂记》卷四:"娄敬始因虞将军请见高祖,衣旃衣披羊裘。虞将军脱其身上衣服以衣之。敬曰:'敬本衣帛则衣帛见,敬本衣旃则衣旃见。今舍旃褐假鲜华,是矫常也。'"

【旃裘】zhānqiú 用兽毛等制成的裘衣,冬天穿着防御风寒,多用北方游牧民族。汉桓宽《盐铁论·本议》:"陇、蜀之丹漆旄羽,荆、扬之皮革骨象,江南之楠梓竹箭,燕、齐之鱼盐旃裘,兖、豫之漆丝絺纻,养生送终之具也,待商而通,待工而成。"《史记·货殖列传》:"龙门、碣石北多马、牛、羊、旃裘。"《史记·匈奴列传》:"自君王以下,咸食畜肉,衣其皮革,被旃裘。"又《苏秦传》:"君诚能听臣,燕必致旃裘狗马之地。"汉司马迁《报任少卿书》:"虏救死扶伤不给,旃裘之君长咸震怖。"《汉书·司马迁传》:"旃裘之君长咸震怖。"又《匈奴传》:"其得汉絮缯,以驰草棘中,衣袴皆裂弊,以视不如旃裘坚善也。"明汪廷讷《种玉记·妃怨》:"看着那旃裘毳帐,中心黯然。这是我红颜薄命伊谁怨。"清黄遵宪《题运甓斋话别图》:"吉莫制革履,蒙戎缝旃裘。"

【旃衣】zhānyī 以毛毡等制成的衣服,多见于北方一些民族,冬天穿着以御寒冷。汉刘歆《西京杂记》卷四:"脱羊裘而衣旃衣,以见高祖。"

【展筩】zhǎnyǒng 礼冠上的装饰物。多见于汉代以后的通天冠、远游冠、法冠上。《后汉书·舆服志下》:"通天冠,高九寸,正竖,顶少邪却,乃直下为铁卷梁,前有山,展筩为述,乘舆所常服。"又:"远游冠,制如通天,有展筩横之于前,无山述,诸王所服也。"《隋书·礼仪志六》:"(高山冠)制似通天,顶直竖,不斜,无山

述展筩。"

【折风】zhéfēng 汉魏时期一种可以挡风帽子。《后汉书·东夷传·高句骊》:"大加主簿皆著帻,如冠帻而无后;其小加著折风,形如弁。"《梁书·诸夷传》:"大加主簿头所著似帻而无后;其小加著折风,形如弁。"《北史·高丽传》:"人皆著折风,形如弁,士人加插二鸟羽。贵者其冠曰苏骨。"唐李白《高句骊》诗:"金花折风帽,白马小迟回。"

【折角巾】zhéjiǎojīn 也作"折乌巾"。省称"折巾"。用郭泰典故,借指文人儒士的巾帽。《后汉书·郭泰传》:"尝于陈梁间行遇雨,巾一角垫,时人乃故折巾一角以为林宗巾,其见慕皆如此。"《周书·武帝纪下》:"初服常冠,以皂纱为之,加簪而不施缨导,其制若今之折角巾也。"唐韩鄂《岁华纪丽》卷二:"郭林宗雨中行,垫其角巾,时人故效之为折角巾。"唐张贲《和袭美寒夜见访》诗:"云孤鹤独且相亲,仿效从它折角巾。"唐李贺《南园》诗:"方领蕙带折角巾,杜若已老兰苕春。"宋张耒《赠赵景平》诗之一:"定知鲁国衣冠异,尽戴林宗折角巾。"陆游《自咏》:"华发萧萧居士身,江头风雨折乌巾。"明郎瑛《七修类稿》卷三三:"友人孙体诗,一曰戴巾来访。恐予诮之,途中预构一绝。予见而方笑,孙对曰:予亦有巾之诗,君闻之乎? 遂吟曰:'江城二月暖融融,折角纱巾透柳风。不是风流学江左,年来塞马不生琼。'"《水浒传》第九十八回:"忽见一秀士,头戴折角巾,引一个绿袍少年将军来,教琼英飞石子打击。"清吴伟业《赠钱臣康》:"杜家中弟擅闲身,处士风流折角巾。"清侯方域《九日登高》:"荒径遥开丛菊泪,折巾欹落短毛霜。"

【折上巾】zhéshàngjīn 也称"折上巾子"。省称"折"。折角向上之头巾。东汉梁冀所制。后汉梁冀改舆服之制,折迭幅巾之上角,称折上巾。北周裁为四脚,名曰幞头,也称折上巾。隋唐时贵贱通用,宋时为皇帝、皇太子常服。明初之翼善冠,亦名"折上巾"。《后汉书·梁冀传》:"冀亦改易舆服之制,作平上軿车、埤帻、狭冠、折上巾。"《旧唐书·舆服志》:"燕服,盖古之褻服也,今亦谓之常服……隋代帝王贵臣,多服黄文绫袍,乌纱帽,九环带,乌皮六合靴。百官常服,同于匹庶,皆著黄袍,出入殿省……其乌纱帽渐废,贵贱通服折上巾,其制周武帝建德年所造也。"唐刘肃《大唐新语》:"折上巾,戎冠也……初用全幅皂(帛)向后幞发,谓之幞头。周武帝才为四脚,武德以来,始加巾子。"宋赵彦卫《云麓漫钞》卷三:"幞头之制,本曰巾,古亦曰折,以三尺皂绢,向后裹发。"王谠《唐语林·容止》:"裴仆射遵庆,二十八仕,裹折上巾子,未尝随俗样。"沈括《梦溪笔谈》卷一:"幞头一谓之四脚,乃四带也。二带系脑后垂之,二带反系头上,令曲折附顶,故亦谓之折上巾。"《宋史·舆服志三》:"幞头。一名折上巾,起自后周,然止以软帛垂脚,隋始以桐木为之,唐始以罗代缯。"

【袥】zhé ❶衣襟;衣衽。汉扬雄《方言》卷四:"褛谓之袥。"晋郭璞注:"袥,即衣衽也。"扬雄《蜀都赋》:"其侠则接芬错芳,襜袥纤延。"《广雅》:"梢、袥、衽谓之褛。"❷也作"裇""帹"。衣领端。《玉篇·衣部》:"裇,领端也。袥,同帹。"清段玉裁《说文解字注》:"领端也。从巾。耴声。陟叶切。八部。按此篆与帹篆同义。《篇》《韵》皆有帹无帹。《集韵》乃兼

有之。盖此书当删帹。而存帹于帹处。"

【榛笄】zhēnjī 榛木制成的簪子,妇人服丧时束发用。《仪礼·丧服》"恶笄者,栉笄也"汉郑玄注:"栉笄者,以栉之木为笄,或曰榛笄有首者。"《礼记·檀弓上》:"盖榛以为笄,长尺而总八寸。"孔颖达疏:"盖用榛木为笄,其长尺,而束发垂余之,总垂八寸。"五代后唐马缟《中华古今注》卷中:"吉榛木为笄,笄以约发也。"

【织成履】zhīchénglǚ 以彩丝、棕麻等材料,按事先定好的式样直接编成的鞋履。秦汉时期已有其制,并有专事其业的工匠艺人。魏晋南北朝其制大兴。多用于贵族男女。明胡应麟《少室山房笔丛》卷一二:"余奉织成履一緉,愿着之动与福并。"1965年于新疆吐鲁番阿斯塔那北区第39号东晋墓出土有织成履实物:鞋底以麻线编成,长22.5厘米,宽8厘米;鞋帮以褐红、白、黑、蓝、黄、土黄、金黄、绿等八种颜色的丝线挑织而就。鞋面上除织有祥云、对兽等图纹外,还出"富且昌宜侯王天延命长"十个隶体汉字,鞋缘部分亦织有花纹及云纹。两只鞋面花纹一致,互相对称。

【直裾】zhíjū 垂直的衣裾。用于襜褕、长袍,有别于深衣的曲裾。制作时将衣襟接长一段,穿时折向身背,垂直而下。汉初多用于妇女,不能用于礼服,男子着此被视为失礼;东汉以后男女并用,并逐渐取代曲裾,衣襟位置亦从身背移至身前。《说文解字·衣部》:"褕,褕翟,从衣俞声。一曰直裾谓之襜褕。"《汉书·隽不疑传》:"始元五年,有一男子乘黄犊车,建黄旃,衣黄襜褕……自谓卫太子。"唐颜师古注:"襜褕,直裾单衣。"

【直领】zhílǐng ❶也作"直衿""直衿"。

服装领式之一。制为长条,下连衣襟,从颈后沿左右绕到胸前,平行地直垂下来,有别于圆领。多用于礼服,亦代指汉魏妇女出嫁礼服。汉刘熙《释名·释衣服》:"直领,领邪直而交下,亦如丈夫服袍方也。"扬雄《方言》卷四:"袒饰谓之直衿。"晋郭璞注:"妇人初嫁所著上衣,直衿也。"汉桓宽《盐铁论·散不足》:"古者庶人耋老而后衣丝,其余则麻枲而已,故命曰布衣。及其后,则丝里枲表,直领无袆,袍合不缘。"《汉书·广川惠王刘越传》:"时爱为去刺方领绣,去取烧之。"唐颜师古注引服虔曰:"如今小儿却袭衣也。颈下施衿,领正方直。"引晋灼曰:"今之妇人直领也。绣为方领,上刺作黼黻文。"宋赵彦卫《云麓漫钞》卷四:"古人戴冠,上衣下裳,衣则直领而宽袖,裳则裙。"明方以智《通雅》卷三六:"古人既有勾领为圆领,则应方之领,当是直领。"❷上衣下裳合并为一体的服装。即深衣。宋罗大经《鹤林玉露》乙篇卷二:"余尝于赵季仁处,见其服上衣下裳,衣用黄、白、青皆可,直领,两带结之,缘以皂,如道服,长与膝齐。"《文献通考·王礼十六》:"盖直领者,古礼也。其制具于《仪礼》,其像见于《三礼图》,上有衣而有裳者是也。"明焦竑《焦氏笔乘·深衣》:"朱子只作直领,而下裳背后六幅,正面六幅。"

直领示意图

【指环】 zhǐhuán 也称"约指""手记""代指""行驱"。今称"戒指"。套在手指上的环形装饰物。男女均可使用,既可戴在左手,亦可戴在右手,所戴数量不限。北京、山东、江苏、四川、新疆等地新石器时代的文化遗址已有出土。文献记载最早是宫廷妇女的避忌之物,后发展为装饰品,并由宫廷传到民间。亦常用作男女之间定情联姻的信物。制作指环的材料有骨、石、铜、铁、玉石、金、银等,器身呈圆环型,断面有圆形、方形、半圆形及椭圆形等多种。其上可镶嵌各种珠宝,常见的有翡翠、琉璃、玛瑙、火齐、金刚石等。其俗一直流传至今。《诗经·邶风·静女》:"静女其娈,贻我彤管。"汉毛亨传:"……古者后夫人必有女史彤管之法。史不记过,其罪杀之。后妃群妾以礼御于君所,女史书其日月,授之以环以进退之。生子月辰,则以金环退之,当御者以银环进之,著于左手,既御著于右手,事无大小,记以成法。"汉卫宏《汉官旧仪》卷下:"掖庭令昼漏未尽八刻,庐监以茵次上,婕妤以下,至后庭访白录,所录所推当御,见刻尽,去簪珥。蒙被入禁中,五刻罢,即留,女御长入扶以出,御幸赐银环,令书得环数,计月、日。无子罢废,不得复御。"汉董仲舒《春秋繁露》:"纣刑鬼侯,取其指环。"《搜神后记》:"我与他牙梳一枚,白骨笼子一具,金钏一双,银指环一只。"南朝梁无名氏《幽州马客吟歌辞》:"辞谢床上女,还我十指环。"《晋书·西戎传》:"其俗娶妇人先以金同心指环为娉。"《南史·后妃传》:"武帝镇樊城,尝登楼以望,见汉滨五采如龙,下有女子擘纩,则贵嫔也……帝赠以金环,纳之,时年十四。"隋丁六娘《十索诗》:"二八好容颜,非意得相关。逢桑欲采折,寻枝倒懒攀。欲呈纤纤手,从郎索指环。"唐王氏妇《与李章武赠答诗》:"捻指环,相思见环重相忆。"宋朱彧《萍洲可谈》卷二:"其人手指皆带宝石,嵌以金锡,视其贫富,谓之指环子。"宋高承《事物纪原·衣裘带服·指环》:"《春秋繁露》曰:纣刑鬼侯,取其指环。《五经要义》曰:古者后妃群妾,御于君所,当御者以银环进之,娠则以金环退之。进者著右手,退者著左手。今有指环,此之遗事也。本三代之制。"清纪昀《阅微草堂笔记·如是我闻一》:"二姐索金指环,汝乘醉探付彼耶?"

【绨衣】zhǐyī 周代五冕服之一。饰以刺绣的贵族礼服。《礼记·月令》:"是月也,天子始绨。"汉郑玄注:"初服暑服。"清凤韶《凤氏经说·终南》:"孤卿三章者曰绨衣。绨,紩以为绣也。三章者,衣绣粉米,裳绣黼黻,衣裳皆绣,故曰绨衣。"见202页chīyī。

【栉】zhì 梳篦等理发用具的统称。除实用外,亦常插于发际间作为装饰,后泛指妇女首饰。《诗经·周颂·良耜》:"其崇如墉,其比如栉。"宋朱熹集传:"栉,理发器,言密也。"《庄子·寓言》:"妻执巾栉。"汉史游《急就篇》"镜奁梳比各异工"唐颜师古注:"栉之大而粗所以理鬓者,谓之疏,言其齿稀疏也。小而细,所从去虮虱者,谓之比,言其齿密比也。皆因其体而立名也。"《说文解字·木部》:"栉,梳比之总名也。"清段玉裁注:"疏者为梳,密者为比(篦)。"《广雅·释器》:"梳、比笓,栉也。"三国魏阮瑀《无题》诗:"白发随栉坠,未寒思厚衣。"《太平御览》卷七一四:"我嘉兹栉,恶乱好理,一发不

顺,实以为耻。"梁陶弘景《真诰》卷九:"《太极录经》曰:理发欲向王地,即栉发之始。"宋王谠《唐语林》卷六:"长庆中,京城妇女首饰,有以金碧珠翠,笄栉步摇,无不具美,谓之'百不知'。"

【紩衣】zhìyī 缝补之衣。《晏子春秋·谏下十四》:"古者尝有紩衣挛领而王天下者。"《宋书·孝武帝纪》:"昔紩衣御宇,贬甘示节;土簋临天,饬俭昭度。"

【摘】zhì 发簪、发钗等首饰之股。《后汉书·舆服志下》:"太皇太后、皇太后入庙服……簪以瑇瑁为摘,长一尺,端为华胜。"又:"其摘有等级焉……公、卿、列侯、中二千石、二千石夫人,绀缯蔮,黄金龙首衔白珠,鱼须摘,长一尺,为簪珥。"

zhong—zhu

【中裩】zhōngqún 本为近身下衣,后衍为内裤。《史记·万石列传》:"(石建)取亲中裩、厕牏,身自浣涤。"《汉书·石奋传》:"取亲中裩、厕牏,身自浣洒。"清刘大櫆《胡孝子传》:"至夜必归。归则取母中裩秽污,自浣涤之。"清王晫《今世说·德行》:"下至中裩厕牏,皆自涤之。"

【裩】zhōng 合裆的内裤。汉桓宽《盐铁论》:"庶人则毛绔裩彤。"《玉篇》:"裩,小裤也。"《广雅·释器》:"裩、襣,裤也。"王念孙疏证引颜师古注:"裤合裆谓之裩,最亲身者也。"

【裓】zhōng 男子所著短裤。汉扬雄《方言》卷四:"裈,陈楚江淮之间谓之裓。"清段玉裁《说文解字注》:"幒或从松。方言作裓。"

【重服】zhòngfú 重孝丧服。通常指斩衰、齐衰等丧服。《汉书·文帝纪》:"当今之世,咸嘉生而恶死,厚葬以破业,重服以

伤生,吾甚不取。"南朝宋刘义庆《世说新语·德行》:"孔时为太常,形素羸瘦,著重服,竟日涕泗流涟。"《隋书·礼仪志三》:"至亲期断,加降故再期,而再周之丧,断二十五月。但重服不可顿除,故变之以纤缟,创巨不可便愈,故称之以祥禫。"宋王辟之《渑水燕谈录》卷四:"国朝有诸叔而嫡孙承重者自辉始。"

【重裘】zhòngqiú 重叠在一起穿的两件裘衣。汉贾谊《新书·谕诚》:"重裘而立,犹憎然有寒气,将奈我元元之百姓何?"《太平御览》卷六九四:"汲桑盛暑重裘重茵……军中为之语曰:'仕为将军何可羞,六月重茵披狐裘。'"《三国志·魏志·王昶传》:"谚曰:'救寒莫如重裘,止谤莫如自修。'"唐王谏《为郭子仪谢锦战袍表》:"重裘莫比,被练非坚。"明夏完淳《春雪怀不识》诗:"重裘不知温,无乃衣裳单?"

【朱绋】zhūfú 红色蔽膝。汉班固《白虎通·绋冕》:"绋者何谓也,绋者蔽也,行以蔽前,绋蔽者小,有事因以别尊卑,彰有德也。天子朱绋,诸侯赤绋。"

【朱绶】zhūshòu 红色丝带,用以系印章、玉佩等。汉魏六朝时专用于皇太子及诸王。《后汉书·楚王英传》:"加王赤绶羽盖华藻,如嗣王仪。"唐李贤注引《续汉书·舆服志》:"诸侯王赤绶,四采,长二丈一尺。"《晋书·舆服志》:"诸王金玺龟钮,纁朱绶,四采:朱、黄、缥、绀。"《通典·礼志二十三》:"盛服,则杂宝为佩,金银校饰绶,黄、赤、缥、绀四采。太子、诸王纁朱绶,赤、黄、缥、绀。"又:"梁制……皇太子金玺龟钮,朱绶,三百首。"唐钱起《送丁著作佐台郡》诗:"佐郡紫书下,过门朱绶新。"又《送河南陆少府》诗:"云间陆生美且奇,银章朱绶映金羁。"白居易《待漏入阁书事奉赠元九学士阁老》诗:"笑我青袍故,饶君茜绶殷。"宋陆游《草堂拜少陵遗像》诗:"至今壁间像,朱绶意萧散。"

【珠翠】zhūcuì 珍珠与翡翠,常用来制作妇女贵重的首饰。因亦作妇女首饰的代称。也借指盛装的女子。汉傅毅《舞赋》:"珠翠的砾而照耀兮,华袿飞髾而杂纤罗。"唐李善注:"珠翠,珠及翡翠也。"南朝宋孝武帝《拟徐干诗》:"自君之出矣,珠翠暗无精。"唐卢纶《王评事驸马花烛》诗:"步障三千无间断,几多珠翠落香尘。"刘知几《史通·杂说下》:"夫盛服饰者,以珠翠为先;工绘事者,以丹青为主。"五代杜光庭《富贵曲》诗:"美人梳洗时,满头间珠翠。岂知两片云,戴却数乡税。"宋王谠《唐语林》卷六:"长庆中,京城妇人首饰,有以金碧珠翠,笄栉步摇,无不具美。"周密《武林旧事》卷二:"元夕节物,妇人皆戴珠翠。"金盈之《新编醉翁谈录·方城风俗记》:"上元自月初开东华门为灯市……妇人又为灯球,灯笼大如枣栗,加珠翠之饰,合城妇女竞戴之。"孟元老《东京梦华录·相国寺内万姓交易》:"两廊皆诸寺师姑卖绣作,领抹、花朵、珠翠、头面、生色销金花样幞头、帽子、特髻、冠子、条线之类。"《水浒传》第二十回:"没半月之间,打扮得阎婆惜满头珠翠,遍体绫罗。"《金瓶梅词话》第十五回:"孟玉楼是绿遍地金比甲,头上珠翠堆盈,凤钗半卸,鬓后挑着许多各色灯笼儿。"清王韬《淞滨琐话》卷三:"妾头上珠翠,计可值三千金。"叶梦珠《阅世编》卷八:"首饰……以予所见,则概用珠翠矣。然犹以金、银为主而装翠于上,如满冠、捧鬓、倒钗之类,皆以金银花枝为之而贴翠加珠耳。《儿女英雄传》第二十四回:"连忙过来见姑娘,见他头上略带着几枝内款时妆的珠翠。"

【珠珰】zhūdāng 缀珠的耳饰。泛指缀珠的饰物。汉刘桢《鲁都赋》:"插曜日之珍笄,珥明月之珠珰。"《诗纪》卷四一引晋无名氏《清商曲辞·长乐佳》:"红罗复斗帐,四角垂珠珰。"玉枕龙须席,郎眠何处床。"南朝梁元帝《树名诗》:"柳叶生眉上,珠珰摇鬓垂。"南唐冯延巳《菩萨蛮》词:"相逢颦翠黛,笑把珠珰解。"唐和凝《宫词百首》其八:"红泥椒殿缀珠珰,帐蹙金龙窣地长。"宋薛师石《纪梦曲》:"双眉浅淡画春色,两耳炫耀垂珠珰。"《随园诗话》卷一:"玉面珠珰坐锦车,蟠云作髻两分梳。"清毛奇龄《思帝乡》其三:"霓裳。羽衣谱未详。玉貌何人无力,绕珠珰。"

【珠珥】zhǔěr 装饰有珠的耳饰。汉刘向《说苑·贵德》:"郑子产死,郑人丈夫舍玦佩,妇人舍珠珥,夫妇巷哭,三月不闻竽瑟之声。"《汉书·王莽传上》:"百岁之母,孩提之子,同时断斩……珠珥在耳,首饰犹存。"《太平御览》卷七一八:"'赵飞燕为皇后,其女弟上遗合浦圆珠珥。'"元方回《孔府判野耘读〈唐书·南诏传〉为此诗问其俗》:"碧钿悬珠珥,银钩摘象驮。"

【珠冕】zhūmiǎn 天子之冠,其上饰有垂珠,故名。汉蔡邕《独断》:"珠冕……古者天子冠所加者。"南朝宋鲍照《河清颂》:"金轮豹饰,珠冕龙衣。"

【珠襦】zhūrú ❶用珠缀串为饰的华美短衣。多用于帝、后及贵族所服。《汉书·霍光传》:"太后被珠襦,盛服坐武帐中。"

唐颜师古注:"如淳曰:'以珠饰襦也。'晋灼曰:'贯珠以为襦,形若今革襦矣。'"《文选·左思〈吴都赋〉》:"其宴居则珠服玉馔。"刘良注:"珠服,珠襦之属,以珠饰之也。"宋无名氏《虞主回京·十二时·警场内》:"珠襦宵掩,细扇晨归,昆阆茫茫。"石延年《残句》:"孔雀罗衫窄窄裁,珠襦微露凤头鞋。"清钱士馨《甲申三月纪事》:"血溅珠襦迷断箧,露零银树覆宫墙。"查慎行《花田咏古》:"珠襦梦断鸦啼曙,粉麝香消雨洗春。"❷即"珠襦玉柙"。《汉书·董贤传》:"及至东园秘器,珠襦玉柙,豫以赐贤,无不备具。"唐颜师古注:"珠襦,以珠为襦,如铠状,连缝之,以黄金为缕,要(腰)以下,玉为柙,至足,亦缝以黄金为缕。"宋卫宗武《留墓松》:"毋效发冢儒,假辞取珠襦。"刘克庄《大行皇帝挽诗六首》其六:"玉检无升顶,珠襦有裸尸。"元虞集《赋吴郡陆友仁得白玉方印》诗:"珠襦已随黄土化,此物还同金雁翔。"明李景云、崔时佩《西厢记·萧寺停丧》:"老相公在此停丧,虽无金樟银棺,也有珠襦玉匣,如今荐拔幽魂,不若早归安厝。"清唐孙华《耶律丞相墓》诗:"君不见,赵家玉匣埋皋亭,珠襦甲帐同飘零。"

【珠襦玉柙】zhūrúyùxiá 也称"珠襦玉匣"。省称"珠柙"。汉代帝王、王后及贵族的殓服。《汉书·佞幸传·董贤》:"及至东园秘器,珠襦玉柙,预以赐贤,无不备具。"唐颜师古注:"《汉旧仪》云东园秘器作棺梓……珠襦,以珠为襦,如铠状,连缝之,以黄金为缕。要以下,玉为柙,至足,亦缝以黄金为缕。"唐杨炯《崔献行状》:"珠襦玉匣,礼备于丧终;筮短龟长,事务于先见。"宋苏轼《薄薄酒二首,并引》其一:"珠襦玉柙万人祖送归北邙,不如悬鹑百结独坐负朝阳。"明田汝成《西湖游览志余·版荡凄凉》:"发宋家诸陵寝,断残肢体,攫珠襦玉匣,焚其骴,弃骨草莽间。"清汪熷《〈长生殿〉序》:"珠襦玉匣,安能对香佩以伤心;碧水青山,何止听淋铃而出涕。"

【珠柙】zhūxiá "珠襦玉柙"的省称。《文选·晋·张载〈七哀诗〉》:"珠柙离玉体,珍宝见剽房。"吕延济注:"珠柙,汉家送死之物,珠玉为柙。"

【珠簪】zhūzān 装饰珠的发簪。语本秦李斯《上书谏逐客》:"必出于秦然后可,则是宛珠之簪,傅玑之珥……不进于前。"汉张衡《观舞赋》:"粉黛施兮玉质粲,珠簪挺兮缁发乱。"清梁清标《忆秦娥·茉莉》:"美人奁镜偏宜傍,珠簪金络增新样。"

【诸于】zhūyú 汉代妇女上衣,较宽大,属袿衣类。《汉书·元后传》:"是时政君坐近太子,又独衣绛缘诸于。"唐颜师古注:"诸于,大掖衣,即袿衣之类也。"《后汉书·光武帝纪上》:"时三辅吏士东迎更始,见诸将过,皆冠帻,而服妇人衣,诸于绣镼,莫不笑之,或有畏而走者。"唐李贤注:"前书音义曰:诸于,大掖衣。如妇人之袿衣。"清王先谦集解:"惠栋曰:诸于,《说文》云:衧,诸衧也。省作于。"一说类似后世的半臂,俗呼披风敞袖。明方以智《通雅》:"诸于、绣镼,半臂也……是今之披风敞袖也。"

【诸衧】zhūyú 即"诸于"。《说文解字·衣部》:"衧,诸衧也。"《正字通·衣部》:"诸衧,即诸于,今俗呼披风敞袖是也。"

【褚衣】zhǔyī 絮有丝棉的夹衣,用于御寒。根据纳入絮绵之厚薄,有上褚、中褚、下褚之别。《汉书·南粤王赵佗传》:"上褚五十衣,中褚五十衣,下褚二十衣,遗王。"《新唐书·狄仁杰传》:"即丐笔书帛,置褚衣中,好谓吏曰:'方暑,请付家彻絮。'"又《李愬传》:"蔡吏惊曰:'城陷矣!'元济尚不信,曰:'是洄曲子弟来索褚衣尔。'"宋朱弁《送春》诗:"风烟节物眼中稀,三月人犹恋褚衣。"

【柱后】zhùhòu 执法者所戴的冠帽。亦用以借代司法官员。《后汉书·舆服志下》:"法冠,一曰柱后,高五寸,以纚为展筩,铁柱卷,执法者服之,侍御史、廷尉正监平也。"《晋书·礼志五》:"法冠,本楚服也。一名柱后,一名獬豸。"宋方回《次韵感学事二首》其二:"风雩谁识旧童儿,法令今惟柱后师。"一说为周代柱下史的别称。汉应劭撰、清孙星衍校集《汉官仪》卷上:"柱下史,老聃为之,秦改为御史。柱下史一名柱后。史谓冠以铁为柱,言其审(固),不挠也。"

【柱后惠文】zhùhòuhuìwén 即"柱后"。《汉书·张敞传》:"梁国大都,吏民凋敝,且当以柱后惠文弹治之耳,秦时狱法吏冠柱后惠文,武意欲以刑法治梁。"颜师古注引应劭曰:"柱后以铁为柱,今法冠是也。一名惠文冠。"

【柱后惠文冠】zhùhòuhuìwénguān 即"柱后"。汉蔡邕《独断》:"法冠,楚冠也,一曰柱后惠文冠。"《大学衍义补·慎刑宪·定律令之制》:"丘濬曰:后世乃谓儒生迂拘,止通经术,而不知法意;应有刑狱之事,止任柱后惠文冠,而冠章甫衣缝掖者无与焉。"

【柱卷】zhùjuàn 法冠、建华冠后部上端卷曲的两根铁柱。《后汉书·舆服志下》:"建华冠,以铁为柱卷,贯大铜珠九枚,制以缕鹿。"《晋书·舆服志》:"法冠,一名柱后,或谓之獬豸冠。高五寸,以縰为展筩。铁为柱卷,取其不曲挠也。"明王三聘《古今事物考·冠服》:"汉舆服志曰:法冠,一名注(柱)后惠文,以縰为展筩,铁柱卷,御史执法者服之,或谓之獬豸冠。"

【著】zhù 也作"褚"。在夹衣内填入絮绵。亦指装有絮绵的棉衣。《仪礼·士丧礼》:"幎目用缁,方尺二寸,緪里,著组系。"汉郑玄注:"緪,充之以絮也。"清胡培翚正义:"谓以絮充入缁著緪里之中。"《古诗十九首》之十八:"文彩双鸳鸯,裁为合欢被,著以长相思,缘以结不解。"《汉书·南粤王赵佗传》:"上褚五十衣,中褚三十衣,下褚二十衣,遗王。"唐颜师古注:"以绵装衣曰褚。上中下者,绵之多少薄厚之差也。"《说文解字》段注:"凡装衣曰著……其字当作'褚'。"

zhua—zuo

【鬃首】zhuāshǒu 用麻束发。多用于边远少数民族。《淮南子·齐俗训》:"三苗鬃首,羌人括领,中国冠笄,越人剪发,其于服一也。"汉高诱注:"鬃,以枲束发也。"晋左思《魏都赋》:"鬃首之豪,镶耳之杰,服其荒服,敛衽魏阙。"南朝齐沈约《齐故安陆昭王碑》:"椎髻鬃首,日拜门阙。"唐张铣注:"蛮夷结发之形。"南朝齐王融《三月三日曲水诗序》:"离身反踵之君,鬃首贯胸之长,屈膝厥角,请受缨縻。"清张澍《续黔书·小蟹》:"黔为鬼方,即无肠公子,郭索横行,彼鬃首镶耳之伦,且易而玩之矣。"

苗族鬃首

【襈】zhuàn ❶ 衣服上的缘饰。汉刘熙《释名·释衣服》:"襈,撰也;撰青绛为之缘也。"《后汉书·舆服志》:"公、列侯以下皆缘襈,制文绣为祭服。"《周书·高丽传》:"妇人服裙襦,裾袖皆为襈。"《隋书·东夷传·倭国》:"妇人束发于后,亦衣裙襦,裳皆有襈。"《大金集礼》卷二九:"袆衣,深青罗织成翚翟之形,素质十二等,领、褾、袖、襈并红罗织成龙云;青纱中单,素青纱制造,领织成黼形十二,褾、袖、襈织成云龙。"❷ 襞积、衣服上的褶裥。《玉海》卷八一:"织或作积,谓襞积之(积),若今之襈也。"❸ 重缯。亦指有缘饰的长襦。《玉篇·衣部》:"襈……缘褕也;重缯也。"

【装具】zhuāngjù 妇女的梳妆用具。《后汉书·光列阴皇后纪》:"帝从席前伏御床,视太后镜奁中物,感动悲涕,令易脂泽装具。"

【椎髻布衣】zhuījìbùyī 椎形的发髻,布质的衣服。形容妇女服饰朴素。《后汉书·梁鸿传》:"乃更为椎髻,著布衣,操作而前。"

【椎结左衽】zhuījiézuǒrèn 边远少数民族的一种服饰,挽髻如椎,衣服前襟向左。《后汉书·文苑传上·杜笃》:"若夫文身鼻饮缓耳之主,椎结左衽镂镊之君,东南殊俗不羁之国,西北绝域难制之邻,靡不重译纳贡,请为藩臣。"又《西南夷传·西南夷》:"其人皆椎结左衽,邑聚而居,能耕田。"

【錣鑋】zhuìguàn 妇女用的一种臂饰。《太平御览》卷七一八:"建安中,河间太守刘照夫人,卒于府后。太守至梦见一好妇人就,为室家,持一双金鑋与太守,不能名,妇人乃曰:'此錣鑋。'錣鑋者,其状如纽珠,大如指,屈伸在人。太守得置枕中,前太守迎丧,言有錣鑋。开棺视夫人臂,果无复有錣鑋焉。"

【衶縌】zhuótán 夏日所穿的单衣。汉扬雄《方言》卷四:"衶縌谓之襌。"晋郭璞注:"今又呼为凉衣也。"清戴震疏证:"案襌名本作袡,今订正。《玉篇》于衶字下云:'襌衣……以郭注言'今又呼为凉衣'证之,不得为袡明矣。"

【缁麻衣】zīmáyī 与皮弁、素裳配用,用黑色麻布制成的礼服。汉代行大射礼时,执事者穿着。《后汉书·舆服志下》:"行大射礼,于辟雍……执事者冠皮弁,衣缁麻衣,皂领袖,下素裳,所谓皮弁素积者也。"

【紫绶】zǐshòu 紫色印绶。秦汉时丞相、公侯、将军等高官显贵佩在腰际,拴系玉饰或印章,并以昭示身份。隋唐后仅成显示地位的装饰紫色之绶,只有高级官员才能戴用。《史记·蔡泽传》:"怀黄金之印,结紫绶于要。"《汉书·百官公卿表上》:"相国、丞相,皆秦官,皆金印紫绶,掌丞天子助理万机。"《后汉书·舆服志下》:"公、侯、将军紫绶,二采,紫白、淳圭,长丈七尺,百八十首。公主封君服紫绶。"《隋书·礼仪志六》:"印绶,二品以

上,并金章,紫绶;三品银章,青绶。"唐李白《门有车马客行》:"空谈霸王略,紫绶不挂身。"元稹《酬乐天喜邻郡》诗:"蹇驴瘦马尘中伴,紫绶朱衣梦里身。"李商隐《送千牛李将军赴阙五十韵》:"照市琼枝秀,当年紫绶荣。"《新唐书·车服志》:"鷩冕者,二品之服也……紫绶,紫质,紫、黄、赤为纯,长一丈六尺,广八寸,一百八十首。"宋葛胜仲《瑞鹧鸪》词:"金章紫绶身荣贵,寿福天储昌又炽。"明高明《琵琶记》第三出:"画堂内持觞劝酒,走动的是紫绶金貂;绣屏前品竹弹丝,摆列的是红妆粉面。"明张萱《疑耀》卷五:"世人皆知拾青紫……而不知青紫,二字何所本。汉制:丞相、太尉金印紫绶,御史大夫银印青绶,皆官阶之极崇者,故云拾青紫。"明何景明《送顾汝成》:"十年垂紫绶,万里为苍生。"清陆以湉《冷庐杂识·潘太守诗》:"黄冠紫绶都如梦,红树青霜饯此行。"《清史稿·乐志五》:"列坐处,紫绶青緺。"

【紫绨裘】zǐtìqiú 以紫绨为面的裘皮服装。题汉刘歆《西京杂记》卷二:"尝着青丝履,招风扇,紫绨裘,与后同居处。"唐韩翃《送夏侯侍郎》:"听讼不闻乌布帐,迎宾暂著紫绨裘。"

【紫缨】zǐyīng 紫色缨带,多为贵官用做帽带。汉蔡邕《王子乔碑》:"被绛衣,垂紫缨。"唐张说《蜀路》诗:"秦京开朱第,魏阙垂紫缨。"

【足履】zúlǚ 鞋子。《汉书·五行志下之上》:"史记秦始皇帝二十六年,有大人长五丈,足履六尺,皆夷狄服,凡十二人,见于临洮。"

【足衣】zúyī 袜子。《说文解字·韦部》:"韤,足衣也。从韦,蔑声。"汉刘熙《释

名·释衣服》:"袜,末也,在脚末也。"清王先谦疏正补:"《一切经音义》引作袜。案《玉篇》云:袜,脚衣。故后人亦以袜代袜也。"《左传·哀公二十五年》:"褚师声子袜而登席。"晋杜预注:"袜,足衣也。"宋陈元靓《绮谈市语·服饰门》:"袜,足衣。"明宋濂《燕书四十首》:"南文子任卫国之政,察见渊鱼,人莫不畏之。一日忽若狂易者,以足衣为巾,以冠缨苴履,以食豆而羹箪,百物莫不反者。"清赵翼《陔馀丛考》卷三三:"俗以男子足衣为袜,女子足衣为膝裤。"清桂馥《札朴·拢绔》:"今于足衣外复着短绔,谓之拢绔。"

【组履】zǔlǚ 即"织成履"。汉秦嘉《重报妻书》:"并致宝钗一双,价值千金;龙虎组履一緉。"曹操《遗令》:"余香可分与诸夫人,不命祭。诸舍中无所为,可学作组履卖也。"

【左貂】zuǒdiāo 饰于冠左之貂尾。汉代近臣内侍所戴武冠左侧装饰的貂尾,后历代沿用。亦代指贵近之臣。唐代指门下省长官侍中和左散骑常侍,明代用作宦官之别称。《后汉书·宦者传序》:"汉兴,仍袭秦制,置中常侍官。然亦引用士人,以参其选,皆银珰左貂,给事殿省。"《北堂书钞》卷五八:"侍中,古官……金蝉左貂。"《隋书·礼仪志七》:"貂蝉,案《汉官》:'侍内金蝉左貂,金取刚固,蝉取

高洁也。'董巴志曰:'内常侍,右貂金珰,银附蝉,内书令亦同此。'今宦者去貂,内史令金蝉右貂,纳言金蝉左貂。"《新唐书·百官志二》:"显庆二年,分左、右,隶门下、中书省,皆金蝉、珥貂,左散骑常侍与侍中为左貂,右散骑与中书令为右貂,谓之八貂。"《唐六典》卷八《门下省·侍中》:"侍中冠,武弁大冠,亦曰惠文冠,加金珰附蝉为文,貂尾为饰。侍中服之,则左貂。"《旧五代史·职官志》:"台辖之司,官资并设,左、右貂素来相类,左、右揆不至相悬。"宋陆游《题千秋观怀贺亭》诗:"河湟使典珥左貂,曲江相君谢不朝。"李心传《旧闻证误》卷二:"熙宁五年三月戊戌,富弼授司空兼侍中,致仕。按:富公实以衮钺挂冠,此云左貂,盖误。"明沈德符《万历野获编》卷六《怀恩安储》:"今观故太监怀恩事迹,时上钟爱兴王……万贵妃劝上易储位,恩以死拒不从。储位安矣。审如此言,左貂辈亦获收羽翼之功。"

【袏衣】zuòyī 省称"袏"。带有右外襟的单衣。一般穿在里面。汉扬雄《方言》卷四:"禅衣有裹者,赵魏之间谓之袏衣。"晋郭璞注:"前施裹囊也。"清钱绎笺疏:"衣前襟亦谓之裹……注'前施裹囊'者,谓右外袊。古礼服必有裹,惟裹衣无裹。"《广韵·衣部》:"袏,禅衣。"

魏晋南北朝时期的服饰

魏明帝以公卿衮衣黼黻之饰，疑于至尊，多所减损，始制天子服刺绣文，公卿服织成文。及晋受命，遵而无改。天子郊祀天地明堂宗庙，元会临轩，黑介帻，通天冠，平冕。冕，皂表，朱绿里，广七寸，长二尺二寸，加于通天冠上，前圆后方，垂白玉珠，十有二旒，以朱组为缨，无綖。佩白玉，垂珠黄大旒，绶黄赤缥绀四采。衣皂上，绛下，前三幅，后四幅，衣画而裳绣，为日、月、星辰、山、龙、华虫、藻、火、粉米、黼、黻之象，凡十二章。素带广四寸，朱里，以朱绿禅饰其侧。中衣以绛缘其领袖。赤皮为韨，绛袴袜，赤舄。未加元服者，空顶介帻。其释奠先圣，则皂纱袍，绛缘中衣，绛袴袜，黑舄。其临轩，亦衮冕也。其朝服，通天冠高九寸，金博山颜，黑介帻，绛纱袍，皂缘中衣。其拜陵，黑介帻，单衣。其杂服，有青赤黄白缃黑色，介帻，五色纱袍，五梁进贤冠，远游冠，平上帻武冠。其素服，白帢单衣。

帽名犹冠也，义取于蒙覆其首，其本缅也。古者冠无帻，冠下有缅，以缯为之。后世施帻于冠，因或裁缅为帽。自乘舆宴居，下至庶人无爵者皆服之。

袴褶之制，未详所起，近世凡车驾亲戎、中外戒严服之。服无定色，冠黑帽，缀紫摽，摽以缯为之，长四寸，广一寸，腰有络带以代鞶。中官紫摽，外官绛摽。又有纂严戎服而不缀摽，行留文武悉同。其畋猎巡幸，则惟从官戎服带鞶革，文官不下缨，武官脱冠。

—— 《晋书·舆服志》

天子服备日、月以下，公山、龙以下，侯伯华虫以下，子男藻、火以下，卿大夫粉米以下。天子六冕，王后六服，著在周官。公侯以下，咸有名则，佩玉组绶，并具礼文，后代沿革，见《汉志·晋服制令》，其冠十三品，见蔡邕《独断》，并不复具详。宋明帝泰始四年，更制五辂，议修五冕，朝会缮猎，各有所服，事见宋注。旧相承三公以下冕七旒，青玉珠，卿大夫以下五旒，黑玉珠。永明六年，太常丞何谭之议，案《周礼》命数，改三公八旒，卿六旒。尚书令王俭议，依汉三公服，山、龙九章，卿华虫七章。从之。

—— 《南齐书·舆服志》

窃见后周制冕,加为十二,既与前礼数乃不同,而色应五行,又非典故。谨案三代之冠,其名各别。六等之冕,承用区分,璪玉五采,随班异饰,都无迎气变色之文。唯《月令》者,起于秦代,乃有青旗赤玉,白骆黑衣,与四时而色变,全不言于弁冕。五时冕色,《礼既》无文,稽于正典,难以经证。且后魏已来,制度咸阙。天兴之岁,草创缮修,所造车服,多参胡制。故魏收论之,称为违古,是也。周氏因袭,将为故事,大象承统,咸取用之,舆辇衣冠,甚多迂怪。

—— 《隋书·礼仪志七》

汉末以来,时局动荡,匈奴、鲜卑、羌、氏等少数民族趁中原之乱,大举迁入中原。少数民族服饰与中原服饰相互影响,中国服饰进入了一个新的发展时期。

在各政权的冠服制度上,魏晋南北朝时期的服饰,大体上仍承袭秦汉旧制。即使是少数民族建立的政权,也开始采用汉族正统的服饰制度,如北魏孝文帝改革,其中改革本民族服饰,采用中原文化的冕服制度就是其中重要的一项内容,这些改革又被后来的北齐、北周等政权所沿用,但各有损益。南朝各政权沿袭了魏晋时期的舆服制度,同时根据实际情况作了一些修改。

在常服和便服中,少数民族的影响更为显著,中原人民的服饰,在原有的基础上吸收了不少北方民族的服饰特点,衣服的形式适体。这一时期,源自北方少数民族的裤褶、裲裆、半袖衫、筩袖铠、裲裆铠、明光铠等得以在南北流行。南朝士人的服饰有所不同,主要以宽松的袍衫和低敞衣襟为主要特征。妇女一般上身穿着衫、襦,下身穿裙子,款式多上俭下丰,衣身部分紧身合体,袖筒肥大。裙多褶裥裙,裙长曳地。这个时期的服饰,可以参鉴《洛神赋》《列女传》等图卷以及墓葬出土的壁画和男女俑。

这一时期的巾帻称小冠,后部逐渐加高,体积缩小。在小冠上又加笼巾,称为笼冠。还有高顶冠和鲜卑人的垂裙帽、突骑帽等。

A

ai—an

【艾虎】àihǔ 相传农历五月是毒月，东汉天师道创始人张天师以菖蒲为剑、艾叶为虎驱除瘟疫虫毒。因此端午节，用艾叶做成虎形，或剪彩绸做成虎形，上面粘贴上艾叶。妇女及小儿戴在头上或佩在身上，有辟邪祛毒之功效。后世也有以金玉雕凿而成者。六朝以后较为流行，在宋词中频繁出现。南朝梁宗懔《荆楚岁时记》："今人以艾为虎形，或剪彩为小虎，粘艾叶于戴之。"陆游《老学庵笔记》卷二："靖康初，京师织帛及妇人首饰衣服，皆备四时，如节物则春幡、灯毬、竞渡、艾虎、云月之类。"王诜《失调名》："偷闲结个艾虎儿，要插在秋蝉鬓畔。"章碣《端午帖子词》："玉燕钗头艾虎轻。"史浩《卜算子》词："艾虎青丝鬓。"赵长卿《减字木兰花》："来戴钗头艾虎儿。"刘克庄《贺新郎·端午》词："儿女纷纷夸结束，新样钗符艾虎。"韩淲《重午》诗："鬓花臂丝盘艾虎，佳人竞云作重午。"元贾仲名《金安寿》第三折："叠冰山素羽青奴，翦彩仙人悬艾虎。"明彭大翼《山堂肆考·宫集》卷一一："端午以艾为虎形，或翦彩为虎，粘艾叶以戴之。"明无名氏《天水冰山录》记严嵩被籍没的衣物中，有"金厢天师骑艾虎首饰一副。计十一件，共重一十四两七钱四分"。清张大纯《姑苏采风类记》："午日，儿女彩索缠臂，又簪艾虎、钗符、

健人等，饮雄黄昌蒲酒。"富察敦崇《燕京岁时记》："每至端阳，闺阁中之巧者，用绫罗制成小虎……以彩线穿之，悬于钗头，或系于小儿之背。古诗云：'玉燕钗头艾虎轻。'即此意也。"

【安陀会】āntuóhuì 梵语 antarvāsa 的音译，为佛教三衣之一。也作"安呾婆沙""安呾婆娑""安多婆裟""安陀罗跋萨""安多会""安陀衣""安多卫"。意译作"内衣""里衣""作衣""作务衣""中宿衣""中着衣""五条衣""五条袈裟"。属单层衣，可在最里面贴身穿着，一般作为僧人日常工作时或就寝时所穿之贴身衣，为三衣中最小之衣。其制为无领大襟衫形，以坏色之麻布等为布料裁制长条与短条，共五条，每条一长一短，共计十隔。关于安陀会之衣量，诸经论说法不一。此衣又称守持衣，最小之限量，必须盖三轮，即上盖肚脐，下掩双膝。唐代武则天为使禅林中行脚作务时方便，而将此衣缩小，并赠与禅僧，此衣遂被穿着于法衣之上，称为"络子""挂络"。隋慧远《大乘义章》卷一五："言三衣者，谓五条衣、七条衣、大衣。上行之流唯受此三，不蓄余衣。"唐道宣《四分律删繁补阙行事钞》下一：《四分》云：沙门衣不为怨贼劫，应作安陀会，衬体着；郁多罗僧、僧伽梨，入聚落着。"

【鞍甲】ānjiǎ 也作"鞍铠"。军士所用的马鞍和铠甲。亦借指征战生涯。《资治

通鉴·梁纪十三》："李弼弟㯹，身小而勇，每跃马陷陈，隐身鞍甲之中。"南朝宋鲍照《代东武吟》："肌力尽鞍甲，心思历凉温。"南朝陈徐陵《梁贞阳侯与陈司空书》："近岁彭都之役，得备戎行，鞍甲之劳，庶酬天宠。"唐杨炯《左武卫将军成安子崔献行状》："鞍甲成劳，晦明为疾。"《新唐书·李愬传》："敕士少休，益治鞍铠。"宋司马光《塞上》诗："何时献戎捷，鞍甲一朝闲。"元郑元祐《寄于彦成高士》："文锋久淬鸊鹈膏，鞍甲藏身百战鏖。"

B

bai

【白笔】báibǐ 官吏上朝随身所带记事用之笔。汉代形成制度，后演化成只具有装饰作用的头饰或冠饰，亦借指御史等官员。《太平御览》卷二二七："帝尝大会，殿中御史簪白笔，侧阶而坐。问左右：'此为何官何主?'左右不对。辛毗曰：'谓御史，旧持簪笔，以奏不法。今者直备官，但珥笔耳。'"晋崔豹《古今注·舆服》："白笔，古珥笔，示君子有文武之备焉。"《晋书·舆服志》："笏者，有事则书之，故常簪笔，今之白笔是其遗象。尚书令、仆射、尚书手版头复有白笔，以紫皮裹之，名曰笏。"《隋书·礼仪志七》："朝服，冠，帻簪导，白笔。"唐李白《赵公西侯新亭颂》："初以铁冠白笔，佐我燕京，威雄振肃，虏不敢视。"张继《送张中丞归使幕》诗："满台簪白笔，捧手恋清辉。"《新唐书·车服志》："七品以上以白笔代簪，八品、九品去白笔，白纱中单，以履代舄。"

【白布帽】báibùmào 白色布做的丧帽。亦指少数民族人民所戴的白布帽子。《陈书·高宗二十九王·长沙王叔坚传》："及高宗崩……及翌日小敛，叔陵袖铦药刀趋进，斫后主，中项，后主闷绝于地……叔陵旧多力，须臾，自奋得脱，出云龙门，入于东府城，召左右断青溪桥道，放东城囚以充战士。又遣人往新林，追其所部兵马，仍自被甲，著白布帽，登城西门，招募百姓。"《北史·流求传》："流求国……妇人以罗纹白布为帽，其形方正。"

【白带】báidài 衣服上的白色带子或腰带。南朝梁吴均《酬萧新浦王洗马》诗："崇兰白带飞，青鵁紫缨络。"题东晋陶渊明《搜神后记》："夜中，有一人，长一丈，著黄衣，白带。"元末明初王逢《天门行》："烹羊椎牛醉以酒，腰缠白带红帕首。"清徐嵘庆《白莲贼》诗："十万妖人身雪白，白衣白带白幞帻。"

【白貂裘】báidiāoqiú 一种白色貂皮制成的皮裘，因白貂稀少，故极为贵重。《梁书·诸夷传》："普通元年，又遣使献黄师子、白貂裘、波斯锦等物。七年，又奉表贡献。"唐张为《渔阳将军》诗："霜髭拥颔对穷秋，著白貂裘独上楼。"薛逢《侠少年》诗："绿眼胡鹰踏锦鞲，五花骢马白貂裘。往来三市无人识，倒把金鞭上酒楼。"《资治通鉴·后晋高祖天福元年》："帝将发上党，契丹主……与帝执手相泣，久之不能别，解白貂裘以衣帝。"元胡三省注："貂出于北方。黑貂之裘南方犹可致，白貂之裘南方鲜有之。陆佃《埤雅》曰：貂亦鼠类，缛毛者也。其皮暖于狐貉。"《辽史·太宗本纪上》："晋帝辞归，上与宴饮，酒酣，执手约为父子。以白貂裘一、厩马二十、战马千二百钱之。"

《元史·良臣列传》:"捷闻,世祖喜甚,召良臣入觐……赐白貂裘。"

【白高帽】báigāomào 即"白纱帽"。《隋书·礼仪之七》:"帽,古野人之服也。董巴云:'上古穴居野处,衣毛帽皮。'以此而言,不施衣冠明矣。案宋、齐之间,天子宴私,著白高帽,士庶以乌,其制不定,或有卷荷,或有下裙,或有纱高屋,或有长耳。"

【白骨钗子】báigǔchāizi 白色骨制的发钗,传说东晋时为织女服丧用。五代后唐马缟《中华古今注》卷中:"又东晋有童谣言,织女死,时人插白骨钗子。白妆,为织女作孝。"

【白纶巾】báiguānjīn 也称"白纶帽"。白色的纶巾。《太平御览》卷六八七:"贡白纶帽一颜,以示微意。"《晋书·谢万传》:"万著白纶巾,鹤氅裘,履版而前。"南朝宋刘义庆《世说新语·简傲》:"(谢中郎)尝著白纶巾。"《陈书·儒林传》:"尝于白马寺前逢一妇人,容服甚盛,呼德基入寺门,脱白纶巾以赠之。"唐白居易《访陈二》:"晓垂朱绶带,晚著白纶巾。"皮日休《润卿鲁望寒夜见访各惜其志遂成一绝》诗:"世外为交不是亲,醉吟俱岸白纶巾。"宋张淏《云谷杂记》卷二:"谢万著白纶巾,鹤氅裘。"周密《癸辛杂识·前集》:"晋人著白接离,谢万白纶巾。"苏辙《次韵子瞻和渊明饮酒二十首》诗:"还将山林姿,俯首要路津。囊中旧时物,布衣白纶巾。"王安石《冬日》诗:"转思江海上,一洗白纶巾。"

【白祫(裌)】báijiá 白色双层无絮的衣服,平民的服装,多用于春秋天微凉时节。南朝宋刘义庆《世说新语·雅量》

"顾和始为扬州从事"刘孝标注引晋裴启《语林》:"周侯饮酒已醉,著白祫,凭两人来诣丞相。"唐李商隐《楚泽》诗:"白祫经年卷,西来及早寒。"又《春雨》诗:"怅卧新春白祫衣,白门寥落意多违。"陆龟蒙《闺怨》诗:"白祫行人又远游,日斜空上映花楼。"李颀《送康洽入京进乐府歌》:"白夹春衫仙吏赠,乌皮隐几白郎与。"五代后唐李叔卿《江南曲》:"郗家子弟谢家郎,乌巾白祫紫香囊。"宋刘子翚《次致明泉石轩诗韵》:"闲披白祫过清湖,爽气涵空渺无外。"元宋褧《杨花曲》:"白祫春衫侠少年,旌旗别恨村萦牵。"清纳兰纳德《秋千索》诗:"一道香尘碎绿苹,看白祫轻调马。"清徐倬《泇河道中》:"摊书客倦乌皮几,听雨凉生白夹衣。"清金农《寄赠于三郎中山居》诗之一:"身离束缚卸犀围,白祫披时少是非。"

【白接篱】báijiēlí 即"接羅"。也作"白接羅"。省称"白接"。南朝宋刘义庆《世说新语·任诞》:"山季伦为荆州,时出酣畅,人为之歌曰:'复能乘骏马,倒着白接篱。'"《三国志·吴志·孙皓传》"四年春,立中山、代等十一王,大赦"南朝宋裴松之注引晋干宝《晋纪》:"吴丞相军师张悌、护军孙震、丹阳太守沈莹帅众三万济江,围成阳都尉张乔于杨荷桥,众才七千,闭栅自守,举白接告降。"唐李白《襄阳曲》:"山公醉酒时,酩酊襄阳下。头上白接篱,倒著还骑马。"宋陆游《避暑近村偶题》诗:"红尘冠盖真堪怕,还我平生白接篱。"明陈宪章《后菊会再次李九渊韵》诗:"风月小囊诗,长啸东轩下,苍鬐白接羅。"

【白袷】báijié　白色曲领。亦指有白色曲领的外衣。晋王子猷（徽之）兄弟喜穿白领衣衫，被支道林称为白颈乌。后世用作咏贵族子弟的典故。南朝宋刘义庆《世说新语·轻诋》："支道林入东，见王子猷兄弟。还，人问：'见诸王何如？'答曰：'见一群白颈乌，但闻唤哑哑声。'"唐李贺《染丝上春机》："彩线结茸背复迭，白袷玉郎寄桃叶。"王琦汇解："袷有二音，亦有二义。作夹音读者为复衣……作劫音读者为曲领。"

【白绢帽】báijuānmào　用绢制成的白色丧帽，服丧时所戴。《陈书·刘师知传》："按王文宪《丧服明记》云：官品第三，侍灵人二十。官品第四，下达士礼，侍灵之数，并有十人。皆白布袴褶，著白绢帽。"《北史·艺术上》："至三月而魏文帝崩。复取一白绢帽著之，左右复问之。檀特云：'汝亦著，王亦著也。'未几，丞相夫人薨。后又著白绢帽，左右复问之。云：'汝不著，王亦著也。'寻而丞相第二儿武邑公薨。其事验多如此也。俄而疾死。"

【白练裙】báiliànqún　❶也作"羊欣白练裙"。南朝宋羊欣年十二作隶书，为王献之所爱重。欣夏月着新绢裙昼寝，献之见之，书裙数幅而去。欣加临摹，书法益工。后用为典故。唐陆龟蒙《怀杨召文杨鼎文二秀才》诗："重思醉墨纵横甚，书破羊欣白练裙。"元张雨《怀茅山》诗："归来闭户偿高卧，莫遣人书白练裙。"明陈端《以剡笺寄赠陈待诏》诗："从知醉里纵横墨，不到羊欣白练裙。"清曹寅《真州送南洲归里》："含经堂下锄芸处，无事休题白练裙。"❷白绢制的下裙。《隋书·礼仪志七》："白纱帽，白练裙、襦，乌皮履，视朝、听讼及宴见宾客，皆服之。"《新唐书·车服志》："金饰，五品以上兼用玉，大口绔，乌皮靴，白练裙、襦，起梁带。"明袁凯《访张道士题壁》诗："山风忽送桃花雨，湿遍床头白练裙。"清朱景英《送陈梅岑之任武冈学博》诗其一："珍重青毡席，淋漓白练裙。"

【白鹭缞】báilùsuō　也称"白鹭蓑""白鹭缞"。❶白鹭头顶的数十枚长毛，洁白而与众毛异。代指以白鹭蓑羽为饰的帽子。《尔雅·释鸟》："鹭，春鉏。"晋郭璞注："白鹭也。头、翅、背上皆有长翰毛，今江东人取以为睫攡，名之曰白鹭缞。"宋李石《续博物志》卷六："鹭有长翰毛，江东人取以为睫攡，名之曰白鹭缞。"曾慥《类说·海物异名记》："江东人取白鹭头颈上翰为接离，谓之白鹭缞。"清李调元《卍斋琐录·戍录》："《尔雅》注：'白鹭缞。'按即晋山简接篱，白帽也。"厉荃《事物异名录》卷一六："接离，一名白鹭缞，缞一作蓑。"❷省称"鹭缞"。用白鹭的长翰毛编制的白色披风外套。《资治通鉴·齐东昏侯永元二年》："后宫服御，极选珍奇，府库旧物，不复周用……又订出雉头、鹤氅、白鹭缞。"元胡三省注："白鹭缞，鹭头上毦也。鹤氅、鹭缞，皆取其洁白。《诗》疏曰：鹭，水鸟，毛白而洁，顶上有毛氄氄然，此即缞也。"

【白帽】báimào　❶即"白纱帽"。《宋书·明帝纪》："坐定，休仁呼主衣白帽代之，令备羽仪。"宋米芾《画史》："蒋冠巾长源，字仲永，收《宣王姜后免冠谏图》，宣王白帽，此六朝冠也。"❷白色帽子。专指服丧戴的白布帽。《南史·梁安成康王秀传》："初，秀之西也……及薨,四川人裂裳为白帽哀哭以迎送之。"唐杜甫《别董颋》诗:"当念著白帽,采薇青云端。"宋梅尧臣《次韵和吴正伸以予往南陵见寄兼惠新酝早蟹》诗:"入门得寄诗,欲览整白帽。"《元史·邓文源传》:"明旦,家人得之以归,比死,其兄问杀汝者何如人,曰:'白帽、青衣、长身者也。'"《明史·礼志十三(凶礼二)》:"退出公署及私室,则仍素服白帽二十七日。"清魏源《默觚下·治篇二》:"商君车裂而秦人不怜,武侯则巷祭路哭,白帽成俗。"❸回族男子首服。用白布制成,圆顶无檐,将头发紧紧罩住,额头看不见头发。《清史稿·庆祥传》:"庆祥令帮办大臣额尔哈善及领队大臣乌凌阿往剿,夜雷雨,张格尔溃围走,白帽回众纷起应之。"

【白袍】báipáo 白色袍服。为庶人和士子未任者服之,亦可用作军士之服。唐宋时亦用来作入试士子的代称。《梁书·陈庆之传》:"庆之麾下悉著白袍,所向披靡。先是洛阳童谣曰:'名师大将莫自牢,千兵万马避白袍。'"《新唐书·车服志》:"太尉长孙无忌又议:'服袍者下加襕,绯、紫、绿皆视其品,庶人以白。'"唐李肇《唐国史补》卷下:"或有朝客讥宋济曰:'近日白袍子何太纷纷?'济曰:'盖由绯衣子、紫衣子纷纷化使然也。'"五代后唐马缟《中华古今注》卷中:"秦始皇三品以上绿袍深衣,庶人白袍,皆以绢为之。"宋洪迈《容斋三笔·叶晦叔诗》:"一闲十日岂天赐?惭愧纷纷白袍子。"苏轼《催试官考较戏作》诗:"愿君闻此添蜡烛,门外白袍如立鹄。"叶适《叶路分居思堂》诗:"白袍虽屡捷,黄榜未沾恩。"王栐《燕翼诒谋录》卷一:"国初仍唐旧制,有

官者服皂袍,无官者白袍。"陆游《猎罢夜饮》诗:"白袍如雪宝刀横,醉上银鞍身更轻。"元张国宾《薛仁贵》第一折:"有一个白袍卒,奋勇前驱,直杀的他无奔处。"

【白帢】báiqià ❶素缣所制的白色便帽,多用于未仕者。据称汉末曹操以资财乏匮,拟古皮弁,裁缣布为白帢,以易旧服。后世沿用。晋张华《博物志》卷六:"汉中兴,士人皆冠葛巾。建安中,魏武帝造白帢,于是遂废。"《晋书·陆机传》:"机释戎服,著白帢,与秀相见。"又《张轨传》:"茂雅有志节,能断大事……临终,执骏手泣曰:'……气绝之日,白帢入棺,无以朝服,以彰吾志焉。'"唐皮日休《奉和鲁望秋日遣怀次韵》:"向阳裁白帢,终岁忆貂襜。"宋苏轼《寄题兴州晁太守新开古东池》诗:"纵饮座中遗白帢,幽寻尽处见桃花。"明袁宏道《广陵别景升小修》:"北地南天千万里,青巾白帢几人知。"清吴伟业《癸巳春日稧饮社集虎丘即事》诗:"青溪胜集仍遗老,白帢高谈尽少年。"❷帝王所用的凶冠、丧冠,多于单衣配用,南北朝、隋唐时期多用于天子,北齐皇太子为宫臣举哀亦用之,唐以后少见。《晋书·海西公传》:"于是百官入太极前殿,即日桓温使散骑侍郎刘享收帝玺绶。帝著白帢单衣,步下西堂,乘犊车出神兽门。群臣拜辞,莫不歔欷。"《隋书·礼仪志六》:"梁制……单衣、白帢,以代古之疑衰,皮弁为吊服,为群臣举哀临丧则服之。"又:"河清中,改易旧物,著令定制云……东、西堂举哀,服白帢。"又:"皇太子平冕……为宫臣举哀,白帢、单衣,乌皮履。"又《礼仪志七》:"白帢……《梁令》,天子为朝臣等举哀则

服之。今亦准此其服，白纱单衣，承以裙襦，乌皮履。举哀临丧则服。"《唐会要》卷三一："武德四年七月定制，凡衣服之令，天子之服有十二等：大裘冕、衮冕、鷩冕、毳冕、绨冕、元冕、通天冠、武弁、黑介帻、白纱帽、平巾帻、白帢是也。"《新唐书·车服志》："凡天子之服十四……白帢者，临丧之服也。白纱单衣，乌皮履。"

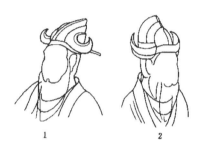

白帢

（《历代帝王图卷》）无颜帢（孙机《高逸图》）

【白帢】báiqià 即"白帢"。《三国志·魏书·锺会传》："会已作大坑，白棓数千，欲呼外兵入，人赐白帢。"

【白纱高屋帽】báishāgāowūmào 即"白纱帽"。《隋书·礼仪志七》："开皇初，高祖常著乌纱帽，自朝贵以下，至于冗吏，通著入朝。今复制白纱高屋帽，其服，练裙襦，乌皮履。宴接宾客则服之。"又："案宋、齐之间，天子宴私……今复制白纱高屋帽，其服，练裙襦、乌皮履。宴接宾客则服之。"唐陆龟蒙《幽居有白菊一丛因而成咏呈知己》诗："陶令接篱堪岸著，梁王高屋好欹来。"自注："梁朝有白纱高屋帽。"

【白纱帽】báishāmào 也称"白冠"。晋、南朝时皇帝宴见、朝会时所戴的白纱做

成的高顶、无檐礼帽。初为帝王禁中所服，皇太子在禁中亦服之。南朝末，始为上下之通服。隋唐以后仍沿用，其形制不定，皇帝视朝及宴见宾客时服用。《梁书·侯景传》："景自篡立后，时著白纱帽。"《隋书·礼仪志六》："（梁天监八年）帝改去还皆乘辇，服白纱帽。"《资治通鉴·宋明帝太始元年》："坐定，休仁呼主衣以白帽代之。"元胡三省注："江南，天子宴居著白纱帽。"又《宋顺帝升明元年》："王敬则拔白刃，在床侧跳跃曰：'天下事皆应关萧公！敢有开一言者，血染敬则刀！'仍手取白纱帽加道成首。"《唐会要》卷三一："武德四年七月定制，凡衣服之令，天子之服有十二等……白纱帽、平巾帻、白帢是也。"《新唐书·车服志》："白纱帽者，视朝、听讼、宴见宾客之服也。"宋邵博《邵氏闻见后录》卷八："萧道成既诛苍梧王，王敬则手取白纱帽加道成首，令即位……盖晋、宋、齐、梁以来，惟人君得著白纱帽。家有范琼画梁武帝本，亦著白纱帽也。"米芾《画史》："尝收范琼画梁武帝像，武帝戴白冠。"

白纱帽

（敦煌莫高窟285窟北朝壁画）

【白题】báití 本指匈奴部族人所戴的毡

笠,后泛指北方少数民族的毡笠。用白毡制成,为三角形、高顶,顶虚空,有边,卷檐。汉魏时由西北少数民族地区传入内地,隋唐时广行民间,为役人所常戴。《史记·樊郦滕灌列传》:"婴……从击韩信胡骑晋阳下,所将卒斩胡白题将一人。"南朝宋裴骃集解:"虔曰:白题,胡名也。"唐杜甫《秦州杂诗》之三:"马骄朱汗落,胡舞白题斜。"宋张邦基《墨庄漫录》卷二:"杜子美《秦州诗》云:'马骄珠汗落,胡舞白题斜。'题或作蹄,莫晓'白题'之语。《南史》:'宋武帝时,有西北远边,有滑国,遣使入贡,莫知所出,裴子野云:汉颍阴侯斩胡白题将一人。'服虔注曰:'白题,胡名也。'又汉定远侯,击虏入滑,此其后乎。人服其博识,予常疑之。盖白题,其胡下马拾之,始悟白题乃胡人为毡笠也。子美所谓'胡舞白题斜',胡人多为旋舞,笠之斜,似乎谓此也。"明方以智《通雅》卷三六:"以白饰首曰白题,或以呼笠。"清厉荃《事物异名录》卷一六:"白题乃胡人为毡笠也。子美所谓:胡舞白题斜也。"

【白璇】báixuán 也称"蚌珠"。珍珠,可制首饰。西晋末经历乱世,至东晋时旧章不存,所以冕旒有用翡翠、珊瑚及杂珠等饰,至成帝时,改用白璇珠为冕旒之饰。《隋书·礼仪志六》:"冕旒,后汉用白玉珠,晋过江,服章多阙,遂用珊瑚杂珠,饰以翡翠。侍中顾和奏:'今不能备玉珠,可用白旋。'从之。萧骄子云:'白璇,蚌珠是也。'帝曰:'形制依此,今天下初定,务从节俭……珠玉之饰,任用蚌也。'"

【百结】bǎijié ❶也称"百结衣"。用碎布缀成或全是补丁的衣服。泛指破旧之衣,形容人生活贫困。北周庾信《谢赵王赉白罗袍袴启》诗:"披千金之暂暖,弃百结之长寒。"《南史·到溉传》:"余衣本百结,闽中徒八蚕。"唐杜甫《北征》诗:"经年至茅屋,妻子衣百结。"韩翃《送别郑明府》诗:"千金尽去无丰储,双袖破来空百结。"《艺文类聚》卷六七:"董威辇每得残碎缯,辄结以为衣,号曰百结。"《太平御览》卷六八九:"董威辇不知何许人,忽见洛阳止宿白社,于市得残缯,辄结以为衣,号曰百结衣。"明张岱《夜航船·衣裳》:"晋董威制百结,碎杂缯为之。"《聊斋志异·张诚》:"逾年,达金陵,悬鹑百结,伛偻道上。"❷线线扣结联叠而成的织物。《楞严经》卷五:"阿难白佛言:'世尊,此宝迷华,缉绩成巾。虽本一体,如我思惟,如来一绾,得一结名。若百绾成,终名百结。'"唐温庭筠《织锦词》:"锦中百结皆同心,蕊乱云盘相问深。"❸清以来江湖社会谓铺盖。《江湖春典》:"铺盖称百结。"《清门考源·各项切口·盗窃类》:"百结:铺盖也。"

【百戏衣】bǎixìyī 杂技乐舞者表演歌舞时所穿的服装。《魏书·乐浪王忠传》:"忠愚而无智,性好衣服,遂著红罗襦,绣作领,碧绸袴,锦为缘。帝谓曰:'朝廷衣冠,应有例程,何为著百戏衣?'"

ban—biao

【半袖】bànxiù 一种短袖的衣服。由短襦演变出来的,一般都用对襟,穿时在胸前结带,少数用套衫式,穿时从上套下,领口宽大,呈袒胸状。半臂的下摆既可以显现在外,也可以像短襦那样束在裙腰的里面,不过里面一定要衬里衣。汉魏时私居穿着,不能在正式场合穿。隋代以后称"半臂",多用作妇女供奉时的礼服。最早由宫中宫女服用,后渐流入民间,中唐后逐渐减少。宋元时期偶有服用。《晋书·五行志上》:"魏明帝著绣帽,披缥纨半袖,常以见直臣。杨阜谏曰:'此礼何法服邪?'帝默然。"唐李贺《谢秀才有妾缟练改从于人秀才留之不得后生感忆座人制诗嘲谢贺复继四首》诗其四:"邀人裁半袖,端坐据胡床。"《通典·礼志六十八》:"东宫准此女史,则半袖裙襦。"《新唐书·车服志》:"半袖裙襦者,东宫女史常供奉之服也。"《太平广记》卷三二〇:"有一老妪,上著黄罗半袖,下着缥裙。"宋孙惟信《烛影摇红》词:"初试夹纱半袖。与花枝、盈盈斗秀。"王沂孙《锁窗寒》词:"记半袖争持,斗娇眉妩。"

半袖示意图

【鞛】bāng 通"帮"。鞋帮,也特指皮鞋帮。《玉篇·革部》:"鞛,鞋革皮。"《字汇·革部》:"鞛……与帮同,以皮为履。"

【枹木履】bāomùlǚ 也称"抱香履"。一种用枹木制成的鞋子。枹木生南方,轻而坚韧,制成鞋履含有微香,夏日着此可御湿气。以潮州一带所产者为著名,名

谓"潮履"。晋嵇含《南方草木状》卷中:"抱香履:枹木生于水松之旁,若寄生然,极柔弱,不胜刀锯,乘湿时刻而为履,易如削瓜。既干则韧不可理也……夏月纳之可御蒸湿之气。"唐刘恂《岭表录异》卷中:"枹木产江溪中,叶细如桧,身坚类桐,惟根软不胜刀锯,今潮循多用其根刻而为履……或油画,或漆,其轻如通草。暑月著之,隔卑湿地气……今广州宾从诸郡牧守初到任,皆有油画枹木履也。"明陈子壮《和逢永水松》诗序:"水松出南海,似桧而香。抱木旁生,柔韧可作履,谓之抱香履。"清李调元《南越笔记》卷六:"抱木附水松根而生,香而柔韧,可作履,曰'抱香履'。潮人刻之为屦,轻薄而软,是曰'潮履'。"

【薄衣】báoyī 单薄或粗陋的衣服。《梁书·武帝本纪》:"菲食薄衣,请自孤始。"唐杜甫《上巳日徐司录林园宴集》:"薄衣临积水,吹面受和风。"宋陈克《临江仙》词:"薄衣团扇绕阶行。曲阑幽树,看得绿成荫。"

【宝钏】bǎochuàn 用金玉等贵重材料制成的首饰;手镯。多用于女性。后用作美女的代称。南朝梁简文帝《拟落日窗中坐》诗:"开函脱宝钏,向镜理纨巾。"唐李百药《寄杨公》诗:"高阁浮香出,长廊宝钏鸣。"宋毕良史《好事近·席上赋》词:"翠虬宝钏捧殷勤,明灭缫金碧。"周密《天香·龙涎香》词:"麝月双心,凤云百和,宝钏佩环争巧。"柳永《惜春郎》词:"潘妃宝钏,阿娇金屋,应也消得。"清曾彦《吴趋行》诗:"百两嵌宝钏,千金缀珠衣。"

【宝带】bǎodài 束在衣服外面腰部的极

为讲究的带子,大多有珍宝装饰。多用于帝王、后妃及官员贵族等。一说为华美的衣带,多代指华美的服饰。北周庾信《谢赵王赉犀带等启》:"魏君宝带,特赐刘桢。"《隋书·卫玄传》:"武帝亲总万机,拜益州总管长史,赐以万钉宝带。"《渊鉴类函》卷三七一:"唐敬宗时,南昌进夜明犀,制为宝带,光照百步。"唐韦应物《白沙亭逢吴叟歌》:"龙池宫里上皇时,罗衫宝带香风吹。"卢照邻《长安古意》诗:"罗襦宝带为君解,燕歌赵舞为君开。"吕岩《促拍满路花》诗:"任万钉宝带貂蝉,富贵欲熏天。"宋文同《沙堤行》诗:"午漏初移催入马,宝带盘腰印垂胯。"方岳《热》诗:"贵人要与常人别,宝带围腰大耐官。"陆游《对酒》诗:"九环宝带光照地,不如留却双颊红。"元迺贤《送按摊不华万户湖广赴镇》:"腰间宝带悬金虎,马上春衫绣玉虬。"杨维桢《赵大年鹅图》诗:"凉吹飞花脱帽詹,宝带围腰星万点。"明王璲《追赋杨氏夜游四首》诗其四:"更衣宽宝带,匀粉落花钿。"田艺蘅《留青日札》卷三五:"金厢玛瑙象牙金玉宝带四十七条。"《红楼梦》第六回:"只听一路靴子响,进来了一个十七八岁的少年,面目清秀,身段苗条,美服华冠,轻裘宝带。"

【宝玦】bǎojué 贵重的佩玦。泛指装饰有珠宝的珍贵佩玉。三国魏曹丕《又与锺繇书》:"邺骑既到,宝玦初至。"南朝梁简文帝《金錞赋》:"岂宝玦之为贵,非瑚琏之可钦。"唐杜甫《哀王孙》诗:"腰下宝玦青珊瑚,可怜王孙泣路隅。"李贺《公莫舞歌》:"腰下三看宝玦光,项庄掉箾栏前起。"宋刘克庄《书事十首》诗其六:"轻裘

太守抛铃下,宝玦郎君泣路隅。"周密《瑶花慢》词:"朱钿宝玦。天上飞琼,比人间春别。"韩维《奉同原甫赋澄心堂纸》诗:"群贤落笔富精丽,琼琚宝玦相钩联。"《封神演义》第八回:"可将我内悬宝玦,拿去前途货卖,权作路费。上有金厢,价直百金。"

【宝镊】bǎoniè 装饰有珠宝的镊子。也用作"镊子"之美称,梳妆用具,用以拔除汗毛、白发等,亦可插于头上作为首饰。多为女性所用,流行于汉魏六朝时期。南朝梁江洪《咏歌姬》诗:"宝镊间珠花,分明靓妆点。"《艺文类聚》卷一八:"微笑出长廊,取花争宝镊。"元龙辅《女红余志》卷上:"袁术姬冯方女,有千金宝镊,插之增媚。"

【宝屧】bǎoxiè 装饰有珠宝的鞋子,价值昂贵,多用于美艳的贵妇。《南史·梁临川王宏传》:"所幸江无畏,服玩侔于齐东昏潘妃,宝屧直千万。"唐温庭筠《锦鞋赋》:"若乃金莲东昏之潘妃,宝屧临川之江姬,匍匐非寿陵之步,妖蛊实苎萝之施。"清邹祗谟《恋芳草慢咏草》词:"斜阳处,宝屧初回,余香犹染湘裙。"黄燮清《减兰》其二:"偷移宝屧。便不逢人心已怯。"

【宝衣】bǎoyī ❶用贵重衣料制成的或装饰有金银、珠玉的衣服。多用于宫廷,极言奢侈。《文选·陆倕〈石阙铭〉》:"焚其绮席,弃彼宝衣。"唐李善注:"《六韬》曰,纣时妇人以文绮为席,衣以绫纨者三千人。"《资治通鉴·陈皇帝中之上·太建七年》:"承世祖奢泰之余,以为帝王当然,后宫皆宝衣玉食,一裙之费,至直万匹。"《隋书·高祖纪下》:"宝衣玉食,穷

奢极侈，淫声乐饮，俾昼作夜。”唐杜甫《即事》诗：“秋思抛云髻，腰支胜宝衣。”刘禹锡《荆门道怀古》诗：“风吹落叶填宫井，火入荒陵化宝衣。”《新唐书·魏征传》：“若能鉴彼所以亡，念我所以得，焚宝衣，毁广殿，安处卑宫，德之上也。”《太平御览》卷八三：“纣即位三十二年，正月甲子败绩，赴宫登鹿台，蒙宝衣玉席，自投于火而死。”明王叔承《游观音岩燕子矶因感梁王达磨故事》诗：“故宫木叶空金碗，荒渡芦花失宝衣。”❷佛教中贵重的衣服，多用以供养佛祖。《观佛三昧海经·观四威仪品之余》：“诸天闻已，各脱宝衣竞以拂窟。”《法华经·譬喻品》：“无量宝衣，及诸卧具。”唐陈陶《哭宝月三藏大禅师》诗：“帝子传真印，门人哭宝衣。”李治《谒慈恩寺题玄奘法师房》：“翠烟香绮阁，丹霞光宝衣。”❸道教仙人的衣服。宋张君房《云笈七签》卷四九：“宫中有朱阳灵妃，授子绛书、宝衣也。”又卷八一：“宝衣，无缝衣也。”唐皮日休《奉和鲁望上元日道室焚修》诗：“飙御有声时杳杳，宝衣无影自珊珊。蕊书乙见斋心易，玉籍求添拜首难。”

【北斗】běidǒu 一种道教徒所戴的冠帽。北斗是民间普遍信仰的神祇，为道教中司长人间寿夭的神。三国魏曹植《与陈孔璋书》：“夫披翠云以为衣，戴北斗以为冠。”明谢肇淛《五杂组》卷一二：“北斗，道冠也。”

【鎞】bī 钗，妇女用以篦发的首饰。《玉篇·金部》：“鎞，钗也。”唐杜甫《水宿遣兴奉呈群公》诗：“耳聋须画字，发短不胜鎞。”寒山《诗三百三首》之一：“罗袖盛梅子，金鎞挑笋芽。”皮日休《鸳鸯》诗：“细鎞雕镂费深功，舞妓衣边绣莫穷。”宋苏轼《荆州》诗：“上客举雕俎，佳人摇翠鎞。”陶梦桂《次韵友人》诗：“好把金鎞轻掠削，近来知有阿谁能。”明王彦泓《御君兄内子妆阁被火敬唁以诗八首》其四：“鸾鎞犀导总成尘，散朗高情一笑轻。”徐渭《次夕降抟雪径满鹅鸭卵余睡而复起烧竹照之八十韵》：“绿鬓取裁鬔髻样，金钗都换柰花鎞。”

【敝褐】bìhè 贫穷人穿的破旧短衣。代指寒素身份。《晋书·皇甫谧传》：“辞容服之光粲，抱敝褐以终年。”宋朱晞颜《满庭芳·和赵仲敬咏雪》词：“飘流久，寒欺敝褐，犹事马蹄间。”黄庶《送黄景微西游》：“敝褐埋众人，胸肺无丈尺。”元李延兴《仲冬月》诗：“满城霜气利如刀，敝褐蒙头出不得。”《东周列国志》第九十四回：“有一汉子，状貌修伟，衣敝褐，蹑草屦。”明刘崧《忆弟作》诗：“念子抱耿介，敝褐凋风霜。”清延君寿《隽三归自太原》诗：“著体短衣仍敝褐，倒囊诗句灿明珠。”

【辟寒金】bìhánjīn 也作“避寒金”。妇女首饰。相传三国魏明帝时，昆明国进贡嗽金鸟，鸟吐金屑如粟。宫人争以鸟吐之金饰钗佩，谓之“辟寒金”。见晋王嘉《拾遗记·魏》卷七：“明帝虽即位二年……昆明国贡嗽金鸟……帝得此鸟，蓄于灵禽之园，饴以珍珠，饮以龟脑。鸟常吐金屑如粟，铸之可以为器。昔汉武帝时，人有献神雀，盖此类也。此鸟畏霜雪，乃起小屋处之，名曰辟寒台。皆用水精为户牖，使内外通光。宫人争以鸟吐之金，用饰钗佩，谓之辟寒金。故宫人相嘲曰：‘不服辟寒金，那得帝王心？’于是媚惑者乱争此宝金为身饰。及行卧皆怀挟以要宠幸也。"唐许浑《赠萧炼师》诗:"还磨照宝镜,犹插辟寒金。"宋李清照《浣溪沙》词:"瑞脑香消魂梦断,辟寒金小髻鬟松。醒时空对烛花红。"明陈与郊《昭君出塞》诗:"守宫砂点臂犹红,衬阶苔履痕空绿,辟寒金照腕徒黄。"一说,嗽金鸟居于避寒台,故鸟所吐之金谓之"辟寒金"。一说,鸟不畏寒,故称。唐段成式《酉阳杂俎·羽篇》:"嗽金鸟,出昆明国,形如雀,色黄,常翱翔于海上。魏明帝时,其国来献此鸟,饴以真珠及龟脑,常吐金屑如粟,铸之,乃为器服。宫人争以鸟所吐金为钗珥,谓之辟寒金,以鸟不畏寒也。"

【碧纱袍】bìshāpáo 一种青绿色纱袍。晋陆翙《邺中记》:"石虎临轩大会,著碧纱袍。"清张英《渊鉴类函》卷三七一:"泰宁二年,诏赠大夫碧纱袍。"

【碧玉簪】bìyùzān 用青绿色美玉制成的簪子。南朝宋沈约《江南曲》:"罗衣织成带,堕马碧玉簪。"前蜀薛昭蕴《女冠子》:"髻绾青丝发,冠抽碧玉簪。"宋姚锡钧《消息词》之二:"当帘夸镜春风细,凉上儿家碧玉簪。"项安世《水仙二首》诗:"素罗襦下青罗带,碧玉簪头白玉丹。"元末明初叶颙《用前韵寄李本存二首》其二:"空惊系肘黄金印,徒羡峨冠碧玉簪。"明沈春泽《病中送春二首》诗其一:"浑如执手临南浦,肠断徐娘碧玉簪。"

【弊踽】bìjuē 破旧的鞋子。喻极无价值之物。《三国志·蜀志·董和传》:"若远小嫌,难相违覆,旷阙损矣。违覆而得中,犹弃弊踽而获珠玉。"

【薜萝】bìluó 代指隐逸士人的装束。南朝宋谢灵运《从斤竹涧越岭溪行》诗:"想见山阿人,薜萝若在眼。"《南齐书·高逸传·宗测》:"量腹而进松术,度形而衣薜萝。"唐张乔《送陆处士》诗:"若向仙岩住,还应著薜萝。"徐夤《北山晚秋》诗:"十载衣裘尽,临寒隐薜萝。"灵一《归岑山过惟审上人别业》诗:"禅客无心忆薜萝,自然行径向山多。"

【臂钏】bìchuàn 也作"钏臂""臂环""条脱"。女性用的手镯等套于手臂上的装饰品,敦煌石窟的菩萨塑像、画像也都有此饰物。以金、银、玉等制成,精雕刻镂,镶以珠宝、钻石等,以增人之华美。最早起源于中国古代北方游牧民族,今河北怀来北辛堡战国墓中即出土有其物。秦汉以后,传入中原,亦为中原妇女采用。此后几经演进发展,历行不衰。题东晋陶渊明《搜神后记》卷四:"其妇守尸,至于三更,崛然起坐,搏妇臂上金钏甚遽。"唐元稹《估客乐》诗:"输石打臂钏,糯米吹项璎。"五代蜀牛峤《女冠子》:"额黄侵腻发,臂钏透红纱。"明王彦泓《无题八首》诗其五:"臂钏夜寒归雪砌,鬓鬟风乱过春江。"清郑虎文《永顺府闲述》其三:"珥浑垂臂钏,裳偶饰鲛绡。"《海上花列传》第七回:"子富另将一串小钥匙开了拜匣,取出一对十两重的金钏臂来。"又第二十二回:"前转耐去镶仔一对钏臂。"

【边衣】biānyī 在边关地区服役的人穿的衣服的统称。亦代指乡愁或思念之情。北周王褒《和张侍中看猎》:"独嗟来远客,辛苦倦边衣。"宋罗与之《寄衣曲》:"愁肠结欲断,边衣犹未成。"戴表元《雁南飞》词:"雁南飞,劝尔飞时莫近征妇舍,手触边衣添泪下。"元宋褧《和孟景章早秋即事韵》:"惆怅边衣何日就,锦书同附劝加餐。"明乔世宁《关山月》诗:"将军横塞角,少妇捣边衣。"清曹寅《浣溪沙·西城忆旧》词:"一自昭阳新纳锦,边衣常碎九秋霜,夕阳冷落出高墙。"

【弁带】biàndài 特指汉族样式的帽子和衣带。《魏书·东阳王丕传》:"丕雅爱本风,不达新式……至于衣冕已行,朱服列位,而丕犹常服列在坐隅。晚乃稍加弁带,而不能修饰容仪。"

【襮】biǎo ❶一种绲边,即在衣服、冠帽边缘缝上布条或带子。通常用与服色不同颜色的布帛制成,宽窄有度;既增强牢度,又用于装饰。服用有定制,多在军事戒严时佩戴。《宋书·礼志五》:"近代车驾亲戎中外戒严之服,无定色,冠黑帽,缀紫襮。襮以缯为之,长四寸,广一寸……中官紫襮,外官绛襮。又有篡严戎服,而不缀襮。"《晋书·舆服志》作"摽"。《新唐书·礼乐志七》:"服玄衣、素裳、素韠、白纱中单,青领襮襈裾。"《辽史·仪卫志二》:"衣襮领,为升龙织成文,各为六等。"《大金集礼》卷二九:"袆衣,深青罗织成翚翟之形,素质十二等、领、襮、袖、襈并红罗织成龙云;青纱中单,素青纱制造,领织成黼形十二,襮、袖、襈织成云龙。"❷衣袖。汉扬雄《方言》卷四:"褕褹谓之袖"晋郭璞注:"衣襮,胡吉宣《玉篇校释》:"袂,襮也。襮衣袂也。"❸袖口;袖端。南朝梁虞和《上明帝论书表》:"有一好事年少,故作精白纱裓,著诣子敬(王献之),子敬便取书之,草正诸体悉备,两袖及襮略周。"《广韵·小韵》:"襮,袖端。"

bie—bu

【袙】bié ❶衣袖。《广雅·释器》:"裀袾,袖也;裀,袂也。"❷破旧的衣服。《玉篇·衣部》:"袙,敝衣也。"

【鬓钿】bìndiàn 插戴于鬓髻的金质花朵。南朝梁简文帝《茱萸女》诗:"杂与鬓簪插,偶逐鬓钿斜。"明宁献王《宫词一百七首》其六十:"笑贴鬓钿双玉燕,一天秋思上眉头。"清张鉴《冬青馆古宫词》之六十四:"曾将如意舞当筵,獭髓新调侧鬓钿。"

【拨】bō 也称"髻枣"。妇女整理头发的用具。以玉石、木骨等材料制成,两端尖锐,中间宽阔,长二寸余,形似枣核。梳掠时将其安插于发中,梳成后拨去,以使髻鬟蓬松。南朝梁简文帝《戏赠丽人》诗:"同安鬓里拨,异作额间黄。"唐冯贽《南部烟花记》:"隋炀帝朱贵儿插昆山润毛之玉拨,不用蓝膏而鬓鬟鲜润。"宇文士及《妆台记》:"拨者,掠开也。妇女理鬟用拨,以木为之,形如枣核,两头尖尖,可二寸长,以漆光泽,用以松髻,名曰髻枣用作薄妥鬓,如古之蝉翼也。"

【鸼衣】búyī 北周与隋代皇后、命妇采桑时所穿的黄色翟衣。《尔雅·释鸟》:"鸼雉。"晋郭璞注:"黄色,鸣自呼。"宋邢昺疏:"云'鸼雉'者,雉之黄色,鸣自呼者名鸼。"《隋书·礼仪志六》:"皇后衣十二等。其翟衣六……采桑则服鸼衣。"又:"诸伯夫人,自鸼而下七。其翟衣雉皆七等,俱以鸼雉为领襮。"《文献通考·王礼九》:"(北周制)后服十又二等,其翟衣六……采桑则服鸼衣。"

【补衲】bǔnà 原是缝补连缀的意思,泛指破旧的僧衣。南朝梁锺嵘《诗品·总论》："近任昉、王元长等，词不贵奇，竞须新事，尔来作者，浸以成俗。遂乃句无虚语，语元虚字，拘挛补衲，蠹文已甚。"唐戴叔伦《赠行脚僧》诗："补衲随缘住，难违尘外踪。"周贺《送灵应禅师》诗："坐禅山店暝，补衲夜灯微。"宋王之道《赠遇公上人》诗："剃髭刀涩秋窗冷，补衲灯微衣榻间。"

【布屩】bùjuē 布鞋。《南齐书·豫章文献王传》："臣拙知自处，暗于疑访，常见素姓扶诏或著布屩，不意为异。"

【布襦】bùrú 布制的短上衣。《北史·萧宝夤传》："脱本衣服，著乌布襦，腰系千许钱，潜赴江畔。"唐刘禹锡《伤往赋》："我观于途，裨贩之夫，同荷均挈，荆钗布襦。"郑处诲《明皇杂录》卷上："苏颋聪悟过人，日诵数千言，虽记览如神，而父环训励严至，常令衣青布襦伏于床下，出其颈受榎楚。"《资治通鉴·唐懿宗咸通十年》："勋解甲服布襦而遁，收散卒才及三千人。"又《唐昭宗天复元年》："十一月，己酉朔，李继筠等勒兵阙下，禁人出入，诸军大掠。士民衣纸及布襦者，满街极目。"宋陆游《泛舟过金家埂赠卖薪王翁》诗："软炊豆饭可支日，厚絮布襦聊过冬。"沈括《梦溪笔谈》卷二〇："熙宁七年……见一人衣布襦行涧边，身轻若飞。"

C

cai—chai

【**彩胜**】cǎishèng 彩色的胜状首饰,多于立春日等时令节日佩戴,有防灾辟邪之功效。剪彩帛、色纸为胜形:中部为一圆体,上下两端作对向梯形;亦有剪制成飞燕、鸡雏及旗幡等形状者,亦有饰以珠翠,使用时系缚在簪钗之首,插于两鬓,或悬挂于腰间,表示迎春,防灾辟邪。此俗一直沿至明清。南朝梁宗懔《荆楚岁时记》:"立春之日,悉剪彩为燕戴之。"唐张继(一说陆龟蒙作)《人日代客子是日立春》诗:"遥知双彩胜,并在一金钗。"孙思邈《千金月令》:"唐制,立春赐三宫彩胜各有差。"庞元英《文昌杂录》卷三:"立春日,赐三省官彩胜各有差,谢于紫宸门。"宋高承《事物纪原·岁时风俗·彩胜》:"《岁时记》曰:'人日剪彩为胜,起于晋代贾充夫人所作,取黄母(即西王母)戴胜之义也。'"梅尧臣《嘉祐己亥岁旦呈永叔》诗:"屠酥先尚幼,彩胜又宜春。"苏轼《叶公秉王仲至见和次韵答之》诗:"强镊霜须簪彩胜,苍颜得酒尚能韶。"辛弃疾《蝶恋花》词:"谁向椒盘簪彩胜,整整韶华争上春。"又辛弃疾《好事近·席上和王道夫赋元夕立春》词:"彩胜斗华灯,平把东风吹却。"史浩《武陵春·戴昌言家姬供春盘》词:"争看钗头彩胜新。金字写宜春。"陈元靓《岁时广记·立春》:"唐制,立春日,赐三省官彩胜各有差。谢于紫宸门,又《续翰林志》云:立春,赐镂银饰彩胜。"元张宪《端午》诗:"五色灵钱傍午烧,彩胜金花贴鼓腰。"明王彦泓《菰川纪游用元白体》诗:"彩胜虫鱼工剪刻,牙盘橙笋细雕镂。"宁献王《宫词一百七首》其四十四:"彩胜双双斗凤钗,薄罗金缕燕花牌。"清钮琇《觚剩·秋灯》:"制成彩胜出文鸳,剪就银花回舞燕。"徐珂《清稗类钞·服饰》:"胜本首饰,即今俗所谓彩结,彩胜有作双方形者,故名。"

【**彩燕**】cǎiyàn 也称"春燕""缕燕""合欢罗胜"。妇女立春之日所戴燕子形状的彩胜。剪彩帛作飞燕之状者,使用时系缚在簪钗之首,插于两鬓,取迎春之意。南朝梁宗懔《荆楚岁时记》:"立春之日,悉剪彩为燕,以戴之,帖宜春二字。按彩燕,即合欢罗胜。"唐李远《立春日》诗:"钗斜穿彩燕,罗薄剪春虫。"曹松《客中立春》诗:"土牛呈岁稔,彩燕表年春。"崔日用《立春游苑迎春应制》诗:"瑶筐彩燕先呈瑞,金缕晨鸡未学鸣。"宋无名氏《失调名》其三:"彩燕丝鸡,珠幡玉胜,并归钗鬓。"陈元靓《岁时广记》:"立春日,京师人皆以羽毛杂绘彩为春鸡、春燕,又卖春花、春柳。万俟公《立春》词云:'彩鸡缕燕已惊春,玉梅飞上苑,金柳动天津。'又《春词》云:'彩鸡缕燕,珠幡玉胜,并归钗鬓。'"元吴景奎《拟李长吉十二月乐辞·正月》:"翠鬟梳罢玉纤寒,彩燕衔春上金凤。"明刘崧《送北平省都事樊仲郢赍洪武七年正旦贺表上南京二首》诗其二:"春宴戴花迎彩燕,早朝穿柳听宫莺。"清陈维崧《清江裂石·人日送大鸿由平陵宛陵之皖桐》词:"彩燕粘鸡斗酒天,轻软到钗钿。"纳兰性德《浣溪沙·庚申除夜》:"竹叶樽空翻彩燕,九枝灯炧颤金虫。"

【苍衣】cāngyī 北周皇帝用以祭天、皇后用以礼见的青黑色礼服。《隋书·礼仪志六》:"(后周)皇后衣十二等……临妇学及法道门,燕命妇,有时见命妇,则苍衣。"《通典》卷六一:"后周设司服之官,掌皇帝十二服,祀昊天上帝,则苍衣苍冕。"

【草屦】cǎojū 草绳编成的鞋子,多为庶民、隐士所穿。《梁书·何点传》:"点虽不入城府,而遨游人世,不簪不带,或驾柴车,蹑草屦,恣心所适,致醉而归,士大夫多慕之,时人号为'通隐'。"唐王维《田家》诗:"柴车驾羸牸,草屦牧豪猳。"李端《荆门歌送兄赴夔州》诗:"沙尾长樯发渐稀,竹竿草屦涉流归。"王睿《炙毂子录》:"夏殷皆以草为之屦。"五代后唐马缟《中华古今注》卷中:"麻鞋起自伊尹,以草为之曰草屦。"宋方回《断河酒楼得花字落字二首》诗其二:"良喜返初服,草屦牧狞蓣。"元刘因《风中柳·饮山亭留宿》词:"风烟草屦,满意一川平绿,问前溪,今朝酒熟。"清汪楫《揭子宣过访》诗:"好风吹草屦,细雨到柴门。"黄遵宪《逐客篇》:"短衣结椎髻,担簦蹑草屦。"

【侧帽】cèmào 语本北周独孤信戴帽方式,形容人风仪高雅,为人钦羡;也用以咏外出游赏。一说为模仿独孤信而制的一种倾斜的帽子。《周书·独孤信传》:"信在秦州,尝因猎日暮,驰马入城,其帽微侧。诘旦,而吏民有戴帽者,咸慕信而侧帽焉。"唐李商隐《病中闻河东公乐营置酒》诗:"风长应侧帽,路隘岂容车。"宋太史章《题望飞泉》诗:"侧帽试看绳引处,破烟千点湿人衣。"陈师道《南乡子》词:"侧帽独行斜照里,飔飔。卷地风前更掉头。"刘国钧《并游侠行》诗:"疲驴侧帽傲王侯,万金三却权门聘。"明张岱《夜航船·日用·衣冠》:"后周独孤帽,帽。"清尤侗《浣溪沙·题陈其年小影》词:"侧帽轻衫古意多,乌丝襕写懊侬歌。"

【岑帽】cénmào 即"岑牟"。《隋书·礼仪志六》:"铫角五音帅、长麾,青布袴褶,岑帽,绛绞带。"

【岑牟】cénmóu "牟"通"鍪"。打鼓吹角的小吏所戴的帽子。《后汉书·文苑传下·祢衡》:"诸吏过者,皆令脱其故衣,更著岑牟单绞之服。"唐李贤注引《通史志》:"岑牟,鼓角士胄也。"南朝宋刘义庆《世说新语·言语》:"祢衡被魏武谪为鼓吏。"南朝梁刘孝标注:"以帛绢制衣,作一岑牟,一单绞及小幝。鼓吏度者皆当脱其故衣,著此新衣。"唐皮日休《襄州春游》诗:"岑牟单绞何曾着,莫道猖狂似祢衡。"宋欧阳修《送威胜军张判官》:"岑牟多武士,玉麈重嘉宾。"陆游《溪上避暑》诗之一:"褪带脱冠犹病渴,正平颇忆著岑牟。"汪莘《击鼓行》:"岑牟肯戴红槿帽,蹑足不数渔阳挝。"明方以智《通雅》卷三六："缠首曰岑牟……智谓如今之南兵以布缠头也。"清彭桂《夜饮听孙良侯挝鼓歌》诗："主人纵有岑牟衣，不偶袮生未许借。"

【衩】chà ❶裙子正中开叉的地方。旧称"袏膝"。《广雅·释器》："衩、衿、祄，袏膝也。"《玉篇·衣部》："袏膝，裙衿也。"❷也作"衩衣"。袒衣：露体的便衣。《集韵·枰韵》："衩，褉衣。"《篇海类编·衣服类》："衩，衣袒也。"唐王建《宫词》之一百："每到日中重掠鬓，衩衣骑马绕宫廊。"李廓《长安少年行》："不乐还逃席，多狂惯衩衣。"《资治通鉴·僖宗乾符元年》："凝、彦昭同举进士，凝先及第，尝衩衣见彦昭。"元胡三省注："衩衣，便服，不具礼也。"❸俗语中指衣物之短小者。如裤衩、裙衩等。唐李商隐《无题》诗："十岁去踏青，芙蓉作裙衩。"❹衣裙下部、左右或前后的开口。《广韵·卦部》："衩，衣衩。"清萧奭《永宪录·续编》："凡新进士未授职及举人官生贡生皆不许穿补服，补服朝衣色皆天青，若彩衣无定色，前后有衩。"徐珂《清稗类钞·服饰》："衩，衣衩也。今谓衣旁开处曰衩口，官吏士庶皆两开，宗室则四开。"

【钗朵】chāiduǒ 钗头镶饰的珠宝花朵。一说为花朵形的金钗。北周庾信《春赋》："钗朵多而讶重，髻鬟高而畏风。"宋刘佐《小玉蕊花》诗："步摇钗朵见，老眼为增明。"清苏穆《风衔杯》词："手把白罗扇子，掩秋星。钗朵重、云鬓轻。"

【钗梁】chāiliáng 也称"钗股"。省称"梁""股"。钗的主干部分，发钗上的双脚。通常以金、银锤制而成，两股长度相等；亦有以玉骨为首、以铜铁为梁，两股

长度略有参差。多见于隋唐以后。亦指鬓花、步摇之脚。引申为首饰的代称。南朝梁简文帝《答新渝侯和诗书》："双鬓向光，风流已绝；九梁插花，步摇为左。"清黎经浩《六朝文絜笺注》："梁，钗梁也。"北周庾信《镜赋》："悬媚子于搔头，拭钗梁于粉絮。"清倪瑶注："言钗梁用粉絮拭之，其色光明也。"又《奉和赵王美人春日诗》："步摇钗梁动，红轮帔角斜。"唐段成式《柔卿解籍戏呈飞卿》诗："出意挑鬟一尺长，金为钿鸟簇钗梁。"宋晏几道《浣溪沙·唱得红梅字字香》词："才听便拼衣袖湿，欲歌先倚黛眉长。曲终敲损燕钗梁。"周邦彦《渔家傲·般涉》词："日照钗梁光欲溜，循阶竹粉沾衣袖。"黄庭坚《清人怨戏效徐庾慢体》诗："翡翠钗梁碧，石榴裙褶红。"李之膺《十忆诗·忆妆》："宫样梳儿金缕犀，钗梁水玉刻蛟螭。"元倪瓒《因观花间集》："香颊玉腻鬓蝉轻，翡翠钗梁碧燕横。"龙辅《女红余志·钗帔》："燕昭王赐旋娟以金梁却月之钗，玉角红翰之帔。"清龚自珍《临江仙》词之二："酒渴思茶交午夜，沉烟闲拨钗梁。"

【钗镊】chāiniè 发钗一端所缀的垂状饰物，亦代指发钗。《南齐书·皇后传·文安王皇后》："太子为宫人制新丽衣裳及首饰，而后床帷陈设故旧，钗镊十余枚。"《南齐书·周盘龙传》："上送金钗镊二十枚，手敕曰：'饷周公阿杜。'"

【钗佩】chāipèi 发钗和佩饰。泛指妇人的饰物。晋王嘉《拾遗记·魏》："宫人争以鸟吐之金用饰钗佩，谓之辟寒金。"

【钗头符】chāitóufú 省称"钗符"。灵符的一种，因其多簪于发上作头饰，故名。

端午时节妇女将其插戴于鬓上以辟邪。南朝梁宗懔《荆楚岁时记》:"《抱朴子》曰:'以五月五日,作赤灵符著心前。'今钗头符是也。"宋陈元靓《岁时广记·端五》:"端五剪缯彩作小符儿,争逞精巧,掺于鬓之上。都城亦多扑卖,名钗头符。"刘克庄《贺新郎》词:"儿女纷纷新结束,时样钗符艾虎。"

chan—chi

【**禅带**】chándài 僧侣坐禅时用以防止两膝乱动的皮带,以利于长时期坐禅。南朝宋罽宾律师佛大什与沙门智严译《五分律》:"诸比丘广作禅带,以是白佛。佛言,不应过人八指。"宋释道诚《释氏要览·躁静》:"禅带,此坐禅资具也。经云:用韦为之,广一尺,长八尺,头有钩,从后转向前,拘两膝令不动,故为乍习坐禅易倦,用此检身助力,故名善助。"

【**缠弦**】chánxián 南北朝时妇女所穿的贴身小衣。用布帛制成,四角缀带,穿时二带系结于颈,二带绕于腰,与今胸罩略同。南朝梁简文帝《率尔为咏诗》:"约黄出意巧,缠弦用法新。"北周庾信《梦入堂内》诗:"小衫裁裹臂,缠弦掐抱腰。"

【**蝉冕**】chánmiǎn 以貂、蝉为饰之冠。汉时为显贵官员所服,后因作高官之代称。晋潘岳《秋兴赋》序:"珥蝉冕而袭纨绮之士,此焉游处。"南朝齐王俭《褚渊碑文》:"频作二守,并加蝉冕,政以礼成,民是以息。"《文选·张景阳〈咏史〉》诗:"咄此蝉冕客,君绅宜见书。"宋刘克庄《癸丑记颜》:"绣裳蝉冕丛忧愧,得似先生折角巾。"卢祖皋《江城子》诗:"不羡鱼轩,蝉冕共荣封。"元吴存《沁园春舟中九日次

韵》诗:"算生来骨相,不堪蝉冕,带来分定,只合羊裘。"清尤侗《西江月·其八·蝉猴》词:"从来蝉冕拜通候。问是沐猴冠否。"

【**蝉佩**】chánpèi 饰有蝉的冠和佩饰。犹言冠带。南朝齐孔稚珪《为王敬则让司空表》:"蝉佩之暎,则左右交辉;龟组之华,则纵横吐耀。"

【**蝉紫**】chánzǐ 用蝉装饰的冠和紫色绶带,为朝廷高官服饰。因此后泛指达官显贵。《南齐书·崔祖思传》:"决狱无冤,庆易枝裔,槐衮相袭,蝉紫传辉。"

【**蝉组**】chánzǔ 用蝉装饰的冠和编织而成的带。南朝梁王僧孺《为韦雍州致仕表》:"一旦攀附,遂无涯限,排云矫汉,飞捧待翼,陆离蝉组,照灼幡旗。"

【**长衫**】chángshān 形制修长的单衣衫。出现时间较早,但清及近代最为流行。清代时受满族的影响,男子多穿大襟右衽、长及脚面的长衫。成为清代及民国时期的男子礼服。制如长袍,惟无棉絮,多用于春夏之季。穿着时多和马褂配用。它与袍的区别在于:袍的袖端收敛,并装祛口;衫的袖口宽敞,且不加祛口。北周庾信《奉和赵王春日》诗:"细管调歌曲,长衫教舞儿。"唐顾况《公子行》:"双鞚悬金缕鹘飞,长衫刺雪生犀束。"《通典·乐志二》:"衣服亦随之以变,长衫,鬈帽,阔带,小靴。"唐韩琮《公子行》:"紫袖长衫色,银蝉半臂花。"韩愈《游城南十六首·赛神》诗:"白布长衫紫领巾,差科未动是闲人。"宋范成大《冬日田园杂兴》诗之十二:"长衫布缕如霜雪,云是家机自织成。"明田汝成《炎徼纪闻·蛮夷》:"男亏二,淹而长衫,妇人笄而短

衫。"《镜花缘》第三十二回:"门内坐着一个中年妇女……身穿玫瑰紫的长衫,下穿葱绿裙儿。"《二十年目睹之怪现状》第二回:"我看那人时,身上穿的是湖色熟罗长衫,铁线纱夹马褂。"《海上花列传》第三十回:"主人系一个后生,穿着雪青纺绸单长衫,宝蓝茜纱夹马褂。"清蘧园《负曝闲谈》第三回:"五月天气,渐渐热了,他穿着半新旧的熟罗长衫,外罩天青实地纱没有领头的对襟马褂。"

【裳服】chángfú 衣服。《文选·谢惠连〈捣衣〉诗》:"美人戒裳服,端饰相招携。"唐吕向注:"谓美人之徒相与备整衣裳服装,饰以相招携也。"

【氅】chǎng 本指用鸟羽装饰而成的旌旗。多用作仪仗。后多指一种无袖披肩斗篷。用以御风防寒。历代形制各有不同。晋代有以鹤羽为之者,因名鹤氅。后泛指长而无袖之外衣,又名氅衣。服者众多,形色不一。平民男女,方士、道士亦服用之。氅衣带袖今俗称大衣,亦名大氅。仍有不带袖者,名斗篷。宋徐铉《说文新附·毛部》:"氅,析鸟羽为旗纛之属。"南朝宋刘义庆《世说新语·企羡》:"王恭乘高舆,被鹤氅裘。"《宋史·仪卫志六》:"氅,本缉鸟毛为之。唐有六色、孔雀、大小鹅毛、鸡毛之制。"明刘若愚《酌中志》:"氅衣,有如道袍袖者。近年陋制也。旧制原不缝袖,故名曰氅也,彩素不拘。"

【朝带】cháodài ❶文武官员朝服上所系的腰带。根据不同官阶,有不同材质制成,有金带、玉带、犀带、银带、鍮石带、铜铁带等不同种类。历史上各朝各代,对朝带的质地、形制、佩带级别等有不同的

规定。南朝梁简文帝《旦出兴业寺讲诗》:"沐芳肃朝带,驾言抵净宫。"《唐实录》:"高祖始定腰带之制,自天子以至诸侯,王、公、卿、相,三品以上许用玉带。"《新唐书·车服志》:"紫为三品之服,金玉带銙十三绯为四品之服,金带銙十一;浅绯为五品之服,金带銙十;深绿为六品之服,浅绿为七品之服,皆银带銙九,深青为八品之服,浅青为九品之服,皆鍮石带銙八。"《文献通考·王礼八》:"(宋)腰带之制,恩赐有金毬路、荔枝、师蛮、海捷、宝藏。"❷清代皇帝、皇子、亲王和文武百官礼服的服饰之一,即围佩在朝服之外的腰带。用丝织成,上有带版,版有方、圆之分,另镶以各式珠宝。以丝帛颜色及珠宝质料、数量等区分等级。皇帝用明黄色,金圆版上饰宝石东珠、珍珠,带环上佩带荷包、燧石、刀削等物,称为圆版朝带。自亲王以下,宗室用黄带子,觉罗用红带子,玉方版,饰宝石东珠、猫睛石等物。文武一品至九品朝带之区别主要在版制不同,分别为:镂金衔玉方版,饰红宝石一;镂金圆版,饰红宝石一;镂化金圆版;银衔镂化金圆版;银衔索金圆版;银衔玳瑁圆版;素圆版;银衔明羊角圆版;银衔乌角圆版。《清史稿·舆服志二》:"(皇帝)朝带之制二,皆明黄色。"具体参见《大清会典》卷四八。

【衬】chèn 即衬衣。内衣,贴身穿的衣服。最早见于南北朝时期。《玉篇·衣部》:"衬,近身衣。"《康熙字典·衣字部》:"《唐韵》《集韵》……近身衣也。"

【承云履】chéngyúnlǚ 也称"聚云履"。东晋时期较为流行的饰有云头的鞋履,多用于妇女。以草木及彩锦为之,履

头高翘翻卷,形似云朵。晋甄述《美女诗》:"足蹑承云履,丰跃嵩春锦。"五代后唐马缟《中华古今注》卷中:"至东晋以草木织成,即有凤头之履、聚云履、五朵履。"

【绣服】chīfú 夏天穿的用细葛布制成的衣服。晋左思《吴都赋》:"纻衣绣服,杂沓傱萃。"唐李善注:"南方多绣葛,故曰纻衣绣服也。"《汉魏南北朝墓志汇编·大魏高宗文成皇帝嫔耿氏墓志铭》:"嫔禀坤灵之秀气,资芳质于神境,整绣服于深闲,飞喈声于天阙。"

【绣褐】chīhè 麻布短衣。三国魏嵇康《太师箴》:"爰及唐虞,犹笃其绪……绣褐其裳,土木其宇。"清高士奇《记桃核念珠》:"所刻罗汉,仅如一粟,梵相奇古,或衣文织绮绣,或衣袈裟水田绣褐,而神情风致,各萧散于松柏岩石,可谓艺之至矣。"

【绣裘】chīqiú 夏衣与冬衣,代指四季的服装。《南齐书·高逸传·顾欢》:"夫天门开阖,自古有之,四气相新,绣裘代进。"唐皮日休《奉献致政裴秘监》诗:"乌帽白绣裘,篮舆竹如意。"

【螭衣】chīyī 王侯、贵冥所穿的螭纹礼服。南朝梁沈约《和竟陵王游仙诗》之一:"夭矫乘绛仙,螭衣方陆离。"

【赤带】chìdài 红色腰带,南北朝时百济品官所用。《周书·异域传上·百济》:"将德七品,紫带;施德八品,皂带;固德九品,赤带。"

【翅】chì 也称"帽翅"。幞头、纱帽两侧翘出的翅状饰物。常见者有方形、圆形、尖形、长方形、椭圆形及凤翅形等。《周书·异域传上·百济》:"朝拜祭祀,其冠两厢加翅,戎事则不。"唐段成式《酉阳杂俎·艺绝》:"有顷,眼钩在张君幞头左翅中,其妙如此。"明方以智《通雅》卷三六:"智按所谓耳者,即近代之帽翅,所谓高蝉也。"清刘廷玑《在园杂志》卷三:"家藏遗像二轴,予亲见之。一为张公坐像,戴纱帽而两翅尖锐,服大红纻丝仙鹤背胸,腰围玉带;一画世宗皇帝像……张公远来朝谒,戴长扁翅纱帽,如今戏中扮官长所戴者,服蟒衣、玉带、皂靴,全不似今戏中所戴丞相幞头,上面皆方,而两翅扁方曲长以向上者。"张德坚《贼情汇纂·伪服饰》:"(洪秀全)冠如圆规纱帽式,上缀双龙纱帽上的翅双凤,凤嘴左右向下,衔穿珠黄绶二挂,冠后翅立金翅二。"

chong—cuo

【充纩】chōngkuàng 冠冕两旁的饰物,用玉石或绵制成,用以塞耳。晋石崇《楚妃叹》:"冕旒垂精,充纩塞耳。"《晋书·刘颂传》:"冕而前旒,充纩塞耳。"

【重襟】chóngjīn 多层的衣襟。《文选·左思〈招隐诗〉之一》:"秋菊兼糇粮,幽兰间重襟。"宋关注《剔银灯》诗:"斗帐重襟惊起。斜倚屏山偷喜。"明王恭《钱塘徐教谕春萱堂》:"陟屺积遥想,望云郁重襟。"清丘逢甲《寒入》诗:"寒入重襟睡不浓,寺楼初打五更钟。"

【重台履】chóngtáilǚ 也作"重台屦"。妇女穿的高底鞋,始于南朝宋。唐元稹《梦游春》诗:"丛梳百叶髻,金蹙重台屦。"五代后唐马缟《中华古今注·鞋子》:"(东晋)即有凤头之履……宋有重台履。"明田艺蘅《留青日札》卷二〇:"高底鞋,即古之重台履也。"

【穿角履】chuānjiǎolǚ 破旧的鞋履,履头破旧穿孔。因晋代王家名士王遵业穿着而著名,为当时人效仿。《魏书·王慧龙传》:"遵业从容恬素,若处丘园。尝著穿角履,好事者多毁新履以学之。"明陈继儒《珍珠船》卷三:"王遵业为黄门郎……尝著穿角履。"

【春幡】chūnfān 也称"青幡"。立春时节男女所戴的饰物,用以迎春辟邪。以彩帛、色纸、金箔等材料剪制成旗幡之状,连缀于簪钗之首,插于双鬓。汉魏时期已有其俗,唐宋时沿袭不衰。南朝陈徐陵《杂曲》:"立春历日自当新,正月春幡底须故。"前蜀牛峤《菩萨蛮》词之三:"玉钗风动春幡急,交枝红杏笼烟泣。"宋苏轼《减字木兰花·春牛春杖》词:"春幡春胜,一阵春风吹酒醒。"范成大《菩萨蛮·雪林一夜》词:"留取缕金幡,夜蛾相并看。"辛弃疾《汉宫春·立春日》词:"春已归来,看美人头上,袅袅春幡。"孟元老《东京梦华录》卷六:"立春……春幡、雪柳,各相献遗。"陈元靓《岁时广记·元旦》:"簪春幡:《提要录》:'春日刻青缯为小幡样,重累十余,相连缀而簪之,亦汉之遗事也。'古词云:'彩缕幡儿花枝小,凤钗上轻轻斜袅。'《稼轩词》云:'看美人头上,袅袅春幡。'陈简齐《春日》诗云:'争新游女幡垂鬓。'"高承《事物纪原·春幡》:"《续汉书·礼仪志》曰:'立春之日,京都立春幡。'《后汉书》曰:'立春皆青幡帻。'今世或剪彩错缯为幡胜,虽朝廷之制,亦缕金银或缯绢为之,戴于首,亦因此相承设也。"吴自牧《梦粱录·立春》:"街市以花装栏,坐乘小牛车,及春幡、春胜,各相献遗于贵家

宅舍,示丰稔之兆。"清纳兰性德《浣溪纱》词之十五:"青雀几时裁锦字,玉虫连夜剪春幡。"

【刺文袴(裤)】cìwénkù 刺绣有花纹的裤子。多用于青年,往往被视为轻佻之服。《晋书·谢尚传》:"(谢尚)脱略细行,不为流俗之事,好衣刺文袴。诸父责之,因而自改,遂知名。"《太平御览》卷六九五:"谢仁祖年少时,喜著刺文袴出郊郭外,其叔父消责之,仁祖于是自改,遂为名流。"

【粗服】cūfú 也称"粗衣"。粗劣的衣服,通常指平民的衣装。亦形容生活俭朴。南朝宋刘义庆《世说新语·容止》:"裴令公有俊容仪,脱冠冕,粗服乱头皆好,时人以为玉人。见者曰:见裴叔则如玉山上行,光映照人。"唐处默《忆庐山旧居》诗:"粗衣粝食老烟霞,勉把衰颜惜岁华。"吕岩《沁园春》词:"但粗衣淡饭,随缘度日,任人笑我,我又何求?"元范子安《竹叶舟》四:"我吃的是千家饭,化半瓢;我穿的是百衲衣,化一套。似这等粗衣淡饭且淹消,任天公饶不饶。"宋洪咨夔《柳梢青·老人生日》词:"野服纶巾,白须红颊,无限阳春。二满三平,粗衣淡饭,钟鼎山林。"《二刻拍案惊奇》卷三六:"况我每粗衣淡饭便自过日,要这许多来何用?"明王彦泓《个人》其一:"双脸断红初却坐,乱头粗服总倾城。"清尤侗《西江月·莲蓬人》词:"乱头粗服貌如斯。未必六郎相似。"

【衰斩】cuīzhǎn 即"斩衰"。《资治通鉴·魏文帝黄初元年》:"三年之丧,自天子达于庶人。故虽三季之末,七雄之敝,犹未有废衰斩于旬朔之间,释麻杖于

反哭之日者也。"

【缞麻】cuīmá 粗麻布丧服。斩衰、齐衰之类重丧服。泛指重丧之服。《三国志·魏志·陈群传》："陈群字长文,颍川许昌人也。祖父寔,父纪,叔父谌,皆有盛名。"南朝宋裴松之注引《傅子》："寔亡,天下致吊,会其葬者三万人,制缞麻者以百数。"晋葛洪《抱朴子·讥惑》："余之乡里,先德君子,其居重难,或并在衰老。于礼唯应缞麻在身,不成丧致毁者,皆以哀啜粥,口不经甘。"《新五代史·杂传·马缟》:"缞麻丧纪,所以别亲疏,辨嫌疑。"清唐甄《潜书·有归》:"缞麻飨祀,事死也。"王晫《今世说·德行》:"唐容斋有母丧,会贼人邑中,杀长史,吴人死者相枕籍,唐缞麻苴杖,臣人于丧侧。"

【缞素】cuīsù 用素色粗麻制成的丧服。通常指斩衰、齐衰所服之衣。《三国志·魏志·文帝本纪》:"甲午,军次于谯,大飨六军及谯父老百姓于邑东。"南朝宋裴松之注引孙盛曰:"人道之纪,一旦废,缞素夺于至尊。"

【缞衣】cuīyī 也作"衰衣"。也称"缞服"。丧服。包括锡衰、缌衰、疑衰等。泛指服丧者之衣。《三国志·吴志·诸葛恪传》:"初,恪将征淮南,有孝子著缞衣入其阁中。"《文献通考·王礼十七》:"诸王入内服缞衣,出则服黪。"

【缞帻】cuīzé 粗麻布制的丧服头巾。南朝宋刘义庆《世说新语》佚文:"陆云好笑,尝著缞帻上船,因水中自见其影,便大笑不能已,几落水中。"

【翠钗】cuìchāi 一种装饰有翠绿色宝石或翠鸟羽毛的发钗。亦代指美女。南朝梁刘孝绰《淇上戏荡子妇》诗:"翠钗挂已落,罗衣拂更香。"南朝陈后主叔宝《东飞伯劳歌》:"谁家佳丽过淇上,翠钗绮袖波中漾。"唐上官仪《安德山池宴集》诗:"翠钗低舞席,文杏散歌尘。"又《和太尉戏赠高阳公》诗:"翠钗照耀衔云发,玉步逶迤动罗袜。"白居易《与牛家妓乐雨后合宴》诗:"玉管清弦声嫋嫋,翠钗红袖坐参差。"李商隐《蝶》诗之二:"为问翠钗钗上凤,不知香颈为谁回。"温庭筠《菩萨蛮》词:"翠钗金作股,钗上蝶双舞。"宋贺铸《绿头鸭》词:"翠钗分、银笺封泪,舞鞋从此生尘。"

【翠履】cuìlǚ 装饰以翠玉的精美鞋子。南朝梁简文帝《与湘东王书》:"是以握瑜怀玉之士,瞻郑邦而知退;章甫翠履之人,望闽乡而叹息。"

【翠緌】cuìruí 緌,冠缨下垂的部分。翠羽所装饰的緌。多用于高官贵爵之人,亦代指爵禄。晋潘岳《西征赋》:"飞翠緌,拖鸣玉,以出入禁门者众矣。"《晋书·舆服志》:"(远游冠)太子则以翠羽为緌,缀以白珠。"唐白居易《秦中吟十首·不致仕》诗:"挂冠顾翠緌,悬车惜朱轮。"宋欧阳修《谢胥学士启》:"未若翠緌鸣玉之彦,兰台、金马之英,品风流坐正物之源,交士林忘公侯之贵。"宋祁《会圣宫》诗:"列圣绵绵衮,千宫拥翠緌。"

【翠钿】cuìtián 一种妇女所簪鬓花。在钿花上贴以翠羽或镶嵌珠宝翡翠。南朝梁武帝《西洲曲》:"树下即门前,门中露翠钿。"唐李询《西溪子》词:"金缕翠钿浮动,妆罢小窗圆梦。"薛昭蕴《女冠子》词:"求仙去也,翠钿金篦尽舍。"王建《失钗怨(一作叹)》词:"高楼翠钿飘舞尘,明日从头一遍新。"毛熙震《浣溪沙》词其五："云薄罗裙绶带长,满身新裹瑞龙香,翠钿斜映艳梅妆。"宋方岳《湖上》诗："佳人窈窕惜颜色,自照晴波整翠钿。"贺铸《菩萨蛮》词："帘下小凭肩,与人双翠钿。"元张可久《情》诗："描金翠钿侵鬓贴,满口儿喷兰麝。"《明史·舆服志二》："皇太子妃冠服,洪武三年定……双博鬓,饰以鸾凤,皆垂珠滴。翠口圈一副,上饰珠宝钿花九,翠钿如其数。"《金瓶梅词话》第十九回:"(潘金莲)头上银丝䯼髻,金厢玉蟾宫折桂分心,翠梅钿儿,云鬓簪着许多花翠。"《警世通言·杜十娘怒沉百宝箱》:"各出所有翠钿金钏,瑶簪宝珥。"

【翠云裘】cuìyúnqiú ❶ 也作"翠裘"。以翠羽制成,上有云彩纹饰的贵重皮裘,多用于官宦、富贵男女。《古文苑·宋玉〈讽赋〉》:"主人之女,翳承日之华,披翠云之裘。"宋章樵注:"辑翠羽为裘。"唐李白《江夏送友人》诗:"雪点翠云裘,送君黄鹤楼。"杜甫《更题》诗:"群公苍玉骊,天子翠云裘。"王维《和贾舍人早朝大明宫》诗:"绛帻鸡人报晓筹,尚衣方进翠云裘。"宋王珪《宫词》:"盘龙新织翠云裘,简点黄封玉匣收。"李弥逊《水调歌头》词:"晓殿催班同到,高拱翠云裘。"元王恽《浣溪沙》词:"嘉谟曾补翠云裘,归来尤荷宠光优。"吴当《六月二十日奉迎皇太子宝章龚左司赋诗遂次其韵》:"珊珊苍玉佩,穆穆翠云裘。"明王叔承《宫词一百首》其三:"柳外秋千拂绮楼,舞阑初解翠云裘。"夏完淳《大哀赋》:"圣人励玉衣而靡替,垂翠裘而独闷。"《红楼梦》第八十九回:"想象更无怀梦草,添衣还见翠云裘。" ❷ 释、道之服。元曹明善《侍马昂夫相公游柯山》:"紫霞仙侣翠云裘,文彩风流。"元末明初叶颙《游赏清乐四首》诗其一:"乌帽翠云裘,行藏得自由。"明唐寅《题自画洞宾卷》诗:"黄衣冠子翠云裘,四海三山挟弹游。"

【襶】cuō ❶ 衣上的褶裥。南朝梁王筠《行路难》诗:"裲裆双心共一袜,袙复两边作八襶。"清吴兆宜注:"襶,衣襞积也。与撮、缬并通。" ❷ 衣领。《玉篇·衣部》:"襶,衣领也。" ❸ 黑布做的帽子。《类篇》:"缁布冠谓之襶。"

D

da—dan

【大口袴（裤）】dàkǒukù 一种裤口宽敞的长裤。通常指裤褶之裤。魏晋时期中原人采用北方少数民族的裤子改造成大裤口。南北朝时期大为流行，官员士庶均喜穿着。隋唐时期仍有此制，一般用于武士。宋初仅用于卤簿仪卫。《周书·异域志上》："丈夫衣同袖衫，大口袴，白韦带，黄革履。"《隋书·礼仪志七》："左右监门郎将及诸副率，并武弁，绛朝服，剑、佩、绶。侍从则平巾帻，紫衫，大口袴，金装两裆甲。"《新唐书·车服志》："平巾帻者，武官、卫官公事之服也。金饰，五品以上兼用玉，大口袴，乌皮靴。"《通典·礼志六十八》："平巾帻，簪导、冠支、紫褶，并白大口袴，起梁带，乌皮靴，武官及卫官寻常公事则服之。"《宋史·仪卫志六》："大驾卤簿巾服之制……朱雀队执旗及执牙门旗，执绛引旛、黄麾旛者，并服绯绣衫、抹额、大口袴、银带……执龙旗及前马队内执旗人，服五色绣袍，银带、行縢、大口袴。执弓箭、执龙旗副竿人，服锦帽、五色绣袍、大口袴、银带。"

【大口袴（裤）褶】dàkǒukùxí 裤褶服的一种。在少数民族裤褶服的基础上，衣袖及裤腿都仿照中原服饰变得宽博。北朝、隋唐时较为流行，多用于武士。《北史·蠕蠕传》："诏赐阿那瓌细明光人马铠一具……紫纳大口袴褶一具。"《隋书·礼仪志七》："侍从则平巾帻，紫衫，大口袴褶，金玳瑁装两裆甲。"又："侍从则平巾帻，绛衫，大口袴褶，银装两裆甲。"

大口袴褶
（河南洛阳北魏元邵墓出土陶俑）

【大帽】dàmào ❶ 也称"大裁帽""遮阳帽""遮荫帽"。敞檐、大边的帽子。有缘，帽顶可装插饰物，两边有绳可缚系于颈下。通常用以遮挡烈日、风尘。本为百姓所戴，自北魏孝文帝始，贵贱通戴，五代以后，成为文武官吏所戴的礼帽。亦指明代科贡入监生员有恩例者许戴的一种圆高帽，有檐如笠，下以缨带结之。《北齐书·恩倖传·韩宝业》："臣向见郭林宗从冢出，着大帽，吉莫靴，插马鞭。"宋高承《事物纪原》卷三："大帽，野老之服也，今重戴，是本野夫岩叟之服；唐以皂縠为之，以隔风尘。"宋欧阳修《新五代史·王衍传》："而衍好戴大帽，每微服出游民间,民间以大帽识之,因令国中皆戴大帽。"《三才图会·大帽》:"尝见稗官云,国初,高皇幸学,见诸生班烈日中,因赐遮荫帽,此其制也。今起家科贡者则用之。"明郎英《七修类稿》卷二七:"中国之人多戴大帽,大帽亦羌人服也,至用丝罗马尾,则又近代之易。"清褚人获《坚瓠集·壬集》:"明制,士子入胄监满日,许戴遮阳大帽,即古笠,又唐时所谓席帽也。"❷清代官帽。《二十年目睹之怪现状》第四回:"里面走出一个客来……头戴着一顶二十年前的老式大帽,帽上装着一颗碎碌顶子……后头送出来的主人……头上戴着京式大帽,红顶子花翎。"《清史稿·列传十·万传》:"克什纳,嘉靖初掌塔山左,明授左都督,赐金顶大帽;既,为族人巴代达尔汉所杀。"

大帽(明王圻《三才图会》)

【大冕】dàmiǎn 南朝宋时皇帝所穿戴的冕冠礼服。《宋书·礼志五》:"朕以大冕纯玉缫,玄衣黄裳,乘玉辂,郊祀天,宗祀明堂。"《旧唐书·舆服志》:"王智深《宋纪》曰:'明帝制云,以大冕纯玉藻,玄衣、黄裳郊祀天地。'"《文献通考·王礼七》:"以大冕纯玉缫,元衣黄裳,祀天,宗明堂。"

【大鄣日】dàzhàngrì 晋代劳役之人戴的敞檐大帽。《宋书·五行志二》:"元康中,天下商农通著大鄣日,童谣曰:'屠苏鄣日覆两耳,当见瞎儿作天子。'及赵王篡位,其目实眇焉。"

【玳瑁梳】dàimàoshū 用玳瑁装饰或制成的梳子。妇女插于发髻以为装饰。《太平御览》卷七一四:"后梓宫物象牙梳六枚,玳瑁梳六枚。"《东宫旧事》:"太子纳妃有玳瑁梳三枚。"《艺文类聚》卷八四:"今致玳瑁梳一枚。"

【丹霞衣】dānxiáyī 色彩红艳的衣服,古代方士想象中神仙的衣服。三国魏曹植《五咏游》:"披我丹霞衣,袭我素霓裳。"晋傅玄《艳歌行》:"白素为下裙,丹霞为上襦。"

【单练衫】dānliànshān 以绢帛制成的单衣。南朝宋刘义庆《世说新语·夙惠》:"晋孝武年十二时,冬天昼日不著复衣,但著单练衫五六重,夜则累茵褥。"

dang—duo

【珰珥】dāng'ěr 玉制的耳饰。泛指珠宝制的首饰。《宋书·良吏传·陆徽》:"历宰金山,家无宝镂之饰;连组珠海,室靡珰珥之珍。"

【道服】dàofú 也称"道衣"。❶专指道教徒所穿的衣服。有法衣、褐被和常服等。晋干宝《搜神记》卷六:"至于灵帝中平元年张角起,置三十六万,徒众数十万,皆是黄巾……至今道服由此而兴。"宋文莹《湘山野录》卷中:"思公兼将相之位,帅洛,止以宾友遇三子,创道服三,筇杖各三。每府园文会,丞相则寿巾紫褐,三人者羽氅携筇而从之。"《文献通考·郊社十三》:"东西宫像,服道冠,仙衣,侍臣二人服道衣。"明王圻《三才图会·衣服》:

"道衣,《援神契》曰:《礼记》有'侈袂',大袖衣也,道衣其类也。唐李泌为道士赐紫,后人因以为常。直领者,取萧散之意。"文震亨《长物志·衣饰》:"道服,制如申衣,以白布为之,四边延以缁色布。或用茶褐为袍,缘以皂布。"陶宗仪《辍耕录·夫妇入道》:"(萨都剌)诗曰:'洞门花落无人迹,独坐苍苔补道衣。'"瞿佑《剪灯新话·永州野庙记》:"俄顷押一白须老人,乌巾道服,跪于阶下。"《大明会典》云:"道士常服青法服,朝服皆厢赤色,道官亦如之。"清钱泳《履园丛话·古迹·王右军别业》:"寺门有右军壤像,青巾道服,坐于正中。"❷僧道的法服。以白色、褐色等布帛为之,制如深衣,长至膝,领袖襟裾缘以黑边。唐元照《佛制比丘六物图》:"或名袈裟,或名道服,或名出世服,或名法衣。"宋林逋《湖山小隐》诗:"步穿僧径出,肩搭道衣归。"❸士庶男子所着便服。制如长袍,因领袖等处缘以黑边,与道袍相似,故名。流行于宋、元、明时期。《宣和遗事·亨集》:"徽宗闻言大喜,即时易了衣服,将龙袍卸却,把一领皂褙穿者,上面著一领紫道服,系一条红丝吕公绦。"宋无名氏《张协状元》戏文第十二出:"[旦]我公休与婆知,种些善基,有旧底衣服把赠与。[末]兀底老汉有粗道服,赠君家须着取。"宋曹勋《北狩见闻录》:"徽庙即令中使请肃皇后,时后已到拱宸门外,办被复厨檐,邀徽庙同行,后与徽庙语,少刻即素道服欲出。"明田汝成《西湖游览志余·帝王都会二》:"其衣则缟素道服也。"罗大经《鹤林玉露·野服》:"余尝于赵季仁处,见其服上衣下裳。衣用黄、白、青皆可,直领,两带结之,缘以皂,如道服,长

与膝齐。"

【道簪】dàozān 道士的发簪。晋葛洪《神仙传·左慈》:"慈拔道簪以挠酒,须臾道簪都尽,如人磨墨。初,公闻慈求分杯饮酒,谓当使公先饮,以与慈耳,而拔道簪以画,杯酒中断,其间相去数寸。"

【钿黛】diàndài 钿与黛发之统称,泛指妇女的饰物。南朝梁沈约《登高望春》:"日出照钿黛,风过动罗纨。"

【祁】diāo 衬有皮毛里子的衣服。清朱骏声《说文通训定声·小部》:"今苏俗,制裘通曰'祁'。"清桂馥《札朴·乡里旧闻》:"衣加皮里曰'祁'。"

【貂珥】diāoěr 貂尾和珥珰,冠上饰物,代指侍中、常侍之冠。南朝陈徐陵《劝进梁元帝表》:"况臣等显奉皇华,亲承朝命,珪璋特达,通聘河阳,貂珥雍容,寻盟漳水。"唐杨炯《后周青州刺史齐贞公宇文公神道碑》:"荣高近侍,赫奕禁门,雍容貂珥,日暮青琐。"《文苑英华·贤良方正策问》:"七叶貂珥,表金室之荣;十纪羽仪,峻班门之躅。"《聊斋志异·爱才》:"令弟从长,奕世近龙光,貂珥曾参于画室;舍妹夫人,十年陪凤辇,霓裳遂灿于朝霞。"

【貂冠】diāoguān ❶貂尾装饰的冠。汉代为侍中、常侍之冠。宋明时期的朝冠亦插貂尾为饰。亦用为官员的代称。南朝梁江淹《后让太傅扬州牧表》:"朱轩跃马,光出电入,貂冠紫绶,宠蔼霞照。"唐白居易《哭崔二十四常侍》诗:"貂冠初别九重门,马鬣新封四尺坟。"又《寓意诗五首》其二:"貂冠水苍玉,紫绶黄金章。"宋陆游《紫怀叔殿院世彩堂》诗:"卷服貂冠世间有,荣悴纷纷翻覆手。"宋敏求《春明退朝录》卷下:"丁晋公、冯魏公位三公、

侍中，而未尝冠貂蝉。"《镜花缘》第九十七回："原来是个老酒店，怪不得那人以貂冠换酒，可见其酒自然不同。"❷以貂皮制成的暖帽。貂皮是一种珍贵的皮料，毛细而轻软，以此为帽，具有较好的保暖作用。清郝懿行《晒书堂笔录》卷六："吾目中所见富贵之家，监奴百辈，无不戴貂冠，被狐裘，装鸾带，着麂靴。"

【貂毛】diāomáo 指貂尾。汉晋时期常用作贵官冠饰。《晋书·舆服志》："侍中、常侍，则加金珰，附蝉为饰，插以貂毛，黄金为竿，侍中插左，常侍插右。"参见 211 页"貂尾"。

【貂冕】diāomiǎn 饰有貂尾的冠帽，多为帝王贵近之臣所戴。南朝梁元帝《和刘尚书兼明堂斋宫诗》："貂冕交辉映，珩佩自相喧。"南朝梁江淹《杂体诗·效左思〈咏史〉》："金张服貂冕，许史乘华轩。"唐王勃《上武侍极启》："君侯缔华椒阁，席宠芝扃，黎貂冕于金轩，藻龟章于玉署。"宋陈宓《钓台》："云台貂冕成堆土，钓濑羊裘照九秋。"李流谦《挽张主簿》："煌煌貂冕侈殊渥，尚冀他时贲幽宅。"

【貂袖】diāoxiù 貂皮衣服的袖子或装饰有貂皮的袖子。《艺文类聚》卷七〇："庭雪乱如花，井冰粲成玉。因炎入貂袖，怀温奉芳蓐。"

【貂缨】diāoyīng 貂，貂尾，冠饰；缨，冠带。借指显贵的大臣。南朝梁简文帝《马宝颂》："簪笏成行，貂缨在席。"宋杨时《浏阳五咏·相公台》："绣绂貂缨无处问，空余鸡犬两三家。"苏轼《行香子》词："问儒生何辱何荣？金张七叶，执绮貂缨。"

【雕舄】diāoxì 装饰考究的鞋履。南朝梁江淹《让太傅扬州牧表》："文剑雕舄，礼殊轩殿。"

【兜鞬】dōujiān 头盔和皮革制的弓箭袋，泛指武器装备。南朝宋盛弘之《荆州记》："刊其腹云，摩兜鞬，摩兜鞬，慎莫言。"宋陆游《考古》诗："偷生迫钟漏，死愧兜鞬。"李复《答范轲》诗："绥城古语刻兜鞬，何事求犀水燃。"

【裓】dǒu 衫袖。《玉篇·衣部》："裓，当口切。衫袖也。"

【篖】dù 冠发或连缀、固定衣物的细竹簪。《广雅·释器》："篖谓之簪。"《类篇》："篖，首笄也。"

【多罗】duōluó 粉盒。一说梳妆用的胭脂盒。亦用作脂粉的代称。《太平御览》卷七一七："多罗，粉器。"唐顾甄远《惆怅诗》之七："若为多罗年少死，始甘人道有风情。"清王士祯《秦淮杂诗》："王窗清晓拂多罗，处处凭栏更踏歌。尽日凝妆明镜里，水晶帘影映横波。"

【褋】duǒ 衣袖。《广雅·释器》："袑襦、袿、襣、褌褋……袖也。"

E

e—er

【恶衣】èyī 破旧或粗劣之衣。亦代指贫人、寒士。《三国志·蜀志·董和传》："和躬率以俭,恶衣蔬食,防遏逾僭,为之轨制,所在皆移风变善,畏而不犯。"唐寒山《诗三百三首》其四十三:"昨日会客场,恶衣排在后。"宋王洋《七月八日小雨》诗:"恶衣不掩胫,致美尽一祭。"田况《儒林公议》卷上:"张知白清俭好学,居相位如布素时,其心逸也。及病革,上幸其家,夫人恶衣以见。"清方东树《〈切问斋文钞〉书后》:"使世之人皆惟是取给于布帛菽粟而已,则是禹可以恶衣承祭,而不必致孝乎鬼神。"

【耳环】ěrhuán 一种环形耳饰,至今仍有用者。狭义的耳环是指靠折弯的金属丝或细金属环穿过耳垂上的洞眼使之能悬挂在耳朵上的耳饰。广义的耳环则包括了耳夹和旋扭形耳饰。其种类很多,从佩戴形式上说,最常见的有三种:其一,穿挂在耳垂孔上;其二,用簧片夹在耳垂上;其三,以螺丝固定在耳垂上。从耳环的形式上可分为贴耳式、长坠式、环状式,环状式又可分为单环和多环串在一起等多种。从材料上又可分为金、银、合金、塑料、木质等。佩戴耳环除了它的装饰和美化的作用外,它还在某种特定的环境中,表示佩戴者的身份、地位、信仰等。耳环原为少数民族妇女挂在耳垂上的禁戒之物。相传有些妇女不甘居守,有伤风俗,部落首领便在妇女耳垂上穿刺一孔,悬以耳珰。行步时随步履震动而叮当作响,以提醒悬挂者注意操守,行动谨慎。后传入中原,遂为汉族妇女采用,并演变成一种耳饰。唐及唐以前宗教艺术人物形象中戴耳环者多见,如飞天、乐伎等。反映唐代社会生活的壁画陶俑里,中原人物形象很少见带耳环。普遍的穿耳戴环之风,是宋明时期随着礼教思想的流行而盛行起来的。在宋明时期,不仅普通妇女,连皇后、嫔妃,都穿耳戴环,渐渐变成一种纯粹的饰物。清代礼仪:遇有大丧,各阶层妇女均须除下耳环,以示服丧。晋常璩《华阳国志·南中志》:"夷人大种曰昆,小种曰叟,皆曲头木耳环。"《南史·夷貊传·林邑国》:"穿耳贯小环……自林邑,扶南以南诸国皆然也。"宋丘濬《赠五羊太守》:"碧睛蛮婢头蒙布,黑面胡儿耳带环。"元马祖常《绝句》:"翡翠明珠载画船,黄金腰带耳环穿。"《元典章·礼制》:"(命妇)首饰一品至三品许用金珠宝玉,四品五品金玉珍珠,六品以下用金;惟耳环用珠玉。"《明史·舆服志三》:"洪武三年定制,士庶妻,首饰用银镀金,耳环用金珠,钏镯用银,服浅色团衫,用纻丝,绫罗、绸绢。"明田艺蘅《留青日札·穿耳》:"女子穿耳,带以耳环,自古有之,乃贱者之事,庄子曰:'天子之侍御不穿耳。'杜子美诗:'玉环穿耳谁家女。'后遂为女子普通耳饰矣。"无名氏《天水冰山录》记严嵩被籍没家产,有"金水晶仙人耳环""金点翠珠宝耳环""纯金方楞耳环""金厢四珠宝石古老钱耳环""金珠串楼台人物耳环"等。清姚廷麟《姚氏记事编》:"康熙二十七年正月十四日,太皇太后崩,县堂张孝帏,文武官聚哭三日,男子摘去红缨,妇女摘去耳环,皆素服。"《老残游记》第二回:"梳了一个抓髻,戴了一副银耳环。"

【珥笔】ěrbǐ 史官、谏官等文官上朝,常插笔冠侧,以便记录,谓之"珥笔"。后世用以代指侍从近臣。《文选·曹植〈求通亲亲表〉》:"安宅京室,执鞭珥笔。出从华盖,入侍辇毂。"唐李善注:"珥笔,戴笔也。"《晋书·郭璞传》:"况臣蒙珥笔朝末,而可不竭诚尽规哉!"唐沈传师《次潭州酬唐侍御姚员外》诗:"含香珥笔皆眷旧,谦抑自忘台省寻。"羊士谔《郡中端居,有怀袁州王员外使君》诗:"珥笔金华殿,三朝玉玺书。恩光荣侍从,文彩应符

徐。"元耶律楚材《爱子金柱索诗》:"他时辅翊英雄主,珥笔承明策万言。"清严复《救亡决论》:"出宰百里,入主曹司,珥笔登朝,公卿跬步。"

【珥鹖】ěrhé 在冠上插戴鹖尾。鹖,雉类。天子之近卫武臣,在冠左右插雉尾,以示勇武。三国魏曹植《孟冬篇》:"虎贲采骑,飞象珥鹖。钟鼓铿锵,箫管嘈喝。"

【珥彤】ěrtóng 即"珥笔"。彤,赤管笔。用作史官的别称。《文选·王融〈三月三日曲水诗序〉》:"絜壶宣夜,辩气朔于灵台;书笏珥彤,纪言事于仙室。"唐刘良注:"珥,执也;彤,赤管笔也,皆史臣所以书记君言也。"宋钱惟演《上巳玉津园赐宴》诗:"珥彤寻竹籥,倾盖集芝尘。"明卓明卿《卓氏藻林》卷二《臣职类》:"书笏、珥彤:皆史官也。珥,执;彤,赤管笔也。"清陈康祺《郎潜纪闻》卷九:"顷读公集《雨中过庐山》云:小臣殿陛司珥彤,濒行天语出九重。"

F

fan—feng

【烦质】fánzhì 以禽羽制成的裘。晋王嘉《拾遗记》卷二：“(周昭王)二十四年，涂修国献青凤丹鹊，各一雌一雄……缀青凤之毛为二裘。一名烦质，二名暄肌。服之可以却寒。”

【反缚黄离喽】fǎnfùhuánglílou 南朝齐时东昏侯令人制造的四种奇异帽式之一。参见 440 页“山鹊归林”。

【梵服】tàntú 袈裟。南朝梁萧子良《与南郡太守刘景蕤书》：“养志南荆，可与卞宝争价；韬光梵服，固同隋照共明。”《法苑珠林》卷六六：“沙门何不全发肤，去袈裟，释梵服，披绫罗？”

【方领圆冠】fānglǐngyuánguān 也称“圆冠方领”。方形的衣领和圆形的帽冠，为儒生的服饰。亦借指儒生。南朝梁何逊《七召·儒学》：“方领圆冠，金口木舌。谈章句之远旨，构纷纶之雅说。”唐王勃《益州夫子庙碑》：“将使圆冠方领，再行邹鲁之风；锐气英声，一变賨渝之俗。”

【方冕】fāngmiǎn 北周贵族男子的礼服。《隋书·礼仪志六》：“诸公之服九：一曰方冕。”又：“诸侯服，自方冕而下八，无衮冕……诸伯服，自方冕而下七，又无山冕。”

【方袍】fāngpáo 也作“方衣”。僧人、道士之袍。因平摊为方形，故称。亦代指僧人。南朝梁释慧皎《高僧传》卷六《晋长安释僧肇》：“时庐山隐士刘遗民见肇此论，乃叹曰：‘不意方袍，复有平叔。’”唐刘禹锡《秋日过鸿举法师寺院便送归江宁并引》：“以方袍亲绛纱者十有余年，繇是名稍闻而艺愈变。”唐许浑《泊蒜山津闻东林寺光仪上人物故》诗：“云斋曾宿借方袍，因说浮生大梦劳。”白居易《题天竺南院赠闲元旻清四上人》诗：“白衣一居士，方袍四道人。地是佛国土，人非俗交亲。”权德舆《唐故章敬寺百岩禅师碑铭》：“以中庸之自诚而明，以尽万物之性；以大易之寂然不动，感而遂通；则方袍褒衣，其极致一也。”南唐刘崇远《金华子杂编》卷下：“赞皇李公之镇浙右，以南朝众寺，方袍且多，其中必有妙通《易》道者。因帖下诸寺，令择一人，送至府中。”《旧五代史·唐书·卢程传》：“程方衣、鹤氅、华阳巾。”宋王谠《唐语林·补遗三》：“(僧从诲)累年供奉，望方袍之赐，以耀法门。”曾巩《僧正倚大师庵居》诗：“兰裓方袍振锡回，结茅萧寺远尘埃。”《景德传灯录·泉州慧忠禅师》：“多年尘事漫腾腾，虽着方袍未是僧。”元辛文房《唐才子传·道人灵一》：“一食自甘，方袍便足；灵台澄皎，无事相干。”

【芳襟】fāngjīn 美人的衣襟。代指美人。南朝宋沈约《和王卫军解讲诗》：“七花屏尘相，八解濯芳襟。”南朝齐谢朓《同谢谘议咏铜爵台》诗：“芳襟染泪迹，婵娟空复情。”唐卫中行《登石伞峰》诗：“徘徊绕灵伞，登坐延芳襟。"元末明初倪瓒《对春树》诗："芳襟沾露湿，兰佩委风微。"

【绯袍】fēipáo 省称"绯"。红色袍服。受北方少数民族影响在北朝时出现的一种袍服，南北朝时贵贱通用。唐宋时专用于官吏，为四、五品官员的常服。元代改为六、七品官公服。明代又用作一至四品官公服。《北齐书·东陵五传》："掘得一小尸，绯袍金带，髻一解一，足有靴。"《旧唐书·舆服志》："北朝则杂以戎夷之制，爰止北齐有长帽短靴，合袴袄子，朱紫玄黄，各任所好，虽谒见君上，出入省寺，若非元正大会，一切通用。高氏诸帝，常服绯袍。"《新唐书·李训传》："服除，起为四门助教，赐绯袍、银鱼，时大和八年也。"《通典》卷六一："贞观四年制：三品以上服紫，四品五品以上服绯。"五代后马缟《中华古今注》卷中："旧北齐则长帽短靴，合胯袄子，朱紫玄黄，各从所好，天子多着绯袍，百官士庶同服。"《宋史·舆服志五》："阶官至四品服紫，至六品服绯，皆象笏，佩鱼。"《宋史·仪卫志二》："太宗太平兴国初，增主辇二十四人……奉珍珠、七宝、翠华树二人，衣绯袍。"《元史·舆服志一》："公服，制以罗，大袖，盘领，俱右衽……六品、七品罗小杂花，径一寸。"明王玉峰《焚香记·看榜》："宫花斜倚乌帽偏，绯袍半韡压锦鞯，身世蓬瀛，天上人间。"《续文献通考》卷九三："洪武二十六年定，每日早晚朝奏事及侍班谢恩见辞则服之。在外文武官每日公座服之。其制盘领右衽袍，用纻丝或纱罗绢，袖宽三尺。一品至四品，绯袍。"

【黂缊】fényùn 以乱麻为絮的绵衣。《太平御览》卷一九："宋国有田夫，常衣黂缊，仅以过冬。"

【丰貂】fēngdiāo ❶指珍贵的貂尾，帝王近侍之臣的冠饰。南朝梁何逊《哭吴兴柳恽诗》："纳言信加首，丰貂亦在移。"《晋书·舆服志》："及秦皇并国，揽其余轨，丰貂东至，獬豸南来。"唐杨炯《唐恒州刺史建昌公王公神道碑》："丰貂兮左珥，介士兮前驱。"杜牧《长安杂题长句六首》其六："丰貂长组金张辈，驷马文衣许史家。"明程可中《上谷秋日杂书四首》其一："嘉馔土人烹硕鼠，薄寒胡帽制丰貂。"清曾国藩《元戎》诗："丰貂长组朝金阙，驷马琱弓照塞河。"❷指貂裘。南朝梁萧统《七契》："至夫杪秋既谢，寒绪方人，则轻狐称美，丰貂表珍。"清平步青《霞外攟屑·杂觚·玄狐猧刀》："物之轻重，各以其时之好尚，无定准也。灰鼠旧贵白，今贵黑；貂旧贵长毳，故曰丰貂，今贵短毳。"

【风帽】fēngmào ❶也称"风兜""暖兜"。一种挡风御寒的暖帽，用绸、毡、棉等厚实的织物，或皮为之，中纳絮绵；其兜于脑后，帽下有裙，戴时兜住两耳，披及肩背。又因其形制与观音塑像所戴之帽兜相似，亦称"观音兜"。风帽的产生不会晚于南北朝。唐人承袭北朝遗风，也有戴风帽的习俗。至清尤为盛行，一般为年老者御风寒之用，以紫、深蓝、深青色为多。《南齐书·五行志》："永明中，萧谌开博风帽后裙之制，为破后帽。"唐罗虬《比红儿诗》之二二："若使红儿风帽戴，直使瑶池会上看。"宋李光《渔家傲》词："海外无寒花发早，一枝不忍簪风帽。"范成大《正月十四日雨中与正夫、朋元小集夜归》诗："灯市凄清灯火稀，雨中风帽笑归迟。"清曹庭栋《养生随笔》卷三：“脑后为风门穴，脊梁第三节为肺俞穴，易于受风，办风兜加毡雨帽以遮护之。不必定用毡制，夹层绸制亦可，缀以带二，缚于颔下，或小钮作扣，并得密遮两耳。家常出入，微觉有风，即携以随身，兜于帽外。”徐珂《清稗类钞·服饰》：“风帽，冬日御寒之具也。亦曰风兜。中实棉，或袭以皮，以大红之绸缎或呢为之，僧及老妪所用，则黑色。”清平步青《霞外捃屑》卷二：“风帽斗袯，乃道途风雪所服，见客投谒，下舆骑，则当去之……同治丁卯，有山西杨某，冒称兵部郎中，来江西，遍谒巡抚、司、道，下舆不去风帽，皆怪其无礼……事露，狼抢遁去。”李光庭《乡言解颐·杂十事》：“北地冬用帽兜，以蔽风雪，亦有用毛里者。夏以油绸遮雨，外顶与内顶相符。”《镜花缘》第五十回：“俺在那边树下远远看着两人，头戴帽兜，背着包袱，俺说必是你们回来。”又：“乳母替他们除了帽兜，脱去箭衣。”❷太平天国将官所戴的一种暖朝帽。太平天国废除清朝衣冠，自创服制，以风帽作为职官朝帽，自天王以下，至三司马，秋冬季节，朝会礼见，皆戴风帽。以帽上颜色花边及绣纹分别等差。帽式采用尖头。清张汝南《金陵省难纪略》：“贼初入城，皆著尖头风帽，红色黄边，谓之朝帽。贼尚黄，黄边愈阔官愈大，官名绣于帽边上。丞相帽全黄，黄衫红靴；侯亦黄帽，绣龙于帽边……未加官职，不著风帽，但以黄巾裹头，或制黄帽如剧中武松所戴者。其风帽用黄边，自卒长始才寸许。”张德坚《贼情汇纂·伪服饰》：“洪逆风帽绣双龙双凤、一统山河、满天星斗，伪丞相绣双龙一凤。”❸传统戏曲盔头。罩于所戴的冠帽

外，为行路御寒或发病时戴用。绸制，尖顶，周围有沿，前端的沿口可翘起上翻，异色宽边，左右有两条飘带，下端披在肩上。根据不同人物，有男女尊卑之分。黄缎子绣龙男风帽，绣面风帽上绣二龙戏珠，下绣海水，飘带绣草龙，为帝王专用，如《清河桥》里的庄王，《捉放曹》里的曹操等戴红色风帽。大红缎子男风帽，为官民富豪戴用。女风帽花色更多，多与披风斗篷配套，如《奇双会》里的李桂枝等戴之。

风帽

【凤皇度三桥】fènghuángdùsānqiáo 南朝齐时东昏侯令人制造的四种奇异帽式之一。参见 440 页“山鹊归林”。

fu

【凫卢貂】fúlúdiāo 以野鸭头上的羽毛做的冠饰。南朝梁萧子显《日出东南隅行》：“罄囊虎头绶，左珥凫卢貂。”

【服藻】fúzǎo 卿大夫所穿饰有藻、火纹样的礼服。《文选·陆云〈大将军宴会被命作诗〉》：“冕弁振缨，服藻垂带。”唐李善注引《孝经》郑玄注：“大夫服藻火。”

【幞头】fútóu ❶也作“襆头”“服头”“四脚”。本是男子包头的一种黑色头巾，后逐渐演变成一种帽子。在东汉幅巾的基

础上,北周武帝时在四角加四根带子,包头时把巾覆盖在头上,前面两根长带从额前系于脑后,多余的部分像两根飘带一样垂于脑后,叫做"两脚",后面的两根小带则绕髻而束,系于头顶的发髻前面,始名"幞头",此即是幞头的初形。巾角初用软帛垂脚因称"软脚幞头"。多用作闲暇、燕居之服。隋时幞头内加用衬物,以桐木做成,里外涂漆,覆盖在发髻之上,称作"巾子"。巾子的使用改变了布帛过软的状况,幞头的形制更加规整,顶部高起,名"军容头"。唐代更为盛行,由于内部有了硬衬,幞头的样式也更加多样化,尤其在武德初至开元间的百余年间,出现了平头小样、武家诸王样、开元内样、英王踣样、官样等样式。除巾子以外,幞头后面的两脚,也有各种形制。有的下垂至颈,有的下长过肩,也有将两脚反搭在上,然后插入颅后结内。由于这些幞头均以柔软的纱罗制成,故统称"软脚幞头"。中唐以后,出现了一种"硬脚幞头"。在幞头的双脚之内,加进丝弦之骨,使之坚挺,两脚上翘,犹如一对硬翅,故名"硬脚幞头"。最初硬脚幞头只为皇帝所用,一般官员和百姓仍只能戴软脚幞头。唐末藩镇割据,许多藩将都越制戴硬脚幞头,硬脚开始进入民间。幞头虽为男装,但在隋唐时期,女子也十分喜爱。唐末,幞头的两脚已渐平展,称作"展脚",束于髻前的两条小带早已消失。五代帝王天子所戴的幞头为两脚上翘,称作"朝天幞头",也即"翘脚幞头",百官朝见天子时,必先垂两脚,然后才能觐见天子。四方僭位之主,各创新样,或翘上而反折于下,或如团扇蕉叶

之状,合抱于前。宋代幞头成为男子服饰中的主要首服,上至帝王、百官,下至平民百姓,除重大节日戴冠冕外,平时都要戴幞头。宋代的幞头,已完全脱离巾帕的形式,而演变成为一种形式固定的冠帽。五代的幞头仍然以巾为之,宋代的幞头是以藤或草编成的巾子为里,外面用纱涂以漆,后因漆纱已够坚硬而去其藤里。幞头的两脚也改用铜铁丝,琴弦或竹篾作骨架,外加纱、漆,弯成不同形状,有直角、局脚、交脚、朝天、顺风五种。一般以直脚为多,中期以后,两脚越伸越长。据说两脚展长,可防止臣僚们在朝仪时窃窃私语。公差皂隶,多用交脚、局脚和一种圆顶软脚的幞头。仪卫、歌乐、杂职等,多戴高脚、卷脚、银叶弓脚幞头等等。五代朱梁时,幞头脚上有加饰者。宋南渡后又有簪戴幞头,即在幞头上簪以金银、罗绢之花。宋代幞头已不限于黑色,在喜庆宴会也可用些鲜艳的色彩,有的用金色丝线盘制成各种花样,叫"生色销金花样幞头"。辽、金之际,幞头仍然盛行,天子、百官都戴用纯纱幞头。元代官员的公服也是幞头,形制与宋代展脚幞头相同。百姓的幞头,则与唐代的巾相像,脑后下垂两只弯头长脚,呈八字形。明代仍服纯纱幞头,天子用为常服冠,百官则用为公服冠,两边展脚长至一尺二寸。每日早晚朝奏事、侍班、谢恩、见辞及重大朝会时服之。《隋书·礼仪志七》:"故事,用全幅皂而向后幞发,俗人谓之幞头。自周武帝裁为四脚,今通于贵贱矣。"《资治通鉴·陈宣帝太建十年》:"甲戌,周主初服常冠,以皂纱全幅向后幞发,仍裁为四

375

脚。"元胡三省注："今之幞头始此,制微有不同耳。杜佑曰:'后汉末,王公卿士以幅巾为雅,用全幅皂而向后幞发,谓之头巾,俗人因号为幞头。'……襆,与幞同。"《通典》卷五七:"后汉末,王公名士,以幅巾为雅。"唐封演《封氏闻见记》:"幞头之下,别施巾,像古冠下之帻也。"张鷟《游仙窟》:"十娘即唤桂心,并呼芍药,与少府脱靴履,叠袍衣,阁幞头,挂腰带。"《新唐书·五行志一》:"高宗尝内宴,太平公主紫衫、玉带、皂罗折上巾,具纷砺七事,歌舞于帝前。"五代后唐马缟《中华古今注》卷中"幞头":"本名上巾,亦名折上巾,但以三尺皂罗后裹发,盖庶人之常服。沿至后(北)周武帝,裁为四脚,名曰幞头。"宋赵彦卫《云麓漫钞》卷三:"幞头之制,本曰巾,古亦曰折。以三尺皂绢,向后裹发……周武帝遂裁出四脚,名曰幞头。逐日就头裹之,又名折上巾。"又:"唐末丧乱,自乾符以后,宫娥宦官皆用木围头,以纸绢为衬,用铜铁为骨,就其上制成而戴之,取其缓急之变,不暇如平时对镜系裹也。僖宗爱之,遂制成而进御。"金董解元《西厢记诸宫调》卷七:"偏带儿是犀角,幞头儿是乌纱。"明于慎行《穀山笔麈·冠服》:"今之幞头,盖放脚而稍屈其端使之向上,兼唐、宋之制者矣。"《儒林外史》第四十二回:"应天府尹大人戴着幞头,穿着蟒袍,行过了礼。"清翟灏《通俗编》卷二五《服饰·幞头》:"《广韵》:幞头者,裁幅出四脚,以幞其头,故名焉。"❷妇女外出时用以障面的一种面幕。以五尺见方的皂罗制成。宋高承《事物纪原》卷三:"唐初宫人着羃篱……永徽之后用帷帽,后又戴皂罗,方五尺,亦谓之幞头,今

曰盖头。"

幞头的初期形态

隋代幞头图

宋代幞头

【负板袴(裤)】fùbǎnkù 也作"负版绔"。粗制的衣服。《太平御览》卷六九五:"孙兴公道曹辅佐才云:'白地明光锦,裁为负板袴。非无文彩,然酷无裁制。'"清李业嗣《集〈世说〉诗》:"譬如明光锦,裁为负版绔。"

【复裈】fùkūn 也作"复袴"。缀有衬里的夹裤。两层之间可絮绵麻,多用于冬季防寒保暖。南朝宋刘义庆《世说新语·夙惠》:"韩康伯数岁,家贫,至大寒止得襦,母殷夫人自成之。令康伯捉熨斗,谓

康伯曰:'且著襦,寻作复裈。'儿云:'已足,不须复裈也。'母问其故,答曰:'火在熨斗中,而柄热,今既著襦,下亦当暖,故不须耳。'"宋陆游《连日大寒夜坐复苦饥戏作短歌》诗:"翁饥不能具小飧,儿冻何由成复裈?"刘克庄《再和》诗:"贫妇鲜能具复裈,贵人何必夸重较。"

【复帽】fùmào 有衬里的暖帽,通常为秋冬时所用。《晋书·刘弘传》:"兵年过六十,羸疾无襦。弘愍之,乃谪罚主者,遂给韦袍复帽,转以相付。"

【复裙】fùqún 夹裙,用数层布帛做成的裙子。其中可纳絮绵,冬季用以御寒保暖。《太平御览》卷六九六:"崇进皇太后为太皇太后,有绛碧绢双裙、绛绢褥裙、缃绛纱复裙。"《渊鉴类函》卷三七四:"皇太子纳妃,有绛纱复裙、绛碧结绫复裙。"明杨慎《升庵诗话》卷一二:"《咏复裙》诗:'晶晶金沙净,离离宝缝分。纤腰非学楚,宽带为思君。'"

【副服】fùfú 供替换的衣服。三国蜀诸葛亮《又与李严书》:"吾受赐八十万斛,今蓄财无余,妾无副服。"

【缚袴(裤)】fùkù 用布帛将套裤脚管扎紧,以便骑乘,多用于戎装行旅。由此而演变为服装专名,用来代指戎装。晋朝开始流行至南北朝大兴。北朝以后,又被纳入冠服制度。隋唐时期承袭此制,多用作武士之服。晚唐以后,其制渐失。《宋书·沈庆之传》:"湛被收之夕,上开门召庆之,庆之戎服履鞜缚袴入。上见而惊曰:'卿何意乃尔急装?'庆之曰:'夜半唤队主,不容缓服。'"《南史·东昏侯纪》:"(东昏侯)戎服急装缚袴,上著绛衫,以为常服,不变寒暑。"《隋书·礼仪志六》:"袴褶,近代服以从戎。今缵严,则文武百官咸服之。车驾亲戎,则缚袴,不舒散也。中官紫褶,外官绛褶,腰皮带,以代鞶革。"清王抃《扬州次梅村师韵》:"缚袴健儿谁转战,借筹策士总虚名。"吴伟业《楚两生行》:"途穷重走伏波军,短衣缚袴非吾好。"

G

gan—ge

【干漫】gànmàn 也称"都漫""横幅"。南北朝时期南方少数民族所穿的下裙。以木棉布制成者为多,少数用锦,其制为长方形,使用时横覆腰下,以带系结。男女均可穿着。《南史·林邑国传》:"其国俗……男女皆以横幅吉贝绕腰以下,谓之干漫,亦曰都漫。"《梁书·诸夷传》:"泰、应谓曰:'国中实佳,但人亵露可怪耳。'寻始令国内男子著横幅。横幅,今干漫也。大家乃截锦为之,贫者乃用布。"清厉荃《事物异名录》卷一六:"干漫、都漫……如今之所谓裙也。"

【刚铠】gāngkǎi 指铁甲。三国蜀诸葛亮《作刚铠教》:"勒作部皆作五折刚铠、十折矛以给之。"

【高齿屐】gāochǐjī 高齿的木屐。北齐颜之推《颜氏家训·勉学》:"梁朝全盛之时,贵游子弟……无不熏衣剃面,傅粉施朱,驾长檐车,跟高齿屐,坐棋子方褥,凭斑丝隐囊,列器玩于左右,从容出入,望若神仙。"清卢文弨注:"自晋以来,士大夫多喜著屐,虽无雨亦著之。下有齿。谢安因喜,过户限,不觉屐折齿,是在家亦著也。旧齿露卯,则当如今之钉鞋,方可露卯。晋泰元中不复彻。今之屐下有两方木,则亦不能彻也。"

【高翅帽】gāochìmào 一种帽翅高挑的尖顶便帽。《北史·儒林传下·熊安生》:"安生与同郡宗道晖、张晖、纪显敬、徐遵明等为祖师。道晖好著高翅帽、大屐,州将初临,辄以谒见,仰头举时拜于屐上,自言学士比三公。"唐韩翃《送南少府归寿春》诗:"孤客小翼舟,诸生高翅帽。"

【高屐】gāojī 高齿的木屐。南朝宋刘义庆《世说新语·简傲》:"王子敬兄弟见郗公,蹑履问讯,甚修外生礼。及嘉宾死,皆著高屐,仪容轻慢。命坐,皆云:'有事,不暇坐。'"宋陆游《老学庵笔记》卷八:"(翟耆年)往见许顗彦周。彦周髽髻,著犊鼻裈,蹑高屐出迎。"刘克庄《游东山图》诗:"宝钗导前瑶簪后,三君高屐华阳巾。"释智海《春日写怀》诗:"凌霄神骏怀支遁,高屐貂裘怪惠琳。"

【高履】gāolǚ 即"高齿屐"。北齐颜之推《颜氏家训·涉务》:"梁世士大夫皆尚褒衣博带、大冠高履。"《南史·张邵传》:"兴世卒,融著高履为负土成坟。"清李邺嗣《赠谿曹黄门歌》诗:"深蒙范式挽灵车,多谢张融著高履。"

【高帽】gāomào ❶ 即"高屋帽"。《隋书·礼仪志七》:"案宋齐之间,天子宴私,著白高帽,士庶以乌,其制不定。"❷ 泛指高顶的帽子。宋周必大《病中次务观通判韵》:"尘埃登高帽,生涩弹棋手。"元范梈《钱舜举画马歌》诗:"圉官山立顾而髯,朱衣黑带高帽尖。"明王稚登《听查八十弹琵琶》诗:"学书学剑白日暮,短裘高帽吴王城。"

【高屋】gāowū 帽子的顶部高起。《隋书·礼仪志六》:"(帽)皇太子在上省则乌纱,在永福省则白纱。又有缯皂杂纱为之,高屋下裙,盖无定准。"《隋书·礼仪志七》:"案宋齐之间,天子宴私,著白高帽,士庶以乌⋯⋯或有纱高屋,或有乌纱长耳。"

【高屋白纱帽】gāowūbáishāmào 即"白纱帽"。《通典·礼志十七》:"宋制黑帽,缀紫褾⋯⋯后制高屋白纱帽,齐因之,梁因之,颇同,至于高下翘之卷小异耳。皆以白纱为之。陈因之,天子及士人通冠之。"

【高屋帽】gāowūmào 一种高顶帽。以纱帛等缝制,有卷荷、下裙、长耳诸式,有白、黑等色。《隋书·礼仪志七》:"案宋齐之间,天子宴私,著白高帽,士庶以乌,其制不定。或有卷荷,或有下裙,或有纱高屋,或有乌纱长耳⋯⋯今复制白纱高屋帽。"唐陆龟蒙《幽居有白菊一丛因而成咏呈知己》《梁王高屋好欹来》自注:"梁朝有白纱高屋帽。"宋苏轼《椰子冠》诗:"规模简古人争看,簪予轻安发不知。更著短檐高屋帽,东坡何事不违时。"杨万里《寄题儋耳东坡故居,尊贤堂太守谭景先所二首》诗其二:"只个短檐高屋帽,青莲未是谪仙人。"

【高衣】gāoyī 高,通"缟"。白色男服。借指穿贵服的人。南朝宋鲍照《代阳春登荆山行》诗:"奕奕朱轩驰,纷纷高衣流。"一本作"缟衣"。

【缟弁】gǎobiàn 素色的弁帽,服丧时戴。《通典》卷八一:"而欲二十二三日除缟弁,二十五六日禫哭礼。"

【缟纰】gǎopī 帽的白色缘边。《魏书·礼志四》:"就如郑义,二十七月而禫,二十六月十五升,布深衣,素冠,缟纰,及黄裳、彩缕以居者,此则三年之余哀,不在服数之内也。"

【革蹻蹋】géjuētà 汉魏时东夷马韩人皮革制成的鞋履。《三国志·魏志·东夷传》:"其人性强勇,魁头露紒,如炅兵,衣布袍,足履革蹻蹋。"

【葛巾】géjīn 葛布所作之头巾,单夹皆多用本色绢,后有两带垂下,盛起于汉代,原为士庶男子所服。魏武帝造白帢之时,一度废止,仅为国学与太学生员所用,稍后旋复,并常作隐士之巾饰。晋张华《博物志》卷六:"汉中兴,士人皆冠葛巾。"南朝梁殷芸《小说》卷六:"武侯与宣王治兵,将战,宣王戎服莅事;使人密觇武侯,乃乘素舆,葛巾,持白羽扇,指麾三军,众军皆随其进止。宣王闻而叹曰:'可谓名士矣!'"《宋书·隐逸传·陶潜》:"郡将候潜,值其酒熟,取头上葛巾漉酒,毕,还复著之。"《南齐书·高逸传》:"宋泰始中,过江聚徒教学,冠黄葛巾,竹麈尾,蔬食二十余年。"唐杜甫《宾至》诗:"有客过茅宇,呼儿正葛巾。"司空曙《病中寄郑千六兄》:"倦枕欲徐行,开帘秋月明。手便筇杖冷,头喜葛巾轻。"宋苏轼《韩干王氏书楼》诗:"书生古亦有战阵,葛巾羽扇挥三军。"陆游《老学庵笔记》卷一〇:"魏文帝善弹棋,不复用指,第以手巾角拂之,有客自谓绝艺,及召见,但低首以葛巾角拂之,文帝不能及也。"陆游《席上作》:"一幅葛巾林下客,百壶春酒饮中仙。"王应麟《玉海》卷八一:"东晋制,以葛为巾,形如帕(帢),而横著之,尊卑共服。"《金史·隐逸传》:"为人躯干雄伟,貌奇古,戴青葛巾,项后垂双带若牛耳,一金镂环在顶额之间。"清孙枝蔚《挽金坤生》诗:"翁死何潇洒,犹能正葛巾。"

【葛帔】gépèi 用葛布制成的披肩,多用于夏季。亦借指素朴之服,亦用以代指贫士。《南史·任昉传》:"西华冬月著葛帔练裙,道逢平原刘孝标,泫然矜之,谓曰:'我当为卿作计。'"宋陆游《龟堂初暑》诗:"沧漪一曲绕茅堂,葛帔纱巾喜日长。"明张煌言《甲辰九月感怀》诗其一:"纶巾原当苏卿节,葛帔犹然晋代衣。"清赵翼《至苏州瘦铜子孝彦来见泫然有作》诗:"葛帔相看泪满衣,贫官门户已全非。"徐珂《清稗类钞·巡幸》:"其一少寡,宫中呼为元大奶奶,葛帔练衣,不施朱粉,居于孝钦后寝宫西偏。"

【葛裙】géqún 用葛布制成的裙裳。质地粗疏,多用于庶民或俭朴之士。南朝宋刘义庆《世说新语·企羡》:"王丞相拜司空,桓廷尉作两髻、葛裙、策杖,路边窥之,叹曰:'人言阿龙超,阿龙故自超。'"宋宋伯仁《羊角埂晚行》诗:"葛裙蒲履帽乌纱,迤逦乘凉到水涯。"

【襆】gé ❶上衣。唐宋后多指僧衣。南朝陈虞荔《论书表》:"有一好事少年,故作精白纱襆衣著诣子敬,子敬便取书之,草正诸体悉备,两袖及褾略同。"唐柳宗元《送文畅上人序》:"然后蔑衣襆之赠,委财施之会不顾矣。"宋苏轼《过广爱寺见三学演师观扬惠之塑宝山朱瑶画文殊普贤》诗:"败蒲翻覆卧,破襆再三连。"明袁宏道《与曾退如过葡桃园话旧偶成》诗:"鹤啄苔而不去,僧振襆而相迎。"清卢文弨《钟山札记·襆》:"衣襆用于释氏为多,然亦可通用……非专指衣襟也。"❷衣襟。唐慧琳《一切经音义》卷三〇引《玉篇》:"襆,衣襟也。"又卷七八引《考声》:"襆,襟也。"《集韵·德韵》:"襆,衣裾。"陆质《送最澄阇梨还日本》诗:"归来香风满衣襆,讲堂日出映朝霞。"❸也称"衣襆"。僧侣披于肩上用以拭手或盛物的长方布帛。唐刘禹锡《送僧方及南谒柳员外》:"居无何,而方及至,出襆中诗一篇似觊予。"《景德传灯录·肋尊者》:"四众各以衣襆盛舍利,随处兴塔而供养之。"《阿弥陀经》:"其国众生,常以清旦,各以衣襆,盛众妙华。"

gong—gun

【公服】gōngfú ❶也称"从省服"。官吏从事公务时所穿的衣服,等级不同服饰不同。较朝服、祭服等礼服简单方便穿着,较日常家居所穿便服正式。北魏时期开始形成制度,其后历代形制不一。隋代公服之制用朱衣裳,素革带,去鞶囊、佩绶而偏垂一小绶。冠则为弁冠,按品分别,如一品九琪,二品八琪,依次别之,亦用犀簪导。唐代公服由冠、帻、簪、绛纱单衣,白裙襦(或衫),革带钩𫞩、假带,方心,袜履,纷、鞶囊,双佩,乌皮履等组成。与朝服不同之处在于无蔽膝、剑、绶。宋代亦称公服为"常服",沿袭唐代公服服色来分别文武官员品级,三品以上用紫色,五品以上用朱色,七品以上绿色,九品以上青色。公服的形式是曲领(圆领),大袖,下裾加一横襕。腰间束以革带,头上戴幞头,脚上穿靴或用黑革而仿履制加以靴统的革履。到宋元丰年间服色略有更改,四品以上紫色,六品以上绯色,九品以上绿色。辽代公服称之展裹著紫。辽主用紫皂幅巾,紫窄袍,玉束带,或衣红袄。金代公服以官品分紫、绯、绿三等,五品以上文武品官服紫,六品、七品服绯,八品、九品服绿,公服下加襕。文官加佩金、银鱼袋,武官则不佩鱼。腰带分玉带、金带、涂金带、银带、乌犀等,武官四品以上皆腰束横金带。元代公服,戴展角幞头,束偏带,其带一品以玉或花或素,二品用花犀;三品、四品用黄金荔枝;五品以下皆用乌犀,八銙。带鞓用朱革,靴用黑皮,衣用罗。公服形式为大袖盘领。一品用紫色,大独科花纹径五寸;二、三、四品花纹大小递减;六品、七品用绯色;八品、九品用绿罗,罗无花纹。明代公服,衣用盘领右衽袍,袖宽三尺。一品至四品绯袍;五品至七品青袍;八品、九品绿袍;未入流杂职官子八品以下同。袍的花纹以花径大小分别品级。一品用径五寸的大独科花,以下递减其花径大小。头戴幞头,以漆纱做成,旁二等展角各长一尺二寸。腰带一品用花或素的玉;二品犀;三品、四品金荔枝;五品以下用乌角。鞓用青革,垂挞尾于下,着皂靴。清无公服之称,其补服大致相当于前代的公服。《北史·魏纪三》:"(太和十年)夏四月辛酉朔,始制五等公服。"《资治通鉴·齐武帝永明四年》:"辛酉朔,魏始制五等公服。"又《陈太建十二年二月》:"有大事,与公服间服之。"元胡三省注:"《五代志》:后周之制,诸命秩之服曰公服,其余常服曰私衣。隋唐以下有朝服,有公服,朝服曰具服,公服曰从省服。"《周书·宣帝纪》:"大象二年诏天台(宣帝传位后所居之处)侍卫之官,皆有五色及红紫绿衣,以杂色为缘,名曰'品色衣',有大事与公服间服之。"《新唐书·车服志》:"从省服者,五品以上公事、朔望、朝谒,见东宫之

服也。亦曰公服。"《隋书·礼仪志七》:"远游冠,公服,绛纱单衣,革带,金钩䚢,假带,方心。纷长六尺四寸,广二寸四分,色同其绶。金缕鞶囊,袜履。五日常朝,则服之。"《朱子语类》:"古今之制,祭祀用冕服,朝会用朝服,皆直领垂之。今之公服,乃夷狄之戎服,自五胡之末流入中国,至隋炀帝巡游无度,乃令百官戎服从驾,而以紫、绯、绿三色为九品之别,本非先王之法服,亦非当时朝祭之正服。今杂用之,亦以其便于事而不能改也。"❷官员礼服的统称。唐李济翁《资暇集》:"主人去茔百步下马,公服,则常服,则是吉礼分明。"《水浒传》第九十回:"宋江、卢俊义俱各公服,都在待漏院伺候早朝,随班行礼。"

【恭带】gōngdài 腰带。《艺文类聚》卷三九:"肃镳奉晨发,恭带厕朝闻。"

【估服】gūfú 商人所穿的衣服。晋干宝《搜神记》卷六:"汉灵帝数游戏于西园中,令后宫采女为客舍主人,身为估服,行至舍间,采女下酒食,因共饮食,以为戏乐。"

【骨苏】gǔsū 南北朝时期高丽男子所戴之冠。以紫罗为之,杂以金银为饰。《周书·异域志上》:"丈夫衣同袖衫,大口裤……其冠曰骨苏,多以紫罗为之。杂以金银为饰。"明谢肇淛《五杂俎》卷一二:"骨苏,高丽冠也。"

【纶巾】guānjīn 魏晋时期士人所戴粗丝编织成的白色头巾。三国时诸葛亮常带,所以又称"诸葛巾",宋以后多用于道士、儒生。宫廷妇女亦可用之,一般多染成彩色,有白纶巾、紫纶巾等名称。南朝梁殷芸《小说》卷六:"武侯与宣王治兵,将战,宣王戎服莅事;使人密觇武

侯,乃乘素舆,葛巾,持白羽扇,指麾三军,众军皆随其进止。宣王闻而叹曰:'可谓名士矣。'"《太平御览》卷六八七:"谢万,字万石,简文辟为从事中郎,著白纶巾,鹤氅裘,版而前,帝与谈移日。"晋陆翙《邺中记》:"季龙又尝以女伎一千人为卤簿,皆著紫纶巾,熟锦袴,金银缕带,五文织成靴,游台上。"唐吕岩《雨中花》诗:"岳阳楼上,纶巾羽扇。"李颀《郑樱桃歌》:"宫军女骑一千匹,繁花照耀漳河春。织成花映红纶巾,红旗掣曳卤簿新。"宋陈与义《怀天经智老因访之》诗:"忽忆轻舟寻二子,纶巾鹤氅试春风。"张孝祥《醉蓬莱·为老人寿》词:"曲几蒲团,纶巾羽扇,年年如是。"苏轼《念奴娇》词:"羽扇纶巾,谈笑间,樯橹灰飞烟灭。"魏璀《捣衣赋》:"黄金钗兮碧云发,白纶巾兮青女月,佳人听兮良未歇。"陆游《盆池》诗:"我来闲照影,一笑整纶巾。"王以宁《念奴娇·淮上雪》词:"纶巾鹤氅,是谁独笑携策。"元张宪《诸葛武侯像》:"羽扇飘飘,纶巾萧萧,渭原星坠,梁父寂寥。"萨都剌《题高秋泉诗卷》诗:"纶巾北窗下,倦可枕书眠。"明王圻《三才图会·衣服一》:"诸葛巾,此名纶巾。诸葛武侯尝服纶巾,执羽扇,指挥军事,正此巾也,因其人而名之。"清孙枝蔚《次韵答邓孝威》诗之七:"非关苦忆旧乡邻,曾被纶巾笑幅巾。"

纶巾
(明王圻《三才图会》)

【纶帽】guānmào 用丝编织之帽。《南史·徐龙驹传》:"常住含章殿,著黄纶帽,被貂裘,南面向案,代帝画敕。"

【冠帽】guānmào 冠与帽的合称,原本高贵者多戴冠,低贱者多着帽、巾等,后泛指首服。《晋书·谢万传》:"尝与蔡系送客于征虏亭,与系争言。系推万落床,冠帽倾脱。"《北史·景穆十二王传下》:"朕昨入城,见车上妇人冠帽而著小襦袄者,尚书何为不察?"《南史·王僧祐传》:"服阕,发落略尽,殆不立冠帽。"宋黄庭坚《定风波·其四·客有两新鬟善歌者,请作送汤曲,因戏前二物》词:"冠帽斜敧辞醉去,邀定,玉人纤手自磨香。"《金瓶梅词话》第四十四回:"不一时,西门庆进来,戴着冠帽,已带七八分酒了。"

【冠佩】guānpèi 也作"冠珮"。官员礼冠和佩饰的合称。亦代指官吏。亦用来指妇女用的帽子与佩饰。《宋书·礼志五》:"车旗变于商、周,冠佩革于秦、汉,岂必殊代袭容,改尚沿物哉。"南朝梁江淹《杂体诗·效魏文帝〈游宴〉》:"月出照园中,冠佩相追随。"唐白居易《贺雨》诗:"冠佩何锵锵,将相及王公。"宋苏辙《次韵姚道人》诗之一:"他年解冠佩,共游无边疆。"范成大《昼锦行送陈福公判信州》诗:"汉家麟阁多王侯,冠佩相望岁几秋。"张孝祥《菩萨蛮·舣舟采石》词:"倒冠仍落珮,我醉君须醉。"元郝经《天赐夫人词》:"负来灯下惊鬼物,云鬟欹斜倒冠佩。"清顾炎武《十庙》诗:"复见十庙中,冠佩齐趋跄。"

【裈】guǎn 裤管。《广雅·释器》:"襟谓之绔,其裈谓之褶。"清王念孙疏证:"绔或作袴。案今人言袴脚或言袴管是也。管与裈,同。"

【广冕】guǎngmiǎn 晋代舞乐人在帝王祭祀天地时戴用的礼帽。《晋书·舆服志》:"爵弁,一名广冕。高八寸,长尺二寸,如爵形,前小后大。缯其上似爵头色。有收持笄,所谓夏收殷冔者也。祠天地、五郊、明堂、云翘舞乐人服之。"

【袿襡】guīshǔ 妇女的上等长袍。《晋书·隐逸传·夏统》:"又使妓女之徒服袿襡,炫金翠,绕其船三匝。"

【袿襡】guīshǔ 即"袿襡"。《太平御览》卷八九一:"少姬三十,并著降紫罗袿襡,年皆可十七八许。"《隋书·礼仪志六》:"皇后谒庙,服袿襡大衣,盖嫁服也"。《新唐书·西域传下》:"其妻可敦献柘辟大氎毵二,绣氎毵一,丐赐袍带、铠仗及可敦袿襡装泽。"明李本固《汝南遗事》:"女郎年十六七,艳丽无双,著青袿襡,珠翠璀错,下阶答拜。"

【桂冠】guìguān 用桂叶、桂花编制的帽子。取其清香高洁。三国魏繁钦《弭愁赋》:"整桂冠而自饰,敷繁藻之华文。"宋黄庶《次韵和真长新春偶书》诗:"尘埃不必频弹铗,岩石终期共桂冠。"宋楼钥《赠蜀二史》诗:"老我桂冠惭复弹,羡君登第遽休官。"

【衮服】gǔnfú 天子、诸侯、上公祭祀宗庙时所穿的绣有龙形的礼服,有时天子也将衮服赐以上公。晋陆机《答贾谧》:"鲁公戾止,衮服委蛇。"宋孔平仲《孔氏谈苑·汗衫所起》:"古者朝宴,衮服中有白纱中单,百官郊享服中有明衣。"《宋史·舆服志三》:"衮服,青衣八章,绘日、月、星辰、山、龙、华虫、火、宗彝;纁裳四章,绣藻、粉米、黼、黻。蔽膝随裳色,绣升龙二。"《清史稿·礼志》:"祭服,圜丘、祈谷、雩祀,先一日,帝御斋宫,龙袍衮服。"《大清会典》卷四一:"皇帝衮服,色用石青。绣五爪正面金龙四团,两肩前后各一;其章:左日,右月,前后万寿篆文,间以五色云。绵、袷、裘惟其时。"

【衮章】gǔnzhāng 衮衣上的纹样。借指衮衣。《艺文类聚》卷四七:"遂乃班同衮章,燮和台曜。"《文选·任昉〈齐竞陵文宣王行状〉》:"诏给温明秘器,敛以衮章,备九命之礼。"唐吕向注:"衮章,龙服也。"《新唐书·车服志》:"季夏迎气,龙见而雩,如之何可服? 故历代唯服衮章。"

H

han—he

【裍裰】hānduǒ 衣袖。《广雅·释器》："裍裰……袖也。"

【寒衣】hányī ❶御寒的衣服，如棉衣、棉裤等。晋陶渊明《有会而作》诗："怒如亚九饭，当暑厌寒衣。"又《拟古诗》："春蚕既无食，寒衣欲谁待？"唐梁洽《金剪刀赋》："及其春服既成，寒衣欲替。"皎然《游溪待月》诗："可中才望见，撩乱捣寒衣。"韦应物《郡斋卧疾绝句》："秋斋独卧病，谁与覆寒衣。"金元好问《望归吟》诗："北风吹沙杂飞雪，弓弦有声冻欲折。寒衣昨夜洛阳来，肠断空闺捣秋月。"❷明清时农历十月一日以彩纸裁制之男女衣样。上坟奠祭先人时焚之。明刘侗于奕正《帝京景物略·春场》："十月一日，纸肆裁纸五色，作男女衣，长尺有咫，曰寒衣，有疏印缄，识其姓字辈行，如寄书然。"清潘荣陛《帝京岁时纪胜·送寒衣》："十月朔……士民家祭祖扫墓，如中元仪。晚夕缄书冥楮，加以五色彩帛作成冠带衣履，于门外奠而焚之，曰送寒衣。"清雍正十三年《陕西通志·风俗》："〔临潼〕十月一日鸡鸣，焚纸，献馄饨祭先，谓之迎〔送〕寒衣。"富察敦崇《燕京岁时记·十月一》："十月初一日，乃都人祭扫之候，俗谓之送寒衣。"

【汗衫】hànshān ❶质地轻薄的贴身衬衣。相传汉高祖始用此名。通常用轻薄透气的衣料制成，穿着于暑热天气，后世也有用细竹段、料珠穿缀而成者。晋束皙《近游赋》："其男女服饰，衣裳之制……胁汗衫以当热。"五代后唐马缟《中华古今注》卷中："汗衫，盖三代之衬衣也。《礼》曰中单，汉高祖与楚交战，归帐中汗透，遂改名汗衫。至今亦有中单，但不缠而不开耳。"宋高承《事物纪原·汗衫》："《实录》曰：古者朝燕之服有中单，郊祫之服又有明衣；汉祖与项羽战争之际，汗透中单，遂有汗衫之名也。"《朱子语类》卷二九："圣人则和那里面贴肉底汗衫都脱得赤骨立了。"元王实甫《西厢记》第五本第一折："这汗衫儿呀，他若是和衣卧，便是和我一处宿……不信不想我温柔。"明陈士元《俚言解·汗衫》："汗衫本古中单之制，后世或缀珠及结细竹为之。"清顾张思《土风录·汗衫》："当暑衬衣有汗衫，以木芙蓉皮或寸断小竹纶线结之。"❷官吏宴居时所著常服。宋代皇帝以此作为时服赐予诸臣。《资治通鉴·唐代宗大历三年》："上时衣汗衫，蹑屦过之。"元胡三省注："汗衫，宴居之常服也，今通贵贱皆服之，惟天子以黄为别。"《宋史·舆服志五》："宋初因五代旧制，每岁诸臣皆赐时服……应给锦袍者，皆五事：公服、锦宽袍、绫汗衫……端午，亦给。应给锦袍者，汗衫以黄縠，别加绣抱肚、小扇。"

【皓带】hàodài 白色衣带；玉带。三国魏曹植《王仲宣诔》："君以显举,秉机省闼。戴蝉珥貂,朱衣皓带。"

【皓袖】hàoxiù 白色衣袖。三国王粲《七释》："七盘陈于广庭,畴人俨其齐俟。揄皓袖以振策,竦并足而轩跱。邪睨鼓下,伉音赴节。安翘足以徐击,驱顿身而倾折。"晋陶渊明《闲情赋》："褰朱帏而正坐,泛清瑟以自欣。送纤指之余好,攘皓袖之缤纷。"

【合幅袴(裤)】héfúkù 南北朝时期祭祀时舞者所穿的裤子。因合幅为之,故名。《魏书·乐志》："武舞:武弁、赤介帻、生绛袍、单衣绛领袖、皂领袖中衣、虎文画合幅袴、白布袜、黑韦鞮。文舞者:进贤冠、黑介帻、生黄袍单衣、白合幅袴。"《宋书·乐志一》："祀圆丘以下,《武始舞》者……绛合幅袴,绛袜,黑韦鞮。《咸熙舞》者,冠委貌,其余服如前。《章斌舞》者……虎文画合幅袴,白布袜,黑韦鞮。《咸熙舞》者……白合幅袴,其余服如前。"《南齐书·乐志》："宣烈舞执干戚,郊庙奏,平冕,黑介帻,玄衣裳,白领袖,绛领袖中衣,绛合幅袴,绛袜。"《通典·乐志一》："武始舞者,平冕,黑介帻,元衣裳,白领袖,中衣,绛合幅袴。"

【合欢结】héhuānjié ❶以丝带编成双结,系佩于裙边。象征青年男女和好恩爱。南朝梁武帝《秋歌四首》诗之一:"绣带合欢结,锦衣连理文。怀情入夜月,含笑出朝云。"❷辽代端午之日以五彩丝绳缠臂,以辟不祥。《辽史·礼志六》:"五月重五日,午时,采艾叶和锦著衣……以五彩丝为索缠臂,谓之'合欢结'。"

【合欢袴(裤)】héhuānkù 金线与彩线互相交织而成的锦裤。一说是有对称图案的丝裤。晋陆翙《邺中记》:"石虎时著金

缕合欢袴。"唐元稹《梦游春七十韵》:"纰软钿头裙,玲珑合欢袴。"

【合欢帽】héhuānmào 魏晋时年轻男子所戴的一种用织金织物制成的帽子。晋束晳《近游赋》:"及至三农间隙,遘结婚姻,老公戴合欢之帽,少年著蕤角之巾。"陆翙《邺中记》:"季龙猎,著金缕织成合欢帽。"

【合欢绮】héhuānqǐ 妇女的贴身内衣。合欢,指衣上对称的花纹。明田艺蘅《留青日札》卷二〇:"今之袜胸,一名襕裙……沈约诗'领上蒲桃绣,腰中合欢绮'是也。"

【合胯袄子】hékuàǎozi 袄子的一种。胯部两侧完整,有别于缺胯袄子。《旧唐书·舆服志》:"北朝则杂以戎夷之制,爰至北齐,有长帽短靴,合胯袄子,朱紫玄黄,各任所好,虽谒见君上,出入省寺,若非元正大会,一切通用。高氏诸帝,常服绯袍。"

【合鞋】héxié 用丝、麻两种纤维交织在一起编成的鞋子。一说鞋面用丝,鞋底用麻。流行于东晋,一般为妇女所着。因"合鞋"与"和谐"谐音,故被赋予吉祥寓意:凡男子娶妇下聘,皆应向女方赠送此鞋。五代后唐马缟《中华古今注》卷中:"至东晋,又加其好……凡娶妇之家,先下丝麻鞋一緉,取其合鞋之义。"

【荷紫】hézǐ 晋代文官所佩的鞶囊,多用紫色。丝绸缝制,系于朝服外,作佩饰或盛奏事。《晋书·舆服志》:"八坐尚书荷紫。以生紫为袷囊,缀之服外,加于左肩……或云汉世用盛奏事,负之以行。"

【鹤氅】hèchǎng ❶即"鹤氅裘"。《南齐书·东昏侯传》:"又订出雄头鹤氅、白鹭缞,亲幸小人。"唐李白《江上答崔宣城》

诗："貂裘非季子,鹤氅似王恭。"白居易《雪夜喜李郎中见访兼酬所赠》诗："可怜今夜鹅毛雪,引得高情鹤氅人。"明陆采《明珠记·买药》："穿一领蹁蹁跹跹白翎鹤氅,长染玉帝御炉香。"清沈自南《艺林汇考》卷五引《说原》："析鸟羽而为裘,谓之鹤氅。"❷用于挡风御寒的外衣,属披风一类。泛指一般外套。用比较厚实的织物制成,中纳絮绵;或用毛皮制成。宋陆游《八月九日晚赋》："薄晚悠然下草堂,纶巾鹤氅弄秋光。"《蒙鞑备录》："又有大袖如中国鹤氅,宽长曳地,一般为文人、诗人、山野之人所著。"《红楼梦》第四十九回："(黛玉)罩了一件大红羽绉面白狐狸皮的鹤氅。"清曹庭栋《养生随笔》卷三："式如被幅,无两袖,而总折其上以为领,俗名一口总,亦曰罗汉衣。天寒气肃时,出户披之,可御风,静坐亦可披以御寒。《世说》:王恭披鹤氅行雪中,今制盖本此,故又名氅衣,办皮者为当。"❸道袍的美称。袍身宽大,绣有仙鹤云纹,直领,衣襟不交合,披在身上,一般不系腰带。《新五代史·唐臣传·卢程》："程戴华阳巾,衣鹤氅,据几决事。"宋苏轼《临江仙·赠王友道》词："试看披鹤氅,仍是谪仙人。"元乔吉《折桂令·自述》："华阳巾鹤氅蹁跹,铁笛吹云,竹杖撑天。"元马致远《西华山陈抟高卧》第三折："将龙庭御宝皇宣诏,赐与我鹤氅、金冠、碧玉圭,道号希夷。"《三国演义》第三十八回："玄德见孔明身长八尺,面如冠玉、头戴纶巾,身披鹤氅,眉聚江山之秀,胸藏天地之机,飘飘然当世之神仙也。"明汤显祖《牡丹亭》第二十九出："你出家人芙蓉淡妆,剪一片湘云鹤氅,玉冠儿斜插笑生香,出落的十分情况。"清孔尚任《桃花

扇·归山》："家僮开了竹箱,把我买下的箬笠、芒鞋、萝绦、鹤氅,替俺换了。"❹传统戏曲服装。款式同八卦衣,惟不用太极图纹样,专用仙鹤纹样,因以得名。周身刺绣十个团鹤,亦为"点花"对称布局。专用于神仙或有道术之人。齐如山《行头冠巾》卷上："鹤氅,式如八卦衣,惟周身绣仙鹤,如徐庶及姜子牙,皆应穿此。"如戏曲演出前的"帽儿戏"(开锣戏)《百寿图》中,南斗仙用八卦衣,北斗仙即穿鹤氅。《盗草》一折之南极仙翁亦穿此。由于"仙术"与"道术"均为超人之术,所以有道术的军师一类人物如孔明、徐庶等,按"穿戴规制"也穿鹤氅。

鹤氅

【鹤氅裘】hèchǎngqiú 省称"鹤氅""鹤裘"。用鹤羽等鸟类羽毛织成的贵重裘衣,属外套类,其式宽袖大身,穿上有飘逸之感,在魏晋时就已开始流行。相传为晋代名士王恭所创,故又称"王恭氅"。后泛指俊士儒生脱俗的装束或隐逸高士的服饰。南朝宋刘义庆《世说新语·企羡》："孟昶未达时,家在京口,尝见王恭乘高舆,被鹤氅裘。于时微雪,昶于篱间窥之,叹曰:'此真神仙中人。'"《晋书·王恭传》："恭美姿仪,人多爱悦……常被

鹤氅裘,涉雪而行。"又《谢安传》:"简文帝作相,闻其名,召为抚军从事中朗,万字白纶巾、鹤氅裘、履版而前。"元陈镒《寄张外史》诗:"铁冠峨峨鹤氅裘,冲襟炯炯冰壶秋。"

【鹤绫袍】hèlíngpáo 鹤绫是一种白色丝织品,用它制成的袍子称作鹤绫袍。《晋书·卢钦传》:"奔散者多还,百官粗备,帝悦,赐志绢二百匹,帛百斤,衣一袭,鹤绫袍一领。"

hei—hu

【黑介帻】hēijièzé 黑色的尖顶包耳头巾,晋代为文官所戴,南朝时期天子戴通天冠时,配套戴用黑介帻,服冕冠也如此。百官的重要冠帽也必配帻。隋唐时帝王、文官所通用,天子拜谒祖陵时以黑介帻为冠帽。宋代冕冠、通天冠、进贤冠下配黑介帻。辽、金、元等异族凡服用通天冠及进贤冠者,也都以黑介帻作为内衬服用。明人依然沿用了这种做法,但宫廷舞、乐者也单独使用黑介帻。《晋书·职官志》:"太宰、太傅、太保、司徒、司空、左右光禄大夫、光禄大夫,开府位从公者为文官公,冠进贤三梁,黑介帻。"《隋书·礼仪志三》:"布围,围阙南面,方行而前。帝服紫袴褶、黑介帻。"《新唐书·车服志》:"(天子)黑介帻者,拜陵之服也。"又:"进贤冠者,文官朝参、三老五更之服也。黑介帻,青緌。"《明史·舆服志三》:"洪武五年定斋郎,乐生、文、武舞生冠服。斋郎,黑介帻,漆布为之,无花样……文舞生及乐生,黑介帻,漆布为之,上加描金蝉。"

【黑帽】hēimào 黑色布帛制成的帽子。《晋书·舆服志》:"袴褶之制……凡车驾

亲戎、中外戒严服之。服无定色,冠黑帽,缀紫摽,摽以缯为之,长四寸,广一寸,腰有络带以代鞶。"《通典·礼志十七》:"宋制黑帽,缀紫摽。摽以缯为之,长四寸,广一寸。"《新唐书·西域传》:"(吐谷浑)其王椎髻黑冒(帽),妻锦袍织裙,金花饰首。"

【黑韦鞮】hēiwéidī 用黑色熟皮革制成的鞋子。南北朝时宫廷舞乐者祭祀天地宗庙时所穿。《魏书·乐志》:"依魏景初三年以来衣服制,其祭天地宗庙,武舞执干戚,著平冕、黑介帻、玄衣裳、白领袖、绛领袖中衣、绛合幅袴袜、黑韦鞮,文舞执羽籥,冠委貌,其服同上。"《宋书·乐志一》:"奏于朝庭,则武始舞者,武冠,赤介帻,生绛袍单衣,绛领袖,皂领袖中衣,虎文画合幅袴,白布袜,黑韦鞮。"《通典·乐志一》:"武始舞者,平冕,黑介帻,元衣裳,白领袖,绛领袖中衣,绛合幅袴,绛袜,黑韦鞮。"

【黑帻】hēizé 黑色头巾。魏晋南北朝武士、仪卫的首服。《通典·礼志十七》:"黑帻,骑吏、鼓吹、武官服之。"

【珩组】héngzǔ 系佩玉的组绶,有官位者的佩饰。南朝梁简文帝《〈南郊颂〉序》:"屠羊钓壑之士,厌洗耳而袭簪佩;版筑藏岩之逸,去燥谷而纡珩组。"

【横衣】héngyī 即袈裟。南朝梁范缜《神灭论》:"故舍逢掖,袭横衣,废俎豆,列瓶钵,家家弃其亲爱,人人绝其嗣续。"

【衡门衣】héngményī 代指平民的衣服。《诗经·陈风·衡门》有:"衡门之下,可以栖迟。"《文选·张协〈杂诗〉之七》:"舍我衡门衣,更被缦胡缨。"唐吕向注:"衡门衣,谓野服。"

【红纶帔】hóngguānpèi 也作"红纶"。省

称"红纶"。妇女所用的一种红色披帛。一说为妇女佩巾。南朝梁徐君蒨《初春携内人行戏》:"树斜牵锦帔,风横入红纶。"清吴兆宜注:"一作轮。《广韵》:衣帔。《玉篇》:在肩背也。"南朝宋沈约《少年新婚为之咏》:"红轮映早寒,画扇迎初暑。"北周庾信《奉和赵王美人春日诗》:"步摇钗梁动,红轮帔角斜。"唐李贺《谢秀才有妾缟练》诗之四:"泪湿红轮重,栖乌上井梁。"王琦汇解:"庾信诗:'步摇钗朵动,红轮披角斜。'李颀诗:'织成花映红纶巾。'二诗轮纶字体虽殊,详义则一。疑是妇女所佩巾披之类,故为泪所沾湿也。"

【红裙】hóngqún ❶红色裙子。包括茜裙、石榴裙等。汉代以来为妇女常穿着,多用于年轻妇女。唐代女子受魏晋风俗的影响,喜穿长裙。其中红裙是单色长裙中最为流行的一种裙,又称"石榴裙",常见于唐人诗咏。沿至明清,则再度流行。贵贱均喜着之。后引申为妇女的代称。南朝陈后主《舞媚娘》诗:"转态结红裙,含娇拾翠羽。"唐皇甫松《采莲子》词:"晚来弄水船头湿,更脱红裙裹鸭儿。"万楚《五日观妓》诗:"眉黛夺将萱草色,红裙妒杀石榴花。"杜甫《陪诸贵公子丈八沟携妓纳凉晚际遇雨》诗:"越女红裙湿,燕姬翠黛愁。"宋吴文英《踏莎行》词:"绣圈犹带脂香浅,榴心空叠舞裙红。"《警世通言·白娘子永镇雷峰塔》:"白娘子……上著青织金衫儿,下穿大红纱裙,戴一头百巧珠翠金饰。"《官场现形记》第三十八回:"只见瞿太太身穿补褂,腰系红裙。"❷红色下裳。元宋明时期帝王、百官用作礼服。《元史·舆服志一》:"衮服青色,日、月、星、山、龙、雉、虎蜼七章。红裙,藻、火、粉米、黼黻五章。"《明会典·冠服》:"朝服,大红罗袍一件,大红罗裙一条。"

【红袖】hóngxiù 女子的红色衣袖。后引申为美女的代称。南朝齐王俭《白纻辞》之二:"情发金石媚笙簧,罗袿徐转红袖扬。"唐杜牧《书情》诗:"摘莲红袖湿,窥渌翠蛾频。"元稹《遭风》诗:"唤上驿亭还酩酊,两行红袖拂尊罍。"五代后蜀欧阳炯《南乡子》词:"红袖女郎相引去,游南浦,笑倚春风相对语。"元关汉卿《金线池》楔子:"华省芳筵不待终,忙携红袖去匆匆。"清孙枝蔚《记梦》诗:"头上黄金双得胜,眼前红袖百殷勤。"

【鸿衣羽裳】hóngyīyǔcháng 用羽毛做的衣裳。指仙人的衣裳。多用于神话人物。北魏郦道元《水经注·河水二》:"岩堂之内,每时见神人往还矣,盖鸿衣羽裳之士,练精饵食之夫耳。"

【侯腧】hóuyú 也作"褕褕"。一种贴身穿的小袖衫。衣襟开在身背,长不过腰。通常用作衬里。《史记·万石张叔列传》:"取亲中裙厕腧,身自浣涤。"唐司马贞《索隐》引晋灼曰:"今世谓反开小袖衫为'侯腧',此最厕近身之衣。"《汉书·石奋传》"取亲中裙,厕腧,身自浣洒"唐颜师古注:"晋灼曰:'今世谓反门小袖衫为侯腧。'"《广韵·侯部》:"褕褕,小衫。"

【狐皮帽】húpímào 也称"狐帽"。用狐狸皮制成的暖帽,男女冬季均可用之保暖。清代曾将其定为官帽。《宋书·沈庆之传》:"庆之患头风,好著狐皮帽。"宋苏辙《和子瞻司竹监烧苇园因猎园下》诗:"何人上马气吞虎,狐帽压耳皮蒙膺。"宋陆游《湖村月夕》诗:"金尊翠杓犹能醉,狐帽貂裘不怕寒。"明王夫之《仿昭代诸家体三十八首·袁吏部宏道放言》:

"蝇窗乍裂双眸阔,狐帽随拈彻骨香。"何乔新《题金人出猎图》:"狐裘狐帽紫绒绦,上凌大碛下深壕。"《明史·舆服志三》:"北番舞四人,皆狐帽,青红绖丝销金袄子。"清叶梦珠《阅世编》卷八:"暖帽之初,即贵貂鼠,次则海獭,再次则狐,其下者滥恶,无皮不用。"姚廷遴《姚氏记事编》:"今概用貂鼠、骚鼠、狐皮缨帽。不分等级,佣工贱役,与现任官员,一体乱戴。"

【胡公头】húgōngtóu 省称"胡头"。南北朝时腊八节演剧用的一种帽子,五彩锦绣做成,戴以辟邪。一说为戏头,假面具。南朝梁宗懔《荆楚岁时记》:"十二月八日为腊日,谚语:'腊鼓鸣,春草生。'村人并击细腰鼓,戴胡公头及作金刚力士以逐疫。""《南史·夷貊传下·倭国》:"富贵者以锦绣杂采为帽,似中国胡公头。"

【鹄衣】húyī 白色的衣服。南朝宋刘义庆《幽明录》:"王大惧之,寻见迎官玄衣人及鹄衣小吏甚多。王寻病薨。"宋韩维《黄葵花》诗:"鹄衣照水匀颜色,仙袂无尘莫壮名。"

【縠衫】húshān 绉纱制成的薄单衫。《乐府诗集·读曲歌十七》:"縠衫两袖裂,花钗鬓边低。"唐白居易《寄生衣与微之因题封上》诗:"浅色縠衫轻似雾,纺花纱袴薄如云。"宋司马光《效赵学士体成口号十章献开府太师》诗:"矮帽长条紫縠衫,朱门深静似重岩。"

【虎皮靴】hǔpíxuē 一种用虎皮制成或饰有虎纹的皮靴。《南史·萧琛传》:"(萧琛)乃著虎皮靴,策桃枝杖,直造(王)俭坐。"宋武珪《燕北杂记》:"契丹兴宗尝禁国人服金玉犀带及黑斜喝里皮,并红虎

皮靴。"

【虎头帽】hǔtóumào ❶武士所戴的一种虎头状头盔。《南齐书·魏虏传》:"宏引军向城南寺前顿止,从东南沟桥上过,伯玉先遣勇士数人著斑衣虎头帽,从伏窦下忽出,宏从人马惊退。"《资治通鉴·齐明帝建武四年》:"伯玉使勇士数人,衣斑衣,戴虎头帽,伏于窦下,突出击之。"元胡三省注:"虎头帽者,帽为虎头形。❷传统戏曲盔头。帽顶绣有虎头形,后兜绣虎皮纹,为武戏中的上下手所戴。有黄、黑二种。黄虎头帽为上手戴用,黑虎头帽为四下手所戴。❸一种以老虎装饰的童帽。虎是人们喜爱的吉祥瑞兽,民间尊其为兽中之王。传说老虎有"镇宅辟邪,消灾降福"神力,民间认为儿童戴虎头帽可避妖魔、驱瘟病。❹土家族地区儿童亦带虎头帽。其帽左右有一对虎耳,向前张竖,帽前沿两耳之中,绣着一个"王"字,以暗示虎王。"王"字的下方,钉有银制的"十八罗汉"或"福禄寿喜"四个银字。帽之两侧及后部悬吊有六只土家族银饰物,有"银锤、银枪、四方印、手锤、辣椒"等。此种帽饰具有虎图腾崇拜性质,意为"老祖宗保护,避一切邪恶"。

藤牌营兵虎头帽

【虎文巾】hǔwénjīn 道教仙人、徒众所戴

的一种头巾。《太平御览》卷六七五："龙冠金精巾、虎巾、青巾、虎文巾、金巾,此天真冠巾之名,不详其制。"又引《登真隐诀》:"太玄上丹霞玉女戴紫巾,又戴紫华芙蓉巾,及金精巾、飞巾、虎文巾、金巾。"唐皮日休《以纱巾寄鲁望因而有作》诗:"更有一般君未识,虎文巾在绛霄房。"宋叶廷珪《海录碎事·巾帻门》:"虎文巾,在绛霄房。"文同《子骏游沙溪洞》:"若逢丹辇客,问取虎文巾。"

【琥珀钏】hǔpòchuàn 也作"虎珀钏"。用琥珀制成的珍贵臂饰或腕饰。《南史·齐本纪》:"潘氏服御,极选珍宝,主衣库旧物,不复周用,贵市民间金银宝物,价皆数倍,虎珀钏一只,直百七十万。"唐陆龟蒙《中酒赋》:"麟毫帘近遮云母,不足惊心;琥珀钏将还玉儿,未能回首。"明陈继儒《珍珠船》卷三:"东昏侯为潘妃作一只琥珀钏,直七十万。"

【琥珀龙】hǔpòlóng 用琥珀雕制成的龙形挂佩。南朝梁萧子显《乌栖曲应令》:"握中清酒马脑钟,裾边杂佩琥珀龙。"宋晁公溯《醉歌行赠间丘伯有》诗:"两女杂佩琥珀龙,大女已能绣芙蓉。"

hua—huo

【花钗】huāchāi 妇女的发钗,钗首饰有用金银制成的各种花形或钗上镂刻镶嵌各种花纹。南朝梁刘孝威《郗县遇见人织率尔寄妇》诗:"罗衣久应罢,花钗堪更治。"南朝梁吴均《古意》诗之七:"花钗玉宛转,珠绳金络纳。"《旧唐书·舆服志》:"内外命妇服花钗。"注:"施两博鬓,宝钿饰也。"《宋史·舆服志三》:"第一品,花钗九株……第五品,花钗五株。"

【花钿】huādiàn 一种花朵样的钿。用金银制成花朵样,其上镶嵌珠宝、翠羽等饰品。使用时插于发髻或两鬓。魏晋六朝时开始流行,隋唐以来广泛为妇女所用,沿用至明清。南朝梁沈约《丽人赋》:"陆离羽佩,杂错花钿。"庾肩吾《冬晓》诗:"萦鬟起照镜,谁忍插花钿。"刘遵《繁华应令》诗:"履度开裙褵,鬟转匣花钿。"《旧唐书·舆服志》:"第一品花钿九树;第二品花钿八树;第三品花钿七树;第四品花钿六树;第五品花钿五树。"元贯云石《一枝花·离间》套曲:"花钿坠,懒贴香腮,衫袖湿,镇淹泪眼,玉簪斜,倦整云鬟。"清孔尚任《桃花扇·题画》:"裹残罗帕,戴过花钿,旧笙箫无一件。"

【花文履】huāwénlǚ 省称"文履"。织绣花纹的鞋子,妇女多有穿着。北魏高允《罗敷行》:"脚着花文履,耳穿明月珠。"唐元稹《会真诗》:"珠莹光文履,花明隐绣栊。"明胡应麟《少室山房笔丛》卷一二:"玉屐、鸾靴、金华、远游、花文、重台诸制,并男子同,无一与于弓纤者,当时妇人足可概见。虽凤头、牡丹等号,类今女子所为,然率是履上加以文绣花鸟,作此名也。"

【花靴】huāxuē ❶饰有花纹的靴。通常以布帛为之,靴勒两侧施以花纹,或绣或织,或嵌珠宝。多用于妇女。《北堂书钞》卷一三六:"今遗足下贵室织(成)花靴一緉(双)。"辽王鼎《焚椒录》:"(皇后)下穿红凤花靴。"宋袁褧《枫窗小牍》卷上:"汴京闺阁,妆抹凡数变……小家为剪纸衬发,膏沐芳香,花靴弓履,穷极金翠。"《元史·舆服志三》:"殿下旗仗……左次三列,青龙旗第五,执者一人,黄绅巾,黄绅生色宝相色袍,勒帛,花靴,佩剑。"《明史·舆服志三》:"歌章女乐,黑漆唐巾,大红罗销金裙袄,胸带,大红罗抹额,青绿罗衫画云肩,描金牡丹花皂靴。"❷川剧花靴。粉底,高约6.6厘米,靴尖方形,斜向上翘,缎面长勒,有红、黄、绿、白、蓝各种,上绣水纹云龙等图案。也有绣虎头兽于靴尖的,为虎头靴。均用于剧中着蟒靠的主要武将。穿时一般须与衣色统一。如《单刀会》中的关羽,可穿黑色。神话剧中的灵官,可穿黄色等。此外,剧中主将着花箭衣时也可穿此靴。

【华衮】huágǔn 王公贵族的多彩华丽的一种礼服。常用以表示极高的荣宠。晋范宁《〈春秋谷梁传〉序》:"一字之褒,宠逾华衮之赠;片言之贬,辱过市朝之挞。"宋王禹偁《五哀诗》之一:"毁誉两无私,华衮间萧斧。"晋葛洪《抱朴子·博喻》:"华衮粲烂,非只色之功;嵩岱之峻,非一篑之积。"明何景明《九川行》:"已从华衮补日月,况执彤管排风云。"

【华缨】huáyīng 仕宦者所用的彩色的冠缨。《文选·鲍照〈咏史〉》:"仕子彯华缨,游客竦轻辔。"唐李善注:"《七启》曰:'华组之缨。'"宋宋庠《答叶道卿》诗:"纸尾勤勤问姓名,禁林依旧玷华缨。莫惊书录称臣向,便是当年刘更生。"明高启《青丘子歌》:"不惭被宽褐,不羡垂华缨。"叶宪祖《易水寒》二折:"正逢爱客琼筵启,休夸珠履,漫摘华缨,客和主燕喜情谐。"

【华簪】huázān 高官显吏所用之华贵冠簪,常用以指显贵的官职。晋陶渊明《和郭主簿》之一:"此事真复乐,聊用忘华簪。"唐韩愈《孟生》诗:"朅来游公卿,莫肯低华簪。"皎然《夏日集李公馆直纵溪斋》诗:"澹然若尘外,岂藉隳华簪。"韦应物《途中书情寄沣上二弟因送二甥却还》诗:"华簪岂足恋,幽林徒自违。"宋司马光《送吴耿先生》诗:"人生贵适意,何必慕华簪。"孔武仲《内阁钱公宠惠高丽扇以梅州大纸报之仍赋诗》:"玉堂不复知吏事,紫橐华簪奉天子。"清方文《萧先生六十》诗:"华簪曾佐大长秋,六十悬车未白头。"

【画冠】huàguān 犯人穿着特殊标志的衣冠代替刑罚,称为画冠。《文选·王融〈永明九年策秀才文〉》:"永念画冠,缅追刑厝。"唐李善注引《墨子》:"画衣冠,异章服,谓之戮。上世有戮,而民不犯。"《陈书·宣帝纪》:"画冠弗犯,革此浇风,孥戮是蹈,化于薄俗。"宋杨亿《京府狱空降诏同寄大尹学士》诗:"帝临宣室方前席,民值唐年耻画冠。"

【画屧】huàxiè 绘有彩色纹饰的木底鞋。通常为妇女所用,流行于魏晋南北朝时期。南朝梁简文帝《戏赠丽人诗》:"罗裙宜细简,画屧重高墙。"清吴兆宜注引《说文》:"屧,屐也。"明田艺蘅《留青日札》卷二〇:"梁诗'画屧重高墙',画之者,当是绘以五彩;高墙者想是阔颊也。今之高底鞋类。"清孙原湘《维摩示疾志感》诗:"悄移画屧防惊枕,微揭绡帏恐透风。"

【环钗】huánchāi 妇女用以衬发的一种饰物。以金银条为之,弯制成圆环状。使用时竖于头顶,外编以发。始于汉代,至唐尤为流行。多用于高髻妇女。《北堂书钞》卷一三六:"太子纳妃,有金环钗。"唐元稹《离思》诗:"自爱残妆晓镜中,环钗谩篸绿丝丛。"元郑廷玉《看钱奴》第二折〔倘秀才〕:"或是有人家当环钗,你则待加一倍放解。"

【鬟簪】huánzān 插藏于鬟髻的簪子。南朝梁简文帝《茱萸女》诗:"杂与鬟簪插,偶逐鬓钿斜。东西争赠玉,纵横来问家。"

【缓服】huǎnfú 宽大舒适质地轻柔的衣服,常用作便服。与戎装等紧身衣服相对而言。《南史·张畅传》:"但以不武,受命统军,戎阵之间,不容缓服。"又《沈庆之传》:"上开门召庆之,庆之戎服履靸缚袴入,上见而惊曰:'卿何意乃尔急装?'庆之曰:'夜半唤队主,不容缓服。'"

【黄带】huángdài 黄色腰带。《周书·异域传上·百济》:"官有十六品……对德十一品,文督十二品,皆黄带。"《隋书·东夷传》:"官有十六品……对德以下,皆黄带。"

【黄革履】huánggélǚ 用黄牛皮制成的黄色皮鞋。多用于北方少数民族地区。《周书·异域传上》:"丈夫衣筩袖衫、大口袴、白韦带、黄革履。"《新唐书·高丽传》:"大臣青罗冠,次绛罗,珥两鸟羽,金银杂扣,衫筩袖,袴大口,白韦带,黄革履。"

【黄葛巾】huánggéjīn 黄色葛布所制的头巾。《南齐书·高逸传·吴苞》:"(吴苞)冠黄葛巾,竹麈尾,蔬食二十余年。"

【翚衣】huīyī 北周皇后礼服的一种,素质、五色,以翚雉为领褾。引申为贵妇礼服的代称。《隋书·礼仪志六》:"从皇帝祀郊禖,享先皇,朝皇太后,则服翚衣。"原注:"素质,五色。"《旧五代史·唐书·昭懿皇后传》:"有鹊巢之高,无翚衣之贵,贞魂永逝,懿范常存。"《通典·礼志二十二》:"后周制,皇后之服十有二等,其翟衣六,从帝祀郊禖,享先皇,朝皇太后,则服翚衣。"唐皮日休《九夏歌》:"翚衣褕翟。自内而祭,为君之则。"元末明初杨维桢《桑条韦》:"桑条韦,著翚衣,开茧馆,缫蚕丝,顺阴配阳立坤仪。"清尤侗《千秋岁·其四·寿徐太夫人》:"藻绶舞,翚衣飐。"

【火冕】huǒmiǎn 北周王公贵族所穿的一种礼服。《隋书·礼仪志六》:"诸公之服九:一曰方冕……五曰火冕,六章,衣裳各三章,衣重宗彝及藻,裳重黻。"又:"诸侯服,自方冕而下八,无衮冕……火冕六章,衣裳各三章,衣重藻,裳重黻。"《北周六典·春官府》:"诸男服:自方冕而下五,又无火冕。"

【火齐指环】huǒjìzhǐhuán 用一种名叫火齐的珍贵宝石制成的指环。晋王嘉《拾遗记》:"吴王潘夫人酣醉,唾于玉壶中,使侍婢泻于台下,得火齐指环。"

J

ji—jian

【屐齿】jīchǐ 屐底的齿。一般用木材制成扁平、四方及圆柱体等不同形状，前后各一。屐齿高度，一般前后大致相等。南朝梁时有"跟高齿屐"，后齿高于前齿。南朝宋刘义庆《世说新语·忿狷》："王蓝田性急，尝食鸡子，以筯刺之，不得，便大怒举以掷地。鸡子于地圆转未止，仍下地以屐齿碾之。"《晋书·谢安传》："玄等既破坚，有驿书至，安方对客围棋，看书既竟，便摄放床上，了无喜色，棋如故……既罢，还内，过户限，心喜甚，不觉屐齿之折，其矫情镇物如此。"又《王述传》："鸡子圆转不止，便下床以屐齿踏之，又不得。"唐薛能《自广汉游三学山》诗："诗题不忍离岩下，屐齿难忘在水边。"独孤及《山中春思》诗："花落没屐齿，风动群木香。"韩偓《屐子》诗："六寸肤圆光致致，白罗绣靸红托里。南朝天子欠风流，却重金莲轻绿齿。"白居易《野行》："草润衫襟重沙干，屐齿轻仰头听鸟。"释齐己《残春连雨中偶作怀人》："南邻阻杖藜，屐齿绕床泥。漠漠门长掩，迟迟日又西。"宋陆游《登台遇雨避雨于山亭晚霁乃归》诗："悠然有喜君知否，屐齿留痕遍绿苔。"司马光《和范景仁谢寄西游行记》："缘苔蹋蔓知多少，千里归来屐齿苍。"杨万里《和巩采若游蒲涧》："屐齿

苔痕犹故积，霓旌鸾佩已清都。"清赵翼《哭王述庵侍郎》诗："蒲褐山房绿树阴，中有两人屐齿迹。"

【期服】jīfú 省称"期"。齐衰为期一年的丧服。凡为长辈服丧，如祖父母、伯叔父母、未嫁的姑母等，平辈如兄弟、姐妹、妻，小辈如侄、嫡孙等，均服期服。又如子之丧，其父反服，已嫁女子为祖父母、父母服丧，也服期服。《梁书·袁昂传》："昂幼孤，为象所养，乃制期服。"宋王栐《燕翼诒谋录》卷四："天禧四年二月壬申翰林学士承旨晁迥迥上言：诸州士人以期制妨试，奔凑京毂，请自今卑幼期服，不妨取解。"清黄轩祖《游梁琐记·吴翠凤》："孙又染疫死。凤抢呼如丧考妣，期服如生女。"甘熙《白下琐言》："黄为中央正色，民间吉礼不敢妄用，而齐衰期服，友辫皆系黄缕，积习相沿，毫不为怪。"

【期功】jīgōng "期服"和"功服"的合称。泛指丧服。亦指丧服制度。亲属视与死者的关系亲疏而采用不同的丧服及服期。期，服丧一年；功包括大功和小功，大功服丧九月，小功服丧五月。晋李密《陈情表》："外无期功强近之亲，内无应门五尺之僮。"南朝梁慧皎《高僧传·明律·释知称》："每有凶故，秉戒节哀，唯行道加勤，以终期功之制。"明李东阳《刘益斋传》："生弥月而孤，族无期功之亲。"清陈康祺《郎潜纪闻》卷一一："按

边氏聚族河间已数百载，阮宗南北，裴卷东西，其行辈几不可复辨。已卯同捷六君，亦不皆期功房从之亲。"

【吉莫靴】 jímòxuē 一种用吉莫皮制成的有皱纹的平底皮靴。吉莫，皮革名，防滑性能较强。《北齐书·韩宝业传》："臣向见郭林宗从冢出，著大帽，吉莫靴，插马鞭。"唐张鷟《朝野金载》卷三："宗楚客造一新宅成……磨文石为阶砌及地，著吉莫靴者，行则仰仆。"又卷六："柴绍之弟某，有材力，轻趫迅捷，踊身而上，挺然若飞，十余步乃止……尝著吉莫靴走上砖城，直至女墙，手无攀引。"《新唐书·地理志一》："灵州灵武郡大都督府，土贡：红蓝、甘草……吉莫靴。"明王夫之《读甘蔗生遣兴诗次韵而和之七十六首》其二十九："凭医死马兜铃草，好上危墙吉莫靴。"清沈起凤《谐铎·草鞍四相公》："忽一夕，曳吉莫靴，铿然而至。"

【急带】 jídài 军戎服装上使用的革带。《南史·张融传》："王敬则见融革带宽，殆将至髀，谓曰：'革带太急。'融曰：'既非步吏，急带何为？'"

【伎衣】 jìyī 歌舞艺人表演时所穿的衣服。《南齐书·东昏侯传》："自制杂色锦伎衣，缀以金花玉镜众宝。"《旧唐书·音乐志》："诏给钱，使休烈造伎衣及大舞等服，于是乐工二舞始备矣。"

【髻珠】 jìzhū 发髻中的明珠。佛教用以"髻珠"比喻第一义谛、甚深法义。语本《法华经·安乐行品》："此《法华经》，是诸如来第一之说，于诸说中，最为甚深，末后赐与，如彼强力之王，久护明珠，今乃与之。"南朝梁元帝《梁安寺刹下铭》："髻珠孰晓，怀宝讵宣。"《景德传灯录·相国裴休》："公当下知旨，如获髻珠，曰：'吾师真善知识也。'"

【罽裘】 jìqiú 也称"罽宾裘"。毛织品制成的保暖裘服。起初多用于游牧民族。晋傅玄《傅子·阙题》："谢旗房陵都尉，战有功，太祖赐旗罽裘、豹袆。"唐杜牧《洛中送冀处士东游》诗："赠以蜀马棰，副之胡罽裘。"陆龟蒙《奉和袭美送李明府之任南海》诗："知君不恋南枝久，抛却轻冬白罽裘。"宋王安石《送郑叔熊归闽》诗："黄尘雕罽裘，逆旅同逼仄。"孔武仲《至节小雨》诗："半醉听银漏，轻寒解罽裘。"蔡襄《城西金明池小饮二首》诗："城西禁籞宿烟收，霜薄朝寒上罽裘。"

【罽帻】 jìzé 用毛织品制的头巾。《三国志·吴志·孙坚传》："坚常著赤罽帻，乃脱帻令亲近将祖茂著之。"清沈自南《艺林汇考·服饰篇》："孙坚为董卓所围，著赤罽帻溃围而出。"

【袈裟】 jiāshā 也作"迦沙曳""迦沙""毞毲"。也称"离尘服""逍遥服""覆膊""忍辱衣""忍辱铠""掩衣""无垢衣""无尘衣""福田衣""稻畦帔""方袍"等。佛教僧尼的法衣。晋葛洪撰《字苑》将其写成"袈裟"，以后一直通用。原意为"不正色""坏色"。佛教戒律规定僧人法衣不得用青、黄、赤、白、黑五正色（纯色）及绯、红、紫、绿、碧五间色，只许用若青、若黑、若木兰三色，称"三如法色"，故名。其制多以零碎布片缝缀而成，直领敞袖，着时覆住左膊，掩于右掖，另在右肩下施一圆环，用以扣搭。所用颜色虽有规定，但实行时并不一致，即印度各佛教部派本身的服色亦不一致，如大众部用黄，法藏部用赤，化地部用青等。佛教传入中国之后，各代服色亦有变异。如汉魏多用赤色，唐宋时期，因官吏服色以紫、绯为贵，朝廷也常将紫、绯色袈裟赐予有功德之高僧，以示恩宠。唐代以后，又多采用黑色，俗谓"缁衣"。明代佛教分禅僧、讲僧及教僧三类，各类僧服色彩不一。南朝梁慧皎《高僧传》卷四："且披袈裟一振锡杖，饮清流，咏波若，虽王公之服，八珍之膳，铿锵之声，晔晔之色，不与易也。"《魏书·西域传》："高宗末，其王遣使送释迦牟尼佛袈裟一长二丈余。"姚秦时佛陀耶舍与竺佛念共译《四分律·四波罗夷法》："九月生男，颜貌端正，与世无双，字为种子。诸根具足，渐渐长大，剃发，披迦沙，以信坚固，出家学道。"张渭《送僧》诗："童子学修道，诵经求出家……一身求清净，百毳纳袈裟。"玄奘《大唐西域记·婆罗痆斯国》："浣衣池侧大方石上，有如来袈裟之迹；其文明彻，焕如雕镂。"齐己《寄怀曾口寺文英大师》诗："著紫袈裟名已贵，吟红菡萏价兼高。"宋陆游《求僧疏》："掀禅床，拗柱杖，虽属具眼厮儿；搭袈裟，展钵盂，却要护身符子。"《西游记》第三十六回："那众和尚，真个齐齐整整，摆班出门迎接，有的披了袈裟，有的著了偏衫，有的穿着一个一口钟直裰。"明陈士元《象教皮编·梵译·衣服》："迦罗沙曳，僧衣也。省罗曳字，止称迦沙。葛洪撰《字苑》，添衣作袈裟。"《续文献通考》卷九四："洪武十四年定，禅僧，茶褐常服，青绦玉色袈裟；讲僧，玉色常服，绿绦浅红袈裟；教僧，皂常服，黑绦浅红袈裟。僧官如之。惟僧录司官，袈裟，绿文及环皆饰以金。"清黄遵宪《石川鸿斋英偕僧来谒张副使余赋此以解嘲》诗："先生昨者杖策至，两三老衲共联袂。宽衣博袖将毋同，只少袈裟念珠耳。"

袈裟
（波斯顿藏画）

袈裟
（清吴友如《山海志奇图》）

【袷】jiá　有衬里而无絮的衣服。《宋书·朱百年传》："百年家素贫，母以冬月亡，衣并无絮，自此不衣绵帛。尝寒时就觊宿，衣悉袷布，饮酒醉眠，觊以卧具覆之。"《玉篇·衣部》"袷"："古洽切，衣无絮也。"

【袷囊】jiánáng　也称"夹囊"。晋代品官随身佩带的夹层佩囊。内盛笔墨、文书、钱币等物。《晋书·舆服志》:"八坐尚书荷紫,以生紫为袷囊,缀之服外,加于左肩。昔周公负成王,制此服衣,至今以为朝服。或云汉世用盛奏事,负之以行,未详也。"《宋书·礼志五》:"尚书令、仆射、尚书手板头复有白笔,以紫皮裹之,名笏。朝服肩上有紫生袷囊,缀之朝服外,俗呼曰紫荷。"《南齐书·舆服志》:"尚书其肩上紫袷囊名曰契囊,世呼曰紫荷。"清翟灏《通俗编》卷三〇:"今名小袷囊曰荷包,也得缀袍外以见尊上,或者即因于紫荷耶?"

魏晋南北朝时期的服饰

【袷衣】jiáyī 也作"夹衣"。有面有里而无絮的双层衣服。《文选·潘岳〈秋兴赋〉》:"藉莞蒻,御袷衣。"唐李善注:"袷,衣无絮也。"唐皮日休《夏首病愈因招鲁望》诗:"晓日清和尚袷衣,夏阴初合掩双扉。"宋司马光《次韵和吴冲卿秋意四首·发枣好草倒》:"失时围扇弃,新进袷衣好。"清方苞《兄百川墓志铭》:"八九岁,诵《左氏》《太史公书》,遇兵事,辄集录置袷衣中。"

【假两】jiǎliǎng 假两,意即"非正宗的裲裆"。南朝齐末年的一种内衣,尊卑都能贴身穿着。以方形织物制成,穿时遮覆于胸前,与裲裆相比有前片而无后片。《南史·齐纪下》:"先是百姓及朝士,皆以方帛填胸,名曰'假两',此又servant袄。假非正名也,储两而假之,明不得真也。"明方以智《通雅》卷三六:"假两,今之鞍胸兜也……和帝时,百姓及朝士以方帛填胸,名曰假两。"

【縑巾】jiānjīn 双丝细绢制的头巾。《三国志·魏书·武帝纪一》:"二月丁卯,葬高陵。"南朝宋裴松之注:"傅子曰:汉末王公,多委王服,以幅巾为雅,是以袁绍、(崔豹)之徒,虽为将帅,皆著縑巾。"《晋书·舆服志》:"案汉末王公名士,多委王服,以幅巾为雅,是以袁绍、崔钧之徒,虽为将帅,皆著縑巾。"

【茧衣】jiǎnyī 用丝织品制成的衣服。南朝梁沈约《究竟慈悲论》:"茧衣纩服,曾不怀疑。"宋王洋《以纸衾寄叔飞代简》诗:"我有江南素茧衣,中宵造化解潜移。"苏辙《寄梅仙观杨智远道士》诗:"茧衣肉食思虑短,文字满前看不见。"

【贱服】jiànfú 卑贱者服用之服饰。晋干宝《搜神记》卷七:"世之所说:'屩者,人之贱服。'"南朝梁任昉《天监三年策秀才文》:"昔紫衣贱服,犹化齐风。"

【剑佩】jiànpèi 宝剑和佩饰。多用于指代高官。南朝宋鲍照《代蒿里行》:"虚容遗剑佩,实貌戢衣巾。"隋王通《中说·周公》:"衣裳襜如,剑佩锵如,皆所以防其躁也。"唐王建《赠阎少保》诗:"玉装剑佩身长带,绢写方书子不传。"杜牧《冬至日寄小侄阿宜》诗:"我家公相家,剑佩尝丁当。"白居易《夜宿江浦闻元八改官因寄此什》诗:"剑佩晓趋双凤阙,烟波夜宿一渔船。"宋苏辙《次韵子瞻感旧》诗:"久从江海游,苦此剑佩长。"

jiang—jie

【绛幖】jiàngbiāo 南朝戒严时,外官缀于戎服上的绛色绲边。以区别于朝内御用军将士所缀的紫幖。《宋书·礼志五》:"近代车驾亲戎,中外戒严之服无定色,冠黑帽,缀紫幖,幖以缯为之,长四寸,广一寸。腰有络带,以代鞶革。中官紫幖,外官绛幖。"《隋书·礼仪志七》:"今用白纱为内单,黼领,绛褾,青裾及襈。"

【绛裳】jiàngcháng 浅绛色围裳。《宋书·礼志五》:"以法冕、五彩缫,玄衣绛裳,乘金辂,祀太庙,元正大会诸侯。"《通典·礼志二十一》:"又以法冕、元衣、绛裳祭太庙。"宋刘克庄《和南塘食荔叹》诗:"绛裳冰肌初照眼,玉环一笑恩光浓。"唐刘禹锡《武夫词(并引)》:"武夫何洸洸,衣紫袭绛裳。"

【绛服】jiàngfú 深红色的衣服,常用做官服。《晋书·职官志》:"太尉虽不加兵者,吏属皆绛服。"唐王建《和蒋学士新授章服》诗:"五色箱中绛服春,笏花成就白鱼新。"苏颋《奉和马常侍寺中之作》诗:"绛服龙雩寝,玄冠马使旋。"宋张镃《玉照东西两轩有红梅及千叶缃梅未经题咏倒用前韵各赋五首》其一:"侍女百千皆绛服,恰如檐外树纷纷。"《宋史·舆服志四》:"其朝会,执事高品以下,并服介帻、绛服、大带、革带、袜、履,方心曲领。"《醒世恒言·灌园叟晚逢仙女》:"那青衣不往东,不往西,径至玄微面前,深深道个万福……指一穿白的道:'此位李氏。'又指一衣绛服的道:'此位陶氏。'"

【绛帕头】jiàngpàtóu 省称"绛帕"。红色的裹头束发巾。《三国志·吴志·孙策传》:"策阴欲袭许,迎汉帝"南朝宋裴松之注引晋虞溥《江表传》:"昔南阳张津为交州刺史,舍前圣典训,废汉家法律,常著绛帕头,鼓琴烧香,读邪俗道书,云以助化,卒为南夷所杀。"宋陆游《正旦后一日》诗:"羊映红缠酒,花簪绛帕头。"自注:"绛帕头,盖以绛帕饰巾帻之类。"又《老学庵笔记》卷九:"《孙策传》:张津常著绛帕。帕头者,犹今言幞

头也。"苏轼《客俎经旬无肉又子由劝不读书萧然清坐乃一事》诗:"从今免被孙郎笑,绛帕蒙头读道书。"刘克庄《昔陈北山赵南塘二老各有观物十咏笔力高妙暮年偶效颦为之韵险不复和也·五憎》:"绛帕妖方士,青襟小茂才。"清黄遵宪《养疴杂诗》:"绛帕白衣偏袒舞,时闻巷犬吠流萤。"

【绛袍】jiàngpáo 深红色袍服。多用于武士、官吏、仪卫之服。《南史·临川靖惠王宏传(附正德传)》:"(正德)引贼入宣阳门,与景交揖马上,退据左卫府。先是,其军并著绛袍,袍里皆碧,至是悉反之。"唐段成式《酉阳杂俎》前集卷一:"铁甲者百余人,仪仗百余人,剪彩如衣带,白羽间为稍,髯发绛袍。"《新唐书·舒王谊传》:"谟冠远游冠,御绛袍,乘象辂四马。"宋孟元老《东京梦华录·驾宿太庙奉神主出室》:"驾乘玉辂,冠服如图画间星官之服,头冠皆北珠装结……服绛袍,执元圭。"梅尧臣《十一日垂拱殿起居闻南捷》诗:"入奏邕州破蛮贼,绛袍玉座开明堂。"元卢琦《梅山行(并引)》:"周公揖让孺子戏,绛袍将军何日来。"

【绛裙】jiàngqún 红色裙子。多用于年轻女性。晋无名氏《江陵乐》诗:"不复蹋蹀人,蹋蹀地欲穿。盆隘欢绳断,蹋坏绛罗裙。"唐杨衡《仙女词》:"玉京初侍紫皇君,金缕鸳鸯满绛裙。"王涯《宫词》:"内里松香满殿闻,四行阶下暖氤氲。春深欲取黄金粉,绕树宫娥著绛裙。"宋范成大《浣溪沙》词其六:"茅店竹篱开蔗市,绛裙青袂斸姜田。"翁元龙《瑞龙吟》词:"曲径池莲乍砌,绛裙曾与,濯香湔粉。"明王恭《筝人劝酒》诗:"新丰美人青

楼姬,绛裙素腕娇双眉。"清毛奇龄《乐府补题和词·其一·水龙吟·白莲》:"便采莲红女,绛裙千褶,遮叶住,有谁见。"

【绛纱袍】 jiàngshāpáo 也称"朱纱袍"。深红色纱袍。皇帝、太子在朝会、祭祀、册封等重大典礼时穿的一种服饰。用深红色纱制成,红里;领、袖、襟、裾俱以皂缘。交领大袖,下长及膝。通常与通天冠、白纱中单、白裙襦、绛纱蔽膝等配用。制出晋代。皇帝朝会时戴通天冠,服绛纱袍;皇太子、诸王朝服则戴远游冠,服绛纱袍。唐与隋同,唯诸王不再穿绛纱袍。宋代只有皇帝在大祭祀、致斋、正旦冬至、五月朔大朝会、大册命、亲耕籍田时服绛纱袍。明亡后,其制废除。《晋书·舆服志》:"(天子朝服)通天冠高九寸,金博山颜,黑介帻,绛纱袍,皂缘中衣。"《隋书·礼仪志六》:"又有通天冠,高九寸,前加金博山、述,黑介帻,绛纱袍,皂缘中衣,黑舄,是为朝服。"《通典》卷六一:"魏氏多因汉法,其所损益之制无闻。晋……朝服,通天冠、绛纱袍。"《新唐书·车服志》:"凡天子之服十四……绛纱袍,朱里红罗裳,白纱中单,朱领、襈、裾,白裙、襦,绛纱蔽膝,白罗方心曲领,白袜,黑舄。"宋洪适《降仙台》诗:"披拂绛纱袍。云间瑞阙仰昭峣。"孙何《正旦病中》诗:"丹凤案明分曙色,绛纱袍暖起天香。"《宋史·舆服志三》:"绛纱袍,以织成云龙红金条纱为之,红里,皂襈、襟、裾,绛纱裙,蔽膝如袍饰,并皂襈、襟。"《辽史·仪卫志》:"绛纱袍,白纱中单,皂领襈、襟裾,白裙襦,白缎带方心曲领,绛纱蔽膝。"《大金集礼·冠服》:"天眷三年正月,以车驾将幸燕京,合用通天冠、绛纱袍,据见阙名件咨行省依样造成。"《明史·舆服志二》:"皇帝通天冠服。洪武元年定,郊庙、省牲,皇太子诸王冠婚、醮戒,则服通天冠、绛纱袍……绛纱袍,深衣制。白纱内单,皂领襈、襟、裾。绛纱蔽膝,白假带,方心曲领。白袜,赤舄。"清昭梿《啸亭续录·香色定制》:"古之东宫,皆服绛纱袍,盖次明黄一等。"

绛纱袍(明王圻《三才图会》)

【绛衫】 jiàngshān 深红色的衣衫。南北朝兵制规定军人以绛色衣衫为戎装。当时民丁服白衣,吏人服皂(黑)衣,军人绛(红)。《南史·东昏侯纪》:"上著绛衫,以为常服,不变寒暑。"《隋书·礼仪志三》:"皇帝乘马戎服,从者悉服绛衫帻,黄麾警跸,鼓吹如常仪。"又《礼仪志七》:"侍从则平巾帻,绛衫,大口袴褶,银装两裆甲。"宋舒岳祥《乐神曲》:"绛衫绣帔朱冠裳,手持铃剑道神语。"清方昂《崇文书院访王梦楼同泛西子湖》:"绛衫红袖书帏纱,竹外渔娃三两家。"

【脚】 jiǎo 也作"角"。原本是指裹发用幅巾的四角。在北周武帝时,将幅巾加以改造成为幞头,改造后四角接长,俗称为"脚"。到了隋代幞头多用软脚,唐代沿袭。中晚唐时,则将幞头被制成帽子样式,四脚被改为左右两脚,软脚也变成了硬脚,脚用弦丝、竹篾或金属细丝为骨。之后又出现了不同样式的脚,有曲脚、交脚、弓脚、直脚、高脚、折脚等多种形制。《宋史·舆服志五》:"幞头……起自后周,然止以软帛垂脚,隋始以桐木为之,唐始以罗代缯。惟帝则脚上曲,人臣下垂。五代渐变平直。国朝之制,君臣通服平脚,乘舆或服上曲焉。其初以藤织草巾子为里,纱为表而涂以漆。后惟以漆为坚,去其藤里,前为一折,平施两脚,以铁为之矣。"

【校带】jiàodài 也称"校饰带"。装有铰具的钩落带。以带镝为端首,革制。带镝上装有活动扣针,以便将革带钩连固结。活动扣针古称铰具,"铰"又作"校"。因称其带为校带。《太平御览》卷六九六:"陆逊破曹休于石亭,上脱御金校带以赐逊。"《三国志·吴志·诸葛恪传》:"钩落者,校饰革带,世谓之钩落带。"清王国维《胡服考》:"校饰革带、金校带者,即《朝野金载》之铰具,亦马鞍之饰也。《宋史·仪卫志》载鞍勒之制,有校具;日本人源顺《倭名聚钞》引杨氏《汉语钞》(二书之作者当中国唐时)云腰带之革未著铰具为鞓(即鞓字);又云铰具腰带及鞍具以铜属革也,是铰具谓革上所施铜,鞍与带共之者也……古带校具或作环形,或校具之上更缀以环。"

【接䍦】jiēlí 也作"接篱""睫㰗"。南朝士人中流行的用白鹭羽毛做成的头巾。戴之表示脱俗,唐宋时亦有沿用。《尔雅·释鸟》"鹭,舂锄"晋郭璞注:"白鹭也。头翅背上皆有长翰毛,今江东人取以为睫㰗,名之曰白鹭缞。"清郝懿行义疏:"郭云江东人取以为睫㰗者,《广韵》云接篱,白帽即睫㰗也。"北周庾信《卫王赠桑落酒奉答诗》:"高阳今日晚,应有接䍦斜。"又《对酒歌》:"山简接䍦倒,王戎如意舞。"宋苏辙《次韵王巩代书》诗:"去年河上送君时,我醉看君倒接篱。"陆游《晨起》诗:"晨起凭栏叹衰甚,接䍦纱薄发飕飕。"朱敦儒《好事近·子权携酒与弟侄相访作》词:"接䍦倾倒海云飞,物色又催别。"

接䍦
(清代刻本《吴郡名贤图传赞》)

【解散帻】jiěsànzé 据称是南齐达官王俭所创制的一种头巾。《南史·王俭传》:"(王俭)作解散帻,斜插簪,朝野慕之,相与仿效。"宋孔平仲《续世说·企羡》:"齐王俭作解散帻。"

【介帻】jièzé 一种长耳的束发头巾,文吏所服,汉唐间比较流行。帻耳较长,顶端隆起形似尖角屋顶。唐代乐师也有用者。晋陆云《与平原书》:"一日案行并视曹公器物床荐席具……介帻如吴帻。"《南史·褚澄传》:"又赎彦回介帻犀导及彦回常所乘黄牛。"《晋书·舆服志》:"《汉注》曰,冠进贤者宜长耳,今介帻也。冠文者宜短耳,今平上帻也。始时各随所宜,遂因冠为别。介帻服文吏,平上帻服武官也。"《隋书·礼仪志六》:"帻,尊卑贵贱皆服之。文者长耳,谓之介帻;武者短耳,谓之平上帻。各称其冠而制之。"《新唐书·车服志》:"介帻者,流外官、行署三品以下,登歌工人之服也。"《新唐书·车服志》:"黑介帻者,国官视品、府佐谒府、国子太学四门生俊士参见之服也。"宋吴自牧《梦粱录·驾宿明堂斋殿行裡祀礼》:"乐工皆裹介帻如笼巾,著绯宽衫,勒帛。"

jīn—juàn

【巾褠】jīngōu 头巾和单衣,士人的盛服。《三国志·吴志·吕岱传》:"始,岱亲近吴郡徐原,慷慨有才志,岱知其可成,赐巾褠,与共言论。"《南齐书·王融传》:"前中原士庶,虽沦慑殊俗,至于婚葬之晨,犹巾褠为礼。"《资治通鉴·宋文帝元嘉十五年》:"帝数幸次宗学馆,令次宗以巾褠侍讲。"

【巾韝】jīngōu ❶头巾和单衣,为古代士人之盛服。亦借指士人。《宋书·毛修之传》:"吾昔在南,殷尚幼少。我得归罪之日,便应巾韝到门邪!"唐刘禹锡《连州刺史厅壁记》:"曩之骑竹马北向相侯者,咸任郡县,巾韝来迎。"宋王安石《北客置酒》诗:"紫衣操鼎置客前,巾韝稻饭随梁饙。"❷头巾和臂衣,为武士所服。《乐府诗集·木兰诗二》:"将军得胜归,士卒还故乡。父母见木兰,喜极成悲伤。木兰能承父母颜,却卸巾韝理丝簧。"

【巾帼】jīnguó 妇女的头巾和发饰。后成为女性的代称。《晋书·宣帝纪》:"亮(诸葛亮)数挑战,帝(司马懿)不出,因遗帝巾帼妇人之饰。"《南史·萧宏传》:"魏

人知其不武,遗以巾帼。"唐元稹《酬乐天东南行诗一百韵》:"椎髻抛巾帼,镩刀代辘轳。"李贺《感讽六首》诗:"妇人携汉卒,箭筬囊巾帼。"《新唐书·东夷传·高丽》:"庶人衣褐,戴弁。女子首巾帼。"明沈璟《义侠记·征途》:"须髯辈,巾帼情,人间羞杀丈夫称。"《聊斋志异·二班》:"媪亦以陶碗自酌,谈饮俱豪,不类巾帼。"清沈起凤《巾帼幕宾》:"如仆者,亦岂须眉而巾帼者哉?"

【巾褐】jīnhè 头巾和褐衣,平民、贫贱者的服饰。《三国志·吴志·薛莹传》:"特蒙招命,拯擢泥污,释放巾褐,受职剖符。"南北朝谢灵运《答中书诗》:"之子名扬,鄙夫忝官。素质成漆,巾褐惧兰。"唐李煜《病起题山舍壁》诗:"山舍初成病乍轻,杖藜巾褐称闲情。"顾况《归阳萧寺有丁行者能修无生忍担水施僧况归命稽首作诗》:"露足沙石裂,外形巾褐穿。"《新唐书·儒学传上·颜师古》:"乃阖门谢宾客,巾褐裙帔,放情萧散,为林墅之适。"宋王圭《依韵和张文裕龙图加执政入东西府诗》:"微生巾褐本蒿莱,叨遇优贤府第开。"刘克庄《总戎徐侯伯东远访田舍赠诗二首次韵》:"内辞狨囊外菟符,巾褐萧然一老儒。"

【巾帔】jīnpèi 头巾和披肩。《北史·李謇传》:"(李謇)尝著巾帔,终日对酒,招致宾客,风调详雅。"《旧唐书·西戎传·波斯国》:"丈夫剪发,戴白皮帽,衣不开襟,并有巾帔……妇人亦巾帔裙衫,辫发垂后,饰以金银。"明王彦泓《赋得别梦依依到谢家八首其七》诗:"慧绝眼波频送语,喜来巾帔总飘扬。"清余坤《偶述》诗:"攒眉出谒归,解带弛巾帔。"

【巾衣】jīnyī 士大夫的装束，服之以示敬礼。后泛指文人、道士的服装。《晋书·慕容廆载记》："廆致敬于东夷府，巾衣诣门，抗士大夫之礼。何龛严兵引见，廆乃改服戎衣而入。人问其故，廆曰：'主人不以礼，宾复何为哉！'"《资治通鉴·晋武帝太康十年》："廆谒见何龛，以士大夫礼，巾衣到门。"《魏书·刘昞传》："时同郡索敞、阴兴为助教，并以文学见举，每巾衣而入。"宋邵雍《道装吟》诗："道家仪用此巾衣，师外曾闻更拜谁。"戴表元《九月西城无涧同陈道士衡上人》诗："巾衣三客不须同，泉石相看我亦翁。"明袁裹《游白鹿洞》诗："野色浮巾衣，秋容成物象。"

【金博山】jīnbóshān 通天冠正前方突出的前壁。晋陆翙《邺中记》："（石虎）著远游冠，前安金博山，蝉翼丹纱里服，大晓行礼。"《晋书·舆服志》："通天冠……前有展筩，冠前加金博山述，乘舆常服也。"《明史·舆服志三》："舞士，东夷四人，椎髻于后，系红销金头绳，红罗销金抹额，中缀涂金博山。"

【金博山冠】jīnbóshānguān 即"通天金博山冠"。《宋书·礼志一》："南郊，皇帝散斋七日，致斋三日。官掌清者亦如之。致斋之朝，御太极殿幄坐。著绛纱袍，黑介帻，通天金博山冠。"《太平御览》卷二九："《梁书》曰：天监十四年正月朔旦，高临轩冠太子于太极殿。旧制，太子著远游冠，金蝉翠緌缨，至是，别加昭明太子冠金博山冠，以太子美姿容，善举止故也。"

【金薄履】jīnbólǚ 一种用金箔装饰的鞋子。通常将金箔剪成花样，粘贴于鞋帮前部及两侧。多用于贵族男女。晋张华《轻薄篇》："横簪刻玳瑁，长鞭错象牙。足下金薄履，手中双莫邪。"南朝陈江总《宛转歌》："步步香飞金薄履，盈盈扇掩珊瑚唇。"

【金薄帽】jīnbómào 一种用织金织物制作的帽子。《南史·东昏侯纪》："太子……拜潘氏为贵妃，乘卧舆，帝骑马从后，著织成袴褶，金薄帽，执七宝缚矟。"

【金钗】jīnchāi 金制的发钗。亦代指美女。《晋令》："六品以下得服爵钗以蔽髻，三品以上服金钗。"南朝宋鲍照《拟行路难》诗之九："还君金钗玳瑁簪，不忍见之益愁思。"南朝梁萧衍《莫愁歌》："头上金钗十二行，足下丝履五文章。"唐元稹《襄阳为卢窦纪事》其三："莺声撩乱曙灯残，暗觅金钗动晓寒。"王炎《葬西施挽歌》："连江起珠帐，择地葬金钗。"温庭筠《懊恼曲》："两股金钗已相许，不令独作空成尘。"《雍熙乐府·醉花阴·国祚风和太平了》："两行金钗，最宜素缟。"清黄遵宪《九姓渔船曲》："金钗敲断都由我，团扇遮羞怕见郎。"

【金蝉】jīnchán ❶侍中、中常侍冠饰。金取坚刚，蝉取居高饮洁。南朝宋沈约《还园宅奉酬华阳先生诗》："鸣玉响洞门，金蝉映朝日。"南朝梁江淹《萧让剑履殊礼表》："金蝉绿綬，未能蔼其采。"《北史·魏任城王云传》："高祖、世宗皆有女侍中官，未见缀金蝉于象珥，极颠貂于鬓发。"《文选·左思〈魏都赋〉》："蔼蔼列侍，金蜩齐光。"唐李善注："金蜩，金蝉。蔡邕《独断》曰：侍中、常侍皆冠惠文，加貂附蝉。"宋张孝祥《鹧鸪天·赠钱横州子山》词："居玉铉，拥金蝉。"❷妇女面饰。剪成蝉

时魏晋南北朝期的服饰

形贴于额头。唐张泌《浣溪沙》词："小市东门欲雪天，众中依约见神仙，蕊黄香画帖金蝉。"前蜀薛昭蕴《小重山》词："金蝉坠，鸾镜掩休妆。"宋吴文英《霜花腴·无射商重阳前一日泛石湖》词："妆靥鬓英争艳，度清商一曲，暗坠金蝉。"❸妇女首饰。以蝉形装饰的簪钗。唐李贺《屏风曲》："团回六曲抱膏兰，将鬟镜上掷金蝉。"李商隐《燕台诗·右冬》："破鬟矮堕凌朝寒，白玉燕钗黄金蝉。"

【金虫】jīnchóng 用黄金制成虫形，可装饰于妇女的钿钗首饰。南朝梁吴均《和萧洗马子显古意》诗："莲花衔青雀，宝粟钿金虫。"唐李贺《恼公》诗："陂陀梳碧凤，腰袅带金虫。"清王琦汇解："以金作蝴蝶、蜻蜓等物形而缀之钗上者。"宋翁元龙《风流子·闻桂花怀西湖》词："箫女夜归，帐栖青凤，镜娥妆冷，钗坠金虫。"清赵进美《山花子·晓妆》词："双启螭奁交翠羽，半欹蝉鬓卸金虫。"俞士彪《河满子》："髻上金虫喜子，胸前碧草宜男。"一说即"金龟子"。昆虫名。体形纤长，身有绿光。可用为首饰。宋宋祁《益部方物略记》："金虫，出利州山中，蜂体绿色，光若金星，里人取以佐妇钗镯之饰云。"清孙锦标《通俗常言疏证·动物》："《通训》：'按苏俗谓之金鸟虫，长寸许，金碧荧然，妇人以为首饰。'按：江北但谓之金虫。"

【金钏】jīnchuàn 金质的臂饰或腕饰。题晋陶渊明《搜神后记》卷四："襄阳李除……搏妇臂上金钏甚遽。"唐毛熙震《后庭花》其三："越罗小袖新香茜，薄笼金钏。"刘禹锡《贾客词(并引)》："妻约雕金钏，女垂贯珠缨。"宋周邦彦《蝶恋花》词其二："爱雨怜

云，渐觉宽金钏。"元王实甫《西厢记》第四本第三折："听得一声去也松了金钏，遥望见十里长亭减了玉肌。"

【金翠】jīncuì 用金银、翠羽制成的首饰或饰物，多为女性所用。《文选·曹植〈洛神赋〉》："戴金翠之首饰，缀明珠以耀躯。"唐李善注引司马彪《续汉书》："太皇后花胜上为金凤，以翡翠为毛羽，步摇贯白珠八。"晋陆机《百年歌》："罗衣绰縩金翠华，言笑雅舞相经过。"魏晋徐幹《情诗》："绮罗失常色，金翠暗无精。"南朝梁刘勰《文心雕龙·事类》："或微言美事，置于闲散，是缀金翠于足胫，靓粉黛于胸臆也。"梁武帝《采菱曲》："江南稚女珠腕绳，金翠摇首红颜兴。"梁萧衍《长安有狭邪行》："大妇理金翠。中妇事玉觿笙游曲池。"明王世贞《宛委余编》一一："侍妾数十，皆佩金翠，曳罗绮。"

【金带】jīndài 腰带的一种，以金銙为饰。原为北方游牧民族束系的腰带，春秋以后传入中原，至唐定为五品以上官服用带，后世沿用。《三国志·魏书·东夷传》："使译时通，记述随时，岂常也哉。"宋裴松之注引《魏略·西戎传》："阳嘉三年时，疏勒王臣槃献海西青石、金带各一。"《魏书·车伊洛传》："延和中授伊洛平西将军，封前部王，赐绢一百匹……绣衣一具，金带靴帽。"《北周书·李穆传》："乃遣使谒隋文帝，并上十三环金带，盖天子服也。"《唐会要》卷三一："上元元年八月二十一日敕……四品服深绯，金带十一銙；五品服浅绯，金带十銙。"宋岳珂《愧郯录》卷一二："国朝服带之制，乘舆东宫以玉，大臣以金……金带有六种：球路、御仙花、荔枝、师蛮、海捷、宝藏。"《宋史·舆

服志五》："凡金带：三公、左右丞相、三少、使相、执政官、观文殿大学士、节度使毬文、佩鱼。"宋梅尧臣《十一日垂拱殿起居闻南捷》诗："腰佩金鱼服金带，榻前拜跪称圣皇。"欧阳修《归田录》卷一："国朝之制，自学士已上赐金带者，例不佩鱼，若奉使契丹及馆伴北使则佩，事已复去之。惟两府之臣则赐佩，谓之重金。"陆游《老学庵笔记》卷一："国初士大夫作语云：'眼前何日赤，腰下几时黄？'谓朱衣吏及金带也。宣和间，亲王公主及他近属戚里，入宫辄得金带关子，得者旋填姓名。卖之，价五百千。虽卒伍屠酤，自一命以上皆可得。方腊破钱唐时，朔日，太守客次有服金带者数十人，皆朱勔家奴也。时谚曰：'金腰带，银腰带，赵家世界朱家坏。'"明高明《琵琶记》第三十六出："伊家富贵，那更青春年少。看你紫袍著体，金带垂腰。"《金瓶梅词话》第七十五回："荆都监穿着补服员领，戴着暖耳，腰系金带。"清叶廷管《吹网录·开赵埋铭》："召对称旨，赐金带。"天花才子《快心编》第十回："标下官员一总大红圆领，也有束金带的、银带的、角带的数十余员。"

【金钿】jīndiàn 一种金花饰品，多装饰于妇女首饰。以金片制成花朵，缀于簪股钗梁，插于发际，以为装饰。或在花蕊中间钻一圆孔，使用时以簪钗贯之。唐代妇女中大为流行，花钿的制作亦更为精巧，或以金丝累成网纹，附缀于每片花瓣；或以金珠串成花朵，花上有虫鸟相栖，造形别致，神态各异。亦用来喻指靓妆女子。南朝梁丘迟《敬酬柳仆射征怨》诗："耳中解明月，头上落金钿。"刘孝仪《咏织女》诗："金钿已照曜，白日未蹉

跎。"何逊《咏照镜》诗："羽钗如可问，金钿长相逼。"南朝陈徐陵《〈玉台新咏〉序》："反插金钿，横抽宝树。"唐白居易《渭川退居寄礼部崔侍郎翰林钱舍人一百韵》："金钿相照耀，朱紫间荧煌。"韦庄《清平乐》词："妆成不整金钿，含羞待月秋千。"刘长卿《扬州雨中张十宅观妓诗》："残妆添石黛，艳舞落金钿。"罗邺《旧侯家》诗："金钿座上歌春酒，画蜡尊前滴晓风。"

【金珥】jīn'ěr 金质或镶金的耳饰。《晋书·礼志中》："（魏帝）豫自制送终衣服四箧，题识其上，春秋冬夏，日有不讳，随时以敛，金珥珠玉铜铁之物，一不得送。"南朝陈张正见《采桑》诗："迎风金珥落，向日玉钗明。"隋江总《南越木槿赋》："赵女垂金珥，燕姬插宝珈。"明顾彧《无题二首》诗其一："雕题火老镂金珥，漆齿夷王冠玉麟。"

【金刚指环】jīngāngzhǐhuán 也作"金钢指环"。一种镶嵌钻石的指环。类似于今天的钻戒。钻石古称金刚石。相传汉魏六朝时期，由域外传入。《宋书·夷蛮传》："天竺迦毗黎国，元嘉五年，国王月爱遣使奉表……奉献金刚指环，摩勒金环诸宝物。"《文献通考·四裔》："宋文帝元嘉五年，天竺伽毗黎国王月爱遣使奉表，献金刚指环、摩勒金环、宝物、赤白鹦鹉各一。"《三宝太监西洋记通俗演义》第五十一回："（默伽国）国王闻中国宝船在苏门答剌，进上：金钢指环一对，摩勒金环一对。"

【金冠】jīnguān ❶金质或装饰有金饰的礼冠，多用于王公贵族，历代形制各异。《南史·婆利国传》："婆利国以缨络绕

身，头著金冠，高尺余，形如弁，缀以七宝之饰。”北魏杨衒之《洛阳伽蓝记·闻义里》：“王头著金冠，似鸡帻，头垂二尺生绢，广五寸以为饰。”《辽史·仪卫志二》：“祭服：辽国以祭山为大礼，服饰尤盛。大祀，皇帝服金文金冠，白绫袍，红带，悬鱼，三山红垂。”宋周去非《岭外代答·外国门上》卷二：“蒲甘国王官员皆戴金冠，状如犀角。”宋宋白《宫词》：“去年因戏赐霓裳，权戴金冠奉玉皇。”陆游《军中杂歌》：“名王金冠玉蹀躞，面缚纛下声呱呱。”元王实甫《西厢记》第五本第四折：“今日衣锦还乡，小姐的金冠霞帔都将著。”邓宾玉《端正好》曲：“九天帝敕从中降，云冕齐低玉简长……戴金冠，衣鹤氅宴佳宾，饮玉浆。造化论，劫运讲。”清叶梦珠《阅世编》卷八：“首饰，命妇金冠，则以金凤衔珠串，隆杀照品级不等，私居则金钗、金簪、金耳环、珠翠，概不用也。”❷舞女所戴的高冠。亦称“轻金冠”。唐苏鹗《杜阳杂编》卷中：“宝历二年，浙东国贡舞女二人……衣軿罗之衣，戴轻金之冠，表异国所贡也……轻金冠，以金丝结之，为鸾鹤状，仍饰以五彩细珠，玲珑相续，可高一尺，秤之无二三分。”《宋史·乐志十七》：“女弟子队凡一百五十三人：一曰菩萨蛮队……四曰佳人剪牡丹队，衣红生色砌衣，戴金冠，剪牡丹花。”

【金龟】jīnguī　金符、龟袋。武则天时所施行的官服佩饰。以金饰之，内装龟符。唐高宗时规定，三品以上官员皆佩鱼袋。武则天天授元年，因避讳改佩鱼为佩龟，并定三品以上龟袋饰金，四品饰银，五品饰铜。至中宗时，恢复佩鱼制度。后“金龟”引申为达官贵人的代称。《旧唐书·舆服志》：“高宗永徽二年五月，开府仪同三司及京官文武职事四品、五品，并给随身鱼……天授元年九月，改内外所佩鱼并作龟。久视元年十月，职事三品以上龟袋，宜用金饰，四品用银饰，五品用铜饰，上守下行，皆从官给。神龙元年二月，内外官五品以上依旧佩鱼袋。”唐李商隐《为有》诗：“为有云屏无限娇，凤城寒尽怕春宵。无端嫁得金龟婿，辜负香衾事早朝。”《唐会要·舆服上》：“天授二年八月二十日，左羽林大将军建昌王攸宁赐紫金带。九月二十六日，除纳言，依旧著紫带金龟。”明杨慎《丹铅总录》卷二一：“佩鱼始于唐永徽二年，以鲤为李也，武后天授元年改佩龟。以玄武为龟也。杜诗：‘金鱼换酒来。’盖开元中复佩鱼也。李白《忆贺知章》诗：‘金龟换酒处’，盖白弱冠遇贺知章尚在中宗朝，未改武后之制。”唐李白《对酒忆贺监》诗序：“太子宾客贺公，于长安紫极宫一见余，呼余为‘谪仙人’，因解金龟，换酒为乐。”清王琦注：“金龟盖是所佩杂玩之类，非武后朝内外官所佩之金龟。”明何景明《过寺中饮赠张元德侍御》诗：“腰下金龟在，明朝付酒垆。”徐渭《贺知章乞鉴湖一曲图》诗：“幸有双眸如镜水，一逢李白解金龟。”

【金花冠】jīnhuāguān　南北朝时期西方少数民族君王所戴的装饰有金花的冠。《北史·林邑传》：“王戴金花冠，形如章甫，衣朝霞布，珠玑璎珞，足蹑革履，时复锦袍。”《隋书·波斯传》：“王著金花冠，坐金师子座，傅金屑于须上以为饰。”清黄景仁：“冠金花冠衣只孙，丹青褒鄂森有神。"

【金环参镂带】jīnhuáncānlòudài 原是西域少数民族的腰带。用皮革制成，上缀金、玉制成的镂空牌饰，牌饰经过加工雕镂各种纹样，下附小环。隋代用于朝官。晋陆翙《邺中记》："石虎皇后女骑，腰中着金环参镂带。"

【金爵钗】jīnjuéchāi 即"金雀钗"。《文选·曹植〈美女篇〉》："头上金爵钗，腰佩翠琅玕。"唐李善注引《释名》："爵钗，钗头上施爵。"刘良注："钗头施金爵，故以名之。"

【金缕衣】jīnlǔyī 用金丝或金色丝线编织的衣服，极为华丽名贵，多用于贵族妇女。也用作舞者衣，因此也泛指歌女舞伎的服饰。南朝梁刘孝威《拟古应教》诗："青铺绿琐琉璃扉，琼筵玉笥金缕衣。"唐裴虔《柳枝词咏篙水溅妓衣》诗："半额微黄金缕衣，玉搔头袅凤双飞。"宋崔公度《金华神记》："女子笑曰：'君怯耶！'即以金缕衣置肩上，生稍安。"陆游《采桑子》诗："宝钗楼上妆梳晚，懒上秋千。闲拨沉烟，金缕衣宽睡髻偏。"李行中《赋佳人鼻嗅梅图》诗："蚕眉鸦髻缕衣，折得梅花第几枝？"杜安世《凤栖梧》词："近来早是添憔悴。金缕衣宽，赛过宫腰细。"元张可久《春日湖上》词："雨亦奇，锦成围。笙歌满城莺燕飞，紫霞杯，金缕衣，倒著接篱，湖上山翁醉。"白仁甫《梧桐雨》第四折："他笑整缕金衣，舞按霓裳乐。"《元史·外夷传》："大德三年，暹国主上言，其父在位时，朝廷尝赐鞍辔、白马及金缕衣，乞循旧例以赐。"《明史·成祖本纪》："真腊进金缕衣。"清黄遵宪《锡兰岛卧佛》诗："既付金缕衣，何不一启颜？"

【金雀钗】jīnquèchāi 省称"金雀"。用金制成，钗首饰有鸟雀之形的装饰。晋陆机《日出东南隅行》："金雀垂藻翘，琼琚结瑶瑶。"南朝梁吴均《行路难五首》（其三）："还君玳瑁金雀钗，不忍见此使心危。"唐牛峤《菩萨蛮》词：绿云鬓上飞金雀。愁眉敛翠春烟薄。"温庭筠《更漏子》词："金雀钗，红粉面，花里暂时相见。"《醒世恒言·独孤生归途闹梦》："（白氏）只得拭干眼泪，拔下金雀钗。"

【金胜】jīnshèng 一种形状似胜的天然金首饰，传说中祥瑞之物。古人以为天下太平时则出现于世。后世用金箔剪的彩花，用作女性的首饰。《宋书·符瑞志下》："金胜，国平盗贼，四夷宾服则出。晋穆帝永和元年二月，春谷民得金胜一枚，长五寸，状如织胜。"唐瞿昙悉达《唐开元占经》卷一一四："金胜者，象人所剡胜而金色，四夷来即出。"南朝梁宗懔《荆楚岁时记》："贾充《李夫人典戒》云：'像瑞图金胜之形，又取像西王母戴胜也。'"唐戴叔伦《和汴州李相公勉人日喜春》诗："独献菜羹怜应节，遍传金胜喜逢人。"《太平御览》卷七一九："晋孝武时，阳谷氏得金胜一枚，长五寸，形如织胜。"五代蜀花蕊夫人《宫词》："拂晓贺春皇帝阁，彩衣金胜近龙衣。"元杨维桢《无题效商隐体》诗之一："公子银瓶分汗酒，佳人金胜剪春花。"清吴伟业《茧虎》诗："越巫辟恶镂金胜，汉将擒生画玉台。"

【金颜】jīnyán 通天冠正面金博山上装饰的蝉形饰物。《隋书·礼仪志七》："又徐氏《舆服注》曰：'通天冠，高九寸，黑介帻,金博山。'徐爱亦曰:'博山附蝉,谓之金颜。'今制依此,不通于下,独天子元会临轩服之。"《初学记》卷二六:"通天冠,金博山蝉为之,谓之金颜。"宋王应麟《玉海》卷八一引徐爱语:"博山附蝉谓之金颜。"一说,武冠之冠饰。王国维《观堂集林·胡服考》:"附蝉之制,古无明文。传世古器中多见玉蝉,或古武冠以黄金为珰,上加玉蝉,故云附蝉。蝉殆加于冠前。《隋志》引徐爱舆服注云:博山附蝉谓之金颜。故《续汉志》谓之黄金珰。珰者,当也。当冠之前,犹瓦当之前瓦之前矣。"

金颜

金颜(《历代帝王图》)

【衿服】jīnfú 儒服。南朝宋鲍照《学古》诗:"衿服杂缇缋,首饰乱琼珍。"

【襟袖】jīnxiù ❶衣襟衣袖。亦借指胸怀。南朝宋谢惠连《白羽扇赞》:"挥之襟袖,以御炎热。"晋陶渊明《闲情赋》:"愿在竹而为扇,含凄飙于柔握;悲白露之晨零,顾襟袖以绵邈。"唐杜牧《秋思》诗:"微雨池塘见,好风襟袖知。"宋辛弃疾《感皇恩·滁州寿范倅》词:"三山归路,明日天香襟袖。"❷犹领袖,比喻地位重要者。唐刘知几《史通·断限》:"夫《尚书》者,七经之冠冕,百氏之襟袖。凡

学者必先精此书,次览群籍。"

【锦服】jīnfú 精美华丽的衣服。《晋书·王浚传》:"(浚)平吴之后⋯⋯不复素业自居,乃玉食锦服,纵奢侈以自逸。"唐岑参《送许员外江外置常平仓》诗:"还家锦服贵,出使绣衣香。"明吴伯宗《送道士傅晚成归金溪省亲》诗:"锦服屡陪天上列,彩衣荣向日边归。"

【锦履】jīnlǚ 用彩锦制成的贵重鞋子,多用于王公贵族。《南齐书·高帝纪上》:"道路不得著锦履,不得用红色为幡盖衣服。"《通典·乐志六》:"漆鬟髻,饰以金铜杂花;状如雀钗、锦履。"

【锦帽】jīnmào ❶西域少数民族男女所戴的彩锦制成的帽子。南北朝以后,随着胡服的传入而传至中原,亦为汉族男女采用。《南史·齐废帝郁林王纪》:"其在内,常裸袒,著红紫锦绣新衣、锦帽、红縠裤、杂采袒服。"宋葛长庚《初至桐州》诗:"何当牵犬臂苍鹰,锦帽貂裘呼蹴踘。"❷宋元时皇家仪卫所戴之帽。可用锦制,也可用纱制,上画各式锦纹。宋苏轼《江城子·密州出猎》词:"锦帽貂裘,千骑卷平冈。"《宋史·仪卫志一》:"执絍人并锦帽、五色䌷绣宝相花衫、锦臂韝、革带。"《元史·舆服志一》:"锦帽,制以漆纱后幅两旁,前拱而高,中下,后画连钱锦,前额作聚文。"❸僧道所戴之帽。《续高僧传》卷二九:"又扬都长干寺育王瑞像者,光跌身相祥瑞通感,五代王侯共尊敬⋯⋯敕延太极殿,设斋行道。先有七宝冠在于像顶,饰以珠玉,可重百斤,其上复加锦帽,经夜至晓,宝冠挂于像手,锦帽犹加头上。帝闻之乃烧香祝曰:若必国有不祥,还脱冠

也，乃以冠在顶，及至明晨，脱挂如故。"《西游记》第八十回："（和尚）头戴左笄绒锦帽，一对铜圈坠耳根。"又七十三回："（道姑）头戴五花纳锦帽，身穿一领织金袍。脚踏云尖凤头履，腰系攒丝双穗绦。"

锦帽

（陕西西安唐韦项墓出土石刻）

【锦囊】jǐnnáng 用织锦做成的袋子，男子佩在腰间，用以藏诗稿或机要文件，也盛放钱币、文具等零星细物。《南史·徐湛之传》："以锦囊盛武帝纳衣，掷地以示上。"唐李商隐《长吉小传》："背一古破锦囊，遇有所得，即书投囊中。"《新唐书·文艺传下·李贺传》："（李贺）每旦出，骑弱马，从小奚奴，背古锦囊，遇所得，书投囊中。"宋邵博《邵氏闻见后录》："黄鲁直就儿阁间，取小锦囊，中有墨半丸，以示潘谷，谷隔锦囊手之。"苏舜钦《送王杨庭著作宰巫山》诗："落笔多佳句，时应满锦囊。"晁补之《一丛花·谢济倅宗室令剡送酒》词："扬州坐上琼花底，佩锦囊、曾忆奚奴。"《三国演义》第五十四回："汝保主公入吴，当领此三个锦囊，囊中有三条妙计，依次而行。"《花月痕》第四回："忽奉令箭一枝，锦囊一个，内固封密札。"

【锦文衣】jǐnwényī 南朝时宫廷仪卫所穿

的礼服。《宋书·礼志五》："陛下甲仆射主事吏等骑、廷上五牛旗假使虎贲，在陛列及备卤簿，服锦文衣，武冠，鹖尾。"《隋书·礼仪志六》："其在陛列及备卤簿，五骑武贲，服锦文衣，鹖尾。"

【近身衣】jìnshēnyī 也作"亲身衣"。也称"近体衣"。贴身所穿的内衣。《左传·宣公九年》："皆衷其衵服以戏于朝。"晋杜预注："衵服，近身衣。"《史记·万石君传》"取亲中裙、厕牏，身自浣涤"唐司马贞索隐："中裙，近身衣也。"《汉书·石奋传》"取亲中裙、厕牏，身自浣洒"唐颜师古注："服虔曰：亲身衣也。"

【净衣】jìngyī 洁净的衣服。亦指僧服。晋王嘉《拾遗记·后汉》："观书有合意者，题其衣裳，以记其事。门徒悦其勤学，更以净衣易之。"唐皎然《送赟上人还京》诗："沙鸟窥中食，江云入净衣。"贾岛《元日女道士受箓》诗："元日更新夜，斋身称净衣。"

【九环带】jiǔhuándài 帝王贵臣所系腰带，鞓上钉缀有小金环的金銙九个。源于南北朝时北方少数民族地区传入的鞢𮜗带，隋代规定专用以王侯贵戚，有别于天子的十三环金带。入唐以后改制：上自皇帝，下至士庶，礼见朝会通可使用。沿用至近代。《隋书·礼仪志七》："侯王贵官多服九环带，惟天子加十三环，以为差异。"《旧唐书·舆服志》："其常服，赤黄袍衫，折上头巾，九环带，六合靴，皆起自魏、周，便于戎事。自贞观已后，非元日、冬至受朝及大祭祀，皆常服而已。"五代后唐马缟《中华古今注》卷上："唐革隋政，天子用九环带，百官士庶皆同。"宋欧阳修《谢致仕表》："头垂两鬓之霜毛，腰束九环之金带。"《辽史·仪卫志二》:"皇帝柘黄袍衫,折上头巾,九环带,六合靴,起自宇文氏。唐太宗贞观以后,非元日、冬至受朝及大祭祀,皆常服而已。"《宋史·舆服志三》作"九还带"。

【九梁】jiǔliáng 朝冠上装饰的九条横脊,亦指九梁冠。南朝梁简文帝《答新渝侯和诗书》:"九梁插花,步摇为古。"宋孟元老《东京梦华录·车驾宿大庆殿》:"宰执亲王,加貂蝉笼巾九梁,从官七梁,余六梁至二梁有差。"

【九枝花】jiǔzhīhuā 妇女头上戴的一种花朵形装饰。南朝梁费昶《华观省中夜闻城外捣衣》诗:"衣熏百和屑,鬓摇九枝花。"

【久袴(裤)】jiǔkù 穿着日久已经破旧的裤子。《南史·卞彬传》:"若吾之虱者,无汤沐之虑,绝相吊之忧,晏聚乎久袴烂布之裳。"

【卷荷帽】juǎnhémào 南北朝时的一种便帽,其制为圆顶,中竖一缨,帽檐翻卷,形似荷叶,故名"卷荷"。通常为士庶夏季所用。《隋书·礼仪志七》:"案宋、齐之间,天子宴私,著白高帽,士庶以乌,其制不定。或有卷荷,或有下裙,或有纱高屋,或有乌纱长耳。"

卷荷帽
(河南邓县六朝墓出土画像砖,
现藏河南省博物馆)

K

kai—kun

【铠袄】kǎi'ǎo 铠甲袍袄。借指战士。《宋书·孔琳之传》:"小小使命送迎之属,止宜给仗,不烦铠袄。"

【柯半】kēbàn 南北朝时新罗语"袴"的音译。《梁书·诸夷传·新罗》:"(新罗国)袴曰柯半。"

【空履】kōnglǚ 穿了很久、破旧的鞋。《文选·王融〈三月三日曲水诗序〉》:"褰帷断裳,危冠空履之吏;影摇武猛,扛鼎揭旗之士。勤恤民隐,纠逖王慝。"唐李善注引《汉书》:"唐遵以明经饬行显名于世,衣弊履穿。"唐张铣注:"空履,敝履也。"

【孔雀裘】kǒngquèqiú 用孔雀毛织成的贵重衣裘。多用作王公贵族的冬衣。《南齐书·文惠太子传》:"善制珍玩之物,织孔雀毛为裘,光彩金翠,过于雉头矣。"清郝懿行《晒书堂诗抄》卷下:"今优伶有着孔雀及雉头、鸭头裘者。"《红楼梦》第五十二回回目:"俏平儿情掩虾须镯,勇晴雯病补孔雀裘。"

【袴(裤)裆】kùdāng 两条裤腿相连的地方。《北齐书·陆法和传》:"有小弟子戏截蛇头,来诣法和。法和曰:'汝何意杀蛇。'因指以示之,弟子乃见蛇头齚袴裆而不落。"清钱谦益《嫁女词》:"大姊裁罗襦,小妹熨袴裆。"

【袴(裤)口】kùkǒu ❶裤管下端的边缘。《搜神记》:"太康中,天下以氈为絔头及带身、袴口。"《晋书·五行志上》:"太康中,又以毡为絔头及络带、袴口。"❷裤管。宋张端义《贵耳录》卷下:"御前有燕杂剧伶人妆一卖故衣者,持袴一腰,只有一只袴口。"

【袴(裤)襻】kùluò 也作"绔襻"。六朝妇女家居所穿的长裤与短衣的合称。衣用对襟,长不过膝。《南史·王裕之传》:"左右尝使二老妇女,戴五条辫,著青纹袴襻,饰以朱粉。"南朝宋刘义庆《世说新语·汰侈》:"(晋)武帝尝降王武子家,武子供馔,并用琉璃器,婢子百余人,皆绫罗绔襻。"

【袴(裤)衫】kùshān 即"袴褶"。北魏宋云《宋云行纪》:"妇人袴衫束带,乘马驰走,与丈夫无异;死者以火焚烧,收骨葬之,上起浮图;居丧者剪发劈面为哀戚,发长四寸,即就平常;唯王死不烧,置之棺中,远葬于野,立庙祭祀,以时思之。"《南齐书·豫章王嶷传》:"小儿奴子,并青布袴衫。"北魏杨衒之《洛阳伽蓝记·凝圆寺》:"(于阗国)其俗妇人袴衫束带,乘马驰走,与丈夫无异。"

【袴(裤)褶】kùxí ❶褶衣与袴组合成的套装,原是北方少数民族的服饰,相传战国时由赵武灵王胡服骑射,传入中原。汉代多为军人武士穿着。魏晋南北朝时期被广泛使用,上自帝、王、官员,下至庶民百姓,用为常服,妇女也多有穿着,也曾作朝服。从隋代起又被广泛用作官吏公服，色彩质料各有定制。唐代戴平巾帻时即用其服。晚唐以后，其制渐衰。袴褶之名出于东汉末年。《三国志·吴志·吕范传》南朝宋裴松之注引《江表传》："范出，便释襦，著袴褶，执鞭，诣阁下启事，自称领都督。"王国维《胡服考》称："以袴为外服，自袴褶服始。然此服之起，本于乘马之俗……赵武灵王之易胡服，本为习骑射计。则其服为上褶下袴之服可知。此可由事理推之者也。虽当时尚无袴褶之名，其制必当如此。"又："战国之季，他国亦有效其服者。"《晋书·舆服志》："袴褶之制，未详所起，近世凡车驾亲戎，中外戒严服之。"又《杨济传》："济有才艺，尝从武帝校猎北芒下，与侍中王济俱著布袴褶，骑马执角弓在辇前。"《南齐书·王奂传》："上以行北诸戍士卒多褴褛，送袴褶三千具，令奂分赋。"《魏书·胡叟传》："（叟）于允馆见中书侍郎赵郡李璨，璨被服华靡，叟贫老衣褐，璨颇忽之。叟谓之曰：'老子今若相许，脱体上袴褶衣帽，君欲作何计也？'讥其惟假盛服。璨惕然失色。"《隋书·礼仪志六》："太子卤簿载吏，赤帻，武冠，绛褠。廉帅、整阵、禁防、平巾帻，白布袴褶。鞔角五音帅、长麾，青布袴褶，岑帽，绛绞带。"《隋书·礼仪志七》："凡弁服，自天子以下，内外九品以上，弁皆以乌为质，并衣袴褶。五品以上以紫，六品以下以绛。"另据王国维考证："自六朝至唐，武官小吏、流外多服袴褶。"又称："案《隋志》与《唐志》例，袴褶同色，则连言某袴褶，如云绯袴褶、青袴褶是也。袴褶异色，则云某衫某色大口袴，或但云某衫大口袴。（凡袴皆白色，故多不言色）《旧唐志》或云绯衫大口袴，或云绯褶大口袴，衫、褶互言，知衫即褶。然则上所云某衫大口袴，或大口袴某衫者，皆袴褶服也。"宋陆游《闻虏乱有感》诗："儒冠忽忽垂五十，急装何由穿袴褶。"清王士禛《池北偶谈·谈艺二·记观杜氏书画》："画中有伟丈夫，设皋比亭中，亭下壮士林立，挟弓矢，衣袴褶，顾盼自雄。"❷明代士庶男子在家闲居时穿的衣服。有短袖和无袖两种形制，衣长过膝，腰间中断，折为横襕，而下为细密的竖裥。明王世贞《觚不觚录》："袴褶，戎服也。其短袖或无袖，而衣中断，其下有横折，而下复竖折之。若袖长则为曳撒，腰中间断以一线导横之则谓之程子衣……此三者燕居之所常用也。"明沈德符《万历野获编》卷二六："今通用者又有陈子衣、阳明巾。此固名儒法服无论矣。若细缝袴褶，自是虏人上马之衣，何故士绅用之以为庄服也？"

袴褶图
（根据出土北周陶俑复原绘制）

【**纩服**】kuàngfú 充以绵絮之衣。南朝梁沈约《究竟慈悲论》："茧衣纩服，曾不怀疑。"

【**裈裆**】kūndāng 省称"裆"。即"裤裆"。两个裤管上端之间的交接处。其制又有分别:两裆缝合者,俗谓缦裆;裆不缝合者,俗谓开裆。三国魏阮籍《大人先生传》:"独不见群虱之处裈中……行不敢离缝际,动不敢出裈裆,自以为得绳墨也。"金赵秉文《拙轩赋》:"鄙夫自私,虱处裈裆。达人大观,物我两忘。"

【裈袴(裈)】kūnkù 裤子。《北史·斛律光传》:"今军人皆无裈袴;复宫内参,一赐数万匹,府藏稍空,此是何理?"唐李亢《独异志》卷上:"刘伶好酒,常袒露不挂丝,人见而责之。伶曰:'我以天地为栋宇,屋室为裈袴。君等无事,何得入我裈袴中?'"明屠隆《昙花记·众生业报》:"叩头虫体疲,毒蟒蛇腹馁,跳蚤儿几时出得入裈裤内,蛆虫儿怎当恶滋味。"

【裈衫】kūnshān 贴身衣裤。《后汉书·袁安传》:"(阂)年五十七,卒以士室。"唐李贤注引《汝南先贤传》曰:"阂临卒,敕其子曰:'勿设殡棺,但著裈衫、疏布单衣、幅巾。'"晋干宝《搜神记》卷四:"建康小吏曹著,为庐山使所迎,配以女婉,著

形意不安,屡屡求请退,婉潸然垂涕,赋诗序别,并赠织成裈衫。"《太平御览》卷八一七:"清河崔基……与崔曰:'近自织此绢,欲为君作裈衫,未得裁缝,今以赠离。'崔以锦八尺答之。"《隋书·地理志下》:"其男子但著白布裈衫,更无巾裤;其女子青布衫,班布裙,通无鞋屩。"

【裈】kūn ❶也称"良衣"。短裤。长仅至膝,有前后裆,多用作内衣。《南齐书·郁林王纪》:"(昭业)尝裸袒,著红縠裈杂采袒服。"五代后唐马缟《中华古今注》卷中:"裈,三代不见所述。周文王所制裈,长至膝,谓之弊衣。贱人不可服,曰良衣,盖良人之服也。至魏文帝赐宫人绯交裆,即今之裈也。"❷裤子。唐段成式《酉阳杂俎·前集》卷一三:"棺中得裈五十腰。"明高明《琵琶记》第十七出:"前日老婆典了裙,今日媳妇又典裈。"《金瓶梅词话》第五十一回:"一手放下半边纱帐子来,褪去红裈,露出玉体。"清夏仁虎《旧京琐记》卷四:"宫女妆皆红袄绿裈。"

L

la—liang

【蜡屐】làjī 以蜡涂木屐。亦指涂蜡的木屐。语出南朝宋刘义庆《世说新语·雅量》:"或有诣阮(阮孚),见自吹火蜡屐,因叹曰:'未知一生当著几量屐!'神色闲畅。"亦因此用"蜡屐"喻指悠闲、无所作为的生活。唐刘禹锡《送裴处士应制举》诗:"登山雨中试蜡屐,入洞夏里披貂裘。"元稹《奉和严司空》诗:"谢公愁思眇天涯,蜡屐登高为菊花。"皮日休《屐步访鲁望不遇》诗:"雪晴墟里竹欹斜,蜡屐徐吟到陆家。"宋辛弃疾《玉蝴蝶·叔高书来戒酒》词:"生涯蜡屐,功名破甑,交友抟沙。"苏舜钦《关都官孤山四照阁》诗:"他年君挂朱轓后,蜡屐邛枝伴此行。"清钮琇《觚剩·石言》:"蓬门昼掩,蜡屐生尘,有客过访,寂若无人。"康有为《苏村卧病写怀》诗:"拟经制礼吾何敢,蜡屐持筹事未分。"

【襕】lán ❶官吏、士人袍衫膝部的横线。通常用一块与整件衣服颜色、质地相同的布料横施一道,以象征衣裳分制的古代服制。制出北周。唐代以后各朝沿用。此种样式的服装即称为"襕衫"或"襕袍",亦省称"襕"。《隋书·礼仪志六》:"保定四年,百官始执笏,常服上马。宇文护始命袍加下襕。"唐苏鹗《苏氏演义》卷下:"后周武帝始令袍下加襕。"《玉篇·衣部》:"襕,音阑,衫也。"《资治通鉴·唐昭宗龙纪元年》:"僖宗之世,已具襕、笏。"一说制出于晋。宋郭若虚《图画见闻记》卷一:"晋处士冯翼,衣布大袖,周缘以皂,下加襕,前系二长带,隋唐朝野服之,谓之冯翼之衣,今呼为直裰。"《金史·舆服志中》:"十五年制曰:'袍不加襕,非古也。'遂命文资官公服皆加襕。"❷上下衣相连的服装。《类篇》:"衣与裳连曰襕。"元孟汉卿《魔合罗》第四折:"身穿着绿襕,手拿着一管笔。"王实甫《西厢记》第二本第二折:"乌纱小帽耀人明,白襕净,角带傲黄鞓。"唐段成式《酉阳杂俎·黥》:"忽有一人,白襕屠苏,倾首微笑而去。"

【襕袍】lánpáo 也称"襕带""蓝袍"。官吏、士人所着之袍。圆领,窄袖,下长过膝,膝盖部分施一横襕,以象征衣裳分制的古代服制。初见于北周,唐代定都长安后,袍下加襕成为定制。贞观年间,太宗允长孙无忌之请,准袍下加襕,其色以绯、紫、绿数种,视其品级而定,庶人之袍皆加白襕。后代一直沿用唐制,袍下均加襕。元代以后,亦被当作襕衫别称。俗或呼为"蓝袍"。入清后废止。《隋书·礼仪志六》:"北周保定四年,百官始执笏,常服上焉,宇文护始命袍加下襕。"五代后唐马缟《中华古今注》卷中:"自贞观年中,左右寻常供奉赐袍。丞相长孙无忌上仪,请于袍上加襕,取象于缘。诏从之。"元宫大用《七里滩》第二折:"您那有荣辱襕袍靴笏,不如俺无拘束新酒活鱼。"《元人小令集·失题·四首》之一:"不贪名利,休争闲气,将襕袍脱下,宣敕收拾。"《元史·礼乐志五》:"次一人,冠唐帽,绿襕袍,角带,舞蹈而进。"《水浒传》第八十四回:"班部丛中转出一官员,乃是欧阳侍郎,襕袍拂地,象简当胸。"明汤显祖《牡丹亭》第五十一出:"黄门旧是黉门客,蓝袍新作紫袍仙。"

襕袍示意图

【繿缕】lánlǚ 破旧的衣服。晋陶渊明《饮酒》诗:"繿缕茅檐下,未足为高栖。"《梁书·康绚传》:"在省,每寒月见省官繿缕,辄遗以襦衣。"元刘祁《归潜志》卷五:"(张邦直)敝衣繿缕可怜。"《西游记》第九十八回:"大仙笑道:'昨日繿缕,今日鲜明,观此相,真佛子也。'"

【蠃衣】léiyī 破旧的衣服。《汉魏南北朝墓志汇编·北京图书馆藏东魏墓志拓本》:"垢面蠃衣,更不足异,举才见弹,适彰其美。"南朝宋裴松之注引《先贤行状》:"于时四海翕然,莫不励行,乃至长吏还者垢面蠃衣,常乘柴车。"

【离支衣】lízhīyī 南北朝时期宰人所着之服。《南齐书·舆服志》:"建元四年,制王公侯卿尹珠水精,其余用牙蚌,太官宰人服离支衣。"《隋书·仪礼志六》:"其在陛列及备卤簿,五骑虎贲,服锦文衣,鹖尾。宰人服离支衣。"

【礼衣】lǐyī ❶ 即"礼服"。《左传·哀公七年》"大伯端委以治周礼"晋杜预注:"端委,礼衣也。"宋王禹偁《南郊大礼》诗:"千官云拥御楼时,朝服纷纷换礼衣。"《清平山堂话本·五戒禅师私红莲记》:"自称为东坡居士,身上礼衣皆用茶合布为之。"❷ 唐代命妇的礼服。通用杂色,制同钿钗礼衣,但没有首饰佩绶。六尚(尚宫、尚仪、尚服、尚食、尚寝、尚工六种宫内女官)、宝林、御女、采女以及女官七品以上服之,用于各种典礼。《旧唐书·舆服志》:"六尚、宝林、御女、采女、女官等服,礼衣通用杂色,制与上同,惟无首饰。七品已上,有大事服之,寻常供奉则公服。"❸ 宋代后妃之服,宴见宾客时服之。常用杂色,形制同鞠衣,加双佩小绶。《宋史·舆服志》:"后妃之服,一曰袆衣,二曰朱衣,三曰礼衣,四曰鞠衣。"

【丽服】lìfú 华丽的服饰。魏晋嵇康《四言赠兄秀才入军》诗:"良马既闲,丽服有晖。"陆机《长安有狭邪行》:"烈心厉劲秋,丽服鲜芳春。"《北史·周纪下》:"金银宝器,珠玉丽服。"唐王维《冬夜书怀》诗:"丽服映颓颜,朱灯照华发。"宋庞元英《谈薮·京师士人》:"已而烛渐近,乃妇人十余,靓妆丽服。"

【连齿木屐】liánchǐmùjī 魏晋南北朝时期出现并流行的所有部位全以木做成的木屐,以整块木料削成,屐齿与屐底相连,无需另配,屐面亦以木料斫之。《宋书·武帝纪》:"(宋武帝刘裕)性尤简易,常著连齿木屐,好出神虎门逍遥,左右从者不过十余人。"明田艺蘅《留青日札·连齿木屐》:"(连齿木屐)盖即今之

413

拖屐也。"

【莲花带】liánhuādài 也称"芙蓉带"。绣有莲花纹样的妇女衣带。南朝梁吴均《去妾赠前夫诗》:"弃妾在河桥,相思复相辽。凤凰簪落鬓,莲花带缓腰。"唐毛文锡《赞浦子》词:"懒结芙蓉带,慵拖翡翠裙。"元龙辅《女红余志》卷上:"吴绛仙有夜明珠,赤如丹砂,恒系于莲花带上,著胸前夜行。"

【莲叶帽】liányèmào 即"卷荷帽"。《北史·萧詧传》:"担舆者,冬月必须裹头,夏月则加莲叶帽。"参见408页"卷荷帽"。

【练麻】liànmá 白色丧服。因于练祭时所著,故名。《魏书·礼志四》:"魏氏已来,虽群臣称微,然尝得出临民土,恐亦未必舍近行远,服功衰与练麻也。"

【凉衣】liángyī 贴身的单衣,常作内服,多于夏日服之。汉扬雄《方言》卷四"衯襢谓之禪"晋郭璞注:"今又呼为凉衣也。"南朝宋刘义庆《世说新语·简傲》:"平子脱衣巾,径上树取鹊子。凉衣拘阂树枝,便复脱去。"

【两当】liǎngdāng 也称"两裆。"一种短袖衫,形似今之背心。《南史·柳元景传》:"安都怒甚,乃脱兜鍪,解所带铠,唯著绛衲两当衫,马亦去具装,驰入贼阵。"《南史·沈攸之传》:"攸之有素书十数行,常韬在两裆角,云是宋明帝与己约誓。"《新唐书·宪宗十八女传》:"群臣请以主左右上媵戴鬌帛承拜,两裆持命。"

【两当铠】liǎngdāngkǎi 魏晋南北朝时流行的一种甲式。胸背各有一片,用以保护胸、背的铠甲。《北堂书钞》卷一二一:"先帝赐臣……两当铠一领。"《初学记》卷二二:"邓百川昔送此犀皮两当铠

一领,虽不能精好,复是异物,故复致之。"

【两当衫】liǎngdāngshān 也作"裲裆衫"。和裲裆配用的一种短袖衣衫。《资治通鉴·宋文帝元嘉二十七年》:"魏人从突骑,诸军不能敌;安都怒,脱兜鍪,解铠,唯著绛纳两当衫。"

【裲裆衫】liǎngdāngshān 即"两当衫"。《隋书·礼仪志六》:"直阁将军、诸殿主帅,朱服,武冠。正直绛衫,从则裲裆衫。"

裲裆衫(南北朝文侍俑)

ling—lu

【灵钗】língchāi 用大龟壳的边缘制成的发钗。《艺文类聚》卷七○:"涪陵山有大龟,其甲可卜,其缘可作钗,世号灵钗。"

【凌波袜】língbōwà 原指洛水女神步履轻盈,后来作为女子袜子的美称。语出三国魏曹植《洛神赋》:"凌波微步,罗袜生尘。"唐骆宾王《咏尘》诗:"凌波起罗袜,含风染素衣。"刘禹锡《马嵬行》诗:"履綦无复有,履组光未灭。不见岩畔人,空见凌波袜。"五代牛希济《临江仙》词之九:"素洛春光潋滟平,千里重媚脸

初生。凌波罗袜势轻轻。烟笼日照,珠翠半分明。"元张寿卿《红梨花》第一折:"春潇洒苔径轻踏,香衬凌波袜。"乔吉《水仙子·钉鞋儿》曲:"步苍苔砖瓮儿响,衬凌波罗袜生凉。"马致远《商调·集贤宾·思情》曲:"日月凌波袜冷,湿透青苔。"王实甫《西厢记》第三本第二折:"夜凉苔径滑,露珠儿湿透了凌波袜。"明陈所闻《月云高·花下迟王美人不至》曲:"只有莺声在高柳,望不见凌波袜。"

【绫袍】língpáo 用单色纹绫制成的长衣。魏晋南北朝时不分贵贱均可使用。唐代规定为官吏公服,以袍色及花纹辨别等级,因称官服为绫袍。《太平御览》卷六九三:"太子纳妃,有绛绫袍一领。"又《晋荡公护传》:"汝时著绯绫袍、银装带,盛洛著紫织成缬通身袍、黄绫里,并乘骡同去。"五代后唐马缟《中华古今注》卷中:"北齐贵臣多著黄文绫袍,百官士庶同服之。"《新唐书·董晋传》:"在式,朝ужжай皆绫袍,五品而上金玉带。"《唐会要》卷三二:"贞元三年三月初,赐节度观察使等新制时服……其年十一月九日,令常参官服衣绫袍,金玉带。至八年十一月三日,赐文武常参官大绫袍。"宋孔平仲《珩璜新论》卷四:"唐式朝臣皆服绫袍,五品以上金玉带,所以尽饰以奉上也。"

【六合靴】liùhéxuē 也称"乌皮六缝"。原为北方少数民族的足衣,其制用六块乌皮缝合而成,"六合"取天地四方之意。若非祭祀大典,一切通用。北魏时期已出现,南北朝以前多用作便履,北朝以后可用以朝见,帝王百官常朝视事时所著之靴。至隋形成制度,唐代遵行不改。辽宋时期仍有此制,宋则改名为皂文靴。

《旧唐书·舆服志》:"其常服,赤黄袍衫,折上头巾,九环带,六合靴,皆起自魏周,便于戎事。"唐刘肃《大唐新语》卷一〇:"隋代帝王贵臣,多服黄纹绫袍,乌纱帽,九环带,乌皮六合靴。百官常服,同于匹庶,皆著黄袍及衫,出入殿省。"又"武德初,因隋旧制,天子燕服,亦名常服,唯以黄袍及衫……其折上巾,乌皮六合靴,贵贱通用。"《宋史·舆服志三》:"唐因隋制,天子常服赤黄、浅黄袍衫,折上巾,九还带,六合靴。宋因之,有赭黄、淡黄袍衫,玉装红束带,皂文靴。"《辽史·仪卫志二》:"皇帝柘黄袍衫,折上头巾,九环带,六合靴。起自宇文氏。唐太宗贞观以后,非元日、冬至受朝及大祭祀,皆常服而已。"

【六冕】liùmiǎn 周代天子公侯在祭祀和和会等不同场合穿着的六种冕服。即大裘冕、衮冕、鷩冕、毳冕、絺冕、玄冕。魏晋南北朝时期才有"六冕"之称。六冕之中,有的沿用至宋,如大裘冕、鷩冕等;有的沿用至明,如衮冕等。《宋书·礼志五》:"周监二代,典制详密,故弁师掌六冕,司服掌六服,设拟等差,各有其序。"《晋书·舆服志》:"及凝脂布网,经书咸烬,削灭三代,以金根为帝辇,除弃六冕,以衮玄为祭服。"

【六衣】liùyī 周礼规定的王后的六种礼服,即祎衣、揄狄、阙狄、鞠衣、展衣、缘衣的统称。先秦时称六服,魏晋以后始有六衣之称。南齐谢朓《齐敬皇后哀策文》:"俎彻三献,筵卷六衣。"唐徐铉《纳后夕侍宴》:"汉主承乾帝道光,天家花烛宴昭阳。六衣盛礼如金屋,彩笔分题似柏梁。"

【六铢衣】liùzhūyī 一铢为一两的二十四分之一,本指神仙质地轻薄、随风飘逸的衣服,佛经称"忉利天"衣重六铢,谓其轻而薄。后借指僧、道及隐士之衣,亦指女子所穿之衣。语出南朝梁简文帝《望同泰寺浮图》诗:"帝马咸千辔,天衣尽六铢。"《长阿含经·世纪经·忉利天品》:"忉利天身长一由旬。衣长二由旬。广一由旬。衣重六铢。"唐宋之问《奉和幸大荐福寺》诗:"欲知皇劫远,初拂六铢衣。"顾况《归阳萧寺》诗:"身披六铢衣,亿劫为大仙。"李绅《开元寺石》诗:"难保尔形终不转,莫令偷拂六铢衣。"韩偓《浣溪纱》词之一:"六铢衣薄惹轻寒,慵红闷翠掩轻鸾。"韦庄《送福州王先辈南归》诗:"八韵赋吟梁苑雪,六铢衣惹杏园风。名标玉籍仙坛上,家寄闽山画障中。"宋周邦彦《鹊桥仙》词:"晚凉拜月,六铢衣动,应被姮娥认得。"清俞兆晟《吴宫曲》:"自裁白纻六铢衣,回雪流风侍君侧。"

【龙裳】lóngcháng 饰有龙纹的下裳。《山海经·中山经》:"又东南一百二十里曰洞庭之山。"晋郭璞注:"《礼记》曰:舜葬苍梧,二妃不从。明二妃生不从征,死不从葬,义可知矣。即令从之,二女灵达鉴通无方,尚能以鸟工龙裳救兆廪之难,岂当不能自免于风波而有双沦之患乎。"清毛奇龄《双带子》诗:"初妆卸宿御前沟,侍女龙裳卷上楼。"

【龙鸾钗】lóngluánchāi 妇女的一种贵重发钗。一般用金银或美玉制成。钗首制成龙、鸾形状。龙为鳞虫之长,鸾凤为百鸟之王,两者并列,含有吉祥之义。多用于结婚之日,隐寓幸福美满。《太平御览》卷七一八:"魏文帝纳美女薛灵芸,有献火珠龙鸾之钗。帝曰:'珠翠尚不能胜,况龙鸾之重乎!'"

【龙头鞶囊】lóngtóupánnáng 装饰有龙头纹样的小佩囊。用以盛印绶、手巾细物。汉魏时期鞶囊多用虎头,至后赵石虎时期,因避石虎之讳,遂改用龙头,石虎之后仍恢复以虎头为饰。晋陆翙《邺中记》:"石虎改虎头鞶囊为龙头鞶囊。"

【龙舄】lóngxì 绣龙纹的礼鞋。晋周处《阳羡风土记》:"衣美爽之轻裘,蹑光华之龙舄。"

【笼冠】lóngguān 又名武弁大冠、武冠、惠文冠、繁冠。用黑色漆纱制成,纱细薄如蝉翼。顶作圆形或长椭圆形,两边有冠耳下垂,下用丝带系结。可加金珰、貂尾等饰物。用时戴于帻或小冠子之上。此冠源于汉代,冠式定型于魏晋南北朝时期,晋朝、隋朝用于左右使臣及将军武官。宋代、明代改称其为"笼巾"。《梁书·陈伯之传》:"褚緭在魏,魏人欲擢用之。魏元会,緭戏为诗曰:'帽上著笼冠,袴上著朱衣,不知是今是,不知非昔非。'魏人怒,出为始平太守。"王国维《观堂集林·胡服考》:"胡服之冠,汉时有武冠、武弁、繁冠、大冠诸名,晋宋以后又谓之建冠,又谓之笼冠,盖比余冠为高大矣。"

笼冠(西魏供养人像)

【笼子】lóngzi "篦子"的俗称。齿小而密的梳子。晋陶渊明《搜神后记》："我与他牙梳一枚,白骨笼子一具,金钏一双,银指环一只。"

【镂带】lòudài 胡服的腰带。流行于魏晋时期。其装饰上有用金或银等金属制成的饰牌,饰牌上铸镂空纹样,常见的有动物纹和几何纹。以西域民族所用为多,男女皆用。《晋书·石季龙载记》："季龙常以女骑一千为卤簿,皆著紫纶巾、熟锦袴,金银镂带,五文织成靴,游于戏马观。"晋陆翙《邺中记》："石虎皇后女骑,腰中著金环参镂带。"

【芦衣】lúyī 用芦花代絮做成的冬衣。后以"芦衣"为孝子的典故。语出《太平御览》卷八一九:"闵子骞事后母,絮骞衣以芦花。御车,寒失靷,父怒笞之。后抚背,知衣单,父乃去其妻。骞启父曰:'母在一子寒,母去三子单。'父遂止。"清桂超万《纺车行》:"儿身著新袄,母身芦衣残。"

【鹿皮袷】lùpíjiá 用鹿皮制成的夹衣。《南史·刘虬传》:"罢官归家静处,常服鹿皮袷,断谷,饵术及胡麻。"

【鹿皮巾】lùpíjīn 省称"鹿巾"。也称"鹿帻"。隐士戴的鹿皮做的头巾,盛行于南北朝。《梁书·处士传·何点》:"文先以皮弁谒子桓,伯况以縠纹见文叔,求之往策,不无前例。今赐卿鹿皮巾等。后数日,望能入也。"《南史·陶弘景传》:"帝手敕招之,锡以鹿皮巾。后屡加礼聘,并不出,唯画作两牛,一牛散放水草之间,一头著金笼头,有人执绳,以杖驱之。武帝笑曰:'此人无所不作,欲效曳尾之龟,岂有可致之理。'"唐皮日休《寄题镜岩周尊师所居》诗:"八十余年住镜岩,鹿皮巾下雪髟髟。"陆龟蒙《寄茅山何威仪》

诗:"身轻曳羽霞襟狭,髻耸峨烟鹿帻高。"《新唐书·朱桃椎传》:"长史窦轨见之,遗以衣服、鹿帻、麂靴,逼署乡正。委之地,不肯服。"五代前蜀韦庄《雨霁池上呈侯学士》诗:"鹿巾藜杖葛衣轻,雨歇池边晚吹清。"宋陆游《夜坐》诗:"曲几蒲团夜过分,颓然半脱鹿皮巾。"叶廷珪《海录碎事·人事·隐逸》:"梁武帝赐陶隐居鹿皮巾。"

【鹿皮帽】lùpímào ❶隐士所戴的帽子,用鹿皮做成。《宋书·何尚之传》:"尚之在家常著鹿皮帽,及拜开府,天子临轩,百僚陪位,沈庆之于殿廷戏之曰:'今日何不著鹿皮冠?'"❷赫哲族传统的萨满帽,一种带鹿角的鹿皮帽,以鹿角分叉多少,如三、五、七、九、十三、十五等分六个等级。鹿角之间装饰有铜或铁制的鸩神,两旁各有一对带翼的小神兽。帽上缀有长飘带,有布制与熊皮制两种,缀小铜铃。鹿皮帽前缀有护头铜饰,实为太阳崇拜的象征物。有时,帽上还有一个鹿皮缝制的小袋,为"求子袋"。

【鹿衣】lùyī 鹿皮所制之衣。多用于山人隐士,因借指隐士之服。晋皇甫谧《高士传·善卷赞》:"遐矣善卷,君尧北面;鹿衣牧世,自臻从劝。"

【漉酒巾】lùjiǔjīn 一种葛布制成的头巾,相传晋陶渊明隐居山林,常以此漉酒,用毕复戴于首,故名。后泛指隐士头巾。亦用来形容人爱酒、嗜酒,性情率真。《宋书·陶潜传》:"值其酒熟,取头上葛巾漉酒,毕,还复著之。"唐杜甫《寄张十二山人彪三十韵》:"谢氏寻山屐,陶公漉酒巾。"颜真卿《咏陶渊明》诗:"手持《山海经》,头戴漉酒巾。"白居易《效陶潜体》诗之十三:"口吟《归去来》,头戴漉酒巾。"牟融《题孙君山亭》诗:"闲来欲著登山屐,醉里还披漉酒巾。"朱放《经故贺宾客镜湖道士观》诗:"雪里登山履,林间漉酒巾。"元杨朝英《叨叨令·叹世二首》曲:"他待学欺君冈上曹丞相,不如俺葛巾漉酒陶公亮。"明宋濂《跋〈匡庐社图〉》:"其一人冠漉酒巾,被羊裘,杖策徐行。"

【露卯】lùmǎo 制屐钉、屐齿的一种钉法。将钉齿穿过屐底,露出钉尾,敲使弯曲,平贴屐里。如此则齿不易松动。一说制作时先在屐楄(即屐底)凿以榫眼,然后将屐齿之榫上穿于楄,并以铁钉销住。因齿榫(即卯)外露于楄,故名。《骈雅·释器》:"露卯,屐齿也。"《晋书·五行志上》:"旧为屐者,齿皆达楄上,名曰露卯。太元中,忽不彻,名曰阴卯。"

luo—lü

【罗裳】luóchánɡ 即"罗裙"。《乐府诗集·子夜四时歌春歌十》:"春风复多情,吹我罗裳开。"《宋书·乐志四》:"舞饰丽华华容工,罗裳皎日袂随风。"宋李清照《一剪梅》词:"红藕香残玉簟秋,轻解罗裳,独上兰舟。"

【罗衿】luójīn 轻软有稀孔的丝织品制成的上衣及襟。三国魏曹植《种葛篇》:"攀枝长叹息,泪下沾罗衿。"南朝梁范云《当对酒》诗:"方悦罗衿解,谁念发成丝。"宋王洋《次韵酬江如晦》诗:"二月黄鹂初好音,槐阴柳幄青罗衿。"清吴绮《南歌子·其三·最忆》:"梦牵红袖玉楼别,却是醒来、原自挽罗衿。"《聊斋志异·甄后》:"犬断索咋女,女骇走,罗衿断。"

【罗袍】luópáo 用轻软有稀孔的丝织品制成的袍子,多用作王公贵族、官员的华丽服饰。《北齐书·杨愔传》:"自尚公主后,衣紫罗袍,金缕大带。"宋徐竞《宣和奉使高丽图经》卷一一:"控鹤军,服紫文罗袍,五采间绣大团花为饰。"《宋史·礼志二十八》:"禫祭毕,素纱软脚幞头,浅色黄罗袍,黑银带。"元马致远《清江引》曲:"绿蓑衣紫罗袍谁为你,两件儿都无济。"元末明初陶宗仪《次胡别驾韵寄李仪曹至刚》诗:"皇帝征除赞礼曹,御炉烟染越罗袍。"明黄淮《乙未夏五月初三日夜梦侍朝因追想平日所见成绝句三十八首》其三十七:"象笏罗袍间绣衣,斓斑五采绚朝晖。"刘炳《栖碧轩为陈指挥赋》:"罗袍犀带紫金鱼,壁上瑶琴床上书。"《水浒传》第五十四回:"坐着的便是梁山泊掌握兵权军师吴学究,怎生打扮? 五明扇齐攒白羽,九纶巾巧簇乌纱,素罗袍香皂沿边,碧玉环丝绦束定。"

【罗裙】luóqún 用轻软有稀孔的丝织品制成的裙子。多用于年轻妇女。通常穿在衬裤之外,下长曳地。晋无名氏《采桑度》诗:"冶游采桑女,尽有芳春色……采桑不装钩,牵坏紫罗裙。"南朝梁江淹《别赋》:"攀桃李兮不忍别,送爱子兮沾罗裙。"唐白居易《琵琶行》:"钿头云篦击节碎,血色罗裙翻酒污。"唐章孝标《赠美人》诗:"诸侯帐下惯新妆,皆怯刘家妖媚娘。宝髻巧梳金翡翠,罗裙宜著绣鸳鸯。"张读《宣室志》卷一〇:"崔夫人著青罗裙,年将四十,而姿容可爱。"宋晁补之《呈文潜》诗:"十年闭户不作舞,为客一整红罗裙。"张泌《江城子》词:"窄罗衫子薄罗裙,小腰身,晚妆新。"元无名氏《寄生草·闲计》:"想着他罗裙率地宫腰细,花钿渍粉秋波媚。"清吴伟业《闽州行》:"将书封断指,血泪染罗裙。"《花月痕》卷八:"秋痕上穿一件莲花色纱衫,下系一条百折湖色罗裙。"

罗裙(福建福州宋墓出土)

【萝薜】luóbì 喻指隐士的服装。南朝梁江淹《谢开府辟召表》:"庶幽居之士,萝薜可卷;奇武异文,无绝于古。"唐张说《邈湖山寺》诗:"若使巢由知此意,不将萝薜易簪缨。"白居易《题崔常侍济源庄》诗:"主人何处去,萝薜换貂蝉。"

【襬】luǒ 妇女上衣。对襟窄袖,长不过膝,通常与长裤配用。《玉篇·衣部》:"襬,女人上衣也。"南朝宋刘义庆《世说新语·汰侈》:"(晋)武帝尝降王武子家,武子供馔,并用琉璃器,婢子百余人,皆绫罗绔襬。"《南史·王裕之传》:"左右尝使二老妇女,戴五条辫,著青纹袴襬,饰以朱粉。"

【旅服】lǚfú 行装;客游时穿的服装。南朝宋鲍照《代陈思王〈白马篇〉》:"侨装多阙绝,旅服少裁缝。"唐张南史《陆胜宅秋暮雨中探韵同作》诗:"归心莫问三江水,旅服从沾九日霜。"

【绿綟绶】lǜlìshòu 省称"绿绶"。一种黑黄而近绿色的丝带,系在印柄上。因以綟(綟)草染成,故名。汉时授予相国及诸王国贵人,两晋、南朝后只授于相国,作为其地位的标志。《晋书·卫瓘传》:"及杨骏诛,以瓘录尚书事,加绿綟绶,剑履上殿,入朝不趋。"《陈书·高祖纪上》:"其进位相国,总百揆,封十郡为陈公,备九锡之礼,加玺绂、远游冠、绿綟绶,位在诸侯王上。"《后汉书·舆服志下》:"诸国贵人、相国皆绿綟绶。"南朝刘昭注:"徐广曰:'金印绿綟绶。'綟音戾,草名也。以染似绿,又云似紫。"五代前蜀韦庄《和薛先辈见寄〈初秋寓怀即事〉之作二十韵》:"惭闻纤绿綟,即候挂朝簪。"

【绿綟绶】lǜlìshòu 即"绿綟绶"。省称"綟绶"。《通典·职官志三》:"相国则绿綟绶。"清李调元《通诂·混蔽篇》:"綟绶:綟,草名;以草染绶也。"

【绿衫】lǜshān 绿色衣服。唐制,官三品以上服紫,四五品以上服绯,六七品服绿,八九品服青。故也常用来表示官位卑微。北周庾信《王昭君》诗:"绿衫承马污,红袖拂秋霜。"唐元稹《寄刘颇》诗之二:"无限公卿因战得,与君依旧绿衫行。"白居易《忆微之》诗:"分手各抛沧海畔,折腰俱老绿衫中。"宋周密《齐东野语·郑安晚前谶》:"绿衫尚未能得著,乃思量系玉带乎?"

M

ma—mi

【麻菲】máfēi 菲，通"扉"。麻鞋。《魏书·裴叔业传》："植（裴植）在瀛州也，其母年逾七十，以身为婢，自施三宝，布衣麻菲，手执箕箒，于沙门寺洒扫。"

【麻苴】májū 丧服中的麻经、苴杖等。《北史·周纪上·明帝》："文武百官，各权辟麻苴，以素服从事。"明沈德符《万历野获编·嗤鄙·王上舍刻木》："至丙申年，孝安皇太后升遐，王（王彝则）亦制缞冠麻苴，被之木人，牵以哀临，尤可骇异。"

【麻鞋】máxié ❶用麻制成的鞋。汉代以前士庶均可穿着，或作厚底，或作薄底；或为圆头，或为歧头。种类繁多，形制各异。魏晋以后，由于丝鞋的流行，麻鞋多用于士庶。北齐颜之推《颜氏家训·治家》："邺下有一领军，贪积已甚……后坐事伏法，籍其家产，麻鞋一屋，弊衣数库，其余财宝，不可胜言。"唐王睿《炙毂子录》："（鞋）至周以麻为之，谓之'麻鞋'，贵贱通服之。"杜甫《述怀》诗："麻鞋见天子，衣袖露两肘。"清仇兆鳌注："至周以麻为之，谓之麻鞋，贵贱通著。"窦防《嘲许子儒》诗："一年辞爵弁，半岁履麻鞋。"五代后唐马缟《中华古今注》卷中："麻鞋，起自伊尹……周文王以麻为之，名曰麻鞋。至秦以丝为之，令宫人侍从著之，庶人不可。至东晋，又加其

好，公主及宫贵，皆丝为之。"《农桑辑要·岁用杂事》："正月竖篱落……织蚕箔、造桑机、造麻鞋。"无名氏《失题》："吃的是黄韭淡饭，穿的是草履麻鞋。"《水浒传》第十六回："杨志戴上凉笠儿，穿着青纱衫子，系了缠带行履麻鞋。"清吴伟业《避乱》之五："麻鞋习奔走，沦落成愚贱。"❷孝鞋。在布鞋上披缀麻或麻布而成。唐李济翁《资暇集》："寒食拜扫……今多白衫麻鞋者，衣冠在野，与黎庶同。"

【曼胡缨】mànhúyīng 也作"缦胡缨""鬘胡缨"。省称"缦胡""曼缨"。系结冠帽用的素色无文的粗带，先秦时用于武士。后借以指冠。亦借指兵卒。语出《庄子·说剑》："然吾王所见剑士，皆蓬头突鬓垂冠，曼胡之缨，短后之衣，瞋目而语难，王乃说之。"唐陆德明释文引司马彪曰："曼胡之缨，谓粗缨无文理也。"晋张协《杂诗》："舍我衡门衣，更被缦胡缨。"晋左思《魏都赋》："三属之甲，缦胡之缨。"南朝梁沈约《悯国赋》："育青虬于玄胄，垂葆发于缦胡。"唐李白《闻李太尉大举秦兵出征东南懦夫请缨冀申一割之用半道病还留别金陵崔侍御十九韵》："拂剑照严霜，雕戈鬘胡缨。"又《侠客行》："赵客缦胡缨，吴钩霜雪明。"刘禹锡《许州文宣王新庙碑》："矜甲胄者知根于忠信，服缦胡者不敢侮逢掖。"韩愈、李正封《晚秋郾城夜会联句》："逢掖服翻惭，漫胡缨可愕。"陈去疾《送韩将军之雁门》

诗:"破围铁骑长驱疾,饮血将军转战危。画角吹开边月静,缦缨不信虏尘窥。"《新唐书·儒学传序》:"禄山之祸,两京所藏,一为炎埃,官膊私褚,丧脱几尽,章甫之徒,劫为缦胡。"清顾炎武《赠与副将元凯》诗:"怅然感时危,遂被曼胡缨。"清唐孙华《题姬人塞图》诗:"曼缨左带作后队,睽睢面目纷追随。"

【慢服】mànfú 日常穿的简便衣服。与礼服、官服相对而称。穿着便服时举止无拘束散慢随意,故名。《晋书·慕容俊载记》:"性严重,慎威仪,未曾以慢服临朝。"元欧阳玄《和李溉之舞姬脱鞋吟》:"盈盈慢服舞腰轻,彩云飞处香风起。"

【缦裆裤(裤)】màndāngkù 不开裆的合裆之裤。本是胡服的样式之一。西域居民较早穿着以便骑射。战国以后,中原人民也多穿着,形成一时风气,其俗延续于今。《梁书·诸夷传·高昌国》:"国人言语与中国略同,有五经、历代史、诸子集。面貌类高丽,辫发垂之于背,著长身小袖袍,缦裆裤。"一说即裈裆裤。明陈士元《俚言解》卷二:"缦裆裤,裤与裤同。今之缦裆裤,即宋人裈裆裤也。其制长而多带,下及足踝,上连胸腹。江湘渔人寒天举网多用之。"

【芒屩】mángjuē 以芒草编成的鞋子。质地坚韧耐磨,穿着轻便,适合远行。多用于士庶、隐士、僧侣。《晋书·刘惔传》:"惔少清远,有标奇,与母任氏寓居京口,家贫,织芒屩为养。"《梁书·范缜传》:"(缜)在(刘)瓛门下积年,去来归家,恒芒屩布衣,徒行于路。"《南史·褚彦回传》:"彦回幼有清誉,宋元嘉末,魏军逼瓜步,百姓咸负担而立,时父湛之为丹阳尹,使其子弟并着芒屩于斋前习行。或讥之。湛之曰:'安不忘危业。'"《新唐书·朱桃椎传》:"(椎)尝织十芒屩置道

上,见者曰:'居士屩也。'……其为屩,草柔结细,环结促密,人争蹑之。"宋陆游《村翁》诗:"放翁真个是村翁,钓渭耕莘事不同。蹴踏烟云两芒屩,凭陵风雪一蓬笼。"明胡应麟《少室山房笔丛·丹铅新录八·履考》:"六朝前率草为履,古称芒屩,盖贱者之服,大抵皆然。潘飞声《碧云寺题石台上》诗:"欲借旧蒲团,暂息破芒屩。"屠隆《昙花记·公子寻亲》:"穿芒屩拥衲衣,万里孤身无所倚。"

【芒履】mánglǚ 用芒草编制的鞋子。士庶百姓都可穿着。北魏杨衒之《洛阳伽蓝记·城东》:"布袍芒履,倒骑水牛。"唐杜荀鹤《题江发禅和》诗:"江寺禅僧似悟禅,坏衣芒履住茅轩。"孟浩然《白云先生王迥见访》诗:"手持白羽扇,脚步青芒履。"柳公权《小说旧闻记》卷四九:"一日迨暮,有士人风格峻整,麻衣芒履,荷笠而来。"宋陆游《夜出偏门还三山》诗:"水风吹葛衣,草露湿芒履。"明邵璨《香囊记·南归》:"西山东海莫容身,芒履萧萧万里尘。"清鲁一同《檄凤颍淮徐滁泗宿海八府属文》:"马步并进,更番休息,贼之芒履赤足,不能敌也。"

【毛褐】máohè 用皮毛或麻制成的短衣。是一种贫贱者穿的粗劣衣服。因此也称贫困者之服为毛褐。三国魏曹植《七启》:"玄微子:'予好毛褐,未暇此服也。'"又《杂诗六首》之二:"毛褐不掩形,薇藿常不充。"唐李善注:"《淮南子》曰:'布衣掩形,鹿裘御寒。'言贫人冬则羊裘短褐不掩形也。"晋孙绰《游天台山赋》:"被毛褐之森森,振金策之铃铃。"宋周煇《清波杂志》卷上:"吾自幼至老,未尝识富贵之事,身不具毛褐,不知冰绡雾縠之为丽服也。"明方孝孺《适意斋记》:"毛褐不完者行于途,虽锦衣狐裘不能知其温。"

【卯】mǎo 屐齿之榫。其制有明、暗之别。明榫称之为"露卯",暗榫者则称"阴卯"。参见418、462页"露卯""阴卯"。

【帽裙】màoqún 帽沿下垂的部分,用以遮挡风尘。《宋书·五行志一》:"明帝初,司徒建安王休仁统军赭圻,制乌纱帽,反抽帽裙,民间谓之'司徒状',京邑翕然相尚。"《南齐书·五行志》:"建武中,帽裙覆顶,东昏时,以为裙应在下,而今在上,不祥,断之。"宋陆游《雨出谒归昼卧》诗:"宿雨盈车辙,秋风涨帽裙。"李新《自西悬趋南郑道中杂咏三首》其二:"爱山不道妨行色,碍眼仍须彻帽裙。"

帽裙(宋人《胡笳十八拍图》)

【媚子】mèizi 一种妇女用的首饰。北周庾信《镜赋》:"悬媚子于搔头,拭钗梁于粉絮。"唐张鷟《朝野佥载》卷三:"睿宗先天二年……妙简长安,万年少女妇千余人,衣服、花钗、媚子亦称是,于灯轮下踏歌三日夜,欢乐之极,未始有之。"

【萌蒲】méngpú 斗笠,一种挡雨遮阳用的笠帽。北齐祖鸿勋《与阳休之书》:"首戴萌蒲,身衣缊褐,出藋粱稻,归奉慈亲。"清黎经浩笺注:"韦昭曰:茅蒲,簦笠也……茅或作萌,竹萌之皮,所以为笠也。"

【冪䍦】mìlí 也作"冪历""冪篱""冪帷""冪罗"。原为少数民族一种障面蔽尘之巾。罩于头上,可裹全身,用轻薄稀疏之纱绢为之。后传入中原,六朝时期男女均用。隋时,宗室诸王为妃作七宝冪䍦,即饰以金、银、琉璃、玛瑙等七宝。唐初,宫人骑马多着冪䍦,以障蔽颜面。后王公之家亦同此例。唐高宗以后,渐为帷帽代替。《晋书·四夷传》:"其男子通服长裙,帽或戴冪䍦。"《北史·秦王俊传》:"俊有巧思,每亲运斤斧,工巧之器,饰以珠玉。为妃作七宝冪䍦,重可戴,以马负之而行。"《隋书·吐谷浑传》:"王公贵人多戴冪䍦。"《隋书·附国传》:"其俗以皮为帽,形圆如钵。或带冪䍦。"《旧唐书·舆服志》:"武德、贞观之时,宫人骑马者,依齐、隋旧制,多着冪䍦,虽发自戎夷,而全身障蔽,不欲途路窥之。"又:"咸亨二年又下敕曰:'百官家口,咸预士流,至于衢路之间,岂可全无障蔽。比来多著帷帽,遂弃冪䍦……此并乖于仪式,理须禁断,自今已后,勿使更然。"五代冯鉴《续事始》:"至则天后,帷帽大行,冪䍦遂废。"宋高承《事物纪原》卷三:"唐初宫人着冪䍦……王公之家亦用之。"明杨慎《冪䍦考》:"古者女子出门,必拥蔽其面。后世宫人骑马,多着冪䍦。全身障之,犹是古意。"

戴冪䍦的妇女
(《汉族风俗史·隋唐五代宋元汉族风俗史》)

mian—mu

【绵纩】miánkuàng 指絮有丝绵的衣服。《南史·隐逸传下·阮孝绪》："年十六,父丧不服绵纩,虽蔬菜有味亦吐之。"

【绵帽】miánmào 填充有绵絮的御寒暖帽。《南史·隐逸下》："释宝志虽剃须发而常冠帽……高丽闻之,遣使赍绵帽供养。"唐慧立、彦悰《大慈恩寺三藏法师传》："又愍西游茕独,雪路凄寒,爰下明敕,度沙弥革四人以为侍伴,法服绵帽、裘毯靴革蒐五十余事。"冯贽《云仙杂记》："沈休文多病,六月犹衣绵帽温炉。"

【绵衣】miányī 纳有丝绵或绵絮的衣服。通常用作保暖,泛指各类冬衣。《左传·襄公二十一年》："重茧衣裳。"晋杜预注:"茧,绵衣。"唐杜甫《陪郑广文游何将军山林十首》诗:"衣冷欲装绵。"宋庞元英《文昌杂录》卷二:"五月二十六日,至岷州界黑松林,寒甚,换绵衣、毛褐、絮帽乃可进。"《醒世恒言·杜子春三入长安》:"一阵西风,正从门圈子里刮来,身上又无绵衣,肚中又饿,刮起一身鸡皮栗子,把不住的寒颤。"《水浒传》第三十回:"小弟在家将息未起,今日听得哥哥断配恩州,特有两件绵衣,送与哥哥路上穿着。"《明会典·刑部二十》:"冬设暖匣,夏备凉浆,无家属者,日给仓米一升,冬给绵衣一件。"明朱谋㙔《骈雅·释服食》:"褚衣,绵衣也。"清刘廷玑《在园杂志》卷一:"陕西以羊绒织成者,谓之姑绒,制绵衣取其暖也。"

【冕旒】miǎnliú ❶冕延前后的玉串,根据玉串的多少区分尊卑。具体区分见86页"旒"。亦作皇帝的代称。晋崔豹《古今注·问答释义》:"牛亨问曰:'冕旒以

繁露,何也?'答曰:'缀珠垂万重,如繁露也。'"《晋书·顾和列传》:"初,中兴东迁,旧章多阙,而冕旒饰以翡翠珊瑚及杂珠等。和奏:'旧冕十有二旒,皆用玉珠,今用杂珠等,非礼。若不能用玉,可用白旋珠。'成帝于是始下太常改之。"《明史·周洪谟列传》:"先圣像用冕旒十二,而舞佾豆笾数不称,洪谟请备天子制。"唐王维《和贾舍人早朝大明宫之作》诗:"九天阊阖开宫殿,万国衣冠拜冕旒。"张道古《上蜀王》诗:"封章才达冕旒前,黜诏俄离玉座端。"❷同"冕"。冕前后有旒,故称。南朝梁沈约《劝农访民所疾苦诏》:"冕旒属念,无忘夙兴。"唐韩愈《江陵途中寄三学士》诗:"昨者京师至,嗣皇傅冕旒。"

【鸣环】mínghuán 衣带上所系的环形佩玉。亦指身上佩带的环佩碰击有声。南朝梁王淑英《赠答》诗:"妆铅点黛拂轻红,鸣环动佩出房栊。"唐崔颢《卢姬篇》:"君王日晚下朝归,鸣环佩玉生光辉。"王勃《秋夜长》诗:"鸣环曳履出长廊,为君秋夜捣衣裳。"

【摩勒金环】mólèjīnhuán 用紫磨金制成的指环,价值昂贵。《宋书·天竺迦毗黎国传》:"奉献金刚指环、摩勒金环诸宝物。"《三宝太监西洋记通俗演义》:"(默伽国)国王闻中国宝船在苏门答剌,进上:金钢指环一对,摩勒金环一对。"清郝懿行《宋琐语》卷下:"摩勒,金之至美者也,即紫磨金。林邑(国名)谓之阳迈金,其贵无匹,故云宝物。"

【袜】mò 抹胸,俗称肚兜。《广韵·末韵》:"袜,袜肚。"《集韵·末韵》:"袜,所以束衣也。"《玉台新咏·刘缓〈敬酬刘长使咏名士悦倾城〉》:"钗长逐鬓鬌,袜小

称腰身。夜夜言娇尽,日日态还新。"《陈书·周迪传》:"迪性质朴,不事威仪,冬则短身布袍,夏则紫纱袜腹,居常徒跣,虽外列兵卫,内有女伎,接绳破篾,傍若无人。"见 294 页"袜 wà"。

【袜腹】mòfù 即兜肚。《陈书·周迪传》:"迪性质朴,不事威仪,冬则短衣布袍,夏则紫纱袜腹。"

【袹复】mòfù 兜肚。南朝梁王筠《行路难》诗:"裲裆双心共一袜,袹复两边作八撮。"

【帕头】mòtóu 男子束发之巾。晋干宝《晋纪》:"太康中,又以毡为帕头及络带衿……毡产于胡,而天下以为帕头、带身、衿口。"

【墨缞】mòcuī 黑色的丧服,多为带丧而从戎者所服。《魏书·李彪传》:"愚谓如有遭大父母、父母丧者,皆听终服……其军戎之警,墨缞从役,虽愆于礼,事所宜行也。"《隋书·令狐熙传》:"河阴之役,诏令墨缞从事,还授职方下大夫,袭

爵彭阳县公,邑二千一百户。"《旧五代史·梁书·敬翔传》:"臣闻李亚子自墨缞统众,于今十年,每攻城临阵,无不亲当矢石。"清昭梿《啸亭杂录·癸酉之变》:"时科尔沁贝勒鄂尔哲依图有母丧,闻变,墨缞守神武门外,纪律颇严。"

【牟甲】móujiǎ 盔甲。牟,通"鍪"。《周书·李弼传》:"太祖以所乘骓马及窦泰所著牟甲赐弼。"《隋书·刘昉传》:"劫调布以为牟甲,募盗贼而为战士。"

【木甲】mùjiǎ 木制的护身衣甲。借指战士。南朝陈徐陵《册陈王九锡文》:"木甲殄于中原,毡裘赴于江水。"

【木屧】mùxiè 无齿的木底鞋。北魏贾思勰《齐民要术·梧》:"(梧桐)青白二材,并堪车板、盘合、木屧等用。"清屈大均《广东新语》卷二五:"质柔弱不胜刀锯。乘湿时刳而为履,易如削瓜。既干则韧不可理矣……予诗:'侬如抱香枝,不离水松树。裁为木屧轻,随郎踏霜露。'"

N

na—nie

【纳言帻】nàyánzé 尚书等近臣所用帻巾。其形后收,寓忠正近职之意,故名。《晋书·舆服志》:"又有纳言帻,帻后收,又一重,方三寸。"宋叶廷珪《海录碎事·服用巾栉》:"尚书帻收三寸,名曰纳言帻,示以忠正明近职也。"

【纳衣】nàyī 纳,通"衲"。南北朝时指贫民所穿的粗布衣。后多指僧人取人弃去之布帛缝衲之僧衣,也称百衲衣。《宋书·徐湛之传》:"(会稽公主)以锦囊盛高祖纳衣,掷地以示上曰:'汝家本贫贱,此是我母为汝父作此纳衣。'"南朝梁慧皎《高僧传·义解·慧持》:"持形长八尺,风神俊爽,常蹑草屦,纳衣半胫。"唐慧琳《一切经音义》卷二:"比丘高行制贪,不受施利,舍弃轻妙上好衣服,常拾取人间所弃粪扫中破帛,于河涧中浣濯令净,补纳成衣,名粪扫衣,今亦通名纳衣。"《大乘义章》卷一五:"言纳衣者,朽故破弊缝纳供身,不著好衣。"

【衲袄】nàǎo ❶一种细针密线缝制的夹袄或棉袄。以数层布帛缝纳而成,宋、元时常用作战服,亦多指精工细作的衲绣之袄。《魏书·李平传》:"赐平缣帛百段,紫纳金装衫甲一领;赐奖缣布六十段,绛衲袄一领。"又《蠕蠕传》:"诏赐阿那瓌细明光人马铠二具……私府绣袍一领并帽,内者绯纳袄一领,绯袍二十领并

帽。"宋李纲《建炎进退志》卷三:"既于河北、陕西、京东西四路募兵,而军器、衲袄、旗帜之类,经靖康之变,类多散失。"《宣和遗事》前集:"二人闻言,急点手下巡兵二百余人,人人勇健,个个威风,腿系着粗布行缠,穿着鸦青衲袄。"石茂良《避戎嘉话》:"初缚虚棚时,友仲使多备湿麻刀旧毡衲袄,盖防贼人有火箭火炮也。"周密《武林旧事》卷七:"公公每遇三伏,多在碧玉壶及风泉馆,万荷庄等处纳凉,此处凉甚,每次侍宴,虽极暑中,亦著衲袄儿也。"元康进之《李逵负荆》第四折:"祖下我这红衲袄,跌绽我这旧皮鞋。"《喻世明言·临安里钱婆留发迹》:"为头一个好汉……头裹金线唐巾,身穿绿锦衲袄,腰拴搭膊,脚套皮靴。"《水浒传》第三十四回:"只见林子四边齐齐的分过三五百个小喽啰来,一个个身长力壮,都是面恶眼凶,头裹红巾,身穿衲袄,腰悬利剑,手执长枪,早把一行人围住。"《金瓶梅词话》第一回:"随即解了缠带,脱了身上鹦哥绿纱丝衲袄,入房内。" ❷经过多次补纳的敝衣。多用于贫者。元高文秀《黑旋风》第一折:"他见我血渍的腌臜是这纳袄腥,审问个叮咛。"刘唐卿《降桑椹》第一折:"无钱人遭困,穿补衣衲袄。"

【衲衣】nàyī ❶僧衣。即"百衲衣"。《南齐书·张欣泰传》:"欣泰通涉雅俗,交结多是名素。下直辄游园池,著鹿皮冠,衲

衣锡杖。"唐贯休《深山逢老僧》诗:"衲衣线粗心似月,自把短锄锄榾柮。"贾岛《崇圣寺斌公房》诗:"落日寒山磬,多年坏衲衣。"《资治通鉴·后晋齐王开运二年》:"仁达欲自立,恐众心未服,以雪峰寺僧卓岩明素为众所重,乃言:'此僧目重瞳子,手垂过膝,真天子也。'相与迎之。己亥,立为帝,解去衲衣,被以衮冕,帅将吏北面拜之。"清黄景仁《慈光寺前明郑贵妃赐袈裟歌》:"铜驼荆棘寻常见,何论区区一衲衣。"❷道袍。清王士禛《池北偶谈·谈献四·傅山父子》:"乱后,梦天帝赐以黄冠衲衣,遂为道士装。"❸补缀过多次的旧衣服。泛指破旧衣服。《渊鉴类函》卷三七三:"韩熙载放旷不羁,著衲衣,负筐,令门生舒雅执手板,于诸姬院乞食,以为笑乐。"宋苏轼《次元长老韵》:"病骨难堪玉带围,钝根仍落箭锋机。欲教乞食歌姬院,故与云山旧衲衣。"吴淑《江淮异人录·建康贫者》:"时盛寒,官方施贫者衲衣。见其剧单,以一衲衣与之。辞不受。"元虞集《题东坡墨迹后》诗:"所言学得妙莲华,赢得春风对客夸。乞食衲衣浑未老,为题灵塔向金沙。"明屠隆《昙花记·公子寻亲》:"穿芒屩拥衲衣,万里孤身无所倚。"黄姬水《贫士传·刘诩》:"常著谷皮巾,披衲衣,每游山泽辄留忘返。"

【褹襶】nàidài ❶夏天遮日的斗笠、凉帽。用竹片做胎,蒙以布帛。三国魏程晓《嘲热客》诗:"平生三伏时,道里无行车。闭门避暑卧,出入不相过。只今褹襶子,触热到人家。"宋姚宽《西溪丛语》卷下:"据《炙毂子》云,褹襶,笠子也。"明

许三阶《节侠记·侠晤》:"褹襶访兰英,下马炎威失。"周祈《名义考》卷一一:"褹襶,凉笠也。以竹为(之),蒙以帛,若丝缴檐,戴之以遮日炎。"清郝懿行《证俗文》卷二:"褹襶,《潜确类书》:即今暑月所戴凉笠,以青缯缀其檐,而蔽日者也。"冯桂芬《致姚衡堂书》:"既而思之,成之于某何加?不成于某何损?何必触暑褹襶以冀必行,故趑趄者月余。"翁辉东《潮汕方言·释服》:"客人所戴竹笠,以青布围檐,用以蔽日,呼为褹襶。"❷臃肿厚重的衣服。比喻无能,不晓事。清虞兆隆《天香楼偶得》:"褹襶,衣厚貌……今俗见人衣服粗厚者曰'衲褹',即此之讹耳。"汪璐《宿迁舟中对雨》诗:"惺忪客枕听初念,褹襶云衣拨不开。"

【腻颜帕】nìyánqià 省称"腻颜"。也作"腻颜袷"。帽子;不覆额的帽。南朝宋刘义庆《世说新语·轻诋》:"王中郎与林公绝不相得。王谓林公诡辩;林公道王云:'著腻颜袷、緰布单衣,挟《左传》,逐郑康成车后,问是何物尘垢囊。'"清袁牧《笑赋》:"披腻颜袷,逐康成后。"恽敬《与王广信书》:"如不羁之士,尚可与言,而腻颜帕,高齿屐,挟兔园册子,论古于大雅之堂,未有不粲千人之齿者也。"厉荃《事物异名录·服饰部·帽》:"腻颜,帽也。《世说》:'林公文度著腻颜。'"

【鑷】niè 小钗,妇女插在鬓边的一种首饰。《玉篇·金部》:"鑷,小钗。"汉魏王粲《七释》:"戴明中之羽雀,杂华鑷之葳蕤。"《北堂书钞》卷一三六:"长袖随腕而遗耀,紫鑷承鬓而骋辉。"

时魏
期晋
的南
服北
饰朝

P

pa－pi

【帔】pà ❶道士所穿类似袈裟的法服。《南史·隐逸传》："(关康之)散发被黄布帔。"五代甄鸾《笑道论·观音侍老》："道士服黄巾帔，或以服帔，通身被之，偷佛僧袈裟法服之相。"❷手帕。清顾张思《土风录》卷三："手帕……帕也作帔。"

【帕头】pàtóu 男子束发的头巾，多为平民所服。《三国志·吴志·孙策传》"策阴欲袭许，迎汉帝"南朝宋裴松之注引晋虞溥《江表传》："昔南阳张津为交州刺史，舍前圣典训，废汉家法律，尝着绛帕头，鼓琴烧香，读邪俗道书。"《列子·汤问》"北国之人，鞨巾而裘"晋张湛注："俗人帕头也。"

【盘囊】pánnáng 系在腰间的皮制囊袋，用以盛手巾等细物，其上一般多绣兽头图案。《晋书·良吏传·邓攸传》："梦行水边，见一女子，猛兽自后断其盘囊。"唐曹唐《小游仙诗》："欲将碧字相教示，自解盘囊出素书。"司空曙《送王使君赴太原拜节度副使》诗："络脑青丝骑，盘囊锦带钩。"

【蟠龙钗】pánlóngchāi 妇女的名贵发钗，用金银或美玉制成，钗首装饰有蟠龙之形。晋崔豹《古今注》卷下："蟠龙钗，梁冀妇所制。"《说郛》卷一〇："蟠龙钗，《古今注》曰：梁冀妇所制也。"

【襻】pàn 本指系衣裙的带子，后泛指冠帽、纽扣等系结用的带子或套。南朝梁王筠《行路难》诗："襻带虽安不忍缝，开空裁穿犹未达。"北周庾信《镜赋》："衫正身长，裙斜假襻。"《类篇·衣部》："衣系曰襻。"《汉书·贾谊传》"绣衣丝履偏诸缘"唐颜师古注："偏诸，若今之织成以为要襻及襈领者也。"唐韩愈《崔十六少府摄伊阳以诗及书见投因酬三十韵》："男寒涩诗书，妻瘦剩腰襻。"明沈德符《万历野获编·礼部》："元世祖后察必宏吉剌氏，创造一衣，前有裳无衽，后长倍于前，亦无领袖，缀以两襻，名曰比甲。"《明史·舆服志三》："其舞师皆戴白卷檐毡帽，涂金帽顶，一撒红缨，紫罗帽襻。"《狐狸缘全传》第十回："破道袍，补又补，不亚如，撒油布，无扣襻，露着肚。"顾张思《土风录》卷三："凡带之可系结者皆曰襻。"

【襻带】pàndài 系衣裙、冠帽的带子或扣住纽子的套。南朝梁王筠《行路难》："襻带虽安不忍缝，开孔裁穿犹未达。"《儿女英雄传》第二十七回："姑娘一看，原来里面小袄、中衣、汗衫儿、汗巾儿，以至抹胸、膝裤、裹脚襻带一分都有。"清沈皞日《疏影·再题蕃锦集》词："七孔神针，缝六铢衣，襻带多安无缺。"

【袍袄】páo'ǎo ❶军戎服饰。指比铠甲轻便的战袍和战袄。盛行于六朝，唐宋因之。《宋书·孔琳之传》："昔事故之前，军器正用铠而已，至于袍袄、裲裆，必俟战阵,实在库藏,永无损毁。"《北周六典·夏官府》:"司袍袄中士,正二命;司袍袄下士,正一命。"❷隋唐官定常服,袍袄形制似袍,内有衬里,长曳地,初时服色不定。唐文宗时定袍袄制度,曳地不得长二寸以上,袖广一尺三寸以上。三品以上袍袄上可绣鹘衔瑞草、雁衔绶带等图案。《新唐书·车服志》:"文宗即位,定袍袄之制。三品以上服绫,以鹘衔瑞草、雁衔绶带及双孔雀;四品、五品服绫以地黄交枝;六品以下服绫,小窠无文及隔织独织。"

【袍表】páobiǎo 制作锦袍的面料。《晋书·桓冲传》:"三郡皆平。诏赐钱百万,袍表千端。"

【袍甲】páojiǎ 也作"袍钾"。军士的战袍和铠甲。南朝齐萧子良《净住子·一志努力门》:"著弘誓铠胄,被忍辱袍甲。"《魏书·崔光传》:"左右仆侍,众过千百,扶卫跋涉,袍钾在身。"

【袍领】páolǐng 袍服的领子、领口。《北史·齐纪上·高祖神武帝》:"昂先闻其兄死,以稍刺柱,伏壮士执绍业于路,得敕书于袍领,来奔。"宋方回《和陶渊明饮酒二十首》诗:"寒风颇欲霜,缝补阙袍领。"元李孝光《送达兼善典金》诗:"绣鞍大马来如烟,学士翠雕袍领妍。"

【帔巾】pèijīn 妇女披在肩上的服饰。南朝陈徐陵《走笔戏书应令》诗:"片月窥花簟,轻寒入帔巾。"唐阎朝隐《奉和立春游苑迎春应制》诗:"草根未结青丝缕,萝茑犹垂绿帔巾。"

【佩紫】pèizǐ 汉代相国、丞相佩挂的紫色印绶。后世因以"佩紫"亦借指荣任高官。语出《史记·范雎蔡泽列传》:"吾持粱刺齿肥,跃马疾驱,怀黄金之印,结紫绶于要,揖让人主之前,食肉富贵,四十三年足矣!"《三国志·魏志·武帝纪》"对扬我高祖之休命"南朝宋裴松之注引晋王沈《魏书》:"列侯诸将,幸攀龙骥,得窃微劳,佩紫怀黄,盖以百数。"南朝宋刘义庆《世说新语·言语》:"吾闻丈夫处世当带金佩紫。"《晋书·夏侯湛传》:"被朱佩紫,耀金带白。"《梁书·陈伯之传》:"怀黄佩紫,赞帷幄之谋;乘轺建节,奉疆场之任。"《旧唐书·良吏传》:"跨州连郡,莫非豺虎之流;佩紫怀黄,悉奋爪牙之毒。"

【皮褐】píhè 皮制短衣。常以代指清贫。三国魏曹植《赠徐幹》诗:"薇藿弗充虚,皮褐犹不全。"南朝宋谢灵运《山居赋》:"甘松桂之苦味,夷皮褐以颓形。"唐皮日休《寒日书斋即事》诗:"不知何事有生涯,皮褐亲裁学道家。"

【皮笠】pílì 皮革制成的笠形帽。《资治通鉴·后周世宗显德三年》:"是战也,士卒有不致力者。太祖皇帝阳为督战,以剑斫其皮笠。明日,遍阅其皮笠,有剑迹者数十人,皆斩之。"

【皮帽】pímào 也作"皮冒"。用皮毛制成的帽子,寒冬季节可以御寒保暖。北方少数民族较为常用。《魏书·西域传》:"(波斯国)其俗:丈夫剪发,戴白皮帽,贯头衫,两厢近下开之,亦有巾帔,缘以织成。"《通典·乐六》:"舞者八十人……画袄,皮帽。"《元史·祭祀志六》:"殓用貂皮袄、皮帽。"明叶子奇《草木子》卷三之《杂制篇》:"元朝后妃及大臣之正室,皆带姑姑,衣大袍。其次即带皮帽。"《清太宗文皇帝实录》卷一四:"自八大臣以下,庶人以上,毋得戴尖缨帽,冬则戴缀缨圆皮帽,夏则用凉帽。"《清史稿·卢坤传》："兵丁量增口粮；给皮衣皮帽，以御寒。"

【皮靴】píxuē 用皮革制成的皮鞋，有长筒、短筒之分。原本多用于西域各民族，春秋战国时期传入中原，男女均可穿着。所用材料以牛皮为主，亦有用虎皮、麂皮，羊皮或鹿皮制成者。《梁书·武兴国传》："（其国之人）言语与中国同。著乌皂突骑帽，长身小袖袍，小口袴，皮靴。"《南史·萧琛传》："时王俭当朝，琛年少，未为俭所识。负其才气，候俭宴于乐游，乃著虎皮靴，策桃枝杖，直造俭坐。俭与语大悦。"《醒世恒言·勘皮靴单证二郎神》："这皮靴又不会说话，却限我三日之内，要捉这个穿皮靴在杨府中做不是的人来。"《三宝太监西洋记通俗演义》第八十六回："国王人物魁伟，一貌堂堂，头戴金冠，身穿黄袍，腰系宝嵌宝带，脚穿皮靴。"

pian—pu

【楄】pián 木屐的底板。一般上施绳带，下施屐齿。《宋书·五行志一》："旧为屐者，齿皆达楄上，名曰'露卯'。太元中，忽不彻，名曰'阴卯'。"

【缥衣】piǎoyī 淡青色的衣服。《太平广记》卷二九二："见形，著缥衣，戴青盖，从一婢，至牛渚津求渡。"《明史·李自成传》："自成毡笠缥衣，乘乌驳马，入承天门。"

【品色衣】pǐnsèyī 也称"五色衣""五色袍"。北周侍卫官的礼服。服色均用五色或红、紫、绿等色，并镶滚以杂色之领边和衣裾，谓之"品色衣"。隋唐时沿用，宫廷侍卫护驾时穿着。《周书·宣帝纪》："（三月丁亥）诏天台侍卫之官，皆著五色及红紫绿衣，以杂色为缘，名曰品色衣。有大事，与公服间服之。"唐刘𫗧《隋唐嘉话》："贞观中，拣材力骁捷善持射者，谓之'飞骑'。上出游幸，则衣五色袍，乘六闲马，猛兽皮鞲以从。"

【平底木屐】píngdǐmùjī 厚底之屐，形似木屐而无齿。鞋底以软木为之。《晋书·宣帝本纪》："关中多蒺藜，帝使军士二千人著软材平底木屐前行，蒺藜悉著屐，然后马步俱进。"

【平上帻】píngshàngzé 也称"平巾""平帻""平巾帻"。一种平顶、短耳的包头巾，有金饰，五品以上兼用玉。汉代兴起，魏晋南北朝时武官所戴。至隋，侍臣及武官通用。唐时因之，为武官、卫官之公服，天子、皇太子乘马则服之。后其用渐宽泛。形制历代多有发展变化。《三国志·魏志·贾逵传》"充，咸熙中为中护军"南朝宋裴松之注引三国魏鱼豢《魏略·李孚传》："及到梁淇，使一从者斫问事杖三十枚，系著马边，自着平上帻，将三骑，投暮诣邺下。"《太平御览》卷六八七："伯珪（公孙瓒）褠衣平帻，御车洛阳，身执徒养。"《后汉书·舆服志下》"武冠"南朝刘昭注补："著武冠，平上帻。"《晋书·舆服志》："冠惠文者宜短耳，今平上帻也。始时各随所宜，遂因冠为别。介帻服文吏，平上帻服武官也。"《通志·器服一》："武弁、平巾帻，诸武职及侍臣通服。侍臣加金珰附蝉，以貂为饰。侍左者左珥，右者右珥。"《隋书·礼仪志六》："诸王典签帅，单衣，平巾帻。"《新唐书·车服志》："平巾帻者，武官、卫官公事之服也。"宋高承《事物纪原》卷一四："（平上帻）……承武弁者，施以笄导，谓之平巾。"

时魏
期晋
的南
服北
饰朝

【破后帽】pòhòumào 一种缚带的风帽。帽裙下垂至肩，额间以绳带系缚，垂结于后。其制见于南北朝时。《南齐书·五行志》："永明中，萧谌开博风帽后裙之制，为破后帽。"《文献通考·物异十六》："齐武帝永明中，百姓忽著破后帽，始自建业，流于四远，贵贱翕然服之。"

【蒲萄带】pútáodài 织绣有葡萄纹样的衣带。寓多子之义，多用于妇女。南朝梁何思澄《南苑逢美人诗》："倾城今始见，倾国昔曾闻……风卷蒲萄带，日照石榴裙。"

【蒲鞋】púxié 也称"蒲履"。用蒲草编制的鞋。相传为秦始皇时代所创，多用于宫女。唐代妇女亦喜着此，晚唐至五代时其制盛行，男女均可着之。宋代以后，妇女因缠足之故，著者乃日益减少，一般多用于男子。明代江南地区流行宕口蒲鞋，选材精良，制作精致，以松江（今上海市松江区）一带的"宕口蒲"等有名，以陈桥产"史大蒲鞋"为最佳。贵者价高于丝履。《梁书·张孝秀传》："孝秀性通率，不好浮华，常冠谷皮巾，蹑蒲履。"唐王睿《炙毂子录》引《实录》语："靸鞋，舄，三代皆以皮为之……自始皇二年，遂以蒲为之，名曰靸鞋。自二世加凤首，尚以蒲为之。西晋永嘉元年，始用黄草为之。宫内妃御皆著之。"宋人《西湖老人繁胜录》："扇子、蒲鞋、条帚、扫帚、灯心、油盏之类俱备，斋僧数日，满散出山。"《金瓶梅词话》第九十六回："旁边闪过一个人来，青高装帽子，勒着手帕，倒披紫袄，白布裆子，精着两条腿，靸着蒲鞋。"《西游记》第五十回："身穿破衲，足踏蒲鞋。"明胡应麟《少室山房笔丛》卷一二："六朝前率草为履，古称芒屩……至五代蒲履盛行。"明范濂《云间据目钞》卷二："宕口蒲鞋，旧云'陈桥'，俱尚滑头，初亦珍异之。结者皆用稻柴心，亦绝无黄草。自宜兴史姓者客于松，以黄草结宕口鞋甚精，贵公子争以重价购之，谓之'史大蒲鞋'。"清李斗《扬州画舫录》卷一一："草帽插花，蒲鞋染蜡，卖豆腐脑，节甚苦。白织布以给食，头面恒不梳洗，足着草鞋。邻里以其夫姓，呼为'胡草鞋'。"《儒林外史》第五十五回："他又不修边幅……靸着一双破不过的蒲鞋。"沈复《浮生六记》卷三："忽见一老翁，草鞋毡笠，负黄包，入店，以目视余，似相识者。"

【蒲子履】púzilǚ 用蒲草编成的鞋子。南朝梁无名氏《捉搦歌》："黄桑柘屐蒲子履，中央有系两头系。"

Q

qi—qing

【七宝冠】qībǎoguān ❶装饰有多种珍宝的冠。《梁书·婆利国传》：“其国人……头著金冠，高尺余，形如弁，缀以七宝之饰。”宋皇都风月主人《绿窗新话》卷下：“上赐虢国照夜玑，秦国七宝冠，国忠锁子金带，皆希代之宝。”周密《武林旧事》卷二：“（公主房奁）北珠冠花篦环；七宝冠花篦环。”《元史·木华黎传》：“诏赐内府七宝冠带以旌之，加太傅、开府仪同三司。”《元史·舆服志一》：“天子质孙……则冠七宝重顶冠。”❷装饰有佛教七种珍宝的佛冠。七宝有不同说法：《法华经》以金、银、琉璃、砗磲、玛瑙、真珠、玫瑰为七宝；《无量寿经》以金、银、琉璃、珊瑚、琥珀、砗磲、玛瑙为七宝；《大阿弥陀经》以黄金、白银、水晶、瑠璃、珊瑚、琥珀、砗磲为七宝；《恒水经》以白银、黄金、珊瑚、白珠、砗磲、明月珠、摩尼珠为七宝。《妙法莲华经》：“作众伎乐而来迎之。其人即著七宝冠。于婇女中娱乐快乐。”明刘侗、于奕正《帝京景物略》：“慈寿寺后殿奉九莲菩萨，七宝冠帔，坐一金凤，九首。”❸饰有道教七宝的道冠。有七宝飞天冠、七宝进贤之冠等名目。道教七宝：《传授三洞经戒法策略说》称：“黄金一，珊瑚二，琥珀三，砗磲四，玛瑙五，真珠六，碧玉七。一云：琉璃、苏牙、白玉、真珠、砗磲、玛瑙、琥珀。”《上清道

宝经》：“黄金、白银、琉璃、水晶、珊瑚、好玉、钻石。”

【漆履】qīlǚ 髹漆的有齿之履。以木为之，上涂以漆。汉扬雄《方言》卷四“徐土邳圻之间，大粗谓之耞角”晋郭璞注：“今漆履有齿者。”

【绮绅】qǐshēn 也称“绮带”。以绮制成的腰带。男女皆可用之。南朝梁江淹《扇上彩画赋》：“命幸得为彩扇兮，出入玉带与绮绅。”隋薛道衡《和许给事善心戏场转韵诗》：“罗裙飞孔雀，绮带垂鸳鸯。”

【契囊】qìnáng 也称“囊”。尚书上朝时所带之紫色袷囊，内盛手版、白笔诸物，以备记事。《汉书·赵充国传》：“安世本持橐簪笔，事孝武帝数十年，见谓忠谨，宜全度之。”唐颜师古注引张晏曰：“橐，契囊也。近臣负橐簪笔，从备顾问，或有所纪也。”《南齐书·舆服志》：“百官执手板，尚书令、仆、尚书，手板，头复有白笔，以紫皮裹之，名曰‘笏’。汉末仲长统谓百司皆宜执之。其肩上紫袷囊，名曰‘契囊’，世呼为‘紫荷’。”《隋书·礼仪志六》：“以紫生为夹囊，缀之服外，加于左肩。周迁云：‘昔周公负成王，制此衣，至今以为朝服。萧骄子云：‘名契囊。’”

【帢】qià 男子戴的一种丝织的便帽。曹魏时在皮弁的基础上简化而成，但不用鹿皮而改用缣帛。《三国志·魏志·武

帝纪》"二月丁卯葬高陵"南朝宋裴松之注引《傅子》："魏太祖以天下凶荒，资财乏匮，拟古皮弁，裁缣帛以为帢，合于简易随时之义，以色别其贵贱。"又引《曹瞒传》："〔曹操〕时或冠帢帽以见宾客，每与人谈论，戏弄言诵尽无所隐，及欢悦大笑，至以头没杯案中，肴膳皆沾污巾帻。"南朝宋刘义庆《世说新语·方正》："山公大儿著短帢，车中倚。"《晋书·五行志上》："初，魏造白帢，横缝其前以别后，名之曰颜帢，传行之。至永嘉冠巾之间，稍去其缝，名无颜帢。"《晋书·张茂传》："气绝之日，白帢入棺。"五代后唐马缟《中华古今注》："以军中服之轻便，或有作五色帢，以表方面也。"

【帢帽】qiàmào 即"帢"。唐刘肃《大唐新语·厘革》："故事，江南天子则白帢帽，公卿则巾褐裙襦。"

【挈囊】qiènáng 即"契囊"。《梁书·刘杳传》："周舍又问杳：'尚书官著紫荷橐，相传云"契囊"，竟何所出？'杳答曰：'《张安世传》曰："持橐簪笔，事孝武皇帝数十年。"'"

【钦服】qīnfú 佛衣名。南朝齐天空三藏法师求那毗地译《百喻经·贫人烧粗褐衣喻》："今可脱汝粗褐衣着于火中，于此烧处，当使汝得上妙钦服。"

【青弁】qīngbiàn 青色的弁帽，北周时规定为春分朝日时执事所带。《隋书·礼仪志二》："及明帝太和元年二月丁亥，朝日于东郊。八月己丑，夕月于西郊。始合于古。后周以春分朝日于国东门外，为坛，如其郊。用特牲青币，青圭为邸。皇帝乘青辂，及祀官俱青冕，执事者青弁。"

【青凤裘】qīngfèngqiú 用孔雀翠羽等毛料制成的大衣。服之可以御寒。晋王嘉《拾遗记》卷二："〔周昭王〕中古缀青凤之毛为二裘，一名'燠质'，二名'暄肌'，服之可以却寒。至厉王流彘，彘人得而奇之，分裂此裘，遍与彘土。"唐寒山《诗三百三首》之一："璨璨卢家女，旧来名莫愁……膝坐绿熊席，身披青凤裘。"

【青服】qīngfú ❶青色官服。《魏书·良吏》："〔鹿生〕为济南太守，有治称，显祖嘉其能，特征赴季秋马射，赐以骢马，加以青服，彰其廉洁。"《北史·鹿悆传》："献文嘉其能，特征赴季秋马射，赐以骢马，加以青服，彰其廉洁。"唐张祜《送王昌涉侍御》诗："诸侯青服旧，御史紫衣荣。"❷皇后、命妇于礼见、助祭时所穿的青色礼服。《隋书·礼仪志七》："皇后服四等，有袆衣、鞠衣、青服、朱服……青服，去花、大带及佩绶，金饰履。礼见天子则服之。"又："嫔及从三品已上官命妇，青服。（制与榆翟同，青罗为之，唯无雉）助祭朝会，凡大事则服之。"又："世妇及皇太子昭训，从五品已上官命妇，服青服。助祭从蚕朝会，凡大事则服之。"

【青绶】qīngfú 青绶。佩系官印的青色丝带。《文选·曹植〈求通亲亲表〉》："辞远游，戴武弁，解朱组，佩青绶。"唐吕向注："组、绶皆绶也。言解诸侯朱绶，佩将军青绶也。"晋陆云《晋故散骑常侍陆府君诔》："爰守会稽，青绶既袭。"《资治通鉴·魏纪·明帝太和五年》："若得辞远游，戴武弁，解朱组，佩青绶。"明李东阳《送韩贯道湖广参议提督武当诸宫观》诗："临别与君堪一博，肯将青绶换绯鱼。"

【青襟】qīngjīn 青色衣服的交领，借指青年学子之服。亦代指学子。《魏书·李崇传》:"养黄发以询格言,育青襟而敷典式。"唐戎昱《送苏参军》诗:"忆昨青襟醉里分,酒醒回首怆离群。"张说《四门助教尹先生墓志》:"诜诜青襟,有所仰矣。"刘长卿《寄万州崔使君令钦》诗:"丘门多白首,蜀郡满青襟。"五代前蜀韦庄《寄右省李起居》诗:"多惭十载游梁客,未换青襟侍素王。"

【青冕】qīngmiǎn 用青色面料为表的冕冠。北周皇帝祭祀东方之神及行朝日礼所戴。以合五色之仪。《隋书·礼仪志六》:"后周设司服之官,掌皇帝十二服……祀东方上帝及朝日,则青衣青冕。"

【青囊】qīngnáng 也称"青仪囊""青布囊"。盛放印章的青色布袋。以丝麻为之,官吏佩在腰际作为装饰。奏劾之日以布为之,挂在身前;非奏劾日以缯为之,挂在身后。晋崔豹《古今注·舆服》:"青囊,所以盛印也。奏劾者,则以青布囊盛印于前,示奉王法而行也。非奏劾日,则青缯为囊,盛印于后。谓奏劾尚质直,故用布。非奏劾日,尚文明,故用缯也。自晋朝来,劾奏之官,专以印居前;非劾奏之官,专以印居后也。"《隋书·百官志上》:"其尚书令、仆、御史中丞,各给威仪十人。其八人武冠绛韝,执青仪囊在前。囊题云'宜官吉',以受辞诉。"

【青衫】qīngshān ❶学子、士子等所穿之服。南朝梁江淹《丽色赋》:"楚臣既放,魂往江南。弟子曰:玉释佩,马解骖。蒙蒙绿水,袅袅青衫。乃召巫史:兹忧何止?"明陆容《菽园杂记》卷三:"举人朝见,著青衫,不著襕衫者,闻始于宣宗,有命欲其异于岁贡生耳。"《水浒传》第三十九回:"只见一个秀才从里面出来,那

人……青衫乌帽气棱棱,顷刻龙蛇笔底生。"❷唐制,文官八品、九品服以青。后因借指地位卑微官员,也借以指不遇的士人。唐白居易《琵琶引》:"座中泣下谁最多?江州司马青衫湿!"宋王进之《送僧归蜀》诗:"东君私我此身闲,脱却青衫野服更。"欧阳修《圣俞会饮》诗:"嗟余身贱不敢荐,四十白发犹青衫。"王安石《杜甫画像》诗:"青衫老更斥,饿走半九州。"苏轼《古缠头曲》诗:"青衫不逢溢浦客,红袖谩插曹纲手。"清吴梅《风洞山·宣意》:"感飘零,红粉与青衫,无人吊。"❸指百姓、微贱者的服色。唐朱揆《钗小志》诗:"苏娘一别梦魂稀,来借青衫慰渴饥。若使闻情重作赋,也应愿作谢郎衣。"宋欧阳修《阮郎归》词:"去年今日落花时,依前又见伊。淡匀双脸浅匀眉,青衫透玉肌。"明顾大典《青衫记·赎衫避兵》:"前日白相公在此赏春,是你将他的青衫换酒,我有一锭银子,你与我去赎了来,我自赏你。"清李渔《玉搔头·微行》:"青衫覆却赭黄袍,将一顶鹁皮冠把龙头轻罩。"

青衫

【青袜（韈）】qīngwà 青色布袜。北朝北齐时规定皇帝立春日所穿之袜。明代规定为皇后祭祀时所着礼袜。《通典·礼志三十》："北齐制，立春日，皇帝服通天冠，青介帻，青纱袍，佩苍玉，青带，青袴，青韈舄。"《明史·舆服志二》："皇后冠服，洪武三年定，受册、谒庙、朝会，服礼服……青韈，青舄，以金饰。"

【轻貂】qīngdiāo 轻软的貂尾。帝王近卫侍从官员帽上的装饰物。借以指代达官贵人。南朝齐谢朓《侍宴华光殿曲水奉敕为皇太子作》诗："欢饮终日，清光欲暮，轻貂回道，华组徐步。"明程敏政《送南京少宗伯尹正言先生奉表入贺礼成还任次南都赠官韵六章》诗："来乘彩鹢瞻南斗，去拥轻貂畏朔风。"

【轻朱】qīngzhū 轻软的红色衣服。《南齐书·萧颖胄传》："颖胄轻朱被身，觉其趋进转美，足慰人意。"

qiong—qun

【琼簪】qióngzān 即玉簪。《南齐书·崔祖思传》："琼簪玉筯，碎以为尘；珍裘绣服，焚之如草。"唐刘得仁《题从伯舍人道正里南园》诗："掩关裁凤诏，开镜理琼簪。"宋张先《酒泉子》词："阑前偷唱击琼簪，前事总堪惆怅。"元白朴《寄生草》其五："数归期空画短琼簪，揾啼痕频湿香罗帕。"清洪昇《长生殿·寄情》："试将银榜端详觑，不免抽取琼簪轻叩关。"

【曲柄笠】qūbǐnglì 有曲柄的斗笠，谢灵运喜欢戴。南朝宋刘义庆《世说新语·言语》："谢灵运好戴曲柄笠。孔隐士谓曰：'卿欲希心高远，何不能遗曲盖之貌？'谢答曰：'将不畏影者，未能忘怀。'"

【全衣】quányī 完整无补缀的衣着。《晋书·孝友传·王延》："延事亲色养，夏则扇枕席，冬则以身温被，隆冬盛寒，体无全衣，而亲极滋味。"

【裙带】qúndài 裙子与系裙的带。古人上衣下裳，男子也穿裙。后来裙与各种饰带逐渐成为妇女的专用品，并以裙带代表女性。靠家中妇女的力量得到官职者为"裙带官"，这类关系也被称为"裙带关系"。《晋书·段丰妻慕容氏传》："密书其裙带云：'死后当埋我于段氏墓侧'，遂于浴室，自缢而死。"南朝民歌《读曲歌》："欲知相忆时，但看裙带缓几许。"唐李群玉《赠琵琶妓》诗："一双裙带同心结，早寄黄鹂孤雁儿。"李端《拜新月》诗："细语人不闻，北风吹裙带。"宋钱愐《钱氏私志》："夜漏下三鼓，上悦甚，令左右宫嫔各取领巾、裙带，或团扇、手帕求诗。"清孔尚任《桃花扇·会狱》："这个裙带儿没人解，好苦也。"

【裙屐】qúnjī 裙，下裳；屐，木底鞋。原指六朝贵游子弟的衣着。后泛指富家子弟的时髦装束。《北史·邢峦传》："萧深藻是裙屐少年，未洽政务。"宋周弼《南楼怀古五首·其四》："舳舻宵遁谁思忖，裙屐春游自笑谈。"明夏丹生《金明池·秣陵怀古》："裙屐风流叹如许。便画面薰衣，隐囊挥麈。"清唐孙华《送同年范国雯出守延平》诗："让齿肩随赖有君，少俊风流羡裙屐。"赵翼《陪松崖漕使宴集九峰园并为湖舫之游作歌》诗："绮寮砥室交掩映，最玲珑处集裙屐。"陈维崧《招林茂之先生刘公戬比部小饮红桥野园越日茂之先生赋诗枉赠奉酬》诗："池上管弦三月饮，坐中裙屐六朝人。"林纾《西湖诗序》："余观其富丽柔媚，若甚宜于裙屐罗绮之游观。"

【裙帽】qúnmào 六朝时一种高顶垂裙的

帽子,帽缘周围有下垂的薄纱细网。多为士大夫所戴。《晋书·吐谷浑传》:"其男子通服长裙、帽或戴幂䍦。"《宋书·武帝纪》:"诸子旦问起居,入阁脱公服,止著裙帽,如家人之礼。"《资治通鉴·齐武帝永明二年》:"宋元嘉之世,诸王入斋合,得白服、裙帽见人主;唯出太极四厢,乃备朝服。"

【裙帔】qúnpèi 布裙和披肩。士大夫燕居时的装束。北魏郦道元《水经注·肥水》:"庙中图,安及八士像,皆坐床帐,如平生,被服纤丽,咸羽扇裙帔,巾壶枕物,一如常居。"《新唐书·儒学传上·颜师古》:"及是频被谴,仕益不进,罔然丧沮,乃阖门谢宾客,巾褐裙帔,放情萧散,为林墟之适。"

【裙衫】qúnshān 裙子和衣衫。亦泛指衣服。《梁书·任昉传》:"既至无衣,镇军将军沈约遣裙衫迎之。"《南史·刘歊传》:"以一千钱市成棺,单故裙衫,衣巾枕履。"宋邹浩《临江仙》词:"有个头陀修苦行,头上头发髼鬇。身披一副醵裙衫。紧缠双脚,苦苦要游南。"明王彦泓《试笔》诗:"闺阁裙衫争雪色,比邻丝管斗春声。"

【裙腰】qúnyāo 裙的上端紧束于腰部之处,亦有在裙子上另缝一条腰布。《南史·齐鱼复侯子响传》:"子响密作启数纸,藏妃王氏裙腰中,具自申明。"唐白居易《和梦游春诗一百韵》:"裙腰银线压,梳掌金筐蹙。"《金瓶梅词话》第四十一回:"一面叫了赵裁来,都裁剪停当,又要一匹黄纱做裙腰贴里,一色都是杭州绢儿。"《新城县志》:"裙之上端曰裙腰。案:北俗于裙上另缀布帛一幅曰裙腰。"

【裙襵(褶)】qúnzhé 衣裙上的皱褶。南朝梁简文帝《采桑》诗:"忌跌行衫领,熨斗成裙襵。"《汉书·司马相如传上》:"襞积褰绉。"唐颜师古注:"襞积,即今之裙襵。"

R

ran—ru

【染服】rǎnfú 僧人穿的缁衣,用三种坏色(铜青、杂泥、木兰树皮)染成,故称。《南史·刘之遴传》:"先是,平昌伏挺出家,之遴为诗嘲之曰:'《传》闻伏不斗,化为支道林。'及之遴遇乱,遂披染服,时人笑之。"

【人胜】rénshèng 妇女的首饰。一种剪成人形的胜。旧俗正月七日为人日,是时男女老少以彩帛剪作人形插于头鬘,以求吉祥。亦有用镂金箔为之者。《初学记》卷四:"正月七日为人日,以七种菜为羹,剪彩为人,或镂金箔为人,以贴屏风,亦戴之头鬘。又造华胜相遗……剪彩人者,人人新年,形容改从新也。"唐温庭筠《菩萨蛮》词之二:"藕丝秋色浅,人胜参差剪。"宋尤袤《全唐诗话·李适》:"七日重宴大明殿,赐彩镂人胜。"陈元靓《岁时广记·人日》:"刘臻妻陈氏进见仪云:'正月七日,上人胜于人。'李商隐《人日即事》云:'镂金作胜传荆俗,剪彩为人起晋风。'"清褚人获《坚瓠集·五集》卷二:"人日,剪彩胜为人形,贴帐中及屏风上,戴头鬘,或以相遗。景龙文馆记:唐中宗时,人日赐王公以下彩缕人胜,令群臣赋诗。"

【忍铠】rěnkǎi 即"忍辱铠"。后秦鸠摩罗什译《大智度论》卷一○:"忍铠心坚固,精进弓力强。"

【忍辱铠】rěnrǔkǎi 省称"忍铠"。袈裟的别名。谓忍辱能防一切外难,故以甲铠为喻。后秦鸠摩罗什译《法华经·持品》:"恶鬼入其身,骂詈毁辱我。我等敬信佛,当著忍辱铠。"南朝梁简文帝《谢赉纳袈裟启》诗:"忍辱之铠,安施九种,功德之衣,惭愧八法。"明释妙声《送心觉原之天台》诗:"欲树大法幢,当著忍辱铠。"

【忍辱衣】rěnrǔyī 省称"忍衣"。即"忍辱铠"。南朝陈江总《摄山栖霞寺碑》:"整忍辱之衣,入安禅之室。"唐慧净《杂言》诗:"持囊毕契戒珠净,被甲要心忍衣固。"

【戎帽】róngmào 军戎时所戴的帽子。《北史·平秦王归彦传》:"齐制,宫内唯天子纱帽,臣下皆戎帽,特赐归彦纱帽以宠之。"

【戎装】róngzhuāng 铠甲等军戎服装。《魏书·杨大眼传》:"至于攻陈游猎之际,大眼令妻潘戎装,或齐镳战场,或并驱林壑。"唐韦应物《始建射侯》诗:"宾登时事毕,诸将备戎装。"杜荀鹤《献池州牧》诗:"江路静来通客货,郡城安后绝戎装。"《辽史·仪卫志二》:"蕃汉诸司使以上并戎装,衣皆左衽,黑绿色。"元杨维桢《去妾辞》:"万里戎装去,琵琶上锦鞴。"清纪昀《阅微草堂笔记·滦阳消夏录五》:"见一人戎装坐盘石上。"

【绒帽】róngmào 用绒制成的帽子,冬季用以保暖。《北齐书·平秦王归彦传》:"齐制惟天子纱帽,臣下绒帽。"《梼杌闲评》第四十九回:"头戴黑绒帽,玉簪金圈。"又第二回:"他头戴吴江绒帽,身穿天蓝道袍。"《醒世姻缘传》第五十一回:

"惟是冬年的时候,他戴一顶绒帽,一顶狐狸皮帽套。"

【襦袄】rúǎo 妇女日常所穿的短上衣。《魏书·任城王云传》:"朕昨入城,见车上妇人冠帽而著小襦袄者,若为如此,尚书何为不察?"

【襦衣】rúyī 齐腰窄袖的短衣、短袄。至隋唐成为流行的时髦盛装,其式样多种多样。亦泛指衣服。《梁书·康绚传》:"在省,每寒月见省官缌缕,辄遗以襦衣,其好施如此。"唐颜粲《白露为霜》诗:"气逼襦衣薄,寒侵宵梦长。"

S

san—shan

【三布帽】sānbùmào 用三层布帛重折而成的帽子。多用于僧人。《南史·隐逸传下》:"县令吕文显以启武帝,帝乃迎入华林园。少时忽重著三布帽,亦不知于何得之。"

【三重布帽】sānchóngbùmào 即"三布帽"。《太平广记》卷九〇:"(释宝志)武帝又常于华林园召志,志忽著三重布帽以见。"

【三衣】sānyī ❶梵文 Tricīvara 的意译。指古印度僧团所准许个人拥有的三种衣服。分别是僧伽梨、郁多罗僧、安陀会,合称"三衣"。后泛指僧衣。《十诵律》卷八《明三十尼萨耆法》:"衣名三衣,若僧伽黎、郁多罗僧、安陀会。"又卷二七《衣法》:"今听三衣,不应多不应少。"南朝梁慧皎《高僧传·唱导·昙光》:"宋明帝于湘宫设会,闻光唱导,帝称善,即敕赐三衣瓶钵。"唐玄奘《大唐西域记·印度总述》:"沙门法服,惟有三衣……三衣裁制,部执不同,或缘有宽狭,或叶有小大。"贾岛《送去华法师》诗:"秋江洗一钵,寒日晒三衣。"清姚鼐《嘉庆丁巳阻风于繁昌三山矶》诗:"三衣藏服昏,一钵寄餐薇。"❷京剧服装中水衣、胖袄、护领、小袖、大袜、彩裤、鞋靴等物品的统称。这些物品或衬于大、二衣之内,起保护和衬垫大、二衣的作用或登于足下。制作、质料、纹饰远不如大、二衣考究。

【桑屐】sāngjī 用桑木做成的屐。桑木质地密致而坚韧,不易磨损。多用于渔隐之士。《南齐书·祥瑞志》:"(世祖)及在襄阳,梦著桑屐行度太极殿阶。"唐卢纶《郊居对雨寄赵涓给事包佶郎中》诗:"桑屐时登望,荷衣自卷舒。"姚合《溪路》诗:"日日多往来,藜杖与桑屐。"陆龟蒙《南阳广文欲于荆襄卜居袭美有赠代酬次韵》诗:"薜衔荒磴移桑屐,花浸春醪挹石缸。"清龚翔麟《八归·九月三日,周筜谷、李耕客、查声山、吴海水集玉玲珑阁,和筜谷韵,兼怀竹垞》词:"爱尔金茎丽句,藤枝桑屐,合在湖山相候。"

【僧伽梨】sēngjiālí 也作"僧迦梨""僧伽梨"。僧佛大衣名,梵语 Sanghāti 的译音,又名支伐罗。意译为大衣、复衣、重衣、杂碎衣、高胜衣。为佛教徒所穿"三衣"的一种。用于集会、进入王宫和出入城镇聚落时,穿在最外面,是正装衣,即僧人的礼服。凡说法、见尊长、或奉召入王宫、上街托钵乞讨布施时必须穿着,故又称"祖衣";因穿着时别具威仪,又称作"庄严衣"。它由九条到二十五条布缝成,分为三品九种:下品三种分别为九条、十一条、十三条,每条皆两长一短;中品三种分别为十五条、十七条、十九条,皆三长一短;上品三种分别为二十一条、二十三条、二十五条,每条四长一短。大衣的隔数,从九条衣的二十七隔到二十五条衣的一百二十七隔不等。条数、隔数越多,着衣者的身份越高贵。僧伽黎又称"九条衣"或"九条袈裟"。《长阿含经·游行经中》："尔时世尊自四牒僧伽梨偃右胁,如师子王累足而卧。"北魏杨衒之《洛阳伽蓝记·宋云惠生使西域》："初,如来在乌场国行化,龙王瞋怒,兴大风雨,佛僧迦梨表里通湿。"周祖谟校释："僧迦梨者,沙门之法服,即复衣也。由肩至膝束于腰间。"《五灯会元·七佛·释迦牟尼佛》："复告迦叶,吾将金缕僧迦梨衣,传付于汝。"

【沙衣】shāyī 纱衣。指用稀疏而薄的织物制成的衣服。三国魏阮籍《首阳山赋》："振沙衣而出门兮,缨绥绝而靡寻。"

【纱帽】shāmào ❶用纱制成的帽子。始于魏晋、北齐时天子所用,隋唐时民间亦可使用,宋时文人居士、官员士庶都有服,一般用于夏季。宋以后渐与幞头相混为一,明时定为文武官员常礼帽。致仕及侍亲辞闲官、状元及诸进士、内外官亲属、内使监等都戴纱帽。其式样品类繁多,然以乌纱所制最为常见。因明时纱帽为官帽,故亦以纱帽代指官职。《北齐书·平秦王归彦传》："齐制,宫内唯天子纱帽,臣下皆戎帽,特赐归彦纱帽以宠之。"《隋书·礼仪志四》："有司请备法驾,高祖不许,改服纱帽、黄袍,入幸临光殿。"唐张籍《答元八遗纱帽》诗："黑纱方帽君边得,称对山前坐竹床。唯恐被人偷剪样,不曾闲戴出书堂。"白居易《夏日作》诗："葛衣疏且单,纱帽轻复宽。一衣与一帽,可以过炎天。"《旧唐书·舆服志》："隋代帝王贵臣,多服黄文绫袍,乌纱帽,九环带,乌皮六合靴。"宋朱敦儒《鹧鸪天》词："竹粉吹香杏子丹,试新纱帽纻衣宽。"《明史·舆服志三》："文武官常服:洪武三年定,凡常朝视事,以乌纱帽、团领衫、束带为公服。"明郎瑛《七修类稿》卷二三："今之纱帽,即唐之软巾。"《醒世姻缘传》第八十四回："你一个男子人,如今又戴上纱帽在做官哩,一点事儿铺排不开,我可怎么放心。"《儒林外史》第四十三回："等我戴了纱帽,给细姑娘看看,也好叫他怕我三分!"清叶梦珠《阅世编》卷八："纱帽前低后高,两傍各插一翅,通体皆圆,其内施网巾以束发,则无分贵贱,公私之服皆然。"❷戏曲盔头名称。硬质类。源于明代乌纱帽。帽形微圆,前低后高。黑色。以平绒或鸡皮绉为面料。朴素庄重为其特点,帽上无饰物,仅个别丑扮人物的前扇缀白色的"品"。纱帽专用于巡抚、知府及以下的中下级文官。纱帽分忠纱、尖纱、圆纱等三种,区别于帽翅,在帽翅上寄寓善恶褒贬。帽翅为长方形者,因造型平直端正,引伸出"忠心秉正、为官清廉"之意,故称为"忠纱",专用于老生或小生行当所饰的正面人物。如《清官册》之寇准,《群英会》之鲁肃,《海瑞罢官》之海瑞等。另一种纱帽,帽翅分菱形和桃形,因造型有尖角,统称为"尖纱",并借"尖""奸"同音,引申出"奸臣、贪官"之意,多用于反面人物。净行所扮之文职奸臣,戴菱形"尖纱",丑行所扮之奸臣,戴桃形"尖纱"。

纱帽(明人《刘伯渊画像》)

【纱裙】shāqún ❶以轻纱制成的裙。帝王百官祭祀、拜陵等时所着的礼服。《通典·礼志二十一》:"(南朝)宋因之,制平天冕服,不易旧法。更名袯曰蔽膝。其未加元服、释奠先圣、视朝、拜陵等服及杂色纱裙、武冠素服,并沿旧不改。"《文献通考·王礼七》:"释奠先圣、视朝、拜陵等服及杂色纱裙,武冠素服。"❷男子所着的纱制围裙。《西湖老人繁胜录》:"御街扑卖摩侯罗,多著干红背心,系青纱裙儿。"《水浒传》第一百零三回:"忽的有个大汉子,秃着头,不带巾帻,绾个丫髻,穿一领雷州细葛布短敝衫,系一条单纱裙子。"❸民间妇女所穿的轻纱制成的便服。《金瓶梅词话》第五十二回:"我昨日见李桂姐穿的玉色线掐羊皮挑的金抽银黄银条纱裙子,倒好看。"

【山巾】shānjīn 山野隐士所戴的头巾。北周庾信《入道士馆》诗:"野衣缝蕙叶,山巾篸笋皮。"唐权德舆《卦名诗》:"支颐倦书幌,步履整山巾。"宋宋庠《郡斋无讼春物寂然书所见》诗:"阁铃无响昼辉迟,短发山巾尽日敧。"元吴莱《去岁留杭德兴傅子建梦得句为续此诗》:"野屐偏求蜡,山巾尚著练。"

【山鹊归林】shānquèguīlín 南朝齐时东昏侯令人制造的四种奇异帽式之一。《南齐书·五行志》:"永元中,东昏侯自造游宴之服,缀以花采锦绣,难得详也。群小又造四种帽,帽因势为名。一曰'山鹊归林'者,《诗》云'鹊巢,夫人之德',东昏宠嬖淫乱,故鹊归其林薮也。二曰'兔子度坑',天意言天下将有逐兔之事也。三曰'反缚黄离喽',黄口小鸟也,反缚,面缚之应也。四曰'凤皇度三桥',凤皇者嘉瑞,三桥,梁王宅处也。"明顾起元《说略》卷二一:"东昏时群小又造四种帽,因势为名,一曰'山鹊归林',二曰'兔子度坑',三曰'反缚黄离喽',四曰'凤凰度三桥',皆服妖也。"

【山衣】shānyī ❶谓以山为衣。北周庾信《周大将军琅琊庄公司马裔墓志铭》:"松风云盖,白水山衣。贤已星陨,人没兰衰。"❷山野隐居者所穿的衣服。唐王建《从军后答山中友人》诗:"爱仙无药住溪贫,脱却山衣事汉臣。"黄滔《题宣一僧正院》诗:"山衣随叠破,菜骨逐年羸。"雍陶《和刘补阙秋园寓兴》诗:"对僧餐野食,近客著山衣。"许棠《寄鳌屺薛能少府》诗:"时闻迎隐者,依旧著山衣。"金元好问《李道人崧阳归隐图》诗:"愧我出山来,京尘满山衣。"

【苫褐】shānhè 草衣。粗劣的衣服。《魏书·侯渊传》:"侯渊,神武尖山人也,机警有胆略,肃宗末年六镇饥乱……路中遇寇,身披苫褐,荣赐其衣帽,厚待之,以渊为中军副都督。"

【衫袖】shānxiù 衣衫的袖子。泛指衣袖。北周庾信《春赋》:"镂薄窄衫袖,穿珠帖领巾。"唐李端《送客东归》诗:"把君衫袖望垂杨,两行泪下思故乡。"宋苏轼《次韵苏伯固主簿重九》诗:"墨翻衫袖吾方醉,纸落云烟子患多。"金董解元《西厢记诸宫调》卷六:"衫袖上盈盈,揾泪不绝。"《红楼梦》第三十回:"(宝玉)不觉滚下泪来,要用帕子揩拭,不想又忘了带来,便用衫袖去擦。"

【珊瑚翘】shānhúqiáo 珊瑚制成的贵重头饰。南朝梁简文帝《三月三日率尔成诗》:"金鞍汗血马,宝髻珊瑚翘。"清姚燮《双鸠篇》诗:"卖妾珊瑚翘,为郎置宝刀。"

【珊瑚珠】shānhúzhū 珊瑚制成的珠。天子、百官用作冠饰,清代也用作朝珠。《晋书·舆服志》:"后汉以来,天子之冕,前后旒用真白玉珠。魏明帝好妇人之饰,改以珊瑚珠。"

shang—suo

【殇服】shāngfú 为未成年而去世者居丧的服制。宋承前代之制,以年十九至十六为长殇,十五至十二为中殇,十一至八岁为下殇。本应为之服期者,于长殇降服大功九月,中殇服七月,下殇服小功五月。本应为之服大功以下者,各依次递降一等。不满八岁,为无服之殇,哭之易月。不足三月,不哭。男子已娶,女子许嫁,皆不为殇。《晋书·礼志中》:"为殇后者尊之如父,犹无所加而止殇服,况以天子之尊,而为无服之殇行成人之制邪!"《宋书·礼志四》:"东平冲王年稚无后,唯殇服五月。虽不殇君,应有主祭,而国是追赠,又无其臣。未详毁灵立庙,为当它衬与不?辄下礼官详议。"《隋书·礼仪志三》:"封阳侯年虽中殇,已有拜封,不应殇服。"清朱大韶《实事求是斋经义·庶孙之中殇当为下殇辨》:"盖殇有三等服,祇有殇大功、殇小功二等。缌麻是三月本服,非殇服也。"吴定《答金理函书》:"故成人之服,首列父母;殇服首举子女……国家虽未著殇服之文,固未有禁殇服之令也。"

【髾衣】shāoyī 北周贵妇的一种礼服。《隋书·礼仪志六》:"三妃,三公夫人之服九:一曰鸱衣,二曰鹑衣……八曰玄衣,九曰髾衣。"

【麝带】shèdài 有麝香的衣带。南朝梁刘孝威《赋得香出衣诗》:"香缨麝带缝金缕,琼花玉胜缀珠徽。"

【麝滕】shèténg 盛麝香及零星杂物的香袋。用布帛制成,使用时系挂在腰际,或贮于衣袖之内。《南齐书·萧昭胄传》:"寅遣人杀山沙于路,吏于麝滕中得其事迹,昭胄兄弟与同党皆伏诛。"《资治通鉴·齐和帝中兴元年》引此文,元胡三省注:"囊可带者曰滕。山沙以盛麝香,故曰麝滕,犹今之香袋。"清厉荃《事物异名录》卷一六:"麝滕……今之香袋。"

【十二行】shíèrháng 也称"十二钗"。一种妇女头饰。两鬓各插六支发钗。始于六朝,沿用于唐宋。南朝梁无名氏《古乐府·河中之水歌》:"头上金钗十二行,足下丝履五文章。"唐施肩吾《收妆词》:"枉插金钗十二行。"宋王涯《宫词》:"阶前摘得宜男草,笑插黄金十二钗。"明田艺蘅《留青日札》卷二〇:"古乐府《河中曲》咏莫愁'头上金钗十二行,足下丝履五文章',后人不解,遂误以为金钗美人十二行,殊不知古妇人髻高,故能插金钗十二行,乃六双也。"

【十三环金带】shísānhuánjīndài 一种带有钩、銙的皮制腰带。以皮革为鞓,鞓上有銙,銙有七方六削,分别附有带环,共十三个,多用于皇帝,有别于臣僚的九环之带。原为胡服,南北朝时为北方各民族所通用,为皮带中至为名贵者,后世沿用。《北史·李穆传》:"(李穆)乃遣使谒隋文帝,并上十三环金带,盖天子服也,以微申其意。"《周书·宇文孝伯传》:"高祖尝从容谓之曰:'公之于我,犹汉高之与卢绾也。'乃赐以十三环金带。"《隋书·礼仪志七》:"百官常服,同于匹庶,皆著黄袍,出入殿省。高祖朝服亦如之,唯带加十三环,以为差异。"《资治通鉴·陈宣帝太建十二年》:"十三环金带者,天子之服也。"元胡三省注:"今博三寸半,加金镂䩞、螳螂钩以相钩带,自大裘至于小朝服皆用之。天子以十三环金带为异,后周制也。"

【石铠】shíkǎi 铠甲的美称,形容其坚固。南朝梁简文帝《南郊颂》序:"石铠犀衣之士,连七萃而云屯;珠旗日羽之兵,亘五营而星列。"

【石榴裙】shíliúqún 大红色女裙。以色红艳如石榴花,故名。亦可泛指其他红裙。通常为妇女所着,多见于年轻妇女。至唐尤为盛行。五代以后曾一度冷落,至明清时再度流行。并一直沿用到近代。南朝梁何思澄《南苑逢美人》诗:"风卷蒲萄带,日照石榴裙。"元帝《乌栖曲》:"交龙成锦斗凤纹,芙蓉为带石榴裙。"隋无名氏《黄门倡歌》:"佳人俱绝世,握手上春楼。点黛方初月,缝裙学石榴。"唐白居易《卢侍御小妓乞诗座上留赠》诗:"郁金香汗裛歌巾,山石榴花染舞裙。"张渭《赠赵使君美人》诗:"红粉青蛾映楚云,桃花马上石榴裙。"武则天《如意娘》诗:"看朱成碧思纷纷,憔悴支离为忆君。不信比来长下泪,开箱验取石榴裙。"蒋防《霍小玉传》:"生忽见玉缌帷之中,容貌妍丽,宛如平生,著石榴裙,紫襡裆,红绿帔于。"明蒋一葵《长安客话·燕京五月歌》:"石榴花发街欲焚,蟠枝屈朵皆崩匹。千门万户买不尽,剩将儿女染红裙。"叶宪祖《夭桃纨扇》第一折:"丹初染,血尚渥,娇红争妒石榴裙。"清陈维崧《临江仙·赠柯翰周》词:"好将断肠句,写遍石榴裙。"

【士服】shìfú 士人祭祀朝会时穿的礼服。《国语·周语上》:"晋侯端委以入。"三国吴韦昭注:"说云:'衣玄端,冠委貌,诸侯祭服也。'昭谓:此士服也。诸侯之子未受爵命,服士服也。"宋孟元老《东京梦华录·元旦朝会》:"车驾坐大庆殿,有介胄长大人四人,立于庙角,谓之镇殿将军。诸国使人贺殿庭。列法驾仪仗,百官皆冠冕朝服,诸路举人解首,亦士服立班,其服二量冠、白袍青缘。"

【兽头鞶囊】shòutóupánnáng 装饰有兽头纹样的佩囊。官吏佩于腰际,以盛印绶。内外命妇亦可佩之。所饰纹样以虎头为主,亦有饰龙头者。其制初见于汉,沿用于魏晋南北朝及隋唐诸代,唐后其制逐渐消失。《晋书·邓攸传》:"梦行水边,见一女子,猛兽自后断其鞶囊,占者以为水边有女,汝字也,断鞶囊者,新兽头代故兽头也,不作汝阴,当汝南也。果迁汝阴太守。"又《舆服志》:"皇太子……朱衣绛纱襮,皂缘白纱,其中衣白曲领,带剑,火珠素首。革带,玉钩䩞,兽头鞶囊。"《隋书·礼仪志七》:"贵妃、德妃、淑妃,是为三妃……金章龟钮,文从其职。紫绶,一百二十首,长一丈七尺,金缕织成兽头鞶囊,佩于圜玉。"

【兽爪鞶囊】shòuzhǎopánnáng 省称"兽爪鞶"或"爪"。织有兽爪纹样的小型佩囊。鞶囊之一种。北朝官吏佩于腰际,以盛印绶。至隋代则专施于良娣以下命妇,以别嫔妃的兽头鞶囊。《隋书·礼仪志六》:"(北朝)鞶囊,二品以上金缕,三品金银缕,四品银缕,五品、六品彩缕,七、八、九品彩缕,兽爪鞶。官无印绶者,并不合佩鞶囊及爪。"《隋书·礼仪志七》:"良娣,鞠衣之服……青绶,八十首,长一丈六尺,兽爪鞶囊。余同世妇。保林、八子,展衣之服,铜印环钮,文如其职。佩水苍玉，艾绶……兽爪鞶囊。”

【绶囊】shòunáng 即“盘囊”。《宋书·礼志五》：“鞶，古制也。汉代著鞶囊者，侧在腰间。或谓之傍囊，或谓之绶囊。然则以此囊盛绶也。”《太平御览》卷六九一：“所在近北，无它异物，裁奉织成虎头绶囊，可以服之。”《三国志·吴志·薛综传》南朝宋裴松之注引《吴书》：“后权赐综紫绶囊，综陈让紫色非所宜服。权曰：‘太子年少，涉道日浅，君当博之以文，约之以礼，茅土之封，非君而谁？’”

绶囊

（安徽亳县董园村汉墓出土画像石）

【鼠裘】shǔqiú 用鼠皮制的裘服。鼠多指灰鼠，又名青鼠，古称“鼲”，灰色，腹白，皮可制裘，是细毛皮货中较为珍贵者。此外其他鼠皮亦可制裘，如鼯、貉、鼦等。《北齐书·唐邕传》：“（显祖）又尝解所服青鼠皮裘赐邕，云：‘朕意在车马衣裘与卿共弊。’”唐马戴《射雕骑》诗：“蕃面将军著鼠裘，酣歌冲雪在边州。”温庭筠《遐水谣》诗：“犀带鼠裘无暖色，清光炯冷黄金鞍。”《清史稿·藩部四》：“三年，献马及甲胄、貂皮、雕翎、俄罗斯鸟枪、回部弓箙、鞍辔、阿尔玛斯斧、白鼠裘、唐古特玄狐皮。”

【双裙】shuāngqún 双层的裙子。通常用纱縠制成，两层颜色不一。多用于宫女。《初学记》卷二六：“皇太子纳妃，有……丹碧纱纹双裙、紫碧纱纹双裙、紫碧纱文绣缨双裙、紫碧纱縠双裙、丹碧杯文罗裙。”《太平御览》卷六九六：“梓宫有细绛双裙，无腰。”

【霜带】shuāngdài 白色的衣带。南朝梁王揖《在齐答弟寂》诗：“云裾纳月，霜带含飙。”

【司徒帽】sītúmào 北魏司徒公高昂喜戴小帽，因称其所戴帽为司徒帽。《北史·高昂传》：“昂以兄乾薨此位，固辞不拜。转司徒公，好著小帽，世因称‘司徒帽’。”

【丝屩】sījuē 以彩色丝带编织成的鞋子，状如草鞋，多用于妇女。《南史·齐本纪》：“宫人皆露裈，著绿丝屩，帝自戎服骑马从后。”唐温庭筠《青妆录》：“延嘉（熹）中，京师妇女作漆屐，五色彩为系。又作红丝屩。”

【私衣】sīyī 官吏、命妇的常服，犹便服，相对于公服而言。《隋书·礼仪志六》：“诸命秩之服，曰公服，其余常服，曰私衣。”《资治通鉴·陈宣帝太建十二年》“诏天台侍卫之官，皆著五色及红、紫、绿衣，以杂色为缘，名曰‘品色衣’，有大事，与公服间服之。”

【缌功】sīgōng 缌麻与小功。五种丧服中最轻的两种，亲缘关系较疏者服之。《梁书·王僧辩传》：“皇枝襁抱已上，缌功以还，穷刀极俎，既屠且脍。”

【四脚】sìjiǎo 也作“四角”。“幞头”的别称。因以布帛裁为四脚，故名。《资治通鉴》卷一七三：“甲戌，周主初服常冠，以皂纱全幅向后襆发，仍裁为四脚。”宋沈括《梦溪笔谈》卷一：“幞头一谓之四脚，乃四带也……庶人所戴头巾，唐人亦谓之四脚，盖两脚系脑后两脚系颔下，取其服劳不脱也,无事则反盖于顶上,今人不复系额下,两带遂为虚设。"《宋史·礼志二十五》:"小祥,改服布四脚,直领布襕。"明于慎行《谷山笔麈·冠服》:"魏晋以来,王公卿士以幅巾为雅,用全幅皂向后襆发,谓之头巾,俗因谓之襆头。至宇文氏乃裁幅巾为四角。"

【祀弁】sìbiàn 北周时士大夫祭祀所戴的冠帽。《隋书·礼仪志六》:"士之服三:一曰祀弁,二曰爵弁,三曰玄冠。"

【祀冕】sìmiǎn 北周时三公贵族男子的礼服。《隋书·礼仪志六》:"三公之服九:一曰祀冕。"又:"上大夫之服,自祀冕而下六,又无藻冕。"

【素褐】sùhè 素色的粗麻布短衣。多为平民或少数民族所穿。晋陆机《七征》:"挂长缨于朱阙,反素褐于丘园,靡闲风于林下。"《新唐书·吐蕃下》:"中有高台,环以宝楯,赞普坐帐中,以黄金饰蛟螭虎豹,身被素褐,结朝霞冒首,佩金镂剑。"宋张耒《雨中晨起》诗:"绤衣感轻单,素褐催补绽。"

【素襟】sùjīn 朴素无纹饰的衣襟,借指素色的衣袍。喻指本心、平素的襟怀。晋陶渊明《乙巳岁三月为建威参军使都经钱溪》诗:"一形似有制,素襟不可易。"《文选·王僧达〈答颜延年〉诗》:"崇情符远迹,清气溢素襟。"唐李周翰注:"素,本也。清淑之气自盈于本心。"唐李白《经乱离后天恩流夜郎忆旧友书怀》诗:"逸兴横素襟,无时不招寻。"许浑《和李相国》诗:"霜合凝丹颊,风披敛素襟。"戎昱《抚州处士湖泛舟送北回》诗:"凄然诵新诗,落泪沾素襟。"武元衡《秋日台中寄怀简诸僚》诗:"忧悔耿遐抱,尘埃缁素襟。"明张景《飞丸记·园中落阱》:"总生在秋江,素襟晚节何损,堪羡他老景含芳,谁

管他阳春花阵。"

【素冕】sùmiǎn 用白色面料为表的冕冠。北周皇帝祭祀西方之神及行夕月礼时所戴。以合五色之仪。《隋书·礼仪志六》:"后周设司服之官,掌皇帝十二服……祀西方上帝及夕月,则素衣素冕。"

【素帢】sùqià 白色便帽。《宋书·礼志五》:"单衣,古之深衣也,今单衣裁与深衣同。唯绢带为异。深衣绢帽以居丧,单以素帢以施吉。"《晋书·五行志上》:"魏武帝……裁缣帛为白帢,以易旧服。傅玄曰:'白乃军容,非国容也。'干宝以为'缟素,凶丧之象也'。名之为帢,毁辱之言也,盖革代之后,劫杀之妖也。"

【蓑衣】suōyī 省称"蓑"。用莎草、油葵或棕等制成防寒遮雨的衣物。无领、袖,连体样式,披在身上,能够挡风、遮雨、保暖。晋葛洪《抱朴子·钧世》:"至于罽锦丽而且坚,未可谓之减于蓑衣。"唐刘禹锡《插田歌》诗:"农妇白纻裙,农夫绿蓑衣。"皮日休《添鱼具诗》之三《蓑衣》:"一领蓑正新,著来沙坞中。"张志和《渔歌子》诗:"青箬笠,绿蓑衣,斜风细雨不须归。"宋罗愿《尔雅翼》卷八:"莎草,可为衣以御雨,今人谓之蓑衣。"林逋《秋日湖西晚归舟中书事》诗:"却忆青溪谢太傅,当时未解惜蓑衣。"《元史·兵志四》:"其铺兵每名备夹版、铃攀各一付,缨枪一,软绢包袱一,油绢三尺,蓑衣一领,回历一本。"明徐光启《农政全书》卷一一:"谚云:'上风皇,下风隘,无蓑衣,莫出外。'"《红楼梦》第四十五回:"一语未尽,只见宝玉头上戴着大箬笠,身上披着蓑衣。"

T

tan—tiao

【祖服】tǎnfú 僧尼五衣之一,为一种覆肩掩腋衣。唐时亦称"掩腋"。晋慧远《沙门袒服论》:"中国之所无,或得之于异俗,其民不移,故其道未亡,是以天竺国法,尽敬于所尊,表诚于神明,率皆袒服。所谓去饰之基者也。"宋无名氏《异闻总录》卷一:"(董秀才)曰:'但尝遗一袒服。'取视也,秒而无缝。"

【帽】tāo 巾的一种,顶部呈波浪形。制出曹魏,士人燕居往往戴之,庆吊时亦用之。以颜色区别贵贱。《隋书·礼仪志六》:"帽,《傅子》云:'先未有歧,苟文若巾触树成歧,时人慕之,因而弗改。'今通为庆吊之服,白纱为之,或单或夹。初婚冠送饯亦服之。"《晋书·舆服志》:"成帝咸和九年,制尚书八座丞相、门下三省侍官乘车,白帽低帏,出入掖门。又,二宫直官著乌纱帽。然则往往士人宴居皆著帽矣。"《北史·李洪之传》:"及临尽,沐浴著帽。"《魏书·裴植传》:"植母,夏侯道迁姊也,性甚刚峻,于诸子皆如严君。长成之后,非衣帽不见,小有罪过,必束带伏阁……督以严训。"元末明初陶宗仪《南村辍耕录·巾帻考》:"汉末,王公名士多委王服,以幅巾为雅。魏武始制帽。"

【天冠】tiānguān 君王所戴礼冠的美称。亦指南北朝时波斯人婚礼中所用的一种冠帽。晋法显《佛国记》:"王脱天冠,易著新衣,徒跣,持华香,翼从出城迎像。"《南齐书·东南夷传·林邑国》:"王服天冠如佛冠,身被香缨络。"南朝梁简文帝《相宫寺碑铭》:"洛阳白马,帝释天冠。"《南史·夷貊传下》"(波斯国)婚姻法,下聘财讫,女婿将数十人迎妇。婿著金线锦袍,师子锦裤,戴天冠。妇亦如之。"

【天衣】tiānyī ❶佛教谓诸天人所着之衣。《菩萨璎珞本业经》卷下:"一切菩萨行道劫数久近者,譬如一里二里乃至十里石,方广亦然。以天衣重三铢,人中日月岁数,三年一拂此石乃尽,名一小劫。"南朝陈徐陵《天台山徐则法师碑》:"夫海水扬尘,几千年而可见;天衣拂石,几万年而应平。"《艺文类聚》卷七六:"天衣初拂石,豆火欲燃薪。"❷泛指仙神所着之衣。《太平广记》卷六八:"太原郭翰暑月卧庭中,见少女冉冉而降,视其衣,无缝。翰问故,女答道:'天衣,本非针线为也。'"唐白居易《送刘道士游天台》诗:"灵旗星月象,天衣龙凤纹。"司空图《云台三官堂文》诗:"尘蒙而庙貌全隳,藓驳而天衣半褪。"❸天子之衣,帝王所穿之衣。《南齐书·舆服志》:"衮衣,汉世出陈留襄邑所织。宋末用绣及织成,建武中,明帝以织成重,乃采画为之,加饰金银薄,世亦谓为天衣。"唐杜甫《伤春》诗:

"烟尘昏御道,耆旧把天衣。"卢纶《皇帝感词》:"天衣五凤彩,御马六龙文。"明唐顺之《喜峰口观三卫贡马》诗:"天衣沾蚪蟒,国马出驹骖。"

【条达】tiáodá 妇女用的一种丝织品臂饰。每逢农历五月初五,民间有互赠条达和其他五彩丝,并把它系在臂上之俗。人们以为此俗能驱恶免疾,命长如缕。南朝梁宗懔《荆楚岁时记》:"以五彩丝系臂,名曰辟兵,令人不病瘟。又有条达等,组织杂物,以相赠遗。"

【条脱】tiáotuō 也作"跳脱""绦脱"。妇女套于手臂的一种环饰。"条脱"为外来语,汉语称"钏"。通常以锤扁的金银条弯制成螺旋状,所盘圈数不等,少则三圈,多则五圈八圈,亦有作十几圈者。两端多用金银丝编成环套,以便调节紧松。早期多用于北方少数民族。秦汉以后传入中原,亦为汉族妇女采用,汉以后流行不衰。汉繁钦《定情诗》:"何以致契阔,绕臂双跳脱。"南朝梁陶弘景《真诰·运象·绿萼华诗》:"赠诗一篇并致火撚布手巾一枚、金玉条脱各一枚。条脱似指环而大,异常精好。"唐李商隐《李夫人歌》:"蛮丝系条脱,妍眼和香屑。"施肩吾《定情乐》诗:"感郎双条脱,新破八幅绡。"五代牛峤《应天长》词:"玉楼春望晴烟灭,舞衫斜卷金条脱。"《宋史·礼志十八》:"定礼……黄金钗钏四双,条脱一副,真珠虎魄璎珞。"宋吴曾《能改斋漫录》卷二引唐人《卢氏杂说》:"文宗问宰臣:'条脱是何物?'宰臣未对,上曰:'真诰言,安妃有金条脱为臂饰,即今钏也。'"元李裕《次宋编修显夫南陌诗四十韵》:"绦脱浓香暖,巾缨腻粉斑。"明陈继儒

《枕谭》:"条脱,臂饰也。一作条达,又作跳脱。"方以智《通雅》卷三四:"条脱,或作跳脱,条达……此类之名,皆以声呼。"

tie－tuo

【铁屐】tiějī 金属之屐。以铜铁为底,上穿绳系。底部施以铁钉。一般用于武士,便于攀登。《太平御览》卷六九八:"石勒击刘曜,使人著铁屐施钉登城。"

【铁裲裆】tiěliǎngdāng 铁制的武士铠甲。形似今之背心,前幅当胸,后幅当背。用作戎装。始于三国,至南北朝大为流行。《乐府诗集·企喻歌》:"前行看后行,齐著铁裲裆。"明陈子龙《寄密云赵匡谷》诗:"飙然一骑遍三协,归来未卸铁裲裆。"

【铁衣】tiěyī 缀有铁片的战衣;铁甲;借指战士。北朝民歌《木兰诗》:"朔气传金柝,寒光照铁衣。"唐岑参《白雪歌送武判官归京》诗:"将军角弓不得控,都护铁衣冷难著。"白居易《送令狐相公赴太原》诗:"六蠹双旌万铁衣,并汾旧路满光辉。"清曹寅《闻恢复长沙志喜》诗:"铁衣包白骨,宝马载红妆。"

【鞓】tīng 皮带。《玉篇·革部》:"鞓,同鞓。"

【通天金博山冠】tōngtiānjīnbóshānguān 晋南迁后,中原礼仪多缺。北魏天兴六年,诏有司始制冠冕,各依品秩,以示等差,然未能皆得旧制。北魏熙平二年重新定制。于通天冠上加金博山,用作皇帝礼冠。《隋书·礼仪志六》:"(熙平二年)释奠则服通天金博山冠,玄纱袍……合朔,服通天金博山冠,绛纱袍。"《通典·礼志四》:"天子小朝会,服绛纱袍,通天金博山冠,斯

即今朝之服,次冠冕者也。"

【同心指环】tóngxīnzhǐhuán 一种定情的信物。多以金、银、铜为原料制成,环状,首尾相连接,意味永久。相传其俗源于西域。《晋书·西戎传》:"其俗娶妇人先以金同心指环为聘。"徐珂《清稗类钞·服饰》:"大宛娶妇,先以同心指环为聘。今乃以为订婚之纪念品。"

【筒袖铠】tǒngxiùkǎi 也作"筩袖铠"。魏晋时期的一种甲胄。相传为诸葛亮所创的一种铠甲,在东汉铠甲的基础上发展而成的。它的特点是以小块的鱼鳞纹甲片或龟背纹甲片穿缀成圆筒状的身甲,前后连属,并在肩部装有护肩的筒袖,所以被称为"筒袖铠"。这种铠甲的兜鍪两侧都有护耳,并在前额正中部位下突,与眉心相交,顶上大多饰有长缨。据出土武士俑观察,甲片排列方式,与"鱼鳞甲"同,间亦有高盆领、长袖筩者。《宋书·王玄谟传》:"(玄谟)寻除车骑将军、江州刺史,副司徒建安王于赭圻,赐以诸葛亮筩袖铠。"又《殷孝祖传》:"诸葛亮筒袖铠、铁帽,二十五石弩射之,不能入。"《南史·殷孝祖传》:"御仗先有诸葛亮筒袖铠、铁帽,二十石弩射之不能入,上悉以赐孝祖。"

穿筒袖铠甲的武士
（河南洛阳西晋墓出土陶俑）

【筒袖】tǒngxiù 服装袖式之一。通常指窄而直的衣袖,其直如筒,故名。汉扬雄《方言》卷四:"复襦……或谓之筩褤。"晋郭璞注:"今筒袖之襦也。褤即袂字。"《新唐书·高丽传》:"大臣青罗冠,次绛罗,珥两鸟羽,金银杂扣,衫筒袖,袴大口。"

【突何】tūhé 南北朝时西北少数民族邓至国人对帽子的称呼。《南史·夷貊传下》:"邓至国……其俗呼帽曰突何。"

【突骑帽】tūqímào 南北朝时西部少数民族的缚带风帽,原来可能是武士骑兵之服,后来普及民间。南北朝时为北方人常戴,北周时期最为盛行。《梁书·武兴国传》:"(其国之人)著乌皂突骑帽,长身小袖袍,小口袴,皮靴。"《隋书·礼仪志七》:"后周之时,咸著突骑帽,如今胡帽,垂裙覆带,盖索发之遗象也。

【兔子度坑】tùziduókēng 南朝齐时东昏侯令人制造的四种奇异帽式之一。参见440页"山鹊归林"。

【婧服】tuófú 婧,美好。美好华丽的服装。三国魏曹植《七启》:"收乱发兮拂兰泽,形婧服兮扬幽若。"

W

wa—wen

【碗】wǎn ❶衣袖。汉扬雄《方言》卷四："襌襦谓之袖。"晋郭璞注："衣襟,江东呼碗,音婉。"❷袜子。《玉篇·衣部》:"碗,于阮切,袜也。"

【王乔舄】wángqiáoxì 也作"王乔屦""王乔履"。指王乔飞凫入朝故事。也形容地方官吏的行踪、活动等,多指县令;借指鞋、履。南朝梁吴均《赠周兴嗣》诗之二:"千里无关梁,安得王乔屦?"唐李白《淮阴书怀寄王宗成》:"著言王乔舄,婉娈故人情。"杜甫《七月一日题终明府水楼》诗之一:"看君宜著王乔履,真赐还疑出尚方。"宋刘攽《过太康县马上口占》:"举翼王乔舄,排云子晋箫。"清吕谦恒《望吴岳呈王使君拟山》诗:"凌风欲蹑王乔舄,玉粒丹砂信可扪。"

【韦褐】wéihè 腰系韦带,身穿粗麻布做的褐衣。借指贫贱之人。南朝宋刘义庆《世说新语·德行》"李元礼尝叹荀淑、锺皓"南朝宋刘孝标注引《先贤行状》:"荀淑字季和,颍川颍阴人也。所拔韦褐刍牧之中,执案刀笔之吏,皆为英彦。"

【韦袍】wéipáo 柔皮制成的皮袍、皮衣。《晋书·刘弘传》:"兵年过六十,羸疾无襦。弘愍之,乃谪罚主者,遂给韦袍复帽,转以相付。"

【韦舄】wéixì 一种用鞣制作的皮革做成的木底皮鞋。《宋书·礼志五》:"主簿祭酒,中单韦舄并备,令史以下,唯著玄衣。"

【围腰】wéiyāo ❶用来束腰或使腰部保暖的织物。原以此作为家务劳动时穿用的围身衫布,以保护外衣,后逐渐变化为只具装饰、美化作用的服饰。北周庾信《王昭君》诗:"围腰无一尺,垂泪有千行。绿衫承马汗,红袖拂秋霜。"宋人《烬金录·宫中即事长短句》:"漆冠并用桃色,围腰尚鹅黄。"❷围裙。《儿女英雄传》第三十九回:"围腰儿也不曾穿,中间儿还露着个雪白的大肚皮。"

【尉解】wèijiě 南北朝时期新罗语"襦"的音译。《梁书·诸夷传·新罗》:"(新罗国)襦曰尉解。"

【文裘】wénqiú 花纹美丽、价值贵重的皮裘。《文选·曹植〈七启〉》:"冠皮弁,被文裘。"唐李善注:"文裘,文狐之裘也。"李周翰注:"文裘,鹿裘也。"《晋书·束皙传》:"耻布衣以肆志,宁文裘而拖绣。"明何景明《七述》:"尔其袭白縠,服文裘,陋黑貂而不御,轻狐白之莫俦。"

wu

【乌巾】wūjīn 黑色折巾,多为隐居不仕者所戴。南朝宋羊欣《采古来能书人名》:"吴时张弘好学不仕,常著乌巾,时人号为张乌巾。"唐杜甫《奉陪郑驸马韦曲》诗之一:"何时占丛竹,头戴小乌巾。"清仇兆鳌注:"《南史》:'刘岩隐逸不仕,常著缁衣小乌巾。'"宋张孝祥《念奴娇·欲雪再和呈朱漕元顺》词:"忍冻推敲清兴满,风里乌巾猎猎。"清孔尚任《桃花扇·侦戏》:"草堂图里乌巾岸,好指点银筝红板。"

【乌帽】wūmào ❶黑色便帽。《宋书·明帝纪》:"事起仓卒,上失履,跣至西堂,犹著乌帽。坐定,休仁呼主衣以白帽代之,令备羽仪。"《隋书·礼仪志六》:"皇太子旧有五时朝服,自天监之后则朱服。在上省则乌帽,在永福省则白帽云。"宋邵伯温《邵氏闻见前录》卷一九:"(康节)为隐者之服,乌帽缁褐,见卿相不易也。"元陈安《中秋有感》诗:"于今寂寞江城暮,乌帽西风叹白头。"萨天锡《题四时宫人图》诗:"背后一女冠乌帽,茶色宫袍靴色皂。"清吴长元《宸垣识略》卷一五:"他时把酒梦阴下,风堕岩花乌帽偏。"❷即"乌纱帽"。《红楼梦》第一回:"只见军牢快手,一对一对过去,俄而大轿内抬着一个乌帽猩袍的官府来了。"

【乌纱长耳】wūshācháng'ěr 南北朝时士庶间流行的缀有长耳的乌纱帽。《隋书·礼仪志七》:"案宋、齐之间,天子宴私,著白高帽,士庶以乌,其制不定。或有卷荷,或有下裙,或有纱高屋,或有乌纱长耳。"

【乌纱巾】wūshājīn 省称"乌巾"。也称"乌匼巾"。黑色的头巾。多用于文人隐士。唐张彦远《法书要录》卷一辑南朝宋时羊欣《采古来能书人名》:"吴时张弘好学不仕,常著乌巾,时人号为张乌巾。"杜甫《戏呈元二十一曹长》诗:"晚风爽乌匼,筋力苏摧折。"李白《玩月金陵城西孙

楚酒楼达曙歌吹日晚乘醉著紫绮裘乌纱巾与酒客数人棹歌秦淮往石头访崔四侍御》诗:"草裹乌纱巾,倒被紫绮裘。两岸拍手笑,疑是王子猷。"皇甫大夫《判道士黄山隐》诗:"绿绶藏云帔,乌巾换鹿胎。"司空图《修史亭》诗:"乌纱巾上是青天,检束酬知四十年。"宋陆游《晨至湖上》诗:"荷香浮绿酒,藤露落乌巾。"吴曾《能改斋漫录》卷一一:"青山木拱三百年,今辰乃拜先生画。乌纱之巾白纻袍,岸巾攘臂方出遨。"明田艺蘅《留青日札》卷二二:"乌匼巾……乌巾也。即如今乌纱巾之类。"

【乌纱帽】wūshāmào 也称"乌纱"。黑色的纱帽。始于南北朝,后世多用为官帽。隋唐时用于天子百官,为视事及宴见宾客之服。明代定为百官公服之冠帽。乌纱帽起初用藤编织,以草巾子为里,外蒙乌纱,再涂以漆。后又去藤里不用,平施两脚,改用以铁,即向两侧伸出两支硬翅。如明初定乌纱帽形制:前低后高。两旁各插一展角,宽为一寸多,长为五寸有余,后有二飘带,通体皆圆,帽内另用网巾以束发。后成为官帽的通俗说法和官位的象征。《晋书·舆服志》:"成帝咸和九年……二宫直官著乌纱帢。然则往往士人宴居皆著矣。而江左时野人已著帽,人士亦往往而然,但其顶圆耳,后乃高其屋云。"《宋书·五行志一》:"明帝初,司徒建安王休仁统军赭圻,制乌纱帽,反抽帽裙,民间谓之'司徒状',京邑翕然相尚。"《隋书·礼仪志七》:"开皇初,高祖常著乌纱帽,朝贵以下,至于冗吏,通著入朝。"唐李白《答友人赠乌纱帽》诗:"领得乌纱帽,全胜白接䍠。"白居易《感旧纱帽》诗:"昔君乌纱帽,赠我白

头翁。帽今在顶上,君已归泉中。"《新唐书·车服志》皇太子之服:"乌纱帽者,视事及燕见宾客之服也。"又群臣之服:"书算律学生、州县学生朝参,则服乌纱帽,白裾、襦,青领。"五代后唐马缟《中华古今注·乌纱帽》:"武德九年十一月,太宗诏曰:'自今已后,天子服乌纱帽,百官士庶皆同服之。'"宋陆游《探梅》诗:"但判插破乌纱帽,莫记吹落黄金船。"元锺嗣成《小梁州·失题》曲:"裹一顶半新不旧乌纱帽,穿一领半长不短黄麻罩。"王实甫《西厢记》第二本第二折:"乌纱小帽耀人明,白襕净,角带傲黄鞓。"明田艺蘅

《留青日札》卷二二:"我朝服制,洪武改元,诏衣冠悉服唐制,士民束发于顶,官则乌纱帽、圆领、束带、皂靴。"俞汝楫《礼部志稿》卷一八:"洪武三年定,凡文武官常朝视事,以乌纱帽、圆领衫、束带为公服。"清叶梦珠《阅世编》卷八:"前朝职官公服,则乌纱帽,圆领袍,腰带,皂靴。纱帽前低后高,两傍各插一翅,通体皆圆,其内施网巾以束发。"《西游记》第八回附录:"小姐一见光蕊人材出众,知是新科状元,心内十分欢喜,就将绣球抛下,恰打着光蕊的乌纱帽。"

乌纱帽
（明王圻《三才图会》）

乌纱帽
（上海卢湾区明潘氏墓出土）

【乌丸帽】wūwánmào 南北朝时期乌桓族人所戴的帽子。《北史·吐谷浑传》:"慕利延遂入于阗国……遣使通宋求援,献乌丸帽、女国金酒器、胡王金钏等物。"

【乌衣】wūyī ❶黑色衣服。贫贱、庶民之服。《三国志·魏志·邓艾传》:"值岁凶旱,艾为区种,身被乌衣,手执耒耜,以率将士。"《隋书·五行志上》:"后主于苑内作贫儿村……多令人服乌衣,以相执缚。"唐段成式《酉阳杂俎·诺皋记上》:"虞道施,义熙中乘车山行,忽有一人,乌衣,径上车言寄载。"❷军士所穿的黑色戎服。三国吴时置乌衣营,兵士皆服乌衣。南朝宋刘义庆《世说新语·雅量》:

"吾角巾径还乌衣。"刘孝标注引《丹阳记》:"乌衣之起,吴时乌衣营处也。江左初立,琅邪诸王所居。"

【乌总帽】wūzǒngmào 南朝梁时仪卫所戴之帽。《隋书·礼仪志六》:"其在陛列及备卤簿……领军捉刃人,乌总帽,袴褶,皮带。"

【无追】wúduī 冠名。《广雅·释器》:"无追、章甫……冠也。"清王念孙疏证:"无追,字亦作'毋追',又作'牟追'。"

【无颜帢】wúyánqià 男子所戴正中无横缝的便帽,一说无帽檐。晋干宝《搜神记》卷七:"昔魏武军中,无故作白帢……初,横缝其前以别后,名之曰'颜帢',传

行之。至永嘉之间,稍去其缝,名'无颜帢'。"汪绍楹校注:"按'颜'以覆额,后人谓之'檐'。《战国策》:'宋(康)王为无颜之冠以示勇。''无颜'即无覆额。"

无颜帢(孙机《高逸图》)

【**五兵佩**】wǔbīngpèi 一种妇女的发饰,仿兵器之形状而制成。流行于晋、南北朝时期,至清代犹存。以金银或玳瑁制成矛、戟、钺、盾、弓矢之类兵器五种,以合古制"五兵"之数。民间妇女佩在头上,以为压胜。《宋书·五行志一》:"晋惠帝元康中,妇人之饰有五兵佩。又以金、银、玳瑁之属为斧、钺、戈、戟,以当笄。"

【**五色履**】wǔsèlǚ 绣有五彩云霞的丝履。多用于妇女。释道中人亦有着之者。南朝梁无名氏《河中之水歌》:"头上金钗十二行,足下丝履五文章。"五代后唐马缟《中华古今注》卷中:"梁有笏头履、分梢履、立凤履,又有五色云霞履。"《太平御览》卷六七五:"东北始阳宫牛元景:足蹑五色履。"

【**五时服**】wǔshífú 贵族、官吏,春、夏、季夏、秋、冬五个不同时节所穿的五种礼服。《晋书·职官志》:"文武官公,皆假金章紫绶,著五时服。其相国、丞相,皆衮冕,绿盭绶,所以殊于常公也。"《艺文类聚》"朝会":"汉制,会于建始殿,晋制,大会于太极殿,小会于东堂,会则五时服,庭设金石,武贲旄头,文衣绣尾。"《隋书·礼仪志六》:"其五时服,则五色介帻,进贤五梁冠,五色纱袍。"

【**伍伯衣**】wǔbóyī 伍长之衣。一般多为红色。秦汉军制以五人为伍,户籍以五家为伍,每伍有一人为长,称"伍长"。晋崔豹《古今注·舆服》:"伍伯,一伍之伯。五人曰伍,五长为伯,故称伍伯。"《宋书·礼志五》:"凡兵事,总谓之戎……《春秋左传》:'戎服将事。'又云:'晋却至衣韎韦之跗。'注,先儒云:'韎,绛色。'今时伍伯衣。"

【**舞衣**】wǔyī 舞者之服。因表演在款式、色彩、纹样、装饰等方面与生活服饰有较大差异,通常较生活服饰鲜艳、华美,以适合表演。南朝宋鲍照《代陈思王京洛篇》:"琴瑟纵横散,舞衣不复缝。"南朝谢朓《隋王鼓吹曲·钧天曲》:"瑶堂琴瑟惊,绮席舞衣散。"《新唐书·常山王承乾传》:"又使户奴数十百人习音声,学胡人椎髻,剪彩为舞衣,寻橦跳剑,鼓鞞声通昼夜不绝。"

【**雾裳**】wùcháng 轻薄如雾之衣裳。三国魏曹植《迷迭香赋》:"去枝叶而特御兮,入绡縠之雾裳;附玉体以行止兮,顺微风而舒光。"明汤传楹《阮郎归》词:"空庭对影怯昏黄,微风吹雾裳。"

【**雾袖**】wùxiù 轻柔飘拂的衣袖。南朝梁简文帝《七励》:"疾趋巧步,雾袖芬披。舒娥眉之窈窕,委弱骨之逶迤。"唐李益《避暑女冠》诗:"雾袖烟裾云母冠,碧琉璃簟井冰寒。"

X

xi—xiang

【**犀柄麈尾**】xībǐngzhǔwěi 省称"犀麈"。以犀角为柄的麈尾。南朝宋刘义庆《世说新语·伤逝》："王长史病笃,寝卧灯下,转麈尾视之……及亡,刘尹临殡,以犀柄麈尾著枢中,因恸绝。"宋贺铸《罗敷歌》词："河阳官罢文园病,触绪萧然。犀麈流连。喜见清蟾似旧圆。"《红楼梦》第三十六回："(袭人)手里做针线,旁边放着一柄白犀麈。"

【**席帽**】xímào 用藤席为骨架编成的帽子,形似毡笠,四缘垂下,用以蔽日遮风雨,女子亦用以遮面。唐代长安席帽较为流行,并演变为以席藤制成和以毛毡制成两种形制,均有帽檐。以席藤制者较大,有的还加油以作御雨之用,以毛毡制者较厚,檐也较小。宋代沿袭唐风,未有功名的士人外出时,多以席帽自随。南宋时席帽、裁帽又为品官之服。晋崔豹《古今注·席帽》:"本古之围帽也,男女通服。以韦之四周,垂丝网之,施珠翠。丈夫去饰……丈夫藤席为之,骨鞭以缯,乃名席帽。"唐李济翁《资暇集》卷下:"永贞之前,组藤为盖,曰席帽。取其轻也。"唐皇甫氏《京都儒士》:"遂于壁下寻,但见席帽,半破在地。"五代后唐马缟《中华古今注》卷中:"席帽,本古之围帽也。男女通服之……藤席为之,骨鞭以缯,乃名席帽。至马周以席帽油御雨从事。"宋吴处厚《青箱杂记》卷二:"盖国初犹袭唐风,士子皆曳袍重戴,出则以席帽自随。"高承《事物纪原》卷三:"《实录》曰,本羌人首服,以羊毛为之,谓之毡帽,即今毡笠也。秦汉竞服之,后故以席为骨而鞭之,谓之席帽。女人戴者四缘垂下网子以自蔽,今世俗或然。"叶梦得《石林燕语》卷三:"今席帽、裁帽分为两等:中丞至御史与六曹郎中,则于席帽前加全幅皂纱,仅围其半为裁帽。非台官及至郎中而上,与员外而下,则无有为席帽。"清钱谦益《客途有怀吴中故人》诗:"青袍奉母谁知子? 席帽趋时自有人。"清李调元《南越笔记》卷一:"今粤中女郎善操舟,皆戴席帽。四围施巾以蔽面。即古制所称苏幕遮也。"

席帽(《清明上河图》)

席帽（敦煌唐代壁画）

【戏衣】xìyī 戏曲演员演戏时穿的服装。"戏衣"之名出现较早，但目前所用戏衣主要是参照唐、宋、元、明、清历代服装样式，经过夸张、美化、不断更新而定型。京剧一般多依照明制，以适应戏曲歌舞表演，并按人物的身份、地位、性格，在式样上和色彩上加以严格规定。一般分为蟒、靠、褶、帔、衣（官衣、箭衣、快衣、茶衣、彩衣等）五大类。色彩又分为上五色（黄色、红色、绿色、白色、黑色）和下五色（紫色、粉色、蓝色、湖色、绛色）两大类。在质料上，早期多用呢、布，后来主要采用缎、绸、绉等丝织品。戏衣的纹饰，有龙、凤、鸟、兽、鱼、虫、花卉、云、水、八宝、暗八仙等。刺绣有绒绣、线绒、平金、金夹线、银夹线等区别。南朝齐天空三藏法师求那毗地《百喻经·伎儿著戏罗刹服共相惊怖喻》："伎人之中有患寒者，著彼戏衣罗刹之服，向火而坐。"宋无名氏《水调歌头·六月十六》词："称寿处，歌齿皓，戏衣斑。"清纪昀《阅微草堂笔记·滦阳消夏录三》："官检所遗囊箧，得松脂，戏衣之类。"

【细简裙】xìjiǎnqún 也作"细襉裙"。折有细襉的女裙。通常以数幅布帛为之，周身施以密襉，襉之宽度有细如马牙者，俗谓"马牙简"。初见于六朝。六朝以后其制不衰，并一直流传至今。南朝梁简文帝《戏赠丽人》诗："罗裙宜细简，画靥重高墙。"宋吕渭老《千秋岁》词："约腕金条瘦，裙儿细襉如眉皱。"明田艺蘅《留青日札》卷二〇："细简裙，梁简文诗：'罗裙宜细简。'先见广西妇女衣长裙，后曳地四五尺，行则以两婢前携之，简多而细，名曰马牙简。或古之遗制也。"清叶梦珠《阅世编》卷八："裳服，俗谓之裙……古时所谓裙拖六幅湘江水是也。明末始用八幅，腰间细褶数十，行动如水纹，不无美秀。范寅《越谚》卷中："细襉裙……梁简文诗作'简'，《集韵》作'襉'。"

【蒆】xì 屦、履之带；鞋带。《南史·虞玩之传》："高帝镇东府，朝廷致敬，玩之为少府，犹蹑屐造席。高帝取屐亲视之，讹黑斜锐，蒆断，以芒接之。"

【霞衣】xiáyī 以云霞为衣。后用以指仙道所穿的衣服。亦喻轻柔艳丽的衣服。南朝梁沈约《和刘中书仙诗》之二："殊庭不可及，风飙多异色。霞衣不待缝，云锦不须织。"江淹《惜晚春应刘秘书》诗："霞衣已具带，仙冠不持簪。"唐张籍《送宫人入道》诗："名初出宫籍，身未称霞衣。"李峤《舞》诗："霞衣席上转，花袖雪前明。"宋柳永《荔枝香》词："金缕霞衣轻褪，似觉春游倦。"明屠隆《彩毫记·祖饯都门》："念卑人已服霞衣，我荆妻亦顶星冠。"清申芗《本事词》："门启，有人引入堂宇，见二仙子，璚冠霞衣。"

【洗】xiǎn 南北朝时新罗语"靴"的音译。《南史·夷貊传下》："（新罗国）靴曰洗。"清厉荃《事物异名录·服饰部》："《南史》：新罗国呼靴曰洗。按洗本承水器，此借名也。"

【险衣】xiǎnyī 奇装异服。《南史·周弘正传》:"显县帛十匹,约曰:'险衣来者以赏之.'众人竞改常服,不过长短之间……既而弘正绿丝布袴,绣假种,轩昂而至,折标取帛。"

【香袋】xiāngdài 盛香料的小袋子。常佩带在身上,用以辟秽恶之气,也作装饰品。北魏杨衒之《洛阳伽蓝记·宋云惠生使西域》:"惠生初发京师之日,皇太后敕付五色百尺幡千口,锦香袋五百枚。"宋周密《武林旧事》卷六记临安(今浙江杭州)城内经营项目,有"洗翠、修冠子、小梳儿、染梳儿、接补梳儿、香袋儿"之类。《资治通鉴·齐和帝中兴元年》:"吏于麝膝中得其事。"元胡三省注:"囊可带者曰膝,山沙以盛麝香,故曰麝膝,犹今之香袋。"《金瓶梅词话》第二回:"通花汗巾儿袖中儿边搭刺,香袋儿身边低挂,抹胸儿重重纽扣,裤腿儿脏头垂下。"《红楼梦》第十七回:"(黛玉)将前日宝玉嘱咐他没做完的香袋儿,拿起剪子来就铰。"

【香缨】xiāngyīng 未成年者或妇女所系的饰物。以五彩丝为之,盛香物,系于身。《尔雅·释器》:"妇人之袆谓之缡。缡,緌也。"晋郭璞注:"即今之香缨也。"《广韵·平支》:"缡,妇人香缨,古者香缨以五彩丝为之,女子许嫁后系诸身,云有系属。"《礼记·曲礼上》:"女子许嫁缨。"清孙希旦集解:"缨有二时,一是少时常系香缨,《内则》云,男女未冠笄衿缨,郑以为佩香缨,不云缨之形制。一是许嫁时系缨,《昏礼》主人亲说妇缨,郑注云,妇人十五许嫁,笄而礼之,因着缨,明有系也。"宋叶廷珪《海录碎事·衣冠服用》:"香缨以五彩为之,妇参舅姑,先持香缨咨。"王安石《仲元女孙》:"亲结香缨知不久,汝翁那更镊髭须。"周邦彦《丁香结》词:"宝幄香缨,熏炉象尺,夜寒灯晕。"

【缃衣】xiāngyī 南北朝时仪卫所穿的浅黄色衣服。《隋书·百官志上》:"其尚书令、仆、御史中丞,各给威仪十人……一人缃衣,执鞭杖,依列行。"

【象牙梳】xiàngyáshū 省称"象梳"。以象牙制成的梳子。亦可插于女子发髻以为装饰。北魏高允《罗敷行》:"头作堕马髻,倒枕象牙梳。"唐崔涯《嘲李端端》诗:"独把象牙梳插鬓,昆仑山上月初明。"五代毛熙震《浣溪沙》词:"慵整落钗金翡翠,象梳欹鬓月生云。"宋陶谷《清异录·绿牙五色梳》:"洛阳少年崔瑜卿……为娼女玉润子造绿象牙五色梳,费钱近二十万。"

【象衣】xiàngyī 北周皇帝所穿的一种仪服。用于纳后、朝诸侯。《隋书·礼仪志六》:"后周设司服之官,掌皇帝十二服……享先皇、加元服,纳后、朝诸侯,则象衣象冕。"

xiao—xue

【小环】xiǎohuán 小型环状物。多以金、玉之属制成。常作耳饰。《南史·夷貊传上·林邑国》:"穿耳贯小环。"

【小铠】xiǎokǎi 穿在内层的铠甲,用以防身。《三国志·魏志·董卓传》"卓闻之,以为悆琼等通情卖己,皆斩之"南朝宋裴松之注引三国吴谢承《后汉书》:"董卓作乱,百僚震栗。孚著小铠,于朝服里挟佩刀见卓,欲伺便刺杀之。"

【小口袴(裤)】xiǎokǒukù 一种裤管狭窄的长裤。有别于大口裤。名称多见于南北朝时。通常以北方少数民族所着为多,以便乘骑。《梁书·武兴国传》:"(武兴国人)著乌皂突骑帽,长身小袖袍,小口袴,皮靴。"又《芮芮国传》:"(芮芮国人)辫发,衣锦,小袖袍,小口袴,深雍靴。"

【小口袴(裤)褶】xiǎokǒukùxí 袴褶的一种。衣袖及裤脚都为狭窄的袴褶样式。有别于大口裤褶。南北朝时较为流行。多用于北族。《北史·蠕蠕传》:"诏赐阿那瓌细明光人马铠一具……绯纳小口袴褶一具内中宛具,紫纳大口袴褶一具内中宛具。"

小口袴褶(唐孙位《高逸图》)

【小帽】xiǎomào ❶非正式场合所戴的便帽。与礼冠、官帽相别。南朝宋刘义庆《世说新语·任诞》:"桓宣武少家贫,戏大输……宣武欲求救于耽,耽时居艰,恐致疑,试以告焉。应声便许,略无慊吝。遂变服怀布帽随温去……投马绝叫,傍若无人,探布帽掷对人曰:'汝竟识袁彦道不?'"刘孝标注引《郭子》:"觉头上有布帽,掷去,著小帽。"《新五代史·前蜀世家·王衍》:"当王氏晚年,俗竞为小帽,仅覆其顶,俯首即堕。"宋孟元老《东京梦华录·驾回仪卫》:"驾回则御裹小帽,簪花乘马。"吴自牧《梦粱录·元旦大朝会》:"其班士裹无脚小帽、锦袄子、

踏开弩子,舞旋搭箭。"明罗贯中《风云会》第三折:"用白裥两袖遮,将乌纱小帽荡。"沈德符《万历野获编》卷一四:"比来闻朝士得遣斥削者,皆小帽青衣。虽曰贬损思咎之意,恐未妥。"《老残游记》第十七回:"又看他青衣小帽,就喝令差人拉他下去。"❷明以后专指男子所戴的以六瓣合缝的瓜皮帽,据传为明太祖所创,取"六合一统"之意。明陆深《豫章漫钞》:"今人所戴小帽,以六瓣合缝,下缀以檐如筩。阎宪副闳谓:予言亦太祖所制,若曰六合一统云尔。"清兰陵忧患生《京华百二竹枝词》:"小帽新兴六折拈,瓜棱式样美观瞻。料应时尚钻营计,第一头颅总要尖。"自注:"时尚人戴小帽,必撮其六折,使顶尖如锥……戴极向前,半覆其额。美观如此。"清曹庭栋《养生随笔》卷三:"乍凉时需夹层小帽,亦必有边者。边须软,令随手可折,则或高或下,方能称意。又有无边小帽。"

【小乌巾】xiǎowūjīn 即"乌纱巾"。《南史·刘嵩传》:"不仕,常著缁衣小乌巾。"唐杜甫《春陪郑驸马韦曲》:"何时占丛行,头戴小乌巾。"

【斜巾】xiéjīn 也作"邪巾"。用麻布制成的丧冠。使用时斜扣于顶,表示服丧。《北齐书·王琳传》:"法和乃还州,垩其城门,著粗白布衫、布袴、邪巾,大绳束腰,坐苇席,终日乃脱之。"《宋史·礼志二十五》:"(太祖崩)礼官言:'群臣当服布斜巾、四脚,直领布襕,腰绖。命妇布帕首、裙、帔。皇弟、皇子、文武二品以上,加布冠、斜巾、帽,首绖,大袖、裙、袴、竹杖。"又《礼志二十八》:"(宋天子及诸臣服制)成服曰,布梁冠、首绖、直领布

大袖衫、布裙、袴、腰绖、竹杖、白绫衬衫、或斜巾、帽子。"

【行缠】xíngchán ❶专指妇女所穿着的胫衣。以绫罗或织锦为之，上施彩绣，着时紧束于胫，上达于膝，下及于踝。一般多用于宫娥舞姬。南朝陈无名氏《双行缠》诗："新罗绣行缠，足趺如春妍。他人不言好，独我知可怜。"《明史·舆服志三》："（舞者）……锦行缠，泥金狮蛮带，绿销金拥项，红结子，赤皮靴。"❷裹足布。绑腿布。原本男女都用，后世多用兵士、僧徒或远行者。隋杜宝《大业杂记》："（炀帝御龙舟）其引船人普名殿脚一千八百人，并着杂锦采装袄子、行缠、鞋袜等。"唐韩翃《寄哥舒仆射》诗："帐下亲兵皆少年，锦衣承日绣行缠。"宋刘辰翁《满庭芳·草窗老仙歌满庭芳寿余，勉次原韵》词："老人，三又两，清风作供，晴日生烟。但高高杜宇，不办行缠。"魏了翁《西江月·妇生日，许侍郎奕载酒用韵为谢》词："曾记刘安鸡犬、误随鼎灶登仙。十年尘土涴行缠，怪见霞觞频劝。"范成大《病中绝句》之二："溽暑熏天地涌泉，弯踪避湿挂行缠。"金董解元《西厢记诸宫调》卷二："整整齐齐尽摆搁，三停来系青布行缠，折半着黄绸絮袄。"《宣和遗事·亨集》："二人闻言，急点手下巡兵二百余人，人人勇健，个个威风，腿系着粗布行缠，身穿着鸦青衲袄。"《虚堂语录》卷一："黄昏脱袜打睡，晨朝起来旋系行缠。"《五灯会元》卷一五："云居这里，寒天热水洗脚，夜间脱袜打睡，早朝旋行行缠，风吹篱倒，唤人夫劈篱缚起。"《水浒传》第十二回："只见那汉子头戴一顶范阳毡笠，上撒着一托红缨；穿一领白缎子征衫，系一条纵线绦，下面青白间道行

缠……带毛牛膀靴。"清王先谦《释名疏证补》卷五："古乐府有《双行缠》词，双行缠即行縢。"

【行驱】xíngkōu 指环的别称。南朝梁宗懔《荆楚岁时记》："行驱，盖妇人所作金环。"

【行来衣】xíngláiyī 出门所穿的体面衣服。南朝宋刘义庆《世说新语·排调》："（许文思）唤顾共行，顾乃命左右取枕上新衣，易己体上所著，许笑曰：'卿乃复有行来衣乎？'"

【熊衣】xióngyī 用熊皮制的衣服。南朝陈徐陵《在北齐与宗室书》："或熊衣雉制，青组朱旗。"

【绣服】xiùfú ❶用彩线刺绣的衣服。多为富贵者所服。《南史·崔祖思传》："琼簪玉笏，碎以为尘；珍裘绣服，焚之如草。"《艺文类聚》卷四六："安车驷马，望高阙而朝至；绣服缇麾，辚康衢而暮返。"《红楼梦》第七回："秦钟自见了宝玉形容出众，举止不凡，更兼金冠绣服，娇婢侈童。"❷因汉武帝时御史设有绣衣直指，用以治大狱，讨奸滑，故指代侍御史。语出《汉书·百官公卿表上》："侍御史有绣衣直指，出讨奸猾，治大狱，武帝所制，不常置。"唐卢照邻《〈乐府杂诗〉序》："霜台有暇，文律动于京师；绣服无私，锦字飞于天下。"张说《送任御史江南发粮以赈河北百姓》诗："调饥坐相望，绣服几时回。"钱起《送裴迪侍御使蜀》诗："朝天绣服乘恩贵，出使星轺满路光。"

【绣袿】xiùguī 彩绣袿衣。汉魏六朝妇女上服。南北朝沈约《十咏·脚下履》诗："逆转珠佩响，先表绣袿香。"《南史·邓郁传》："从少妪三十，并著绛紫罗绣袿襦，年皆可十七八许。"唐李商隐《和孙朴

魏晋南北朝时期的服饰

韦蟾孔雀咏》诗:"都护矜罗幕,佳人炫绣
袿。"宋丘崇《满江红·其五·诸宫怀古
即事,用二乾韵》词:"翠被那知思玉
度,绣袿谩说为行雨。"清陆茝《南乡子》
词:"深院绣袿单,检点征衣仔细看。"杨
继端《河传·拟百末词,咏闺中十二月
词》:"颂椒堂上,迎禧问寝。绣袿频
敛衽。"

【绣帽】xiùmào 绣有花纹的奢华帽子,男
女均可服用。《三国志·魏志·杨阜
传》:"阜常见明帝著绣帽,被缥绫半袖。"
唐许浑《赠萧炼师》诗:"曾试昭阳曲,瑶
斋帝自临。红珠络绣帽,翠钿束罗襟。"
白居易《柘枝词》:"绣帽珠稠缀,香衫袖
窄裁。"和凝《宫词百首·其四十七》:"地
衣初展瑞霞融,绣帽金铃舞舜风。"章孝
《柘枝》诗:"移步锦靴空绰约,迎风绣帽
动飘飖。"宋王以宁《蓦山溪·游南山》
词:"雕弓绣帽。戏马秦淮道。"黄机《乳
燕飞·次徐斯远韵寄稼轩》词:"绣帽轻
裘真男子,政何须、纸上分今古。"元关汉
卿《裴度还带》第二折:"列紫衫银带,摆
绣帽宫花。"迺贤《羽林行》:"珠衣绣帽花
满身,鸣驺斧钺惊路人。"

【续命缕】xùmìnglǚ 妇女臂饰。以五彩
丝编织为绳,缠系在臂膊,相传有去灾辟
邪,延年益寿之效。通常用于端午、夏至
等岁时节日。南朝梁宗懔《荆楚岁时
记》:"日月、星辰、鸟兽之状,文绣、金
缕,贡献所尊。一名长命缕,一名续命
缕。"宋陈元靓《岁时广记·端午》:"《风
俗通》:五月五日,以五彩丝系臂者,辟鬼
及兵。令人不病瘟。又曰:亦因屈原;一
名长命缕,一名续命缕。"《宋史·礼志十
五》:"诣长春殿进金缕延寿带、金丝续命
缕,上保生寿酒……前一日,以金缕延寿

带、金涂银结续命缕、绯踩罗延寿带、缲
丝续命缕分赐百官,节日戴以人。"

【絮帛】xùbó 棉絮与布帛。泛指轻暖御
寒的衣物。《南齐书·孝义传·华宝》:
"同郡刘怀胤与弟怀则,年十岁,遭父
丧,不衣絮帛,不食盐菜。"唐柳宗元《代
韦中丞贺元和大赦表》:"诸生喜黉塾之
广,庶老加絮帛之优。"《太平广记》卷四
九一:"爱自入道,衣无絮帛,斋无盐
酪,非律仪禅理,口无所言。"

【絮巾】xùjīn 头巾。《三国志·魏志·管
宁传》:"四时祠祭,辄自力强,改加衣
服,著絮巾,故在辽东所有白布单衣,亲
荐馈馈,跪拜成礼。"《三国志·阎温传》
注引《勇侠传》云:"(赵息)著絮巾布
袴,常于市中贩胡饼。"晋张华《列异传·
刘伯夷》:"有顷,转东首,以絮巾结两
足,以帻冠之,拔剑解带。"唐皮日休《寄
毗陵魏处士朴》诗:"文籍先生不肯官,絮
巾冲雪把鱼竿。"

【玄纮】xuánhóng 黑色的帽带。《隋书·
礼仪志四》:"后齐皇帝加元服……太保
加冕,侍系玄纮。"

【玄铠】xuánkǎi 黑色金属铠甲。《三国
志·蜀志·诸葛亮传》"以木牛运"裴松
之注引《汉晋春秋》:"获甲首三千级,玄
铠五千领,角弩三千一百张。"

【炫服】xuànfú 华丽昂贵的衣服。南朝
宋沈约《长安有狭斜行》:"方骖万科
巨,炫服千金子。"唐康骈《剧谈录·郭郓
见穷鬼》:"家有姬仆声乐,其间端丽者至
多,外之炫服冶容,造次莫回其意。"宋张
舜民《丛台》诗:"靓妆炫服寻为土,不似
昆明埑劫灰。"元陈孚《黄鹤楼歌》:"下视
十二之衢兮,炫服士女东西行者貌蠕蠕
之吴蚕。"清赵翼《斋前宝珠山茶艳发》

诗:"又如三千殿脚女,锦衣炫服明江干。"

【**靴履**】xuēlǚ 靴子和鞋子的统称。《周书·王罴传》:"性又严急,尝有吏挟私陈事者,罴不暇捶扑,乃手自取靴履,持以击之。"唐张鷟《游仙窟》:"洛川回雪,只堪使叠衣裳;巫峡仙云,未敢为擎靴履。"清吴嘉宾《得一斋记》:"然而瞽得章绣,聋得钧球,秃得簪笄,兀得靴履……虽奇巧丽饰,值以千亿,曾不如工之有缺斤,农之有曲耒也。"《红楼梦》第五十三回:"只听锵锵叮哨,金铃玉珮微微摇曳之声,并起跪靴履飒沓之响。"

Y

ya—yi

【雅服】yǎfú 儒雅的服饰。多指正规、常用的礼服。《北史·高季式传》:"(卢曹)性弘毅方重,常从容雅服,北州敬仰之。"明王世贞《觚不觚录》:"而士大夫宴会,必衣曳撒,是以戎服为盛,而雅服为轻,吾未之从也。"

【颜】yán 帽子正中的横缝。《宋书·五行志一》:"初为白帢,横缝其前以别后,名之曰'颜',俗传行之。"

【颜帢】yánqià 男子所戴的正中有横缝的便帽。《晋书·五行志上》:"初,魏造白帢,横缝其前以别后,名之曰颜帢,传行之。"

【掩衣】yǎnyī 也称"掩腋衣"。袈裟。《北齐书·王纮传》:"年十五,随父在北豫州,行台侯景与人论掩衣法为当左,为当右。"清沈自南《艺林汇考·服饰》卷五:"袈裟……又名覆膊,又名掩衣,谓覆左膊而掩右腋也。"《说原》:"袈裟,一名掩衣,谓覆左膊而掩右腋也。"

【厌腰】yànyāo 束腰。晋干宝《搜神记》卷七:"晋武帝泰始初,衣服上俭下丰,著衣者皆厌腰。"

【瑶珰】yáodāng 玉制的耳饰。晋无名氏《白纻舞歌诗》:"阳春白日风花香,趋步明玉舞瑶珰。"南朝梁简文帝《七励》诗:"载金翠之婉婵,珥瑶珰之陆离。"宋方蒙仲《和刘后村梅花百咏》诗:"岁岁年年花状头,瑶珰琼佩瑞光浮。"陈宗道《送戴石屏归天台》诗:"醉骑白鹿军峰下,一见赠我青瑶珰。"

【瑶环】yáohuán 玉环。用作耳饰或佩饰。晋葛洪《抱朴子·君道》:"灵禽贡于彤庭,瑶环献自西极。"宋洪迈《夷坚丙志·锦香囊》:"宝冠珠翘,瑶环玉珥,奇衣袨服,仪状环丽。"于石《美人一章寄徐秉国》诗:"瑶环瑜珥锵琳琅,修竹萧萧翠袖长。"刘克庄《挽郑宣教》诗:"葛帔悲交态,瑶环忆妙龄。"张镃《次韵酬新九江使君赵明达二诗仍送自制香饼白鸥波酒》诗:"纷纷金佩与瑶环,骨相如吾敢妄攀。"清唐孙华《观宴高丽使臣》诗:"早闻西国贡瑶环,又见南蛮献铜鼓。"

【冶服】yěfú 华丽的服装。《文选·陆机〈吴王郎中时从梁陈作〉诗》:"玄冕无丑士,冶服使我妍。"唐李周翰注:"冶服,美服也。"唐王绩《益州城西张超亭观妓》诗:"冶服看疑画,妆台望似春。"陆敬《七夕赋咏成篇》:"婉娈夜分能几许,靓妆冶服为谁新。"宋苏籀《春晴一首》诗:"飘忽红稠莺燕语,康衢冶服炫春晴。"明高叔嗣《春日行》:"冶服谁家子,良辰争驰突。"

【冶袖】yěxiù 华丽的衣袖。南朝陈徐陵《〈玉台新咏〉序》:"惊鸾冶袖,时飘韩掾之香,飞燕长裙,宜结陈王之佩。"唐上官仪《咏画障》诗:"新妆漏影浮轻扇,冶袖飘香入浅流。"张柬之《东飞伯劳歌》:"绝

衣

世三五爱红妆,冶袖长裙兰麝香。"明王彦泓《赋得别梦依依到谢家八首》诗其七:"何当白玉莲花盏,更带红鸾冶袖香。"清张佩纶《论闺秀诗》:"玉台空补选楼疏,冶袖飘香佩结裾。独守正人彤管例,肯将妖艳附关雎?"

【衣裓】yīgé ❶佛教徒挂在肩上的长方形布袋,用作拭手和盛物。后秦鸠摩罗什《法华经·譬喻品》:"我身手有力,当以衣裓,若以几案,从舍出之。"唐寒山《诗》:"住不安釜灶,行不赍衣裓。"❷僧衣。唐柳宗元《送文畅上人登五台遂游河朔序》:"然后蔑衣裓之赠,委财施之会不顾矣。"清王士禛《香祖笔记》卷八:"金陵王某家,有大石子,中具兜尘观世音像,趺坐如生,面目衣裓如画。"卢文弨《钟山札记·裓》:"衣裓用于释氏为多,然亦可通用……非专指衣襟也。"❸衣襟。唐慧琳《一切经音义》卷一七:"衣裓……谓衣襟也。"宋道原《景德传灯录·胁尊者》:"四众各以衣裓盛舍利,随处兴塔而供养之。"《阿弥陀经》:"其国众生,常以清旦,各以衣裓,盛众妙华。"

【衣甲】yījiǎ 战袍、铠甲。《南齐书·王奂传》:"彪辄令率州内得千余人,开镇库,取仗,配衣甲,出南堂陈兵,闭门拒守。"唐王建《寄贺田侍中东平功成》诗:"百里旗幡冲即断,两重衣甲射皆穿。"宋陈傅良《孝宗皇帝挽词五首》其一:"衣甲三浣旧,费为十金休。"元李延兴《和友人韵》其二:"归来衣甲破,虮虱费爬搔。"明罗洪先《官军谣·段都阃所将省兵四百,无一人援白沙者》:"官军四百数不足,衣甲鲜明好皮肉。"

【衣巾】yījīn ❶衣服和头巾。南朝宋鲍照《代蒿里行》:"虚容遗剑佩,实貌戢衣巾。"唐白居易《酬牛相公兼呈梦得》诗:"夜凉枕簟滑,秋燥衣巾轻。"清孔尚任《桃花扇·哄丁》:"小生衣巾,扮吴应箕上。"❷衣服和佩巾。语本《诗经·郑风·出其东门》:"缟衣綦巾。"余冠英注:"'巾',佩巾也。"唐白居易《初除户曹喜而言志》诗:"弟兄俱簪笏,新妇俨衣巾。"❸指装殓死者的衣服与单被。《宋史·宋祁传》:"自为志铭及《治戒》以授其子:'三日敛,三月葬,慎无为流俗阴阳拘忌也。棺用杂木,漆其四会,三涂即止,使数十年足以腊吾骸,朽衣巾而已。毋以金铜杂物置冢中。'"❹明清时的儒生秀才服式。"衣"应是襕衫或青衣圆领,"巾"应是四方平定巾或软巾。《儒林外史》第十七回:"直到四五日后,匡超人送过宗师,才回家来,穿着衣巾,拜见父母。"

【衣冕】yīmiǎn 衮衣和冠冕。帝王与上公的礼服和礼冠。《北史·蠕蠕传》:"寻封阿那环朔方郡公、蠕蠕王,赐以衣冕,加之辂、盖,禄从仪卫,同于戚藩。"宋无名氏《促拍满路花》其一:"又何须衣冕,燕处欲超然。"

【衣帢】yīqià "帢"亦作"帕"。衣服和丝织便帽的合称,泛指便衣与便帽。《南齐书·始安贞王道生传》:"遥光还小斋帐中,著衣帢坐,秉烛自照。"《太平御览》卷六八八:"游道为中正,使者相属,以衣帢待之,握手欢谑谑。"《资治通鉴·齐世祖永明九年》:"齐使裴昭明等欲以朝服入吊,成淹责之,易以衣帢。"《晋书·刘曜载记》:"遭刘岳、刘震等乘马,从男女,衣帢以见曜。"

【衣裙】yīqún 上衣和下裳。泛指衣和

460

裙。《宋书·五行志一》："陈郡谢灵运有逸才,每出入,自扶接者常数人。民间谣曰'四人挈衣裙,三人捉坐席'是也。"《红楼梦》第六回:"只听远远有人笑声,约有一二十妇人,衣裙窸窣,渐入堂屋,往那边屋内去了。"《儿女英雄传》第九回:"那张金凤整好衣裙,仍同十三妹回到西间坐下。"

【衣帽】yītāo 便衣与便帽。《北史·外戚传·冯熙》:"帝以所服衣帽充襚,亲自临视,彻乐去膳,宣敕六军,止临江之驾。"清吴伟业《寿王子彦》诗:"衣帽蕴藉多风雅,砚几清严见性情。"清俞鬶《村落》诗:"耒耜谋邻姥,衣帽报塾师。"

【衣袖】yīxiù 衣服上的袖子。南朝江淹《伤内弟刘常侍诗》:"风至衣袖冷,况复螜蛄鸣。"唐元稹《酬周从事望海亭见寄》诗:"衣袖长堪舞,喉咙转解歌。"白居易《听曹刚琵琶兼示重莲》诗:"谁能截得曹刚手,插向重莲衣袖中。"李商隐《酬崔八早梅有赠兼示之作》诗:"谢郎衣袖初翻雪,荀令熏炉更换香。"《唐会要》卷三一:"开成四年二月,淮南观察使李德裕奏:臣管内妇人,衣袖先阔四尺,今令阔一尺五寸。"

【衣缨】yīyīng 衣冠簪缨。仕宦的服装。借指官宦世家。南朝陈徐陵《在北齐与梁太尉王僧辩书》:"固以衣缨仰训,黎庶投怀。"唐李复言《续玄怪录·定婚店》:"命苟未合,虽降衣缨而求屠博,尚不可得,况郡佐乎?"南唐谭峭《化书·食化·王者》:"王者衣缨之费,盘肴之直,岁不过乎百万。"明文徵明《敕封承德郎工部都水司主事陈君墓表》:"陈氏遂为吴郡衣缨之族。"

【衣簪】yīzān 衣冠簪缨,是仕宦的服装。

后用以借指官吏与世家大族。《宋书·孝义传论》:"若夫孝立闺庭,忠被史策,多发沟畎之中,非出衣簪之下。以此而言声教,不亦卿大夫之耻乎。"南朝梁王僧孺《南海郡求士教》:"风序泱泱,衣簪斯盛。"唐杨炯《和骞右丞省中暮望》诗:"天明揔枢辖,人镜辨衣簪。"

【衣帻】yīzé 衣服与头巾。南朝宋刘义庆《世说新语·赏誉》:"桓诣谢,值谢梳头,遽取衣帻。"《北史·外戚传·高肇》:"始宣武未与舅氏相接,将拜爵,乃赐衣帻,引见肇显于华林都亭。"宋王安石《次韵酬宋妃六首》其五:"邂逅故人唯一醉,醉中衣帻任欹斜。"曾巩《东津归催吴秀才寄酒》诗:"欣然与客到溪岸,衣帻不避尘泥点。"

【衣着】yīzhuó 衣服;穿着;身上的穿戴装束。晋陶渊明《桃花源记》:"其中往来种作,男女衣着,悉如外人。"《陈书·姚察传》:"尝有门生不敢厚饷,送南布一端,花练一匹。察谓曰:'吾所衣着,止是麻布蒲练,此物于吾无用。既欲相款接,幸不烦尔。'"宋杨万里《立春前一夕》诗:"雨晴终日异,衣着一冬难。"宋孟元老《东京梦华录》卷六:"州北封丘门外,及州南一带,皆结彩棚,铺陈冠梳、珠翠、头面、衣着。"

【遗衣】yíyī 指仙逝或亡去者的衣服。晋潘岳《夏侯常侍诔》:"望子旧车,览尔遗衣,恫抑失声,迸涕交挥。"唐欧阳詹《有所恨二章》其二:"相思遗衣,为忆以贻。亦既受止,曷不保持。"宋王安石《神宗皇帝挽词》之二:"老臣他日泪,湖海想遗衣。"王十朋《显仁皇后挽词》:"瑶池燕仙侣,空石葬遗衣。"吴则礼《寄题纪信庙》诗:"楚炬无情燎黄屋,晋城有土瘗遗衣。"明于谦《悼内六首》其四:"破镜已分鸾凤影,遗衣空带麝兰香。"李昌祺《挽某孺人》诗:"遗衣尚有亲缝线,残综犹余手断机。"

【倚劝帽】yǐquànmào 也称"倚劝"。南朝齐时士庶男子所戴的一种帽子。《南史·齐废帝海陵王纪》:"时又多以生纱为帽,半324裙而析之,号曰'倚劝'。"《南齐书·五行志》:"永明末,民间制倚劝帽。及海陵废,明帝之立,劝进之事,倚立可待也。"

【袆复】yìfù 即"帕腹"。南朝梁王筠《行路难》诗:"裲裆双心共一袜,袆复两边作八襈。襻带虽安不忍缝,开孔裁穿犹未达。胸前却月两相连,本照君心不见天!"

【襻】yì 也作"褹"。衣袖。晋潘岳《藉田赋》:"蹑蹱侧肩,掎裳连襻。"唐李善注:"郭璞《方言》注曰:'襻即袂字也。'"《新唐书·刘文静传》:"诚能投天会机,奋襻大呼,则四海不足定也。"林纾《吟边燕语序》:"士女联襻而听,欷歔感涕。"

yin—you

【阴卯】yīnmǎo 不外露的屐齿。制作时先在屐楄(即屐底)凿以榫孔,孔不穿透,然后以齿榫插入孔眼,即为"阴卯"。《晋书·五行志上》:"旧为屐者,齿皆达楄上,名曰露卯。太元中忽不彻,名曰阴卯。识者以为卯,谋也,必有阴谋之事。"

【裀】yīn ❶衣之有里者,夹衣。《广雅·释器》:"复襂谓之裀。"清王念孙《疏证》:"此《说文》所谓重衣也。襂与衫同⋯⋯《方言》注以衫为襌襦。其有里者,则谓之裀。裀犹重也。"❷衣服的腰身。《广雅·释器》:"裀⋯⋯裑也。"清王念孙《疏

证》:"裑,谓衣中也。"《玉篇·衣部》:"裀⋯⋯衣身。"❸内衣。《字汇·衣部》:"裀,近身衣。"

【银带】yíndài 以银銙装饰的腰带或镶银饰的衣带。唐代规定为六、七品官官服之带。带上钉银銙九。宋元明清历代沿用。南朝梁元帝《和弹筝人》诗:"旧柱未移处,银带手轻持。"《唐会要》卷三一:"六品服深绿,七品服浅绿,并银带,九銙。"《宋史·舆服志五》:"虽升朝著绿者,公服上不得系银带。"《宋史·舆服志五》:"带:其等亦有玉、有金、有银、有金涂银、有犀、有通犀、有角。"宋文莹《玉壶清话》卷三:"赐去华袭衣银带,为右补阙。"《明会典·刑部七·仪制》:"县郡仪宾,钑花银带,乡郡仪宾,光素银带,胸背俱彪,故违僭用者。"《警世通言·赵春儿重旺曹家庄》:"撞见一人,豸补银带,乌纱皂靴,乘舆张盖而来,仆从甚盛。"《水浒传》第七回:"只见墙外一个官人,怎生打扮⋯⋯腰系一条双搭尾龟背银带,穿一对磕瓜头朝样皂靴。"清唐孙华《偕夏重至国学观古槐》诗:"推排列拜皆新贵,乌纱银带纷趋跄。"《红楼梦》第十五回:"(宝玉)穿着白蟒箭袖,围着攒珠银带。"《快心编》第十回:"标下官员一总大红圆领,也有束金带的、银带的、角带的数十余员。"

【缨弁】yīngbiàn 冠带和皮冠,仕宦的代称。南朝齐谢朓《和伏武昌登孙权故城》诗:"幽客滞江皋,从赏乖缨弁。"唐皇甫冉《题高云客舍》诗:"时人趣缨弁,高鸟违罗网。"杨衡《寄赠田仓曹湾》诗:"缨弁虽云阻,音尘岂复疏。"宋之问《郡宅中斋》诗:"揆予谬承奖,自惜从缨弁。"宋秦观《春日杂兴十首》其四:"缨弁罗广

席,当头舞交竿。"崔敦诗《金国使人到阙紫宸殿宴参军色致语口号》诗:"春风黄伞下清厢,缨弁蝉联宴未央。"明李东阳《寿舅氏刘公八十》诗序:"故缨弁介胄之家,论恬退者必之。"王恭《赠周谷泰赴召天京》诗:"遂令布衣臣,欻起皆缨弁。"

【缨导】yīngdǎo 冠上饰物。《周书·武帝纪下》:"(宣政元年三月)甲戌,初服常冠。以皂纱为之,加簪而不施缨导,其制若今之折角巾也。"

【缨绂】yīngfú 也作"缨黻"。冠带与印绶。亦借指官位。南朝梁沈约《梁三朝雅乐歌·俊雅二》:"珩佩流响,缨绂有容。"《北史·魏彭城王勰传》:"彦和、季豫等年在冲蒙,早此缨绂。"唐孟浩然《宿天台桐柏观》诗:"愿言解缨绂,从登去烦恼。"皎然《妙喜寺达公禅斋寄李司直公孙房都曹霈裕从事方舟颜武康士骈四十二韵》:"却寻丘壑趣,始与缨绂别。"《资治通鉴·唐高宗永徽六年》:"武氏门著勋庸,地华缨黻,往以才行选入后庭,誉重椒闱。"宋杨时《寄长沙簿孙昭远》诗:"归去好寻溪上侣,为投缨绂换渔蓑。"明张居正《七贤咏·于安丰》诗:"虽有缨绂累,终知世网疏。"

【缨笏】yīnghù 冠带和手板。亦借指官职的人。《文选·颜延之〈皇太子释奠会作诗〉》:"缨笏匝序,巾卷充街。"唐李善注:"缨笏,垂缨秉笏也,皆朝臣之服,故举服以明人。"宋贺铸《飞鸿亭》诗:"行且置缨笏,庵栖宗大乘。"清陈康祺《燕下乡脞录》卷一:"讲解移晷,缨笏塞巷,巾卷充街,莫不倾听忘倦。"唐孙华《次韵酬宫恕堂》诗:"落落余数子,趋朝系缨笏。"

【缨徽】yīnghuī 妇女系佩或置于袖内的小香袋。《文选·嵇康〈琴赋〉》:"新衣翠粲,缨徽流芳。"唐李善注:"《尔雅》曰:'妇人之徽谓之缡也。'郭璞曰:'今之香缨也。'"南朝宋鲍照《梦归乡》诗:"开奁夺香苏,探袖解缨徽。"一说谓衣领。清厉荃《事物异名录》卷一六:"缨徽,衣领也。"

缨徽

【缨络】yīngluò 也作"璎珞"。妇女的一种用珠玉串成戴在颈项上的饰物,多用于宫娥舞妓。缨络是融项链、长命锁等颈饰为一体的一种饰物,即把项链的项坠部分扩张成"长命锁"状。缨络的上部,通常是一种金属的项圈,项圈周围垂系着许多珠玉宝石,有时在靠近人体的正胸部位,还悬挂着一个类似锁片的饰物。《晋书·四夷传·林邑国》:"其王服天冠,被缨络。"又:"其王者著法服,加璎珞,如佛像之饰。"后秦鸠摩罗什译《妙法莲华经·药草喻品》:"各起塔庙高千由旬,纵广正等五百由旬。皆以金、银、琉璃、车渠、玛瑙、珍珠、玫瑰七宝合成众华、璎珞……缯盖、幢幡。"《梁书·高昌传》:"女子头发辫而不垂,著锦缬璎珞环钏。"《敦煌变文集·维摩诘经讲经文》:"整百宝之头冠,动八珍之璎珞。"唐朱揆《钗小志》:"上皇令宫妓佩七宝璎珞,舞霓裳羽衣曲。曲终,珠翠可扫。"宋苏轼《无名和尚颂观音偈》诗:"累累三百五十珠,持与观音作缨络。"元陶宗仪《元氏掖庭记》:"帝在位久怠于政事,荒于游宴,以宫女一十六人……戴象牙冠,身披璎珞。"《红楼梦》第三回:"项上金螭璎络,又有一根五色丝绦,系着一块美玉。"又第八回:"(宝钗)一面说,一面解了排扣,从里面大红袄儿上将那珠宝晶莹、黄金灿烂的璎珞摘出来。"清康有为《乙未出都作》诗:"竟将璎珞亲贫子,故入泥犁救重囚。"

【缨组】yīngzǔ 结冠的丝带。亦借指官宦。《南史·文学传·锺嵘》:"服既缨组,尚为臧获之事。"唐王建《荆南赠别李肇著作转韵诗》:"且欢身体适,幸免缨组束。"白居易《官俸初罢亲故见忧以诗谕之》诗:"今春始病免,缨组初摆落。"权德舆《奉使宜春夜渡新淦江陆路至黄檗馆路上遇风雨作》诗:"转知人代事,缨组乃徽束。"宋高斯得《次韵功远兄惠诗见劳》诗:"偶从锋镝余,来被缨组缚。"明归有光《戴素庵七十寿序》:"西野既解缨组之累,先生亦释弦诵之负。"清申涵光《家诫示舍弟》诗:"朱门曳长裾,谭燕杂缨组。"

【褛】yìng 裙子上的折裥。《玉篇·衣部》:"褛,裙裥也。"

【油帔】yóupèi 涂过桐油的防雨披肩。《晋书·桓玄传》:"裕至蒋山,使羸弱贯油帔登山,分张旗帜,数道并前。"

【油衣】yóuyī 用桐油涂制而成的雨衣。北魏贾思勰《齐民要术·杂说》:"以竿挂油衣,勿辟藏。"《隋书·炀帝纪上》:"上尤自矫饰,当时称为仁孝。尝观猎遇雨,左右进油衣,上曰:'士卒皆沾湿,我独衣乎!'乃令持去。"《通典》卷三六:

"永徽元年冬,出猎,在路遇雨,因问谏议大夫谷那律曰:'油衣若为不得漏?'"宋吴曾《能改斋漫录·逸文》:"孔公借油衣,叟曰:'某寒不出,热不出,风不出,雨不出,未尝试油衣也。'孔公不觉顿忘宦情。"《金史·世宗本纪中》:"(大定十二年五月)禁百官及承应人不得服纯黄油衣。"明张岱《夜航船·物理部·器用》:"雨伞、油衣、笠子雨中来,须以井水洗之,不尔易得脆坏。"清·纳兰性德《雨霁赋》:"涂泥静涤,平原旷邈,油衣乍脱,轻轩载道。"

【游缝】yóufèng 衣裙上的折裥。有别于固定的衣缝。《玉篇·衣部》:"褕……衣游缝也。"南朝梁王筠《行路难》诗:"裲裆双心共一袜,祖复两边作八褕。"清吴兆宜注:"褕……衣游缝也。"

yu—yun

【羽裳】yǔcháng 用羽毛做的衣裳。指仙人、道士的衣裳。多用于形容神话人物。北魏郦道元《水经注·河水二》:"岩堂之内,每时见神人往还矣,盖鸿衣羽裳之士,练精饵食之夫耳。"宋吴文英《齐天乐·寿荣王夫人》:"拥莲媛三千,羽裳风佩。"岳珂《唐许浑乌丝栏诗真迹赞》诗:"羽裳云锦朝帝垣,天凤戛佩披琅玕。"明何景明《七述》诗:"左骖双龙右两螭,羽裳翩翩垂白蜺。"

【雨衣】yǔyī 防雨的外衣。先秦时已有蓑草、羽缎等材料制成的,南北朝时,有油布、绢等不同材料制成的。其形式以无袖者居多,着时披搭于肩,下长及膝。另有雨裳、雨帽,合为一套。唐许浑《村舍》诗之一:"自剪青莎织雨衣,南峰烟火是柴扉。"宋庄绰《鸡肋编》卷上:"河东食

魏晋南北朝时期的服饰

大麻油,气臭,与苴子皆堪作雨衣。"高承《事物纪原·雨衣》:"《世始》曰:凡雨具,周已有,《左传》云陈成子衣制仗戈。杜预注曰'制,雨衣也'是矣。《炙毂子》曰:帷绢油制之。及油帽,陈始有之也。"《元史·兵志四》:"凡铺卒皆腰革带,悬铃,持枪,挟雨衣,赍文书以行。"明刘若愚《酌中志》卷一九:"雨衣、雨帽:用玉色、深蓝、官绿杭绸或好绢,油为之。先年亦有蚕茧纸为之,今无矣……御前大内臣值穿红之日,有红雨衣、彩画蟒龙方补为贴里式者。"《清史稿·舆服志二》:"雨衣、雨裳,民公、侯、伯、子、文、武一品官,御前侍卫,各省督、抚,皆用红色。二品以下文、武官,皆用青色。"

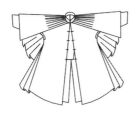

雨衣(清代刻本《大清会典图》)

【玉柄麈尾】yùbǐngzhǔwěi 也作"玉麈""玉麈尾"。玉制柄的麈尾,魏晋人清谈时为了助谈锋、显身位而必执的一种道具。清谈的主持者手中拿着它就可以发号指挥,犹如一种叫麈的大鹿摇动麈尾指挥群鹿的行动方向一样。所以,清谈者一执麈尾,就身价倍增,取得了组织、主持和指挥清谈的资格。南朝宋刘义庆《世说新语·容止》:"王夷甫(王衍)容貌整丽,妙于谈玄,恒捉白玉柄麈尾,与手都无分别。"唐卢照邻《行路难》诗:"金貂有时换美酒,玉麈但摇莫计钱。"李白《赠僧崖公》诗:"手秉玉麈尾,如登白楼亭。"宋梅尧臣《玉麈尾寄傅尉越石联句》:"斋

中独何物,持之想见君。惟兹玉麈尾,信美而有文。"姜夔《湘月》词:"玉麈谈玄,叹坐客、多少风流名胜。"明李东阳《送文宗儒太仆还南寺》诗:"锦囊秀句压骚人,玉麈雄谈惊坐客。"清龚自珍《行路易》诗:"袖中芳草岂不香,手中玉麈岂不长?"

【玉钏】yùchuàn 玉制的臂饰或腕饰。南朝何逊《嘲刘郎》诗:"稍闻玉钏远,犹怜翠被香。"鲍令晖《近代杂诗》:"玉钏色未分,衫轻似露腕。"南朝梁简文帝《夜听妓》诗:"朱唇随吹尽,玉钏逐弦摇。"《南史·王玄象传》:"剖棺见一女子,年可二十、姿质若生。女臂有玉钏,破冢者斩臂取之,于是女复死。"唐刘言史《偶题》诗:"掬水泥泥湿岸边郎,红绡缕中玉钏光。"宋王千秋《水调歌头》:"解檀槽,敲玉钏,泛清讴。"元·关汉卿《玉镜台》第二折:"他兀自未揎起金衫袖,我又早听的玉钏鸣。"《儿女英雄传》第十五回:"手上带着金镯子、玉钏,叮当作响。"

【玉带】yùdài ❶用玉装饰的腰带。唐代规定,文武百官着礼服时均用革带,带上缀方圆牌饰,以牌饰质料、数量区别等级:三品以上金玉并用;四、五品用金;六、七品用银;八、九品用鍮石;庶民用铜铁。宋代因之。金代规定为皇帝以下、正一品以上所系腰带。元代带制承袭金制而略有损益。明清时期仍有此制。明代玉带,一般用革为之,外裹青绫,上缀犀玉石等。前面有正中方片一,二傍有小辅二条,左右各引三圆片,后面各有插尾,束时可见于袖后。后面连缀七方片,带宽而圆,束时不着腰,在圆领两胁下,各有细纽贯带于中而悬挂之,不像唐、宋时束带着腰。此种玉带惟帝后、太子、亲王、郡王等用之,至嘉靖间,则三品

465

有系金镶雕花、银母、象牙、明角、沉檀带；四品用金镶玳瑁、鹤顶、银母、明角、伽楠、沉速带；五品用雕花象牙等；六、七品用素带，至后又惟用金银花素二色。南朝梁江淹《扇上采画赋》："命幸得为彩扇兮，出入玉带与绮绅。"《周书·李迁哲传》："太祖嘉之，以所服紫袍玉带及所乘车马以赐之。"《旧唐书·柳浑传》："时上命玉工为带，坠坏一銙，乃私市以补。乃献，上指曰：'此何不相类？'工人伏罪。"唐韩愈《示儿》诗："开门问谁来，无非卿大夫。不知官高卑，玉带悬金鱼。"宋程大昌《演繁露》卷一二："唐制：五品以上皆金带，至三品则兼金玉带。《通鉴》：明皇开元初敕百官所服带，三品以上听饰以玉，是(韩)退之之客皆三品之上，亦足诧矣。"宋叶梦得《石林燕语》卷六："国朝亲王，皆服金带。元丰中官制行，上欲宠嘉岐二王，乃诏赐方团玉带著为朝仪。先是乘舆玉带皆排方，故以方团别之。"《宋史·舆服志五》："太平兴国七年正月，翰林学士承旨李昉等奏曰：'奉诏详定车服制度，请从三品以上服玉带，四品以上服金带。'"刘昌诗《上元词》："绣鞯绒坐三千骑，玉带金鱼四十班。"苏轼《次元长老韵》诗："病骨难堪玉带围，钝根仍落箭锋机。"又《临江仙·龙丘子自洛之蜀》词："细马远驮双侍女，青巾玉带红靴。"宇文懋昭《大金国志》卷三四："国主视朝服：纯纱幞头，窄袖赭袍，玉遍(扁)带……太子服：纯纱幞头，紫罗宽袖袍，象简玉带，佩双玉鱼……正一品，谓左右丞相、左右平章事、开府仪同三司，服紫罗袍，象简玉带，佩金鱼。"《金史·舆服志下》："带制，皇太子玉带，佩玉双鱼袋。亲王玉带，佩玉鱼。一品玉

带，佩金鱼。"《元典章》卷二九："偏带俱系红鞓，一品玉带，二品花犀。"元张可久《肃斋赵使君致仕归》诗："荣故里名香二疏，播廉声恩在三衢，教子读书，黄卷青灯，玉带金鱼。"明高明《琵琶记》第二十九出："你穿的是紫罗襕，系的是白玉带。"俞汝楫《礼部志稿》卷一八："洪武三年定，凡文武官常朝视事，以乌纱帽、圆领衫、束带为公服。一品玉带；二品花犀带；三品金钑花带；四品素金带；五品银钑花带；六品、七品素银带；八品、九品乌角带。"顾起元《客座赘语》卷九："南京文臣官一品系玉带者，惟太子太保王襄敏公。"《镜花缘》第三十三回："又有许多宫娥捧着凤冠霞帔、玉带蟒衫，并裙裤簪环首饰之类。"五代、宋、元、明等时期的玉带实物，在四川成都、广元、山东邹县、江西南城、江苏苏州及北京定陵等地古墓均有出土。❷戏曲服饰。戏曲服装中极庄重的礼服——蟒以及官衣之重要佩饰。源于古代服饰的革带。戏曲服装的玉带，既有历史生活基础，又有相当大的艺术加工。圆形，硬质，缀方、圆两种"品玉"(以寿字纹为饰)，"围挂"于腰间，并无束腰的实用功能，只有"带"的意味。实际上，完全是具可舞性的装饰品，有利于演员"撩袍端带"的歌舞表演动作。

龙纹玉带
（四川成都前蜀王建墓出土。）

戏曲玉带

【玉导】yùdǎo 用玉制成的簪导。魏晋以来，冠帻有簪，有导。导用以引发入冠帻以内，贵者以玉为之。《晋书·桓玄传》："益州督护冯迁抽刀而前，玄拔头上玉导与之。"《南齐书·高帝纪下》："即位后，身不御精细之物，敕中书舍人桓景真曰：'主衣中似有玉介导，此制始自大明末，后泰始尤增其丽。'"《隋书·礼仪志七》："簪导……天子独得用玉，降此通用玳瑁及犀。"《新唐书·车服志》："五品以上双玉导，金饰；六品以下无饰。"《辽史·仪卫志二》："未冠，则双童髻，空顶，介帻，双玉导，加宝饰。"

【玉屐】yùjī ❶以玉雕琢而成的鞋。多用于随葬。《南齐书·文惠太子传》："时襄阳有盗发古冢者，相传云是楚王冢，大获宝物，玉屐、玉屏风。"❷一种玉制的女鞋。明胡应麟《少室山房笔丛》卷一二："躧屣、利履、玉屐、鸾靴、金华、远游、花文、重台诸制，并男子同，无一及于弓纤者，当时妇人足可概见。"

【玉梁】yùliáng ❶腰带上的玉饰。北周庾信《春赋》："马是天池之龙种，带乃荆山之玉梁。"《北史·陈顺传》："魏文帝执顺手曰：'渭桥之战，卿有殊力。'便解所服金镂玉梁带赐之。"❷玉制的鱼形佩饰。宋江休复《江邻几杂志》："长安有宝货行，有购得名玉鱼者，亦名玉梁，似今所佩鱼袋。"

【玉梁带】yùliángdài 带銙装饰有玉的腰带。"起梁带"的一种。帝王田猎时所系。使用时和介帻、袴褶配套。《周书·侯莫陈顺传》："顺于渭桥与贼战，频破之，贼不敢出。魏文帝还，亲执顺手曰：'渭桥之战，卿有殊力。'便解所服金镂玉梁带赐之。"《隋书·礼仪志七》："其乘舆

黑介帻之服，紫罗褶，南布袴，玉梁带，紫丝鞋，长靿靴。畋猎豫游则服之。"

【玉履】yùlǚ 用珠玉制成或装饰的鞋子。《南史·王僧虔传》："文惠太子镇雍州，有盗发古冢者，相传云是楚王冢，大获宝物：玉履、玉屏风、竹简书、青丝纶。"唐王勃《七夕赋》："悲侵玉履，念起金钿。"宋方蒙仲《绿萼梅》诗："楚楚碧霞裳，轻轻青玉履。"陈昌时《太真图》诗："乡帕香鞯玉履麟，侍儿扶上不胜春。"

【玉袂】yùmèi 衣袖的美称。也指手。南朝梁江淹《丹砂可学赋》："奏神鼓于玉袂，舞灵衣于金裾。"

【玉条脱】yùtiáotuō 玉镯。南朝梁陶弘景《真诰·运象·绿萼华诗》："赠诗一篇并致火澣布手巾一枚、金玉条脱各一枚。条脱似指环而大，异常精好。"唐陆龟蒙《奉和袭美太湖诗二十首·圣姑庙》诗："好赠玉条脱，堪携紫纶巾。"又《和袭美江南道中怀茅山广文南阳博士三首次韵》其三："珍重双双玉条脱，尽凭三岛寄羊君。"宋孙光宪《北梦琐言》卷四："宣宗尝赋诗，上句有'金步摇'，未能对。遣未第进士对之。庭云乃以'玉条脱'续也。"清姚燮《双鸩篇》诗："妾身金缕衣，比郎光与辉。妾腕玉条脱，比郎颜与色。"程善之《古意》诗："玉条脱，金步摇，兰泽四溢黄金豪。"

【玉觿】yùxī 锥状佩玉器，用以解小结。南朝梁武帝《长安有狭斜行》诗："大妇理金翠，中妇事玉觿，小妇独闲暇，调笙游曲池。"

【御巾】yùjīn 宫廷侍女所戴的头巾，代指宫女。三国魏曹植《妾薄命行》："腕弱不胜珠环，坐者叹息舒颜，御巾裹粉君傍，中有霍纳都梁。"

【褑袩】yuānfán 以皮革制成的袜。《玉篇·衣部》:"褑袩,袜也。"《骈雅·释服食》:"褑袩,袜。"

【圆头屐】yuántóujī 楄头部作圆弧形木屐。与屐头前部呈方形的"方头屐"相对。晋太康年前多用于妇女,以示与男子的方头之屐有别。晋干宝《搜神记》卷七:"初作屐者,妇人圆头,男子方头。盖作意欲别男女也。至太康中,妇人皆方头屐,与男无异。"

【圆腰】yuányāo 南北朝妇女所穿的一种贴身小衣。由秦汉"抱腹"演变而来。其制以方帛为之,只用前片,不施后片。四角缀带,穿时二带结于颈,二带围系于腰。北周庾信《夜听捣衣》诗:"小鬟宜粟瑱,圆腰运织成。"

【远游履】yuǎnyóulǚ 省称"远游"。外出远行者所着之鞋履。男女均可着之。三国魏曹植《洛神赋》:"践远游之文履,曳雾绡之轻裾。"繁钦《定情诗》:"何以消滞忧,足下双远游。"唐李白《嘲鲁儒》诗:"足著远游履,首戴方山巾。"又《江上送女道士褚三清游南岳》诗:"足下远游履,凌波生素尘。"宋卫宗武《题张石山出行吟卷》诗:"安肯郁郁居,乃试远游履。"元黄玠《送张叔方湘潭州税务大使》诗:"使君足下远游履,茇涉湘潭数千里。"明袁华《送唐本初之茅山》诗其一:"老我平生远游履,尘缘未断独兴嗟。"

【约臂】yuēbì 一种臂饰或腕饰,镯钏之类。晋陶弘景《萼绿华诗》:"指著金环,白珠约臂。"宋邹登龙《梅花》诗:"约臂金寒拓资疏,搔头玉重压香酥。"张枢《宫词十首》其八:"传得官家暗宣赐,黄金约臂翠花枝。"明孙蕡《骊山老妓行·补唐天宝遗事,戏效白乐天作》:"约臂金

环雨雪宽,凌波锦袜风埃塞。"

【约指】yuēzhǐ 即指环、戒指。汉繁钦《定情诗》:"何以致殷勤,约指一双银。"清沈复《浮生六记·闺房记乐》:"母亦爱其柔和,即脱金约指缔姻焉。"黄遵宪《番客篇》诗:"举手露约指,如枣真金刚。"黄景仁《绮怀》诗:"解意尚呈银约指,含羞频整玉搔头。"《瀛台泣血记》第十七回:"她两个耳朵上是挂的一付珊瑚制的梨形的大耳环……此外,更有许多约指和臂钏等,满套在她的手指和两臂间。"徐珂《清稗类钞·服饰》:"(妇人)惟以宝石珍珠,嵌于约指。其头人,以银制约指,镌回文名字其上。"

【云裳】yúncháng 仙人的衣服。仙人以云为衣,故称。晋郭璞《山海经图赞·太华山》:"其谁游之,龙驾云裳。"史浩《芰荷香·中秋》词:"秋中气爽天凉。露凝玉臂,风拂云裳。"吴势卿《寿王通判五首》其四:"仙都仙子锦云裳,手授长生不死方。"韩淲《江城子·德久同醉,子似出新置佐酒,和德久词》词:"天孙应为织云裳。试宫妆。问刘郎。"元刘处玄《神光灿》:"体挂云裳,万里要到乘风。"清谭嗣同《别意》诗:"何以压轻装,鲛绡缝云裳。"

【云冠】yúnguān 高帽,多为僧、道或隐者所戴。晋陆机《赠潘尼》诗:"舍彼玄冕,袭此云冠。遗情市朝,永志丘园。"又《东武吟行》:"濯发冒云冠,浣身被羽衣。"南朝宋鲍照《登庐山诗》:"明发振云冠,升峤远栖趾。"《旧唐书·音乐志二》:"《景舞乐》,舞八人,花锦袍,五色绫袴,云冠,乌皮靴。"宋方逢振《示湖田庵僧》诗:"铸钟靰鼓买祭田,云冠雪衲聊结缘。"释心月《送丁高士》诗:"霞服云冠游

上苑,芒鞋竹杖过幽扉。"明袁宏道《大人寿日戏作》诗:"白马系垂杨,云冠高峨峨。"《水浒传》第五十九回:"道服裁棕叶,云冠剪鹿皮。"洪仁玕《英杰归真》:"(乾王)一时解了龙袍角帽,改换云冠便服。"

【云袍】yúnpáo ❶道士穿用的袍子,以红色织锦制成。北周庾信《入道士馆诗》:"云袍白鹤度,风管凤凰吹。"唐贯休《四皓图》诗:"溪苔连豹褥,仙酒污云袍。"《黄庭内景经·中池》:"丹景云袍带虎符。"注:"丹锦云袍,心肺之色也。在胆之上,故曰云袍。符,命符也……并道君之服也。"宋李昴英《吕洞宾赞》:"碧其风巾,皓其云袍。"❷饰有彩云图案的官服。唐李商隐《壬申闰秋题赠乌鹊》诗:"绕树无依月正高,邺城新泪溅云袍。"宋杨忆《别墅》诗:"东城归路晚,飞絮扑云袍。"王仲修《宫词》:"红日初生捧殿高,葱葱佳气拂云袍。"高遁翁《甥舅同登进士亦世之不易得者今幸逢其会因吟一律以寄一以表祖宗积善之征二以谢圣主宠赐之荣三以致勉忠之意二子惟勖诸》诗:"柳拂祥光看虎榜,杏花春色上云袍。"

【云裘】yúnqiú ❶轻柔的皮衣。南朝梁庾肩吾《长安有狭斜行》:"大妇襞云裘,中妇卷罗帱。"❷宋代天子祭天地时须穿裘服,故用以借指天子。《宋史·乐志十五》:"牙盘赭案肃神休,何日觐云裘。"无名氏《高宗祀大礼鼓吹歌曲五首·其五·降仙台》:"锵锵鸣玉佩,炜炜照金莲,杳蔼云裘。"

【缊袯】yùnbó 用乱麻编织而成的防雨蓑衣。一说粗麻布短衣,泛指贫者之衣。《北齐书·文苑传·祖鸿勋》:"首戴萌蒲,身衣缊袯,出艺梁稻,归奉慈亲。"

【缊褐】yùnhè 以乱麻为絮的短袍和以粗麻制的短衣。泛指贫者所服粗陋之衣。晋葛洪《抱朴子·祛惑》:"譬如假谷于夷齐之门,告寒于黔娄之家,所得者不过橡栗缊褐,必无太牢之膳、锦衣狐裘矣。"晋陶渊明《祭从弟敬远文》:"冬无缊褐,夏渴瓢箪。"北齐颜之推《颜氏家训·勉学》:"若务先王之道,绍家世之业,藜羹缊褐,我自欲之。"

【缊緒】yùnzhǔ 粗劣的衣服。多用于贫者,因引申为贫者的代称。南朝梁任昉《齐竟陵文宣王行状》:"华衮与缊緒同归,山藻与蓬莜俱逸。"

【褞褐】yùnhè 用乱麻旧絮填充的破旧袍子。《晋书·文苑传·王沈》:"哀龙出于褞褐,卿相起于匹夫。"

Z

za—zhao

【篸】zān 即簪。南朝梁刘孝威《妾薄命篇》："玉篸久落鬓，罗衣长挂屏。"五代薛昭蕴《女冠子》词："髻绾青丝发，冠抽碧玉篸。"唐韩愈《送桂州严大夫》："山如碧玉篸。"清厉荃《事物异名录》卷一六："箷，谓之簪，亦作篸。"

【簪带】zāndài 冠簪和绅带。官吏常备之物。后以此喻指官吏。《晋书·傅玄传》："（玄）捧白简，整簪带，竦踊不寐，坐而待旦。"晋陶弘景《解官表》："臣栖迟早日，簪带久年，什岂留乐，学非待禄。"唐杨思玄《奉和别鲁王》诗："方图献雅乐，簪带奉鸣球。"宋司马光《送薯蓣苗与兴宗》诗："虽为簪带拘，雅尚林樊逸。"明程敏政《题玉堂散直图送吴汝贤修撰省觐还闽》诗："从容退食龙楼外，松下传餐解簪带。"

【簪笏】zānhù 冠簪和手版。官吏奏事，执笏簪笔，即谓簪笏。喻指官员或官职。南朝梁简文帝《马宝颂》序："簪笏成行，貂缨在席。"唐王勃《滕王阁序》："舍簪笏于百龄，奉晨昏于万里。"杜甫《将晓》诗："归朝日簪笏，筋力定如何？"又《与李十二白同寻范十隐居》诗："不愿论簪笏，悠悠沧海情。"宋曾季狸《艇斋诗话》："山谷'简编自福襮，簪笏到仍昆'，取退之联句'爵勋逮僮隶，簪笏自怀绁'。"刘仙伦《念奴娇·寿尚倅》词："时

上篮舆，相随孙子，庆满床簪笏。"无名氏《庆灵椿·夫人生日》词："一床簪笏人间盛，沉檀影里，笙歌沸处，齐捧瑶卮。"清方文《寿姊氏姚夫人六十》诗："簪笏夫家贵，河山嫂氏贤。"

【簪裾】zānjū 簪与长大衣裾，显贵者的服饰。借指显贵。《南史·张裕传》："而茂陵之彦，望冠盖而长怀；渭川之甿，仁簪裾而竦叹。"北周庾信《奉和永丰殿下言志》之二："星桥拥冠盖，锦水照簪裾。"隋卢思道《游梁城》诗："宾游多任侠，台苑盛簪裾。"唐王起《元日观上公献寿赋》："百辟无哗，九宾有秩。玉帛林会，簪裾栉比。"裴守真《奉和太子纳妃太平公主出降》诗："丝竹扬帝熏，簪裾奉宸庆。"刘驾《送李殷游边》诗："西园置酒地，日夕簪裾列。"白居易《思往喜今》诗："虽在簪裾从俗累，半寻山水是闲游。"杨巨源《春日奉献圣寿无疆词》之八："物象朝高殿，簪裾溢上京。"清方文《久不得子留消息》诗："嗟尔有顽父，所志在簪裾。"

【簪屦】zānjù 也作"簪履"。簪笄和鞋子。常以喻卑微旧臣。《魏书·于忠传》："皇太后圣善临朝，衽席不遗，簪屦弗弃。"唐陆龟蒙《江湖散人歌（并传）》："客散忘簪屦，禽散虚笼池。"《旧唐书·高士廉传》："臣亡舅士廉知将不救，顾谓臣曰：'至尊覆载恩隆，不遗簪履，亡殁之后，或致亲临。'"宋曾巩《贺韩相公启》："巩一去朝行，六更岁序。顾兹旧物，自

惭簪屦之微;保是孤生,方赖陶钧之赐。"陈岘《全州观风楼》诗:"秋风黄花天,良集盛簪屦。"清张之洞《题潘伯寅侍郎极乐寺看花图卷》诗:"侍郎敬爱客,于野集簪屦。"

【簪佩】zānpèi 冠簪和系于衣带上饰物。代指做官。《周书·萧大圜传》:"夫闾阎者有优游之美,朝廷者有簪佩之累,盖由来久矣。"唐储光羲《贻刘高士别》诗:"俯视趋朝客,簪佩何璀璨。"吕温《奉敕祭南岳十四韵》:"澡洁事夙兴,簪佩思尽饰。"权德舆《待漏假寐梦归江东旧居》诗:"觉后忽闻清漏晓,又随簪佩入君门。"

【簪缨】zānyīng 官吏的冠饰。喻指官吏、显要。南朝梁萧统《锦带书十二月启·姑洗三月》:"龙门退却,望冠冕以何年? 鹢路颓风,想簪缨于几载?"唐李白《少年行》之三:"遮莫姻亲连帝城,不如当身自簪缨。"武元衡《台中题壁》诗:"会脱簪缨去,故山瑶草芳。"杜甫《赠左仆射郑国公严公武》诗:"空余老宾客,身上愧簪缨。"宋晁端礼《上林春·伊洛清波》词:"挺生异质,亲逢盛旦,簪缨旧传家世。"朱敦儒《相见欢·金陵城上西楼》词:"中原乱,簪缨散,几时收。"《明史·儒林传序》:"其它簪缨逢掖,奕叶承恩,亦儒林盛事也。"明高道素《上元赋》:"簪缨世胄,冠盖望族。"

【藻冕】zǎomiǎn 北周三公、三孤、公卿所戴的冕冠。因冕上垂有玉藻,故名。《隋书·礼仪志六》:"三公之服九:一曰祀冕,二曰火冕……四曰藻冕,四章,衣裳俱二章,衣重藻与粉米,裳重黼黻。"又:"三孤之服……藻冕四章,衣裳各二章,衣重藻与粉米,裳重黼黻,俱八等,皆以藻为领襈。"又:"公卿之服……藻冕四章,衣裳各二章,衣重粉米,裳重黼黻,为七等,皆以粉米为领襈,各七。"

【皂服】zàofú 黑色衣服,多为官府小吏所穿。亦借指小吏。三国蜀诸葛亮《便宜十六策·治人》:"明君之治,务知人之所患皂服之吏,小国之臣。故曰:皂服无所不克,莫知其极。"

【皂裶】zàogōu 长度及膝的黑色禅衣。皂,黑色;裶,袖狭直而无垂胡之禅衣。晋陆翙《邺中记》:"石季龙宫婢数十,尽著皂裶,头著神弁,如今礼先冠。"

【皂帽】zàomào 黑色便帽。借指人淡泊守节隐居。《三国志·魏志·管宁传》:"宁常著皂帽、布襦袴、布裙,随时单复。"《魏书·辛绍先传》:"丁父忧,三年口不甘味,头不栉沐,发遂落尽,故常著垂裙皂帽。"唐杜甫《严中丞枉驾见过》诗:"扁舟不独如张翰,皂帽还应似管宁。"宋颜博文《王希深合和新香烟气清洒不类寻常可以为道人开笔端消息》诗:"皂帽真闲客,黄衣小病仙。"宋刘成昺《洪宪纪事诗》之一四六:"清明一片龙泉水,皂帽青衫发古情。"李若水《徐大宰生日》诗:"珊鞭皂帽千骑联,袖中各有崧高篇。"元成廷圭《和张仲举五月荐樱桃之作》诗:"皂帽醉归当此日,金盘分赐共何人。"

【窄衫】zhǎishān 短小而紧窄的衣衫。宋代用作士人常服及武士之服。元代曾一度用作公服,专用于礼生、典史、巡检及儒官。北周庾信《春赋》:"镂薄窄衫袖,穿珠帖领巾。"《渊鉴类函》卷三七四:"宋白军兴士大夫始衣紫窄衫,上下如一。绍兴九年诏,长吏毋得以戎服临民,复用冠带。"《宋史·礼志二十四》:"阅广东路经略司解发到韶州士庶子弟陈裕试神臂弓,特补进武校尉,赐紫罗窄

衫、银束带,差充本路经略司指挥使。"又
《舆服志五》:"诸道衙内指挥使、都虞候
入贡辞日,赐紫罗窄衫,金涂银带。"《金
史·舆服志》:"管押人员三十五人,长脚
幞头,紫罗窄衫,金铜束带。"元萨都刺
《贺进士额森布哈仲实除侍仪通事舍人》
诗:"紫袖窄衫花萼绕,黄金小带荔枝
垂。"郑元祐《李早马图》诗:"窄衫绣襓四
带巾,靴尖曾踢中州碎。"《元典章·礼
部》卷二:"礼生公服……权拟穿茶合罗
窄衫,舒脚幞头,黑角吏带。"又:"典史公
服……未入流品人员权拟檀合罗窄
衫,黑角带,舒脚幞头。"明顾清《三月廿
一日书事二首》其二:"小阁垂帘相对
红,窄衫低帽一丛丛。"罗洪先《李将军
歌》:"窄衫鬖髻号鬼国,腰镰挟弩亲
农田。"

【毡帽】zhānmào ❶毡制的软帽,多为平
民或少数民族人民所戴。毡帽的制作汉
代时已有,新疆汉楼兰遗址和罗布淖尔
墓都有出土。唐时有用白毡制作的,称
"白题"。另有一种浑脱毡帽,用乌羊毛
制作。明清以来多为市贩、农民等劳动
者戴,式样甚多,有大半圆形或其顶略平
的,有四角有檐反折向上,有后檐向上反
折而前檐作遮阳式,也有反折向上作
两耳,折下则可掩护双耳,或顶作带有锥
状的。土族男子毡帽帽顶圆突,周围部
分略向上翘,远望有如元宝;女子毡帽为
平顶,帽顶较大,额沿较小,从正面或侧
面看去皆呈倒梯形。藏族男子常戴毡制
的礼帽。清代时浙江绍兴制的乌毡
帽,十分有名,沿用迄今。《梁书·末国
传》:"土人剪发,著毡帽、小袖衣。"唐李
匡乂《资暇集》卷下:"永贞之前,组藤为
盖,曰席帽,取其轻也。后或以太薄,冬

则不御霜寒,夏则不障暑气,乃细色罽代
藤,曰毡帽,贵其厚也,非崇贵莫戴,而人
亦未尚。"《旧五代史·吐蕃》:"明宗赐以
虎皮,人一张,皆披以拜,委身宛转,落其
毡帽。"《儒林外史》第二十一回:"走近前
去,看韦驮殿西边槛上坐着三四个人,头
戴大毡帽,身穿绸绢衣服。"《红楼梦》第
九十三回:"过不几时,忽见有一个人,头
上戴着毡帽,身上穿着一身青布衣裳,脚
下穿着一双撒鞋。"❷戏曲服饰。戏曲盔
头名称。软质类。毛毡制成。帽口有上
翻3厘米多的宽沿儿。帽形似椎体,尖
顶,顶端缀小排须,向前翻折。专用于下
层社会平民百姓。因颜色不同而有红毡
帽、蓝毡帽、白毡帽等类别。红毡帽一般
为公堂上衙役类角色所戴,蓝毡帽为青
壮年百姓戴,白毡帽则为老年百姓戴。

毡帽

(新疆罗布淖尔墓,汉(楼兰)烽燧堡遗址出土)

【斩缞】zhǎncuī 五种丧服中最重的一
种。《晋书·元帝本纪》:"三月癸丑,愍
帝崩问至,帝斩缞居庐。"《通典·礼志四
十一》:"东晋简文帝崩,镇军府问参佐纲
纪服,邵戬答曰:礼臣为君服,皆斩缞。"
《新五代史·唐明宗纪》:"皇帝即位于枢
前,易斩缞以衮冕。"参见174页"斩衰"。

【杖绖】zhàngdié 孝杖与丧服。《南史·
齐文惠太子长懋传》:"尊极所临,礼有变
革,权去杖绖,移立户外,足表情敬,无烦

止哭。"宋洪迈《夷坚甲志·马仙姑》:"果
州马仙姑者,以女子得道……靖康元年
闰十一月二十五日,衣衰麻杖绖,哭于市
曰:'今日天帝死,吾为行服。'"方回《西
斋秋日杂书五首》其五:"盐米哄贾贩,杖
绖酸哀号。"

【赵带】zhàodài 指美女的腰带。南朝梁
沈约《洛阳道》诗:"燕裙傍日开,赵带随
风靡。"又《八咏诗·会圃临春风》:"开燕
裾。吹赵带。赵带飞参差。燕裾合且
离。"北齐萧悫《秋思》诗:"燕帏细绮
被,赵带流黄裾。"唐王维《魏郡太守德政
碑》:"郑声卫乐,共弃师襄;赵带燕裾,思
齐漆室。"

zhe—zhuo

【襵】zhě 也作"褶"。衣裙和头巾上的折
裥。南朝梁简文帝《采桑》:"丛台可怜
妾,当窗望飞蝶。忌跌动衫领,熨斗成裙
襵。"《新唐书·车服志》:"裹头者,左右
各三襵,以象三才,重系前脚,以象二
仪。"宋陈师道《清平乐》词:"重重叠叠。
娜袅裙千襵。时样官黄香百叶。"慧洪觉
范《禅林僧宝传·圆通缘德禅师》:"平生
著一衲裙,以绳贯其襵处。夜申其裙,以
当被。"

【柘屐】zhèjī 以柘木做成的屐。质地密
致而坚韧,不易磨损。男女均可着之。
北朝无名氏《提溺歌》:"黄桑柘屐蒲子
履,中央有系两头系。"

【珍裘】zhēnqiú 珍贵的皮衣。晋卢谌
《答魏子悌》诗:"崇台非一干,珍裘非一
腋。多士成大业,群贤济弘绩。"《南史·
崔祖思传》:"琼簪玉笏,碎以为尘;珍裘
绣服,焚之如草。"唐刘知几《史通·采
撰》:"盖珍裘以众腋成温,广厦以群材合

构。"李白《酬殷明佐见赠五云裘歌》:"粉
图珍裘五云色,晔如晴天散彩虹。"宋宋
庠《暮春感兴》诗:"九十芳期去不留,解
痈何计赏珍裘。"

【真珠珰】zhēnzhūdāng 用珍珠穿成的
耳珰。《宋书·索虏传》:"顷者,往索真
珠珰,略不相与,今所馘截髑髅,可当几
许珠珰也。"《太平御览》卷七一八:"士卒
百工不得服真珠珰。"

【真珠裙】zhēnzhūqún 省称"珠裙"。一
种饰以珍珠的女裙。通常用于后妃宫
女。《北齐书·后主皇后穆氏传》:"武成
时,为胡后造真珠裙袴,所费不可称计。"
唐李贺《十二月乐辞·二月》诗:"金翅峨
髻愁暮云,沓飒起舞真珠裙。"

【征钟】zhēngzhōng 内衣,贴身小裤。
《宋书·五行志二》:"桓玄时民谣语云:
'征钟落地桓迸走。'征钟,至秽之服。
桓,四体之下称。"清俞正燮《癸巳类稿》:
"征钟者,衷衣之'衷'两合音也。"

【织成裙】zhīchéngqún 以彩锦制成的
裙。《周书·异域志下》:"夸吕椎髻,珥
珠,以皂为帽,坐金师子床,号其妻为恪
尊,衣织成裙,披锦大袍,辫发于后,首戴
金花。"《文献通考·四裔十一》:"其主椎
髻,以皂为帽;其妻衣织成裙,披锦袍。"

【织成襦】zhīchéngrú 彩锦制成的短衣。
织成,一种名贵的丝织物,以彩丝或金缕
按服装样式直接织出花彩图案。南北朝
时期较为流行,多用于妇女。北周王褒
《日出东南隅行》:"阳窗临玉女,莲帐照
金铺……银镂明光带,金地织成襦。"《太
平御览》卷六九五:"东海君以织成青襦
遗陈节方。"

【织胜】zhīshèng 用彩帛制作的胜。汉
魏之世广为流行。《太平御览》卷七一

九："晋孝武时,阳谷氏得金胜一枚,长五寸,形如胜形。"

【纸铠】zhǐkǎi 用布帛裱糊填以纸筋的铠甲。战争时用以护身。《南史·齐纪下·东昏侯》:"及至近郊,乃聚兵为固守计,召王侯分置尚书都坐及殿省。尚书旧事,悉充纸铠。"《新唐书·徐商传》:"徐商劈纸为铠,劲矢不能洞。"

【裰衣】zhìyī 也作"鹝衣"。北周皇后、命妇的一种礼服。衣上饰有黑色鸟纹。皇后以下至诸男夫人,归宁时着此衣。《隋书·礼仪志六》:"(后周)皇后衣十二等……食命妇,归宁,则服裰衣。"又:"诸男夫人,自裰而下五。其翟衣裰皆五等,俱以裰为领褾。"明方以智《通雅》卷三六:"后周后服鹑衣、鹝衣,则苏绰所造,因鹝名而立字。

【裰头裘】zhìtóuqiú 也作"裰裘""裰头"。以裰头羽毛织成之裘。质地纤柔,五色兼备,多用于贵者。借指奇装异服。《晋书·武帝纪》:"太医司马程据献裰头裘,帝以奇技异服典礼所禁,焚之于殿前。甲申,敕内外敢有犯者罪之。"北魏杨衒之《洛阳伽蓝记·开善寺》:"晋室石崇,乃是庶姓,犹能裰头狐腋,画卵雕薪,况我大魏天王,不为华侈。"《宋书·顺帝纪》:"裰裘焚制,事隆晋道。"《南齐书·文惠太子传》:"太子……善制珍玩之物,织孔雀毛为裘,光彩金翠,过于裰头远矣。"《周书·艺术传·黎景熙》:"革浮华之俗,抑流竞之风,察鸿都之小艺,焚裰头之异服。"明李东阳《会试策问》之三:"中世以后,君臣之论议政事,古风尚存。乃有却千里马,焚裰头裘。"清赵翼《邸抄》诗:"黄发召归龙尾道,翠云焚却裰头裘。"西清《黑龙江外

记》卷六:"达呼尔女红,缀皮毛最巧,尝见布特哈幼童,服一马褂,裰头醃毛为之,均齐细整,无针线迹,觉程据所献不为奇异。"

【裰衣】zhìyī 北周贵妇礼服。衣缘绣有山裰图纹。制分为九等。专用于三妃及三公夫人。《隋书·礼仪志六》:"三妃,三公夫人之服九……其裰衣亦皆九等,以鸠裰为领褾,各九。"

【中单】zhōngdān 也作"中禅"。❶穿在朝服、祭服内的里衣。初称中衣,后世沿革,代有损益,唐以后渐趋简易,变通其制,通常以用白色纱罗为之,领、袖、襟、裾以深色,织物镶沿;腰部无缝,腋下开口,直通上下,下不分幅;以带束结。沿用至元明时期。南朝齐王俭《公府长史朝服议》:"并同备朝服。中单、韦舄率由旧章。"《隋书·礼仪志六》:"公卿以下祭服,里有中衣,即今中单也。"《汉书·江充传》:"充衣纱縠禅衣。"唐颜师古注:"若今之朝服中禅也。"唐韦绹《和柯古穷居苦日喜雨》诗:"衣桁袭中单,浴床抛下绤。"宋程大昌《演繁露》卷三:"今人服公裳必衷以背子。背子者,状如单襦袷袄,特其裾加长,直垂至足焉耳。其实古之中禅也。禅之字或为'单',皆音单也。古之法服、朝服其内必有中单,中单之制,正如今人背子,而两腋有交带横束其上。"《元史·舆服志》:"献官法服,七梁冠三,鸦青袍三……红罗裙三,白绢中单三,红罗蔽膝三,革履三。"明谈迁《枣林杂俎·智集》:"(万历乙未正月)颁赐(日本)国王………大红素皮服一件,素白中单一件。"《明史·舆服志二》:"大绶六采,赤、黄、黑、白、缥、绿,小绶三,色同大绶。间施三玉环。白罗中单,黼领,青缘

襦。"❷泛指汗衫。《太平御览》卷四〇三:"民有弟用兄钱者,未还之,嫂诣弘诉之,弘卖中单为叔还钱。"五代后唐马缟《中华古今注》卷中:"汗衫,盖三代之衬衣也。《礼》曰中单。汉高祖与楚交战,归帐中,汗透,遂改名汗衫。"宋苏轼《四月十一日初食荔支》诗:"海山仙人绛罗襦,红纱中单白玉肤。"《事林广记续集·绮谈市语》:"汗衫,中单。"

中单复原图

中单(明王圻《三才图会》)

【裑】zhòng 裤子。《玉篇·衣部》:"裑,袴也。"

【朱韠】zhūbì 朝服的红色蔽膝。晋郭璞《元皇帝京策文》:"呜呼我皇,逢天之戚。呜呼哀哉! 眇然升遐,即安玄室。煌煌火龙,赫赫朱韠。"清夏炘《学礼管释·释爵弁服亦衣与冠同色》:"天子诸侯,朱裳朱韠。"

【朱服】zhūfú 红色官服。《南史·何胤传》:"时胤单作祭酒,疑所服。陆澄博古多该,亦不能据,遂以玄服临试,尔后详议,乃用朱服。祭酒朱服,自此始也。"唐刘希夷《江南曲八首》其二:"春洲惊翡翠,朱服弄芳菲。"宋梅尧臣《送李殿丞通判处州》诗:"鸿雁正来翔,竞看朱服俨。"宋无名氏《八年神宗灵驾发引四首·其三·十二时慢》:"雾迷朱服,风摇细扇,触目悲辛。"

【朱韨】zhūfú 系印纽的红带子。亦借指官印。《晋书·文苑传·王沉》:"前贤有解韦索而佩朱韨,舍徒担而乘丹毂。"宋梅尧臣《彦国通判绛州》诗:"且作朱韨行,聊能发光耀。"

【朱冠】zhūguān 红色的冠。《国语·周语上》"杜伯射王于鄗"三国吴韦昭注引《周春秋》:"杜伯起于道左,衣朱衣,冠朱冠。"宋范成大《次韵温伯雨凉感怀》诗:"朱冠领热属,横溃输一筹。"

【朱履】zhūlǚ 红色的鞋,多为贵显者所穿。借指贵显者。南朝梁沈约《登高望春》诗:"齐童蹑朱履,赵女扬翠翰。"唐罗隐《寄锺常侍》诗:"一从朱履步金台,蘖苦冰寒奉上台。"《新唐书·车服志》:"皇太子之服……白袜、赤舄、朱履,加金涂银扣饰。"

【茱萸囊】zhūyúnáng 省称"茱囊"。盛放茱萸的布袋。多用于妇女。农历九月初九,为重阳节,妇女于是日将茱萸装入小囊,系佩于手臂,相传有辟邪除秽之效。南朝梁吴均《续齐谐记》:"汝南桓景随费长房游学,长房谓之曰,九月九日,汝南当有大灾厄,急令家人缝囊,盛茱萸系臂上,登山饮菊花酒,此祸可消。

475

景如言，举家登山。夕还，见鸡犬牛羊一时暴死。长房闻之曰：此可代也。今世人九日登高饮酒，妇人带茱萸囊，盖始于此。"唐李颀《杂兴》诗："千年魑魅逢华表，九日茱萸作佩囊。"郭震《秋歌》："辟恶茱萸囊，延年菊花酒。"明郝明龙《九日》诗："寂寞园林天宝后，道傍谁复问茱囊。"

【珠服】zhūfú 用珠玉装饰的衣服。泛指华贵之服。《文选·左思〈吴都赋〉》："竞其区宇，则卅疆兼巷；矜其宴居，则珠服玉馔。"宋刘逵注："珠服，珠襦之属，以珠饰之也。"南朝宋鲍照《观圃人艺植》诗："乘籺实金羁，当垆信珠服。"唐张说《赠工部尚书冯公挽歌三首》其三："石碑墙驳藓，珠服聚尘埃。"宋史浩《花舞》词："对芳辰，成良聚，珠服龙妆宴姐。"清钮琇《觚剩·圆圆》："珠服玉馔，依享殊荣，分已过矣。"

【珠花】zhūhuā 也作"珠华""珠子花儿"。妇女首饰。多用金、玛瑙、水晶、玻璃、骨、木等料制成圆珠，组成各式花卉，镶嵌在簪首或钗首之上。南朝梁江洪《咏歌姬诗》："宝镊间珠花，分明靓妆点。"范靖妇《咏步摇花》诗："珠华紫翡翠，宝叶间金琼。"元萨都剌《上京杂咏》诗："昨夜内家请宴罢，御罗轻帽插珠花。"《二刻拍案惊奇》第十五卷："就备了六个盒盘，又将出珠花四朵、金耳环一双，送与江爱娘插戴好。"清叶梦珠《阅世编》卷八："包头上装珠花，下用边口，簪用圆头金银或玉……花冠、满冠等式，俱用珠花。包头上用珠网束发，下垂珠结宝石数串，两鬓亦以珠花、珠结、珠蝶等捧之。"清翟灏《通俗编·服饰》："按《释名》首饰类云，华象草木之华也，妇饰之有假花，其来已久，其以珠宝穿缀，则仅著以六朝，今珠

花有所谓颤须者，行步摇动，即步摇所以名也。"《红楼梦》第二十八回："只得把两枝珠子花儿现拆了给他。"

【珠环】zhūhuán 以珠子穿组而成的圆环。妇女戴于臂腕或耳垂，以为装饰。魏晋曹植《妾薄命行》："手形罗袖良难，腕弱不胜珠环。"晋傅玄《有女篇·艳歌行》："头安金步摇，耳系明月珰。珠环约素腕，翠爵垂鲜光。"唐权德舆《旅馆雪晴因成杂言》诗："狐裘兽炭不知寒，珠环翠佩声珊珊。"宋曹勋《美女篇》："珠环垂两耳，翠凤翘钗梁。"明周清源《西湖二集·吹风箫女诱东墙》："轻轻的除下八珠环，解去锦绣襕。"《金瓶梅词话》第二十一回："六娘子，醉杨妃，落了八珠环。"清尤侗《菩萨蛮·佳人集曲名》："步摇颗颗珠环小，裙拖滴滴金泥巧。"钮琇《觚剩·嗣姑化男》："见人低首尚含羞，珠环小髻乌蛮样。"

【珠袍】zhūpáo 装饰有珠玉的袍子。晋干宝《搜神记》卷一六："生随之去，入华堂，屋宇器物不凡，以一珠袍与之。"南朝梁王僧孺《古意》诗："朔风吹锦带，落日映珠袍。"唐李白《结客少年场行》："珠袍曳锦带，匕首插吴鸿。"《宋史·奸臣传》："帝以为忠，解所御珠袍及二金盆以赐。"明王洪《送金谕德扈从北征》诗："铠甲明珠袍，黄金镂宝刀。"

【珠佩】zhūpèi 珠玉缀成的佩饰。南朝梁沈约《脚下履》诗："逆转珠佩响，先表绣裌香。"南北朝萧衍《江南弄·游女曲》："容色玉耀眉如月，珠佩婑㛠戏金阙。"唐李白《宫中行乐词》："素女鸣珠佩，天人弄彩球。"宋徐铉《杂歌辞》之五："拂匣收珠佩，回灯拭薄妆。"明杨慎《玉台体》诗之四："珠佩双皋冷，罗裙十里香。"

【珠松】zhūsōng 首饰名。步摇等的俗称。《晋书·舆服志》:"首饰则假髻,步摇,俗谓之珠松是也。"明石珝《元康宫词二首》其二:"钩帘看罢承盘舞,自摘珠松泣送君。"朱谋㙔《骈雅·释服食》:"步摇,珠松也。"

【珠缨】zhūyīng 也作"珠璎"。珍珠、翡翠串缀成的缨络,常作臂饰、冠纽、头饰、颈饰等。晋石崇《王明君辞》:"哀郁伤五内,泣泪湿珠缨。"唐戴叔伦《白苎词》:"新裁白苎胜红绡,玉佩珠缨金步摇。"白居易《骠国乐·欲王化之先迩后远也》诗:"珠缨炫转星宿摇,花鬘斗薮龙蛇动。"《敦煌变文·维摩诘经讲经文》:"金冠玉佩辉青目,云服珠璎惹翠霞。"唐刘禹锡《送僧元暠南游》诗:"从此多逢大居士,何人不愿解珠璎。"宋刘克庄《木兰花慢》词:"排闼者谁欤,冶容袨服,宝髻珠璎。"元孙周卿《寿友人》词:"臂络珠璎,头缠红锦。"《花月痕》第四十三回:"许多宫妆侍女……簇拥着两位珠缨蔽面的女神下车。"

【猪皮裘】zhūpíqiú 以猪皮制成的衣服。《北史·勿吉传》:"婚嫁,妇人服布裙,男子衣猪皮裘,头插虎豹尾。"

【逐鹿帽】zhúlùmào 相传为南朝齐时东昏侯所创的一种狭窄形帽子。《文献通考·物异十六》:"东昏又令左右作逐鹿帽,形甚窄狭。后果有逐鹿之事。"

【麈尾】zhǔwěi 士人闲谈时执以驱虫、揸尘的一种工具。在细长的木条两边及上端插设兽毛,或直接让兽毛垂露外面,类似马尾松。传说麈迁徙时,以前麈之尾为方向标志,故称。汉末至南北朝时,文士清谈时必执麈尾,相沿成习,为名流雅器,不谈时,亦常执在手。麈尾柄一般用竹、木制,亦有用玉、象牙、犀角等制成。晋陶渊明《晋故征西大将军长史孟府君传》:"亮以麈尾掩口而笑。"南朝宋刘义庆《世说新语·容止》曰:"王夷甫(王衍)容貌整丽,妙于谈玄。恒捉白玉柄麈尾,与手都无分别。"唐白居易《斋居偶作》诗:"老翁持麈尾,坐拂半张床。"韦应物《假中枉卢二十二书》:"应笑王戎成俗物,遥持麈尾独徘徊。"高适《自武威赴临洮谒大夫不及即事》诗:"清论挥麈尾,乘醉持蟹螯。"张祜《丹阳新居》:"麈尾曾无谞,猪肝是不缘。"宋释道诚《释氏要览》引《名苑》:"鹿之大者曰麈,群鹿随之,皆看麈所往,随麈所转为准;故古之谈者挥焉。"《北堂书钞》:"君子运之,探玄理微。因通无远,废兴可师。"《艺文类聚》:"既落天花,亦通神语。用动舍默,出处随时。扬斯雅论,释此繁疑。拂静尘暑,引妙饰词。谁云质贱?左右宜之。"《西游记》第二十六回:"他身无寸铁,只是把个麈尾遮架。我兄弟这等三般兵器,莫想打得着他。"《红楼梦》第一百零九回:"只见妙玉头带妙常冠……腰下系一条淡墨画的白绫裙,手执麈尾念珠。"

【髽帼】zhuāguó 妇人丧冠,用白布做成。《隋书·五行志上》:"(北齐)后主好令宫人以白越布折额,状如髽帼;又为白盖,此二者丧祸之服也。"

【袀】zhuó 单衣。《玉篇·衣部》:"袀,襌衣。"

【翟衣】zhuóyī 北周皇后、命妇的一种礼服。衣上饰有翟雉(白色山鸡),皇后以下至诸子夫人礼见,听教皆可着之。《隋书·礼仪志六》:"皇后衣十二等……从皇帝见宾客,听女教,则服翟衣。"又:"诸子夫人,自翟而下六。其翟衣俱以雉为领褾。"

zī — zuo

【缁服】zīfú 僧尼所穿的黑色之服。亦代指僧尼。北魏郦道元《水经注·涑水》："是以缁服思玄之士，麀裘念一之夫，代往游焉。"南朝梁慧皎《高僧传·义解三·释道恒》："恒等才质暗短，染法未深；缁服之下，誓毕身命。"明张元凯《送西河居士天池山检大藏诸经二十韵》："白头三藏遍，缁服五禅并。"

【紫摽】zībiāo 也作"紫褾"。摽，通"标"。戎服、巾帻上的紫色边饰。在军事戒严时佩戴，作为标志。《晋书·舆服志》："袴褶之制，未详所起，近世凡车驾亲戎、中外戒严服之。服无定色，冠黑帽，缀紫摽，摽以缯为之，长四寸，广一寸，腰有络带以代鞶……中官紫摽，外官绛摽。"《宋书·礼志五》："近代车驾亲戎中外戒严之服，无定色，冠黑帽，缀紫褾。褾以缯为之，长四寸，广一寸。"一说为飘带。清厉荃《事物异名录》卷一六："《南史》：'六军戒严应须紫褾。'注：'褾音标，以缯为之。'……俗曰飘带。"

【紫貂】zǐdiāo 珍贵的紫貂毛皮，常用来做裘服。代指贵重的貂裘衣物。南朝梁元帝《谢东宫赉貂蝉启》："东平紫貂之赐，非闻暖额；中山黄金之锡，岂曰附蝉。"宋刘延世《和孙公素酒》诗："紫貂寒拥鼻，绿蚁细侵唇。"张耒《淮阴太宁山主崇岳逮与予诸公游今年七十余耳目聪明筋力强壮奉戒精苦禅诵不辍闻予自黄归欣然空所居而相延日与之语或寂然相对终日使人之意消也因赋此诗》诗："紫貂暴日知有待，画扇依墙将怨别。"清吴伟业《赠彭郡丞益甫》诗："楼船落日紫貂轻，坐啸胡床雁影横。"

【紫纶巾】zǐguānjīn 紫色纶巾。《晋书·石季龙载记上》："季龙常以女骑一千为卤簿，皆著紫纶巾、熟锦袴、金银镂带、五文织成靴。"《资治通鉴·晋成帝咸康二年》："皆著紫纶巾。"元胡三省注引唐陆德明语："纶，绳也，盖合丝为纶，其状如绳，染紫以织巾也。"

【紫荷】zǐhé 官吏上朝时所佩的紫色皮囊。用以盛放手版、白笔等记事用的物品。一般认为其制始于周代，汉魏遵行不改。《宋书·礼志五》："古者贵贱皆执笏……手板，则古笏矣。尚书令、仆射、尚书手板头复有白笔，以紫皮裹之，名笏。朝服肩上有紫生袷囊，缀之朝服外，俗呼曰紫荷。或云汉代以盛奏事，负荷以行，未详也。"《南齐书·舆服志》："百官执手板，尚书令、仆、尚书，手板头复有白笔，以紫皮裹之，名曰'笏'。汉末仲长统谓百司皆宜执之。其肩上紫袷囊，名曰'契囊'，世呼为'紫荷'。"元马祖常《送华山隐之宗阳宫诗》："香炊沉银叶，衣裾佩紫荷。"

【紫囊】zǐnáng 用紫皮或紫纱做成的一种笏囊。《晋书·舆服志》："汉世著鞶囊者，侧在腰间，或谓之傍囊，或谓之绶囊，然则以紫囊盛绶也。或盛或散，各有其时。"宋高承《事物纪原》卷三："《梁职仪》曰：'八座尚书，以紫纱裹手板，垂白丝于手如笔。'《通志》曰：'今仆射尚书板，以紫皮囊之，名笏袋。梁中世以来，执笏者皆白笔缀头以紫囊之。'"

【紫袍】zǐpáo 紫色袍服，一般为王公贵族所用。北周皇帝常服为紫色，隋代规定官吏公服用袍，五品以上服紫。唐代改为三品以上。至宋则泛指各种礼服，包括官服及命妇之服。亦借指高官。

《周书·李迁哲传》："军还,太祖嘉之,以所服紫袍、玉带及所乘马以赐之,并赐奴婢三十口。"《隋书·礼仪志七》："至六年后,诏从驾涉远者,文武官等皆戎衣,杂用五色。五品以上,通著紫袍,六品以下,兼用绯绿。"唐李白《答王十二寒夜独酌有怀》诗:"君不能学哥舒,横行青海夜带刀,西屠石堡取紫袍?"白居易《初授秘监拜赐金紫闲吟小酌偶写所怀》诗:"紫袍新秘监,白首旧书生。"元稹《自责》诗:"犀带金鱼束紫袍,不能将命报分毫。"温庭筠《寒食日作》诗:"红深绿暗径相交,抱暖含芳被紫袍。"《资治通鉴·后晋高祖天福三年》:"而藩方荐论动逾数百,乃至藏典、书吏、优伶、奴仆,初命则至银青阶,被服皆紫袍象笏,名器僭滥,贵贱不分。"宋周去非《岭外代答》卷二:"紫袍象笏,趋拜雍容。使者之来,文武官皆紫袍红鞓,通犀带。"王栐《燕翼诒谋录》卷一:"国初仍唐旧制,有官者服皂袍,无官者白袍,庶人布袍,而紫不得禁止。"元马致远《野兴》曲:"绿蓑衣,紫罗袍,谁是主?两件儿都无济,便作钓鱼人,也在风波里。"刘致《无题》曲:"衣紫袍,居黄阁,九鼎沈似许白瓢,甘美无味教人笑,弃了官,辞了朝,归去好。"清孙枝蔚《白纻词》:"东家年少著紫袍,君若遇之暂逡巡。"

【紫皮履】zǐpílǚ 南朝齐宫嫔所穿的一种素履。以紫色柔皮制成。《南齐书·高帝本纪下》:"即位后,身不御精细之物……内殿施黄纱帐,宫人著紫皮履。"

【紫衫】zǐshān ❶紫色的官服。南北朝以后,紫色多用于高官的公服,故称之为紫衫。《太平广记》卷二二二:"御史中丞尚衡,童幼之时游戏,曾脱其碧衫,惟著

紫衫。有善相者见之,曰:'此儿以后,当亦脱碧著紫矣。'后衡为濮阳丞。"《资治通鉴·唐睿宗景云二年》:"默啜许诺,明日,幞头,衣紫衫,南向再拜,称臣。"元胡三省注:"幞头、紫衫,唐三品以上之服也。"❷紫颜色的缺胯衫。隋时皇帝侍从服用,唐宋时为军校之服。南宋以后,为便于戎事,文官亦服之。绍兴年间,曾禁士人穿着紫衫;至乾道初,又废除此禁,将紫衫用作士人便服。《新唐书·五行志一》:"高宗尝内宴,太平公主紫衫、玉带、皂罗折上巾,具纷砺七事,歌舞于帝前。帝与武后笑曰:'女子不可为武官,何为此装束?'"宋赵彦卫《云麓漫钞》卷四:"宣政之间,人君始巾,在元祐间,独司马温公、伊川先生以屏弱恶风,始裁皂绸包首……至渡江方著紫衫,号为窄衫,尽巾,公卿皂隶下至闾阎贱夫皆一律矣。"《宋史·舆服志五》:"紫衫,本军校服。中兴,士大夫服之,以便戎事。绍兴九年,诏公卿、长吏服用冠带,然迄不行。二十六年,再申严禁,毋得以戎服临民,自是紫衫遂废……乾道初,礼部侍郎王曮奏:'窃见近日士大夫皆服凉衫,甚非美观,而以交际、居官、临民,纯素可憎,有似凶服。陛下方奉两宫,所宜革之。且紫衫之设以从戎,故为之禁,而人情趋简便,靡而至此。文武并用,本不偏废,朝章之外,宜有便衣,仍存紫衫,未害大体。'于是禁服白衫……若便服,许用紫衫。"清恽敬《大云山房杂记》卷一:"窄袖紫衫,古以为军中之服,宋南渡后,始以朝,以前后衩便乘骑,故曰缺胯衫耳。"❸紫色衣衫。元明时多用于侍仪。《元史·顺帝本纪》:"上用水手二十四人,身衣紫衫,金荔枝带,四

魏晋南北朝时期的服饰

带头巾,于船两旁下各执篙一。"《明史·舆服志三》:"侍仪舍人导礼,依元制,展脚幞头,窄袖紫衫,涂金束带,皂纹靴。"

【襳】zǒng 单衣。《广雅·释器》:"襳,禅衣也。"

【緅衣】zōuyī 北周宫女所穿的衣服。以青赤色布帛制成。《隋书·礼仪志六》:"三妃、三公夫人之服九……中宫六尚,緅衣。"注:"其色赤而微玄。"

【组绂】zǔfú 丝织的印绶。借指官位。南朝梁江淹《萧太傅谢追赠父祖表》:"自谬藉珪金,空贻组绂,爵侈于公,禄盈于私。"宋蔡襄《迁阳道中奉寄阳正臣同年》诗:"归来解组绂,宴处颐精神。"明高启《天平山》:"身今解组绂,明时愧无用。"

【组佩】zǔpèi 官员用以系玉的组带及玉佩,以组的颜色和玉佩的种类区分等级。全佩由数件或数十件玉器组成与礼制有关的成套佩玉。又称全佩。组织方式多样。在纵向上一般可分三个层次:最上面有一件玉起全佩的汇总作用,其他所有玉都系于其上,这件玉通常是小型的璧或环;中间为全佩主要部分,多为精致且形体较大的璧、璜、珑,一件或数件并列;下层多小件饰物,如觿或小璜之类,往往左右对称配置。凡数件并列对称配置的,一般用珩璜为中介件。《梁书·陈庆之传论》:"庆之警悟,早侍高祖,既预旧恩,加之谨肃,蝉冕组佩,亦一世之荣矣。"唐白居易《东都冬日会诸同年宴郑家林亭》诗:"宾阶纷组佩,妓席俨花钿。"《旧唐书·崔神庆传》:"开元中,神庆子琳等皆至大官,群从数十人趋奏省闼。每岁时家宴,组佩辉映,以一榻置笏,重叠于其上。"

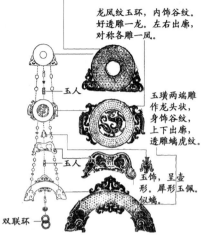

玉璧,肉饰谷纹,下部出廓,透雕对称双凤鸟。

龙凤纹玉环,内饰谷纹。好透雕一龙。左右出廓,对称各雕一凤。

玉璜两端雕作龙头状,身饰谷纹,上下出廓,透雕螭虎纹。

玉人

玉人

玉人

玉饰,呈壶形。犀形玉佩似螭。

双联环

组佩(西汉早期。出土于广东广州市象岗南越王赵昩墓的主棺室中)

【祽】zuì 以单层布帛制成的衣服。《玉篇·衣部》:"祽……禅衣也。"一说为副衣。《集韵·队韵》:"祽,副衣。"

【蕞角巾】zuìjiǎojīn 晋代年老男子常戴的一种尖角小帽。《太平御览》卷六八七:"其男女服饰,衣裳之制,名号诡异。随口迭设……妇皆卿夫。子呼父字。及至三农闲隙,遭结婚姻老,公戴合欢之帽。少年著蕞角之巾。"

【作裙】zuòqún 劳作时用于防护的围裙。北魏贾思勰《齐民要术·序》:"又炖煌俗,妇女作裙,挛缩如羊肠,用布一匹。"唐李白《上清宝鼎诗》:"劝我穿绛缕,系作裙间裆。挹子以携去,谈笑闻遗香。"

隋唐五代时期的服饰

　　高祖初即位,将改周制……于是定令,采用东齐之法。乘舆衮冕,垂白珠十有二旒,以组为缨,色如其绶,黈纩充耳,玉笄。玄衣,纁裳。衣,山、龙、华虫、火、宗彝五章;裳,藻、粉米、黼、黻四章。衣重宗彝,裳重黼黻,为十二等。衣褾、领织成升龙,白纱内单,黼领、青褾、襈、裾。革带,玉钩䚢,大带,素带朱里,紕其外,上以朱,下以绿。韨随裳色,龙、火、山三章。鹿卢玉具剑,火珠镖首。白玉双佩,玄组。双大绶,六采,玄黄赤白缥绿,纯玄质,长二丈四尺,五百首,广一尺;小双绶,长二尺六寸,色同大绶,而首半之,间施三玉环。朱袜,赤舄,舄加金饰。祀圆丘、方泽、感帝、明堂、五郊、雩、蜡、封禅、朝日、夕月、宗庙、社稷、籍田、庙遣上将、征还饮至、元服、纳后、正月受朝及临轩拜王公,则服之。通天冠,加金博山,附蝉,十二首,施珠翠,黑介帻,玉簪导。绛纱袍,深衣制,白纱内单,皂领、褾、襈、裾,绛纱蔽膝,白假带,方心曲领。其革带、剑、佩、绶、舄,与上同。若未加元服,则双童髻,空顶黑介帻,双玉导,加宝饰。朔日受朝,元会及冬会、诸祭还,则服之。武弁,金附蝉,平巾帻,余服具服。讲武、出征、四时搜狩、大射、禡、类、宜社、赏祖、罚社、纂严,则服之。黑介帻,白纱单衣,乌皮履,拜陵则服之。白纱帽,白练裙襦,乌皮履,视朝、听讼及宴见宾客,皆服之。白帢,白纱单衣,乌皮履,举哀则服之。

　　朝服,亦名具服。冠,帻,簪导,白笔,绛纱单衣,白纱内单,皂领、袖、皂襈,革带,钩䚢,假带,曲领方心,绛纱蔽膝,袜,舄,绶,剑,佩。从五品已上,陪祭、朝飨、拜表,凡大事则服之。六品已下,从七品已上,去剑、佩、绶,余并同。自余公事,皆从公服。亦名从省服。

——《隋书·礼仪志七》

　　隋制……衣裳有常服、公服、朝服、祭服四等之制。

　　唐制,天子衣服,有大裘之冕、衮冕、鷩冕、毳冕、绣冕、玄冕、通天冠、武弁、黑介帻、白纱帽、平巾帻、白帢,凡十二等。

　　太宗又制翼善冠,朔望视朝,以常服及帛练裙襦通著之。若服袴褶,又与平巾帻通用。著于令。

　　其常服,赤黄袍衫,折上头巾,九环带,六合靴,皆起自魏、周,便于戎事。自贞观已后,非元日冬至受朝及大祭祀,皆常服而已。

武德令,皇太子衣服,有衮冕、具服远游三梁冠、公服远游冠、乌纱帽、平巾帻五等。贞观已后,又加弁服、进德冠之制。

自永徽已后,唯服衮冕、具服、公服而已。若乘马袴褶,则著进德冠,自余并废。若燕服、常服,紫衫袍与诸王同。

武德令,侍臣服有衮、鷩、毳、绣、玄冕,及爵弁,远游、进贤冠,武弁,獬豸冠,凡十等。

燕服,盖古之亵服也,今亦谓之常服。江南则以巾褐裙襦,北朝则杂以戎夷之制。爰至北齐,有长帽短靴,合袴袄子,朱紫玄黄,各任所好。虽谒见君上,出入省寺,若非元正大会,一切通用。高氏诸帝,常服绯袍。隋代帝王贵臣,多服黄文绫袍,乌纱帽,九环带,乌皮六合靴。百官常服,同于匹庶,皆著黄袍,出入殿省。天子朝服亦如之,惟带加十三环以为差异,盖取于便事。其乌纱帽渐废,贵贱通服折上巾,其制周武帝建德年所造也。晋公宇文护始命袍加下襕。

武德初,因隋旧制,天子燕服,亦名常服,唯以黄袍及衫,后渐用赤黄,遂禁士庶不得以赤黄为衣服杂饰。四年八月敕:"三品已上,大科䌷绫及罗,其色紫,饰用玉。五品已上,小科䌷绫及罗,其色朱,饰用金。六品已上,服丝布,杂小绫,交梭,双紃,其色黄。六品、七品饰银。八品、九品鍮石。流外及庶人服绸、絁、布,其色通用黄,饰用铜铁。"五品已上执象笏。三品已下前挫后直,五品已上前挫后屈。自有唐已来,一例上圆下方,曾不分别。六品已下,执竹木为笏,上挫下方。其折上巾,乌皮六合靴,贵贱通用。

武德令,皇后服有祎衣、鞠衣、钿钗礼衣三等。

开元初,从驾宫人骑马者,皆著胡帽,靓妆露面,无复障蔽。士庶之家,又相仿效,帷帽之制,绝不行用。俄又露髻驰骋,或有著丈夫衣服靴衫,而尊卑内外,斯一贯矣。

—— 《旧唐书·舆服志》

高宗给五品以上随身鱼银袋,以防召命之诈,出内必合之。三品以上金饰袋。垂拱中,都督、刺史始赐鱼。天授二年,改佩鱼皆为龟。其后三品以上龟袋饰以金,四品以银,五品以铜。中宗初,罢龟袋,复给以鱼。郡王、嗣王亦佩金鱼袋。景龙中,令特进佩鱼,散官佩鱼自此始也。然员外、试、检校官,犹不佩鱼。景云中,诏衣紫者鱼袋以金饰之,衣绯者以银饰之。开元初,驸马都尉从五品者假紫、金鱼袋,都督、刺史品卑者假绯、鱼袋,五品以上检校、试、判官皆佩鱼。中书令张嘉贞奏,致仕者佩鱼终身,自是百官赏绯、紫,必兼鱼袋,谓之章服。当时服朱紫、佩鱼者众矣。

初，隋文帝听朝之服，以赭黄文绫袍，乌纱冒，折上巾，六合靴(靴)，与贵臣通服。唯天子之带有十三环，文官又有平头小样巾，百官常服同于庶人。

—— 《新唐书·车服志》

隋唐五代时期是中国服饰文化深入变革的时期，胡服之风大为盛行，服饰制度在因袭旧制的同时吸纳很多少数民族的元素，衍生出了新的服饰文化。

隋代服饰沿袭北齐、北周制度，袍衫和胡服是当时的主要服饰。自隋炀帝起，社会风气发生变化，服饰日趋华丽。从出土的隋代人物俑看，隋代女服多小袖高腰，裙子一般系到胸部以上，侍从女婢多穿小袖衫、高腰长裙，肩垂帔帛。

唐武德七年颁布了服饰制度，其主要内容基本沿袭了隋朝旧制。规定凡天子之服十四种：大裘冕、衮冕、鷩冕、毳冕、绣冕、玄冕、通天冠、缁布冠、武弁、弁服、黑介帻、白纱帽、平巾帻、白帢。皇后之服三种：袆衣、鞠衣、钿钗褘衣。皇太子之服六种：衮冕、远游冠、公服、乌纱帽、弁服、平巾帻。皇太子妃之服有三种：褕翟、鞠衣、钿钗褘衣。群臣之服二十一种：衮冕、鷩冕、毳冕、绣冕、玄冕、平冕、爵弁、武弁、弁服、进贤冠、远游冠、法冠、高山冠、委貌冠、却非冠、平巾帻、黑介帻、介帻、平巾绿帻、具服、从省服。命妇之服六种：翟衣、钿钗礼衣、礼衣、公服、花钗礼衣、大袖连裳。唐代的官服发展了先秦深衣的形制，在领座、袖口等边缘加贴边，在袍下缘加横襕，腰部束少数民族传入的鞢鞢带。唐代官服制度推行后，在服饰、质料、纹色上都形成了完善的体系，对后世官服产生了深远的影响。

唐代是中国历史上经济、文化的鼎盛时期，绘画、雕刻、音乐、舞蹈等方面都吸收了外来的技巧和风格。南北朝以来在中原地区流行的少数民族服饰尤其是鲜卑、以及中亚民族服饰的影响下，形成了唐代服饰的特色。民间服饰中，秦汉以来的交领、宽衣大衫、曳地长裙的服饰逐渐被淘汰，变成了圆领、紧身窄袖、合身的短衫、瘦长裙。此时期最具代表性的服装特色有：袒胸、高腰、披巾、胡服和所谓的"时世装"等。

唐代妇女上身多穿着襦衫，下身多穿裙。襦衫多加纹饰及刺绣，雍容华贵。裙子高腰掩乳，下摆多褶皱。中唐以后服开始流行大髻宽衣之风，服装日益肥大。裙色以红、紫、黄、绿最多，其中以红色最为流行。帔帛、半臂、羃䍦、帷帽是唐代妇女常用的服饰。女扮男装也是唐代的服饰特点之一。

回鹘是西北地区的少数民族，回鹘族的服装给唐代汉族人民曾带来较大的影响，尤其在贵族妇女及宫廷妇女中间广为流行。回鹘装的基本特点略似男子的长袍，翻领，袖子窄小而衣身宽大，下长曳地；颜色以暖色调为主，尤喜用红色，材料大多用质地厚实的织锦，领、袖均镶有较宽阔的织金锦花边。穿着这种服装，通常都将头发挽成椎状的髻式，称"回鹘髻"。髻上另戴一顶缀满珠玉的桃形金冠，上缀凤鸟。两鬓一般还插有簪钗，耳边及颈项各佩精美的首饰。

幞头成为流行的首服，陆续衍生出了平头小样、武家诸王样、英王踣样等。幞头的脚也有了垂脚、硬脚之分,到了五代又出现了翘脚幞头。幞头由此成为后世冠帽的常规类型,一直流行到了明末清初。五代时期还出现了"安丰顶""韩君轻格""危脑帽"等新的形式。

隋唐五代时期,靴子在胡风的影响下,逐渐代替了舄、履成为官服的一种,能够出入朝堂。女鞋有尖头、歧头、笏头等形式,有重台履、平头小花履、高头草履等名称,在新疆、辽宁等地均有鞋履的实物出土,尤其以新疆阿斯塔那北区出土的变体宝相花纹云头锦履最为著名。

A

an—ao

【安丰顶】ānfēngdǐng 五代南汉刘氏自
创的一种平顶帽,名"安丰顶",受到时人
的崇尚。宋陶谷《清异录》卷下:"南汉僭
创小国,乃作平顶帽自冠之,由是风俗一
变,皆以安丰顶为尚。"

【安乐巾】ānlèjīn 五代后唐庄宗创制的
头巾,宋代为优伶所戴。宋陶谷《清异
录·圣逍遥》:"同光既即位,犹袭故
态,身预俳优,尚方进御巾裹,名品日新。
今伶人所预,尚有合其遗制者,曰:圣逍
遥、安乐巾、珠龙、便巾、清凉宝山、交龙
太守、六合舍人、二仪幞头、乌程样、玲珑
高常侍、小朝天、玄虚令、漆相公、自在
冠、凤三千、日华轻利巾、九叶云、黑三
郎、庆云仙、圣天、宜卿,凡二十品。"

【袄】ǎo 即"袄子"。唐韩愈《崔十六少府以
诗及书见投因酬三十韵》:"蔬飧要同吃,破
袄请来绽。"白居易《新制绫袄成感而有
咏》:"水波文袄造新成,绫软绵匀温复轻。"
《新唐书·南蛮传下》:"每节度使至,诸部
献马,酋长衣虎皮,余皆……锦缬袄、半
臂。"《红楼梦》第二十四回:"宝玉坐在床沿
上,褪了鞋,等靴子穿的工夫,回头见鸳鸯
穿着水红绫袄儿,青缎子坎肩儿。"

【袄子】ǎozi 省称"袄"。一种御寒的棉
衣,男女均可穿着。缀有衬里、长度介于
袍襦之间的上衣,长至胯部以上,一般外
穿。内外两层,中间可絮绵,冬季用以御
寒。袄子一说始于北齐,一说始于汉文

帝时,隋唐以后为中原男女常服。至明
清大为流行,并一直延续至今。长袄出
现于元明,长至膝盖。唐刘肃《大唐新
语》卷一〇:"北朝杂以戎狄之制。北齐
有长帽、短靴、合裤袄子。朱紫玄黄,各
随其好。"《旧唐书·舆服志》:"爰至北
齐,有长帽短靴,合袴袄子,朱紫玄黄,各
任所好。"宋高承《事物纪原》卷三:"今代
袄子之始,自北齐起也。"五代后唐马缟
《中华古今注》卷中:"宫人披袄子,盖袍
之遗象也,汉文帝以立冬日赐宫侍承恩
者,及百官披袄子,多以五色绣罗为
之,或以锦为之。始有其名。炀帝宫中
有云鹤金银泥披袄子。则天以赭黄罗上
银泥袄子以燕居。"元无名氏《杀狗劝夫》
第三折:"小叔叔,辛苦了也,将一个袄子
来与小叔叔穿。"《明史·舆服志三》:"刻
期冠服……线袄子,诸色阔匾丝绦。"《醒
世姻缘传》第六十七回:"他穿的是件羔
儿皮袄子,还新新的没曾旧哩。从头年
夏里接赵医官来家就有了这袄子。问
他,他说是买的。"

袄子(明王圻《三才图会》)

B

bai

【白氅】báichǎng ❶唐代为仪卫所穿的一种用白色羽毛装饰的长大外衣。《新唐书·仪卫志上》:"威卫青氅、黑氅,武卫鹙氅,骁卫白氅,左右卫黄氅,黄地云花袄、冒。"❷指道士穿的羽衣。明陈汝元《金莲记·赋鹤》:"造化小儿,乾坤大梦,幻里黄冠白氅,原是山禽。世间紫绶金章,宁非野马。"

【白氎裘】báidiéqiú 絮有棉花的保暖棉衣。白氎,即棉布。唐白居易《卯饮》诗:"短屏风掩卧床头,乌帽青毡白氎裘。卯饮一杯眠一觉,世间何事不悠悠?"

【白氄裘】báijìqiú 用白色毛织物制成的保暖御寒衣。唐杜牧《偶见》诗:"朔风高紧掠河楼,白鼻骍郎白氄裘。"陆龟蒙《奉和袭美送李明府之任南海》诗:"知君不恋南枝久,抛却经冬白氄裘。"

【白假带】báijiǎdài 用白色丝帛制成的腰带。使用时系佩于腰际,以代替上古时祭服用的大带。制出于隋唐时期,专用于帝王、皇子等。使用时和袍、裳、蔽膝、方心曲领等配用。宋代因之。《隋书·礼仪志七》:"绛纱袍,深衣制……白假带,方心曲领。"《新唐书·车服志》:"白假带,其制垂二绛帛,以变祭服之大带。"又:"皇太子服:绛纱袍……白裙、襦,白假带。"《玉海》卷八二:"礼院具制度令式:衮冕,前后十二旒……绛纱袍,白纱中单,朱领襈裾,绛蔽膝,白假带,方心曲领。"

【白蕉衫】báijiāoshān 白夏布短袖单衣。唐白居易《东城晚归》诗:"晚入东城谁识我,短靴低帽白蕉衫。"宋赵善坚《化成岩》诗:"低帽白蕉衫,跨马北岩路。为我撤炎歊,时有清风度。"元张翥《中秋广陵对月》诗:"散尽浮云月在东,白蕉衫冷小庭空。"清姚清华《弄珠楼题壁》诗:"我持绿玉杖,身披白蕉衫。"

【白角冠】báijiǎoguān ❶一种道冠。唐鲍溶《和王璠侍御酬友人赠白角冠》诗:"好见吹笙伊洛上,紫烟丹凤亦相随。"王建《赠诏征王屋道士》诗:"玉皇符到下天坛,璚珥头簪白角冠。"❷宋代妇女的头冠。用白角为冠,并加白角梳。冠身很大,有三尺长,垂至肩,梳边一尺长,上面加饰金银珠玉。宋王栐《燕翼诒谋录》卷五:"旧制,妇人冠以漆纱为之,而加以饰金银珠翠采色装花。初无定制,仁宗时,宫中以白角改造冠并梳,冠之长至三尺,有等肩者;梳至一尺,议者以为妖。仁宗亦恶其侈。皇祐元年十月诏禁中外不得以角为冠梳。"《绿窗新话·张俞骊山遇太真》:"仙谓俞曰:'今之妇人,首饰衣服如何?'俞对曰:'多用白角为冠,金珠为饰,民间多用两川红紫。'"《资治通鉴·宋纪五十》:"丁丑,诏:'妇人所服冠,高无得过四寸,广无得逾一尺,梳长无得逾四寸,仍无得以角为冠梳,犯者重致于法。'先是宫中尚白角冠梳,人争效之,谓之内样。其冠名曰垂肩,至有长三尺者,梳长亦逾尺。御史刘元瑜以为服妖,请禁止之,故有是诏。妇人多被刑责,大为识者所嗤,都不作歌词以嘲之。"宋毛珝《吾竹小稿·吴门田家十咏》:"田家少妇最风流,白角冠儿皂盖头。"

白角冠(敦煌莫高窟壁画)

【白襕】báilán ❶泛指上衣与下裳相连的白色袍衫。唐段成式《酉阳杂俎·黥》:"宝历中有百姓刺臂,数十人环视之,忽有一人,白襕屠苏,倾首微笑而去。"❷用白纻布做成的白色襕衫。圆领,大袖,下长过膝,膝盖以下部分施一横襕。唐代士子未入仕途者或新进士皆服此,称白袍。宋代举子服之,有"头乌身上白"之说。亦称白襕。明、清为秀才举人公服。宋庞元英《文昌杂录》卷五:"令觱士泚等数人应进士举,取解别试,所衣白襕,一时新事也。"叶适《送徐洞清秀才入道》诗:"白襕已回施,黄氅犹索钱。"《宋史·舆服志五》:"近年品官绿袍及举子白襕下皆服紫色,亦请禁之。"王应麟《玉海》:"品官绿袍,举子白襕。"元无名氏《冻苏秦》第二折:"我则今番到朝内,脱白襕换紫衣。"无名氏《拊掌录》:"士人笑曰:'我这领白襕直是不直钱财?'闻者曰:'也半看佛面。'"明王实甫《西厢记》第二本第二折:"乌纱小帽耀眼明,白襕净,角带傲黄鞓。"王季思校注:"《元史·舆服》记:'宣圣庙执事,儒服,软脚唐巾,白襕插领,黄鞓角带,皂靴。'白襕二句,正写当时儒服。"

【白练衣】báiliànyī 白色熟绢制成的衣服。唐一行禅师《梵天火罗九曜》诗:"头戴首冠。白练衣弹弦。"宋徐铉《和印先辈及第后献座主朱舍人郊居之作》诗:"积雨暗封青藓径,好风轻透白练衣。"《太平广记》卷三五二:"其夕,梦一少年,可二十已来,衣白练衣,仗一剑。"

【白衫】báishān 唐宋时士人所穿的便服,宋代亦称"凉衫"。唐时兼作凶服之用,南宋乾道初年以后则只用作凶服。借指无官的平民。唐李济翁《资暇集》卷中:"今多白衫、麻鞋者,衣冠在野与黎庶雷同。"皮日休《江南书情寄秘阁韦校书贻之商洛宋先辈垂文二同年》诗:"病久新乌帽,闲多著白衫。"李贺《酒罢张大彻索赠诗时张初效潞幕》诗:"水行桃草上白衫,匣中奏章密如蚕。"清王琦汇解:"唐时无官人白衣,八品九品官青衣。'青草上白衫',正谓其初入仕途,脱白著青。"《旧唐书·唐临传》:"尝欲吊丧,令家僮自归家取白衫。"《宋史·舆服志五》:"凉衫,其制如紫衫,亦曰白衫。乾道初,礼部侍郎王曮奏:'窃见近日士大夫皆服凉衫,甚非美观,而以交际、居官、临民,纯素可憎,有似凶服。'……于是禁服白衫。"

【白袜】báiwà ❶君臣祭祀、朝会、礼见时所穿的白色袜子。制作精美,多以白绫、白罗等材料制成。《通典·礼志六十八》："君臣冕服冠衣制度……其革带剑佩绶与上同，白袜，黑舄。诸祭还、冬至、受朝、元会、冬会则服之。"《元史·舆服志一》："白袜、朱舄，舄加涂金银饰。加元服、从祀、受册、谒庙、朝会服之。"《文献通考·王礼七》："白袜，乌皮履，黑介帻者，拜陵之服也。"《明史·舆服志三》："文武官朝服：洪武二十六年定凡大祀、庆成、正旦、冬至、圣节及颁诏、开读、进表、传制……白袜黑履。"❷清代锡伯族妇女服饰。白袜早期为粗布制作，袜由两片布缝合而成，其缝合线穿在脚心和脚背正中，此白袜既吸汗又美观。

【白苎衫】báizhùshān 细白夏布衫。唐罗隐《送沈先辈归送上嘉礼》诗："青青月桂触人香，白苎衫轻称沈郎。"宋杜龙纱《斗鸡回》："白苎衫，青骢马。绣陌相将，斗鸡寒食下。"清曹寅《答顾培山见嘲》诗："黄尘埲塇马蹄剟，五月谁披白苎衫。"

【白苎】báizhù 也作"白纻"。白色苎麻布制成的衣服。唐代士人文吏、庶民百姓春夏之季用作便服。亦可作为舞女的舞服。唐王建《白纻歌》："天河漫漫北斗璨，宫中乌啼知夜半。新缝白纻舞衣成，来迟邀得吴王迎。"戴叔伦《白苎词》："美人不眠怜夜永，起舞亭亭乱花影。新裁白苎胜红绡，玉佩珠缨金步摇。"张籍《白纻歌》："皎皎白纻白且鲜，将作春衣称少年。"宋徐竞《宣和奉使高丽图经》："旧俗女子之服，白纻黄裳，上自公族贵家，下及民庶妻妾，一概无辨。"王禹偁《寄砀山主簿朱九龄》诗："利市褴衫抛白纻，风流名纸写红笺。"陆游《贫病》诗："行年七十尚携锄，贫悴还如白纻初。"叶梦得《石林燕语》卷六："太平兴国中，李

文正公防，尝举故事，请禁品官丝袍、举子白纻，下不得服紫色衣，举人听服皂。"张舜民《画墁录》："范鼎臣……见予兄服皂衫纱帽，谓曰：汝为举子，安得为此下人之服？当为白纻襴衫，系重织带也。"陆游《丫头岩见周洪道以进士都日题字》诗："乌巾白纻踏京尘，瑶树琼林照路人。"明田艺蘅《留青日札》卷二二："乐有白纻舞，《乐府解题》曰：'质如轻云色如银。'……元稹诗：'西施自舞王自管，白纻翻翻鹤翎散。'盖荆扬本吴地，故出纻独精，如今扬之晒白，福建之北蒸，而家园所产亦多，女工手织极精妙也。舞衣若用白练，不亦尤轻细贵重耶？"《聊斋志异·叶生》："且士得一知己，可无憾，何必抛却白纻，乃谓之利市哉。"

【百八真珠】bǎibāzhēnzhū 念珠。因每串一百零八颗，故称。唐贾岛《赠圆上人》诗："一双童子浇红药，百八真珠贯彩绳。"

【百宝冠】bǎibǎoguān 即"宝冠❶"。《敦煌变文集》卷五："百宝冠中惹瑞霞，六殊（铢）衣上镜光彩。"

【百不知】bǎibùzhī 唐穆宗长庆年间京城长安妇女中流行的一种首饰。宋王谠《唐语林·补遗二》："长庆中，京城妇人首饰，有以金碧珠翠，笄栉步摇，无不具美，谓之'百不知'。"

【百合履】bǎihélǚ 省称"百合"。唐代妇女所穿的一种高头鞋履。履头被制成数瓣，交相重叠，形似百合。唐王睿《炙毂子录》："至建中元年，进百合草履子。"明胡应麟《少室山房笔丛》卷一二："建中时，进百合履。"明田艺蘅《留青日札》卷二〇："今之缠足者以丝为鞋……绣以云露花草，则防于五朵、百合。"

【百结裘】bǎijiéqiú 有很多补丁、非常破旧的裘服。唐白行简《李娃传》："被布裘，裘有百结，褴褛如悬鹑。"宋苏轼《九日次定国韵》："炯然径寸珠，藏此百结裘。"贺铸《问内》诗："乌绨百结裘，茹茧加弥补。"

【百衲】bǎinà 也作"百纳"。即"百衲衣"。唐法照《送无着禅师归新罗》诗："寻山百衲弊，过海一杯轻。"李端《秋日忆暕上人》诗："雨前缝百衲，叶下闭重关。"白居易《戏赠萧处士清禅师》诗："三杯嵬峨忘机客，百纳头陀任运僧。"皇甫冉《题昭上人房》诗："沃州传教后，百衲老空林。"宋苏轼《石塔戒衣铭》："云何此法衣，补缀成百衲。"《聊斋志异·丐僧》："济南一僧，不知何许人。赤足衣百衲。"

【百衲衣】bǎinàyī 省称"衲衣""衲"。也称"百衲袍"。衲，一作"纳"。僧衣。即袈裟。百衲，形容补缀之多。按戒律规定，僧尼衣服应用人们遗弃的破碎衣片缝纳而成，故称。道士也有用者。流传到民间，演变为用彩色布片缝制而成的衣服。唐宋以来，妇女多爱穿着。因所用布料色彩交错，形似水田。故又称"水田衣"。也有为小孩做"百衲衣"者，求其百家保护之意。亦泛指补缀甚多的破旧衣服。《敦煌变文集·维摩诘经讲经文》："巧裁缝，能绣补，刺成盘龙须甘雨。个个能装百衲衣，师兄收取天宫女。"宋陆游《怀昔》诗："朝冠挂了方无事，却爱山僧百衲衣。"元范子安《竹叶舟》第四折："我吃的是千家饭化半瓢，我穿的是百衲衣化一套，似这等粗衣淡饭且淹消。"《西游记》第二十五回："那大仙按落云头，摇身一变，变作个行脚全真，你道他怎生模样：穿一领百衲袍，系一条吕公

绦……三耳草鞋登脚下，九阳巾子把头包。"清闵小艮《清规玄妙·外集》："有等鬟头丫髻，或清风绣头箸，或身穿百衲衣。"

【百鸟毛裙】bǎiniǎomáoqún 省称"毛裙"。也称"织成裙"。唐代安乐公主所创制，用百鸟之羽织成百鸟之形的裙子。其裙白天看一色，灯光下看一色，正看一色，倒看一色，且能呈现出百鸟形态，一时富贵人家女子竞相仿效。于初唐晚期至盛唐早期最为流行，唐开元中被朝廷禁止。唐张鷟《朝野金载》卷三："安乐公主造百鸟毛裙，以后百官、百姓家效之，山林奇禽异兽，搜山荡谷，扫地无遗，至于网罗杀获无数。开元中，禁宝器于殿前，禁人服珠玉、金银、罗绮之物，于是采捕乃止。"《新唐书·五行志一》："安乐公主使尚方合百鸟毛织二裙，正视为一色，傍视为一色，日中为一色，影中为一色，而百鸟之状皆见。"

【败服】bàifú 指破旧的衣服。《旧唐书·武儒衡传》："相国郑余庆不事华洁，后进趋其门者多垢衣败服，以望其知。"《新唐书·朱克融传》："留京师，久之不得调，羸色败服，饥寒无所贷丐。"

【败褐】bàihè 破旧的粗布衣服，多用于僧人、隐士或贫民。唐项斯《忆朝阳峰前居》诗："溪僧来自远，林路出无踪。败褐黏苔遍，新题出石重。"宋刘埙《长相思·客中景定壬戌秋》词："雾隔平林，风欺败褐，十分秋满黄华。"文同《赠城南观音院庵主广师》诗："兀如拥败褐，口吐众妙音。"陆游《枕上》："岂知拥败褐，炯如寒鱼鳞。"

【败衲】bàinà 破旧的僧、道衣。泛指破旧的衣服。唐许浑《怀政禅师院》诗："山斋路几层，败衲学真乘。"裴休《太平兴龙寺诗》："白衣居士轻班爵，败衲高僧薄世

情。”宋毛滂《别归云庵端老》诗：“何年败衲裹虚空，雪雁烟凫不受笼。”苏洞《听雨诗》：“败衲依然湖海阔，老来无喜亦无忧。”元丘处机《无俗念・岁寒守志》：“败衲重披，寒埪独坐，夜永愁难彻。”

【拜帛】bàibó 女子出嫁时系在腰际的绢帛。始于隋大业年间，由古之结缡演变而来。其制以八尺长的素绢擘分为之。按照规定，新妇礼见舅姑长辈时，当持帛而拜，因称其帛为拜帛。唐刘存《事始》：“古者妇始见于舅姑，持香缨以拜，五色彩为之。隋牛弘上议，以素绢八尺，中擗，名曰帛拜，以代香缨。”五代冯鉴《续事始・拜帛》：“妇见后故要参舅姑，即令人持香缨谘白，许见则出，不许即收之……隋大业五年，宰相牛弘建议，古礼妇执香缨以为请讯，未为允当，自今后请以素绢八尺中擗，名曰‘拜帛’，以代香缨。诏从之。”

ban—bao

【班布裙】bānbùqún 西南地区少数民族用杂色的木棉布制成的裙子。《隋书・地理志下》：“长沙郡又杂有夷蜒，名曰莫徭，自云其先祖有功，常免徭役，故以为名。其男子但著白布裈衫，更无巾袴；其女子青布衫、班布裙，通无鞋屩。”

【颁衣】bānyī 天子所赏赐的衣服。唐元稹《谢恩赐告身衣服并借马状》：“忽降天书，乍乘云骥，颁衣焕目，贲帛盈庭，皆非朽陋之才，宜受光扬之赐，微臣无任抃跃惭惶之至。”宋项安世《重五听谈昨梦》诗：“别来三剥粽，忆著四颁衣。”

【斑裳】bāncháng 彩色的下身衣服。唐刘禹锡《送韦秀才道冲赴制举》诗：“一旦西上书，斑裳拂征鞍。”宋宋祁《寄鄂渚胡从事》诗：“红蕖熏幕得僚英，膝下斑裳捧檄荣。”元末明初杨维桢《寿岂诗》：“瞿叔岂弟，斑裳赤舄。”明刘基《怡怡山堂记》：“从以诸孙，斑裳彩衣，徜徉乎其中。”

【斑犀】bānxī 有斑纹的犀角，非常珍贵，多用作达官贵人的带饰。其颜色通常为黄黑相间，或白黑相间者。外深内浅者称“正透”，内深外浅者称“倒透”。一说为雌犀之角。《唐会要》卷三一：“一品、二品许服玉及通犀，三品许服花犀、斑犀及玉。”宋程大昌《演繁露》卷一：“按斑犀者，犀文之黑黄相间者也。此时止云斑犀，至近世其辨益详：黑质中或黄或白则为正透；外晕皆黄而中函黑文则名倒透。透即通也。唐世概名通天犀。”唐陈黯《自咏豆花》：“玳瑁应难比，斑犀定不加，天嫌未端正，满面与妆花。”宋张世南《游宦纪闻》卷二：“犀中最大者，曰堕罗犀，一株有重七八斤者，云是牯犀额角。其花多作撒豆斑，色深者，堪作带胯。斑散而色浅者，但可作器皿耳……犀之佳者，是牸犀，纹理细腻，斑白分明，俗谓斑犀，服用为上。”

【半臂】bànbì 一种对襟短袖上衣，通常用织锦制成，长仅至腰际，两袖宽大而平直，仅到肘部。不单独穿着，一般多罩在长袖衣外，也可以衬在长袖衣内。半臂的名称最早见于唐，由唐前的半襟发展而来，唐初为宫中女侍之服，初唐晚期流于民间，成为民众男女的一种常服。官员士庶均可着之。唐以后，各代沿袭，宋代除武士着半臂外，官员于私室和燕居之时亦着半臂。宋代仪卫所服之半臂，长至膝下，皆于脊背衣缝间加饰锦绮滚条镶缘。《后汉书・光武帝纪上》“而服妇人衣，诸于绣镼”唐李贤注：“据此，即是诸于上加绣镼，如今之半臂也。”

唐李贺《儿歌》:"竹马梢梢摇绿尾,银鸾睒光踏半臂。"五代后蜀冯鉴《续事始》引《二仪实录》:"隋大业中,内宫多服半襦。即今之长袖也,唐高祖减其袖,谓之半臂。"宋高承《事物纪原·半臂》:"《实录》又曰:隋大业中,内官多服半臂,除即长袖也。唐高祖减其袖,谓之半臂,今背子也。江淮之间或曰绰子,士人竞服。隋始制之也。今俗名搭护。"魏泰《东轩笔录》卷一五:"后庭曳罗绮者甚众,尝宴于锦江,偶微寒,命取半臂,诸婢各送一枚。"邵博《闻见后录》卷二〇:"李文伸言东坡自海外归毗陵,病暑,著小冠,披半臂,坐船中。"明姚士麟《见只编》卷上:"上穿青锦半臂,下著绛裙,袜而不鞋。"《醒世姻缘传》第二回:"计氏取了一个帕子裹了头,穿了一双羔皮里的段靴,加了一件半臂,单又裤子,走向前来。"清汪汲《事物原会》卷二五:"《说文》:'无袂衣谓之襦。'赵宧光以为即半臂,此说非是。既曰半臂,则其袖必及臂之半。"包公毅《上海竹枝词》之二:"半臂轻裁蝉翼纱,襟儿一字尽盘花。"

半臂

【**半除**】bànchú 也称"半涂"。隋代内官的长袖衣。《类说》卷三五:"隋大业中内官多服半除,即今长袖也。"清赵翼《陔余丛考》卷三三:"隋大业中,内官多服半除。即今长袖也,唐高祖减其袖,谓之半臂。"清厉荃《事物异名录·服饰》引作"半涂"。《渊鉴类函》卷三七三:"隋内官多服半涂,即今长袖也。"一说为短袖衣。明方以智《通雅》卷三六:"智以(为)宋之背子,即半除也。"

【**半衣**】bànyī 一种女式的短上衣。五代后唐马缟《中华古今注·衫子背子》:"自黄帝无衣裳,而女子有尊一之义,故衣裳相连。始皇元年,诏宫人及近侍宫人,皆服衫子,亦曰半衣,盖取便于侍奉。"

【**半月履**】bànyuèlǚ 一种用蜡涂过、不透水的鞋子。唐赵廷芝生活骄奢的故事。用赵廷芝性奢侈,曾精制一双用料极为考究的鞋子,用千纹布为面,金银为衬,用红色丝线密密缝衲。唐辅明看不惯,拿过当酒杯盛酒。唐冯贽《云仙杂记》引《妙丰居士安成记》:"赵廷芝安城人,作半月履,裁千纹布为之,托以精银,填以绛蜡。唐辅明过之,夺取以贮酒,已乃自饮。廷芝问之,答曰:'公器皿太微,此履有沧海之积耳。'"

【**枹木屧**】bāomùxiè 也作"松抱屧""抱木屧"。枹木所制的鞋。唐段公路《北户录·枹木屧》:"枹木产水中,叶细如桧,其身坚类于柏,唯根软不胜刀锯。今潮州新州多刳之为屧,或油画,或金漆,其轻不让草屧。案翔法师书云:'樧,一名水松,生水中,无枝,形如笋。亦曰松枹,今为屧是也。'又陈周弘正《谢赍漆松枹屧》云:'蒙此慈赐,便得轻举。'"

【**薄罗衫子**】báoluóshānzi 夏日女性所穿的用纱罗制成的衣服。晚唐五代流行于南方地区,宋词中也经常出现,多用来表现女性的性感之美。五代后唐庄宗《阳台梦》词:"薄罗衫子金泥缝,因纤腰怯铢衣重。"

花蕊夫人《宫词》："薄罗衫子透肌肤,夏日初长板阁重。独自凭阑无一事,水风凉处读文书。"宋杨炎正《贺新郎》："可奈暖埃欺昼永,试薄罗衫子轻如雾。"张孝忠《鹧鸪天》词："豆蔻梢头春意浓。薄罗衫子柳腰风。"清蒋春霖《浣溪沙》："细竹方床蕉叶伴,薄罗衫子藕花熏。"

【宝钿】bǎodiàn 金钿的一种,多见于唐代。用金翠珠玉等制成花朵,附缀于簪梁钗股;或在金钿上镶以宝石,用时插于发际。唐张柬之《东飞伯劳歌》："谁家绝世绮帐前,艳粉红脂映宝钿。"戎昱《送零陵妓》诗："宝钿香娥翡翠裙,装成掩泣欲行云。"《新唐书·车服志》："内命妇受册、从蚕、朝会,外命妇嫁及受册、从蚕、大朝会……两博鬓饰以宝钿。"宋李纲《雨霖铃·明皇幸西蜀》词："百里遗簪堕珥,尽宝钿珠玉。"

宝钿
（江苏新海连市海州五代墓出土）

【宝珥】bǎoěr 珍宝珠玉制成的耳饰,多用于女性。隋卢思道《棹歌行》："落花流宝珥,微吹动香缨。"宋刘镇《庆春泽·丙子元夕》词："蓬壶影动星球转,映两行、宝珥瑶簪。"吕胜己《促拍满路花·瑞香》词："遗珰连宝珥,人世识天香。"元末明初郭翼《棹歌行》："宝珥熏麝兰,羽盖翔凫鹥。"《警世通言·杜十娘怒沉百宝箱》："谢徐二美人各出所有,翠钿金钏,瑶簪宝珥,锦袖花裙,鸾带绣履,把杜十娘装扮得焕然一新。"

【宝冠】bǎoguān ❶装饰有宝物的佛冠,佛教佛祖菩萨及诸天圣众所用。唐玄奘《大唐西域记·恭建那补罗国》："伽蓝大精舍高百余尺,中有一切义成太子宝冠,高减二尺,饰以宝珍,盛以宝函。每至斋日,出置高座,香花供奉,时放光明。"《敦煌变文集·长兴四年中兴殿应圣节讲经文》："如来头宝冠而足莲花,言悬河而心巨海。"又《维摩诘经讲经文》："虔恭三礼,仰示慈尊,宝冠亚而风飒符枝,璎珞摇而霞飞锦树。"《宋史·乐志十九》："菩萨献香花队,衣生色窄砌衣,戴宝冠,执香花盘。"❷道教徒所戴饰有宝物的道冠。宋张君房《云笈七签》卷五三："身著紫青之绶,头戴九色通天宝冠,足蹑九色之履。"又:"身著玄云五色之绶,头戴玄晨宝冠,足蹑五色师子之履。"❸女性所戴的装饰有珍宝的礼冠。五代王仁裕《开元天宝遗事》："御苑新有千叶桃花,帝亲插一枝,插于妃子宝冠上。"

【宝袜】bǎomò 省称"袜"。妇女用以束胸的贴身小衣。一说着在裙外,用于束腰。一说即腰彩,女子束于腰间的彩带。隋炀帝《喜春游歌》："锦袖淮南舞,宝袜楚宫腰。"唐徐贤妃《赋得北方有佳人》："纤腰宜宝袜,红衫艳织成。"李贺《追赋画江谭苑》诗："宝袜菊衣单,蕉花密露寒。"元伊世珍《嫏嬛记》卷中："制锦囊盛之,佩于宝袜。"明杨慎《丹铅总录》卷二一："袜,女人胁衣也……卢照邻诗:'倡家宝袜蛟龙被'是也。或谓起自杨妃,出于小说伪书,不可信也。崔豹《古今注》谓之'腰彩'。注引《左传》:'袒服。'谓曰日近身衣也,是春秋之世已有之,岂始于唐乎?"明田艺蘅《留青日札》卷二〇:"今之袯胸一名襕裙……谢偃诗:'细风吹宝袯,轻露湿红纱。'卢照邻诗:'倡家宝袯蛟龙被。'袯,女人胁衣也……宝袯在外,以束裙腰者,视图画古美人妆可见。故曰楚宫腰,曰细风吹者,此也。若贴身之相,则风不能吹矣。"

【宝胜】bǎoshèng 妇女的首饰,装饰有金玉制成的人胜、方胜、花胜、春胜等。唐崔日用《春和人日重宴大明宫恩赐彩缕人胜应制》诗:"金屋瑶筐开宝胜,花笺彩笔颂春椒。"宋吴则礼《满庭芳》词:"又喜椒觞到手,宝胜里,仍剪金花。"杨万里《秀州嘉兴馆拜赐春幡胜》诗:"彩幡耐夏宜春字,宝胜连环曲水纹。"元萨都剌《汉宫早春曲》:"金环宝胜晓翠浓,梅花飞入寿阳宫。"

【宝靥】bǎoyè 妇女贴于脸颊的花钿,唐代开始流行,宋词中非常普遍。后世亦用以代指美女的脸颊。唐杨炯《浮沤赋》:"细而察之,若美人临镜开宝靥;大而望也,若冯夷剖蚌列明珠。"杜甫《琴台》诗:"野花留宝靥,蔓草见罗裙。"清仇兆鳌注:"赵曰:宝靥,花钿也……朱注:唐时妇女多贴花钿于面,谓之靥饰。"宋徐俯《浣溪沙》词:"小小钿花开宝靥,纤纤玉笋见云英。"张元幹《念奴娇·丁卯上巳,燕集张叶尚书蕊香堂赏海棠,即席赋之》词:"宝靥罗衣,应未有,许多阳台神女。"明屠隆《彩毫记·湘娥访道》:"生长在繁华庭院,香奁珠翠满。厌修眉蝉鬓,宝靥花钿。"

【袯衣】bǎoyī 婴儿衣。唐玄奘《庆佛光周王满月并进法服等表》:"其孰能福此袯衣,安兹乳甫,无灾无害,克岐克嶷者哉。"清袁枚《随园诗话》卷二:"大中进士郑嵎《津阳门》诗,亦有'禄儿此日侍御

侧,绣羽袯衣提屃赑'之句,岂当时天下人怨毒杨氏,故有此不根之语耶?"

【豹文袄子】bàowén'ǎozi 织绣豹形、豹纹花样的缺胯袄子。常用于兵勇武士,以示英武。隋时规定为武卫军将的制服。五代后唐马缟《中华古今注》卷上:"(隋文帝征辽)左右武卫将军服豹文袄子……至今不易其制。"

【豹文绔】bàowénkù 用织有豹形或豹纹的丝织物作成的裤子。《新唐书·礼乐志十一》:"朝会则武弁、平巾帻、广袖、金甲、豹文绔、乌皮靴。"

bei—bu

【背篷】bèipéng 也作"背篷"。一种挡雨的大斗篷,可以遮住头背,常用于渔民或渔隐之士。唐皮日休《添渔具诗》序:"江汉间时候率多雨,唯以笡笠自庇,每伺鱼必多俯,笡笠不能庇其上,由是织篷以障之,上抱而下仰,字之曰'背篷'。"其诗:"侬家背篷样,似个大龟甲。雨中踽踽时,一向听霎霎。"韩淲《江岸闲步诗》:"立谈禅客传心印,坐睡渔师著背篷。"

【背子】bèizi 也作"褙子",也称"背儿",省称"背"。❶一种短袖上衣。一说即唐代流行的半臂。《旧唐书·李德裕传》:"(玄宗)令皇甫询于益州织半臂背子、琵琶扞拨、镂牙合子等。"宋高承《事物纪原》卷三:"秦二世诏衫子上朝服加背子,其制袖短于衫,身与衫齐而大袖。今又长与裙齐,而袖才宽于衫。隋大业中,内官多服半臂除,即长袖也。唐高祖减其袖,谓之半臂,今背子也。"周密《武林旧事》卷七:"三盏后,官家换背儿,免拜;皇后换团冠背儿;太子免系裹,再坐。"《西湖老人繁胜录》:"御街扑卖摩侯

隋唐五代时期的服饰

罗,多著干红背心,系青纱裙儿,亦有著背儿、戴帽儿者。"明方以智《通雅》卷三六:"马贵与曰,今朝服之礼,非中单,乃不经之服,如紫袍、皂褶之类。又言禁卫班直等,绯绿红盘雕背子。褶,即背也。"周祈《名义考》卷一一:"半臂、背子:古者有半臂、背子……大掖衣外加半臂,在手臂之间,如今搭护相似,脱去半臂即大掖衣,故曰'除即长袖'也。又衫子外加背子,在脊背之间……所谓其制袖短于衫,身与衫齐而大袖也。"一说为无袖衣。清赵翼《陔余丛考》卷三三:"《说文》:'无袂衣谓之褚。'赵宦光以为即半臂,其小者谓之背子。此说非也。既曰半臂,则其袖必及臂之半,正如今之马褂;其无袖者,乃谓之背子耳。"❷宋代的一种穿在祭服、朝服内的长衬衣。皇帝及百官朝祭礼见时都可穿著。盘领、长袖,两腋处开衩,衣长至足。《朱子语类》卷九一:"背子近年方有。旧时无之,只汗衫、袄子上便著公服……从来人主常服,君臣皆公服。孝宗简便,平时著背,常朝引见臣下,只是凉衫,今遂以为常,如讲筵早朝是公服。晚朝亦是凉衫。"程大昌《演繁露》卷三:"今人服公裳必表以背子,背子者,状如单襦袷袄,特其裾加长,直垂至足焉耳。其实古之中禪也。禪之字,或为单,皆音单也。古之法服、朝服其内必有中单,中单之制,正如今人背子,而两腋有交带横束其上。"❸宋代武士、仪卫穿的一种圆领、对襟、短袖,下长过膝制服。襟、腋及衣背皆缀以带用以系勒帛;后嫌其繁琐,乃舍勒帛不用。清代武士所穿的号衣亦称"背子"。宋孟元老《东京梦华录》卷一〇:"天武官皆顶朱漆金装笠子,红上团花背子;三衙并带御

器械官,皆小帽背子。"叶梦得《石林燕语》卷一〇:"背子本半臂,武士服何取于礼乎? 或云,勒帛不便于擂笏,故稍用背子。然须用上襟掖下与背皆垂带。余大观闻,见宰执柱堂吏押文书,犹冠帽皆背子,今亦废矣。"陆游《老学庵笔记》卷二:"予童子时,见前辈犹系头巾带于前,作胡桃结。背子背及腋下皆垂带。长者言,背子率以紫勒帛系之,散腰则谓之不敬。至蔡太师为相,始去勒帛。"徐珂《清稗类钞·兵刑》:"军服为黄布褶子,缘红边,有标记。"❹宋明时期妇女礼见宴会时常穿的礼服,重要性仅次于大袖。对襟、直领、两腋开衩,下长过膝,衣袖有宽窄二式。贵贱均可服用,穿著时罩在襦袄之外。宋代以后,曾一度用作女妓常服。明代用作后妃、命妇常服,所用颜色纹样皆有定制。宋李廌《济南先生师友谈记》:"太妃暨中宫皆西向……衣黄背子,衣无华彩。太妃暨中宫皆缕金云月冠……衣红背子,皆用珠为饰。"《西湖老人繁胜录》:"稍年高者,都著红背子、特髻。"《宋史·舆服志五》:"淳熙中……女子在室者冠子、背子。众妾则假紒、背子。"元杨景贤《刘行首》第二折:"则要你穿背子,戴冠梳,急煎煎,闹炒炒,柳陌花街将罪业招。"戴善夫《风光好》第四折:"他许我夫人位次,妾除了烟花名字,再不曾披着带着,官员祗候,褶子冠儿。"明何孟春《余冬序录摘抄内外篇》卷一:"其乐妓则带明角,皂褶,不许与庶民妻同。"《明史·舆服志三》:洪武二十六年定:"一品、二品,霞帔、褶子俱云霞翟文,钑花金坠子。三品、四品,霞帔、褶子俱云霞孔雀文,钑花金坠子……五品,霞帔、褶子俱云霞鸳鸯文,镀金钑花银坠子。

六品,霞帔、褙子俱云霞练鹊文,钑花银坠子……七品,霞帔、坠子、褙子,与六品同。八品、九品,霞帔用绣缠枝花,坠子与七品同,褙子绣摘枝团花。"

背子
（明人摹宋本《胡笳十八拍图》）

背子
（明王圻《三才图会》）

【本服】běnfú 丧礼制度规定相应等级应穿着的丧服。《仪礼·丧服》唐贾公彦题解:"齐衰期章有正、有义二等:正则五升,冠八升;义则六升,冠九升。齐衰三月章皆义服,齐衰六升,冠九升,曾祖父母该是正服。但正服合以小功,以尊其祖。不服小功而服齐衰,非本服,故同义服也。"《隋书·礼仪志三》:"皇帝本服大功已上亲及外祖父母、皇后父母、诸官正一品丧,皇帝不视事三日。皇帝本服五服内亲及嫔,百官正二品已上丧,并一举哀。太阳亏、国忌日,皇帝本服小功缌麻亲,百官三品已上丧,皇帝皆不视事一日。"清朱大韶《实事求是斋经义·庶孙之中殇当为下殇辨》:"小功之殇指其服不指其亲,以本服言则为齐衰之殇。"

【绷】bēng 小儿褓褓。《汉书·宣帝纪》:"曾孙虽在襁褓,犹坐收系郡邸狱。"唐颜师古注曰:"褓即今之小儿绷也。"

【绷褯】bēngjiè 小儿衣。《太平广记》卷二二七:"(唐玄宗)上始览锦衾,与嫔御大笑曰:'此不足以为婴儿绷褯,曷能为

我被耶?'"宋赵叔向《肯綮录》卷二四:"小儿衣曰绷褯。"清厉荃《事物异名录》卷一六:"小儿衣曰绷褯。"

【敝裘】bìqiú 破旧的皮裘服。泛指破旧的衣服。唐杜甫《晦日寻崔戢、李封》诗:"无媒谒明主,失计干诸侯。夜雪入穿履,朝霜凝敝裘。"白居易《醉后走笔酬刘五主簿长句之赠兼简张大贾二十四先辈昆季》诗:"出门可怜唯一身,敝裘瘦马入咸秦。"宋苏辙《次韵姜应明黄蘗山中见寄》诗:"匹马彷徨犹寄食,敝裘安乐信无心。"金元好问《解剑行》:"又不知敝裘苏季子,合从归来印累累。"

【辟寒钗】bìhánchāi 以辟寒金制成的金钗。唐赵光远《题妓莱儿壁》诗:"不夜珠光连玉匣,辟寒钗影落瑶尊。"欧阳玄《高宗御书》诗:"君王不受辟寒钗,永巷泥金进损斋。"

【辟寒钿】bìhándiàn 以辟寒金制成的金钿。唐段成式《酉阳杂俎·羽篇》:"不服辟寒金,那得帝王心。不服辟寒钿,那得帝王怜。"宋陈亮《最高楼·咏梅》词:"深院落,斗清妍。紫檀枝似流苏带,黄金须胜辟

寒钿。"无名氏《李师师外传》:"宣和二年,帝复幸陇西氏……即日赐师师辟寒金钿,映月珠环、舞鸾青镜、金虬香鼎。"

【碧罗冠】bìluóguān 妇女戴的用青绿色纱罗制成的束发冠。唐和凝《临江仙》词:"披袍率地红宫锦,莺语时转轻音,碧罗冠子稳犀簪,凤凰双飐步摇金。"《云谣集杂曲子·柳青娘》:"碧罗冠子结初成,肉红衫子石榴裙。"《敦煌曲子词·内家娇》:"丝碧罗冠,搔头坠鬓,宝装玉凤金蝉。"

【碧裙】bìqún 年轻妇女所穿的青绿色裙子。道教仙人亦有穿着。唐段成式《酉阳杂俎·续集》卷二:"细视光中有一女子,贯钗,红衫碧裙,摇首摆尾,具体可爱。"宋郑域《念奴娇》词:"处子娇羞,碧裙无袖。"张君房《云笈七签》卷二〇:"中有玉帝,北极至尊,凤肃华领,龙翠碧裙。"

【碧纱裙】bìshāqún 纱制的青绿色女裙。唐白居易《江岸梨花》诗:"最似孀闺少年妇,白妆素面碧纱裙。"清熊琏《忆江南·本意》:"覆额香云簪抹丽,泥金小扇写回文。宫样碧纱裙。"

【碧头巾】bìtóujīn 绿色的头巾。唐以裹有罪官吏之头,作为一种惩罚。唐封演《封氏闻见录》:"李封为延陵令。吏人有罪,不加杖罚,但令裹碧头巾以辱之。"

【碧褶】bìxí 青色袍衫。唐宋时用作八、九品官官服。《宋史·舆服志四》:"建隆四年,范质与礼官议:'袴褶制度,先儒无说,惟《开元杂礼》……九品以上碧褶。'"

【碧玉冠】bìyùguān ❶妇女所戴的装饰有碧玉的冠帽。唐曹唐《小游仙诗九十八首》其四十七:"红云塞路东风紧,吹破芙蓉碧玉冠。"五代毛熙震《浣溪沙》词:"碧玉冠轻袅燕钗。"❷道教徒的一种道冠。《封神演义》第四十三回:"只见众道人:或带一字巾、九扬巾,或鱼尾金冠、碧玉冠,或挽双抓髻,或陀头打扮,俱在山坡前闲说,不在一处。"又第四十五回:"惧留孙跃步而出,见赵天君纵鹿而来。怎生妆束,但见:碧玉冠,一点红;翡翠袍,花一丛。"

【薜带】bìdài 薜荔藤制成的腰带。多用为隐士的装束。唐王绩《游北山赋》:"荷衣薜带,藜杖葛巾;芝芏田而计亩,入桃源而问津。"李白《酬王补阙惠翼庄庙宋丞泚赠别》诗:"薜带何辞楚,桃源堪避秦。"皮日休《雨中游包山精舍》诗:"薜带轻束腰,荷笠低遮面。"

【薜服】bìfú 即"薜荔衣"。唐刘禹锡《韩十八侍御见示岳阳楼别窦司直诗因令属和重以自述故足成六十二韵》:"桃源访仙官,薜服祠山鬼。"

【薜荔衣】bìlìyī 也作"薜服"。省称"薜荔"。用薜荔的叶子和藤制成的服饰。一说以薜荔(一种藤本植物)纤维编织而成的衣服。借指隐士的装束。唐孟郊《送豆卢策归别墅》诗:"身披薜荔衣,山陟莓苔梯。"白居易《重题》诗:"谩献长杨赋,虚抛薜荔衣;不能成一事,赢得白头归。"宋谢翱《翠锁亭避雨》诗:"客有游山衣,著久如薜荔。"《渊鉴类函》卷三七三:"被襟之衣,草衣,以御雨……一云即薜荔衣也。"曹寅《小游仙》诗之十三:"黄海仙人薜荔衣,斑龙偷跨迹如飞。"

【薜萝衣】bìluóyī 省称"薜萝"。即"薜荔衣"。语出《楚辞·九歌·山鬼》:"若有人兮山之阿,被薜荔兮带女萝。"汉王逸注:"女萝,兔丝也。言山鬼仿佛若人,见于山之阿,被薜荔之衣,以兔丝为带也。"唐陈润《送骆征君》诗:"马留苔藓迹,人脱薜萝衣。"孟浩然《送友人之京》诗:"云山从此别,泪湿薜萝衣。"宋张异《题梅坛》诗:"上疏归来日已西,山中旋制薜萝衣。"元倪瓒《寄张贞居》:"苍藓浑封麋鹿径,白云新补薜萝衣。"

【薜衣】bìyī 即"薜荔衣"。唐沈佺期《入少密溪》诗:"自言避喧不避秦,薜衣耕凿帝尧人。"孟浩然《采樵作》诗:"日落伴将稀,山风拂薜衣。"白居易《兰若寓居》诗:"薜衣换簪组,藜杖代车马。"元王逢《赠穷独叟》诗:"薜衣带胡绳,三年限朝仪。"明唐顺之《赠江阴陈君》诗:"身著薜衣称隐史,园多橘树比封君。"

【臂环】bìhuán 也作"环臂""臂镯"。女性套于手臂上的环形饰物,多以金玉制成。戴时套于上臂左右各一,一般多用于嫔妃、舞女。唐郑处海《明皇杂录·补遗》:"新丰市有女伶曰谢阿蛮,善舞凌波曲,常入宫禁,杨贵妃遇之甚厚,亦游于国忠及诸姨宅。上至华清宫,复令召焉。舞罢,阿蛮因出金粟装臂环,云:'此贵妃所与。'上持之出涕,左右莫不呜咽。"《南唐书·后妃诸王列传》:"未几,后卧疾己革,犹不乱,亲取元宗所赐烧槽琵琶及平时约臂玉环,为后主别。"宋王说《唐语林》卷四:"时有宫人沈阿翘,为上舞河满子词,声态宛转,锡以金臂环。"

【鷩毳】bìcuì 鷩冕与毳冕的合称。《礼记·杂记上》"缛裳一"唐孔颖达疏:"缛裳一者,贺云:冕服之裳也,亦可鷩毳,任取中间一服也。"

【鷩服】bìfú 上有锦鸡纹样的礼服,周礼规定为亦为公、侯伯之服,唐代作为二品官的礼服。亦作二品官的代称。唐张鷟《亲蚕判》:"鸳帷就列,一十四位导其前,鷩服斯临,百二十官随其后。"

【鞭帽】biānmào 唐开元、天宝年间妇女骑马时戴的胡帽。五代后唐马缟《中华古今注》卷中:"至天宝年中,士人之妻著丈夫靴衫、鞭帽,内外一体也。"

【褊衣】biǎnyī 一种僧衣。源出于天竺传来之复膊衣,其形为左长复膊,右短只掩腋,将右臂露出。传说魏朝时宫女见到,以为不雅,便缝一块布在右边,因而得名。唐玄奘《大唐西域记·印度总述》:"其北印度,风土寒烈,短制褊衣,颇同胡服。"

【鬓钗】bìnchāi 插戴于鬓髻的发钗。《敦煌变文集·维摩诘经讲经文》:"鬓钗斜坠,须凤髻而如花倚药栏;玉貌频舒,素娥眉而似风吹莲叶。"后蜀阎选《虞美人》词:"小鱼衔玉鬓钗横,石榴裙染象纱轻,转娉婷。"宋王予可《宫体二首》其二:"袖沾莺翅调簧语,堕却衔翘入鬓钗。"清丁澎《声声慢·秋夜和李清照韵》:"梦里分明欢笑,香肩凭、颠倒鬓钗偷摘。"张鉴《冬青馆古宫词》之二零一:"龙蕊鬓钗先拔去,倩人布施木浮图。"

【鬓朵】bìnduǒ 插在双鬓的花朵样饰品。《南唐书·后妃诸王列传》:"后主嗣位,立为后宠嬖专房,创为高髻纤裳及翘鬓朵之妆,人皆效之。"明顾起元《客座赘语·前记异闻》:"后主大周后创为高髻纤裳,及首翘鬓朵之妆,人皆效之。"清乐钧《耳食录·碧桃》:"衣五铢镐素之衣,拖六幅绉碧之裙,足系五色云霞之履,耳垂明珰,鬓朵珠翘。"

【鬓饰】bìnshì 即头饰。《新唐书·五行志一》:"元和末,妇人为圆鬟椎髻,不设鬓饰,不施朱粉,惟以乌膏注唇,状似悲啼者。"清二石生《十洲春语·捃余》:"鬓饰之花,玉翠取其贵,通草取其轻。"

【帊子】bózi 手绢。唐张鷟《游仙窟》:

"红衫窄裹小撷臂,绿袂帖乱细缠腰,时将帛子拂,还投和香烧。"《太平广记》卷二〇八:"后辨才出赴邑汜桥南严迁家斋,翼遂私来房前,谓童子曰:'翼遗却帛子在床上。'"

【博山】bóshān 也作"金博山"。礼冠上的装饰物。金、银镂凿成山形,饰于冠额正中。唐段成式《酉阳杂俎》卷一:"梁诸臣从西门入,著具服、博山远游冠,缨末以翠羽、真珠为饰。"《金史·舆服志中》:"远游冠,十八梁,金涂银花,饰博山附蝉,红丝组为缨,犀簪导。"

【薄山】bóshān 即"博山"。《后汉书·儒林列传·序》唐李贤注引徐广《舆服杂注》:"天子朝,服通天冠,高九寸,黑介帻,金薄山,所常服也。"

【踣样巾】bóyàngjīn 一种高而折下的头巾。显贵者所用。《新唐书·车服志》:"至中宗又赐百官英王踣样巾,其制高而踣,帝在藩时冠也。"

【不及秋】bùjíqiū 唐代的一种夏装,意思是不到秋凉即须易装。宋吴处厚《青箱杂记》卷七:"天佑末,广陵人竞服短袴,谓之不及秋。"

【不损裹帽】bùsǔnguǒmào 唐代一种用乌纱制成的帽子。唐杨巨源《见薛侍御戴不损裹帽子因赠》诗:"潘郎对青镜,乌帽似新裁。晓露鸦初洗,春荷半半开。堪将护巾栉,不独无尘埃。已见笼蝉翼,无因映鹿胎。"

【布袴(裤)】bùkù 用麻、棉等织物制成的裤子。较绫罗为贱,多用于贫者及俭朴之人。《旧五代史·张全义传》:"悉召其家老幼,亲慰劳之,赐以酒食茶彩,丈夫遗之布袴,妇人裙衫。"宋刘克庄《吕嵒省谒二绝》:"黄綀制袍白布袴,长须扶拜翁翁墓。"陆游《赠柯山老人》诗:"百穿千结一布袴,得酒一吸辄倒壶。"舒岳祥《退之谓以乌鸣春往为以夏鸣耳古人麦黄韵鹂庚之句乃真知时山斋静听嘲哳群萃有麦熟之鸣戏集鸟名而赋之》:"脱布袴,村村雨满田无路,平生不惯著新衣,两脚泥深逐牛步。"明周永年《禽言三首》诗其三:"脱布袴,呼老妇,我有一尺布,为我补破裤。"

【布裘】bùqiú 布制的绵衣。中纳绵絮,用以保暖。唐白居易有《新制布裘》诗:"桂布白如雪,吴绵软如云。布重绵且厚,如裘有如温。"五代前蜀韦庄《宜君县比卜居不遂留题王秀才别墅》诗:"本期同此卧林丘,榾柮炉前拥布裘。"宋陆游《遣怀》诗:"宽袂新裁大布裘,低篷初买小渔舟。"刘克庄《沁园春·送孙季蕃吊方漕四归》词:"岁暮天寒,一剑飘然,幅巾布裘。"

【布衫】bùshān 布制的单衣。据传秦始皇时规定庶民应穿之服,推其形制,似将深衣自胯部截为上下两截,上半截衣襟左右开衩。唐白居易《王夫子》诗:"紫绶朱绂青布衫,颜色不同而已矣。"五代后唐马缟《中华古今注·布衫》:"布衫:三皇及周末,庶人服短褐襦服深衣。秦始皇以布开胯,名曰衫。用布者,尊女工之尚,不忘本也。"宋杨万里《侧溪解缆》诗:"蓬莱云气君休望,且向严滩濯布衫。"元无名氏《朱砂担滴水浮沤记》第二折:"一领布衫我与你刚刚的扣。"《水浒传》第二十九回:"当夜武松巴不得天明,早起来洗漱罢,头上裹了一顶万字头巾,身上穿了一领土色布衫,腰里系条红绢搭膊,下面腿绷护膝,八搭麻鞋。"

【步綦】bùqí 鞋带。亦借指鞋或履迹、足迹。唐孙逖《同和咏楼前海石榴》诗之一:"旧绿香行盖,新红洒步綦。"

C

cai—chai

【采帨】cǎishuì 也作“彩帨”。❶唐代九品以上官吏朝服所佩的帛鱼。唐张鷟《朝野佥载》卷三:“上元年中,令九品以上配刀砺等袋,彩帨为鱼形,结帛作之。”❷清代后妃所用佩巾。以彩帛为之,制为狭条,上窄下宽,底作锥形;以色彩及织绣纹饰区分品秩。太皇太后、皇太后、皇贵妃、皇后采帨,绿色,绣文为“五谷丰登”。妃采帨,绣文为“云芝瑞草”。嫔采帨不绣花文。皇子福晋采帨,月白色,不绣花。贝勒夫人采帨同此,绦用石青色。使用时和礼服配用,系挂于衣襟。《清史稿·舆服志二》:“采帨,绿色,绣文为‘五谷丰登’,佩箴管、縏袠之属,绦皆明黄色。”

【彩服】cǎifú ❶彩色服装。亦借指穿彩服的官员。唐杜甫《和宋大少府暮春雨后同诸公及舍弟宴书斋》诗:“棣华晴雨好,彩服暮春宜。”明刘基《南陵崔氏思梅诗》:“昔来梅花下,彩服辉清尊。”❷即“彩衣❶”。彩衣以娱亲。借指奉亲尽孝之道。唐孟浩然《送洗然弟进士举》诗:“献策金门去,承欢彩服违。”杜甫《入奏行》:“绣衣春当霄汉立,彩服日向庭闱趋。”清仇兆鳌注:“老莱子彩服以娱亲。”宋苏轼《朱寿昌郎中少不知母所在刺血写经求之五十年去岁得之蜀中以诗贺之》诗:“爱君五十著彩服,儿啼却得偿当年。”司马光《送苏屯田寀知单州》诗:“彩服当年戏,骊驹此日荣。”魏了翁《杜安人生日·临江仙》词:“九十秋光三十八,新居初度称觞。青衫彩服列郎娘。”明陈汝元《金莲记·归田》:“两儿游宦,谁娱彩服于堂前?”清周亮工《延医不得寄舍弟靖公》诗:“乱里弓衣怜幼弟,危途彩服愧双亲。”

【彩衣】cǎiyī ❶五色彩衣,喻指孝养父母。唐孟浩然《送张参明经举兼向泾州省觐》诗:“十五彩衣年,承欢慈母前。”宋王禹偁《谢宣旨令次男西京侍疾表》:“念黄发之衰羸,俾彩衣而侍养。”❷传统戏曲的服装。《红楼梦》第五十四回:“婆子们抱着几个软包,因不及抬箱,料着贾母爱听的三五出戏的彩衣包了来。”❸彩色的衣服,多为儿童、仪卫所穿。《新唐书·仪卫志下》:“宫人执之,衣彩大袖裙襦、彩衣、革带、履,分左右。”《西游记》第五十五回:“只见正当中花亭子上端坐着一个女怪,左右列几个彩衣绣服、丫髻两务的女童,都欢天喜地,正不知讲论什么。”清王士禛《居易录谈》卷下:“忽有彩衣小儿自外入,顷刻至数百人,结束如一,阶墀尽满。”

【惨服】cǎnfú 丧服。多指守丧一年、九月、五月所穿之浅色丧服。《旧唐书·睿宗纪》:“(景云)三年春正月辛未朔,亲谒太庙。癸酉,上始释惨服,御正殿受朝贺。”《宋史·礼志二十八》:“乞今凡以惨服既葬公除,及闻哀假满,许吉服赴祭。”

《宋史·礼志二十五》："大祥，帝服素纱软脚折上巾，浅黄衫，緅皮鞓黑银带。群臣及军校以上，皆本色惨服、铁带、靴、笏。诸王入内服衰，出则服惨。"

【草褐】cǎohè 粗布衣。《隋书·隐逸传·徐则》："草褐蒲衣，餐松饵术，栖隐灵岳，五十余年。"

【草靸】cǎosǎ 用蒲草等编制成的无后跟的拖鞋。唐杜荀鹤《山寺老僧》诗："草靸无尘心地闲，静随猿鸟过寒暄。"宋方回《初夏》诗："草靸纻衫并竹扇，石榴罂粟又戎葵。"杨万里《午憩马家店》诗："生衣兼草靸，年例试春风。"

【草鞋】cǎoxié 以茅草、三棱草、芒草、稻草等柔韧性草编织的鞋。起源甚早，南朝时仅为一般士人或贫者所穿，至唐代，其制作工艺更为细致，当时有平头小花草履。后代沿袭相传。其制法是，以竹丝为经、麻丝为纬，或以大麻为经、稻草为纬混合编织。先编鞋底，上编成网络，状如现代的凉鞋，穿着极为松软、轻便，故常为重体力劳动者和远行者所穿。五代王仁裕《玉堂闲话》："夜后不闻更漏鼓，只听锤芒织草鞋。"《朱子语类》卷一五："人入德处，全在致知格物。譬如适临安府，路头一正，着起草鞋便会到。"明李时珍《本草纲目·草鞋》："时珍曰：世本言黄帝之臣，始作履，即今草鞋也。"《水浒传》第十五回："穿上草鞋……连夜投石碣村来。"《二十年目睹之怪现状》第四十四回："劈头遇见一个和尚，身穿破衲，脚踏草鞋，向我打了一个问讯。"

【册襚】cèsuì 皇帝诏赠给死者衣被，以示慰念。唐刘禹锡《代慰王太尉薨表》："临册襚以兴怀，听鼓鼙而轸念。"

【銙尾】cháwěi 也作"挞尾""獭尾""塌尾""鱼尾"。职官、士庶所系腰带的尾部。以金、银、玉、犀、铜、铁等材料制作，扁长体，一端方正，一端作圆弧形，四周钻有小孔，以铆钉固缀在革带之端，使用时位于身体左胁。唐代规定，文武百官系腰带时，必须将銙尾垂下，以表示对朝廷的臣服。以后历代沿袭此制。《新唐书·车服志》："至唐高祖，以赭黄袍、巾带为常服。腰带者，搢垂头于下，名曰銙尾，取顺下之意。"唐王建《宫词》："新衫一样殿头黄，银带排方獭尾长。"五代后唐马缟《中华古今注》卷上："盖古革带也，自三代已来，降至秦汉，皆庶人服之，而贵贱通以铜为銙……沿至贞观二年，高祖三品已上，以金为銙，服绿，庶人以铁为銙，服白，向下捶垂头，而取顺合，呼挞尾。"宋王得臣《麈史》卷上："古以韦为带，反插垂头，至秦乃名腰带，唐高祖令下插垂头，今谓之挞尾是也……比年士大夫朝服，亦服挞尾，始甚短，后稍长，浸有垂至膝者，今则参用，出于人之所好而已。"《宋史·舆服志六》："亡金国宝……塌尾一。"明方以智《通雅》卷三七："带头垂者曰銙尾，《宋志》以垂头名銙尾，取顺下之义，即鱼尾也。《辽史》衮服有玉鹅七銙尾；《元志》用金打钑水地龙鹅眼銙尾。今夸官带曰挞尾，挞尾，亦唐名也。"清厉荃《事物异名录·服饰·带》："唐旧史高祖诏：腰带令向下插，垂头名曰鉈銙尾。《宋志》：銙尾，《中华古今注》合呼挞尾。"

【衩衣】chàyī 两侧开衩的长衣，衣长至膝，下部开长衩。始于唐。引申指内衣、便服。唐王建《宫词》："每到日中重掠鬓，衩衣骑马绕宫廊。"韩偓《早归》诗："衩衣吟宿醉，风露动相思。"李廓《长安

隋唐五代时期的服饰

少年行》之六："不乐还逃席,多狂惯衩衣。"《资治通鉴·唐僖宗乾符元年》:"凝、彦昭同举进士,凝先及第,尝衩衣见彦昭。"元胡三省注:"衩衣,便服不具礼也。"胡三省《通鉴释文辨误》卷一一:"衩衣二字,今人所常言也。凡交际之间,宾以世俗之所谓礼服来者,主欲从简便,必使人传言曰:'请衩衣。'客于是以便服进。又有服宴亵之服而遇接交际之服者,必谢曰:'衩袒无礼。'可见衩衣之语,起于唐人,而通行于今世也。"宋叶绍翁《四朝闻见录》:"大臣见百官,主宾皆用朝服,时伏暑甚,丞相准体弱不能胜,至闷绝,上亟召医疾。有间,复有诏许百官以衩衣见丞相,自准始。"元蒋子正《山房随笔》:"席上太守及诸公祇服褙子,文龙以绿袍居座末。坐定,供茶。文龙故以托子堕地,诸公戏以失礼。文龙曰:'先生衩衣,学生落托。'众为一笑。"明王志坚《表异录》卷一〇:"衩衣,便服也。"

【钗钏】chāichuàn 钗簪与臂镯之类的饰品。泛指妇人的饰物。唐杜甫《秋日夔府咏怀奉寄郑监李宾客一百韵》:"囊虚把钗钏,米尽坼花钿。"宋危稹《渔家傲·和晏虞卿咏侍儿弹筝簇》词:"老去诸余情味浅。诗词不上闲钗钏。宝幌有人红两靥。帘间见。紫云元在梨花院。"元末明初杨维桢《苏台竹枝词一十首》其四:"约伴烧香寺中去,自将钗钏施山僧。"《水浒传》第四十六回:"放着包裹里见有若干钗钏首饰,兄弟又有些银两,再有三五个人也勾用了,何须又去取讨。"清黄遵宪《纪事》诗:"琐屑到钗钏,取足供媚妇。"

【钗珥】chāiěr 发饰和耳饰。泛指妇人的首饰。唐段成式《酉阳杂俎·羽篇》:"宫人争以鸟所吐金为钗珥,谓之辟寒金。"清邓瑜《戊辰九月将从楚游留呈两大人兼别弟妹》诗其二:"甘心粥钗珥,守贞奉老亲。"

【钗股】chāigǔ 省称"股"。即钗梁。钗脚。唐韩偓《惆怅》诗:"被头不暖空沾泪,钗股欲分犹半疑。"顾况《宜城放琴客歌》:"不知谁家更张设,丝履墙偏钗股折。"温庭筠《菩萨蛮》词:"翠钗金作股,钗上蝶双舞。"宋俞国宝《卜算子》:"豆蔻花开信不来,尘满金钗股。"郑觉斋《念奴娇》:"恩不相酬,怨难重合,往事冰澌泮。分明诀绝,钗股还我一半。"

【钗茸】chāiróng 钗的上端缀有毛茸茸的花饰。亦指一端镶饰茸花之钗。唐李商隐《无题》诗:"裙衩芙蓉小,钗茸翡翠轻。"清严绳孙《琐窗寒》:"但玉冻钗茸,粉销帘掠"。沈皥日《催雪·珍珠兰》:"数遍兰丛未议,但细贴、钗茸双蝉鬓。"

【钗梳】chāishū 妇女首饰。簪钗与梳篦之统称。唐王建《宫词》之五四:"私缝黄帔舍钗梳,欲得金仙观里居。"明高明《琵琶记·五娘剪发卖发》:"妆台不临生暗尘,那更钗梳首饰典无存也。"《金瓶梅词话》第一回:"把奴的钗梳凑办了去,有何难处。"

【钗头】chāitóu 钗的组成部分,指钗股交集之处。一般做成各种花样。常见的有凤鸾、花蝶等。亦指钗。唐王建《留别田尚书》诗:"不看匣里钗头古,犹恋机中锦样新。"李商隐《圣女祠》诗:"寄问钗头双白燕,每朝珠馆几时归。"李九龄《春行遇雨》诗:"采香陌上谁家女,湿损钗头翡翠翘。"陆龟蒙《袭美以紫石砚见赠以诗迎之》："霞骨坚来玉自愁,琢成飞燕古钗头。"宋柳永《木兰花·海棠》词："美人纤手摘芳枝,插在钗头和凤颤。"元马祖常《杨花宛转曲》："钗头烬坠玉虫初,盆里丝缫银茧乍。"明汤显祖《紫钗记》第五十三出："紫玉钗头恨不磨,黄衣侠客奈情何!"徐珂《清稗类钞·服饰》："红丝结彩球形……钗头也系护花铃。"

【钗鱼】chāiyú 钗上之鱼形装饰物。唐吴融《和韩致光侍郎无题三首十四韵》其一："筐凤金雕翼,钗鱼玉镂鳞。"韩偓《无题》诗："炉兽金涂爪,钗鱼玉镂鳞。"

【钗子】chāizi 钗。由两股簪子交叉组合成的一种首饰。用来固定发髻。也有用它来固定帽子。唐王建《宫词》："众中遗却金钗子,拾得从他要赎么。"宋杨万里《道旁雨中松》诗："也将青王雕钗了,一一钗头缀雨珠。"王仲甫《永遇乐》："一枝钗子未插,应把手接频嗅。"《喻世明言》第十五回："这郭大郎因在东京不如意,曾扑了潘八娘子钗子。"又:"先与婆婆一只金钗子,事成了,重重谢你。"清毛奇龄《木兰花令》："寻花露冷胭脂薄。花底暗翻钗子落。"

chan—chi

【襜衣】chānyī 遮至膝的宽大斗蓬。唐玄奘《大唐西域记·印度总述》："男则绕腰络腋,横巾右袒。女乃襜衣下垂,通肩总覆。"

【禅衲】chánnà 佛教徒的衣服。借指禅僧。唐许浑《寄云际寺敬上人》诗："云冷竹斋禅衲薄,已应飞锡过天台。"杜荀鹤《空闲二公递以禅律相鄙因而解之》诗："念珠在手嚼禅衲,禅衲披肩坏念珠。"唐彦谦《游清凉寺》诗:"竹院逢僧旧曾识,旋披禅衲为相迎。"宋曾慥《类说·衡山老虎》："食讫,即脱班衣而衣禅衲,熟视,乃老僧也。"《五灯会元》卷一八："每疑祖师直指之道,故多与禅衲游。"《元贤广录》卷三〇《续寱言》："诸人既称禅衲,下视流俗,岂不思并古人哉!"

【禅袍】chánpáo 佛教徒的袍服。唐李山甫《病中答刘书记见赠》诗："病来双树下,云脚上禅袍。"五代前蜀贯休《山居诗》："闲担茶器缘青障,静衲禅袍坐绿崖。"

【禅衣】chányī 禅僧之衣。唐元稹《智度师》诗："四十年前马上飞,功名藏尽拥禅衣。"宋梅尧臣《客郑遇昙颖自洛中东归》诗："禅衣本坏色,不化洛阳尘。"大慧宗杲《大慧宗门武库》："坐次,(刘宜翁)指其衲衣曰:'唤作什么?'净(指真净禅师)曰:'禅衣。'"明都穆《都公谭纂》卷下："僧知不免,详谓众曰:'吾死固不可逃,但禅衣新受人赐,不欲灭其德,脱下就死如何?'"

【缠臂金】chánbìjīn 金质的妇女臂饰。镯子、手钏等。以金作成扁平条形,成环绕状,戴于臂上。《新五代史·慕容彦超传》："弘鲁乳母于泥中得金缠臂献彦超,欲赎出弘鲁。"宋苏轼《寒具》诗："夜

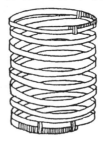

缠臂金线描图

隋唐五代时期的服饰

来春睡浓于酒,压褊佳人缠臂金。"明瞿佑《春愁曲》:"玉钗半脱帕蒙头,宽尽玲珑金缠臂。"清孙原湘《密意》诗其一:"背灯伴溜搔头玉,隔座亲舒缠臂金。"

【缠头】chántóu ❶ 歌舞艺人表演结束,客以罗锦为赠,称缠头。后泛称赠送女妓的钱物。唐杜甫《即事》诗:"笑时花近眼,舞罢锦缠头。"《太平御览》卷八一五:"旧俗赏歌舞人,以锦彩置之头上,谓之'缠头'。宴飨加惠,借以为词。"白居易《琵琶行》:"五陵年少争缠头,一曲红绡不知数。"又《杨柳枝二十韵》:"缠头无别物,一首断肠诗。"宋陆游《梅花绝句》:"濯锦江头忆旧游,缠头百万醉青楼。"元乔吉《扬州梦》第一折:"弃万两赤资资黄金买笑,弃百段大设设红锦缠头。"《金瓶梅词话》第三十一回:"笑时花近眼,舞罢锦缠头。"❷ 士卒的头饰。明方以智《通雅》卷三六:"《祢衡传》:'鼓史著岑牟单绞之服。'岑牟,鼓角士胄也。智按谓如今之南兵,以布缠头也。"❸ 以绫罗绸缎裁成两寸宽的长条,由后绕前,系结于额。流行于明清,据称始自西域。清叶梦珠《阅世编》卷八:"今世所称包头,意即古之缠头也。古或以锦为之。前朝冬用乌绫,夏用乌纱,每幅约阔二寸,长倍之⋯⋯高年妪媪,尚加锦帕,或白花青绫帕里缠头,即少年装矣。"

【蝉钗】chánchāi 妇女的一种发钗,钗首作成蝉形。五代后蜀牛峤《菩萨蛮》词:"柳阴烟漠漠,低鬓蝉钗落。"

【蝉冠】chán'guān 即"貂蝉冠"。唐刘长卿《奉和杜相公新移长兴宅呈元相公》诗:"人并蝉冠影,归分骑士喧。"钱起《中书王舍人辋川范居》诗:"一从解蕙带,三人偶蝉冠。"宋潘柽《题钓台》诗:"蝉冠未必似羊裘,出处当时已熟筹。"苏辙《代三省祭司马丞相文》:"龙衮蝉冠,遂以往禭。"明伍余福《苹野纂闻·杨和王神像》:"两颐间髯,奋如戟首,蝉冠玉带,紫袍中拥,皋比而坐。神采凛凛。"明文震亨《长物志·衣饰》:"至于蝉冠朱衣,方心曲领,玉佩宋履之为汉服也。"《鸣凤记·端阳游赏》:"尽我蝉冠传内命,任他虎节去专征。"

【蝉冠子】chánguānzi 据传为秦始皇时宫人所戴的冠帽。五代后唐马缟《中华古今注》卷中:"冠子者,秦始皇之制也⋯⋯令宫人当暑戴黄罗髻,蝉冠子,五花朵子。"

【蝉緌】chánruí 蝉冠冠缨的下垂部分。负责监督和进谏的言官的冠饰。唐李绅《初秋忽奉诏除浙东观察使检校右貂》诗:"印封龟纽知颁爵,冠饰蝉緌更珥貂。"

【蝉衫】chánshān 用纱縠制成的衫子。因其薄如蝉翼,故名。唐温庭筠《舞衣曲》:"蝉衫麟带压愁香,偷得莺簧锁金缕。"宋戴栩《题顾恺之画洛神赋欧阳率更书同宗御跋寿右司》诗:"龙髓生霞谢露铅,蝉衫如水紫金缕。"元陈孚《春日游江乡园》(一作《小城南吟》)诗:"蝉衫麟带谁家子,笑骑白马穿花来。"元末明初徐贲《翠竹黄花二仕女图》诗其一:"寒浓翠薄妒蝉衫,竹色摇风竞疏碧。"清邹祗谟《金浮图·初避人》:"春游去。蝉衫似水。鸦鬓如云,十三年纪。"

【蝉衫麟带】chánshānlíndài 薄绢制的衣衫,有文采的衣带。泛指华美的服饰。唐温庭筠《舞衣曲》:"蝉衫麟带压愁香,偷得莺簧镂金缕。"

【长勒靴】chángyàoxuē 省称"长靴""长

勒"。一种长筒靴,靴筒或长至膝。有别于低筒的短勒靴。《隋书·礼仪志七》:"其乘舆黑介帻之服,紫罗褶,南布榜,玉梁带,紫丝鞋,长勒靴。畋猎豫游则服之。"高承《事物纪原》卷三:"赵武灵王好胡服,常短勒,以黄皮为之,后渐以长勒,军戎通服之。"宋沈括《梦溪笔谈》卷一:"窄袖利于驰射,短衣长勒,皆便于涉草。"

【**氅毦**】chǎng'ěr 一种羽毛饰物。多饰于冠帽上。《隋书·炀帝纪上》:"先是,太府少卿何稠、太府丞云定兴盛修仪仗,于是课州县送羽毛。百姓求捕之,网罗被水陆,禽兽有堪氅毦之用者,殆无遗类。"《资治通鉴·隋炀帝大业元年》引此文,元胡三省注云:"氅毦,羽毛饰也。"明方以智《通雅》卷三四:"今人大帽上系鹜翎,即氅毦也。"

【**朝裾**】cháojū 朝服。借指朝廷官员。唐韩愈《示儿》诗:"恩封高平君,子孙从朝裾。"宋梅尧臣《寄谢开封宰薛赞善》诗:"虽曰预朝裾,左右无粉黛。"吴芾《龚帅以久别寄诗远惠因次其韵》:"性便野服厌朝裾,一意归休学二疏。"苏籀《程帅父朝议年八十余诸人作诗褒咏次韵一首》:"雍容鸠杖朝裾伟,谈笑蒲鞭法网疏。"

【**朝帽**】cháomào 帝王、官吏朝会时所戴的礼帽。唐柳宗元《同刘二十八院长寄澧州张使君八十韵》:"春衫裁白纻,朝帽挂乌纱。"《清会典事例·礼部·冠服通例》:"十五年题准,每年春用凉朝帽及夹朝衣,或三月十五日或二十五日为始;秋用暖朝帽及缘皮朝衣,或九月十五日或二十五日为始。"清王先谦《东华续录·雍正八年》:"其二品以下朝帽顶,与平时

帽顶俱按品分晰酌议。辅国将军及二品官,俱用起花珊瑚朝帽,嵌小红宝石;奉国将军及二品官,俱用蓝宝石或蓝色明玻璃朝帽,嵌小红宝石;奉恩将军及四品官,俱用青金石或蓝色涅玻璃朝帽,嵌小蓝宝石,五品官用水晶或白色明玻璃朝帽,小蓝宝石。"福格《听雨丛谈》卷一:"朝会:丹陛执戟、执弓矢人,穿天青缎织金寿字袍,束绿带,冬日豸皮沿朝帽,夏日用无顶朝帽。"

【**朝衫**】cháoshān 君臣朝会或举行典礼时所穿礼服的泛称。唐韩愈《酬司门卢四兄云夫院长望秋作》诗:"自知短浅无所补,从事久此穿朝衫。"宋方蒙仲《学厅桃符》:"吃它官饭如何稳,著了朝衫说甚高。"宋刘辰翁《木兰花慢·别云屋席间赋》词:"约处处行歌,朝朝买酒,典却朝衫。"陆游《自郊外归北望谯楼》诗:"旷怀不耐微官缚,拟脱朝衫换钓舟。"明王九思《曲江春》第二折:"前日杜子美在此饮酒,因无酒钱,将他一领朝衫当下。"清吴伟业《东莱行》:"中旨传呼赤棒来,血裹朝衫路人看。"

【**朝缨**】cháoyīng 系结官帽的带子。泛指官帽、官职。唐刘禹锡《酬马大夫登洭口戍见寄》诗:"新辞金印拂朝缨,临水登山四体苦。"许浑《出关》诗:"朝缨初解佐江滨,麋鹿心知自有群。"宋宋庠《僦庐僻远因畜鸣鸡为入谒之候岁久驯狎其信如一因成短咏》诗:"唳鹤啼乌隔斗城,嗷嗷辛苦报朝缨。"元迺贤《送余廷心待制之浙东金宪》诗:"属兹春昼眇,出饯倾朝缨。"

【**朝簪**】cháozān 朝廷官员的冠饰,朝拜或典礼时所用之簪。常用以借指京官。唐张说《襄州景空寺题融上人兰若》诗:

隋唐五代时期的服饰

"何由侣飞锡,从此脱朝簪。"田章《和于中丞夏杪登越王楼望雪山见寄》诗:"莫恨归朝晚,朝簪拟胜游。"宋苏舜钦《寄守坚觉初二僧》诗:"师方传祖印,我欲谢朝簪。"明高明《琵琶记·瞷询衷情》:"我待解朝簪,再图乡任。"清袁枚《随园诗话》卷四:"早结山堂水竹缘,朝簪重脱未华颠。"

【朝章】cháozhāng 犹朝服。泛指官吏的衣服。唐张籍《寄朱阚二山人》诗:"为个朝章束此身,眼看东路去无因。"李适之《送贺秘监归会稽诗》:"仙记题金箓,朝章换羽衣。"宋王禹偁《滁州谢上表》:"况臣头有重戴,身被朝章,所守者国之礼容,即不是臣之气势。"陆游《老学庵笔记》卷二:"先左丞平居,朝章之外,惟服衫帽。"元郑德辉《伊尹耕莘》:"著我受束带朝章,怎发付这儒冠布袄。"

【尘香履】chénxiānglǚ 贵族妇女所穿的一种睡鞋。以丝帛为之,遍施彩绣,外饰玉珠;另在鞋内洒以香料,跣之于地,尘土皆香,故名"尘香"。唐冯贽《南部烟花记》:"陈宫人卧履皆薄玉花为饰,内散以龙脑诸香屑。谓之尘香。"

【衬裙】chènqún 衬于内层的裙子。五代后唐马缟《中华古今注·衬裙》:"衬裙,隋大业中,炀帝制五色夹缬花罗裙,以赐宫人及百僚母妻。"

【衬衣】chènyī 省称"衬"。穿在外衣里面的单衣。亦专指衬裤、衬裙。五代后唐马缟《中华古今注》卷中:"汗衫,盖三代之衬衣也。《礼》曰中单。"明方以智《通雅》卷三六:"禪衣,对复袍而言也,正如今之单直身,而内有衬衣,故曰中禪。"清曹庭栋《养生随笔》卷三:"衬衣亦曰汗衫,单衣也,制同小袄,着体服之。"沈复

《浮生六记·坎坷记愁》:"(余)踌躇终夜,拟卸衬衣,质钱而渡。"《水浒传》第二十一回:"这阎婆惜口里说着,一头铺服,脱下上截袄儿,解了下面裙子,袒开胸前,脱下截衬衣。"

【儭单】chèndān 衬衫;内衣。唐王梵志《观内有妇人》诗:"长裾并金色,横帔黄儭单。"

【承露囊】chénglù'náng 也作"承露丝囊"。一种佩饰。制如荷包,男女佩于腰间,内存香料,取其吉祥之意,并有宜人香气。制出唐代。唐开元十七年,以玄宗生日八月初五为千秋节,百官献承露囊,民间仿制为节日礼品相馈赠。唐封演《封氏闻见记·降诞》:"玄宗开元十七年,丞相张说遂奏以八月五日降诞日为千秋节,百寮有献承露囊者。"杜牧《过勤政楼》诗:"千秋佳节名空在,承露丝囊世已无。"宋杨万里《晨炊熊家庄》诗:"承露丝囊世无样,蜘蛛偷得挂篱间。"元陈樵《寻春园》诗其二:"承露囊中盛腾药,无尘袖里有晴云。"宋王安石《拒霜花》诗:"开元天子千秋节,戚里人家承露囊。"

【尺组】chǐzǔ 短的组绶,级别较低的官吏所系。唐王维《偶然作》诗之五:"读书三十年,腰下无尺组。"钱起《酬考功员外见赠佳句》诗:"上林谏猎知才薄,尺组承恩愧命牵。"崔涂《读留侯传》诗:"翻把壮心轻尺组,却烦商皓正皇储。"宋廖行之《得长兄书》诗:"尺组却能羁壮士,寸心浑欲驾飞车。"清钱谦益《云间董得仲投赠三十二韵依次奉答》诗:"筹边摅尺组,断国引长编。"

【侈袖】chǐxiù 宽大的衣袖。《新唐书·韦坚传》:"篙工柁师皆大笠,侈袖,芒屦,为吴、楚服。"

【赤皮靴】chìpíxuē 红色皮靴。多用于舞者乐伎。《通典·乐志六》:"高昌乐舞二人,白袄,锦袖,赤皮靴,皮带,红抹额。"

chu—cui

【初衣】chūyī 泛指做官前的衣服。唐李白《送贺监归四明应制》诗:"久辞荣禄遂初衣,曾向长生说息机。"明于慎行《辛卯九月乞休得请钦遣内使赍赐路费宝钞次日又遣内侍赍赐白金文绮盖六卿日讲各有特恩也》诗:"初衣已卷天机锦,归橐犹函内殿金。"清龚自珍《己亥杂诗》之一三五:"偶赋凌云偶倦飞,偶然闲慕遂初衣。"

【楚宫衣】chǔgōngyī 楚国宫女所服之衣。借指腰身紧瘦之衣。唐李商隐《效长吉》诗:"长长汉殿眉,窄窄楚宫衣。"

【楚鞋】chǔxié 粗糙的鞋,草鞋。唐喻凫《题弘济寺不出院僧》诗:"楚鞋应此世,祇绕砌苔休。"

【楚袖】chǔxiù 楚女舞衣的长袖。借指舞女。唐白居易《留北客》诗:"即须分手别,且强展眉欢。楚袖萧条舞,巴弦趣数弹。"宋司马光《登平陆北回眺陕城奉寄李八太学士使君二十二韵》:"落尘歌迥出,激楚袖双翻。"清丁澎《两同心·怀旧和柳屯田韵》:"垂楚袖、蝶过东墙,挽湘裙、絮飘南陌。"

【春袍】chūnpáo 春天穿的衣服。唐李商隐《春游》诗:"庾郎年最少,青草妒春袍。"宋宋祁《送梅挚廷评幂上元》诗:"赐罢春袍兼彩服,对余昆玉照林枝。"郑獬《梁卦孙过饮》诗:"花枝颠倒插翠帽,酒杯倾泼淋春袍。"

【春衫】chūnshān 也称"春衣"。春末夏初季节所穿的一种单衣。唐杜甫《曲江二首》诗:"朝回日日典春衣,每日江头尽醉归。"李商隐《饮席代官妓赠两从事》诗:"新人桥上著春衫,旧主江边侧帽檐。"韩愈《送郑十校理》诗:"寿觞嘉节过,归骑春衫薄。"《旧唐书·德宗本纪上》:"(兴元)四月辛丑朔,时将士未给春衣,上犹夹服,汉中早热,左右请御暑服,上曰:'将士未易冬服,独御春衫可乎!'俄而贡物继至,先给诸军而始御之。"元王恽《越调·平湖乐》曲:"柳外兰舟莫空揽,典春衫,觚船一棹汾西岸。"

【鹑服】chúnfú 指破烂的衣服。亦用来形容人穷困。唐骆宾王《寒夜独坐游子多怀简知己》诗:"鹑服长悲碎,蜗庐未卜安。"权德舆《祗役江西路上以诗代书寄内》诗:"鹑服我久安,荆钗君所慕。"李端《暮春寻终南柳处士》诗:"庞眉一处士,鹑服隐尧时。"

【赐绯】cìfēi 本品不得着绯色官服,特许穿着,以示尊宠。唐代五品、四品官服绯,后世服绯品级不尽相同。唐元稹《同州刺史谢上表》:"不料陛下天听过卑,朱书授臣制诰,延英召臣赐绯。"《新五代史·周臣传·扈载》:"迁翰林学士,赐绯,而载已病,不能朝谢。"宋司马光《涑水记闻》卷三:"太宗方奖拔文士,闻其(王禹偁)名,召拜右拾遗,直史馆,赐绯。"

【赐紫】cìzǐ 本品不得着紫色官服,特许穿着,以示尊宠。唐宋时三品以上官公服为紫色,五品以上官为绯色,官位不及而有大功,或为皇帝所宠爱者,特加赐紫或赐绯,以示尊宠。《新唐书·牛丛传》:"即赐金紫,谢曰:'臣今衣刺史所假绯,即赐紫,为越等。'"金王处一《青玉案》:"三宣赐紫天长观,一阐清风岸。"清昭梿《啸亭续录·大臣赐紫》:"国初诸勋臣以开创大功赐紫者,不乏其人。"

【从省服】cóngshěngfú 隋唐五代时期官员、命妇的公服。自隋唐以来,有朝服,有公服。朝会之服曰朝服,诸命秩之服曰公服。朝服又称具服,公服又称从省服。《新唐书·车服志》:"从省服者,五品以上公事、朔望、朝谒,见东宫之服也。亦曰公服。"《朱子全书·礼四》:"隋炀帝时,始令百官戎服,唐人谓之便服,又谓之从省服,乃今之公服也。"《资治通鉴·陈宣帝太建十二年》"有大事,与公服间服之"元胡三省注:"《五代志》:后周之制,诸命秩之服曰公服,其余常服曰私衣。隋唐以下,有朝服,有公服。朝服曰具服,公服曰从省服。"

【从事衫】cóngshìshān 唐代指军戎服装。唐杜甫《魏将军歌》诗:"将军昔著从事衫,铁马驰突重两衔。"清仇兆鳌注:"从事衫乃戎衣。姜氏《杜笺》:魏孝肃诏百司悉依旧章,不得以务衫从事,即从事衫也。"

【簇蝶裙】cùdiéqún 一种饰有簇蝶花纹样的女裙。簇蝶,花名。唐京兆韦氏子《悼妓诗》:"惆怅金泥簇蝶裙,春来犹见伴行云。"清诸维垲《燕京杂咏》诗:"教人一面莲钩儿,不待风吹簇蝶裙。"黄任《西湖杂诗》:"画罗纨扇总如云,细草新泥簇蝶裙。"唐段成式《酉阳杂俎·续集》卷九:"簇蝶花,花为朵,其簇一蕊,蕊如莲房,色如退红,出温州。"

【缞服】cuīfú 也作"衰服"。丧服。唐韩愈《顺宗实录一》:"二十四日,宣遗诏,上缞服见百寮。"《新唐书·蒋乂传》:"安有释缞服,衣冕裳,去垩室,行亲迎,以凶渎嘉,为朝廷爽法?"《文献通考·郊社二十一》:"魏孝文居文明太后丧,服缞服。"《聊斋志异·咬鬼》:"朦胧间,见一女子搴帘入,以白布裹首,缞服麻裙,向内室去。"

【缞冠】cuīguān 用粗疏麻布做的丧冠。《通典·礼志九十四》:"缞冠:右正服,加服绽裳三升,义服三升半,冠同六升,右缝通屈一条,绳以为武,垂下为缨,冠外縪"。

【毳褐】cuìhè 毛织之衣,多指粗劣之衣,后常指僧服。亦指代僧人。唐赵璘《因话录》卷五:"有士人退朝,诣其友生,见衲衣道人在坐,不怿而去。他日,谓友生曰:'公好衣毳褐之夫,何也?吾不知其贤愚,且觉其臭。'友生应曰:'毳褐之臭,外也。岂甚铜乳?铜乳之臭,并肩而立,接迹而趋,公处其间,曾不嫌耻,反讥余与山野有道之士游。南朝高人,以蛙鸣菁莱胜鼓吹。吾视毳褐,愈于今之朱紫远矣。'"白居易《裴常侍以题蔷薇架十八韵见示因广为三十韵以和之》:"触僧飘毳褐,留妓冒罗裳。"宋叶适《孟达甫墓志铭》:"粗粝适口而膏粱疏,毳褐附身则绮纨赘矣。"元岑安卿《偶读戴帅初先生寿陈太傅用东坡无官一身轻有子万事足二句为韵有感依韵续其后亦寓世态下劣自己不遇之意云尔》其五:"绨绤不任暑,毳褐寒还生。"

【毳衲】cuìnà 毛织衲衣,僧人所服。亦代指僧人。唐罗衮《清明赤水寺居》诗:"褰衣毳衲诚吾党,自结村园一社贫。"宋陆游《赠枫桥化城院老僧》诗:"毳衲年年补,纱灯夜夜明。"范成大《吴船录》卷上:"到八十四盘则骤寒,比及山顶,亟挟纩两重,又加毳衲、驼茸之裘。"又《积雨作寒》诗:"熨帖重寻毳衲,补苴尽护纸窗。"

【**毳袍**】cuìpáo 毛制的长衣。其色多呈褐紫。民间平民男女用作常服。亦指质地粗劣的僧袍、道袍。宋尤袤《全唐诗话》卷六："岂知物外仙子，甘露天香滴毳袍。"五代南唐李中《访龙光智谦上人》诗："竹影摇禅榻，茶烟上毳袍。"五代齐己《喜得自牧上人书》诗："吴都使者泛惊涛，灵一传书慰毳袍。"宋江休复《江邻几杂志》："妇人不服宽袴与襦，制旋裙必前后开胯，以便乘驴。其风闻于都下妓女，而士人家反慕效之，曾不知耻辱如此，又凉以褐绸为之，以代毳袍。"元汤式《一枝花·题白梅深处》套曲："指顾间自吟啸，但则觉花气氤氲袭毳袍。"任则明《折桂令·咏西域吉诚甫》："毳袍宽两袖风烟，来自西州，游遍中原。"清吴振棫《养吉斋丛录》卷二二："裘服以玄狐为最贵。王公大臣有赐玄狐端罩者，既殁，其子孙即恭缴。若更以赐，乃敢服。若仁宗朝赐朱文正珪玄狐毳袍，则又在端罩之外者。"

【**毳锡**】cuìxī 僧人的毳衲和锡杖。借指僧人。唐黄滔《灵山塑北方毗沙门天王碑》："毳锡百萃其夏午，蒲鲸六吼其宵加。"

【**翠珰**】cuìdāng 翠玉耳饰。唐张祜《华清宫和杜舍人》诗："守吏齐鸳瓦，耕民得翠珰。"明虞堪《成都使君王季野席上次韵奉呈槠巢初庵云林元素子素诸公》诗："纤歌细舞交欢从，翠珰玉佩花茏葱。"夏完淳《三妇艳》诗："大妇鸣翠珰，中妇缕鸳鸯。"

【**翠朵子**】cuìduǒzi 用于插鬓的翠色花朵样饰品。唐刘存《事始》："自殷周之代，内外命妇朝贺宴会服朱翟衣，戴步摇，以发为之，如今鬘。周回插以细钗翠朵子。"

【**翠裾**】cuìjū 翠绿色的衣襟。代指美女。唐于武陵《长信宫》诗之一："坐听南宫乐，凉风摇翠裾。"李珣《女冠子》词："细雾垂珠佩，轻烟曳翠裾。"宋文同《水边春半》诗："鲜衫翠裾者谁氏，行歌杨枝惜时晚。"元陈镒《寿蔡伯玉隐居》诗："歌姬拥座飞琼斝，贺客盈门集翠裾。"邓雅《和刘俊钦将进酒》诗："翠裾红袖缓歌舞，戏蝶游蜂纷往来。"孙柚《琴心记·汉宫春晓》："香回翠车，风掀翠裾。"

【**翠裙**】cuìqún 翠绿色的裙子。因其色彩鲜艳，碧如翠羽而得名。多用于年轻妇女。唐卢仝《感秋别怨》诗："娥眉谁共画，凤曲不同闻。莫似湘妃泪，斑斑点翠裙。"戴叔伦《江干》诗："杨柳牵愁思，和春上翠裙。"宋洪巽《旸谷漫录》："容止循雅，红衫翠裙。"元张可久《阅金经·湖上书事》词："玉手银丝脍，翠裙金缕纱。"又《凭阑人·暮春即事》词："凭阑愁玉人，对花宽翠裙。"明夏完淳《江妃赋》："称天孙之襄锦，曳猴母之翠裙。"

【**翠霞裙**】cuìxiáqún 隐士所着衣裙。唐皮日休《奉和鲁望怀杨台文杨鼎文二秀才》诗："钓前青翰交加倚，醉后红鱼取次分。为说风标会人梦，上仙初著翠霞裙。"唐曹唐《小游仙诗九十八首》其二十："东妃闲著翠霞裙，自领笙歌出五云。"

【**翠袖**】cuìxiù 翠绿色衣袖。泛指女子的装束。亦代指美女。唐杜甫《佳人》诗："天寒翠袖薄，日暮倚修竹。"宋苏轼《王晋叔所藏画跋尾·芍药》诗："倚竹佳人翠袖长，天寒犹著薄罗裳。"又《西江月·小院朱栏》词："翠袖争浮大白，皂罗半插斜红。"辛弃疾《水龙吟·楚天千里》词：

朵子。"

"倩何人唤取，红巾翠袖，揾英雄泪。"元尚仲贤《三夺槊》第四折："我则见嫩茸茸绿莎软，转转翠袖展。"杨梓《豫让吞炭》第四折："可甚翠袖殷勤捧玉钟，未出语心先痛。"清龚自珍《菩萨蛮》词："无言垂翠袖，粉蝶窥人瘦。"

【翠云钗】cuìyúnchāi 状如翠云之钗。或以翠云状玉制成，或镶嵌以翠云状玉。唐王涯《宫词》之一："春来新插翠云钗，尚著云头踏殿鞋。"

【翠簪】cuìzān 翡翠或碧玉制成的簪子。唐韩偓《咏浴》诗："再整鱼犀拢翠簪，解衣先觉冷森森。"明王彦泓《即事十首》诗其二："佳期卜夜昼关心，拢髻斜阳换翠簪。"

D

da—dao

【搭耳帽】dā'ěrmào 西域少数民族的一种便帽,据传赵灵王进行了修改作为军帽,南北朝时中原人亦常戴此。五代后唐马缟《中华古今注·搭耳帽》:"搭耳帽,本胡服。以韦为之,以羔毛络缝。赵武灵王更以绫绢皂色为之,始并立其名爪牙帽子。盖军戎之服也。又隐太子常以花搭耳帽子,以畋猎游宴,后赐武臣及内侍从。"

搭耳帽(敦煌莫高窟 159 窟壁画)

【大笠】dàlì 大而高的斗笠。《新唐书·食货志三》:"坚命舟人为吴楚服,大笠、广袖、芒屩以歌之。"清屈大均《广东新语·舟语》:"其人无事皆细绒大笠,著红屩长襦。"

【大襦】dàrú 隋唐时一种形制宽大的上衣。多用为礼服。《隋书·礼仪志七》:"乘舆鹿皮弁服,绯大襦,白罗裙,金乌皮履。"《新唐书·回鹘传下》:"西向拜已,即退次,被可敦服,绛通裾大襦,冠金冠。"

【大袖】dàxiù ❶服装袖式之一。通常指宽大的衣袖。《隋书·东夷·高丽传》:"人皆皮冠,使人加插鸟羽。贵者冠用紫罗,饰以金银,服大袖衫,大口袴,素皮革,黄革屦。"宋周密《癸辛杂识·续集》卷下:"倭妇人……虽暑月亦服至数重,其衣大袖而短,不用带。"《文献通考·选举七》:"武士舍弃弓矢,更习程文,褒衣大袖,专效举子。"《醒世姻缘传》第五十九回:"我替娘收拾,头上也不消多戴什么,就只戴一对鬓钗,两对簪子……也不消穿大袖衫子,寻出那月白合天蓝冰纱小袖衫子来配着密合罗裙子。"❷舞服。其制袖口宽大,腋部收杀。《通典·乐志六》:"庆善舞四人,紫绫大袖,丝皮袴,假髻。"又:"舞童十六人,皆进德冠,紫大袖,裙襦,漆髻,皮履。"❸宋代贵妇的一种礼服。因其两袖宽博,故名。皇后妃嫔则用作常服。明代士庶妇女婚嫁时也可着之。宋吴自牧《梦梁录》卷二〇:"且论聘礼,富贵之家当备三金送之,则金钏、金镯、金帔坠者是也……更言士宦,亦送销金大袖,黄罗销金裙段,红长裙或红素罗大袖段亦得。"《西湖老人繁胜录》:"每库有行首二人,戴特髻,著干红大袖。"《宋史·舆服志三》:"其常服,后妃大袖,生色领,长裙,霞帔,玉坠子。"《朱子家礼》卷四"丧礼":"(贵)妇人则用极粗生布为大袖……众

（妾）则以背子代大袖。"《明史·礼志九》："凡庶人娶妇，男年十六，女年十四以上，并听婚娶。婿常服，或假九品服；妇服花钗大袖。"宋代妇女的大袖实物，1975年在福建福州南宋墓中曾有出土，共五件，均为罗制，其式为对襟，加缝衣领，身长过膝，襟上不用纽、带，领、襟、袖、裾均有一道花边。

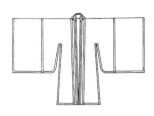

大袖示意图
（福建福州南宋墓出土）

【丹凤舄】dānfèngxì 绣有丹凤的红色鞋子。亦指仙鞋。唐韦渠牟《步虚词》之十六："月邀丹凤舄，风送紫鸾车。"元郭翼《行路难》诗之五："愿借飘飖丹凤舄，与子炼形入云墟。"

【单缞】dāncuī 单薄的丧服。《隋书·孝义传·徐孝肃》："母终，孝肃茹蔬饮水，盛冬单缞，毁瘠骨立，"《北史·孝行传·翟普林》："盛冬不衣缯絮，惟著单缞而已。"

【禫服】dànfú 省称"禫"。禫祭之服。服丧期满行祭礼，称"禫祭"。禫礼于大祥之第三月进行。是时除却丧服，改穿禫服。服期一月。所用之服以细麻为之，素而无纹。《隋书·礼仪志三》："至亲期断，加降故再期，而再周之丧，断二十五月。但重服不可顿除，故变之以纤缟，创巨不可便愈，故称之以祥、禫。"《通典·礼志四十七》："二十六月终而禫，受以禫服。二十七月终而吉，吉而除，徙月

乐，无所不佩。夫如此，求其情而合乎礼矣。"清梁章巨《归田琐记》卷一："在扬州日，有广西旧属某州判来谒，自订本生父忧，服甫阕，将仍还广西。余顺口问曰：'禫服亦已满乎？'某茫然不知所应，盖实不知期服之亦有禫也。"

【裆襦】dāngrú 唐代妇女穿的一种类似裲裆的外袍。一说为裤子。唐李贺《艾如张》诗："锦襜褕，绣裆襦。"陆龟蒙《陌上桑》诗："邻娃尽著绣裆襦，独自提筐采蚕叶。"

【刀砺袋】dāolìdài 男子腰间用以盛放磨刀石等器具的佩囊。一般悬挂于革带之下。原为西域少数民族骑士所用，南北朝以后传入中原，亦为汉族采用，并被列入服饰制度。《旧唐书·五行志》："上元中为服令，九品以上佩刀砺等袋，纷帨为鱼形，结帛作之，以鱼像鲤，强之意也。则天时此制遂绝，景云后又佩之。"宋沈括《梦溪笔谈》卷一："中国衣冠，自北齐以来乃全用胡服……所垂鞢韀，盖欲佩带弓剑、帨帉、算囊、刀砺之类，自后虽去鞢韀，而犹存其环，环所以衔鞢韀，如马之鞦根，即今之带銙也。"

【道冠】dàoguān 道士戴的帽子，儒生也有服用。唐崔涯《黄蜀葵》诗："露倾金盏小，风引道冠敧。"宋徐铉《晚憩白鹤庙寄句容张少府》诗："拂榻安棋局，焚香戴道冠。"洪迈《夷坚志补·程朝散捕盗》："三人正面而坐，羽服道冠。"邵博《邵氏闻见后录》卷一："太令奏殿下，祖宗以来，退朝燕闲，不裹巾，只戴道冠。"陆游《孙余庆求披戴疏》："伏念心久游于尘外，迹尚寄于人间，傅翕虽然头戴道冠，王恭终要身披鹤氅。"赵崇嶓《落魄》诗："落魄蕉衫戴道冠，菖蒲满案浸清寒。"明王圻《三才

图会·衣服一》:“道冠,其制小,道冠仅可撮其髻,有一小簪中贯之。此与雷巾皆道流服也。”

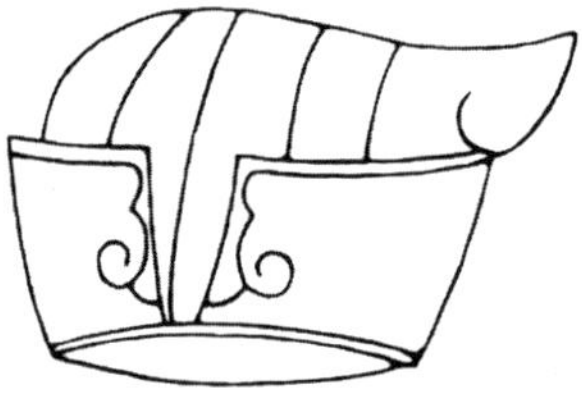

道冠(明王圻《三才图会》插图)

【道士服】dàoshìfú 道士的法服。《隋书·外戚传》:“褒国公宇文述以兵讨之,瓛遣王哀守吴州,自将拒述。述遣兵别道袭吴州,哀惊,衣道士服,弃城而遁。”《新五代史·王建传》:“后宫皆戴金莲花冠,衣道士服。”宋张齐贤《洛阳旧闻记》卷三:“田太尉重进,始起于戎行,常为太祖皇帝前队,积劳至侍卫马步军都虞侯,太宗朝,移镇永兴军,重进晚年好道,酷信黄白可成,有拣停军人张花项,衣道士服,俗以其项多雕篆,故目之为花项,晚出家为道士。”《元史·吴当传》:“当乃戴黄冠,著道士服,杜门不出,日以著书为事。”

【稻畦帔】dàoqípèi 也称“稻田衣”。即袈裟。唐王维《与苏卢二员外期游方丈寺而苏不至因有是作》诗:“法向空林说,心随宝地平。手巾花氎净,香帔稻畦成。”又《六祖能禅师碑铭》:“多绝膻腥,效桑门之食,恶弃罟网,袭稻田之衣。”明杨慎《艺林伐山》卷一四:“袈裟名水田衣,又名稻畦帔。”清厉荃《事物异名录·佛释·僧衣》:“《丹铅录》:袈裟名水田衣,又名稻畦帔,内典作毠毟,盖西域以毛为之。”

deng—diao

【登山屐】dēngshānjī 南朝宋诗人谢灵运游山时常穿的一种有齿的木屐。后常用作登山探幽的典故。《南史·谢灵运传》:“寻山陟岭,必造幽峻……登蹑常著木屐,上山则去其前齿,下山去其后齿。”唐朱放《经故贺宾客镜湖道士观》诗:“雪里登山屐,林间漉酒巾。”皮日休《习池晨起》诗:“竹屏风下登山屐,十宿高阳忘却回。”宋苏辙《次题方子明道人东窗韵》诗:“齿折登山屐,尘生贯酒瓶。”陆游《杂兴》诗:“尚弃登山屐,宁顺下泽车。”清顾炎武《子德李子闻余在难特走燕中告急于其行也作诗赠之》:“每并登山屐,常随泛月觥。”

【翟衣】díyī 王后、命妇用翟羽为饰或刺绣以翟羽纹样的礼服。周制早佚,北周时仿周礼复制。唐至明沿用,入清废止。《周礼·天官·内司服》“掌王后之六服”汉郑玄注:“翟,雉名……王后之服,刻缯为之形而采画之,缀于衣,以为文章。”《隋书·礼仪志六》:“皇后衣十二种,其翟衣六。从皇帝祀郊禖享先皇,朝皇太后,则服翟衣。”唐权德舆《河南崔尹即安喜从兄宜于室家四十余岁一昨寓书病传永写告身既枉善祝因成绝句》:“尊崇善祝今如此,共待曾玄捧翟衣。”《通典》卷六二:“后周制,皇后之服十有二等,其翟衣六……”《新唐书·车服志》:“翟衣者,内命妇受册、从蚕、朝会,外命妇嫁及受册、从蚕、大朝会之服也。青质,绣翟,编次于衣及裳,重为九等。”《宋史·舆服志三》:“翟衣,青罗绣为翟,编次于衣及裳。第一品,花钗九株,宝钿准花数,翟九等;第二品,花钗八株,翟八等;

第三品,花钿七株,翟七等;第四品,花钿六株,翟六等;第五品,花钿五株,翟五等。"清陈维崧《贺新郎·辛酉除夕感怀纪事》词:"倘比黄花人尚在,制翟衣,寄到深闺里,虽病也必然起。"《续文献通考·明制皇后冠服》:"翟衣,深青,织翟文十有二等,间以小轮花。红领、襈、襈、裾,织金云龙文。"

翟衣(《古今图书集成》插图)

【**垫巾**】diànjīn 一种有棱角的头巾。语本《后汉书·郭泰传》:"(郭泰)周游郡国,尝于陈梁间行,遇雨,巾一角垫,时人乃故折巾一角,以为林宗巾。"唐韩愈《三器论》:"与夫垫巾效郭,异名同蔺者,岂不远哉!"黄滔《谢试官》:"时争垫角,俗竟嚬眉。"宋陆游《雨中过东村》诗:"垫巾风度人争看,蜡屐年光我自悲。"胡宿《城南》诗:"荡桨远从芳草渡,垫巾还傍绿杨堤。"毛滂《和郭倅见寄》诗:"当年竹马定不乏,旧雨垫巾无恙否?"曾巩《送任达度支监嵩山崇福宫》诗:"故友欣联璧,诸儒慕垫巾。"

【**钿合金钗**】diànhéjīnchāi 钿盒和金钗。相传为唐玄宗与杨贵妃定情之信物。泛指情人间之信物。唐白居易《长恨歌》:"唯将旧物表深情,钿合金钗寄将去。"宋柳永《二郎神》词:"钿合金钗私语处,算谁在,回廊影下。"王宷《蝶恋花》词:"红

粉阑干,有个人相似。钿合金钗谁与寄。"

【**钿鸟**】diànniǎo 镶嵌金、银、玉、贝等物的鸟形首饰。唐段成式《柔卿解籍戏呈飞卿》诗之三:"出意挑鬟一尺长,金为钿鸟簇钗梁。"

【**钿雀**】diànquè 镶嵌金、银、玉、贝等物的雀形首饰。唐温庭筠《菩萨蛮》词:"宝函钿雀金鸂鶒,沉香阁上吴山碧。"五代后蜀欧阳炯《西江月》词:"钿雀稳簪云髻绿,含羞时想佳期。"宋蔡伸《菩萨蛮》其二:"翠翘金钿雀。蝉鬓慵梳掠。"

【**钿头**】diàntóu 镶金花的首饰。唐白居易《琵琶行》:"钿头云篦击节碎,血色罗裙翻酒污。"元稹《杂忆五首》诗其五:"忆得双文衫子薄,钿头云映褪红酥。"清毛奇龄《山花子》词其一:"插得钿头新拨子,是红蛮。"

【**钿头钗子**】diàntóuchāizi 一种钗首饰有金钿的发钗。钗首饰有花钿。五代后唐马缟《中华古今注》卷中:"隋炀帝宫人,插钿头钗子。"

【**钿头裙**】diàntóuqún 饰有小团金花的女裙。唐代妇女较喜穿着。因花形小而工整,形如金钿之首而得名。唐元稹《梦游春》诗:"丛梳百叶髻,金蹙重台履。纰软钿头裙,玲珑合欢袴。"

【**钿针**】diànzhēn 指镶嵌金、银、玉、贝等物的针形首饰。《新唐书·百官志三》:"七月,献钿针。腊日,献口脂。"

【**琱履**】diāolǚ 女子绣花鞋的美称。唐张说《安乐郡主花烛行》:"蘮茵饰地承琱履,花烛分阶移锦帐。"

【**貂襜**】diāochān 貂皮制成的短衣。唐刘禹锡《和汴州令狐相公》诗:"词人羞布鼓,远客献貂襜。"皮日休《奉和鲁望秋日

遣怀次韵》:"向阳裁白帢,终岁忆貂襜。"

【貂蝉冠】diāochánguān ❶装饰貂尾和蝉的礼冠,常为皇帝身边的宦官、近臣所戴。唐刘存《事始》:"《战国策》曰:赵武灵王好胡服,有貂蝉冠。秦皇破赵,得其冠,以赐侍中。"《文苑英华》卷一二:"冠侍中之首,欲使人皆见之。"❷也称"笼巾"。宋明时期三公亲王侍祠及大朝会时朝服饰。因冠额饰有玳瑁蝉,两侧缀有白玉蝉,左侧插有貂尾。《宋史·舆服志四》:"貂蝉冠一名笼巾,织藤漆之,形正方,如平巾帻。饰以银,前有银花,上缀玳瑁蝉,左右为三小蝉,衔玉鼻,左插貂尾。三公、亲王侍祠大朝会,则加于进贤冠而服之。"《宋史·韩世忠传》:"及死,赐朝服、貂蝉冠、水银、龙脑以敛。"《西湖老人繁胜录》:"职事官往来,尽著方心曲领法服,都戴貂蝉冠。"

貂蝉冠(明人《范仲淹写真像》)

【貂金】diāojīn 貂尾和金蝉。侍中、常侍的冠饰。代指帝王身边近贵之臣。唐杜甫《哭李常侍峄》诗之一:"长安若个畔,犹想映貂金。"清仇兆鳌注:"唐制:侍中冠金蝉、珥貂。"陆龟蒙《蝉》诗:"伴貂金换酒,并雀画成图。"宋王琼《次韵项君

玉》:"欲解貂金同一醉,酒垆闻只在前溪。"

【貂锦】diāojǐn 貂裘、锦衣。多作军戎服饰。亦代指士卒。唐刘禹锡《和白侍郎送令狐相公镇太原》诗:"十万天兵貂锦衣,晋城风日斗生辉。"李益《登夏州城观送行人赋得六州胡儿歌》:"沙头牧马孤雁飞,汉军游骑貂锦衣。"陈陶《陇西行四首》其二:"誓扫匈奴不顾身,五千貂锦丧胡尘。"《聊斋志异·蕙芳》:"马自得妇,顿更旧业,门户一新。笥中貂锦无数,任马取着。"

【貂帽】diāomào 也作"貂皮帽"。用貂皮制成的贵重的帽子,多为王公贵族所戴,用以保暖。唐张籍《送元宗简》诗:"貂帽垂肩窄皂裘,雪深骑马向西州。"宋严羽《羽林郎》:"貂帽狐裘塞北妆,黄须年少羽林郎。"《资治通鉴·后汉纪一》:"契丹主貂帽、貂裘,衷甲,驻马高阜,命起,改服,抚慰之。"《元史·何实传》:"丁酉,太宗数召入见……更赐白貂帽,减铁系腰,貂衣一袭,弓一、矢百,遣归。"明沈德符《万历野获编·内阁三·貂帽腰舆》:"张江陵当国,以饵房中药过多,毒发于首,冬月遂不御貂帽。"《警世通言·杜十娘怒沉百宝箱》:"孙富貂帽狐裘,推窗假作看雪。"清叶梦珠《阅世编》卷八:"暖帽之初,即贵貂鼠,次则海獭,再次则狐,其下者滥恶,无皮不用。"《钦定服饰肩舆永例》:"官民家下奴仆、戏子、皂隶不许戴貂帽,不许穿衣素各色缎并绫子。"福格《听雨丛谈》卷一:"康熙三十二年,云督范承勋在口外迎銮,蒙赐貂帽、貂褂、狐腋袍;并命次日服之来谢。"

【貂袍】diāopáo 用貂皮制成的长袍。唐温庭筠《塞寒行》:"晚出榆关逐征北,惊

沙飞进冲貂袍。"

【貂鼠裘】diāoshǔqiú 用貂鼠皮制成的皮裘服。唐杜甫《自京赴奉先县咏怀五百字》诗:"暖客貂鼠裘,悲管逐清瑟。"岑参《胡歌》:"黑姓蕃王貂鼠裘,葡萄宫锦醉缠头。"宋陆游《夜寒与客烧干柴取暖戏作》:"归来乎,故家猿鹤遮我留,布袍暖胜貂鼠裘。"元刘鹗《至正甲申岁,大饥,民多艰食,殍死者相望,盗贼扰扰。予亦缺食,未免作粥以延残喘,因赋食粥歌,以畅此怀》诗:"苦寒不透貂鼠裘,青鼠暖帽方蒙头。"明李祁《昭君出塞图》诗:"蒙茸狐帽貂鼠裘,谁言宫袍泪痕湿。"《红楼梦》第四十九回:"一时湘云来了,穿着贾母给他的一件貂鼠脑袋面子、大毛黑灰鼠里子、里外发烧大褂子。"

die—duo

【鞢鞢】diéxiè 也作"鞢䩞""鞢鞢""蹀躞"。一种缀有垂饰的腰带。以皮革为鞢,端首銙镙,带身钉有数枚带銙,銙上备有小环,环上套挂若干小带,以便悬挂各种杂物:如小刀、针筒、囊袋、磨刀石等。初用于西域游牧民族,束之便于乘骑。魏晋南北朝传入中原,也为汉族所用,多用于武士。唐代规定,武官所系什物分别有七种,名七事。在胡服盛行时期,宫廷妇女亦喜系之,但不带七事。辽宋时仍有此制,辽时有三种形制:一为单带扣单鈈尾式,于方銙上穿眼,眼下系小带,在小带上佩系各类物品,带銙数5—12不等,质地有金、玉、银、铜等不同,似属官服,为高官在会朝时所束;二与前种区别在方銙量少,起眼不多,或无眼,所带佩物较少,仅剑、刀、锥等实用品,无佩饰玩物,恐为普通官员与侍从,著常服时

所束;三为带身无革鞢,而是丝绦,亦无带扣和鈈尾,直接将丝绦束结身后,一般为妇人所束。宋代以后其制渐失,只存带銙以作装饰。《新唐书·车服志》:"而武官五品以上,佩鞢鞢七事:佩刀、刀子、砺石、契苾真、哕厥、针筒、火石是也。"宋陆游《军中杂歌》:"名王金冠玉蹀躞,面缚纛下声呱呱。"司马光《涑水记闻》卷九:"元昊遣使戴金冠,衣绯,佩蹀躞,奉表纳旌节告敕。"张枢《谒金门》词:"重整金泥蹀躞,红皱石榴裙褶。"沈括《梦溪笔谈》卷一:"中国衣冠,自北齐以来,乃全用胡服。窄袖绯绿,短衣,长勒靴,有蹀躞带,皆胡服也……带衣所垂蹀躞,盖欲佩带弓剑、帉帨、算袋、刀砺之类。自后虽去蹀躞,而犹存其环,环所以御蹀躞,如马之楸根,即今之带銙也。"《辽史·仪卫志二》:"文官佩手巾、算袋、刀子、砺石、金鱼袋;武官鞢鞢七事:佩刀、刀子、磨石、契苾真、哕厥、针筒、火石袋,乌皮六合靴。"《辽史·国语解》:"鞢鞢带,武官束带也。"《辽史拾遗》卷二二:"其伪官分文武,或靴笏幞头,或冠金帖绿冠,绯衣,金涂银黑束带,佩蹀躞。"《辽史·二国外记传·西夏》:"其冠用金缕贴,间起云、银纸帖,绯衣,金涂银带,佩蹀躞、解锥、短刀、弓矢,穿靴,秃发,耳重环,紫旋襕六袭。"

【鞢鞢七事】diéxièqīshì 唐、辽时期武官系挂在腰带上的七种什物。参见587页"七事"。

【叠绡帽】diéxiāomào 晚唐士庶所戴的一种便帽。唐李济翁《资暇集》卷下:"(毡帽)太和末又染缯而复代蠃,曰叠绡帽。虽示其妙,与毡帽之庇悬矣。"

【钉鞋】dīngxié 也作"丁鞋""钉靴"。底

部施圆头铁钉或装上铁齿的鞋子,能够防滑跌,可用于登山。在鞋面上涂以油蜡,可用作雨鞋。魏晋时期已有出现。流行于唐代,男女均可穿着。明清时期亦有穿着,清代多见于江浙地区。《旧唐书·德宗纪》:"德宗入骆谷,值霖雨,道滑,卫士多亡归朱泚,惟李叔明之子升,郭子仪之子曙,令狐建之子彰六人相与啮臂为盟,著钉鞋行滕,更控上马以至梁州。钉鞋之名,始见于此。"《文献通考》卷八四:"卫士皆给钉鞋。"《资治通鉴·唐德宗贞元三年》:"著行滕,钉鞋。"元胡三省注:"钉鞋,以皮为之,外施油蜡,底著铁钉。"元徐德可《水仙子·佳人钉履》曲:"金莲脱瓣载云轻……渍春泥印在苍苔径,三寸中数点星。"乔吉《水仙子·钉鞋儿》:"底儿攒钉紫丁香,帮侧微粘密蜡黄,宜行云行雨阳台上,步苍苔砖甃儿响。"《明实录·太祖七九》:"(洪武六年)先是百官入朝,遇雨皆用钉靴,进趋之间,声达殿陛。"《儒林外史》第十回:"他靸了一双钉鞋,捧着六碗粉汤,站在丹墀里尖着眼睛看戏。"清赵翼《陔余丛考》卷三三:"古人行雨多用木屐,今俗江浙间多用钉鞋。"

【定衣】dìngyī 僧衣的御寒之衣。定,坐禅入定的僧人。唐郑巢《寄贞法师》诗:"远瀑穿经室,寒蛩发定衣。"宋范晞文《对床夜语》卷五:"'鸽坠霜毛落定僧','寒蛩发定衣'……非衲子亲历此境,不能道也。"王圭《题招提院静照堂》诗:"潮随朝梵响,雨入定衣斑。"

【兜帽】dōumào 能遮盖头发与双耳的帽子,有保暖和防护作用。《初学记》卷九"垂衣卷领"条:"古者盖三皇以前,鳌头著兜帽,言未知制冠。"明瞿佑《归田诗

话·宋故宫》:"盖廉夫诗用红兜字,元庆宋宫为佛寺,西僧皆戴红兜帽也。"

【斗钿】dǒudiàn 用金银珠宝镶嵌制成的首饰。五代南唐张泌《思越人》词:"斗钿花筐金匣恰,舞衣罗薄纤腰。"

【短后衣】duǎnhòuyī ❶唐宋时对武士上衣的通称。唐代人之戎服(含衣甲),大多是短其后或缺其后者,故名。后幅较短的上衣,便于活动。语出《庄子·说剑》:"吾王所见剑士,皆蓬头、突鬓、垂冠,曼胡之缨,短后之衣,瞋目而语难。"晋郭象注:"短后之衣,为便于事也。"唐岑参《北庭西郊候封大夫受降回军献上》诗:"自逐定远侯,亦著短后衣。"《太平广记》卷一九六:"歘有一物自梁间坠地,乃人也。朱鬒,衣短后衣,色貌黝黑。唯曰:'死罪。'"宋梅尧臣《寄汶上》诗:"大第未尝身一至,人猜习宦我应非。弹冠不读先贤传,说剑休更短后衣。"沈括《梦溪补笔谈·辩证》:"凡说武人,多云衣短后衣……短后衣出《庄子·说剑篇》,盖古之士人,衣皆曳后,故时有衣短后之衣者。近世士庶人,衣皆短后,岂复更有短后之衣者?"清林则徐《送嶰筠赐环东归》诗:"天山古雪成秋水,替浣劳臣短后衣。"张素《寄明星》诗:"陈书几见虚前席,射猎空余短后衣。"❷百戏之服。宋孟元老《东京梦华录》卷七:"烟火大起,有假面披发,口吐狼牙烟火,如鬼神状者上场,著青帖金花短后之衣,帖金皂裤。"又:"烟中有七人,皆披发文身,著青纱短后之衣,锦绣围肚看带,内一人金花小帽,执白旗,余皆头巾。"《宋史·赵汝谈传》:"谈年少,衣短后衣,不得避。叶适劝之曰:'名门子安可不学。'汝谈惭。自是终身不衣短后衣。"

【短笠】duǎnlì 小的笠帽。多用于普通百姓。唐刘禹锡《竹枝词》："银钏金钗来负水，长刀短笠去烧畬。"宋刘克庄《跋厉归真〈夕阳图〉》："轻蓑短笠，日与觳觫君相周旋，乃在野民农者之事。"朱熹《鹧鸪天》词为其二："已分江湖寄此生。长蓑短笠任阴晴。"明唐时升《夏氏池亭六首》诗其二："长镵雷后寻笋，短笠雨余种瓜。"

【短裙】duǎnqún 长不曳地的裙子。长者下不掩踝，短者仅至膝间。有别于裙幅曳地的长裙。短裙通常是穿围在长裙之外的，既便于洗涤、更换，又很美观。后来逐渐传入民间，为广大普通劳动妇女所接受，并深受欢迎，在劳动和做家务时穿用十分实用。五代后唐马缟《中华古今注》卷中："始皇元年，宫人令服五色花罗裙，至今礼席有短裙焉。"《文献通考·四裔》："丈夫以缯彩缠头，衣毡褐，妇人辫发，著短裙。"清李宗防《黔记》卷三："蛮人在新漆、丹江二处，男子披草蓑，妇人青衣，花布短裙。"

【短衫】duǎnshān 形制短小的单上衣。《唐大诏令集》卷一〇八《官人百姓衣服不得逾令式敕》："闻在外官人百姓有不依式令，遂于袍衫之内著朱、紫、青、绿等色短衫袄子，或于闾野公然露服，贵贱莫辨。"明谈迁《枣林杂俎·圣集》："白袷青鞋称短衫，采芝幽润荷长镵。"清檀萃《滇海虞衡志》卷一一二："妇人以白布裹头，短衫露腹，以红藤缠之。"

【短鞠靴】duǎnyàoxuē 省称"短靴"。一种短筒靴。唐代对长鞠靴加以改制，减短其鞠，用于官服。五代至宋沿用不衰，入宋以后，渐为长鞠靴所替代。《旧唐书·舆服志》："爰至北齐，有长帽短靴、合袴袄子，朱紫玄黄，各任所好。虽谒见君上，出入省寺，若非元正大会，一切通用。"唐刘肃《大唐新语·厘革》："北齐有长帽、短靴、合袴袄子。"五代后唐马缟《中华古今注》卷上："靴者，盖古西胡也……至马周改制，长鞠以杀之，加之以毡及绦，得著入殿省敷奏，取便乘骑也。文武百僚咸服之。至贞观三年，安西国进绯韦短鞠靴，诏内侍省分给诸司。"五代后蜀冯鉴《续事始》："赵武灵王好胡衣，常服短鞠靴，黄皮为之。"

【朵子】duǒzi 首饰名。鬓花。用绫、绢、绒、纸及通草等制成各式花朵，妇女插戴于鬓，作为装饰。据传为秦始皇所创制。五代后唐马缟《中华古今注·冠子朵子扇子》："冠子者秦始皇之制也，令三妃九嫔当暑戴芙蓉冠子，以碧罗为之，插五色通草苏朵子，披浅黄藂罗衫，把云母小扇子，靸蹲凤头履以侍从。"明方以智《通雅·衣服》："朵子，首饰也。《古今注》言冠子起于始皇，令妃嫔戴芙蓉冠，插五色通草苏朵子，即华鎗钿钗之类也。"

E

e—er

【峨冠】éguān 高冠。为士大夫所服，故后世以代高官。唐刘商《姑苏怀古送秀才下第归江南》诗："银河倒泻君王醉，灩酒峨冠昢西子。"宋陆游《登灌口庙东大楼观岷江雪山》诗："我生不识柏梁建章之宫殿，安得峨冠侍游宴。"元无名氏《渔樵记》第一折："他则待人前卖弄些好妆梳，扮一个峨冠士大夫。"明魏学洢《核舟记》："船头坐三人，中峨冠而多髯者为东坡。"清徐士銮《宋艳·丛杂》："虽厚禄重臣，峨冠世儒，罔不效力。"

【峨冕】émiǎn 高冠。大夫以上所服。亦指戴高冕；受爵赏。唐杜甫《往在》诗："登阶捧玉册，峨冕聆金钟。"又《秋日荆南送石首薛明府辞满告别奉寄薛尚书颂德叙怀斐然之作三十韵》："赏从频峨冕，殊恩再直庐。"宋陆游《简苏邵叟》诗："君家文献历十朝，魏公峨冕加金貂。"

【额珠】ézhū 即念珠。佛珠有规定数额，故称。唐独孤及《诣开悟禅师问心法次第寄韩郎中》诗："得知身垢妄，始喜额珠完。欲识真妙理，君尝法味看。"

【耳纩】ěrkuàng 即"耳衣"。唐韩愈《苦寒》诗："褰旒去耳纩，调和进梅盐。"

【耳衣】ěryī 也称"暖耳""耳套"。耳套。戴在耳朵上御寒的用具。以狐鼠之皮或质地厚实的布帛为之，或中纳絮绵，做成球状，套在耳上以御寒冷。一般多用于男子。元明时期在此基础上稍作改制。通常做成条状。唐李廓《送振武将军》诗："金装腰带重，绵缝耳衣寒。"明沈德符《万历野获编·貂帽腰舆》："京师冬月，例用貂皮暖耳……大臣自六卿至科道，每朝退见阁，必手摘暖耳藏之。"清查慎行《人海记》："每年十一月朔，传戴暖耳。"徐珂《清稗类钞·服饰》："燕、赵苦寒，朔风凛冽，徒行者两耳如割，非耳衣不可耐。肆中有制成者出售，谓之耳套。盖以棉或缘以皮为之也。"

【耳坠】ěrzhuì 也称"坠子"。一种悬挂在耳上的坠饰。一般连缀于耳环之下。本为少数民族男子饰物。在魏晋以后传至中原，中原妇女才纷纷佩戴起来。南北朝以后，民间妇女佩挂耳坠十分普遍，除北方地区的少数民族外，汉族妇女也普遍佩戴。入唐，汉族妇女戴耳坠者反而减少，尤其是贵族妇女，一般都不戴耳坠。宋代以后，因穿耳之风盛行，使用者渐多，形制与材料更加奢华。明代妇女则既用耳环，也用耳坠。清代妇女承前朝风俗，也戴耳坠，通常用银、铜制造，外层鎏金；坠形则多种多样，轻盈飘动。唐欧阳炯《南乡子》词："二八花钿，胸前如雪脸如莲，耳坠金环穿瑟瑟，霞衣窄。"宋郑思肖《心史》卷下："男子俱戴耳坠，俗不好文身。"明王三聘《古今事物考》卷六："耳坠，夷狄男子之饰也，晋始用之中国。"《宋史·舆服志五》："非命妇之家,毋得以真珠装缀首饰、衣服,及项珠、缨络、耳坠、头䯼、抹子之类。"明无名氏《天水冰山录》记严嵩被籍没家产,有"金累丝灯笼耳坠""金玉寿字耳坠""金厢猫睛耳坠""金折丝楼阁耳坠""金宝琵琶耳坠"等。《金瓶梅词话》第七十三回:"(金莲道)'你耳朵上坠子,怎的只带一只,往那里去了?'这春梅摸了一摸,果然只有一只金玲珑坠子。"《红楼梦》第三十一回:"猛一瞧,活脱儿就像是宝兄弟——就是多两个耳坠子。"又第六十三回:"(芳官)右耳根内只塞着米粒大小的一个小玉塞子,左耳上单一个白果大小的硬红镶金大坠子。"

【珥珰】ěrdāng 谓缀以珠玉之耳饰。珥,即瑱,以玉充耳也。珰,即耳珠,穿耳施珠曰珰。原为少数民族的装饰品,后为汉人所尚,类似今天的耳环、耳坠子。《新唐书·南蛮传下·骠》:"冠金冠,左右珥珰,条贯花鬘,珥双簪,散以毳。"宋曹勋《投连泉州显学五十韵》:"珥珰金不暗,睿札墨仍鲜。"明唐顺之《喜峰口观三卫贡马》诗:"珥珰珠错落,襫袱锦氍毹。"

F

fa—fei

【**法衣**】fǎyī ❶僧侣所服依佛法制作之衣。即袈裟。佛教法衣有三种,总称"支伐罗":一曰"僧伽梨",即大衣,用九至二十五条布片缝成;二曰"郁多罗僧",即上衣,用七条布片缝成;三曰"安陀会",即内衣,用五条布片缝成。后亦指道士作法时所服之衣,长身大袍上绣图案。《法苑珠林》卷三五:"出家著法衣,威仪具足,舍离烦恼而复得一切种智入其身内。"《释氏要览》卷上:"律有制度,应法而作,故曰法衣。"明顾起元《客座赘语》卷三:"隋炀帝为晋王嚫戒师衣物有:圣种纳袈裟一缘、黄纹舍勒一腰……又施天台山飞龙绫法衣一百六十领。"《西游记》第六十七回:"那道士,头戴金冠,身穿法衣。"《水浒传》第四十七回:"却看杨林头带一个破笠子,身穿一领旧法衣,手里擎着法环,于路摇将来。"《醒世姻缘传》第六十四回:"众尼僧都穿了法衣,拿了法器,从'狱中'将素姐迎将出来。"❷戏曲服装专用名称。专用于"设坛作法"时的有道术之人。法衣,本是道士在"作道场"、升坛诵经做法事时的"法服"。对襟,有很宽的镶缘,多为紫红色,绣有龙、云鹤、八卦、八宝等纹饰。京剧大师马连良在《赤壁之战·借东风》中,穿银灰色的法衣,以黑色镶缘,上绣方圆有致的火焰八卦(圆形,平金绣)以及草龙。缘饰与衣身黑白对比鲜明,纹样繁简对比鲜明。此法衣亦成为马派服装艺术的代表作之一。除孔明以外,《五花洞》之张天师、《青石山》之老道等,在"设坛作法"时,均穿用法衣这种"场合装"。❸土家族神职人员作法祭神披穿的宗教衣服。梯玛法衣,上身穿红、蓝色宽袖(或镶黑边)长袍、对襟布扣衣服,胸前镶白绸边或棕色布边,或有领或无领;下身穿八色绸布拼镶的八幅罗裙,裙脚镶织锦花边,或将长袍齐腰围捆,或不围捆。八幅八色象征八位先祖神神帐,即八氏族部落旗幡。

【**蕃帽**】fánmào 即"珠帽"。唐刘言史《王中丞珠帽宅夜观舞胡腾》诗:"织成蕃帽虚顶尖,细氎胡衫双袖小。"

【**梵屟**】fànxiè 僧鞋。唐陆龟蒙《寒日逢僧》诗:"瘦胫高褰梵屟轻,野塘风劲锡环鸣。"

【**方便囊**】fāngbiànnáng 唐人外出时贮放零星杂物的小袋。因置取方便而得名。宋陶谷《清异录》:"唐季有方便囊,重锦为之,形如今之照袋。每出行,杂置衣巾、篦、鉴、香药、词册。"

【**方山巾**】fāngshānjīn 儒者所戴的软帽。形制似方山冠。唐李白《嘲鲁儒》诗:"足著远游履,首戴方山巾。"明徐咸《西园杂记》卷上:"嘉靖初年,士夫间有戴巾者,今虽庶民亦戴巾矣;有唐巾、程巾、坡巾、华阳巾、和靖巾……方山巾、阳明巾,巾制各不同。闾阎之下,大半服之。"

【**方心曲领**】fāngxīnqǔlǐng 帝王、官吏朝服上的领式。汉代至隋唐为内衣胸前项下所衬的半圆硬领,用于帝王及七品以上官员。唐以后此领制失传。宋代以后将方心曲领作成项圈下垂方锁式佩物,成为一种套于项间,垂于衣外胸前的装饰。其形制为上圆下方,宛若缨络锁片之状,以白罗制成。帝王百官着朝服时,皆须佩之。明代官员祭服仍用之,清代废止。《唐六典》卷二六:"具服远游三梁冠,加金附蝉九,首施珠翠,黑介帻,绛纱袍,白纱中单,皂领、襈、裾、白裙襦,白革带,方心曲领,绛纱蔽膝。"《新唐书·车服志》:"具服:绛纱袍、红裳,白纱中单、黑领、襈、裾、白裙襦,白假带,方心曲领。"宋王得臣《麈史》卷上:"国家朝祭,百官冠服多用周制,每大朝会,侍祠则服之。袜有带,履用皂革……大带、革带,方心曲领。"《宋史·舆服志三》:"(天子)通天冠,二十四梁……白纱中单,朱领、襈、裾。白罗方心曲领。"《辽史·仪卫志二》:"皇帝通天冠,诸祭还及冬至、朔日受朝、临轩拜王公、元会、冬会则服之……白裙襦、绛蔽膝、白假带,方心曲领。"《金史·舆服志》:"臣下

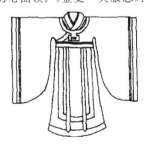

方心曲领服饰

朝服,凡导驾及行大礼,文武百官皆服之……天下乐晕锦玉环绶一,白罗方心曲领、白纱中单、银褐勒帛各一。"元华亭二生《法服歌诀》:"袜履中单黄带先,裙袍蔽膝绶绅连。方心曲领蓝腰带,玉佩丁当冠笏全。"明叶子奇《草木子》卷三:"蝉冠、朱衣,汉制也;幞头、大袍,隋制也;今用蝉冠朱衣、方心曲领、玉佩朱履,是革隋而用汉也。"

【**飞头履**】fēitóulǚ 也作"飞头鞋"。宫女所穿的一种拖鞋。五代后唐马缟《中华古今注》卷中:"(秦始皇)令宫人……靸金泥飞头鞋。"元龙辅《女红余志》卷上:"陈后主为张贵妃丽华造桂宫于光昭殿后作圆门如月,障以水晶。后庭设素罘罳庭中,空洞无他物,惟植一桂树,树下置药杵臼,使丽华恒驯一白兔,丽华被素桂裳,梳凌云髻,插白通草苏孚子,靸华飞头履,时独步于中,谓之月宫。"

【**飞舃**】fēixì 源于"王乔凫舃"。指可乘以飞行的仙鞋。唐张说《寄刘道士舃》诗:"远寄双飞舃,飞飞不碍空。"李瓒《送贺秘监归会稽诗》:"诣台飞舃日,辞阙挂冠年。"宋王炎《用元韵答麟老》:"翩然一清游,飞舃可御风。"冯时行《日望冉雄飞之来久不闻近耗因成鄙句以见翘然之思》诗:"云间飞舃何时下,抑郁孤怀迟一开。"明何景明《七述》:"于是弥驾层颠,飞舃绝峤。"清吴伟业《惠山二泉亭为无锡吴邑侯赋》诗:"寺外流觞何处访,公余飞舃偶来听。"

【**飞云履**】fēiyúnlǚ 隐士所着之履。以黑色绫罗为之,四周镶以云纹,并洒以香粉,行步振履,足下如生云烟。相传为唐白居易居庐山草堂时创制。唐冯贽《云仙杂记》卷一:"白乐天烧丹于庐山草

堂,作飞云履,玄绫为质,四面以素绡作云朵,染以四迭香,振履则如烟雾。"元辛文房《唐才子传·白居易》:"公好神仙,自制飞云履,焚香振足,如拨烟雾,冉冉生云。"明张岱《夜航船·衣裳》:"白乐天烧丹于庐山草堂,制飞云履,立云为直。"

【飞云帔】fēiyúnpèi 宫女所着的一种披肩。五代后唐马缟《中华古今注》卷中:"(秦始皇)令宫人当暑戴黄罗髻,蝉冠子,五花朵子,披浅黄银泥飞云帔。把五色罗小扇子,靸金泥飞头鞋。"

【绯绿】fēilù 指隋唐时红色和绿色的官服。代指官服。《隋书·礼仪志七》:"五品已上,通著紫袍,六品已下,兼用绯绿。"宋周密《齐东野语·洪端明入冥》:"前有宫室,轩敞魏耸,四垂帘幕,庭下列绯绿人。"刘克庄《解连环·甲子生日》词:"笑汝曹绯绿,乃翁苍素。"程公许《积雪未晴正旦朝贺大庆殿口号八章》其八:"东西廊转面朝天,绯绿斓斑紫绶褰。"《宋史·真宗纪二》:"京朝官衣绯绿十五年者,改赐服色。"

【绯衫】fēishān 也作"绯衣"。❶红色官服。隋初多用于仪卫武士。通常与平巾帻、大口裤配用。唐宋时用于四、五品官,明代则用于一至四品。如未达到规定级别,需经特许方能穿着。唐裴庭裕《东观奏记》卷中:"郑裔绰自给事中,以论驳杨汉公忤旨,出商州刺史,始赐绯衣、银鱼。"白居易《重寄荔枝与杨使君》诗:"映我绯衫浑不见,对公银印最相鲜。"《旧唐书·睿宗纪》:"特幸老人九十以上绯衫牙笏,八十以上绿衫木笏。"《新唐书·仪卫志上》:"次朱雀队,次指南车、记里鼓车、白鹭车、鸾旗车、辟恶车、

皮轩车,皆四马,有正道匠一人,驾士十四人,皆平巾帻、大口绔、绯衫。"《隋书·音乐志中》:"大角工人平巾帻、绯衫,白布大口袴。"《新唐书·薛苹传》:"所衣绿袍,更十年至绯衣,乃易。"宋宋敏求《春明退朝录》卷下:"李西枢宪成为制告,尚衣绯,出守荆南,召为学士,合门举例赐金带,而不可加于绯衣,乃并赐三品服。"吴曾《能改斋漫录·记事二》:"未几,除秘书少监,赐绯衣、银鱼、象笏。"胡仔《苕溪渔隐丛话·前集》卷二一:"唐制百官服色,不视职事官,而视其阶官,九品与今制特异,乐天为中书舍人,知制诰;元宗简为京兆少尹,官皆六品,故犹著绿。其诗所谓'凤阁舍人京兆尹,白头犹未著绯衫'。"清汪汲《事物原会》卷二一:"秦始皇至海上,有神朝,皆抹额、绯衫、大口袴,侍卫后为军容。"钱谦益《题喜复官诰赠内》诗:"我褪绯衣缘底罪,君还紫诰有何功?"《古今图书集成·礼仪典》卷三四三:"弘治九年七月二十日,文华后殿讲书毕,上赐讲官程敏政等各织金绯衣、金带及纱帽、乌靴。"❷红色衣服。明顾大典《青衫记·蛮素至江》:"有一个绯衣仙子来相访。他挟青衫掷还阮郎。"

【绯褶】fēixí 绯色官服袍衫。唐时用于六品以下等,宋时用作四、五品官官服。《旧唐书·舆服志》:"五品以上紫褶,六品以下绯褶,加两裆縢蛇,并白袴,起梁带。"又:"平巾帻,绯褶,大口袴,紫附褠,尚食局主食、典膳局主食、太官署官署掌膳服之。"《新唐书·车服志》:"朝集从事、州县佐史、岳渎祝史、外州品子、庶民任掌事者服之,有绯褶、大口绔,紫附褾。"又:"九品以上则绛褠衣,制如绛公服而狭,袖形直如沟,不垂,绯褶大口

袴,紫附褾,去方心曲领、假带。"《宋史·舆服志四》:"故令文三品以上紫襜,五品以上绯襜,七品以上绿襜,九品以上碧襜,并白大口袴,起梁带,乌皮靴。"

【绯鱼袋】fēiyúdài 省称"绯鱼"。指绯衣与鱼符袋。朝官的服饰。唐制:五品以上佩鱼符袋,宋因之。唐韩愈《董公行状》:"入翰林为学士,三年出入左右,天子以为谨愿,赐绯鱼袋。"《续资治通鉴·宋高宗绍兴十二年》:"右承奉郎、赐绯鱼袋张宗元为右宣议郎、直秘阁。"《新唐书·王正雅传》:"穆宗时,京邑多盗贼,正雅以万年尉威震豪强,尹柳公绰言其能,就赐绯鱼,累擢汝州刺史。"宋王安石《梅公神道碑》:"馆之集贤,赐服绯鱼。"

【绯紫】fēizǐ 指红色和紫色官服。唐制,散官五品以上服绯,三品以上服紫。泛指高官所穿之官服。亦指皇帝赐臣民绯紫色官服。唐元稹《台中鞫狱忆开元观旧事呈损之兼赠周兄四十韵》:"奇哉乳臭儿,绯紫裪被间。"《新唐书·车服志》:"开元初⋯⋯百官赏绯紫,必兼鱼袋。"宋方回《次韵汪以南闲居漫吟十首》其五:"岂复有绯紫,走趋列宾墀。"明王世贞《哭李于鳞一百二十韵》:"交游尽绯紫,岁月耗丹铅。"

【翡翠裙】fěicuìqún 翠绿色裙子。以其色彩鲜艳,碧如翡翠而得名。多用于年轻妇女。唐戎昱《送零陵妓》诗:"宝钿香蛾翡翠裙,装成掩泣欲行云。"胡曾《杂曲歌辞·妾薄命》:"宫前叶落鸳鸯瓦,架上尘生翡翠裙。"卢仝《与马异结交诗》:"此婢娇饶恼杀人,凝脂为肤翡翠裙。"温庭筠《南歌子》其七:"懒拂鸳鸯枕,休缝翡翠裙。"五代后唐毛文锡《赞浦子》诗:"懒结芙蓉带,慵拖翡翠裙。"元杨维桢《璚花珠月二名姬》诗:"蒲萄酒沍沉樱颗,翡翠裙翻踏月牙。"

【翡翠指环】fěicuìzhǐhuán 以翡翠制成或镶有翡翠的嵌宝指环。唐张泌《妆楼记》:"何充妓于后阁,以翡翠指环换刺绣笔,充知叹曰:'此物洞仙与吾欲保长年之好。'乃命苍头急以蜻蜓帽赎之。"

fen—fu

【纷】fēn 隋唐时期官吏朝服上的佩巾。《隋书·礼仪六》:"(诸王)官有绶者,则有纷,皆长八尺,广三寸,各随绶色。若服朝服则佩绶,服公服则佩纷。官无绶者,不合佩纷。"又:"(王公以下)其有绶者则有纷,皆长六尺四寸,广二寸四分,各随其绶色。"《新唐书·车服志》:"公服者⋯⋯假带,瑜玉双佩,方心,纷,金缕鞶囊,纯长六尺四寸,广二寸四分,色如大绶。"《文献通考·王礼七》:"纷长六尺四寸,广四寸,色如其绶。"

【粪扫衣】fènsǎoyī 僧侣之服。利用别人遗弃的各色碎布拼缀而成。按佛教规定,衲衣之制有五种:道路弃衣、粪扫处衣、河边弃衣、蚁穿破衣、破碎衣。服此表示不受檀越布施之衣,不以估贩邪命得衣等。唐慧琳《一切经音义·大宝积经》卷二:"粪扫衣者,多闻知足上行比丘常服衣也。此比丘高行制贪,不受施利,舍弃轻妙上好衣服,常拾取人间所弃粪扫中破帛,于河涧中浣濯令净,补纳成衣,名粪扫衣,今亦通名纳衣。"《大乘义章》卷一五:"粪扫衣者,所谓火烧、牛嚼、鼠啮、死人衣等。外国之人如此等衣弃之巷野,事同粪扫,名粪扫衣。行者取之浣染、缝治用以供身。"

【风裳水佩】fēngchángshuǐpèi 也作"水佩风裳"。省称"风裳""水佩"。水作佩饰，风为衣裳。本描写美人的装饰。后世常用作咏女子亡灵的典故。语出唐李贺《苏小小墓》诗："草如茵，松如盖，风为裳，水为佩。"宋姜夔《念奴娇》词："三十六陂人未到，水佩风裳无数。"史达祖《兰陵王·南湖同碧莲见寄，走笔次韵》："谩想象风裳，追恨瑶席。"袁去华《踏莎行·醉捻黄花》词："香囊钿合忍重看，风裳水佩寻无处。"清张恩泳《游岳麓》其四："风裳与水佩，缥缈不可期。"邹祗谟《潇湘逢故人慢·为阮亭赋余氏女子绣柳毅传书图》："见水佩风裳，烟鬟雾鬓，尺幅传幽意。"

【风带】fēngdài 衣裙上的飘带。唐谢偃《踏歌词》之二："风带舒还卷，簪花举复低。"清孔尚任《桃花扇·逃难》："正清歌满台，水裙风带，三更未歇轻盈态。"

【风襟】fēngjīn 外衣的下襟。亦指外衣。代指人的襟怀、胸襟。唐杜甫《月》诗："爽合风襟静，当空泪脸悬。"白居易《病中逢秋招客夜酌》诗："卧簟蕲竹冷，风襟邛葛疏。"皎然《酬乌程杨明府华将赴渭北对月见怀》诗："风襟自潇洒，月意何高明。"陆龟蒙《奉和袭美初夏游楞伽精舍次韵》诗："到迥解风襟，临幽濯云属。"宋刘克庄《五月二十七日游诸洞》诗："弃筇追野步，却扇开风襟。"

【冯翼】féngyì 也称"直裰""冯翼衣""冯翼之衣"。本为晋代处士冯翼所创，大袖，下加襕，前系两长带，所以叫"冯翼"。隋唐时朝野人士都有穿着。宋郭若虚《图画见闻志》卷一："晋处士冯翼，衣布大袖，周缘以皂，下加襕，前系二长带，隋唐朝野服之，谓之冯翼之衣，今呼为直裰。"

【凤钗】fèngchāi 钗的一种。一说钗头饰有立体凤形或凤头；一说钗上镂刻有凤凰图案。均名凤钗。以金、银、珠、玉等为之，多为贵族妇女戴用。唐李洞《赠入内供奉僧》诗："因逢夏日西明讲，不觉宫人拔凤钗。"五代后唐马缟《中华古今注·钗子》："始皇又金银作凤头，以玳瑁为脚，号曰凤钗。"元任昱《上小楼·题情》曲："巴到明，空自省，青楼薄幸。恨分开凤钗鸾镜。"

【凤带】fèngdài 绣有凤凰纹饰的衣带。多为贵族女子所系。唐李贺《洛姝真珠》诗："金鹅屏风蜀山梦，鸾裾凤带行烟重。"宋吴潜《贺新郎·因梦中和石林贺新郎，并戏和东坡乳燕飞华屋》词："自王姚、后魏都褪，只成愁独。凤带鸾钗宫样巧，争奈腰围倦束。"苏轼《西江月》词："闻道双衔凤带，不妨单著鲛绡。"

【凤环】fènghuán ❶雕凿有凤纹的金质圆环形臂饰。唐苏鹗《杜阳杂编·卢眉娘》："宪宗嘉其聪惠，而又奇巧，遂赐金凤环，以束其腕。"❷妇女发髻上之环形饰物，上饰以凤状花纹。元郑允端《四体美人·侧身》诗："半面红装似可人，凤环斜插宝钗新。"清孙原湘《无题和竹桥丈韵二十四章》其十七："衔耳明珰小凤环，戏擒胡蝶出花间。"

【凤凰钗】fènghuángchāi 一种贵重的金钗。钗头上饰以凤凰形。语本晋王嘉《拾遗记·晋时事》："(石崇)使翔风调玉以付工人，为倒龙之佩，萦金为凤冠之钗，言刻玉为倒龙之势，铸金钗象凤皇之冠。"唐于濆《古宴曲》："十户手胼胝，凤凰钗一只。"五代南唐李建勋《春词》诗："折得玫瑰花一朵，凭君簪向凤凰钗。"宋

直裰。"

乐史《绿珠传》："刻玉为倒龙佩,紫金为凤凰钗。"明宁献王《宫词一百七首》其二十四："宫女不知清露重,折花偷插凤凰钗。"清董俞《小重山·春情》词："风流鸳帐里,费安排。桃笙滑溜凤凰钗。"

【凤头钗】fèngtóuchāi 妇女插在发髻上的首饰。一端制成凤凰形状。唐宇文氏《妆台记》："汉武就李夫人取玉簪搔头,自此宫人多用玉。时王母下降,从者皆飞仙髻,九环髻。遂贯以凤头钗,孔雀搔头,云头篦,以瑇瑁为之。"清丁澎《词变·巴渝辞之二·其六·回前调》："凤头钗落竹枝刺桐花女儿。弄潮春雨竹枝浣轻纱女儿。"

【凤头履】fèngtóulǚ 即"凤头鞋"。五代后唐马缟《中华古今注·冠子朵子扇子》："(秦始皇)令三妃九嫔……靸蹲凤头履。"

【凤头鞋】fèngtóuxié 省称"凤头"。也称"凤头履"。一种尖头女鞋。鞋头部分以凤凰为饰。凤首昂起、身体竖立者又称"立凤履"。初用于宫女,后普及民间。凤头鞋的制作,最初多以草木编织。所饰凤首繁简不一,初多以布帛捍制成,上用刺绣、贴镶等工艺加饰冠、嘴、眼、鼻;至明清时则用金银片模压成凤形,镶缀于鞋尖。五代后蜀冯鉴《续事始》："履舄……西晋永嘉元年始因黄革为之。宫内妃御皆著之,始有伏鸠头、凤头履子。"宋苏轼《谢人惠云巾方舄》诗"妙手不劳盘作凤"自注:"晋永嘉中有凤头鞋。"王珪《宫词》之六:"侍辇归来步玉阶,试穿金缕凤头鞋。"元张可久《春思》词:"鱼尾钗,凤头鞋,花边美人安在哉!"《石点头》第九回:"玉箫因夫人礼貌,也越加小心……险些把三寸三分凤头鞋都

跌破了。"《西湖二集》卷一:"燕尾点波微有晕,凤头踏月悄无声。"《镜花缘》第三十四回:"到了次日吉期,众宫娥都绝早起来替他开脸……下面衬了高底,穿了一双大红凤头鞋,却也不大不小。"明胡应麟《少室山房笔丛》卷一二:"东晋以草木织成,有凤头履、聚云履、五朵履。"清李渔《闲情偶寄》卷三:"从来名妇人之鞋者,必曰'凤头'。世人顾名思义,遂以金银制凤,缀于鞋尖以卖之。"《英烈传》第一回:"(一班女乐)都履着绒扣锦帮三寸凤头鞋。"

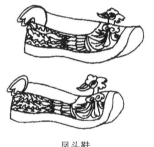

凤头鞋

【凤尾袍】fèngwěipáo 破旧棉袍。相传五代后晋宰相桑维翰贫贱时常穿此衣,褴褛百结,犹如凤尾,人称凤尾袍。后即称破旧之衣为凤尾袍。宋陶谷《清异录》卷下:"凤尾袍者,相国桑维翰时未仕绲衣也。谓其褴褛穿结,类乎凤尾。"

【凤犀簪】fèngxīzān 妇女用的簪子。用犀牛角制成凤形,故称。五代和凝《宫词》之三十七:"香鸭烟轻蒸水沉,云鬟闲坠凤犀簪。"

【凤簪】fèngzān 其上有凤形雕饰发簪,泛指华美的簪。唐李商隐《念远》诗:"皎皎非鸾扇,翘翘失凤簪。"朱鹤龄注引《后汉书·舆服志》:"太皇太后,皇太后簪以玳瑁为摘,长一尺,端为华胜,上为凤

鳳,以翡翠为毛羽。"

【奉圣巾】fèngshèngjīn 也作"续寿巾""续圣巾"。一种饰有花纹的披帛,唐代宫娥所用。五代后唐马缟《中华古今注》卷中:"开元中,诏令二十七世妇及宝林御女良人等,寻常宴参侍令,披画披帛,至今然矣。至端午日,宫人相传谓之奉圣巾,亦曰续寿巾、续圣巾。"

【佛光袴(裤)】fóguāngkù 五代时一种以杂色织物横缝而成的裤子。宋陶谷《清异录》卷下:"潞王从珂出驰猎,从者皆轻零衫、佛光袴。佛光者,以杂色横合为袴。"

【佛衣】fóyī 即袈裟。佛教禅宗六祖以前皆用佛衣为传法的信物之一。唐刘禹锡《大唐曹溪第六祖大鉴禅师第二碑》:"初达摩与佛衣俱来,得道传付,以为真印。"又《佛衣铭》:"佛言不行,佛衣乃争。"《西游记》第十八回:"徒弟啊,既然有了佛衣,可快收拾包裹去也。"

【伏虎头】fúhǔtóu 鞋名。鞋首以虎头为饰,以辟不祥。据称始于汉代。男女均可着之,尤多用于武士。五代后唐马缟《中华古今注》卷中:"(鞋子)至汉有伏虎头。始以布鞔缲,上脱下加以锦为饰。"明胡应麟《少室山房笔丛》卷一二:"汉有伏虎头鞋。"清王誉昌辑《崇祯宫词》:"白凤装成鼠见愁,细钩碧缕锦绸缪。假将名字除灾祲,何不呼为伏虎头!"

【伏鸠头】fújiūtóu 省称"鸠头"。也称"仙飞履"。一种草编的拖鞋。薄底无跟,鞋首饰一伏鸠。多用于宫娥嫔妃。相传始于西晋,隋唐时期沿用。唐王睿《炙毂子录》:"西晋永嘉元年,始用黄草为之,宫内妃御皆著之,始有伏鸠头履子。"五代后唐马缟《中华古今注》卷中:

"至隋帝于江都宫水精殿,令宫人戴通天百叶冠子,插瑟瑟钿朵,皆垂珠翠,披紫罗帔,把半月雉尾扇子,靯瑞鸠头履子,谓之仙飞,其后改更实繁,不可具纪。"明田艺蘅《留青日札》卷二〇:"靯鞋……首以凤头、伏鸠、鸳鸯,则仿于秦晋。"

【芙蓉冠】fúróngguān ❶即"芙蓉冠子"。清周亮工《书影》卷五:"予阅《古今注》,冠子者,秦始皇之制也。令三妃九嫔当暑戴芙蓉冠,插五色通草苏朵子。"❷也称"芙蓉帽"。道教徒的一种道冠。《太平御览》卷六七五:"桐柏山真人王子乔年甚少,整顿非常,建芙蓉冠,著朱衣。"梁陶弘景《真诰·握真辅第一》卷一七:"有一老翁,著绣衣裳,芙蓉冠,挂赤九节杖而立。"明汤显祖《牡丹亭·秘议》:"芙蓉冠帔,短发难簪系。一炉香鸣钟叩齿。"宋张君房《云笈七签》卷二三:"黑羽飞华裙,建玄山芙蓉冠。"明王圻《三才图会·衣服一》:"芙蓉帽,秃辈不巾帻,然亦有二三种,有毗卢、一盏灯之名。此云芙蓉者,以其状之相似也。"❸唐代龙池乐舞伎的芙蓉状冠帽。《新唐书·礼乐志十二》:"帝即位,作《龙池乐》,舞者十有二人,冠芙蓉冠,蹑履,备用雅乐,唯无盘。"

【芙蓉冠子】fúróngguānzi 宫中女性所戴形似荷叶的冠帽。相传始于秦始皇。唐和凝《宫词》:"芙蓉冠子水精簪,闲对君王理玉琴。鹭颈莺唇胜仙子,步虚声细象窗深。"五代后蜀冯鉴《续事始》引《实录》:"汉宫掖承恩者,赐碧芙蓉冠子并绯芙蓉冠子。"

【服装】fúzhuāng 衣服鞋帽的总称。多指衣服。《旧五代史·汉书·高祖纪下》:"乙丑,禁造契丹样鞍辔、器械、服装。"

【浮光裘】fúguāngqiú 一种珍异的裘衣。唐敬宗时由南昌国贡献,相传能够入水不濡,为日所照光彩炫目。唐苏鹗《杜阳杂编》卷中:"敬宗皇帝宝历元年,南昌国献玳瑁盆、浮光裘、夜明犀……浮光裘,即海水染其色也,以五彩蹙成龙凤各一千三百,络以五色真珠。上衣之以猎北苑,为朝日所照,而光彩动摇,观者皆眩其目,上亦不为之贵。一日,驰马从禽,忽值暴雨,而浮光裘略无沾润,上方叹为异物也。"

【福田衣】fútiányī 省称"田衣"。也称"田相衣"。即袈裟。佛教谓积善行可得福报,犹如播种田地,秋获其实;又因袈裟的形制似田亩稻畦,故名。唐姚合《送清敬阇黎归浙西》诗:"自翻贝叶偈,人施福田衣。"《敦煌变文集》卷四:"欲识我家夫主时,他家还著福田衣。"唐寒山《诗三百三首》其二七五:"著却福田衣,种田讨衣食。"宋道城《释氏要览》卷上引《僧祇律》云:"佛住王舍城,帝释石窟前经行,见稻田畦畔分明,语阿难言:'过去诸佛衣相如是,从今依此作衣相。'"明宋濂《报恩说》:"天台有一沙门,名曰无闻,既著福田衣,参善知识,昼夜六时,每思父母恩深,未知所报。"

【黼衣方领】fǔyīfānglǐng 官员等穿的华贵的服饰。借指王公显贵。唐王维《暮春太师左右丞相诸公于韦氏逍遥谷宴集序》:"宾客王公,黼衣方领,垂珰珥笔,诏有不名,命无下拜。"

G

gai—gong

【盖头帛】gàitóubó 也称"盖头"。妇女丧服。以白布蒙首,披至肩背。五代后蜀冯鉴《续事始》:"唐初女子不戴帷帽,而戴皂罗,方五尺,亦谓之幞头。至今妇人凶服亦戴之,以布两幅为之……俗谓盖头帛。"宋高承《事物纪原》卷三:"今日盖头……凶服者亦以三幅布为之,或曰白碧绢,若罗也。"《清平山堂话本·快嘴李翠莲记》:"小姑姆姆戴盖头,伯伯替我做孝子。"

【高顶帽】gāodǐngmào 帽名。《隋书·礼仪志六》:"帽,自天子下及士人通冠之以白纱者,名高顶帽。"

【高头草履】gāotóucǎolǚ 晚唐时期吴越地区流行的一种草履。用蒲草编成,纹如彩锦,质如绫縠,履头高翘数寸,多用于妇女。因过于奢华,于唐大和六年被朝廷禁止,平头草履则不受此限。《新唐书·五行志一》:"文宗时,吴越间织高头草履,纤如绫縠,前代所无。履,下物也,织草为之,又非正服,而被以文饰,盖阴斜阘茸泰侈之象。"《新唐书·车服志》:"文宗即位,以四方车服僭奢,下诏准仪制令,品秩勋劳为等级……妇人衣青碧缬、平头小花草履、彩帛缦成履,而禁高髻、险妆、去眉、开额及吴越高头草履。"

【缟裙】gǎoqún 用白色生绢制成的裙。多用于夏季穿着。唐韩愈《李花》诗:"长姬香御四罗列,缟裙练帨无争差。"宋刘子翚《次韵蔡学士梅诗》:"瑶池仿佛万妃游,缟裙练帨何鲜洁。"杨万里《雪后寻梅》诗:"缟裙夜诉玉皇殿,乞得天花来作伴。"清毛正学《叶已畦招集二弃草堂用昌黎赠张秘书韵》:"相将飐华裾,无复曳缟裙。"

【革屦】géjù 皮靴;皮鞋。《隋书·东夷传·高丽》:"服大袖衫,大口袴,素皮带,黄革屦。"

【革襦】gérú 武士铠甲。以皮革串缀而成。《汉书·霍光传》:"太后被珠襦。"唐颜师古注引晋灼曰:"贯珠以为襦,形若今革襦矣。"

【公裳】gōngcháng 犹公服,官服。唐卢延让《寄友》诗:"每过私第邀看鹤,长著公裳送上驴。"宋孟元老《东京梦华录·十四日车驾幸五岳观》:"天武官十余人,簇拥扶策,唱曰:'看驾头!'次有吏部小使臣百余,皆公裳,执珠络球杖,乘马听唤。"胡仔《苕溪渔隐丛话后集·本朝杂记下》:"《吕氏童蒙训》:'仲车一日因具公裳见贵官,因思曰:见贵官尚具公裳,岂有朝夕见母而不具公裳者乎?遂晨夕具公裳揖母。'"

【宫钗】gōngchāi 宫中女性所戴的宝钗样式。唐项斯《旧宫人》诗:"宫钗折尽垂空鬓,内扇穿多减半风。"陆龟蒙《奉和袭美馆娃宫怀古次韵》:"草碧未能忘帝

期隋唐五代时的服饰

女,燕轻犹自识宫钗。"宋宋祁《金雀花》诗:"齐名仙母使,写样汉宫钗。"明韩邦靖《圣上西巡歌八首》其四:"内髻宫钗出近臣,娥眉处处捧龙鳞。"

【宫钿】gōngdiàn 宫中用的花形金质首饰。亦借指宫女。唐郑谷《人阁》诗:"玉几当红旭,金炉纵碧烟。对扬称法吏,赞引出宫钿。"

【宫锦袍】gōngjǐnpáo 用宫锦制成的袍子。多用于达官显贵者。《旧唐书·文苑传下·李白》:"尝月夜乘舟,自采石达金陵,白衣宫锦袍,于舟中顾瞻笑傲,傍若无人。"宋苏轼《中山松醪赋》:"颠倒白纶巾,淋漓宫锦袍。"刘克庄《沁园春·答九华叶贤良》词:"我梦见君,戴飞霞冠,著宫锦袍。与牧之同会,齐山诗酒,谪仙同载,采石风涛。"朱翌《八月十三夜与张检法泛武溪》诗:"白银国放黄金色,宫锦袍添紫绮裘。"元张翥《绿玉连环歌为邢从周典簿作》诗:"请君留束宫锦袍,待看挥毫玉堂上。"

【宫袍】gōngpáo 官员的礼服。唐殷尧藩《登凤凰台》诗之一:"凤凰台上望长安,五色宫袍照水寒。"宋卫泾《为运使蔡国博寿二首》诗其二:"预知来岁生朝后,更著宫袍拜赤墀。"方千里《宴清都》词:"记旧日、酒卸宫袍,马酬少妾词赋。"明王世贞《鸣凤记·严嵩庆寿》:"花香沾绣袄,酒色映宫袍。"清黄遵宪《拜曾祖母李太夫人墓》诗:"他年上我墓,相携著宫袍。"

【宫衣】gōngyī ❶宫人所制之衣。亦指朝廷所赐之衣。代指帝王身边近贵之臣。唐杜甫《端午日赐衣》诗:"宫衣亦有名,端午被恩荣。"清仇兆鳌注引邵宝曰:"宫衣,宫人所制之衣。"卢纶《天长久词》

其四:"台殿云深秋色微,君王初赐六宫衣。"曹唐《三年冬大礼》诗之四:"禁火曙燃烟焰袅,宫衣寒拂雪花轻。"清查慎行《次答廖若村同年赠别原韵》之一:"感深纨扇秋风箧,梦散宫衣旧日香。"❷宫中女子所穿之衣。亦指仿照宫样所制女子之衣。唐李贺《追赋画江潭苑》诗之一:"吴苑晓苍苍,宫衣水溅黄。小鬟红粉薄,骑马佩珠长。"李商隐《效长吉》诗:"长长汉殿眉,窄窄楚宫衣。"金蔡松年《声声慢·凉陉寄内》词:"梨花泪,正宫衣春瘦,晓红无力。"

宫衣(五代顾闳中《韩熙载夜宴图》)

gou—guo

【钩𫓧】gōuchè 带扣。以金、玉为之,连属于腰带之首,形制有方形、圆形等多种,部分缀以扣针。《隋书·礼仪志七》:"乘舆衮冕,垂白珠十有二旒……革带,玉钩𫓧,大带,素带朱里,纰其外,上以朱,下以绿。"《唐六典》卷二六:"绛纱单衣,白裙襦,革带,金钩𫓧。"《新唐书·车服志》:"(天子之服)鞶囊,亦曰鞶带,博三寸半,加金镂玉钩𫓧。"又:"(皇太子之服)革带金钩𫓧,大带,瑜玉双佩。"

【官样巾子】 guānyàngjīnzi 也作"官样圆头巾子""圆头巾子"。省称"官样"。盛唐时期的巾子样式。其式较英王踣样为高,左右分瓣明显,并做成两球状。《旧唐书·舆服志》:"玄宗开元十九年十月,赐供奉官及诸司长官罗头巾及官样巾子,迄今服之也。"《唐会要》卷三一:"开元十九年十月,赐供奉及诸司长官罗头巾及官样圆头巾子。"《新唐书·车服志》则简称为"圆头巾子":"其后文官以紫黑绝为巾,赐供奉官及诸司长官,则有罗巾、圆头巾子,后遂不改。"

【冠裳】 guāncháng ❶冠帽和衣裳,泛指服饰。唐高彦休《唐阙史》卷下:"卢左丞渥冠裳之盛,近代无出其右者,伯仲四人咸居清显。"元辛文房《唐才子传》卷三:"故有颠顿文场之人,憔悴江海之客,往往裂冠裳,拨缯缴,杳然高迈。"《明史·礼志十四》:"至于冠裳衰绖,所司之制不一,其与礼官考定之。"❷官吏的全套礼服,亦指官宦士绅。宋罗大经《鹤林玉露》卷七:"(刘子澄)守衡阳日,以冠裳莅事,宪使赵民则尝紫衫来见。子澄不脱冠裳肃之,民则请免冠裳。子澄端笏肃容曰:'戒石在前,小臣岂敢。'民则皇恐,退具冠裳以见。"唐高彦休《唐阙史·虎食伊璠》:"冠裳农贾,挈妻孥潜迹而出者,不可胜记。"清孔尚任《桃花扇·先声》:"今日冠裳雅会,就要演这本传奇。"

【冠珥】 guān'ěr 冠饰与耳饰。唐司空图《山居记》:"亦犹人之秀发,必见于眉宇之间,故五峰颓然,为其冠珥。"宋郭彖《睽车志》卷五:"见数妇人各买冠珥以入。"

【冠裾】 guānjū 犹衣冠。唐韩愈《量移袁州酬张韶州》诗:"暂欲系船韶石下,上宾虞舜整冠裾。"宋苏轼《答任师中家汉公》诗:"独喜任夫子,老佩刺史鱼。威行乌白蛮,解辫请冠裾。"元周伯琦《纪恩三十韵》:"虎门承制綍,凤阙集冠裾。"元末明初陶宗仪《谒贞烈庙》诗:"一棹经过来致谒,石香炉畔整冠裾。"清李永圭《黄农部见访赐诗病不能采依韵和答》:"多谢高车来枉过,起余榻畔整冠裾。"

【冠帔】 guānpèi ❶唐宋妇女的礼服。冠,即花冠。帔,披肩。宋代通常由朝廷赏赐,在行礼或婚嫁时穿着。唐韩愈《华山女》诗:"洗妆拭面著冠帔,白咽红颊长眉青。"宋王巩《闻见近录》:"一日,儿女婚嫁,遣中使问其姓氏,悉赐冠帔。"方回《题王瓛王圭母郭氏义节记》:"冠帔笏袍相照映,称觞真可画成图。"程大昌《演繁露》卷一二:"冠帔,《曾氏志》:'夫人以夫恩,封县君;以兄曾公亮恩,赐冠帔也。'是得封者,未遽得冠帔……壬辰年,在建康与客谈及此,秦埙侍郎适在,予问其家数有特赐者,必知其制。秦言其姊出适时,德寿使人押赐冠帔,亦止是珠子鬆花特髻,无所谓冠也。"《宋史·刘文裕传》:"(太平兴国二年)封其母清河郡太夫人,赐翠冠霞帔。"明归有光《朱夫人郑氏六十寿序》:"朱夫人以夫小宗伯之贵,荣受冠帔。"杨荣《庆裴修懁母八十》诗:"冠帔何辉煌,发白颜如童。"❷泛指道士的服装。借指道士。唐谷神子《博异志·张竭忠》:"于太子陵东石穴中格杀数虎。或金简玉篆泪冠帔,或人之发骨甚多,斯皆所谓每年得仙道士也。"五代王定保《唐摭言·四凶》:"磻叟衣冠子弟,不愿在冠帔,颇思理一邑以自效耳。"宋夏竦《观夜醮》诗:"羽帐星辰来不觉,仙坛冠坡立多时。"

【冠簪】guānzān 用来固定冠的簪子,亦
指冠。唐王周《自和》诗:"琴阮资清
格,冠簪养素风。"李群玉《送处士自番禺
东游便归苏台别业》诗:"汗漫江海思,傲
然抽冠簪。"贯休《古镜词上刘侍郎》诗:
"即归玉案头,为君整冠簪。"《资治通
鉴·唐纪三十二》:"射禄山,中鞍,折冠
簪,失履,独与麾下二十骑走。"明沈德符
《万历野获编·叛贼·发冢》:"其棺内外
宝货不可胜计,沈得其冠簪一枚,长数
寸,而古作绀碧色,出以示余。"《三国演
义》第四十二回:"却说曹操惧张飞之
威,骤马望西而走,冠簪尽落,披发奔
逃。"《水浒传》第一百零九回:"有一个守
旗壮士,冠簪鱼尾,甲坡龙鳞,身长一
丈,凛凛威风,便是险道神郁保四。"明李
东阳《兆先赴试三河念之有作》诗:"鬊卟
能几时,忽已胜冠簪。"

【管布衫】guǎnbùshān 用桂管布制成的
单衣。质地厚实,外观朴素,唐文宗被
用作百官常服。《太平广记》卷一六五:
"夏侯孜为左拾遗,尝著绿管布衫朝谒。
开成中,文宗无忌讳,好文,问孜衫何太
粗涩,具以桂布为对,此布厚,可以欺寒。
他日,上问宰臣:'朕察拾遗夏侯孜必贞
介之士。'宰臣具以密行,今之颜冉。上
嗟叹久之,亦效著桂管布,满朝皆仿效
之,此布为之贵也。"

【贯珠】guànzhū 念珠。唐无名氏《玉泉
子·翁彦枢》:"手持贯珠,闭目以诵
经,非寝食未尝辍也。"宋范浚《赠清鉴上
人》诗:"尚看秀色带峨眉,墨玉贯珠常
在把。"

【龟带】guīdài 犹龟绶。《新唐书·狄仁
杰传》:"(狄仁杰)俄转幽州都督,赐紫

袍、龟带,后自制金字十二于袍,以旌
其忠。"

【龟袋】guīdài 唐代根据爵位高低所用
的佩饰。武则天执政,规定五品以上官
员佩戴的鱼形袋改为"龟袋"。三品官以
上佩戴金龟,四品官佩戴银龟,五品官佩
戴铜龟。《通典·礼志二十三》:"职事三
品以上龟袋,宜用金饰,四品用银饰,五
品用铜饰,上守下行,皆依官给。"《新唐
书·车服志》:"天授二年,改佩鱼皆为
龟。其三品以上龟袋饰以金,四品以
银,五品以铜;中宗初,罢龟袋,复给以
鱼。"宋李上交《近事会元》卷一:"久视元
年十月,职事三品已上龟俗,并用金饰。"
孔平仲《孔氏谈苑·鱼袋所起》:"三代以
韦为筭袋,盛筭子及小刀磨石等。魏易
为龟袋。唐永徽中,四品官并给随身
鱼,天后改鱼为龟。"

【衮巾】gǔnjīn 方形头巾。唐刘𫘬《隋唐
嘉话》卷下:"旧人皆服衮巾,至周武始为
四脚,国初又加巾子焉。"

【绲裆袴(裤)】gǔndāngkù 也作"裈裆
袴"。袴一作"绔"。一种有裆之裤。制
如穷裤。有前后裆,裆不缝缀,以带系
缚。名称始于唐代。《汉书·上官皇后
传》:"(霍)光欲皇后擅宠有子……虽宫
人使令皆为穷绔,多其带。"唐颜师古注:
"穷绔即今之绲裆袴也。"明陈士元《俚言
解》卷二:"今之缦裆袴,即宋人裈裆袴
也。其制长而多带,下及足踝,上连胸
腹。"尚秉和《历代社会风俗事物考》卷
五:"唐之绲裆袴,中有缝,但结以带,使
不开张,以便私溺……故曰绲裆。今俗
语缚物,犹曰绲物。绲裆者即将裆缝结
以绳,使不开露,唐以后何时成今制,则
不可考也。"

H

han—hong

【寒衲】hánnà 单薄的僧衣。唐寒山《诗》之一九七:"不学白云岩下客,一条寒衲是生涯。"

【汗衫半臂】hànshānbànbì 贴身衬衣,类似后世的汗衫。制为对襟,短袖,长至腰际,两襟之间以带联系。《太平广记》卷一二八:"唐李文敏者,选授广州录事参军……及夜,入一庄中,遂投庄宿,有所衣天净纱汗衫半臂者。主妪见之曰:'此衣似顷年夫人与李郎送路之衣。郎既似李郎,复似小娘子。'取其衣视之,乃顷岁制时,为灯烬烧破,半臂带犹在其家。遂以李文敏遭寇之事说之。"

【豪猪靴】háozhūxuē 用豪猪皮做的靴子。唐杜甫《送韦十六评事充同谷郡防御判官》诗:"羌父豪猪靴,羌儿青兕裘。"宋柴元彪《击壤歌》:"噫吁嘻!豪猪靴,青兕裘,一谈笑顷即封侯。"清赵翼《赠李莪洲孝廉》诗:"急装足裹豪猪靴,奇服腰悬鹿卢剑。"

【号衣】hàoyī 也称"号褂"。士兵、差役所穿的制服。衣上带有记号,因以为名。号衣之名唐代已有。其形制一般多作背心之式,着时罩在普通衣外。清代号衣另以颜色辨别部队编制。常见的有红背心黄边、白背心红边及白背心蓝边等。背心前后各有一圆圈,圈内有文字、番号或图案,以背心颜色或圈内的文字、番号、图案识别其部属。圆圈内书某省、某队、某营、某哨或兵、勇、亲兵等字样;如为水兵,则在衣上注明某船,以便识别。太平天国战士亦穿号衣,所佩号布均用方形,颜色用黄,前写"太平",后写"某军圣兵"或"某衙听使"。近代工务人员如邮差、清道夫所穿的标有字号或编号的制服,也称"号衣"。唐高骈《闺怨》诗:"人世悲欢不可知,夫君初破黑山归。如今又献征南策,早晚催缝带号衣。"《英烈传》第四十八回:"王铭——问个仔细,将六人杀了,把号衣剥将下来,交与面貌相似的六人,依照巡哨的打扮。"清姚廷遴《姚氏纪事编》引胡祖德《胡氏杂抄》:"明季兵勇,身穿大袖布衣,外披黄布背心,名曰号衣。"张汝南《金陵省难纪略》:"各馆新兄弟盘辫红布裹头,用黄布二方缝于衣当胸背处,前方太平二字,后方某衙听使字;军中前方天朝某几年,后方圣兵二字,谓之招。"张德坚《贼情汇纂》:"(太平军)打仗必穿号衣,戴竹盔,著平头薄底红鞋……书写人统称先生,准穿长衫,著鞋袜,小馆扎黑绸包巾,无腰牌号褂。"《老残游记》第六回:"又有几个人穿着号衣,上写着'城武县民壮'字样。"

【皓衣】hàoyī 鲜明洁白的衣服。题唐柳宗元《龙城录·明皇梦游广寒宫》:"觉翠色冷光,相射目眩,极寒不可进。下见有素娥十余人,皆皓衣乘白鸾往来,舞笑于广陵大桂树之下。"

【诃梨子】hēlízi 也作"诃黎子"。一种女用披肩。诃梨子，诃梨花白子黄、似橄榄，妇人绣作花饰。五代后晋和凝《采桑子》词："蜻蜓领上诃梨子，绣带双垂。"清丁澎《花心动·归迟》词："香罗暗结诃梨子，玉腕上、脂痕一掐。"

【荷笠】hélì 一种荷叶状的斗笠。多为农人、隐士所戴。唐皮日休《雨中游包山精舍》诗："薜带轻束腰，荷笠低遮面。"马戴《秋日送僧志幽归山寺》诗："禅室绳床在翠微，松间荷笠一僧归。"刘长卿《送灵澈上人》诗："荷笠带夕阳，青山独归远。"五代前蜀韦庄《赠渔翁》诗："草衣荷笠鬓如霜，自说家编楚水阳。"

【荷裙】héqún 一种颜色似荷花的绯红色裙子。唐何希尧《操莲曲》："荷叶荷裙相映色，闻歌不见采莲人。"鲍溶《水殿采菱歌》："美人荷裙芙蓉装，柔荑紫雾棹龙航。"

【貉袖】héxiù ❶貉皮做的衣袖。唐刘商《胡笳十八拍》第五拍："狐襟貉袖腥复膻，昼披行兮夜披卧。"❷短衣。宋代一种前后襟和两袖都较短的衣服，无论士庶男女，皆服用，袭于衣上。通常以厚实的布帛为之，中纳絮绵，对襟、短袖，长不过腰。原用于骑士，以便骑马时脱卸。其名始于宋。元明时期仍有此服，至清代则为马褂所取代。《说郛》卷一九："近岁衣制有一种如旋袄，长不过腰，两袖仅掩肘，以最厚之帛为之，仍用夹里，或其中用绵者。以紫皂缘之，名曰貉袖。闻之起于御马院圉人，短前后襟者，坐鞍上不妨脱著。短袖者，以其便于控驭耳……今之所谓貉袖者，袭于衣上，男女皆然。"

【鹖鸡冠】héjīguān 鹖羽装饰的冠。鹖冠子为周代楚国隐士，因戴鹖羽之冠得名。后世用作咏隐士的典故。借指隐士。语本《汉书》卷三〇《艺文志》："《鹖冠子》一篇。楚人，居深山，以鹖为冠。"唐颜师古注："以鹖鸟羽为冠。"唐陈子昂《秋日遇荆州府崔兵曹使宴》诗："犒轩凤皇使，林薮鹖鸡冠。"

【鹖鸟冠】héniǎoguān 即"鹖鸡冠"。唐高适《遇冲和先生》诗："头戴鹖鸟冠，手摇白鹤翎。"孙钦善注："鹖鸟冠，本为武士冠，道家所戴者不用尾羽。"

【褐刺绲衣】hèlàlíyī 西域人所穿的一种以兽毛织成的衣服。唐玄奘《大唐西域记》卷二："褐刺绲衣，织野兽毛也。兽毛细软，可得缉绩，故以见珍而充服用。"

【褐裘】hèqiú 粗陋的御寒冬衣。本为以褐代裘之意，遂为衣名。多指贫苦或隐逸者所服。唐白居易《村居苦寒》诗："褐裘覆絁被，坐卧有余温。"又《和微之尝新酒》诗："醉来拥褐裘，直至斋时睡。"张志和《渔父歌》："钓台渔父褐为裘，两两三三舴艋舟。"宋洪迈《夷坚志补·京师浴堂》："此客著褐裘，容体肥腯。"邵博《邵氏见闻录》卷一："太祖微时，游渭州潘原县，过泾州长武镇，寺僧守严者，异其骨相，阴使画工涂于寺壁：青巾褐裘，天人之相也。今易以冠服矣。"

【褐襦】hèrú 隋代公卿所穿的一种黄黑色袍服。五代后唐马缟《中华古今注》卷中："天子多著绯袍，百官士庶同服。隋改江南，天子则曰袷裆，公卿则中褐襦。"

【鹤裘】hèqiú 鹤羽做的或装饰有仙鹤纹样的袍服。多为隐士道士服饰。唐李端《夜寻司空文明逢深上人因寄晋侍御》诗："鹤裘筇竹杖，语笑过林中。"温庭筠《秘书刘尚书挽歌词》之二："麈尾近良玉，鹤氅吹素丝。"徐夤《口不言钱赋》：
"麈尾高谈，肯说五铢之号；鹤氅换酒，同
思四壁之贫。"宋华岳《上运管张平国》
诗："不用鹤氅兼映雪，天然标格自
风流。"

【黑裘】hēiqiú 紫貂皮制成的裘。唐杜甫
《村雨》诗："揽带看年纱，开箱睹黑裘。"
温庭筠《过西堡塞北》诗："白马犀匕
首，黑裘金佩刀。"宋王镃《金陵感》："鱼
书难寄水空流，两袖西风破黑裘。"喻良
能《被檄之上饶言还未几又复往焉至小
渡遇雨遣兴一首》诗："冉冉新斑鬓，飘飘
敝黑裘。"

【黑豸】hēizhì 御史等执法官戴的帽子。
唐代专用于元日冬至之朝会。《新唐
书·百官志三》："殿中侍御史九人……
元日、冬至朝会，则乘马、其服、戴黑豸
升殿。"

【红裳】hóngcháng 红色下裳。唐宋时
通常配以紫衣，为贵族礼见宴会之服。
后泛指红色衣裳。借指美女。唐白居易
《新乐府·古冢狐·戒艳色也》："头变云
鬟面变妆，大尾曳作长红裳。"《通典·礼
志二十一》："紫衣、红裳，小会宴飨，送诸
侯，会王公。"宋朱熹《春谷》诗："红裳似
欲留人醉，锦障何妨为客开。"《宋史·礼
志五》："紫衣红裳，乘象辂，小会宴飨，钱
送诸侯，临轩会王公。"《醒世恒言·灌园
叟晚逢仙女》："酒至半酣，一红裳女子满
斟大觥，送与十八姨。"

【红带】hóngdài 红色的衣带。唐吴融
《个人三十韵》："数钱红带结，斗草蒨裙
盛。"宋苏轼《仲天贶王元直自眉山来见
余钱塘留半岁既行作绝句送之》之五：
"红带雅宜华发，白醪光泛新春。"《宋
史·礼志二十八》："祫庙日，服履、黄袍、
红带。"

【红巾】hóngjīn 红色的头巾，唐宋时期伶
人常戴。唐杜甫《丽人行》："杨花雪落覆
白蘋，青鸟飞去衔红巾。"宋王谠《唐语
林·补遗》："宪笑命近座女伶，裂红巾方
寸帖脸，以障风掠。"孟元老《东京梦华
录·驾登宝津楼诸军呈百戏》："唱讫，鼓
笛举一红巾者弄大旗……次一红巾
者，手执两白旗子，跳跃旋风而舞。"苏轼
《贺新郎》词："石榴半吐红巾蹙。待浮花
浪蕊都尽，伴君幽独。"

【红衫】hóngshān ❶红色的衣衫，多为女
性所穿。唐戎昱《闺情》："宝镜窥妆
影，红衫裛泪痕。"张祜《周员外席上观柘
枝》诗："金丝蹙雾红衫薄，银蔓垂花紫带
长。"徐贤妃《赋得北方有佳人》："纤腰宜
宝袜，红衫艳织成。"宋土阮《龙塘晚游一
首》："何处扁舟飞片帆，中有西子轻红
衫。"刘辰翁《虞美人》其二："天香国色辞
脂粉。肯爱红衫嫩。倚然自取玉为衣。"
陈深《内人臂白鹦鹉图》："茗翁写出当时
事，侧立红衫内人臂。"❷指僧衣褊衫。
明李日华《南西厢记·许婚借援》："丢了
僧伽帽，撒了袒褊红衫。"

【红绶】hóngshòu 红色丝绦。多用作官
吏的印绶和妇女衣裙之带。唐李贺《天
上谣》："粉霞红绶藕丝裙，青洲步拾兰苕
香。"白居易《初除官蒙裴常侍赠鹊衔瑞
草绯袍鱼袋因谢惠觊兼抒离情》诗："鱼
缀白金随步跃，鹊衔红绶绕身飞。"五代
薛昭蕴《小重山》词："忆昔在昭阳，舞衣
红绶带，绣鸳鸯，至今犹惹御炉香。"宋史
达祖《西江月·舟中赵子野有词见调，即
意和之》词："次公筵上见山公。红绶欲
衔双凤。"

【红鞓】hóngtīng 以红色绫绢包裹的皮

隋唐五代时期的服饰

带。晚唐五代官庶皆用,宋代用于四品以上官吏,金代规定下限于七品,七品以下则用黑鞓。明代品官亦着红鞓,至清代皇室旁支仍服用。宋王栐《燕翼诒谋录》卷一:"旧制,中书舍人谏议大夫权侍郎并服黑带,佩金鱼,霍端友为中书舍人奏事,徽宗皇帝顾其带问云:何以无别于庶官,端友奏非金玉无用红鞓者,乃诏四品从官改服红鞓黑犀带,佩金鱼。"宇文懋昭《大金国志》卷三四:"六品至七品,谓文臣奉政大夫,至儒林郎,武臣武功将军,至忠显校尉,文臣则服绯,武臣则服紫,并象笏红鞓乌犀带。文臣佩银鱼;八品至九品……并象笏黑鞓角带。"《金史·舆服志下》:"五品,服紫者红鞓乌犀带,佩金鱼;服绯者红鞓乌犀带,佩银鱼。"《红楼梦》第十五回:"北静王世荣头上戴着净白簪缨银翅王帽,穿着江牙海水五爪龙白蟒袍,系着碧玉红鞓带。"

【红衣】hóngyī 红色的衣裳。唐李远《闻明上人逝寄友人》诗:"游人缥缈红衣乱,座客从容白日长。"宋王易简《水龙吟·浮翠山房拟赋白莲》词:"当时姊妹,朱颜裉酒,红衣按舞。"

【红缨】hóngyīng ❶红色帽带。唐岑参《冀国夫人歌词》:"锦帽红缨紫簿寒,织成团褶钿装鞍。"宋苏颂《和刁推官蓼花二首》诗其一:"濯水红缨细,铺园步障平。"《明史·舆服志三》:"其舞师皆戴白卷檐毡帽,涂金帽顶,一撒红缨。"❷装缀于帽顶上的红色穗子。满族旧俗,男子帽顶饰红毛一团,后改用红丝线制成的缨子,无论凉帽或暖帽,一年四季以此装束,俗称"红缨帽"。后演变成清代官服冠上的一种定制装饰,冠顶满铺朱纬或红绒毛,以示不忘国俗,盛行清代。清叶

梦珠《阅世编》卷八:"凉帽顶或用红缨,初价不甚贵,而缨亦粗硬。"

【虹裳】hóngcháng 彩色的衣裳。以白帛入色缸浸染,每段色彩不一,五色间并,色如霓虹,故名。唐白居易《霓裳羽衣歌》诗:"虹裳霞帔步摇冠,钿璎累累佩珊珊。"宋何梦桂《和仙诗友鹤吟》诗:"当年只鹤扬州去,羽衣虹裳灭烟雾。"

hu—hun

【狐襟貉袖】hújīnhéxiù 泛指毛皮制成的衣服。唐刘商《胡笳十八拍》之五:"狐襟貉袖腥复膻,昼披行兮夜披卧。毡帐时移无定居,日月长兮不可过。"

【胡带】húdài 相对汉族传统沿用的大带、革带而言,指称西域少数民族所系腰带。通常由皮革、带镳以及雕镂各种图纹的牌饰组成。春秋战国时传入中原,南北朝以后大为流行,为汉族人民所使用。《汉书·匈奴传》:"黄金犀毗一。"唐颜师古注:"犀毗,胡带之钩也,亦曰鲜卑,亦谓师比,总一物也,语有轻重耳。"王国维《胡服考》:"有饰者,胡带也。"

【胡履】húlǚ 泛指西域少数民族所着之履。通常指靴。《隋书·礼仪志七》:"靴,胡履也。取便于事,施于戎服。"明田艺蘅《留青日札》卷二〇:"靴本胡服,赵武灵王所作,《实录》曰胡履也。"

【胡帽】húmào 泛指西域少数民族所戴的巾帽,后引入中原为汉族人所戴,至唐玄宗时最为盛行。胡帽一般多用较厚锦缎制成,也有用乌羊毛做的。帽子顶部,略成尖形,有的周身织有花纹;有的还镶嵌有各种珠宝;有的下沿为曲线帽檐;亦有的装有上翻的帽耳,耳上饰鸟羽;还有的在口沿部饰有皮毛。式样

众多,繁简不一,比如貂帽、席帽、太帽、浑脱毡帽等不胜枚举。《旧唐书·五行志》:"天宝初,贵族及士民好为胡服胡帽,妇人则簪步摇钗,衿袖窄小。"又《舆服志》:"开元初,从驾宫人骑马者,皆著胡帽,靓妆露面,无复障蔽。士庶之家,又相仿效,帷帽之制,绝不行用。"《新唐书·回鹘传上》:"而可汗胡帽赭袍坐帐中。"《明皇杂录》:"天宝初时,士庶好为胡服,胡帽……妇人则步摇钗,窄小襟袖,识者窃叹。"元无名氏《渔樵记》第二折:"巧言不如直道,买马也索籴料,耳檐儿当不的胡帽。"《元史·后妃传》:"胡帽旧无前檐,帝因射,日色炫目,以语后,后即益前檐。"

各式胡帽

【胡衫】húshān 泛指西域少数民族的服饰。多为妇女穿着,以窄袖为典型特征。唐刘言史《王中丞宅夜观舞腾》诗:"石国胡儿人见少,蹲舞尊前急如鸟。织成蕃帽虚顶尖,细氎胡衫双袖小。"宋吴文英《玉楼春·京市舞女》:"茸茸狸帽遮梅额。金蝉罗剪胡衫窄。"

【虎冠】hǔguān 以虎头或猛虎纹样为装饰的冠。唐李贺《荣华乐》诗:"峨峨虎冠上切云,竦剑晨趋凌紫氛。"宋张君房《云笈七签》:"又存帝君之左,有玄一老子,服紫衣,建龙冠;又存帝君之右,有三素老君,服锦衣,建虎冠。夫龙、虎冠,象如世间远游冠,而有龙虎之文章也。"

【虎头绶】hǔtóushòu 五色印绶。因盛绶之鞶囊以虎头为纹饰,故称。唐韩翃《送巴州杨使君》诗:"前驱锦带鱼皮鞬,侧佩金璋虎头绶。"

【琥珀钗】hǔpòchāi 一种用琥珀制成的发钗。唐陆龟蒙《小名录》:"东昏侯潘淑妃,小字玉儿,帝为潘起神仙永寿玉殿……尝市琥珀钗一只,直百七十万。"罗虬《比红儿诗》:"琥珀钗成恩正深,玉儿妖惑荡君心。莫教回首看妆面,始觉曾虚掷万金。"

【笏囊】hùnáng 也称"笏袋"。官吏上朝时随身佩带的囊袋。以皮革或布帛制成,内盛笏板、笔墨等文具,以备记事。其制始于唐张九龄。一说始于萧梁时。唐冯贽《云仙杂记·笏囊笏架》:"会昌以来,宰相朝则有笏架,入禁中,逐门传送至殿前,朝罢则置于架上。百寮则各有笏囊,亲吏持之。"《旧唐书·张九龄传》:"故事皆搢笏于带,而后乘马,九龄体羸,常使人持之,因设笏囊。"宋高承《事物纪原·笏袋》:"唐《明皇杂录》曰:'故事皆搢笏于带。然后乘马,张九龄体羸不胜。因设笏囊。使人持之马前,遂以为常制。'……《通志》曰:'今仆射尚书手板,以紫皮裹之,名曰笏袋。'"明刘昌《县笥琐探》:"夫九龄使人持笏有囊,而世因置笏囊,乃知古人举动不苟如此。"明方以智《通雅》卷三七:"笏囊始于萧梁。

《唐史》言:'张九龄始为笏囊盛笏。'盖自萧梁已有紫囊盛笏矣。"

【笏头履】hùtóulǚ 一种高头鞋履。头部高翘如笏板。产生于南朝梁时。男女均可穿着。隋唐时期多用于妇女。五代以后,由于弓鞋的流行,其制渐息。明代在此基础上衍变出琴鞋,多用于男子。五代后唐马缟《中华古今注·鞋子》:"梁有笏头履、分梢履、立凤履,又有五色云霞履。"

【花钗礼衣】huāchāilǐyī 唐代亲王纳妃所给之服。庶人女嫁亦用之。由花钗、大袖衣、裳、中单、蔽膝、大带、革带及履袜等组成。花钗,即镂金银等花饰之钗。《新唐书·车服志》:"花钗礼衣者,亲王纳妃所给之服也。"《唐六典》卷四:"凡婚嫁,花钗礼衣,六品以下妻及女嫁则服之。"李林甫注:"其钗,覆笄而已。其两博鬓任以金银杂宝为饰。礼衣则大袖连裳,青质,素纱中单,朱褾、襈、蔽膝、大带,以青衣、带革、履袜。"又:"其次花钗礼衣,庶人嫁女则服之。"李林甫注:"钗以金银涂琉璃等饰,连裳,青质,以青衣、带革、履袜,皆自制也。"

【花冠】huāguān 妇女所戴的以鲜花或像生花做成的冠饰。最初见于唐代,至宋更为流行。花冠多用罗绢、通草制成,缀以金银、珠玉、玳瑁。制作的花有桃、杏、荷、菊、梅等多种,有的将四季花朵缀合一起,装在一个冠上,名叫"一年景"。在宋代,花冠不仅妇女喜戴,男子亦戴,如南宋时皇子服朝服,即戴七梁额花冠。唐张鷟《朝野佥载》卷三:"睿宗先天二年正月十五、十六夜,于京师安福门外作灯轮,高二十丈,衣以锦绮,饰以金玉,燃五万盏灯,簇之如花树。宫女千数,衣罗绮,曳锦绣,耀珠翠,施香粉。一花冠,一巾帔,皆万钱。"张说《苏摩遮》诗:"绣装帕额宝花冠,夷歌骑舞借人看。"包佶《元日观百僚朝会》诗:"万国贺唐尧,清晨会百僚。花冠萧相府,绣服霍嫖姚。"白居易《长恨歌》:"云鬓半垂新睡觉,花冠不整下堂来。"五代严鹗《女冠子》词:"霞帔金丝薄,花冠玉叶危。"宋孟元老《东京梦华录》卷九:"女童皆选两军妙龄寄艳过人者四百余人,或戴花冠,或仙人髻……结束不常,莫不一时新装,曲尽其妙。"元杨允孚《滦京杂咏》:"仪凤伶官乐既成,仙风吹送下蓬瀛。花冠簇簇停歌舞,独喜箫韶奉太平。"明阮大铖《燕子笺·诰圆》:"连画中三艳巧相当,把花冠还添注在乌云上。"

【花间裙】huājiànqún 唐代女裙。裙上缀细条为界,每道界上嵌以花朵,因形而名。上衣亦有其制。《旧唐书·高宗本纪》:"其异色绫锦,并花间裙衣等,糜费既广,俱害女工。"

【花鬘】huāmán 也作"花缦""华鬘"。古印度人绕在头上或挂在身上的花串形饰物。也有用各种宝物雕刻成花形,联缀而成的。随佛教传入我国。唐玄应《一切经音义·杂阿毗昙心论·华鬘》:"梵言磨罗,此云鬘,音蛮。案西域结鬘师多用苏摩那花行列结之,以为条贯,无问男女贵贱皆此庄严,或首或身,以为饰好。诸经中天鬘、宝鬘、花鬘、市鬘师皆是也。"般若共牟尼室利译《守护国界经》:"以种种宝用作华鬘,而为庄严。"白居易《游悟真寺》诗:"迭霜为袈裟,贯雹为华鬘。"宋苏轼《欧阳晦夫遗接罗琴枕戏作诗谢之》:"白头穿林要藤帽,赤脚上渡水愁花缦。"《景德传灯录》卷一:"汝与我璎珞甚是珍妙,吾有华鬘以相酬奉。"《新唐书·南蛮传下·骠》:"(乐工)冠金冠,左右珥珰,绦贯花鬘,珥双簪,散以毳。初奏乐,有赞者一人先导乐意,其舞容随曲。"清王士禛《池北偶谈·谈异七·普陀石》:"浙定海县有普陀岩石,有大力像,华鬘天然。"陈世宜《柬可生》诗:"天界华鬘梦一场,双成曾许抗颜行,诗题蕉叶语都呓,饭啖胡麻醒亦狂。"

花鬘

【花帽】huāmào ❶用花罗、彩锦等制成的帽子。或指绣有花纹的帽子。五代后蜀花蕊夫人《宫词》:"未戴柘枝花帽子,两行宫监在帘前。"宋陈深《贺新郎·寿黄春谷,时自南州过浙右相宅,合卺》词:"斟绿醑,戴花帽。"周密《武林旧事》:"内有曾经宣唤者,则锦衣花帽,以自别于众。"袁文《甕牖闲评》卷六:"尝笑王则之叛贝州也,在军中,常裹花帽。人见其花帽,皆知其是则也。"《二刻拍案惊奇》:"有五个贵公子各戴花帽,锦袍玉带,挟同姬妾十数辈,径到楼下。"徐珂《清稗类钞·战事》:"(李)开方头戴黄绸绣花帽,身穿月白绸短袄,红绸裤,红鞋。"❷也称"朵巴""四楞小花帽"。特指维吾尔族花帽,用金银彩线绣制各式花纹。主

要有"奇依曼"和"巴旦姆"两种。"奇依曼花帽"最为常见,帽面以十字为骨架,绣有枝叶交错的曲曼花。花纹以枝杆连结或用线条分隔,成多个正反三角、菱形格局,用冰裂纹或点线绣成底纹与主花相映衬,有很强的装饰效果。"巴旦姆花帽"图案纹样丰富,活泼多变,多为黑底白花绣有巴旦姆核变形和添加花纹的图案,古朴大方,庄重典雅。

【花翘】huāqiáo 妇女的一种首饰。唐韦庄《诉衷情》辞:"鸳鸯隔星桥,迢迢;越罗香暗销,坠花翘。"

【花裙】huāqún 织绣或描绘有花纹的裙子。通常借指女裙。唐李贺《谢秀才有妾缟练,改从于人,秀才引留之不得,后生感忆。座人制诗嘲谢,贺复继四首》诗:"荷丝制机练,竹叶剪花裙。"王建《宫词一百首》其二十七:"金砌雨来行步滑,两人抬起隐花裙。"元稹《白衣裳二首》诗其二:"藕丝衫子柳花裙,空著沉香慢火熏。"

【花犀带】huāxīdài 省称"花犀"。用有花纹的犀角装饰的腰带。非常珍贵,历代多用于达官显贵。《唐会要》卷三一:"(带)一品二品许服玉及通犀,三品许服花犀、斑犀及玉。"宋岳珂《愧郯录》卷一二:"绍兴三年正月二十八日,诏宗室外正任,依旧许系金带,已赐花犀带及见系花犀带臣僚,除宗室依条外,余不许服……而宗室花犀,亦得著令通服之要。"明俞汝楫《礼部志稿》卷一八:"洪武三年定,凡文武官常服视事,以乌纱帽、圆领衫、束带为公服。一品玉带,二品花犀带。"

【华阳巾】huáyángjīn 道士或隐士所戴的一种头巾,亦泛指士人头巾。相传唐

代诗人顾况,号"华阳山人",晚年隐居山林,常戴此巾,因以为名。《新五代史·唐臣传·卢程》:"程戴华阳巾,衣鹤氅,据几决事。"唐陆龟蒙《华阳巾》诗:"莲花峰下得佳名,云褐相兼上鹤翎。须是古坛秋雾后,静焚香炷礼寒星。"宋王禹偁《黄州新建小竹楼记》:"公退之暇,披鹤氅,戴华阳巾,手执《周易》一卷,焚香默坐,消遣世虑。"元乔吉《双调·折桂令·自述》曲:"华阳巾鹤氅蹁跹,铁笛吹云,竹杖撑天。"明顾起元《客座赘语》卷一:"近年以来殊形诡制,日异月新,于是士大夫所戴其名甚伙,有汉巾、晋巾、唐巾、纯阳巾……华阳巾。"田艺蘅《留青日札》卷二二:"华阳巾,顾况。"清孔尚任《桃花扇·入道》:"外更华阳巾,鹤氅,执拂子上,拜坛毕,登坛介。"

【华帻】huázé 一种用花罗、彩锦制成的头巾。《新唐书·黄巢传》:"巢乘黄金舆,卫者皆绣袍,华帻,其党乘铜舆以从,骑士凡数十万先后之。"宋方千里《六丑》词:"吴霜皎,半侵华帻。"

【画服】huàfú 犯罪者穿着异样的服装并画以异样的颜色以示羞辱,代指罪人之服。隋薛道衡《老氏碑》:"祝网泣辜,深存宽简,草缨知耻,画服兴惭。"

【画绔】huàkù 施以彩绘的裤子。唐代多用于乐工、歌舞等艺人及仪卫。《新唐书·礼乐志十一》:"工人布巾,袷袍,锦襟、金铜带,画绔。"五代张泌《异闻集·韦安道》:"前有甲骑数十队,次有官者,持大仗,衣画绔,夹道前驱,亦数十辈。"

【画裙】huàqún 绣饰华丽的裙子。一般以浅色织物制成,上画各色花卉。唐代即有其制,明清时期尤为盛行。唐施肩吾《代征妇怨》诗:"画裙多泪鸳鸯湿,云

鬓慵梳玳瑁垂。"杜牧《偶呈郑先辈》诗:"不语亭亭俨薄妆,画裙双凤郁金香。"又《咏袜》诗:"五陵年少欺他醉,笑把花前出画裙。"明田艺蘅《留青日札》卷二〇:"画裙今俗盛行。"清叶梦珠《阅世编》卷八:"裳服,俗谓之裙。旧制:色亦不一,或用浅色,或用素白,或用刺绣……数年以来,始用浅色画裙。有十幅者,腰间每褶各用一色,色皆淡雅,前后正幅,轻描细绘,风动色如月华,飘扬绚烂。"吴伟业《偶见》诗之二:"欲展湘文袴,微微荡画裙。"

【桦巾】huàjīn 用桦树皮制的头巾,多为贫贱或隐逸者所用。唐寒山《诗三百三》之二百零五:"桦巾木屐沿流步,布裘藜杖绕山回。"

【桦笠】huàlì 一种桦树皮叶制成的斗笠,可挡雨雪。《旧五代史·刘崇传》:"(崇)被毛褐,张桦笠而行。"

【坏色衣】huàisèyī 即"坏衣"。《翻译名义集·沙门服相》:"袈裟之目,因于衣色如经中坏色衣也。"

【坏衣】huàiyī 即袈裟。僧尼避用五种正色和五种间色,故僧衣皆以不正指色,即坏色染成,因名坏衣。一说,在新制的僧服上,须缀上另一颜色的块布,用以破坏衣服之整色,故名。唐李端《送惟良上人归润州》诗:"寄世同高鹤,寻仙称坏衣。"杜荀鹤《题江寺禅和》诗:"江寺禅僧似悟禅,坏衣芒履住茅轩。"宋梅尧臣《乾明院碧鲜亭》诗:"坏衣削发远尘垢,蛇祖龙孙生屋后。"清郑文焯《秋思引》:"坏衣老僧罢晨梵,空山落叶闻霜钟。"

【环钏】huánchuàn 手镯。唐王勃《采莲赋》:"鸣环钏兮响窈窕,艳珠翠兮光缤纷。"元稹《和李校书新题乐府十二首·

其九·胡旋女》:"柔软依身著佩带,裴回绕指同环钏。"

【黄金甲】huángjīnjiǎ 金黄色的铠甲;亦指身披金黄色铠甲的人。唐武元衡《出塞作》:"白羽矢飞先火炮,黄金甲耀夺朝暾。"王昌龄《从军行》:"三面黄金甲,单于破胆还。"贯休《入塞曲三首》其一:"别赐黄金甲,亲临白玉除。"黄巢《不第后赋菊》:"冲天香阵透长安,满城尽带黄金甲。"宋梅尧臣《邵伯堰下王君玉饯王仲仪赴渭州经略席上命赋》:"莫擐黄金甲,须存百胜谋。"清秋瑾《秋风曲》:"塞外秋高马正肥,将军怒索黄金甲。"

【黄履】huánglǚ 黄色的鞋。《隋书·礼仪志二》:"有绿襜褕、褠衣、黄履,以供蚕母。"元夏文彦《图绘宝鉴》卷三:"战惪淳,画院人,能著色,山水人物甚小,青衫、白袴、乌巾、黄履,不遗毫发。"

【黄藕冠】huáng'ǒuguān 冠名。唐孙光宪《女冠子》词:"碧纱笼绛节,黄藕冠浓云。"华锺彦注:"黄藕:状其冠之色也。"

【黄袍】huángpáo 黄色袍服。隋以前并无等秩,百官均服,士庶阶层亦可着之。自隋代起正式用于朝服。唐代用作皇帝常服,并改黄色为赤黄。唐总章元年明确规定,除天子外各色人等一律不许着黄。从此,黄袍便成为皇帝的专用服饰。此制沿用于明清。清代皇帝的朝袍、龙袍乃至雨衣,均以明黄色为之。后妃之袍亦如之。至于皇子蟒袍虽可用黄,但只准使用金黄,以示区别。清中叶以后,皇帝常将黄色蟒袍赐于功臣,得到者是一种荣誉,但亦只限于金黄,不得用明黄。《隋书·礼仪志四》:"有司请备法驾,高祖不许,改服纱帽、黄袍,入幸临光殿。"又《礼仪志七》:"百官常服,同于匹庶,皆著黄袍,出入殿省。黄祖朝服亦如之,唯带加十三环,以为差异。"唐刘肃《大唐新语·厘革》:"隋代帝王贵臣,多服黄文绫袍,乌纱帽,九环带,乌皮六合靴。百官常服,同于走庶,皆著黄袍及衫,出入殿省。"《旧唐书·舆服志》:"武德初,因隋旧制,天子燕服,亦名常服,唯以黄袍及衫,后渐用赤黄,遂禁士庶不得以赤黄为衣服杂饰。"《宋史·舆服志三》:"唐因隋制,天子常服赤黄、浅黄袍衫,折上巾,九还带,六合靴。宋因之,有赭黄、淡黄袍衫,玉装红束带,皂文靴,大宴则服之。又有赭黄、淡黄袴袍,红衫袍,常朝则服之。"《资治通鉴·陈纪》:"甲子……禅位于隋。隋主冠远游冠;受册、玺,改服纱帽、黄袍。"元胡三省注:"《纪》云:秋,七月,上始服黄,百寮毕贺。盖以黄为常服。"《资治通鉴·后晋齐王开运三年》:"傅住儿入宣契丹主命,帝脱黄袍,服素衫,再拜受宣,左右皆掩泣。"宋司马光《涑水记闻》卷一:"太祖警起,出视之,诸将露刃罗立于庭,曰:'诸军无主,愿奉太尉为天子。'太祖未及答,或以黄袍加太祖之身,众皆拜于庭下,大呼称万岁,声闻数里。"《说唐》第四十回:"李渊再拜受命,戴冕冠,披黄袍,升大殿,即皇帝位。"

【黄衫】huángshān ❶黄颜色的单衫,隋唐时少年穿的黄色华贵服装。泛指飘逸华丽的服装。元代有些少数民族头领也用之。《隋书·麦铁杖传》:"将渡辽,谓其子曰:'阿奴当备浅色黄衫,吾荷国恩,今是死日,我既被杀,尔当富贵。'"唐杜甫《少年行》:"黄衫年少来宜数,不见堂前东逝波。"五代后蜀花蕊夫人《宫词》:"别色官司御辇家,黄衫束带貌如

期隋的唐服五饰代时

花。"《新唐书·礼乐志十二》："乐工少年姿秀者十数人,衣黄衫,文玉带。"《文献通考·四裔七》："人无贵贱,皆椎髻跣足;酋平居亦然,但珥金簪,衣黄衫,紫裙。"清余怀《〈板桥杂记〉后跋》："吴园次吊董少君诗序云:当时才子,竞著黄衫;命世清流,为牵红线。"❷唐代规定外官庶人、部曲、奴婢服绸、絁布,用黄、白色。因以泛指吏役之服。唐薛渔思《河东记》："因命左右一黄衫吏曰:'引二郎至曹司,略示三年行止之事。'"《唐书·礼乐志》："乐工少年姿秀者十数人,衣黄衫,文玉带,立左右,每千秋节舞于勤政楼下。"清袁枚《随园诗话》卷七:"洪稚存题某官《散赈图》云:'……黄衫小吏足不停,村后村前更招手。'"

【璜佩】huángpèi 泛指玉佩。唐韩愈《赴江陵途中寄赠三学士》诗:"班行再肃穆,璜佩鸣琅璈。"清黄遵宪《和周朗山见赠之作》诗:"文不璜佩鸣琅璈,武不龙虎张旌旄。"

【卉裳】huìcháng 指原始未开化地区的人所穿的草木等材料制成的衣裳。唐柳宗元《岭南节度使飨军堂记》:"将校士吏,咸次于位;卉裳鬣衣,胡夷蜑蛮,睢盱就列者,千人以上。"又《柳州文宣王新修庙碑》:"惟柳州古为南夷,椎髻卉裳。"

【浑裆袴(裤)】húndāngkù 合裆之裤。《通典·乐志》:"康国乐二人,皂丝布头巾,绯丝布袍,锦衿襟;舞二人,绯袄,锦袖,绿绫浑裆袴,赤皮靴。"

【浑色衣】húnsèyī 单色之衣。《新唐书·车服志》:"凡裥色衣不过十二破,浑色衣不过六破。"

【浑脱帽】húntuōmào 省称"浑脱"。也称"浑脱毡帽""赵公浑脱"。唐代一种男用锥形帽。源自西北少数民族。浑脱,原为一种革囊。因此帽与浑脱相似,故名。起初,用皮革或毛毡制成,为男子常服。唐初长孙无忌(封赵国公)将席帽内衬羊皮,创制羊毛浑脱帽,为当时人所效仿,时称"赵公浑脱"。后演变为女帽,以锦绣为之,成为唐代妇女胡服的一个组成部分。一说即"苏莫遮"。《新唐书·五行志一》:"太尉长孙无忌以乌羊皮为浑脱毡帽,人多效之,谓之'赵公浑脱'。"《唐会要》卷三十四:"比见都邑城市,相率为浑脱,名为苏莫遮……胡服相效,非雅乐也。浑脱为号,非美名也。"《资治通鉴·中宗纪》元胡三省注云:"长孙无忌以乌羊毛为浑脱毡帽,人多效之,谓赵公浑脱。"清刘廷玑《在园杂志》卷一:"长孙无忌之浑脱,以乌羊毛为之……即今之毡笠、毡帽也。式虽不一,而帽之名则同。"

浑脱帽(敦煌莫高窟 159 窟壁画)

【诨衣】hùnyī 唐穆宗时宫女所穿的一种衣服。衣上书有淫鄙的诗词章句。唐冯贽《云仙杂记·诨衣》:"穆宗以玄绡白书,素纱墨书为衣服,赐承幸宫人,皆淫鄙之词,时号诨衣。"

J

ji—jie

【笄导】 jīdǎo 用以束发的首饰。用以掠发。《隋书·何稠传》："魏、晋以来，皮弁有缨而无笄导。稠曰：'此古田猎之服也。今服以入朝，宜变其制……'故弁施象牙笄导，自稠始也。"《隋书·礼仪志七》："承武弁者，施以笄导，谓之平巾。"

【屦子】 jīzi 即屦。指木鞋。《敦煌曲子词·内家娇》："屦子齿高，慵移步，两足恐难。"

【集翠裘】 jícuìqiú 也称"毛裘"。以翠鸟羽毛织成的裘。唐武则天时，南海郡主进此衣，则天受之转赐宠臣，视为珍奇。亦用以泛指妖冶的服饰。唐薛用弱《集异记·集翠裘》："则天时，南海郡献集翠裘，珍丽异常。张昌宗侍侧，则天因以赐之，遂命披裘，供奉双陆。"明周清源《西湖二集》卷七："小样盘龙集翠裘，金羁缓控五花骝。"清王士禛《香祖笔记》卷一："《南史》：齐文惠太子织孔雀毛为裘，华贵无比；武后有集翠裘，以赐俸臣，皆其类也。"明沈德符《万历野获编·补遗四》："似此服妖，与雉头裘、集翠裘何异？今中国已绝无之。"

【几舃】 jǐxì 周代贵官之鞋色红，头尖而向上翘。后以"几舃"为贵官之鞋的代称。语本《诗经·豳风·狼跋》："公孙硕肤，赤舃几几。"唐白居易《郡斋暇日忆庐山草堂兼寄二林僧社三十韵多叙贬官已来出处之意》诗："先生乌几舃，居士白衣裳。"宋陈舜俞《挽刘夫人词二首》其二："忆昔彩衣环几舃，于今清血洒橇杯。"明张居正《祭封一品李太夫人文》："惟兹少傅，秉德渊冲，忠贞作干，夙夜匪躬。履姬公之几舃，奏崇伯之肤功。"

【虮衣】 jǐyī 生满虮子的衣服。唐段成式《酉阳杂俎续集·支诺皋上》："傍有乞儿箕坐，痂面虮衣，访辛（辛秘）行止，辛不耐而去，乞儿亦随之。"

【麂靴】 jǐxuē 一种麂皮制成的皮靴。《新唐书·朱桃椎传》："长史窦轨见之，遗以衣服、麂靴，逼署乡正。"明宋应星《天工开物》卷二："麂皮去毛，硝熟为袄裤，御风便体，袜靴更佳。"清郝懿行《晒书堂笔录》卷六："吾目中所见富贵之家，监奴百辈，无不戴貂冠，被狐裘，装鸾带，著麂靴。"

【髻宝】 jìbǎo 即髻珠。佛教语。国王发髻中的明珠。唐陆元浩《仙居洞永安禅院记》："早获衣珠，游泳而安闲若海；已收髻宝，卷舒而自在如云。"

【髻凤】 jìfèng 指插戴于发髻的凤钗。《太平广记》卷四九二："余乃再拜，升自西阶，见红妆翠眉、蟠龙髻凤而侍立者，数十余辈。"

【䴙带】 jìdài 用兽毛纤维织成的腰带。南朝梁多用于驾驭牛马等的小吏。《隋书·礼仪志六》："案轴、小舆、持车、辂车给使，平巾帻，黄布袴褶，赤罽带。"

【罽袍】jìpáo 用毛织物制成的袍。质地紧密而厚实，多用于初春、深秋之季。唐杜牧《少年行》："春风细雨走马去，珠落璀璀白罽袍。"五代前蜀韦庄《立春》诗："罽袍公子樽前觉，锦帐佳人梦里知。"

【笔毛】jiāshā 袈裟。唐玄应《一切经音义》卷一五："袈裟，上举佉切，下所加切……字本从毛，作笔毛二形。葛洪后作《字苑》，始改从衣。"明杨慎《艺林伐山》卷一四："袈裟，内典作'笔毛'，盖西域以毛为之。"清黄叔璥《台海使槎录》卷七："士官衣状如笔毛，风吹四肢毕露。"

【夹衫】jiāshān 有表有里而无絮的双层衣衫，后成为夹衣的统称。唐李贺《酬答》诗之一："金鱼公子夹衫长，密装腰鞓割玉方。"段安节《乐府杂集·俳优》："每宴乐，即令衣白夹衫，命伶伶戏弄辱之。"宋李清照《蝶恋花》词："乍试夹衫金缕缝，山枕斜欹，枕损钗头凤。"《九尾龟》第十六回："正在疑惑，客人已经进来，穿着一件银灰绉纱夹衫，玄色外国缎马褂，跨进房来，对着秋谷就是深深一揖。"

【夹头巾】jiátóujīn 一种有夹层的头巾。多用于冬季，御寒保暖。《隋书·宇文述传》："遇天寒，定兴曰：'入内宿卫，必当耳冷。'述曰：'然。'乃制夹头巾，令深袙耳。又学之，名为许公袙势。"

【夹衣】jiáyī 有面有里，中间不衬垫絮类的衣服，多于春秋天穿着。唐韩翃《送李舍人携家归江东》诗："夜月回孤烛，秋风试夹衣。"宋苏轼《初秋寄子由》诗："子起寻夹衣，感叹执我手。"吕祖谦《卧游录》："今日忽凄风微雨，遂御夹衣。"《佩文韵府》："亭台物景兼飘絮，宅院时晴渐夹衣。"范成大《春日三首》诗之二："西窗一

雨又斜晖，睡起熏笼换夹衣。"

【袷裆】jiádāng 夹裤。唐白居易《江南喜逢萧九彻因话长安旧游》诗："索镜收花钿，邀人解袷裆。"

【蛺蝶裙】jiádiéqún 绣或装缀有蝴蝶的裙子。唐寒山《诗三百三首》之一："群女戏夕阳，风来满路香。缀裙金蛺蝶，插髻玉鸳鸯。"元杨维桢《学书》诗："新词未上鸳鸯扇，醉墨无污蛺蝶裙。"清洪昇《长生殿·褉游》："敕传玉勒桃花马，骑坐金泥蛺蝶裙。"纪昀《阅微草堂笔记·姑妄听之四》："结束蛺蝶裙，为欢棹舴艋。"

【甲铠】jiǎkǎi 铠甲。《礼记·曲礼上》"介者不拜"唐孔颖达疏："介者，甲铠也。"《新唐书·百官志四上》："大朝会行从，则受黄质甲铠，弓矢于卫尉。"宋曾巩《本朝政要策·兵器》："国工署有南北作坊，岁造甲铠、贝装、枪、剑、刀……凡三万二千。"

【嫁衣裳】jiàyīshang 也作"嫁衣"。出嫁前准备的新婚时用的服饰。唐秦韬玉《贫女》诗："苦恨年年压金线，为他人作嫁衣裳。"宋刘宰《七夕》诗："乞得巧多成底事，祇堪装点嫁衣裳。"刘克庄《沁园春·十和·林卿得女》词："笑贫女，尚寒机轧轧，催嫁衣忙。"陈师道《后山诗话》："寿之医者，老婆少妇，或嘲之曰：'偎他门户傍他墙，年去年来来去忙。采得百花成蜜后，为他人作嫁衣裳。'"何梦桂《拟古五首·其四》："半镜随尘沙，嫁衣在巾箱。"清马銮《文姬》诗："月下清笳欲别难，归来又促嫁衣看。"黄遵宪《送女弟》诗："阿爷有书来，言颇倾家赀。箱奁四五事，莫嫌嫁衣希。"

【尖巾】jiānjīn 一种尖顶小帽。《新五代史·王衍传》："（王衍）又好裹尖巾，其状

543

如锥。"明顾起元《说略》卷二一:"尖巾,蜀王衍所戴。"

【间裙】jiānqún 俗称"间色裙"。以两种以上颜色的布条互相间隔而制成的女裙。始于晋十六国时期。至唐初时大为流行,多用于年轻妇女。间色的布条较前期为窄,颜色以两色为主,常见的有红绿、红黄及红蓝等。《旧唐书·高宗本纪》:"其异色绫锦,并花间裙衣等,糜费既广,俱害女工。天后,我之匹敌,常著七破间裙,岂不知更有靡丽服饰,务遵节俭也。"

间裙(陕西三原唐墓壁画)

【艰服】jiānfú 丧服。唐赵璘《因话录·角下》:"姚仆射南仲,廉察陕郊,岘(姚岘)初释艰服,候见,以宗从之旧,延于中堂。"

【裥色衣】jiǎnsèyī 以两种或两种以上布料拼成而成的杂色衣服。制作时多将布帛破(剖)成数道,以间他色。唐代比较流行,一般用作女装。《唐会要》卷三一:"(开元)十九年六月敕……凡裥色衣不过十二破,浑色衣不过六破。"

【僭服】jiànfú 越礼违制的服饰或指穿着越礼的服饰。唐元稹《沂国公魏博德政碑》:"兴又悉取魏之僭服异器人臣所不当为者,斥去之。"

【绛袜】jiàngwà 官员贵族参与祭祀典礼时所穿的绛色袜。《通典·礼志二十一》:"侍祀,衮衣九章,白纱绛缘中单,绛缯韠、赤舄,绛袜。"

【蕉衫】jiāoshān 即"蕉衣"。唐白居易《东城晚归》诗:"晚入东城谁识我,短靴低帽白蕉衫。"明袁宏道《柳浪杂咏》之二:"蕉衫乌角巾,半衲半村民。"清袁枚《随园诗话》卷七:"(袁香亭)《消夏杂咏》云:'科头赤足徜徉过,一领蕉衫尚觉多。'"

【蕉衣】jiāoyī 用麻布制的衣衫。唐贾岛《送陈判官赴绥德》诗:"身暖蕉衣窄,天寒碛日斜。"皮日休《临顿为吴中偏胜之地陆鲁望居之因成五言十首奉题屋壁》诗之五:"僧虽与简箪,人不典蕉衣。"陆龟蒙《早秋吴体寄袭美》诗:"短烛初添蕙幌影,微风渐折蕉衣棱。"宋赵崇礠《落魄》诗:"落魄蕉衫戴道冠,菖蒲满案浸清寒。"司马光《秋意呈邻几吴充》诗:"蕉衫日以疏,纨扇安能好。"

【角冠】jiǎoguān ❶道教徒所戴的一种道冠。唐王建《赠王屋道士赴诏》诗:"玉皇符到天坛玵,玵珥头簪白角冠。"张萧远《送宫人入道》诗:"师主与收珠翠后,君王看戴角冠时。"❷宋代妇女使用的一种饰有角梳的女冠,元代为娼妓所用。宋沈括《梦溪笔谈·器用》:"济州金乡县发一古冢,乃汉大司徒朱鲔墓……妇人亦有如今之垂肩冠者,如近年所服角冠,两翼抱面,下垂及肩,略无小异。"五代后蜀徐太妃《题金华宫》诗:"好把身心清净处,角冠霞帔事希夷。"宋王林《燕翼治谋录》卷四:"其后侈靡之风盛行,冠不特白角,又易以鱼枕;梳不特白角,又易以象牙、玳瑁矣。"《元典章·礼部》卷二:"今拟娼妓各分等第穿着,紫皂衫子,戴角冠儿。"

【角头巾】 jiǎotóujīn 即"角巾"。唐元稹《三兄以白角巾寄遗发不胜冠因有感叹》诗:"病瘴年深浑秃尽,那能深置角头巾。"

【角袜】 jiǎowà 袜名。形制前后两两相承,中间以带系之,犹后世之膝裤。五代后唐马缟《中华古今注·袜》:"三代及周著角袜,以带系于踝。至魏文帝吴妃,乃改样以罗为之。"宋高承《事物纪原·冠冕首饰·袜》:"《实录》曰:自三代以来有之,谓之角袜,前后两相承,中心系之以带。泊魏文帝吴妃乃始裁缝为之,即今样也。"清赵翼《陔余丛考·袜膝裤》:"俗以男子足衣为袜,女子足衣为膝裤。古时则女子亦称袜,男子亦称膝裤……谓袜即膝裤。然今俗袜有底,而膝裤无底,形制各别。按《炙毂子》曰:三代谓之角袜,前后两只相成,中心系带,则古时袜之制,正与今膝裤同。"清顾张思《土风录》卷三:"《炙毂子》云:'三代时号角袜,前后两足相成,中心系带。'是即今之膝袴也。"

【结缕带】 jiélǚdài 以丝缕编织而成的腰带。唐乔知之《弃妾篇》:"还君结缕带,归妾绣成诗。"

【解脱履】 jiětuōlǚ 履名。以丝帛制成的无跟之履,不系带,便于穿着。犹后世之拖鞋。多用于宫娥嫔妃。相传始于梁武帝时。唐王睿《炙毂子录》:"梁天监中,武帝以丝为之,名解脱履。"宋苏轼《谢人惠云中方舄诗》之二:"拟学梁家名解脱,便于禅坐作跏趺。"明田艺蘅《留青日札》卷二○:"(靸鞋)梁天监中,武帝易以丝,名解脱履。"

【解廌冠】 jiězhìguān 执法官戴的帽子。《新唐书·车服志》:"法冠者,御史大夫、中丞、御史之服也。一名解廌冠。"

【戒珠】 jièzhū 念珠。喻指佛教戒律,取其如明珠洁白无瑕,应小心守护之义。唐王勃《广州宝庄严寺舍利塔碑》:"人握戒珠,家藏宝印。"《景德传灯录》卷三○:"江月照,松风吹,永夜清宵何所为? 佛性戒珠心地印,雾露云霞体上衣。"《密庵语录》:"验蜡人彻底冰清,护戒珠了无缝罅。"清袁枚《随园诗话》卷九:"彼此有情,临行,以所挂戒珠作赠,挥泪而别。"

【借绯】 jièfēi 唐宋时规定官员的服色,四、五品服绯,未至五品而所任职事或奉使之需,特许权改服绯,任满还朝依旧服色,称"借绯"。亦称"借牙绯"。牙,即象笏。宋制五品以上用象笏,借绯时并借象笏。《通典·礼二十三》:"开元八年二月,敕都督、刺史品卑者借绯及鱼袋。"宋陆游《老学庵笔记》卷一:"王嘉叟自洪倅召为光禄丞,李德远亦召为太常丞。一日相遇于景灵幕次,李谓王曰:'见公告词云:其锦月凛,仍褫身章。'谓通判借牙绯,入朝则服绿,又俸薄耳。"张世南《游宦纪闻》卷二:"今作倅者,皆借绯。"《宋史·舆服志五》:"或为通判者许借绯……任满还朝,仍服本品,此借者也。"

【借紫】 jièzǐ 唐宋时规定官员的服色,三品以上服紫,未至三品者因职事特许服紫,任满还朝仍服旧色,称"借紫"。唐玄宗开元三年,驸马都尉从五品,准着紫佩金鱼。其后,按察使等散官未及三品者,亦听着紫佩金鱼,谓之借紫。宋代沿用此制。《唐会要·内外官章服》:"四年二月二十三日诏"注:"天授二年八月二十日,左羽林大将军建昌王攸宁,赐紫金带。九月二十六日,除纳言,依旧著紫带金龟。借紫自此始也。"《宋史·舆服志五》:"太宗太平兴国二年,诏朝官出知节镇及转运使、副,衣绯、绿者并借紫。知防御、团练、刺史州,衣绿者借绯,衣绯者借紫;其为通判,知军监,止借绯。"《宋史·舆服志五》:"或为通判者,许借绯;为知州、监司者,许借紫;任满还朝,仍服本品,此借者也。"

jin—jun

【巾裹】jīnguǒ ❶头巾,亦指以巾裹头。《新唐书·裴谂传》:"(唐宣宗)取御奁果以赐,谂举衣跽受。帝顾宫人,取巾裹赐之。"宋孙光宪《北梦琐言》卷三:"唐路侍中岩,风貌之美,为世所闻⋯⋯善巾裹,蜀人见必效之,后乃剪纱巾之脚,以异于众也。"范成大《自晨至午起居饮食皆以墙外人物之声为节戏书四绝》之四:"起傍东窗手把书,华颠种种不禁梳。朝餐欲到须巾裹,已有重来晚汲鱼。"❷宋时为年轻人举行的成年礼。宋王巩《闻见近录》:"前人每子弟及冠,必置盛馔,会乡党之德齿,使将冠者行酒,其巾裹如唐人之草裹,但系其脚于巾子。酒行,父兄起而告客曰:'某之子弟仅于成人,敢有请。'将冠者再拜,右席者乃焚香善祝,解其系而伸之。冠者再拜谢而出,自是齿于成人,冠服遂同长者,故谓之巾裹,亦古之冠礼也。"

【巾袜】jīnmò 泛指衣物。唐韩愈、孟郊《征蜀联句》:"杯盂酬酒醪,箱箧馈巾袜。"

【巾帕】jīnpà 手巾、手帕一类用品。五代王仁裕《开元天宝遗事》:"贵妃每至夏月,常衣轻绡,使侍儿交扇鼓风,犹不解其热,每有汗出,红腻而多香,或拭之巾帕之上,其色如桃红也。"《红楼梦》第四十回:"贾母素日吃饭,皆有小丫鬟在傍边拿着漱盂尘尾巾帕之物。"

【巾舄】jīnxì 头巾和鞋。唐杨炯《大唐益州新都县学先圣庙堂碑文序》诗:"圆冠列侍,执巾舄于西阶;大带诸生,受诗书于北面。"又《与僧话旧》诗:"巾舄同时下翠微,旧游因话事多违。"又《与重幽上人话旧》诗:"自喜他年接巾舄,沧浪地近虎头溪。"明金实《方竹轩赋》:"明月入户,凉在巾舄。"

【巾子】jīnzi 省称"巾"。俗称"山子"。一种幞头下的衬垫物。能使幞头包裹出各种形状的冠饰。幞头原来是一种头巾。北周时,头巾被裁成"四脚"方巾,其状如带。裹发时前面两脚包过前额,绕至脑后,在脑后结带下垂;后面两脚由后朝前。自上而下,曲折附顶,在额前系结。相传隋大业十年,吏部尚书牛弘觉得幞头质地太软,包在头上,裹不出好看的式样,便在幞头里面增加了一个固定性的饰物,将其覆盖在发髻上,以包裹出各种形状。此种饰物,名叫"巾子"。通常以桐木、竹篾为之,形如网罩,用时扣在髻上,外裹巾帛。亦有用丝葛代替者。幞头外形的变化即取决于此。至唐初开始流行,贵贱通用。其式屡有更易,典型者有"平头小样""英王踣样"及"武家诸王样"等。唐武德中,尚平头小样。仗内所服,头小而圆锐,谓之"内样"。武则天以丝葛为高头者,以赐贵官,称武家诸王样。唐景龙时,高而后隆,称英王踣样。

隋唐五代时期的服饰

唐开元时,唐玄宗以长脚罗幞头赐张说,并令内外官及百姓并以此服,称圆头官样。唐永泰元年,左仆射裴冕自创巾式,号仆射样。唐大和三年,唐文宗宣令诸司小儿,不许裹大巾子入内,遂用漆纱裹之。唐乾符以后,宫娥、宦官皆用木围头。以纸绢为衬,铜铁为骨,就其上制成而戴之。取能应急之变,可不对镜系裹。后又斫作山子在前衬起,名曰军容头。五代以后,因幞头形制多为硬胎,故不再另施巾子。唐封演《封氏闻见记》卷五:"幞头之下,别施巾,象古冠下之帻也。巾子制,顶皆方平,仗内即头小而圆锐,谓之内样。"《唐会要》卷三一:"太和三年正月,宣令诸司小儿,勿令裹大巾子入内。"五代后唐马缟《中华古今注》卷中:"隋大业十年,礼官上疏裹头者,宜裹巾子,与(以)桐木为之,内外皆漆,在外及庶人常服。"《说郛》卷一〇:"《实录》云:'隋大业十年,左丞相牛弘上议,请着巾子,以桐木为之,内皆漆。唐武德初,置平头小样巾子。武后内宴,赐百寮丝葛巾子。中宗内宴,赐宰相内样巾子。'"《朱子语类·杂仪》:"唐人幞头,初止以纱为之,后以其软,遂斫木作一山子,在前衬起,名曰军容头。"

【金蟾蜍】jīnchánchú 省称"金蟾"。妇女首饰。蟾蜍在民间是一种吉祥动物,传说在月宫中的嫦娥身边有蟾蜍。民间传说中的刘海仙身边也有三足金蟾。所以金蟾蜍被视为一种神物,寓意吉祥富贵。因此妇女常用作首饰。唐李商隐《无题四首》诗之一:"金蟾啮锁烧香入,玉虎牵丝汲井回。"《金瓶梅词话》第七十五回:"月娘……耳边带着两个金丁香儿,正面关着一件金蟾蜍分心。"

【金花】jīnhuā ❶衣履、冠帽上雕刻、绣制、插戴的金色或金质花饰,常见于女性和少数民族服饰。《旧唐书·百济传》:"其王……乌罗冠,金花为饰……官人尽绯为衣,银花饰冠。"《新唐书·吐谷浑传》:"其王椎髻黑冒,妻锦袍织裙,金花饰首。"《辽史》卷五六:"臣僚戴毡冠,金花为饰,或加珠玉翠毛,额后垂金花,织成夹带,中贮发一总。"清赵翼《陔余丛考·簪花》:"今俗惟妇女簪花,古人则无有不簪花者……今制殿试传胪日,一甲三人出长安门游街,顺天府丞例设宴于东长安门外,簪以金花,盖尤沿古制也。"❷昆曲中盔头附件。铁丝外包银纸,上置大、中、小花各一朵。珠子做成花蕊,每二根为一副。一般为新科状元方纱上插用。

【金莲】jīnlián 五代后因妇女盛行缠足,便将小脚称作"金莲"。也将配穿于小脚的绣鞋称金莲。唐吴融《和韩致光侍郎无题》诗之二:"玉箸和妆裛,金莲逐步新。"宋李元膺《十忆诗·忆行》:"屏帐腰支出洞房,花枝窣地领巾长。裙边遮定鸳鸯小,只有金莲步步香。"元王实甫《西厢记》第一本第二折:"想着他眉儿浅浅描,脸儿淡淡妆。粉香腻玉搓咽项,翠裙鸳绣金莲小,红袖鸾销玉笋长。"又《醒世恒言·陆五汉硬留合色鞋》:"张荩双手承受,看时是一只合色鞋儿,将指头量摸,刚刚一折……果是金莲一瓣,且又做得甚精细。"又《卖油郎独占花魁》:"将美娘绣鞋脱下,去其裹脚,露出一对金莲,如两条玉笋相似。"《孽海花》第六回:"只见一个十七八岁的女子……扎腿小脚管的粉红裤,一对小小的金莲。"

【金缕鞋】jīnlǚxié 唐宋时女子的一种鞋

期隋
的唐
服五
饰代
时

子,一般以绫罗制织而成,上用金丝线绣有各种花鸟图案。多见贵族妇女服用。五代南唐后主李煜《菩萨蛮》词:"花明月暗笼轻雾,今宵好向郎边去。刬袜步香阶,手提金缕鞋。"宋王硅《宫词》:"侍辇归来步玉阶,试穿金缕凤头鞋。"张先《贺圣朝》词:"淡黄衫子浓妆了,步缕金鞋小。"

【金泥缝】jīnnífèng 也作"金缕缝"。用泥金花边装饰的衣缝。一般多用于衣袖,尤以大袖衫为常见。因袖大之故,裁制时只能由两幅拼接,拼接后的袖子即留有接缝;为不使接缝外露,特用花边镶嵌。其边若以泥金为饰,则称"金泥缝"。若以镂金为饰,则称"金缕缝"。五代后唐庄宗李存勖《阳台梦》词:"薄罗衫子金泥缝,因纤腰怯铢衣重。"宋李清照《蝶恋花》词:"泪融残粉花钿重,乍试夹衫,金缕缝。"

【金翘】jīnqiáo 妇女簪钗首饰。金质,形如鸟尾上的长羽,羽翅部分镶嵌翡翠。五代后蜀毛熙震《浣溪纱》词:"晚起红房醉欲消,绿鬟云散袅金翘。"宋柳永《荔枝香》词:"素脸红眉,时揭盖头微见,笑整金翘,一点芳心在娇眼。"元关汉卿《双调·沉醉东风》:"夜月青楼凤箫,春风翠髻金翘。"

【金呿嗟】jīnqùjiē 也作"金呿嵯""金佉苴"。一种金饰皮带。西域少数民族武将所用。唐白居易《蛮子朝》诗:"清平官持赤藤杖,大将军系金呿嗟。"元稹《蛮子朝》诗:"清平官系金呿嗟,求天叩地持双琪。"参见 592 页"佉苴"。

【金衣】jīnyī 指华美的缕金之衣。多为贵官所服。唐张继《明德宫》诗:"碧瓦朱楹白昼闲,金衣宝扇晓风寒。"宋王之道《醉蓬莱·代人上高御带,时在太学》词:"缥缈歌台,半金衣公子。"

【金鱼】jīnyú 金制的鲤鱼形佩饰,唐代用作三品以上官吏公服配饰。因鱼符例应盛入鱼袋中,故也代称之"金鱼袋"。金代规定文官四品以上可佩金鱼。亦用来比喻高官显爵。《新唐书·车服志》:"(开元初)五品以上检校、试、判官皆佩金鱼袋。"唐元稹《自责》诗:"犀带金鱼束紫袍,不能将命报分毫。"韩愈《示儿》诗:"开门问谁来,无非卿大夫。不知官高卑,玉带悬金鱼。"宋岳珂《愧郯录》卷四:"唐故事,假紫者金鱼袋,假绯者银鱼袋。见于新史开元之制。"赵升《朝野类要》卷三:"本朝之制,文臣自入仕著绿,满二十年,换赐绯,及银鱼袋。又满二十年,换赐紫,及金鱼袋。又有虽未及年,而推恩特赐者,又有未及,而所任职不宜绯绿,而借紫借绯者,即无鱼袋也。若三公三少,则玉带金鱼矣,惟东官鱼亦玉为之。"《金史·舆服志》:"一品玉带,佩金鱼……五品,服紫者红鞓乌犀带,佩金鱼。"

【金鱼袋】jīnyúdài 即"金鱼"。唐元稹《秋分日祭百神文》:"皇帝遣通议大夫行内侍省常侍、赐紫金鱼袋李某,祭于百神之灵。"《新唐书·车服志》:"中宗初,罢龟袋,复给以鱼,郡王、嗣王亦佩金鱼袋。"又:"开元初,驸马都尉从五品者假紫,金鱼袋。"宋景祁《宋景文公笔记·释俗》:"近世授观察使者不带金鱼袋。初名臣钱若水拜观察使,佩鱼自若,人皆疑而问之。若水倦于酬辩,录唐故事一番在袖中,人问者,辄示之。"《宋史·舆服志五》:"仁宗天圣二年,翰林待诏、太子中舍同正王文度因勒碑赐紫章服,以旧佩银鱼,请佩金鱼。"

【金玉带】jīnyùdài 以金、玉两种带銙装饰的腰带。钉缀时两銙相间,共十三枚。

唐代规定为三品以上文武官员官服用带,为百官腰带中最贵重的一种。《旧唐书·舆服志》:"上元元年八月又制:'文武三品以上服紫,金玉带,十二銙。'"《玉海》卷八二:"唐绫袍金玉带:贞元七年十一月乙丑,令常参宫趋朝入阁,不得奔走,朝会须服本色绫袍、金玉带。"

【襟裾】jīnjū 衣的前襟或后襟。泛指衣裳。引申为胸怀。唐贯休《秋晚野步》诗:"诗情抛阃阈,江影动襟裾。"韩愈《杂诗》:"长风飘襟裾,遂起飞高圆。"宋欧阳修《答梅圣俞大雨见寄》诗:"岂知下土人,水潦没襟裾。"张九成《秋兴》诗:"清风拂襟裾,片月堕篱落。"清孙枝蔚《送王筑夫北行兼呈李岷瞻》诗:"诵诗感《无衣》,涕泪湿襟裾。"尤侗《游灵岩记》:"历阶而望,则太湖也。山色有无,水光上下,渔舟一叶,落霞千点,气象茫茫,集于襟裾。"

【襟袂】jīnmèi 衣襟和衣袖。泛指衣服。唐杜牧《偶题》诗之一:"劳劳千里身,襟袂满行尘。"清纪昀《阅微草堂笔记·如是我闻三》:"南皮赵氏子为狐所媚,附于其身,恒在襟袂间与人语。"

【锦半臂】jīnbànbì 用特制的彩锦制成的半臂。唐代有专门用以制作半臂的彩锦,锦纹根据半臂款式设计织造,名"半臂锦"。《新唐书·苏颋传》:"时前司马皇甫恂使蜀,檄取库钱市锦半臂,琵琶扞拨、玲珑鞭,颋不肯予。"《旧唐书·韦坚传》:"驾船人皆大笠子,宽袖衫……锦半臂,偏袒膊,红罗抹额。"宋王说《唐语林·方正》:"魏公览其卷首,寻已赏叹至三四,不觉曰:'真销得锦半臂也。'"

【锦靴】jīnxuē 妇女穿的用彩锦制成的靴子。质地厚实,外表美观,穿着轻便。北朝以后较为常见,唐代尤为盛行。唐李白《对酒》诗:"吴姬十五细马驮,青黛画眉红锦靴。章孝标《柘枝》诗:"移步锦靴空绰约,迎风绣帽动飘摇。"张祜《寿州裴中丞出柘枝》诗:"罗带却翻柔紫袖,锦靴前踏没红茵。"清元瑱《杂咏篇·鞭陀罗》:"京师小儿玉磋磋,紫貂裹袖红锦靴。"

【锦鞝】jīnyào 织锦袜。相传为杨贵妃所穿。唐李肇《国史补上》:"元宗幸蜀,至马嵬驿,令高力士缢杨贵妃于佛堂前梨树下,马嵬店媪,收得锦鞝一只,相传过客每一借玩,必须百钱,前后获利极多,媪因至富。"

【进德冠】jìndéguān 唐太宗时创制的皇太子及贵臣所戴的冠,有三梁、二梁、一梁之分,三品以上官员方可戴三梁冠。也用皇帝近身侍卫、祭祀时的舞者。唐开元年间废弃不用,辽代恢复,仍用作皇太子常服。唐刘肃《大唐新语·厘革》:"至贞观八年,太宗初服翼善冠,赐贵官进德冠。"《新唐书·车服志》:"太宗尝以幞头起于后周……又制进德冠以赐贵臣,玉瑱,制如弁服,以金饰梁,花跌,三品以上加金络,五品以上附山云……进德冠制如幞头,皇太子乘马则服进德冠,九瑱,加金饰,犀簪导,亦有绔褶,燕服用紫。其后朔、望视朝,仍用弁服。"《唐会要》卷三一:"贞观八年五月七日,太宗初服翼善冠,赐贵臣进德冠……至开元十七年,废不行用。"《辽史·仪卫志二》:"常服……皇太子进德冠,九瑱,金饰,绛纱单衣,白裙襦,白袜,乌皮履。"1971年礼泉县烟霞公社(今烟霞镇)烟霞新村西唐李勣墓出土。总章二年葬。直径19.5厘米,高23厘米,重400克。冠以薄鎏金铜叶作骨架,皮革张形,外贴薄皮革镂空花饰,顶部有三道鎏金铜梁。为唐初重臣李勣生前所戴的御赐礼冠，是中国目前发现最早的帽冠实物。现藏昭陵博物馆。

【禁袖】jìnxiù 指宫内样式的服装。唐郑嵎《津阳门》诗："鸣鞭后骑何蹙踥，宫妆禁袖皆仙姿。"

【荆钗】jīngchāi 荆枝制作的髻钗。贫家妇女常用之。亦代指贫家妇女。唐李山甫《贫女》诗："平生不识绣衣裳，闲把荆钗亦自伤。"宋范成大《腊月村田乐府·分岁词》："荆钗劝酒仍祝愿：'但愿尊前且强健！'"朱嗣发《摸鱼儿》词："一时左计，悔不早荆钗，暮天修竹，头白倚寒翠。"元房皞《贫家女》诗："持身但如冰雪清，德耀荆钗有令名。"明潘绂《老女吟》："无端忽听邻家语，笑整荆钗独闭门。"清陈维崧《减字木兰花·岁暮灯下》词："零落而今，累汝荆钗伴药砧。"

【九鸾钗】jiǔluánchāi 也称"九玉钗"。妇女发钗。以玉制成。因钗首镂作九鸾之形。九鸾，神话中的九色鸟，青口、绿颈、紫翼、红膺、丹足、绀顶、碧身、缃背、玄尾；因此制作时特以九种不同颜色的玉为之，工艺极为精巧。唐苏鹗《杜阳杂编》卷下："咸通九年，同昌公主出降……九玉钗，上刻九鸾，皆九色。"宋金盈之《醉翁谈录》卷五："同昌公主九玉钗，上刻九鸾，皆九色，有小字曰玉儿，工乃巧丽，殆非人工所制。原其来乃金陵人以献公主酬之其厚，一日昼寝，梦绛衣女奴授语曰：南齐潘淑妃取九鸾钗。及觉，具以梦中之言。"

【九霞裙】jiǔxiáqún 也称"九霞裾"。形容华丽的裙裾。唐曹唐《小游仙诗》之二十七："西汉夫人下太虚，九霞裙幅五云舆。"宋张孝祥《水调歌头·为总得居士寿》词："举酒对明月，高曳九霞裾。"

【九章衣】jiǔzhāngyī 绣有日、月、龙等九种图案的帝王礼服。《资治通鉴·后唐明宗长兴四年》："知祥自作九旒冕，九章衣，车服旌旗皆拟王者。"

【苴麻】jūmá 丧服。引申为居丧。唐颜真卿《谢赠官表》："臣亡父故薛王友先臣惟贞，亡伯故濠州刺史先臣元孙等，并襁褓苴麻，孩提未识，养于舅氏殷仲容以至成立。"宋王禹偁《节度使起复加云麾将军制》："门下三年之丧，万古通制。虽人子尽苴麻之礼，而将军有金革之文。"明沈德符《万历野获编补遗·内阁·阁臣夺情奉差》："又二年而英庙复位，渊以出理工部仅阅成，而文则西市矣。辅臣苴麻，下充赈使，宁不汗颜！此景泰四年事。"

【苴枲】jūxǐ 苴，雌麻；枲，雄麻。指用麻布所制的丧服。唐韦缜《韦夫人王氏墓志》："恩尽苴枲，悲长霜露。"

【居士屦】jūshìjué 唐代居士朱桃椎所编织的草鞋。相传朱桃椎隐居庐山，常织草鞋置道上，见者以米、茶置原处，与之交换。朱辄取物去，终不与人接。所织草鞋柔软轻便，坚固细结，人争蹑之，时人称其鞋为"居士屦"。后泛指居士、隐者所着之鞋。《新唐书·朱桃椎传》："尝织十芒屏置道上，见者曰：'居士屦也。'"宋陆游《自咏》诗："古道泥涂居士屦，荒畦烟雨故侯瓜。"清金农《樊口西郊行药》诗："不著此丘衣，尚留居士屦。"

【具服】jùfú 君臣朝会时或举行隆重的典礼时穿着的衣服。《隋书·礼仪志七》："朝服，亦名具服，冠，帻，簪导，白笔，绛纱单衣，白纱内单，皂领、袖，皂襈，革带，钩𦆕，假带，曲领方心，绛纱蔽膝，袜，舄，绶，剑，佩。"《新唐书·车服志》：

"具服者,五品以上陪祭、朝飨、拜表、大事之服也,亦曰朝服。"唐段成式《西阳杂俎·前集》卷一:"梁诸臣从西门入,着具服,博山远游冠,缨末以翠羽、真珠为饰,双双佩带剑,黑乌。"《宋史·舆服志五》:"凡朝服谓之具服。"

【卷檐虚帽】juǎnyánxūmào 西域少数民族的一种帽子。其形制是帽檐上卷,帽顶高耸,上缀珠玉或金铃。唐初为表演《柘枝舞》和《胡腾舞》的舞者所用,后普及于民间。男女均可戴之。唐张祜《观杨瑗柘枝》诗:"促叠蛮鼍引柘枝,卷檐虚帽带交垂。"

卷檐虚帽(陕西咸阳唐墓出土陶俑)

【军容头】jūnróngtóu 也作"特进头"。幞头的一种,衬垫有木质巾子。流行于唐代。或谓唐代宦官鱼朝恩所创,鱼朝恩在乾元元年任观察军容使,又在广德元年后任天下观察军容宣慰处置使,总领禁兵,故名。宋孙光宪《北梦琐言》卷五:"乾符后,宫娥皆以木围头。自是四方效之,唯内宫各自出样,匠人曰:斫'军容头''特进头'。"《朱子语类》卷九一:"唐人幞头,初止以纱为之,后以其软,遂斫木作一山子,在前衬起,名曰'军容头',其说以为起于鱼朝恩,一时人争效之。"高承《事物纪原》卷三:"太宗谓侍臣曰:幞头起于周武,盖取便于军容。"

K

ke—kui

【珂佩】kēpèi ❶朝服上的玉带。唐顾况《洛阳陌》诗之二："珂佩逐鸣驺,王孙结伴游。"《旧唐书·职官志二》："凡百僚冠笏、伞幰、珂佩,各有差。常服亦如之。"《敦煌变文集》卷一："由(犹)更赐其珂佩,白玉装弓勒鞯,妻封仆(仆)从。"元金仁杰《追韩信》第二折："烟烟湾湾,珂佩珊珊,冷清夜静水寒,可正是渔人江上晚。"清唐孙华《次韵答倪草亭》："遥想长安珂佩客,火云夹日炙雕鞍。"❷以贝壳螺蛤装饰的腰带,多用于少数民族妇女。《太平御览》卷九四八:"新安蛮妇人于耳上悬金环子,贯瑟瑟,帖于髻侧;又腰以螺蛤,联穿系之,谓之珂佩。"

【可敦服】kědūnfú 突厥、回纥等少数民族贵妇所穿的礼服。可敦,可汗之妻。《新唐书·回鹘传下》:"可汗升楼坐,东向,下设氄毯以居公主,请袭胡衣,以一姆侍出,西向拜已,退即次,被可敦服,绛通裾大襦,冠金冠,前后锐。"

【客衣】kèyī 指客行、旅居者的衣着。唐卢纶《咸阳送房济侍御归太原》诗:"客衣频染泪,军旅亦多尘。"高适《使青夷军入居庸》诗:"匹马行将久,征途去转难。不知边地别,只讶客衣单。"宋晁补之《村居即事》诗:"十载京尘化客衣,故园榆柳识春归。"金元好问《望苏门》诗:"诸父当年此往还,客衣尘土泪斑斑。"清叶廷管《鸥陂渔话·李兰青诗》:"苍茫云水外,帆挟浪花飞。落日在江树,微寒生客衣。"

【裪裆】kèdāng 也作"裪裆"。有短袖的背心。其袖较半臂为短,仅掩肩膀。着时由颈部套下,无需开襟。通常罩在长袖衣外,下与腰齐。多见于唐人所着。唐蒋防《霍小玉传》:"生忽见玉緵帷之中,容貌妍丽,宛若平生。著石榴裙,紫裪裆,红绿帔子。"《新唐书·车服志》:"武弁者,武官朝参、殿庭武舞郎、堂下鼓人、鼓吹桉工之服也。有平巾帻,武舞绯丝布大袖,白练裪裆,螣蛇起梁带,豹文大口绔,乌皮靴……鼓吹桉工加白练裪裆。"《敦煌变文集》卷三:"裪裆两袖双鸦鸟,罗衣接缕入衣箱。"《龙龛手鉴·衣部》:"裪裆,前后两当衣也。"明方以智《通雅》卷三六:"裪裆,言裲裆之盖其外也……如罩甲类也。"

【孔雀翠衣】kǒngquècuìyī 以孔雀羽毛制成或装饰的舞衣。唐郑嵎《津阳门诗》:"花萼楼南大合乐,八音九奏鸾来仪……马知舞彻下床榻,人惜趋终更剥毛。"自注:"上始以诞圣日为千秋节,每大酺会,必于勤政楼下使华夷纵观……又令官妓梳九骑仙髻,衣孔雀翠衣,佩七宝璎珞,为霓裳羽衣之类。曲终,珠翠可扫。"

【扣】kòu ❶束革带的金属扣结。《新唐书·高丽传》:"王服五采,以白罗制冠,革带皆金扣。大臣青罗冠,次绛罗,珥两鸟羽,金银杂扣。"❷纽扣。元王实甫《西厢记》第五本第一折："纽结丁香,掩过芙蓉扣。"

【袴(裤)带】kùdài 系裤的带子。南唐张泌《妆楼记·丹脂》："吴孙和悦邓夫人,尝置膝上。和弄水精如意,误伤夫人颊,血洿袴带。"《红楼梦》第六回："袭人伸手与他系裤带时,不觉伸手至大腿处,只觉冰凉一片粘湿。"《二十年目睹之怪现状》第五十六回:"李壮忽然翻转了脸,飕的一声,在裤带上拔出一枝六响手枪。"

【袴(裤)脚】kùjiǎo 裤腿的最下端。唐韩愈《崔十六少府摄伊阳以诗及书见投因酬三十韵》:"娇儿好眉眼,袴脚冻两骭。"《红楼梦》第六十三回:"宝玉只穿着大红绵纱小袄儿,下面绿绫弹墨夹裤,散着裤脚,系着一条汗巾。"

【袴(裤)袜】kùwà 也称"袜裤""藕覆"。妇女所着的一种胫衣。形似袜袎,无腰无裆,左右各一。一般着在膝下,下达于踝,着时以带系缚。隋唐时称裤袜(罩在足上的无底袜)为"袴袜"。辽宋时称"钓墩",南宋后多称此名。《隋书·礼仪志六》:"祭服,绛缘领袖为中衣,绛裤袜,示其赤心事神。"宋无名氏《致虚杂俎》:"太真著鸳鸯并头莲花裤袜,上戏曰:'贵妃裤袜上乃真鸳鸯莲花也。'"《宋史·舆服志五》:"钓墩,今亦谓之袜裤,妇人之服也。"元伊世珍《琅嬛记上》:"太真著鸳鸯并头莲锦裤袜。"注:"裤袜,今俗称膝裤。"元末明初陶宗仪《说郛》卷三一:"太真著鸳鸯并头莲锦裤袜,上戏曰:'贵妃裤袜上,乃真鸳鸯莲花也。'太真问:'何得有此称?'上笑曰:'不然,其间安得有此白藕乎?'贵妃由是名裤袜为藕覆。"

【袴(裤)靴】kùxuē 裤褶和靴的合称,指军服。古时男子下体之服多用裳、履,而战士则用裤、靴,以便乘骑,因称兵服为裤靴。唐韩愈《送郑尚书序》:"大府帅或道过其府,府帅必戎服,左握刀,右属弓矢,帕首、裤靴迎郊。"宋刘克庄《再和实之〈春日〉》之二:"少小从军事袴靴,祇今庙算主通和。"梅尧臣《观邵不疑学士所藏名书古画》诗:"系衣穿裤靴,坐立皆厩吏。"清宋琬《赠马南宫参戎》诗:"狐白之裘秦复陶,裤靴帙首乌孙刀。"

【袴】kuǎ ❶长袍。《新唐书·李训传》:"孝本易绿袴,犹金带,以帽幛面,奔郑注,至咸阳,追骑及之。"《广韵·马韵》:"袴,袴衿,袍也。"一说为单布长衫。《正音撮要·衣冠》:"单长衫曰袴。"❷贴身内裤。《广韵·马韵》:"袴,小裤曰袴。"

【鈐】kuǎ 也作"銙""胯"。也称"胯子"。腰带饰物。即钉缀在带鞓上的片状牌饰。源于西北少数民族腰带上的牌饰。唐代以来官庶皆用,以质料、形状、数量、纹饰等辨别等级。造型有圆形、心形、方形等。主要质料有金、银、铃石、犀角、铜铁等,可分别称之"金带""玉带"等名。至宋形制增至二十余种,并以纹饰区分等级。元代参照宋制而略有损益。明清时期仍有此制,且通于命妇。《新唐书·车服志》:"腰带者:搢垂头于下,名曰铊尾,取顺下之义。一品、二品鈐以金,六品以上以犀,九品以上以银,庶人以铁。"五代后唐马缟《中华古今注》卷上:"文武品阶腰带,盖古革带也……高祖三品以上,以金为鈐,服绿;庶人以铁为鈐,服白。"宋王得臣《麈史》卷上:"古以韦为带,反插垂头,至秦乃名腰带。唐高祖令下插垂头,今谓之挞尾也。今带止用九胯,四方五圆,乃九环之遗制。"

宋岳珂《愧郯录》卷一二:"宗戚群珰,间
一有服金带,异花精致者,人往往辄指
目:'此紫云楼带。'……镂篆之精,其微
细之像,殆人于鬼神而不可名,且往时诸
带方胯,不若此带。"《元史·舆服志一》:
"偏带,正从一品以玉,或花,或素。二品
以花犀。三品、四品以黄金为荔枝。五
品以下以乌犀。并八胯,輙用朱革。"

革带上的銙(江苏苏州元墓出土)

【胯衫】kuàshān 唐代宦官之服。亦借指
宦者。《新唐书·宦者传上·马存亮》:
"北司供奉官以胯衫给事,今执笏,
过矣。"

【宽衫】kuānshān ❶特指歌舞者所穿的
宽阔肥大的衣服。《全唐诗·得体歌》题
解:"舟人大笠、宽衫、芒履,如吴楚之
制……唱《得体歌》。"宋孟元老《东京梦
华录》卷九:"教坊乐部,列于山楼下彩棚
中,皆裹长脚幞头,随逐部服紫绯绿三色
宽衫黄义襕,镀金凹面腰带。"《文献通
考·乐志十九》:"五日诨臣万岁乐队,衣

紫绯绿罗宽衫,诨裹簇花帽头。"❷指宋
代官吏、士人之宽阔肥大的衣服。宋叶
梦得《石林燕语》卷六:"太平兴国中,李
文正公防,尝举故事,请禁品官丝袍,举
子白纻下不得服紫色衣……至道中驰其
禁。今胥吏宽衫,与军伍窄衣,皆服
紫,沿习之久,不知其非也。"《水浒传》第
二回:"那太公年近六旬之上,须发皆
白,头戴遮尘暖帽,身穿直缝宽衫,腰系
皂丝绦。"❸丧服。《宋史·礼志二十
五》:"十月三日,灵驾发引,其凶仗法物
擎舁牵驾兵士力士,凡用万一千一百九
十三人。挽郎服白练宽衫,练裙,勒
帛,绢帻。"

【纩衣】kuàngyī 唐代将帅武官所穿之战
袍。在甲上穿的充有绵絮的战袍。其形
如普通袍,但袍身短至膝,袖较窄。唐苏
鹗《杜阳杂编》卷中:"冬不纩衣,夏不汗
体。"宋尤袤《全唐诗话·开元宫人》:"开
元中,赐边军纩衣,制于宫中。"明沈鲸
《双珠记·纩衣寄诗》:"这是边军的纩
衣,旧规都是宫女裁制,如今每人分做一
件,连夜趲完,明早就要发出去的。"

【颎缨】kuǐyīng 指帽上系在颔下的带子。
《隋书·礼仪志四》:"宾盥讫,进加缁布
冠。赞冠进设颎缨。"

L

lai—liu

【莱彩】láicǎi 即"老莱衣"。唐丘瑜《长安除夕》诗:"天涯一别虚莱彩,京国多惭拥弊裘。"明高明《琵琶记·高堂称寿》:"要将莱彩欢亲意,且戴儒冠尽子情。"通复《送朱人远入蜀省觐》诗:"郡楼花早发,莱彩正宜春。"

【莱服】láifú 即"老莱衣"。宋楼钥《送郑惠叔司封江西提举》诗:"仰奉鹤发亲,板舆映莱服。"明杨慎《三楚壮游诗序》:"莱服承欢,潘舆最喜。"清朱彝尊《送周赞善视学浙江》诗之二:"兰陔花暖日初晴,莱服潘舆次第迎。"

【莱衣】láiyī 即"老莱衣"。南唐李中《献中书汤舍人》诗:"銮殿对时亲彩日,鲤庭过处著莱衣。"明沈鲸《双珠记·二友推恩》:"北堂光景迫桑榆,寂寞莱衣久失娱。"清龚自珍《己亥杂诗》之一四九:"祇将愧汗湿莱衣,悔极堂堂岁月违。"

【蓝袍】lánpáo ❶士人有功名的人所穿的礼服。五代齐己《与崔校书静话言怀》诗:"我性已甘披祖衲,君心犹待脱蓝袍。"明高明《琵琶记》第九出:"日映宫花明翠幌,蓝袍嫩绿新裁。"汤显祖《牡丹亭·榜下》:"黄门旧是黄门客,蓝袍新作紫袍仙。"《古今小说·赵伯升茶肆遇仁宗》:"借得蓝袍槐简,引见御前,叩首拜舞。"❷清代帝王、百官、正式生员所穿的礼服。《清史稿·礼志十一》:"又议定御用服色……百日外珠顶冠、蓝袍、金龙褂。"徐珂《清稗类钞·服饰》:"臣工召对、引见,皆服天青褂、蓝袍,杂色袍悉在禁止之列。"

【蓝衫】lánshān ❶八品、九品小官所穿的服装。《旧唐书·哀帝纪》:"虽蓝衫鱼简,当一见而便许升堂;纵拖紫腰金,若非类而无令接席。"唐徐夤《寓题》诗:"酒壶棋局似闲人,竹笏蓝衫老此身。"金王若虚《病中》诗:"蓝衫几弃物,绛帐亦虚名。"❷即"襕衫"。"蓝"与"襕"同音,故借用之。一说缘色为蓝,故名。唐、明时期儒生的法定服色。唐殷文圭《贺同年第三人刘先辈》诗:"甲门才子鼎科人,拂地蓝衫榜下新。"韦应物《送秦系赴润州》诗:"近作新婚镊白髯,长怀旧卷映蓝衫。"明王达《椒宫旧事》:"后见秀才巾服与胥史同,乃更制儒巾、蓝衫,令上著之。上曰:'此真儒服也。'遂颁天下。"《醒世姻缘传》第三十八回:"狄希陈(中了秀才)换了儒巾,穿了蓝衫。"明张自烈《正字通·衣部》:"明制,生员襕衫用蓝绢,裾袖缘以青,谓有襕缘也。俗作'襤衫',因色蓝改为'蓝衫'。"《儒林外史》第三十二回:"人家将来进了学,穿戴着簇新的方巾、蓝衫,替我老叔子多磕几个头,就是了。"❸戏曲服装专用名称。圆领,大襟,阔袖(带水袖),袖口稍曲呈波状衣长及足,腰部镶黑色贴边,如箍。蓝衫为穷书生常服,如《永团圆·击鼓》中蔡文英所着。

隋唐五代时期的服饰

【襕笏】lánhù 穿襕袍,执手板。官吏朝会时的服饰。宋王谠《唐语林·补遗四》:"供奉官紫衣入侍,后军容使杨复恭偆具襕笏,宣导自复恭改作也。"《资治通鉴·唐昭宗龙纪元年》:"僖宗之世,已具襕笏。"

【襕衫】lánshān ❶士人所穿的礼服。因下摆缀有横襕而得名。唐初,中书令马周奏议制士人专服的襕衫,在深衣之上,加襕、袖、褾、襈(袖指衣袖,褾为袖端横饰,襈为衣边饰,襕为下摆横饰),作为士人专服,称襕衫,与襕袍类似。后代沿袭唐制,宋代作为秀才、举人之服。新进士换下的襕衫,常被视为吉祥之物,尤其是少年及第之士。沿至明清,则用作生员或监生等士子之服。但式样略有改变,上衣下裳,圆领大袖,下施横襕为裳,腰间有褶。唐韦绚《刘宾客嘉话录》:"大司徒杜公在维阳也,尝召宾幕闲语:'我致政之后,心买一小驷八九千者,饱食讫而跨之,著一粗布襕衫,入市看盘铃傀儡,足矣。'"《新唐书·车服志》:"是时士人以棠苎襕衫为上服,贵女功之始也。一命以黄,再命以黑,三命以缥,四命以绿,五命以紫。士服短褐,庶人以白。中书令马周上议:《礼》无服衫之文,三代之制有深衣。请加襕、袖、褾、襈,为士人上服。"《说郛》卷一〇:"唐马周上议曰:'臣寻究《礼经》无衫服之文,三代以布为深衣。今请于深衣之下添襕及裙名曰襕衫,以为上士之服,其开胯者名曰舒胯衫,庶人服之。'诏从之。今之公服盖取襕衫之制。"宋王禹偁《寄砀山主簿朱九龄》诗:"利市襕衫抛白纻,风流名纸写红笺。"《朱子家礼》卷一:"凡言盛服者,有官则幞头、公服、带、靴、笏;进士则幞头、

襕衫、带。"《宋史·舆服志五》:"襕衫,以白细布为之,圆领大袖,下施横襕为裳,腰间有襞积。进士及国子生、州县生服之。"明田艺蘅《留青日札》卷二二:"生员玉色绢布襕衫,宽袖,皂线绦,软巾垂巾。"《明史·舆服志三》:"生员襕衫,用玉色布绢为之,宽袖皂缘,皂绦软巾垂带。贡举人监者,不变所服。"清顾张思《土风录》卷三:"秀才、举人公服曰襕衫……或云当为蓝衫,取李固言'柳叶染袍'之意,故今公服多用蓝色。"《儿女英雄传》第二十八回:"旁边却站着一个方巾,襕衫,十字披红,金花插帽,满脸酸文,一嘴尖团字儿的一个人。原来那人是……冒考落第的一个秀才。"徐珂《清稗类钞·服饰》:"盖明初秀才襕衫,前后飞鱼补。"❷丧服。以白色麻布制成。《宋史·礼志二十八》:"诸路监司,州军县镇长吏以下,服布四脚,直领布襕衫,麻腰绖,朝晡临,三日除之。"宋陈元靓《事林广记·丧祭通礼》:"凡书服,用素幞头(用白绢或布为之),白布襕衫,角带。"

【老莱服】lǎoláifú 即"老莱衣"。唐蔡希寂《同家兄题渭南王公别业》诗:"吾兄许微尚,枉道来相寻。朝庆老莱服,夕闲安道琴。"宋梅尧臣《送新安张尉乞侍养归淮甸》诗:"却衣老莱服,曾无梅福书。"

【老莱衣】lǎoláiyī ❶五色彩衣。相传周朝老莱子为娱双亲年七十穿五彩衣,作婴儿戏。后世用作省亲、孝养父母之典故。《艺文类聚》卷二〇:"老莱子孝养二亲,行年七十,婴儿自娱,著五色采衣。尝取浆上堂,跌仆,因卧地为小儿啼,或弄乌鸟于亲侧。"《初学记》卷一七:"老莱至孝,奉二亲,行年七十,著五彩褊襕

衣,弄鶵鸟于亲侧。"唐王维《送友人南归》诗:"悬知倚门望,遥识老莱衣。"杜甫《送韩十四江东觐省》诗:"兵戈不见老莱衣,叹息人间万事非。"王维《送钱少府还蓝田》诗:"手持平子赋,目送老莱衣。"宋梅尧臣《寒食前一日陪希深监游大字院》诗:"闻过少傅宅,喜见老莱衣。"明何景明《过先墓》诗:"一寸未忘游子线,万年难觅老莱衣。"清赵翼《石庵还朝口占送别》诗:"白头犹著老莱衣,假满还朝四牡骓。"❷朝廷内官、侍者之服。宋陆游《柴怀叔殿院世彩堂》诗:"卷服貂冠世间有,荣悴纷纷翻覆手。不如御史老莱衣,世彩堂中奉春酒。"

【乐天巾】lètiānjīn 顶上用寸帛作成筒状的头巾,相传唐白居易(号乐天)也喜戴此,故称。参见 809 页"纯阳巾"。

【离尘衣】líchényī 即袈裟。唐寒山《诗三百三》:"虽著离尘衣,衣中多养蚤。"

【立凤履】lìfènglǚ "凤头鞋"之一种。或因凤身竖立而得名。五代后唐马缟《中华古今注》卷中:"梁有笏头履、分梢履、立凤履。"明杨慎《谭苑醍醐》卷三:"梁有分梢履、立凤履、五色云霞履。"

【笠檐】lìyán 指笠帽周围下覆冒出的部分。唐陆龟蒙《晚渡》诗:"各样莲船逗村去,笠檐蓑袂有残声。"清月河《登天目遇雨》诗:"渐觉笠檐重,沾袂细如尘。"查慎行《连日恩赐鲜鱼恭纪》诗:"笠檐蓑袂平生梦,臣本烟波一钓徒。"

【笠子】lìzi 据称是源自异域的一种帽子。多用毡、纱、罗等制成,圆阔如钺形,用以遮暑。多为农民、渔夫、樵子或隐士所戴。唐李白《戏赠杜甫》诗:"饭颗山头逢杜甫,头戴笠子日卓午。"高适《渔父歌》:"笋皮笠子荷叶衣,心无所营守钓矶。"宋陈元靓《事林广记》后集卷一〇:"笠子,古者虽出于外国,今世俗皆顶之,或以牛尾、马尾为之,或以皂罗、皂纱之类为之。"吴曾《能改斋漫录》卷一三:"大观四年十二月诏:京城内近日有衣装,杂以外裔形制之人,如戴毡笠子、著战袍、系番束带之类,开封府宜严行禁止。"明李时珍《本草纲目·服器部》:"笠乃贱者御雨之具……近代以牛、马尾、棕毛、皂罗漆制,以蔽日者,亦名笠子。"何孟春《余冬序录摘抄内外篇》卷一:"洪武二十二年为申严巾帽之禁,凡文武官除本等纱帽……公差出外许戴笠子,入城不许。"

【连裳】liáncháng ❶衣裳相连的服装。可用作妇女婚服。亦可用为宫廷舞乐者之服。《新唐书·车服志》:"大袖连裳者,六品以下妻,九品以上女嫁服也。"《隋书·音乐志中》:"登歌人介帻,朱连裳,乌皮履。宫悬及下管人平巾帻,朱连裳。"又《音乐志下》:"舞六十四人,并黑介帻,冠进贤冠,绛纱连裳,内单、皂标、领、襈、裾,革带,乌皮履。"❷丧服。《宋史·礼志二十六》:"两省、御史台中丞文武百官以下,四脚幅巾,连裳,腰绖。"

【连理襦】liánlǐrú 绣有连理枝的短上衣。唐许景先《折柳篇》:"宝钗新梳倭堕髻,锦带交垂连理襦。"

【莲花巾】liánhuājīn 道士所戴的一种莲花样式的软帽、头巾。唐李白《江上送女道士褚三清游南岳》诗:"吴江女道士,头戴莲花巾。"元末明初陈基《织锦篇》:"何时头戴莲花巾,相伴双成礼白云。"明史谨《林岫轩》诗:"君今自是仙中人,绿玉拄杖莲花巾。"田艺蘅《留青日札》卷二二:"莲花巾,吴江女道士(戴)。"

【练巾】liànjīn 粗帛制成的白色头巾。《通典·礼志四十七》："又下诏，欲以素服练巾听政。"明田艺蘅《留青日札》卷二二："练巾，衻衡著。练，绤也。"宋王安石《诉衷情·和俞秀老〈鹤词〉》词："练巾藜杖白云间，有兴即跻攀。"朱翌《告春亭诗》："练巾已堪岸，藜杖始一携。"

【练帨】liànshuì 白色佩巾。唐韩愈《李花》诗之二："长姬香御四罗列，缟裙练帨无等差。"宋方回《次韵张耕道喜雨见怀兼呈赵宾旸》诗："拭汗纸练帨，搔头断玉簪。"刘子翚《次韵蔡学士梅诗》："瑶池仿佛万妃游，缟裙练帨何鲜洁。"刘黻《用坡仙梅花十韵·友梅》："玉骨冰肌练帨轻，纵教雪压色逾明。"

【良衣】liángyī 平民百姓穿的一种短裤。五代后唐马缟《中华古今注·裈》："裈，三代不见所述。周文王所制裈长至膝，谓之弊衣，贱人不可服；曰良衣，盖良人之服也。"

【两博鬓】liǎngbóbìn 也称"双博鬓""二博鬓"。后妃、内外命妇在一定礼仪场合使用的鬓发，是一种假鬓，形似薄鬓，鬓发下垂至耳，抱住面颊，下垂过耳，左右旁鬓上各饰有叶状花钿、翠叶之类的饰物。始于隋，而流行于唐、宋、明各朝的贵族妇女，各有损益。《隋书·礼仪志七》："皇后服四等……首饰花十二钿，小花毦十二树，并两博鬓……皇太后服，同于后服……贵妃、德妃、淑妃，是为三妃。服褕翟之衣，首饰花九钿，并二博鬓。"《新唐书·车服志》："皇后之服三：首饰大小华十二树，以象衮冕之旒，又有两博鬓……皇太子妃之服有三：九钿，其服用杂色，制如鞠衣，加双佩、小绶，去舄加履，首饰花九树，有两博鬓。"《宋史·舆服志三》："皇后首饰花一十二株，小花如大花之数，并两博鬓……妃首饰花九株，小花同，并两博鬓……皇太子妃首饰花九株，小花同，并两博鬓。"《金史·舆服志上》："皇后冠服，花株冠……上有金蝉鑻金两博鬓。"又《舆服志二》："皇后冠服：洪武三年定……两博鬓十二钿……永乐三年定制……三博鬓，饰以金龙、翠云，皆垂珠滴……皇妃、皇嫔及内命妇冠服：洪武三年定，皇妃受册、助祭、朝会礼服。冠饰九翚、四凤花钗九树，小花数如之。两博鬓九钿。皇太子妃冠服……永乐三年更定，九翚四凤冠……双博鬓，饰以鸾凤，皆垂珠滴……永乐三年定燕居冠……金凤一对，口衔珠结。双博鬓，饰以鸾凤。金宝钿十八，边垂珠滴。"《明史·舆服志三》："命妇冠服：洪武元年定，命妇一品，冠花钗九树。两博鬓，九钿……二品，冠花钗八树。两博鬓，八钿……三品，冠花钗七树。两博鬓，七钿……四品，冠花钗六树。两博鬓，六钿……五品，冠花钗五树。两博鬓，五钿……六品，冠花钗四树。两博鬓，四钿……七品，冠花钗三树。两博鬓，三钿。"明王圻《三才图会》卷三："两博鬓，即今之掩鬓。"明顾起元《客座赘语》卷四："掩鬓，或作云形，或作团花形插于两鬓，古之所谓两博鬓也。"

【靓衣】liàngyī 艳丽的服装。唐裴铏《传奇·封陟》："后七日夜，姝又至。态柔容冶，靓衣明眸。"

【菱角巾】língjiǎojīn 隐逸之士的一种头巾。唐冯贽《云仙杂记》卷二引董慎《续豫章记》："王邻隐西山，顶菱角巾。又尝就人买菱，脱顶巾贮之。尝未遇而叹曰：

'此巾名实相副矣。'"

【领带】lǐngdài 系结衣领之带。《隋书·礼仪志三》:"安成王慈太妃丧……嗣子著细布衣、绢领带,单衣用十五升葛。"《宋史·五行志五》:"北海县蚕自织如绢,成领带。"

【领襘】lǐngguì 衣领交叉,其交叉处称领襘。亦借指衣服。唐刘禹锡《代赐谢春衣表》:"执领襘而抃舞失次,被纤柔而顾盼增辉。"

【琉璃钗】liúlíchāi 省称"琉璃"。妇女发钗。以琉璃制成,故称。唐宋时期较为流行。《新唐书·五行志一》:"唐末……世俗尚以琉璃为钗钏。"《文献通考·物异十六》:"光宗绍熙元年,里巷妇人,初以琉璃钗为首饰。"《宋ògù纪事》卷一〇:"京城禁珠翠,天下尽琉璃。"

【柳花裙】liǔhuāqún 白色裙子。柳花,即柳絮,其色洁白如棉。唐李余《临邛怨》:"藕花衫子柳花裙,多著沉香慢火熏。惆怅妆成君不见,空教绿绮伴文君。"元稹《白衣裳》诗之二:"藕丝衫子柳花裙,空著沉香慢火熏。闲倚屏风笑周昉,枉抛心力画朝云。"

long—lü

【龙钏】lóngchuàn 饰刻龙形的臂饰或腕饰。《敦煌变文集·秋吟一本》:"□□□素馨香,龙钏凤钗夺日(目)。"

【龙火衣】lónghuǒyī 皇帝的礼服。因其上绣山龙藻火图案,故称。唐王建《元日早期》诗:"圣人龙火衣,寝殿开璇扃。"元陈孚《呈李野斋学士》诗:"欲补十二龙火衣,袖中别有五色线。"

【龙角钗】lóngjiǎochāi 传说中的一种宝钗。钗上刻有龙形。唐苏鹗《杜阳杂编》卷上:"代宗大历中,日林国献灵光豆、龙角钗……龙角钗,类玉而绀色,上刻蛟龙之形,精巧奇丽,非人所制。上因赐独孤妃。与上同游龙舟,池有紫云,自钗上而生,俄顷满于舟楫。上命置之掌内,以水喷之,遂化为二龙,腾空东去。"

【龙绡衣】lóngxiāoyī 用轻纱制成的衣服。唐宋时贵族妇女亦用作夏衣。传唐元载曾从异域购得而赐予舞姬。其质轻薄,整件衣服不盈一握。唐苏鹗《杜阳杂编》卷上:"元载末年,载宠姬薛瑶英,攻诗书、善歌舞……衣龙绡之衣,一袭无一二两,抟之不盈一握。裁以瑶英体轻,不胜重衣,故于异国以求是服也。"《绿窗新语》卷下:"薛瑶英京都佳丽也……衣龙绡衣,一袭无一二两,抟之不盈一握,盖其体轻而胜也。"

【龙衣】lóngyī 有龙纹的衣服。通常为皇族宗室所用。大臣近侍如蒙特赏也可着之。唐卢照邻《登封大酺歌》之二:"日观仙云随凤辇,天门瑞雪照龙衣。"宋徽宗《宫词》:"浴儿三日庆成均,宝带龙衣赐近臣。骏马金鞍新遴选,先令羁控过延春。"明罗贯中《风云会》第四折:"紫罗襕替龙衣,白象简当玄圭。"徐渭《凯歌二首赠参将戚公》之一:"战罢亲看海日晞,大酋流血湿龙衣。"清薛福成《庸盦笔记·轶闻·太监安得海伏法》:"有安姓太监……声势煊赫,自称奉旨差遣,织办龙衣。"

【笼裙】lóngqún 一种桶型裙子,其上的纹饰亦繁复多样。通常以轻薄纱罗为之,作成桶状,着时由首贯入,如后世套裙之属。初多见于西南少数民族地区,隋唐时传入中原,用作舞裙,亦用于普通妇女。五代以后,其制不息,并一直流传至今。唐顾况《宜城放琴客歌》:"新妍笼裙云母光,朱弦绿水喧洞房。"于鹄《赠碧玉》诗:"新绣笼裙豆蔻花,路人笑上返金车。"白居易《见紫薇花忆微之》诗:"一丛暗澹将何比,浅碧笼裙衬紫巾。"五代后唐马缟《中华古今注》卷中:"隋大业中……又制单丝罗以为花笼裙,常侍宴供奉宫人所服。"五代薛涛《春郊游眺寄孙处士》诗:"今朝纵目玩芳菲,夹缬笼裙绣地衣。"《新唐书·五行志一》:"(安乐)公主初出降,益州献单丝碧罗笼裙,缕金为花鸟,细如丝发,大如黍米,眼鼻嘴甲皆备,嘹视者方见之。"

笼裙

【笼衫】lóngshān 也称"缦衫""缦衣"。唐代舞者的罩衣。其形制极小,长仅及腰际,朴实而不施采饰,穿在华丽舞衣的外面。舞者初上场时多着此衣,舞至高潮,则脱去笼衫,使绚丽多采的舞衣,突然呈现于观众面前,起到引人入胜的效果。唐崔令钦《教坊记》:"《圣寿乐舞》衣襟皆各绣一大窠,皆随其衣本色,制纯缦衫,下才及带。若短汗衫者,以笼之,所以藏绣窠也。舞人初出乐次,皆是缦衣,舞至第二叠,相聚场中,即于众中从领上抽去笼衫,各纳怀中,观者忽见众女咸文绣炳焕,莫不惊异。"

【鲁风鞋】lǔfēngxié 唐宣宗命人仿照孔子履制作的鞋。宋陶谷《清异录·衣服》:"(唐)宣宗性儒雅,令有司效孔子履制进,名鲁风鞋。宰相、诸王效之而微杀其式,别呼为'遵王履'。"

【鹿弁】lùbiàn 用鹿皮制成的皮冠。多为隐士所戴。唐陆龟蒙《秋赋有期因寄袭美》诗:"烟霞鹿弁聊着茗,邻里渔舠暂解还。"宋陆游《记梦》诗:"主人鹿弁紫绮裘,相见欢如有畴昔。"

【鹿耳巾】lǔěrjīn 头巾名。唐刘商《鹿耳巾歌》:"赵侯首带鹿耳巾,规模出自陶弘景。"

【鹿冠】lùguān 即"鹿弁"。唐皮日休《临顿为吴中偏胜之地陆鲁望居之不出郛郭旷若郊墅余每相访疑然惜去因成五言十首奉题屋壁》之七:"玄想凝鹤扇,清斋拂鹿冠。"宋张君房《云笈七签·吴子来写真赞》:"布裘草带,鹿冠纱巾。"宋陶谷《清异录·器具》:"谁知鹿冠叟,心地如虚空。"

【鹿麑裘】lùníqiú 泛指鹿皮裘服。五代南唐陈陶《逸句》诗:"一鼎雄雌金液火,十年寒暑鹿麑裘。"

【鹿皮弁】lùpíbiàn 即"鹿弁"。《隋书·礼仪志七》:"乘舆鹿皮弁服,绯大襦,白罗裙,金乌皮履,革带,小绶长二尺六寸,色同大绶,而首半之,间施三玉环,白玉佩一双。"

【鹿胎冠子】lùtāiguānzi 用胎鹿的皮制成的冠帽,多为妇女、道士、隐士所用。极为贵重,始于唐,至宋大为流行,宋朝屡次禁止。唐褚载《送道士》诗:"鹿胎冠子水晶簪，长啸欹眠紫桂阴。"李群玉《寄友人鹿胎冠子》诗："数点疏星紫锦斑，仙家新样剪三山。宜与谢公松下戴，净簪云发翠微间。"宋王得臣《麈史》卷上："妇人冠服涂饰，增损用舍，盖不可名记。今略记其首冠之制，始用以黄涂白金；或鹿胎之革，或玳瑁，或缀采罗为攒云五岳之类。既禁用鹿胎、玳瑁，乃为白角者，又点角为假玳瑁之形者。然犹出四角而长矣。"宋吴自牧《梦粱录·诸色杂卖》卷一三："若欲唤个路钉铰、修补锅铫……染红绿牙梳：穿结珠子、修洗鹿胎冠子、修磨刀剪、磨镜，时时有盘街者，便可唤之。"王之道《浣溪沙·赋春雪追和东坡韵四首》其四："鱼枕蕉深浮酒蚁，鹿胎冠子粲歌珠。题诗不觉烛然须。"《宋史·奸臣传·秦桧》："桧擅政以来，屏塞人言，蔽上耳目……欲有言者恐触忌讳，畏言国事，仅论销金铺翠、乞禁鹿胎冠子之类，以塞责而已。"

【鹿胎巾】lùtāijīn 省称"鹿胎"。用胎鹿皮制成的头巾，多用于隐逸之士。唐皇甫大夫《判道士黄山隐》诗："绿绶藏云帔，乌巾换鹿胎。"上官婉儿《游长宁公主流杯池》诗："横铺豹皮褥，侧带鹿胎巾。"杨巨源《见薛侍御戴不损裹帽子因赠》："已见笼蝉翼，无因映鹿胎。"

【鸾钗】luánchāi 妇女发钗。以金银等材料制成。因钗首饰有鸾鸟之形或纹饰，故名。唐李贺《送秦光禄北征》诗："钱塘阶凤羽，正室擘鸾钗。"李商隐《河阳诗》："湿银注镜井口平，鸾钗映月寒铮铮。"刘学锴、余恕诚集解引道源注：《杜阳杂编》：'唐同昌公主有九鸾之钗。'"胡仔《水龙吟·以李长吉美人梳头歌填》词："兰膏匀渍，冷光欲溜，鸾钗易坠。"元

乔吉《扬州梦》第二折："高插鸾钗云鬓耸，巧画蛾眉翠黛浓。"明唐寅《题美人图》诗："鸾钗压鬓髻偏新，雾湿云低别种情。"清纳兰性德《桂》诗："露铸鸾钗色，风熏鹭岭香。"

【鸾环】luánhuán 用翠鸟之羽做成的环形饰物。唐杜牧《扬州》诗之二："金络擎雕去，鸾环拾翠来。"冯集梧注：《异物志》：'翠鸟形如鸾，翡赤而翠青，其羽可以为饰。'曹植《洛神赋》：'或拾翠羽。'江总诗：'数钱拾翠争佳丽。'"

【鸾冕】luánmiǎn 冠冕名，其上有鸾鸟纹饰。唐代三公的礼冠。唐杨炯《公卿以下冕服议》："又鸾冕八章，三公服之者也。鸾者，太平之瑞也，非三公之德也。"

【鸾佩】luánpèi 雕有鸾鸟的玉佩。唐李贺《梦天》诗："玉轮轧露湿团光，鸾佩相逢桂香陌。"和凝《临江仙》词："翠鬟初出绣帘中，麝烟鸾佩惹蘋风。"林宽《献同年孔郎中》诗："蟾枝交彩清兰署，鸾佩排光映玉除。"宋陈宗远《梦游月宫》诗："飏金排玉水晶宫，鸾佩霓襦笑相遇。"

【鸾衣】luányī 传说用鸾鸟羽毛编制的衣服。指仙人之衣。唐王勃《彭州九陇县龙怀寺碑》："真童凤策，即践金沙；仙女鸾衣，还窥石镜。"

【罗绷】luóbēng 丝罗襁褓。唐严维《咏孩子》诗："绣被花堪摘，罗绷色欲妍。"

【罗带】luódài 丝织的衣带。女子所用的饰物，常以之作男女定情之信物。隋李德林《夏日》诗："微风动罗带，薄汗染红妆。"罗爱爱《闺思诗》："罗带因腰缓，金钗逐鬓斜。"唐韦庄《清平乐》其二："罗带悔结同心，独凭朱阑思深。"李白《拟古十二首》诗其一："别后罗带长，愁宽去时衣。"宋林逋《相思令》词："君泪盈，妾泪

盈,罗带同心结未成,江边潮已平。"周密《摸鱼儿》词:"对西风,鬓摇烟碧,参差前事流水。紫丝罗带鸳鸯结,的的镜盟钗誓。"《金瓶梅词话》第七十三回:"妇人摘了头面,走来那床房里,见桌上银灯已残,从新剔了剔……于是解松罗带,卸褪湘裙。"清龚自珍《己亥杂诗》之四十九:"姊妹隔花催送客,尚拈罗带不开门。"

【罗巾】luójīn 质地轻软的丝制巾帕。唐白居易《后宫词》:"泪湿罗巾梦不成,夜深前殿按歌声。"聂夷中《杂怨》诗:"君泪濡罗巾,妾泪滴路尘。"宋张孝祥《浣溪沙》词:"粉泪但能添楚竹,罗巾谁解系吴船。"

【罗帽】luómào ❶夏季所戴的以丝、罗等质料制成的便帽,唐代多用于歌姬舞女,后世男女均有服用。唐白居易《同诸客嘲雪中马上妓》诗:"银篦稳簪乌罗帽,花襜宜乘叱拨驹。"《旧唐书·音乐志二》:"《高丽乐》,工人紫罗帽,饰以鸟羽,黄大袖,紫罗带,大口袴,赤皮靴,五色绦绳。"五代后蜀花蕊夫人《宫词》:"少年相逐采莲回,罗帽罗衫巧制裁。"《醒世姻缘传》第八回:"替你做一件紫花棱布道袍,一顶罗帽。"又二十八回:"严列宿巴拽做了一领明青布道袍,盔了顶罗帽。"《金瓶梅词话》第十九回:"不一时经济来到,头上天青罗帽,身穿紫绫深衣,脚下粉头皂靴,向前作揖。"明范濂《云间据目钞》卷二:"至二十年外……皆尚罗帽、纻丝帽。故人称丝罗,必曰帽段。"❷京剧中侠义英雄、江湖豪杰以下级武官、富户家仆所戴的帽子。样式是下圆上具六角形,毛顶打圆球。分为软、硬和花素等类;黑软素罗帽系家院仆人和素装武士所戴。前者如《义责王魁》

的王忠,后者如水浒中的杨雄、石秀、武松等。绣花软罗帽为年轻英俊武士所戴,如《三岔口》的任堂惠、《神州擂》的燕青。硬花罗帽则在帽腔四周配有珠翠绒球,更显威武,如《打鱼杀家》的倪荣所戴。

上:软花罗帽　下:硬花罗帽

【罗帕】luópà 用罗绢等丝织制成的方巾。女子既作随身用品,又作佩带饰物。唐杜甫《骢马行》:"赤汗微生白雪毛,银鞍却覆香罗帕。"宋周邦彦《解语花·元宵》词:"钿车罗帕,相逢处、自有暗尘随马。"《初刻拍案惊奇》卷二:"算计定了,侵晨未及梳洗,将一个罗帕兜头扎了,一口气跑到渡口来。"《红楼梦》第二十六回:"原来上月贾芸进来种树之时,便捡了一块罗帕,便知是所在园内的人失落的。"

【罗衫】luóshān 用丝、绢、绫、罗等质料制成的深衣形制的单衫。透气、滑爽,是皇族、贵族妇女夏季的主要服饰。唐韦应物《白沙亭逢吴叟歌》:"龙池宫里上皇时,罗衫宝带香风吹。"章孝标《柘枝》诗:

"柘枝初出鼓声招,花钿罗衫耸细腰。"温庭筠《黄昙子歌》:"罗衫袅袅回风,点粉金鹧卵。"宋徽宗《宫词》:"女儿妆束效男儿,峭窄罗衫称玉肌。尽是珍珠匀络缝,唐巾簇带万花枝。"《水浒传》第五十一回:"只见一个老儿,裹着磕脑儿头巾,穿着一领茶褐罗衫,系一条皂绦,拿把扇子。"清王韬《淞滨琐话》卷六:"三丽人已翩然而入,一衣皂色罗衫,年约十八九……丰姿艳冶,各擅风流。"

罗衫
(《中国女性百科全书·社会生活卷》)

【罗胜】luóshèng 一种以丝罗剪制的胜,用作衣上饰物或首饰。唐王建《长安早春》诗:"暖催衣上缝罗胜,晴报窗中点彩球。"五代和凝《春光好》词:"玉指剪裁罗胜,金盘点缀酥山。"宋晏几道《鹧鸪天》其一十四:"罗幕翠,锦筵红,钗头罗胜写宜冬。"《宋史·礼志十八》:"(诸王纳妃)系羊酒红绢百匹……罗胜等物。"

【罗头巾】luótóujīn 省称"罗巾"。用纱罗制成的头巾。《旧唐书·舆服志》:"玄宗开元十九年十月赐洪львен官及诸司长官罗头巾及官样巾子,迄今服之也。"《新唐书·车服志》:"(中宗)其后文宜以紫黑纻为巾,赐供奉官及诸司长官,则有罗巾、圆头巾子,后遂不改。"《唐会要》卷三一:"开元十九年十月,赐供奉及诸司长官罗头巾,及官样圆头巾子。"《通典·礼志四十七》:"内中尚具浴神之盆,并白罗巾、光漆、笔墨等诣于幄帐中。"《元史·礼乐志五》:"执纛二人,青罗巾。"

【罗鞋】luóxié 以罗绮为面料制成的鞋子。唐宋时贵族女子多喜服用罗鞋,歌舞伎也常穿着。唐王涯《宫词》:"玉阶地冷罗鞋薄,众里偷身倚玉床。"张祜《少年乐》:"锦袋归调箭,罗鞋起拨毬。"宋柳永《燕归梁》词:"轻蹑罗鞋掩绛绡。传音耗,苦相招。"陆游《老学庵笔记》卷二:"寿皇即位,惟临朝服丝鞋,退即以罗鞋易之。"元无名氏《争报恩三虎下山》第二折:"唬的我战钦钦系不住我的裙带,慌张张兜不上我的罗鞋。"明郭辅畿《浣溪沙·春闺》:"戏向海棠花下过,惹他珠露湿罗鞋。"

【罗袖】luóxiù 丝罗的衣袖。《敦煌曲校录·破阵子》:"玉腕慢从罗袖出,捧杯觞。"

【落尘】luòchén 也作"洛成"。梳篦的别称。以其能去除发垢及灰尘而得名。唐朱揆《钗小志》:"落尘,丽居,孙亮爱姬也,鬘发香净,一生不用洛成。疑其有辟尘犀钗子也。"注:"洛成,即今篦梳。"清厉荃《事物异名录》:"《奚囊橘柚》:'丽居,孙亮爱姬也,鬘发香净,一生不用洛成。'洛成即今篦梳,或云落尘。"

【旅衣】lǚyī 行装;旅途中穿的服装。唐岑参《巴南舟中思陆浑别业》诗:"镜里愁衰鬓,舟中换旅衣。"钱起《秋夜梁七兵曹同宿》诗之一:"星影低惊鹊,虫声傍旅衣。"宋金君卿《和周涛见寄》诗:"何时共作东都客,不厌京尘化旅衣。"

【缕金衣】lǚjīnyī 以金丝编制的衣服。后蜀顾夐《荷叶杯》词之五:"夜久歌声怨咽,残月。菊冷露微微,看看湿透缕金衣。"宋赵令畤《侯鲭录》卷二:"徐仲车尝作《爱爱歌》云:'……前年犹惜缕金衣,去年不画深臙脂,今年今日万事已,鲛绡翡翠看如泥。'"清纳兰性德《阮郎归》词:"春寒欲透缕金衣,落花郎未归。"

【履齿】lǚchǐ 即履齿。亦代指足迹。唐孟郊《听琴》诗:"定步履齿深,貌禅日冥冥。"宋梅尧臣《和希深避暑香山寺》诗:"林枝滴衣襟,沙岸平履齿。"

【履子】lǚzi 无跟之鞋的统称。多指靸鞋。唐王睿《炙毂子录》:"《礼》云单底曰履……自始皇二年,遂以蒲为之,名曰靸鞋……西晋永嘉元年,始用黄草为之,宫内妃御皆著之。始有伏鸠头履子。梁天监中武帝以丝为之,名解脱履。至陈隋间,吴越大行,而模样差多。及唐大历中,进五朵草履子;至建中元年,进百合草履子。至今其样转多差异。"

【律服】lǜfú 守小乘戒律的人所穿的法衣。五代齐己《荆州新秋病起杂题·病起见生涯》诗:"方袍嫌垢弊,律服变光华。"

【绿绫裘】lǜlíngqiú 一种贵重的裘服,多以绿色细绫为面,裘皮为里。《太平广记》卷一四四:"(吕)群至汉州,县令为群致酒宴,时群新制一绿绫裘,甚华洁。"

【绿袍】lǜpáo ❶也作"绿衫"。绿色袍服。历代多用于低级官员。隋代定为六品以下官服,唐代规定专用于六品及七品。宋代则用于七至八品。辽代改用于八至九品,明代因之。《隋书·礼仪志七》:"五品以上,通著紫袍,六品以下,兼用绯绿。"唐元稹《酬翰林白学士代书一百韵》:"绿袍因醉典,乌帽逆风遗。"白居

易《曲江亭晚望》诗:"尘路行多绿袍故,风亭立久白须寒。"韦庄《送崔郎中往使西川行在》诗:"新马杏花色,绿袍春草香。"《新唐书·车服志》:"至唐高祖……六品、七品服用绿。"《新唐书·杨炎传》:"自道州还也,家人以绿袍木简弃之,炎止曰:'吾岭上一逐吏,超登上台,可常哉?且有非常之福,必有非常之祸,安可弃是乎?'"宋王谠《唐语林》卷六:"我脱却伊绿衫,便与紫著。"《宋史·舆服志五》:"七品以上服绿,九品以上服青……元丰元年,去青不用,阶官至四品服紫,至六品服绯,皆象笏、佩鱼,九品以上则服绿。"《辽史·仪卫志二》:"八品、九品,幞头,绿袍。"《明史·舆服志三》:"文武官公服……一品至四品,绯袍,五至七品,青袍;八至九品,绿袍。"❷指新科进士的袍服。明高明《琵琶记·新进士宴杏园》:"绿袍乍著君恩重,黄榜初开御墨鲜。"

【绿蓑】lǜsuō 用草编成的雨衣。唐韦庄《桐庐县作》诗:"白羽鸟飞严子濑,绿蓑人钓季鹰鱼。"元宫大用《七里滩》第二折:"那的是江上晚来堪画处,抖擞着绿蓑归去。"

【绿头巾】lǜtóujīn ❶省称"绿巾"。也称"碧头巾"。绿色巾帻。唐代罪人所戴之巾。唐封演《封氏闻见记》卷九:"李封为延陵令,吏人有罪不加杖罚,但令裹碧头巾以辱之。随所犯轻重,以日数为等级,日满乃释。吏人著此巾,出入州乡以为大耻。"❷也称"绿色巾""青巾"。元、明时规定为娼妓及其家的男人和教坊司伶人、乐人所戴之巾。后引申为妻子有外遇,其丈夫称为戴绿头巾。《元典章·礼部二·服色》:"至元五年十月……该

准中书省札付娼妓之家多与官员士庶同著衣服，不分贵贱。今拟娼妓各分等第穿着紫皂衫子，戴角冠儿。娼妓之家家长并亲属男子裹青巾。"《明史·舆服志三》："教坊司伶人，常服绿色巾，以别士庶之服。"明余继登《典故纪闻》卷四："国初伶人皆戴青巾，洪武十二年，始令伶人常服绿色巾，以别士庶之服。"明郎瑛《七修类稿》卷二八："今吴人骂人妻有淫行者曰绿头巾，及乐人朝制以碧绿之巾裹头，皆此意从来。但又思当时李封何必欲用绿巾，及见《春秋》有货妻女求食者，谓之娼夫，以绿巾裹头，以别贵贱。然后知从来已远，李封亦因是以辱之，今则深于乐人耳。"清李鉴堂《俗语考原》：

"明制，乐人例用碧绿巾裹头，而官妓皆隶乐籍，故世俗以妻之有淫行者，谓其夫为戴绿头巾。"《续孽海花》第三十二回："孙三拍拍她马屁，也得了不少的钱，自然没有话说，情愿戴了绿头巾，到小寓中伺候她。"《聊斋志异·佟客》："一顶绿头巾，或不能压人死耳。"吕湛恩注引《国宪家猷》："春秋时，有货妻女求食者，谓之倡。夫以绿巾裹头，以别贵贱。"《醒世姻缘传》第二回："除了我不养汉罢了，那怕那忘八戴销金帽、绿头巾不成？"

【绿襭】lǜxí　绿色袍衫。唐宋时用作六、七品官官服。《资治通鉴·唐纪》："六品服深绿。"《宋史·舆服志四》："五品以上绯襭，七品以上绿襭。"

M

ma—mao

【麻鞔】máduàn 麻布之鞋。唐李贺《秦宫诗》："秃衿小袖调鹦鹉，紫绣麻鞔踏哮虎。"清王琦汇解："麻鞔，吴正子云见《唐文粹》，一本作霞，一本作鞔。言踏虎，则麻鞔必履舄属。"

【麻屩】májuē 也作"蔴屩"。麻绳编成的屩。状如草鞋，唯质地坚韧而耐磨，多用于远行。唐王睿《炙毂子录》："夏殷皆以草为之屩……至周以麻为之。"段成式《酉阳杂俎》前集卷三："成式见倭国僧金刚三昧，言尝至中天，寺中多画玄奘蔴屩及匙筯，以彩云乘之，盖西域所无者。"

【麻履】málǚ 麻鞋。唐姚合《送无可上人游越》诗："清晨相访立门前，麻履方袍一少年。"贾岛《宿赟上人房》诗："朱点草书疏，雪平麻履踪。"明吴鼎芳《唐嘉会妻》诗："头上著荆钗，足下具麻履。"宋陆游《穷居》诗："掩书常笑城南北，麻履还朝授拾遗。"

【麻絇】máqú 用麻线做成的可以穿系鞋带的鞋饰。唐司空图《诗赋》："邻女自嬉，补衲而舞，色丝屡空，续以麻絇。"

【马甲】mǎjiǎ ❶骑士所着铠甲。一说马的护身甲。《唐六典》卷一六："甲之制十有三：一曰明光甲，二曰光要甲，三曰细鳞甲，四曰山文甲，五曰乌锤甲，六曰白布甲，七曰皂绢甲，八曰布背甲，九曰步兵甲，十曰皮甲，十有一曰木甲，十有二曰锁子甲，十有三曰马甲。"《金史·仪卫志上》："诸班开道旗队一百七十七人：开道旗一。铁甲、兜牟、红背子、剑、绯马甲。"《水浒传》第五十五回："呼延灼领了钧旨，带人往甲仗库关支，呼延灼选讫铁甲三千副，熟皮马甲五千副。"❷又称"坎肩"。清代的一种服式，是由汉族的"半臂"演变而来，马甲样式很简单，无袖，多身长至腰或身长过膝。其初穿于袍套之内，后渐渐穿在外面。上多纽扣，解脱方便，可免脱换外衣之累。女式马甲缀有各式花边，有的长与衫同，称为长马甲。还有一种特殊式样的马甲，称"巴图鲁"坎肩（"巴图鲁"，满语为"勇士"之意），在京师的清朝八旗子弟中很流行。亦称"一字襟马甲"，即在一字形的前襟上，装有横排纽扣，共十三粒。两边腋下也有纽扣，穿脱方便。早先朝廷要官多喜穿著，故又称"军机坎"。后八旗子弟为抖威风，在其两边的胯襕处，加上两只袖子，称为"鹰膀"。此种"鹰膀褂子"只宜于乘马，步行者不能穿着。马甲除一字襟外，还有琵琶襟、大襟、人字襟、对襟、直翘等式样。清俞樾《茶香室三钞·罩甲》："国朝王应奎《柳南续笔》云：'今人称外套曰罩甲。'……按，今吴中犹有马甲之称，当即由罩甲而得。"《孽海花》第四回："看他头上梳着淌三股乌油滴水的大松辫，身穿藕粉色香云纱大衫，外罩着宝蓝韦陀银一线滚的马甲。"徐珂《清稗类钞·服饰》:"京师盛行巴图鲁坎肩儿,各部司员见堂官往往服之,上加缨帽。南方呼为一字襟马甲。例须用皮者,衬于袍套之中,觉暖,即自探手,解上排钮扣,而令仆代解两旁钮扣,曳之而出,借免更换之劳。后且单夹绵纱一律风行矣。《六十年来妆服志》:"马甲,即去其两袖之谓也。吴人称马甲。又曰坎肩、背心。"

马甲　　　　　　　　　马甲

（新疆吐鲁番唐墓出土彩绘陶俑）

【蛮靴】mánxuē 也作"鸾靴"。也称"胡靴"。少数民族所着之靴。唐初随胡舞传入中原,多为舞者所服,故亦称舞靴为蛮靴。唐舒元舆《赠李翱》诗:"湘江舞罢忽成悲,便脱蛮靴出绛帷。"宋苏轼《谢人惠云巾方舄》诗:"胡靴短勒格粗疏,古雅无如此样殊。"清吴长元《宸垣识略》卷一六:"曹顾巷学士在京师观女伶,赋《高阳台》一阕云:'……影好难描,空劳石墨三螺。灯前小立红妆换,笑还嗔……细腰无力,又著蛮靴。'"清陈维崧《采桑子·题画兰小册》词:"衮遍筝琶,舞煞蛮靴,百幅红兰出内家。"

【褕】mǎn 絮以丝绵的保暖衣。《新唐书·南蛮传下》:"乐工皆昆仑,衣绛甒,朝霞为蔽膝,谓之瀼褖褕。"《九尾龟》第七回:"那少年身穿湖色熟罗十行绵褕,外罩玄色漳缎马褂。"

【芒屦】mángjù 即"芒鞋"。唐皎然《九日阻雨简高侍御》诗:"且应携下价,芒屦就诸邻。"宋苏轼《梵天寺见僧守诠小诗次韵》:"幽人行未已,草露湿芒屦。"明王守仁《龙潭夜坐》诗:"草露不辞芒屦湿,松风偏与葛衣轻。"清吴伟业《赠同年嘉定王进士》诗之二:"强饭却扶芒屦健,高歌脱帽酒杯狂。"

【芒鞋】mángxié 也作"芒鞵"。也称"芒履""芒屩"。用芒草编成的鞋子。芒,一种如茅而大之草,长四五尺,叶似稻叶而硬,用来编草鞋较稻编的耐穿。本为贱者所穿,后世文人隐士亦好服用。尤以僧道所穿为多。一般用于出行、远游。《全唐诗·得体歌》题解:"舟人大笠,宽衫、芒履,如吴楚之制。"唐张祜《题灵隐寺师一上人十韵》:"朗吟挥竹拂,高揭曳芒鞋。"皮日休《樵径》诗:"花穿皋衣落,云拂芒鞋起。"贯休《寒月送玄士入天台》诗:"芒鞋竹杖寒冻时,玉霄忽去非有期。"宋罗大经《鹤林玉露·红友》:"余尝因是言而推之,金貂紫绶,诚不如黄帽青蓑,朱毂绣鞍,诚不如芒鞋藤杖。"苏轼《定风波》词:"莫听穿林打叶声,何妨吟啸且徐行。竹杖芒鞋轻胜马,谁怕?一蓑烟雨任平生。"又《宿石田驿南野人舍》诗:"芒鞋竹杖自轻软,蒲荐松床亦香滑。"《文献通考·征榷一》:"至道元年诏,两浙诸州纸扇、芒鞋及细碎物,皆勿税。"明田汝成《西湖游览志余·帝王都会》:"高宗南幸,舟泊岸,执政必登舟朝谒,行于沮洳,则躡芒鞋。"张岱《西湖梦寻·南高峰》:"南高峰在南北诸山之界,羊肠佶屈,松篁葱蓓,非芒鞋布袜,努策支筇,不可陟也。"《西游记》第四十三回:"芒鞋踏破山头雾,竹笠冲开岭上云。"清曹寅《赠卜者杨老》诗:"闲跨秃尾驴,缓曳欹巾屩。"

【毛帔】máopèi ❶也称"褐帔"。一种用毛褐制成的披肩。粗劣之服。《新唐书·东谢蛮传》:"贞观三年,其酋元深入朝,冠乌熊皮若注旄,以金银络额,被毛帔,韦行滕,著屦。"《聊斋志异·柳秀才》:"果有妇高髻褐帔,独控老苍卫,缓蹇北度。"❷道士之服。《太平御览》卷六七五:"太素三元君服紫气浮云锦帔,又紫绣毛帔。"

【袤巾】màojīn 用阔幅绢纱制成的头巾。《通典·礼志四十》:"内外群臣,权改常服单衣袤巾,奉迎之。"

【帽带】màodài 系于颏的下方或前方固定冠帽的带子。唐李贺《出城》诗:"关水乘驴影,秦风帽带垂。"宋李觏《寄祖秘丞》诗:"时时结帽带,踽踽寻英轨。"曹勋《送子芬年家之官越上》诗:"凤池自是风流在,行见金门帽带斜。"清吴伟业《临清

大雪》诗:"白头风雪上长安,短褐疲驴帽带宽。"

【帽顶】màodǐng ❶帽的顶部。唐李复言《续玄怪录·张老》:"张老常过,令缝帽顶,其时无皂线,以红线缝之。"元末明初陶宗仪《南村辍耕录·回回石头》:"大德间,本土巨商中卖红刺石一块于官,重一两三钱,估直中统钞一十四万定,用嵌帽顶上。自后累朝皇帝,相承宝重。"❷帽子顶上所缀的结子或珠宝。始于元代,流行于明清,以帽子顶上不同质料和颜色的帽珠区分官员的品级。《元史·仁宗纪一》:"为皇太子时,淮东宣慰使撒都献玉观音、七宝帽顶、宝带、宝鞍,却之,戒谕如初。"《明史·舆服志三》:"凡职官,一品、二品用杂色文绮、绫罗、彩绣,帽顶、帽珠用玉;三品至五品用杂色文绮、绫罗,帽顶用金,帽珠除玉外,随所用;六品至九品用杂色文绮、绫罗,帽顶用银,帽珠玛瑙、水晶、香木。"明沈德符《飞凫语略·云南雕漆》:"近又有珍玉帽顶,其大有至三寸,高有至四寸者,价比三十年前加十倍,以其可作鼎彝盖上嵌饰也。问之,皆曰此宋制,又有云宋人尚未办,此必唐物也,竟不晓此乃元时物。"清福格《听雨丛谈》卷二:"帽顶之制,始于崇德元年二月。其时惟固山额真,各

帽顶(《金瓶梅大辞典》)

部承政用宝石嵌金顶,其余品官皆金顶。四年,复位冠制,亲王冠顶三层,上衔红宝石,中嵌东珠八颗,夏日朝冠前舍林嵌东珠四颗、后金花嵌东珠四颗。顺治元年,定诸王帽顶嵌东珠十颗……平时帽顶,至雍正五年始创,初制一二三品皆用珊瑚,四品用青金石,五、六品均用水晶,七品以下俱用金顶,生监用银顶。"叶梦珠《阅世编》卷八:"帽顶,大红丝纬,初用拆绽,取大红缎拆其经,取其不易乱,拆丝一两,值银一两,后径以散纬或双丝染大红,每两价银二、三钱者亦佳。"

【帽檐】máoyán 也称"檐""笪"。也作"帽沿""帽詹""帽舌"。❶软帽及头巾四周的下垂部分。唐李商隐《饮席代官妓赠两从事》诗:"新人桥上著春衫,旧主江边侧帽檐。"宋王得臣《麈史》卷上:"古人以纱帛冒其首,因谓之帽……其制其质,其檐有尖,而如杏叶者,后为短檐,才二寸许者。庆历以来,方服南纱者,又曰翠纱帽者,盖前其顶,与檐皆圆故也。久之人增其身与檐皆抹上竦,俗戏呼为笔帽。然书生多戴之,故为人嘲曰:'文章若在尖檐帽,夫子当年合裹枪。'已而又为方檐者,其制自顶上阔,檐高七、八寸。有书生步于通衢,过门为风折其檐者,比年复作短檐者,檐一、二寸,其身直高,而不为锐势,今则渐为四直者。"潘希白《大有·九日》词:"秋已无多,早是败荷衰柳。强整帽檐欹侧,曾经向天涯搔首。"❷毡帽、藤帽、笠帽等硬帽上的伸出部分。唐李济翁《资暇集》卷下:"永贞之前组藤为盖,曰席帽,取其轻也……晋公系帽,是赖刃不即及而帽折其檐,即脱祸,朝贵乃尚之,近者布素之士皆戴焉。"陆龟蒙《晚渡》诗:"各样莲船逗村去,笠檐蓑袂有残声。"金元好问《杏花》诗:"帽檐分去家家喜,酒面飞来片片春。"清昭梿《啸亭续录》卷二:"余少时,见士大夫燕居,皆冠便帽,其制如暖帽,而窄其檐。"《红楼梦》第一百零五回:"贾琏见贾政同司员登记物件……元狐帽沿十副,倭刀帽沿十二副,貂帽沿二副。"

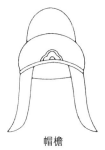

帽檐
(王圻圻《三才图会》)

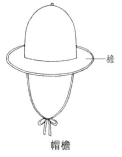

檐

帽檐
(王圻圻《三才图会》)

【帽子】màozi 即帽。唐王建《宫词》:"未戴柘枝花帽子,两行宫监在帘前。"寒山《诗三百三》:"狝猴罩帽子,学人避风尘。"祖咏《尚书省门吟》诗:"落去他,两三三戴帽子。"宋周弼《将适毗陵道中遇居简上人》诗:"姑苏观下逢居简,帽子欹斜衣懒散。"《宋史·舆服志三》:"后殿早讲,皇帝服帽子、红袍、玉束带。"元王恽《玉堂嘉话》卷一："虎岩每得一联一咏，即提掷帽于几，龙山从旁谓曰：'不知李杜在下时费多少帽子。'闻者为捧腹。"

mian—mu

【绵袍】miánpáo 纳有绵絮的袍。上衣与下裳相连、窄袖、大襟。唐白居易《闲居》诗："绵袍拥两膝，竹几支双臂。"清刘廷玑《在园杂志》卷一："陕西以羊绒织成者谓之姑绒，制绵衣取其暖也……今则制为绵袍、绵褂，比比皆是，习以为常。"《清代北京竹枝词·都门杂咏》："军机蓝袄制来工，立领绵袍腰自松。"

【民服】mínfú 平民的衣服。与"公服"相对而言。《资治通鉴·唐文宗太和八年》："时仲言有母服，难入禁中，乃使衣民服，号王山人。"明宋濂《遁耕轩记》："官居与氓隶孰安，章绶与民服孰华？"

【明珠袍】míngzhūpáo 缀有珍珠宝物的袍服。皇帝御服。一说为侠客服。唐李白《叙旧赠江阳宰陆调》诗："腰间延陵剑，玉带明珠袍。"明王洪《送金谕德扈从北征》诗："铠甲明珠袍，黄金镂宝刀。"《渊鉴类函》卷三七一："郁金袍，御袍也。唐诗曰：'日华浮动郁金袍。'李白诗曰：'玉带明珠袍。'又侠客之服，'落日明珠袍'。"清丁裔沆《石头城》诗："君不见龙骧将军意气豪，连帆战舰明珠袍。"

【鸣珰】míngdāng 珠玉耳饰。金玉所制，晃击有声，故称。唐王维《送李睢阳》诗："大官尚食陈羽觞，彤庭散绶垂鸣珰。"裴思谦《及第后宿平康里》诗："银缸斜背解鸣珰，小语偷声贺玉郎。"韦庄《怨王孙》词："玉蝉金雀，宝髻花簇鸣珰，绣衣长。"柳宗元《闻彻上人亡寄侍郎杨丈》诗："东越高僧还姓汤，几时琼佩触鸣珰。"《聊斋志异·白于玉》："有四丽人，敛衽鸣珰，给事左右。"

【铭袍】míngpáo 绣有文字的袍服。唐武则天时，绣织金银铭文于衣，赐予近臣以示恩宠。所绣铭文字数不一，内容各异。通常绣于衣背，作团形，并配以花鸟图纹。《旧唐书·舆服志》："则天天授二年二月，朝集刺史赐绣袍，各于背上绣成八字铭。长寿三年四月，敕赐岳牧金银字铭袍。"

【命舄】mìngxì 大夫以上内外命妇服命服时所穿的复底鞋。《周礼·天官·屦人》："辨外内命夫命妇之命屦、功屦、散屦"唐贾公彦疏："大夫以上衣冠则有命舄，无命屦。"

【磨衲】mónà 僧衣的代称。因其以久磨之布、多纳之工制成，故称。《坛经·护法品》："感荷师恩，顶戴无已；并奉磨衲袈裟及水晶钵，敕韶州刺史修饰寺宇，赐师旧居为国恩寺焉。"宋苏轼《磨衲赞序》："长老佛印，大师了元游京师，天子闻其名，以高丽所贡磨衲赐之。"杨万里《严陵决曹易允升自官下遣骑归写予老丑因题其额》诗："汝往访客星，剩挟一磨衲。"无名氏《鸡林志》："高丽僧衣磨衲者，为禅师法师衲，甚精好。"沙门释德洪觉范《同游云盖分题得云字》诗："世味如嚼蜡，喜著磨衲裙。"

【抹额】mòé 也作"袜额"。也称"抹子""抹头"。❶士庶男女束额之巾，通常作红色。一般用乌绫为之，夏则用乌纱，年老者或加锦帕。《新唐书·食货志三》："成甫又广之为歌谣十阕，自衣缺后绿衣，锦半臂、红抹额，立第一船为号头以唱，集两县妇女百余人。"宋俞琰《席上腐谈》："韩退之《元和圣德诗》云：以红绡帕首。盖以红绡缚其头,即今之抹额也。"徐珂《清稗类钞·服饰》:"抹额,束额之巾也。亦曰抹头。"❷武士或仪卫的额饰。据称始于秦代,宋代普遍用之。以不同颜色的巾帛截为条状,系在额间,作为标识。一般多扎在幞头、帽子之外。宋代的仪卫中,如教官服幞头红绣抹额,招箭班的皆长脚幞头、紫绣抹额,是用红紫等色的纱绢,裹在头上的抹额。唐李贺《画角东城》诗:"水花沾抹额,旗鼓夜迎潮。"杜牧《上宣州高大夫书》:"娄侍中师德,亦进士也……以红抹额应猛士诏,躬衣皮袴,率士屯田。"《新唐书·娄师德传》:"后募猛士讨吐蕃,乃自奋,戴红抹额来应诏。"宋高承《事物纪原·戎容兵械·抹额》:"《二仪实录》曰:禹娶涂山之夕,大风雷电,中有甲卒千人,其不被甲者,以红绡帕抹其头额,云海神来朝。禹问之,对曰:'此武士之首服也。'秦始皇至海上,有神朝见,皆抹额、绯衫、大口袴,侍卫自此抹额,遂为军容之服。"孟元老《东京梦华录》卷七:"驾诣射殿射弓,垛子前列招箭班二十余人,皆长脚幞头,紫绣抹额。"又卷一〇:"兵士皆小帽,黄绣抹额,黄绣宽衫,青窄衬衫。"清平步青《霞外捃屑》卷一〇:"《西云札记》卷一:'今俗妇女首饰有抹额。此二字亦见《唐书·娄师德传》,又《南蛮传》,又韩愈《送郑尚书序》。'"又:"以貂皮暖额,即昭君套抹额,又即包帽,又即齐眉,伶人则曰额子。"❸一种金属制成的头箍状额饰。其上或饰以珠宝。多用于青年男女。明无名氏《天水冰山录》记严嵩被籍没家产,有"珍珠抹额三条,连胎共重五两七钱"。《水浒传》第一百零七回:"呼延灼是冲天角铁幞头,销金黄

罗抹额。"清董含《三冈识略》卷六:"又仕宦家或辫发螺髻,珠宝错落,乌靴秃秃,貂皮抹额。闺阁风流不堪遇目,而彼自以为逢时之制也。"《红楼梦》第三回:"及至进来一看,却是位青年公子:头上戴着束发嵌宝紫金冠,齐眉勒抹额着二龙戏珠金抹额。"

抹额

【抹胸】mòxiōng 也称"小衣""胁衣""裹肚""内腰巾""抹肚""兜肚"。覆于胸前的贴身小衣。多为妇女使用。有前片无后片,上可覆乳,下可遮肚,故称。也有较长大,着于外。通常以鲜艳的罗绢为之,着时二带系结于颈,二带围系于腰。兜面上大多有饰花,常见的有开口石榴、并蒂双莲、寿桃、鸳鸯戏水等表现美好情感与吉祥寓意的图案。视气候而定,有单、夹层之别,少数还纳有絮绵,既可用作遮羞,又可用以御寒。后演变成亵衣的代称。五代南唐李煜《谢新恩》词:"双鬟不整云憔悴,泪沾红抹胸。"毛熙震《浣溪沙》词:"一只横钗坠髻丛,静眠珍簟起来慵,绣罗红嫩抹苏胸。"宋王平子《谒金门·春恨》词:"书,一纸,小研吴笺香细……怕落旁人眼底,握向抹胸儿里。"《京本通俗小说·西山一窟鬼》:"(干娘)侧手从抹胸里取出一个帖子来。"元朱世名《鲸背吟》:"端相不似鸡头肉,莫遣三郎解抹胸。"杨瑀《山居新语》:"(宋末)幼主沛国公……内人安康夫人,安定陈才

571

人,又二侍儿,失其姓名,浴罢,肃襟焚香于地,各以抹胸自缢而死。"《金瓶梅词话》第二回:"抹胸儿重重纽扣。"《红楼梦》第六十五回:"只见这三姐索性卸了妆饰,脱了大衣服,松松挽个鬏儿;身上穿着大红小袄,半掩半开的,故意露出葱绿抹胸,一痕雪脯。"清陈元龙《格致镜原》:"建炎以来,临安府浙漕司所进成恭后御衣之物,有粉红袜胸,真红罗裹肚。"徐珂《清稗类钞·服饰》:"抹胸,胸间小衣也。一名袜腹,又名袜肚,以方尺之布为之,紧束前胸,以防风之内侵者,俗谓之兜肚,男女皆有之。"

【帩首】mòshǒu 束额巾。唐韩愈《送幽州李端公序》:"司徒公红帩首,靴裤握刀,左右杂佩,弓韣服,矢插房,俯立迎道左。"原注:"帩,或作帕。"清孙鼎臣《君不见》诗:"船中健儿好身手,白布裹腰红帩首。"

【袜肚】mòdù 也称"腰彩""抱腰"。腰巾。起束腰使之纤细之用。一般腰彩,都织有美丽纹饰和绣花。日僧圆仁《入唐求法巡礼行记》卷四:"辛长史来施绢一匹、袜肚一、汗衫、褐衫。"五代后唐马缟《中华古今注·袜肚》:"袜肚盖文王所制也,谓之腰巾,但以缯为之;宫女以

腰束袜肚的妇女

彩为之,名曰腰彩。至汉武帝以四带,名曰袜肚。至灵帝赐宫人蹙金丝合胜袜肚,亦名齐裆。"《太平广记》卷二三四:"至日初出,果秉简而入,坐饮茶一瓯,便起出厅,脱衫靴带、小帽子、青半肩、三幅袴,花褵袜肚、锦臂褠,遂四面看台盘。"

【袜额】mòé 即"帩首"。五代后唐马缟《中华古今注·军容袜额》:"(袜额)盖武王之首服,皆佩刀以为卫从,乃是海神来朝也……后至秦始皇巡狩至海滨,亦有海神来朝,皆戴袜额,绯衫,大口袴,以为军容礼。至今不易其制。"

【帩首】mòshǒu 武士所用的束发头巾。借指武士打扮。唐韩愈《顺宗实录》卷三:"齐映除江西观察,过吉州。峘自以前辈,怀怏怏,不以刺史礼见,入谒,从容步进,不帩首属我器,映以为恨。"明徐渭《陶宅战归序》:"然雅好结名士,居常策马驰帩首。"

【裪首】mòshǒu 裹头的巾帻。《资治通鉴·唐玄宗天宝二年》:"陕尉崔成甫着锦半臂,缺胯绿衫以褐之,红裪首,居前船唱《得宝歌》。"元胡三省注:"裪首,今人谓之抹额。"

【墨惨】mòcǎn 也称"墨惨衣"。黑色的丧服。不在五种丧服之内,为服丧者在不宜穿丧服的场合所穿的变通服装。《旧唐书·柳冕传》:"皇太子今若抑哀公除,墨惨朝觐,归至本院,依旧衰麻。"宋丁谓《晋公谈录·墨惨衣》:"艾仲孺侍郎言:祖母始嫁衣箧中有墨惨衣。姒娌问之,云父母令候夫家私忌日,著此慰尊长。今此礼亦亡。"

【墨衣】mòyī ❶黑衣。吐蕃时期藏族丧服。《新唐书·吐蕃传上》:"居父母丧,断发,黛面、墨衣,既葬而吉。"❷指僧

服。宋赵与峕《宾退录》卷六:"至奔牛埭,浮屠出腰间金,市斗酒,夜醉五百而毙其首,解墨衣衣之,且加之械而縶焉。"

【牡丹鞋】mǔdānxié 装饰有牡丹纹样的女鞋。多用于宫娥舞姬。唐卢肇《戏题》诗:"神女初离碧玉阶,彤云犹拥牡丹鞋。"清朱彝尊《鸳鸯湖棹歌》其二十六:"不及张铜炉在地,三冬长暖牡丹鞋。"

【木脚】mùjiǎo 履冰之鞋。以木板置于鞋底。《通典·边防十五》:"文人皆著木脚,冰上逐鹿。"

【木履】mùlǚ 木鞋。鞋底与鞋帮均刻木而成。一般夏季穿着以乘凉。唐佚名《嘲高士廉木履》诗题解:"士廉,掌选,有选人自云解嘲谑。士廉时著木履,今嘲之,应声云云。士廉笑而引之。"《古今图书集成·礼仪典》卷三四七:"有人献木履于齐宣王者,无刻斫之迹。王曰:'此履岂非生乎?'艾子曰:'鞋楦乃其核也'。"宋妙源《虚堂和尚语录》卷六:"布袋和尚常将布袋并破席于通衢往来,布袋内盛钵盂、木履、鱼饭菜肉、瓦石土木,诸般总有。"明田汝成《炎徼纪闻·蛮夷》:"男子科头徒跣,或跂木履,以镖弩自随。"李时珍《本草纲目·服器一·屐屟鼻绳》:"屐乃木履之下有齿者。"

N

na—nuan

【衲】nà 僧衣。唐白居易《赠僧自远禅师》诗:"自出家来长自在,缘身一衲一绳床。"戴叔伦《寄赠翠岩奉上人》诗:"挂衲云林净,翻经石榻凉。"宋苏轼《以玉带施元长老以衲裙相报次韵》:"欲教乞食歌姬院,故与云山旧衲衣。"明陆树声《题衲衣》诗:"解组归来万事捐,尽将身付安禅。披来戒衲浑无事,不问歌姬为乞缘。"《红楼梦》第二十五回:"破衲芒鞋无住迹,腌臜更有一头疮。"

【闹装】nàozhuāng 也作"闹妆"。❶也称"闹装带"。用金银珠宝等杂缀而成的腰带或鞍、辔之类饰物。唐宋时皇族、贵官佩带的饰物。唐白居易《渭村退居寄礼部崔侍郎翰林钱舍人诗一百韵》:"贵主冠浮动,亲王辔闹装。"宋孟元老《东京梦华录》卷六:"例本朝伴射用弓箭中的则赐闹装、银鞍马、衣着、金银器物有差。"元无名氏《射柳捶丸》第四折:"呀,你可便看我结束头巾砌珍珠,绣袄子绒铺,闹妆带兔鹘。"《金瓶梅词话》第四十八回:"西门庆这里是金镶玉宝石闹妆一条,三百两银子。"明杨慎《艺林伐山》卷一四:"京师有闹装带,其名始于唐……薛田诗:'九包绡就佳人髻,三闹装成子弟轻。'词曲有'角带闹黄鞓',今作'傲黄鞓',非也。"明胡应麟《少室山房笔丛·艺林学山三·闹装》:"闹装带,余游燕日,尝见于东市中。合众宝杂缀而成,故曰闹装。"❷一种头饰,剪丝绸或乌金为花或草虫之形。清沈自南《艺林汇考·服饰篇》辑宋人余氏《辨林》:"今京师凡孟春之月儿女多剪彩为花或草虫之类插首,曰闹嚷嚷,即古所谓闹装也。"佚名《燕台口号》之二:"乌金纸剪飞蝴蝶,嚷嚷婴孩插闹妆。"自注:"元旦作葫芦、人物、花卉杂贴门户,镂白纸供祖先,号'阡张'。小儿头插闹妆,亦曰'闹嚷嚷'。"

【内家装】nèijiāzhuāng 宫廷内妇女的服饰及妆饰。唐王建《宫词》之七:"为看九天公主贵,外边争学内家装。"辽萧观音《十香词》:"青丝七尺长,挽出内家装。不知眠枕上,倍觉绿云香。"清彭启旭《燕九竹枝词》:"秧歌初试内家装,小鼓花腔唱凤阳。"

【内样巾子】nèiyàngjīnzi 衬在幞头内的一种巾子。最初在唐朝宫廷内开始流行。其式较高,头部圆锐,无明显前倾。流行于唐代开元年间。唐封演《封氏闻见记》卷五:"巾子制:顶皆方平,仗内即头小。而圆锐,谓之内样。开元中,燕公张说当朝,文伯冠服以儒者自处,玄宗嫌其异己,赐内样巾子、长脚罗幞头,燕公服之入谢,玄宗大悦。因此令内外官僚百姓并依此服,自后巾子虽时有高下,幞头罗有厚薄,大体不变焉。"《通典》卷五七:"景龙四年三月,中宗内宴,赐宰臣以下内样巾子。"宋王得臣《麈史》卷上:"中宗赐宰相内样巾子,盖于裹头帛下着巾子耳。"赵彦卫《云麓漫钞》卷三:"景龙四年内宴,赐百官内样巾子,高而后隆,目为英王样巾子。明皇开元十四年,赐臣下内样巾子,圆其头是也。"

【霓襟】níjīn 外罩长上衣的一种。亦作道服的代称。唐陆龟蒙《和袭美寄广文》:"龙篆拜时轻诰命,霓襟披后小玄缥。"曲龙山仙《玩月诗》其三:"霓襟似拂瀛洲顶,颢气潜消橐籥中。"又《句曲山朝真词二首·迎真》:"残星下照霓襟冷,缺月才分鹤轮影。"

【霓裳羽衣】níchángyǔyī ❶唐代宫廷舞女所穿的一种舞衣,用孔雀羽毛制成。开元年间由西域传入,舞蹈者冠步摇冠,佩珠璎珞,着五色羽服,珠围翠绕,蝉纱薄饰,如仙女临凡。因以舞衣名舞曲。唐元稹《法曲》:"明皇度曲多新态,宛转侵淫易沉着。赤白桃李取花名,霓裳羽衣号天落。"白居易《霓裳羽衣歌》:"千歌百舞不可数,就中最爱霓裳舞……案前舞者颜如玉,不著人家俗衣服。虹裳霞帔步摇冠,钿璎累累佩珊珊。"宋王谠《唐语林》卷七:"宣宗妙于音律,每赐宴前,必制新曲,俾宫婢习之。至日,出数百人,衣以珠翠缇绣,分行列队,连袂而歌,其声清怨,殆不类人间。其曲……有'霓裳曲'者,率皆执幡节、被羽服,飘然有翔云飞鹤之势。"❷仙道的衣服。《红楼梦》第八十五回:"只见金童玉女,旗幡宝幢,引着一个霓裳羽衣的小旦,头上披着一条黑帕,唱了几句儿进去了……小旦扮的是嫦娥。"《花月痕》第四十九回:"瑶华道:'姮娥也算不得共姜,他霓裳羽衣,怎样也接了唐明皇?'"

【霓袖】níxiù 彩袖。也借指歌伎舞女。唐李商隐《李肱所遗画松诗书两纸得四十一韵》:"浓蔼深霓袖,色映琅玕中。"冯浩笺注:"琅玕也,谓竹也,色与青霓之衣相映。与杜诗'翠袖倚修竹'相似。"五代后蜀毛熙震《女冠子》词:"翠鬟冠玉叶,霓袖捧瑶琴。"宋张先《御街行》词:"数声芦叶,两行霓袖,几处ові离宴。"朱敦儒《聒龙谣》其一:"天风紧,玉楼斜,舞万女霓袖,光摇金缕。"

【霓衣】níyī 即"霓裳羽衣"。唐刘禹锡《赠东岳张炼师》诗:"金缕机中抛锦字,玉清台上著霓衣。"宋苏轼《甘露寺》诗:"僧繇六化人,霓衣挂冰纨。"葛立方《韵语阳秋》卷一二:"登葛嶂山而思武侯之功,宿仙居观而思霓衣之侣也。"

【念珠】niànzhū 也称"佛珠""数珠""木槵子""无患托钵""念佛珠"。佛教用物。佛教徒念佛号或经咒时用来计数的工具。来源于印度,毗琉璃王请释迦牟尼佛开示消除烦恼法门时,佛陀教他用木槵子树种子穿成珠串,持佛名号消除烦恼。其中一粒母珠表示弥陀无量寿无量光之意。早期的念珠大都用菩提树所结果子毌穿制成,后来的念珠通常是用香木车成圆粒串成,也有少数念珠是用玛瑙、石玉等贵重材料制作而成。近代用橄榄核雕刻者颇多,所刻有十八罗汉之类。在我国少数民族中,藏族和回族也使用念珠。常在手腕上绕两三圈,有时也挂于颈上。念珠的粒数一般有十四颗、十八颗、二十一颗、二十七颗、三十六颗、四十二颗、五十四颗、一百零八颗、一千零八十颗之分,其中以一百零八粒成串的念珠最为多见,故念珠又有"百八丸"之名。念珠在使用时,一般都被捏在手里,以指数珠;诵经完毕,不能随处放置,通常要带在身边。颗数较少的念珠,平时多套在手腕,成为一种手饰;颗粒较多的念珠,则悬挂颈间,并成了一种颈饰。在佛教盛行的年代,颈部佩挂念珠是一种时髦的装束,尤其在妇女中,更广泛流行。敦煌壁画中就绘有不少戴着念珠的妇女。唐张籍《赠箕山僧》诗:"时闻衣袖里,暗掐念珠声。"《旧唐书·李辅国传》:"辅国不茹荤血,常为僧行,视事之隙,手持念珠,人皆信以为善。"宋陶谷《清异录·器具》:"和尚市语,以念珠为百八丸。"《红楼梦》第十五回:"北静王又将腕上一串念珠卸下来,递与宝玉。"清汪汲《事物原会·念珠》:"《瓦釜漫记》:汉明帝时西域梵僧始造念珠(一曰应器),为数一百零八者,盖年有十二月、二十四气、七十二候准一岁之义。佛书名木患子,又名无患托钵。"俞樾《茶香室三钞·持珠诵佛》:"按今人所用念佛珠,亦有典故。"《儿女英雄传》第二十四回:"套一件草上霜吊混肷的里外发烧马褂儿,胸前还挂着一盘金线菩提的念珠儿。"

念珠(福建福州宋墓出土)

【奴袜】númò 即"袜抹"。《新唐书·封常清传》:"军还,灵察迎劳,仙芝已去奴袜带刀……"

【袜抹】nǚmǒ 军服的别称。《旧唐书·令狐楚传》:"诸道新授方镇节度使等,具袜抹,带靴仗,就尚书省兵部参辞。"《新唐书·百官志四下》:"节度使掌总军旅,颛察杀。初授,具袜抹兵仗诣兵部辞见,观察使亦如之。"

【弩袜】númò 即"袜抹"。《旧唐书·文宗本纪下》:"左仆射令狐楚奏:'方镇节度使等,具弩袜,带靴仗,就尚书省兵部参辞,伏乞停罢。如须参谢,令具公服。'从之。"

【暖帽】nuǎnmào 冬天所戴的用来保暖的帽子。至清代,用作秋冬季节戴的礼冠。其形制,多为圆型,周围有一道檐边。材料多用皮制,也有呢、缎、布制的。颜色以黑色为多。最初以貂鼠为贵,次为海獭,再次则狐,其下则无皮不用。由于海獭价昂,有以黄狼皮染黑而代之,名曰骚鼠,时人争相仿效。清康熙时,江宁等地新制一种剪绒暖帽,色黑质细,宛如骚鼠,价格较低,一般学士都乐于戴用。暖帽中间装有红色帽纬,丝或缎制。帽子的最高处,装有顶珠,多为宝石,颜色有红、蓝、白、金等。顶珠是清代区别官职的重要标志。唐白居易《即事重题》诗:"重裘暖帽宽毡履,小阁低窗深地炉。"宋洪迈《夷坚乙志·承天寺》:"是日,徙倚门间,望一僧,顶暖帽,策杖且来。"元刘唐卿《降桑椹蔡顺奉母》第一折:"有钱人最好,锦貂裘暖帽。"关汉卿《哭存孝》第三折:"阿的好小番也!暖帽貂裘最堪宜,小番平步走如飞。"曾瑞《哨遍·羊诉冤》套曲:"穷养的无巴避,待准折舞裙记歌扇，要打摸暖帽春衣。"《元史·舆服志一》："天子质孙，冬之服凡十有一等，服纳石失、怯绵里，则冠金锦暖帽……红黄粉皮，则冠红金答子暖帽。服白粉皮，则冠白金答子暖帽。服银鼠，则冠银鼠暖帽，其上并加银鼠比肩。"《水浒传》第十一回："林冲看那人时，头戴深檐暖帽，身穿貂鼠皮袄。"《清会典事例·礼部·冠服》："(顺治)九年议准，凉帽、暖帽上圆月，官员用红片金，庶人用红缎。"清富察敦崇《燕京岁时记·换季》："每至三月，换戴凉帽，八月换戴暖帽，届时由礼部奏请。大约在二十日前后者居多。换戴凉帽时，妇女皆换玉簪；换戴暖帽时，妇女皆换金簪。"徐珂《清稗类钞·服饰》："暖帽者，冬春之礼冠也……初寒用呢，次寒用绒，极寒用皮。京城则初寒用绒，次寒用呢。"清叶梦珠《阅世编》卷八："暖帽之初，即贵貂鼠，次则海獭，再次则狐，其下者滥恶，无皮不用。"

O

【**藕丝衫**】ǒusīshān 藕丝色衣衫,或用以指轻细的罗衣。唐时较流行。唐元稹《白衣裳》诗:"藕丝衫子柳花裙,空著沉香慢火熏。"宋周紫芝《鹧鸪天》词其十二:"阑倚处,玉垂纤。白团扇底藕丝衫。"明王彦泓《即事戏书闲话》:"水沉薰彻藕丝衫,寒映蜻蜓碧玉缄。"清董俞《蓦山溪·西湖》词:"归来半醉,肠断玉楼人,莲叶带,藕丝衫,斜倚阑干暮。"曹慎仪《菩萨蛮·题美人便面》词:"晓烟湿翠花魂冷,藕丝衫薄春云影。"

P

pa—pei

【帕首】pàshǒu 裹头的布帛。唐韩愈《送郑尚书序》："大府帅或道过其府,府帅必戎服,左握刀,右属弓矢,帕首裤靴,迎郊。"宋刘直庄《贺制置李尚书》:"绿沉金锁,帐环百万之精兵;帕首腰刀,庭列诸屯之大将。"俞琰《席上腐谈》:"韩退之《元和圣德诗》云:以红绡帕首,盖以红绡转(缚)其头,即今之抹额也。帕首、幞头本只是一物,今分为二物。"《宋史·后妃传上·章献明肃刘皇后》:"柴氏、李氏二公主入见,犹服髽髻。太后曰:'姑老矣。'命左右赐以珠玑帕首。"明王逢《天门行》:"烹羊椎牛醉以酒,腰缠白带红帕首。"

【帕子】pàzi 手帕,手巾。手巾名。本用作裹头,称作"额巾"或"抹额"。多以绨、络、绫、罗制成。唐王建《宫词》:"缠得红罗手帕子,中心细画一双蝉。"五代后蜀何光远《鉴戒录》:"(唐)天复初,车驾幸石门,宫人扬舞头进裹泪手帕子,奉宣加楚国夫人。"宋无名氏《阮郎归·端五》词:"纱帕子,玉环儿。孩儿画扇儿。奴儿自是豆娘儿。今朝正及时。"朱敦儒《浣溪沙》词:"结子同心香佩带,帕儿双字玉连环。"杨万里《携酒夜饯罗季周》诗:"淡月轻云相映著,浅黄帕子里金盆。"《水浒传》第十回:"只见那一个军官模样的人,去伴当怀里,取出一帕子物

事,递与管营和差拨。"《二十年目睹之怪现状》第二十七回:"只求大人把帕子去了,小人看看头部,方好下药。"

【排方】páifāng 也作"牌方"。钉缀在革带上的方銙。以金玉宝石等材料为之,制为多枚,以铆钉固定于革鞓之上,呈横向并列状。制出唐代,上自天子,下及百官,礼见朝会均可用之。宋初专用于皇帝,有别于普通官吏的圆銙或方圆相间的带銙。后遍赐予近臣,并规定为御史大夫、中丞、六曹尚书、侍郎、散骑常侍的专用带饰。唐王建《宫词》:"新衫一样殿头黄,银带排方獬尾长。"宋岳珂《愧郯录》卷一二:"国朝服带之制,乘舆东宫以玉,大臣以金,亲王勋旧,间赐以玉,其次则犀,则角。此不易之制。考之典故,玉带、乘舆以排方。"王珪《宫词》:"齐卜玉鞍随仗列,粟金腰带小牌方。"叶梦得《石林燕语》卷七:"国朝亲王,皆服金带。元丰中官制行,上欲宠嘉岐二王,乃诏赐方团玉带着为朝仪。先是乘舆玉带皆排方,故以方团别之。"王得臣《麈史》卷上:"古以韦为带,反插垂头,至秦乃名腰带。唐高祖令下插垂头,今谓之挞尾是也。今带止用九胯,四方五圆,乃九环之遗制……至和、皇祐间为方胯,无古眼,其稀者曰稀方;密者曰排方,始于常服之。"周邦彦《诉衷情》词:"当时选舞万人长,玉带小排方。"

【盘桓钗】pánhuánchāi 妇女发钗。相传

为汉梁冀妻孙寿创制。因钗身盘曲绕缭而得名。五代后唐马缟《中华古今注》卷中：“盘桓钗，梁冀妇之所制也。梁冀妻改翠眉为愁眉。长安妇女好为盘桓髻。到于今其法不绝。”

【盘龙步摇】pánlóngbùyáo 一种其上饰有盘龙纹样的步摇。五代后唐马缟《中华古今注》卷中：“殷后服盘龙步摇，梳流苏，珠翠三服。”

【盘绦】pántāo 彩色丝线编织成的绳带。用作衣带等。《新唐书·李德裕传》：“且立鹅天马，盘绦掬豹，文彩怪丽，惟乘舆当御，今广用千匹，臣所未谕。”《宋史·舆服志二》：“神宗熙宁间，文武升朝官禁军都指挥使以上，涂金银装，盘绦促结。”

【袍带】páodài 锦袍和腰带。多用于君王和贵官的常服。泛指长袍衣带。《新唐书·西域传上·天竺》：“（南天竺）使者曰：‘蕃夷惟以袍带为宠。’帝以锦袍、金革带、鱼袋并七事赐之。”宋王辟之《渑水燕谈录》卷一：“真宗一日晚坐承明殿，召学士对，既退，中人就院宣谕曰：‘朕适忘御袍带，卿无讶焉。’”《宋史·李继周传》：“至道二年，授西京作坊副使，赐袍带、银彩、雕戈以宠之。”清赵翼《瓯北诗话·陆放翁年谱》：“先生年十七，尚从师就业。与许子威辈同从鲍季和先生，晨兴必具袍带而去。”

【袍笏】páohù 朝会时穿的官服与手执的笏板。初自天子以至大夫、士人，朝会时皆穿朝服执笏。后世唯品官朝见君王时才服用。泛指官服。借指有品级的文官。唐沈佺期《回波词》：“身名已蒙齿录，袍笏未复牙绯。”宋刘克庄《鹊桥仙·生日和居厚弟》词：“女孙笄珥，男孙袍笏，少长今朝咸集。”《新五代史·四夷附录一》：“梁将篡唐，晋王李克用使人聘于契丹……既归而背约，遣使者袍笏梅老聘梁。”《宋史·选举志一》：“太平兴国二年，御殿覆试，内出赋题，赋韵平侧相间，依次而用……凡五百余人，皆赐袍笏。”《花月痕》第四十三回：“忽见西边的门拥出许多侍女，宫妆艳服，手中有捧冠带的，有捧袍笏的，迎将出来。”清钮琇《觚剩·石言》：“所以怪石作贡，文石呈祥，甲乙品于卫公，袍笏拜于元章。”顾炎武《恭谒天寿山十三陵》诗：“石人十有二，袍笏兼戎装。”

【袍袴（裤）】páokù 也作“袍绔”。❶袍子与裤子，泛指衣服。唐薛逢《宫词》：“遥窥正殿帘开处，袍裤宫人扫御床。”和凝《宫词百首》之七十九：“袍裤宫人走迎驾，东风吹送御香来。”宋项安世《二十日步上方广寺观莲华峰云气异甚》：“苔深洒藓偪，露重湿袍绔。”杨万里《雪晓舟中生火二首》诗其二：“却因断续更氤氲，散作霏微暖袍裤。”❷战袍，裤靴。军戎之服。亦指穿着军服的人。唐张鷟《朝野佥载》卷二：“周岭南首领陈元光设客，令一袍袴行酒。光怒，令拽出，遂杀之。”

【袍襕】páolán 泛指袍服。襕，襕衫。唐王建《和少府崔卿微雪早朝》诗：“已傍祥鸾迷殿角，还穿瑞草入袍襕。”

【袍袖】páoxiù 袍的袖管。唐白居易《酬李少府曹长官舍见赠》诗：“惆怅青袍袖，芸香无半残。”吴融《寄僧》诗：“柳拂池光一点清，紫方袍袖杖藜行。”宋钱愐《钱氏私志》：“徽皇闻米元章有字学，一日于瑶林殿张绢图方广二丈许……召米书之，上出帘观看，令梁师道相伴赐酒果，乃反系袍袖，跳跃便捷，落笔如云，龙蛇飞动。”张耒《春宫》：

"团金袍袖绣长靴,寒食宸游乐事奢。"元无名氏《锦堂春》:"舞袍袖、乾坤恨窄,但展手、天地平量。"明文徵明《雨中放朝出左掖》诗:"沾洒不辞袍袖湿,天街尘净马蹄轻。"《儿女英雄传》第三十五回:"公子这才恭恭敬敬的放下袍袖儿来,待要给父母行礼。"

【袍仗】páozhàng ❶战袍和兵器。借指军容。《新唐书·杨弘礼传》:"帝自山下望其众,袍仗精整,人人尽力,壮之。"❷指衣着打扮。《金陵六院市语》:"自用物而言,衣服则曰'袍仗',帽子则曰'张顶'。"《醉醒石》第八回:"他是个聪明人儿,庞儿生得媚,袍仗儿也济楚。"

【袍子】páozi 袍服;有里子夹层的一种长衣。唐李肇《唐国史补》卷下:"或有朝客讥宋济曰:'近日白袍子何太纷纷?'济曰:'盖由绯袍子、紫袍子纷纷化使然也。'"《红楼梦》第三十一回:"(他)把宝兄弟的袍子穿上,靴子也穿上,带子也系上,猛一瞧,活脱儿就像是宝兄弟。"

【帔服】pèifú 指帔子和裙袄。唐无名氏《补江总白猿传》:"东向石门,有妇人数十,帔服鲜泽,嬉游歌笑,出入其中。"

【帔衫】pèishān 即"披衫"。唐郑处海《明皇实录》卷下:"忽见妇人衣黄罗帔衫,降自步辇,有侍婢数十人,笑语自若。"

【帔子】pèizi 省称"帔"。妇女的披巾;披帛。以质地轻薄的纱縠为之,裁为长条,披搭于肩作装饰,下长及地。汉魏时期已有其制,隋唐五代极为流行,尊卑均可用。唐蒋防《霍小玉传》:"(小玉)容貌妍丽,宛如平生。著石榴裙,紫襦裆,红绿帔子。"张鷟《游仙窟》:"迎风帔子郁金香,照日裙裾石榴

色。"五代蜀冯鉴《续事始》引《实录》:"三代无帔子之说,至今加披帛以为礼节,尚以缣帛为之。至汉即以罗,西晋永嘉中制绛晕帔子,开元内令披帛,士庶之家女子在室帔帛,出适人则披帔子。"宋高承《事物纪原·帔》:"唐制,士庶女子在室搭披帛,出适披帔子,以别出处之义,今仕族亦有循用者。"

【佩笔】pèibǐ 一种佩挂在腰带上的毛笔。《旧唐书·李彦芳传》:"其佩笔尚堪书,金装木匣,制作精巧。"《新唐书·李彦芳传》:"其旧物有佩笔,以木为管缦,刻金其上,别为环以限其间,笔尚可用也。"

【佩珰】pèidāng 耳环。亦泛指玉佩。唐贺《李夫人歌》:"红壁阑珊悬佩珰,歌台小妓遥相望。"清王琦汇解:"佩珰,所佩之玉珰也。"五代前蜀魏承班《菩萨蛮》词:"宴罢入兰房,邀人解佩珰。"元周巽《梅花》诗之十:"花底群仙摇佩珰,神凝太素美清扬。"明何景明《白菊赋》:"骖连蜷分鸾鹤,服陆离兮佩珰。"

【佩龟】pèiguī 武周时官吏佩挂的龟符。唐初五品以上官员皆佩鱼,给随身鱼袋。武后时,改内外官所佩鱼为龟。唐中宗神龙二年又恢复了佩鱼制度。《新唐书·车服志》:"天授二年,改佩鱼皆为龟。其后三品以上龟袋饰以金,四品以银,五品以铜。中宗初,罢龟袋,复给以鱼。"《旧唐书·崔义玄传》:"伏以五品已上所以佩龟者,比为别敕征召,恐有诈妄,内出龟合,然后应命。"明陈继儒《枕谭》:"武后天授元年改佩龟,以玄武为龟也。"

【佩环】pèihuán 指玉质环形佩饰物。多为妇女所佩。借指女子。唐柳宗元《小

石潭记》："隔篁竹闻水声，如鸣佩环，心乐之。"宋柳永《柳腰轻》词："顾香砌、丝管初调，倚轻风、佩环微颤。"姜夔《疏影》词："想佩环月夜归来，化作此花幽独。"清龚自珍《梦玉人引》词："奏记帘前，佩环听处依稀。"

【佩璜】pèihuáng 玉佩。唐韩愈、孟郊《城南联句》："鹓鶵翔衣带，鹅肪截佩璜。"明顾清《师邵出意作纼竿于墙上以便递诗名曰诗钓首倡一篇词意兼美依韵奉酬》诗："君如缘木求魴鲤，我正怀砖想佩璜。"

【佩珂】pèikē 用黄黑色玉石制成的佩饰。唐殷尧藩《金陵怀古》："黄道天清拥佩珂，东南王气秣陵多。"宋苏辙《次韵王巩上元见寄》："少年微服天街阔，何处相逢解佩珂。"叶适《题贾俨不忘室》诗："子质复粹美，藻火兼佩珂。"元朱晞颜《赠娄贤佐》诗："诸郎冷落传缃素，故老依稀说佩珂。"明邓雅《挽李次晦》诗："曾向天门听佩珂，复归林麓卧烟萝。"

【佩囊】pèináng 佩在腰间用以盛放零星细物的布制或皮制口袋。唐李颀《杂兴》："千年魑魅逢华表，九日茱萸作佩囊。"李商隐《韦蟾》诗："谢家离别正凄凉，少傅临岐赌佩囊。"宋范镇《东斋纪事》卷五："濮安懿王梦二龙戏日旁，俄与日俱坠，以衣承之，大才寸许。将纳于佩囊，忽失所在，久乃见于云中。"周密《癸辛杂识·续集·成都恶事》："莫晓为何物，故收置之佩囊中。"《清史稿·舆服志二》："行带，色用明黄，缀银花文佩囊。"《清史稿·高宗本纪》："二月甲午朔，获林爽文，赏福康安、海兰察御用佩囊，议叙将弁有差。"

【佩缨】pèiyīng ❶青年男女用以系香囊的彩色佩带。唐李贺《天上谣》："玉宫桂树花未落，仙妾采香垂佩缨。"清王琦汇解："《礼记》：'男女未冠笄者，总角衿缨，皆佩容臭。'郑玄注：'容臭，香物也，以缨佩之。'"❷佩饰与冠缨。借指官员。宋梅尧臣《次韵答黄仲夫七十韵》："区区逐甘鲜，鼎鼎夸佩缨。"又《潘歙州怪予遂行与黄君同路黄先游浙矣依韵酬寄》诗："去年改藩屏，暂此解佩缨。"清刘献廷《代九日玉泉应制》诗："辇道过林麓，山溪拥佩缨。六龙飞阆苑，八骏绕层城。"

【佩鱼】pèiyú 唐宋官服上的佩饰。本为朝廷与官员之间的信符。其形如鱼，约三寸，用金、银、铜等金属制成，上刻文字，分成两片，朝廷、官贵各执一片，如遇升迁联络，以此合符为证。唐代五品以上皆以鱼袋系于腰间以装鱼符。其制：三品以上饰以金，五品以上饰以银。唐高宗永徽二年，避其祖李虎名讳，始废虎符，改用鱼符。政府和地方官吏之间，常用一种三寸长的铜质鱼符，作为彼此联系的凭证。符分左右两半，字都刻于符阴，上端有一"同"字，侧刻"合同"两半字。首有孔，可系佩。武后天授元年改佩鱼为佩龟，旋即恢复。宋代不用鱼符，但有鱼袋，成为一种荣誉。六品以上着紫、绯色官袍者可佩鱼袋，官职低微而又临时需要佩鱼者，则称"借紫""借绯"。有佩鱼资格的，称谓上必须点明。金代亦有佩鱼之制，分玉、金、银三等。唐孙光宪《浣溪沙》其九："乌帽斜欹倒佩鱼，静街偷步访仙居，隔墙应认打门初。"《新唐书·车服志》："开元初……五品以上检校、试、判官皆佩鱼。"又："中宗初，罢龟袋，复给以鱼，郡王、嗣王亦佩金鱼袋。"

景龙中,令特进佩鱼,散官佩鱼自此始也。"宋刘克庄《怀晦岩》诗:"免呼鉴义与尚书,师卸金栏我佩鱼。"曾慥《高斋漫录》:"给舍为旧一等,并服颊带排方佩鱼。"宋祁《宋景文笔记·释俗》:"近世授观察使者不带金鱼袋。初,名臣钱若水拜观察使,佩鱼自若。"王应麟《困学纪闻》卷一四:"佩鱼始于唐永徽二年,以李为鲤也。"明陈继儒《枕谭》:"佩鱼始于唐永徽二年,以李为鲤也。"《续资治通鉴·宋仁宗皇佑三年》:"中书堂后官自今毋得佩鱼,若士人选授至提点五房者,许之。"

【佩珠】pèizhū 用为佩饰的珍珠。唐李贺《感讽》诗之五:"腰裦佩珠断,灰蝶生阴松。"孙逖《和咏廨署有樱桃》诗:"香从花绶转,色绕佩珠明。"宋王易简《天香·宛委山房拟赋龙涎香》词:"谩省佩珠曾解,蕙羞兰妒。"

pi—pu

【披袄子】pī'ǎozi 也称"披袄"。妇女的一种礼衣。据称始于曹魏时,由裌衣衍变而来,制为双层,中纳绵絮。多用于冬季。至明清时,则演变为一种长袄,对襟窄袖,下长及膝。唐刘存《事始》:"披袄子:《实录》曰:盖上古裌衣遗状也。尚墨色而无花彩。秦汉为五色。魏文帝诏令春正月妇献上舅姑披袄子、毡履。"五代后唐马缟《中华古今注·宫人披袄子》:"盖袍之遗象也。汉文帝以立冬日赐宫侍承恩者及百官披袄子,多以五色绣罗为之,或以锦为之,始有其名。"明崔铣《记王忠肃公翱三事》:"公受珠,纳所著披袄中,纫之。"《金瓶梅词话》第三十四回:"西门庆拿出两匹尺头来,一匹大红

绉丝,一匹鹦哥绿潞绸,教李瓶儿替官哥裁毛衫儿、披袄、背心儿、护项之类。"又第四十六回:"你身上穿的不单薄?我倒带了个绵披袄子来了。"清王应奎《柳南续笔》卷三:"今人称外套亦曰罩甲。按罩甲之制,比甲则长,比披袄则短。"

【披帛】pībó 也称"画帛""披巾""披带""帔帛"。妇女披于肩上的一种装饰。通常以轻薄的纱罗为之,或施晕染,或施彩绘,上面印画各种图纹。据称始于秦汉,隋唐愈加盛行。初多用于宫嫔、歌姬及舞女,开元之后,则普及民间。形制有二:一为横幅较宽,长度较短,使用时披在肩上,形似披风;另一种横幅较窄,长度则达两米以上,妇女平时用此,辄将其缠绕于双臂,行路时酷似两条飘带,非常美观,是宫中及贵族妇女喜爱的饰物。披帛作为贵族妇女的盛妆沿至宋、元,民间士庶女子只能用无图纹的"直披"。五代后蜀冯鉴《续事始》:"三代无帔子之说,至今加披帛以为礼节,尚以缣帛为之,至汉即以罗。西晋永嘉中制绛晕帔子。开元内令披帛,士庶之家女子在室帔子,出适入则披帔子。"五代后唐马缟《中华古今注》卷中:"女人披帛,古无其制,丌元中,诏

披帛(陕西乾县
唐永泰公主墓出土石刻)

令二十七世妇及宝林御女良人等,寻常宴参侍令,披画披帛,至今然矣。"宋陈元靓《事林广记·服用原始·霞帔》:"三代无帔,秦时有披帛,以缣帛为之,汉即以罗,晋制绛晕帔子,霞帔名始于晋矣。"清虞兆漋《天香楼偶得·披帛》:"按,世俗婚娶不论男女皆披绛帛。"

【披袍】pīpáo 斗蓬一类的长外衣。披搭于肩背,形制较普通袍服为长。作用与披风相类,唯披风无袖,而披袍则有袖。两袖通常垂而不用。多用于秋冬时节。《旧唐书·安禄山传》:"每见林甫,虽盛冬亦汗洽。林甫接以温言,中书厅引坐,以己披袍覆之。"五代后蜀孟昶《临江仙》词:"披袍窣地红宫锦,莺语时啭轻音。"

【披衫】pīshān 妇女夏季纳凉时所穿的一种轻衫。以纱罗为之,不施彩绣,长与身齐,大袖,领口开得较低。唐代较为流行。唐刘存《续事始》:"《实录》曰:披衫为制,盖以褕翟而来。但取其红紫一色,而无花彩,长与身齐,大袖,下其领,即暑月之服。"和凝《天仙子》词:"柳色披衫金缕风,纤手轻拈红豆弄。"

【皮带】pídài 用皮革制成的带子,通常指用皮革制成的腰带。《隋书·礼仪志六》:"宰人,服离支衣,领军捉刃人,乌总帽,袴褶,皮带。"《通典·志六》:"高昌乐舞二人,白袄,锦袖,赤皮靴,皮带,抹额。"《新唐书·东夷传》:"(百济)王服大袖紫,青锦袴,皮带,乌皮履。"

【皮屐子】píjīzi 皮革做的拖鞋。底施立柱,形如木屐,行辄阁阁有声。通常为夏季所着,唐代南方尤常见。唐范摅《云溪友议》卷五:"崔涯者,吴楚之狂生也,与张祜齐名。每题一诗于娼肆,无不诵之于衢路……嘲一妓曰:'……布袍披袄火

烧毡,纸补箜篌麻接弦。更著一双皮屐子,纥梯纥榻出门前。'"

【皮裈】pīkūn 以柔皮制成的短裤。多用于农夫、杂役。唐蒋贻恭《咏王给事》:"可中与个皮裈著,擎得天王左脚无。"宋晦翁悟明《联灯会要》卷六《赵州本传》:"师访道吾。吾见来,著豹皮裈,把桔撩棒于三门外等候。"明田艺蘅《留青日札》卷二二:"(犊鼻裈)盖起于西戎,以牛为裈,故名。今所谓皮裈是也。"

【皮履】pílǚ 皮制的拖鞋。亦作皮鞋的统称。《新唐书·车服志》:"弁服者,朔日受朝之服也……白玉双佩,革带之后有鞶囊,以盛小双绶,白袜,乌皮履。"宋周去非《岭外代答》卷六:"交趾人足蹑皮履,正似今画罗汉所蹑者,以皮为底,而中施一小柱,长寸许,上有骨朵头,以足将指夹之而行,或以红皮如十字倒置其三头于皮底之上,以足穿之而行,皆燕居之所履也。"

【皮鞋】píxié 皮革制成的靴鞋。汉魏时称"革履""韦鞻"。唐宋以来多称"皮鞋",其名沿用于今。近代中国的皮鞋与宋元时同名而异物。尤其清末民初时引进西洋之式样,制法亦有很大区别。《通典·乐志》:"扶南乐舞二人,朝霞衣朝霞,行缠赤皮鞋。"宋范公偁《过庭录》:"宾佐过厅,一都监曳皮鞋而前。"赵彦卫《云麓漫钞》卷三:"今人为皮鞋,不用带线,乃古丧屦。"元耶律楚材《请奥公禅师开堂疏》诗:"既收鉏斧子,不藉破皮鞋。"《三宝太监西洋记通俗演义》第五十回:"只见一个番王头上缠一幅白布……脚下穿一双皮鞋,鞳鞳靸靸……径上宝船,参见元帅。"清陈康祺《燕下乡脞录》卷七:"先朝所御皮鞋,长尺有二寸。"

【偏后衣】piānhòuyī 唐代妇女所穿的一种裙衫。由狐尾单衣演变而成。衣裾甚长,偏于一侧,行时曳于身后。男子亦有穿着。敦煌莫高窟西魏第288窟东壁南侧壁画男供养人像,供养人戴笼冠,着绛色长袍,项有曲领,腹前束蔽,身后一名僮仆为其提携袍摆。有学者认为,这种服饰可能为"偏后衣"。唐刘存《事始》:"古者衣服短而齐,不至地……至今妇人裙衫皆偏裁其后,俗呼为偏后衣也。"

【品服】pǐnfú 也称"品色衣"。官服。品级不同,服色、样式亦不同。品服最早出现于南北朝时的北周,不过当时只限于宫廷侍卫之官穿着。到了隋唐时期,品服制度逐步形成且演变为官吏常服。唐朝品服,一般头戴折上巾,身穿圆领袍,脚着乌皮六合靴。其后品官服色曾有多次规定,但变化都不太大,基本上以紫、绯、绿、青四色定官品高低,并形成制度。文武三品以上服紫,金玉带十三銙;四品服深绯,金带十一銙;五品服浅绯,金带十銙;六品服深绿;七品服浅绿,并银带九銙;八品深青;九品浅青,并鍮石带九銙。唐以后,各朝仍沿用唐朝的品服制度。宋代把公服和常服合为一种,仍以服色区别官职大小,三品以上用紫色,五品以上用朱色,七品以上用绿色,九品以上青色。服装式样是曲领(或圆领)大袖,下裾加横襕,头戴幞头,腰束革带,脚穿靴或革履。明朝则以公服为品服,明洪武二十六年定制:衣用盘领右衽袍,头戴幞头,腰围革带,脚着皂靴。一品至四品着绯袍;五品至七品青袍,八品、九品绿袍,未入流杂职官子八品以下同。袍的花纹以花径大小分别品级,一品大独科花,径五寸,二品小独科花,径

三寸;三品散答花,无枝叶,径二寸;四品、五品小杂花纹,径一寸五分;六品、七品小杂花,径一寸;八品以下无纹。其带一品玉,二品花犀,三品金鈒花,四品素金,五品银鈒花,六品、七品素银,八品、九品乌角。公、侯、伯、驸马与一品同。至清代品官服色大变。皆为青色或蓝色,品级以绣纹与装饰物区别。如文官一品,绣仙鹤,武官一品,绣麒麟;文二品,绣孔雀,武二品,绣狮子;文三品,绣孔雀,武三品,绣豹;文四品,绣雁,武四品,绣虎;文五品,绣白鹇,武五品,绣熊;文六品,绣鹭鸶,武六品,绣彪;文七品,绣鸂鶒,武七品,绣犀;文八品,绣鹌鹑,武八品,绣犀;文九品,绣练雀,武九品,绣海马。《新唐书·郑庆余传》:"每朝会,朱紫满廷,而少衣绿者;品服大滥,人不以为贵。"清赵翼《瓯北诗话·白香山诗》:"香山诗不惟记俸,兼记品服。"

【平巾】píngjīn ❶小吏所戴之帽。以竹丝为胎,用青罗蒙之,如官帽,但后面无山状,为平顶,有一尺长的罗垂在后面。明代为官吏被遣归所戴的平顶帽。《新唐书·车服志》:"平巾绿帻者,尚食局主膳,典膳局典食,太官署、食官署供膳奉觯之服也。"明沈德符《万历野获编·礼部·仕宦遣归服饰》:"顷今上甲申,刑部尚书潘季训为民辞朝,头带平巾,亦布袍丝绦,其巾如吏人之制,而无展翅。"❷武官仪卫所戴的平巾帻。宋高承《事物纪原·旗旗采章·帻》:"其承远游、进贤者,施以掌导,谓之介帻;承武弁者,施以笋导,谓之平巾。"《元史·舆服志二》:"(崇天卤簿陪辂队)步卒凡八十有二人,驭士四人,驾士六十有四人,行马二人,踏道八人,推竿二人,托叉一人,梯一

人,皆平巾,青帻,青绣云龙花袍,涂金束带,青靴。"❸明代宫廷内臣戴的一种平顶帽。明刘若愚《酌中志·内臣佩服纪略》:"凡请大轿长随及都知监戴平巾……平巾,以竹丝作胎,真青罗蒙之,长随内使小伙者戴之。制如官帽而无后山,然有罗一幅垂于后,长尺余,俗所谓纱锅片也。"

【平头履】píngtóulǚ 也称"平头鞋"。鞋尖不高翘的鞋。与"高头鞋"相对。一般多指女鞋。《唐会要》卷三一:"吴越之间,织造高头草履,亦请切加禁绝。其以彩帛缦成高头履及平头小花草履,既任依旧。"宋王观《庆清朝慢·踏青》词:"结伴踏青去好,平头鞋子小双鸾。"

【平头小样】píngtóuxiǎoyàng 即"平头小样巾"。《通典》卷五七:"巾子,大唐武德初始用之。初尚平头小样者。"宋赵彦卫《云麓漫钞》卷三:"唐武德中尚平头小样者。"

【平头小样巾】píngtóuxiǎoyàngjīn 头巾名。初唐时期的巾子样式。其形制比较简单,顶部一般呈扁平状,无明显分瓣,故名。《新唐书·车服志》:"文官又有平头小样巾,百官常服,同于庶人。"

【鞞罗衣】píngluóyī 一种以轻罗制成,不见衣缝的舞衣,类似后世的针织衣服。唐时外邦所贡。唐苏鹗《杜阳杂编》卷中:"宝历二年浙东国贡舞女二人……衣鞞罗之衣,戴轻金之冠,表异国所贡也。鞞罗衣无缝而成,其纹巧织,人未之识焉。"

【仆射巾】púshèjīn 也称"仆射样"。唐代幞头的一种样式。其制较普通巾子精巧,唐永泰元年,左仆射裴冕创制,形状新奇,民间多仿效之。《旧唐书·裴冕传》:"冕性豪侈,舆服食饮皆光丽珍丰。自制巾子工甚,人争效之,号'仆射巾'。"宋钱易《南部新书》卷三:"裴冕自创巾子,尤奇妙,长安谓之仆射样。"赵彦卫《云麓漫钞》卷三:"裴冕尝自(为)巾子,谓之仆射巾。"

【菩萨衣】púsàyī 世人仿照佛像上塑绘的服装制作的服饰。通常为大襟、斜领,两袖宽博。唐段成式《酉阳杂俎·前集》卷三:"魏使陆操至梁,梁王坐小舆,使再拜,遣中书舍人殷炅宣旨劳问。至重云殿,引升殿,梁主著菩萨衣,北面,太子以下皆菩萨衣,侍卫如法……礼佛讫,台使与其群臣俱再拜矣。"

【蒲衣】púyī 用蒲草编的衣服。多用于隐逸之士。《隋书·隐逸传·徐则》:"草褐蒲衣,餐松饵术,栖隐灵岳,五十余年。"明刘崧《留别方丘生》诗:"道人手把玉芙蓉,身著蒲衣瘦似松。"

Q

qi—qin

【七宝璎珞】qībǎoyīngluò 用佛家所谓七种珠宝串组而成的颈饰。"七宝",佛家说法不一(详见 431 页"七宝冠")。唐代妇女用为颈饰,多见舞女所佩。唐朱揆《钗小志》:"上皇令宫妓佩七宝璎珞,舞《霓裳羽衣曲》。"郑山禹《津阳门诗》:"马知舞彻下床榻,人惜曲终更着衣。"自注:"上始以诞圣日为千秋节,每大酺会,必于勤政楼下使华夷从观。有公孙大娘舞剑,当时号为雄妙……又令宫妓梳九骑仙髻,衣孔雀翠衣,佩七宝璎珞,为霓裳羽衣之类。曲终,珠翠可扫。"

【七事】qīshì 武吏佩系在腰带上的七种什物。此七事皆古代军中常用之物。唐代武官佩带分别是佩刀、刀子、磨刀石、契苾真、哕厥、针筒、火石。唐宫廷妇女着胡服时,亦效此饰。辽代武官五品以上同唐制。清制,武官系忠孝带,佩荷包,内贮火镰、小刀等,为其遗制。唐张九龄《敕识匡国王书》:"今授卿将军,赐物二百匹,锦袍、金钿、七事。"《新唐书·五行志一》:"高宗尝内宴,太平公主紫衫、玉带、皂罗折上巾,具纷砺七事,歌舞于帝前。帝与武后笑曰:'女子不可为武官,何为此装束?'"宋郭若虚《图画见闻志》卷一:"睿宗朝制,武官五品以上带,七事钻鞢:佩刀、刀子、磨石、契苾贞、哕厥、计(针)筒、火石袋也。"

【齐裆】qídāng 即兜肚。妇女的贴身小衣。用蹙金彩帛制成,上缀带,着时二带系结于颈,二带围系于腰,上达于胸,下掩于腹。后世抹胸乃其遗制。五代后唐马缟《中华古今注》:"袜肚,盖文王所制也,谓之腰巾……至汉武帝以四带名曰袜肚;至灵帝赐宫人蹙金丝合胜袜肚,亦名齐裆。"

【歧头履】qítóulǚ 也称"分梢履"。头部分歧的鞋履。通常制成两边两个尖角,中间凹陷,男女均可着之,汉代至唐代最为盛行,宋后已少见。据传说,唐太宗的妻子在贞观十年五月死于玄政殿,死后遗留下一双歧头履,因此履精美绝伦,经学士元章摹画,又传到了宋代秘库中,后又流传到明代。五代后唐马缟《中华古今注》卷中:"梁有笏头履、分梢履。"明顾起元《说略》卷二一:"唐文德皇后遗履,为米元章写图。左方有小跋,是元章为画学博士时笔。跋云:'右唐文德皇后遗履,以丹羽织成,前后金叶裁云为饰,长尺,底向上三寸许,中有两系,首缀二珠,盖古之歧头履也。'"

【綦袄】qí'ǎo 唐代仪卫所穿的短衣。以质地厚实的布帛为之,上饰花纹。原用于执幡、擎矍的旗手,故名。后泛指仪仗之服。《新唐书·仪卫志下》:"次左右厢黄麾仗,厢皆三行,行百人。第一短戟,五色氅,执者黄地白花綦袄、冒。"《金史·仪卫志下》:"皇太后、皇后卤簿。用唐、宋制……次左右厢黄麾仗,厢各三行,行百人,从内第一行、短戟、五色氅,执者并黄地白花綦袄、帽、行縢、鞋、袜。"

【麒麟袍】qílínpáo 装饰有麒麟纹样的袍。制出唐代,一般用于武将、近臣。明景泰中开始赐于贵近之臣。其制可分两类:一种直接绣织于衣,胸背、两肩及膝襕等处皆绣麒麟;一种则绣成补子,缝织于胸背。职官之妻亦可穿着。清代仍有此制,通常用于外使,事毕还朝,则须卸之。《唐会要》卷三二:"延载元年五月二十二日,出绣袍以赐文武官三品以上。其袍文仍各有训诫……左右卫将军饰以对麒麟。"唐白居易《醉送李二十常侍赴镇浙东》诗:"今日洛桥还醉别,金杯翻污麒麟袍。"《明史·舆服志三》:"历朝赐服,文臣有未至一品而赐玉带者,自洪武中学士罗复仁始。衍圣公秩正二品,服织金麒麟袍、玉带,则景泰中入朝拜赐。自是以为常。"《醒世姻缘传》第八十五回:"(素姐)这番因有了这一弄齐整行头,不由的也欣然要去。梳了光头,戴了满头珠翠……内衬松花色秋罗大袖衫,外穿大红绉纱麒麟袍。"《金瓶梅词话》第九十六回:"(春梅)身穿大红通袖,四兽朝麒麟袍儿。"

【麒麟衫】qílínshān 装饰有麒麟纹样的衣衫。通常借指官服。唐林宽《长安即事》诗:"翡翠鬖䯼钗上燕,麒麟衫束海中犀。"

【起梁带】qǐliángdài 省称"梁带"。以带鞓为端首的革制腰带。带鞓上装有铰具状扣针,如桥梁钩连于革带两端,故名。以玉为鞓者又称"玉梁带",以金为之者称"金梁带"。战国以前多用于西域,秦

汉以后传入中原,为汉族采用,多用于武吏。流行于唐代,使用时通常和胡服配用。《新唐书·车服志》:"平巾帻者,武官、卫官公事之服也。金饰,五品以上兼用玉,大口绔,乌皮靴,白练裙、襦,起梁带……起梁带之制:三品以上,玉梁宝钿,五品以上,金梁宝钿,六品以下,金饰隐起而已。"王国维《胡服考》:"隋唐以后则常服之带谓之环带,袴褶服之带谓之起梁带。梁者,盖于铰具作鼻为桥梁之形,因以贯环意者。"

【弃鞡】qìsǎ 被丢弃的鞋子。喻轻微之物。鞡,鞋的一种。唐皮日休《二游诗》之二:"欻尔解其绶,遗之如弃鞡。"

【千金裘】qiānjīnqiú 珍贵的皮衣,泛指价值贵重的衣服。语出《史记·孟尝君列传》:"此时孟尝君有一狐白裘,直千金,天下无双。"唐雍陶《千金裘赋》:"资众毛,取群腋,极狸制之状,殊豹饰之迹。"李白《将进酒》诗:"五花马,千金裘,呼儿将出换美酒,与尔同销万古愁。"宋陆游《初春出游》诗:"半年长斋废觚觫,兴来忽典千金裘。"

【茜袍】qiànpáo 大红色袍服。唐宋时学子考中状元,即可穿着红袍。唐徐夤《赠垂光同年》诗:"丹桂攀来十七春,如今始见茜袍新。"宋李流谦《宋才夫解官作此送之》诗:"茜袍颓尊春怡融,堂上老人双颊红。"陆游《天彭牡丹谱》:"状元红者,重叶深红花,其色与鞓红潜绯相类,而天姿富贵,彭人以冠花品……以其高出众花之上,故名状元红。或曰:旧制进士第一人,即赐茜袍,此花如其色,故以名之。"夏竦《喜种隐君授正言直馆》诗:"鹤版招幽士,龙墀袭茜袍。"

【茜裙】qiànqún 也作"蒨裙"。红色女

裙。因以茜草染成,故名。后泛指红裙。唐代妇女多喜着之,主要用于年轻妇女。由此引申而指代年轻妇女。唐李群玉《黄陵庙》诗:"黄陵庙前莎草春,黄陵女儿茜裙新。"杜牧《村行》诗:"襄唱牧牛耳,篱窥茜裙女。"五代南后蜀李中《溪边吟》诗:"茜裙二八采莲去,笑冲微雨上兰舟。"宋姜夔《小重山》词:"东风冷,香远茜裙归。"元马致远《陈抟高卧》第四折:"你便有粉白黛绿妆宫样,茜裙罗袜缕金裳,则我这铁卧单有甚风流况?"王实甫《西厢记》第五本第一折:"这些时神思不快,妆镜懒抬,腰肢瘦损,茜裙宽褪好烦恼人也啊!"明李昌祺《剪灯余话》卷二《白芋词》:"茜裙紫袖映猩红,飞絮轻飏桃花风。"

【茜衫】qiànshān 也称"茜红衫"。红色衣衫。唐白居易《城东闲行因题尉迟司业水阁》诗:"病乘篮舆出,老著茜衫行。"宋李流谦《武陵春·德茂乃翁生朝作》:"万里郎官遥上寿,五马茜衫红。"明宋登春《竹枝词》:"小姑茜红衫,大姑郁金裙。"明徐渭《内子亡十年其家以甥在稍还母所服潞州红衫颈汗尚渑余为泣数行下时夜天大雨雪》诗:"黄金小组茜衫温,袖摺犹存举案痕。"清孙云凤《沁园春·粉扑》词:"浴罢银屏,妆成珠箔,白覆兰胸透茜衫。"黄虞稷《书影梅庵忆语后》其二:"最是夜深凄绝处,薄寒吹动茜红衫。"

【翘花】qiáohuā 也称"花翘"。妇女首饰。以金银锤制成凤鸟之形,上饰翠羽珠宝,使用时连缀于簪钗之上,安插于双鬓。一说为翠羽制成的头饰。唐刘存《事始》:"周文王于髻上加珠翠、翘花,傅之铅粉,其髻,名曰凤髻。"韦庄《诉衷情》词:"越罗香暗销,坠花翘。"清沈自南《艺林汇考》卷三:"此词(为韦庄)在成都作也。蜀之妓女至今有花翘之饰,名曰翘儿花云。"李谊《韦庄集校注》:"花翘,鸟尾所制之头饰也。"

【秦裘】qínqiú 指破旧的皮衣。后用来形容为功名奔走劳碌,不遂其志,艰难困窘。语出《战国策·秦策一》:"(苏秦字季子)说秦王书十上而说不行。黑貂之裘敝,黄金百斤尽,资用乏绝,去秦而归。"唐骆宾王《宿山庄》诗:"拾青非汉策,化缣类秦裘。"陈熙晋笺注:"唐都秦中,故曰秦裘。兼用苏秦裘敝去秦事。"

qing—qun

【青裳】qīngcháng 青黑色的衣裳。为贱者所服。亦借指农夫、蚕妇、僮婢等。唐王勃《九成宫颂》:"蚕功顺令,业著于青裳;耰磨迎春,恩敦于黛耜。"又《为人与蜀城父老书》:"金浆玉馔,食客三千;绿帻青裳,家僮数百。"

【青虫簪】qīngchóngzān 雕镂成蝉形的青色玉簪花。唐李贺《谢秀才有姜缟练改从于人秀才引留之不得后生感忆座人制诗嘲诮贺复继》诗之三:"灰暖残香炷,发冷青虫簪。"清王琦汇解:"广中有绿金蝉,大者如班猫,其背作青绿泥金色,喜匿朱槿花中,一一相交。传云带之令夫妇相爱,妇女多以为钗簪之饰。"

【青巾】qīngjīn ❶青色的便帽。唐韩翃《送刘将军》诗:"青巾校尉遥相许,墨槊将军莫大夸。"宋苏轼《李委吹笛》诗引:"进士李委,闻坡生日,作新曲曰《鹤南飞》以献。呼之使前,则青巾紫裘腰笛而已。"利登《青阳洞天呈青阳主人曾少裕》:"青巾羽客打舟来,惊起灵蛇绝溪去。"元秦简夫《赵礼让肥》第三折:"洞水湾湾绕寨门,野花斜插渗青巾。"❷青色头巾。唐之后为娼家伶人专用服饰。唐王建《寻橦歌》:"人间百戏皆可学,寻橦不比诸余乐。重梳短髻下金钿,红帽青巾各一边。"宋吴自牧《梦粱录》卷一:"(八日祠山圣诞)其龙舟俱呈参,州府令立标竿于湖中,挂其锦彩银杭官楮犒龙舟,快捷者赏之。有一小节级,披黄衫,顶青巾,带大花,插孔雀尾,乘小舟抵湖堂。"《元典章·礼制二·服色》:"娼妓之家,家长并亲属男子裹青巾。"明余继登《典故纪闻》卷四:"国初伶人皆戴青巾,洪武十二年,始令伶人常服绿色巾,以别士庶之服。"

【青芒履】qīngmánglǔ 也作"青芒屦"。用青芒草编织的草鞋,多为道士所穿。唐孟浩然《白云先生王迥见访》诗:"手持白羽扇,脚步青芒履。"宋陆游《溪上》诗:"单衣缝白纻,双屦织青芒。"自注:"道家有青芒屦。"陈与义《元方用韵寄若拙弟,邀同赋,元方将托若拙觅颜渊之五十亩,故诗中见意》:"囊间已办青芒屦,桑下想闻黄栗留。"

【青毛锦裘】qīngmáojǐnqiú 神话传说中上元夫人所穿的裘服。唐李白《上元夫人》诗:"上元谁夫人,偏得王母娇……裘披青毛锦,身著赤霜袍。"清刘廷玑《在园杂志》卷一:"上元夫人之青毛锦裘,汉武帝之吉光裘,程据之雉头裘……止存其名,不知为何物矣。"

【青衲】qīngnà 青色的僧衣。五代后唐李中《寄庐岳鉴上人》诗:"病披青衲重,晚剃白髭寒。"贯休《寄僧野和尚》诗:"白头寒枕石,青衲烂无尘。"

【青岭】qīngqián 青色交领的长衫。《隋书·礼仪志四》:"国子生黑介帻、青岭、单衣,乘马从以至。"

【青裙】qīngqún 青布裙子。平民妇女的服装。五代前蜀杜光庭《仙传拾遗·张子房》:"(张良)遇四、五小儿路上群戏,一儿曰:'著青裙,入天门,揖金母,拜木公。'"《新五代史·楚世家·周行逢》:"(严氏)至则营居以老,岁时衣青裙押佃户送租入城。"清袁枚《随园诗话》卷三:"读太夫人《绿净轩自寿》云:'自分青裙终老妇,滥叨紫绶拜乡君。'"

【青箬笠】qīngruòlì 也作"青箬"。雨具。箬竹叶或篾编制的笠帽。唐张志和《渔父》词:"青箬笠,绿蓑衣,斜风细雨不须归。"宋杨万里《后苦寒歌》:"绝怜红船黄帽郎,绿蓑青箬牵牙樯。"陆游《一丛花》词:"何如伴我,绿蓑青箬,秋晚钓潇湘。"孙觌《题谷隐》诗:"苇间青箬笠,髣髴见秦逃。"《水浒传》第七十七回:"舡上一个人,头戴青箬笠,身披绿蓑衣,斜倚着舡背,岸西独自钓鱼。"清厉鹗《施北亭携酒湖上》诗:"诗从青箬笠前得,秋在白荷花上来。"

【青舄】qīngxì 青色的双层底礼鞋。多用于帝王、王后及贵族,王后所用者与揄翟之服相配。《周礼·天官·屦人》"掌王及后之服屦"唐贾公彦疏:"玄舄配衮衣,则青舄配揄翟。"《通典·礼志二十二》:"朱袜,青舄,舄加金饰,佩瑜玉,缥朱绶,兽头鞶囊,凡大礼见皆服之。"

【青鞋】qīngxié 用葛藤、麻草等植物为材料编制而成的鞋。结实、耐用,常用于旅行。唐杜甫《发刘郎浦》诗:"白头厌伴渔人宿,黄帽青鞋归去来。"清仇兆鳌注:"沈氏曰:黄帽,篛冠。青鞋,芒鞋。"宋辛弃疾《点绛唇》词:"青鞋自喜,不踏长安市。"苏轼《赠李道士》诗:"故教世上作黄冠,布袜青鞋弄云人。"杨万里《题王季安主簿佚老堂》诗:"布袜青鞋已懒行,不如晏坐听啼莺。"陆游《跋李庄简公家书》:"请命下,布袜青鞋行矣,岂能作儿女态耶!"又《雨中排闷》诗:"明朝且作山中行,青鞋已觉白云生。"清孔尚任《桃花扇·逃难》:"换布袜青鞋,一只扁舟载。"郑燮《赠图牧山》诗:"青鞋踏晓露,小阁延朝暾。"钱泳《重游虎邱》诗:"尘鞅公余半晌闲,青鞋布袜也看山。"

【青鞋布袜】qīngxiébùwà 也作"布袜青鞋"。布制的袜子,青色的鞋。多指隐者或平民装束。唐杜甫《奉先刘少府新画山水障歌》:"吾独胡为在泥滓,青鞋布袜从此后。"元洪希文《春晴》诗:"花柳村村自生意,青鞋布袜逐春风。"元末明初陶宗仪《题画二首·抱琴高士》:"布袜青鞋吟未了,又随野色过桥西。"明屠隆《观西湖百咏集感旧有作》:"青鞋布袜犹鲜健,只待花时计便成。"清孔尚任《桃花扇·逃难》:"整琴书襆被,换布袜青鞋,一只扁舟载。"黎恂《舟过武昌县遥望西山樊口松桧参天林壑隐秀以不得游览为憾》诗:"不羡钓台鱼,不羡西门柳。但愿青鞋布袜一枝藤,踏遍寒溪西山与樊口。"蔡新《题古中盘五松图》:"松兮松兮,安得布袜青鞋桓于尔侧,仿佛乎桂兮木客之高踪。"

【轻屦】qīngjù 轻便的鞋子。代指轻盈的脚步。唐袁郊《红线》:"梳乌蛮髻,攒金凤钗,衣紫绣短袍,系青丝轻屦。胸前佩龙文匕首,额上书太乙神名。"宋苏辙《次韵孙户曹朴柳湖》诗:"最爱柳阴迟日暖,幅巾轻屦肯相随。"释重显《送僧之金华兼简周屯田》诗:"瘦藤轻屦藓衣并,路

过危峰截杳冥。"清黄鷟来《人日晴喜而有作》诗:"苔明动芳径,草软承轻屦。"

【轻衫】qīngshān 轻薄简便的衣衫。有别于礼节繁重的礼服。唐白居易《二月二日》诗:"轻衫细马春年少,十字津头一字行。"李商隐《烧香曲》:"露庭月井大红气,轻衫薄细当君意。"李端《胡腾儿》诗:"桐布轻衫前后卷,葡萄长带一边垂。"宋孟元老《东京梦华录》卷七:"少年狎客往往随后,亦跨马,轻衫小帽。"元绛《减字木兰花》:"绿杨阴下。短帽轻衫行信马。"

【轻帻】qīngzé 便帽,软帽。唐柳宗元《旦携谢山人至愚池》诗:"新沐换轻帻,晓池风露清。"宋文同《墅居》诗:"散行轻帻便,独酌小瓯宜。"元景罩《天香》诗:"何似临流萧散,缓衣轻帻。"明李昱《言怀五首》诗其五:"新沐换轻帻,振衣坐南轩。"清毛澄《苏祠新楼呈南皮夫子兼柬玉宾叔峤二君》诗:"南皮夫子今文伯,尤爱楼居岸轻帻。"

【秋衣】qiūyī 秋日所穿的衣服。特指征戍军士的御寒衣。唐李白《陪族叔刑部侍郎晔及中书贾舍人至游洞庭》诗之四:"醉客满船歌《白苎》,不知霜露入秋衣。"王建《宫词一百首》其八十八:"内人恐要秋衣著,不住熏笼换好香。"戴叔伦《山居即事》诗:"养花分宿雨,剪叶补秋衣。"储光羲《临江亭五咏》之二:"城头落暮晖,城外捣秋衣。"宋刘克庄《蚊二首》诗其一:"欲换秋衣著,渠犹恋布襦。"吴文英《采桑子慢·九日》词:"叹人老、长安灯外,愁换秋衣。"《金史·兵志》:"承局押官钱一贯五百文,粟二石,春衣钱五贯、秋衣钱七贯。"元成廷圭《韩致用梦鹤》诗:"月色满庭空夜帐,露华如雨湿秋

衣。”明王恭《文笔山房为延平郡造士朱员赋》:“四壁泉声喧午梦,半檐藤影落秋衣。”

【鹙子衣】qiūziyī 佛教舍利弗所穿之衣。泛指袈裟。唐段成式《酉阳杂俎·怪术》:“(荆州术士)方欲水再三噀壁上,成维摩问疾变相,五色相宣如新写,逮半日余,色渐薄,至暮都灭。唯金粟纶巾鹙子衣上一花,经两日犹在。成式见寺僧,惟肃说,忘其姓名。”

【佉苴】qūjū 也作“呿嗟”“呿嵯”。皮制的腰带。唐南诏服饰制度,蒙氏属官曹长以上,得系“金佉苴”,其士兵“负排”及“罗苴子”者,则系朱漆的犀牛皮“佉苴”。后从南诏传入中原,用于舞者。唐白居易《蛮子朝》诗:“清平官持赤藤杖,大将军系金呿嗟。”元稹《蛮子朝》诗:“清平官系金呿嵯,求天叩地持双珙。”陈寅恪笺证:“新传(《新唐书·南诏传》)云:‘佉苴,韦带也。’……‘呿嗟’‘呿嵯’皆‘佉苴’之异译。”樊绰《蛮书·蛮夷风俗》:“谓腰带曰佉苴。”《新唐书·南蛮传上·南诏》:“王亲兵曰朱弩佉苴。佉苴,韦带也。”又:“自曹长以降,系金佉苴。”《新唐书·南蛮传下·骠》:“舞人服南诏衣、绛裙襦、黑头囊、金佉苴、画皮靴,首饰抹额,冠金宝花鬘,襦上复加画半臂。”

【缺胯袄子】quēkuàǎozi 下摆长度不一的上衣。武士冬服。始于隋而兴于唐。其制与普通袄子类似,唯胯部被裁缺一块,着之以便骑马。所用颜色及图纹均有规定,以示职别等差。五代后唐马缟《中华古今注》卷上:“隋文帝征辽,诏武官服缺胯袄子,取军用,如服有所妨也。其三品以上皆紫。至武德元年,高祖诏其诸卫将军,每至十月一日,皆服缺胯袄子,织成紫瑞兽袄子……至今不易其制。”徐珂《清稗类钞·服饰》:“缺襟袍,袍之右襟短缺,以便于骑马者也,行装所用。然实起于隋文帝之征辽,诏武官服缺胯袄子。”

【缺骻衫】quēkuàshān 也称“四褛衫”“四骻衫”。一种开衩的白布衫。长不过膝,骻部前、后及两侧各开一衩,衩旁饰缘。多用于庶民,便于活动。其制始于初唐。宋明时期犹用。《新唐书·车服志》:“士服短褐,庶人以白,中书令马周上议:《礼》无服衫之文,三代之制有深衣。请加襕、袖、褾、襈,为士人上服,开骻者名曰缺骻衫,庶人服之。”明张岱《夜航船·衣裳》:“马周制开骻。即今四骻衫。”清陈元龙《格致镜原》卷一六:“马周缺骻衫即今之四褛衫,襈、褾、衣袂有缘也。褛,衣裾分也。”

【鹊衣】quèyī 黑色衣服。传说中为鬼役所穿,亦指鬼役。唐王勃《常州刺史平原郡开国公行状》:“台阶侧席,方膺雉冕之尊;玉女停机,俄逢鹊衣之变。”赵不疑《对无鬼论判》:“生乎公府,无闻鹤板之征;冥寞幽途,忽见鹊衣之召。”题注:“甲执无鬼论,俄而鬼忽来取,求乞免。鬼云:‘谁似汝者?’甲云:‘乙似。’而便死。后乙弟知,告甲谋杀兄,不伏。”

【裙衩】qúnchà 指女性的下裙。亦作妇女的代称。唐李商隐《无题二首》诗:“十岁去踏青,芙蓉作裙衩。”宋刘克庄《东阿王纪梦行》:“软香蕙雨裙衩湿,紫云三尺生红靴。”明王彦泓《追和唐女冠鱼玄机十二韵》:“钗梁风定虫犹颤,裙衩花深蝶竞衔。”陈汝元《金莲记·捷报》:“脂香玉黛约裙衩,障泥油壁停梳掠。”清吴炽昌《客窗闲话·双缢庙》:“渺渺丈夫,反袭

隋唐五代时期的服饰

裙衩之饰。"谭献《金缕曲·江干待发》词:"裙衩芙蓉零落尽,逝水流年轻负。"纳兰性德《生查子》词:"东风不解愁,偷展湘裙衩。"

【裙幅】qúnfú 裙子的分幅。唐曹唐《小游仙诗九十八首》其二十七:"西汉夫人下太虚,九霞裙幅五云舆。"宋吴文英《念奴娇·赋德清县圃明秀亭》词:"偏称晚色横烟,愁凝峨髻,澹生绡裙幅。"《说郛》卷五引宋朱辅《溪蛮丛笑》:"(犵狫裙)裙幅两头缝断,自足而入,阑班厚重,下一段纯以红,范史所谓独力衣,恐是也。"元袁易《满庭芳》:"应难比,仙姿淡雅,裙幅潇湘。"

【裙裾】qúnjū 裙子;裙幅。泛指衣裳,亦借指妇女。唐常建《古兴》诗:"石榴裙裾蛱蝶飞,见人不语鞿蛾眉。"宋周煇《清波杂志》卷九:"士大夫昵裙裾之乐,顾侍巾栉辈,得之惟艰。"梅尧臣《同蔡君谟江邻几观宋中道书画》诗:"虎头将军画列女,二十余子拖裙裾。"元辛文房《唐才子传·薛涛》:"其所作诗,稍欺良匠,词意不苟,情尽笔墨,翰苑崇高,辄能攀附。殊不意裙裾之下,出此异物。"明王彦泓《戏赠韬仲叔四十初皮时丁娘在坐》:"十样生香十索篇,裙裾妙悟有诗传。"徐士鸾《宋艳·驳辨》:"苦节臞儒,晚悟裙裾之乐。"

R

ran—ruo

【染衣】rǎnyī 僧人穿着的青、黑色等不正色的僧服。因此以"染衣"指出家为僧。唐玄奘《大唐西域记·磔迦国》："是时王家旧僮，染衣已久，辞论清雅，言谈赡敏。"明宋濂《妙果禅师塔铭》："师常励学徒云：'凡剃发染衣，当洞明诸佛，心宗行解……方不被生死阴魔所惑。'"《名义集》七："大论云：释子受禁戒是其性，剃发、割截、染衣是其相。"

【茸裘】róngqiú 细柔的皮衣。显贵者之服。唐杜牧《扬州三首》诗："喧阗醉年少，半脱紫茸裘。"宋王谠《唐语林》卷七："有蕃将服绯茸裘，宝装带，乘白马，出入骁锐，兵未交，至阵前者数四，频来挑战。"清英廉《华山鸟道歌》："解我紫茸裘，佐以青藤杖。"

【儒装】rúzhuāng 儒士、读书人的装束。借指读书人。唐项斯《边游》诗："塞馆皆无事，儒装亦有弓。"宋刘克庄《闻城中募后有感二首》诗其二："庄农戎服来操戟，太守儒装学拍弓。"

【襦帼】rúguó 妇女的襦袄和首饰。唐段成式《酉阳杂俎·续集·支诺皋中》："赠金帛襦帼，并不受，唯取其妻牙梳一枚，题字记之。"

【襦袖】rúxiù 襦袄袖子。《新唐书·车服志》："妇人裙不过五幅，曳地不过三寸，襦袖不过一尺五寸。"宋无名氏《鬼董》卷一："刘氏见吴生来，尽去襦袖，挺然立庭。"

【阮家屐】ruǎnjiājī 省称"阮屐"。晋阮孚，性好屐，尝自蜡屐，并慨叹说："未知一生当著几量屐！"后以"阮家屐"泛指木屐。唐王维《谒璇上人》诗："床下阮家屐，窗前筇竹杖。"宋章谦亨《水调歌头·同黄主簿登清风峡刘状元读书岩》词："与仇香，穿阮屐，试同登。"元王恽《游万个山》诗："寻源入云萝，不惜阮屐败。"

【软裹】ruǎnguǒ 幞头之一种。流行于五代以前。因帛巾及四脚均以丝织品为之，与唐宋纳有铁丝、竹篾的"硬裹"相异，故称。宋王得臣《麈史》卷上："然折上巾……唐谓之'软裹'。至中末以后，浸为展脚。"

软裹（陕西唐韦洞墓壁画）

【瑞锦服】ruìjǐnfú 用瑞锦制成的衣服。《新唐书·东女传》："其王敛臂使大臣来请官号，武后册拜敛臂左玉钤卫员外将军，赐瑞锦服。"

【瑞鹰袄子】ruìyīng'ǎozi 织绣有鹰纹的缺胯袄子,其衣较长袍为短。隋唐五代用于左右翊卫将军。五代后唐马缟《中华古今注》卷上:"(隋文帝征辽)左右翊卫将军服瑞鹰袄子……至今不易其制。"

【蒻笠】ruòlì 用蒲蒻编成的帽子。唐皮日休《添鱼具诗·蒻笠》:"圆似写月魂,轻如织烟翠。涔涔向上雨,不乱窥鱼思。携来沙日微,挂处江风起。纵带二梁冠,终身不忘尔。"又《鲁望以轮钩相示缅怀高致》诗:"蒻衣旧去烟波重,蒻笠新来雨打香。"宋苏轼《又书王晋卿画·西塞风雨》诗:"仰看云天真蒻笠,旋收江海入蓑衣。"元姬翼《太常引》:"草鞋藜杖,素冠蓬鬓,蒻笠与蓑衣。"

【箬笠】ruòlì 也称"蒻帽""箬帽"。用箬竹的叶或篾编结成的宽边帽,用来遮雨和遮阳光。唐张志和《渔父》词:"青箬笠,绿蓑衣。斜风细雨不须归。"隐峦《牧童》诗:"牧童见人俱不识,尽著芒鞋戴箬笠。"宋陆游《春日》诗:"银杯酒色家家绿,箬笠烟波处处宽。"费衮《梁溪漫志·东坡戴笠》:"东坡……遇雨,乃从农家借箬笠戴之,著屐而归。"杨万里《丙申岁朝》诗:"山色长供青箬笠,春光不为白髭须。"元关汉卿《望江亭》第三折:"一撒网,一蓑衣,一箬笠。"明王士性《广志绎·西南诸省》:"土人每出必披毡衫,背箬笠,手执竹枝,竹以驱蛇,笠以备雨也。"《红楼梦》第四十五回:"只见宝玉头上戴着大箬笠,身上披着蓑衣。"

箬笠(清吴友如《古今谈丛图》)

S

sa—shan

【靸鞋】sǎxié 也作"撒鞋""扱鞋"。一种拖鞋。以皮革或草葛为之,平底无跟。男女均可穿用。一般用于燕居。唐赵璘《因话录·征》:"院长每上堂了各报,诸御史皆立于南廊,便服靸鞋以俟院长。"唐王睿《炙毂子录》:"靸鞋,舄,三代皆以皮为之……自始皇二年,遂以蒲为之,名曰靸鞋。至二世加凤首,尚以蒲为之。西晋永嘉元年,始用黄草为之。宫内妃御皆着之。"五代后唐马缟《中华古今注·靸鞋》:"盖古之履也,秦始皇常靸望仙鞋,衣蘩云短褐,以对隐逸、求神仙。至梁天监年中,武帝解脱靸鞋,以丝为之,今天子所履也。"宋魏泰《东轩笔录》卷五:"翰林故事,学士每白事于中书,皆公服靸鞋,坐玉堂,使院吏人白。学士至,丞相求迎。"宋敏求《春明退朝录》卷下:"尚书省旧制,尚书侍郎郎官,不得著靸鞋过都堂门。"元末明初陶宗仪《南村辍耕录》卷一八:"西浙之人,以草为履而无跟,名曰靸鞋。妇女非缠足者通曳之。"《喻世明言·张古老种瓜娶文女》:"只见路傍篱园里,有个妇女,头发蓬松,腰系青布裙儿,脚下拖双靸鞋,在门前卖瓜。"明田艺蘅《留青日札》卷二〇:"《史记》:'女子则鼓鸣瑟,跕屣。'注曰:'躧跟为跕,不着跟为履。'似今靸鞋……三代以皮为之……亦有以葛为之者。

《诗》'纠纠葛履'是也。秦始皇二年遂以蒲为之,名曰靸鞋……即今无后跟凉鞋也。"《金瓶梅词话》第五十七回:"只见他把靸鞋儿系好了,把直裰儿整一整,望着婆儿拜个揖,一溜烟去了。"清翟灏《通俗编》卷二五:"《辍耕录》:'西浙之人,以草为履而无跟,名曰靸鞋。'……此均谓南方之靸鞋也。北方所谓靸鞋,则制以布,而多其系。"《老残游记》第十一回:"却原来正是玙姑,业已换了装束,仅穿一件花布小袄,小脚裤子,露出那六寸金莲,著一双灵芝头扱鞋。"

【三山帽】sānshānmào 省称"三山"。❶隐士、道士所戴的一种暖帽。用鹿皮、彩锦等材料制成。唐李群玉《寄友人鹿胎冠子》诗:"数点疏星紫锦斑,仙家新样剪三山。"《西游记》第六回:"急睁睛观看那真君的相貌,果是清奇,打扮得又秀气。真个是——仪容清俊貌堂堂,两耳垂肩目有光。头戴三山飞凤帽,身穿一领淡鹅黄。"❷武士所戴的一种尖顶盔帽。元郭珏《送友人从军》诗:"七星战袍衬金甲,三山尖帽飘猩红。"❸明代太监所戴的一种官帽。以漆纱制成,圆顶,帽后高出一片山墙:中凸,两边削肩,呈三山之势,故名。《三宝太监西洋记通俗演义》第四十六回:"(郑和)头上戴一顶嵌金三山帽,身上穿一领簇锦蟒龙袍。"《金瓶梅词话》第七十回:"见一个太监身穿大红蟒衣,头上戴三山帽,脚下粉底皂靴。"

三山帽（明王圻《三才图会》）

【**瑟瑟钗**】sèsèchāi 瑟瑟制成的妇女发钗。瑟瑟，一种珠宝。唐温庭筠《瑟瑟钗》诗："翠染冰轻透露光，堕云孙寿有余香。只因七夕回天浪，添作湘妃泪两行。"

【**瑟瑟罗裙**】sèsèluóqún 碧绿色的裙子。瑟瑟，碧绿貌。多用于年轻妇女。唐和凝《杨柳枝》诗："瑟瑟罗裙金缕腰，黛眉偎破未重描。"顾敻《应天长》词："瑟瑟罗裙金线镂，轻透鹅黄香画袴。"

【**瑟瑟衣**】sèsèyī 以瑟瑟珠装饰的衣服。唐贯休《梦游仙》诗："三四仙女儿，身著瑟瑟衣。手把明月珠，打落金色梨。"

【**僧伽胝**】sēngjiāzhī 也作"僧伽黎""僧伽梨"。省称"伽黎"。梵语的音译，意译为"大衣""重衣""杂碎衣""高胜衣""入王宫聚落衣"等。僧人所穿的一种大衣。"三衣"之一种。以九条乃至二十五条布帛拼成，从布的条数说，也称"九条"，或"九品大衣"。颜色限于若青（铜青色）、若黑（淤泥色）及若木兰（赤中带黑之色）等杂色，不得用正色。集会、进王宫和出入城镇村落时穿用。《大唐西域记·缚喝国》："如来以僧伽胝方叠布下，次下郁多罗僧，次僧却崎。"自注："旧曰僧伽梨，讹也。"宋法云《翻译名义集》卷一八：

"此云合，又云重，谓割之合成。义净云：僧伽胝，唐言重复衣。"《五灯会元》卷一〇："复告迦叶，吾将金镂僧伽梨衣，传付于汝。"清厉荃《事物异名录》卷二七："僧加梨：《山堂肆考》：汉魏之世出家者多着赤布僧伽梨。按：僧伽梨，僧大衣也。"明周清源《西湖二集》卷八："金丝伽黎及藻瓶，遣使来施不复吝。"

【**僧却崎**】sēngquèqí 也作"僧迦鵄""僧祇支"。也称"褊衫""掩腋"。梵语的译音。僧尼五衣之一。为一种覆肩掩腋衣。《大唐西域记·印度总述》："僧却崎，覆左肩，掩两腋，左开右合，长裁过腰。"原注："唐言掩腋。旧曰僧祇支，讹也。"清厉荃《事物异名录·佛释·僧衣》："《说略》：'褊衫，梵言僧祇支。'《西域记》云：'正名僧迦鵄。'此云覆腋衣。"

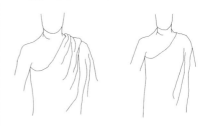

僧却崎示意图
（《中国佛教艺术中的佛衣样式研究》）

【**僧鞋**】sēngxié 释道所穿之鞋。以各色布帛为面，大口、薄底，鞋帮较普通之鞋为浅，鞋头高突，有单梁、双梁、梁上或包以皮。制作精巧者于鞋帮上挖镶花纹。除僧侣、道士外，士庶阶层男子闲常家居亦喜着之，图其轻便。唐周贺《入静隐寺途中作》："鸟道缘巢影，僧鞋印雪踪。"宋方回《三竺道中三首》诗："少人行处路方佳，半著僧鞋半草鞋。"金董解元《西厢记诸宫调》卷三："穿一领绸衫，不长不短，不宽不窄，系一条水运绦儿，穿一对儿浅面铃口僧鞋。”《初刻拍案惊奇》卷二：“只见外面闯进一个人来……身上穿一件细领大袖青绒道袍儿，脚下著一双低跟浅面红绫僧鞋儿。”《水浒传》第四回：“智深穿了皂布直裰，系了鸦青绦，换了僧鞋，大踏步走出门来。”《儿女英雄传》第三十八回：“脚登一双三色挖镶僧鞋，头戴一顶月白纱胎儿沿倭缎盘金线的草帽儿。”

【僧衣】sēngyī 僧人穿的法服，即袈裟。唐綦毋潜《过融上人兰若》诗：“山头禅室挂僧衣，窗外无人溪鸟飞。”明郎瑛《七修类稿》卷二四：“僧衣：僧旧著黑衣，元文宗宠爱欣笑隐，赐以黄衣。其徒后皆衣黄，故欧阳原元《题僧墨菊诗》云：‘苾蒭元是黑衣郎，当代深仁始赐黄。今日黄花翻泼墨，本来面目见馨香……’今制禅僧衣褐，讲僧衣红，瑜伽僧衣葱白。”清魏源《圣武记》卷五：“刺麻即僧，应僧衣僧冠。其袈裟红色，本佛旧制，所谓僧伽黎也。”

【纱巾】shājīn 以质地轻薄的纱织品制成的头巾。唐刘长卿《赠秦系》诗：“向风长啸戴纱巾，野鹤由来不可亲。”白居易《香山避暑二绝》之二：“纱巾草履竹疏衣，晚下香山蹋翠微。”宋陆游《风入松》词：“自怜华发满纱巾，犹是官身。”又《饮酒近村》诗：“纱巾一幅何翩翩，庭中弄影不肯眠。”王得臣《麈史》卷上：“其巾子先以结藤为之，名曰藤巾子，加楮皮数层为之里……后取其轻便，遂彻其楮，作粘纱巾。”

纱巾（清代刻本《吴郡名贤图传赞》）

【山屐】shānjī 登山用的木屐。语出《南史·谢灵运传》：“（谢灵运）登蹑常著木屐，上山则去其前齿，下山则去其后齿。”唐刘长卿《送严维赴河南》诗：“山屐留何处，江帆去独翻。”皎然《观裴秀才松石障歌》：“对之自有高世心，何事劳君上山屐。”白居易《从龙潭寺至少林寺题赠同游者》诗：“山屐田衣六七贤，搴芳蹋翠弄潺湲。”

【山衲】shānnà 僧侣的衣服。唐马戴《霁后寄白阁僧》诗：“久披山衲坏，孤坐石床寒。”贯休《观怀素草书歌》：“半斜半倾山衲湿，醉来把笔狞如虎。”宋吴则礼《王持中读余近诗跋以五绝因次其韵》：“自有阿持提律令，且看山衲度江云。”明高启《送恩禅师弟子勤归开元寺》诗：“山衲经寒补杂缯，白云高寺遍寻登。”

【衫子】shānzi 妇女穿的一种短而窄小但袖子宽大的单上衣。因长度较普通衫为短，故又称“半衣”。据称始于秦，入唐以后较为流行。后泛指上衣。唐元稹《杂忆》诗：“忆得双文衫子薄，钿头云映退红酥。”又《白衣裳》诗之二：“藕丝衫子柳花裙，空著沉香慢火熏。”五代后蜀花蕊夫人《宫词》：“薄罗衫子透肌肤。”五代后唐马缟《中华古今注》卷中：“衫子，自黄帝无衣裳，而女人有尊一之义，故衣裳相连。始皇元年，诏宫人及近侍宫人，皆服衫子，亦曰半衣，盖取便于侍奉。”《太平广记》卷一二二：“今将随夫之官,远违左右,不胜咽恋,然手自成此衫子,上有剪刀误伤血痕,不能浣去。”宋高承《事物纪原》卷三：“女子之衣与裳连,如披衫,短长与裙相似。秦始皇方令短作衫子,长袖犹至于膝,宜衫裙之分,自秦始也。又云陈宫中尚窄衫子,才用八尺,当是今制也。”《西湖老人繁胜录》：“选像生有颜色者三四十人,戴冠子花朵,著艳色衫子。”金董解元《西厢记诸宫调》卷三：“夫人可来积世,瞧破张生心意,使些儿譬如闲陡见识,著衫子袖儿淹泪。”《清平山堂话本·刎颈鸳会》：“会粉施朱,梳个纵髻头儿,著件叩身衫子。”明周清源《西湖二集》卷七：“内家衫子新翻出,浅色新裁艾虎纱。”《水浒传》第十六回：“杨志戴上凉笠儿,穿着青纱衫子,系了缠带行履麻鞋,挎口腰刀,提条朴刀。”《金瓶梅词话》第一回：“(潘金莲)梳一个缠髻儿,著一件扣身衫子。”《儒林外史》第四十二回：“那葛来官身穿着夹纱的玉色长衫子,手里拿着燕翎扇,一双十指尖尖的手,凭在栏杆上乘凉。”

【珊瑚钗】shānhúchāi 以珊瑚制作的一种发钗。唐薛逢《醉春风》诗：“坐客争吟雪碧句,美人醉赠珊瑚钗。”

shang—shuang

【上巾】shàngjīn 即幞头。五代后唐马缟《中华古今注》卷中：“幞头,本名上巾;亦名折上巾。但以三尺皂罗后裹发,盖庶人之常服。”

【麝香缡】shèxiānglí 香巾。缡,女子出嫁时所系的佩巾。唐元稹《代九九》诗：“强持文玉佩,求结麝香缡。”

【生衣】shēngyī 夏日穿的以生绢制成的衣服。唐王建《秋日后》诗：“立秋日后无多热,渐觉生衣不著身。”白居易《雨后秋凉》诗：“团扇先辞手,生衣不著身。”宋陆游《晨起独行绿阴间》诗：“不恨过时尝煮酒,且欣平旦著生衣。”清纳兰性德《天仙子》词：“薄霜庭院怯生衣,心悄悄。”

【絁巾】shījīn 质料较粗的丝巾。唐代用于文官,元代用于宫廷仪卫。《新唐书·车服志》：“武后擅政,多赐群臣巾子、绣袍,勒以回文之铭,皆无法度,不足纪。至中宗又赐百官英王踣样巾……其后文官以紫黑絁为巾。”《新唐书·藩镇传·刘稹》：“(崔士康)扶出稹,为裹絁巾,曰：‘毋更欲杀敕使。’”《新唐书·刘崇鲁传》：“崇望为宰相,使亲吏日夕谒左军,与复恭相亲厚,絁巾惨带不入禁门,崇鲁向殿哭,厌诅天祚,殆久之妖。”《元史·舆服志二》：“(崇天卤簿：龙墀旗队)执人皆黄絁巾……引者八人,青絁巾……护者八人,绯絁巾。”又：“(检校官)领大黄龙负图旗二,执者二人,夹者八人,骑,锦帽,五色絁巾。”又《舆服志三》：“殿下旗仗：左次三列,青龙旗第五,执者一人,黄絁巾,黄絁生色宝相花袍,勒帛,花靴,佩剑;护者二人,朱白二色絁巾,二色絁生色宝相花袍,勒帛,花靴,佩剑,加弓矢。天王旗第六,执者一人,巾服同上;护者二人,青白二色絁巾,二色生色宝相花袍,勒帛,花靴,佩剑,加弓矢。”

【絁袍】shīpáo 用粗质丝织物做成的袍子。唐薛用弱《集异记·集翠裘》：“则天朝南海郡献集翠裘,则天赐嬖臣张昌宗,并命披裘供奉双陆。时宰相狄仁杰因事入奏,则天因命张二人双陆,问二人赌何物。狄对曰：‘争先三筹,赌昌宗所衣毛裘。'则天曰:'卿以何物为对?'狄指身上紫䌷袍曰:'臣以此敌。'则天笑曰:'卿未知此裘价逾千金,卿之所指为不等矣。'狄起曰:'臣此袍乃大臣朝见奏对之衣,昌宗所衣,乃嬖佞宠遇之服,对臣之袍,臣犹快快。'"唐韦庄《秦妇吟》:"小姑惯织褐䌷袍,中妇能炊红黍饭。"宋陆游《村居》诗:"纱帽新裁稳,䌷袍旧制宽。"

【**时世妆**】shíshìzhuāng 也作"时世装"。入时或时髦的服饰打扮。唐白居易《时世妆》诗:"时世妆,时世妆,出自城中传四方。"又《上阳白发人》诗:"小头鞋履窄衣裳,青黛点眉眉细长。外人不见见应笑,天宝末年时世妆。"宋苏轼《芍药诗》:"扬州近日红千叶,自是风流时世妆。"洪边《夷坚丿志·皂衣鬘妇》:"然服饰太古,似非时世装。"清黄遵宪《番客篇》:"蕃身与汉身,均学时世妆。"清毛奇龄《明武宗外记》:"时诸军悉衣黄罩甲,中外化之,虽金绯锦绮,亦必加罩甲于上。市井细民,无不效其制,号时世装。"

【**侍中貂**】shìzhōngdiāo 唐门下省有侍中二人,正二品,其官帽以貂尾为饰。因借指朝廷珍贵的赏赐。亦代指侍中职位。唐杜甫《诸将》诗之四:"殊锡曾为大司马,总戎皆插侍中貂。"清仇兆鳌注引《唐书·百官志》:"门下省,侍中二人,正二品,掌出纳帝命,相礼仪,与左右常侍、中书令,并金蝉珥貂。"宋刘辰翁《法驾导引·寿治中》词:"清彻已倾螺子水,黑头宜著侍中貂。"

【**柿油巾**】shìyóujīn 唐代贫者所戴的一种头巾。唐冯贽《云仙杂记》卷二:"杜甫在蜀,日以七金,买黄儿米半篮,细子鱼一串,笼桶衫,柿油巾,皆蜀人奉养之粗者。"

【**手帕**】shǒupà 也称"手帕子"。俗称"帕子"。拭面擦手之巾帕。犹今手绢。常用作男女信物。亦可用于缠首,作用与头巾相同。唐王建《宫词》:"缠得红罗手帕子,当心香画一双蝉。"宋洪迈《夷坚志·惠柔侍儿》:"慕何公风标,密解手帕为赠。"元杨暹《西游记·海棠传耗》:"小的有手帕,是俺父亲与我的。他若见这手帕呵,便信是实。"徐德珂《手帕》词:"酒痕,泪痕,半带着胭脂润。鲛渊一片玉霄云,缕缕东风恨。"《金瓶梅词话》第六十二回:"月娘与金莲灯下,替他整理头髻,用四根金簪儿,绾一方大鸦青手帕,旋勒停当。"又九十六回:"旁边闪过一个人来,青高装帽子,勒着手帕,倒披紫袄白布裰子,精着两条脚,靸着蒲鞋。"《二十年目睹之怪现状》第二十七回:"只求大人把帕子去了,小人看看头部。"

【**手衣**】shǒuyī 护手之衣。即手套。唐沙门慧《大慈恩寺三藏法师传》卷一:"以西土多寒,又造面衣、手衣、靴、袜等各数事。"《通典·礼志四十四》:"执服者陈袭衣十二称,实以箱箧,承以席……着握手及手衣,纳舄。"

【**首铠**】shǒukǎi 即头盔。《尚书·费誓》"善敕乃甲胄"唐孔颖达疏:"《说文》云:胄,兜鍪也。兜鍪,首铠也。"

【**兽文彩衫**】shòuwéncǎishān 唐初皇帝田猎时侍卫所穿的一种服装。宋钱易《南部新书》卷一:"贞观中,择官户蕃口之少年骁勇者数百人,每出游猎,持弓矢于御马前射生,令骑豹文鞯,著兽文彩衫,谓之百骑。至则天,渐加其人,谓之千骑。孝和又增之万骑。皆置使以领之。"

【绶带】shòudài ❶用以系官印等物的丝带。唐玄宗《千秋节赐群臣镜》诗："更衔长绶带,留意感人深。"《新唐书·车服志》："德宗尝赐节度使时服,以雕衔绶带。"❷指衣带。唐孙光宪《遐方怨》词："红绶带,锦香囊,为表花前意,殷勤赠玉郎。"五代前蜀薛昭蕴《小重山》词："忆昔在昭阳,舞衣红绶带,绣鸳鸯。"宋陶谷《清异录·香琼绶带》："薛能《赏酴醾诗》云:'香琼绶带雪缨络。'"五代毛熙震《浣溪沙》词："云薄罗裙绶带长,满身新荑瑞龙香。"《武王伐纣平话》卷上："玉女遂解绶带一条与纣王。玉女言曰:'此为信约。'"

大绶带(《中国工艺美术大辞典》)

【舒袴(裤)衫】shūkùshān 一种开衩的短衫,腰部以下前后左右均有开衩,穿着舒适,行动方便。五代后蜀冯鉴《续事始》:"唐马周上议曰:臣寻究《礼经》无衫服之文,三代以布为深衣,今请于深衣之下添襕及裙,名曰襕衫,以为上士之服。其开裤者,名曰舒袴衫,庶人服之。"

【熟彩衣】shúcǎiyī 用煮炼过的丝织品制成的五彩绸衣。唐李肇《唐国史补》中:"韦太尉在西川,凡事设教。军士将吏婚嫁,则以熟彩衣给其夫氏,以银泥衣给其女氏。"

【熟衣】shúyī 也称"熟缣衣"。用煮炼过的丝织品制成的衣服。质地较半生衣厚实、柔软,多用于春秋天。唐方干《秋晚林中寄宾幕》诗:"八月萧条九月时,沙蝉海燕各分飞。杯盂未称尝生酒,砧杵先催试熟衣。"白居易《感秋咏意》诗:"炎凉迁次速如飞,又脱生衣著熟衣。"又《西风》诗:"新霁乘轻屐,初凉换熟衣。"五代南唐李中《秋雨》诗:"爽欲除幽簟,凉须换熟衣。"宋陆游《秋日遣怀》诗:"晨起换熟衣,残暑已退听。"又《新凉示子通,时子适将有临安之行》诗:"竹簟纱厨事已非,秋清初换熟缣衣。"清查慎行《雨中过董静思山居》诗:"十里沿洄暮霭昏,熟衣天气半清温。"

【暑绤】shǔchī 夏天穿的细葛布衣。唐王周《蚋子赋》:"伺暑绤之漏露,啐丰肌而睥睨。"宋宋祁《宋景文笔记·杂说》:"夫生民作夜寝,早起晡食,寒絮暑绤,常忽而不为之节,何哉?然则摄生不可不知也。"方回《戊戌端午》诗:"退休敢望赐宫衣,破箧重寻旧暑绤。"明杨基《送方员外之庐陵》诗:"温温霜天裘,细细当暑绤。"

【暑衣】shǔyī 夏天穿的单薄的衣服。唐李咸用《游寺》诗:"秋觉暑衣薄,老知尘世空。"张乔延《福里秋怀》诗:"病携秋卷重,闲著暑衣轻。"鱼玄机《闻李端公垂钓回寄赠》:"无限荷香染暑衣,阮郎何处弄船归。"宋朱彧《萍洲可谈》卷二:"抚州莲花纱,都人以为暑衣,甚珍重。"张耒《自巴河至蕲阳口道中得二诗示仲达与柜同赋》:"旅食每愁村市散,近秋已觉暑衣单。"陆游《春尽遣怀》诗:"青饥旋捣通邻好,白葛新裁制暑衣。"元周伯琦《是年扈从上京学宫纪事绝句》之五:"中使三时羞玉食,地凉不用暑衣供。"

【蜀襭袍】shǔxiépáo 蜀锦制成的袍子。《新唐书·韦绶传》:"德宗时,以左补阙为翰林学士,密政多所参逮。帝尝幸其院,韦妃从,会绶方寝……时大寒,以妃蜀襭袍覆而去。"清袁枚《随园随笔·唐翰林学士最荣》:"韦绶,学士也,而覆以蜀襭之袍;韩偓,学士也,而暗藏金莲之烛。"

【鼠耳巾】shǔěrjīn 隐士裹头用的一种尖顶头巾。唐刘言史《山中喜崔补阙见寻》诗:"鹿袖青藜鼠耳巾,潜夫岂解拜朝臣。"

【束带】shùdài 腰带。泛指装束。亦指官服。唐韦应物《休暇东斋》诗:"出来束带士,请谒无朝暮。"宋司马光《病中鲜于子骏见招不往》诗:"虽无束带苦,实惮把酒并。"《文献通考·王礼八》:"束带之制,有金荔枝、师蛮、戏童、海捷、犀牛。"《宋史·成闵传》:"召见,赐袍带,锦帛,加赠玉束带。"《元史·世祖本纪》:"相答儿遣使进缅国所贡珍珠、珊瑚、异丝及七宝束带。"《水浒传》第十三回:"(索超)身披一副铁叶攒成铠甲,腰系一条镀金兽面束带。"《红楼梦》第七十四回:"从紫鹃房中搜出两副宝玉往常换下的寄名符儿,一副束带上的帔带。"

【树衣】shùyī 用树藤或树条等制成的衣服。指隐逸者的粗服。唐孟郊《送无怀道士游富春山水》诗:"溪镜不隐发,树衣长遇寒。"明徐应秋《玉芝堂谈荟》:"滇中鸡足山多古木,木杪有丝下垂,长数尺许,士人取以为服,名曰树衣。"

【数珠】shùzhū 即念珠。唐冯贽《云仙杂记·水玉数珠》:"房次律弟子金图,十二岁时,次律征问葛洪仙箓中事,以水玉数珠节之,凡两遍。"《敦煌变文集》卷四:"一串数珠长在手,常须相续念弥陀。"义净译《校量数珠功德经》:"其数珠者,要当须满一百八颗。如其难得,或五十四颗,或二十七颗,或十四颗,亦皆得用。"宋陆游《老学庵笔记》卷四:"男未娶者,以金鸡羽插髻;女未嫁者,以海螺为数珠挂颈上。"《景德传灯录》卷一四:"师常持一串数珠,念三种名号。"明屠隆《文房器具笺》:"数珠,有以檀香车人菩提子中孔,著眼引绳,谓之灌香,世infrastructure初唯京师一人能之,果绝技也。价定一分一子为格,有金刚子……玛瑙、琥珀、金珀、水晶、沉香、紫檀、乌木、棕竹、砗磲者。"《水浒传》第一百一十五回:"穿一领烈火猩红直裰,系一条虎觔打就圆绦,挂一串七宝璎珞数珠,著一双九环鹿皮僧鞋。"《儿女英雄传》第三十七回:"公子又看那匣儿,是盘八百罗汉的桃核儿数珠儿,雕的十分精巧。那背坠、佛头、记念,也配得鲜明。公子倒觉很爱,便道:'那盘轻巧,我就换上它罢?'"

【双环】shuānghuán 指女子的一对耳环。唐元稹《襄阳为卢窦纪事》诗:"依稀似觉双环动,潜被萧郎卸玉钗。"宋晁说之《送懒散先生东归》:"一醉十日醒五日,双环妆罢觅新花。"明李质《过扬州》:"十千一斗金盘露,二八双环玉树歌。"

【双绶】shuāngshòu 着礼服时所佩的两条丝带。有大双绶和小双绶。通常佩挂在腰下,左右各一。由秦汉时印绶演变而来。南北朝以后较为流行。唐代规定五品以上官员朝服所佩。《隋书·礼仪志七》:"天子以双绶,六采,玄黄赤白缥绿,纯玄质,长二丈四尺,五百首,阔一尺;双小绶,长二尺六寸,色同大绶,而首半之,间施四玉环。"唐皇甫曾《国子柳博士兼领太常博士辄申贺赠》诗:"朝衣辨色处,双绶更宜看。"李贺《感讽》诗:"我待纡双绶,遗我星星发。"刘禹锡《奉和淮南李相公早秋即事寄成都武相公》诗:"步嫌双绶重,梦入九城偏。"《通典》卷六三:"自王公以下,皆有小双绶,长二尺六寸。"《新唐书·车服志》:"黑组大双绶,黑质,黑、黄、赤、白、缥、绿为纯,以备天地四方之色,广一尺,长二丈四尺,五百首。又有小双绶,长二尺六寸,色如大绶,而首半之,间施三玉环。"

佩双绶的义史
（敦煌莫高窟唐代壁画）

【霜衣】shuāngyī 指寒衣。唐杨发《宿黄花馆》诗:"何处迷鸿离浦月,谁家愁妇捣霜衣。"明陶安《岁除日至都城》诗:"拂拭霜衣无旅况,御堤尘软共扬鞭。"

shui—suo

【水田衣】shuǐtiányī ❶即袈裟。因用每块长方形布片连缀而成,宛如水稻田之界画,故名。唐唐彦谦《西明寺威公盆池新稻》诗:"得地又生金象界,结根仍对水

田衣。"清吴伟业《和王太常西田杂兴韵》之六:"手植松枝当麈尾,云林居士水田衣。"钱大昕《十驾斋养新录·水田衣》:"释子以袈裟为水田衣。"❷明清妇女的一种服饰,指用各色布块拼合而成的衣服。因整件服装织料色彩互相交错形如水田而得名。简单别致,颇得妇女喜爱。早在唐代就有人用这种方法拼制衣服。初时尚注意拼制的匀称,将各种锦缎织料裁成长方形,然后有规律地编排缝合。后不再拘泥,亦有杂乱拼接者。清翟灏《通俗编·服饰》:"王维诗:'乞饭从香积,裁衣学水田。'按,时俗妇女以各色帛寸剪斗凑,鈌以为衣,亦谓之水田衣。"李渔《闲情偶寄》卷七:"至于大背情理,可为人心世道之忧者,则零轿碎补之服,俗名呼为水田衣者是也。"

水田衣（清人《燕寝怡情》图册）

【丝麻鞋】sīmáxié 丝鞋与麻鞋。唐刘存《事始》:"丝麻鞋:《实录》曰:自夏殷皆以草为之。《左传》谓之扉履。周以麻为之。晋永嘉中以丝。"

【丝鞋】sīxié 用五色丝杂织而成的一种色彩斑斓的鞋。隋唐时多用于帝王。明清时逐渐普及,士庶均可使用。《隋书·

礼仪志七》："其乘舆黑介帻之服,紫罗褶,南布裤,玉梁带,紫丝鞋,长勒靴。畋猎豫游则服之。"宋陆游《老学庵笔记》卷二:"禁中旧有丝鞋局,专挑供御丝鞋,不知其数。尝见蜀将吴琪被赐数百緉,皆经奉御者。寿皇即位,惟临朝服丝鞋,退即以罗鞋易之。遂废此局。"周密《武林旧事》卷八:"皇帝起易服,幞头上盖,玉带丝鞋,乘辇鸣鞭出学,百官诸生迎驾如前。"《宋史·礼志二十八》:"御正殿视事,则皂幞头,淡黄袍,黑鞓犀带,素丝鞋。"《醒世恒言·钱秀才错占凤凰俦》:"颜俊早起,便到书房中,唤家童取出一皮箱衣服……交付钱青行时更换,下面净袜丝鞋,只有头巾不对,即时与他换了一顶新的。"《水浒传》第二十四回:"武松只不则声。寻思了半响,再脱了丝鞋。"

【四时服】sìshífú 春夏秋冬四个季节所穿的不同礼服。《汉书·萧望之传》"敝备皂衣二十余年"唐颜师古注引如淳:"虽有四时服,至朝皆著皂衣。"

【四时衣】sìshíyī 即"四时服"。《新唐书·姚宋列传》:"吾亡,敛以常服,四时衣各一称。"

【素襦】sùrú 素而无纹的短衣。唐白行简《墨娥漫录》卷四:"至华岳祠,见一女巫,黑而长,青裙素襦,迎路拜揖,请为之祝神。"

【素章甫冠】sùzhāngfǔguān 丧冠之一种。《通典·礼志四十四》:"既袭三称,服白布深衣十五升,素章甫冠,白麻屦,无絇。"

【素组】sùzǔ 白色丝带。《礼记·檀弓上》"有子盖既祥,而丝履组缨"唐孔颖达疏:"今用素组为缨,故讥之。"《明会典·冠服一·皇帝冕服》:"大带素表朱里,在

腰及垂皆有紃,上紃以朱,下紃以绿,纽约用素组。"

【算袋】suàndài 也作"算帒""算囊"。百官佩在腰带上存放笔砚等的袋子。常佩于身,也可作装饰用。《旧唐书·睿宗纪》:"又令内外官依上元元年九品已上文武官,咸带手巾算袋,武官咸带七事钴鞢并足。"《资治通鉴·唐则天后神功元年》:"赐以绯算袋。"元胡三省注:"唐初职事官,三品以上赐金装刀、砺石,一品以下则有手巾、算袋。开元以后,百官朔望朝参,外官衙日,则佩算袋,各随其服之色,余日则否。"宋李上交《近事会元》卷一:"腰带乃是九环十三环带也……环以佩鱼龟算帒等也。"沈括《梦溪笔谈·故事一》:"带衣所垂蹀躞,盖欲佩带弓剑、帉帨、算囊、刀砺之类。"

【算縢】suànténg 即"算袋"。《汉书·孝成赵皇后传》"中黄门田客持诏记,盛绿绨方底"唐颜师古注:"绨,厚缯也。绿,其色也。方底,盛书囊,形若今算縢耳。"明方以智《通雅》卷三七:"算縢……乃秦始皇算袋所化。算袋即算縢。"明张自烈《正字通》:"袋,秦始皇算袋,即算縢也,今苍头所携贮笔砚者,谓之照袋。"

【襚衣】suìyī 赠送给死者的衣服。《礼记·丧服大记》"君无襚,大夫士毕主人之祭服"唐孔颖达疏:"小敛尽主人衣美者,乃用宾客襚衣之美者,欲以美之,故言祭服也。"

【笋皮巾】sǔnpíjīn 以竹笋皮制成之冠。《汉书·高帝纪上》"高祖为亭长,乃以竹皮为冠,令求盗之薛治"唐颜师古注:"竹皮,笋皮,谓笋上所解之箨耳,非竹箬也。今人亦往往为笋皮巾,古之遗制也。"宋王应麟《玉海》:"应劭曰:'以竹所生皮为

冠,今鹊尾冠是也。'师古曰:'谓笋上所解之箨。'今人谓笋皮巾。"

【笋鞋】sǔnxié 以笋壳做衬底之鞋,多为隐士、僧人所着。唐张籍《题李山人幽居》诗:"画苔藤杖细,踏石笋鞋轻。"张祜《题曾氏园林》诗:"斫树遗桑斧,浇花湿笋鞋。"宋汪炎昶《次韵胡庭芳别考亭夫子祠下》词:"笋鞋踏穿山雨凉,九曲烟霞落锦囊。"徐照《赠江心寺钦上人》诗:"客至启幽户,笋鞋行曲廊。"释赞宁《笋谱》:"僧家多取箬笋壳,裁为鞋屧中屦,可隔足汗耳。"明唐之淳《题秋山晓雾图六言》诗:"藤杖高县晓日,笋鞋软踏秋云。"

【莎笠】suōlì 即蓑笠。《敦煌曲子词·浣溪沙》:"倦却诗书上钓船,身被莎笠执鱼竿。"

【莎衣】suōyī 即蓑衣。唐司空图《杂题》诗之八:"樵香烧桂子,苔湿挂莎衣。"《太平广记》卷四一:"至午时,有一人形容丑黑,身长八尺,荷笠莎衣,荷锄而至。"五代王定保《唐摭言·好及第恶登科》:"许孟容进士及第,学究登科,时号锦袄子上著莎衣。"宋杨朴《莎衣》诗:"软绿柔蓝著胜衣,倚船吟钓正相宜。蒹葭影里和烟卧,菡萏香中带雨披。"又《绝句》:"昨夜西风烂漫秋,今朝东岸独垂钩。紫袍不识莎衣客,曾对君王十二旒。"明唐顺之《蓟镇忆弟正之试南都》诗:"头颅长尽山

林骨,木食莎衣信有缘。"

【娑裙】suōqún 也称"婆裙"。唐宋时岭南少数民族新娘所穿的一种长裙。长达丈余,穿着时以藤系腰,将裙幅多余部分抽提,聚收于腰间。《新唐书·南蛮传下》:"妇人当项作高髻,饰银珠琲,衣青娑裙,披罗段。"

【锁甲】suǒjiǎ 也作"鏁甲"。即锁子甲。唐杜甫《虎牙行》:"渔阳突骑猎青丘,犬戎鏁甲围丹极。"明阮大铖《燕子笺·迁官》:"沉枪卧,锁甲抛,将军还有旧时桥。"清吴伟业《海狮》诗:"回肠萦锁甲,髌脚怨刀钱。"

【锁子甲】suǒzijiǎ 唐代的一种铠甲。以金属环联缀甲片或完全由金属环套扣而成之铁甲。柔和便利,较大型坚甲轻巧,且链环层层相扣,一环中镞,诸环拱护,故后世沿用。泛指制作精细的铠甲。唐贯休《战城南》诗:"黄金锁子甲,风吹色如铁。"《唐六典·两京武库》:"甲之制十有三……十有二曰锁子甲。"宋周必大《二老堂诗话·金锁甲》:"至今谓甲之精细者为锁子甲,言其相衔之密也。"明张自烈《正字通·金部》:"锁子甲,五环相互。一环受镞,诸环拱护,故箭不能入。"《红楼梦》第五十二回:"身上穿着金丝织的锁子甲,洋锦袄袖。"

T

ta—ting

【踏青履】tàqīnglǚ 一种用于踏青的鞋履。唐代民间习俗,每年清明前后,男女择日赴野外践踏青草,以祈消灾祛邪。是日,御新制鞋,谓"踏青履"。清秦味芸《月令粹编》卷六引唐李淖《秦中岁时记》:"上巳(三月初三)赐宴曲江,都人于江头禊饮,践踏青草,谓之踏青履。"

【苔帻】táizé 青苔色的头巾。唐司空曙《寄卫明府常见短靴褐裘又务持诵是以有末句之赠》诗:"侧寄绳床嫌凭几,斜安苔帻懒穿簪。"李端《送吉中孚拜官归楚州》诗:"初戴青苔帻,来过丞相宅。"

【檀袖】tánxiù 红袖。指妇女的红色衣袖。唐光、威、裒三姐妹《联句》:"独结香绡偷倩送,暗垂檀袖学通参。"明陈冉《卖花声》词:"多病损腰肢,檀袖双垂,纱窗月上影迟迟。"明汤显祖《牡丹亭·魂游》:"好哩!你半垂檀袖学通参。小姑姑,从何而至?"

【棠苎襕衫】tángzhùlánshān 唐代士人的一种上服。《新唐书·车服志》:"太宗时,又命七品服龟甲双巨十花绫,色用绿。九品服丝布杂绫,色用青。是时士人以棠苎襕衫为上服,贵功之始也。"

【螳螂钩】tánglánggōu 也作"螳螂拘"。革带之钩。因作成螳螂之状,故称。《隋书·礼仪志七》:"革带……加金镂𫔎,螳螂钩,以相拘带。自大裘至于小朝服,皆

角之。"宋胡仔《苕溪渔隐丛话·后集》引《复斋漫录》:"所谓玉者,凡一十有六:双琥璜、三鹿卢带钩、璏、珌、璃璙杯、水苍佩、螳螂带钩……是也。"明方以智《通雅》卷三七:"钩𫔎,即所谓螳螂拘也。"清桂馥《札朴·览古》:"余见古铜带钩数十枚,皆作螳螂形。"

【绦】tāo 以丝编成的带子。可系衣服鞋帽,也可用作衣物的滚边。唐句道兴本《搜神记》:"子京曰:'弟来仓忙,忪自更无余物,遂乃解靴绦一双,奉上兄为信。'……元皓遂将子京奉上之当绦作同心结,而系自身两脚,家人皆见云异哉。"宋叶梦得《石林燕语》卷一○:"旧凤翔郿县出绦,以紧细如箸者为贵。近岁衣道服者:绦以大为美。围率三四寸,长二丈余……一绦有直十余千者。"

【韬】tāo 臂衣。唐元稹《阴山道》诗:"从骑爱奴丝布衫,臂鹰小儿云锦韬。"《集韵·号韵》:"韬,臂衣。"

【縢蛇起梁带】téngshéqǐliángdài 省称"縢蛇"。起梁带之一种。带身以锦为表,并纳以丝绵,呈鼓突状,因外观与縢蛇(传说中一种类似游龙的飞蛇)相似而得名。多用于武吏及宫廷武舞者。《新唐书·车服志》:"文武官骑马之,则去裲裆、縢蛇……縢蛇之制:以锦为表,长八尺,中实以绵,象蛇形。"又:"舞武绯丝布大袖,白练襁裆,縢蛇起梁带。"《旧五代史·乐志》:"武舞人服弁,平巾帻……

锦𦃃蛇起梁带。"

【藤屦】téngjù 藤编之鞋。轻便凉爽，沾湿易干。多用于僧人、山野隐逸之人。唐贯休《秋晚野步》诗："藤屦兼闽竹，吟行一水旁……登高吟更苦，微月出苍茫。"又《书匡山老僧庵》诗："白麈作梦枕藤屦，东峰山媪贡瓜乳。"宋释重显《送元安禅者》诗："群峰杳蔼留不住，远道依依祇藤屦。"陆游《浴罢闲步门外而归》诗："沙上无泥藤屦健，水边弄影葛巾欹。"苏辙《次韵子瞻再游径山》："香厨馈岩蕨，野径踏藤屦。"

【藤鞋】téngxié 以葛藤编制而成的鞋。多用于夏季或出行。唐李贺《南园十三首》诗："自履藤鞋收石蜜，手牵苔絮长纯花。"陆龟蒙《忆袭美洞庭观步奉和次韵》："竹伞遮云径，藤鞋踏藓矼。"宋赵彦卫《云麓漫钞》卷一："九十余年老古锤，虽然鹤发未鸡皮，曾拖竹杖穿云顶，屡𡎺藤鞋看海涯。"《歧路灯》第八十四回："天气大热，只见盛公子在厅上，葛巾藤鞋，一个家僮一旁打扇，手拿了一本书儿看。"

【田衣】tiányī 也称"田相衣""水田袈裟"。为有条相的袈裟，以紫或黑色条将袈裟分成若干方块，形如田畦，故名。《释氏要览法衣·田相缘起》："《僧祇律》云：'佛住王舍城，帝释石窟前经行，见稻田畦畔分明，语阿难，言：'过去诣佛衣相如是，从今依此作衣相。'"唐白居易《从龙潭寺至少林寺题赠同游者》诗："山屐田衣六七贤，搴芳蹋翠弄潺湲。"

【钿钗】tiánchāi 金花、金钗等妇女首饰。借指妇女。唐李肇《唐国史补》卷上："张凤翔闻难，尽出所有衣服，并其家人钿钗枕镜，列于小厅，将献行在。"清纳兰性德

《摊破浣纱溪》词之三："环佩只应归月下，钿钗何意寄人间。"褚继曾《〈小螺庵病榻忆语〉后序》："琼想幽闲，鲜结钿钗之伴。"

【钿钗礼衣】tiánchāilǐyī 唐代命妇所着礼服。由花钿、宝钿、衣裳、中单、蔽膝、大带、革带、履袜、双佩及小绶花等组成。制同翟衣，加双佩小绶，着履。衣用杂色，素而无纹；从一品至五品，依次递减钿数。一品夫人饰九钿，头上花钿九树；二品夫人八钿八树；三品夫人七钿七树；四品夫人六钿六树；五品夫人五钿五树。内命妇用于常参，外命妇用于朝参、辞见及礼会。《新唐书·车服志》："钿钗礼衣者，内命妇常参，外命妇朝参，辞见、礼会之服也。制同翟衣，加双佩、小绶，去舄加履。一品九钿，二品八钿，三品七钿，四品六钿，五品五钿。"

【钿钗禕衣】tiánchāitǎnyī 唐代皇后、皇太子妃、内外命妇于宴见宾客、朝参时穿的礼服。服制采用上衣下裳相连的深衣制，衣杂色而不画，用大袖，腰系双佩小绶，着履；首饰花钿，加两博鬓。皇后花树十二，钿十二；妃花树九，钿九。《新唐书·车服志》："皇后之服三……钿钗禕衣者，燕见宾客之服也。十二钿，服用杂色而不画，加双佩小绶，去舄加履，首饰花十二树，以象衮冕之旒，又有两博鬓。"又："皇太子妃之服有三……钿钗禕衣者，燕见宾客之服也。九钿，其服用杂色，制如鞠衣，加双佩，小绶，去舄加履，首饰花九树，有两博鬓。"

【钿蝉】tiánchán 镶嵌金、银、玉、贝等物的蝉形发饰。或指妇女贴于面颊的蝉形金花。唐皮日休《偶成小酌招鲁望不至以诗为解因次韵酬之》："金凤欲为莺引去，钿蝉

疑被蝶勾将。"唐彦谦《汉代》诗:"钿蝉新翅重,金鸭旧香焦。"宋汪藻《醉落魄》词:"结儿梢朵香红扐,钿蝉隐隐摇金碧。"元吴当《即事》诗:"繁华一夕怨西风,金雁钿蝉镜影空。"明梅鼎祚《玉合记·义妒》:"啼妆半贴钿蝉,手语斜飞金雁。"

【钿朵】tiánduǒ 花钿和朵子。用金、银、贝、玉等做成的花朵状饰物。唐元稹《送王十一郎游剡中》诗:"百里油盆镜湖水,千重钿朵会稽山。"又《六年春遣怀》诗:"玉梳钿朵香胶解,尽日风吹玳瑁筝。"杜牧《长安杂题长句》之五:"草妒佳人钿朵色,风回公子玉衔声。"五代后唐马缟《中华古今注》卷中:"隋帝于江都宫水精殿,令宫人戴通天百叶冠子,插瑟瑟钿朵,皆垂珠翠。"

【钿花】tiánhuā 即"钿朵"。唐王建《开池得古钗》诗:"凤凰半在双股齐,钿花落处生莎泥。"宋刘过《上益公十绝为寿·佳菊》:"寿客尤宜在寿乡,钿花的皪傲新霜。"刘埙《选冠子·送歌者入闽,用月巢韵》词:"叹舟回人远,钿花芗泽,悄无痕迹。"元末明初徐贲《青楼曲》:"钿花新样制,钗梁出意长。"明宋应星《天工开物·玉》:"凡玉器琢余碎,取入钿花用。"锺广言注:"钿花:用贵重物品做成花朵状的装饰品,如金钿、螺钿、宝钿、翠钿、玉钿等。"俞彦《江南春·和倪元镇》:"银笙不温钿花碧。我有所思隔都邑。"

【钿璎】tiányīng 金钿与璎珞,泛指头饰。唐白居易《霓裳羽衣歌》:"虹裳霞帔步摇冠,钿璎累累佩珊珊。"

【铁带】tiědài 有铁銙装饰的革制腰带。所用带銙常为七枚,多用于庶民,有别于官吏所系的金带、玉带、犀带等。《新唐书·车服志》:"一品、二品銙以金,六品

以上以犀,九品以上以银,庶人以铁……黄为流外官及庶人之服,铜铁带銙七。"五代后唐马缟《中华古今注》卷上:"庶人以铁为銙,服白。"宋孔平仲《珩璜新论》卷四:"庶人服黄,铁带。"

【鞓】tīng 也作"鞓"。也称"鞓带"。以布帛包裹的皮带。由上古鞶带演变而来。唐代以后较为普及,上自帝王,下及士庶,常朝礼见均可用之。通常制为两截,前后各一:前者形制较为简单,只在一端装一带尾,带身钻有小孔若干,以便承受扣针;后者周身饰有带銙,质料造型不一,藉此辨别身份等级。两端则各装一个缀有扣针的带头,使用时先将一端扣结,围系于腰,再将另一端扣合。蒙覆在皮带之外的布帛有多种颜色,红色者称"红鞓",黄色称"黄鞓",黑色称"皂鞓"。唐代喜用黑鞓,唐末五代多用红鞓,宋代庶官常服之带多用黑鞓,四品以上则用红鞓。明清时帝王服饰以黄为贵,朝服之带多用黄鞓。唐李贺《酬答》诗:"金鱼公子夹衫长,密装腰鞓割玉方。"清王琦注:"鞓音'汀',皮带也。曾本、二姚本作'鞓',同一字耳。割玉方,谓裁玉作方样,而密装于皮带之上也。"五代后唐马缟《中华古今注》卷上:"文武品阶腰带,盖古革带也。自三代以来,降至秦汉,皆庶人服之,而贵贱通以铜为銙,以韦为鞓,六品以上用银为銙,九品以上及庶人,以铁为銙。"宋庞元英《文昌杂录》卷五:"礼部林郎中言:昔见宋赐道,说唐朝帝王带虽犀玉,然皆黑鞓,五代始有红鞓,潞州明皇画像,黑鞓也。其大臣亦然。余昔通判滑州,见州衙设厅东西有贾魏公祠堂,皆黑鞓玉带,不知红鞓起于何时也?"岳珂《愧郯

录》卷一二:"大观二年五月十七日,诏中书舍人、谏议大夫、待制殿中少监,许系红鞓犀带,更不佩鱼。迄于中兴,乾道九年十二月五日,诏中书舍人、左右谏议大夫、龙图天章宝文显谟徽猷敷文阁待制权侍郎,许服红鞓排方黑犀带,仍佩鱼。于是其制始定。"《元史·舆服志一》:"(祭服)带八十有五,蓝鞓带七、红鞓带三十有六。"清王先谦《东华续录·乾隆五十五年》:"谕:据成林面奏阮光平所用衣服冠带已命如式制造,俟其来京赏给,惟该国王享国所系红鞓,今欲加赏金黄鞓带,以昭优异。"

tong—tuo

【通草苏朵子】tōngcǎosūduǒzi 省称"通草朵子"。一种用通草制成的朵子。妇女用作首饰插戴于鬓边作装饰。唐冯贽《南部烟花记》:"陈后主为张贵妃丽华造桂宫……丽华被素桂裳,梳凌云髻,插白通草苏朵子,靸玉华飞头履,时独步于中,谓之月宫。"五代后唐马缟《中华古今注》卷中:"冠子者,秦始皇之制也。令三妃九嫔,当暑戴芙蓉冠子,以碧罗为之,插五色通草苏朵子,披浅黄蒙罗衫,把云母小扇子,靸蹲凤头履,以侍从……至后周,又诏宫人帖五色云母花子,作碎妆以侍宴。如供奉者,贴胜乾子作桃花妆,插通草朵子,著短袖衫子。"明方以智《通雅》卷三六:"《古今注》言:冠子起于始皇。今妃嫔戴芙蓉冠,插五色通草苏朵子,即华铴钿钗之类也。"清周亮工《书影》卷五:"予阅《古今注》,冠子者,秦始皇之制也,令三妃九嫔当昼戴芙蓉冠子,插五色通草苏朵子。乃知三吴通草花朵,秦时已有。"

【通裙】tōngqún 也作"桶裙""幨裙"。没有襞积的裙子。形状似桶,故称。以毛织物为之,制作时先将裙幅大小、长短确定,缝成圆形,然后在中间开孔,着时由首贯入。从西南少数民族地区传入。《旧唐书·南平僚传》:"妇女横布两幅,穿中而贯其首,名为'通裙'。"明田汝成《炎徼纪闻》卷四:"以布一幅横围腰间,旁无襞积,谓之桶裙。男女同制。花布者为花仡佬,红布者为红仡佬。"清田雯《黔书·苗俗》:"仡佬,其种有五……男女皆以幅布围腰,旁无襞积,谓之桶裙。"李宗防《黔记》卷三:"曾竹龙家在安顺府属,妇女穿白衣,系桶裙。"又:"披袍仡佬,在黄平州,男女衣外披一袍,前短后长;凿窍为桶裙,羊毛织成,性能纯谨。"《集韵·东韵》:"幨,幨裙,夷服也。"

【通身袴(裤)】tōngshēnkù 少数民族所穿的一种与上衣相连的裤子。《新唐书·扑子蛮传》:"其西有扑子蛮,趫悍,以青娑罗为通身袴。"

【通天百叶冠子】tōngtiānbǎiyèguānzi 据说是隋炀帝时宫人所戴的冠帽。五代后唐马缟《中华古今注》卷中:"至隋帝于江都宫水精殿,令宫人戴通天百叶冠子,插瑟瑟钿朵,皆垂珠翠。"

【通天服】tōngtiānfú 皇帝穿的一种礼服。《隋书·礼仪志七》:"高祖元正朝会,方御通天服,郊丘宗庙,尽用龙衮衣。"

【通天御带】tōngtiānyùdài 也称"通天宝带"。饰有通天犀的御带。唐韩愈《平淮西碑》:"赐汝节斧、通天御带、卫卒三百。"《新唐书·裴度传》:"帝壮之,为流涕。及行,御通化门临遣,赐通天御带,发神策骑三百为卫。"宋陆游《韩太傅生日》诗:"通天宝带连城价,受赐雍容看拜下。"

【通犀带】tōngxīdài 省称"通犀"。也称"通天犀带"。用通天犀装饰的腰带。为达官贵戚所系。以皮革为鞓,上缀犀角之銙,犀角显有黄黑色或白黑色斑纹。《新唐书·马植传》:"左军中尉马元贽最为帝宠信,赐通天犀。"《唐会要》卷三一:"一品、二品许服玉及通犀,三品许服花犀、斑犀及玉。"宋陆游《老学庵笔记》卷一:"靖康末,括金略房,诏群臣服金带者权以通犀带易之,独存金鱼。"岳珂《桯史·寿星通犀带》:"会将举庆典,市有北贾,携通犀带一,因左珰以进于内。"又《愧郯录》卷三:"市有北贾,携通天犀带一,因左珰以进于内。带十三垮,銙皆正透,有一寿星,扶杖立,上得之喜,不复问价。"程大昌《演繁露》卷一:"按斑犀者,犀文之黑黄相间者也。此时止云斑犀,至近世其辨益详:黑质中或黄或白则为正透,外晕皆黄而中函黑文则名倒透。透,即通也。唐世概名通天犀。"《宋史·舆服志五》:"带,古惟用革,自曹魏而下,始有金、银、铜之饰。宋制尤详,有玉、有金、有银、有犀……犀非品官、通犀为特旨皆禁。"

【鍮石带】tōushídài 省称"鍮带"。鍮一作"瑜"。一种用铜矿石做带銙装饰的革制腰带。所用带銙通常为八枚。唐代及其后多用于八、九品官员。《新唐书·车服志》:"深青为八品之服,浅青为九品之服,皆鍮石带銙八。"宋孔平仲《珩璜新论》卷四:"上元中……八品深青,瑜带;九品浅青,瑜带。"《辽史·仪卫志二》:"八品九品,幞头,绿袍,鍮石带。"

【头牟】tóumóu 即头盔。《敦煌变文集·汉将王陵变文》:"其夜,西楚霸王四更已来,身穿金钾,揭上(去)头牟,返衙(牙)如坐。"《敦煌变文集·汉将王陵变文》:"霸王亲问,身穿金钾,揭去头牟,搭箭弯弓,臂上悬剑,驱逐陵母,直至帐前。"

【秃襟】tūjīn 也作"秃衿"。无领之服。衣服只有领口,没有衣领。通常指便服。唐李贺《秦宫诗》:"秃衿小袖调鹦鹉,紫绣麻鞋踏哮虎。"宋苏轼《观杭州钤辖欧育刀剑战袍》诗:"秃衿小袖雕鹘盘,大刀长剑龙蛇插。"元张翥《予京居廿稔始置屋灵椿坊衰老畏寒始制青鼠袍且久乏马始作一车出入皆赋诗自志》其二:"青鼠毛衣可御寒,秃襟空袖放身宽。"元末明初郭钰《题罗子澄所藏乃父晋仲文学桂林图》:"君不见太真来作南洲客,秃衿老泪伤头白。"清徐釚《哨遍·听弹琵琶》词:"唤狭邪,秃衿短衣行酒,鹍弦夜拨凉于水。"《花月痕》第四十六回:"酒行数巡,夫人出见,珠光侧聚,佩响流葩,肇受却小袖秃襟,笑向仲池道:'我不惯穿大衣。'"

【箨冠】tuòguān 竹皮冠。用竹笋皮制成的帽子。唐司空图《华下》诗:"箨冠新带步池塘,逸韵偏宜夏景长。"陆龟蒙《奉和袭美夏景冲澹偶作次韵》其一:"蝉雀参差在扇纱,竹襟轻利箨冠斜。"宋诸葛赓《归休亭》诗:"水国微茫境不凡,箨冠萝带芰荷衫。"明申佳允《遣怀》诗其一:"双龙气掩青萍剑,五岳光凌紫箨冠。"李昌祺《题张宪副山水》诗:"箨冠苧服物外叟,寻幽览胜棹轻舫,两眼饱看船头峰。"清戴名世《陈士庆传》:"已而入函谷关至终南,有老人箨冠羽衣坐在洞中,辟谷久矣。"

W

wa—wu

【**袜带**】wàdài 系袜所用的带。唐陆龟蒙《杂说》："袜之有带，其来尚矣，今独亡之。呜呼！古之制，亡者十九，奚袜带之足云。"

【**袜罗**】wàluó 罗袜。丝罗制的袜。唐夏侯审《咏被中绣鞋》诗："陈王当日风流减，只向波间见袜罗。"宋张元幹《青玉案·载酒浩歌西湖南山间写我滞思》词："菱歌风断，袜罗尘散，总是关情处。"宋吴文英《夜飞鹊·黄钟商蔡司户席上南花》词："浑似飞仙入梦，袜罗微步，流水青蘋。"

【**腕钏**】wànchuàn 女子饰物，用以饰腕，以金玉制若环状。其俗多见于唐宋。唐白居易《盐商妇》诗："绿鬟富去金钗多，皓腕肥来银钏窄。"宋尤袤《全唐诗话·文宗》："又一日，问宰臣：'古诗云，轻衫衬跳脱，是何物？'宰臣未对。上曰：'即今之腕钏也。'"

【**望仙鞋**】wàngxiānxié 也称"寻仙履"。隐逸之士所着的一种拖鞋。相传秦始皇为求不死，曾着此鞋以求仙，故名。五代后唐马缟《中华古今注》卷中："秦始皇常靸望仙鞋，衣聚云短褐以对隐逸，求神仙。"元伊世珍《嫏嬛记》："季女赠贤夫以绿华寻仙之履，素丝锁莲之带……皆极精巧，当世希觏之物也。"

【**危脑帽**】wēinǎomào 五代时期前蜀流行的一种小帽。帽体甚小，仅能盖住头顶，俯首即坠。《新五代史·前蜀世家·王衍》："蜀人富而喜遨，当王氏晚年，俗竞为小帽，仅覆其顶，俯首即堕，谓之'危脑帽'。衍以为不祥，禁之。"元王逢《危脑帽歌》："承平礼乐亦草草，岂但当时帽危脑。可怜来者忘丧元，红缨末乱如云扰。"

【**围帽**】wéimào ❶用于遮风障面的一种大帽子。五代后唐马缟《中华古今注》卷中："（席帽）本古之围帽也。男女通服之。以韦为之，四周垂丝网之，施以珠翠，丈夫去饰。"明杨慎《谭苑醍醐》卷三："古者女子出门……首有围帽，谓之席帽，垂丝网之，施以珠翠。"❷清代男子礼冠。《瀛台泣血记》第十四回："（光绪）头上戴着一顶黑缎子的围帽，帽顶上有一颗用丝带打就的结子。结子下面，还披着许多像流苏一样的红线，帽子上也有花纹绣着，那是许多金色的长寿字。"

【**帏帽**】wéimào 即"帷帽"。唐张彦远《历代名画记·叙师资传授南北时代》："只如吴道子画仲由，便戴木剑；阎令公画昭君，已著帏帽。殊不知木剑创于晋代，帏帽兴于国朝。"唐张元一《咏静乐县主》诗："马带桃花锦，裙衔绿草罗。定知帏帽底，仪容似大哥。"五代后蜀冯鉴《续事始》："至则天后，帏帽大行，羃䍦遂废。"

【**帷帽**】wéimào 周围垂网的帽子。隋代创制,唐时妇女通用,至宋代,男子远行亦用之。唐刘肃《大唐新语·厘革》:"武德贞观之代,宫人骑马者,依《周礼》旧仪多著羃䍠……永徽之后,皆用帷帽,施裙到颈,为浅露。"《旧唐书·舆服志》:"开元初,从驾宫人骑马者,皆著胡帽。靓妆露面,无复障蔽。士庶之家,又相仿效,帷帽之制,绝不行用。"宋郭若虚《图画见闻志》卷一:"至如阎立本图《昭君妃房》戴帷帽以据鞍……殊不知帷帽创从隋代。"高承《事物纪原·旗旒采章·帷帽》:"帷帽创于隋代,永徽中始用之施裙及颈。今世士人往往用皂纱若青,全幅连缀于油帽或毡笠之前,以障风尘,为远行之服,盖本此。"

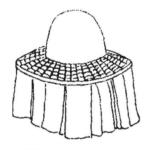

帷帽(明王圻《三才图会》)

【魏王踣】wèiwángbó 也称"陆颂踣"。一种向前倾附的巾子样式。唐张鹭《朝野金载》卷一:"魏王为巾子向前踣,天下欣欣慕之,名为'魏王踣',后坐死。至孝和时,陆颂亦为巾子同此样,时人又名为'陆颂踣'。未一年而陆颂殒。"

【温帽】wēnmào 暖帽。一种保暖避寒之大檐帽。五代后唐马缟《中华古今注·大帽子》:"大帽子:本岩叟草野之服也,至魏文帝诏百官常以立冬日贵贱通戴,谓之温帽。"

【文服】wénfú 华美的衣服。唐元稹《酬乐天寄生衣》诗:"赢骨不胜纤细物,欲将文服却送君。"

【纹布巾】wénbùjīn 一种洁白柔软的手巾。唐苏鹗《杜阳杂编》卷下:"咸通九年,同昌公主出降……有瑟瑟幕、纹布巾、火蚕绵、九玉钗……纹布巾,即手巾也。洁白如雪,光软特异,拭水不濡,用之弥年,不生垢腻。"

【握臂】wòbì 也称"握臂钏"。套在手臂上的镯钏。《文献通考·兵十二》:"博马银多杂以铜,每银一两,为握臂钏。"明卢若腾《岛居随录·生化》:"向有一妇人银握臂,吾衔致水下,此去百步,君过则取之遗吾家。"张绅《高陵篇(并序)》:"墓旁春草年年碧,黄金握臂人耕出。"

【乌角巾】wūjiǎojīn 文人、隐士所戴的葛制黑色有折角的头巾。唐杜甫《南邻》诗:"锦里先生乌角巾,园收芋栗不全贫。"清仇兆鳌注:"角巾,隐士之冠。"宋苏东坡《岭外》诗:"父老争看乌角巾,应缘曾遇宰官身。"陆游《小憩长生观饭已遂行》诗:"道士青精饭,先生乌角巾。"元杨维桢《湖州作》诗之四:"湖洲野客似玄真,水晶宫中乌角巾。"明刘崧《题沙村江楼歌为刘方东赋》:"楼中仙人乌角巾,调笑日与云山亲。"李昱《胡生写真歌》:"头戴小小乌角巾,白衣宽博稳称身。"清方文《寿姚休那先生》诗:"田硗不饱青精饭,发秃还飘乌角巾。"平步青《春日游青藤书屋登孕山楼谒天池先生像赋赠闲谷》:"想见当时抱膝坐,论兵慷慨乌角巾。"

【乌纳裘】wūnàqiú 黑布缝纳的裘衣。道士的一种袍服。唐皮日休《江南道中怀茅山广文南阳博士》诗之二:"不知何事迎新岁,乌纳裘中一觉眠。"原注:"乌纳裘出《王筠集》。"

【乌皮履】wūpílǚ 也称"皂皮履"。黑色皮履。贵族朝臣用于受朝、拜陵及宴接宾客。亦指乌皮之靴。《隋书·礼仪志七》:"开皇初,高祖常著乌纱帽,自朝贵以下,至于冗吏,通著入朝。今复制白纱高屋帽,其服,练裙襦,乌皮履。宴接宾客则服之。"《新唐书·礼乐志七》:"皇太子空顶黑介帻,双童髻,彩衣,紫袴褶,织成褾领、绿绅、乌皮履,乘舆以出。"《宋史·舆服志四》:"绯罗袍,白花罗中单,绯罗裙……白罗方心曲领,玉剑佩,银革带,晕锦绶,二玉环,白绫袜,皂皮履。"《大金集礼》卷三〇:"正一品四员(侍中二品书令二)……金镀银革带一,乌皮履一对,白绫袜一对。"

【乌皮靴】wūpíxuē 省称"乌靴"。黑色皮靴。隋唐以后穿靴之风盛行,成为常服。《通典·乐志六》:"二人赤黄裙,襦袴,极长其袖,乌皮靴,双双并立而舞。"《新唐书·车服志》:"武舞绯丝布大袖,白练襈裆,螣蛇起梁带,豹文大口绔,乌皮靴。"《旧唐书·舆服志》:"隋代帝王贵臣,多服黄文绫袍,乌纱帽,九环带,乌皮六合靴……武德初,因隋旧制,天子燕服,亦名常服,唯以黄袍及衫……其折上巾,乌皮六合靴,贵贱通用。"《金史·舆服志下》:"金人之常服四:带,巾,盘领衣,乌皮靴。其束带曰吐鹘。"《宣和遗事·亨集》:"徽宗闻言,大喜,即时易了衣服,将龙袍卸却,把一领皂褙穿着,上面著一领紫道服,系一条红丝吕公绦,头戴唐巾,脚下穿一双乌靴。"宋陆游《东园小饮》诗:"乌靴席帽知何乐,自古京尘眯眼黄。"

【乌裘】wūqiú 黑色貂裘。唐骆宾王《途中有怀》诗:"素服三川化,乌裘十上还。"陈子昂《酬李参军崇嗣旅馆见赠》诗:"白璧疑冤楚,乌裘似入秦。"李白《赠从兄襄阳少府皓》诗:"一朝乌裘敝,百镒黄金空。"清王琦注:"《战国策》:苏秦说秦王,书十上而说不行,黑貂之裘敝,黄金百斤尽。"清毛奇龄《予宿桐音宅出所赋慰诗四章妙丽愀怆讽之伤怀因勉酬三诗导情》其二:"谁怜频把袂,犹揽旧乌裘。"

【乌纱】wūshā 即"乌纱帽"。唐皮日休《夏景冲淡偶然作》诗:"祗限蒲褥岸乌纱,味道澄怀景便斜。"公乘亿《赋得秋菊有佳色》:"带香飘绿绮,和酒上乌纱。"方干《题悬溜岩隐者居》:"见说公卿访遗逸,逢迎亦是戴乌纱。"宋王禹偁《〈李太白真赞〉序》:"龙竹自携,乌纱不整;异貌无匹,华姿若生。"《平山冷燕》第一回:"喝声未绝,只见班部中闪出一官,乌纱象简,趋跪丹墀。"清洪楝园《后南柯·辞职》:"想当年司宪护高牙,误军事褫乌纱,如炉王法便追拿。"

【吴绫袜】wúlíngwà 以吴绫制成的袜。吴绫,古代吴地所产的一种有纹彩的丝织品,以质地轻薄著名。多用于春夏两季。制为大口,直统,袜口缀带,穿时系结于踝。因质地柔软,穿着舒适而受人喜爱。男女均可着之。五代薛昭蕴《醉公子》词:"慢绾青丝发,光砑吴绫袜。"《宣和遗事》:"是时底王孙公子、才子佳人,男子汉,都是丫(一作子)顶背,带头巾,褰地长背子,宽口袴,侧面丝鞋,吴绫袜。"宋无名氏《念奴娇》词其一:"嚼蕊寻香,凌波微步,雪沁吴绫袜。"黄庭坚《借景亭》诗:"竹铺不浼吴绫袜,东西开轩荫清樾。"元白仁甫《唐明皇秋夜梧桐雨》第三折:"谁收了锦缠联窄面吴绫袜,空感叹这泪斑斓拥项鲛绡帕?"

【五朵履】wǔduǒlǚ 一种高头鞋履。履头被制成五瓣,高翘而翻卷,形似朵云。相传始于东晋,至唐犹兴。多用于妇女。五代后唐马缟《中华古今注》卷中:"至东晋以草木织成,即有凤头之履、聚云履、五朵履。"唐王睿《炙毂子录》:"及唐大历中,进五朵草履子。"

五朵履(敦煌莫高窟出土绢画)

【五色袍】wǔsèpáo 即"品色衣",宫廷侍卫护驾所穿的杂色衣服。以青、赤、黄、白、黑五种色彩为方位标识。《通典·职官志十》:"贞观十二年,左右屯卫始置,飞骑出游幸,即衣五色袍,乘六闲马,赐猛兽衣鞯而从焉。"《元史·舆服志二》:"外仗,五金鼓队:金鼓旗二,执者二人,引护者八人,皆五色绲巾,生色宝相花五色袍,五色勒帛,靴,佩剑,引护者加弓矢,分左右。"

【五色衣】wǔsèyī ❶舞者所穿的仿照五种元气的五色衣服。《新唐书·礼乐志十一》:"《上元舞》者,高宗所作也。舞者百八十人,衣画云五色衣,以象元气。"❷道教神人所穿的衣服,有青、红、白、黑、黄五色,象征着五种元气。宋张君房《云笈七签》:"中真六景左肾神,名春元真,字道卿,五色衣。"又:"或见一人,长六尺九寸,冠重华冠,五色衣者,名李□□,字伯光,见之常以食时。"❸贵族、官员于春、夏、季夏、秋、冬五个时节所穿的礼服。❹宫廷侍卫所穿的杂色衣服。

【五衣】wǔyī 佛教比丘尼所穿的衣服,又称尼五衣。即僧伽梨、郁多罗僧、安陀会、僧祇支、厥修罗等比丘尼所着用的五种衣。前三者与比丘三衣同为大衣、上衣、内衣。僧祇支又作只支、掩腋衣、覆膊衣,为一长方形布,披着于左肩,掩蔽左膊,另一端则斜披以掩右腋。厥修罗又译作圉衣,即尼师所着之下裙。唐道宣《行事钞·资持记中》二之二曰:"五衣者,附明尼制,只支覆肩皆入制故。"

【五云裘】wǔyúnqiú 饰有五色的色彩绚丽的裘衣。唐李白《酬殷明佐见赠五云裘歌》:"粉图珍裘五云色,晔如晴天散彩虹。"清王琦注引杨齐贤曰:"五云裘者,五色绚烂如云,故以五云名之。"宋朱翌《宣城书怀》诗:"五云裘可作,天马锦应无。"黄宏《吴萧大帅》诗:"太掖勾陈瑞霭浮,宫花时缀五云裘。"明张宇初《题清真轩歌》:"千金宝带五云裘,一朝颁宠传丹陛。"

【五铢衣】wǔzhūyī 省称"五铢"。也称"五铢服""五铢衣"。传说神仙穿的一种轻而薄的衣服。一铢为一两的二十四分之一,后比喻极轻的衣服,多指舞衫或神仙穿的衣服。唐李涉《寄荆娘写真》诗:"五铢香帔结同心,三寸红笺替传语。"谷神子《博异志·岑文本》:"(文本)又问曰:'衣服皆轻细,何土所出?'对曰:'此是上清五铢服。'"李商隐《圣女祠》诗:"无质易迷三里雾,不寒长著五铢衣。"明邵璨《香囊记·祈祷》:"贫道身微贱……

不著五铢衣,身披一幅绢。"清赵翼《美人风筝》诗:"五铢衣薄太风流,细骨轻驱称远游。"陈维崧《霓裳中序第一·咏水仙花》词:"看尽人间,多少蜂蝶,五铢寒到骨。"

【武家诸王样】wǔjiāzhūwángyàng 也称"丝葛巾子""武家高巾子""武氏内样"。省称"武家样"。初唐时期的巾子样式。其制较平头小样为高,顶部有明显分瓣,中间凹陷。武则天改制时所创,故名。流行于则天、中宗两朝。一说为唐证圣二年所创。至唐中宗景龙四年,因英王踣样的出现,其制渐没。《通典》卷五七:"天授二年,武太后内宴,赐群臣高头巾子,呼为武家诸王样。"五代后唐马缟《中华古今注》卷中:"沿至证圣二年,则天赐群臣然(丝)葛巾子,呼为武家高巾子。亦曰武氏内样。"宋赵彦卫《云麓漫钞》卷三:"证圣二年,则天临朝,以丝葛为之,以赐百官,呼为武家样。"

武家诸王样
(陕西唐永泰公主墓石刻)

【舞裙】wǔqún 歌舞艺伎表演时所着之裙。多色彩夸张,装饰繁富,表演性强。唐牛峤《杂曲歌辞·杨柳枝》:"袅翠笼烟拂暖波,舞裙新染曲尘罗。"又《菩萨蛮》词其一:"舞裙香暖金泥凤,画梁语燕惊残梦。"李贺《花游曲》诗:"舞裙香不暖,酒色上来迟。"白居易《卢侍御小妓乞诗座上留赠》诗:"郁金香汗裛歌巾,山石榴花染舞裙。"元马致远《青衫泪》第二折:"休厮缠,厮缠者舞裙歌扇。"《金瓶梅词话》第三十四回:"当筵象板撒红牙,遍体舞裙铺锦绣。"

【舞靴】wǔxuē 舞蹈者所穿之靴。通常以麂皮、锦缎制成,尖头短靿,上嵌珠宝,或饰以小铃。舞时珠光闪烁,金铃齐鸣。多用于妇女。唐杜牧《留赠》诗:"舞靴应任闲人看,笑脸还须待我开。"宋武衍《宫思》诗:"谁料只今三十五,舞靴示蹋玉阶前。"朱熹《三朝名臣言行录·门下侍郎韩公》"神宗封淮阳郡王,出就外邸"注引宋邵伯温《闻见录》:"(韩维)一日侍坐,近侍以弓样靴进。维曰:'王安用舞靴?'神宗有愧色,亟令毁去。"元末明初刘仁本《宫词》:"舞靴轻转玉阶前,忆昔承恩已十年。"明杨慎《艺林伐山》卷二〇:"舞妓著靴:古者,女妓皆著靴。按《说文》:'韡,四夷舞人所著履也。'《周礼·鞮鞻氏》:'掌四夷之舞。'卢肇《柘枝舞赋》:'靴瑞锦以云匝,袍蹙金而雁欹。'杜枚之《赠妓》诗:'舞靴一任傍人看,笑脸还须待我开。'毛泽民诗:'锦靴玉带舞回雪。'宋时犹有此制。其后着靴如良人矣。"

【雾衣】wùyī 轻柔飘洒的衣服。唐李贺《昌谷诗》:"雾衣夜披拂,眠坛梦真粹。"清王琦《汇解》:"雾衣,神女所服之衣也。"宋周密《木兰花慢·平湖秋月》词:"正雾衣香润,云鬟绀湿,私语相将。"

X

xi—xian

【**犀带**】xīdài 即"通犀带"。唐白居易《元微之除浙东观察使喜赠长句》诗:"稽山镜水欢游地,犀带金章荣贵身。"宋叶适《故枢密参政汪公墓志铭》:"及赐桧犀带,忽问:'枢密有否?'"《明史·张居正传》:"居正举于乡,璘解犀带以赠,且曰:'君异日当腰玉,犀不足溷子。'"

【**犀枙**】xīzhì 犀角制成的梳篦。唐张彦远《历代名画记·论画山水树石》:"魏晋以降,名迹在人间者,皆见之矣。其画山水,则群峰之势,若钿饰犀枙。"

【**锡环**】xīhuán 锡杖杖首的圆环。摇杖可振环发声。多用于僧侣。唐陆龟蒙《寒日逢僧》诗:"瘦胫高褰梵屦轻,野塘风劲锡环鸣。"又《和访寂上人不遇》诗:"经抄未成抛素儿,锡环应撼过寒塘。"宋施晋卿《梅林分韵赋诗得下字》:"君今有锡环,诏落九天下。"鲍当《送白上人归天台》诗:"遥知守庵虎,先辨锡环声。"

【**袭衣**】xíyī ❶死者穿的成套的尸衣。按唐《开元礼》、宋《文公家礼》为死者加袭,先用桌子一张,陈列袭衣、单衣、幅巾、掩帛、充耳、瞑目帛、鞋履、深衣大带、勒帛、裹肚、袍袄汗衫裤袜等,此类衣物,越多越显荣贵。但用时不必全用完。袭时设尸床,加荐席枕褥,移尸其上,换上新衣。穿衣时,左衽不结纽扣,并以方尺二寸幎目帛覆面,以白丝絮塞耳,以长尺二寸宽五寸帛裹手,着大带鞋履等。袭毕,以大被覆盖,移尸于正堂,乃设奠。《礼记·士丧礼》"子羔之袭也"唐孔颖达疏:"此明大夫死者袭衣称数也。"《旧唐书·礼乐志十》:"乃袭,袭衣三称。"《通典·礼志四十四》:"执服者陈袭衣十二称,实以箱笼,承以席。"宋高承《事物纪原·含襚》:"衣衾称袭衣之数。"清万斯大《仪礼商》卷二:"古人死者惟袭衣亲身,服如生时,而左衽为异,小敛、大敛,则取衣包裹,囊以质杀,惟取结束坚牢,形体方正。"清夏炘《学礼管释·释士丧礼褖衣》:"男子殊衣裳为之,谓之玄端。惟既死之袭衣,连衣裳为之,谓之褖衣。"❷古代行礼时,穿在裼衣外面的上衣。《礼记·曲礼下》:"无藉者则袭。"唐孔颖达疏:"凡衣,近体有袍襗之属;其外有裘,夏月则衣葛;其上有裼衣;裼衣上有袭衣;袭衣之上有常著之服,则皮弁之属也。"❸天子赐予臣下的成套衣服。通常比接受者自身的品级要高。宋文莹《玉壶清话》卷三:"(太祖)赐去华袭衣、银带,为右补阙。"《金史·太祖诸子列传》:"起复兴平军节度使,赐以袭衣厩马。"《元史·梁曾传》:"召至京师……赐三珠金虎符、袭衣、乘马、弓矢、器币,以礼部郎中陈孚为副。"《明史·外国列传六》:"王诣殿进献毕,自王及妃以下悉赐冠带、袭衣。帝乃飨王于奉天门,妃以下飨于他所,礼讫送归会同馆。"

【霞服】xiáfú 饰有云霞纹样或云霞色彩的衣服，多用作道士的服装。唐元稹《青云驿》诗："云韶互铿戛，霞服相提携。"宋王灼《送雍尧咨游青城》诗："丈人紫霞服，麻姑青练裙。"释心月《送丁高士》诗："霞服云冠游上苑，芒鞋竹杖过幽扉。"

【霞冠】xiáguān 道士所戴的金色之冠。唐韦渠牟《杂歌谣辞·步虚词》："霞冠将月晓，珠佩与星连。"孟郊《同李益崔放送王炼师还楼观兼为群公先营山居》诗："霞冠遗彩翠，月帔上空虚。"宋孔武仲《杂诗四首》其二："霞冠鹤氅一道士，梦半留丹三四粒。"楼钥《赵路铃挽词》："蚤岁游金阙，霞冠拜紫宸。"元朱德润《石民瞻山图》诗："采芝者谁子，霞冠赤霜袍。"陈孚《呈性斋左丞马公三首》诗其一："中有神仙人，霞冠青霓裳。"明刘崧《题曾氏所藏历代青微法师像图》："霞冠云氅玉雪肤，一一神采浮双瞳。"

【霞襟】xiájīn ❶道士的衣服；隐士的衣服。唐陆龟蒙《寄茅山何威仪》诗："身轻曳羽霞襟狭，髻耸峨烟鹿帻高。"宋王铚《送王道元运判致政归潜皖》诗："挽公青霞襟，来作绣衣使。"❷美艳的衣服。宋柳永《瑞鹧鸪》词："凝态掩霞襟，动象板声声，怨思难任。"

【霞履】xiálǚ 道士的步履。唐李群玉《送隐者归罗浮》诗："蓬莱道士飞霞履，清远仙人寄好书。"

【霞帔】xiápèi ❶道士服。《新唐书·隐逸传·司马承祯》："（司马承祯）对曰：'国犹身也，故游心于淡，合气于漠，与物自然而无私焉，而天下治。'帝嗟味曰：'广成之言也！'锡宝琴、霞纹帔，还之。"后遂以"霞帔"称道士服。刘禹锡《和令狐相公送赵常盈炼师与中贵人同拜岳及

天台投龙毕却赴京师》诗："银珰谒者引霓旌，霞帔仙官到赤城。"宋张君房《云笈七签》卷二五："并头戴宝冠，身披霞帔，手执玉简。"明唐寅《嗅花观音》诗："办取星冠与霞帔，天台明月礼仙真。"清翟灏《通俗编·服饰》："《太极金书》：'元始天帝，被珠绣霞帔。'故此衣为道家所至贵重。"❷帔，帔肩。彩色披帛。妇女披搭于肩，以为装饰。以轻薄透明的五色纱罗为之。因其色彩宛如虹霞而名。后泛指妇女披巾。唐白居易《霓裳羽衣歌》："案前舞者颜如玉，不著人家俗衣服。虹裳霞帔步摇冠，钿璎累累佩珊珊。"孙逖《贺铸天尊表》："金姿玉色，不假琢磨；霞帔霓裳，非由藻绘。"五代前蜀韦庄《信州西仙人城下月岩山》诗："常娥曳霞帔，引我同攀跻。"唐温庭筠《女冠子》词："霞帔云发，钿镜仙容似雪。"五代前蜀尹鹗《女冠子》词："霞帔金丝薄，花冠玉叶危。"五代王仁裕《开元天宝遗事》："明皇与贵妃每至酒酣，使妃子统宫妓百余人，帝统小中贵百余人，排两阵于掖庭中，目为风流阵。以霞帔、锦被张之为旗帜，攻击相斗，败者罚之巨觥以戏笑。"《文献通考·乐志十九》："五曰拂霓裳队，衣红仙砌衣，碧霞帔，戴仙冠，绣抹额。"清赵翼《虎秋千歌》："得非此乃脂膏虎，黑章黄质文斒斓，欲学云裙霞帔仙乎仙。"❸也作"霞褙"。宋代以后命妇的礼服。以狭长的布帛为之，上绣云凤花卉。着时佩挂于项，由领后绕至胸前。下垂至膝。底部以坠子相联。原为后妃所服，后遍施于命妇。明清承继宋制，用作皇后、命妇礼服。清代命妇霞帔与前代有所不一，主要变化是：一、帔身放宽，左右两幅合并，并附有后片及衣领，形似比

甲;二、胸背缀有补子;三、帔脚下部不用坠子,改用流苏。霞帔虽为命妇之服,但明清时士庶妇女出嫁之日及入殓之时也可着之,俗谓"假借"。《宋史·舆服志三》记孝宗乾道七年规定:"其常服,后妃大袖,生色领,长裙,霞帔,玉坠子。"《西湖老人繁胜录》:"诸殿阁分:皇后、贵妃、淑妃、美人、才人、婉容、婕妤、国夫人、郡夫人,紫霞帔、红霞帔,大内棕櫚外,约有五百余乘轿,到宫先回。"《宋史·外戚传一·刘文裕》:"封其母清河郡太夫人,赐翠冠霞帔。"宋陈元靚《事林广记后集十·服用原始·霞帔》:"开元中令王妃以下通服之,今代霞帔非恩赐不得服。"元关汉卿《望江亭》第三折:"珠冠儿怎戴者,霞帔儿怎挂者。"《初刻拍案惊奇》卷三四:"妈妈见是一个凤冠霞帔的女眷,吃了一惊不小。"《明史·舆服志三》记洪武四年规定,凡为命妇:"一品,衣金绣文霞帔,金珠翠妆饰,玉坠。二品,衣金绣云肩大杂花霞帔,金珠翠妆饰,金坠子。"明王三聘《古今事物考》卷六:"国朝命妇帔霞褙,皆用深青段匹,公侯及三品,金绣云霞翟文;三、四品,金绣云霞孔

霞帔

雀文。五品,绣云霞鸳鸯文。六、七品,绣云霞练鹊文。"徐珂《清稗类钞·服饰》:"霞帔,妇人礼服也,明代九品以上命妇皆用之。以庶人婚嫁,得假用九品服,于是争相沿用,流俗不察。谓为嫡妻之例服,沿至本朝,汉族妇女亦仍以此为重,故非朝廷所特许也。然亦仅于新婚及殓时用之。"

【仙飞履】xiānfēilǚ 即"伏鸠头"。前端有鸠形装饰之鞋。寓仙飞之意,故名。隋代宫女所着。明杨慎《履考》:"炀帝令宫人靸瑞鸠头履,谓之仙飞履。"

【仙裙】xiānqún 隋代指十二破长裙,后泛指宫女所着之裙。唐刘存《事始》:"梁天监中,武帝造五色绣裙,加朱绳、真珠为饰。至炀帝作长裙,十二破,名'仙裙'。"崔颢《七夕》诗:"仙裙玉佩空自知,天上人间不相见。"宋叶廷珪《海录碎事》卷一八六:"云衣降授,仙裙曲委。"王之望《临江仙·赠贺子忱二侍妾二首》词:"自从留得住,不肯系仙裙。"元乔吉《倩人扶观琼华》词:"仙裙翡翠薄,宫额鹅黄嫩。"岑安卿《余观近时诗人往往有以前代台名为赋者辄用效颦以消余暇·朝阳台》诗:"仙衣缥缈仙裙湿,云影飘飘雨声急。"

【险巾】xiǎnjīn 犹高冠。唐高彦休《唐阙史·李可及戏三教》:"可及乃儒服险巾,褒衣博带。"

【跣子】xiǎnzi 平底拖鞋。以皮为之,平底无跟。汉代称"靸",隋唐时则称"跣子"。汉史游《急就篇》"靸"唐颜师古注:"靸谓韦履,头深而兑,平底者也。今俗呼谓之跣子。"

【线鞋】xiànxié 以细麻线编成的鞋子。鞋面组织疏朗,中间透空。凉鞋之属。

多用于妇女。流行于唐代。线鞋的颜色以本色为多,亦有染成彩色者。《旧唐书·舆服志》:"武德来,妇人著履,规制亦重,又有线靴。开元来,妇人例著线鞋,取轻妙便于事。"《新唐书·车服志》:"开元中,初有线鞋,侍儿则著履,奴婢服襕衫,而士女衣胡服,其后安禄山反,当时以为服妖之应。"唐张文成《咏崔五嫂》诗:"旁人一一丹罗袜,侍婢三三绿线鞋。"明沈榜《宛署杂记》卷一四:"诸暨布五匹,每匹银二钱;白线鞋一百三十五双,每双银八分。"

莫高窟晚唐壁画中的线鞋

【线靴】xiànxuē 一种以以麻线编成的靴子。始于初唐,多用于妇女。《新唐书·车服志》:"武德间,妇人曳履及线靴。"《旧唐书·舆服志》:"武德来,妇人著履,规制亦重,又有线靴。"

xiang—xun

【香带】xiāngdài ❶ 带有香味的衣带或腰带,一般用于女性,亦作为美女的代称。唐寒山《诗三百三首》其一六九:"朱颜类神仙,香带氛氲气。"宋刘仙伦《一剪梅》词:"唱到阳关第四声。香带轻分。罗带轻分。杏花时节雨纷纷。"吴文英《清平乐·书栀子扇》词:"谁堕玉钿花径里。香带熏风临水。"元末明初徐贲《神弦曲》:"湘筠飒飒泣惨凄,翠裙香带兰叶齐。"清佟世南《二郎神·感怀》:"相忆

处,验取丝添青鬓,玉消香带。"❷ 以檀香木、茄楠、奇南等含香材料为带銙的腰带,流行于明代。明无名氏《天水冰山录》记严嵩被籍没家产,有"檀香带六条"。《金瓶梅词话》第三十一回:"(西门庆)每日骑着大白马,头戴乌纱,身穿五彩洒线揉头狮子补子圆领,四指大宽萌金茄楠香带。"

【香钿】xiāngdiàn 妇女贴在额上鬓颊饰物的美称。唐高彦休《唐阙史·郑相国题马嵬诗》:"马嵬佛寺,杨贵妃缢所,迩后才士文人,经过赋咏,以导幽怨者,不可胜纪,莫不以翠翘香钿,委于尘土,红凄碧怨,令人伤悲。"韦庄《病中闻相府夜宴戏赠集贤卢学士》诗:"满筵红蜡照香钿,一夜歌钟欲沸天。"宋张先《师师令》词:"香钿宝珥。拂菱花如水。"黄庭坚《九日对菊有怀粹老在河上四首》诗其三:"金蕊飞觞无计共,香钿满地始应回。"元马致远《汉宫秋》第一折:"将两叶赛宫样眉儿画,把一个宜梳裹脸儿搽,额角香钿贴翠花,一笑有倾城价。"

【香貂】xiāngdiāo 貂冠的美称。借指达官贵人。隋江总《赋得谒帝承明庐》:"香貂拜敹衮,花绶拂玄除。"唐王维《从岐王夜宴卫家山池应教》诗:"座客香貂满,宫娃绮幔张。"孙光宪《酒泉子》词其一:"香貂旧制戎衣窄,胡霜千里白。"

【香罗帕】xiāngluópà 罗绢丝织品制成的巾帕,其上施有香料。多为女性随身携带的贴身用品,亦代指美女。唐杜甫《骢马行》:"赤汗微生白雪毛,银鞍却覆香罗帕。"宋陈允平《感皇恩》词:"绣香罗帕,为待别时亲付。"《警世通言·王娇鸾百年长恨》:"看时,乃是侍儿来寻香罗帕的。生见其三回五转,意兴已倦,微笑而

言：'小娘子！罗帕已入人手，何处寻觅？'"清董元恺《恩爱深·记得》："几曲柔肠，燕毫吟就，香罗帕、细把侬欢写。"

【香璎】xiāngyīng 贯串珠玉而成的装饰品。俗称佛珠或念珠。唐道世《法苑珠林》卷一〇九："波斯匿王欲赏末利夫人香璎。"宋姚勉《余评事惠龙团兽炭香璎凫实且许以百丈山楮衾而未至》诗："建溪龙焙香云腴，香璎巧制来东吴。"

【纲舄】xiāngxì 浅黄色的鞋。《隋书·礼仪志六》："秋分夕月，则白纱朝服，纲舄，俱冠五梁进贤冠。"

【祥服】xiángfú 祥祭之服。父母亡故十三个月行祭礼，称"小祥"；二十五个月行祭礼，称"大祥"。行礼时皆穿祥服。以粗麻为之。《通典·礼志四十七》："今约经传求其适中，可二十五月终而大祥，受以祥服、素服、麻衣。"又：《大唐元陵仪注》：'祭前二日，内所司先具女祥服。'浅黑纯缎，幞头、冒子、巾子、大麻布衫，白皮腰带，麻鞋。"

【小襦】xiǎorú 短衣。唐杜甫《别李义》诗："忆昔初见时，小襦绣芳荪。"

【小绶】xiǎoshòu 长三尺二寸，颜色同大绶的质地粗疏的绶带。有别于质地细密的"大绶"。《隋书·礼仪志七》："双小绶，长二尺六寸，色同大绶，而首半之，间施四玉环。"《通典·礼志二十三》："官品从第二以上，小绶间得施玉环。"

【小头鞋】xiǎotóuxié 妇女所着便鞋。鞋头尖小而上翘。流行于盛唐晚期。中唐以后渐少。宋代以来，缠足盛行，穿此者日益增多，并沿用至清。辛亥革命后，逐渐消失。白居易《上阳白发人》诗："小头鞋履窄衣裳，青黛点眉眉细长。外人不见见应笑，天宝末年时世妆。"

【小样云】xiǎoyàngyún 五代后唐末年至宋初流行的一种凉帽，为士人夏日所戴。宋陶谷《清异录·衣服》："小样云，士人暑天不欲露髻，则顶矮冠。清泰间，都下星货铺卖一冠子，银为之，五朵平云，作三层安置，计止是梁朝物，匠者遂依仿造小样求售。"

【斜领】xiélǐng 服装领式之一。制为长条，下连衣襟，左右各一，着时两相交叉叠压，呈斜线型，故名。先秦时期的深衣之领即用此式。入汉以后多用于儒服。魏晋南北朝时，因圆领的流行，其式渐微。唐代以后复用于士子、僧侣之服，以区别官服上的圆领及盘领。隋江总《杂曲》："但愿私情赐斜领，不愿傍人相比并。"唐陆龟蒙《奉和袭美太湖诗二十首·圣姑庙》："流苏荡遥吹，斜领生轻尘。"陈去疾《采莲曲》："棹响清潭见斜领，双鸳何事亦相猜。"《文献通考》卷一三〇："《张良传》：有父衣褐至良所。师古曰：褐，制若裘，今道士所服者是也。裘即如今之道服也。斜领交裾，与今长背子略同。"

斜领

【鞋子】xiézi 以皮、布、木、草、丝等为材料制作的穿在脚上、走路时着地的足衣。鞋的通称。五代和凝《采桑子》词："丛头鞋子红编细，裙窣金丝。"《儿女英雄传》

第十五回:"对着那一双四寸有余的金莲儿,穿着双藕色小鞋子,颜色配合得十分匀衬。"

【谢公屐】xiègōngjī 一种前后齿可装卸的木屐。原为南朝宋诗人谢灵运游山时所穿,故称。事见《宋书·谢灵运传》:"寻山陟岭,必造幽峻,岩嶂十重,莫不备尽。登蹑常著木履,上山则去其前齿,下山去其后齿。"唐李白《梦游天姥吟留别》诗:"脚著谢公屐,身登青云梯。"陆龟蒙《任诗》:"即此自怡神,何劳谢公屐。"元范梈《送张炼师归武当山》诗:"始来武当时,祇著谢公屐。"清夏敬颜《自饶州之广信舟中杂咏》其一:"才携谢公屐,又泛米家船。"

【谢屐】xièjī 即"谢公屐"。唐李敬方《题黄山汤院》诗:"谢屐缘危磴,戎装逗远村。"明高启《云山楼阁图为朱守愚赋》:"为问仙家在何处,欲穿谢屐一登临。"《警世通言·崔衙内白鹞招妖》:"暗想云峰尚在,宜陪谢屐重攀。"

【屧屐】xièjī 木底之履。高头平底,上有绳系。多用于践雪。《通典·边防十六》:"如著屧屐,缚之足下,若下阪走过奔鹿,若平地履雪,即以杖刺地而走,如船焉。"

【新服】xīnfú 新的衣服。唐窦牟《元日喜闻大礼寄上翰林四学士中书六舍人二十韵》:"庆赐迎新服,斋庄弃旧簪。"《新唐书·东夷传·高丽》:"群臣请更服,帝曰:'士皆敝衣,吾可新服耶?'"宋司马光《首夏二章呈诸邻》诗:"新服裁蝉翼,旧扇拂蛛丝。"

【信衣】xìnyī 禅宗师徒传法,内传法印,以契证心,外传法衣,以为凭信,因称法衣为"信衣"。至六祖慧能为避免教内纷争,传法不再传衣。唐贯休《题曹溪祖师堂》:"信衣非苎麻,白云无知音。"五代南唐静、筠二禅僧编《祖堂集》卷二:"我今所学,当继师子尊者法。亦有信衣,名僧伽梨衣,现在囊中,取呈大王。"宋洪皓《过曹溪》诗:"应身虽在问无应,漫上层楼看信衣。"释道原《景德传灯录·婆舍斯多》:"祖曰:'我师难未起时,密授我信衣法偈,以显师承。'"清董元恺《法曲献仙音·曹溪六祖袈裟》:"只密证潜符,千载信衣留处。"

【星冠】xīngguān 道教徒所戴的一种道冠,覆斗形,上刻五斗星形,修行拜斗时戴。唐包佶《宿庐山》诗:"渐恨流年筋力少,惟思露冕事星冠。"戴叔伦《汉宫人入道诗》:"萧萧白发出宫门,羽服星冠道意存。"李中《贻庐山清溪观王尊师》:"霞帔星冠复杖藜,积年修链住灵溪。"寒山《诗三百三首》其二四七:"星冠月帔横,尽云居山水。"《太平广记》卷三一三:"晨兴,就涧水盥漱毕,见庵之东南林内,有五人,皆星冠霞帔,或缝掖之衣,衣各一色,神采俊拔。"宋刘宰《赠凌山人二首》诗其二:"星冠鹤氅剩威仪,新纳官钱得度归。"元石子章《竹坞听琴》第四折:"(你)为甚么也丢了星冠,脱了道服?"《水浒传》第五十三回:"戴宗、李逵看那罗真人时,端的有神游八极之表,但见:星冠攒玉叶,鹤氅缕金霞。"清纪昀《阅微草堂笔记·姑妄听之四》:"道士星冠羽衣坐堂上,焚符摄妇魂。"

【行衣】xíngyī 出门远行时所穿的衣服。唐李商隐《谢河南公和诗启》:"坐席行衣,分为七覆;烟花鱼鸟,置作五衡。"宋林逋《送式遵师谒金陵王相国》诗:"天竺屠颜暂掩扉,讲香浮穗上行衣。"《醒世姻缘传》第八十五回："狄希陈坐着大轿，打着三檐蓝伞，穿着天蓝实地纱金补行衣。"清昭梿《啸亭续录·服饰沿革》："燕居无著行衣者，自傅文忠征金川归，喜其便捷，名'得胜褂'，今无论男女燕服皆著之矣。"

【雄服】xióngfú 犹盛服。奢华的穿戴。五代前蜀杜光庭《虬髯客传》："乃雄服乘马，排闼而去，将归太原。"

【袖被】xiùbèi 长袖和被巾。唐柳宗元《龙城录·明皇梦游广寒宫》："上皇因想素娥风中飞舞袖被，编律成音，制《霓裳羽衣曲》。"

【绣袄】xiùǎo ❶绣或画有花纹的短衣。原为男女便服，后多为女性穿着。唐段成式《酉阳杂俎·续集》卷六："晋昌坊楚国寺，寺内有楚哀王等金身铜像，哀王绣袄半袖犹在。"元末明初王逢《览周左丞伯温壬辰岁拜御史扈从集感旧伤今敬题五十韵》："绣袄珠珉络，香鬟玉步摇。"《金瓶梅词话》第九十五回："春梅出来，戴着金梁冠儿，上穿绣袄，下著锦裙，左右丫鬟养娘侍奉。"《儒林外史》第五十三回："聘娘只得披绣袄，倒靸弓鞋，走出房门外。"清梁清标《满庭芳·观女伶演淮阴故事》词："婵娟忽变，绣袄染猩红。"❷元明时军士战服。因织绣或刷印有辨别部队番号的文字及纹饰，故名。元郑德辉《三战吕布》第一折："哥也何消的锦衣绣袄军十万？"明罗贯中《风云会》第二折："雄赳赳人披绣袄，不刺刺马顿绒绦。"《三宝太监西洋记通俗演义》第二十四回："密拴细甲，岂同绣袄罗襦；紧带鋈刀，不比金貂玉佩。"

【绣领】xiùlǐng ❶也称"刺绣领"。施以彩绣的衣领。通常用于女服。唐李商隐《效徐陵体赠更衣》诗："结带悬栀子，绣领刺鸳鸯。"宋周密《武林旧事》卷八："皇后散付本府亲属、宅眷、干办、使臣以下，金合、金瓶、金盘盏、金环……刺绣领。"❷即"云肩"。清郝懿行《证俗文》卷二："绣领。今妇人为领，裁八九片合缝，刺满绣文，施于颈上，披敷两边，俗号云肩。"

【绣冕】xiùmiǎn 隋唐时帝王、士大夫祭祀时的一种礼服，因上衣下裳皆施以绣，故名。《隋书·礼仪志六》："上大夫之服，自祀冕而下六，又无藻冕。绣冕三章，衣一章，裳二章，衣重粉米，裳重黼，为六等。"《旧唐书·舆服志》："绣冕，服三章（一章在衣，粉米；二章在裳，黼、黻），余同毳冕，祭社稷、帝社则服之。"

【绣袍】xiùpáo ❶武则天时创制的一种官服。根据官服品级的不同，绣以不同的纹样，并绣有以训诫为内容的铭文。《唐会要·舆服志下》："延载元年五月二十二日，出绣袍以赐文武官三品以上，其袍文仍各有训诫，诸王则饰以盘龙及鹿，宰相饰以凤池，尚书饰以对雁，左右卫将军饰以对麒麟，左右武卫饰以对虎，左右鹰扬卫饰以对鹰，左右千牛卫饰以对牛，左右貔韬卫饰以对豹，左右玉铃卫饰以对鹘，左右监门卫饰以对狮子，左右金吾卫饰以对豸。"❷彩绣之袍。贵者之服。唐韦庄《东阳赠别》："绣袍公子出旌旗，送我摇鞭入翠微。"杜甫《崔驸马山亭宴集》诗："客醉挥金碗，诗成得绣袍。"宋李处权《次韵刘彦冲醉歌》："惜不当年夺绣袍，枉著词锋夸孟劳。"《文献通考·王礼二》："二人衣绿绣袍，捧龙脑橛。"《醒世恒言·勘皮靴单证二郎神》："头裹

隋唐五代时期的服饰

金花蹼头,身穿赭衣绣袍,腰系蓝田玉带,足登飞凤乌靴。"

【绣裙】xiùqún 一种其上施有彩绣的裙子。通常用于妇女。唐冯贽《南部烟花记》:"梁武帝造五色绣裙,加朱绳、真珠为饰。"于鹄《赠碧玉》诗:"新绣笼裙豆蔻花。"明李景云、崔时佩《西厢记·草桥惊梦》:"别离刚半晌,却是掩过绣裙儿,宽褪三四褶。"《歧路灯》第七十八回:"一张是霞帔全袭,绣裙全幅。"

【绣襦】xiùrú ❶一种外穿的短上衣,其上织绣有花纹。多用于青年妇女。唐李商隐《南朝》诗:"玄武湖中玉漏催,鸡鸣埭口绣襦回。"《醒世恒言·卖油郎独占花魁》:"李亚仙于雪天遇之,便动了一个恻隐之心,将绣襦包裹,美食供养,与他做了夫妻。"清谭嗣同《湘痕词》:"绣襦岂不暖? 益以云锦裘。"宣鼎《夜雨秋灯录·初集》卷二:"龙梭三娘,貌既娟妍,齿亦稚弱,衣以绣襦,乘以油壁。"❷小儿围涎。唐白居易《阿崔》诗:"腻剃新胎发,香绷小绣襦。"

【绣袜】xiùwà 一种绣有纹彩的女袜。五代后唐马缟《中华古今注》卷中:"(袜)至魏文帝吴妃,乃改样,以罗为之。后加绣画,至今不易。"明汤显祖《牡丹亭·晾梦》:"踏草怕泥新绣袜,惜花疼煞小金铃。"

【绣鞋】xiùxié 也作"绣履"。也称"绣花鞋"。汉族及部分少数民族妇女所穿的鞋面绣有图画或图案的便鞋。一般其鞋面多采用布、绒、呢、绸、缎为材料制作,在鞋面绣各种精美的花纹图案,有的还镶嵌珠片等饰物,显得十分华丽、高贵,极有民族特色。所绣纹样有凤凰、鸳鸯、蝴蝶、喜鹊、梅花、荷花、牡丹、水草

等。唐代以后其制大行,尊卑均可着之。尤以年轻妇女为多见。《北堂书钞》卷一三六:"足蹑刺绣之履。"唐李郢《张郎中宅戏赠》诗:"一声歌罢刘郎醉,脱取明金压绣鞋。"韩偓《五更》诗:"怀里不知金钿落,暗中唯觉绣鞋香。"元王实甫《西厢记》第四本第一折:"绣鞋儿刚半折,柳腰儿勾一搦,羞答答不肯把头抬。"关汉卿《钱大尹智宠谢天香》第三折:"下雨的那一日,你输与我绣鞋儿一对,挂口儿再不曾题。"明周清源《西湖二集》卷二七:"床左有一剔红矮几,几上盛绣鞋一双,弯弯如莲瓣。"《水浒传》第二十四回:"西门庆且不拾箸,便去那妇人绣花鞋上捏一把。"《金瓶梅词话》第二十八回:"妇人拿在手内,取过他的那只来一比,都是大红四季花段子白绫平底绣花鞋儿,绿提跟儿,蓝口金儿。"清李宗防《黔记》卷三:"女子身小而多慧,穿淡蓝色衣,细折勾云裙,红绣花鞋。"《镜花缘》第三十二回:"门内坐着一个中年妇女……裙下露着小小金莲,穿一双大红绣鞋,刚刚只得三寸。"

【靴鼻】xuēbí 靴帮足尖处的凸出部分。旧时以"嗅靴鼻""吮靴鼻"形容巴结、奉承。唐张鷟《朝野金载》卷五:"说(张说)谢讫,便把毛仲(王毛仲)手起舞,嗅其靴鼻。"明王世贞《觚不觚录》:"若陶仲文之过徽,其王自跪,弟子俯伏吮靴鼻。"

【靴服】xuēfú 靴子与衣服。泛指衣着服式。唐陈鸿《东城老父传》:"长安中少年,有胡心矣。吾子视首饰靴服之制,不与向同,得非物妖乎?"明沈周《除夕歌示子侄》:"小儿自喜时节至,催理靴服夸新鲜。"

【靴笏】xuēhù 靴与笏。官员在朝觐或其

他正式场合用。五代后唐马缟《中华古今注·靴笏》:"靴者,盖古西胡服也……笏者,记其忽忘之心。"宋项安世《高风台歌》:"翁本自与时人同,袍带靴笏从儿童。"戴复古《吉州堆胜楼谢景周司理居其上》诗:"靴笏缚君难放浪,樽前狂客自高歌。"欧阳修《归田录》卷二:"往时学士,循唐故事,见宰相不具靴笏,系鞋坐玉堂上。"周密《武林旧事·公主下降》:"赐玉带靴笏鞍马及红罗百匹。"魏了翁《后殿侍立三首》诗其二:"靴笏趋陪西府拜,却更丝履立东厢。"

【靴袴(裤)】xuēkù 也作"靴绔"。革靴套裤。多用作戎装。唐韩愈《送幽州李端公序》:"及郊,司徒公红袜首、靴袴、握刀,左右杂佩,弓韣服,矢插房,俯立迎道左。"宋艾性夫《赠数学姜兄》:"见说侯封容易觅,紫茸靴裤锦鞍鞯。"刘克庄《辞桂帅辟书作》:"久抛靴裤辞军去,忽有弓旌扣户来。"洪咨夔《次费伯矩护印道中韵》:"合着丝绹侍建章,却随靴裤踏苍凉。"

【靴衫】xuēshān 高勒靴及圆领衫。本为男子乘马时所穿的服装,唐开元、天宝年间成为从驾宫人或士人之妇乘马时的胡

靴衫(唐周昉《虢国夫人游春图》)

装服式。《旧唐书·舆服志》:"开元初,从驾宫人骑马者,皆著胡帽,靓妆露面,无复障蔽……俄又露髻驰骋,或有著丈夫衣服靴衫,而尊卑内外,斯一贯矣。"五代后唐马缟《中华古今注》卷中:"至天宝年中,士人之妻,著丈夫靴衫、鞭帽,内外一体也。"宋太宗《缘识》诗:"靴衫束带两分行,七宝鞭擎呈内库。"

【靴毡】xuēzhān 也称"衲毡"。靴筒内壁的衬垫物。以毡为之,形如靴筒,衬在靴内以利保暖。通常高出靴筒一截。靴筒与靴毡的夹层之间,尚可用来贮放名帖、小刀及文书等物。相传始于唐代。元明时期仍有其制。唐路德延《小儿诗》:"戏袍披按褥,劣(一作尖)帽戴靴毡。"五代前蜀冯鉴《续事始》:"(靴)至唐马周以麻为之,杀其靿,加以靴毡,许入殿省。"《宋史·舆服志五》:"宋初沿旧制,朝履用靴……里用素衲毡,高八寸。诸文武官通服之。"

【寻山屐】xúnshānjī 省称"山屐"。适用于登山的木屐。唐姚合《送王澹》诗:"寻山屐费齿,书石笔无锋。"杜甫《寄张十二山人彪三十韵》之一:"谢氏寻山屐,陶公漉酒巾。"刘长卿《送严维赴河南》诗:"山屐留何处,江帆去独翻。"朱景玄《华山南望春》诗:"何因著山屐,鹿迹寻羊公。"宋苏籀《次韵待制王公出示李公丞相鼓山唱和之什不揆芜累奉和一首》:"猗欤寻山屐,泛矣随波艇。"明韩奕《次坦庵韵》:"漫具寻山屐,空歌伐木诗。"

Y

ya—yi

【鸦头袜】 yātóuwà 也作"丫头袜"。着屐时所穿的一种袜子。其拇指与其他四趾分开,中间凹陷,形成"丫"状,故名。后以"鸦"字代"丫"。唐宋时多见于江南地区。唐李白《越女词》之一:"长干吴儿女,眉目艳新月。屐上足如霜,不著鸦头袜。"宋姜夔《鹧鸪天》词:"笼鞋浅出鸦头袜,知是凌波缥缈身。"元张宪《子夜吴声四时歌四首》之一:"白苎鸦头袜,红绫锦勒靴。玉阶零冷露,羞折凤仙花。"明何白《哀江头》诗:"桁上犹存蛱蝶裙,箧中尚有鸦头袜。"

【砑绢帽】 yàjuànmào 也称"砑光帽"。舞者所戴用砑光绢制成的舞帽。唐南卓《羯鼓录》:"珽常戴砑绢帽打曲,上自摘红槿花一朵,置于帽上笪处,二物皆极滑,久之方安,遂奏《舞山香》一曲,而花不坠落。"段安节《乐府杂录》:"明皇好此伎。有汝阳王花奴,尤善击鼓。花奴时戴砑绢帽子,上安葵花,数曲,曲终花不落,盖能定头项尔。黔帅南卓著《羯鼓录》,中具述其事。咸通中有王文举,尤妙,弄三杖打撩,万不失一,懿皇师之也。"宋王得臣《麈史》卷上:"魏晋以来,始有白纱、乌纱等帽,至唐汝阳王进,犹服砑绢帽,后人遂有'仙桃''隐士'之别。"苏轼《记谢中舍诗》跋:"徐州倅李陶,有子年十七八,素不甚作诗,忽咏《落梅》诗云:'流水难穷目,斜阳易断肠。谁同砑光帽,一曲《舞山香》。'……自云是谢中舍问砑光帽事。云西王母宴群臣,有舞者戴砑光帽,帽上簪花,《舞山香》一曲未终,花皆落云。"

【砑罗裙】 yàluóqún 也作"砑裙"。用密实平滑的丝绢(砑罗)制成的裙。一般多用于舞姬、乐女。唐王建《宫词》:"黛眉小妇砑裙长,总被抄名入教坊。"罗虬《比红儿诗》之九十五:"君看红儿学醉妆,夸裁宫褋砑裙长。"崔怀宝《忆江南》词:"平生愿,愿作乐中筝。得近玉人纤手子,砑罗裙上放娇声。"宋辛弃疾《江城子》词:"留仙初试砑罗裙。小腰身,可怜人。"元赵善庆《寨儿令·美妓》曲:"记沉香火里调笙,忆砑罗裙上弹筝。"明王骥德《男王后》第二折:"浅斟低唱,断送他砑罗裙上。"清梁标《玉楼春·春闺》词:"砑罗裙子蝶须牵,玉燕钗梁花刺堕。"

【扬州帽】 yángzhōumào 唐代少年所戴的一种便帽。唐李廓《长安少年行十首》诗:"金紫少年郎,绕街鞍马光。身从左中尉,官属右春坊。划戴扬州帽,重熏异国香。垂鞭踏青草,来去杏园芳。"

【扬州毡帽】 yángzhōuzhānmào 产于扬州的一种带檐而厚实的毡帽。唐朝时非常流行,宰相裴度遇刺客,幸得此获救。《太平广记》卷一五三:"是时京师始重扬州毡帽,前一日,广陵帅献公新样者一枚,公玩而服之……再以刀击,义断臂且死。度赖帽子顶厚,经刀处微伤,如线数寸,旬余如平常。"

【腰衱】yāojié 饰有珠玉的裙带。唐杜甫《丽人行》:"背后何所见,珠玉腰衱稳称身。"注:"腰衱即今之裙带,缀珠其上,压而下垂也。"赵次公注引郭璞曰云:"谓之腰衱,则裙衱耳。以珠缀之,故言珠压腰衱。"李贺《感讽六首》其五:"腰衱佩珠断,灰蝶生阴松。"明王彝《己酉练圻寓舍咏雪》:"襜如左右转腰衱,凌波有女还余裸。"

【腰巾】yāojīn ❶即今肚兜。五代后唐马缟《中华古今注·袜肚》:"盖文王所制也,谓之腰巾,但以缯为之。宫女以彩为之,名曰腰彩。至汉武帝以四带,名曰袜肚。至灵帝赐宫人蹙金丝合胜袜肚,亦名齐裆。"《太平广记》卷五四:"公欲召人取汤茶之属,王止之,以腰巾蘸于井中,搵丹一粒,揽腰巾之水以咽丹。"❷束腰之帛,是维吾尔族男子的饰物。传统祫祥没有扣子,所以在寒冷的冬季一般总要扎腰带。腰巾有两种:一种是方形,使用时折成三角形系在腰间,图案花纹向外,多是用各色布、绸缎、织锦绣制而成,也有用印花法制成的腰巾。青年人的色彩艳亮,中老年的则素。

【腰襻】yāopàn 也作"要襻"。腰间系衣裙的带子。《汉书·贾谊传》"今民卖僮者,为之绣衣丝履偏诸缘"唐颜师古注:"偏诸,若今之织成以为要襻及褾领者也。"唐道宣《续高僧传·习禅三·法纯》:"而(释)自著粪扫裂裳,内以布裙,又无腰襻,以绳收束,如中国法。"韩愈《崔十六少府摄伊阳以诗及书见投因酬三十韵》:"男寒涩诗书,妻瘦剩腰襻。"《新唐书·车服志》:"羊车小史,五辫

髻,紫碧腰襻,青耳属。"

【腰围】yāowéi ❶束腰的带子。唐李贺《贵公子夜阑曲》:"曲沼芙蓉波,腰围白玉冷。"清王琦汇解:"白玉谓腰带上所饰之玉。"❷也称"围腰"。抹胸。《儿女英雄传》第三十九回:"她奶奶孩子来,是要把里外衣裳上的纽子,一件一件都解开……连围腰儿也不曾穿。"《正音撮要·衣冠》卷二:"腰围,亦叫抹胸。"❸京剧传统服装附件。有花素、男女之分。男式腰巾长约2.4米,女式腰巾长约4米。花腰巾在巾两端约46厘米处绣花纹,颜色有多种,多为穿侉衣、茶衣、袄裤者使用;素腰巾的颜色有蓝色、白色等,为青衣及戴孝者使用。

【瑶钗】yáochāi 一种雕饰精美的玉钗。借指美女。唐元稹《会真记》:"瑶钗行彩凤,罗帔掩丹虹。"宋张元幹《夏云峰·丙寅六月为筠翁寿》词:"凉送艳歌缓舞,醉冒瑶钗。"明汤显祖《紫钗记·妆台巧絮》:"烛花无赖,背银缸暗擘瑶钗。"清王闿运《牵牛花赋》:"依翠鬓以鲜芳,恨将别于瑶钗。"《镜花缘》第六十三回:"若花趁大家谈论,将闺臣拉在一旁道……彼时因缁氏伯母务要本姓,适值手内拿着一枝瑶钗,就以'缁瑶钗'为名。"

【瑶衣】yáoyī 犹玉衣。仙人的衣服。借指皇后的正服。相传魏明帝母甄皇后幼时,每寝寐,仿佛见有人持玉衣覆其上。事见《三国志·魏志》本传裴松之注引《魏书》。后用为称颂贤后之典。唐卢照邻《中和乐·歌中宫》:"祥游沙麓,庆洽瑶衣……陶钧万国,丹青四妃;河洲在咏,风化所归。"陈子昂《送中岳二三真人序》:"玉笙吟凤,瑶衣驻鹤。"

【瑶簪】yáozān 玉簪。唐杜牧《黄州准敕

祭百神文》：“瑶簪绣裾，千万侍女。酬以觥斝，助之歌舞。”孙光宪《更漏子》词其二：“偎粉面，撚瑶簪，无言泪满襟。”温庭筠《过华清宫二十二韵》：“瑶簪遗翡翠，霜仗驻骅骝。”元王沂《古宫人怨》诗：“妆成陪玉辇，舞罢坠瑶簪。”清汤春生《夏闰晚景琐说》：“入傍妆台，对芙蓉镜，卸鬓边双凤，重绾云髻，插瑶簪，堆茉莉。”

【袜鞠】yàowà 也作“袜靿”。长统之袜。通常以彩锦制成，着时包裹于胫。五代后唐马缟《中华古今注》卷中：“至隋炀帝宫人，织成五色立凤朱锦袜鞠。”《说郛续》卷二一：“杨贵妃死之日，马嵬妪得锦袜袜一只。”

【鞠】yào ❶靴筒。五代后唐马缟《中华古今注》卷上：“靴者，盖古西胡（一作制）也。昔赵武灵王好胡服常服之。其制短鞠，黄皮，闲居之服。至马周改制，长鞠以杀之，加之以毡及绦，得著入殿省敷奏，取便乘骑也。”《集韵·效韵》：“俗谓靴鞠曰鞠。”《元史·舆服志一》：“红罗靴，制以红罗为之，高鞠。”❷通“袜”。袜筒。五代后唐马缟《中华古今注》卷上：“隋炀帝宫人，织成五色立凤朱锦袜鞠。”

靴鞠示意图

【野屐】yějī 出游时所穿的木底鞋。唐郑

谷《为户部李郎中与令季端公寓止渠州江寺偶作寄献》诗：“轻舟共泛花边水，野屐同登竹外山。”贾岛《贺庞少尹除太常少卿》诗：“朝谒此时闲野屐，宿斋何处止鸣砧?”宋苏轼《会客有美堂，周邠长官与数僧同泛湖往北山，湖中闻堂上歌笑声，以诗见寄，因和二首，时周有服》其一：“不知野屐穿山翠，惟见轻桡破浪纹。”赵蕃《顷与公择读东坡雪后北台二诗叹其韵险无窘步尝约追和以见诗之难穷去岁适无雪春正月二十日乃雪因遂用前韵呈公择》：“便营野屐寻茶户，更约绨袍当酒家。”

【一角帽】yījiǎomào 处于母系社会的少数民族妇女的帽式。以帽上角数表示身系几夫。一夫者用一角，余类推。《隋书·西域传》：“兄弟同妻。妇人有一夫者，冠一角帽，夫兄弟多者，依其数为角。”《三宝太监西洋记通俗演义》第七十八回：“只见女人头上有戴三个角儿的，有戴五个角儿的，甚至有戴十个角儿的……有三个丈夫，戴三个角。”

【一色衣】yīsèyī ❶颜色统一的服装。《旧唐书·后妃传上》：“玄宗每年十月幸华清宫，国忠姊妹五家扈从，每家为一队，著一色衣，五家合队，照映如百花之焕发，而遗钿坠舄，瑟瑟珠翠，灿烂芳馥于路。”❷蒙语意译，即“质孙”。元柯九思《宫词十五首》之一：“万里名王尽入朝，法官置酒奏箫韶。千官一色真珠袄，宝带攒装稳称腰。”自注：“凡诸侯王及外番来朝，必赐宴以见之，国语谓之质孙宴。质孙，汉言一色，言其衣服皆一色也。”王逢《古宫怨》诗：“万年枝上月团圆，一色珠衣立露寒。”周伯琦《诈马行序》：“佩服日一易，太官用羊二千嗷,马三匹,他费称是,名之曰'只孙宴'。只孙,华言一色衣也。"《明史·舆服志三》:"只孙,一作质孙,本元制,盖一色衣也。"

【一阳巾】yīyángjīn 隐士冬季所戴的一种头巾。旧说冬至阳气初动,故称其时所戴之巾为一阳巾。唐冯贽《云仙杂记》卷一:"冬至,煎饧,彩珠,戴一阳巾。"

【衣彩】yīcǎi 即"老莱衣"。唐赵嘏《送权先辈归觐信安》诗:"衣彩独归去,一枝兰更香。"

【衣襋】yījí 衣领。唐李群玉《湘中别成威阇黎》诗:"清梵罢法筵,天香满衣襋。"宋王安石《和平甫舟中望九华山》诗之二:"露坐引衣襋,风行敧帽檐。"

【衣衫】yīshān 单衣。亦泛指衣服。唐元稹《酬乐天得微之所寄绹丝布白轻庸制成衣服以诗报之》:"腰带定知今瘦小,衣衫难作远裁缝。"白居易《秋日与张宾客舒著作同游龙门醉中狂歌凡二百三十八字》:"不寒不热好时节,鞍马稳快衣衫轻。"杜荀鹤《山中寡妇》诗:"夫因兵死守蓬茅,麻苎衣衫鬓发焦。"周朴《喜贺拔先辈衡阳除正字》:"名自石渠书典籍,香从芸阁著衣衫。"宋向子諲《点绛唇·代栖隐昙老》词:"还知么。锥也无个。肘露衣衫破。"《红楼梦》第四十七回:"大家忙走来一看,只见薛蟠的衣衫零碎,面目肿破。"

【衣绶】yīshòu 朝服与佩绶。唐白居易《有感》诗之一:"鬓发已斑白,衣绶方朱紫。"

【衣鱼】yīyú 紫服和鱼袋。唐制,三品以上官服紫,五品以上服绯。官位不及者,帝命赐紫服,同时赐鱼袋,以为恩宠。唐李翱《韩吏部行状》:"丞相请公以

行,于是以公兼御史中丞,赐三品衣鱼,为行军司马,从丞相,居于郾城。"宋张士逊《雍熙中植桐于萧寺壬辰登科后告老来寺留题》:"三匹衣鱼联贵仕,十洲轩冕接清尘。"黄庭坚《别蒋颖叔》诗:"三品衣鱼人仰首,不见全牛可下刀。"

【衣章】yīzhāng 衮衣上的花纹。《礼记·王制》:"三公一命卷。"唐孔颖达疏:"衣章并画,绨冕之独绣者,以粉米地物养人服之以祭社稷,又地祇并是阴类,故衣章亦绣也。"

【遗袿】yíguī 指死者遗下的袿子。唐刘禹锡《伤往赋》:"指遗袿兮能认,溯空帷兮欲归。"

【义甲】yìjiǎ 指甲的护套。妇女套于指尖,以护蓄长指甲。弹筝和三弦等乐器时亦有用之。一般套于小指,左右各一;亦有十指皆套者。其质以金银为主,或以宝石为之。唐刘言史《乐府》诗:"月光如雪金阶上,进却颇梨义甲声。"清顾张思《土风录》卷二:"义甲,护指物也,或以银为之。甲外有甲,谓之'义甲'。凡物非真而假设之者,皆曰'义'。"

【翼善冠】yìshàn'guān 皇帝和太子所带的礼冠。唐贞观年间,唐太宗根据古制创出翼善冠,自服之,至开元十七年废而不用。其制以铁丝、竹篾为框,外徕乌纱,冠后二脚向上。辽代一度用作皇帝朝冠。明永乐三年,定为皇帝常服冠,以乌纱覆之,折角向上,亦名翼善冠。《新唐书·车服志》:"太宗尝以幞头起于后周,便武事者也。方天下偃兵,采古制为翼善冠,自服之。又制进德冠以赐贵臣……自是元日、冬至、朔、望亲朝,服翼善冠,衣白练裙襦。常服则有袴褶与平巾帻,通用翼善冠。"《唐会要》卷三一:

"贞观八年五月七日,太宗初服翼善冠,赐贵臣进德冠,因谓侍臣曰:'幞头起于周武帝,盖取便于军容耳。今四方无虞,当偃武事,此冠颇采古法,兼类幞头,乃宜常服。'至开元十七年,废不行用。"宋王应麟《玉海》卷八二:"唐至显庆初,诸祭惟用衮冕,自大裘冕而下至翼善冠皆废。"《辽史·仪卫志二》:"皇帝翼善冠,朔视朝用之。柘黄袍,九环带,白练裙襦,六合靴。"《明史·舆服志二》:"皇帝常服:洪武三年定,乌纱折角向上巾,盘领窄袖袍,束带间用金、琥珀、透犀。永乐三年更定,冠以乌纱冒之,折角向上,其后名翼善冠。"明谢肇淛《五杂俎》卷一二:"翼善、平天、通天、文山,天子冠也。"周祈《名义考》卷一一一:"唐翼善冠,太宗采古制自服之。今乘舆常服,亦名翼善冠,或唐制也。"

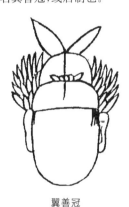

翼善冠

yin—you

【银绯】yínfēi 银鱼袋和绯色衣服。借指官位或有官职的人。《新唐书·崔彦曾传》:"有许铎者……诏拜石首令,赐银绯。"宋司马光《太子太保庞公墓志铭》:"乃以公名进,太后果从之,仍改服银绯。"刘宰《甲午至节后同诸兄入市归有感》诗:"西山不属银绯客,只合高歌咏采薇。"杨巽斋《锦带花二首》诗其一:"鹄袍换绿契初心,旋赐银绯与紫金。"

【银花】yínhuā 衣履、冠帽上雕刻、绣制、插戴的银色或银质花饰,常见于女性和少数民族服饰。或作妇女用的头饰。《隋书·东夷列传》:"百济……其冠制并同,唯奈率以上饰以银花。"《通典·边防一》:"(百济)官有十六品……冠饰银花。"《旧唐书·东夷传·倭国》:"(妇人)束发于后,佩银花,长八寸,左右各数枝,以明贵贱等级。"《新唐书·百济传》:"群臣,绛衣,冠饰以银花。"《宋史·舆服志四》:"貂蝉冠……饰以银,前有银花,上缀玳瑁蝉。"《金瓶梅词话》第一回:"头戴着一顶万字头巾,上簪两朵银花。"《醒世姻缘传》第四十九回:"晁奶奶赏的是二两银,一匹红缎,还有一两六的一对银花。"

【银环】yínhuán 银质环形佩饰。一般多指银指环,耳环之类。唐段成式《酉阳杂俎》卷一五:"忽有一人,乌衣,径上车言寄载……临行语施曰:'我是驱除大将军,感尔相容。'因留赠银环一双。"宋高承《事物纪原》卷三:"《五经要义》曰:'古者后妃群妾御于君所,当御者以银环进之。娠则以金环退之。进者著右手,退者著左手。'今有指环。此之遗事本三代之制也。"

【银绶】yínshòu 犹银青。官员佩戴的银印青绶的合称。唐高适《东平留赠狄司马》诗:"入幕绾银绶,乘轺兼铁冠。"刘开扬笺注引《汉书·百官表》:"凡吏秩比二千石以上皆银印青绶。"

【银鱼】yínyú 也称"银鱼袋""鱼袋银"。

一种佩囊。唐代官吏章服，按品级不同，分别佩戴金、银、铜制作的鱼符，作为饰物凭信，叫作佩鱼。银鱼，即银制的鱼形佩饰，用作四品、五品官吏章服。因鱼符例应盛入鱼袋中，故也称之"银鱼袋"。唐白居易《自叹二首》诗："实事渐消虚事在，银鱼金带绕腰光。"李廓《长安少年行》："倒插银鱼袋，行随金犊车。"《文献通考·王礼七》："高宗给五品以上随身银鱼袋，以防召命之诈，出内必合之。"宋岳珂《愧郯录》卷四："唐故事，假紫者金鱼袋，假绯者银鱼袋。见于新史开元之制。"《喻世明言·杨思温燕山逢故人》："车后有侍女数人，其中有一妇女穿紫者，腰佩银鱼，手持净巾。"清袁枚《随园随笔·赐金紫非本秩》："紫绶则金鱼袋，青绶则银鱼袋。"

【隐士衫】yǐnshìshān 隐士所穿的衣服。其制较襕衫为短，以白苧为之。相传为唐人所创。唐冯贽《云仙杂记·隐士衫》："成芳隐麦林山，剥苧织布，为短襕宽袖之衣，著以酤酒，自称隐士衫。"宋释文珦《怀隐者》："自制幽人笔，妻裁隐士衫。"明锺惺《江行俳体十二首》其十一："新荷香遍吴江水，思制潇湘隐士衫。"

【英王踣样】yīngwángbóyàng 也称"英王踣样巾子""踣养巾"。初、盛唐时期的巾子样式。头部微尖，呈高耸状，左右分成两瓣，形成两个球状，并有明显前倾。始创于唐中宗景龙四年。踣，颠仆之势。睿宗及玄宗朝仍流行，至开元十九年后，因官样巾子的出现，其制渐衰。《新唐书·车服志》："武后擅政，多赐群臣巾子……至中宗又赐百官英王踣样巾，其制高而踣，帝在藩时冠也。"《唐会要》卷三一："景龙四年三月，内宴，赐宰臣以下内样巾子，其样高而踣，皇帝在藩时所冠，故时人号为英王踣样。"宋赵彦卫《云麓漫钞》卷三："景龙四年，内宴赐百官内样巾子，高而后隆，目为英王样巾子。"明顾起元《说略》卷二一："踣养巾，唐中宗赐百官。"

【缨裳】yīngcháng 官服。借指官职。唐元稹《告赠皇考皇妣文》："衅罪不死，重罹缨裳。迁换因循，遂阶荣位。"

【缨绶】yīngshòu 冠带与印绶。借指官位。唐张说《游洞庭湖湘》诗之二："城池自萦笼，缨绶为徽缠。"韩宗《送department秘监归会稽诗》："轩车成羽驾，缨绶换霓裳。"宋苏轼《祭柳子玉文》："慨然怀归，投弃缨绶。"

【缨簪】yīngzān 缨和簪，显贵的冠饰。借指贵官。唐李白《送杨少府赴选》诗："时泰多美士，京国会缨簪。"宋卢氏《送夫赴东阳》："羡君家世旧缨簪，百战常怀报主心。"元陈镒《借漫兴一十五首》其八："三径盘桓有余乐，葛巾牢裹弃缨簪。"

【鹰韝】yīnggōu 驾鹰者所用的皮臂套。打猎时用以保护手臂，停立猎鹰。唐白居易《和梦游春诗一百韵》："鹰韝中病下，豸角当邪触。"明张煌言《送徐闇公监军北征》诗之二："鞄系如余甘瓠落，秋风倘许脱鹰韝。"叶宪祖《鸾鎞记·谐姻》："躲离了劈手脱鹰韝，打合上齐眉鸳偶。"

【硬脚幞头】yìngjiǎofútóu 幞头之一种。两脚以铁丝竹篾为骨，皂纱为表，制作各种固定形象，有圆形、方形、卷曲形、凤翅形等使用时插在幞头两侧，有别于单用布帛系裹的软脚幞头。始于唐初，晚唐后戴者渐多，并演变成一种官帽。宋沈括《梦溪笔谈》卷一："（幞头）唐制，唯人主得用硬脚。晚唐方镇擅命,始僭用硬脚。"

【**拥咽**】yōngyān 小儿涎衣。《礼记·深衣》"曲袷如矩以应方"唐孔颖达疏:"方领似今拥咽。"明方以智《通雅》卷三六:"方折领曰拥咽……宋曰涎衣,俗名嚵袷。"

【**油帽**】yóumào 也称"苏幕遮""飒磨遮""苏摩遮"或"苏莫者"。用于蔽日遮风雨的帽子,源于西域回鹘妇女所戴的帽子。受其影响,汉族地区亦有戴者,然多见于男子。唐钱起《咏白油帽送客》诗:"薄质惭加首,愁阴幸庇身。"慧琳《一切经音义》:"苏幕遮,西域戎胡语也。此乐本出西域龟兹国,或作兽面,或象鬼神,假作种种面具形状。"宋王延德《高昌行纪》:"高昌即西州也……俗好骑射,妇人戴油帽,谓之苏幕遮。"明陆深《燕闲录》:"乐府中有《苏幕遮》,乃高昌妇人所戴油帽。"

【**油衫**】yóushān 即油衣。唐李贺《江楼曲》:"萧骚浪白云差池,黄粉油衫寄郎主。"明宋濂《忠肃星吉公神道碑铭》:"帝幸太府,见公所为,条法精密,诸藏皆盈,有黄金束带之赐。时微雨,公立阶下,命侍臣取御服油衫加公身。"

yu—yun

【**鱼钗**】yúchāi 妇女别在发髻上的鱼形钗子。《敦煌变文集·佛说观弥勒菩萨上生兜率天经讲经文》:"鱼钗强插数行丝,鸾镜动抛多少劫。"

【**鱼袋**】yúdài 一种官员用来盛放佩鱼的佩囊。唐代用于五品以上官员,宋代无佩鱼,但仍佩鱼袋。《新唐书·车服志》:"随身鱼符者,以明贵贱,应召命……皆盛以鱼袋。三品以上饰以金,五品以上饰以银。"宋岳珂《愧郯录》卷四:"唐故事:假紫者金鱼袋,假绯者银鱼袋。见于新史开元之制。"马永卿《嬾真子录》:"唐人用袋盛此鱼,今人乃以鱼为袋之饰,非古制也。"《宋史·舆服志五》:"鱼袋,其制自唐始,盖以为符契也。其始曰鱼符,左一,右一。左者进内,右者随身,刻官姓名,出入合之,因盛以袋,故曰鱼袋……宋因之。其制以金银饰为鱼形,公服则系于带而垂于后,以明贵贱,非复如唐之符契也。"清吴伟业《即事》诗之七:"主持朝论垂鱼袋,料理军书下虎符。"

【**鱼符**】yúfú 也称"鱼契"。佩饰。隋唐时朝廷颁发的符信,雕木或铸铜为鱼形,刻书其上,剖而分执,以备符合为凭信,谓之"鱼符"。隋开皇九年,始颁鱼符于总管、刺史,雌一雄一。唐用铜鱼符,所以起军旅,易官长;又有随身鱼符,以金、银、铜为之,分别给亲王及五品以上官员,所以明贵贱,应征召。唐陆龟蒙《送董少卿游茅山》诗:"将随羽节朝珠阙,曾佩鱼符管赤城。"《新唐书·车服志》:"鱼契所降,皆有敕书。"宋司马光《论夜开宫门状》:"若以式律言之,夜开宫殿门及城门者,皆须有墨敕鱼符。"《玉海·器用·皇祐文德殿鱼契》:"皇城司上新作文德殿香檀鱼契。契有左、右,左留中,右付本司;各长尺有一寸,博二寸八分,厚六分;刻鱼形,凿枘相合,镂金为文。"《宋史·舆服志六》:"今闻皇城司见有木鱼契,乞令有司用木契形状,精巧铸造。"明张煌言《即事柬定西侯》诗之一:"纵有鱼符亦得,只今岂少信陵君。"

【**鱼佩**】yúpèi ❶官吏佩带于身的鱼符。

唐白居易《喜刘苏州恩赐金紫遥想贺宴以诗庆之》诗："鱼佩茸鳞光照地,鹊衔瑞带势冲天。"元宋褧《日出齐化门》诗："士者趋名誉,鱼佩锵琳琅。"❷鱼形佩玉。宋龙大渊《古玉图谱·古玉双鱼佩》:"佩长二寸三分,阔二寸,厚二分二厘。玉色甘青无瑕,璓刻作双鱼对列,贯之以柳。"

【鱼尾钗】yúwěichāi 省称"鱼钗"。妇女发钗。用金银制成。因钗首饰有鱼尾之形而得名。《敦煌变文集·佛说观弥勒菩萨上生兜率天经讲经文》:"鱼钗强插数行丝,弯镜动抛多少妙。"元张可久《春思》曲:"鱼尾钗,凤头鞋,花边美人安在哉?"

【渔蓑】yúsuō 也作"渔簑"。渔人的蓑衣。唐郑谷《予尝有雪景一绝为人所讽吟段赞善小笔精微忽为图画以诗谢之》:"爱予风雪句,幽绝写渔蓑。"宋苏轼《乘舟过贾收水阁收不在见其子》诗:"青山来水槛,白雨满渔蓑。"明文徵明《江天暮雪》诗:"宁知风浪高,但道渔蓑好。"杨慎《十二月廿三日高峣大雪》诗之二:"佳句渔蓑怜郑谷,中庭鹤氅立王恭。"清孙枝蔚《式庐诗为石仲昭明府访方尔止处士而作》诗:"甲第云中连白日,渔蓑雪里傲朱绯。"

【瑜佩】yúpèi 玉佩。亦借指戴玉佩的人。唐裴守真《奉和太子纳妃太平公主出降》诗:"瑜佩升青殿,秾华降紫微。"

【羽服】yǔfú 仙人或道士的衣服。唐戴叔伦《汉宫人入道》诗:"萧萧白发出宫门,羽服星冠道意存。"宋张君房《云笈七签》卷一三:"至于霞衣羽服,玉馆天厨,盖为志士显言,聊泄天戒,非人妄告,殃尔明征。"《宣和遗事》前集:"神霄宫殿五云间,羽服黄冠缀晓班。"《黄庭内景经·隐影》:"羽服一整八风驱,控驾三素乘晨霞。"梁丘子注:"八风,八方之风。先驱,扫路也。羽服,仙服。按上清宝文仙人有五色羽衣。又《飞行·羽经》云:太一真人衣九色飞云羽章。皆神仙之服也。"

【羽褐】yǔhè 道士的衣服。亦指道士。五代前蜀杜光庭《范延煦等受正一箓词》:"臣获逢圣日,咸沐道风,早振氛器,俱栖羽褐。"宋程公许《八月十日夜梦登青城最高峰醮仙迷惘醮罢同羽士二三人散策月下濯足涧水意甚适也推枕惘然纪以唐律》诗:"星坛醮罢天如水,羽褐追游月满溪。"戴表元《次韵王景阳寄轩》:"江湖犹觉气横行,羽褐藤冠学养生。"张君房《云笈七签》卷一一二:"袁以羽褐授之,使居紫极宫。"

【羽帔】yǔpèi 鹤氅之属。道者之服。唐许浑《闻释子栖玄欲奉道因寄》诗:"欲求真诀恋禅扃,羽帔方袍尽有情。"李翔《魏夫人归大霍山》诗:"羽帔俨排三洞客,仙歌凝韵九天风。"宋张君房《云笈七签·升玄行事诀》:"魁中有神,名抗萌,字流郁,著黄羽帔,龙衣虎带。"

【雨屐】yǔjī 防滑、防泥湿的木屐,多雨天穿着。唐郑谷《闻进士许彬罢举归睦州怅然怀寄》诗:"烟舟撑晚浦,雨屐剪春蔬。"宋王禹偁《赠浚仪朱学士》诗:"雨屐送僧莎径滑,夜棋留客竹斋寒。"方岳《酹江月·送吴丞入幕》词:"茶灶笔床将雨屐,吟到梅花消息。"

【雨笠】yǔlì 遮雨的笠帽。多为渔夫或渔隐之士的衣饰。亦借指渔夫或渔隐之士。唐皮日休《临顿奉题屋壁》诗之二:"静窗悬雨笠,闲壁挂烟矧。"元乔吉《满庭芳·渔夫》词:"渔家过活,雪篷云棹,雨笠烟蓑,一声欸乃无人和。"清高士奇《金鳌退食笔记》卷下:"明世宗晚年爱静,常居西内。勋辅大臣直宿无逸殿,日有赐赉,如玲珑雕刻玉带……花线绦青油雨笠。"

【雨蓑】yǔsuō 用蓑草或棕毛制成的雨衣。唐翁洮《渔者》诗:"一叶飘然任浪吹,雨蓑烟笠肯忘机。"宋陆游《重九后风雨不止遂作小寒》诗:"射虎南山无复梦,雨蓑烟艇伴渔翁。"

【雨蓑烟笠】yǔsuōyānlì 也作"雨蓑风笠"。防雨用的蓑衣笠帽,多为渔夫或渔隐之士的衣饰。亦借指渔夫或渔隐之士。诗歌中常用来形容烟雨迷蒙中渔翁头戴斗笠、身披蓑衣的形象。宋陆游《一落索》词:"且喜归来无恙。一壶春酿。雨蓑烟笠傍渔矶,应不是、封侯相。"李曾伯《沁园春·丙辰归里和八窗叔韵》词:"天教狂虏灰飞,更莫向儿郎存血衣。把雪裘霜帽,绝交楚徼,雨蓑风笠,投老吴矶。"清陈维崧《满江红·江村夏咏》词之四:"槿篱上,珠堪吸。豆花底,凉堪裛。看弥茫一派,雨蓑烟笠。"

【语儿巾】yǔérjīn 唐代南方的一种头巾。唐元稹《和乐天送客游岭南二十韵》:"贡兼蛟女绢,俗重语儿巾。"自注:"南方去京华绝远,冠冕不到,唯海路稍通。吴中商肆多榜云:此有语儿巾子。"

【玉臂钗】yùbìchāi 也作"玉臂支"。一种可以开启的玉镯。妇女约于手臂,以为装饰。其制甚为精巧。《格致镜原》卷五五辑唐郑处诲《明皇杂录·逸文》:"我祖破高丽,获紫金带、红玉支二宝,朕以……红玉臂支赐妃子,后以赐阿蛮。"宋沈括《梦溪笔谈》卷一九:"予又尝过金陵,人有发六朝陵寝,得古物甚多。予曾见一玉臂钗,两头施

转关,可以屈伸,合之令圆,仅于无缝,为九龙绕之,功侔鬼神。"

【玉拨】yùbō 用以约发的玉制首饰,形状如拨。拨,弹动弦索的乐器的工具。唐冯贽《南部烟花记·玉拨》:"隋炀帝朱贵儿插昆山润毛之玉拨,不用兰膏而鬓鬟鲜润。"

【玉锸】yùchā 指簪、钗一类插鬓的首饰。唐陆龟蒙《洞房怨》诗:"玉锸朝扶鬓,金梯晚下台。"

【玉蝉】yùchán 蝉形的玉制首饰。或装饰簪钗之首,或用作贵官冠饰。唐王建《宫词》之六十二:"玉蝉金雀三层插,翠髻高丛绿鬓虚。"张蠙《边将》诗:"战骨沙中金镞在,贺筵花畔玉蝉新。"五代前蜀韦庄《怨王孙》词:"玉蝉金雀宝髻,花簇鸣珰,绣衣裳。"宋陆游《闲中富贵》诗:"个中得意君知否,不换金貂与玉蝉。"

【玉虫】yùchóng 虫状的玉雕首饰。唐韩愈《咏灯花同侯十一》诗:"黄囊排金粟,钗头缀玉虫。"元于伯渊《点绛唇》套曲:"整花枝翠丛,插金钗玉虫,褪罗衣翠绒。"

【玉珰】yùdāng 玉制的耳饰,借指女子。唐鲍溶《旧镜》诗:"珠粉不结花,玉珰宁辉耳。"杜牧《自宣州赴官入京题赠》诗:"梅花落径香缭绕,雪白玉珰花下行。"李商隐《夜思》诗:"寄恨一尺素,含情双玉珰。"又《春雨》诗:"玉珰缄札何由达,万里云罗一雁飞。"《新唐书·西域传上·泥婆罗》:"其君服珠、颇黎……耳金钩玉珰。"清周亮工《海上昼梦亡姬成诗》之八:"众香国里水仙王,薜荔裳垂碧玉珰。"

【玉方】yùfāng 士庶腰带上的玉制"排方"。制为多枚。附缀于革带之上,藉此昭明系带者的身份等级。唐李贺《酬答》

诗:"金鱼公子夹衫长,密装腰鞓割玉方。"清王琦汇解:"割玉方,谓裁玉作方样,而密装于皮带之上也。"

【玉凤】yùfèng 指玉雕的凤钗。五代前蜀花蕊夫人《宫词》之四五:"翠钿贴靥轻如笑,玉凤雕钗裹欲飞。"《二十年目睹之怪现状》第二十五回:"玉凤半垂钗半堕,簪花人去未移时。"

【玉股】yùgǔ 指玉饰的钗。唐李贺《湖中曲》:"燕钗玉股照青渠,越王娇郎小字书。"清王琦汇解:"玉股,钗脚以玉为之者。"

【玉环绶】yùhuánshòu 系结玉环的丝织带子。由秦汉印绶演变而来。南北朝以后较为常见,初多用于礼服。使用时悬挂在腰间,左右各一。后亦用于常服及便服。不分男女均可佩之。悬挂在腰下以为装饰。《隋书·礼仪志七》:"双小绶,长二尺六寸,色同大绶,而首半之。间施四玉环。"《金史·舆服志中》:"正一品:貂蝉笼巾,七梁额花冠……绯罗大袖、绯罗裙、绯罗蔽膝各一,绯白罗大带,天下乐晕锦玉环绶一,白罗方心曲领、白纱中单、银褐勒帛各一。"《元史·舆服志一》:"玉环绶制以纳石失,金锦也;上有三小玉环,下有青丝织网。"

【玉旒】yùliú 帝王冠冕前后悬垂的、用丝绳系住的玉串,为玉旒或垂旒,表示不视邪,后来引申为帝王的代称。唐白居易《策头》:"窥玉旒,读金策,惭惶僶俯,不知所裁者久矣。"许浑《秋日早朝》诗:"龙旗尽列趋金殿,雉扇才分拜玉旒。"宋欧阳修《景灵朝谒从驾还宫》:"琳馆清晨蔼瑞氛,玉旒朝罢奏韶钧。"许月卿《赋吴廷圭篑西亭》:"东南直道辉青史,朔北虚怀动玉旒。"明杨珽《龙膏记·成隙》:"雉扇才分拜玉旒,宵衣应待绝更筹。"

玉环绶
(山西太原晋祠宋代彩塑)

【玉珑璁】yùlóngcōng 也作"玉珑鬆""玉笼鬆"。妇女首饰。以金银制成头箍,绕额一周,上插各式珠玉花朵,戴在头上以为装饰。多用于宫廷贵妇。始于南北朝而流行于唐,宋元时期仍有此饰。唐温庭筠《屈柘词》:"绣衫金腰袅,花髻玉珑璁。"王建《唐昌观玉蕊花》诗:"一树笼鬆玉刻成,飘廊点地色轻轻。"五代后唐毛文锡《赞成功》词:"美人惊起,坐听晨钟,快教折取,戴玉珑璁。"宋曾巩《雾松》诗:"记得集英深殿里,舞人齐插玉珑鬆。"元乔吉《沉醉东风·情人扶观琼华》词:"珠的历寒凝碧粉,玉珑璁暖簇香云。"

【玉梳】yùshū 玉制的梳子,亦作梳之美称。唐元稹《六年春遣怀》诗之四:"玉梳钿朵香胶解,尽日风吹玳瑁筝。"明贾仲名《对玉梳》第一折:"又有这玉梳儿一枚,是妾平日所爱之珍。"《全元散曲·斗鹌鹑·元宵》:"金凤斜簪,云鬟半偏,插玉梳,贴翠钿。"

【玉梭】yùsuō ❶玉制的织布梭,亦作织布梭的美称。隋江总《内殿赋新诗》:"织女今夕渡银河,当见新秋停玉梭。"唐李峤《奉和七夕两仪殿会宴应制》:"帝缕升银阁,天机罢玉梭。"元姚燧《凭阑人》曲:"织就回文停玉梭,独守银灯思念他。"❷妇女首饰名。宋黄庭坚《鹧鸪天》词:"背人语处藏珠履,觑得着时整玉梭。"

【玉袖】yùxiù 洁白的衣袖。唐杜甫《数陪李梓州泛江有女乐在诸舫戏为艳曲二首赠李》诗之一:"玉袖凌风并,金壶隐浪偏。"清仇兆鳌注:"梁简文帝诗:'风吹玉袖香。'何逊诗:'惊弦雪袖迟。'玉、雪皆言袖色之白耳,若以玉饰袖,岂能凌风乎?"明区大相《家人初至京置酒亭中对雪作》诗:"玉袖承花出,珠帘卷絮回。"

【玉雁】yùyàn ❶玉雕的雁形饰物。唐李廓《长安少年行》之八:"新年高殿上,始见有光辉。玉雁排方带,金鹅立仗衣。"❷凤钗一类的玉雕首饰。元马祖常《骊山》诗之一:"华清梦断飞尘起,玉雁衔香堕野田。"

【玉叶冠】yùyèguān 也作"玉叶"。玉叶所饰之冠。唐高宗武后女太平公主所戴的以稀世之玉为饰的冠。唐郑处海《明皇杂录》卷下:"太平公主玉叶冠,虢国夫人夜光枕,杨国忠锁子帐,皆稀代之宝,不能计其直。"李群玉《玉真观》诗:"高情帝女玉乘鸾,绀发初簪玉叶冠。"自注:"公主玉叶冠,时人莫计其价。"毛熙震《女冠子》词:"翠鬟冠玉叶,霓袖捧瑶琴。"明谢肇淛《五杂俎》卷一二:"玉叶,太平公主冠也。"

【玉鱼】yùyú ❶美玉雕成的鱼形珍玩。唐韦述《两京新记》:"长安大明宫宣政殿,每夜见数十骑衣鲜丽,游往其间。高宗使巫祝刘明奴、王湛然问所由。鬼曰:'我是汉楚王戊太子,死葬于此。'……明奴因宣诏与改葬。鬼喜曰:'我昔日亦是近属豪贵,今在天子宫内,出入不安,改

卜极幸甚。我死时天子敛我玉鱼一双,今犹未朽,必以此相送,勿见夺也。'明奴以事奏闻,及发掘,玉鱼宛然,自是其事遂绝。"杜甫《诸将》:"昨日玉鱼蒙葬地,早时金碗出人间。"五代王仁裕《开元天宝遗事》卷下:"贵妃素有肉体,至夏苦热,常有肺渴。每日含一玉鱼儿于口中,盖藉其凉津沃肺也。"❷玉制的鱼形佩饰。宋元丰年间始造,赐嘉、歧二王。以代金质者,后遂为亲王故事。金代皇太子佩玉双鱼袋,亲王佩玉鱼。宋程大昌《演繁露·唐时三品得服玉带》:"宋元丰中创造玉鱼,赐嘉岐二王,易去金鱼不用,自此遂为亲王故事。"

【玉支】yùzhī 即"玉臂钗"。宋乐史《杨太真外传》:"新丰有女伶谢阿蛮,善舞《凌波曲》,旧出入宫禁,贵妃厚焉。是日,诏令舞。舞罢,阿蛮因进金粟装臂环,曰:'此贵妃所赐。'上持之,凄然垂涕曰:'此我祖大帝破高丽,获二宝:一紫金带,一红玉支。朕以岐王所进《龙池篇》,赐之金带。红玉支赐妃子……汝既得之于妃子,朕今再睹之,但兴悲念矣。'"

【玉指环】yùzhǐhuán 省称"玉环"。用玉制成的指环。《新唐书·定安公主传》:"主次太原,诏使劳问系涂,以黠戛斯所献白貂皮、玉指环往赐。"唐范摅《云溪友议》卷三:"韦以旷觐日久,不敢偕行,乃固乱之,遂为言约,少则五载,多则七年,取玉箫,因留玉指环一枚。"

【玉紫】yùzǐ 唐代三品以上的官服,色紫而饰玉。《旧唐书·舆服志》:"(武德)四年八月敕:'三品已上,大科䌷绫及罗,其色紫,饰用玉。'"唐杨炯《公卿以下冕服议》:"仰观则璧合珠连,俯察则银黄玉紫。"

【**郁多罗僧**】yùduōluósēng 梵语的译音,意译为上衣、中价衣,又称人众衣。由七条布缝成,每条两长一短,共计二十一隔,故又称"七条衣"或"七条袈裟",此衣穿在五条衣之上,为礼诵、听讲、布萨时所穿用。《大唐西域记·缚喝国》:"如来以僧伽胝氎布下,次下郁多罗僧,次僧却崎。"玄应《一切经音义》卷一四:"郁多罗僧,或云郁多啰僧伽,或云优多罗僧,或作沤多罗僧,亦犹梵言讹转耳。此译云上著衣也……或云覆左肩衣。"

【**郁金袍**】yùjīnpáo 帝王的黄袍。郁金属姜科多年生草本植物,其肉质块根浸泡后的煮沸液,加入除铁以外的金属盐媒染,可染制出各种黄的色彩。《本草纲目》记载:"郁金生蜀地及西域,染色是用其茎。染妇人衣鲜明,惟不耐日炙,微有郁金之气。"唐许浑《骊山》诗:"闻说先皇醉碧桃,日华浮动郁金袍。"又《十二月拜起居表回》诗:"空锁烟霞绝巡幸,周人谁识郁金袍。"清张英《渊鉴类函》卷三七一:"郁金袍,御袍也。"

【**郁金裙**】yùjīnqún 用郁金草染制的金黄色裙。亦泛指黄裙。其色为黄(一说赤色),着之微有芬芳。年轻妇女多喜用之。流行于唐宋时期。唐李商隐《牡丹》诗:"垂手乱翻雕玉佩,招腰争舞郁金裙。"杜牧《送容州中丞赴镇》诗:"烧香翠羽帐,看舞郁金裙。"宋柳永《少年游》词之五:"淡黄衫子郁金裙,长忆个人人。"清龚自珍《隔溪梅令·〈羽陵春晚〉画册》词:"郁金裙褶晚来松,倦拖风。"

【**鸳钗**】yuānchāi 妇女发钗。以金银等材料制成。因钗首饰有鸳鸯之形,故名。一说由双股合成,故称。唐韦应物《横吹曲辞·长安道》:"丽人绮阁情飘摇,头上鸳钗双翠翘。"

【**鸳鸯带**】yuānyāngdài 也称"鸳鸯钿带""鸳鸯绦"。绣有鸳鸯花纹或用两种不同颜色丝缕合编而成的腰带。常用作男女信物。唐徐彦伯《拟古》诗之三:"赠君鸳鸯带,因以鹍鹴裘。"宋梅尧臣《十一月七日雪中闻宋中道与其内祥源观烧香》诗:"絮扑鸳鸯带,花团蛱蝶枝。"李莱老《倦寻芳》词:"宝幄香销龙麝饼,钿车尘冷鸳鸯带。"《红楼梦》第五十回:"宝琴也忙道:'或湿鸳鸯带。'湘云忙联道:'时凝翡翠翘。'"

【**鸳鸯钿带**】yuānyāngdiàndài 绣有鸳鸯花纹并用金、银、介壳镶嵌的衣带。唐张祜《感王将军柘枝妓殁》诗:"鸳鸯钿带抛何处,孔雀罗衫付阿谁?"

【**鸳鸯履**】yuānyānglǚ 饰有鸳鸯的鞋履。妇女所着。唐令狐楚《远别离》诗:"玳织鸳鸯履,金装翡翠簪。"五代后唐马缟《中华古今注》卷中:"汉有绣鸳鸯履,昭帝令冬至上舅姑。"明田艺蘅《留青日札》卷二〇:"今之缠足者以丝为鞋,则梁制也……以蒲、草、麻、葛为之,则古今通用也。首以凤头、伏鸠、鸳鸯,则防(仿)于秦晋。"

【**圆冠方领**】yuánguānfānglǐng 指儒生的装束。圆冠,圆的帽顶;方领,直衣领。亦用为儒生的代称。唐王勃《益州夫子庙碑》:"将使圆冠方领,再行邹鲁之风,锐气英声,一变寰渝之俗。"

【**月帔**】yuèpèi 道士、仙人所穿的鹤氅一类的服饰,后亦借指妇女的披帛。唐孟郊《同李益崔放送王炼师还楼观兼为群公先营山居》诗:"霞冠遗彩翠,月帔上空虚。"寒山《诗三百三》:"昨到云霞观,忽见神仙士。星冠月帔横,尽云居山水。"

五代前蜀韦庄《天仙子》词："金似衣裳玉似身，眼如秋水鬓如云。霞裙月帔一群群。"华锺彦注："霞裙月帔，仙子所饰。"

【云母冠】yúnmǔguān 云母装饰的帽子。唐李益《避暑女冠》诗："雾袖烟裙云母冠，碧琉璃簟井冰寒。"

【云衲】yúnnà 僧衣。唐杜荀鹤《赠休粮僧》诗："争似吾师无一事，稳披云衲坐藤床。"宋苏轼《次韵僧潜见赠》："云衲新磨山水出，霜髭不剪儿童惊。"

【云衫】yúnshān 轻而薄的衣衫。唐李贺《相和歌辞·神弦别曲》："南山桂树为君死，云衫残污红脂花。"曹唐《小游仙诗》之八十五："云衫玉带好威仪，三洞真人入奏时。"宋晏殊《燕归梁》词："云衫侍女，频倾寿酒，加意动笙簧。"

【云头篦】yúntóubì 省称"云篦"。圆头发篦，一说饰有云纹的篦，头饰之一种。妇女用以插发。南唐张泌《妆台记》："汉武就李夫人取玉簪搔头，自此宫人多用玉。时王母下降，从者皆飞仙髻、九环髻，遂贯以凤头钗、孔雀搔头、云头篦。"

又："魏武帝令宫人梳反绾髻，插云头篦。"唐白居易《琵琶行》："钿头云篦击节碎，血色罗裙翻酒污。"李洵《虞美人》词："倚屏无语捻云篦，翠眉低。"宋岳珂《次韵乔江州琵琶亭诗二首》其二："击节云篦定谁是，茫茫江月思何穷。"

【云头鞋】yúntóuxié 一种高头鞋履。以布帛为之，云头可用绢帛为之，也可用皮金之类，因其高翘翻卷形似卷云而得名。男女均可穿着，其作用主要是为钩住裙边，以便走动时不致践踏长裙裙幅，并兼具装饰性。唐王涯《宫词》："春来新插翠云钗，尚著云头踏殿鞋。欲得君王回一顾，争扶玉辇下金阶。"宋孟元老《东京梦粱录》卷五："宰执百僚，皆服法服……皂绿方心曲领，中单环珮，云头履鞋。"《金瓶梅词话》第十九回："妇人上穿沉香色水纬罗对衿衫儿，五色绉纱眉子，下著白研光绢挑线裙子。裙边大红光素缎子白绫高底羊皮金云头鞋儿。"徐珂《清稗类钞·服饰》："太祖之履，以牛皮为之，饰以绿皮云头。"

Z

zan—zhan

【簪白笔】zānbáibǐ 史官、谏官入朝，或近臣侍从，插笔于帽，以便随时记录、书写。后插白笔，成为冠饰。《隋书·礼仪志六》："七品已上文官朝服，皆簪白笔。"五代后唐马缟《中华古今注·簪白笔》："簪白笔，古珥笔之遗象也。腰带剑、珥笔，示君子有文武之备焉。"《宋史·舆服志四》："立笔，古人臣簪笔之遗象。其制削竹为干，裹以绯罗，以黄丝为毫，拓以银缕叶，插于冠后。旧令，文官七品以上朝服者，簪白笔，武官则否，今文武皆簪焉。"

【簪弁】zānbiàn 簪，冠簪；弁，礼帽。为仕宦所服。代指做官。唐司空曙《酬李端校书见赠》诗："昨日闻君到城阙，莫将簪弁胜荷衣。"宋司马光《昔别赠宋复古张景淳》诗："勿辞簪弁倾，颓然倒樽席。"孙应时《到荆州春物正佳枢使王公招宴欢甚已而幕府诸公携饯荆江亭并成四诗》："簪弁从元侯，芳辰奉良宴。"

【簪裳】zāncháng 官员头上所戴的冠簪，身上所穿的标有官阶品级图案的礼服。代指官员仕宦者所服，因以借指仕宦。五代王仁裕《开元天宝遗事·雪刺满头》："宋璟《求致仕表》云：'臣窃禄簪裳，备员廊庙，霜毫生额，雪刺满头。'"宋苏辙《代齐州李肃之谏议谢表》："臣幼蒙基业，早与簪裳，遭遇先朝，荐更烦使。"

【簪绂】zānfú 冠簪和缨带。官员服饰。亦用以喻显贵，仕宦。晋陆机《晋平西将军孝侯周处碑》："簪绂扬名，台阁标著，风化之美，奏课为能。"唐李群玉《广州重别方处士之封川》诗其一："白衣谢簪绂，云卧重岩扃。"吴融《宪丞裴公上洛退居有寄二首》其一："抛来簪绂都如梦，泥著杯香不为愁。"李顗《裴尹东溪别业》诗："始知物外情，簪绂同刍狗。"宋范仲淹《奏上时务书》："凡居近位，岁进子孙，簪绂盈门，冠盖塞路。"清方文《述哀》诗："儿长粗能文，母日望簪绂。"

【簪徽】zānhuī 犹簪缨。亦借指仕宦。唐陈子昂《为司刑袁卿让官表》："皆缘际会，昭遇盛明，谬得扬历簪徽。"宋王十朋《次韵李刑曹病起书怀》之二："渐喜蛛丝封药裹，未容鹤发上簪徽。"

【簪冕】zānmiǎn 显贵者的冠饰。冕，古代帝王、诸侯、卿大夫所戴的礼帽。喻指在朝为官。唐岑参《过王判官西津所居》诗："夫子贱簪冕，注心向林丘。"宋方回《秀山霜晴晚眺与赵宾旸黄惟月联句》："幸脱簪冕桎。得与麋鹿群，敢兼熊鱼欲。"明王恭《题高廷礼为陈拙修绘沧洲隐》："都无簪冕系，而有山水情。"刘炳《题博士晋王羲之右军像》诗："一时簪冕属高风，百年文藻怀芳躅。"

【簪绅】zānshēn 冠簪与绅带，古时官吏所佩带，因以为官吏的代称。唐李乂《侍宴长宁公主东庄应制》："合宴簪绅满，承恩雨露滋。"《郊庙歌辞·享太庙乐章》："皇灵徙跸，簪绅拜辞。"颜师古《奉和正日临朝》："肃肃皆鹓鹭，济济盛簪绅。"宋范仲淹《祭韩少傅文》："子孙诜诜，礼乐簪绅。"明张居正《答陈节推书》："凡在簪绅，举同欣庆。"

【簪组】zānzǔ 冠簪和冠带。借指官吏、显贵。唐王维《留别丘为》诗："亲劳簪组送，欲趁莺花还。"权德舆《酬崔千牛四郎早秋见寄》诗："偶来被簪组，自觉如池龙。"薛能《彭门解嘲》之二："身外不思簪组事，耳中唯要管弦声。"李德裕《潭上喜见新月》诗："簪组十年梦，园庐今夕情。"武元衡《秋日台中寄怀简诸僚》诗："簪组赤墀恋，池鱼沧海心。"白居易《兰若寓居》诗："薜衣换簪组，藜杖代车马。"《旧五代史·唐书·庄宗纪四》："伪宰相郑珏等一十一人，皆本朝簪组，儒苑品流。"宋苏轼《寄刘孝叔》诗："高踪已自杂渔钓，大隐何曾弃簪组。"明李东阳《张侍御世用藏山水图歌》："吾生早觉簪组累，十年邱壑成膏肓。"

【皂貂】zàodiāo 指黑色貂鼠皮制成的袍服。唐武元衡《送张六谏议归朝》诗："诏书前日下丹霄，头戴儒冠脱皂貂。"韦庄《宜君县北卜居不遂留题王秀才别墅》诗之二："明月严霜扑皂貂，羡君高卧正逍遥。"宋苏轼《叶公秉王仲至见和次韵答之》："衫绤方暑亦堪朝，岁晚凄风忆皂貂。"陆游《乡中每以寒食立夏》诗："皂貂破弊归心切，白发凄凉老境难。"

【皂绔】zàokù 黑色套裤，唐时用于仪卫。《新唐书·仪卫志上》："第三队、第六队，黑质鍪、铠，皂绔。"

【皂罗折上巾】zàoluózhéshàngjīn 以黑色纱罗制成的幞头。《新唐书·五行志一》："高帝尝内宴，太平公主紫衫、玉带、皂罗折上巾，具纷砺七事，歌舞于帝前。帝与武后笑曰：'女子不可为武官，何为此装束？'"

【皂裘】zàoqiú 黑色的皮衣。唐张籍《送元宗简》诗："貂帽垂肩窄皂裘，雪深骑马向西州。"

【窄袖】zhǎixiù 也称"狭袖"。服装袖式之一。通常指紧窄的衣袖。多见于西域，有别于汉族的宽袖。魏晋以后，北方女子亦尚窄袖。这种情况在唐代更趋明显。在隋至初唐的画塑资料中，女子大多是上着窄袖衫，下着长裙，腰系长带，肩披中帛，脚穿高头鞋履，短窄的衣衫往往仅长至腰脐部。宋代女子中普遍流行一种窄袖衣，式样为对襟，交领，窄袖，衣长至膝。辽金元诸朝为北族政权，其时法服以窄袖为主。明代恢复汉制，士庶之服多用宽袖；窄袖则用于军旅。清代服式采用满制，朝祭燕宴通用窄袖。其式沿用至今。《新唐书·五行志一》："天宝初，贵族及士民女子为胡服胡帽，妇人则簪步摇钗，衿袖窄小。"宋人《宣和遗事·亨集》："宣德门直上有三四个贵官，金拈钱扑头，舒角；紫罗窄袖袍，簇花罗。"宋宇文懋昭《大金国志》卷三四："国主视朝纯纱幞头，窄袖赭袍。"《金史·舆服志下》："其衣色多白，三品以皂，窄袖，盘领，缝腋，下为襞积，而不缺袴。"明何孟春《余冬序录摘抄内外篇》卷一："元世祖起自朔漠以有天下，悉以胡俗变易中国之制，士庶咸辫发、椎髻、深檐胡帽；衣服则为袴褶、窄袖及辫线、腰褶，妇女衣窄袖短衣。下服裙裳，无复中国衣冠之旧。"刘若愚《酌中志》卷一九："罩甲，穿窄袖戎衣之上，加此，束小带,皆戎服也。"刘秩《裁衣行》："裁衣须裁短短衣,短衣上马轻如飞;缝袖须缝窄窄袖,袖窄弯弓不碍肘。短衣窄袖样时新,殷勤寄与从军人。"

【毡毳】zhāncuì 北方及西南少数民族所穿毛织服装。《隋书·西域传·高昌》:"弃彼毡毳,还为冠带之国。"宋卫宗武《岁冬至唐村坟山扫松》诗:"僧来入画图,人行绝毡毳。"陆游《老学庵笔记》卷三:"时方五月中,(蛮人)皆被毡毳,臭不可迩。"苏轼《次韵子由使契丹至涿州见寄四首》其三:"毡毳年来亦甚都,时时缺舌问三苏。"文天祥《发潭口》诗:"轩冕委道途,衮绣易毡毳。"清魏源《圣武记》卷五:"至其衣毡毳,食湩酪,仰茶忌痘,则藏民所同。"

【毡毼】zhānhé 指用动物毛织成的布所制之衣。《大唐西域记·阿耆尼国》:"文字取则印度,微有增损。服饰毡毼,断发无巾。"又《跋禄迦国》:"气序风寒,人衣毡毼。"毼,一本作"褐"。

【毡履】zhānlǚ 也称"毡鞋"。用羊毛等毛原料制成的长、短筒鞋。轻便暖和,活动方便,在北方农村特别是内蒙古等西北少数民族地区十分流行,因其保暖性强,经济实用,许多老年人也很喜欢穿用。唐刘存《事始》:"魏立帝诏令:春正月妇献上舅姑披袄子、毡履。"唐白居易《即事重题》诗:"重裘暖帽宽毡履,小阁低窗深地炉。"宋张耒《九月末大风一夕遂安置火炉有感二首》诗其一:"幸有布裘毡履在,雪深高卧更安闲。"《金瓶梅词话》第八十一回:"(胡秀大)正陪众客商在席上吃酒,身穿著白绫道袍、线绒氅衣,毡鞋绒袜。"

【毡韦】zhānwéi 指毛毡和皮革做的衣服。《新唐书·吐蕃传上》:"(吐蕃)衣率毡韦,以赭涂面为好。"

【战甲】zhànjiǎ 将士所穿的护身甲衣。多以皮革或金属制成。亦代指将士。唐陈元光《候夜行师七唱》其七:"义重同胞堪搏虎,身轻战甲不号寒。"宋郑刚中《拟送杨帅》:"浩歌藏战甲,雅拜习朝仪。"元末明初刘基《题老翁骑马图》:"战甲零落尽,空余弓箭房。"清俞正燮《癸巳类稿·俄罗斯事辑》:"前后用兵二十余年,国中战甲不少解。"孙枝蔚《乱后登金山有感》诗:"何时销战甲?高枕看扬州。"

【战袍】zhànpáo 将士穿的长衣。亦泛称军衣。唐孟棨《本事诗·情感》:"开元中,颁赐边军纩衣,制于宫中。有兵士于短袍中得诗曰:'沙场征戍客,寒苦若为眠?战袍经手作,知落阿谁边?'"马戴《出塞词》:"金带连环束战袍,马头冲雪度临洮。"韦庄《和郑拾遗秋日感事一百韵》:"宝装军器丽,麝裹战袍香。"《旧五代史·梁书·太祖本纪四》:"赐以金带、战袍、宝剑、茶药。"《金史·仪卫志下》:"长行一百二十人:铁笠、红锦团花战袍、铁甲、弓矢、骨朵。"《水浒传》第三回:"史进看他时,是个军官模样……上穿一领鹦哥绿纻丝战袍,腰系一条文武双股鸦青绦。"

zhang—zhui

【章绂】zhāngfú 标志官品等级的服装和彩色绶带等饰物。亦借指官爵。唐杜甫《客堂》诗:"居然绾章绂,受性本幽独。"清仇兆鳌注:"章绂,谓所服绯鱼。"《旧唐书·张九龄传》:"清流高品,未沐殊恩;胥吏末班,先加章绂。"宋王辟之《渑水燕谈录·歌咏》:"并土儿童君再见,会稽章

隋唐五代时期的服饰

绂我偏荣。"仲并《送致政节推朱子发归无锡二首》其二:"幡然挂章绂,遽作卧江湖。"明宋濂《章氏三子制字说》:"其章绂之蝉联,勋业之辉煌,溢于史册而播于士大夫之口者,先后相属也。"

【**丈夫服**】zhàngfūfú 妇女穿着的男子的服装。唐代天宝年间十分流行。唐刘肃《大唐新语》卷一〇:"天宝中,士流之妻,或衣丈夫服,靴衫、鞭帽,内外一贯矣。"

【**杖履**】zhànglǚ 老者所用的手杖和鞋子。亦是对老者、尊者的敬称。唐李商隐《为山南薛从事谢辟启》:"方思捧持杖履,厕列生徒;岂望便上仙舟,遽尘莲府。"宋苏轼《夜坐与迈联句》:"乐哉今夕游,复此陪杖履。"明张煌言《祭建国公郑羽长鸿逵文》:"千里片鸿,经年尺鲤,北顾旌旗,南询杖履。"清钱谦益《祭都御史曹公文》:"俨觚棱之在望,撰杖履其奚从?"姚鼐《复曹云路书》:"贤从子谓杖履秋冬或来郡,然则不尽之意可面陈。"

【**杖舄**】zhàngxì 拐杖与鞋子。《隋书·隐逸传·徐则》:"(椁中)杖舄犹存,示同俗法,宜遣使人送还天台定葬。"

【**赵服**】zhàofú 战国时赵武灵王进行军事改革,改穿胡服,学习骑射。后因以"赵服"指骑服。唐王维《送邠州须昌冯少府赴任序》:"予病且惫,岁晚弥独,穷巷衡门,落日秋草,赵服过我,且东其辕。"明李东阳《陵祀归得赐暖耳诗和方石韵四首(时和者颇众,类为韵字所苦)》其二:"宁同赵服随胡制,不似齐冠污肉时。"

【**罩衣**】zhàoyī 也称"罩褂"。外套。穿在短袄或长袍外面的单褂。泛称外上衣。《唐会要》卷二七:"刺史赵元楷,课父老服黄纱罩衣,迎谒路左。"

【**赭黄袍**】zhěhuángpáo 也作"赭袍""赭黄衣"。省称"赭黄"。隋唐时天子所穿的袍服。因颜色赭黄,故称。后代沿用。《新唐书·车服志》:"至唐高祖,以赭黄袍、巾带为常服……既而天子袍衫稍用赤黄,遂禁臣民服。"《旧五代史·刘守光传》:"尝衣赭黄袍,顾谓将吏曰:'当今海内四分五裂,吾欲南面以朝天下,诸君以为如何?'"宋万俟咏《明月照高楼慢·中秋应制》词:"宫妆。三千从赭黄。"侯寘《水调歌头·为郑子礼提刑寿》词:"坐享龟龄鹤算,稳佩金鱼玉带,常近赭黄袍。"元张翥《翰林三朝御客戊戌仲冬朔把香前宫》诗:"嘉禧殿前初日高,瑞光先映赭黄袍。"明高明《琵琶记·丹陛陈情》:"红云里,雉尾扇,遮着赭黄袍。"《说岳全传》第八十回:"巍峨金阙珠帘卷,绯烟簇拥赭黄袍。"

【**赭黄衣**】zhěhuángyī 即"赭黄袍"。唐和凝《宫词》之一:"紫燎光销大驾归,御楼初见赭黄衣。"宋范成大《水调歌头·人日》词:"想见大庭宫馆,重起三山楼观,双指赭黄衣。"张端义《贵耳集》卷下:"黄巢五岁,侍翁父为菊花联句。翁思索未至,巢信口应曰:'堪与百花为总首,自然天赐赭黄衣。'"

【**赭裾**】zhějū 犯人所穿的赭色衣服。亦借指罪犯。唐陈子昂《唐故朝议大夫梓州长史杨府君碑》:"公深钩潜往,英机立断,短服赭裾,于是乎理。"又《申州司马王府君墓志》:"昔尹翁归以文武之干,缉熙此邦,黄图虽宁,赤丸未义。君以庚断甲距,设甑投钩,赭裾始绳,亚面咸革。"

【**赭袍**】zhěpáo ❶即"赭黄袍"。唐李浚《松窗杂录》:"中宗尝召宰相苏瓌、李峤子进见。二丞相子皆童年,上近抚于赭袍前,赐与甚厚。"陆龟蒙《杂伎》诗:"六宫争近乘舆望,珠翠三千拥赭袍。"杜牧《长安杂题长句》诗:"觚棱金碧照山高,万国珪璋拥赭袍。"宋邵伯温《邵氏闻见录》卷七:"御衣止赭袍,以绫罗为之,其余皆用絁绢。"宇文懋昭《大金国志》卷三四:"国主视朝服,纯纱幞头,窄袖赭袍。"《资治通鉴·后唐明宗天成三年》:"昭义节度使毛璋所为骄僭,时服赭袍。"王国维《读史二绝句》之二:"只怪常山赵延寿,赭袍龙凤向中原。"❷军将之红色袍服。《新五代史·延寿传》:"戎王命延寿就寨安抚诸军,乃赐龙凤赭袍,使衣之而往。"又《杜重威传》:"契丹赐重威赭袍,使衣以示诸军。"宋张孝祥《赠滕使君》:"夕烽不到甘泉殿,尺一征还近赭袍。"明王延相《赭袍将军谣》:"万寿山前擂大鼓,赭袍将军号威武。"❸传说中的仙人之服。《古今图书集成·礼仪典》卷三四〇:"唐吕仙人故家岳阳,今其地名仙人村,吕姓尚多,艺祖初受禅,仙人自后苑中出,留语良久,解赭袍衣之,忽不见。今岳阳仙人像羽服下著赭袍云。"

【柘黄】zhèhuáng 用柘木汁染的赤黄色。自隋唐以来为帝王的服色。亦指柘黄袍。唐杜甫《戏作花卿歌》:"绵州副使著柘黄,我卿扫除即日平。"王建《宫词》之一:"闲著五门遥北望,柘黄新帕御床高。"元顾瑛《天宝宫词寓感》之十:"姊妹相从习歌舞,何人能制柘黄衣。"明李时珍《本草纲目·木三·柘》:"其木染黄赤色,谓之柘黄,天子所服。"

【柘黄衫】zhèhuángshān 也作"柘黄袍"。皇帝赤黄色的袍。隋文帝始服。唐元稹《酬李甫见赠》诗之四:"曾经绰立侍丹

墀,绽蕊宫花拂面枝。雉尾扇开朝日出,柘黄衫对碧霄垂。"《辽史·仪卫志二》:"皇帝翼善冠,朔视朝用之。柘黄袍,九环带,白练裙襦,六合靴。"元宫天挺《七里滩》第三折:"他往常穿一领粗布袍,被我常扯的扁襟旦领。他如今穿著领柘黄袍,我若是轻抹着,该多大来罪名。"张昱《辇下曲》之二三:"望拜纡楼呼万岁,柘黄袍在半天中。"

【柘袍】zhèpáo 即柘黄袍。隋文帝始服,后泛指皇袍。因其袍色由柘木汁染成,故名柘袍。唐王建《宫中三台词》之一:"日色柘袍相似,不着红鸾扇遮。"元欧阳玄《陈抟睡图》诗:"陈桥一夜柘袍黄,天下都无鼾睡床。"

【柘枝花帽】zhèzhīhuāmào 舞柘枝时所戴的帽子。唐王建《宫词》之八六:"未戴柘枝花帽子,两行宫监在帘前。"明陈汝元《金莲记·闺咏》:"愁肠碎,柘枝花帽,冷落半年余。"

【珍珠络臂鞲】zhēnzhūluòbìgōu 也作"真珠络臂鞲"。舞女臂饰。即袖套之类。以彩锦为之,上缀珠宝。着时套于双臂,一端至腕,一端齐肘。其制由射鞲演变而来,多见于唐代以后。唐杜甫《即事》诗:"百宝装腰带,真珠络臂鞲。笑时

珍珠络臂鞲(敦煌莫高窟唐代壁画)

花近眼,舞罢锦缠头。"元孙周卿《赠舞女赵杨花》词:"霓裳一曲锦缠头,杨柳楼心月半钩。玉纤双撮泥金袖,称珍珠络臂鞲。"

【征袍】zhēngpáo 出征将士穿的战袍。亦指旅人穿的长衣。唐李白《子夜吴歌》之四:"明朝驿使发,一夜絮征袍。"元郑廷玉《楚昭公》第二折:"那一个锦征袍窄窄的把狮蛮款兜;这一个风翅盔律律的把红缨乱丢。"明高明《琵琶记·才俊登程》:"绿阴红雨,征袍上染惹芳尘。"无名氏《英列传》第四十八回:"遇春一领绿色征袍,及一匹追风白马,俱被染得浑身血迹。"《水浒传》第八十八回:"每队有千匹马,各有一员大将……身披猩猩血染征袍。"杨基《桂林与蒋张二指挥观兵》诗:"大字青旗写豹韬,连环金锁束征袍。"

【征衫】zhēngshān 旅人之衣。唐杜牧《村行》诗:"半湿解征衫,主人馈鸡黍。"宋楼钥《水涨乘小舟》诗:"一番冻雨洗郊丘,冷逼征衫四月秋。"万俟绍《访新城宰》:"野花香细绿阴成,风著征衫暑尚轻。"孔武仲《题鲍家铺》:"敲门得薪感相济,征衫如洗赖火燃。"《水浒传》第十一回:"林冲打一看时,只见那汉子头戴一顶范阳毡笠……穿一领白缎子征衫。"

【征袖】zhēngxiù 远行人的衣袖。唐郑谷《鹧鸪》诗:"游子乍闻征袖湿,佳人才唱翠眉低。"

【征衣】zhēngyī 旅人之衣。亦指出征将士之衣。泛指军服。唐岑参《南楼送卫凭》诗:"应须乘月去,且为解征衣。"赵嘏《送李裝评事》诗:"塞垣从事识兵机,只拟平戎不拟归。入夜笛声含白发,报秋榆叶落征衣。"《敦煌曲·捣练子》:"造得寒衣无人送,不免自家送征衣。"宋刘儗

《诉衷情》词:"征衣薄薄不禁风,长日雨丝中。"司马光《出塞》诗:"霜重征衣薄,风高战鼓鸣。"元郑德辉《三战吕布》第三折:"可又早解开摆带,松开戎装,脱下征衣。"清孙枝蔚《出门》诗:"冻树鸡鸣早,征衣烛灭迟。"顾炎武《赠朱监纪四辅》诗:"碧血未消今战垒,白头相见旧征衣。"

【支伐罗】zhīfáluó 也作"至缚罗"。梵语的音译,意译作衣。为佛制比丘三衣(僧伽梨、郁多罗僧、安陀会)之总称。唐义净《南海寄归内法传》卷二:"一僧伽胝译为复衣也,二嗢呾啰僧伽(译为上衣也),三安呾婆娑(译为内衣也)。此之三衣,皆名支伐罗,北方诸国多名法衣为袈裟……实非律文典语。"

【只枝】zhīzhī 袈裟,僧尼的法衣。《新唐书·李罕之传》:"初为浮屠,行丐市,穷日无得者,抵钵褫只枝去,聚众攻剽五台下。"《广韵·支韵》:"只枝,尼法衣。"《集韵·支韵》:"袈裟谓之只枝。"

【直缀】zhízhuì 袍服不施横襕者。五代蜀冯鉴《续事始》:"(袍),无襕谓之直缀。"

【纸袄】zhǐǎo 纸制的有衬里的上衣。道家、隐士或贫民常有衣之者。唐殷尧藩《赠惟俨师》诗:"云锁木龛聊息影,雪香纸袄不生尘。"宋曾慥《集仙传》:"王先生隐王屋山,常衣纸袄,人呼王纸袄。"元张可久《醉太平·山中小隐》曲:"裹白云纸袄,挂翠竹麻绦。一壶村酒话渔樵,望蓬莱缥缈。"

【纸衣】zhǐyī ❶纸制的衣服。以纸料制作的服装。始于唐代,入宋后,更为流行。北宋政府在四川赈济,曾一次发放纸衣十万件。寒士也多有着纸衣的。此

外还有纸帽、纸帐、纸被等。纸具隔热性质，有一定保暖作用。亦用作出家修行者的服装。唐陆长源《辨疑志》："大历中有一僧，称为苦行，不衣缯絮布绵之类，常衣纸衣，时呼为纸衣禅师。"宋苏易简《文房四谱·纸谱》："山居者常以纸为衣，盖遵释氏云，不衣蚕口衣者也。然服甚暖，衣者不出十年，面黄而气促，绝嗜欲之虑，且不宜浴，盖外风不入而内气不出也。亦尝闻造纸衣法，每一百幅用胡桃、乳香各一两煮之。不尔，蒸之亦妙。如蒸之，即恒洒乳香水，令热熟阴干，用箭干横卷而顺蹙之……近士大夫征行亦有衣之，盖利其拒风于凝冱之际焉。"叶绍翁《四朝闻见录·五丈观音》："转智不御烟火，止食芹蓼；不衣丝棉，常服纸衣，号纸衣和尚。"❷一种纸制的简朴殓服。用纸剪成，印有各种色彩的花纹。《旧五代史·周书·太祖本纪》："陵寝不须用石柱，费人功，只以砖代之，用瓦棺纸衣。"《宋史·方技传下·甄栖真》："室成，不食一月，与平民所知叙别，以十二月二日衣纸衣卧砖塌卒。"《元史·塔本传》："癸卯立春日，宴群僚，归而疾作，遂卒。是夕星殒，隐隐有声。遗命葬以纸衣瓦棺。"

【襦冕】zhǐmiǎn 隋代帝王公侯祭祀时所用的礼服。《隋书·礼仪志七》："襦冕，服三章。正三品以下，从五品以上，助祭则服之。"又："襦冕，案《礼图》：'王者祭社稷五祀之服。'天子五旒，用玉百二十。孤卿服以助祭，四旒，用玉三十二。新制依此。服三章。五品及子男助祭则服之。"

【豸簪】zhìzān 刻有獬豸形的发簪，古代监察、执法官所用。唐杨巨源《赠侯侍御》诗："逃祸栖蜗舍，因醒解豸簪。"

【栉珥】zhǐěr 梳篦和耳饰。泛指头饰。唐韩愈《吊武侍御所画佛文》："御史武君当年丧其配，敛其遗服栉珥，馨帨于箧。"宋曾巩《亡妻宜兴县君文柔晁氏墓志铭》："仁孝慈恕，人有所不能及，于栉珥衣服，亲属人所无，辄推与之，不待己足。"

【栉佩】zhìpèi 梳理用品和佩饰。唐韩愈《吊武侍御所画佛文》："于是悉出其遗服栉佩，合若干种，就浮屠师请图前所谓佛者。"

【中国帽】zhōngguómào 唐代吐蕃地区对男子所戴汉族帽式的称呼。一般指幞头。《新五代史·四夷附录》："吐蕃男子冠中国帽。"《文献通考》卷三三七引《居晦记》："出玉门关往吐蕃，男子冠中国帽，妇人辫发，戴瑟瑟云珠之好者，一珠易一良马。"

【朱明服】zhūmíngfú 也称"朱明衣"。皇太子受册、谒庙、朝会之服。相当于皇帝的通天冠服。冠用远游，衣用红纱；白袜、黑舄，方心曲领。制始于唐。宋、金时期沿用此制。《玉海》卷八二："(唐肃宗)二十六年六月庚子立为皇太子。有司行册礼，其仪有中严外办，其服绛纱。太子曰：此天子礼也。乃下公卿议。太师萧嵩、左丞相耀卿请改外办为外备，绛纱衣为朱明服。从之。"《宋史·舆服志三》："皇太子之服，一曰衮冕，二曰远游冠、朱明衣……朱明服：红花金条纱衣，红纱里，皂褾、襈……受册、谒庙、朝会则服之。"《大金集礼》卷二九："大定二年五月十一日皇太子合用冠冕制度……朱明服：红裳，白纱中单，方心曲领，绛纱蔽膝，白袜黑舄（余同衮冕）。册宝服之。"《金史·礼志四》:"皇太子服远游冠、朱明衣,升舆以出,至金辂所,降舆升辂。"

【朱袜】zhūwà 指天子所穿的朱色袜子。《新唐书·车服志》:"凡天子之服十四……皂领,青褾、襈、裾,朱袜,赤舄。"《宋史·舆服志三》:"衮冕,垂白珠十有二旒……朱袜,赤舄,加金饰。"

【朱紫】zhūzǐ 红色与紫色官服的合称。唐制:五品以上服朱,三品以上服紫。指供职高位,或高官显爵。《新唐书·车服志》:"当时服朱紫,佩鱼者众矣。"唐白居易《偶吟》:"久寄形于朱紫内,渐抽身入薜荷中。"宋孙光宪《北梦琐言》卷七:"唯大贤忽为人絷维,官至朱紫。"王谠《唐语林·政事下》:"宣宗每行幸内库,以紫衣金鱼、朱衣银鱼三二副随驾。或半年或终年不用一副。当时以得朱紫为荣。"清李渔《奈何天·忧嫁》:"下官只因宦途偃蹇,家计萧条,不以朱紫为荣,但觉素封可羡。"

【茱萸带】zhūyúdài 一种织绣有茱萸纹样的腰带,阴历九月九日重阳节佩戴茱萸,以祛邪避灾。唐宋之问《江南曲》:"懒结茱萸带,愁安玳瑁簪。"《渊鉴类函》卷三七一:"六朝诗曰:'空结茱萸带。'"

【珠旒】zhūliú 皇冕前后的珠串。借指帝王。唐杨衡《他乡七夕》诗:"向水迎翠辇,当月拜珠旒。"宋梅尧臣《和景彝紫宸早谒》诗:"朝开间阖九重深,望拜珠旒照玉簪。"

【珠络】zhūluò 缀珠而成的网络。头饰之一种。唐杜牧《少年行》:"春风细雨走马去,珠络璀璀白罽袍。"宋王君玉《国老谈苑》卷二:"冯拯姬滕颇众。在中书,密令堂吏市珠络,自持为遗。"明唐寅《进酒歌》:"洞庭秋色尽可沽,吴姬十五笑当炉。翠钿珠络为谁好,唤客那问钱有无。"

【珠帽】zhūmào 以珍贵的宝珠装饰的帽子。唐代吐蕃及西域少数民族所戴的一种便帽,唐代汉族妇女也喜戴之。唐初,西域舞女在跳"胡腾舞"时常戴此帽。唐李端《胡腾舞》诗:"扬眉动目踏花毡,红汗交流珠帽偏。"《资治通鉴·宋纪九十五》:"党项舒和伦遣人请辽主临其地,辽主遂趋天德。过沙漠,金兵忽至,辽主徒步出走。近侍进珠帽,却之,乘张仁贵马得脱。"《元史·阿术列传》:"诏赐珠帽、珠衣、金带、玉带、海东青鹘各一,复赐其部曲毳衣、缣素万匹。"《二刻拍案惊奇·襄敏公元宵失子,十三郎五岁朝天》:"欲待声张,左右一看,并无一个认得的熟人。他心里思量道:'此必贪我头上珠帽,若被他掠去,须难寻讨。我且藏过帽子,我身子不怕他怎地。'"清吴任臣《十国春秋》:"帝被金甲,冠珠帽,执戈矢而行。旌旗戈甲,连亘百余里不绝。百姓望之,谓为'灌口袄神'。"

【铢衣】zhūyī 传说中神仙穿的衣服。重量只有数铢甚至半铢。亦用以指称舞衣。泛指妇女的轻薄衣衫。唐苏鹗《杜阳杂编》卷上:"元载末年,载宠姬薛瑶英,攻诗书,善歌舞……衣龙绡之衣。一袭无一二两。挦之不盈一握,载以瑶英体轻,不胜重衣,故于异国以求是服也。唯贾至杨公南,与载友善,故往往得见歌舞,赠诗曰:'舞怯铢衣重,笑疑桃脸开。'"五代后唐庄宗《阳台梦》词:"薄罗衫子金泥缝,因纤腰怯铢衣重。笑迎移步小兰丛,弹金翘玉凤。"宋洪迈《夷坚志》卷三五："白皙女子四五辈，绾乌云丫髻，玉肌雪质，各衣轻绡，朱衣揎腕，交梭组织白锦。"辽赵长敬《玉石观音唱和诗》："烧残灰劫无凋朽，拂尽铢衣任往来。"清钱谦益《大梁周氏金陵寿燕序》："兜率之铢衣，一百岁而一拂。"

【竹巾】zhújīn 竹质的帽子，竹笠的别称。唐张籍《太白老人》诗："日观东峰幽客住，竹巾藤带亦逢迎。"宋俞琰《席上腐谈》卷上："毡之异名曰毛席，毯之异名曰毛褥，犹竹笠呼为竹巾。"

【竹疏衣】zhúshūyī 竹疏，即竹疏布，是一种用竹子作原料织成的布。竹疏衣，即用竹疏布做的衣服。唐白居易《香山避暑》诗之二："纱巾草履竹疏衣，晚下香山蹋翠微。"

【竹鞋】zhúxié 以竹篾编成的凉鞋。多用于夏季。《新唐书·地理志七》："(辩州陵水郡)土贡：银、竹鞋。"宋苏轼《记岭南竹》："岭南人，当有愧于竹。食者竹笋，庇者竹瓦，载者竹筏，爨者竹薪，衣者竹皮，书者竹纸，履者竹鞋，真可谓一日不可无此君耶？"

【竹叶冠】zhúyèguān 竹皮所做的冠。《隋书·礼仪志六》："(今之尚书)既预斋祭，不容同在于朝，宜依太常及博士诸斋官例，着皂衣，绛襈，中单，竹叶冠……至天监三年，祠部郎沈宏议：'案竹叶冠，是高祖为亭长时所服，安可绵代为祭服哉？'"

【纻衫】zhùshān 用白色夏布制成的单衣。对襟大袖，衣长至膝。唐宋时多用于士人。唐白居易《拜表回闲游》："玉佩金章紫花绶，纻衫藤带白纶巾。"宋王得臣《麈史》卷上："问：'所服云何？'世美曰：'冠以帽，衣白纻衫，系黑角带。访士

大夫家，鲜有知此者。'"张舜民《画墁录》："范鼎臣……见予兄服皂衫纱帽，谓曰：'汝为举子，安得为此下人之服？当为白纻襕衫，系裹织带也。'"明刘侗、于奕正《帝京景物略》卷四："祠丁索钱出锦函，纻衫一领，履双只。履长二寸，色尽落；衫亦半朽，不三尺。"

【鬘麻戴绖】zhuāmádàidié 披麻戴孝，服丧时期穿麻布衣，在头上和腰间结麻带。唐元稹《夫远征》诗："坑中之鬼妻在营，鬘麻戴绖鹅雁鸣。"

【装泽】zhuāngzé 内衣。因贴身穿着，可吸收汗泽，故名。《新唐书·西域传下》："其妻可敦献柘辟大氍毹二、绣氍毹一，乞赐袍带、铠仗及可敦袿襦装泽。"

【椎髻卉裳】zhuījìhuìcháng 省称"椎卉"。边远少数民族的服饰，椎状的发髻，草制的衣裳。唐柳宗元《柳州文宣王新修庙碑》："惟柳州古为南夷，椎髻卉裳，攻劫斗暴。虽唐虞之仁不能柔，秦汉之勇不能威。"明李东阳《送福建参政徐君序》："海外接倭夷之国，椎卉之徒，潜度窃掠。"又《新宁县石城记》："惟郡之墟，中有夫夷，地险且巇，溪回峒旋，椎卉为邻，以世以年。"

zi—zun

【缁黄】zīhuáng 僧人缁服，道士黄冠，合称"缁黄"，代指僧人和道士。《全唐文·中宗·禁化胡经敕》："朕叨居宝位，惟新阐政，再安宗社，展恭禋之大礼，降雷雨之鸿恩，爰及缁黄，兼申惩劝。"唐独孤及《谢敕书兼赐冬衣表》："缁黄载跃，斑白相欢。"又《祖堂集·卷一〇·长庆和尚》："师号超觉大师。净修禅师赞：缁黄深郑重，格峻实难当。尽机相见处，立下

期的服饰 隋唐五代时

闭僧堂。"《旧唐书·隐逸传》："每与缁黄列坐,朝臣启奏,筠之所陈,但名教世务而已,间之以讽咏,以达其诚。玄宗深重之。"宋洪迈《夷坚丙志·程佛子》："每岁必以正月十六日,设斋饭缁黄,名曰龙会斋。"《宋史·李绂传》："每灾异,辄聚缁黄赞呗于其间,何以示中外?"

【缁锡】zīxī 僧人所用的缁衣锡杖。代指僧人。唐权德舆《送道依阇黎序》："乃振缁锡,泛然而行。"刘禹锡《海阳湖别浩初师》诗："逢君驻缁锡,观貌称林峦。"刘慎虚《寄阎防》诗："青冥南山口,君与缁锡邻。"明王恭《初秋同叔韬彦时游崇山兰若》诗："终希偶缁锡,永矣超尘喧。"

【缞缞】zīcuī 五服之一。唐刘肃《大唐新语·识量》："王方庆为凤阁侍郎知政事,患风俗偷薄,人多苟且,乃奏曰:'准令式缞缞大功未葬,并不得朝会。'"参见181页"齐衰"。

【紫服】zīfú 贵官朝服。唐元稹《有唐赠太子少保崔公墓志铭》："紫服、金鱼之赐,其尚矣。"《新唐书·宦者传上·鱼朝恩》："见帝曰:'臣之子位下,愿得金紫,在班列上。'帝未答,有司已奉紫服于前,令徽拜谢。"宋梅尧臣《送王省副宝臣北使》诗："紫服黄金带,银鞍翠锦鞲。"

【紫襕】zīlán 紫色襕袍。唐宋时规定,三品以上官服用紫,因称达官之服为紫襕。《敦煌曲·浣溪沙》："好是身沾圣主恩,紫襕初著耀朱门。"《宋史·礼志二十四》："其两朋官、宗室、节度以下服异色绣衣,左朋黄襕,右朋紫襕。"

【紫罗帽】zīluómào 唐代演绎高丽乐的乐工所戴的紫色纱罗制成的帽子。《旧唐书》卷二九:"《高丽乐》,工人紫罗帽,饰以鸟羽,黄大袖,紫罗带,大口袴,赤皮靴,五色绦绳。"《文献通考·乐考二十一》:"高丽:其国乐工人紫罗帽,饰以鸟羽,黄大袖,紫罗带。"

【紫袍金带】zǐpáojīndài 紫色的袍服、装饰珠宝的腰带,代指高官的朝服。《旧唐书·吐蕃传》："赐紫袍金带及鱼袋,并时服……"《新唐书·西域传下》："帝敕苏失利之不诛,授右威卫将军,赐紫袍黄金带,使宿卫。"宋苏轼《次韵借观〈睢阳五老图〉》："国老安荣心自闲,紫袍金带旧簪冠。"明夏言《南山寿·贺吴山泉宪副六十》词："有仙翁、紫袍金带,佳辰海上筵开。"《喻世明言·赵伯升茶肆遇仁宗》："赵旭也吃了一惊。虞候又开了衣箱,取出紫袍金带、象简乌靴,戴上舒角幞头,宣读了圣旨。"

【紫绮裘】zǐqǐqiú 以紫绮为面的裘皮服装。贵者之服。唐李白《玩月金陵城西孙楚酒楼达曙歌吹日晚乘醉着紫绮裘乌纱巾与酒客数人棹歌秦淮往石头访崔四侍御》诗："草裹乌纱巾,倒披紫绮裘。"宋苏轼《次韵王定国得晋卿酒相留夜饮》诗："短衫压手气横秋,更著仙人紫绮裘。"元宋褧《太白酒楼(延祐己未初自江南还京途经济州所作)》诗："散披紫绮裘,倒著白接䍦。"元末明初杨维桢《梦游沧海歌》："青瞳绿发紫绮裘,日夕洲上相嬉游。"《英列传》第三十三回:"孙炎饮酒自若,持剑在手,喝令士卒向前罗跪,吩咐说:'我且死,这身上紫绮裘,乃主公所赐,不得毁乱。'"明程敏政《题陈宪章梅花》诗："君家仙子真风流,一醉曾赊紫绮裘。"

【紫裘】zǐqiú 以紫色布帛为面的裘皮服装。唐段成式《酉阳杂俎》卷一二："有少年紫裘,骑马从数十。"宋梅尧臣《送王宗说寺丞归南京》诗:"犯寒单骑速,猎吹紫裘薰。"明桑悦《游仙二首》其二:"日月委菁鬟,风霜粘紫裘。"

【紫褶】zǐzhě 紫色袍衫。唐宋时用作一至三品官官服。《新唐书·车服志》:"平巾帻者,乘马之服也。金饰,玉簪导,冠支以玉,紫褶,白袴,玉具装,珠宝钿带,有靴。"《宋史·舆服志四》:"又《开元礼》导驾官并朱衣,冠履依本品。朱衣,今朝服也。故令文三品以上紫褶。"

【棕屦】zōngjuē 即"棕鞋"。《新唐书·隐逸传·张志和》:"筑室越州东郭,茨以生草,椽栋不施斤斧,豹席棕屦。"元辛文房《唐才子传》卷三:"(张志和兄)恐其遁世,为筑室越州东郭,茅茨数椽,花竹掩映。尝豹席棕屦,沿溪垂钓,每不投饵,志不在鱼也。"

【棕笠】zōnglì 用棕榈纤维编成的笠帽。用以遮雨或遮阳等。多用于僧侣、隐士和贫民。唐齐己《寄吴国知旧》诗:"淮甸当年忆旅游,衲衣棕笠外何求。"又《荆州新秋病起杂题一十五首·病起见图画》:"衲衣棕笠重,嵩岳华山遥。"李洞《送行脚僧》:"毳衣沾雨重,棕笠看山欹。"明杨焯《秋日郊居》诗:"云衫染棕笠,松麈挂柴车。"宋释智愚《送泰阇梨》:"井梧初随别芝园,棕笠秋行过海边。"清俞正燮《癸巳类稿·裒(邾)棕皮切文义》:"(王褒)《僮约》云:'雨坠如注瓮,披薜戴子公。'……今案子公乃棕字两合音,言披蓑戴棕笠也。"邵焕元《走笔别程伯建》诗:"沙洲烟草绿茫茫,棕笠泥鞋九日雨。"

【棕鞋】zōngxié 用棕皮、蒲草编成的鞋。形状与后世草鞋相类,质轻而坚,不畏潮湿,雨天穿着可防滑跌,通常用于出行。唐戴叔伦《忆原上人》诗:"一两棕鞋八尺藤,广陵行遍又金陵。"宋苏轼《宝山新开径》诗:"藤梢橘刺元无路,竹杖棕鞋不用扶。"黄庭坚《次韵子瞻以红带寄王宣义》诗:"白头不是折腰具,桐帽棕鞋称老夫。"张安国《赠黄升卿送棕鞋》诗:"编棕织蒲绳作底,轻凉坚密隐称趾。帝庭无复梦丝绚,上客还同觊珠履。"清曹庭栋《养生随笔》卷三:"陈桥草编凉鞋,质甚轻,但底薄而松,湿气易透……有棕结者,棕性不受湿,梅雨天最宜。黄山谷诗云:'桐帽棕鞋称老夫'……俱实录也。"金农《张二丈以白苎布见遗感作十韵》:"罕逢襁褓少苛礼,棕鞋桐帽方相宜。"徐珂《清稗类钞·服饰》:"棕鞋,以棕皮为之,蹑之可祛湿,遇雨即以为屦之用。"

【棕衣】zōngyī 用棕丝编织的雨衣。唐韦应物《寄庐山棕衣居士》诗:"兀兀山行无处归,山中猛虎识棕衣。"元末明初梁寅《丁酉岁正月四日雪》:"草笠棕衣任来往,阴崖何处觅黄精。"清毛澄《入关遇急雨走避山家题壁》诗:"爨曳熏云黄石灶,牧童冒雨紫棕衣。"

【足钏】zúchuàn 套在足腕上的环形装饰物。多用于孩童、歌伎、舞女,少数民族男女也喜用之。通常以金银、翡翠、玉石等材料制成,其上亦可镂各式花纹。《新唐书·南蛮传》:"乐工……足臂有金宝环钏。"徐珂《清稗类钞·服饰》:"足钏:足之有钏,闽、粤之男女为多,以银为之。男长大,即卸之。女非嫁后产子,不除也。而缠足者则无。"

【组冕】zǔmiǎn 组绶和冠冕。唯有天子和贵官才能带冕佩绶。因此亦借指官位。唐杜甫《秋日荆南述怀》诗:"差池分组冕,合沓起蒿莱。"明王嗣奭《杜臆》卷九:"'分组冕''起蒿莱'者纷然,不必伊周之地,皆登屈宋之才。"

【祖衲】zǔnà 僧衣。五代齐己《与崔校书静话言怀》诗:"我性已甘披祖衲,君心犹待脱蓝袍。"宋义远《天童遗落录》:"受芙蓉曩祖衲法衣,而秘在屋里。"

【祖衣】zǔyī 佛教徒礼仪或出外时穿着的大衣。共有上、中、下三位九品之不同。下位三品分别为九、十一、十三条,皆两长一短(即每一条由两条长碎片与一条短碎片组成);中位三品分别为十五、十七、十九条,皆三长一短;上位三品分别为二十一、二十三、二十五条,皆四长一短。其尺度上品三类均宽三肘,长五肘;下品三类各减半肘;中品介于两者之间。唐慧然《临济录》:"有个清净衣,有个无生衣,菩提衣,涅盘衣,有祖衣,有佛衣。"

【遵王履】zūnwánglǚ 唐宣宗时仿效孔子所穿式样制成的一种履。唐宣宗所穿为鲁风鞋,诸王宰相所仿式样为遵王履。宋陶谷《清异录·衣服》:"宣宗性儒雅,令有司效孔子履,制进,名'鲁风鞋'。宰相诸王效之而微杀其式,别呼为'遵王履'。"

宋辽金元时期的服饰

　　天子之服，一曰大裘冕，二曰衮冕，三曰通天冠，绛纱袍，四曰履袍，五曰衫袍，六曰窄袍，天子祀享、朝会、亲耕及亲事、燕居之服也，七曰御阅服，天子之戎服也。中兴之后则有之。

　　皇太子之服。一曰衮冕，二曰远游冠、朱明衣，三曰常服。

　　后妃之服。一曰袆衣，二曰朱衣，三曰礼衣，四曰鞠衣。

　　幞头……国朝之制，君臣通服平脚，乘舆或服上曲焉。其初以藤织草巾子为里，纱为表，而涂以漆。后惟以漆为坚，去其藤里，前为一折，平施两脚，以铁为之。

　　带……宋制尤详，有玉、有金、有银、有犀，其下铜、铁、角、石、墨玉之类，各有等差。玉带不许施于公服。犀非品官、通犀非特旨皆禁。铜、铁、角、石、墨玉之类，民庶及郡县吏、伎术等人，皆得服之。

　　鱼袋……宋因之，其制以金银饰为鱼形，公服则系于带而垂于后，以明贵贱，非复如唐之符契也。

　　笏……宋文散五品以上用象，九品以上用木。武臣、内职并用象，千牛衣绿亦用象，廷赐绯、绿者给之。中兴同。

　　靴。宋初沿旧制，朝履用靴……诸文武官通服之，惟以四饰为别。服绿者饰以绿，服绯、紫者饰亦如之，仿古随裳色之意。

　　簪戴。幞头簪花，谓之簪戴。中兴，郊祀、明堂礼毕回銮，臣僚及扈从并簪花，恭谢日亦如之。大罗花以红、黄、银红三色，栾枝以杂色罗，大绢花以红、银红二色。罗花以赐百官，栾枝，卿监以上有之；绢花以赐将校以下。太上两宫上寿毕，及圣节、及锡宴、及赐新进士闻喜宴，并如之。

　　重戴……以皂罗为之，方而垂檐，紫里，两紫丝组为缨，垂而结之颔下。所谓重戴者，盖折上巾又加以帽焉。

——《宋史·舆服志》

　　太祖帝北方，太宗制中国，紫银之鼠，罗绮之篚，縻载而至。纤丽奂氄，被土绸木。于是定衣冠之制，北班国制，南班汉制，各从其便焉。

　　皇帝服实里薛衮冠，络缝红袍，垂饰犀玉带错，络缝靴，谓之国服衮冕。太宗更以锦袍、金带。

　　臣僚戴毡冠,金花为饰,或加珠玉翠毛,额后垂金花,织成夹带,中贮发一总。或纱冠,制如乌纱帽,无檐,不擫双耳。额前缀金花,上结紫带,末缀珠。服紫窄袍,系鞊韘带,以黄红色绦裹革为之,用金玉、水晶、靛石缀饰,谓之"盘紫"。太宗更以锦袍、金带。会同元年,群臣高年有爵秩者,皆赐之。

　　朝服:乾亨五年,圣宗册承天太后,给三品以上法服。杂礼,册承天太后仪,侍中就席,解剑脱履。重熙五年尊号册礼,皇帝服龙衮,北南臣僚并朝服,盖辽制。会同中,太后、北面臣僚国服;皇帝、南面臣僚汉服。乾亨以后,大礼虽北面三品以上亦用汉服;重熙以后,大礼并汉服矣。常朝仍遵会同之制。

—— 《辽史·舆服志》

　　金制皇帝服通天、绛纱、衮冕、偪舄,即前代之遗制也。其臣有貂蝉法服,即所谓朝服者。章宗时,礼官请参酌汉、唐,更制祭服,青衣朱裳,去貂蝉竖笔,以别于朝服。惟公朝则又有紫、绯、绿三等之服,与夫窄紫、展皂等事,悉著于篇云。

　　天眷三年,有司以车驾将幸燕京,合用通天冠、绛纱袍,据见阙名件,依式成造。礼服,袍、裳、方心曲领、中单、蔽膝、革带、大带、玉具剑、绶、佩、舄、袜。乘舆服,大绶六采,黑、黄、赤、白、缥、绿,小绶三色,同大绶,间施三玉环,大绶五百首,小绶半之。白玉双佩,革带、玉钩䚢。

　　金人之常服四:带,巾,盘领衣,乌皮靴。其束带曰吐鹘。

　　巾之制,以皂罗若纱为之,上结方顶,折垂于后。顶之下际两角各缀方罗径二寸许,方罗之下各附带长六七寸。当横额之上,或为一缩襵积。贵显者于方顶,循十字缝饰以珠,其中必贯以大者,谓之顶珠。

　　其衣色多白,三品以皂,窄袖,盘领,缝掖,下为襵积,而不缺裤。其胸臆肩袖,或饰以金绣,其从春水之服则多鹘捕鹅,杂花卉之饰,其从秋山之服则以熊鹿山林为文,其长中骭,取便于骑也。

　　吐鹘,玉为上,金次之,犀象骨角又次之。銙周鞓,小者间置于前,大者施于后,左右有双铊尾,纳方束中,其刻琢多如春水秋山之饰。

　　妇人服襜裙,多以黑紫,上编绣全枝花,周身六襵积。上衣谓之团衫,用黑紫或皂及绀,直领,左衽,掖缝,两傍复为双襵积,前拂地,后曳地尺余。带色用红黄,前双垂至下齐。年老者以皂纱笼髻如巾状,散缀玉钿于上,谓之玉逍遥。此皆辽服也,金亦袭之。许嫁之女则服绰子,制如妇人服,以红或银褐明金为之,对襟彩领,前齐拂地,后曳五寸余。

—— 《金史·舆服志》

　　元初立国,庶事草创,冠服车舆,并从旧俗。世祖混一天下,近取金、宋,远法汉、唐。至英宗亲祀太庙，复置卤簿。今考之当时，上而天子之冕服，皇太子冠服，天子之质孙，天子之五辂与腰舆、象轿，以及仪卫队仗，下而百官祭服、朝服，与百官之质孙，以及于士庶人之服色，粲然其有章，秩然其有序。大抵参酌古今，随时损益，兼存国制，用备仪文。于是朝廷之盛，宗庙之美，百官之富，有以成一代之制作矣。

质孙，汉言一色服也，内庭大宴则服之。冬夏之服不同，然无定制。凡勋戚大臣近侍，赐则服之。下至于乐工卫士，皆有其服。精粗之制，上下之别，虽不同，总谓之质孙云。

天子质孙，冬之服凡十有一等，服纳石失、（金锦也。）怯绵里，（剪茸也。）则冠金锦暖帽。服大红、桃红、紫蓝、绿宝里，（宝里，服之有襕者也。）则冠七宝重顶冠。服红黄粉皮，则冠红金褡子暖帽。服白粉皮，则冠白金褡子暖帽。服银鼠，则冠银鼠暖帽，其上并加银鼠比肩。（俗称曰襻子答忽。）夏之服凡十有五等，服答纳都纳石失，（缀大珠于金锦。）则冠宝顶金凤钹笠。服速不都纳石失，（缀小珠于金锦。）则冠珠子卷云冠。服纳石失，则帽亦如之。服大红珠宝里红毛子答纳，则冠珠缘边钹笠。服白毛子金丝宝里，则冠白藤宝贝帽。服驼褐毛子，则帽亦如之。服大红、绿、蓝、银褐、枣褐、金绣龙五色罗，则冠金凤顶笠，各随其服之色。服金龙青罗，则冠金凤顶漆纱冠。服珠子褐七宝珠龙答子，则冠黄牙忽宝贝珠子带后檐帽。服青速夫金丝襕子，则冠七宝漆纱带后檐帽。

百官质孙，冬之服凡九等，大红纳石失一，大红怯绵里一，大红冠素一，桃红、蓝、绿官素各一，紫、黄、鸦青各一。夏之服凡十有四等，素纳石失一，聚线宝里纳石失一，枣褐浑金间丝蛤珠一，大红官素带宝里一，大红明珠答子一，桃红、蓝、绿、银褐各一，高丽鸦青云袖罗一，驼褐、茜红、白毛子各一，鸦青官素带宝里一。

—— 《元史·舆服志》

宋、辽、金、元时期，是中国文化成熟的时期。两宋国力屡弱，辽、金、西夏少数民族政权与其长期对峙，之后蒙古崛起，统一各族建立了大一统的帝国。这一时期，在少数民族统治区域少数民族服饰得到了大力的提倡和传播，而汉族的传统礼仪服饰也被少数民族模仿学习，宋朝统治区域少数民族服饰的影响也时常成为风尚，民族之间的服饰交流进入了一个更深的层次。

宋朝初期，衣冠服饰均沿袭晚唐五代的服饰制度。新制颁发后，才逐渐将其服饰分为祭服、朝服、公服（宋人又称为常服）、时服（按季节颁赐文武朝臣的服饰）、戎服以及丧服。服装款式多方心曲领、大袖长袍、下裾加横襕，服色以紫、红、绿、青为主。幞头使用非常广泛，有直脚、局脚、交脚、朝天、顺风等五种，直脚使用最广，贵贱皆可服用。男子常服有"袍"分为宽袖广身和窄袖窄身两种类型，短上衣有"襦""袄""短褐"

"衫"等,下身衣服也有"裳""裤",贵族裤子十分讲究,多以纱、罗、绢、绸、绮、绫,并有平素纹、大提花、小提花等图案装饰,裤色以驼黄、棕、褐为主色。长衣有宽大的直裰、鹤氅、道衣、褙子、半臂等。

宋代皇后、贵妃和各级命妇所用的公服随男子官服而厘分等级,有祎衣、褕翟、鞠衣、朱衣、钿钗礼衣和常服。日常女服以衫、襦、袄、背子、裙、袍、褂、深衣为主。绝大部分是直领对襟式,无带无扣,颈部外缘缝制着护领,一般都是瘦长、窄袖、交领,下穿各式的长裙,颜色淡雅。通常在衣服的外边再穿长袖对襟褙子,褙子的领口及前襟绘绣花边,时称"领抹"。出土的衣服都在领边、袖边、大襟边、腰部和下摆部位镶边或绣有装饰图案,采用印金、刺绣和彩绘工艺,饰以牡丹、山茶、梅花和百合等花卉。

辽代官制分为南北两班,南班汉人,穿汉族服饰,称为汉服。北班契丹人,穿契丹民族服饰,称为国服。汉服继承五代后晋旧制,分祭服、朝服、公服、常服。头上多戴幞头,衣圆领窄袖左衽长袍,下身穿裤,脚穿各类皮靴。北班国服保留了契丹风俗,髡头、暖帽。服装以长袍为主,男女皆同。一般都是左衽、圆领、窄袖。袍上有疙瘩式纽襻,袍带于胸前系结,然后下垂至膝。长袍的颜色比较灰暗,有灰绿、灰蓝、赭黄、黑绿等几种,纹样也比较朴素。质料多用皮、毛,贵族用丝织品。

金代官服,参酌汉、唐旧制,模仿宋制,但比较简略。天子祭服衮冕、通天冠、绛纱袍,朝服淡黄袍、乌犀带,常朝则服小帽、红襕、偏带或束带。官员多戴笼巾、梁冠,仪卫戴幞头。官服款式为窄袖、盘领、前后襟连接处作褶裥而不缺胯。进入中原后,在学习汉服饰文化的同时,强制髡发,大力推行女真服饰。女真常服有带、巾、盘领衣、乌皮靴,衣色尚白,服饰上多装饰春水秋山纹饰,春水多绣鹘补鹅,杂以花卉,秋山纹以熊鹿山林。女性喜穿遍绣全枝花的裙,左衽团衫,许嫁的女子才能穿绰子。

元代服饰海纳百川,官服制度并不固定。蒙古族的衣冠以瓦楞帽为主,有方圆两种样式,顶中装饰有珠宝。穿连体的窄袖质孙服,腰间打许多褶裥。天子质孙服,冬服十一等,用金锦制成。在服装上广织龙纹,皇帝祭祀用衮服、蔽膝、玉簪、革带、绶环等。元代的另一个流行是辫线袄,样式为圆领、紧袖、下摆宽大、折有密裥,另在腰部缝以辫线制成的宽阔围腰,有的还钉有纽扣,俗称"辫线袄子",或称"腰线袄子"。这种服饰一直沿袭到明代,不仅没有随着大规模的服制变易而被淘汰,反而成了上层官吏的装束,连皇帝、大臣都穿着。典型的蒙古族女性冠服是以"姑姑冠"为主的袍服,交领、左衽,袍身宽大,袖口紧收,其长拖地,足着软皮靴。

汉制的妇女服饰一般沿用宋代的样式,以交领、右衽的大袖衫或窄袖衫为主,也常穿窄袖的长褙子,下穿百褶裙,内穿长裤,足穿浅底履。汉族妇女服饰在考古墓中发现,有镶着阔边的对襟上衣及无边缘的短襦,也有对襟、下摆开衩、领襟镶有紫酱色绸边的背心,还有独幅无裥的夹裙及前面正中交叉缝制、两侧打褶裥的裙式。鞋子有两种样式,一种以回纹丝绸制成;另一种以素绸制作,鞋头尖耸,鞋面缀一丝线编成的花结,中纳丝棉,鞋底用粗棉布制。

A

【矮帽】ǎimào 相传是宋时苏轼平时喜戴的一种形制简便、矮小的软帽,后为读书人常用。宋孟元老《东京梦华录》卷三:"崇宁初,衣服皆尚窄袖狭缘,有不如是者,皆取怨于时。故当时章疏有言褒衣博带,尚存元祐之风;矮帽幅巾,犹袭奸臣之体。盖东坡喜戴矮帽,当时谓之东坡帽;黄鲁直喜戴幅巾,故言犹袭奸臣之体。"陆游《枕上作》:"龙钟七十岂前期,矮帽枯筇与老宜。"司马光《效赵学士体成口号十章献开府太师》:"矮帽长条紫縠衫,朱门深静似重岩。"元乔吉《富子明寿》散曲:"贺绿鬓朱颜寿星,是轻衫矮帽书生。趁取鹏程,快意风云,唾手功名。"

【艾衣】àiyī 也称"艾服"。辽代风俗,端午日采艾叶和绵制衣,艾叶有香气,可以驱蚊蝇。捣碎混入绵中作衣着身,既可抵御寒冷,又有驱邪禳灾之意。《辽史·礼志六》:"五月重五日午时,采艾叶和绵著衣,七事以奉天子,北南臣僚各赐三事。"《辽志·端午》:"五月五日午时,采艾叶与绵相如絮衣七事,国主著之。番汉臣僚各赐艾衣三事,国主及臣僚饮宴,渤海厨子进艾糕。"宋叶隆礼《契丹国志·岁时杂记》:"五月五日午时,采艾叶与绵相和絮衣,七事国主著之,蕃汉臣僚各赐艾衣三事。"

【凹面巾】āomiànjīn 宋明时期男子所戴的一种便帽。《京本通俗小说·错斩崔宁》:"只见跳出一个人来:头带干红凹面巾,身穿一领旧战袍,腰间红绢搭膊裹肚,脚下蹬一双乌皮皂靴。"《水浒传》第二回:"史进看时,见陈达头戴干红凹面巾,身披裹金生铁甲,上穿一领红衲袄。"又第五回:"头戴撮尖干红凹面巾,鬓傍边插一枝罗帛像生花。"

B

ba—bao

【八宝帽】bābǎomào 元代缀有多种珠玉宝物的帽子。亦专指太平天国将领所戴的礼帽。《续资治通鉴·元纪三十四》："先是帝遣户部尚书张昶等，赍龙衣、御酒、八宝顶帽，荣禄大夫、江西行省平章政事宣命诏书，航海至庆元，欲因以通吴……"徐珂《清稗类钞·服饰》："粤寇衣饰奇诡，洪秀全及其部下之各酋，均戴八宝帽，以黄缎八片缝成，缀珠宝，侯以下戴八卦帽。"

【八答麻鞋】bādámáxié 也作"八搭鞋""八答鞋""八搭鞋""八踏鞋""多耳麻鞋""八带鞋"。男子出门远行时穿的一种麻鞋。用麻编织，每只有四对耳圈，穿时需用绳子将八只鞋耳相互穿搭，使鞋紧贴于足，适合于走远路。流行于元明，多用于下苦力之人、武士、云游僧道。元高文秀《黑旋风》第一折："腿绷护膝，八答麻鞋。"无名氏《朱砂担滴漱水浮沤记》第二折："一领布衫我与你刚刚的扣，八答麻鞋款款的兜。"无名氏《瘸李岳诗酒玩江亭》第二出："著我头挽双鬟髻，身穿粗布袍，腰系杂彩绦，脚下行缠八答鞋。"《水浒传》第二十七回："只见一个大汉，头带白范阳毡笠儿，身穿一领黑绿罗袄，下面腿絣护膝，八搭麻鞋，腰系着缠袋。"《醒世恒言·刘小官雌雄兄弟》："却是六十来岁的老儿，行缠绞

脚，八搭麻鞋。"无名氏《女贞观》第一折："则俺那六铢衣风透鲛绡冷，七星冠日转芙蓉影，八踏鞋露湿凌波影。"《明史·舆服志三》："宋置快行亲从官，明初谓之刻期。冠方顶巾，衣胸背鹰鹞，花腰、线袜子，诸色阔匾丝绦，大象牙雕花环，行縢八带鞋。"《儒林外史》第三十九回："看那人时，三十多岁光景，身穿短袄，脚下八搭麻鞋。"

【白叠巾】báidiéjīn 棉布做的头巾。白叠，亦称帛叠，即棉布。宋方勺《泊宅编》："闽广多种木绵……土人摘取出壳，以铁杖捍尽黑子，徐以小弓弹，令纷起，然后纺绩为布……海南蛮人织为巾，上作细字杂花卉，尤工巧，即古所谓白叠巾。"明陆深《玉堂漫笔》："南朝虽帝王亦服白纱帽，沈攸之所谓大事若克白纱帽共著耳。又别有白叠巾、白纶巾，后世惟凶服乃用白。"

【白简】báijiǎn 白色裈裙。简，通"裥"。《说郛》卷五三："上御集英殿，拆号唱进士名，各赐绿襕袍、白简、黄衬衫。"

【白凉衫】báiliángshān 宋元时士人的白色便服。原为品官、士庶便服。无袖，形制似紫衫，但较为宽大，著时披在外面。南宋乾道初，因其"纯素可憎，有似凶服"，遂诏令禁服。此后，白凉衫只用作丧服。《朱子语类》卷九一："宣和末，京师士人行道间犹著衫帽，至渡江戎马中乃变为白凉衫。绍兴二十年间士人犹是

白凉衫,至后来军兴又变为紫衫,皆戎服也。"元杨显之《潇湘雨》第四折:"且休夸潘安貌欠十分,子建才非八斗,单只是白凉衫稳缀着鸳鸯扣,上下无半点儿不风流。"

【白绫衬衫】báilíngchènshān 宋代规定丧礼中天子、太后等穿于里面的以白色绫制成的内衣。《宋史·礼志二十八》:"成服日,布梁冠、首绖、直领布大袖衫、布裙、裤、腰绖、竹杖、白绫衬衫、或斜巾、帽子。"《文献通考·王礼十七》:"银带丝鞋,白绫衬衫者,则尤非丧礼之所亦服。"明吕柟《泾野先生礼问》:"天子大袖布衫,白绫衬衫,宋王淮之议也。"

【白绫袜】báilíngwà 用白色细绫制成的袜子,官员士庶均可穿着。《宋史·舆服志四》:"绯罗袍,白花罗中单,绯罗裙……白绫袜,皂皮履。"《金史·舆服志中》:"正一品:貂蝉笼巾……乌皮履,白绫袜。"《元史·舆服志一》:"助奠以下诸执事官冠服……皂靴二百对,赤革履二百对,白绫袜二百对。"《石点头》:"只见一个后生撇地经过……白绫袜上,罩着水绿绉纱夹袄。"《醒世恒言·陆五汉硬留合色鞋》:"头戴一顶时样绉纱巾,身穿着银红吴绫道袍,里边绣花白绫袄儿,脚下白绫袜、大红鞋,手中执一柄书画扇子。"

【白鹭巾】báilùjīn 用白鹭之羽制成的头巾。宋黄庭坚《次韵伯氏谢安石塘莲花酒》:"寒光欲涨红螺面,烂醉从歌白鹭巾。"尤袤《玉簪花一名鹭鸶》诗:"瑶枝巧插青鸾扇,玉蕊斜欹白鹭巾。"明孙一元《郑继之地官久不过湖上奉简》诗:"怪尔狂吟客,不过湖水滨。宁遭官长骂,莫得野人嗔。云外乌藤杖,水边白鹭巾。相看只自好,空送月华新。"田艺蘅《留青日

札》卷二二:"白鹭巾,晋山简白接䍦。"

【白罗衫】báiluóshān 白色丝织物制成的衣衫。宋代常用作丧服或祭服等礼仪服装,后世日常亦可穿着。《朱子语类》卷九一:"旧制……士服著白罗衫,青缘,有裙有佩。"《宋史·礼志二十六》:"皇帝自内常服至幄,俟时至,易服皂幞头、白罗衫、黑银带、丝鞋,就幄发哀。"《元史·舆服志》:"曲阜祭服,连蝉冠四十有三……褐罗大袖衣三十有六,白罗衫四十,白绢中单三十有六。"《水浒传》第一百一十六回:"万字头巾发半笼,白罗衫绣系腰红。"《九尾龟》第三十九回:"恰好陆兰芬晚妆初罢,缓步走来。换了一身白罗衫裤,拖着一双湖色拖鞋。"

【白帢青衫】báiqiàqīngshān 白色的便帽和青色的衣衫,代指士人的服装。亦借指尚未取得功名的士人。宋谢翱《送袁太初归剡原》诗:"风帆送客到夷州,白帢青衫谈不朽。"

【白羊毳袜】báiyángcuìwà 用细白羊毛织物制成的袜子,元代用于曲阜祭祀。《元史·舆服志一》:"曲阜祭服……皂靴、白羊毳袜各四十有二对。"

【白泽袍】báizépáo 白泽,传说中神兽名,似狮而能言。传说黄帝巡狩至东海,登桓山,于海滨得白泽神兽,能言,达于万物之情。帝令以图写之,以示天下。唐开元有白泽旗,天子出行仪仗所用;金代用作仪卫之服。其上因织绣有白泽之纹,故名。明有白泽补,为贵戚之服饰。《金史·仪卫志上》:"(黄麾仗)步甲队,第一、第二两队百一十人:领军卫将军二人,平巾帻、紫白泽袍、裤、带、锦螣蛇、横刀、弓矢……(外仗)第二部二百七十二人:殿中侍御史二人,左右领军卫大将军二人,折冲都尉二人,紫绣白泽袍。"

【百家衣】bǎijiāyī 为使婴儿长寿向各家乞取零碎布帛缝成的衣服。亦指多补缀的旧衣。宋黄庭坚《戏赠元翁》诗："传语风流三语掾,何时缀我百家衣。"陆游《多感》诗："哀哉穷子百家衣,岂识万斛倾珠玑。"杨梦信《乡禅嵩老集古人佳句成诗编成巨帙以示余钦不足辄赋二绝率然悚仄》诗："管得杜韩惊且泣,斓斑要作百家衣。"《西游补》第一回："那些孩童也不管他,又嚷道:'你这一色百家衣,舍与我吧!'"清翟灏《通俗编》卷二五:"百家衣,小儿文褓也。"

【百结衣】bǎijiéyī 补缀很多或非常旧的衣服。宋黄庭坚《次韵吉老十小诗》之九:"半菽一瓢饮,县鹑百结衣。"元邓学可《乐道》:"千家饭足可周,百结衣不害羞。"明梁辰鱼《浣纱记·谈义》:"你乱丛丛百结衣,冷萧萧双鬓毛,每日价浪悲歌去吴市讨。"清方文《田居杂咏》之六:"颜子一瓢饮,原宪百结衣。"

【百衲裙】bǎinàqún 也称"千针裙"。一种质地厚实的裙。以数层布帛为之,上用密针缝纳,具有防御功能,多用于武士。元杨景贤《西游记》第二十一出:"穿着百纳裙,衲头巾,有一个宝珠新。"

【班衣】bānyī 相传老莱子为了其父母而扮儿童娱时所穿的彩衣。宋刘克庄《贺新郎·实之用前韵为老者寿戏答》词:"老去聊攀莱子例,倒著班衣戏舞。"《群音类选·牧羊记·啮雪吞毡》:"怎能勾回归到伊行,戏班衣笑捧霞觞。"

【半钿】bàndiàn 被分成两半的钿饰,多用来喻指相爱之人的分离、相思。宋黄庭坚《调笑歌》词:"分钗半钿愁杀人,上皇倚阑独无语。"又:"半钿分钗亲付。天长地久相思苦。渺渺鲸波无路。"

【半开】bànkāi 冠服所饰之花朵中未开足者。参见 715 页"开头"。

【帮】bāng 鞋帮。元关汉卿《拜月亭》第一折:"这一对绣鞋儿,分不得帮和底,稠紧紧粘糯糯带着淤泥。"元乔吉《赏花时·睡鞋儿》套曲:"藕瑝儿般冰腕,用纤指将绣帮儿弹。"

【包髻】bāojì 女性用来包裹发髻的头巾。宋元代习俗,男子娶妾时须送包髻、团衫作聘礼。宋孟元老《东京梦华录》卷五:"其媒人有数等,上等戴盖头,著紫背子,说官亲宫院恩泽。中等戴冠子,黄包髻,背子,或只系裙。"元关汉卿《调风月》第二折:"本待要皂腰裙,刚待要蓝包髻,则这的是折桂攀高落得的。"又《望江亭》第三折:"许他做第二个夫人,包髻、团衫、绣手巾,都是他受用的。"贾仲名《金安寿·双雁儿》套曲:"团衫缨络缀珍珠,绣包髻瀄鹕袱。"

宋代包髻的妇女

【包巾】bāojīn ❶元明时期宫廷舞乐者、武士、兵卒束发用的一种以纱罗等制成的头巾。后泛指纱罗制成的各类便帽。《元史·礼乐志五》:"旌蠹四人,青绣义花鸾袍,县紫插口,平冕冠二,青包巾二。"《明史·舆服志三》:"永乐间……奏平定天下之舞引舞、乐工,皆青罗包巾,青、红、绿、玉色罗销金胸背衩子,浑金铜带,红罗裙搏,云头皂靴,青绿罗销金包臀。舞人服色如之。"《二刻拍案惊奇》卷二:"你道他怎生打扮?头戴包巾,脚蹬方履。"《水浒传》第七十六回:"约有三十余骑哨马,都戴青包巾,各穿绿战袄。"又:"褐衲袄满身锦衬,青包巾遍体金销。"《三宝太监西洋记通俗演义》第十三回:"蓝靛包巾光满目,翡翠佛袍花一簇。"明郎瑛《七修类稿》卷二八:"王莽头秃,乃施巾。时人云:'王莽秃,帻施屋。'是皆包巾。"❷传统戏曲盔头。即扎巾。为武将所戴的包头巾。有软、硬之分。软扎巾,为缎制,上绣花纹,前圆形,后有一板竖起(内以铁丝为骨),饰有大火焰(即绒球架子),用时或加面牌,或加额子,有红、黄等色。《定军山》里的黄忠戴黄扎巾。硬扎巾又名"扎巾盔",上有火焰,配大额子,有黑、红、绿、蓝等色。如《黄鹤楼》里的张飞,戴黑扎巾,《辕门斩子》中的孟良,戴红扎巾。

京剧包巾

【宝贝帽】bǎobèimào 元代一种凉帽,天子夏季所戴。《元史·舆服志一》:"天子质孙……夏之服凡十有五等……服白毛子金丝宝里,则冠白藤宝贝帽。"

【宝顶】bǎodǐng 装饰于冠帽顶部的珠宝制成的帽顶。《元史·舆服志一》:"夏之服凡十有五等,服答纳都纳石失,则冠宝顶金凤钹笠。"

【宝里】bǎolǐ 蒙语襕袍的译音,元代天子、百官所穿的一种襕袍。《元史·舆服志一》:"天子质孙,冬之服凡十有一等……服大红、桃红、紫蓝、绿宝里,则冠七宝重顶冠……夏之服凡十有五等……服大红珠宝里红毛子答纳,则冠珠缘边钹笠。"注:"宝里,服之有襕者也。"又:"百官质孙……夏之服凡十有四等,素纳石失一,聚线宝里纳石失一,枣褐浑金间丝蛤珠一,大红官素带宝里一……鸦青官素带宝里一。"

bei—bi

【背褡】bèida 也作"背搭""背单""搭背"。一种无袖子的短上衣。有对襟和两侧开口两种。前后各用一片,防护胸背,夏天穿着凉爽透气。元秦简夫《宜秋山赵礼让肥》第一折:"我则见他番穿著绵纳甲,斜披着一片破背褡。"杨景贤《西游记》第三本第六出:"一个个手执白木植,身穿着紫搭背。"明汤显祖《邯郸记·望幸》:"那一位察院爷有情,有情,赏我背褡一个,与我承差一名。"马佶人《十锦堂传奇·四》:"随分什么绉纱绵袄、白绫背褡、青羊绒袜子、潞绸披风,一总拿出来,任凭相公拣中意的穿。"方以智《通雅》卷三六:"羞袒,即今贴身小背心,杭人曰搭背。"清李渔《闲情偶寄》卷三:"妇人之妆,随家丰俭,独有价廉功倍之二物,必不可无。一曰半臂,俗呼'背褡'者是也;一曰束腰之带,俗呼'鸾绦'者是也。妇人之体,宜窄不宜宽,一著背褡,则宽者窄,而窄者愈显其窄矣。"袁枚

宋辽金元时期的服饰

《新齐谐·雷震蟆妖》:"天花板内,忽有血水下滴。启板视之,见一死虾蟆,长三尺许,头戴骔缨帽,脚穿乌缎靴,身著元纱褙褡,宛如人形。"曹庭栋《养生随笔》卷三:"肺俞穴在背,《内经》曰:'肺朝百脉,输精于皮毛? 不可失寒暖之节。'今俗有所谓背搭,护其背也……江集间谓之绰子。老年人可为乍寒乍暖之需。其式同而制小异,短及腰,前后俱整幅,以前整幅作襟,仍扣右肩下。衬襟须窄,仅使肋下可缀扣,则平匀不堆垛,乃适寒暖之宜。"

【背心】bèixīn 也称"半背""坎肩""马甲"。一种无袖的衣服。形制与裲裆相似,一片当胸,一片当背。始于宋代,男女均可穿着,最初样式多直领对襟,下摆开衩,用为衬衣。后亦可外穿,亦可纳入棉絮冬季用来防寒。宋元时期背心形制比较朴素。到了清代,无论在造型上或装饰上,都有许多变化。单从衣襟上看,就有大襟、对襟、曲襟(琵琶襟)及一字襟等多种;背心上的装饰也繁复多样,有的施以彩绣,有的镶以花边,有的还以丝带盘成纽扣,形形色色,不一而足。背心的长度,通常及腰,但也有一种下长至膝者,俗称"比甲"。汉刘熙《释名·释衣服》:"裲裆,其一当胸,其一当背也。"清王先谦注补:"即唐、宋时之半背,今俗谓之背心,当背当心,亦两当之义也。"宋曹勋《北狩见闻录》:"是晚下程,徽庙出御衣衣衬一领。"自注:"俗呼背心。"《西湖老人繁胜录》:"御街扑卖摩侯罗,多著干红背心,系青纱裙儿;亦有着背儿,戴帽儿者。"施德操《北窗炙輠录》卷下:"王沂公……在太学读书时,至贫,冬月止单衣,无绵背心。"《水浒传》第五十回:"呆子提起来看时,却是三件

纳锦背心儿。"《红楼梦》第三回:"只见一个穿红绫袄青缎掐牙背心的丫鬟走来笑说道……"徐珂《清稗类钞·服饰》:"半臂,汉时名绣裾,即今之坎肩,又名背心。"

【褙子】bèizi 一种由半臂或中单演变而成的上衣。相传始于唐,盛行于宋元。宋代男女皆可穿着,形式变化甚多。元戴善夫《风光好》第四折:"妾除了烟花名字,再不曾披着带子,官员祇候,褙子冠儿。"《警世通言·万秀娘仇报山亭儿》:"背系带砖项头巾,著斗花青罗褙子。"《明史·舆服志二》:"皇后常服……(洪武)四年更定,龙凤珠翠冠,真红大袖衣霞帔,红罗长裙,红褙子。"明方以智《通雅·衣服一》:"褙即背也,元以来女服褙子。"

褙子(明王圻《三才图会》)

【绷带】bēngdài 小儿褓袴。宋孙光宪《北梦琐言》卷八:"《诗》云:'载衣之裼。'裼即小儿裸衣,乃绷带也。"

【绷藉】bēngjiè 也作"绷接"。婴儿包被,即褓裸。元杨文奎《儿女团圆》第三折:"他将那锦绷儿绣藉,盖覆的重叠。"秦简夫《东堂老》第一折:"你曾出的胎也波胞,你娘将你那绷藉包,你娘将那酥蜜养活得偌大的。"《金瓶梅词话》第三十

回："蔡老娘向床前摸了摸李瓶儿身上，说道：'是时候了。'问：'大娘预备下绷接、草纸不曾？'月娘道：'有。'"

【比甲】bǐjiǎ 元代产生的一种便于骑射类似背心的服装。明清时平民妇女流行穿着，尤其是年轻妇女。基本特点是对襟、无袖、两侧开衩、衣长至膝或略下，在胸前用异色料缀两条宽阔的对称垂下的直领襟，并在领襟下用一颗纽扣扣搭住双襟。穿时罩于衫袄之外，穿着便利。《元史·后妃传一·世祖后察必》："(后)又制一衣，前有裳无衽，后长倍于前，亦无领袖，缀以两襻，名曰比甲，以便弓马，时皆仿之。"明沈德符《万历野获编》卷一四："元世祖后察必宏吉剌氏创制一衣，前有裳无衽，后长倍于前，亦无领袖，缀以两襻，名曰比甲。盖以便弓马也。流传至今，而北方妇女尤尚之。"《西游记》第二十三回："穿一件织锦官绿纻丝袄，上罩着浅红比甲。"《金瓶梅词话》第七十八回："孟玉楼与潘金莲两个都在屋里……一个是绿遍地金比甲儿，一个是紫遍地金比甲儿。"《聊斋志异·胡大姑》："视之，不甚修长；衣绛红，外袭雪花比甲。"清何垠注："比甲，半臂也，俗呼背心。"

比甲

【比肩】bǐjiān 即"背心"。《元史·舆服志一》："服银鼠，则冠银鼠暖帽，其上并加银鼠比肩。"注："俗称襻子答忽。"

【笔帽】bǐmào 翠纱帽的一种变式，宋代儒士所戴，于翠纱帽向上增高其身与檐。宋王得臣《麈史》："庆历以来方服南纱者，又曰翠纱帽者，盖前其顶与檐皆圆故也。久之，人增其身与檐，俱抹上竦，俗戏呼为笔帽，然书生多戴之，故为人嘲曰：'文章若在尖檐帽，夫子当年合裹枪。'已而，又为方檐者，其制自顶上阔檐，高七八寸，有书生步于通衢，过门为风折其檐者。比年复作短檐者，檐一二寸，其身直高而不为锐势。"

【敝蹻】bìjué 破旧的草鞋。用以比喻无价值。《资治通鉴·魏文帝黄初四年》："违覆而得中，犹弃敝蹻而获珠玉。"

【碧襕】bìlán 宋代执仪仗的卫士所穿的绿色襕衫。亦代指穿碧襕的卫士。宋庞元英《文昌杂录》卷三："金吾仗碧襕一十一，各执仪刀。"《宋史·仪卫志六》："殿中职掌执伞扇人，服幞头、碧襕、金铜带、乌皮靴。"又《仪卫志一》："次都押衙二人，立于碧襕之南，少退。"

【碧珠指环】bìzhūzhǐhuán 镶嵌有绿色宝石的指环。清潘永因《宋稗类钞·符命五十二》："适太平兴国寺铸大钟，为金数万斤，方在冶，上至其所，取镶嵌碧珠指环。"

【蔽甲】bìjiǎ 武士所穿的一种便服。衣服后长前短，没有领袖，以便于骑马射弓。清翟灏《通俗编·服饰》："《元史·后妃传》曰：世祖后制一衣，'有裳无衽，后长倍于前，亦无领袖，缀以两襻，名曰比甲，以便弓马。'此即武士所服蔽甲，其前后长短不齐而下有缀。"

【**篦子**】bìzi 即篦。常见用木制和竹制,也有角、骨制,少数用象牙制。亦作首饰用,插于发际;有的配以金链,挂于胸前,作为胸饰。宋米芾《画史》:"裹帽则必用篦子约发。"慧洪觉范《禅林僧宝传》卷一六:"见举竹篦子问省驴汉曰:唤作篦子即触。不唤作篦子即背,作么生。"《老乞大》:"我引着你些零碎的货物……大篦子一百个,密篦子一百个。"《红楼梦》第二十回:"说着,将文具镜匣搬来,卸去钗钏,打开头发,宝玉拿了篦子替他篦。"

【**臂缠**】bìchán 也作"缠臂"。缠在手臂上的一种饰物,多用于女性。宋洪迈《夷坚丁志·陈通判女》:"外翁嫁我与大王作小妻,受聘财金钗两双,臂缠一双,银十笏,钱千贯。"清宣鼎《夜雨秋灯录·麻疯女邱丽玉》:"是夕,女……私赠黄金白玉臂缠各二。"王韬《淞滨琐话》卷五:"婢妪提抱所生儿女,珠缀额,金缠臂,绣衣文褓。"

【**臂篝**】bìgōu 也作"臂笼"。竹、草之类所制袖套,形如鱼笱,农作之时用以束袖。元王桢《农书》卷一五:"臂篝,状如鱼笱,篾竹编之,又呼为臂笼。江淮之间农夫耘苗或刈禾穿臂于内,以卷衣袖,犹北俗芟刈禾秆以皮为袖套,皆农家所必用者。"又《臂篝》诗:"筤篝编织作中虚,穿臂农夫护若肤。不似舞姬华宴上,巧笼衣袖络珍珠。"

bian—bu

【**褊衫**】biǎnshān 僧衣,裂裳。《偈颂一百三十六首》其三十九:"裙子褊衫个也无,裂裳形相些些有。"元吴昌龄《东坡梦》第一折:"向年间为师父娘做满月,赊了一副猪脏没钱还他,把我褊衫都当没了。"《西游记》第四十回:"那长老才摘了斗笠,光着头,抖抖褊衫,拖着锡杖,径来到人家门外。"《警世通言·白娘子永镇雷峰塔》:"禅师将二物置于钵盂之内,扯下褊衫一幅,封了钵盂口。"沈自南《艺林汇考·服饰篇》卷五:"褊衫谓偏袒左肩而施其衣,故制为褊衫而全其两肩也。"褚人获《坚瓠四集·僧还俗》:"和尚讨家婆,脱褊衫,著绮罗。"

【**弁裳**】biàncháng 冠帽与衣裳。多用于官服,因此亦代指官吏。元吴师道《章华台》:"弁裳伏地走诸侯,钟鼓凌空振三楚。"

【**便服**】biànfú 官吏日常穿的服装,与礼服、制服相对而言。宋罗大经《鹤林玉露》卷八:"见侪辈则系带,见卑者则否,谓之野服,又谓便服。"《朱子语类》卷九一:"隋炀帝时始令百官戎服,唐人谓之'便服',又谓之'从省服',乃今之公服也。"《宋史·舆服志五》:"士大夫皆服凉衫,以为便服矣。"《金史·礼志八》:"本朝拜礼,其来久矣,乃便服之拜也。可令公服则朝拜,便服则本朝拜。"《聊斋志异·大力将军》:"一姬捧朝服至,将军遽起更衣……拜毕,以便服侍坐。"

【**辫线袄**】biànxiàn'ǎo 一种窄袖袍。以锦缎罗绢为之,其制窄袖,腰作辫线细折,密密打裥,又用红紫帛拈成线,横腰间;下作竖折裙式。始于金代,最初可能是身分低微的侍从和仪卫穿着。河南焦作金墓出土陶俑,即穿此衣,至元代广为流行,被定为仪卫之服。元朝后期,已不限于仪卫,一些武官及"番邦"侍臣官吏也多穿著此服,并沿袭到明代。《元史·舆服志二》:"领宿卫骑士二十人,执骨朵六人,次执短戟六人,次执斧八人,皆弓角金凤翅幞头,紫袖细折辫线袄,束带,乌靴,横刀。"又《舆服志三》:"宫内导从……佩宝刀十人,分左右行,冠凤翅唐巾,服紫罗辫线袄,金束带,乌靴。"

辫线袄

【并桃冠】bìngtáoguān 省称"并桃"。宋代士人所戴的一种漆纱帽。宋陆游《老学庵笔记》:"政和、宣和间,妖言至多。织文及缬帛有遍地桃,冠有并桃,香有佩香,曲有赛儿。"赵令畤《侯鲭录》卷六:"宣和五六年间……漆冠子,作二桃样,谓之'并桃',天下效之。"蔡伸《小重山》词:"霞衣鹤氅并桃冠。新装好,风韵愈飘然。"

【钹笠】bólì 元代蒙古贵族所戴的一种造型与乐器钹相似的凉帽。《元史·舆服志一》:"夏之服凡十有五等,服答纳都纳石失,则冠宝顶金凤钹笠……服大红珠宝里红毛子答纳,则冠珠缘边钹笠。"《续

并桃冠(宋人《唐十八学士图》)

通典·礼志十二》:"钹笠,元制宝顶金凤钹笠,珠缘边钹笠,并为皇帝之服。"

钹笠(甘肃安西榆林窟元代壁画)

【博带峨冠】bódàiéguān 即"峨冠博带"。宋邓肃《姜池源庙二首》诗其一:"博带峨冠新庙像,长衫紫领乐耕民。"元张之翰《沁园春》:"国子先生,博带峨冠,胡为此行。"

【不到头】bùdàotóu 金主完颜亮自制尖头靴名,足趾不到鞋头,便于乘马时取蹬。宋郭彖《睽车志》卷四:"逆亮末年,自制尖靴,头极长锐,云便于取蹬,而足指所不及,谓之不到头。"

【不阑带】bùlándài 也称"斑带"。织有花纹的带子,南方少数民族妇女惯用以束发。宋朱辅《蛮溪丛笑》:"蛮女以织带束发,状如经带。不阑者,斑也,盖反切语,俗谓团为突鸾,孔为窟笼,即此意名不阑带。"

【不制衿】bùzhìjīn 北宋妇女的一种衣式。衣用对襟,不施纽带,着时两襟敞开,露出里衣。流行于宣和时期,制出宫廷,后普及民间,尊卑皆着之。宋岳珂《桯史》卷五:"宣和之季……妇人便服,不施衿纽,束身短制,谓之不制衿。"

始自宫掖，未几而通国皆服之。"

不制衿（宋人《瑶台步月图》）

【布幞头】bùfútóu 也称"素幞头"。用白色粗麻布制成的幞头。多用于服丧。宋陈元靓《事林广记·丧祭通礼》："凡吊服用素幞头、白布襕衫角带。"《宋史·礼志二十六》："（庄文太子丧礼）成服日，皇帝服期，次粗布幞头、襕衫、腰绖、绢衬衫、白罗鞋，以日易月，十三日而除……其文武合赴官及御史台、阁门、太常寺引班祗应人并服布幞头、襕衫，腰系布带。"又《礼志二十八》："（孝宗居忧）视事则御内殿，服白布幞头、白布袍、黑银带，殿设素幄。"

【布荆】bùjīng 布裙荆钗，贫民女性的服饰。形容女子服饰简陋，借指贫女。宋陈元著《次韵董伯和灯夕有感二首》其一："俚语为求蚕麦福，队游多是布荆人。"赵蕃《寄内及儿女二首》诗其一："水竹为居处，布荆令女行。"明柯丹邱《荆钗记·闺念》："矢心共贫素，布荆乐有余。"周履清《锦笺记·怨寡》："姜乃常伯醒之妻是也，夫有刘伶之癖，家无陶令之储，粉黛慵施，布荆是饰。"清孔尚任《桃花扇·却奁》："脱裙衫，穷不妨；布荆人，名自香。"《东周列国志》第二回："折得名花字国

香，布荆一旦荐匡床。风流天子浑闲事，不道龙褒已伏殃。"

【布襕】bùlán 以苎麻布制成的袍衫，宋代用于凶礼。《宋史·礼志二十五》："群臣当服布斜巾，四脚，直领布襕，腰绖。"

【布梁冠】bùliángguān 用白色麻布制成的式样与梁冠相类似，丧冠。《宋史·礼志二十八》："（皇帝）成服日，布梁冠。朱熹云：当用十二梁……臣为君服，宋制有三等：中书门下、枢密使副、尚书、翰林学士、节度使、金吾上将军、文武二品以上，布梁冠、直领大袖衫……文武五品以上并职事官监察御史以上、内客省、宣政、昭宣、知阁门事、前殿都知、押班，布梁冠、直领大袖衫、裙、袴、腰绖，或幞头、襕衫。"

【布四脚】bùsìjiǎo 丧祭之冠。《宋史·礼志二十五》："（开宝九年）太祖崩，遗诏：'以日易月，皇帝三日而听政十三日小祥，二十七日大祥。'……群臣丧服就列，帝去杖、绖，服斜巾、垂帽，卷帘视事。小祥，改服布四脚、直领布襕，腰绖，布裤，二品以上官亦如之。"

【布折上巾】bùzhéshàngjīn 即"布幞头"。多为服丧时使用。《宋史·礼志二十八》："孝宗居忧，再定三年之制……虞祭则布折上巾、黑带、布袍。"

【步光泥金帽】bùguāngníjīnmào 元代后妃所戴的一种宫廷礼帽。元末明初陶宗仪《元氏掖庭记》："后妃侍从各有定制：后二百八十人冠步光泥金帽，衣翻鸿兽锦袍。"

【蔀落衣】bùluòyī 粗劣的衣服。元马致远《西华山陈抟高卧》第三折："贫道呵！爱穿的蔀落衣，爱吃的藜藿食。"

C

cai—chen

【裁帽】cáimào 一种缀有皂纱的笠帽。相传为蜀主王衍所创，在席帽前檐加全幅黑纱并仅围其半而成。宋代公卿大吏至六曹郎中等官员作为礼帽。宋宋祁《少年行》："紫绂裁帽映两纽，黄金错带佩双鞬。"陆游《谢李平叔郎中问疾》诗："缘瘦重裁帽，因衰学染须。"叶梦得《石林燕语》卷三："五代始命御史服裁帽。本朝淳化初，又命公卿皆服之……今席帽、裁帽分成为两等，中丞至御史，与六曹郎中，则于席帽前加全幅皂纱，仅围其半为裁帽；非台官及自郎中而上，与员外而下，则无有为席帽。"《宋史·舆服志五》："重戴。唐士人多尚之，盖古大裁帽之遗制，本野夫岩叟之服。以皂罗为之，方而垂檐，紫里，两紫丝组为缨，垂而结之颔下。"

【彩幡】cǎifān 五色幡胜，佩带身上，有防灾避邪的功效。宋陈元靓《岁时广记·元旦》："椒觞献寿瑶簪满，彩幡儿轻轻剪。"又："邻娃似与春争道，酥酒花枝剪彩幡。"陆游《感皇恩·伯礼立春日生日》词："春色到人间，彩幡初戴，正好春盘细生菜。"

【彩鸡】cǎijī 也称"春鸡"。立春之日妇女所戴首饰。以彩帛翠羽制作成鸡形，系缚于簪钗之首，插于双鬓，表示迎春。宋陈元靓《岁时广记》："立春日，京师人皆以羽毛杂绘彩为春鸡、春燕，又卖春花、春柳。宋万俟公《立春》词云：'彩鸡缕燕已惊春，玉梅飞上苑，金柳动天津。'又《春词》云：'彩鸡缕燕，珠幡玉胜，并归钗鬓。'"

【黲纱幞头】cǎnshāfútóu 也作"襂纱幞头"。以浅青黑色纱罗制成的幞头。黲，浅青黑色。宋代男子用于服丧。宋王得臣《麈史》卷上："在洛时，闻富郑公私忌，裹垂脚襂纱幞头、襂布衫，系蓝铁带，此乃今之释服。襂襌服也……今岁服襂襌，是未尝从吉也。"《朱子家礼·丧礼》："设次陈襌服。司马公曰：丈夫垂脚黲纱幞头、黲巾衫，裹角带，未大祥，间假以出谒者。"

【黲衣】cǎnyī 用浅青黑色布做的衣服。宋沈括《梦溪笔谈·故事二》："近岁京师士人朝服乘马，以黲衣蒙之，谓之'凉衫'，亦古之遗法也。"

【草巾子】cǎojīnzi 省称"草巾"。以芒草编成的巾子，使用时衬在幞头之内。制出宋代，多用于庶民。宋王得臣《麈史》卷上："亦有草巾子者，以其价廉，士人鲜服。"又："近年如藤巾、草巾俱废。"

【草蓑】cǎosuō 以草编成的蓑衣。宋梅尧臣《送正仲都官知睦州》诗："冬披破羊裘，夏披破草蓑。"吴子实《舟行即事》诗："烟暗前村树欲无，草蓑箬笠一翁渔。"元末明初郭钰《道逢八十翁》诗："晚灶燎衣篱竹尽，春牛换米草蓑存。"明王绂《题袯襆轩为叔敏赋》:"长年耕凿东皋阿,结得草轩如草蓑。"清李宗昉《黔记》卷三:"蛮人在新添、丹江二处,男子披草蓑,妇人青衣、花布短裙。"

【插钗】chāchāi 也作"插钗子"。宋代议婚时二亲相见,若男家中意新人,即以钗插于女性冠髻中,谓之"插钗"。宋孟元老《东京梦华录·娶妇》:"若相媳妇,即男家亲人或婆往女家,看中,即以钗子插冠中,谓之'插钗子'。"吴自牧《梦粱录·嫁娶》卷二〇:"然后男家择日备酒礼诣女家,或借园圃,或湖舫内,两亲相见,谓之'相亲'。男以酒四杯,女则添备双杯,此礼取男强女弱之意。如新人中意,即以金钗插于冠髻中,名曰插钗。若不如意,则送彩缎两匹,谓之压惊,则姻事不谐矣。"《警世通言·一窟鬼癞道人除怪》:"自从当日插入钗,离不得下财纳礼,奠雁传书。"

【钗符】chāifú 也称"钗头符"。灵符之一种。因其多簪于发上作头饰以辟邪,故名。民间端午节将其插于发髻之上以辟邪。宋陈元靓《岁时广记·钗头符》:"《岁时杂记》:端午剪缯彩作小符儿,争逞精巧,掺于鬟髻之上。都城亦多扑卖,名钗头符。"刘克庄《贺新郎》词:"儿女纷纷新结束,时样钗符艾虎。"清陈维崧《齐天乐·端午阴雨和云臣用《片玉词》韵》词:"流年空度,记麝粉钗符,旧关心处。"

【钗环】chāihuán 钗簪与耳环。泛指首饰。宋宋祁《益部方物略记·金虫》:"金虫,出利州山中,蜂体绿色,光若金星,里人取以佐妇钗环之饰。"《水浒传》第四十九回:"插一头异样钗环,露两个时兴钏镯。"明李梦阳《土兵行》:"花裙蛮奴逐妇女,白夺钗环换酒沽。"《红楼梦》第二回:"谁知他一概不取,伸手只把些脂粉钗环抓来。"又第三回:"其钗环裙袄,三人(迎、探、惜)皆是一样的妆饰。"

【钗雀】chāiquè 有雀形饰物的钗。宋米芾《扬州》诗:"尚想遗钗雀,重观上玉钩。"清毛奇龄《菩萨蛮·颠倒韵伯兄大千侄阿莲同作》词:"药栏勾堕衔钗雀。雀钗衔堕勾栏药。"

【钗燕】chāiyàn 钗上之燕状镶饰物。传说神女赐汉武帝玉钗,武帝转赐赵婕妤。传至汉昭帝时,宫女欲打碎玉钗,玉钗化为白燕飞去。因作钗的美称。语出《太平御览》卷七一八:"元鼎元年,起招灵阁。有神女留一玉钗与帝,帝以赐赵婕妤。至昭帝元凤中,宫人犹见此钗,共谋欲碎之。明旦视之,恍然见白燕直升天去,故宫人作玉钗,因改名玉燕钗,言其吉祥。"宋晏几道《更漏子》词:"钗燕重,鬓蝉轻,一双梅子青。"范成大《题汤致远运使所藏隆师四图·倦绣》诗:"困来如醉复如愁,不管低鬟钗燕溜。"吴文英《声声慢·宏庵宴席,客有持桐子侑838者,自云其姬亲剥之》词:"甚时见、露钗香、钗燕坠金。"清赵执信《绝句》之八:"绿云撩绕惹生衣,钗燕参差拂镜飞。"

【襜裳】chāncháng 围裙。《资治通鉴·晋孝武帝太元八年》:"于是农驱列人居民为士卒,斩桑榆为兵,裂襜裳为旗。"元胡三省注:"襜,昌占翻。《尔雅》曰:'衣蔽前也。'"

【襜裙】chānqún 辽、金时契丹、女真族妇女的裙式。通常穿在团衫之下,多以黑紫色织物制成,上绣连枝花朵,周身折为六襞积。《金史·舆服忘下》:"妇人服襜裙,多以黑紫,上遍绣全枝花,周身六襞积。上衣谓之团衫……此皆辽服也,金亦袭之。"

襜裙

(河南焦作金墓壁画《中国古代服饰史》)

【长脚幞头】chángjiǎofútóu 也作"长角幞头"。幞头之一种。宋代的幞头,一般以直脚为多。初期两脚左右平直展开得还不十分长,到了中期以后两脚越伸越长,故称"长脚幞头"。后期幞头脚的长度,大致在尺余左右。个别有长至丈余者,称为"龙角"。宋孟元老《东京梦华录》:"教坊乐部,列于山楼下彩棚中,皆裹长脚幞头。"王谠《唐语林·容止》:"开元中……元宗嫌其异己,赐内样巾子长脚罗幞头。"《金史·舆服志上》:"管押人员三十五人,长脚幞头、紫罗窄衫、金铜束带。"

【裳裾】chángjū 衣襟。宋王令《夏日平居奉寄崔伯易兼简朱元弼》:"高枝就远冠,曲枝挂裳裾。"张耒《宿合溜驿》:"尽日冲尘沙,解裘振裳裾。"元末明初王冕《悲苦行》:"我感此情重叹吁,不觉泪下沾裳裾。"《宋史·李纲传论》:"纲虽屡斥,忠诚不少贬,不以用舍为语默,若赤子之慕其母,怒呵犹嗷嗷焉挽其裳裾而从之。"

【朝韠】cháobì 犹朝服。宋梅尧臣《送何济川学士知汉州》诗:"吾侪宜惭羞,空自预朝韠。欲归无田园,强住枉岁日。"

【朝领】cháolǐng 霞帔。元徐明善《安南行记》:"安南国世子臣陈日烜《上笺进方物状》云:'全金悬珥结真珠一双;连玳瑁盍口赫色珠金朝领一领。'"

【朝天幞头】cháotiānfútóu 也称"朝天巾"。幞头之一种。两脚弯曲上翘。宋沈括《梦溪笔谈》卷一:"本朝幞头直脚、局脚、交脚、朝天、顺风凡五等。"王得臣《麈史》卷上:"幞头……其所垂两脚稍屈而上,曰朝天巾。"赵彦卫《云麓漫钞》卷三:"五代帝王多裹朝天幞头,二脚上翘。"

朝天幞头

(明万历年间刻本《红拂记》插图)

【朝靴】cháoxuē 官吏朝见时所着之靴。以乌皮、黑绸等材料制成。上施絇、繶杂饰。其制始于唐代。士人获得功名之后,一般亦可穿着。宋初沿旧制,朝履用靴。政和中改靴用履。乾道七年,又改用靴。其制:靴面用黑革,里用白绢,底三层,其中麻底两层,皮底一层;从底至靿高九寸;其上有絇、繶、綦、纯四饰。四饰的颜色与官员的服色同,以此别贵贱。明清时朝靴,色黑,以白粉涂底,底较厚。与一般靴的不同是头方(一般靴头尖），或镶边作云头。明代时乡绅儒士也有穿用者。清初规定，常人不得着此类靴，其后文武官员及贵族子弟均着之，惟平民则仍不能穿着。《宋史·舆服志五》："宋初沿旧制，朝履用靴。政和更定礼制，改靴用履。中兴仍之。乾道七年，复改用靴，以黑革为之，大抵参用履制，惟加勒焉。其饰亦有絇、繶、纯、綦……诸文武官通服之。"元元怀《拊掌录》："米芾好怪，常戴俗帽，衣深衣，而蹑朝靴，绀缘，朋从目为活卦影。"明高明《琵琶记》第二十九出："我穿著紫罗襕到拘束我不自在，我穿著皂朝靴怎敢胡去揣？"《明史·舆服志三》："状元冠二梁，绯罗圆领，白绢中单，锦绶，蔽膝，纱帽，槐木笏，光银带，药玉佩，朝靴，毡袜，皆御前颁赐，上表谢恩日服之。"清赵翼《陔余丛考》卷三一："朝会著靴，盖起于唐中叶以后。《唐书》：皇甫镈以故缯给边兵，军士焚之。裴度奏其事，镈在宪宗前引其足曰：'此靴亦内府物，坚韧可用。'韦斌每朝会，不敢离坐，尝大雪立庭中，不徙足，雪几没靴……是唐时已多著靴……宋以后则朝靴且形之歌咏，而朱文公《家礼》内冠仪一条，并有襕衫带靴之制，则靴固久为公服矣……按《明史》：洪武初定朝服祭服，皆白袜黑履，惟公服则用皂靴，故有赐状元朝靴之制。"《红楼梦》第三回："外罩石青起花八团倭缎排穗褂；登着青缎粉底小朝靴。"

【衬甲】chènjiǎ　元代仪卫服饰。《元史·舆服志一》："衬甲，制如云肩，青锦质，缘以白锦，衷以毡，里以白绢。"

【衬袍】chènpáo　元代仪卫服饰名。罩在襦裆外面的长衣。《元史·舆服志一》："衬袍，制用绯锦，武士所以裼襦裆。"

【衬衫】chènshān　衬在外衣里面的单衣。通常衬在礼服内。汉时也称中单、内单，唐宋时称为衬衫。清代衬衫仍如长衫，衬于礼服内，掩盖开衩处内裤的外露，又可避免贵重皮毛的磨损。衬衫的颜色初尚白，后用玉色或油绿色，也有用竹青色，后亦不行。嘉庆时优伶辈用青色倭缎漳绒等缘其边，一般尚白色。宋孟元老《东京梦华录·车驾宿大庆殿》："兵士皆小帽黄绣抹额，黄绣宽衫，青窄衬衫。"陈元靓《岁时广记》卷二二："端五赐从官以上酒、团粽、画扇，升朝官以上赐公服衬衫。"《官场现形记》第三十六回："此时六月天气，正是免褂时候，师四老爷下得车来，身上穿了一件米色的亮纱开气袍，竹青衬衫。"徐珂《清稗类钞·服饰类》："衬衫之用有二。其一，以礼服之开裼袍前后有衩，衬以衫而掩之。一，凡便服之细毛皮袍，如貂、狐、猞狲者，毛细易损，衬以衫而护之也。"

cheng—cuo

【承天冠】chéngtiānguān　即通天冠。宋仁宗初期，刘太后执政，刘太后父名"刘通"，因此诏官名及州县名与皇太后父名相犯者悉易改之。故改通天冠为承天冠。《宋史·舆服志三》："仁宗天圣二年，南郊，礼仪使李维言：'通天冠上一字，准敕回避。'诏改'承天冠'。"参见291页"通天冠"。

【承云】chéngyún　绣花边的衣领。元龙辅《女红余志》卷上："承云。衣领也。昔姚梦兰赠东阳以领边绣、脚下履。领边绣，即承云也。"

【赤革履】chìgélǚ　红色的皮履。红色皮革制成。多用于祭祀。元熊梦祥《析津志·祠庙仪祭》："赤革履，白绫袜，各五纲。"《元史·礼乐志》:"执旌二人,平冕,前后各九旒五就,青生色鸾袍,黄绫带,黄绢绔,白绢袜,赤革履。"

【重戴】chóngdài 即大裁帽。唐宋时多见于文官和士人。以黑罗为之,方而垂檐,紫里,旁有两紫丝组为缨,下垂而结于颔下,大裁帽加戴于折上巾之上,故称重戴。本野岩所戴,唐代士人亦多戴此帽。宋初为御史台諫官所戴,其他官员可戴可不戴。宋淳化二年,诏二省及尚书省五品以上官员皆重戴,枢密、三司使和副使则不戴。南宋时,又诏许御史、两制、知贡举官及新进士前三名者重戴。宋高承《事物纪原·冠冕首饰部·大帽》:"大帽,野老之服也,今重戴,是本野夫岩叟之服,唐以皂縠为之,以隔风尘。"《宋史·舆服志五》:"重戴。唐士人多尚之,盖古大裁帽之遗制,本野夫岩叟之服。以皂罗为之,方而垂檐,紫里,两紫丝组为缨,垂而结之颔下。所谓重戴者,盖折上巾又加以帽焉。宋初,御史台皆重戴,余官或戴或否。"方以智《通雅·衣服》:"重戴……智按张舜民《画墁录》曰:'王朴尝便服顶席帽行浚仪桥。'是则有似于笠矣。裁帽者,裁其檐之裕也。"

重戴(宋张择端《清明上河图》)

【绸衫】chóushān ❶用粗绸制成的衣衫。

通常用于武士、力人。《宋史·仪志一》:"旁头一十人,素帽、紫绸衫、缬衫、黄勒帛,执铜仗子。"元无名氏《渔樵记》第四折:"往常我破绸衫、粗布袄煞曾穿,今日个紫罗襕恕咱生面。"《水浒传》第四十六回:"只见外面一个人奔将入来,身材长大……穿一领茶褐绸衫,戴一顶万字头巾。"❷用绸缎制成的衣衫。贵者之服。《儿女英雄传》第三十八回:"只见何小姐穿着件湖色短绸衫儿,一手扣着胸坎儿上的钮子。"《镜花缘》第二十五回:"俺也有件绸衫,今日匆忙,未曾穿来。"

【褚衲】chǔnà 粗布僧服。宋朱熹《赠上封诸老》诗:"褚衲今如许,绨袍那复情。炉红虚室暖,聊得话平生。"曹勋《贫汉归庐阜结庵作伽陀为别》诗:"辩公出蓝之智,褚衲反来游戏。"

【触衣】chùyī 贴身衣裤;内裤的别称。宋释普济《五灯会元》卷一二:"和州光孝慧兰禅师,不知何许人也,自号碧落道人。尝以触衣书七佛名,丛林称为兰布裩。"又卷一七:"又以触衣碎裂,作偈曰:不挂寸丝方免寒,何须特地袅长竿?而今落落零零也,七佛之名甚处安?"明李时珍《本草纲目·服器一·裈裆》:"裤,犊鼻,触衣,小衣。"明张自烈《正字通·衣部》:"裤,一名触衣,俗呼小衣。"

【穿执】chuānzhí 穿靴执笏。辽代百官所穿的常服。《辽史·仪卫志二》:"常服:辽国谓之穿执。起居礼,臣僚穿执。言穿靴执笏也。"宋赵升《朝野类要·内引》:"内殿引见,则可以少延时刻,亦或赐坐,亦或免穿执也。"元施惠《幽闺记·奉使临番》:"使臣走马传勅旨,铺陈香案疾穿执,万岁山呼行礼毕。"

【垂肩冠】chuíjiānguān 宋代妇女所戴,冠饰长垂于肩的冠帽。《宋史·舆服志五》："皇祐元年……冠名曰垂肩等,至有长三尺者;梳长亦逾尺。"宋沈括《梦溪笔谈》:"济州金乡县发一古冢,乃汉大司徒朱鲔墓,石壁皆刻人物、祭器、乐架之类。人之衣冠多品,有如今之幞头者,巾额皆方,悉如今制,但无脚耳。妇人亦有如今之'垂肩冠'者。"宋梅尧臣《当世家观画》诗:"曲眉浅脸鸦发盘,白角莹薄垂肩冠。"

【绰子】chuòzi ❶背搭;背心之别称。宋高承《事物纪原·冠冕首饰·半臂》:"唐高祖减其袖,谓之半臂。今背子也。江淮之间,或曰绰子。"《宋史·乐志十七》:"女弟子队……六曰采莲队,衣红罗生色绰子,系晕裙,戴云鬟髻,乘彩船,执莲花。"明王三聘《古今事物考》卷六辑《实录》:"隋大业中,内官多服半臂……江淮之间,或曰绰子,士人竞服,隋始制之,今俗名搭护。"清曹庭栋《养生随笔》卷三:"今俗有所谓背搭,护其背也。即古之半臂,为妇人服。江淮间谓之绰子。老年人可为乍寒乍暖之需,其式同而制小异,短及腰,前后俱整幅,以前整幅作襟,仍扣右肩下,衬襟须窄,仅使肋下可缀扣,则平匀不堆垛,乃适寒暖之宜。"❷专指金代妇女所服的套衣。直领对襟,前长及地,后长曳地半尺。多用于许嫁女子。《金史·舆服志下》:"许嫁之女则服绰子,制如妇人之服,以红或银褐明金为之,对襟彩领,前齐拂地,后曳五寸余。"

【慈母服】címǔfú 为抚育己之庶母所服的丧服。宋高承《事物纪原·吉凶典制·慈母服》:"《淮南子》曰:'鲁昭公有慈母而爱之,死为之练冠,故有慈母之服。'注云:'父所命者。'《礼记》曰:'练冠而丧慈母,自鲁公始也。'故今五服勑有慈母服。"

【粗裘】cūqiú 以猪、牛、犬、马之皮制成的劣质皮服。多用于贫者。有别于用貂鼠、狐腋制成的精致裘服。宋陆游《冬夜》诗:"百钱买菅席,锦菌亦何加。匹布缝粗裘,安用狐腋奢?"黄公度《寄呈察推二兄廷直》诗:"相逢若问官闲事,为道粗裘饱昼眠。"又《道间即事》诗:"方寸怡怡无一事,粗裘粝食地行仙。"

【簇花幞头】cùhuāfútóu 宋代宫廷乐工所戴的一种幞头。《宋史·乐志十七》:"队舞之制,其名各十。小儿队凡七十二人……五曰诨臣万岁乐队,衣紫绯绿罗宽衫,诨裹簇花幞头。"又:"女弟子队凡一百五十三人……十曰打毬乐队,衣四色窄绣罗襦,系银带,裹顺风脚簇花幞头,执毬杖。"

【毳裘】cuìqiú 毛皮所制裘衣。多用于冬季保暖御寒。宋苏颂《和土河馆遇小雪》诗:"薄雪悠扬朔气清,冲风吹拂毳裘轻。"梅尧臣《次韵和王景彝十四日冒雪晚归》:"记取明朝朝谒去,毳裘重戴冷寥寥。"《宋史·真宗本纪二》:"甲戌,寒甚,左右进貂帽毳裘。"元萨都剌《闽中苦雨》诗:"病客如僧懒,多寒拥毳裘。"元末明初邵亨贞《疏帘淡月和黄伯成吴兴道中韵》:"斜倚孤篷眺晚,毳裘寒肃。"清金埴《巾箱说》:"今之毳裘,全里皆皮,独余膝以下离地一二寸或三四寸用帛代之,使裘之下边不露毛毳。"

【翠冠】cuìguān 翠玉所饰或名贵的翡翠鸟羽毛之冠。贵族妇女多于元宵节时服用。宋李清照《永遇乐》词:"中州盛日,闺门多暇,记得偏重三五,铺翠冠儿,捻金雪柳,簇带争济楚,如今憔悴,风鬟霜鬓,怕见夜间出去。"陈世崇《元夕八首其七:"打块成团娇又颤,闹蛾簇簇翠冠儿。"周密《武林旧事·皇后归谒家庙》:"皇后散付本府亲属、宅眷、干办、使臣已下……翠花、翠冠。"元舒頔《水龙吟》:"牙樯锦缆,翠冠珠髻,画阑罗列。"明唐顺之《封孺人庄氏墓志铭》:"其封十五六年,余未尝为置一翠冠。"

【翠花钿】cuìhuādiàn 镶嵌着珠宝翡翠的金花首饰。宋贾蓬莱《秋夜》诗:"银缸芳焰灭,自脱翠花钿。"元王实甫《西厢记》第一本第一折:"我见他宜嗔宜喜,春风面,偏宜贴翠花钿。"《元史·礼乐志五》:"次八队,妇女二十人,冠凤翘冠,翠花钿,服宽袖衣,加云肩、霞绶、玉佩,各执宝盖,舞唱前曲。"元末明初刘基《采莲歌》其六:"放下荷花深深拜,翻身忙整翠花钿。"《金瓶梅词话》第二十回:"粉面宜贴翠花钿,湘裙越显红鸳小。"明李昌祺《陌上桑》:"额角斜贴翠花钿,宝珰耀耳玛瑙悬。"

【翠领】cuìlǐng 以珠翠装饰的女服衣领。宋周密《武林旧事》卷八:"皇后散付本府亲属、宅眷、干办、使臣以下……翠领、翠花、翠冠。"

【翠被豹舄】cuìpībàoxì 以翡翠羽为背帔,以豹皮为履。形容生活奢华。语出《左传·昭公十二年》:"王皮冠,秦复陶,翠被,豹舄。"宋王应麟《困学纪闻·左氏》:"楚之兴也,筚路蓝缕;其衰也,翠被豹舄。国家之兴衰,视其俭侈而已。"

【翠纱帽】cuìshāmào 宋代儒生所戴的一种帽子。以南纱制作,帽顶与帽檐皆呈圆形。仁宗庆历以后盛行,士人书生多戴之。其后,又增帽身与帽檐,使皆向上耸起,世俗因其形而戏呼为"笔帽"。宋王得臣《麈史》卷上:"庆历以来,方服南纱者,又曰翠纱帽者。盖前其顶与檐皆圆故也。久之,又增其身与檐,皆抹上竦,俗戏呼为笔帽。然书生多戴之故,为人嘲曰:'文章若在尖檐帽,夫子当年合裹枪。'"江休复《醴泉笔录》:"近岁都下裁翠纱帽,直一千。"

【翠袖红裙】cuìxiùhóngqún 也作"红裙翠袖"。泛指妇女的服装。亦用为美女的代称。元赵孟頫《人月圆》词:"几时不见,红裙翠袖,多少闲情。"戴善夫《风光好》第三折:"总然你富才华,高名分,谁不爱翠袖红裙。"明杨慎《浣溪沙·雪中,萧东淳自安宁至,二姬自滇来,小饮成醉》词:"雪里佳人特地来。红裙翠袖小弓鞋。杨花飞处牡丹开。"于谦《马上郎》:"郎君下马入门去,红裙翠袖留春住。"

【村服】cūnfú 粗陋的衣服。多用于村野山民、贫人、奴仆等。宋李觏《竹斋题事》诗:"待奴裹村服,语客抛尘簪。"

【错到底】cuòdàodǐ 镶色女鞋。鞋底呈尖形,以二色合成,色彩交错,形制别致。盛行于北宋宣和末。宋南迁以后,因被视为不祥之物,穿者渐少。元明时再度流行。通常将鞋底分成两截,前后各用一色。宋陆游《老学庵笔记》卷三:"宣和末,妇人鞋底尖以二色合成,名'错到底'……皆服妖也。"明田艺蘅《留青日札》卷二〇:"其妇人鞋底以二色帛前后半节合成。则元时名曰'错到底',不知起于何代。"

D

da—dai

【搭包】dābāo 长而宽的腰带,中间开口内可装钱物。《唐三藏西天取经·饯送郊关开觉路》:"杂扮众吹手,各戴校尉帽,穿驾衣,系搭包,持乐器奏乐科。"《初刻拍案惊奇》卷二四:"开他行囊来看看,见搭包多是白物,约有五百余两。"《红楼梦》第二十四回:"(倪二)一头说,一头从搭包内掏出一包银子来。"《儿女英雄传》第十五回:"恰好那邓九公正从东边屏门进来,只见他头戴一顶自来旧窄沿毡帽……身穿一件驼绒窄荡儿实行的箭袖棉袄,系一条青绉绸搭包。"

【搭膊】dābo 也作"褡膊""褡裤""胳膊"。也称"褡袱""搭包"。一种长方形口袋。以布帛或皮革为之,制为双层,中间开口,两头各有一袋,可以搭在肩上,故名。有大小之别,大者盈尺,小者数寸。使用时两相对折,或驮于肩背。一说用较宽的绸、布做成的束衣腰巾,有的中间有小口袋,可以裹茶钱物。元康进之《李逵负荆》第一折:"你还不知道? 才此这杯酒是肯酒,这搭膊是红定。"李文蔚《燕青博鱼》楔子:"则我这白毡帽半抢风,则我这破搭膊,落可的权遮雨。"《醒世恒言·十五贯戏言成巧祸》:"却见一个后生,头带万字头巾,身穿直缝宽衫,背上驮了一个搭膊,里面却是铜钱。"《京本通俗小说·错斩崔宁》:"背上驮了一个搭膊,里面却

是铜钱。"《水浒传》第十回:"(林冲)穿了白布衫,系了胳膊……提了枪,便出庙门投东去。"明汤显祖《牡丹亭》第五十出:"是早上嫡亲女婿叫做没奈何的,破衣、破帽、破褡袱、破雨伞,手里拿一幅破画儿,说他饿的荒了,要来冲席。"《明史·舆服志三》:"乐工,皆青罗包巾,青、红、绿、玉色罗销金胸背袄子,浑金铜带,红罗褡裤。"明俞汝楫《礼部志稿》卷一八:"皂隶公使人穿皂盘领衫,戴平顶巾,系白褡裤。"《儿女英雄传》第四回:"上头罩着件蓝布琵琶襟的单紧身儿,紧身儿外面系着条河南褡裤。"

【搭护】dāhù 也作"褡糅"。一种源于少数民族的翻毛皮大衣。或谓是半臂衫。宋郑思肖《绝句》之八:"鬃笠毡靴搭护衣,金牌骏马走如飞。"自注:"搭护,胡名。"宋高承《事物纪原》卷三:"隋大业中,内官多服半除,即长袖也。唐高祖减其袖,谓之半臂,今背子也。江淮之间,或曰绰子。士人竞服,隋始制之也。今俗名搭护。"元武汉臣《生金阁》第三折:"孩儿,吃下这杯酒去,又与你添了一件绵搭糅么!"清汪汲《事物原会·褡糅》:"王士禛《居易录》:今语谓皮衣之长者曰褡糅,此语最古。郭一经曰:半臂衫也,起于隋时,内官服之,今谓之端罩。"

【搭裢】dālián 也作"搭连""答连""褡裢"。一种中间开直口,两端装贮钱物的长口袋。以布帛或皮革为之,制为双

宋辽金元时期的服饰

层,中间开口,两头可盛钱物。大的搭在肩上,小的也可以系在腰间。若骑驴马,可将其搭在驴马的身上。多为男子行旅所用,直到近代仍有人使用。元无名氏《冯玉兰》第一出:"兀那前头的车上,掉了我的搭裢,我拾起来者。"明张禄《词林摘艳》卷一〇:"雁鸡鹊满答连,鸦鹈雀挂叉前。"《醒世姻缘传》第六十八回:"(狄希陈)在家替素姐寻褙套,找褡裢。"徐渭《雌木兰》第一出:"有些针儿线儿,也安在你搭连里了。"《金瓶梅词话》第四十九回:"那胡僧直竖起身来,向床头取出他的铁柱杖来拄着,背上他的皮褡裢,褡裢内盛着两个药葫芦,下的禅堂,就往外走去。"《红楼梦》第十二回:"从搭裢中取出个正面反面皆可照人的镜子来。"

【搭罗儿】dāluór 儿童所戴的无顶凉帽。盛行于江浙一带,初凉时所戴。其形制呈带状,以丝绸锦缎或毛皮制作,服时束于额发上,如发圈。宋周密《武林旧事》卷六记南宋小经纪,有"搭罗儿"之名。清翟灏《通俗编》卷二五:"搭罗,乃新凉时孩子所戴小帽,以帛维缕,如发圈然。"

【褡护】dāhù ❶俗称"襻子答忽"。有表有里的皮衣,较马褂长些,类似半臂衫。清代的端罩,或由此演变而来。元关汉卿《救风尘》第二折:"周舍白:我褡护上掉了一根带儿,着他缀一缀。"《元史·舆服志一》:"天子质孙,冬之服凡十有一等……服银鼠暖帽,其上并加银鼠比肩。"下注:"俗称曰襻子答忽。"❷清代贵族的裘皮大衣。福格《听雨丛谈》卷一:"褡护之制,与褂同,身袖长,旁裾各缀缎飘带,下丰而锐,均与袍齐,如古之鹤氅也。玄狐褡护贵重,虽亲郡王亦须赏赉方许服用,继爵者于承袭时具疏恭缴,有

仍赏还者,方准留于私第。按王渔洋《居易录》言褡护之名最古,郭一经曰半臂衫也,起于隋时,内官服之。愚臆恐非今之褡护。"

【笪】dá 即帽檐。宋王谠《唐语林·补遗一》:"每随游幸,常戴砑绢帽打曲,上摘红槿花一朵,置于帽上笪处,二物皆极滑,久之方安。"

【答忽】dáhū ❶元代蒙古人所穿的一种皮袄。答忽有两种样式:一种是无袖皮背心,即没有双袖的上衣;另一种是毛皮外套。蒙古人现在通常指皮袄为"答忽"。❷古代土族服饰。一种无领无袖半长罩衣,前后左右皆开衩。20世纪30年代初土族妇女改头饰后,答忽亦随之消失。过去,富有人家的妇女头戴"扭兀答儿",背垂"登勒兀",身罩"答忽",以显示身份之高贵。

【答纳】dánà "质孙"之一种。元代皇帝所穿的夏服,即缀有大珠的织金锦缎制成的衣服。《元史·舆服志一》:"(天子质孙)夏之服凡十有五等……服大红珠宝里红毛子答纳,则冠珠缘边钹笠。"

【鞑帽】dámào ❶元明时期根据北方少数民族帽式制成的一种男子暖帽。以皮缝制,帽沿缘毛皮出锋。宋周密《癸辛杂识》:"迎降于三十里外,鞑帽毡裘,跨马而还,有自得之色。"明王圻《三才图会·衣服一》:"鞑帽,皮为之,以兽尾缘檐,或注于顶,亦胡服也。"❷传统戏曲盔头。又名"双龙鞑帽"和"大帽"。用黄缎制成,圆顶大沿,正中饰以点翠的双龙戏珠纹样,顶部有衔珠龙和绒球,并竖有一根宝剑头。缀两条杏黄绣龙的飘带,拖垂于帽后。它是一种"行冠",专用于特定的王、侯行路场合。如《汾河湾》之薛仁

贵，《武家坡》之薛平贵，均戴双龙鞑帽，与龙马褂、箭衣形成衣冠组合。此外，也用于"番邦"将官，如《挑滑车》的金将黑风利，《八大锤》中金兀术、《铁笼山》中迷当所戴。

鞑帽（王明圻《三才图会》插图）

双龙鞑帽

【打甲背子】 dǎjiǎbèizi 钉有甲片的短袖。宋代多用于仪卫、武士。宋孟元老《东京梦华录》卷一〇："驾行仪卫……诸班直，亲从、亲事官，皆帽子、结带、红锦，或红罗上紫团答戏狮子，短后打甲背子，执御从物。"

【大梳裹】 dàshūguǒ 宋代妇女的一种盛装。梳高大发髻，戴高冠，插长梳。宋周煇《清波杂志》卷八："煇自孩提，见女妇装束，数岁即一变，况乎数十百年前，样制自应不同。如高冠长梳，犹及见之，当时名大梳裹，非盛礼不用。若施于今日，未必不夸为新奇。"

【大衣服】 dàyīfú 会见客人时穿着的正装的长外衣，元明清沿用其名，形制各异。宋周密《武林旧事》："午初二刻奏办就，本殿大堂面北坐，官家花帽、花上盖，皇后三钗头冠，并赐簪花。至五盏，并免大衣服，官里便背儿赴坐。"元李直夫《虎头牌》第一折："茶茶穿了大衣服来相见。"《二十年目睹之怪现状》第七回："昨天那苟大人，不知为了甚事要会客，因为自己没有大衣服，到衣庄里租了一套袍褂来穿了一会。"

【玳瑁蝉】 dàimàochán 宋时貂蝉冠上玳瑁制的蝉形冠饰。《宋史・舆服志四》："（貂蝉冠）上缀玳瑁蝉，左右为三小蝉，衔玉鼻，左插貂尾。"

【带后檐帽】 dàihòuyánmào 元代天子大宴时所戴的一种礼帽。圆顶，前檐短而上折，后檐长而披肩，帽上装饰有珠宝。《元史・舆服志一》："天子质孙……服珠子褐七宝珠龙答子，则冠黄牙忽宝贝珠子带后檐帽。服青速夫金丝阑子，则冠七宝漆纱带后檐帽。"

带后檐帽

（南薰殿旧藏《历代帝王像》）

【带鞓】dàitīng ❶即"鞓",革带的本体。革带在官服制度中,为标志官职高下的附属物件。带鞓以皮革做成,外裹以红、黑绫绢。红者曰红鞓,黑者曰黑鞓。唐代用黑鞓。唐末五代帝王始用红鞓。宋初红鞓者尚少见。其后仅以金玉犀之带用红鞓,一般则以黑鞓为常服。❷也作"鞓带"。用布帛包裹的皮革腰带。元无名氏《昊天塔》第四折:"把这厮带鞓,可搭的撺定,先摔你个满天星。"无名氏《朱砂担》第三折:"我将这带鞓来挽,我把这唐巾按,舞蹁跹两袖翻。"明方以智《通雅》卷三七:"孝文遗北地黄金饰具带一,黄金犀毗一。注:孟康曰:要中大带。智谓饰具带……若犀毗,则鞓带也。"《醒世姻缘传》第一回:"每人都是一顶狐皮卧兔,大蓝布夹坐马,油绿布夹挂肩,闪青布皮里鞴鞋,鞓带腰刀。"《红楼梦》第十五回:"穿着江牙海水五爪坐龙白蟒袍,系着碧玉红鞓带,面如美玉,目似明星。"❸鞋子的带襻。元马致远《西华山陈抟高卧》第一折:"教我空踏断草鞋双带鞓。"

【带眼】dàiyǎn 衣带上的小孔。用于承受扣针。一般并列数个,视腰身粗细调节紧松。宋沈端节《薄幸》词:"休文瘦损,陡觉频移带眼。"陆游《早行至江原》诗:"节旄尽落归犹远,带眼频移瘦自惊。"王山《答盈盈》:"瘦尽休文带眼移,忍向小楼清泪滴。"宋庠《送巢邑孙簿兼过江南家墅》:"离恨枉能窥带眼,归期犹喜咏刀头。"李之仪《谢池春》词:"频移带眼,空只恁、厌厌瘦。不见又思量,见了还依旧。为问频相见,何似长相守。"周邦彦《宴清都》词:"秋霜半入清镜,叹带眼、都移旧处。"

dan－ding

【单葛】dāngé 葛布单衣。《太平广记》卷五八辑宋初徐铉《稽神录》:"有同宿者,身衣单葛,欲与同寝。"宋宋祁《苦热二首》诗其一:"秋阳昼长不可度,身被单葛如重裘。"清慕昌湜《拟古诗》其二:"靡靡单葛衣,鲜白如凝脂。"

【单袍】dānpáo 没有衬里的单层袍服。宋陈元靓《岁时广记》卷三七:"升朝官每岁初冬赐时服,止于单袍。太祖讶方冬犹赐单衣,命赐以夹服,自是士大夫公服冬则用夹。"梅尧臣《闻高平公姐谢述哀感旧以助挽歌三首》其二:"京洛同逃酒,单袍跨马归。"陆游《幽事绝句》:"仄径可曾崄,单袍不觉寒。"

【黬袍】dānpáo 黑袍。宋王明清《挥麈后录》卷一一:"适康国翌日再造,有黬袍后生武士复在焉。"

【裆裤(裤)】dāngkù 有裆之裤。有别于无裆的胫衣。宋灌圃耐得翁《都城记胜·酒肆》:"天府诸酒库,每遇寒食节前开沽煮酒,中秋节前后开沽新酒,各用妓弟,乘骑作三等装束:一等特髻大衣者;二等冠子裙背者;三等冠子、衫子、袴裤者。"释惠洪《冷斋夜话》卷二:"《乐府》曰:'绣襦围香风,耳节朱丝桐。不知理何事,浅立经营中。护惜加穷袴,堤防托守宫。'……穷袴,汉时语也。今裆裤是也。"

【道巾】dàojīn ❶道士所戴的头巾。多指纯阳巾。有混元巾、九梁巾、纯阳巾、太极巾、荷叶巾、靠山巾、方山巾、唐巾、一字巾九种。全真道巾亦有九种。据清代闵小艮《清规元妙》载:一唐巾,因吕洞宾戴过,又名吕祖巾;二冲和巾,老者戴之;

三逍遥巾,少者戴之;四纶巾,冷时戴之;五浩然巾,雪时戴之;六紫阳巾;七一字巾,平时戴之;八三教巾,受中极戒戴之(以上均为缎所制,玄色);九九阳巾,杂入九流,非真修之士所戴,为纱缎所制。宋王迈《画工又作道装》:"只愿天公多与寿,道巾野服伴胎仙。"明陈献章《谢九江惠菊》诗其三:"故根迢递九江滨,岁晚相看此道巾。"《金瓶梅词话》第二十九回:"吴神仙头戴青布道巾,身穿布袍,足蹬草履,腰系黄丝双穗绦,手执龟壳扇子,自外飘然进来。"《三宝太监西洋记通俗演义》第三回:"我前日在通江桥上看见一个先生,头上戴的是吕洞宾的道巾,身上披得是二十四气的板折。"清孔尚任《桃花扇·骂筵》:"袖出道巾,黄绦换介。"❷昆曲软帽。形状与八卦巾相似。巾后飘带可有可无。前面增加一片稍硬的方块料,下作瓦轮形。上面纵绣七行小花及草藤。中间绣团花。颜色有紫、宝蓝等。为道士所戴,故称。

【道袍】dàopáo ❶僧道穿的袍服。以白色、灰色、褐色布帛制成,大襟宽袖,下长至膝,领、袖、襟、裾缘以黑边。女尼之袍亦称道袍。宋徐度《却扫编》卷上:"吕申公素喜释氏之学,及为相,务简静,罕与士大夫接,惟能谈禅者,多得从容。于是好进之徒,往往幅巾道袍,日游禅寺,随僧斋粥,谈说理情,觊以自售,时人谓之禅钻云。"元张养浩《沉醉东风·寄阅世道人侯和卿》:"披一领熬日月耐风霜道袍,系一条锁心猿拴意马环绦,穿一对圣僧鞋,带一顶温公帽。"《醒世姻缘传》第六十四回:"白姑子……次早起来,净洗了面,细细的搽了粉,用靛花擦了头,绵胭脂擦了嘴,戴了一顶青纬罗瓢帽,穿了

一件栗色春罗道袍。"清孔尚任《桃花扇·孤吟》:"副末毡巾道袍,扮老赞礼上。"周亮工《书影》卷六:"吕申公素喜释氏之学,及为相,务简静,罕与士大夫接;惟能谈禅者,多得从容。于是好进之徒,往往幅巾道袍,日游禅寺,随僧斋粥,谈说禅理,觊以自售。"❷士庶男子家居常服,斜领大袖,四周镶边的袍子,腰中间断,无线道横贯者,称道袍,又名直掇(裰)。以绫罗绸缎为之,单夹绒棉各惟其时,宋代已见其制,元明时期尤为盛行。《醒世恒言·陆五汉硬留合色鞋》:"自己打扮起来,头戴一顶时样绉纱巾,身穿着银红吴绫道袍,里边绣花白绫袄儿,脚下白绫袜,大红鞋。"《金瓶梅词话》第三十回:"翟管家出来,穿着凉鞋净袜,丝绢道袍。"《儒林外史》第十一回:"身穿一件青布厚棉道袍,脚下踏着暖鞋。"清姚廷遴《姚氏纪事编》:"(明代)自职官大僚而下,至于生员,俱戴四角方巾,服各色花素绸纱绫缎道袍,其华而雅重者,冬用大绒茧绸,夏用细葛,庶民莫敢效也。"叶梦珠《阅世编》卷八:"前朝职官公服,则乌纱帽,圆领袍,腰带,皂靴……其便服自职官大僚而下至于生员,俱戴四角方巾,服各色花素绸纱绫缎道袍。其华而雅重者,冬用大绒茧绸,夏

道袍

用细葛,庶民莫敢效也。其朴素者,冬用紫花细布或白布为袍,隶人不敢拟也。"

【稻田衲】dàotiánnà 袈裟。借指僧人。宋黄庭坚《次韵答叔原会寂照房呈稚川》:"坐有稻田衲,颇熏知见香。"

【灯球】dēngqiú 一种形似灯笼的首饰,以珍珠或料珠穿成。宋代元宵之日,妇女多插在头上为装饰。宋周密《武林旧事》卷二:"元夕节物,妇人皆戴珠翠、闹蛾、玉梅、雪柳、菩提叶、灯球。"陆游《老学庵笔记》卷二:"靖康初,京师织帛及妇人首饰衣服,皆备四时,如节物则春幡、灯球、竞渡、艾虎、云月之类。"陈元靓《岁日广记》卷一一:"(上元)都城仕女有神戴灯球,灯毬大如枣栗,加珠茸之类。"明田汝成《西湖游览志余》卷三:"街市妇女,皆带珠翠闹蛾……灯球"。

【等肩冠】děngjiānguān 宋代妇女所戴的冠帽,冠饰长而下垂等肩。宋周辉《清波杂志》卷八:"皇祐初……先是宫中尚白角冠,人争效之,号内样冠,名曰垂肩、等肩。"《文献通考·王礼考》:"仁宗皇祐元年,诏妇人所服冠高毋得逾四寸,广毋得逾一尺,梳长毋得逾四寸,毋以角为之。先是宫中尚白角冠梳,人争效之,谓之内样,其冠名曰垂肩、等肩,至有长三尺者,梳亦逾尺,议者以为服妖,故禁止焉。"

【钿翠】diàncuì 螺钿和翡翠。引申为镶嵌金、银、玉、贝等物的首饰。宋梅尧臣《依韵和禁烟近事之什》:"秋千竞打遗钿翠,芍药将开剪缬罗。"吴潜《宝鼎现·和韵已未元夕》词:"老子欢意随人意。引红裙、钗宝钿翠。穿夜市、珠筵玳席。"张埴《杜园九日红梅主人以为瑞彭潜心索赋》:"钿翠半偏如意误,钥鱼晓放守宫人。"

【钿金】diànjīn 镶嵌金、银、玉、贝的首饰。宋毛滂《八节长欢·登高》词:"佳人为折寒英,罗袖湿,真珠露冷钿金。"张明中《闰重阳菊花》诗:"钿金托蜡道家妆,篱下秋风久久香。"

【钿窠】diànkē 以金银珠宝镂雕成花,镶嵌在冠带、衣履之上。《宋史·舆服志三》:"(天子之服)红蔽膝,升龙二,并织成,间以云朵,饰以金钑花钿窠,装以真珠、琥珀、杂宝玉。"《金史·舆服志上》:"大辇……其上四面施行龙、云朵、火珠,方鉴、银丝囊网,珠翠结云龙,钿窠霞子。"《元史·舆服志一》:"红蔽膝,升龙二,并织成,间以云彩,饰以金钑花钿窠,装以珍珠、琥珀、杂宝玉。"

【钿窝】diánwō 妇女贴在脸上作为装饰的小型薄片。以金箔、色纸或翠羽为之,剪成各种花样,粘贴在面颊两侧,以贴在笑窝处常见。亦指面颊贴花钿的地方。宋李吕《调笑令·笑》:"一点兰膏红破蕊。钿窝浅浅双痕媚。"张邦基《墨庄漫录》卷五:"从来题目值千金,无事羞多始见心,乍向客前犹掩敛,不知已觉钿窝深。"金董解元《西厢记诸宫调》卷六:"不忍见,盈盈地粉泪,淹损钿窝。"凌景埏校注:"指女子面颊贴花钿的地方。"元于伯渊《点绛唇》套曲:"柳情花意媚东风,钿窝儿里粘晓翠。腮斗儿上晕春红。"一说为衣上饰品。王实甫《西厢记》第二本第三折:"则将指尖儿,轻轻的贴了钿窝。"

【貂褐】diāohè 用貂皮制的短衣。宋陆游《夜寒》诗:"清夜焚香读《楚词》,寒侵貂褐叹吾衰。"张咏《新秦遣怀》诗:"貂褐久从戎,因令笔砚慵。"

【貂尾扇】diāowěishàn 省称"貂扇"。用

貂尾做成的扇子,用于冬日障面防风。宋梅尧臣《丁端公北使》:"驰车看燕妇,貂扇御胡风。"清高士奇《天禄识余·牙笼貂扇》:"慎常《冬日宫词》云:'障风貂尾扇,煴火象牙笼。'貂扇冬日用之。欧阳元诗:'十月都人供暖篝。'余曾于冬日入直,见朝鲜贡使手持貂扇以障面,盖古制也。"

【貂衣】diāoyī 用貂皮制的衣服。元王伯成《天宝遗事诸宫调·禄山忆杨妃》:"舞腰宽褪弊貂衣,害得人死临侵一丝两气。"明周宪王《元宫词》其五十五:"比肥裁成土豹皮,著来暖胜黑貂衣。"王恭《书郑伯固冷斋卷》:"肉食厌藜藿,貂衣哂逢掖。"唐顺之《谢赐银币表》:"昔汉帝宠帷幄谋臣,徒夸金溢;宋祖赐征南将帅,祗羡貂衣。"清张景松《弄潮儿歌》:"阿侯年少邯郸侠,貂衣骏马珊瑚鞭。"

【钓墩】diàodūn 妇女所穿的一种胫衣。形似袜袎,无腰无裆,左右各一。着时紧束于胫,上达于膝,下及于踝。膝下有带系缚。初用于契丹族妇女,北宋时期传至中原。汉族妇女也多着之。因非汉族传统形式,宋徽宗政和七年曾下令禁止。然禁而未断,直至元明,仍有其制。《宋史·舆服志五》:"是岁,又诏敢为契丹服若毡笠、钓墩之类者,以违御笔论。钓墩,今亦谓之袜袴,妇人服也。"

【叠垛衫】diéduǒshān 也作"迭垛衫"。缀满补丁的衣衫。叠垛,衣服补丁层层叠叠的样子。宋陶谷《清异录·阑单带迭垛衫》:"谚曰:'阑单带,叠垛衫,肥人也觉瘦严岩。'阑单,破裂状。叠垛,补衲盖掩之多。"

【丁屐】dīngjī 底部带有钉齿,用以防滑的木鞋。宋叶绍翁《四朝闻见录·天子狱》:"公为从官时,天夜大雪,某醉归,见公以铁柱杖拨雪,戴温公帽,丁屐微有声。"

【丁鞋】dīngxié 底部安有钉齿,用以防滑的雨天用鞋。宋叶适《送吕子阳自永康携所解老子访余留未久其家报以细民艰食急归发廪赈之》诗:"火把起夜色,丁鞋明齿痕。"

【顶帽】dǐngmào ❶宋代的一种圆顶便帽。宋文莹《玉壶清话》卷二:"(真宗)谓元(冯元)曰:'朕不欲烦近侍久立,欲于便斋亭阁选纯孝之士数人,上直司人,便裹顶帽,横经并坐,暇则荐茗果,尽笑谈,削去进说之仪,遇疲则罢。'"❷清代区别官阶的有顶子的官帽。清王逋《蚓庵琐语》:"至庚寅辛卯间,各处剧盗输金投降,给剳授衔,听其归里,名曰安插。锦衣顶帽,群盗随从,公然与府县官抗礼。"《官场现形记》第三十回:"沐恩穿的是三尺八寸的袍子,上头再加脑袋、顶帽,下头再加靴子,统算起来,这水不过五尺多深。"

【顶珠】dǐngzhū 冠顶上一种珠玉饰品。金代用大珠,清代多为宝石。清代顶珠是区别官职的重要标志。《金史·舆服志下》:"巾之制,以皂罗若纱为之,上结方顶,折垂于后……贵显者为方顶,循十字缝饰以珠,其中必贯以大者,谓之顶珠。"

【顶子】dǐngzi 省称"顶"。冠帽顶上的珠玉装饰物。元代已有,清代时用以区分官员品级。清代顶子原料以宝石为主,辅以水晶、青金石等。分朝冠用和吉服用两种。朝冠用顶子共有三层:上为尖形宝石,中为球形宝珠,下为金属底座。吉服冠顶只球形宝珠及金属底座两个部分。底座有用金的,也有用铜的,上面镂刻有装饰花纹。在底座、帽子及顶珠的中心都钻有一个五毫米直径的小圆孔，从帽子的底部伸出一根铜管，然后将红缨、翎管及顶珠串上，再用螺纹小帽旋紧。顶子是区分清朝官员职品高低的重要标志，其颜色和材料的组成都有严格规定：一品用红宝石，二品用红珊瑚，三品用蓝宝石，四品用青金石，五品用水晶，六品用砗磲，七品用素金，八品用阴文镂花金，九品用阳文镂花金。无顶珠的则无品级。如果清朝官员犯法，或因事革去官职时，必须将头上的顶珠取下，以示已不带官职。元高文秀《黑旋风双献功》第二折："他戴着个玉顶子新棕笠，穿着对锦沿边干皂靴。"《金瓶梅词话》第二十回："（李瓶儿）又拿出一件金镶鸦青帽顶子，说是过世老公的。起下来，上等子秤，四钱八分重。"清萧奭《永宪录·续编》："朝帽顶：一二三品俱衔红宝石，五六品俱衔水晶石，七八品俱衔金顶。至平时帽顶，一二三品俱用起花珊瑚，五六品用水晶石，七品以下俱用金顶。"《儿女英雄传》第三十七回："打开一看，里头原来是一座娃娃脸儿一般的整珊瑚顶子，配着个碧绿的翡翠翎管儿。"《官场现形记》第三十回："如果要讲起身分来，不要说是你一个做跑堂的算得什么，就是泰兴县县大老爷，比比顶子，要比我差着好几级呢！"

dong—duo

【**东坡帽**】dōngpōmào 也称"子瞻帽""子瞻样""高桶帽""桶帽""桶顶帽""乌角巾""东坡巾"等。一种便帽，据传为宋代士人效仿苏东坡被贬前曾戴的帽子样式所制。宋李廌《济南先生师友谈记》：

"士大夫近年效东坡，桶高檐短，名帽曰子瞻样。"《朱子语类》卷九一："桶顶帽，乃隐士之冠。"胡仔《苕溪渔隐丛话·前集》卷四〇："元祐之初，士大夫效东坡，顶短檐高桶帽，谓之子瞻样，故云。"周密《齐东野语》卷二〇："（隐语）有以今人名藏古人名者云：人人皆戴子瞻帽、仲长统。"清翟灏《通俗编》卷一二："《东坡居士集》：'父老争看乌角巾'……后人取此诗意，写东坡像，因有东坡巾之称。然此乃坡公谪岭外时诗。其巾为被罪所裹。"

【**兜罗袜**】dōuluówà 衲线之袜。合数层布帛为之，周身以细线缝纳。男女均用，多着于秋冬两季。宋陆游《天气作雪戏作》诗："细衲兜罗袜，奇温吉贝裘。闭门薪炭足，雪夜可无忧。"黄庭坚《谢晓纯送衲袜》诗："赠行百衲兜罗袜，处处相随入道场。"元无名氏《二月》曲："脱鞋儿，要人兜凌波袜儿。"

【**斗笠**】dǒulì ❶顶部隆起如斗的一种笠。多用于农夫、渔人及行人。《西湖老人繁胜录·关扑》："合色凉伞、小银枪刀、诸般斗笠。"吕胜己《南乡子》其一："斗笠棹扁舟。碧水湾头放自流。"明田艺蘅《留青日札》卷二三："乡村农夫许戴斗笠、蒲笠。"《明史·舆服志三》："庶人冠服……（洪武）二十二年令农夫戴斗笠、蒲笠，出入市井不禁，不亲农者不许。"明屠隆《彩毫记·妻子哭别》："准备著芒鞋斗笠，霜风吹桸衣。早悟却余生皆寄，切莫叹死别与生离。"《红楼梦》第四十五回："别的都罢了，惟有这斗笠有趣。"《镜花缘》第十五回："其人头戴竹篾斗笠，身披鱼皮坎肩。"❷毡制成的暖帽，贵族男女冬季戴之以御风雪。《红楼梦》第八回："小丫

宋辽金元时期的服饰

头忙捧过斗笠来,宝玉把头略低一低,叫他戴上,那丫头便将这大红猩毡斗笠一抖,才往宝玉头上一合。"

【短褐袍】duǎnhèpáo 粗布短衣。宋陆游《记梦》诗:"夜梦有客短褐袍,示我文章杂诗骚。"陈允平《秋暮登太白》诗:"飘飘短褐袍,倚杖立金鳌。"《金瓶梅词话》第六十二回:"那潘道士:头戴云霞五岳冠,身穿皂布短褐袍。"《水浒传》第六十一回:"李逵戗几根蓬松黄发,绾两枚滑骨丫髻,黑虎躯穿一领粗布短褐袍⋯⋯挑着个纸招儿,上写着:'讲命谈天,卦金一两。'"

【短脚幞头】duǎnjiǎofútóu 幞头之一种。因垂在脑后的二带较短而得名。宋代士庶男子用作便服。宋张齐贤《洛阳播绅旧闻记》:"忽有一老人,皂衣,裹短脚幞头,策一驴,引一僮可十六七,来逆旅中。"

【短帽】duǎnmào 轻便小帽。宋辛弃疾《洞仙歌·访泉于奇师村得周氏泉为赋》词:"叹轻衫短帽,几许红尘。"无名氏《西江月》词:"早岁轻衫短帽,中间圆顶方袍。"陆游《蝶恋花·离小益作》词:"梦若由人何处去?短帽轻衫,夜夜眉州路。"王千秋《诉衷情令·登雨华台》词:"敧短帽,吐长虹。拟凌风。布金堆里,叠翠屏中,云月轻笼。"元虞集《送易用昭》诗:"满窗柿叶题都遍,短帽梅花画不如。"

【短衣窄袖】duǎnyīzhǎixiù 原指北方少数民族的服装。宋沈括《梦溪笔谈·故事一》:"中国衣冠,自北齐以来,乃全用胡服。窄袖、绯绿短衣,长靿靴⋯⋯皆胡服也。窄袖利于驰射,短衣长靿,皆便于涉草。"元萨都剌《京城春日》诗之一:"燕姬白马青丝缰,短衣窄袖银镫光。"又《相逢行赠别旧友治将军》诗:"一年相逢白

下门,短衣窄袖呼郎君。"明刘秩《裁衣行》:"短衣窄袖样时新,殷勤寄与从军人。"清张深《骗马行》:"短衣窄袖气精紧,色目迭出矜奇俅。"

【对襟】duìjīn 也作"对衿"。服装襟式之一。正中两襟对开,直通上下,纽扣在胸前正中系连,故称。有别于大襟及曲襟。多用于衫、褂等服。夏季服装采用较多,男女均可用之。宋代以后逐渐普及。尤以半臂、比甲、马褂、大褂等服所用为多,其式保存至今。《金史·舆服志下》:"许嫁之女则服绰子,制如妇人服,以红或银褐明金为之,对襟彩领,前齐拂地,后曳五寸余。"《金瓶梅词话》第二十回:"只见李瓶儿梳妆打扮,上穿大红遍地金对衿罗衫儿,翠蓝拖泥妆花罗裙。"清顾炎武《日知录·对襟衣》:"《太祖实录》:洪武二十六年三月,禁官民步卒人等服对襟衣,惟骑马许服,以便于乘马故也。其不应服而服者罪之。今之罩甲即对襟衣也。"《红楼梦》第四十九回:"独李纨穿一件哆罗呢对襟褂子。"《官场现形记》第七回:"(陶子尧)便起身换了一件单袍子,一件二尺七寸天青对面襟大袖方马褂。"

宋辽金元时期的服饰

对襟

【朵朵翎】duǒduǒlíng 插在顾姑冠顶上高长的羽毛饰物。元熊梦祥《析津志·风俗》:"用安翎筒以带鸡冠尾。出五台

山,今真定人家养此鸡,以取其尾,甚贵。罟罟后,上插朵朵翎儿,染以五色,如飞扇样。"

【鬌肩冠】duǒjiānguān 也作"鬌肩"。宋代妇女所戴的冠。在团冠的基础上,把伸长的地方弯曲四角而下垂至肩,冠上用金银珠翠点缀。《宣和遗事》:"佳人都是戴鬌肩冠儿,插禁苑瑶花。"又:"鬌肩鸾鬟垂云碧,眼入明眸秋水溢。"王得臣《麈史》卷上:"妇人冠服涂饰,增损用舍,盖不可名纪。今略记其首冠之制……俄又编竹而为团者,涂之以绿,浸变而以角为之,谓之团冠,复以长者屈四角,而下至于肩,谓之鬌肩。"

E

e－er

【峨冠博带】éguānbódài 高高的帽子,宽阔的衣带。原为儒生或士大夫的装束,亦用来比喻穿着礼服。元关汉卿《谢天香》第一折:"必定是峨冠博带一个名士大夫。"沈禧《菩萨蛮》词:"峨冠博带青藜杖。行行独步青溪上。"《三国演义》第三十七回:"门外有一先生,峨冠博带,道貌非常,特来相探。"《二刻拍案惊奇》第三十九卷:"似这等人,也算做穿窬小人中大侠了。反比那面是背非、临时苟得、见利忘义一班峨冠博带的不同。"明韩雍《送锦衣焦公子廷用还京师》:"杀取贼奴受封赏,峨冠博带何荣哉。"又《办事官黄汉斌从予有年兹乞归省母口占四绝以华其行》其三:"峨冠博带远还乡,绿酒黄花寿北堂。"清尤侗《沁园春·戒游》词:"惟辇上贵人,峨冠博带,堂中公子,肥马轻裘。"

【鹅帽】émào 鹅羽为饰的帽子。宋明时期仪卫的礼冠。《宋史·仪卫志六》:"大驾卤簿巾服之制……金吾押牙,服金鹅帽、紫绣袍、银带,仪刀。"又《礼志十四》:"辇官十二人,金鹅帽,锦络缝紫绝宽衣。"明蒋一葵《长安客话·皇都杂记·只逊》:"在朝见下工部旨:造只逊八百副。皆不知只逊何物,后乃知为上直校鹅帽锦衣也。"《明史·舆服志三》:"校尉冠服:洪武三年定制……十四年

改用金鹅帽。"又《仪卫志》:"执事校尉,每人鹅帽,只孙衣,铜带靴履鞋一副。"

【额子】ézi ❶也称"齐眉""包帽"。一种形如头箍的妇女额饰。通常以布帛、兽

额子
(山西永乐宫纯阳殿北壁壁画)

皮或金属制成,形式较简单,仅用一块帕巾,折成条状,绕额一周,系结于前。宋代已有,清代道光年间最为流行,尤其在江南一带。以毛皮制成的额巾,清代俗称为"貂覆额"或"卧兔儿"。宋米芾《画史》:"唐人软裹,盖礼乐阙,则士习贱服,以不违俗为美……又其后方见用紫罗为无顶头巾,谓之额子。"清范寅《越谚》卷中:"包帽,此为妇饰,新制起于道光年,此行而乌帕废矣。其物绣缎,镶嵌缀大珠、金钿、宝石,包额子于额为帽。贵重者值钱百万。"平步青《霞外捃屑》卷一〇:"以貂皮暖额,即昭君套抹额,又即包帽,又即齐眉,伶人则曰

额子。"❷传统戏曲盔头附件。形状半圆如桥。上下均缀绒球与珠子,正中有大绒球与面牌,两端有挂耳。戴于额前,故称。额子有大、中、小之分。大额子纹饰最为复杂;中额子稍小,纹饰较大额子简单;小额子又称"一字额子",是额子中最小最简者。另外,女将所戴额子称"七星额子",因额子上有大绒球两层,每层七个而得名。额子必须

与硬盔帽或软巾帽、蓬头等搭配戴。

【耳不闻帽子】ěrbùwénmàozi 缀有护耳的暖帽。宋元时期俗称此名。《西湖老人繁胜录》:"班直戴耳不闻帽子,著青罗衫、青绢袜头裤、著青鞋。"

【珥环】ěrhuán 耳环。《宋史·舆服志五》:"凡命妇许以金为首饰,及为小儿钤镯、钗篸、钏缠、珥环之属。"

F

fa－fu

【法衮】fǎgǔn 宋人称皇帝按礼制所穿的礼服。宋梅尧臣《和谢希深会圣宫》诗："粹仪神雾拥,法衮绣龙升。"又《依韵和集英殿秋宴》:"侍臣严虎帐,法衮被龙章。"

【幡胜】fānshèng 男女元旦、立春之日所戴饰物。将彩帛、色纸、金箔镂剪成方胜、旗幡、飞燕、蝴蝶、鸡雏及金钱等形状,装缀于簪钗之首,插于双鬓,表示迎春。宋吴自牧《梦粱录》卷一"立春":"宰臣以下,皆赐金银幡胜,悬于幞头上,入朝称贺。"苏轼《次韵曾仲锡元日见寄》:"萧索东风两鬓华,年年幡胜剪宫花。"孟元老《东京梦华录·立春》:"春日,宰执亲王百官,皆赐金银幡胜,入贺讫,戴归私第。"《宋史·礼志二十二》:"立春,奉内朝者皆赐幡胜。"又《真宗纪二》:"诏宫苑、皇亲、臣庶第宅。饰以五彩,及用罗制幡胜、缯帛为假花者,并禁之。"宋范成大《鞭春微雨》诗:"幡胜丝丝雨,笙歌步步尘。"清沈初《西青笔记·纪庶品》:"新正江南进挂屏……插细珠串为幡胜于瓶,剧有巧思。"

【梵襟】fànjīn 指僧衣。宋林逋《和陈湜赠希社师》诗:"瘦靠栏干搭梵襟,绿荷阶面雨花深。"

【方盘领】fāngpánlǐng 即方领。元吾丘衍《闲居录》:"深衣方领。正经曰:'曲袷如矩。'后世不识矩乃匠氏取方曲尺,强以斜领为方,而疑其多添两襟,制度遂失。若裁作方盘领,即应如矩之义。"明焦竑《焦氏笔乘》卷一:"若裁作方盘领,即应如矩之义。"方以智《通雅》卷三六:"《吾衍闲居记》曰:深衣方领,即方盘领。"

【方胜】fāngshèng 形状像由两个菱形部分重叠相连而成的一种胜。方胜一方面象征优美、吉祥;一方面以其形的压角相叠,象征"同心"。可以金、银、玉、石等材料雕琢而成。常用作妇女首饰。使用时系缚在簪钗之首,插于双鬓。亦可用丝带编成的络子、牌饰。通常和玉佩组成串饰。《宋史·舆服志四》:"六梁冠,方胜宜男锦绶为第三等,左右仆射至龙图、天章、宝文阁直学士服之。"元王实甫《西厢记》第三本第一折:"先写下几句寒温序,后题著五言八句诗。不移时,把花笺锦字,叠做个同心方胜儿。"王季思校注:"胜本首饰,即今俗所谓彩结。方胜,则谓结成方形者。"《金瓶梅词话》第六十七回:"打开是一方回纹锦双拦子,细撮古碌线,同心方胜结穗。"《红楼梦》第三十五回:"宝玉笑向莺儿道:'……烦你来,不为别的,替我打几根络子。'……莺儿道:'什么花样呢?'宝玉道:'共有几样花样?'莺儿道:'一炷香、朝天凳、象眼块、方胜、连环、梅花、柳叶。'"徐珂《清稗类钞·服饰》:"以两斜方形互相联合,谓之方胜。胜本首饰。即今俗所谓彩结。"

方胜
（江苏南京明东胜侯江兴祖墓出土）

【方团带】fāngtuándài　宋代一种腰带名。带銙的排列为方、圆相间（方銙有正方、长方形两种；圆銙有圆形、桃形及椭圆形等），有别于全部作成方形的带饰。宋叶梦得《石林燕语》卷七："国朝亲王，皆服金銙。元丰中宫制行，上欲宠嘉岐二王，乃诏赐方团玉带著为朝仪。先是乘舆玉带皆排方，故以方团别之。"欧阳修《归田录》卷二："（太宗）创为金銙之制，以赐群臣，方团毬宋元时路以赐两府，御仙花以赐学士以上，方团befü。"《宋史·舆服志五》："元丰五年诏：三师、三公、宰相、执政官、开府仪同三司、节度使尝任宰相者、观文殿大学士以上，金毬文方团带。"

【方舄】fāngxì　方头的复底之鞋。宋苏轼有《谢人惠云巾方舄》之诗。明王洪《周叔冶御史怡亲楼》："庆流方舄奕，佳气益氤氲。"《警世通言·拗相公饮恨半山堂》："荆公登了东，觑个空，就左脚脱下一只方舄，将舄底向土墙上抹得字迹糊涂，方才罢手。"文震亨《长物志·衣饰》："夏月棕鞋惟温州者佳，若方舄等样制作不俗者，皆可为'济胜'之具。"《醒世姻缘传》第四回："道袍油粉段，方舄烂红绸。"

【方檐】fāngyán　方形帽檐。元无名氏《讥士人》曲："皂罗辫儿紧扎梢。头戴方檐帽。"

【方檐帽】fāngyánmào　宋元时一种帽檐高宽的大帽。宋王得臣《麈史》卷上："又为方檐者，其制，自顶上阔，檐高七、八寸，有书生步于通衢，过门为风折其檐者。"元熊梦祥《析津志·风俗》："大都府皂团领布衫，锡朱字牌。首领者辫发、方檐帽。"

【飞裙】fēiqún　指仙女的裙子。借指仙女。宋张君房《云笈七签》卷三一："妃名太一法惛，字幸正扶，著黄锦帔、丹青飞裙，颓云髻。"元张雨《赵魏公写生梨花折枝》："玉面浑无獭髓痕，春风洗绿上飞裙。"元末明初高启《次韵王七仙舆》："知子从来有仙骨，吹笙拟共接飞裙。"明张璨《龙姑庙作神弦曲》："龙姑佩马夜铃钉，飞裙织翠兰叶湿。"

【妡帨】fēnshuì　擦汗拭物用的佩巾。宋沈括《梦溪笔谈·故事一》："带衣所垂蹀躞，盖欲佩带弓箭、妡帨、算囊、刀砺之类。"苏籀《休沐日》："搔头冷枕遗簪弁，浣垢凉床洁帨妡。"

【妡鑡】fēntà　饰有小铃的囊帕。亦指作装饰之小铃。宋罗大经《鹤林玉露·丙编》卷二："告身五彩丝囊，幖首纯红而绘如珊玉者最高……丝囊之制，以小铃十系之，按式名曰妡鑡。黄金、涂金、白金三等，外庭之系，惟白金耳。"《宋史·舆服志六》："（皇太子册）贯以金丝，首尾结为金花，饰以妡鑡。"《明史·舆服志一》："缨上施抹金铜宝盖，下垂青线妡鑡。"《明史·舆服志一》："盖施黄绮沥水三层，销金鸾凤文，凤头下垂红妡鑡。"

【粉巾】fěnjīn　粉色汗巾。多为女性所用。宋陈三聘《鹧鸪天》词其一："多少恨，说应难。粉巾空染泪斓斑。"清龚鼎挈《西江月·贺陈郎新婚》词:"玉箫吹彻小红楼。拭汗粉巾香透。"金农《伎席》诗:"金源曲子声如丝,外洋粉巾来索题。"

【粉心】fěnxīn 一种妇女首饰。详见819页"分心"。宋吴自牧《梦粱录·诸色杂货》有"冠梳、领抹、针线,与各色麻线、鞋面、领子、脚带、粉心、合粉、胭脂"诸名目。明顾起元《说略·服饰》:"粉心黄蕊花靥,黛眉山两点。"

【风笠】fēnglì 用以遮挡风雨的斗笠。宋张栻《雨后同周允升登雪观》诗:"烟蓑风笠南山下,正好归欤看麦秋。"李曾伯《沁园春·丙辰归里和八窗叔韵》:"把雪裘霜帽,绝交楚徽,雨蓑风笠,投老吴矶。"明俞彦《渔父·四时词》:"东风如炙雨如脂。风笠影,雨蓑丝。"《醒世恒言·张淑儿巧智脱杨生》:"轻眉俊眼,绣腿花拳,风笠飘摇,雨衣鲜灿。"

【风裘】fēngqiú 挡风御寒的皮衣。宋王以宁《蓦山溪·如虞彦恭寄钱逊叔》词:"风裘雪帽,踏遍荆湘路。"王晓《送鹿伯可致仕归天台兼简致政龙学给事吴明可丈》诗:"烟阁云台辞帝阙,风裘雪帽返家林。"黄庭坚《初望淮山》诗:"风裘雪帽别家林,紫燕黄鹂已夏深。"金周昂《寒林七贤》诗:"苦寒如此欲何之? 雪帽风裘意自奇。"元赵孟頫《木兰花慢·和桂山庆新居韵》:"功名十年一梦,记风裘雪帽度桑乾。"

【凤翅幞头】fèngchìfútóu 也称"凤翅唐巾"。金、元代宫廷仪卫所戴的一种幞头。造型类似于唐巾。主要特点在幞头两脚,通常以铁丝、竹篾等材料上曲而作云头,两旁覆以两金凤翅,外蒙细纱,或施以彩绘,亦或镶嵌金箔。《元史·舆服志一》:"(仪卫服色)凤翅幞头,制如唐巾,两脚上曲,而作云头,两旁覆以两金凤翅。"又《舆服志二》:"领宿卫骑士二十人,执骨朵六人,次执短戟六人,次执斧八人,皆弓角金凤翅幞头,紫袖细折辫线袄、束带,乌靴,横刀。"又《舆服志三》:"佩宝刀十人分左右行,冠凤翅唐巾,服紫罗辫线袄,金束带、乌靴。"

凤翅幞头(河南焦作金墓壁画)

【凤翅盔】fèngchìkuī 武将所带的一种盔帽,多以厚皮革制成。为了防额掩耳,在前额至两耳前以铜铁片饰成飞鸟双翼如凤翅,故名。盔顶加铁片缀翠玉明珠,饰红缨更显得英武。此种盔源于唐而盛行于宋。《越调·寨儿令·题章宗出猎》曲:"围子首凤翅金盔,御林军箭插金钲。"《明会典》卷一四二:"掌领侍卫官、俱凤翅盔、锁子甲、悬金牌、佩绣春刀。"

【凤翅缕金帽】fèngchìlǚjīnmào 元代皇后、皇太后在宫中行动时的仪卫所戴的冠帽。《元史·舆服志三》:"中宫导从……宫人,凡二十二人……冠凤翅缕金帽,销金绯罗袄,销金绯罗结子。"

【凤冕】fèngmiǎn 帝王所戴的礼帽。以珍贵鸟羽作饰,故名。宋刘子翚《建康六感·梁》诗:"凤冕敬方袍,鸾旗游彼岸。"

【凤翘】fèngqiáo ❶凤形首饰。以翡翠宝石作成凤形或翠鸟尾羽装饰。亦借指女性。宋周邦彦《南乡子·拨燕巢》词:"不道有人潜看着,从教,掉下鬟心与凤翘。"元元淮《春闺》诗:"倒把凤翘搔鬓影,一双蝴蝶过东墙。"李爱山《美色》词:"挽乌云暖礘盘,扫春山浅淡描,斜簪著金凤翘。"《金瓶梅词话》第七十八回:"头上珠翠堆满,凤翘双插。"清纳兰性德《减字木兰花》词:"小晕红潮,斜溜鬟心只凤翘。"❷冠帽上插的凤形装饰。《元史·礼乐志五》:"次八队,妇女二十人,冠凤翘冠,翠花钿。"明陈汝元《金莲记·射策》:"漫惊白发理鱼册,喜见青年插凤翘。"

【凤翘冠】fèngqiáoguān 妇女所戴的一种头冠,其上插有凤形装饰。借指女性。《元史·礼乐志五》:"次八队,妇女二十人,冠凤翘冠,翠花钿。"

【凤舄】fèngxì 绣有凤凰之鞋,仙女或后妃的花鞋。宋杨万里《谯国公迎请太后图》诗:"辇中似是瑶池母,凤舄霞裳剪云霞。"元郭翼《行路难》诗之五:"愿借飘飖丹凤舄,与子炼形入云墟。"清洪昇《长生殿·絮阁》:"这御榻底下,不是一双凤舄么。"

【凤鞋】fèngxié 女子所穿的绣花鞋。以鞋头花样多绘凤凰,故称。宋无名氏《感皇恩令》词:"凤鞋宫样小,弯弯露。"刘过《沁园春·美人指甲》词:"见凤鞋泥污,偎人强剔。"卢炳《踏莎行》词:"明眸剪水玉为肌,凤鞋弓小金莲衬。"岑安卿《美人行》:"露晞香径苔藓肥,凤鞋湿翠行迟迟。"清洪昇《长生殿·禊游》:"一只凤鞋套儿。"

【凤靴】fèngxuē 也称"凤花靴"。绣织凤

凰的靴子。多用于妇女。辽王鼎《焚椒录》:"皇后亦著紫金百凤衫,杏黄金缕裙,上戴百宝花髻,下穿红凤花靴。"宋李莱老《谒金门》词:"香径莓苔嗟粉坏,凤靴双斗彩。"史达祖《东风第一枝·咏春雪》曲:"恐凤靴、挑菜归来,万一灞桥相见。"方岳《贵妃夜游》词:"凤靴又上玉花骢,恩在君王一笑中。"袁易《烛影摇红·春日雨中》词:"凤靴频误踏青期,寂寞墙阴径。"清杜文澜《东风第一枝·菜花》曲:"但满村、乱蝶泠㛤,暗逐凤靴香细。"

【佛珠】fózhū 佛教徒念佛号或经咒时用以计数的串珠。又称念珠或数珠。一般由一百零八颗珠子组成一串,故又名百八丸。宋方耆《诗一首》:"身裹道衣臂佛珠,岁时入谒何易于。"张伯端《采珠歌》:"佛珠还与我珠同,我性即归佛性海。"明王彦泓《续游十二首》其七:"佛珠久换金缠臂,斗草新输玉系腰。"

【袄】fū ❶衣服的前襟。《广韵·虞韵》:"袄,衣前襟。"❷裤子。《玉篇·衣部》:"袄,袭袴也。"

【芙蓉袄】fúróng'ǎo 一种绣有荷花的袄子。金代用于亲王仪卫。《金史·仪卫志下》:"亲王傔从:乘马引接十人,皂衫、盘裹、束带、乘马。牵拢官五十人,首领紫罗袄、素幞头,执银裹牙杖,伞子紫罗团荅绣芙蓉袄、间金花交脚幞头,余人紫罗四襟绣芙蓉袄、两边黄绢义襕,并用金镀银束带,幞头同。"

【芙蓉扣】fúróngkòu 妇女衣裙上的一种纽扣。元关汉卿《赵盼儿风月救风尘》第二折:"珊瑚钩、芙蓉扣,扭捏的身子儿别样娇柔。"王实甫《西厢记》第五本第一折:"裙染榴花,睡损胭脂皱;纽结丁香,掩过芙蓉扣。"

【**服采**】fúcǎi 服饰的花色，代指服饰。《金史·礼志八》："勒忨辞于贞琰，涓良日于元龟，彰服采以辨威，洁庶县而致祭。"《红楼梦》第一百一十九回："众人远远接着，见探春出挑得比先前更好了，服采鲜明。"

【**服珥**】fúěr 衣服和佩饰。宋刘克庄《灯夕二首呈刘帅》诗之一："士女如云服珥鲜，暂陪猎较亦欣然。"明沈德符《万历野获编·礼部一·粗婢得封》："太后乃命召郭氏入，以其貌寝衣敝，特为妆饰，服珥甚华，因尽以赐之。"

【**服卉**】fúhuì 穿着用绤葛制的衣裳。亦指棉衣。宋梅尧臣《和孙端叟寺丞农具·蚕簿》诗："愿丰天下衣，不叹贫服卉。"元方夔《续感兴》诗之六："扬州旧服卉，木棉白茸茸。"

【**腹围**】fùwéi 腰巾；腰带。宋代男女围于腰腹间的一种饰物。其制似短围裙，裹于腹部。因时尚鹅黄，故亦称"腰上黄"。亦有以青花布巾为之者。宋岳珂《桯史》卷五："宣和之季，京师士庶，竞以鹅黄为腹围，谓之腰上黄……始自宫掖，未几而通国皆服之。"

G

gai—gong

【盖头】gàitóu ❶妇女结婚时用以蔽面之巾。盖头源于唐代冪羅（一种笼形纱

盖头（宋李嵩《货郎图》）

巾，从帽顶往下罩住面容与身体），方五尺，以皂罗制成，富贵之家也以销金为饰。戴时，可直接盖在头上，遮住颜面；如婚礼借穿凤冠（实际上是花冠）霞帔，则系于冠上。这种风俗一直延续到现代。吴自牧《梦粱录·嫁娶》："（两新人）并立堂前，遂请男家双全女亲，以秤或用机杼挑盖头，方露花容。"金董解元《西厢记诸宫调》卷一："把盖头儿揭起，不甚梳妆，自然异常。"《红楼梦》第九十七回："宝玉见喜娘披着红，扶着新人，蒙着盖头。"❷妇女外出时，用以蔽尘的面巾披肩，上覆于顶，下垂于背。宋孟元老《东京梦华录》卷五："其媒人有数

等，上等戴盖头。"周煇《清波别志》卷中："士大夫于马上披凉衫，妇女步通衢，以方幅紫罗障蔽半身，俗谓之盖头，盖唐帷帽之制也。"高承《事物纪原》卷三："唐初宫人著冪羅，虽发自戎夷，而全身障蔽，王公之家亦用之。永徽之后用帷帽，后又戴皂罗，方五尺，亦谓之幞头，今曰盖头。"元关汉卿《窦娥冤》第一出："梳着个霜雪般白鬏髻，怎戴那销金锦盖头？"❸戏曲服饰。戏曲剧目中，作为新婚角色的女子，在仪典上遮盖头部的红色方巾。取法自中国民俗。质地为红色缎料，制成正方形，四角镶穗。巾面绣有喜庆的龙凤图案，以象征祥瑞和谐。

宋代裹盖头的妇女

【赶上裙】gǎnshàngqún 宋代妇女服饰。一种前后相掩、长而拖地的裙子。南宋理宗时，宫中妇女咸喜服之。因其形制新颖奇特，与普通之裙有颇大差异，故被

时人视为预兆不祥的奇装异服。《宋史·五行志三》："理宗朝,宫妃系前后掩裙而长窒地,名'赶上裙'。"

【**高脚幞头**】gāojiǎofútóu 宋代宫廷仪卫所戴的一种幞头。左右两脚朝上高翘。《宋史·仪卫志二》："太宗太平兴国初,增主辇二十四人,改服高脚幞头……奉龙脑合二人,衣绯销金袍,并高脚幞头。"

【**高士**】gāoshì 宋代士庶所戴的竹制束发之冠。亦有木制者。《朱子语类》卷九一："竹冠,制惟偃月、高士二式为佳,他无取焉,间以紫檀、黄杨为之。"明屠隆《考槃余事》卷四:"(冠)有铁者、玉者、竹箨者、犀者、琥珀者、沉香者、瓢者、白螺者,制惟偃月、高士二式为佳,瘿木者终少风神。"

【**高檐帽**】gāoyánmào 宋代士人所戴的一种帽檐高耸的帽子。宋洪咨夔《正月二十四日早梦乞聪明于东坡》诗:"有人野服帽高檐,宛如赤壁图中样。"明曹臣《舌笔录》卷四:"米元章居京师,被服怪异,戴高檐帽。"

【**弓脚幞头**】gōngjiǎofútóu 即"局脚幞头"。《宋史·仪卫志二》:"宫中导从之制,唐已前无闻焉。五代汉乾祐中,始置主辇十六人,捧足一人,掌扇四人,持踏床一人,并服文绫袍、银叶弓脚幞头……书省二人,紫衣、弓脚幞头。"又:"大将二人,紫衣、弓脚幞头。"明方以智《通雅》卷三六:"五代汉乾祐中,有银叶弓脚幞头。"

【**弓鞋**】gōngxié 也称"弓履"。妇女所穿的弯底之鞋。因鞋底弯曲,形如弓月而得名。入宋以后,亦借指缠足妇女所穿的小脚鞋子。俗以"一虎口"(约四五寸)为一弓。旧时用以形容妇女缠过的小脚为"弓足",同时鞋被称之为"弓鞋"。这种鞋子有四大特点:一为小,在盛行缠足时代,女子之足一直以纤小为贵,俗称"三寸金莲";二为尖,缠足妇女所穿的鞋子,一般都用尖头;三为弯,鞋底内凹,形如弯弓,故名弓鞋;四为高,鞋下一般衬有厚底,俗称高底。宋代缠足风气盛行,缠足妇女专用的弓鞋,多用锦、缎等丝织品制作,头部上翘如凤头,鞋面上刺绣有各种花纹,有的还用金缕装饰。明代弓鞋,多用香樟木做成高底,木底露在外的叫"外高底",有杏叶、莲子、荷花等名目,木底在里的叫"里高底",又叫"道士冠"。老年妇女穿平底弓鞋,叫"底而香"。宋王洋《以酒饷钺父蒙以绝句为谢因次韵并叙送有这意时欲往吴中二首》其二:"后房彩女弓鞋窄,持得金莲案上开。"杨皇后《宫词》:"日日寻春不见春,弓鞋踏破小除芸。"袁褧《枫窗小牍》卷上:"小家至为剪纸衬发,膏沐芳香,花靴弓履,穷极金翠。"姜夔《眉妩·戏仲远》词:"无限风流疏散,有暗藏弓履,偷寄香翰。"侯君素《旌异记》:"湖州南门外一妇人颜色洁白,著皂弓鞋,踽踽独行。"黄庭坚《满庭芳》词之四:"直待朱辐去后,从伊便,窄袜弓鞋。"张世南《游宦纪闻》卷四:"又有富室携少女求颂。僧曰:'好弓鞋,敢求一只。'语再四,不得已遗之。即裂其底得衬纸,乃佛经也。"清叶梦珠《阅世编》卷八:"弓鞋之制,以小为贵,由来尚矣。然予所见,惟世族之女或然,其它市井仆隶,不数见其窄也。以故履惟平底,但有金绣装珠,而无高底笋履。崇祯之末,闾里小儿,亦缠纤趾,于是内家之履,半从高底。窄小者,可以示美;丰跌者,可以撅拙。本朝因之。"徐珂《清稗类钞·服饰》:"弓鞋,缠足女子之鞋也。京、津人所著,宛如弓形,他处则惟锐其端,而以扬州之鞋为最尖。"

【弓靴】gōngxuē 缠脚妇女所穿的一种小脚鞋。宋王之望《好事近》词其四:"弓靴三寸坐中倾,惊叹小如许。"卢炳《菩萨蛮》词:"石榴裙束纤腰袅,金莲稳衬弓靴小。"吕胜己《满江红·郡集观舞》词:"鞓带紧,弓靴窄。花压帽,云垂额。□回雪、定拼醉倒,厌厌良夕。"张榘《青玉案·和何使君次了翁韵》词之三:"弓靴微湿,玉纤频袖,塑出狮儿好。"

【弓样鞋】gōngyàngxié 缠脚妇女所穿的一种小脚鞋。弓样,指女子的小脚。宋辛弃疾《菩萨蛮》词:"淡黄弓样鞋儿小,腰肢只怕风吹倒。"《明史·舆服志二》:"宫人冠服,制与宋同……弓样鞋,上刺小金莲。"

【公衮】gōnggǔn 上公之命服。衮,帝王、上公的礼服。代指三公一类的显职。宋宋敏求《春明退朝录》卷下:"丁晋公、冯魏公,位三公侍中,而未尝冠貂蝉。杜祁公相甫百日,当庆历四年郊祠,貂冠公衮,又升辂奉册,改谥诸后。"范仲淹《祭吕相公文》:"谨致祭于故相赠太师令公吕公之灵……忧劳疾生,辞去台衡,命登公衮,以养高年,如处嘉遁。"王安石《贺留守太尉启》:"伏维留守太尉,朝廷伟材,宗庙贵器,华问既大,宠禄用光……将坛之拜既崇,公衮之归岂晚。"刘克庄《唐衣二首》诗其二:"儒衣曾有髡钳者,公衮其如跋疐何。"张孝祥《归字谣》其三:"归。数得宣麻拜相时。秋前后,公衮更莱衣。"

【功缌】gōngsī 居丧之服。丧礼中大功、小功和缌麻三种丧服的通称。泛指丧服。宋谢采伯《密斋笔记》卷四:"每遇功缌之戚,辄茹素一月,皆可以风厉薄俗。"陆游《老学庵笔记》卷四:"郭子仪三十年无缌麻服,人或疑其不然。安厚卿枢密逾二纪无功缌之戚,乃近岁事也。"张载《有丧》诗:"举世只知隆孝姊,功缌不见我心悲。"胡寅《古今豪逸自放之士鲜不嗜酒》诗:"虽将齐物我,亦合悼功缌。"

【宫花】gōnghuā ❶宫廷女性的花钿、头饰。亦指宫中所制的像生花。宋张先《减字木兰花》词:"文鸳绣履,去似杨花尘不起;舞彻伊州,头上宫花颤未休。"清陈康祺《郎潜纪闻》卷七:"高宗幸阙里,夫人尚年幼,随其祖母跪迓宫舆,蒙驻舆询年齿,且携手赐宫花一朵。"《红楼梦》第七回:"薛姨妈道:'这是宫里头作的新鲜花样儿堆纱花,十二枝。昨儿我想起来,白放着可惜旧了,何不给他们姐妹们戴去!'"❷科举时代会考中选的士子,在皇帝赐宴时所簪的帽花。通常以金色绢纸制成,使用时簪在巾帽的两侧。宋李宗谔《绝句》:"戴了宫花赋了诗,不容重见插花衣。"元乔孟符《金钱记》第一折:"博得个名扬天下,才能勾宴琼林饮

宫花
(唐周昉《簪花仕女图》)

御酒插宫花。"萨天锡《敕赐恩荣宴》诗：
"宫花压帽金牌重，舞妓当筵翠袖轻。"明
高明《琵琶记·想梦》："宫花斜插帽檐
低，一举成名天下知。"汤显祖《牡丹亭·
硬拷》："好看我插宫花，帽压君恩重。"清
蒋士铨《临川梦·想梦》："可笑那杜丽娘
呵，识见浅，要夫婿宫花双颤险些儿被桃
条打散梦中缘！"

【宫衫】gōngshān 官服。元杨维桢《古乐
府·苕山水歌》："三日新妇拜使君，野花
山叶斑斓裙。使君本是龙门客，宫衫脱
锦披黄斤。"

【宫鞋】gōngxié ❶读书士子所穿的一种
鞋。宋上庠士人妻《寄鞋袜》诗："细袜宫
鞋巧样新，殷勤寄与读书人。好将稳步
青云上，莫向平康漫惹尘。"龙辅《制履寄
外》："何物寄殷勤，宫鞋绿锦文。为郎承
素足，指日踏青云。"❷妇女所穿的绣鞋。
宋万俟绍《冬闺怨》诗："宫鞋湿透犹堪
着，未抵空闺绣被寒。"王沂孙《锦堂春
慢·中秋》词："早是宫鞋鸳小，翠鬟蝉
轻。"扬无咎《蝶恋花·曾韵鞋词》："端正
纤柔如玉削。窄袜宫鞋，暖衬吴绫薄。"
明沈仕《大石调催拍·偶见》曲之一："疑
是朝云，偶下阳台，全没有半点尘埃。只
见花落处，印宫鞋。"

【宫袖】gōngxiù 舞女的长袖。宋杨亿
《公子》诗："夹道青楼拂彩霓，月轩宫袖
按《前溪》。"曾觌《燕山亭·中秋诸王席
上作》词："朱邸高宴簪缨，正歌吹瑶
台，舞翻宫袖。"元刘仲尹《鹧鸪天》词：
"璧月池南剪木栖。六朝宫袖窄中宜。"
明刘炳《水龙吟·题御沟红叶》词："漫宫
袖微搉，玉纤轻拾，胭脂湿、露华清晓。"

【宫靴】gōngxuē 大臣上朝时所穿的靴
子。宋刘克庄《四和实之〈春日〉》之二：

"朱门画鼓舞宫靴，应笑狂夫似采和。"侯
寘《满江红·和徐叔至御带》词："照眼光
浮琼液满，断肠翠拥宫靴窄。"梅尧臣《十
二月十三日喜雪》诗："大明广庭踏朝
驾，雉尾不扫黏宫靴。"

【宫装】gōngzhuāng ❶宫廷中女性的服
饰、妆容。亦指民间妇女所穿着的宫中
样式的装束。宋方千里《红林檎近》词：
"多情天孙罢织，故与玉女穿窗。素脸浅
约宫装。风韵胜笙簧。"刘宰《代挽赵工
侍汤氏人三首》其三："贝叶经中空世
念，菱花镜里谢宫装。"梅尧臣《送刁景纯
学士赴越州》诗："二分学宫装，艳色斗京
洛。"元元淮《昭君出塞》诗："西风吹散旧
时香，收起宫装换北装。绒帽貂裘同锦
绮，翠眉蝉鬓怯风霜。"《女娲石》第十五
回："话说瑶瑟将那女子一看，止见凤鬟
翠细，长袖博领，腰系一条赤绦，长可及
地，宛如古代宫装。"❷明清时妇女所用
的一种云肩。以绫缎为之，上绣花鸟，四
周缀以珠宝、流苏及小铃，使用时披及肩
背，行辄有声，一般多用于礼服。清叶梦
珠《阅世编》卷八："内装领饰，向有三等：
大者裁白绫为云样，披及两肩，胸背刺绣
花鸟，缀以金珠、宝石、钟铃，令行动有
声，曰宫装。次者曰云肩。小者曰阁鬓。
其绣文缀装则同。近来宫装，惟礼服用
之，居常但用阁鬓而式样亦异，或剪彩为
金莲花，结线为缨络样，扣于领而倒覆于
肩，任意装之，尤觉轻便。"❸仿照宫中女
性服饰制作的婚嫁服饰。《粉妆楼》第四
十六回："花轿上了前厅，喜筵已过，三次
催妆，新人上轿。那孙氏翠娥内穿紧身
软甲，暗藏了一口短刀，外套大红宫
装、满头珠翠。"❹也作"宫衣"，也称"舞
衣"。戏曲服装。其制由明代宫廷女装

演变而来,一般作对襟、圆领、下长至足。为传统戏曲中后妃及贵妇所穿。

gu—guo

【古眼】gǔyǎn 带銙上的小孔。宋王得臣《麈史》卷上:"今带止用九胯,四方五圆,乃九环之遗制。胯且留一眼,号曰古眼,古环象也。通以黑韦为常服……至和、皇祐间为方胯,无古眼。"

【固项】gùxiàng 护领。多以朱漆牛皮制造,以固颈项,多为武士用之。宋朱辅《溪蛮丛笑·固项》:"朱漆牛皮以护头颈,名固项。"

固项

固项(河南洛阳唐墓出土武士俑)

【顾姑】gùgū 也作"罟罛""罟罟""箍箍""姑姑""固姑""故姑""罟姑""括罟""孛黑塔"或"古库勒"。元代蒙古译音。宋元时蒙古妇女所戴的一种有很高装饰的礼冠。用桦木制成的长冠,高二尺许,外表用皂褐笼之,富贵者包以红绢,顶上用四五尺长的柳条或银打成枝,外裱青毡,再插以翠花、彩帛及野鸡毛饰之。起初,蒙古族已婚妇女不管贫富贵贱,都有戴"顾姑冠"的习惯。后来渐渐被贵妇人所垄断。元朝后妃及大臣之正室,皆戴此冠,身穿两袖宽松、下长曳地、在行走时由奴婢随后托起之大袍。宋孟珙《蒙

鞑备录·妇人》:"凡诸酋之妻,则有顾姑冠,用铁丝结成,形如竹夫人,长三尺许,用红青锦绣,或珠金饰之。"彭大雅《黑鞑事略》:"其冠……妇顶故姑。"徐霆疏证:"霆见故姑之制,用画(桦)木为骨,包以红绢金帛。顶之上,用四五尺长柳枝,或银打成枝,包以青毡。其向上人,则用我朝翠花或五采帛饰之。令其飞动。以下人,则用野鸡毛。"陈元靓《事林广记·后集》卷一〇:"固姑,今之鞑旦回回妇女戴之,以皮或糊纸为之,朱漆剔金为饰,若南方汉儿妇女则不戴之。"元熊梦祥《析津志》:"以大长帛御罗手帊系于额,像之以红罗束发,峨峨然者名罟罟。"聂碧窗《咏北妇》诗:"江南有眼何曾见,争卷珠帘看固姑。"杨维桢《吴下竹枝歌》:"马上郎君双结椎,百花洲下买花枝。罟罛冠子高一尺,能唱黄莺舞雁儿。"《元史·郭宝玉传》:"岁庚午,童谣曰:'摇摇罟罟,至河南,拜阕氏。'"明朱有燉《元宫词》:"罟罟珠冠高尺五,暖风轻袅鹧鸪翎。"沈德符《顾曲杂言》:"元人呼命妇所戴笄曰罟罟,盖其土语也。"胡侍《真珠船·顾姑》:"元朝后妃及大臣之正室,皆带姑姑,高圆二尺许,用红色罗。盖唐金步摇冠遗制……顾姑、姑姑、罟罟、固姑,实一物。夷禁之音,无正字也。"

顾姑冠(《历代帝后图》)

【观音衲】guānyīnnà 僧侣所服黄色衲衣。因唐末豫章之观音禅师劝人所染,故称。宋赵令畤《侯鲭录》卷三:"昔唐末豫章有观音禅衲。且南方禅客,多搭白,常以瓶器盛染色,劝令染之。今天下皆谓黄袍为观音衲。"

【官衫】guānshān ❶也称"官衫帔子"。官妓到官府供奉承应时所穿的礼服。上有"官身祇候"或"官员祇候"等字,以示身份,外套红帔。形制由官府规定,多见于宋元时期。元关汉卿《金线池》楔子:"张千云:'府堂上唤官身哩。'正旦云:'要官衫么?'张千云:'是小酒,免了官衫。'"李致远《还牢末》第一折:"我原是此处一个上厅行首,为当不过官身,纳了官衫帔子,礼案上除了名字,脱贱为良,嫁了李孔目。"杨显之《酷寒亭》楔子:"自家萧娥是也。自小习学谈谐歌舞,无不通晓,当了三年王母,我如今纳下官衫帔子,我嫁人去也。"❷官服。明高启《送赵使君致仕归别业》诗:"家箧已添新著稿,官衫未歇旧熏香。"

【冠绶】guānshòu 礼冠和印绶,泛指官吏的服饰等级制度。《续资治通鉴·宋纪七十四》:"以此言之,用品及差遣定冠绶之制,则未为允当。伏请以官为定,庶名实相副,轻重有准。仍乞分官为七等,冠绶以如之。"

【冠梳】guānshū 宋代流行的一种妇女首饰。用漆纱、金银、珠玉等做成两鬓垂肩的高冠,并在冠上插以白角长梳。起自宫中,流行于民间,成为一种礼冠。冠的顶部,多饰有金色朱雀,四周插有簪钗。梳用白角制成,长可至一尺,梳齿上下相合,其数四六不等,后又用鱼鲢、象牙和玳瑁等质料。因梳较长,在上轿进门时,只能侧首而入。宋皇祐元年,朝廷曾对冠梳尺寸加以限定,但未能禁断。其样式在敦煌壁画中多有反映。南宋时杭州一带仍颇流行,有"花朵冠梳""大梳裹"等名目。宋周辉《清波杂志》卷八:"先是宫中尚白角冠,人争效之,号内样冠。名曰垂肩、等肩。至有长三尺者,登车檐,皆侧首而入。梳长亦逾尺,议者以为服妖。"王栐《燕翼诒谋录》卷五:"皇祐元年十月诏禁中外不得以角为冠梳,冠广不得过一尺,长不得过四寸,梳长不得过四寸。"孟元老《东京梦华录》:"结彩棚,铺陈冠梳,珠翠、头面、衣着……之类。"《朱子语类》卷一〇一:"其去行在所也,买冠梳杂碎之物,不可胜数,从者莫测其所以。"《水浒传》第八十一回:"李师师冠梳插带,整肃衣裳,前来接驾。"

冠梳(敦煌壁画宋代供养人像)

【光纱帽】guāngshāmào 也作"京纱帽"。士庶男子、儿童日常所带的帽子。其形制甚质朴,以幞头光纱制作,帽檐有尖而如杏叶者,后又为短檐,才二寸许。宋王得臣《麈史》卷一:"始时,惟以幞头光纱为之,名曰京纱帽。其制甚质,其檐有尖而如杏叶者,后为短檐,才二寸许者。"元

宋辽金元时期的服饰

杨暹《西游记》第十二出:"见一人光纱帽,黑布衫。"《警世通言·福禄寿三星度世》:"见一个人毡头光纱帽,宽袖绿罗袍,身材不满三尺。"

【龟紫】guīzǐ 武周天授二年曾改佩鱼为佩龟,故"金(鱼)紫(衣)"也随之改称为"龟紫"。唐中宗神龙二年又恢复佩鱼,佩龟制度亦随之取消。但"龟紫"作为一种典故,仍在文人诗文中沿用,指获得"金紫"一类荣宠。宋欧阳修《谢赐龟紫启》:"龟紫之重,唐制所难。武元衡、牛僧孺为宰相,裴度为中丞,李宗闵为学士,方有是赐。"陆游《恩赐龟紫》诗:"岂知晚拜金龟赐,却是霜髯雪鬓时。"

【衮龙服】gǔnlóngfú 也作"衮龙衣"。帝王所穿的绣有龙纹的冕服。《玉海》卷八二:"建隆元年二月九日,礼院言:'崇元殿行四庙册礼,衮龙服。'"《宋史·舆服志三》:"准少府监牒,请具衮龙衣、绛纱袍、通天冠制度令式。"《元史·舆服志一》:"衮龙服,制以青罗,饰以生色销金帝星一、日一、月一、升龙四、复身龙四、山三十八、火四十八、华虫四十八、虎蜼四十八。"

【衮龙袍】gǔnlóngpáo 也作"衮袍"。皇帝所穿的上有卷龙纹的朝服。亦借指皇帝。元柯九思《长信宫秋词》:"犹恐九霄风露早,明拟送衮龙袍。"明建文惠宗让皇帝《金竺长官司罗永庵题壁》其二:"款段久忘飞凤辇,袈裟新换衮龙袍。"沈德符《万历野获编补遗·列朝·圣谕门工》:"上大悦,赐白金百两,大红金彩衮龙袍三袭,自来人臣赐服,以坐蟒为极,时犹以为逼上。"田艺蘅《留青日札》卷三五记载明正德五年八月,刘瑾"伏诛,籍没家产",其中有"平天冠一顶、衮龙袍四领"。何景明《驾入》诗:"九天灯烛里,齐拜衮龙袍。"《金瓶梅词话》第七十一回:"远远望见头戴十二旒平顶冠,穿赭黄衮龙袍,腰系蓝田玉带,脚蹬乌油皂履。"王鏊《震泽长语·杂论》:"正德中,籍没刘瑾货财:金二十四万锭……衮袍四、八爪金龙盔甲三千。"明李蓘《嘉靖宫词八首》其六:"天王亲捧瑶函拜,五色龙光生衮袍。"清贾凫西《木皮散人鼓词》:"爬爬屋三间当了大殿,衮龙袍穿这一领大布衫。"

【国服】guófú 辽代与汉族人服饰"汉服"相对,契丹人称自己的服饰为"国服"。《辽史·仪卫志二》:"于是定衣冠之制,北班国制,南班汉制,各从其便焉。详国服以著厥始云。"又:"会同中,太后,北面臣僚国服;皇帝,南面臣僚汉服。"

【裹缠】guǒchán 裹腿,多用于出行。旧时出门将路费衣服裹缠于身,故也指日常生活开支。元赵孟頫《送高仁卿还湖州》诗:"太仓粟陈未易籴,中都俸薄难裹缠。"清抟沙拙老《闲处光阴》卷下:"曰行縢,犹是汉时语,今俗谓为裹骸,或裹缠。"

【裹肚】guǒdù ❶也称"包肚""抱肚""袍肚"。宋元时男子长衣外包裹腰肚的绣袍肚。通常以纳帛、彩锦为之,制为阔幅,四角圆裁,精美者施以彩绣,周围镶有边饰。使用时加在袍衫之外,由身后绕至身前,用革带、勒帛等系束。初施于武士,后文武通用。官吏所用者通常由朝廷颁赐,彩色及纹样有专门规定。宋陆游《老学庵笔记》卷二:"又祖姒楚国郑夫人有先左丞遗衣一箧,裤有绣者,白地白绣,鹅黄地鹅黄绣,裹肚则紫地皂绣。

祖姒云：'当时士大夫皆然也。'"陈长方《步里客谈》下："承平时茶酒班殿侍，系四五重颜色裹肚。先是京师以竹盛五色线拽之为戏，谓之变线，又以殿侍所系裹肚似之，故亦谓之变线。今不复系如许裹肚，但有义带数条耳。"《宣和遗事》："是时底王孙公子，才子佳人，男子汉都是丫顶背，带头巾，窣地长背子，宽口裤，侧面丝鞋，吴绫袜，销金裹肚，妆着神仙。"陈元靓《岁时广记》卷二二："升朝官已上赐公服衬衫，大夫已上加裤，从官又加黄绣裹肚，执政又加红绣裹肚三襜。"《京本通俗小说·错斩崔宁》："只见跳出一个人来，头带干红凹面巾，身穿一领旧战袍，腰间红绢搭膊裹肚，脚下蹬一双乌皮皂靴。"《宋史·舆服志五》："应给锦袍者，皆五事：公服、锦宽袍、绫汗衫、裤、勒帛。丞郎、给舍、大卿监以上不给锦袍者，加以黄绫绣抱肚。"《元典章·工部三·役使》："祗候不系只孙裹肚。"明方以智《通雅》卷三七："宋大卿监以下，不给锦袍者，加以黄绫绣袍肚，即包肚也。"《金瓶梅词话》第九十回："身穿紫窄衫，销金裹肚……干黄韝靴。"❷有花纹

裹肚（宋李公麟《打马球图》）

装饰的阔腰巾。长约三尺，以帛或布制成，多有锦绣图案，男女皆可服用。《京本通俗小说·碾玉观音》："适来郡王在轿儿，看见令爱身上系着一条绣裹肚。"元张昱《辇下曲》："只孙官样青红锦，裹肚圆文宝相珠。羽仗执金班控鹤，千人鱼贯振嵩呼。"王实甫《西厢记》第五本第二折："今因琴童回，无以奉贡，聊布瑶琴一张，玉簪一枚，斑管一枚，裹肚一条，汗衫一领，袜儿一双，权表妾之真诚。"❸一种贴身内衣。形制似后世的兜肚，以帛或布制成，有的还绣以各种图案。着时有系带结束，紧裹于胸腹间，用以防风寒内侵。妇女、儿童服之者甚多，男子亦有服用者。《京本通俗小说·冯玉梅团圆》："承信揭开衣袂，在锦裹肚系带上解下一个绣囊，囊中藏着宝镜。"金元好问《续夷坚志·延寿丹》："捣为泥丸作弹子大，黄丹为衣，纸带子盛此药一丸，缝合著脐中，上用裹肚系定。"元关汉卿《拜月亭》第一折："把两付藤缠儿轻轻得按的扁砥，和我那压铆通三对，都绷在我那睡裹肚薄绵套里，我紧紧的著身系。"《西湖二集》第十二回："美人解衣，独著红绡裹肚一事，相与就枕。"《初刻拍案惊奇》卷一："那问的人揭开长衣，露出那兜罗锦红裹肚来。"《格致镜原·副胡侍墅谈》："有粉红抹胸，真红罗裹肚。"清褚人获《坚瓠集》卷一："袜，女人胁服也……段成式云：'见说自能裁袙肚，不知谁更着悄头。'注：袙肚，今之裹肚也。"

H

hai—he

【海青】hǎiqīng ❶方言。大袖长袍，其源或出自北方少数民族服饰。宋周密《癸辛杂识·续集下》："刘伯宣为宣慰司同知，去官日，泊北关外愈碗盏家之别室。一夕，为偷儿盗去银匙箸两副，及毛衫布海青共三件。次日几无可著之衣。"明汤显祖《牡丹亭》第四十出："俺如今有了命，把柳相公送俺这件黑海青穿摆将起来。"郑明选《秕言》："吴中方言称衣之广袖者谓之海青。按李白诗云：'翩翩舞广袖，似鸟海东来。'盖海东俊鹘名海东青，白言翩翩广袖之舞如海东青也。"冯梦龙《山歌》卷六《咏物四句·海青》："结识私情像海青，因为贪裁吃郎著子身。要长要短凭郎改，外夫端正里夫村。"《三刻拍案惊奇》第十九回："走到门上，见一老一少女人走出来上轿。后边随着一个戴鬏鬌方巾，(穿)大袖蓝纱海青的，是他本房冯外郎。"明陆噓云《世事通考》下卷"衣冠类"："毼毢衫衣有数样：曰海青、曰光腰、曰三弗齐之类。今吴人称布衫总谓之海青，盖始乎此。"❷清代衣衫崇尚窄袖，宽袖之服多用于僧尼道徒，因称僧道服。明万历戊午年《常熟私志》："呼道袍曰海青。"《官场现形记》第十四回："和尚便叫管家拿护书，叫马车，穿了一件簇新的海青，到长春栈里去拜王大人去。"徐珂《清稗类钞·服饰》："海青，今称僧尼之外衣也。然古时实以称普通衣服之广袖者。"❸也称"褶子"。传统戏曲服装。黑色缎料、平绒制的斜大领。其领色区别于白领之青褶子，这是海青比青褶子略高一等的标志。它用于仆人（老院公、小院子），故又有"院子衣"之称，亦通用于下层平民出身的英雄好汉，如秦琼、武松、石秀等。

【韩君轻格】hánjūnqīnggé 也称"轻纱帽"。以黑色细纱制成的高耸的帽子。据传为五代名士韩熙载所造。宋陶谷《清异录》卷下："韩熙载在江南，造轻纱帽。匠帽者谓为韩君轻格。"明沈德符《万历野获编》卷二六："古来用物，至今犹系其人者，如韩熙载作轻纱帽，号韩君轻格。"

韩君轻格（五代顾闳中《韩熙载夜宴图》）

【寒珰】hándāng 指光润的耳珠。元袁桷《红梅赋》："弃明月之寒珰，缀飞琼以为珸。"

【汉服】hànfú ❶辽代时称汉族服饰为"汉服",契丹本民族的服饰为"国服",后为其他少数民族政权沿用。《辽史·仪卫志二》:"会同中,太后、北面臣僚国服;皇帝、南面臣僚汉服。乾亨以后,大礼虽北面三品以上亦用汉服;重熙以后,大礼并汉服矣。"清谈迁《北游录·纪闻下》:"太宗德光入晋之后,皇帝与南班汉官用汉服;太后与北班契丹臣僚用国服,其汉服即五代、晋之遗制也。"徐珂《清稗类钞·服饰》:"(清)高宗在宫,尝屡衣汉服,欲竟易之。"❷后人称汉代的服饰。明文震亨《长物志·衣饰》:"至于蝉冠朱衣,方心曲领,玉佩朱履之为'汉服'也。"

【汗搭】hàndá 也作"汗塌""汗替""汗褟""汗鞳"。汗衫之类的衬衣。元无名氏《村乐堂》第二折:"请同知自向跟前望,夫人为甚么汗搭湿残妆。"欧阳玄《渔家傲·南词》:"血色金罗轻汗搭,宫中画扇传油法。"刘庭信《醉太平·走苏卿》曲:"破荷叶遮著歪靴勒,旧汗替绞了杂毛套,油手巾改做布裙腰,这的是子弟每下稍。"清钱大昕《恒言录》卷五:"汗搭,衬衫也……古人谓之汗衣。"陈鳣《恒言广证》:"搭即褟之别字。《方言》:'汗襦,自关而西或谓之衹裯。'"清光绪乙巳年《重修皋兰县志》:"汗濡曰汗褟,音如塔。"蒲松龄《日用俗字·裁缝章》:"马夫汗鞳真鄙俚,家丁扻肩称粗豪。"《儿女英雄传》第七回:"我这裤子、汗塌儿都是绸子的。"

【汗袴(裤)】hànkù 也作"汗胯"。元代仪卫所着之裤。明代亦见于西域少数民族。《元史·舆服志一》:"汗胯,制以青锦,缘以银褐锦,或绣扑兽,间以云气。"《明史·舆服志三》:"西戎四人,间道锦缠头,明金耳环,红纻丝细褶袄子,大红罗生色云肩,绿生色缘,蓝青罗销金汗袴。"

【绗】háng 衣服的缘边。《广雅·释诂二》:"绗,缘也。"

【豪犀】háoxī 妇女理发用具。用犀角制成,用于刷掠鬓发。元龙辅《女红余志》卷上:"豪犀,刷鬓器也。诗曰:'侧影移袖拂豪犀。'"清王士禛《浣溪纱·和漱玉词》:"奁畔豪犀间玉梳。新妆才罢晓寒初。"孙原湘《依夕》其一:"输与鬟师偏逼近,豪犀亲见拨云翘。"李符《摸鱼儿》其二:"蝉云拂罢豪犀放,早许柔黄先握。"

【诃子】hēzi 妇女的饰物。抹胸之类,与普通内衣不同。诃子位于"贴体衫"内。宋高承《事物纪原·衣裘带服·诃子》:"本自唐明皇杨贵妃作之,以为饰物。贵妃私安禄山,以后颇无礼,因狂悖,指爪伤贵妃胸乳间,遂作诃子之饰以蔽之。"皇都风月主人《绿窗新语》亦称:"安禄山醉,戏引手抓妃胸乳间,妃虑帝见痕,以金为诃子遮之,后宫中皆效之。"元刘致《折桂令·疏斋同赋木犀》曲:"贴体衫儿淡黄,掩胸诃子金装。"清李伯元《南亭笔记》卷七:"集诸妓裸其上体,著红诃子。"

【合包】hébāo 即荷包。元刘致《一枝花·罗帕传情》套曲:"待倒盒里收呵若有些疏虞甚意儿,待合包里藏呵有那等俏相识开口着我怎推辞。"

【合缝靴】héfèngxuē 以数块布帛或皮料缝合而成的靴。原多用于北方少数民族,唐宋时期较为流行。辽王鼎《焚椒录》记萧观音事:"上出《十香词》,曰:'此非汝作手书?更复何辞。'后曰:'此宋国忒里蹇所作,妾即从单登得而书赐之耳,且国家无亲蚕事,妾安那得有亲桑语。'上曰:'诗正不妨以无为有,如词中合缝靴亦非汝所著,为宋国服邪?'上怒甚,因以铁骨朵击后,后几至殒。"

合缝靴(明代刻本《明会典》插图)

【合欢带】héhuāndài 以两种颜色的彩丝编成的带子。两色交缠,寓意合欢。妇女佩于裙边,以为装饰。通常垂挂两条,左右各一,取成双作对之意。男子亦有佩此带者,一般系结于衣襟。宋朱熹《拟古》诗:"结作同心花,缀在红罗襦。双垂合欢带,丽服眷微躯。"元武汉臣《玉壶春》第四折:"准备了佳期,合欢带常拴系。得遂了于飞,同心结莫摘离。"张小山《水仙子·春晚》词:"合欢裙带闲罗帐,无言倚绣床,怎生人不成双?"明何景明《捣衣》诗:"愿为合欢带,得傍君衣襟。"清吴伟业《子夜歌》之五:"尚有宛转丝,织成合欢带。"

【合欢罗胜】héhuānluóshèng 立春日用彩绸剪的燕形饰品。宋贺铸《雁后归》词:"巧剪合欢罗胜子,钗头春意翩翩。"

【合欢索】héhuānsuǒ 也称"合欢彩索"。一种用五彩丝交织而成的妇女臂饰。端午节使用,据称有祛灾辟邪之效。宋陈元靓《岁时广记·端午》:"《提要录》:北人端午以杂丝结合欢索,绔于臂膊。张子野《端午》词云:'又还是兰堂新浴,手捻合欢彩索,笑倩人富寿低低祝。金凤

毡,艾花蠹。'又张文潜词云:'菖蒲酒满劝人人,愿年年欢醉。偎倚,把合欢彩索,殷勤寄与。'又云:'手把合欢彩索。殷勤微笑嘱檀郎。低低告,不图系腕,图系人肠。'"清王隼《西山杂咏》其一:"佩我同心环,绾我合欢索。"

【荷包】hébāo ❶随身佩带用以盛放杂物的小囊,亦可用作香囊或饰物,一般置于怀内或悬于腰间。多以布帛制成,也有用金玉制成者,作用与今口袋相类。其状有圆形、方形、鸡心形、葫芦形、茄子形及小脚鞋形等。古称"鼙囊""荷囊",宋代以后则称"荷包"。宋代广为服用,且形制多样。有香草荷包、腰圆荷包、鸡心荷包、葫芦荷包、褡裢荷包、抱肚荷包等,包口多以细带收束。质料以刺绣为常见。清代尤为流行,与扇袋、眼镜袋、帕袋共为腰间佩饰,制作更为精巧。元无名氏《摩利支飞刀对箭》第二折:"两个不曾交过马,把我左臂厢砍了一大片,著我慌忙下的马,荷包里取出针和线,我使双线缝个住,上的马去又征战。"马致远《邯郸道省悟黄粱梦》第一折:"我十年苦志,一举成名,是荷包里东西。"明叶子奇《草木子·杂制》:"元路、州、县各立长官曰达鲁花赤,掌印信以总一府一县之治……达鲁花犹华言荷包上压口捺子也,亦由古言总辖之比。"《金瓶梅词话》第三十四回:"(潘金莲)胸前撩带金玲珑撩领儿,下边羊皮金荷包。"《红楼梦》第三十回:"宝玉见了他,就有些恋恋不舍的,悄悄的探头瞧瞧王夫人合着眼,便自己向身边荷包里带的香雪润津丹掏了一丸出来,向金钏儿嘴里一送,金钏儿不睁眼,只管嚼了。"清翟灏《通俗编·服饰》:"《能改斋漫录》载刘伟明诗'西清直

寓荷为橐',欧阳修启以'紫荷垂橐'对'红药翻阶',皆读之为芰荷之荷。今名小裕囊曰荷包,亦得缀袍外以见尊上,或者即因于紫荷耶?"李静山《增补都门杂咏·葫芦荷包》:"为盛烟叶淡巴菰,做得荷包各式殊。未识何人传妙制,家家依样画葫芦。"❷满族佩饰。满语称之为"法都"。抽口绣花扁状小袋子。常用锻、绸、布、革等材料制作,表里两层,里多以素色布、绸为之,表面用刺绣、纳纱、堆绫、压金银线、缉米珠等法制成龙凤、花鸟、人物、山水及福禄寿喜等吉祥图案,口沿处以细丝绳穿连,可松紧,两侧有飘带,底部带坠。形状各异,有圆形、长形、鸡心形、花篮形或葫芦形等多种。还有加累丝点翠、竹木牙骨、金银翠玉等各类荷包。清代满族男女皆喜佩戴荷包。初,八旗兵出征携带食物,多用兽皮缝制一个大袋子,后期逐渐演变成小巧佩饰,旧俗仍存。用来装槟榔等小食品或钱币、香料、烟叶等。蒙古、锡伯等族人亦喜佩戴,青年男女多用作定情信物。戴法男女有别,男挂腰带两侧,多达十余个,女挂旗袍大襟嘴上。多自制,旧时也有作坊出售,全今一些乡村仍有戴者。

南宋黄昇墓荷包纹饰图

【荷叶巾】héyèjīn ❶隐逸或闲居之士所戴之巾帽。元张可久《湖上书事三首》诗:"竹枕芦花被,草衣荷叶巾。"《石点头·莽书生强图鸳侣》:"(莫谁何)打扮得十分华丽。头上戴的时兴荷叶绉纱巾,贴肉穿的是白绢汗衫,衬着大红绉纱袄子。"❷也称"四轮巾""傧相帽"。传统戏曲盔头名称。缎制,软胎,绣花,方形,上有檐似荷叶覆盖,故称。后有两根飘带。有黑、绿两色。为戏曲中丑行所扮幕僚门客所戴,如《群英会》中蒋干所戴。

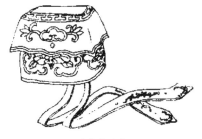

戏曲荷叶巾

【貂裘】hédiāoqiú 貂皮制成的衣服。宋陆游《园中赏梅》诗:"未爱繁枝压纱帽,最怜乱点糁貂裘。"明李梦阳《云中曲二首》其一:"黑帽健儿黄貂裘,匹马追胡紫塞头。"清徐乾学《怀友人远戍》诗:"边城日日听鸣笳,极目辰韩道路赊。三袭貂裘犹未暖,一生雪窖便为家。"

【鹤袍】hèpáo ❶道袍;带有鹤纹的袍服。宋宋庠《送谭秘校赴江陵理曹掾先过衡阳别》诗:"还家雁峰地,趋府鹤袍人。"曾丰《自广至永丰呈熊直卿邹用之邓继高》诗:"鹤袍可著终须脱,铁砚虽穿请更研。"黄镇成《题道士林希深祷雨卷》诗:"羽人曾领玉宸曹,身衣朝天白鹤袍。"明姚咨《送人游句曲》:"凫舄鹤袍辞世纷,望三峰下礼茅君。"❷缀有鹤纹补子的袍服。明清时规定为一品文官的公服。明沈德符《万历野获编·补遗》卷三：“疏授永乐旧例，谓环卫近臣，不比他官，概许麟服，亦犹世宗西苑奉玄，诸学士得衣鹤袍。”又：“自是督臣胡宗宪献芝与白龟同进，上以之谢玄坛告宗庙，赐宗宪鹤袍。”李东阳《候驾毕宿神乐观》诗：“夜赐鹤袍阶二品，书颁龙馔日三回。”

【鹤纹袍】hèwénpáo 即“鹤袍”。《玉海》卷八二：“《晋（书）·卢志》赐衣一袭，鹤纹袍一领。”

【鹤袖】hèxiù 鹤氅的袖。借指鹤氅。宋叶适《橘枝词三首记永嘉风土》：“鹤袖貂鞋巾闪飐，吹箫打鼓趁年华。”明陈献章《谢九江惠菊》其四：“鹤袖披翻野水滨，黄花簪破小乌巾。”汤式《湘妃游月宫·春闺即事》曲：“好姻缘成弃舍，对鸾台展转伤嗟。鹤袖儿金松扣，凤头儿珠褪结，想人生最苦是离别。”高启《一剪梅·闲居》词：“道是田家，又似仙家，敞披鹤袖岸乌纱。”

hei—hun

【黑角带】hēijiǎodài 也称“乌角带”。以黑色兽角装饰的腰带。宋蔡绦《铁围山丛谈》卷四：“始时，士大夫起复，则裹粗光幞、惨紫袍、黑角带而已。”王得臣《麈史》卷上：“在闽，同官李世美、文定之犹子也，问所服云何？世美曰：冠以帽，衣白纻衫，系黑角带，访士大夫家，鲜有知此者。”明谈迁《枣林杂俎·智集》：“暑衣冠皆白，绖带不除，二十七日后，用三乌，为乌纱帽、皂靴、黑角带也。”

【黑鞓】hēitīng 以黑色布帛包裹的皮带。唐代贵贱通用；宋代专用于庶官，四品以上则用红鞓。金代规定专用于八、九品官吏。宋庞元英《文昌杂录》卷五：“礼部

林郎中言：昔见宋赐道，说唐朝帝王带虽犀玉，然皆黑鞓，五代始有红鞓，潞州明皇画像，黑鞓也。其大臣亦然。”宇文懋昭《大金国志》卷三四：“文臣佩银鱼；八品至九品……并象笏黑鞓角带。”《宋史·礼志二十八》：“服纪：宋天子及诸臣服制……衬庙日，服履、黄袍、红带。御正殿视事，则皂幞头、淡黄袍、黑鞓犀带、素丝鞋。此中兴后制也。”

【红勒帛】hónglèbó 用红帛制的腰带。亦喻指批改文字时用红笔涂抹之迹。宋陆游《老学庵笔记》卷九：“（成都）士人家子弟，无贫富皆著芦心布衣，红勒帛狭如一指大，稍异此则共嘲笑，以为非士流也。”沈括《梦溪笔谈》卷九：“嘉祐中，士人刘几累为国学第一人，骤为怪崄之语，学者翕然效之，遂成风俗。欧阳公深恶之，会公主文，决意痛惩……有一举人论曰：‘天地轧，万物苦，圣人发。’公曰：‘此必刘几也。’戏续之曰：‘秀才刺，试官刷。’乃以大朱笔横抹之，自首至尾，谓之红勒帛，判‘大纰缪’字榜之。既而果几也。”

【红衲袄】hóngnàǎo 细针密线缝制的红色长袄。元康进之《李逵负荆》第四折：“祖下我这红衲袄，跌绽我这旧皮鞋。”

【红袍】hóngpáo 红色袍服，多用于帝王贵臣。宋周煇《清波杂志》卷七：“舅氏张必用家藏唐诸帝全身小像，乃蜀中名笔，巾裹红袍，年祀悠远而色不渝。”周密《武林旧事》卷八：“皇帝自内服幞头，红袍玉带靴入幄，更服通天冠、绛纱袍。”张耒《题韩干马图》：“心知不载吕舍郎，犹带开元天子红袍香。”周文璞《尧章金铜佛塔歌》：“蛇乡虎落狗脚腾，何如红袍玉带称功臣。”元王恽《玉堂嘉话》卷四：“金

主幞头红袍玉带,坐七宝榻。"

【**胡桃结**】hútáojié 宋代男子头巾的一种。将头巾的二带反折于顶而结成胡桃形的结式,文人喜戴之。宋陆游《老学庵笔记》载:"予童子时,见前辈犹系头巾带于前,作胡桃结。"

胡桃结

【**鹄袍**】húpáo 白袍。其色洁白如鹄(即天鹅),故名。宋代应试士子所服。亦代指应试士子。宋岳珂《桯史》卷一〇:"胡给事既就新贡院,嗣岁庚子适大比,乃侈其事,命供帐考校者,悉倍前规,鹄袍入试。"杨万里《送项圣与诣太常》诗:"鹄袍诣阙柳袍归,来年书院更光辉。"方岳《送刘仲子就试》诗:"鹄袍才脱须重读,六籍久为场屋苦。"方回《徐制准挽辞》:"不共鹄袍争举业,早令熊辔绍诗声。"刘克庄《答赴补同人》诗:"鹄袍肯在诸生列,虫篆原非壮士心。"元王逢《寄林季文周叔彬二进士时训松庠弟子员》诗:"鹄袍联射圃,鱼饭独经帷。"

【**鹄嘴靴**】húzuǐxuē 靴的一种。形如鹄嘴。元杨维桢《吴下竹枝歌》:"骑马当轩鹄嘴靴,西风马上鼓琵琶。"

【**虎皮磕脑**】hǔpíkē'nǎo 也称"虎磕脑"。磕脑之一种。包额覆脑之巾帽。以虎皮作虎头形,宋明时期多用于武士,后小儿多戴之。元陈以仁《存孝打虎》第二折:"就用这死虎皮,做一个虎皮磕脑、虎皮袍。"无名氏《张协状元》一出白:"张协抬头一看,不是猛兽,是个人。如何打扮?虎皮磕脑虎皮袍,两眼光辉志气豪。"《水浒传》第七十六回:"两员步军骁将,一般结束,但见:虎皮磕脑豹皮裈,衬甲衣笼细织金。"《金瓶梅词话》第一回:"武松定睛看时,却是个人,把虎皮缝作衣裳,头上戴着虎磕脑。"

虎磕脑(清代刻本《大清会典图》)

【**琥珀衫**】hǔpòshān 一种雨衣。以油绢制成。因其色彩黄如琥珀,故名。宋陶谷《清异录·衣服》:"张崇帅庐,在镇不法,酷于聚敛,从者数千人,出遇雨雪,众顶莲化帽,琥珀衫,所费油绢不知纪极。市人称曰雨仙。"

【**护衣**】hùyī 梳洗时披在衣服上的外罩。元关汉卿《谢天香》第二折:"著护衣须是相亲傍,止不过梳头处俺胸前靠着脊梁,几时得儿女成双?"

【**笏带**】hùdài 即"笏头带❷"。宋太宗以之赐大臣。宋宋敏求《春明退朝录》卷下:"太宗命制球路笏带赐辅臣,后虽罢免,亦服焉。赵文定罢参知政事,顷之,除景灵宫副使,赐以御仙带。自后罢宰相,仍服笏带,罢参枢,皆止服御仙带。"

【笏头带】hùtóudài ❶插笏之带。参见73页"搢绅"。❷缀有金铊尾的革带。带头呈圆弧状,与笏板造型相似,故名。宋叶梦珠《石林燕语》卷五:"旧制,学士以上赐御仙花带而不佩鱼,虽翰林学士亦然。惟二府服笏头带,佩鱼,谓之重金。"岳珂《愧郯录》卷一二:"庆历八年十一月二十九日,彰信军节度使兼侍中李用和言,伏见张耆授兼侍中日,特赐笏头金带,以为荣异……笏头带,其初虽武臣为见任枢密使,若使相者,皆未尝得赐矣,而今则凡使相皆通服也。"❸球路金带的俗称。宋代大臣的一种腰带。其上绣或织有球形花纹,束于袍外。宋范镇《东斋记事补遗》:"球路金带俗谓之笏头带,非二府文臣不得赐,武臣而得赐者……出于特恩。"宋敏求《春明退朝录》卷下:"太宗命创方团球路带,亦名笏头带,以赐二府文臣。"欧阳修《归田录》卷二:"今俗谓球路为笏头,御仙花为荔枝,皆失其本号也。"

【花钗冠】huāchāiguān 宋代后妃命妇所戴的装饰有花钗的礼冠。《宋史·舆服志三》:"中兴,仍旧制。其龙凤花钗冠,大小花二十四株,应乘舆冠梁之数,博鬓,冠饰同皇太后,皇后服之,绍兴九年所定也。花钗冠,小大花十八株,应皇太子冠梁之数,施两博鬓,去龙凤,皇太子妃服之,乾道七年所定也。"

【花带】huādài 花铐的腰带。《元典章》卷二九:"二品,紫罗服小独斜花,直径三寸,花犀带。"明王世贞《觚不觚录》:"主事署郎中员外郎,不得系花带,而武臣自都督同知以至指挥佥事,凡署职者,皆得系其带,此国初以来,沿袭之久,遂成故

事矣。"《明史·舆服志三》:"洪武三年定制:凡中宫供奉女乐、奉銮等官妻,本色鬏髻,青罗圆领。提调女乐,黑漆唐巾,大红罗销金花圆领,镀金花带,皂靴。"

【花幞头】huāfútóu 用花罗等物制成的幞头。宋代男子娶妻迎亲时所戴礼帽。金元时期用作宫廷乐工的首服。也为金代宫廷仪卫所戴。宋孟元老《东京梦华录·娶妇》:"先一日或是日早下催妆冠帔花粉,女家回公裳、花幞头之类。"吴自牧《梦粱录·嫁娶》:"向者迎新郎礼,其婿服绿裳、花幞头。"《金史·仪卫志下》:"太子常行仪卫,导从六十二人,伞子二人,并服梅红绣罗双凤袄、金花幞头,涂金银束带。"《元史·舆服志二》:"(云和乐):琵琶二十,篥十有六,箜篌十有六,篥十有六,方响八,头管二十有八,龙笛二十有八,已上共百三十有二人,皆花幞头,绯絁生色云花袍,镀金带,朱靴。次杖鼓三十,工人花幞头,黄生色花袄。"

【花环】huāhuán 妇人的首饰。宋孟元老《东京梦华录·潘楼东街巷》:"又东十字大街,曰从行裹角茶坊,每五更点灯博易,买卖衣物、图画、花环、领抹之类,至晓即散,谓之'鬼市子'。"《金史·舆服志下》:"妇人首饰,不许用珠翠钿子等物,翠毛除许装饰花环冠子,余外并禁。"

【花脚幞头】huājiǎofútóu 也作"花角幞头"。一种在两脚描绘花样或缝缀绫绢花朵的幞头。宋代为宫廷舞乐者所戴。元代则用于宫廷仪卫。宋孟元老《东京梦华录》:"宰执亲王宗室百官入内上寿:女童皆选两军妙龄容艳过人者四百余人,或戴花冠,或仙人髻,鸦霞之服,或卷曲花脚幞头,四契红黄生色销金锦绣之

衣,结束不常,莫不一时新妆,曲尽其妙。"《元史·舆服志一》:"(仪卫服色)花角幞头,制如控鹤幞头,两脚及额上,簇象生杂花。"《续通典·礼志十二》:"花角幞头,元制如控鹤幞头,两角及额上簇象生杂花,亦仪卫之服。"

【花幂】huāmì 宋代妇女出嫁时用于裹头的大幅方巾。用花罗制成。一般由男方赠送女方,诸王纳妃时用作定礼。《宋史·礼志十八》:"诸王纳妃。宋朝之制……定礼,羊、酒、彩各加十,茗百斤,头䰀巾段、绫、绢三十匹,黄金钗钏四双,条脱一副,真珠虎魄璎珞、真珠翠毛玉钗朵各二副,销金生色衣各一袭……花粉、花幂。"

【花衫】huāshān 宋代仪卫所穿的有彩色花纹的衣衫。《宋史·仪卫志一》:"绛引幡十,告止幡、传教幡、信幡各二,执幡人皆武弁、绯宝相花花衫、勒帛。"

【花株冠】huāzhūguān 也作"花珠冠"。金代皇后礼冠的一种。《金史·舆服志中》:"花株冠,用盛子一,青罗衣、青绢衬金红罗托里,用九龙、四凤,前面大龙衔穗球一朵,前后有花株各十有二,及鸂鶒、孔雀、云鹤、王母仙人队、浮动插瓣等,后有纳言,上有金蝉攀金两博鬓,以上并用铺翠滴粉缕金装珍珠结制,下有金圈口,上用七钿窠,后有金钿窠二,穿红罗铺金款幔带一朵。"《大金集礼》卷二九中"株"作"珠"。

【华插脚折上巾】huáchājiǎozhéshàngjīn 双翅可以插卸的幞头。华,通花;插脚,双翅可以插卸。宋代用于供奉侍官。《宋史·礼志二十四》:"打毬,本军中戏。太宗令有司详定其仪。三月,会鞠大明殿……打毬供奉官左朋服紫绣,右朋服绯绣,乌皮靴,冠以华插脚折上巾。"

【化巾】huàjīn 五代时期后晋大臣桑维翰创制的一种头巾。宋陶谷《清异录》卷下:"桑维翰服蝉翼纱、大人帽,庶表四方,名为化巾。"明顾起元《说略》卷二一:"化巾,桑维翰。"

【画领】huàlǐng 施以彩绘的衣领。通常和衣服分开制作,成衣时以线缝缀于衣,可拆卸,以免洗衣时退色。宋代市贩有成品出售。多用于女服。宋周密《武林旧事》卷二:"命小珰内司肆关扑、珠翠、冠朵、篦环、绣段、画领、花扇、官窑定器、孩儿戏具、闹竿龙船等物。"又卷八:"皇后散付本府亲属、宅眷、干办、使臣以下,金合、金瓶……画领。"

【环帔】huánpèi 披肩。元王恽《苦热叹四十六韵》:"天风掠枕席,月露湿环帔。"

【环绦】huántāo 用丝编成的腰带。元钟嗣成《醉太平·失题》词:"穿一领半长不短黄麻罩,系一条半联不断皂环绦。"明方以智《通雅》卷三六:"近世折子衣,即直身,而下幅皆襞积细折如裙,更以绦环束腰,正古深衣之遗。"《西游记》第六十二回:"三藏沐浴毕,穿了小袖褊衫,束了环绦,足下换一双软公鞋。"又第六十四回:"却命当驾官照依四位常穿的衣服,各做两套,鞋袜各做两双,绦环各做两条。"

【黄氅】huángchǎng 道袍。宋叶适《送徐洞清秀才入道》诗:"白襕已回施,黄氅犹索钱。"

【黄冠野服】huángguānyěfú 也作"黄冠草笠""黄冠草服"。粗劣的衣服,多用于农人和隐士。语出《礼记·郊特牲》:"野夫黄冠。黄冠,草服也。"宋苏轼《赠写真何充》诗:"黄冠野服山家容,意欲置我山

宋辽金元时期的服饰

岩中。熏名将相今何限,往写褒公与鄂公。"又《苏轼集》卷一〇二:"葛带榛杖,以丧老物,黄冠草笠,以尊野服,皆戏之道也。"元末明初郭钰《寄胡伯清》诗:"相逢莫问谏大夫,黄冠草服我自娱。"《明史·隐逸·倪瓒》:"及吴平,瓒年老矣,黄冠野服,混迹编氓。"明童轩《送蒋道士结茅山》诗:"黄冠野服列仙曹,天上朝元羽盖高。"唐顺之《与洪方洲郎中书》:"而所谓磊落超脱者,往往出于黄冠草服之间。"

【黄褐】huánghè 黄色的粗布衣服。修道人的服装。宋陆游《道室杂咏》之二:"黄褐长条七尺身,袖中一剑隐红尘。"

【回回帽】huíhuímào 也称"号帽""顶帽""孝帽""礼拜帽""巴巴帽"。回族传统男帽,系一种无沿小圆帽。回族在礼拜叩头时,前额和鼻尖必须着地,戴无檐帽行动更为方便,遂相沿成习。回回帽颜色以白为主,也有黑、灰、蓝、绿等色。白色回回帽多用棉布制作,也有用白棉线钩制的,多用于春夏两季;黑色回回帽多用呢绒制作,也有用粗毛线钩制的,多用于秋冬季。回回帽有多种样式,因教派和地区的差异,有圆帽、四角帽和六瓣帽之分。哲赫忍耶教派的回族爱戴白色和黑色圆边六角尖顶帽,部分地区(如宁夏南部的西吉县等地)的回民也戴尖顶六角帽。六角帽由六个等边三角形缝合而成,上尖下宽,帽顶缀一个同色布料结绺的疙瘩,形似阿拉伯式的圆形屋顶。据说六边象征伊斯兰教的六大信仰,帽圆表示万教归一,帽顶表示真主独一无二。阿訇多戴绿帽,特别是"穿衣"阿訇一般均戴绿帽。据《固原州志》载:"阿訇,由各庄公送四角尖顶冠,长领袍,尚绿色,而回民寻常帽式,则多用白色者。"从古至今,多数回族仍喜戴白帽。宋郑思肖《心史》卷下:"受虏爵之妇……带回回帽,加皂罗为面帘,仍以帕子幂口障沙尘。"《清史稿·乐志八》:"回部乐,司乐器八人,均锦衣绢里杂色纺丝接袖衣,锦面布里倭缎缘回回帽,青缎靴,绿绸膝膊……倒掷大回子四人,皆衣鞲子杂色纺丝接袖衣,戴五色绸回回小帽。"

【诨裹】hùnguǒ 宋代教坊、诸杂剧艺人所戴用的头巾。多用于表演,一般人极少服用。宋灌圃耐得翁《都城纪胜·瓦舍众伎》:"杂剧部又戴诨裹,其余只是帽子幞头。"吴自牧《梦粱录·宰执亲王南班百官入内上寿赐宴》卷二〇:"百官酒,三台舞旋,多是诨裹宽衫,舞曲破撼。"又:"其诸部诸色,分服紫、绯、绿三色宽衫……杂剧部皆诨裹。"孟元老《东京梦华录·宰执亲王宗室百官入内上寿》卷九:"教坊色长二人,在殿上栏杆边,皆诨裹宽紫袍金带义襕看盏。"

诨裹(宋人《杂剧人物图》)

J

ji—jian

【笄珈】jījiā 指妇人首饰。亦代指妇女。宋苏籀《大坞山寺》诗:"茹粲盐酪空,解钏与笄珈。"葛立方《建国刘夫人挽歌词》:"鸠巢莫蘋藻,翟茀绚笄珈。"黄公度《挽陈夫人卓氏二首》其一:"犹忆升堂初跪拜,依然象服俨笄珈。"明张居正《神母授图万年永赖颂》:"洪惟我圣母慈圣宣文皇太后,圣善天成,睿明神启。盦膺符命,叶元云之征;兼苞艺文,垂彤史之训。启迪英圣,则宫闱之师保;登翼太平,则笄珈之尧舜。"清郑用锡《补悼亡作十首》其九:"一索充闾喜气盈,笄珈三度拜恩荣。"

【吉贝裘】jíbèiqiú 纳有木棉絮的棉衣。宋陆游《天气作雪戏作》诗:"细纳兜罗袜,奇温吉贝裘。"朱松《吉贝》诗:"驼褐阻关河,吉贝亦可裘。"清曹庭栋《养生随笔》卷三:"今俗以茧丝为绵,木棉为絮。木棉,树也,出岭南,其籽名吉贝,江淮间皆草本,通谓之木棉者,以其为絮同耳……盖不独皮衣为裘,絮衣亦可名裘也。"

【吉贝衣】jíbèiyī 以木棉布制成之衣。吉贝,即木棉或棉花。《宋史·占城国传》:"其王脑后鬖髻,散披吉贝衣。"清姚之骃《元明事类钞》卷二四:"元至正间,遣使至马八儿国求奇宝,得吉贝衣十袭。吉贝,树名,其花成时如鹅毳,纺之

作布,亦染五色,织为斑布。"

【髻钗】jìchāi 固定发髻的钗子。多用金玉等制成,亦为首饰之一种。宋陈师道《菩萨蛮》词:"髻钗初上朝云卷,眼波翻动眉山远。"

【髻簪】jìzān 发簪、簪子;固定发髻的长针。多用金玉等制成。亦为首饰之一种。宋朱雍《八声甘州》词:"只有清香暗度,堕髻簪珥玉,曾赋清游。"明赵南星《水龙吟·杨花用章质甫韵》词:"何处疑花乱玉,几曾堪、髻簪衣缀。"清陆次云《峒溪纤志·苗人》词:"耳环盈寸,髻簪几尺。"

【加沙】jiāshā 袈裟。元袁桷《昌上人游京师》诗:"加沙不展蒲团稳,此是开元妙总持。"明释妙声《宽上人云泉》诗:"倾湫倒岳意何如,莫教湿却加沙角。"释妙声《苦雨怀东皋草堂寄如仲愚》诗:"焚香扫地早闭户,莫遣加沙沾燕泥。"

【茄袋】jiādài 也称"顺袋"。佩挂在身边用以盛放零星细物的口袋。以布帛或皮革制成,袋口穿有绳带,可供系束,袋身则有褶裥。此称始见于宋代,后世沿用。《宋史·舆服志六》:"带上玉事件大小一十八;又玉靶铁刀一,销金玉事件二,皮茄袋一,玉事件二。"明刘若愚《酌中志》卷一九:"凡遇外出游幸……各穿窄袖,束玉带,佩茄袋、刀帨。"《金瓶梅词话》第十二回:"西门庆拿着剪刀,按妇人顶上,齐臻臻剪下一大缕来,用纸包放在顺

袋内……桂姐便问:'你剪的他头发在那里?'西门庆道:'有,在此。'便向茄袋内取出,递与桂姐。"

【迦罗沙曳】jiāluóshāyè 梵语的音译。即袈裟。宋法云《翻译名义集》卷七《沙门服相·袈裟》:"其云迦罗沙曳,此云不正色,从色得名。章服仪云:袈裟之目,因于衣色如经中坏色衣也。"清俞樾《茶香室丛钞·迦罗沙曳》:"(迦罗沙曳)即袈裟也。明朱国桢《涌幢小品》引陈养吾《象教皮编》云:'迦罗沙曳,僧衣也。省罗曳字。止称迦沙。'"

【夹裤】jiákù 表里两层之裤。有面有里的双层裤子。《元史·礼乐志五》:"乐工二百四十有六人……黄绢夹裤,白绫袜,朱履。执器二十人……黄绢夹裤,白绫袜,朱履。《醒世姻缘传》第六十八回:"我把那疋蓝丝绸替你做个夹袄,剩下的替你做条夹裤,再做个绫背心子,好穿着上山朝奶奶。"

【夹襦】jiárú 有里有面的双层短上衣。宋冯梦得《忆乡歌四首》其一:"塞北寒气逼,对火拥氍毹。犹忆侬家里,蓬头两夹襦。"陈元靓《岁时广记》卷三七:"升朝官每岁初冬赐时服,止于单袍。太祖讶方冬犹赐单衣。命赐以夹服。但是士大夫公服冬则用夹。"

【夹纱】jiáshā 里子和面儿都用纱做成的衣服。多用于春夏之时。宋郑思肖《春词》:"春气暄妍御夹纱,玉钗双袅绿云斜。"孙惟信《烛影摇红》词:"初试夹纱半袖。与花枝、盈盈斗秀。"明杨基《舟泊南湖有怀二首》其二:"单襟小扇夹纱衣,冠子梳头插翠薇。"《儒林外史》第一回:"那边走过三个人来,头戴方巾,一个穿宝蓝夹纱直裰,两人穿元色直裰,都有四五十

岁光景,手摇白纸扇,缓步而来。"

【夹袜】jiáwà 用布帛制成的双层袜子。《元史·舆服志一》:"(宣圣庙祭服)曲阜祭服……皂靴、白羊毳袜各四十有二对,大红罗鞋七辆,白绢夹袜四十有三辆。"

【裕袄】jiáǎo 双层的上衣。宋程大昌《演繁露》:"今人服公裳,必衷以背子,背子者,状如单襦、裕袄,其裾加长直垂至足焉,其实古之中单也。"《儿女英雄传》第八回:"(安公子)拉起衬衣裳的裕袄来擦了擦手,跳下炕来。"

【甲缕】jiǎlǚ 穿结铠甲上甲叶的绳。《宋史·范廷召传》:"廷召复与贼战,中流矢,血渍甲缕,神色自若,督战益急,诏褒之。"

【甲骑冠】jiǎqíguān 元代宫廷仪卫所戴的冠。《元史·舆服志一》:"仪卫服饰……甲骑冠,制以皮,加黑漆,雌黄为缘。"

【贾哈】jiǎhā 辽代披领的别名。以锦貂为之,形制如箕,两端略尖,加于肩而覆于背。元代袭用。至清代形成披领,两隅仍呈尖形,加于项间而披于肩上。宋方凤《夷俗考》:"别有一制,围于肩背,名

贾哈

曰'贾哈',锐其两隅,其式样像箕,左右垂于两肩,必以锦貂为之,此式辽时已有。"清厉荃《事物异名录·服饰》:"辽俗有一制,围于肩背名曰贾哈。锐其两隅,其式如箕,垂于两肩,以锦貂为之,按此者今之披肩。"

【鞑韈】jiǎshā 鞋子、靴子。《广韵·麻韵》:"韈,鞑韈,履也。"《骈雅·释服食》:"鞑韈,靴也。"

【尖靴】jiānxuē 也称"尖头靴"。尖头之靴,皮制,轻便耐用,适于骑马,金代风俗不论贵贱男女,都穿着尖头靴。明清时期尤为盛行。上自帝王,下至百官,除朝会外均可穿此。上朝陛见则穿方靴。宋周辉《北辕录》:"男子衣皆小窄,妇女衫皆极宽大……无贵贱皆著尖头靴。"清福格《听雨丛谈》卷一:"御用尖靴,皆绿皮压缝,其柔细如绸。"《清代北京竹枝词·草珠一串》:"尖靴武备院称魁,帽样须圆要软胎。"徐珂《清稗类钞·服饰》:"凡靴之头皆尖,惟著以入朝者,则方。"

【尖檐帽】jiānyánmào 宋代士人所戴的一种软帽。帽裙尖锐下垂。宋王得臣《麈史》卷上:"古人以纱帛冒其首,因谓之帽……其制甚质,其檐有尖,而如杏叶者,后为短檐,才二寸许者。庆历以来,方服南纱者,又曰翠纱帽者,盖前其顶,与檐皆圆故也。久之,又增其身与檐皆抹上竦,俗戏呼为笔帽。然书生多戴之,故为人嘲曰:'文章若在尖檐帽,夫子当年合裹枪。'"

【茧袍】jiǎnpáo 有表有里,里面用新棉填充并杂以旧絮的袍。其衣质朴,素而无彩。《古今图书集成·礼仪典》卷三四〇:"伊川常服茧袍、高帽,曰:'此野人之服也。'"

【减样方平帽】jiǎnyàngfāngpíngmào 也称"罗隐帽"。一种轻便的平顶帽。相传为唐代文人罗隐所创。宋陶谷《清异录》卷下:"罗隐帽,轻巧、简便、省料。人窃仿学相传,为减样方平帽。"

【简翠】jiǎncuì 用翠鸟羽毛装饰的首饰。元陶宗仪《元氏掖庭记》:"元妃静懿皇后诞日,受贺……一人献柳金简翠腕阑。"

【简佩】jiǎnpèi 宋代指手板、鱼袋等官服制度规定的佩带物。宋庄季裕《鸡肋编》卷下:"钱谂以郎官作张浚随军转运使,自请乞超借服色,既得之,遂夸于众云:'方患简佩未有,而富枢以笏相赠,范相亦惠以金鱼。'"

【裥】jiǎn 衣裙上的褶子。宋吕滨老《圣求词·千秋岁》词:"腕约金条瘦,裙儿细裥如眉皱。"《玉篇·衣部》:"裥……裙裥。"

jiao—jin

【交脚幞头】jiāojiǎofútóu 也作"交角幞头"。一种双脚交叉折上的幞头。制出于宋。多用于宫廷仪卫。宋孟元老《东京梦华录》卷一〇:"执旗人紫衫帽子,每一象则一人,裹交脚幞头。"又:"次第高旗大扇,画戟长矛,五色介胄跨马之士,或小帽锦绣抹额者……或衣纯青纯皂以至鞋袴皆青黑者,或裹交脚幞头者……又竿舍索旗坐约百余人,或有交脚幞头,胯剑足靴,如四直使者,千百数,不可名状。"《宋史·乐志十七》:"队舞之制,其名各十……二曰剑器队,衣五色绣罗襦,裹交脚幞头,红罗绣抹额、带器仗。"《金史·仪卫志上》:"天子非祀享巡幸远出,则用常行仪卫。弩手二百人,军使五人,控鹤二百人,首领四人,俱服红地藏根牡丹锦袄、金凤花交脚幞头"。《元史·舆服志一》："(仪卫服色)：交角幞头，其制，巾后交折其脚。"《明史·舆服志三》："洪武三年定制，执仗之士，首服皆镂金额交脚幞头，其服有诸色辟邪、宝相花裙袄，铜葵花束带，皂纹靴。"《续通典·礼志十二》："交角幞头，元制，巾后交折其角，仪卫之服……明初定执仗之士首服。"

交脚幞头（明王圻《三才图会》）

【鲛绡帕】jiāoxiāopà 省称"鲛帕"。精美的丝织手帕，亦为手帕之美称。宋无名氏《探春令》词："为少年湿了，鲛绡帕上，都是相思泪。"陈德武《醉春风·三月二十七日出禁谪宁夏安置》："背倚荼蘼架。泪满鲛绡帕。白头吟断怨琵琶。"元卢琦《赣州奉别卢州判》："鹦鹉杯浮椰子香，鲛绡帕染白蘋色。"吴氏女《木兰花慢·和郑禧》："赢得鲛绡帕上，啼痕万万千千。"明末清初沈宜修《满庭芳·七夕》词："肠断鲛绡帕上，休回首枉自魂惊。"《红楼梦》第六十二回："(湘云)又用鲛帕包了一包芍药花瓣枕着。"

【角带】jiǎodài ❶以角为饰的腰带。多用于士庶阶层，自宋代始，广为服用。宋王明清《玉照新志》卷二："以大观元年十一月除通直郎，试中书舍人，赐三品服，故事三品服角带佩金鱼为饰。一日徽宗顾见公谓左右曰：'给舍等耳，而服色相绝如此。'诏令大中大夫以上，犀带垂鱼。"《宋史·舆服志五》"(诸带)：其等亦有玉、有金、有银、有金涂银、有犀、有通犀、有角。"元王实甫《西厢记》第二本第二折："乌纱小帽耀人明，白襕净，角带傲黄鞓。"明孙凤《孙氏书画钞》卷下："洪崖先生住西山……幅巾、乌靴，腰角带。"刘若愚《酌中志》卷一九："凡内使小火者，乌木牌平巾者，无穿圆领束带之理。惟请轿长随并都知监长随，各狮子补，束角带。"《警世通言·王安石三难苏学士》："东坡素服角带，写下新任黄州团练副使脚色手本，乘马来见丞相领饭。"《金瓶梅词话》第九十八回："陈经济换了衣巾，就穿大红圆领，头戴冠帽、脚穿皂靴，束著角带，和新妇葛氏两口儿拜见。"清褚人获《坚瓠四集·锺馗示梦》："俄一大鬼，顶乌帽，衣蓝袍，系角带，著朝靴，径捉小鬼，先剜其目，然后劈而啖之。"❷太平天国时功臣所用的腰带。中国近代史资料丛刊《太平天国·天命诏旨书》："上到小天堂，凡一概同打江山功勋等臣，大则封丞相检点指挥将军侍卫，至小亦军帅职，代代世袭，龙袍角带在天朝。"

【结带巾】jiédàijīn 宋代士人所戴的头巾。因巾后缀有垂带而得名。宋龚明之《中吴纪闻·结带巾》："宣和初，予在上庠时，有旨令士人系结带巾，否则以违制论。当时有谣词云：'头巾带，难理会。三千贯赏钱，新行条制。不得向后长垂，胡服相类。法甚严，人甚畏，便缝阔大带向前面系。'"

【结巾】jiéjīn 也称"扎巾"。一种头巾，垂有两角。宋俞琰《席上腐谈》卷上："周武所制,不过如今之结巾,就垂两角,以竹丝为骨,如凉帽之状,而覆以皂纱。"明王圻《三才图会·衣服一》："结巾:以尺帛裹头,又缀片帛于后,其末下垂,俗又谓之扎巾,结巾,制颇相类。"

【戒箍】jiègū ❶佛教徒所用的发箍。元杨景贤《西游记》第十出:"观音救苦大慈悲,赐与你戒箍僧衣。"明沈璟《义侠记·征途》:"往年店中坏了个头陀,遗下一个铁戒箍。"《水浒传》第五十七回:"却说孔亮引领败残人马,正行之间,猛可里树林中撞出一彪军马,当先一筹好汉,怎生打扮? 有《西江月》为证:直裰冷披黑雾,戒箍光射秋霜。"❷戒指。太平天国洪仁玕《资政新篇》:"如男子长指甲,女子喜缠脚,吉凶军宾,琐屑仪文,养鸟斗蟀,打鹑赛胜,戒箍手镯,金玉粉饰之类,皆小人骄奢之习。"

【戒衣】jièyī ❶僧尼穿的法衣。宋刘克庄《同孙季蕃游净居诸庵》诗:"戒衣皆自衲,因讲始停针。"清赵翼《题长椿寺九莲菩萨画像》诗:"贵极重闱祎翟贱,诚皈佛乘戒衣尊。"❷道教受戒时所穿之衣。黄色,袖宽二尺四寸,袖长随身,衣功为黑色。❸伊斯兰教朝觐者进入麦加前必须履行受戒仪式。男子从受戒起到开戒止要穿戒衣。没有接缝的两幅白布,一幅披在肩上,遮蔽上体,称里达;一幅围在腰间,遮蔽下体,称伊扎尔。

【戒指】jièzhǐ 也作"戒子""戒止"。❶指环的别称。套在手指上做纪念或装饰用的小环,用金属或玉石等物制成。相传古时为宫女避幸的一种标记,当某一宫女处于妊娠或月辰(经期)期间,必须在右手套以金环,以戒帝王"御幸":平时则用银环。因其有"禁戒"之用,故名"戒指"。元代以前多称"指环"。明代以后则称"戒指"。元熊梦祥《析津志·岁纪》:"资正院中正院进上,系南城织染局总管府管办,金条、彩索、金珠、翠花、面靥、花钿、奇石、戒止、香粉、胭脂。"《二刻拍案惊奇》第九卷:"素梅写着几个字,手上除下一个累金戒指儿,答他玉蟾蜍之赠,叫龙香拿去。"明无名氏《天水冰山录》记严嵩被籍没家产中,有"金厢宝石水晶戒指一十九个,共重二两六钱,内猫睛一颗";"乌银戒指五十个,共重四两七钱"。《醒世姻缘传》第七十二回:"周龙皋从袖子里掏出来两方首帕,两股钗子,四个戒指,一对宝簪,递与媒婆手内。"都卬《三余赘笔·戒指》:"今世俗用金银为环,置于妇人指间,谓之戒指。按《诗》注:古者后妃群妾以礼进御于君,女史书其月日,授之以环,以进退之。生子月辰,以金环退之;当御者,以银环进之,著于左手,既御者著于右手。事无大小,记以成法,则世俗之名戒指者,有自来矣。"刘元卿《贤奕编》卷四:"古者后妃群妾,进御君所,当御者以银环进之,娠则以金环退之,进者著右手,退者著左手,即今之戒指,又云手记。"顾起元《客座赘语·女饰》:"金玉追炼约于指间曰戒指。"清顾炎思《土风录》卷五:"妇女喜戴戒指,男子渐亦效之。或金、或玉,或玛瑙、蜜蜡、翡翠。"❷藏语称"索多"。戒指用银或金做成,上面雕刻着美丽的花纹、图案,镶嵌着珍珠、玛瑙、红蓝宝石、珊瑚等奇珍异宝。藏族男女都喜戴戒指。在草原上,每当到了赛马节,未婚男女青年身藏戒指,选择对象,若两相情愿,便互相介绍各自的家庭情况和本人情况,倾吐爱慕之情,然后把怀中的戒指拿出与对方交换。如果对方把戒指退回，则表示不同意。双方交换的戒指即作为订婚信物，征得父母同意后，双方按约定时间和地点再一次商订结婚大事。戒指是草原上藏族青年自由恋爱、自主婚姻的媒人和信物，是男女平等、美满婚姻的象征。

【巾额】jīn'é 指头巾前部覆额处。宋沈括《梦溪笔谈·器用》："济州金乡县发一古冢，乃汉大司徒朱鲔墓，石壁皆刻人物、祭器、乐架之类。人之衣冠多品，有如今之幞头者，巾额皆方，悉如今制，但无脚耳。"

【巾服】jīnfú 头巾和衣服。泛指士大夫和读书人的服饰。《宋史·仪卫志六》："巾服之制：清道官，服武弁、绯绣衫、革带。"《明史·舆服志三》："（洪武）二十四年，以士子巾服无异吏胥，宜甄别之，命工部制式以进。"

【巾环】jīnhuán 缀在巾上的玉环。《宋史·舆服志六》："碾玉巾环一，桦皮龙饰角弓一，金龙环刀一……皆非臣庶服用之物。"

【巾帽】jīnmào 指头巾和帽子。宋苏轼《江上值雪效欧阳体仍不使皓白洁素等字》诗："高人著屐踏冷冽，飘拂巾帽真仙姿。"陈师道《送赵承议》诗："林湖更觉追随尽，巾帽犹堪语笑倾。"明方以智《通雅》卷三六："常服之巾随人取名，巾帽为古之通称。"

【巾帨】jīnshuì 手巾。亦代指女子。宋朱熹《训学斋规》："凡盥面，必以巾帨遮护衣领，卷束两袖，勿令有湿。"刘克庄《挽林推官内方孺人》："白首自持巾帨，青灯楫苦麻。"韩元吉《平生八见女而存者五人比又得女少稷作诗宽次韵谢之》："蓬门亦何祥，但见巾帨悬。"金刘迎《盘山招隐图》诗："大妇侍巾帨，中妇供庖厨。"

【巾衍】jīnyǎn 放置头巾、书卷等物的小箱子。宋曾巩《襄州回相州韩侍中状》："敢期赐教，出自过恩。形意爱之拊循，枉题评之奖引……秘藏巾衍，铭镂肺肝。"王令《谢儿道见示佳什因次元韵二首》其二："巾衍珍藏虽已固，祗愁飞去化为霓。"

【金革带】jīngédài 金銙为饰的革制腰带。宋周密《武林旧事》卷二："诣后殿西廊观看公主房奁：真珠九翚四凤冠；褕翟衣一副；真珠玉佩一副；金革带一条。"

【金鞲】jīngōu 华美的臂套。元马祖常《画鹰》诗："金鞲时一脱，肉饱更须回。"李孝光《十二月十三日登凤凰台望淮南雪中诸山兼书道上所见》诗之二："貂帽金鞲绿袴襦，骑童自押小毡车。"

【金花交脚幞头】jīnhuājiāojiǎofútóu 金元时期宫廷仪卫所戴的幞头。《金史·仪卫志上》："供御弩手、伞子百人，并金花交脚幞头，涂金鈒衬花束带，骨朵。"《元史·舆服志二》："（御马队）驭士控鹤二十有四人，交角金花幞头，红锦控鹤袄，金束带，鞿鞋。"

【金銙】jīnkuǎ 革带上的金质饰片。宋欧阳修《归田录》卷二："初，太宗尝曰：玉不离石，犀不离角，可贵者惟金也。乃创为金銙之制以赐群臣。"

【金襕】jīnlán 襕袍膝盖处的横襕。以金线织成蟒纹等图案。多用于佛、道徒。亦专指"金襕袈裟"。宋汪元量《湖州歌九十八首》其九十七："两下金襕障御阶，异香缥缈五门开。"《明史·舆服志三》："凡在京道官，红道衣，金襕，木简。"

宋释了惠《送人之岳山》:"莫珍龙袖贵金襕,试拨湖湘草里看。"颐藏《古尊宿语录》卷二:"世尊传金襕外,别传何法?"释如本《颂古三十一首》其二十一:"草衣木食道人高,传得金襕意气豪。"

【金列鞢】jīnlièdié 金代女真贵族佩挂在腰间的装饰物。1973 年 6 月黑龙江省绥滨县中兴乡金墓出土。全长 37.7 厘米,为极少见的金代官员饰物。《金史·谢里忽传》:"昭祖于是早起,自斋问金列鞢往馈之,时谢里忽犹未起……列鞢者,腰佩也。"

【金柳】jīnliǔ 以金箔制成的雪柳,妇女插在髻上以为装饰。宋周密《探春·修门度岁》词:"箫鼓动春城,竞点缀玉梅金柳。斸勾元宵,灯前共谁携手?"

【金络索】jīnluòsuǒ 妇女颈饰。犹今日金项链。元陆仁《山下有湖湖有湾》诗:"记得解侬金络索,系郎腰下玉连环。"黄庚《闺情效香奁体》诗:"黄金络索珊瑚坠,独立春风看牡丹。"明刘炳《灯夕》:"云拥鳌山金络索,天连凤阙翠觚棱。"清末民国初易顺鼎《河传·金荃体》:"斗帐流苏金络索。围四角。生怕啼莺觉。"

【金佩】jīnpèi 襟带上饰金的佩物。宋冯时行《石漕生辰》:"符分四郡虎,金佩十年鱼。"张镃《次韵酬新九江使君赵明达二诗仍送自制香饼白鸥波酒》:"纷纷金佩与瑶环,骨相如吾敢妄攀。"元方回《七月十日有感》诗:"借服初金佩,峨冠尚黑头。"王实甫《西厢记》第四本第一折:"风弄竹声,只道金佩响。"

【金梳】jīnshū 也称"金脑梳"。用金制成的梳子。除梳发外,妇女可以插在头上作首饰。《元史·礼乐志五》:"妇女二十人,冠金梳翠花钿。"《明史·舆服志三》

记洪武五年更定品官命妇冠服:"(一品)常服用珠翠庆云冠……鬓边珠翠花二,小珠翠梳一双,金云头连三钗一,金压鬓双头钗二,金脑梳一。"

【金约】jīnyuē ❶一种金质的手饰,一般制成环形,戴于手腕或手臂。宋毛并《谒金门》其二:"玉臂都宽金约。歌舞新来忘却。"丘崇《谒金门》其三:"罗袖薄。玉臂镂花金约。起晚欠伸莲步弱。倚床娇韵恶。"❷清代皇后、妃、嫔、命妇等满族贵族妇女品秩表征之额饰。后、妃、公主及宗室王公妻女金约,以金制成环装,其上镶珠、玉、宝石,后垂珠宝串饰,一般作三行三就。民爵王公等妻室命妇金约,则以青丝缎为之,正中缀火焰结,上嵌珍珠一,左右饰金色龙凤各一,后垂青缎带。使用时围箍在额间,珠宝串饰垂于背后。所用珠宝的质料及数量视身份而别。专用于礼服,和朝冠,吉服冠等服饰配用。清鄂尔泰《国朝宫史·典礼五》:"皇太后……金约,周围金云十三,衔二等东珠各一,间以青金石,红片金为里,后系金衔松石结,珠下垂,五行三就,共四等珍珠三百二十四,每行二等珍珠一。中间青金石方胜二,两面衔二等东珠各八,三等珍珠各八,末缀珊瑚。"《清史稿·舆服志二》:"皇后朝冠……金约,镂金云十三,饰东珠各一,间以青金石,红片金里,后系金衔绿松石结,贯珠下垂,凡珍珠三百二十四,五行三就,每行大珍珠一。中间金衔青金石结二,每具饰东珠、珍珠各八,末缀珊瑚。"又:"皇贵妃朝冠……金约,镂金云十二,饰东珠各一,间以珊瑚,红片金里。后系金衔绿松石结,贯珠下垂,凡珍珠二百有四,三行三就。中间金衔青金石结二,每具饰东珠、珍珠各六，末缀珊瑚。"

金约（《大清会典》）

【金镯】jīnzhuó 金制的镯子。套在手、脚腕上的环形饰物。宋吴自牧《梦粱录·嫁娶》："且论聘礼，富贵之家当备三金送之，则金钏、金镯、金帔坠者也。"白玉蟾《张楼》："前度相逢一似曾，瘦宽金镯可怜生。"

【衿裾】jīnjū 衣襟；青衿为儒者所服，因以借指文人学士。宋张耒《赠蔡彦规》诗："读毕致于怀，余光溢衿裾。"明宋濂《出门辞为苏鹏赋》："瘦女候庭前，含泪整衿裾。"王世贞《孙郎行·赠云梦山人斯亿》："衿裾潦倒颇自厌，瓦砾往往从人憎。"又《艺苑卮言》卷七："始见于鳞选明诗，余谓如此何以鼓吹唐音。及见唐诗，谓何以衿裾古选。及见古选，谓何以箕裘风雅。"

【衿绅】jīnshēn 穿儒服，束绅。古代士绅打扮。亦借指士绅。宋叶适《安人张氏墓志铭》："两叔尚毁齿未毕，夫人则旦旦洗面束发衿绅之，趣使向学。"明袁宗道《赠太湖知县王公墓志铭》："谓公不衿绅兮，而竹素之业遂于申辕。"

【襟纫】jīnrèn 指衣纽，用以连结衣服交襟的小带。宋惠洪《冷斋夜话·诗用方言》："'天子呼来不上船'，方俗言也，所谓襟纫是也。"清王士禛《香祖笔记》卷九："海宁陆处士冰修，昔在京师，与施愚山、梅耦长每夕必过予邸，不冠不袜，纵谈至夜分别去。陆有绝句纪事云：'科跣到门衣不船。'船，襟纫。盖方言也。若杜子美'天子呼来不上船'，自纪实事，《冷斋夜话》以为用方言，则凿矣。"

【锦帔】jīnpèi 用彩锦制成的帔。多为道者之服。宋张君房《云笈七签·升玄事诀》："（玉妃名密华）披锦帔……口吐紫烟。"《太平御览》卷六七五："太素三元君服紫气浮云锦帔……又凤文锦帔。"明杨承鲲《赠钱季梁进士省觐归寿其太夫人八十》诗："高堂老慈含笑看，锦帔素发颜如丹。"

【锦帢】jīnqià 用锦制成的男士便帽。元王恽《星子镇道中》诗："梦残倾锦帢，吟细缓征鞍。"

【锦裙】jīnqún 金代女真族妇女服饰之一。裙式为左右各缺二尺左右。用绣帛裹细铁条为圈，使其扩张展开，再罩以单裙。下身束襜裙。尚紫黑色。其上编绣全枝花，全裙用六个折裥，本为辽人服饰，金人承袭之。宋宇文懋昭《大金国志·男女冠服》："妇女衣曰大袄子，不领如男子道服。裳曰锦裙，裙去左右，各阙二尺许，以铁条为圈，裹以绣帛，上以单裙袭之。"

【锦襦】jīnrú 以彩锦制成的上衣。唐宋时常用于乐伎舞女。《宋史·乐志十七》："四曰醉胡腾队，衣红锦襦，系银鞊鞢，戴毡帽。"清周龙藻《金陵书事用犁眉公钱塘怀古韵》："故剑倾椒披，良家进锦襦。"宋陈棣《钓濑渔樵行送严守苏伯业赴阙》诗："二十年前事可惊，锦襦绣帽争乘城。"

【锦袜】jǐnwà 以彩锦制成的袜子。男女均可穿着,多用于贵族。宋陶谷《清异录》卷下:"曹翰事世宗,为枢密承旨。性贪侈,常著锦袜,金线丝鞋。朝士有托无名子嘲之者。诗曰:'不作锦衣裳,裁为十指仓。千金包汗脚,惭愧络丝娘。'"元王实甫《西厢记》卷七:"锦袜儿……一针针刺了羡觑,恐虑破合,有谁重补!"

【晋装】jìnzhuāng 宋人用来指称魏晋南北朝放诞之士穿着的裈等不合礼制的服饰。宋陆游《老学庵笔记》卷八:"翟耆年……巾服一如唐人,自名唐装。一日往见许顗彦周,彦周髽髻,著犊鼻裈,蹑高屐出迎。伯寿愕然。彦周徐曰:'吾晋装也,公何怪?'"

【禁步】jìnbù 妇女悬于裙边的一种饰物。通常以金玉制成环形或兽鸟、花卉、兵器等图形,以丝缕或绸缎串成一挂,左右各一,上系于腰带;行走时如跨步稍大则飘荡不定,发出响声,被认为是轻浮失礼之举。因其有范于妇女行动,故名。多见于宋明时期。宋元话本《快嘴李翠莲记》:"金银珠翠插满头,宝石禁步身边挂。"明无名氏《天水冰山录》载严嵩被籍没家产中有"玉禁步一十二幅,共重一百三十八两九钱;菜玉禁步一幅,重一十四两"。《金瓶梅词话》第七十八回:"(春梅)珠翠堆满,凤钗半卸,穿大红妆花袄儿,下著翠蓝金宽栏裙子,带着玎珰禁步。"《荡寇志》第七十三回:"那衙内将着

禁步
示意图

一块碧玉禁步、一颗珠子,说道:'送与贤妹添妆。'"

jing－jue

【荆笄】jīngjī 用荆枝制成的发簪。借指贫妇。宋苏轼《西山戏题武昌王居士》诗:"荆笄供脍愧搅聒,干锅更夏甘瓜羹。"杜柬之《云安玉虚观南轩感事偶书五首》诗:"荆笄嫁不售,谁论德与容。"

【九旒冕】jiǔliúmiǎn 宋、明时期太子、诸侯、王公贵族在祭祀等礼仪时所戴的一种冕冠,冕版前后各垂九旒。《宋史·舆服志》:"九旒冕:涂金银花额,犀、玳瑁簪导……亲王、中书门下,奉祀则服之。"宋周密《武林旧事·皇子行冠礼仪略》:"内侍跪受服,兴,置匜于席,执九旒冕者升,掌冠者降三等受之。"《金史·舆服志上》:"又《五礼新仪》正一品服九旒冕,犀簪,青衣画降龙。"《明史·礼志八》:"成化十四年,续定皇太子冠礼……内侍张帷幄,陈袍服、皮弁服、衮服、圭带、舄、翼善冠、皮弁、九旒冕。"

【九龙冠】jiǔlóngguān ❶元代乐舞人所戴的冠。《元史·礼乐志》:"妇女一人,冠九龙冠,服绣红袍。"❷戏曲盔头名称。属硬质类。源于明朝皇帝的翼善冠,加以装饰美化而成。传统戏曲舞台上帝王所戴的便冠,一般地位略低于皇帝的皇兄、皇弟也可使用。以金箔等材料制成,冠胎周围装缀有九条点翠金龙,上饰杏黄大绒球和大小珠子,冠后缀金翅二根。因处于军中旅次,亦用此冠,与马褂、箭衣组合的军用行服相配。

【九阳巾】jiǔyángjīn 道士所服之巾。元马致远《黄粱梦》第一折:"你有那出世超凡神仙分,系一条一抹绿,带一顶九阳

巾。君,敢著你做真人。"《西游记》第二十五回:"三耳草鞋登脚下,九阳巾子把头包。"

【局脚幞头】júJiǎofútóu 也称"曲脚幞头"。双脚弯曲的幞头。宋代多用于官吏,宋代以后则用于歌舞艺人。宋沈括《梦溪笔谈》卷一:"本朝幞头有直脚、局脚、交脚、朝天、顺风凡五等。"《明史·舆服志三》:"凡大乐工及文武二舞乐工,皆曲脚幞头,红罗生色画花大袖衫,涂金束带,红绢拥项,红结子,皂皮靴。"

局脚幞头(河南禹县白沙宋墓出土壁画)

【苣纹袍】jùwénpáo 也作"苣文袍"。宋金时期仪卫之服。以绯色布帛为之,衣上绣有苣荬菜纹(一种呈舌状的黄色花纹)。《宋史·仪卫志六》:"(大驾卤簿巾服之制)太常铙、大横吹,服绯苣文袍、袴、抹额、抹带。太常羽葆鼓、小横吹,服青苣文袍、袴、抹额、抹带。"《金史·仪卫志上》:"(黄麾仗)第二引,二百六十四人……大横吹一,绯苣纹袍、袴、抹额、抹带。"

【苣纹衫】jùwénshān 即"苣纹袍"。《金史·仪卫志上》:"(黄麾仗)前部鼓吹五百四十七人……铙鼓十二,绯苣纹衫、抹额、抹带。"

【聚芳图百花带】jùfāngtúbǎihuādài 宋代一种饰有奇花异草的腰带。宋方风《野服考》:"宗测春游山谷,见奇花异草,则系于带上,归而图其形状,名'聚芳图百花带',人多效之。"

【卷脚幞头】juǎnjiǎofútóu 即"局脚幞头"。宋孟元老《东京梦华录》:"左军毬头苏述,长脚幞头,红锦袄,余皆卷脚幞头。"吴自牧《梦粱录》:"次有紫衣裹卷幞头者。"

【卷云冠】juǎnyúnguān ❶宋代皇帝戴的一种帽子。元代亦有使用。宋吴自牧《梦粱录·驾回太庙宿奉神主出室》:"上御冠服,如图画星官之状,其通天冠俱用北珠卷结,又名'卷云冠'。"《元史·舆服志》:"天子质孙,冬之服凡十有一等……服速不都纳石失,则冠珠子卷云冠。服纳石失,则帽亦如之。"❷用珠子做成卷云纹饰的冠,为乐舞者或武将所戴。《宋史·乐志十七》:"一曰菩萨队,衣绯生色窄砌衣,冠卷云冠。"《元史·礼乐志五》:"乐队……寿星队(天寿节用之)……次五队,男子一人,冠卷云冠,青面具……"《水浒传》第九十二回:"那方琼头戴卷云冠,披挂龙鳞甲,身穿绿锦袍,腰系狮蛮带,足穿抹绿靴。"

【绢襦】juànrú 以绢制成的短上衣。宋王谠《唐语林·栖逸》:"尝有村老持一绢襦来施,良义对众便著,坐客窃笑,不以介意。"

【襐】jué 短衣。《集韵·月韵》:"襐,短衣。"

K

kai—kun

【开裆裤】kāidāngkù 也称"开裆绔"。裆部不缝合的裤子。男女均可穿着，一般用作内衣。明清时仍有其制。清以后，一般只用于儿童。宋高承《事物纪原》："司马相如著犊鼻裤，阮咸七夕晒犊鼻裤，以三尺布为之，前后各一幅，中裁尖裆交凑之……今吴中妇女多穿大脚开裆裤。"清顾张思《土风录》卷三："童子七、八岁无男女皆著开裆绔。按《汉（书）·外戚传》：'霍光欲皇后擅宠，虽宫人使令皆为穷袴。'……是则古妇女通著开裆绔。"

【开头】kāitóu 冠服所饰之花朵或仿花。作已盛开状者，曰"开头"；作未开足状者，曰"半开"。元无名氏《盆儿鬼》第一折："常言道饮酒须饮大深瓯，戴花须戴大开头。"《明史·舆服志三》："（洪武）二十六年定，一品，冠用金事件，珠翟五，珠牡丹开头二，珠半开三……七品至九品，冠用抹金事件，珠翟二，珠月桂开头二，珠半开六。"

【珂门】kēmén 褐皂色的衣衫。元刘一清《钱塘遗事》卷七："褐皂衫曰珂门。"

【磕脑】kēnǎo 也作"榼脑"。一种用厚实面料或皮毛制成的兜帽，左右两侧及脑后带有帽裙，使用时套在头上，仅露出脸面。宋代以后较为常见。明初规定为军将武士之服。士庶男子偶亦用之，尤以骑士、猎户为多见。后俗小儿多戴之。宋无名氏《张协状元》第一出："虎磕脑、虎皮袍，两眼光辉志气豪。"《三国志平话》卷上："帝见一人带猰貐磕脑，龙鳞铠、青战袍、抹绿靴。"《明史·舆服志三》："（洪武）二十二年令将军、力士、校尉、旗军，旂常戴头巾或榼脑。"《水浒传》第五十一回："只见一个老儿，裹着磕脑儿头巾，穿着一领茶褐罗衫，系一条皂绦。"明何孟春《余冬序录摘抄内外篇》卷一："洪武二十二年，为申严巾帽之禁……将军、力士、校尉、旗军常戴头巾或榼脑。"

【控鹤袄】kònghèǎo 元代仪卫所著之服。以青、绯色锦做成，上织宝相花纹。唐代起，设控鹤府，称宿卫士兵将为控鹤军。元代沿袭此制。《元史·舆服志一》："控鹤袄，制以青绯二色锦，圆答宝相花。"

【控鹤幞头】kònghèfútóu 元代仪卫所戴的一种幞头。《元史·舆服志一》："控鹤幞头，制如交角，金缕其额。"

【袴（裤）具】kùjù 腰带上的饰具。宋李上交《近事会元》卷一："腰带乃是九环十三环带也。言环，即今之带上金玉等名具也。俗曰袴具。"

【袴（裤）襦】kùrú 衣裤。宋陆游《贫甚戏作绝句》："数种袴襦秋未赎，羡他邻巷捣衣声。"洪迈《夷坚甲志·叶若谷》："方初见时，著粉青衫，水红袴襦，既久未尝易衣,然常如新。"

【袴(裤)褶冠】kùxíguān 宋代鼓吹令、
丞、司辰、典事、漏刻生所戴的冠。宋徽
宗宣和年间被废止。《宋史·仪卫志
六》:"鼓吹令、丞,服绿袴褶冠……司辰、
典事、漏刻生,服青袴褶冠、革带……宣
和元年,礼制局言:鼓吹令、丞冠,又名
'袴褶冠'。今卤簿既除袴褶,冠名不当
仍旧,请依旧记如《三礼图》'委貌冠'制。
从之。"

【宽褐】kuānhè 宽大的粗布衣。泛指贫
贱者的衣服。宋李石《千叶梅》:"此家妙
有转物手,老圃宽褐藏春风。"强至《依韵
和吴七丈咏雪二首》其一:"宽褐红炉温
坐外,人间万事任寥寥。"明高启《青丘子
歌》:"不惭被宽褐,不羡垂华缨。"

【葵笠】kuílì 一种以葵叶为顶盖的斗笠。
宋叶廷珪《海录碎事·笠门》:"《贵州图

经》云:郡有葵可以为笠,谓之葵笠。"

【昆仑巾】kūnlúnjīn 元顺帝丽嫔张阿玄
所创制的一种帽子,制为三层,内设转
轴,外饰花蝶。行步时随着步履的颤
动,帽顶自转,花蝶飞舞。元末明初陶宗
仪《元氏掖庭记》:"丽嫔张阿玄乃私制一
昆仑巾,上起三层,中有枢转,玉质金
枝,纫彩为花,团缀于四面;又制为蜂蝶
杂处其中,行则三层磨运,百花自摇,蜂
蝶欲飞,皆作攒蕊之状。"

【裈带】kūndài 也作"裩带"。裤带。宋
洪迈《容斋随笔》卷三:"脚有肉枕者,取
莨菪根,系裈带上,永瘥。"《醒世恒言·
张孝基陈留认舅》:"过迁打急了,只得一
一直说,连那匙钥在裩带上解将下来。"

【裈褶】kūnzhě 裤缝。宋范成大《嘲蚊四
十韵》:"蜂虿岂房栊,虮虱但裈褶。"

L

lan—lian

【兰褐】lángé 僧侣之服。兰，美其香洁；褐，指僧衣。宋曾巩《僧正倚大师庵居》诗："兰褐方袍振锡回，结茅萧寺远尘埃。"

【褴衫】lánshān 破烂的衣衫。亦形容衣衫破落下垂的样子。衫，同"衫"。元乔吉《红绣鞋·泊皋亭山下》曲："石骨瘦金珠窟嵌，树身驼璎珞褴衫。"明杨珽《龙膏记·闺病》："双鬟慵整玉搔头，帘幕褴衫不挂钩。"

【襴带】lándài 穿襴衫，系革带。代指元代士大夫的服饰。《元典章》卷二九："据陪位诸儒自备襴带、唐巾以行释菜之礼。"又："着令献官于祭官员依品序各具公服执事，齐郎人员衣襴带，冠唐巾行礼。"《元史·祭祀志五》："至元十年三月，中书省命春秋释奠，执事官各公服如其品，陪位诸儒襴带唐巾行礼。"

【襴幞】lánfú 穿襴袍，戴幞头。宋代官吏的礼服。宋罗大经《鹤林玉露》卷七："昔孝节先生徐仲车事母至孝。一日，竦然自省曰：'吾以襴幞谒贵人，而不以见母，是敬母不如敬贵人也。不可！'"王明清《玉照新志》卷二："隆兴间，北使往天竺烧香，过太学门……有直学程宏图者，襴幞立其下。"周密《癸辛杂识·学规》："凡行罚之际，学官穿秉序立堂上，鸣鼓九通，二十斋长谕并襴幞，各随

东西廊序立，再拜谢恩，罪人亦谢恩。"

【襴裙】lánqún 抹胸的别称。宋明时期福建地区妇女用作内衣，其状若裙。着时上覆于胸，下垂于腰，作用与抹胸相类。通常以罗绢为之，上施彩绣。腰间制有襞积，左右各缀肩带。宋洪迈《夷坚支志戊·任道元》："两女子丫髻骈立。颇有容色。任顾之曰：'小子稳便，里面看。'两女拱谢。复谛观之，曰：'提起尔襴裙。'襴裙者，闽俗指言抹胸。"《初刻拍案惊奇》卷一七："'小娘子提起了襴裙。'盖是福建人叫女子抹胸做襴裙……乃彼处乡谈讨便宜的说话。"明田艺蘅《留青日札》卷二〇："今之袜胸，一名襴裙。隋炀帝诗：'锦袖淮南舞，宝袜楚宫腰。'……宝袜在外，以束裙腰者，视图画古美人妆可见。故曰楚宫腰。曰细风吹者此也。若贴身之祖，则风不能吹矣。自后而围向前，故又名合欢襴裙。沈约诗：'领上蒲桃绣，腰中合欢绮'是也。其秀带亦名袜带。今襴裙在内，有袖者曰主腰。"

【郎当】lángdāng 清洁梳、篦的工具。元龙辅《女红余志》卷上："郎当，净栉器也。"

【郎衣】lángyī 宋时称贫家男子娶妻时所穿的绢衣。宋庄季裕《鸡肋编》卷下："贫家终身布衣，惟娶妇服绢三日，谓为郎衣。"

【狼头帽】lángtóumào 宋代的一种暖

717

帽。多用于冬季御寒。宋方岳《梅边》诗:"野人暖入狼头帽,雪后寒生鹤膝枝。"聂守真《读水云丙子集》诗:"冰霜不入狼头帽,风雨偏凌犊鼻裈。"《西湖老人繁胜录》:"夜市扑卖狼头帽、小头巾抹头子、细柳箱、花环钗朵篚儿头袼、销金帽儿。"

【勒帛】lèbó 一种宽幅腰带,多以布帛制成,用于男子。名称多见于宋金时期。宽度通常在一幅左右,颜色以红紫为主。常用来系束锦袍、抱肚、背子等。官吏所用者大多由朝廷颁赐。宋彭乘《墨客挥犀》卷八:"主人著头巾,系勒帛,不具衣冠。"苏轼《观杭州钤辖欧育刀剑战袍》诗:"青绫衲衫暖衬甲,红线勒帛光绕胁。"陆游《老学庵笔记》卷二:"长者言,背子率以紫勒帛系之,散腰则谓之不敬。至蔡太师为相,始去勒帛。"孟元老《东京梦华录》卷七:"诸禁卫班直簪花,披锦绣,捻金线衫袍,金带勒帛之类结束,竞逞鲜新。"《宋史·舆服志五》:"应给锦袍者,皆五事:公服、锦宽袍、绫汗衫、袴、勒帛。丞郎、给舍、大卿监以上不给锦袍者,加以黄绫绣抱肚。"《宋史·仪卫志一》:"旁头一十人,素帽、紫绸衫、缬衫、黄勒帛,执铜仗子。"《大金集礼》卷二九:"衮服,衣用青罗夹造……大带一条,销金黄罗;带头全,钿窠二十四,红罗勒帛一,青罗抹带一,佩玉二。"明方以智《通雅》卷三七:"勒帛者,以帛勒腰也。"

【狸帽】límào 一种冬帽。以柔软细密的狸皮制成,多用于舞女。宋吴文英《玉楼春·京市舞女》词:"茸茸狸帽遮梅额,金蝉罗剪胡衫窄。"

【离尘服】líchénfú 也作"离尘衣"。即袈裟。宋法云《翻译名义集·沙门服相篇》:"《真谛杂记》云:'袈裟是外国三衣之名。名含多义,或名离尘服,由断六尘故。'"清董元恺《法曲献仙音·曹溪六祖袈裟》:"服号离尘,布名屈朐,一钵共来西土。"

【里衣】lǐyī 贴身穿的上衣,后泛指内衣。《诗经·秦风·无衣》"与子同泽"宋朱熹集传:"泽,里衣也。以其亲肤,近于垢泽故谓之泽。"清叶梦珠《阅世编·内装》:"寝涅至于明末,担石之家非绣衣大红不服,婢女出使非大红里衣不华。"《二刻拍案惊奇》卷一八:"只见床上里边玄玄子睡着,外边脱下里衣一件,却不见家主。"《儿女英雄传》第二十七回:"梳妆已罢,舅太太便从外间箱子里拿出一个红包袱来,道:'姑娘把里衣儿换上。'"

【立笔】lìbǐ 宋代品官着朝服时簪插于冠上的一种饰物。其形制源于汉代簪笔之制。系以竹削制成笔竿形状,外裹绯罗,以丝为毫,拓以银缕叶,簪插于冠上。初令,文官七品以上服朝服者,簪白笔,武官则不簪。后文武皆簪之。其后各代沿用,形制材料亦有不同,清代废止。《宋史·舆服志四》:"立笔,古人臣

立笔(明王圻《三才图会》)

簪笔之遗象。其制削竹为干,裹以绯罗,以黄丝为毫,拓以银缕叶,插于冠后。旧令,文官七品以上朝服者,簪白笔,武官则否,今文武皆簪焉。"《金史·舆服志上》:"正一品:貂蝉笼巾,七梁额花冠,貂鼠立笔,银立笔……"《明史·舆服志三》:"公冠八梁,加笼巾貂蝉,立笔五折,四柱,香草五段,前后玉蝉。侯七梁,笼巾貂蝉,立笔四折,四柱,香草四段,前后金蝉。伯七梁,笼巾貂蝉,立笔二折,四柱,香草二段,前后玳瑁蝉。"

【荔枝带】lìzhīdài 腰带名。以皮革为鞓,鞓上钉缀金銙,銙上雕凿有荔枝花纹。宋初多用于达官贵戚。宋太平兴国七年规定为三品以上官吏腰带。金、元时期因袭此制,专用于三、四品官员。至明代,则用于舞乐之服。宋岳珂《愧郯录》卷一二:"太平兴国七年正月九日,翰林学士承旨李昉言:'准诏详定车服制度,其荔枝带,本是内出以赐将相,在于庶僚,岂合僭服? 望非恩赐者,官至三品乃得服。'诏可。"宇文懋昭《大金国志》卷三四:"三品至四品,谓文臣:资德大夫至中顺大夫;武臣:龙虎卫上将军至定远将军,并服紫罗袍,象简,荔枝金带;文臣则加佩金鱼。"《元典章》卷二九:"偏带俱系红鞓:一品玉带,二品花犀,三品、四品荔枝金带。"《明史·舆服志三》:"明初,郊社宗庙用雅乐,协律郎幞头,紫罗袍,荔枝带;乐生绯袍,展脚幞头,舞士幞头,红罗袍,荔枝带,皂靴。"

【笠帽】lìmào 斗笠的一种。劳役者在雨雪天所戴的帽子。用竹篾编成骨架,中间夹有箬叶或笋壳,以防雨水,亦可用毡制成毡笠,宋代王公贵族赏雪时戴用。用皮革制成的皮笠则为军士所用。宋郑思肖《心史》卷下:"(鞑靼)人咸作土窖居宿,北去竟无屋宇,毡帐铺架作房,如鸡笼状,门高仅五尺,出入必低头。或笠帽撞帐房,或脚犯户限,俱犯扎撒。"徐珂《清稗类钞·隐逸》:"短裘笠帽,望之如神仙中人。"

【笠蓑】lìsuō 斗笠与蓑衣,遮日御雨之用具。因农牧之民常服之,故或用以指野服。借指劳动人民。宋叶隆礼《烟雨楼》:"尊酒待游烟雨景,画图著我笠蓑翁。"刘宰《奉酬陈居士》诗:"高人不作饭牛歌,盍向沧浪具笠蓑。"吴文英《一寸金》词其二:"叹画图难仿,橘村砧思,笠蓑有约,莼洲渔屋。"赵希逢《和田家》:"笠蓑懒把一身包,沾体何曾怕雨浇。"明宋应星《天工开物·乃粒》:"纨绔之子,以赭衣视笠蓑。"高叔嗣《汉江春日》诗:"未许笠蓑同楚父,来逃荣禄守渔矶。"清杨季鸾《潇湘道中》诗:"踪迹输鸥鹭,心情负笠蓑。"韩超《病中》诗:"君恩留得沙场骨,且买黄牛荷笠蓑。"

【连蝉冠】liánchánguān 元代曲阜祭祀时的一种礼冠。《元史·舆服志一》:"曲阜祭服,连蝉冠四十有三;七梁冠三,五梁冠三十有六,三梁冠四。"《续通典·礼十二》:"连蝉冠,元制为曲阜祭服。"

【莲花冠】liánhuāguān 也作"莲华冠""上清芙蓉冠"。因其形似莲花,故名。唐时已在士庶女子间流行。五代蜀时,后主王衍尝令宫人戴莲花冠,成一时之风。宋沿其制。冠上大多用金、翠羽等作装饰,颜色鲜艳,为官宦、士庶女子喜爱。亦指道教徒所戴的莲花状的道冠,一般是高功(坛场执事)才能戴。宋米芾《画史》:"蔡驸子骏家收《老子度关山》……老子乃作端正塑像,戴翠色莲华冠,手持碧玉如意,盖唐为之祖,故不敢画其真容。汉画老子于蜀郡石室,有圣人气象,想去古近,当是也。"《旧五代史·王衍传》:"衍奉其母徐妃同游于青城山,驻于上清宫。时宫人皆衣道服,顶金莲花冠,衣画云霞,望之若神仙。及侍宴,酒酣,皆免冠而退,则其髻鬟然。"宋风月主人《绿窗新话》卷下:"蜀后主自裹小巾,宫妓多道服,簪莲花冠,每侍宴酣醉,则免冠髻鬟,别为一家之美……后国人皆效之。"明唐寅绘《宫妓图》题诗:"莲花冠子道人衣,日侍君王宴紫微。花柳不知人已去,年年斗绿与争绯。"

宋人作《女孝经图》
中的莲花冠

【莲花笠】liánhuālì 僧人、道者所戴的一种形似莲花的斗笠。宋钱易《南部新书》:"道吾和尚上堂,戴莲花笠,披襕执简。"《祖堂集·道吾休和尚》:"师每日上堂戴莲花笠子,身著襕简,击鼓吹笛,口称鲁三郎。"

【莲花帽】liánhuāmào 形似莲花的帽子,宋代用以遮雨。明代用作少数民族乐工所戴之帽。宋陶谷《清异录》卷下:"张崇帅庐,在镇不法,酷于聚敛,从者数千人。出遇雨雪,众顶莲花帽,琥珀

衫,所费油绢不知纪极。市人称曰'雨仙'。"《明史·舆服志三》:"四夷乐工,皆莲花帽,诸色细折袄子。"

【敛巾】liánjīn 宋代衬在幞头内的一种前面削平而后面鼓出的巾子。宋叶梦得《石林燕语》卷三:"旧制,幞头巾皆折而敛前,神宗尝谓近臣,此制有承上之意。绍圣后,始有改而偃后者,一时宗之,谓前为'敛巾',遂不复用。此虽非古服随时之好,然古者为冕,皆前俯而后仰,敛巾尚有遗意也。"王得臣《麈史》卷上:"近年如藤巾、草巾俱废,上以漆纱为之,谓之纱巾……其巾之样,始作前屈,谓之敛巾。久之作微剑而已;后为稍直者,又变而后抑,谓之偃巾。已而又为直巾者。"

【练服】liànfú 白色丧服。居丧十三个月而举行的一种祭奠仪式,称"练"或"练祭"(即小祥祭),丧服为练服(粗服)。《朱子家礼》卷四:"设次陈练服。"自注:"丈夫、妇女设次于别所,置练服于其中。"

【练裙】liànqún ❶白绢下裳。亦指妇女所着白绢裙。宋苏轼《八月十七日天竺山送桂花分赠元素》诗:"破戒山僧怜耿介,练裙溪女斗清妍。"❷因南朝王献之书羊欣裙事,喻指精美的书法。清庄棫《高阳台·长乐渡》词:"爱沙边鸥梦,雨后莺啼。投老方回,练裙十幅谁题?"

liang—liu

【凉帽】liángmào 夏季戴之以蔽暑的帽子,有多种材质、形式,名目也很多。元萨天锡《上京即事》诗:"昨夜内家清暑宴,御罗凉帽插珠花。"元末明初陶宗仪《南村辍耕录》卷一五:"一日行郊,天气且暄,王易凉帽,左右捧笠侍,风吹堕石

上,击碎御赐玉顶。"《醒世姻缘传》第七十五回:"待不多时,虎哥来拜,戴着郎素凉帽,软屯绢道袍,镶鞋净袜,一个极俊的小伙。"《西游记》第五十九回:"一个老者,但见他穿一领黄不黄、红不红的葛布深衣;戴一顶青不青、皂不皂的篾丝凉帽。"清昭梿《啸亭续录·帽头毡帽》:"惟老翁夏日畏早凉,用青缎缝纫衬凉帽下,如今帽头状,初不以为燕服也。"❷清代官吏在夏秋季所戴的一种礼冠。立夏前戴之。无檐、形如覆釜,作"△"形,俗称"喇叭式"。初尚扁而大,后尚高而小。分白罗胎(藤丝)、万丝胎(竹丝)两种,外裱以绫罗,初热用白或湖色罗,极热用黄色纱。白罗胎者,穿单、纱袍褂时戴用;万丝胎者,仅于穿亮纱、葛纱袍时戴之。帽顶缀红缨,品官装顶珠。五品以下官员用红里,青蓝倭缎缘边,无官者用别色。有丧三年者戴羽缨帽,形式同上,藤为质,上缀黑缨,惟无缘。丧期品官不得用顶戴。行装之凉帽,亦藤为之,缨以红色牦牛毛,其最佳者曰"铁杆缨"。《清史稿·沈志祥传》:"上御崇政殿受朝,授志祥总兵官,赍蟒衣,凉帽,玲珑鞓带,貂、猞猁狲、狐、豹裘各一袭。"《清太宗文皇帝实录》卷一二:"冬月戴尖缨貂帽,夏月戴尖缨凉帽。"清刘廷玑《在园杂志》卷一:"本朝帽制,凉帽以德勒苏草细织成面者为上等,次等用白草,内以片金或大红缎绸各色纱缎为里,名曰帽胎;上覆以大红绒线纬缨。王、公卿、大夫、士庶皆戴之。"徐珂《清稗类钞·服饰》:"凉帽者,夏秋之礼冠也。立夏前数日戴之。无檐,形如覆釜。有二大别:一曰纬帽。初热时,用白色或湖色之罗胎者;极热时,用黄色纱胎之内有竹丝者,曰卍丝

胎。上缀红缨,丝所织也。"

凉帽(《皇清礼器图示》)

【凉衫】liángshān 也称"白衫"。南宋士大夫流行的白色便服。无袖,形制似紫衫,但较为宽大,著时披在外面。南宋末,诏罢紫衫,以凉衫为品官、士庶便服。至南宋乾道初年,礼部侍郎王曦又以凉衫纯素,似凶服,奏请除乘马道途许服外,余不得服。自后凉衫只用为凶服。宋周辉《清波杂志》卷二:"绍兴丙子,魏敏肃道弼贰大政。一日造朝,预备衫帽,朝退,服以入堂,盖已得请矣,一时骤更衣制,力或未办,乃权宜以凉衫为礼,习以为常。"沈括《梦溪笔谈·故事二》:"近岁京师士人朝服乘马,以黔衣蒙之,谓之'凉衫'。亦古之遗法也。《仪礼》'朝服加景'是也。"叶寘《爱日斋丛钞》卷五:"京师朝例,公服乘马,因中官及班行制褐绸为衫者,施于公服之上,号'凉衫'……今则遍天下间,用为吊服。绍兴末暂罢紫衫,至以凉衫谒见。"孟元老《东京梦华录》卷七:"妓女旧日多乘驴,宣政间惟乘马,披凉衫,将盖头背系冠子上。"江休复《江邻几杂志》:"凉衫以褐绸为之,以代毳袍,韩持国云,始于内臣班行,渐及士人,今两府亦然……予读《仪礼》:妇人衣上服制如明衣,谓之景。景,明也。所以御尘垢而为光明也。则凉衫亦所以护朝衣,虽出近俗,不可谓之

无稽。"《朱子家礼》卷一："至朔望则参,凡言盛服者,有官则幞头、公服、带、靴、笏;进士则幞头、襕衫、带;处士则幞头、皂衫、带;无官者通用帽子、衫、带;又不能具,则或深衣,或凉衫。"《宋史·舆服志五》："凉衫,其制如紫衫,亦曰白衫。乾道初,礼部侍郎王曦奏:'窃见近日士大夫皆服凉衫,甚非美观,而以交际、居官、临民,纯素可憎,有似凶服。陛下方奉两宫,所宜革之……朝章之外,宜有便衣,仍存紫衫,未害大体。'于是禁服白衫。"《朱子语类》卷一二七:"今上居孝宗丧,臣下都著凉衫,方正得臣为君服。"

【凉鞋】liángxié 夏天穿的鞋面通风的鞋。多以蒲草、细麻或棕丝编织,周身透空,便于散热。士农工商闲常家居均可着之。亦指拖鞋。《西湖老人繁胜录》:"街市扑蒲合、生绢背心……凉鞋。暑月多于宽阔处避署纳凉。"《儒林外史》第四十一回:"下面主位上坐着一位,头戴方巾,身穿白纱直裰,脚下凉鞋,黄瘦面庞。"《金瓶梅词话》第三十四回:"只见书童正从西厢房书房内出来……身上穿着苏州绢直裰,玉色纱旋儿,凉鞋净袜。"清钱大昕《竹枝词和王凤喈韵》:"黄草鞋轻棉布暖,生来不识上山蚕。"自注:"凉鞋出新泾,取黄草织之。"明田艺蘅《留青日札》卷二○:"秦始皇二年遂以蒲为之,名曰靸鞋。二世加以凤头,仍用蒲,即今无后跟凉鞋也。"清沈复《浮生六记·闺房记乐》:"浴罢,则凉鞋蕉扇,或坐或卧,听邻老谈因果报应事。"

【凉缁巾】liángzījīn 一种夏天戴的便帽。宋俞琰《席上腐谈》:"近时凉缁巾以竹丝为骨,如凉帽之状,而覆以皂纱,易脱易戴,夏月最便。"

【靓服】liàngfú 华丽的服饰;盛装。宋文天祥《六歌》之五:"晨妆靓服临西湖,英英雁落飘璃琚。"元周权《纪梦》诗:"仙姝粲华星,靓服纷素霓。"

【靓袨】liàngxuàn 袨服靓妆,形容华丽耀眼的盛装。宋叶适《醉乐亭记》:"外有靓袨都雅之形,其实无名园杰榭,尤花异木。"

【辽东帽】liáodōngmào 一种黑色之帽。三国魏管宁住辽东二十年,孟观闻其贤,荐之明帝,帝厚礼之,宁固辞,常被黑帽,清贫自甘,独守清操,所服黑帽故称辽东帽。事见《三国志·魏志·管宁传》。后以"辽东帽"指清高的节操。宋文天祥《正气歌》:"或为辽东帽,清操厉冰雪。"

【灵运屐】língyùnjī 语本《宋书·谢灵运传》:"寻山陟岭,必造幽峻,岩嶂千重,莫不备尽。登蹑常著木履,上山则去前齿,下山去其后齿。"因称这种特制的木屐为"灵运屐"。宋陈与义《寄商洛宰令狐励迎翠楼》诗:"便携灵运屐,不待德璋移。"释文珦《为言以道赋岩隐》诗:"几年灵运屐,九转葛玄丹。"魏了翁《樊迪功挽诗》:"不见登山灵运屐,空悬下泽少游车。"元傅若金《寄题番阳周子震金潭山居》诗:"遂求灵运屐,一往眺林坳。"元宋无《送金华黄晋卿之诸暨州判官》诗:"晚陪灵运屐,早访董生帷。"魏初《游玉泉》诗:"杳然心悸身生芒,泊岸为著灵运屐。"元末明初丁鹤年《武余清乐为致仕尹将军赋》:"深造烟霞灵运屐,浩歌风月鄂君船。"明陶安《己丑九日南轩山长许栗夫邀学官及诸生登高翠微亭以唐人登高诗前四句分韵赋诗在座诸生人得开字者余为代赋五十韵》:"参军巾欲坠,灵运

宋辽金元时期的服饰

展迟回。"清钱澄之《庐山》诗:"一路叶埋灵运屐,合山僧待子瞻诗。"

【**绫袜**】língwà 以细绫制成的袜子。男女均可穿用,多用于春夏两季。金代用作礼服的绫袜,按规定必须以白绫为之。《大金集礼》卷三〇:"正二品五员……乌皮履一对,白绫袜一对。"《醒世恒言·陆五汉硬留合色鞋》:"(张荩)自己打扮起来,头戴一顶时样绉纱巾,身穿着银红吴绫道袍,里边绣花白绫袄儿,脚下白绫袜,大红鞋,手中执一柄书画扇子。"

【**领抹**】lǐngmǒ 领系之类的围领、披巾。宋代妇女多用作装饰。宋孟元老《东京梦华录·正月》:"及州南一带,皆结彩棚,铺陈冠梳、珠翠、头面、衣着、花朵、领抹、靴鞋、玩好之类。"吴自牧《梦粱录·正月》:"街坊以食物、动使、冠梳、领抹、缎匹、花朵、玩具等物沿门歌叫关扑。"无名氏《阮郎归·端五》词:"及妆时结薄衫儿,蒙金艾虎儿,画罗领抹襜裙儿,盆莲小景儿。香袋子,搐钱儿。"灌圃耐得翁《都城纪胜》:"如官巷之行贩,所聚花朵、冠梳、钗环、领抹,极其工巧,古所无也。"

【**领系**】lǐngxì 也作"领戏"。金元时期女的一种服饰。由宋朝的直帔演变而来,通常以狭长的布带为之,制为双层,上绣各色花纹图案,着时披挂于上衣之外,由颈后绕至胸前,以带结系,下垂及膝。元关汉卿《赵盼儿风月救风尘》第一折:"出门去,提领系,整衣袂,戴插头面整梳篦。"又《诈妮子调风月》第四折:"推那领系眼落处,采揪住那系腰行行揢胯骨。"无名氏《鲁智深喜赏黄花峪》第二折:"他来买我些东西,也有挑线领戏;也有钗环头篦。"又第三折:"有这个锦裙裥法墨玢梳,更有这绣领戏绒线铺,翠绒花

是金缕。"

领系(山东高唐金墓出土壁画)

【**榴裙**】liúqún 红如石榴花的裙子。宋杨樵云《满庭芳·影》:"难唤醒,三年抽藕,织得榴裙。"周端臣《古断肠曲三十首》其二十三:"香凝薇帐春风院,酒浣榴裙夜月楼。"吴文英《澡兰香》词:"为当时曾写榴裙,伤心红绡褪萼。"元王逢《听郑廷美弹琴》诗:"榴裙蕙带辞罗洞,玉佩珠璎脱飞鞚。"明陈汝元《金莲记·湖赏》:"银塘风味,岂甘心丛林自栖。谁念我桃叶无缘,幸逢卿榴裙堪系。"清孔尚任《桃花扇·寄扇》:"榴裙裂破舞腰风,鸳靴剪凌波韈。"

【**六梁冠**】liùliángguān 也称"六梁"。冠上有六道横脊的礼冠。始于宋代,列于三等,金代用于三品、四品官吏,明代是二品官吏的朝服。《宋史·舆服志四》:"六梁冠,方胜宜男锦绶,为第三等,左右仆射至龙图、天章、宝文阁直学士服之。"《金史·舆服志上》:"大定二十二年袷享,摄官,导驾二品冠七梁,三品四品冠六梁,服有金花。"《明史·舆服志三》:"二品,六梁,革带,绶环犀,余同一品。"《明会典》卷六一:"洪武二十六年定,文武官朝服:梁冠、赤罗衣、白纱中单……二品冠六梁,革带绶环用犀,余同一品。"

明王圻《三才图会·衣服二》:"二品六梁冠,衣裳中单、蔽膝、大带、袜履。"

long—lü

【龙凤花钗冠】lóngfènghuāchāiguān 南宋皇后所戴的缀有龙凤及大小花朵二十四株的礼冠,用于祭祀或朝会。《宋史·舆服志三》:"中兴,仍旧制。其龙凤花钗冠,大小花二十四株,应乘舆冠梁之数,博鬓,冠饰同皇太后,皇后服之,绍兴九年所定也。"

【龙巾】lóngjīn 君王所用之巾。多化用唐代李白故事。宋晁补之《即事呈闿中顺之二年兄》诗之二:"何由利口似虎圈,应不拭吐烦龙巾。"吴可《故人来自春陵出示初寮翰墨感时怀旧辄为长句》诗:"分光莲烛真为荣,拭吐龙巾何足拟。"黄力叙《送陈随隐江西》诗:"应制沉香亭,龙巾曾拭唾。"元代辛文房《唐才子传》载李白离开长安后:"浮游四方,欲登华山,乘醉跨驴经县治,宰不知,怒,引至庭下曰:'汝何人,敢无礼!'白供状不书姓名,曰:'曾令龙巾拭吐,御手调羹,贵妃捧砚,力士脱靴。天子门前,尚容走马;华阴县里,不得骑驴?'宰惊愧,拜谢回:'不知翰林至此。'白长笑而去。"

【龙袍】lóngpáo ❶绣有龙形图纹的袍服。除帝、后、皇子外,其他官员不得穿着,若得皇帝亲赐,须在穿前挑去一爪,以示区别。经过改制后的"龙袍",则称蟒袍。衣上绣龙,始于先秦,后代相沿不绝。龙袍的纹饰有几种:胸前绣有"坐龙"的纹饰,取其"坐镇江山"之意。龙爪要五爪分开,以显示龙的威慑力;绣以"升降龙"的纹饰,取其变化卷舒,具有德性之意;还有的以团龙为纹饰。隋文帝

以来,黄色袍服成为帝王的御用服装,绣有龙形纹饰的黄袍就更为后代皇帝所独占,纹样也越来越复杂。明代的龙袍是皇帝的常服,样式为大襟、盘领、窄袖的黄色长袍。前、后及两肩各织金盘龙一条。太子的龙袍绣龙纹样与皇帝相同,但袍为红色。清代龙袍属于吉服。平时较多穿着。按清朝礼仪,穿龙袍,必须戴吉服冠,束吉服带,项间挂朝珠。龙袍样式为大襟、圆领、带箭袖、四开衩的长袍。颜色多为明黄,也可用金黄或杏黄,领及袖为石青色。一般都与衮服配起来穿,以示庄重。清代龙袍共绣金龙九条,胸背各绣金龙一条,左右肩各绣金龙一条,袍下端左右交襟处前后各绣金龙一条。第九条金龙绣在衣襟里面。不论从正面或背面看,所见金龙都是五条(两肩之龙前后都能看到),象征着帝王的九五之尊。另外,领前、领后各绣小金龙一条,两袖端各绣小金龙一条。金龙之间绣以十二章纹饰和五色云,下幅绣八宝立水图案,以海水江涯来喻意皇帝拥有着万世升平的一统河山。清代后妃也穿龙袍,式样与皇帝龙袍相同,只是袍为左右两开衩。皇太后、皇后、皇贵妃龙袍为明黄色,贵妃、妃龙袍为金黄色,嫔龙袍为香色。皇后龙袍有三种纹饰:一种绣金龙九条,间以五色云及福、寿文采,下幅八宝立水;一种绣五爪金龙八团,两肩前后飞龙各一,襟行龙四,下幅八宝立水;另一种下幅不加纹饰。《宣和遗事·亨集》:"徽宗闻言大喜,即时易了衣服,将龙袍卸却,把一领皂褙穿者。"元白仁甫《梧桐雨》第一折:"一襟爽气酒初醒,松开了龙袍罗扣。"陈孚《八月呈学士阎静斋赵方塘》诗之一:"风清双雉扇,天

宋辽金元时期的服饰

近五龙袍。"《元史·速哥传》:"速哥奏事,朝至朝入奏,夕至夕入奏,文宗尝出金盘龙袍及宫女赠之。"《水浒传》第二回:"高俅看时,见端王头戴软纱唐巾,身穿紫绣龙袍。"宋应星《天工开物》卷二:"凡上供龙袍,我朝局在苏杭,其花楼高一丈五尺,能手两人,扳提花木,织过数寸,即换龙形。"《英烈传》卷二六:"今士诚已僭称吴王,陛下可赐以龙袍、玉带、玉印,敕为吴王。"《清史稿·舆服志二》:"(皇帝)龙袍,色用明黄。领、袖俱石青,片金缘。绣文金龙九。列十二章,间以五色云。领前后正龙各一,左、右及交襟处行龙各一,袖端正龙各一。下幅八宝立水,襟左右开,棉、袷、纱、裘,各惟其时。"❷太平天国高级将领所穿礼服。以黄色绸缎为之,下不开衩,袖口紧窄,不用箭袖,示与清代龙袍有本质区别。上自天王,下至丞相,凡遇朝会均得着此。所绣龙纹亦有定制,视爵职而定。清张德坚《贼情汇纂》称:其服"仅黄龙袍、红袍,黄红马褂而已。其袍式如无袖盖窄袖一裹圆袍"。

【龙蕊簪】lóngruǐzān 一种名贵的发簪。宋陶谷《清异录·龙蕊簪》:"吴越孙妃尝以一物施龙兴寺,形如朽木筯,僧不以为珍。偶出示,舶上胡人曰:'此日本国龙蕊簪也。'增价至万二千缗易去。"

【笼巾】lóngjīn 也称"貂蝉笼巾""笼巾貂蝉"。宋明两代王公贵族参加大礼盛典时,加戴于进贤冠上的一种装饰品。宋代笼巾以细藤编成,宋代笼巾外表涂漆,左右分为两扇,顶部方平;前有银花牌饰,中附一蝉,并簪以立笔;两侧各缀三枚小蝉,左侧插一貂尾。使用时加罩在进贤冠上。唯宰相、亲王、使相、三师、

三公随帝祭祀或重大朝会可加此。宋代的王公大臣皆以进贤冠作为朝冠,冠为七梁,亲王、使相、三师、三公侍祠或大朝会的礼冠,上加貂蝉笼巾。明代的貂蝉笼巾,仍是公、侯等王公大臣朝冠的装饰品。公冠用八梁进贤冠,加貂蝉笼巾,前后加饰;玉蝉;侯为七梁进贤冠,也加貂蝉笼巾,前后所饰改为金蝉;伯与驸马与侯相同,不过蝉用玳瑁制成。貂蝉笼巾,不仅作为装饰,同时也有分别等级的作用。《宋史·舆服志四》:"进贤冠以漆布为之……第一等七梁,加貂蝉笼巾、貂鼠尾,立笔……貂蝉冠一名笼巾,织藤漆之,形正方,如平巾帻。饰以银,前有银花,上缀玳瑁蝉,左右为三小蝉,御玉鼻,左插貂尾。三公、亲王侍祠大朝会,则加于进贤冠而服之。"宋孟元老《东京梦华录·车驾宿大庆殿》:"宰执百官皆服法服,其头冠各有品从。宰执亲王加貂蝉笼巾九梁,从官七梁,余六梁至二梁有差。"《玉海》卷八二:"五梁冠、犀簪导、珥笔、朱衣、朱裳、白罗中单、玉剑佩、锦绶、玉环、一品二品侍祠大朝会服之,中书门下加笼巾貂蝉。"《明史·舆服志三》:"一品至九品,以冠上梁数为差。公冠八梁,加笼巾貂蝉,立笔五折……侯七梁,笼巾貂蝉,立笔四折。"

【笼鞋】lóngxié 一种鞋面较宽、足趾露在外面的有孔凉鞋。宋姜夔《鹧鸪天·己酉之秋苕溪记所见》词:"笼鞋浅出鸦头袜,知是凌波缥缈身。"

【搂带】lōudài 裙带。元白朴《墙头马上》第二折:"解下这搂带裙刀,为你逼的我紧也便自伤残害。"王实甫《十二月过尧民歌·别情》散曲:"今春,香肌瘦几分,搂带宽三寸。"

【镂金环】lòujīnhuán 雕凿花纹的金质环佩。宋王珪《宫词》:"数骑红妆晓猎还,销金罗袜镂金环。"杜安世《更漏子》词:"镂金环,连玉珥。颗颗蚌蛤相缀。"宇文懋昭《大金国志》卷二九:"(王予可)戴青葛巾,项后垂双带,状若牛耳。一金镂环在顶额之间,两颊以青涅之,指为翠𪩘。"

【鹿霓衣】lùníyī 鹿皮制的衣服。隐士或术士往往着之。宋孙光宪《北梦琐言·陈陶癖书》:"大中年,洪州处士陈陶者,有逸才,歌诗中似负神仙之术,或露王霸之说……云:'一鼎雄雌金液火,十年寒暑鹿霓衣。'"

【鸾裙】luánqún 绣有鸾鸟的裙子。宋张君房《云笈七签》卷二五:"身服锦帔,凤光鸾裙。腰带虎箓,龙章玉义。"元末明初杨维桢《和篇》:"鲛宫绡寒珠泪泣,鸾裙行烟翠痕湿。"

【掠子】lüèzi 也作"掠头"。❶绾发的头巾之类。宋米芾《画史》:"士子国初皆顶鹿皮冠,弁遗制也……其后方有丝绢作掠子,掠起发,顶帽出入,不敢使尊者见。既归于门背取下掠子,箆约发讫,乃敢入,恐尊者令免帽见之为大不谨也。"《朱子家礼》卷四:"具括发麻免布髻麻"自注:"免谓裂布自项向前交于额上,却绕髻如著掠头也。"❷省称"掠"。箆子。梳头用具。亦可插在发上作装饰。元关汉卿《金线池·金盏儿》第一折:"有几个打趸客旅辈,丢下些刷牙掠头,问奶奶要盘缠家去。"明罗颀《物原·器原》:"伏羲作木梳,神农作笸筮,轩辕作镜镊剃刀,少康作掠子。"方以智《通雅·衣服》:"梁冀使人劾李固曰:'搔头弄姿。'邅园曰:'即今掠子。'"周祈《名义考·物》:"箆,亦谓之掠子。"

整发,即今掠子。"

【罗幡】luófān 宋代新春时戴在头上的罗制幡胜。宋陆游《戊午元日读书至夜分有感》诗:"强戴罗幡怯岁增,光阴堪叹捷飞腾。"又《岁暮》诗:"案间官历喜更端,鬓畔罗幡巧耐寒。"又《辛酉除夕》诗:"罗幡插纱帽,一醉当百壶。"

【罗襕】luólán 以细罗制成的襕袍。宋元明时多用作公服,按官品高低,有紫襕、绯襕、绿襕等分别。元伯颜《喜春来》词:"金鱼玉带罗襕扣,皂盖朱幡列五侯。"袁易《声声慢·寿张仲实》词:"更喜今年,浓恩为染罗襕。"郑德辉《王粲登楼》第一折:"有一日金带罗襕乌靴象简,那其间难道不著眼相看?"杨显之《潇湘雨》第二折:"这罗襕呵脱下来与你穿只。"白仁甫《梧桐雨》第二折:"你文武两班,空列些乌靴象简,金紫罗襕,个中没个英雄汉?"明无名氏《精忠记·挂冠》:"跳出利名关,脱下乌纱与罗襕,换麻衣草履,自觉心闲。"

【螺笠】luólì 用细竹丝编织成,顶部呈螺形的一种笠。宋周去非《岭外代答》卷六:"交趾有笠如兜鍪,而顶偏,似田螺之臀,谓之螺笠,以细竹缕织成,虽曰工巧,特贱夫之所戴耳。"《文献通考·四裔七》:"螺笠,竹丝缕织,状如田螺,最为工致。"

【络缝乌靴】luòfèngwūxuē 辽代皇帝、皇后行祭祀礼时所穿的靴子。《辽史·礼志一》:"(祭山仪)皇帝服金文金冠,白绫袍,绛带,悬鱼,三山绛垂,饰犀玉刀错,络缝乌靴。皇后御绛帨,络缝红袍,悬玉佩,双结帕,络缝乌靴。"

【旅褐】lǚhè 行装;行旅之衣。宋张耒《同杨二十牒氏寺宿草酌张正民秀才见访》诗:"空堂灯火青,旅褐借僧毡。"

【履袍】lǚpáo 宋代皇帝的礼服。由折上巾、绛罗袍、通犀金玉带及黑革履等组成。专用于郊祀、明堂、诣宫、宿庙等祭祀场合。始于南宋乾道九年。《宋史·舆服志三》:"天子之服,一曰大裘冕,二曰衮冕,三曰通天冠、绛纱袍,四曰履袍……袍以绛罗为之,折上巾,通犀金玉带。系履,则曰履袍;服靴,则曰靴袍。履、靴皆用黑革。四孟朝献景灵宫、郊祀、明堂、诣宫、宿庙、进胙,上寿两宫及端门肆赦,并服之。大礼毕还宫,乘平辇,服亦如之。"

【履靸】lǚsǎ 指鞋子。宋何薳《春渚纪闻·翊圣敬刘海蟾》:"自庙百里间,有食牛肉及著牛皮履靸过者,必加殃咎。"刘子翚《苏云卿传》:"夜织履靸,坚过革舄,人争贸之以馈远。"清黄景仁《初夏命仆刈阶草》诗:"绕砌生茅茨,丛杂碍履靸。"

【履鞋】lǚxié 单底鞋,泛指鞋子。宋孟元老《东京梦华录》卷一〇:"皆绛袍皂缘,方心曲领,中单环佩,云头履鞋,随官品执笏。"《金瓶梅词话》第三十九回:"吴道官预备了一张大插桌……一双白绫小袜,一双青潞绸纳脸小履鞋。"《初刻拍案惊奇》卷一七:"把腿一缩,一只履鞋早脱掉了。"《三宝太监西洋记通俗演义》第十一回:"(吕纯阳)身穿的佛头青绉纱直裰,脚穿的裤腿儿暑袜,三镶的履鞋。"

【绿蓑青笠】lǜsuōqīnglì 绿草编的蓑衣,青竹编的斗笠。指渔翁的装束。亦代指隐士的服饰。语本唐张志和《渔父歌》:"西塞山前白鹭飞,桃花流水鳜鱼肥。青箬笠,绿蓑衣,斜风细雨不须归。"宋曹勋《次韵李汉老参政重阳前游泉州东湖》诗:"少并江湖鱼钓乐,绿蓑青笠鳜鱼肥。"元张雨《忆秦娥》词:"入城一向红尘扰。红尘扰。绿蓑青笠,让渠多少。"《西游记》第九回:"绿蓑青笠随时看,胜挂朝中紫绶衣。"明方太古《谷雨》诗:"碧海丹丘无鹤驾,绿蓑青笠有渔舟。"清沈德潜《雨余泛舟三潭同历樊榭孝廉作》诗:"一枝柔橹苍茫外,绿蓑青笠元真态。"

【绿云衣】lǜyúnyī 指新进士所穿的绿袍。元末明初高明《琵琶记·杏园春宴》:"嫦娥剪就绿云衣,折得蟾宫第一枝。"

M

ma—mao

【麻袍】mápáo 布衣,多作贫者之服。元无名氏《十棒鼓》词:"不贪名利,休争闲气,将襴袍收拾……麻袍宽超,拖一条藜杖,自带椰瓢,沿门儿化得,化得皮袋饱。"

【麻裙】máqún 以粗麻布制成的裙子。妇女用于服丧。宋蒋梦炎《寒食》诗:"麻裙素髻谁家女?哭向燔间送纸钱。"苏洵《野兴》诗:"冬来保得儿孙暖,自解麻裙当酒尊。"元末明初高明《琵琶记·副末开场》:"把麻裙包土,筑成坟墓。"《聊斋志异·咬鬼》:"蒙眬间,见一女子搴帘入,以白布裹首,缞服麻裙,向内室去。疑弱妇访内人者;又转念,何遽以凶服入人家?"

【麻绦】mátāo 用麻线编织成的腰带。形容装束粗劣简朴。多指隐者、道士或乞丐的服饰。亦用来表示戴孝。元马致远《黄粱梦》第一折:"你出家人草履麻绦,餐松啖柏,有甚么好处?"长笙子《成功了》曲:"藜杖云巾,麻绦纸袄,便是随身行李。"明夏言《西江月·次朱希真三阕》其三:"不要许多荣利,只图些子清闲。麻绦草履布衣衫。学个道人打扮。"《水浒传》第二十六回:"(武松)去房里换了一身素净衣服,便叫土兵打了一条麻绦,系在腰里。"《西游记》第九回:"麻绦粗布衣,心宽强似着罗衣。"

【麻鞋】máxiá 麻布鞋。元张宪《送海上人从军》诗:"纵不黄金销鞈䩞,也胜紫绣踏麻鞋。"

【蛮笠】mánlì 宋代南方少数民族用竹篾编制的帽子。其顶尖,圆椎形,高一尺余,四围下垂。其顶高而不倾,四垂则风不能扬。宋周去非《岭外代答》卷六:"西南蛮笠,以竹为身,而冒以鱼毡,其顶尖圆,高起一尺余,而四周下垂。视他蕃笠其制似不佳。然最宜乘马,盖顶高则定而不倾,四垂则风不能扬,他蕃笠所不及也。"

【襛】mán 也作"幔"。一种无袖长衣。下长至足。多为少数民族所服。《集韵·恒韵》:"襛,胡衣。"清黄叔璥《台海使槎录·北路诸罗番一》:"用布二幅,缝其半于背左右,及腋而止,余尺许,垂肩及臂,无袖,披其襟,衣长至足者,名襛。"

【毛裙】máoqún 一种用毛线编织而成的裙子。多用于西南少数民族。元李京《云南志略·诸夷风俗》:"妇人披毡皂衣,跣足,风鬟高髻;女子剪发齐眉,以毛绳为裙。"

【毛衫】máoshān ❶毛翻在外面的皮衣。宋元时期较为流行。宋叶寘《爱日斋丛钞》卷五:"徐铉随后主归朝,见士大夫寒日多披毛衫,大笑之。"王铚《默记》卷下:"与阎二丈询仁同赴省试,遇少年风骨竦秀于相国寺,乃下马去毛衫,乃王元泽也。"周密《癸辛杂识·续集》卷下:"刘伯宣为宣尉司同知……一夕,为偷儿盗去银匙箸两副及毛衫、布海青共三件,次日几无可著之衣。"❷不缝边缘的婴儿内衣。因俗称婴儿为"毛头",故名其衣为"毛衫"。《金瓶梅词话》第三十四回:"西门庆拿出两匹尺头来,一匹大红纻丝,一匹鹦哥绿绺绸,教李瓶儿替官哥裁毛衫儿、披袄、背心儿、护顶之类。"

【帽环】màohuán 装缀在冠帽后部的环形帽翅。《文献通考·王礼十三》:"长人祇候五十二人,合色头须,镀金帽环,青红二色。"张端义《贵耳集》卷下:"绍兴初,杨存中在建康。诸军之旗中有双胜交环,谓之二圣环,取两宫北还之意。因得美玉,琢成帽环,进高庙曰:'尚御裹。'偶有一伶者在旁。高宗指环示之:'此环杨太尉所进,名二胜环。'伶人接奏云:'可惜二胜环,且放在脑后。'"岳珂《桯史》:"参军方拱揖谢,将就倚(椅),忽堕其幞头,乃总发为髻,如行伍之巾,后有大巾镮,为双叠胜。伶指而问云:'此何镮?'曰:'二胜镮。'遽以朴击其首:'尔但坐太师交倚,请取银绢例物,此镮掉脑后可也。'"《清平山堂话本·杨温拦路虎传》:"身长丈二,腰阔数围。青纱巾,四结带垂;金帽环,两边耀日。"

【帽衫】màoshān 宋代士大夫所著礼服。一种帽与衫相配的士人通常装束。帽以乌纱制作,衫以皂罗制作,著时须穿靴,束以角带。北宋时,士大夫及一般低级公职人员出入交际场所常服之。南宋时,紫衫、凉衫相继盛行,帽衫遂不复如先前流行。然国子生仍常服之,一般士人遇家中冠礼、婚礼、祭祀等场合,亦仍服用。《宋史·舆服志五》:"中兴,士大夫之服,大抵因东都之旧,而其后稍变

焉。一曰深衣,二曰紫衫,三曰凉衫,四曰帽衫,五曰襕衫。"

mei—mu

【郿绦】méitāo 麻织腰带。郿县(今陕西省眉县)所产,故称。宋陆游《老境》诗:"临窗蜀纸誊诗草,出户郿绦系褐衣。"又《舟中遣兴》诗:"方床展蕲簟,短褐束郿绦。"

【蒙衫】méngshān 毛翻在外的皮衣。《说郛》卷七五:"今之蒙衫,即古之氄衣。蒙谓毛之细软貌,如《诗》所谓'狐裘蒙茸'之蒙,俗作毵,音模。其实即是毛衫。毛讹为蒙,蒙又转而为毵。"

【幂首】mìshǒu 妇女障面的一种头巾。类似头巾,质薄而轻,自头帽垂及肩,长者可及地。宋无名氏《异闻总录》卷四:"宣和七年春,相州士人来京师,调官归,出封丘门,见妇人著红背子,戴紫幂首,行于马前。"

【绵袄】mián'ǎo 纳有絮绵的短衣。"绵"字从丝,因其中纳以丝绵。后改用木棉为之,"绵"字则从"木"。今世棉袄是其遗制。其制为大襟,窄袖,下长讨腰。男女均用,多用于冬季。宋罗大经《鹤林玉露》:"何斯举云:壬寅正月,雨雪连旬。忽雨开霁,闾里翁媪相呼曰:黄绵袄子出矣。因作歌以纪之。此名甚新,但所以作歌,未甚惬人意,乃更为补作一绝句云:范叔绵袍暖一身,大裘只盖洛阳人。九州岛四海黄绵袄,谁似天公赐予均。"《宋史·舆服志五》:"起十月给紫歛正绵袄。给公服者,单夹亦然。"《古今图书集成·礼仪典》卷三四一:"洪武四年春正月,命给守边将士绵袄。上谓中书省臣曰:'今日天寒有甚于冬,京师尚尔,况北

边荒漠之地,冰厚雪深,守边将士甚艰苦,尔中书具以府库所储布帛制绵袄运赴蔚朔宁夏等处,以给将士。"《儒林外史》第二十一回:"牛老把囤下来的几石粮食变卖了,做了一件绿布棉袄、红布棉裙子……四件暖衣。"徐珂《清稗类钞·服饰》:"上顾文正而问曰:'众皆服貂狐,汝得毋寒乎?'文正对曰:'臣尚有小毛裘可服,外间百姓且有无棉袄者。'"

【绵襦】miánrú 纳有絮绵的短上衣。《宋史·真宗本纪二》:"壬午,幸城南临河亭,赐凿凌军绵襦。"

【绵衣】miányī 即"绵袄"。宋无名氏《释常谈·挟纩》:"著绵衣,谓之挟纩。"

【冕版】miǎnbǎn 冕顶之板,又名延。《宋史·舆服志四》:"古者,冕以木版为中,广六寸,长尺六寸,后方前圆,后仰前低……今群臣冕版长一尺二寸,阔六寸二分,非古广尺之制;以青罗为覆,以金涂银棱为饰,非古玄表朱里之制。"《明史·舆服志二》:"冕版广一尺二寸,长二尺四寸。冠上有覆,玄表朱里,余如旧制。"

【冕黻】miǎnfú 礼冠与礼服上绣的"亞"形花纹。借指仕宦。宋王安石《金溪吴君墓志铭》:"氏吴其先自姬出,以儒起家世冕黻。"陈宓《次泉守游即中》诗:"穷山野老腹应便,冕黻朝天袂屡牵"李流谦《送李德明解绵竹尉》诗:"董贤尉三公,冕黻蒙垢尘。"

【面帛】miànbó 死者覆面的方帛。以免生人见死者面而心生忌畏,亦有让死者安息之意。宋高承《事物纪原·吉凶典制·面帛》:"面帛:今人死以方帛覆面者。《吕氏春秋》曰:夫差诛子胥,数年越报吴,践其国,夫差将死,曰:'死者如其有知也,吾何面目以见子胥于地下?'乃为幂以冒面而死。此其始也。"洪迈《夷坚甲志·张夫人》:"至夜半,尸忽长叹,自揭面帛,蹶然而坐。"

【抹绿靴】mǒlǜxuē 武士所穿的一种绿色皮靴。元刊本《三国志平话》卷上:"觑见一人,披发红抹额,身穿细柳叶嵌青袍、抹绿靴,手执文状,叫屈声冤。"《水浒传》第二回:"史进头戴一字巾,身披米红甲,上穿青锦袄,下着抹绿靴。"又第五十四回:"抹绿靴斜踏宝镫,黄金甲光动龙鳞。"

【抹条】mǒtiáo 一种长条形头巾。多为佛、道教徒使用。元马致远《黄粱梦》第一出:"你有那出世超凡神仙分,系一条一抹条,带一顶九阳巾。"

【毽衫】múshān 即"毛衫❶"。元文宗《自建康至京都途中作》诗:"穿了毽衫便著鞭,一钩残月柳梢边。"清胡敬《南薰殿图像考》卷下:"元代帝像一册,绢本八对幅……一太祖,二太宗,三世祖,四成宗,五武宗,六仁宗,七文宗,八宁宗。前数像皮冠,毽衫,后数像顶钹笠,服袍。"

【木绵鞋】mùmiánxié 絮有棉花的暖鞋。冬季御寒之用。元熊梦祥《析津志·风俗》:"市民多造茶褐木绵鞋货与人,西山人多做麻鞋出城货卖,妇人束足者亦穿之,仍系行缠,欲便于登山故也。"

【木鞋子】mùxiézi 木制的鞋子。元无名氏《随何赚风魔蒯通》第三折:"木鞋子踏作粉滥,铁单裤倒做墨褐。"

N

na—nuan

【**衲袍**】nàpáo 用碎布料缝缀的袍服。亦指缝补过的旧衣。所用做僧衣或贫人的服饰。宋洪迈《夷坚乙志·侠妇人》:"吾手制衲袍以赠君,君谨服之,惟吾兄长马首所向。"郭彖《睽车志》卷六:"刘先生者,河朔人。年六十余,居衡岳紫盖峰下,间出衡山县市,从人丐得钱,则市盐酪径归……县市一富人,尝赠一衲袍,刘欣谢而去。"《西游记》第十九回:"满地烟霞树色高,唐朝佛子苦劳劳。饥餐一钵千家饭,寒著千针一衲袍。"

【**衲裙**】nàqún 僧人的衣裳。宋苏轼《以玉带施元长老以衲裙相报次韵二首》其一:"病骨难堪玉带围,钝根仍落箭锋机。欲教乞食歌姬院,故与云山旧衲衣。"元萨都剌《秋日雨中登石头城访长老珪白岩不遇》诗:"遥忆南庄叟,天寒补衲裙。"

【**衲衫**】nàshān ❶宋代武士所穿的一种衫子。宋苏轼《观杭州钤辖欧育刀剑战袍》诗:"青绫衲衫暖衬甲,红线勒帛光绕胁。"❷僧衣。宋黄庭坚《赠惠洪》诗:"脱却衲衫着蓑笠,来佐涪翁刺钓舡。"

【**闹蛾**】nàoé 也作"闹鹅"。也称"闹嚷嚷"。妇女于元宵之日所戴的一种首饰。通常用竹篾、绫绢等制成花朵,连缀于发钗;另用硬纸剪制成蝴蝶、草虫、飞蛾、鸣蝉、蚂蚱之形,将其粘于细竹篾上,亦有用金银丝或金银箔制成蝶蛾者。使用时安插在发髻之上,微风袭来,举足行步时震动着花朵,牵动了竹篾,花旁的蝶蛾微微颤动,就像围着花朵飞舞。唐宋时较为流行,宋代以后其俗不衰,且施于男子。宋扬无咎《人月圆》词:"闹蛾斜插,轻衫窄试,闲趁尖耍。百年三万六千夜,愿长如今夜。"周密《武林旧事》卷二:"元夕节物,妇人皆戴珠翠、闹蛾、玉梅、雪柳、菩提叶、灯球。"史浩《粉蝶儿·元宵》词:"一霎和风,秾薰许多春意。闹蛾儿,满城都是。向深闺,争剪碎,吴绫蜀绮。点装成,分明是,粉须香翅。"《宣和遗事·亨集》:"京师民有似云浪,尽头上戴著玉梅、雪柳、闹蛾儿,直到鳌山下看灯。"朱淑真《忆秦娥·正月初六日夜月》词:"闹蛾雪柳添妆束,烛龙火树争驰逐。争驰逐,元宵三五,不如初六。"明刘若愚《酌中志》卷一九:"自岁暮正旦,咸头戴闹蛾,乃乌金纸裁成,画颜色装就者;亦有用草虫蝴蝶者。咸簪于首,以应节景。"《水浒传》第六十六回:"却说时迁挟着一个篮儿,里面都是硫黄、焰硝放火的药头,篮儿上插几朵闹鹅儿,趱入翠云楼后。"清王夫之《杂物赞·活的儿》:"以乌金纸剪为蛱蝶,朱粉点染,以小铜丝缠缀针上,旁施柏叶。迎春,元日,冶游者插之巾帽,宋柳永词所谓'闹蛾儿'也,或亦谓之'闹嚷嚷'。"陈维崧《望江南·岁暮杂忆》词之一:"人斗南唐金叶子,街飞北宋闹蛾儿。"姚之骃《元明事类钞·元日闹嚷嚷》；《北京岁华记》：元旦人家儿女剪乌金作纸蝴蝶戴之，名曰闹嚷嚷。《北京风俗杂咏·燕京上元竹枝词》："真个郎心难捉缚，颠摇金似闹蛾飞。"

【闹装花】nàozhuānghuā 一种头饰。剪丝绸或乌金纸为花或草虫之形。清翟灏《通俗编·服饰》："闹装花：《余氏辨林》：'京师儿女多剪彩为花或草虫之类，曰闹嚷嚷，即古所谓闹装也……'元强珇《西湖竹枝词》：'湖上女儿学琵琶，满头多插闹装花。'"

【泥屐】níjī 下雨天所穿的高齿木屐。因着之行于泥地不畏滑跌，故名。亦指沾满泥巴的木屐。宋方回《次容斋喜雪禁体二十四韵》："冻手三喔复三咻，泥屐一前仍一却。"明王彦泓《写》诗："秋霖才过市成渠，泥屐声中掩户居。"《醒世姻缘传》第二十五回："狄员外打了伞，穿了泥屐，别了薛教授回家。"《歧路灯》第五十七回："只说谭绍闻披上雨衣，依旧著上泥屐，径上夏逢若家来。"清吴伟业《满江红·题画寿总宪龚芝麓·寿金岂凡相国七十》词："矍铄青山霜镫马，欢娱红粉春泥屐。"

【貔裘】níqiú 以貔皮制成的服装。宋代由日本等国贡纳。《宋史·日本传》："纳白细布五匹，鹿皮笼一，纳貔裘一领。"

【鸟巾】niǎojīn 丧事吊唁时戴的暗色头巾。宋彭乘《续墨客挥犀·陈烈遵古礼》："《诗》不云乎：'凡民有丧，匍匐救之。'今将与二三子行此礼，于是鸟巾栏鞲，与二十余生，望门以手据地膝行，号恸而入孝堂。"

【牛耳幞头】niúěrfútóu 一种软脚幞头，两脚短阔，脚尖部分微尖。五代以后较为常见。多为优伶所戴。宋王得臣《麈史》卷上："后又为两阔脚，短而锐者，名牛耳幞头，唐谓之软裹。"又："幞头合戴牛耳者，然今之优人多为此服，大为群小所恶，浮谤腾溢，其议遂止。"

【纽扣】niǔkòu 也作"钮扣""扭扣"。也称"纽扣子""钮子"。联接衣襟的扣子。形制有多种，初多以布条结而成，故纽字从糸。唐代以后，则以金玉为扣，布帛为纽。明清时，纽扣制作极为讲究，尤其是用于女服领口者，纽扣均用金玉为之，故纽字亦从金。通常被加工成花卉、虫蝶及飞禽之状。除实用外，亦可用于馈赠亲友。宋周密《武林旧事》卷六："闹蛾儿、凉筒儿、纽扣子、接缘……名件甚多，尤不可悉数。"元关汉卿《诈妮子调风月》第二折："直到个天昏地黑，不肯更换衣袂；把兔胡胡解开，纽扣相离。"白仁甫《董秀英花月东墙记》第三折："衫儿扭扣松，裙儿搂带解。"《金瓶梅词话》第二回："观不尽这妇人容貌。且看他怎生打扮，但见：头上戴着黑油油头发鬏髻……抹胸儿，重重纽扣香喉下。"

【暖靴】nuǎnxuē 冬季所著之靴。以皮革、锦缎为表，毡、毛为里，厚底高勒，着时勒束于胫。《宋史·舆服志五》："校猎从官兼赐紫罗锦、旋襕、暖靴。"

【暖衣】nuǎnyī ❶指冬衣。元无名氏《隔江斗智》第三折："我刘封见父亲来的日子多了，天色寒冷，我为送暖衣过来。"❷婚礼中，男家送与新娘在结婚日穿着的衣服。《儒林外史》第二十一回："牛老请阴阳徐先生择定十月二十七日吉期过门。牛老把囤下来的几石粮食变卖了，做了一件绿衣棉袄、红布棉裙子、青布上盖、紫布裤子，共是四件暖衣，又换了四样首饰，三日前送了过去。"

P

pa—pi

【帕服】pàfú 盛服。《说郛》卷六八引宋无名氏《释常谈·鲜妆帕服》："妇人施粉黛花钿,著好衣服,谓之鲜妆帕服。《李夫人别传》曰:'我以色事帝,今且色衰爱移……我若不起此疾,帝必追思我鲜妆帕服之时,是深嘱托也。'"

【帕复】pàfù 束发的头巾。《朱子语类》卷八七:"又问黔巾之制,曰:'如帕复相似,有四只带,若当幞头然。'"

【帕罗】pàluó 丝织的巾子。宋史达祖《齐天乐·赋橙》词:"入手温存,帕罗香自满。"曹勋《宴清都·太母诞辰》词:"奉冕旒、衣彩坤珍,同耀帕罗珠袖。"元张可久《少年游·别情》:"帕罗残粉浥啼痕。远岫湿寒云。"

【盘裹】pánguǒ 辽代官吏的便衣名称。《辽史·仪卫志二》:"高丽使人见仪:臣僚便衣,谓之'盘裹'。绿花窄袍,中单多红绿色。贵者披貂裘,以紫黑色为贵,青次之。又有银鼠,尤洁白。贱者貂毛、羊、鼠、沙狐裘。"

【盘领】pánlǐng 服装领式之一。装有硬衬的圆领。其制较普通圆领略高,领口钉有钮扣,一般多用于男服。官庶均可用之。《金史·舆服志下》:"(金人之常服):带,巾,盘领衣,乌皮靴……其衣色多白,三品以皂,窄袖,盘领,缝腋,下为襕积,而不缺胯。"明俞汝楫《礼部志稿》卷一八:"洪武三年定,(皇帝)常服乌纱折角向上巾,盘领窄袖袍,束带间用金、琥珀、透犀。永乐三年定……袍黄色,盘领,窄袖,前后及两肩各织金盘龙一。"《明史·舆服志三》:"文武官公服。洪武二十六年定。每日早晚朝奏事及侍班、谢恩、见辞则服之……其制,盘领右衽袍,用纻丝或纱罗绢,袖宽三尺。"田艺蘅《留青日札》卷二二"我朝服制":"士庶则服四带巾,杂色盘领衣,不得用黄玄。"

盘领(明人《文徵明像》)

宋辽金元时期的服饰

【盘紫】pánzǐ 辽代百官所穿的朝服名称。《辽史·仪卫志二》:"(朝服)臣僚戴毡冠,金花为饰,或加珠玉翠毛,额后垂金花,织成夹带,中贮发一总。或纱冠制如乌纱帽,无檐,不撅双耳。额前缀金花,上结紫带,末缀珠。服紫窄袍,系鞢𩍐带,以黄红色绦裹革为之,用金玉、水晶、靛石缀饰,谓之'盘紫'。"

【蟠领】pánlǐng 即"盘领"。宋周去非《岭外代答》卷二："其余平居，上衣则上紧，蟠领皂衫，四裾如背子，名曰四颠。"

【襻胸带】pànxiōngdài 也作"胸带"。妇女抹胸上的带子。亦借指抹胸、内衣。元关汉卿《救风尘》第三折："好人家将那篦梳儿慢慢地铺鬓，那里像喳俐解了那襻胸带，下颏上勒一道深痕。"马致远《寿阳曲·洞庭秋月》曲："害时节有谁曾见来，瞒不过主腰胸带。"《明史·舆服志三》："歌章女乐，黑漆唐巾，大红罗金裙袄、胸带，大红罗抹额。"

【胖袄】pàng'ǎo ❶也作"袢袄"。棉上衣。元明时亦专指边防将士或锦衣卫的冬服。《元典章新集·兵部·军制》："下户相合置备车牛，其应般本奕衣甲、胖袄、枪刀、弓箭、军需等物，已及满载。"《明会典·军器军装二》："洪武九年，令将作局，造棉花战衣，用红、紫、青、黄四色……造胖袄裤，用细密阔白绵布，染青、红、绿三色，俱要身袖宽长，实以真正绵花绒。"《明史·食货志三》："乙字库，贮胖袄、战鞋、军士裘帽。"清高士奇《金鳌退食笔记》卷下："各省解到胖袄，备各项奏准领取。"❷戏曲服装。传统戏中演花面者身须魁梧，方显威严，其袍内衬着的厚棉马甲，即名胖袄。刘汉流《戏剧丛谭·戏物名称》："胖袄，即棉马甲。为戏中生、净、武、丑等用之衬衣。"

【袍服】páofú 袍的别称。也作袍类礼服的统称。《宋史·职官志四》："凡御殿、大礼前一日，请乘舆衮冕、镇圭、袍服于禁中以待进御，事已复还内库。"又《真宗本纪三》："己巳，赐注辇使袍服、牲酒。"明王世贞《凤洲杂编》卷五："尚衣监掌御用冠冕、袍服、履舄、靴袜之事。"《明会

典》卷二一五："袍服，圜丘用天青色，方泽用黑绿色，各三百套；朝日坛用红色，夕月坛用玉色，各二百套。"清叶梦珠《阅世编·冠服》："袍服，初尚长，顺治之末，短才及膝，今则又没髁矣。"

【袍茧】páojiǎn 也作"袍襺"。袍和襺。亦泛指袍服。《宋史·舆服志三》："按皇侃说，祭服之下有袍茧，袍茧之下有中衣。"张舜徽《说文解字约注·衣部》"襺"："襺乃袍之别名。襺之言茧也，谓裹其躯体上下相连也。襺之受义于茧，犹袍之受义于包耳。袍、襺析言虽殊，而外形一也。"

【袍帔】páopèi 锦袍霞帔。女性的盛服。宋孟元老《东京梦华录·公主出降》："又有宫嫔数十，皆真珠钗插吊朵玲珑簇罗头面，红罗销金袍帔。"

【袍靴】páoxuē 袍服和靴。多指正式的礼服。宋孔武仲《广津仓检视斛斗》诗："千筹簇簇来如林，袍靴兀坐清槐阴。"毛滂《新酒熟奉怀曹使君》诗："先生何翅七不堪，袍靴襄缚肩骭急。"洪迈《夷坚志丁·三赵失舟》："若有物执其桅，即时沦覆……俄一笼漂至前，视之，则叔勒诰袍靴之属，虽遭淖浸，略不污湿。"清王闿运《〈衡阳县志〉序》："自康熙以来，博洽太和，遂生优老，黄发皤皤，或承银币，或受袍靴。"

【袍鱼】páoyú 锦袍和鱼袋。帝王常用作赏赐臣下的礼物。宋孔武仲《驾自宣光殿还内》诗："书林俊游盛，拜舞烂袍鱼。"梅尧臣《闻尹师鲁赴泾州幕》诗："筹画当晃旒，袍鱼赐银茜。"

【帔肩】pèijiān 妇女披在肩上的服饰。元杨显之《潇湘雨》第四折："解下这云霞五彩帔肩儿，都送与张家小姐妆台次，我

甘心倒做了梅香听使。"

【佩香】pèixiāng 供佩用的香块。用金玉镶孔制成。其名始于宋朝。宋蔡绦《铁围山丛谈》卷五:"(龙涎香)其模制甚大而质古……金玉穴,而以青丝贯之,佩于颈,时于衣领闲摩挲以示人,坐此遂作佩香焉。"赵令時《侯鲭录》卷六:"宣和五六年间……漆冠子,作二桃样,谓之'并桃'。天下效之。香谓之'佩香'。"

【蓬沓】péngtà 宋元时期女性插于发际以为装饰的大型银梳。宋艾性夫《杂言》:"缝布以为裙,断荆以为钗。繖沙事机杼,蓬沓蒙烟埃。"苏轼《於潜女》诗:"青裙缟袂于潜女,两足如霜不穿履。繖沙鬓发丝穿柠,蓬沓障前走风雨。"又《于潜令刁同年野翁亭》诗:"山人醉后铁冠落,溪女笑时银栉低。"自注:"于潜女皆插大银栉,长尺许,谓之蓬沓。"洪咨夔《还自益昌道寄张仍修诗次韵》:"同来蓬沓于潜女,一笑长歌陌上花。"谢翱《白纻歌》:"江头蓬沓走吴女,浣水为花朝浣纻。"《聊斋志异·聂小倩》:"见短墙外一小院落,有妇可四十余,又一媪衣黯绯,插蓬沓。"

蓬沓(江西彭泽宋易氏墓出土)

【披带】pīdài ❶穿上道士服。宋何薳《春渚纪闻·宿生盲报》:"女年齿浸长,谋与披带入道,不复有适人之议也。"❷指挂在束腰带上用以拴荷包等佩饰的东西,两侧各一。《红楼梦》第五十七回:"从紫鹃房中抄出两副宝玉常换下来的寄名符儿,一副束带上的披带,两个荷包并扇套,套内有扇子,打开看时皆是宝玉往年往日手内曾拿过的。"

【皮袄】pí'ǎo 用兽皮毛作为夹里的短上衣。流行于北方大部分地区。多用绵羊皮或二毛剪茬、羔羊皮缝制。衣领常用羊剪绒、狗皮、狐狸皮等为之。一般做工较为精细,御寒性较强,男女皆宜。宋王明清《摭青杂说》:"前同坐者著皂皮袄乎?"元无名氏《赚蒯通》第三折:"穿上这沙鱼皮袄子,系着这白象牙袄儿。"范玉壶《上都》诗:"上都五月雪飞花,顷刻银妆十万家。说与江南人不信,只穿皮袄不穿纱。"《金瓶梅词话》第六十八回:"将皮袄当了三十两银子,拿着他娘子儿一副金镯子,放在李桂姐家,算了一个月歇钱。"《红楼梦》第五十一回:"披了我的皮袄再去,仔细冷着。"《海上花列传》第十九回:"俚拿我皮袄去当脱仔了,还要打我?"

【皮甲】píjiǎ 用兽皮制的软甲。《元史·史天祥传》:"天祥请代攻,木华黎喜,付皮甲一。"

【皮袜】píwà 一种以兽皮制成的袜子。防寒保暖性较强,主要流行于北方地区。宇文懋昭《大金国志》卷三九:"又以化外不毛之地,非皮不可御寒,所以无贫富皆服之……袴袜皆以皮。"《水浒传》第十二回:"只见那汉子头戴一顶范阳毡笠,上撒着一托红缨;穿一领白缎子征衫,系一条纵线绦;下面青白间道行缠,抓着裤子口,猄身袜,带牛牛膀靴。"徐珂《清稗类钞·服饰》:"(哈萨克人)皮靴谓之玉底克,皮袜谓之黑斯……皆以牛革为之。"

pian—pu

【偏带】piāndài ❶元代官吏所用的革带。带上缀銙。以銙之质料、花纹辨别等级。《元典章》卷二九：“文武品从服带，俱右经，上得兼下，下不得僭上，俱系红鞓。公服，偏带。”《元史·舆服志一》：“偏带，正从一品以玉，或花，或素。二品以花犀。三品、四品以黄金为荔枝。五品以下以乌犀。并八胯，鞓用朱革。”❷明代舞者之带。《明史·舆服志三》：“引舞二人……各色绢采画直缠，黑角偏带。”❸戏曲服装的辅助性附件。初始用于京剧的古装衣上。由于是在腰部右侧配饰一条加绣的下垂彩带，故有“偏带”之称。古装衣的色彩，较之传统戏衣单纯，因此须有一些附属配件点缀调剂。偏带在服饰的配穿中，起到了装饰的作用，它与古装衣中的云肩、腰箍、小裙所形成的组合，使古装衣的造型更趋完美。《黛玉葬花》中的黛玉，《西厢记》中的红娘等都可见。

【偏衫】piānshān 也称“一边衣”“一肩衣”。僧尼的一种服装，像袈裟之类的法衣。开脊接领，斜披在左肩上。宋高承《事物纪原·偏衫》：“僧尼之上服也。赞宁《僧史略·服章法式》：‘又后魏宫人见僧自恣，偏袒右肩，乃施一肩衣，号曰偏衫，全其两扇衿袖，失袛支之礼，自魏始也。’”元王实甫《西厢记》第二本楔子：“不念《法华经》，不礼梁皇忏：悮了僧伽帽，祖下我这偏衫。”《西游记》第三十六回：“那众和尚，真个齐齐整整，摆班出门迎接。有的披了袈裟，有的著了偏衫。”

【婆裙】póqún 唐宋时岭南少数民族新娘所穿的一种长裙。宋周去非《岭外代答》卷六：“其裙四围缝制，其长丈余，穿之以足，而系于腰间，以藤束腰，抽其裙令短聚，所抽于腰，则腰特大矣，谓之婆裙。”

【婆衫】póshān 唐宋时岭南少数民族新娘所穿的一种大袖礼服。以各色彩帛拼合而成，呈方形，左右缝缀成袖；衣长至腰。其裙长达丈余，穿着后以细藤束腰，抽裙使短，聚束于腰间，以便行走。婚后满月之后则释之。宋周去非《岭外代答·服用》卷六：“钦州村落土人，新妇之饰，以碎杂彩合成细毡文如大方帕，名衫。左右两个缝成袖口，披著以为上服。其长止及腰，婆婆然也。谓之婆衫。其裙四周缝制，其长丈余，穿之以足，而系于腰间，以藤束腰，抽其裙令短，聚所抽其腰，则腰特大矣，谓之婆裙。头顶藤笠，装以百花凤，为新妇服之一月。虽出入村落虚市，亦不释之。”

【破帽】pòmào 破旧之帽。多用于贫人寒士。宋苏轼《南乡子·重九涵辉楼呈徐君猷》词：“酒力渐消风力软，飕飕，破帽多情却恋头。”无名氏《西江月·赠友》词：“破帽手遮西日，练衣袖卷寒风。”方恬《无题》诗：“蹇驴昨日雪蒙蒙，破帽呼舟古渡风。吟得诗成还未吐，要留此景著胸中。”元张翥《摸鱼儿·送黄任伯归丰城》词：“吴霜鬓，破帽西风怎护？丝丝多是离绪。”明文徵明《九月娄门胜感寺》诗：“秋霜落木黄花节，破帽西风白发情。”《明史·倪元璐传》：“维垣又怪臣盛称文震孟。夫震孟忤珰削夺，其破帽策蹇傲蟒玉驰驿语，何可非？”

【菩提叶】pútíyè 宋代妇女首饰。以菩提树叶或以绢纸作成菩提树叶之状，插在头上以为装饰。相传释迦牟尼在菩提树下悟得正果而成佛，后世遂以菩提树作为吉祥物。多用于元夕等节日。宋孟元老《东京梦华录》卷六:"市人卖玉梅、夜蛾、蜂儿、雪柳、菩提叶、科头圆子。"周密《武林旧事》卷二:"元夕节物,妇人皆戴珠翠、闹蛾、玉梅、雪柳、菩提叶。"明田汝成《西湖游览志余》卷三:"街市妇女,皆带珠翠闹蛾,玉梅雪柳,菩提叶,灯球,销金合,蝉貂袖,项帕,而衣尚白,盖灯月所宜也。"

【蒲褐】púhè 蒲团褐衣。亦代指佛教徒。宋苏轼《雨中过舒教授》诗:"坐依蒲褐禅,起听风瓯语。"又《次韵周长官寿星院同钱鲁少卿》:"困眠不觉依蒲褐,归路相

将踏桂华。"苏辙《偶游大愚见余杭明雅照师旧识子瞻能言西湖旧游将行赋诗送之》:"笑言每忘去,蒲褐相依随。"清周冠《赠长寿寺住持成果上人》诗:"蒲褐屈双足,梵音宣一指。"

【蒲笠】púlì 乡间农夫戴的用蒲草编制的斗笠。元张养浩《村居》:"柴门闭,柳外山横翠,便有些斜风细雨,也近不得这蒲笠蓑衣。"《明史·舆服志三》:"今农夫戴斗笠、蒲笠,出入市井不禁,不亲农业者不许。"清蒲松龄《日用俗字·庄农章》:"蒲笠蓑衣防备雨,打扫苦淖垫猪栏。"

Q

qi－qin

【七宝重顶冠】qībǎochóngdǐngguān 元代皇帝冬季所戴的礼冠。《元史·舆服志一》："天子质孙……服大红、桃红、紫蓝、绿宝单，则冠七宝重顶冠。"《续通典·礼志十二》："七宝重顶冠，元皇帝之服，冬则冠之。"

【七梁冠】qīliángguān 也称"七梁"。冠上有七道横脊的礼冠。始于宋代，七梁冠列为第一等和第二等。金代用于正二品，元代用于祭祀，明代规定专用于侯、伯、一品以上官吏使用。《宋史·舆服志四》："貂蝉笼巾七梁冠，天下乐晕锦绶，为第一等。蝉，旧以玳瑁为蝴蝶状，今请改为黄金附蝉，宰相、亲王、使相、三师、三公服之。七梁冠，杂花晕锦绶，为第二等，枢密使、知枢密院至太子太保服之。"《元史·舆服志一》："助奠以下诸执事官冠服：貂蝉冠、獬豸冠、七梁冠……宣圣庙祭服：献官法服，七梁冠三……曲阜祭服，连蝉冠四十有三，七梁冠三。"《明史·舆服志三》："侯七梁，笼巾貂蝉，立笔四折，四柱，香草四段，前后金蝉。伯七梁……一品，冠七梁。"《明会典》卷六一："洪武二十六年定，文武官朝服：梁冠、赤罗衣、白纱中单……侯冠七梁，加笼巾貂蝉，立笔四折，四柱，香草二段，前后玳瑁为蝉，俱左插雉尾。驸马冠与侯同，不用雉尾。一品冠七梁，不用笼

巾貂蝉。"明王圻《三才图会·衣服二》："（朝服）一品七梁冠，衣赤色，白纱中单。"

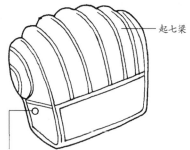

起七梁

穿孔，两边各一，供穿簪固发之用。

七梁玉发冠

【七星冠】qīxīngguān 道士所戴的帽子，上有北斗七星图案。《宣和遗事》前集："忽值一人，松形鹤体，头顶七星冠，脚著云根履，身披绿罗襕，手持着宝剑迎头而来。"明无名氏《女贞观》第一折："则淹那六铢衣风透鲛绡冷，七星冠日转芙蓉影，八踏鞋露湿凌波影。"《红楼梦》第一百零二回："法师们俱戴上七星冠，披上九宫八卦的法衣。"

【漆冠子】qīguānzi 以漆纱制成的冠帽。宋赵令畤《侯鲭录》卷六："宣和五六年间……漆冠子，作二桃样，谓之冠巾'并桃'。天下效之。"

【漆纱幞头】qīshāfútóu 也作"纱幞头"。省称"纱幞"。以漆纱做成的幞头。始于晚唐五代，至宋大行。初以藤或草编成

巾子为里,纱罗为表,外涂漆。后以漆纱已够坚硬,乃省去藤里。一般多制成方形,上有一折,左右两侧附有硬翅。五代仅用作常服,至宋又用作公服,成为服饰中的主要首服。上自帝王,下自百官,除重大典礼及朝会外,均可戴之。宋郭若虚《图画见闻志》卷一:"又别赐供奉官及内臣圆头宫样巾子,至唐末方用漆纱裹之,乃今幞头也。"高承《事物纪原》卷三:"五代末,梁高祖始布漆于纱,施铁为脚,作今样也。"《文献通考·王礼七》:"纱幞既行,诸冠由此渐废。"《宋史·舆服志五》:"幞头……国朝之制,君臣通服平脚,乘舆或服上曲焉。其初以藤织草巾子为里,纱为表,而涂以漆。后惟以漆为坚,去其藤里,前为一折,平施两脚,以铁为之。"元高文秀《好酒赵元遇上皇》第四折:"这纱幞头直紫襕,怎如白缠带旧绸衫。"

【骑服】qífú 骑士所穿的一种衣服。《类篇·衣部》:"褶……一曰袴,骑服。"

【起膊】qǐbó 施有肩襻的裲裆。《宋史·仪卫志六》:"今详裲裆之制,其领连所覆膊胳,其一当左膊,其一当右膊,故谓之'起膊'。"

【千重袜】qiānchóngwà 以多层布帛缝纳而成的袜子,质地柔软而厚实,多用于冬季。宋陶谷《清异录》卷下:"唐制,立冬进千重袜。其法用罗帛十余层,锦夹络之。"

【千褶裙】qiānzhěqún 也称"拂拂娇"。细裥女裙。以五色轻纱为之,周身折裥。裥多而密,故谓"千褶"。名称始于宋。宋陶谷《清异录》卷下:"同光年,上因暇日晚霁,登兴平阁,见霞彩可人,命染院作霞样纱,作千褶裙,分赐宫嫔,自后民间尚之。"

【前檐】qiányán 帽子前端伸出的部分。《元史·后妃传一》:"胡帽旧无前檐,帝因射,日色炫目,以语后,后即益前檐。帝大喜,遂命为式。"

【樵服】qiáofú 隐士等穿着樵者之服。宋刘克庄《寄赵昌父》诗:"世上久无遗逸礼,此翁白首不弹冠……何因樵服供薪水,得附高名野史间。"曾原《作歌咏苏云卿》诗:"君为使者吾邦民,见君容我更樵服。"

【伽梨】qiélí 也作"伽黎"。即袈裟。宋黄庭坚《元丰癸亥经行石潭寺别和一章》:"空余衹夜数行墨,不见伽梨一臂风。"陈允平《赠新罗僧》诗:"便帆才过日东来,浅色伽梨短样裁。"《五灯会元》卷一八:"尝于池之天宁,以伽梨覆顶而坐。"释如本《颂古三十一首》其四:"须弥座上敛伽黎,海口潮音阐大机。"元末明初谢应芳《古鼎歌(并序)》:"碧云师著金伽黎,空王殿前龙象随。"明屠隆《昙花记·菩萨降凡》:"晃晃庄严,花冠璎珞明明现,如来大士拥伽黎。"

【切云冠】qièyúnguān 高冠。语本《楚辞·九章·涉江》:"带长铗之陆离兮,冠切云之崔嵬。"宋苏轼《复次㟋字韵记龙井之游》:"便投切云冠,予幼好奇服。"张孝祥《水调歌头》词:"表独立,飞霞佩,切云冠。"

【钦帽】qīnmào 宋代对道士帽的一种尊称。宋陶谷《清异录》卷下:"道士所顶者橐籥冠,或戴星朝上巾,曰笼绡。尝跨马都市间,曰暑热何不去钦帽。试回视之,乃老黄冠卸其上巾矣。"

qing—qun

【青莲冠】qīngliánguān 指道士所戴的

莲花冠。元柯九思《送林彦清归永嘉》诗:"忽遇雁山客,霞佩青莲冠。"

【青箬】qīngruò　即青箬笠。宋杨万里《后苦寒歌》:"绝怜红船黄帽郎,绿蓑青箬牵牛樯。"陆游《一丛花》词:"何如伴我,绿蓑青箬,秋晚钓潇湘。"王志道《渔父》诗:"岸芷汀兰曲曲春,绿蓑青箬老江濆。"

【青蓑】qīngsuō　以草编成的绿色雨衣。多作隐逸之士的服饰。宋罗大经《鹤林玉露》卷二:"金貂紫绶,诚不如黄帽青蓑;朱毂绣鞍,诚不如芒鞋藤杖。"方岳《最高楼·壬寅生日》曲:"白鱼不负鸬鹚杓,青蓑不减鹈鹕裘。"史浩《采莲舞》词:"草软沙平风掠岸。青蓑一钓烟江畔。"

【青麈】qīngzhǔ　即拂尘。因用麈尾毛制成,毛色青黑,故称。宋沈遘《次韵和王岩夫有美堂会诸年契》:"纵谈更起挥青麈,极醉何妨倒紫纶。"

【轻零衫】qīnglíngshān　骑士所穿的一种短衣。宋陶谷《清异录》卷下:"潞王从珂出驰猎,从者皆轻零衫,佛光袴。"

【球路带】qiúlùdài　省称"球路""球带"。也称"球文带"。宋代官吏所系腰带。以皮革为鞓,鞓上钉缀金质之銙,因銙上凿有团花连续纹饰而得名。或以为即笏头带,宋欧阳修曾力辩其非。宋宋敏求《春明退朝录》卷下:"太宗命创方团球路带,亦名笏头带,以赐二府文臣。"欧阳修《归田录》卷下:"太宗尝曰:'玉不离石,犀不离角,可贵者,惟金也。'乃创为金銙之制,以赐群臣;方团球路,以赐两府。"沈括《梦溪笔谈·故事二》:"太宗命创方团球带,赐二府文臣。"徐度《却扫编》:"旧制,执政以上,始服球文带,佩鱼。"《宋史·舆服志五》:"带,古惟用革,自曹魏而下,始有金、银、铜之饰。宋制尤详……其制有金球路、荔枝、师蛮、海捷、宝藏。"

【球衣】qiúyī　宋代进行蹴鞠游戏时所穿服装。《辽史·穆宗纪上》:"庚寅,如应州击鞠。丁酉,汉遣使进球衣及马。"

【裘带】qiúdài　轻裘博带。达官贵人的服饰。宋刘过《沁园春·张路分秋阅》词:"人在油幢,戎韬总制,羽扇从容裘带轻。"陈著《送沿江制使姚橘州尚书自金陵赴召三首》诗其二:"闻寄当今第一难,三年裘带笑谈间。"元末明初杨维桢《髯将军》诗:"上马谈兵被裘带,下马降礼陈壶尊。"《元史·宦者传·李邦宁》:"帝尝奉皇太后燕大安阁,阁中有故箧,问邦宁曰:'此何箧也?'对曰:'此世祖贮裘带者。'"清雪中人《〈中西纪事〉后序》:"《诗》曰:'谁生厉阶,至今为梗。'君子观于当日之裘带雍容,牛酒馈劳,金埔之耻未雪,澶渊之盟将寒,虽欲讳之,恶得而讳之。"

【裘帽】qiúmào　毛皮制成的衣服和帽子,寒冷时节用于保暖。借指御寒服装。《宋史·王全斌传》:"京城大雪,太祖设毡帷于讲武殿,衣紫貂裘帽以视事,忽谓左右曰:'我被服若此,体尚觉寒,念西征将冲犯霜雪,何以堪处。'即解裘帽,遣中黄门驰赐全斌。"

【裘茸】qiúróng　裘皮上的柔软细毛。宋苏轼《正月一日雪中过淮谒客回作》诗之一:"冰崖落屐齿,风叶乱裘茸。"张耒《绝句》:"坐局归来已暮钟,蒙蒙寒雨湿裘茸。"陆游《白干铺别傅用之主簿》诗:"泥溅及马臆,霜飞逼裘茸。"

【曲脚帽】qūjiǎomào　即"局脚幞头"。《明史·舆服志三》:"内使冠服。明初置内使监，冠乌纱描金曲脚帽，衣胸背花盘领窄袖衫，乌角带，靴用红扇面黑下椿。"

【拳脚幞头】 quánjiǎofútóu 即"局脚幞头"。《金史·仪卫志上》："天子非祀享巡幸远出，则用常行仪卫……长行四百人，拳脚幞头、红锦四襈袄、涂金束带。"

【雀头履】 quètóulǚ 女性所穿的一种鞋子。元伊世珍《嫏嬛记·姚鸾尺牍》："马嵬老媪，拾得太真袜以致富。其女名玉飞，得雀头履一只，真珠饰口，以薄檀为苴，长仅三寸，玉飞奉为异宝，不轻示人。"

【鹊袍】 quèpáo 绣有喜鹊的锦袍。宋吴文英《高阳台·寿送王历阳以右曹赴阙》词："重上遍山，诗清月瘦昏黄。春风侍女衣篝畔，早鹊袍、已暖天香。"

【裙布】 qúnbù 粗布衣裙。贫家妇女的装束。宋何梦桂《和徐权院唐佐见寄七首》其四："我早索衣裘，妇尚系裙布。"无名氏《西江月·为妻寿七月卅日》词："伴我鹿车鱼釜，从伊裙布钗荆。"明唐顺之《王冢妇唐孺人墓志铭》："呜呼！吾母任宜人有少君裙布之俭，是以诸女化之。"《红楼梦》第五十七回："因薛姨妈看见邢岫烟生得端雅稳重，且家道贫寒，是个钗荆裙布的女儿，便欲说给薛蟠为妻。"

【裙钗】 qúnchāi 裙和钗，女子的衣饰，代称女子。元张玉娘《汉宫春·元夕用京仲远韵》："独怪我、绣罗帘锁，年年憔悴裙钗。"元末明初叶颙《唐武则天传》："谁信裙钗珠翠侣，反胜冠冕任英贤。"张昱《王昭君二首》诗："巾帼犹知辱，裙钗可即戎。"明梁辰鱼《浣纱记·打围》："彼勾践不过一小国之君，夫人不过一裙钗之女，范蠡不过一草莽之士。"《红楼梦》第一回："我堂堂须眉，诚不若彼裙钗。"

【裙刀】 qúndāo 女性压衣服用的佩刀。元白朴《墙头马上》第二折："解下这搂带裙刀，为你逼的我紧也便自伤残害。"贯云石《殿前欢》曲："数归期，绿苔墙划损短金篦，裙刀儿刻得阑干碎，都为别离。"《抱妆盒》第二折："将那孩子或是裙刀儿刺死，或是缕带儿勒死，丢在金水桥河下。"石德玉《曲江池》第四折："使妾更何颜面可立人间，不若就压衣的裙刀，寻个自尽处罢。"王晔《新水令·闺情》套曲："来时跪膝儿在床前问，将那厮谎舌头裙刀儿碎剐。"

R

rong—ruo

【戎冠】róngguān 武官的礼帽。宋王安石《贾魏公挽辞》之一："儒服早纡丞相绶,戎冠再插侍中貂。"明李东阳《陵祀归得赐暖耳诗和方石韵四首(时和者颇众,类为骑字所苦)》其三:"骏曦只解戎冠著,狐貉空随猎马骑。"

【冗衣】rǒngyī 粗劣的衣服。宋曾巩《学舍记》:"予之卑巷穷庐,冗衣奢饭,芑苋之羹,隐约而安者,固予之所以遂其志而有待也。"

【氄衣】rǒngyī 细软的毛皮衣服。宋叶适《温州开元寺千佛阁记》:"隆栋深宇,角胜于家;氄衣卉服,交货于市,四民之用日侈矣。"

【儒巾】rújīn ❶读书人、隐士所戴的一种头巾。明代时通称方巾,形制为仿幞头式,以黑绉纱为表,漆藤丝或麻布为里,质坚而轻。凡举人未第的士人皆可戴。宋林景熙《元日得家书喜》诗:"爆竹声残事事新,独怜临镜尚儒巾。"周文璞《早起》诗:"佛香才了换儒巾,身是人间自在身。"明邵亨贞《次韵答松雨上人(洪武庚申)》诗:"老来祗恋旧儒巾,放浪犹能矫俗尘。"王圻《三才图会·衣服一》:"儒巾,古者士衣逢掖之衣,冠章甫之冠,此今之士冠也。凡举人未第者皆服之。"王三聘《古今事物考》卷六:"儒巾,国朝所制,今国子生所戴是也。"清叶

梦珠《阅世编》卷八:"予所见举人与贡、监、生员同带儒巾,儒巾与纱帽俱以黑绉纱为表,漆藤丝或麻布为里,质坚而轻,取其端重也。"❷传统戏曲中儒生的头巾。硬盝头。形状与苦生巾相似,但无飘带。黑色。正中镂空成"T"形。为落难儒生用。如《永团圆·击鼓》中蔡文英所戴。清李渔《怜香伴·婚始》:"小生儒巾员领,丑扮丫鬟,杂扮掌礼,众鼓吹纱灯引上。"

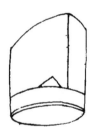

儒巾(明王圻《三才图会》)

【襦带】rúdài 短上衣的带子。宋叶绍翁《四朝闻见录·陆石室》:"道人临别揖赠以粒丹曰:'缓急幸用之。'陆亦异其人,置丹襦带中。"

【襦领】rúlǐng 短上衣的领子。宋彭乘《墨客挥犀》卷四:"荆公、禹玉,熙宁中同在相府,一日同侍朝,忽有风自荆公襦领而上,直缘其须。"

【襦袍】rúpáo 有衬里的袍子。元戴表元《南山下行》:"中有一人称甲族,蔽膝尚著长襦袍。"又《赠赵子实》诗:"幅巾大带

长襦袍,韦箧锦囊鲜彩毫。"

【襦裙】rúqún 上身穿的短衣和下身束的裙子。襦的下摆多束在裙内,以大襟为主;衣袖有宽窄两式,因而有大袖襦裙与小袖襦裙之分。裙子一般用素绢,以四幅连结拼合而成,上窄下宽,不施边缘,以绢条作裙腰,两端缝有系带。出现于战国时,盛行于魏晋南北朝,一直沿用至清代,是古代妇女服装的最主要形式。亦泛指衣服。宋苏辙《蚕麦》诗:"不忧无饼饵,已幸有襦裙。"陆游《过玉山辱芮国器检详留语甚勤因寄此诗兼呈韩无咎右司》诗:"辽东归老白襦裙,名字何堪遗世闻。"刘克庄《送归善郑主簿》诗:"岭民如见问,白首布襦裙。"度正《次韵安抚侍郎劝耕喜雨之什》:"男耕而禾稼,女桑而襦裙。"

【软脚幞头】ruǎnjiǎofútóu 也称"软翅纱帽"。幞头之一种。下垂二脚不用衬物,与衬有铁丝、竹篾的硬脚幞头有别。《宋史·礼志二十八》:"服纪……皇帝未成服,则素纱软脚幞头、白罗袍、黑银带、丝鞋……大祥毕,服素纱软脚幞头、白罗、袍、素履、黑银带。禫祭毕,素纱软脚幞头、浅色黄罗袍、黑银带。"又:"淳熙十四年十月,以将作监韦璞充金国告哀使,阁门舍人姜特立副之。礼部、太常寺言:'告哀使、副并三节人,从礼例……在禫服内,合服素纱软脚幞头、黪色公服、黑鞓犀带。"《古今小说·裴晋公义还原配》:"只见外面一人,约莫半老年纪,头带软翅纱帽,身穿紫裱衫,挺带皂靴,好似押牙官模样,踱进店来。"

软脚幞头

【瑞马袍】ruìmǎpáo 金代仪卫之服。因织绣有瑞马之纹,故名。《金史·仪卫志上》:"(黄麾仗)第十队七十人:折冲都尉二人,瑞马袍。"

【瑞鹰袍】ruìyīngpáo 金代仪卫之服。因织绣有瑞鹰之纹,故名。《金史·仪卫志上》:"(黄麾仗)第三部二百七十二人:殿中侍御史二人,左右屯卫大将军二人,折冲都尉二人,紫瑞鹰袍。"

【箬帽】ruòmào 箬竹的篾和叶子制成的帽子,用来遮雨和遮阳光。宋王当《江侯邀予作山水书以赠之》诗:"游戏天目道,箬帽跨蹇驴。"陆游《秋日出游戏作》诗:"箬帽蓑衣自道宜,不论晴雨著无时。"又《春行》诗:"箬帽丝丝雨,芒鞋策策泥。"明吾邱瑞《运甓记·诸贤渡江》:"撑子船来弗得闲,纤板麻绳是我个伙计,蓑衣箬帽是我个本钱。"清王士禛《玄墓归答李户部》诗:"何能共醉寒香里,怅绝清溪箬帽斜。"

S

san—shang

【三弁】sānbiàn 即韦弁、皮弁、冠弁。宋王应麟《小学绀珠》:"三弁:韦弁,兵事;皮弁,视朝;冠弁,田猎。"苏颂《和王禹玉相公三月十八日皇子侍宴长句三首》之一:"仙巾缥缈尊三弁,环带玲珑袭九章。"

【三褚衣】sānzhǔyī 上、中、下三种褚衣的合称。宋叶廷珪《海录碎事衣服》:"三褚衣,汉文帝遗尉佗上褚二十衣、中褚三十衣、下褚五十衣。"注:"以绵装衣曰褚;上、中、下,厚薄之差。"

【伞笠】sǎnlì 一种沿口宽敞、顶部尖锐、形似雨伞的雨笠。宋沈括《忘怀录·附带杂物》:"泥靴、雨衣、伞笠。"

【僧伽帽】sēngjiāmào 也称"僧帽"。僧帽的一种。"僧伽",指四人以上之僧团,也用以泛指一般僧人。宋苏轼《成伯家宴戏作》诗:"道士令严难继和,僧伽帽小却空回。"元王实甫《西厢记》第二本楔子:"不念《法华经》,不礼《梁皇忏》,飚了僧伽帽,袒下我这偏衫。"《元史·礼乐志五》:"妇女十人,冠僧伽帽,服紫禅衣,皂绦。"《金瓶梅词话》第八回:"风把长老的僧伽帽刮在地下,露出青旋旋光头。"明王圻《三才图会·衣服一》:"僧帽:自释迦以金缕僧伽黎衣相传,故其衣有无后忍辱之名,其帽未之前闻,谅亦与僧衣同流耳。"

【僧衲】sēngnà 也作"僧纳"。僧衣。亦指穿衲衣出家为僧。宋郭彖《睽车志》卷一:"俄有一人荷插,负芋栗自外归,被发,体皆黄毛,衣故败僧衲,直入坐土榻。"刁绎《雪后游琅玡山与韦骧联句》:"觊坐客炉拥,负暄僧衲换。"清冯登府《金石综例》卷二:"金京兆府《重修府学记》:'僧纳四十六。'王氏昶曰:'纳即衲字,不云僧腊而云僧纳,谓其著衲衣四十六年也。'"

【僧裘】sēngqiú 僧衣。宋王安石《无动》诗:"终不与法缚,亦不著僧裘。"

【僧勒袜】sēngyàowà 僧袜。金董解元《西厢记诸宫调》卷三:"铃口鞋儿样儿整,僧勒袜儿恬净。"

【僧麈】sēngzhǔ 僧人用的麈尾。宋苏辙《次韵答王巩》:"聊复放襟怀,清谈对僧麈。"庞树柏《十月初八日游天平同稼秋公菱镜若梦柳》诗:"小阁额兼山,清潭捉僧麈。"

【纱冠】shāguān 纱制冠帽。《宋史·吴奎传》:"(吴奎)奉使契丹,会其主加称号,要入贺。奎以使事有职,不为往。归遇契丹使于涂,契丹以金冠为重,纱冠次之。故事,使者相见,其衣服重轻必相当。至是,使者服纱冠,而要奎盛服。奎杀其仪以见,坐是出知寿州。"

【纱袍】shāpáo 也称"纱公服"。以纱罗制成的公服。有圆领大襟及斜领大襟数种。一般用于夏季,常朝礼见皆可穿著,著之以图凉爽。宋时已有,因其质地轻薄,有伤观瞻,曾一度禁止。清代规定为正式礼服,从入伏用至处暑。亦上下通行,用作士庶常服。宋陈元靓《事林广记》卷二二:"一朝士平日起居,衣纱公服,为台司所纠,三司使包拯亦衣纱公服,阁门使请易之。"清富察敦崇《燕京岁时记·换葛纱》:"每至六月,自暑伏日起至处暑日止,百官皆服万丝帽、黄葛纱袍。"《清代北京竹枝词·草珠一串》:"纱袍颜色米汤娇,褂面洋毡胜紫貂。"又《都门竹枝词》:"金线荷包窄带悬,纱袍扇络最鲜妍。"

【纱衣】shāyī 以纱罗制成的夏衣。宋徐玑《初夏游谢公岩》诗:"又取纱衣换,天时起细风。"清张大复《陆懋仁》:"犹衣白纱衣,风度朴略。"

【山谷褐】shāngǔhè 根据宋代黄庭坚服式仿制的服装。宋王明清《挥麈后录》卷一一:"明清兄弟儿时,先妣制道服。先人云:'须异于俗人者乃佳。旧见黄太史鲁直所服绝胜。'时在临安,呼匠者教令染之,久之始就,名之曰'山谷褐'。数十年来则人人学之,几遍国中矣。"

【山林屐】shānlínjī 指登山穿的木屐。宋王安石《用前韵戏赠叶致远直讲》:"携持山林屐,刺擿沟港牒。"

【山水衲】shānshuǐnà 宋代一种用缯彩裁剪制成的百衲式僧服,十分名贵。刺缀花纹,各斗新奇,经年制造,往往价值数千。宋元照《行事钞资持记》卷下:"然此粪衣,并是世人所弃破碎布帛,收拾斗缀,以为法衣,欲令节俭少欲省事,一衲之外,更无余物。今时禅众多作衲衫,而非法服,裁剪缯彩,刺缀花纹,号山水衲,价值数千,更乃各斗新奇,全乖节俭。"

【衫带】shāndài 指穿衫束角带。宋代男子的一般服饰。亦特指宋代皇帝上朝时所穿的衫袍和腰巾所系的玉装红束带。宋丁谓《丁晋公谈录》:"一日宣召入禁闱中,顾问事。行至屏部间,觇见太祖衩衣,潜身却退。中官谓曰:'官家坐多时,请出见。'仪曰:'圣上衩衣,必是未知仪来。'但奏云:'宣到翰林学士窦仪。'太祖闻之,遂起索衫带,著后方召见。"周密《武林旧事·四孟驾出》:"先期禁卫所阁门牒临安府约束居民,不许登高及衩祖观看。男子并令衫带,妇人裙背。"

【衫褃】shānkèn 衣衫的腰身。《全元散曲·喜春来·四节》:"窄裁衫褃安排瘦,淡扫蛾眉准备愁。"

【衫帽】shānmào 宋代男子出行时所戴的帽,形似唐之帷帽、冪䍦。宋宋敏求《春明退朝录》卷下:"杜祁公休退,居南都,客至无不见,止服衫帽,尝曰:'七十致政,可用高士服乎?'"周煇《清波杂志》卷二:"自昔人士皆著帽,后取便于戎服。绍兴丙子,魏敏肃道,弼贰大政,一日造朝,预备衫帽,朝退,服以入堂,盖已得请矣。"张端义《贵耳集》卷上:"自渡江以前,无今之轿,只是乘马,所以有修帽护尘之服,士皆服衫帽凉衫为礼。"明方以智《通雅》卷三六:"宋之衫帽,犹唐之帷帽冪䍦也。"清顾炎武《日知录·衫帽入见》:"《唐书·李训传》:'文宗召见训,以衰粗难入禁中,令戎服,号王山人。'《宋史·蔡挺传》:'仁宗欲知契丹事,召对便殿,挺时有父丧,听以衫帽入。'则唐宋有丧者不敢假公服也。今人干谒官长,辄易青黑,与常人无异,是又李训之不如乎?"

【衫袍】shānpáo ❶宋时皇帝上朝时所穿的礼服之一。《宋史·舆服志三》："天子之服……五曰衫袍，六曰窄袍，天子祀享、朝会、亲耕及视事、燕居之服也。"又："衫袍：唐因隋制，天子常服赤黄、浅黄袍衫，折上巾，九还带，六合靴。宋因之，有赭黄、淡黄袍衫，玉装红束带，皂文靴，大宴则服之。又有赭黄、淡黄襛袍，红衫袍，常服则服之。"❷衫和袍。亦泛指衣服。宋王栐《燕翼诒谋录》卷五："中兴以后，驻跸南方，贵贱皆衣黝紫，反以赤紫为御爱紫，亦无敢以为衫袍者，独妇人以为衫襛尔。"

【衫襛】shānyuàn 妇女穿的袖子宽大的上衣。宋王栐《燕翼诒谋录》卷五："仁宗时，有染工自南方来，以山矾叶烧灰，染紫以为黝，献之宦者泪诸工，无不爱之，乃用为朝袍。乍见者皆骇观，士大夫虽慕之，不敢为也。而妇女有以为衫襛者。"

【上盖】shànggài 也称"上盖衣"。罩衣，罩衫；穿在短衣之外的外衣。宋周密《武林旧事》卷七："至第三盏，太上遣内侍请官家免花帽儿，束带，并卸上盖衣。"元无名氏《神奴儿》第一折："大嫂，拣个有颜色的段子，与孩儿做领上盖穿。"《陈州粜米》第三折："好老儿，你跟我家去，我打扮你起来，与你做一领硬挣挣的上盖。"《水浒传》第十回："(林冲)把身上雪都抖了，把上盖白布衫脱将下来。"《儒林外史》第二十一回："牛老把囤下来的几石粮食变卖了，做了一件绿布棉袄、红布棉裙子、青布上盖、紫布裤子，共是四件暖衣。"

【上倦】shàngjuàn 头巾的别称。元刘一清《钱塘遗事》卷七："头巾曰上倦。"

【上领】shànglǐng 汉魏以前多用于西域，被视为胡服的一大特征，有别于中原传统的交领。六朝之后渐入中原，礼服、便服均可用之。《京本通俗小说·碾玉观音》："只见一个汉子，头上带个竹丝笠儿，穿着一领白段子两上领布衫。"《朱子语类》卷九一："上领服非古服，看古贤如孔门弟子衣服，如今道服，却有此意。古画亦未有上领者，惟是唐时人便服，此盖自唐初已杀五胡之服矣。"又："今上领衫与靴，皆胡服，本朝因唐，唐因隋，隋因(北)周，周因元魏。"

【上马裙】shàngmǎqún 也称"马裙"。南宋宫女所穿的一种裙子。制为两片，前后各一，使用时两幅相掩，因为前后分制，便于跨骑，故名。《宋史·五行志三》："理宗朝，宫妃系前后掩裙而长曳地，名'赶上裙'。"明田汝成《西湖游览志余》卷二："理宗时，宫中系前后掩裙，名曰上马裙。"《花月痕》第四十二回："有个垂髻女子，上身穿件箭袖对襟鱼鳞文金黄色的短袄，下系绿色两片马裙，空手端在炕前。"又第四十八回："掌珠、宝书，首缠青帕，身穿箭袄，腰系鱼鳞文金黄色两片马裙。"

shen—shuang

【绅緌】shēnruí 绅，大带；緌，冠带之末梢下垂部分。借指有官职的人。宋陆游《光宗册宝贺太皇太后笺》："绅緌杂沓，遥瞻济济之贺班。"《谢洪丞相启》："尝厕迹于绅緌。"卫宗武《为湖州赵村净妙庵主僧赋》："书来谓逮菊花期，莲社绅緌应毕集。"

【神衣】shényī 指神像穿的衣服。《元典章·刑部十一·偷盗神衣免刺》："参详贼人张元章所招状词……原情盖为饥寒所迫,致盗神衣,别非常用之物。"

【魭冠】shēnguān 也作"魭角冠子"。用鱼枕骨装饰的冠。宋吴自牧《梦粱录·诸色杂买》:"修幞头帽子,补修魭冠。"孟元老《东京梦华录·诸色杂卖》:"修幞头帽子,补洗魭角冠子。"明张以宁《戏作杭州歌》其一:"吴姬魭冠望若空,泪妆眼角晕娇红。"

【生香屟】shēngxiāngxiè 衬有香料的鞋子。元龙辅《女红余志·生香屟》:"无瑕屟墙之内,皆衬沉香,谓之生香屟。"

【狮蛮】shīmán 也作"狮带""狮蛮宝带"。武官腰带钩上饰有狮子、蛮王的形象,因以指武官腰带。金董解元《西厢记诸宫调》卷二:"轻闪过,捽住狮蛮,恨心不舍。"元郑光祖《三战吕布》第一折:"上阵处磕搭的揝住狮蛮,交马处滴溜扑撺下雕鞍。"纪君祥《赵氏孤儿》第三折:"按狮蛮拽札起锦征袍,把龙泉扯离出沙鱼鞘。"明屠隆《彩毫记·为国荐贤》:"未赐铁券的王侯,尽著蟒衣狮带。"《三国演义》第三回:"只见吕布……系狮蛮宝带,纵马挺戟,随丁建阳出到阵前。"

【狮蛮带】shīmándài 也作"师蛮带"。❶金钑之带。宋代专用于达官近臣。因带上饰有狮子及蛮王形象而得名。《宋史·舆服志五》:"带,古惟用革,自曹魏而下,始有金、银、铜之饰。宋制尤详……其制有金球路、荔枝、师蛮、海捷、宝藏。"宋岳珂《愧郯录》卷一二:"金带有六种:球路、御仙花、荔枝、师蛮、海捷、宝藏。"❷武士系束的革制腰带。《金瓶梅词话》第六十二回:"狂风所过,一黄巾力士现于面前:黄罗抹额、紫绣罗袍。狮蛮带紧束狼腰,豹皮裀牢拴虎体。"《水浒

传》第五十四回:"门旗开处也有二三十个军官,簇拥着高唐州知府高廉出在阵前……足穿云缝吊墩靴,腰系狮蛮金鞓带。"

【絁裘】shīqiú 粗绸制作的裘服。宋陆游《半俸自戊辰二月置不复言作绝句》:"债券新同废纸收,迎宾仅有一絁裘。"又《晚步湖堤》诗:"絁裘桐帽野人装,又上湖堤步夕阳。"

【实带】shídài 以布帛制成的腰带。类似于勒帛,专用于女子。元刘一清《钱塘遗事》卷七:"女子勒帛曰实带。"

【实里薛衮冠】shílǐxuēgǔnguān 辽代皇帝所戴的契丹民族特色的朝冠。《辽史·仪卫志二》:"皇帝服实里薛衮冠,络缝红袍,垂饰犀玉带错,络缝靴,谓之国服衮冕。"

【士卒袍】shìzúpáo 元代仪卫所著之袍。以粗绢粗绸制成,上绘宝相花纹。《元史·舆服志一》:"仪卫服色……士卒袍,制以绢绸,绘宝相花。"

【手镯】shǒuzhuó 也称"镯子""镯头""压袖""约腕"。套在手腕上的环形装饰物。男女均用,既可戴在左手,亦可戴在右手,或两手皆戴。亦可两只手臂同时佩戴数个,从手腕开始,一直戴到手臂。新石器时代已有其制。以骨、石、牙、玉等材料磨制而成,器身断面有圆形、方形、梯形、长方形及半圆形等,外表一般不施纹饰。商周以后,渐采用陶、铜、金、银等材料制作,外形加工日趋精巧。秦汉以后男用者渐少,主要用作女性装饰。所用材料以白银为主,通常在器物表面镂刻纹饰,考究者镶嵌各色珠宝。隋唐手镯多以金属材料锤制而成,常见者有串珠形、绞丝形、辫形、竹节形等。五代以

后手镯镯面常被剖开,以便调节、脱卸。宋元妇女崇尚以金银片模压而成的手镯,镯面中部略宽,两端较窄。明清手镯以用料考究、制作精致为特色,有的累金丝为龙凤形,金丝之细宛如虾须;有的在器身中部嵌以小珠,随着手臂的摆动而发出声响,设计别致,构思精巧。手镯名称历代不一。六朝以前多称"腕环",省称"环"。如三国魏曹植《美女篇》:"攘袖见素手,皓腕约金环。"晋南北朝亦称为"钏"。唐宋以后则称"手镯",简称"镯",或称"镯子"。宋洪迈《夷坚志》卷三六:"在日藏小儿手镯一双,妇人金耳环一对。"元张可久《满庭芳·次韵》:"寻思几般,围腰玉瘦,约腕金宽。"明顾起元《客座赘语·女饰》:"饰于臂曰手镯。镯,钲也。《周礼·鼓人》以金镯节鼓,形如小钟,而今相沿用于此,即古之所谓钏,又曰臂钗,曰臂环,曰条脱,曰条达,曰跳脱者是也。"《醒世姻缘传》第九回:"两副镯子合两顶珍珠头箍。"《清代北京竹枝词·都门杂咏》:"作阔穿来是软罗,腕摇金镯宝光摩。"

【书袋】shūdài 金大定十六年规定的官吏佩饰,悬于束带,作为区别于士民的标志。入朝时用于公服,退朝则悬于便服。其制为长方形,长七寸,阔二寸,厚半寸,质料有苎丝、皮革等,颜色有紫、黑、黄等区别,佩时各按品级。《金史·舆服志下》:"书袋之制,大定十六年,世宗以吏员与士民之服无别,潜入民间受赇鬻狱,有司不能检察,遂定悬书袋之制。省、枢密院令、译史用紫苎丝为之,台、六部、宗正、统军司、检察司以黑斜皮为之,寺、监、随朝诸局,并州县,并黄皮为之,各长七寸、阔二寸、厚半寸,并于束带

上悬带,公退则悬于便服,违者所司纠之。"

【舒角幞头】shūjiǎofútóu 即"展脚幞头"。宋陈世崇《随隐漫录》卷三:"文武亲从又各如前数,筐一扇二,左贤右戚,乘马从驾,弹压宫殿之行门以下,舒角幞头,大团花罗袍。"《元史·舆服志一》:"曲阜祭服,连蝉冠四十有三,七梁冠三,五梁冠三十有六……舒角幞头二。"《元典章》卷二九:"典吏公服:大德七年十一月二十一日,江西行省准中书省咨该来咨江州路瑞昌县典史范升照得先准都省咨未入流品人员权拟擅合罗窄衫、黑角带、舒角幞头。"

【练服】shūfú 粗麻服。宋姜夔《湘月》词序:"坐客皆小冠练服。"

【练衣】shūyī 粗麻衣。宋张先《西江月·赠别》词:"破帽手遮红日,练衣袖卷寒风。"刘克庄《贺新郎·端午》词:"深院榴花吐,画帘开、练衣纨扇,午风清暑。"元迺贤《秋夜有怀侄元童》:"八月练衣已怯凉,伶俜绝似沈东阳。"黄玠《闻蛩》:"练衣恐不完,尚敢望纨帛。"

【熟皮靴】shúpíxuē 以柔皮制成的靴。有别于生皮制成的"革鞨"。宋叶隆礼《契丹国志》卷二一:"宋朝皇帝生日……金龙水晶带,银匣副之,锦缘帛皱皮靴,金玦京皂白熟皮靴鞋。"《水浒传》第二回:"那太公年近六旬之上,须发皆白,头戴遮尘暖帽,身穿直缝宽衫,腰系皂丝绦,足穿熟皮靴。"

【暑绤】shǔxì 夏天所穿的粗葛布衣。宋范成大《中峰》诗:"暑绤森有棱,瘁肌凄欲粟。"清文廷式《琐窗寒》词:"暑绤延凉,霜蓬点水,暮吴朝楚。"

【鼠腰兜】shǔyāodōu 一种武士服饰。

《清平山堂话本·杨温拦路虎传》:"纟宁丝袍,束腰衬体,鼠腰兜,佘口慢裆。"

【束发冠】shùfàguān ❶束发用的小冠。罩于发髻之上,比髻稍大,有簪横贯于发髻中以作固髻之用。士庶男女用于家居,武士则用于常服,乐、舞者也用之束发。宋代以后使用者渐多,至明代尤为盛行。入清被废。《元史·礼乐志五》:"男子八人,冠束发冠,金掩心甲,销金绯袍,执戟。"又:"乐工八人,皆冠束发冠,服锦衣白袍。"明刘若愚《酌中志·内臣佩服纪略》:"束发冠,其制如戏子所戴者,用金累丝造之,上嵌睛绿珠石……四爪蟒龙,在上蟠绕。下加额子一件,亦如戏子所戴,左右插长雉羽焉。凡遇出外游幸,先帝圣驾尚此冠。"《三国演义》第八回:"时貂蝉起于窗下梳头,忽见窗外池中照一人影,极长大,头戴束发冠;偷眼视之,正是吕布。"《封神演义》第三十四回:"哪吒见韩荣戴束发冠,金锁甲,大红袍,玉束带。"《水浒传》第五十四回:"束发冠珍珠嵌就,绛红袍锦绣攒成。"明王圻《三才图会·衣服一》:"束发冠,此即古制,尝见三王画像多作此冠,名曰'束发'者,亦以仅能撮一髻耳。"《明史·舆服志三》:"武舞,曰《平定天下之舞》。"舞士皆黄金束发冠,紫丝缨。"《红楼梦》第八回:"黛玉用手整理,轻轻笼住束发冠,将笠沿抸在抹额之上,将那一颗核桃大的绛绒簪缨扶起,颤巍巍露于笠外。"❷也称"多子头"。戏曲盔帽。圆形,上缀绒球珠子,下垂孩儿发,有金胎与银胎两种。为戏曲中贵族少年束发所戴之礼冠,故称。如《岳家庄》的岳云、《红楼梦》的贾宝玉均戴此冠。

【裞】shuài 以粗麻制成的短衣。《集韵·

质韵》:"裞,衣也。褐谓之裞。"

【双蝶钮】shuāngdiéniǔ 一种蝴蝶形钮扣。取材贵重,制作精致,除实用外,亦可用以馈赠亲友。元明时期比较流行。元伊世珍《嫏嬛记》:"季女赠贤夫以绿华寻仙之履、素丝锁莲之带、白玉不落之簪、黄金双蝶之钮,皆制极精巧,当世希觏之物也。"

【双耳金线帽】shuāng'ěrjīnxiànmào 明时期的一种儿童小帽。明田艺蘅《留青日札》卷二二:"余幼时尚见小儿带双耳金线帽,皆古俗也。"

【霜袍】shuāngpáo 白色绸袍。宋苏轼《菩萨蛮·赠徐君猷笙妓》词:"夜阑残酒醒,惟觉霜袍冷。"刘宰《挽葛签判二首》其二:"先帝龙飞第一春,霜袍济济对严长。"李曾伯《水调歌头·甲申春利州漕廨玩月闻琴和周炳仲韵》:"不知身住何处,爽气逼霜袍。"

shui—suo

【水獭裘】shuǐtǎqiú 用水獭皮制成的皮裘。《辽史·道宗本纪》:"壬戌,诏夷离堇及副使之族并民如贱,不得服驼尼、水獭裘。"

【帨帉】shuìfēn 揩物佩巾。宋苏轼《沉香山子赋》:"幸置此于几席,养幽芳于帨帉,无一往之发烈,有无穷之氤氲。"陆游《丈人观》诗:"物怪鼍鼋冠丘坟,仙人佩玉杂帨帉。"

【帨鞶】shuìpán 佩巾与鞶带。宋袁燮《倚天阁》诗:"雌雄并立排锋刃,紫翠相萦绣帨鞶。"清张惠言《祭金先生文》:"(先生)酒酣执手,曰学实难,曶不知道,绣其帨鞶。"

【顺风幞头】shùnfēngfútóu 一种硬脚幞

头。两脚以铁丝或竹篾为框，制成圆形、方形或椭圆形，外蒙乌纱，使用时插在幞头之后，左右各一，其形如扇。宋沈括《梦溪笔谈》卷一："本朝幞头有直脚、局脚、交脚、朝天、顺风凡五等。"

【顺裹】shùnguǒ 宋代一种细脚幞头。宋陶谷《清异录》卷下："郢王凤历之叛，别制幞头，都如唐巾，但更双脚为仙藤耳，其徒号为顺裹。"

【丝绚】sīqú 鞋上的丝制饰物。有孔，可以穿系鞋带。宋黄庭坚《子瞻去岁春侍立迩英子由秋冬间相继入侍作诗各述所怀予亦次韵》之一："江沙踏破青鞋底，却结丝绚侍禁庭。"张孝祥《念奴娇》词："粉省香浓，宫床锦重，更把丝绚结。"冯时行《寄题何子应金华书院》诗："青鞋踏九疑，丝绚远金马。"

【丝绦】sītāo ❶以丝线编成的带子，用以挂佩杂物。宋岳珂《愧郯录》卷一二："枢密院给券，谓之头子。太平兴国三年，李飞雄诈乘驿谋乱，伏诛，罢枢密院券。别制新牌，阔二寸半，长六寸，易以分书，上钑二飞凤，下钑二麒麟，两边年月，贯以红丝绦。"❷平民所用的腰带。以丝织成，两头有穗，其制长短不一：短者数尺，长者丈余。系束时围腰数匝，缚结下垂。明沈德符《万历野获编》卷一四："今大小臣削籍为民，例得辞朝……见朝及陛见，戴方巾、穿圆领、系丝绦。"《水浒传》第二回："那太公年近六旬之上，须发皆白，头戴遮尘暖帽，身穿直缝宽衫，腰系皂丝绦。"《红楼梦》第一百零九回："只见妙玉头带妙常冠，身上穿一件月白素绸袄儿，外罩一件水田青缎镶边长背心，拴着秋香色的丝绦。"❸戏曲服装饰品。即丝绳。两端用穗，用以束腰。文

人穿褶子多系之。江湖英雄多用丝绦绊胸（打十字绊），武将用丝绦扎靠。丝绦都为编织而成，形成有各种几何纹样，色彩各色俱全。

【缌缏】sībiàn 用麻、麦秸、树皮纤维等制作的衣服。《宋史·蛮夷传三·黎洞》："妇人服缌缏，绩木皮为布。"

【缌麻丧】sīmásāng 省称"缌丧"。丧服名。五服中之最轻者。宋乐史《广卓异记·崔琳》："自开元迄于天宝十五年，无中外缌麻丧。"《续资治通鉴·宋真宗天禧三年》："乙亥，诸路贡举人郭桢等四千三百人见于崇政殿，时桢冒缌丧贡举，为同辈所讼。"

【四边净】sìbiānjìng 一种不用衬里的单层头巾。传为秦伯阳所创。宋赵彦卫《云麓漫钞》卷四："巾之制有圆顶、方顶、砖顶、琴顶。秦伯阳以砖顶服，去顶内之重纱，谓之四边净。"

【四代服】sìdàifú 虞、夏、商、周四个朝代贵族祭祀时戴的蔽膝形制。《礼记·明堂位》："有虞氏服韨，夏后氏山，殷火，周龙章……凡四代之服、器、官，鲁兼用之。是故鲁，王礼也，天下传之久矣。"宋王应麟《小学绀珠》卷九："四代服：虞韨，夏山，殷火，周龙章。"

【四带巾】sìdàijīn 元末明初一种缀有四条带子的头巾。制如唐巾，为士庶所戴。《元史·顺帝本纪》："上用水手二十四人，身衣紫衫，金荔枝带，四带头巾，于船两旁下各执篙一。"明田艺蘅《留青日札》卷二二："洪武改元，诏衣冠悉服唐制……士庶则服四带巾，杂色盘领衣。"《明史·舆服志三》："洪武三年，庶人初戴四带巾，改四方平定巾，杂色盘领衣，不许用黄。"

【四脚幅巾】sìjiǎofújīn 宋代文武百官用的一种丧冠。《宋史·礼志二十六》:"真宗章献明肃皇后刘氏,明道二年三月二十七日崩于宝慈殿,迁坐于皇仪殿。三十日,宣遗诰,群臣哭临……两省、御史台中丞文武百官以下,四脚幅巾、连裳、腰绖。"

【四褛袄】sìkuìǎo 开有四衩的背子。四衩分别在前后及两胯。《金史·仪卫志下》:"牵拢官五十人,首领紫罗袄、素幞头……余人紫罗四褛绣芙蓉袄、两边黄绢义稠,并用金镀银束带,幞头同。"《明史·舆服志二》皇后常服:"四褛袄子,深青、金绣团龙文。"注:"即褙子。"

【四褛衫】sìkuìshān 也作"四袴衫"。一种前后左右均有开衩的短衫。衣裾开衩曰"褛"。四褛:前后左右各开一衩。宋朱熹《朱子家礼》卷二:"将冠者双纷、四褛衫、勒帛、采履,在房中南向。"明方以智《通雅》卷三六:"分裾四褛。"清厉荃《事物异名录》卷一六:"《纲目集览》:'开骻者,名缺骻衫,庶人服之。'即今四褛衫。"汪汲《事物原会》卷三八:"开骻者名缺骻衫,即今四褛衫也。唐马周制。"

【四梁冠】sìliángguān 冠上有四道横脊的礼冠。制出宋代,宋金时列位于五等。明代规定用于四品官朝服。《宋史·舆服志四》:"四梁冠,簇四雕锦绶为第五等,客省使至诸行郎中服之。"《金史·舆服志上》:"正五品:四梁冠,簇四金雕锦铜环绶,银珠佩,余并同。"《元史·舆服志一》:"助奠以下诸执事官冠服:貂蝉冠、獬豸冠、七梁冠、六梁冠、五梁冠、四梁冠、三梁冠、二梁冠……"《明会典》卷六一:"洪武二十六年定,文武官朝服:梁冠、赤罗衣、白纱巾单……四品四梁冠,赤带用金。"明王圻《三才图会·衣服二》:"凡贺正旦、冬至、圣节、国家大庆会,则用朝服……四品四梁冠,衣裳、中单、蔽膝、大带、袜履。"

四梁冠(明王圻《三才图会》)

【松花钗】sōnghuāchāi 妇女的一种发钗。金质,因其色黄犹如松花,故称。元王实甫《小桃红·西厢百咏》:"今将薄物聊酬意:松花钗二枚,梅红罗一对,权当谢良媒。"

【素帽】sùmào 宋代仪卫所戴的白色纱罗制成的帽子。《宋史·仪卫志一》:"(大庆殿正旦受朝,两宫上册宝)其内仪仗官兵等一千八百三人……旁头一十人,素帽、紫绸衫……小行旗三百人,帽、五色抹额、绯宝相花衫、勒帛。"

【素袍】sùpáo 白袍。平民或尚未取得功名的读书人穿白袍。《宋史·方技传上·赵自然》:"(赵自然)后梦一人,纶巾素袍,鬓发斑白,自云姓阴,引之登高山。"明谢谠《四喜记·赴试秋闱》:"独坐闷无聊,泪纷纷湿素袍。冤家镇日萦怀抱。"

【素纱软脚折上巾】sùshāruǎnjiǎozhéshàngjīn 以白色纱罗制成的软脚幞头。宋代专用于丧祭。《宋史·礼志二十五》:"开宝九年十月二十日,太祖崩……

大祥,帝服素纱软脚折上巾、浅黄衫、缃皮鞋黑银带。"又《礼志二十八》:"臣为君服,宋制有三等……大祥,素纱软脚折上巾、黪公服、白鞋锡带。"

【速霞真】sùxiázhēn 元代的一种红罗抹额。用红色花罗制成。元熊梦祥《析津志》:"又有速霞真,以等西蕃纳失今为之。夏则单红梅花罗,冬以银鼠表纳失,今取暖而贵重。然后以大长帛御罗手帕重系于额,像之以红罗束发,裁裁然者名罟罟。以金色罗拢鬓,上缀大珠者,名脱木华。以红罗抹额中现花纹者,名速霞真也。"

【碎折裙】suìzhéqún 宋代一种褶很多的裙子。宋张先《南乡子·送客过余溪听天隐二玉鼓胡琴》词:"天碧染衣巾,血色轻罗碎折裙。"

【梭巾】suōjīn 宋代男子所戴的一种便帽。上下差狭而中间阔大。宋王得臣《麈史》卷上:"又为上下差狭而中大者,谓之梭巾。"

【簑衣】suōyī 雨衣。元宫大用《七里滩》第二折:"我把这蔓笠做交游,簑衣为伴侣。"《元史·兵志》:"其铺兵每名备夹版、铃攀各一付,缨枪一,软绢包袱一,油绢三尺,簑衣一领。"《醒世恒言·薛录事鱼服证仙》:"便把这鱼拿去藏在芦苇之中,把一领簑衣遮盖。"

【锁莲带】suǒliándài 绣有莲花纹样的衣带。寓意"恩爱不渝",常用作男女信物。元伊世珍《嫏嬛记》:"季女赠贤夫以绿华寻仙之履,素丝锁莲之带,白玉不落之簪。"

T

ta—tie

【蹋鸱巾】tàchījīn 省称"蹋鸱"。金代女真人所戴的一种头巾。贵者在顶部十字缝中加饰以珠。宋范成大《蹋鸱巾序》："接送伴田彦皋爱予巾裹,求其样,指所戴蹋鸱,有愧色。"又诗："重译知书自贵珍,一生心愧蹋鸱巾。雨中折角君何爱,帝有衣裳易介鳞。"周煇《北辕录》："无贵贱,皆著尖头靴;所顶巾谓之蹋鸱。"

【篝簦】táidēng 挡雨遮阳的用具。篝,笠的一种。簦,有长柄的笠,类似今之伞。宋徐铉《赋得秋江晚照》："罾网鱼梁静,篝簦稻穗收。"

【太清氅】tàiqīngchǎng 用纯丝和蕉骨相兼捻织成线,制成衣服,夏季着之轻凉舒适。宋陶谷《清异录·衣服》："临川上饶之民,以新智创作醒骨纱,用纯丝蕉骨相兼捻织,夏月衣之,轻凉适体。陈凤阁乔始以为外衫,号太清氅。"

【唐巾】tángjīn 也称"唐帽"。一种由唐代幞头演变而来的士人巾。以唐代之巾而得名。唐代巾式变化较多,因此后世"唐巾"的式样也不很固定。宋元时期较为流行。通常用作便服,尊卑均可用之。宫廷妇女亦可戴之。元代改易其制,去其藤骨,作成软角。一般用于文人儒士。明代因之,多以乌纱制成的头巾,硬胎,无角,形制与唐代幞头相类,惟下垂

唐巾
(明万历年间刻本《南西厢记》插图)

二脚纳有藤篾,向两旁分张,成"八"字形。通常用于士人、小吏。《宣和遗事》："徽宗闻言……把一领皂褙穿者,上面著一领紫道服,系一条红丝吕公绦,头戴唐巾,脚下穿一双乌靴。"宋徽宗《宫词》："女儿妆束效男儿,峭窄罗衫称玉肌。尽是珍珠匀络缝,唐巾簇带万花枝。"元无名氏《蓝采和》第三折:"腰间将百钱拖,头上把唐巾裹。"《元史·舆服志一》:"执事儒服,软角唐巾,白襕插领,黄鞓角带,皂靴。"又:"唐巾,制如幞头,而捕其角,两角曲作五头。"明范濂《云间据目钞》卷二:"余始为诸生时,见朋辈戴桥梁绒线巾,春元戴金线巾,缙绅戴忠靖巾。自后以为烦俗,易高士巾、素方巾,复变为唐巾。"田艺蘅《留青日札》卷二二:"唐巾,唐制四脚:二系脑后,二系额下,服牢不脱,有两带、四带之异。今则二带上系,二带向后下垂也。今之进士巾,亦称

唐巾。"《警世通言·王娇鸾百年长恨》："忽见墙缺处有一美少年,紫衣唐巾。"明王圻《三才图会》："其制类古母追,尝见唐人画像帝王多冠此……今率为士人服矣。"《明史·舆服志三》："提调女乐,黑漆唐巾,大红罗销金花圆领,镀金花带,皂靴。"

唐巾
(明王圻《三才图会》)

【唐帽】 tángmào ❶元明宫廷仪卫舞女的首服,明代也用作祭祀的礼帽。元无名氏《冻苏秦》第二折："你不曾为官呵,著我做甚么大官人。干着我买了个唐帽在家,安了许多时。"《元史·舆服志二》："(崇天卤簿)导者六人,驭者南越军六人,皆弓花角唐帽,绯絁销金襟衫,镀金束带,乌靴,横列而前行。"又《顺帝纪》："宫女一十一人,练槌髻,勒帕,常服,或用唐帽、窄衫。"《明史·舆服志三》："侍仪舍人冠服。洪武二年,礼官议定。侍仪舍人导礼,依元制……常服,乌纱唐帽,诸色盘领衫,乌角束带,衫不用黄。"《大明会典》："祭之日质明,主祭以下各具服。主祭者、先居官则唐帽束带。"清吴长元辑《宸垣识略》卷一六："又宫女一十一人,练缒髻,勒帕常服,或用唐帽窄衫。"❷也称"皇帽""王帽""堂帽"。传统戏曲盔头。为剧中皇帝专用

之礼帽。帽形微圆,前低后高,金底,上铸十二只,大龙一只,缀黄色绒球,后有朝天翅一对,左右各挂龙尾垂黄色流苏。以黑作为底色,显系与唐朝皇帝的黑幞头、明朝皇帝的双龙立翅乌纱帽有着历史渊源关系。

【唐装】 tángzhuāng 宋人用来指称唐朝人的巾帽服饰。宋陆游《老学庵笔记》卷八："翟耆年……巾服一如唐人,自名唐装。"《宋史·外国传·高丽》："男子巾帻如唐装。"

【绦褐】 tāohè 犹布衣。借指平民。宋刘克庄《沁园春·平章生日丁卯》词："向朝堂衮绣,万羊非泰,湖山绦褐,两鹤相随。"叶梦得《石林燕语》卷五："虽然绦褐容相见,东望严扉敢杖藜。"

【绦环】 tāohuán ❶佩饰。职官带环,系公服束带的配用物。有宝石、金镶玉等等装饰,极贵重。品官往往以绦环作礼物相赠。宋陈造《题潘德久竹居》："官缚犹存紫公服,客来肯靳玉绦环。"明无名氏《天水冰山录》记严嵩被籍没家产中,即有各类绦环二百余件,其中有"金厢玉蟹吞珠二宝绦环""金厢玉螭虎珠宝绦环""金厢宝石四方绦环"等。《醒世恒言》第三十一卷："员外接得,打开锦袋红纸包看时,却是一个玉结连绦环。"明袁宏道《桃花流水引四首》诗："华阳巾子碧绦环,紫府帘前旧押班。"❷用丝编成的腰带。《元史·舆服志二》："小金龙凤黑旗二,执者二人,皆黑兜牟,金饰,黑甲绦环……樂四十人,弩十人,黑兜牟,黑甲绦环,汗胯,束带,靴,带弓矢器仗,马黑甲,珂饰。"

【藤巾子】 téngjīnzi 省称"藤巾"。以葛藤编织而成的巾子。使用时衬在幞头之

内。制出宋代。宋王得臣《麈史》卷上：“其巾子先以结藤为之，名曰'藤巾子'，加楮皮数层为之里。”《文献通考·王礼七》："桐木山子相承用至本朝，遂易以藤织者，而以纱冒之。近时方易以漆纱。"

【藤笠】ténglì 也称“云笠”。以细藤精编而成的笠帽。宋周去非《岭外代答》卷六："钦州村落土人，新妇之饰……头顶藤笠，装以百花凤。"明文震亨《长物志·衣饰》："笠，细藤者佳，方广二尺四寸，以皂绢缀檐，山行以避风日。"屠隆《考槃余事》卷三："有细藤作笠，方广二尺四寸，以皂绢蒙之，缀檐以遮风日，名云笠。"清梁清标《剔银灯·寄祝德滋弟》："金貂烜赫。肯换与、雨襄云笠。"《红楼梦》第四十九回："（宝玉）披上玉针蓑，带了金藤笠，登上沙棠屐，忙忙的往芦雪庭来。"

【天河带】tiānhédài 皇帝冕冠上的装饰品。从“纮”发展而来。“纮”原为绕颏而过，将冠、笄固定住的丝绳，至宋代成了长一丈二尺、宽二寸的青碧锦织物，挂在冕板正中，顺双肩垂至蔽膝前，长可垂地，形成一狭长大环，称天河带。元代以后不用。据目前所见文献最早出自宋代，早期形制至迟在唐代已出现。《宋史·舆服志三》："青碧锦织成天河带，长一丈二尺，广二寸。"《元史·舆服志一》："青碧线织天河带，两头各有珍珠金翠旒三节，玉滴子节花全。"《金史·舆服志上》："青碧线织造天河带一，长一丈二尺，阔二寸，两头各有真珠金碧旒三节，玉滴子节花。"

【天角幞头】tiānjiǎofútóu 也称“冲天角幞头”。一种直角幞头。左右两角以铁丝为骨，因相对树立，直冲云天，故名。宋代多用于武士、仪卫。《西湖老人繁胜录》："寻常从驾裹冲天角幞头，捧浑金纱罗、金洗嗽、金提量、玉柱斧、黄罗扇之类。"《水浒传》第五十五回："这呼延灼却是冲天角铁幞头，销金黄罗抹额，七星打钉皂罗袍，乌油对嵌铠甲。"

【田服】tiánfú 乡野人的服装。宋苏辙《祭张宫保文》："辙之方冠，公守西蜀。时予先君，幅巾田服。"

【田袍】tiánpáo 袈裟，僧尼的法服。宋梅尧臣《真上人因送毛令伤足复伤冷》诗："野云不管田袍薄，寒逼瘦肤相伴归。"

【帖金帽】tiējīnmào 也作“贴金帽”。宋金代仪卫所戴的礼冠。《宋史·仪卫志六》："清游队……引夹旗及执柯舒、镫仗者……拢御马者，服帖金帽、紫绣大袖衫、银带。"《金史·仪卫志》："第四节。中道，六军仪仗二百五十二人……旗各五人，执人锦帽，引夹人贴金帽……柯舒二十四，镫杖十八。并贴金帽、五色宝相花衫、革带……天下太平旗一、五方龙旗五，旗五人，执人锦帽，引夹人贴金帽，服并如上，横刀、弓矢。"

【铁幞头】tiěfútóu 铁制的盔帽。多为武士所戴。元无名氏《小尉迟将斗将认父归朝》第二折："我与你忙带上铁幞头，紧拴了红抹额，我若是交马处不拿了那个泼奴才……"《水浒传》第五十五回："两个都使钢鞭，那更一般打扮；病尉迟孙立是交角铁幞头，大红罗抹额……这呼延灼却是冲天角铁幞头，锁金黄罗抹额。"

tong—tuo

【同心帕】tóngxīnpà 辽代皇后小祀时所

宋辽金元时期的服饰

佩戴的一种巾帕。《辽史·仪卫志二》："小祀……皇后戴红帕,服络缝红袍,悬玉佩,双同心帕,络缝乌靴。"

【桐帽】tóngmào 以桐木为骨子做成的幞头。隋代开始以桐木为骨子,使顶高起成形,唐以后沿用之。一说居士、隐者多戴的以桐华布制成之帽。宋黄庭坚《次韵子瞻以红带寄王宣义》："白头不是折腰具,桐帽棕鞋称老夫。"陆游《游前山》诗:"平生一桐帽,自惜犯尘埃。"清朱彝尊《移居槐市斜街》诗:"莎衫桐帽海棕鞋,随分琴书占小斋。"《渊鉴类函·服饰》卷三七三:"桐帽、棕鞋,隐者所服。"

【铜环】tónghuán 宋代三品官员祭服上的一种铜制环饰。《宋史·舆服志四》:"三品,五旒冕,皂绫绶,铜环,金涂铜革带,佩,余如二品服。"

【桶子帽】tǒngzimào 一种圆桶形的帽子。元无名氏《气英布》第四折:"肩担一幅泥金令字旗,头戴八角红缨桶子帽。"明沈榜《宛署杂记》:"皂隶红帽二百十二顶,桶子帽十顶。"

【筒环】tǒnghuán 首饰名。宋代西南地区少数民族佩戴的一种耳环。宋朱辅《溪蛮丛笑·筒环》:"犵狫妻女,年十五六,敲去右边上一齿,以竹围五寸,长三寸,裹锡穿之两耳,名筒环。"

【头盔】tóukuī 战争时保护头部的帽子。多用皮革或金属等制成。金董解元《西厢记诸宫调》卷二:"著绫幡做甲,把钵盂做头盔戴着顶上。"《水浒传》第三十四回:"我如何不认的你这厮的马匹、衣甲、军器、头盔?"明刘黄裳《赠郏下王大刀挥使维藩歌》:"银碗头盔两马驮,熊腰稳坐白鼻骡。"

【头面】tóumiàn ❶妇女头饰。以金银丝编织为网,上缀珠翠宝石作成的人物、飞禽、花卉、鱼虫及吉祥图案,使用时扣覆于前额或两鬓,以簪钗固定。五代以后较为流行,多用于成年妇女。后用作首饰的统称,泛指各类首饰。宋孟元老《东京梦华录》卷三:"(相国寺)两廊皆诸寺师姑卖绣作、领抹、花朵、珠翠、头面、生色销金花样幞头、帽子、特髻、冠子、绦线之类。"元关汉卿《鲁斋郎》第一折:"逼的人卖了银头面,我戴着金头面。"《金瓶梅词话》第二十回:"金莲在旁拿把扰子,与李瓶儿扰头,见他头上戴着一付金玲珑草虫儿头面,并金累丝松竹梅岁寒三友梳背儿。"清翟灏《通俗编》卷一二:"俗呼妇人首饰曰头面,据此则宋已然矣……今杭俗女子初嫁,有所谓大头面。当本于此。盖亦宋俗之遗也。"《留青日札》云:富贵妇女赴人筵席,金玉珠翠首饰甚多,一首之大,几乎合抱,亦指大头面而言欤。❷京剧旦角头上各种饰物的总称。分软头面和硬头面两大类。

【头𦄈】tóuxū 也作"头须"。也称"头𦄈巾"。❶狭窄的巾帕。士庶男女用于覆首。宋高承《事物纪原》卷三:"(头𦄈):《二仪实录》曰:燧人时为髻,但以发相缠而无物系缚。至女娲之女,以羊毛为绳,向后系之,后世易之以丝及彩绢,名头𦄈,绳之遗状也。"陈元靓《岁时广记》卷二二:"经筵史官赐杂纱帽及头𦄈帕子、涂金银装扇子。"《清平山堂话本·西湖三塔记》:"头绾三角儿,三条红罗头须,三只短金钗。"《水浒传》第五十一回:"那小衙内穿一领绿纱衫儿,头上角儿拴两条珠子头须。"❷服丧时用的麻布条。自脑后延至额前,缠绕髻根系结下垂。《朱子家礼》卷四:"具括发麻;免布,髻

宋辽金元时期的服饰

麻。"注:"括发谓麻绳撮髻;又以布为头帻也。"清翟灏《通俗编》卷一二:"今越俗头帻上亦加孝字可验……邱浚冢《礼仪节补》曰:头帻以略细布为之,长八寸,用以束发根,而垂其余于后。"❸一种首饰纳帛为之,作头箍状,上缀珠宝花饰。通常用于妇女、儿童。《西湖老人繁胜录》:"夜市扑卖狼头帽、小头巾抹子、细柳箱、花环钗朵篦儿头帻、销金帽儿。"《宋史·舆服志五》:"非命妇之家,毋得以真珠装缀首饰、衣服,及项珠、缨络、耳坠、头帻、抹子之类。"又《礼志十八》:"诸王纳妃。宋朝之制,诸主聘礼,赐女家白金万两……定礼,羊、酒、彩各加十,茗百斤,头帻巾段、绫、绢三十匹,黄金钗钏四双,条脱一副。"

【裰】tú 无裆之裤。一说为犊鼻裈。《广雅·释器》:"㡓无裆者谓之裰。"清王念孙疏证:"(裰)今之开裆袴也。裰之言突,突者,穴也。"清钱大昕《十驾斋养新录》卷四:"《说文》无裰字,当为突,即犊鼻也。突犊声相近,重言为犊鼻,单言为突,后人又加衣旁耳。"

【吐鹘】tǔhú 也作"陶罕""兔鹘""兔胡"。女真、契丹等北方少数民族贵族所系的腰带。以皮革为鞓,带身装饰珍宝之钖,钖上雕刻山水图纹。钖用金、玉或犀象骨角等制成,上镂刻有山水等纹饰。吐鹘带左挂有牌,右挂有刀。宋洪皓《松漠纪闻·补遗》:"契丹重骨咄犀,犀不大,万株犀无一不曾作带,纹如象牙、黄色。止是作刀把,已为无价。天祚以此作陶罕(中国谓之腰条皮),插垂头者。"《宋史·舆服志六》:"上项带,国言谓之'兔鹘',皆其故主完颜守绪常服之物也。"《金史·舆服志下》:"金人之常

服四:带、巾、盘领衣、乌皮靴。其束带曰吐鹘……吐鹘,玉为上,金次之,犀象骨角又次之。钖周鞓,小者间置于前,大者施于后,左右有双铊尾,纳方束中,其刻琢多如春水秋山之饰。"元关汉卿《诈妮子调风月》第二折:"直到个天昏地黑,不肯更换衣袂;把兔胡解开,扭扣相离,把袄子疏剌剌松开上拆,将手帕撇漾在田地。"明袁华《完颜巾金粟道人所制寄铁崖先生先生赋长歌以谢率余同作》诗:"瑞玉龙环四带巾,柘袍吐鹘装麒麟。"

【吐鹘巾】tǔhújīn 金代头巾。以黑色纱罗为之,顶方,下有两带,巾额正中饰以珍珠。《续通典·礼志十二》:"吐鹘巾,金制,以皂罗若纱为之,上结方顶,折垂于后。顶之下际两角各缀方罗径二尺许。方罗之下,各附带长六七寸。当横额之上,或为一缩襞积。贵显者于方顶上,循十字缝饰以珠,其中必贯以大者,谓之顶珠。带旁各络珠结缨,长半带垂之。"

【团袄】tuán'ǎo 金元时期仪卫所穿的一种短衣。《金史·舆服志上》:"诸班开道旗队一百七十七人……皂帽、红锦团袄、红背子、铁人马甲、箭、兵械、骨朵。"又:"皂帽、碧锦团袄、红锦背子、涂金银束带。"《碎金·服饰篇》"男服"类中也列有"绵袄、披袄、团袄、夹袄"等名称。

【团冠】tuánguān 宋代妇女的一种冠帽,编竹成圆形,用绿色涂饰。逐渐变为有角。冠上初以金银装饰,后皆缀以珠玑玉翠。两宋宫廷妇女、士宦家眷喜戴团冠者甚多,其流行的时间亦长。《尘史·礼仪》卷上:"俄又编竹而为冠者,涂之以绿,浸变而以角为之,谓之团冠。"李廌《济南先生师友谈记》:"宝慈长乐皆白

角团冠,前后惟白玉龙簪而已,衣黄背子衣无华彩。"

团冠(河南禹县白沙宋墓壁画)

【团衫】tuánshān ❶金代女真族妇女上衣。有别于汉族妇女的襦裙。其制多用直领(交领),衣襟左掩,下长曳地。一般与包髻同时使用。元代亦有使用。按元代礼俗,男子娶妻,例应向女方赠送羊酒、红定等聘礼,娶妾则送包髻、团衫。《金史·舆服志下》:"(女真)妇人服襜裙,多以黑紫……上衣谓之团衫,用黑紫或皂及绀,直领,左衽,掖缝,两旁复为双襞积,前拂地,后曳地尺余。带色用红黄,前双垂至下齐。"明张昱《白翎雀歌》:"女真处子舞进觞,团衫罄带分两傍。"元末明初陶宗仪《南村辍耕录·贤孝》:"国朝妇人礼服,达靼曰袍,汉人曰团衫,南人曰大衣,无贵贱皆如之。"元关汉卿《望江亭中秋切鲙》第三折:"你替我做个落花媒人。你和张二嫂说:大夫人不许他,许他做第二个夫人,包髻、团衫、绣手巾,都是他受用的。"明朱有燉《元宫词》:"包髻团衫别样妆,东胡谒罢出宫墙。"❷明代妇女的常之袍。大袖交领,衣长至跗。上自皇后,下至命妇,燕居闲处均可着之。所绣纹样贵贱不一。士庶之妻礼见宴会亦可着之,但不准用大红、鸦青

及鹅黄诸色,只许用浅色。《明史·舆服志二》:"皇后常服。洪武三年定,双凤翊龙冠,首饰、钏镯用金玉、珠宝、翡翠。诸色团衫,金绣龙凤文,带用金玉。"又《舆服志三》:"又定命妇团衫之制,以红罗为之,绣重雉为等第。一品九等,二品八等,三品七等,四品六等,五品五等,六品四等,七品三等,其余不用绣雉。"明田艺蘅《留青日札》卷二二:"(我朝服制)士庶妻首饰许用银镀金,耳环用金珠,钏环用银;服浅色团衫,用纻丝、绫罗、绸绢。"

【腿绷】tuǐbēng 也作"腿绷"。男子用于缠腿的狭条布带。犹今绑腿。以质地坚实的布帛为之,裁为长条,裹时紧束于胫,上达于膝,下及于跗。内中或衬木护膝。一般多用于力人武士。元高文秀《黑旋风双献功》第一出:"你这般茜红巾、腥衲袄,干红褡膊、腿绷、护膝、八答麻鞋,恰便似烟熏的子路、墨染的金刚。"《水浒传》第二十九回:"当夜武松巴不得天明,早起来洗漱罢,头上裹了一顶万字头巾,身上穿了一领土色布衫,腰里系条红绢搭膊,下面腿绷、护膝,八搭麻鞋。"又第三十九回:"且说戴宗回到下处,换了腿绷、护膝、八答麻鞋,穿上杏黄衫……便袋里藏了书信盘缠,挑上两个信笺,出到城外。"

【脱木华】tuōmùhuá 元代妇女束发用的巾帕。以金色布帛为之,上缀大珠。《永乐大典·服韵》引《析津志》:"以金色罗拢髻,上缀大珠者,名脱木华。"

【驼褐】tuóhè 用驼毛织成的衣服。用于防寒保暖。宋孙光宪《北梦琐言》卷一五:"(昭宗)宴于寿春殿,茂贞肩舆,衣驼褐,入金銮门,易服赴宴。咸以为前代跋扈,未有此也。"周邦彦《西平乐》词:"驼

褐寒侵,正怜初日,轻阴抵死须遮。"汪元量《燕山送黄千户之旰江》诗:"来时雨雪侵驼褐,归日风云蔼驷车。"王沂孙《高阳台·陈君衡游未还,周公谨有怀人之赋,倚歌和之》词:"驼褐轻装,狨鞯小队,冰河夜渡流澌。"王炎《次韵答简簿》:"少日牛衣尝熟眠,老来驼褐不护寒。"

【驼裘】tuóqiú 用驼绒制成的衣裳。多用于防寒保暖。宋王安石《送丁廓秀才》诗之三:"风驭柳条干,驼裘未胜寒。"孔武仲《至赵庄镇舍轿乘马二首》诗其一:"风色斗回成凛冽,却添貂帽拥驼裘。"范成大《元日山寺》诗:"贪眠豹褥窗间日,怕拥驼裘陌上风。"

W

wa—wu

【袜袴（裤）】wàkù 妇女穿的袜子和套裤相连的下衣。宋陈师道《后山谈丛》卷二："秘书丞张锷,嗜酒,得奇疾,中身而分,左常苦寒,虽暑月中着袜袴,纱绵相半。"《宋史·舆服志五》："是岁,又诏敢为契丹服若毡笠、钓墩之类者,以违御笔论,钓墩,今亦谓之袜袴,妇人之服也。"

【袜头袴（裤）】wàtóukù 膝裤的一种。《西湖老人繁胜录》："班直戴耳不闻帽子,着青罗衫青绢袜头袴。"宋孙光宪《北梦琐言》卷一二："每云:'黄寇之后,所失已多。唯袜头袴穿靴,不传旧时也。'"

【腕阑】wànlán 一种扁型臂环。妇女戴于手臂的装饰品。元末明初陶宗仪《元氏掖庭记》："元妃静懿皇后诞日受贺,六宫嫔妃以次献庆礼……一人献青芝双虬如意,一人献柳金简翠腕阑。"自注:"似今之手镯类,但彼扁而用臂者。"

【巍冠】wēiguān 有高耸冠饰的高冠。宋赵与虤《娱书堂诗话》卷下："高车得似垂车荣,巍冠何如挂冠清。"刘克庄《贺新郎·杜子昕凯歌》词："个个巍冠横尘柄,谁了君王此段。"《二刻拍案惊奇》卷二二："只见一个人在里面,巍冠大袖,高视阔步,踱将出来。"

【巍巾】wēijīn 高冠。《宋史·奸臣传四·贾似道》："高达在围中,恃其武勇,殊易似道,每见其督战,即戏之曰:'巍巾者何能为哉!'"

【温公帽】wēngōngmào 据传为司马光所创的一种便帽,宋代士庶男子所戴。宋赵彦卫《云麓漫钞》卷四："宣政之间,人君始巾,在元祐间,独司马温公、伊川先生以屠弱恶风,始裁皂绸包首,当时只谓之温公帽、伊川帽,亦未有巾之名。"元张养浩《寄阅世道人侯和卿》："穿一对圣僧鞋,带一顶温公帽,一心敬奉三教。"

【鞝】wēng ❶ 靴筒。《广韵·东部》:"鞝,吴人靴靿曰鞝。"元高安道《哨遍·皮匠说谎》:"靿子齐,上下相趁;鞝口宽,脱著容易。"《元史·舆服志一》:"云头靴,制以皮,帮嵌云朵,头作云象,鞝束于胫。"❷棉鞋。清桂馥《札朴·服饰》:"鞝,绵鞋曰鞝。"

【鞝鞋】wēngxié 也作"襨鞋"。也称"札鞝鞋"。高筒暖鞋。厚底高靿,制与靴同。唯以毛皮为里,布帛为面,着时勒束于胫,外缠绑带。元明时期较为常见,多用庶民小吏及军将武士。宫廷妇女及民间妇女外出亦可着此,但无绑腿。《元史·舆服志一》:"鞝鞋,制以皮为履,而长其勒,缚于行滕之内。"《三宝太监西洋记通俗演义》第七十七回:"身上一领甲,脚下一双札鞝鞋。"《金瓶梅词话》第六十三回:"两边打路排军,个个都头戴孝巾,身穿青纳袄,腰繫孝带,脚跐腿绷、鞝鞋。"《水浒传》第四十五回:"杨雄坐在床上,迎儿去脱鞝鞋。"《明会典·工部十三》："宣德十年定例……翰鞋长九寸五分至一尺，或一尺二分。"明沈榜《宛署杂记》卷一四："司设监领出，用女夫三十二名，内十六名，每人花纱帽一、红绢彩画衣一、绿绢彩画汗褂一、铜束带一、红棉布翰鞋一，俱内官监领。"《醒世姻缘传》第六十八回："素姐起来梳洗完备，穿了一件白丝绸小褂，一件水红绫小夹袄，一件天蓝绫机小绸衫，白秋罗素裙，白洒线秋罗膝裤，大红连面的缎子翰鞋……骑着社里雇的长驴。"明史玄《旧京遗事》："若如粗浊妇人，举足直著翰鞋，则亦与男子无异。"

【乌角带】wūjiǎodài 镶有角质材料的黑色革制腰带。元明时为官吏所服用。后泛指官员服用的腰带。《元史·舆服志一》："带八十有五，蓝鞓带七、红鞓带三十有六，乌角带二，黄鞓带、乌角偏带四十。"《元典章》卷二九："提领陈玉比依院务官典史都目一体置造擅合罗窄衫，乌角带。"《明史·舆服志三》："命妇冠服：洪武元年定……五品……乌角带，余如四品。六品……乌角带，余如五品。七品，冠花钗三树。两博鬓……乌角带，余如六品。"《聊斋志异·梅女》："汝本浙江一无赖贼，买得条乌角带，鼻骨倒竖矣。"

【乌纱帕】wūshāqià 即"乌帻"。宋叶适《王氏读书堂》诗："主人乌纱帕，弟子绣罗襦。"

【乌靴】wūxuē 官员所穿的黑色靴子。宋曾巩《戏呈休文屯田》诗："乌靴况已踏台省，黑绶未得辞州县。"《辽史·礼志一》："皇帝服金文金冠，白绫袍，绛带……络缝乌靴。"元袁桷《次韵马伯庸应奉绝句》之八："乌靴窄窄称宫袍，双鬓风翻见二毛。"元末明初杨维桢《大唐锺山进士歌》："睛如猫，须如茅，乌靴白简鸭色袍。"《元史·礼乐志一》："唐巾，紫罗窄袖衫，金涂铜束带，乌靴。"

【乌帻】wūzé 一种黑色头巾。宋吴处厚《青箱杂记》卷二："天圣以前，乌帻唯用光纱，自后始用南纱，迨今六十年，复稍稍用光纱矣。"陆游《村饮》诗："三叫落乌帻，倒泻黄金盆。"吴文英《绛都春·饯李太博赴括苍别驾》词："笑乌帻、临风重岸。傍邻垂柳，清霜万缕，送将人远。"

【无缝衣】wúfèngyī 针织之服。宋张君房《云笈七签》卷八四："宝衣，无缝衣也。"《元史·世祖本纪第十六》："尚衣局织无缝衣。"清姚之骃《元明事类钞》卷二四："世祖使尚衣局织无缝衣。"

【无垢衣】wúgòuyī 即袈裟。宋释道诚《释氏要览》上："如幻三昧经云无垢衣。"清陈元龙《格致镜原》卷一五："袈裟，一名无垢衣。"沈自南《艺林汇考·服饰》卷五："袈裟一名无垢衣。"

【无忧履】wúyōulǚ 帝王所穿的鞋子。《三国志平话》卷二："（司马仲相）见一人托定金凤盘，内放着六般物件，是平天冠、衮龙服、无忧履、白玉圭、玉束带、誓剑。"《水浒传》第一百一十九回："却说阮小七杀入内苑深宫里面，搜出一箱，却是方腊伪造的平天冠、衮龙袍……无忧履。"

【五彩衣】wǔcǎiyī 五色彩衣。亦特指春秋时楚国隐士老莱子娱亲所穿的彩衣。宋苏舜钦《老莱子》诗："飒然双鬓白，尚服五彩衣。"参见556页"老莱衣"。

X

xi—xiang

【**晞身布**】xīshēnbù 浴巾。以葛麻为之。宋叶廷硅《海录碎事·带绅》:"晞身布:齐必有明衣布,谓沐时所著之衣,浴竟身未干燥,未堪著好衣,又不可露体,故用布为衣。《玉藻》云君衣布以晞身是也。"

【**犀冠**】xīguān 金朝后妃所戴的礼冠,明代为皇太子妃的礼冠。《金史·舆服志中》:"皇后冠服……犀冠,减拨花样,缕金装造,上有玉簪 ,下有珧瑁盘 。"《明史·舆服志二》:"皇太子妃冠服……犀冠,刻以花凤。首饰、钏镯、衫带俱同皇妃。"

【**锡麻**】xīmá 细麻所制的丧服。宋叶适《中奉大夫太常少卿直秘阁致仕薛公墓志铭》:"不幸客衰残多病,相继死数人,诸公悲痛,自为集,锡麻带绖而哭。"

【**膝袴(裤)**】xīkù 着于胫足之间的一种高筒无底袜。用料可依时而定,精美者有花纹图案。《朱子语类》:"秦太师死,高宗告杨郡王云,朕免膝裤中带匕首矣。"《金瓶梅词话》第十四回:"下着一尺宽海马潮云羊皮金沿边挑线裙子,大红缎子白绫高底鞋,妆花膝裤。"清赵翼《陔余丛考·袜膝裤》:"是以吕蓝衍(种玉)《言鲭》谓袜即膝裤。然今俗有底,而膝裤无底,形制各别。"翟灏《通俗编·服饰·膝裤》引《致虚阁杂俎》:"袴袜,今俗称膝袴。"徐珂《清稗类钞·服饰》:"膝

裤,古时男子所用……后则妇女用之,在胫足之间,覆于鞋面。"

膝裤(四川新都明墓出土)

【**戏莱衣**】xìláiyī 也作"戏斑衣"。原谓春秋末楚国老莱子穿五色斑斓之衣,扮小儿之状以娱双亲。后作为孝养父母之典。宋张纲《蓦山溪·甲辰生日》词:"只愿早休官,居颜巷,戏莱衣,岁岁长欢聚。"冯取洽《贺新郎·送别诚斋》词:"梦折营门柳。送君归,暂戏斑衣,又拢征袖。"

【**戏衫**】xìshān 歌舞杂技等表演艺人演出时所穿的衣衫。宋孟元老《东京梦华录》卷七:"上有杂彩戏衫五十余人,间列杂色小旗绯伞,左右招舞,鸣小锣鼓铙铎之类。"刘克庄《念奴娇·和诚斋》词:"戏衫抛了,下棚去,谁笑郭郎长袖。"

【**系鞋**】xìxié 缚带的鞋子。宋庞元英《文昌杂录》卷三:"内侍都知押班供奉官以下,带御器械等,其余只应诸司使、付使等并公服系鞋作一班。"周密《武林旧事》卷八:"都管一人,幞头、公服、腰带、系鞋,执杖子。"《宋史·礼志十七》:"群臣公服系鞋,供奉班及内朝官僚前导。"又

宋辽金元时期的服饰

《舆服志五》："冠礼，三加冠服，初加，缁布冠、深衣、大带、纳履；再加，帽子、皂衫、革带、系鞋；三加，幞头、公服、革带、纳靴。"

【褉】xì 也作"契"。衣衩。宋孟元老《东京梦华录》卷九："女童皆选两军妙龄容艳过人者四百余人，或戴花冠或仙人髻，鸦霞之服；或卷曲花脚幞头、四契红黄生色销金锦绣之衣，结束不常，莫不一时新妆。"清福格《听雨丛谈》卷一："御用袍，宗室袍，俱用四开褉。前后褉开二尺余，左右则一尺有余。若缺襟袍，惟御用四开褉，宗室亦用两褉。"

【狭袖】xiáxiù 窄袖。《文献通考·王礼七》："九品以上，则绛褠衣，制如绛公服，而狭袖，形直如沟，不垂。"

【霞带】xiádài 轻柔的飘带。宋吕渭老《如梦令》词："百和宝钗香佩。短短同心霞带。"明贾仲名《金安寿》第四折："则俺那头巾上珍珠砌成界，画拖四叶飞霞带。"

【霞绶】xiáshòu 色彩艳丽的绶带。宋田锡《紫云曲》："烟衣霞绶赤瑛佩，钧天乐部前参差。"苏辙《留颐仙都观》诗："并骑双翔龙，霞绶紫云襜。"《元史·礼乐志五》："次八队，妇女二十人，冠凤翅冠、翠花钿，服宽袖衣，加云肩、霞绶、玉佩，各执宝盖，舞唱前曲。"

【下襕】xiàlán 袍上的横襕。因多处于膝下部位，故名。宋赵彦卫《云麓漫钞》卷四："周武帝始易为袍，上领、下襕、穿（窄）袖、幞头、穿靴，取便军武事。"《文献通考·王礼十》："宇文护始加下襕，遂为后制。"

【仙冠】xiānguān 宋代队舞时拂霓裳队舞女所戴之冠。《宋史·乐志十七》："女

下襕（宋梁楷《八高僧故实图》）

弟子队凡一百五十三人……拂霓裳队，衣红仙砌衣，碧霞帔，戴仙冠、红绣抹额。"

【仙桃巾】xiāntáojīn 宋代男子头巾的一种。以纱为之，呈桃形，背后望之如钟形，其制似当时道士所服之头巾。宋代文人学士多喜服用，也用于道人隐士。宋米芾《画史》："张修，字诚之……家有辟支佛，下画王维仙桃巾、黄服，合掌顶礼，乃是自写真。"又《西园雅集记》："仙桃巾、紫裘而坐观者为王晋卿。"明田艺蘅《留青日札》卷二二："程伊川纱，背后望之如钟形，其制似今道士，谓之仙桃巾。"

【鲜服】xiānfú 鲜艳美丽的衣服。宋刘子翚《建康六感·陈》诗："丽景明新妆，清波映鲜服。"吴自牧《梦粱录·正月》："（元旦）士夫皆交相贺，细民男女，亦皆鲜服，往来拜节。"明刘基《杂诗》之三十三："郭北有宅子，鲜服明春闺。"

【香罗带】xiāngluódài 省称"香罗"。妇女腰带的美称。宋贺铸《薄倖》词："向睡鸭炉边，翔鸳屏里，羞把香罗暗解。"方壶《美色》词："笑解香罗带，疑猜。莫不是阳台梦里来？"元马致远《无题》词："香罗

带,玉镜台,对妆奁懒施眉黛。"金元好问《鹧鸪天》词:"何时重解香罗带,细看春风玉一围。"

【香罗绶】xiāngluóshòu 妇女衣带。宋辛弃疾《菩萨蛮·双韵赋摘阮》词:"阮琴斜挂香罗绶。玉纤初试琵琶手。"元马致远《汉宫秋》第二折:"王嫱这运添憔瘦,翠羽冠,香罗绶,都做了锦蒙头暖帽,珠络缝貂裘。"

【香珠】xiāngzhū 也称"香串"。以各种香泥或香木制成的圆珠穿制而成的珠串。一般每串用珠十八颗,故俗称"十八子"。套在手腕,或系于衣襟、腰间,以辟秽气。可作僧道的数珠。宋范成大《桂海虞衡志·志香》:"香珠出交趾,以泥香捏成小巴豆状,琉璃珠间之,彩丝贯之,作道人数珠,入省地卖,南中妇人好带之。"元武汉臣《玉壶春》第一折:"我得了这沉香串翠珠囊,你收取这玉螳螂白罗扇,四件儿是嗒这玉洁冰清意坚。"《红楼梦》第七十八回:"王夫人一看时,只见扇子三把,扇坠三个,笔墨共六匣,香珠三串,玉绦环三个。"《二十年目睹之怪现状》第七十一回:"(焦侍郎)把他盘成珠子,穿成一副十八子的香珠。"《歧路灯》第九十五回:"(戏主)淡抹铅粉,浑身上带的京都万馥楼各种香串。"徐珂《清稗类钞·服饰》:"香珠,一名香串。以茄楠香琢为圆粒,大率为每串十八粒,故,又称十八子。贯以彩丝,间以珍宝,下有丝穗,夏日佩之以辟秽。"

【湘裙】xiāngqún 妇女长裙。以六幅布帛为之,长可曳地。一说湘地丝织品制成的女裙。后用作女子裙裾的美称。语出唐李群玉《同郑相并歌姬小饮戏赠》诗:"裙拖六幅湘江水,鬓耸巫山一段

云。"宋洪迈《夷坚志》卷四二:"尺六腰围柳样轻,娉娉袅袅最倾城,罗裙新剪湘江水,缓步金莲袜底生。"元关汉卿《失题》词:"六幅湘裙一捻腰间,别来十分瘦了。"王实甫《西厢记》第一本第三折:"掸香袖以无言,垂湘裙而不语。"元末明初高明《琵琶记》第十八出:"湘裙展六幅,似天上嫦娥降尘俗。"《水浒传》第二十一回:"阎婆惜满头珠翠,遍体金玉。正是:花容袅娜,玉质娉婷。鬓横一片乌云,眉扫半弯新月。金莲窄窄,湘裙微露不胜情;玉笋纤纤,翠袖半笼无限意。"

【响屧】xiāngxiè 硬底之鞋。斫木为底,衬于履下,行辄阁阁有声。多用于妇女。宋范成大《吴郡志》卷八:"相传吴王令西施辈步屧,廊虚而响,故名。"王禹偁《题响屧壁》诗:"廊坏空留响屧名,为因西子绕廊行。"明田艺蘅《留青日札》卷二〇:"吴王宫中有响屧廊,以楩梓板藉地,西子行则有声,故名响屧。是妇女通服……今之高底鞋类。"

【项巾】xiàngjīn 围巾。宋文莹《玉壶清话》卷四:"张乖崖性刚多躁,蜀中盛暑食馄饨,项巾之带屡垂于碗。"

【项帕】xiàngpà 围项之帕。围巾。通常以质地柔软的布帛为之,亦有用兽皮者,围在颈项以御风寒。亦可用于装饰。宋吕胜己《浣溪沙》词其二:"直系腰围鹤间霞。双垂项帕风穿花。新妆全学内人家。"周密《武林旧事》卷二:"元夕节物,妇人皆戴珠翠、闹蛾、玉梅、雪柳、菩提叶、灯球、销金合、蝉貂袖(又作貂袖)、项帕,而衣多尚白,盖月下所宜。"《明史·舆服志三》:"奏《表正万邦之舞》,引舞二人。青罗包巾,红罗销金项帕,红生绢锦领中单……红绢裰褕。"

【象牙冠】xiàngyáguān 也称"象牙佛冠"。宫廷舞女所戴的象牙装饰的冠帽。元末明初陶宗仪《元氏掖庭记》:"帝在位久,怠于政事荒于游宴,以宫女一十六人按舞,名为《天魔舞》,首垂发数辫,戴象牙冠,身披璎珞,大红销金长裙袄,各执加巴剌般之器。"《元史·顺帝本纪六》:"时帝怠于政事,荒于游宴,以宫女三圣奴、妙乐奴、文殊奴等一十六人按舞,名为十六天魔,首垂发数辫,戴象牙佛冠,身被璎珞,大红销金长短裙、金杂袄、云肩、合袖天衣、绶带鞋袜,各执加巴剌般之器,内一人执铃杵奏乐。"

【褬】xiàng 未成年男女所戴的首饰。《广韵·养韵》:"褬,未筓冠者之首饰也。"

xiao—xiong

【逍遥巾】xiāoyáojīn ❶一种纱罗头巾。宋辽金时较为常见。老年妇人所用者,一般以皂纱为之,上缀玉钿等饰,俗谓"玉逍遥"。宋米芾《画史》:"今则士人皆戴庶人花顶头巾,稍作幅巾、逍遥巾。"《大金国志》卷三九:"金俗好衣白,辫发垂肩,与契丹异……自灭辽侵宋,渐有文饰,妇人或裹逍遥巾二。"《三国演义》第三十七回:"(玄德)忽见一人,容貌轩昂,丰姿俊爽,头带逍遥巾,身穿皂布袍。"清张岱《快园道古·小慧·确对》:"江西有提学对云:'风摆棕榈,千手佛摇折叠扇。'……对云:'霜凋荷叶,独脚鬼戴逍遥巾。'"❷年轻道士的一种头巾。《警世通言·旌阳宫铁树镇妖》:"忽有一人,头戴逍遥巾,身披道袍,脚穿云履。"清闵小艮《清规玄妙·外集》:"凡全真所戴之巾有九式:一曰唐巾;二曰冲和;三曰浩然;四曰逍遥……其或老者戴冲

和,少者戴逍遥。"

【销金盖头】xiāojīngàitóu 新妇出嫁时所戴的一种大幅面巾。通常以红色嵌金线的锦制成。宋吴自牧《梦粱录·嫁娶》:"先三日,男家送催妆花髻、销金盖头,五男二女花扇、花粉盏、洗项、画钱彩果之类。"元关汉卿《窦娥冤》:"梳着个霜雪般白鬏髻,怎戴那销金锦盖头?"《警世通言·小夫人金钱赠年少》:"这小夫人著干红销金大袖团花霞帔,销金盖头。"

【销金帽】xiāojīnmào 用嵌金丝线制成的帽子。《西湖老人繁胜录》:"夜市扑卖狼头帽、小头巾抹头子……花环钗朵篋儿头䯻、销金帽儿。"《醒世姻缘传》第二回:"若是当真同去打围,除了我不养汉罢了,那怕那忘八戴'销金帽'、'绿头巾'不成!"

【小花笠】xiǎohuālì 宋代南方少数民族地区多见的带有花纹的一种斗笠。宋周去非《岭外代答》卷二:"黎装……首或以绛帛包髻,或带小花笠,或加鸡尾,而皆簪银篦二枝。"《文献通考·四裔八》:"鬏露者,以绛帛约髻根……或戴小花笠。"

【小巾】xiǎojīn 一种形制短小的头巾。一般用作便服。《绿窗新话》卷下:"蜀后主自裹小巾,宫妓多道服。"《宣和遗事·利集》:"乃见一番官,衣褐绁丝袍,皂靴,裹小巾,执鞭揖泽利。"

【小衫】xiǎoshān 衬衣;短衫。一种单衣。其制较一般衫子为小,通常用作家居。亦可用作内衣。男女皆可着之。《朱子语类》卷九一:"今衣服无章,上下混淆……且随时略加整顿,犹愈于不为,如小衫,令各从公衫之色:服紫者,小衫亦紫;服绯、绿者,小衫亦绯、绿;服白,则小衫亦白。"元伊世珍《嫏嬛记》:

“苏紫穷爱谢耽，咫尺万里，靡由得亲，遣侍儿假耽。恒著小衫，昼则私服于内，夜则拥之而寝。”《绮谈市语·服饰门》：“紫衫：小衫也。”《醒世姻缘传》第七十三回：“天气暄热，那两个女人都脱了上盖衣裳，穿上了小衫单裤。”清郝懿行《证俗文》卷二：“近身之小衫，若今汗衫。”

【小太清】xiǎotàiqīng 宋代一种用薄纱罗制成的贴身内衣。以极薄的纱罗为之，两掖开衩，夏日着之轻凉透气，因形制较太清氅为小，故名。宋陶谷《清异录·衣服》：“临川上饶之民，以新智创作醒骨纱，用纯丝蕉骨相兼捻织，夏月衣之，轻凉适体。陈凤阁乔始以为外衫，号太清氅。又为四褛内衫子，呼小太清。”

【小袜】xiǎowà 也称“褶衣”。缠足妇女所穿的半袜。直筒无底，着时罩在裹脚布外。元末明初杨维桢《邯郸美》词：“邯郸市上美人家，美人小袜青月牙。”明袁华《蹋鞠篇》：“冶家儿女髻偏梳，教坊出入不受呼，蹙金小袜飞双凫。”《金瓶梅词话》第三十九回：“吴道官预备了一张大插桌，又是一坛金华酒，又是哥儿的一顶青段子绡金道髻……一双白绫小袜。”清刘廷玑《在园杂志》卷三：“旧时妇人皆穿袜，即窅娘亦著素袜而舞，袜制与男子相同，有底，但瘦小耳。自缠足之后，女子所穿有弓鞋、绣鞋、凤头鞋，而于鞋之后跟铲木圆小垫高，名曰‘高底’，令足尖自高而下，着地愈显弓小，遂不用有底之袜，易以无底直之桶，名曰‘褶衣’，亦曰‘凌波小袜’，以罩其上。盖妇人多以布缠足，而上口未免参差不齐，故须以褶衣覆之。”

【鞋帮】xiébāng 省称“帮”。帮本作“鞤”“鞝”。鞋的除鞋底以外的部分，有时也单指鞋的左右两侧面。宋蒋捷《柳梢青·游女》词：“柳雨花风，翠松裙褶，红腻鞋帮。”元孔齐《至正直记》卷二：“卑婢已藉几卷褙鞋帮。”清顾张思《土风录》卷三：“鞋面曰鞋帮。”《红楼梦》第三十二回：“才说了会子闲话儿，又瞧了会子我前日粘的鞋帮子，明日还求他做去呢。”清张韬《戴院长神行蓟州道》：“头直上茜红花压帽檐低，脚底下鸭青云镇鞋帮细。”褚人获《坚瓠补集·鞋杯词》：“切不可指甲儿掐坏了云头，口角儿漏湿了鞋帮。”

【鞋带】xiédài 穿鞋时用来把鞋系紧的带子。宋周密《武林旧事·小经纪》：“帽儿、鞋带、修皮鞋。”

【鞋袜】xiéwà 鞋子与袜子。亦偏指鞋子。宋周密《癸辛杂识后集·大父廉俭》：“大父少傅素廉俭……待子弟仆甚严，虽甚暑，未始去背子鞋袜。”《金瓶梅》第七十一回：“忽听得窗外有妇人语声甚低，即披衣下床，靸着鞋袜悄悄启户视之。”《红楼梦》第二十七回：“衣裳是衣裳，鞋袜是鞋袜，丫头老婆一屋子，怎么抱怨这些话？”

【鞋楦】xiéxuàn 把已完工的鞋套在上面用以整理和整饰鞋帮形状的一种脚型模子。多用硬木做成。宋苏轼《艾子杂说·木履》：“有人献木履于齐宣王者，无刻斫之迹。王曰：‘其美如此，岂非生成？’艾子曰：‘鞋楦乃其核也。’”周密《武林旧事·小经纪》：“鞋楦、桶钵、搭罗儿。”

【缬帽】xiémào 宋代仪卫所戴的用缬帛做成的帽子。《宋史·仪卫志一》：“黄麾半仗者，大庆殿正旦受朝、两宫上册宝之所设也……五色小氅三百人……皆缬帽,五色宝相花衫、勒帛……乌戟二百一十人,缬帽、绯宝相花衫、勒帛。"

【**星朝上巾**】xīngcháoshàngjīn 也称"笼绡"。道士所戴的一种道冠。宋陶谷《清异录》卷下:"道士所顶者橐籥冠,或戴星朝上巾,曰笼绡。"

【**猩袍**】xīngpáo 猩红色官袍。宋刘过《沁园春·御阅还上郭殿帅》词:"玉带猩袍,遥望翠华,马去似龙。"《红楼梦》第一回:"俄而大轿内抬着一个乌帽猩袍的官府来了。"

【**行笠**】xínglì 出行戴的笠帽。宋梅尧臣《送白秀才福州省亲》诗:"悠悠几千里,赤日薄行笠。"陆游《哭杜府君》诗:"晚乃过仲高,午日晒行笠。"

【**行头**】xíngtóu ❶泛指衣服、行装。宋文天祥《苏州洋》诗:"便如伍子当年苦,只少行头宝剑装。"元张可久《普天乐·收心》曲:"旧行头,家常扮,鸳鸯被冷,燕子楼拴,偷将心事传。"《醒世恒言·佛印师四调琴娘》:"先去借办行头,装扮的停停当当,跟着东坡学士入相国寺来。"《官场现形记》第五十六回:"既然出洋,少不得添置行头,筹寄家用。"❷行头在戏曲中有两种解释:狭义单指戏衣,齐如山《中国剧之组织》:"中国戏角色所穿之衣服,名曰行头。"广义不单指戏衣,而且包括盔头、把子、杂物。清李斗《扬州画舫录》:"戏具谓之行头,行头分衣、盔、杂、把四箱。"行头一词,金、元时代已有。宋无名氏《错立身》戏文第十二出:"延寿马,我招你自招你,只怕你提不得杜鼓行头。"《红楼梦》二十三回:"因贾蔷又管着文官等十二个女戏子并行头等事,不行空闲,因此又将贾菖、贾菱唤来监工。"

【**胸背**】xiōngbèi ❶织绣在衣服胸背上的图纹。《金史·仪卫志下》:"皇妹皇女一十人,并服紫罗绣胸背葵花夹袄。"❷也称"背胸"。官服上标志品级的徽志,因多绣织在胸前背后,故名。《明史·舆服志三》:"弘治十三年定,郡主仪宾锻花金带,胸背狮子。县主仪宾钑花金带,郡君仪宾光素金带,胸背俱虎豹。县君仪宾钑花银带,乡君仪宾光素银带,胸背俱彪。"清褚华《木棉谱》:"旧传黄道婆能为被褥带帨上作折枝、团凤、棋局花文,邑人化而为象眼,为绫文,为云朵,为膝襕胸背。"刘廷玑《在园杂志》卷一:"背胸,或即补子也。"

xiu—xun

【**修帽**】xiūmào 宋代士庶出行时的一种护尘之服。宋张端义《贵耳集》卷上:"自渡江以前无今之轿,只是乘马,所以有修帽护尘之服。"

【**羞帽**】xiūmào 宋代科举中状元、榜眼、探花所戴的一种帽子。宋吴自牧《梦粱录》卷三:"帅漕与殿步司,排办鞍马仪仗,迎引文武三魁,各乘马戴羞帽到院安泊款待。"《西湖老人繁胜录》:"第一名状元,第二名榜眼,第三名探花郎。每有个各有黄旗百面相从,戴羞帽,执丝鞭,骑马游行。武状元亦如此。"

【**袖笼**】xiùlóng 原指射箭时用锦帛所制的护袖。后泛指袖套。宋王山《答盈盈长歌》:"淡黄衫袖仙衣轻,红玉栏干妆粉浅。洛阳无限青楼女,袖笼红牙金凤缕。"赵令畤《鹧鸪天·蓝良辅知阁舟中晚坐会上作》词:"麝发雕炉小袖笼。天教我辈此时同。"《西湖二集》卷一六:"十指袖笼春笋锐,双莲簌地印轻沙。"

【袖套】xiùtào 敛缩衣袖的臂衣。从臂褠演变而来。用布帛或皮制成，一端齐肘，一端及腕，套于手臂以便劳作。元王祯《农书·农器图谱七》："犹北俗芟刈草木，以皮为袖套。"清厉荃《事物异名录》卷一六："《后汉（书）·马皇后纪》：'苍头衣绿褠。'注：'褠，臂衣。'今之臂褠，以缚左右手，于事便也。按此如今所谓窄袖是也。"自注："袖套。"

【绣鸾衫】xiùluánshān 宋代宫廷舞者之服。以黑色纱罗为之，对襟宽袖，衣身绣有鸾鸟图纹。《文献通考·乐志十三》："二舞郎，并紫平冕，皂绣鸾衫，金铜革带，乌皮履。"

【绣罗弓】xiùluógōng 以罗绮为面料的彩绣弓鞋。多用于缠足妇女。宋周密《绝妙好词·续钞》辑翁元龙《江城子》词："玉靥翠钿无半点，空湿透，绣罗弓。"

【絮帽】xùmào 夹层填有棉絮的一种暖帽，用以保暖。宋周密《癸辛杂识·前集》："管宁白帽之说尚矣，虽杜诗亦云白帽，应须似管宁。然《幼安本传》上云常著皂帽，又云著絮帽、布衣而已。"庞元英《文昌杂录》卷二："兵部杜员外……至岷州界黑松林，寒甚，换绵衣毛褐絮帽乃可过。"

【旋袄】xuán'ǎo 一种短袄。其制长不过腰，两袖仅掩肘，以最厚之帛为之，仍用夹里；或其中用绵者，以紫帛缘之，名曰"貉袖"。据说起于御马苑围人。为了方便，衣取短襟窄袖。其名始见于宋。一般多用作便服，男女均可着之。在元明时使用于骑士，明时称之为"对襟衣"，是清代马褂的前身。宋曾三异《因话录》："近岁衣制有一种如旋袄，长不过腰，两袖仅掩肘，以最厚之帛为之，仍用夹

里，或其中用绵者。"

【旋裙】xuánqún 宋代流行的一种前后开衩的裙。裙上折裥相叠。妇女外出着此，便于乘骑。流行于宋。此裙最初行之于汴京妓女，后士大夫家眷亦争相仿效，遂蔚然成风。宋江休复《江邻几杂志》："妇人不服宽袴与襜，制旋裙，必前后开胯，以便乘驴。其风闻于都下妓女，而士夫之家反慕效之。"《文献通考·四裔二》："旋裙重叠，以多为胜。"

【靴简】xuējiǎn 靴与笏。在朝觐或其他正式场合用。宋沈括《梦溪笔谈·故事一》："衣冠故事多无著令，但相承为例。如学士舍人蹋履，见丞相往还用平状，扣阶乘马之类，皆用故事也。近岁多用靴简。"孟元老《东京梦华录·驾登宝津楼诸军呈百戏》："又爆仗一声，有假面长髯展裹绿袍靴简如锺馗像者，傍一人以小锣相招和舞步，谓之舞判。"吴自牧《梦粱录·士人赴殿试唱名》："请入状元侍班处，更换所赐绿襕靴简。"

【靴脚】xuējiǎo 指靴子。元高安道《哨遍·皮匠说谎》套曲："偶题起老成靴脚，人人道好，个个称奇。若要做四缝磕瓜头，除是南街小王皮。"

【靴袍】xuēpáo 宋时天子祭祀礼服的一种。由折上巾、绛罗袍、通犀金玉带及黑革靴等组成。专用于郊祀、明堂、诣宫、宿庙等场合。宋叶梦得《石林燕语》卷七："故事：南郊，车驾服通天冠、绛纱袍；赴青城祀日，服靴袍。"《宋史·礼志十七》："皇帝服靴袍出宫，殿下鸣鞭。"又《宋史·舆服志三》："袍以绛罗为之，折上巾，通犀金玉带。系履，则曰履袍；服靴，则曰靴袍。履、靴皆用黑革。"

【靴靿】xuēyào 靴子脚踝以上的筒状部

分。元武汉臣《老生儿》第二折："靴勒里有两绽钞,你自家取了去。"《西游记》第三十四回："腰间带是蟒龙筋,粉皮靴勒梅花折。"《花月痕》第七回："采秋便延入内室客座,闲话一回。紫沧便从靴勒里取出一本书道。"

【**靴子**】xuēzi 帮子略呈筒状,高到踝子骨以上长可至膝的皮鞋。元高安道《哨遍·皮匠说谎》套曲："新靴子投至能够完备,旧兀剌先磨了半截底。"《儒林外史》第二十四回："像这衣服、靴子,不是我们行事的人可以穿得的。"《二十年目睹之怪现状》第十六回："只听见一声炮响,吓得马上就逃走了,一只脚穿着靴子,一只脚还没有穿袜子呢。"

【**学士帽**】xuéshìmào 元代宫廷仪卫执事者所戴的幞头,制如唐巾。元孔齐《至正直记》："今之学士帽遗制类僧家师德帽,不知唐人之制如此否? 愚意自立一样,比今之国帽差增大,顶用稍平,檐用直而渐垂一二分。里用竹丝,外用皂罗或纱,不必如旧制。顶用小方笠样,用紫罗带作项攀,不必用笠珠顶,却须用玉石之类。夏月林下则以染黑草为之,或松江细竹亦好。"《元史·舆服志一》："仪卫服色……学士帽,制如唐巾,两角如匙头下垂。"又《舆服志三》："殿上执事:挈壶郎二人,掌主漏刻。冠学士帽,服紫罗窄袖衫,涂金束带,乌靴。"

【**毪褶**】xuézhě 衣帽上的皱褶、褶裥。元无名氏《苏九淫奔》第四折："白羊毛毡帽儿带来歪,斜搋着蓝练毪褶。"明无名氏《精忠记·争裁》："耆老衣衫用褶细,异样毪褶费工夫。"

【**雪柳**】xuěliǔ 宋代妇女的一种首饰。以绢、纸、金箔等装成花枝,在立春日和元宵节时插在头上以为装饰。多用于节日。宋周密《武林旧事》卷二："元夕节物,妇人皆戴珠翠、闹蛾、玉梅、雪柳。"《宣和遗事·亨集》："京师民有似云浪,尽头上戴着玉梅、雪柳、闹蛾儿,直到鳌山下看灯。"辛弃疾《青玉案·元夕》词："蛾儿雪柳黄金缕,笑语盈盈暗香去。"李清照《永遇乐·元宵》词："中州盛日,闺门多暇,记得偏重三五,铺翠冠儿,捻金雪柳,簇带争济楚。"马庄父《孤鸾》词："玉梅对妆雪柳,闹蛾儿象生娇颤。归去先戴取,倚宝钗双燕。"《古今小说·杨思温燕山逢故人》："家家点起,应无陆地金莲;处处安排,那得玉梅雪柳?"

【**雪履**】xuělǚ 在雪地行走所穿的鞋子。可以防水、保暖。宋宋庠《忧阕还台次韵和道卿学士终丧归集贤旧职见寄二首》其一:"半生多难宦民庐,北阙重来雪履穿。"陆游《庚申十二月二十一日子布书报将至九江作长句》之二:"辛苦山行穿雪履,凄凉旅饭嚼冰蔬。"

【**裪**】xún 衣领。《篇海》:"领端也。或作帕。"《集韵·谆韵》:"帕,领端也,或从衣。"

Y

ya—ye

【压腰】yāyāo ❶妇女挂在腰间的饰物。元乔吉《金钱记》第三折:"稳称身玉压腰,高梳髻玉搔头,则见他背东风佯不瞅。"❷紧身腰带。一种布制的长带,中间有袋,常束在腰间。《水浒传》第六十一回:"(燕青)系一条蜘蛛斑红线压腰,著一双土黄皮油膀夹靴。"

【牙牌】yápái 象牙腰牌。出入宫门的凭证,上刻所佩者官职及标识。始于宋太祖,初仅赐予有功武臣佩带,后文武朝官等亦佩之。宋元以后为官员身份证。最初以象牙制成,故称。后亦有用玉石、木料为之者。一般作长形,两面刻有文字,顶端系有绳带,平时多悬挂于腰间。明代规定,在京官吏以及经常出入宫廷的伶人、宦者、工匠领班等俱得佩戴,上面分别凿刻官职。由朝廷统一发放,若迁离出京,则需缴还。宋欧阳修《早朝感事》诗:"玉勒争门随仗入,牙牌当殿报班齐。"《宋史・毕再遇传》:"郭倪来飨士,出御宝刺史牙牌授再遇。"明沈德符《万历野获编》卷一三:"唐宋士人,腰带之外,又悬鱼袋,为金为银,以别等威。本朝在京朝士,俱佩牙牌,然而大小臣僚皆一色,惟刻官号为别耳,如公、侯、伯则为勋字号;驸马都尉为亲字号;文臣则文字号;武臣则武字号;伶官则乐字号,惟内臣另别为一式。其后工匠等官,虽非朝参官员,以出入内庭,难以稽考,乃制官字号牌与之。"明谢肇淛《五杂俎》卷一二:"今之牙牌,自宰辅至小官,任京师者俱有之,盖以鬃若印绶然。其官职皆镌牌上,拜官则于尚宝司领出,出京及迁转则缴还,盖祖制也。"刘若愚《酌中志》卷一九:"牙牌,内官监题本于内承运库领讨。象牙制造。每升奉御或长随,即给与一面,将原带乌木牌换收。"《明史・舆服志四》:"凡文武朝参官、锦衣卫当驾官,亦领牙牌,以防奸伪。洪武十一年始也。其制,以象牙为之,刻官职于上。不佩则门者却之,私相借者论如律。牙牌字号,公、侯、伯以'勋'字,驸马都尉以'亲'字,文官以'文'字,武官以'武'字,教坊官以'乐'字,入内官以'官'字。"又《职官十一》引《梦余录》:"百官入朝,佩牙牌,镌官职于牌上,拜官则于尚宝领出,出京及迁转则缴还。"

【牙鱼】yáyú 宋代的一种冠饰。宋岳珂《愧郯录》卷六:"近世中都闤阓鬻冠饰者,率为物象螭一角而两足,鸟翼而鸱尾,通国服之,谓之牙鱼。"

【烟蓑】yānsuō 即蓑衣。因穿着者常处烟雨之中,故名。宋陆游《溪上小雨》诗:"扫空紫陌红尘梦,收得烟蓑雨笠身。"元陈泰《渔父》词:"君不见长安康庄九复九,雨笠烟蓑难入手。"费唐臣《贬黄州》第二折:"紫袍金带无心恋,雨笠烟蓑有意穿。"

【眼衣】yǎnyī 也称"眼纱""眼罩"。蒙眼之巾。通常以疏朗的纱绢为之,制为狭条,黑色,系在眼部以障尘埃。多用于出行。宋周辉《清波杂志》卷五:"辉出疆时,以二月旦过淮,虽办绵袭之属,俱置不用,亦尝用纱为眼衣障尘,反致闭闷,亦除去。"《金瓶梅词话》第六回:"西门庆带上眼罩,出门去了,妇人下了帘子,关上门了。"又第十六回:"西门庆一直带着个眼纱,骑马来家。"明王世贞《眼罩》诗:"短短一尺绢,占断长安色,如何眼底人,对面不相识。"《醒世姻缘传》第六十八回:"头上戴着个青屯绢眼罩子,蓝丝纳裹着束香,捆在肩膀上面,男女混杂的沿街上包,甚么模样?"清汪启淑《水曹清暇录》:"正阳门前多卖眼罩,轻纱为之。盖以蔽烈日风沙。胜国旧例,迁客辞阙时,以眼纱蒙面,今则无所忌也。"

【偃巾】yǎnjīn 宋代士人间流行的一种朝后下抑的头巾。参见789页"直巾"。

【艳服】yànfú 华美、艳丽的衣服。宋梅尧臣《依韵和乌程子著作四首其二雪上二首》其一:"靓妆艳服游川上,箫鼓声中俗自欢。"元周伯琦《上京杂诗十首》其八:"后车倾国色,艳服更珠缨。"清余怀《板桥杂记·雅游》:"故假母虽高年,亦盛妆艳服,光彩动人。"

【燕巾】yànjīn 一种男子日常戴用的头巾。宋魏了翁《满江红·即席次韵宋权县彝约客》词:"叹自古,燕巾滥宝,楚山迷璧。"又《满江红·和虞婿惠生日》词:"纵燕巾滥宝,楚山囚玉。小小穷通都未问,忍闻同气相煎急。"元末明初陶宗仪《南村辍耕录·巾帻考》:"按《仪礼》:士冠,庶人巾。则古者士以上有冠无巾,帻

惟庶人戴之……后世上下通用之,谓之燕巾。"明田艺蘅《留青日札》卷二二:"燕巾即帻也。发有巾曰帻。盖覆发者,卑贱执事不冠之服。后世以为燕巾。"

【燕尾衫】yànwěishān 一种背后分叉如燕尾状的衣衫。元刘永之《题扇》诗:"乌丝细写蚕头篆,白纻新裁燕尾衫。"

【羊肠裙】yángchángqún 有细裥的女裙。百裥裙之一种。因裥之宽度细如羊肠,故名。宋叶廷珪《海录碎事·衣服》:"羊肠裙:敦煌俗,妇人作裙挛缩如羊肠,用布一匹。皇甫隆禁改之。"

【羊皮靴】yángpíxuē "皮靴"的一种。以羊皮制成。宋高承《事物纪原》:"(靴)开元中,裴叔通以羊皮乡眩。"

【腰黄】yāohuáng 即"腰下黄"。谓身居显要。宋张元幹《杨柳枝·席上次韵曾颖士》词:"老去一蓑烟雨里,钓沧浪;看君鸣凤向朝阳,且腰黄。"明无名氏《霞笺记·得笺窥认》:"白面书生挂绿,青年才子腰黄。"

【腰裙】yāoqún ❶围在腰际的短裙。男女均可穿着。元关汉卿《诈妮子调风月》第一折:"休教我逐宾价握雨携云,过今

腰裙(明万历年间刻本《跃鲤记》插图)

春，先教我不系腰裙。"又第二折："本待要皂腰裙，刚待要蓝包髻，则这的是折桂攀高落得的。"《西游记》第三十六回："那众和尚，真个齐齐整整，摆班出门迎接。有的披了袈裟，有的著了偏衫；无的穿个一口钟直裰；十分穷的，没有长衣服，就把腰裙接起两条披在身上。" ❷清代妇女所穿的一种长裙。因裙腰束在上衣之外，故名。徐珂《清稗类钞·服饰》："上海之浦南，妇女都系长裙于衣外，谓之腰裙……腰肢紧束，飘然曳地。"

【腰上黄】yāoshànghuáng 也作"邀上黄"。黄色的腰巾，其制繁简不一，以黄色为贵。宋宣和末年甚为流行，男女皆喜系之。后被视为"服妖"。宋岳珂《桯史》卷五："宣和之季，京师士庶，竞以鹅黄为腹围，谓之腰上黄……始自宫掖，未几而通国皆服之。明年，徽宗内禅，称上皇，竟有青城之邀，而金兵南下，卒于不能制也。"元徐大焯《烬余录》："《宫中即事长短句》：'漆冠并用桃色，围腰尚鹅黄。'"

【腰下黄】yāoxiàhuáng 省称"腰黄"。缀有金銙的腰带。宋代制度：四品以上带銙用金；五、六品银銙镀金；七品用银；八、九品用黑银；胥吏、工商、庶人则用铁、角。文人自学士以上，亦可使用金銙之带。因此，系束金带，在宋代被视为一种殊荣。《宋诗纪事》卷八："本朝之制，待制止系犀带，迁龙图阁直学士，始赐金带。燕公为待制，十年不迁，乃作《陈情诗》上时宰曰：'鬓边今日白，腰下几时黄？'时宰怜之，未几迁直学士。"宋陆游《老学庵笔记》卷一："国初士大夫戏作语云：'眼前何日赤，腰下几时黄？'谓朱衣吏及金带也。"明唐寅《夜谈》诗："夜来欹枕细思量，独卧残灯漏转长。深虑鬓毛随世白，不知腰带几时黄？"

【腰线袄】yāoxiàn'ǎo 元代蒙古族人所穿的一种长袄。用彩锦纻丝制成，交领窄袖，下长过膝；又以彩丝捻成细绦，横缀于腰，既用作装饰，又用以束腰。尊卑均可穿着。蒙古族妇女亦可着之。明初仍有其制，但多改用圆领，通常用于小吏。宋彭大雅《黑鞑事略》："其服，右衽而方领，旧以毡毳革，新以纻丝金线，色用红紫绀绿，纹以日月龙凤。无贵贱等差。"徐霆疏证："又用红紫帛捻成线，横在腰，谓之腰线，盖马上腰围紧束突出，采艳好看。"元李直夫《虎头牌》第二折："干皂靴鹿皮绵团也似软，那一领家夹袄子是蓝腰线。"郝经《怀来醉歌》："胡姬蟠头脸如玉，一撒青金腰线绿。"明叶子奇《草木子》卷三："衣服贵者用浑金线为纳失失，或腰线绣通神襕，然上下均可服，等威不甚辨也。"又："北人华靡之服，帽则金其顶，袄则线其腰。"《明史·舆服志三》："宋置快行亲从官，明初谓之刻期，冠方顶巾，衣胸背鹰鹞花腰线袄子。"

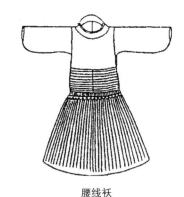

腰线袄

【瑶碧冠】yáobìguān 女性戴的装饰有瑶和碧等美玉珍宝的冠帽。《太平广记》卷四七七:"俄有一仙人,戴瑶碧冠,帔霞衣,捧绛帕籍。"

【袎】yào 袜筒。《广韵·号部》:"袎,袜袎。"《集韵·效韵》:"袎,幼,袜颈。"

【勒袜】yàowà 长筒袜。金董解元《西厢记诸宫调》卷三:"钤口鞋儿样儿整,僧勒袜儿恬净。"凌景埏校注:"僧勒袜儿,和尚常穿的一种长统袜。"元萨都剌《一枝花·妓女蹴鞠》套曲:"素罗衫垂彩袖低笼玉笋,锦勒袜衬乌靴款蹴金莲。"

【椰子冠】yēziguān 也称"椰冠"。用椰子壳做的束发冠帽,多为道教徒和居士所用。宋苏轼《椰子冠》诗:"天教日饮欲全丝,美酒生林不待仪。自漉疏巾邀醉客,更将空壳付冠师。规摹简古人争看,簪导轻安发不知。更著短檐高屋帽,东坡何事不违时。"苏辙《过侄寄椰冠》:"衰发秋来半是丝,幅巾缩撮强为仪。垂空旋取海棕子,蜀中海棕,即岭南椰木,但不结子耳。束发装成老法师。变化密移人不悟,坏成相续我心知。茅檐竹屋南滨上,亦似当年廊庙时。"清杜浚《椰冠道人歌》:"归来一物无所携,独得椰冠太如指。椰冠华首相亲,人见椰冠识道人。"

【野褐】yěhè 粗布衣服。多为平民隐士所戴。亦代指隐士。宋陆游《感事》诗:"衲衣先世曾调鼎,野褐家声本珥貂。"张浚《登道观》诗:"苍髯野褐予甚古,萝月桂风谁为贫。"陈深《赠周山人》诗:"壮头曾不置黄金,野褐纶巾善陆沉。"元陈樵《玉雪亭》诗之五:"回屏纹细裁龟甲,野褐年深补鹤翎。"

yi—yu

【一撒】yīsā 始见于元代,明代成为上层人士常用的服式。长袖,斜襟,前衣襟腰间横断,连下襟如裙而多褶裥(马口裥),两旁有摆。有青、红两色,红者可缀本等补子,多用于内臣,青者多用于外廷官员,但后来士大夫日常交际也穿用。元郝经《怀来醉歌》:"胡姬蟠头脸如玉,一撒青金腰线绿。"明何良俊《四友斋丛说·史二》:"(寇天叙)每日戴小帽穿一撒坐堂,自供应朝廷之外,一毫不妄用。若江彬有所需索,每差人来,寇佯为不见,直至堂上,方起坐立语,呼为钦差。语之曰:'南京百姓穷,仓库又没钱粮,无可措办,府丞所以只穿小衣坐衙。'"

【一色服】yīsèfú 即"质孙"。《元史·舆服志一》:"'质孙',汉言一色服也,内廷大宴则服之。冬夏之服不同,然无定制。凡勋戚大臣近侍,赐则服之。下至于乐工卫士,皆有其服。精粗之制,上下之别,虽不同,总谓之'质孙'云。"

【一字巾】yīzìjīn ❶相传宋韩世忠创制的一种头巾。宋徐梦莘《三朝北盟会编》:"韩世忠既罢兵柄,为枢密使,乃制一字巾,入都堂则裹之,出则以亲兵自卫。"洪迈《夷坚甲志·韩郡王荐士》:"韩郡王既解枢柄,逍遥家居,常顶一字巾,跨骏骡,周游湖山之间。"《三宝太监西洋通俗演义》第二十八回:"只见一位尊神:头戴抢风一字巾,四明鹤氅越精神。"《西游记》第九回:"变作一个白衣秀士……身穿玉色罗襕服,头戴逍遥一字巾。"❷戏曲中丑角、书僮所戴的头巾。苏少卿《平剧手册·行头砌末例释》:"一字巾,一个。黑缎带约三分阔,上有水钻。丑角、书僮等用。"

【衣褒带博】yībāodàibó 宽衣大带。古代儒生的服式。宋叶绍翁《四朝闻见录·庆元党》："相与餐粗食淡,衣褒带博。"

【衣裉】yīkèn 腋下的衣缝。指挂肩或腰身。元杨果《赏花时》套曲："香脸笑生春,旧时衣裉,宽放出二三分。"孔文卿《南吕·一枝花(禄山谋反)》套曲："这近间,敢病番,旧时的衣裉频频儹。"明汤显祖《南柯记·谩遣》："做个带帽儿堵酒瓶,头直下酒淹衣裉。"

【衣棱】yīléng 衣角。宋苏轼《聚星堂雪》诗："未嫌长夜作衣棱,却怕初阳生眼缬。"苏辙《答孔平仲惠蕉布》诗之一:"应知浣濯衣棱败,少助晨趋萃蔡声。"汪炎昶《早雪》诗："起晚寒独力,衣棱刮肉铦。"清王站柱《游灵岩》诗："十里松风闻地籁,半崖花雨湿衣棱。"

【衣纽】yīniǔ 衣扣。元王和卿《蓦山溪·闺情》套曲："衣纽儿尚然不曾扣。"

【衣饰】yīshì 衣服上的各类装饰品。亦作衣服和首饰的统称。宋苏辙《和迟田舍杂诗九首》其二："断成华屋柱,加以缀衣饰。"黄庭坚《题李亮功家周昉画美人琴阮图》："周昉富贵女,衣饰新旧兼。"清采蘅子《虫鸣漫录》卷二："然人已云亡,无如何,乃亲往尽取其衣饰归。"《儿女英雄传》第二十三回："我本说到了京给张姑娘添补些簪环衣饰,只算是给他弄的。"

【衣绦】yītāo 衣带。宋曾敏行《独醒杂志》卷二:"(刘仲偃)即手书片纸付灌持归报其子,以衣绦自缢死。"

【衣紫腰金】yìzǐyāojīn 也作"衣紫腰黄""腰金衣紫""背紫腰金"。衣紫,穿紫袍。腰金,腰间佩戴金印。身穿紫袍,腰佩金印。贵官装束,亦指贵官。宋无名氏《错立身》戏文五出："指望你背紫腰金,怎知

你不成器!"元关汉卿《蝴蝶梦》第二折:"陈母教子,衣紫腰金。"杨朝英《叨叨令·叹世》曲："想他腰金衣紫青云路,笑俺烧丹炼药修行处。"柯丹丘《荆钗记·团圆》："怎知今日夫妻母子,子母团圆,再得重相好,腰金衣紫还乡,大家齐欢笑。"明无名氏《精忠记·说偈》："感吾皇,博得个衣紫腰金,朝野为卿相,方显男儿当自强。"谢谠《四喜记·帝阙辞荣》："谁不愿衣紫腰黄,还须虑同袍中伤。"

【仪天冠】yítiānguān 宋代皇太后谒庙时所戴的礼冠。《宋史·后妃传上》："明道元年冬至……太后亦谒太庙,乘玉辂,服袆衣、九龙花钗冠,斋于庙。质明,服衮衣,十章,减宗彝、藻,去剑,冠仪天,前后垂珠翠十旒。"《文献通考·帝系三》："皇太后服仪天冠,衮衣以出。"

【夷冠】yíguān 泛指异域少数民族的冠帽。古称东方部族为"夷"。宋代用于宫廷乐舞者。《宋史·乐志十七》："八日异域朝天队,衣锦袄,系银束带,冠夷冠,执宝盘。"

【义襕】yìlán 宋代教坊艺人所着的一种围腰。所用颜色有所规定,一般制为两片,左右各一,使用时围于袍衫之外,别以腰带系束。亦泛指饰有义襕的服装。金代用于仪卫。宋孟元老《东京梦华录》卷九:"(宰执亲王宗室百官入内上寿):教坊乐部,列于山楼下彩棚中,皆裹长脚幞头,随逐部服紫绯绿三色宽衫,黄义襕,镀金凹面腰带……两旁对列杖鼓二百面,皆长脚幞头,紫绣抹额,背系紫宽衫,黄窄袖,结带,黄义襕。诸杂剧色皆浑裹,各服本色紫绯宽衫义襕镀金带。"灌圃耐得翁《都城纪胜·瓦舍众伎》:"其

诸部分紫、绯、绿三等宽衫，两下各垂黄义襕。”蔡绦《铁围山丛谈》卷一：“御侍顶龙儿特髻衣襜，小殿直皂软巾裹头，紫义襕窄衫，金束带。”金代则用作仪卫之服。《金史·仪卫志》：“捧拢官五十人，首领紫罗袄，素幞头……余人紫罗四褛绣芙蓉袄、两边黄绢义襕，并用金镀银束带，幞头同。”

【义领】 yìlǐng 假领。帖领、褾领之属。因不连属于衣，故名。宋洪迈《容斋随笔》卷八：“自外人而非正者曰‘义’，义父、义儿、义兄弟、义服是也……衣裳器物亦然：在首曰‘义髻’，在衣曰‘义襕’、‘义领’。”

【鹳鸸巾】 yìérjīn 宋代刘敞自创的一种形似飞燕的头巾。鹳鸸，燕子。宋刘敞《鹳鸸巾》诗：“远思意而子，因作鹳鸸巾。”注：“余率意作之，以便当暑，其形制如燕也。”

【吟袖】 yínxiù 诗人文士的衣袖。宋方回《喜刘元煇再至用前韵二首》其二：“吟袖与风飘，囊无锦可挑。”陈造《山居》诗：“推门吟袖冷，满带野风归。”元叶颙《游三洞金盆诸峰绝句》之二：“往来两山间，岩霏湿吟袖。”

【银胜】 yínshèng 一种银制的胜。妇女于节日期间用作头饰。宋陆游《残腊》诗之二：“乳糜但喜分香钵，银胜那思映彩鞭。”周密《武林旧事》：“是日（立春）赐百官春幡胜，宰执亲王以金，余以金裹银及罗帛为之，系文思院造进，各垂于幞头之左入谢。”孟元老《东京梦华录·娶妇》：“装以大花八朵，罗绢生色或银胜八枚。”《宋史·礼志十八》：“（诸王纳妃）定礼，羊、酒、彩各加十……果盘、花粉、花幂、眠羊卧鹿花饼、银胜、小色金银钱等物。纳财，用金器百两、彩千匹、钱五十万、锦绮、绫、罗、绢各三百匹……花粉、花幂、果盘、银胜、罗胜等物。”

【银鼠裘】 yínshǔqiú 用银鼠皮制成的裘服。多用于显贵。《元史·帖木儿不花传》：“广东诸郡及海岛尽平，领诸降臣及将校之有功者，入见于大安阁，命太府监视其身，制银鼠裘成，新赐予之，授中书左丞，行省江西，其余爵赏有差。”

【硬裹】 yìngguǒ 幞头之一种。始于唐，流行于宋、金、元。因以木做成头型，将幞头包裹于上，使用时套在头上，无需临时系裹，与五代前以丝织品为帛巾及四脚的“软裹”有异，故名。宋高承《事物纪原》卷三：“按穆宗朝，帝好击鞠，而宣唤不以时，诸司供奉人急于应召，始为硬裹装于木围之上，以待仓卒。”赵彦卫《云麓漫钞》卷三：“唐末丧乱，自乾符以后，宫娥宦官皆用木围头，以纸绢为衬，脚用铜铁为骨，就其上制成而戴之，取其缓急之便，不暇如平时对镜系裹也。僖宗爱之，遂制成而进御。”

硬裹（明王圻《三才图会》）

【硬帽】 yìngmào 辽代皇帝小祀时所戴的一种硬胎帽。《辽史·仪卫志二》：“小祀，皇帝硬帽，红克丝龟文袍。”

【拥项】 yōngxiàng 即围巾。元白朴《梧

桐雨》第三折:"谁收了锦缠联窄面吴绫袜?空感叹这泪斑斓拥项鲛绡帕。"《明史·舆服志三》:"文舞,曰《抚安四夷之舞》。舞士……大红罗生色云肩,绿生色缘,蓝青罗销金汗袴,红销金缘系腰合钵,十字泥金数珠,五色销金罗香囊,红绢拥项,红结子,赤皮靴。"

【油绢衣】yóujuànyī 用桐油涂绢绸制而成的雨衣。《西湖老人繁胜录》:"遇雪,公子王孙赏雪,多乘马披毡笠,人从油绢衣。"

【油靴】yóuxuē 也称"油膀靴"。涂有桐油以防雨雪的靴子。作用与后世套鞋相类。有鞢者为靴,无鞢者为鞋。以木为底,下施铁钉;靴面多用细绢,外涂桐油或蜡,践泥水中,不畏潮湿。隋代已有,宋元以后较为常见。宋灌圃耐得翁《都城纪胜·诸行》:"都下市肆,名家驰誉者,如中瓦前皂儿水,杂卖场前甘豆汤……彭家油靴。"明刘若愚《酌中志》卷一九:"靴,皂皮为之,似外廷之制……凡当差内使小火者,不敢概穿,只穿单脸青布鞋、青布袜而已。或雨雪之日,油靴则不禁也。"《水浒传》第二十四回:"(武松)脱了油靴,换了一双袜子,穿了暖鞋……

油靴
(明崇祯年间刻本《金瓶梅词话》插图)

武松只不则声。寻思了半晌,再脱了丝鞋,依旧穿上油膀靴,著了上盖,带上毡笠儿,一头系缠袋,一面出门。"清黄六鸿《福惠全书·刑名·人命总论》:"该胥乃出验牌,搭盖厂棚,扫除场地,仵作油靴雨伞,官棚朱盒笔砚,沉降诸香,与夫刑书皂快,总甲地方,杂派苟需,难更仆数。"清俞正燮《癸巳类稿·俄罗斯事辑》:"(俄罗斯人)面白微赪,高准采鬓髯,红毡帽油靴。帐居者布列黑龙江西岸地。"

【游山屐】yóushānjī 即谢公屐。南朝宋诗人谢灵运喜游山陟岭,特制游山屐,上山可去其前齿,下山则去其后齿。宋刘克庄《水龙吟》词:"挟书种树,举障尘扇,着游山屐。"明夏原吉《昆山》诗:"何时重着游山屐,来访当年种玉仙。"清李调元《再游嘉定凌云寺》诗:"老来久弃游山屐,又上凌云陟九巅。"

【黝衣】yǒuyī 祭祀穿的一种赤黑色礼服。《宋史·礼志七》:"南郊合祀天地,服衮冕,垂白珠十有二,黝衣纁裳十二章。"

【鱼枕冠】yúzhěnguān 也作"鱼魫冠"。用鱼枕骨装饰的冠。宋苏轼《鱼枕冠颂》:"莹净鱼枕冠,细观初何物。"《醒世恒言·吕洞宾飞剑斩黄龙》:"铺中立着个女娘,鱼魫冠儿,道装打扮,眉间青气现。"

【瑜珥】yúěr 玉珥;女子耳上的珠玉耳饰。宋方回《记三月十日西湖之游吕留卿主人孟君复方万里为客》:"居然红裙湿芳草,亦有瑜珥落宿莽。"元黄澄《绮罗香·斗草》:"夺取筹多,赢得玉珰瑜珥。"明袁华《李嵩四迷图》:"锦裾绣袂金条脱,瑶环瑜珥珠玲珑。"清王韬《淞滨琐话·卢双月》:"安得皇天见怜,俾吾掌上珠易瑜珥为冠带。"冯志沂《雁门童子行》:"童子十四名福基,瑶环瑜珥玉雪姿。"

【羽翎】yǔlíng 元代固姑冠上禽鸟尾羽制成的冠饰。通常以数枝集为一束,安插在冠顶;亦有插戴单枝者。元杨允孚《滦京杂咏》:"香车七宝固姑袍,旋摘修翎付女曹。"注:"凡车中载固姑,其上羽毛又尺许,拔付女持(侍),手持对坐车中,虽后妃驼象亦然。"

【雨巾风帽】yǔjīnfēngmào 遮蔽风雨的头巾和帽子。常借指浪游之客。宋朱敦儒《感皇恩·游□□园感旧》词:"主人好事,坐客雨巾风帽。"范成大《正月十四日雨中与正夫朋元小集夜归》诗:"灯市凄清灯火稀,雨巾风帽笑归迟。"陈三聘《梦玉人引》词:"雨巾风帽,昔追游、谁念旧踪迹。"林外《洞仙歌》:"雨巾风帽。四海谁知我。一剑横空几番过。"

【雨靴】yǔxuē 雨鞋,用布做帮,用桐油油过,鞋底钉上大帽子钉。防水不畏潮湿。《元史·外夷传》:"捕房甚众,军中以一帽或一雨靴一毡衣易一生口。"

【玉胞肚】yùbāodù 也作"玉抱肚"。玉带。《群音类选·〈北新水令·曲牌名〉套曲》:"呀,似这双红绣鞋跌绽呵,越加上玉胞肚,闷恹恹。"宋陆游《老学庵笔记》卷七:"王荆公所赐玉带,阔十四挝(一作折),号玉抱肚,真庙朝赵德明所贡。"元张宪《二月八日游皇城西华门外观嘉孚弟走马歌》:"潜蛟双绾玉抱肚,朱鬣生光散红雾。"

【玉钿】yùdiàn 玉制的花朵形的首饰。宋万俟咏《尉迟杯慢》词:"见说徐妃,当年嫁了,信任玉钿零落。"周密《武林旧

事·元夕》:"李賀房诗云:'……香尘掠粉翻罗带,密炬笼绡斗玉钿。'"清金农《老子祠李花》诗:"玉钿雾縠休轻比,恐污玄元七叶孙。"

【玉玲珑】yùlínglóng 玉佩饰。宋李新《飞练歌呈宋豳州宏文》:"朝元环佩玉玲珑,天风吹落人间耳。"元王实甫《丽春堂》第一折:"衲袄子绣挽绒,兔鹘碾玉玲珑。"明唐文凤《进贺千秋节诗甲申十二月十六日》:"玺文金灿烂,佩响玉玲珑。"清吴受竹《胡明宫词》其六:"料得君王眠毳帐,系腰犹忆玉玲珑。"程先贞《火莲行》:"体如玉玲珑,较比金铁刚。"

【玉龙簪】yùlóngzān 装饰有龙纹或龙形的玉制发簪。宋李廌《济南先生师友谈记》:"今年上元,吕丞相夫人,禁中侍宴……御宴惟五人,上居中,宝慈在东,长乐在西,皆南向,太妃暨中宫皆西向,宝慈暨长乐皆白角团冠,前后惟白玉龙簪而已,衣黄背子,衣无华彩,太妃暨中宫皆镂金云月冠,前后亦白玉龙簪,而饰以北珠,珠甚大,衣红背子,皆用珠为饰,中宫虽预坐,而妇礼甚谨。"

【玉梅】yùméi 也称"雪梅"。宋代妇女的一种首饰。以白绢或白纸为之,状如梅花,插在头上以为装饰。多用于上元节等节日。宋孟元老《东京梦华录》卷六:"(十六日)市人卖玉梅、夜蛾、蜂儿、雪柳、菩提叶、科头圆子。"周密《武林旧事》卷二:"元夕节物,妇人皆戴珠翠、闹蛾、玉梅、雪柳。"蔡士裕《金缕曲·罗帛剪梅缀枯枝,与真无异作》词:"怪得梅开早,被何人,香罗剪就,天工奇巧。"金盈之《醉翁谈录》卷三:"(正月)妇人又为灯毬、灯笼,大如枣粟,加珠翠之饰,合城妇女竞戴之。又插雪梅,凡雪梅皆缯楮为

之。"晁冲之《传言玉女·上元》词:"娇波溜人,手捻玉玉梅低说。相逢长是,上元时节。"马庄父《孤鸾·沙堤香软》词:"玉梅对妆雪柳,闹娥儿、象生娇颤。归去争先戴取,倚宝钗双燕。"

【玉纳】yùnà 也称"玉束纳"。一种缀系帕子的玉饰。元关汉卿《谢天香》第三折:"你将我那玉束纳藤箱子便不放空回。"元乔吉《金钱记》第一折:"[贺知章]云:'敢是罗帕藤箱玉纳子。'[正末唱]:'也不是那罗帕藤箱玉纳。'"

【玉吐鹘】yùtǔhú 也作"玉兔鹘""玉兔胡"。辽金元时代的一种玉饰的腰带,玉带。《辽史·萧乐音奴传》:"监障海东青鹘,获白花者十三,赐榾拙犀并玉吐鹘。"元李直夫《便宜行事虎头牌》第二折:"我系的那一条玉兔鹘是金厢(镶)面。"关汉卿《调风月》第四折:"官人石碾连珠,满腰背无瑕玉兔胡。夫人每是依时按序,细挽绞全套绣衣服。"《五侯宴》第三折:"那官人系着条玉兔鹘连珠儿石碾,戴着顶白毡笠前檐儿慢卷。"

【玉兔冠】yùtùguān 宋代队舞时玉兔浑脱队舞乐之人所戴的冠帽,以玉兔为饰,故名。《宋史·乐志十七》:"队舞之制,其名各十……七曰玉兔浑脱队,四色绣罗襦,系银带,冠玉兔冠。"

【玉香独见鞋】yùxiāngdújiànxié 一种睡鞋。外饰玉花,内散以龙脑诸香屑。《说郛》卷三一:"徐月英卧履,皆以薄玉花为饰,内散以龙脑诸香屑,谓之玉香独见鞋。"

【玉项牌】yùxiàngpái 挂在脖下的玉牌。元刘庭信《端正好·金钱问卜》套曲:"穿一套藕丝衣云锦仙裳,带一付珠络索玉项牌。"睢玄明《耍孩儿·咏西湖》曲:"见些踏青薄媚娘,穿着轻罗锦绣衣,翠冠梳玉项牌金霞珮。"明贾仲名《金安寿》第四折:"佩云肩,玉项牌,凤头鞋。"

【玉逍遥】yùxiāoyáo 老年妇女髻巾上的玉饰。以黑色纱罗笼头髻,上饰玉钿花饰。流行于辽金时期。《金史·舆服志下》:"妇人服襜裙,多以黑紫,上遍绣全枝花……年老者以皂纱笼髻如巾状,散缀玉钿于上,谓之玉逍遥。此皆辽服也,金亦袭之。"

玉逍遥

【玉云】yùyún 梳篦。元龙辅《女红余志》卷上:"吴主亮夫人洛珍有栉,名玉云。"

【郁金裳】yùjīncháng 黄色裙。宋杨万里《梦种菜》诗:"菜子已抽蝴蝶翅,菊花犹著郁金裳。"

【御仙花带】yùxiānhuādài 省称"御仙带"。也作"遇仙花带""遇仙花""横金"。宋、金官吏束腰之带。以皮革为鞓,鞓上钉缀金銙。因銙上雕凿御仙花纹,故名。又因花纹之状与荔枝相近,亦被讹称"荔枝带"(御仙花与荔枝本为二物,后被混淆为一,故有学者力辩其非)。宋代多用于学士、文吏,免官者亦可系之。金代规定为二品官腰带。宋欧阳修《归田录》卷二:"方团毬路以赐两府,御仙花以赐学士以上。"又:"今俗谓毬路为笏头,御仙

宋辽金元时期的服饰

花为荔枝，皆失其本号也。”宋敏求《春明退朝录》卷中：“太宗制笏头带，以赐辅臣，其罢免尚亦服之。至祥符中，赵文定罢参知政事，为兵部侍郎，后数载除景灵宫副使，真宗命廷赐御仙花带与绣鞯，遂服御仙带，自后二府罢者、学士与散官通服此带。”吴曾《能改斋漫录》卷一三：“元丰官制……又著令，侍郎直学士以上，服御仙花金带，人或误指为荔枝。近年赐带者多，匠者务为新巧，遂以御仙花枝叶稍繁，改钑荔枝，而叶极省，非故事，然莫有以为非者。”叶梦得《石林燕语》卷三：“近岁前执政官到阙，止系遇仙花带，从官非见带，学士亦不敢系，待制自如本品无职，则随本官在庶官班中，皆系皂带。”徐度《却扫编》卷上：“旧制，执政以上，始服毬文带，佩鱼；侍从之臣，止服遇仙带，世谓之横金。元丰官制，始诏六曹尚书、翰林学士，并服遇仙带，佩鱼。”宇文懋昭《大金国志》卷三四：“二品谓自金紫光禄大夫至荣禄大夫，服紫罗袍，象简，御仙金带，佩金鱼。”

yuan—yun

【鸳鸯扣】yuanyangkou 金属纽扣。因由雄的“扣”和雌的“纽”两部分合成，故名。鸳鸯，意谓雌雄成对。元杨显之《临江驿潇湘秋夜雨》第一折：“单只是白凉衫稳缀着鸳鸯扣，上下无半点儿不风流。”

【圆顶幞头】yuándǐngfútóu 宋元时仪卫、皂隶所戴的一种幞头。以黑色漆纱制成，硬胎，圆顶，无脚，额颜正中剖开，形成缺口。宋孟元老《东京梦华录·驾行仪卫》：“跨马之士，或小帽锦绣抹额者，或黑漆圆顶幞头者。”又《驾宿太庙奉神主出室》：“挟辂卫士，皆裹黑漆圆顶无脚幞头。”吴自牧《梦粱录·驾诣景灵宫仪仗》：“介胄跨马之士，或小帽锦绣抹额者，或顶黑漆圆顶幞头者。”

【圆顶巾】yuándǐngjīn 圆顶软帽。宋时已有，明代为皂隶公人所戴。颁定于明洪武三年，翌年即为平顶巾所取代。宋赵彦卫《云麓漫钞》卷四：“巾之制有圆顶、方顶、砖顶、琴顶。”《明史·舆服志三》：“皂隶公人冠服。洪武三年定，皂隶，圆顶巾，皂衣。”

【圆帽】yuánmào ❶元代男子所戴的圆顶大檐帽，相传为元世祖的皇后所创。明黄一正《事物绀珠》：“圆帽，元世祖出猎，恶日射目，以树叶置胡帽前，其后雍古剌氏乃以毡片置前后，今爹檐帽。”王三聘《古今事物考》卷六：“(圆帽)是即今毡帽之类。始于元世祖出猎。恶日射其目，乃以树叶置于胡帽之前，其后雍古剌氏乃以毡一片置于前。因不圆，复置于后，故今有圆帽大檐，是也。”❷也称“太平帽”。明清男子所戴便帽。明刘若愚《酌中志》卷一九：“先帝恒尚九华巾圆帽，皇城内内臣除官帽平巾之外，即戴圆帽。”❸即遮阳帽。明代生员、监生所戴之礼帽。明刘若愚《酌中志》卷一九：“凡选中驸马冠靴……插柳跑马勇士之圆帽。”

【圆袂】yuánmèi 深衣的袖式。腋部略窄，袖身中部逐渐放宽，至袂部逐渐收杀，形成圆弧。《宋史·舆服志五》：“圆袂方领，曲裾黑缘，大带、缁冠、幅巾、黑履，士大夫家冠昏、祭祀、宴居、交际服之。”《朱子家礼·深衣制度》：“圆袂，用布二幅各中屈之，如衣之长，属于衣之左右而缝合其下以为袂，其本之广如衣之长而渐圆杀之,以至袂口,则其径一尺二寸。"

【缘领】yuánlǐng 指称用在衣领上的珠翠饰物。宋周密《武林旧事·乾淳奉亲》:"太后又赐七宝花十枝、珠翠芙蓉缘领一副。"

【乐工袄】yuègōng'ǎo 元代仪卫所着之服。以绯色织锦为之,腰间缀以辫线细裥,两袖紧窄。《元史·舆服志一》:"乐工袄,制以绯锦,明珠琵琶窄袖,辫线细褶。"

【云兜】yúndōu 绣有云纹的兜肚儿。金末元初元好问《乐府乌衣怨(旧名点绛唇)》词:"香冷云兜,后期红线知何许。"元吴景奎《拟李长吉十二月乐辞·八月》:"云兜鹔鹴返故国,瑶阶络纬鸣寒莎。"明梁辰鱼《榴花泣·九日雨花台别陈文姝》套曲:"笑书生何事归偏骤,冷淡了馥馥香衾,遗落了小小云兜。"

【云肩】yúnjiān 一种披肩。以绸缎为之,上施彩绣,四周饰以绣边,或缀以彩穗。因其外形呈云朵状,故名。金代开始流行,初时为贵妇人披用,但金制不许云肩上绣日、月、龙纹。元代,盛行四垂云肩。明代,云肩制作更精巧,或在其上绣花鸟并缀以金、银、珠宝,或加上镜铃,走动起来,发出声响,舞女歌舞时喜欢服用它。也有裁成"四合如意"样,剪彩作莲花形,结线为缨络,周垂排须。变成妇女的礼服装饰,普通妇女亦多着。清末低髻流行,云肩的使用更为普遍,主要用以衬垫发髻,以免发腻沾染衣领。云肩的边缘结上缨络,从下边两侧垂下用作装饰,更显华丽。后演变成一种戏曲服装,多用于旦角。有小领云肩、大领云肩、串珠云肩、光片云肩数种。绣花云肩

下周有缀丝穗和自由穗的装饰。皇后用黄色穗,其余用红色或五色穗。皇妃、公主、富家千金只披带串珠云肩。宫女、仙女、丫环等披带绣花云肩。《大金集礼·舆服志》:"又禁私家用纯黄帐幕陈设……若曾经宣赐銮舆、服御、车舆、日月云肩……皆须更改。"《元史·舆服志一》:"云肩,制如四垂云,青缘,黄罗五色,嵌金为之。"明贾仲名《金安寿》第四折:"佩云肩玉项牌,凤头鞋,羞花闭月天然态。"清叶梦珠《阅世编》卷八:"内装领饰,向有三等:大者裁白绫为云样,披及两肩,胸背刺绣花鸟,缀以金珠、宝石、钟铃,令行动有声,曰宫装。次者曰云肩。小者曰阁鬓。其绣文缀装则同。近来宫装,惟礼服用之,居常但用阁鬓而式样亦异,或剪彩为金莲花,结线为缨络样,扣于领而倒覆于肩,任意装之,尤觉轻便。"清李渔《闲情偶寄》卷三:"云肩以护衣领,不使沾油。制之最善者也。但须与衣同色,近观则有,远视若无,斯为得体。即使难于一色,亦须不甚相悬,若衣色极深,而云肩极浅,或衣色极浅,而云肩极深,则定身首判然,虽曰相连,实同异处,此最不相宜之事也。予又谓云肩之色,不惟与衣相同,更须里外合一,如外色是青,则夹里之色亦当用青,外面是蓝,则夹里之色亦当用蓝。何也?此物在肩,不能时时服贴,稍遇风飘,则夹里向外,有如飓吹残叶,风卷败荷,美人之身不能不现零乱萧条之象矣。若使里外一色,则任其整齐颠倒,总是无患,然家常则已,出外见人,必须暗定以线,勿使与服相离,盖动而色纯,总不如不动之为愈也。"徐珂《清稗类钞·服饰》:"云肩,妇女蔽诸肩际以为饰者……明则以

为妇人礼服之饰。本朝汉族新妇婚时，亦有之。尤西堂尝咏之以诗。光绪末，苏沪妇女以髻低及肩，虑油之易损衣也，乃仿为之。"

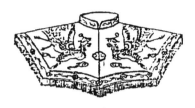

云肩

【云脚纱帽】yúnjiǎoshāmào 金朝宫女所戴的一种纱帽。《金史·舆服志上》："供奉宫人三十人，云脚纱帽、紫衫束带，绿靴。"又《仪卫志下》："妃用偏扇……皆宫人执，服云脚纱帽，紫四襈衫，束带，绿靴。"

【云巾】yúnjīn 也称"燕尾巾"。裹头巾的一种，帽裙下垂，披及肩背，两角尖锐，形似燕尾。宋苏轼《谢人惠云巾方舄》诗："燕尾称呼理未便，剪裁云叶却天然。无心只是青山物，覆顶宜归紫府仙。转觉周家新样俗，未容陶令旧名传。鹿门佳士勤相赠，黑雾玄霜合比肩。"明田艺蘅《留青日札》卷二二："云巾，一名燕尾巾。"王圻《三才图会·衣服》："（云巾）有梁，左右及后，用金线或素线屈曲为云状，制颇类忠靖冠，士人多服之。"

【云山衣】yúnshānyī 指出家人的衣裳。宋苏轼《与王郎昆仲及儿子迈晚入飞英寺》诗之四："撞钟履声集，颠倒云山衣。"

【云头靴】yúntóuxuē 一种饰以云头的靴子。元代用于仪卫。明代则用于舞人。《元史·舆服志三》："天王旗第六，执者一人，巾服同上；护者二人，青白二色绅巾，二色生色宝相花袍，勒帛，花靴，佩剑，加弓矢。后屏五人……云头靴。"又《舆服志一》仪卫服色："云头靴，制以皮，帮嵌云朵，头作云象，翰束于胫。"《明史·舆服志三》："舞师，黄金束发冠，紫丝缨，青罗大袖衫，白绢衬衫，锦领，涂金束带，绿云头皂靴。"

【云烟屐】yúnyānjī 登山屐。宋辛弃疾《满江红·送徐抚幹衡仲之官三山时马叔会侍郎帅闽》词："诗酒社，江山笔。松菊径，云烟屐。怕一觞一咏，风流弦绝。"

【云月冠】yúnyuèguān 宋代太祀及中宫所戴的一种礼冠。宋李廌《济南先生师友谈记》："太祀及中宫皆缕金云月冠，前后亦白玉龙簪，而饰以北珠，珠甚大，衣红背子，皆用珠为饰。"

【耘笠】yúnlì 农夫耕作时戴的斗笠。宋郑侠《烟雨楼》诗："花镰柳策熙怡里，耘笠渔蓑笑语中。"

【晕裙】yùnqún 以晕色织物做成的女裙。裙子的质料通常由两种或两种以上颜色染成，色彩相间。一裥之中，五色俱备，好似皎洁的月亮呈现光晕。唐代妇女多喜着之，唐代以后多用于舞伎乐女。今世舞裙仍有此制。《宋史·乐志十

晕裙（敦煌莫高窟壁画）

781

七》:"女弟子队,凡一百五十三人:一曰菩萨蛮队,衣绯生色窄砌衣,冠卷云冠;二曰感化乐队……六曰采莲队,衣红罗生色绰子,系晕裙,戴云鬟髻,乘踩船,执莲花。"

【缊韠】yùnbì 朝服所用浅赤色蔽膝。泛指官服。宋梅尧臣《和淮阳燕秀才》诗:"乃信读书荣,况即服缊韠。"

【缊枲】yùnxǐ 粗麻布衣。常做贫民服饰。元张翥《古促促辞》:"又如庞公携家隐鹿门,遗安遗危俱不论。贵而衣貂不如贫而缊枲;离而食肉不如聚而饮水。"《明史·汪应蛟传》:"其出处辞受,一轨于义,里居,谢绝尘事,常衣缊枲。"

Z

zan—zhan

【**簪戴**】zāndài ❶宋人称在幞头巾上插花为簪戴。宋代凡各种祭祀、寿诞、圣节等典仪，臣僚及护从都在幞头上簪花，称"簪戴"。花的质料和颜色随品级大小不同。罗花较高级，绢花次之；颜色以红、黄、银红为多。大罗花以赐百官，卿监以上者并赐栾枝。大绢花有红、银红二色，以赐将校以下者。是为朝廷在典礼时表示恩宠的举动，故众人平时并不戴用。《宋史·舆服志五》："簪戴，幞头簪花谓之簪戴。中兴，郊祀、明堂礼毕回銮，臣僚及扈从并簪花，恭谢日亦如之。"❷谓簪发、戴钗或冠。宋陈元靓《岁时广记·插艾花》记载："端五，京都士女簪戴，皆剪缯楮之类以为艾，或以真艾，其上装以蜈蚣、蚰蜒、蛇、蝎、草虫之类，及天师形像，并造石榴、萱草、踯躅假花，或以香药为花。"《元典章·兵部三·站簪戴避役》："杭州路仁和县土豪沉扬善元，系籍定马站户，在后簪戴道冠，求充崇德州道判。"

【**皂褙子**】zàobèizi 省称"皂褙"。黑颜色的褙子。宋代作为男子便服。元明时期妓女作为常服。有别于良家妇女的红青之褙。《宣和遗事·亨集》："（徽宗）……将龙袍卸却，把一领皂褙穿着。"宋周密《癸辛杂识·续集上》："范元章向在魏明已馆中，尝赴省试，梦至大宫殿，手执文书，历阶而上，自顾其身，则挂绿衣，既而有衣皂褙者。"《元典章·礼部》卷二："娼家出入止服皂褙子，不得乘坐车马，余依旧例。"明顾起元《客座赘语》卷六："太祖立富乐院……令作匠穿甲；妓妇戴皂冠，身穿皂褙子，出入不许穿华丽衣服。"《明史·舆服志三》："洪武三年定……乐妓，明角冠，皂褙子，不许与民妻同。"清翟灏《通俗编》卷一二："今背子乃为妓妾辈之常服，良贵唯燕亵服之，乃元明时乐伎所著皂褙遗制。"

【**皂带**】zàodài 黑色腰带。《元史·舆服志二》："亢宿旗，青质，赤火焰脚，画神人，冠五梁冠，素衣，朱袍，皂襕，皂带，黄裳。"明叶盛《水东日记·晦庵论易服色》："而百官俱用紫衫皂带，乃王丞相以亲老为嫌，不肯素服。"

【**皂襕**】zàolán 上下衣相连的黑色服装。《元史·舆服志二》："金星旗，素质，赤火焰脚，画神人，冠五梁冠，素衣，皂襕，朱裳，秉圭。"

【**皂罗**】zàoluó 皂罗是一种色黑质薄的丝织品。代指以黑色罗制的头巾。宋彭乘《续墨客挥犀·视五色损目》："李氏有江南日，中书皆用皂罗糊屏风，所以养目也。"苏轼《李钤辖坐上分题戴花》诗："绿珠吹笛何时见，欲把斜红插皂罗。"《金史·舆服志下》："巾之制，以皂罗若为纱，上结方领，折垂于后。顶之下际两角各缀方罗径二寸许，方罗之下各附带长六七寸。当横额之上，或为一缩襞积。贵显者于方顶。循十字缝饰以珠，其中必贯以大者，谓之顶珠。带榜各络珠结授，长半带，垂之。”

【皂履】zàolǚ 黑色的鞋子。《元史·舆服志二》：“力士旗，白质，赤火焰脚，绘神人，武士冠，绯袍，金甲，汗胯，皂履，执戈盾。”

【皂纱折上巾】zàoshāzhéshàngjīn 以黑纱制成的幞头。宋代皇帝用于视朝。《宋史·舆服志三》：“衫袍。唐因隋制，天子常服赤黄、浅黄袍衫，折上巾……又有赭黄、淡黄褛袍，红衫袍，常朝则服之。又有窄袍，便坐视事则服之。皆皂纱折上巾，通犀金玉环带。”

【皂衫】zàoshān 黑色大袖衫。两宋时期较为多见。为一般低级公职人员和士大夫出入交际场所时所服。成年男子加冠行礼时作为礼服穿着。宋代于服色使用规制甚严，初以绯紫为章服，故未入品官的，即使私居之服也不得用紫色。至道年间弛其禁，公吏、士商、伎术通服皂。《朱子语类》卷九一：“士大夫常居，常服纱帽、皂衫、革带。无此则不敢出。”孟元老《东京梦华录》卷四：“其士农工商，诸行百户，衣装各有本色，不敢越外……质库掌事，即著皂衫角带。”《宋史·舆服志五》：“冠礼，三加冠服，初加，缁布冠、深衣、大带、纳履；再加，帽子、皂衫、革带、系鞋；三加，幞头、公服、革带、纳靴。”《宋史·舆服志五》：“中兴，士大夫之服，大抵因东都之旧，而其后稍变焉……处士则幞头、皂衫、带。”《金史·仪卫志下》：“亲王傔从。引接十人，皂衫、盘裹、束带、乘马。”《京本通俗小说·碾玉观音》：“忽一日，方早开门，见两个著皂衫的，一似虞候、府干打扮，人来铺里坐地。”《水浒传》第十三回：“两个领了言语，向这演武厅后去了枪尖，都用毡片包了，缚成骨朵，身上各换了皂衫。”《警世通言·三现身包龙图断冤》：“只见一个人走将进来，怎生打扮？但见：裹背系带头巾，著上两领皂衫。”

【皂舄】zàoxì 黑色的鞋子。《元史·舆服志二》：“牛宿旗，青质，赤火焰脚，画神人，牛首，皂襕，黄裳，皂舄。”

【皂靴】zàoxuē 用乌皮和黑缎制成的黑色高帮白色厚底鞋子。多用作男子常服。唐以后自皇帝，下及百官，常朝视事均可穿着。士人获取功名之后，礼见宴会亦可着之。《宣和遗事》：“见一番官，衣褐纻丝袍，皂靴，裹小巾，执鞭，揖泽利。”《元史·礼乐志五》：“乐正副四人，舒脚幞头，紫罗公服，乌角带、木笏、皂靴。”《水浒传》第八十七回：“只见墙外一个官人……身穿一领单绿罗团花战袍，腰系一条双搭尾鱼背银带，穿一对磕瓜头朝样皂靴，手中执一把折叠纸西川扇子。”《醒世恒言·钱秀才错占凤凰俦》：“其钱青所用，及儒巾圆领丝绦皂靴，并皆齐备。”《儒林外史》第十九回：“身穿元缎直裰，脚下虾蟆头厚底皂靴。”

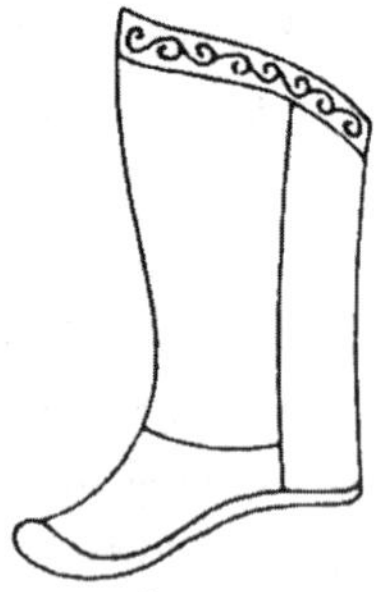

皂靴（明王圻《三才图会》）

清赵翼《陔余丛考》卷三一："按《明史》：洪武初定制，朝服、祭服，皆白袜黑履，惟公服则用皂靴，故有赐状元朝靴之制。"

【窄袍】zhǎipáo ❶ 宋代皇帝礼服之一。袍身狭小，两袖紧窄，故以为名。着时戴乌纱帽或折上巾，系通犀金玉带。《宋史·舆服志三》："（天子之服）六曰窄袍，天子祀享、朝会、亲耕及视事、燕居之服也……皆皂纱折上巾，通犀金玉带……或御乌纱帽。"《续通志》卷一二三："宋制，天子之服……有窄袍，便坐视事则服之。"宋真宗景德年间，将其定为内臣之服，其余官员未经准许不得穿着。❷ 辽宋时诸国使人入殿参加朝会之服。有紫、绯等色。宋孟元老《东京梦华录·元旦朝会》："诸国使人大辽大使顶金冠，后檐尖长如大莲叶，服紫窄袍，金蹀躞……夏国使副皆金冠短小样制，服绯窄袍，金蹀躞。"《辽史·仪卫志二》："《高丽使人见仪》，臣僚便服，谓之'盘裹'。绿花窄袍，中单多红绿色。"❸ 宋代宫廷内职出入内庭所着之服。《宋史·舆服志五》："景德三年，诏内诸使以下出入内庭，不得服皂衣，违者论其罪，内职亦许服窄袍。"

【毡冠】zhānguān 北方少数民族的一种毡制礼帽。《辽史·仪卫志二》："臣僚戴毡冠，金花为饰，或加珠玉翠毛，额后垂金花，织成夹带，中贮发一总。"

【毡巾】zhānjīn 男子用的毡制头巾。宋张镃《禳栉》诗："澡灌新宜白毡巾，睡余曜面涤昏尘。"陆游《十一月上七日蔬饭骡岭小店》诗："冰蔬雪菌竞登盘，瓦钵毡巾俱不俗。"《金瓶梅词话》第七十六回："玳安道：'被云叔留住吃酒哩。使我送衣裳来了，带毡巾去。'"清孔尚任《桃花

扇·先声》："副末毡巾、道袍、白须上。"

【毡笠】zhānlì 毛毡制的暖帽。形制与斗笠相似，高圆顶而有翻沿，惟以毡制作，上或饰金花或珠玉翠毛，可用于外出时御雨雪，防寒冻。原为契丹族男子服饰，北宋时，中原地区受北方服饰影响，亦仿效戴用，且甚流行。宋仁宗庆历八年曾诏禁士庶效契丹之服，徽宗政和七年更诏"敢为契丹服若毡笠、钓墩之类者，以违御笔论。"然未能真正禁止，故南宋时仍多有戴毡笠者。宋高承《事物纪原》卷三："（席帽）本羌人首服。以羊皮为之，谓之毡帽，即今毡笠也。秦汉竟服之。"孟元老《东京梦华录·元旦朝会》："于阗皆小金花毡笠、金丝战袍、束带，并妻男同来。"《西湖老人繁胜录》："遇雪，公子王孙赏雪，多乘马披毡笠，人从油绢衣，毡笠红边。"《宋史·舆服志五》："又诏敢为契丹服若毡笠，钓墩之类者，以违御笔论。"元关汉卿《五侯宴》第三折："戴着顶白毡笠前檐儿慢卷。"《明史·李自成传》："自成毡笠缥衣。"《初刻拍案惊奇》卷三："（东山）瞧到北面左手那一人，毡笠儿垂下，遮着脸不甚分明。"

毡笠（明王圻《三才图会》）

【毡袜】zhānwà 用毛毡制成的袜子，男女均用，尤以男子所着为多。质地厚实，多用于冬季防寒保暖。宋苏轼《物类相感志》：

"毡袜以生芋擦之,则耐久而不蛀。"《明会典·工部二十一》:"毡袜一双,以上皮作局办,顺天府解银召买。"明李时珍《本草纲目·服器一·毡屉》:"痔疮初起,痒痛不止。用毡袜烘热熨之。冷又易。"《金瓶梅词话》第九十三回:"见他身上单寒,拿出一件青布绵道袍儿,一顶毡帽,又一双毡袜、绵鞋,又称一两银子,五百铜钱递与他。"明范濂《云间据目钞》卷二:"松江旧无暑袜店,暑月间穿毡袜者甚众……嘉靖时,民间皆用镇江毡袜。"

【旃毳】zhāncuì 指鸟兽毛制成的衣服。宋田况《儒林公议》卷下:"其民虽瘃堕寒冽,非旃毳不御,然有衣服染绩矣。"

【展裹】zhǎnguǒ 辽代职官公服名。宋孟元老《东京梦华录·元旦朝会》:"大辽大使顶金冠,后檐尖长如大莲叶,服紫窄袍,金蹀躞;副使展裹金带如汉服。"《辽史·仪卫志二》:"公服:谓之'展裹',著紫。"

【展角】zhǎnjiǎo 明代职官冠帽后部的附件。展脚幞头上的两角。《水浒传》第七十四回:"李逵扭开锁,取出幞头,插上展角,将来戴了,把绿公服穿上……走出厅前。"明王三聘《古今事物考·冠服·堂帽》:"唐巾者,软绢纱为之,以带缚于后,垂于两傍,贵贱皆戴之,乃裹发软巾也。国朝取象唐巾,乃用硬盔。铁线为硬展角,非有职之人,列于朝堂之上,不敢僭用。"《明史·舆服志三》:"进士巾如乌纱帽,顶微平,展角阔寸余,长五寸许,系以垂带,皂纱为之。"

【展角花幞头】zhǎnjiǎohuāfútóu 元代宫廷乐工所戴的幞头。以花罗制成,两角细长。《元史·舆服志二》:"(云和乐)引前行,凡十有六人,戏竹二,排箫四,箫

管二,龙笛二,板二,歌工四,皆展角花幞头,紫絁生色云花袍,镀金带,紫靴。"

【展脚幞头】zhǎnjiǎofútóu 省称"展脚"。脚一作"角"。也称"直角幞头""平脚""平脚幞头""长角幞头"。幞头之一种。以铁丝、竹篾制成两脚,长如直尺,外蒙皂纱,附缀于幞头之后,始于唐代中后期。宋代用作官帽。据史籍记载,两脚伸展,是为了防止官员上朝站班时交头接耳。元明时期沿用。《麈史》卷上:"幞头……唐谓之软裹,至中末以后,浸为展脚者。今所服是也。然则制度靡一,出于人之私好而已。"《宋史·舆服志五》:"幞头……五代渐变平直。国朝之制,君臣通服平脚,乘舆或服上曲焉。其初以藤织草巾子为里,纱为表,而涂以漆。后惟以漆为坚,去其藤里,前为一折,平施两脚,以铁为之。"元明时期沿用。《元史·舆服志一》:"(百官公服)幞头,漆纱为之,展其角。"又《舆服志二》:"前后检校,仗内知班六人,展角幞头,紫窄衫。涂金束带,乌靴。"《明史·舆服志三》:"文武官公服……幞头:漆、纱二等,展角长一尺二寸。"又:"侍仪舍人冠服……侍仪舍人导礼,依元制,展脚幞头,窄袖紫衫,涂金束带,皂纹靴。"明王圻《三才图会·衣服二》:"国朝侍仪舍人用展脚幞头,窄袖紫衫,涂金束带,皂纹靴。"

展脚幞头(明王圻《三才图会》)

【战袄】zhàn'ǎo 一种武士所著的短衣。通常以粗帛为之,内蓄绵絮,并以密线缝

纳而成。《元史·世祖本纪一》："诏十路宣抚司造战袄、裘、帽,各以万计,输开平。"《水浒传》第七十六回:"正南上黄旗影里,捧出两员上将……戗金铠甲赭黄袍,剪绒战袄葵花舞。"《渊鉴类函》卷二二八:"明太祖尝命制军士战衣,表里异色,令各变更服之以新军,号谓之鸳鸯战袄。"

【战靴】zhànxuē ❶武士所着长筒靴,多以皮革制成。或指仿照战靴样式制成的靴子。金董解元《西厢记诸宫调》:"云雁征袍金缕,狼皮战靴抹绿。"《红楼梦》第六十三回:"冬天作大貂鼠卧兔儿戴,脚上穿虎头盘云五彩小战靴,或散着裤腿,只用净袜厚底镶鞋。"❷传统戏曲人物所着之靴。以缎制成,式样与朝方靴相同。因多用于武将,故名。清李斗《扬州画舫录》卷五:"靴箱则蟒袜、妆缎棉袜、白绫袜、皂缎靴、战靴。"

zhao—zhi

【照袋】zhàodài 随身携带的盛放文具杂物的袋子。以锦帛或皮革制成,多放置衣巾、梳镜、香药及文具等。唐代贵族已行用,称"方便囊"。至五代士人多用四方有盖式样,有襻带,类今之手提包。宋陶谷《清异录·方便囊》:"唐季王侯竞作方便囊,重锦为之,形如今之照袋。每出行,就置衣巾、箆鉴、香药、辞册,颇为简快。"李宗谔《先公谈录·照袋》:"王太保每天气暖和,必乘小驴,从三四苍头,携照袋,贮笔砚,《韵略》、刀子、笺纸并小乐器之类。照袋以乌皮为之,四方,有盖并襻,五代士人同用之。"明方以智《通雅·衣服》:"照袋贮笔砚。照袋,以乌皮为之。"陈继儒《珍珠船》卷四:"照袋以乌皮

为之,四方有盖并襻,五代士人多用之。"

【折脚幞头】zhéjiǎofútóu 即"局脚幞头"。宋徐兢《宣和奉使高丽图经》卷一一:"控鹤军,服紫文罗袍,五采间绣大团花为饰,上折脚幞头,凡数十人以奉诏舆。"

【哲那环】zhénàhuán 僧人偏衫肩下的大扣环。用牙、骨、香木等质料制成。元郑元佑《遂昌杂录》卷一:"师一日访无着,延师于饭,饭竟,出一银香合,重二十两,尘土蒙尘如漆黑。无着海师令其打一二十哲那环。"

【褶】zhě 衣服上的折裥。宋黄庭坚《清人怨戏效徐庾慢体》诗:"翡翠钗梁碧,石榴裙褶红。"《骈雅·释服食》:"襞积,衣褶也。"见32、145页dié、xí。

【褶绉】zhězhòu 衣服上的皱纹。《说郛》卷二一:"又有片玉长可八寸,阔三两指,如刀有把,名抹衣。古帝王既御袍带,以此抹腰,无褶绉。"

【真珠大衣】zhēnzhūdàyī 宋代贵妇的一种用珍珠装饰的大袖礼服。宋周密《武林旧事》卷二:"诣后殿西廊观看公主房奁……真珠大衣、背子、真珠翠领、四时衣服。"

【真珠九翚四凤冠】zhēnzhūjiǔhuīsìfèngguān 装饰有翚凤的凤冠。宋周密《武林旧事》卷二:"诣后殿西廊观看公主房奁:真珠九翚四凤冠褕翟衣一副;真珠玉佩一副;金革带一条;玉龙冠、绶玉环。"

【真珠盘龙衣】zhēnzhūpánlóngyī 真珠,即珍珠。宋代皇帝御服。以珍珠盘成龙纹,故名。有功之臣得到赏赐也可穿着。《宋史·刘综传》:"综字居正……太祖嘉其敏辨,将授三班之职。综自陈素习词业,愿应科举。及还,上解真珠盘龙

衣,令赐遵海。综辞曰:'遵海人臣,安敢当此赐!'上曰:'吾委遵海以方面,不以此为疑也。'"

【真珠衫】zhēnzhūshān 也称"珍珠衫"。一种装饰有珍珠的短袖衣衫。贵者之服。《文献通考·四裔》:"其王遣使以泥金表进真珠衫、帽及真珠一百五两,象牙百株。"《宋史·外国传五·注辇国》:"谨遣专使等五十二人奉土物来贡。凡真珠衫帽各一,真珠一万二千一百两,象牙六十株。"《喻世明言·蒋兴哥重会珍珠衫》:"妇人便去开箱,取出一件宝贝,叫做珍珠衫,递与陈大郎道:'这件衫儿,是蒋门祖传之物,暑天若穿了他,清凉透骨。此去天道渐热,正用得着。'"

【真珠头巾】zhēnzhūtóujīn 金代仪卫所戴的首服。《金史·仪卫志上》:"拱圣直,人员二人,长行三十八人。真珠头巾、红锦四襈袄、涂金银束带。"

【镇库带】zhènkùdài 一种用料考究,制作精致的金铸之带。相传宋太宗命巧匠于紫云楼下制作后贮于内库,因以为名。参见794页"紫金带"。

【征裳】zhēngcháng 出征将士或远行者穿的衣裳。宋周麟之《呈伯父元仲二首》其二:"江湖五十年,飘飘曳征裳。"元胡天游《送县官之京》诗:"半帆花雨征裳重,满院松风午梦间。"元末明初唐桂芳《赋秋胡子》:"忆当送郎初,徙倚门前树。箧笥满征裳,一一裁缯素。"清刘献廷《广阳杂记》卷五:"报国勒铭,征裳遗墨,凛凛烈士之风也。"

【征裘】zhēngqiú 远行人所穿的皮衣。宋刘光祖《水调歌头·旅思》词:"归计休令暮,宵露浥征裘。"宋伯仁《到家》诗:"尘压征裘满,今朝喜到家。"李鹰《未晓

出双池小雪作》诗:"云物澜翻烟幂历,细风吹霰上征裘。"元范梈《赠李山人》诗:"昔向贵溪寻讲鼓,又从蓟郡揽征裘。"

【袩衳】zhēngzhōng 小儿衣。《类篇·衣部》:"袩衳,小儿衣也,出《字林》。"

【只孙】zhīsūn 即"质孙"。元末明初陶宗仪《南村辍耕录·只孙宴服》:"只孙宴服者,贵臣见飨于天子则服之,今所赐绛衣是也。贯大珠以饰其肩背膺间。首服亦如之。"《元史·世祖本纪》:"赐伯颜、阿术等青鼠、银鼠、黄鼬只孙衣,余功臣赐貂裘、獐裘及皮衣帽各有差。"明朱有燉《元宫词》:"健儿千队足如飞,随从南郊露未晞。鼓吹声中春日晓,御前成着只孙衣。"自注:"(元)周伯琦《诈马行序》曰只孙宴者,只孙,华言一色衣也。"清曹寅《畅春苑张灯赐宴归舍》诗:"久惭衰病承貂珥,乍眩青红列只孙。"

【织成帔】zhīchéngpèi 用彩锦为面料制成的披肩。纹样按披肩造型分布织就。多用于贵族。《文献通考·四裔十六》:"其王坐金羊座,戴金花冠,衣锦袍,织成帔,饰以真珠宝物。"

【织文袍】zhīwénpáo 织有文字的袍服。所织文字多为吉祥之语,如"富贵""长寿"等。《元史·张升传》:"帝赐金织文袍,以宠其归。"

【袯】zhī 裘皮衣。《集韵》:"袯,毛衣也。"

【直裰】zhíduō 也作"直掇""直敠"。家居常服,俗称道袍。宋明时代流行的男式外衣。为蓝色或黑色宽大长袍,斜领交裾;蓝袍四周镶黑边。衣中缝直通下摆,故名,是宋代士大夫日常服装,也为隐士、寺僧行者平日穿用。元时禅僧也服此。明初规定民庶章服用青布直身,后用作举人和贡监生员的服装。因

僧道之徒多服之,故亦指僧衣道服。宋郭若虚《图画见闻志一·论衣冠异制》:"晋处士冯翼,衣布大袖,周缘以皂,下加襕,前系二长带,隋唐朝野服之,谓之冯翼之衣,今呼为直裰。"朱彧《萍洲可谈》卷三:"富郑公致政归西都,尝著布直裰,跨驴出郊。"赵彦卫《云麓漫钞》卷四:"古之中衣,即今僧寺行者直掇,亦古逢掖之衣。"苏辙《答孔平仲惠蕉布诗》:"更得双蕉缝直掇,都人浑作道人看。"释道原《景德传灯录·普化和尚》:"将示灭,乃入市谓人曰:'乞一个直裰。'"元无名氏《东坡梦》第一折:"把我褊衫都当没了,至今穿著皂直掇哩。"明陈士元《俚言解·直裰》:"衣无襞积,其制襦,谓之直裰。"《水浒传》第七十一回:"就比俺的直裰染做皂了,洗杀怎得干净?"王世贞《觚不觚录》:"腰中间断以一线道横之,谓之'程子衣';无线道者则谓之道袍,又曰直掇。"《儒林外史》第一回:"一个穿宝蓝直裰,两人穿元色直裰,都有四五十岁光景。"又第二十二回:"忽见楼梯上又走上两个戴方巾的秀才来:前面一个穿一件茧绸直裰,胸前油了一块,后面一个穿一件元色直裰,两个袖子破的晃晃荡荡的,走了上来。"

直裰(元赵孟𫖯《苏轼画像》)

【直脚幞头】zhíjiǎofútóu 即"展脚幞头"。宋沈括《梦溪笔谈》卷一:"本朝幞头,有直脚、局脚、交脚、朝天、顺风凡五等,唯直脚贵贱通服之。"

直脚幞头(明王圻《三才图会》)

【直巾】zhíjīn 宋代士人中流行的一种直竖式头巾。宋王得臣《麈史》卷上:"近年如藤巾、草巾俱废,上以漆纱为之,谓之纱巾……其巾之样,始作前屈,谓之敛巾。久之作微敛而已;后为稍直者,又变而后抑,谓之偃巾。已而又为直巾者。"

【直系】zhíxì ❶袍子。一说即"直裰"。《宣和遗事》前集:"天子道:'恐卿不信。'遂解下龙凤鲛绡直系,与了师师。"宋周密《齐东野语》卷九:"翀(姚翀)遂缒城而出,以直系书青州姚通判,以长竿揭之马前,往见李姑姑。"金董解元《西厢记诸宫调》卷七:"蓝直系有功夫,做得依规矩。"❷围肚,腰巾。以长幅布帛为之,男女皆用。名称多见于宋元时期。宋陈元靓《事林广记·续集》卷八:"围肚:直系。"

【纸甲】zhǐjiǎ 也称"白甲"。一种简易的护身甲。以极柔绵纸,锤制加工,叠厚三寸,方寸四钉,做成纸甲。用水浸湿,箭矢难透,但却厚重而不灵便。唐代晚期出现。唐懿宗时为河东节度使徐商发明"纸铠",据说坚固异常,利箭难于穿透。宋代常用以装备乡兵和水军。明代亦有使用,清代有前胸安铁叶絮纸布甲。《新唐书·徐商传》:"徐商劈纸为铠,劲矢不能洞。"宋代《熙宁编敕》规定:"若私造纸甲五领者,绞。"《宋史·兵志十一》:"康定元年四月,诏江南、淮州军造纸甲三万,给陕西防城攻手。"《渊鉴类函》卷二二八:"后周师至,争奉斗酒迎劳,而将帅不之恤,专事俘掠。民皆失望,相聚山泽,立堡壁自固,操农器为兵,积纸为甲,时人谓之白甲军,周兵讨之。"朱国祯《涌幢小品》:"纸甲用无性极柔之纸,加以锤软,叠厚三寸,方寸四钉,如遇水雨浸湿,铳箭难透。"清李渔《闲情偶寄·演习·脱套》:"其下体前后二幅,名曰'遮羞'者,必以硬布裱骨而为之,此战场所用之物,名为'纸甲'者是也。"

【纸帽】zhǐmào 用白纸制成的丧帽。宋太宗亡,国人为之服丧,白麻、素绢不敷用,因以白纸替代。《宋史·礼志二十五》:"(至道三年)太宗崩……诸军、庶民白衫纸帽,妇人素缦不花钗,三日哭而止。"

【质孙】zhìsūn 蒙语 jisun 译音。意为颜色。一说,此词源于波斯语 jashn,有节日、庆典和御赐服饰之意。也作"只孙""只逊""济逊""直孙""积苏"。也称"一色衣"。本为戎服,便于乘骑等活动。形制为上衣连下裳,衣式较紧窄,下裳较短,腰间作无数襞积,肩背间贯以大珠。元代定为内廷大宴之礼服。上自天子,下及百官,内庭礼宴皆得着之。其制贵贱不一,因职而异,但冠帽衣履须用一色,不得有异,主要有大红、桃红、紫、蓝、绿等。贵重者以织锦为之,上缀珍珠。元朝定制,天子质孙,冬服有十一种。如袍服为金锦做成,则必戴金锦暖帽,帽上

佩有各种华丽的珠宝装饰。如袍服为银鼠做成,则戴银鼠暖帽,并加银鼠比肩。夏季质孙服有十五种,同样冠随其服色。百官质孙,冬服九种,夏服十四种。所着衣服必须配上与其相称的冠帽,组成一套服饰。这也是质孙服的一大特点。明灭元后,将其进行了一定修改,定为仪卫之服。其服通织五彩团花。与元代质孙不尽相同。元柯九思《宫词十五首》之一:"万里名王尽入朝,法官置酒奏箫韶。千官一色真珠祆,宝带攒装稳称腰。"自注:"凡诸侯王及外番来朝,必赐宴以见之,国语谓之质孙宴。质孙,汉言一色,言其衣服皆一色也。"《元史·舆服志一》:"质孙……冬夏之服不同,然无定制。凡勋戚大臣近侍,赐则服之。下至于乐工卫士,皆有其服。精粗之制,上下之别,虽不同,总谓之'质孙'云。"又:"天子质孙……服红黄粉皮,则冠红金答子暖帽。服白粉皮,则冠白金答子暖帽。服银鼠,则冠银鼠暖帽,其上并加银鼠比肩。"元末明初张昱《辇下曲》:"只孙官样青红锦,裹肚圆文宝相珠。翠仗执金班控鹤,千人鱼贯振嵩呼。"明沈德符《万历野获编》卷一四:"今圣旨中,时有制造只孙件数,亦起于元。时贵臣,凡奉内召宴饮,必服此入禁中,以表隆重。今但充卫士常服。亦不知其沿胜国胡俗也。"蒋一葵《长安客话·皇都杂记·只逊》:"在朝见下工部旨,造只逊八百副。皆不知只逊何物,后乃知为上直校鹅帽锦衣也。"方以智《通雅》卷三六:"锦衣校尉,自抬辇以至持扇、镗、幡、幢、鸣鞭者,衣皆红青玄,纺绢地,织成团花五彩,名曰只逊。"清褚人获《坚瓠集·广集》卷四:"元亲王及功臣侍宴者,则赐冠衣,制饰如

一,谓之只孙,赵廉访家传御赐金文只孙一袭是也。明高皇定鼎,令值驾校尉服之,仪从所服团花,只孙是也。"查慎行《渌山酒海歌》:"侍臣多著质孙衣,天子亲临诈马宴。"姚之骃《元明事类钞》卷二四:"济逊,汉言一色服也。内庭大宴则服之,臣下赐则服之,亦名只孙。"《续通志》卷一:"元初立国,冠服车舆,并从旧制,史志不载。其国俗可考者,天子积苏。"清末民初章炳麟《訄书·订礼俗》:"蒙古朝祭以冠幞,私燕以质孙。"

zhu—zong

【朱舄】zhūxì 红色的复底鞋。宋孟元老《东京梦华录·驾诣郊坛行礼》:"更换祭服,平天冠二十四旒,青衮龙服,中单、朱舄,纯玉佩,二中贵扶侍,行至坛前。"

【珠半臂】zhūbànbì 以珍珠串组而成的半臂。通常为贵族阶层所有,多见于元明时期。《元史·李庭传》:"世祖崩,月儿鲁与伯颜等定策立成宗,庭翊赞之功居多。成宗……赐(李庭)珠帽、珠半臂、金带各一。"明谢肇淛《五杂俎》卷一三:"近代豪富之家,有衣珍珠半臂者。"

【珠钿】zhūdiàn 嵌珠的花钿。多为妇女首饰。宋秦观《满庭芳·咏茶》词:"多情。行乐处,珠钿翠盖,玉辔红缨。"元大欣《次韵张梦臣侍御游蒋山五十韵》:"珠钿沉智井,金铺委坏垣。"《聊斋志异·丑狐》:"女自往搜括,珠钿衣服之外,止得二百余金。"

【珠幡】zhūfān 立春之日男女所戴的饰物。以彩帛、色纸、金箔等材料剪制成旗幡、飞燕、方胜之状,以珠翠装饰,缀于簪钗之首,插于双鬓;或互相赠遗,以示迎春。宋陈元靓《岁时广记·立春》:"晓月楼头未雪尽,乍破腊风传春信。彩鸡缕燕,珠幡玉胜,并归钗鬓。"

【珠冠】zhūguān 以珍珠串成的妇女首饰。以珠玑装缀于冠子上或簪、钗、花钿间。宋代贵妇以珍珠为首饰的风气极为盛行。亦指装饰有珍珠的冠帽。宋周密《齐东野语》卷一五:"上奇之,呼入北宫,又取妃嫔珠冠十数示之。"《宋神类钞·诒媚》:"翌日,都市行灯,十婢皆顶珠冠而出,观者如堵。"《二刻拍案惊奇》卷三〇:"大郎抬眼看时,见一个年老妇人,珠冠绯袍,拥一女子,袅袅婷婷,走出厅来。"明张翰《松窗梦语》:"如翡翠珠冠,龙凤服饰,惟皇后、王妃始得为服……今男子服锦绮,女子饰金珠,是皆僭拟无涯。逾国家之禁者也。"《明史·西域传一》:"十七年,帝以朝使往来西域者……赐其母妻金珠冠服、彩币,及其部下头目。"又《堵胤锡传》:"封高氏贞义夫人,赐珠冠彩币,命有司建坊。"清袁枚《题柳如是画像》诗:"生绡一幅红妆影,玉貌珠冠方绣顶。"《聊斋志异·王者》:"珠冠秀绂,南面坐。"《红楼梦》第五回:"只这带珠冠,披凤袄,也抵不了无常性命。"

珠冠(甘肃麦积山石窟五代壁画)

【珠祓】zhūjié 宋代宫人戴的缀有珍珠的一种腰、裙带。宋刘克庄《春日六言十二首》诗:"珠祓丽人出郭,银钗村姑入城。"金萧贡《乐府崔生》诗:"腰素轻盈珠祓稳,鬓云松乱玉钗斜。"清纳兰性德《浣溪沙》词:"珠祓佩囊三合字,宝钗拢鬓两分心。"龚翔麟《斗婵娟·赠锡山画师华希逸》:"内家珠祓郁金裙,向兔尖围绕。"

【珠珑璁】zhūlóngcōng 宋代妇女首饰名。网状,缀以小珠。宋范成大《揽辔录》:"惟妇人之服不甚改,而戴冠者绝少。多绾髻,贵人家即用珠珑璁冒之,谓之方髻。"

【珠笼巾】zhūlóngjīn 宋代宫人戴的缀有珍珠的一种头巾。宋庄绰《鸡肋编》卷中:"宫人珠笼巾、玉束带,秉扇、拂、壶、巾、剑、钺,持香球、拥御床以次立。"

【珠珞】zhūluò 珍珠串成的璎珞。元宋本《大都杂诗》之三:"宝幢珠珞瞿昙寺,豪竹哀丝玳瑁筵。"《警世通言·唐解元一笑姻缘》:"只见两个丫鬟,伏侍一位小娘子,轻移莲步而出,珠珞重遮,不露娇面。"清汪懋麟《秦淮灯船歌》:"一人按拍秉乐句,裂帛时闻坠秋萚;一人小击云锣清,髯髵湘娥曳珠珞。"

【珠络臂】zhūluòbì 也称"络臂珠"。妇女臂饰。以珍珠串缀成环状,缠绕于臂腕之上。元杨维桢《邯郸美》词:"冶家女儿鬓偏疏,教坊出入不受呼。蹙金小袜飞双凫,飞双凫,曳双袂,玉围腰,珠络臂。"赵孟頫《海子上即事与李子构同赋》诗:"油云判污罐头锦,粉汗生怜络臂珠。"

【珠落索】zhūluòsuǒ 也作"珠珞索"。以珍珠穿组而成的首饰。用作颈饰或耳饰。宋张元幹《临江仙·茶有感》词:"翠穿珠落索,香泛玉流苏。"明田艺蘅《留青日札》卷二二:"(婴宝珠)即今珠缨络也,一名珠落索。"清魏程搏《清宫词》:"更赐耳环珠珞索,内人齐妒主恩浓。"

【珠裙】zhūqún 以珍珠装饰的裙子。宋张先《踏莎行》词:"映花避月上行廊,珠裙褶褶轻垂地。"

【珠头须】zhūtóuxū 缀以珍珠、宝石的一种头饰。《宋史·舆服志三》:"女子在室者,作三小髻,金钗,珠头须。"《水浒传》第五十一回:"那小衙内穿一领绿纱衫儿,头上角儿拴两条珠子头须,里面走出来。"

【竹冠】zhúguān 即竹皮冠。宋陈师道《奉陪内翰二丈醴泉避暑》诗:"竹冠芒屦紫绮裘,曳杖林间观物化。"曹勋《王正道再遇竹冠辄和来韵见鄙愫二首》其二:"存心香火接造物,达诚果再逢竹冠。"明张岱《陶庵梦忆·麋公》:"竹冠羽衣,往来于长堤深柳之下。"《痛史》第二十一回:"一个瘦小道士,穿一件青道袍,头上押了一顶竹冠,地下摆了药箱。"

【竹笠】zhúlì 也称"竹丝笠"。竹质的笠帽。宋梅尧臣《僧可真东归因谒范苏州》诗:"松门正投宿,竹笠带余晖。"又《送白秀才福州省亲》诗:"悠悠几千里,赤日薄竹笠。"《京本通俗小说·碾玉观音》:"一个汉子头上带个竹丝笠儿,穿着一领白段子两上领布衫。"清李光庭《乡言解颐》卷四:"古人云首戴茅蒲,又曰青箬笠,皆蔽日遮雨也。南人多用竹笠,北方则麦莛编成,谓之草帽子。"《儿女英雄传》第十三回:"那管芒鞋竹笠,海角天涯。"

【竺乾服】zhúqiánfú 僧人的衣服。宋梅尧臣《茂芝上人归姑苏》诗:"身衣竺乾服,手援牺氏琴。"

【主腰】zhǔyāo ❶也作"主要"。妇女着于胸间的贴身小衣。作用与抹胸相类。

其制繁简不一,简单者仅以方帛覆于胸间。复杂者开有衣襟,钉有纽扣,或装有袖子。元马致远《寿阳曲·洞庭秋月》:"害时节有谁曾见来,瞒不过主要胸带。"贾仲名《对玉梳》第四折:"到晚来贴主腰儿紧搂在胸前。"冯梦龙《山歌·骚》:"青滴滴个汗衫红主腰,跳板上栏杆要样娇。"《醒世姻缘传》第九回:"计氏洗了浴,点了盘香……下面穿了新做的银红绵裤,两腰白绫绣裙,着肉穿了一件月白绫机主腰。"秦征兰《天启宫词》:"泻尽琼浆藕叶中,主腰梳洗日轮红。玉簪香粉蒸初熟,藏却珍珠待暖风。"注:"以刺绣纱绫阔幅束胸间,名曰主腰。"《水浒传》第二十七回:"那妇人便走起身来迎接,下面系一条鲜红生绢裙,搽一脸胭脂铅粉,敞开胸脯,露出桃红纱主腰,上面一色金钮。"明田艺蘅《留青日札》卷二〇:"今之袜胸一名襕裙……自后而围向前,故又名合欢襕裙。沈约诗:'领上蒲桃绣,腰中合欢绮'是也。其绣带亦名袜带,今襕裙在内,有袖者曰主腰。"❷男子背心。《水浒传》第七十六回:"那刀林中立着两个锦衣三串行剑子……一个皮丰腰,干红簇就;一个罗踢串,彩色装成。"《忠烈侠义传》第五十二回:"三公子将书信递与他,他仿佛奉圣旨的一般,打开衫子,揣在贴身胸前挂腰子里。"《儿女英雄传》第三十四回:"有个十七八岁的少爷,穿一件土黄布主腰儿,套一件青哦噔绸马褂子,褡包系在马褂子上头,挽着大壮的辫子。"

【纻丝帽】zhùsīmào 元明时期上层男子所戴的以纻丝制成的帽子。《老乞大》:"又有天青纻丝帽儿,云南毡帽儿,又有貂鼠皮狐帽儿,上头都有金钉子。"明范濂

《云间据目钞》卷二:"(嘉靖初年)皆尚罗帽、纻丝帽。"

【纻丝鞋】zhùsīxié 用缎子为面料制成的鞋。纻丝,缎子。《元史·舆服志一》:"曲阜祭服,连蝉冠四十有三,七梁冠三,五梁冠三十有六,三梁冠四,皂纻丝鞋三十有六辆。"《西游记》第四十七回:"那女儿头上戴一个八宝垂珠的花翠箍……脚下踏一双虾蟆头浅红纻丝鞋。"

【砖顶头巾】zhuāndǐngtóujīn 宋元明时期士庶男子所戴的一种头巾。顶部折叠成方形,因形似方砖,故名。宋赵彦卫《云麓漫钞》卷六:"巾之制:有圆顶、方顶、砖顶、琴顶。"《古今小说·宋四公大闹禁魂张》:"到大相国寺前,只见一个人背系带砖顶头巾,也著上一领紫衫。"《警世通言·万秀娘仇报山亭儿》:"且看那官人:背系带砖顶头巾,著斗花青罗褙子,腰系袜头裆袴,脚穿时样丝鞋。"

【镯】zhuó 也称"镯头""镯子"。戴在手腕、手指、脚腕等上面的环形饰品。有金、玉等不同的材质。元乔吉《小桃红·指镯》:"紫金珠钿巧镯儿,悭称无名指,花信合春儿番至。"《三宝太监西洋记通俗演义》第七十二回:"妇人鬓堆脑后,四腕都是金镯头。"明费信《星槎胜览·占城国》:"其酋长头戴三山金花冠,身披锦花手巾,臂腿四腕,俱以金镯。"陆容《菽园杂记》卷八:"镯音蜀,又音浊,《周礼》:古人以金镯击鼓,注云:钲也,形如小钟……今人名臂环为镯。"《红楼梦》第四十九回:"平儿带镯子时,却少了一个。"《儿女英雄传》第三十四回:"回过头来一看,原来是那长姐儿胳膊上带着的一副包金镯子,好端端的从手上脱落下来了。"《花月痕》第十二回:"碧

桃……进来便躺在同秀怀里,看他手上的革脂镯子。"

【缁冠】zīguān 宋代士人的黑色礼冠。《宋史·舆服志五》:"大带、缁冠、幅巾、黑履,士大夫家冠昏、祭祀、宴居、交际服之。"《朱子家礼》卷一:"缁冠:糊纸为之,武高寸许,广三寸,袤四寸,上为五梁,广如武之袤而长八寸,跨项前后著于武屈其两端各半寸,自外向内。而黑漆之。武之两旁半寸之上窍以受笄。笄用齿骨,凡白物。"清黄宗羲《深衣考》:"缁冠:条辟积左缝以为五梁,广四寸,长八寸,跨项前后,著于武外,反屈其两端各半寸向内,武之两旁半寸之上窍以受笄,笄用象。"

【缁褐】zīhè 僧人的衣服。宋吴处厚《青箱杂记》卷一:"遗命剃发,以僧服敛,家人不欲,止以缁褐一袭纳诸棺而已。"宋刘子翚《有怀十首》其七:"白首却来莲社里,幅巾缁褐诵楞枷。"李觐《答缘概师见示草书千字文并名公所赠诗序》:"我缘山谷见不远,缁褐憧憧尽愚鲁。"元末明初陈基《如皋县》诗:"缁褐两三人,牢落徒四壁。"

【紫金带】zǐjīndài 也称"紫云楼带""紫云楼"。以紫磨金制成带銙装饰的腰带。宋王溥《唐会要·舆服上》:"天授二年八月二十日,左羽林大将军建昌王攸宁赐紫金带。九月二十六日,除纳言,依旧著紫带金龟。"乐史《杨太真外传》卷下:"我祖大帝破高丽,获二宝:一紫金带,一红玉支。朕以岐王所进《龙池篇》,赐之金带。红玉支赐妃子。后高丽如此宝归我,乃上言:'本国因失此宝,风雨愆时,民离兵弱。'朕寻以为得此不足为贵,乃命还其紫金带。"岳珂《愧郯录》卷一二:"蔡绦《铁围山丛谈》曰:太宗时得

巧匠,因亲督视于紫云楼下,造金带得三十条,匠者为之神耗而死。于是独以一赐曹武穆彬;其一太宗自御之,后随入熙陵。而曹武穆所赐带,即莫测所往也。余二十八条,特命贮之库,号镇库带焉。后人第徒传其名,而宗戚群辟,闲一有服金带,异花精致者,人往往辄指目:'此紫云楼带。'其实非也……太上皇狩丹阳,因尽挈镇库带以往,而一时从行者,有若童贯伯氏诸贵,遂皆赐紫云楼金带矣……中兴之十三祀,有客来自海外,忽出紫云楼带,上以四胯出视,吾盖敌骑再入,适纷纭时,所追还弗及者,其金紫磨也。光艳溢目异常金,又其文作醉拂菻人,皆突起,长不及寸,眉目宛若生动,虽吴道子画所费及。若其华纹,则又六七级层层为之,镂篆之精,其微细之像,殆入于鬼神而不可名,且往时诸带方銙,不若此也。"岳珂《宫词一百首》:"尚方绝制别精镠,宝带亲传镇库收。二十八条真紫磨,人间那识紫云楼。"

【紫金冠】zǐjīnguān ❶束发冠的一种。士庶男子用以束发,军将武士则用作常服。元郑德辉《三战吕布》第三折:"紫金冠,分三叉,红抹额,茜红霞;绛袍似烈火,雾锁绣团花。"《封神演义》第八十一回:"紫金冠,名束发;飞凤额,雉尾插。"清宣鼎《夜雨秋灯录·续集》卷三:"其中有年轻者,面目端正,束发紫金冠,双雉尾,银锁甲,骑拳大鸡雏,指挥如意。"刘廷玑《帝京踏灯词》:"紫金冠插一枝翎,闹向长街杂翠軿。"《红楼梦》第三回:"及至进来一看,却是位青年公子:头上戴着束发嵌宝紫金冠,齐眉勒着二龙戏珠金抹额。"《粉妆楼》第三十七回:"不一时,中门内出来了一个:头戴点翠紫金

冠,身穿大红绣花袍,腰系五色鸾带,脚登厚底乌靴,年约二旬,十分雄壮。"❷又称"太子盔"。为传统戏曲中王子及年少将领人物所戴的帽子。主要由"多子头"和"大额子"两部分构成。冠顶耸立以珠花为饰的"多子头",形似古之轻便小冠。前扇是"大额子",以衔珠龙纹为饰。两侧龙耳尾子缀丝穗。脑后特缀女性才用的网络排穗,取其妩媚。多子头和网络排穗构成表示年轻英俊的艺术语汇(符号),故专用于太子。大太子用金色,二太子用银色,故又称"太子盔"。此冠亦用于年轻英俊的武将,但须在冠上插雕翎。如周瑜、吕布等,均戴插翎子的紫金冠,显得雄健英武。

【紫罗襕】zǐluólán 一种用紫色罗缎缝制的襕袍,常用作官服。唐宋时规定,三品以上官服用紫,因称达官之服为"紫襕",或称"紫罗襕"。元无名氏《渔樵记》第四折:"往常我破绸衫粗布袄煞曾穿,今日个紫罗襕恕咱生面。"关汉卿《裴度还带》第一折:"他则是寄着我这紫罗襕,放着我那黄金带。"杨梓《敬德不伏老》:"脱了我入朝相的紫罗襕,系的是白玉带。"明高明《琵琶记・瞷询衷情》:"你穿的是紫罗襕,系的是白玉带。"

【紫檀冕】zǐtánmiǎn 宋代御史、博士所戴的礼冠。《宋史・舆服志四》:"紫檀冕:四旒,服紫檀衣,博士、御史服。"

【紫檀衣】zǐtányī 宋代博士、御史所着的祭服,和紫檀冕配用。《宋史・舆服志四》:"诸臣祭服:紫檀冕,四旒,服紫檀衣,博士、御史服之。"

【紫藤帽】zǐténgmào 元代士庶男子中流行的用紫色棕藤制成的帽子。取式于高丽国男子的帽式,高顶,敞檐。元末明初陶宗仪《南村辍耕录》卷二八:"燕孟初作诗嘲之,有'紫藤帽子高丽靴,处士门前当集赛'之句。闻者传以为笑。用紫色棕藤缚帽,而制靴,作高丽国样,皆一时所尚。"

【棕冠】zōngguān 棕制的帽子。多用于隐士和僧道。宋刘克庄《棕冠》:"羽士过门卖,新翻样愈奇。坚如龟屋制,精似鹿胎为。"释文珦《仙家》:"棕冠道士向余说,时复有人骑鹤来。"《明史・隐逸传・杨恒》:"(恒)阅十年退居白鹿山,戴棕冠,披羊裘,带经耕烟雨间,啸歌自乐,因自号白鹿生。"

【棕帽】zōngmào 平民男子戴的用以棕编制的帽子。《老乞大》:"毡帽儿一百个,桃尖棕帽一百个。"明叶盛《水东日记・杨文贞归田趣词》:"一布袍棕帽任逍遥,东风里。"《醒世姻缘传》:"胡无翳收拾锡杖、衣钵、棕帽、蒲团、日持的经卷。"

【棕綦】zōngqí 棕鞋。綦,鞋带,借指鞋。宋梅尧臣《元政上人游终南》诗:"环锡恣探胜,棕綦方践陆。"

明朝时期的服饰

　　皇帝常服……其制，冠匡如皮弁之制，冒以乌纱，分十有二瓣，各以金线压之，前饰五采玉云各一，后列四山，朱绦为组缨，双玉簪。服如古玄端之制，色玄，边缘以青，两肩绣日月，前盘圆龙一，后盘方龙二，边加龙文八十一，领与两祛共龙文五九。裾同前后齐，共龙文四九。衬用深衣之制，色黄。袂圆祛方，下齐负绳及踝十二幅。素带，朱里青表，绿缘边，腰围饰以玉龙九。玄履，朱缘红缨黄结。白袜。

　　嘉靖七年谕礼部："朕仿古玄端，自为燕弁冠服，更制忠静冠服，锡于有位，而宗室诸王制犹未备。今酌燕弁及忠静冠之制，复为式具图，命曰保和冠服。自郡王长子以上，其式已明。镇国将军以下至奉国中尉及长史、审理、纪善、教授、伴读，俱用忠静冠服，依其品服之。仪宾及余官不许概服。夫忠静冠服之异式，尊贤之等也。保和冠服之异式，亲亲之杀也。等杀既明，庶几乎礼之所保，保斯和，和斯安，此锡名之义也。其以图说颁示诸王府，如敕遵行。"

　　保和冠制，以燕弁为准，用九，去簪与五玉，后山一扇，分画为四。服，青质青缘，前后方龙补，身用素地，边用云。衬用深衣，玉色。带青表绿里绿缘。履用皂绿结，白袜。

　　帝因复制忠静冠服图颁礼部，敕谕之曰："祖宗稽古定制，品官朝祭之服，各有等差。第常人之情，多谨于明显，怠于幽独。古圣王慎之，制玄端以为燕居之服。比来衣服诡异，上下无辨，民志何由定。朕因酌古玄端之制，更名'忠静'，庶几乎进思尽忠，退思补过焉。朕已著为图说，如式制造。在京许七品以上官及八品以上翰林院、国子监、行人司，在外许方面官及各府堂官、州县正堂、儒学教官服之。武官止都督以上。其余不许滥服。"礼部以图说颁布天下，如敕奉行。

　　按忠静冠仿古玄冠，冠匡如制，以乌纱冒之，两山俱列于后。冠顶仍方中微起，三梁各压以金线，边以金缘之。四品以下，去金，缘以浅色丝线。忠静服仿古玄端服，色用深青，以纻丝纱罗为之。三品以上云，四品以下素，缘以蓝青，前后饰本等花样补子。深衣用玉色。素带，如古大夫之带制，青表绿缘边并里。素履，青绿绦结。白袜。

　　僧道服。洪武十四年定，禅僧，茶褐常服，青绦玉色袈裟。讲僧，玉色常服，绿绦浅红袈裟。教僧，皂常服，黑绦浅红袈裟。僧官如之。惟僧录司官，袈裳，绿文及环皆饰以金。道士，常服青法服，朝衣皆赤，道官亦如之。惟道录司官，法服、朝服，绿文饰金。凡在京道官，红道衣，金襕，木简。在外道官，红道衣，木简，不用金襕。道士，青道服，木简。

—— 《明史·舆服志》

明代整顿和恢复了传统的汉族服饰礼仪。根据汉族的传统习俗，上采周汉，下取唐宋，对服饰制度作了新的规定，承袭了唐宋幞头、圆领袍衫、玉带、皂靴，确立了明代官服的基本风貌。

皇帝冠服有衮冕、通天冠、皮弁服、武弁服、常服、燕弁服。皇后冠服有礼服、常服。礼服有袆衣、翟衣，配有九龙四凤冠，常服用双凤翊龙冠、真红大袖衣。文武冠服分朝服、祭服、公服、常服、燕服。朝服用梁冠、赤罗衣、白纱中单。祭服用青罗衣、中单，冠带同朝服。公服用乌纱帽、团领衫、束带。常服初与公服同，后用补子区分等级，形成品服。燕服用忠静冠，参照玄端服而制。另有蟒服、飞鱼服、斗牛服作为赏赐之服。袍服的颜色有所定制：一至四品用绯，五至七品用青，八至九品用绿，并按照级别绣织各种纹饰。

男子服饰样式主要有：交领式衣衫，除用于官服外多用于劳动者的短衣；上衣下裳相连的束腰袍裙，多用于士大夫日常生活的服装，如程子衣、曳撒等；背间中缝直通到下面的斜领大袖袍，如直裰、襕衫、道袍等，衣身宽松、衣袖宽大，多为儒生、文人雅士所穿。

明代的妇女主要穿着对襟合领或对襟直领的衣服，如衫、袄、霞披、裙子等。衣服的样式大多仿自唐宋，恢复了汉族的习俗。普通明代妇女的礼服规定只能为紫色粗布，不许有金绣。袍衫只能用紫、绿等浅色，不许用大红及黄色。明代的仕女服饰有礼服和便服之分，礼服为宽大的上衣、大袖衫，便服则合身、窄瘦、修长，以长袄和长裙为主。这一时期，云肩、比甲（长背心）的使用最有特色。明代仕女穿着崇尚窄瘦合身，一般是对襟的窄袖罗衫与贴身的百褶裙。明代妇女喜欢将比甲当作外出服穿着，并配以瘦长裤或大口裤。服饰多以团花为饰，喜欢紫、绿、桃红及各种浅淡色，至于大红、鸦青、黄色等只有皇家贵族才能使用。

明代巾帽种类繁多，官服冠帽传承唐宋遗制而更加华丽，一般巾帽则保持元蒙形制造型简约的特色。主要有软帽、乌纱帽、烟墩帽、边鼓帽、瓦楞帽、大帽、毡笠、鞑帽、方顶笠子等。明代履制继承传统，有靴、舄、鞋等。明时妇女缠足之风盛行，并以此为美，女鞋趋于短小考究，有高跟鞋、福字履、尖头弓鞋等形式。

A

ai—ao

【**嗳袋**】àidài 也作"僾逮"。眼镜的别称。明田艺蘅《留青日札》卷二三:"提学副使潮阳林公有二物,如大钱形,质薄而透明,如硝子石,如琉璃,色如云母,每看文章,目力昏倦,不辨细书,以此掩目,精神不散,笔画倍明。中用绫绢联之,缚于脑后。人皆不识,举以问余。余曰:此嗳袋也。"清陈康祺《郎潜纪闻》卷九:"相传翁覃谿……六七十时犹能于灯下作细书,阅蝇头字,不假嗳袋。"厉荃《事物异名录·布帛·玻璃》:"眼镜亦名僾逮,盖用玻璨之类为之。"徐珂《清稗类钞·服饰》:"眼镜,以玻璃片或水晶为之,所以助目力者。相传出自西域,明时始行于我国,亦名嗳袋。"

【**袄裙**】ǎoqún ❶明代女式常服上袄下裙的统称。《明史·舆服志二》:"内命妇冠服,洪武五年定……贵人视三品……以珠翠庆云冠,鞠衣、褙子、缘襈袄裙为常服。"又《舆服志三》:"内外官亲属冠服:洪武元年……本品衫,霞帔,褙子,缘襈袄裙……品官次妻,许用本品珠翠庆云冠、褙子为礼服。销金阔领、长袄长裙为

常服。"❷戏曲服饰。大襟袄和大褶裙的简称。袄裙的服饰组合形式,其规格略高于袄裤。因为清初汉族妇女多以袄裙组合作为礼服、常服,显得庄重,有身份感。当袄裤引入戏曲服装后,为区分花旦所饰角色的身份,逐步又将袄裙组合形式引入戏曲衣箱,用于表现以花旦应工的"大家闺秀"。这种有生活依据的戏曲袄裙,既与"小家碧玉"的袄裤形成身份区别,又与同样是表现"大家闺秀"的"闺门帔",形成了行当区别。

袄裙

B

ba—bei

【八宝冠】bābǎoguān 用多种珠宝装饰的冠。一般为妇女和少数民族首领所戴。《明史·外国列传七》:"王饰八宝冠,箕踞殿上高座,横剑于膝。"《明史·吴兑传》:"三娘子入贡,宿兑军中,诉其事。兑赠以八宝冠、百凤云衣、红骨朵云裙,三娘子以此为兑尽力。"

【八卦衣】bāguàyī ❶明清时期道教徒众所穿的饰有八卦纹样的袍服。《封神演义》第七十七回:"来了一位道者,戴如意冠,穿淡黄八卦衣,骑天马而来。"❷戏曲服饰。专用于足智多谋、有道术的军师类型人物。款式为:大襟,斜大领,阔袖(带水袖),衣长及足,胯下两侧有开衩,袖口及下身异色镶缘(呈波线式)。波线式镶缘与开衩相同,但身后无摆。内造型的特点是:腰部缀有"腰梁",梁下缀两条宝剑头式的长飘带。"腰梁"与宫装的"革带"相似,是一种装饰带,并不起束腰作用,使服装外造型呈现宽大平直,保持着庄重感。服色多为色性沉稳的天青色、黑色、宝蓝色、紫色等。宝蓝色八卦衣,具有年轻感,用于孔明在卧龙岗出山时;汉代军师张良、梁山军师吴用皆用之。天青色和黑色的八卦衣为孔明军师所常用。紫色八卦衣多用于孔明戴"苍髯"时,一则适应其年已近衰老,再则,其时孔明已被敕封为蜀汉之"武乡

侯",用品级色较高的紫色也适合身份的变化。另有白色八卦衣,为孔明特殊场合用,此衣似非柴桑口为周瑜吊孝不得用之。但刘备去世白帝城后,亦应穿此,以示服孝。装扮人物时,一般与"八卦巾"构成衣冠组合。

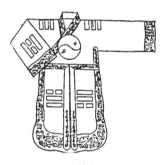

八卦衣

【八吉祥帽】bājíxiángmào 饰有壶、莲华、宝伞、白海螺、金法伦、胜利幢、宝瓶、宝鱼等佛教八种吉祥纹样的帽子。《金瓶梅词话》第四十一回:"哥儿送节的两盘元宵……两匹大红官缎、一顶青段撺的金八吉祥帽儿。"又第四十三回:"忽见迎春打扮着,抱了官哥儿来。头上戴了金梁缎子八吉祥帽儿,身穿大红氅衣儿,下边白绫袜儿,段子鞋儿,胸前项牌符索,手上小金镯儿。"

【八角巾】bājiǎojīn 明代士庶男子所戴缀有八带的头巾。参见840页"六角巾"。

【八梁冠】bāliángguān 冠顶有八道横脊的梁冠,明代用于公爵朝服。《明史·舆

服志三》："一品至九品,以冠上梁数为差一种。公冠八梁,加笼巾貂蝉,立笔五折,四柱,香草五段,前后玉蝉。"清夏敬渠《野叟曝言》："良久驾到,辇内排列五个孩童,一个头带八梁冠,貂蝉雉尾。"

【白领】báilǐng 明代侍御官员、宫人缀在官服衬袍上的白色护领,用以承接油垢,可拆下来经常换洗,但穿时不许露出在外。明刘若愚《酌中志》卷一九："近御之人所穿之衣……其白领以浆布为之,如玉环在项,而缺其前,稍油垢即拆换之。"

【百凤云衣】bǎifèngyúnyī 明代妇女的一种绣有百凤穿云纹样的礼服。《明史·吴兑传》："三娘子入贡,宿兑军中,朔其事。兑赠以八宝冠、百凤云衣、红骨朵云裙,三娘子以此为兑尽力。"

【百花裙】bǎihuāqún 明代年轻妇女所穿的一种礼服裙子。裙上绣织各式花朵,大小相间、形态各异。《金瓶梅词话》第七十二回："林氏又早戴着满头珠器,身穿大红通袖被袍儿,腰系金镶碧玉带,下著玄锦百花裙。"又第九十一回:"孟玉楼戴着金梁冠儿,插着满头珠翠胡珠子,身穿大红通袖袍儿,系金镶玛瑙带,玎珰七事,下著柳黄百花裙。"

【百柱帽】bǎizhùmào 明代嘉靖年间苏州地区盛行的一种便帽样式,多为纨绔子弟所戴。《喻世明言·蒋兴哥重会珍珠衫》："头上带一顶苏样的百柱鬃帽,身上穿一件鱼肚白的湖绉道袍,又恰好与蒋兴哥平昔穿着相像。"《二刻拍案惊奇》卷三九:"苏州新兴百柱帽,少年浮浪的无不戴着装幌。南园侧东遵堂白云房一起道士,多私下置一顶,以备出去游耍,好装俗家。"

【板巾】bǎnjīn 也称"板帽""六板帽""瓦楞帽"。明代道士所戴的一种帽。前面倾斜向下如屋檐。《二刻拍案惊奇》卷三九:"懒龙应允,即闪到白云房将众道常戴板巾尽取了来。"又:"一伙道士正要著衣帽登岸潇洒,寻帽不见,但有常戴的纱罗板巾,压折整齐,安放做一堆在那里。"

【半袜】bànwà 明代缠足妇女所穿的高筒无底之袜,其上达于膝,以带系缚至于踝。明胡应麟《少室山房笔丛》卷一二:"自昔人以罗袜咏女子,六代相承,唐诗尤众。至杨妃马嵬所遗,足证唐世妇人,皆著袜无疑也。然今妇人缠足,其上亦有半袜罩之,谓之膝裤,恐古罗袜或此类。"清厉荃《事物异名录·服饰·膝裤》引明田艺蘅《留青日札》:"唐世妇人皆著袜,今妇人缠足,其上亦有半袜罩之,谓之膝裤。"赵翼《陔余丛考·袜膝裤》:"是以吕蓝衍《言鲭》谓'袜即膝裤'。然今俗袜有底,而膝裤无底,形制各别。按《炙毂子》曰:'三代谓之角袜,前后两只相成,中心系带。'则古之袜之制,正与今膝裤同。岂古之所谓袜,本如今膝裤之制,后人改为有底,遂分其名,而一则称袜,一则称膝裤邪?"

【绊头带子】bàntóudàizi 明清时期妇女束发所用的一种布帛之类的物品。《醒世姻缘传》第三十七回:"只见那个闺女手里挽着头发,头上勒着绊头带子,身上穿着一件小生纱大襟褂子。"

【包头】bāotóu ❶明清时女性中流行的一种额饰,据清人叶梦珠称是用细长条的绫罗绸缎,或折成斜角,从颅后围绕于前,系结于额头。巾上可另附珠翠首饰等。《醒世恒言·陆五汉硬留合色鞋》:"可怜寿儿从不曾出门,今日事再无奈,只得把包头齐眉兜了,锁上大门,随众人望杭州府来。"明范濂《云间据目钞》:"(妇人)包头不问老少皆用,万历十年内暑天犹尚骔头箍,今皆用纱包头,春秋用熟湖(州)罗。初尚阔,今又渐窄。"清叶梦珠《阅世编》卷八:"今世所称包头,意即古之缠头也。古或以锦为之。前朝冬用乌绫,夏用乌纱,每幅约阔二寸,长倍之。予幼所见,皆以全幅斜褶阔三寸许,裹于额上,即垂后,两杪向前,作方法,未尝施裁剪也……崇祯中,式始尚狭,遂截半为之,即其半复分为二幅,幅方尺许,斜褶寸余阔,一施于内,一加于外,外者稍狭一、二分,而别装方结于外幅之正面。缠头之制一变。今裁幅愈小,褶愈薄,体亦愈短,仅施面前两鬓,皆虚以线暗绕于鬓内而属后结之,但存其意而已。或用黑线结成花朵,于乌绫之上,裁剪如式,内施硬衬为佳,至有上用红锦一线为缘,而下垂于两眉之间者,似反觉俗。"《天雨花》第十二回:"夫人忙与展去血痕。用包头扎了。"❷戏曲中旦行脚色头部饰物的总称,包括贴片子、勒网子、梳头、头面等。亦借指旦角演员。《儒林外史》第三十回:"当下戏子吃了饭,一个个装扮起来,都是簇新的包头,极新鲜的褶子。"清方培成《雷峰塔》:

包头(清康熙刻本《耕织图》)

"玉台斜凭,缓把春纤,卸却包头绢。"《京尘杂录·梦华琐簿》:"俗呼旦角曰包头。盖昔年俱戴网子,故曰包头。"

【保和冠服】bǎohéguānfú 明代宗室诸王及王长子礼服样式。始定于明嘉靖七年,形制参酌皇帝燕弁及忠静冠服而制。样式以亲疏等级而有别。亲王及世子,冠如皇帝燕弁,而制稍减。亲王冠为九瓣,世子冠为八瓣,郡王则为七瓣,俱去簪与五采玉云,后山装饰改为一扇,分画为四山。服为青色青边,前后方龙补,边饰不用龙而用云。红鞋用皂绿结,白袜。郡王长子,冠如忠静冠,改用五瓣,服同亲王世子。《明史·舆服志二》:"嘉靖七年谕礼部:'朕仿古玄端,自为燕弁冠服,更制忠静冠服,锡于有位,而宗室诸王制犹未备。今酌燕弁及忠静冠之制,复为式具图,命曰保和冠服。自郡王长子以上,其式已明。镇国将军以下至奉国中尉及长史、审理、纪善、教授、伴读,俱用忠静冠服……保和冠服之异式,亲亲之杀也。等杀既明,庶几乎礼之所保,保斯和,和斯安,此锡名之义也。其以图说颁示诸王府,如敕遵行。'保和冠制,以燕弁为准,用九椒,去簪与五玉,后山一扇,分画为四。服,青质青缘,前后方龙补,身用素地,边用云。衬用深衣,玉色。带青表绿里绿缘。履用皂绿结。白袜。'"

【豹襦】bàorú 用豹的毛皮做的短上衣。明方孝孺《养素斋记》:"狐袖豹襦,烹肥脍腴,青红夺目,甘膬沦肤者,服食之侈也。"

【贝裘】bèiqiú 絮有木棉花的防寒衣服。贝,吉贝,木棉。明苏伯衡《送王希旸编修使交趾》诗:"乐作聆铜鼓,衣更阅贝裘。"

【背胸】bèixiōng 即"补子"。也作"胸背"。《明史·舆服志四》:"四夷之舞,高丽舞四人,皆笠子青罗销金背胸袄子,铜带、皂靴。"清俞樾《茶香室丛钞·背胸》:"国朝刘廷玑《在园杂志》云:'朝衣公服,俱用补子……福清叶相国《向高集》内有钦赐大红纻丝斗牛背胸一袭,背胸或即补子也。'按:补子之名,殊无意义,宜称背胸为是。"又《舆服志三》:"仪宾朝服、公服、常服,俱视品级,与文武官同……郡主仪宾鈒花金带,胸背狮子,县主仪宾鈒花金带,郡君仪宾光素金带,胸背俱虎豹。"

bi—bu

【笓箘】bìjī 也作"箘笓"。箘的别称。明罗颀《物原·器原》:"伏羲作木梳,神农作笓箘。"清厉荃《事物异名录·器用·笓箘》:"《事物原始》:'神农作笓箘。'按芘箘谓箘也。《方言》作编箘。"汪汲《事物原会》卷二八:"箘,《物原》:'神农作笓箘。'"

【碧琳冠子】bìlínguānzi 用青绿色的美玉制作的妇女冠饰。明孙梅锡《琴心记》第十五出:"这是鹊金钗相配俱齐,这是稳犀簪雕凤螭,这是碧琳冠子回凤髻。"

【箘头】bìtóu 用梳箘梳理头发、清除发垢。《二刻拍案惊奇》第二十五卷:"这个月里拣定了吉日,谢家要来取去。三日之前,蕊珠要整容开面,郑家老儿去唤整容匠。原来嘉定风俗,小户人家女人箘头剃脸,多用着男人。"

【臂缚】bìfù 兵卒、武士绑在两臂上以避兵刃的铁甲。明茅元仪《武备志·军资乘·器械四》:"臂缚式,一名臂手,每一

副用净铁十二三斤,钢一斤,折打钻锃重五六斤者,以熟狗皮钉叶,皮绳作带,以细布缝袖肚,务要随体宛转活便。"

【边鼓帽】biāngǔmào 明代一种顶尖而长、带檐的圆帽。元代遗制,为一般市井少年、平民和仆役等常戴。明嘉靖时最为流行,至清代,亦较常见。明末清初顾炎武《日知录·冠服》:"嘉靖初,服上长下短,似弘治时。市井少年帽尖长,俗云边鼓帽。"清郝懿行《证俗文》卷二:"弘治时,市井少年帽尖长,俗云边鼓帽。"

【褊巾】biǎnjīn 明代男子所戴的一种便帽。明范濂《云间据目钞》卷二:"自后以为烦……复变为唐巾、汉巾、褊巾。"

【鬓边花】bìnbiānhuā 也称"飘枝花"。插在双鬓的花饰。用真花、像生花及各种金玉翡翠制成的花钿。男女皆可使用,以女性为多。宋代已有使用。明范濂《云间据目钞·记风俗》:"发股中用犀玉大簪,横贯一二只,后用点翠卷荷一朵,旁加翠花一朵,大如手掌,装缀明珠数颗,谓之鬓边花,插两鬓边,又谓之飘枝花。"

【鬓环】bìnhuán 佩戴在头巾上鬓角部位金、银、玉石等制成的环形饰品。《水浒传》第七回:"头戴一顶青纱抓角儿头巾,脑后两个白玉圈连珠鬓环。"

【脖领】bólǐng 围住脖子的领套或衣领。明刘若愚《酌中志·内臣佩服纪略》:"凡脖领,亦不许外露,亦不得缀钮扣;只宫人脖领则缀钮扣。"

【补】bǔ 即"补子"。明无名氏《天水冰山录》载严嵩被籍没之家产,有"青刻丝锦鸡补改机圆领一件""青妆花孔雀补绒圆领五件""大红织金仙鹤补丝布圆领一件"诸语。明刘若愚《酌中志》卷一九:

"凡司礼监掌印、秉笔,及乾清宫管事之耆旧有劳者,皆得赐坐蟒补,次则斗牛补,又次俱麒麟补。凡请大轿长随,及都知监,戴平巾。有牙牌者,穿狮子鹦哥杂禽补。"清叶梦珠《阅世编》卷八:"前朝职官公服,则乌纱帽,圆领袍,腰带,皂靴……圆领则背有锦绣,方补品级,式样与今之命服同,但里必有方领衬摆,不单著耳。"

【补服】bǔfú ❶明清时装饰有补子的官服,其前胸及后背缀有用金线和彩丝绣成的补子。朝视、谢恩、礼见、祭祀、迎銮、宴会均可着之,凡出师、告捷之典;下属谒见上司;每月初一、初十或逢五日;遇有月食,品官在院、部衙门或行宫的朝贺仪式文武品官一律穿补服。各品补子纹样,均有定制。明代规定:文官饰鸟,武官饰兽。明洪武二十四年定,公、侯、驸马、伯用绣麒麟、白泽;文官一品、二品饰仙鹤、锦鸡;三品、四品饰孔雀、云雁;五品饰白鹇;六品、七品饰鹭鸶、鸂鶒;八品、九品饰黄鹂、鹌鹑、练雀;风宪官饰獬豸。武官一品、二品饰狮子;三品、四官饰虎、豹;五品饰熊;六品、七品饰彪;八品、九品饰犀牛、海马。清初沿明制,顺治九年对上述制度作了系统的改动,使之更完备、详尽。清代制度:文官一品,饰仙鹤;二品,饰锦鸡;三品,饰孔雀;四品,饰云雁;五品,饰白鹇;六品,饰鹭鸶;七品,饰鸂鶒;八品,饰鹌鹑;九品,饰练雀。武官一品,饰麒麟;二品,饰狮子;三品,饰豹;四品,饰虎;五品,饰熊;六品,饰彪;七品、八品饰犀牛;九品,饰海马。都察院、按察司官员,不论品级,俱饰獬豸。亲王至贝子为圆补,国公以下官员为方补。此外,命妇受

封,也得同补服,其补饰各从其夫或子之品级。唯武官之母、妻用禽纹,意谓巾帼不必尚武。至乾隆朝定制无改。清昭梿《啸亭杂录·用傅文忠》:"故特命晚间独对,复赏给黄带、四团龙补服、宝石顶、双眼花翎以示尊宠。"吴振棫《养吉斋丛录》卷二二:"皇子、亲王、郡王、亲王世子,用四团龙补服,有赏四团正龙补服者,特恩也。贝勒补服,绣正蟒二团。贝子补服,绣行蟒二团。公则用绣蟒方补。"《儒林外史》第二十九回:"你做官到任,除了不打金凤冠与我戴,不做大红补服与我穿,我做太太的人,自己戴了一个纸凤冠,不怕人笑也罢了,你还叫我去掉了是怎的?"王先谦《东华录·康熙九年》:"乙酉议政王等议定服制,民公以下,有顶带官员以上,禁止穿五爪三爪蟒缎、满翠缎圆补服、黑狐皮、黄色、秋香色衣。"陆心源《补服考》:"补服,明制也。本朝因之,而微有更定……明制朝祭之服,参酌唐宋旧制;常服以绣补为别,则自太祖始也。但明人施之于袍,我朝用之于褂,为小异耳。"徐珂《清稗类钞·服饰》:"品官之补服,文武命妇受封者,亦得用之。各从其夫或子之品以分等级。惟武官之母妻,亦用鸟,意谓巾帼不必尚武也。补服惟亲王、郡王所用者为圆形,余皆方;光绪中叶,汉族命妇补服,皆改方为圆矣。"❷明清时于品服之外,缀有随时依景而制的补子的衣服。因织绣有各种应景花纹,在形式上类似官吏补子,故名。所用纹样视节令而异,如正旦(元旦)用葫芦景;元宵用灯笼景;清明用秋千纹;端午用五毒艾虎;七夕用鹊桥、喜鹊;中秋用海棠、玉兔;重阳用菊花;冬至用童子骑绵羊等。清高士奇《金鳌退食笔记》卷

下:"明时重九或幸万岁山,或幸兔儿山清虚殿登高,宫眷内臣皆著重阳景菊花补服,吃迎霜兔菊花酒。"阿英《女儿节的故事》:"内廷宫嫔,旧例从初一起,就要衣鹊桥补服。"❸明末李自成起义军的官服。以云纹分等级。清梁绍壬《两般秋雨庵随笔》卷三:"品级补子,定于洪武,行于嘉靖,仍用至今……至李闯制补服,以云为品,一品一云,九品九云,伪相牛金星所定。"❹补子的代称。《二十年目睹之怪现状》第四回:"后头送出来的主人,却是穿的枣红宁绸箭衣,天青缎子外褂,褂上还缀着二品的锦鸡补服。"

【补子】bǔzi ❶省称"补"。也作"黼子"。也称"绣胸""歇胸"。明清官员、命妇礼服上的纹样标识。用金线或彩丝绣织成禽兽图像,也有织造的。补子源于宋、元的动物织锦,在它作为品官专有纹饰后,一般有两种表达形式:将织绣物另制后缀于官服上;用提花、缂丝或彩绘等方法直接织成于官服材料上。文官用禽,武官用兽,前胸及后背各缀一块,以区分文武职别及品级高低。其制始于明初。清承明制,亦将其缀于官服。然与明代略有区别。明代补子大者达40厘米;清代补子一般都在30厘米左右。明代补子织在大襟袍上,所以补子前后都是整块;清代补子是缝在对襟褂上,因此补子前片都在中间剖开,成两半块。明代补子以素色为多,底子大多为红色,上用金线盘成各种图案,五彩绣补较少见;清代补子大多用彩色,底子颜色很深,有绀色、黑色和深红等。明代补子四周,一般不用边饰;清代补子都装饰有花边。明代有些文官(如四、五、七、八品)的补子,常织绣一对禽鸟,而清代的补子都绣织单只禽鸟。清代皇子、宗王、贝勒、贝子等用圆形补子,其他皆用方形补子。命妇受封,亦得用补子,各从其父、夫之品以分等级。妇女所用补子,一般比男用小些,长宽在24~28厘米之间。明刘若愚《酌中志》卷一九:"初七日'七夕节',宫眷内臣穿鹊桥补子。"清福格《听雨丛谈》卷一:"丹陛乐人,大红缎宽袖袍、鹦鹉补,束绿绸带。"梁绍壬《两般秋雨庵随笔·补子》:"品级补子,定于洪武,行于嘉靖,仍用至今,汪韩门《缀学》言之详矣。"俞樾《茶香室丛钞·背胸》:"国朝刘廷玑《在园杂识》云:'朝衣公服,俱用补子。绣仙鹤锦鸡之类,即以鸟纪官之义。'……按补子之名,殊无意义,宜称背胸为是。"《儿女英雄传》第三

清代文官补子纹样
(《中国古代服饰史》)
文官补子。自左至右,再自上而下上一品鹤,二品锦鸡,三品孔雀,四品雁、五品白鹇、六品鹭鸶、七品㶉𫛶、八品鹌鹑、九品练雀,都御史獬豸。

明朝时期的服饰

十七回：“因此，师老爷也就'居移气，养移体'起来……买了一幅自来旧的八品鹌鹑补子，一双脑满头肥的转底皂靴。”❷明清时于品服之外随时依景而制的徽饰。清梁绍壬《两般秋雨庵随笔·补子》：“刘若愚《芜史》称宫眷内臣，腊月廿四日祭灶后，穿葫芦补子；上元，灯景补子；五月，艾虎毒补子；七夕，鹊桥补子；重阳，菊花补子；冬至，阳生补子；此则在品服之外，随时戏为之者。”

清代武官补子纹样
（《中国古代服饰史》）

武官补子。自左至右，再自上而下。上武一品麒麟、二品狮、三品豹、四品虎、五品熊、六品彪、七品八品犀、九品海马。亲王五爪金龙，从耕农官彩云捧日。

【**不老衣**】bùlǎoyī 明代对道袍的别称。因道教宣称修道可使人长生不老，故称。明无名氏《献蟠桃》第二折：“则我这草履麻绦不老衣，倒大来无是无非。”

C

cai—cui

【彩帔】cǎipèi 彩绣披肩。《醒世恒言·汪大尹火烧宝莲寺》："内供养着一尊女神,珠冠璎珞,绣袍彩帔。"明张璨《恼公诗题游春士女图》诗："宝钗横玉燕,彩帔砑银鹅。"

【钗裙】chāiqún 女性的首饰与衣裙。亦代指女性。明沈一贯《老鸱行》："公然出入索祭赛,移精屋底惊钗裙。"陈献章《赠谢德明有事赴广还》诗其一："钗裙是荆布,岁月胜资妆。"清黄六鸿《福惠全书·钱谷·革保歇图差》："而奸差从中作鬼,调停劝解,钗裙估值,米谷代钱,而穷民小舍无不因之为害。"梁启超《纪事二十四首》诗："珍重千金不字身,完全自主到钗裙。"

【禅鞋】chánxié 明代僧侣所着之鞋,此鞋因鞋头附以黑皮子且做成如牛鼻子状长梯形而得名,鞋底极厚,鞋帮亦用粗线纳过,结实耐穿,亦多为山区老年人穿用。《金瓶梅词话》第五十七回："长老宣扬已毕,就教行者拿过文房四宝……辞了大众,着上禅鞋,戴上个斗笠子,一壁厢直奔到西门庆家里来。"

【缠带】chándài 系腰之布带。多武人、力夫等所用。《水浒传》第十六回："杨志戴上凉笠儿,穿着青纱衫子,系了缠带行履麻鞋。"《金瓶梅词话》第一回："随即解了缠带,脱了身上鹦哥绿纻丝衲袄。"

【缠袋】chándài 一种缠于腰间盛钱物的布袋,形制类似搭膊。明代流行于平民阶层。《水浒传》第六十二回："(石秀)腰系绯红缠袋,脚穿踢土皮鞋。"又第八十一回："燕青把水火棍挑着笼子,拽札起皂衫,腰系着缠袋。"

【缠子】chánzi 用金属丝简单缠绕于指上而成的指环。明顾起元《客座赘语》卷四："金玉追炼约于指间曰戒指,又以金丝绕而箍之曰缠子。"

【缠棕帽】chánzōngmào 明代男子所戴的一种棕帽。以棕藤编织而成,筒高直而圆,帽檐向四周平展。明王圻《三才图会·衣服一》："缠棕帽,以藤织成,如冑,亦武士服也。"《金瓶梅词话》第七回："这西门庆头戴缠综(棕)大帽,一撒钩绦,粉底皂靴。"又第九十回："(李衙内)那身穿着一弄儿轻罗软滑衣裳,头带金顶缠棕小帽,脚踏干黄靴。"明陆容《菽园杂记》卷六："永乐间有圬工修尼寺,得缠骢骥帽于承尘上,帽有水晶缨珠,工取珠卖于市。"

缠棕帽(明王圻《三才图会》)

【嚵袺】chánjié 小儿涎衣、围襕。明方以智《通雅》卷三六:"拥咽……宋曰涎衣,俗名嚵袺。"

【长翁靴】chángwēngxuē 翁为"鞲"的俗字。长筒之靴。明方以智《通雅》卷三六:"络缇,长翁靴也……外围履连胫,谓之络缇,即今长翁靴也。"

【常服冠】chángfúguān 也称"常冠"。明清时指官员、命妇日常所戴的礼冠。《明史·舆服志三》:"三品……常服冠上珠翠孔雀三,金孔雀二,口衔珠结。"清吴荣光《吾学录初编》卷八:"常服冠,上缀朱纬,梁一亘顶上,两旁垂带,交领下。"《清史稿·舆服志二》:"(皇帝)常服冠,红绒结顶,不加梁,余如吉服冠。"

【厂衣】chǎngyī 斗篷;披风。明代用作官服。《醒世姻缘传》第一回:"我的不在行的哥儿,穿着厂衣去打围,妆老儿灯哩!"又第二十六回:"那庶民百姓穿了厂衣,戴了五六十两的帽套,把尚书侍郎的府第都买了住起。"

【氅衣】chǎngyī 明代一种日常穿用的宽大外套,罩于衣服外,质地厚实,无袖,制为双层,中纳绵絮。富贵之家则用毛皮。可以遮风御寒,其形制不一。明刘若愚《酌中志·内臣佩服纪略》:"氅衣,有如道袍袖者,近年陋制也。旧制原不缝袖,故名曰氅也,彩素不拘。"《红楼梦》第五十二回:"把昨儿那一件孔雀毛的氅衣给他罢。"清曹庭栋《养生随笔》卷三:"《世说》:王恭披鹤氅行雪中,今制盖本此,故又名氅衣,办皮者为当。"

【陈桥鞋】chénqiáoxié 一种以蒲草编织而成的宕口凉鞋。因著名产地为松江(今属上海)陈桥,故名。《金瓶梅词话》第二回:"长腰身穿绿罗褶儿,脚下细结底陈桥鞋儿,清水布袜儿。"

【陈子衣】chénzǐyī 即"程子衣"。明沈德符《万历野获编》卷二六:"古来用物,至今犹系其人者,如韩熙载作轻纱帽,号韩君轻格……今通用者又有陈子衣、阳明巾,此固名儒法服,无论矣。"

【衬摆】chènbǎi 明代袍服上缝缀在两腋襞积处的角形装饰,左右各一,多用于官服。传统戏曲服装仍保留其制,但改三角为长条。《醒世姻缘传》第二十六回:"那四五个乐工都换了崭新双丝的屯绢圆领,蓝绸衬摆。"明刘若愚《酌中志》卷一九:"直身,制与道袍相同,惟有摆在外,缀本等补。"

【衬褡】chèndā 也作"衬搭"。指背心、背搭之类贴身内衣。明汤显祖《紫钗记·妆台》:"你把鸳鸯衬褡儿剪裁,指领上绣针凭在。"

【衬道袍】chèndàopáo 指明代宫廷内臣所穿二色衣的第二层直裰。明刘若愚《酌中志》卷一九:"二色衣,近御之人所穿之衣。自外第一层谓之盖面,如裰褋、贴里、圆领之类。第二层谓之衬道袍。第三层谓之褶领,道袍,其白领以浆布为之,如玉环在顶而缺其前,稍油垢即换之。"

【衬褶袍】chènxípáo 明代的一种便服。明刘若愚《酌中志·内臣佩服经略》:"世人所穿襪子,如女裙之制者,神庙亦间尚之,曰衬褶袍,想即古人下裳之义也。"

【程子巾】chéngzǐjīn 一种类似东坡巾的大帽,唯其后垂两块方帛。相传宋代大儒程颐曾戴此巾,故名。明刘若愚《酌中志》卷一九:"长巾者,制如东坡巾,而后垂两方叶,如程子巾式。"

【程子衣】chéngzǐyī 士大夫家常闲居所穿的一种服装。制如道袍而稍异。用纱罗纻丝制成,领为斜领,大襟宽袖,下长过膝,腰间以一道横线分为两截,取上衣下裳之意,下有竖褶,前后作三十六或十八褶不等。相传宋代大儒程颐生前常着此服,因以为名。流行于明代初期,礼见宴会,均可穿着。后因嫌其过于简便,乃以裰褛代之。明王世贞《觚不觚录》:"腰中间断,以一线道横之,则谓之程子衣。无线导者,则谓之道袍,又曰直掇。此三者,燕居之所常用也。迩年以来,忽谓程子衣、道袍皆过简,而士大夫宴会,必衣曳撒。"《万历野获编》:"又有陈(程)子衣,阳明巾(阳明,指王阳明),此固名儒法服,无论矣。"

程子衣
(明徐俌墓出土,南京博物院藏)

【赤虎】chìhǔ 也作"蚩虎"。一种头上戴的首饰。以金银为之,制成虎形,两端系以链索,使用时悬挂于额间。男女均可用之。流行于明代。《金瓶梅词话》第七十五回:"(如意儿道)'他要问爹讨娘家常戴的金赤虎正月里戴,爹与他了罢。'西门庆道:'你没正面戴的,等我叫银匠拿金子另打一件与你,你娘的头面箱儿,你大娘都拿到后边去了,怎好问他要的。'老婆道:'也罢,你还另打一件赤虎与我罢。'"又第七十七回:"只见王径向顾银铺内,取了金赤虎,又是

四对金头银簪儿交与西门庆,西门庆留下两对在书房内,余者袖进李瓶儿房内坐下,与了如意儿那赤虎,又与他一对簪儿。"《清平山堂话本·西湖三塔记》:"风过处,一员神将,怎生打扮? 面色深如重枣,眼中光射流星。皂罗袍打嵌团花,红抹额销金蚩虎。"

【赤绂】chìzǔ 官服上系印纽的赤色丝带。明高启《送王孝廉游京回钱塘》诗:"此日腰间垂赤绂,不须犹愧故乡亲。"明岳正《杨氏忠孝堂》:"捷书星飞达未央,诏许赤绂绾金章。"

【冲天冠】chōngtiānguān 明代洪武年间创制的一种冠,帝王所戴。明王三聘《古今事物考》卷六:"冲天冠,唐制交天冠,以展角相交于上。国朝吴元年,改展脚,不交向前朝,其冠缨取象善字,改名翊善冠。洪武十五年,改展角向上,名曰冲天冠。"《西游记》第三十八回:"原来是个死皇帝,戴着冲天冠,穿着赭黄袍,踏着无忧履,系着蓝田带,直挺挺睡在那厢。"

【钏臂】chuànbì 臂镯。阮大铖《燕子笺·寇奔》:"钗符凤口衔,钏臂鲛丝绾。"《海上花列传》第二十二回:"耐心里只道仔我是整脚佣人,陆里买得起四十块洋钱莲蓬,只好拿洋铜钏臂来当仔金钏臂带带个哉,阿是?"

【钏镯】chuànzhuó 手饰、臂饰名,手镯。旧称臂环为"钏",俗称为"镯"。汉代妇女已有戴镯习惯,据考古发掘证实,有的一只手臂上戴几个。湖南长沙五里牌出土的四个金手镯中,有一个作绚绳形,近似现在名叫"鳝鱼骨"式的链条,以许多根细金丝交织而成,柔软而精致。明清钏镯,有的朴素无华,仅是一个金圈、银圈或玉圈;有的繁琐富丽,或以金为

骨,上面盘丝、累丝、镶嵌珠宝;或以玉为骨,包金镶银,精雕细刻。《水浒传》第四十六回:"娘子许我一副钏镯,一套衣裳,我只得随顺了。"

【纯阳巾】chúnyángjīn 也称"吕祖巾""洞宾巾""乐天巾"。明代士人、隐士、道人所戴的一种头巾。顶上用寸帛折迭成竹简状垂于后。相传"纯阳祖师"吕洞宾"成仙"前曾戴此巾。乐天巾,因唐代诗人白乐天而得名。一说其巾前后有披,上饰盘云。明王圻《三才图会·衣服一》:"纯阳巾……颇类汉唐二巾顶有寸帛襞积,如竹简垂之于后。曰'纯阳'者,以仙名;而'乐天'则以人名。"屠隆《起居器服笺》:"唐巾之制去汉式不远,前折较后两旁少窄三四分,顶角少方;有纯阳巾亦佳,两旁制玉圈,右缀一玉瓶,可以簪花,外此者非山人所取。"清姚廷遴《姚氏纪事编》:"至如明季服色,俱有等级。乡绅、举、贡、秀才俱戴巾,百姓戴帽。寒天绒巾、绒帽,夏天鬃巾、鬃帽。又有一等士大夫子弟,戴飘飘巾,即前后披一片云者;纯阳巾,前后披有盘云者。"

纯阳巾
(明王圻《三才图会》)

【次工大帽】cìgōngdàmào 省称"次工"。明清时期云南妇女的一种敞檐大帽。形状如竹笠,四周缀以黑毡,多为外出时所戴。明杨慎《谭苑醍醐·羃䍦考》卷三:"云南大理妇人,戴次工大帽,亦古意之遗焉。"清厉荃《事物异名录·眼饰部·笠》:"云南风俗首戴次工,制如渔笠,覆以黑毡。"

【翠博山】cuìbóshān 明代后妃、太子妃礼冠上的博山饰品。《明史·舆服志二》:"皇后常服……永乐三年更定,冠用皂縠,附以翠博山,上饰金龙一,翊以珠。"又:"皇妃、皇嫔及内命妇冠服……永乐三年更定,礼服:九翟冠二,以皂縠为之,附以翠博山,饰大珠翟二,小珠翟三,翠翟四,皆口衔珠滴。"又:"皇太子妃冠服……永乐三年定燕居冠,以皂縠为之,附以翠博山,上饰宝珠一座,翊以二珠翠凤,皆口衔珠滴。"

【翠纹裙】cuìwénqún 纹或作文。蓝绿色的裙子。上绣同色花纹,并缀以金色阔边。元明时期较为流行。多用于年轻妇女。明李昌祺《剪灯余话》卷五:"(贾)娉上服紫罗衫,下著翠文(纹)裙。"《金瓶梅词话》第八十二回:"见妇人摘去冠儿,半挽乌云,上著藕丝衫,下著翠纹裙。"

【翠云冠】cuìyúnguān 明代命妇所戴的一种凤冠。清郝懿行《证俗文》卷二:"明洪武十八年乙丑,颁命妇翠云冠制于天下。"注:"即今凤冠。"

D

da—ding

【达公鞋】dágōngxié 据传是达摩和尚常穿的鞋子。泛指僧鞋。《西游记》第三十六回:"那三奘光着一个头,穿一领二十五条达摩衣,足下登一双拖泥带水的达公鞋,斜倚在那后门首。"

【答纳珠】dánàzhū 下垂的耳珠。明朱有燉《嘲戏·风流舍人》曲:"皂皮靴刺着倒提云,答纳珠坠着耳轮。"

【大衿】dàjīn 也作"大襟"。服装襟式之一。衣衽右掩。纽扣偏在一侧,从左到右,盖住底襟。多用于汉族服装,有别于少数民族的左襟。礼服、便服均可用之。《金瓶梅词话》第五十六回:"只有李瓶儿上穿素青杭绢大衿袄儿,月白熟绢裙子,浅蓝玄罗高底鞋儿。"清《训俗条约》:"至于妇女衣裙,则有琵琶、对襟、大襟、百裥、满花、洋印花、一块玉等式样。"

大衿(江苏镇江明墓出土)

【大衫】dàshān ❶ 也称"大袖衫"。明代内外命妇礼服。以红色纻丝纱罗为之,穿着时和霞帔、褙子等服饰配用。《续文献通考·王礼》卷八:"内命妇冠服,洪武五年定……四品、五品山松特髻、大衫为礼服;贵人视三品,以皇妃燕居冠及大衫、霞帔为礼服,以珠翠庆云冠、鞠衣、褙子、缘襈袄裙为常服。"《明史·舆服志二》:"内命妇冠服。洪武五年定,三品以上花钗、翟衣,四品、五品山松特髻,大衫为礼服。"又《舆服志三》:"大袖衫,用真红色……其八品、九品礼服,惟用大袖衫、霞帔、褙子。大衫同七品。霞帔上绣缠枝花,钗花银坠子。褙子上绣摘枝团花。"❷ 身长过膝的宽大衣衫。《花月痕》第八回:"定睛一看,一个十四五岁的,身穿一件白纺绸大衫,二蓝摹本缎的半臂。"

大衫(《岐阳世家文物图像册》)

【代指】dàizhǐ 即指环。明王三聘《古今事物考》卷六:"《五经要义》曰:'古者后妃群妾御于君所,当御者,以银环进之。娠,则以金环退之。进者著右手,退者著左手。本三代之制。即今之代指也。'"

【丹舄】dānxì 也称"朱舄"。红色复底礼鞋。一般多用于道官、法士。《金瓶梅词话》第六十五回:"玉皇庙吴道官来悬真,身穿大红五彩鹤氅,头戴九阳雷巾,脚登丹舄。"《醒世恒言·李道人独步云门》:"只见正居中坐着一位仙长,头戴碧玉莲冠,身披缕金羽衣,腰系黄绦,足穿朱舄,手中执着如意,有神游八极之表。"

【单裤】dānkù 单层的裤子。《醒世姻缘传》第七十九回:"小珍珠依旧还是两个布衫,一条单裤,害冷躲在厨房。"

【单脸青布鞋】dānliǎnqīngbùxié 单梁黑布鞋。青,黑色。一般用于夫役。明刘若愚《酌中志》卷一九:"靴,皂皮为之……凡当差内使小火者不敢穿,但单脸青布鞋,青布袜而已。"

【淡服】dànfú 素淡简单的衣着。明王彦泓《闺人礼佛词》其一:"轻妆淡服堪描画,鹦鹉笼前捻数珠。"洪贯《宫词七首》其三:"淡服慵妆似出家,银屏添水浸荷花。"清王韬《淞滨琐话·画船纪艳》:"姬素妆淡服,秀媚天然。"

【宕口鞋】dàngkǒuxié 大口草鞋。有暖鞋和凉鞋两类。前者以蒲或稻草心为之,后者以黄草编织。制作精致,多用于士庶男子。明代中叶较为流行,普及于江南地区。一般为夏季所著。明范濂《云间据目钞》卷二:"宕口蒲鞋,旧云'陈桥',俱尚滑头,初亦珍异之。结者皆用稻柴心,亦绝无黄草。自宜兴史姓者客于松(江),以黄草结宕口鞋甚精,贵公子争以重价购之,谓之'史大蒲鞋'。此后宜兴业履者,率以五六人为群,列肆郡中,几百余家,价始甚贱,士人亦争受其

业。近又有凉宕口鞋,而蒲鞋滥觞极矣。"《金瓶梅词话》第九回:"把眼看那人:也有二十五六年纪,生得十分浮浪。头上戴着缨子帽儿……脚下细结底陈桥鞋儿。"清曹庭栋《养生随笔》卷三:"陈桥草编凉鞋,质甚轻,但底薄而松,湿气易透,暑天可暂著。"

【鞮革】dīgé 皮制的鞋。明唐顺之《喜峰口观三卫贡马》诗:"盘舞呈鞮革,侏言驿象胥。"

【翟冠】díguān 装饰有珠翟的礼冠,明代命妇所戴,以珠翟的个数多寡分别等级。明顾起元《客座赘语》卷四:"今留都妇女之饰,在首者翟冠,七品命妇服之;古谓之副,又曰步摇。"《明史·舆服志二》:"永乐三年更定,礼服:九翟冠二,以皂縠为之,附以翠博山,饰大珠翟二,小珠翟三,翠翟四,皆口衔珠滴。"《明史·舆服志三》:"二十六年定,一品,冠用金事件,珠翟五……二品至四品,冠用金事件,珠翟四……五品、六品,冠用抹金银事件,珠翟三……七品至九品,冠用抹金银事件,珠翟二。"

翟冠(明人《曹夫人华氏画像》)

【貂覆额】diāofùé 明清妇女冬季用的一种勒子。用条状貂皮制成,覆在额上以御寒冷。清李斗《扬州画舫录》卷九:"扬

州鬏勒,异于他地,有蝴蝶、望月……及貂覆额、渔婆勒子诸式。"又卷一一:"小秦淮使馆常买棹湖上……春秋多短衣如翡翠织绒属,名貂覆额、苏州勒子之属。"

【貂褕】diāoyú 用貂皮制的短衣。宋方岳《用简斋建除体韵》:"执杯手欲龟,风雪侵貂褕。"明唐顺之《皇陵行》:"貂褕中使日焚香,豸豅词官夜朝斗。"

【吊墩靴】diàodūnxuē 连胫之履。犹高筒靴。《水浒传》第二回:"史进看时,见陈达头戴干红凹面巾……上穿一领红纳袄,脚穿一对吊墩靴。"又第五十四回:"足穿云缝吊墩靴,腰系狮蛮金鞋带。"

【蝶裙】diéqún 绣有簇蝶花纹的裙。明庙翔《咏谢娟蝶裙是贞吉王孙所赐》诗:"鲛鮹新出海,六幅制为裙。拓得滕王蝶,妆成峡女云。"清陈维崧《绮罗香·春日咏兰》词:"趁雨摘,螺黛青分;带烟采,蝶裙碧化。"王士禄《春光好·秋千》:"红索软,锦旗平,蝶裙轻。一倍春光照眼明。殢初莺。"

【丁香】dīngxiāng ❶妇女的一种耳饰。以金、银、宝石等为之,作成颗粒之状,使用时附缀于耳垂。因造型与丁香装相类,故名。流行于明清时期。通常用于常服。明范濂《云间据目钞》卷二:"耳用珠嵌金丁香,衣用三领窄袖。"《金瓶梅词话》第六十八回:"月娘头上止摆着六根金头簪儿,戴上卧兔儿,也不搽脸,薄施胭脂,淡扫蛾眉,耳边带着两个金丁香儿。"《醒世姻缘传》第六十八回:"一群婆娘……有的在驴子上颠掉鬏髻……有的掉了丁香,叫人沿地找寻。"《醒世恒言·乔太守乱点鸳鸯谱》:"第二件是耳上环儿,此乃女子平常日时所戴,爱轻巧的,也少不得戴对丁香儿,那极贫小户人家,没有金的,银的,就是铜锡的,也要买对儿戴着。"清李渔《闲情偶寄》卷三:"饰耳之环,愈小愈佳,或珠一粒,或金银一点,此家常佩戴之物,俗名丁香,肖其形也。"《儿女英雄传》第九回:"只听说金子是件宝贝,镀个冠簪儿啊,丁香儿啊,还得好些钱呢!"❷指丁香花状的纽扣。清孔尚任《桃花扇·却奁》:"两个在那里交扣丁香,并照菱花,梳洗才完,穿戴未毕。"

【叮当七事】dīngdāngqīshì 叮当或作"玎玱"。也称"禁步七事"。"禁步"之一种。妇女佩于腰带或衣襟上的杂佩。由鞢韘七事演变而来。受胡服影响,隋唐妇女流行鞢韘七事,于腰带间饰挂若干条状杂佩,或挑牙、挖耳、刀砺之属。明代"七事"则是一种将若干饰物串在一起、行动时能发声的响佩。以金玉为之,镂刻成七种不同形状的小饰物,常见的有兽形、鸟形及兵器形等,然后以金链、珠宝穿组成饰,悬挂于裙边。行走时如跨步稍大或急念,七件佩饰互相撞击,发出声响,即被认为轻浮失礼。明顾起元《客座赘语》:"以金、珠、玉杂治为百物形,上有山云题众若花,题下长索贯诸器物,系而垂之,或在胸,曰'坠领',或系于裙之要(腰),曰'七事'。"《金瓶梅词话》第九十一回:"孟玉楼戴着金梁冠儿,插着满头珠翠,胡珠子,身穿大红通袖袍儿,系金镶玛瑙带,玎玱七事,下着柳黄百花裙。"《醒世姻缘传》第七十一回:"(童七)先把家中首饰、童奶奶的走珠箍儿,半铜半银的禁步七事,坠领挑排,簪环戒指,赔在那两只象的肚里,显也不显一显。"

【玎玱】dīngdāng 首饰名。明沈榜《宛署杂记·经费下》:"万历二十年,取状元梁冠一顶,黑角束带一条、玎珰一付,进士巾七十五顶。"

dong—duo

【东坡巾】dōngpōjīn 据传为苏轼所创的一种头巾。为士人所戴。明杨基《赠许白云》诗:"白云老翁乐且贫,眼如紫电炯有神,麻衣纸扇跋两屐,头带一幅东坡巾。"沈德符《万历野获编》卷二六:"古来用物,至今犹系其人者……帻之四面垫角者,名东坡巾。"王圻《三才图会》:"东坡巾有四墙,墙外有重墙,比内墙少杀,前后左右各以角相向,著之则有角介在两眉间,以老坡所服,故名。尝见其画像,至今东坡巾冠服犹尔。"

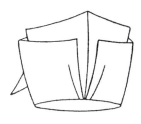

东坡巾
(明王圻《三才图会》)

【洞宾巾】dòngbīnjīn 一种头巾。即纯阳巾。明方以智《通雅》卷三六:"帽之屠苏垂者曰裙,亦曰裙。反裙覆顶者,所谓洞宾巾也。"

【兜肚】dōudù 也作"肚兜"。覆于胸前的贴身小衣。原名"抱腹""祖腹"或"袜腹",明清时多呼兜肚。男女均用,多为妇女、儿童所穿。亦有在兜肚中纳以丝绵或装入药物者,以治腹疾。《醒世恒言·卢太学诗酒傲王侯》:"卢才看见银子藏在兜肚中,扯断带子,夺过去了。"又

《陆五汉硬留合色鞋》:"这兜肚,你是地下捡的,料非己物。"《红楼梦》第三十六回:"说着,一面就瞧他手里的针线,原来是个白绫红里的兜肚,上面扎着鸳鸯戏莲的花样,红莲绿叶,五色鸳鸯。"清顾张思《土风录》卷三:"刘氏《释名》有抱腹,言上下有带,以抱裹其腹。按今谓之肚兜,妇女所带亦名抹胸。"曹庭栋《养生随笔》卷一:"腹为五脏之总,故腹本喜暖,老人下元虚弱,更宜加意暖之。办兜肚,将蕲艾捶软铺匀,蒙以丝绵,细针密行,勿令散乱成块,夜卧必需,居常亦不可轻脱,又有以姜桂及麝诸药装入,可治腹作冷痛。段成式诗云:'见说自能裁袒肚,不知谁更著哨头。'注:'袒肚',即今之兜肚。"徐珂《清稗类钞·服饰抹胸》:"以方尺之布为之,紧束前胸,以防风之内侵者,俗谓之兜肚。"

【兜巾】dōujīn 即软巾兜,用于护头项,以防风露。《清平山堂话本·洛阳三怪记》:"那阵风过处,见个黄袍兜巾力士前来云:潘松该命中有七七四十九日灾厄,招此等妖怪,未可剿除。"《红楼梦》第七十六回:"(贾母)戴上兜巾,披了斗篷,大家陪着又饮,说些笑话。"

【斗牛服】dòuniúfú 明代赐予一品官员的官服,上绣虬属兽斗牛,故名。明末一般用于小吏。明沈德符《万历野获编补遗》卷二:"至于飞鱼、斗牛等服,亚于蟒衣,古亦未闻。今以颁及六部大臣,及出镇视师大帅,以至各王府内臣各承奉者,其官仅六品,但为王保奏,亦以赐之,滥典极矣。"刘若愚《酌中志》卷一九:"自太监而上,方敢穿斗牛补。再加升,则膝襕之飞鱼也,斗牛也,蟒服也。再升,则受赏也。特升,方赐玉带。"清毛

奇龄《明武宗外记》:"(正德)十三年正月,车驾将还京,礼部具迎贺仪,令京朝官各朝服迎候;而传旨用曳撒、大帽、鸾带,且赐文武群臣大红纻丝罗各一;其彩绣一品斗牛,二品飞鱼,三品蟒,四品麒麟,五、六二七品虎彪。"叶梦珠《阅世编》卷八:"予所见举人与贡、监、生员同带儒巾……其上台门下,则有中军巡捕官,冠棕结草帽如笠而高,服大红斗牛锦绣以壮观。"纳兰性德《渌水亭杂识》卷二:"明朝翰林官,五品多借三品服色,讲官破格有赐斗牛服者。"

【斗篷】dǒupéng 也作"斗篷"。❶用藤篾编成的遮雨挡雪的斗笠。《三宝太监西洋记通俗演义》第五十七回:"张守成穿的是一领蓑衣,背的是一个斗篷,走到大门外,铺着蓑衣,枕着斗篷,鼾鼾的就是一觉。"《西游记》第二十回:"三藏挂着九环锡杖,按按藤缠篾织斗篷,先奔门前。"清高静亭《正音撮要》卷二:"竹雨帽亦叫斗篷。"❷也称"莲蓬衣"。披在肩上的宽大无袖的御寒外衣。对襟,直领或圆领,下长至膝。其制由蓑衣演变而来。最初多用棕麻编织,着之以御雨雪。明清时期以布帛制作。官庶均可着之,一般多用于冬季。入清以后,妇女穿此者日益普遍,形制亦更为精巧。通常以质地厚实的锦缎呢数为之,制为双层,中纳绵絮,考究者则在里层衬以皮毛;外表一般多织绣花纹。《红楼梦》第二十一回:"(袭人)料他睡着,便起来拿了一领斗篷来替他盖上。"又第三十一回:"老太太的一件新大红猩猩毡的斗篷放在那里,谁知眼不见他就披上了,又大又长,他就拿了条汗巾子拦腰系上。"《儿女英雄传》第三十一回:"直睡到三更醒来,因要下地

小解,便披上斗篷,就睡鞋上套了双鞋下来。"

【犊鼻衣】dúbíyī 厨人所穿的无袖之衣。有前片而无后片。类似今天的围裙。明张岱《快园道古》卷一:"居常好客,客在座,徐起临庖,服犊鼻衣。冶具无兼味,毕乃盥手,更衣出,率以为常。"

【犊子靴】dúzixuē 用小牛皮制成的一种皮靴。《西游记》第十八回:"那老者戴一顶乌绫巾,穿一领葱白蜀锦衣,踏一双糙米皮的犊子靴。"

【肚兜】dùdōu 贴身遮护胸腹的布片,菱形,有的有袋,用以贮物。也指妇女或小儿用的抹胸。小儿用者,至今仍常见,惟一般无袋。湖湘间名"兜肚",睡眠时以免风吹肚脐。明刘若愚《酌中志·大内规制纪略》:"像金铸者,曾经盗去镕使,惟像首屡销不化。盗藏之肚兜,日夜随身。"《恨海》第二回:"车夫一面说着,放下了马鞭子,把银子放在肚兜里。"清珠泉居士《续板桥杂记·雅游》:"至于抹胸,俗称肚兜,夏纱冬绉,贮以麝屑,缘以锦缣。"

肚兜

【短袄】duǎn'ǎo 有夹里,并在中间絮以棉花、丝绵或骆驼毛等防寒材料的短上衣。《西游记》第五十四回:"那里人都是

长裙短袄,粉面油头,不分老少,尽是妇女,正在两街上做买做卖。"《儒林外史》第三十九回:"看那人时,三十多岁光景,身穿短袄,脚下八搭麻鞋。"

【短裋】duǎnshù 粗布制成的短衣。明田汝成《炎徼纪闻》卷四:"男子帽而长衫,妇人笄而短裋。"

【段鞋】duànxié 也作"缎鞋"。也称"段子鞋""绞丝鞋"。用绸缎等做的鞋子,一般质地精美,价值不菲。《醒世姻缘传》第三回:"那门槛上又将白秋罗连裙挂住,将珍哥着实绊了一交,将一只裹脚面高底红段鞋都跌在三四步外,吓的面无人色,做声不出。"《喻世明言·陈御史巧勘金钗钿》:"有一双青段子鞋在间壁皮匠家胤底,今晚催来,明日早奉穿去。"《金瓶梅词话》第五十八回:"到房中叫春梅点灯来看,一双大红段子鞋,满帮子都展污了。"又第六十八回:"不一时,吴银儿来到,头上戴着白绉纱鬏髻……上穿白绫对衿袄儿,妆花眉子;下着纱绿潞绸裙,羊皮金滚边,脚上墨青素段鞋儿。"《红楼梦》第七十四回:"说着,便伸手擎出一双锦带袜并一双缎鞋来。"

【多耳麻鞋】duōěrmáxié 麻鞋的一种,有多对穿耳。形状与后世草鞋相类,鞋上有绊多个,着时以麻绳系联,使鞋坚贴于足,适合远行,多用于役夫、道士、僧人及力士。《京本通俗小说·碾玉观音》:"只见一个汉子……着一双多耳麻鞋,挑着一个高肩担儿。"《水浒传》第三十八回:

"李逵看那人时,六尺五六身材,三十二三年纪……上穿一领白布衫,腰系一条绢搭膊,下面青白裹脚,多耳麻鞋。"又第十五回:"白肉脚衬著多耳麻鞋,绵囊手拿着鳖壳扇子。"清闵小艮《清规玄妙·外集》:"斯乃九流外教,火居行徒……或跣足,或多耳麻鞋,或草鞋、棕履。"

【裰领道袍】duōlǐngdàopáo 上缀领圈的道袍。明代内臣服饰的一种。明刘若愚《酌中志·内臣佩服纪略》:"二色衣,近御之人所穿之衣……第三层曰'裰领道袍'。其白领以浆布为之,如玉环在项,而缺其前,稍油垢即换之。"

【铎针】duózhēn 明代皇帝近臣官帽上的装饰品。用金银珠翠参珊瑚制成。明刘若愚《酌中志·内臣佩服纪略》:"铎针:金、银、珠、翠、珊瑚皆可为之。其形年节则大吉葫芦、万年吉庆。元宵则灯笼。端午则天师。中秋则月兔。颁历则宝历万年,其制则八宝荔枝、卍字、鲇鱼也。冬至则阳生、绵羊太子、梅花。重阳则菊花。万寿圣节则万万寿、洪福齐天之类;洪福者,于齐天字之两旁,左右各有红色蝙蝠一枚,以取意耳。凡遇诞生婚礼,及尊上徽号、册封大典,皆万万喜。此所谓铎针者,单一枚有镎,居官帽中央者是也。"又:"枝箇,其制随景如铎针,但咸小偏向成对耳。"明蒋之翘《天启宫词》:"铎针新样团双凤,吉字口衔青亚姑。"自注:"铎针以金银、珠宝镶成,近侍钉居帽中。其名有大吉葫芦、万年吉庆等名。"

E

【耳塞】ěrsāi 妇女的一种耳饰。明顾起元《客座赘语·女饰》:"耳饰在妇人,大曰环,小曰耳塞,古之所谓耳珰也。塞即古之所谓瑱也。"清章太炎《新方言·释器》:"今江宁妇人耳上缀环,老妇所缀谓之耳塞。"

【二色衣】èrsèyī 明代近臣的衬里之服。衣身上部用白色,下部及领口、袖端用异色,这种穿着不仅可以免在皇帝面前露出白色,有失礼仪,而且便于拆洗。明刘若愚《酌中志》卷一九:"二色衣,近御之人所穿之衣。自外第一层谓之盖面,如裰褙、贴里、圆领之类;第二层谓之衬道袍,第三层谓之缀领道袍……自此三层之内,或袄或褂,俱不许露白色袖口,凡脖领亦不许外露,亦不得缀钮扣,只宫人脖领则缀钮扣,是以切避忌之。凡外廷讲幄召对之臣,不可不晓。二色衣之妙处者:如夏则以葛布为上身,以深蓝或玉色纱作下裙,并接两袖各数寸,又缘领寸许。一则恐于君前露白色;一则省费惜幅,以便拆浣。此从祖宗古制也。"

【二仪冠】èryíguān 也称"两仪巾"。明清道教徒所戴的绘有日月形象的道冠。一说后垂飞叶两扇。明彭大翼《山堂肆考·征集》卷四四:"二仪冠,道士服也。六朝诗:'冠法二仪立,佩带五星连'。"《渊鉴类函》卷三○七:"二仪,道士冠也。"

【二英】èryīng 明代官帽上的翎枝。因安插二枝而得名。见 833 页"英"。

F

fa－feng

【发鼓】fāgǔ 省称"鼓"。妇女衬托发髻的一种饰物。以金属丝编成圆框,形似网罩,使用时扣于头顶,外覆假发,以提高发髻的高度。流行于明清时期。明张自烈《正字通·竹部》:"篜,旧注同篜。按妇人首饰,犹今之发鼓……用铁丝为圈,外编以发,名曰鼓。"顾起元《客座赘语》卷四:"今留都妇女之饰在首者……以铁丝织为圜,外编以发,高视髻之半,罩于髻而以簪绾之,名曰鼓。"方以智《通雅·衣服》:"篜,即发鼓。"清厉荃《事物异名录·服饰·发鼓》:"《正字通》:篜,妇人首饰,犹今之发鼓。《周礼》注:若今假紒。即假髻。用铁丝为围,外编以发,名曰鼓。鼓,平声,在汉曰篜。"

【范阳毡大帽】fànyángzhāndàmào 也作"范阳毡笠""范阳毡帽"。明清时代以范阳地区出产之毡制成的帽子。多用于劳作之人及武士。武士所戴者常在帽顶缀以丝缨。《水浒传》第三回:"史进头戴白范阳毡大帽,上撒一撮红缨,帽儿下裹一顶浑青抓角软头巾,项上明黄缕带,身穿一领白纻丝两上领战袍。"又第十二回:"(杨志)头戴一顶范阳毡笠,上撒着一托红缨;穿一领白缎子征衫。"《镜花缘》第八十三回:"见那道旁来了一位老者,头戴范阳毡帽,身穿蓝布道袍,手中拿着拄杖,杖上挂着锄草的家伙。"

【方补】fāngbǔ 方形补子。与"圆补"相对。明代宗室及百官不分尊卑所用补子俱为方形,清代百官仍用方形,而皇室贵戚则用圆形,乃有"方补""圆补"之分。光绪年间,汉族命妇亦用圆补。清吴振棫《养吉斋丛录》卷二二:"公则用绣蟒方补。"叶梦珠《阅世编》卷八:"前朝职官公服……圆领则背有锦绣,方补品级,式样与今之命服同。"

【方顶巾】fāngdǐngjīn 明时快行亲从官所戴的一种冠帽。其制四脚皆方,顶呈平面状。《明史·舆服志三》:"刻期冠服:宋置快行亲从官,明初谓之刻期。冠方顶巾,衣胸背鹰鹞,花腰线袄子,诸色阔匾丝绦,大象牙雕花手牒八带鞋。"

【方巾】fāngjīn ❶也称"四方平定巾""民巾""黑漆方帽"。明代文人、处士、儒生所戴的黑漆方形软帽。以黑纱为之,可以折叠,展开时四角皆方,故称。巾式有高有低,因时而异。明末其式变得很高,有"头顶一个书橱"之形容。相传始于儒生杨维桢入见明太祖时。初为一般

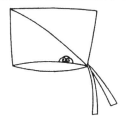

方顶巾(明王圻《三才图会》)

士庶、平民所戴,后规定有秀才以上功名者始可戴之,成为儒士、生员及监生等人的专用头巾。明王圻《三才图会·衣服》:"方巾,此即古所谓角巾也。制同云巾,特少云文,相传国初服此,取四方平定之意。"沈德符《万历野获编·礼部二·仕宦谴归服饰》:"故相商淳安召还时,尚未复官,及诣阙……见朝及陛见,戴方巾,穿圆领,系丝绦,盖用杨廉夫见太祖故事。"明郎瑛《七修类稿》卷一四:"今里老所戴黑漆方帽,乃杨维桢入见太祖所戴。上问曰:'此巾何名?'对曰:'此四方平定巾也。'遂颁式天下。"《明史·舆服志三》:"洪武三年令士人戴四方平定巾。"《醒世姻缘传》第十八回:"那舅爷约有三十多年纪,戴着方巾,穿一领羊绒疙瘩袖袄子,厢鞋绒袜,是临清州学的秀才。"《儒林外史》第一回:"那边走过三个人来,头带方巾,一个穿宝蓝夹纱直裰,两人穿元色直裰。"又第二十二回:"正说得稠密,忽见楼梯上又走上两个戴方巾的秀才来:前面一个穿一件茧绸直裰……后面一个穿一件元色直裰。"《儿女英雄传》第二十八回:"旁边却站着一个方巾襕衫,十字披红,金花插帽,满脸斯文,一嘴尖团字儿的一个人。"中国近代史资料丛刊《太平天国·士阶条例》:"拟俊士帽则用方巾,或缎或绸。"❷指明清时行婚礼时新娘头上所覆的红方帕。《儒林外史》第二十回:"到那一日,大吹大擂……一派细乐,引

方巾

进洞房。揭去方巾,见那新娘子辛小姐,真有沉鱼落雁之容。"

【方平履】fāngpínglǚ 方头平口之鞋。《醒世恒言·隋炀帝逸游召遣》:"后主戴青纱皂帻,青绰袖,长裾,绿锦纯绿紫纹方平履。"

【飞凤靴】fēifèngxuē 靴名。《水浒传》第二回:"足穿一双嵌金线飞凤靴,三五个小黄门相伴着蹴气球。"

【飞鱼服】fēiyúfú 明代官服的一种,明代政府织造局,专织一种飞鱼纹衣料用以制成的衣服,有一定品级才许穿着,名"飞鱼服"。飞鱼服是次于蟒衣的一种荣重服饰。飞鱼类蟒,亦有二角。所谓飞

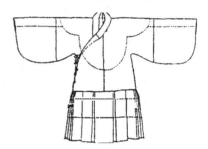

飞鱼服(山西明墓出土)

鱼纹,是作蟒形而加鱼鳍鱼尾为稍异。非真作飞鱼形。至正德间,如武弁自参游以下,都得飞鱼服。嘉靖、隆庆间,这种服饰三公及六部大臣及出镇视师大帅等,有赏赐而服者。在胸背、两肩及膝盖等处绣以飞鱼纹样的显贵官服。其制出现于明代中叶。明武宗正德年间,被规定为二品官服,文武俱可穿着。是次于蟒衣的一种赐服。飞鱼作蟒形而加鱼鳍、鱼尾为稍异;亦有两角,唯较短。明正德十六年,世宗登基,力戒庶官穿着此服。爰至明嘉靖十六年,乃下旨废弃。清初曾一度用作士子服装,但实行不久

即止。《续文献通考》卷九三:"(正德)十三年,车驾还京,传旨,俾迎候者用曳撒、大帽、鸾带。寻赐群臣大红纻丝罗纱各一。其服色二品斗牛,二品飞鱼,三品蟒,四、五品麒麟,六、七品虎彪。"明沈德符《万历野获编·补遗》卷一:"正德初年横赐,如武弁自参游以下,俱得飞鱼服,此出刘瑾右武。已为滥恩。至湖广荆州知府王绶……自陈有捕盗功乞恩,上命赐以飞鱼服。日衣以坐堂,愈肆其虐,以郡守得此,真异事矣。其时有日本国使臣宋素卿者入贡,赂瑾黄金千金,亦得飞鱼。"《明史·舆服志三》:"(嘉靖)十六年,群臣朝于驻跸所,兵部尚书张瓒服蟒。帝怒,谕阁臣夏言曰:'尚书二品,何自服蟒?言对曰:'瓒所服,乃钦赐飞鱼服,鲜明类蟒耳。'帝曰:'飞鱼何组两角?其严禁之。'于是礼部奏定,文武官不许擅用蟒衣、飞鱼、斗牛、违禁华异服色。其大红纻丝纱罗服,惟四品以上官及在京五品堂上官、经筵讲官许服。"

明代服饰上的飞鱼纹

【分心】fēnxīn 妇女首饰。以金玉为之,端首作心形、云形及如意头形,内凿各式吉祥图纹;下为钗梁,两股分叉,使用时安插在发髻前后。宋代以后较为流行。一说是一种头面,即刻镂的题材图案被设计为由中心向四周外展,故称。《金瓶梅词话》第十九回:"(妇人)头上银丝䯼髻,金厢玉蟾宫折桂分心,翠梅钿

儿。"又第二十回:"替我打一件照依他大娘正面戴的金镶玉观音满池娇分心。"清纳兰性德《浣溪沙》词:"珠衱佩囊三合字,宝钗拢髻两分心,定缘何事识兰襟。"

【粉底】fěndǐ 礼鞋的一种厚底。以木料或多层皮革、布帛缝纳而成,外抹以白粉。多用于皂靴。形成黑白鲜明的效果,明清时期较为流行。

【粉底皂靴】fěndǐzàoxuē 明清时期的礼靴。高帮薄底,用木料、皮革、布帛或硬纸等做成厚底,外涂白粉;上以黑缎制成靴勒。文武百官常朝视事均可穿着。士人获得功名之后,礼见宴会亦可穿此。《警世通言·玉堂春落难逢夫》:"(王顺卿)买了一身衲帛衣服,粉底皂靴,绒袜,瓦楞帽子。"《金瓶梅词话》第六十八回:"应伯爵又早到了,盔的新缎帽,沉香色褴褛,粉底皂靴,向西门庆声喏。"《儒林外史》第二回:"周进看那人时,头戴方巾,身穿宝蓝缎直裰,脚下粉底皂靴。"《糊涂世界》卷二:"伍琼芳是蓝顶子、大花翎、朝珠、补褂、蟒袍、粉底皂靴,先站在上首,早有喜娘把新人扶到下首来。"

【风领】fēnglǐng 围巾之一种。宽大的毛皮围脖。春秋多用缎,夏用纱,冬季多以质地厚实的呢、绒或兽皮等。裁为条状,使用时绕脖一周,以御风寒。亦可钉缀在衣领之上。通常用于户外。男女均可戴之。《金瓶梅词话》第七十九回:"这西门庆身穿紫羊绒褶子,围着风领,骑在马上。"明刘若愚《酌中志·内臣佩服纪略》:"凡二十四衙门内官内使人等,则止许戴绒纻围脖,似风领而紧小焉。"《红楼梦》第四十九回:"(湘云)头上带着一顶挖云鹅黄片金里子大红猩猩毡昭君套,又围着大貂鼠风领。"《儿女英雄传》

第四十回：“奴才想起来太太从前走长道儿的那些薄底儿鞋呀，凤领儿斗篷呵，还都得早些儿拿出来瞧瞧呢。”

【凤钿】fèngdiàn 一种制成凤凰形状的钿子，明清时期妇女在结婚时常戴。明高濂《风入松·春湖》词：“扶醉金鞯玉勒，牵情凤钿鸾钗。”清蒋春霖《瑞鹤仙·兰花美人》词：“厌称枝压鬓，凤钿重理。”清崇彝《道咸以来朝野杂记》：“妇女所著礼服袍褂时，头上所戴者曰钿子。钿子分凤钿、满钿、半钿三种，其制以黑绒及缎条制成内胎，以银丝或铜丝支之处，缀点翠，或穿珠之饰。凤钿之饰九块，满钿七块，半钿五块，皆用正面一块，钿尾一大块。此所同者。所分者，则正面之上，长圆饰或三或五或七也。凤钿除新妇宜用，其它皆用满钿，孀妇及年长妇人则用半钿。”

【凤屧】fèngxiè 即凤鞋。借指美女的足迹。明王彦泓《丹诚》：“登楼未定银翘颤，避烛难禁凤屧狂。”清龚自珍《导引曲》词：“怊怅绿梅花下路，半襟斜月不知寒，凤屧过阑干。”孙原湘《叠韵四答》：“楼中凤屧不沾苔，楼上珠帘飏日开。”

【凤嘴鞋】fèngzuǐxié 缠足妇女的尖头弓鞋。凤嘴，喻其小巧玲珑。《金瓶梅词话》第五十九回：“忽听帘栊响处郑爱月儿出来……上著白藕丝对衿仙裳，下穿紫绡翠纹裙，脚下露红鸳凤嘴鞋，步摇宝玉玲珑，越显那芙蓉粉面。”又六十八回：“爱月儿旋往房中新妆打扮出来，上著烟里火回纹锦对衿袄儿，鹅黄杭绢点器镂金裙，妆花膝裤，大红凤嘴鞋儿。”

明朝时期的服饰

820

G

gai—gao

【盖面】gàimiàn 明代宦官近臣罩盖在外面的衣服。明刘若愚《酌中志·内臣佩服纪略》："二色衣，近御之人所穿之衣，自外第一层谓之盖面。"

【甘泉衣】gānquányī 明代士庶男子所着的一种便服。流行于隆庆、万历年间。明余永麟《北窗琐语》："太祖制民庶章服……衣有小深衣、甘泉衣、阳明衣、琴面衣。"

【干黄靴】gānhuángxuē 皮靴的一种。以黄牛皮制成。多用于差吏、武士。《金瓶梅词话》第六十六回："只见是村前承差干办，青衣窄袴，万字头巾，干黄靴。"《水浒传》第三回："头裹纤麻罗万字顶头巾，脑后两个太原府纽丝金环……足穿·双鹰爪皮四缝干黄靴。"

【刚叉帽】gāngchāmào 也称"官帽"。明代宫廷近侍所戴的圆顶帽。明刘若愚《酌中志》卷一九："官帽，以竹丝作胎，真青绉纱蒙之，自奉御至太监皆戴之，俗所谓'刚叉帽'也。"

刚叉帽（四川明墓出土陶俑）

【高淳罗巾】gāochúnluójīn 明代士人所戴的一种高淳地区（今南京高淳区）所出产的纱罗软帽。明范濂《云间据目钞》卷二："今又有马尾罗巾、高淳罗巾。"

【高底鞋】gāodǐxié ❶一种后跟加有木块的鞋。缠足妇女所着，垫木块以使足形显得纤小。亦有在鞋子底部附一软兜，并贮以香料的，行即香气四溢。缠足妇女所穿的高底小脚弓鞋。流行于明清时期。俗谓"高跟笋履"。《醒世姻缘传》第九十九回："（素姐）外穿大红绉纱麒麟袍……下穿百蝶绣罗裙，花膝裤，高底鞋。"清叶梦珠《阅世编》卷八："弓鞋之制，以小为贵，由来尚矣……崇祯之末，闾里小儿，亦缠纤趾，于是内家之履，半从高底……至今日而三家村妇女，无不高跟笋履。"李斗《扬州画舫录》卷九："女鞋以香樟木为高底，在外为外高底，有杏叶、莲子、荷花诸式；在里者为里高底，谓之道士冠。"余怀《妇人鞋袜辨》："至于高底之制，前古未闻，于今独绝。吴下妇人，有以异香为底，围以精绫者；有凿花玲珑，囊以香麝，行步霏霏，印香在地者……宋元以来诗人所未及，故表而出之，以告世之赋'香奁'、咏'玉台'者。"李渔《闲情偶寄》卷三："鞋用高底，使小者愈小，瘦者越瘦，可谓制之尽美又尽善者矣……有之则大者亦小，无之则小者亦大。尝有三寸无底之足，与四五寸有底之鞋同立一处，反觉四五寸之小,而三寸之大者。"❷满族妇女所穿的旗鞋。《瀛台泣血记》第十七回:"在脚下,她也和普通的满洲妇女一样的穿着一双高底鞋。不过她用的是杏黄的鞋面……这高底鞋离地大约有四寸高,是木的底,外面包着白色的绸布,看去很简单洁净。"民国天笑《六十年来妆服志》:"满洲妇女的脚,都是天足的。她们的鞋底也是以木为之。其法,在木底的中部(即足之重心处)凿其两端……底至坚,往往鞋已敝而底犹再可用。穿此高底鞋者,以少妇少女为多,年老的女人都以平木为之,名曰'平底'。少女至十三四岁,即穿高底。可见高底之鞋,通用于各种族的女子。"

高底鞋(清代传世实物)

【高士巾】gāoshìjīn 明代隐士逸人所戴头巾。官员日常闲居也有使用。明范濂《云间据目钞》卷二:"缙绅戴忠靖巾,自后以为烦,俗易高士巾。"田艺蘅《留青日札》卷二二:"高士巾,山林隐逸之服。"

【高装帽】gāozhuāngmào 也称"高装巾"。一种轻便的纱帽。因帽式高大而得名。男女均可戴之,常用于夏季。《金瓶梅词话》第九十六回:"旁边闪过一个人来,青高装帽子,勒着手帕,倒披紫袄白布裩子。"

gong—guo

【宫貂】gōngdiāo 宫中貂皮所制,戴在耳朵上保暖的用品,故称"宫貂"。明李东阳《陵祀归得赐暖耳诗和方石韵》之一:"赐暖宫貂同日戴,冒寒郊马有人骑。"

【瓜拉冠】guālāguān 即"瓜皮帽"。明史玄《旧京遗事》:"宫中小皇子,旧制戴玄青绉纱。瓜瓣有顶圆帽,名瓜拉冠。"刘若愚《酌中志》卷一九:"凡皇城内内臣,除官帽平巾之外,即戴圆帽。冬则以罗或绉为之;夏则以马尾、牛尾、人发为之。有极细者,一顶可值五六两或七八两、十余两者,名曰'瓜拉'或'瓜喇'。"

【瓜拉帽】guālāmào 即"瓜皮帽"。也称"瓜拉"。明佚名《松下杂抄》卷上:"凡诞生皇子女,弥月剪胎发。百日命名后,按期请发者,如外之每次剃头者然,一茎不留如佛子焉。皇子戴玄青绉纱六瓣有顶圆帽,名曰瓜拉帽。"方以智《通雅·衣服》:"中人帽曰爪拉。徐文长曰:辽主名查剌,或服是帽,转为爪拉。近有奄帽,是高丽王帽,京师呼爪拉。"

【瓜皮帽】guāpímào 明清男子所戴小帽,形状与半个西瓜皮很相似,一般由六块连缀制成。夏季用纱、冬季用毡为之。顶部缀有一个丝绒结成的疙瘩,俗称"算盘结",黑红不一。有的底边镶有二三厘米宽的檐,有的无檐,仅用窄缎条包边。帽檐靠下的地方正中,镶有用珍珠、玛瑙、翡翠或玻璃、银片等制作的"帽正"。帽顶呈瓜棱形圆状,下承以帽檐,内有帽胎。帽胎有软硬两种。软胎用六块黑缎或纱连缀而成,可折叠;硬胎用马尾、藤竹编织。初为下层役使厮卒所戴,后成为一种普及的首服。明谈迁《枣林杂俎·和集》:"嘉善丁清惠,嘉靖甲子,乡试,隆庆辛未进士……父戒之曰:汝此行,纱帽人说好,我不信。吏巾说好,我亦不信。即青衿说好,亦不信。惟瓜皮帽子说好,我乃信耳。"

【褂】guà "褂"是明代造字,指罩在外面的长衣,其形制比袍略短。入清以后用作代礼服。通常指对襟、罩在袍服之外者。制有二式:下长至膝,用于行礼者称长褂(缀有补子者,又称补褂);长仅至胯,用于出行者称行褂(亦称马褂)。男女均可穿着。明方以智《通雅·衣服》:"今吴人谓之衫,北人谓之褂。"清杨宾《柳边纪略》卷三:"窝稽人不贵貂鼠而贵羊皮,凡貂皮褂必以黑羊皮以线饰之。"《清通典·礼部·仪制清吏司三》:"服有袍有褂。朝服,蟒袍外皆加补褂;常服,补无褂;行褂,长与肩齐;女袍,长与袍齐。褂面石青。"徐珂《清稗类钞·服饰》:"褂,外衣也。礼服之加于袍外者,谓之外褂,男女皆同此名称,惟制式不同耳。"

褂(清代传世实物)

【褂子】guàzi ❶明清时期男女通用的一种对襟之衣。其制较袍为短,较袄为长。通常罩在袍袄之外,男女均可穿着。《二刻拍案惊奇》第三十五卷:"一日,贾闰娘穿了淡红褂子,在窗前刺绣。"《红楼梦》第四十二回:"贾母穿着青绉绸一斗珠儿的羊皮褂子,端坐在榻上。"又第四十九回:"宝玉此时喜欢非常,忙唤起人来,盥

漱已毕,只穿一件茄色哆罗呢狐狸皮袄,罩一件海龙小鹰膀褂子。"❷明代军装之一种。有罩甲的短袖戎衣。明方以智《通雅·衣服》:"戎衣有罩甲……边关号曰褡褸。又谓之褂子。"❸清代礼服,有袍有褂。朝服蟒袍外皆加补褂,又称外褂;常服褂无补。较外褂短的称马褂。《儿女英雄传》第四十回:"这褂子上钉的可是狮子补子,这不是武二品吗?"

【官服】guānfú 官员、命妇所穿的公服。明刘崧《自述》诗:"枭司谬所寄,官服当何酬。"清何士循《壬寅春正四日晋郡小憩道中古庵信笔书此》诗其一:"移几置诗编,对佛脱官服。"俞樾《茶香室续钞·京官可便服见外吏》:"接见巡抚藩伯宪长资深望重者,必官服耳。"

【官履】guānlǚ 朝廷规定的官吏所着之鞋。明范濂《云间据目钞》卷二:"所可恨者,大家奴皆用三镶官履,与士宦漫无分别,而士官亦喜奴辈穿着,此俗之最恶也。"

【官帽】guānmào 朝廷规定官吏应带的帽。与"便帽"相对而言。明刘若愚《酌中志·内臣佩服纪略》:"官帽以竹丝作胎,真青绉纱蒙之,自奉御至太监皆戴之。"杨基《寄题水西草堂》诗:"乌纱官帽半笼头,紫竹渔竿长在手。"《醒世姻缘传》第八十三回:"狄希陈将圆领逐套试完,自己先脱了靴,摘了官帽,然后才脱圆领。"

【广衫】guǎngshān 宽博的衣衫。清代官庶服式紧窄,惟僧道衣装宽博,因称僧侣道士之服为广衫。明谈迁《北游录·纪闻上》:"其南坡蒯通墓,高四尺,相传通时出没其上,高冠广衫道人装。一童子携沙灯随之。"

【衮边】gǔnbiān 也作"绲边"。先秦时称

"纯"。用狭窄的布条皮边包裹、镶沿在衣服的边缘,以增强衣服的牢度,且利用不同颜色的布帛镶滚,可起到特殊的装饰作用。明杨慎《升庵经说》卷一二:"纯音衮,今云衮边。"《金瓶梅词话》第二十七回:"李瓶儿是大红焦布比甲,金莲是银红比甲,都用羊皮金滚边。"清光绪五年《镇海县志》:"衮边,《通雅》云,《仪礼》注:'纯,缘也。'纯音衮,犹今言衮边。"

【**滚边**】gǔnbiān 在衣服、布鞋等的边缘缝制的一种圆棱的边。《金瓶梅词话》第六十八回:"上穿白绫对衿袄儿,妆花眉子,下着纱绿潞绸裙,羊皮金滚边。"

【**裹腹**】guǒfù 男子长衣外包裹腰肚的绣袍肚。《初刻拍案惊奇》卷三:"裹腹闹装灿烂,是个白面郎君。"

【**裹脚**】guǒjiǎo 指女子缠脚用的布带,也指男子穿着鞋袜前包脚的布条。《金瓶梅词话》第二十三回:"娘的睡鞋裹脚,我卷了收了罢。"《醒世姻缘传》第五十八回:"只见一个二十岁年纪的人,拿着一双女人的裹脚,一双膝裤子,在湖边上洗。"又第八十八:"这等寒冷天气,男子人脚下缠了七八尺的裹脚,绒袜,棉鞋,羊皮外套,还冷得像'良姜'一般靴底厚的脸皮,还要带上个棉罩,呵的口

气,结成大片的琉璃。"

【**裹脚布**】guǒjiǎobù 也作"裹足布"。❶指男子缠裹小腿以便行走的布条或穿布袜前包脚的布条。明李贽《续焚书》卷四:"但面上加一掩面,头照旧安枕,而加一白布中单总盖上下,用裹脚布廿字交缠其上。"《初刻拍案惊奇》卷一:"遂脱下两只裹脚接了,穿在龟壳中间,打个扣儿,拖了便走。"《儒林外史》第三十八回:"心生一计,将裹脚解了下来,自己缚在树上。"明李时珍《本草纲目·服器一·缴脚布》:"妇人欲回乳,用男子裹足布勒住,经宿即止。"❷专指女子缠脚用的布条。《二十年目睹之怪现状》第五十五回:"洗了裹脚布,又晾到客座椅靠背上。"清袁枚《续子不语》卷二:"其妻心动,共结褿者憩树间,解裹足布勒死,挖坑埋之,遂成夫妇。"

【**过桥巾**】guòqiáojīn 也称"桥梁绒巾"。一种形似桥梁的巾冠。明代流行于江南松江地区。《金瓶梅词话》第六十八回:"只见温秀才到了,头戴过桥巾,身穿绿云袄,脚穿雪履、绒袜,进门作揖。"明范濂《云间据目钞》卷二:"余始为诸生时,见朋辈戴桥梁绒线巾。"

H

han—hui

【寒绨】hántí 指御寒的绨袍。明唐顺之《夜霁》诗:"羁人惊候变,灯下理寒绨。"

【汉巾】hànjīn 明代士人假借古名创制的一种头巾。明王圻《三才图会·衣服一》:"汉巾,汉时衣服多从古制,未有此巾。疑厌常喜新者之所为,假以汉名耳。"顾起元《客座赘语》卷一:"近年以来殊形诡制,日异月新,于是士大夫所戴其名甚伙,有汉巾、晋巾、唐巾。"范濂《云间据目钞》卷二:"余始为诸生时,见朋辈戴桥梁绒纱巾,春元戴金线巾……自后以为烦俗,易高士巾,素方巾,复变为唐巾、晋巾、汉巾。"

汉巾(明王圻《三才图会》)

【汗巾】hànjīn ❶类似手帕而稍长的薄巾。流行于明清。通常裁制成方形,既可用以拭面擦手、搭发髻,又可作为腰间佩饰。或当作情物、礼物送人等。其上常绣饰或绘有图案花纹,或在四缘饰穗、缀牙边等,且色彩材料各异,显得十分精美别致。《金瓶梅词话》第十六回:"说着

眼泪纷纷的落下来,西门庆慌忙把汗巾儿替他抹拭。"《西游记》第六十四回:"那女子陪着笑,挨至身边,翠袖中取出一个密合绫汗巾儿,与他揩泪。"明田艺蘅《留青日札》卷二二"帨,拭物之巾。《诗》:'无感我帨兮',即今之手巾、汗巾也。"《醒世姻缘传》第四十四回:"狄婆子甚是喜悦,拜匣内预备的一方月白丝绸汗巾,一个洒线合包……送与薛如兼做拜见。"清赵遵路《榆巢杂识》卷下:"束带定制……闻国初带镮,用左右二块,系以汗巾、刀、觽等类,后增前后二块。"《红楼梦》第二十八回:"(琪官)说毕,撩衣,将小衣儿的条大红汗巾子解下来。递给宝玉,道:'这种汗巾子是茜香国女国王所贡之物,夏天系着肌肤生香,不生汗渍……'(宝玉)将自己一条松花汗巾解下来,递给琪官。"清沈复《浮生六记·浪游记快》:"身披元青短袄,著元青长裤,管拖脚背,腰束汗巾,或红或绿,赤足撒鞋,式如梨园旦脚。"❷传统戏曲服装附件。比腰巾稍短,如《恶虎村》中黄天霸穿的抱衣内左侧系有汗巾。

【汗帨】hànshuì 拭汗的佩巾。一说贴身穿着的围裳。明末清初张岱《陶庵梦忆·扬州清明》:"博徒持小杌坐空地,左右铺祖衫、半臂、纱裙、汗帨、铜炉、锡注、瓷瓯、漆奁及肩舆、鲜鱼、秋梨、福橘之属,呼朋引类,以钱掷地,谓之'跌成'。"

【浩然巾】hàoránjīn 帽背有长披幅的风帽,相传为唐代诗人孟浩然风雪中所戴的头巾,故名。明清时期通常用于文人、逸士和道士,平民不准戴此巾。《醒世姻缘传》第四回:"晁大舍一面笑,一面叫丫头拿道袍来穿……随把网巾摘下,坎了浩然巾,穿了狐白皮袄,出去接待。"《儒林外史》第二十四回:"只见外面又走进一个人来,头戴浩然巾,身穿酱色绸直裰,脚下粉底皂靴,手执龙头拐杖,走了进来。"《镜花缘》第二十五回:"他们个个头带浩然巾,都把脑后遮住,只露一张正脸。"清闵小艮《清规玄妙·外集》:"凡全真所戴之巾有九式:一曰唐巾;二曰冲和;三曰浩然……雪夜用浩然。"

【合色鞋】hésèxié 用两种或以上颜色的布料拼成鞋面的鞋子,多为妇女所着。流行于明清。《醒世恒言·陆五汉硬留合色鞋》:"张荩双手承受,看时是一只合色鞋儿。"

【鹖鹕巾】héchījīn 金代女真人的头巾,即蹋鸱巾。明末清初张岱《夜航船·衣冠》:"宋云巾,鹖鹕巾。"清陈元龙《格致镜原·冠服》:"周煇《北辕录》:'金国人所顶之巾,谓之鹖鹕。'"

【鹤顶梳】hèdǐngshū 梳名。南番大海中有鹤鱼,顶中红如血,可作带,曰"鹤顶红",以其鱼鳂作梳,则号"鹤顶梳"。明王佐、曹昭《新增格古要论·珍宝·鹤顶红》:"鹤顶,出南蕃大海中,有鱼顶中鳂红如血,名曰鹤鱼……今用龟筒夹鹤鱼鳂为梳,名曰鹤顶梳。"

【狐袖】húxiù 狐的毛皮制成的衣袖。指贵重的服饰。明方孝孺《素养斋记》:"狐袖豹褕,烹肥胎腴……服食之侈也。"

【护颈】hùjǐng 围巾之一种。《二刻拍案惊奇·襄敏公元宵失子,十三郎五岁朝天》:"那一个贼人……见了同伙,团聚拢来,各出所获之物,如簪钗、金宝、珠玉、貂鼠暖耳、狐尾护颈之类,无所不有。"

【护领】hùlǐng ❶大衣服内的衬领。以布帛或皮毛为之,一般缝在衬衣之上,亦有单独做成者。亦有用纸制成的。男女均可着之,多用于秋冬之季。明李诩《戒庵老人漫笔·宫女护领》:"宫女衣皆以纸为护领。一日一换,欲其洁也。"清吴振棫《养吉斋丛录》卷二二:"前明衣有护领,本朝改服色,无护领。昔在山左,见人家藏其先人遗像,朝衣冬朝冠无领,不知何时别制皮棉各领,以护颈御寒也。"查嗣瑮《燕京杂咏》诗:"鬒影衣香写月稜,春寒护领换双层。"❷戏曲服饰。即衬领。白布缝制而成,折叠为长条形状,围在颈项上使用。一般有两个作用:一是扩展脖子形状,改变脖细头大的不协调性,并使之与宽肩相适应;二是对人物面庞进行衬托。

【护膝】hùxī ❶保护膝部的用品。戎装上用于保护小腿,以布或皮革扎制而成。普通人用以防膝关节受凉或受伤的护饰。通常以数层布帛为之,中纳绵絮,使用时以带系缚于膝。男女均可服用。一般用于冬季。《朴通事》卷上:"至全着一副鸦青段子满刺娇护膝。"《水浒传》第三十九回:"且说戴宗回到下处,换了腿绷、护膝、八答麻鞋。"又第七十四回:"护膝中有铜裆铜袴。"❷膝裤。系扎在膝部的护套,形似裤腿,左右不相连。宋、明间人喜采用各种美丽织物,扎于裤外,利于跪拜兼起装饰作用。《金瓶梅词话》第二回:"腿上勒着两扇玄色挑丝护膝儿。"明何孟春《余冬序录摘抄内外篇》:"男子跪用护膝,冬寒亦用护膝。驿马远行用护膝,若膝袴,缚膝下袴脚上,今日妇女下体之饰。"

【护项】hùxiàng 围巾之一种。明周清源《西湖二集·刘伯温荐贤浙中》:"所统苗、僚、峒、瑶、答刺罕等,喜著斑斓衣……周膃以兽皮曰'护项'。"

【花钗凤冠】huāchāifèngguān 装饰有花钗的凤冠,明代皇后、妃嫔及命妇所用。《明会典》:"皇妃常服,花钗凤冠。"《明史·舆服志二》:"皇妃、皇嫔及内命妇冠服……常服:鸾凤冠……又定山松特髻,假鬓花钿,或花钗凤冠。"徐珂《清稗类钞》:"明时,皇妃常服,花钗凤冠。其平民嫁女,亦有假用凤冠者,相传所谓出于明初马皇后。"

【花鞋】huāxié 绣花之鞋。多用于妇女、儿童。《三宝太监西洋记通俗演义》第二十九回:"皮大姐头上小小的一个顶髻儿,上身青布褂儿,下身蓝布裙儿,脚下一双精精致致的花鞋儿。"

花鞋

【卉裘】huìqiú 粗陋的皮衣。多指敝裘。明宋濂《龙门子凝道记中》:"龙门子服一卉裘,十五年不更,绽裂则纫缀之。"

J

ji—jian

【寄名锁】jìmíngsuǒ 省称"锁"。也称"长命锁"。儿童颈饰。生孩子后,怕其夭亡,特选择子女众多之人作孩子寄父、寄母,亦有寄名于诸神及僧尼者。再用锁形饰物挂在项间,表示借神的命令锁住,称为"寄名锁"。成年后方释去。多以金、银或玉为之,锁上錾"长命富贵""福寿万年"等吉祥文字;或刻以寿桃、蝙蝠、金鱼及莲花等吉祥图案。使用时附属于项圈之下,或以链条、丝带相系,悬挂于项间。男女均可佩之,多见于明清。《金瓶梅词话》第三十九回:"这个是他师父与他娘娘寄名的紫线锁。又是这个银项符牌儿,上面打的八个字,带着且是好看,背面坠着他的名字。"清姚元之《竹叶亭杂记》卷三:"祭之第三日,换锁。换锁者,换童男女脖上所带之旧锁也。"《红楼梦》第三回:"(宝玉)身上穿着银红撒花半旧大袄;仍旧带着项圈、宝玉、寄名锁、护身符等物。"又第八回:"宝玉忙托着锁看时,果然一面有四个字,两面八个字,共成两句吉谶。"

寄名锁(清代传世实物)

【家正帽】jiāzhèngmào 明代宫廷内侍中使所戴的一种帽子。明刘若愚《酌中志》卷一九:"凡选中驸马冠靴,中使之家正帽,阉者之猪嘴帽,插柳跑马勇士之圆帽,藩王之国其尉帽靴带若干分,皆本局造送之。"

【夹袄】jiáǎo 有里有面的双层上衣。《醒世姻缘传》第七十九回:"惟独小珍珠一人连夹袄也没有一领,两个半新不旧的布衫,一条将破未破的单裤,幸得他不象别的偎依孩子,冻得缩头抹脖的。"《九尾龟》第十八回:"只见他穿一件春纱夹袄,系一条玄色缎裙,梳妆淡雅,骨格风华。"

【夹绉纱巾】jiázhòushājīn 士庶男子所戴的头巾。以双层绉纱制成,贵者以金线盘绣花纹,多用于冬季。明田艺蘅《留青日札》卷二二:"有夹绉纱巾,而用金线盘者。"

【袷裤】jiákù 也称"夹裤"。双层布帛制成的裤子。《金瓶梅词话》第九十三回:"又与了他一条袷裤,一领白布衫,一双裹脚,一吊铜钱,一斗米。"《红楼梦》第五十八回:"那芳官只穿着海棠红的小棉袄,底下丝绸撒花袷裤,敞着裤脚,一头乌油似的头发披在脑后,哭的泪人一般。"《海上花列传》第八回:"翠凤才丢开手,拿起床上衣裳来看了看……再添上一条膏荷绉面品月缎脚松花边夹裤,又鲜艳,又雅净。"

【尖鞋】jiānxié 尖头鞋。通常用于缠足妇女。明史玄《旧京遗事》:"然帝京妇人往悉高髻居顶,自一、二年中,鸣蝉坠马,雅以南装自好,宫中尖鞋平底,行无履声。"

【鹣钗】jiānchāi 由两股合成的钗。如鸟之比翼,故名。明史槃有传奇剧本《鹣钗记》。明祁彪佳《远山堂曲品》:"但青蝉鹣钗,每从此一物转折,觉布置过繁,阅者费解。"清吴伟业《行路难》诗:"寄君翡翠之鹣钗,傅玑之堕珥。"

【箭袖】jiànxiù ❶俗称"马蹄袖"。服装袖式之一。袖身窄小,紧裹于臂;袖端裁为弧形,上长下短仅覆手,以便射箭,不同于日常之宽衣大袖,故称。清代统治者崇尚骑射,遂将箭袖用于礼服。平时朝上翻起,行礼时则放下。上自皇帝,下至百官,除端罩、行褂等服之外,其余诸服皆用之。亦代指缀有箭袖的衣服。明叶绍袁《启祯纪闻录》卷七:"抚按有司申饬,衣帽有不能备营帽箭衣者,许令黑帽缀以红缨,常服改为箭袖。"《红楼梦》第十五回:"见宝玉戴着束发银冠,勒着双龙出海抹额,穿着白蟒箭袖,围着攒珠银带。"《二十年目睹之怪现状》第六十一回:"只见一个人……穿一件缺襟箭袖袍子,却将袍脚撩起,掖在腰带上面,外面罩一件马褂,脚上穿了薄底快靴。"《花月痕》第四十二回:"有个垂髻女子,上身穿件箭袖对襟,鱼鳞文金黄色的短袄,下系绿色两片马裙。"❷即"箭衣"。参见下条"箭衣❷"。

【箭衣】jiànyī ❶射箭者所穿的一种紧袖服装。袖端上半长可覆手,下半特短,便于射箭。初见于明代。清时甚为普及。又有箭衣外罩以为礼服,其下摆开衩,便于骑马。袖口形似马蹄,平时袖口翻起,行礼时则放下。自满族入关后沿用至清末。明末清初张岱《陶庵梦忆》卷四:"姬侍服大红锦狐嵌箭衣,昭君套,乘款段焉。"《儒林外史》第十二回:"内中走出一个人来,头带一顶武士巾,身穿一件青绢箭衣。"清洪昇《长生殿·贿权》:"净扮安禄山箭衣毡帽上。"《孽海花》第二十五回:"忽听里面一片声的嚷着大帅出来了,就见珏斋头戴珊瑚顶的貂皮帽,身穿曲襟蓝绸獭袖青狐皮箭衣,罩上天青绸天马出风马褂,腰垂两条白缎忠孝带,仰着头,缓步出来。"徐珂《清稗类钞·服饰》:"(顺治四年十一月)诏定官民服饰之制,削发垂辫。于是江苏男子,无不箭衣小袖,深鞋紧袜。"❷京剧中帝王、驸马、武将、绿林人物及衙役狱卒均可穿用,但质料、颜色、花样有别。箭衣本为明代射箭之服,其式为小领大襟,疙瘩扣绊,窄袖,衣长至足。而京剧舞台上的箭衣为圆领大襟,右衽,紧腰瘦袖,腰部以下四面开衩,袖口有袖盖,下翻时遮住手背,形如马蹄,称马蹄袖。这种带马蹄袖的箭衣最早出现于清同治、光绪年间的戏箱中,式样源于清代的四开衩蟒袍、行褂。在此后的舞台上,两式并为一式,一衣二用,表演清代戏时用马蹄袖,演明代

箭衣(清代刻本《大清会典》插图)

明朝时期的服饰

戏时则将马蹄袖上翻齐腕不用。缎、布制面,有上五色、下五色十种颜色。箭衣按花色、质料的不同,分为龙箭衣、团花箭衣、素箭衣和布箭衣四种,另有一种花箭衣为女将"女扮男装"时所用,周身绣枝子花,如《挡马》中杨八姐所穿。

jiang—juan

【将巾】jiàngjīn ❶明代一种裹头的头巾。其后缀片帛,其末下垂。明王圻《三才图会·衣服一》:"将巾,以尺帛裹头,又缀片帛于后,其末下垂,俗又谓之扎巾、结巾,制颇相类。"《水浒传》第一百零九回:"鸾铃响处,约有三十余骑哨马,都戴青将巾,各穿绿战袍。"❷戏曲盔头名称。缎料制。帽体前低后高,前扇圆,后片扁平,绣龙或绣花。以红绸结成的"硬火焰"作为主要的帽饰品("硬火焰",尚武标志,一般是武将的艺术符号)。另有珠花为饰。帽口加饰"额子",左右"龙耳尾子"。巾侧挂白色的宝剑穗式飘带,绣寿字纹。巾后缀有缎料绣花的后兜。将巾是武将的便帽,虽为便帽,仍很威武壮观,与其所穿的团花褶子取得和谐,衣冠花色一致。如《野猪林》前部的禁军教头林冲,穿白色团花褶,戴白色将巾。

【脚带】jiǎodài 绑腿布;裹腿。明方以智《通雅》卷三六:"行縢……吴下曰脚带。"

【轿夫营】jiàofūyíng 明代男子所穿的一种轻便鞋。以质地厚实的布帛为之,薄底平头,鞋上镶嵌纹饰。因最初为南京轿夫营所出,故名。其质坚固,穿着轻便,多用于士卒、夫役。《三宝太监西洋记通俗演义》第三回:"看见一个先生,头上戴的是吕洞宾的道巾……脚下穿的是

南京轿夫营里的三镶履鞋。"明范濂《云间据目钞》卷二:"鞋制,初尚南京轿夫营者,郡中绝无鞋店与蒲鞋店。万历以来,始有男人制鞋,后渐轻俏精美,遂广设诸肆于郡治东,而轿夫营鞋,始为松(郡)之敝帚矣。"

【结子】jiézi ❶也称"珠滴""珠结"。妇女首饰上的垂珠。通常贯串成组,缀于饰品或冠帽上,成为首饰中一种连接附件。明顾起元《客座赘语·服饰》:"长摘而首圞式方,杂爵华为饰;金银、玉、玳瑁、玛瑙、琥珀皆可为之,曰簪。其端垂珠若华者,曰结子。"无名氏《天水冰山录》记严嵩被籍没家产中有"金凤珠结子四吊"。《水浒传》第五十六回:"下面一个娅嬛上来,就侧首春台上,先折了一领紫绣围领……一条红绿结子,并手帕一包。"《明史·舆服志二》:"(皇太子妃冠服)永乐三年更定,九翚四凤冠,漆竹丝为匡,冒以翡翠,上饰翠翟九、金凤四,皆口衔珠滴……双博鬓,饰以鸾凤,皆垂珠滴。"又:"燕居冠,以皂縠为之,附以翠博山,上饰宝珠一座,翊以二珠翠凤,皆口衔珠滴。"❷指用线、丝、草绳等结成的一种佩饰。《明史·舆服志三》:"凡大乐工及文武二舞乐工,皆曲脚幞头,红罗生色画花大袖衫,涂金束带,红绢拥项,红结子,皂皮靴。"《红楼梦》第二十四回:"袭人被宝钗烦了去打结子了。"❸也称"帽结""帽结子"。以各色丝绒编制而成的帽顶装饰。《清代北京竹枝词·京华百二竹枝词》:"帽结朱丝尽弃捐,腰巾浅淡舞风前。"注:"时人服饰之讲新式者,帽结多用蓝色;腰巾多用湖色、白色,总以浅淡为主。帽结宜小,腰巾长与袍齐。"《瀛台泣血记》第十回:"他的头上戴着一

顶黑缎子的围帽,帽顶上有一颗用丝带打就的结子,结子下面,还披着许多像流苏一样的红线。"

【金貂巾】jīndiāojīn 明代优伶所戴的一种头巾。式如幞头。缀以金貂蝉为饰。明王圻《三才图会·衣服一》:"其制即幞也,古惟侍中亲近之冠则加貂蝉,故有汗貂及貂不足之说。兹特金貂巾缀以金耳,非貂也,疑优伶辈傅粉时所服,非古今通制也。"

金貂巾(明王圻《三才图会》)

【金绯】jīnfēi 金印红袍,谓官服。明沈德符《万历野获编·吏部一·任子为郎署》:"(诸胄君)反羡京幕郎署之递转,早得金绯,膺龚(龚遂)黄(黄霸)之寄。"李贽《读史汇·岳正》:"杨邃庵虽以叶文庄《圹志》为未详,以太白(李白)、柳州(柳宗元)比拟为非类,以金绯在躬为非以幸先生,字字皆滴血,可畏也!"无名氏《真傀儡》:"只得演朝仪在傀儡场,假金绯胡乱遮穷相。"

【金荷包】jīnhébāo 以金丝编织而成的荷包。也有以玉雕琢,再镶以金者,称"金镶(厢)玉荷包"。明无名氏《天水冰山录》记严嵩被籍没家产中,有"金荷包一个,重六两六钱""金厢玉荷包一个,重一十五两一钱"及"金嵌珍宝白玉荷包一个,重一十一两七钱"。

【金线巾】jīnxiànjīn 一种嵌有金线的头巾,明代士人春元时节所戴。明范濂《云间据目钞》卷二:"余始为诸生时,见朋辈戴桥梁绒线巾,春元戴金线巾,缙绅戴忠靖巾。"

【锦裆】jǐndāng 用织锦制成的背心,前后各一片保护胸背。多用于妇女儿童。《喻世明言·明悟禅师赶五戒》:"忽见一妇人,年约三旬,外服旧衣,内穿锦裆,身怀六甲,背负瓦罂而汲清泉。"明倪谦《童戏图》:"谁家儿女蜀锦裆,柔发初剃靛色光。"张岱《西湖梦寻·三生石》:"舟次南浦,见妇人锦裆负罂而汲泉。"

【锦綦】jǐnqí 妇女绣鞋。清厉荃《事物异名录》卷一六:"女人绣鞋曰锦綦。"

【锦纕】jǐnxiāng 用织锦制成的带子,多用作帽带或腰带。明宋濂《题花门将军游宴园诗》:"赵女如花二八强,皮帽新裁系锦纕。"

【进士巾】jìnshìjīn 明代进士所戴的一种头巾。明李东阳《十九日恩荣宴席上作》:"星辰昼下尚书履,风日晴宜进士巾。"沈榜《宛署杂记》卷一五:"工部:三年一次补办状元等袍服,候文取用。万历二十年,取状元梁冠一顶……进士巾七十五顶。"《明史·舆服志三》:"进士巾如乌纱帽,顶微平,展角阔寸余,长五寸许,系以垂带,皂纱为之。"

【近体衣】jìntǐyī 即近身衣。明陆容《菽园杂记》卷一:"尝闻尚衣缝人云:上近体衣,俱松江三梭布所制,本朝家法如此。"

【晋巾】jìnjīn 明代士人假托古名创制的一种头巾,详见 825 页"汉巾"。

【缙带】jìndài 绅带;礼服的腰带。宋邵伯温《邵氏闻见录》卷一九:"司马温公(光)依《礼记》作深衣,冠簪幅巾缙带,每出,朝服乘马,用皮匣贮深衣随其后,入独乐园则衣之。"明张萱《疑耀》卷二:"昔司马温公依古式,作深衣、幅巾、缛带,每出,朝服乘马,用皮匣贮深衣随其后,入独乐园则衣之。"

【京靴】jīngxuē 京式官靴。一种面料较好、勒高、底厚之靴。《醒世恒言·勘皮靴单证二郎神》:"太师命取圆领一袭,银带一围,京靴一双,川扇四柄,送他作嗄程。"《儿女英雄传》第二回:"那门上家人看了看礼单,见上面写着不过是些京靴、缛绅……等件。"《二十年目睹之怪现状》第四回:"后头送出来的主人……头上戴着京式大帽,红顶子花翎,脚下穿的是一双最新式的内城京靴。"

【净袜】jìngwà 白袜。宋明时流行用白绫、白罗或白布制成的袜子,称为"净袜"。《清平山堂话本·简帖和尚》:"小娘子看眼看时,见入来的人:粗眉毛,大眼睛……阔上领皂褶儿,下面甜鞋净袜。"《水浒传》第十四回:"看那人时,似秀才打扮,戴一顶桶子样抹眉梁头巾……下面丝鞋净袜。"《金瓶梅词话》第三十九回:"那道士头戴小帽,身穿青布直掇,下边履鞋净袜。谦逊数次,方才把椅儿挪到旁边坐下。"《醒世恒言·苏小妹三难新郎》:"(秦少游)身穿皂布道袍,腰系黄绦,足穿净袜草履。"《红楼梦》

第六十三回:"(芳官)脚上穿虎头盘云五彩小战靴,或散着裤脚,只用净袜厚底厢鞋。"

【靖巾】jìngjīn 也称"忠靖巾"。《金瓶梅词话》第三十七回:"西门庆衙门中散了,到家中换了便衣靖巾。"

【九光衣】jiǔguāngyī 神话中仙人穿的发光的衣服。九光,形容光彩绚烂。明汤显祖《紫箫记·游仙》:"宫人可将玉芙蓉冠、九光衣来,换了寡人服色。"

【九华巾】jiǔhuájīn 明代士大夫所戴的一种便帽。源于道冠,用纱罗等制成,缘以皮金,前后各有一版。明顾起元《客座赘语》卷一:"纯阳、九华、逍遥、华阳等巾,前后益两版,风到则飞扬;齐缝皆缘以皮金,其质或以帽罗、纬罗、漆纱。"刘若愚《酌中志》卷一九:"忠靖冠、六合巾、九华巾、晋巾等制,皆如外廷。"

【九阳雷巾】jiǔyángléijīn 即"雷巾"。《金瓶梅词话》第三十九回:"主行法事,头戴玉环九阳雷巾,身披天青二十四宿大袖鹤氅,腰系青带。"

【卷檐毡帽】juǎnyánzhānmào 明代宫廷《抚安四夷之舞》舞师所戴的一种帽檐翻卷的毡帽,最明显的特征是后檐向上翻,前檐向前展开。《明史·舆服志三》:"文舞,曰《抚安四夷之舞》……其舞师皆戴白卷檐毡帽。"

K

kan—kuo

【坎肩】kǎnjiān ❶一种无袖短上衣,多由夹的、棉的、毛线织成。一般是对襟,无领无袖,男女老少皆可穿用。古时也称半臂,南方多称背心。《醒世姻缘传》第十四回:"只见珍哥搂着头,上穿一件油绿绫机小夹袄,一件酱色潞绸小绵坎肩,下面岔着绿绸夹裤,一双天青纻丝女靴。"《红楼梦》第四十回:"有雨过天晴的,我做一个帐子挂上。剩的配上里子,做些个夹坎肩儿给丫头们穿。"❷也称"马甲""背褡""背心"。戏曲服装。穿在外面的无袖上衣。分花坎肩、素坎肩、卒子坎肩、和尚马甲和水纹田背心五种。

女长坎肩

【扣身衫子】kòushēnshānzi 也作"叩身衫子"。紧身合体的短上衣。因紧裹身体能够体现身体线条而得名。着此的女性多被认为是妖冶之妇。《金瓶梅词话》第一回:"(潘金莲)梳个缠髻儿,著一件扣身衫子。"《警世通言·蒋淑真刎颈鸳鸯会》:"却这女儿心性有些跷蹊,描眉画眼,傅粉施朱。梳个纵鬓头儿,著件叩身衫子,做张做势,乔模乔样。"

【裤腿】kùtuǐ ❶裤脚,裤子末端,遮盖脚面的部分。《金瓶梅词话》第二十四回:"蕙莲于是搂起裙子来与玉楼看,看见他穿着两双红鞋在脚上,用纱绿线带儿扎着裤腿。"《儿女英雄传》第六回:"脚下的裤腿儿看不清楚,原故是登着一双大红香羊皮挖云实纳的平底小靴子。"❷裤子穿在两腿上的筒状部分。《红楼梦》第六十三回:"(芳官)只穿着一件玉色红青驼绒三色缎子拼的水田小夹袄,束着一条柳绿汗巾,底下是水红洒花夹裤,也散着裤腿。"

【裤子】kùzi 即"裤"。穿在腰部以下的衣服,有裤腰、裤裆和两条裤腿。名称始见于明清时期。一般指长裤。《二刻拍案惊奇》第三十五卷:"揭开了外边衫子与裙子,把裤子解了带扭,褪将下来。"《水浒传》第十五回:"(阮小五)披着一领旧布衫,露着胸前刺着的青郁郁一个豹子来,里面匾扎起裤子来。"《儿女英雄传》第六回:"从窗户映着月光一看,只见那俩人身上止剩得两条裤子,上身剥得精光。"《二十年目睹之怪现状》第三十三回:"大约这个人的年纪,总在二十以外了,鸡蛋脸儿……穿一件广东白香云纱衫子,束一条黑纱百裥裙,里面衬的是白官纱裤子。"

【姱服】kuāfú 美丽的衣服。明夏完淳《湘巫赋》:"美要眇以偃蹇兮,褰姱服而先之。"

【蒯屦】kuǎijù 草鞋。以蒯草制成。明张居正《辛未会试录序》:"顾诸士脱蒯屦而登王庭,犹未知上意之所向与已之趋者宜何如也。臣请告之,以定厥志。"谈迁《北游录·纪程》:"酒数行,及山下,并葛衫蒯屦。导隶嗫声,夕阴吹凉,眉宇生绿。"

【宽襕裙】kuānlánqún 一种镶有宽阔襕边的裙子。《金瓶梅词话》第六十九回:"妇人头戴着金丝翠叶冠儿,身穿白绫宽绸袄儿,沉香色遍地金妆花段子鹤氅、大红宫锦宽襕裙子。"

【盔甲】kuījiǎ 战士的护身服装。盔,其形如帽,用以保护人的头部;甲,其形类似于衣服,用以防护人的身体。多用金属制成,也有用藤或皮革做的。《水浒传》第三十四回:"众位壮士,既是你们的好情分,不杀秦明,还了我盔甲、马匹、军器回州去。"《明史·职官志二》:"四川道协管工部……兵仗、银作、巾帽、针工、器皿、盔甲、军器、宝源、皮作、鞍辔、织染、柴炭、抽分竹木各局。"

【盔缨】kuīyīng 头盔上的丝织饰物。明汤显祖《牡丹亭·牝贼》:"选高蹄战马青骢,闪盔缨斜簇玉钗红。"清洪昇《长生殿·合围》:"双手把紫缰轻挽,骗上马,将盔缨低按。"

【阔带巾】kuòdàijīn 明代宫廷大乐九奏中乐工所戴的头巾。以黑色纱罗制成。《明史·舆服志三》:"朝会大乐九奏歌工……其和声郎押乐者:皂罗阔带巾,青罗大袖衫,红生绢衬衫,锦领,涂金束带,皂靴。"

L

lan—ling

【栏干】lángān 也作"阑干"。衣、帽等的花饰缘边。主要用于装饰衣服的领口、袖口、盘肩、长袖中段等位置,花样可千变万化。《金瓶梅词话》第二回:"看那人,也有二十五六年纪,生的十分博浪,头上戴着缨子帽儿,金玲珑簪儿,金井玉栏干圈儿,长腰身,穿绿罗褶儿,脚下细结底陈桥鞋儿。"《训俗条约》卷一五:"至于妇女衣裙,则有琵琶、对襟、大襟、百裥、满花、洋印花、一块玉等式样,而镶滚之费更甚,有所谓白旗边、金白鬼子栏干、牡丹带、盘金、间绣等名色。"陈作霖《金陵物产风土志》:"江南妇人喜妆饰,领标襟裾诸缘有金线阑干、旗带花边。"

【襕衣】lányī 施有膝襕的衣服。多用于士人、僧人。明方以智《通雅》卷三六:"裳用横幅,谓之襕衣。"《西游记》:"女王卷帘下辇道:'那一位是唐朝御弟?'……太师道:'那驿门外香案前穿襕衣者便是。'"

【懒散巾】lǎnsǎnjīn 也称"懒收网"。裹网巾而不系带,谓之懒散巾。明末男子通常以网巾约发,网巾之状犹如网袋,口部用布帛作边,并缀以绳带,以便系束;另在网巾顶部横贯一带,用以收约顶部发髻。至天启年间,则流行一种顶部无带的网巾,使用时如鱼网覆首,于网巾上的边子额部系扎收紧。清采蘅子《虫鸣漫录》卷二:"相传明末时,人皆不愿戴网巾,或束发加帽;或裹网巾而不系带,谓之懒散巾。"

【朗素帽】lǎngsùmào 省称"朗素"。明代士庶男子夏季所戴的一种鬃帽。以马鬃编结而成。因组织结构疏朗而得名,有别于结构紧密的"密结"。《醒世姻缘传》第五十四回:"童七睡过了夜,起来梳洗完了,换上朗素帽子,天蓝绉纱道袍,绫袜毡鞋。"明范濂《云间据目钞》卷二:"万历以来,不论贫富皆用鬃,价亦甚贱,有四五钱、七八钱者,又有朗素、密结等名。"

【老人巾】lǎorénjīn 明代老年男性所戴的一种软帽,方顶,前仰后俯。相传始于明初。后为传统戏曲中老者所戴。颜色以黑素为主。巾后有后兜,约长二尺。另有打结黑色飘带一根,前面有白飘带一副,小白玉一块。明王圻《三才图会·衣服一》:"今其制方顶,前仰后俯,惟耆

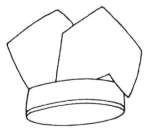

老人巾(明王圻《三才图会》)

老服之,故名老人巾。"又:"吏巾,制类老人巾。"

【老衣】lǎoyī 殓衣的俗称。为死者穿衣,颇有讲究。明清至近代富裕家庭老人年满50岁,由子女或自己操办去世后所穿的衣服,俗称老衣,品种有贴身衣裤、夹衣、棉袍、长衫之类。衣领必须成单数,从3领到5领、7领不等,衣服件数与质量视家境而定。除皮毛限制外,布帛丝绸均可。俗传穿了皮毛的来世投胎要变为畜生。男子外衣一般是藏青色、黑色;女性所穿大多是红色。衣裤之外,还有鞋、袜、帽等。清代以前,男的戴风兜,秀才以上为红色,一般读书人戴蓝色。明刘若愚《酌中志·内臣职掌纪略》:"凡内臣稍富厚者,预先损资摆酒,立老衣会、棺木会、寿地会、念经殡葬,以为身后眼目之荣。"

【勒子】lèzi 妇女额饰,一般多由两片状如上弦月形黑色帽片联结而成。帽片多由黑缎黑平绒等作面子,红绒作里子,内夹薄棉絮。勒子戴在头上,前额压住发际,两侧半掩耳,护住双鬓,系在脑后。在两帽片相连的前额处嵌以玉石或珠子。青年女子或少妇常在耳处绣花。其制有多种:以金属制成者,名谓"金勒子";以丝绳或纱罗制成者,谓"渔婆勒子";以金属或布帛制成、上嵌珍珠者又称"攒珠勒子"。由唐代透额罗发展而来,宋、元、明、清相承不废。勒子使用极广。元代称渔婆勒子,成为元曲道具之一。明代唯爱俏妇女使用,名叫遮眉勒。清代依旧称勒子或勒条。清初贵族妇女作家常装束使用,宫廷嫔妃亦使用。《醒世姻缘传》第一回:"还问他班里要了我的金勒子,雉鸡翎、蟒挂肩子来,我要戒

妆了去。"清李斗《扬州画舫录》卷九:"翠花街,一名新盛街,在南柳巷口大儒坊东巷内。肆市韶秀,货分隧别,皆珠翠首饰铺也。扬州鬆勒,异于他地,有蝴蝶、望月、花篮、折项、罗汉鬆、懒梳头、双飞燕、到枕松、八面观音诸叉髻;及貂覆额、渔婆勒子诸式。"《红楼梦》第六回:"那凤姐家常戴着紫貂昭君套,围着那攒珠勒子,穿着桃红洒花袄。"

【雷巾】léijīn 也称"九阳巾""九阳雷巾"。一种道士戴的软帽。其制颇类儒巾,惟脑后缀片帛,有软带二。明王圻《三才图会·衣服一》:"雷巾,制颇类儒巾,惟脑后缀片帛,更有软带二,此黄冠服也。"《西游记》第二十五回:"那大仙按落云头,摇身一变,变作个行脚全真……三耳草鞋登脚下,九阳巾了把头包。"清闵小艮《清规玄妙·外集》:"凡全真所戴之巾有九式……九曰九阳……巾皆用元色布缎所置。盖元为天,头圆象天,天一生水,水色属元,元机于道。以元色顶于首,尊道也。凡戴九阳等巾,异色绸绫所置,定非真修之士。"

雷巾(明王圻《三才图会》)

【褵帨】líshuì 褵和帨。女子出嫁时的佩巾之类饰物。明唐顺之《封孺人庄氏墓志铭》:"(孺人)既病甚,则念其二女未有

所归,又以为女纵得所归,而已且旦暮死,不能终其衾具襁褓之事,以为郁郁。"

【吏巾】lìjīn 明代功曹、典史等佐吏所戴的软帽。以漆纱为之,平顶软胎,左右各缀一翅。明王圻《三才图会·衣服一》:"吏巾,制类老人巾,惟多两翅。六功曹所服也,故名吏巾。"郎瑛《七修类稿·诗文三·洪遂初》:"不是青云不致身,自嗟无学久因循。七年米帐今朝算,落得儒巾博吏巾。"《二刻拍案惊奇》第三十八卷:"二十多个吏典头吏巾,皆被雷风掣去。"清叶梦珠《阅世编》卷八:"闻举人前辈俱带圆帽如笠而小,亦以乌纱添里为之……典史则戴吏巾,如今之神庙中所塑施相公巾式,黑素绢圆领,绦靴。"

吏巾(明王圻《三才图会》)

【连裙】liánqún 即通裙。连衣裙。《醒世姻缘传》第七回:"珍哥下了轿,穿着大红通袖衫儿,白绫顾绣连裙,满头珠翠,走到中庭。"

【练衲】liànnà 用经过练治的丝麻织品制成的僧衣。借指僧人。明李昌祺《剪灯余话·至正妓人行》:"练衲正宜参般若,赤绳无奈堕痴缘。"

【良乡带】liángxiāngdài 明代良乡出产的角銙腰带。良乡,地名,今为北京郊县。明谈迁《枣林杂俎·和集》:"京官俱绣服,惟行人司在京,青素角带,出至良乡,易补服银带,号良乡带。"

【凉笠】liánglì 用以遮日蔽暑的一种笠。多用于夏季。《水浒传》第十七回:"杨志戴了遮日头凉笠儿,身穿破布衫,手里倒提着朴刀。"清孔尚任《桃花扇·孤吟》:"流光箭紧,正柳林蝉噪,荷沼香喷。轻衫凉笠,行到水边人困;西窗乍惊连夜雨,北里重消一枕魂。"清郝懿行《证俗文·台笠》:"襶襶,《潜确类书》:'即今暑月所戴凉笠,以青缯缀其襜,而蔽日者也。'"

【梁冠】liángguān 上有横脊的礼冠,以梁数多寡区分等级,远游冠、进贤冠、通天冠等均为梁冠一类。汉魏前帝王贵臣所用的冠帽,始于秦汉,后历代沿用。其制为以金属制成的帽圈,帽顶有高耸的顶"梁"(指梁棱),梁数不一。历代有一梁、二梁至六、七梁,以梁的多少定品级尊卑,梁多为贵。明代规定凡文武官员在祭祀等重要礼节时,不论职位高低,都戴"梁冠"。官员的品级则可以从冠上的梁数区别出来,一品,冠七梁;八品、九品,冠一梁。这种以梁数多少来体现官品的冠,时称"梁冠"。《明史·舆服志三》:"文武官朝服:洪武二十六年定凡大祀、庆成、正旦、冬至、圣节及颁诏、开读、进表、传制,俱用梁冠……"明沈榜《宛署杂记·经费上》:"巾帽局成造梁冠等件,合用麻布等料。"

【两上领】liǎngshànglǐng 内带衬领的衣领。明代人衣领内往往再缝一件衬领,以便拆洗,故称。《警世通言·崔待诏生死冤家》:"只见一个汉子头上带个竹丝笠儿,穿着一领白段子两上领布衫。"《水浒传》第三回:"项上明黄缕带,身穿一领白璩丝两上领战袍,腰系一条揸五指梅红攒线搭膊。"

【两仪巾】liǎngyíjīn 明清时男子的头巾。

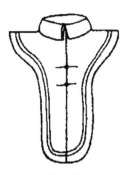

两上领

后垂飞叶两扇。明顾起元《说略》卷二
一:"山林隐逸之服:凌云巾、玉台巾、两
仪巾,皆时制。"

【临清帕】língqīngpà 用山东省临清县所
出布帛制成的束发之巾。临清为明代南
北商品汇集处,布帛是其中一大项。《初
刻拍案惊奇》卷一二:"两个女子。一个
头扎临清帕,身穿青绸衫。"《明神宗实
录》卷三七六"万历三十年九月丙子条":
"在临清关,则称往年伙商三十八人,皆
为沿途税使抽罚折本,独存两人矣。又
称临清向来缎店三十二座,今闭门二十
一家;布店七十三座,今闭门四十五家;
杂货店今闭门四十一家,辽左布商绝无
矣。"《古今图书集成·方舆汇编·职方
典》卷二五五:"临清为南北都会,萃四方
货物滞鬻其中,率非其地所出。"

【凌云巾】língyúnjīn 省称"云巾"。明代
中期士庶流行的一种头巾。形制与忠静
冠相似,用金线或青绒线盘曲作云状,后
因形状诡异被禁用。明王圻《三才图
会·衣服》:"云巾,有梁,左右及后用金
线或青线层曲为云状,颇类忠靖冠,士人
多服之。"余永麟《北窗琐语》:"迩来又有
一等巾样,以细绢为质,界以绿线绳,似
忠静巾制度,而易名曰凌云巾。虽商贩

白丁,亦有戴此者。"田艺蘅《留青日札》
卷二二:"凌云巾,用金线或青绒线盘屈
作云状者。"《明史·舆服志三》:"嘉靖二
十二年,礼部言士子冠服诡异,有凌云等
巾,甚乖礼制,诏所司禁之。"

凌云巾(明万历年间刻本
《南西厢记》插图)

【翎】líng ❶也称"翎子"。明清官吏的冠
饰。明代官员在帽笠上缀雉尾,天鹅翎
以为装饰,有三英、二英、一英之别。清
代翎子使用普遍,成为官帽的重要装饰
和区分职位的标志。一般分孔雀翎和蓝
翎两种,以孔雀翎最为贵重。以三眼、二
眼、一眼为别。眼,即翎上的目晕。"一
眼",相当于明代"一英"。以三眼为贵。
清初规定:一是有爵位者;二是接近于皇
帝的近侍者和王府护卫人员;三是禁卫
于京城内外的武职营官;四是有军功者;
五是特赐者。汉人和外任文臣等极少有
赏戴者。清后期使用开始泛滥,除赏赐
外,还可以出钱捐花翎。明谈迁《北游
录·纪闻下》:"天子、亲王、郡王……帽
上俱孔雀翎。其翎文三钱形曰国公,两
钱形则固山额真,其文仅一钱则梅勒哈
刺也。"清福格《听雨丛谈》卷一:"(明)都

督江彬等承日红笠之上,缀以靛染天鹅翎,以为贵饰。贵者飘三英,次者二英……似与今三眼、双眼、单眼花翎之制相同,惟雉尾、鹅翎,不及本朝之孔翠壮观多矣。"《清史稿·舆服志二》:"凡孔雀翎,翎端三眼者,贝子戴。二眼者,镇国公、辅国公、和硕额驸戴之。一眼者,内大臣;一、二、三、四等侍卫,前锋、护军各统领、参领、前锋侍卫、诸王府长史、散骑郎,二等护卫,均得戴之。翎根并缀蓝翎。"吴振棫《养吉斋丛录》卷二二:"孔雀翎始甚贵重,非蓝翎比。有单眼、双眼、三眼之别,皆定制,详见《会典》。有例不应用双眼、三眼而特赐者,异数也。康熙间,施琅为内大臣,尝戴翎。后以平海功,授靖海将军,封靖海侯。琅疏辞侯爵,而乞如内大臣例,仍戴翎。下部议,驳,言在外将军、提镇,无给翎例。特旨允之。其时虽将军不戴翎也。乾隆四十二年,定将军旧未赏翎者,准戴用。改官,则去之。又新疆办事领队大臣,以示威外藩,准戴翎。非特旨赏给者,换班他往,即不得戴用。"夏仁虎《旧京琐记·仪制》卷五:"花翎与古之貂蝉同。初唯近侍宿卫有之……汉文臣赐翎者甚少,自捐例开始,人人可得。其极也,仅费二百金,故外省官员几于无人不翎矣。"徐珂《清稗类钞·服饰》:"品官之大帽,饰以孔雀翎,施于冠后,犹古之珥貂也。"《儿女英雄传》第四十回:"乌大人道:'你把大爷的帽子拿进去,告诉太太,找我从前戴过的亮蓝顶儿,大约还有,就把我那个白玉喜字翎管儿解下来,再拿枝翎子。'"❷清代亲王、郡王执事官及宫廷乐者所戴帽子上的装饰物。以各种鸟翎毛为之,使用时竖插在帽顶

上的铜管之内。清福格《听雨丛谈》卷一:"亲郡王执事品官,绿团口袍,束红布带,黑毡帽,式如一钹,上安铜管,插红立翎,特不用朝冠耳。"又:"贝勒、贝子、一二品大员执事人,绿袍无花;品官执事乐人,青袍,束缘绿红布带,帽安裹锡木管插绿翎。"自注:"近来率用红翎红木管。"《清史稿·乐志一》:"乐人绿衣黄褂红带,六瓣红绒帽,铜顶上缀黄翎,从内院官奏请也。"

【领扣】lǐngkòu 衣领上的纽扣。明汤显祖《牡丹亭·惊梦》:"和你把领扣松,衣带宽。"

liu—lü

【刘海笑】liúhǎixiào 宽阔的鞋口。民间绘画有"刘海戏蟾图",图中刘海蓬发大口,作嘻笑状,因称宽大之鞋口为"刘海笑"。《金瓶梅词话》第九十一回:"(玉簪儿)脚上穿着里外油刘海笑拨船样四个眼的剪绒鞋,约长尺二。"

【六板帽】liùbǎnmào 一种用头发织成板状后而做成的帽,非常大,以致行走不便。明范濂《云间据目钞》卷二:"更有头发织成板,而做六板帽,甚大行。"

【六合一统帽】liùhéyītǒngmào 也称"六合巾""小帽""便帽""秋帽"。俗称"西瓜皮帽"。明清时期男子所戴的一种圆顶小帽。相传为明太祖所创,寓意天下归一。一般用作便帽,士大夫燕居所戴。明刘若愚《酌中志》卷一九:"(宫中)忠靖冠、六合巾、方巾、九华巾、晋巾等制,皆如外廷。"陆深《豫章漫钞》:"今人所戴小帽,以六瓣合缝,下缀以檐如筒。阎宪副闳谓予言,亦太祖所制,若曰六合一统云尔。"徐珂《清稗类钞·服饰》:"小帽,便

冠也。春冬所戴者,以缎为之;夏秋所戴者,以实地纱为之,色皆黑。六瓣合缝,缀以檐,如筒。创于明太祖,以取六合一统之意。国朝因之……俗名西瓜皮帽。"

六合一统帽

【六角巾】liùjiǎojīn 一种缀有六带的头巾。明代男子所戴的一种奇异的头巾。明田艺蘅《留青日札》卷二二:"今有六角巾、八角巾,常服本四角,此好异者。"

【龙凤珠翠冠】lóngfèngzhūcuìguān 冠顶以金丝缀成蟠龙状,并用金镶珍珠、翠羽制成凤凰的礼冠,明代皇后在受册、谒庙、朝会等重要场合所戴的贵冠。《明史·舆服志二》:"(洪武)四年更定,龙凤珠翠冠,真红大袖衣霞帔,红罗长裙,红褙子。"

【龙威冠】lóngwēiguān 明代皇帝谒陵时所戴的礼冠。明朱国桢《涌幢小品》卷六:"嘉靖五年,世宗既奉章圣皇太后,谒庙礼成,十五年三月议兴寿工,三月丙子,又奉皇太后率皇后谒陵,发京师,次玄福宫,上戴龙威冠,绛纱袍。"

【鹿皮】lùpí 隐士所戴的鹿皮制成的帽子。文人也有戴。明谢肇淛《五杂俎·物部四》:"鹿皮,张欣泰冠也。"

【鹿皮靴】lùpíxuē "皮靴"之一种。以鹿皮制成。《西游记》第二十回:"勒甲绦盘龙耀彩,护心镜绕眼辉煌。鹿皮靴,槐花染色;锦围裙,柳叶绒妆。"《红楼梦》第四回:"脚下也穿着鹿皮小靴。"

【鸾带】luándài ❶以彩帛裁制而成的一种两端有排须的宽腰带。男女皆可用之。其色美如鸾尾,因以名之。《警世通言·杜十娘怒沉百宝箱》:"锦袖花裙,鸾带绣履,把杜十娘装扮得焕然一新。"《水浒传》第二十回:"(宋江)脱下上盖衣裳,搭在衣架上,腰里解下鸾带……便上床去那婆娘脚后睡了。"又第二十一回:"黑三那厮乞嚯不尽,忘了鸾带在这里,老娘且提了,把来与张三系。"《明史·舆服志三》:"永乐以后,宦官在帝左右,必蟒服,制如曳襒,绣蟒于左右,系鸾带,此燕闲之服也。"明方以智《通雅》卷三七:"但云大带,则今之鸾带,与行服鞢带之类。"清李渔《闲情偶寄》卷三:"妇人之妆,随家丰俭,独有价廉功倍之二物,必不可无。一曰半臂,俗呼'背褡'者是也。"❷也称"大带"。戏曲服饰,粗丝织成,宽三厘米,两端有较长的排须穗。装扮人物时,围系腰间,两端排须穗相叠并下垂,与箭衣或抱衣等其他短打衣相配。有杏黄、白蓝、黑紫等色。

【鸾绦】luántāo 即"鸾带"。明王彦泓《买妾词》其四:"蝶袄鸾绦结束新,还加半臂可儿身。"清李渔《闲情偶寄·声容·衣衫》:"一曰束腰之带,俗呼鸾绦者是也。"《红楼梦》第三十二回:"近日宝玉弄来的外传野史,多半才子佳人,都因小巧玩物上撮合,或有鸳鸯,或有凤凰,或玉环金佩,或鲛帕、鸾绦,皆由小物而遂终身之愿。"

【鸾靴】luánxuē 华美的靴子,多用女性或舞者。明袁宏道《放言效白三首》其二:"鸾靴争说上场难,衫袖郎当且自看。"清孔尚任《桃花扇·寄扇》:"榴裙裂破舞风腰,鸾靴剪碎凌波勒。"尤侗《浣溪沙·清明悼亡二首》词其一:"少女长安歌踏春,鸾靴翠袜已成尘。"

【銮带】luándài 即"鸾带❷"。《红楼梦》第六十三回:"湘云素习憨戏异常,他也最喜武扮的,每每自己束銮带,穿折袖。"

【罗汉衣】luóhànyī ❶即"一口钟"。❷戏曲服饰。专用于神话剧中的西天十八罗汉。罗汉,全称"阿罗汉"(梵文音译),本身有杀贼、应供、不生等意思。元、明以来,佛教寺院多塑十八罗汉像。戏曲舞台上的十八罗汉,常被塑造为佛祖如来所派遣到下界收妖捉怪的法力无

罗汉衣

边的战神。剧目有《十八罗汉斗悟空》《十八罗汉收大鹏》等。因武戏所需,罗汉衣均为便于武打的轻便样式。款式为:

大襟、斜大领、阔袖(小袖头)、衣长仅过膝,形似褶类的"短跳"。服色为一般僧袍常用的灰色,绸缎料制成。装扮人物时,腰系丝绦,项挂佛珠,穿云头履,并与红袈裟构成内外服饰组合。头部戴造型夸张的金色"脸子"。因有长臂、长腿罗汉,所以罗汉衣又有特形服装样式。

【螺钿】luódiàn 一种用翡翠丹粉制成的妇女首饰,有天然的彩色光泽。明张自烈《正字通》:"螺钿,妇人首饰,用翡翠丹粉为之。"

【吕公绦】lǚgōngtāo 绦的一种,由五色丝三合而成,两头垂有五色丝绦。相传道家吕洞宾生前常系此绦,故名。多用作僧人、道士系腰的衣带。《水浒传》第九十回:"(许贯忠)系一条杂彩吕公绦,著一双方头青布履。"《西游记》第二十五回:"穿一领百衲袍,系一条吕公绦。"《梼杌闲评》第四十六回:"良卿走出来看时,只见那道士:穿一领百衲袍,系一条吕公绦。手摇麈尾,渔鼓轻敲。"

吕公绦(山西永乐宫元代壁画)

M

ma—mao

【抹布】mābù 明代内廷近侍所佩之带。以黄色纻丝或绫为之,长五尺,阔三寸,使用时佩系在腰际右侧,长与衣齐。明刘若愚《酌中志·内臣佩服纪略》:"抹布,非布也。是素纻丝或绫染柘黄,长五尺,阔三寸,双层方角,如大带子之式而无穗。凡乾清宫管事牌子……英华殿陈设近侍,须蒙赐过者,乃敢佩于贴里之右,而蟠结绦上双垂之,露半条于外,垂与衣齐。"清秦兰征《天启宫词》:"飞元光独承恩宠,抹布刀儿赐御前。"自注:"抹布,黄绫大带巾。"

【马凳袜子】mǎdèngwàzi 明代一种翘头袜子。《金瓶梅词话》第三十五回:"睃见白赉光头戴着一顶出先覆盔过的恰如太山游到岭的旧罗帽儿……脚下靸着一双乍板唱曲儿,前后弯绝户绽的皂靴,里面插着一双一碌子蝇子打不到,黄丝转马凳袜子。"

【马尾罗巾】mǎwěiluójīn 明代江南地区流行的一种以较粗的罗制成的帽子。质地粗疏,便于透气。明范濂《云间据目钞》卷二:"鬃巾,始于丁卯以后,其制渐高……今又有马尾罗巾、高淳罗巾。而马尾罗者,与鬃巾乱真矣。"

【马尾帽】mǎwěimào 以马尾毛等较粗的纤维编织的帽子。多为男性帽,用手工编织,呈棱形网眼结构,有筒式、遮阳式、瓜瓣式等式样。轻便、凉爽、美观、耐用。明罗颀《物原·衣原》:"周武帝作幞头。唐太宗作纱帽,其后始效南蕃制马尾帽。"佚名《如梦录》:"结帽匠俱是工正所人,专结牛马尾各样巾帽。"

【马尾裙】mǎwěiqún 以马尾或毛麻等粗纤维织物制成的下裳。盛行于明代成化年间。据传其式来自朝鲜,裙式作下折,蓬松张大。明陆容《菽园杂记》卷一〇:"马尾裙始于朝鲜国,流入京师,京师人买服之,未有能织者。初服者,惟富商、贵公子、歌妓而已。以后武臣多服之,京师始有织卖者,于是无贵无贱,服者日盛,至成化末年,朝官多服之者矣。"

【马牙褶】mǎyázhě 明代内侍袍服形制之一。褶裥顺打,褶上不穿细纹。明吕毖《明宫史》卷三:"顺褶,如贴里之制,向褶之上不穿细纹,俗为马牙褶,即外廷之襈褶也。间亦缀本等补。"

【玛儿】mǎér 一种皮靴。参见 872 页"乌喇鞋"。

【瞒裆裤】mándāngkù 也作"满裆裤"。也称"马裤"。不开裆的裤子。有别于无裆的套裤而言。《警世通言·一窟鬼癞道人除怪》:"见个男女,头上裹一顶牛胆青头巾,身上裹一条猪肝赤肚带,旧瞒裆裤,脚下草鞋。"徐珂《清稗类钞·服饰》:"裤之满裆者,俗称马裤。古谓之裤……山西男子有以满裆裤,而饰套裤于上者,上之色较朴,下之色较华,远视之若

的明
服朝
饰时
期

二,于马裤之外加一套裤,其实一也。"

【蟒补】mǎngbǔ 织绣蟒纹的补服。明代多用于宦官。清代则用于王、公、侯等贵臣。明刘若愚《酌中志》卷一九:"圆领衬摆,与外廷同,各按品级。凡司礼监掌印、秉笔,及乾清官管事之耆旧有劳者,皆得赐坐蟒补。"《明史·舆服志三》:"又有膝襕者,亦如曳撒,上有蟒补,当膝处横织细云蟒,盖南郊及山陵扈从,便于乘马也。"清吴振棫《养吉斋丛录》卷二二:"贝勒补服,绣正蟒二团。贝子补服,绣行蟒二团。公则用绣蟒方补。"

【蟒袍】mǎngpáo ❶也作"蟒衣""花衣""蟒服"。明清官员、命妇所著的一种礼服,是仅次于龙袍的一种吉服,始于明朝。因衣上绣"蟒"而得名。蟒与龙形相似,但少一爪,即所谓"五爪为龙,四爪为蟒"。龙爪的多寡,表示君臣之间的尊卑差别,所以,皇帝穿"龙袍",百官穿"蟒袍",是君臣之间等级差别的体现。大襟宽袖,下长至足,左右两侧各缀一摆,周身绣以蟒纹。其服甚贵,非受特赐不得穿着。正统年间仅赐于外族首领;弘治时始赐于宦官,不久又赐于外廷官员。其中亦有贵贱之分,以坐蟒为贵。清服制,公侯至七品官,皆穿蟒袍。皇子蟒袍,用金黄色,片金缘,通绣九蟒,裾四开,其形制达于宗室。民公(异姓之封爵者)用蓝及石青诸色随所用,通绣九蟒,皆四爪,曾赐五爪蟒缎者亦得用之,侯以下至文武三品、郡君额附、奉国将军以上、一等侍卫同。文四品,蓝及石青诸色随所用,通绣八蟒,皆四爪,武四、五、六品,文五、六品,奉国将军及县君额附、二等侍卫以下皆同。文七品则通绣五蟒,亦四爪,武七、八、九品及未入流者

皆同。明汤显祖《牡丹亭》第五十三出:"玉带蟒袍红,新参近九重。"余继登《典故纪闻》卷一六:"内阁旧无赐蟒者,弘治十六年,特赐大学士刘健、李东阳、谢迁大红蟒衣各一袭,赐蟒自此始。"朱国桢《涌幢小品》卷三〇:"每五年守例宁静加赏一次……大红纻丝蟒衣一袭。"《旧京遗事》卷二四:"或有吉庆之会,妇人乘坐大轿,穿服大红蟒衣,意气奢溢。"《金瓶梅词话》第五十五回:"呈上一个礼目:'大红蟒袍一套,官绿龙袍一套。'"又第七十回:"见一个太监,身穿大红蟒衣,头戴三山帽,脚下粉底皂靴。"王錡《震泽长语·杂论》:"正德中,籍没刘瑾货财……蟒衣四百七十袭,牙牌二匮。"沈德符《万历野获编补遗》卷二:"蟒衣为象龙之服,与至尊所御袍相肖,但减一爪耳。正统初,始以赏房酋。其赐司礼大珰,不知起自何时,想必王振、汪直诸阉始有之,而阁部大臣,固未之及也。"《明史·舆服志三》:"文武官不许擅用蟒衣。"又:"永乐以后,宦官在帝左右,必蟒服,制如曳撒,绣蟒于左右。"清昭梿《啸亭续录》卷一:"定制:皇子服金黄蟒袍,诸王特赐者始许服用。"《大清会典》卷四七:"蟒袍,蓝及石青诸色随所用,片金缘。亲王、郡王通绣九蟒;贝勒以下至文武三品官、郡君额驸、奉国将军、一等侍卫,皆九蟒四爪;文武四、五、六品官、奉恩将军、县君额驸、二等侍卫以下,八蟒四爪;文武七、八、九品未入流官,五蟒四爪。裾:宗室亲王以下皆四开,文武官前后开。"富察敦崇《燕京岁时记·辞岁》:"凡除夕,蟒袍补褂走谒亲友者,谓之辞岁。"《镜花缘》第三十三回:"随后又有许多宫娥捧着凤冠,玉带蟒衫并裙裤簪环首饰

之类,不由分说,七手八脚,把林之洋内外衣服脱的干干净净。"《儒林外史》第十回:"(鲁编修)头戴纱帽,身穿蟒衣,进了厅事,就要进去拜老师神主。"《续文献通考》卷九三:"万历中,张居正皆赐蟒服;武清侯李伟以太后父,亦受赐。"孙雄《燕京岁时杂咏》诗:"蟒服貂裘今不见,轻投素刺向司阍。"方苞《安徽布政使李公墓志铭》:"天颜甚喜,赐蟒服,回任俟后命。"《二十年目睹之怪现状》第七十回:"原来那位新人,早已把凤冠除下,却仍旧穿的蟒袍霞帔,在新床上摆了一副广东紫檀木的鸦片烟盘,盘中烟具,十分精良,新人正躺在新床吃旧公烟呢。"❷省称"蟒"。传统戏曲中官吏的服饰。简称蟒。京剧中帝王将相、后妃贵妇等身份高贵的人物所穿用的礼服。源于明、清两代的蟒衣。经过装饰和美化后形成的。不同的是,生活中皇帝龙衣上绣五爪龙,称为"龙袍",而在京剧舞台上,除黄龙蟒袍绣五个爪外,其余蟒袍均绣四个爪(实为"蟒")。蟒袍有男女之分,男蟒衣长及足,齐肩圆领,大襟右衽,宽腰阔袖,袖口缀有"水袖",胯下两侧开衩,衩根下缀插摆,以保持明代官员常服的显著特点。

【蟒袍玉带】mǎngpáoyùdài 绣有蟒纹的长袍,饰有玉石的腰带。指官服,也指传统戏曲中帝王将相的服装。《粉妆楼》第五十八回:"沈谦大喜,令中书写了聘书,备了礼物,又做了两副金盔金甲、蟒袍玉带、两匹金鞍白马,收拾动身,又摆了相府的执事,在门前伺候。"《五美缘》第六十二回:"大人朦胧睡去,似梦非梦,只见阶下一人走上殿来,蟒袍玉带,粉底朝靴。"

【蟒衣玉带】mǎngyīyùdài 省称"蟒玉"。即"蟒袍玉带"。《三宝太监西洋记通俗演义》第一百回:"奉圣旨:征西大元帅郑某进二级,蟒衣玉带,仍掌司礼监事。"明沈德符《万历野获编·礼部一·教坊官一品服》:"武宗朝宠任伶人臧贤,至赐一品服,然虽紫蟒玉,而承应如故也。"《聊斋志异·黄将军》:"孝廉服其勇,资劝从军,后屡建奇勋,遂腰蟒玉。"

【猫头鞋】māotóuxié ❶也称"鼠见愁"。明崇祯年间宫中女眷所穿绣鞋,其上绣有兽头,称猫头鞋。明末清初王誉昌辑《崇祯宫词》:"白凤装成鼠见愁,细钩碧缝锦绸缪。"自注:"五六年间,宫眷每绣兽头于鞋上,以辟不祥,呼为猫头鞋。识者谓:猫,髦也,兵象也。"《古今宫闱秘史》:"(明崇祯)五六年间,宫眷每绣兽头于鞋上,以辟不祥。呼为猫头鞋。"❷江南水乡小儿所穿的一种童鞋。江南水乡,尤其是太湖地区,刚学步的小孩,都须先穿猫头鞋,且要一连穿破七双。另水族男性也穿猫头鞋。鞋尖略呈方形、稍向上翻翘,用深色布剪成两只猫耳状的图案镶嵌;后跟、两侧亦镶上流云形图案。

【帽额】màoé ❶巾帽的前额部分。《明史·舆服志二》:"乌纱帽,饰以花,帽额缀团珠。"❷也称"冠额"。太平天国将官朝冠上的牌饰。以硬纸为之,呈扇面形,外裱绸缎,并绣以花纹。所绣之纹视身份有别:天王绣双龙双凤,满天星斗、一统山河;东王绣双龙双凤,单凤栖于云中;北王绣双龙双凤,单凤栖于山岗;翼王绣双蝶及单凤,单凤栖于牡丹;将军、总制绣百蝠穿云;监军、军帅绣百蝠穿花及云彩;旅帅绣牡丹;卒长绣荷花;两司马绣菊花。帽额正中皆留有空格,各列职衔。清张德坚《贼情汇纂·伪服饰》:"冠前立花绣冠额一,如扇面式,亦绣双龙双凤,上绣满天星斗,下绣一统山河,中留空格,凿金为'天王'二字。"又:"两司马朝帽同上式,冠顶缀一犀牛,帽额绣菊花,中绣伪衔。凡有功勋、平湖、监试诸字样,亦标于帽额之上。"

【帽襻】màopàn 即帽带。《明史·舆服志三》:"其舞师皆戴白卷檐毡帽,涂金帽顶,一撒红缨,紫罗帽襻。"

【帽套】màotào 也称"云字披肩"。外出时加于帽外的御寒用的风兜。以貂皮制成高六七寸的圆圈,大如帽。两旁各制两长方貂皮,毛里垂耳,以钩带斜挂于官帽的后山子上。明代多为宫中官吏所戴,外廷亦有戴者。《旧京遗事》:"宪庙有金貂裘一,色浓毛厚,久废御库中,烈皇俭德,裁为帽套二具,非大朝会不御,平居御门,仍是紫貂耳。"宋应星《天工开物》卷二:"(貂皮)黑而毛长者,近值一帽套已五十金。"《二刻拍案惊奇》第十一卷:"头戴玄狐帽套,身穿羔羊皮裘。"明刘若愚《酌中志》卷一九:"凡圣上临朝讲,亦尚披肩。全十外廷,如今所戴帽套,谓之曰'云字披肩'。"《醒世姻缘传》

帽套
（清虚谷《咏之五十岁小像图》）

第三回:"晁大舍穿了一件荔枝红大树梅杨段道袍,戴了五十五两买的一顶新貂鼠帽套。"又第五回:"胡旦换了一领佛头青秋罗夹道袍,戴了一顶黑绒方巾,一顶紫貂帽套。"

【帽缨】màoyīng 也作"帽纬"。装饰在帽顶上的缨饰。明余继登《典故纪闻》卷一:"祝之曰:'若神物则栖我帽缨中。'蛇徐入缨中,太祖举帽戴之。"清吴振棫《养吉斋丛录》卷二四:"浙江抚端阳进:万年红帽纬五十匣。"

【帽珠】màozhū 也称"包头珠""压口珠"。明清时人缀在帽子檐口的珍珠等珠子。《明史·舆服志三》:"礼部言近奢侈越制。诏申禁之……凡职官,一品、二品用杂色文绮、绫罗、彩绣,帽顶、帽珠用玉;三品至五品用杂色文绮、绫罗,帽顶用金,帽珠除玉外随所用;六品至九品用杂色文绮、绫罗,帽顶用银,帽珠玛瑙、水晶、香木。"《海上花列传》第十五回:"耐看俚帽子浪一粒包头珠有几花大,要五百块洋钱哚!"清范寅《越谚》卷中:"压口珠:男凉帽、女包帽,选大珠缀帽口。圆明者,价无算。"

mei—mu

【眉子】méizi 明代妇女所用的一种披肩。《金瓶梅词话》第十九回:"(潘金莲)上穿沉香色水纬罗对衿衫儿,五色绉纱眉子,下著白碾光绢挑线裙子,裙边大红光素缎子白绫高底、羊皮金云头鞋儿。"又第六十七回:"(潘金莲)上穿黑青回纹锦对衿衫儿,泥金眉子,一溜撺五道金,三川钮扣儿,下著纱裙。"

【密结】mìjié 明代士庶男子所戴的一种组织紧密的鬃巾。以马鬃编结而成。组织紧密,有别于结构疏朗的"朗素",故名。流行于明代,多用于士庶男子。《石点头》第四回:"只见一个后生撇地经过,头戴时兴密结不长不短鬃帽,身穿秋香夹软纱道袍。"

【绵甲】miánjiǎ 绵制护身铠甲。明代已有使用,清代绵甲多白缎面、蓝绸里,中衬丝绵,外布黄铜钉。上衣下裳,左右袖、护肩、护腋、前裆、左裆具全。《水浒传》第七十六回:"铠甲斜拴海兽皮,绛罗巾帻插花枝。茜红袍袄绵甲,守定中军帅字旗。"《明史·李自成传》:"绵甲厚百层,矢砲不能入。"《清史稿·卓和诺传》:"从太祖征伐,临阵衷绵甲,奋起直前,所向披靡。"

【绵裤】miánkù 也作"棉裤"。纳有绵或木棉絮的裤子。形制有满裆及无裆之别。多用于冬季防寒保暖。《金瓶梅词话》第七十四回:"西门庆连忙又寻出一套翠蓝段子袄儿,黄绵绸裙子,又是一件蓝潞绸绵裤儿,又是一双妆花膝裤腿儿与了他。"《镜花缘》第五十九回:"只听嗖的一声,颜紫绡忽从外面飞进,随后又有一个女子也飞了进来,身穿紫绸短袄,下穿紫绸棉裤。"《清会典事例·户部·收籴穷》:"又孤贫每名日给盐菜银五厘,大口岁给棉衣一件,棉裤一条,共折给银九钱五分。"

【绵袜】miánwà 也作"棉袜"。蓄有丝绵或木棉絮的袜子。质地厚实,利于保暖,专用于冬季。亦指以棉纱制成的袜子。《金瓶梅词话》第九回:"教士兵街上打了一条麻绦,买了一双绵袜。"清李斗《扬州画舫录》卷五:"靴箱则蟒袜、妆缎棉袜、白绫袜。"《风流悟》第六回:"口里说,眼里看那何敬山,头上带一顶京骚玄

缎帽,身上穿一领黑油绿绸直身,拖出了蜜令绫绸绵袄,绵绸衫子衬里,脚上漂白绵袜,玄色辽鞋,白面,三牙须,甚是齐整。"

【绵鞋】miánxié 也作"棉鞋"。冬季御寒所穿的鞋。用皮帛制成双层,内蓄絮绵,鞋口高至踝部。男女尊卑均可着之。《金瓶梅词话》第九十三回:"见他身上单寒,拿出一件青布绵道袍儿,一顶毡帽,又一双毡袜,绵鞋,又称一两银子、五百铜钱递与他。"清曹庭栋《养生随笔》卷三:"冬月足冷……绵鞋亦当办,其式鞋口上添两耳,可盖足面,又式如半截靴,皮为里,愈宽大愈暖,鞋面以上不缝,联小钮作扣,则脱着便。"又:"制鞋有纯用绵者,绵捻为条,染以色,面底俱以绵编。式似粗俗,然和软而暖,胜于他制,卧室中穿之最宜。"

【棉衣】miányī 有内外两层,里面絮棉絮的衣服,寒冷季节用以保暖。明陈献章《雨中偶述效康节》诗:"山房四月紫棉衣,无奈连朝雨欲欺。"清谭献《清平乐》词:"忍把棉衣换了,玉梅花下春寒。"《清史稿·仁宗本纪》:"正月癸酉朔,上谒裕陵,行三期祭礼,赐所过贫民棉衣。"

【民巾】mínjīn 即"方巾❶"。《明史·赵王高燧传》:"成化十二年,事闻,诏夺禄米三之二,去冠服,戴民巾,读书习礼。"清屈大均《广东新语·冠巾》:"平定巾,一名民巾。"

【明道巾】míngdàojīn 明代男子所戴的一种便帽。明余永麟《北窗琐语》:"迩来巾有玉壶巾、明道巾。"

【明角冠】míngjiǎoguān 明代乐妓所戴之冠。由元代角冠沿革而来。《明史·舆服志三》:"教坊司冠服。洪武三年定。

教坊司乐艺,青卍字顶巾,系红绿褡裤。乐妓,明角冠,皂褙子,不许与民妻同。"

【抹眉头巾】mǒméitóujīn 齐眉的头巾。《水浒传》第一百零二回:"只见府西街上,走来一个卖卦先生,头带单纱抹眉头巾,身穿葛布直身。"

【袜带】mòdài 妇女抹胸上的绣花肩带。明田艺蘅《留青日札》卷二〇:"今之袜胸,一名襕裙……其绣带亦名袜带。"

【貘鞨】mòhé 即帕头,头巾。貘,通帕。明厉荃《事物异名录·服饰·绡头》:"《正字通》:帕额亦作貘鞨。《方言》:鞨巾,俗人帕头是也。"

【鞨韐】mògé 也作"鞨韐"。赤色皮蔽膝。明徐渭《驾归自阅群望于衢恭赋(三月三日)》诗:"团花鞨韐春日,细柳旌旗拊髀年。"夏完淳《明妃篇》:"锦袖乍娇红鞨韐,金井长辞玉辘轳。"清查慎行《拟玉泉山大阅二十韵》:"一人躬鞨韐,九校勇驰驱。"钮琇《觚剩·古古诗》:"锟铻摇动星辰气,鞨韐涵沉虎豹文。"

【木屐钉】mùjīdīng 木屐底部的铁钉。明周清源《西湖二集》卷一六:"这金罕货也有一着可取,会得拓伞头、钉木屐钉,相帮老官做生意。"

N

na—nuan

【衲头】nàtóu 补缀过或用碎布缝缀而成的衣服。指破旧的衣服。《水浒传》第六十五回："老丈见说，领张顺入后屋下，把个衲头与他，替下湿衣服来烘，烫些热酒与他吃。"《清平山堂话本·五戒禅师私红莲记》："（清一）走向前仔细一看，却是五六个月一个女儿，将一个破衲头包着。"《新方言·释器》："今淮南、吴、越谓破布牵连补缀者为衲头。"

【闹嚷嚷】nàorāngrang 也作"闹瀼瀼"。头饰，剪丝绸或乌金纸为花或草虫之形。明沈榜《宛署杂记·民风一》："岁时元旦拜年，道上叩头，戴闹嚷嚷：以乌金纸为飞鹅、蝴蝶、蚂蚱之形，大如掌，小如钱，呼曰'闹嚷嚷'。大小男女，各戴一枝于首中，贵人有插满头者。"清姚之骃《元明事类钞》卷三："元旦人家儿女剪乌金纸作蝴蝶戴之，名曰闹嚷嚷。"项维贞《燕台笔主》："元旦，贵戚家悬神荼郁垒，民间插芝梗柏叶于户，小儿女剪乌金纸作蝴蝶戴之，名曰闹瀼瀼。"王夫之《杂物赞》："以乌金纸剪为蛱蝶，朱粉点染，以小铜丝缠缀针上，旁施柏叶。迎春、元旦，冶游者插之巾帽，宋柳永词所谓'闹蛾儿'也；或亦谓之'闹嚷嚷'。"富察敦崇《燕京岁时记·花儿市》："《余氏辨林》云：京师孟春之月，儿女多剪彩为花或草虫之类插首，曰闹嚷嚷。"

【襷】niǎn 下施有钉的登山鞋。明王三聘《古今事物考》卷六："襷……按：上山，前齿短，后齿长；下山，前齿长，后齿短，山行往来，以铁施屐下，是也。自禹有之。"

【牛膀靴】niúbǎngxuē 一种牛皮制成的靴。《水浒传》第十二回："（杨志）头戴一顶范阳毡笠，上撒着一托红缨；穿一领白缎子征衫，系一条纵线绦；下面青白间道行缠，抓着裤子口，獐皮袜，带毛牛膀靴。"

【牛皮靴】niúpíxuē 一种以牛皮制成的皮靴。《明会典·刑部二十一》："牛皮靴一双，一十贯。"《水浒传》第五回："大王……腰系一条称狼身销金包肚红搭膊，著一双对掩云跟牛皮靴，骑一匹高头卷毛大白马。"

【牛头裈】niútóukūn 也称"牛头子裈"。俗称"梢子"。明清时期的一种短裤。通常为农夫所着，以便劳作。明田艺蘅《留青日札》卷二二："汉司马相如著犊鼻裈……即今之牛头子裈。一名梢子，乃为农夫衣，而士人无复服之者矣。"徐珂《清稗类钞·服饰》："牛头裤者，农人耘田时所着之裤也。江苏有之，裤甚短，形如牛头，故名。盖耘时跪于污泥中，跣足露胫。本可不着，着此者，以有妇女同事田作，冀蔽其私处，不为所见也。"

【钮扣】niǔkòu 也作"扭扣"。可以把衣服扣起来的小形球状物或片状物。明刘若愚《酌中志》卷一九："凡脖领亦不许外露,亦不得缀钮扣,只宫人脖领则缀钮扣,是以切避忌之。"《金瓶梅词话》第十四回:"只见潘金莲上穿了香色潞绸雁衔芦花样对襟袄儿,白绫竖领妆花眉子,溜金蜂赶菊钮扣儿,下著一尺宽海马潮云羊皮金沿边挑线裙子……从外摇摆将来。"清潘荣陛《帝京岁时纪胜·皇都品汇》:"马公道,广锡铸重皮钮扣。"徐珂《清稗类钞·宫闱》:"衣料虽非缎类,钮扣皆金所制。"

【钮子】niǔzi 即"钮扣"。《金瓶梅词话》第六十九回:"(西门庆)头戴白段忠靖冠,貂鼠暖耳,身穿紫羊绒鹤氅,脚下粉底皂靴,上面绿剪绒狮坐马,一溜五道金钮子。"《红楼梦》第二十一回:"宝玉见他不应,便伸手替他解衣,刚解开钮子,被袭人将手推开,又自扣了。"清顾张思《土风录》卷三:"钮子为钮扣。"《发财秘诀》第四回:"里面走出一个女子来,挽了一个上海式的圆头,额上覆了一排短发,双耳上带着看不见那么大的一对耳环子,穿一件浅蓝竹布衫,襟头上的钮子都是赤金的。"

【暖肚】nuǎndù 宽幅腰巾。《鼓掌绝尘》第二十四回:"你看这牧童,也等不得拭干身上,连忙披了衣裳,系了暖肚。"

暖肚(清吴友如《画宝大全》)

【暖耳】nuǎněr 也称"耳暖"。护耳之具。由唐代耳衣演变而成。形制不一,简单者以兽皮或质地厚实的布帛做成环状或条状,罩在耳朵上以御寒冷;复杂者则以布帛做成圆箍,两边以兽皮,使用时联缀在冠帽上。明代官员暖耳形制:以黑色纻丝作一圆箍,高二寸许,两旁垂以两块长貂皮。上朝时亦可戴之,最初由朝廷颁赐,后因费用过巨,乃停止颁赐,旋又禁止使用。明杨慎《丹铅总录》卷二〇:"唐人《边塞曲》:'金装腰带重,绵缝耳衣寒。'耳衣,今之暖耳也。"张岱《快园道古》卷一四:"罗汝敬、马铎同在馆阁,冬月,罗不戴暖耳,马不穿毡袜,时人戏曰:'骡耳马足。'"刘若愚《酌中志》卷一九:"披肩……自印公公等,至暖殿牌子,方敢戴。其余常行近侍,则只戴暖耳。其制用玄色素纻,作一圆箍,二寸高,两傍缀貂皮,长方如披肩。凡司礼监写字起,至提督止,亦止戴暖耳,不甚戴披肩也。"《明史·舆服志三》:"万历五年……百官戴暖耳。是年朝觐外官及举人、监生不许戴暖耳入朝。"明沈德符《万历野获编》卷九:"京师冬月,例用貂皮暖耳,每逢冬寒,上普赐内外臣上,次日俱戴以廷谢。惟近来主上息止此诏,已数年。百寮出入省署,殊以为苦……盖赐貂之日,禁中例费数万缗,故今上禁之。"清高士奇《金鳌退食笔记》卷下:"明世宗晚年爱静,常居西内,勋辅大臣直宿无逸殿,日有赐赉,如玲珑雕刻玉带、金织蟒服、金嵌宝石斗牛绦环……貂鼠暖耳。"《谈征·物部》:"今人惧耳寒,或用皮,或用绸缎,如其形而缝以衣之,谓之耳暖,亦谓暖耳。即古之所谓耳衣者。"

【暖鞋】nuǎnxié 防寒保暖的鞋,多用于

暖耳(《明太祖功臣图》)

冬季。一般使用布或皮制成,中间可以
絮丝绵、或木棉絮,也有以蒲草、芦花填
充。《水

浒传》第二十四回:"(武松)脱了油靴,换
了一双袜子,穿了暖鞋,掇个杌子,自近
火边坐地。"《金瓶梅词话》第一回:"(武
松)随即解了缠带,脱了身上鹦哥绿纻丝
衲袄,入房内……穿了暖鞋。"《儒林外
史》第十一回:"两公子同蓬公孙都走出
厅上,见头上戴着新毡帽,身穿一件青布
厚棉道袍,脚下踏着暖鞋。"

O

【**藕莲裙**】ǒuliánqún 一种红底绿绣或绿底红绣的裙子。因其色彩红绿交映，如荷花和荷叶相照应而得名。明范濂《云间据目钞》卷二："梅条裙，膝裤，初尚刻丝，又尚本色，尚画，尚插绣，尚堆纱；近又尚大红绿绣，如藕莲裙之类。"

P

pan—pei

【袢袄】pàn'ǎo 一种有衬里的对襟夹衣。常作为御寒之军装。明代守边将士所用的,以质地厚实的麻衣制成。凡旗手、卫军、力士俱穿红袢袄,其余卫所士兵着其他色袢袄。《明史·舆服志三》:"二十一年定旗手卫军士、力士,俱红袢袄,其余卫所,袢袄如之。凡袢袄,长齐腰,窄袖,内实以棉花。"又《食货志三》云:"乙字库,贮袢袄、战鞋,军士裘帽。"《西游记》第十七回:"只见那黑汉子,穿的是黑绿纻丝袢袄,罩一领鸦青花绫披风,戴一顶乌角软巾,穿一双麂皮皂靴。"

【胖袄】pàng'ǎo 大棉袄。明宋应星《天工开物·枲著》:"凡衣衾挟纩御寒,百人之中,止一人用茧绵,余皆枲著。古缊袍,今俗名'胖袄'。"

【袍铠】páokǎi 战袍与铠甲。《三国演义》第五十回:"过了险峻,路稍平坦。操回顾止有三百余骑随后,并无衣甲袍铠整齐者。"《明史·李远传》:"远以轻兵六千,诈为南军袍铠,人插柳一枝于背,径济宁、沙河至沛,无觉者。"

【佩袋】pèidài 一种套在佩玉上的红纱袋。制出明代。按传统礼仪,百官上朝陛见帝王,必须悬挂玉佩。明嘉靖年间,规定在玉佩之外加罩一个布袋,以免挂佩互相纠结。明沈德符《万历野获编·礼部一·笏囊佩袋》:"古今制度,有一时创获二其后循用不可变者,如前代之笏囊,与本朝之佩袋是也。凡大朝会时,百寮俱朝服佩玉,殿陛之间,声韵甚美。嘉靖初年,世宗升殿,尚宝卿谢敏行以故事捧宝逼近宸旒,其佩忽与上佩相纠结,赖中官始得解,敏行惶怖伏罪,上特宥之,命自今普用佩袋,以红纱囊之。虽中外称便,而广除中清越之音减矣。惟郊天大礼,不敢用袋,登坛时惟太常侍仪进爵,中涓辈俱不得从。古今制度,有一时创获,其后循用不可变者。如前代之笏囊,与本朝之佩袋是也。"清褚人获《坚瓠九集·佩袋》:"嘉靖中,世庙升殿,尚宝司卿谢敏行捧宝。玉佩飘飐,与上佩勾连不脱……因诏中外官俱制佩袋,以防勾结。"

【佩要】pèiyāo 带在腰部的佩饰。明顾大典《青衫记·坐湿青衫》:"邂逅相逢如天造,怎忍似弃言的,解佩要。"

pi—ping

【披风】pīfēng 披在肩上的没有袖子的外衣。后亦泛指斗篷。形制不一:有制为单层者、双层者及中纳絮绵者。后者亦称"斗篷",多用于冬季。不分男女均可用之。质料上,有单、夹、棉、皮的。用绸缎缝制,颜色以绿者为时髦,也有大红、粉红和灰色等。长度通常在膝盖部位,冬天所穿的略长些。披风两襟,钉有钮扣或带子。妇女和儿童用的,多绣有花饰,男用一般为素式。魏晋南北朝时已见滥觞,时谓"裹衫"。元代以后多称披风。清代时,妇女用它作礼服的外套。近代时,妇女作时髦服饰,除夏季不用,春、秋、冬三季都穿用。《醒世恒言·吴衙内邻舟赴约》:"若是不好,教丫鬟寻过一领披风,与他穿起。"《醒世姻缘传》第一回:"你明日把那一件石青色洒线披风寻出来,再取出一匹红素绫做里,叫陈裁来做了,那日马上好穿。"《儒林外史》第十四回:"那船上女客在那里换衣裳,一个脱去元色外套,换了一件水田披风。"《红楼梦》第二十回:"(黛玉道:)就拿今日天气比,分明冷些,怎么你倒脱了青披风呢?"《儿女英雄传》第二十四回:"见她头上略带几枝内款时妆的珠宝,衬着件浅桃红碎花绫子绵袄儿,套着一件深藕色折枝梅花的绉银鼠披风。"

【披肩】pījiān ❶也作"帔肩"。一种围披在肩部的服饰。本名"裙"。汉许慎《说文解字·巾部》:"裙,绕领也。"清段玉裁注:"然则绕领者,围绕于领。今男子、妇女披肩其意也。"刘熙《释名·释衣服》:"帔,披也,披之肩背不及下也。"清王先谦疏证补:"此云披之肩背,则是今之披肩矣。"❷清代帝后百官及命妇所用的一种领饰。徐珂《清稗类钞·服饰》:"披肩为文武大小品官衣大礼服时所用,加于项,覆于肩,形如菱,上绣蟒,八旗命妇亦有之。"❸明代帝王、官宦所戴的一种耳饰。以皮毛作成圆圈,两旁各附貂皮二方,使用时挂在冠帽之上,下垂貂皮于耳,以御风寒。职非显赫,不得使用。明刘若愚《酌中志》卷一九:"披肩,貂鼠围一圆圈,高六七寸不等,大如帽。两旁各制貂皮二长方,毛向里,至耳,即用钩带

斜挂于官帽之后山子上。旧制,自印公公等至暖殿牌子,方敢戴。其余常行近侍,则止戴暖耳……凡司礼监写字起,至提督止,亦此戴暖耳,不甚戴披肩也……圣上临朝讲,亦尚披肩。至于外廷,如今所戴帽套,谓之'云字披肩'。闻今上登极后,令左右渐次改戴云字披肩随侍,然古制似已顿易也。"

【披巾】pījīn 也作"帔巾"。省称"帔"。妇女的一种服饰。用作防护或装饰的衣物。呈正方、长方或三角形,披于头或颈、肩上。据称,秦代已有披巾,以缣为之;汉代则以丝罗织成。晋代永嘉年间有绛晕帔子。至唐代,以轻薄丝织物织成的长画帛,上面绣有花纹制成,用时披搭于肩部及臂部,故名"披帛"。色多黄、紫、绿、红绿等。从大体上有两种形制:一种布幅较宽,但长度较短,使用时披在肩上;另一种则布幅较窄,但长度较长,多将其缠绕于两臂之间,行则飘逸摇曳。宋代以后的霞帔即由此发展而来。《金瓶梅词话》第五十九回:"分付玳安,收拾着凉轿,头上戴着披巾,身上穿着纬罗暗补子直身,粉底皂靴。"

【披云巾】pīyúnjīn 明代士庶冬季所戴的一种御风寒的头巾。匾巾方顶,后用披肩半幅,内絮以棉。用缎或毡制成。明屠隆《起居器服笺》卷四:"披云巾,或段或毡为之,匾巾方顶,后用披肩半幅,内絮以绵,此瞿仙所制,为踏雪冲寒之具。"文震亨《长物志·衣饰》:"唐巾去汉式不远,今所尚'披云巾'最俗,或自以意为之,'幅巾'最古,然不便于用。"

【皮裳】pícháng 用毛皮制成的下衣。明杨慎《兵备姜公去思记》:"今吾尔抚,悉令尔盗为民,皮裳菜食,任尔生息。"

【皮札鞴】pízháwēng 皮制的鞴鞋。厚底高勒，制与靴同。着时勒束于胫，外缠绑腿。元明时期较为常见。多用于庶民小吏。《明史·舆服志三》："（洪武）二十五年，以民间违禁，靴巧裁花样，嵌以金线蓝条，诏礼部严禁庶人不许穿靴，止许穿皮札鞴。"《续文献通考》卷九三："皂隶公人冠服，洪武三年定，皂隶伴当，不许着靴，止用皮札鞴。"

【毗卢帽】pílúmào 省称"毗卢"。也作"毗罗帽""毘罗帽""毗罗帽""毘罗"。一种僧帽。放焰口时主座和尚所戴的一种绣有毗卢遮那佛画像的帽子，制为圆顶，帽檐析分为九片，如九瓣莲花，亦泛称僧帽。元明时期也用于俗世男女。毗卢，是佛毗卢舍那（密宗大日如来）的略称。明黄一正《事物绀珠》："毗卢帽、宝公帽、僧迦帽、山子帽、班吒帽、瓢帽、六和巾、顶包，八者皆释冠也。"《西游记》第九十五回："行者暗里欣然，丁在那毗卢帽顶上，运神光，睁火眼金睛观看，又只见那两班彩女，摆列的似蕊宫仙府，胜强似锦帐春风。"《醒世姻缘传》第六十四回："白姑子穿了五彩袈裟，戴了毘卢九莲僧帽，执了意旨疏文，在佛前伏章上表。"又第一百回："胡无翳穿了袈裟，戴了毗卢僧帽，在佛前宣牒作法。"明高濂《玉簪记·谭经》："尼姑尼姑，原有丈夫，只要趁些钱财，来带这顶毗卢。"《鼓掌绝尘》第三十九回："只见这和尚形貌生得甚是粗俗……戴一顶毗卢帽，穿一领破衲衣。"《金瓶梅词话》第六十五回："永福寺道坚长老，领十六众上堂僧来念经，穿云锦袈裟，戴毗卢帽，大钹大鼓，甚是齐整。"清樊彬《燕都杂咏》："刘后留遗像，袈裟俨佛装。莲龛长供养，消受一炉香。"自注："长椿寺有崇祯母刘太后像，毗卢帽，红锦袈裟，旁书崇祯庚辰年恭绘。"吴炽昌《客窗闲话·假和尚》："一日，晨兴，冠毗罗，服紫衣，据大殿之基，趺跏而坐。"

毗卢帽（明王圻《三才图会》）

【琵琶带】pípadài 明代士庶男子所用的一种腰带。明余永麟《北窗琐语》："太祖制民庶章服，黑漆方巾，取四方平静之意……带有琵琶带。"

【褊袒】piántǎn 即袈裟。明顾起元《客座赘语》卷三："隋炀帝为晋王嚬戒师衣物，有圣种纳袈裟一缘，黄纹舍勒一腰，绵三十屯，郁泥南布袈裟一缘。黄丝布袜一具，绢四十匹，郁泥南丝布褊袒一领。"清吴嘉纪《送瑶儿》："胡僧偏袒摇掌，导魂铃子声铮然。"

【飘带】piāodài ❶武士戒严时缀于戎装上的帛带。明顾起元《说略》卷二一："《晋书·职官志》云：'……中官紫标，外官绛标'盖战裙之络系也，今画门神将军有之，俗曰飘带。"❷缀于衣襟、衣裾上的细带。用以衣襟、衣领等处扣结。清福格《听雨丛谈》卷一："褡护之制，与褂同，身袖长；旁裾各缀缀飘带，下丰而锐，均与袍齐。"❸戏曲服饰。上窄下宽的宝剑头形尖角缀带。缀带上绣有各色龙纹、勾云、古钱"万"字"寿"字等图案,以白色居多,用时须与盔帽色协调。盔头上所挂的白缎绣字飘带,称作忠孝带。

【飘飘巾】piāopiāojīn 明代末期士大夫所戴的一种便帽。制与纯阳巾相似,前后各披一片,唯前片上无盘云纹。清姚廷遴《姚氏记事编》:"明季服色俱有等级,乡绅、举贡、秀才俱戴巾,百姓戴帽。寒天绒巾绒帽,夏天鬃巾鬃帽;又一等士大夫子弟,戴飘飘巾,即前后披一片者。"

飘飘巾(明曾鲸作肖像画)

【飘笠】piáolì 和尚、道士等云游时随身携带的瓢勺和斗笠。借指行踪。明沈德符《万历野获编·释道·僧慧秀》:"未几,吴转江右兵使出山,慧秀遂弃瓢笠称山人,茹荤娶妇。"屠隆《彩毫记·汾阳报恩》:"老爷旷代奇才,名闻荒裔。瓢笠到处,必有逢迎。"清陈复正《幼幼集成》:"君少慕冲举,学道罗浮,龙虎功能,洞然有得于性命之际,乃瓢笠云游,借医药以济世。"

【瓢帽】piáomào 僧尼所戴的一种帽子。形制类似瓜皮帽。《醒世姻缘传》第二十一回:"只见两个都穿栗色绸夹道袍,玄经劈瓢帽,僧鞋净袜,见了晁夫人就倒身下拜,谢说恩德不了。"又第三十六回:"只见两个都穿栗色绸夹道袍,玄经劈瓢帽,僧鞋净袜,见了晁夫人就倒身下拜,谢说恩德不了。"

【平底鞋】píngdǐxié ❶明代缠足妇女家居时流行穿的一种轻便弓鞋。多用作睡鞋。以绸缎为之,底用纳帛,有别于装缀木块的高底鞋。《金瓶梅词话》第二十八回:"春梅看见,果是一只大红平底鞋儿。"又第二十九回:"要做一双大红素段子白绫平底鞋儿,鞋尖上扣绣鹦鹉摘桃。"❷满族妇女便鞋。鞋底平木为之,前端着地处稍削,便于行走,鞋面缎、布为之,彩绣花卉图案,尚青色禁忌素面,鞋头多绣"云头"图案。中、老年妇女平居多着此鞋。

Q

qi—qun

【七事合包】qīshìhébāo 盛放零星细物的小荷包。男女均可佩之。"七事"原指唐代武官随身佩带的七件东西。后泛指盛放零星小物如手巾、印章及钱币之荷包,已不拘囿于所谓"七事"。《醒世姻缘传》第八十五回:"(素姐)裙腰里挂着七事合包。"

【麒麟补】qílínbǔ 省称"麟补"。绣有麒麟的补子。明代原定为公、侯、伯、驸马所服,正德以后渐用于庶官,但实际使用颇泛滥。清代初期督堂、总兵官、副将用麒麟补,后定制,用于一品武官。明刘若愚《酌中志》卷一九:"凡司礼监掌印、秉笔,及乾清官管事之耆旧有劳者,皆得赐坐蟒补,次则斗牛补,又次俱麒麟补。"清萧奭《永宪录》卷一:"凡册封出使外国正副使,给以蟒缎披领、麒麟补长补、一品顶带……回时仍用原品顶带服饰。"

【麒麟服】qílínfú 明代公、侯、驸马、伯之常服。装饰有麒麟和白泽纹样。清代用于外使,事毕去之。明沈鲸王《拟古宫词二首》其二:"金缕麒麟服,传宣赐太师。"《明史·舆服志三》:"(洪武)二十四年定,公、侯、驸马、伯服,绣麒麟、白泽。"清吴振棫《养吉斋丛录》卷二二:"封使之服,前明给事中以麒麟,行人以白泽。本朝康熙五十八年,海、徐二公出使,始用东珠帽顶,正副使皆赐正一品麒麟服。"

事毕还朝,仍服原官补服。"

【千针裙】qiānzhēnqún 即百衲裙。《西游记》第五十三回:"那梢子怎生模样……身穿百纳绵裆袄,腰束千针裙布衫。"

【浅脸鞋】qiǎnliǎnxié 士庶男子所穿之鞋。其制为敞口,鞋面仅覆及足趾,低帮,平底。《鸳鸯针》第三卷第一回:"只见一个书童,身穿北京屯绢褶裰,脚穿……线结底浅脸鞋。"

【琴面衣】qínmiànyī 明代士庶男子的一种便服。腰下施裥如琴弦,故名。明余永麟《北窗琐语》:"迩来巾中有玉壶巾、明道巾……衣有小深衣、甘泉衣、阳明衣、琴面衣。"

【琴鞋】qínxié 也称"琴面鞋"。笏头履之一种。履头高翘,底部纳线齐如琴弦,因以为名。明田艺蘅《留青日札》卷二〇:"琴面鞋,即笏头履也。"《金瓶梅词话》第七十七回:"王经到云理守家,管待了茶食,与了一匹真青大布、一双琴鞋。"《明史·舆服志三》:"教坊司冠服:洪武三年定……歌工,弁冠,红罗织金胸背大袖袍,红生绢锦领中单,黑角带,红熟绢锦脚裤,皂皮琴鞋,白棉布夹袜。"

【青袍角带】qīngpáojiǎodài 青色袍服,角饰腰带。明代未授职进士服式。借指未授职进士。明沈德符《万历野获编·科场·荐主同咨》:"自戊戌一咨,候命辇下者五载,青袍角带,鳞集都城。"

【庆云冠】qìngyúnguān 明代命妇所戴的礼冠。区别于位尊者所戴的凤冠,其上装饰以镀金银练鹊。《明史·舆服志三》:"(七、八、九品命妇)通用小珠庆云冠。常翟冠服亦用小珠庆云冠,银间镀金银练鹊三,又银间镀金银练鹊二,挑小珠牌;银间镀金云头连三钗一银间镀金压鬓双头钗二,银间镀金璏梳一,银间镀金簪二。"又:"品官祖母及母,与子孙同居亲弟侄妇女礼服,合以本官所居官职品级,通用漆纱珠翠庆云冠,本品衫、霞帔、褙子,缘襈袄裙,惟山松特髻子,止许受封诰敕者用之。品官次妻,许用本品珠翠庆云冠、褙子为礼服。"

【裙襕】qúnlán 裙子;裙幅。明孙柚《琴心记·家徒四壁》:"幸得谙些女红,且去绣完一幅裙襕,将来易些柴米用度则个。"钱应金《踏莎行》词:"粉颊啼痕,罗消裙襕。"清丁澎《石州慢·春暮》词:"为谁瘦损,枕边检点鲛绡,裙襕不似前春样。"

R

ren—ruan

【衽服】rènfú 左衽之服。指少数民族的服装。明陆采《怀香记·氐羌谋叛》:"颇知华人礼乐,甚殊鸡骨之占年;窃仿上国衣冠,不比鹅毛之御腊。虽是蛮貊而衽服,实非马牛而襟裾。"

【衽腰子】rènyāozi 即抹胸。《金瓶梅词话》第七十五回:"见她仰卧在被窝内,脱的精赤条条,恐怕冻着他,又取过他的抹胸儿替他盖着胸膛上……(如意儿)道:'这衽腰子还是娘在时与我的。'"

【绒巾】róngjīn 一种绒布制成的暖帽。《醒世姻缘传》第三回:"只见一个七八十岁的白须老儿,戴一顶牙色绒巾,穿一件半新不旧的褐子道袍。"清姚廷遴《姚氏记事编》:"明季服色俱有等级,乡绅、举员、秀才俱戴巾,百姓戴帽。寒天绒巾绒帽,夏天鬃巾鬃帽。"

【绒袜】róngwà 绒是一种表面带有耸立或平排紧密毛茸的丝织物。特点是表面起绒,因此比较耐磨。绒袜质地较毡袜薄,多用于春夏之季。明代以后较为流行。颜色尚白。《警世通言·玉堂春落难逢夫》:"王匠大喜。随即到了市上,买了一身衲帛衣服、粉底帛靴、绒袜、瓦楞帽子、青丝绦。"《醒世姻缘传》第十八回:"那舅爷约有三十多年纪,戴了方巾,穿一领羊披前向疙搭绸袄子,厢鞋绒袜。"明范濂《云间据目钞》卷二:"嘉靖时,民间皆用镇江毡袜,近年皆用绒袜,袜皆尚白,而贫不能办者,则用旱羊绒袜,价甚省。且与绒袜乱真。"宋应星《天工开物·褐毡》:"南方唯湖郡饲畜绵羊,一岁三剪毛,每羊一只,岁得绒袜料三双。"《金瓶梅词话》第六十八回:"只见温秀才到了,头戴过桥巾,身穿绿云袄,脚穿云履绒袜,进门作揖。"

【如意冠】rúyìguān ❶明代宫廷《天命有德之舞》引舞之人所戴之冠。《明史·舆服志三》:"永乐间……奏《天命有德之舞》引舞二人,青纻纱如意冠,红生绢锦领中单,红生绢大袖袍。"❷传统戏曲中用于戴古装头套人物的冠饰。京剧、豫剧等均有使用。京剧中,冠底装有托口,托口上装三层如意片子,前低后高。如意片前端呈如意云头状,后端微翘,周围垂挂串珠。左右饰黄缎飘带,上绣云纹或嵌光片。《霸王别姬》中的虞姬、《淮河营》中的吕雉等戴此冠。豫剧中在托箍座上托一如意状的冕板,前翘后落,沥粉纹饰如意及托箍座,金或银底色,点翠、镶宝石。如意冕板前后云头,垂挂小珠串若干条。如《乌江岸》中的虞姬、《三哭殿》中的詹贵妃等。

【襦绲】rúyùn 粗麻短袄。平民百姓之服饰。明唐顺之《谢赐银币表》:"虽师武臣力,卒就殄歼,而豕突鲸奔,已深荼毒,民之襦绲,为贼裹包。"

【软翅纱巾】ruǎnchìshājīn 明代官员戴

的一种头巾，左右各有一枚软翅。《醒世恒言·灌园叟晚逢仙女》："那槐枝上挂的，不是大爷的软翅纱巾么？"

【软公鞋】ruǎngōngxié 也称"软翁鞋"。一种长筒皮靴。《西游记》第六十二回："三藏沐浴毕，穿了小袖褊衫，束了环绦，足下换一双软公鞋。"黄肃秋注："软公鞋：软翁鞋，就是长筒皮靴。"

【软巾】ruǎnjīn ❶一种不用硬胎的头巾。汉魏时期的幅巾、隋唐时期的幞头等均属此类。明郎瑛《七修类稿》卷二一："今之纱帽，即唐之软巾。"❷明代士人所戴的帽子，以黑色绫罗为之，顶部折叠成角，下垂飘带。贵贱都可戴之。其制颁定于明初。《明史·舆服志三》："（洪武）二十四年，以士子巾服，无异吏胥，宜甄别之，命工部制式以进。太祖亲视，凡三易乃定。生员襕衫，用玉色布绢为之，宽袖皂缘，皂绦软巾垂带。贡举人监者，不变所服。"《金瓶梅词话》第十八回："蔡攸深衣软巾，坐于堂上。"

【软香皮】ruǎnxiāngpí 一种用熟皮制成的靴子，多用于军将、武士。《水浒传》第一百零九回："虎骑将军没羽箭张清，头裹销金青巾帻，身穿挑绣绿战袍，腰系紫绒绦，足穿软香皮。"

S

san—shou

【三博鬓】sānbóbìn 明代皇后礼冠上的一种花饰,是一种假鬓,形似薄鬓,鬓发下垂至耳,抱住面颊,鬓上饰有花钿、翠叶之类的饰物。由两博鬓演变而来。《明史·舆服志二》:"皇后常服:洪武三年定,双凤翊龙冠……三博鬓,饰以鸾凤。"

【三寸金莲】sāncùnjīnlián 缠足妇女的小脚弓鞋。三寸,言其纤小。亦指称妇女缠过的小脚。《警世通言·蒋淑真刎颈鸳鸯会》:"湛秋波两剪明,露金莲三寸小。"清翟灏《通俗编》卷一八:"唐人诗则云'六寸肤圆光致致';宋秦少游词,则云'脚上鞋儿四寸罗';元人杂剧辄言三寸金莲,见此事由渐而甚。"李渔《闲情偶寄·声容·鞋袜》:"名最小之足者,则曰三寸金莲。"《老残游记续集遗稿》第六回:"你那三寸金莲,要跑起来怕到不了十里,就把你累倒了!"

三寸金莲
（清吴友如《古今谈丛图》）

【三耳草鞋】sān'ěrcǎoxié 一种带绊的草鞋。鞋上有绊三个,着时以绳带系缚。《西游记》第十八回:"又见一个少年,头裹绵布,身穿蓝袄,持伞背包,敛棍扎裤,脚踏着一双三耳草鞋,雄赳赳的,出街忙走。"又第二十五回:"三耳草鞋登脚下,九阳巾子把头包。"

【三事】sānshì 也作"三字"。三件小佩饰。以金制成者称"金三事",以银制成者称"银三事"。常见者有剔牙杖(亦称挑牙)、耳挖子及镊子等,既具有实用价值,又兼作佩饰。一般将三物穿组在一起,或拴结于腰间,或悬挂于衣襟。《醒世姻缘传》第五十回:"狄希陈在袖中捏那孙兰姬撩来的物件,里边又有软的,又有硬的,猜不着是什么东西;回到下处背静处所,取出来看,外面是一个月白绉纱汗巾,也是一副金三事挑牙。"《金瓶梅词话》第十四回:"因见春梅伶变,知是西门庆用过的丫鬟,与了他一付金三事儿。"又第十九回:"妇人一面摘下搽领子的金三事儿来,用口咬着。"又第二十八回:"妇人……于是向袖中取出一方细撮穗白绫挑线莺莺烧夜香汗巾儿,上面连银三字儿都掠与他。"

【三乌】sānwū 一种丧服形式。分别指乌纱帽、皂靴、黑角腰带等三种黑色的服饰。明谈迁《枣林杂俎》:"仁圣皇太后之丧,大宗伯范谦衣白入朝,至阙门忽传各官衣青布袍,急出易衣以进。次日则白纱帽乌靴成服,斩衰,朝夕哭临。期毕而退署,衣冠皆白,绖带不除。二十七日后用三乌:为乌纱帽、皂靴、黑角带也。"

【色服】sèfú 颜色鲜艳的衣服。对"素服""孝服"而言。《西游记》第六十一回:"罗刹听叫,急卸了钗环,脱了色服,挽青丝如道姑,穿缟素似比丘,双手捧那柄丈二长短的芭蕉扇子,走出门。"清王士禛《池北偶谈·谈异一·丁贞女》:"先是贞女缟衣数十年,是日乃易色服。"

【色衣】sèyī 即"色服"。《古今小说·蒋兴哥重会珍珠衫》:"孝幕翻成红幕,色衣换去麻衣。"《醒世恒言·陈多寿生死夫妻》:"王三老换了一件新开折的色衣,到朱家说亲。"

【纱罗板巾】shāluóbǎnjīn 板巾的一种,元明时士庶男子平常所戴的小帽。以纱罗制成,可压折成片状。流行于元明时期。《二刻拍案惊奇》卷三九:"一伙道士正要著衣帽登岸潇洒,寻帽不见,但有常戴的纱罗板巾,压折整齐,安放做一堆在那里。"

【纱衫子】shāshānzi 也称"纱衫"。用轻薄纱罗制成的对襟衫子。通常作成对襟,两袖宽博,凉爽透气。多用于夏季穿着。《水浒传》第十六回:"杨志戴上凉笠儿,穿着青纱衫子,系了缠带行履麻鞋。"《醒世姻缘传》第八回:"只见计氏蓬松了头,上穿着一件旧天蓝纱衫,里边衬了一件小黄生绢衫。"《红楼梦》第三十六回:"只见宝玉穿着银红纱衫子,随便睡着在床上。"《花月痕》第十四回:"秋痕身上穿一件莲花色纱衫,下系一条百折湖色罗裙。"

【砂锅片】shāguōpiàn 明代"平巾"的俗称。明初用于宫廷内臣,后广泛用于民

间士庶男子。明刘若愚《酌中志》卷一九:"平巾,以竹丝作胎,真青罗蒙之,长随、内使、小火者戴之。制如官帽,而无后山。然有罗一幅垂于后,长尺余,俗所谓'砂锅片'是也。"

【山谷巾】shāngǔjīn 士人所戴的头巾。相传宋代黄庭坚号"山谷道人",首戴此巾,故名。明田艺蘅《留青日札》卷二二:"山谷巾,黄庭坚遗制。"

【申衣】shēnyī 上衣、下裳相连缀的一种服装。明文震亨《长物志·衣饰》卷八:"道服制如申衣,以白布为之,四边延以缁色布,或用茶褐为袍,缘以皂布。"陈植注:"申衣,即深衣。"

【生巾】shēngjīn 儒冠;儒生所戴的头巾。明郎瑛《七修类稿·国事二·生员巾服》:"汉郦食其以儒冠见高祖。注曰:'儒冠,侧冠也。'予意恐即今之生巾。"

【十八学士衣】shíbāxuéshìyī 明代士庶男子所穿的一种便服。制为袍式,腰部以下施褶十八,流行于明中晚期。明范濂《云间据目钞》卷二:"男人衣服,予弱冠时,皆甩细练为褶……盖胡制也。后改阳明衣、十八学士衣、二十四气衣,皆以练为度,亦不多见。隆、万以来,皆用道袍。"

【史大蒲鞋】shǐdàpúxié 明代中叶流行于江南地区的一种以黄草编织成的宕口蒲鞋,甚为精美。因出自于宜兴史姓匠人之手,故名。明范濂《云间据目钞》:"宜兴史姓者,客于松,以黄草结宕口鞋,甚精贵,八子争以重价购云,谓之史大蒲鞋。"

【事件】shìjiàn 冠服上的小装饰物。明谈迁《枣林杂俎·智集》:"颁赐国王纱帽一顶……七旒纻纱皮弁冠一顶。"注:"旒

珠金事件全。"

【手钏】shǒuchuàn 也称"手钏圈"。即"钏"。明无名氏《天水冰山录》记严嵩被籍没家产中有"金手钏圈九件,共重三十七两五钱"。《警世通言·苏知县罗衫再合》:"郑夫人将随身簪珥手钏,尽数解下,送与老尼为陪堂之费。"《醒世姻缘传》第七回:"晁大舍买了礼物,做了两套衣裳,打了四两一副手钏。"徐珂《清稗类钞·服饰》:"(四川太平人)手钏多以银为之。"

【手记】shǒujì 指环、戒指的别称。明刘元卿《贤奕编·闲钞下》:"古者后妃群妾,进御于君所,当御者以银环进之,娠则以金环退之。进者着右手,退者着左手,即今之戒指,又云手记。"清顾张思《土风录》卷五:"戒指乃以幸女子者……俗亦呼手记。陆氏伸也以为康成《诗笺》有云:事无大小记以成法,故名。"

【寿衣】shòuyī 装殓亡者的衣服。多数老年人生前已做好准备死后穿的衣服鞋帽。《水浒传》第二十四回:"归寿衣正要黄道日好,何用别选日?"《义侠记·巧构》:"门外谁人声响彻,元来是寿衣施主偶相接。"《二十年目睹之怪现状》第一百零五回:"一个家人拿了票子来,说是绸庄上来领寿衣价的。"

【兽铠】shòukǎi 装饰有野兽纹样或兽首形状的铠甲。明王世贞《政德宫词》之十三:"平明东阁下恩纶,兽铠鸾翻色色新。"

shu—suo

【暑袜】shǔwà 夏日所穿的薄短袜。通常以轻薄的棉、麻织物制成,男女均可着之。《醒世姻缘传》第二十八回:"严列宿

巴拽做了一领明青布道袍,盍了顶罗帽,买了双暑袜,镶鞋,穿着了去迎娶媳妇。"《三宝太监西洋记通俗演义》第十回:"他头戴的圆帽,身穿的杂色直裰……脚蹬的暑袜禅鞋。"明范濂《云间据目钞》卷二:"松江旧无暑袜店,暑月间穿毡袜者甚众。万历以来用尤墩布为单暑袜,极轻美,远方争来购之。故郡治西郊广开暑袜店百余家,合郡男妇,皆以做袜为生。"

【双耳麻鞋】shuāng'ěrmáxié 麻鞋的一种。两边有绊,着时以麻绳系联,使之牢固。流行于明清时期,多为贫寒之士或僧、道、役夫等穿用。《金瓶梅词话》第六十二回:"两只脚穿双耳麻鞋,手执五明降鬼扇。"

【水裈】shuǐkūn 白色绸或绢制的裤子。因裤料轻柔飘动如水纹,故称。《水浒传》第四十回:"(大汉)头上挽个空心红一点青儿,下面拽起条白绢水裈,口里吹着胡哨。"又第七十四回:"燕青、李逵起来……匾扎起了熟绢水裈,穿了多耳麻鞋,上穿汗衫,搭膊系了腰。"

【睡鞋】shuìxié 也称"卧履""眠鞋"。缠足妇人睡觉所穿用的鞋。平时换穿其他鞋,或穿在"套鞋"内,不直接着地。一般以红色绸缎制成,软底,鞋底及帮均施彩绣,或有饰以珠玉者,流行于明清。睡前着之以防脚趾松弛,并以此取媚于枕席间。《醒世姻缘传》第十一回:"连那睡鞋……都翻将出来,只没有什么牌夹。"又第五十二回:"(狄希陈)忽然想起孙兰姬的眠鞋,因起来忙迫,遗在床里边褥子底下。"《金瓶梅词话》第二十八回:"妇人约饭时起来,换睡鞋。"《红楼梦》第七十回:"那晴雯只穿葱绿杭绸小袄,红小衣

儿……红睡鞋。”清顾张思《土风录》卷三:“闺阁中临寝著软底鞋,曰‘睡鞋’,取足不放弛也。案《南部烟花记》:‘陈后主宫人卧履,以薄玉花为饰,内散以龙脑诸香。则是时已有睡鞋。’”汤春生《夏闺晚景琐记》:“覆遮鸳鸯绣履,见三寸软底睡鞋。”《白雪遗音·马头调·掩绣户》:“换上了,底儿上,绣花红缎香睡鞋。”《儿女英雄传》第三十一回:“(姑娘)直睡到三更醒来……披上斗篷,就睡鞋上套了双鞋,下来将就了事。”徐珂《清稗类钞·服饰》:“睡鞋,缠足妇女所著以就寝者,盖非此,则行缠必弛。”

【顺袋】shùndài 一种挂在腰带上的小袋,精美者用彩色绸缎制成,并镶边绣花,甚为华丽,用以盛放贵重的东西。《金瓶梅词话》第十二回:“西门庆拿剪刀,按妇人顶上,齐臻臻剪下一大柳来,用纸包放在顺袋内。”《初刻拍案惊奇》卷一:“恰遇一个瞽目先生敲着报君知走将来,文若虚伸手顺袋里,摸了一个钱,扯他一卦,问问财气看。”《红楼梦》第四回:“(门子)一面说,一面从顺袋中取出一张抄的‘护官符’来,递与雨村。”

【顺褶】shùnzhě 一种下摆褶裥的袍子。制似贴里,下截褶子作马齿相齐而逐次排列之状,有似女裙之形制。胸前、背后可缀补子。其制始于明代,多用于宦官近侍等内臣。明刘若愚《酌中志》卷一九:“顺褶,如贴里之制。而褶之上不穿细纹,俗谓‘马牙褶’,如外廷之摐褶也。间有缀本等补。世人所穿摐子,如女裙之制者,神庙亦间尚之,曰衬褶袍。想即古人下裳之义也。”

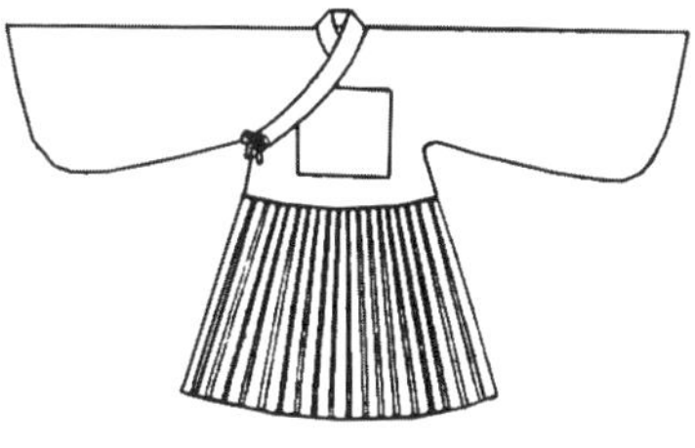

顺褶(北京明墓出土)

【四缝靴】sìfèngxuē 一种用五块布帛或皮料拼成的靴子。因靴上留有四缝而得名。明代通常用于舞乐之人及小吏。《明史·舆服志三》:“洪武五年定斋郎,乐生,文、武舞生冠服。斋郎,黑介帻,漆布为之,无花样;服红绢窄袖衫,红生绢为里;皂皮四缝靴;黑角带。文舞生及乐生,黑介帻,漆布为之,上加描金蝉;服红绢大袖袍……皂皮四缝靴;黑角带。武舞生,武弁……服饰、靴、带,并同文舞生。”

【四开巾】sìkāijīn 明代士大夫所戴的一种帽身开有四个豁口的便帽。明顾起元《客座赘语》卷一:“其名甚伙,有汉巾、晋巾……四开巾。”

【四块瓦】sìkuàiwǎ 明代一种由四片瓦状面料制成的帽子。清代用为贵族的一种便帽,以熏貂等兽皮为之。《金瓶梅词话》第七十七回:“只见那来友儿穿着青布、四块瓦、布袜靸鞋,趴在地上磕了个头,起来帘外站立。”徐珂《清稗类钞·豪侈》:“四块瓦,即便帽中之拉虎也,以其上分四块,如瓦形,故以为名,下垂短带。普通多用熏貂,佳者值三千余金。而荣文忠所戴者值三百余金,盖以银针海虎为之也。”

【四周巾】sìzhōujīn 僧人、道士、武士、壮士、兵丁乡勇等青壮男子所常戴的一种巾帽,士人燕居时亦戴之。明王圻《三才

图会·衣服一》："四周巾：以幅帛为
之，从广皆二尺有余，用之裹四周巾
头，大都燕居之饰。缁黄杂用，非士
服也。"

四周巾（明王圻《三才图会》）

【素方巾】sùfāngjīn 明代流行于江南地
区的一种素色头巾。简洁方便，士庶喜
用。明范濂《云间据目钞》卷二："缙绅戴
忠靖巾，自后以为烦，俗易高士巾、素
方巾。"

【隋服】suífú 明代仿隋朝的服装样式制
作的服饰。明文震亨《长物志·衣饰》：
"幞头大袍之为'隋服'也。"

【锁锁帽】suǒsuǒmào 回纥族妇女所戴
的以锁锁木根制成的一种帽子。明田艺
蘅《留青日札》卷二二："锁锁帽出回
纥，用锁锁木根制之为帽，火烧不灭，亦
不作灰。"

T

ta—tie

【跋鞋】tāxié 拖鞋。《醒世姻缘传》第二十三回:"一日,正陪刘方伯早饭,有一个老头子,猱了头,穿了一件破布夹袄,一双破跋鞋,手里提了一根布袋,走到厅来。"

【太平帽】tàipíngmào 明初的一种圆帽。明王三聘《古今事物考》卷六:"国朝初,以圆帽为太平帽。"

【昙笼】tánlóng 明代四川地区未成年女子之冠。造型与假髻相似,北京称"云髻",四川叫"昙笼"。明杨慎《谭苑醍醐·巾帼》:"巾帼,女子未笄之冠,燕京名云髻,蜀中名为昙笼。"

【唐朝帽】tángcháomào 明代仿照唐朝帽式用貂鼠皮制成的暖帽,多用于冬天御寒。明刘若愚《酌中志》卷一九:"唐朝帽,此古制,如画上绵羊太子所戴者。貂鼠皮为之。凡冬月随驾出猎带之,耳不寒。"

【唐服】tángfú 明代仿照唐朝的服装样式制作的服饰。明文震亨《长物志·衣饰》:"纱帽圆领之为'唐服'也。"

【堂帽】tángmào ❶明初创制的一种黑色纱帽,官员朝会时所戴。仿照唐巾的形制,用硬胎,蒙以漆纱,左右两侧装用铁丝制成硬翅,有官职者,于朝堂上戴之,故称"堂帽"。明王三聘《古今事物考》卷六:"国朝取象唐巾,乃用硬盔,铁线为硬展角,非有职之人,列于朝堂之上,不敢僭用,故曰'堂帽'。始制于洪武二年。"郎瑛《七修类稿》卷二三:"今之纱帽,即唐之软巾。朝制但用硬盔,列于庙堂,谓之堂帽。"❷也作"皇帽""王帽"。传统戏曲盔帽。由前、后身组合而成,帽形微圆,前低后高,中团寿火焰杏黄大绒球面牌一块,正盘龙一条,两侧为三对条龙。另有大绒球、大穗子、若干大珠子等饰件。后身帽口饰以小蝙蝠。有朝天翅一副。另外,也有条龙、抖丝珠子等饰件。堂帽上半部为金色,下半部为黑色。专用于剧中的皇帝,如京剧《打龙袍》中的宋仁宗即戴此。

【绦子】tāozi ❶系挂佩饰的丝带。用丝编织成的圆的或扁平的带子,可以系束或镶饰衣物。男女均可用之。《水浒传》第三回:"上穿一领鹦哥绿纻丝战袍,腰系一条文武双股鸦青绦。"明刘若愚《酌中志》卷一九:"又令绦作织五色毒绦子,创造珍珠牌繐,以玉作管,去牙牌而悬白玉或碧玉珍珑牌。"《红楼梦》第三十五回:"趁宝姑娘在院子里,你和他说,烦他们莺儿来打上几根绦子。"❷也称"绦绳"。京剧传统服装附件,由丝线或棉线编织的股绳,颜色有白、蓝、紫、黑四种。绦子头上有长约66.5厘米的穗子,穗子的颜色与绦子的颜色相同。多用于短打武生束胸,以束缚衣服,激烈武打时,灵活利落,衣不改形,还可利用绦子背插兵器。绦子用于扎靠时，又叫靠绳或勒甲绦。❸即花边。满族服饰注重装饰，除彩绣各式花卉图案外，常在衣服的领口、袖口、衣裾缘饰花边。绦子亦常为帽、鞋、幄帐、桌罩、椅披之边饰。多以挺括耐磨，色彩艳丽之帛料为质。盛行于清朝中晚期，为宫廷及民间妇孺服装上的主要装饰品。

【踢串】tīchuàn 即裙。《水浒传》第五十六回："一个娅嬛上来，就侧首春台上，先折了一领紫绣圆领；又折一领绿衬里袄子，并下面五色花绣踢串。"又第七十六回："一个皮主腰，干红簇就；一个罗踢串，彩色装成。"

【踢袴（裤）】tīkù 一种小口裤。用密实光滑之绢制成，白色，上有间道。明代用于宫廷舞者。《明史·舆服志三》："琉球舞四人，皆棉布花手巾，青罗大袖袄子，铜带，白碾光绢间道踢袴，皂皮靴。"

【提跟子】tígēnzi 钉于鞋后跟的方形双层布襻。由一寸大小的布帛为之，缀在鞋后，穿鞋时提住此布，便于蹬进。《金瓶梅词话》第五十八回："我有一双是大红提跟子的，这个，我心里要蓝提跟子，所以使大红线锁口。"

【天鹅翎】tiān'éling 明代官吏缀在冠上的鸟羽装饰。用天鹅尾羽制成，通常由靛青染成青色。所插枝数以三翎为贵，次为二翎、一翎。《明史·舆服志三》："（正德十一年）都督江彬等承日红笠之上，缀以靛染天鹅翎，以为贵饰。"清吴振棫《养吉斋丛录》卷二二："前明江彬等承日红笠之下，植靛染天鹅翎为贵饰。贵者三翎，次二翎。兵尚王琼得赐一翎，自谓殊遇。是翎之名始于明。而植立笠上，与今之曳于冠后，其制迥异。"查

嗣瑮《燕京杂咏》："天鹅翎阔缀三英，遮子新兼四镇兵。"

【挑牌】tiāopái ❶也称"珠子挑牌""挑珠牌""挑牌结子"。明代命妇的常服冠饰。以穿珠及饰银组成，上连于金银制成的鸾凤之口；使用时插在发髻之中，或连缀于凤冠之上，左右各一。《金瓶梅词话》第六十三回："众人观看，但见头戴金翠围冠，双凤珠子挑牌。"《明史·舆服志三》："（五品）常服冠上小珠翠鸳鸯三，镀金银鸳鸯二，挑珠牌……（六品）常服冠上镀金银练鹊三，又镀金银练鹊二，挑小珠牌。"明方以智《通雅》卷三六："妇人之饰，则今之挑牌结子也。"❷也作"挑排"。明清妇女的一种腰饰。以翠玉、松石、珊瑚、碧玺等质料，雕琢而成，常见的有长方形、半圆形、椭圆形、磬形、荷叶形等，中间镂琢福寿、双喜、双鱼、如意等吉祥图案，使用时以丝绦系佩在腰间，以作装饰。《醒世姻缘传》第七十一回："（童七）把家中首饰，童奶奶的走珠箍儿，半铜半银的禁步七事，坠领挑排，簪环戒指，赔在那几只象的肚里。"

【帖领】tiělǐng 穿着礼服时围在中衣之外、大衣之内的护领。明方以智《通雅》卷三六："帖领曰偃领。"

【贴里】tiělǐ ❶明代宦官的一种公服。以纱罗纻丝制成，大襟窄袖，下长过膝。膝下施一横襕。所用颜色有所定制，视职司而别。如明初规定，御前近侍用红色，胸背缀以补子；其余宦官用青色，不用补子。明万历年间，宦官魏忠贤专权揽政，更易服制，于贴里襕下再加一襕，并绣织图纹，另在前胸、后背及衣袖等处也绣织各式图纹，遍赏于近人亲信。青贴里上亦缀补子，所用颜色一任所好，其制日趋繁杂。魏

氏被诛之后,一般不再穿此,唯于礼节性场合穿之。明刘若愚《酌中志》卷一九"贴里":"其制如外廷之襕裙。司礼监掌印、秉笔、随堂、乾清宫管事牌子、各执事近侍,都许穿红贴里缀本等补,以便侍从御前。凡二十四衙门、山陵等处官长,随内使小火者,俱得穿青贴里。"❷夹衣的里子。亦代指夹衣。《金瓶梅词话》第四十一回:"都是大红缎子织金对衿袄,翠蓝边地裙,共十七件。一面叫了赵裁来,都裁剪停当。又要一匹黄纱做裙,腰贴里一色都是杭州绢儿。"

【铁豸】tiězhì 指豸冠。御史等执法官吏戴的帽子。冠之柱卷系铁铸成,故称。明夏言《大江东去·次东坡韵,赠谢侍御九仪巡按江西》词:"铁豸峨冠,真御史、不负清朝人物。"无名氏《鸣凤记·鄢赵争宠》:"牙牌紫绶两垂腰,铁豸金章逞贵豪。"

tong—tuo

【通袖】tōngxiù 长袖;明清时指用衣饰花纹遍布胸背、衣袖的衣料制成的服装,按衣式名称分通袖袍、袄。《金瓶梅词话》第四十回:"到次日,西门庆衙门中回来,开了箱柜,打开出南边织造的夹板罗杀尺头来。使小斯叫将赵裁来,每人做件妆花通袖袍儿,一套遍地锦衣服,一套妆花衣服。"又:"桌上铺着毡条,取出剪尺来,先裁月娘的:一件大红遍地锦五彩妆花通袖袄,兽朝麒麟补子段袍儿;一件玄色五彩金妆边葫芦样鸾凤穿花罗袍;一套大红段子遍地金通袖麒麟补子袄儿,翠蓝宽拖遍地金裙;一套沉香色妆花补子遍地锦罗袄儿,大红金枝绿叶百花拖泥裙。"

【桶裙】tǒngqún 明代西南地区仡佬族、傣族等少数民族的民族服装。亦泛指圆桶状的裙子。明田汝成《炎徼纪闻·犵狫》:"(犵狫)以布一幅横围腰间,旁无襞积,谓之桶裙。男女同制,花布者为花犵狫,红布者为红犵狫。"《嘉靖贵州通志》:"平伐司(今贵定县)仡佬族男子穿短裙,妇人穿花桶裙。"

【头箍】tóugū 也称"发箍""脑箍"。流行于明清时期一种妇女冠饰,妇女围勒在额上的额巾。在宋代称为"额子"。通常以纱罗、绫缎等丝织物面料制成,绣有花样。配戴时从额前向后围绕系于脑后。头箍的造形极富变化,有的用较厚的织锦裁成三角之状,系扎时紧裹额头;有的用薄如蝉翼的纱罗制成一条窄巾,虚掩在额部;也有在中央装饰有珍珠、翡翠、玉石等饰物。冬天,更有用貂鼠、水獭等珍贵毛皮制成额巾,系裹在头上,既可用作装饰,又可用来御寒,是一种非常时髦的装束。明无名氏《天水冰山录》记严嵩被查抄家产,有"金厢珠宝头箍七件""金厢珠玉宝石头箍二条""金厢珠玉头箍二条"。《醒世姻缘传》第九回:"计氏从房里取出一包袱东西来,解开,放在桌上,说道:'……这是一包子戴不着的首饰——两副镯子合两顶珍珠头箍。'"清吴振棫《养吉斋丛录》卷二:"又宫礼内行、燕会,用领乐官妻四人,女乐四十八名,序立奏乐,衣绿缎单长袍、红缎月牙夹背心,用寸金花样金发箍、青帕首。"

的服明
服饰朝
饰时
期

【头笄】tóujī 即笄。明方以智《通雅》卷三六:"夏后铜笄,即后之头笄也。"

【头围】tóuwéi 妇女额饰。用金丝或布帛制为条状,使用时围于额头。明无名氏《天水冰山录》记严嵩被籍没家产,有

"金花朵头围一条""金缕丝头围一条"等。

【秃袖衫】tūxiùshān 短袖之服。单层,对襟,着时罩在襦袄之外,一般多用于家居。男女均可穿着。明沈德符《万历野获编》卷三〇:"其王戴小罩刺帽,簪鹔鹴翎,衣秃袖衫,削发贯耳。妇女以白布裹首缠项,衣窄袖衣。"《醒世姻缘传》第七十二回:"只见他松花秃袖单衫,杏子大襟夹袄,连裙绰约,软农农莹白秋罗。"

【涂金帽顶】tújīnmàodǐng 明代宫廷舞师冠帽上的顶子。《明史·舆服志三》:"其舞师皆戴白卷檐毡帽,涂金帽顶,一撒红缨,紫罗帽襻。"

【团领】tuánlǐng 即圆领。《水浒传》第六十二回:"蔡福看时,但见那一个人生得十分标致,且是打扮得整齐,身穿鸦翅青团领。腰系羊脂玉闹妆。"《明史·舆服志三》:"文武官常服。洪武三年定,凡常朝视事,以乌纱帽、团领衫、束带为公服。"明文震亨《长物志》卷八:"方巾、团领之为国朝服也。"

【拖屐】tuōjī 木底拖鞋。制如木屐,无跟,无齿。明代男女家居均可穿着。明田艺蘅《留青日札》卷二三:"著屐登山乃谢康乐事,而谢安木屐则登山去前齿,下岭去后齿……盖今之拖屐也。"

W

wa—wan

【瓦楞帽】wǎléngmào 省称"瓦楞"。一种顶部折迭后形如瓦楞的帽子。元代蒙古族男子常戴。用藤篾制成。有方、圆两种。在帽子的顶部,一般都装有饰物,富豪显贵多用珠宝。明代多为平民所戴,经久耐用。明徐复祚《投梭记·折齿》:"大姐只下机来道个万福,小子就送一百个瓦楞帽儿。"《金瓶梅词话》第八回:"慌的王婆地下拾起来,见一顶新缨子瓦楞帽儿,替他放在桌上。"《警世通言·玉堂春落难逢夫》:"王匠大喜,随即到了市上,买了一身衲帛衣服,粉底皂靴,绒袜,瓦楞帽子。"《儒林外史》第一回:"只见外边走进一个人来,头戴瓦楞帽,身穿青布衣服。"

【瓦楞鬃帽】wǎléngzōngmào 即"瓦楞帽"。明范濂《云间据目钞》卷二:"瓦楞鬃帽,在嘉靖初年,惟生员始戴,至二十年外,则富民用之,然亦仅见一二,价甚腾贵……万历以来,不论贫富,皆用鬃帽。"

【瓦珑帽】wǎlóngmào 即"瓦楞帽"。《金瓶梅词话》第九十八回:"经济穿着纱衣服,头戴瓦珑帽,金簪子,脚上凉鞋净袜。"

【袜筒】wàtǒng 也称"袜桶"。袜子穿在脚腕以上的部分。《醒世姻缘传》第二十二回:"任直是个爽快的人,那用第二句开口,袖内取出汗巾,打开银包,从袜筒抽出等子来,高高的秤了二钱银子,递到傅惠手里。"又第十回:"首帕笼罩一窝丝,袜桶遮藏袜桶。"《天雨花》第五回:"尽从袜桶来一摸,人人手内戒刀明。"

【袜子】wàzi 袜的俗称。一种穿在脚上的服饰用品,起着保护脚和美化脚的作用。上古时用皮制,且有带系结,汉魏时始改用罗或布缝制。按原料分有棉纱袜、毛袜、丝袜等。《水浒传》第二十四回:"(武松)脱了油靴,换了一双袜子,穿了暖鞋。"《儿女英雄传》第四回:"脚下包脚面的鱼白布袜子,一双大掰巴鱼鳞伞鞋,可是趿拉着。"《二十年目睹之怪现状》第十六回:"有人说那位钦差,只听见一声炮响,吓得马上就逃走了,一只脚穿着靴子,一只脚还没有穿袜子呢。"

【完颜巾】wányánjīn 金代男女所戴头巾。"完颜"本为部落名,金始祖进入完颜后,即以为姓,后人称金人物品,则往往冠以"完颜"。明谈迁《北游录·纪闻下》:"按明初昆山郭翼义仲有《完颜巾歌》,云完颜巾金粟道人所制,寄铁崖先生杨维桢,先生赋长歌以谢……金人之常服四:带、巾、盘领衣、乌皮靴。"

【挽袖】wǎnxiù ❶翻卷的衣袖。古代服装多无口袋,翻卷的衣袖则兼有口袋作用。《醒世姻缘传》第十八回:"又有两个媒婆……一个在青布合包内取出六庚牌,一个从绿绢挽袖中掏出八字帖。"❷清代妇女礼服上的接袖。以浅色绸缎为之,长三至四寸,常度较衣袖略窄,上绣各式花纹;使时以线缝缀箍衣袖之内,挽出在外,既用作装饰,又便于拆洗。多用于披风、袍褂等服。挽袖多取刺绣工艺,针法多样,取材广泛,内容丰富。《儿女英雄传》第二十四回:"(玉凤)套着一件深藕色折枝梅花的绉绸银鼠披风,系一条松花绿洒线灰鼠裙儿,西湖光绫挽袖。大红小泥儿竖领儿。"《二十年目睹之怪现状》第八十六回:"只见另有一个人,拿了许多裙门、裙花、挽袖之类,在那里议价,旁边还堆了好几匹绸绉之类。"

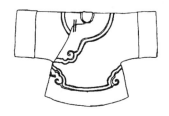

挽袖(清代传世实物)

【万字巾】wànzìjīn 也作"卐字顶巾""万字顶头巾""万字头巾""卐字巾"。明代男子燕居时所戴的一种头巾。梵文"卍"本非文字,乃如来胸前之符号,意为吉祥幸福。南北朝时制为文,音"万"。宋制万字巾下阔上狭,形同万字,故名。明代以前多用于庶民。明初被规定为教坊司官吏之服,后广施于乐艺教头。《京本通俗小说·错斩崔宁》:"却见一个后生,头戴万字头巾,身穿直缝宽衫,背上驮了一个褡裢,里面却是铜钱。"《金瓶梅词话》第九十回:"那李贵诨名,号为山东夜叉,头戴万字巾,脑后扑匾金环,身穿紫

窄衫,销金裹肚。"《水浒传》第三回:"头裹纻麻罗万字顶头巾,脑后两个太原府纽丝金环。"又第二十九回:"当夜武松巴不得天明,早起来洗漱罢,头上裹了一顶万字头巾,身上穿了一领土色布衫,腰里系条红绢裆裤,下面腿绷护膝,八搭麻鞋。"又第三十八回:"李逵看那人时,六尺五六身材,三十二三年纪,三柳掩口黑髯,头上裹顶青纱万字巾。"《醒世恒言·卖油郎独占花魁》:"(秦重)又将几钱银子,置下镶鞋净袜,新褶了一顶万字头巾。"明田艺蘅《留青日札》卷二二:"万字巾……上阔而下狭,形如万字。"俞汝楫《礼部志稿》卷一八:"洪武三年定,乐艺冠青卐字顶巾,系红绿裆裤。"沈德符《万历野获编·礼部二·教坊官》:"按祖制,乐工俱戴青卍字巾,系红绿搭膊。常服则绿头巾,以别于士庶。"

wang—wu

【网巾】wǎngjīn 明代成年男子用以束发的一种头巾。由落发和马尾鬃为丝编成网状,轻便透气,亦有用绢布制成者。据传明太祖微行至神乐观,见道士以茧丝结网约发,其式略似鱼网。因以颁行全

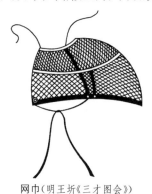

网巾(明王圻《三才图会》)

国。网巾的造型类似鱼网,网口用布帛作边,俗谓"边子"。边子旁缀有金属制成的小圈,内贯绳带,绳带收束,即可约发。在网巾的上部,亦开有圆孔,并缀以绳带,使用时将发髻穿过圆孔,用绳带系拴,名曰"一统山河";大约在明天启年间,又省去上口绳带,只束下口,名"懒收网"。《醒世姻缘传》第四十九回:"晁梁还挣挣的脱衣裳,摘网子,要上炕哩。"谢肇淛《五杂俎》卷一二:"古人帻之上加巾冠,想亦因发不齐之故。今之网巾,是其遗意……网巾以马鬃或线为之,功虽省,而巾冠不可无矣。北地苦寒,亦有以绢布为网巾者,然无屋终不可见人。"郎瑛《七修类稿》卷一四:"太祖一日微行,至神乐观。有道士于灯下结网巾。问曰:'此何物也?'对曰:'网巾,用以裹头,则万发俱齐。'明日,有旨召道士,命为道官,取巾十三顶颁于天下。使人无贵贱皆裹之也。"清周亮工《书影》卷九:"俗传网巾起自洪武初。新安丁南羽言,见唐人《开元八相图》,服者窄袖;有岸唐巾者,下露网纹。是古有网巾矣,或其式略异耳。"恒仁《月山诗话》:"朱竹垞云:'余观谢尔可咏物诗有赋《网巾》云:筛影细分云缕骨,棋文斜界雪丝干。'盖元时已有之矣。"

【**网子**】wǎngzi ❶即"网巾"。❷传统戏曲脚色头部化装之用物。马尾织成,形似圆帽,有孔如网,故称。顶端有圆孔,可插水发、发鬏等;脑后开叉处有两根长带,用以勒头吊眉。常用者有黑、灰、白三色。用于生、旦、净、丑各行角色。

【**围脖**】wéibó 也作"回脖"。也称"围项""围领""围领脖"。一种围领,似风领而紧小。后来指以呢、绒罽、皮等材料制成,围在颈项以御寒冷。通常用于冬季。明刘若愚《酌中志》卷一九:"凡二十四衙门内官内使人等,则止许带绒纻围脖,似风领而紧小焉。"《醒世姻缘传》第三十六回:"偏又春寒得异样……做了个表里布的围领脖。"屠隆《考槃余事》卷四:"冬则绵服、暖帽、围项。"沈德符《万历野获编·内阁》:"项系回脖,冠顶数貂。"清徐柯《过平原有见》诗:"春风解下貂回脖,露出蜻蜓雪不知。"褚人获《坚瓠集·补集》卷六:"吾苏风俗浇薄,迩来服饰,滥觞已极。《翰山日记》有吴下歌谣,因录于左:'……男儿著条红围领,女儿倒要包网巾。'"

【**围裙**】wéiqún 围在身前用以遮蔽衣服或身体的裙状物;男女劳作时所围的大幅方巾。通常围于腰系,下长盖膝。亦有在巾上缀以绳带,系缚于颈项者。商周时期已有其制,俗谓綦巾;秦汉以来或谓蔽膝,或谓大巾,或谓襜巾。明清时期多称围裙。其俗沿用于今。《西游记》第二十一回:"鹿皮靴,槐花染色;锦围裙,柳叶绒妆。"《儒林外史》第二十七回:"太太忿气有声,脱了锦缎衣服,系上围裙,走到厨下,把鱼接在手内,拿刀刮了三四刮,拎着尾巴,望滚汤锅里一掼。"清雷镈《古经服纬》卷中:"《郑风》之綦巾,《方言》之大巾是也。以后代之名释之,即汉之帏裱,今之围裙矣……今之围裙上端,亦纽属于领,此即古之襜巾可知。"

【**襨**】wēng 布制的暖鞋。《醒世恒言·刘小官雌雄兄弟》:"这小厮倒也生得清秀,脚下穿着一双小布襨鞋。"

【**襨鞋**】wēngxié 高勒棉鞋。《醒世姻缘传》第一回："七钱银做了一双羊皮里、天青纻丝可脚的鞴鞋。"《西游记》第六十七回："行者叫沙僧脱了脚,好生挑担,请师父稳坐雕鞍。他也脱了鞴鞋,吩咐众人回去。"

【卧兔】wòtù 明清妇女冬季用的一种暖额。以海獭、貂鼠、狐狸等珍贵的毛皮及毡、绒等材料制成条状,使用时系覆于额上,因造型与卧兔相似,故名。《金瓶梅词话》第七十六回："妇人家常戴着卧兔儿,穿着一身锦段衣裳。"《醒世姻缘传》第一回："拣选了六个肥胖家人媳妇,四个雄壮丫头,十余个庄家佃户老婆,每人都是一顶狐皮卧兔。"《红楼梦》第六十三回："忙命他改妆……说冬天必须貂鼠卧兔儿带。"

卧兔(清人《清宫珍宝百美图》)

【乌喇鞋】wūlǎxié 也作"乌拉"。明清时东北少数民族穿的一种皮制之鞋。多用牛皮制成,鞋内可衬以干草。多用于北方寒冷地区。《西游记》第六十五回："脚踏乌喇鞋一对,手执狼牙棒一根。"清西清《黑龙江外记》卷六："(官兵)冬日行役率著乌拉、踏踏、玛儿。乌拉,鞋类。踏踏、玛儿,靴类。并牛革为之,软底而藉以草,温暖异常。"徐珂《清稗类钞·服饰》："太祖之履,以牛皮为之,饰以绿皮

云头,长尺有二寸。藏陪都崇谟阁。满语呼绿皮云头为乌拉。"

【乌皮六缝】wūpíliùfèng 帝王常穿的靴子。明田艺蘅《留青日札》卷二二："乌皮六缝,靴也。唐有此名。故曰高力士终以脱乌皮六缝为深耻。"

【乌纱方幅巾】wūshāfāngfújīn 一种黑色纱头巾,明代士庶男子多加于小冠之上。明王圻《三才图会·衣服一》："乌纱方幅巾,《晋书·舆服志》:'汉末王公名士,多以幅巾为雅。'近世以乌纱方幅,似今头巾之制,直缝其顶,杀其两端,用以覆冠。盖古冠无巾,今人冠小冠,必加巾覆之。"

【乌纱折角向上巾】wūshāzhéjiǎoxiàng shàngjīn 明代皇帝、皇太子着常服时所用首服。以铁丝为框,外表乌纱,形制与百官乌纱帽相似,唯二角(帽翅)折上,直竖冠后。《明史·舆服志二》："皇帝常服:洪武三年定,乌纱折角向上巾,盘领窄袖袍,束带间用金、琥珀、透犀。永乐三年更定,冠以乌纱冒之,折角向上,其后名翼善冠。袍黄,盘领,窄袖,前后及两肩各织金盘龙一。"又:"皇太子冠服……其常服,洪武元年定,乌纱折上巾。永乐三年定,冠乌纱折角向上巾,亦名翼善冠,亲王、郡王及世子俱同。袍赤,盘领窄袖,前后及两肩各金织盘龙一。玉带、靴,以皮为之。"明俞汝楫《礼部志稿》卷一八:"洪武三年定,(皇帝)常服:乌纱折角向上巾,盘领窄袖袍,束带间用金、琥珀、透犀。"

【无尘衣】wúchényī 即袈裟。明杨慎《艺林伐山·水田衣》:"袈裟名水田衣……又名无尘衣。"

【五彩帽】wǔcǎimào 也称"楼子"。明代

南方地区儿童所戴的一种色彩丰富的帽子。明田艺蘅《留青日札》卷二二："官民皆带帽，其檐或圆，或前圆后方，或楼子，盖兜鍪之遗制也。所云楼子，即今南方村中小儿所戴五彩帽。"

【五积冠】wǔjīguān 明代士庶男子所戴的一种便帽。漆纱制成，辟积左缝叠五褶以像五常。明王圻《三才图会·衣服一》："五积冠，按王氏制度云缁布冠，今人用乌纱，漆为之，武连于冠，辟积左缝叠五摄，向左，以象五常。用时以簪横贯之。"

X

xi—xiang

【犀角带】xījiǎodài 饰有犀角的腰带。明代非品官不能用。《金瓶梅词话》第三十一回："别的倒也罢了,自这条犀角带并鹤顶红,就是满京城拿着银子,也寻不出来。"

【膝襴】xīlán 明代达官近侍所穿的一种织绣蟒纹的礼服。大襟宽袖,下长过膝。胸背织以蟒补,膝部四周织一横襴,上织云蟒,以横襴底色及蟒纹爪数分别等级。《明史·舆服志三》："永乐以后,宦官在帝左右,必蟒服……膝襴,亦如曳撒,上有蟒补,当膝处横织细云蟒,盖南郊及山陵扈从便于乘马也。"

膝襴
(明万历年间刻本《千金记》插图)

【褶子】xízi ❶明清时期男子所穿的一种长衣,要有带,下摆较短。或用圆领,或用交领,两袖宽博,下长盖膝。腰部以下折有细襴,纱、罗、绢、绒各惟其时。尊卑均可穿着。明无名氏《天水冰山录》记严嵩被籍没家产,有"油绿绢褶子三件""绿罗褶子三件""玉色罗褶子二件""蓝纱褶子四件"及"蓝油褶子四件"诸语。《水浒传》第二十回:"(宋江)看罢,拽起褶子前

小生褶子

襟,摸出招文袋。打开包儿时,刘唐取出金子放在桌上。"《金瓶梅词话》第七十九回:"这西门庆身穿紫羊绒褶子,围着风领,骑在马上。"明方以智《通雅》卷三六:"近世折子衣,即直身,而下幅皆襞积细折如裙,更以绦环束要,正古深衣之遗。"清周寿昌《思益堂日札·行围》:"章京服色亦随本旗,惟御前侍卫及内大臣得穿黄褶子。"《红楼梦》第四十九回:"里面短短的一件水红妆缎狐肷褶子,腰里紧紧束着一条蝴蝶结子长穗五色宫绦,脚下也穿着鹿皮小靴。"❷指传统戏中男女老少、文武贫贵均可穿用的便服。也作穿蟒袍的衬衣。"男褶子",大领大襟,大袖(有水袖),长至足,可分花色、素色两种。花色有"武生褶子",外面上绣鸟兽、花卉

或小团花,里子也绣花,为敞胸时所用。上五色多为花花公子、强徒、恶霸所穿,丑行谋士等也穿;下五色为英雄、义士、侠客所穿。"小生褶子"的颜色、图样种类较多,近时多在一角缀有花枝,更显淡雅潇洒,多为一般公子角色穿用。素色中的黑、蓝二色为被难和贫穷书生穿用,红色多是穿蟒、对帔时所衬,又称"衬褶",古铜色多是老生所穿用。"女褶子"较"男褶子"稍短,有大襟、对襟两种,也分花色、紫色两种。大襟多为素色布制,为老妇所穿;对襟大领绣角花,为小姐所穿的便服,颜色各异。另有小领对襟黑素色,绣边花或滚蓝边,称"青衣",为中青年贫妇所穿;此外,僧、道所穿的褶子,称为"道袍"。《儒林外史》第三十回:"当下戏子吃了饭,一个个装扮起来,都是簇新的包头,极新鲜的褶子。"清孔尚任《桃花扇·传歌》:"净扁巾、褶子,扮苏昆生上。"

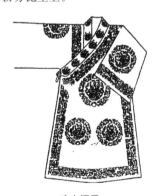

武生褶子

【枲袍】xǐpáo 泛指粗布长衣。《明史·张芹传》:"持身俭素,枲袍粝食终其身。"

【霞襦】xiárú 绸袄。明何景明《荣养堂歌》:"被霞襦兮簪琼华,母氏乐兮乐且遐。"

【襳褵】xiānlí 妇女上等衣服上用作装饰的长带。妇女系缚在腰间的衣带,系结后下垂至膝。明杨慎《丹铅续录》卷六:"古者妇人长带,结者名曰绸缪;垂者名曰襳褵;结而可解曰纽;结而不可解曰缔。"

【涎衣】xiányī 小儿围涎。明方以智《通雅》卷三六:"方折领曰拥咽……若小儿衣,领但方折之,宋曰涎衣。"

【香熏履】xiāngxūnlǚ 以香熏过的鞋履,着时可散发香气。一般多用作妇女的睡鞋。明陈继儒《枕谭》:"张衡《同声歌》:'鞎芬以狄香。'鞎,履也。狄香,外国之香也。谓之香熏履也。"

【镶边裙】xiāngbiānqún 在边缘部分用不同于衣料颜色的布条镶边的裙子。《金瓶梅词话》第十三回:"他浑家李瓶儿,夏月间戴着银丝鬏髻,金镶紫瑛坠子,藕丝对衿衫,白纱挑线镶边裙。"

【镶鞋】xiāngxié 也作"厢鞋"。一种鞋帮用同色料子镶嵌的鞋。以黑缎为之,厚底,鞋头作二梁或三梁,成云头或如意头式,有一镶(镶一道)、二镶、三镶之别。清代以北京所产者为佳,俗谓"京式镶鞋",省称"京鞋"。《醒世姻缘传》第十八回:"那舅爷约有三十多年纪,戴着方巾,穿一领羊绒疙搭绸袄子,厢鞋绒袜。"《海上花列传》第五回:"朴斋催小村收拾起烟盘,又替他换了一副簇新行头,头戴瓜棱小帽,脚登京式镶鞋。"又第五十六回:"随后大观园小正小生小柳儿来了……脚厚厚底京鞋,其声橐橐。"

【缲冠】xiāng guān 丧冠。明沈德符《敝帚轩剩语·王上舍刻木》:"至丙申年,孝安皇太后升遐,王(王彝则)亦制缲冠麻苴,被之木人,牵以哀临。"

【项圈】xiàngquān 也称"项箍"。围套于颈部的一种圆环状饰物。一般贵重的用金银制作，普通的用铜制作。在西南少数民族中，还有用竹子做项圈的。多用于妇女、儿童，一些少数民族的成年男性也有使用。古代项圈，中原发现较少。东北地区发现辽金时代银项圈，造型较简朴。清代贵族所戴项圈，制作精美，或金制或金包玉，作成接圆或嵌宝石；或另加丝绦与垂件，近似璎珞。《金瓶梅词话》第三九回："吴道官预备了……一道子孙娘娘面前紫线索，一付银项圈、条脱，刻着'金玉满堂，长命富贵'……都用方盘盛着。"《儒林外史》第五回："奶妈抱着妾出的小儿子，年方三岁，带着银项圈，穿着红衣服，来叫舅舅。"《红楼梦》第三回："仍旧带着项圈、宝玉、寄名锁、护身符等物。"又第七十二回："把我那两个金项圈拿出去，暂且押四百两银子。"《五色石》卷五："天顺元年十月初一日走失小孩儿一个，年方三岁，小名爱哥，项挂小银项箍，臂带小银镯。"《儿女英雄传》第二十七回："外面罩件大红纱绣并蒂百花的披风，绿纱绣喜相逢百蝶的裙儿，套上四合如意云肩，然后才带上璎珞、项圈、金镯、玉钏。"徐珂《清稗类钞·服饰》："乾州红苗……妇女有银簪、耳环、项圈、手镯等。"

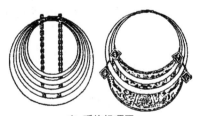

左：瑶族银项圈
右：壮族银项圈

【项牌符索】xiàngpáifúsuǒ 由寄名锁、项链组成的儿童颈饰。《金瓶梅词话》第四十三回："忽见迎春打扮着：抱了官哥儿来……头上戴了金梁缎子八吉祥帽儿，身穿大红氅衣儿，下边白绫袜儿，段子鞋儿，胸前项牌符索，手上小金镯儿。"

xiao—xue

【逍遥服】xiāoyáofú 即袈裟。明杨慎《艺林伐山》卷一四："袈裟，内典作毳毳，盖西域以毛为之，又名逍遥服。"

【绡帕】xiāopà 也称"绡帕子"。丝质的手帕，常用作手巾、手帕的美称。《喻世明言·张舜美灯宵得丽女》："（张生）元宵到乾明寺看灯，忽于殿上拾得一红绡帕子，帕角系一个香囊。细看帕上，有诗一首云：'囊里真香心事封，鲛绡一幅泪流红。殷勤聊作江妃佩，赠与多情置袖中。'"《红楼梦》第三十四回："（黛玉）一面自己拭泪，一面回身，将枕上搭的一方绡帕拿起来，向宝玉怀里一摔。"

【销金箍儿】xiāojīngūr 妇女额饰。明清妇女戴的头饰，类似包头、额帕。在帛上再装饰以金。戴时套于额上方，头上再饰其他花翠或戴鬏髻。《金瓶梅词话》第四十回："（金莲）戴着两个金灯笼坠子，贴了三个面花儿，带着紫销金箍儿。"又第九十一回："（玉簪儿）头上打着盘头揸髻，用手帕苫盖，周围勒销金箍儿，假充鬏髻。"

【小布衫】xiǎobùshān 衬衣，单上衣。《醒世姻缘传》第五十一回："（珍哥）穿着一条半新不旧的蓝布裤……上穿着一领蓝补丁小布衫。"

【小服】xiǎofú 草野的服装。明袁宏道《旃檀馆雨中》诗："茜衫官长过，小服野人推。"

【小褂】xiǎoguà ❶贴身穿的单上衣。《醒世姻缘传》第五十一回:"他完了道数,秃了头,止戴一顶网巾,穿了一件小褂,走到席前,朝上拱了拱手。"《官场现形记》第十八回:"刘中丞见过道台头上汗珠有黄豆大小,滚了下来,又赶着叫他宽大褂,又叫他把小褂一齐脱掉。吩咐管家绞手巾,替这大人擦背。"❷清代男子的一种便服。通常作成对襟,窄袖,下长至膝。因穿着随便,有别于用作礼服的大褂,故名。《晚清宫廷生活见闻》辑李光《清季的太监》:"服装有靴、袍、帽、小褂、大褂、衬衫(无袖)、马褂、坎肩、叉裤、凉带、腿带等。"

【小罩剌帽】xiǎozhàolàmào 明代西域少数民族地区男女所戴的一种常帽。明沈德符《万历野获编》卷三〇:"马哈麻者……其王带小罩剌帽,簪鹥鹤翎,衣秃袖衫,削发贯耳。"又:"(柳城)男子椎髻;妇人蒙皂布,垂髻于额,俱依胡男子削发戴小罩剌帽,号回回妆。"

【孝服】xiàofú 居丧时穿的白布或麻布丧服。亦指为尊长死后的居丧时期。明高明《琵琶记·一门旌奖》:"[生]门闾旌表感吾皇。[旦、贴]孝服今朝换吉裳。"《西游记》第三十五回:"老魔闻言,急换了缟素孝服,躬身迎接。"《明史·礼志第十二》:"命妇孝服,去首饰,由西华门入哭临。"《红楼梦》第十四回:"贾政听说,忙回去急命宝玉脱去孝服,领他前来。"《儿女英雄传》第十六回:"我十三妹今日理应在此看你两家礼成,只是我孝服在身,不便宴会。"《天雨花》第八回:"休说别样,单只麻布、白布,襄阳城内收买一空。唤了百十名成衣匠做孝服。"

【孝巾】xiàojīn 也称"孝帽"。服丧时所戴的一种头巾,以素麻、白葛制成。《古今小说·沈小霞相会出师表》:"(冯主事)头带栀子花匾折孝头巾,身穿反折缝稀眼粗麻衫,腰系麻绳,足著草履。"《醒世姻缘传》第九回:"晁大舍忍了痛,坎了顶孝头巾,穿了一件白生罗道袍,出来相见。"《金瓶梅词话》第八回:"武二听言,沉吟了半晌……去门房里换了一身素净衣服,便教士兵街上打了一条麻绦,买了一双绵鞋,一顶孝帽,带在头上。"明田艺蘅《留青日札》卷二二:"巾:今人以白为凶服,未闻有白纶巾、白帕、白毡巾之制,惟丧服仍用麻,用葛。"

【孝裙】xiàoqún 居丧时穿的素裙。多用于女性。《水浒传》第二十六回:"(潘金莲)脱去了红裙绣袄,旋穿上孝裙孝衫,便从楼上哽哽咽咽假哭下来。"《醒世姻缘传》第七十四回:"素姐将息的身子渐好起来,将两样孝布裁了两件孝袍,两条孝裙。"

【孝衣】xiàoyī 即孝服。《明成化说唱词话丛刊·薛仁贵跨海征辽故事》:"天子看见怀玉穿一身孝衣,天子便问:'怀玉,你父亲死了?'怀玉两重泪,痛哭一场。"《红楼梦》第一百零九回:"快到各处将各人的衣服量了尺寸,都开明了,便叫裁缝去做孝衣。"《儿女英雄传》第二十回:"你前日给我作的那件孝衣可还在手下?"

【歇胸】xiēxiōng 即"补子"。《金瓶梅词话》第四十六回:"新新的皮袄儿,只是面前歇胸旧了些儿。到了明日,重新换两个遍地金歇胸就好了。"

【鞋尖】xiéjiān 鞋头。《金瓶梅词话》第二十九回:"要做一双大红素段子白绫平底鞋儿,鞋尖上扣绣鹦鹉摘桃。"

【**鞋脚**】xiéjiǎo 鞋;鞋袜。泛指鞋袜之类。《金瓶梅词话》第七回:"妇人道:'莫不奴的鞋脚,也要瞧不成?'"《儒林外史》第十六回:"嫂子抢了一包被褥、衣裳、鞋脚,抱着哭哭啼啼,反往后走。"《儿女英雄传》第二十回:"今日我连这东西,合你的素衣裳以至铺盖鞋脚,我都带来了……原来汉军人家的服制甚重,多与汉礼相同,除了衣裙,甚至鞋脚都用一色白的。"

【**鞋脚手**】xiéjiǎoshǒu 鞋子和袜子。《金瓶梅词话》第七十一回:"王经道:'是家中做的两双鞋脚手。'"

【**鞋面**】xiémiàn 也称"鞋帮"。鞋的表面;鞋脸。鞋子顶部及两侧覆足部分。亦指做鞋帮的布料。明屠隆《考槃余事·起居器服笺》:"(鞋)以蘘草及棕为之……青布作高挽云头,鞋面以青布作条,左右分置,每边横过六条,以像十二月意。"《金瓶梅词话》第七回:"毛青鞋面布,俺每问他贾,定就三分一尺。"《儒林外史》第二十一回:"随后卜家第二个儿子卜信,端了一个箱子,内里盛的是新娘子的针线鞋面。"清顾张思《土风录》卷三:"鞋面曰鞋帮。见宋王履道诗:凤鞋微露绣帮相。"《红楼梦》第六十二回:"宝玉道:'你快休动,只站着方好;不然,连小衣、膝裤、鞋面都要弄上泥水了。'"徐珂《清稗类钞·服饰》:"杭州清和坊某鞋肆,偶来一村翁购布鞋,选择颇苛……用黄绫子作鞋面可也。"

【**鞋扇**】xiéshàn 鞋面,即未做成鞋帮之单片,鞋帮一双四扇,故称。《金瓶梅词话》第二十九回:"拿着针线筐儿,往翡翠轩台基儿上坐着,描画鞋扇。"又:"三人一处坐下,拿起鞋扇,你瞧我的,我瞧你

的,都瞧了一遍。"

【**鞋绹**】xiétīng 鞋带。明汤显祖《牡丹亭·遇母》:"不载香车稳,跋的鞋绹断。"

【**鞋头**】xiétóu 鞋尖。鞋的前部。《金瓶梅词话》第四回:"蹲下身去,且不拾箸,便去他绣花鞋头上只一捏。"

【**鞋拽靶儿**】xiézhuàibǎr 附缝在鞋后帮上的布耳朵,用以提鞋使上脚。《金瓶梅词话》第二十八回:"这经济向袖中取出来,提着鞋拽靶儿,笑道:'你看这个是谁的?'"

【**杏叶**】xìngyè 缠足妇女所用的一种高底鞋。鞋跟以木片为衬,制为杏叶形。流行于明清时期。参见 913 页"道士冠"。

【**袖缴**】xiùjiǎo 即袖口。明方以智《通雅》卷三六:"《说文》引《春秋传》:'披斩其袪。'徐曰:'今衣袖口。'俚言袖缴也。"

【**袖子**】xiùzi 衣袖;衣服套在胳膊上的筒状部分。《初刻拍案惊奇》卷二〇:"(萧秀才)再三不接,拂着袖子,撇开众人,径自去了。"《二十年目睹之怪现状》第四十八回:"后来小云输了拳,他伸手取了酒杯代吃,我这边从他袖子里看去,却是一件羔皮统子。"

【**绣胸**】xiùxiōng 即"补子"。明沈德符《万历野获编补遗》卷三:"今武弁所衣绣胸,不循钦定品级,概服狮子,自锦衣至指挥金事而上,则无不服麒麟者。"

【**絮袄**】xùǎo 内充丝绵或棉絮的上衣。多用于冬季防寒保暖。《水浒传》第十回:"向的是兽炭红炉,穿的是绵衣絮袄。"清郑燮《真州杂诗》之二:"山花雨足皆含笑,絮袄春深欲换绨。"《儿女英雄传》第三十三回:"难道此时倒弃了这个,另去置絮袄布衣的不成?"

【襪儿】xuánr 一种贴身内衣。《金瓶梅词话》第十二回："一个剥去他衣服,扯了裤子,见他身底下穿着玉色绢襪儿,襪儿带上露出锦香囊葫芦儿。"

【襪褶】xuánxí 明代文武官所着常服。以纱罗绫丝为之,圆领大袖,下长过膝;胸前背后缀以补子。一般多用于常朝礼见。与内廷宦官所着常服贴里相类似。《金瓶梅词话》第六十八回："应伯爵又早到了,盔的新缎帽,沉香色襪褶,粉底皂靴,向西门庆声喏。"明刘若愚《酌中志》卷一九:"贴里,其制如外廷之襪褶。"

【襪子】xuánzi 明代士庶男子所穿便服。或用圆领,或用交领,两袖宽博,下长过膝。腰部以下折有细裥,形如女裙。尊卑均可着之。明刘若愚《酌中志》卷一九:"世人所穿襪子,如女裙之制者,神庙亦间尚之。"

【靴桶】xuētǒng 也作"靴筒""靴箒""靴踊""靴雍"。也称"靴帮"。靴子的勒部,靴子上圆筒状的部分。《西湖二集》第九回:"连那纱帽里、箭袋里、裹肚里、靴桶里都要满满盛了银子。"《红楼梦》第十七回:"贾蔷见问,忙向靴筒内取出靴掖里装的一个纸折略节来。"清福格《听雨丛谈》卷一:"亲郡王亦准用绿压缝靴,惟靴帮两旁少立柱耳。"《新方言·释器》:"今人谓靴袜贯胫处曰靴踊。袜踊,读如桶。"《二十年目睹之怪现状》第十六回:"(吴继之)说罢,弯腰在靴统里,掏出那本捐册来。"徐珂《清稗类钞·诙谐》:"一日当直,正吸烟,上忽召见,亟以烟袋插入靴箒中趋入。"又:"某以不读四书,早倩幕友拟题,置之靴筒。"

【雪帽】xuěmào 冬季用来挡风雪御寒的暖帽。《警世通言·赵太祖千里送京娘》:"公子扮作客人,京娘扮作村姑,一般的戴个雪帽,齐眉遮了。"《红楼梦》第四十九回:"黛玉换上掐金挖云红香羊皮小靴,罩了一件大红羽绉面白狐狸皮的鹤氅,系一条青金闪绿双环四合如意绦,上罩了雪帽,二人一齐踏雪行来。"

雪帽(清王芸阶《红楼梦人物图》)

Y

ya—yi

【压鬓双头钗】yābìnshuāngtóuchāi 一种制有双头的发钗。明代命妇用作首饰。《明史·舆服志三》:"(一、二品)常服用珠翠庆云冠……金云头连三钗一,金压鬓双头钗二,金脑梳。"又:"(七、八、九品)常服亦用小珠庆云冠……银间镀金云头连三钗一,银间镀金压鬓双头钗二,银间镀金脑梳一。"

【牙子扣】yázikòu 纽扣的一种。《水浒传》第七十四回:"三串带儿拴十二个玉蝴蝶牙子扣儿,主要上排数对金鸳鸯踅褶衬衣。"

【烟墩帽】yāndūnmào 明代宦官戴的一种帽子。明刘若愚《酌中志·内臣佩服纪略》:"烟墩帽,亦古制也;冬则天鹅绒或纻丝纱,夏则马尾所结成者,上缀金蟒珠石,其式如大帽真檐而顶稍细。"

【眼镜】yǎnjìng 初名"僾逮"。也作"叆叇"。用以矫正视力或保护眼睛的光学器件。由金属、玳瑁、水晶、玻璃等为材料制成。明代从西域传入中国。被视其为奇物,不用时盛于布袋,佩于腰际,镜袋便成为一种腰饰。明郎瑛《七修续稿·事物·眼镜》:"少尝闻贵人有眼镜,老年观书,小字看大。"清赵翼《陔余丛考》卷三三:"古未有眼镜,至有明始有之。本来自西域……吴瓠庵集中,有《谢屠公馈眼镜》诗。吕蓝衍亦记明提学潮阳林某始得一具,每目力倦,以之掩目,能辨细书,其来自番舶满加剌国贾胡,名曰僾逮云。则此物在前明极为贵重,或颁自内府,或购之贾胡,非有力者不能得,今则遍天下矣。盖本来自外洋,皆玻璃所制,后广东人仿其式,以水精制成,乃更出其上也。"清厉荃《事物异名录》:"眼镜亦名僾逮,盖用玻璃之类为之。"青城子《志异续编·曾文元》:"生平不用眼镜,亦由性惯。"

【偃月冠】yǎnyuèguān 也称"偃月""黄冠""月牙冠""无形冠"。道教冠帽,形如元宝,黑色,前低后翘起,形似新月。上等有道之士,曾受初真戒者方可戴之。后也为士庶服用。明文震亨《长物志·衣饰》:"冠,铁冠最古;犀玉、琥珀次之,沉香葫芦者又次之;竹箨、瘿木者最下,制惟偃月、高士二式,余非所宜。"陈植注:"偃月,冠形如'偃月'。明朱之蕃《箨冠》诗:'龙孙头角旧青霄,蜕甲斑纹永不凋。偃月制成箨短鬓,切云鬓就映高标。'"《西游记》第五十九回:"四众回看时,见一老人,身披飘风氅,头顶偃月冠,手持龙头杖。"清闵小艮《清规玄妙·外集》:"上等有道之士,曾受初真戒者,方可戴纶巾、偃月冠。"

【雁翎】yànlíng 仪卫、武士冠帽上装饰的雁羽冠饰。插在冠上以示威武,一般与铠甲配用,专用于仪卫、武士。《水浒传》第五十六回:"知道你家有这副雁翎锁子甲,不肯货卖,特地使我同一个李三,两人来你家偷盗,许俺们一万贯。"

【燕弁】yànbiàn 明代皇帝燕居时所带的帽子。《明史·舆服志二》:"嘉靖七年,更定燕弁服。初,帝以燕居冠服,尚沿习俗,谕张璁考古帝王燕居法服之制……帝因谕礼部曰:'古玄端上下通用,今非古人比,虽燕居,宜辨等威。'因酌古制,更名曰"燕弁",寓深宫独处、以燕安为戒之意。其制,冠匡如皮弁之制,冒以乌纱,分十有二瓣,各以金线压之,前饰五采玉云各一,后列四山,朱条为组缨,双玉簪。"

【燕弁服】yànbiànfú 明代皇帝燕居时所穿的衣服。《明史·舆服志二》:"嘉靖七年,更定燕弁服……服如古玄端之制,色玄,边缘以青,两肩绣日月,前盘圆龙一,后盘方龙二,边加龙文八十一,领与两祛共龙文五九。衽同前后齐,共龙文四九。衬用深衣之制,色黄。袂圆祛方,下齐负绳及踝十二幅。素带,朱里青表,绿缘边,腰围饰以玉龙九。玄履,朱缘红缨黄结。白袜。"

【秧履】yānglǚ 暖鞋之一种。冬季着之可御寒冷。明文震亨《长物志·衣饰》:"履,冬月用秧履最适,且可暖足。"

【羊头钩】yángtóugōu 以羊头为装饰的带钩。明文震亨《长物志》卷七:"古铜腰束绦钩,有金、银、碧填嵌者,有用兽为肚者,皆三代物也,有羊头钩、螳螂捕蝉钩、蝉钩、掺金钩,皆秦物也。"

【阳明巾】yángmíngjīn 明代士人所戴的一种便帽。相传明代大儒王阳明创制此巾,故名。流行于隆庆、万历年间。明余永麟《北窗琐语》:"迩来巾有玉壶巾、明道巾、折角巾、东坡巾、阳明巾。"顾起元《客座赘语》卷一:"其名甚夥,有汉巾、晋巾……阳明巾。"

【阳明衣】yángmíngyī 明代士庶男子所穿的一种便服。制为袍式,腰部以下施裥十二。流行于隆庆、万历年前。明余永麟《北窗琐语》:"太祖制民庶章服……衣有小深衣、甘泉衣、阳明衣。"范濂《云间据目钞》卷二:"男人衣服,予弱冠时,皆用细练为褶……盖胡制也。后改阳明衣、十八学士衣、二十四气衣,皆以练为度,亦不多见。隆、万以来,皆用道袍。"

【叶笠】yèlì 用竹丝和槲树叶制成的斗笠。明屠隆《考槃余事》卷三:"有竹丝为之,上以槲叶细密铺盖,名叶笠。"文震亨《长物志·衣饰》:"有叶笠、羽笠,此皆方物,非可常用。"

【曳撒】yèsǎn 也作"裰撒""曳撒"。一种以纱罗纻丝制成的长袍,大襟,长袖。衣身前后形制不一,后部为整片;前部则分为两截:腰部以上与后相同,腰部以下折有细裥(裥在两边,中留空隙),两袯或缀以摆。明初用于官吏及内侍。有官者衣色用红,上缀补子,无官者衣色用青,无补。至明代晚期,遂演变为士大夫阶层的常服,礼见宴会均可着之。《明史·舆服志三》:"永乐以后,宦官在帝左右,必蟒服,制如曳撒,绣蟒于左右系以鸾带,此燕闲之服也……又有膝襕者,亦如曳撒,上有蟒补。"《明武宗外纪》:"(正德)十三年正月,车驾将还京,礼部具迎驾仪。令京朝官各朝服迎候,而传旨用曳撒、大帽、鸾带,且赠文武群臣大红纻丝罗纱各一……是日,文武群臣皆曳撒大帽鸾带迎驾于得胜门外。"明刘若愚《酌中志》卷一九:"裰撒,其制后襟不断,而两傍有摆,前襟两截,而下有马面折,从两傍起。惟自司礼监写字以至提督止,并各衙门总理、管理,方敢服之。红者缀本等补,青者否。"王世贞《觚不觚录》:"裤褶,戎服也。其短袖或无袖,而衣中断,其下有横折,而下复竖折之,若袖长则为曳撒;腰中间断,以一线道横之,则谓之程子衣;无线导者,则谓之道袍,又曰直掇。此三者,燕居之所常用也。迩年以来,忽谓程子衣、道袍皆过简,而士大夫宴会必衣曳撒,是以戎服为盛,而雅服为轻,吾未之从也。"

曳撒(江苏南京明墓出土)

【一裹穷】yīguǒqióng 指形制最简陋的粗布衣服。明清时多为贫穷的妇女所穿用,布料一般采用蓝色棉布,基本的式样与旗袍相差不多,为筒裙式,但四边都不开衩。因为穿用者大都家境贫寒,因此基本上是常年穿在身上,故而得名"一裹穷"。《西游记》第三十六回:"这是我们城中化的布。此间没有裁缝,是自家做的个一裹穷。"《清代北京竹枝词·草珠一串》:"贫家妇女满胡同,蓝布衫名'一裹穷'。斜戴凉簪歪挽髻,清晨太半发蓬蓬。"

【一口钟】yīkǒuzhōng ❶也作"一口中""一口总""一扣衷"。也称"罗汉衣""莲蓬衣""斗篷"。一种无袖不开衩的长外衣,一般用质地厚实的布帛做成,亦有用羊皮之类的兽皮制成。有长短两式,内外两层,中间或纳絮绵。领口紧窄,有抽口领、高领和低领三种,下摆宽大,形如钟覆盖于地。流行于明清时期,冬季男女均可穿着。明方以智《通雅·衣服》:"假钟,今之一口钟也。周弘正著绣假钟,盖今之一口钟也。凡衣披下安摆,襞积杀缝,两后裾加之。世有取暖者,或取冰纱映素者,皆略去安摆之上襞,直令四围衣边与后裾之缝相连,如钟然。"《清平山堂话本·错认尸》:"我丈夫头带万字头巾,身穿着青绢一口中,一月前说来皮市里买皮,至今不见信息,不知何处去了!"《西游记》第三十六回:"那众和尚真个齐齐整整,摆班出门迎接,有的披了袈裟,有的著了偏衫,有的穿着个一口钟直裰。"清曹庭栋《养生随笔》卷三:"式如被幅无两袖,而总折其上以为领,俗名一口总,亦曰罗汉衣。天寒气肃时,出户披之,可御风,静坐亦可披以御寒。"于邹《花烛闲谈》:"窃谓古之景,如今人之一扣衷(亦称莲蓬衣),乃著以御寒也。"《官场现形记》第四十三回:"不知从那里拖到一件又破又旧的一口钟,围在身上,拥抱而卧。"❷有袖、无衩之袍袄。清西清《黑龙江外记》卷六:"官员公服,亦用一口钟,朔望间以袭补褂。惟蟒袍中不用。一口钟,满洲谓之呼呼巴,无开襟之袍也。"

【一盏灯】yīzhǎndēng 明代男子所戴的便帽。初为僧帽之一种,后庶民亦戴。《金瓶梅词话》第五十回:"傅伙计见他帽子在地下,说道:'新一盏灯帽儿。'"明王圻《三才图会·衣服一》:"自释迦以金缕僧伽黎衣相传,故其衣有无后、忍辱之名,其帽未之前闻,谅亦与僧衣同流耳。秃辈不巾帻,然亦有二三种,有毗卢、一盏灯之名。"

【衣折】yīzhé 衣服的褶裥。明郎瑛《七修类稿·辩证八·文公能画》:"昨见绍熙五年亲传己像,今刻徽州,笔法衣折,深得道子家数。"

【翊善冠】yìshànguān 翼善冠的一种变形,由交脚改作展脚。明王三聘《古今事物考》卷六:"唐制交天冠,以展脚相交于上。国朝吴元年,改展脚,不交向前朝,其冠缨取象善字,改名翊善冠。"

ying—yun

【英】yīng 明代官吏用鸟羽制成的帽饰,使用时安插在冠顶,根据翎枝的多少区分贵贱,贵者三枝,次者二枝,再次者一枝。明何景明《七述》诗:"灿三英以外饰,诚五纮之可羞。"《明史·舆服志三》:"都督江彬等承曰红笠之上,缀以靛染天鹅翎,以为贵饰,贵者飘三英,次者二英。"清毛奇龄《明武宗外记》:"两厅诸领军,则于遮阳帽上施靛染天鹅翎,以为贵饰,大者施三英,次二英,尚书王琼得赐一英冠,以下教场,矜殊遇焉。"周寿昌《思益堂日札·本朝花翎之兆》:"明武宗自操禁军,军中悉衣黄忌甲,遮阳帽上飘靛染天鹅翎以为饰,贵者飘三英,如江彬、许泰之类;次二英。兵部尚书王琼得赐一英,冠以下教场,自谓殊遇。"

【缨索】yīngsuǒ 冠带。《古今小说·葛令公生遣弄珠儿》:"偶然风吹烛灭,有一人从暗中牵美人之衣。美人扯断了他系冠的缨索,诉与庄王。"

【鹰嘴金线靴】yīngzuǐjīnxiànxuē 尖头之靴。以金线镶嵌,多用于武士。《水浒

传》第八十七回:"(琼先锋)头戴鱼尾卷云镔铁冠……腰系荔枝七宝黄金带,足穿抹绿鹰嘴金线靴。"

【勇巾】yǒngjīn 明代士大夫所戴的一种头巾。明顾起元《客座赘语》卷一:"近年以来殊形诡制,日异月新。于是士大夫所戴其名甚伙,有汉巾、晋巾……勇巾。"

【勇字大帽】yǒngzìdàmào 一种帽上书"勇"字标志的军士帽。《三宝太监西洋记通俗演义》第十九回:"这一行害病的军人,听说道病军祭江……都爬起来梳了头,洗了脸,裹了网巾儿,带了勇字大帽。"

【羽笠】yǔlì 文人雅士所戴的缀有羽毛的笠子。明屠隆《考槃余事》卷三:"有竹丝为之,上缀鹤羽,名羽笠……披羽蓑,顶羽笠,执竿烟水,俨在米芾寒江独钓图中。"文震亨《长物志·衣饰》:"有叶笠、羽笠,此皆方物,非可常用。"

【羽蓑】yǔsuō 蓑衣的美称。因状似鸟羽披毛,故名。明屠隆《考槃余事》卷四:"或值西风扑面,或教飞雪打头,于是披羽蓑,顶羽笠,执竿烟水,俨然米芾《寒江独钓图》中,比之严陵渭水,不亦高哉?"

【雨帽】yǔmào 用来挡雨的帽子。其外蒙油绢、油纸或羽缎,使用时加在冠巾之上。其式不一:或如方巾,或如风帽,亦有制成尖顶式者,形如覆锅。清代雨帽多用尖顶,有官者以颜色分别等差。明何孟春《余冬序录摘抄内外篇》卷一:"洪武二十二年为申严巾帽之禁,凡文武官除本等纱帽外,遇雨许戴雨帽。"刘若愚《酌中志》卷一九:"雨帽则如方巾,周围加檐三寸许,亦有竹胎绢糊、黑油漆如高丽帽式者。"《明史·舆服志三》:"(洪武)二十二年令文武官遇雨戴雨帽,公差出

外戴帽子,入城不许。"清吴振械《养吉斋丛录》卷二二:"乾隆九年,定一品至三品用红雨帽,四品至六品红色青缘,七品以下青色红缘。御前侍卫、乾清门侍卫、南书房上书房翰林、起居注官、文渊阁校理、奏事处批本处行走人员,不论本职品级,均用红雨帽。"《清高宗纯皇帝实录》卷七八四:"御用雨衣、雨帽,用明黄色。一品大臣以上,及御前行走侍卫,各省巡抚,用大红色。文三品、武二品,只用大红雨帽,至三品以下官员及跟役人等,亦用区别,以辨等威,今拟文武三品,皆准用大红雨帽。四品、五品、六品,用红顶黑边,七品、八品、九品,及有顶带人员,用黑顶雨帽红边,交礼器馆增入官服图,并入《会典》。"

雨帽(清代刻本《大清会典图》)

【玉叮当】yùdīngdāng 以玉做成的禁步。明无名氏《天水冰山录》载严嵩被籍没家产中有"玉叮当三副,共重二十两。"《金瓶梅词话》第九十六回:"春梅……身穿大红通袖,四兽朝麒麟袍儿,翠蓝十样锦百花裙,玉玎珰禁步。"

【玉壶巾】yùhújīn 明代男子所戴的一种便帽。参见846页"明道巾"。

【玉帽顶】yùmàodǐng 用玉制成的冠帽顶饰。明无名氏《天水冰山录》记严嵩被籍没家产中,有"金厢玉帽顶一个""玉小帽顶一个"。《朴通事》:"江西十分上等真结综帽儿上缀着上等玲珑羊脂玉顶儿,又是个鹧鸪翎儿。"

【玉蕤】yùruí 冠缨上的玉饰。明夏完淳《长歌》:"我欲涉江忧天寒,琼弁玉蕤佩珊珊。"

【玉台巾】yùtáijīn 明代士大夫所戴的一种头巾。据称是明代陈献章自创,类华阳巾,直方而无襞积者。《东海文集》卷三《玉枕山诗话》:"石斋有诗曰:'玉枕山前逢使君,西风吹破玉台巾。'巾乃石斋自制,类华阳巾,直方而无襞积者。东海篷篷断断,论议或有戾于其道,而云'破此巾耶'?遂以一绝激之曰:'白沙村里玉台巾,不耐风吹易染尘。莫笑乌纱随俗态,宋廷章甫是何人?'石斋复以《玉枕山诗》曰:'一枕横秋碧玉新,金鳌阁上见嶙峋。使君得此原无用,卖与江门打睡人。'跋曰:'东海居士咏《玉台巾》,侮我太甚,口占《玉枕山诗》答之。'"明顾起元《说略》卷二一:"凌云巾、玉台巾、两仪巾,皆时制。"又《客座赘语》卷一:"其名甚夥,有汉巾、晋巾……玉台巾。"

【玉绦环】yùtāohuán 绦带上的玉环,亦指系有丝绦的玉环,佩之以祈福。明汪廷讷《种玉记·赠玉》:"谁料那福星的玉绦环,禄星的玉拂麈、寿星的紫玉杖一都在桌上。"《红楼梦》第七十八回:"王夫人一看时,只见扇子三把,扇坠三个,笔墨共六匣,香珠三串,玉绦环三个。"

【浴裙】yùqún 沐浴后所穿的裳。形制简单,一般多作成方巾状,使用时围裹在下体。《水浒传》第二十八回:"武松跳在浴桶里面,洗了一回,随即送过浴裙、手巾。"日僧道忠《禅林象器笺·服章》:"浴裙,以单棉布造,浴衣也。"

【鸳鸯绦】yuānyāngtāo 用双色丝线编织的带子，用作衣带或腰带。《醒世恒言·赫大卿遗恨鸳鸯绦》："赫大卿将手在枕边取出一条鸳鸯绦来。如何唤做鸳鸯绦？原来这绦半条是鹦哥绿，半条是鹅儿黄，两样颜色合成，所以谓之鸳鸯绦。"

【鸳鸯战袄】yuānyāngzhàn'ǎo 明代武士所穿的一种军服。表里颜色不同，正反皆可服用的绵制战袄，便于将士们变易服色，以表示新军号。明余继登《典故纪闻》卷二："太祖尝命制军士战衣，表里异色，令各变更服之以新军号，谓之鸳鸯战袄。"《明史·舆服志三》："军士服：洪武元年令制衣，表里异色，谓之鸳鸯战袄，以新军号。"

【员领】yuánlǐng 即"圆领"。"员"通"圆"。一说即盘领衫。唐宋明代官员常服都取盘领式样，故明代称官员的常礼服为"员领"，胸前背后加有不同图案的"补子"以识别官阶。《古今小说·杨谦之客舫遇侠僧》："只见阶下有个穿红布员领，戴顶方头巾的土人，走到杨知县面前，也不下跪。"《金瓶梅词话》第七十一回："西门庆令玳安去接员领，披上氅衣，作揖谢了。"《镜花缘》第十四回："原来有位官员走过，头戴乌纱，身穿员领，上罩红伞。"清姚廷遴《姚氏记事编》："有华亭县县丞张昌祚，来署理上海县，初到仍戴纱帽，员领，至十二月方换清服。"《儒林外史》第三回："只见那张乡绅下了轿来进来，头戴纱帽，身穿葵花色员领，金带、皂靴。"李渔《怜香伴·婚始》："小生儒巾员领，丑扮丫环，杂扮掌礼。"

【圆领】yuánlǐng 也称"上领"。服装领式之一。圆形的衣领。汉魏以前多用于西域，有别于中原传统的交领；六朝后渐入中原。隋唐以后使用尤多，多用于官吏常服。明代承袭隋唐遗制，官吏公服俱用盘领，其制较普通圆领略高，领口钉有纽扣。因其造型仍为圆形，亦称圆领。引申为官服的代称。明田艺蘅《留青日札》卷二二："我朝服制"："洪武改元，诏衣冠悉服唐制，士民束发于顶，官则乌纱帽、圆领、束带、皂靴。"刘若愚《酌中志》卷一九："凡穿圆领随侍，及有公差私假出外，本等带之左，即悬此牌缒。"又："凡内使小火者，乌木牌平巾者，无穿圆领束带之理。"清叶梦珠《阅世编》卷八："如前朝职官公服，则乌纱帽，圆领袍，腰带，皂靴……圆领则背有锦绣，方补品级，式样与今之命服同，但里必有方领衬摆，不单著耳。"《醒世恒言·钱秀才错占凤凰俦》："其钱青所用，及儒巾圆领丝绦皂靴，并皆齐备。"《女状元》第四出："叫黄老爷那人进来，脱了圆领。"

圆领（唐韩滉《文苑图》）

【月衣】yuèyī 道士所服的一种斗篷，摊开如弓月。多用白色或茶褐色布帛制成。其状如袍，广袖；领袖襟裾缘以黑边。明文震亨《长物志》卷八："（道服）有月衣，铺地如月，披之则如鹤氅。"屠隆《起居器服笺》："道服，制如中衣，以白布为之，四边延以缁色，或用茶褐为袍，缘以皂布。有月衣，铺地俨如月形，穿起则如披风，以吕公黄丝绦之中空者副之。二者用以坐禅、策蹇、披雪、避寒俱不可少。"

【云履】yúnlǚ 也称"云头履""步云履""登云履"。绣有云形花纹的鞋子。或饰有云头的鞋子。多用于道者、法师。《醒世恒言·杜子春三人长安》："戴一顶玲珑碧玉星冠……黄丝绦腰间婉转，红云履足下蹒跚。"明陆延枝《说听》卷下："一人绒帽蓝衣，足穿云履，立水滨求载。"周清源《西湖二集》卷三一："夜梦父亲星冠、霞帔：羽衣、云履。"《金瓶梅词话》第三十六回："蔡状元那日封了一端绢帕，一部书，一双云履。"又第九十三回："王老教他空屋里洗了澡……上盖青绢道衣，下穿云履毡袜。"《西游记》第三回："北海龙王敖顺道：'说的是。我这里有一双藕丝步云履哩！'"又："悟空将金冠、金甲、云履都穿戴停当。"又第七十八回："（老道者）腰间系一条纫蓝三股攒绒带，足下踏一对麻经葛纬云头履。"《红楼梦》第一百零二回："法师们俱戴上七星冠，披上九宫八卦的法衣，踏着登云履，手执牙笏，便拜表请圣。"

【云头连三钗】yúntóuliánsānchāi 明代命妇首饰。钗首做成云状，钗股做成三枝形。以质料区别等级第。明初规定：一、二品命妇用金；五品命妇用银镀金；六、七品命妇用银；八、九品命妇以银间镀金。《明史·舆服志三》："（一、二品）常服用珠翠庆云冠，珠翠翟三……金云头连三钗一。"又："五品，特髻上银镀金鸳鸯四……银镀金云头连三钗一。"又："（六、七品）特髻上翠松三株……银云头

连三钗一。"又："（八、九品）常服亦用小珠庆云冠，银间镀金银练鹊三，又银间镀金银练鹊二，挑小珠牌；银间镀金云头连三钗一，银间镀金压鬓双头钗二。"

【云头履】yúntóulǚ ❶即"云履"。❷俗称"朝鞋"。官员所穿的靴鞋，因履头上翘，由前向后翻卷，形似卷云而得名。明代官员平时及乡间缙绅多穿。《明史·舆服志二》："郡王长子朝服：七梁冠……白绢袜，皂皮云头履鞋。"❸戏曲服装。鞋的一种。因鞋头装饰有云头纹样，故名。为文人所穿，有厚底与薄底两种。如《西厢记》里的张生、《梁山伯与祝英台》里的梁山伯穿厚底云头履；《打侄上坟》里的陈大官穿薄底云头履。

【云舄】yúnxì 饰有云纹或者云头的鞋子。明代以秸秆或棕编织而成。多用于道人、野客及隐士。道教传说中的仙人亦多穿着。明屠隆《考槃余事·起居器服笺》："云舄，以蘘草及棕为之云头，如芒鞋。或以白布为鞋，青布作高挽云头，鞋面以青布作条，左右分置，每边横过六条，以象十二月意，后用青云，口以青缘。似非尘土中着脚行用，当为山人济胜之具也。"《水浒传》第九十四回："那先生怎生模样，但见头戴紫金嵌宝鱼尾道冠，身穿皂沿边烈火锦鹤氅，腰系杂色彩丝绦，足穿云头方赤舄。"清赵翼《连日大僚多暴亡》诗："岂比游仙云鹤去，剩携使鬼纸钱行。"余怀《板桥杂记·雅游》："曲中市肆，精洁殊常，香囊云舄，名酒佳茶，饧糖小菜，箫管瑟琴，并皆上品。"

【笪簦】yúndēng 有长柄的竹笠。明刘基《赠道士蒋玉壶长歌》："石罅甘浆溢若渑，神芝吐焰如笪簦。"

Z

zan—zhe

【簪头】zāntóu 即"簪子"。《初刻拍案惊奇》卷三六："黄胖哥拿那簪头，递与员外。"

【簪子】zānzi 一种绾住发髻的条状物。用金属、骨头、玉石等制成。《金瓶梅词话》第八十二回："想必他也和玉楼有些首尾，不然他的簪子如何他袖着？"又第十四回："冯妈妈向袖中取出一方旧汗巾，包着四对金寿字簪儿，递与李瓶儿。"《醒世姻缘传》第四十一回："我迎到他亭子根前，他见我去就站住了，眼里掉泪。头上拔下这枝金簪子递给我，叫我与陈哥好生收着做思念，说合前日那一枝是一对儿。"《红楼梦》第四十四回："（凤姐）回头向头上拔下一根簪子来，向那丫头嘴上乱戳。"《儿女英雄传》第七回："门里闪出一个中年妇人……戴一头黄块块的簪子，穿一件元青扣绉的衣裳。"

【凿子巾】záozijīn 明代的一种头巾，形似唐巾而不用巾带。明田艺蘅《留青日札》卷二二："凿子巾如唐巾，而去其带耳。"《醒世姻缘传》第二十七回："那一个穿紫花道袍戴本色绒凿子巾的是我家乡的个邻舍。"

【皂隶巾】zàolìjīn 也称"平顶巾"。明代皂隶所戴头巾。明洪武三年始为圆顶；翌年改成平顶，前后高低不一，正中有折，两侧缀以黑色流苏，或插鸟羽。取式于元代卿大夫之冠，用其做诸衙门皂隶、公使掾史、令史、书吏等的冠帽，以示侮辱。明朱国祯《涌幢小品》卷二六："白英先以平顶巾执工簿，立于旁。"王圻《三才图会·衣服一》："（皂隶巾）其顶前后颇有轩轾，左右以皂线结为流苏，或插鸟羽为饰，此贱役者之服也。相传胡元时为卿大夫之冠，高皇以冠隶人示绌辱之意云。"《明史·舆服志三》："皂隶公人冠服。洪武三年定，皂隶，圆顶巾，皂衣。四年定，皂隶公使人，皂盘领衫，平顶巾，白褡褳，带锡牌。"

皂隶巾（明王圻《三才图会》）

【皂罗头巾】zàoluótóujīn 明代宫廷《车书会同之舞》舞者所戴头巾。《明史·舆服志三》："永乐间，定殿内侑食乐……奏车书会同之舞，舞人皆皂罗。皂隶巾头巾，青、绿、玉色皂沿边襴，茶褐线绦皂皮四缝靴。"

【毡衫】zhānshān 用羊毛等动物毛织成的面料制作的能够防雨御寒的衣衫，多用于军士或少数民族。《三国演义》第一百一十七回："副将有毡衫者裹身滚下,无毡衫者各用绳索束腰,攀木挂树,鱼贯而进。"明包汝楫《南中纪闻》:"罗鬼服饰,其椎髻向脑,扎以青帕,下穿大裤,上衣右腰,外罩毡衫。"王士性《广志绎·西南诸省》:"然方晴倏雨,又不可期,故土人每出必披毡衫,背箬笠,手执竹枝,竹以驱蛇,笠以备雨也。"

【战裙】zhànqún 武士、军卒所着的下裳。围在腰部以下,障于左右两腿之外,用以保护两腿,多用皮革制成。明沈周《石田翁客座新闻》:"各边军士从战,身荷锁甲、战裙、遮臂等具,其重四十五斤,铁盔、铁脑盖重七斤,顿项、护心、铁胁重五斤。"周晖《续金陵琐事·战裙》:"秀才邓武津,宁河王孙也。余过其家,出王之战裙,命著之,上至胸,下拂地。"何景明《胡人猎图歌》:"白发老胡黄战裙,抽箭仰视天山云。"《西游记》第五十六回:"他两个头戴虎皮花磕脑,腰系貂裘彩战裙。"清赵翼《陔余丛考·马褂缺襟袍战裙》:"战裙之始,按《国语》'鄢之战',却至以韎韦之跗注,三逐楚平王'注:'跗注者,兵服自腰以下注于跗。'则今之战裙,盖本此也。"

【长者巾】zhǎngzhějīn 明代年老的内臣所戴的头巾,形制似东坡巾。明刘若愚《酌中志》卷一九:"长者巾,制如东坡巾,而后垂两方叶……前缝缀一大西洋珠,两傍金五爪龙戏之;而后垂两叶之中,亦各蟠苍龙。凡内臣高年之人,亦有戴者。"

【招文袋】zhāowéndài 也称"昭文袋""钊文袋""照袋"。系挂在腰间贮放文书、印章及零星杂物的袋囊。多以皮革或质地厚实的织物制成。《水浒传》第十八回:"只见何清去身边招文袋内摸出一个经折儿来,指道:'这伙贼人都在上面。'"又第二十回:"宋江把那封书,就取了一条金子,和这书包了,插在招文袋内。"明许自昌《水浒记·感愤》:"我起身得急了,把钊文袋遗失在房内。"明方以智《通雅·佩饰》:"算袋即算滕。或则天赐朱前疑绯算袋,又曰照袋。《眉公记》:'王太保从苍头携照袋,贮笔砚。'照袋以乌皮为之。"清郝懿行《证俗文》卷二:"香囊起于此,照袋者,囊类也。"自注:"即昭文袋。"

【昭君套】zhāojūntào 也称"昭君卧兔"。明清妇女用的一种皮暖额。因其形状类如绘画和戏曲中昭君出塞时所戴的皮帽罩,故名。以毡、皮毛制成条状,围于髻下额上,如帽套。北方冬季寒冷季节,妇女们常将貂皮等做成如头大小的环状,将其戴于额上,以御寒保暖。多为富家女子所戴,后逐渐演变为妇女首饰。《醒世姻缘传》第一回:"三十六两银子买了一把貂皮,做了一个昭君卧兔。"《红楼梦》第六回:"那凤姐家常带着紫貂昭君套,围着那攒珠勒子,穿着桃红洒花袄,石青刻丝灰鼠披风,大红洋绉银鼠皮裙。"又第四十九回:"一时湘云来了……头上带着一顶挖云鹅黄片金里子大红猩猩毡昭君套,又围着大貂鼠风领。"

昭君套(清吴友如《古今百美图》)

【爪拉帽】zhǎolāmào 省称"爪拉"。明代皇子戴的一种帽子。原为北方少数民族所戴之圆顶帽。因辽主查剌而得名。明刘若愚《酌中志·内臣职掌纪略》:"皇子戴小青绉纱六瓣有顶圆帽,名曰爪拉帽。"方以智《通雅》:"中人帽曰爪拉。徐文长曰:辽主名查剌,或服是帽,转为爪拉。近有奄帽,是高丽王帽,京师呼爪拉。范文穆乾道使金,接伴裹蹋鸥。"

【罩甲】zhàojiǎ 也称"齐肩"。一种外褂。以纱罗纻丝为之,圆领短袖(或无袖),下长过膝。穿时罩在窄袖衣外,明清时广为服用。原为明代创制的一种戎服,其制始于明武宗时。相传明武宗尚武,于宫内组织团营,令宦官练习骑射,以罩甲为戎服。所著罩甲皆用黄色,上绣甲纹;衣式一般采用对襟,下长至胯,以便乘马时脱卸。自明正德年间,巡狩、督饷、侍郎、巡抚、都御史等都可服此罩甲。内官穿窄袖衣外穿罩甲,且有织金绣者。后渐为民间效仿,不仅士大夫,一般市民亦服之。明代罩甲可分为有两种:一种为对襟者,一般军民步卒等不准服用,惟骑马者可服, 种为非对襟者,士大夫等均可服之。但紫花罩甲则不准着。黄色罩

穿罩甲提督

甲为军人所服。清代,其短小者曰马甲、坎肩,而长大者曰褂、外套。明刘若愚《酌中志》卷一九:"罩甲,穿窄袖戎衣之上,加此,束小带,皆戎服也。有织就金甲者,有纯绣、洒绣、透风纱不等。"方以智《通雅》卷三六:"戎衣有罩甲,所谓重

罩甲
(山西阳城明墓出土陶俑)

衣在上而短者,前似褂衣,或肩有袖至臂臑而止,今曰齐肩,边关号曰褙裸,又谓之褂子。"清顾炎武《日知录·对襟衣》:"今之罩甲,即对襟衣也。《戒庵漫笔》云,罩甲之制,比甲稍长,比袄减短,正德间创自武宗,近日士大夫有服者。"《明武宗外记》:"时诸军悉衣黄罩甲,中外化之,虽金绯锦绮,亦必加罩甲于上,市井细民,无不效其制,号时世装……其后巡狩所经,虽督饷侍郎,巡抚都御史,无不衣罩甲见上者。"恽敬《大云山房杂记》卷一:"按半臂、半袖,减其袖耳……《明史·舆服志》:从幸服罩甲。其制即今大褂减袖。"王应奎《柳南续笔》卷三:"今人称外套亦曰罩甲。按罩甲之制,比甲则长,比披袄则短。创自明武宗,前朝士大夫亦有服之者。"

【遮阳帽】zhēyángmào ❶也称"遮阳大帽""大帽"。明代学士所戴的帽檐较宽可以遮挡阳光照射的凉帽。明时凡科贡入监生有恩例者,方许戴遮阳帽。其形一般作成尖顶(亦有平顶),四周有宽阔的边檐,形似斗笠。明郎瑛《七修类稿》:"洪武末,许士子戴遮阳帽。"杨仪《明良记》:"我朝科贡,恩例四等入胄监,满日,并许戴遮阳大帽,即古笠也。吴文定公未及第时,久困科场,作诗戏咏曰:'似伞难遮雨,如铙却畏风。"王圻《三才图会·衣服一》:"大帽,尝见稗官云:国初高皇幸学,见诸遮阳帽生班烈日中,因赐遮阳帽,此其制也。"《续文献通考》卷九三:"生员襕衫,用玉色布绢为之……贡举入监者,不变所服。洪武末,许戴遮阳帽,后遂私戴之。"清褚人获《坚瓠儿集》:"明制,士人入贡监满日许戴遮阳大帽,即古笠,又唐时所谓席帽也。"❷明代武将所戴的形状似笠的盔帽。《明武宗外记》:"时诸军悉衣黄罩甲,中外化之……两厅诸领军则于遮阳帽上拖靛染大鹅翎,以为贵饰,大者拖三英,次二英,尚书王琼得赐一英冠,以下教场,矜殊遇焉。"

遮阳帽
(清代刻本《吴郡名贤图传赞》)

zheng—zhong

【征服】zhēngfú 出征将士或远行人之衣服。明朱有燉《义勇辞金》第三折:"都弃了强弓硬弩,丢下些衲袄征服。"

【直袋】zhídài 佩挂在身边用以盛放零星细物的长方形口袋。《金瓶梅词话》第五十九回:"(西门庆)坐上凉轿,放下斑竹帘来。琴童玳安跟随,留王经在家,止叫春鸿背着直袋,径往院中郑爱月儿家。"

【直摆】zhíbǎi 明代士人所穿的一种袍。袍身宽大,两旁缀摆,因以为名。《警世通言·王安石三难苏学士》:"不多时,相府中有一少年人,年方弱冠,戴缠骔大帽,穿青绢直摆,出来下阶。"

【直裰】zhíduò 无袂之衣。明李实《蜀语》:"衣曰直裰。裰音'惰',无袂衣也。"

【直缝靴】zhífèngxuē 直缝,指靴用两块皮面缝制,前后有直缝如线。明代庶民所着之靴。以数块牛皮拼合而成,拼缝之中不施嵌饰,不像"六缝靴"那样复杂、美观。一般多用于北方居民。《明史·舆服志三》:"(洪武)二十五年,以民间违禁,靴巧裁花样,嵌以金线蓝条,诏礼部严禁庶人穿靴,止许穿皮札鞴,惟北地苦寒,许用牛皮直缝靴。"

【直身】zhíshēn 明清时代一种男子日常所穿的长衫,亦用作明代内官日常服饰。与道袍相似,宋时已有此衣式,是一种宽大而长的衣,元代禅僧也服此衣,为一般士人所穿。明初太祖制民庶章服用青布直身即此。《水浒传》第一百零二回:"只见府西街上,走来一个卖卦先生。头戴单纱抹眉头巾,身穿葛布直身。"《初刻拍案惊奇》卷一三:"六老便走进去,开了箱子,将妈妈遗下这几件首饰衣服,并自己穿的这几件直身,检一个空,尽数将出来,递与王三。"《西游记》第七十七回:"行者着实心焦,行至金銮殿前观看,那里边有许多精灵,都戴着皮金帽子,穿着黄布直身。"明刘若愚《酌中志·内臣佩服纪略》:"直身,制与道袍相同,惟有摆在外,缀本等补。圣上有大红直身袍。凡印公公若过司房,或秉笔私自下直房,始穿此。凡见尊长则不穿。其色止有天青、黑、绿、玄青,不敢做大红者。"《金瓶梅词话》第六十八回:"(西门庆)回到厅上,解去了冠带,换了巾帻,止穿紫绒狮补直身。"方以智《通雅·衣服》:"(单衣)通曰长衣,或曰直身,故两京通称道袍。"又:"近世折子衣,即直身,而下幅皆襞积细折如裙,更以绦环束要,正古深衣之遗。"《天雨花》第一回:"见他白布裹巾头上戴,白布毛边一直身。"

【豸补】zhìbǔ 明清监察、执法等官员所穿的官服前胸、后背缀有金线或采丝绣成的补子,图形为獬豸,故称。亦借指监察、执法官。《警世通言·赵春儿重旺曹家庄》:"忽一日,可成入城,撞见一人,豸补银带,乌纱皂靴,乘舆张盖而来,仆从甚盛。"

【豸袍】zhìpáo 明清监察、执法等官员所穿的袍服,因其上绣有獬豸纹,故称。亦借指监察、执法官。明夏言《浣溪沙·送竹沙王侍御瑛按闽二阕》其七:"潏渚波光涵日月,幔亭峰影度风烟。豸袍画舫羡登仙。"金白屿《端正好·送叶泮西内台》套曲:"美才只合为时用,豸袍宽满面春风。"韩雍《挽冯宪副乃尊》:"积庆生祥荷宠封,豸袍乌帽晚雍雍。"

【豸绣】zhìxiù 也作"豸黼"。即"豸袍"。明申佳允《余侍御随车雨》诗:"骢马南行

豸绣香,如焚天气忽生凉。"朱朴《送沈秦川婿之任江西宪副》诗:"豸绣乍围金带重,宫花犹压帽檐低。"朱诚泳《送李叔渊绣衣还朝》诗其一:"青春豸绣几人如,玉斧从容引鹭车。"唐顺之《谢赐银币表》:"襄号出御府之珍,永以为宝;豸绣炫天孙之锦,岂曰无衣?"又《皇陵行》:"貂褕中使日焚香,豸黼词官夜朝斗。"沈德符《万历野获编·礼部一·朝班》:"癸卯,忽有台臣与部属互争先后,时蔡虚台献臣为仪郎,当主议,稍以故事折之,为豸绣交詈聚唾。"鹿善继《辩马侍御疏》:"职等最虚心,最服善,苟中职,病褐宽博且拜之,况出豸绣口乎?"《聊斋志异·梦狼》:"翁入,果见甥,蝉冠豸绣,坐堂上,戟幢行列,无人可通。"清黄六鸿《福惠全书·筮仕·四六启式》:"金飙荐菊,秋英生豸绣之香。"

【豸衣】zhìyī 即"豸袍"。明程敏政《送刑部赵郎中鹤龄赴山东副使备倭海上》诗:"身服豸衣明白日,手持龙节下红云。"归有光《送福建按察司王知事序》:"乃除为福建按察司知事。知事为州倅,品秩为降。然衣豸衣,自郡守二千石皆与抗礼,于外省为清阶。"唐顺之《丹阳别工道思》诗:"卧病不知久,见君三徙官。还将鹗冠贱,来伴豸衣欢。"清孔尚任《丁廉使名炜》诗:"独有一官旧豸衣,强项能使渠魁怪。"邵葆祺《己未正月十八日书事》其七:"投甀纷纷如许,螭蚴俨豸衣。"

【治五巾】zhìwǔjīn 明代士人所戴的一种便帽,有三梁,其制类缁布冠。明王圻《三才图会·衣服一》:"治五巾,有三梁,其制类古五积巾,俗名缁布冠,其实非也。士人尝服之。"

【雉鸡翎】zhìjīlíng 省称"鸡翎"。以野鸡

治五巾(明王圻《三才图会》)

尾羽制成的翎枝。俗称"野鸡毛""野鸡翎"或"雉毛翎"。多用于戏服。男女皆可用之,插在冠上以为装饰。一般长度可达五六尺,颜色艳丽又光亮,插在头上,显得人物英俊潇洒。尤其是武将插了翎子,更加突出其威武雄壮,如《凤仪亭》里的吕布以及《连环套》里的窦尔墩等。《醒世姻缘传》第一回:"珍哥笑道:'我的不在行的哥儿!'穿着氅衣去打围,妆'老儿灯'哩! 还问他班里要了我的金勒子、雉鸡翎,蟒挂肩子来,我要戎妆去了。"明朱有燉《宫词》其七十四:"罟罟珠冠高尺五,暖风轻袅鹨鸡翎。"

【中官帽】zhōngguānmào 也称"内使帽"。明代宦官所戴的一种常帽,中官即宦官。后列三山,并增方带二条垂于后,无职官亦有戴者。惟顶后垂方纱一幅。明王三聘《古今事物考》卷六:"中官

中官帽
(明益庄王墓出土陶俑冠帽)

帽,至洪武十九年,始创其制。《实录》:中官之帽,用纱裹之,增方带二条于后。无官者,顶后垂方纱一副,曰内使帽。"

【中华一统巾】zhōnghuáyītǒngjīn 明代宫廷朝会大乐九奏歌中乐伎所戴的一种头巾。《明史·舆服志三》:"朝会大乐九奏歌工:中华一统巾,红罗生色大袖衫,画黄莺、鹦鹉花样,红生绢衬衫。"

【忠静服】zhōngjìngfú 也称"忠静衣""忠靖衣"。明代品官退朝燕居所着之服。取"进思尽忠,退思补过"之义。明嘉靖七年定制,以深青色纱罗为之,交领大袖,下长过膝。三品以上织以云纹,四品以下则用素地,并镶以蓝青色缘边,前后各缀本等补子。与此配用者有忠静冠,素带,白袜及素履,内衬玉色深衣。明汪廷讷《狮吼记·访友》:"小生扮苏子

忠静服(《明会典》插图)

瞻角巾忠靖衣上。"王世贞《觚不觚录》:"输粟富家儿,不识一丁,口尚乳臭,辄戴紫阳巾,衣忠静衣,挟行卷诗题尺牍,俱称于鳞伯玉,而究之尚未识面。"《明史·舆服志三》:"(嘉靖)七年既定燕居法服之制,阁臣张璁因言:'品官燕居之服,未有明制,诡异之徒,竞为奇服以乱典章。乞更法古玄端,别为简易之制,昭布天下,使贵贱有等。'帝因复制《忠静冠服图》颁礼部……忠静服,仿古玄端服,色用深青,以纻丝纱罗为之。三品以上云,四品以下素,缘以蓝青,前后饰本等

花样补子。深衣用玉色。"

【忠静冠】zhōngjìngguān 也作"忠靖冠""忠靖巾"。明代官吏居家闲居时戴的冠,后为士人效仿。明嘉靖七年创制,取"进思尽忠,退思补过"之意。以铁丝为帽框,外蒙乌纱,冠后竖立两翅(古称"山"),正前上方隆起,以金线压出三梁。三品以上,冠用金线缘边,四品以下,不准出金,只缘浅色丝线。《明史·舆服志二》:"今酌燕弁及忠静冠之制,复为式具图,命曰保和冠服。自郡王长子以上,其式已明。镇国将军以下至奉国中尉及长史、审理、纪善、教授、伴读,俱用忠静冠服,依其品之。仪宾及馀官不许概服。夫忠静冠服之异式,尊贤之等也。"又《舆服志三》:"按忠静冠仿古玄冠,冠匡如制,以乌纱冒之,两山俱列于后。冠顶仍方中微起,三梁各压以金线,边以金缘之。四品以下,去金,缘以浅色丝线。"明王圻《三才图会·衣服一》:"忠靖冠有梁,随品官之大小为多寡,两旁暨后以金线屈曲为文,此卿大夫之章,非士人之服也。"方以智《通雅·衣服一》:"士夫居家则制忠靖冠。"田艺蘅《留青日札》卷二二:"我朝服制……隆庆四年奏革杂流、举、监忠靖冠服。"范濂《云间据目钞》卷二:"缙绅戴忠靖巾。"《金瓶梅词话》第七十二回:"递毕酒,林氏分付王三官,请大人前边坐,宽衣服。玳安拿忠靖巾来换了。"

忠靖冠

【忠静冠服】zhōngjìngguānfú 明代官员冠服。只有皇帝赐才能服用。明嘉靖七年定制。《明会典》卷六一:"忠静冠服,嘉靖七年定。忠静冠、即古玄冠。冠匡如制。以乌纱冒之。两山俱列于后。冠顶仍方。中微起三梁、各压以金线。边以金缘之。四品以下去金。边以浅色丝线缘之。忠静服、即古玄端服。色改用深青。以纻丝纱罗为之。三品以上用云。四品以下用素。边缘以蓝青。前后饰以本等花样补子。深衣、用玉色。素带、如古大夫之带制。青表、绿缘边并里。素履、色用青、绿绦结。白袜。凡王府将军中尉、及左右长史审理正副纪善教授等官、俱以品官之制服之。仪宾不得概服。在京七品以上官、及八品以下翰林院、国子监、行人司官、在外方面官、各府堂官州县正官、儒学教官、及武官都督以上、许服。其余不许。"《明史·舆服志》:"明嘉靖七年,世宗制忠静冠服图,教谕之曰……联因酌古玄端之制,更名'忠静',庶几乎进思尽忠,退思补过焉。"

【忠义巾】zhōngyìjīn 也称"关王巾""云长巾"。明代士庶男子所戴头巾。相传为三国蜀将关云长所创,故名。明田艺蘅《留青日札》卷二二:"忠义巾,一名关王巾,汉关云长制。"《醒世姻缘传》第二十六回:"十八、九岁一个孩子,戴了一顶翠蓝绉纱嵌金线的云长巾,穿了一领鹅黄纱道袍,大红段猪嘴鞋。"

【衷里衣】zhōnglǐyī 省称"衷衣"。贴身内衣。明夏完淳《送别》诗:"佩君衷里衣,明我长相忆。"清宣鼎《夜雨秋灯录·银雁》:"其母嗔其归晚,具告所以,妪心德女,视紫布果为女之衷衣,疑有染,叱责之。"

zhu—zhuo

【珠钗】zhūchāi 一种镶嵌有珠宝的发钗。明汤显祖《紫钗记》第五十三出："为寻访多情,费尽金钱。卖到珠钗,苦恨难言。"《花月痕》第二十二回："(李夫人)一面说,一面将头上两股珠钗自行拔下,走到秋痕跟前,与他戴上。"

【珠箍】zhūgū 也称"珠子箍"。一种妇女用的头箍,一般用金属片或布条为底,其上镶缀用珍珠宝石做成。《金瓶梅词话》第六十三回："爱月儿下了轿子,穿着白云绢对衿袄儿,蓝罗裙子,头上勒着珠子箍儿"。《醒世姻缘传》第三十七回："与春莺做了一套石青绉纱衫……穿了一条珠箍。"

【珠结盖头】zhūjiégàitóu 明正德年间流行的一种用珍珠装饰的盖头。因靡费过巨,被视为不祥之兆。《明史·五行志二》："正德元年,妇女多用珠结盖头,谓之璎珞……近服妖也。"

【珠巾】zhūjīn 相传唐代贵戚所戴的一种缀有珍珠的头巾。明田艺蘅《留青日札》卷二二："珠巾,唐昭宗时,侯王将帅以珠一颗盘幞头脚,贯以银线而簪之。"

【猪嘴头巾】zhūzuǐtóujīn 明代武士所戴的一种头巾。《水浒传》第三十五回："裹一顶猪嘴头巾,脑后两个太原府金不换纽丝铜环。"又第六十二回："前头的戴顶猪嘴头巾,脑后两个金裹银环,上穿香皂罗衫。"

【猪嘴鞋】zhūzuǐxié 一种敞口之鞋。《醒世姻缘传》第二十六回："十八九岁的一个孩子……一领鹅黄纱道袍,大红段猪嘴鞋。"

【竹简巾】zhújiǎnjīn 即"竹皮冠"。《初刻拍案惊奇》卷二："头带一顶前一片后一片的竹简巾儿,旁缝一对左一块右一块的蜜腊金儿。"

【竹皮冠】zhúpíguān 竹皮所做之冠。亦用此表现贫居自适的情怀。明唐顺之《歌风台》："进钱今日几万计,坐中只带竹皮冠。"黄衷《春思和峰湖》诗:"为战酣春止酒难,云林悬愧竹皮冠。"翁翔《题清樾轩》："结得高斋赋考盘,林间新著竹皮冠。"清阎尔梅《歌风台》诗之三："驻跸不劳绵蕝礼,围镡仍著竹皮冠。"曹尔堪《别梅枸司兼寄施愚山》诗："吴苑煨炉历已残,幽人时戴竹皮冠。"

【抓角儿头巾】zhuājiǎortóujīn 也作"抓髻儿头巾"。明代武士束发髻的头巾。《水浒传》第三回："史进头戴白范阳毡大帽,上撒一撮红缨,帽儿下裹一顶混青抓角软头巾,项上明黄缕带。"又第七回："看时,只见墙缺边立着一个官人。怎生打扮?但见:头戴一顶青纱抓角儿头巾,脑后两个白玉圈连珠鬓环。"又："那一日,两个同行到阅武坊巷口,见一条大汉,头戴一顶抓角儿头巾,穿一领旧战袍。"《水浒传》第四十三回："李逵看那人时,戴一顶红绢抓髻儿头巾,穿一领粗布衲袄,手里拿着两把板斧。"

【襈衫】zhuànshān 一种前后左右均有开衩的短衫。明于慎行《榖山笔尘》卷一："按唐初,士人服衫,马周上言,请加襕绸襈襈,为士人上服。开衩者,为缺胯衫,庶人服之,想即所谓襈衫也。"

【坠子】zhuìzi 耳坠,一种饰耳的首饰。古时将妇人之耳饰称作环,未嫁之女的耳饰称作坠。一般镶嵌宝石、珠子等物,悬垂于耳环之下。名称则有青宝石坠子、金镶紫瑛坠子、金灯笼坠子、金镶假青石头坠子、宝石坠子、紫夹石坠子等。明顾起元《客座赘语》:"耳饰在妇人,大曰环,小曰耳塞,在女曰坠。"《红楼梦》第三十一回:"他在这里住着,把宝兄弟的袍子穿上,靴子也穿上,带子也系上,猛一瞧,活脱儿就像宝兄弟,就是多两个坠子。"

【缀领道袍】zhuìlǐngdàopáo 明代内廷宦官所穿的缀有护领的衬袍。白领,以浆布为之。穿在盖面和衬道袍之内,即第三层所用。明代官服承继唐宋遗制,多用圆领,为使领口减少污垢,常在衬袍上缀以护领,着时露出在外。明刘若愚《酌中志》卷一九:"近御之人所穿之衣。自外第一层谓之盖面……第二层谓之衬道袍,第三层谓之缀领道袍。其白领以浆布为之,如玉环在项,而缺其前,稍油垢即拆换之。"

【着体衣】zhuótǐyī 贴身穿的衣服。明叶盛《水东日记·霹雳》:"又云雷神极巧,如人被击,火或烧其着体衣一层无遗,其外衣仍存。"《西游记》第八十六回:"好八戒,即脱了皂锦直裰,束一束着体小衣,举钯随着行者。"

【镯头】zhuótóu 镯子。《西游记》第四十三回:"行者笑道,'我那乖乖,菩萨恐你养不大,与你戴个颈圈镯头哩。'"又第五十二回:"左胳膊上,白森森的套着那个圈子,原来像一个连珠镯头模样。"《九尾龟》:"回头再看陈文仙时,只见他杏眼朦胧,樱唇半绽,一缕漆黑的头发拖在枕边,膏沐之香中人肺腑,一只雪白的手腕搁在枕上,带着一付金镯,一付翡翠镯头,正在好睡,呼吸之间微微透出豆蔻香味,秋谷悄悄坐起,竟自不知。"

zi—zuo

【紫绶金章】zǐshòujīnzhāng 紫色印绶和金印,古丞相所用。借指贵官。明陆采《明珠记·访侠》:"正是不贪紫绶金章贵,留得苍颜白发身。"明陈汝元《金莲记·湖赏》:"紫绶金章,锢蔽了白马青莲旧路,谁悟?"

【紫阳巾】zǐyángjīn ❶由宋熹而得名的一种头巾。宋代大儒朱熹读书处,名"紫阳书室"。后人遂称读书人所戴的头巾为"紫阳巾"。明王世贞《觚不觚录》:"今贫士书生,不见录有司,输粟富家儿,不识一丁,口尚乳臭,辄戴紫阳巾,衣忠静衣。"罗伦《和缉熙同春台》诗:"芳草漫同康乐梦,野花羞傍紫阳巾。"申佳允《搏云吟》其四:"笑破莲花踏秋雨,白茅双屐紫阳巾。"❷道士平常所戴的一种头巾。清闵小艮《清规玄妙·外集》:"凡全真所戴之巾有九式……冷时用幅巾,雪夜用浩然,平常用紫阳、一字,各从其宜。"

【棕草帽】zōngcǎomào 用棕制成的一种雨帽。《明会典》卷一七九:"棕草帽一顶,八贯。"

【棕结草帽】zōngjiécǎomào 明代中军巡捕官所戴的大帽。清叶梦珠《阅世编》卷八:"其上台门下,则有中军巡捕官,冠棕结草帽如笠而高,服大红斗牛锦绣以壮观。"

【棕靫】zōngsǎ 用棕榈纤维编成的套鞋。其制较普通鞋履为大,着时和鞋套入,多于冬季踩冰雪。刘若愚《酌中志》卷一九:"棕靫:巾帽局制造。每年冬雪第一次,即送司礼监掌印、掌东厂秉笔每二双,管事牌子每一双。冰雪穿之,以便趋走,不滑跌也。"

【鬃巾】zōngjīn 用马颈上的鬃毛制成的头巾。一般多用于男子。因其透气凉爽,通常为夏季所戴。明代中晚期较为流行。明范濂《云间据目钞》卷二："鬃巾,始于丁卯以后……今又有马尾罗巾,高淳罗巾;而马尾罗者与鬃巾乱真矣……万历以来,不论贫富皆用鬃,价亦甚贱,有四五钱、七八钱者,又有朗素、密结等名。而安庆人长于修结者,纷纷投入吾松矣。"郎瑛《七修类稿》卷三三："友人孙体诗,一日戴巾来访,恐予诮之,途中预构一绝。予见而方笑,孙对曰:予亦有巾之诗,君闻之乎? 遂吟曰:'江城二月暖融融,折角纱巾透柳风。不是风流学江左,年来塞马不生鬃。'"清姚廷遴《姚氏纪事编》:"明季服色俱有等级,乡绅、举贡、秀才俱戴巾,百姓戴帽,寒天绒巾绒帽,夏天鬃巾鬃帽。"

【鬃帽】zōngmào ❶也作"骔帽"。用马颈上的长鬃毛等材料制成的凉帽。凉爽透风,多用于夏季。《古今小说·蒋兴哥重会珍珠衫》:"头上带一顶苏样的百柱鬃帽,身上穿一件鱼肚白的湖纱道袍,又恰好与蒋兴哥平昔穿着相像。"明范濂《云间据目钞》卷二:"瓦楞鬃帽,在嘉靖初年,惟生员始戴。"清艾衲居士《豆棚闲话·虎丘山贾清客联盟》:"敬山道:'我哩向来戴着鬃帽,却坐勿出。'"❷也称"蛐蛐罩儿"。戏曲盔头名称。硬质类。用黑马尾织成。帽形似锥体,上尖下圆,中间空(实际上需靠铁丝编成大体骨架,作为帽形支撑)。净行的鬃帽较

大,如《探母》之李逵,戴大鬃帽,另需于左鬓插红绒花,表示英雄美色。武丑所戴鬃帽较为窄瘦,但需外罩一个满缀白绒球的"鬃帽套",如《三盗九龙杯》之杨香武。

【鬃头箍】zōngtóugū 用鬃丝编织而成的头箍。民间以此包裹头发。通常为夏天使用,有透气作用。明范濂《云间据目钞》卷二:"包头,不问老幼皆用。万历十年内,暑天犹尚鬃头箍,今皆易纱包头,春秋用熟湖罗,初尚阔,今又渐窄。"

【足纨】zúwán 缠足妇女裹脚用的长布条。明宋濂《宋文宪全集·性好雅洁》:"然好嗅女妇足纨。足纨若行滕,缠三周而覆涌泉,善垢。"沈德符《万历野获编·妇人弓足》:"凡被选之女,一登籍入内,即解去足纨,别做宫样,盖取便御前奔趋,无颠蹶之患。"清厉荃《事物异名录·服饰》:"谢华启秀足纨,脚纱也。"

【坐马衣】zuòmǎyī 也称"坐马子"。省称"坐马"。无袖的军服;一种套在外面便于骑射的无袖长衣。明徐渭《雌木兰》第一出:"绣裲裆坐马衣,嵌珊瑚掉马鞭,这行装不是俺兵家办。"《醒世姻缘传》第五十三回:"晁思才又问晁凤借了银顶大帽子插盛,合坐马子穿上……一直去了。"清蒲松龄《聊斋俚曲集·穷汉词》:"东头邋遢虽是穷,还有一身新坐马。"

清朝时期的服饰

崇德二年，谕诸王、贝勒曰："昔金熙宗及金主亮废其祖宗时冠服，改服汉人衣冠。迨至世宗，始复旧制。我国家以骑射为业，今若轻循汉人之俗，不亲弓矢，则武备何由而习乎？射猎者，演武之法；服制者，立国之经。嗣后凡出师、田猎，许服便服，其余悉令遵照国初定制，仍服朝衣。并欲使后世子孙勿轻变弃祖制。"乾隆三十七年，三通馆进呈所纂《嘉礼考》，于辽、金、元各代冠服之制，叙载未能明晰。奉谕："辽、金、元冠服，初未尝不循其国俗，后乃改用汉、唐仪式。其因革次第，原非出于一时。即如金代朝祭之服，其先虽加文饰，未至尽弃其旧。至章宗乃概为更制。是应详考，以征蔑弃旧典之由。衣冠为一代昭度，夏收殷冔，不相沿袭。凡一朝所用，原各自有法程，所谓礼不忘其本也。自北魏始有易服之说，至辽、金、元诸君浮慕好名，一再变辄改衣冠，尽去其纯朴素风。传之未久，国势浸弱。况揆其议改者，不过云衮冕备章，文物足观耳。殊不知润色章身，即取其文，亦何必仅沿其式？如本朝所定朝祀之服，山龙藻火，粲然具列，皆义本《礼》经，而又何通天绛纱之足云耶？"盖清自崇德初元，已厘定上下冠服诸制。高宗一代，法式加详，而犹于变本忘先，谆谆训诫。亦深维乎根本至计，未可轻革旧俗。祖宗成宪具在，所宜永守勿愆也。

—— 《清史稿·舆服志二》

清代是中国服饰的一大变革期，历时数千年的宽袍大袖、拖裙盛冠被强行废止。除了女性之外，满族服饰被强行推广，在满族服饰的基础上吸纳汉族服饰特色形成了清代官服制度。

清代冠服制度严密，除了箭袖、蟒服、披肩、翎顶是王公大臣朝服所必需的之外，四级色彩质料、补子、朝珠、翎子眼数等都有严格区分。皇帝朝服及所戴的冠，分冬、夏二式。冬夏朝服区别主要在衣服的边缘，春夏用缎，秋冬用珍贵皮毛为缘饰之。朝服的颜色以黄色为主，以明黄为贵。朝服的纹样主要为龙纹及十二章纹样，龙袍的下摆，斜向排列着许多弯曲的线条，名谓水脚。水脚之上，还有许多波浪翻滚的水浪，水浪之上，又立有山石宝物，俗称"海水江涯"，它除了表示绵延不断的吉祥含义之外，还有"一统山河"和"万世升平"的寓意。皇后常服样式，与满族贵妇服饰基本相似，圆领、大襟，衣领、衣袖及衣襟边缘，都饰有宽花边。

　　清代男子服饰主要有袍服、褂、袄、衫、裤、瓜皮帽等。袍褂是最主要的礼服。其中有一种行褂，长不过腰，袖仅掩肘，短衣短袖便于骑马，所以叫"马褂"。马褂的形制有对襟、大襟和缺襟（琵琶襟）之别。对襟马褂多当礼服。大襟马褂多当作常服，一般穿袍服外面。缺襟（琵琶襟）马褂多作为行装。马褂多为短袖，袖子宽大平直。颜色除黄色外，一般多天青色或元青色作为礼服。其他深红、浅绿、酱紫、深蓝、深灰等都可作常服。瓜皮帽多为皇帝及士大夫燕居时所戴。

　　清代女性服饰融合了汉、满两族的风格，满族主要以旗装为主，包括：旗袍、大衫、大褂、宽口裤、宽褶裙、花盆鞋等。满族的旗装，外轮廓呈长方形，马鞍形领掩颊护面，衣服上下不取腰身，衫不露外，偏襟右衽以盘纽为饰，假袖二至三幅，马蹄袖盖手，镶滚工艺装饰，衣外加衣，增加坎肩或马褂，其造型完整严谨，呈封闭式盒状体。汉族妇女服饰沿袭明代的风格，以大褂和大衫为外衣，合领右衽，短袖而宽；下穿宽大的百褶裙，裙长及足，内穿宽口大裤，下穿绣花鞋。

　　清朝末年，西方思想涌入中国，对外交流日益频繁。西式的服饰被引入，最初用于军队和学校，进而影响到了整个社会，西服套装、中山装、学生装等开始在城乡流行，中国服饰开始了根本性的变革，从古典迈向了现代。

A

a—an

【阿娘袋】āniángdài 也称"卧龙袋""倭龙袋""鹅领袋""阿依袋"。本为满语"马褂"的音译。后专指窄袖对襟马褂。本是清康熙时的一种长袖、衣身又较长的长褂,保暖性好,类似马褂。大襟、小袖口,底襟有袋,可以盛物,比马褂方便,但不能在正式场合穿,多为民间年老者穿之。传说康熙时,某权臣伴驾出征,其母忧其体弱不胜风寒,特为缝制一件长身长袖的马褂。一日,应康熙急诏议事,未及更换马褂。康熙见其衣形异,问明原委,为之动容,特赐名为"阿娘袋",后成为常服,并讹传为"卧龙袋"。清史香崔《止园笔谈》:"今日常礼服之长袖马褂,既非往日制服,又非前代所有,实起于家庭骨肉之间……当时名之阿娘袋,后误为倭龙袋。今则又称为鹅领袋矣。"《儿女英雄传》第三十四回:"你进场这天,不必过于打扮的花鹁鸽儿似的,看天气就穿你那家常的两件棉夹袄儿,上头套上那件旧石青卧龙袋。"又第三十九回:"只见他光着个脑袋……穿一件旧月白短夹袄儿,敞着腰儿,套着件羽缎夹卧龙袋,从脖颈儿起一直到大襟,没一个扣着的。"徐珂《清稗类钞·服饰》:"卧龙袋,马褂之窄袖而对襟者也。其身较对襟、大襟之马褂略长,亦曰长袖马褂。河工效力之人员,常以之为正式之行装。相传时为阿娘袋,后误为卧龙袋。久之,又称为鹅翎袋矣。"

【暗纹蟒服】ànwénmǎngfú 形制如蟒服却用组绣的袍褂。清代贵族用作便服。清昭梿《啸亭续录》卷三:"国初尚沿明制,套褂有用红绿组绣者……又有暗纹蟒服,如官制蟒袍而却组绣者,余少时犹服之。"徐珂《清稗类钞·服饰三》:"又有暗纹蟒服,如宫制蟒袍而却组绣者。"

B

ba—ban

【八卦帽】bāguàmào 太平天国将领所戴礼帽。清陆筠《劫余杂录》:"以下戴八卦帽,余均首扎黄巾或红巾,皆饰金银帽花,身穿红绿绉纱褙不等。"近人徐珂《清稗类钞·服饰》:"粤寇衣饰奇诡,洪秀全及其部下之各酋,均戴八宝帽,以黄缎八片缝成,缀珠宝,侯以下戴八卦帽。"

【巴图鲁坎肩】bātúlǔkǎnjiān 也称"十三太保""一字襟马甲"。"巴图鲁"为满语,意即勇士。晚清时的一种多纽扣的背心。通常制成胸背两片,无袖,长不过腰,于前胸横开一襟,上钉纽扣七粒;左右两腋各钉纽扣三粒,合为一十三粒。最初为武将骑马时所穿。一般穿在袍褂之内,以御寒冷。因穿着便利,故在京师广为流行,男女均喜着之,且可穿在袍褂之外。后则穿在衣外,改用绸、缎、纱等料制成,四周镶滚缘饰,单、夹、棉等种类风行一时,成为清朝晚期男子穿着的一种半礼服。民国初年仍可见之。徐珂《清稗类钞·月哞饰》:"京师盛行巴图鲁坎肩儿,各部司员见堂官,往往服之;上加缨帽。南方呼为一字襟马甲。例须用皮者,衬于袍套之中。觉暖,即自探手,解上排纽扣,而令仆代解两旁纽扣,曳之而出,藉免更换之劳。后且单夹棉纱一律风行矣。"

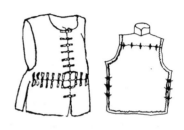

巴图鲁坎肩

【白裌蓝衫】báijiálánshān 尚未取得功名的士人服装。亦借指尚未取得功名的士人。《花月痕》第五回:"大抵青天碧海,不少蛾眉见嫉之伤;谁知白裌蓝衫,亦多鼠思难言之痛。"

【白鹿巾】báilùjīn 隐士所戴的白色鹿皮做的头巾。清吴伟业《九峰·神山》诗:"紫盖青童白鹿巾,细林山馆鹤书频。"

【白玉】báiyù 清代藏族老年妇女的额饰,以绿松石制成。徐珂《清稗类钞·服饰》:"(藏女)若老妇,无论贵贱贫富,额均戴绿松石,光辉似镜,谓之白玉。凡老妇戴白玉之日,亲友必往庆贺。其中有二故,一谓藏妇厌生育之苦,额戴白玉,必属月经已绝,可无生育之事也。一谓藏人事佛心虔,凡妇女额戴白玉,必已月经不来,人欲消灭,可虔心事佛,不至以欲念消灭佛念也。"

【百裥裙】bǎijiǎnqún ❶也称"百叠裙"。有很多褶裥的女裙。通常以数幅布帛为之,周身施裥,少则数十,多则逾百。每道折裥宽窄相等,制作时被固定于裙腰。始于六朝。隋唐时多被用于舞伎乐女。五代以后则成为普通妇女的燕居之服。至宋大兴,贵贱均可着之。俗称"百叠裙"。明清时期裙式虽多,然此制未废,流传至今。《训俗条约》卷一五:"至于妇女衣裙,则有琵琶、对襟、大襟、百裥……等式样。"李渔《闲情偶寄》卷三:"近日吴门所尚'百裥裙',可谓尽美。"《二十年目睹之怪现状》第三十三回:"大约这个人的年纪,总在二十以外了……穿一件广东白香云纱衫子,束一条黑纱百裥裙,里面衬的是白官纱裤子。"❷戏曲服装专用名称。源于清末(咸丰、同治年间)的"鱼鳞百裥裙"。款式为:前后两块裙片,统一缀于裙腰上,合为一体,前后各有一块平整面料,称"裙门"(戏曲术语称之谓"马面"),便于绣花,其余部分一律竖向打裥,极为细密均匀,且每隔3厘米略做缝缀,稍加固定,遂形成美观的"鱼鳞"状。裙裥能张展紧缩,又不会凌

百裥裙(双楹冢出土壁画)

乱散开。百裥裙纹饰主要施之于"马面",绒绣凤采牡丹或枝子花(用于有身份地位的后妃、中青年贵妇、大家闺秀),另于下摆处有缘饰。另有一种较素

洁的纹饰,仅于"马面"和下摆做缘饰或异色镶缘(多用于门第贫寒的中青年妇女)。百裥裙为白色绸料制成。凡以青衣应工的角色,普遍用之。

【百褶裙】bǎizhěqún 一种周身褶裥密集的裙子。清汤春生《夏闺晚景琐说》:"次解淡墨百褶裙,下曳皂色纨裤。"

百褶裙

【扳指】bānzhǐ 也作"搬指"。清代男子手饰。原本是用象牙、兽骨或玉石、翡翠、玛瑙等制成的圆环,套在右拇指上以利射箭时勾弦。后用为日常装饰,亦有双手都用者。《说文解字·韦部》"韘,射决也,所以拘弦"清段玉裁注:"按,即今人之扳指也。"清谢堃《金玉琐碎》:"扳指,即《诗》所云'童子佩韘'之韘也。"注:"韘,决也,以象骨为之,著右手大指,所以钩弦也。好事者琢玉为之,美其饰也。或曰,所制非古,盖未审韘之义,且见近所制甚多故耳。"徐珂《清稗类钞·服饰》:"扳指:一作搬指;又作搠指;又作班指。以象牙晶玉为之,著于右手之大指。实即古所谓韘。韘,决也。所以钩弦也。"

【班指】bānzhǐ 即"扳指"。清曾国藩《江忠烈公神道碑铭》:"上嘉公功,赏二品顶带,赐翎管班指诸物。"《二十年目睹之怪

现状》第五回："还有一对白玉花瓶；一枝玉镶翡翠如意；一个班指。"又第七十一回："（焦侍郎)把那好的整的花椒，拣出来，用一根线一颗一颗的穿起来，盘成了一个班指。被字号里的伙计看见了，欢喜他精致，和他要了。于是这个要穿一个，那个要穿一个，弄得天天很忙。"《清代北京竹枝词·草珠一串》："班指要人知翡翠，轻寒犹把扇频摇。"

【搬指】bānzhǐ 即"扳指"。清富察敦崇《燕京岁时记·厂甸儿》："红货在火神庙，珠宝晶莹……而红货之内以翡翠石为最尊，一搬指翎管，有价至万金者。"清李宝嘉《官场现形记》第四十五回："再看手里的潮州扇子，指头上搬指，腰里的表帕、荷包，没有一件不是堂翁的。"张慎仪《方言别录》卷下之一引王夫之《诗经稗疏》："今初学射者施方寸熟皮于指；玦，俗读为挤甲，北人谓之搬指。"

【板尖鞋】bǎnjiānxié 一种昂角的木板拖鞋。清费滋衡《妇人鞋履考·跋》："史游《急就篇》'靸鞮卬角'下注云：'靸谓韦履，头深而兑，底平者也。'按此即张衡《同声歌》'靸芬以狄香'者也。卬角，当卬其角，举足乃行，疑即今之板尖鞋。"

【半截靴】bànjiéxuē 一种便于穿、脱的双层短筒防寒皮靴。靴面制为两块，前面盖及足面，以纽扣绾结，或以带系缚，后面达靴踝以上，防寒保暖。清曹庭栋《养生随笔》卷三："冬月足冷……绵鞋亦当办，其式鞋口上添两耳，可盖足面，又式如半截靴，皮为里，愈宽大愈暖，鞋面以上不缝，联小钮作扣，则脱着便。"桂馥《札朴·蛮靴》："今云南人以麂皮作半截靴，开其前面，既着而后结之，即蛮靴遗制。"

bang—bu

【绑腿带】bǎngtuǐdài 缠裹于小腿的狭条布带，方便行走和跳跃。起源很早，但名称不定，商周称邪幅，汉称行縢，元代以后亦称腿绷或脚带。徐珂《清稗类钞·服饰》："绑腿带为棉织物，紧束于胫，以助行路之便捷也。兵士及力作人恒用之。"

裹绑腿带的男子
（清吴友如《海上百艳图》)

【薄底】báodǐ 单薄的鞋底。常用于便鞋。《儒林外史》第四十六回："只见一人，方巾，蓝布直裰，薄底布鞋。"《九尾龟》："迎面钉着一颗珍珠，光辉夺目；脚上薄底缎靴。"清夏仁虎《旧京琐记》卷一："篆底，后乃改为薄底。"

【薄底快靴】báodǐkuàixuē ❶省称"快靴""薄底靴"。也称"爬山虎"。清代的穿一种轻便靴。用皮或布帛制成，薄底短靿，便于趋走。武弁、侍从等常用，官吏出行也常用。《二十年目睹之怪现状》第四回："里面走出一个客来，生得粗眉大目……脚上蹬着一双黑布面的双梁快靴。"又第六十一回："只见一个人，却将袍脚撩起,掖在腰带上面,外面罩一件马褂,脚上穿了薄底快靴。"《孽海花》第四回:"仔细一认,看他头上梳着淌三股乌油滴水的大松辫,身穿藕粉色香云纱大衫,外罩着宝蓝韦陀银一线滚的马甲,脚蹬着一双回文嵌花绿皮薄底靴。"《官场现形记》第十八回:"几个管家,头戴白顶水晶顶,后拖貂鼠,脚踏快靴。"徐珂《清稗类钞·服饰》:"爬山虎,靴名,亦曰快靴。底薄箭短,轻趫利步。武弁之戈什哈、差官者著之。"❷戏曲服饰。半高腰,仅高出踝骨 7—10 厘米。靴底仅一层皮革或轮胎底,因底薄而得名。多为缎料制成。特点为轻便,适应于武打动作。薄底靴分"青缎薄底""青绒薄底""花薄底""猴薄底""彩薄底"等五种。"青缎薄底"用于"龙套"者居多,如小太监、大铠、青袍等。"青绒薄底"用于短打武生,如《夜奔》之林冲。"猴薄底"为黄缎料制,墨绣"猴毛""猴旋",专用于孙悟空及猴兵。"花薄底"彩绣花卉,用于短打武生,花色与服装一致。"彩薄底"近似"花薄底",惟在鞋面上缀有鞋穗(女性符号),专用于武旦、刀马旦所饰之女英雄以及女兵。

戏曲薄底快靴

【宝石顶】bǎoshídǐng 清代赏赐功臣的帽珠,用宝石制成。清昭梿《啸亭杂录·用傅文忠》:"故特命晚间独对,复赏给黄带、四团龙补服、宝石顶、双眼花翎以示

尊宠。"《清史稿·傅恒传》:"又以孝圣宪皇后谕封一等忠勇公,赐宝石顶、四团龙补服。"又《和珅传》:"诏宣布和珅罪状……宝石顶非所应用,乃有数十。"又《明瑞传》:"捷闻,上大悦,封一等诚嘉毅勇公,赐黄带、宝石顶、四团龙补服,原袭承恩公界其弟奎林。"

【缏裙】bǎoqún 裹覆婴儿的被服。清翟灏《通俗编·服饰》:"《依雅》:小儿被为裸,如俗呼缏裙、缏被是也。今则转呼为抱矣,误。"

【背云】bèiyún 也称"背坠"。清代官员朝珠上穿缀的椭圆形宝石、翡翠饰片,上联于佛头塔,使用时垂于后背。清周寿昌《思益堂日札》卷四:"珊瑚朝珠一盘。青金石佛头、松石记念、碧霞玐背云、大小坠角。"《清史稿·舆服志二》:"朝珠,用东珠一百有八,佛头、记念、背云、大小坠杂饰,各惟其宜,大典礼御之。"

【鼻环】bíhuán 一种穿戴于鼻子上的圆环装饰。清代江淮间汉族男女亦效仿之,认为孩童模仿牛而穿鼻,易于养育。徐珂《清稗类钞·服饰》:"鼻环,鼻之有环,自蛮族外,不常见。有之为江淮间之男女,盖例以牛之穿鼻而易育也。大率以银为之。"

【比肩褂】bǐjiānguà 即坎肩。《红楼梦》第八回:"玫瑰紫二色金银鼠比肩褂……半新不旧,看不自觉奢华。"

【敝苴】bìjū 破旧的鞋垫。苴,鞋中草垫。《说文》:"苴,履中草。"清方文《久不得子留消息》诗:"千秋万岁名,弃之如敝苴。"

【扁巾】biǎnjīn ❶明清时普通人所戴的头巾。中国近代史资料丛刊《太平天国·钦定士阶条例》:"秀士帽则用扁巾,或缎或绉。"❷传统戏曲中花脸的头巾样式。清孔尚任《桃花扇·传歌》:"净扁巾、褶子,扮苏昆生上。"

【弁组】biànzǔ 冠冕和所佩玉、印的绶带。多用于官服,因以指仕宦。清王夫之《家世节录》:"家世弁组,颇务豪盛。"

【便帽】biànmào 也称"小帽""秋帽",俗称"西瓜皮帽"。清代男子日常戴的一种帽子,上至皇族下至百姓都可戴用。其形制,是以六瓣缝合而成,多为黑色,冬春时以黑素缎为面,夏秋时以黑纱为面,里为红色。帽底边镶以一寸多宽的檐,或用片金(织金缎)包个窄边。帽顶缀一个用绒结成的疙瘩结子,俗称"算盘结"。有丧则以黑色或白色为之。为追求美观新奇,一些八旗的纨绔子弟,还常在帽疙瘩上挂一缕一尺多长用红丝绳做成的穗子,称为"红缨"。便帽有平顶、尖顶等形式,平顶的便帽,一般为硬胎,里边衬有棉花,多为官人、富者戴用。尖顶常为软胎,不戴时,可随时折叠起来,装入衣袋之中,多为平民百姓戴用。为区别帽子的前后,在帽檐的正中,还缀一个明显的标志,叫作"帽正"。"帽正"也是区别戴帽人贫、富的重要标志。王公贵族一般用珍珠、美玉、翡翠、玛瑙、珊瑚等名贵的宝石做帽正,以张明身份、炫耀富贵。如皇帝所戴便帽的帽正就以一颗硕大的东珠为之。平民百姓一般则用玻璃料器、烧蓝、银片等做帽正。便帽"创于明太祖,以取六合一统之志。国朝因之,虽无明文规定,亦不之禁,旗人且皆戴之"。清入关后,受到了汉族文化的影响,对六瓣便帽,因取其天地四方"六合统一"的兴盛之意,加之清朝推行的发辫,戴此便帽也很方便,故因袭下来,老少皆喜戴用。清昭梿《啸亭续录·帽头

毡帽》:"余少时,见士大夫燕居皆冠便帽,其制如暖帽而窄其檐,其上用红片锦或石青色,缘以卧云如葵花式,顶用红绒结顶,后垂红缨尺余,无老少贵贱皆冠之。"《儿女英雄传》第十四回:"我们就便衣便帽,乔装而往,我自有道理。"

【表帕】biǎopà 清代男子盛放怀表之类的一种腰佩。《官场现形记》第四十五回:"再看手里的潮州扇子,指头上搬指,腰里的表帕、荷包,没有一件不是堂翁的。"又第三十六回:"师四老爷下得车来……四面挂着粘片搭连袋、眼镜套、扇套、表帕、槟榔荷包。"

【冰鞋】bīngxié 滑冰时穿的鞋子,鞋底装有冰刀。清富察敦崇《燕京岁时记·溜冰鞋》:"冰鞋以铁为之,中有单条缚于鞋上,身起则行,不能暂止。技之巧者,如蜻蜓点水,紫燕穿波,殊可观也。"徐珂《清稗类钞·服饰》:"冰鞋,著以作冰上之游戏者。北方有之。"

【钹帽】bómào 清代官帽的一种,形似乐器钹。专用为夏日礼帽,上缀红缨,有职者中安座,戴顶。清叶绍袁《启祯记闻录》卷六:"十二月奉新旨,官民俱衣满洲服饰,不许用汉制衣服冠巾,由是抚按镇道,即换钹帽箭衣。"

【补褂】bǔguà 即补服。清代官服外褂缀有表示职官差别的补子,故名。满汉官员皆有。官服外褂为圆领、对襟、平袖、过膝、四面开裾。前后一般各缀一块方补子,文官上绣鸟,武官上绣兽。清代皇子、亲王、郡王、贝勒、贝子、镇国公和硕额驸,以及文武官员等的纹饰各有定制,以示等级差别,不能逾制。有清一代除顺治初略与后来不同外,变动不大。清代有出售补子的店铺,各级官员按章

补褂(清吴友如《满清将臣图》)

自备。清沈初《西清笔记·纪典故》卷一：

"内廷臣工于冬至前始常服貂褂，惟元旦则易补褂。"《糊涂世界》卷二："伍琼芳是蓝顶子、大花翎、朝珠、补褂、蟒袍、粉底皂靴，先站在上首，早有喜娘把新人扶到下首来。"《官场现形记》第四十三回："你把补褂脱去，也到这炕上来睡一回儿。"

C

cai—chang

【彩结】cǎijié 通常和玉佩组成串饰。造型有多种,如方胜、连环、盘长、象眼块、朝天凳等。可佩于衣服上,亦可用作头饰。徐珂《清稗类钞·服饰》:"以两斜方形互相联合,谓之方胜。胜本首饰。即今俗所谓彩结。"应钟《甬言稽诂·释衣》:"今妇女发上系绸作结为饰,谓之彩结。"

【彩鞋】cǎixié 彩色绣鞋。传统戏曲旦角演员所穿。尖口。缎料面。以"拉花"方式绣花卉纹样,前端缀彩色丝穗,是旦行之正旦、闺门旦、花旦所饰女性角色普遍使用的戏鞋。青缎彩鞋绣白或灰色花纹,用于寡居或戴孝妇女,与所穿之青褶子取得一致。如《宇宙锋》之赵艳客、《铡美案》之秦香莲。红缎彩鞋既可用于与吉服(红帔)相配,又用于与凶服(女罪衣裤)相配。其余粉、湖、皎月等各色彩鞋,基本上也要求与角色的服色相谐调统一。清李斗《扬州画舫录》卷五:"靴箱则裤袜、妆缎棉袜、白绫袜、皂缎靴、战靴、老爷靴、男大红鞋、杂色彩鞋、满帮花鞋、跶场鞋、僧鞋。"

彩鞋

【叉裤】chǎkù 也称"裤叉""裤岔"。短裤。亦指只有两条裤腿没裤裆的套裤。《晚清宫廷生活见闻》辑清李光《清季的太监》:"(太监)服装有靴、袍、帽、小褂、大褂、衬衫、马褂、坎肩、叉裤、凉带、腿带等。"

【钗帼】chāiguó 发钗和巾帼,皆为女性服饰,故可代指妇女。清王继香《〈小螺庵病榻忆语〉书后二》:"若乃纂组绮缟之工,风云月露之作,诣绝钗帼,誉腾闺闱。"

【钗梁凤】chāiliángfèng 女性的发钗,一端作凤形。清郑燮《种菜歌》诗:"玉纤牵断井边绳,茅棚压匾钗梁凤。"谭献《菩萨蛮》词:"象床触响钗梁凤。娇莺唤断春闺梦。"

【钗鸾】chāiluán 首端有鸾状饰物的钗。清黄遵宪《都踊歌》诗:"贻我钗鸾兮馈我翠螺,荷荷!"钱仲联笺注:"苏鹗《杜阳杂编》:'唐同昌公主有九鸾钗。'李商隐诗:'鸾钗映月寒铮铮。'"

【长背心】chángbèixīn 清代青年妇女罩衣外的一种背心样的便服。圆领无袖,大襟,下长至膝。《红楼梦》第一〇九回:"只见妙玉头带妙常冠,身上穿一件月白素绸袄儿,外罩一件水田青缎镶边长背心,拴着秋香色的丝绦。"

【长褂】chángguà 清代职官命妇的礼服,穿时罩在礼服之外,用于礼见朝会。区别于马褂,长褂一般下长过膝,料有纱缎、皮有十几种,以裘皮为主,其中紫貂最为名贵,仅用于四品以上。《黑龙江外记》卷六:"协领等三品官服长褂,佐领以下在印房者偶服之,余皆马褂。宗室恒(秀)为将军帖写中能事者,赐服长褂,一时荣之。"赵振纪《中国衣冠中之满服成分》:"满制,褂有两种:一长褂,清制服用之,汉人燕服不用也;一马褂,清代制服、常服并用之,至今犹然。"

【长命锁】chángmìngsuǒ 小儿所挂的颈锁,婴儿初生即佩戴于颈项,锁上常錾以"吉祥""长命"等字样,用以辟灾祛邪、祈求吉祥长命。《红楼梦》第八回:"(宝玉)项上挂着长命锁、寄名符。"

【常服褂】chángfúguà 清代皇帝、宗亲及百官日常燕居时所穿的一种褂子。皇帝常服褂,色用石青,圆领,对襟,袖端方平,不缀补子,下摆左右各开一衩,衩高及膝。花纹随所用。百官常服褂为对襟、无领、平袖过肘,袖端不作马蹄形,衣长过膝,不缀补子。《清史稿·舆服志二》:"(皇帝)常服褂,色用石青,花文随所御,裾左右开。"

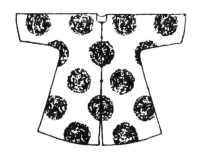

清代皇帝常服褂(《大清会典图》)

【常服袍】chángfúpáo 省称"常袍"。清代皇帝、宗室燕居,百官日常处理政务时所穿的一种长袍。圆领大襟,右衽,马蹄袖,袖长掩手,袍色与花纹随所用,不缀补子。皇帝宗室用四开衩(左右前后各一),余者两开衩。棉夹纱裘视季节而定。《清朝通志》卷五八:"皇帝常服袍,色及花文随所御,裾左右开,棉、袷、纱、裘惟其时。清福格《听雨丛谈》卷一:"满汉士庶常袍,皆前后两开楔,便于乘骑也。"

chao—cui

【朝褂】cháoguà 清代皇太后下至七品命妇专用礼服。罩在朝袍之外,为石青色对襟外褂,无袖,圆领,衣长过膝,领后垂绦并缀珠宝,以垂绦颜色及褂身所饰纹样辨等级。皇太后、皇后朝褂有三式,以绣纹为别:一式绣文前后立龙各二,下通襞积,四层相间,上为正龙各四,下为万福万寿。领后垂明黄绦,珠宝饰按所需而用;二式前后绣正龙各一,腰帷行龙四,中有襞积,下幅行龙八(余同一式);三式前后绣立龙各二,中无襞积,下幅八宝平水(余同一、二式)。民公夫人朝褂,前绣行蟒二,领后垂石青绦(余同皇后制)。其下侯、伯夫人至七品命妇制同。《清朝通志》卷五九:"皇太后、皇后朝褂(皇贵妃、皇太子妃同),色用石青,缎、纱、单、袷惟其时;片金缘,领后垂明黄绦,其饰珠惟宜。绣文或前后立龙各二,下通襞积,四层相间,上为正龙各四,下为福寿文;或前后正龙各一,要(腰)惟行龙四,中有襞积,下幅行龙八;或前后立龙各二,中无襞积,下幅八宝平水。"《大清会典》卷四九:"朝褂,色用石青,片金缘。固伦公主、和硕公主、亲王福晋、郡王福晋、郡主、县主,绣文前行龙四,后行龙三,领后垂金黄绦,杂饰惟宜。贝勒夫人、贝子夫人、镇国公夫人、辅国公夫人、郡君、县君、乡君绣四爪蟒,领后垂石青绦。民公夫人以下至七品命妇……前绣行蟒二,后行蟒一。领后垂石青绦。"

皇后朝褂(《大清会典》)

【朝袍】cháopáo 清代皇后、妃嫔及命妇所穿的朝衣,举行重大庆典时,外罩朝褂穿着。具体形制略有差异,服时各按等级。通常分为冬、夏二式。皇后朝袍为明黄色大襟袍,披肩领,熨褶素接袖(满语称"赫特赫"),袖端作马蹄式。分冬、夏两种。冬朝袍共三式。式一,明黄缎为质,披领及袖俱石青片金加貂缘,肩周围袭朝褂处另起一缘,亦加貂饰。衣身之前后绣金龙九条,间以五色云纹,中无襞积(打裥),下幅绣八宝平水图案,披领绣行龙二,袖端绣正龙各一,袖相接处绣行龙二,领后垂明黄绦,其饰珠宝惟宜。式二,片金加海龙皮缘,胸、背部各绣正龙一条,两肩部绣行龙各一,腰帷行龙四,中有襞积,下幅行龙八条,余制如式一。式三,片金加海龙皮缘,裾后开,余制如式一。夏朝袍凡两式,皆明黄缎、纱为质,单、夹适时更易,余制分别与冬朝袍二、三式同。嫔妃朝袍与皇后相类,唯颜色有所分别:妃用金黄,嫔用香色。命妇为蓝或石青色大襟长袍,披肩领,熨褶

素接袖,袖端作马蹄式,领后垂石青色绦,上缀坠角。一至三品命妇之服分冬、夏两式,四至七品命妇之服仅一式,冬夏服用。一至三品命妇冬朝袍披领及袖俱石青片金加海龙缘,胸背部彩绣正蟒纹各一条,两肩绣行蟒纹各一条,襟绣行蟒纹四条,披领绣行蟒纹二条,袖端绣正蟒纹各一条,袖相接处绣行蟒纹各二条,裾后开。夏朝袍片金缘,余制如冬朝袍。四至七品命妇朝袍,披领及袖俱石青片金缘,胸背部彩绣行蟒纹各二条。《清史稿·舆服志二》:"(皇后)朝袍之制三;皆明黄色:一,披领及袖皆石青,片金缘,冬加貂缘,肩上下袭朝褂处亦加缘。绣文金龙九。间以五色云。中有襞积。下幅八宝平水。披领行龙二,袖端正龙各一,袖相接处行龙各二。一,披领及袖皆石青,夏用片金缘,冬用片云加海龙缘,肩上下袭朝褂处亦加缘。绣文前后正龙各一,两肩行龙各一,腰帷行龙四。中有襞积。下幅行龙八。一,领袖片金加海龙缘,夏片金缘。中无襞积。裾后开。余俱如貂缘朝袍之制。领后垂明黄绦,饰珠宝惟宜。"

皇后冬朝袍(《大清会典》)

【朝裙】cháoqún 清代皇后(包括太后)及皇族女子,内外命妇的一种礼服。用

于朝贺、祭祀，穿于外褂之内，开衩袍之外。其制有冬、夏之别：冬季所用者以缎为之，缘以兽皮；夏季或以缎制，或以纱制，缘以织锦。制作时分上下两截。皇太后、皇后穿的冬季朝裙用片金加海龙缘，上用红织金寿字缎，下用石青行龙状缎，全是正幅，有褶裥；夏朝裙质为缎、纱、片金缘，其余装饰与冬朝裙同。一品至三品命妇及民公夫人，冬朝裙片金加海龙缘，上用红缎，下用石青行蟒状缎，全是正幅，有褶裥；夏朝裙与皇太后、皇后同。《大清会典》卷四四："皇后冬朝裙，片金加海龙缘，上用红织金寿字缎，下石青行龙妆缎，皆正幅，有襞积。皇贵妃、贵妃、妃、嫔皆同。皇后夏朝裙，片金缘，缎、纱惟时。余如冬朝裙。"又卷五〇："朝裙，公主福晋，下至辅国公夫人、乡君，冬片金加海龙缘，上用红缎，下石青行龙妆缎；夏片金缘，缎、纱惟时，皆正幅，有襞积。民公夫人至三品命妇、奉国将军淑人，冬夏朝裙，下皆用行蟒。奉恩将军恭人，四品命妇至七品命妇，朝裙，皆片金缘，上用绿缎，下石青行蟒妆缎，冬夏用之。"徐珂《清稗类钞·服饰》："朝裙，礼服也。著于外褂之内，开衩袍之外。朝贺祭祀用之。"

冬朝裙（清代刻本《大清会典图》）

夏朝裙（清代刻本《大清会典图》）

【朝珠】cháozhū 也称"数珠""素珠"。清代朝服上佩戴的珠串。状如念珠，计一百零八颗。珠用东珠（珍珠）、珊瑚、翡翠、琥珀、蜜蜡等制作，以明黄、金黄及石青色等诸色绦为饰，由项上垂挂于胸前。每隔二十七颗圆珠间一颗不同质料的大珠，共四颗，俗谓"佛头"，亦称"分珠"，传说为象征四季；另在两边附小珠三串，每串十粒；一边两串，一边一串，使用时男女有别：男用者两串在左，女用者两串在右。名谓"纪念"。在顶端的佛头下连缀一个塔型饰物，名"佛头塔"；下垂一椭圆形玉片，悬挂时，玉片则处于人体后背，名谓"背云"。按清朝制度规定：皇帝以下至文职五品、武职四品，包括京堂、翰詹、科道、侍卫、礼部、国子监、太常寺、光禄寺、鸿胪寺等官员以及皇太后、皇后、内外命妇等凡穿朝、吉服祭祀朝会，都必须将此悬挂在项间。男子通用一串，女子穿朝服时则用三串。朝珠除皇帝恩赏外，需自己购买，京城中有买卖朝珠之店铺。根据官品大小和地位高低，用珠和绦色都有区别。其中东珠和明黄色绦只有皇帝、皇后和皇太后才能使用。徐珂《清稗类钞·服饰》："五品以上文官，皆得挂朝珠，珠以珊瑚、金珀、蜜蜡、象牙、奇楠香等物为之，其数一百有八粒，悬于胸前，有小者三串，两串则男左女右，一串则女左男右。又有后引，垂于背。本即念珠。满洲重佛教，以此为饰，故又曰数珠。"

朝珠

清朝时期的服饰

909

【潮屐】cháojī 清代潮州一带所出产的拖鞋。以枹木或皮革为之。清李调元《南越笔记》卷六:"枹木附水松根而生,香而柔韧,可作履,曰'枹香履'。潮人刻之为屣,轻薄而软,是曰'潮履'。"屈大均《广东新语》卷一六:"散屐以潮州所制拖皮为雅,或以枹木为之。"

【砗磲顶】chēqúdǐng 也称"砗磲顶子"。清代文武六品官吏冠帽上的顶饰,以砗磲制成。《大清会典·冠服》:"文武六品官,蓝翎侍卫上衔砗磲。"清吴振棫《养吉斋丛录》卷二二:"凉帽、暖帽皆照朝冠、顶用……六品官用砗磲或白色涅玻璃。"

【陈姥姥】chénlǎolao 省称"陈姥"。明清女人用于拭秽物用绢子、巾帕。清厉荃《事物异名录·陈姥姥》卷一六:"《读古存说》《诗》:'无感我帨兮',《内则》注:'妇人拭物之巾,尝以自洁;用也。'古者女子嫁则母帨而戒之,盖以用于秽亵处而呼其名曰陈姥姥,即严世蕃家所用淫筹也。'"清沈自南《艺林汇考·服饰篇七》:"《桐薪》:'今俗妇人亵服中,有巾饰之类,用于秽媟而呼其名曰陈姥者,虽委巷之误,非无所自也。按隋义宁中有御卫将军陈棱,讨杜伏威,伏威帅众拒之,棱闭壁不战,伏威送以妇人之服,谓之陈姥。至今犹沿其意矣。'"吕种玉《言鲭》:"今妇人亵服中有巾帨之类,用于秽处,而呼其名曰陈姥姥。"

【漦水兜】chíshuǐdōu 小儿涎衣。清郝懿行《证俗文》卷二:"次衣,今俗谓之围嘴,亦曰漦水兜。其状如绣领,裁帛六七片合缝,施于颈上,其端缀纽,小儿流次,转湿移干。"

【赤金冠子】chìjīnguānzi 妇女的一种冠饰。用金片、金丝制成。《儒林外史》第

五回:"两个舅奶奶在房里,乘着人乱……连赵氏方才戴的赤金冠子滚在地下,也拾起来藏在怀里。"又第二十六回:"箱子里的衣服盛的满满的,手也插不进去;金手镯有两三副,赤金冠子两顶,真珠、宝石不计其数。"

【冲和巾】chōnghéjīn 老年道士所戴之巾帽,状如屋顶。传说为庄子所创。清闵小艮《清规玄妙·外集》:"凡全真所戴之巾有九式……老者戴冲和。"

【冲虚巾】chōngxūjīn 受过天仙戒的道士所戴的一种巾帽。清闵小艮《清规玄妙·外集》:"上等有道之士,曾受初真戒者,方可戴纶巾、偃月冠……天仙戒者,冲虚巾、五岳冠。"

【绸纽扣】chóuniǔkòu 以绸布条编制而成的纽扣。清秦炳如《上海县竹枝词》:"紧身窄袖半洋装,非勇非兵躯干强。马夹密门绸纽扣,成群结队荡街坊。"自注:"按近年无赖之徒无有不穿紧身窄袖之衣,披密门绸纽扣之马夹者。"

【出风】chūfēng 也作"出锋"。裘皮服装之袖口、衣裾等处,以名贵皮毛为缘饰,露出本色毛少许,名曰"出风"。这种装饰性的毛边称为"风毛"。狐皮衣多以天马毛(沙狐腹皮之白色细毛)为缘饰;深灰鼠、灰鼠、珍珠毛外衣,则用本毛外露。有些服装不用皮毛,但为了显示富贵阔绰,特在衣服的边缘缀一条珍贵的皮毛镶边,亦称"出风"。多用于冬季。《清代北京竹枝词·都门杂咏》:"珍珠袍套属官曹,开褉衣裳势最豪。商贾近来新学得,石青马褂出风毛。"自注:"时尚珍珠毛出风。"《孽海花》第二十五回:"忽听里面一片声的嚷着大帅出来了,就见珏斋头戴珊瑚顶的貂皮帽,身穿曲襟蓝

绸獭袖青狐皮箭衣,罩上天青绸天马出风马褂,腰垂两条白缎忠孝带,仰着头,缓步出来。"《二十年目睹之怪现状》第四十八回:"明天已是冬至,所来的局,全都穿着细狐、洋灰鼠之类,那面子更是五光十色……只有那沈月卿只穿了一件玄色绉纱皮袄,没有出锋,看不出什么统子。"

【鹑褐】chúnhè 褴褛的短衣。比喻穷困的处境。清李渔《慎鸾交·送远》:"不到中年觅小星,岂是夫纲正,况又在琴瑟方调,鸾凤初乘,鹑褐才离,龙榜新登。"

【毳冠】cuìguān 乱毛皮帽子。毳是乱毛,故以毳为名。清感惺《断头台·伏刑》:"天门回首君恩在,说甚前仇,说甚前仇,毡服毳冠拜冕旒。"

【翠臂】cuìbì 也称"翠腕"。男子腕饰。清顾张思《土风录》卷五:"女子所带曰手镯……男子所带则曰翠臂。考《元氏掖庭记》:'元静懿皇后旦日入献翠腕阑。'注:'手镯类。'翠臂,殆即翠腕之义。"

【翠钏】cuìchuàn 翠绿色的玉镯。清龚自珍《瑶台第一层》词:"今生已矣;玉钗鬖卸,翠钏肌凉。"

【翠翎】cuìlíng 清代用孔雀羽毛做的官帽上的花翎。清龚自珍《赠太子太师兵部尚书两广总督卢公神道碑铭》:"起家文辞,观政于曹,翠翎英英。"

D

da—dian

【搭面】dāmiàn 女子出嫁时蒙头遮面的盖头,通常用绸缎制作,上绣花。《聊斋志异·莲香》:"莲香扶新妇入青庐,搭面既揭,欢若生平。"

【搭钮】dāniǔ 缝缀在衣领、衣襟等处的子母扣。犹今揿钮。清顾张思《土风录》卷三:"钮子为钮扣……《正字通》:'凡物钩固者皆曰钮。'如今搭钮之类。"

【大褂】dàguà 即外褂。清恽敬《大云山房杂记》卷一:"《明史·舆服志》:'从幸服罩甲。'其制即今大褂减袖,短齐即马褂也。"《官场现形记》第十八回:"快去把我新做的那件实地纱大褂拿来给过大人穿。"

【大红顶子】dàhóngdǐngzi 也称"红宝石顶"。清代亲王以下,文武二品(一说为三品)以上官吏冠帽上的顶饰。朝冠用红宝石;吉服冠用红珊瑚,珊瑚又有花、素之别,一品以上用素珊瑚,以下用镂花珊瑚,统称"红顶子"。后因借用为高官的象征。《大清会典·冠服》:"文武一品官、镇国将军、郡主额驸、子,饰东珠一,皆上饰红宝石……文武二品官、辅国将军、县主额驸、男,顶上衔镂花珊瑚。"《儿女英雄传》第二十八回:"老贤侄,你将来作了大官,南征北剿,给万岁爷家出点子力,戴个红顶子……"

【大襟马褂】dàjīnmǎguà 清代男女所穿的一种短衣。圆领、右衽、平袖口,袖长及手,衣长及腰,两侧开衩。领、袖、襟、裾镶不同于衣身颜色的缘边,多用作便服。有别于常用的对襟马褂。徐珂《清稗类钞·服饰》:"大襟马褂,马褂之非对襟而右衽者,便服也。两袖亦平,惟襟在右。俗以右手为大手,因名右襟曰大襟。其四周有以异色为缘者。"

【大帽子】dàmàozi 清代礼帽的俗称。其制有两式:一为冬天所戴,谓"暖帽";一为夏天所戴,谓"凉帽"。亦喻指地位高的人、大人物。《二十年目睹之怪现状》第十五回:"他用大帽子压下来,只得捐点。"《孽海花》第二十一回:"那库缺有多大好处,值得那些大帽子起哄? 正是不解。"徐珂《清稗类钞·服饰》:"俗概称礼帽曰大帽子,盖以别于燕居之西瓜皮帽之称为小帽也。"

【带扣】dàikòu 也称"扣带"。腰带端首用于系结的卡扣。主要由环孔和舌针两部分组成,可以由不同材料制成,贵重的通常以金、玉、宝石等材料制成,以铜、铁制成者较多。外形有圆形、椭圆形、方形、长方形以及各种不规则造型,表面雕凿或模压各式图纹。带扣实物出现比较早,古时多称"镱"等,后来称为"带扣"。缀有带扣的腰带。清王先谦《东华续录·嘉庆十八年》:"赏给二等男爵……镶宝石带扣一副。"《官场现形记》第三十六回:"师四老爷下得车来,身上穿了一件米色的亮纱开气袍,竹青衬衫;头上围帽;脚下千层板的靴子;腰里羊脂玉螭虎龙的扣带。"

【带膆貂褂】dàisùdiāoguà 大褂的一种,清代大臣最尊贵的礼服,非皇帝特赐不得穿着。其胸、肩等部用含有白毛的貂之膆皮制成。清夏仁虎《旧京琐记》卷五:"外褂之制,五品以上始得用貂及猞猁狲,自后唯貂有制,猞猁狲则听人用之……又有带膆貂褂者,以赏亲贵,每褂之貂膆凡七十二,甚可罕贵。"徐珂《清稗类钞·服饰》:"带膆貂褂,胸及两肩,均有白色毛,即貂之膆皮也。咸同间,得蒙恩赐者仅二人:一徐相国郙,南斋供奉,上解以赐之,酬其笔墨之劳也;一李文忠公鸿章,则以穆宗题主,文忠裹提于侧,故叨异数。至光绪朝,则孝钦后常以之赏赐臣下矣。"

【带头】dàitóu 腰带的带扣。徐珂《清稗类钞·狱讼》:"镶珠带头,是穆腾额给的,蓝宝石带头,系富纲给的。"

【单裙】dānqún 没有衬里的单层裙子。《儒林外史》第二十九回:"僧官走进去,只见椅子上坐着一个人……身穿蓝布女褂,白布单裙。"

【道笠】dàolì 道士戴的斗笠。《儿女英雄传》第三十八回:"老爷看那道士时,只见他穿一件蓝布道袍,戴一顶棕道笠儿。"

【道士冠】dàoshìguān 明清时期扬州地区的一种高底女鞋。用香樟木垫于鞋内脚跟部位。清李斗《扬州画舫录》卷九:"女鞋以香樟木为高底,在外为外高底,有杏叶、莲子、荷花诸式;在里者为里高底,谓之道士冠。"

【得胜褂】déshèngguà 俗称"对襟马褂"。清朝至民国年间,男子套在长袍、衫外边的礼服。其式,衣长及腰,对襟、平袖及肘,两侧开裆。初,仅用于行装。乾隆年间,傅文忠(傅恒)领兵征金川常服之,得胜归,人皆称为"得胜褂"。官员谒客时作为正式礼服穿着,色用天青或元青,平民百姓喜庆日、燕居或外出亦服此装。清昭梿《啸亭续录》:"自傅文忠公征金川归,喜其便捷,名'得胜褂',今无论男女燕服,皆著之矣。色彩初尚天蓝,乾隆中尚玫瑰紫。末年,福文襄王好着深绛色,人争效之,谓之'福色'。近年尚泥金色,又尚浅灰色。夏日纱服,皆尚棕色,无贵贱皆服之。"徐珂《清稗类钞·服饰·对襟马褂》:"得胜褂,为马褂之一种。对襟方袖。初仅用之于行装,俗称对襟马褂。傅文忠征金川归,喜其便捷,平时常服之,名曰得胜褂。由是遂为燕居之服。"

【德州蓬】dézhōupéng 清代一种凉帽,因著名产地为山东德州,故名。参见985页"雨缨帽"。

【灯笼裤】dēnglóngkù 一种状似灯笼的宽大棉裤。裤管中间部分肥大,两端裤腰、裤腿略小。清代多为北方地区妇女所穿。近人徐珂《清稗类钞·服饰》:"晋北人夜多卧炕,女子有自幼至老从不履地者……其所著棉裤,重至十斤,土人号曰灯笼裤,状其大也。"

灯笼裤(近代实物)

【登云履】dēngyúnlǚ ❶道士作法时所穿的所谓能升入云端的鞋。后世戏曲用为道士等神话人物,底厚3—10厘米不等。鞋底前端上翘,方口。鞋尖部位特饰云头,鞋帮周边亦有云纹为饰,寓意为"足踏祥云"。《红楼梦》第一百零二回:"法师们俱戴上七星冠,披上九宫八卦的法衣,踏着登云履,手执牙笏,便拜表请圣。"❷也称"福字履"。戏靴。矮帮,形似便鞋,但底较厚,前端饰以云头,故称。缎面,饰有"福"字,故亦称"福字履"。为戏曲中员外、安人等脚色所穿。

【滴洯鞋】dītuóxié 一种鞋底施有铁钉的女屐。因行走时滴洯有声,故名。清范寅《越谚》卷中:"滴洯鞋,洯:的落切,妇女钉屐,以声名,出田家。"茹敦和《越言释》:"越人又以女屐行石上。其声滴洯,谓之滴洯鞋。"

【底而香】dǐérxiāng 一种平底女鞋,鞋底用香樟木所制,流行于明清时期。清李斗《扬州画舫录》卷九:"女鞋以香樟木为高底……平底谓之底而香。"

【钿子】diànzi 满族贵妇彩冠。形状像平顶帽套,上窄下广,戴在头上时如覆箕。先用铁丝或竹、藤等制成帽架,然后将黑绸、纱折叠成细布条,再编结成菱形网状,也有用黑线制成网状者,黑网罩帽架外,帽里不加衬布,易通风,表面装饰用金、珠、翠、玉制成各式钿花,且佐以绫、绒、绢各式花朵或各类时令鲜花。有"凤钿"与"常服钿"两种,前者,钿檐四周加饰一排或数排珍珠旒苏,钿前旒苏长达眉间,后则垂至背部;余者统称为"常服钿子",不具旒苏,珠翠满饰或半饰。因其装饰不同,有如意钿子、桂花钿子、银边钿子、满簪钿子等。多在贺喜庆寿和节日中戴之。清夏仁虎《旧京琐记》卷五:"(清末)大装则戴珠翠为饰,名曰钿子。"福格《听雨丛谈》卷五:"八旗妇人彩服,有钿子之制,制同凤冠,以铁丝或藤为骨,以皂纱或线网冒之。前如凤冠,施七翟,周以珠旒,长及于眉。后如覆箕,上穿下广,垂及于肩,施五翟,各衔垂珠一排,每排三衡,每衡贯珠三串,杂以璜填之属,负垂于肩,长尺有寸。左右博鬓,间以珠翠花叶,周以穿珠缨络,自额而后,迤逦联于后旒,补空处相度稀稠,以珠翠云朵杂花饰之,谓之凤钿。又有常服钿子,则珠翠满饰或半饰,不具珠旒,此与古妇人冠子之制相似也。"清崇彝《道咸以来朝野杂记》:"妇女著礼服袍褂时,头上所带者曰钿子。钿子分凤钿、满钿、半钿三种。其制以黑绒及缎条制成内胎,以银丝或铜丝支之外,缀点翠,或穿珠之饰。凤钿之饰九块,满钿七块,半钿五块,皆用正面一块,钿尾一大块。此所同者。所分者,则正面之上,长圆饰或三或五或七也。凤钿除新妇宜用;其它皆用满钿;孀妇及年长妇人则用半钿。"

diao—duo

【貂褂】diāoguà 貂皮制成的一种褂子。清代规定为贵族的礼服。其形制如外褂,圆领对襟,下长至膝。清初多用于皇族,康熙以后渐赐臣下,并定为四品以上官服。乾隆后期部分非四品亦准穿着。清福格《听雨丛谈》卷一:"康熙三十二年,云督范承勋在口外迎銮,蒙赐貂帽、貂褂、狐腋袍。并命次日服之来谢。"吴振棫《养吉斋丛录》卷二二:"四品以上服貂褂。惟翰、詹、科、道不论。其批本奏事军机处章京及凡内庭行走之员,非四品亦准穿貂褂,自乾隆三十七年始。"《清代北京竹枝词·都门杂咏》:"京都富贵大包罗,到底功名是甲科。貂褂朝珠常佩服,翰林体面胜人多。"

【貂檐】diāoyán 清代富贵者用珍贵貂皮制成的帽檐。冬日可御寒。徐珂《清稗类钞·巡幸》:"德宗冬日犹御绒檐秋帽,岑春煊请易貂檐,亲手捧出,遍觅丰貂不得,仅以敝貂幂之。"

【貂珠】diāozhū 貂尾和珍珠。显贵者的服饰,亦代指显贵。清王闿运《邓太夫人锺氏墓志铭》:"爱其慈孙,文明炜煌,一道二府,貂珠有华。"

【雕翎】diāolíng 即"蓝翎"。清周寿昌《思益堂日札·本朝花翎之兆》:"我朝,军功赏戴孔雀翎……又次则雕翎。"

【顶带】dǐngdài 即"顶戴"。清梅曾亮《总兵刘公清家传》:"至是遂授云南布政使,旋以二品顶带留山东盐运使任。"陈康祺《燕下乡脞录》卷二:"汶上老人白英,前代之有功黄河者也,立祠戴村,子孙荫袭顶带。"《官场现形记》第五十八回:"这个翰林只能算做顶带荣身,不能按资升转。"

【顶戴】dǐngdài 也作"顶子"。清代区别等级的帽饰,亦代指官位。官员礼帽均缀红缨,帽顶中央为珠形帽饰,以珊瑚、宝石、铜等制成,按品级而分质、色。通常皇帝可赏给无官之人以某品顶戴,亦可对次一等的官赏加较高级的顶戴。乾隆以后,朝廷因财政开支不足,采取"开捐"的办法,实行捐官。一些无官职的商贾、名流就不惜花重金,捐个"顶子",以抬高身价,荣耀乡里。这种捐官的办法,至道光、咸丰朝已成定制。清赵遵路《榆巢杂识》:"乾隆壬寅冬,渝将王贝勒贝子公之子嗣,俱照蒙古王公台吉之例,分别给予顶戴,其余闲散,一概给四品顶戴。"《二十年目睹之怪现状》第三回:"桂珍带了土老儿到京城里去,居然同他捐了一个二品顶戴的道台。"太平天国杨秀清、萧朝贵《奉天讨胡檄布四方谕》:"中国有中国之衣冠,今满洲另置顶戴,胡衣猴冠,坏先代之服冕,是使中国之人,忘其根本也。"

【顶翎】dǐnglíng 清代官帽上的顶珠和花翎。《中国歌谣资料·咸丰坐了十年半》:"咸丰坐了十年半,顶翎赏了一大片,说他是文科,未曾把书念。"

【顶襻】dǐngpàn 清代官帽上围住顶珠一圈的红色丝带。意谓使顶珠受到"管束";顶珠为官职之象征,由此提醒为官之人,言语行为必须与身份相称。《官场现形记》第十九回:"管家帮着换顶珠,装花翎,偏偏顶襻又断了,亏得裁缝现成,立刻拿红丝线连了两针。"

顶襻(《大清会典》插图)

【顶托】dǐngtuō 清代官帽上承顶珠,下联冠帽的金属底。清萧奭《永宪录·续集》:"二三品大臣官员俱用起花珊瑚,其顶托不得过六分高……凡候补选与现任州同以上宝石等顶托不得过七分高。"《儿女英雄传》第三十五回:"先把左手的帽子递过去,请老爷自己搦着顶托儿戴上。"

【顶柱】dǐngzhù 清代官帽上用以装缀顶珠的管柱。以铜为之,外有螺纹,使用时由帽内伸出,上用顶珠旋住。亦有不用顶柱者,仅在顶珠下钻以小孔,以便和冠帽相连。清夏仁虎《旧京琐记》卷五:"自八分镇国公以上,均戴宝石顶,色正紫,无顶柱,故不穿眼,下钻二孔以缀于冠。然三品之明蓝顶亦曰蓝宝石顶,亦可不用顶柱也。"

【东珠帽】dōngzhūmào 东珠又称北珠。松花江下游及其支流地域所产的珍珠颗粒大,光润度匀圆莹白。用其装饰的帽子称东珠帽。清代宗室贵族所戴;亦常赐予有功之臣。《清史稿·施世骠传》:"诏优叙,赐世骠东珠帽、黄带、四团龙补服。"

【洞桥底】dòngqiáodǐ 缠足妇女缀在弓鞋底里的拱形鞋垫,其上多绣纹饰。清范寅《越谚》卷中:"洞桥底,此斫板如桥,缀鞋底里,绣为饰。"

【兜裆】dōudāng 一种宽大的裤裆,活动方便,多用于役夫、武士所穿的裤子。《九尾龟》第二回:"中间垂着湖色回须,下著黑绉纱兜裆又裤,脚登玄缎挖嵌快靴。"《儿女英雄传》第六回:"只见一个虎面行者……浑身上穿一件元青缎排扣子滚身短袄,下穿一条元青缎兜裆鸡腿裤。"

【兜兜】dōudou 小孩儿的裹肚。亦指妇女男子贴身护在胸部和腹部的菱形布帛。清李光庭《乡言解颐·物部上》:"家乡为小儿作裹肚曰兜兜。"

【袄被】dǒufú 也作"斗被"。一种用以避雨雪的外衣,状如袍而无襟袖。清郝懿行《证俗文》卷二:"袄被者,状如袍而无襟袖,披之以御雨雪,今礼部会试有散袄被官四员。"平步青《霞外捃屑》卷二:"风帽斗被,乃道途风雪雨所服,见客投谒,下舆骑,则当去之……《左传·昭公十二年》:'楚子狩于州来;雨雪,王皮冠,秦复陶,翠被,豹舄,执鞭以出。'……今所谓斗被也。"

【犊衣】dúyī 供牛御寒用的披盖物,如蓑衣之类。代指贫寒之士。清阎尔梅《春日寄怀王似鹤》诗:"鱼服是龙谁肯信,犊衣多虱不堪扪。"

【镀环】dùhuán 镀金的指环。清厉荃《事物异名录》卷一六:"指环,以金镀之曰镀环。"

【端罩】duānzhào 清代官员的一种贵重的皮制礼服。其制类同补服,似裘衣而较宽,圆领对襟,两袖平齐,衣长过膝,裘毛向外,衬里则用软缎为之。左右衩微高,各悬飘带一。上自帝王贵戚,下至宫廷侍卫,礼见朝会均可穿着,多用于冬季。所用材料各有定制,皇帝用黑狐、紫貂皮为面,用明黄缎衬里,左右各垂二带,带式下阔而尖;皇子用紫貂,金黄缎作里;皇族近臣用青狐,月白缎作里;公、侯、伯下至文三品、武二品用貂皮,蓝缎作里;一等侍卫用猞猁狲(土豹)皮,间镶以豹皮,月白缎作里;二等侍卫用红豹皮,青红缎作里;三等侍卫用黄狐皮,月白缎作里。《清朝通志》卷五八:"皇帝端罩,以黑狐及紫貂为之,明黄缎里;左、右垂带各二,下广而锐,色与里同。"《大清会典》卷四六:"端罩,缎里,亲王、郡王、贝勒、贝子、固伦额驸,用青狐,里月白色;镇国公、辅国公、和硕额驸,用紫貂,里月白色;民公以下,文三品、武二品及县主额驸辅国将军以上,京堂翰詹科道等官应服端罩者,均用貂皮,里蓝色。皆左右垂带各二,下广而锐,色与里同。"清吴振棫《养吉斋丛录》卷二二:"裘服以玄狐为贵。王公大臣有赐玄狐端罩者,既殁,其子孙即恭缴。若更以赐,乃敢服。"搏沙拙老《闲处光阴》卷下:"国朝章服之极珍贵者,为元狐裼襐,汉文曰端罩,虽亲王亦非赐赉不能服。若既薨没,即当呈缴,奉旨尝还,方敢藏于家。从祖文勤公曾蒙恩赐一袭,窃窥其式,似表衣而较宽,长毛外向,左右衩微高,各悬飘带一撮,其制与古人大裘同。"

端罩

【短褂】duǎnguà 清代一种短上衣,专指马褂。清赵翼《陔余丛考》卷三三:"凡扈从及出使,皆服短褂、缺襟袍及战裙。短褂亦曰马褂,马上所服也。"《清代北京竹枝词·京华百二竹枝词》:"定章军服精神好,旧式冠裳可弁髦。试看知兵两贝勒,不穿短褂与长袍。"

【短裤】duǎnkù 也作"短绔"。一种长不过膝的有裆之裤。汉代已有其制。清代以来才以"短裤"称之。清桂馥《札朴》卷四:"今于足衣外复著短绔,谓之拢绔。"李宗昉《黔记》卷三:"阳洞罗汉苗,在黎平府属,男子耕作贸易,女人鬔发散绾……富者以金银作连环耳坠,长裙短裤。"

【短袜】duǎnwà 短袜的袜子。袜袜通常略高于脚踝。清沈复《浮生六记·浪游记快》:"其粉头衣皆长领,颈套项锁,前发齐眉,后发垂肩,中挽一鬏似丫髻,裹足者著裙,不裹足著短袜。"又:"有著短袜而撮绣花蝴蝶履者,有赤足而套银脚镯者。"

【缎靴】duànxuē 缎面的高筒厚底靴,内多衬棉絮。流行于清代。《清代北京竹枝词·都门竹枝词》:"雨缨铁杆不招风,纬帽都兴一口钟。三直缎靴须带铳,簇新袍样小团龙。"又《都门杂咏》:"军机蓝衲制来工,立领绸袍腰自松。便帽锦边红结穗,缎靴穿着内兴隆。"

【对襟马褂】duìjīnmǎguà 清代男女套在长袍、衫外边的礼服。原为武士行装,狩猎或外出远行时穿着。乾隆年间,军机大臣傅恒远征金川得胜归来,常衣此服,故亦称"得胜褂"。官员谒客时作为正式礼服穿着,色用天青或元青,后士庶男女喜庆日、燕居或外出时,亦穿此服。其制为对襟、平袖及肘,两侧开裰,长及腰际,着时加罩在长衫之外。《二十年目睹之怪现状》第四回:"里面走出一个客来,生得粗眉大目,身上穿了一件灰色大布的长衫,罩上一件大青羽毛的对襟马褂。"清昭梿《啸亭续录》卷三:"(清初)燕居无著行衣者,自傅文忠公征金川归,喜其便捷,名得胜褂。今无论男女燕服,皆著之矣。"徐珂《清稗类钞·服饰》:"得胜褂,为马褂之一种,对襟方袖,初仅用之于行装,俗称对襟马褂。傅文忠(恒)征金川归,喜其便捷,平时常服之,名曰得胜褂,由是遂为燕居之服。"

【对襟袍】duìjīnpáo 袍的一种,对襟。马褂的前身。清福格《听雨丛谈》卷一:"按明季庶人非骑马,不准穿对襟袍,以其便于乘骑云云。"

【**对面襟**】duìmiànjīn 上衣的一种样式。因两襟对开,纽扣在胸前正中,故称。《官场现形记》第七回:"(陶子尧)便起身换了一件单袍子,一件二尺七寸天青对面襟大袖方马褂。"

【**多宝串**】duōbǎochuàn 妇女所用的佩饰。用丝线把不同的宝物串在一起,悬挂于衣襟领下第二个纽扣上。宝物质料因人的身份地位而不同。常见的物件多是以珠宝金玉制成牙剔、耳挖及各式佩件。清彭养鸥《黑籍冤魂》:"不曾整顿衣服,有些歪歪扯扯;钮扣儿上扣扣了下钮;梳、挑牙杖、多宝串,挂得喽喽。"徐珂《清稗类钞·服饰》:"多宝串,以杂宝为之,贯以彩丝。妇女所用,悬于襟以为饰。"

多宝串
(清代传世实物)

E

【**耳套**】ěrtào 也称"脑包儿""耳护子"。冬季包裹耳朵御寒之物，即耳衣。清李光庭《乡言解颐·耳套》："世有不因盗铃而掩，不为避骂而塞，但恐风之来割而暂忍一时之聋者，耳套是也。幼时冬寒畏冻耳，连头与项颈为耳护子，又曰脑包儿，今则可耳作套，以毛裹之，外必镶狗牙绦子。习俗移入，牢不可破如此。"

F

fan—fu

【翻毛】fānmáo 以皮毛为面的裘衣。人们穿着裘衣通常将皮毛为里,清代的达官贵人为炫耀自己所穿的皮衣珍贵,故意将皮外褂或皮马褂的毛面翻穿在外,俗谓"翻毛"。徐珂《清稗类钞·服饰》:"皮外褂、马褂之翻穿者,曰翻毛。盖以炫其珍贵之皮也。"

【反毳】fǎncuì 毛在外的裘皮衣。多用于北方少数民族,因以代指北方少数民族。清龚自珍《说居庸关》:"使余生赵宋世,目尚不得睹燕赵,安得与反毳者相挂戏乎万山间?"

【方鞋】fāngxié 一种男子穿的方头鞋子。由方履演变而来,流行于清末。为男子所穿。《清代北京竹枝词·都门杂咏》:"方鞋穿着趁时新,摇摆街头作态频。"

【方靴】fāngxuē 明清官吏入朝常穿的一种方头之靴。通常为白底黑面,官吏上朝着此,以便跪拜。清福格《听雨丛谈》卷一:"御用尖鞋,皆绿皮压缝。其柔细如绸。方靴用天青缎为之,以别于众也。亲郡王……方靴仍用天青缎。"《清代北京竹枝词·续都门竹枝词》:"一裹元袍万字纹,江山万代福留云。何来新样人人学,只有方靴贵贱分。"徐珂《清稗类钞·服饰》:"凡靴之头皆尖,惟以入朝者,则方。或曰沿制也。"

【翡翠镯】fěicuìzhuó 用翡翠制成的手镯。《九尾龟》:"回头再看陈文仙时……一只雪白的手腕搁在枕上,带着一付金镯,一付翡翠镯头……"《镜花缘》第七十三回:"我情愿将手上这翡翠镯送你。"

【风流帽】fēngliúmào 也称"不伦"。清代优人戏子所戴的一种帽子。形如束帛,两旁带有白翅。清褚人获《坚瓠集》卷二:"冯南谷,吴门博徒,善诙谐,尝负博钱十万,匄贷豪门。时王元美在坐,戏以优人风流帽,袭其首曰:'能诗当如所请。'冯即朗吟曰:'天下风流少,区区帽上多。鬓边齐拍手,恰似按笙歌。'"自注:"风流帽,亦称'不伦'。围如束帛,两旁白翅,不摇而自动……乐人戴之。"

【风毛】fēngmáo 清代称皮衣领、袖、襟、摆等处的装饰性毛边。《红楼梦》第五十一回:"凤姐笑道:'我倒有一件大毛的,我嫌风毛出的不好了,正要改去——也罢,先给你穿去罢。'"参见910页"出风"。

【凤袄】fèng'ǎo 绣有凤凰花饰的绸袄。为受过皇帝赐封的命妇所穿。《红楼梦》第五回:"只这戴珠冠,披凤袄,也抵不了无常性命。"

【凤凰结】fènghuángjié 以丝线编结成的凤凰形状的络子。系佩于腰际作坠饰。清钮琇《睐娘》:"有细彩流苏,贯相思子,缀以同心凤凰结,杂花而坠,中睐之右肩。"

【凤头冠】fèngtóuguān 贵族妇女所戴的

礼帽上有金玉制成的凤凰形的装饰。清李渔《奈何天·伙醋》曲:"休提封诰,说将来,教人醋倒。凤头冠,送人穿戴;顶头钱,不见分毫。"

【凤尾裙】fèngwěiqún 清康熙至乾隆年间流行的一种女裙。以各色绸缎裁剪成条,其中两条较阔,余均作成狭条。每条绣以不同花纹,两边镶滚金线,或缀以花边。背部则以彩条固定,上缀裙腰。穿着时须配以衬裙。多用于富贵之家的年轻女子,士庶妇女出嫁时亦多着之。因其造型与凤尾相似,故名。清中叶以后,由于百褶裙的流行,其制渐衰。清李斗《扬州画舫录》卷九:"裙式以缎裁剪作条,每条绣花,两畔镶以金线,碎逗成裙,谓之凤尾。"《清代北京竹枝词·时样裙》:"凤尾如何久不闻? 皮绵单袷费纷纭。而今无论何时节,都著鱼鳞百褶裙。"

凤尾裙示意图

【佛头】fótóu 清代朝珠上间隔在成串朝珠中的一种珠形装饰品。佛头比朝珠大,形如桂圆,左右上下各一枚,前三后一,共有四枚,间隔于一百零八颗小珠之间,每隔二十七颗小珠即嵌以一枚。质料与小珠不同,常见的有翡翠、玉石及各种料珠。《清史稿·舆服志二》:皇帝朝珠,"用东珠一百有八,佛头、记念、背云、大小坠杂饰,各惟其宜,大典礼御之。"

《二十年目睹之怪现状》第七十一回:"(焦侍郎)便把所穿的香珠,凑了一百零八颗,配了一副烧料的佛头、纪念,穿成一挂朝珠……作一份礼送了去。"《儿女英雄传》第三十七回:"公子又看那匣儿,是盘八百罗汉的桃核儿数珠,雕的十分精巧。那背坠、佛头、记念,也配得鲜明。"

【佛头塔】fótóutǎ 朝珠中的宝塔形装饰物。参见 909 页"朝珠"。

【凫靥裘】fúyèqiú 用野鸭脸颊处皮毛剪贴重叠做成的御寒外衣。《红楼梦》第四十九回:"只见宝琴披着凫靥裘,站在那里笑。"又第五十二回:"贾母便命鸳鸯来,'把昨儿那一件孔雀毛的氅衣给他罢'。鸳鸯答应走去,果取了一件来。宝玉看时,金翠辉煌,碧彩闪烁,又不似宝琴所披之凫靥裘。"

【芙蓉衫】fúróngshān 内裤,小裤。《渊鉴类函》卷三七五:"《方言》:'大裤谓之倒顿。'小裤谓之芙蓉衫,楚通语也。"

【服著】fúzhuó 衣着;装束。清黄遵宪《番客篇》:"凡我化外人,从来奉正朔,披衣襟在胸,剃发辫垂索,是皆满洲装,何曾变服著。"

【幞巾】fújīn 幞头与头巾。清袁枚《新齐谐·猴怪》:"温元帅幞巾纱帽如唐人服饰,貌温然儒者。"

【黼子】fǔzi 即补子。清夏仁虎《旧京琐记》卷五:"黼子……亲王四团正龙,郡王四团行龙,贝勒二正龙,贝子二行龙,公侯伯蟒,子男斗牛,自余诸职,多沿明制。"参见 804 页"补子"。

【富贵衣】fùguìyī 传统戏曲中扮演贫士、乞丐一类人物的衣饰。俗称海青,又名道袍。全身黑色,破褶,上缀很多杂色小三尖块、方块和圆块,表示破蔽不堪。有两重意义:表层涵义是标示贫困潦倒的生活境遇;深层涵义是暗示飞黄腾达、荣华富贵的未来命运,故此,取"富贵衣"之名。如《鸿鸾禧》中的莫稽、《打侄上坟》中的陈大官等所服均是。

富贵衣

【覆膊】fùbó 即袈裟。清沈自南《艺林汇考・服饰》卷五:"袈裟……又名覆膊,又名掩衣,谓覆左膊而掩右腋也。"

G

gai－gong

【盖巾】gàijīn 也称"披帛"。即盖头。行婚礼时,新娘蔽面之巾,一般用红绸,上绣五彩花纹,四周垂有流苏。据称先秦已有这种风俗,一直延续到明清,仍十分流行。清吴荣光《吾学录》卷一三:"(通礼)姆为女加景(单縠为之)盖首。案:景即今之盖巾……所以拥蔽其面,不仅为御尘计也。"

【高底】gāodǐ 衬垫弓鞋的木底,缠足妇女所用,垫木块以使足形显得纤小。垫于鞋外者称"外高底",衬于鞋内者称"里高底"。清李斗《扬州画舫录》卷九:"女鞋以香樟木为高底,在外为外高底……在里者为里高底。"徐珂《清稗类钞·服饰》:"高底,削木为之,上丰下杀,略如弓形。缠足之妇女以为鞋底。欲掩其足之大也。垫于鞋之外者,谓之外高底,垫十鞋之内者,谓之里高底。取其后高而足尖向地也。自光绪戊戌天足会成立,天足渐多,高底少矣。"

【高屧】gāoxiè 妇女多穿的高底木鞋。清钱泳《履园丛话》卷二三:"吴中古迹记有西施响屧廊,似即今女人鞋中之高屧,故步行有声。"

【缟綦】gǎoqí "缟衣綦巾"之省。浅色服。亦代指女性。清赵翼《偶得》诗:"少年贪作客,缟綦且抛弃。"顾贞立《满江红·楚黄署中闻警》词:"江上空怜商女

曲,闺中漫洒神州泪。算缟綦何必让男儿,天应忌。"

【革屐】géjī 也称"革履"。皮鞋。清印光任、张汝霖《澳门记略》:"蹑黑革屐,约以金银屈戌。"徐珂《清稗类钞·战事》:"偷儿或东或西,或著西人衣冠,持竹杖,橐橐然曳革屐以来,英人近与语,遽刺杀之。"

【革靴】géxuē 皮靴。《聊斋志异·金和尚》:"一声长呼……细缨革靴者,皆鸟集鹄立。"清余庆远《维西见闻记》:"著茜红革靴,或以文罽为之。"

【阁鬓】gébìn 清代妇女的一种领饰。剪彩帛为条状,相拼成莲花形,中有圆孔,以受领项;亦有用五彩丝线编结而成者。使用时加覆于外衣领下。多用于青年妇女。清叶梦珠《阅世编》卷八:"内装领饰,向有三等,大者裁白绫为云样,披及两肩,胸背刺绣花鸟,缀以金珠、宝石、钟铃,令行动有声,曰宫装。次者曰云肩。小者曰阁鬓。其绣文缀装则同。近来宫装,惟礼服用之,居常但用阁鬓而式样亦异,或剪彩为金莲花,结线为缨络样,扣于领而倒覆于肩,任意装之,尤觉轻便。"

【公服冠】gōngfúguān 清代举人、贡生、监生及生员履行公职时所戴之礼冠。《清朝通志》卷五八:"举人公服冠,顶镂花银座,上衔金雀……贡生、监生皆同……生员公服冠,顶镂花银座,上衔银雀。"

【宫裙】gōngqún 宫廷妇女所着之裙。

亦泛指女裙。《歧路灯》第八十七回："巫氏人内室拔去头上珠翠,解了绣金宫裙。"《花月痕》第二十一回："秋痕一身淡妆,上穿浅月纺绸夹袄,下系白绫百褶宫裙。"

【宫绦】gōngtāo 宫中特制或仿照宫庭妇女所制的丝带。以彩色丝缕编成。一般可用作腰带。长度不等,两端或作成穗子,使用时绕腰一匝或数匝,余者下垂。男女皆用。妇女所用者,常在两端编为各种形状的结子,如花篮、蝴蝶、盘长等,或穿以各种金玉佩件,借以贴压裙幅,使其不至于散开影响美观。清孔尚任《桃花扇·入道》："列仙曹,叩请烈皇下碧霄;舍煤山古树,解却宫绦。"《红楼梦》第四十九回:"(湘云)腰里紧紧束着一条蝴蝶结子长繸五色宫绦。"又第三十一回:"(翠缕)猛低头看见湘云宫绦上的金麒麟……比自己佩的又大又文彩。"

系宫绦的妇女

gou—guo

【鞲扞】gōuhàn 射箭时用的皮臂套。清俞正燮《癸巳类稿·决韘极遂解》："鞲扞者,所以遂弦,其名曰拾,著之则曰遂;以方韦为之,有组系于臂。"

【鞲扇】gōushàn 皮扇。清傅山《梅房》诗:"平分一榻罗浮梦,鞲扇摇来却是春。"

【狗头】gǒutóu 清代处州(今浙江丽水县)地区畲族妇女首饰。以竹筒为之,长二寸余,外蒙花布,并缀以珠饰。徐珂《清稗类钞·服饰》:"(处州畲客)妇人之首所戴,有曰狗头者,可置于头,若柱然。其制为长二寸余之竹筒,外包花布,边镶以银,悬珠玉,后垂赤布,结发。"

【姑绒衣】gūróngyī 一种用姑绒制成的僧衣。姑绒,黑色缯帛。常用作道姑、尼姑之服。清吴长元《宸垣识略》卷一〇:"长椿寺在土地庙斜街,明慈孝皇后建,以居水斋禅师。其大弟子为神宗替修,赐千佛衣及姑绒衣各八百件,米麦等物动千石。"查嗣瑮《燕京杂咏》诗:"半肩破衲称闲僧,底用姑绒八百层。"

【观音兜】guānyīndōu 妇女一种用来挡风御寒的风帽。因帽子后沿披至颈后肩际,类似于明清时期佛像中观音菩萨所戴兜帽的式样,故称。《红楼梦》第四十九回:"(宝玉)见探春正从秋爽斋出来,围着大红猩猩毡的斗篷,带着观音兜。"《花月痕》第四十八回:"采秋内衣软甲,外戴顶观音兜,穿件竹叶对襟道袍,手执如意。"

观音兜

【官靴】guānxuē ❶也称"朝靴"。清代朝廷规定的职官之靴。其靴面通常由黑色皮革或绸缎做成,厚底,长筒,底形四扇。士庶穿尖头靴,官员穿方头靴,与官服相匹配。清溥杰《清宫会亲见闻》:"我穿戴上红顶官帽,蓝袍青褂和小黑缎官靴。"❷戏曲靴鞋名称。源于清代朝服之"牙缝靴"。高腰,尖头,底厚不及三厘米,黑缎料,使用面很窄,仅用于古代题材戏曲中个别的少数民族上层官员。如《四郎探母》一剧之辽邦国舅,与所穿的补服相配套。

【官衣】guānyī 传统戏曲服装。一般官员及诰命夫人穿的礼服。官衣源自明代文武职官用于常朝(奏事、侍班)的"常服"。大襟,圆领,样式与蟒略同,但素底,不绣花。唯胸、背各有正方形绣花"补子"一块,长约九寸,宽约八点五寸。舞台上的官衣补子不分品级,只是一种象征性的符号。官衣的服色则保留了表示官阶的功能,分紫、红、蓝、黑等,可依此区别官阶爵位大小。摆的颜色一般与官衣本色错开。也可以满绣"万字不到头"。有素的,也有织锦缎子的。官衣有男女之分,包括男官衣、丑官衣、改良官衣、学士官衣、学士衣、女官衣等。女官衣较男官衣短,无后摆。颜色有红、秋香二种。秋香色女官衣一般为地位较高的老旦所穿。

戏曲官衣

【冠缦】guānmàn 帽带,用以固定冠帽的带子。清昭梿《啸亭续录·稗事数则》:"某散秩大臣,尝侍班而冠缦忽断,不及缝纫,恐上出见之,乃以下僚启事笔于颈下绘之如缦然,人传为笑柄云。"

【冠袍带履】guānpáodàilǚ 帽子、袍子、带子、鞋子等日常所必须的服饰。指帝王、贵族上朝或宴会时穿的服装。有时也用以泛指一般的衣帽、靴鞋。《红楼梦》第七十八回:"两个人手里都有东西,倒像摆执事的,一个捧着文房四宝,一个捧着冠袍带履,成个什么样子。"《清史稿·职官志五》:"执守侍首领一人。专司上用冠袍带履,随侍执伞执炉,承应上用武备,收贮备赏衣服。"

【鬼子栏干】guǐzilángān 清末女装的一种滚边缘饰。用一种异质的材料在衣服、鞋子等边缘缝制的一条包边。亦指这种工艺。《训俗条约》卷一五:"至于妇女衣裙,则有琵琶、对襟、大襟、百裥、满花、洋印花、一块玉等式样,而镶滚之费更甚,有所谓白旗边、金白鬼子栏干、牡丹带、盘金、间绣等名色。"

【绲边】gǔnbiān 也作"滚边"。沿衣服、鞋子等的边缘缝制一条带于。小指这种边。《新方言·释器》:"凡织带皆可以为衣服缘边,故今称缘边曰绲边,俗误书作'滚'。"

【滚条】gǔntiáo 缝在鞋口或衣服边沿上的布条或缎带。徐珂《清稗类钞·服饰》:"咸同间,京师妇女衣服之滚条,道数甚多,号曰十八镶。"

【裹脚条子】guǒjiǎotiáozi 用来裹脚的布条。《官场现形记》第五十六回:"这条绳子上裤子也有,短衫也有,袜子也有,裹脚条子也有。"

【裹腿】guǒtuǐ ❶也作"裹骹"。缠在裤子外边,小腿部位的长布带,或直接缠在腿部。其作用是使步行轻便有力、行走利索,并防止蚊虫爬入裤内,减轻脚腿痛苦。士兵行军、常人出行时常打上裹腿。清抟沙拙老《闲处光阴》卷下:"曰行縢,犹是汉时语,今俗谓为裹骹,或裹缠。"❷以布帛为之,制为筒状,中间纳以棉絮,着时以带系缚于胫。冬季着此可御寒冷,通常着在罩裤之内。徐珂《清稗类钞·服饰》:"南方妇女之裤,不紧束,至冬而虑其风侵入也,则以装棉之如筒而上下皆平口者,系于胫,曰裹腿,外以裤罩之。"

【裹腰】guǒyāo 束腰带的别称。清孙鼎臣《君不见》诗:"船中健儿好身手,白布裹腰红袜首。"

【过街衣】guòjiēyī 穿在锦衣外面的罩衫,用麻纱做成,无领无袖口,下长至膝,女子出嫁途中所穿的外衣。清陈作霖《养和轩随笔》:"《诗》两言'衣锦褧衣'注疏以褧为御尘服,嫁时于道中衣之,盖江南俗所谓过街衣也。"

H

hai—hei

【**海獭帽**】hǎitǎmào 一种暖帽,用海獭皮制作帽檐,清代士庶男子所戴。清叶梦珠《阅世编》卷八:"以黄狼皮染黑名曰骚鼠,毛细而润,老者类貂,一时争用,骚鼠贵而海獭贱,无人非海獭帽。"

【**韩公帕**】hángōngpà 也称"文公帕"。明清时潮州妇女一种障面的长巾。相传为唐韩愈遗制,用黑布制成,其制宽阔,使用时蒙面而下,双垂及膝。一般用于出行。清张心泰《粤游小志》:"潮州妇女出行,则以皂布丈余蒙头,自首以下双垂至膝,时或两手翕张其布以视人,状殊可怖。名韩公帕,盖昌黎遗制也。"梁绍壬《两般秋雨庵随笔》卷六"韩公帕":"广东潮州妇女出行,则以皂布丈余蒙头,自首以下双垂至膝,时或两手翕张其布以视人,状甚可怖,名曰'文公帕',昌黎遗制也。"

【**号布**】hàobù 兵卒制服上的徽识。多以布帛为之,或圆或方,缝缀于胸前背后,上书部队番号。清陈徽言《武昌纪事》:"(太平军)传令'驻城外已入营者,概行短装,挂号布。'……其号布锲木印刷,截黄布方长可半尺余,号前曰'太平某军'后曰'圣兵'。"

【**号褂**】hàoguà 兵卒、差役所穿的制服。清郑观应《盛世危言·民团》:"尝见民壮所持者皆锈刀旧枪,所习者如戏台演

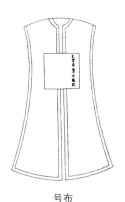

号布
（清张德坚《贼情汇纂》插图）

武,往来街道,势同儿戏,于事何济,徒以号褂衔灯,恐赫乡愚而已。"《官场现形记》第十四回:"只见五颜六色的旗子,迎风招展,挖云镶边的号褂,映日争辉。"

【**和襬**】héluò 清代中期流行的一种不露毛的皮袍。皮面朝里,近下摆处缀以布帛,以示俭朴。流行于清代中期。清金埴《巾箱说》:"今之毳裘,全里皆皮,独余膝以下离地一二寸或三四寸用帛代之,使裘之下边不露毛毳,名曰'和襬'。始于康熙初间,而今则盛行矣。崇俭示朴,得古人制衣之义。且裘本宜轻,于趋走尤便。予作《和襬》诗二章云:'韦袍尚华,和襬若素。内有修藏,不欲尽露。稍缀以缯,下短其毳。适可为宜,冗长曷贵。'"

【**和尚帽**】héshàngmào ❶佛教徒戴的帽子。《儒林外史》第五十四回:"陈和甫的

儿子剃光了头,把瓦楞帽卖掉了,换了一顶和尚帽子戴着,来到丈人面前。"❷也称"僧帽"。传统戏曲的一种盔头,式样类似马鞍形。前顶较为高耸,如鹅头。有黄色和黑色两种。黄色为老方丈戴用,黑色为一般僧人所戴。如《五台山》里的老方丈戴黄色僧帽,《翠屏山》里的小和尚戴黑色僧帽。

【赫特赫】hètèhè 满语的音译,清代服装袖子上的一种装饰。制作时将袖身放长,于下臂处折叠成裥,熨烫之后以密线缝之。清初时各服通用,嘉庆以后仅用于蟒袍。清昭梿《啸亭续录》卷三:"袍褂皆用密线缝纫,行列如绘,谓之实行。袖间皆用熨折如线,满名为赫特赫。今惟蟒袍尚用之,他服则无矣。"

【鹤顶】hèdǐng 清代贵官的红色顶戴。亦借指级别较高的将吏。清黄遵宪《悲平壤》诗:"翠翎鹤顶城头堕,一将仓皇马革裹。"

【黑狐大帽】hēihúdàmào 清代初期的一种非常贵重的礼帽,除皇帝外,大臣非皇帝赐予不得使用,且仅限于入朝时使用,平时禁止戴用。因用黑狐皮毛制成,故名。《清实录·清太宗文皇帝实录》:"黑狐大帽,大臣不得自制,惟上赐许戴。"又:"凡朝期……自八大臣以下,庶人以上,毋得戴尖缨帽,冬则戴缀缨圆皮帽,夏则用凉帽,其黑狐大帽,系御赐者,入朝准戴,平居俱行禁止,即大臣自制者,亦不准戴。"

hong—hu

【红宝石顶】hóngbǎoshídǐng 即"红顶子"。清代亲王以下至辅国公、镇国将军以下至文武一品等贵官使用的朝冠冠饰。清赵遵路《榆巢杂识》:"赐(黄庭桂)双眼孔雀翎,红宝石顶,四团龙补。"

【红带子】hóngdàizi 省称"红带"。清制,觉罗氏弟子,腰带用红。非觉罗氏,如建有勋迹,承蒙赏赐,亦可系之。始于皇太极天聪九年正月,皇太极规定:"太祖庶子俱称阿哥",同时又规定"六祖子孙俱称觉罗",系红带子作为觉罗的特殊标志。其他人不得系红带子。所谓六祖,即努尔哈赤父亲塔克世的兄弟。红带子包括朝带、吉服带、常服带、行服带四种。一般用丝线织成,用四块圆形或方形金属镂花版衔接,版上镶嵌宝石珠玉等装饰品。带子左右佩有两个圆环,用以挂荷包等装饰品。清代对腰带的颜色和金属花版的镶嵌有严格的等级规定,皇帝用明黄色,宗室用金黄色,觉罗用红色,其他官员用蓝色或石青色,其装饰物又各有不同。除得到皇帝的特殊赏赐,绝不能越级使用,违者治罪。因此,红带子成为觉罗的特殊标志,俗称觉罗为"红带子"。觉罗氏获罪,则用紫带,以示撤销皇室之籍。《清会典·礼部·冠服》:"凡带,亲王以下宗室以上皆束金黄带,觉罗束红带,其金黄带、红带,非上赐者不得给与异姓。"《清史稿·舆服志二》:"凡带,亲王以下,宗室以上,皆束金黄带。觉罗红带。其金黄带、红带,非上赐者,不得给与异姓。"清搏沙拙老《闲处光阴》卷上:"显祖宣皇帝本支为宗室,系金黄带,伯叔兄弟之支为觉罗,系红带。宗室以罪黜为庶人者:红带;觉罗以罪黜出者:紫带。"徐珂《清稗类钞·服饰》:"凡觉罗,皆系红带,故俗称觉罗为红带子。"

【红顶】hóngdǐng 清代官员朝冠上的红

顶子。借指高官。清袁枚《新齐谐·褐道人》:"国初,德侍郎某与褐道人善,道人精相术,言公某年升官,某年得红顶,某年当遭雷击,德公疑信参半,后升官一如其言。"

【红黑帽】hónghēimào 元、明时地方官府的衙役戴红帽和黑帽,后世因用作衙役代称。《儒林外史》第一回:"也不用全副执事,只带八个红黑帽夜役军牢。"又第二十五回:"只见对面来了一把黄伞,两对红黑帽,一柄遮阳,一顶大轿。"

【红帽套】hóngmàotào 清代宫廷侍臣雨雪天遮在帽上的红色套子。清代官员朝帽上多饰有红缨,但雨帽无缨,故以红色帽套代之。民国金梁《清宫史略·红帽套》:"乾隆三十八年九月谕,今日下雨时,见太监等戴用红帽套者甚多。嗣后只准总管首领、奏事太监、持本太监、养心殿首领、小太监等戴用,其余俱不准戴红帽套。"

【红绒结顶】hóngróngjiédǐng 省称"红绒结",俗称"算盘结"。清代帝王贵戚冠帽上的一种帽结。以红绒编结而成。仅用于皇帝、皇子、皇孙、近支亲王,与礼服配用。后亦常用来赏赐大臣。亦代指有红绒结顶的冠帽。《清会典事例·礼部·冠服》:"皇帝冠服,惟园丘用纯青,常服冠,红绒结顶。皇子冬朝冠、吉服冠红绒结顶。皇元孙冬朝冠、吉服冠红绒结顶。亲王冬服,凡亲王端罩,青狐为之,月白缎里;若赐红绒结顶者,亦得用之。"《大清会典图》卷四一:"皇帝冬常服冠,红绒结顶,余如冬吉服冠。"清王先谦《东华续录·乾隆四十五年》:"前曾降旨:皇孙辈未得品级者,俱赏戴红绒结顶帽,至曾孙辈数较远,停止戴用。"昭梿《啸亭续录》

卷一:"国朝定制,皇上燕服,宫中冠红绒结顶冠。凡皇子、皇孙,皆以是为礼服。甚属尊重。近支王、贝勒得上赐者,许常冠戴。"吴荣光《吾学录初编》卷八:"一二品大臣,有赐红绒结顶冠者,不得如式更制,各官不得用上用颜色。"刘廷玑《在园杂志》卷一:"红绒结顶之帽,四面开衩之袍,俱不得自制,近见……穿者颇多,人少为注目,即曰某王所赐,无从稽考,听之而已。"福格《听雨丛谈》卷一:"御用常冠、皇子常冠皆用红绒结顶。"自注:"俗谓算盘结。"徐珂《清稗类钞·服饰》:"皇上燕服之冠,为红绒结顶冠,皇子、皇孙皆以是为礼服。近支王、贝勒,得上赐者,许常戴之。辅臣虽间有赐者,皆不敢戴,惟张文和公廷玉蒙特旨许于元旦日冠戴,时以为非常之荣。"又:"士大夫燕居,皆戴便帽,其制如暖帽而窄其檐。上用红片锦或石青色,缘以卧云,如葵花式,顶用红绒结。"《清史稿·舆服志二》:"皇帝……常服冠,红绒结顶,不加梁,余如吉服冠……皇子……吉服冠红绒结顶……亲王……顶用红宝石,曾赐红绒结顶者,亦得用之。"

【红绒结顶帽】hóngróngjiédǐngmào 省称"红绒结顶"。也称"红绒结顶冠"。俗称"算盘结"。清代皇帝、皇族宗室、贵官近臣所戴的饰以红绒结顶的一种冠帽。详见"红绒结顶"。

【红丝球】hóngsīqiú 清代京师妇女簪戴的一种鬓花。以丝绒制成,内藏金属小铃,行动时叮当作响。徐珂《清稗类钞·服饰》:"京师花市,常有丝球出售,大如茶杯,中纳小铃,妇女争购之,簪于髻左。燕山孙橒曾有诗咏之云:'红丝结得彩球形,步屧行来最可听。想是怕招蜂蝶至,钗头也系护花铃。'"

【红绣鞋】hóngxiùxié 女子所穿的红色绣花鞋。《聊斋志异·凤阳士人》:"又是想他,又是恨他,手拿着红绣鞋儿占鬼卦。"

【红缨大帽】hóngyīngdàmào 即"红缨帽"。《官场现形记》第四回:"那戴升戴红缨大帽,身穿元青外套;其余的也有着马褂的,也有只穿一件长袍的,一齐朝上磕头。"

【红缨帽】hóngyīngmào 清代带有红缨的满族男帽通称。满族礼帽有暖帽、凉帽之分。冬春多戴毛皮制暖帽,也称毛皮帽;夏秋多戴草编凉帽。冬春用翻檐式暖帽,有海龙、熏貂、紫貂、海獭、狐皮等材质,在缝合的顶上,加一团红毛为饰;夏秋用覆锅式凉帽,有玉草、藤篾、竹丝等材质。在帽顶上加一小雨缨,即红缨。另有便帽,以红绒为顶,顶后或垂尺余红缨。清太祖时,曾禁止在村子里戴有帽缨的凉帽,太宗时曾禁止帽上锭尖缨,顺治时方许黑帽缀以红缨,以后渐渐变成只有官兵的帽子才饰红缨,直到清末。清崇彝《道咸以来朝野杂记》:"凡遇府第大宅,节寿往贺,皆著应时袍褂,带红缨帽,著缎靴,出必以车。"范寅《越谚》卷中:"红缨帽,即暖帽。"《老残游记》第二回:"轿子后面,一个跟班的戴个红缨帽子,膀子底下夹个护书,拼命价奔,一面用手巾擦汗,一面低着头跑。"

【红雨檐帽】hóngyǔyánmào 清代官员戴的一种有帽檐及红色帽套的雨帽。徐珂《清稗类钞·爵秩》:"其行走人员,皆许挂珠用红雨檐帽,每遇岁时,内廷赏赐,成预其列,以示荣宠。"

【葫芦荷包】húlúhébāo 一种上大下小中间束腰的葫芦状荷包。流行于清中晚期至民国初年。据说这种荷包最初是男子用来盛放烟叶的,后来因感其造型美观,乃争相仿效,不论男女,都喜佩之。《清代北京竹枝词·葫芦荷包》:"为盛烟叶淡巴菰,做得荷包各式殊。未识何人传妙制,家家依样画葫芦。"

【蝴蝶履】húdiélǚ 清代艺妓所穿的蝴蝶形状的鞋子。清沈复《浮生六记·浪游记快》:"其粉头衣皆长领……有著短袜而撮绣花蝴蝶履者,有赤足而套银脚镯者。"又《闺房记乐》:"坊间有蝴蝶履,小大由之,购亦坂易,且早晚可代撒鞋之用,不亦善乎?"沈起凤《谐铎·苏三》:"甫登堂,见一姬,两鬓堆茉莉如雪,著蝉翼衫,左右袒露,红墙一抹;下曳冰绡裤,白足拖八寸许蝴蝶履。"

【护指】hùzhǐ 妇女套在手指甲上的装饰品,使用时套在指尖,以免折断指甲。一般套于中指及小指,亦有十指套满者。通常作成指甲之形,长约三寸,形状随手指,基部呈圆形有手指粗细,由基部向指端逐渐缩小,到指端成封闭尖状,背面一般镂空,便于通气。质料有金、银、玉、玳瑁等,运用镂刻、累丝、嵌宝、点翠、缉米珠等工艺制成花卉、古钱、桃符、喜寿字等吉祥图案。清代流行于满族贵妇之间。德龄《清宫二年记》:"(太后)右手罩以金护指,长约三寸。左手两指,罩以玉护指,长短与右手同。"徐珂《清稗类钞·豪侈》:"右手三指五指悉罩金护指,左手两指罩玉护指。"

hua—hun

【花边】huābiān 镶滚在衣、裙上的带状织物。一般缝缀在衣服领口、袖端、襟边、下摆及开衩部位。除用作装饰外,兼有增强衣服牢度的作用。主要流行于清中晚期，尤其是咸丰、同治年间。《花月痕》第八回："定睛一看，一个十四五岁的，身穿一件白纺绸大衫……下截是青绉镶花边裤。"陈作霖《金陵物产风土志》："江南妇人喜妆饰，领标襟裾诸缘有金线阑干、旗带花边。"《清代北京竹枝词·草珠一串》："花边衣服又钉金，袖口宽如独睡衾。"

【花翎】huālíng 清朝官帽上以孔雀羽制成插在帽后表示品级的帽饰。用孔雀翎饰于冠后，以翎眼多者为贵，又称"孔雀翎"。一般是一个翎眼，多者双眼或三眼。清初，戴花翎还不是品级标志，惟有功勋及蒙特恩者，作为皇帝特殊的赏赐，象征着荣誉，顺治十八年方定制。贝子戴三眼花翎，国公戴双眼花翎，五品以上官戴单眼花翎，六品以下的官员戴无眼蓝翎，开始有了标识品秩的作用，但仍作为朝廷的特殊奖品，赏给建功立业者。所以它不仅是品阶、权力的象征，也是荣誉和社会地位的标志。咸丰后，凡五品以上，虽无勋赏亦得由捐纳而戴一眼花翎；大臣有特恩的始赏戴双眼花翎；宗臣如亲王、贝勒等始得戴三眼花翎。清代后期，花翎赏赐过滥，道光以后又开捐例，花翎可捐得并自置戴用。光绪后又出现用花翎绕扎成的赝品。花翎已失去原有意义而成了一种帽饰。清周寿昌《思益堂日札·本朝花翎之兆》："我朝，军功赏戴孔雀翎，至贵者三眼，次双眼，次单眼，又次则雕翎。盖正德时已为之兆云。"《清会典事例·礼部·冠服》："戴翎之制，贝子戴三眼孔雀翎，根缀蓝翎，镇国公、辅国公戴双眼孔雀翎，根缀蓝翎；护军统领、护军参领戴单眼孔雀翎，根缀

蓝翎；护军校戴染蓝鹭鸶翎。"清赵遵路《榆巢杂识》："汉文职大臣，由鼎甲出身者，无赏花翎、黄褂之例。"黄遵宪《冯将军歌》："江南十载战功高，黄褂色映花翎飘。"王闿运《振威将军武提督碑》："克万载、袁州，胸面四创，擢千总，并赏花翎，自此名显。"《官场现形记》第十八回："胡统领赶忙更换衣冠：头戴红顶貂帽，后拖一支蓝扎大披肩的花翎。"又第三十八回："只是瞿太太身穿补褂，腰系红裙；他老爷是有花翎的，所以太太头上也插着一支四寸长的小花翎。"《糊涂世界》第二回："伍琼芳是蓝顶子、大花翎。"

【花盆底】huāpéndǐ 清代满族妇女所穿的一种高底鞋。鞋底中部以木为之，上敞下敛，成倒梯形似花盆，因以为名。木底四周包裹白布，鞋面彩绣花卉，素而无花者，最为禁忌，恶其近凶服，以缎、布为质，视贫富而别。清代贵族妇女常于其上缀饰珠宝翠玉。少女至十三四岁始用，民国以后，已不多见。清夏仁虎《旧京琐记》卷五："旗下妇装……履底高至四、五寸，上宽而下圆，俗谓之花盆底。"

花盆底

【花绣屐】huāxiùjī 清代广东东莞地区流行的一种女屐。屐面以花绣为饰。参见988页"朱漆屐"。

【花衣】huāyī ❶指清代庆典或年节之日，百官和命妇所穿的蟒服，一般都穿在外褂之内。清夏仁虎《旧京琐记·仪

制》："遇万寿或年节皆蟒袍,谓之花衣期。"《二十年目睹之怪现状》第九十回:"到了吉期那天,非但自己穿了花衣前去道喜,并且因为啸存客居上海,没有内眷,便叫自己那位郡主太太……到赵公馆里去招呼一切。"❷ 花布之服。《广志·僮》："在新会县……露顶跣足,居住山偌,花衣短裙。"

【桦冠】huàguān 用桦树皮制成的帽子。《渊鉴类函》卷三七〇:"桦冠,以桦皮为冠,贫者所服也。"清叶昌轵《题寒山寺碑廊》："木屐桦冠,世外寒山,终古相传如雪窦。"樊恭煦《题寒山寺碑廊》:"木屐桦冠,仰天长笑,有寒山集独参妙谛,长留诗句在吴中。"

【鬈凤】huánfèng 一种妇女的凤形首饰,指凤钗。《聊斋志异·画壁》:"生视女,鬓云高簇,鬈凤低垂,比垂髫时尤艳绝也。"《花月痕》第三回:"早闻屏后一阵环佩之声,走出一丽人,鬓云高拥,鬈凤低垂,袅袅婷婷,含笑迎将出来。"《慈禧太后演义》第十三回:"莲英为西太后梳成新式,较往时髻样尤高,鬓云上拥,鬈凤低垂,越显出几分妩媚。"

【鬈花】huánhuā 妇女插戴于鬈髻的绢花饰品。清陈裴之《湘烟小录·香畹楼忆语》:"姬与余情爱甚挚,而耻为忮嫉之行,是以香影阁赠余鬈花纳帕,香霏阁赠余冰纨杂佩……姬皆什袭藏之。"

【黄带子】huángdàizi 省称"黄带"。清代皇帝和宗室子孙专系的黄色腰带。清代制度,只有显祖塔克世(努尔哈赤的父亲)所生的后裔直系子孙方可称为宗室,而宗室皆以系金黄色带子为标志,故俗称宗室为黄带子。具体包括穿朝服时系的朝带,穿吉服时系的吉服带,穿常服

时系的常服带和外出穿行服系的行服带四种。非宗室成员建有勋迹,如蒙赏赐,亦可系束。一般用丝线织成,以四块圆形或方形的金属镂花版衔接,版上镶嵌宝石珠玉等装饰品,带子左右的金属版配上两环,以系挂荷包等装饰品。带子的颜色与金属版的镂花镶嵌有严格的等级规定。如皇帝的腰带用明黄色,宗室皆用金黄色。其饰版数量等均各有定制。宗室成员获罪革职,则需按定例收缴其带,表示撤销其宗室之籍。清萧奭《永宪录》卷二:"黄带惟宗室服之,上以从前和硕额驸尚之隆曾赐黄带,特给以示优眷。"吴振棫《养吉斋丛录》卷二二:"将军明瑞,以征缅甸功,赐宝石顶、金黄带,四团龙补。阿桂成以平金川功,赐四团龙补、金黄带、四开禊袍、紫缰、红宝石顶,皆殊礼也。"《儿女英雄传》第十八回:"朝廷于加赏他的宝石顶,三眼花翎,四团龙褂,四开禊袍,紫缰黄带。"王先谦《东华续录·乾隆五十四年》:"恳将公爵红宝石帽顶、双眼花翎、四团龙褂、黄带、紫缰全行撤回,并将协办大学士、吏部尚书、两广总督概行革去,从重治罪。"《二十年目睹之怪现状》第二十七回:"凡是神机营当兵的,都是黄带子、红带子的宗室。"徐珂《清稗类钞·服饰》:"凡宗室,皆系黄带,故俗称宗室为黄带子。"《清史稿·世宗纪》:"戊戌,集廷臣宣诏罪状皇八弟胤禩,易亲王为民王,褫黄带,绝属籍。"又《职官一·宗人府》:"显祖宣皇帝本支为宗室,系金黄带;旁支曰觉罗,系红带;革字者,系紫带。"

【黄袿】huángguī 即"黄马褂"。清黄遵宪《冯将军歌》:"江南十载战功高,黄袿色映花翎飘。"

【黄罗衫】 huángluóshān 黄衫的一种。多为年轻人所穿的华贵服装。清龚自珍《己亥杂诗》之一五五:"除却虹生忆黄子,曝衣忽见黄罗衫。"

【黄马褂】 huángmǎguà ❶ 也作"黄马褂"。省称"黄褂"。清代赏赐给侍卫、功臣或皇帝的扈从人员的一种马褂,非特赐不得服用。以明黄色绸缎为之,素而无纹,不施缘饰。穿着时罩在行袍之外。凡穿黄马褂者,有三类人物:一类是随皇帝巡幸的侍卫,因任职而穿,故称"职任褂子"。第二类是行围校射时,中靶或获猎多者,乃行围时所穿,称"行围褂子",俗谓"赏给黄马褂"。第三类是在治国或战事中,建有功绩的朝廷要员,这种马褂无论何时均可穿用,时称"武功褂子",俗谓"赏穿黄马褂"。第一类"职任褂子",任职期满或职任解除,即不能再穿。第二类只能在行围时穿,行围完毕即须收起。第三类则任何时候出行在外,均可穿着,且可依式自制。"赏穿黄马褂"是清代政府给予高级将领的最高荣誉,被赐者事迹均被载入史册。为了在形式上有所区别,清朝中期又加规定,凡职任或行巡时所穿的黄马褂,须用黑色纽绊,而立勋受赏所穿的黄马褂,则可用黄色纽绊。最初黄马褂仅赐予满蒙官员,清乾隆十一年之后,亦赐予汉官。道光以后,黄马褂成为赏戴花翎,加封"巴图鲁"称号的补充。《清会典事例·侍卫处·仪制》:"后扈前引大臣、一二等侍卫升级新补者,岁于十二月行文内务府,支领缘貂朝衣,端罩豹尾;班侍卫领蟒袍,恭遇巡幸,支领黄马褂。"清昭梿《啸亭续录》卷一:"凡领侍卫内大臣、御前大臣侍卫、乾清门侍卫、外班侍卫、班领、护军统领、前引十大臣,皆服黄马褂,凡巡幸扈从銮舆,以为观瞻。"福格《听雨丛谈·黄马褂》:"巡行扈从大臣,如御前大臣、内大臣、内廷王大臣、侍卫什长,皆例准穿黄马褂,用明黄色。正黄旗官员兵丁之马褂,用金黄色。"《二十年目睹之怪现状》第六十四回:"他还是花翎、黄马褂、'硕勇巴图鲁'、记名总兵呢。"清吴振棫《养吉斋丛录》卷二二:"大臣立勋,赏黄马褂。亦有行围随扈而赏者,满蒙一二品多有之。汉文职大臣而蒙赏,则自乾隆十一年大学士于敏中始……咸丰军兴以后,以战功被赐者,指不胜屈矣。"清福格《听雨丛谈》卷一:"勋臣军功有赏给黄马褂、赏穿黄马褂之分。赏给只所赐一件,赏穿则可按时自做服用。亦明黄色。"❷戏曲服装专用名称。清代的黄马褂规格最高。黄马褂引入戏曲服装后,保持了这种"高规格",具有两种用途。第一,用于王侯。如《晋楚交兵》之楚庄王(诸侯)即用黄马褂;又如《甘露寺》之吴侯孙权。第二,黄马褂用于皇家侍卫。如《铡美案》一剧,随侍太后及公主闯入开封府的皇家侍卫,亦穿黄马褂(与大板巾构成衣冠组合)。

【黄面褂】 huángmiànguà 清代皇帝所穿貂褂。以黄缎为表,内衬貂皮,有别于臣下的无面貂褂。亦用来赏赐王公贵臣。清福格《听雨丛谈·黄面褂》:"赏给御用貂褂,须拆下黄面恭缴。若有'赏给御用黄面褂'字样,即不必拆缴。"

【翚服】 huīfú 皇后的一种礼服。清无名氏《断头台·余情》:"方期翚服临朝,再续金轮之辙;讵意翠华出走,竟随天宝之尘。"

【回子衣】 huíziyī 清代回族民众所穿的

一种服饰,宫廷用于廓尔喀乐舞之人。
《清史稿·乐志八》:"廓尔喀乐舞,司乐
器六人,均衣回子衣,著红羊皮靴,内二
人缠头以洋锦,余皆以红绿布。司歌五
人,均以红绿布缠头,内一人衣绿绸
衣,著红采履,余皆回子衣、红羊皮靴。
司舞二人,均衣红绿绸衣,戴猩红毡
帽,金银丝巾,著红采履,束腰皆用杂色
布。舞者每足各系铜铃一串,曰公古
哩,腾跃出声,歌舞并奏。"

【魂帕】húnpà 戏曲中演鬼魂角色所戴的
头巾,多用一块黑水纱制成。清洪昇《长
生殿·尸解》:"引旦去魂帕上。"徐朔方
注:"魂帕,戴在演员头上,表示扮演的角
色是鬼魂。"如《探阴山》一剧,包拯为辨
冤,魂游地府,所穿仍为黑蟒;仅在相貌上

披戴黑水纱(魂帕),用魂帕这种特定的
服饰语汇,表示此时的包拯已是魂,而不
是人。

戏曲魂帕

J

ji—jie

【鸡腿裤】jītuǐkù 一种缚束裤口的裤子。膝盖以上裤管肥大,膝盖以下至脚踝部位细瘦贴体,形状与鸡腿相似。多用于力夫、武士。《儿女英雄传》第六回:"只见一个虎面行者,前发齐眉,后发盖颈,头上束一条日月渗金箍,浑身上穿一件元青缎排扣子滚身短袄,下穿一条元青缎兜裆鸡腿裤。"

吉服带
(清代刻本《大清会典图》)

【吉服带】jífúdài 清代帝王、宗室、百官等着吉服时所系的腰带。以皮革为鞓,外裹丝帛,另镶以各式珠宝。皇帝所用者色为明黄,皇子以下色用金黄,觉罗用红色带,余者均用石青或蓝色带。丝织品为质,带上镶嵌四块金属版,版饰惟宜,带之左右各有一环,佩系帉、荷包等小饰件,佩帉下端直而齐。一至九品官员制同。銙以金玉为之,方圆不拘。《清史稿·舆服志二》:"(皇帝)吉服带,用明黄色,镂金版四,方圆惟便,衔珠玉杂宝各从其宜。左右佩粉纯白,下直而齐。中约金结如版饰。"又:"(皇子)朝带,色用金黄,金衔玉方版四……吉服带亦色用金黄,版饰惟宜,佩绦如带色。"

【吉服褂】jífúguà 清代命妇在喜庆之日,礼见晏会之时所穿的一种礼服。皇子福晋至七品以上命妇均可穿着。以石青缎为之,圆领对襟,两袖平齐,下长过膝,所绣花纹各有定制。《大清会典图》卷四九:"吉服褂,色用石青。固伦公主、和硕公主、亲王福晋、郡主,绣五爪行龙四团,前后两肩各一;贝勒夫人、郡君吉服褂,色用石青,前后绣四爪正蟒各一团;贝子夫人、县君,前后绣四爪行蟒各一团;镇国公夫人、辅国公夫人、乡君,民公夫人下至七品命妇吉服褂,色用石青,皆绣花八团。"

【吉服冠】jífúguān 清代皇帝、皇后、百官及命妇穿着吉服时所戴的冠帽,是仅次于朝冠的礼冠。分冬、夏两式:冬冠以海龙、薰貂或紫貂皮为质,各唯其时,周檐上仰,上缀朱纬长及檐,冠顶饰金属珠以别等级;夏冠织玉草或藤、竹丝为之,表以罗,石青片金缘,檐敞,上缀朱纬,顶饰如冬冠。一至九品官员冠饰依次为:珊瑚、镂花珊瑚、蓝宝石、青金石、水晶、砗磲、素金、阴文镂花金、阳文镂花金。未入流官与九品同。护军营、前锋营、火器营、銮仪卫等满族五品以上官员,冠顶饰单眼孔雀翎。皇太后、皇后,顶用东珠。皇贵妃、贵妃制同。一品命妇顶用珊瑚。

民公夫人吉服褂、贝勒夫人吉服褂、皇子福晋吉服褂（《皇朝礼器图式》）

其下二品命妇则顶用镂花珊瑚，三品用蓝宝石，四品用青金石，五品用水晶，六品用砗磲，七品用素金等。《清史稿·舆服志二》："（皇帝）吉服冠，冬用海龙、薰貂、紫貂惟其时。上缀朱纬。顶满花金座，上衔大珍珠一。夏织玉草或藤竹丝为之，红纱绸里，石青片金缘。上缀朱纬。顶如冬吉服冠。"清吴荣光《吾学录初编》卷八："吉服冠……上缀朱纬，长及于檐；梁一亘顶上，两旁垂带，交额下。"

【记念】jìniàn 也作"纪念"。清代朝珠两侧附缀的串饰。通常用珊瑚、伽南香珠等做成三串，一边两串，一边一串，每串十粒。使用时男女有别：男用者两串在左，女用者两串在右。三串"记念"表示一个月里的上、中、下三旬，共计为三十天。清福格《听雨丛谈》卷五："诸王用珊瑚朝珠，珍珠记念。一品大臣许用珊瑚朝珠，五色记念。文职五品、武职四品以上，许用杂宝诸香朝珠，珊瑚宝石记念。"《二十年目睹之怪现状》第七十一回："便把所穿的香珠，凑了一百零八颗，配了一副烧料的佛头、纪念，穿成一挂朝珠……作一份礼送了去。"徐珂《清稗类钞·服饰》："颐和园侧有居民李姓者，玉田县人。家藏碧霞犀朝珠一挂，记念皆明珠也，价值数万金。"

【髻梁】jìliáng 横插于发髻起固定作用的簪子。清徐昂发《宫词》之四十五："卸却髻梁钗燕子，红袍黄领念番经。"张印《赠荃女》诗："尔复私谓我，红绳缠髻梁。"

【尖缨冠】jiānyīngguān 清代官吏所戴的一种冠帽。冠顶缀以红缨一簇，上竖小珠一颗。清福格《听雨丛谈》卷一："国初未定冠顶戴之制，时品官及士族子弟，皆用红绒不结顶（俗谓菊花顶），旧制曰尖缨冠。其制如江南杨梅半颗，今外省误以菊花顶为红绒结顶，非也。"

【绛帛】jiàngbó 清代男女在入学、中举或结婚时披在肩上的深红色披巾。参见955页"襻肩红"。

【脚镯】jiǎozhuó 佩戴在脚踝部位的环形装饰品，通常以金、银、玉等制作。有的带小铃铛，多用于女性和儿童。清沈复《浮生六记·浪游记快》："有著短袜而撮绣花蝴蝶履者，有赤足而套银脚镯者。"《歧路灯》第九十九回："王氏装了盒子……手钏一副，脚镯一副。"

【藉子】jièzi 小儿的尿布。《新方言·释器》："淮北小儿卧处以布御秽，谓其布曰藉子。"

jin—jun

【巾兜】jīndōu 也作"兜巾""风兜"。一种用于挡风御寒的暖帽。有二带系领下,可遮护头耳。《红楼梦》第七十六回:"说着,鸳鸯拿巾兜与大斗篷来。说:'夜深了,恐露水下了……'"

【金顶】jīndǐng 清代七品以下官吏及进士、举人、贡生冠帽上的顶饰。清萧奭《永宪录·续编》:"七品以下及进士、举人、贡生俱用金顶。"许淞渔《廪生四律》诗:"匆匆归寓斜阳暮,金顶乌靴逐队行。"陆心源《翎顶考》:"七品及进士用素金顶;八品及举贡用镂花阴文金顶;九品及未人流用镂花阳文金顶。"

【金缕子】jīnlǚzi 清代南越妇女所戴的一种首饰。用羊皮金纸剪成七或九或十一条,附缀于塌笋。清李调元《南越笔记》卷一:"(永安妇人)发左右盘,无鬓髻,皆戴塌笋,笋广五六寸,与头相等,以羊皮金纸剪劈为条者七或九或十一,名曰金缕子。以傅其工,笋亦以纸为之,外冒黑纱,四旁插大钗簪,自朝至夕,无或有妇不笋者。"

【金钱表】jīnqiánbiǎo 清代妇女用的一种小如铜钱的挂件,作计时和装饰之用。徐珂《清稗类钞·服饰》:"光绪中叶,妇女有以小表佩于衣衽间以为饰者,或金或银。而皆小如制钱,故呼曰金钱表。"

【金镶藤镯】jīnxiāngténgzhuó 清代妇女用的一种用细藤编织的手镯,其上可嵌珠宝、金饰等。《官场现形记》第十三回:"还有一只金镶藤镯——金子虽不多,也有八钱金子在上头——都不见了。"

【金指甲】jīnzhǐjiǎ 妇女套于指尖的金质护指。徐珂《清稗类钞·服饰》:"金指

金镶藤镯(清代传世实物)

甲,妇女施之于指以为饰,欲其指之纤如春葱也。自大指外,皆有之。"

【襟儿】jīnr 衣襟。包公毅《上海竹枝词》:"半臂轻裁蝉翼纱,襟儿一字尽盘花。"自注:"一字襟坎肩向惟男子服之,京朝士夫行之已久,今则流行于女界中。"

【襟头】jīntóu 衣襟口。《二十年目睹之怪现状》第十三回:"我一眼瞥见他襟头下挂着核桃大的一颗水晶球,心下暗吃一惊道:莫非继之失的龙珠表到了他手里么?"

【襟子】jīnzi 衣襟的俗称。《红楼梦》第四十回:"凤姐忙把自己身上穿的一件大红棉纱袄的襟子拉出来,向贾母、薛姨妈道:'看我的这袄儿。'"

【紧身】jǐnshēn ❶一种贴体修身的上衣,男女皆可穿着,流行于清代。《儿女英雄传》第四回:"只见一个人站在当地,太阳(穴)上贴着两块青缎子膏药,打着一撒手儿大松的辫子,身上穿着件月白棉绸大夹袄儿,上头罩着件蓝布琵琶襟的单紧身儿,紧身儿外面系着条河南褡包。"又:"那一个梳着一个大歪抓髻,穿着件半截子的月白洋布衫儿,还套着件油脂模糊破破烂烂的天青缎子绣三蓝花儿的紧身儿。"❷短棉袄;小袄。清同治六年《宁乡县志》:"小袄曰滚身,亦曰紧身。"

【京式大帽】jīngshìdàmào 清末京师官

员所戴的一种窄檐儿的礼帽。《二十年目睹之怪现状》第四回:"后头送出来的主人……头上戴着京式大帽,红顶子花翎。"

【晶顶】jīngdǐng 清代五品文官的水晶顶戴。《九尾龟》第十三回:"那一年联军进京,开了捐例,秦晋顺直甚是便宜。他忽然发起官兴来,到处托人替他捐了一个试用知县,加了三班银两,分发直隶。他捐了这个官十分高兴,登时就戴起水晶顶子,拖着一条花翎,每逢城内有什么婚丧喜事,他无论向来认得认不得,一概到场,为的是好摇摆他晶顶花翎的架子。"《二十年目睹之怪现状》第七十九回:"只可惜计算定来客,无非是晶顶的居多,蓝顶的已经有限,戴亮蓝顶的计算只有一个,却没有戴红顶的。"

【警服】jǐngfú 清末警察穿的制服。徐珂《清稗类钞·狱讼·京师中兴旅馆案》:"汝不观我衣警服乎?"

【九股绦】jiǔgǔtāo 僧人、道士系腰用的丝带,以多股丝缕编织而成。清闵小艮《清规玄妙·外集》:"二仙懒衲等衣,或腰系九股绦、吕公绦、一气绦,或手提风火棕拂……此中真伪难辨,须察其威仪规矩,学问修持,叩其踪迹法派。"

【九光履】jiǔguānglǚ 神话中仙人穿的发光的鞋子。清刘献廷《满歌行》:"仙人王子乔,高翔在云端。足蹑九光履,瑶象骖青鸾。"

【九梁朝冠】jiǔliángcháoguān 官居极品的朝冠饰。清孔尚任《桃花扇·入道》:"(外)九梁朝冠、鹤补朝服、金带、朝鞋、牙笏上。"

【九龙佩】jiǔlóngpèi 雕刻有九条龙纹饰的玉佩,达官贵人以九龙为饰而求祥瑞。

通常以玉石、玛瑙、琥珀等材料为之。《红楼梦》第六十四回:"贾琏一面接了茶吃茶,一面暗将自己带的一个汉玉九龙佩解下来,拴在手绢上,趁丫环圆过头时,扔摞了过去。"

【鞠裳】jūcháng 受封妇女的礼服。清钱谦益《梁母吴太夫人寿序》:"于褕狄鞠裳,鱼轩重锦,见三代之服物焉。"参见76页"鞠衣"。

【菊花顶】júhuādǐng 清代一种以红绒线带装饰的冠顶。清初未颁定常冠顶戴之前,品官及士族子弟帽饰以红绒为饰。清福格《听雨丛谈》卷一:"国初未定常冠顶戴之制,时品官及士族子弟,皆用红绒不结顶,俗谓菊花顶。旧制曰尖缨冠。其制如江南杨梅半颗。今外省误以菊花顶为红绒结顶,非也。"自注:《通礼·冠服制》云:'民人冬夏帽不得用红绒大结顶。'是闲散旗人可用也。"《儿女英雄传》第十五回:"只见他头戴一顶自来旧窄沿毡帽,上面钉着个加高放大的藏紫菊花顶儿,撒着不长的一撮凤尾绒红穗子。"

【绢子】juànzi 手帕;手绢儿。《红楼梦》第二十八回:"只见黛玉蹬着门槛子,嘴里咬着绢子笑呢。"《儿女英雄传》第十二回:"只见他穿着一件簇新的红青布夹袄,左手攥着烟袋荷包,右手攥着一团蓝绸绢子。"

【军机坎】jūnjīkǎn 也称"褂衬""平袖"。一种袖长齐肘的短衣。据称出自清代军机处,故名。原本只是右袖较短,衬于长褂之内,后左袖也变短,并穿在外面。流行于清代中叶,官员士庶燕居时均可穿着,多用于冬季。清福格《听雨丛谈》卷六:"军机坎,制如马褂而右襟,袖与肘齐,便于作字也。道光初年,创自军机处。因军机入直,最早最晏,衬于长褂之内,寒易著,暑易解,故又曰褂衬,又曰半袖。以杂色缎帛皆可为之,不必定如马褂之用青色也。数十年来,士农工商皆效其制,以为燕服,镶缘愈华,益失其义。按魏武作军帢,以军中服之轻便,或作五色以表方面,得毋军机坎之先声欤。按《纲目集览》曰:'半袖,短袂衣也。'《晋书·五行志》:'魏明帝披缥绫半袖'云云。皆有合于军机坎之制。"

【军机六折】jūnjīliùzhé 清代男子所戴的一种便帽。以质地柔软的材料制成,不戴时可以折叠,便于携带。清夏仁虎《旧京琐记》卷一:"便帽曰秋帽,以皮为沿者曰困秋,中浅而缺者曰兔窝,软胎可折叠入怀者曰军机六折。"

【军机跑】jūnjīpǎo 清代中后期官吏所穿的一种薄底靴,轻便利于行走。清夏仁虎《旧京琐记·俗尚》:"仕官平居多著靴,嫌其底重,乃以通草制之,亦曰篆底,后乃改为薄底,曰军机跑。"

【军袚】jūnbó 一色的粗布衣服,多用于士庶百姓。亦借指庶民百姓。《清史稿·礼志七》:"千秋宴……嘉庆初元再举,设宴皇极殿,与宴者三千五十六人,邀赏者五千人。上自槫槐,下逮袚袚,以至蒙、回、番部、朝鲜、安南、暹罗、廓尔喀陪价,略其年甲,咸集丹墀,诚盛典也。"

K

kai—kun

【开裆裤】kāidāngkù 幼儿穿的裆部开口的裤子。清顾张思《土风录》卷三:"童子七八岁,无男女皆著开裆裤。"

【开裰袍】kāixìpáo 也作"开衩袍""开气袍"。清代皇室官吏、贵族士庶男子的礼服。于袍服近膝处开裰,以便乘骑。所开之裰制有二式:皇室所用者前后左右各开一裰,前后裰长二尺余,两侧裰长一尺余,俗谓"四裰袍";普通官吏所用者仅前后开,两侧则无裰。丧服之袍,惟皇上可用四裰,宗室士庶皆用两裰。虽非宗室,但受到皇族宗室的特赏,也可穿着四裰之袍。清吴振棫《养吉斋丛录》卷二二:"阿文成以平金川功,赐四团龙补、金黄带、四开裰袍、紫缰、红宝石顶、皆殊礼也。又嘉庆初,尝以高宗遗服四团龙补褂、四开裰之袍、赐朱文正珪。"《官场现形记》第三十六回:"此时六月天气,正是免褂时候,师四老爷下得车来,身上穿了一件米色的亮纱开气袍,竹青衬衫;头上围帽。"又第四十四回:"不知怎样会把茶碗跌在地下,砸得粉碎,把茶泼了一地,连制台的开气袍子上都溅潮了。"清范寅《越谚》卷中:"开裰袍,缝左右四裰而裰其前后。"邹容《革命军》第二章:"辫发乎,胡服乎,开气袍乎,花翎乎,红顶乎,朝珠乎,为我中国文物之冠裳乎?"徐珂《清稗类钞·衣服》:"裰,衣裰也。今谓衣旁开处曰裰口,官吏士庶皆两开,宗室则四开。裰衣,即开裰袍。"

【克摆什】kèbǎishí 清代哈萨克族儿童所戴的一种帽。徐珂《清稗类钞·服饰》:"(哈萨克)儿童小帽,谓之克摆什,以五色绒丝组织之,上系训狐毛,曰玉库尔,避邪崇也。"

【空花翎】kōnghuālíng 清代宗室子弟获赐的一种翎冠,冠上缀翎而不用顶戴。清夏仁虎《旧京琐记·仪制》卷五:"宗室子弟年十二,能试箭者,得赐翎冠上,但缀翎,无顶戴,名之曰'空花翎'。"

【孔雀翎】kǒngquèlíng 也称"孔雀花翎"。孔雀的尾羽。清代装饰在官帽上,根据翎上圆形花纹的多少表示品级。《清会典·礼部四·冠服》:"孔雀翎,翎端三圆文者,贝子戴之。二圆文者,镇国公、辅国公、和硕额驸戴之。一圆文者,内大臣,一、二、三、四等侍卫,前锋护军各统领、参领、前锋侍卫,诸王府长史、散骑郎、一等护卫均得戴之。翎根并缀蓝翎。"清赵翼《王将军拔栅歌》:"天子非常赐颜色,小校超迁十二级;擢官游击阶将军,孔雀修翎长一尺。"李德庵等《夷艘入寇记》:"时,琦善已罢大学士,夺孔雀翎,而怡良复奏呈英夷香港伪示,语极狂悖,于是上益震怒,籍琦善家产,锁逮来京。"

【口袋】kǒudài 衣兜。《儿女英雄传》第二回:"从此衙门内外人人抱怨,不说老爷清廉,倒道老爷呆气,都盼老爷高升,说:'再要作下去,大家可就都扎上口袋嘴儿了!'"

【裤管】kùguǎn 裤腿;裤子穿在两腿上的筒状部分。清沈复《浮生六记·浪游记快》:"前发齐眉,后发垂肩……亦着蝴蝶履,长拖裤管。"

【裤腰】kùyāo 裤子最上端系腰带的地方。《红楼梦》第三十九回:"(马道婆)又向裤腰里掏了半晌,掏出十个纸铰的青面白发的鬼来,并两个纸人,递与赵姨娘……"《儿女英雄传》第四回:"那两个把钱数了一数,分作两分儿掖在裤腰里。"

【盔衬】kuīchèn 清代的一种小帽。顶部尖耸,意谓可作盔帽衬里。流行于清代咸丰年间。徐珂《清稗类钞·服饰》:"小帽,便冠也。春冬所戴者,以缎为之;夏秋所戴者,以实地纱为之。色皆黑。六瓣合缝,缀以檐……咸丰初元,其形忽尖,极尖者曰盔衬。"

盔衬(清代传世实物)

【捆身子】kǔnshēnzi 清代吴语方言用来称贴身内衣。专用于束胸。《海上花列传》第十六回:"杨媛媛乃披衣坐起,先把捆身子钮好,却憎鹤汀道:'耐(你)走开点呢!'"又第十八回:"漱芳见浣芳只穿一件银红湖绉捆身子,遂说道:'耐(你)啥衣裳也勿着暖!'"

捆身子

【困秋】kùnqiū 也作"昆邱""坤秋"。清代男女所戴的一种圆顶小帽,多用于秋冬季节。式如暖帽,以红、紫、绛、蓝诸色缎制成,上施彩绣或挖绣图纹;四周缀以皮檐,檐上仰。女用者帽后钉有飘带二条,长二尺余,上窄下阔,质料与帽顶同,富贵者饰以珠宝。《清代北京竹枝词·续都门竹枝词》:"店中掌柜爱风流,便帽于今也困秋。"清崇彝《道咸以来朝野杂记》:"妇女……冠则戴困秋帽,与男冠相仿,但无顶,无缨,皆以组绣为饰,后缀绣花长飘带二条。此冬季所用者。"清夏仁虎《旧京琐记·俗尚》:"便帽曰秋帽,以皮为沿者曰困秋。"蘧园《负曝闲谈》第二十五回:"只见叫天儿穿着猞猁狲袍子,翎眼貂马褂,头上戴着皮困秋儿,皮困秋儿上一块碧霞玺,鲜妍夺目。"

困秋

L

la—liang

【拉虎帽】lāhǔmào 也作"安髩帽"。清代帝王、王公狩猎时戴的暖帽。帽身或用毡或用皮,左右两旁用毛,下翻可以掩耳,前用鼠皮,也叫耳朵帽。其式,脑后分开系两带,不分开者称"安髩帽"。徐珂《清稗类钞·服饰》:"拉虎帽者,每岁木兰秋狩,皇上辄御之以莅围场,王公亦多效之,特不用红绒结顶耳。然曾赏红绒结顶者,不在此例。"

【蓝顶子】lándǐngzi 也称"蓝宝石顶"。清代三品、四品官的蓝宝石帽顶子。也代指三品、四品官职或三品、四品官员。清陆心源《翎顶考》:"奉国将军、郡君额驸、文武三品官顶用蓝宝石。"吴振棫《养吉斋丛录》卷二二:"雍正五年议,凉帽、暖帽皆照朝冠顶用……至八年,论定三品官用蓝宝石或蓝色明玻璃。"《儿女英雄传》第三十二回:"论愚兄的家计,不是给他捐不起个白顶子、蓝顶子,那花钱买来的官儿到底铜臭习气,不能长久。"

【蓝翎】lánlíng 清代官帽后插的用鹖尾做成的表示品级的饰物,为低级官吏所用,如领侍卫、府管护军营、前锋营、火器营、銮仪卫,六品以下及王府二等护卫以下者。《大清会典》卷四五:"蓝翎,蓝翎侍卫、六品官之有翎者戴之。"清萧奭《永宪录》卷二下:"成例,汉侍卫一等带孔雀翎,二等带花翎,三等蓝翎……蓝翎染雕羽为蓝。近有用孔雀翎染者。"夏仁虎《旧京琐记》卷五:"六品以下官如有赏赐,仅得戴蓝翎,其别于花翎者,无眼而已。"昭梿《啸亭续录·花翎蓝翎定制》卷一:"花翎蓝翎定制:凡领侍卫、府官护军营、前锋营、火器营、銮仪卫满员五品以上者,皆冠戴孔雀花翎,六品以下者,冠戴鹖羽蓝翎,以为辨别。王府头等护卫,始许戴花翎,余皆冠戴蓝翎云。"徐珂《清稗类钞·服饰》:"蓝翎亦为大帽之饰,以鹖羽为之。其色蓝,羽甚长,无眼。光绪时,有用花翎线扎之者,远望之似花翎。秩较卑而有功者,得赐用。旧例,如领侍卫、府管护军营、前锋营、火器营、銮仪卫,六品以下及王府二等护卫以下者,皆得戴。自粤捻乱平,赏赐甚滥,及捐例开,且可纳赀以得之矣。"《清史稿·舆服志二》:"(孔雀翎)翎根并缀蓝翎。"又:"贝勒府司仪长,亲王以下二、三等护卫及前锋、亲军、护军校,均戴染蓝翎。"

【老虎肚兜】lǎohǔdùdōu 一种小儿的肚兜。其上绣有老虎纹样,以避不祥。清顾禄《清嘉录》卷五:"又小儿系赤色裙襕,亦彩绣为虎形,谓之'老虎肚兜'。"

【乐亭帽】làotíngmào 清末士庶男子中流行的一种布帽。《儿女英雄传》第十五回:"海马周三……斜披件喀喇马褂儿,歪戴顶乐亭帽儿,脚穿一双双襻熟皮靸子鞋。"

【络子】làozi 以线绳编结成各种花样的小网袋。按所装物体的大小形状用彩线编织而成,并可打成各种花样儿,通常挂于腰间,以系佩各类坠饰。《红楼梦》第三十五回:"宝玉笑向莺儿道:'……烦你来,不为别的,替我打几根络子。'莺儿道:'装什么的络子?'宝玉见问,便笑道:'不管装什么的,你都每样打几个罢……莺儿道:'什么花样呢?'宝玉道:'也有几样花样?'莺儿道:'一炷香、朝天凳、象眼块、方胜、连环、梅花、柳叶。'"

【黎厂】líchǎng 也作"黎包"。黎族男女的下衣。徐珂《清稗类钞·服饰》:"岐黎下牝鼻裤,余黎无下衣,仅以上宽下窄之四五寸粗布二片,蔽前后,名曰黎厂。或用布一片,通前后包之,名曰黎包。"

【立领】lìlǐng 也称"竖领"或"高领"。衣领名称,是将领面和领里竖立在领圈上的一种衣领品种。清代官服采用圆领,着时在内衬一护领。领立于外,故名。有时为图穿着方便,特将护领缀于衬衣。《清代北京竹枝词·都门杂咏》诗:"军机蓝袄制来工,立领绵袍腰自松。"

立领

【丽水袍】lìshuǐpáo 清代一种织绣有立水纹样的袍服。清崇彝《道咸以来朝野杂记》:"丽水袍与衬衣皆夹衣,虽隆冬穿

大毛之期,亦如是。"

【笠冠蓑袂】lìguānsuōmèi 戴竹笠,穿蓑衣。泛指渔家或渔隐之士的装束。清汤雨生《明月生南浦》词序:"风日佳时,往往吟啸竟夕,笠冠蓑袂,固未尝为天械所拘也。"

【莲花服】liánhuāfú 即袈裟。清钱谦益《为陈伯玑题浣花君小影》诗之一:"薄装自制莲花服,礼罢金经伴读书。"

【莲花珠笄】liánhuāzhūjī 清代广东女子出嫁时所用首饰。以金为之,插于发际。清李调元《南越笔记》卷一:"南海番禺妇人平居不笄,有事则笄。女子出阁前二日始笄,笄多用莲花珠笄。"

【凉朝帽】liángcháomào 清代皇室、官员等的一种礼冠。为敞檐式,冠体以玉草、藤竹丝为之,顶部覆以朱纬,上加冠顶,冠顶之制与冬朝冠相同。按照规定,每年九月十五或二十五日至次年三月十五或二十五日,用冬朝冠;三月十五或二十五日至九月十五或二十五日,用夏朝冠。后妃命妇朝冠之制也有定制,其式与男用者大体相同,唯冠顶承以金凤,朱纬之上也缀以金凤、金翟等饰物,冠后缀有护领,垂明黄绦。《清朝通志》卷五八:"皇帝朝冠,冬用熏貂、黑狐惟其时。上缀朱纬,顶三层,贯东珠各一,皆承以金龙各四,饰东珠如其数,上衔大珍珠一。夏织玉草或藤丝、竹丝为之,缘石青片金二层,里用红片金或红纱。上缀朱纬,前缀金佛,饰东珠十五,后缀舍林,饰东珠七,顶制同。"《大清会典图》卷五八:"皇后朝冠,冬用熏貂,夏用青绒,上缀朱纬。顶三层,贯东珠各一,皆承以金凤,饰东珠各三,珍珠各十七,上衔大东珠一。朱纬上周缀金凤七,饰东珠各

九,猫睛石各一,珍珠各二十一;后金翟一,饰猫睛石一,小珍珠十六,翟尾垂珠……冠后护领垂明黄绦二,末缀宝石,青缎为带。"清吴荣光《吾学录初编》卷八:"朝冠,上缀朱绒,长出檐,梁二,在顶左右……女冬朝冠,后有护领。"

ling—luo

【翎顶】língdǐng 清代官帽上的翎子和顶子。亦代指官爵。清龚自珍《上镇守吐鲁番领队大臣宝公书》:"今日守回之大臣,惟当敬谨率属,以导回王回民,刻刻念念,知忠知孝,爱惜翎顶。"《清史稿·宣宗纪三》:"准布鲁特阿希木袭四品翎顶。"

【翎管】língguǎn 清代官服冠饰。官吏礼帽上用来插缀翎子的管子,一端连缀在冠顶,一端留孔眼,藉以插饰羽毛。其式,作空心管状,二寸长短,一端有孔,为系挂之用,质材视贫富而定,翠、玉、碧玺、珐琅、瓷质均可,瓷翎管为次。因其有孔,亦有人将其改为佩饰,于孔中穿上彩线与珊瑚等珠宝,系挂于腰带上。清曾国藩《江忠烈公神道碑》:"上嘉公功,赏二品顶戴,赐翎管、班指诸物。"《官场现形记》第十九回:"管家帮着换顶珠,装花翎……翡翠翎管不敢用,就把管家的一个料烟嘴子当作翎管,安了上去。"《儿女英雄传》第三十七回:"说着,便叫绿香从屋里一件件的拿出来。一件是个提梁匣儿,套着个玻璃罩儿,又套着个锦囊。打开一看,里头原来是一座娃娃脸儿一般的整珊瑚顶子,配着个碧绿的翡翠翎管儿。"又第四十回:"找找我从前戴过的亮蓝顶儿,大约还在,就把我那个白玉喜字翎管儿解下来,再拿枝翎子。"

【翎枝】língzhī 也作"翎支"。清代官帽上用飞禽尾羽制成的冠饰。常见者有天

鹅、孔雀、云雁鹍尾等。采用尾羽多少不等,或用一支,或用数支结集为束。清王先谦《东华续录·嘉庆十八年》:"赏给三等子爵换戴双眼花翎,在紫禁城内骑马;并赏给御用荷囊一个,升授伊子容照为乾清门二等侍卫所赏荷囊翎支即着容照驰驿赍往。"搏沙拙老《闲处光阴》卷上:"皇上、亲阅旗员有中箭五枝,汉员中箭三枝者,上即手取翎枝交侍班大臣,命赏侍卫承接代缀于射者之冠,一时遭际其荣如此。"福格《听雨丛谈》卷一:"此外翎枝最为难得,非军功不准保荐。若建绩大臣及赏赐王公宗室大员子弟,并行围、校射、射牲、赞礼娴熟等项,皆出自特恩,非臣下所可拟请者也。"陆心源《翎顶考》:"靛染天鹅翎,即今之蓝翎,此乃翎支之肇端。"

【翎子】língzi 清代官员礼冠上的一种饰物。清代凡戴礼帽,一般在顶珠之下都装有二寸长短的翎管一支,借此安插翎子。翎子有花翎、蓝翎之别。花翎用孔雀翎毛,有一眼、二眼、三眼之分。所谓"眼",即指翎毛尾梢的彩色斑纹。一般以三眼为最贵。蓝翎以鹍羽为之,无眼。据称明代已有冠帽上插戴翎子的现象,但明、清两朝翎子的装法不同,明朝是翎子插在帽顶中间,呈直竖状。清朝则将翎子装在帽边,拖至脑后。《儿女英雄传》第四十回:"少大爷高升了,换上红顶儿,得了大花翎子了。"《二十年目睹之怪现状》第八十六回:"他抬头一看,只见那官果然是袍儿、褂儿、翎子、顶子,不曾缺了一样。"

【领门儿】língménr 领口的俗称,衣领上两头相合的地方。《儿女英雄传》第六回:"然后用一只手提住那大和尚的领门

儿,一只手揪住腰胯提起来只一扔,合那小和尚扔在一处。"

【领盘儿】lǐngpánr 衣服里面领下周围所衬的一层。《儿女英雄传》第四十回:"扶着柱子,定了会儿神,立刻觉得……那个领盘儿大了就有一圈儿。"

【领圈】lǐngquān 一种妇女的颈饰。《发财秘诀》第四回:"里面走出一个女子来……穿一件浅蓝竹布衫,襟头上的钮子却是赤金的,领上围了一圈夹红夹黑的珠穿领圈。"

【领围】lǐngwéi 清代达官贵族衣领上镶制的皮毛。既可御寒,又用以装饰。徐珂《清稗类钞·礼制》:"(德宗大婚奁单)光绪己丑正月二十四日,进上赏金如意成柄……领围一九一匣。"

领围

【领袖袍】lǐngxiùpáo 清代妇女的一种礼仪装束,穿袍不套褂。清崇彝《道咸以来朝野杂记》:"妇女制服,最隆重者为组绣丽水袍褂。袍则大红色,褂则红青。妇女袍褂皆一律长的,不似男服之长袍、短褂。有时穿袍不套褂,谓之领袖袍,亦得挂朝珠。"

【领衣】lǐngyī 俗称"牛舌头"。清代的一种护领。清代礼服例无衣领,另于袍上加以硬领,连结于硬领之下的前后两长片,叫做领衣。清朝同治、光绪以前,这

种款式流行于全国。领子呈元宝式,左右有肩,领下续以布条,前后各一;前片正中开襟,并钉有纽扣,着时如衣。男式袍褂领子,多用绸缎、细布制成,样式肥大,中间开叉,颜色多用浅湖色或鸭青色,在颈上之后,用纽扣系结,前后两端束在腰带下。夏天几乎不用,以图凉快,若戴则用纱布做成。冬季常用深色的绒或皮制成,戴时多穿在外褂里边,翻出来,不仅保暖轻便,而且有装饰作用。居丧者则戴以黑布做成的领衣。女子也带领子,多用一条叠起来约二寸左右宽的绸带围在脖上,一头掖在袍子的大襟里。清曹庭栋《养生随笔》卷三:"领衣同半臂,所以缀领。布为之,则涩而不滑,领无上耸之嫌。纽扣仍在前两肋下,前后幅不用缝合,以带一头缝着后幅,一头缀钮,即扣合前幅,左右同。外加衣,欲脱时,但解扣,即可自衣内取出。"徐珂《清稗类钞·服饰》:"又有所谓领衣者,杭人谓之曰牛舌头。盖礼服例无领,别于袍之上加以硬领(春秋以浅湖色缎,夏以纱,冬以绒或皮;有丧者则以黑布)。下结以布或绸缎。有钮缩之。意谓领而衣也;领衣之外,则外袖。行装则着于袍之内,皆取其便也。"

穿领衣的男子

【领约】lǐngyuē 清代贵妇佩于颈间表示

品级的装饰品。金属为之,镂金一圈,垂于胸前部分略宽,两端渐窄,上按品秩嵌不等数目之东珠、宝石。皇后领约,镂金,饰东珠十一,间以珊瑚。两端垂明黄绦二,中各贯珊瑚,末缀绿松石各二;贵妃所用者,饰东珠七,垂明黄绦;皇子福晋所用者,饰东珠七,垂金黄绦;贝勒夫人所用者,饰东珠七,垂石青绦;民公夫人所用者,饰红蓝小宝石五,垂石青绦等等。后妃、命妇等多在祭神、祭灶、万寿节帝后诞辰时,挂戴项间,常与朝服相配。《大清会典图·冠服·领约》:"皇后领约,镂金,饰东珠十一,间以珊瑚。两端垂明黄绦二,中各贯珊瑚,末缀绿松石各二。"

【领章】lǐngzhāng 军人或警察等佩戴在制服领子上用来表示军种、兵种、军衔或职别的标志。始于清末,以金银线区别等差。徐珂《清稗类钞·服饰》:"领章,陆海军将官礼服领上之饰也。用金线或银线为识,以官之高卑别之。"

【领子】lǐngzi ❶围巾。清代满族妇女的围脖。以白绢为之,宽为数寸,长达数尺,使用时围系于颈项,挽结下垂。《红楼梦》第二十四回:"(宝玉)回头见鸳鸯穿着水绿子袄儿……脖子上带着花领子。"《儿女英雄传》第十五回:"看那人,约略不上三十岁,穿着件枣儿红的绛色棉袄,套着件桃红衬衣,戴着条大红领子,挽着双水红袖子……下边露着玫瑰紫的裤子,对着那一双四寸有余的金莲儿。"又第三十一回:"这样冷天,依我说,你莫如搁下这把剑倒带上条领子儿,也省得风吹了脖颈儿!"❷衣服上围绕脖子的部分。《镜花缘》第十六回:"他这颈项生得恁长,若到天朝,要教俺们家

乡裁缝作领子,还没有三尺长的好领样儿哩。"

【留幕】liúmù ❶河北地区指称长夹衣。《畿辅通志》:"留幕,冀州所名大褶下至膝者也。"❷裤的别称。清厉荃《事物异名录·服饰部》:"袴谓之留幕,冀州所名。"

【龙褂】lóngguà 清代皇子、后妃套在朝袍或龙袍外面穿的绣有龙纹的褂子。相当于皇帝的衮服,为吉服的一种。式样为圆领、对襟、平袖。按季节用纱、夹、棉、裘制成。皇子、皇太后、皇后、皇贵妃、贵妃、妃的龙褂颜色统为石青,纹饰上有所不同。皇子龙褂绣五爪正面金龙四团,两肩前后各一团,中间绣有五色云;皇太后、皇后、皇贵妃、贵妃、妃的龙褂纹饰有二制:一种为绣五爪金龙八团,其中两肩前后各绣正龙一团,前后衣襟上绣行龙四团,袖端各绣行龙二团,下幅绣八宝立水图案(即斜向排列的弯曲线条,意谓水浪,并有山石宝物立于水浪之上)。另一种除龙纹与第一种相同外,下幅及袖端不施章采,即不加纹饰。后妃中,唯有嫔的龙褂为香色,纹饰为两肩前后各绣飞龙一团,前后衣襟绣夔龙四团,其他与妃龙褂相同。《清史稿·舆服志二》:"龙褂之制二,皆石青色:一,绣文五爪金龙八团,两肩前后正龙各一,襟行龙四。下幅八宝立水,袖端行龙各二。一,下幅及袖端不施章采。"《清朝通志》卷五八:"皇太子龙褂(皇子同),色用石青,绣五爪正面金龙四团:两肩前后各一,间以五色云。棉、袷、纱、裘惟其时。"又卷五九:"皇太后、皇后龙褂,色用石青,棉、袷、纱、裘惟其时。绣文,五爪金龙八团:两肩前后正龙各一,襟行龙四;

或加绣下幅八宝立水；袖端行龙各二……皇贵妃龙褂，贵妃、妃、皇太子妃同。"又："嫔龙褂，色用石青；棉、袷、纱、裘惟其时。绣文：两肩前后正龙各一，襟夔龙四。皇子龙褂皆绣四团，形制与皇帝衮服相似，唯无日月章纹及万寿篆文。"

【龙吞口】lóngtūnkǒu 清代一种可以装卸的袖头。清代礼服的袖端，一般多裁作弧形，行礼时放下，礼毕则翻起，俗谓"马蹄袖"。日常所穿的常服袍，袖口平齐不作马蹄式，权作礼服用时，则需另制一副马蹄袖，套在常服袍袖端之夹缝处，系以纽扣，免其脱落，俗称"龙吞口"。礼毕将其解下，即常服，取其便利。清朝皇室及民间皆使用，东北汉、蒙等民族冬季亦多用此袖取暖。徐珂《清稗类钞·服饰》："马蹄袖者……有于例程衣袖之

龙吞口（清代传世实物）

外，或前后不开衩之袍而权作为礼服，别缀马蹄袖于例程袖之夹缝中，系以钮者，俗谓之龙吞口。礼毕则解之，袍仍为常服矣。"

【芦花鞋】lúhuāxié 也称"芦花蒲鞋"。以蒲草、芦花制成的冬天穿着的高帮鞋。形制较普通棉鞋为大。一般以棕麻为底，蒲草为帮，内絮芦花。冬季着此可御寒冷。男女均可着之。徐珂《清稗类钞·服饰》："芦花鞋，北方男子冬日著以御寒。江苏天足之妇女，亦喜蹑之。"周振鹤《苏州风俗·服饰》："男女履屦，率于售自市上……雪雨时，多御皮鞋及橡皮套鞋。贫家则穿屐及芦花蒲鞋。"

【罗汉统】luóhàntǒng 也称"飞过海"。用两种质量不同的毛皮制成的服装。其制分为两截，上半截用较差的皮料，下半截则用较好的皮料。多见于清代。徐珂《清稗类钞·服饰》："裘之上下两截异皮者，上截之皮必较逊于下截，而袖中之皮亦必与上截同，以下截为人所易见，可自炫也。其名曰'罗汉统'，又曰'飞过海'。上截恒为羊，下截则猞猁、貂、狐、灰鼠、银鼠皆有之。"

M

ma—mai

【麻冠】máguān ❶用麻布制成的丧冠。《清史稿·礼志十二》:"制服五:曰斩衰服,生麻布,旁及下际不缉。麻冠、绖,菅屦,竹杖,妇人麻屦,不杖。曰齐衰服,熟麻布,旁及下际缉,麻冠、绖,草屦,桐杖。妇人仍麻屦。"❷传统戏曲中身服重孝之人所戴。形似小型额子,不装面牌,不加耳子。贴银点绉,缀白色小绒球。剧中使用时,人物头戴用发,额上裹一道白色绸条,系结于脑后,余绸拖在脑后,作为披麻,再加戴麻冠,表示身服重孝,如《战冀州》中的马超、《九江口》中的张定边所戴。

【马墩子】mǎdūnzi "马褂"的别名。清高静亭《正音撮要·衣冠》:"马墩子,马褂别名。"

【马褂】mǎguà ❶清代男女罩在衣外的一种短衣。由行褂演变而来。因着之便于骑马,故名。其基本式样为圆领,身长及脐,长不过腰,衣袖有长有短,长者及腕部,短者至肘间,袖口为平口,下摆四面开衩,有扣绊。以对襟为主,亦有大襟及缺襟等式。本为八旗士兵的军装,康熙末年传至民间,旋即普及全国,不论官庶,均可着之,并演变为一种常服。日常家居亦可穿之,一般罩在袍褂之外。马褂颜色亦有分别,以黄色为贵,皇帝多用明黄色。按照规定:亲王、郡王以下文武

品官,色用石青;领侍卫内大臣、御前大臣、护军统领、侍卫班领等职官员色用明黄;八旗中四正旗副都统色用金黄;正红旗统下亦用金黄,其余则各按旗色。至于其他官吏,若有勋绩,经皇帝特赏之后,亦可穿着明黄马褂。平民百姓除不得穿黄马褂外,其余悉听其便。大抵在清初崇尚天青,乾隆年间崇尚红紫,嘉庆时崇尚泥金及浅灰等。马褂有单、夹、皮、棉多种,视季节及长袍质地而定,面料纱褂用熟罗、单褂多以洋绉或绸缎制成,夹褂一般用寿字、团花、花枝等隐花缎子或大绒作料者为多。除用绸缎等织物外,也有用各种兽皮的。乾隆年间,还有人将马褂反穿,露皮于外,但多为达官贵人所穿。清末,还流行过一种黑色海虎绒马褂,穿时衬以湖色春纱直行袍,为缙绅阔老的时髦服饰。清亡后,冠服制度多废除,惟马褂得以保存。爰至民国初年,又被定为男子礼服,凡出入重大的社交场合,一般均需着此,其式亦有定制。四十年代之后,其制渐衰,但直到中华人民共和国成立后,才逐渐消失。清赵翼《陔余丛考》卷三三:"凡扈从及出使,皆服短褂、缺襟及战裙。短褂亦曰马褂,马上所服也。"徐珂《清稗类钞·服饰》:"马褂较外褂为短,仅齐脐。国初,惟营兵衣之,至康熙末,富家子为此服者,众以为奇。甚有为俚句嘲之者。雍正时,服者渐众,后则无人不服,游行

街市,应接答客,不烦更衣矣。"❷京剧中王侯、将领、中军、校尉等人物所穿服装。源于清代日常生活服装中的马褂。在京剧舞台上,无论文官武将都可以穿马褂,如《武家坡》中的薛平贵、《八大锤》中的兀术,及《打严嵩》中的中军、校尉等均穿马褂。舞台上的马褂经常套在箭衣外边,作为一种行路的外罩服装,也可以战斗时穿。形制为圆领,对襟,中袖,衣长及腰。缎制面,分花素两种:花马褂有团龙马褂、团花马褂两种;素色马褂为一般将士穿用,有红、黄、绿、白、黑五色,穿时内须衬箭衣,外加三肩。番邦人物穿箭衣、马褂作为礼服时,应饰以旗装的"领衣",用来遮盖颈部。马褂可斜穿,穿左袖,偏袒右肩臂,右袖向后片内折,两前片系扣襻,表示人物急行赶路。舞台上常用的马褂有团龙马褂、团花马褂和黄马褂三种。

黑团龙马褂

【马褂】mǎguì 即"马褂"。清夏仁虎《旧京琐记·仪制》:"行裳即今之马褂也,行袍即缺襟袍也,皆以便于乘马。"

【马裤】mǎkù 特为骑马方便而做的裤子。臀部和大腿部分较宽松,膝盖以下部分与小腿紧贴。《恨海》第七回:"(伯和)低头一看,右面大腿上流出许多血来,穿的那单马裤上破了一个焦洞,才知道是着了枪子。"

【马笠】mǎlì 一种骑马时所戴的斗笠。

清方文《送梁平叔令宣城》诗:"东风拂面柳条青,仙令翱翔往敬亭;马笠偶然逢旧雨,牛刀聊尔试新硎。"

【马连波】mǎliánbō 清代一种草帽的名称,其制圆顶宽檐。清李光庭《乡言解颐》卷四:"南人多用竹笠;北方则麦莛编成,谓之草帽子……圆屋宽檐者,谓之马连波,高屋窄檐者,曰香河高,望去无一点瑕疵,若无缝然,尤好在戴久而檐不垂。"

【马蹄底】mǎtídǐ 清代满族女鞋之底。在鞋底部中心部位嵌上高三四寸或七八寸的木底,其前平后圆,上细下宽,外形及落地印痕皆似马蹄。木底周围包裹白布,鞋面富家多以缎为质,贫者布为之。皆彩绣各种花卉图案,精工细做。最忌素面无花者,以其近似凶服,贵族妇女不只木底高且玲珑,鞋面满绣,还要饰以珠宝、翠玉,或于鞋头加缀缨络,少女至十四岁时始用马蹄底鞋。徐珂《清稗类钞·服饰》:"八旗妇女皆天足,鞋之底以木为之,其法于木底之中部,即足之重心处,凿其两端,为马蹄形,故呼曰马蹄底。底之高者达二寸,普通均寸余。其式亦不一,向看地之处,则皆如马蹄也。底至坚,往往鞋已敝而底犹可再用。向以京师所制之形式为最佳。著此者以新妇及年少妇女为多。"

【马蹄袖】mǎtíxiù 一种半圆形袖头,因被裁成弧形,式如马蹄,故名。盖在手面上,一般最长为半尺。马蹄袖分布、皮两种。早期狩猎用,皆皮质,手背附着毛绒以取暖;入关后,春夏多用白缎子,秋冬多用皮。马蹄袖平日挽起,出猎作战时则放下,覆盖手背,冬季可御寒。清时,官员入朝谒见皇上或其他王公大臣,都得将马蹄袖弹下,两手伏地叩见,成为一种专门的礼节。《二十年目睹之怪现状》第四回:"再看那主人时,却放下了马蹄袖,拱起双手,一直拱到眉毛上面。"《官场现形记》第七回:"他心上一急,一个不当心,一只马蹄袖又翻倒了一杯香槟酒。"徐珂《清稗类钞·服饰》:"马蹄袖者,开衩袍之袖也。以形如马蹄,故名。男子及八旗之妇女皆有之。致敬礼时,必放下。"

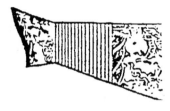

马蹄袖

【麦草帽】màicǎomào 清代岭南地区用麦秸秆编成的敞檐大帽,多用于夏日遮阳。清屈大均《广东新语》卷一六:"或作麦草帽,则以白绸机头为绥,又以草之精粗,分人贵贱,其风俗如此。"

mao—mu

【毛窝】máowō 以蒲草编制,内有毡绒、芦花或鸡毛的暖鞋。圆头,高帮,冬季穿着可御寒冷,宜于雪地行走。流行于江南地区,后普及到各地。《老残游记》第八回:"车夫大家看了说:'不要紧,我有法子。好在我们穿的都是蒲草毛窝,脚下很把滑的,不怕他。'"清蘧园《负曝闲谈》第二十九回:"回头再看王霸丹,身上一切着实鲜明,就是底下跷着双毛窝子。"何耳《燕台竹枝词·毛窝》:"难得靴纹破软红,毛窝免得笑冬烘。四围温厚中深稳,踏冻应无卷地风。"

【帽箍】màogū 一种没有顶的凉帽。曹庭栋《养生随笔》卷三:"梁有空顶帽,隋有半头帻,今儿童帽箍,大抵似之。虚其顶以达阳气,式最善。每见老年,仿其式以作睡帽,窃意春秋时家常戴之,美观不足,适意有余。"

【帽圈】màoquān 夏天乡野庶民男女常戴的一种无顶凉帽。通常以草编织而成,夏日戴之可蔽炎暑。清李光庭《乡言解颐》卷四:"南人多用竹笠;北方则麦莛编成,谓之草帽子。每当夏秋后,收麦之家亲属来投莛杆,去根作柴,去粗皮及黄不堪用者……选择之其中最精白者,掐辫子,用丝线编细草帽……并编无屋帽圈,男妇皆可戴用,其某歌曰:'麦子剃了头,齐把莛杆投。掐成辫子编作帽,贱者卖几百,贵者卖几吊,粗粗刺刺不卖钱。编了草帽编帽圈,男戴草帽耕陇畔;妇戴帽圈来送饭,稚子戴了去放牛;老翁戴了上渔舟。归来共饭黄昏后,数数帽圈够不够。'"

帽圈(清代刻本《康熙耕织图》)

【帽胎】màotāi 帽子内层的衬里,有软胎、硬胎之分。软胎多用布帛等制成,硬胎多用木、纸版、铁纱、漆纱等制成。清刘廷玑《在园杂志》卷一:"本朝帽制,凉帽以德勒苏草细织成面者为上等,次等用白草,内以片金或大红缎绸、各色纱缎为里,名曰帽胎,上覆以大红绒线纬缨,王、公卿二大夫、士庶皆戴之。"叶梦珠《阅世编》卷八:"帽胎,顺治三年始也,未有卖者,俱剪藤编篾席为之,后用细草编成,造自北方,至南而加里发贩,京师有同类而最精细洁者,名曰得勒粟,每顶银三、四两,而红纬不与焉,外省罕有。"

【帽头】màotóu 清嘉庆年间流行的一种半球形小帽。其上可绣花,镶嵌珠宝;或饰以用片金制的花边,脑后垂以长穗,顶上则饰有红绒结。《儿女英雄传》第三十回:"(安公子)带一顶片金边儿沿鬼子栏杆的宝蓝满金的帽头儿,脑袋后头搭拉着大长的红穗子。"又第三十四回:"舅母又给作了个绛色平金长字儿帽头儿,俩媳妇儿是给打点了一分绝好的针线活计。"徐珂《清稗类钞·服饰》:"嘉庆时,盛行帽头,蟠金线组绣其上,且有明珠、宝石嵌之者,如古弁制,惟顶用红绒结顶,稍异耳。士大夫皆冠之。"

【帽围】màowéi 清代暖帽檐上所镶的皮毛。徐珂《清稗类钞·礼制》:"(德宗大婚奁单)光绪己丑正月二十四日,进上……帽围一九一匣。"

【帽罩】màozhào 清代满、汉官服冠上之罩。《儿女英雄传》第十五回:"(安老爷)依然戴上那个帽罩儿,走到角门,隐在门后向外窥探。"又:"头上罩着个蓝毡子帽罩儿,看不出甚么帽子,有顶戴没顶戴来。"徐珂《清稗类钞·服饰》:"全红帽罩,惟三品以上人内廷者,准服;四、五品官虽内直,不用也。"

【帽正】màozhèng 也作"帽准"。吴语"准""正"音近。缀钉在帽前正中的翡翠珠玉等材质的装饰物。《海上花列传》第四十二回:"俚几对珠花同珠嵌条,才勿对,单喜欢帽子浪一粒大珠子,原拿来做仔帽正末哉。"《二十年目睹之怪现状》第四十八回:"头上戴了一顶乌绒女帽,连帽准也没有一颗。"

帽准(清吴友如《古今人物图》)

【密门】mìmén 钉缀多枚纽扣的衣襟。多见于男子马褂、马夹及妇女短袄。流行于清末。清秦炳如《上海县竹枝词》:"紧身窄袖半洋装,非勇非兵躯干强。马夹密门绸纽扣,成群结队荡街坊。"自注:"近年无赖之徒无有不穿紧身窄袖之衣,披密门绸纽扣之马夹者。"

密门(《点石斋画报》)

【蜜蜡串】mìlàchuàn 以琥珀制成的颈部挂饰。徐珂《清稗类钞·服饰》:"(太平人)手钏多以银为之,胸悬蜜蜡串。"

【棉袄】mián'ǎo 絮有棉花的上衣。《红楼梦》第五十八回:"那芳官只穿着海棠红的小棉袄,底下丝绸撒花袷裤……哭的泪人一般。"《儿女英雄传》第十四回:"庄门开处,走出一个人来,约有四十余岁年纪,头戴窄沿秋帽,穿一件元青绉绸棉袄。"

【棉甲】miánjiǎ 用棉织品制作的护身铠甲。《清史稿·诚毅勇壮贝勒穆尔哈齐传》:"被棉甲者五十,被铁甲者三十。"

【棉袍】miánpáo 中间絮有棉花的双层袍服。《海上花列传》第一回:"又等他换了一副簇新的行头……身穿银灰杭线棉袍,外罩宝蓝宁绸马褂。"《儿女英雄传》第十五回:"只见那人穿一件老脸儿灰色三朵菊的库绸缺襟儿棉袍儿,套一件天青荷兰雨缎厚棉马褂儿。"《清史稿·福济传》:"于是庐江、巢县、无为相继克复,被优叙,赐御用棉袍、翎管、搬指、荷包。"

【面巾】miànjīn 原指死者覆面的方巾。清代称毛巾、手巾、擦脸巾等亦作面巾。徐珂《清稗类钞·服饰·面巾》:"面巾,本就死者覆面之巾而言,以绢为之,方尺二寸,即《仪礼》所谓幎目,盖古之通礼也。然今之洗面者,亦称面巾。大别有二,一以水洗面时所用,一为拭尘秽时所用。"

【妙常冠】miàochángguān 也称"妙常巾"。戴发修行的尼姑戴的一种巾帻。巾顶由两块梯形缎料拼缝而成。两侧有飘带一副,上绣若干"佛"字。帽后连缀六片扁圆形布片,淡黄或白色,中间也各绣一"佛"字。附黄色排须,底部另附有短飘带两根,因戏曲演出时女尼陈妙常用之做头部装束,故称。陈妙常,是明朝高濂《玉簪记》的女主人公。原名陈娇莲,开封府丞之女。靖康之变,母女离散,落难女贞观为尼,取法名妙常。《红楼梦》第一百零九回:"只见妙玉头带妙常冠,身上穿一件月白素绸袄儿,外罩一件水田青缎镶边长背心。"清褚人获《坚瓠集·补集》卷四:"貂鼠围头镶锦构,妙常巾带下垂尻;寒日犹著新皮袄,只欠一双野雉毛。"

【木管】mùguǎn 清代官帽上用于插缀翎子的木质翎管。清福格《听雨丛谈》卷一:"品官执事乐人,青袍,束缘绿红布带,帽安裹锡木管,插绿翎。"自注:"近来率用红翎红木管。"

N

nei—nuan

【内城京靴】nèichéngjīngxuē 一种用较好的缎料制成的高靿厚底靴子。清代多由京师内城的商店制造，故名。《二十年目睹之怪现状》第四回："后头送出来的主人……头上戴着京式大帽，红顶子花翎；脚下穿的是一双最新式的内城京靴。"

【纽襻】niǔpàn 也称"纽绊"。扣住纽扣的套。纽扣的组成部分之一。纽扣一般由雌、雄两部分组成。雄者曰扣子；雌者则曰纽襻。通常以同色衣料为主，根部编织成各式花样，缝缀于衣；顶部则做成小圈，以承受扣子贯穿钩结。清顾张思《土风录》卷三："衣纽之牝者曰纽襻。"

纽襻

【纽门】niǔmén 纽扣襻；纽扣的孔眼。《儿女英雄传》第十五回："（邓九公）套一件倭缎厢沿加厢巴图鲁坎肩儿的绛色小呢对门长袖马褂儿，上着竖领儿，敞着纽门儿，脚下一双薄底儿快靴。"

【暖朝帽】nuǎncháomào 清代规定官员秋冬季节所戴的礼冠。按礼部规定：每年春季三月用凉朝帽；秋季九月换用暖朝帽。多为圆型，周围有一道檐边。材料多用皮制，也有呢、缎、布制的，反折向上，顶部以朱纬覆底，上加冠顶；另有金佛、舍利等饰物。颜色以黑色为多。最初以貂鼠为贵，次为海獭，再次则狐，其下则无皮不用。由于海獭价昂，有以黄狼皮染黑而代之，名曰骚鼠，时人争相仿效。康熙时，江宁等地新制一种剪绒暖帽，色黑质细，宛如骚鼠，价格较低，一般学士都乐于戴用。冠檐的材料是区别身份的一大标志，如皇帝、皇太子用熏貂及黑狐；皇子、王公至文武一品官用熏貂及青狐；文二品、三品、武二品用熏貂及貂尾；文四品、武三品以至未入流官，只能用熏貂。帽子的最高处，装有顶珠，多为宝石，颜色有红、蓝、白宝石或金等。《清会典事例·礼部·冠服通例》："十五年题准，每年春用凉朝帽及夹朝衣，或三月十五日或二十五日为始；秋用暖朝帽及缘皮朝衣，或九月十五日或二十五日为始。"

暖朝帽

【暖兜】nuǎndōu 一种形似头盔的既防风又保暖的帽子。《红楼梦》第五十回:"贾母围了大斗篷,带着灰鼠暖兜。"

【暖额】nuǎn'é 明清妇女冬季用的一种额子。用条状皮毛制成。清平步青《霞外捃屑》卷一〇:"《西云札记》卷一:'今俗妇女首饰,有抹额。'此二字亦见《唐书·娄师德传》,又《南蛮传》,又《韩愈送郑尚书序》。《续汉书·舆服志》注,胡广曰:'北方寒凉,以貂皮暖额,附施于冠,因遂变成首饰,此即暖额抹额之滥觞。'按以貂皮暖额,即昭君套抹额,又即包帽,又即齐眉,伶人则曰额子。"

P

pai—pu

【排钗】páichāi 一种多齿之钗。清代妇女用作首饰。钗首以玉制成，钗股包以金片，并连缀珠串，使用时钗插于鬓，珠垂于肩。多用于婚嫁。清范寅《越谚》卷中："排钗，此钗镂玉为头，包金于股，贯珠为络索，或三五挂，长及肩，其数极减四钗，多至十二排，插于鬓，垂两鬓外，亦为惟新妇簪焉。"

【排穗褂】páisuìguà 下缘垂有一排流苏穗子的褂子。《红楼梦》第三回："及至进来一看，却是位青年公子，头上戴着束发嵌宝紫金冠，齐眉勒着二龙戏珠金抹额；一件二色金百蝶穿花大红箭袖……外罩石青起花八团倭缎排穗褂。"又第五十二回："贾母见宝玉身上穿着荔支色哆罗呢的箭袖，大红猩猩毡盘金彩绣石青妆缎沿边的排穗褂。"

【襻肩红】pànjiānhóng 也称"披红"。男女在喜庆活动中披搭在肩上的绛色帛巾。常用于入学、中举或成婚等。清平步青《霞外捃屑》卷四："今越中童生初入学，鼓乐迎送，投谒亲族。襕衫之上，必披绛帛。呼曰襻肩红。不知仿于何时。婚时亦有用之者。"

【袍褂】páoguà 袍服和外褂。清代官服的主要组成部分。清昭梿《啸亭杂录·服饰沿革》："袍褂皆用密线缝纫，行列如绘，谓之实行。"吴振棫《养吉斋丛录》卷二二："（雍正间）又尝赐鄂文端团龙袍褂……鹤丽镇总兵张耀祖以剿平米贴夷人，赐剿龙袍褂。"汪辉祖《病榻梦痕录》卷下："余年十七羡单纱……后入胡公幕，止服高丽布袍褂。"徐珂《清稗类钞·服饰·成亲王之袍褂》："（成哲亲王）所御袍褂极旧，然熨贴整削。"

【袍套】páotào 补服的别称。亦名外褂、外套。《糊涂世界》卷七："他现在已求着抚台赏了他一个五品功牌，居然也是水晶顶子，他便做了袍套，买了一副补子。"徐珂《清稗类钞·服饰·巴图鲁坎肩》："京师盛行巴图鲁坎肩儿，各部司员见堂官往往服之，上加缨帽，南方呼为一字襟马甲，例须用皮者，衬于袍套之中。"黄远庸《历历伤心录》："我们在蒙古不觉得，若到北京戴起顶子花翎，穿起补服袍套，自己也觉得不好过。"

【跑凌鞋】páolíngxié 滑冰鞋。清张焘《津门杂记》卷一二："（天津）又有所谓跑凌鞋者，履下包以滑铁，游行冰上为戏，两足如飞，缓疾自然，纵横如意，不致倾跌。"

【披领】pīlǐng 也称"披肩领""大领"。清代帝王、百官、嫔妃、命妇等在穿着礼服时，加在颈部，披于肩上的一种衣领（朝服本身无领）。形状如同菱角，上绣龙蟒等图纹，并加以缘饰。通常缝缀在衣上，亦有分开制作者，使用时罩在肩上，于颈项处扣结。有冬、夏两种。冬天为紫貂或用石青加海龙嵌缘，夏天为石青加片金缘。披领以不同的纹饰与颜色来区别尊卑贵贱。其制起于后金努尔哈赤时期,只有在重大礼仪场合时才能配戴,其余一般的场合则不准配戴,一直延用至清末。清萧奭《永宪录》卷一:"凡册封出使外国正副使,给以蟒缎披领、麒麟补长褂、一品顶带。"《钦定服饰肩舆永例》:"公侯伯貂鼠镶披领袍,囤子小袖袍、蟒缎、妆缎、金花缎、各样补缎、倭缎、各样花缎、素缎俱准用。"《清史稿·舆服志二》:"(皇帝)朝服,色用明黄,惟祀天用蓝,朝日用红,夕月用月白。披领及袖皆石青,缘用片金,冬加海龙缘……十一月朔至上元,披领及裳俱表以紫貂,袖端熏貂。"又:"(皇后)朝袍之制三,皆明黄色:一,披领及袖皆石青,片金缘……"徐珂《清稗类钞·服饰》:"披肩为文武大小品官衣礼服时所用,加于颈,覆于肩,形如菱,上绣蟒。"

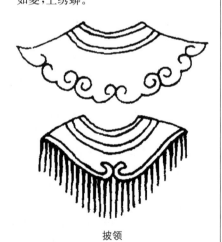

披领

【皮耳朵】pí'ěrduo 用毛皮制成的暖耳,冬季用来防寒保暖、保护耳朵。《燕台竹枝词》:"皮耳朵:耳边风息话难投,两翼都非集翠裘。出户不知风力猛,睡乡高枕亦温柔。"

【皮屐】píjī 一种皮面的木底鞋。清戴名世《日本风土记》:"男妇皆跣足,仅曳一皮屐而已。"

【皮袍】pípáo 用毛皮做里子的袍服。于寒冷时节保暖御寒用。《花月痕》第二回:"岂知痴珠在都日久,资斧告罄,生平耿介,不肯丐人……自与秃头带副铺盖,一领皮袍,自京到峡,二十六站,与车夫约定兼程前进。"清周寿昌《思益堂日札》:"嘉庆六年二月初六日,臣永珵五十生辰,上赐……石青段银鼠皮褂一件,蓝二则段银鼠皮袍一件。"

【皮岥高帽】pípèigāomào 清代哈萨克族男子冬季所戴的御寒保暖皮帽。徐珂《清稗类钞·服饰》:"哈萨克人之服饰……男子着皮岥高帽,内衬幖头……年十三四,则以金丝缎及杂色绸布制为小幖,四时均加皮岥高帽,谓之突马克,其上或用猞猁、貂狐之毛,或用羊皮,视家之贫富为之。其式六方,顶高三四寸,后岥长尺许,皆皮里也,戴时,露口眼于外,冬日以御霜雪。"

【皮裙】píqún 以毛皮为衬里的裙子。多用于冬季防寒保暖。明末清初较为流行。清同治年间,由于百褶裙的风行,其制渐衰。《红楼梦》第六回:"那凤姐……穿着桃红洒花袄,石青刻丝灰鼠披风,大红洋绉银鼠皮裙。"《清代北京竹枝词·时样裙》:"凤尾如何久不闻?皮绵单袷费纷纭。"诗下自注:"近时妇女多喜穿百褶裙,即严冬亦然,鲜有著皮、绵者。"

【皮袖】píxiù 毛皮袖笼。冬季用以御寒保暖。徐珂《清稗类钞·恩遇》:"冬无裘,入市,以三百钱买皮袖,自缀于袍,钞纂益力。"

【皮靴页儿】píxuēyèr 用来装名片、钱票等物的小夹子，犹今之钱包。多以皮革或绸缎制成，塞掖在靴筒中，故名。《老残游记》第十六回："那老儿便从怀里摸出个皮靴页儿来，取出五百一张的票子两张，交与胡举人。"

【皮缨】píyīng 清代凉帽顶部的皮制缨饰。清叶梦珠《阅世编》卷八："凉帽顶或用红缨，初价不甚贵，而缨亦粗硬，后用皮缨、胎缨，价始贵矣。胎缨一两有值银七、八钱者，皮缨半之。"

【琵琶襟】pípajīn 也作"琵琶衿"。清代便服前襟的一种状如琵琶之襟式。大襟只掩至胸前，不到腋下；纽扣自大襟领口钉起到立边下方，排列较密。其制略如大襟，唯右襟下部被裁缺一截，形成曲襟。转角之处均为方形。流行于清代，初多用作行装，以便乘骑。后变成单纯的装饰，无实用意义。男女之服均可用此，以马褂及马甲采用为多。《红楼梦》第九十一回："（宝蟾）穿了件片金边琵琶襟小紧身，上面系一条松花绿半新的汗巾。"清李斗《扬州画舫录》卷一一："清明前后，肩坦卖食之辈，类皆俊秀少年，竞尚妆饰。每著蓝藕布衫，反纫钩边，缺其衽，谓之琵琶衿。"《儿女英雄传》第四回："（那小子）身上穿着件月白棉绸小夹袄儿，上头罩着件蓝布琵琶襟的单紧身儿。"

琵琶襟紧身

【琵琶襟马褂】pípajīnmǎguà 清代的一种短衣。其制与普通马褂略同，唯右襟短缺，以便乘骑。徐珂《清稗类钞·服饰》："马褂之右襟短缺而略如缺襟袍者，曰琵琶襟马褂。或亦谓之曰缺襟。袖与袍或衫皆平。"

琵琶襟马褂

【片金缘】piànjīnyuán 也称"片金边"。清代盛行的一种用片金织物制成的缘边。通常镶滚在冠服四周，以增强冠服的装饰效果。其制宽窄不等，宽者达十厘米，窄者仅二厘米。多用于贵族服饰。《红楼梦》第九十一回："薛蚪只得起来，开了门看时，却是宝蟾，拢着头发，掩着怀，穿了件片金边琵琶襟小紧身，上面系一条松花绿半新的汗巾。"《清史稿·舆服志二》："朝袍之制三，皆明黄色：一，披领及袖皆石青，片金缘……披领及袖皆石青，夏用片金缘，冬用片云加海龙缘，肩上下袭朝褂处亦加缘……领袖片金加海龙缘，夏片金缘。"

【瓢冠】piáoguān 瓜瓢形的僧帽。清孔尚任《桃花扇·入道》："外扮张薇瓢冠衲衣，持拂上。"

【蒲窝子】púwōzi 明清时民间以蒲草制成的深帮圆头之暖鞋。其中絮以鸡毛，芦花等物。多在冬季穿着以防寒保暖。《儒林外史》第四回："那日在这里住，鞋也没有一双，夏天靸着个蒲窝子，歪腿烂脚。"

Q

qi-qun

【七分二】qīfēn'èr 清代一种棉纱所织的手巾名称。因售价为七分二厘，故名。徐珂《清稗类钞·服饰》："以棉纱所织之巾。本以拭汗秽,美容颜也。为舶来品,市肆售价,每方银币一角。角之重量为银七分二厘。粤市交易。向用银块,后虽流通银币。而仍合银块之重量以计算。巾之值为银七分二。于是遂以七分二呼巾矣。"

【七星貂】qīxīngdiāo 清代满汉官吏行装暖帽。徐珂《清稗类钞·服饰》："七星貂者,以貂皮截之成七条,缀于暖帽,如缨然,盖行装所用也。为武官四时所戴,即文职之从事军旅者,亦从之。"

【齐眉】qíméi ❶即"额子"。因多齐眉兜勒,故名。❷清代咸丰年间妇女所戴的一种首饰。以金玉为之,连缀珠串,使用时插于发簪,垂珠串于眉间。清范寅《越谚》卷中："齐眉,此与网钗大同小异,彼双此单,彼分布两边,此独障额前,珠络齐眉而止。亦新制,起于咸丰年。奢华极矣。"

【骑缝】qífèng 帽子中间的缝合处。徐珂《清稗类钞·宗教》："前导旌幡人,人各戴红布帽,顶上骑缝,缘以羊毛一道,形如鸡冠。"

【棋盘裆】qípándāng 清代一种裤缝交错的窄裆之裤。清李斗《扬州画舫录》卷一一："清明前后,肩担卖食之辈,类皆俊秀少年,竞尚妆饰……裤缝错伍取窄,谓之'棋盘裆'。"

【旗袍】qípáo 一种长袍。原指满州旗人所穿之袍。包括官吏的朝袍、蟒袍及常服袍等。后专指妇女之袍。名称始见于清。按清代礼俗,皇帝、百官参加祭祀、大典或朝会,均穿长袍。命妇礼服,各依其夫,亦以袍服为尚。唯有在日常家居时可着襦裙。全于八旗妇女,即便在家居时,亦着长袍。久而久之,凡八旗妇女所穿长袍,通称"旗袍",而用作礼服的朝袍、蟒袍等服,则不再包含在旗袍范畴。清初旗袍实物,圆领、窄袖,衣襟右掩;两腋部分明显收缩,由此而下,逐渐放宽,下襬部分异常肥大。清末旗袍的主要特点是袍身宽敞,外形以平直为多;领、袖、襟、裾镶以宽阔的花边,另加高领。辛亥革命后,汉族妇女亦以穿着旗袍为尚,并在原来基础上加以改进,成为近代一种独特的女式服装。二十年代初期的旗袍样式,以窄袖为多,滚边不如从前宽阔。二十年代末,因受欧美服装影响,旗袍式样日新月异。如缩短长度,收紧腰身及缀以肩缝等。三十年代,旗袍式样变化更大:或流行高领,即便在盛夏之日,亦用高耸及耳的硬领;转而又流行低领,即便在寒冬之日亦仅缀一道狭边;袖子变化亦时而长过手腕,时而短至肘

间。至于旗袍长度,更有许多变异,长者曳地数寸,短者下不过膝。进入四十年代,变化较缓,趋于简便。身长及袖长大

【旗装】qízhuāng ❶清代满族妇女的服装饰。包括发式、服装、鞋履及挂佩。外轮廓呈长方形,马鞍形领掩颊护面,衣服上下不取腰身,衫不露外。其造型完整严谨,呈封闭式盒状体。在满族人入关后,强行在全国推行,汉族服装逐渐受到影响,近、现代服装的一些特点也是其影响的结果。《儿女英雄传》第十七回:"他家那些村婆儿从不曾见过安太太这等旗装扮,更该有一点窥探。"❷戏曲服饰。戏曲演出中扮演少数民族妇女所穿服饰的专称。以"旗装"引入戏曲舞台,由最初的作为"时样服色"登台,继之扩大为剧目中的少数民族妇女程式化的服装类型,有一个发展、完善的过程。"旗装"由"旗头"(即两把头或一字头)、"旗袍""旗鞋"组成。旗袍外亦有罩琵琶襟、大襟或一字襟的小坎肩。如《坐宫》的铁镜公主,《盗令》的萧太后,《大登殿》的代战公主等。

戏剧旗装

【掐牙】qiāyá 也称"牙子"。嵌入衣服滚边内的细牙条,以做镶饰和护边。通常多缩短,领子亦多用低式,尤其在夏季,大多不用袖子,并省略了许多繁琐细屑的装饰,使其更加简洁、轻便和适体。以黑色的绸缎制成。多用于女服。《红楼梦》第三回:"只见一个穿红绫袄青绸掐牙背心的一个丫鬟走来。"又第四十六回:"(鸳鸯)穿着半新的藕色绫袄,青缎掐牙坎肩儿,下面水绿裙子。"

【袷袢】qiāpàn 维吾尔语译音,意为"长外衣"。清代维吾尔、哈萨克、柯尔克孜、乌孜别克、塔吉克等民族男子的一种长袍。流行于新疆地区。无领对襟,无纽扣,长及膝。分单、棉、皮三种。袷袢颜色以黑、咖啡、蓝、棕色为主,单袷袢布料一般选用绸缎、灯芯绒、粗呢子或毛华达呢。棉袷袢多用黑色灯芯绒作布料。皮袷袢则用羊皮做里子,以灯芯绒或呢绒作面子。老年人的单袷袢多为白色,棉袷袢多为青色;中年人的多为灰色、蓝色、咖啡色等;青年人的色彩较为鲜艳,而且多有条格花纹,尤以红、绿底色套白、黄、黑长条纹为多。徐珂《清稗类钞·服饰类·新疆缠回之服饰》:"新疆缠回谓衣曰袷袢,圆袂而窄袿。"

【倩服】qiànfú 华丽的服装。清袁枚《随园诗话》卷二:"张燕公称:阎朝隐诗,炫装倩服,不免为风雅罪人。"

【靿袖】qiàoxiù 指马蹄袖。胡祖德《沪谚外编·山歌·贼》:"前清时代箭衣装起皮靿袖,蒙茸细毛都湿透,淋漓尽致无伸无缩出门口。"

【青金石顶】qīngjīnshídǐng 清代四品官吏冠帽上的顶饰。清吴振棫《养吉斋丛录》卷二二:"四品官,用青金石顶。"

【青衣乌帽】qīngyīwūmào 平民的衣着。青衣自汉以后即为卑贱者之服。乌帽即

乌纱帽，本为官帽，隋唐以后流行于民间。清全祖望《梅花岭记》："城之破也，有亲见忠烈青衣乌帽，乘白马，出天宁门投江死者，未尝殒于城中也。"

【青衣小帽】qīngyīxiǎomào 平民服装；普通老百姓的装束。清孔尚任《桃花扇·设朝》："你青衣小帽，在此不便。"《儒林外史》第八回："（王守仁）换了青衣小帽，黑夜逃走。"《荡寇志》第一百二十二回："吴用忙叫：'……我想不如青衣小帽，同戴院长偷渡过去为稳。'"

【秋帽】qiūmào 瓜皮帽的俗称。清夏仁虎《旧京琐记·俗尚》："便幅曰秋帽，以皮为沿者曰囷秋"。徐珂《清稗类钞·服饰》："小帽，便冠也……俗名西瓜皮帽。又名秋帽。"《晚清宫廷生活见闻》辑杜如松《记肃亲王》："巡捕队开始的服制，是头戴清朝秋帽，身穿灰布长袍。"

【氍笠】qúlì 一种毡制的笠帽。《说唐演义全传》第四回："见一员壮士，撞围而入，头戴范阳氍笠，身穿皂色箭衣。"

【缺襟】quējīn 一种衣襟的样式。亦指这种形制衣襟的长袍、马褂及马甲等。一般制如大襟，右襟下部裁缺一截，形成曲襟。清赵翼《陔余丛考》卷三三："凡扈从及出使，皆服短褂、缺襟及战裙。"徐珂《清稗类钞·服饰》："马褂之右襟短缺而略如缺襟袍者，曰琵琶襟马褂，或亦谓之曰缺襟。"

【缺襟袍】quējīnpáo 清代文武官员出行时所著的一种长袍。原为便于骑马而制。右襟下部被裁下一块，平时用纽扣缩结，骑马时则解下，以便活动。清袁枚《随园随笔·原始》："今之武官，多服缺襟袍子，起于隋文帝征辽，诏武官服缺胯袄子。唐侍中马周请于汗衫上加服小缺

襟袄子，诏从之。"清赵翼《陔余丛考》卷三三："凡扈从及出使，皆服短褂、缺襟袍及战裙。"福格《听雨丛谈》卷一："若缺襟袍，惟御用四开褉，宗室亦用两褉。"范寅《越谚》卷中："缺襟袍，大襟下截缺块接续者。"

【雀顶】quèdǐng 清代举人和生员的冠饰。清制举人公服冠顶，用镂花银座，上衔金雀；生员镂花银座，上衔银雀。《王氏医案》："本朝乾纲丕振，雀顶尚红，冠饰朱缨，口燔烟草，皆为阳盛之象。"《清会典·礼部五·官员士庶冠服》："举人、官生、贡生、监生冠，用金雀顶，带用明羊角圆版，银镶边。"《清会典·礼部五·官员士庶冠服》："生员冠，用银雀顶，带用乌角圆版，银镶边。"

【雀翎】quèlíng 孔雀或鹖的尾毛。清代用作赏给贵族与高级官员的冠饰。有单眼、双眼、三眼之分。双眼、三眼者是因功勋得到的特殊赏赐。因用以借指朝廷大臣。《儿女英雄传》第三十六回："只见那座宫门的台阶儿倒有一人多高，正门左门掩着，只西边这间的门开着一扇，豹尾森排，雀翎拱卫。"

【雀洛汁】quèluòzhī 清代哈萨克族妇女首服。用白色布帛制成口袋状，使用时罩于面部，露其两眼，后垂至肩背。徐珂《清稗类钞·服饰》："（哈萨克人）其姑为易戴白布面衣，曰雀洛汁。其制以白布一方，斜纫如袋，幪首至于颊，而露其目，上覆白布圈，后帔襜襜然，下垂肩背，望而知为妇装也。"

【囷子】qūnzi 一种能包裹腰腹的布帛，多为儿童使用。清李光庭《乡言解颐·物部上》："家乡为小儿作裹肚曰兜兜，圆围腰腹者曰囷子。肖其形也。"

【裙花】qúnhuā 镶滚在裙上的花边。《二十年目睹之怪现状》第七十八回："姨太太穿的裙……还要满镶裙花,以掩那种杂色。"又第八十六回："只见另有一个人,拿了许多裙门、裙花、挽袖之类,在那里议价。"

【裙门】qúnmén 裙子前面的一幅。《二十年目睹之怪现状》第七十八回："姨太太穿的裙,仍然用大红裙门,两旁打百裥的。"

清朝时期的服饰

R

【衽裳】rèncháng 衣裳。清许秋垞《闻见异辞·绢人书画》:"人以通草为面,绫罗为衽裳。"

【软甲】ruǎnjiǎ 以柔软而坚韧的物品制成的护身战服。《花月痕》第四十八回:"采秋内衣软甲,外戴顶观音兜,穿件竹叶对襟道袍,手执如意。"清宣鼎《夜雨秋灯录·龙梭三娘》:"更督婢织金翠,为女子软甲。"

S

sa—shan

【扱鞋】sǎxié 拖鞋;后半截没有鞋帮的鞋。《老残游记》第十一回:"却原来正是玙姑,业已换了装束,仅穿一件花布小袄,小脚裤子,露出那六寸金莲,著一双灵芝头扱鞋,愈显得聪明俊俏。"

【洒鞋】sǎxié ❶鞋帮用线纳得很密,前面有皮脸的坚固布鞋。溥杰《回忆醇亲王府的生活》:"轿夫的装束是:头戴敝沿的官帽,脚穿青布洒鞋。"❷拖鞋。❸戏曲服装。鞋的一种。矮腰、薄底,用缎面或布面制成。鞋面上装饰有鱼鳞纹或其他纹饰,为渔民等穿用。

戏曲洒鞋

【靸拔】sǎbá 鞋子后跟上的襻子,穿鞋时拔鞋用。《中国歌谣资料·广天籁集》:"红鞋子,绿靸拔,新堵田岸滑。走一步,滑一滑;退一步,拔一拔。"

【撒鞋】sǎxié ❶布鞋的一种。鞋帮纳得很密,薄底深口,前脸上有单梁、双梁或三角形梁,有的梁上包着皮子。鞋后缀有布带,着时系绑于踝。结实耐用,多为夫役等穿。《红楼梦》第九十三回:"忽见有一个人,头上戴着毡帽,身上穿着一身青布衣裳,脚下穿着一双撒鞋。"❷拖鞋;后半截没有鞋帮的鞋。清沈复《浮生六记·闺房记乐》:"坊间有蝴蝶履,大小由之,购亦极易,且早晚可代撒鞋之用,不亦善乎?"

【三教巾】sānjiàojīn 受过中极戒的道士所戴的一种巾帽。从清末使用至今。清闵小艮《清规玄妙·外集》:"凡全真所戴之巾有九式……八曰三教……中极戒者,三教巾,三台冠。"

【三钳】sānqián 也作"一耳三钳"。满族女性耳饰。女孩子出生之后,母亲就在孩子的耳垂上扎三个孔,到成年时要戴上三个耳环,俗称"一耳三钳",有别于汉族妇女一耳一坠。乾隆时期,由于受汉族习俗影响,满族妇女也习尚一耳一坠,以图轻便,后被朝廷禁止,仍恢复三钳之举。每逢宫里选秀女时,都要事先派人验看,不戴的,家长要受责罚。直至民国时期,在东北满族集居处,此风犹存。徐珂《清稗类钞·服饰》:"乾隆己卯,高宗曰:'此次阅选秀女,竟有仿汉人妆饰者,定非满洲风俗……乙未又谕曰:'旗妇一耳带三钳,原系满族旧风,断不可改饰。朕选看包衣佐领之秀女,皆带一坠子,并相沿至于一耳一钳,则竟非满洲矣。立行禁止。'"

【三台冠】sāntáiguān 道士所戴之冠,受过中极戒的教徒所戴。清闵小艮《清规玄妙·外集》:"上等有道之士,曾受初真戒者,方可戴纶巾、偃月冠;中极戒者,三教巾、三台冠。"

【三镶】sānxiāng 也作"三厢"。在服装领、袖等部位钉缀三道花边,起保护和装饰作用。多见于清代,尤以女装、童装为常见。具体制法有两种:一,三条边饰宽窄不一,钉时将宽边钉缀在外,窄者居中;二,一条宽阔,两条细窄;窄者花纹相同,分缀于阔边两侧。《红楼梦》第四十九回:"(湘云)一面说,一面脱了褂子,只见他里头穿着一件半新的靠色三镶领袖秋香色盘金五色绣龙窄褙小袖掩衿银鼠短袄。"

【三镶袜】sānxiāngwà 清代江南地区的一种女袜,以锦缎镶嵌、装饰,多用于年轻妇女。因通常施行三道,故名。清姚廷遴《姚氏记事编》:"江宁等处,用绒编造,其制尤巧,更有织成盘龙锦片、袍领、袍袖及三镶袜、月华裙、月华膝,备极精巧,皆廿年前所未见者也。"

【三眼孔雀翎】sānyǎnkǒngquèlíng 省称"三眼"。也称"三眼花翎"。顶端有三个目晕的孔雀翎枝。清制贝子、固伦额驸所戴,非此身份者若受皇帝赏赐,也可戴之。清昭梿《啸亭续录》卷一:"亲郡王贝勒为宗臣贵位,向例皆不戴花翎,惟贝子冠三眼孔雀翎,公冠双眼孔雀翎,以为臣僚之冠。乾隆中顺承勤郡王以充前锋统领,故向上乞花翎,上曰:'花翎乃贝子品制,诸王戴之反觉失制。'傅文忠代奏:'某王年幼,欲戴之以为美观。'上始许之。因并赐皇次孙,今封定王者三眼翎,曰:'皆朕之孙辈,以为美观可也。'"萧奭《永宪录》卷二:"《会典》载:贝子带三眼翎,镇国公、辅国公带双眼翎。"《大清会典》卷四五:"三眼孔雀翎,贝子、固

伦额驸戴之。"

【散屐】sǎnjī 清代潮汕地区的一种夏天乘凉时所著的拖鞋。有木制及皮制之别,其制平底无跟,因赤脚而着,故名。清李调元《南越笔记》卷六:"粤中婢媵,多著红皮木履,士大夫亦皆尚屐,沐浴乘凉时,散足著之,名曰'散屐'。散屐,潮州所制拖皮为雅;或以枹木为之。"

【散脚裤】sǎnjiǎokù 一种裤子肥大的大口裤。裤口不施系缚,有别于缚口的灯笼裤、鸡腿裤。《海上花列传》第六十四回:"子富见他穿着银红小袖袄,密绿散脚裤。"

【桑笄】sāngjī 桑木做的簪子。喻指首饰简朴。清王闿运《严通政庶母任氏寿颂》:"既而金刀掩曜,桑笄归里。"

【沙棠屐】shātángjī 也称"棠木屐"。一种木屐。沙棠,木名,木质耐潮湿。以沙棠木做底,底下一般有齿,不畏潮湿,便于践泥、踏雪及登山。《红楼梦》第四十五回:"黛玉问道:'上头怕雪,底下这鞋袜子是不怕的,也倒干净些呀。'宝玉笑道:'我这一套是全的。一双棠木屐,才穿了来,脱在廊檐下了。'"又第四十九回:"(宝玉)披了玉针蓑,戴上金藤笠,登上沙棠屐,忙忙的往芦雪庵来。"

【纱笼】shālóng 犹纱罩。婚礼中新娘罩面的纱巾。清李渔《风筝误·婚闹》:"你们都回避,好待我揭去纱笼看阿娇。"《天雨花》第三十六回:"弟们虽在来观看,纱笼罩面怎分明?"

【纱帽圆领】shāmàoyuánlǐng 纱帽为君主或贵族、官员所戴的一种帽子,而官服衣领多为圆领,因以泛指官服。《儒林外史》第四十七回:"方六老爷纱帽圆领,跟在亭子后。后边的客做两班:一班是乡

绅,一秀才。"清采蘅子《虫鸣漫录》卷二:"舅前番来贺,纱帽圆领。此日登门,朝珠补挂。"

【纱罩】shāzhào 即"纱笼"。清李渔《奈何天·惊丑》:"[丑摸着老旦代揭纱罩介]小姐,请安置了罢。"

【珊瑚顶】shānhúdǐng 即"红顶子"。清吴振棫《养吉斋丛录》卷二二:"雍正五年议,凉帽、暖帽皆照朝冠顶用。亲王、郡王、贝勒、贝子、入八分公,用红宝石顶,未入八分公、固伦公主额驸、和硕公主额驸、民公、侯、伯、镇国将军、一品官,用珊瑚顶。辅国将军、奉国将军、多罗额驸、二品、三品官,用起花珊瑚顶。"钱泳《履园丛话·笑柄·交相打手》:"一日偶与如夫人戏曰:'吾不欲做显官耳,若出山,珊瑚顶、孔雀翎有何难哉?'"《清朝野史大观·清朝史料·王公降袭次第》:"其不入八分公,以及镇国、辅国将军,皆冠珊瑚顶。"

【扇套】shàntào 也称"扇囊""扇袋"。盛放折扇的佩囊。清末至民国初年男子流行在腰间佩戴扇套,多以织物制成,外表绣织有各种吉祥图案。《红楼梦》第十七回:"说着,一个个都上来解荷包,解扇袋,不容分说,将宝玉所佩之物,尽行解去。"又第六十四回:"袭人道:'我见你带的扇套,还是那年东府里蓉大奶奶的事情上做的;那个青东西,除族中或亲友家夏天有白事才带的着,一年遇着带一两遭,平常又不犯做;如今那府里有事,这是要过去天天带的,所以我赶着另做一个,等打完了结子,给你换下那旧的来。'"《官场现形记》第二十六回:"(师四爷)腰里羊脂玉螭虎龙的扣带;四面挂着粘片搭连袋,眼镜套、扇套、表帕、槟榔荷

包,大襟里拽着小朝烟袋;还有什么汉玉件头,叮吟当啷,前前后后都已挂满。"清王韬《淞滨琐话》卷二:"月前有同岁牛。过梦斗书宰室,佩一扇囊,刺绣极精,询其得自何所,则以松江女郎卢双月手制。"徐珂《清稗类钞·服饰》:"某尚书丰仪绝美,妆饰亦趋时,每出,一腰带必缀以槟榔荷包、镜、扇四喜平金诸袋……统计一身所佩,不下二十余种之多。"

shao—sun

【梢扣子】shāokòuzi 袍角的暗纽。钉缀在袍服下摆,外出遇雨,则将下襟朝上翻折,用纽扣结。清高静亭《正音撮要·衣冠》:"梢扣子,袍后角所钉,雨便扣起。"

【神袍】shénpáo 供祭祀的神像穿着的袍服。式样大多类似官服,尺寸视神像大小而定,一般多施以彩绣。徐珂《清稗类钞·风俗》:"苏乡妇女之俭勤……今姑就光福言之,能织蒲鞋,绣神袍。"

【十八镶】shíbāxiāng 满族妇女旗袍边缘的装饰。通常在领口、衣襟、袖口等镶嵌几道花缘或彩牙儿,多者达十八道花边,俗谓"十八镶"。清末流行于北京地区,尤以咸丰、同治年间为常见。徐珂《清稗类钞·服饰》:"咸同间,京师妇女衣服之滚条,道数甚多,号曰十八镶。"

【十二红】shíèrhóng 晚清时流行于开封地区的一种红色童装。或用通体红色。徐珂《清稗类钞·服饰》:"汴中男女衣服,喜用青蓝两色土布,洋布极少,绸缎更稀。孩童则红衣为多,甚至上下通红,名曰十二红。"

【手串】shǒuchuàn 戴在手腕上的一种手饰,多用珍珠等串缀而成。清周寿昌《思道堂日札·和相籍没》:"龙眼大珠十枚,金珠

手串二百三十挂。"梁章巨《归田琐记·和珅》:"所藏珍珠手串二百余串,较大内多至数倍。"《镜花缘》第二十四回:"国王亲自上楼看了一遍……从身边取出一挂真珠手串,替他亲自戴上。"《清代北京竹枝词·续都门竹枝词》:"沉香手串当胸挂,翡翠珊瑚作佛头。"

【手笼】shǒulóng 也称"臂笼"。清末上海地区流行的一种臂衣。毛皮制成,亦有用布制成双层中间絮棉的,形状如笼如袋,两头开孔,冬天妇女捧在胸前,两手插入保暖。清末流行于上海地区。徐珂《清稗类钞·服饰》:"光宣间,沪之妇女盛行手笼,盖以袖短而手暴露于外,又嫌手套着指之不能伸展自由也,既有手笼,则置两手于中,风不侵矣。大率以皮为之,珍贵者为貂为狐。谓之曰'笼'者,状其形也。或又谓之曰臂笼。"

【手套】shǒutào 护手之衣,戴在手上冬季用以护手御寒。通常用棉纱、毛线、皮革等制成,亦有制成双层,中纳以棉絮的。式样可分为直筒式及分指式,一可分为露指和不露指二种。古称"手衣",明清以来多称手套。徐珂《清稗类钞·服饰》:"手套,加于手,有露指而仅掩手背者,有并十指而悉复之者。以绵织品、丝织品为之,其精者则用皮。男女皆用之。"

【手袖】shǒuxiù 清代江南地区妇女所用的一种臂衣。《花月痕》第二十七回:"当下晏留两太太唤着秋痕上去……又赏了手帕、手袖、脂粉等件。"

【竖领】shùlǐng 高立领。形制宽阔,因高竖颈部,故名。多见于明清妇女服装,领口多用装饰性纽扣(或搭扣)扣合。清代男女便服上用作护领。多以质地厚实的

毡、呢为之。《儿女英雄传》第二十四回:"见他头上略带几枝内款时妆的珠翠,衬着件浅桃红碎花绫子绵袄儿,套着件深藕色折枝梅花的绉绸银鼠披风,系一条松花绿洒线灰鼠裙儿,西湖光绫挽袖,大红小泥儿竖领儿。"

【双眼孔雀翎】shuāngyǎnkǒngquèlíng 省称"二眼"。也称"双眼花翎""二眼孔雀翎"。顶端有两个目晕的孔雀翎枝。清代定制为镇国公、辅国公、和硕额驸所戴。无此身份者,若受皇帝赏赐,也可戴之。《清史稿·舆服志二》:"(镇国公)吉服冠,入八分公顶用红宝石,未入八分公用珊瑚,皆戴双眼孔雀翎。"又:"凡孔雀翎……二眼者,镇国公、辅国公、和硕额驸戴之。"清王先谦《东华续录·嘉庆十八年》:"赏给三等子爵换戴双眼花翎,在紫禁城内骑马,并赏给御用荷囊一个。"昭梿《啸亭续录》卷一:"国初勋臣,功绩伟茂,多有赐双眼花翎者。"博沙拙老《闲处光阴》卷上:"恩赐双眼花翎、紫缰绊者,闻诸老先生说唯曹文正公(振镛)一人,公不但舆马,别无增华,且门庭寂寂,人几不识,为相国邸第云。"《大清会典》卷四五:"双眼孔雀翎,镇国公、辅国公、和硕额驸戴之。"赵遵路《榆巢杂识》:"汉军黄庭桂……以叙平定准噶尔功,予世职,晋三等忠勤伯,赐双眼孔雀翎,红宝石顶,四团龙补。"

【水晶石顶】shuǐjīngshídǐng 也称"水晶顶""水晶顶子"。清代用于五六品官吏的帽顶。清吴振棫《养吉斋丛录》卷二二:"五品、六品官员用水晶石顶。"《糊涂世界》卷七:"他现在已求着抚台赏了他一个五品功牌,居然也是水晶顶子。"《老残游记》第六回:"登时上房里红呢帘子

打起,出来一个人,水晶顶,补褂朝珠。"

【水裙】shuǐqún ❶围裙。《歧路灯》第六十四回:"盛希侨笑道:'把你腰里水裙去了,你那跑堂的样子,我竟是吃不上你的茶来。'"❷戏曲服装。白色短裙,系于腰间。系水裙的脚色,大多为渔夫、樵夫、店小二等。形制短小的腰裙。

【水田披风】shuǐtiánpīfēng 用各色织锦块拼合缝成的女式外衣,因整件服装织料色泽,相互交错,似水田界画,故名。流行于明清时期。《儒林外史》第十四回:"那船上女客在那里换衣裳:一个脱去元色外套,换了一件水田披风;一个脱去天青外套,换了一件玉色绣的八团衣服。"

【四衩袍】sìxìpáo 也作"四衩袍"。清代皇帝、宗室所穿的长袍。虽非宗室,但受

四衩袍
(明万历年间刻本《月亭记》插图)

到特赏,也可穿着。腰部以下开有四衩:前后各一,长二尺余;左右各一,长一尺余。因以为名。清福格《听雨丛谈》卷一:"(四衩袍)满汉士庶常袍,皆前后两开

衩,便于乘骑也。御用袍、宗室袍,俱用四开衩,前后衩开二尺余,左右则一尺余。"刘廷玑《在园杂志》卷一:"红绒结顶之帽,四面开衩之袍,俱不得自制,近见五爪龙,四衩袍穿者颇多,人少为注目,即曰某王所赐,无从稽考,听之而已。"

【苏公笠】sūgōnglì 竹笠名。广东惠州、嘉应等地区妇女多戴笠。笠四周缀以绸帛,下垂,绸帛有淡红、淡绿、淡青、白等色,以遮风日。相传为宋苏轼贬官惠州时所倡制的一种竹笠。清梁绍壬《两般秋雨盦随笔·韩公帕苏公笠》:"惠州嘉应妇女多戴笠。笠周围缀以绸帛,以遮风日。名曰苏公笠,眉山遗制也。"

苏公笠(山西永乐宫壁画)

【笋屐】sǔnjī 用笋壳编结成鞋面的木屐。清陈维崧《念奴娇·看山如读画读画似看山》词之二:"回想老子篮舆,好天笋屐,曾到层山路。"

T

ta—tuo

【踏袎】tàyào 膝裤;胫衣。清翟灏《通俗编》卷一二:"俗呼膝裤曰踏袎。亦本古也。张祜《柘枝舞诗》:'却踏声声锦袎催。'……李肇《国史补》:马嵬店媪收得杨妃锦袎一只。杨维桢诗:'天宝年间窄袎留',即言其事。《东京梦华录》有袜袎巷。"

【胎缨】tāiyīng 清代凉帽顶部的一种缨饰。参见957页"皮缨"。

【弹墨袜】tánmòwà 以弹墨织物为袜身的袜子。流行于明清。《红楼梦》第三回:"(宝玉)身上穿着银红撒花半旧大袄……下面半露松绿撒花绫裤,锦边弹墨袜,厚底大红鞋。"

【弹墨裙】tánmòqún 也称"墨花裙"。一般用浅色绸缎为面料,制作前将布片展开,放上真的树叶、花瓣,用弹墨工艺在花、叶四周喷洒黑色,拿掉花叶后在布料上就呈现出黑底衬托出的花纹,这样制作的花样自然生动,色彩素雅,整条裙子色泽素雅,设计别致,较适合士庶阶层妇女所著。流行于清初。清李渔《闲情偶寄》卷三:"予尝读旧诗,见'飘扬血色裙拖地'、'红裙妒杀石榴花'等句,颇笑前人之笨。若果如是,则亦艳妆村妇而已矣,乌足动雅人韵士之心哉?惟近制弹墨裙,颇饶别致。"

【套裤】tàokù 无裆之裤。亦指套于两腿的无裆裤管。其制左右各一,分衣两胫。上达于膝,下及于踝,着时罩在有裆裤外,上以绳带系结腰间。穿着时用系带方式和裤带系结在一起。至清犹为盛行,男女均可着之。清代套裤形式繁多,质料以缎、纱、绸、呢为主,也有做成夹裤或在夹裤中纳以棉絮者,多用于冬季。裤管的造型亦有多种:清初时上下垂直,呈直筒状。清中叶上宽下窄,裤管底部紧裹于胫,为使穿着方便,多在裤脚开衩,着时以带系结。至晚清时又流行一种宽式套裤,裤管之大为前期三倍。清段玉裁《说文解字注》:"绔,胫衣也。今所谓套裤也。左右各一,分衣两胫。"王先谦《释名疏证补》卷五:"《说文》:绔,胫衣也……疑若今俗之套裤。"《清代北京竹枝词·增补都门杂咏》诗:"英雄盖世古来稀,那像如今套裤肥?举鼎拔山何足论,居然粗腿有三围!"《海上花列传》第九回:"忽然又来了一个俊俏伶俐后生,穿着挖云镶边马甲,洒绣滚脚

清代套裤

套裤。"

【套袖】tàoxiù 也称"假袖"。袖套之属。套在衣袖外面的单层袖子,较短,作用是保护衣袖。徐珂《清稗类钞·服饰》:"套袖者,于作事时加之于袖,以护衣,不使污损也。一名假袖。"

【条衣】tiáoyī 僧人所穿之衣,因用众多布片缝缀而成,故名。清钱谦益《诰封安人熊母皮夫人墓志铭》:"以慈心度幽冥,以净心求正受,固无事薙发条衣作阿梨之形相;亦未尝扬眉瞬目,效婆子之机缘。"

【铁齿】tiěchǐ 冰鞋底下的冰刀。清潘荣陛《帝京岁时纪胜》:"冰上滑擦者,所著之履皆有铁齿,流行冰上。如星驰电掣。"

【铜兜】tóngdōu 军人用来保护头部的铜质头盔。《孽海花》第二十四回:"你们看一个雄赳赳的外国人,头顶铜兜,身挂勋章。"

【铜箍】tónggū 明清黄天教教徒所戴的铜质发箍。徐珂《清稗类钞·宗教》:"(黄天教)若辈有时头戴铜箍,披发而游于市,俗呼之谓道士。"

【铜管】tóngguǎn 清代官帽上用于安插翎子的铜质套管。清福格《听雨丛谈》卷一:"亲郡王执事品官……黑毡帽,式如一钹,上安铜管,插红立翎,特不用朝冠耳。"

【头把儿】tóubàr 清代满蒙族妇女的一种发饰。布质薄片,状如桥,插于髻上。《儿女英雄传》第十二回:"安太太不会行汉礼,只得手摸头把儿,以旗礼答之。"又第二十回:"一枝一丈青的小耳挖子,却不插在头顶上,倒掖在头把儿后边。"

【头罩】tóuzhào 用丝结成的网状头巾,用来拢住头发。《儿女英雄传》第二十七回:"恐他把首饰甩掉了,先用个大红头罩儿给他拢上。"

【兔窝】tùwō 清代男子所戴便帽。其制两端高而中间浅,形如兔窝,故名。清夏仁虎《旧京琐记》卷一:"便帽……中浅而缺者曰兔窝。"

【团龙补服】tuánlóngbǔfú 也称"团龙补褂"。清代皇族所著外褂,若皇帝赏赐,其他官员亦可穿着。褂上织有团龙纹样的补子,有别于普通官员的方补。所织龙纹均为四团:胸背及两肩各一,与皇帝衮服类似。光绪年间,因六合同春补的流行,其制渐没。清吴振棫《养吉斋丛录》卷二二:"皇子、亲王、郡王、亲王世子,用四团龙补服,有赏四团正龙补服者,特恩也。贝勒补服,绣正蟒二团。"昭梿《啸亭续录》卷三:"旧制,亲王服四正龙补服,郡王服二正二行龙补服。乾隆中,傅文忠公以为与御服无别,乃奏改亲王服二行龙二正龙补服;郡王服四行龙补服,以为定制。诸王有特赐四正龙者许服用焉。异姓无赐四团龙者……乾隆中,傅文忠公以椒房优宠,兆文毅公以平定西域功,阿文成公以平定两金川功,福文襄王以平定台湾功,皆赐四团龙补服。"《晚清宫廷生活见闻》辑溥佳《记清宫的庆典祭祀和敬神》:"元旦庆典,向列在乾清宫举行,上午九时典礼开始,溥仪穿着淡黄色的龙袍,外罩着有日月星辰的团龙补褂,升上宝座。"

【团帽】tuánmào 清代贵族冬季所戴的暖帽。《清太宗文皇帝实录》卷一二:"八固山诸贝勒……冬月入朝,许戴元狐大帽,居家戴尖缨貂帽及貂鼠团帽……凡妇人所服缎布各随其夫。又间许戴缀缨缨团帽,夏间许戴凉帽。"

【团心】tuánxīn 号衣胸前及背后的圆形号布。用以书写或刷印番号。徐珂《清稗类钞·讥讽》:"其所募巡士,无论冬夏,头戴暖帽,红绿绒项,身服红号褂,绿袖口,白团心,下着黄色土布袴,一人之身,五色具备。"

【腿带】tuǐdài 绑裤腿口之带。丝、棉为质,织成长数尺,宽寸许的长条带子,两端饰有旒苏。满族旧俗,男女穿单、夹、棉裤时,裤腿下缘均需抿上,近脚踝处以腿带缠绕数道,将余梢掖紧,免其松散,旒苏垂饰脚踝处,夜寝时方可解开。颜色尚黑,年轻小女孩,有用红色者,丧期用白或灰色。《儿女英雄传》第三十八回:"我这副腿带儿,怎么两根两样儿呀?"

【拖鞋】tuōxié 无跟的凉鞋;半截没有鞋帮的拖着穿的鞋子。先秦时期称屧,汉代称靸,唐代则跣子。清代以来多称拖鞋。《禅林象器笺·器服》:"敕修清规知浴云,铺设浴室,挂手巾,出面盆、拖鞋、脚布。"又:"拖鞋,木鞋也。浴室及西净用之。"《发财秘诀》第四回:"里面走出一个女子来,挽了一个上海式的圆头……下身穿了一条云纱裤子,没有穿袜,拖着一双黑皮拖鞋。"清曹庭栋《养生随笔》卷三:"暑天方出浴,两足尚余湿气,或办拖鞋;其式有两旁无后跟,鞋尖亦留空隙以通气。"徐珂《清稗类钞·服饰》:"拖,曳也。拖鞋,鞋之无跟者也。任意曳之,取其轻便也。蹑之而出外,褻也。光、宣间,沪之男女,夏日辄喜曳之。"

W

wa—wu

【袜船】wàchuán 没有袜靿的布袜,形状像便鞋,套穿在袜子外面,以保护鞋袜。清梁同书《直语补正》:"今人称袜下缘曰船。杜诗:'天子呼来不上船',一云:船,领缘也。施之于袜,形更近似。"徐珂《清稗类钞·服饰》:"袜船施于足,仅有下缘,或云:船,领缘也,施之于袜,形更近似。"

【袜套】wàtào 短筒的或没有筒的袜子。套在脚上而不过脚脖子,穿时多套在别的袜子外面。徐珂《清稗类钞·服饰》:"缠足妇女之加于行缠外者,曰袜套。盖以行缠有环绕之形,不雅观。故以袜套掩之也。"

【外褂】wàiguà 也称"套褂""大褂"。清代官服之一。其长及胫,其袖端平,对襟,罩于袍外,俗称外套。官员穿戴,有朝褂、行褂、常服褂之别。颜色多为石青、绀色,乾隆中尚玫瑰紫,嘉庆以后尚泥金、浅灰色。所用布料按季节更换,或布、绸,或棉、皮,惟不得用亮纱及羊皮。《官场现形记》第十九回:"只见署院穿的是灰色搭连布袍子,天青哈喇呢外褂……补子虽是画的,如今颜色也不大鲜明了。"《二十年目睹之怪现状》第四回:"后头送出来的主人,却是穿的枣红宁绸箭衣,天青缎子外褂,褂上还缀着二品锦鸡补服。"清昭梿《啸亭续录》卷三:"国初尚沿明制,套褂有用红绿组绣者,先良亲王有月白绣花褂,先恭王少时犹及见之。今吉服用绀,素服用青,无他色矣。"徐珂《清稗类钞·服饰》:"礼服之加于袍外者,谓之外褂,男女皆同此名称,惟制式不同耳。"

【外套】wàitào ❶外衣;罩在外面的衣服。《儒林外史》第十四回:"那船上女客在那里换衣裳:一个脱去元色外套,换了一件水田披风;一个脱去天青外套,换了一件玉色绣的八团衣服。"❷即"外褂"。清胡祖德《胡氏杂抄·初编》辑姚廷遴《姚氏纪事编》:"明季服色俱有等级……今凡有钱者,任其华美,云缎外套,遍地穿矣。"《钦定服色肩舆永例》:"公、侯、伯貂鼠镶披领袍、囤子小神袍、蟒缎、妆缎、金花缎、各样补缎、倭缎、各花缎、素缎俱准用……袍及长短外套,俱钉麒麟补子。"《官场现形记》第四回:"那戴升头戴红缨大帽,身穿元青外套;其余的也有着马褂的,也有只穿一件长袍的,一齐朝上磕头。"

【外罩】wàizhào 罩在衣服外面的褂子。《红楼梦》第九十一回:"紫鹃拿了一件外罩换上。"

【万丝帽】wànsīmào 清代官员所戴的一种凉帽。清富察敦崇《燕京岁时记·换葛纱》:"每至六月,自暑伏日起至处暑日止,百官皆服万丝帽、黄葛纱袍。"崇彝《道咸以来朝野杂记》:"穿葛纱,冠用万丝帽,是以细生葛组成者,色深黄;其余纱衣,冠用白罗纬帽。"

【腕香珠】wànxiāngzhū 妇女的一种手腕上的饰物,带在腕上的有香味的珠子串儿。《红楼梦》第七十一回:"早有人将备用礼物打点出五分来:金玉戒指各五个,腕香珠五串。"

【网钗】wǎngchāi 钗片成对贯珠结网。清代妇女用作首饰。尤为新妇所用,流行于咸丰年间。清范寅《越谚》卷中:"网钗:此钗片金为花朵成对,贯珠结网,垂八旒、十二旒,每对计珠五六百粒,簪髻铺鬓,新嫁及富妇有事辄戴之。"

【围瀺】wéichán 现代称为"围嘴",小儿涎衣。清郝懿行《证俗文》卷二:"案次衣今俗谓之围嘴,亦曰漦水兜,其状如绣领,裁帛六七片合缝,施于颈上,其端缀纽,小儿流次,转湿移干。"朱骏声《说文通训定声·需部》:"襦,苏俗谓之围瀺,着小儿颈肩以受次者。"

【围巾】wéijīn 护颈之帕。古称"项帕"。也称"拥项""风领""围脖"等,清末以来则称"围巾"。徐珂《清稗类钞·服饰》:"围巾者,以棉织品、毛织品为之;其佳者,则为貂皮、狐皮。加于项,旋绕之,使风不入领以御寒,女子用之者为多,盖效西式。"

【纬帽】wěimào ❶清代官吏所戴的一种无帽檐的凉帽。用藤编成,上覆红缨,垂披四周。《儿女英雄传》第三十四回:"这几天要换了季还好,再不换季,一只手拎着个筐子,脑袋上可扛着顶纬帽,怪斗笑儿的,叫人家大爷脸上怎么拉得下来呢?"《清代北京竹枝词·草珠一串》:"纬帽忽安自旧缨,想因红顶衬鲜明。"❷也称"凉帽"。传统戏曲盔帽。圆形,上缀

毫缨缀珠子,后插翎子。为戏曲中番邦文武官员夏天所戴之官帽。如《雁门关》中韩昌、《金沙滩》中邪律休哥所戴。

【文补】wénbǔ 文官所著的补服。补子上织绣有禽鸟纹样。有别于织绣兽纹的武补。徐珂《清稗类钞·服饰》:"乾隆时,副都统金简署户部侍郎,自以,武官应服武补服,而现兼文职,颇羡文补,乃于补服狮子尾端绣一小锦鸡,竦立其上。"

【翁鞋】wēngxié 粗重的棉鞋。多用于寒冷季节防寒保暖。清鲍鲵著《稗勺》中有《翁鞋》诗:"北人冬月履纳绵絮,雍肿粗笨,谓之翁鞋。李崆峒集中用之。当是老人所著,故名。"清翟灏《絮鞋》诗:"持将比翁鞋,品制较精匜。"

【鞴靴】wēngxuē 长筒之靴。多用于寒冷季节防寒保暖。清计六奇《明季北略·诸臣点名》:"自成戴尖顶白毡帽,蓝布上马衣,蹑鞴靴,坐于殿左。"

【窝尔图】wōěrtú 清代新疆、蒙古等地居民所戴的一种暖帽。徐珂《清稗类钞·服饰》:"新疆、蒙人之服饰:其貂皮冠谓之窝尔图。"自注:"式如官帽,顶缀红绒球,后檐开缝,缀绸带四。"

【乌帕】wūpà 妇女的一种条状额饰。一段用绸缎制成,中间宽两头窄,其上缀珠宝,使用时两端以银钗固结于髻。清范寅《越谚·服饰》:"乌帕,缎缝。为一于两权,权有银脚插髻;干缀珠,粘眉心。"

【吴衫】wúshān 特指清代顺治、康熙年间苏州一带妇女的服饰。徐珂《清稗类钞·服饰》:"顺康时,妇女妆饰,以苏州为最时,犹欧洲各国之巴黎也。朱竹垞尝于席上为词,赠妓张伴月,有句云:'吴歌《白纻》,吴衫白纻,只爱吴中梳裹。'"

【**五岳冠**】wǔyuèguān 受过天仙戒的道教徒所戴的一种冠帽,覆斗形,上刻"五岳真形图"。清闵小艮《清规玄妙·外集》:"上等有道之士,曾受初真戒者,方可戴纶巾、偃月冠……天仙戒者,冲虚巾、五岳冠。"

【**武巾**】wǔjīn 武士头巾。《儒林外史》第一回:"为首一人,头戴武巾,身穿团花战袍。"又第三十九回:"老和尚近前看那少年时,头戴武巾,身穿藕色战袍,白净面皮,生得十分美貌。"

X

xi—xue

【膝袜】xīwà 妇女用的一种胫衣,形似袜袎,无底,穿着时绑缚于小腿上,上达于膝,下及于履。清叶梦珠《阅世编》卷八:"膝袜,旧施于膝下,下垂没履。长幅与男袜等,或彩镶,或绣画,或纯素,甚而或装金珠翡翠,饰虽不一,而体制则同也。崇祯十年以后,制尚短小,仅施于胫上,而下及于履。冬月,膝下或别以绵幅裹之,或长其裤以及之。考其改制之始,原为下施可以撑足,丰跌者可以藏拙也。今概用之纤履弓鞋之上,何哉?绣画洒线与昔同,而轻浅雅淡,今为过之。"

【细裘】xìqiú 贵重的皮裘,多用貂鼠、猞猁狲等细柔兽皮制成。清福格《听雨丛谈》卷八:"雍正三年八月,谕曰:'览诸臣所奏,欲将官员军民服用,一概加以禁约……且照此禁令,各按等秩将缎匹及貂鼠、猞猁狲等细裘悉行禁止,如许物件,俱不准服用。'"

【虾须镯】xiāxūzhuó 一种用虾须样细的金丝拧成的工艺特别精细的金手镯。流行于明清时期。《红楼梦》第五十二回:"平儿道:'究竟这镯子能多重!原是二奶奶的,说这叫做虾须镯;倒是这颗珠子重了。'"

【下衣】xiàyī 下体所著之服。如裤、裙之类。清纪昀《阅微草堂笔记·滦阳消夏录二》:"有李太学妻,恒虐其妾,怒辄褫

下衣鞭之,殆无虚日。"

【香河高】xiānghégāo 清代一种高顶窄檐草帽。清李光庭《乡言解颐》:"草帽之圆屋宽檐者,谓之马连波,高屋窄檐者,则曰香河高。"

【香荷包】xiānghébāo 用以包香末的小布袋。由香囊演变而来。清同治六年《宁乡县志》:"香囊曰香荷包。"《儿女英雄传》第十五回:"又是一挂肉桂香的手串儿;又是一个苏绣的香荷包。"

【镶沿】xiāngyán 也称"镶边"。在衣服边缘部分施以缘边。通常缀于领襟、衣衩、袖缘等部位施以缘边。明代以前以镶滚一道者为多,清代增至数条,甚至有多达十余道者。所用边饰亦日益宽阔,俗谓"大镶沿"。《儿女英雄传》第三十回:"他回到家里,便脱了袍褂,换上一件倭缎镶沿塌,二十四股儿金线条子的绛色绉绸鹌鹑爪儿皮袄。"《老残游记·续集》第五回:"(老姑子)年纪十五六岁光景,穿一件出炉银颜色的库缎袍子。品蓝坎肩,库金镶沿有一寸多宽。"

【镶沿马褂】xiāngyánmǎguà 晚清流行的一种有镶边的马褂。多用于贵族男子。其制较普通马褂略大,两袖宽博,领、袖及衣襟均以宽阔的花边镶沿。《清代北京竹枝词·镶沿马褂》:"时兴马褂大镶沿,女子衣襟舅子穿。两袖迎风时摆动,令人惭愧令人怜。"

【项链】xiàngliàn 也称"颈链"。佩戴在

颈部的一种链形首饰。有金项链、银项链、象牙项链、珍珠项链、宝石项链、玛瑙项链等。下部多悬挂一坠饰,俗名"项坠"。坠饰制有多种,常见的有圆形、方形、鸡心形、锁片形等。

【项圈锁】xiàngquānsuǒ 明清时挂在儿童脖子上的一种装饰物。项圈与锁片相结合制成。按照迷信的说法,只要佩挂上这种物,就能辟灾去邪,"锁"住生命。徐珂《清稗类钞·服饰》:"嘉庆时,扬州玉肆有项圈锁一:式作海棠四瓣,当项一瓣,弯长七寸,瓣梢各镶猫睛宝石一,掩钩搭可脱卸。当胸一瓣,弯长六寸,瓣梢各镶红宝石一粒,掩机钮可叠。左右两瓣各长五寸,皆凿金为榆梅。俯仰以衔东珠。两花蒂相接之处,间以鼓钉金环。东珠凡三十六粒,每粒重七分,各为一节,节节可转。为白玉环者九,环上属圈,下属锁。锁横径四寸,式似海棠。翡地周翠,刻翠为水藻,刻翡为奉洗美人妆。其背镌乾隆戊申造赏第三妾院侍姬第四司盟十六字。锁下垂东珠九鎏,鎏各九珠,蓝宝石为坠脚,长可当脐。"

【项锁】xiàngsuǒ 一种锁片状项饰。清沈复《浮生六记》:"其粉头衣皆长领,颈套项锁。"

【小紧身】xiǎojǐnshēn ❶明清妇女上身穿的一种贴身内衣,形如马甲。《红楼梦》第九十一回:"薛蝌只得起来,开了门看时,却是宝蟾。拢着头发,掩着怀,穿了件片金边琵琶襟小紧身,上面系一条松花绿半新的汗巾,下面并无穿裙,正露着石榴红洒花夹裤。"❷戏曲服饰。属戏曲衣箱中的短衣类,用以遮盖演员颈部。其形制为:立领,大襟,小袖,细腰,短小。

面料使用光缎绣花,或只在领口绣花。为外面穿帔的角色配作内衬的服装,起装点、遮盖演员颈部的作用。光缎质地柔滑熨贴,演员穿着舒服适体。

【小坎肩】xiǎokǎnjiān 明清妇女上身穿的一种贴身内衣。《花月痕》第四十四回:"说起也怪,二十一夜,我穿的是件茶色的绉夹衫,怎的冒火起来,却是痴珠给我的小坎肩?"

【小马甲】xiǎomǎjiǎ 妇女内衣;妇女束胸用的一种背心。由"捆身子"演变而成。作用与今之胸罩相类似。民国天笑《六十年来妆服志》:"抹胸倒也宽紧随意,并不束缚双乳,自流行了小马甲……是以戕害人体天然生理。小马甲多半以丝织品为主(小家则用布),对胸有密密的钮扣,把人捆住,因从前的年轻女子,以胸前双峰高耸为羞,故百计掩护之。"姜亮夫《昭通方言疏证》:"今昭人言'马裤',当即此字,前后裆,一当心,一当背,故又曰背心,字又作马甲……女妇有一种作束胸用者,形制皆小,曰小马甲。"

【小衣服】xiǎoyīfú 儿童的衣服。亦指成女年性的胸衣、汗巾等小件服饰。清随缘下士《林兰香》:"惟有那小衣服,如抹胸、半臂、披帛、汗巾,以及膝裤、小鞋之类。"

【孝箍】xiàogū 丧事中妇女包头用的长条形白布。亦指戴在胳臂上的黑纱。《儒林外史》第五回:"妹子替姐姐只带一年孝,穿细布孝衫,用白布孝箍。"

【鞋拔】xiébá 穿鞋时所用的一种辅助用具。形状似一小牛舌,上端稍小,便于手握,柄部有眼,可以悬挂。下端扁屈,正好贴于足跟。穿较紧的鞋时,放在鞋后跟里往上拔,使鞋上脚。清李光庭《乡言解颐·物部上·杂物十事》:"世之角,牛者为用多矣。而其因材制器,审曲面埶,以成其巧者,莫鞋拔若也……男子之鞋只求适足,而欲其峭紧者,则用鞋拔。"

【鞋底】xiédǐ 鞋的最下方与地面接触的部分。根据穿着的不同需要,有皮底、草底、麻底、布底、木底、铁底等区别。形制有薄、厚、高、平、软、硬等多种。清梁绍壬《两般秋雨庵随笔》卷八:"宣和间,妇人鞋底,以二色帛合成之。"徐珂《清稗类钞·服饰》:"高底,削木为之……缠足之妇女以为鞋底。"又:"山西太谷县富室多妾,妾必缠足,其鞋底为他省所无。夏所著,以翡翠为之……冬日所著,以檀香为之。"

【鞋口】xiékǒu 用以装饰鞋帮的窄条,鞋帮的上缘。亦指鞋帮上缘的前面部分。《中国歌谣资料·小妹做鞋送情人》:"鞋口锁成鱼脊梁,后跟锁成鱼眼睛。"

【鞋掌】xiézhǎng 钉在鞋底前后两处的牛皮或补丁等,使鞋底耐磨。清蒲松龄《增补幸云曲》第十四回:"那鞋掌子印着那涩道上边嘶的一声,抓下来了半边,走一步刮打一声。"

【行裳】xíngcháng 清代帝王百官出行时所著之裳。视季节不同,有单、夹、毡、皮等形制。制为两幅,左右各一,上缀以带,使用时系缚在腰间。《大清会典图》卷四二:"皇帝行裳,色随所御,左右各一幅,前直,后上敛,中丰,下削,并属横幅。石青布为之,毡袷惟时,冬用鹿皮或黑狐为表。"徐珂《清稗类钞·服饰》:"(亲王以下)行裳,蓝及诸色随所用,左右各一,前平后中丰,上下敛,并属横幅,毡袷惟时,冬用皮为表。其制,下达庶官,凡扈行者冠服并如之。"

【行带】xíngdài 清代皇帝着行袍或行褂时所系的腰带。由传统的鞊鞢带演变而来,上有小环,可佩帉、囊等各式杂物。专用于出行。清吴荣光《吾学录初编》卷八:"行袍、行裳,色随所用;行裳,冬以皮为表;行带,佩帉。"《清史稿·舆服志二》:"(皇帝)行带,色用明黄,左右佩系以红香牛皮为之,饰金花文铰银环各三。佩巾分以高丽布,视常服带帉微阔而短,中约以香牛皮束,缀银花文佩囊。明黄绦,饰珊瑚。结、削、燧、杂佩各惟其宜。"

【行褂】xíngguà 清朝皇帝、官兵出行时所著的一种短衣。马褂的早期形式,比常服褂短,长与坐时齐,袖长及肘。其制有数等。按定制亲王、郡王以下文武品官用石青色;领侍卫内大臣、御前大臣、侍卫班领(长)、护军统领、健锐营翼长用明黄色,诸臣得有赐黄马褂者才能穿着;他如八旗之四正旗副都统、正黄旗者色用金黄;正白旗、正红旗、正蓝旗者各按旗色;镶黄旗、镶白旗、镶蓝旗者用红色缘,镶红旗者用白色缘;其他如前锋参领、护军参领、火器营官都服之;豹尾班侍卫,用明黄色,左右及肩前施双带结之;健锐营前锋参领,色用明黄蓝缘,营

豹尾班侍卫行褂
(《大清会典》)

兵色用蓝,明黄缘;虎枪营总统领,用明黄,领左右端青缘直下至前裾;枪长色用红,领左右端青缘;营兵色用白,领左右端青缘,都直下至前裾;火器营兵色用蓝,白缘。行褂的形制,下达一般庶官以及厮行者都可穿用,服色不得用黄。《清通志·器服三》:"皇帝行褂,色用石青,长与坐齐,袖长及肘,棉袷纱裘惟其时。"

健锐营兵行褂
《大清会典》

【行冠】xíngguān 清代帝王出巡时所戴之冠。《清史稿·舆服志二》:"行冠,冬用黑狐或黑羊皮、青绒,余俱如常服冠。夏织藤竹丝为之,红纱里缘,上缀朱氂,顶及梁皆黄色,前缀珍珠一。"

【行绵撞帽】xíngmiánzhuàngmào 清代伍长、壮丁戴的特制的绵帽。清黄六鸿《福惠全书·保甲·简验壮丁》:"其伍长、壮丁,须各备行绵撞帽一顶。上缀号带,傍垂遮耳护项,内缀兜颏帽绳。"

【行袍】xíngpáo 清代皇帝及文武官员出行时所穿的一种长袍。其制如常服袍,裾四开,右裾短一尺,长减十分之一;右衽;领为圆领;袖端平,袖口向外微张翘,形如马蹄;大襟,上襟右斜开。右襟下部被裁下一块,平时用纽扣绾结,骑马时则解下,以便活动。臣工扈行、行围人员,以至庶官均着之,尤其便于乘骑。不

乘骑时可将右裾短者以纽扣扣之,即如同常袍。亦可作礼服用,如文武官员出差、谒客不必外加外褂,加上对襟之大袖马褂即可。《大清会典》卷四八:"行袍,制如常服袍,长减十之一,右裾短一尺。色随所用。绵、袷、纱、裘惟时。自亲王以下至文武官皆同。"

行袍(《大清会典》)

【行巡靴】xíngxúnxuē 清代皇帝巡行时所穿的靴子。清福格《听雨丛谈》卷一:"凡遇巡行……御用又别有夔云巡行靴。"

【袖袪】xiùqū 袖子的边口。清朱大韶《实事求是斋经义·驳蔡氏禓袭袒说》:"深衣,冬时以鹿皮为裘,而横长其袖袪。"

【靴掖】xuēyē 用绸缎或皮革制成的能折叠的小夹子,可以藏掖在靴筒里,内常装名帖、钱票等。《红楼梦》第十七回:"贾琏见问,忙向靴筒内取出靴掖里装的一个纸折略节来,看了一看。"清李光庭《乡言解颐》卷四:"世有轻如袖纳,重异腰缠,比带胯而不方,视荷囊而甚扁者,靴掖是也。零星字纸,以靴掖盛之,便于取携也。"《儿女英雄传》第二回:"说着,从靴掖里掏出一个名条,安老爷连忙的接过来。"

【雪褂子】xuěguàzi 下雪天穿在外面的罩衣;用以御雪的对襟大褂。多以皮毛、

毡罽等材料制成,质地厚实,多用于户外,进入室内则脱掉。《红楼梦》第四十九回:"一时湘云来了,穿着贾母给他的一件貂鼠脑袋面子、大毛黑灰鼠里子、里外发烧大褂子……黛玉先笑道:'你们瞧瞧,孙行者来了。他一般的拿着雪褂子,故意妆出个小骚达子样儿来。'"

【雪衣】xuěyī 披风、斗篷之属。御雪防寒的衣服;冬天穿的棉衣。清王韬《淞滨琐话》卷八:"有三女子踏月而来:一蟹青衫,年约十七八;一短发覆额,无袴雪衣;一绛绡衣者,年已及笄。"

雪衣(《点石斋画报》)

Y

ya—yao

【压缝靴】yāfèngxuē 也作"押缝靴""牙缝靴"。清代皇帝、大臣巡行时所穿的一种牛皮制成的礼靴。靴的每道拼缝中嵌以绿皮作成的细线。清初仅用于皇帝,嘉庆二十一年以后,则遍赐予军机大臣,凡遇巡行,皆可穿着。清福格《听雨丛谈》卷一:"御用尖靴,皆绿皮压缝,其柔细如绸……亲郡王亦准用绿压缝靴,惟靴帮两旁少立柱耳……凡遇巡行,内廷王公、御前大臣、领侍卫内大臣、内大臣、军机大臣、内务府大臣,皆准用绿压缝。"吴振棫《养吉斋丛录》卷二二:"军机大臣准穿绿押缝靴,自嘉庆二十一年始。时蒙赐者,托相国津、卢相国荫溥。"注:"嘉庆七年,赐协办大学士朱珪绿押缝靴。异数也。"徐珂《清稗类钞·服饰》:"军机大臣着缘牙缝靴,自嘉庆丙子,特旨赏托津、卢荫溥始,并谕嗣后军机大臣准穿用。"

【押发】yāfā 也作"压发"。也称"押发簪"。清代妇女插在发髻中间的装饰品。用金银、翡翠、玛瑙、玉石等材料为之,制成各种花状,使用时覆压于发绺,以簪钗固结。《二十年目睹之怪现状》第四十八回:"沈月卿也起身别去。他走到房门口,我回眼一望,头上扎的是白头绳,押的是银押发,暗想他原来是穿着孝在这里。"《海上花列传》第三十三回:"善卿已自回来,只买了钏臂、押发两样,价洋四百余元……当下揭开纸盒,取翡翠钏臂、押发,排列桌上,说道:'耐看,钏臂倒无啥,就是押发稍微推板点,倘然耐勿要末,再拿去调。'"《劫余灰》第二回:"婉贞默默无言,等父亲出去之后,便将各物一一检收,共是一双凤头金钗,一支缕花金压发簪,一对嵌翠戒指,一双嵌珠耳环,共是四样首饰。"

【鸭头裘】yātóuqiú 以野鸭头部的皮毛制成的裘。清代多用于达官贵人。清郝懿行《晒书堂诗抄》卷下:"今优伶有着孔雀及雉头、鸭头裘者。"

【眼】yǎn 即"圆文"。清代职官礼冠所插孔雀翎上的目晕纹样。具有区分等级的功能。有一眼(又称单眼)、二眼(又称双眼)、三眼之分,以三眼为贵。四眼、五眼为特例。《大清会典·礼部四·冠服》:"孔雀翎,翎端三圆文者,贝子戴之。二圆文者,镇国公、辅国公、和硕额驸戴之。一圆文者,内大臣,一、二、三、四等侍卫,前锋护军各统领、参领、前锋侍卫,诸王府长史、散骑郎、一等护卫均得戴之。翎根并缀蓝翎。"清夏仁虎《旧京琐记·仪制》卷五:"康熙时,皇子某欲之,求于上,特为制五眼花翎赐焉。自后,虽福文襄有大功,仅得四眼而已。"徐珂《清稗类钞·服饰》:"品官之大帽,饰以孔雀翎……以目晕之多寡为等差。目晕,即眼也。普通皆一眼,多者双眼、三眼。其初皆出于酬庸旷典,惟有功而蒙特恩者,始得赏戴。"又:"高宗且欲定五眼花翎为亲郡王定制,为和珅所阻,未果行。"

【眼镜套】yǎnjìngtào 盛放眼镜的佩囊。一般由质地厚实的织物制成,其上绣织有纹样,清代男子佩在腰间既有实用功能,又可以做装饰。《官场现形记》第三十六回:"(师四爷)腰里羊脂玉螭虎龙的扣带;四面挂着粘片搭连袋、眼镜套、彦套、表帕、槟榔荷包,大襟里拽着小朝烟袋;还有什么汉玉件头,叮叮当当,前前后后都已挂满。"

【雁钗】yànchāi 一种形如飞雁的发钗。《儿女英雄传》第十二回:"说着,把自己头上带的一只螺丝点翠嵌宝衔珠的雁钗摘下来,给张姑娘插在鬓儿上。"

【洋布衫】yángbùshān 用机器织的平纹布制成的单衣。与手工纺织的"土布"制成的单衣相对而言。《儿女英雄传》第四回:"那一个梳着一个大歪抓髻,穿着件半截子的月白洋布衫儿。"《海上花列传》第二回:"朴斋看秀宝梳好头,脱下蓝洋布衫,穿上件元绉马甲。"

【腰里硬】yāolǐyìng 清代平民男子中流行使用的一种线织腰带。宽阔而厚实,中有夹层,可以存放钱物。俗称板袋。《二十年目睹之怪现状》第一百零七回:"我看那人时,穿了一件破旧茧绸面的零羊皮袄,腰上束了一根腰里硬,脚上穿了一双露出七八处棉花的棉鞋。"

【腰束】yāoshù 清代一种布帛制成的双层腰带。上缀纽扣,用于束腰,兼有袋囊功用。使用时系束在衣外。多用于男子。清曹庭栋《养生随笔》卷三:"或制腰束以代带。广约四五寸,作夹层者二,缉其下缝,开其上口,并可以代囊。围于服

外,密缀纽扣,以约束之。《(礼)记·玉藻》曰:'大夫大带四寸。'注:谓广之度也。然则古制有带广四寸者。腰束如之,似亦可称大带。"

【鹞子鞋】yàozixié 清代流行的一种轻便的半统靴。靴首以鹞子为饰,着之行动迅捷。多为军士所用。清刘献廷《广阳杂记》卷四:"打仗不可不多备鹞子鞋。鞋须穿过二三日者方妙,新恐与足不相得也。"《儒林外史》第四十三回:"号令中军马兵穿了油靴,步兵穿了鹞子鞋,一齐打从这条路上前进。"清高静亭《正音撮要·衣冠》:"鹞子鞋:半截靴。"

yi—you

【一箍圆】yīgūyuán 清代一种老年人用于保暖的有袖、前后不开衩的袍。多在冬季穿着。清曹庭栋《养生随笔》卷三:"如今制有口衣,出口外服之,式同袍子。惟袖平少宽,前后不开胯,两旁约开五六寸,俗名之曰'一箍圆'。老年御寒皮衣,此式最善。"

【一裹圆】yīguǒyuán 也作"一口钟"。一种有袖不开衩的长外衣。式样为圆领、大襟、窄袖,身长至膝,男女老少均可穿用。清张德坚《贼情汇纂·伪服饰》:"至伪服仅黄龙袍,红袍,黄红马褂而已。其袍式如无袖盖(按即马蹄袖)窄袖一裹圆袍。"《红楼梦》第九十四回:"且说那日宝玉本来穿着一裹圆的皮袄在家歇息。"《老残游记》第六回:"你们把我扁皮箱里还有一件白狐一裹圆的袍子取出来。"《中国歌谣资料·宣统二年半》:"头顶磨磨盘,身穿一裹圆,宣统坐天下,不过二三年。"

【一块玉】yīkuàiyù 晚清时期流行的一

种镶有花边的女裙。清《训俗条约》卷一五：“吴中刻丝顾绣，以及累金雕嵌各项对象，皆有作坊行户……至于妇女衣裙，则有琵琶、对襟、大襟、百裥、满花、洋印花、一块玉等式样，而镶滚之费更甚，有所谓白旗边、金白鬼子栏干、牡丹带、盘金、间绣等名色。”

【一气绦】yīqìtāo 僧人、道士系腰用的丝带。清闵小艮《清规玄妙·外集》：“二仙懒衲等衣，或腰系九股绦、吕公绦、一气绦，或手提风火棕拂。”

一气绦
（明万历年间刻本《西厢记》插图）

【一线滚】yīxiàngǔn 在衣服、鞋帽上镶滚一道狭窄的缘边。《孽海花》第四回：“看他头上梳着淌三股乌油滴水的大松辫，身穿藕粉色香云纱大衫，外罩着宝蓝韦陀银一线滚的马甲。”

【一眼孔雀翎】yīyǎnkǒngquèlíng 省称“一眼”。也称“单眼花翎”“一眼花翎”。顶端只有一个目晕的孔雀翎枝。清代规定为辅国公、镇国将军、辅国将军、内大臣、一至四等侍卫、护军营、前锋营、火器营、銮仪卫等满族五品以上官员、诸王府长史及一等护卫等所佩带。《清史稿·舆服志二》：“凡孔雀翎……一眼者，内大臣，一、二、三、四等侍卫，前锋、护军各统

领、参领，前锋侍卫，诸王府长史，散骑郎，二等护卫，均得戴之。”清福格《听雨丛谈》卷一：“本朝最重花翎，如古之珥貂也。其例应随秩戴翎者……辅国公、镇国将军、辅国将军单眼花翎。”

【一丈青】yīzhàngqīng 妇女用一种簪子，兼带挖耳勺的功能。形制各异，一说一端尖细，一端较粗，顶端作小勺；一说一端为钺斧或蛇矛的形状，另一端扁尖，可用为裁纸刀，亦可用来防身。清林苏门《邗江三百吟》“长耳挖”序：“此即俗名一丈青也。金银不一，妇女头上斜插之。”诗云：“丰度堪嗤窈窕娘，用同消息制偏长。斜簪雅鬓雀生角，低亚云鬟星有芒。侍婢若来蛮互触，檀郎猝遇戒其伤。或虚乎右或虚左，时世工为半面妆。”《红楼梦》第五十二回：“坠儿只得往前凑了几步，晴雯便冷不防欠身一把将他的手抓住，向枕边拿起一丈青来，向他手上乱戳。”《儿女英雄传》第二十回：“头上梳着短短的两把头儿，扎着大壮的猩红头把儿，扎着一枝大如意头的扁方儿，一对三道线儿的玉簪棒儿，一枝一丈青的小耳挖子。”

一丈青银发簪

【衣袋】yīdài 衣服上的口袋;上衣和裤子的兜。徐珂《清稗类钞·考试》:"取一卷出,即向衣袋中摸烟壶,得琥珀则中,白玉则否。"

【衣单】yīdān 僧尼的袈裟和度牒。《儒林外史》第三十八回:"恶和尚听了,怀恨在心,也不辞老和尚,次日,收拾衣单去了。"

【衣顶】yīdǐng 清代用以标志功名等级的官服和顶戴。亦代指功名。《大清会典事例》卷八〇九:"凡不法绅衿,私置板棍,擅责佃户者,照违制律议处,衿监吏员,革去衣顶职衔,杖八十,地方官失察,交部议处……至有奸顽佃户,拖欠租课,欺慢田主者,杖八十,所欠之租,照数追给田主。"《二十年目睹之怪现状》第七十三回:"(学院)勒令即刻将弥轩驱逐出院,又把那肄业生衣顶革了。"

【衣靠】yīkào 指武侠所穿的密扣紧袖束腰衣装。《三侠五义》第十二回:"到了二更时分,英雄换上夜行的衣靠。"

【衣褶】yīzhě 衣服的褶裥、折痕。《红楼梦》第九十二回:"人的眉、目、口、鼻以及出手、衣褶,刻得又清楚,又细腻。"《二十年目睹之怪现状》第三十七回:"不一会儿,全身衣褶都画好了,把帐竿竹子倚在墙上,说道:'见笑,见笑!'"

【银翅王帽】yínchìwángmào 装饰有银翅的乌纱帽。《红楼梦》第十五回:"宝玉举目见北静王水溶头上戴着洁白簪缨银翅王帽,穿着江牙海水五爪坐龙白蟒袍,系着碧玉红鞓带。"

【银顶】yíndǐng 清监生、生员冠帽上的顶饰。清昭梿《永宪录·续编》:"七品以下及进士、举人、贡生俱用金顶;生员、监生俱用银顶。"陆心源《翎顶考》:"监生、生员用素银顶。"

【银片】yínpiàn 清代蒙古族已婚妇女所用的一种首饰。装饰于两鬓、前额、后脑的银片薄片,大小不等,或镶以珠宝、色石玻璃等。徐珂《清稗类钞·服饰》:"(乌兰察布盟女子)既成婚,乃梳双髻,盘两耳旁,垂两颊,以方二寸许之银片夹之,上嵌珊瑚等物。额护发银片一枚,后脑银片大小各三,均镶嵌珍宝……贫者护发以银片,无镶嵌,亦有以白铜嵌色石、玻璃而成者,亦奇丽可观。"

【银指甲】yínzhǐjiǎ 妇女套于指尖的银质护指。清顾张思《土风录》卷二:"银指甲"条引《临淮新语》云:"义甲,护指物也,或以银为之……俗用银指甲亦有本。"民国天笑《六十年来妆服志》:"以前女子每留长指甲,以为美观,长者有至三四寸者,其细如葱,时加修剪。其保护此指甲(留指甲必在无名指与小指上)使不损坏者,有套以银管者,名之曰'银指甲'。"

【缨帽】yīngmào 清朝官吏所戴的帽子,帽顶有红缨子。清梁恭辰《广东火劫记》:"又见有似差役,头带缨帽,手持铁练者三十余人,拥入戏棚捉人。"《儿女英雄传》第二十一回:"一个个倒是缨帽缎靴,长袍短褂。"

【鹰膀褂子】yīngbǎngguàzi 清代一种加袖的坎肩,只宜于乘马,步行者不能穿。由巴图鲁马甲演变而来,乾隆时期八旗子弟在巴图鲁马甲的袖窿处加了袖子,变成了"鹰膀褂子"。在京师的八旗子弟中尤其盛行,骑在马上,以示威武。始为皮制,后用单夹绵纱等制。《红楼梦》第四十九回:"(宝玉)穿一件茄色哆罗呢狐狸皮袄,罩一件海龙小鹰膀褂子,束了腰,披上玉针蓑,带了金藤笠,登上沙棠屐。"徐珂《清稗类钞·服饰》："京都盛行巴图鲁坎肩儿……后且单夹棉纱一律风行矣。其加两袖者鹰膀,则宜于乘马,步行者不能着也。"

【油裙】yóuqún 围裙。烹饪劳作时系在身前用以防止油污,故称。《儿女英雄传》第四回:"那跑堂儿的瞧见,连忙的把烟袋杆往巴掌上一拍,磕去烟灰,把烟袋掖在油裙里走来。"

yu—yun

【鱼肚袖】yúdùxiù 清代中晚期的一种宽袖。袖身宽博,两腋紧窄。其形弯曲如鱼肚,故名。清夏仁虎《旧京琐记》卷一:"妇女衣裙,颜色以年岁为准……衫袖腋窄而中宽,谓之鱼肚袖,行时飘曳,亦有致。后乃慕南式而易之,则又紧抱腕臂,至于不能屈伸。"

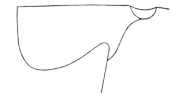

鱼肚袖示意图

【鱼鳞百褶裙】yúlínbǎizhěqún 俗称"时样裙"。清代咸丰、同治年间流行的一种周身折细褶密集的女裙。折裥之间以丝线交叉串联,以免散乱。其裙褶处能张展紧缩,在移步行动时,裙装展开成鱼鳞状,故名。《清代北京竹枝词·时样裙》:"凤尾如何久不闻? 皮绵单袷费纷纭。而今无论何时节,都著鱼鳞百褶裙。"

【渔婆勒子】yúpólèzi 也称"渔婆巾"。勒子之一种。用丝绳或纱罗编制而成,戴用时把它对角斜折,从额前向后包裹,再

鱼鳞百褶裙示意图

将巾角绕到额前方打一个结子。元代时作为元杂剧的一种服饰,现在古装戏剧中渔家女子之类的人物扮相,常束这样一种包头。清李斗《扬州画舫录》卷九:"扬州髽勒异于他地,有蝴蝶、望月……及貂覆额、渔婆勒子诸式。"《镜花缘》第十回:"一个美貌少女,'身穿白布箭衣,头上束着白布渔婆巾,臂上挎着一张雕弓。"又第六十回:"忽见一个女子飞进堂中……头上束着桃红渔婆巾,脚下穿着三寸桃红鞋。"

渔婆勒子(《故宫珍藏百美图》)

【羽巾】yǔjīn 道士戴的头巾。亦作道士的代称。清林则徐《黄壶舟以前后放言诗寄示奉次》之一:"纷看绢树登华毂,恐少缁流度羽巾。"自注:"时有以僧道度牒为筹画经费计者。"

【羽帽】yǔmào 两旁有翅的官帽。清富

察敦崇《燕京岁时记·耍猴儿》:"耍猴儿者,木箱之内藏有羽帽乌纱,猴手自启箱,戴而坐之,俨如官之排衙。"

【羽缨帽】yǔyīngmào 即"雨缨"。清福格《听雨丛谈》卷一:"羽缨耐风雨,夏日行装用之,无职庶人不准戴纬帽者亦用之。其缨以犀牛毛用茜草染成,佳者鲜泽柔细,望之如绒,一缨可值白金二十两。若寻常慊从所冠者,只值数百文耳,其低昂悬殊之价如此。品官羽缨帽,照常戴顶,庶人则束其根如菊花顶。"

【雨裳】yǔcháng 清代皇帝及文武官员的礼服之一。以毡、皮、羽纱或油绸等制成的围裳。凡朝会、狩猎、传集间遇雨、雪时,与雨衣相配穿着,不畏潮湿。一般束在雨衣之内,下长至足。以不同颜色区别等秩。《大清会典图》卷四二:"皇帝雨裳,明黄色,油绸,不加里,左右幅相交,上敛,下递博;上前加线帷,为襞积。两旁缀以纽约,青色。腰为横幅,用石青布,两末削为带以系之。"又卷四八:"雨裳,前为完幅,毡、皮、羽纱、油绸惟时,腰为横幅,用石青布。王、贝勒、贝子、公、侯、伯、子、文武一品以上官、御前侍卫、各省巡抚,皆红色。二品以下文武官至军民皆青色。"《清史稿·舆服志二》:

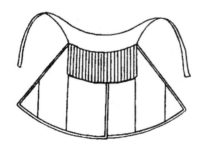

雨裳(清代刻本《大清会典图》)

"(皇帝)雨裳之制二:皆明黄色。一、左右幅相交,上敛下递博。上前加浅帷为襞积。两旁缀以纽约,青色。腰为横幅,用石青布,两末削为带系之。一、前为完幅,不加浅帷,余制同。"

【雨冠】yǔguān 雨天所用之冠。清代有冬制与夏制之别,冬制顶崇前檐深,夏制顶平前檐敞。《清通典·礼十四》:"钦定雨冠之制二,其一顶崇而前檐深;其二顶平而前檐敞;皆用明黄色毡及羽缎油绸。"《清朝通志》卷五八:"皇帝雨冠,色用明黄,毡及羽缎为之,月白缎里;或油绸为之,不加里,带用蓝布。冬制顶崇而前檐深,夏制顶平而前檐敞,遇雨雪则加于冠上。"又:"皇太子雨冠,色用红。毡及羽纱、油绸惟其时。蓝布带。"《清史稿·舆服志二》:"凡雨冠,民公、侯、伯、子、男,一、二、三品文、武官,御前侍卫,乾清门侍卫,上书房、南书房翰林,批本处行走人员,皆用红色。四、五、六品文、武官,雨冠中用红色,青缘。七、八、九品文、武官,雨冠中用青色,红缘。"

【雨裙】yǔqún 专用于避雨的下裳。通常用油布制作,形制简单,使用时围裹于裤裙之外。《歧路灯》第五十七回:"我无事不来,今日特来向谭爷借雨帽、雨衣、雨裙,俺家里要走哩。"

【雨缨】yǔyīng 一种用牦牛尾染色制成的帽缨。遇雨不褪色,尊卑均可戴之。官员多祈雨时戴用;平民多用作行装。帽缨通用红色。亦代指缀有雨缨的凉帽。《清会典事例·礼部·冠服》:"凡祈雨,承祭官及陪祀官,各雨缨素服。"清昭梿《啸亭续录·亲祷》:"康熙中,孟夏间久旱,上虔诚祈祷,由乾清门步祷南郊,诸王大臣皆雨缨素服以从。"西清《黑龙江外记》卷六：“商贩春秋毡帽，夏草帽，惟晋商帽皆有缨，夏必戴雨缨。”徐珂《清稗类钞·服饰》：“自亲王以下……夏用冠，织玉草或藤丝为之，上缀雨缨。”《清史稿·职官志五》：“南鞍库掌官用鞍辔、皮张、雨缨、绦带、熟皮作业之。”

【雨缨凉帽】yǔyīngliángmào 也作“羽缨凉帽”。上缀雨缨的凉帽。《儿女英雄传》第十八回：“忽见马台石边站着一个人，戴着一顶雨缨凉帽，贯着个纯泥满锈的金顶。”《风月梦》：“那站龙头的朋友，穿着华丽衣服……带时式雨缨凉帽，足穿时式缎靴，年纪又轻，夜服又新，站得又稳，出色好看。”《海上花列传》第四十六回：“小赞带个羽缨凉帽，领那班跟出门的管家，攒聚帘外。”

【雨缨帽】yǔyīngmào 清代文武品官的衰冠，无檐、形如覆釜，藤为质，上缀黑缨。清萧奭《永宪录》卷二上：“前孝惠皇太后奉移后例脱去孝服，戴无缨帽，著素服，出时仍穿孝服。至太和、景运、隆宗三门，凡进门之人，俱戴雨缨帽。”徐珂《清稗类钞·服饰》：“有三年之丧者，戴羽缨(雨缨)帽。形亦如覆釜，惟无缘，藤织品也。以其一名凉篷而出于山东之德州也，故又称德州蓬。上缀黑色缨，不用顶带。”

【玉底克】yùdǐkè 清代哈萨克语中“皮靴”的音译。徐珂《清稗类钞·服饰》：“(哈萨克人)皮靴谓之玉底克，皮袜谓之黑斯，皮鞋谓之克必斯，皆以牛革为之。妇女较窄小，踵底之木，高二三寸，连鞔铁钉，踏地铮然作响。”

【玉裙】yùqún 一种折裥女裙。以整缎为之，周身折有二十四裥。流行于清康熙、乾隆年间，为妇女服。清李斗《扬州画舫录》卷九：“近则以整缎折以细缝，谓之百折；其二十四折者为玉裙，恒服也。”

【玉丫叉】yùyāchā 也作“玉鸦叉”“玉鸦钗”。玉质之钗。形似鸦翅。清纳兰性德《浣溪沙·咏五更和湘真韵》词：“魂梦不离金屈戍，画图亲展玉鸦叉。”龚自珍《小重山令》词：“今年愁到莫愁家。黄金少，典去玉丫叉。”

【玉簪棒儿】yùzānbàngr 玉簪；玉制首饰名。《儿女英雄传》第二十回：“(安太太)别着一枝大如意头的扁方儿，一对三道线儿的玉簪棒儿。”

【玉针蓑】yùzhēnsuō 一种用白玉草编成的精致蓑衣。《红楼梦》第四十九回：“宝玉此时喜欢非常，忙唤起人来，盥洗已毕，只穿一件茄色哆罗呢狐狸皮袄，罩一件海龙小鹰膀褂子，束了腰，披上玉针蓑，带了金藤笠，登上沙棠屐，忙忙的往芦雪庭来。”

【鸳屧】yuānxiè 绣有鸳鸯纹样的鞋子。清李符《摸鱼儿》词其三：“又停半饷温腰彩，何计更留鸳屧。”龚自珍《纪游》诗：“祇愁洞房中，余寒在鸳屧。”

【鸳鸯佩】yuānyāngpèi 一种用玉制成的鸳鸯形的佩饰。清宣鼎《夜雨秋灯录》三集卷四：“锁云仙倡赠句云：‘……春风懒解鸳鸯佩，夜月羞簪玳瑁钗。’”《林兰香》第一回：“初四日方是燕王家来送礼，康夫人一面赏来使，一面令收礼物，乃是圆领销金补服一袭，美玉圆板大带一围，回文蝴蝶锦十端，连理鸳鸯佩两副。”

【圆板】yuánbǎn 也作“圆版”。革制腰带上的圆銙。有圆形、椭圆形、桃形等多种，统称“圆板”。《林兰香》第一回：“康夫人一面赏来使，一面令收礼物，乃是圆领销金补服一袭，美玉圆板大带一围。”

【圆补】yuánbǔ 圆形补子。与"方补"相对。明代宗室及百官不分尊卑所用补子俱为方形,清代除方补外,也有用圆形者。方补多用于百官,圆补则用于皇室贵戚。所绣纹样多为龙、蟒,或用二团(胸背各一);或用四团(两肩及胸背各一)。及至清末,汉族命妇亦用圆补。清王先谦《东华录·康熙九年》:"乙酉议政王等议定服制,民公以下,有顶带官员以上,禁止穿五爪三爪蟒缎、满翠缎圆补服、黑狐皮、黄色、秋香色衣。"徐珂《清稗类钞·服饰》:"补服惟亲王、郡王所用者为圆形,余皆方;光绪中叶,汉族命妇补服,皆改方为圆矣。"

【月华裙】yuèhuáqún 一种浅颜色的画裙。以十幅布帛为之,折成细褶数十,每褶各用一色,轻描细绘,色雅而淡,如月光呈辉,故名。始于明末,流行于清初,多用于士庶阶层的年轻妇女。一说每褶之中,五色俱备。清叶梦珠《阅世编》卷八:"数年以来,始用浅色画裙。有十幅者,腰间每褶各用一色,色皆淡雅,前后正幅,轻描细绘,风动色如月华,飘扬绚烂,因以为名。然而守礼之家,亦不甚效之。"李渔《闲情偶寄》卷三:"吴门新式,又有所谓'月华裙'者,一裥之中,五色俱备,犹皎月之现光华也。"

【月华膝】yuèhuáxī 一种浅染而成的间色膝裤。月华,指月色。清姚廷遴《姚氏记事编》:"袍领袍袖,及三镶袜、月华裙、月华膝,备极精巧,皆廿年前所未见者也。"

【缊褚】yùnchǔ 缊袍。用碎麻或旧絮制的冬衣。清方熏《山静居诗话》卷一三:"壶尊尚贮前村酒,缊褚才离稚子身。"

Z

zan—zi

【簪环】zānhuán 发簪和耳环。代指妇女首饰。《红楼梦》第三十三回:"王夫人唤上金钏儿的母亲来,拿了几件簪环,当面赏了。"《儿女英雄传》第十四回:"头上戴些不村不俏的簪环花朵,年纪约有三十光景。"

【簪笄】zānjī 即簪子。清吴嘉宾《得一斋记》:"然而督得章绣,聋得钩球,秃得簪笄……虽奇巧丽饰,曾不如工之有缺斤,农之有曲末也。"

【札腰】zháyāo 布制腰带。《官场现形记》:"贼去之后,掉下一根雪青札腰。我们那些底下人都认得,说是这根札腰像你们这边胡贵的东西,常见他札在腰里的,同这一模一样。"

【遮肚】zhēdù 清代苗族女性所穿的一种遮胸的兜肚。以彩帛为之,裁为方形,使用时横覆胸前,以带系结。清李宗昉《黔记》卷三:"八寨黑苗,在都匀府属,性犷悍,女子以色布镶衣,胸前锦绣一方护之,谓之'遮肚'。"

【职任褂】zhírènguà 也称"职任褂子"。清代大臣、侍卫跟随皇帝出行时所穿的黄色马褂。详见933页"黄马褂"。

【豸佩】zhìpèi 指御史大夫一类官员佩戴的佩饰。清王闿运《〈桂阳州志〉序》:"凤策国用,始建边计。犯鳞挦须,考槃独寐,经亦侃侃,一起一踬,何豸之史,俱光豸佩。"

【忠孝带】zhōngxiàodài 也称"忠孝帕""荷包手巾"。也称"佩帉""素巾""风带"。清朝王公百官穿官服时,系于腰带两侧之狭长带子。初用高丽布或素布为之,后改为素绸。通常和行装配用,入直内廷、外出行装皆用之。京师以外地方官虽官服亦不得佩带。因多加饰大小荷包故谓之"荷包手巾"。其制有三:著朝服,所佩下广而锐,似今尖头领带;穿吉服,所佩下平而齐,似今平头领带;穿行服,所佩似吉服带,微阔而短。相传其作用有三:一谓用以代替马络带;一谓随驾时供捆绑冲犯仪仗队者之用;一谓皇帝赐死时,臣子用以自尽。随带有铜质别子两个,分镌忠、孝二字,汉人称之"忠孝带"。清夏仁虎《旧京琐记》卷五:"行装之制,旧用于扈从行围,后则奉差赴任者皆服焉……佩帉,素布视常服,带微阔而短……佩帉,满人谓之荷包手巾,汉人名之忠孝带,俗传荷包贮毒药,而带备自缢,故亦无考。"揎沙拙老《闲处光阴》卷下:"《科场条例》所载其名不一,惟浙江书为忠孝帕。"《孽海花》第二十五回:"珏斋头戴珊瑚顶的貂皮帽,身穿曲襟蓝绸獭袖青狐皮箭衣,罩上天青绸天马出风马褂,腰垂两条白缎忠孝带,仰着头,缓步出来。"《官场现形记》第三十三回:"王慕善穿了行装,挂着一副忠孝带,先在堂中关圣帝神像面前拈香行礼。"徐珂《清稗类钞·服饰》:"忠孝带,一曰风带,又曰佩帉,视常用之带,微阔而短。素巾,亦曰手巾,行装必佩之。蒙古松文清公筠谓国初以荷包储物,以佩帉代马络带者。而满洲震载亭大令钧辨其说,谓闻之前辈,以为马上缚贼之用,凡随扈仓猝有突仪卫者,无绳索,则以此缚之,盖备不虞之用耳。或曰,如以获罪赐尽,仓猝无帛,则以此带代之,故曰忠孝。"

【衷服】zhōngfú 内衣;贴身穿的衣服。《聊斋志异·云萝公主》:"一日曰:'妾质单弱,不任生产。婢子樊英颇健,可使代之。'乃脱衷服衣英,闭诸室。"清何垠注:"衷服,近身服也。"

【衷襦】zhōngrú 穿在里面的短衣。清唐甄《潜书·富民》:"昔者明太祖衷襦之衣,皆以梭布。"

【衷祖】zhōngyì 即"衷襦"。清洪亮吉《适王氏亡姑权厝志铭》:"割肌晨馈,则血溢衷祖。"王韬《淞滨琐话·金玉蟾》:"命尽褫姬之衣服裙钗,仅留衷祖,逐令速去。"

【朱漆屐】zhūqījī 也称"红皮木屐"。清代广东地区流行的一种红漆涂刷的木屐。平底、无跟,多用于妇女。清屈大均《广东新语》卷一六:"新会尚朱漆屐,东莞尚花绣屐,以轻为贵。"李调元《南越笔记》卷六:"粤中婢媵,多著红皮木履……沐浴乘凉时,散足着之。"

【珠顶】zhūdǐng 用东珠装饰的帽顶,上衔红宝石。清代正一品官可戴珠顶冠。清阮葵生《茶馀客话》卷四:"顺治四年,谕范文程、刚林、祁充格曰:'文职衙门,不可无领袖,今尔衙门较前改大,尔三人可用珠顶、玉带。'"

【竹布衫】zhúbùshān 省称"竹衫"。竹布,竹练麻所织的布。用竹布做的衣服透风凉爽,多用作夏衣。清代江南地区较为流行。《海上花列传》第十六回:"(那人)只穿一件月白竹布衫,外罩玄色绉心缎马甲。"《发财秘诀》第四回:"里面走出一个女子来,挽了一个上海式的圆头,额上覆了一排短发……穿一件浅蓝竹布衫,襟头上的钮子却是赤金的。"徐珂《清稗类钞·服饰》:"浙江开化妇女之衣饰,均甚朴素。宣统时,但得衣竹布衫,花布裤,便蹀躞道途,自以为备极华美矣。"

【竹钗】zhúchāi 妇女服丧时用的一种竹制发钗。清翟灏《通俗编》卷一二:"按《朱子家礼》:斩衰妇人用布头𢂺,竹钗。"

【竹笄】zhújī 用竹子削制而成的发笄。笄的早期形式,所以笄字从"竹"。但由于竹木难以保存,所以现在能看到的竹笄,大多为战国至西汉时期的遗物。清阮葵生《茶余客话》卷一〇:"燧人氏作髻,女娲氏作竹笄。"

【镯子】zhuózi 镯的俗称。戴在手腕或脚腕上的环形装饰品。《红楼梦》第三十九回:"平儿带镯子时,却少了一个,左右前后乱找了一番,踪迹全无。"

【缁衲】zīnà 僧侣的衣服。借指僧侣。清褚人获《坚瓠秘集·狡僧》:"万历中宪副李某,素不喜缁衲。"

【缁袍】zīpáo 僧人的衣服。借指僧侣。清纪昀《阅微草堂笔记·滦阳续录二》:"归憩一寺,见缁袍满座,梵呗竞作。"

词目笔画索引 *

---

* 本索引包括正文全部词目及释文中的"也作""也称""省称""俗称"等词形。

附　录

附录一　中国历代帝王冕服种类及构成演变表*

朝代	冕服种类	构成	
东汉	冕服（衮冕）	广七寸，长一尺二寸，前圆后方，玄表，朱绿里；垂旒，前后邃延，前垂四寸，后垂三寸，系白玉珠为组缨；以其绶采色为组缨；旁垂黈纩	玄衣纁裳（十二章，刺绣），大佩（冲牙、双瑀、双璜、双黄，皆以白玉，落以白珠），佩刀或剑、双印，双黄赤绶（黄赤缥绀），赤舄绚履
魏	多因汉制，只明帝时疏改用珊瑚		
晋	冕服（衮冕）	冕冠：黑介帻+通天冠+平冕（未加元服：空顶介帻）平冕：广七寸，长一尺二寸，前圆，玄表，朱绿里，未组缨，无旒。后方：垂白玉珠，十二旒，朱组缨。通天冠：高九寸，正竖，顶少斜却，乃直下，铁为卷梁，前有展筩，冠前加金博山颜[述]	皂衣绛裳（裳前三幅，后四幅；衣画而裳绣十二章：日、月、星辰、山、龙、华虫、藻、火、粉、米、黼、黻），中衣（绛缘领、袖）；素带（广四寸，朱里，以朱、绿褝饰其侧）；绶（黄赤缥绀）；朱赤皮舄（白玉佩，绛袴袜，赤舄、剑）
宋　泰始四年	大冕	冕冠（纯玉缫）	玄衣黄裳
	法冕	冕冠（五彩缫）	玄衣绛裳
	冠冕	冕冠（四彩缫）	紫衣红裳
	绣冕	冕冠（三彩缫）	朱衣裳
	纨冕	冕冠（二彩缫）	青衣裳
宋		衣裳：未末用绣及织成。其他具体形制多因晋制（佩鹿卢剑）	

* 引自（韩）崔圭顺《中国历代帝王冕服研究》，东华大学出版社，2007年12月。个别内容略加调整。

续表

朝代		冕服种类	构成
南齐	永明六年	平天冠服（衮冕）	平天冠：黑介帻＋通天冠＋平冕，平冕：广七寸，长尺二寸，皂表，朱绿里，朱缘十二旒；以朱组为缨，如其绶色 皂衣绛裳（裳前三幅，后四幅；衣画而裳绣。日、月、星辰、山、龙、华虫、藻、火、粉、米、黼、黻十二章；中衣（绛缘领、袖）。素带（广四寸；朱里，以朱、绿裨饰其侧，要中以朱，垂以绿）；赤皮韨，垂以緼；佩玉尺，赤绂袂（黄赤绶缙绀），佩玉（同晋末），绛袜，绛林，赤舄
	建武年间		裘衣之织成改为采画，加金银薄饰（世称"天衣"）
梁		平天冠服（衮冕）	平天冠：黑介帻＋通天冠＋平冕，平冕：广七寸，长一尺二寸，玄表，朱绿里，前圆后方；垂白玉珠，十二旒，前垂四寸，后垂三寸（其长齐肩；朱组缨。各如其绶色；旁垂黈纩，流珠以玉瑱。通天冠：高九寸，前加金博山述 皂衣绛裳（裳前三幅，后四幅；衣画四幅，日、月、星辰、山、龙、华虫、火、宗彝、藻米、粉米、黼、黻，凡十二章；中衣（绛缘领、袖），赤皮里，以朱、绿裨饰其侧）。赤皮韨，绛袜，绛林，赤舄大绶，黄赤缥绀；白玉佩，革带，白玉双璏剑（绿绲带以组为之，如绶色）。黄金辟邪首为带鐍，而饰以白玉珠）
梁	天监七年	大裘冕	冕冠（无旒） 玄缯衣（制式如裘）。纁裳；皆无文绣
		裘冕	冕冠：黑介帻（无旒） 文章改为凤凰
陈		同梁天监制。文章表现形式改为，彩画上涂金色	
北齐		冕服（衮冕）	冕冠：黑介帻＋通天冠＋平冕（未加元服：空顶介帻）。平冕：垂白珠十二旒，饰以五采玉；组缨，色如其绶；垫纩；玉笄 四时祭庙。圆丘、方泽、明堂、五郊、封禅，大雩、出宫行事，正旦受朝及临轩拜王公时：裘服（皂衣绛裳；裳前三幅，后四幅；织成为之，十二章，中单（绛缘）织成组带，朱绶，白玉佩，白玉双璏剑，黄赤绶（黄赤赤绿缥绀，纯黄质，长二丈九尺，五百首，广一尺二寸），小绶（长三尺二寸，与绶同采，而首半之），绛袜，绛林，赤舄 龙章改为凤凰 籍田时：佩苍玉，黄绶，青带，青林，青舄

续表

朝代	冕服种类		构成		
北周	冕服	苍冕	十二旒	苍衣	凡十二章,十二等。上衣六章:日,月,星辰,山,龙,华虫;下裳六章:火,宗彝,藻,粉米,黼,黻	上衣(作会服章,升龙领、褾);韠(织成服龙、火、山);玉组绶,系玺印之绶(苍青朱黄白元缥红紫绯碧绿十二色)
		青冕		青衣		
		朱冕		朱衣		
		黄冕		黄衣		
		素冕		素衣		
		玄冕		玄衣		
		象冕		象衣		
		衮冕			九章十二等,衣重宗彝,裳重黼,黻。上衣五章六等:龙,山,华虫,火,宗彝;下裳四章六等:藻,粉米,黼,黻	
		山冕			八章十二等,衣重火,宗彝,裳重黼,黻。衣四章六等:山,华虫,火,宗彝;下裳四章六等:藻,粉米,黼,黻	
		鷩冕			七章十二等,衣重三章,裳重黼,黻。衣三章六等:华虫,火,宗彝;裳四章六等:藻,粉米,黼,黻	

续表

朝代		冕服种类	构成	
隋	开皇年间	衮冕	冕冠:垂白珠十二旒;组缨,色如其绶;黈纩充耳;玉笄	玄衣纁裳(九章十二等。上衣五章六等:龙、山、华虫、火、宗彝、宗彝;下裳四章六等:藻、粉米、黼、黼、黻、黻;衣褾、领织成升龙)、白纱内单(黼领,青褾、襈、裾)、革带(玉钩艓)、大带(素带朱里;纰其外,上以朱,下以绿)韨(纁色,龙、火、山)、白玉双佩(玄组)、双大绶(玄黄赤白缥绿六采,纯玄质,长二丈四尺,五百首,广一尺)、小双绶(长二尺六寸,色同大绶,而首半之,间施三玉环)朱韈、赤舄(舄加金饰)、鹿卢玉具剑(火珠镖首)、玺
	大业元年	大裘冕	冕冠(青表朱里,无旒、纩)	黑羔裘(黑缯领袖)、纁裳(无章)、绛韈、赤舄
		衮冕	冕冠(以采綖贯珠,十二旒,齐于膊;纩齐于耳;组缨;玉笄导)	玄衣纁裳(九章。上衣织成五章:山、龙、华虫、火、宗彝;下裳四章:藻、粉米、黼、黻;衣褾、领上各帖升龙)、白纱内单(黼领,青褾、襈)、朱韨(上阔一尺,象天数;下阔二尺,象地数;长三尺,象三才;加龙、山、火三章)、革带(玉钩艓)、大带(朱里,纰其外;纽约用组)、鹿卢玉具剑(火珠镖首)、白玉双佩(玄组)、双大绶(玄黄赤白缥绿六采,纯玄质,长二丈四尺,五百首,广一尺)、小双绶(长二尺六寸,色同大绶,而首半之,间施三玉环)、朱韈、赤舄(舄加金饰)

续表

朝代	冕服种类		构成
唐 武德四年	大裘冕	旧（唐书）	冕冠：无旒；玄表，纁里；广八寸，长一尺六寸；金饰；玉簪导，组缨，色如其绶；纩扩充耳	黑羔裘（玄领、标、襈、裾绿，未裳，白纱中单（皂领、青标、襈、裾，革带〈玉钩鲽〉，大带〈素带朱里，纯其外，上以朱，下以绿，纽约用组，蔽膝〈朱色〉，鹿卢玉具剑〈玄黄赤质，纯玄质，长二丈四尺，广一尺，五百首〉，白玉双佩，双大绶〈长二尺六寸，色同大绶，小双绶长二尺六寸，色同大绶〉，鹿卢玉具剑），间施三玉环），未舄赤舄
		新（唐书）	冕冠：无旒；黑表纁里；广三寸半，长一尺二寸；以板为之；组带，纩扩充耳；玉簪导	大裘（缯表，黑羔皮为领、标、襈绿，纁里）、未裳，绛绔（一蔽膝〈一絭带〈革带〉以白皮为之，以属佩、绶、印章〉、素表朱里，在腰绔玉半，金镂玉钩，大带（博四寸；素带，纽约，贵贱皆用青组，博三寸〉蔽（未绔〈上广一尺，下广二尺，长三尺，以属革带，大双绶〈黑黄赤首，大双绶〈长二尺六寸，色同大裘冕之绶），白玉佩，鹿卢玉具剑〈火珠镖首〉，长一尺四寸，色如绶；纩扩充耳，而首半之，间施三玉环），未舄赤舄
	衮冕	旧	冕冠广八寸，长一尺六寸；白珠十二旒；以组为缨，色如其绶；纩扩充耳；玉饰；金饰；玉簪导	玄衣纁裳（十二章：八章在衣：日、月、星、龙、山、华虫、火、宗彝，四章在裳：藻、粉米、黼、黻四章在裳；衣画，裳绣，各为六等；龙、山以下。每章一行；十二；衣标〈衣、领织成升龙（绣龙、山、火〉，白纱中单（黼领、青标、襈、裾〈黼领，青标、襈、裾，龙、山、火〉，革带、大带、剑、佩、绶、舄加金饰
		新	冕冠广一尺二寸，长二尺四寸；金饰；玉簪导；白珠十二旒；玉丝组缨，色如绶	深衣衮裳（十一章，日、月、星、龙、山、华虫、火、宗彝八章以下，每章一行为等，每行十二；衣标、裾绣，青标、襈裾、黻（绣龙、山、火）。舄加金饰

续表

朝代	冕服种类			构成
唐 武德四年	鷩冕	旧	冕冠:广八寸,长一尺六寸	七章:三章在衣,华虫、火、宗彝,四章在裳,藻、粉米、黼、黻。余同衮冕
		新	冕冠:八旒	七章:三章在衣,华虫、火、宗彝,四章在裳,藻、粉米、黼、黻。余同衮冕
	毳冕	旧	冕冠:广八寸,长一尺六寸	五章:三章在衣,宗彝、藻、粉米,二章在裳,黼、黻。余同鷩冕
		新	冕冠:七旒	五章:三章在衣,宗彝、藻、粉米,二章在裳,黼、黻。余同鷩冕
	绣冕	旧	冕冠:广八寸,长一尺六寸	三章:一章在衣,粉米,二章在裳,黼、黻。余同毳冕
	绨冕	新	冕冠:六旒	三章:一章在衣,粉米,二章在裳,黼、黻。余同毳冕
	玄冕	旧	冕冠:广八寸,长一尺六寸	三章:在衣绨粉米,黼、黻在裳。余同绣冕
		新	冕冠:五旒	裳刺黻一章。余同绣冕
宋	宋初	衮冕	冕冠(=平天冠):广一尺二寸,长二尺四寸,以龙鳞锦表,紫云白鹤锦(织成),上缀玉为七星;前后周缀金丝网,细以真珠,旁施琎珀瓶各二十四;周回十二级金丝网,细以真珠,犀宝瓶十二,碧凤衔之;四柱饰以七宝,红绫里,金饰;玉簪导;红丝条组带;二衬,真珠	青衮服(织成七章:五、月、星、山、龙、雉、虎蜼),红裙(织成五章,藻、火、粉米、黼、黻)(衮服、蔽膝皆同以云朵,饰以金镀花细雕篆,绣五章:青褾、襈、裾),红罗襦裙(衮服、蔽膝皆同以云朵,饰以金镀花细雕篆,绣五章:青褾、襈、裾),红罗襦裙(一、六采),小绶(三、结玉环,三)、大带(二),朱里),青罗四神带(二,绣四神盘结)、白罗中单,青罗四神服,并同衮服,红罗标首,红罗勒帛,鹿卢玉具剑(玉德佩),镂白玉双佩(红罗勒帛,金龙凤革带,红韈,赤舄为双珠,赤舄为饰(金镀花,四神玉鼻)

朝代	冕服种类	构成
宋 建隆元年	衮冕	冕冠:白珠十二旒;组缨(色如其绶);纩充耳;玉簪导。 玄衣纁裳(十二章:八章在衣,日、月、星辰、山、龙、华虫、火、宗彝;四章在裳,粉米、黼、黻、藻;山、龙以下,每章一行,重以为等,每行十二;衣领为织成升龙),白纱中单(黼领、青褾、襈、裾),蔽膝(龙、山、火),革带(玉钩䚢),大带(素表朱里,纰其外、上朱、下绿,纽约用组),玉具剑(大珠镖首,纯玄质,长二尺四寸五分),双大绶(玄组,纽约用组),广二尺,小双绶(长二尺四寸,色同大绶,而首半之,间施三玉环),朱袜,赤舄(加金饰)
景祐二年	衮冕	冕冠,天板,广八寸,长一尺六寸,青罗表(采画),青罗里(采画紫云白鹤),前后二十四珠旒;红丝结子;金丝结龙四(减丝令细);天板四面花坠子,素坠子(采画),冠身并天柱,青罗(采画龙鳞),金轮等七宝,元真玉碾成;令更不用,如朴空阙,以云龙细窠,纳言、青罗(采画龙鳞锦);金棱上棱道,依旧用金,即减轻制;天河带;组带,款慢带依旧,减轻造;䚢;玉簪导。 青罗衮服(红罗襈;绣八章,日、月、星辰、山、龙、华虫、火、宗彝。所有云子、黼、黻、藻,相变稀稠补仍旧,减轻造);中单(依旧皂、白制造),红罗裙(绣藻、粉米、黼、黻,相变稀稠造之,红罗蔽膝(绣升龙二、云子朴二,减稀制造,周回依旧),六采绶(依旧,减丝织造。所有玉环玉环亦减轻,带头金叶减去,用销金为);佩、剑、绶、带、韈,韈并依旧。
元丰元年	衮冕	冕冠:冕板(天板),广八寸,长一尺六寸;前后二十四旒,垂而齐肩,以五采玉贯于五色藻为之,以青黄赤黑白五色备为一玉,每一玉长一寸;朱组绂,玉瑱,以玄紞垂瑱;玉笄。 下裳(以七幅为之,殊其前后;幅广二尺二寸,每幅削幅一寸。腰间辟积无数;裳侧纯裧[绅],裳下纯裧之广各半寸,表里合为三寸

续表

朝代	冕服种类	构成
宋 元丰六年	大裘冕	冕冠(十二旒);黑羔皮裘(跟隋制:黑缯领,袖缘及里,袂广可运肘,长可蔽膝);中单(其袂之广袪,衣冠长短,皆当如裘;短,皆当如裘);大裘上加衮冕
元祐元年	大裘冕	跟唐制:去黑羔皮而以黑缯制,惟领袖用黑羔
政和三年	大裘冕	青(缯)表纁里(黑羔皮为领、褾、襈),朱裳;被以裘服
政和三年	衮冕	冕冠:广八寸,长一尺六寸;青表朱里;前后邃延,十二就,就间相去一寸;朱丝组带为缨,十二旒,五采藻,十二,就间相去一寸;朱丝组带纽约,青碧锦织成天河带,长一丈二尺,广二寸;红锦充耳;金饰,玉簪导,长一尺二寸。衮服:青衣,绘八章、日、月、星辰、山、龙、华虫、火、宗彝,缫裳:绣四章、藻、粉米、黼、黻,敝膝(随裳色,绣升龙二),白罗中单,青罗袜带(皂缘、襈),红罗勒帛,青罗袜,绯白罗大带,白罗双佩,大绶(赤黄缥绿),小绶(三),玉环(三、施玉环三),朱韈,赤舄(缫以黄罗)
	大裘冕	白罗中单(皂领、褾、襈),大绶(一,织以六采,青黄黑白缥绿,下垂青丝网,上有结,垂玉环三),小绶(一,制如大绶,惟三色)
绍兴四年	衮冕	冕冠:延,以罗衣木,玄表朱里,长一尺六寸,广八寸;前低一寸二分,四旁缘以金;覆于卷武之上,五色丝组绂,前后各十二,以朱组为纽,又屈二百十八;朱丝组纮,以其一属于左笄,系而其余;黄绢充耳;玉笄。玄衣(绘八章,绣四章)、缫裳(绣四章,幅前三后四),广如旧,大带(以绯,上下朱绿,腰辟积,稧;以朱缘其侧,上下不缘,白罗合而钑之;下垂三尺,白罗中单(博二寸、襈、褾、绯罗表,绯黄裳、上有纯、下有纯、革带、去上五寸;绘山、龙、火;革带、纽以玉钩䤩,饰以玉环表,饰以玉镮革带;鞶(从裳色,火、上接革带系之),佩(有衡、珩、璜、瑀、冲牙、系于要带,左右各一;上设衡,衡下垂三带;贯以蠙珠。次则中有金兽面,两旁夹

续表

朝代	冕服种类		构成
宋	绍兴四年	衮冕	以双颤,又次设琚瑀。下则冲牙居中央,两旁有王滴子,行则击牙而有声(罗表缯里,施朱绹着綦以系之),赤舄(有絇、纯、繶、綦,以绯罗为之,首加金饰)
	绍兴十三年	大裘冕　冕冠(十二旒)	黑缯表;以衮冕表
辽	国服	国服衮冕　实里薛衮冠	大祖:络缝红袍、络缝靴、垂饰犀玉带错 太宗:锦袍、金带 冕冠:金饰,垂白珠十二旒,组缨,色如其绶,纩充耳;玉簪导
	汉服	衮冕	玄衣纁裳(十二章:八章在衣,日、月、星、龙、华虫、火、山、宗彝、藻、粉米、黼、黻,山以下六等;龙、标、领为升龙织成文,各为六章;衣标、领、褾为襈(黼领、青标、褾、裾),青纱中单(黼领、青褾、襈、裾),白纱中单,白罗行十二;革带、大带、剑、佩、绶,乌加金饰。 冕冠:天板长一尺六寸,广八寸,前高八寸五分,后高九寸五分,身围一尺三分,并纳言,并青罗表,红罗里,周回用金棱。天板下四柱,四面珠网结子,花素坠子,前后珠旒十四,旒各长一尺二寸,青碧线织造天河带一条,长一丈二尺,阔二寸,两头各有真珠金碧旒。
金	天眷三年	衮冕	青罗衮(衣)、红罗裳(夹制),衣、五彩间金绘画正面日一、月一、升龙四,山十二,上下襟华虫、火各六对,虎、蜼各六对,背面星一,升龙四,山十二、华虫、火各十二对。裳,火、华虫、虎、蜼、藻各十二对,绣藻三十二、中单十二,粉十六,米十六,黼三十二、黻三十二,绣藻三十二、中单、褾、襈(白罗单制),罗领、褾、襈、裾一副(大绶),并赤黄、黑白缥六彩织、红罗托里,小绶三,色同大绶,销金黄罗绶织云龙,皆制云龙,大绶五百首,小绶三玉环,上间施三玉环,皆销金罗绶带之、绯白大中之(销白罗首、销金黄罗带头、细窠二十四),绶半之(细窠二十四)、

续表

朝代		冕服种类	构成
金	天眷三年	衮冕	三节、玉滴子节花。红线组带二、上有真珠金翠旒、玉滴子节花、下有金锋子二。梅红线组带一。鈒犷二、真珠垂系、上用金萼子二。幞头、款幔、组幔、组带细萋四、并玉簪尘碾造。玉簪一、导长一尺二寸、簪顶刻镂尘云龙 红罗勒帛一、青罗抹带一、玉佩二(白玉上中下珩各一、半月各一、瑀刻云花二、琚刻云花二、冲牙刻云花、水叶、钉)、凉带以真珠穿制(金龟钩、兽面、水叶、钉)、凉带一(红罗里、绦金、绦金、上有玉鹅七、钨尾衮各一、金攀龙口、以珮珝板衬钉脚)、韈(用绯罗加绵)、舄(重底、红罗面、白绫托里、如意头、销金黄罗缘口、玉鼻仁饰以珠)、镇圭一尺二寸、大圭(一尺二寸、不做绦萋首)
元		衮冕	冕冠：制以漆纱、青表朱里。冠之口围、崇以珍珠以云龙。冠珠旒各十二。系以玄、络以珠纁。纩承以玉瑱、犷色黄、系犷二、冠之周围、左右承以玉瑱。通翠柳网结。绖上横天河带一、珠诸笄、为缨络、以翠柳调珠。属诸玉龙网结、珠细萋网结、翠柳末丝组二、横贯笄于冠 青罗衮龙服(饰以生色销金、星一、日一、月一、升龙四、复身龙四、山三十八、火四十八、华虫四十八、虎蜼四十八)、绯罗裳(其状如裙、饰以文绣、凡十六行、每行藻二、粉米一、黼二、黻二)、白纱中单(绛缘、黄裳帛副之)、绯罗蔽膝(有襈、绯绢为里、其形如襴、袍上着之、绣复身龙)、玉佩二、瑶二、珩、两一、有冲牙一、黄一、冲牙又系黄、珩下有衡、下有冲牙、傍别施双的以纮鸣、用玉一、绯白罗大带、玉环绶(制以纳石失、红绫二)、上有三小玉环、履(制以青丝织网)、有双耳鞢、红罗靴(高勒、玉镇圭二尺、饰以珠)、玉镇圭一尺二寸、副袋)

续表

朝代	冕服种类	构成
明　洪武十六年	衮冕	冕冠：前圆后方，玄表纁里；玄表纁里，玉采五；旒五采，玉十二珠，五采缫十二就，就相去一寸；红丝组缨，黈纩充耳；玉簪导 衮（玄衣黄裳，十二章：上衣织日、月（各径五寸）、星辰、山，龙、华虫六章；下裳绣藻、火、粉米、黼、黻六章），白罗大带（红里），黄蔽膝（绣龙、火、山），玉革带，玉佩，赤黄黑白缥绿（三、色同大绶，间施三玉环），黄韈、黄舄（金饰）
洪武二十六年	衮冕	冕冠：冕板，广一尺二寸，长二尺四寸；玄表纁里，前后各十二旒，旒各五采，玉珠十二；朱组缨；玉簪导 衮（玄衣纁裳，十二章如旧制），素纱中单，红罗蔽膝（上广一尺，下广二尺，长三尺；织火、龙、山），革带，佩玉（长二尺三寸），大带（素表朱里，两边用缘，上以朱锦，下以绿锦），大绶（黄白赤玄缥绿，织成，纯玄质，五百首），小绶三（同大绶，织三玉环），舄（同大绶，赤舄，朱为之（长一尺二寸）
永乐三年	衮冕	冕冠：皂纱冠武，缝（桐板为质，衣之以绮），玄表朱里，前圆后方，广一尺二寸，长二尺四寸，以玉衡维冠；前后各十二旒，每旒各缫十二就，玉簪贯；五采玉珠十二，赤、白、青、黄、黑相次；玉簪贯纽，纽与冠武并系缨处，皆饰以金；纩充天耳（用黄玉），系以玄紞，承以白玉瑱，朱纮 衮服（玄衣纁裳，十二章：上衣织成八章，日、月、龙在肩，星辰、山在背，火、华虫、宗彝在袖（每袖各三）；本色领、褾、襈、裾，下裳织四章，藻、粉米、黼、黻各二，前三幅，后四幅，本色綼、裼，素纱中单（青领、褾、襈、裾，领织黻文十三），缥蔽膝文二，本色缘二，有纰，施于裳（二、其上玉钩二），玉佩二，玉佩（二，各用玉珩一、瑀一、琚二、冲牙一、璜二，瑀下垂玉花一、玉花下又垂玉滴二，瑑饰云龙文，描金。自珩而下组五，贯以玉珠。行则冲牙、二滴与璜相触有声。

续表

朝代	冕服种类	构成	
明	衮冕（永乐三年）	冕冠：乌纱圆匡；覆板：广一尺二寸，长二尺四寸；玄表朱里，前圆后方，玉珠，前后各黄、赤、青、白、黑、红、绿七采玉珠十二旒；玉簪导；朱缨；青纩充耳；缀玉珠二	有二小绶，以副之，六采（黄、白、赤、玄、缥、绿），纁质大带（素表朱里，在腰及垂，皆有绅，上缘以朱、玄、缥、绿，织成，缥质），小绶（三、色同大绶，同施三玉环），白玉双佩（长一尺二寸，剡其上，上刻山形四。以黄绮约其下，盛以黄绮囊），赤舄（黑絇纯，以黄饰舄首）。白玉圭一尺二寸，剡其上，上刻山形四。以黄绮约其下，盛以黄绮囊（金龙文，籍以黄锦）
	衮冕（嘉靖八年）		玄衣黄裳（衣织六章，日月在肩，各径五寸，星、山在后，龙、华虫在两袖，长不掩裳六章；裳绣六章，分作七幅，前三幅，后四幅，连属如帷，连属火宗彝，藻为二行，（粉）米、黼、黻、藻十三），黄罗素纱中单（青缘领，领织黻文十三），蔽膝（上绣龙一、下绣火三，系于革带）；大带（素表朱里，上缘以朱，下以绿，不用锦），革带、玉佩（前用玉，其后无玉，以佩绶系而掩之），朱袜，赤舄（黄条缘、玄缥结），白玉圭一尺二寸，剡其上，上刻山形四，以黄绮约之，盛以黄绮囊，籍以黄锦）

附录二　清代男式吉服袍制度表*

身份	服色	龙纹	纹章	水纹	裾
皇帝	明黄	金龙九	十二章	八宝立水	四开
皇太子	杏黄	金龙九		八宝立水	四开
皇子	金黄	九蟒			四开
亲王、世子、郡王	蓝及石青诸色。曾赐金黄者亦得用之	九蟒			四开
贝勒、辅国公、和硕额驸	不得用金黄	九蟒,皆四爪			
民公、侯以下,文武三品、郡君额驸、奉国将军以上,一等侍卫	蓝及石青诸色	九蟒,皆四爪。曾赐蟒缎五爪者亦可用之。			
文武四品至六品,奉恩将军及县君额驸,二等侍卫及以下	蓝及石青诸色	八蟒,皆四爪			
文武七品至九品,未入流	蓝及石青诸色	八蟒,皆四爪			

* 引自包铭新《近代中国男装实录》,东华大学出版社,2008 年 12 月

附录三　清代补褂制度表*

穿着者	补子纹样	补子位置
亲王、亲王世子	五爪金龙四团	前后正龙、两肩行龙
郡王	五爪行龙四团	前后两肩各一
贝勒	四爪正蟒二团	前后各一
贝子、固伦额附	四爪行蟒二团	同上
镇国公、辅国公、和硕额附、民公、侯、伯	四爪正蟒方补	同上
文一品	仙鹤方补	同上
文二品	锦鸡方补	同上

续表

穿着者	补子纹样	补子位置
文三品	孔雀方补	同上
文四品	云雁方补	同上
文五品	白鹇方补	同上
文六品	鹭鸶方补	同上
文七品	鸂鶒方补	同上
文八品	鹌鹑方补	同上
文九品、未入流	练雀方补	同上
都御史、副都御史、御史	獬豸方补	同上
武一品、辅国将军、郡主额附、子	麒麟方补	同上
武二品、镇国将车、县主额附、男	狮子方补	同上
武三品、奉国将军、郡君额附、一等侍卫	豹方补	同上
武四品、奉恩将军、县君额附、一等侍卫	虎方补	同上
武五品、乡君额附、三等侍卫	熊方补	同上
武六品、蓝翎侍卫	彪方补	同上
武七、八品	犀牛方补	同上
武九品	海马方补	同上
从耕农官	彩云捧日方补	同上

* 引自包铭新《近代中国男装实录》,东华大学出版社,2008 年 12 月

附录四 清代男子吉服冠制度表*

身份	顶珠	底座	用料
皇帝	衔大珍珠一	顶满花金座	冬用海龙、薰貂、紫貂惟其时。上缀朱纬。夏织玉草或竹丝为之,红纱绸裹里,石青片金缘。上缀朱纬。
皇子	红绒结顶		冬用薰貂、青狐惟其时。上缀朱纬。夏织玉草或藤竹丝为之。石青片金缘两层,里用红片金或红纱。

身份	顶珠	底座	用料
亲王、世子、郡王、贝勒	红宝石,曾赐红绒结顶者,亦得用之。		冬用海龙、薰貂、紫貂惟其时。夏织玉草或藤竹丝为之。红纱绸里。石青片金缘。上缀朱纬。
镇国公、辅国公	入八分公,顶用红宝石;未用八分公用珊瑚,皆戴双眼孔雀翎		
和硕额驸	珊瑚,戴双眼孔雀翎		
民公,侯及以下、文武一品、郡君额驸、镇国将军	珊瑚		
文武二品、县主额驸、辅国将军	镂花珊瑚		
文武三品、郡君额驸、奉国将军	蓝宝石		
文武四品、二等侍卫、奉恩将军及县郡额驸	青金石		
文武五品、乡君额驸	水晶		
文武六品、蓝翎侍卫	砗磲		
文武七品	素金		
文武八品	镂花阴文	金顶无饰	
文武九品、未入流	镂花阳文	金顶	

＊引自包铭新《近代中国男装实录》,东华大学出版社,2008 年 12 月

附录五 中外历代服饰对览图例[*]

穿胯裙的纳尔莫像　拉赫蒂普与诺福莱特像　穿胯裙的拜利德像　坐姿人物像　窄长的裙式衣服　穿卡拉西利丝的人像

安阳殷墓出土的玉人立像　　　　商朝奴隶主服饰复原图

穿丘尼卡的像　　多莱帕里　　作为希腊文明前源的克里特人像　手托珠宝箱的妇女像

安阳出土的石像　传说中黄帝的上衣下裳　有腹围的西周人像　洛阳出土的人形铜车辖　长沙楚墓出土的穿曲裾深衣者像　宋人画夏禹王像

[*] 引自张竞琼、蔡毅主编《中外服装史对览》中国纺织大学出版社，2000年版。

古希腊式短长衣　德尔斐的驾车者像　穿希玛申的人像　穿希玛申的学者像　穿克拉米斯的人像　舞女青铜像

长治的出土的青铜武士像　山西侯马牛村出土陶俑人像　长沙楚墓出土的彩绘木俑　长沙楚墓出土的帛画人像　信阳出土的楚墓彩绘木俑

多利安式旗同　穿爱奥尼亚式旗同者像　罗马帝国皇帝莫达斯像　阿格利波娜与儿子像　穿托加的奥古斯都雕像

战国铜武士像　洛阳出土的穿胡服的女子铜俑　洛阳出土长袖曲裾舞女像　河北望都壁画中穿袍服人像　长沙出土的绕襟深衣

穿旗同的妇女像　演说者像　有宽的克拉维　穿斯托拉与　穿拉塞鲁那者像　穿佩奴拉者像
　　　　　　　　　　　装饰的外衣　帕拉的女子

西安出土三重领深衣　汉武梁祠石刻画像"荆轲刺秦王"　穿长襦的汉代人像　汉代妇女像
的陶俑

查士丁尼皇帝服饰　罗鲁姆　帕鲁达门托姆　　靴　　鞋　　　王冠

文侍俑·南北朝·　裲裆、袴褶　竹林七贤砖刻·　各种形制的幞头　头饰与发型　女鞋
裲裆衫　　　　　　　　　南朝·文人服饰

达尔玛提卡　　尤多茜王后服饰　　帕鲁达门托姆　　外衣　　达理曼第大法衣

顾恺之《列女传》·晋·衿翼　南朝宋梁时期·邓县画像砖·裲衫　顾恺之《洛神赋图》·晋·衫　北宋·袴褶

出土于丹麦的日耳曼人的上衣上裤　日耳曼女子的装束　圣母玛利亚像·9世纪　萨克姆　达尔玛提卡和贝尔

周昉《簪花仕女图》　《虢国夫人游春图》着男装的女子　仕女服饰　胡服　罟罳　戴帷帽的女俑

日耳曼男子装束　　大卫神像　　9世纪国王装束　　布里奥　　袖里打结的　　布里奥、鲜兹、　　布里奥、
　　　　　　　　　　　　　　　　　　　　　　　　　布里奥　　曼特尔　　　　鲜兹

文俑·襦裙装束　　韩滉《文苑图》·圆　　《瑶台步月　　砖刻·背子　　窄袖上襦　　着圆领袍　　宋代·窄
　　　　　　　　领袍衫、幞头　　图》·背子　　　　　　　细裥裙　　的侍女　　袖袍衫

布里奥　法国医生装束·19世纪　　奥摩尼埃尔　鞋　　头饰　　雕像·柯达第亚

百姓装束·短衣、裤褶　苏东坡像　　各种裹巾、幞头的样式　　妇女头饰、发型

没有水平接缝的　　戴安尼帽、穿柯　　萨科特　　科特、苏尔考特　　曼特　　普尔波万
英格兰服饰　　　　达第亚的女子

《番骑猎归图》·　辽·契丹族服饰　《文姬归汉图》·　舞蹈俑·金·　质孙服　　元·蒙古族服饰
辽·契丹族服饰　　　　　　　　　金·女真族服饰　女真族服饰

夏普仑头饰、　　豪普兰德　　各式波兰那　　安尼帽及各式　　文艺复兴早期服饰　女士服饰
普尔波万　　　　　　　　　　　　　　　　　　艾斯科恩

元·蒙古族　　元·蒙古族　　辽·契丹族　　蒙古族瓦楞帽、　《燕寝怡情　《采莲图》·立领
供养人服饰　　女仆从服饰　　发式　　　　貂皮暖帽、顾姑冠　图》·比甲　系带长裙

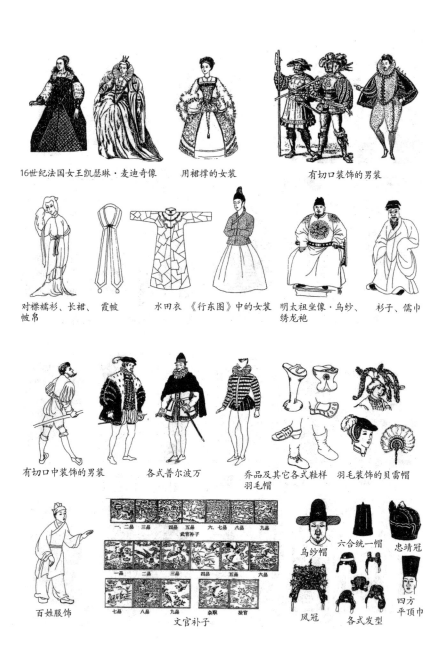

16世纪法国女王凯瑟琳·麦迪奇像　　用裙撑的女装　　　　　有切口装饰的男装

对襟襦衫、长裙、霞帔　　水田衣　《行东图》中的女装　　明太祖坐像·乌纱、　　衫子、儒巾
帔帛　　　　　　　　　　　　　　　　　　　　　　　　　　绣龙袍

有切口中装饰的男装　　各式普尔波万　　乔品及其它各式鞋样　羽毛装饰的贝雷帽
　　　　　　　　　　　　　　　　　　　羽毛帽

百姓服饰　　　　　　　文官补子　　　　　乌纱帽　六合统一帽　　忠靖冠

凤冠　各式发型　四方平顶巾

外罩斗篷的宽松式
男装

袖子有切口的
大翻领长裙

束袖的长裙

双层袖并露出
绣花内衣的裙装

开叉袖塔夫　　亚麻布内衣翻出
绸裙装　　　　的裙装

文华殿大学士像

直隶州知州刘腾鸿像

清代版画《北京后门大街市容》
中的人物形象

清代晚期一般官员形象

配有纱带的丝绒与
丝绸的长袍

织锦上衣与裙　织锦丝绒罩袍和
组成的骑装　　丝绸裙装

亚麻布衬衣、　垂式领片的衬衣
短茄克和披肩

短茄克与衬裙式
马裤

皇子夏朝服

皇帝冬朝服

俗称"牛舌头"的
领衣形象

戴瓜皮帽的普通
绅士形象

头戴风帽的形象

绿丝绒外套和　深兰色塔夫绸　塔夫绸长裙和　纽扣镶边的大衣　亚麻布衬衣和有　亚麻布衬衣和
玫瑰红塔夫绸长裙　长裙　　　　　丝绒外套　　　　　　　　　　　拼接垂式的马裤　塔夫绸筒裙

亲王行袍　　　　皇帝常服饰　　　穿马褂和袍的形象　翻皮马褂　官员及公差执役人员

紧身上衣与粗缎长裙　亚麻布袖子的　有披肩和丝带流苏　布外套、丝绒　背心和马裤　粗布靠身外衣
　　　　　　　　　丝绸长裙　　　的织绵长裙　　　背心和马裤　组成的骑装

皇帝夏朝冠　　　郡王冬朝冠　　　贝子夏朝冠　　　民公夏朝冠

1046

条纹缎子裙装　　华托裙装　　缎子飘垂式长裙　　有丝绣的套装　刺绣马甲和礼服大衣　男式长礼服

孝淑睿后（仁宗嘉庆后）像　　命妇像　　清代中后期妇女服饰及头饰　　光绪年间上海妇女服饰

双色丝绸的　　草绿色丝绸的　　饰皮长大衣　　"无套裤汗"服　　棕色长大衣和有　　英国女式
色卡西娜裙　　卡拉可裙　　　　　　　　　　　　　　　　　　　　　马甲的"爱国者"服　　无袖衬衫

清代禹之鼎《女乐图卷》　　清末上海妇女形象　　皇太后、皇后朝褂　　皇太后、皇后冬朝袍

燕尾服 白色平纹细布裙　多褶的棉布裙　天鹅绒领的布大衣　黑地黄花棉布裙　刺绣开司米披肩上的斗篷

女子朝褂　皇太后、皇后夏朝裙　皇太后、皇后龙褂　朝珠

缎领马甲和礼服大衣　塔夫绸斗篷　天鹅绒裙　石灰色套袖大衣　灰色丝绸的公主裙　"土尔其背"侧像

皇子夏朝冠　皇太后、皇后冬朝冠　太平天国龙袍　太平天国龙马褂　太平天国中号衣

礼服大衣　切斯菲尔德大衣　镶布少年服装　深灰色布骑装　米色丝结裙和缎子短背心　网球服饰

湖北巡抚胡文忠像　　贵州按察使席宝田像　　太平天国帽额　　太平天国角帽　　太平天国风帽　　太平天国号帽　太平天国凉帽

灰色棉布披帛　紫罗兰色宽松的裙装　有白色垂布领片的清教徒服饰　布外套和衬裙式马裤　披肩、外套与背心　饰有排纽的布外套

婚丧等事出行时的排场　拖单眼花翎者　二等侍卫端罩　亲王行袍